Ökologie

M. E. Begon, C. R. Townsend und J. L. Harper

Ökologie

Herausgegeben von Klaus Peter Sauer

Aus dem Englischen übersetzt von
Andreas Held, Thomas Hoffmeister, Irene Hoffmeister, Ursula Priefer,
Ina Raschke, Jürg Rohner und Carsten Schradin

Spektrum Akademischer Verlag Heidelberg · Berlin

Originaltitel: Ecology Third Edition
Aus dem Englischen übersetzt von
Andreas Held, Thomas Hoffmeister, Irene Hoffmeister, Ursula Priefer,
Ina Raschke, Jürg Rohner und Carsten Schradin
Übersetzer der ersten deutschen Ausgabe
Dieter Schroeder und Beate Hülsen (erschienen 1991 bei Birkhäuser Verlag, Basel)

Englische Originalausgabe von Blackwell Science Limited, Oxford.

Die Deutsche Bibliothek – CIP-Einheitsaufnahme
Begon, Michael:
Ökologie / M. E. Begon ; J. L. Harper ; C. R. Townsend. Hrsg. von
Klaus Peter Sauer. Aus dem Engl. von Andreas Held ... - Heidelberg ;
Berlin : Spektrum, Akad. Verl., 1998
Einheitssacht.: Ecology <dt.>
ISBN 3-8274-0226-3 (Gewebe)
ISBN 3-8274-0227-1 (Kart.)

Lektorat: Merlet Behncke-Braunbeck, Sabine Loss (Ass.)
Redaktion: Andreas Held, Cornelia Koob
Produktion: Daniela Brandt
Einbandgestaltung: Kurt Bitsch, Birkenau
Satz: Hagedorn Kommunikation, Viernheim
Druck und Verarbeitung: Franz Spiegel Buch GmbH, Ulm

Titelbild: Gonzalo Iván Arcila
© 1996 Fondo Editorial de la Plástica Mexicana

Inhaltsübersicht

Teil 1 Organismen

Teil 2 Wechselbeziehungen

Teil 3 Drei Überblicke

Teil 4 Lebensgemeinschaften

Inhaltsverzeichnis

Teil 4 Lebensgemeinschaften

Vorwort zur deutschen Ausgabe

Die Wurzeln der Gedankenwelt der Ökologie reichen weit in die Vergangenheit der europäischen Geistesgeschichte zurück. In den Schriften von Buffon und Linné ebenso wie im Œuvre Alexander von Humboldts, dem Begründer der ökologischen Pflanzengeographie, nehmen die Beziehungen der Organismen zu ihrer Umwelt einen bedeutenden Raum ein. Buffon (Œuvres complètes Band XVII, Seite 540) diskutiert bereits im Jahre 1726 das Problem, daß die hohe Fertilität vieler Arten ihren Grund in zahllosen Gefahren in der Natur hat: »Der gewöhnliche Lauf der Natur ist immer konstant und immer derselbe; seine stets gleichmäßige Bewegung steht auf zwei unumstürzbaren Pfeilern: die jeder Art gegebene grenzenlose Fruchtbarkeit und die unzähligen Hindernisse, die diese Fruchtbarkeit auf ein bestimmtes Maß reduzieren und jederzeit nur ungefähr die gleiche Anzahl Individuen einer Art überleben lassen.« Hier taucht also schon die Idee auf, daß der Vermehrung der Lebewesen Grenzen gesetzt sind – einen Gedankengang, den Malthus und später Darwin wieder aufnehmen werden. Bei Buffon handelt es sich jedoch eher um einen Ausgleich, denn um einen Wettstreit. Das „Gleichgewicht" stellt er sich immer noch als Funktion einer in der Natur notwendigerweise herrschenden Harmonie vor. Ökologische Harmonie war ein Grundprinzip der griechischen Philosophie und des griechischen Naturverständnisses. Im Verlaufe des 17. und 18. Jahrhunderts begann sich diese Auffassung zu ändern. Vor allem im 19. Jahrhundert wird mit der Entwicklung der Selektionstheorie durch Charles Darwin die Untersuchung der Organismus-Umwelt-Beziehung immer drängender. Darwin war nach der Lektüre des Buches von Malthus *An Essay on the Principle of Population* im Jahre 1836, also etwa eineinhalb Jahre, nachdem er von seiner Reise auf der *Beagle* zurückgekehrt war, die Bedeutung von „Mangelfaktoren" – wir sprechen heute von dichteabhängigen bzw. dichtebegrenzenden Umweltfaktoren – als Ursache für die ökologische Differenzierung von Individuen und Arten bewußt geworden. Um die Auseinandersetzung um diese begrenzt verfügbaren Ressourcen als das Wirken der Konkurrenz zu verdeutlichen, hat Darwin den Begriff „Kampf ums Dasein" – in einem weiten und metaphorischen Sinne, wie er selbst sagt – eingeführt. Dieser weite und metaphorische Sinn machte aber den Begriff „Kampf ums Dasein" unpräzise, was in der Zukunft immer wieder zu falschen Schlüssen führen sollte.

Diese Schwäche des Begriffs „Kampf ums Dasein" hat Haeckel (1866) erkannt und im 7. Kapitel seiner *Generellen Morphologie* innerhalb des Themenbereiches *Züchtung oder Selection* (1. Band, Seite 238–239) deutlich herausgearbeitet: »Wenn wir den Begriff des Kampfes ums Dasein scharf bestimmt anwenden wollen, so müssen wir denselben beschränken auf die gegenseitigen Wechselbeziehungen der Organismen, auf die notwendige Mitbewerbung der Organismen um die mehr oder weniger unentbehrlichen Lebensbedürfnisse. Wir heben dies deshalb besonders hervor, weil Darwin den Begriff allerdings vorzugsweise in dieser eigentlichen Hauptbedeutung gebraucht, gelegentlich aber auch in einer weiten metaphorischen Ausdehnung, welche seiner Reinheit schadet und leicht zu Mißverständnissen führt. Er nennt nämlich auch die Abhängigkeit der Organismen von organischen und anorganischen Existenzbedingungen einen „Kampf ums Dasein", er sagt zum Beispiel, daß Pflanzen und Tiere in Zuständen des Mangels mit den notwendigen Existenzbedingungen ringen; und nennt dies „Ringen um die Existenz", während man nur dasjenige Ringen als solches bezeichnen sollte, welches zwischen mehreren Organismen um jene notwendigen Lebensbedürfnisse stattfindet.«

Haeckel, nach Darwin der Vordenker der wissenschaftlichen Ökologie, hat in seiner *Generellen Morphologie* (1866, 1. Band, Seite 286) auch den Begriff „Oecologie" geprägt: »Unter Oecologie verstehen wir die gesamte Wissenschaft von den Beziehungen des Organismus zur umgebenden Außenwelt, wohin wir im weiten Sinne alle „Existenz-Bedingungen" rechnen können. Diese sind teils organischer, teils anorganischer Natur, sowohl diese als jene sind, ... von der größten Bedeutung für die Form der Organismen, weil sie dieselben zwingen, sich ihnen anzupassen.«

Haeckel hat von Anfang an zwischen der Wirkung der abiotischen und biotischen Umweltfaktoren deutlich unterschieden. Er hatte wohl als erster in den biotischen Wechselbeziehungen der Individuen die treibende, die „züchtende Kraft", wie er es nennt, erkannt: »Um die ungeheure Wichtigkeit, welcher der Kampf ums Dasein für die Umbildung der ganzen organischen Natur besitzt, wahrhaft zu erkennen und seine unermeßliche Bedeutung zu schätzen, muß man nicht die einzelnen Lebensformen herausgreifen ..., sondern man muß sie in ihrer Gesamtheit ... und stetigen Wechselwirkung vergleichend erfassen ... Der Kampf ums Dasein [wird] von den meisten ... nicht zur Erklärung der biologischen Erscheinung als Causal-Moment benutzt ..., wenn (für Botaniker und Zoologen) die ungeheure Wichtigkeit, welche die züchtende Wechselwirkung der Organismen als „wirkende Ursache“ der Umbildung der organischen Formen besitzen, allgemein anerkannt sein wird: Dann wird die entwickeltere Generation der zukünftigen Naturforscher mit Bedauern ... auf die halbblinden Kleinigkeitskrämer zurückblicken ...« Heute ist zwar die Bedeutung der biotischen Interaktionen als stammesgeschichtlich selektionierende (ultimate) Faktoren von einer breiten wissenschaftlichen Öffentlichkeit erkannt und anerkannt worden, jedoch gibt es keinen Grund, mit Bedauern zurückzublicken, denn die Forschung Haeckels ist noch nicht eingelöst. Noch immer mangelt es uns an einer Theorie der Coevolution, die Auskunft über die Natur der wirksamen Selektion gibt. Diese Theorie muß den ökologisch-adaptionistischen Aspekt der Speziation berücksichtigen. Wie Haeckel sieht auch van Valen in den biotischen Interaktionen die Quelle einer Selektions-Dynamik, die er die „Rote-Königin-Dynamik“ nennt: Arten evoluieren aufgrund von Änderungen anderer Arten. Ob sich diese Dynamik auch in konstanter physikalischer Umwelt kontinuierlich erhält oder schließlich zum Stillstand kommt, ist bis heute unbeantwortet.

Nachdem Haeckel die Ökologie als Forschungsfeld begründet hatte, geschah auf diesem Gebiet über Jahre zunächst nichts besonders Auffälliges, bis Möbius in seiner im Jahre 1877 veröffentlichten klassischen Untersuchung über die Lebensgemeinschaft der Austernbank erstmals die in einer Biozönose wirksamen Gesetzmäßigkeiten zu erfassen versuchte. Möbius sah – obwohl er die biotischen Wechselbeziehungen der Arten einer Biozönose genau beschreibt – vor allem im Wirken der abiotischen Faktoren die „wahre Ursache“ aller Anpassungen. Möbius hat den neun Jahre jüngeren Haeckel auf dem sich gerade entwickelnden Forschungsgebiet der Ökologie wohl nicht zur Kenntnis genommen. Für Möbius gehörte zur Klärung der Frage nach den »wahren Ursachen der Abweichungen, mit welchen sich Tiere einer Art in verschiedenen Gegenden ausbilden«, die Untersuchung »ausführlicher Lokalfaunen, verbunden mit gründlicher Erforschung der physikalischen Verhältnisse ihres Gebietes, zu den wichtigsten Mitteln dieses Ziel zu erreichen«. Möbius stand allerdings auch der Selektionstheorie Darwins sehr kritisch bis ablehnend gegenüber: »Der Ausdruck Kampf ums Dasein riecht so stark nach Pessimismus, daß ich ihn niemals brauche, um die erhaltungsmäßigen Tätigkeiten und Einrichtungen der organischen Wesen zu bezeichnen. Er ist roh und am wenigsten für Naturforscher geeignet, die doch nicht deswegen arbeiten, um Schlechtigkeiten der Natur aufzudecken, sondern die ewige Harmonie ihres Seins und Wirkens.« Hier finden wir den klassischen Gedanken der ökologischen Harmonie aus der Zeit vor Darwin wieder.

Die evolutionsökologische Sichtweise Haeckels hat sich in Deutschland zunächst nicht durchgesetzt. Währenddessen hat sich die „abiotische Denkrichtung“ zur physiologischen Ökologie, einer blühenden experimentellen Disziplin, entwickelt. Dagegen blieb die sogenannte holistische Ökologie über viele Jahrzehnte bis in unser Jahrhundert in der klassischen, statistisch-beschreibenden Denkweise verhaftet. Die Zahl der Arbeiten, die sich mit der Häufigkeit von Individuen und Arten auf einer bestimmten Fläche auseinandersetzen, ist Legion. Darüber hinaus gefiel sich diese Art von Ökologie in der Entwicklung immer neuer Definitionssysteme, die schließlich zu einer Art babylonischer Sprachverwirrung führten. Das Studium der Ökologie kam mehr dem Erlernen von Sprachen gleich, als daß man etwas über die Eigengesetzlichkeiten der Organismen lernte.

Mehrere Entwicklungen haben den Weg zu einer neuen Ökologie geöffnet, die durch eine evolutionsbiologische Sichtweise geprägt ist. Anfang dieses Jahrhunderts wurde eine mathematische Theorie des Populationswachstums entwickelt. Das Modell von Lotka und Volterra erlaubte eine genaue Beschreibung und Prognose der zyklischen Veränderungen der Populationsdichten in Räuber-Beute-Systemen. In den sechziger Jahren haben Untersuchungen von David Lack und Robert MacArthur die Bedeutung der biotischen Interaktionen unzweifelhaft aufgedeckt. Der Organismus-Umwelt-Bezug wurde wieder zunehmend stärker in die Betrachtung organismischer Ökologie einbezogen. Von entscheidender Bedeutung für die Entwicklung der Ökologie als wissenschaftliche Disziplin war auch die Ausgestaltung der Theorie der Lebenslaufgeschichte. Die Entwicklung dieser Theorie kann wiederum als eine Reaktion auf die sehr abstrakte und durch einen Mangel an empirischem Inhalt sowie durch stark vereinfachte Annahme gekennzeichnete Theorie der Populationsgenetik verstanden werden. Der zentrale Untersuchungsgegenstand der Theorie der Lebenslaufgeschichte ist die Klärung der Frage, wie verschiedene phänotypische Merkmale zusammenwirken und welche Fitneßbeeinflussung sich daraus ergibt. Die methodischen Grundlagen bei der Prüfung der Theorie der Lebenslaufgeschichte sind einerseits die quantitative Demographie und andererseits die Untersuchung von „trade-offs“ zwischen Fortpflanzung, Wachstum und Differenzierung sowie Überleben.

Alle diese Gesichtspunkte einer modernen Ökologie sind in dem jetzt in neuer deutscher Übersetzung vorliegenden Werk von M. Begon, J. L. Harper und C. R. Townsend angesprochen. Bisher habe ich meinen Studenten die verschiedenen englischen Auflagen empfohlen. Allerdings ist immer wieder festzustellen, daß sich Studenten am Anfang ihres Studiums äußerst ungern für englisch geschriebene Lehrbücher entscheiden. Daher ist es sehr zu begrüßen, daß dieses Lehrbuch der Ökologie in einer neuen Übersetzung vorliegt. Ich habe die Übersetzung gelesen und kann sie als gelungen bezeichnen.

Zahlreiche Kollegen stimmen mit mir überein, daß eine theoriebezogene moderne Ökologie in Deutschland weiter entwickelt werden muß. Unter den verschiedenen Teildisziplinen der Biologie gewinnt die moderne Ökologie zunehmend an Bedeutung. Eine gute naturwissenschaftliche Ausbildung in diesem Fach ist aus zwei Gründen besonders wichtig. Zum einen können wir die vielfältigen Muster und Prozesse, welche in der Welt der Organismen vorkommen, nur verstehen, wenn es uns gelingt, die Gesetzmäßigkeiten zu erkennen, welche den ökologischen Interaktionen der Organismen mit ihrer belebten und unbelebten Welt zugrunde liegen. Zum anderen sind breite Kenntnisse dieser Gesetzmäßigkeiten für ein richtiges Erkennen der Umweltprobleme, die der Mensch durch seine Umweltnutzung verursacht, zwingend notwendig. Bei der Bewältigung dieser uns gestellten Aufgaben, kann das vorliegende umfassende Lehrbuch der Ökologie als Vorlesungsbegleiter und Nachschlagewerk hervorragende Dienste leisten.

Bonn, im Mai 1998 Klaus Peter Sauer

Vorwort zur dritten englischen Ausgabe

Dieses Buch befaßt sich mit der Verbreitung und Häufigkeit verschiedener Arten von Organismen auf der Erde sowie den physikalischen, den chemischen und besonders den biologischen Merkmalen und Wechselbeziehungen, die diese Verbreitungen und Häufigkeiten bestimmen.

Im Gegensatz zu anderen Wissenschaften ist der Gegenstand der Ökologie für jedermann einleuchtend. Da sich die meisten von uns schon mit der Natur beschäftigt und über sie nachgedacht haben, sind wir alle bis zu einem gewissen Grad auch Ökologen. Ökologie ist allerdings keine einfache Wissenschaft, sie besitzt ganz besondere Feinheiten und Vielschichtigkeiten. Sie muß sich mit drei Ebenen der biologischen Hierarchie befassen – mit den Organismen, den Populationen dieser Organismen und mit den durch sie gebildeten Lebensgemeinschaften –, und dabei vernachlässigt sie leider, wie wir sehen werden, Details der Biologie der Individuen oder maßgebliche Einflüsse historischer, evolutionärer und geologischer Ereignisse. Sie stützt sich am Rande auch auf neue Erkenntnisse der Biochemie, der Verhaltensforschung, der Klimatologie, der Plattentektonik und so weiter und trägt gleichzeitig auch zu einem besseren Verständnis vieler Bereiche der Biologie bei. Wenn, wie T. H. Dobzhansky sagte, »nichts in der Biologie einen Sinn ergibt, es sei denn, man betrachte es im Lichte der Evolution«, dann gilt ebenfalls, daß sehr wenig in der Evolution einen Sinn ergibt, wenn man es nicht im Lichte der Ökologie betrachtet.

Die Ökologie sieht sich in ganz besonderem Maße dem Phänomen der Einzigartigkeit gegenübergestellt: Millionen verschiedener Arten und Milliarden genetisch unterschiedlicher Individuen, die alle in einer vielfältigen und sich ständig verändernden Welt leben. Das Schöne an der Ökologie ist, daß sie uns herausfordert, ein Verständnis für sehr grundlegende Fragen zu entwickeln, wobei sie zwar die Einzigartigkeit und Vielschichtigkeit aller Aspekte der Natur anerkennt, gleichzeitig aber nach Mustern und möglichen Voraussagen innerhalb dieser Komplexität sucht, statt sich von ihr erdrücken zu lassen. Wie L. C. Birch betonte, ist das Rezept des Physikers Whitehead für Wissenschaft nirgends besser am Platz als im Fall der Ökologie: Suche Einfachheit, aber mißtraue ihr.

Ökologie ist keine Wissenschaft mit einer einfachen linearen Struktur: Alles beeinflußt alles andere. Die einzelnen Kapitel enthalten unterschiedliche Anteile an beschreibender Naturgeschichte, Physiologie, Ethologie, genauen Labor- und Feldexperimenten, eingehenden Populationsstudien in der Natur und mathematischen Modellen (eine Art von Vereinfachung, die notwendig, aber mit großer Vorsicht zu behandeln ist). Dies macht bis zu einem gewissen Grade die Fortschritte in den einzelnen Fachgebieten deutlich. Es zeigt aber auch die Unterschiede, die den einzelnen Teilen der Ökologie zu eigen sind. Welcher Fortschritt in Zukunft auch immer erzielt werden wird, die Ökologie wird stets ein Ort der Begegnung sein für den Naturkundler, den Forscher im Labor, den Feldbiologen und den mathematisch ausgerichteten Modellbildner. Wir sind der Auffassung, alle Ökologen sollten wenigstens ansatzweise alle diese Facetten in sich vereinigen.

Das Buch richtet sich an alle, deren Ausbildung die Ökologie umfaßt. Gewisse Teile, besonders die mathematischen, mögen Leserinnen oder Lesern Schwierigkeiten bereiten. Unsere Darstellung ist jedoch darauf ausgerichtet, allen einen ausgeglichenen und aktuellen Überblick zu vermitteln, unabhängig davon, wo die speziellen Interessen liegen. Eine Besonderheit dieses Buches sind die als Orientierungs- und Lernhilfen im ganzen Text vorhandenen Schlüsselkonzepte. Wir hoffen, daß diese verschiedene Zwecke erfüllen werden. Erstens sind sie eine Art Untertitel, die Hinweise auf den Inhalt der einzelnen Abschnitte geben. Weil sie sehr zahlreich sind, können sie zusammen mit den eigentlichen Untertiteln auch fortlaufend gelesen werden, um einen Überblick über die jeweiligen Kapitel zu gewinnen. Gleichzeitig können sie den Studierenden auch bei der Wiederholung des Stoffes helfen. Schließlich sind die Schlüsselkonzepte auch eine Zusammenfassung der wesentlichen Aussagen der jeweiligen Abschnitte. Sie können also auch zur ständigen Kontrolle dienen, ob der Inhalt eines Abschnitts verstanden worden ist.

Homo sapiens ist zwar einfach eine Art unter anderen mit einer besonderen Ökologie; wir widmen ihm aber in dieser Auflage verstärkte Aufmerksamkeit. Wir legen mehr Gewicht auf die Darstellung, wie unsere eigene Art die Häufigkeit anderer Spezies beeinflußt und wie sich die Lebensgemeinschaften zu Wasser und zu Lande entwickeln, wenn sie nach den Vorstellungen des Menschen gesteuert werden. Idealisten mögen sich danach sehnen, Natur in ungestörter Wildnis zu studieren. Wir sind jedoch der Meinung, daß die Aktivitäten des Menschen ökologisch mindestens so interessant sind wie diejenigen anderer Arten. Wir haben versucht, diese Tätigkeiten (besonders Landwirtschaft und Naturschutz) in Beziehung zu den spezifisch menschlichen sozialen und wirtschaftlichen Rahmenbedingungen zu stellen. Ganz bewußt haben wir dadurch den Text stärker anthropozentrisch ausgerichtet.

In dieser Auflage legen wir auch mehr Gewicht auf die räumliche Heterogenität von Lebensgemeinschaften und Populationen. In vielen Kapiteln ist sie ein ganz zentraler Punkt, besonders dort, wo es um Verbreitung, um inter- und intraspezifische Konkurrenz und insbesondere um die Rolle von Prädatoren und von Pathogenen bei der Verbreitung und Häufigkeit ihrer Wirte geht.

Seit den ersten beiden Auflagen dieses Buches hat die Wissenschaft große Fortschritte gemacht bei der Modellierung und der Vorhersage der Auswirkungen höherer Konzentrationen von Kohlendioxid und anderen Treibhausgasen aus Industrie und Haushalten, besonders was den globalen Temperaturanstieg betrifft. Wir haben deshalb den prognostizierten Auswirkungen dieser Veränderungen größere Beachtung geschenkt. Sie könnten die Nettoprimärproduktion sowohl der terrestrischen als auch der aquatischen Lebensgemeinschaften und die Verteilung der Arten gleich oder noch stärker beeinflussen als die Veränderungen während der Eiszeiten im Quartär.

Vor dem Hintergrund der vom Menschen verursachten dramatischen Störungen der Umwelt ist ein großes Interesse an der Stabilität natürlicher Lebensgemeinschaften und an der Aussterberate von Arten zu verzeichnen. Kapitel 22 ist der Versuch einer neuen Synthese unseres Wissens über Nahrungsnetze und dessen verschlungenen Wechselbeziehungen, die zur Stabilität von Lebensgemeinschaften beizutragen scheinen. Kapitel 25 setzt die heutigen Aussterberaten in eine historische Perspektive und behandelt die Gründe für das Artensterben sowie die wissenschaftliche Basis für Naturschutzmaßnahmen.

In den früheren Auflagen haben wir uns bei einer großen Zahl von Freunden und Kollegen bedankt, die uns mit ihren Kommentaren zu verschiedenen Entwürfen geholfen haben. Auch im vorliegenden Text sind ihre Beiträge immer noch deutlich spürbar. Diese dritte Auflage wurde auch von vielen Personen kritisch gelesen, die anonym blieben, aber so maßgeblich dazu beitrugen, daß wir gerne alle kennen und ihre Namen aufführen würden. Besonders dankbar sind wir Claire Harper für die Gestaltung des Umschlags und der Kapitelüberschriften*. Im Verlag Blackwell Science waren uns wiederum Bob Campbell, Simon Rallison, Susan Sternberg und besonders gegen Ende Katrina McCallum eine große Hilfe und Unterstützung.

*Anmerkung zur deutschen Ausgabe: Das Titelbild und die Gestaltung der Kapitelüberschriften wurden im Deutschen nicht übernommen.

Einleitung: Ökologie und ihr Gegenstand

Der Begriff „Ökologie“ wurde erstmals von Ernst Haeckel im Jahre 1869 benutzt. Frei nach Haeckel können wir **Ökologie** als die wissenschaftliche Beschäftigung mit den Wechselbeziehungen zwischen Organismen und ihrer Umwelt definieren. Das Wort leitet sich vom griechischen Wort *oikos* für „Haus“ ab. Man kann Ökologie also als das Studium des „Zusammenlebens“ lebender Organismen betrachten. Eine aussagekräftigere Definition wurde von Krebs (1972) vorgeschlagen: »Ökologie ist die wissenschaftliche Untersuchung jener Wechselbeziehungen, welche die Verbreitung und Häufigkeit von Organismen bestimmen.« Diese Definition hat den Vorteil, daß sie den genauen Gegenstand der Ökologie erfaßt: die **Verbreitung** und **Häufigkeit** von Organismen – also die Fragen, wo Organismen vorkommen, wie viele es von ihnen gibt und wie sie sich verhalten. Allerdings enthält die Definition von Krebs das Wort „Umwelt“ nicht, und um dies zu verstehen, müssen wir das Wort definieren. Die **Umwelt** von Organismen umfaßt all jene Faktoren und Phänomene außerhalb des Organismus, die ihn beeinflussen, und zwar unabhängig davon, ob es sich um physikalische oder chemische (**abiotische**) Faktoren oder um andere Organismen (**biotische Faktoren**) handelt. Die „Wechselbeziehungen“ in der Definition von Krebs sind natürlich Beziehungen zu genau diese Faktoren. Die Umwelt behält also die zentrale Stellung, die Haeckel ihr in seiner Definition von Ökologie gab.

Der Gegenstand der Ökologie, die Verbreitung und Häufigkeit von Organismen, ist in der Definition klar umschrieben. Wir müssen ihn jedoch erweitern. Ökologie befaßt sich nämlich mit drei Stufen: mit dem einzelnen **Organismus**, mit der **Population** (bestehend aus Individuen derselben Art) und mit der **Lebensgemeinschaft** oder dem Ökosystem (bestehend aus einer mehr oder weniger großen Anzahl von Populationen).

Auf der Stufe des Organismus befaßt sich die Ökologie damit, wie Individuen von ihrer biotischen und abiotischen Umwelt beeinflußt werden und wie sie diese selbst beeinflussen. Auf der Stufe der Population untersucht die Ökologie das Vorhandensein oder das Fehlen bestimmter Arten, deren Häufigkeit oder Seltenheit sowie die Trends und Schwankungen in ihrer Anzahl. Auf dieser Stufe gibt es jedoch zwei unterschiedliche Betrachtungsweisen. Die eine beschäftigt sich zunächst mit den Eigenschaften einzelner Organismen und versucht dann zu erfassen, wie die Kombination dieser Eigenschaften das Charakteristische der Population bestimmen. Die andere Sichtweise befaßt sich direkt mit den Charakteristika von Populationen und versucht, diese mit einzelnen Umweltfaktoren in Verbindung zu bringen. Beide Betrachtungsweisen haben ihren Sinn, und wir werden auch beide verwenden. Beide sind auch auf der Stufe der Lebensgemeinschaft von Nutzen. Die Ökologie der Lebensgemeinschaften oder Ökosysteme beschäftigt sich mit deren Zusammensetzung oder Struktur und mit dem Durchsatz von Energie, Nährstoffen und anderen Substanzen. Wir können die Muster und Prozesse dadurch zu verstehen versuchen, daß wir uns die zugehörigen Populationen ansehen. Wir können aber auch die Eigenschaften der Lebensgemeinschaften selbst betrachten, wie etwa die Artendiversität, die Produktionsrate von Biomasse und so weiter. Auch hier werden wir beide Wege einschlagen.

Ökologie ist eine zentrale Disziplin der Biologie, und deshalb überrascht es nicht, daß sie sich mit vielen anderen Disziplinen überschneidet, insbesondere mit Genetik, Evolution, Verhaltensforschung und Physiologie. Am meisten interessieren in der Ökologie jedoch jene Merkmale, welche Verbreitung und Häufigkeit am stärksten beeinflussen – das sind die Prozesse von Geburt, Sterben und Wanderung.

Ökologen befassen sich aber nicht nur mit Lebensgemeinschaften, Populationen und Organismen in der freien Natur, sondern auch mit vom Menschen geschaffenen oder beeinflußten Umwelten (Obstgärten, Weizenfeldern, Getreidesilos, Naturschutzgebieten und so weiter) sowie mit den Auswirkungen menschlicher Aktivitäten auf die Natur (Umweltverschmutzung, globale Erwärmung und so weiter). Es ist vielleicht weniger selbstverständlich, daß sich Ökologen häufig auch für Laborsysteme und mathematische Modelle interessieren. Diese waren für die Entwicklung der Ökologie von entscheidender Bedeutung und werden es auch in Zukunft sein. Wir werden auch in diesem Buch oft auf sie zurückkommen. Ein wesentliches Anliegen der Wissenschaft ist es, zu vereinfachen und auf diese Weise die Komplexität der realen Welt leichter zu verstehen. Letztlich sind wir aber an der realen Welt interessiert, und der Wert von Modellen und einfachen Laborexperimenten muß stets daran gemessen werden, inwieweit sie zur besseren Kenntnis der Funktion von natürlichen Systemen beitragen. Sie sind Mittel zum Zweck, aber niemals Selbstzweck.

Beschreibung, Erklärung, Voraussage und Kontrolle

Auf allen Stufen der ökologischen Hierarchie können wir uns ganz verschiedenen Dingen widmen. Zuerst können wir versuchen zu erklären und zu verstehen. Das ist Wissenssuche im reinen wissenschaftlichen Sinn. Voraussetzung dafür ist das Beschreiben. Auch das vergrößert unser Wissen über die belebte Umwelt. Die wertvollsten Beschreibungen sind jene, welche im Hinblick auf ein bestimmtes Problem oder einen konkreten Wissensbedarf erfolgen. Zwar sind alle Beschreibungen selektiv; bei Beschreibungen jedoch, die nicht zielgerichtet sind, stellt sich später oft heraus, daß sie die falschen Dinge ausgewählt haben.

Ökologen versuchen oft auch vorauszusagen, was unter bestimmten Umständen mit einem Organismus, einer Population oder einer Lebensgemeinschaft geschehen wird. Auf der Grundlage solcher Voraussagen wollen wir diese dann regulieren oder nutzen. Wir versuchen zum Beispiel, die Auswirkungen von Heuschreckenplagen so weit wie möglich zu begrenzen, indem wir ihr mögliches Auftreten voraussagen und die entsprechenden Maßnahmen ergreifen. Oder wir versuchen, unsere Ernten zu schützen, indem wir voraussagen, wann die Bedingungen vorteilhaft für die Kulturen und nachteilig für ihre Schädlinge sind. Oder wir versuchen, seltene Arten zu erhalten, indem wir voraussagen, welche Schutzmaßnahmen erfolgreich sein werden. Einige Voraussagen und Regulierungsmaßnahmen können auch ohne Erklärung und Verständnis der Zusammenhänge erfolgen. Aber verläßliche und genaue Voraussagen oder solche, die Auskunft über den Verlauf unter ungewöhnlichen Umständen geben, sind nur mit einem tieferen Verständnis möglich.

Es ist wichtig zu erkennen, daß es in der Biologie zwei unterschiedliche Arten von Erklärungen gibt: proximate (unmittelbare) und ultimate (mittelbare). Zum Beispiel kann die aktuelle Verbreitung und Häufigkeit einer bestimmten Vogelart mit der physischen Umwelt, die der Vogel toleriert, mit seiner Nahrung und mit dem Einfluß seiner Parasiten und Räuber erklärt werden. Das ist eine **proximate Erklärung**. Wir können jedoch auch fragen, wie diese Vogelart zu den Eigenschaften gekommen ist, die jetzt ihr Leben zu bestimmen scheinen. Diese Frage muß im Zusammenhang mit der Evolution beantwortet werden. Die **ultimate Erklärung** der heutigen Verbreitung und Häufigkeit dieser Vogelart liegt in den ökologischen Erfahrungen ihrer Vorfahren.

Viele Probleme in der Ökologie verlangen evolutionäre, ultimate Erklärungen: Wie kommt es, daß koexistierende Arten oft ähnlich, aber nur selten gleichartig sind? (Kapitel 7); was läßt einen Prädator ein spezielles Muster der Nahrungssuche entwickeln? (Kapitel 9); wie sind Organismen zu besonderen Kombinationen von Körpergröße, Entwicklungsrate, Reproduktionsleistung und so weiter gekommen? (Kapitel 14). Diese Probleme sind ebenso Teil der modernen Ökologie wie die Verhinderung von Seuchen oder der Pflanzenschutz und die Erhaltung seltener Arten. Unsere Fähigkeiten zur Regulierung und Nutzung können nur durch Fähigkeiten des Erklärens und Verstehens verbessert werden. Bei der Suche danach gilt es, proximate und ultimate Erklärungen miteinander zu verbinden.

Teil 1 Organismen

Einleitung

Wir haben uns entschlossen, dieses Buch mit Kapiteln über Organismen zu beginnen. Auf sie wirken die Kräfte der Evolution. Sie leben oder sterben, und sie hinterlassen gegebenenfalls Nachkommen. Danach wollen wir näher betrachten, in welchen Wechselbeziehungen sie miteinander stehen. Schließlich werden die Merkmale der Lebensgemeinschaften erörtert, welche die Organismen miteinander bilden. Das Wesen von Lebensgemeinschaften muß letztendlich anhand ihrer einzelnen Teile erklärt (und nicht nur beschrieben) werden – den einzelnen Populationen, die sich wiederum aus einzelnen Organismen zusammensetzen.

Wir betrachten zunächst die Beziehungen, die zwischen Organismen und ihrer jeweiligen Umgebung bestehen. Es wäre zu stark vereinfacht und oberflächlich, davon auszugehen, jeder Organismus sei sozusagen ideal an seinen Lebensraum angepaßt. Wir werden genauer ausführen, daß die Eigenschaften und die Lebensräume von Organismen durch Spezialisierungen und Einschränkungen geprägt sind, die diese im Lauf der Evolution erworben haben (Kapitel 1) Alle Arten kommen nur an sehr wenigen Orten vor. Deshalb gehen wir der Frage nach, wie sich die Umweltbedingungen räumlich und zeitlich verändern und wie sie die Verbreitung einzelner Arten einschränken (Kapitel 2). Danach sehen wir uns an, welche Ressourcen die verschiedenen Organismen nutzen und welche Wechselbeziehungen zwischen beiden bestehen (Kapitel 3).

Die ökologische Bedeutung einer Lebensgemeinschaft ist abhängig von ihrer qualitativen und quantitativen Zusammensetzung. Häufigkeit und Verbreitung, das heißt die Häufigkeitsunterschiede im Raum, werden durch die Bilanz von Geburts- und Sterberaten sowie von Ein- und Auswanderung bestimmt. In Kapitel 4 betrachten wir die Vielfalt der Muster von Geburt und Sterben – beides hat, wie wir später sehen werden, wesentliche Auswirkungen auf das Verhalten von Populationen. Jede Pflanzen- und Tierart besitzt ein eigenes Verbreitungspotential. Dieses ist durch die Fluchtrate jener Organismen bestimmt, die eine nicht geeignete Umgebung verlassen, und durch die Einwanderungsrate in neue Räume, die für Ansiedlung und Nutzung geeignet sind. Die Häufigkeit oder Seltenheit des Vorkommens einer Art ist unter anderem durch ihre Fähigkeit bestimmt, in unbesiedelte Nischen, Inselgebiete oder Kontinente vorzudringen. Ausbreitung ud Wanderung von Organismen werden in Kapitel 5 behandelt.

1 Die Passung zwischen Organismen und ihren Umwelten

1.1 Einleitung

Die Ökologie beschäftigt sich mit den Organismen und deren jeweiliger Umwelt. Zentrales Anliegen ist es, ihre Wechselbeziehung zu verstehen. Als vemutlich wichtigste Aussage gilt: Verschiedenartige Organismen sind nicht zufällig in unterschiedlichen Umwelten verbreitet, Organismus und Umwelt sind aufeinander abgestimmt. Aber worin besteht nun diese Abstimmung? Da man sich zwar keinen Organismus ohne Umwelt, wohl aber Umwelten ohne Organismen vorstellen kann, ist es sinnvoll, zuerst die Vielfalt der vorhandenen Umwelten zu betrachten.

1.1.1 Die Eigenschaften verschiedener Umwelten

Das Klima wird hauptsächlich durch die Strahlung bestimmt – bei den Temperaturen auf der Erde liegt Wasser in festem, flüssigem und auch gasförmigen Zustand vor.

Sogar ein Sandkorn auf dem Mond hat eine Umwelt. Dazu gehört zunächst das **Klima**, das durch die einfallende Strahlung bestimmt wird. Diese ist verantwortlich für die Temperaturänderungen sowie die Bewegungen der Atmosphäre in Form von Winden. Jene Strahlung, die auf die Erdoberfläche trifft, hängt von der Entfernung zur Sonne, von der Position auf der Erdumlaufbahn und von der Inklination, dem Einfallswinkel der Strahlung ab. Wie jeder andere Planet hat die Erde deshalb eine Reihe unterschiedlicher Umwelten. Eine Besonderheit unseres Planeten besteht darin, daß bei den an der Erdoberfläche auftretenden Temperaturen Wasser zwischen fester, flüssiger und gasförmiger Phase wechseln kann. Im gasförmigen und flüssigen Zustand sind die Wassermoleküle unter dem Einfluß der Strahlung ständig in Bewegung. Die Strahlenmenge ist in der Nähe der Pole am geringsten (weniger als 0.04 J cm^{-2} min^{-1}), dort gefriert das meiste Wasser zu Eis. Am stärksten ist die Strahlung in den Tropen (0.10–0.11 J cm^{-2} min^{-1}), wo ein großer Teil des flüssigen Wassers durch Evaporation (Verdunstung) in Wasserdampf umgewandelt wird. Die Strahlung liefert auch die Advektionsenergie für den Transport von Wasser in seiner gasförmigen Form in Wolken, die Wasser andernorts in Form von Regen oder Schnee niedergehen lassen. Da die Erdoberfläche „uneben" ist, das heißt, ein Relief aufweist, fließt das Wasser unter dem Einfluß der Schwerkraft von den Höhen in die Senken, so daß die Erdoberfläche zum Teil einen **terrestrischen**, zum Teil einen **aquatischen** Charakter – mit Ozeanen, Seen, Flüssen und kleinen Wasseransammlungen – hat.

Die geographischen Verhältnisse haben Einfluß auf die Temperatur.

Die klimatischen Verhältnisse und ihre Veränderungen stehen in engem Zusammenhang mit der Erdgeschichte. Die geologischen Formationen tragen zum vielfältigen Charakter der Erdoberfläche bei. Je nach Mineralzusammensetzung verwittern und zersetzen sie sich unterschiedlich schnell. Da die Temperatur mit der Höhe sinkt, kann es mit steigender Höhe zu einer Zustandsänderung des Wassers kommen, so wie dies auch vom Äquator in Richtung zu den Polen hin der Fall ist. Wasser kann zum Beispiel auf dem Gipfel eines Berges hauptsächlich in festem Zustand vorliegen, während am Fuß des Berges vielleicht sogar die Verdunstung den Niederschlag übersteigt. In Polnähe wie auch in einigen tropischen Gebieten ist Wasser deshalb kaum in flüssiger Form vorhanden.

1.1.2 Umweltbedingungen als Voraussetzung für das Leben

Die Energie für biologische Vorgänge entstammt anorganischen Reaktionen sowie – vor allem – über die Photosynthese der Sonnenenergie.

Man könnte sich vorstellen, daß alle biologischen Vorgänge auf einem Planeten wie der Erde durch jene **Energie** angetrieben werden, die bei anorganischen Umwandlungsprozessen wie der Oxidation von Methan, Schwefelverbindungen oder Ammoniak entsteht. Es gibt Archaebakterien (Archaea), die diese Energie tatsächlich nutzen. Allerdings leben die meisten örtlich eng begrenzt an sehr extremen, zum Beispiel extrem heißen oder extrem sauren, Standorten (siehe Abschnitt 2.4 und 2.6). Die biologische Aktivität auf unserem Planeten hängt jedoch hauptsächlich von der Sonnenenergie als Energiequelle ab, die durch die Photosynthese gespeichert wird. Biologische Vorgänge sind deshalb in erster Linie durch den Wirkungsgrad der Photosynthese limitiert und von der einfallenden Strahlung abhängig. Diese bestimmt aber auch den physikalischen Zustand des Wassers und kann dort eine gegensätzliche Wirkung haben. Die Verteilung der Sonnenstrahlung bestimmt, wo und wann Photosynthese möglich ist. Sie entscheidet aber auch, wo das für die Photosynthese treibenden Organismen essentielle Wasser in flüssiger Form vorkommt. Bei starker Strahlung, zum Beispiel in den Tropen, kann flüssiges Wasser aufgrund der Verdunstung knapp sein, bei sehr geringer Strahlung hingegen kann es wegen Gefrierens knapp werden. Die Ökologie unseres Planeten bewegt sich also sozusagen „zwischen Bratpfanne und Gefrierschrank“!

1.1.3 Die Diversität von Organismen und ihre ungleichmäßige Verbreitung

Es existiert nicht der „ideale" Organismus – vielmehr besiedelt eine Vielzahl verschiedener Organismen als nichthomogene Mischung die Erde.

Man kann sich unschwer einen Planeten vorstellen, der nur von einem einzigen Organismus bewohnt ist. Dieser könnte in seiner Verbreitung auf einen ganz kleinen Teil der vorhandenen Standorte beschränkt sein. Er könnte aber auch in einer Vielzahl physikalischer Umwelten weit verbreitet sein, sofern er eine zum Beispiel große Temperaturtoleranz besitzt. Der Organismus könnte sogar weiter verbreitet sein, wenn er Trokkenperioden überstehen, und noch weiter, falls er auch im Wasser leben könnte. Er könnte aber nur dort existieren, wo es Wasser in flüssiger Form, eine Energiequelle und Zugang zu organischen und anorganischen Ressourcen für sein Wachstum gibt. Bei seinem Absterben würde sich dieser Organismus selbst zersetzen und seine Bestandteile an die Umwelt zurückgeben. Andernfalls würde er seine Ressourcen übernutzen, aussterben und als unzersetzter Körper zurückbleiben. Sogar ein einziger solcher „idealer“ Organismus würde dem Planeten eine Ökologie und eine Biogeographie geben. Ein Ökologe, der den Planeten besuchen würde, hätte viel zu tun, um die Beziehungen dieses Organismus mit seiner Umwelt zu studieren. Tatsächlich ist die Erde jedoch von einer Vielzahl von Organismen bewohnt, die weder zufällig noch als homogene Mischung über die Erdoberfläche verbreitet sind.

Aufgabe der Ökologie ist es, die unterschiedlichen Verbreitungen verschiedener Arten und die Entstehung der Vielfalt von Organismen zu erklären.

Jedes beliebige Gebiet, sogar in der Größe eines Kontinents, enthält nur einen Teil der auf der Erde vorkommenden **Artenvielfalt**. Dieses begrenzte Verbreitungsmuster von Arten besteht, obwohl Individuen jeder Art eine gewisse Fähigkeit zur Ausbreitung haben und viele sich sogar von Kontinent zu Kontinent ausbreiten können, zum Beispiel Vögel oder Samen von Orchideen. Die Ökologie ist zum großen Teil damit beschäftigt, zu erklären, warum ein Organismus nicht überall vorkommt. Verständlicherweise sucht man nach Korrelationen zwischen der Biologie verschiedener Arten und den Umweltbedingungen ihrer Lebensräume. Dabei versuchen wir nicht nur zu erklären, wie die Eigenschaften verschiedener Arten das Leben an bestimmten Standorten möglich machen, sondern auch, warum es an anderen Orten mißlingt. Eine weitere Aufgabe der Ökologen besteht darin, die Entstehung der Vielfalt von Organismen zu erklären.

1.1.4 Natürliche Auslese: Anpassung oder Angepaßtheit?

Die gebräuchlichste umgangsprachliche Formulierung, um die Wechselbeziehung zwischen Organismen und ihrer Umwelt zu beschreiben, ist: »Organismus X ist angepaßt an ...«, gefolgt von einer Beschreibung der Bedingungen, unter denen der Organismus vorkommt. So hören wir oft: »Fische sind an das Leben im Wasser angepaßt« oder »Kakteen sind an die Lebensbedingungen der Trockenheit angepaßt«.

Ökologen verwenden die Begriffe „angepaßt“ oder „Anpassung“ sowie „Angepaßtheit“ in unterschiedlicher Bedeutung. Im Deutschen werden die Begriffe **Adaption** und **Adaptation** im ökologischen Sprachgebrauch vielfach synonym verwendet; gelegentlich findet man die Unterscheidung Adaption als „Angepaßtheit im physiologischen Sinne“ und Adaptation als „Anpassung im Verlauf der Evolution“. So kann etwa der Satz »X ist für das Leben in Y angepaßt« folgendes bedeuten:

1) X lebt in der Umwelt Y. In dieser einfachen Form heißt das zum Beispiel: Weil die meisten Fische im Wasser leben, sind sie an das Leben im Wasser angepaßt. Das heißt, sie haben die *nötigen Voraussetzungen* für das Leben im Wasser. Das Wort „angepaßt“ sagt dabei nichts darüber aus, wie diese Eigenschaften erworben worden sind, sondern hält einfach die positiven Folgen davon fest.
2) Der zitierte Satz kann aber auch bedeuten, daß X durch seine Eigenschaften dermaßen *eingeschränkt* ist, daß er nur in Y leben kann. Die Feststellung, Pflanzen seien an Kalkböden angepaßt, sagt oft indirekt aus, sie hätten Eigenschaften, welche eine Existenz auf anderen Bodentypen ausschließen.
3) Für einen Evolutionsökologen bedeutet der Satz in der Regel, daß die Wirkung der natürlichen Selektion in der Umwelt Y das Leben der Vorfahren von X so beeinflußt haben, daß X im Lauf seiner Evolution dadurch *geformt und spezialisiert*

wurde. „Anpassung“ impliziert in diesem Fall eine genetische Veränderung.

4) In völligem Gegensatz dazu kann die zitierte Aussage für einen physiologisch ausgerichteten Ökologen bedeuten, daß Individuen von X selber Erfahrungen gemacht haben – zum Beispiel Gewöhnung an die Kälte –, die nun das Leben in Y – zum Beispiel in einem besonders strengen Winter – ermöglichen. Angepaßtheit ist hier sicher nicht genetisch gemeint, sondern bedeutet eine *phänotypische* Plastizität, die jedoch ihrerseits eine genetische Grundlage haben kann.
5) Unter Umständen kann »X ist an ein Leben in Y angepaßt« auch bedeuten, daß eine *bestimmte Eigenschaft* bei X entdeckt wurde, die sicher oder vermutlich erklärt, warum X in Y leben kann – zum Beispiel ein detoxifizierendes Enzym bei einem Organismus, der ein Toxin toleriert. Eine solche Eigenschaft kann entweder rein genotypischer oder auch plastischer Natur sein.

Darwin erklärte den Prozeß der Evolution als die Folge natürlicher Selektion.

Darwins Theorie der Evolution durch **natürliche Selektion** aus dem Jahre 1859 ist eine ökologische Theorie und beruht auf einer Reihe von Annahmen:

1) Die Individuen, welche die Population einer Art bilden, sind *nicht identisch*: Sie variieren, wenn auch nur in geringem Maße, beispielsweise in ihrer Größe, ihrer Entwicklungsrate und ihrer Reaktion auf Temperatur.
2) Diese Variabilität ist zum Teil *erblich*. Mit anderen Worten, die Merkmale eines Individuums sind bis zu einem gewissen Grad durch die Erbanlagen bestimmt. Die Nachkommen erhalten ihre Gene von ihren Vorfahren und haben deshalb die gleichen Eigenschaften.
3) Alle Populationen haben das *Potential*, die ganze Erde zu besiedeln. Und sie würden es tun, wenn jedes Individuum überleben und die maximale Anzahl von Nachkommen produzieren würde. Aber das ist nicht der Fall. Viele Individuen sterben vor der Fortpflanzung, und die meisten – wenn nicht alle – vermehren sich nicht mit maximaler Rate. Ein Teil dieser Unterschiede ist erblich.
4) Unterschiedliche Vorfahren hinterlassen eine verschiedene *Anzahl an Nachkommen*. Damit ist neben der Zahl der geborenen Nachkommen auch deren Überlebenswahrscheinlichkeit bis zum reproduktiven Alter gemeint, die Anzahl an Nachkommen in der nächsten Generation, deren Überleben und Fortpflanzung und so weiter.
5) Schließlich hängt die Zahl der Nachkommen, die ein Individuum hinterläßt entscheidend von den *Wechselbeziehungen zwischen den Eigenschaften des Individuums und denjenigen seiner* Umwelt ab.

Je nach Umwelt wird ein Individuum überleben, sich vermehren und Nachkommen hinterlassen. In diesem Sinn kann man die Natur näherungsweise und aus anthropozentrischer Sicht als selektiv bezeichnen. Und nur in diesem Sinn kann man eine Umwelt als vorteil- oder unvorteilhaft und die Individuen als fit oder weniger fit bezeichnen. Wenn einige Individuen mehr Nachkommen hinterlassen als andere und sich daraufhin die vererbbaren Merkmale einer Population von Generation zu Generation verändern, dann bezeichnet man diese Entwicklung als Evolution durch natürliche Selektion.

Selektion ist die nicht zufällige differentielle Reproduktion von Individuen. Die differentielle Reproduktion wird durch die unterschiedlich gute Wechselwirkung der variabel vorliegenden Merkmale verursacht.

Natürlich sind nicht alle heutigen Eigenschaften eines Lebewesens in jener Umwelt selektioniert worden, in der es heute lebt. Die **Stammesgeschichte (Phylogenie**) führte von einzelligen, im Wasser lebenden Eukaryoten zu heutigen noch komplexeren Organismen – wie dem Pfau, dem Frauenschuh, der Garnele oder dem Elefant. Dabei haben die Organismen bestimmte Eigenschaften akkumuliert und andere, die sie sich im Verlauf der Evolution erworben hatten, wieder verloren. Eine solche historische Last engt die Möglichkeiten zukünftiger Evolution ein. Vieles von dem, was wir heute als exakte Anpassung zwischen einem Organismus und seiner Umwelt ansehen, ist entweder auf solche vererbten Einschränkungen – zum Beispiel die Abhängigkeit des Koalabärs vom Laub bestimmter Eukalyptusbäume – oder auf ein besonderes „Finetuning“ zurückzuführen.

Die Entstehung von zahlreichen spezialisierten Arten, die als Anpassung an besondere Umwelten von einer Grundform ausgehen, bezeichnet man als ökologische oder adaptive Radiation.

Die ökologische oder adaptive **Radiation** der Grundelartigen Fische (Unterordnung Gobioidei) (Abbildung 1.1) zeigt, wie sich eine Ahnform in eine Vielzahl von Formen (über 2 500 Arten) aufgespalten und ihre Lebensweise an sehr spezielle Umweltbedingungen angepaßt hat. Jede dieser Formen besitzt das für die Grundeln charakteristische Merkmalsgrundmuster. Wie eindeutige Hinweise belegen, haben die Grundeln eine monophyletische Abstammung, in der es viele Seitenlinien mit Spezialisierungen gegeben hat. Wie auch in vielen anderen Fällen ökologischer Radiation kennen wir jedoch viel zu wenige Einzelheiten über die Phylogenie, um die ökologische Radiation im Zusammenhang mit der Evolution zu verstehen. Solche Beispiele sollen eine deutliche Warnung sein,

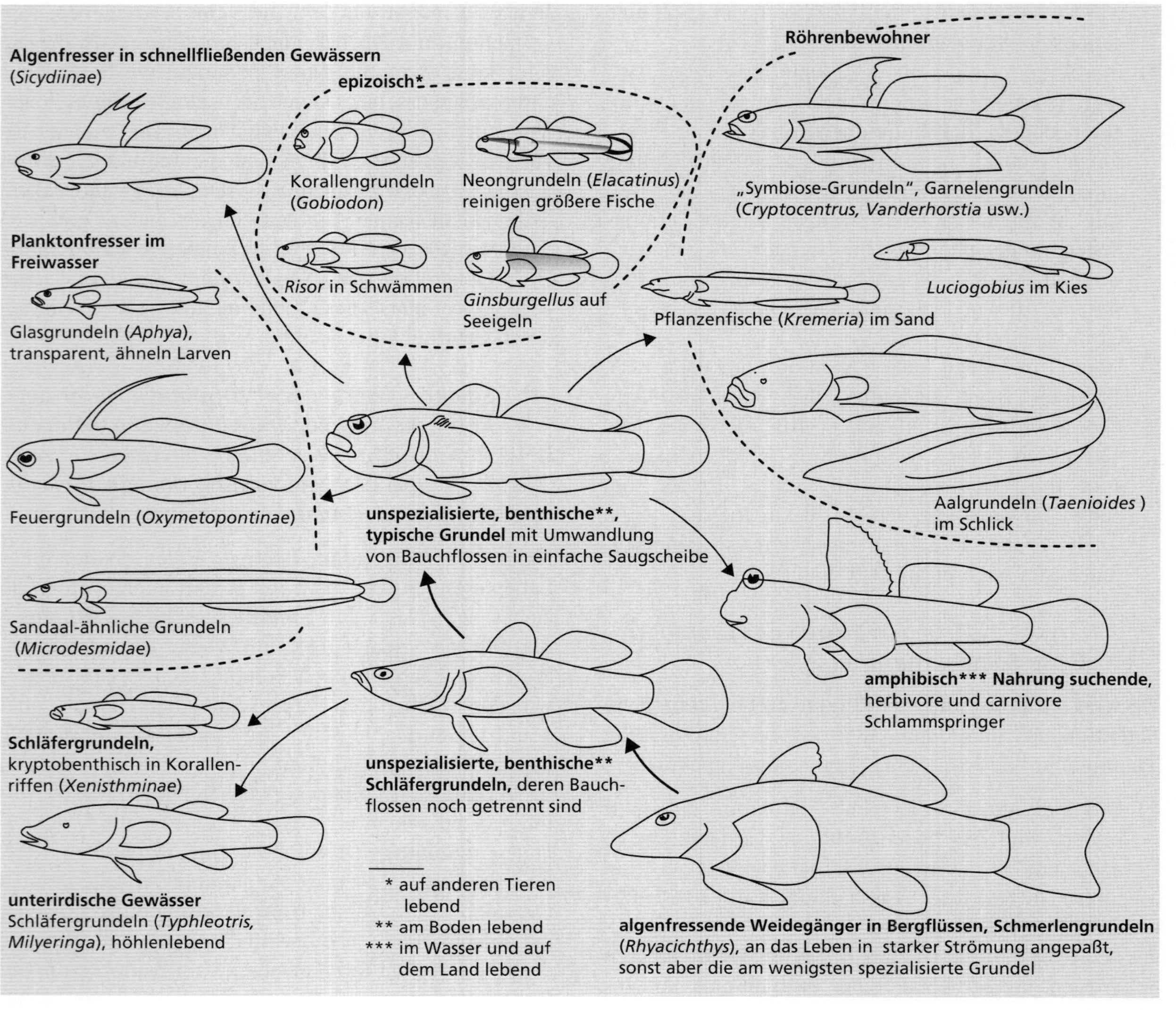

1.1 Ökologische Radiation von Grundelartigen Fischen in eine Vielfalt von hochspezialisierten Formen und Habitaten. Die Abbildung zeigt die Entwicklung innerhalb systematisch eng verwandter Formen, aber nicht unbedingt detaillierte phylogenetische Sequenzen (zum Beispiel Entstehen und Verlieren von Strukturen), die zu dieser Aufspaltung geführt haben. Diese werden heute noch nicht voll verstanden. (Nach Miller 1993; siehe auch Nelson 1979)

nicht jede existierende Art als unabhängig entstandenes Abbild ihrer jeweiligen heutigen Umwelt zu verstehen.

1.1.5 Fitneß

Fitneß ist der anteilmäßige Beitrag von Individuen an der nachfolgenden Generation.

Die fittesten Individuen in einer Population definiert man als diejenigen, welche die größte Anzahl an Nachkommen hinterlassen. In der Praxis wird der Begriff **Fitneß** oft nicht auf irgendein Individuum, sondern auf ein typisches Individuum oder auf einen Typ bezogen. Wir können zum Beispiel sagen, gelbhäusige Schnecken in Sanddünen seien fitter als braunhäusige. Somit ist es wahrscheinlicher, daß diese überleben und eine größere Anzahl an Nachkommen hinterlassen. Fitneß ist jedoch ein relativer und kein absoluter Begriff. Weder die Anzahl an Samen, die eine Pflanze produziert, oder die Anzahl an Eiern, die ein Insekt legt, noch die Anzahl ihrer Nachkommen sind ein absolutes Maß für ihre Fitneß. Vielmehr bestimmt der relative Beitrag eines Individuums an der nachfolgenden Generation seine Fitneß. Die fittesten Individuen einer Population sind diejenigen, die im Vergleich zu den anderen Individuen die größte Anzahl an Nachkommen hinterlassen und somit den größten Einfluß auf die erblichen Merkmale dieser Population haben.

Natürliche Selektion bedeutet nicht Streben nach Vollkommenheit.

Wenn wir die Vielfalt der komplexen Spezialisierungen bewundern, die aus der Anpassung von Organismen an ihre Umwelt resultieren, so sind wir versucht, jeden Fall als Beispiel absoluter Vollkommenheit zu betrachten. Aber nichts im Prozeß der Evolution durch natürliche Selektion impliziert Vollkommenheit. Keine Population von Organismen kann zum Beispiel alle genetischen Varianten enthalten, welche möglich wären und die Fitneß beeinflussen könnten. Die Evolution wirkt im Rahmen der tatsächlich vorhandenen Variationen. Deshalb ist es wenig wahrscheinlich, daß die natürliche Selektion zu perfekten, maximal fitten Individuen führt. Sie kann nur diejenigen fördern, die innerhalb der vorhandenen Vielfalt am fittesten sind. Dies kann unter Umständen eine sehr begrenzte Auswahl sein. Das Prinzip der natürlichen Selektion besteht also darin, daß sich die Organismen an ihre Umwelt anpassen, indem sie die „möglichst fitten" oder die „noch fitten" sind. Sie sind aber nicht die „denkbar besten". Jacob (1977) sowie Gould und Lewontin (1979) diskutieren, weshalb wir in der Natur keine Evolution zur Vollkommenheit erwarten dürfen.

1.2 Historische Faktoren

Man muß sich vergegenwärtigen, daß frühere Ereignisse auf der Erde grundlegende Auswirkungen auf die Natur und die Verteilung von Organismen gehabt haben können. Unsere Welt wurde nicht von jemandem erschaffen, der alle Lebewesen nacheinander in jeder möglichen Umwelt getestet hat, um für jedes den besten Platz zu finden. Der Lebensraum von Organismen ist häufig – zumindest teilweise – durch historische Zufälle bedingt. Zudem haben diese früher in anderen Umwelten gelebt als in den heutigen. Sie tragen diese Erbschaft wie einen Mühlstein um den Hals und sind dadurch in ihren Möglichkeiten eingeschränkt. Die Umwelt verändert sich aber immer noch, und bestimmte Organismen sind deshalb mit ihrer Anpassung an die aktuellen Verhältnisse im Verzug.

1.2.1 Bewegungen von Landmassen

Landmassen haben sich auseinanderbewegt und Populationen getrennt, die sich anschließend unabhängig weiter entwickelten.

Das gleichzeitige Vorkommen von Organismen auf verschiedenen Kontinenten, das aufgrund der großen Distanzen durch Dispersion nicht erklärbar schien, veranlaßte Wissenschaftler wie Alfred Wegener (1915) zur der Vermutung, die Kontinente selbst hätten sich bewegt. Dies wurde von Geologen zunächst heftig bestritten, bis geomagnetische Messungen zu der gleichen, auf den ersten Blick sehr unwahrscheinlichen Erklärung führten. Die Entdeckung, daß die tektonischen Platten der Erdkruste in Bewegung sind und die Kontinente mittragen, hat daraufhin Geologen und Biologen ausgesöhnt (Abbildung 1.2b–e). Während bedeutende evolutionäre Entwicklungen im Pflanzen- und Tierreich abliefen, wurden Populationen getrennt und auf verschiedenen Landmassen in unterschiedliche Klimazonen verschoben.

Am Beispiel der großen flugunfähigen Vögel zeigt sich, wie die Verbreitung einer großen Organismengruppe erst im Zusammenhang mit der **Kontinentaldrift** verständlich wird. Man kann nicht sagen, Emus (Familie Dromaiidae) und Kasuare (Familie Casuariidae) leben in Australien, weil sie den dort herrschenden Bedingungen am besten entsprechen, während Nandus (Familie Rheidae) und Steißhühner (Familie Tinamidae) am besten den südamerikanischen Verhältnissen angepaßt seien. Jede Art hat sich auf ihrem Kontinent und unter ihren früheren Umweltbedingungen entwickelt. Ihr weit verstreutes Vorkommen ist die Folge der prähistorischen Kontinentaldrift. Geographisch isolierte Evolutionslinien konnten folglich die Umwelt anderer Evolutionslinien nicht mehr erreichen. Mittels der DNA-Hybridisierungstechnik wurde der Grad der Verwandtschaft der einzelnen Arten untersucht. Die Steißhühner spalteten sich am frühesten ab. Auch die nachfolgenden Abzweigungen der anderen Arten stimmen mit der zeitlichen Abfolge des Auseinanderbrechens des Gondwanakontinents und der nachfolgenden Kontinentaldrift überein.

1.2.2 Veränderungen des Klimas

Klimate haben sich verändert und dadurch die heutige Verbreitung von Arten beeinflußt.

Klimaänderungen fanden in kürzeren Zeiträumen statt als die Kontinentaldrift. Um sie zu beschreiben und zu analysieren, hat man eine Vielzahl von Methoden entwickelt (IGBP 1990a; Boden et al. 1990). Vieles an der gegenwärtigen Verbreitung der Arten spiegelt Phasen früherer klimatischer Veränderungen wider. Insbesondere die Klimaänderungen in den **pleistozänen Eiszeiten** sind in hohem Maße für die heutige Verbreitung der Tier- und Pflanzenarten vor allem in den gemäßigten Breiten verantwortlich.

Das Ausmaß der klimatischen und biotischen Veränderungen während der vergangenen zwei Millionen Jahre (Pleistozän) wird dank der immer feineren Methoden zur Detektion, Analyse und Datierung biologischer Überreste – besonders dank der Pollenanalyse – schemenhaft erkennbar. Mit diesen Methoden

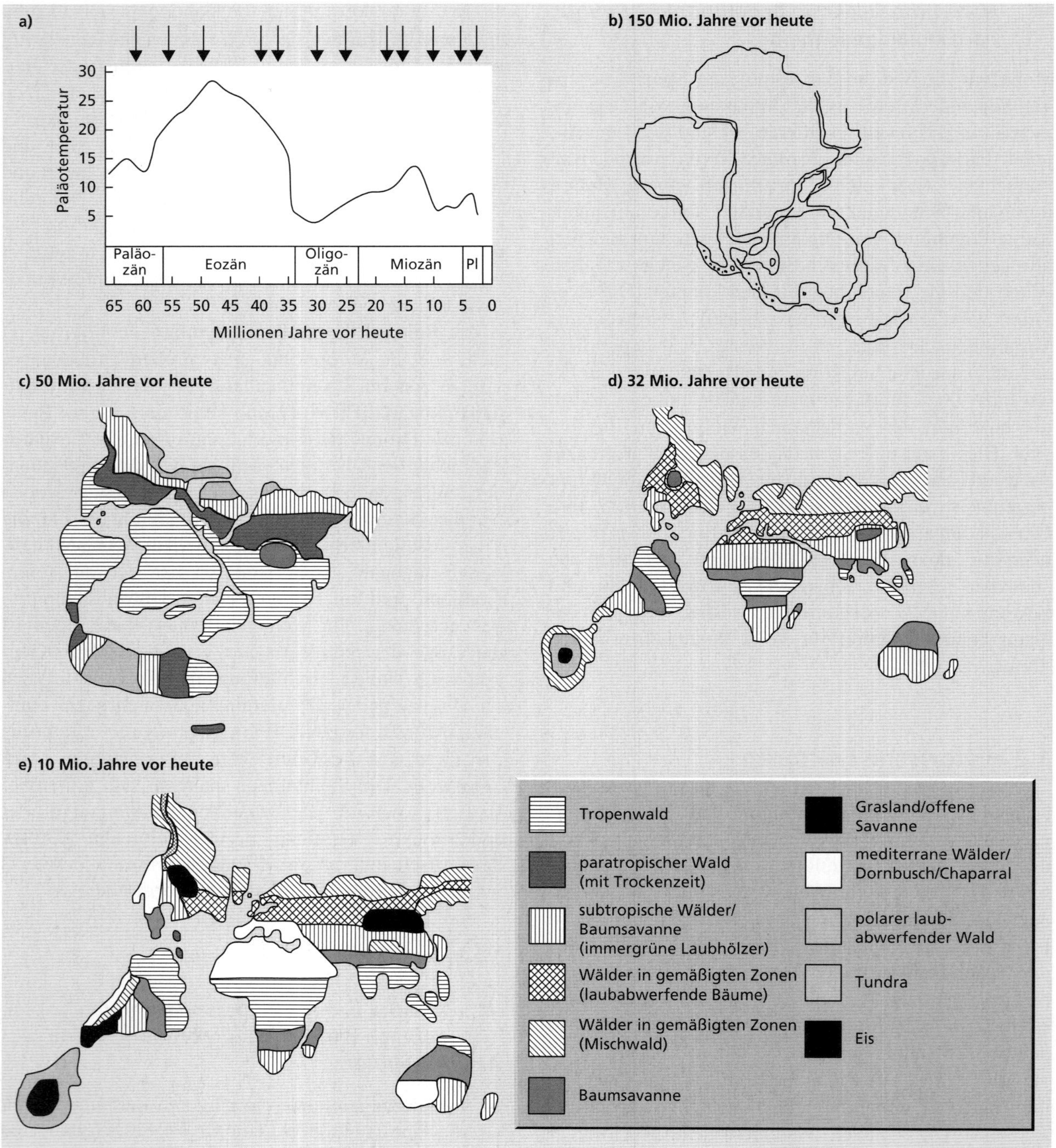

1.2 a) Temperaturänderungen in der Nordsee in den letzten 60 Millionen Jahren. Die Pfeile deuten auf Zeiten mit stark abgesunkenem Meeresspiegel, in denen zwischen den Landmassen bedeutende Ausbreitungsmöglichkeiten bestanden. b) Der Beginn des Aufbrechens des alten Superkontinents Gondwanaland vor ungefähr 150 Millionen Jahren. c) Paläogeographie und Vegetation der Erde im frühen Mittleren Eozän vor ungefähr 50 Millionen Jahren, d) im frühen Oligozän vor ungefähr 32 Millionen Jahren, e) im frühen Miozän vor ungefähr 10 Millionen Jahren. Die Lage der antarktischen Eiskappe ist sehr schematisch angegeben. (Nach Norton und Sclater 1979; Janis 1993 und zahlreichen weiteren Quellen)

können wir immer genauer bestimmen, inwiefern die heutige Verbreitung von Organismen auf eine lokale Anpassung an die derzeitigen Bedingungen zurückzuführen oder Ausdruck der Geschichte ist.

Mehrmals kam es zu Eiszeiten, die wahrscheinlich durch kurzzeitige Perioden wärmerer Temperaturen unterbrochen waren.

Wie die Messung von Sauerstoffisotopen in Bohrkernen vom Meeresgrund zeigen, hat es während des Pleistozäns bis zu 16 glaziale Zyklen gegeben, die jeweils etwa 125 000 Jahre dauerten. Entgegen den bisherigen Annahmen dauerte wahrscheinlich jede Eiszeit zwischen 50 000 und 100 000 Jahre mit kurzen Intervallen von 10 000 bis 20 000 Jahren, in denen die Temperaturen den heutigen sehr ähnlich waren. Wenn diese Zahlen stimmen, dann sind die gegenwärtigen Floren und Faunen insofern eine Ausnahme, als sie sich nach einer heute vertretenen Hypothese gegen das Ende ungewöhnlicher, warmer Episoden hin entwickelten!

Die Verbreitung der Baumarten veränderte sich seit der letzten Eiszeit schrittweise.

In den 20 000 Jahren seit dem Höhepunkt der letzten Vereisung sind die Temperaturen auf der Erde um ungefähr 8 °C angestiegen. Mit der **Pollenanalyse** konnte man untersuchen, wie sich die Vegetation in dieser Zeit veränderte; dies läßt sich am Beispiel vom Rogers Lake in Connecticut veranschaulichen (Abbildung 1.3). Die Baumarten, welche das Profil dominieren, sind in einer bestimmten Reihenfolge aufgetaucht: zuerst die Fichte (*Picea*), und erst in jüngster Zeit die Kastanie (*Castanea*). Jede hinzukommende Spezies hat die Zahl der vorhandenen erhöht, so daß die Artenzahl in den vergangenen 14 000 Jahren kontinuierlich angestiegen ist. Dasselbe Bild ergibt sich aus europäischen Pollenprofilen.

Mit steigender Zahl an Pollenuntersuchungen ließen sich nicht nur die Vegetationsveränderungen an einem bestimmten Ort erfassen, sondern auch die Bewegungen verschiedener Arten bei ihrer Ausbreitung über

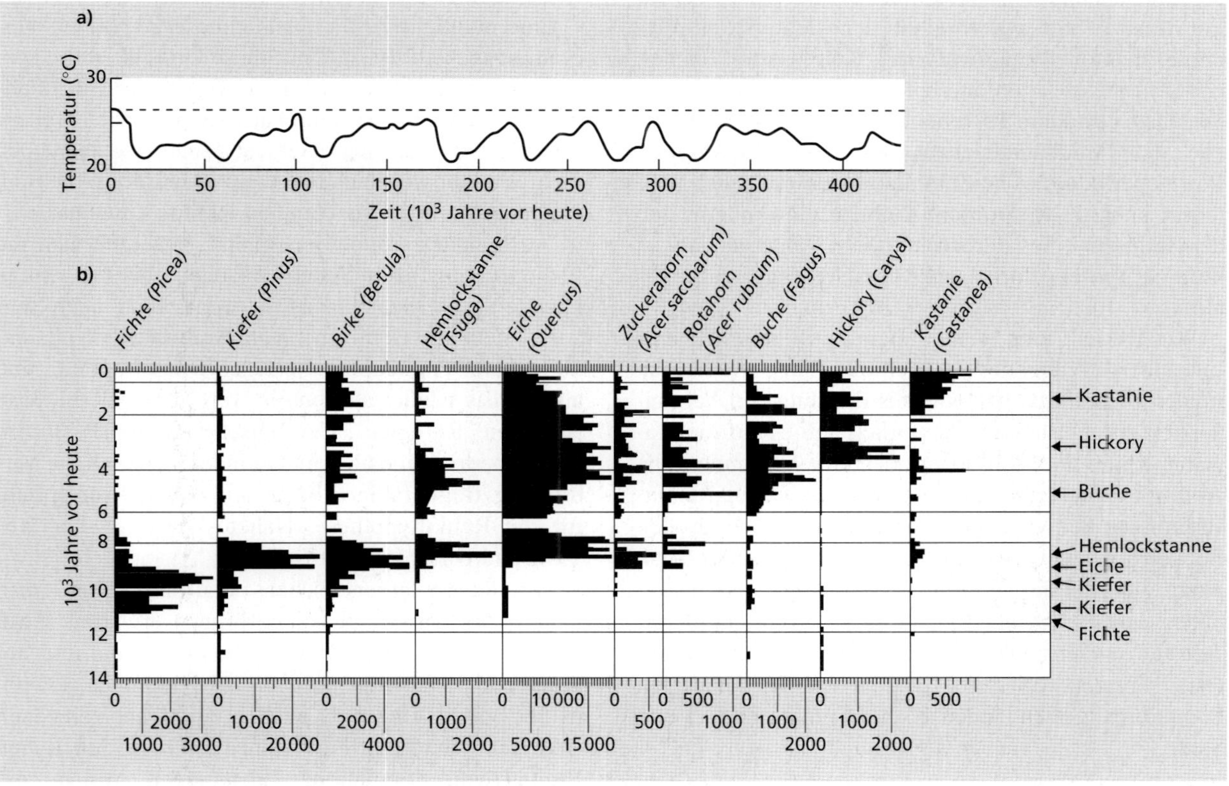

1.3 a) Schätzung der Temperaturschwankungen während der Eiszeiten in den letzten 400 000 Jahren. Die Schätzungen beruhen auf dem Vergleich von Sauerstoffisotopenraten in Fossilien aus Bohrkernen in der Karibik. Die gestrichelte Linie entspricht der Rate vor 10 000 Jahren zu Beginn der heutigen Warmzeit. Es wird deutlich, daß ähnlich warme Interglazialzeiten wie die jetzige selten gewesen sind und daß die letzten 400 000 Jahre größtenteils glaziale Klimate aufwiesen. (Nach Emiliani 1966; Davis 1976)
b) Pollenprofile seit der späten Eiszeit in den Sedimenten des Rogers Lake in Connecticut, USA. Das geschätzte erstmal ge Auftreten jeder Art ist mit Pfeilen am rechten Rand angegeben. (Nach Davis et al. 1973)

die Kontinente kartieren. Offenbar haben sich die Arten mit unterschiedlicher Geschwindigkeit und nicht immer in derselben Richtung ausgebreitet. Gleichzeitig hat sich die Zusammensetzung der Vegetationstypen in Richtung eines Gleichgewichts entwikkelt und wird es sicherlich auch weiterhin tun. Genaueres über die Ausbreitung und Zunahme an Waldbäumen in der postglazialen Periode diskutiert Bennet (1986).

Für die postglaziale Ausbreitung der in den Wäldern lebenden Tiere liegen keine so guten Belege vor. Es gilt jedoch als sicher, daß sich viele Arten nicht schneller ausbreiten konnten als die Bäume, von denen sie sich ernährten. Einige Tierarten sind wohl immer noch dabei, der Ausbreitung der Pflanzen zu folgen.

Die Zusammensetzung der Wälder der nördlichen gemäßigten Zone hat sich während der vergangenen 10 000 Jahre fortlaufend verändert und ist weiterhin im Wandel begriffen. Wie stark sie sich ändert, scheint durch die Ausbreitung der Hauptarten bestimmt zu sein. Die Ausbreitung der Vegetation nach Norden erfolgt mit zeitlichem Verzug gegenüber dem Rückzug des Gletschereises. Dabei könnte die Geschwindigkeit, mit der sich Samen verbreiten, der wichtigste limitierende Faktor bezüglich der Kolonisation neuer, erwärmter Umwelten durch einige Pflanzenarten sein. Wie Davis im Jahre 1976 bemerkte, bedeutet die Tatsache, daß Waldbäume auch am Ende der holozänen Wärmeperiode (das heißt in der Gegenwart) auch weiterhin in eisfrei gewordene Gebiete einwandern, daß der Zeitraum eines durchschnittlichen Interglazials zu kurz ist, um ein floristisches Gleichgewicht zu erhalten.

Wir wissen sehr wenig über die Floren früherer Interglaziale, aber es wiederholte sich vermutlich immer wieder das, was wir aus der jüngeren Vergangenheit erkannt haben. Vermutlich gab es auf die glazialen Kälte- und Wärmeperioden eine kontinuierliche Abfolge verschiedener Reaktionen. So legen Rekonstruktionen der Vegetation im nordwestlichen Großen Becken in den USA den Schluß nahe, daß es auch Arten gibt, die ihr Verbreitungsgebiet kaum verändert haben, wie es Nowak et al. 1994 für die Wacholderart *Juniperus osteospermum* beschrieben hat. Die tolerantesten Formen von genetisch sehr verschiedenartigen Populationen überstanden eisige Klimate an Ort und Stelle.

Die vorausgesagte globale Erwärmung ist fast hundertmal schneller als die nacheiszeitliche Erwärmung.

Die Geschichte der Vegetation seit der letzten Eiszeit kann Hinweise darüber geben, was die Folgen der vorausgesagten **globalen Erwärmung** – 3 °C in den nächsten hundert Jahren als Folge des kontinuierlichen Anstiegs des Kohlendioxidgehalts der Atmosphäre – sein werden (zum Treibhauseffekt siehe Abschnitt 2.11.1). Allerdings sind die Maßstäbe sehr unterschiedlich. Die postglaziale Erwärmung um ungefähr 8 °C benötigte über 20 000 Jahre, und dennoch hielten die Veränderungen der Vegetation mit dieser Erwärmung nicht Schritt. Das vorausgesagte Tempo der treibhausbedingten Erwärmung ist fast hundertmal schneller und wird deshalb voraussichtlich zu einem Artensterben in großem Ausmaß führen.

Isolierte Vorkommen können bizentrisch oder polyzentrisch sein.

Ein klassisches Beispiel für die Verbreitung von Arten, die nur durch historische Vorgänge erklärt werden kann, ist das isolierte Vorkommen oft hochspezialisierter, kältetoleranter Blütenpflanzen in den arktisch-alpinen Floren Nordamerikas und Nordeuropas. Häufig kommen solche Arten nur an einem einzigen Ort vor. Andere Arten finden sich in zwei oder mehreren auffällig isolierten Gebieten – das heißt, sie haben eine **bizentrische** oder eine **polyzentrische**, disjunkte Verbreitung. Die bizentrische Verbreitung der Glokkenblume *Campanula uniflora* in Norwegen ist ein typisches Beispiel dafür.

Eine mögliche Erklärung für diese getrennten Verbreitungsgebiete ist, daß nur diese Örtlichkeit die speziellen Voraussetzungen für das Wachstum von Pflanzen dieser Art bieten. Durchaus kann es noch weitere für diese Art geeignete Gebiete geben, die aber noch nicht erreicht wurden. Eine weitere Erklärung ist, daß die gegenwärtigen Vorkommen **Relikte** von einst weiter verbreiteten Populationen sind. Während sich die Eisbedeckung nach Süden vorschob, blieben einige hochgelegene Gebiete eisfrei, wenn auch noch sehr kalt. In diesen Gebieten, auch **Nunatakker** genannt, überlebten Populationen einiger Pflanzenarten, und als das Eis wieder abschmolz, verblieben sie in ihren isolierten Refugien. Geologische Befunde stützen diese Theorie, sind aber nicht eindeutig. Auch die Verbreitung flugunfähiger Käfer auf Nunatakker spricht für die Relikthypothese. Näheres dazu ist bei Ives 1974 und Birks 1993 zu finden.

Von molekulargenetischen Analysen könnte man klarere Antworten auf solche Fragen erwarten. Zwei Pflanzenarten, die Lichtnelke *Silene acaulis* und der Steinbrech *Saxifraga oppositifolia*, kommen sowohl in der hohen Arktis als auch in südlicher gelegenen Gebirgen vor. Falls die Populationen in den hohen Breiten von Populationen abstammen, welche die letzte Eiszeit in eisfreien Gebieten überlebt haben, würde man annehmen, daß sie sich genetisch von den südlicheren Populationen differenzierten. Für beide Arten wurde die genetische Variation durch eine Untersuchung der Chloroplasten-DNA und bei der Lichtnelke zusätzlich durch eine Untersuchung des Polymorphismus der Enzyme dargestellt (Abbott et al. 1995). Die Ergebnisse zeigen, daß die Steinbrechpopulationen der hohen Arktis tatsächlich zumindest

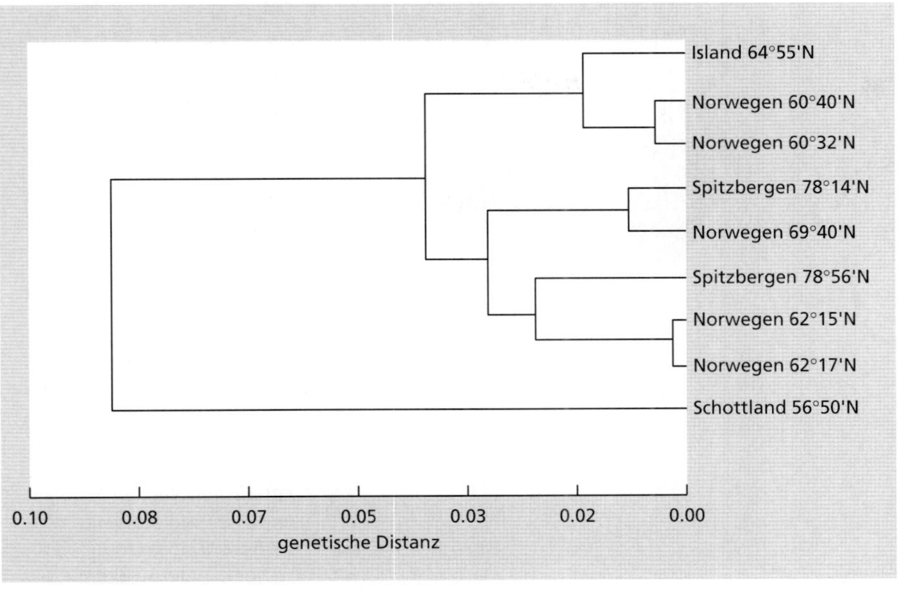

1.4 Dendrogramm zur Illustration der genetischen Verwandtschaft von verschiedenen Populationen von *Silene acaulis* aufgrund der ungewichteten genetischen Distanz nach Nei. (1978; nach Abbott et al. 1995)

teilweise von alten Reliktpopulationen in Nunatakkern abstammen, weil sie eine größere Breite in der DNA-Variation aufweisen als die südlicheren Formen. In deutlichem Gegensatz dazu war die Lichtnelke vermutlich ein nacheiszeitlicher Einwanderer, denn die genetische Variation der nördlichsten Populationen auf Spitzbergen hat sehr viel mit derjenigen der südlicheren Populationen in Norwegen, aber nicht mit denjenigen Schottlands, gemeinsam (Abbildung 1.4).

Die Diskussion über Nunatakker ist nur ein kleiner Teil der Debatte zwischen denjenigen, welche die gegenwärtige Verbreitung von Organismen als ein Zeichen der Anpassung an die gegenwärtigen Bedingungen sehen, und denjenigen, die vieles in der Gegenwart als Spuren der Vergangenheit betrachten. Populationen, die sich nicht schnell genug zurückzogen, als das Eis vorrückte, wurden vermutlich mit wenigen Ausnahmen ausgerottet, die möglicherweise in Nunatakkern überlebten. Heute vorkommende Arten konnten mit den aufeinanderfolgenden Zyklen des Vordringens und des Rückzugs der Vereisung Schritt halten und überleben.

Es gibt natürlich keinen Grund anzunehmen, daß die genetische Zusammensetzung von Arten, welche die Wanderungen überlebten, unverändert geblieben ist. Wie wir wissen, können in Laborpopulationen von Tieren und Pflanzen bei künstlicher Selektion für Frosttoleranz recht schnelle genetische Änderungen herbeigeführt werden; zudem besitzen einige Arten eine große Variation an Ökotypen für Frosttoleranz (siehe Abschnitt 2.3.4).

Klimaänderungen in den Tropen beeinflußten die Ausbreitung tropischer Lebensgemeinschaften.

Die Daten über Klimaveränderungen in den Tropen sind viel unvollständiger als diejenigen in den gemäßigten Zonen. Man könnte deshalb meinen, daß sich die Tropen schon immer im heutigen Zustand befunden haben, während in den gemäßigten Zonen dramatische Klimaverschiebungen und Eisvorstöße dominierten. Das stimmt höchstwahrscheinlich nicht. Wie Daten aus ganz verschiedenen Quellen nahelegen, gab es in Asien und Afrika abrupte Veränderungen in den postglazialen Klimaten. In Gebieten mit kontinentalem Monsun – zum Beispiel in Tibet, Äthiopien, Westsahara und Subäquatorial-Afrika – begann die nacheiszeitliche Periode mit einer ausgeprägten Phase hoher Feuchtigkeit, gefolgt von einer Reihe von Phasen starker Trockenheit (Zahn 1994). Für Südamerika ergibt sich ein Bild mit Veränderungen in der Vegetation, die parallel zu denjenigen in den gemäßigten Zonen verlaufen. In wärmeren und feuchteren Zeiten dehnte sich der tropische Regenwald aus, während in kühleren und trockeneren Perioden die Savanne vorherrschte (Prance 1981, 1985, 1987). Die heutige Verbreitung der Tier- und Pflanzenarten gibt Hinweise darauf, wo diese »tropischen Inseln in einem Meer der Savanne« einst gelegen haben (Abbildung 1.5).

Auch in der kurzen Nacheiszeit waren die Pflanzengemeinschaften auf der Erde kurzlebig und von Risiken bedroht und mußten sich ständig an veränderte Verhältnisse anpassen. Noch eindeutiger ist dies der Fall bei kurzfristigen Katastrophen, wie Hurrikanen, Stürmen und vulkanischen Eruptionen, sowie bei massiven Eingriffen des Menschen durch Abholzung, Brandrodung und Überfischung. Lebensgemeinschaften sind meist damit beschäftigt, sich gerade von der letzten Krise zu erholen. Das Ergebnis kann sich mehr oder weniger tiefgreifend vom vorhergehenden Zustand unterscheiden (siehe Abschnitt 2.9.1).

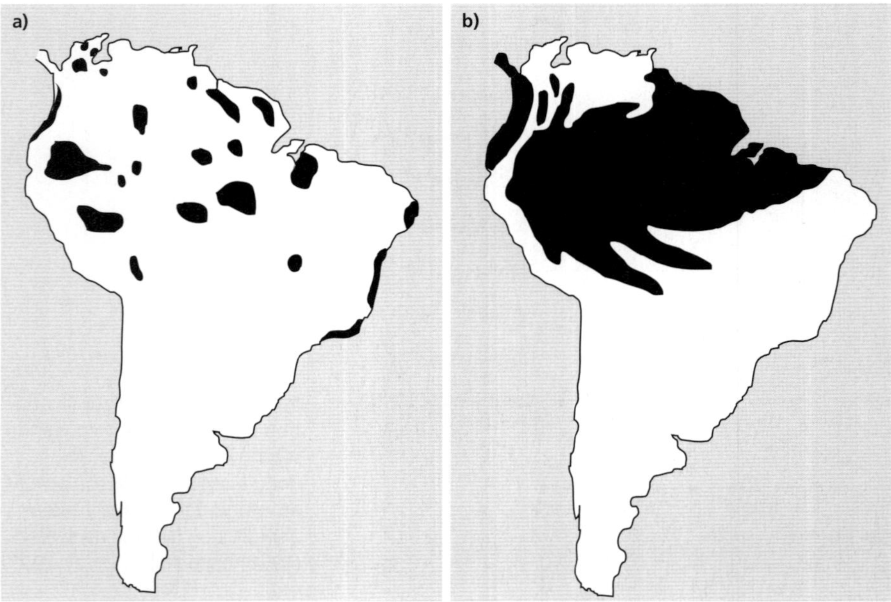

1.5 a) Geschätzte Ausbreitung des tropischen Regenwaldes in Südamerika auf dem Höhepunkt der letzten Eiszeit. Galeriewälder entlang der Flüsse haben dafür gesorgt, daß die einzelnen Teile nicht dermaßen isoliert waren, wie die Abbildung vermuten läßt. b) Die heutige Ausbreitung. (Nach Prance 1981)

1.2.3 Inselmodelle

Flora und Fauna von Inseln, seien sie nun vom Ozean oder von einem „Meer" anderer Vegetation umgeben, haben charakteristische Merkmale, die sie von Flora und Fauna der Kontinente unterscheiden. Diese Besonderheiten werden im Buch von Williamson (1981) hervorragend und detailliert dargestellt. Wir werden in verschiedenen Kapiteln darauf zu sprechen kommen (vertieft in Kapitel 23). Im hier behandelten Zusammenhang machen Inselllebensräume drei wichtige, miteinander zusammenhängende Aspekte deutlich:

a) Es gibt ein *historisches Element* bei der Anpassung von Organismen an ihre Umwelten.
b) Es gibt für jeden Umwelttyp nicht nur *einen* perfekt angepaßten Organismus.
c) Natürliche Selektion wirkt auf völlig *unterschiedliche Typen von Organismen* ein und kann sie an die gleiche Umwelt anpassen.

Die Isolation auf Inseln fördert die Bildung neuer Arten; auf Inseln kommen viele endemische Arten vor.

Sehr vereinfacht gesagt, haben Flora und Fauna von Inseln zwei wesentliche Besonderheiten. Auf Inseln gibt es weniger Arten als in Gebieten gleicher Größe auf dem Festland, und viele Arten auf Inseln unterscheiden sich mehr oder weniger stark von denjenigen Arten, die in den nächstgelegenen, vergleichbaren Festlandsgebieten vorkommen. Wiederum vereinfachend kann man dafür zwei wichtige Ursachen nennen:

1) Flora und Fauna von Inseln sind auf diejenigen Arten beschränkt, deren Vorfahren die Fähigkeit hatten, *sich bis zur Insel auszubreiten*. Das Ausmaß dieser Einschränkung hängt von der Entfernung einer Insel vom Festland oder von anderen Inseln ab und variiert von einer Organismengruppe zur anderen, je nach der ihr eigenen Ausbreitungsfähigkeit.
2) Die *Evolutionsrate* ist wegen der Isolation auf Inseln oft schnell genug, um die Auswirkungen des genetischen Austausches zwischen der Inselpopulation und der Herkunftspopulation auf dem Festland zu übertreffen.

Biologen betrachten Organismen als zu einer gleichen **Art** oder **Spezies** gehörend, wenn sie die Fähigkeit haben, sich zu vermehren, genetisches Material auszutauschen und fortpflanzungsfähige Nachkommen zu zeugen. Ein solcher genetischer Austausch führt im allgemeinen zur genetischen Homogenität einer Population – so wie die Neuordnung von Genen bei der genetischen Rekombination. **Reproduktive Isolation**, etwa zwischen Insel- und Festlandspopulationen, führt andererseits zu einer lokaleren Evolution von Anpassungen zwischen Organismen und ihrer Umwelt. Reproduktive Isolation scheint tatsächlich ein wichtiger Faktor bei der Spaltung einer Tierart in zwei Arten zu sein. Damit ist auch weitgehend zu erklären, weshalb auf Inseln viele **endemische Arten** vorkommen. Dasselbe trifft auf viele Rassen oder Unterarten zu, die sich zwar von Festlandformen unterscheiden, aber nicht in dem Ausmaß, um als eigene Arten angesehen werden zu können.

Ein besonders bemerkenswertes Beispiel für die Artbildung auf Inseln und sicher auch der genetisch

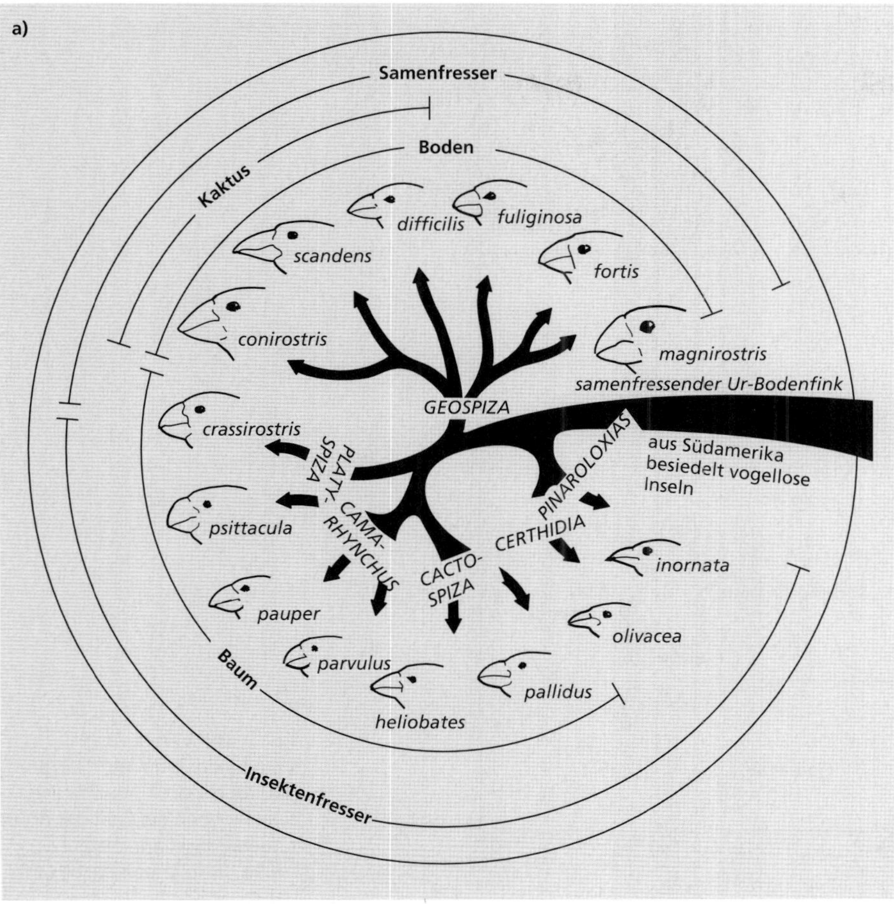

1.6 a) Darwinfinken nutzen ein breites Spektrum an Nahrung und Habitaten. Sie zeigen verschiedenartige Schnabelformen, obwohl sie nahe miteinander verwandt sind.

am besten untersuchte Fall sind die Fruchtfliegen der Gattung *Drosophila* auf den Hawaii-Inseln. Die Inselkette von Hawaii ist vulkanischen Ursprungs. Sie ist im Lauf der letzten 40 Millionen Jahre entstanden, als sich das Zentrum der pazifischen tektonischen Platte allmählich über einen „Hot Spot" in südöstlicher Richtung verschob. Der Artenreichtum von *Drosophila* auf den Hawaii-Inseln ist erstaunlich: Von den weltweit etwa 1 500 *Drosophila*-Arten kommen mindestens 500 nur auf dieser Inselgruppe vor. Dies ist vermutlich zumindest teilweise darauf zurückzuführen, daß die Inseln durch Lavaströme ihrerseits in Vegetationsinseln, die sogenannten **Kipukas**, aufgeteilt worden sind.

Das bekannteste Beispiel für Evolution und Artbildung auf Inseln sind die Darwinfinken auf den Galapagos-Inseln (Lack 1947; Williamson 1981). Diese 13 Arten entsprechen etwa 40 % der Vogelarten, die auf den Galapagos-Inseln leben. Sie nutzen sehr unterschiedliche Futterquellen und Lebensräume (Abbildung 1.6), sind aber alle nah verwandt und stammen wahrscheinlich von einer Art ab, die dem heutigen Kokosfinken (*Pinaroloxias*) ähnlich war.

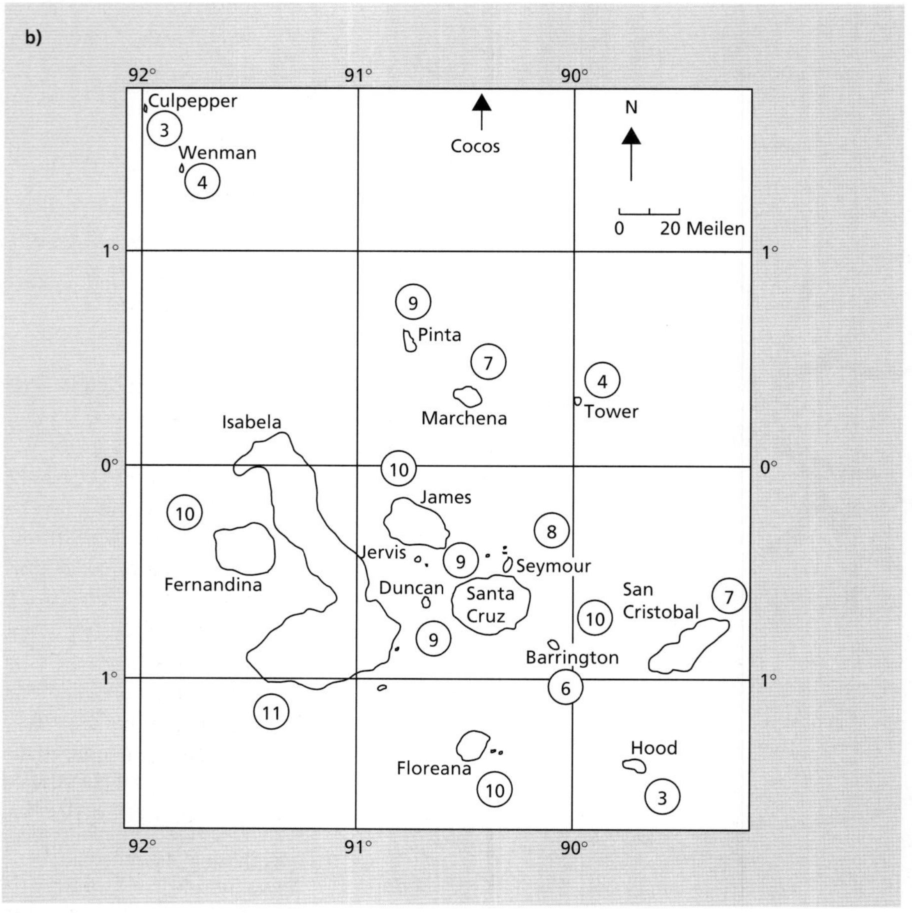

1.6 b) Die Verbreitung der verschiedenen Arten auf Galapagos- (und Cocos-) Inseln. Die Zahlen geben die Zahl der Arten auf jeder Insel an. (Nach Lack 1969a; Inselnamen nach Harris 1973)

1.3 Konvergenzen und Parallelen

Die Ausbildung analoger Strukturen ist die Folge von konvergenter Evolution.

Die Anpassung zwischen Organismus und Umwelt äußert sich häufig darin, daß Organismen, die in ähnlichen Biotopen leben, aber doch zu unterschiedlichen phyletischen Linien gehören, Ähnlichkeiten in Form und Verhalten aufweisen. Solche Ähnlichkeiten widerlegen die Vorstellung, daß es für jedes Biotop nur jeweils einen perfekt angepaßten Organismus gibt. Der Gegenbeweis ist in jenen Fällen besonders überzeugend, in denen die phylogenetischen Linien besonders weit voneinander entfernt sind und Strukturen, deren entwicklungsgeschichtlicher Ursprung ganz unterschiedlich ist, ähnliche Funktionen ausüben. Das heißt, die Strukturen sind **analog** – ähnlich in der äußeren Form oder in der Funktion –, aber nicht **homolog** – abgeleitet von ähnlichen Strukturen gemeinsamer Vorfahren. In diesem Fall sprechen wir von **konvergenter Evolution**.

Große schwimmende Carnivore sind im Meer in vier unterschiedlichen Klassen entstanden: bei den Fischen, den Reptilien, den Vögeln und den Säugetieren. Die Konvergenz der Form (Abbildung 1.7) ist bemerkenswert, denn sie verbirgt grundsätzliche Unterschiede der internen Strukturen und des Stoffwechsels, die darauf hinweisen, daß die Organismen in ihrer Entwicklungsgeschichte weit auseinander liegen.

Man unterscheidet analoge (funktionsgleiche) und homologe (herkunftsgleiche) Strukturen.

Viele Blütenpflanzen und einige Farne nutzen andere Pflanzen als Stützen, um in das Vegetationsdach zu gelangen und so mehr Licht zu bekommen, als es ihnen aufgrund ihres eigenen Stützsystems möglich wäre. Die Fähigkeit zu klettern hat sich in vielen verschiedenen Familien entwickelt, und dabei wurden ganz unterschiedliche Organe zu Kletterstrukturen umgewandelt (Abbildung 1.8a): Dies sind analoge, aber nicht homologe Strukturen. Bei anderen Pflanzenarten wurden die gleichen Organe in ganz verschiedene Strukturen mit unterschiedlichen Funktionen umgebildet (Abbildung 1.8b): Diese sind demnach homolog.

Wie wir feststellen können, wirken ähnliche Selektionskräfte so, daß von ganz unterschiedlichen entwick-

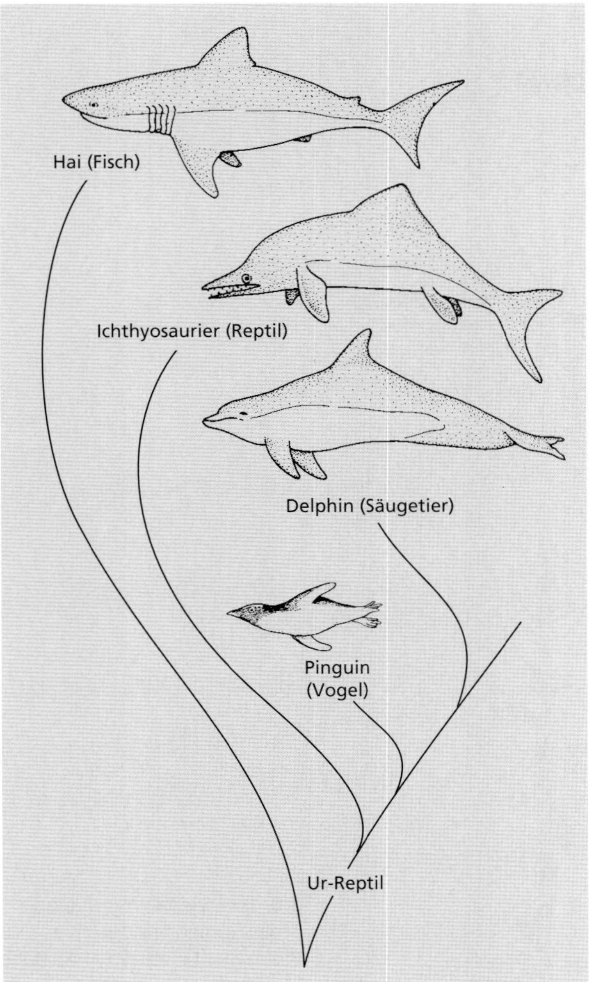

1.7 Ein Beispiel für konvergente Evolution von Körperformen bei großen Meerescarnivoren verschiedener Entwicklungslinien. (Nach Hildebrand 1974 und anderen Quellen)

lungsgeschichtlichen Ausgangspunkten her die gleiche Eigenschaft erworben wurde. Ähnliche Beispiele finden sich in der Entwicklungsgeschichte phylogenetisch verwandter Gruppen, die sich nach ihrer Isolierung unabhängig voneinander weiterentwickelten.

Parallele Evolution ist die Radiation innerhalb zweier phylogenetisch verwandter, aber voneinander isolierter Gruppen.

Das klassische Beispiel einer solchen **parallelen Evolution** ist die Radiation von Placentatieren und Beuteltieren. Beuteltiere erreichten den australischen Kontinent während der Kreidezeit vor etwa 90 Millionen Jahren, als die eierlegenden Kloakentiere – heute nur noch durch die Schnabel- oder Ameisenigel (*Tachyglossidae*) und das Schnabeltier (*Ornithorhynchus anatinus*) vertreten – die einzigen anderen Säugetiere waren. Es erfolgte dann eine Radiation, die in ihrem Verlauf in vieler Hinsicht jener entsprach, die auch bei den Säugetieren anderer Kontinente ablief (Abbildung 1.9). Die Parallelen zwischen der Form der Tiere und ihrer Lebensweise sind so erstaunlich, daß man den Eindruck hat, die Habitate von Höheren Säugetieren und von Beuteltieren enthielten „ökologische Nischen“, in welche der Evolutionsprozeß ökologische Äquivalente genau eingepaßt hat.

Wenn ein ähnlicher Habitus in verschiedene Habitate paßt, muß nicht unbedingt parallele Evolution stattgefunden haben; Merkmale können sich gegenseitig bedingen.

Es ist faszinierend, Beispiele zur Illustration der konvergierenden und der parallelen Evolution von Tier- und Pflanzengruppen zu sammeln, aber es gibt auch schwerwiegende Gefahren dabei. Ein solches Risiko sei anhand der „Rosettenbäumchen“ oder Megaphyten illustriert. Diese Pflanzen besitzen gewöhnlich nur einen einzigen, meist unverzweigten Stamm, der über längere Zeit besteht und charakteristischerweise an der Spitze einen Wedel von großen Blättern trägt. Wenn Megaphyten blühen, produziert jede Pflanze gigantische Blütenstände. Anschließend stirbt sie entweder ab oder sie hat eine lange Ruhezeit bis zur nächsten Blüte. Die Pflanzen tragen häufig sehr viele abgestorbene Blätter oder Blattansätze, so daß man fälschlicherweise den Eindruck hat, ihre Stämme seien sehr dick – dies ist besonders deutlich bei vielen Palmen und Schopfbäumen wie dem Korbblütler *Espeletia* sowie Riesenarten des Greiskrauts (*Senecio*). Der Habitus der Megaphyten ist in ganz verschiedenen phylogenetischen Linien wiederholt aufgetaucht; er kommt sowohl bei Monocotyledonen – zum Beispiel Palmen – als auch bei Dicotyledonen – zum Beispiel Lobelien – vor.

Man könnte nun erwarten, daß eine solch erstaunliche Übereinstimmung in der Form nicht verwandter Pflanzen auf eine ebenso große Ähnlichkeit ihrer Lebensräume hinweist. Tatsächlich „passen“ sie aber in eine überraschend große Anzahl ganz unterschiedlicher Vegetationstypen. Die exponierten Hochgebirgshabitate und die häufigen Inselhabitate dicotyler Megaphyten scheinen jedenfalls wenig mit den geschützten und schattigen Lebensräumen der Palmen des Unterholzes und der Baumfarne oder mit den ariden Habitaten vieler Aloen und Agaven gemeinsam zu haben.

Teilweise läßt sich die Ähnlichkeit unter Megaphyten damit erklären, daß ein Satz von **korrelierenden Merkmalen** in Kombination auftritt und daß die Selektion nicht eine einzelne Eigenschaft bevorzugen kann, ohne andere Veränderungen zu bewirken (siehe auch die Ausführungen zur Allometrie in Kapitel 14). In manchen Habitaten hat die natürliche Selektion vielleicht zur Vergrößerung der Blütenstände und dies wiederum zu großen Sproßmeristemen geführt, die dann als Folge größere Blätter hervorbringen. In ande-

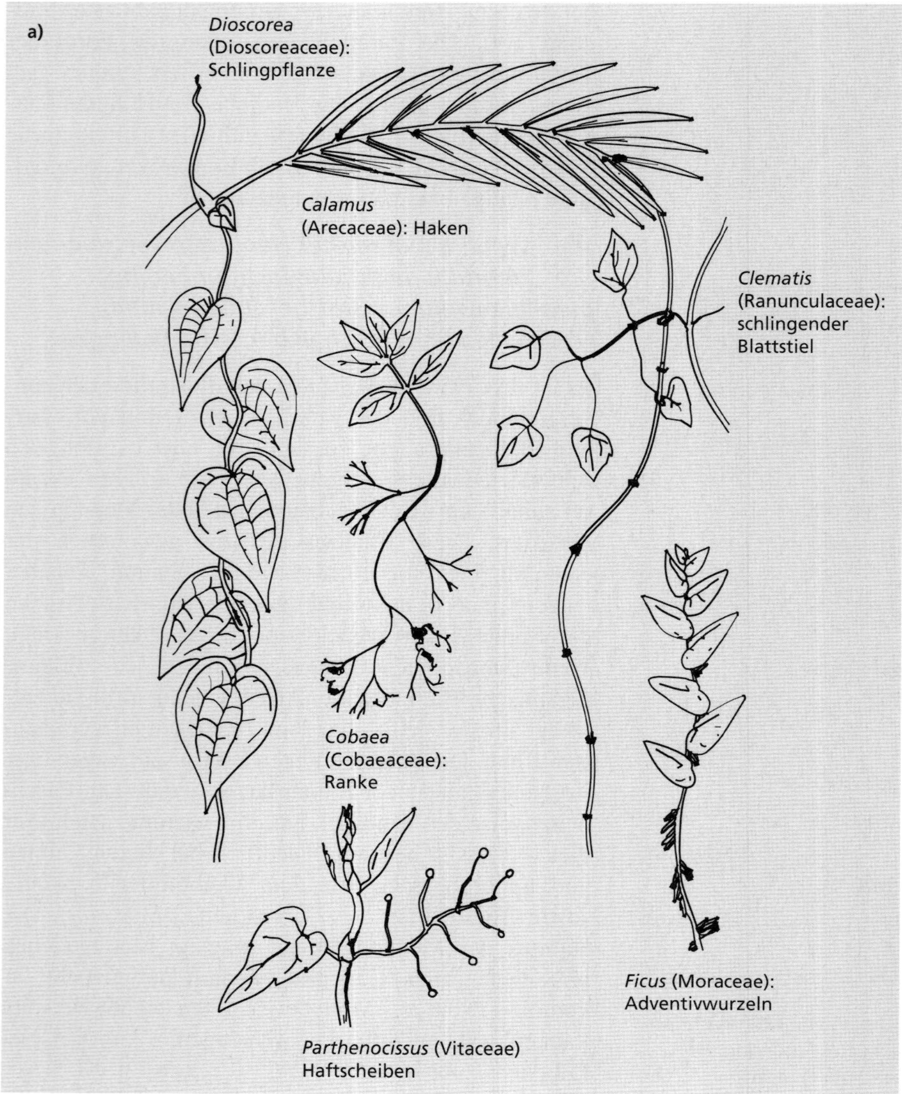

1.8 Eine Vielfalt morphologischer Formen ermöglicht es Pflanzen zu klettern. a) Analoge Strukturformen, die durch Abänderung ganz verschiedener Organe entstanden sind (zum Beispiel Blätter, Blattstiele, Stengel, Wurzeln, Ranken);

ren Habitaten hat die Selektion vielleicht große Blätter bevorzugt, und morphologische Einschränkungen führen notwendigerweise zu größeren Blütenständen. Aus der Pflanzenzucht kennen wir Beispiele, welche diese Ansicht stützen. Die Urform der Sonnenblume hat Zweige, kleine Blätter, viele kleine Blütenstände und kleine Samen. Die Kulturform wurde so selektioniert, daß sie große und leicht zu erntende Samen produziert. Sie ist unverzweigt, hat dafür große Blätter und einen sehr großen Blütenstand, wie er für Megaphyten typisch ist.

Ökologisch ähnliche Arten können sich im Habitus unterscheiden.

Sowohl konvergente als auch parallele Evolution werden häufig aufgrund der auffallend sichtbaren Ähnlichkeiten erkannt. Der Beuteldachs (aus der Familie der Peramelidae) sieht zwar einem Kaninchen besonders wegen der langen Ohren ähnlich, und beide Arten graben Höhlen, aber der Beuteldachs ist weitgehend carnivor und ernährt sich von Insektenlarven, während das Kaninchen herbivor ist. Im Gegensatz dazu sehen Känguruh und Schaf sehr unterschiedlich aus, obwohl sie beide große weidende Herbivore sind, die eine sehr ähnliche Nahrung aufnehmen, wenn sie zusammen vorkommen (Griffiths und Barker 1966). Root (1967) führte den Begriff **Gilde** ein. Es handelt sich dabei um eine Gruppe von Arten, die dieselben Umweltressourcen in ähnlicher Weise nutzt. Känguruh und Schaf bilden trotz ihres unterschiedlichen Aussehens eine solche Gilde. Kaninchen und Beuteldachs dagegen gehören trotz ihrer äußerlichen Ähnlichkeit zu ganz unterschiedlichen Gilden. Aus der Sicht des Ökologen spiegelt sich die Anpassung von Organismen an ihre Umwelt eher in ihrer Lebensart wider – zum Beispiel in ihrer Nahrung und, wem sie als Nahrung dienen – als in der Phylogenie, wie sie beim Evolutionsbiologen im Vordergrund steht.

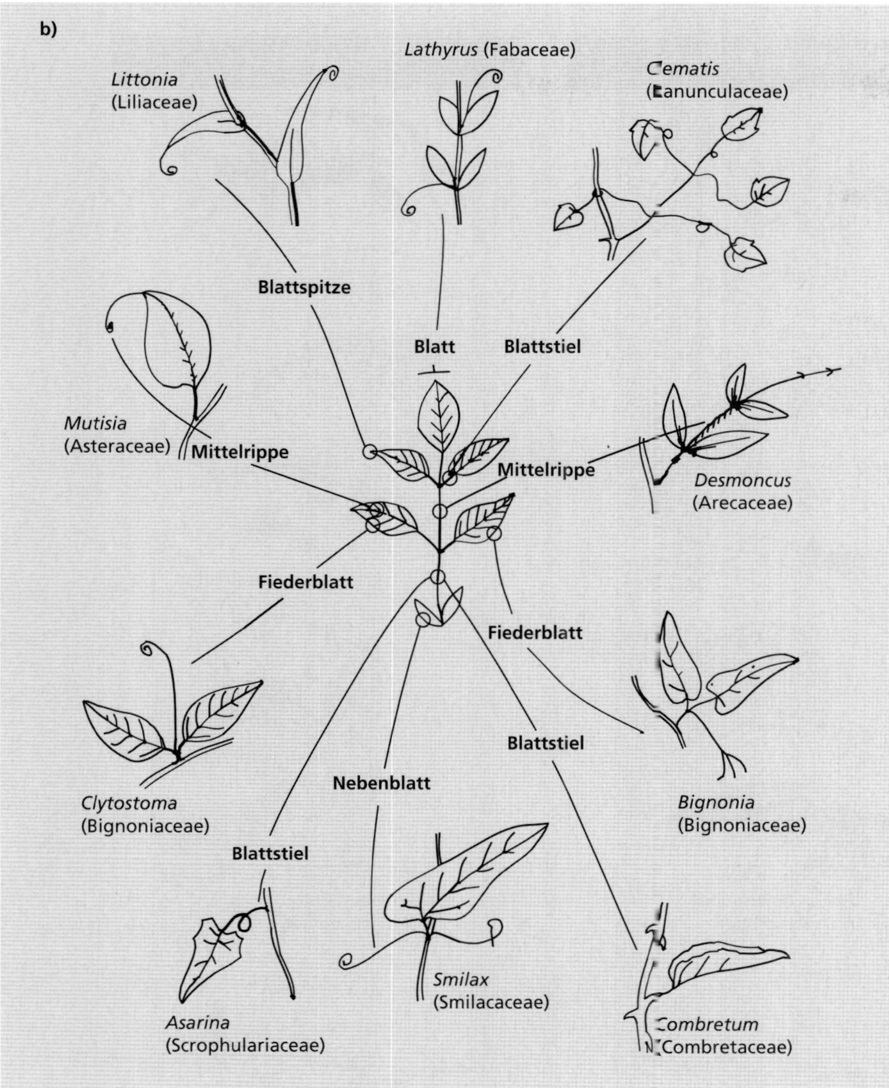

1.8 (Fortsetzung) b) homologe Strukturformen, die durch Abänderung eines einzelnen Organs, nämlich des Blattes, entstanden sind. Als Referenz ist in der Mitte der Abbildung ein idealisiertes Blatt dargestellt. (Zeichnung von Alan Bryant)

1.4 Strukturen von Lebensgemeinschaften

1.4.1 Terrestrische und aquatische Biome der Erde

Durch den Begriff Biome werden verschiedene Lebensgemeinschaften auf der Basis der charakteristischen Vegetation beschrieben.

Bevor wir die Unterschiede und Ähnlichkeiten von Lebensgemeinschaften untersuchen, müssen wir die größeren Einheiten, die **Biome**, betrachten, mit denen die Biogeographen die Hauptunterschiede von Flora und Fauna in den verschiedenen Teilen der Welt beschreiben. Diese Biome nehmen den Raum von den Eiswüsten der Polargebiete und der Gebirge bis zu den Trockenwüsten der kontinentalen Tropen ein. Sie reichen von Regionen, die zu trocken sind, weil das meiste Wasser gefroren ist, bis hin zu Regionen, die in bestimmten Jahreszeiten zu trocken sind, weil das Wasser zu schnell verdunstet. Im tropischen Regenwald dagegen sind Wasser und Strahlung gewöhnlich reichlich vorhanden.

Die Verbreitung der terrestrischen Biome ist abhängig von Temperatur und Niederschlag.

Je nach Biogeograph ist die Anzahl der unterschiedenen Biome verschieden. Diese überschneiden sich jedenfalls, und scharfe Abgrenzungen, wie sie der Kartograph gerne hat, entsprechen kaum den natürlichen Gegebenheiten. Wir beschreiben im folgenden verschiedene Biome und ihre Verbreitung auf der Erde (Abbildung 1.10) und zeigen die Zusammenhänge mit jährlicher Temperatur und jährlichem Niederschlag (Abbildung 1.11; weitere Einzelheiten bei Woodward 1984).

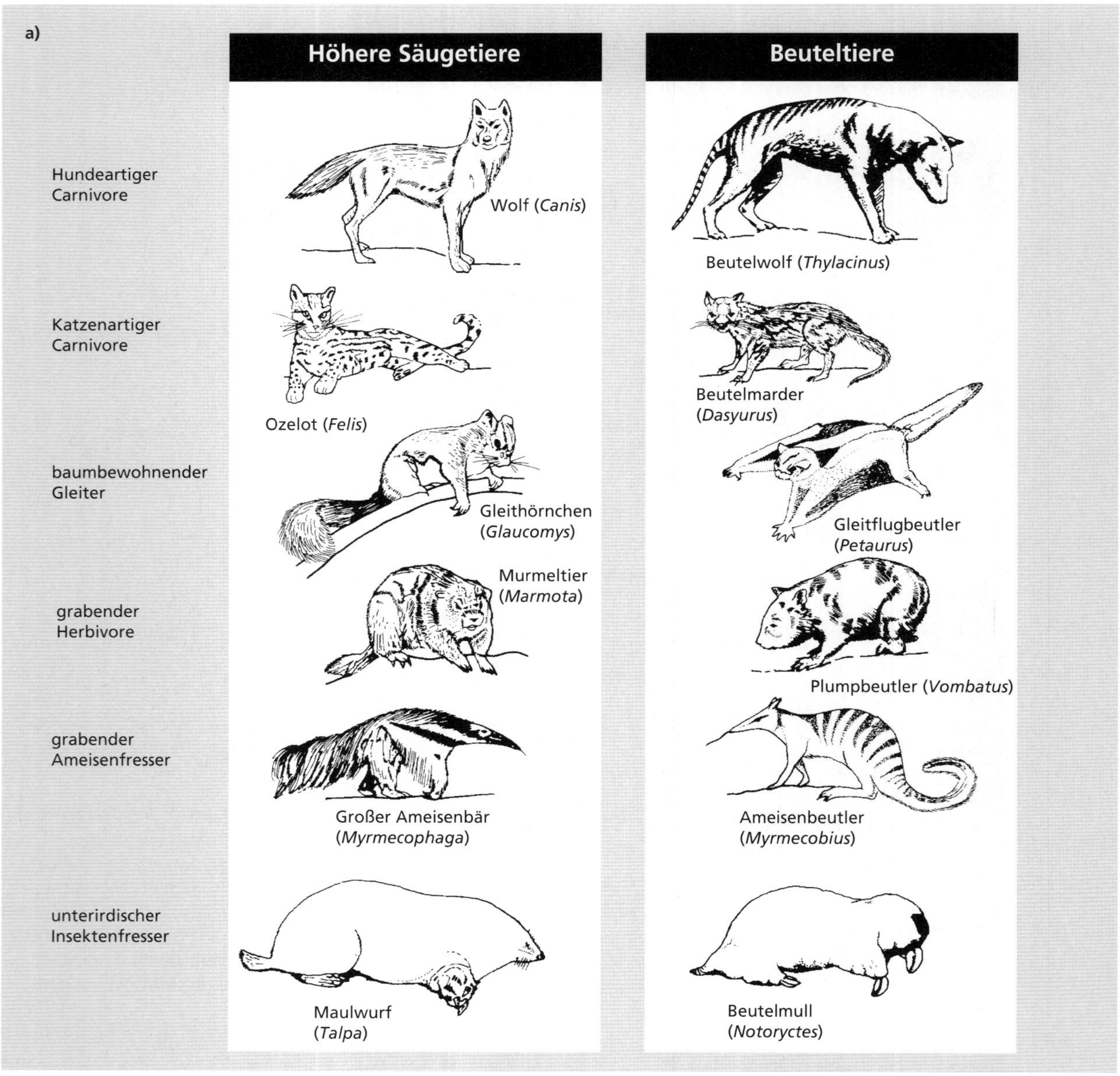

1.9 Parallele Evolution von höheren Säugetieren und Beuteltieren. Die Artenpaare gleichen sich in Erscheinung, Habitat und gewöhnlich (aber nicht immer) in der Lebensform.

Die **Tundra** (Photo 1) erstreckt sich jenseits der Baumgrenze entlang des Polarkreises. Kleinere Gebiete gibt es auch auf subantarktischen Inseln der Südhemisphäre. Die alpine Tundra findet sich unter ähnlichen Bedingungen in großer Höhe über dem Meer – einschließlich einiger Berge in den Tropen. Die Umweltbedingungen sind durch Dauerfrost gekennzeichnet. Flüssiges Wasser ist nur während kurzer Perioden im Jahr vorhanden. Die typische Flora besteht aus Flechten, Moosen, Seggen und Zwergsträuchern. Insekten sind ausgesprochen saisonale Bewohner, und die lokale Vogel- und Säugetierfauna wird im Sommer durch Arten ergänzt, die aus wärmeren Breitengraden zuwandern.

Der **boreale Nadelwald**, die **Taiga** (Photo 2), bedeckt einen breiten Gürtel quer durch Nordamerika und Eurasien. Wasser in flüssiger Form ist während des Winters meist nicht verfügbar. Pflanzen und viele Tiere haben eine ausgeprägte winterliche Ruhephase mit stark herabgesetztem Stoffwechsel. Die Baumvegetation besteht hauptsächlich aus ein oder zwei immergrünen Koniferenarten, die riesige Gebiete bedecken.

Die **Wälder der gemäßigten Zone** (Photo 3) reichen von den gemischten Nadel- und Laubwäldern Nordamerikas und des nördlichen Mitteleuropas – wo der größte Teil dieses Lebensraums vom Menschen verändert wurde – bis zu den temperierten Regenwäldern

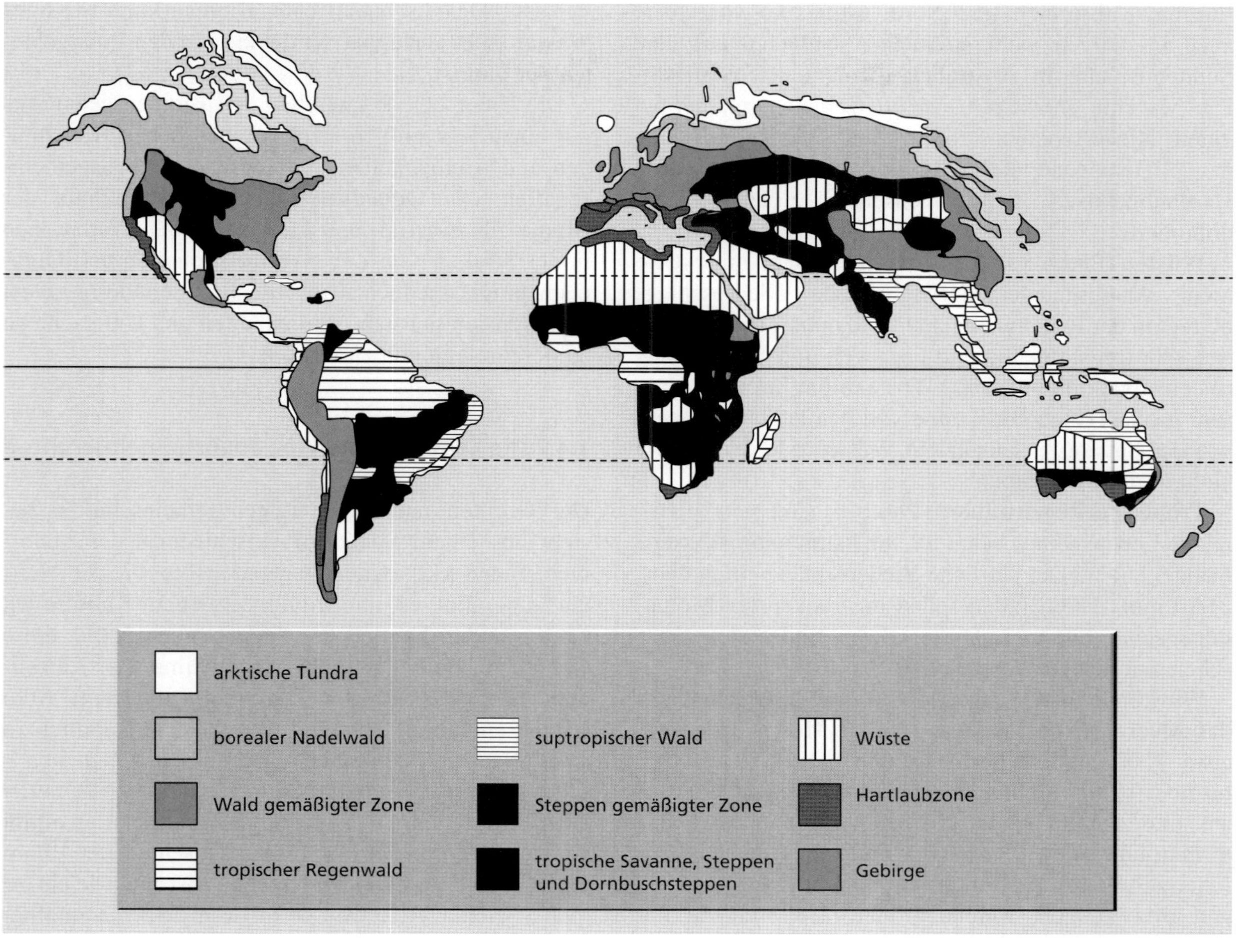

1.10 Verbreitung der wichtigsten terrestrischen Biome auf der Welt. (Nach Cox et al. 1976)

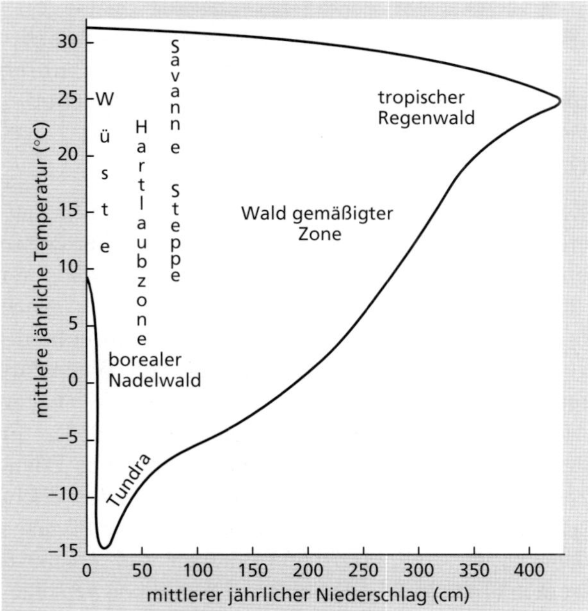

1.11 Die Verbreitung der acht wichtigsten terrestrischen Biome in Abhängigkeit von mittlerer jährlicher Temperatur und mittlerem jährlichen Niederschlag. Es ist nicht möglich, zwischen den Biomen klare Grenzen zu ziehen, da lokales Klima, Bodentypen und Feuer das Gleichgewicht verschieben können. (Nach Whittaker 1975)

mit immergrünen Laubbäumen, wie sie zum Beispiel an der Südspitze Floridas und an der Südspitze der Südinsel von Neuseeland vorkommen. In den meisten Wäldern der gemäßigten Zone gibt es Perioden mit Wassermangel, da die Evaporation den Niederschlag und das verfügbare Bodenwasser übersteigt.

Die **Grasländer** nehmen die etwas trockeneren Teile der gemäßigten und tropischen Gebiete ein. Grasländer der gemäßigten Zone haben viele lokale Namen: Prärie, Steppe, Pampa, Veld. Als tropische Steppe oder Savanne (Photo 4) bezeichnet man die Vegetation im Bereich der Tropen, die entweder ausschließlich aus Gräsern besteht oder im Grasland einige Bäume aufweist. Fast alle Grasländer weisen eine saisonale Trockenzeit auf, aber die Bedeutung des Klimas für die Ausformung der Vegetation ist nahezu vollständig vom Einfluß weidender Tiere überlagert. Diese reduzieren die vorhandenen Arten auf solche, die häufige Entblätterung überstehen. Die **Hartlaubzone** (im Mittelmeergebiet Macchie, in Nordamerika Chaparral genannt) kommt in mediterranen Klimatypen mit milden, feuchten Wintern und trockenen Sommern in

Europa, Kalifornien und Nordwestmexiko vor, aber auch in einigen wenigen kleinen Gebieten auf der Südhemisphäre in Australien, Chile und Südafrika. Die Macchie entwickelt sich in Gebieten mit geringeren Niederschlägen als in den Grasländern der gemäßigten Zone und wird von trockenresistentem Hartlaubgebüsch niedrigwachsender Holzgewächse dominiert.

Wüsten (Photo 5) bilden sich in Gebieten mit extremem Wassermangel. Der jährliche Niederschlag beträgt in der Regel weniger als 250 mm, fällt gewöhnlich sehr unregelmäßig und liegt weit unter der potentiellen Evaporation. Das Wüstenbiom umfaßt eine sehr große Temperaturspanne von den heißen Wüsten wie der Sahara zu sehr kalten Wüsten wie der Wüste Gobi in der Mongolei.

Tropische Regenwälder (Photo 6) sind sehr artenreiche Lebensgemeinschaften, die kaum unter Wassermangel leiden. Der jährliche Niederschlag beträgt über 2 000 mm, davon fallen selbst im trockensten Monat mindestens 120 mm. Dieses Biom findet sich zwischen den beiden Wendekreisen.

Wir können auch aquatische Biome unterscheiden: das Meer und das Süßwasser. Die **Meere** bedecken etwa 71 % der Erdoberfläche und haben Tiefen von bis über 10 000 m. Sie dehnen sich zwischen Gebieten aus, in denen die Niederschläge die Evaporation übertreffen, und solchen, wo das Umgekehrte der Fall ist. Innerhalb dieses Wasserkörpers kommt es zu gewaltigen Bewegungen, welche größere Unterschiede im Salzgehalt verhindern. Der durchschnittliche Salzgehalt der Meere beträgt etwa 3.4 %. Zwei Hauptfaktoren beeinflussen die biologische Aktivität der Meere. Die photosynthetisch aktive Strahlung wird im Wasser absorbiert, wodurch die Photosynthese auf den Bereich der Wasseroberfläche beschränkt ist. Die mineralischen Nährstoffe, insbesondere Stickstoff und Phosphor, sind meistens so stark verdünnt, daß sie limitierende Faktoren für die Produktion von Biomasse sind. Flachwasserzonen – zum Beispiel Küstenzonen und Flußmündungen – haben allgemein eine hohe biologische Aktivität, da ein Mineraleintrag vom Land her erfolgt und da weniger von der einfallenden Strahlung verlorengeht als im Tiefenwasser. Intensive biologische Aktivität gibt es auch dort, wo nährstoffreicheres Wasser aus der Meerestiefe an die Oberfläche gelangt.

Süßwasserbiome gibt es hauptsächlich entlang des Abflusses des Wassers vom Land ins Meer. Die chemische Zusammensetzung des Wassers variiert sehr stark in Abhängigkeit von der Quelle, der Fließgeschwindigkeit sowie dem Eintrag organischen Materials aus der Umgebung. In Wasseransammlungen mit hoher Evaporationsrate reichern sich gelöste Salze an, wobei die Konzentrationen jene von Meeren weit übertreffen können. Auf diese Weise entstehen Salzseen oder **Salzpfannen**, in denen wenig Leben möglich ist. Sogar in aquatischen Biomen kann flüssiges Wasser nicht verfügbar sein, wie es in den Polargebieten der Fall ist.

Die Unterschiede zwischen den Biomen geben uns nur einen sehr groben Eindruck von den Abweichungen und Ähnlichkeiten, die zwischen Lebensgemeinschaften von Organismen bestehen. Innerhalb der Biome gibt es groß- und kleinmaßstäbige Variationen in der Struktur von Lebensgemeinschaften und Organismen. Es ist jedoch außerordentlich schwierig, selbst die offensichtlichsten Ähnlichkeiten und Unterschiede zu beschreiben und zu messen.

1.4.2 Die Lebensformen in Lebensgemeinschaften

Der Großteil natürlicher Lebensgemeinschaften besteht aus einem Spektrum verschiedener Lebensformen. Einen klassischen Vegetationstyp wie die Hartlaubzone gibt es im Mittelmeergebiet, Kalifornien, Chile, Südafrika und in Südaustralien. Alle diese Gebiete haben ein sehr ähnliches Klima. Auf Luftbildern und bei schneller Durchfahrt mit dem Auto scheint auch die Vegetation dieser Gebiete ähnlich zu sein. Die von Taxonomen aufgestellten Artenlisten – sogar die Listen der Familien – zeigen jedoch keinerlei Übereinstimmung. Der Charakter der Vegetation ergibt sich oft aufgrund des Habitus der verschiedenen Pflanzen, und die vorhandene Diversität ist nicht leicht zu quantifizieren. Also werden oft wenig präzise qualitative Begriffe wie „Gebüsch“, „Bülte“ oder „Rasen“ verwendet.

Nach Raunkiaer werden die Pflanzen nach der Lage ihrer Meristeme klassifiziert; durch die relative Häufigkeit dieser unterschiedlichen Wuchsformen wird die Flora einer Region charakterisiert.

Es wurden ernsthafte Versuche unternommen, genauere Methoden für die Beschreibung der Lebensweise und der Form von Pflanzen, unabhängig von ihrer Taxonomie und Systematik, zu entwickeln. Noch immer die einfachste und in vieler Hinsicht befriedigendste Methode der Klassifizierung von **Wuchsformen** ohne Berücksichtigung der Systematik ist jene des dänischen Botanikers Raunkiaer (1934). Er betonte, das Wachstum der Triebe von höheren Pflanzen hänge von der Bildung von Gewebe an den Triebspitzen (Meristeme) ab, und klassifizierte die Pflanzen danach, wie ihre Meristeme erhalten und geschützt werden (Tabelle 1.1). Die relative Häufigkeit verschiedener Lebensformen wird dann zur Bildung von Spektren der Flora verschiedener Regionen verwendet. Raunkiaer verglich diese mit einem globalen Spektrum aller zu seiner Zeit bekannten und beschriebenen Arten, dem sogenannten Index Kewensis, der allerdings dadurch beeinflußt ist, daß die Tropen noch rela-

Tabelle 1.1: Die Wuchsformenklassifikation. (Nach Raunkiaer 1934)

Phanerophyten	die Erneuerungsknospen oder Triebspitzen entstehen an aufragenden oberirdischen Zweigen a) immergrüne ohne Knospenschutz } mehr als 2 m hoch b) immergrüne mit Knospenschutz } mehr als 2 m hoch c) sommergrüne mit Knospenschutz } mehr als 2 m hoch d) weniger als 2 m hoch
Chamaephyten	die Erneuerungsknospen- oder Triebspitzen entstehen an Trieben sehr nahe der Bodenoberfläche a) am Grunde verholzte Chamaephyten, das heißt solche mit aufgerichteten Trieben, die bis auf den Erneuerungsknospen tragenden Teil absterben b) passive Chamaephyten mit dauerhaften schwachen Trieben auf oder nahe der Bodenoberfläche c) aktive Chamaephyten mit dauerhaftem horizontalem Wuchs auf oder nahe der Bodenoberfläche d) Polsterpflanzen
Hemikryptophyten	die Erneuerungsknospen der Triebspitzen liegen an der Erdoberfläche a) Protohemikryptophyten mit oberirdischen Zweigen, die im unteren Bereich unvollständig entwickelte Blätter besitzen b) Halbrosettenpflanzen mit den meisten (und größten) Blättern an kurzen Internodien nahe der Erdoberfläche c) Rosettenpflanzen, die alle Blätter in basaler Rosette ausbilden
Kryptophyten	die Erneuerungsknospen oder Triebspitzen liegen im Boden (oder unter Wasser) a) Geokryptophyten oder Geophyten mit (I) Rhizomen, (II) Zwiebeln, (III) Triebknollen, (IV) Wurzelknollen b) Sumpfpflanzen (Helophyten) c) Wasserpflanzen
Therophyten	Pflanzen, die ihren Zyklus von Samen zu Samen innerhalb einer Saison abschließen (einschließlich Arten, die im Herbst keimen und im Frühling des folgenden Jahres blühen und absterben)

tiv unerforscht sind (Abbildung 1.12). Auf diese Weise werden gravierende Unterschiede deutlich, die nicht nur Anpassungen von Organismen, sondern ganzer Komplexe von Lebensgemeinschaften an ihre Umwelt aufzeigen.

In neuerer Zeit wurden Versuche unternommen, Raunkiaers Methoden zu verbessern (Box 1981; Barkman 1988). Alle diese Versuche haben eine Anzahl von Problemen gemeinsam: Schwierigkeiten bei der Zuordnung der Arten und der subjektive Charakter der angewandten Kriterien. Es gibt nun aber auch objektive statistische Methoden, um Pflanzen in ökologisch relevante Gruppen einzuteilen. Was noch fehlt, sind vergleichbare Untersuchungen für unterschiedliche Lebensgemeinschaften.

Die Säugetierfauna kann durch die Häufigkeit des Auftretens bestimmter Eigenschaften wie Fortbewegungsweise und Nahrungsgewohnheiten charakterisiert werden.

Studien über die Abstimmung von Tiergesellschaften mit ihrer Umwelt sind selten durchgeführt worden. Ein spannendes Beispiel ist der Versuch, die ökologische Diversität von Säugetierfaunen in verschiedenen Wäldern anhand ihrer **Fortbewegungsweise** und **Nahrungsgewohnheiten** zu klassifizieren und quantifizieren (Andrews et al. 1979). Die Spektren der Lebensformen der Wälder aller vier Kontinente sind erstaunlich ähnlich. Ein weiteres Beispiel für den Vergleich von Lebensformen findet sich in der Untersuchung über die Lebensgemeinschaften von Tieren im Mittelmeerraum von Cody und Mooney (1978).

Bei der Beschreibung von Lebensgemeinschaften sollte die Phylogenie der betrachteten Arten mit einbezogen werden.

Das vielleicht größte Problem bei der Definition und Klassifikation von Lebensgemeinschaften und bei der Bildung von Gruppen von Organismen liegt darin, daß Arten nicht wirklich voneinander unabhängige Faktoren darstellen. Vielmehr sollte die Phylogenie der Arten berücksichtigt werden, wenn man sie zur Beschreibung und zum Vergleich von Lebensgemeinschaften heranzieht (Westoby et al. 1995; Harvey 1995; Harvey et al. 1995; Franco et al. 1996). Besonders wichtig ist die Phylogenie bei Untersuchungen zur vergleichenden Ökologie, wenn entwicklungsgeschichtliche Konvergenz, parallele Evolution und phylogenetische Einschränkung zusammen mit heutigen Eigenschaften zur Charakterisierung von Flora und Fauna beigetragen haben.

1.4.3 Diversität der Anpassungen in Lebensgemeinschaften

Ein bestimmter Typ von Organismus ist zwar häufig für eine bestimmte ökologische Situation charakteristisch, er ist aber nur Teil einer Gemeinschaft von Formen, die sich voneinander sehr stark unterscheiden. Eine wirklich zufriedenstellende Erklärung für die Anpassung von Organismen an ihre Umwelt kann deshalb nicht nur die Ähnlichkeiten von Organismen aufzeigen, die das Leben in der gleichen Umwelt möglich machen. Sie muß auch erklären, warum sich Arten, die

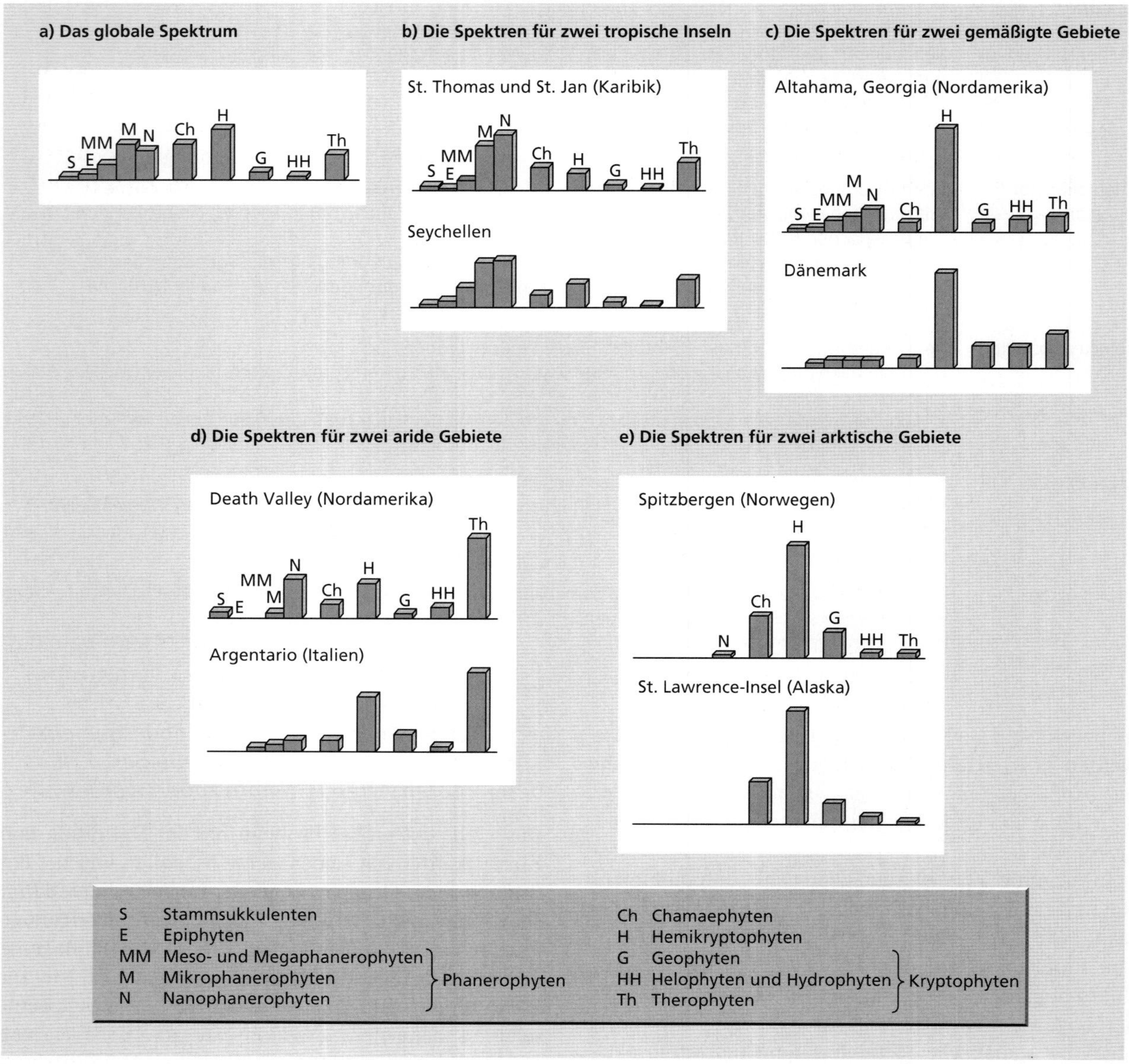

1.12 Ganze Lebensgemeinschaften von Pflanzen können nach der Methode von Raunkiaer (1934) miteinander verglichen werden. a) Das globale Spektrum der Lebensformen nach dem Index Kewensis. b) Spektren der Lebensformen der Vegetation von zwei tropischen Inseln. c) Spektren der Lebensformen in zwei Gebieten der gemäßigten Zone. d) Spektren der Lebensformen in zwei ariden Gebieten. e) Spektren der Lebensformen in zwei arktischen Gebieten. Die verschiedenen Kategorien der Lebensformen sind in Tabelle 1.1 beschrieben.

in der gleichen Umwelt leben, oft so stark voneinander unterscheiden.

Obwohl Arten in der gleichen Umwelt leben, sind sie in der Regel verschieden.

Es gibt viele Erklärungen für die Diversität innerhalb von Lebensgemeinschaften.

1) Die *Umwelt ist mosaikartig*. Es gibt keine homogene Umwelt in der Natur. Selbst die kontinuierlich umgerührte Kultur von Mikroorganismen ist heterogen, da sie eine Begrenzung, nämlich die Wand des Gefäßes, hat. Mikrobiologen machen oft die Erfahrung, daß sich kultivierte Organismen in zwei Formen unterteilen: Die eine haftet an der Wand und die andere befindet sich frei im Medium. Eine heterogene Umwelt besteht aus einzelnen speziellen Umwelten. Die Diversität der darin lebenden Arten sagt nicht mehr aus, als daß Organismen vorhanden sind, die jeder besonderen Kombination von Umweltbedingungen angepaßt sind.

Das Ausmaß der Heterogenität der Umwelt hängt vom Maßstab des betrachteten Organismus ab. Für einen Senfsamen ist ein Erdklümpchen ein Berg, und für eine Raupe kann ein einzelnes Blatt die Nahrung für das ganze Leben bedeuten. Ein

Samen im Schatten eines Blattes kann am Keimen gehindert sein, während ein anderer außerhalb dieses Schattens normal keimt. Was dem beobachtenden Ökologen als homogene Umwelt erscheint, kann für einen Organismus ein Mosaik aus Verträglichem und Unverträglichem bedeuten.

2) In den meisten, vielleicht sogar in allen Umwelten gibt es *Gradienten von Bedingungen oder verfügbaren Ressourcen.* Das können Raumgradienten – zum Beispiel Höhenunterschiede – oder Zeitgradienten sein, und diese wiederum können regelmäßig wiederkehrend – wie Tages- und Jahreszeitenzyklen –, gerichtet – wie die Akkumulation einer Verunreinigung in einem See – oder erratisch – wie Feuer, Hagelschauer und Taifune – auftreten.
3) Die *Existenz eines bestimmten Organismus diversifiziert einen Lebensraum* sofort für andere Organismen. Während seines Lebens gelangen Kot, Urin, abgestorbene Blätter und schließlich sein toter Körper in die Umwelt. Sein eigener Körper kann zum Lebensraum für andere Organismen oder zu einer Ressource für Räuber, Pathogene und Parasiten werden, die vorher keinen Platz in dieser Lebensgemeinschaft hatten.

Die Diversität innerhalb natürlicher Lebensgemeinschaften kann auf alle drei Typen von Heterogenität zurückzuführen sein. Im Grunde ist diese „Erklärung" der Diversität relativ einfach. Es überrascht nicht, daß eine Pflanze, die das Sonnenlicht nutzt, ein auf dieser Pflanze lebender Pilz, eine herbivore Art, welche die Pflanze frißt, und ein parasitischer Wurm, der in der herbivoren Art lebt, alle in derselben Lebensgemeinschaft koexistieren können. Andererseits enthalten die meisten Lebensgemeinschaften eine Vielfalt an verschiedenen Arten, die alle ähnlich gebaut sind und wenigstens bei oberflächlicher Betrachtung eine ähnliche Lebensweise haben. Diese Art von Diversität zu verstehen und zu erklären, ist alles andere als einfach. Das Beispiel der antarktischen Robben (Pinnipedia) zeigt, wie sich Arten unterscheiden, die in derselben Lebensgemeinschaft leben. Aufgrund radiativer Evolution haben sich manche Spezies auf unterschiedliche Nahrungsquellen in verschiedenen Meeresstufen spezialisiert und können somit in gemischten Lebensgemeinschaften koexistieren (Laws 1984).

Die Interpretation von Verteilungsmustern muß, soweit sie beim heutigen Wissen überhaupt möglich ist, aufgeschoben werden, bis Koexistenz und Konkurrenz in späteren Kapiteln behandelt worden sind. Trotzdem können bereits an dieser Stelle einige wichtige Feststellungen getroffen werden:

1) Koexistierende Arten unterscheiden sich allgemein nur sehr geringfügig, aber jede Art ist an ihre Umwelt angepaßt und findet ihre Lebensform, weil die Umwelt selbst heterogen ist.
2) Die Unterschiede in der Ökologie von Arten, die in einer Lebensgemeinschaft zusammen vorkommen, sind am leichtesten zu erfassen, wenn die Arten nah miteinander verwandt sind. Dann treten die Unterschiede vor dem Hintergrund vieler gemeinsamer Merkmale hervor. Aber es ist mindestens so wichtig, die Koexistenz von Mitgliedern derselben Gilde (siehe Seite 16) zu verstehen, die nicht unbedingt nah miteinander verwandt sind. Krill ist zum Beispiel eine häufige Ressource in antarktischen Gewässern, und die Krabbenfresserrobbe (*Lobodon carcinophagus*) sowie in geringerem Ausmaß der Seeleopard (*Hydrurga leptonyx*) sind auf diese Nahrung spezialisiert. Aber Krill wird auch von Tintenfischen, Fischen, Vögeln und Bartenwalen gefressen. Deshalb darf sich eine umfassende Analyse der Anpassung einzelner Teile eines solchen Puzzles nicht auf eine spezielle taxonomisch verwandte Gruppe beschränken, sondern muß ganze Gilden miteinbeziehen.
3) Wenn wir eine Gruppe von systematisch verwandten Arten haben, die offensichtlich durch radiative Evolution entstanden sind, so dürfen wir nicht jede Art so behandeln, als wäre sie ein eigenständiges Produkt der natürlichen Selektion. Ähnlichkeiten zwischen Arten können das Ergebnis von konvergenter Evolution oder von gemeinsamen Vorfahren sein. Harvey und Pagel (1991) haben aufgezeigt, wie dieses Problem angegangen werden kann.

Viele Beispiele werfen mehr Fragen auf, als sie beantworten. Sind koexistierende Arten notwendigerweise verschieden? Wenn ja, wie unterschiedlich müssen sie sein: Gibt es eine Begrenzung für ihre Ähnlichkeit? Stehen Arten gegenwärtig miteinander in Interaktion oder hat die vorangegangene radiative Evolution zum Verschwinden solcher Wechselbeziehungen innerhalb der heutigen Gilden geführt? Auf keine dieser Fragen gibt es eine direkte Antwort, wir werden aber in späteren Kapiteln näher auf sie eingehen.

1.5 Spezialisierung innerhalb von Arten

Vorteilhafte Genotypen werden selektiert, wenn die Kräfte der natürlichen Selektion stärker sind als das homogenisierende Potential.

Bis jetzt haben wir Arten oder größere Taxa als Einheiten betrachtet, die sich an die Umwelt anpassen. Aber gerade innerhalb von Arten können die am stärksten spezialisierten Anpassungen an die Umwelt festgestellt werden. Wie wir bei der Darstellung von Inseln hervorgehoben haben, führen die homogenisierenden Wirkungen des genetischen Austausches und der Rekombination dazu, daß die meisten der deutlich feststellbaren Heterogenitäten in einer Population dann auftauchen, wenn diese geographisch isoliert wird und kein genetischer Austausch mehr stattfindet. Wenn jedoch die lokalen Kräfte der natürlichen Auslese sehr stark sind, dann können sie die homogenisierenden Kräfte der sexuellen Reproduktion und der Rekombination wettmachen. In solchen Fällen können lokal bevorzugte Genotypen einen so großen Vorteil haben, daß nachteilige Kombinationen ständig eliminiert werden, selbst wenn ein gewisser genetischer Austausch stattfindet. Der Genfluß bleibt weiterhin erhalten, die Populationen bleiben Teil derselben Art, aber es entstehen lokale, spezialisierte **Rassen**.

Der Austausch von genetischem Material innerhalb einer Population hängt von der **Mobilität** des gesamten Organismus oder im Fall sessiler Organismen von der Mobilität ihrer Gameten, Pollen oder Samen ab. Wenn die Mitglieder einer Population auf der Suche nach Geschlechtspartnern frei umherwandern – oder ihre Gameten, Sporen oder Samen weit verbreitet werden –, dann müssen besondere lokale Kräfte der natürlichen Selektion stärker sein, um zur Bildung spezieller Anpassungen zwischen Lebewesen und ihrer lokalen Umwelt zu führen.

Sessile Organismen müssen sehr gut an ihre Umwelt angepaßt sein.

Lokale, spezialisierte Populationen bilden sich am auffälligsten bei Organismen aus, die während des größten Teils ihrer Lebenszeit sessil sind. Mobile Organismen sind dem Einfluß ihrer Umwelt weniger ausgeliefert; sie können einer ungünstigen oder letalen Umwelt ausweichen oder sich aus ihr zurückziehen und aktiv eine andere aufsuchen. Sessile Organismen wie höhere Pflanzen, Moos, Seetang und Korallen haben diese Freiheit nicht. Ihre Nachkommen – Samen, Pollen oder Gameten – sind der ungewissen passiven Verbreitung durch Wind, Wasser oder Tiere ausgeliefert. Die Populationen von seßhaften Organismen unterliegen deshalb den natürlichen Selektionskräften besonders intensiv.

Im Gegensatz zu sessilen Organismen können mobile Organismen diejenige Umwelt selbst aufsuchen, die ihren Bedürfnissen optimal entspricht.

Der Kontrast zwischen den Anpassungsmechanismen von mobilen und sessilen Organismen ist an der Meeresküste besonders deutlich sichtbar. Die Gezeitenzone wechselt kontinuierlich zwischen aquatischer und terrestrischer Umwelt. Die festsitzenden Algen, Polypen, Schwämme, Moostierchen, Muscheln und Entenmuscheln können in beiden Extremen leben. Die mobilen Mitglieder der Lebensgemeinschaft, wie zum Beispiel die Garnelen, Krabben und Fische wandern mit ihrem aquatischen Habitat mit, während die am Strand Nahrung suchenden Vögel sich je nach Breite ihres terrestrischen Lebensraums vorwärts oder rückwärts bewegen. Die sessilen Organismen müssen den gesamten täglichen Wechsel ihrer Umwelt ertragen können; die mobilen Organismen hingegen haben das nicht nötig, da sie mit den Gezeiten wandern. In gewissem Sinne erlaubt diese Art der Anpassung solchen mobilen Organismen, vielen natürlichen Selektionskräften auszuweichen. Die Mobilität erlaubt ihnen im Gegensatz zu den immobilen Organismen, eine ihren Bedürfnissen entsprechende Umwelt aufzusuchen.

1.5.1 Ökotypen

Lokale Anpassungen von Organismen einer Population können zur Bildung von Ökotypen führen.

Der Begriff **Ökotyp** wurde zuerst für Populationen von Pflanzen eingeführt (Turesson 1922), um genetisch bedingte Unterschiede zwischen verschiedenen Populationen einer Art zu beschreiben – Unterschiede, die lokale Anpassungen von Organismen an ihre Umwelt darstellen. Das Vorhandensein von verschiedenen Ökotypen innerhalb einer Art wurde nachgewiesen, indem Pflanzen aus einer Vielzahl von Habitaten in ein gemeinsames Habitat gepflanzt wurden, wo sie gemeinsam während einer oder mehrerer Wachstumsperioden wachsen konnten. Dabei muß man Pflanzen unterschiedlicher Herkunft unter genau gleichen Verhältnissen anpflanzen und vergleichen, denn einige der Unterschiede zwischen Feldpopulationen können umweltbedingte phänotypische Veränderungen sein, die nicht genotypisch bedingt sind. Die Unterschiede zwischen Rassen einer Art, die als Ökotypen gelten, sind in Tabelle 1.2 zusammengestellt.

Die Bildung von Ökotypen kann sehr differenziert und sehr schnell erfolgen.

Die sehr feine Skala lokaler Spezialisierung von Pflanzen wurde durch Studien zur Toleranz gegenüber toxischen Schwermetallen – Blei, Zink, Kupfer und so weiter – nachgewiesen (Antonovics und Bradshaw 1970). Am Rand von Gebieten, die durch den Abbau von Erzen kontaminiert wurden, ändert sich die Selektion gegen intolerante Genotypen abrupt. Populationen auf kontaminierten Flächen können sich in ihrer Schwermetalltoleranz über Distanzen von weniger als 100 m signifikant unterscheiden. Beim Gewöhnlichen Ruchgras (*Anthoxanthum odoratum*) beispielsweise unterschieden sich Populationen in weniger als 1.5 m Entfernung. Es gibt diese Unterschiede, obwohl Pollen durch Wind oder Insekten ungehindert über solche Grenzen hinweg ausgebreitet wird.

In einigen Fällen war es möglich, die Zeitspanne zu bestimmen, in der die Selektion ablief. Schwermetalltoleranz entwickelte sich etwa in Swansea (Südwales) seit Beginn des Bergbaus vor 300 Jahren; Zinktoleranz

Tabelle 1.2: Beispiele für Unterschiede zwischen Ökotypen höherer Pflanzen.

Aspekte der Form oder des Lebenszyklus	Unterschied zwischen Ökotypen	Autoren
Wuchsform	Gegensatz zwischen aufrechtem und niederliegendem *Plantago maritima*	Gregor (1930)
Wasserbedürfnisse Wachstumsbeginn	Gegensätze zwischen alpinen, subalpinen und Flachlandformen von *Poa alpina*	Turesson (1922)
jährlicher Wachstumszyklus	Gegensätze zwischen Formen entlang eines Höhenstufengradienten mit unterschiedlichen Blüte- und Fruchtbildungszeiten, z. B. *Hemizonia, Achillea*	Clausen et al. (1941)
Lebensdauer und vegetative Vitalität	Gegensätze zwischen Gräsern verschiedener Arten in kultivierten Grasflächen	Stapledon (1928)
Blütezeit	geographische Unterschiede in den photoperiodischen Ansprüchen für das Blühen	McMillan (1957)
Reaktion auf Nährstoffe	Variation innerhalb Gras- und Weißkleearten als Reaktion auf Stickstoff, Phosphor, Calcium usw.	Snaydon und Bradshaw (1969)
Schwermetalltoleranz	Unterschiede zwischen Formen auf Halden von Schwermetallminen und an anderen Orten	Antonovics und Bradshaw (1970)
Kälte- und Frosttoleranz Akklimation	Gegensätze zwischen Populationen von *Opuntia fragilis* im Norden der USA und Kanada	Loik und Nobel (1993)

entwickelte sich unter einem galvanisierten Eisenzaun innerhalb von 25 Jahren. Die Selektionsgeschwindigkeit und die Schärfe der Grenzen zwischen den Populationen beweisen, wie einflußlos der Genfluß gegenüber sehr starken natürlichen Selektionskräften ist.

1.5.2 Genetisch bedingter Polymorphismus

Entsteht eine Variation als Fehlanpassung, so bezeichnet man dies als vorübergehenden Polymorphismus.

Mit einer noch feineren Skala als für Ökotypen sind Biologen zunehmend fähig, verschiedene Grade von Variation innerhalb kleiner lokaler Populationen zu erfassen, die für die Selektion bedeutsam sind. Diese Art von Variation wird als **Polymorphismus** bezeichnet. Nach Ford (1940) ist **genetisch bedingter Polymorphismus** »das gemeinsame Vorkommen (im gleichen Habitat) von zwei oder mehreren diskontinuierlichen Formen einer Art in solchen Proportionen, daß die seltenste von ihnen nicht nur durch wiederholte Mutation oder Einwanderung erhalten werden kann«. Nicht jede solche Variation stellt eine Anpassung eines Organismus an die Umwelt dar. Tatsächlich können manche von ihnen auch Fehlanpassungen sein, indem beispielsweise die Nachkommen einer spezialisierten Form in das Habitat einer anderen Form gelangen oder sich die Verhältnisse innerhalb eines Habitats geändert haben und eine Form durch eine andere ersetzt wird. Dies bezeichnet man als vorübergehenden Polymorphismus. Da sich alle Lebensgemeinschaften fortlaufend verändern, ist ein Großteil des Polymorphismus, den wir in der Natur beobachten, vorübergehender Art und zeigt, wie sehr die genetische Anpassung von Populationen an ihre veränderte Umwelt immer der Entwicklung hinterherhinkt. Sie kann sich auch nicht im voraus auf zukünftige Veränderungen einstellen.

Natürliche Selektion bewirkt die aktive Erhaltung von genetisch bedingtem Polymorphismus.

Ein Großteil der Polymorphismen wird jedoch durch natürliche Selektion aktiv in einer Population erhalten. Das kann auf verschiedene Art und Weise erfolgen.

1) *Heterozygote können in ihrer Fitneß überlegen sein*, wegen der Mechanismen der Mendelschen Genetik erzeugen sie jedoch fortlaufend weniger fitte Homozygote innerhalb der Population. Eine solche „Heterosis“ gibt es zum Beispiel bei der Sichelzellenanämie des Menschen in Malariagebieten. Heterozygote Träger des Sichelzellgens leiden nur geringfügig unter Anämie und werden von Malaria wenig befallen. Sie erzeugen aber fortlaufend auch homozygote Nachkommen, die entweder lebensgefährlich anämisch sind oder empfindlich gegenüber Malaria.
2) Es *kann bei Selektionskräften Gradienten geben*, die an einem Ende eine Form (Morphe) selektionieren und am anderen Ende eine andere Form. Das kann an intermediären Stellen des Gradienten polymorphe Populationen hervorbringen.

3) Es *kann eine häufigkeitsabhängige Selektion geben*, bei welcher jede Morphe einer Art dann am fittesten ist, wenn sie am seltensten ist (Clark und Partridge 1988). Vermutlich sind seltene Farbvariationen eines Beutetieres deshalb fit, weil sie nicht erkannt werden, und deshalb von ihren Räubern unbehelligt bleiben.
4) Die *Selektionskräfte können in verschiedenen Teilen* des feinen Mosaiks einer Population *in verschiedene Richtungen wirken*. In diesem Fall hängt die Übereinstimmung zwischen Organismus und Umwelt davon ab, ob eine große Anzahl an Nachkommen verbreitet wird, damit jeder Typ eine reale Chance hat, in jenen Teil des Mosaiks zu gelangen, in dem er der Fitteste ist.

Eingehende Studien zum Polymorphismus beim Weißklee (*Trifolium repens*) sind bei Turkington und Harper 1979; Burdon 1980; Dirzo und Harper 1982, Gliddon und Harper 1985 beschrieben.

1.6 Die Anpassung von Organismen an eine Umwelt im Wandel

Organismen müssen ihre Verhaltensweisen ständig in Abhängigkeit von ihrer Umwelt verändern.

Keine Umwelt ist über längere Zeit unveränderlich; aber es gibt konstantere und variablere Umwelten. Keine Verhaltensweise eines Organismus kann einer veränderten Umwelt entsprechen, wenn sie sich nicht auch selbst ändert. Man kann drei verschiedene **Kategorien von Umweltveränderungen** unterscheiden.

1) *Zyklische Veränderungen*, die sich wie die Jahreszeiten, der Wechsel von Flut oder Ebbe und die Tag- und Nachtphasen im Tagesverlauf regelmäßig wiederholen.
2) *Gerichtete Veränderungen*, die über eine Zeitperiode hin ablaufen, die im Vergleich zur Lebensdauer eines Organismus relativ lang sein kann. Beispiele dafür sind die fortschreitende Erosion einer Küste, die anhaltende Ablagerung von Schlamm in einer Flußmündung oder die Zyklen der Eiszeiten.
3) *Erratische Veränderungen*, die all jene Umweltveränderungen einschließen, die keinen Rhythmus und keine gleichbleibende Richtung haben. Beispiele dafür sind der Verlauf und das zeitliche Auftreten von Wirbelstürmen, Gewitter oder durch Blitzschlag entfachte Feuer.

Organismen können entweder direkt auf eine Veränderung reagieren oder auf ein Signal hin, das eine Reaktion auslöst.

Die optimale Anpassung von Organismen an eine veränderliche Umwelt muß ein Kompromiß zwischen Anpassung an die Veränderung und Toleranz der Veränderung sein. Die wiederholte Erfahrung von zyklischen Veränderungen über Generationen hinweg hat bei den Organismen selbst zur Selektion von Verhaltensmustern geführt, die in sich zyklisch sind: Beispiele sind die Diapause bei Insekten, der jährliche Blattfall bei Laubbäumen, Bewegungen von Blättern im Tagesverlauf, die Wanderung von Krabben mit Ebbe und Flut, die jährlichen Zyklen von Fortpflanzungsperioden oder der jahreszeitliche Wechsel der Fellfarbe und/oder der Felldicke bei Säugetieren (siehe Abbildung 2.11b) und des Federkleides von Vögeln.

Die Organismen regeln ihre Reaktion auf Veränderungen in ihrer Umwelt hauptsächlich auf zwei Arten: Entweder erfolgt der Wechsel als direkte Reaktion auf die Umweltveränderung oder auf **Signale**, welche die Veränderung ankündigen. Wenn die Zyklen der Veränderungen wenig ausgeprägt sind und stark variieren, können sich die Organismen am besten durch eine direkte Reaktion anpassen. Abbildung 1.13 illustriert die Unvorhersagbarkeit von Niederschlägen, und zwar selbst in Gebieten mit einem ausgeprägten jahreszeitlichen Rhythmus. Die Schwankungen sind am eindrucksvollsten im unteren Diagramm zu sehen, das die Niederschlagsmengen für Kairo im Januar zeigt. Unter solchen Bedingungen würde eine Pflanze, die erst auf das Signal „Beginn der Regenzeit" keimt, kaum überleben. Statt dessen keimen die meisten Wüstenpflanzen mit dem tatsächlichen Beginn des Regens.

Organismen, die direkt auf Umweltveränderungen reagieren, müssen auch Nachteile in Kauf nehmen. Ein Säugetier, das seine Felldicke erst dann ändert, wenn es kälter wird, muß zum Beispiel frieren, bis der Prozeß des Haarwechsels abgeschlossen ist. Wenn es jedoch nicht direkt auf den Beginn der Kälte reagiert, sondern auf ein Signal der Umwelt, das wie etwa die kürzere Tageslänge die bevorstehende Abkühlung anzeigt, kann der Wechsel schon vorher erfolgen. Solche Auslösemechanismen sind bei Pflanzen und bei Tieren verbreitet, die in Umgebungen mit ausgeprägten und sich wiederholenden Zyklen von Umweltveränderungen mit geringen Schwankungen leben.

Man ist versucht, so über Organismen zu schreiben, als ob sie Vorhersagen machen könnten – oder als ob der Zustand der Umwelt voraussagbar wäre –, und Auslösemechanismen so darzustellen, als ob sie dem Organismus erlaubten vorauszuplanen. Muster von zyklischem Verhalten erwecken den Anschein, vorhersagbar zu sein, aber sie sind es eben nicht. Sie sind Merkmale, die durch wiederholte Erfahrungen in der Vergangenheit selektioniert worden sind.

Ereignisse wie die Dunkelheit in der Nacht oder die Kälte im Winter sind an die Zeit gebunden. Sie können gemessen und zeitlich bestimmt werden, indem die

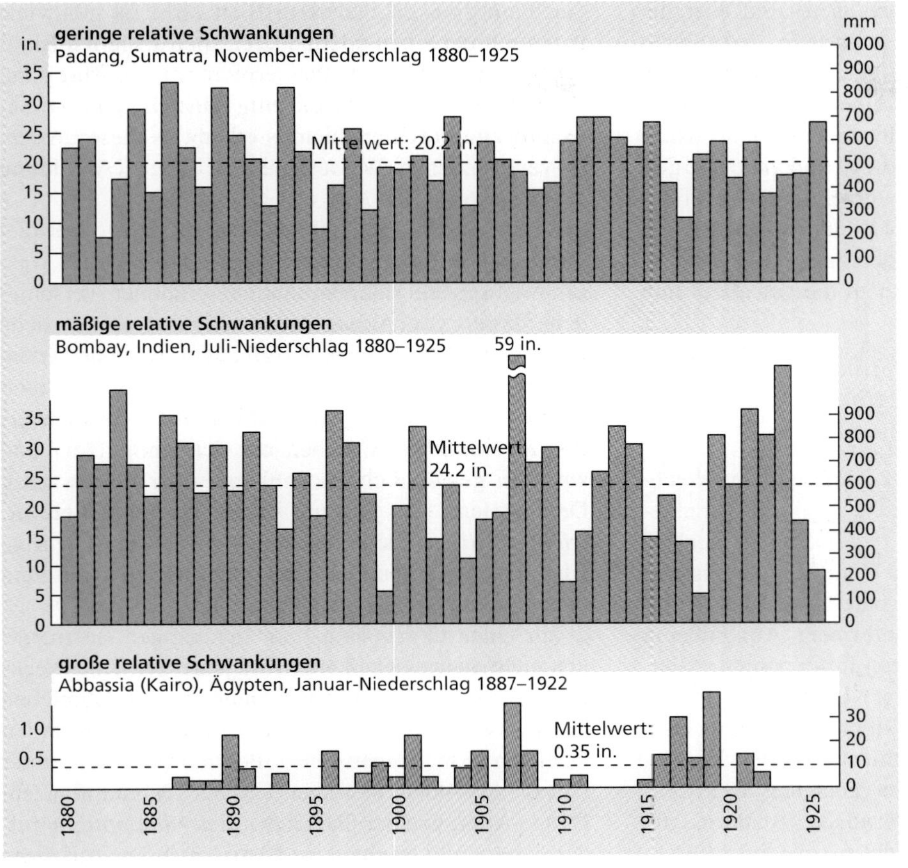

1.13 Schwankungen und Unvoraussagbarkeit von Regenfällen: Regenmenge im durchschnittlich niederschlagsreichsten Monat des Jahres an drei verschiedenen Standorten. (Nach Stahler 1960. Daten von H. H. Clayton, Smithsonian Institute)

Sonne als Uhr benutzt wird. Einige Organismen haben dieser externen Uhr ihre eigene interne, physiologische Uhr – einen „endogenen Rhythmus" – hinzugefügt. Solche Uhren müssen immer wieder nach der Sonnenuhr korrigiert werden, können aber auch über längere Zeitspannen ohne eine solche Korrektur weiterlaufen.

Je größer die Lebensdauer eines Organismus ist, desto mehr ist er zyklischen Schwankungen ausgesetzt und muß sich an diese anpassen.

Wie ein Organismus die regelmäßigen Veränderungen seiner Umwelt wahrnimmt, hängt von der **Dauer seines Lebenszyklus** ab. In einer sich vermehrenden Population einzelliger Algen wie *Chlorella* lebt eine Zelle nur 24 Stunden lang, bevor sie sich in zwei neue Zellen teilt. Eine Eiche, ein Elefant, ein Wal oder ein Mensch erleben während ihres Lebens wiederholt die vier Jahreszeiten und die damit verbundenen Perioden von Mangel und Überfluß an Nahrung. Bei einem kurzem Lebenszyklus kann das gesamte aktive Leben eines Organismus auf eine kurze Zeitspanne während des Jahres konzentriert und an ein genau definiertes Programm von Entwicklung und Verhalten in einer kurzen Jahreszeit gebunden sein – wie bei der Gallwespe, die sich genau dann entwickelt, wenn Blätter und Blüten ihrer Wirtspflanze verfügbar sind. Wenn andererseits der Lebenszyklus im Verhältnis zum Jahreszeitenzyklus relativ lang ist, kann sich ein Organismus nicht so leicht spezialisieren. Er kann Trocken- und Kälteperioden durch Ruheperioden überbrücken, indem er Winterschlaf hält wie die Haselmaus (*Muscardinus avellanarius*) oder Blätter abwirft wie ein Laubbaum. Er kann jedoch auch eine „Allzweckphysiologie" haben, die in den einzelnen Jahreszeiten nur schneller oder langsamer funktioniert. Beispiele dafür sind der Eisbär oder ein immergrüner Baum.

Die Lebenszyklen der meisten Vögel und Säugetiere dauern länger als ein Kalenderjahr, und viele kleinere Säugetiere in Jahreszeitenklimaten halten **Winterruhe** (**Hibernation**). Sie reduzieren ihre Stoffwechselrate und ruhen an geschützten Orten (siehe Abschnitt 2.5.1). Viele andere Säugetiere reagieren auf wechselnde Bedingungen jedoch durch eine unterschiedliche Isolation ihrer Körper. Die größten Unterschiede in der Felldicke gibt es bei großen Säugetieren (Hart 1956). Beim Schwarzbär isoliert beispielsweise das Winterfell um 92 % besser als das Sommerfell. Dieser zyklische Wechsel der Dicke (und Farbe) der Isolation ist charakteristisch für die jahreszeitlichen Reaktionen von Tieren, die den ungünstigen Perioden nicht ausweichen können. Die auffälligsten jahreszeitlichen

Rhythmen im Verhalten mobiler Tiere sind aber die jahreszeitlichen Wanderungen zwischen verschiedenen Lebensräumen. Das kann eine Wanderung zum Ort der Winterruhe sein oder eine Migration in ein anderes Klimagebiet – Beispiele stellen Rentier (*Rangifer tarandus*), Bison (*Bison bison*) und vielen Vogelarten dar. Natürlich haben verwurzelte Höhere Pflanzen und sessile Tiere diese Möglichkeiten nicht. Bei ihnen können deshalb sehr ausgeprägte jahreszeitliche Veränderungen beobachtet werden, die vor allem ihre Gestalt betreffen.

Somatischer Polymorphismus ermöglicht die Anpassung von Blattformen an eine sich jahreszeitlich veränderte Umwelt.

Für viele Wasserpflanzen ist der jahreszeitliche Wechsel der Wassertiefe die wesentliche zyklische Veränderung der Umwelt. Aber diese regelmäßigen Wechsel können durch Trockenheit oder Überflutungen gestört werden. Im klar zonierten Uferbereich lebt eine Vielfalt charakteristischer Pflanzenformen. Am äußeren Rand haben die meisten Pflanzen luftexponierte Blätter, deren Photosynthese bei einer Überflutung gering ist oder sogar geschädigt wird. In etwas tieferem Wasser haben die Pflanzen schwimmende Blätter. In noch tieferem Wasser haben sie untergetauchtes Blattwerk mit langen, flexiblen, bandförmigen Blättern, die auch durch starke Strömung nicht beschädigt werden. In der Tiefenwasserzone gibt es Arten mit untergetauchtem, fein gegliedertem Blattwerk. Es gibt viele Arten mit der einen oder anderen spezialisierten Blattform. Es gibt aber auch Wasserpflanzen, die fähig sind, mehrere Blattypen gleichzeitig auszubilden. Dieser **somatische Polymorphismus** erlaubt es diesen Arten, in verschiedenen Wassertiefen zu leben (Abbildung 1.14).

Sogar innerhalb einer Gattung, zum Beispiel *Ranunculus,* Untergattung *Batrachium* – die im Wasser wachsenden Hahnenfußarten –, können verschiedene Typen von Anpassungen an eine veränderliche Umgebung vorkommen. Es gibt monomorphe Arten, die an den am häufigsten auftretenden Wasserstand angepaßt sind. Zwei Arten, *Ranunculus hederaceus* und *R. omiophyllus,* haben nur Schwimmblätter und wachsen gewöhnlich im Schlamm oder Flachwasser. Drei Arten, *R. fluitans, R. circinatus* und *R. trichophyllus,* bilden nur untergetauchte, feingliedrige Blätter. Diese Arten findet man gewöhnlich in tieferem oder in schnell fließendem Wasser.

Für einen Organismus, der ungünstigen Bedingungen nicht ausweichen kann, sind jahreszeitliche Wechsel seiner Form die beste Maßnahme um ein Überleben in sich verändernden Umwelten zu sichern. In ariden Gebieten ist somatischer Polymorphismus unter Umständen noch extremer als bei Wasserpflanzen. Einige Arten wie der Gamander *Teucrium pollium* bilden sogar drei verschiedene Blattformen im Lauf eines Jahres (Orshan 1963).

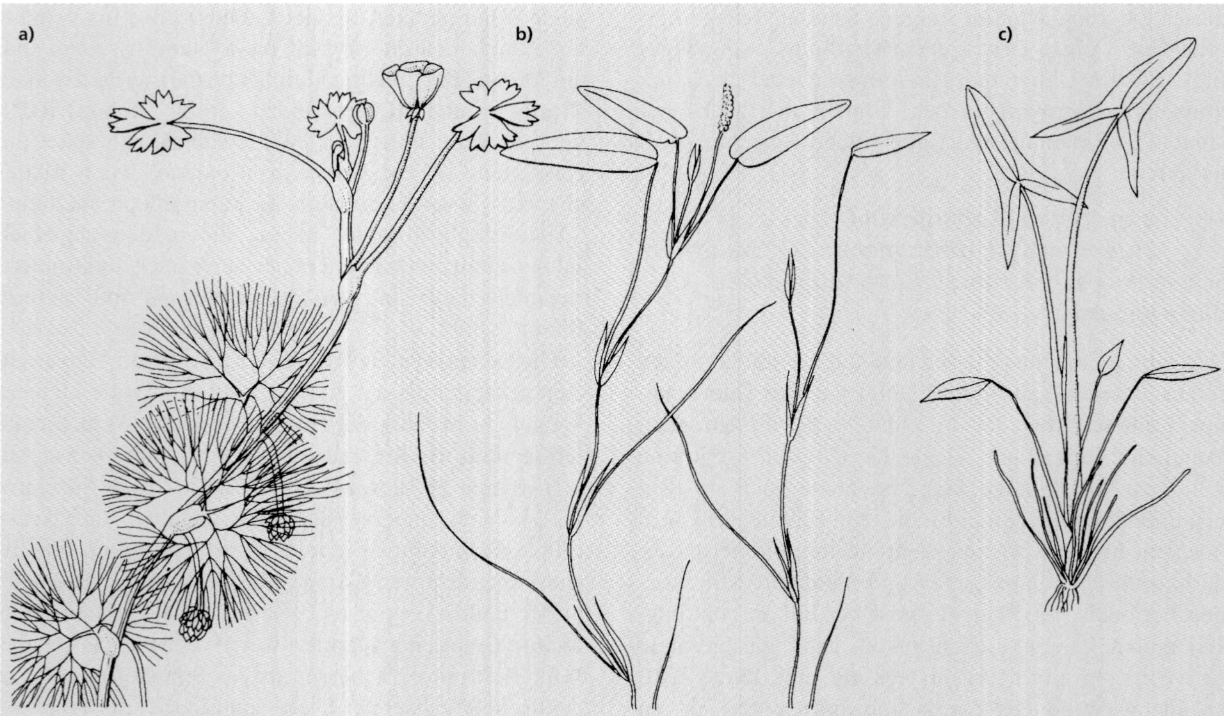

1.14 Blattpolymorphismus bei Wasserpflanzen. a) *Ranunculus aquatilis* (von S. Ross-Craig), b) *Potamogeton natans* (von W. Keble-Martin), c) *Sagittaria sagittifolia* (von S. Ross-Craig).

1.7 Artenpaare

Zwei Arten können zusammen evolvieren, was zur totalen Abhängigkeit der einen von der anderen Art führen kann.

Zu den am extremsten Anpassungen zwischen Organismen und ihrer Umwelt gehören jene, bei denen sich eine Art eine Abhängigkeit von einer anderen Art entwickelt hat. Das ist in vielen Beziehungen zwischen Konsumenten und ihrer Nahrung der Fall, so zum Beispiel bei der Abhängigkeit des Koalabärs (*Phascolarctos cinereus*) von Eukalyptusblättern oder derjenigen des Großen Panda (*Ailuropoda melanoleuca*) von Bambus. Form, Verhalten und Stoffwechsel binden solche Tiere an ihre enge Nahrungsnische und verwehren den Zugang zu alternativen Nahrungsquellen. Ähnlich enge Bindungen sind charakteristisch für einige Parasiten und ihre Wirte (Kapitel 12).

Von einer mutualistischen Beziehung haben beide Arten einen Vorteil.

Wo zwei Arten eine **mutualistische*** Abhängigkeit entwickelt haben, ist die Anpassung noch intensiver. Die mutualistische Assoziation von stickstoffbindenden Bakterien und Leguminosen oder die oft sehr genaue Korrelation zwischen blütenbestäubenden Insekten und den von ihnen bestäubten Blüten, sind zwei gute Beispiele dafür (Kapitel 13). Die engsten Anpassungen zwischen Organismen und ihrer Umwelt haben sich dort entwickelt, wo der entscheidende Faktor im Leben einer Art die Existenz einer anderen Art ist: Die gesamte Umwelt eines Organismus kann dann ein anderer Organismus sein.

Koevolution führt dazu, daß sich zwei Arten immer mehr aufeinander spezialisieren.

Wenn eine Population Schwankungen der physikalischen Faktoren ihrer Umwelt ausgesetzt gewesen ist – zum Beispiel einer kurzen Vegetationszeit, einem erhöhten Frost- oder Dürrerisiko oder der wiederholten Anwendung eines Herbizids –, kann sich schließlich eine dauerhafte Toleranz entwickeln. Der physikalische Faktor selbst kann sich nicht an den veränderten Organismus anpassen. Wenn aber Organismen zweier Arten miteinander in Wechselbeziehung stehen, führt eine Änderung bei der einen Art zu Änderungen im Leben der anderen Art. Jede Art kann selektive Kräfte ausüben, welche die Evolution der anderen Art beeinflussen. Bei einer solchen **Koevolution** kann die Interaktion zwischen zwei Arten kontinuierlich weitergehen. Was wir dann in der Natur beobachten, sind Artenpaare, die sich gegenseitig in eine immer größer werdende Spezialisierung gedrängt haben.

* Im deutschen Sprachgebrauch werden Mutualismus und Symbiose gleichbedeutend für eine erste Assoziation von Organismen zu gegenseitigem Nutzen gebraucht. Im angelsächsischen Sprachraum wird der Begriff Symbiose allgemeiner für das Zusammenleben von Organismen gebraucht.

Photo 1 Arktische Tundra in Grönland. (Photo: J. A. Vickery)

a)

b)

Photo 2 Nadelwald. a) Luftaufnahme eines Nadelwaldes in Alberta/Kanada. (Photo: Planet Earth Pictures/Martin King) b) Kiefernwald in Schweden im Herbst. (Photo: Planet Earth Pictures/Jan Tove Johansson)

a)

b)

Photo 3 Wald der gemäßigten Zone (temperierte Wälder). a) Mischwald in North Carolina/USA im Herbst. (Photo: The Image Bank/ Arthur Mayerson)
b) Buchenwald im Spätsommer in Harburn/Schottland. (Photo: Ecoscene/Wilkinson)

a)

b)

Photo 4 Savanne. a) Riesige Herden von Gnus und Zebras beobachtet vom Naabi Hill in der Serengeti/Tansania. b) Baumsavanne mit einzelnen Bäumen, Gnus und Zebras in westlichen Teil der Serengeti/Tansania. (Photos: David Keith Jones/ Images of Africa)

a) b)

Photo 5 Wüste. a) Sommer in Namaqualand/westliches Südafrika. b) Frühlingsblüte in Namaqualand/westliches Südafrika. (Photos: Planet Earth Pictures/J. MacKinnon)

a)

Photo 6 Regenwald. a) und b) Undurchdringlicher Wald in Südwest-Uganda. (Photos: David Keith Jones/Images of Africa)

b)

2 Die Umweltfaktoren

2.1 Einleitung

Um die Verbreitung und Häufigkeit einer Art zu verstehen, müssen wir eine Reihe von Grundlagen kennen:

a) die Geschichte dieser Art (Kapitel 1)
b) die Ressourcen, die diese Spezies benötigt (Kapitel 3)
c) die Geburts-, Sterbe- und Wanderungsrate dieser Art (Kapitel 4 und 5)
d) die inter- und intraspezifischen Wechselbeziehungen von Organismen dieser Art (Kapitel 6 bis 13)
e) die Auswirkungen der Umweltbedingungen auf die Entwicklung dieser Art.

Dieses Kapitel handelt von den Grenzen, welche den Organismen durch die Umweltbedingungen auferlegt werden.

Umweltfaktoren können durch Organismen beeinflußt, aber nicht verbraucht werden.

Wir definieren den Begriff **Umweltbedingung** als einen abiotischen Umweltfaktor, der zeitlich und räumlich variiert. Beispiele sind Temperatur, relative Luftfeuchtigkeit, pH-Wert, Salzgehalt und die Konzentration von Schadstoffen. Zu den Umweltfaktoren gehören auch Risiken wie Hurrikane und Vulkanausbrüche sowie, besonders in aquatischen Lebensräumen, zerstörende Stürme und Turbulenzen. Ein Umweltfaktor kann durch andere Organismen verändert werden: Temperatur, relative Luftfeuchtigkeit und pH-Wert des Bodens sind zum Beispiel unter dem Laubdach eines Waldes anders als außerhalb des Waldes. Im Gegensatz zu den Ressourcen (Kapitel 3) werden Umweltfaktoren durch die Organismen weder konsumiert noch aufgebraucht.

Für gewisse Umweltfaktoren können wir eine optimale Konzentration oder ein **optimales Niveau** bestimmen, bei denen ein Organismus am meisten leistet (Abbildung 2.1a). Die Definition von „am meisten leisten" stellt uns vor sprachliche und operationale Probleme. Aus der Sicht eines Evolutionsökologen sind diejenigen Bedingungen optimal, unter welchen die Individuen einer Art die größte Anzahl an Nachkommen hinterlassen – sozusagen am fittesten sind. Da die Fitneß in diesem Zusammenhang über möglichst viele Generationen hinweg gemessen werden sollte, ist sie unter natürlichen Bedingungen allerdings kaum zu bestimmen. Statt dessen messen wir häufiger die Wirkung von Umweltfaktoren auf ausgewählte Teilaspekte wie die Aktivität eines Enzyms, die Atmungsrate eines Gewebes, die Wachstums- und Reproduktionsrate von Individuen, ihre Überlebensrate oder die Auswirkungen auf ihren physiologischen Zustand (Abbildung 2.1b). Veränderungen der Umweltfaktoren wirken sich allerdings nicht immer in derselben Weise auf die einzelnen Eigenschaften aus. Organismen können in der Regel innerhalb eines größeren Spektrums von Umweltfaktoren überleben, als sie für das Wachstum und die Fortpflanzung benötigen (Abbildung 2.1a).

Der genaue Verlauf der **Reaktionskurve** in Abhängigkeit von einem Umweltfaktor – symmetrisch oder asymmetrisch, breit oder schmal – variiert von Faktor zu Faktor. Die verallgemeinerte Form, wie sie Abbildung 2.1a zeigt, gilt für Faktoren wie Temperatur und pH-Wert, die ein Kontinuum von einem ungünstigen oder sogar letalen Wert – zum Beispiel Gefrierpunkt oder sehr saure Bedingungen – über günstige Werte bis hin zu wieder ungünstigen oder letalen Werten – zum Beispiel Hitze oder sehr alkalische Bedingungen – aufweisen. Ein besonderes Problem entsteht bei sehr hohen Temperaturen, die sowohl die Aktivität der Enzyme als auch deren Inaktivierungsrate erhöhen können. Es hängt dann von der Dauer der Einwirkung ab, welche Folgen die hohe Temperatur hat.

Für viele Umweltfaktoren ist die Reaktionskurve in Abbildung 2.1c zutreffender. Sie gilt für die Reaktion auf die meisten toxischen Stoffe, auf radioaktive Strahlung und auf chemische Schadstoffe, bei denen eine geringe Intensität oder Konzentration keine spürbare Wirkung zeigt, eine Zunahme aber Schäden verursacht und schließlich tödlich wirkt. Eine besondere Kurve ergibt sich für Faktoren, die bei hohen Werten toxisch sind, in geringen Werten aber für das Wachstum benötigt werden (Abbildung 2.1d).

In diesem Kapitel betrachten wir die Temperatur viel eingehender als andere Faktoren. Die Temperatur ist vermutlich derjenige Einzelfaktor, der das Leben von Organismen am meisten beeinflußt. Viele Verallgemeinerungen können auch auf andere Umweltfaktoren übertragen werden. Zunächst betrachten wir die

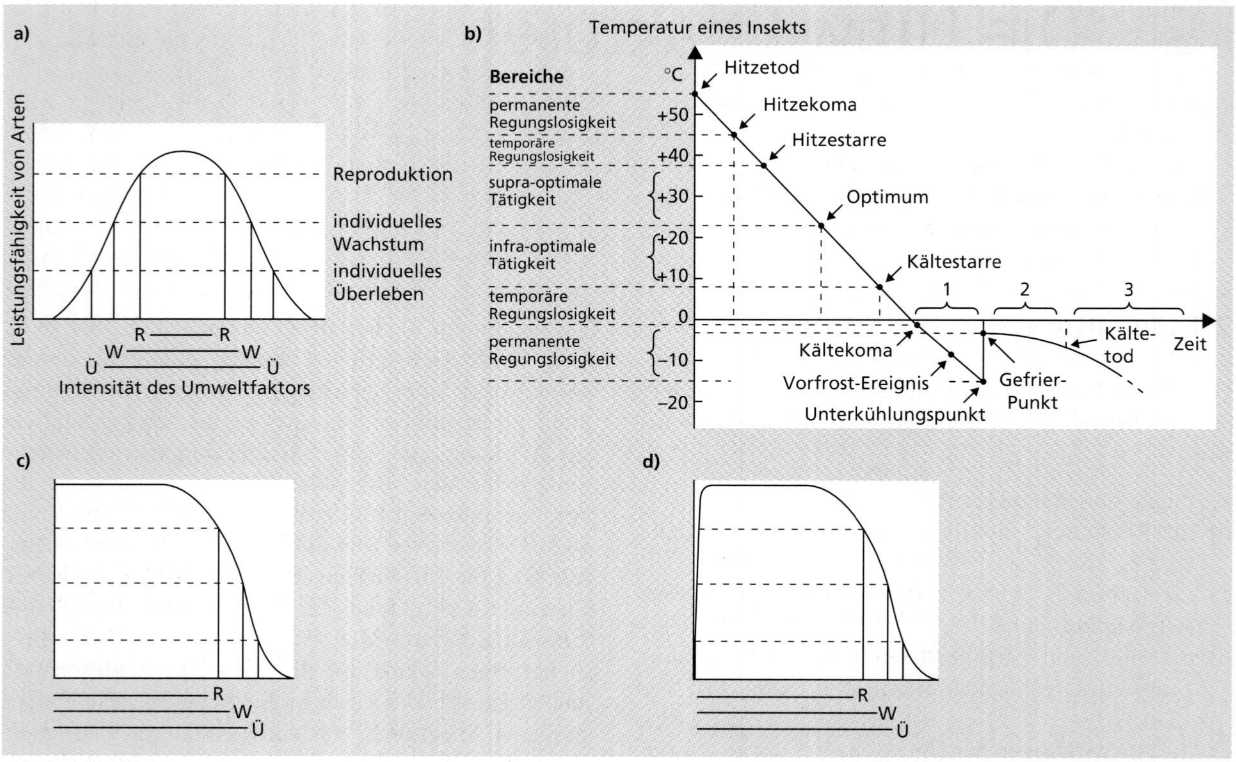

2.1 a) Verallgemeinerte graphische Darstellung, wie die Aktivität eines Organismus mit der Intensität eines Umweltfaktors, wie Temperatur oder pH-Wert, zusammenhängen kann. Der enge Bereich, in dem die Reproduktion stattfinden kann (R – R), bestimmt normalerweise, wo eine dauerhafte Existenz der Art möglich ist. b) Thermobiologie eines Arthropoden, der keinen Frost erträgt. Man beachte die symmetrische Abfolge physiologischer Stadien von Kältestarre über vorübergehende Regungslosigkeit und Koma bis zu dauerhafter Regungslosigkeit und Tod, wenn die Umweltbedingungen wärmer oder kälter als das Optimum werden (nach Vannier 1987; Block 1990). c) Verallgemeinerte Reaktionskurve, welche die Aktivitäten eines Organismus in Abhängigkeit von dem Niveau, der Konzentration oder der Intensität eines Umweltfaktors zeigt (zum Beispiel Toxin, radioaktive Strahlung oder Schadstoff, der nur bei einem sehr hohen Wert schädlich ist). d) Wie c), mit steigenden Werten verändert sich jedoch der Umweltfaktor von einer wesentlichen Ressource für das Wachstum zu einem schädlich oder sogar letal wirkenden Faktor (zum Beispiel Mikronährstoffe wie Kupfer und Zink).

Auswirkungen der Temperatur auf Ektotherme, also diejenigen Organismen, die ihre Temperatur nicht durch selbst erzeugte Wärme regulieren. In Abschnitt 2.5 wenden wir uns dann den Endothermen, vor allem den Säugetieren und den Vögeln, zu.

2.2 Beziehungen zwischen Temperatur und Verbreitung von Organismen

Temperaturunterschiede an und in der Erdoberfläche haben viele Gründe:

a) Lage nach geographischer Breite und Höhe über dem Meer;
b) Auswirkungen der Kontinentalität;
c) jahreszeitlicher und tageszeitlicher Wechsel;
d) mikroklimatische Effekte;
e) Tiefe im Boden und im Wasser.

Man kann die Veränderungen nach der **geographischen Breite** und nach der **Jahreszeit** nicht völlig trennen. Der Neigungswinkel der Erde gegenüber der Sonne ist abhängig von der Jahreszeit. Dies ist einer der Hauptgründe für die Temperaturunterschiede auf der Erdoberfläche. Die höchsten Temperaturen treten in den mittleren Breiten auf und nicht am Äquator. Fast überall in den USA hat es schon einmal mehr als 38 °C gegeben, aber weder in Colon in Panama noch in Belem am Äquator in Brasilien hat die Temperatur jemals 35 °C überschritten (MacArthur 1972).

Diese globalen geographischen Tendenzen werden durch die Auswirkungen der Höhe über dem Meer und der **Kontinentalität** überlagert. Pro 100 Meter steigender Höhe nimmt die Temperatur in trockener Luft um 1 °C, in feuchter Luft um 0.6 °C ab. Die Auswirkungen der Kontinentalität sind weitgehend auf die unterschiedlichen Erwärmungs- und Abkühlungsraten von Meer und Festland zurückzuführen. Das Meer wirkt sich ausgleichend auf den jahreszeitlichen und den täglichen Verlauf der Temperaturen von Küstengebieten und Inseln aus. Innerhalb der großen Landmassen gibt es ähnliche Erscheinungen: Trockene, vegetationslose Gebiete wie Wüsten verzeichnen extremere Werte als feuchte Gebiete, zum Beispiel Wälder. Karten mit globalen Temperaturzonen verbergen deshalb viel von der tatsächlich vorhandenen lokalen Schwankungsbreite.

Weniger bekannt ist, daß es auch im kleineren Maßstab sehr viele **mikroklimatische Unterschiede** gibt. So kann zum Beispiel das nächtliche Absinken dichter, kalter Luft auf den Talboden bewirken, daß dort die Temperatur bis zu 30 °C tiefer ist als 100 Meter weiter oben am Talhang. Ähnliche Temperaturunterschiede gibt es an einem kalten Wintertag zwischen der Südseite und der Schattenseite eines Baumes. Wenn wir den Einfluß der Temperatur auf Verbreitung und Häufigkeit von Organismen darstellen wollen, dürfen wir uns deshalb nicht auf eine globale Betrachtung beschränken.

Man kann Verbreitungsgrenzen von Arten oft mit Isothermen umschreiben, was aber noch nicht die ursächliche Bedeutung der Temperatur für die Verbreitung belegt.

Bei sehr vielen Pflanzen- und Tierarten korreliert die Verbreitung sogar auf grober taxonomischer und systematischer Ebene sehr genau mit Temperaturwerten (Abbildung 2.2). So fällt zum Beispiel die nördliche Verbreitungsgrenze der wilden Krapp-Pflanze *Rubia peregrina* mit der 4.5 °C-Isotherme im Januar zusammen.

Ein anderes Beispiel ist die Stechpalme (*Ilex aquifolium*), deren östliche Verbreitung in Europa ziemlich genau durch die 0°-Isotherme im Januar und die Isotherme für eine höhere Maximaltemperatur an mindestens 345 Tagen im Jahr angegeben werden kann. Es gibt aber noch mindestens 21 andere klimatische Grenzen, die ebenso passen. Bei der Interpretation solcher Zusammenhänge ist deshalb große Vorsicht geboten. Sie können sehr hilfreich sein, wenn man auf das mögliche Vorkommen einer bestimmten Art schließen will. Sie sind vielleicht auch ein Hinweis darauf, daß ein bestimmter Temperaturwert für das Leben des Organismus von Bedeutung ist. Aber sie sind kein Beweis dafür, daß die Temperatur für die Verbreitungsgrenze ursächlich verantwortlich ist (siehe die zitierte Literatur bei Hengeveld 1990).

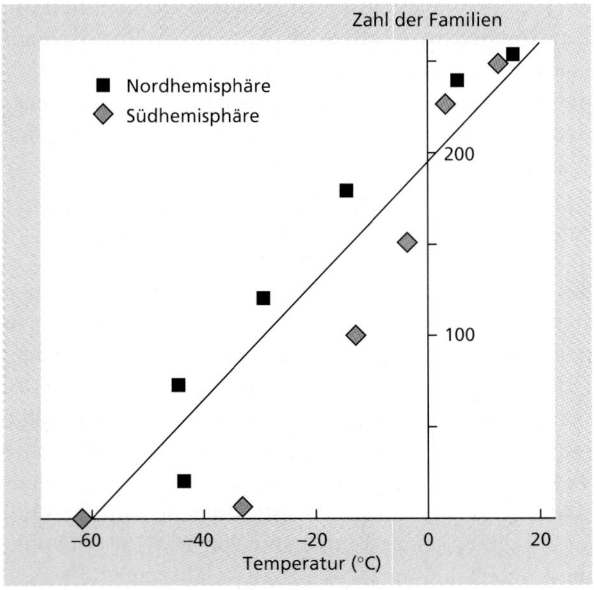

2.2 Beziehung zwischen der absoluten Minimaltemperatur und der Anzahl an Familien von Blütenpflanzen auf der Nord- und der Südhemisphäre. (Nach Woodward 1987)

Die von einem Organismus empfundenen Temperaturen entsprechen selten denjenigen auf einer Klimakarte.

Wir sollten bei Korrelationen von Artenverbreitung und Temperaturkarten vorsichtig sein, weil die dargestellten Isothermen selten die Temperaturen wiedergeben, welche die Organismen tatsächlich erleben. Ein Tier kann wahlweise in der Sonne liegen beziehungsweise den Schatten aufsuchen oder während eines Tages Mittagshitze und nächtliche Kälte erleben. Temperaturen verändern sich außerdem in einem viel kleineren Maßstab, als er von den Klimatologen in der Regel dargestellt wird. Allerdings entscheidet gerade dieses Mikroklima darüber, ob ein bestimmter Ort für eine Art bewohnbar ist. Eine Bodenoberfläche, die direkt der Sonnenstrahlung ausgesetzt ist, zeichnet sich zum Beispiel durch einen viel ausgeprägteren Tagesverlauf der Temperatur aus als die darüberliegende Luft. Bodenfarbe und Exposition des Bodens können die Unterschiede noch verstärken (Abbildung 2.3). Im Bodeninneren oder unter einer geschlossenen Vegetationsdecke verschwinden diese Unterschiede wieder.

Mikrohabitate können unterschiedliche Temperaturen aufweisen und Mosaike von günstigen und ungünstigen Lebensbedingungen bilden.

Entsprechend der geographischen Temperaturunterschiede ändert sich auch die Häufigkeit von Mikrohabitaten, die vor extremen Temperaturwerten besonders geschützt oder ihnen besonders ausgesetzt sind. Zum Beispiel ist die Rote Keulenschrecke (*Gomphocerripus rufus*) in Europa weit verbreitet, erreicht aber ihre nördliche Verbreitungsgrenze in Großbritannien bereits 150 Kilometer von der Südküste entfernt. Hier kommt sie nur an steilen, südexponierten und somit relativ warmen Grashängen vor. In den südlicheren und im allgemeinen wärmeren Gebieten Europas gibt es solche Einschränkungen nicht.

Für einen Organismus ist entscheidend, welche Umwelt er erlebt. Günstige und ungünstige Lebensbedingungen wechseln sich im Lauf des Jahres und während eines einzigen Tages ab. Klimakarten können

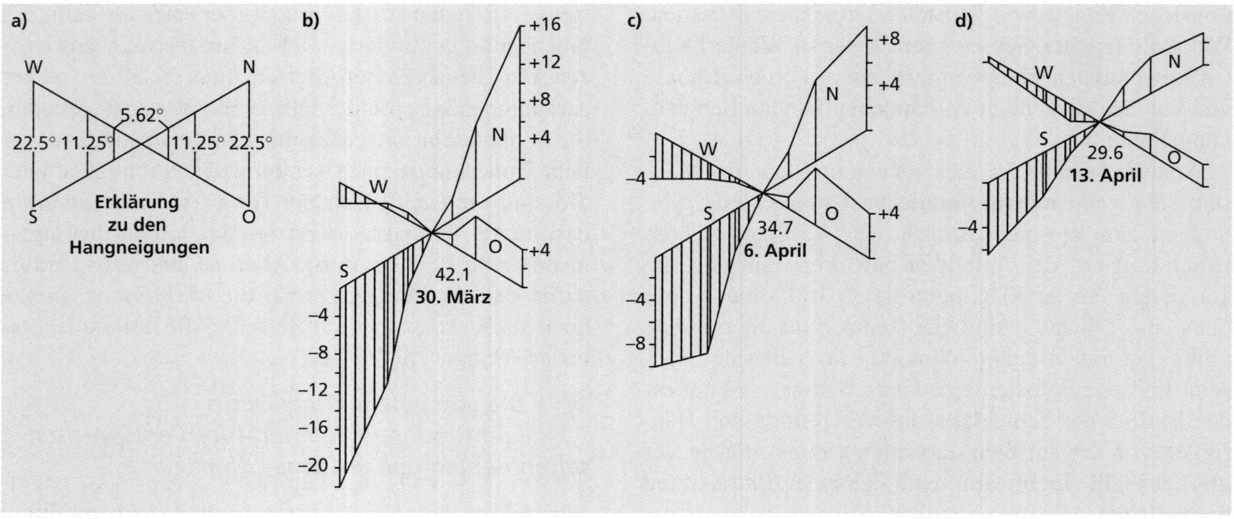

2.3 Einfluß der Exposition auf die Geschwindigkeit der Keimung und das Erscheinen von (Mais-) Sämlingen. In der Nähe von Oxford baute man Erdpyramiden, deren Seiten mit 5.62°, 11.25° und 22.5° Neigung nach Nord, Süd, Ost und West orientiert waren. Die Grundfläche betrug etwa 7m mal 7m. Ab 30. März säte man in wöchentlichen Intervallen auf den verschiedenen Seiten der Pyramiden Mais (*Zea mays*). Man registrierte das Erscheinen der Sämlinge und die Zeit, bis 50 % an den Hängen und auf den horizontalen Flächen sichtbar waren. a) Zeigt die Koordinaten von Hang und Lage als Ebene, auf der die Ergebnisse der Experimente in b) bis d) für die Aussaaten vom 30. März, 6. April und 13. April eingetragen wurden. Bei langsamerem Erscheinen der Sämlinge im Vergleich mit horizontalem Boden bleibt der entsprechende Teil der Abbildung oberhalb der Koordinatenebene weiß, bei schnellerem Erscheinen ist er unterhalb der Koordinatenlinie schraffiert. Für den 30. März ergibt dies, daß 50 % der Sämlinge auf ebenem Boden nach 42.1 Tagen sichtbar waren. Am steilsten südexponierten Hang war dies 22 Tage früher und am steilsten nordexponierten Hang 17 Tage später der Fall. Mit fortschreitender Jahreszeit nehmen die Auswirkungen der Exposition ab. (Nach Ludwig et al. 1957)

deshalb nur einen Rahmen angeben, in dem geeignete Mikroumwelten auftreten.

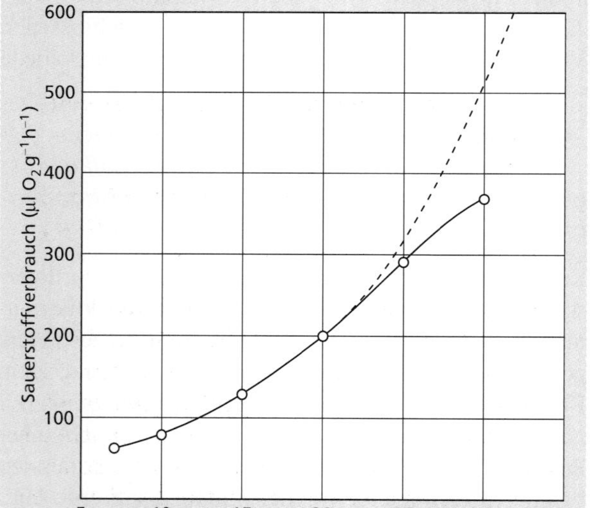

2.4 Der Sauerstoffkonsum des Kartoffelkäfers (*Leptinotarsa decemlineata*) steigt mit zunehmender Temperatur (durchgezogene Linie). Über dem größten Bereich steigt die Rate etwa 2.5fach pro 10 °C Temperaturanstieg (Q_{10} = 2.5). Die gestrichelte Linie zeigt den Verlauf, wenn Q_{10} konstant geblieben wäre, anstatt bei den höchsten Temperaturen zu sinken. (Nach Marzusch 1952 in Schmidt-Nielsen 1983)

Klimatologen benützen normalerweise arithmetische Durchschnittswerte, wenn sie Isothermen zeichnen. Dies ist unter Umständen irreführend, wenn wir die Verbreitung von Arten verstehen wollen. Denn die Raten der meisten Stoffwechselprozesse nehmen in der üblicherweise erlebten Spannweite mit steigender Temperatur nicht linear, sondern exponentiell zu. Der **Temperaturkoeffizient Q_{10}** gibt die Reaktion auf eine Erhöhung der Temperatur um 10 °C an. Abbildung 2.4 zeigt ein typisches Beispiel, in dem die Reaktion bei einer Erwärmung um je 10 °C um jeweils den Faktor 2.5 zunimmt.

Die „physiologische Zeit" wird bestimmt durch die Faktoren Zeit und Temperatur.

Wachstum und Entwicklung von ganzen Organismen stehen aber innerhalb eines bestimmten Bereichs in nahezu linearem Verhältnis zur Temperatur. In solchen Fällen ist die Verwendung von Durchschnittswerten zu verantworten. Für ein tatsächlich lineares Verhältnis gibt es einen sehr nützlichen Wert, die Anzahl der **Tag-Grade**. Die Entwicklung eines Eies der Heuschrecke *Austroicetes cruciata* braucht zum Beispiel 17.5 Tage bei einer Temperatur von 20 °C – 4 °C über der kritischen Grenze von 16 °C –, aber nur fünf Tage bei 30 °C – 14 °C über der kritischen Grenze. In beiden Fällen benötigt es zur Entwicklung also 70 Tag-Grade über dem Grenzwert. Dieser Wert gilt für diese Heuschrecke bei allen Temperaturen im nichtletalen Bereich. Man kann also nicht sagen, ein solcher Organismus brauche eine bestimmte Zeit für seine Entwicklung. Er benötigt vielmehr eine Kombination von Zeit und Temperatur, was oft als **physiologische Zeit** bezeichnet wird.

2.2.1 Verbreitung und Extrembedingungen

Extremwerten kann eine größere Bedeutung zukommen als Durchschnittswerten.

Die Umgebungstemperatur eines Organismus entspricht für den größten Teil seines Lebens nicht der mittleren Temperatur – ein Durchschnittszustand ist selten. Die Verbreitung vieler Arten hängt deshalb viel stärker von den gelegentlich auftretenden **Extremwerten** der Temperatur ab als von den mittleren Minimal- oder Maximalwerten. In manchen Fällen wird die Verbreitungsgrenze einer Art durch das Auftreten letaler Temperaturen bestimmt. So dürfte Frost der wichtigste limitierende Einzelfaktor für die Verbreitung von Pflanzen sein. Der Saguaro-Kaktus (*Cereus giganteus*) zum Beispiel stirbt ab, wenn die Temperatur 36 Stunden unter Null bleibt. Wird die Temperatur von null Grad aber einmal pro Tag unterschritten, ist er nicht gefährdet. In Arizona entspricht deshalb die nördliche und die östliche Grenze seiner Verbreitung einer Linie, an der es über Tage hinweg keinen Frost gibt.

Die klimatischen Grenzen der natürlichen Verbreitung von Arten werden nur selten durch versuchsweises Ansiedeln außerhalb ihres normalen Verbreitungsgebiets getestet. In der Landwirtschaft und in Gärten hingegen wird eine große Zahl von Arten bewußt außerhalb ihres natürlichen Verbreitungsgebiets angebaut. Hier bestätigt sich die These, wonach es eher die Extremsituationen wie Frost und Trockenheit sind, die Verluste verursachen, und nicht die normalerweise herrschenden Bedingungen.

Die klimatische Grenze für den Anbau von Kaffee (*Coffea arabica* und *C. robusta*) wird durch die Isotherme bei 13 °C des kältesten Monats gebildet. In den meisten Kaffeeanbaugebieten der Erde beträgt die mittlere Jahrestemperatur ungefähr 21 °C. Ein großer Teil der Kaffee-Ernte stammt aus den Hochland-Mikroklimaten von São Paulo und Paraná in Brasilien. Hier beträgt die mittlere minimale Jahrestemperatur 20 °C, aber gelegentliche kalte Winde und Temperaturen nahe dem Gefrierpunkt für nur ein paar Stunden genügen, um die Kaffeepflanzen ernsthaft zu schädigen oder zum Absterben zu bringen.

Die Länge der frostfreien Zeit bestimmt die potentielle Wachstumsperiode.

Landwirte und Förster wissen, daß die Länge der frostfreien Zeit die Möglichkeit für den Anbau einer Art bestimmt. Als frostfrei wird gewöhnlich die Zeit zwischen dem letzten letalen Frost im Frühjahr und dem ersten letalen Frost im Herbst bezeichnet – ein grobes Maß für die **potentielle Wachstumsperiode**. Ein etwas allgemeineres Maß ist die Zeitspanne, in der zum letzten beziehungsweise zum ersten Mal Temperaturen von –2 °C auftreten. Aber auch bei der Interpretation der frostfreien Periode gilt es, vorsichtig zu sein. Was für eine Raupe, für Blätter oder Triebe einer Pflanze letal ist, kann für eine Puppe in der Ruhephase, für einen Samen, ein Rhizom oder die mehrjährigen Triebe eines Baumes völlig ungefährlich sein. Für sehr viele Arten definiert die frostfreie Periode diejenige Zeit, die in einem Jahr maximal für aktives Wachstum zur Verfügung steht. Eine Besonderheit der frostfreien Periode sind die starken Schwankungen. So beträgt die frostfreie Periode in Iowa Falls, Iowa/USA, im Durchschnitt 150 Tage, die Spannweite reicht aber von 111 bis zu 188 Tagen.

Beispiele aus der Landwirtschaft, wie dasjenige des Kaffees, belegen drei wichtige Dinge:

a) Wir können den Faktor, der die natürliche Verbreitung von Organismen limitiert, leicht bestimmen, indem wir sie in Gebiete außerhalb ihrer normalen Verbreitung bringen und beobachten, welcher Faktor stört.
b) Die entscheidenden limitierenden Faktoren sind nur selten vorhanden, und wir müssen unter Umständen lange warten, bis wir mit der Messung der Risikofaktoren beginnen können.
c) Karten mit Durchschnittswerten nützen wenig, wenn die Standardabweichung und die Extremwerte entscheidend sind.

2.2.2 Verbreitung und der Einfluß der Temperatur auf andere Faktoren

Die Temperatur kann durch ihren Einfluß auf andere Faktoren für die Verbreitung einer Art entscheidend sein.

Aufgrund der engen Verflechtung von Organismen können wir davon ausgehen, daß der Einfluß der Temperatur auf die Verbreitung einer Art nicht ausschließlich auf die Reaktion dieser Art zurückzuführen ist. Die Temperatur wirkt sich auf das Verhalten aller Organismen aus, die mit ihr in Wechselbeziehungen stehen: Konkurrenten, Parasiten, Symbionten und alle anderen Arten, welche die physische Umwelt gestalten oder umgestalten. Viele Tierarten zeigen zwar eine Verbreitung, die mit der Temperatur korreliert, sind aber tatsächlich durch Menge und Qualität ihrer Nahrung limitiert.

Die Temperatur kann das Nahrungsangebot und die Entwicklung von Krankheiten beeinflussen.

Die kleine Sackmotte *Coleophora alticolella* ernährt sich beispielsweise in den kumbrischen Mooren in England von den Samen der Sparrigen Binse (*Juncus squarrosus*). Sie kommt nur bis zu einer Höhe von 600 Metern vor, während die Binse auch darüber vorkommt und auch blüht. Die adulten Weibchen der Motten legen auch hier Eier in die Blüten. Die Temperaturen sind allerdings in der Regel für eine erfolgreiche Samenproduktion zu tief, so daß die Mottenlarven verhungern (Randall 1982). Die Temperatur regelt in diesem Fall die Verbreitung, indem sie die biologischen Wechselwirkungen unterbricht. Die Verbreitung der Gemeinen Seepocke (*Balanus balanoides*) entspricht nicht der für sie tolerierbaren südlichen Temperaturgrenze. Der limitierende Faktor ist die Konkurrenz durch andere Seepockenarten, deren Verbreitungsgebiet sich aufgrund ihrer Temperaturgrenze mit derjenigen von *B. balanoides* überlappt (Barnes 1957; Lewis 1976).

Es gilt heute als sicher, daß eine steigende Temperatur die Entstehung von Krankheiten bei Kulturpflanzen fördert, da sich Pathogene schneller entwickeln und sich deren latente Phasen verkürzen (Rowell 1984). Ein Anstieg von wenigen Graden bewirkt zum Beispiel enorme phänotypische Veränderungen bei der Ausbildung einer Infektion durch den Schwarzen Stengelrost beim Weizen (Burdon 1987). Solche Erkenntnisse lassen vermuten, daß die globale Erwärmung zu einem Anstieg von Seuchen und Krankheiten in natürlichen Lebensgemeinschaften führen wird, weil ihre Lebenszyklen sehr schnell reagieren. Daraufhin werden sich Verbreitung und Häufigkeit der Wirtsorganismen verändern.

Die Temperatur hat Einfluß auf den Sauerstoffgehalt des Wassers – und auf die relative Luftfeuchtigkeit.

Viele Wechselwirkungen zwischen der Temperatur und anderen abiotischen Faktoren sind so stark, daß sie sinnvollerweise nicht unabhängig voneinander betrachtet werden. Dies gilt besonders für den Einfluß von Temperatur auf die Konzentration gelöster Gase in aquatischen Systemen oder von Temperatur auf die Luftfeuchtigkeit in terrestrischen Lebensgemeinschaften.

In Flüssen wird die **Verfügbarkeit von Sauerstoff** hauptsächlich durch physikalische Einflüsse bestimmt. Sauerstoff ist in großem Maße im Oberlauf verfügbar, wo die Turbulenz hoch ist und dadurch Luft effektiv mit Wasser vermischt wird; in geringerem Maße ist Sauerstoff im Unterlauf verfügbar, denn dort führen höhere Temperaturen zu geringeren Gaskonzentrationen, weil die Löslichkeit von Sauerstoff im Wasser mit höheren Temperaturen abnimmt (vergleiche das Beispiel in Tabelle 2.1).

Die **relative Luftfeuchtigkeit** ist ein wichtiger Faktor im Leben von terrestrischen Organismen. Sie entscheidet zu einem großen Teil über die Höhe des Wasserverlusts. Wasser ist eher eine Ressource als ein Umweltfaktor und wird deshalb im nächsten Kapitel näher behandelt. Tiere und Pflanzen unterscheiden sich jedoch in ihren Fähigkeiten, Wasserverluste zu reduzieren oder auszugleichen, und sie unterscheiden sich in ihren Reaktionen gegenüber der relativen Luftfeuchtigkeit – der Ursache des Wasserverlusts. In der Praxis ist es selten möglich, klar zwischen den Auswirkungen der relativen Luftfeuchtigkeit und denjenigen der Temperatur zu unterscheiden. Ein Anstieg der Temperatur führt zu einer höheren Evaporationsrate (Verdunstungsrate). Eine relative Luftfeuchtigkeit, die für einen Organismus bei tiefer Temperatur akzeptabel ist, ist bei einer höheren Temperatur unter Umständen nicht mehr ertragbar. Dazu kommt, daß sowohl die relative Luftfeuchtigkeit als auch die Temperatur je nach Windgeschwindigkeit miteinander in einer Wechselbeziehung stehen. Eine schnelle Luftbewegung über einer raschen Verdunstungsoberfläche hält den Feuchtigkeitsgradienten aufrecht und erhöht die Evaporationsrate, und die Verdunstungskälte senkt die Temperatur.

Mikroklimatische Veränderungen in der relativen Luftfeuchtigkeit können sogar noch ausgeprägter sein als bei der Temperatur. So ist es durchaus möglich, daß die relative Luftfeuchtigkeit am Boden bei dichter Vegetation und im Boden beinahe 100 % beträgt, also nahezu gesättigt ist, während sie unmittelbar darüber, in circa 40 cm Höhe, noch 50 % beträgt. Den größten Einfluß hat die Luftfeuchtigkeit auf die Verbreitung

Tabelle 2.1: In englischen Flüssen gibt es eine enge Korrelation zwischen den Sauerstoff- und Temperaturansprüchen von Fischarten und ihrem Vorkommen. Im Oberlauf sind die Temperaturen am tiefsten und der Sauerstoffgehalt ist am höchsten, im Unterlauf ist es umgekehrt. (Nach Varley 1967)

Art	Verbreitung	Sauerstoffbedarf für das Überleben (ml/l)	obere Letaltemperatur (°C)	Optimaltemperatur für das Wachstum (°C)
Europäische Forelle	Oberlauf	5–11	< 28	7–17
Hecht	Mittellauf	4	28–34	14–23
Karpfen	Unterlauf	0.5	> 34	20–28

von denjenigen „terrestrischen“ Tierarten, die sich in bezug auf die Kontrolle ihres Wasserhaushaltes „aquatisch“ verhalten. Amphibien, terrestrische Asseln, Nematoden, Regenwürmer und Mollusken können in ihrem aktiven Stadium nur in Mikrowelten leben, in denen die relative Luftfeuchtigkeit nahezu 100 % beträgt. Die größte Tiergruppe, die solchen Beschränkungen entgehen kann, sind die terrestrischen Arthropoden, insbesondere die Insekten. Aber selbst bei ihnen spielt der Wasserverlust durch Verdunstung oft eine entscheidende Rolle. So würde zum Beispiel die Taufliege *Drosophila subobscura* austrocknen, wenn sie mitten am Tag fliegen würde und nicht in der Dämmerung, wenn die Temperaturen tief und die relative Luftfeuchtigkeit am höchsten sind.

2.2.3 Umweltfaktoren als Stimuli

Kälte, Frost oder eine besondere Photoperiode können die Samenruhe brechen oder auch Akklimatisation auslösen.

Die Temperatur beeinflußt als Umweltfaktor die Entwicklungsrate von Organismen. Sie kann aber auch als Auslöser für den Entwicklungsbeginn eines Organismus wirken. Für viele Kräuter gemäßigter, arktischer und alpiner Gebiete ist eine **Kälte- oder Frostperiode** – oder alternierende hohe und tiefe Temperaturen – notwendig, um die Keimung anzuregen (siehe Abschnitt 5.5). Die Pflanze muß Kälte erfahren haben – als physiologischen Beweis für den Winter –, um ihren Wachstums- und Entwicklungszyklus beginnen zu können. Die Temperatur kann auch mit anderen Stimuli – zum Beispiel mit der **Photoperiode** – zusammenwirken, um die Ruhephase zu brechen und den Beginn des Wachstums zu bestimmen. Die Samen der Moorbirke *(Betula pubescens)* benötigen einen photoperiodischen Stimulus – etwa eine bestimmte Tageslänge –, um zu keimen, aber nach einer Kältebehandlung erfolgt die Keimung ohne Lichtstimulus. Die Temperaturen und Photoperioden, welche zum Beispiel als Stimuli die Ruhephase brechen oder den Prozeß der Akklimatisation in Gang setzen (siehe Abschnitt 2.3.3), sind oft sehr verschieden von denen, welche die nachfolgenden Wachstums- und Entwicklungsraten bestimmen. All diese Aussagen treffen in ähnlicher Weise auch auf die Auswirkungen von Temperatur und Photoperiode auf die Diapause – im wesentlichen ein Ruhezustand – bei Insekten zu (siehe Abschnitt 5.5.1).

2.3 Leben bei tiefen Temperaturen

Der größere Teil der Erde ist kalt – unter 5 °C –, und „Kälte ist der grimmigste und häufigste Feind des Lebens auf der Erde“ (Franks et al. 1990). Mehr als 70 % der Erdoberfläche sind mit Meerwasser bedeckt, größtenteils durch tiefe Ozeane mit einer erstaunlich konstanten Temperatur von ungefähr 2 °C. Zusammen mit den polaren Eiskappen an den Polen sind mehr als 80 % der Biosphäre permanent kalt. Wir sollten deshalb diejenigen Organismen als die besten Kolonisten unseres kühlen Planeten betrachten, die am besten mit tiefen Temperaturen zurechtkommen können (Russell 1990).

Die Folgen tiefer Temperaturen können reversibel, aber auch tödlich sein.

Nach Definition sind alle Temperaturen unterhalb des Optimums schädlich. Allerdings gibt es gewöhnlich eine breite Spanne von Temperaturen, die keinen physischen Schaden verursachen und deren Auswirkungen völlig reversibel sind. Kälte oder Frost allerdings können hingegen für das Gewebe oder für den ganzen Organismus tödlich sein.

2.3.1 Kälteschäden

Tiefe Temperaturen können auch ohne Eisbildung Schäden verursachen.

Kälte allein kann letale physische und chemische Folgen haben, auch ohne daß sich Eis bildet. Wasser kann sich zum Beispiel bis –40 °C abkühlen und in einem instabilen flüssigen Zustand bleiben. Dabei kommt es zu Veränderungen in den physikalischen Eigenschaften, die auch biologisch von Bedeutung sind: Die Viskosität nimmt zu, die Diffusionsrate ab. Im Bereich zwischen 25 und –25 °C vermindert sich der Grad der Ionisierung von Wasser beinahe um den Faktor 100. Da Wasserstoffionen (H^+) und Hydroxylionen (OH^-) an fast allen biologischen Prozessen beteiligt sind, muß dies von Bedeutung sein. Viele Organismen erleiden schon Schäden, wenn sie tiefen Temperaturen, die aber noch über dem Gefrierpunkt liegen, ausgesetzt sind – sogenannte **Kälteschäden** Viele Tropenpflanzen sind anfällig dafür. Der genaue Vorgang ist noch unklar; er scheint mit dem Zusammenbruch der Membrandurchlässigkeit und dem Entweichen von Ionen wie Calcium in Zusammenhang zu stehen (Minorsky 1985). Man bezeichnet Organismen als **kältetolerant**, wenn sie Temperaturen überstehen, die zwar suboptimal, aber nie so tief sind, daß es zum Gefrieren kommt. Kälteschäden und Kältetoleranz sowie die Reaktion auf Unterkühlung unterscheiden sich stark von Frostschäden und von Frosthärte.

2.3.2 Frostschäden

Eisbildung beginnt gewöhnlich im extrazellulären Bereich und hat Auswirkungen auf die Regulation der Osmose.

In einem Organismus bildet sich selten Eis, bevor die Temperatur nicht einige Grad unter null gefallen ist. Wasser ist in unterkühltem Zustand zunächst flüssig; es verfestigt sich plötzlich um Partikel herum, die als Kristallisationskeime dienen. Wenn sich Eis in pflanzlichem oder tierischem Gewebe bildet, dann gefriert fast immer Wasser im extrazellulären Bereich. Nur selten kommt es zu einer Eisbildung im Innern der Zellen – das hat allerdings unausweichlich letale Folgen. Das Gefrieren von extrazellulärem Wasser ist ein Faktor, der die Eisbildung im Innern der Zellen verhindert (Franks et al. 1990), denn es entzieht den Zellen Wasser und erhöht so die Konzentration der gelösten Stoffe im Cytoplasma und in den Vakuolen. Die Folgen des Gefrierens betreffen somit hauptsächlich die Osmoregulation: Die Wasserbilanz der Zellen ist gekippt und Zellmembranen werden destabilisiert. (Die Auswirkungen sind im wesentlichen die gleichen wie bei Dürre und hohem Salzgehalt.) Extremer Wasserentzug zerstört die Semipermeabilität der Plasmamembranen und kann sogar zu einem physischen Abreißen des Cytoplasmas von den Zellwänden führen.

Die Gefahr von **Frostschäden** ist am größten, wenn bereits eine Unterkühlung stattgefunden hat und die Eisbildung sehr schnell erfolgt. Dann kommt es am ehesten zur Bildung von letal wirkendem intrazellulärem Eis. Mechanismen, welche die Eisbildung extrazellulär unmittelbar unter 0 °C fördern, schützen deshalb einen Organismus vor Frostschäden. Das gleiche gilt andererseits für eingebaute intrazelluläre „Frostschutzmittel“, die den Gefrierpunkt herabsetzen. Zum Beispiel synthetisieren Bakterien wie *Pseudomonas syringae* und *Erwinia herbicola* Substanzen, welche Eisbildung bei −4 °C bewirken (Schnell und Vali 1976).

2.3.3 Akklimatisation an tiefe Temperaturen

Akklimatisation ist eine Anpassung an ungünstige Witterungsbedingungen.

Vielleicht das bemerkenswerteste an der Toleranz von Organismen gegenüber tiefen Temperaturen ist, daß sie nicht festgelegt, sondern eine Reaktion auf Temperaturen ist, die in der jüngsten Vergangenheit erlebt wurden. Man nennt diesen Vorgang im Labor **Akklimation** und **Akklimatisation**, wenn er sich in der Natur abspielt. Ist ein Individuum mehrere Tage lang einer relativ tiefen Temperatur ausgesetzt, verschiebt sich seine Reaktion auf der Temperaturskala nach unten (Abbildung 2.5a). Wenn der Organismus hohen Temperaturen ausgesetzt ist, verschiebt sich die Reaktion des Organismus nach oben.

Bei höheren Pflanzen wird die Kältetoleranz durch Umweltsignale ausgelöst. Eine Periode von vier bis sechs Wochen mit einer Temperatur von 0–5 °C, meist begleitet von einer abnehmenden Tageslänge (Photoperiode), dient im allgemeinen als Stimulus für die Akklimatisation. Die durch Akklimatisation bewirkte Zunahme der Frosttoleranz (Frosthärte) reicht von einigen Grad bei Kräutern bis zu zig Graden bei Wintergetreide und bei einigen Baumarten (Abbildung 2.5b), in extremen Fällen sogar bis zu über 100 °C bei Laubbäumen (Steponkus et al. 1990).

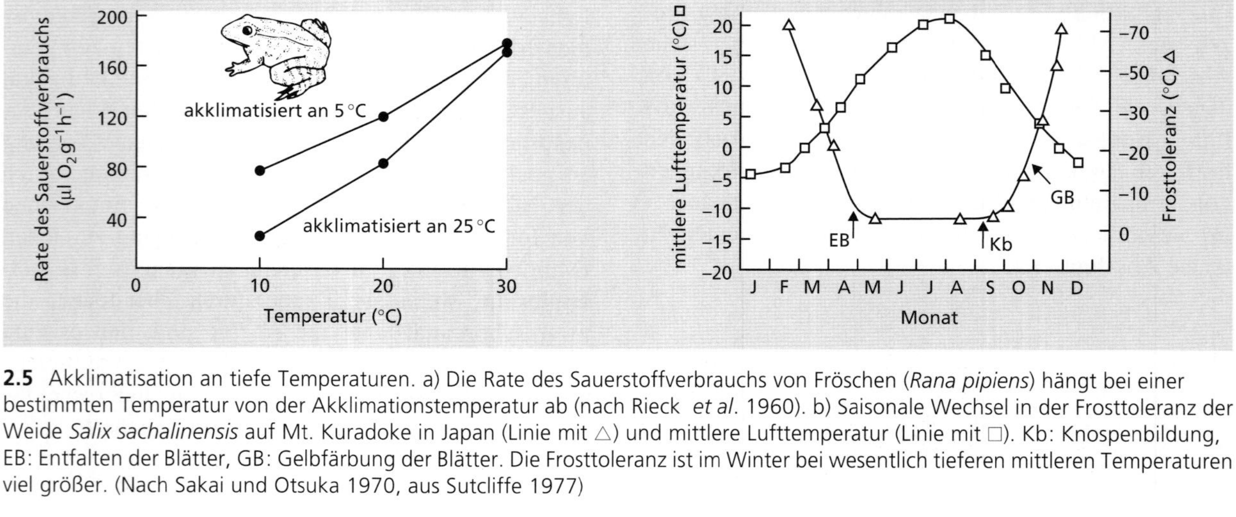

2.5 Akklimatisation an tiefe Temperaturen. a) Die Rate des Sauerstoffverbrauchs von Fröschen (*Rana pipiens*) hängt bei einer bestimmten Temperatur von der Akklimationstemperatur ab (nach Rieck *et al.* 1960). b) Saisonale Wechsel in der Frosttoleranz der Weide *Salix sachalinensis* auf Mt. Kuradoke in Japan (Linie mit △) und mittlere Lufttemperatur (Linie mit □). Kb: Knospenbildung, EB: Entfalten der Blätter, GB: Gelbfärbung der Blätter. Die Frosttoleranz ist im Winter bei wesentlich tieferen mittleren Temperaturen viel größer. (Nach Sakai und Otsuka 1970, aus Sutcliffe 1977)

Organische Verbindungen in der Zelle schützen vor den Folgen der Dehydratation.

Während einer Zeit der Frosthärte akkumulieren die meisten Pflanzen- und Tierarten Verbindungen, welche die Zellen und besonders deren Membranen vor den Folgen der **Dehydratation** schützen, diese allerdings nicht verhindern. Diese Verbindungen sind meistens freie Aminosäuren (besonders in Pflanzen) und Polyhydroxide (PHC) mit einer geringen molekularen Masse (zum Beispiel Glyzerin und Sorbit). Zucker und Zuckeralkohole sind ökologisch besonders wichtige Verbindungen, weil sie komplexe Protein- und Fettstrukturen vor recht extremer Dehydratation schützen, ob diese nun durch Frost oder Hitze entsteht (Franks et al. 1990).

Einige Insekten sind in der Lage, durch Verminderung intrazellulärer beziehungsweise Förderung extrazellulärer Eisbildung Frostschäden zu vermeiden.

Insekten haben zwei verschiedene Strategien, die ihnen das Überleben bei tiefen Wintertemperaturen erlauben. Eine Strategie der Frostvermeidung benützt die erwähnten niedrigmolekularen Polyhydroxyalkohole (Polyole), um den Gefrier- und den Unterkühlungspunkt herabzusetzen, und spezielle Proteine („thermische Hysterese") zur Vermeidung der Eiskernbildung. Bei einer zweiten Strategie der Frosttoleranz werden ebenfalls Polyole gebildet, was die Bildung von extrazellularem Eis fördert (Storey 1990). Die Akklimatisation beginnt bei tieferen Temperaturen im Herbst und führt bei Tieren zur Umwandlung fast des ganzen Stärkevorrats in Polyole. Dies ist energetisch aufwendig und verbraucht etwa 16 % des Vorrats an Kohlenhydraten.

Unabhängig von der Akklimatisation reagieren Organismen je nach ihrem Entwicklungsstand unterschiedlich auf die Temperatur. Der extremste Zustand ist eine **Ruhephase**, die durch Dehydratation, geringen Grundumsatz und sehr hohe Kältetoleranzen gekennzeichnet ist.

2.3.4 Genetische Variation und Evolution der Kältetoleranz

Gewisse Temperaturtoleranzen sind vererbbar.

Sogar innerhalb von Arten gibt es unterschiedliche Temperaturreaktionen in Populationen von verschiedenen Standorten. Diese sind offenbar häufiger die Folge genetischer Unterschiede als nur der Akklimatisation (Abbildung 2.6). Es kann deshalb in mehrfacher Beziehung irreführend sein, wenn man annimmt, jede Art habe nur eine einzige Reaktion auf Temperaturen.

Es gibt eindrucksvolle Beispiele, in denen die geographische Verbreitung einer Kulturpflanze durch Züchtung in kältere Regionen ausgedehnt worden ist. Gezielte Selektion hat zum Beispiel in den USA das Gebiet, in dem sich der Anbau von Mais (*Zea mays*) lohnt, in den kühleren Norden ausgeweitet. Die genetischen Veränderungen betrafen nicht direkt die erhöhte Kältetoleranz, sondern hauptsächlich die Entwicklung von Varietäten mit kürzeren Vegetationszeiten und mit einem geringeren Fäulnisrisiko bei der Einsaat in kalte Böden.

Temperaturtoleranzen können innerhalb einer Art variieren.

Der Nachweis, daß verschiedene geographische Rassen derselben Art eine unterschiedliche Kältetoleranz haben können, wurde mit einer Untersuchung des Feigenkaktus *Opuntia fragilis* erbracht. Für gewöhnlich kommen Kakteen in trockenheißen Habitaten vor,

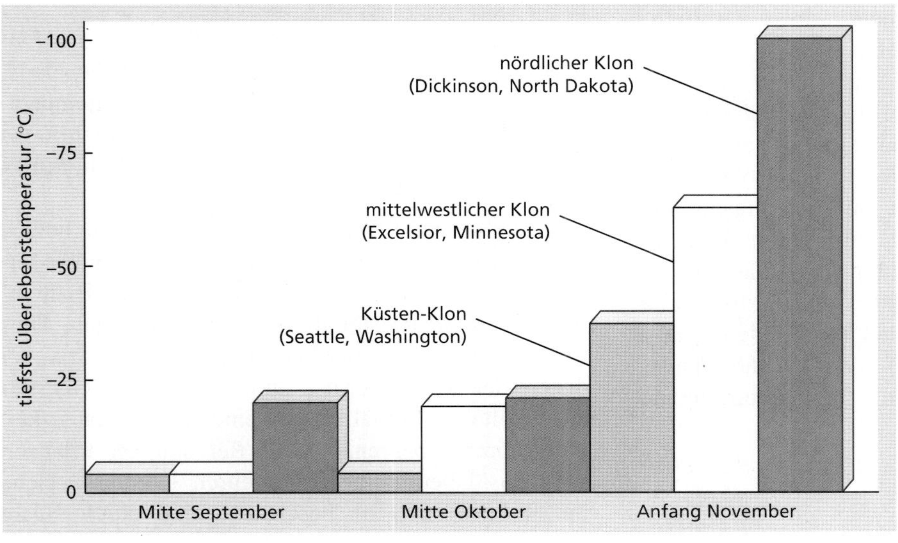

2.6 Variation des jahreszeitlichen Auftretens von Kälteresistenz bei drei klimatisch unterschiedlichen Rassen des Hartriegels *Cornus stolonifera*. Die Histogramme betreffen Klone aus North Dakota, Minnesota und Washington, die in Minnesota gezogen wurden. (Nach Weiser 1970)

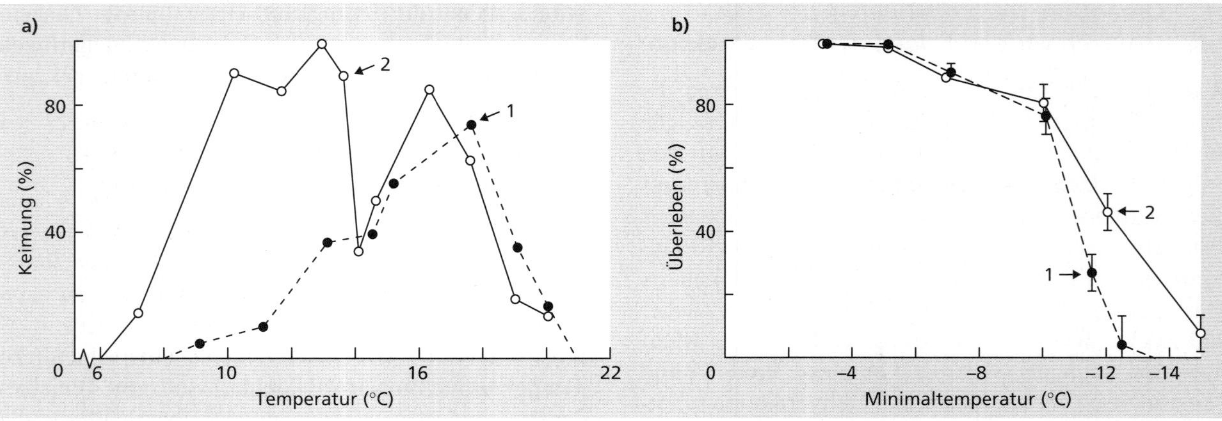

2.7 Veränderungen im Verhalten des Nabelkrauts (*Umbilicus rupestris*) über einen Zeitraum von acht Jahren in einer kühlen Umwelt in Sussex, aber von einer Population aus einer Gegend mit milden Wintern bei Cardiff in Südwales stammend. a) Temperaturreaktionen der Samenkeimung: 1) Reaktionen der Ursprungspopulation aus Cardiff 1978, 2) Reaktionen der Population in Sussex 1987. b) Das Überleben bei tiefen Temperaturen (1) bei der Ursprungspopulation von Cardiff 1978 und (2) bei der Population von Sussex 1987. (Nach Woodward 1990)

doch *O. fragilis* ist bis 56 Grad nördlicher Breite zu finden. An einem einzelnen Standort wurde sogar eine Minimaltemperatur von –49.4 °C gemessen. Stichproben aus 20 Populationen in den nördlichen USA und in Kanada wurden auf ihre Frosttoleranz und auf ihre Fähigkeit, sich an die Kälte zu akklimatisieren, getestet. Individuen aus der frosttolerantesten Population aus Manitoba ertrugen in Labortests –49 °C und akklimatisierten bei 19.9° Celsius. Pflanzen aus einem gemäßigteren Klima auf Hornby Island/British Columbia, ertrugen dagegen nur –19 °C und akklimatisierten bei nur 12.1 °C. Noch signifikanter für das Bestehen von an das Lokalklima angepaßten Rassen, war die Tatsache, daß an allen 20 Standorten Frosttoleranz und Kälteakklimatisation mit der Minimaltemperatur positiv korreliert waren ($r^2 \approx 0.7$) (Loik und Nobel 1993).

Wenn gezielte Selektion die erwähnten Veränderungen in der Verbreitung einer Zuchtpflanze bewirken kann, dann sollte man annehmen können, natürliche Selektion wirke in gleicher Weise. Dies ist allerdings schwierig zu testen. Bei einem Versuch mit *Umbilicus rupestris* wurde eine Population aus einem Habitat mit milden Wintern in Cardiff (Südwales) in ein kälteres Habitat in Sussex verbracht (Woodward 1990). Nach acht Jahren unterschieden sich die Ursprungspopulation und die verpflanzte Population in ihren Temperaturreaktionen deutlich (Abbildung 2.7). Das Experiment zeigt, wie rasch genetischer Wandel erfolgt, und es unterstützt die Vermutung, daß Klimaänderungen – zum Beispiel in den Eiszeiten – nicht nur die Wanderung gefördert, sondern auch die Temperaturtoleranz verändert haben.

2.4 Leben bei hohen Temperaturen

Hohe Temperaturen führen zur Inaktivierung von Enzymen und verursachen Dehydratation.

Das bedeutendste an hoher Temperatur ist, daß sie normalerweise bereits wenige Grad über dem Stoffwechseloptimum für einen bestimmten Organismus gefährlich ist. Dies ist auf die physiochemischen Eigenschaften der meisten Enzyme zurückzuführen (siehe Heinrich 1977; Privalov 1983). Hohe Temperaturen inaktivieren Enzyme oder denaturieren sie sogar. Indirekt können sie eine Dehydratation bewirken. Alle terrestrischen Organismen müssen Wasser speichern. Bei hohen Temperaturen kann der Wasserverlust durch Evaporation letale Wirkung haben. Die Organismen befinden sich in einem Zwiespalt, da Evaporation ein wichtiges Mittel zur Senkung der Körpertemperatur ist.

Die ausdauernde Wüstenpflanze *Tidestromia oblongifolia* im Death Valley, Kalifornien, kann beispielsweise durch sehr hohe Transpiration ihre Blatttemperatur um bis zu 10 °C senken, bei der eine extrem hohe Photosyntheserate möglich ist (Berry und Björkman 1980).

Die meisten Pflanzenarten, die in sehr heißen Umgebungen wachsen, leiden unter großem Wassermangel. Sind deshalb nicht in der Lage, ihre Blatttemperatur durch Transpiration niedrig zu halten. Dies trifft besonders für **Sukkulenten** in Wüsten zu, bei denen der Wasserverlust durch ein tiefes Oberflächen-Volumen-Verhältnis und eine geringe Häufigkeit von Stomata begrenzt wird. Bei solchen Pflanzen wird das Überhitzungsrisiko durch Dornen, welche die Kaktusoberfläche beschatten, und durch Haare oder Wachse, die einen großen Anteil der Strahlung reflektieren, herabgesetzt. Dennoch weisen solche Arten in ihrem Gewebe Temperaturen von über 60 °C auf, wenn die Lufttemperatur über 40 °C liegt (Nobel 1983; Downton et al. 1984; Smith et al. 1984).

Cysten, Sporen und Samen sind in der Regel hitzetolerant.

Es gibt Stadien im Leben eines Organismus, die gegenüber hohen Temperaturen besonders tolerant sind. Dies trifft besonders für **Ruhestadien** zu, also etwa für Dauersporen von Pilzen, für Cysten von Nematoden und für Pflanzensamen, und ist wahrscheinlich auf die natürliche Dehydratation zurückzuführen. Trockene Weizenkörner können 90 °C bis zu zehn Minuten lang ertragen, sie sterben aber schon in etwa einer Minute bei 60 °C, wenn sie vorher für 24 Stunden in Wasser eingelegt wurden (Sutcliffe 1977). Die Reaktion auf hohe Temperaturen unterliegt ebenso der Akklimatisation. Allerdings scheint die Fähigkeit von Pflanzen dazu geringer zu sein als bei tiefen Temperaturen, obwohl Wüstenkakteen ihre Hitzetoleranz immerhin auch um 10–20 °C steigern können.

Feuer ist eine wichtige ökologische Gefährdung und kann die Entstehung einer besonderen Brandflora bewirken.

Die höchsten Temperaturen, denen Organismen auf der Erde ausgesetzt sind, entstehen durch Feuer. Das Feuerrisiko hat die Artenzusammensetzung von ariden und semiariden Waldgebieten in vielen Teilen der Welt beeinflußt. Zwar erleiden alle Pflanzenarten bei einem Brand Schäden, aber durch ihr beachtliches Potential zur Reaktivierung geschützter Meristeme kann sich eine Gruppe von Spezialisten schnell wieder erholen und eine charakteristische **Brandflora** bilden. Für gewisse Arten ist Feuer sogar eine Bedingung für die natürliche Regeneration – zum Beispiel bei *Eucalyptus regnans* (Gilbert 1959).

Heiße Lebensräume sind in der Natur sehr viel seltener als kalte Lebensräume.

Unter den eukaryotischen Organismen sind es Pilzarten der Gattungen *Mucor*, *Rhizopus* und *Humicola*, welche die höchsten Temperaturen zwischen 50 und 60 °C ertragen. Nur sehr wenige Eukaryoten ertragen mehr als 60 °C; es gibt allerdings nur wenige Habitate auf der Erde mit so hohen Temperaturen. Einige davon sind vom Menschen geschaffen wie etwa Komposthaufen oder feuchtes Heu. Feuchte Heuhaufen werden durch den Stoffwechsel von Pilzen wie *Aspergillus funigatus* und *Geotrichum candidum* auf bis zu 50 oder 60 °C erhöht. Durch thermophile Organismen wie *Mucor pusillus* und *Humicola lanuginosa* können Temperaturen bis zu 65 °C erreicht werden, durch Bakterien und Actinomyceten noch etwas mehr. Bei fast 100 °C hört die biologische Aktivität ganz auf. Es entstehen aber selbstentzündliche Produkte, welche ein weiteres Aufheizen bewirken, Wasser verdrängen und unter Umständen zum Feuerausbruch führen.

Die Organismen mit der höchsten Hitzetoleranz sind in der Regel Prokaryoten.

Ein spezieller heißer Lebensraum sind **natürliche heiße Quellen**, in denen das Bakterium *Thermus aquaticus* bei Temperaturen von 67 °C lebt und Werte von über 79 °C erträgt. Diese Art kommt auch in häuslichen Warmwasseranlagen vor. Viele, vielleicht sogar alle extrem thermophilen Arten sind Prokaryoten mit einem auffälligen Stoffwechsel, der zum Beispiel phototroph ist (*Chloroflexus aurantiacus*) oder Eisen (*Caldariella acidophila*), Methan (*Methanobacterium*) oder Schwefel (*Sulfolobus acidocaldarius*) oxidieren kann. Viele dieser Arten haben noch andere merkwürdige Toleranzen: *S. acidocaldarius* ist nicht nur thermophil mit einem optimalen Wachstum bei 70–74 °C und einem Maximum von 85 °C, sondern lebt bei einem pH-Wert von zwei bis drei! Zu den am extremsten Thermophilen gehören die Archaebakterien *Pyrococcus furiosus* und *Pyrococcus occultum*. Ihre optimale Wachstumstemperatur liegt bei 100 beziehungsweise 105 °C.

In einer Umwelt mit sehr hohen Temperaturen zählen die Lebensgemeinschaften nur wenige Arten. Im allgemeinen sind Eukaryoten am empfindlichsten gegenüber Hitze, gefolgt von Pilzen, Bakterien, Actinomyceten und Archaebakterien. Dies ist mehr oder weniger die gleiche Reihenfolge wie bei der Reaktion auf andere Extrembedingungen wie etwa tiefe Temperatur, hoher Salzgehalt, metallische Toxizität und Austrocknung.

In der Umgebung hydrothermaler Schlote leben artenreiche Lebensgemeinschaften aus thermophilen Bakterien und Wirbellosen.

In der Tiefsee existieren ökologisch besonders interessante Umwelten mit hohen Temperaturen, deren Erforschung enorme technische Anforderungen stellt. 1979 fand man im östlichen Pazifik eine Tiefseestelle, wo flüssiges Material bei hohen Temperaturen an die Oberfläche des Meeresbodens tritt und „Schlote“ aus mineralischen Stoffen bildet. Seither sind noch viele **hydrothermale Schlote** auf mittelozeanischen Rücken im Atlantik und im Pazifik entdeckt worden. Die Meerestiefe beträgt an diesen Stellen 2 000 bis 4 000 m unter dem Meeresspiegel, was einem Druck von 200 bis 400 bar (20 bis 40 MPa) gleichkommt. Der Siedepunkt des Wassers beträgt 370 °C bei 200 bar und 404 °C bei 400 bar. Das überhitzte flüssige Material tritt aus den hydrothermalen Schloten mit einer Temperatur von bis zu 350 °C aus. Durch die Abkühlung auf die Temperatur des umgebenden Meerwassers von 2 °C entsteht ein Kontinuum von Umwelten mit allen Temperaturen im Zwischenbereich.

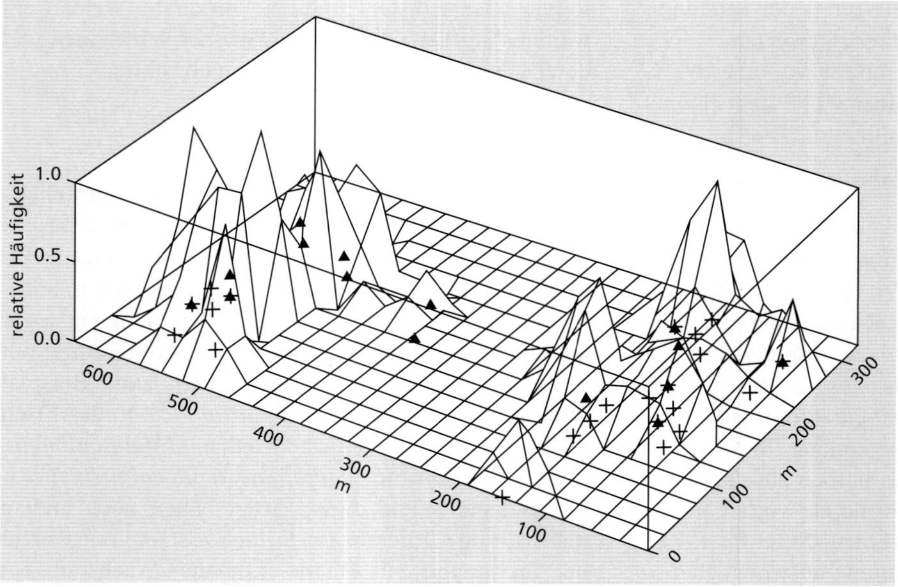

2.8 Karte eines Gebiets mit hydrothermischer Aktivität in ungefähr 2420 m Tiefe beim Middle Valley am nördlichen Juan-de-Fuca-Rücken im Nordostpazifik. Das Gebiet wurde photographisch aufgenommen. Das Bild zeigt die Anzahl der jeweils auf einem Photo erfaßten Organismentypen im Verhältnis zur Gesamtzahl auf allen Photos zusammen. (+) Photos, auf denen Muscheln sichtbar sind. (▲) Stellen mit Schloten und/oder sichtbar fließendem Material. (Nach Juniper et al. 1992)

Einige thermophile Bakterien aus der Umgebung von Tiefseeschloten konnten erfolgreich bei 100 °C und nur leicht erhöhtem Luftdruck kultiviert werden – zum Beispiel der schwefelreduzierende *Staphylothermus marinus* und der Methan produzierende *Methanococcus annaschii.* Selbst bei 110 °C und einem im Labor gerade noch möglichen Luftdruck konnte Wachstum beobachtet werden (Jannasch und Mottl 1985). Es gibt aber viele Hinweise darauf, daß es bei viel höheren Temperaturen noch mikrobiologisches Leben gibt und daß dieses die Energiequelle für die Warmwasser-Lebensgemeinschaften in der Umgebung der hydrothermalen Schlote ist (Straube et al. 1990; Deming und Baross 1993; Baross und Deming 1995).

In der Umgebung der Schlote lebt eine für die Tiefsee atypische eukaryotische Fauna mit einer großen Anzahl an Wirbellosen und einer großen Biomasse. Bei einem Schlot im Middle Valley im Nordostpazifik wurden mindestens 55 Taxa nachgewiesen, wovon vermutlich 15 neue Arten waren (Juniper et al. 1992) (Abbildung 2.8). Für viele dieser Wirbellosen und Bakterien, die offenbar Schwefelkörnchen enthalten, sind mutualistische Beziehungen nachgewiesen (Douglas 1994).

Es gibt wenige Fälle, in denen eine so komplexe und spezialisierte Lebensgemeinschaft von einer lokal so besonderen Situation abhängt. Von den bisher bekannten hydrothermalen Schloten sind nämlich die nächstliegenden mit vergleichbaren Bedingungen 2 500 km voneinander entfernt. Ihre Lebensgemeinschaften tragen ein weiteres Kapitel zum Artenreichtum der Erde bei und bieten neue, enorme Herausforderungen für die Forschung.

2.5 Ektotherme und endotherme Organismen

Die meisten bisher in diesem Kapitel behandelten Organismen haben eine Körpertemperatur, die nur wenig oder gar nicht von ihrer Umgebungstemperatur abweicht. Sie können ihre Körpertemperatur auch nur geringfügig beeinflussen. Ein parasitischer Wurm, eine Bakterienzelle, oder ein Pilzmycel – sie alle nehmen die Temperatur des Mediums an, in dem sie leben.

Terrestrische Organismen, welche Sonne und Wind ausgesetzt sind, können demgegenüber durch Absorption der Sonnenstrahlung direkt Wärme aufnehmen und sich durch Transpiration abkühlen (vergleiche Abbildung 2.9). Verschiedene Prinzipien sorgen dafür, daß die Körpertemperatur höher beziehungsweise tiefer ist als die Umgebungstemperatur. Glänzende oder silbrige Blätter vieler Wüstenpflanzen reflektieren zum Beispiel warme Strahlung, die sonst die Blätter erwärmen würde. Die nasse Haut eines Frosches hält die Körpertemperatur tiefer als die Umgebungstemperatur. Mobile Organismen haben eine gewisse Kontrolle über ihre Körpertemperatur, weil sie wärmere oder kühlere Umgebungen aufsuchen können. So kann etwa die Eidechse zwischen einem sonnigen Felsen oder kühlem Schatten wählen.

Bei Insekten gibt es Beispiele, wie die Körpertemperatur durch Muskelbewegungen erhöht werden kann. Hummeln erreichen dies, indem sie mit ihren Flugmuskeln zittern. Soziale Insekten, wie Bienen und Termiten, kontrollieren und regulieren die Temperatur in ihren Kolonien mit erstaunlicher thermostatischer Präzision durch ihren Stoffwechsel. Honigbienen (*Apis mellifera*) halten die Temperatur in ihren Bienenstöcken vom Frühling bis zum Herbst konstant

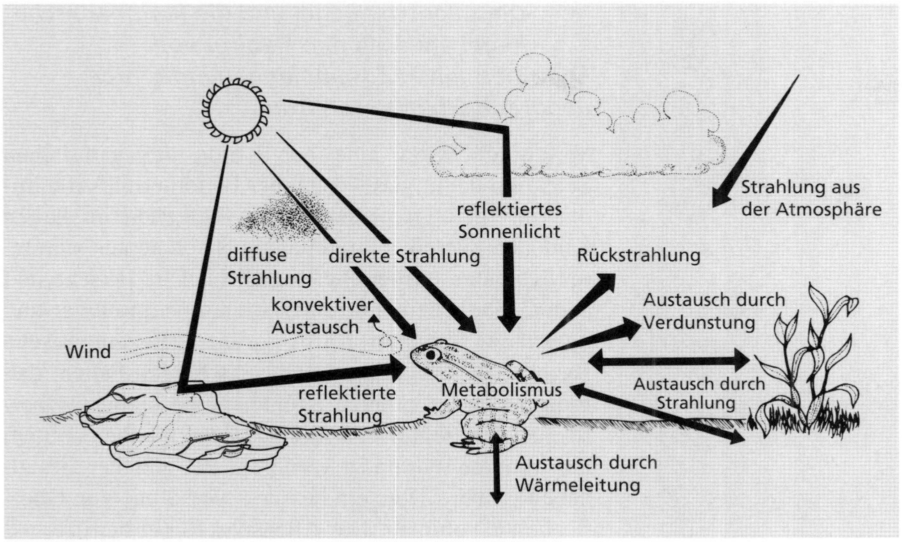

2.9 Schematische Darstellung der Wege des Wärmeaustausches zwischen einem Ektothermen und verschiedenen physikalischen Aspekten seiner Umwelt. (Nach Tracy 1976, aus Hainsworth 1981)

zwischen 34.5 und 35.5 °C, selbst wenn die Oberflächentemperatur draußen 70 °C beträgt. Im Winter hat man schon eine Innentemperatur von 31 °C bei einer Außentemperatur von –28 °C gemessen (Angaben verschiedener Autoren sind bei Wilson 1975 zitiert).

Man kann Organismen in Homoiotherme und Poikilotherme einteilen.

Man hat alle diese Organismen – Pflanzen, Mikroorganismen, Insekten und andere Wirbellose, einige Wirbeltiere wie Reptilien, Amphibien und Fische – als „Kaltblüter" bezeichnet und sie so von den „Warmblütern" – Säugetiere, Vögel – unterschieden. Diese Begriffe sind allerdings subjektiv und nicht korrekt, denn viele „Kaltblüter" sind so warm wie der Mensch, wenn die Umgebung diese Temperatur hat. Eine sinnvollere Klassifikation teilt die Organismen in zwei andere Gruppen ein: **Homoiotherme** haben immer etwa die gleiche, **Poikilotherme** eine veränderliche Körpertemperatur. Aber auch hier gibt es Probleme, wenn wir daran denken, daß viele klassische Homoiotherme – wie Haselmäuse, Igel und Fledermäuse – mit Körpertemperaturen überwintern, die nicht weit von ihren Umgebungstemperaturen entfernt sind.

Ektotherme Organismen beeinflussen kaum ihren Wärmehaushalt; Endotherme regulieren ihre Temperatur aktiv.

Eine befriedigendere Unterscheidung ist deshalb jene zwischen Endothermen und Ektothermen. **Endotherme** regulieren ihre Körpertemperatur durch Wärmeproduktion im eigenen Körper, **Ektotherme** sind auf äußere Wärmequellen angewiesen. Im weitesten Sinn ist dies eine Unterscheidung zwischen Vögeln und Säugetieren auf der einen und den übrigen Tieren, Pflanzen, Pilzen und Protisten auf der anderen Seite. Aber selbst diese Unterscheidung ist nicht ganz eindeutig. Einige Reptilien, Fische und Insekten – zum Beispiel gewisse Bienen, Nachtfalter und Libellen – nutzen während bestimmter Perioden Eigenwärme zur Temperaturregelung. Bei einigen Pflanzen sorgt Stoffwechselwärme für eine relativ konstante Blütentemperatur. Manche Vögel und Säugetiere geben ihre endotherme Regelung bei Extremtemperaturen teilweise oder ganz auf (Bartholomew 1982). Trotz dieser Einschränkungen kann die Unterscheidung zwischen Endothermen und Ektothermen und zwischen Homoiothermen und Poikilothermen sinnvoll sein.

2.5.1 Endotherme Organismen

Die Regulation der Körpertemperatur bei Endothermen erfolgt unter hohem Aufwand an Energie.

Der Homoiothermie von endothermen Organismen liegen die in Abbildung 2.10 dargestellten Zusammenhänge zugrunde. In einer bestimmten Temperaturspanne, der thermoneutralen Zone, braucht ein endothermer Organismus eine Grundrate an Energie. Je mehr sich die Umgebungstemperatur allerdings von dieser Zone entfernt, desto mehr Energie benötigt der Organismus, um die Körpertemperatur konstant zu halten. Selbst in der thermoneutralen Zone verbraucht ein solcher Organismus in der Regel Energie um ein Vielfaches schneller als ein ektothermer Organismus von vergleichbarer Größe.

Die Wärmeproduktion endothermer Arten wird durch einen Thermostaten im Gehirn gesteuert. Sie halten die Körpertemperatur gewöhnlich zwischen 35 und 40 °C und haben deshalb die Tendenz, fast in jeder Umgebung Wärme zu verlieren. Allerdings wird dieser Verlust durch die isolierende Wirkung von Fell, Federn und Fett und durch die Kontrolle

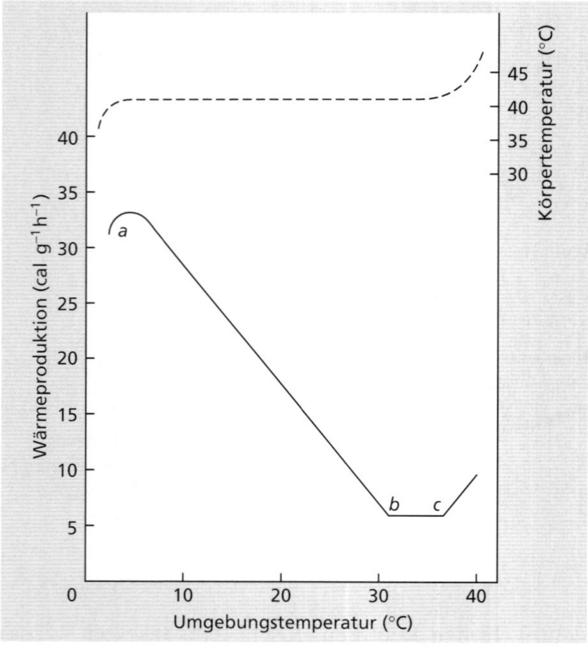

2.10 Die thermostatische Wärmeproduktion einer endothermen Art ist in der thermoneutralen Zone, das heißt zwischen *b* (untere kritische Temperatur) und *c* (obere kritische Temperatur), konstant. Die Wärmeproduktion steigt, aber die Körpertemperatur bleibt konstant, wenn die Umgebungstemperatur unter *b* fällt, bis die Wärmeproduktion bei *a* die maximal mögliche Rate bei tiefer Umgebungstemperatur erreicht. Unterhalb von *a* fallen sowohl Wärmeproduktion als auch Körpertemperatur. Oberhalb von *c* steigen Grundumsatz, Wärmeproduktion und Körpertemperatur. Bei Umgebungstemperaturen zwischen *a* und *c* bleibt die Körpertemperatur deshalb konstant. (Nach Hainsworth 1981)

der Blutzirkulation unter der Hautoberfläche verringert. Zusammen mit weiteren Mechanismen ergibt dies für die Endothermen eine sehr wirkungsvolle, wenn auch nicht perfekte Möglichkeit der Temperaturregulation (Abbildung 2.10). Sie erlangen dadurch eine konstante Leistungsfähigkeit, allerdings um den Preis eines hohen Energieverbrauchs und eines entsprechenden Nahrungsbedarfs.

Die Allensche Regel und die Bergmannsche Regel erklären den Habitus von Endothermen in Zusammenhang mit ihrer geographischen Verbreitung.

Vermutlich wirkt eine der Kräfte der natürlichen Selektion dahin, die Kosten der Endothermie zu minimieren. Im allgemeinen haben Säugetiere in kalten Klimaten kürzere Extremitäten als solche aus wärmeren Klimaten (**Allensche Regel**). Füchse, Hirsche und andere Säugetiere mit einer weiten Verbreitung sind in kalten Gebieten häufig größer (**Bergmannsche Regel**). Die Erklärung dafür ist in beiden Fällen, daß Endotherme in kälteren Klimaten eine kleinere Oberfläche im Verhältnis zu ihrem Volumen haben sollten, um weniger Wärme zu verlieren. Bei gleicher Gestalt haben größere Tiere ein besseres Verhältnis von Oberfläche zu Volumen. Die Allensche Regel betrifft ausschließlich die Veränderung der Gestalt, weshalb sie allgemein gültig sein dürfte. Die Bergmannsche Regel hingegen betrifft die Körpergröße, die von vielen selektiven Kräften abhängig ist, und trifft deshalb viel weniger allgemein zu.

Winterruhe spart Energie, ist aber mit Kosten – zum Beispiel für die Wiederaufwärmung – verbunden.

Viele endotherme Tiere vermeiden einen Teil der Kosten für Endothermie durch eine **Winterruhe** in der kältesten Jahreszeit. Sie verhalten sich dann fast wie Ektotherme. Kleinen Säugetieren kostet die Endothermie besonders viel Energie, weil ihr **Grundumsatz** im Verhältnis zu ihrer Körpermasse hoch ist:

$$\text{Grundumsatz}\,(W)\,\text{eines Tieres} = 3.34 \times (\text{Körpermasse (kg)})^{0.75}. \quad (2.1)$$

Um die Körpertemperatur während 100 Tagen ohne Nahrung aufrechtzuerhalten, braucht eine Maus (0.01 kg) dreimal so viel Fett wie ihr durchschnittliches Körpergewicht. Ein Bär (1 000 kg) hingegen würde nur einen Bruchteil davon benötigen (ungefähr 0.17 des durchschnittlichen Körpergewichts). Obwohl

Tabelle 2.2: Der Energieaufwand der Wiedererwärmung von 7 auf 37 °C nach der Winterruhe für verschieden große Säugetiere. Körpermasse und Grundumsatz dienen zur Berechnung der Zeit, während der das Tier mit derselben Energiemenge seine normale Körpertemperatur aufrechterhalten könnte (Wiedererwärmungsäquivalent). Für ein sehr kleines Säugetier ist auch eine sehr kurze Winterruhe oder -starre von Bedeutung, denn sie ist bereits bei tiefen Temperaturen von mehr als drei Stunden energetisch ein Gewinn. (Nach Nedergaard & Cannon 1990)

Körpermasse (kg)	Tierart	Grundumsatz (W)	Wiedererwärmungs-aufwand (kJ)	Wiedererwärmungs-äquivalent (h)
0.01	Maus	0.11	1.25	3
0.1	Ratte	0.59	12.5	6
1	–	3.34	125	10
10	Murmeltier	18.3	1 250	18
100	Mensch	106	12 500	33
1 000	Bär	593	125 000	58

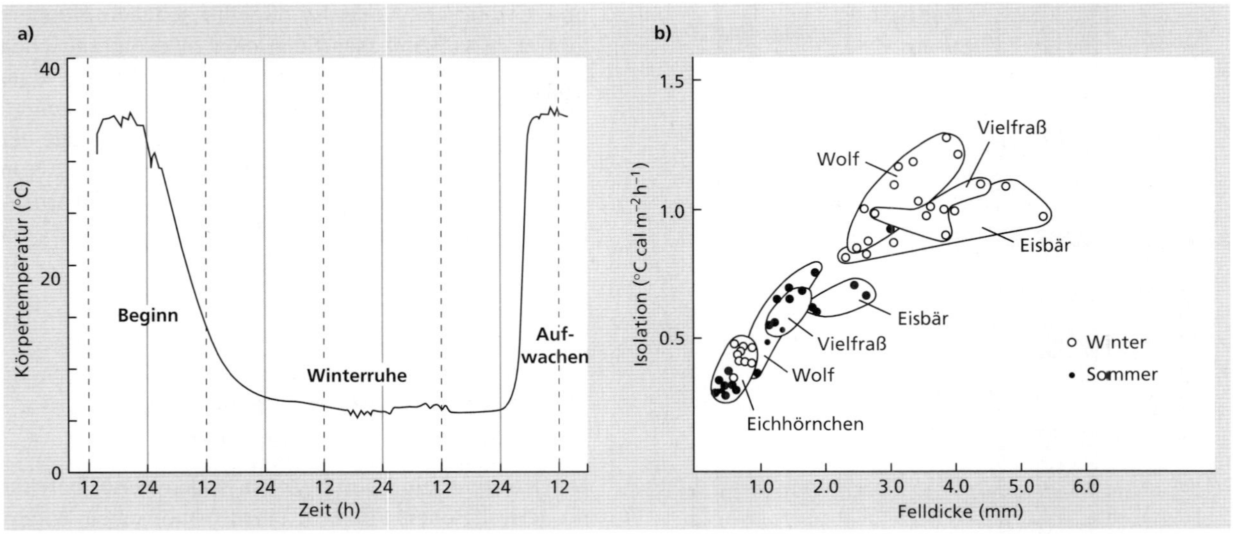

2.11 a) Veränderungen der Körpertemperatur eines Feldhamsters (*Cricetus cricetus*) nach einer dreitägigen Winterruhe (nach Nedergaard und Cannon 1990, aus Pévet et al. 1989). b) Veränderungen der Isolation in Abhängigkeit von der Felldicke.

man sagt, Bären würden einen Winterschlaf machen, ändern sie im Gegensatz zu echten Winterschläfern (Abbildung 2.11a) im Winter ihre Körpertemperatur nur geringfügig und bleiben in ihrem Bau aktiv und wach. Die meisten Säugetiere mit echtem Winterschlaf sind klein und leicht und verlieren nicht nur schnell Wärme, sondern brauchen auch vergleichsweise wenig Energie, um sich im Frühjahr wieder aufzuwärmen (Tabelle 2.2).

Man könnte nun annehmen, ektotherme Arten seien bezüglich der Kontrolle ihrer Umwelt „primitiv" und endotherme Arten „weiterentwickelt". Diese Ansicht ist allerdings unbegründet. Sowohl Ektotherme als auch Endotherme laufen Gefahr zu sterben, wenn sie kurze Zeit sehr tiefen Temperaturen oder längere Zeit mäßig tiefen Temperaturen ausgesetzt sind. Beide haben eine optimale Umgebungstemperatur mit unteren und oberen letalen Grenzwerten. Beide haben Nachteile, wenn sie bei nichtoptimalen Temperaturen leben müssen, zum Beispiel für den Aufwand, die Isolation zwischen den Jahreszeiten bei den Endothermen zu verändern (Abbildung 2.11b). Temperaturen, die nur wenige Grade über dem Stoffwechseloptimum liegen, können für Endotherme gleichermaßen letal sein wie für Ektotherme.

In zahlreichen Biotopen gibt es gemischte Lebensgemeinschaften von Endothermen und Ektothermen.

Einige der heißesten Umwelten auf der Erde werden durch gemischte Lebensgemeinschaften von endothermen und ektothermen Tierarten besiedelt, zum Beispiel von Wüstennagern und Wüsteneidechsen. Dasselbe gilt für einige der kältesten Umwelten der Erde, wo zum Beispiel Eisbären und Fische zusammenleben. Es ist erstaunlich schwierig, verallgemeinernde Aussagen darüber zu machen, unter welchen ökologischen Bedingungen Endotherme den Ektothermen „überlegen" sind. Auch die Diskussion, ob die Dinosaurier, die man wegen ihrer langen Dominanz auf der Erde als besonders erfolgreich ansieht, endo- oder ektotherm waren, ist noch lange nicht abgeschlossen!

2.6 Der pH-Wert von Boden und Wasser

Extreme pH-Werte können letale Wirkungen haben, auch wenn die Folgen oft nicht unmittelbar sichtbar sind – zum Beispiel bei der Mobilisierung von Schwermetallen oder der Verfügbarkeit von Spurenelementen.

Der pH-Wert des Bodens in terrestrischen Umwelten oder des Wassers in aquatischen Umwelten kann einen starken Einfluß auf die Verbreitung und Häufigkeit von Organismen haben. Das Protoplasma der Wurzelzellen der meisten Gefäßpflanzen wird durch toxische H^+- oder OH^--Ionenkonzentrationen im Boden unterhalb eines pH-Wertes von drei oder oberhalb eines pH-Wertes von neun geschädigt. Es gibt auch indirekte Wirkungen, da der pH-Wert des Bodens die Verfügbarkeit von Nährstoffen und/oder die Konzentration von Toxinen beeinflußt (Abbildung 2.12). Unterhalb von pH-Werten von vier bis 4.5 enthalten Mineralböden eine hohe Konzentration von Aluminiumionen (Al^{3+}), die für die meisten Pflanzen extrem toxisch ist. Außerdem können auch Mangan (Mn^{2+}) und Eisen (Fe^{3+}) bei niederem pH-Wert in toxischen Konzentrationen vorkommen, obwohl sie eigentlich wichtige Pflanzennährstoffe sind. Eine erhöhte Azidität kann sich auf drei Arten auswirken:

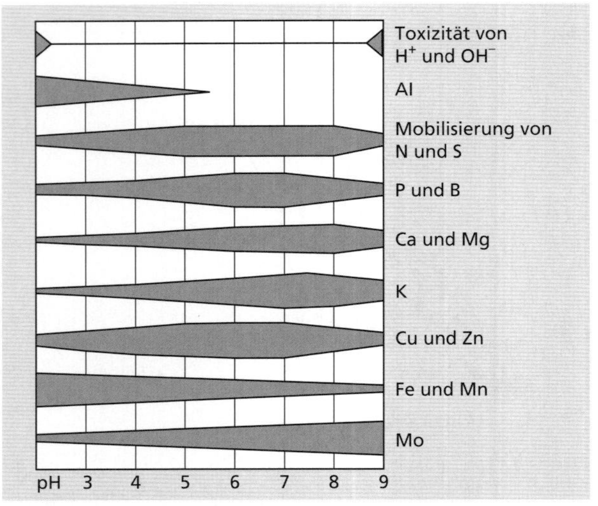

2.12 Die Toxizität von H^+- und OH^--Ionen für Pflanzen. Der Zugang zu Mineralstoffen (dargestellt durch die Breite der Bänder) wird vom pH-Wert des Bodens beeinflußt. (Nach Larcher 1975)

a) direkt durch Störung der Osmoregulation, der Enzymaktivität oder des Gasaustausches an Atmungsoberflächen;
b) indirekt durch eine erhöhte Konzentration toxischer Schwermetalle, insbesondere Aluminium;
c) indirekt durch eine Verringerung der Qualität und des Angebots an Nahrung für Tiere.

Die Grenzen der **pH-Toleranz** variieren zwischen den Pflanzenarten, aber nur wenige können bei einem pH-Wert unterhalb 4.5 wachsen und sich vermehren. Ähnliches trifft zu für Tiere, die in Bächen, Teichen und Seen leben – generell sinkt der Artenreichtum von Lebensgemeinschaften in saurem Wasser. Die Rolle, die der pH-Wert im Boden und in aquatischen Systemen spielt, zeigt wichtige Parallelen. In beiden Fällen können die Wirkungen direkt – toxische Konzentrationen von H^+ oder OH^- – oder indirekt sein. Die indirekten Wirkungen betreffen entweder die Wechselbeziehung zwischen zwei unterschiedlichen Umweltbedingungen – zum Beispiel pH-Wert und Konzentration einer toxischen Chemikalie – oder die Wechselbeziehung zwischen einer Umweltbedingung – pH-Wert – und der Verfügbarkeit einer Ressource – zum Beispiel die reduzierte Bildung von pilzlicher Biomasse bei niedrigem pH-Wert (Hildrew et al. 1984).

In alkalischen Böden finden sich Fe^{3+}, Phosphate (PO_4^{3+}) und gewisse Spurenelemente wie etwa Mn^{2+} in relativ unlöslichen Verbindungen. Pflanzen können dann unter Umständen Mangel leiden. Im allgemeinen beherbergen Böden und Gewässer mit einem pH-Wert von über sieben mehr Arten als saurere Habitate. Einige Prokaryoten, insbesondere Archaebakterien, tolerieren und wachsen sogar am besten bei pH-Werten, die weit von denjenigen liegen, die von Eukaryoten noch toleriert werden – beispielsweise *Bacillus acidocaldarius* und *Cyanidium caldarius*. Solche seltenen Habitate gibt es in vulkanischen Seen oder in geothermischen Quellen (Stolp 1988) *Thiobacillus thiooxidans* kann noch bei einem pH-Wert von null wachsen. Am andern Ende der pH-Skala liegen die alkalischen Habitate der Natronseen mit pH-Werten von neun bis elf, die von Cyanobakterien wie *Anabaenopsis arnoldii* und *Spirulina platensis* besiedelt sind. Bei einem pH-Wert von 13 wächst noch *Plectonema nostocorum*.

2.7 Salinität

Der Salzgehalt kann Probleme bei der Osmoregulation verursachen.

Die Konzentration von Salz im Bodenwasser bewirkt bei terrestrischen Pflanzen einen osmotischen Widerstand gegenüber der Wasseraufnahme. Der extremste Salzgehalt kommt in ariden Gebieten vor, wo das Bodenwasser an die Oberfläche aufsteigt und sich auskristallisiertes Salz anreichert. Dies geschieht besonders dort, wo Bewässerungsfeldbau betrieben wird. Dann kommt es zur Bildung von Salzpfannen, und das Land geht der Landwirtschaft verloren. Die Salinität wirkt sich auf die **osmotische Regulation** in gleicher Weise aus wie Dürre und Frost. Auch die Reaktionen sind ganz ähnlich. Zum Beispiel akkumulieren viele Pflanzen, die in Salzgebieten leben (**Halophyten**), Elektrolyte in ihren Vakuolen, halten aber die Konzentration im Cytoplasma und den Organellen gering (Robinson et al. 1983). Solche Pflanzen halten einen hohen osmotischen Druck aufrecht und erhalten ihren Turgor. Durch Polyole und Membranen sind sie vor dem schädigenden Einfluß der akkumulierten Elektrolyte geschützt. Nähere Ausführungen zur Salztoleranz sind in der bei Osmond et al. (1987) aufgeführten Literatur zu finden.

2.7.1 Folgen der Salinität für die Ökologie aquatischer Organismen

Wasserorganismen kann man in Hypertonie- und Hypotonieregler sowie solche unterteilen, deren Binnenmedium isotonisch zur Umgebung ist.

Süßwasser-Habitate weisen eine Reihe spezieller Umweltfaktoren auf; Wasser hat die Tendenz, in Organismen einzudringen. Dies muß der Organismus verhindern. In marinen Habitaten ist die Mehrheit der Organismen der Umgebung gegenüber **isotonisch**, so daß es keinen Nettofluß von Wasser gibt. Es gibt aber viele **hypotonische** Arten, die Wasser an die Umgebung verlieren und die sich dadurch in einer ähnlichen Situation befinden wie die terrestrischen Organismen. Deshalb ist für viele aquatisch lebende Organismen die Regulation der Konzentration der Körperflüssig-

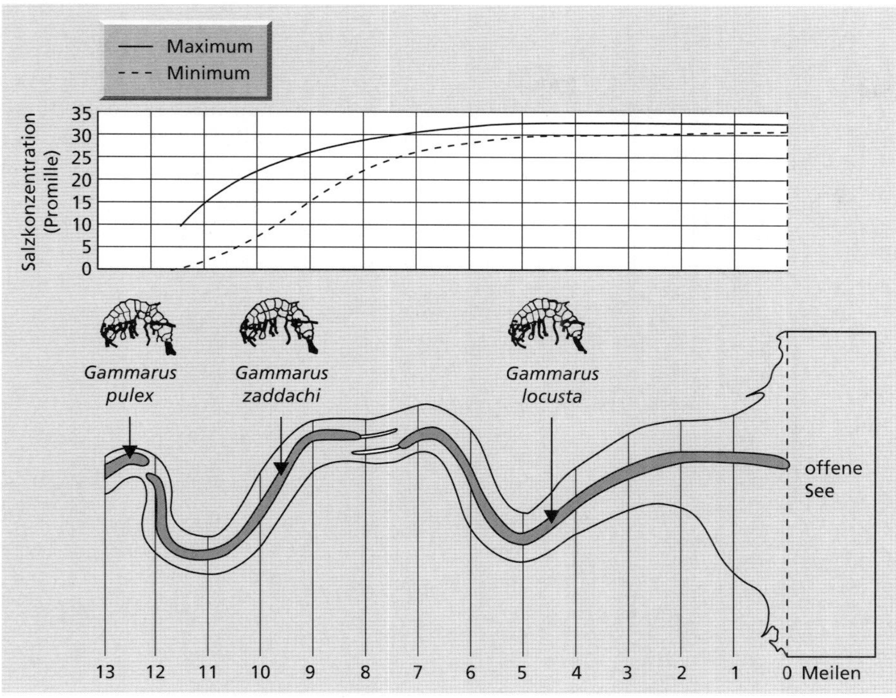

2.13 Verbreitung von drei nah verwandten Flohkrebsarten entlang englischer Flüsse in Abhängigkeit von der Salzkonzentration des Wassers. Die relative Häufigkeit wird durch die Breite des Bandes angedeutet. (Nach Spooner 1947, aus Cox et al. 1976)

keit ein lebenswichtiger und oft energieaufwendiger Prozeß. Der Salzgehalt eines aquatischen Milieus kann großen Einfluß auf die Verbreitung und Häufigkeit von Arten haben, besonders etwa in Flußmündungen, wo es einen besonders steilen Gradienten zwischen echt marinen Habitaten und Süßwasserhabitaten gibt. Abbildung 2.13 illustriert dies am Beispiel der typischen Verbreitung von drei nah verwandten Flohkrebsen in britischen Flüssen (Spooner 1947).

2.8 Umweltbedingungen am Übergang zwischen Meer und Land

In Gezeitenzonen haben sowohl der Salzgehalt als auch die Exposition bezüglich Luft, Temperaturunterschieden und Licht und die Art des Substrates Einfluß auf das Vorkommen von Organismen.

Die Salinität hat große Auswirkungen auf die Verbreitung von Organismen im Einflußbereich der Gezeiten, aber nur im Zusammenspiel mit den Faktoren Exposition und Substrat. Bei der Evolution der Land- und Meeresflora und -fauna müssen diese Wechselwirkungen sehr große ökophysiologische Probleme bedeutet haben (Little 1990).

Das Vorkommen von wurzelnden Organismen ist abhängig von einem geeigneten Substrat.

Algen haben in dauerhaft überfluteten Gebieten im Meer passende Habitate gefunden, hingegen fehlen dort höhere Pflanzen fast völlig – mit Ausnahme der Seegräser. Im Gegensatz dazu kommt in permanenten überschwemmten Süßwasserhabitaten eine Vielzahl von Blütenpflanzen vor. Der Hauptgrund dafür liegt wahrscheinlich darin, daß die meisten Farn- und Blütenpflanzen ein Substrat benötigen, in dem sie fest wurzeln können. An ihre Stelle treten im Meer große Algen wie *Himanthalia* und *Laminaria*, die außer bei extremen Niedrigwasser immer unter Wasser sind. Statt Wurzeln verfügen sie über spezielle Halterungen, mit denen sie an den Felsen haften. In Gebieten mit weichen Substraten kommen sie nicht vor. Dort bilden die wenigen wirklich marinen Blütenpflanzen, wie etwa die Seegräser *Zostera* und *Posidonia*, Lebensgemeinschaften unter Wasser.

Die Blätter und Triebe der meisten Arten höherer Pflanzen, die im Meerwasser wachsen, sind während des größten Teils des **Gezeitenwechsels** an der Luft exponiert. Dazu gehören Mangroven, Grasarten der Gattung *Spartina* (Schlickgras) und extreme Halophyten wie *Salicornia*(Queller)-Arten, deren Wurzeln zwar vollständig dem salzigen Meerwasser ausgesetzt sind, die aber auch Luftwurzeln haben. Wo die Pflanzen in einem festen Substrat wurzeln können, gibt es ein Kontinuum von Lebensgemeinschaften quer durch die Gezeitenzone (Ranwell 1972).

Wellen und Stürme schränken die Besiedlung von Felsküsten ein.

Bei Pflanzen und Tieren an **Felsküsten** entscheidet, inwieweit sie die Exposition gegenüber der Atmosphäre und gegenüber Wellen und Stürmen tolerieren. Dies resultiert in einer vertikalen Zonierung der Orga-

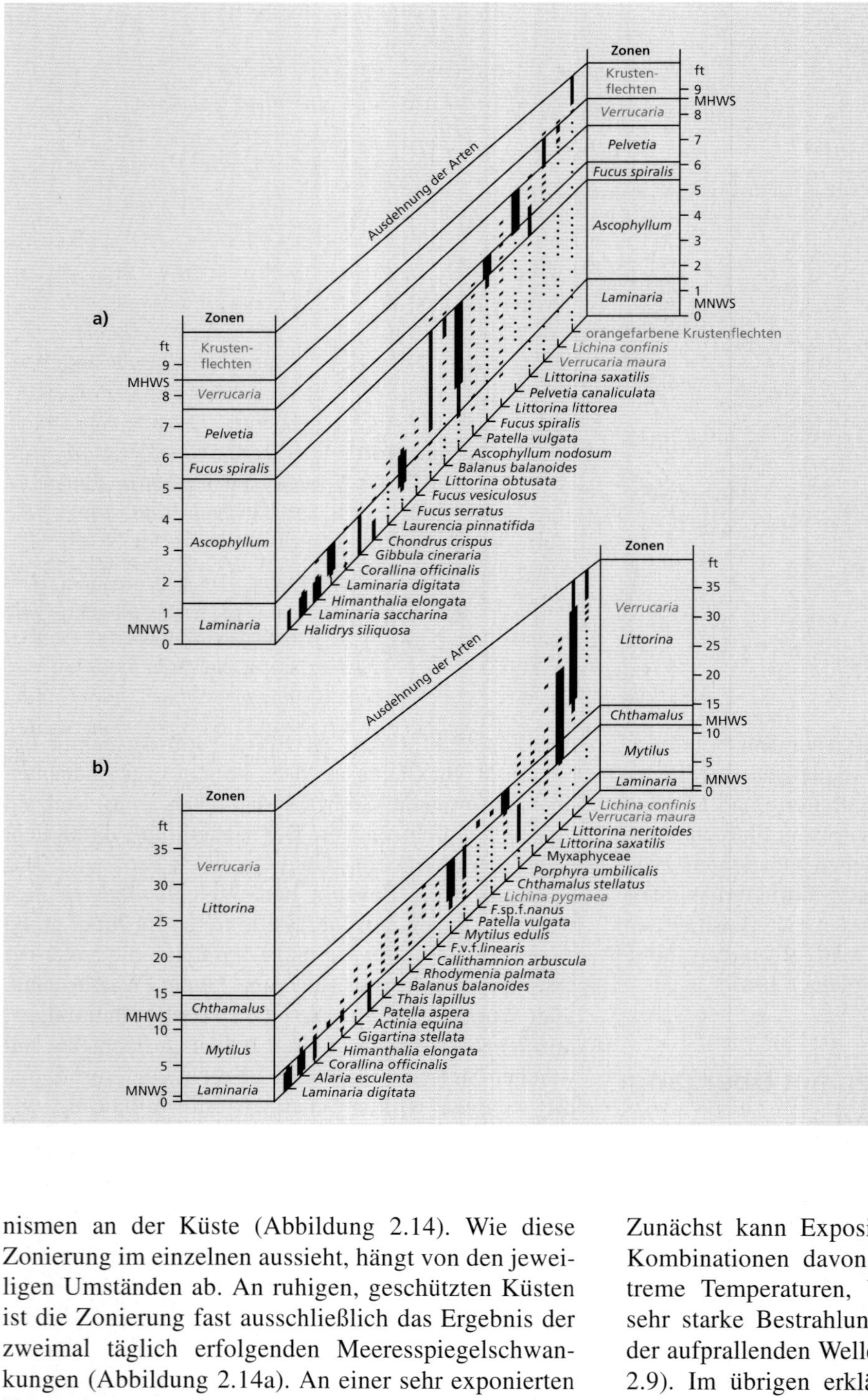

2.14 Zonierung von Tieren und Pflanzen an der Meeresküste um Großbritannien. a) ruhige und geschützte Küste bei Clachan Sound, b) exponierte Küste bei Parkmor Point (nach Lewis 1976). MHWS: mittlerer Hochwasserstand bei Springflut, MNWS: mittlerer Niedrigwasserstand bei Springflut.

nismen an der Küste (Abbildung 2.14). Wie diese Zonierung im einzelnen aussieht, hängt von den jeweiligen Umständen ab. An ruhigen, geschützten Küsten ist die Zonierung fast ausschließlich das Ergebnis der zweimal täglich erfolgenden Meeresspiegelschwankungen (Abbildung 2.14a). An einer sehr exponierten Küste kommen die Faktoren Wellen und Gischt hinzu. Sie dehnen dieses Küstenhabitat nach oben aus und differenzieren die Zonierung, ohne sie aber grundsätzlich zu verändern (Abbildung 2.14b).

Die Zonierung ist nicht das alleinige Ergebnis der Exposition – auch Konkurrenz und Prädation spielen eine Rolle.

Es wäre nun aber zu einfach, wenn man die Zonierung nur als Ergebnis der Exposition betrachten würde (mehr Einzelheiten unter anderem bei Lewis 1976). Zunächst kann Exposition ganz Verschiedenes oder Kombinationen davon bedeuten: Austrocknung, extreme Temperaturen, Veränderungen im Salzgehalt, sehr starke Bestrahlung und die physikalische Kraft der aufprallenden Wellen und Stürme (siehe Abschnitt 2.9). Im übrigen erklärt die Luftexposition nur die obere Begrenzung des Vorkommens dieser marinen Arten. Es existieren für die Zonierung aber auch untere Grenzen. Es gibt Arten, für welche die Lichtexposition in den unteren Zonen zu gering ist. Grünalgen zum Beispiel hätten zu wenig blaue und insbesondere rote Strahlung, wenn sie sich längere Zeit in den untersten Küstenzonen befänden. Für viele andere Arten bilden jedoch Konkurrenz und Prädation den Grund für die untere Verbreitungsgrenze (nähere Einzelheiten sind bei Paine 1994 nachzulesen).

2.9 Die physikalischen Kräfte von Wind, Wellen und Strömungen

Die Strömung von Gewässern beeinflußt den Habitus von Organismen.

In Bächen und Flüssen sind Tiere und Pflanzen ständig der Gefahr ausgesetzt, von der Strömung weggeschwemmt zu werden. In der Regel nimmt die mittlere Fließgeschwindigkeit flußabwärts zu. Den größten Einfluß hat die Strömung auf die **benthische** (bodenbewohnende) **Lebensgemeinschaft** im Oberlauf, wo das Wasser turbulent und nicht tief ist. Die einzigen Pflanzen, die bei extremer Strömung leben können, sind Arten mit geringem Profil, wie Krusten- und Fadenalgen, Moose und Lebermoose. Wo die Strömung etwas weniger stark ist, gibt es Pflanzen wie den Flutenden Hahnenfuß (*Ranunculus fluitans*), dessen Wuchsform der Strömung wenig Widerstand leistet und der sich mit einem dichten Geflecht von Adventivwurzeln an unbeweglichen Objekten verankert. Pflanzen wie die freischwimmenden Wasserlinsen (*Lemna* spp.) kommen dagegen nur bei sehr schwacher Strömung vor.

Entsprechend dem Habitus von Organismen und spezieller Mechanismen können verschiedene Bereiche aquatischer Systeme besiedelt werden.

Die Exposition an Meeresküsten schränkt die Lebensformen und Lebensbedingungen von Arten ein, welche die ständigen Aufprall- und Absaugbewegungen der Wellen ertragen müssen. Tiere bewegen sich in einer solchen Umgebung entweder mit den Wassermassen hin und her oder verwenden die gleichen Mechanismen wie Algen und halten sich am Untergrund fest. Beispiele dafür sind Seepocken oder Napfschnecken.

Eine ähnliche Vielzahl an **morphologischen Spezialisierungen** gibt es bei Wirbellosen, die in turbulenten Oberläufen von Bächen vorkommen. Eine extreme Abflachung des Körpers erlaubt einigen Arten, in der relativ ruhigen Grenzschicht unmittelbar über dem Bachbett oder in Spalten unter Steinen zu leben. Einige Arten können ihre Position mit Hilfe von Haken oder Saugnäpfen halten. Andere, wie die Nymphe der Eintagsfliege *Baetis*, haben lange Cerci (Hinterleibsanhänge), die ihren Körper in Stromrichtung halten, wobei der stromlinienförmige Körper den Sog auf ein Minimum reduziert (Townsend 1980). Viele Fischarten können in einem reißenden Fluß nur an Ort und Stelle bleiben, indem sie wie etwa Schmerle und Aal einen Unterschlupf suchen oder indem sie unter großem Energieaufwand ständig gegen den Strom schwimmen.

2.9.1 Die Ökologie der Extremereignisse

Alltägliche Risiken, seltenere „Unglücksfälle" und Katastrophen beeinflussen das Vorkommen von Organismen – oder können zur Ausbildung von Toleranzen führen.

Wind und Gezeiten sind normale tägliche Risiken im Leben vieler Organismen. Deren Struktur und Verhalten sind Zeugen der Häufigkeit und der Intensität, mit denen solche Risiken im Verlauf der Phylogenie ihrer Arten aufgetreten sind. Die meisten Bäume widerstehen in der Regel der Kraft der Stürme, ohne umzufallen oder ihre Äste zu verlieren. Die meisten Napfschnecken, Seepocken oder Tange überstehen die alltäglichen Kräfte der Wellen und Gezeiten. Es treten aber auch Kräfte in einer Größenordnung auf, die schwere Schäden anrichten und die wir als „Unglücksfälle" bezeichnen könnten. Sie treten nur gelegentlich auf, aber häufig genug, um als Kräfte der **natürlichen Selektion** gewirkt zu haben. Wenn ein solches Ereignis eintritt, hat die Population immer noch eine genetische Erinnerung an die Selektion ihrer Vorfahren und leidet deshalb weniger als die damalige Population. In den Lebensgemeinschaften des Wald- und Gebüschlandes arider Zonen spielt das Feuer eine solche Rolle. Toleranz gegenüber Feuerschäden ist eine solche evolutiv entstandene Reaktion (siehe Abschnitt 2.4) (Naveh 1975). Es gibt auch viele Arten, die davon leben, daß sie opportunistisch „Unglücksfälle" ausnützen, die andere Arten betreffen.

Nach Extremereignissen – zum Beispiel Wirbelstürmen oder Vulkanausbrüchen – lassen sich typische Stufen der Sukzession nachvollziehen.

Wenn natürliche Lebensgemeinschaften von solchen „Unglücksfällen" betroffen werden, sind sie natürlich nur selten zuvor wissenschaftlich untersucht worden. Eine Ausnahme ist der Wirbelsturm „Hugo", der 1994 die Karibikinsel Guadeloupe heimsuchte. Nur vier Jahre zuvor waren detaillierte Beschreibungen der dichten Feuchtwälder dieser Insel veröffentlicht worden (Ducrey und Labbé 1985, 1986). Die Wirbelstürme zerstörten die Wälder mit mittleren Maximalgeschwindigkeiten von 270 km pro Stunde und mit Spitzen von 320 km pro Stunde. Innerhalb von 40 Stunden fielen bis zu 300 mm Regen. Erste Regenerationsstadien nach dem Durchzug der Wirbelstürme zeigen typische Reaktionsformen der lang bestehenden Lebensgemeinschaften zu Land und zu Wasser nach diesen massiven Zerstörungskräften (Labbé 1994). Das Muster der Wiederbesiedlung ähnelt stark demjenigen von Mikrosukzessionen in einem natürlichen Regenerationszyklus in einer vorher ungestörten Lebensgemeinschaft. Unabhängig davon, ob es sich dabei um die Lebensgemeinschaft einer Felsküste oder eines tropischen Regenwaldes handelt, finden sich in der ersten **Sukzessionsstufe** Arten, die gegenüber Konkurrenz oder Schatten intolerant und relativ kurzlebig sind und eine hohe Reproduktionsrate besitzen.

Im Gegensatz zu den bisher beschriebenen Risiken und „Unglücksfällen" gibt es aber auch natürliche Ereignisse, die zwar enorme Schäden anrichten, aber so selten vorkommen, daß sie keine selektive Wirkung auf die Evolution der Arten haben. Als Beispiele für solche „Katastrophen" seien die vulkanischen Ausbrüche des Mount St. Helens oder des Krakatau erwähnt. Wenn der Krakatau das nächste Mal ausbricht, wird es kaum Gene geben, die aufgrund ihrer Vulkantoleranz selektioniert worden sind!

Die ökologische Risikoanalyse zielt darauf ab, die Risikoabhängigkeit zu bestimmen, um auf die Ökologie von Organismen zurückschließen zu können.

Natürlich sind die beschriebenen drei Formen in Wirklichkeit willkürlich definierte Stadien eines Kontinuums, das einer **ökologischen Risikoanalyse** entspricht. Bei einer solchen Analyse hoffen wir ja, die Risikohäufigkeit in Werten ausdrücken zu können, die einen Zusammenhang mit der Lebenslänge bestimmter Organismen, mit der Länge der Ruheperioden, mit der Länge der unproduktiven Jugendphase innerhalb des Lebenszyklus und so weiter haben. Statistische Untersuchungen haben sich jedoch hauptsächlich mit Mittel- und Varianzwerten befaßt, also mit dem „normalen" Auftreten von Ereignissen. Ökologen hingegen benötigen statistische Methoden, die sich für seltene Ereignisse eignen. Es ist deshalb günstig, daß die Kurven der Wahrscheinlichkeiten extremer Werte parallel zu der durchschnittlichen verläuft, die man mit den Methoden der maximalen Wahrscheinlichkeit abschätzten kann (Gaines und Denng 1993). In Zukunft wird die Statistik von Extremwerten, die normalerweise größeren Einfluß auf die Verbreitung von Organismen haben als Durchschnittswerte, für Ökologen von wachsender Bedeutung sein.

2.10 Umweltverschmutzung

Toxische Nebenprodukte anthropogener Aktivitäten schränken die Verbreitung von Arten ein.

Ein Umweltfaktor, der bedauerlicherweise in steigendem Maß an Bedeutung gewinnt, ist die Konzentration von toxischen Nebenprodukten menschlicher Aktivitäten. Die Schwefeldioxidemissionen aus Kraftwerken oder Metalle, wie Kupfer, Zink und Blei, die in der Umgebung von Bergwerken oder Raffinerien abgelagert werden, sind nur einige der Schadstoffe, die sich besonders einschränkend auf die Verbreitung von Pflanzen auswirken. Viele solcher Schadstoffe sind auch natürlicherweise vorhanden, allerdings nur in geringen Konzentrationen. Einige sind sogar wichtige Pflanzennährstoffe. In verunreinigten Gebieten kann ihre Konzentration jedoch letale Werte erreichen, und dann verschwindet eine Art nach der anderen. Oft ist der Verlust von Arten der erste Indikator dafür, daß eine Umweltverschmutzung stattgefunden hat. Veränderungen in der Artenzusammensetzung eines Flusses, eines Sees oder eines Stück Landes sind **Bioindikationen** für das Ausmaß der Umweltverschmutzung (siehe zum Beispiel Lovett Doust et al. 1994).

Genetische Variation kann zur Evolution von schadstofftoleranten Formen führen.

Selbst in den unwirtlichsten Gebieten leben selten überhaupt keine Arten. Gewöhnlich können wenigstens manche Individuen einiger weniger Arten die extremen Bedingungen noch tolerieren (Abbildung 2.15). Auch natürliche Populationen aus nicht geschädigten Gebieten enthalten manche Individuen, die gegenüber dem Schadstoff tolerant sind. Dies gehört zur genetischen Variabilität von Populationen, die sich sexuell fortpflanzen. Solche Individuen sind möglicherweise die einzigen, die überleben und sich weiter verbreiten, wenn der Grad der Verunreinigung steigt. Sie können dann die Begründer einer toleranten Population sein, der sie ihre **Toleranzgene** weitergeben. Vielleicht gibt uns die Umweltverschmutzung eine ideale Gelegenheit, Evolution „in Aktion" zu beobachten. Allerdings gibt es nicht in allen Populationen eine

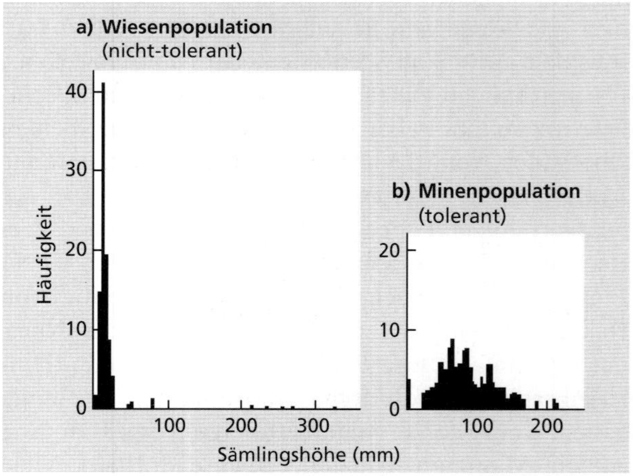

2.15 Wenn Sämlinge des Roten Straußgrases (*Agrostis tenuis*) von einer im allgemeinen nicht toleranten Wiesenpopulation auf einen mit Kupfer kontaminierten Boden gepflanzt werden, zeigen a) einige Individuen Kupfertoleranz und wachsen erfolgreich. Diese können vermutlich eine kupfertolerante Population gründen, da b) ihre Toleranz derjenigen der tolerantesten Individuen einer in der Nähe einer Kupfermine wachsenden Population entspricht. Allerdings ist dort die durchschnittliche Toleranz wesentlich höher. (Nach Walley et al. 1974)

ausreichende genetische Variabilität. Einige Arten bringen wiederholt tolerante Populationen hervor, während das bei anderen kaum der Fall ist (Gartside und McNeilly 1974; Bradshaw und McNeilly 1981).

Sehr vereinfacht ausgedrückt hat ein Schadstoff einen doppelten Effekt. Wenn er erst kurz vorher aufgetaucht ist oder extrem hohe Konzentrationen erreicht, werden von jeder vorhandenen Art nur noch einige wenige Individuen vorhanden sein – mit Ausnahme von toleranten Varianten und ihren direkten Nachkommen. Später wird das verunreinigte Gebiet wahrscheinlich eine viel größere Dichte von Individuen aufweisen, die aber zu einer geringeren Anzahl an Arten gehören, als ohne Schadstoff vorhanden wären. Solche neu entstandenen, artenarmen Lebensgemeinschaften sind heute ein fester Bestandteil der menschlichen Umwelt geworden (Bradshaw 1987).

Einige anthropogene Schadstoffe können fern der Emissionsquelle wirksam werden; ein Beispiel sind saure Niederschläge.

Unter Umständen wirken sich Umweltverschmutzungen räumlich sehr weit vom Entstehungsort aus. Toxische Abwässer aus Bergbau oder Industrie können in einen Fluß gelangen und dessen Fauna und Flora auf der ganzen Länge beeinträchtigen. Umweltverschmutzungen kennen auch keine Landesgrenzen und können zu internationalen Auseinandersetzungen führen. Ein klassisches Beispiel ist der **saure Regen**, der in Schottland und Skandinavien als Folge industrieller Aktivitäten in anderen Ländern niedergeht. Ein anderes Beispiel für eine Umweltverschmutzung über weite Distanzen ist der Niederschlag von radioaktivem Caesium nach der Reaktorkatastrophe von Tschernobyl im Jahr 1986, der bis nach England reichte. Im Gegensatz zu den typischen Tieflandböden, wo Caesium-137 rascher immobilisiert wird und nicht in die Nahrungskette gelangt, bleibt es in den sauren Hochlandböden Großbritanniens persistent. Schafe wiesen deshalb in den Jahren nach 1986 einen erhöhten Gehalt an Caesium-137 auf.

Anhand der Veränderungen der Populationen von Bioindikatoren – zum Beispiel Kieselalgen – kann die Geschichte der Umweltverschmutzung rekonstruiert werden.

Die Verbrennung fossiler Rohstoffe seit der industriellen Revolution und die damit verbundene Emission verschiedener Schadstoffe in die Atmosphäre – vor allem von Schwefeldioxid – hat zu einer Ablagerung säurehaltiger Trockenpartikel und zu schwefelsäurehaltigem Regen, dem sogenannten „sauren" Regen geführt. Dank unserem Wissen über die verschiedenen pH-Toleranzen von Kieselalgenarten können wir die pH-Veränderungen eines Sees anhand der Sedimente rekonstruieren (Battarbee 1984).

2.11 *Global Change* – globale Klimaänderungen

In Kapitel 1 haben wir aufgezeigt, wie sich die globale Umwelt in den sehr langen Zeitperioden der Kontinentaldrift und in den kürzeren Abfolgen der Eiszeiten verändert hat. Damals konnte sich ein Teil der Organismen nicht anpassen und ist ausgestorben. Andere haben Wanderungen unternommen und leben immer noch unter den gleichen Bedingungen, aber an einem anderen Ort. Wieder andere haben sehr wahrscheinlich ihre Eigenschaften evolutiv verändert und einen Teil der Änderungen toleriert. In diesem Kapitel geht es um globale Klimaänderungen, die in unserer Gegenwart ablaufen und die Folgen unserer eigenen Tätigkeiten sind – Veränderungen, die tiefgreifende Veränderungen in der Ökologie unseres Planeten mit sich bringen werden.

2.11.1 Industrieabgase und Treibhauseffekt

Die Zunahme von Kohlendioxid (CO_2) in der Atmosphäre ist die Folge vermehrter Verbrennung fossiler Brennstoffe und von Waldrodung; die zunehmende Methan(CH_4)-Konzentration ist auf die Massentierhaltung in der industriellen Landwirtschaft zurückzuführen.

Ein zentrales Element der industriellen Revolution war der Übergang vom Gebrauch nachhaltiger Energiequellen zur Verwendung von Kohle und später von Erdöl. Zwischen der Mitte des 19. und der Mitte des 20. Jahrhunderts gelangten durch die Verbrennung fossiler Energieträger und durch ausgedehnte Waldrodungen ungefähr 9 mal 10^{10} Tonnen **Kohlendioxid (CO_2)** in die Atmosphäre, und noch einmal die gleiche Menge kam seit 1950 hinzu. Nach Messungen in Eisbohrkernen betrug die CO_2-Konzentration in der Atmosphäre vor der industriellen Revolution ungefähr 280 ppm (*parts per million*); bis ins Jahr 1985 stieg sie auf 345 ppm an (Abbildung 2.16; siehe auch Abbildung 19.13 für eine kürzere Meßperiode in Hawaii). Auch bei anderen Gasen in der Atmosphäre kam es in diesem Zeitraum zu Veränderungen. Die Konzentration von **Methan (CH_4)** erhöhte sich zum Beispiel von 0.7 auf 1.7 ppm, diejenige von **Ozon (O_3)** von 0 auf 10 bis 100 ppv (*parts per volume*). Die Zunahme von Methan ist nicht völlig geklärt, hat aber vermutlich eine mikrobielle Ursache in der Intensivlandwirtschaft auf anaeroben Böden – besonders beim Reisanbau – und im Verdauungsprozeß von Wiederkäuern – eine Kuh produziert etwa 40 Liter Methan pro Tag.

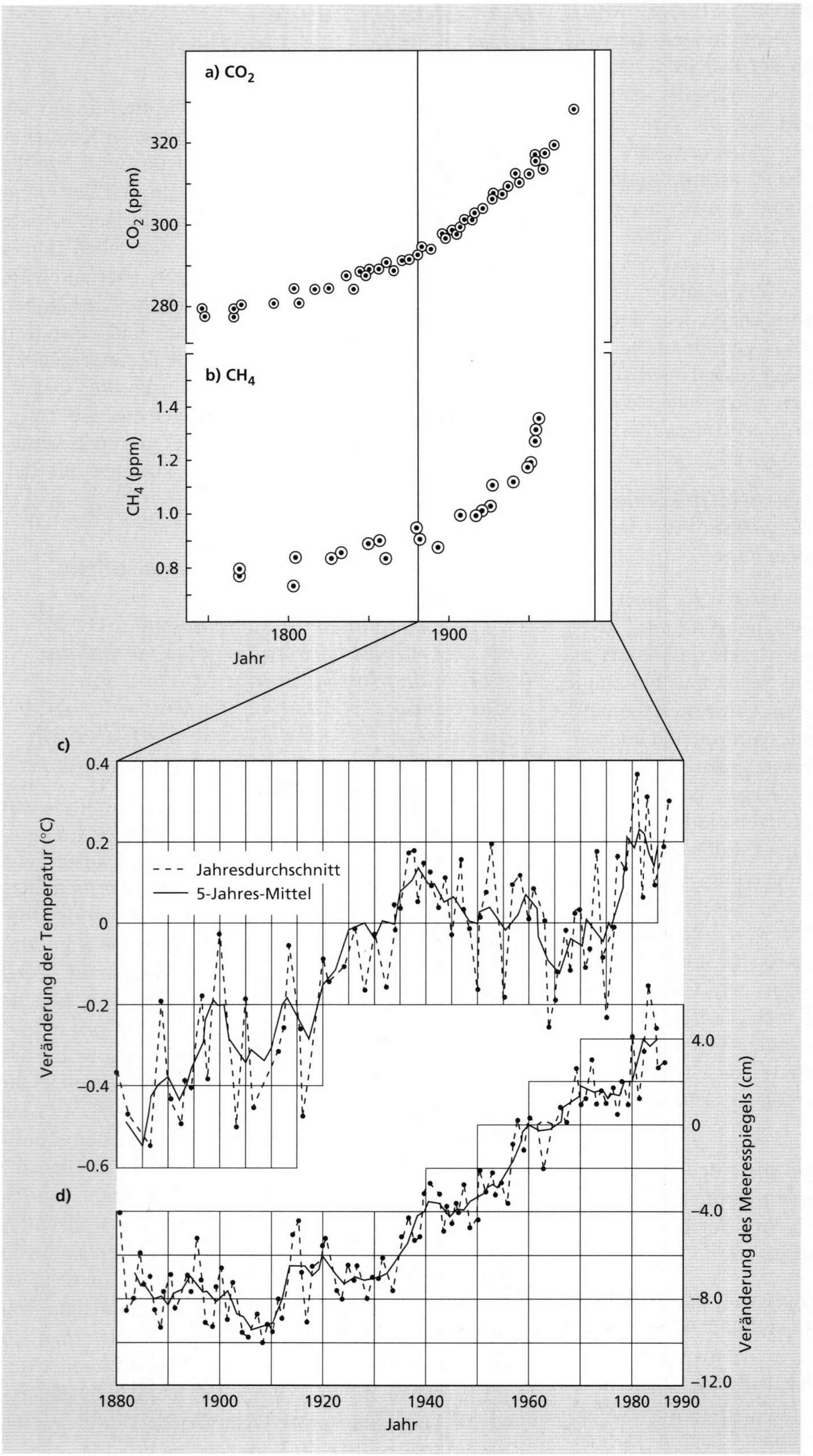

2.16 Globale Veränderungen in den letzten 150 Jahren bis 1990. a) und b) sind Rekonstruktionen der Konzentrationen von Kohlendioxid (CO_2) und Methan (CH_4) aufgrund von Gasanalysen aus Eisbohrkernen aus der West-Antarktis (Siple Station) (nach Stauffer 1988). c) und d) zeigen die globale mittlere Jahrestemperatur und die Veränderungen des Meeresspiegels. In beiden Kurven ist der Mittelwert für 1951 bis 1970 gleich Null, so daß die Daten die Abweichungen vom Mittelwert wiedergeben. Die Kurven sind im fünfjährigen Mittel geglättet (nach IGBP 1990a).

Der erhöhte Kohlendioxidgehalt der Atmosphäre führt zur Erwärmung der Umwelt im globalen Maßstab.

Die auf die Erdatmosphäre auftreffende Sonnenstrahlung wird teilweise reflektiert, teilweise absorbiert und gelangt zum Teil auf die Erdoberfläche, die dadurch erwärmt wird. Ein Teil dieser absorbierten Energie wird wieder an die Atmosphäre abgestrahlt, wo sie zu etwa 70 % vom Wasserdampf, Kohlendioxid und anderen Gasen absorbiert wird. Diese eingeschlossene, zurückgestrahlte Energie heizt die Atmosphäre auf, was zum sogenannten **Treibhauseffekt** führt. Dieser bestand natürlich schon vor der industriellen Revolution. Er war für die Wärme in der Umwelt verantwortlich, bevor er durch die industrielle Tätigkeit verstärkt wurde.

Spurengase wie FCKW tragen ebenfalls zum Treibhauseffekt bei.

Neben dem Kohlendioxid trägt aber auch die deutliche Zunahme anderer Spurengase zur Verstärkung des Treibhauseffektes bei. Zu den schon erwähnten Gasen Methan und Ozon kommen Lachgas (N_2O), Fluorchlorkohlenwasserstoffe (FCKW) und Dichlordifluormethane (CCl_2F_2) hinzu. Sie tragen zusammen gleich viel zur Verstärkung des Treibhauseffekts bei wie der Anstieg der CO_2-Konzentration. Deshalb gibt es internationale Übereinkommen, welche sich zum Ziel gesetzt haben, den weiteren Anstieg der **Fluorchlorkohlenwasserstoffe (FCKW)** zu verhindern.

Die größte Unsicherheit bei der Prognose der Folgen des Treibhauseffekts kommt daher, daß wir die Rolle der Ozeane bei der Abpufferung der CO_2-Werte in der Atmosphäre nur unvollständig kennen. Die Ozeane speichern als CO_2-Senke etwa 50mal mehr Kohlendioxid als die Atmosphäre, und von der geschätzten CO_2-Produktion durch die Verbrennung fossiler Brennstoffe und durch die veränderte Landnutzung sind noch weniger als 60 % in der Atmosphäre vorhanden (IGBP 1990b). Vermutlich absorbieren die Ozeane den größten Teil des Restes – aber Genaues wissen wir nicht. Eine Übersicht über laufende Forschungsprogramme und über neuere Literatur enthalten die Berichte des *International Geosphere-Biosphere Programme* (zum Beispiel IGBP 1990a, b).

2.11.2 Die globale Erwärmung

Prognosen über das Ausmaß der globalen Erwärmung als Folge des verstärkten Treibhauseffekts kommen aus zwei Quellen:

a) aus umfangreichen Computermodellen (allgemeine Zirkulationsmodelle), welche das Weltklima simulieren;
b) Tendenzen, die aus Meßreihen resultieren.

Vermutlich wird sich der CO_2-Gehalt der Atmosphäre bis zum Jahr 2100 verdoppeln, vielleicht aber schon bis 2020. Es erstaunt nicht, daß sich die verschiedenen Zirkulationsmodelle in ihren Voraussagen über den mit dieser Verdopplung verbundenen Anstieg der globalen Temperatur unterscheiden. Die meisten Modellprognosen bewegen sich in einem Bereich von 2.3 bis 5.2 °C.

Eine Vielzahl von direkten und indirekten **Indikatoren** aus der jüngeren Klimageschichte weist darauf hin, daß die globalen Temperaturen tatsächlich ansteigen. Die Abbildungen 2.16c und d und 2.17 zeigen einige Beispiele.

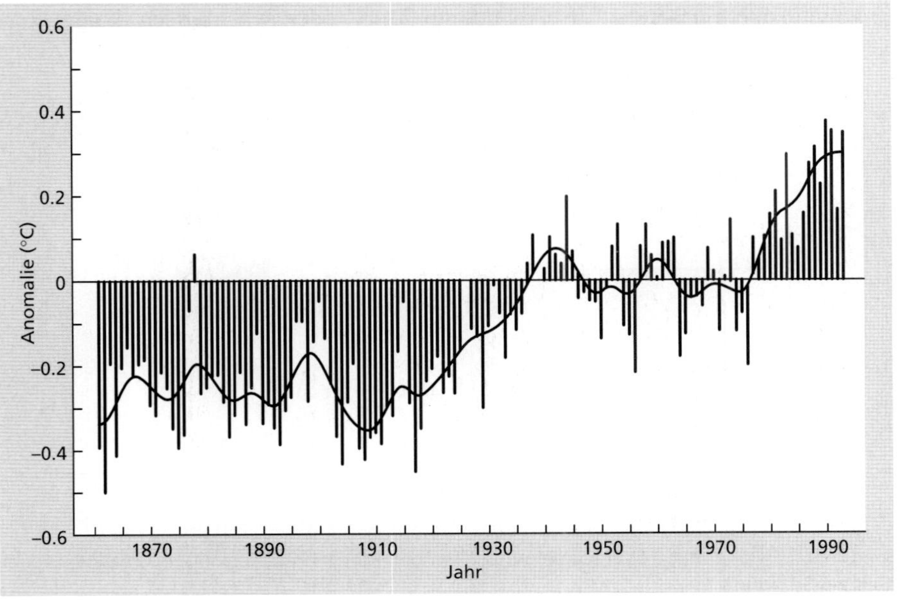

2.17 Globale Jahresdurchschnittswerte für eine Kombination von Land- und Meerestemperaturen von 1861 bis 1993 (GER 1993). Die Graphik zeigt Anomalien (in °C) zwischen 1951 und 1980. Die durchgezogene Linie ist eine geglättete Schätzung zur Ausschaltung von kurzzeitigen Variationen von unter etwa zehn Jahren.

Computermodelle und Trendextrapolationen lassen zusammengenommen einen Temperaturanstieg um 3 °C in den nächsten hundert Jahren als vernünftigen Wert erscheinen, um Voraussagen über die ökologischen Auswirkungen zu machen. Allerdings ist die Temperatur nur einer von vielen Faktoren, die darüber entscheiden, welcher Organismus wo lebt. Leider gibt es keine zuverlässigen Computerprognosen über die Faktoren Niederschlag und Evaporation, da es schwierig ist, gute Modelle für das Verhalten von Wolken in einem allgemeinen Klimamodell zu erstellen. Wenn wir allein die Temperatur als relevante Variable betrachten, dann würde ein Anstieg um 3 °C für London das Klima von Lissabon mit Reben, Oliven, Bougainvilleas und semiarider Gebüschvegetation bedeuten. Würde es aber regelmäßiger regnen, wäre das Klima beinahe subtropisch, und bei etwas weniger Regen könnte es sogar arid werden. Ein breiter Überblick über die ökologischen Folgen des *Global Change* findet sich bei Vitousek (1994).

Die globale Erwärmung erfolgt vermutlich viel schneller als am Ende der letzten Eiszeit.

In Kapitel 1 haben wir beschrieben, wie sich die Verbreitung der Wälder als Folge von Vorstoß und Rückzug der Gletscher während der letzten Vergletscherung verändert hat. Die Bewegung der Isothermen war wesentlich schneller als diejenige der Vegetation. Und auch Lebensgemeinschaften bewegten sich damals nicht, als wären sie Ganzheiten. Verschiedene Arten wanderten mit unterschiedlicher Geschwindigkeit und in verschiedene Richtungen. Der Wandel des globalen Klimas in den kommenden Jahrhunderten dürfte ähnlichen Mustern folgen. Allerdings wird die Geschwindigkeit des prognostizierten Wandels durch den Treibhauseffekt etwa 30mal schneller sein als derjenige am Ende der letzten Eiszeit. Und zum anderen sind große Teile des Landes, auf dem die Vegetation vorstoßen und sich zurückziehen könnte, durch unsere Zivilisation zerstückelt und mit Barrieren durchzogen. Es wäre sehr erstaunlich, wenn bei diesem Prozeß nicht viele Arten verlorengingen.

2.12 Die ökologische Nische

Die Liste der behandelten Umweltfaktoren ist nicht umfassend. Allgemeine Prinzipien aber sind durch zahlreiche Beispiele deutlich geworden. Wir sind nun in der Lage, ein Konzept zu erörtern, das eine zentrale Stellung im ökologischen Gedankengebäude einnimmt und dessen Definition eng mit den Reaktionen von Organismen auf die Umweltfaktoren verbunden ist: die ökologische Nische.

Der Begriff der **ökologischen Nische** gehört seit mehr als einem halben Jahrhundert zum ökologischen Vokabular, während der ersten 30 Jahre war er jedoch recht vage definiert (einen historischen Überblick gibt Vandermeer 1972). Die heutige, allgemein akzeptierte Definition (Hutchinson 1957) läßt sich am besten an einem Beispiel erläutern.

Die ökologische Nische wird durch die verschiedenen Umweltfaktoren bestimmt und ist deshalb in Wirklichkeit mehrdimensional.

Organismen irgendeiner Art können nur innerhalb gewisser Temperaturgrenzen überleben, wachsen, sich vermehren und eine lebensfähige Population aufrecht erhalten. Dieser Temperaturbereich ist für diese Art eine Dimension der ökologischen Nische (Abbildung 2.18a). Abbildung 2.19a zeigt Beispiele optimaler Temperaturbereiche für verschiedene Pflanzen. Man muß allerdings festhalten, daß die Nische einer Art in bezug auf einen bestimmten Faktor nicht einfach durch maximale und minimale Werte bestimmt wird, zwischen denen Überleben und Vermehrung möglich sind. Manchmal gibt es kein Minimum (wie in Abbildung 2.1c), oder wir müssen komplexere

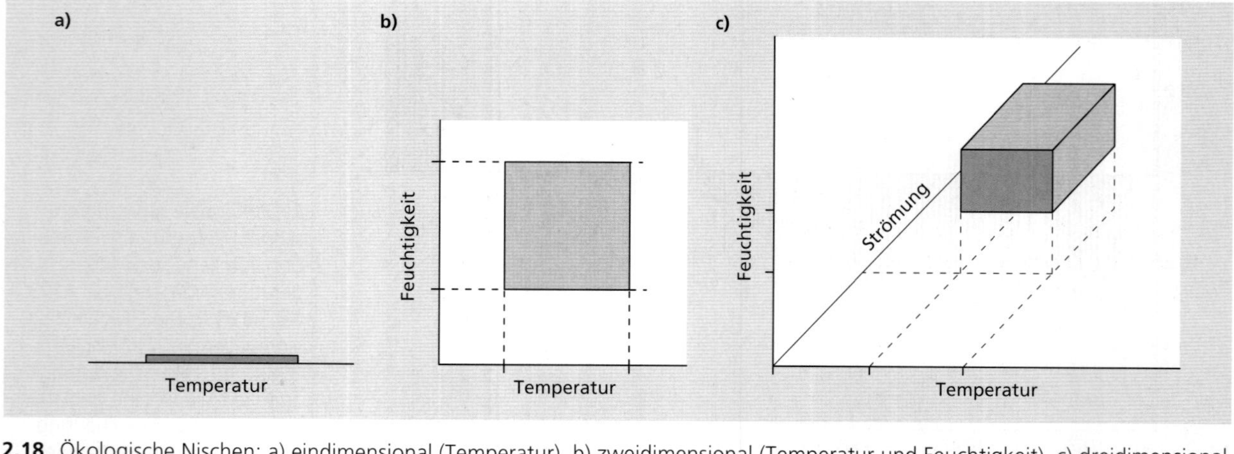

2.18 Ökologische Nischen: a) eindimensional (Temperatur), b) zweidimensional (Temperatur und Feuchtigkeit), c) dreidimensional (Temperatur, Feuchtigkeit und zum Beispiel Strömung).

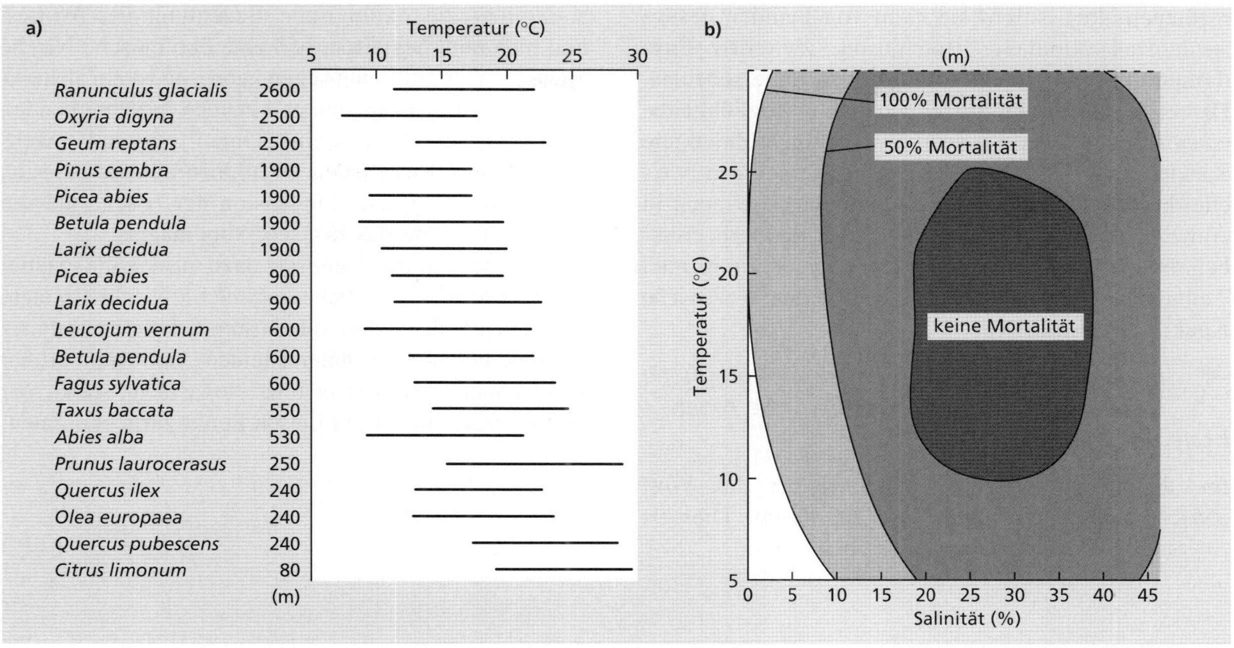

2.19 a) Eindimensionale Nischen: optimale Temperaturbereiche für die Nettophotosynthese (bei geringer Lichtintensität von 70 W m^{-2}) für Arten aus verschiedenen Höhenlagen in den Alpen (nach Pisek et al. 1973). b) Eine zweidimensionale Nische für die Sandgarnele (*Crangon septemspinosa*). Die Flächen zeigen 0, 50 und 100 % Mortalität bei Versuchen in belüftetem Wasser mit eitragenden Weibchen in bestimmten Temperatur- und Salinitätsbereichen. (Nach Haefner 1970)

Abläufe berücksichtigen, wie etwa tages- und jahreszeitliche Schwankungen.

Selbstverständlich wird ein Organismus weder ausschließlich von der Temperatur noch ausschließlich von irgendeinem anderen Faktor beeinflußt. So können die Individuen einer bestimmten Art vielleicht auch nur in gewissen Grenzen der relativen Luftfeuchtigkeit überleben und sich vermehren. Wenn wir Temperatur und Luftfeuchtigkeit zusammen betrachten, wird die Nische zweidimensional und kann als Fläche dargestellt werden (Abbildung 2.18b). Abbildung 2.19b zeigt ein konkretes Beispiel anhand der zweidimensionalen Nische der Sandgarnele (*Crangon septemspinosa*), die von der Temperatur und der Salinität gebildet wird.

Wenn weitere Faktoren einbezogen werden – wie das in der Regel nötig ist –, dann ist die nächste Stufe eine dreidimensionale Nische in Form eines Kubus (Abbildung 2.18c). Mehr als drei Faktoren lassen sich jedoch nicht mehr bildlich darstellen. Der Gedankengang kann aber in analoger Weise abstrakt weitergeführt werden. Die wirkliche Nische einer Art, in der sie eine lebensfähige Population erhalten kann, kann man sich dann als einen **n-dimensionalen Hyperraum** vorstellen.

Nach Hutchinson berücksichtigt man auch die natürlichen Ressourcen zur Beschreibung einer ökologischen Nische.

Dies ist im wesentlichen das von Hutchinson (1957) entwickelte **Nischenkonzept**. Hutchinson schlug allerdings nicht nur separate Nischendimensionen für jeden wichtigen Umweltfaktor vor, sondern auch für alle wichtigen Ressourcen, die ein Organismus benötigt – Sonnenstrahlung, Wasser, Mineralnährstoffe für Pflanzen; Nahrung, Brutplätze und so weiter für Tiere (siehe Kapitel 3). Diese Auffassung ist heute ein Eckpfeiler des ökologischen Gedankengebäudes.

Man bezeichnet die Gesamtheit der Möglichkeiten einer Art als die Fundamentalnische und die eingeschränkte Nische, in der die Existenz einer dauerhaften Population möglich ist, als Realnische.

Vorausgesetzt, daß eine Örtlichkeit die Bedingungen innerhalb der artspezifischen Grenzen einer Art erfüllt und auch alle wichtigen Ressourcen besitzt, dann kann diese Art dort potentiell vorkommen und den Raum dauerhaft besiedeln. Ob das wirklich geschieht, hängt von zwei weiteren Faktoren ab. Erstens muß die Art fähig sein, den Raum zu erreichen. Dies wiederum hängt vom arteigenen Ausbreitungspotential sowie von der Isolation der Örtlichkeit ab. Zweitens kann das Vorkommen einer Art aber auch durch Individuen anderer Spezies, die mit ihr konkurrieren oder sie fressen, verhindert werden.

Gewöhnlich hat eine Art eine größere ökologische Nische, wenn keine Konkurrenten und Räuber vorhanden sind. Mit anderen Worten: Es gibt gewisse Kombinationen von Umweltfaktoren und Ressourcen, die einer Art gestatten, eine lebensfähige Population aufrechtzuerhalten, sofern sie nicht von Feinden gestört wird. Das veranlaßte Hutchinson, zwischen **Fundamentalnische** und **Realnische** zu unterscheiden. Die erste beschreibt die allgemeinen Möglichkeiten einer Art, die zweite beschreibt das eingeschränktere Spektrum von Umweltfaktoren und Ressourcen, welche die Existenz lebensfähiger Populationen auch in Anwesenheit von Konkurrenten und Räubern erlauben. Fundamental- und Realnischen werden in Kapitel 7 eingehender behandelt, wenn wir die interspezifische Konkurrenz betrachten.

In Habitaten existieren mehrere ökologische Nischen, die durch unterschiedliche Arten besiedelt werden.

Im allgemeinen Wortgebrauch bedeutet das Wort „Nische“ eine bestimmte Lage im Raum. Dies ist aber nicht die ökologische Bedeutung des Wortes, und man muß begreifen, daß eine ökologische Nische nicht etwas ist, das man sehen kann. Sie ist ein abstraktes Konzept, das in einem einzigen beschreibenden Begriff alle Bedürfnisse eines Organismus an Umweltfaktoren und Ressourcen zusammenfaßt. Es ist auch nicht notwendig, jede Dimension der Nische messen zu können, damit das Konzept Sinn macht.

Habitate sind im Gegensatz dazu tatsächlich existierende Orte, die als solche zahlreiche Nischen bieten. Die Nischen der Arten, die zusammen ein bestimmtes Habitat bewohnen, unterscheiden sich mit großer Wahrscheinlichkeit, manchmal sogar sehr stark. Wir werden in Kapitel 7 auf diesen Punkt zurückkommen.

3 Ressourcen

3.1 Einleitung

Die Wissenschaft übernimmt viele Begriffe aus der Umgangssprache und mit ihnen auch Bedeutungsnuancen, die wenig Bezug zur Wissenschaft haben. Dies trifft auch auf Begriffe wie „Umweltfaktoren" und „Ressourcen" zu, die in die wissenschaftliche Ökologie aufgenommen worden sind. Eine Suche nach dem genauen Wortsinn kann jedoch zu einem tieferen Verständnis führen.

Eine Ressource wird, im Gegensatz zu einem Umweltfaktor, konsumiert.

Nach Tilman (1982) ist für einen Organismus alles, was er konsumiert, eine **Ressource**:

»Genauso wie Nitrat, Phosphat und Licht Ressourcen für eine Pflanze sind, so können Nektar, Pollen und ein Loch in einem Stück Holz Ressourcen für eine Biene, oder Eicheln, Walnüsse und eine größere Höhle in einem Baumstamm Ressourcen für ein Eichhörnchen sein.«

Allerdings wirft diese weit gefaßte Definition von Tilman weitere Fragen auf. Was ist beispielsweise mit **Konsumieren** gemeint? Dies kann nicht einfach Fressen bedeuten – obwohl Nektar und Eicheln gefressen werden –, noch kann es ausschließlich die Umwandlung in Biomasse bedeuten – obwohl dies mit Nitrat, Nektar und Eicheln geschehen kann. Bienen und Eichhörnchen fressen keine Höhlen und wandeln sie auch nicht in Biomasse um. Dennoch ist eine besetzte Höhle für andere Bienen und Eichhörnchen nicht länger verfügbar. Ebenso stehen ein Stickstoffatom, aufgesaugter Nektar und gefressene Eicheln nicht mehr für andere Konsumenten zur Verfügung. Diese Gegenstände sind in dem Sinn konsumiert worden, als ihr Vorrat abgenommen hat. Sie stellen also Ressourcen dar und nicht Umweltfaktoren, denn es ist ihre Quantität, die durch die Aktivität eines Organismus reduziert wird.

Ressourcen sind lebensnotwendige Faktoren wie Nahrung, Energie und Raum.

Die Ressourcen lebender Organismen sind im wesentlichen:

a) die *Stoffe*, aus denen ihre Körper bestehen;
b) die *Energie*, die sie für ihre Aktivitäten benötigen;
c) der *Raum*, in dem sich ihre Lebenszyklen abspielen.

Eine grüne Pflanze besteht aus anorganischen Ionen und Molekülen, die ihre **Nahrungsressourcen** darstellen. Die Sonnenstrahlung, welche durch die Photosynthese eingefangen wird, ist ihre **Energieressource**. Grüne Pflanzen bilden ihrerseits Nahrungsressourcen für die Herbivoren (Pflanzenfresser), die wiederum Nahrungsressourcen für die Carnivoren (Fleischfresser) sind. Die Körper von Organismen stellen auch Nahrungsressourcen dar für Parasiten und nach ihrem Tod für Mikroflora und Detritusfresser. Ein wesentlicher Teil der Ökologie wird durch die Umwandlung anorganischer Ressourcen durch die grünen Pflanzen bestimmt. Diese Biomasse wird dann stufenweise durch netzartige Wechselbeziehungen zwischen Konsumenten genutzt. Die Untersuchung von Ressourcen wird besonders wichtig, wenn wir betrachten wollen, wie sich das Konsumieren durch einen Organismus auf den Vorrat auswirkt, der für andere Organismen derselben oder einer anderen Art noch verfügbar ist. Wir werden dieses Thema in den Kapiteln 6 und 7 behandeln.

3.2 Die Strahlung als Ressource

Sonnenstrahlung ist die Energieressource für die Photosynthese.

Die Sonnenstrahlung ist die einzige Energiequelle, die von grünen Pflanzen für ihren Stoffwechsel nutzbar ist. Sie unterscheidet sich in vieler Hinsicht von allen anderen Ressourcen.

Strahlungsenergie erreicht die Pflanzen entweder als direkte Strahlung von der Sonne oder indirekt, nachdem sie durch die Atmosphäre gestreut oder durch andere Objekte reflektiert oder übertragen worden ist. Die Menge der direkten oder diffusen Strahlung, die ein exponiertes Blatt erreicht, hängt vom Staubgehalt der Luft und besonders von der Dicke der streuenden Luftschicht zwischen Sonne und Pflanze ab. Der Anteil der direkten Strahlung ist in niederen Breiten am größten (Abbildung 3.1).

Wenn Strahlungsenergie auf ein Blatt trifft, kann sie – ohne Veränderung der Wellenlänge – reflektiert, – nachdem einige Wellenbereiche herausgefiltert worden sind – weitergeleitet oder absorbiert werden. Ein

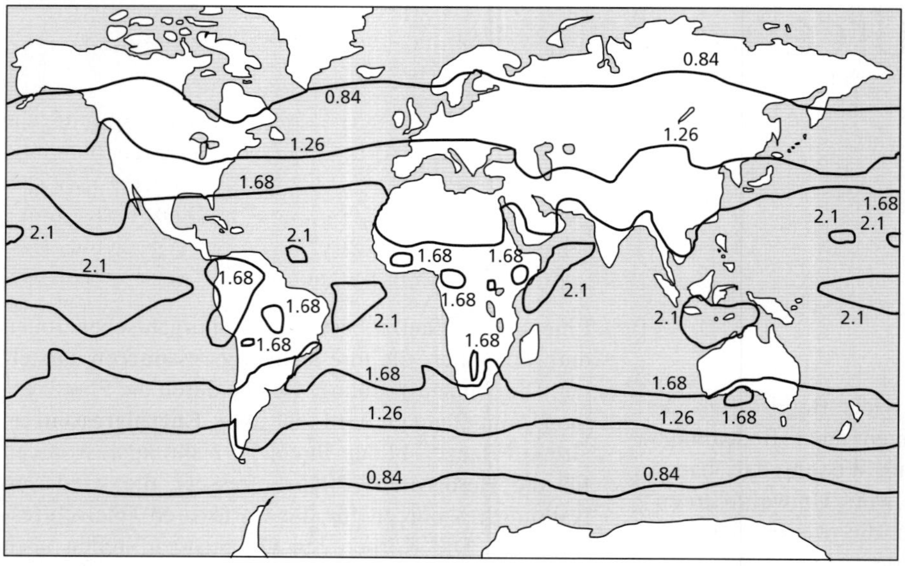

3.1 Weltkarte der jährlich von der Erdatmosphäre absorbierten Sonnenstrahlung nach Radiometerdaten des meteorologischen Satelliten Nimbus 3 (in J cm^{-2} min^{-1}). (Nach Raushke et al. 1973)

Teil der absorbierten Strahlung kann nach einer Erhöhung der Blattemperatur als langwelligere Strahlung wieder abgestrahlt werden. Ein Teil liefert **latente Evaporationswärme** und hält so die Verdunstung in Gang. Ein kleiner Teil erreicht die Chloroplasten und treibt die Photosynthese an (Abbildung 3.2).

Strahlungsenergie muß unmittelbar absorbiert und fixiert werden.

Strahlungsenergie wird durch die **Photosynthese** in energiereiche Kohlenstoffverbindungen umgewandelt, die bei der Atmung wieder abgebaut werden – entweder von der Pflanze selbst oder von jenen, die sie fressen. Wird die Strahlung jedoch nicht absorbiert und fixiert, sobald sie auf das Blatt trifft, ist sie für die Photosynthese verloren. Andererseits ist Strahlung an sich, die durch Photosynthese fixiert worden ist – im Gegensatz zu einem Stickstoff- oder Kohlenstoffatom oder Wassermolekül – für den weiteren Kreislauf nicht mehr verfügbar.

Die photosynthetisch aktive Strahlung, welche durch die pflanzlichen Chlorophyllpigmente absorbiert wird, umfaßt Wellenlängen im sichtbaren Bereich; Bakteriochlorophylle können Strahlung größerer Wellenlänge absorbieren.

Die Sonnenstrahlung ist eine kontinuierliche Ressource – bestehend aus einem Spektrum unterschiedlicher Wellenlängen –, von der für die Photosynthese nur eine eingeschränkte Bandbreite als Energiequelle genutzt werden kann. Alle grünen Pflanzen sind zur Fixierung von Kohlenstoff auf **Chlorophyllpigmente** angewiesen; diese Pigmente fixieren Strahlung zwischen 380 und 710 nm Wellenlänge. Diesen Bereich nennt man die **photosynthetisch aktive Strahlung (PAS)**. Sie entspricht ungefähr dem für das menschliche Auge sichtbaren Bereich, also dem, was wir „Licht“ nennen. Es ist zwar oft bequem, aber streng genommen nicht korrekt, von Licht als Ressource zu sprechen – die Strahlung ist die eigentliche Ressource. Etwa 56 % der auf der Erdoberfläche einfallenden Strahlung liegt außerhalb des Bereichs der photosythetisch aktiven Strahlung und ist somit als Ressource für grüne Pflanzen nicht nutzbar. Es gibt jedoch bei anderen Organismen photosynthetisch aktive Pigmente, die außerhalb des Bereichs der photosynthetisch aktiven Strahlung der grünen Pflanzen arbeiten, zum Beispiel **Bakteriochlorophyll**, das seine Absorptionsspitzen bei 800, 850 und 870–890 nm hat.

3.2.1 Strahlung – eine im Tages- und Jahresverlauf variable Ressource

Die Verfügbarkeit von Strahlung verändert sich qualitativ und quantitativ.

Aufgrund des ständigen Wechsels der Strahlungsintensität erreichen Pflanzen nur selten ihre eigentliche photosynthetische Leistungsfähigkeit (Abbildung 3.3). Eine bestimmte Pflanzenmorphologie und eine bestimmte Blattphysiologie, die bei einer gegebenen Strahlungsintensität eine optimale Photosynthese garantieren, würden sich bei einer anderen Intensität als ungeeignet erweisen. Die meisten Blätter leben unter natürlichen Bedingungen unter dem Einfluß von Strahlung, die sich im Tages- und Jahresverlauf verändert. Sie leben auch in der Umgebung anderer Blätter, welche die Qualität und Quantität der einfallenden Strahlung beeinflusst. Dies illustriert zwei wesentliche Charakteristika aller Ressourcen: Ihre Verfügbarkeit kann sich aufgrund systematisch und unsystematisch wirkender Einflüsse verändern.

Zu den **systematischen Variationen** gehören die Änderungen der Sonnenstrahlung im Tages- und Jahresverlauf (Abbildung 3.3). Die grünen Pflanzen erleben alle 24 Stunden – mit Ausnahme von Gebieten in Polnähe – und auch im Verlauf jeden Jahres – mit Ausnahme der Tropen – Perioden des Mangels und des Überflusses an ihrer Strahlungsressource. Wie ein Organismus oder ein Organ auf ein systematisches, vorhersehbares Angebot einer Ressource reagiert, das spiegelt sowohl die aktuelle Physiologie als auch die bisherige Evolution wider.

In der Ressourcen-Erschöpfungszone besteht für einen Organismus Mangel an einer Ressource.

Weniger systematische Variationen werden durch die Eigenschaften und die Lage benachbarter und oberhalb liegender Blätter verursacht. Jedes Laubdach, jede Pflanze und jedes einzelne Blatt bildet durch Zurückhaltung von Strahlung eine sogenannte **Ressourcen-Erschöpfungszone (REZ)** – ein sich bewegendes Schattenband, in dem sich andere Blätter der-

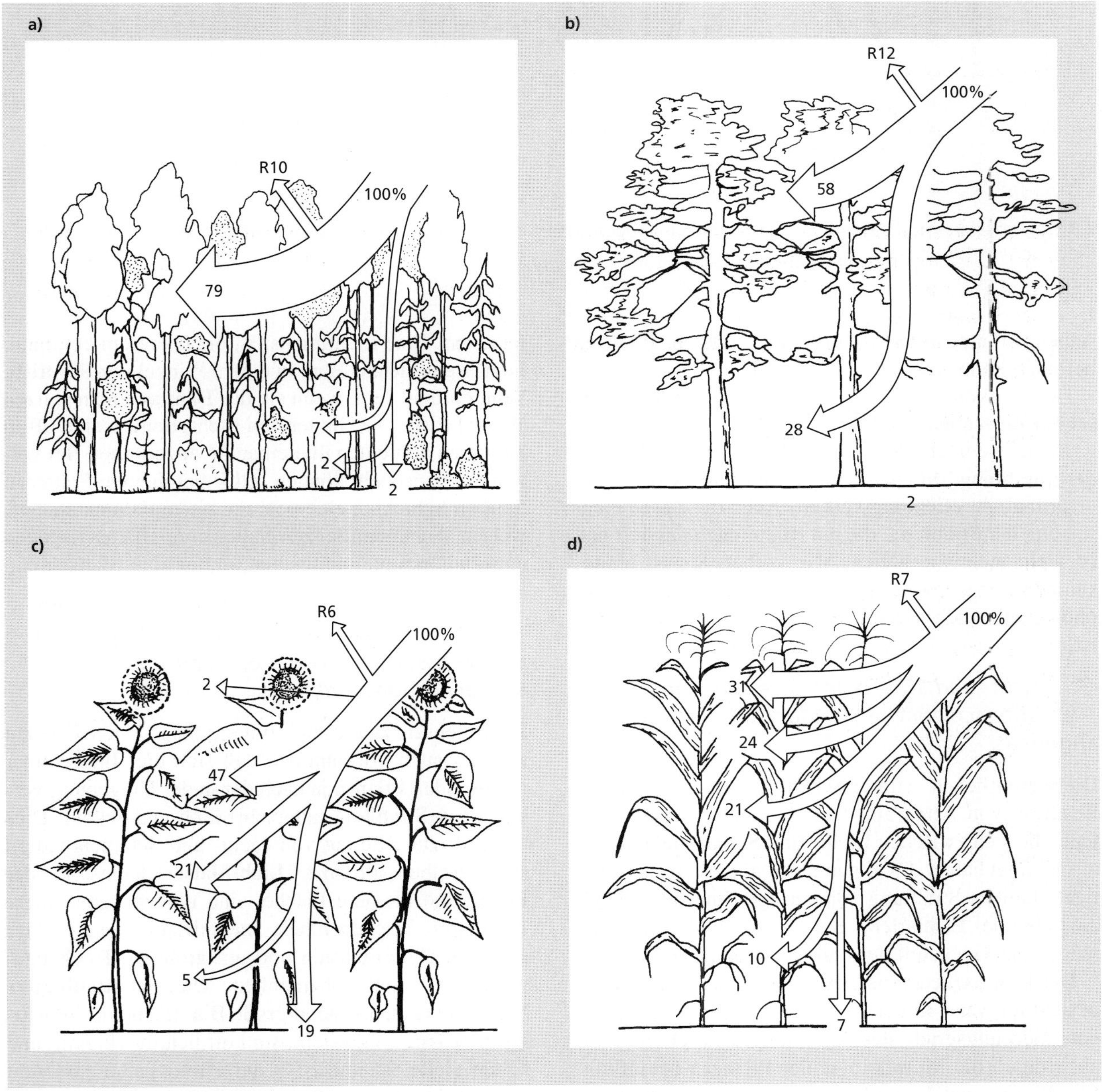

3.2 Reflexion (R) und Abschwächung der Sonnenstrahlung bei verschiedenen Pflanzengesellschaften. Die Pfeile zeigen den Prozentsatz der einfallenden Strahlung an, der die verschiedenen Schichten erreicht. a) Borealer Mischwald mit Birken und Fichten; b) Kiefernwald; c) ein Feld mit Sonnenblumen; d) ein Maisfeld. Die Daten wurden anhand exemplarischer Lebensgemeinschaften gemessen. Je nach Entwicklungsstadium des Waldes oder der Kulturpflanzen und je nach Tages- und Jahreszeit können die Meßwerte sehr stark schwanken. (Nach Larcher 1980 und verschiedenen anderen Quellen)

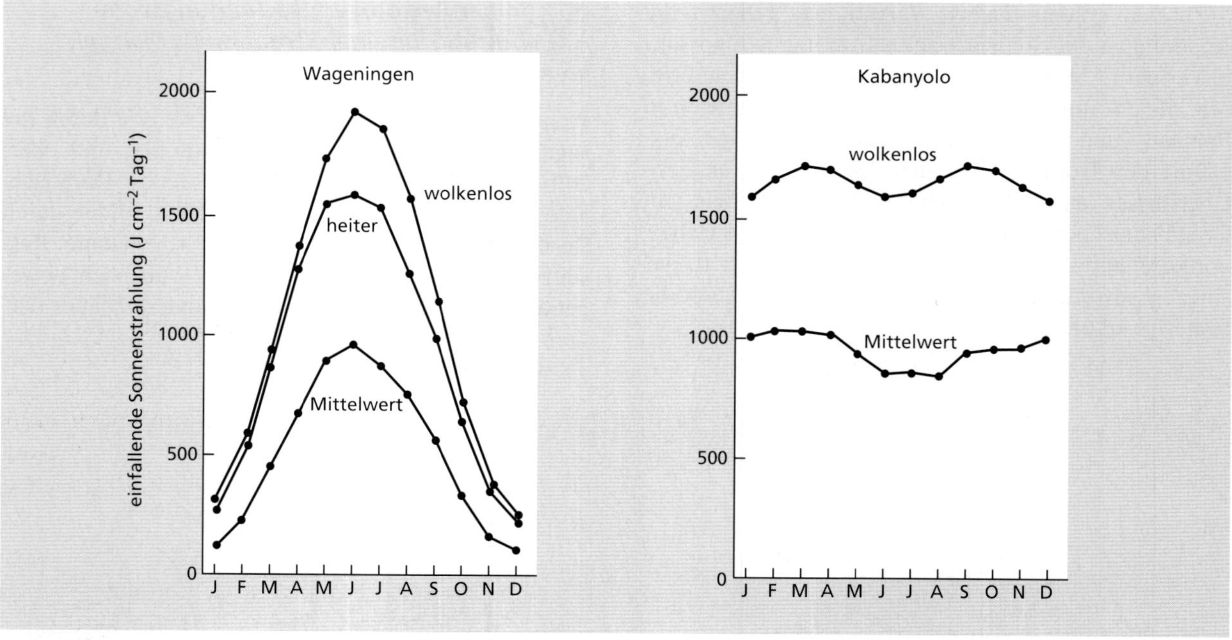

3.3 Täglich einfallende Gesamt-Sonnenstrahlung in Wageningen/Niederlande und Kabanyolo/Äquatorialafrika im Jahresverlauf. (Nach de Witt 1965)

selben Pflanze oder Blätter von anderen Pflanzen befinden können.

Die Wirkung von Schatten, den **Strahlungs-Erschöpfungszonen**, ist innerhalb eines dichten Blätterdachs weniger eindeutig, da hier ein großer Teil der Strahlung durch Diffusion und Reflexion ihre ursprüngliche Richtung verliert. Auch die Zusammensetzung der Strahlung, die ein Blätterdach passiert hat, ist nicht mehr die gleiche wie vorher. Sie ist photosynthetisch weniger nützlich, weil der Anteil der photosynthetisch aktiven Strahlung reduziert worden ist.

Licht- und Schattenpflanzen sind an unterschiedliche Strahlungsintensitäten angepaßt.

Die wesentlichen „strategischen“ Unterschiede in der Reaktion von Arten auf die Strahlungsintensität sind jene, die sich zwischen **Licht- und Schattenarten** herausgebildet haben. Im allgemeinen nützen Arten schattiger Habitate Strahlung von geringer Intensität besser aus als die Lichtarten. Bei hohen Intensitäten ist jedoch das Gegenteil der Fall (Abbildung 3.4).

Der Unterschied zwischen Licht- und Schattenarten besteht teilweise in der Physiologie ihrer Blätter, aber der Wirkungsgrad der Strahlungsabsorption wird auch durch die Morphologie der Pflanzen beeinflußt. Die Blätter von Lichtpflanzen stehen normalerweise im spitzen Winkel zur Mittagssonne (siehe zum Beispiel Poulson und DeLucia 1993). Dadurch wird ein einfallendes Strahlenbündel auf eine größere Blattfläche verteilt, was die Intensität der Strahlung wirksam reduziert. Eine Lichtintensität, die über dem Optimum liegt, wenn sie das Blatt in einem Winkel von 90° trifft, kann optimal sein, wenn sie das Blatt in einem spitzen Winkel trifft. Die Blätter von Lichtpflanzen sind oft in mehreren Schichten übereinander angeordnet. Bei vollem Sonnenschein können selbst beschattete Blätter in tieferen Schichten eine positive Assimilationsrate aufweisen. Schattenpflanzen halten ihre Blätter dagegen nahezu horizontal und haben oft nur eine Blattschicht.

Licht- und Schattenblätter unterscheiden sich in ihrer Morphologie und Physiologie – Schattenblätter zeichnet ein niedriger Kompensationspunkt aus.

Im Gegensatz zu diesen „strategischen“ Unterschieden kann es auch vorkommen, daß sich die Blätter einer wachsenden Pflanze je nach der in der Umgebung vorhandenen Strahlung unterschiedlich entwickeln. Dies führt oft zur Bildung von Licht- und Schattenblättern an derselben Pflanze. **Lichtblätter** haben in der Regel eine kleinere Fläche, sind dicker, haben mehr Zellen pro Flächeneinheit, mehr Blattnerven, dichter stehende Chloroplasten und ein größeres Trockengewicht pro Blattflächeneinheit. Die **Schattenblätter** haben eine entsprechend große Blattfläche im Verhältnis zum Trockengewicht, sind oft lichtdurchlässig und haben vielleicht nur 20 % der Photosyntheseaktivität von Lichtblättern (Björkman 1981). Die unteren Schattenblätter eines Baumes tragen zwar nicht viel zum Energiehaushalt bei, versorgen aber mit ihren niedrigeren **Kompensationspunkten** wenigstens ihre eigene Atmung.

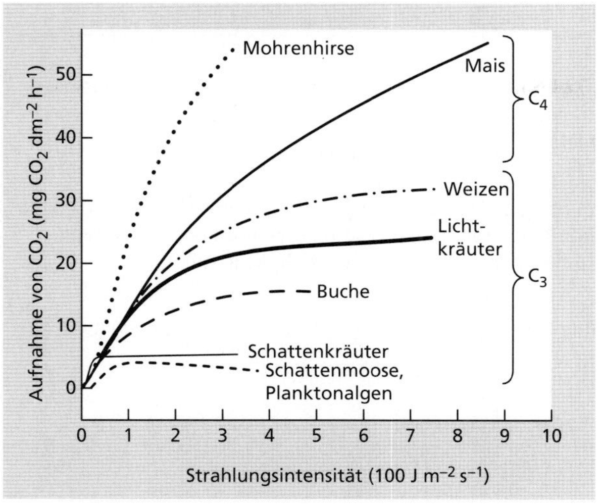

3.4 Photosynthesereaktion verschiedener Pflanzen auf die Lichtintensität bei optimalen Temperaturen und natürlicher Zufuhr von CO_2. Mais (*Zea mays*) und Mohrenhirse (*Sorghum*) sind C_4-Pflanzen, die übrigen C_3-Pflanzen. (Nach Larcher 1980 und verschiedenen anderen Quellen)

Durch Veränderung der Photosyntheserate ist der Pflanze eine kurzzeitige Anpassung an veränderte Strahlungsverhältnisse möglich.

Diese „taktischen Manöver" erfolgen also nicht auf dem Niveau der gesamten Pflanze, sondern eines einzelnen Blattes oder sogar von Blatteilen. Sie brauchen jedenfalls Zeit. Um Licht- und Schattenblätter als Reaktion zu bilden, muß die Blattknospe oder das sich entwickelnde Blatt die Blattumgebung registrieren und in Reaktion darauf ein Blatt geeigneter Struktur bilden. Die Pflanze kann sich nicht schnell genug verändern, um zum Beispiel auf die Unterschiede zwischen einem bewölkten und einem klaren Tag zu reagieren. Sie kann jedoch ihre **Photosyntheserate** sehr schnell ändern und so sogar auf einen vorübergehenden Fleck Sonnenlicht reagieren.

Die Photosyntheserate eines Blattes hängt auch von den Ansprüchen anderer stark wachsender Teile der betroffenen Pflanze ab. Selbst bei idealen Verhältnissen kann die Photosynthese reduziert sein, wenn kein Bedarf für ihre Produkte besteht.

3.2.2 Der Wert der Strahlung als Ressource in Abhängigkeit vom Wasserangebot

Eine Pflanze befindet sich im Konflikt zwischen maximaler Photosyntheserate und Wasserverlust durch geöffnete Spaltöffnungen.

Die Strahlung darf als Ressource nicht unabhängig vom Wasser betrachtet werden; allerdings ist das Thema komplex. Die absorbierte Strahlung führt nämlich nur dann zur Photosynthese, wenn Kohlendioxid (CO_2) verfügbar ist. Dieses wird hauptsächlich durch geöffnete **Spaltöffnungen (Stomata)** aufgenommen. Durch geöffnete Spaltöffnungen verdunstet aber Wasser, wobei ein Teil der einfallenden Strahlung die latente Verdunstungswärme liefert. Wenn Wasser dabei schneller abgegeben wird, als es aufgenommen werden kann, dann wird das Blatt (und die Pflanze) früher oder später welken und absterben. Darin besteht vermutlich der entscheidende Konflikt bei der Optimierung des Pflanzenverhaltens, da in den meisten terrestrischen Habitaten zu gewissen Zeiten Wassermangel herrscht. Soll die „ideale" Pflanze Wasser auf Kosten der Photosynthese zurückhalten oder die Photosynthese mit dem Risiko der Austrocknung maximieren? Wie in der Natur nicht anders zu erwarten, können wir gute Beispiele für beide Lösungen und auch Kompromisse finden.

3.2.3 Strategische Lösungen im Konflikt zwischen photosynthetischer Aktivität und Regulation des Wasserverlusts

Durch Anpassungen des Lebenszyklus der Morphologie und der Physiologie reduzieren Pflanzen den Wasserverlust.

1) Manche Pflanzen sind kurzlebig und haben eine große Photosyntheseaktivität in Perioden mit reichlichem Wasserangebot. Die übrige Zeit verbringen sie zum Beispiel als Samen in einer **Ruhephase** ohne Photosynthese und ohne Transpiration. Beispiele hierfür sind viele einjährige Wüstenpflanzen, einjährige Unkräuter und die meisten einjährigen Kulturpflanzen.
2) Langlebige Pflanzen bilden Blätter ausschließlich in Perioden mit guter Wasserversorgung und werfen sie in Trockenperioden ab – zum Beispiel viele Akazienarten. Einige Büsche in der Wüste Israels – zum Beispiel *Teucrium polium* – haben feingeteilte Blätter mit dünner Cuticula während der Zeit, in der Wasser im Boden frei verfügbar ist. Diesen folgen in der trockenen Jahreszeit kleine, ungeteilte Blätter mit dicker Cuticula, die später ebenso abfallen, so daß nur noch grüne Stacheln und Dornen übrigbleiben (Orshan 1963). Bei diesen Arten gibt es also im Lauf des Jahres einen Wechsel im Blattwerk, wobei jede Blattform durch eine photosynthetisch weniger aktive, aber wasserundurchlässige Struktur ersetzt wird.
3) Es gibt langlebige Blätter, die nur wenig verdunsten und Wassermangel tolerieren. Diese können aber auch bei guter Wasserversorgung ihre Photosynthese nicht beschleunigen – zum Beispiel immergrüne Büsche in Wüsten. Strukturelle Merkmale wie Haare, versenkte Spaltöffnungen oder Einschränkung der Spaltöffnungen auf gewisse Teile an der Blattunterseite reduzieren das **Diffusi-**

Tabelle 3.1: Beispiele für C_3-, C_4- und CAM-Pflanzen.

typische C_3-Pflanzen
Triticum vulgare (Weizen), *Secale cereale* (Roggen), *Lolium perenne* (Englisches Raygras), *Dactylis glomerata* (Wiesenknäuelgras), *Vicia faba* (Saubohne), *Phaseolus multiflorus* (Feuerbohne), *Trifolium repens* (Weißklee), *Medicago sativa* (Luzerne).
Alle Arten von *Quercus* (Eiche), *Fagus* (Buche), *Betula* (Birke), *Pinus* (Kiefer).

typische C_4-Pflanzen
Zea mays (Mais), *Saccharum officinarum* (Zuckerrohr), *Panicum miliaceum* (Hirse), *Sorghum vulgare* (Mohrenhirse), *Echinochloa crus-galli* (Weizenhirse), *Setaria italica* (Kolbenhirse). Zu dieser Gruppe gehören mehrere tausend Arten in mindestens 17 Familien, besonders *Amaranthaceae* (Fuchsschwanzgewächse), *Portulacaceae* und *Chenopodiaceae* (Gänsefußgewächse).

typische CAM-(*crassulacean acid metabolism*-)Pflanzen
Echinocactus fendleri, Ferocactus acanthoides und *Opuntia polyacantha* (alles Wüstensukkulenten), *Tillandsia recurvata* (eine epiphytische, das heißt auf anderen Pflanzen lebende, Bromelie).

gemischte Gattungen mit C_3- und C_4-Arten
Euphorbia maculata (C_4), *E. corollata* (C_3), *Cyperus rotundus* (C_3), *C. papyrus* (C_3), *Atriplex rosea* (C_4) und *A. hastata* (C_3).

onsgefälle für Wasserdampf zwischen der feuchten Oberfläche des Mesophylls und der Atmosphäre. Somit verlangsamen sie den Wasserverlust. Dieselben Merkmale verringern allerdings auch das Diffusionsgefälle für CO_2 in die Pflanze hinein und senken die Aufnahmerate. Solche Merkmale können nicht von einer Stunde auf die andere oder von einem Tag auf den anderen reagieren wie die Spaltöffnungen, sie verlangsamen einfach den Wasserverlust und die Photosynthese. Wachsüberzogene und behaarte Blattoberflächen können jedoch einen größeren Anteil der nicht im Bereich der photosynthetisch aktiven Strahlung liegenden Strahlung reflektieren, dadurch die Blattemperatur senken und den Wasserverlust reduzieren.

4) **C_4- und CAM-Physiologie** (*crassulacean acid metabolism*). Wir gehen darauf in den Abschnitten 3.3.1 bis 3.3.3 näher ein. Hier sei nur erwähnt, daß Pflanzen mit „normaler“ (C_3-) Photosynthese Wasser verschwenden, wenn wir sie mit Pflanzen mit einer veränderten C_4- oder einer CAM-Physiologie vergleichen. Denn diese erreichen bei gleicher Wasserleitfähigkeit der Spaltöffnungen eine deutlich höhere Photosyntheserate (Tabelle 3.1). C_4-Pflanzen haben eine bis doppelt so hohe Wassernutzungseffizienz als C_3-Pflanzen (gemessen als Menge gebundenen Kohlenstoffs pro Einheit an verdunstetem Wasser).

3.2.4 Taktische Lösungen im Konflikt zwischen photosynthetischer Aktivität und Regulation des Wasserverlusts

Die wichtigste taktische Regulation der Raten von Photosynthese und Wasserverlust erfolgt selbstverständlich durch das Verhalten der Spaltöffnungen. Dieses kann sich im Lauf des Tages schnell ändern und ermöglicht eine sehr schnelle Reaktion auf unmittelbaren Wassermangel.

Die Schließbewegungen der Stomata als Schutz vor Wasserverlust erfolgen in tageszeitlichem Rhythmus oder als Reaktion auf die aktuellen Wasserverhältnisse.

Durch rhythmisches Öffnen und Schließen der Spaltöffnungen bleiben die oberirdischen Teile – abgesehen von den Perioden der aktiven Photosynthese – mehr oder weniger wasserundurchlässig. Diese Rhythmen wechseln entweder im Tagesverlauf, oder sie sind schnelle Reaktionen auf die innere Wasserversorgung der Pflanze. Sie können sogar direkt durch die Bedingungen an der Blattoberfläche ausgelöst werden. Somit korreliert die Pflanze Wahrnehmung und Reaktion auf die Trockenheit örtlich und zeitlich.

Gewöhnlich haben Pflanzen, die oft durch Trockenheit bedroht sind, die höchste Anzahl von Spaltöffnungen pro Flächeneinheit und gleichzeitig eine dickere Blattcuticula. Dies erlaubt einen ungehinderten Austausch von Gas und Wasser während der Photosynthese, macht aber die Pflanze sonst wasserundurchlässiger. Ebenso haben die exponierten Lichtblätter eine höhere Dichte an Spaltöffnungen und eine dickere Cuticula als Schattenblätter derselben Pflanze.

Die Wasserleitfähigkeit durch die Spaltöffnungen und die Photosyntheserate sind selbst über kurze Perioden während eines Tages eng korreliert. Was ist nun die Ursache und was die Wirkung? Es spricht nach heutigem Wissen einiges dafür, daß sich die Wasserleitfähigkeit anpaßt, um der Photosynthesekapazität zu entsprechen, und nicht umgekehrt (Farquahar und Sharkey 1982). Unter idealen Verhältnissen sollten sich bei begrenztem Wasserangebot die Spaltöffnungen so öffnen und schließen, daß die mögliche Photosynthese maximiert wird (Cowan und Farquahar 1977). Noch wissen wir nicht, ob es Pflanzen in freier Natur tatsächlich gelingt, das zu tun.

3.2.5 Nettophotosynthese

Als Nettophotosynthese bezeichnet man die Veränderung der Trockensubstanz resultierend aus der Bruttophotosynthese abzüglich der Verluste durch Atmung und Absterben.

Die Photosyntheserate ist ein grobes Maß für die Rate, mit der eine Pflanze Strahlungsenergie aufnimmt und in Kohlenstoffverbindungen fixiert. Oft ist jedoch der Nettogewinn wichtiger und viel leichter zu messen. Die **Nettophotosynthese** ist die Zunahme (oder Abnahme) von Trockensubstanz, die sich aus der Differenz zwischen Bruttophotosynthese und den Verlusten durch Atmung und das Absterben von Pflanzenteilen ergibt (Abbildung 3.5).

Die Nettophotosynthese ist bei Dunkelheit negativ, da die Atmung die Photosynthese überwiegt; sie steigt mit der Intensität der **photosynthetisch aktiven Strahlung** (PAS). Der Kompensationspunkt liegt bei derjenigen PAS-Intensität, bei welcher der Gewinn durch Photosynthese alle Verluste exakt ausgleicht. Die Blätter von Schattenpflanzen haben allgemein niedrigere Atmungsraten als jene von Lichtpflanzen. Wenn beide Arten im Schatten wachsen, sind deshalb die Nettophotosyntheseraten von Schattenpflanzen höher.

In der Praxis beruht das, was wir über die Auswirkung der Strahlung als Ressource wissen, eher auf Messungen der Nettophotosynthese als auf direkter Messung der Bruttophotosynthese. Der Grund liegt darin, daß es außerordentlich schwierig ist, die Atmungsrate bei Licht zu messen. Wir müssen in der Regel davon ausgehen, daß sie bei Licht und in der Dunkelheit gleich ist. Das Wachstum einer Pflanze umfaßt nicht nur die Fixierung von CO_2 in der Photosynthese, sondern auch den nachfolgenden Aufbau und die Versorgung von komplexen Gewebeteilen. Diese verursachen einen Teil der Atmungsverluste und somit einen Teil der Differenz zwischen Brutto- und Nettophotosynthese. Dazu kommt, daß es in vielen Blättern und Wurzeln eine Art von Atmungsmetabolismus gibt, der kein ATP (Adenosintriphosphat) produziert und damit auch keine Energie für Synthese- und Unterhaltsprozesse (Laties 1982). Man nimmt an, daß auf diese Weise überschüssige Photosyntheseprodukte verbrannt werden (Lambers 1985). Die Photosynthese kann also manchmal auch übermäßig gesteigert werden, und ist nicht immer ein kritischer, limitierender Prozeß im Pflanzenwachstum. Möglicherweise sind die grünen Pflanzen „pathologische Überproduzenten" von Kohlenhydraten wobei ein Teil ihrer Atmung der Beseitigung von Überschüssen dient. Dies wäre eine Erklärung dafür, daß die Photosynthese von Pflanzen so oft unter der möglichen Kapazität zu liegen scheint.

Die Photosynthesekapazität gibt diejenige Photosyntheserate an, die ohne Limitierung der Ressourcen vorhanden wäre.

Die Kapazität von Blättern zur Photosynthese variiert etwa um den Faktor 100 (Mooney und Gulmon 1979). Als **photosynthetische Kapazität** bezeichnet man die Photosyntheserate bei gesättigter Strahlung, optimaler Temperatur, hoher relativer Luftfeuchtigkeit und normalen CO_2- und O_2-Konzentrationen. Wenn man Blätter verschiedener Pflanzenarten unter diesen idealen Bedingungen vergleicht, stammen jene mit den höchsten Photosyntheseraten aus Lebensräumen, in denen Nährstoffe, Wasser und Strahlung die Photosynthese – wenigstens während der Wachstumsperiode – selten begrenzen. Zu ihnen gehören viele landwirt-

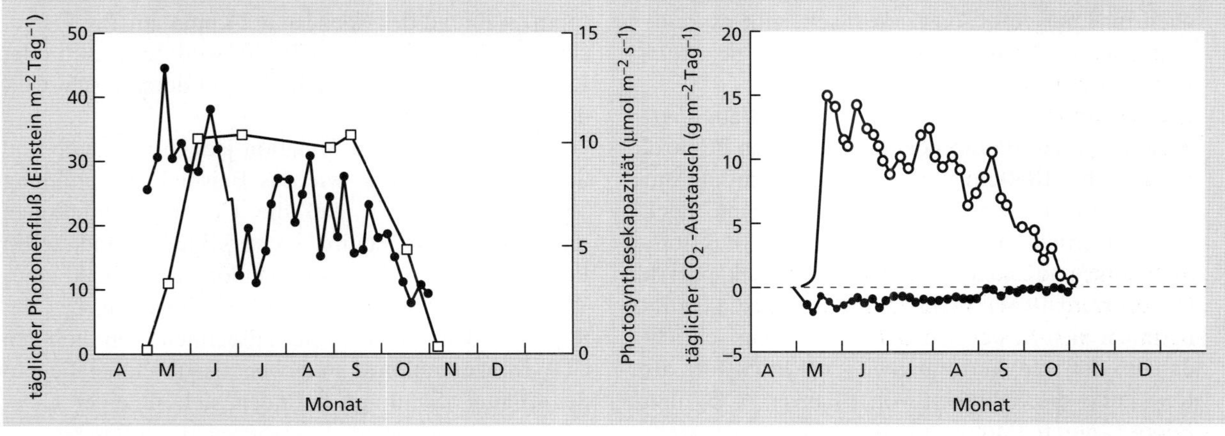

3.5 Jahresverlauf von Ereignissen, welche die Nettophotosyntheserate des Blattwerks des Feldahorns (*Acer campestre*) im Jahr 1980 bestimmten. a) Variationen der photosynthetisch aktiven Strahlung (●) und Veränderungen der Photosynthekapazität des Blattwerks (□). b) Tägliche Assimilation von CO_2 (○) und die Verluste durch Atmung in der Nacht (●). Die jährliche Bruttophotosynthese betrug 1342 g CO_2/m^2 und der nächtliche Verlust durch Atmung 150 g CO_2/m^2, was eine Nettophotosynthese von 1192 g CO_2/m^2 ergab. (Nach Pearcy et al. 1987, gestützt auf Daten von Küppers)

schaftliche Kulturpflanzen und ihre Unkräuter. Arten von ressourcenarmen Umwelten – zum Beispiel Schattenpflanzen, mehrjährige Wüstenpflanzen, Heidearten – haben gewöhnlich eine geringe photosynthetische Kapazität – selbst wenn ihnen Ressourcen im Überfluß zur Verfügung stehen.

3.2.6 Zusammenfassung zum Thema Strahlung

Die limitierenden Rahmenbedingungen für grüne Pflanzen als Verbraucher von Strahlung als Ressource können wie folgt zusammengefaßt werden:

1) In gemäßigten Klimaten während eines großen Teils des Jahres und in ariden Klimaten während des ganzen Jahres bedeckt die *Blattdecke* nicht die gesamte Landoberfläche. Die meiste einfallende Strahlung fällt auf kahle Zweige und auf unbewachsenen Boden.
2) Die Photosyntheserate wird durch *Umweltfaktoren* – zum Beispiel Temperatur – und die Verfügbarkeit anderer Ressourcen – besonders Wasser – limitiert. Der Konflikt zwischen dem Zurückhalten von Wasser in der Pflanze und der Aufrechterhaltung hoher Photosyntheseraten ist nur teilweise durch Spezialisierungen im Stoffwechsel, in der Morphologie und im Verhalten gelöst.
3) Etwa 56 % der einfallenden Strahlung liegen außerhalb des Bereichs von *Wellenlängen*, die das Photosynthesesystem nutzen kann.
4) Blätter erreichen ihre maximale Photosyntheserate nur dann, wenn die *Produkte* aktiv abgeleitet werden – zu sich entwickelnden Knospen, Knollen und so weiter.
5) Die Photosyntheserate steigt mit der *Intensität der photosynthetisch aktiven Strahlung*, erreicht aber bei C_3-Pflanzen eine Grenze bei Strahlungswerten weit unterhalb der vollen Sonnenstrahlung.
6) Weil die Strahlungsintensität von Tag zu Tag und auch im Lauf eines Tages wechselt, gibt es keine spezielle, immer optimale *Blattmorphologie, Blattphysiologie* oder *Blattorientierung*.
7) Die *photosynthetische Kapazität* von Blättern ist sowohl bei den Blättern ein und derselben Pflanze, als auch bei Blättern verschiedener Arten eng mit dem *Blattstickstoffgehalt* korreliert. Eine noch engere Korrelation ergibt sich zwischen Stickstoffaufnahme und maximaler Photosynthesekapazität (Woordward 1994). Etwa 75 % des Blattstickstoffs befinden sich in den Chloroplasten. Man schließt daraus, daß die Verfügbarkeit von Stickstoff als Ressource die Fähigkeit von Pflanzen, CO_2 und Energie durch Photosynthese anzureichern, stark limitiert.
8) Der höchste *Wirkungsgrad der Strahlungsnutzung durch grüne Pflanzen* liegt bei 3–4.5 %. Er wurde von kultivierten Mikroalgen bei geringen Intensitäten der photosynthetisch aktiven Strahlung erreicht. In Tropenwäldern liegen die Werte im Bereich von 1–3 % und in Wäldern der gemäßigten Zone bei 0.6–1.2 %. Der ungefähre Wirkungsgrad von Nutzpflanzen der gemäßigten Zone entspricht etwa 0.6 %. Von dieser Größenordnung der Strahlungsnutzung hängt die Energetik aller Lebensgemeinschaften ab.

Wir kommen auf die Strahlung als Ressource in Kapitel 18 zurück, wenn wir die Nettophotosynthese von ganzen Vegetationsflächen besprechen.

3.3 Kohlendioxid als Ressource

Die Synthese energiereicher Kohlenstoffverbindungen durch die Photosynthese ist durch den örtlich und zeitlich variierenden CO_2-Gehalt der Atmosphäre beeinflußt.

Die **Fixierung von CO_2** aus der Atmosphäre durch die Photosynthese ist der einzigartige Prozeß, mit dem grüne Pflanzen die Energie der Sonnenstrahlung in chemischen Verbindungen einfangen und erhalten können. Sie steht dann als Antriebskraft für eigentlich alle biologischen Vorgänge zur Verfügung. Das Kohlendioxid für die Photosynthese wird fast ausschließlich aus der Atmosphäre gewonnen, wo seine Konzentration von ungefähr 280 Mikroliter pro Liter (μl/l) im Jahr 1750 auf ungefähr 350 μl/l im Jahr 1995 gestiegen ist (siehe Abschnitt 19.4.6) und weiterhin um etwa 0.4–0.5 % pro Jahr zunimmt (Abbildung 19.13).

In einer terrestrischen Lebensgemeinschaft geht der CO_2-Fluß in der Nacht vom Boden und der Vegetation aufwärts zur Atmosphäre. An sonnigen Tagen ist der Fluß über photosynthetisierendem Blattwerk abwärts gerichtet. In einer Untersuchung wurden in 48 cm und 138 cm Höhe über einem Maisfeld Konzentrationsunterschiede von nur 2–12 *parts per million* (ppm) während der Nacht und 24 ppm am Tag festgestellt (Wright und Lemon 1966), weil die Gase in der Luftsäule über der Vegetation so gut durchmischt werden.

Ganz anders ist die Situation jedoch innerhalb und unter der Vegetation, wie das Beispiel in Abbildung 3.6 zeigt. Dadurch, daß die CO_2-Konzentrationen innerhalb der Vegetation so verschieden sind, leben Pflanzen an verschiedenen Standorten innerhalb eines Waldes in unterschiedlichen CO_2-Umwelten. Die tiefer liegenden Blätter sind tatsächlich von höheren CO_2-Konzentrationen umgeben als die höher liegenden Blätter. Sämlinge befinden sich in einer CO_2-reicheren Atmosphäre als ausgewachsene Bäume.

Man könnte annehmen, ein für das Leben auf der Erde so grundlegender Prozeß wie die Photosynthese werde durch einen einzigen Stoffwechselweg ermöglicht. Erstaunlicherweise gibt es aber dreierlei Wege

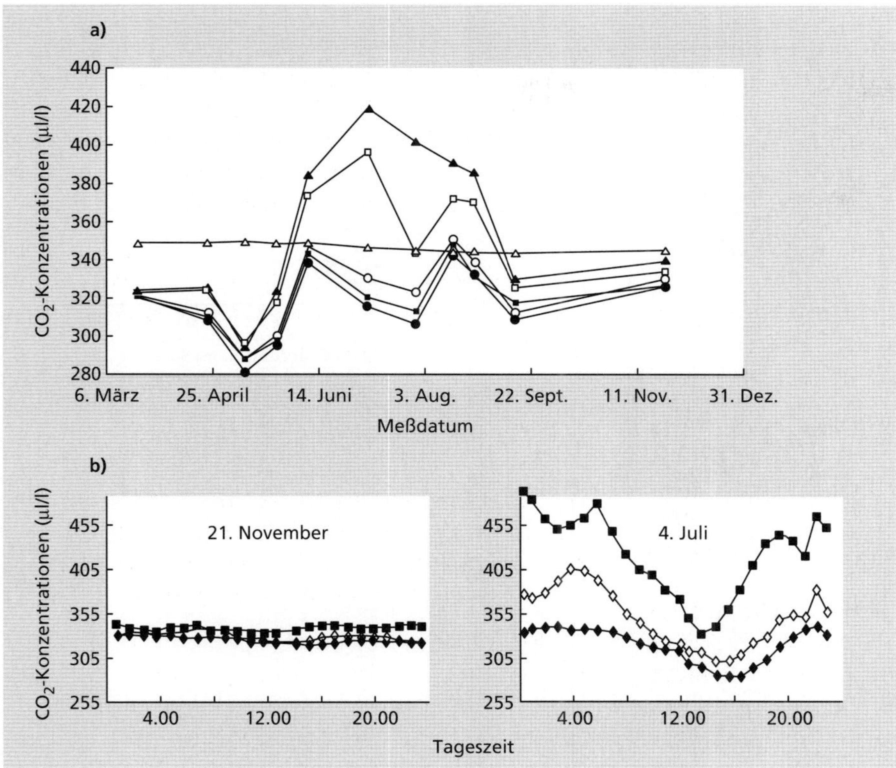

3.6 a) CO_2-Konzentrationen in einem Mischlaubwald (Havard Forest, Massachusetts/USA) zu verschiedenen Jahreszeiten auf fünf verschiedenen Höhen über dem Boden: ▲ 0.05 m, □ 0.20 m, ■ 3.00 m, ○ 6.00 m, ● 12.00 m. Zum Vergleich sind die Daten des Mauna Loa CO_2-Observatoriums angegeben (△). b) CO_2-Konzentrationen für jede Tagesstunde (gemittelt über eine Periode von drei bis sieben Tagen) am 21. November und 4. Juli. (Nach Bazzaz und Williams 1991)

mit weiteren Varianten. Erstaunlich ist auch, daß man dies erst in den sechziger Jahren erkannte. Die drei Prozesse zur Absorption und Fixierung von CO_2 haben wichtige ökologische Konsequenzen, besonders was den Kompromiß zwischen Photosynthese und Kontrolle des Wasserverlusts betrifft (siehe Abschnitt 3.2.2). Physiologie, Ökologie und Evolution dieser Stoffwechselwege werden bei Ehleringer und Monson (1993) mit ausführlichen Literaturverweisen dargestellt.

3.3.1 Der C_3-Pfad

Beim C_3-Syntheseweg wird CO_2 im Calvin-Zyklus als C_3-Säure gebunden.

Beim häufigsten Prozeß, dem **Calvin-Benson-Zyklus**, wird CO_2 durch das Enzym Rubisco (Ribulose-1.5-biphoshpat-Carboxylase), das in den Blättern in großen Mengen vorhanden ist – 25–30 % des gesamten Blattstickstoffs –, in einer C_3-Säure (Phosphoglyzerinsäure) fixiert. Dasselbe Enzym kann auch als Oxigenase wirken. Unter den entsprechenden atmosphärischen Bedingungen führt diese sogenannte **Lichtatmung** zu einem kostspieligen Freisetzen von CO_2 – rund ein Drittel der fixierten Nettomenge an CO_2. Die Lichtatmung nimmt mit der Temperatur zu, so daß der Wirkungsgrad der Kohlenstoffixierung mit steigender Temperatur abnimmt.

3.3.2 Der C_4-Syntheseweg

Pflanzen mit C_4-Syntheseweg, bei denen CO_2 in einer C_4-Säure gebunden wird, haben unter Bedingungen von Wassermangel und Nährstoffarmut ökologische Vorteile.

In diesem Zyklus (**Hatch-Slack-Zyklus**) ist der C_3-Weg zwar auch vorhanden, allerdings nur in Zellen im Blattinnern – meistens in denjenigen, die um die Blattadern herum eine Scheide bilden. CO_2, das durch die Spaltöffnungen in die Blätter eindringt, trifft auf Mesophyllzellen, die das Enzym Phosphoenolpyruvat (PEP)-Carboxylase enthalten. Das Enzym verbindet atmosphärisches CO_2 mit PEP und produziert eine C_4-Säure. Diese diffundiert und gibt CO_2 an die inneren Zellen ab, wo sie in den gewöhnlichen C_3-Syntheseweg eintritt. PEP-Carboxylase hat weit größere Affinität zu CO_2 als Rubisco, woraus sich tiefgreifende Folgen ergeben:

1) C_4-Pflanzen können *atmosphärisches CO_2 viel effektiver absorbieren* als C_3-Pflanzen, so daß der Gradient von CO_2 ins Blatt bei C_4-Pflanzen viel steiler ist als bei C_3-Pflanzen, während der Gradient von Wasser aus dem Blatt heraus unverändert bleibt.
2) Daraus resultiert, daß C_4-Pflanzen viel *weniger Wasser pro Einheit fixierten Kohlenstoffs verlieren*.

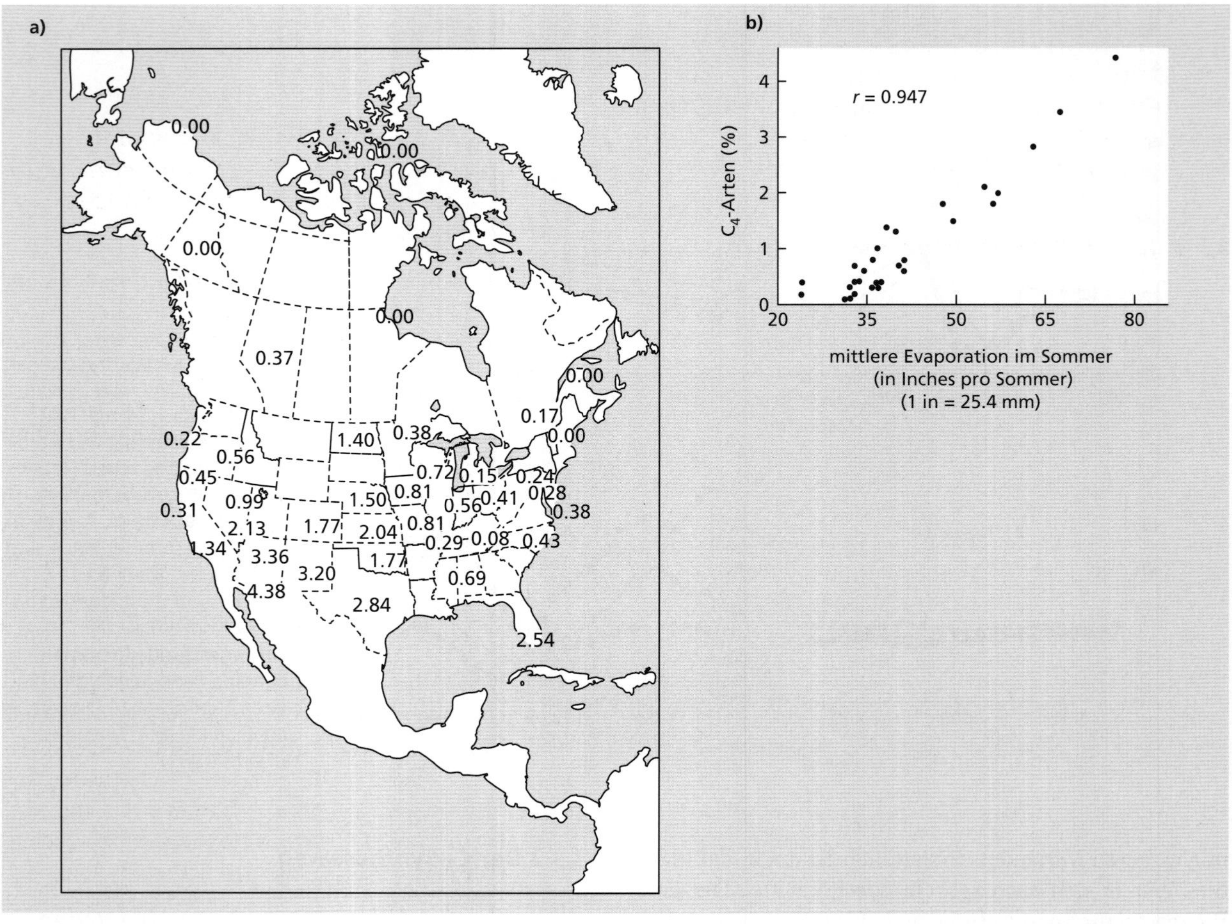

3.7 a) Prozentanteil einheimischer C_4-Arten von Dikotylen in verschiedenen Regionen Nordamerikas. b) Verhältnis zwischen Prozentanteil einheimischer C_4-Arten in 31 geographischen Regionen Nordamerikas und der mittleren Evaporation im Sommer (Mai bis Oktober) (Klimaindikator für das Pflanzen-Wasser-Gleichgewicht). Regionen ohne verfügbare Daten sind nicht berücksichtigt, ebenso das südliche Florida, wo die geographischen und klimatischen Besonderheiten die anomale Zusammensetzung der Flora erklären. (Nach Stowe und Teeri 1978)

3) Die kostspielige *Freisetzung von CO_2 durch Lichtatmung ist fast vollständig unterbunden.*
4) Folglich gibt es *keine Änderung in der Effizienz der Kohlenstoffbindung bei zunehmender Temperatur.*
5) Die *Konzentration von Rubisco in den Blättern beträgt ein Drittel bis ein Sechstel* derjenigen in C_3-Pflanzen und entsprechend ist der *Gehalt an Blattstickstoff geringer.*
6) Deshalb sind C_4-Pflanzen *als Nahrung für Herbivore* – aber nicht für alle – *viel weniger attraktiv.* Außerdem erreichen sie eine höhere *Photosyntheseleistung pro Einheit absorbierten Stickstoffs.*

Man kann sich wundern, weshalb es den C_4-Pflanzen mit einer so effizienten Wassernutzung nicht gelungen ist, die Vegetation der Welt zu dominieren. Aber den erzielten Gewinnen stehen auch eindeutige Kosten gegenüber. Das C_4-System hat einen hohen Lichtkompensationspunkt und ist bei geringen Lichtintensitäten ineffizient. C_4-Pflanzen sind deshalb keine Schattenpflanzen. Außerdem haben C_4-Pflanzen höhere Temperaturoptima für das Wachstum als C_3-Pflanzen, so daß die meisten C_4-Pflanzen in ariden Gebieten und in den Tropen vorkommen (Abbildung 3.7). In gemischten Populationen mit C_3- und C_4-Pflanzen nimmt der Anteil der C_4-Pflanzen mit zunehmender Höhe in Gebirgen ab. Bezüglich Jahreszeitenklimata dominieren C_4-Arten in den trockenheißen Jahreszeiten und C_3-Arten in den kühleren Jahreszeiten.

Die wenigen C_4-Pflanzen, die ihre Verbreitung bis in gemäßigte Zonen ausgedehnt haben zum Beispiel *Spartina* spp., kommen in marinen oder salinen Lebensräumen vor. Hier fördern die osmotischen Bedingungen Arten mit einer effektiven Wassernutzung. Die vielleicht bemerkenswerteste Eigenschaft von C_4-Pflanzen ist, daß sie ihre hohe Effizienz bezüglich der Wassernutzung nicht für schnelleres Triebwachstum verwenden. Statt dessen wenden sie einen größeren Teil des Pflanzenkörpers für ein gut entwickeltes Wurzelsystem auf. Dies ist unter anderem ein Hinweis darauf, daß die Rate der Kohlenstoffassimilation nicht die größte Begrenzung für ihr Wachstum darstellt, sondern daß der Mangel an Wasser und/oder Nährstoffen bedeutender ist.

3.3.3 Der CAM-Stoffwechselweg

Der diurnale Rhythmus von CO_2-Fixierung und Synthese von Kohlenhydraten bietet CAM-Pflanzen ökologische Vorteile in ariden Gebieten und bei CO_2-Mangel.

Pflanzen mit dem **CAM-Weg** nutzen ebenfalls die PEP-Carboxylase mit dem hohen Potential zur Konzentrierung von CO_2. Im Gegensatz zu C_3- und C_4-Pflanzen öffnen sie allerdings ihre Spaltöffnungen nur in der Nacht. Deshalb erfolgt auch die Fixierung von CO_2 (als Maleinsäure) nur nachts. Tagsüber sind die Stomata geschlossen, und CO_2 wird innerhalb des Blattes freigesetzt und von der Rubisco fixiert. Durch den hohen CO_2-Partialdruck im Blattinnern wird die Photorespiration unterdrückt. Diese Pflanzen haben offensichtliche Vorteile bei Wassermangel, denn ihre Spaltöffnungen bleiben tagsüber geschlossen, wenn die Verdunstungskräfte am stärksten sind. Das System ist bei einer Vielzahl von Familien bekannt, nicht nur bei den Dickblattgewächsen (Familie Crassulaceae). Zu den Kosten, die CAM-Pflanzen tragen müssen, gehört das Problem der Speicherung der nächtlich produzierten Maleinsäure. Die meisten CAM-Pflanzen sind Sukkulenten mit umfangreichen Geweben zur Wasserspeicherung, welche mit diesem Problem konfrontiert sind.

Im allgemeinen kommen CAM-Pflanzen in ariden Lebensräumen vor. Hier ist tagsüber eine genaue Kontrolle über das Wasser durch die Spaltöffnungen lebenswichtig. Sie leben auch an Orten, wo CO_2 tagsüber nur in geringer Menge verfügbar ist. Dies ist zum Beispiel bei Unterwasserpflanzen – wie dem Brachsenkraut *Isoetes howellii* – oder bei Photosyntheseorganen ohne Spaltöffnungen – wie den photosynthetisierenden Luftwurzeln der Orchideen – der Fall ist. Bei einigen CAM-Pflanzen wie *Opuntia basilaris* bleiben die Stomata in Trockenzeiten tags und nachts geschlossen. Der CAM-Stoffwechselweg erlaubt dann lediglich die Photosynthese mit dem intern durch Atmung entstandenen CO_2 (Szarek et al. 1973).

3.3.4 Die Reaktion von Pflanzen auf Veränderungen des atmosphärischen CO_2-Gehalts

Höhere CO_2-Konzentrationen in der Atmosphäre steigern die Photosyntheserate bei C_3-Pflanzen, diejenigen von C_4-Pflanzen allerdings kaum.

Von allen Ressourcen, die eine Pflanze braucht, ist CO_2 die einzige, die weltweit zunimmt. Dies ist eindeutig mit der Zunahme des Verbrauchs an fossilen Brennstoffen und mit Waldrodungen korreliert. Es gibt aber auch Hinweise auf Veränderungen im atmosphärischen CO_2 über sehr viel größere Zeiträume hinweg. Modellrechnungen legen nahe, daß die Konzentrationen in der Trias, im Jura und in der Kreidezeit vier- bis achtmal so groß waren, als sie heute sind (Berner 1991; Cerling 1991; Ehleringer und Monson 1993).

Die Abnahme der CO_2-Konzentration in der Atmosphäre nach der Kreidezeit mag die Hauptursache zur Entwicklung von C_4-Pflanzen gewesen sein (Ehleringer et al. 1991), weil die Lichtatmung C_3-Pflanzen bei niedrigen CO_2-Konzentrationen in einen besonderen Nachteil versetzt. Der ständige CO_2-Anstieg seit der industriellen Revolution ist somit zum Teil eine Rückkehr in vorpleistozäne Verhältnisse. Möglicherweise verlieren C_4-Pflanzen mit der Zeit einen Teil ihres Vorteils.

Wenn andere Ressourcen im richtigen Ausmaß vorhanden sind, führt zusätzliches CO_2 zu einer erhöhten Photosyntheserate bei C_3-Pflanzen, hingegen kaum bei C_4-Pflanzen. Eine künstliche Erhöhung der Konzentration ist eine gebräuchliche Technik in Gewächshäusern, um die Erträge zu steigern. Mit Gewißheit kann man dramatische Produktivitätssteigerungen für einzelne Pflanzen, aber auch für die Lebensgemeinschaften von Nutzpflanzen, für Wälder oder andere natürliche Lebensgemeinschaften voraussagen, wenn die CO_2-Konzentrationen weiterhin ansteigen. Vieles weist aber darauf hin, daß die Reaktionen sehr kompliziert sein werden, selbst wenn wir nur den CO_2-Anstieg isoliert betrachten und einmal die indirekten Folgen der globalen Erwärmung und die Veränderungen im Niederschlag vernachlässigen (Bazzaz 1990). Abbildung 3.8 zeigt einige generelle Tendenzen; andere Auswirkungen scheinen manchmal sehr artspezifisch zu sein.

Es gibt auch indirekte Effekte von CO_2 auf die Wechselwirkungen zwischen Pflanzen und Tieren, weil eine höhere CO_2-Konzentration in der Regel die Stickstoffkonzentration in den Blättern herabsetzt. Herbivore Insekten müssen dann 20–80 % mehr Blätter fressen, wenn sie gleich viel Stickstoff zu sich nehmen und gleich schnell an Gewicht zunehmen wollen (Fajer et al. 1991).

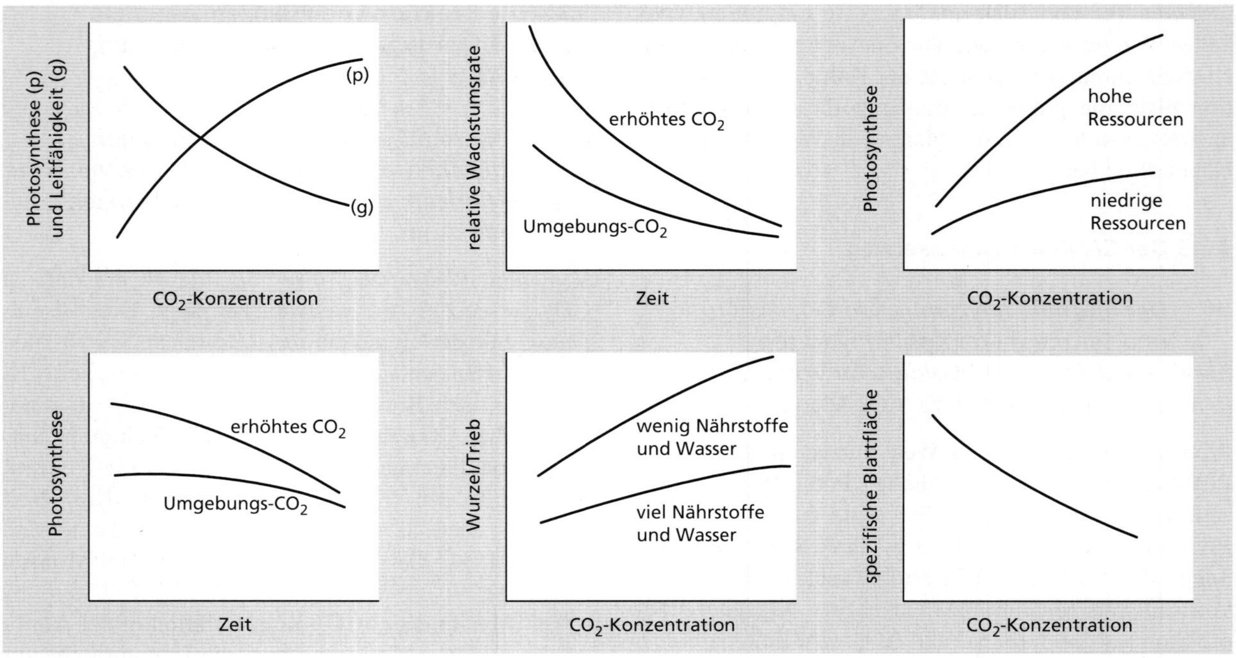

3.8 Allgemeine Tendenzen bei den Reaktionen von Pflanzen auf die Erhöhung der CO_2-Konzentration in der Atmosphäre. (Nach Bazzaz 1994)

3.4 Wasser

Die Ressource Wasser wird über das Wurzelsystem aufgenommen und als Transpirationsstrom durch die Pflanze geleitet.

Das Wasservolumen, das während des Wachstums in den Pflanzenkörper eingebaut wird, ist verschwindend gering im Verhältnis zu jenem, das als **Transpirationsstrom** durch die Pflanze fließt. Dennoch ist Wasser eine kritische Ressource: Seine Quantität nimmt durch die Aktivitäten des Organismus selbst und durch diejenigen seiner Nachbarn ab.

Die Versorgung mit Wasser ist eine notwendige Voraussetzung für Stoffwechselvorgänge; Wasser ist das Medium, in dem die Reaktionen ablaufen. Weil kein Organismus absolut wasserundurchlässig ist, muß sein Wassergehalt kontinuierlich ergänzt werden. Die meisten terrestrischen Tiere trinken Wasser und/oder nehmen es mit ihrer Nahrung auf. Etwas Wasser wird auch durch den Abbau von Nahrung und Körpersubstanzen gewonnen. In extremen Fällen erhalten Tiere arider Gebiete ihr Wasser nur auf diese Weise. Das Vorhandensein von Wasserlöchern setzt strikte Grenzen für die Verbreitung und Häufigkeit der größeren Herbivoren. Dies wiederum beeinflußt die Zusammensetzung der Vegetation mit zunehmender Entfernung von den Wasserlöchern (Goodall 1967).

Für die meisten terrestrischen Pflanzen ist der Boden die Hauptwasserquelle, an die sie durch ein **Wurzelsystem** gelangen. Wurzeln sind morphologisch sehr eigentümliche Strukturen. Es ist nicht leicht zu erkennen, wie sie sich durch Modifikation eines primitiveren Organs entwickelten (Harper et al. 1991). Die Kolonisierung der Erde durch terrestrische Pflanzen wäre aber ohne Wurzeln nicht möglich gewesen.

Die Verfügbarkeit von Wasser für eine Pflanze wird durch die Feldkapazität des Bodens und den artspezifischen permanenten Welkepunkt bestimmt.

Wasser gelangt durch Regen oder schmelzenden Schnee in den Boden und bildet ein Reservoir in den Poren zwischen den Bodenpartikeln. Was mit dem Wasser dann geschieht, hängt von der Größe der Poren ab, die es mit **Kapillarkräften** gegen die Schwerkraft halten können. Wenn die Poren wie in Sandböden groß sind, versickert viel Wasser durch das Bodenprofil, bis es sich über einem Hindernis staut und einen steigenden Grundwasserspiegel bildet oder bis es in Bäche und Flüsse abfließt.

Die Wassermenge, die durch die Bodenporen gegen die Schwerkraft gehalten wird, ist die **Feldkapazität** des Bodens. Das ist die oberste Grenze der Wasserkapazität eines entwässerten Bodens. Die untere Grenze der Wassermenge, die im Boden für das Pflanzenwachstum zur Verfügung steht, ist weniger deutlich definiert (Abbildung 3.9). Diese Untergrenze wird von der Fähigkeit der Pflanze bestimmt, den engeren Bodenporen Wasser zu entziehen. Man nennt sie den **permanenten Welkepunkt**; sie entspricht dem Wassergehalt des Bodens, bei dem Pflanzen welken und sich nicht mehr erholen können. Der Wert ist für die verschiedenen Pflanzenarten von Lebensräumen mit mittlerer Bodenfeuchtigkeit (oder von Nutzpflanzen) nicht sehr verschieden. Viele Pflanzen in ariden Gebieten sind allerdings in der Lage, dem Boden deutlich mehr Wasser zu entziehen. Im Boden gelöste Stoffe verursachen **osmotische Kräfte (osmotische Saugspannung)**, die zusätzlich zu den **Kapillarkräften** wirken. Wenn die Pflanze dem Boden Wasser entzieht, muß sie diese Kräfte überwinden. Diese osmotischen Kräfte sind in den Salzböden arider Gebiete besonders wichtig. Hier ist die Wasserbewegung größtenteils aufwärts gerichtet, so daß Salze zur Oberfläche gelangen und Salzkrusten bilden, die osmotisch letal wirken.

In der Wassererschöpfungszone fließt Wasser aus den engen Bodenporen nur gegen einen hohen Widerstand nach.

Wenn eine Wurzel an ihrer Oberfläche dem Boden Wasser entzieht, schafft sie um sich herum eine wasserarme Zone. Dies führt zu einem Gradienten des Wasserpotentials zwischen den untereinander verbundenen Bodenporen. Wasser fließt in den Kapillarporen entlang des Gradienten in die wasserarmen Zonen und bringt der Wurzel Nachschub. Dieser an sich ganz einfache Prozeß wird dadurch viel komplexer, daß der Widerstand für den Wasserfluß zunimmt, je weniger Wasser es um die Wurzeln herum gibt. Wenn die Wurzel mit dem Wasserentzug beginnt, stammt das Wasser zuerst aus den gröberen Poren, weil diese das Wasser mit schwächeren Kapillarkräften halten. Dadurch bleiben die engeren, gewundeneren und wassergefüllten Wege für den Wasserfluß übrig, was den Widerstand erhöht. Wenn also eine Wurzel dem Boden das Wasser sehr schnell entzieht, wird die Ressourcen-Erschöpfungszone klar definiert. Das Wasser kann sie nur langsam durchqueren. Aus diesem Grund können schnell transpirierende Pflanzen auf Böden verwelken, die reichlich Wasser enthalten. Die Feinheit und der Grad der Verästelung des Wurzelsystems im Boden bestimmen dann den Zugang der Pflanze zum Wasserreservoir des Bodens.

Wasser, das als Regen oder Schmelzwasser auf die Bodenoberfläche gelangt, dringt nicht gleichmäßig in die Tiefe. Vielmehr besteht die Tendenz, daß zuerst die oberste Bodenschicht die Feldkapazität erreicht. Bei anhaltendem Regen dehnt sich diese Schicht nach unten im Bodenprofil aus. Das bedeutet, daß verschiedene Teile des Wurzelsystems einer Pflanze auf Wasser stoßen, das mit sehr unterschiedlichen Kräften festgehalten wird, und daß die Wurzeln tatsächlich Wasser zwischen Bodenschichten verlagern können (Caldwell und Richards 1986). In ariden Gebieten können die Oberflächenschichten bei den seltenen, kurzen Regenschauern die Feldkapazität erreichen, während der übrige Boden sich am oder unterhalb des Welkepunktes befindet. Das ist die potentielle Gefahr für einen Sämling, der nach einem Regen auf der nassen Bodenoberfläche auf einem Boden keimt,

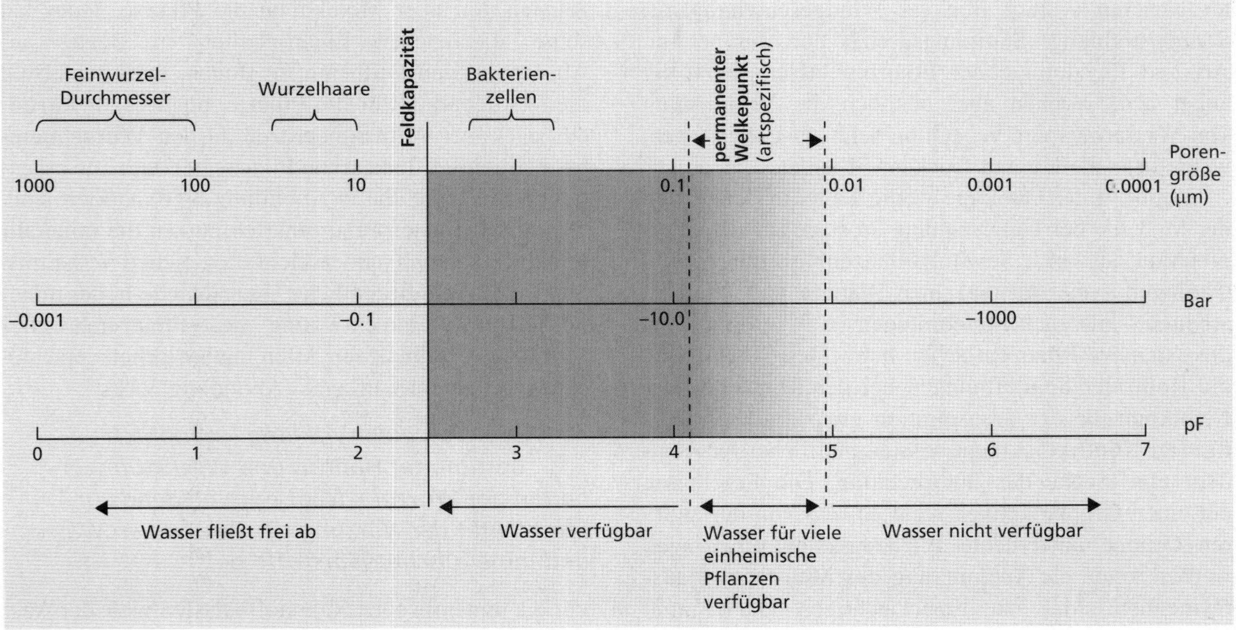

3.9 Der Status von Wasser im Boden mit Bezug auf drei verschiedene Meßgrößen: 1) pF, der Logarithmus der Höhe (in cm) der Wassersäule, die der Boden noch halten würde; 2) Wasserstatus ausgedrückt in Atmosphären oder Bar; 3) Durchmesser von Bodenporen, die mit Wasser gefüllt bleiben. Die Größe wassergefüllter Poren kann mit derjenigen von Feinwurzeln, Wurzelhaaren oder Bakterienzellen verglichen werden. Für die meisten Nutzpflanzenarten liegt der permanente Welkepunkt bei ungefähr –15 bar (-1.5×10^6 Pa), bei vielen anderen Arten erreicht er je nach dem osmotischen Potential der betreffenden Art bis –80 bar .

der nicht genügend Wasser für das weitere Wachstum enthält. Es gibt bei Arten in solchen Habitaten verschiedene spezialisierte Mechanismen zum Beenden der Ruhephase, die eine zu schnelle Reaktion auf ungenügende Niederschläge verhindern.

Je nach Sichtweise wird die Transpiration eher auf klimatische Verhältnisse oder eher auf das Verhalten der Spaltöffnungen zurückgeführt.

Es gibt sehr grundlegende Unterschiede in der Art und Weise, wie verschiedene Gruppen von Ökologen den Wasserverlust der Pflanzen an die Atmosphäre analysieren und interpretieren. Pflanzenphysiologen haben schon sehr früh (Brown und Escombe 1900) hervorgehoben, wie das Verhalten der Spaltöffnungen die Rate bestimmt, mit der ein Blatt Wasser verliert. Es scheint heute klar, daß Häufigkeit und Öffnung von Poren auf einer sonst hauptsächlich wasserundurchlässigen Oberfläche für die Wasserdiffusion verantwortlich ist.

Eine ganz andere Interpretation wird in erster Linie von Mikrometeorologen vertreten; sie legt den Schwerpunkt auf die Vegetation als Ganzes und nicht auf einzelne Spaltöffnungen, Blätter oder Pflanzen (Penman 1948; Thornthwaite 1948). Diese Sicht geht historisch sogar noch weiter zurück, nämlich zu Aristoteles, der sich fragte, ob die Verdunstung von Wasser durch Sonnenwärme oder durch Windbewegung in Gang gesetzt wird. Mikrometeorologen unterstreichen, daß Wasser nur verdunstet, wenn latente Wärme dafür vorhanden ist. Sie stellten Formeln für die Rate des Wasserverlusts auf, die ganz auf dem Wetter basieren – zum Beispiel Windgeschwindigkeit, Sonnenstrahlung, Sättigungsdefizit und Temperatur. Art und Physiologie der Pflanzen lassen sie völlig außer acht, können aber dennoch die Verdunstung von Wasser aus der Vegetation sehr gut voraussagen, wenn diese nicht unter Trockenheit leidet.

Es gibt in der Ökologie wenig Fälle, in denen sich der Maßstab der Untersuchung so stark auf die Interpretation auswirkt. Sowohl Pflanzenphysiologen und Ökologen – die mit einzelnen Blättern und Pflanzen arbeiten – als auch Meteorologen und Agronomen – die extensive Pflanzenflächen betrachten – beurteilen die Rolle der Spaltöffnungen bei der Kontrolle oder Nichtkontrolle der Transpiration gleichermaßen richtig. Der Konflikt ist nicht wissenschaftlicher Art, sondern eine Sache der Interpretation. Die Ergebnisse der einen Gruppe können nicht auf das von der anderen Gruppe untersuchte Pflanzensystem übertragen werden, ohne die Veränderung des Maßstabs in ausreichendem Maß zu berücksichtigen (Jarvis und McNaughton 1986; McNaughton und Jarvis 1991). Mit dem Übergang der Betrachtung vom einzelnen Blatt zu einer Vegetationsfläche nimmt die Abhängigkeit der Verdunstung vom Verhalten der Spaltöffnungen ab und diejenige von der Strahlung zu.

Klimamodelle eignen sich vermutlich am besten, um die Folgen der globalen Erwärmung und der Veränderungen im Niederschlag auf Evapotranspiration, Photosynthese und Nettoprimärproduktion der Vegetation vorauszusagen (siehe Aber und Federer 1992 zu Wäldern der gemäßigten Zone und borealen Wäldern).

3.5 Mineralische Nährstoffe

Pflanzen können Makronährstoffe und Spurenelemente als anorganische Verbindungen selektiv über die Wurzelmembran aus der Bodenlösung aufnehmen.

Zur Bildung einer Pflanze wird mehr als Licht, CO_2 und Wasser benötigt. **Mineralische Ressourcen** sind ebenso notwendig. Zu den Mineralstoffen, die eine Pflanze aus dem Boden erhalten muß – oder Wasserpflanzen aus dem umgebenden Wasser – gehören die Makronährstoffe wie Stickstoff (N), Phosphor (P), Schwefel (S), Kalium (K), Calcium (Ca), Magnesium (Mg) und Eisen (Fe), die in relativ großer Quantität benötigt werden. Ferner sind eine Reihe von Spurenelementen wie Mangan (Mn), Zink (Zn), Kupfer (Cu), Bor (B) und Molybdän (Mo) essentiell (Abbildung 3.10). Viele dieser Stoffe sind auch für Tiere unbedingt notwendig. Sie nehmen diese meist mit ihrer Nahrung in Form organischer Verbindungen auf.

Grüne Pflanzen nehmen ihre mineralischen Nährstoffe nicht als „Paket“ auf. Jedes Element gelangt einzeln als Ion oder Molekül in die Pflanze. Jedes hat seine spezifischen Eigenschaften in Bezug auf Absorption und Diffusion im Boden. Dies beeinflußt die Verfügbarkeit für die Pflanze, noch bevor irgendein selektiver Aufnahmeprozeß an den **Wurzelmembranen** erfolgt. Jede grüne Pflanze benötigt alle essentiellen Elemente, die in Abbildung 3.10 markiert sind. Die verschiedenen Pflanzenarten nutzen die mineralischen Ressourcen jedoch nicht im gleichen Verhältnis. So gibt es recht beachtliche Unterschiede in der mineralischen Zusammensetzung des Pflanzengewebes zwischen verschiedenen Arten und zwischen verschiedenen Teilen einer Pflanze (Abbildung 3.11).

Die Wurzelentwicklung – genetisch bestimmter Habitus und Wachstumsverhalten der Wurzel – trägt entscheidend zur Effektivität der Nutzung der Ressourcen Wasser und mineralische Nährstoffe bei.

Für die mineralischen Nährstoffe treffen viele der Aussagen zu, die über das Wasser als Ressource und die Wurzeln als aufnehmende Organe gemacht wurden. Einzelne Arten unterscheiden sich stark bezüglich ihrer programmierten **Wurzelentwicklung** (Abbildung 3.12a). Diese trägt in manchen Fällen bedeutend zur

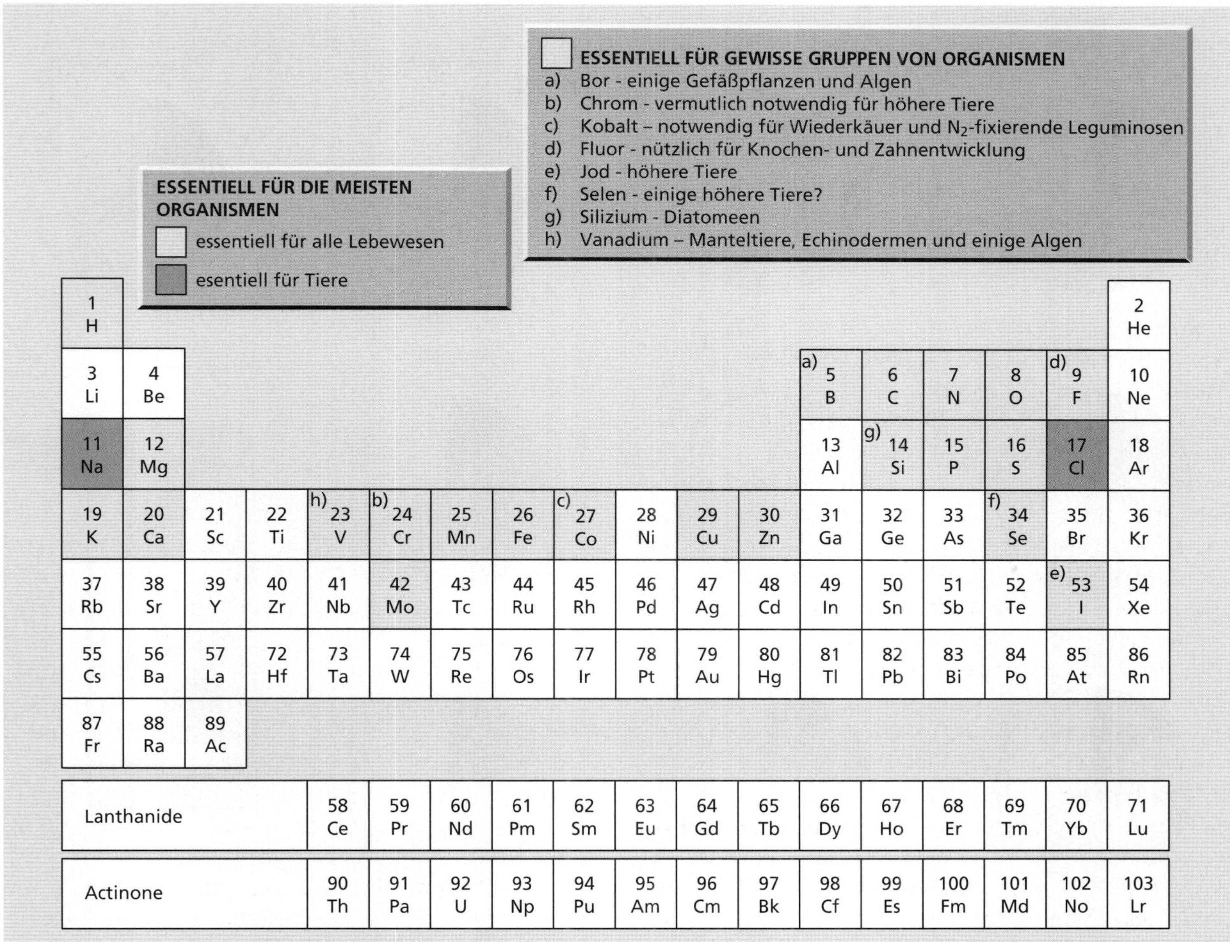

3.10 Das Periodensystem der Elemente mit Angabe der für verschiedene Organismen essentiellen Ressourcen.

Anpassung eines Organismus an seine Umwelt bei. Aber die Fähigkeit der Wurzeln, sich über solche festgelegten Programme hinwegzusetzen und sich opportunistisch zu verhalten, macht sie erst zu effektiven Nutzern des Bodens. Die meisten Wurzeln sind ausgerüstet, um den Boden „auszukundschaften“: Sie wachsen zum Beispiel zuerst in die Länge und bilden dann Seitenwurzeln verschiedener Ordnung. Dieses Wachstumsverhalten verringert das Risiko, daß Verzweigungen derselben Wurzel dieselben Bodenpartikel nutzen und sich in ihren Ressourcen-Erschöpfungszonen in die Quere kommen.

Wenn Wurzeln ein Medium durchqueren, stoßen sie auf Hindernisse und heterogene Bedingungen. Bei einem Wachstum von 1 cm kann eine Wurzel auf einen großen Stein, auf Kieselsteine und Sandkörner, auf eine lebende oder eine tote Wurzel oder den Kadaver eines Wurmes treffen. Sie kann durch eine Lehmschicht mit feinen Poren oder durch Sand oder Lehm mit gröberen Poren kommen (Abbildung 3.12b). Die Wurzel reagiert darauf, indem sie sich frei in ressourcenreiche Zonen hinein verzweigt und andere Zonen meidet. Viel hängt also davon ab, daß sie in einem extrem lokalen Maßstab auf die vorhandenen Umweltfaktoren reagieren kann.

Der Erfolg einer Wurzel bei der Aufnahme von Nährstoffen hängt von ihrem Habitus ab. Offensichtlich ist die Entwicklung von Wurzelsystemen weniger starr programmiert als bei Trieben; allerdings wissen wir darüber noch sehr wenig. Besonders interessant ist, wie eine Wurzel reagiert, sobald sie im Boden in die Ressourcen-Erschöpfungszone einer anderen Wurzel eindringt.

Die Verfügbarkeiten der Ressourcen Wasser und Nährstoffe für die Pflanze beeinflussen sich gegenseitig.

Es gibt enge Wechselbeziehungen zwischen Wasser und Nährstoffen als Ressourcen für das Pflanzenwachstum. Einerseits wachsen Wurzeln nicht in Bodenbereiche, in denen kein Wasser verfügbar ist. Deshalb bleiben die dort vorhandenen Mineralstoffe ungenutzt. Andererseits wachsen Pflanzen, die unter einem Mangel an essentiellen Nährstoffen leiden, langsamer und können dann unter Umständen Bodenbereiche mit verfügbarem Wasser nicht erreichen.

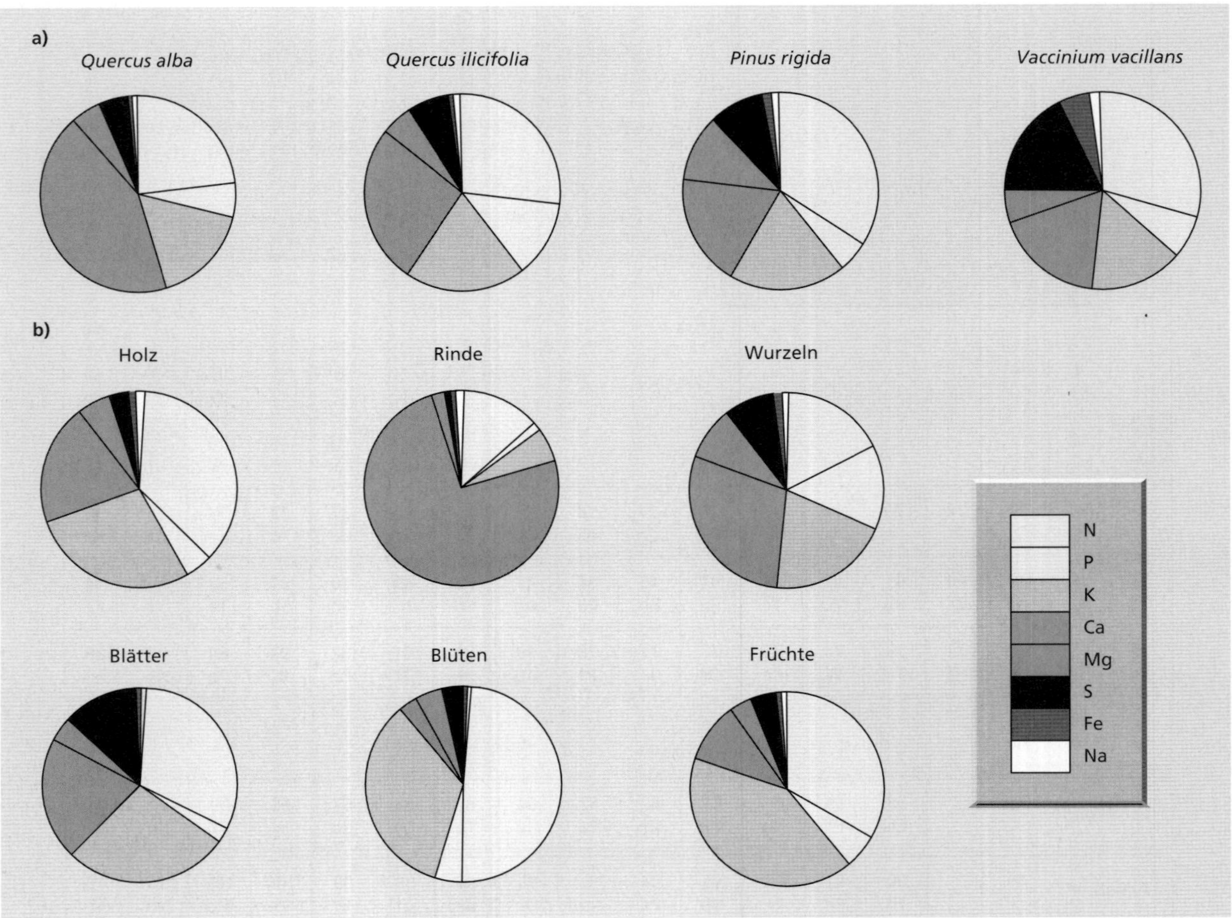

3.11 a) Relative Konzentration verschiedener Mineralstoffe in ganzen Pflanzen von vier Arten im Brookhaven Forest, New York/USA. b) Relative Konzentration verschiedener Mineralstoffe in unterschiedlichen Geweben der Weißeiche (*Quercus alba*) im gleichen Wald (nach Woodwell et al. 1975). Beachte die geringeren Unterschiede zwischen Arten im Vergleich zu den Unterschieden zwischen den Teilen einer einzigen Art.

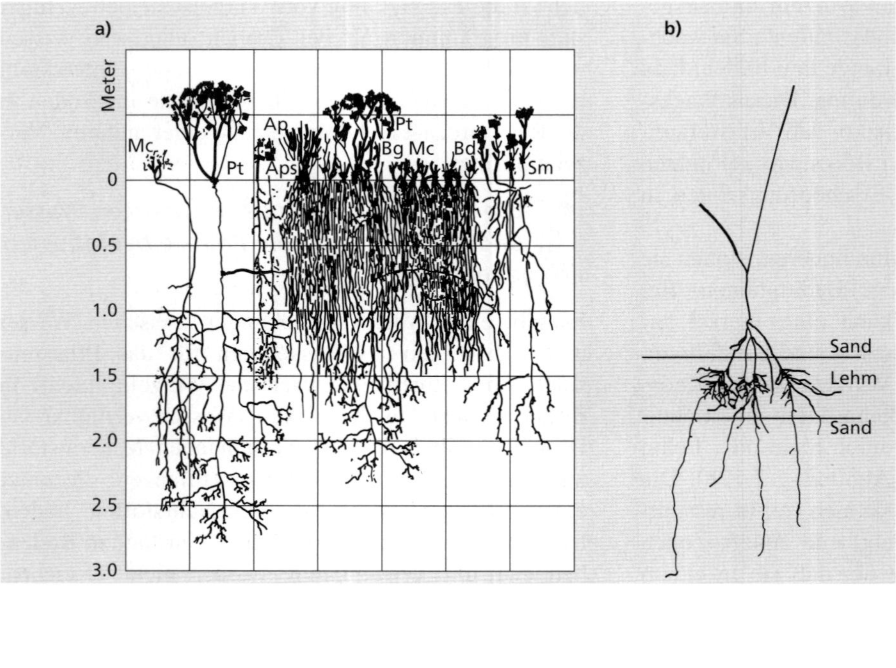

3.12 a) Wurzelsystem von Pflanzen in einer typischen Kurzgrasprärie nach einer Reihe von Jahren mit durchschnittlichen Niederschlägen (Hays, Kansas/USA). Ap: *Aristida purpurea*, Aps: *Ambrosia psilostachya*, Bd: *Buchloe dactyloides*, Bg: *Bouteloua gracilis*, Mc: *Malvastrum coccineum*, Pt: *Psoralia tenuiflora*, Sm: *Solidago mollis*. (Nach Albertson 1937; Weaver und Albertson 1943) b) Wurzelsystem einer Weizenpflanze auf Sandboden mit einer Lehmschicht. Man beachte die Reaktion der Wurzelentwicklung auf die lokal vorhandenen Verhältnisse. (Mit freundlicher Genehmigung von J. V. Lake)

Ähnliche Wechselbeziehungen gibt es zwischen den Mineralstoffen. Eine Pflanze, die unter Stickstoffmangel leidet, hat ein geringes Wurzelwachstum. Deshalb kann sie jene Bodenbereiche nicht nutzen, die verfügbaren Phosphor oder vielleicht sogar mehr Stickstoff enthalten.

Obwohl es ausgeprägte Wechselbeziehungen zwischen der Wasser- und der Nährstoffaufnahme aus dem Boden gibt, besteht eine enge Korrelation nur im Fall von Nitrationen. Von allen wichtigen Pflanzennährstoffen bewegen sich die Nitrate am freisten im Bodenwasser und gelangen mit diesem durch die Kapillaren zu den Wurzeln. Der Wasserfluß ist am schnellsten in Böden, welche die Feldkapazität erreicht oder nahezu erreicht haben, sowie in Böden mit groben Poren. Nitrate sind unter diesen Bedingungen besonders mobil und ihre Ressourcen-Erschöpfungszone (REZ) ist groß, die Konzentrationsgradienten um die Wurzeln sind flach. Wenn die Ressourcen-Erschöpfungszonen groß sind, ist die Überlappung von Zonen verschiedener Wurzeln wahrscheinlich. In solchen Fällen kann es zu Konkurrenz kommen – sogar zwischen Wurzeln derselben Pflanze.

Die Mobilität des Bodenwassers bestimmt die Breite der Ressourcen-Erschöpfungszone und damit den Grad der Verzweigung des Wurzelsystems.

Das Konzept der Ressourcen-Erschöpfungszone ist nicht nur wichtig, um sich bildhaft vorzustellen, wie ein Organismus die auch für andere Organismen verfügbaren Ressourcen beeinflußt. Es dient auch zum Verständnis, wie der Habitus des Wurzelsystems die Aufnahme dieser Ressourcen beeinflußt. Bei einer Pflanze, die in einem Substrat wächst, in dem sich Wasser ungehindert zur Wurzeloberfläche bewegt, werden alle gelösten Nährstoffe mit dem Wasser transportiert. Die Nährstoffe können dann am effektivsten durch ein weitreichendes, aber nicht fein verzweigtes Wurzelsystem aufgenommen werden. Je weniger frei sich das Wasser im Boden bewegt, desto kleiner sind die Erschöpfungszonen und desto einträglicher ist es, den Boden intensiv statt extensiv zu durchwurzeln.

Mit dem Zugang eines Wurzelsystems zur Nährstofflösung im Boden ist jedoch nicht der gleiche Zugang zu allen Nährstoffen gewährleistet. Die Nährstofflösung, die durch die Bodenporen zur Wurzeloberfläche fließt, hat eine andere Zusammensetzung als die potentiell verfügbare Lösung. Dies ist darauf zurückzuführen, daß die verschiedenen Ionen mit unterschiedlichen Kräften im Boden festgehalten werden. Nitrat-, Calcium- und Natriumionen werden der Wurzeloberfläche in einem fruchtbaren Ackerboden schneller zugeführt, als sie in der Pflanze gespeichert werden können. Im Gegensatz dazu ist der Gehalt an Phosphat- und Kaliumionen in der Bodenlösung oft viel geringer als die Bedürfnisse der Pflanze.

Verschiedene Prinzipien vergrößern die Wurzeloberfläche: Grad der Verzweigung, Wurzelhaare, Mykorrhizen.

Für Ressourcen wie Phosphat, die einen geringen Diffusionskoeffizienten haben, sind die Ressourcen-Erschöpfungszonen klein; die Wurzeln oder Wurzelhaare nutzen nur dann den gleichen Vorrat und konkurrieren miteinander, wenn sie sehr nahe beieinander sind. Bei Phosphatmangel beeinflußt eine reiche Verzweigung der Wurzel und besonders eine Vergrößerung durch Wurzelhaare und assoziierte Mykorrhizapilze das Potential der Phosphataufnahme im Verhältnis zu den mobileren Nährstoffen sehr stark. Ein gröberes, ausgedehntes Wurzelsystem maximiert den Zugang zu Nitrat, während ein engmaschiges, feinverzweigtes Wurzelsystem den Zugang zu Phosphaten maximiert (Nye und Tinker 1977). Pflanzen mit unterschiedlich geformten Wurzelsystemen tolerieren deshalb unterschiedliche Vorräte an Mineralstoffressourcen, und verschiedene Pflanzenarten nutzen verschiedene Mineralstoffressourcen in unterschiedlichem Ausmaß. Dies erlaubt, daß eine Vielzahl von Pflanzenarten auf der gleichen Fläche koexistieren kann (siehe Abschnitt 20.3.1).

Die Teile dieses Kapitels, die sich mit Wasser- und Nährstoffressourcen im Boden befassen, wurden unter der Voraussetzung geschrieben, daß Pflanzen Wurzeln haben. Tatsächlich haben die meisten Pflanzen aber keine Wurzeln, sondern **Mykorrhizen**. Dies sind Verbindungen von Pilz- und Wurzelgeweben, deren Eigenschaften für die Ressourcenaufnahme sich von jenen, die bei Laborversuchen mit sterilen Wurzeln beobachtet wurden, sehr unterscheiden. Die Eigenschaften von Mykorrhizen werden in Abschnitt 13.7 näher behandelt.

3.6 Sauerstoff als Ressource

Der biochemische Sauerstoffbedarf ist ein Maß für den Sauerstoffverbrauch durch mikrobielle aerobe Abbauprozesse.

Sauerstoff ist eine notwendige Ressource für Tiere und Pflanzen. Nur einige Prokaryoten können ohne ihn auskommen. Seine Diffusionsfähigkeit und seine Löslichkeit sind im Wasser sehr niedrig, so daß er in aquatischen oder wassergesättigten Umwelten schnell zur begrenzenden Ressource wird. Mit steigender Temperatur nimmt seine Löslichkeit im Wasser rasch ab. Wenn sich organisches Material im Wasser zersetzt, verbraucht die mikrobielle Atmung Sauerstoff. Dieser **biochemische Sauerstoffbedarf (BSB)** schränkt die Typen höherer Tiere ein, die noch überleben können. Ein hoher biochemischer Sauerstoffbedarf ist besonders für stille Gewässer charakteristisch, in die abgefallene Blätter oder organische Verschmutzungen abgelagert werden. In Perioden mit hohen Temperaturen ist der biochemische Sauerstoffbedarf besonders groß.

Verschiedene Prinzipien ermöglichen Tieren das Atmen im Wasser trotz der langsamen Diffusion von Sauerstoff.

Weil Sauerstoff im Wasser langsam diffundiert, müssen aquatisch lebende Tiere entweder für einen ständigen Wasserfluß über ihre Atmungsorgane – zum Beispiel die Kiemen der Fische – sorgen, im Verhältnis zum Körpervolumen eine sehr große Oberfläche haben, spezialisierte Atmungspigmente oder eine langsame Atmungsfrequenz besitzen – zum Beispiel Mükkenlarven – oder sich immer wieder zum Atmen an die Wasseroberfläche begeben – zum Beispiel Wale, Delphine, Schildkröten und Molche.

Die Wurzeln vieler Planzen sterben im wassergesättigten Boden ab.

Die Wurzeln vieler höherer Pflanzen können nicht in einen wassergesättigten Boden hineinwachsen; wenn der Wasserstand steigt, sterben sie ab. Dies kann eine direkte Reaktion auf den Sauerstoffmangel sein oder aber eine Reaktion auf die Anreicherung von Gasen – wie Schwefelwasserstoff, Methan und Ethylen –, die von anaeroben Mikroorganismen produziert werden. Selbst wenn die Wurzeln nicht wegen des Sauerstoffmangels absterben, können sie die Nährstoffaufnahme einstellen, so daß die Pflanzen dann unter Mangel an Mineralstoffen leiden.

3.7 Organismen als Nahrungsressourcen

3.7.1 Einleitung

Nahrungsketten bestehen aus verschiedenen Trophiestufen – zu Beginn stehen die autotrophen Organismen gefolgt von heterotrophen Organismen mit unterschiedlicher Nutzung der Ressource „organische Biomasse".

Autotrophe Organismen – grüne Pflanzen und gewisse Bakterien – verwandeln anorganische Ressourcen in „Pakete" von organischen Molekülen – Eiweiße, Kohlenhydrate und so weiter. Diese werden zu Ressourcen für **heterotrophe** Organismen – Destruenten, Parasiten, Prädatoren und Weidende. Dies sind Organismen, die organische Ressourcen in energiereicher Form benötigen. Auf diesem Weg werden sie zu einem Teil einer Kette, in der jeder Konsument einer Ressource selbst zur Ressource für einen anderen Konsumenten wird. Bei jedem Glied in dieser **Nahrungskette** können wir gewöhnlich drei Wege zur nächsthöheren trophischen Ebene unterscheiden.

1) *Dekomposition* oder *Zersetzung*, bei der abgestorbene Organismen (oder Teile von Organismen) zusammen mit Abfallstoffen und Sekretionsprodukten eine Nahrungsressource für **Destruenten** (Bakterien, Pilze und Detritusfresser) werden – eine Gruppe, die nur abgestorbene Organismen nutzen kann.
2) *Parasitismus*, bei dem ein lebender Organismus als Nahrungsressource genutzt wird. Wir definieren einen **Parasiten** als Konsumenten, der seinen Wirtsorganismus normalerweise nicht tötet und nur einen oder einige wenige Wirte während seines Lebens parasitiert (siehe Kapitel 12).
3) *Prädation*, bei welcher der Konsument, der Prädator, einen Organismus oder einen Teil davon tötet und frißt. Beispiele für Räuber-Beute-Beziehungen sind ein Sämling, der vom Pilz *Pythium* befallen wird, ein Wasserfloh, der Phytoplanktonzellen konsumiert, eine Eichel, die von einem Käfer oder einem Eichhörnchen gefressen wird (Samenfresser töten den im Samen vorhandenen Embryo ab), ein Puma, der ein Kaninchen frißt, ein Wal, der Krill frißt, und vielleicht sogar eine Kannenpflanze, die eine Mücke ertränkt. Grasfressen kann auch als eine Art von Prädation angesehen werden, wobei der Organismus (die Pflanze) nicht als Ganzes getötet wird, so daß er sich wieder regenerieren kann.

Konsumenten unterscheiden sich bezüglich der Breite ihrer Nahrungsressourcen – sie können polyphag sein oder im anderen Extrem monophag, was häufig spezielle morphologische Strukturen erforderlich macht.

Diese drei Kategorien sind nicht ganz eindeutig zu unterscheiden und können von Pedanten immer neu untergliedert werden. Zwei Möglichkeiten sind erwähnenswert:

a) der *Grad der Spezialisierung* des Konsumenten in bezug auf seine Nahrung – Generalist versus Spezialist;
b) das Verhältnis zwischen der *Lebensdauer* des Konsumenten und derjenigen seiner Ressource.

Konsumenten können Generalisten, also **polyphag** sein und eine Vielzahl von Arten nutzen, obwohl oft eine Rangfolge in der Bevorzugung der verschiedenen Beutearten festzustellen ist. Andererseits kann sich ein Konsument auf bestimmte Teile seiner Nahrungslieferanten spezialisieren, dabei aber viele Arten berücksichtigen, wie es bei Herbivoren häufig der Fall ist. Wie wir später sehen werden, ist dies darauf zurückzuführen, daß sich die verschiedenen Pflanzenteile in ihrer Zusammensetzung ziemlich unterscheiden. So haben sich viele Vogelarten auf Samen spezialisiert, sind aber selten auf eine bestimmte Art fixiert. Viele pflanzenfressende Tiere sind auf Blätter spezialisiert und fressen keine Wurzeln, während andererseits gewisse Nematoden und die Larven verschiedener Insektenarten spezialisierte Wurzelfresser sind. Unter den Konsumenten von Tieren befallen Parasiten, – zum Beispiel Leberegel – oft ganz bestimmte Gewebe oder Organe, sind aber nicht notwendigerweise auf eine einzige Wirtsart beschränkt. Die Spezialisierung des Buntbarsches *Genychromis meuto* ist außergewöhnlich: Er frißt die Schuppen anderer Fische. Ein Konsument kann sich auch auf eine einzige Art oder einige wenige nah verwandte Arten spezialisieren; er wird dann als **monophag** bezeichnet.

Je spezialisierter die benötigte Nahrungsressource eines Organismus ist, desto mehr ist dieser Organismus darauf angewiesen, entweder in einem Gebiet zu leben, wo sich diese Ressource befindet, oder Zeit und Energie zum Auffinden der Ressource in einem vielfältigen Lebensraummosaik aufzuwenden. Eine Spezialisierung kann sich in einer speziellen morphologischen Struktur, besonders der **Mundwerkzeuge**, ausdrücken, welche die effiziente Nutzung einiger Ressourcen ermöglicht, gleichzeitig aber die Nutzung anderer Ressourcen erschwert. Abbildung 3.13 zeigt einige Spezialisierungen von Mundwerkzeugen bei Insekten und von Schnäbeln bei Vögeln.

Viele Nahrungsressourcen sind nur in bestimmten Jahreszeiten verfügbar. Dies kann an einer Population wilder Himbeeren in einem Wald der gemäßigten

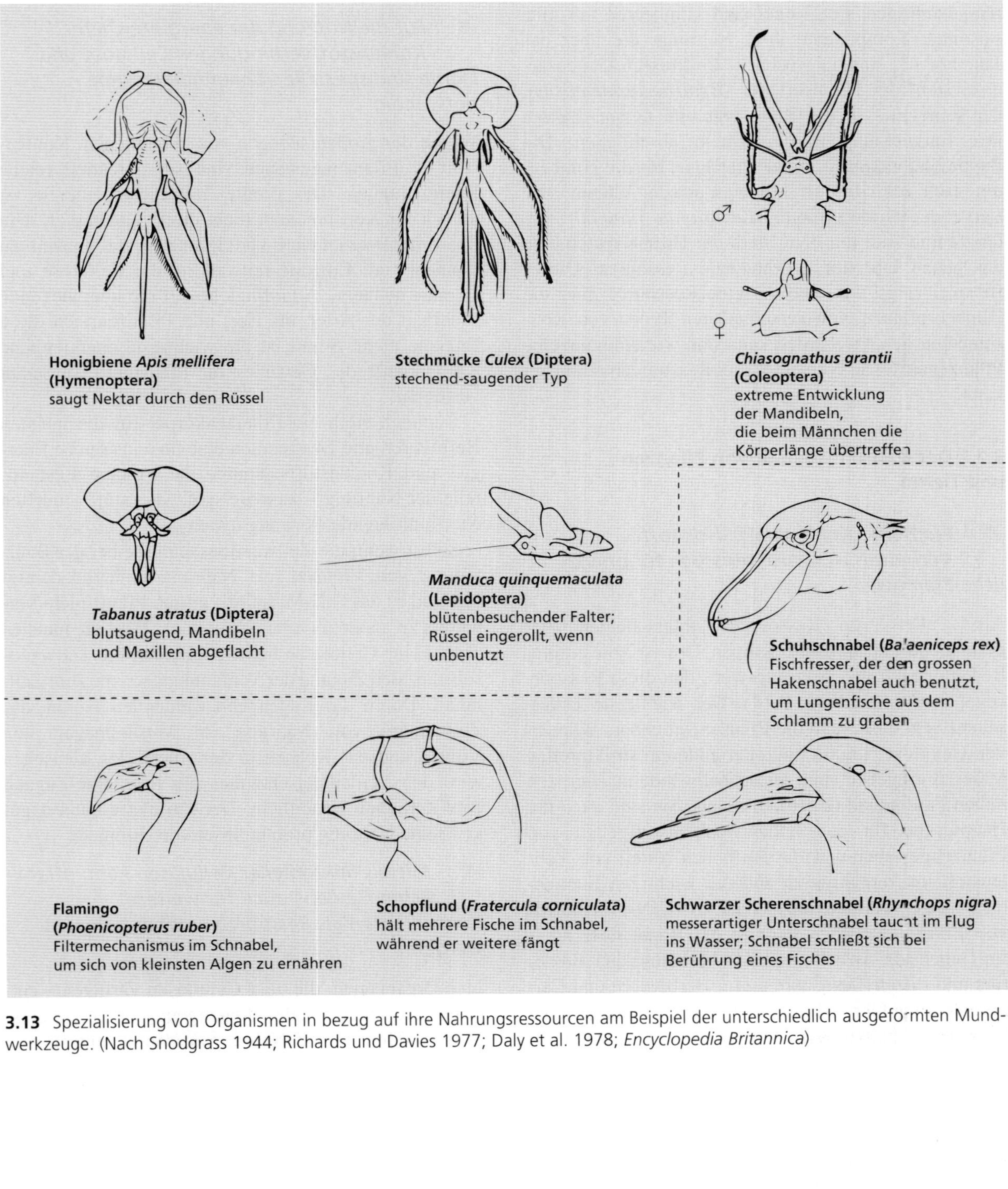

3.13 Spezialisierung von Organismen in bezug auf ihre Nahrungsressourcen am Beispiel der unterschiedlich ausgeformten Mundwerkzeuge. (Nach Snodgrass 1944; Richards und Davies 1977; Daly et al. 1978; *Encyclopedia Britannica*)

Zone verdeutlicht werden. Im Winter besteht die Pflanze aus einer Anzahl kleiner Ruten. Im Frühling bildet sie viele frische, eiweißreiche Knospen und junge Blätter. Die Blütezeit bedeutet eine kurze Periode der Nektarproduktion mit einem neuen Ressourcenangebot. Darauf folgt die Fruchtbildung, mit der weitere Ressourcen in Form von reifenden und reifen Früchten entstehen (Abbildung 3.14). Solche saisonal vorhandenen Angebote können zuverlässige Ressourcen für die Generalisten unter den Herbivoren sein. Die Generalisten wenden sich anderen Nahrungsquellen zu, wenn sie keine Himbeeren mehr finden. Es können aber auch Ressourcen für Spezialisten sein, deren aktive Lebensphase sich auf die entsprechende Saison begrenzt und die ihre übrige Zeit in einer Ruhephase oder Diapause verbringen und dann keine Nahrung benötigen. Für Vögel sind Himbeeren nur eine saisonale Komponente ihrer Nahrung, die über das Jahr hinweg ständig wechselt. Im krassen Gegensatz dazu steht der Himbeerkäfer (*Byturus tormentosus*), der seine Eier in die Blüte legt und dessen Larven ihre Entwicklung in der Frucht abschließen. Die Puppe bleibt danach in der Diapause, bis die Himbeeren nach zehn bis elf Monaten wieder blühen. Die Larve der Himbeermotte (*Lampronia rubiella*) lebt länger und frißt mit dem Mark der Himbeerruten eine das ganze Jahr über vorhandene Ressource. Dieses Beispiel zeigt, wie eine einzelne Ressource, hier die Himbeerpflanze, von verschiedenen Typen von Konsumenten genutzt werden kann und wie eine einzelne Pflanzenart viele verschiedene Ressourcen anbieten kann.

3.7.2 Der Nahrungsgehalt von Pflanzen und Tieren

Ein hohes Kohlenstoff:Stickstoff-Verhältnis ist charakteristisch für pflanzliche Biomasse.

Als „Paket" von Ressourcen unterscheiden sich pflanzliche und tierische Körper. Das ist von größter Bedeutung für den Nahrungswert, den diese Ressourcen haben (Abbildung 3.14). Der wichtigste Unterschied liegt darin, daß die Pflanzenzellen aus Wänden von Cellulose, Lignin und/oder anderem strukturellen Material umgeben sind. Diese Zellwände machen den hohen Fasergehalt der Pflanzen aus. Sie sind auch der Hauptgrund für den hohen Kohlenstoffgehalt von Pflanzengeweben und für den hohen Anteil von Kohlenstoff im Verhältnis zu anderen wichtigen Elementen. Das **Kohlenstoff:Stickstoff-(C:N-)Verhältnis** von Pflanzengeweben liegt in der Regel über 40:1. Im Gegensatz dazu beträgt das Verhältnis bei Bakterien und Pilzen, Detritusfressern, Herbivoren und Carnivoren ungefähr 8:1 oder 10:1. Im Unterschied zu Pflanzen enthalten tierische Gewebe keine strukturellen Kohlenhydrate oder Faserbestandteile, sie sind dagegen reich an Fett und besonders an Eiweiß.

Herbivore – die lebendes Pflanzenmaterial fressen – sowie Bakterien, Pilze und Detritusfresser, die totes Pflanzenmaterial verwerten, nutzen alle eine Nahrungsressource, die reich an Kohlenstoff und arm an Eiweiß ist. Beim Übergang von der Pflanze zum Konsumenten erfolgt eine massive Verbrennung von Kohlenstoff, wodurch sich das C:N-Verhältnis verringert. Die Hauptabfallstoffe von pflanzenfressenden Organismen sind deshalb kohlenstoffreiche Verbindungen – Kohlendioxid und Fasern. Der größte Anteil der Energiebedürfnisse von Carnivoren wird aus dem Eiweiß und dem Fett ihrer Beute gewonnen; demzufolge sind ihre wichtigsten Ausscheidungsprodukte stickstoffhaltig.

Für die Nutzung der energiereichen Kohlenstoffverbindungen Cellulose und Lignin sind spezielle abbauende Enzyme notwendig.

Wegen der großen Mengen von gebundenem Kohlenstoff in Pflanzengeweben sind sie potentiell reiche Energiequellen. Der größte Teil dieser Energie ist jedoch für Konsumenten nicht direkt zugänglich. Um die Energieressourcen von Pflanzen voll nutzen zu können, sind **Enzyme** notwendig, die Cellulose und Lignine abbauen. Allerdings besitzt die überwiegende Mehrheit der Arten im Tier- und Pflanzenreich diese Enzyme nicht. Somit ist die wichtigste energiereiche Komponente des Gewebes für Pflanzenfresser nicht verfügbar.

Dennoch stellt ein Pflanzenkörper für die meisten Herbivoren und Destruenten eine überaus reiche Energie- und Kohlenstoffressource dar. Andere Bestandteile der Nahrung – zum Beispiel Stickstoff – dürften eher limitierende Wirkung haben.

Selbst wenn die Zellwandbestandteile bei der Beurteilung von Pflanzen als Nahrung unberücksichtigt bleiben, ist das C:N-Verhältnis grüner Pflanzen im Verhältnis zu anderen Organismen hoch. Weil die meisten Tiere keine Cellulasen haben, behindert die Zellwandsubstanz den Zugang der Verdauungsenzyme zum Zellinhalt. Durch das Kauen von weidenden Tieren, das Zerkleinern von Nahrung im Muskelmagen von Vögeln und das Kochen in der Küche des Menschen wird den Verdauungsenzymen ein leichterer Zugang zum Zellinhalt ermöglicht. Der Carnivore kann dagegen seine Nahrung problemloser verschlingen.

Mittels mikrobieller Cellulasen kann pflanzliches Gewebe auch für weitere Konsumenten als Ressource nutzbar gemacht werden.

Jene Organismen, die über **Cellulasen** verfügen – entweder die eigenen oder diejenigen anderer Organismen –, können eine Nahrungsressource nutzen, um

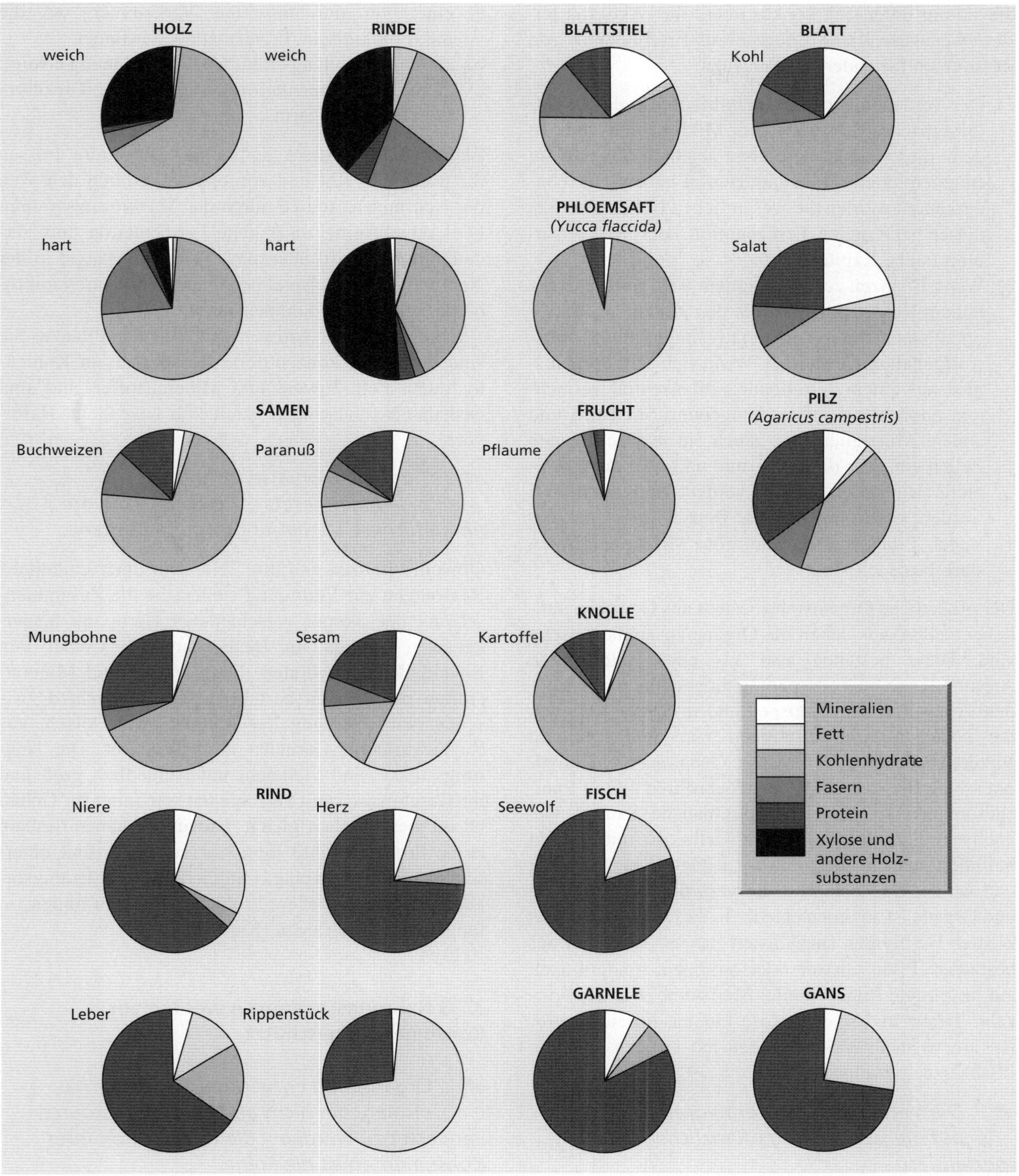

3.14 Zusammensetzung verschiedener Pflanzenteile und Tierkörper, die als Nahrungsressourcen für andere Organismen dienen. (Nach verschiedenen Quellen)

die sie nur unter sich konkurrieren. Ihre Aktivität leistet zwei wesentliche Beiträge zur Erschließung von Ressourcen für andere Organismen:

1) Der Verdauungstrakt von Herbivoren stellt für cellulolytische Bakterien ein Mikrohabitat dar, in dem diese einen besonders leichten Zugang zu fragmentiertem Zellwandmaterial haben. Bei Wiederkäuern werden die wesentlichen Nebenprodukte dieser bakteriellen Fermentation vom Wirt absorbiert (siehe Kapitel 13).
2) Wenn Pflanzen zersetzt werden, wird Substanz mit hohem Kohlenstoffgehalt in den Zellen der Mikroorganismen mit einem relativ niedrigen Kohlenstoffgehalt umgewandelt. Wenn sich Mikroorganismen auf einem zerfallenden Pflanzenteil vermehren, entziehen sie ihrer Umgebung Stickstoff und andere Mineralien und bauen sie in ihre eigenen Zellen ein. Aus diesem Grund und weil die mikrobielle Biomasse leichter verdaut und assimiliert werden kann, bevorzugen Detritusfresser in der Regel Pflanzenreste, die von Mikroorganismen stark besiedelt sind.

Der pflanzliche Organismus besteht aus Geweben ähnlicher Zellen, aus denen die Organe zusammengesetzt sind. Diese bestehen also aus einer heterogenen Ansammlung von Zelltypen. In jungen, noch wachsenden Triebspitzen, in Knospen und in Samen kommen die höchsten Konzentrationen von Stickstoff und Mineralstoffen vor. Der höchste Gehalt an Kohlenhydraten befindet sich in Phloem-Siebröhren und in Speicherorganen wie Knollen und manche Samen. Die höchsten Konzentrationen an Cellulose und Lignin befinden sich in alten und toten Geweben wie Holz und Rinde. Der Nährwert der verschiedenen Gewebe und Organe ist so unterschiedlich, daß sich die meisten kleinen Herbivoren spezialisiert haben – nicht nur auf besondere Pflanzenarten oder -gruppen, sondern auch auf bestimmte Pflanzenteile: Meristeme, Blätter, Wurzeln, Triebe und so weiter. Je kleiner ein Herbivorer ist, um so mehr Möglichkeiten hat er, sich auf eine Pflanze zu spezialisieren.

Die Verdauung bei Herbivoren ist auf die Verwertung pflanzlicher Nahrung spezialisiert.

Auch größere Herbivoren wählen ihre Nahrung aus, aber in einem größeren Maßstab. Dabei kommt es zu interessanten Verhaltenskonflikten zwischen dem Zeitaufwand für die Suche nach leicht verdaubarer Nahrung und dem Zeitaufwand für die Vorbereitung unverdaubarer Nahrung durch Kauen oder Fermentation (siehe Abschnitt 13.5). Bei herbivoren Wirbeltieren wird die Rate der Energiegewinnung aus verschiedenen Nahrungsquellen durch die Struktur des Verdauungstraktes bestimmt, insbesondere durch das Gleichgewicht zwischen

a) einer gut durchmischten Vorkammer, wo die mikrobiologische Fermentation stattfindet;
b) einem Verbindungstrakt, wo die Verdauung erfolgt;
c) einer Nachfermentationskammer, dem Dickdarm und dem Blinddarm.

Elefanten, Hasentiere und einige Nagetiere fressen ihren eigenen Kot und verdoppeln dadurch den Weg der Nahrungsressource durch das **Verdauungssystem**. Dies erlaubt eine zusätzliche Fermentation und Verdauung, verschafft aber auch Zeit, um Mängel in der Nahrung – zum Beispiel bei Vitaminen – durch mikrobielle Synthese zu kompensieren.

Samen sind der vollwertigste Teil der Pflanze. Sie sind besonders konzentrierte Ressourcen an Kohlenhydraten, Fett, Eiweiß und Mineralstoffen und sind deshalb eine Nahrungsressource für viele kleine Herbivore.

Tierische Biomasse ist homogener zusammengesetzt, weshalb Carnivore einheitlichere Verdauungsorgane besitzen.

Obwohl Pflanzen und ihre Teile sehr unterschiedliche Ressourcen zur Verfügung stellen, ist die Zusammensetzung der Körper verschiedener Herbivore bemerkenswert ähnlich. In Bezug auf den Gehalt von Eiweiß, Kohlenhydraten, Fett, Wasser und Mineralstoffen pro Gramm besteht wenig Unterschied zwischen einer Nahrung aus Raupen oder Dorsch, aus Regenwürmern, Garnelen oder Wildbret. Die Nahrungsstücke sind vielleicht unterschiedlich groß und ihr Geschmack kann verschieden sein, aber ihr Gehalt ist im wesentlichen gleich. **Carnivore** haben deshalb keine Probleme, ihre Beute zu verdauen, und unterscheiden sich nur wenig bezüglich ihrer Verdauungsorgane. Sie haben größere Probleme Beute zu finden, zu fangen und zu zerlegen (Kapitel 8).

3.7.3 Nahrungsressourcen werden vor Konsumenten geschützt

Organismen entwickeln Schutzmechanismen, um nicht als Nahrungsressource verwertet zu werden – die Koevolution ihrer Konsumenten ist die Folge.

Alle Lebewesen sind potentielle Nahrungsressourcen für andere Organismen; es ist aber im Interesse jedes Organismus, am Leben zu bleiben, wenn er dadurch mehr Gene an nachkommende Generationen hinterlassen kann. Es ist deshalb nicht verwunderlich, daß viele Organismen physische, chemische, morphologische und/oder verhaltensmäßige Schutzmechanismen entwickelt haben, um das Risiko einer Begegnung mit einem Konsumenten herabzusetzen und/oder die Wahrscheinlichkeit, bei einer solchen Begegnung zu überleben, zu verbessern. Aber die Wechselbeziehungen beschränken sich nicht unbedingt darauf. Eine besser geschützte Nahrungsressource übt selbst auch einen Selektionsdruck auf die Konsumenten aus. Jene, die mit den Schutzmechanismen am besten fertig werden, hinterlassen mehr Nachkommen, und ihre Eigenschaften verbreiten sich in der Population der Konsumenten. Man kann sich eine andauernde evolutionäre Wechselbeziehung vorstellen, bei welcher jedes Taxon teilweise von der Entwicklung eines anderen abhängig ist. Man nennt eine solche Wechselbeziehung **Koevolution** (Ehrlich und Raven 1964). Die Rolle der Koevolution als eine weitverbreitete und bedeutende Kraft der Evolution ist allerdings bei weitem noch nicht klar. Übersichten zu diesem Thema finden sich bei Nitecki (1983), Futuyma und Slatkin (1983), für marine Lebensgemeinschaften bei Steneck (1991), sowie bei Hughes und Gliddon (1991).

Die dornigen Blätter der Stechpalme (*Ilex*) werden von den Larven des Eichenprozessionsspinners (*Thaumetopoea processionea*) nicht gefressen. Werden die Dornen jedoch entfernt, werden die Blätter ohne weiteres gefressen. Ein ähnliches Ergebnis würde man sicher bei vergleichbaren Experimenten mit Barschen und Füchsen als Räuber und Stichlingen und Igeln als Beute erzielen! **Dornen** und **Stacheln** können ein wirksames Abschreckungsmittel sein.

Viele Pflanzenoberflächen sind mit **Epidermishaaren (Trichomen)** überzogen, die bei einigen Arten dicke Sekundärwände entwickeln, um Haken und Spitzen zu bilden, welche Insekten fangen oder aufspießen. Die Bohne (*Phaseolus vulgaris*) hat zum Beispiel auf der Unterseite ihrer Blätter 0.06–0.11 mm lange, hakenförmige Trichome, die Nymphen und Adulte der Zikade *Empoasca fabae* aufspießen. Die so gefangenen Insekten hören auf zu fressen, trocknen aus oder verhungern. Auch die Trichome der Blätter der Passionsblume (*Passiflora*) haben eine sehr wirksame Schutzvorrichtung gegen die meisten Raupen mit Ausnahme der Raupe des Schmetterlings *Mechanitis isthmia* (Rathcke und Poole 1975).

Jede Eigenschaft in der Lebensform eines Organismus, die den Energieaufwand eines Konsumenten für Entdeckung oder Bearbeitung erhöht, ist ein Schutz, wenn der Konsument deswegen weniger frißt. Die dicke Schale einer Nuß oder der faserreiche Zapfen einer Kiefer erhöht die Zeit, die ein Tier aufwenden muß, um eine Einheit effektiver Nahrung zu gewinnen. Dies reduziert die Zahl der gefressenen Nüsse oder Samen eines Zapfens. Die grüne Pflanze verbraucht keine Energiereserven, um „wegzulaufen", und kann deshalb mehr in energiereiche Schutzstrukturen investieren. Die meisten grünen Pflanzen sind überreichlich mit Energieressourcen in Form von Cellulose und Lignin versehen. Es kostet sie deshalb nicht viel, Hülsen und Schalen um die **Samen** herum und verholzte Stacheln an den Trieben zu bilden. Somit können sie das wirklich Wertvolle, nämlich die knappen Ressourcen Stickstoff, Phosphor, Kalium und so weiter, in Embryos und Meristemen schützen.

Der Räuber einer Muschel ist mit dem gleichen Problem konfrontiert wie der Konsument einer Walnuß. Erwachsene Muscheln bewegen sich nicht, aber sie haben Schalen, die von einem Räuber wenigstens einen beträchtlichen Zeitaufwand verlangen und gegen gewisse Räuber sogar vollständigen Schutz bieten können. Die Muschel kann zwar von einer Krähe aus der Höhe auf einen Felsen fallengelassen werden, damit sie aufbricht, oder eine Nuß kann von einem Eichhörnchen aufgebrochen werden. In jedem Fall verliert der Konsument dafür aber Zeit und Energie. Janzen (1981) wies darauf hin, daß unsere Vorfahren vermutlich seit fünf Millionen Jahren wußten, daß harte biotische „Behälter" oft sonst ungeschützten Inhalt enthalten – Schildkröten und Igel sind sehr nahrhaft! Ganz allgemein können nur jene Samen unbedenklich gegessen werden, die von einer dicken, harten Schale umgeben sind. Denn eine harte Umhüllung kann andere Schutzvorkehrungen wie Flucht oder Einlagerung von toxischen Chemikalien überflüssig machen.

Je wertvoller ein Teil eines Organismus für seine Fitneß ist, desto stärker wird er gewöhnlich verteidigt. Die konzentriertesten Nahrungsressourcen, die eine Pflanze anzubieten hat, sind die Wachstumsstellen (**Wurzel- und Triebmeristeme**) und die Samen. Die Meristeme sind ein Potential für neues Wachstum, die Samen ein Potential für Nachkommen. Triebmeristeme sind meistens gegen kleine Konsumenten (in der Größe der Knospe selbst) durch Schuppen geschützt, die eine dicke Cuticula haben und oft verholzt sind. Eine solche Einrichtung ermöglicht jedoch keine ausreichende Abwehr gegenüber größeren Herbivoren wie etwa Vögel. Knospen können aber zusätzlich geschützt werden, indem sie in größeren Zweige versenkt angelegt und außerdem noch mit Stacheln oder Dornen versehen werden.

Samen sind am meisten gefährdet, wenn sie gerade reif geworden sind und sich noch an der Pflanze befinden. Samen, die sich während der Reifung in großer Anzahl in einer Kapsel befinden, sind eine besonders verlockende Nahrungsquelle für einen Räuber. Ihr Wert nimmt ab, sobald sich die Kapsel öffnet und die Samen ausschüttet. Der Klatschmohn (*Papaver rhoeas*) in Kornfeldern und der kultivierte Schlafmohn (*Papaver somniferum*) sind gute Beispiele dafür. Bei *P. rhoeas* öffnen sich die Poren, sobald die Samen reif sind, und die Kapseln sind oft schon am nächsten Tag leer. Der Mensch hat verständlicherweise die meisten Kulturpflanzen dahingehend selektioniert, daß sie die Samen zurückbehalten und nicht verstreuen. Beispielsweise bleiben die Poren der Kapseln von *P. somniferum* geschlossen. Die Konsequenz ist, daß die Samen der meisten Kulturpflanzen eine leichte Beute für samenfressende Vögel sind.

Pflanzen haben die Möglichkeit, sich durch toxische oder verdauungshemmende sekundäre Pflanzenstoffe vor Fraßfeinden zu schützen.

Zusätzlich zu der verblüffenden Vielfalt physischer Schutzvorrichtungen von Organismen gibt es auch eine ganze Anzahl chemischer Abwehrstoffe. Das Pflanzenreich ist sehr reich an chemischen Substanzen, die in den normalen biochemischen Abläufen innerhalb der Pflanze keine Funktion zu haben scheinen. Diese **sekundären Pflanzenstoffe** umfassen einfache Verbindungen wie Oxalsäure und Cyanid und komplexere wie cyanogene Glykoside, Alkaloide, Terpenoide, Saponine, Flavonoide und Tannine (Futuyma 1983). Allen diesen Stoffen wird eine Abwehrfunktion zugeschrieben, und in einigen Fällen wurde sie auch eindeutig nachgewiesen. Populationen des Weißklees (*Trifolium repens*) sind gewöhnlich polymorph bezüglich der Fähigkeit, bei Verletzung von Gewebe Blausäure freizusetzen. Diese Eigenschaft ist auf zwei Paare von Allelen zurückzuführen. Das eine Allelpaar bestimmt über die Anwesenheit des cyangenen Glykosids Linamarin. Das andere Allelpaar bestimmt die Bildung des Enzyms β-Glucosidase. Dieses setzt die Blausäure aus dem Linamarin frei, sobald das Gewebe – zum Beispiel durch Kauen – verletzt wird. Pflanzen, denen diese Stoffe fehlen, werden von bestimmten Larven und Schnecken gefressen. Die cyanogenen Formen werden dagegen nur angefressen und dann verschmäht.

Viele sekundäre Pflanzenstoffe scheinen allerdings keine Abwehrfunktionen zu haben. Häufig besitzen Arten eine ganze Anzahl an verwandten Verbindungen statt einem einzigen wirksamen Gift oder Abwehrmittel. Heute inaktive Verbindungen waren vielleicht im Lauf der Evolution einmal aktiv und die entsprechenden Schädlinge haben gegen sie Resistenzen entwickelt. Umgekehrt hat man schon argumentiert, Pflanzen mit zahlreichen sekundären Verbindungen besäßen einen evolutionären Vorteil, da die Wahrscheinlichkeit größer sei, daß sie durch Zufall eine biologisch aktive Verbindung bilden (Jones und Firn 1991).

Schädliche chemische Stoffe in Pflanzen werden grob in zwei Typen eingeteilt:

a) *toxische* (oder qualitativ wirkende) Verbindungen, die selbst in kleinen Mengen giftig sind, und
b) *verdauungshemmende* (oder quantitativ wirkende) Verbindungen, die im Verhältnis zu ihrer Konzentration wirken.

Tannine sind ein Beispiel für den zweiten Typ. Sie wirken, indem sie Eiweiße binden, und machen somit das Gewebe, wie zum Beispiel alte Eichenblätter, relativ unverdaulich. Das Wachstum von Raupen des Kleinen Frostspanners (*Operophtera brumata*) nimmt beispielsweise mit zunehmender Tanninkonzentration in der Nahrung ab (Feeny 1968).

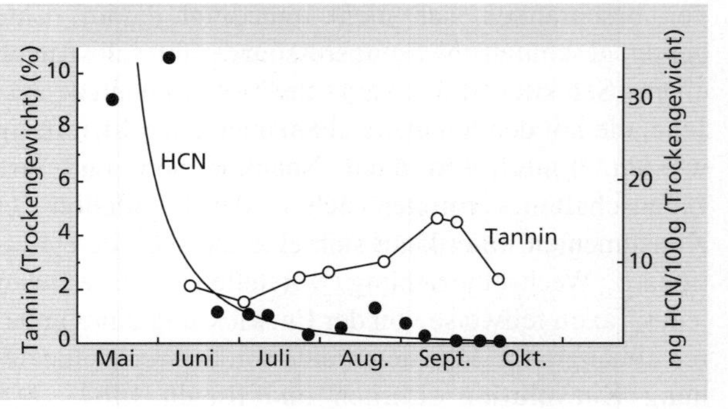

3.15 Jahreszeitliche Schwankung der Konzentration von Cyanid und Tannin im Adlerfarn (*Pteridium aquilinum*). (Nach Rhoades und Cates 1976)

Kurzlebige (ephemere) Pflanzen gewinnen einen gewissen Schutz dadurch, daß ihr Vorkommen in Raum und Zeit unbestimmt ist. Es wurde deshalb argumentiert, sie müßten als unauffällige Pflanzen weniger in Schutzvorkehrungen investieren als langlebige Pflanzen, wie Waldbäume, deren Existenz auf längere Zeit absehbar ist (Rhoades und Cates 1976). Außerdem nimmt man an, daß ephemere Pflanzen qualitativ wirkende Abwehrstoffe besitzen, die sie nur gegen Generalisten schützen. Dagegen müssen langlebige, auffällige Arten quantitativ wirkende Inhaltsstoffe aufweisen, die relativ wirksam gegen die verschiedensten Arten von Konsumenten sind und die Koevolution eines spezialisierten Prädatoren verhindern (Feeny 1976). Gewisse Pflanzenarten verändern vermutlich ihre Investition in qualitativ und quantitativ wirkende Abwehrstoffe im Lauf der Jahreszeiten (Abbildung 3.15).

Manche Tiere können chemische Schutzstoffe bilden, andere speichern diejenigen ihrer Futterpflanzen zum eigenen Schutz.

Tiere haben mehr Möglichkeiten zur Verteidigung als Pflanzen, aber auch einige von ihnen benutzen chemische Stoffe. Ein Beispiel ist die Absonderung von Schwefelsäure mit einem pH-Wert von eins oder zwei zur Verteidigung bei einigen marinen Gastropodengruppen, zum Beispiel bei den Kaurischnecken. Der Bombardierkäfer (*Brachinus crepitans*) besitzt in seinem Abdomen ein Reservoir, das mit Hydrochinon und Wasserstoffperoxid gefüllt ist. Wenn der Käfer bedroht wird, werden diese Stoffe in eine Explosionskammer gespritzt und mit einem Peroxidaseenzym vermischt. Dieses bewirkt die Oxidation von Hydrochinon zu schädlichem Chinon bewirkt. Durch die gleichzeitige Freisetzung von Sauerstoff kann die Flüssigkeit als explosives Spray versprüht werden.

Andere Tiere können die Abwehrgifte ihrer Futterpflanzen tolerieren und speichern sie, um sie zu ihrer eigenen Verteidigung zu verwenden. Ein klassisches Beispiel hierfür ist der Monarchfalter (*Danaus plexip-*

pus), dessen Raupen an Seidenpflanzen (*Asclepias* spp.) fressen. Seidenpflanzen enthalten sekundäre Pflanzenstoffe, die Herzglykoside, welche den Herzschlag bei Vertebraten beeinflussen und für Säugetiere und Vögel giftig sind. Die Raupen des Monarchfalters können das Gift bis ins adulte Stadium speichern, so daß die Falter für Vögel ungenießbar sind.

Des einen Nahrung ist des anderen Gift.

Chemische Abwehrstoffe sind nicht gegen alle Konsumenten gleich wirksam. Was für einige Tiere ungenießbar ist, kann für andere eine bevorzugte, ja sogar die einzige Nahrung sein: Viele Herbivore, besonders Insekten, haben sich auf eine Art spezialisiert, deren besonderen Abwehrmechanismus sie überwinden können. Ein bedeutender Schritt der evolutionären Wechselbeziehung zwischen Pflanzen und Herbivoren ist die Entwicklung von Toleranzen gegenüber den chemischen Abwehrstoffen von Pflanzen. Diese Pflanzen und ihre Stoffe können dann sogar anlockend wirken und genutzt werden. So werden legebereite Weibchen der Kohlwurzelfliege (*Delia brassicae*) über eine Distanz von 15 m gegen die Windrichtung von einem Kohlfeld angelockt (Abbildung 3.16). Vermutlich sind es hydrolysierte cyanogene Glykoside, die für viele andere Arten giftig sind, aber hier als Lockstoff wirken.

Tiere schützen sich durch Anpassung von Morphologie und Färbung als Tarnung, Warnfärbung oder Mimikry.

Ein Tier fällt einem Räuber weniger auf, wenn es sich seinem Untergrund anpaßt, wenn es ein Farbmuster besitzt, das seine Form unkenntlich macht, oder wenn es wie etwas Ungenießbares in seiner Umgebung aussieht. Gute Beispiele für eine solche **Tarnung** sind die grüne Färbung vieler Heuschrecken und Raupen und die Durchsichtigkeit vieler Planktonarten. Auffälligere Beispiele sind der Sargassofisch (*Histrio histrio*), dessen Körperform dem Sargassogras in seiner Umgebung ähnelt, die vielen kleinen Wirbellosen,

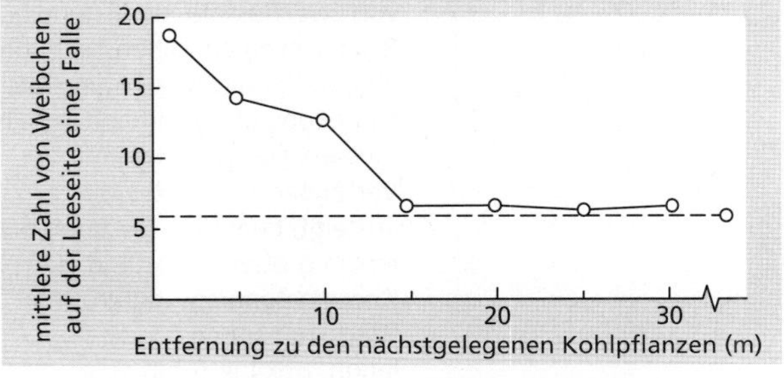

3.16 Mittlere Zahl von weiblichen Kohlwurzelfliegen (*Delia brassicae*) im Anflug gegen den Wind auf eine Kohlpflanzung im Verhältnis zur Entfernung zu den Pflanzen. (Nach Hawkes 1974)

die Zweigen, Blättern oder Blüten ähnlich sind, und die Raupen von *Limenitis archippus*, die wie Vogelkot aussehen. Getarnte Tiere können ohne weiteres genießbar sein, aber ihre Morphologie, ihre Färbung und die Wahl des richtigen Untergrunds reduzieren ihr Risiko, daß sie als Ressource genutzt werden.

Tarnung ist eine Schutzstrategie für genießbare Organismen. Giftige und gefährliche Tiere scheinen ihre Eigenschaften dagegen durch grelle, auffällige Färbung und Zeichnung anzuzeigen. Dieses Phänomen wird als **Warnfärbung** oder **Aposematismus** bezeichnet. Der Monarchfalter (von dessen Giftigkeit für Vögel wir schon gesprochen haben) ist, genau wie seine Raupen (welche die schützenden Herzglykoside aus den Futterpflanzen beziehen) auffällig gefärbt. Ein Vogel wird sich an seinen Versuch erinnern, einen solchen Falter zu fressen. Andere Falter dieser Art wird er dann für einige Zeit meiden. Dieser Vorteil wird allerdings nur dann wirksam, wenn alle Monarchfalter so aussehen wie jene, die gefressen (und getötet) worden sind. Es besteht also ein starker Selektionsdruck auf Monarchfalter, wie ihre Artgenossen auszusehen, und eine Form und Färbung zu haben, an die sich ein Räuber leicht erinnert.

Manche ungenießbaren Arten haben sich eine auffällige Körperfärbung angeeignet. Genießbare Arten erwerben einen klaren Selektionsvorteil, wenn sie – der Nachahmer – so aussehen wie eine ungenießbare Art – das Modell. Diese Art der Täuschung, die **Batessche Mimikry**, ist ein weit verbreitetes Phänomen. In gewissem Sinn ist dies eine spezielle Form von Tarnung, weil der Nachahmer wie etwas anderes in der Umwelt aussieht. Dies Mimikry unterscheidet sich allerdings dadurch, daß sich der Nachahmer durch auffällige Färbung oder Zeichnung auf die Räuber aufmerksam macht, anstatt sich zu tarnen.

Mimikry von ungenießbaren Organismen scheint nicht auf Tiere beschränkt zu sein. Misteln (*Viscum*) haben zum Beispiel oft eine bemerkenswerte Ähnlichkeit mit ihren immergrünen Wirtspflanzen.

Verschiedene Verhaltensweisen bei Tieren, wie Verstecken oder Flucht, verringern die Gefahr, gefressen zu werden.

Indem Tiere versteckt leben – wie Tausendfüßer und Maulwürfe –, verhindern sie die Stimulierung der Rezeptoren von Räubern, und indem sie sich „totstellen" – Opossums, afrikanische Erdhörnchen, viele Käfer und Heuschrecken –, verhindern sie die Stimulierung des Tötungsreflexes. Tiere, die sich in vorbereitete Zufluchtsorte zurückziehen – Kaninchen und Präriehunde in ihre Höhlen, Schnecken in ihre Häuser – oder die sich zusammenrollen, um ihre empfindlichen Körperteile durch ein hartes Äußeres zu schützen – Gürteltiere, Igel, Saftkugler –, reduzieren das Risiko, erbeutet zu werden. Andere Tiere versuchen, sich durch vorgetäuschtes Angriffsverhalten vor dem

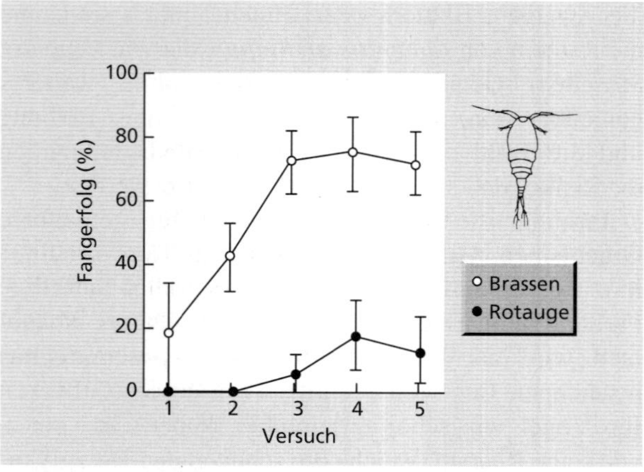

3.17 Mit zunehmender Erfahrung lernen junge Brassen (*Abramis brama*), den schwer faßbaren Ruderfußkrebs *Cyclops vicinus* (siehe Zeichnung) zu fangen. Rotaugen (*Rutilus rutilus*) dagegen erreichen nie eine Erfolgsrate von mehr als 20 %. (Nach Winfield et al. 1983).

Angriff von Räubern zu schützen. Die Schreckreaktion von Tag- und Nachtfaltern, die die Augenflecken auf ihren Flügeln zeigen, ist dafür ein Beispiel. Andere Beispiele sind das Rasseln mit den Stacheln des afrikanischen Stachelschweins und das Aufstellen des Schwanzes und das Fußstampfen des Stinktiers.

Die häufigste Reaktion eines Tieres auf die Gefahr, gefressen zu werden, ist zweifellos die Flucht. Der kleine seebewohnende Ruderfußkrebs *Cyclops vicinus* macht, wenn ein Jungfisch in der Nähe ist, eine schnelle, plötzliche Bewegung, wodurch er fast allen Räubern entkommt. Abbildung 3.17 zeigt, wie eine junge Brasse mit ihrem vorgeschobenen Maul und der Fähigkeit, einen starken Sog zu erzeugen, lernen kann, Ruderfußkrebse erfolgreich zu erbeuten. Die weniger gut ausgerüsteten Rotaugen hingegen können eine so schwer faßbare Beute nicht effektiv nutzen.

Dieses Beispiel verdeutlicht drei wichtige Dinge:

1) Die **Flucht** vermindert wie alles Schutzverhalten die Wahrscheinlichkeit, eine Nahrungsressource zu werden.
2) Vermutlich unvermeidbar existieren Räuber, die diesen „Schutz" überwinden können.
3) Die Flucht kostet Energie, und die Rettung muß mit dem Verlust von Energie und anderen Ressourcen bezahlt werden, die dann für andere Aktivitäten fehlen.

3.8 Eine Klassifikation von Ressourcen

Das Verhältnis der verfügbaren Ressourcen beeinflußt die Wachstumsrate von Organismen; die Kombinationen, die gleiche Wachstumsraten ermöglichen, werden als Isoklinen dargestellt.

Jede Pflanze benötigt für ihre vollständige Entwicklung 20 bis 30 unterschiedliche Ressourcen. Die meisten Pflanzen brauchen die gleichen Ressourcen, wenn auch mit geringen Abweichungen. Jede dieser Ressourcen muß unabhängig von den anderen und oft mit sehr unterschiedlichen Mechanismen aufgenommen werden – einige als Ionen (K^+), einige als Moleküle (CO_2), einige in Lösung und manche gasförmig. Kohlenstoff kann nicht durch Stickstoff und Phosphor nicht durch Kalium ersetzt werden. Nur sehr wenige der von höheren Pflanzen benötigten Ressourcen können ganz oder teilweise durch andere ersetzt werden. Stickstoff kann von den meisten Pflanzen als Nitrat oder in Form von Ammoniumionen aufgenommen

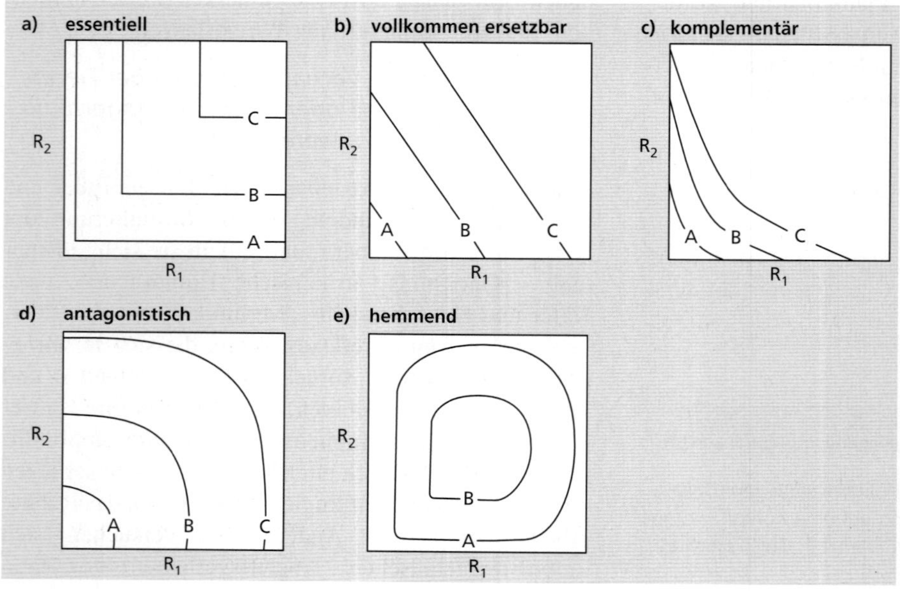

3.18 Ressourcenabhängige Wachstumsisoklinen. Jede Isokline entspricht den Mengen von zwei Ressourcen (R_1 und R_2), die in einem Lebensraum für eine bestimmte Wachstumsrate einer Population vorhanden sein müssen. Da diese Rate mit der Verfügbarkeit der Ressource ansteigt, bedeuten Isoklinen mit einem größeren Abstand vom Koordinatenursprung größere Wachstumsraten für die Population. Isokline A hat eine Wachstumsrate von Null, Isokline B eine mittlere und Isokline C eine höhere Wachstumsrate. (Nach Tilman 1982)

werden, aber es gibt keinen Ersatz für den Stickstoff selbst. In völligem Gegensatz dazu ist bei den meisten Carnivoren jede Beute vollständig durch eine andere von ähnlicher Größe ersetzbar. Dieser Gegensatz zwischen Ressourcen, die individuell für einen Organismus essentiell oder austauschbar sind, kann zu einer paarweisen Klassifizierung von Ressourcen erweitert werden (Abbildung 3.18).

In dieser Klassifikation ist die Konzentration oder die Quantität der einen Ressource auf der x-Achse, die der anderen auf der y-Achse aufgetragen. Wir wissen, daß unterschiedliche Kombinationen von zwei Ressourcen zu unterschiedlichen Raten des individuellen oder des Populationswachstums eines Organismus führen. Wir können also Punkte – das heißt Kombinationen von Ressourcen – mit denselben Wachstumsraten zu **Isoklinen** gleichen Wachstums verbinden. In Abbildung 3.18 ist zum Beispiel die B-Linie in jedem Fall eine Isokline des Nettonullwachstums. Mit anderen Worten, alle Ressourcenkombinationen entlang dieser Linien erlauben es dem Organismus gerade, ohne Wachstum oder Abnahme am Leben zu bleiben. Die A-Isoklinen mit weniger Ressourcen als B verbinden Kombinationen mit derselben negativen Wachstumsrate, während die C-Isoklinen mit größeren Ressourcen als B Kombinationen mit gleicher positiver Wachstumsrate verbinden. Wie wir sehen werden, ändert sich die Form der Isoklinen je nach Art der Ressource.

3.8.1 Unentbehrliche Ressourcen

Essentielle Ressourcen können nicht durch andere ersetzt werden.

Zwei Ressourcen werden als **essentiell** bezeichnet, wenn die eine die andere nicht ersetzen kann. Das Wachstum, das mit der Ressource 1 erreicht werden kann, ist also vollkommen von der verfügbaren Menge der Ressource 2 abhängig und umgekehrt. Dies ist in Abbildung 3.18a durch Isoklinen gezeigt, die zu beiden Achsen parallel verlaufen. Dies resultiert daraus, daß die vorhandene Menge einer Ressource die maximal mögliche Wachstumsrate unabhängig von der Menge der anderen Ressource bestimmt. Diese Rate wird erreicht, wenn die vorhandene Menge der zweiten Ressource nicht eine niedrigere Wachstumsrate festlegt. Das trifft für Stickstoff und Kalium als Ressourcen für das Wachstum grüner Pflanzen zu, ebenso für die obligaten Wirte von Parasiten und Pathogenen (Kapitel 12).

3.8.2 Andere Ressourcenkategorien

Zwei Ressourcen werden als vollkommen **austauschbar** bezeichnet, wenn die eine die andere vollständig ersetzen kann. Dies gilt beispielsweise für Weizen- und Gerstenkörner in der Nahrung von Hühnern, oder für Zebra und Gazelle in der Nahrung von Löwen. Dies heißt allerdings nicht, daß die beiden Ressourcen gleich gut sind. Dieser Fall ist in Abbildung 3.18b durch Isoklinen gezeigt, welche die gleiche Steigung haben, die beiden Achsen aber nicht im gleichen Abstand vom Koordinatenschnittpunkt schneiden. Hier benötigt der Organismus in Abwesenheit der Ressource 2 relativ wenig von der Ressource 1, braucht aber in Abwesenheit der Ressource 1 relativ viel von der Ressource 2.

Komplementäre Ressourcen beeinflussen sich gegenseitig und können sich gegenseitig ergänzen.

Austauschbare Ressourcen werden als **komplementär** bezeichnet, wenn sich ihre Isoklinen zum Koordinatenschnittpunkt hin einbiegen (Abbildung 3.18c). Diese Kurvenform bedeutet, daß eine Art weniger von zwei Ressourcen benötigt, wenn beide zusammen konsumiert werden. Werden beide getrennt konsumiert, sind größere Mengen erforderlich. Menschen, die gewisse Bohnen zusammen mit Reis essen, können den nutzbaren Proteingehalt ihrer Nahrung um bis zu 40 % steigern (Lappe 1971). Die Bohnen sind reich an Lysin, einer essentiellen Aminosäure, die im Reis nur wenig enthalten ist. Dagegen ist der Reis reich an schwefelhaltigen Aminosäuren, die nur in geringen Mengen in Bohnen vorhanden sind.

Von antagonistischen Ressourcen sind bei gleichzeitiger Konsumierung größere Mengen erforderlich.

Ein Ressourcenpaar, deren Isoklinen sich vom Koordinatenschnittpunkt weg ausbuchten, wird als **antagonistisch** bezeichnet (Abbildung 3.18d). Die Kurven zeigen an, daß eine Art relativ mehr Ressourcen benötigt, wenn beide gleichzeitig konsumiert werden, als wenn sie getrennt konsumiert werden. Dies könnte der Fall sein, wenn die Ressourcen unterschiedliche toxische Stoffe enthalten, die synergistisch, also mehr als additiv, auf ihren Konsumenten wirken.

Viele essentielle Ressourcen können in großen Mengen inhibierende oder letale Wirkung haben.

Schließlich illustriert Abbildung 3.18e das Phänomen der **Hemmung** bei hohem Niveau für ein Paar essentieller Ressourcen. Es gibt viele Beispiele für Ressourcen, die zwar essentiell sind, aber giftig oder schädlich wirken, wenn sie im Übermaß vorhanden sind (siehe Abbildung 2.1d). Kohlendioxid, Wasser und mineralische Nährstoffe wie Eisen sind für die Photosynthese notwendig, allerdings ist jede Ressource im Übermaß tödlich. Auch Licht führt über ein breites Spektrum von Intensitätsstufen zu steigenden Wachstumsraten, kann das Wachstum aber bei sehr großen Intensitäten hemmen. In solchen Fällen bilden die Isoklinen geschlossene Kurven, weil das Wachstum mit der Zunahme der Ressourcen auf sehr hohem Niveau abnimmt. So können Ressourcen auf einem bestimmten Niveau gegenseitig zu limitierenden Faktoren werden.

3.9 Ressourcendimensionen der ökologischen Nische

Das Konzept der ökologischen Nische umfaßt auch die Dimension der Ressourcen.

In Kapitel 2 haben wir das Konzept der **ökologischen Nische** als einen n-dimensionalen Körper entwickelt. Er bestimmt die Grenzen, innerhalb derer eine bestimmte Art überleben und sich vermehren kann, für eine große Zahl (n) von Umweltbedingungen, und zwar sowohl für Umweltfaktoren (Kapitel 2) als auch für Ressourcen (in diesem Kapitel). Die Nullwachstumsisoklinen in Abbildung 3.18 (B-Linien) definieren somit Nischengrenzen in zwei Dimensionen. Ressourcenkombinationen auf der einen Seite der A-Linie erlauben es den Organismen zu gedeihen, auf der anderen Seite der Linie aber geht es den Organismen schlechter.

Die **Ressourcendimensionen** der Nische einer Art können manchmal ebenso dargestellt werden wie diejenigen für Umweltfaktoren. Untere und obere Grenzwerte geben den Bereich an, in dem eine Art gedeihen kann. Für einen größenselektiven Räuber bedeuten beispielsweise die Grenzen seiner Fähigkeiten, Beute aufzufinden und mit dieser fertig zu werden, daß er innerhalb eines Kontinuums von sehr kleiner bis zu sehr großer Beute nur einen eingeschränkten Größenbereich nutzen kann. Für andere Ressourcen, wie die Mineralnährstoffe bei Pflanzen, kann es eine Untergrenze der Nährstoffkonzentration geben, unter der Individuen nicht wachsen und sich vermehren können – eine Obergrenze muß allerdings nicht unbedingt bestehen (Abbildung 3.18a–d). Viele Ressourcen können jedoch nicht als kontinuierliche Variable verstanden werden; man muß sie als Ganzes betrachten. Die Raupen von *Heliconius* benötigen *Passiflora*-Blätter als Futter, diejenigen des Monarchfalters sind auf Seidenpflanzen spezialisiert. Verschiedene Tierarten benötigen Nistplätze spezieller Art. Diese Ressourcenbedürfnisse können nicht entlang einer kontinuierlichen Achse in einer Graphik aufgetragen werden, die dann zum Beispiel mit „Futterpflanzenarten" bezeichnet wird. Statt dessen müssen die Futterpflanzen- und die Nistplatzdimensionen ihrer Nischen mit einer kurzen Liste der entsprechenden Ressourcen beschrieben werden.

3.10 Raum als Ressource

„Raum" wird häufig als Ersatzbegriff zur Umschreibung der in diesem befindlichen Umweltbedingungen verwendet.

Alle lebenden Organismen besetzen Raum. Man betrachtet eine bestimmte Lage im Raum allerdings meist nur als Ortsangabe, wo Ressourcen zu finden sind; der Raum an sich wird kaum als Ressource verstanden. Das Wort „Raum" wird von Autoren, die über die Raumkonkurrenz von Organismen schreiben, häufig als Ersatzbegriff verwendet. Damit werden die Ressourcen umschrieben, die in diesem Raum vorkommen. Wenn man sagt, eine Pflanze konkurriere mit einer anderen um einen Platz im Blattwerk, meint man eigentlich die Konkurrenz um Licht oder CO_2. Man sagt auch, Pflanzen benötigen Wurzelraum, meint dann aber, daß sie die Ressourcen Wasser und Nährstoffe brauchen, die in diesem Raum vorhanden sind, und nicht den Raum selbst. Selbst ein dichter Wald hat genügend Raum für zusätzliche Bäume, und die Oberfläche eines Teiches hat genügend Platz für zusätzliche Schichten von schwimmenden Wasserlinsen. In beiden Fällen begrenzt der Mangel an Licht oder an mineralischen Ressourcen das Wachstum und nicht ein Platzmangel als solcher.

Raum wird zu einer begrenzenden Ressource, wenn Raummangel die Aktivität von Organismen einschränkt, obwohl genügend Nahrung vorhanden ist. Seepocken und Muscheln können Felsen so dicht besiedeln, daß tatsächlich kein Platz mehr für andere Individuen vorhanden ist. Auch in anderen Fällen ist der Raum eindeutig selbst die Ressource. So können wir warme Sonnenplätze als eine Ressource für Eidechsen ansehen. Diese verbrauchen sicherlich den Umweltfaktor Temperatur nicht. Allerdings besetzen sie vorteilhafte Plätze, die dann für andere Eidechsen nicht mehr verfügbar sind. Solche Mikrolebensräume sind, wie auch Nistplätze und Versteckmöglichkeiten, potentielle Ressourcen für viele Tierarten. Diese werden häufig nur zeitweise konsumiert.

Verschiedene Formen der Konkurrenz können zur Erschöpfung der Ressource Raum führen.

In gewissem Sinn macht das Territorialverhalten von Tierarten den Raum zu einer Ressource. Man kann einerseits Situationen unterscheiden, in denen die Art A das Ausmaß einer Ressource reduziert während die Art B auf dieses reduzierte Niveau reagiert (siehe Kapitel 7). Die beiden Organismen reagieren auf den Grad der Ressourcenerschöpfung, die jeder von ihnen verursacht (als **Konkurrenz durch Ausbeutung** oder **Ausbeutungskonkurrenz** bezeichnet). Andererseits kann der Konflikt besonders bei höheren Tieren und Vögeln verlagert werden, indem die Arten A und B direkt durch die Besetzung eines Raumes (eines Territoriums) in Konkurrenz treten. In diesem Fall reagieren sie direkt auf die gegenseitige Anwesenheit (als **Konkurrenz durch Störung** oder **Interferenzkonkurrenz** bezeichnet) und nicht auf das Ausmaß der Ressourcenerschöpfung, das sie verursacht haben.

Beispiele für die Inanspruchnahme der Ressource Raum durch Vögel und Pflanzen zeigen die Abbildungen 6.29 und 6.30. Territoriale Tierarten sind meistens mobil. Sie können eine bestimmte Stelle im Raum wählen und verteidigen, sie wieder verlassen und an eine andere Stelle ziehen. Pflanzen haben diese Möglichkeit nicht, ebensowenig wie die meisten klonalen und modularen Tiere. Ein Ei oder Larvenstadium ist dann erfolgreich, wenn es an eine risikofreie Stelle im Raum gelangen und sich Nahrung und die für das Wachstum nötigen Faktoren verschaffen kann. Bei zunehmendem Wachstum verdrängt es vielleicht Nachbarn beim Wettkampf um den Platz – zum Beispiel Muscheln oder Zweige eines Baumes (Harper 1985).

Sobald wir Raum als eine eigene Ressource betrachten, gewinnen das Wachstumsverhalten und der Habitus von modularen Organismen eine neue Bedeutung. Diese bestimmen nämlich, wie der Raum erkundet und in Besitz genommen wird. Dies ist nur einer der Gründe, weshalb die Untersuchung des Raumes und seiner Nutzung in der Ökologie der neunziger Jahre so wichtig geworden ist – »die letzte Forschungsfront für die ökologische Theorie« (Kareiva 1994).

Die Dynamik, die sich ergibt, wenn molekulare oder andere unmobile Organismen aufeinandertreffen oder neue Räume erobern, liefert den Schlüssel zum Verständnis der Veränderungen von Lebensgemeinschaften und auch von globalen Veränderungen. Dies hat viele Modellierer den Wert von zellulären Automaten erkennen lassen, die das dynamische Verhalten von Systemen beschreiben können, indem sie Raum und Zeit voneinander unabhängig behandeln (Wolfram 1983, 1984). Diese bestehen aus einem Gitter gleichmäßiger Kompartimente. Jedes Kompartiment wird durch seinen Zustand charakterisiert, wie „leer" oder von einer bestimmten Art „besetzt". Jedes Kompartiment hat vier benachbarte Kompartimente mit gleicher Grenzlinie. Dieses Verfahren ist besonders beim Studium des Wachstums molekularer Organismen angebracht, bei denen die Wachstumsform bestimmt, wie sie Raum einnehmen (Oborny 1994). Diese Methode wurde zum Beispiel verwendet, um die räumliche Populationsdynamik von Weißklee im Grasland zu verfolgen (Cain et al. 1995). Wenn wir den relativen Erfolg einzelner Spezies, sich gegenüber anderen durchzusetzen, kennen, können wir deren Ausbreitungswahrscheinlichkeit bezüglich Zeit und Kompartiment bestimmen. Dadurch können Voraussagen über die Veränderung der Verbreitung getroffen werden.

Das Konzept des Raumes als Ressource wird in späteren Kapiteln in verschiedenem Zusammenhang wieder aufgegriffen:

a) als Mosaiksteine innerhalb einer Lebensgemeinschaft, die zwar bewohnbar, aber nicht besetzt sind und die besiedelt werden, wenn sich Ableger effizient ausbreiten (siehe Abschnitt 15.6.5 zum Thema der Dynamik von Metapopulationen);
b) als Orte in einer Lebensgemeinschaft, wo Raum von einem Individuum oder einem Teil von diesem besetzt ist und zu einer Ressource wird, die in Konkurrenz von anderen Individuen der gleichen oder einer anderen Art besiedelt werden kann (siehe Kapitel 6 und 7).

Auf welche Art und Weise Pflanzen- und Tierökologen Umweltressourcen und ihren Verbrauch studiert haben, unterscheidet sich beträchtlich. Die Pflanzenökologie wurde über lange Zeit von der Ökophysiologie dominiert. Dabei stand besonders die Frage, auf welche Weise individuelle Pflanzen ihre Ressourcen – wie Licht, Wasser und Nährstoffe – erhalten, im Vordergrund. Man konzentrierte sich besonders auf Laborexperimente mit einzelnen Pflanzen. Im Gegensatz dazu haben sich Tierökologen öfter auf die Konkurrenz zwischen Organismen um Ressourcen oder auf Räuber-Beute-Beziehungen konzentriert. Einige dieser historisch bedingten Unterschiede klingen in diesem Kapitel an. In dem Maß, in dem die Ökologie eine integrierte Wissenschaft wird, werden diese Unterschiede größtenteils verschwinden.

4 Leben und Tod unitarer und modularer Organismen

4.1 Einleitung

Verbreitung und Häufigkeit von Organismen können durch das Erfassen demographischer Prozesse quantitativ bestimmt werden.

In diesem Kapitel ändern wir unseren Blickwinkel. Wir befassen uns nicht so sehr mit den Wechselbeziehungen zwischen Individuen und ihrer Umwelt, sondern mit der Individuenzahl und mit den Prozessen, die zur Veränderung dieser Zahl führen.

In diesem Zusammenhang ist eine grundsätzliche und unumstößliche ökologische „Tatsache des Lebens" zu nennen:

$$N_{\text{jetzt}} = N_{\text{vorher}} + G - T + E - A. \quad (4.1)$$

Mit anderen Worten: Die Zahl bestimmter Organismen, die zur Zeit einen uns interessierenden Ort bewohnen (N_{jetzt}), entspricht der Zahl, die früher vorhanden war (N_{vorher}), plus der Zahl der Geburten zwischen vorher und jetzt (G), minus der Zahl der Sterbefälle (T), plus der Zahl der Einwanderer (E), minus der Zahl der Auswanderer (A). In etwas anderer Form lautet die Formel:

$$N_{\text{zukünftig}} = N_{\text{jetzt}} + G - T + E - A. \quad (4.2)$$

wobei G in diesem Fall die Zahl der Geburten zwischen jetzt und einer bestimmten Zeit in der Zukunft ist.

Diese Tatsachen des Lebens umschreiben das Hauptanliegen der Ökologie: die Verbreitung und die Häufigkeit von Organismen zu beschreiben, zu erklären und zu verstehen. Ökologen, welche die Auswirkungen eines Schädlingsbefalls auf eine Kulturpflanze untersuchen, wollen herausfinden, wie $N_{\text{zukünftig}}$ für die Kulturpflanzen erhöht werden kann, indem $N_{\text{zukünftig}}$ für die Schädlinge verringert wird. Wer die Verbreitung einer seltenen Pflanze in einem Naturschutzgebiet betrachtet, verfolgt die Veränderung von N_{jetzt} an den verschiedenen Stellen und versucht herauszufinden, ob bestimmte Mikrohabitate die Besiedlung und die Geburten fördern oder ob sie die Sterberate erhöhen. In all diesen Fällen ist der Ökologe an der Anzahl der Individuen, an ihrer Verbreitung und an den sie beeinflussenden demographischen Prozessen – Geburt, Tod, Wanderung – interessiert. Er möchte zudem wissen, wie diese Prozesse ihrerseits durch die Umweltfaktoren beeinflußt werden.

4.2 Was ist ein Individuum?

Zuerst muß eine wichtige Annahme, die sich aus dem bisher Gesagten ergibt, aufgezeigt und gleich wieder verworfen werden. Die „ökologische Tatsache des Lebens" wurde auf **Individuen**, die sterben, wandern und so weiter, bezogen. Dies impliziert, daß ein Individuum dem anderen gleicht, was aus vielerlei Gründen eindeutig nicht zutrifft.

Individuen unterscheiden sich durch ihr Entwicklungsstadium und ihre Kondition.

Erstens durchlaufen die meisten Arten während ihres Lebenszyklus eine Anzahl von Entwicklungsstadien. Insekten entwickeln sich vom Ei zur Larve, metamorphosieren manchmal zur Puppe und dann zum adulten Tier. Pflanzen entwickeln sich vom Samen über den Keimling zur adulten, assimilierenden Pflanze. In allen diesen Fällen werden die verschiedenen Stadien von unterschiedlichen Faktoren beeinflußt. Deshalb unterscheiden sie sich auch bezüglich der Raten von Wanderung, Tod und Fortpflanzung. Diese einzelnen Stadien sollten aus diesem Grund getrennt betrachtet werden.

Zweitens können sich sogar die Individuen desselben Stadiums unterscheiden. In Fällen, in denen es keine Stadien gibt, können sich die Organismen in ihrer Qualität oder **Kondition** unterscheiden. Dies drückt sich am offensichtlichsten in der Größe aus. Der Unterschied von Individuen liegt allerdings auch oft in der Menge der gespeicherten Reserven.

Wie verfälschend die vereinfachende Betrachtung einzelner Individuen ist, wird besonders deutlich, wenn wir modulare statt unitare Organismen betrachten.

4.2.1 Unitare und modulare Organismen

Der Habitus unitarer Organismen ist genetisch festgelegt.

Bei **unitaren Organismen** ist die Form weitgehend festgelegt. Alle Hunde haben vier, alle Heuschrecken sechs Beine, alle Fische haben ein Maul und alle Tintenfische zwei Augen. Menschen sind besonders gute Beispiele für unitare Organismen. Leben beginnt, wenn ein Samen eine Eizelle befruchtet und sich eine Zygote bildet. Diese setzt sich in der Uteruswand fest, und der komplexe Prozeß der Embryonalentwicklung beginnt. Nach sechs Wochen hat der Fötus eine erkennbare Nase, Augen, Ohren und Gliedmaßen mit Fingern und Zehen. Diese Form behält er, von Unfällen abgesehen, bis zu seinem Tod bei. Der Fötus wächst bis zur Geburt. Das Kind wächst dann bis zum Alter von etwa 18 Jahren weiter. Die Formveränderungen sind abgesehen von der Größe relativ geringfügig. Es sind hauptsächlich jene, die mit der Erlangung der Geschlechtsreife verbunden sind. Die Fortpflanzungsphase dauert bei Frauen etwa 30 Jahre und bei Männern länger. Diese Phase geht dann in eine Alterungsphase über. Der Tod kann zu jeder Zeit eintreten, aber für die überlebenden Individuen ist sowohl die Abfolge der Phasen als auch die Form voraussagbar.

Modulare Organismen bestehen aus einer variierenden Anzahl gleichartiger, aber funktionsabhängiger Einheiten (Module).

Bei **modularen Organismen** sind dagegen weder die zeitliche Abfolge noch die Form voraussagbar. Die Zygote entwickelt sich zu einer „Baueinheit", einem sogenannten Modul – zum Beispiel ein Blatt mit der zugehörigen Stengellänge. Diese Einheit bildet dann weitere ähnliche Einheiten. Ein Individuum setzt sich aus einer sehr variablen Zahl solcher Module zusammen, und deren Entwicklung hängt stark von den Wechselwirkungen mit der Umwelt ab. Das Produkt ist fast immer verzweigt und außer in der juvenilen Phase nicht mobil. Die meisten Pflanzen sind modular; sie bilden die augenfälligste Gruppe modularer Organismen. Es gibt jedoch auch viele umfangreiche Gruppen modularer Tiere (19 Stämme, darunter die Schwämme, Hohltiere, Korallen, Bryozoen und koloniebildende Ascidien) und viele modulare Protisten und Pilze. Übersichten über Wachstum, Form, Ökologie und Evolution einer großen Zahl von modularen Organismen sind bei Jackson et al. (1985) sowie Harper et al. (1986a,b), Hughes (1989), Andrews (1991) und Room et al. (1994) zu finden.

Beim Wachstum einer höheren Pflanze ist das Grundmodul des überirdischen Teils ein Blatt mit der Achselknospe und dem zugehörigen Internodium des Sprosses. Wenn sich eine Knospe entwickelt und wächst, bildet sie neue Blätter, von denen jedes eine Knospe in seiner Achsel trägt. Die Pflanze wächst, indem sie solche Module anhäuft. In einem bestimmten Moment der Entwicklung erscheint eine neue Art von Modul im Zusammenhang mit der Fortpflanzung – zum Beispiel die Blüten der höheren Pflanzen –, was schließlich zur Bildung neuer Zygoten führt. Die Module, die auf Vermehrung spezialisiert sind, bilden gewöhnlich selbst keine neuen Module, mit Ausnahme von einigen modularen Tierarten. Auch die Wurzeln von Pflanzen sind modular, auch wenn sich diese Module ziemlich unterscheiden (Harper et al. 1991). Das Entwicklungsprogramm modularer Organismen ist durch den Anteil der Module mit unterschiedlichen Funktionen bestimmt – zum Beispiel Vermehrung oder weiteres Wachstum.

In der Vergangenheit haben viele ökologische und entwicklungsgeschichtliche Verallgemeinerungen den Eindruck erweckt, das unitare Tier – sei es ein Mensch oder eine Mücke – sei typisch für das Leben auf der Erde. Dies ist ein irreführender Gedanke. Modulare Organismen wie Seetang, Korallen, Waldbäume und Gräser dominieren große Teile von terrestrischen und aquatischen Lebensräumen. Eine Auswahl an Wuchsformen von Tieren und Pflanzen ist in Abbildung 4.1 dargestellt.

Modulare Organismen können lateral durch Rhizome und Stolonen wachsen oder vertikal durch die Bildung eines tragenden Stammes.

Modulare Organismen können grob eingeteilt werden in solche, die hauptsächlich vertikales Wachstum zeigen, und solche, die sich auf oder in einem Substrat primär lateral ausbreiten. Viele Pflanzen der zweiten Gruppe bilden an dem sich lateral ausbreitenden Trieb neue Wurzelsysteme. Es handelt sich um Pflanzen mit **Rhizomen** und **Stolonen** (Ausläufer). Die Verbindungen zwischen den einzelnen Teilen solcher Pflanzen können absterben, so daß das Produkt der ursprünglichen Zygote aus physiologisch getrennten Teilen, den **Rameten,** besteht. Die extremsten Beispiele solcher „auseinanderfallenden" Pflanzen zeigen viele Arten schwimmender Wasserpflanzen. Bei Wasserlinse *(Lemna),* Wasserhyazinthe *(Eichhornia)* und Wasserlattich *(Pistia)* kann die gesamte Oberfläche von Teichen, Seen oder Flüssen von den voneinander getrennten und unabhängigen Teilen einer einzigen Zygote bedeckt werden.

Bäume sind das beste Beispiel für Pflanzen mit vertikal ausgerichtetem Wachstum. Das besondere Merkmal, das Bäume und Sträucher von den meisten Kräutern unterscheidet, ist das System, das die Module untereinander und mit den Wurzeln verbindet. Dieses Verbindungssystem verrottet nicht, sondern verholzt und verleiht dem Baum Dauerhaftigkeit. Der strukturgebende Teil eines Baumes ist größtenteils tot und von einer dünnen Schicht lebenden Gewebes unmittelbar unter der Rinde umgeben. Diese erzeugt jedoch ständig neues Gewebe und fügt dem Stamm weitere Schichten von totem Gewebe hinzu. Die Festigkeit des Stammes löst das schwierige morphologische Problem, gleichzeitig Wasser und Nährstoffe im Boden und Licht in vielleicht 50 m über dem Boden aufzunehmen.

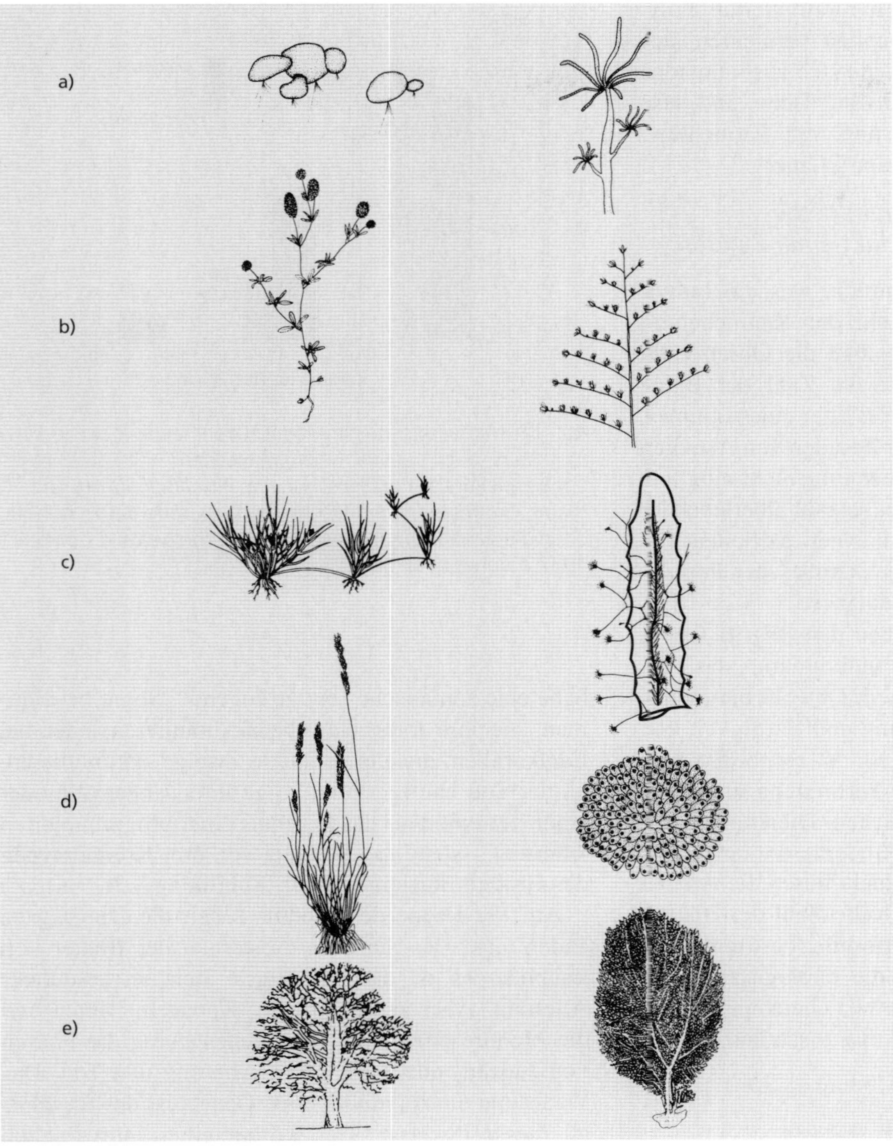

4.1 Eine Auswahl modularer Pflanzen (links) und Tiere (rechts). a) Modulare Organismen, die beim Wachstum in einzelne Teile auseinanderfallen: Wasserlinse (*Lemna* spp.) und *Hydra* spp. (ein zu den Nesseltieren gehörender Süßwasserpolyp, der keine Kolonien bildet). b) Sich frei verzweigende Organismen, die relativ kurzlebig sind: der einjährige Hasenklee (*Trifolium arvense*) und *Pennaria* spp. (eine zu den Nesseltieren gehörender Hydrozoe). c) Organismen mit Rhizomen und Stolonen, bei denen sich Klone lateral ausbreiten: Büffelgras (*Buchloe dactyloides*) und *Campanularia* spp. (eine zu den Nesseltieren gehörende Hydrozoe). d) Büschel mit dicht gedrängten Modulen: Sechswochenschwingel (*Festuca octoflora*) und *Cryptosula* spp. (ein verkrustendes Moostierchen). e) Dauerhafte, reichverzweigte Organismen: Eiche (*Quercus* spp.) und die Koralle *Gorgonia* spp. aus der Gruppe der Anthozoa.

In der Entwicklung eines modularen Organismus folgen unterschiedliche Module aufeinander.

Wir können oft mehrere Stufen eines modularen Aufbaus erkennen. Die Grundeinheiten höherer Pflanzen sind in einer typischen Form, die sich selbst fortlaufend wiederholt, zu Büscheln zusammengefaßt. Die Erdbeere (*Fragaria*) ist dafür ein gutes Beispiel. Die Blätter werden von einer Knospe gebildet, aber sie sind in einer Rosette angeordnet. Die Erdbeerpflanze wächst, indem sie ihrer Rosette neue Blätter hinzufügt und neue Rosetten an Ausläufern bildet, die aus den Blattachseln wachsen. Auch bei Bäumen können wir modulares Wachstum auf verschiedenen Stufen beobachten: Das Blatt mit seiner Achselknospe, der Zweig, an dem die Blätter angeordnet sind, und das gesamte Verzweigungssystem, das sich in charakteristischen Mustern wiederholt.

Das Wachstum modularer Tiere kann an einem Hohltier wie *Obelia* dargestellt werden. Die Entwicklung beginnt, wenn sich eine kleine, freischwimmende Planulalarve an einer festen Oberfläche festsetzt. Sie entwickelt eine horizontale, wurzelähnliche Struktur, die eine Anzahl von verzweigten Stielen trägt. Die Grundmodule von *Obelia*, die Polypen, welche gleichzeitig Strukturen zur Nahrungsaufnahme und zur Verteidigung sind, entwickeln sich an diesen Stielen. Der äußerste Polyp jedes Stieles ist der jeweils jüngste, wird aber vom nachfolgenden, der sich aus einer Knospe an seiner Basis entwickelt, überwachsen. Die verzweigten Stiele verbleiben als Verbindung zwischen allen Polypen einer Kolonie. Die Vermehrung von *Obelia* beginnt mit der Abschnürung von kleinen, freischwimmenden Quallen von modifizierten Polypen, den Gonophoren. Die Quallen vermehren sich geschlechtlich und produzieren die sich ausbreitenden Planulalarven. Diese und ähnliche Tiere sind also trotz Abweichungen in Wachstum und Vermehrung genauso „modular" wie irgendeine Pflanze.

Genet bezeichnet das genetische Individuum als das Produkt einer Zygote.

Kommen wir auf die Frage zurück, was ein Individuum ist. Man könnte die Zahl der Kaninchen in einem Feld bestimmen, indem man die Ohren zählt und durch zwei dividiert oder die Zahl der Beine durch vier teilt. Mit der Zahl der Blätter eines Baumes, der Wedel eines Farnes oder der Zooiden von Ascidien und Bryozoen ist eine solche Rechnung nicht möglich. N_{jetzt} gibt die augenblickliche Anzahl überlebender **Zygoten** an, vermittelt aber nur einen partiellen und irreführenden Eindruck von der „Größe" der Population, wenn der Organismus modular ist.

Kays und Harper (1974) haben den Begriff **Genet** eingeführt, um das „genetische Individuum", das Produkt einer Zygote, zu bezeichnen. Obwohl bei modularen Organismen die Verbreitung und Häufigkeit von Geneten (Individuen) wichtig ist, ist es ebenso notwendig und oft nützlicher, die Verbreitung und Häufigkeit von Modulen zu untersuchen. Die Grasmenge, die auf einer Weide für eine Rinderherde zur Verfügung steht, wird zum Beispiel nicht durch die Anzahl der Gras-Genete, sondern durch die Zahl der Blätter, das heißt durch die Zahl der **Module**, bestimmt. Für modulare Organismen umfaßt die ökologische „Tatsache des Lebens" mindestens zwei Gleichungen: die bereits erwähnte Gleichung 4.1 und zusätzlich:

$$\text{Module}_{\text{jetzt}} = \text{Module}_{\text{vorher}} + \text{Modulzuwachs} - \text{Module}_{\text{abgestorben}}. \quad (4.3)$$

Modularer Aufbau kann zu extremer Variabilität beim Individuum führen.

Das Potential für individuelle Unterschiede ist bei modularen Organismen weitaus größer als bei unitaren Organismen. Ein Individuum des einjährigen Weißen Gänsefuß (*Chenopodium album*) zum Beispiel kann unter schlechten Bedingungen bei einer Größe von nur 50 mm blühen und Samen bilden. Unter besseren Bedingungen kann die Pflanze etwa 1 m Höhe erreichen und 50 000mal mehr Samen bilden. Es sind der modulare Charakter und die verschiedenen Zuwachs- und Absterberaten der Pflanzenteile, welche diese Plastizität ermöglichen.

Das modulare Individuum als ganzes altert oft nicht, einzelne Module allerdings schon: Modulare Individuen haben eine Altersstruktur.

Oft gibt es keine programmierte Alterung des gesamten modularen Organismus; man könnte meinen, er habe eine somatische „ewige Jugend". Sogar bei Bäumen, die ihre toten Gewebe akkumulieren, oder bei Edelkorallen, die alte verkalkte Zweige akkumulieren, ist der Tod häufiger eine Folge ihrer Übergröße oder einer Krankheit als das Ergebnis einer programmierten Alterung – siehe das Beispiel von drei Korallentypen des Großen Barriere-Riffs in Abbildung 4.2.

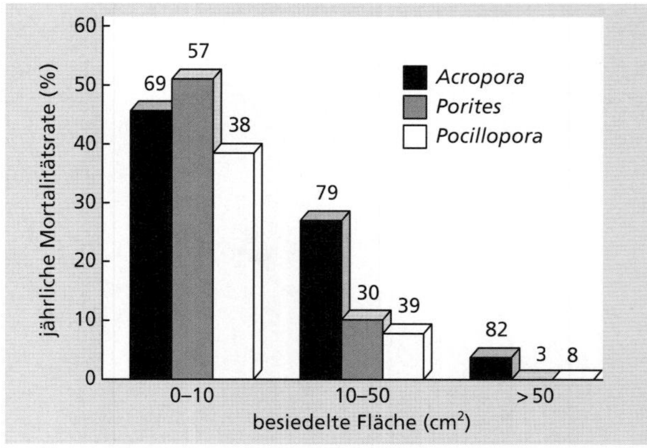

4.2 Die Mortalitätsrate nimmt mit zunehmender Koloniegröße (und damit auch in etwa mit zunehmendem Alter) ab. Dies ist am Beispiel dreier Korallen-Taxa vom Riffkamm auf Heron Island, Großes Barriere-Riff, gezeigt. Die Größe der Proben ist oberhalb der Säulen angegeben. (Nach Hughes und Connell 1987, Hughes et al. 1992)

Auf der Ebene des Moduls sehen die Dinge ganz anders aus. Das jährliche Absterben der Blätter von Laubbäumen ist das auffälligste Beispiel modularer Alterung. Aber auch Wurzeln, Knospen, Blüten und die Module modularer Tiere gehen durch die Phasen von Jugend, mittlerem Alter, Alterung und Tod. Das Wachstum eines individuellen Genets ist das Ergebnis all dieser Prozesse. Der Körper eines individuellen modularen Organismus hat somit eine Altersstruktur. Er besteht aus jungen, sich entwickelnden, aus voll funktionsfähigen und aus alternden Teilen. Abbildung 4.3 zeigt, wie sich die Altersstruktur von Trieben der Sandsegge (*Carex arenaria*) durch Düngergaben dramatisch veränderte, obwohl die Gesamtzahl der vorhandenen Triebe durch die Behandlung kaum beeinflußt wurde.

Für viele Arten mit Rhizomen und Stolonen ist diese sich verändernde Altersstruktur verbunden mit der Tatsache, daß die einzelnen Ableger in einem unterschiedlichen Grad intakt bleiben. Ein junger Ableger kann von den Nährstoffen profitieren, die vom älteren Ableger, an dem er hängt und von dem er stammt, zu ihm fließen, während „Eltern"- und „Tochter"-Ableger vielleicht in anderem Zusammenhang um Bodennährstoffe und Licht konkurrieren – zur intraspezifischen Konkurrenz siehe Kapitel 6. Wenn der „Tochter"-Ableger aber voll entwickelt ist, und die „Eltern" in die Alterungsphase gekommen sind, ändern sich die

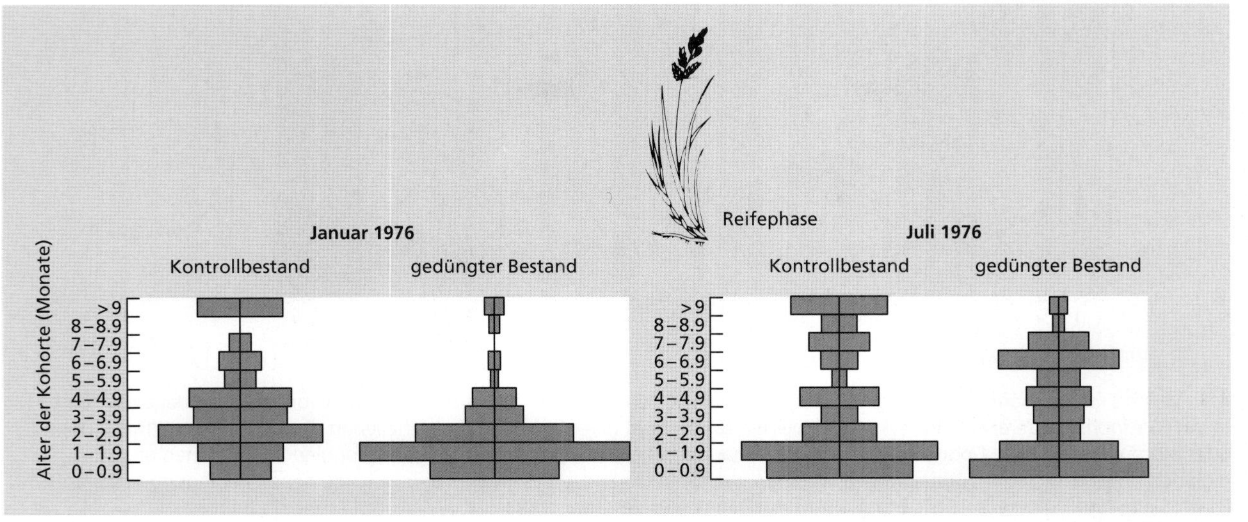

4.3 Die Altersstruktur der Triebe der Sandsegge (*Carex arenaria*) auf Sanddünen in Nord-Wales. Die Klone setzen sich aus Trieben unterschiedlichen Alters zusammen. Mit der Verwendung von Dünger ändert sich diese Altersstruktur. Die Klone werden von jungen Trieben dominiert, und die älteren Triebe sterben ab. (Nach Noble et al. 1979)

Vor- und Nachteile der Verbindung erheblich (siehe Caraco und Kelly 1991).

Je nach Lage auf dem Genet ändert sich der Habitus eines Moduls.

Die Art und Weise, in der modulare Organismen mit ihrer Umwelt in Wechselbeziehung stehen, wird durch ihren Habitus bestimmt. Es ist also entscheidend, wie ihre Module in bezug auf Module des gleichen Organismus oder anderer Organismen räumlich angeordnet sind. Denn Mobilität ist nur in geringem Maße möglich. Wie unterschiedlich das Verhalten der Module je nach Ort innerhalb des Genets sein kann, zeigt das Beispiel der Hängebirke (*Betula pendula*) in Abbildung 4.4.

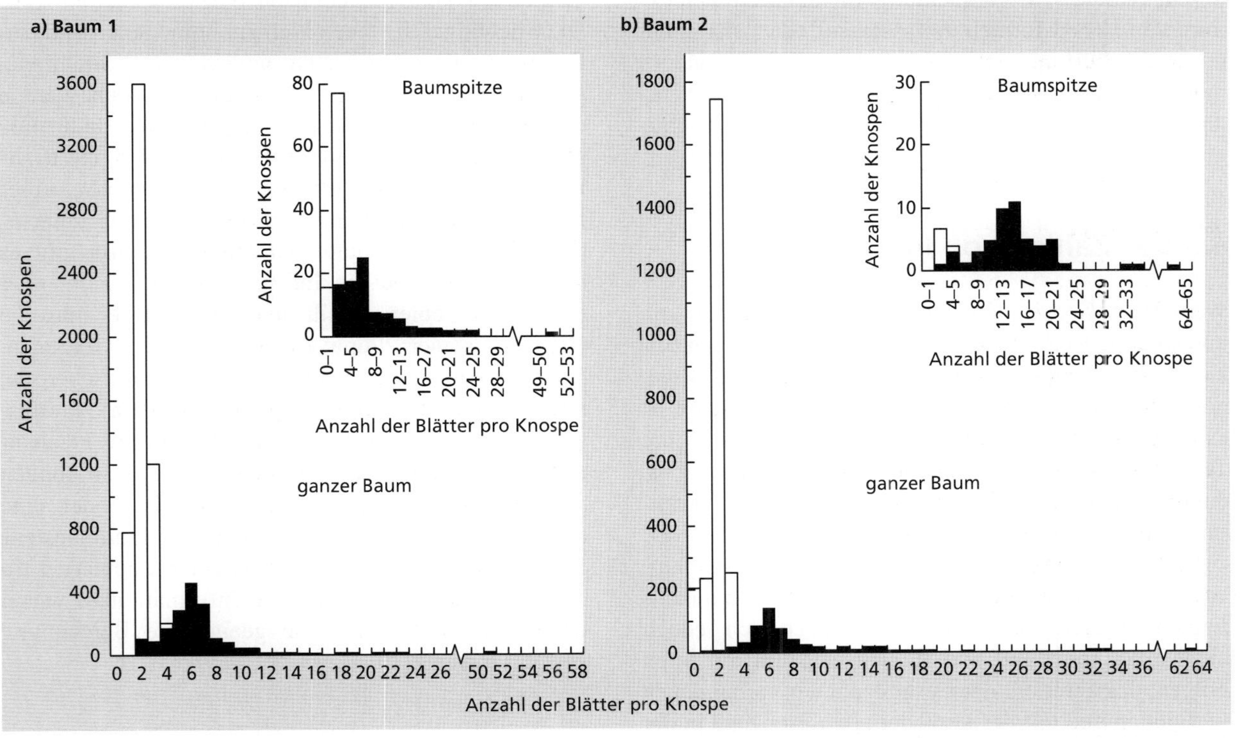

4.4 Häufigkeitsverteilung der Anzahl an Blättern pro Knospe an ausgewählten Ästen für zwei Hängebirken (*Betula pendula*): I) für den gesamten Baum, II) nur für die Baumspitze. Als Baumspitze gelten der Haupttrieb oder alle Äste, die aus dem Haupttrieb im Vorjahr hervorgingen □ = kurze Äste, ■ = lange Äste. (Nach Maillette 1982)

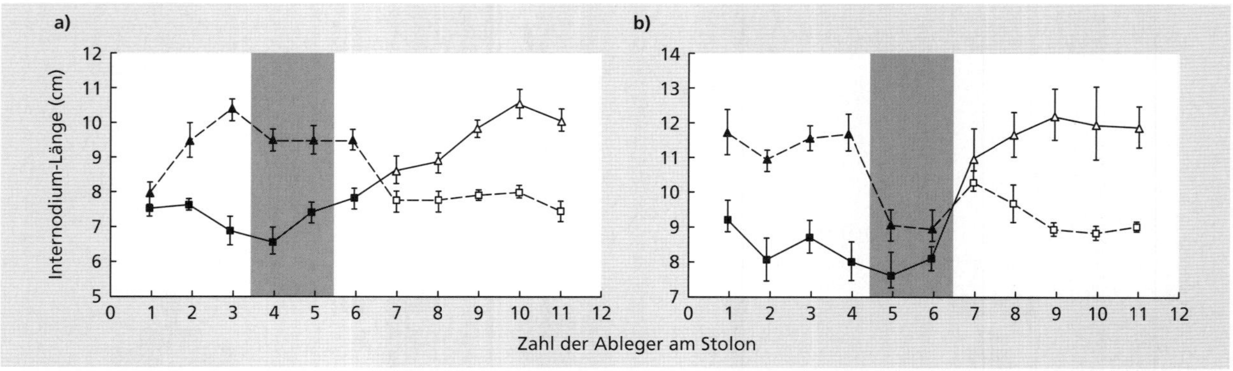

4.5 Mittlere (± Standardabweichung SE) Längen sequenziell entstandener primärer Internodien von Stolonen bei a) Gundermann (*Glechoma hederacea*) und b) der Goldnessel (*Lamiastrum galeobdolon*), die aus hellen in dunkle Lichtverhältnisse (■–△) oder aus dunklen in helle Lichtverhältnisse wachsen (▲–□). Der gerasterte Bereich zeigt Internodien von Stolonen an, die noch unter den „alten" Bedingungen wachsen, während die Spitze des Triebes bereits in die neuen Bedingungen vorstößt. (Nach Slade und Hutchings 1987; Dong 1993; Hutchings und de Kroon 1994)

In manchen Fällen kommt diese Art von Variation des Habitus noch viel mosaikhafter innerhalb einer Pflanze vor. Wenn Stolone des Gundermann (*Glechoma hederacea*) und der Goldnessel (*Lamiastrum galeobdolon*) von sehr hellen in dunkle Standorte wachsen, kommt es zu einer Verlängerung der Stolonen. Die Länge der Internodien nimmt zu, so daß die Blätter an den dunkleren Standorten einen größeren Abstand voneinander haben. Wachsen die Stolonen in entgegengesetzter Richtung, werden sie mit zunehmendem Licht entsprechend kürzer (Abbildung 4.5).

Jede ökologische Betrachtung, die ein breites Spektrum von Lebensformen umfassen soll, darf sich nicht nur auf Geburt und Tod an sich beschränken, sondern muß auch das modulare Wachstum – das heißt die Bildung und das Absterben von Modulen – berücksichtigen.

4.3 Das Zählen von Individuen

Wenn wir Geburt, Tod und modulares Wachstum untersuchen wollen, müssen wir die Prozesse quantifizieren. Das heißt, wir müssen Individuen und, wenn nötig, Module zählen. Bei modularen Organismen ist es oft unmöglich, einzelne Genete zu erkennen – ihre Teile können getrennt worden sein, und Klone (Produkte einer einzelnen Zygote) können sich vermischen. Dann können wir nur Module zählen.

Im folgenden werden wir die Abläufe von Geburt, Tod und modularem Wachstum betrachten und quantifizieren. Viele Untersuchungen befassen sich jedoch nicht mit Geburt und Tod an sich, sondern mit ihren Folgen, das heißt mit der Gesamtzahl der vorhandenen Individuen und mit der Veränderung dieser Zahl in der Zeit. Auch solche Studien können nützlich sein (siehe die Beispiele in Abbildung 4.6). Die besten Untersuchungen liefern aber natürlich nicht nur Daten über die Zahlen von Individuen, sondern auch über die Prozesse, welche diese Zahlen beeinflussen.

Die Population einer Art kann durch die Dichte der Individuen charakterisiert werden.

Es ist gebräuchlich, den Ausdruck **Population** für die Beschreibung einer Gruppe von Individuen einer betrachteten Art zu benutzen. Was jedoch tatsächlich eine Population ausmacht, ist von Art zu Art und von Untersuchung zu Untersuchung verschieden. In einigen Fällen sind die Grenzen einer Population klar: Die Stichlinge, die einen kleinen, homogenen und isolierten See bewohnen, sind eindeutig die „Stichlingspopulation dieses Sees". In anderen Fällen werden die Grenzen von der Absicht oder von den Bedürfnissen des Forschers bestimmt: Es ist möglich, die Blattlauspopulation eines Blattes, eines Baumes, eines Baumbestands oder eines ganzen Waldes zu untersuchen. In wieder anderen Fällen, und davon gibt es nicht wenige, sind die Individuen gleichmäßig über ein großes Gebiet verteilt, und der Forscher muß die Grenzen seiner Population willkürlich festlegen. Besonders in solchen Fällen ist es oft praktischer, die Dichte einer Population (**Populationsdichte**) zu erfassen. Diese wird gewöhnlich als „Anzahl pro Flächeneinheit" definiert, aber in gewissen Fällen können „Anzahl pro Blatt", „Anzahl pro Wirt" oder eine andere Maßeinheit angebracht sein. Es gibt mindestens drei Möglichkeiten, die Dichte einer Population zu berechnen. Jede liefert andere Informationen, wobei Ökologen nicht immer die geeignetste Berechnung gewählt haben.

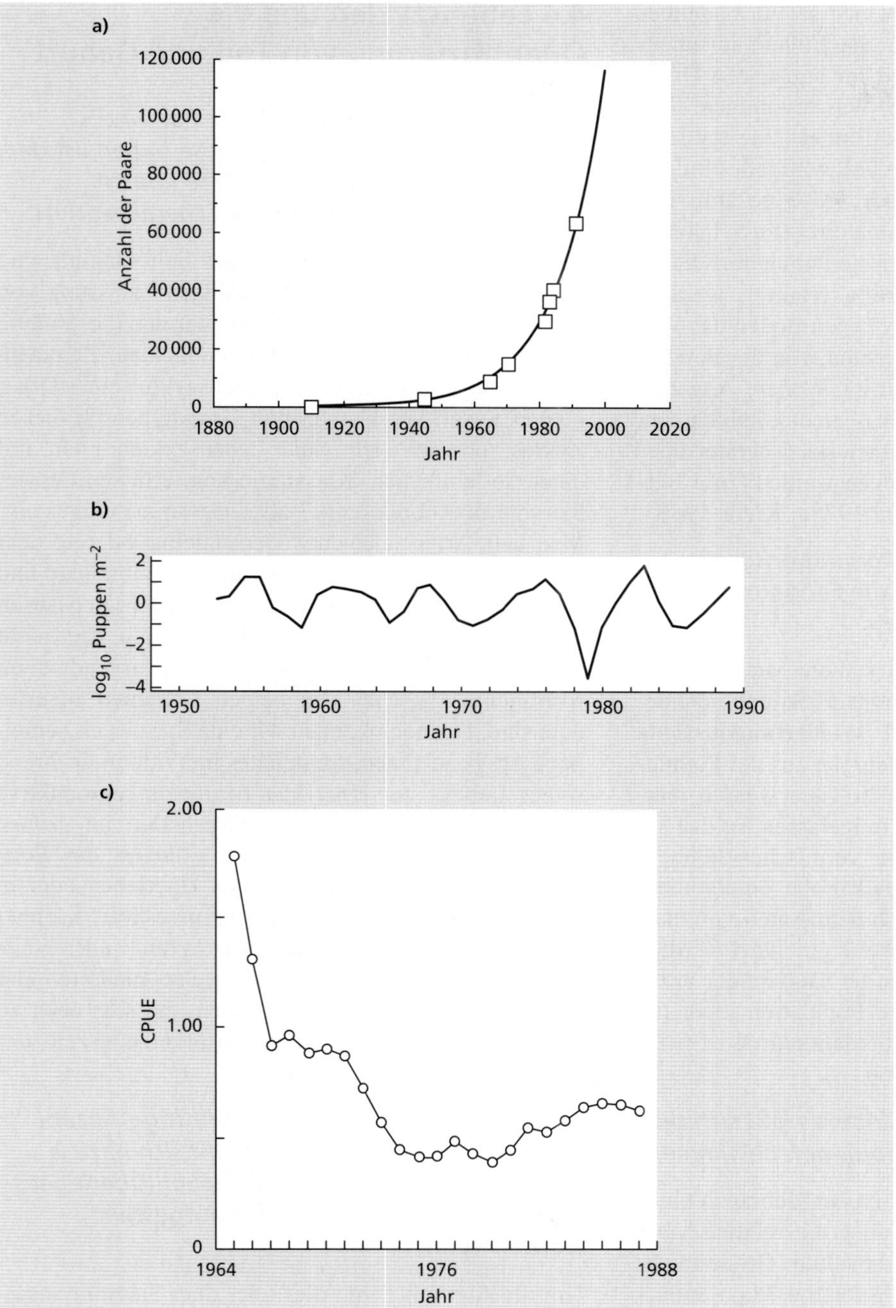

4.6 Zahlenmäßige Veränderungen bei Populationen.
a) Gleichmäßiger Anstieg der Anzahl an Paaren des Weißkopfnoddis (*Anous minutus*) auf Heron Island (nach Ogden 1993).
b) Bestandsschwankungen einer Population von Kiefernspannern (*Bupalus piniarius*) in schottischem Waldgebiet (nach Broekhuizen et al. 1993).
c) Abnahme der Häufigkeit bis zu einem mehr oder weniger konstanten niedrigeren Niveau bei Seehechten (*Merluccius capensis* und *M. paradoxus*) vor der Küste Südafrikas, geschätzt mittels eines Häufigkeitsindexes (CPUE) als Anzahl Fänge pro Fischfang. (Nach Hilborn und Walters 1992)

Die Anzahl von Individuen einer Population, das heißt die Populationsgröße, kann entweder direkt durch die Vollerhebung oder indirekt nach dem Stichprobenverfahren ermittelt werden.

Unmittelbar läßt sich die Anzahl von Individuen einer Population bestimmen, indem man jedes einzelne Individuum zählt. Dies ist eine Möglichkeit zur Erfassung vieler Pflanzen und Tiere, die entweder sessil sind oder sich nur langsam fortbewegen oder die so groß und auffällig sind, daß eine gesamte Population erfaßt werden kann, ohne Individuen zu übersehen oder doppelt zu zählen. Aber selbst wenn solche **Vollerhebungen** möglich sind, sie verlangen viel Zeit und viel ausgebildetes Personal.

Die häufigste Alternative ist das **Stichprobenverfahren**. Von einem Teil der Population oder besser von verschiedenen kleineren Teilen der Population nimmt man kleine Proben. Die Stichproben haben eine bekannte Größe und werden im allgemeinen nach dem Zufallsprinzip entnommen, damit sie für die Population als Ganzes repräsentativ sind. Für Pflanzen und Tiere, die am Boden leben, ist die Probeeinheit gewöhnlich ein kleines Quadrat. Für bodenbewohnende Organismen besteht die Einheit in einem bestimmten Bodenvolumen und für aquatische Organismen in einem bestimmten Wasservolumen. Für viele herbivore Insekten ist die Einheit eine typische Pflanze oder ein Blatt. In jedem Fall wird jedes Individuum oder Modul innerhalb der Probe gezählt. Die Daten von Probeentnahmen führen direkt zu Schätzungen der Populationsdichte. Über die Populationsdichte kann dann die **Populationsgröße** ermittelt werden, wenn zum Beispiel bei einer Probe am Boden das Verhältnis der Probefläche zur gesamten, von der Population bewohnten Fläche bekannt ist. Weitere Angaben über Stichprobenverfahren und über das Zählen von Individuen im allgemeinen können der Literatur über ökologische Methoden entnommen werden (zum Beispiel Kershaw 1973; Southwood 1978a; Krebs 1989).

Eine Abschätzung der Populationsgröße von Tieren kann durch die Fang- und Wiederfangmethode erfolgen.

Speziell für Tiere gibt es zwei weitere Methoden für die Abschätzung von Populationsgröße und -dichte. Die erste ist als **Fang- und Wiederfangmethode** bekannt. Dazu wird eine Zufallsprobe aus der Population entnommen. Die gefangenen Tiere werden markiert und anschließend wieder freigelassen, so daß sie sich wieder mit der Population vermischen können. Danach wird eine zweite Zufallsprobe entnommen. Die Populationsgröße kann nach dem Anteil von markierten Tieren in der zweiten Probe geschätzt werden. Generell wird der Anteil markierter Tiere in der zweiten Probe hoch sein, wenn die Population klein ist, und relativ niedrig, wenn die Population groß ist (weitere Einzelheiten in Begon 1979).

Mittels des Häufigkeitsindexes läßt sich die relative Größe einer Population bestimmen.

Die letzte Methode schließlich ist der Gebrauch eines **Häufigkeitsindexes**. Er kann über die relative, aber gewöhnlich wenig über die absolute Größe einer Population Auskunft geben. Die relative Populationsgröße von Taufliegen der Gattung *Drosophila* kann zum Beispiel dadurch geschätzt werden, daß man die Anzahl der Tiere registriert, die täglich von einem standardisierten Köder angelockt werden. Als weiteres Beispiel zeigt Abbildung 4.6c einen Häufigkeitsindex für Fische und Wale. Trotz ihrer Mängel können auch Häufigkeitsindizes wertvolle Informationen liefern.

4.4 Lebenszyklen und die Quantifizierung von Tod und Geburt

Während semelpare Arten nur eine einzige Fortpflanzungsphase haben, ist der Lebenszyklus von iteroparen Arten durch mehrere Fortpflanzungsphasen charakterisiert.

Nachdem wir die Komplexität der Individualität und die Notwendigkeit der zahlenmäßigen Erfassung von Individuen erkannt haben, können wir nun die Abläufe von Geburt, Tod und Wachstum betrachten. Zu einem großen Teil spiegeln sie den Lebenszyklus eines Organismus wider. Wir kennen fünf Grundtypen für diesen Zyklus, obwohl sich viele Lebenszyklen nicht mit einer so einfachen Klassifizierung erfassen lassen. Sie sind in Abbildung 4.7 als Diagramme dargestellt. Man sagt, Arten seien entweder semelpar oder iteropar (von Pflanzenwissenschaftlern auch als monokarp und polykarp bezeichnet). Wie so viele Gegensatzpaare in der Ökologie ist auch dieses zwar nützlich, aber nicht eindeutig definiert. Es gibt Arten, die irgendwo im Kontinuum zwischen den beiden Extremen anzusiedeln sind. Dennoch können wir eine Spezies als **semelpare Art** bezeichnen, wenn jedes Individuum während seines Lebens nur eine, klar begrenzte reproduktive Phase besitzt. Vorher ist das Wachstum im großen und ganzen abgeschlossen, und während der Fortpflanzungszeit wird nichts in das Überleben oder in weitere Fortpflanzungsaktivitäten investiert; nachher folgt der Tod. Bei **iteroparen Arten** andererseits kennt ein Individuum normalerweise mehrere oder viele solcher Fortpflanzungsphasen, die sich auch zu einer einzigen, ausgedehnten Fortpflanzungszeit verbinden können.

Die momentane oder zukünftige Anzahl an Individuen einer Art läßt sich mittels Lebenstafeln bestimmen, mit denen Überlebenskurven und Fekunditätstafeln aufgestellt werden können.

Um die sich mit dem Alter oder dem Stadium verändernde Sterblichkeit darzustellen und zu untersuchen, wird oft eine **Lebenstafel** verwendet. Mit ihr kann häufig eine **Überlebenskurve** aufgestellt werden. Sie zeigt die zahlenmäßige Abnahme einer Gruppe von neugeborenen beziehungsweise geschlüpften Individuen oder Modulen im Lauf der Zeit. Man kann mit ihr auch die Wahrscheinlichkeit bestimmen, mit der ein durchschnittliches Neugeborenes bis zu gewissen Altersstufen überleben wird. Häufig werden gleichzeitig die Geburtsraten von Individuen verschiedener Altersstufen festgehalten und in Fekunditätstafeln dargestellt.

Lebenstafeln, Überlebenskurven und Fekunditätstafeln sind von größter Bedeutung, weil sie das Rohmaterial für unsere „ökologische Tatsache des Lebens“

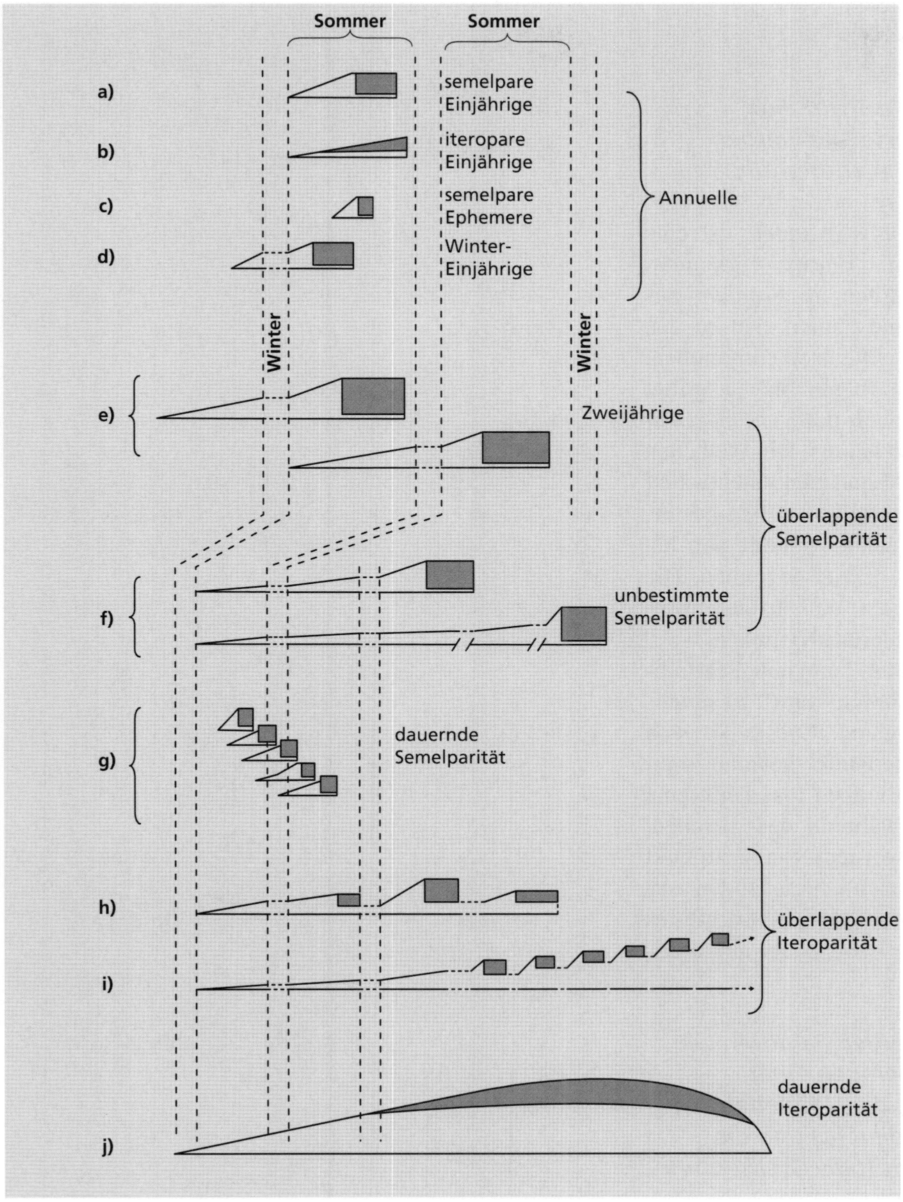

4.7 Eine Auswahl von Lebenszyklen. In jedem Beispiel zeigt die Länge des Balkens die Lebensdauer des Individuums und die Höhe die individuelle Größe (aber in logarithmischem Maßstab, so daß das frühe exponentielle Wachstum linear erscheint). Der gerasterte Bereich zeigt den Anteil der vorhandenen Ressourcen, der für die Fortpflanzung gebraucht wird, allerdings mehr in bildhafter als in exakter Form. Semelpare Arten investieren einen großen Teil ihrer Ressourcen in die Fortpflanzung, wenn sie sich einmal vermehren, und sterben bald danach ab. Iteropare Arten tendieren dazu, einen kleineren Anteil in die Fortpflanzung zu investieren, können dafür aber länger leben und sich wieder vermehren. Die meisten dargestellten Lebenszyklen sprechen für sich selbst. Bei überlappender Semelparität können die Arten einen strikten Zwei-, Drei- usw. Jahreszyklus (e) haben oder aber einen Lebenszyklus von unbestimmter Länge aufweisen (f). Bei überlappender Iteroparität können die Arten relativ kurzlebig (h) oder langlebig (i) sein, im zweiten Fall mit fast unbeschränktem weiterem Wachstum wie im hier dargestellten Beispiel.

enthalten. Ohne diese können wir das N_{jetzt} einer uns interessierenden Art kaum verstehen und noch weniger $N_{zukünftig}$ dieser Art voraussagen.

4.5 Annuelle Arten

Das Jahreszeitenklima begünstigt die Ausbildung einjähriger Lebenszyklen.

Einjährige Lebenszyklen (Abbildung 4.7a–d) sind nach maximal zwölf Monaten abgeschlossen. Gewöhnlich vermehrt sich jedes Individuum einer Population während einer bestimmten Jahreszeit und stirbt vor Beginn dieser Jahreszeit im darauffolgenden Jahr. Die Generationen sind also voneinander getrennt, jede kann von der anderen klar unterschieden werden. Die einzige Überlappung der Eltern- und der Nachkommengeneration ergibt sich während und kurz nach der Brutperiode. Arten mit getrennten Generationen müssen nicht unbedingt einjährig sein, denn es sind auch andere zeitliche Abstände zwischen den Generationen vorstellbar, tatsächlich sind jedoch die meisten einjährig, da das Jahreszeitenklima in Richtung dieser Synchronisierung wirkt.

4.5.1 Einfache annuelle Arten: Kohortenlebenstafeln

Bei annuellen Arten entspricht eine Generation einer Kohorte – es werden deshalb Kohortenlebenstafeln aufgestellt.

Die Feldheuschrecke *Chorthippus brunneus* ist eine einjährige Art, die in fast ganz Europa vorkommt. Die Erststadiennymphen schlüpfen im Frühjahr aus den Eiern, fressen, wachsen und häuten sich zu den größeren, aber sehr ähnlichen Zweitstadiennymphen. Zwei weitere Nymphenstadien folgen bis zur Mitte des Sommers, wenn die Nymphen des vierten Stadiums sich zu geflügelten Adulten häuten. Die Weibchen legen die Eier in den Boden (in Eipaketen von etwa elf Eiern). Bis Mitte November sind alle Adulten gestorben, womit diese Generation endet. Unterdessen hat jedoch die nächste Generation bereits begonnen. Die Eier beginnen sich zu entwickeln, und im darauffolgenden Frühling schlüpfen wiederum Nymphen.

Tabelle 4.1 zeigt eine Lebenstafel und eine Fekunditätstafel für eine isolierte Population von *C. brunneus* aus der Nähe von Ascot/England. Diese Art von Lebenstafel wird **Kohortenlebenstafel** genannt, weil eine einzelne **Kohorte** von Individuen (das heißt eine Gruppe von Individuen, die während des gleichen, kurzen Zeitintervalls geboren wurden) vom Zeitpunkt der Geburt bis zum Tod des letzten Überlebenden verfolgt wurde. Bei einer solchen einjährigen Art gibt es keine andere Möglichkeit, eine Lebenstafel aufzustellen.

In den Lebenstafeln werden Faktoren wie die Gesamtzahl an Individuen einer Population pro Stadium (a_x), die Überlebensrate innerhalb der einzelnen Stadien (l_x) und die stadiumspezifische Mortalität (oder Sterberate) (q_x) angegeben.

Die erste Spalte von Tabelle 4.1 führt die verschiedenen Stadien im Lebenszyklus auf. Die zweite Spalte a_x gibt den größten Teil der Rohdaten an: die Gesamtzahl der beobachteten Individuen in der Population in jedem Stadium (a_0 Individuen im Initialstadium, a_1 jene im folgenden Stadium und so weiter). Das Problem bei jeder Spalte mit a_x-Werten ist, daß sich diese auf eine bestimmte Population in einem Jahr bezieht, wodurch der Vergleich mit anderen Populationen und anderen Jahren sehr schwierig wird. Die Daten wurden deshalb in einer Spalte mit l_x-Werten standardisiert. Sie beginnt mit einem l_x-Wert von 1 000, alle folgenden Zahlen wurden entsprechend umgerechnet (zum Beispiel l_2 = 1 000 × 2 529/44 000 = 0.058). Während also der a_0 -Wert von 44 000 für diesen Datensatz gilt, haben alle Untersuchungen einen l_0-Wert von 1 000, wodurch sie vergleichbar

Tabelle 4.1: Kohortenlebenstafel der Braunen Feldheuschrecke (*Chorthippus brunneus*). Die Spalten werden im Text erklärt. (Nach Richards & Waloff 1954)

Stadium (x)	Anzahl zu Beginn jedes Stadiums a_x	Anteil der ursprünglichen Kohorte, die bis zum Beginn jedes Stadiums überlebt l_x	Anteil der ursprünglichen Kohorte, die während jedes Stadiums stirbt d_x	Sterberate q_x	$\log_{10}a_x$	$\log_{10}l_x$	$\log_{10}a_x-\log_{10}a_{x+1}=k_x$	Eier, die in jedem Stadium produziert wurden F_x	Eier pro überlebendes Individuum in jedem Stadium m_x	Eier, die pro ursprünglichem Individuum in jedem Stadium produziert wurden l_xm_x
Eier (0)	44 000	1.000	0.920	0.92	4.64	0.00	1.09	–	–	–
1. Nymphenstadium (1)	3 513	0.080	0.022	0.28	3.55	−1.09	0.15	–	–	–
2. Nymphenstadium (2)	2 529	0.058	0.014	0.24	3.40	−1.24	0.12	–	–	–
3. Nymphenstadium (3)	1 922	0.044	0.011	0.25	3.28	−1.36	0.12	–	–	–
4. Nymphenstadium (4)	1 461	0.033	0.003	0.11	3.16	−1.48	0.05	–	–	–
Adulte (5)	1 300	0.030	–	–	3.11	−1.53	–	22 617	17	0.51

$R_0 = \Sigma l_x m_x = \frac{\Sigma F_x}{a_0} = 0.51$

werden. Die l_x-Werte sind die relativen Anteile der Ausgangskohorte, die bis zum Beginn des jeweiligen Stadiums überleben.

Um die Mortalität genauer zu analysieren, wurden die **d_x-Werte** berechnet. Diese geben den Anteil der Ausgangskohorte an, die während jedes Stadiums (d_x) starb. Sie ist die Differenz zwischen l_x und l_{x+1}, also zum Beispiel für $d_1 = 0.080 - 0.058 = 0.022$. Die stadiumspezifische **Mortalität** (oder **Sterberate**) q_x wurde ebenfalls berechnet. Dabei wird d_x als Bruchteil von l_x betrachtet, so daß zum Beispiel q_3 (der während des dritten Nymphenstadiums sterbende Bruchteil) $0.011/0{,}044 = 0{,}25$ ist. q_x kann man als durchschnittliche Wahrscheinlichkeit ansehen, daß ein Individuum stirbt. Es ist also gleichwertig zu $(1 - p_x)$, wobei sich p auf die Überlebenswahrscheinlichkeit bezieht – das heißt, der Anteil Sterbender und die Fraktion Überlebender müssen zusammen stets Eins ergeben.

Der Vorteil der d_x-Werte ist, daß sie addiert werden können. Der Anteil der Kohorte, der als Nymphen starb, war $d_1 + d_2 + d_3 + d_4$ (= 0.050). Der Nachteil ist, daß diese Werte keine Aussage über die Intensität oder die Bedeutung der Mortalität während eines bestimmten Stadiums machen. Denn die d_x-Werte sind größer, je mehr Individuen vorhanden sind und je mehr demnach auch sterben können. Die q_x-Werte sind andererseits ein sehr gutes Maß für die Intensität der Mortalität. In unserem Beispiel ist aus der q_x-Spalte abzulesen, daß die Sterblichkeit während der frühen Nymphenstadien nahezu konstant blieb. Aus der d_x-Spalte kann dies nicht eindeutig abgelesen werden. Die q_x-Werte haben jedoch den Nachteil, daß sie nicht addiert werden können: $q_1 + q_2 + q_3 + q_4$ ergibt nicht die Gesamtrate der Nymphenmortalität.

Die Abtötungsintensität, als k_x-Wert angegeben, gibt den Verlust von Individuen eines bestimmten Stadiums eines Lebenszyklus an.

Die Vorteile beider Werte sind jedoch in der letzten Spalte der Lebenstafel mit den k_x-Werten kombiniert (Haldane 1949; Varley und Gradwell 1970). k_x, die *killing power* wird bestimmt als $\log_{10} a_x - \log_{10} a_{x+1}$ (oder gleichwertig $\log_{10} a_x / a_{x+1}$) und wird manchmal auch als **Abtötungsintensität** oder Verlust durch Tod bezeichnet. Ebenso wie die q_x-Werte spiegeln die k_x-Werte die Intensität oder die Rate der Mortalität (wie Tabelle 4.1 zeigt) wider. Aber im Unterschied zu den q_x-Werten ist es zulässig, k_x-Werte zu addieren. So ist die Abtötungsintensität oder der **k-Wert** für die Nymphenperiode $0.15 + 0.12 + 0.12 + 0.05 = 0.44$, was sich auch aus $\log_{10} a_1 - \log_{10} a_5$ ergibt. k-Werte können sowohl aus den l_x-Werten wie von den a_x-Werten berechnet werden (Tabelle 4.1). Wie die l_x-Werte sind auch die k_x-Werte standardisiert und können deshalb für den Vergleich verschiedener Untersuchungen benutzt werden.

Die Fekunditätstafel wird durch die Gesamtzahl der Eier pro Stadium (F_x) und die individuelle Fekunditätsrate (m_x) bestimmt.

Die **Fekunditätstafel** (die letzten drei Spalten in Tabelle 4.1) beginnt mit einer Spalte von Rohdaten F_x, der Gesamtzahl der Eier, die in jedem Stadium gelegt wurden. Darauf folgt die m_x-Spalte, die individuelle Fekunditäts- oder Geburtsrate, das heißt die durchschnittliche Eizahl pro überlebendem Individuum (auf die Weibchen berechnet wäre sie also etwa doppelt so groß). Da sich nur die Adulten vermehren, gibt es in unserem Beispiel nur eine Eintragung für dieses letzte Stadium.

Die Reproduktionsrate (R_0) gibt die durchschnittliche Anzahl der Nachkommen eines Individuums einer Kohorte bezogen auf die Anzahl der Individuen im ersten Stadium des Lebenszyklus an.

Zusammenfassend kann man aus einer Lebenstafel und einer Fekunditätstafel die **Reproduktionsrate R_0** ableiten. Diese gibt die durchschnittliche Anzahl an Nachkommen pro Ausgangsindividuum einer Kohorte an, wenn diese stirbt. Dabei bezieht man sich auf das erste Stadium des Lebenszyklus – in diesem Fall auf die befruchteten Eier. Die Reproduktionsrate gibt also bei einjährigen Arten darüber Auskunft, in welchem Ausmaß eine Population in diesem Zeitraum zu- oder abgenommen hat. Wie wir in Abschnitt 4.7 sehen werden, ist die Situation komplizierter, wenn sich die Generationen überlappen oder wenn sich Arten kontinuierlich fortpflanzen.

Man kann R_0 auf zwei Arten berechnen. Erstens nach der Formel:

$$R_0 = \frac{\Sigma F_x}{a_0}. \qquad (4.4)$$

Das ist die Summe der befruchteten Eier einer Generation dividiert durch die Ausgangszahl der Individuen. ΣF_x ist die Summe aller Werte in der F_x-Spalte. Gewöhnlich wird jedoch R_0 nach folgender Formel berechnet:

$$R_0 = \Sigma l_x m_x. \qquad (4.5)$$

Dies ist die Summe der Anzahl an befruchteten Eiern pro Ausgangsindividuum während jedes Stadiums (letzte Spalte in der Fekunditätstafel). Wie Tabelle 4.1 zeigt, erhält man mit beiden Formeln denselben Wert für die Vermehrungsrate.

Lebenstafeln lassen sich auch nach Altersklassen gliedern, wobei Schwierigkeiten bei Arten auftreten, deren Entwicklungsstadien nicht synchron verlaufen.

Tabelle 4.2 zeigt am Beispiel der einjährigen Flammenblume (*Phlox drummondii*) in Nixon/Texas, USA, eine weitere Kohortenlebenstafel und Fekundi-

Tabelle 4.2: Eine Kohortenlebenstafel für die Flammenblume (*Phlox drummondii*). Die Spalten werden im Text erklärt. (Nach Leverich & Levin 1979)

Alter (Tage)	Anzahl Überlebender bis Tag x	Anteil der ursprünglichen Kohorte, der bis zum Tag x überlebt	Anteil der ursprünglichen Kohorte, der in der Altersklasse stirbt	Sterberate pro Tag		tägliche Abtötungsintensität			
x–x'	a_x	l_x	d_x	q_x	$\log_{10} l_x$	k_x	F_x	m_x	$l_x m_x$
0– 63	996	1.000	0.329	0.005		0.003	–	–	–
63–124	668	0.671	0.375	0.009	−0.17	0.006	–	–	–
124–184	295	0.296	0.105	0.006	−0.53	0.003	–	–	–
184–215	190	0.191	0.014	0.002	−0.72	0.001	–	–	–
215–264	176	0.177	0.004	0.001	−0.75	<0.001	–	–	–
264–278	172	0.173	0.005	0.002	−0.76	0.001	–	–	–
278–292	167	0.168	0.008	0.003	−0.78	0.002	–	–	–
292–306	159	0.160	0.005	0.002	−0.80	0.001	53.0	0.33	0.05
306–320	154	0.155	0.007	0.003	−0.81	0.001	485.0	3.13	0.49
320–334	147	0.148	0.043	0.021	−0.83	0.011	802.7	5.42	0.80
334–348	105	0.105	0.083	0.057	−0.98	0.049	972.7	9.26	0.97
348–362	22	0.022	0.022	1.000	−1.66	–	94.8	4.31	0.10
362–	0	0	–			–	–	–	
							2 408.2		2.41

$$R_0 = \Sigma l_x m_x = \frac{\Sigma F_x}{a_0} = 2.41$$

tätstafel (Leverich und Levin 1979). Der offensichtlichste Unterschied gegenüber Tabelle 4.1 besteht in der ersten Spalte. Die Autoren unterteilten den Lebenszyklus von *Phlox* nicht nach Stadien, sondern nach **Altersklassen**. Sie zählten die Samenpopulation mehrmals vor der Keimung und dann in regelmäßigen Abständen, bis alle Pflanzen geblüht hatten und abgestorben waren. Als Vorteil liefern Altersklassen dem Beobachter genauere Daten über die Geburts- und Sterberaten innerhalb eines Stadiums. Der Nachteil besteht darin, daß das Alter eines Individuums nicht unbedingt ein befriedigendes, geschweige denn das beste Maß für den biologischen Zustands eines Individuums ist. Bei vielen langlebigen Pflanzen (siehe unten) können zum Beispiel Individuen gleichen Alters Samen bilden oder vegetativ wachsen. In solchen Fällen ist eine Klassifikation nach Stadien eindeutig besser.

Wie Tabelle 4.2 verdeutlicht, macht die Verwendung von Altersklassen den detaillierten Ablauf von Fekundität und Mortalität sichtbar. Man beachte, daß die variable Länge der Altersklassen eine Umrechnung der q_x- und k_x-Spalten in „Tagesraten" notwendig machte. Die **altersspezifische Fekundität m_x** (die Fekundität pro überlebendes Individuum) zeigt eine vorproduktive Periode, einen gleichmäßigen Anstieg zum Höhepunkt und danach einen steilen Abfall der Kurve. Die Reproduktionsleistung F_x der gesamten Population verläuft zu einem guten Teil parallel, aber berücksichtigt auch die Tatsache, daß die Population nach und nach abnahm, während sich die altersspezifische Fekundität änderte. Diese Kombination von Fekundität und Überlebensrate ist eine wichtige Eigenschaft von F_x-Werten, die sie mit der Reproduktionssrate R_0 gemeinsam haben. Es unterstreicht die Tatsache, daß die effektive Reproduktion vom reproduktiven Potential m_x und von der Überlebensrate l_x abhängt.

Ein wirklichkeitsnahes Bild einer Population erfordert Erhebungen über mehrere Jahre.

Im Fall von *Phlox* war $R_0 = 2.4$. Dies bedeutet, daß die Population während einer Generation um das 2.4-fache zunahm. Für die Feldheuschrecke (Tabelle 4.1) betrug der Wert 0.51. Die Population nahm also auf 51 % ihrer Ausgangsgröße ab. Wenn diese Werte von Generation zu Generation gleich blieben, dann würde die Phloxpopulation immer größer werden und bald die ganze Erdoberfäche bedecken, während die Population der Feldheuschrecken bald aussterben würde. Beides tritt natürlich nicht ein. Die Gründe dafür werden wir in späteren Kapiteln betrachten. Hier halten wir fest, daß Lebenstafeln und Fekunditätstafeln je nach Jahr ziemlich verschieden aussehen. Deshalb kann eine ausgeglichene und realistische Aussage über die Populationsentwicklung der Heuschrecke, von *Phlox* oder von anderen Arten nur mit Daten aus mehreren oder besser aus vielen Jahren gemacht werden.

In Überlebenskurven wird der Verlauf der Mortalität dargestellt.

Abbildung 4.8a zeigt den Verlauf der Mortalität von *Phlox* unter Verwendung der q_x- und k_x-Werte. Die Mortalität (oder Sterberate) war zu Beginn des Samenstadiums ziemlich hoch, gegen das Ende hin sehr niedrig. Bei den Adulten schwankte die Mortalität (oder Sterberate) zunächst auf niedrigem Niveau und stieg dann während der letzten Wochen der Generation steil an. Abbildung 4.8b zeigt denselben Verlauf bei einer Überlebenskurve mit dem Rückgang von $\log_{10} l_x$ mit zunehmendem Alter. Wenn die Mortalität (oder Sterberate) ungefähr konstant ist, ist die Überlebenskurve mehr oder weniger gerade; wenn sie steigt, ist die Kurve konvex, und wenn sie abnimmt, ist sie konkav. Gegen Ende des Samenstadiums ist die Kurve dehalb konkav und gegen Ende der Generation konvex. **Überlebenskurven** sind die meistgebrauchte Form, um Mortalitätsverläufe darzustellen.

Die meisten Überlebenskurven zeigen Veränderungen in der Zahl der Individuen zwischen Geburt und Tod. Dabei wird ein Stadium völlig unberücksichtigt gelassen, in dem eine hohe und ökologisch bedeutsame Mortalität auftreten kann. Das Leben eines Individuums beginnt mit der Bildung der Zygote. Bei Säugetieren und Blütenpflanzen wird der erste Lebensabschnitt im Mutterkörper verbracht. Die Konkurrenz zwischen Individuen beginnt schon in diesem Stadium, wenn die sich entwickelnden Embryonen um die begrenzten Ressourcen der Mutter konkurrieren. Jene, die nicht genügend Ressourcen erhalten, können resorbiert oder abgestoßen werden. Es gibt für die meisten Tiere und Pflanzen außerordentlich wenige Kenntnisse über diesen Teil der Überlebenskurve. Die von Wiens (1984) publizierten Daten weisen darauf hin, daß die Abstoßungsraten von Eizellen bei einjährigen Pflanzen etwa 15 % und bei mehrjährigen etwa 50 % betragen. Bei Menschen überleben nach einer Schätzung nur etwa 31 % der Zygoten bis zur Geburt (Biggers 1981).

Logarithmisch aufgetragene Überlebenskurven erlauben einen Vergleich verschiedener Untersuchungen.

Die y-Achse in Abbildung 4.8b hat eine logarithmische Einteilung. Die Bedeutung von Logarithmen in Überlebenskurven können wir am Beispiel von zwei theoretischen Untersuchungen an der gleichen Population zeigen. Im ersten Fall wird die gesamte Population gezählt, was in einem bestimmten Zeitabstand einen Rückgang von 1 000 auf 500 Individuen ergibt. Im zweiten Fall werden Stichproben gemacht, und im gleichen Zeitintervall sinkt der Index der Dichte von 100 auf 50. Aus biologischer Sicht sind die beiden Fälle identisch, das heißt die Sterberate oder -wahrscheinlichkeit ist für ein Individuum in einem bestimmten Zeitintervall (der **Pro-Kopf-Rate**) gleich groß. Dies verdeutlicht die Neigung der beiden logarithmischen Überlebenskurven, die in beiden Fällen −0.301 beträgt. Bei der Verwendung von linearen Kurven wären dagegen die Neigungen verschieden. Logarithmische Überlebenskurven haben somit den Vorteil, daß sie wie die Kurven von q_x, k_x und m_x standardisiert sind und einen Vergleich zwischen einzelnen Untersu-

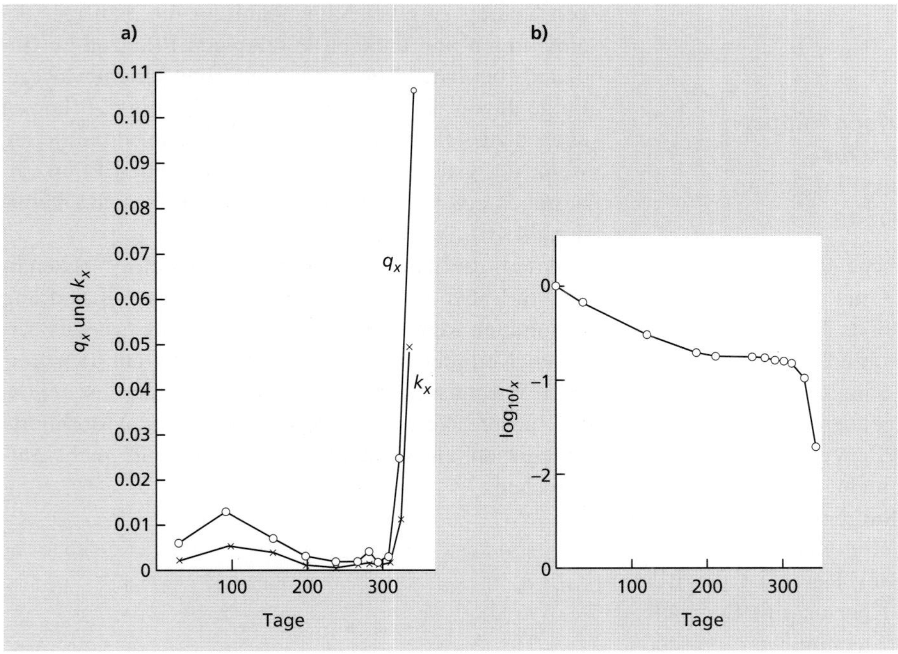

4.8 Mortalitäts- und Überlebenskurve im Lebenszyklus der Flammenblume (*Phlox drummondii*). a) Die altersspezifische tägliche Mortalität (q_x) und die tägliche Abtötungsintensität (k_x). b) Die Überlebenskurve $\log_{10} l_x$ im Verhältnis zum Alter. (Nach Leverich und Levin 1979)

chungen erlauben. Man benützt bevorzugt logarithmische Werte, wenn es darum geht, zahlenmäßige Änderungen aufzuzeigen.

Es gibt schließlich noch einen weiteren Unterschied zwischen dem Lebenszyklus der Feldheuschrecke und demjenigen von *Phlox,* der aus den Tabellen 4.1 und 4.2 nicht hervorgeht. Obwohl die reproduktive Phase der Phloxpopulation 56 Tage dauert, ist jede einzelne Pflanze semelpar. Sie hat eine einzige reproduktive Phase, bei der sich alle Samen (nahezu) synchron entwickeln. Die ausgedehnte reproduktive Zeit ist die Folge der zeitlich verschobenen Reproduktionsphase bei verschiedenen Individuen. Die Feldheuschrecke ist dagegen iteropar. Jedes reife Weibchen bildet, vorausgesetzt es lebt lang genug, Eipakete in Intervallen von etwa einer Woche. Während dieser Zeiträume werden die Körpergewebe nicht abgebaut, und es werden Reserven gebildet.

Tatsächlich ist **Semelparität** bei einjährigen Pflanzen häufiger, während bei Tieren **Iteroparität** verbreiteter ist. Es gibt jedoch viele Ausnahmen. Die Weibchen der Wasserassel (*Asellus aquaticus*) legen zum Beispiel im allgemeinen ein einziges Eipaket, das sie unter ihrem Abdomen tragen und hüten, bis die Jungen selbst für sich sorgen können. Wenn diese Eier aus irgendeinem Grund nicht befruchtet werden, stirbt das Weibchen, ohne ein zweites Eipaket gelegt zu haben. Andererseits blühen viele iteropare einjährige Pflanzen im Gegensatz zu *Phlox* sehr jung, wachsen weiter und bilden weiterhin Blüten und Samen, bis eine externe Ursache wie Frost oder Trockenheit sie abtötet. Dies trifft beispielsweise für viele Ehrenpreis-Arten (*Veronica*), für das Einjährige Rispengras (*Poa annua*) und für das Gewöhnliche Greiskraut (*Senecio vulgaris*) zu.

4.5.2 Samenbanken

Bei den meisten einjährigen Pflanzen sammeln sich Samen verschiedener Kohorten (Generationen) im Boden in sogenannten Samenbanken an.

Phlox als Beispiel für eine typische einjährige Pflanze zu verwenden ist in gewissem Grad irreführend, weil bei ihm die Keimlingsgruppe eines Jahres eine echte Kohorte ist. Sie entsteht ausschließlich aus Samen des vorangegangenen Jahres. Samen, die nicht keimen, werden nicht bis zum folgenden Jahr überleben. Bei den meisten einjährigen Pflanzen ist dies allerdings anders. Bei ihnen sammeln sich Samen im Boden in einer versteckten **Samenbank** an. Nach einer gewissen Zeit besteht die Samenbank aus Samen verschiedenen Alters. Bei Tieren ist die Bildung solcher Reserven selten. Aber es gibt Beispiele bei Eiern von Nematoden und Stechmücken, bei den

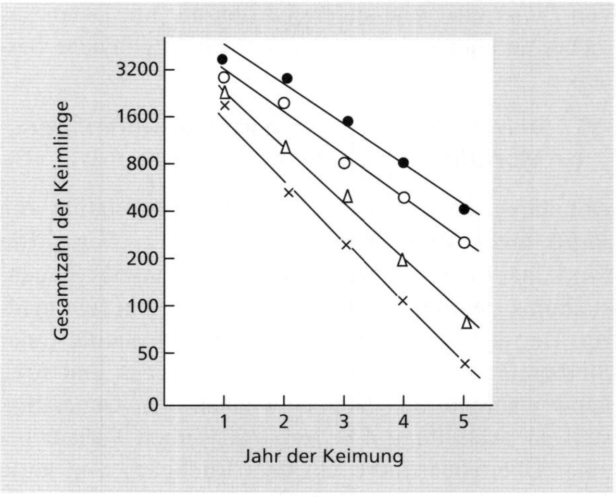

4.9 Die Auswirkung einer Samenbank: Anzahl der Keimlinge, die in einem Gartenboden in aufeinanderfolgenden Jahren keimten, und zwar ohne Hinzukommen neuer Samen nach Versuchsbeginn. ● = Ackerhellerkraut (*Thlaspi arvense*), △ = Vogelmiere (*Stellaria media*), ○ = Hirtentäschelkraut (*Capsella bursa-pastoris*), × = Gewöhnliches Greiskraut (*Senecio vulgaris*). (Nach Roberts 1964)

Gemmulae von Schwämmen und den Statocysten von Bryozoen.

Abbildung 4.9 zeigt die Ergebnisse eines Experiments, in dem das Schicksal von Samen einiger einjähriger Unkräuter in einem Gartenboden untersucht wurde (Roberts 1964). Nach Beginn des Experiments (Jahr 0) wurde die Zufuhr neuer Samen verhindert. Dadurch konnte nachgewiesen werden, daß viele Samen über mehrere Jahre hinweg ihre Keimfähigkeit nicht verloren. Die Keimlinge stammten also jeweils von Samen verschiedenen Alters.

In der Regel sind ruhende Samen, die einen wichtigen Beitrag zu einer Samenbank leisten, häufiger bei einjährigen und anderen kurzlebigen Pflanzen zu finden als bei langlebigen Pflanzen. Eine beachtenswerte Folge davon ist, daß Samen von kurzlebigen Pflanzen auch dann tendenziell die Samenbanken dominieren, wenn der größte Teil des darüberliegenden Pflanzenbestands aus viel längerlebigen Arten besteht (Abbildung 4.10).

Arten, die man gemeinhin als „einjährig" bezeichnet, die aber eine Samenbank besitzen, sind streng genommen keine einjährigen Arten, auch wenn zwischen Keimung und Reproduktion nur ein Jahr vergeht. Wir müssen dies beachten und wieder feststellen, daß unsere Versuche, Organismen in klar definierte Kategorien einzuordnen, der Realität oft nicht entsprechen.

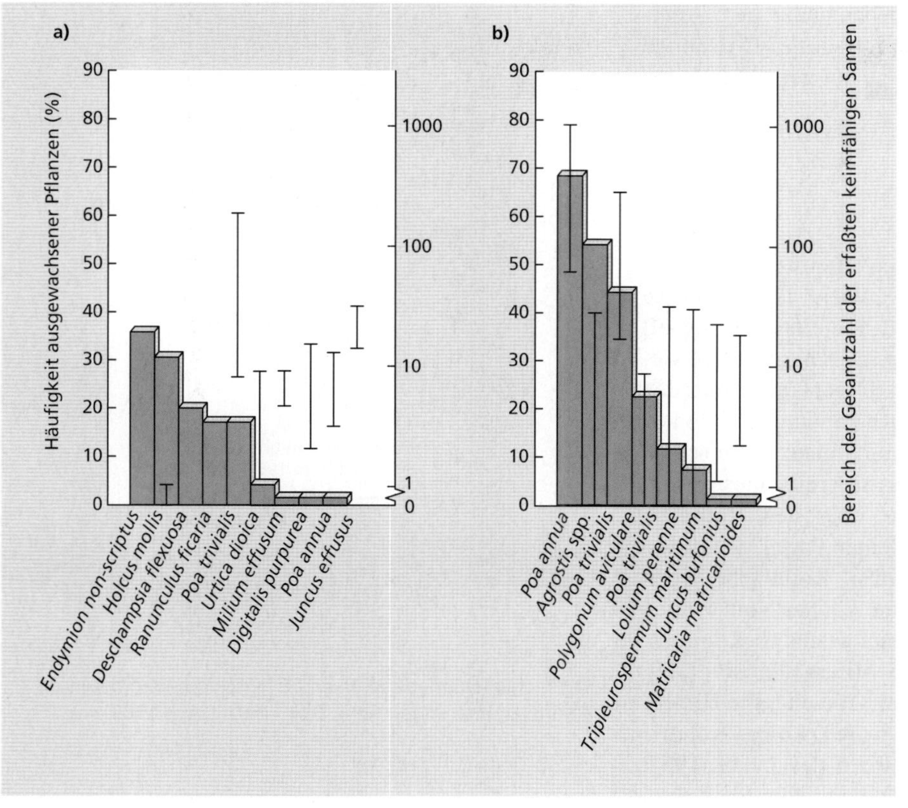

4.10 Es bestehen deutliche Unterschiede zwischen der relativen Häufigkeit ausgewachsener Pflanzen (Säulendiagramme) und der Zahl von Samen im Boden (senkrechte Linien) bei den Hauptarten a) eines Laubwalds und b) eines Ackers. (Nach Thompson und Grime 1979)

4.5.3 Ephemere und fakultativ annuelle Arten

Semelpare Ephemere entwickeln sich bei geeigneten Bedingungen aus einer großen Samenbank und haben einen sehr schnellen Entwicklungszyklus; ihr Vorkommen ist nicht saisonal bedingt.

Einjährige Arten mit Samenbanken sind nicht die einzigen, für die der Begriff Annuelle eigentlich unzutreffend ist. Es gibt zum Beispiel in Wüsten viele „einjährige" Pflanzenarten, deren Erscheinen überhaupt nicht saisonal ist. Sie besitzen eine große versteckte Samenbank. Die Keimung erfolgt selten nur nach ergiebigen Regenfällen. Die nachfolgende Entwicklung verläuft üblicherweise sehr schnell, so daß die Periode zwischen Keimung und Samenbildung kurz ist. Solche Pflanzen werden am besten als semelpare **Ephemere** bezeichnet (Abbildung 4.7c).

Fakultativ einjährige Arten stehen zwischen einem einjährigen und zweijährigen Lebenszyklus; einige Individuen reproduzieren sich erst im zweiten Jahr.

Eine andere Artengruppe, auf welche die Bezeichnung Einjährige nicht genau zutrifft, ist jene, bei der die Mehrheit der Individuen jeder Generation einjährig ist, eine Minderheit sich aber erst im Sommer des zweiten Jahres fortpflanzt. Dies ist zum Beispiel bei der terrestrischen Assel *Philoscia muscorum* der Fall, der im nordöstlichen England lebt (Sunderland et al. 1976). Etwa 90 % der Weibchen haben im ersten Sommer nach ihrer Geburt Nachkommen, die übrigen 10 % erst im zweiten Sommer. Bei einigen anderen Arten ist der zahlenmäßige Unterschied zwischen denen, die sich im ersten und im zweiten Jahr vermehren, so gering, daß am ehesten die Bezeichnung „einjährig-zweijährig" angebracht ist.

Mit anderen Worten: Der Übergang von einjährigen Lebenszyklen zu komplexeren Zyklen ist fließend.

4.6 Individuen mit wiederholten Fortpflanzungsphasen

Manche Populationen sind durch überlappende Iteroparität geprägt – diese Arten reproduzieren sich des öfteren, so daß sich die Generationen überschneiden.

Viele Arten pflanzen sich wiederholt fort, haben allerdings eine spezifische Fortpflanzungszeit. Ihre Generationen überlappen sich also, man bezeichnet dies als **überlappende Iteroparität** – siehe Abbildung 4.7h,i. Zu den bekannteren Beispielen gehören Vögel gemäßigter Zonen, die länger als ein Jahr leben, einige Korallen, die meisten Bäume und andere iteropare perennierende Pflanzen. Bei diesen pflanzen sich Individuen verschiedenen Alters nebeneinander fort. Allerdings haben einige Arten dieser Kategorie – wie einige Gräser und viele Vogelarten – eine nur geringe Lebensdauer (Abbildung 4.7h).

4.6.1 Kohortenlebenstafeln

Eine Lebenstafel für solche Arten aufzustellen ist noch schwieriger als für einjährige Arten. Eine Kohorte muß als solche abgegrenzt und ihre Entwicklung oft über viele Jahre verfolgt werden. Dies bereitet Schwierigkeiten, wenn die einzelnen Organismen mit den Mitgliedern vieler anderer, älterer und jüngerer Kohorten zusammenleben und sich mit ihnen vermischen. Eine solche Untersuchung war als Teil eines ausgedehnten Forschungsprogramms über den Rothirsch *(Cervus elaphus)* auf der kleinen Insel Rhum in Schottland möglich (Lowe 1969). Rothirsche leben bis zu 16 Jahren. Die Hirschkühe können vom vierten Lebensjahr an jedes Jahr Nachwuchs bekommen. 1957 zählten Lowe und seine Mitarbeiter sorgfältig alle auf der Insel lebenden Rothirsche und alle Hirschkälber, die unter einem Jahr alt waren. Lowes Kohorte bestand also aus den Hirschkälbern des Jahres 1957. Zwischen 1957 und 1966 wurde dann jeder Rothirsch, der eines natürlichen Todes starb oder unter strenger Kontrolle der Naturschutzbehörde in diesem Naturschutzgebiet erlegt wurde, genau untersucht. Das Alter aller Tiere wurde zuverlässig durch Untersuchung von Zahnwechsel, Zahndurchbruch und Zahnabnutzung bestimmt. Dadurch war es möglich, jene Tiere zu identifizieren, die im Jahr 1957 Kälber waren. 1966 waren 92 % dieser Kohorte tot. Tabelle 4.3 gibt die Kohortenlebenstafel für die Hirschkühe wieder, und Abbildung 4.11 zeigt die Überlebenskurve. Es wird deutlich, daß das Mortalitätsrisiko mit

Tabelle 4.3: Kohortenlebenstafel für Hirschkühe auf der Insel Rhum, die 1957 Kälber waren. (Nach Lowe 1969)

Alter (Jahre) x	Anteil der ursprünglichen Kohorte, die bis zum Beginn der Altersklasse x überlebt l_x	Anteil der ursprünglichen Kohorte, die während der Altersklasse x stirbt d_x	Sterberate q_x
1	1.000	0	0
2	1.000	0.061	0.061
3	0.939	0.185	0.197
4	0.754	0.249	0.330
5	0.505	0.200	0.396
6	0.305	0.119	0.390
7	0.186	0.054	0.290
8	0.132	0.107	0.810
9	0.025	0.025	1.0

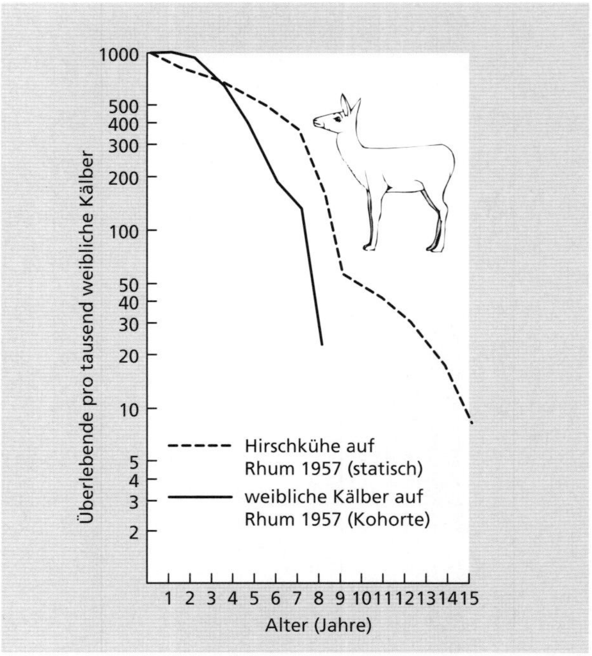

4.11 Zwei Überlebenskurven für Hirschkühe auf der Insel Rhum. Erläuterungen siehe Text. (Nach Lowe 1969)

zunehmendem Alter ziemlich gleichmäßig steigt (die Kurve ist konvex).

Die Schwierigkeiten bei der Erstellung einer Kohortenlebenstafel sind für einen Organismus mit überlappenden Generationen etwas geringer, wenn er ortsgebunden ist. Neu hinzugekommene oder geschlüpfte Individuen können dann kartiert, photographiert oder sogar markiert werden, so daß sie (oder ihr genauer Standort) beim späteren Aufsuchen des Standortes wiedererkannt werden können. Eine Reihe von Forschern untersuchte auf diese Weise Kohorten von Gräsern (zum Beispiel Begon und Mortimer 1986). Connell (1970) erstellte eine Kohortenlebenstafel für die Seepocke *Balanus glandula* über acht Jahre (siehe Tabelle 4.6, Seite 107).

4.6.2 Stationäre Lebenstafeln

Praktische Probleme haben Ökologen davon abgehalten, Kohortenlebenstafeln für langlebige iteropare Organismen mit überlappenden Generationen zu erstellen, sogar wenn es sich um sessile Arten handelt. Hierfür gibt es allerdings eine Alternative: die Erstellung einer **stationären Lebenstafel**. Wie wir sehen werden, ist diese Alternative sehr unvollkommen, aber oft besser als gar nichts.

Ein interessantes Beispiel für eine stationäre Lebenstafel findet sich in der Untersuchung von Lowe (1969) über die Rothirsche auf Rhum. Wie bereits erwähnt, konnte das Alter eines großen Teils

Tabelle 4.4: Eine auf die rekonstruierte Altersstruktur der Population von 1957 basierende stationäre Lebenstafel für Hirschkühe auf der Insel Rhum. (Nach Lowe 1969)

Alter (Jahre)	Anzahl von Individuen des Alters x				geglättet		
x	a_x	l_x	d_x	q_x	l_x	d_x	q_x
1	129	1.000	0.116	0.116	1.000	0.137	0.137
2	114	0.884	0.008	0.009	0.863	0.085	0.097
3	113	0.876	0.048	0.055	0.778	0.084	0.108
4	81	0.625	0.023	0.037	0.694	0.084	0.121
5	78	0.605	0.148	0.245	0.610	0.084	0.137
6	59	0.457	−0.047	–	0.526	0.084	0.159
7	65	0.504	0.078	0.155	0.442	0.085	0.190
8	55	0.426	0.232	0.545	0.357	0.176	0.502
9	25	0.194	0.124	0.639	0.181	0.122	0.672
10	9	0.070	0.008	0.114	0.059	0.008	0.141
11	8	0.062	0.008	0.129	0.051	0.009	0.165
12	7	0.054	0.038	0.704	0.042	0.008	0.198
13	2	0.016	0.008	0.500	0.034	0.009	0.247
14	1	0.08	−0.023	–	0.025	0.008	0.329
15	4	0.031	0.015	0.484	0.017	0.008	0.492
16	2	0.016	–	–	0.009	0.009	1.000

der zwischen 1957 und 1966 gestorbenen Tiere zuverlässig bestimmt werden. So war es möglich, den Altersaufbau der Population von 1957 zu rekonstruieren, was eine Voraussetzung für stationäre Lebenstafeln ist. Die Rohdaten für die Hirschkühe sind in Spalte 2 von Tabelle 4.4 zusammengestellt.

Die Daten in Tabelle 4.4 beziehen sich auf das Alter im Jahr 1957. Sie können als Grundlage für eine Lebenstafel dienen, aber nur unter der Annahme, daß es vor 1957 keine jährlichen Schwankungen in der Geburtszahl oder in den altersspezifischen Überlebensraten gegeben hat. Es muß also angenommen werden, daß die 59 sechsjährigen Hirsche im Jahr 1957 die Überlebenden von 78 fünfjährigen im Jahr 1956 waren, die selbst die Überlebenden von 81 vierjährigen des Jahres 1955 waren, und so weiter. Mit anderen Worten, man geht davon aus, daß die Daten in Tabelle 4.4 dieselben sind, die man erhalten hätte, wenn man eine einzelne Kohorte tatsächlich verfolgt hätte.

Unter diesen Annahmen wurden die Spalten l_x, d_x und q_x erstellt. Es zeigte sich jedoch, daß die Annahmen falsch waren. Es ergaben sich mehr siebenjährige Tiere als sechsjährige und mehr 15jährige als 14jährige. Das Resultat sind „negative" Todeszahlen und unsinnige Sterberaten, womit die Probleme solcher stationären Lebenstafeln und der Gleichstellung von Altersstrukturen und Überlebenskurven mehr als deutlich werden.

Trotzdem können solche Daten nützlich sein. Lowes Absicht war es, eine generelle Vorstellung von der altersspezifischen Überlebensrate für die Zeit vor 1957 (Beginn der Reduktionsabschüsse) zu vermitteln. Er konnte diese dann anhand der schon erläuterten Kohortenlebenstafel mit der Situation nach 1957 vergleichen. Die allgemeinen Tendenzen interessierten ihn mehr als die spezifischen Veränderungen von einem Jahr zum anderen. Er glättete deshalb die Unterschiede in der Anzahl zwischen den Altersklassen 2–8 und 10–16, um eine gleichmäßige Abnahme während dieser Perioden zu erreichen. Die Ergebnisse sind in den letzten drei Spalten von Tabelle 4.4 enthalten, und die Überlebenskurve findet sich in Abbildung 4.11. Es ergibt sich eine allgemeine Aussage: Die Reduktionsabschüsse haben die allgemeine Überlebenswahrscheinlichkeit signifikant reduziert, und zwar in einem Maß, das jede mögliche kompensatorische Abnahme der natürlichen Sterblichkeit übertrifft.

Trotz dem in diesem Fall positiven Ergebnis, ist die Interpretation stationärer Lebenstafeln im allgemeinen und der Altersstrukturen, von denen sie abgeleitet werden, mit Schwierigkeiten verbunden. Altersstrukturen bieten keinen schnellen Weg zum Verständnis der Populationsdynamik. Manchmal kann zusätzliches Wissen aber ihre Interpretation sehr erleichtern und ihre Erstellung sinnvoll machen.

4.6.3 Fekunditätstafeln

Stationäre Fekunditätstafeln – das heißt altersspezifische Variationen in der Fekundität im gleichen Jahr – können nützliche Informationen liefern, besonders wenn sie für aufeinanderfolgende Brutzeiten erstellt wurden. Tabelle 4.5 zeigt dies anhand der Daten einer Kohlmeisenpopulation *(Parus major)* im Wytham Wood in der Nähe von Oxford (Perrins 1965). Die Tabelle zeigt, daß die mittlere Fekundität einen Höhepunkt bei zweijährigen Vögeln erreichte und dann langsam wieder absank. Die meisten iteroparen Arten weisen eine vom Alter oder Entwicklungsstadium abhängige Fekundität auf. Abbildung 4.12 zeigt die Abhängigkeit der Fekundität von der Individuengröße

Tabelle 4.5: Durchschnittliche Gelegegröße und das Alter von Kohlmeisen (*Parus major*) in Wytham Wood nahe Oxford. (Nach Perrins 1965)

Alter (Jahre)	1961		1962		1963	
	Anzahl von Vögeln	durchschnittliche Gelegegröße	Anzahl von Vögeln	durchschnittliche Gelegegröße	Anzahl von Vögeln	durchschnittliche Gelegegröße
1	128	7.7	54	8.5	54	9.4
2	18	8.5	43	9.0	33	10.0
3	14	8.3	12	8.8	29	9.7
4			5	8.2	9	9.7
5			1	8.0	2	9.5
6					1	9.0

– gemessen als Stammdurchmesser – bei drei verschiedenen Eichenarten.

Aus Tabelle 4.5 kann man ferner ablesen, daß die mittlere Fekundität von Jahr zu Jahr beträchtlich schwankte. Eine gewisse Variation der individuellen Fekundität von einer Fortpflanzungszeit zur anderen ist bei allen iteroparen Arten festzustellen. Besonders ausgeprägt ist dieses Phänomen bei einer Anzahl von Waldbäumen, die **Mastjahre** haben. In einem solchen Mastjahr produziert ein Baum eine überaus große Zahl an Samen, Früchten oder Zapfen. Der Effekt wird meist noch dadurch verstärkt, daß viele oder die meisten Bäume in einem Wald die Mast zur gleichen Zeit haben. Dazwischen liegen Jahre, in denen die Bäume steril oder nahezu steril sind. Die möglichen Folgen von Mastjahren werden in Abschnitt 8.4 behandelt.

4.6.4 Die Bedeutung der Modularität

Anhand der Segge *Carex bigelowii*, die in der Flechtenheide Norwegens wächst, lassen sich die Schwierigkeiten aufzeigen, die sich bei der Erstellung einer Lebenstafel für Organismen ergeben, die nicht nur iteropar sind und überlappende Generationen haben, sondern zusätzlich modular sind (Abbildung 4.13). *C. bigelowii* hat ein ausgedehntes unterirdisches Rhizomsystem, das Wurzelsprosse in gewissen Abständen entlang der wachsenden Rhizome bildet. Modulares Wachstum beginnt durch Bildung eines seitlichen Meristems in der Blattachsel eines „Eltern"-Wurzelsprosses. Das Meristem ist anfangs ganz vom „Elternsproß" abhängig. Allerdings ist es potentiell fähig, sich selbst zu einem vegetativen „Eltern"-Sproß zu entwikkeln und zu blühen. Dies ist der Fall, wenn der Sproß mindestens 16 Blätter gebildet hat. Darauf folgt aber stets das Absterben des Wurzelsprosses. Das heißt, daß die Wurzelsprosse semelpar sind, obwohl die Genete iteropar sind.

Bei modularen Organismen werden zumeist die verschiedenen Entwicklungsstadien anstelle von Altersklassen erfaßt.

In diesem Beispiel wurden Entwicklungsstadien und nicht Altersklassen betrachtet – was fast immer wünschenswert und notwendig ist, wenn wir uns mit modularen, iteroparen Organismen befassen. Denn

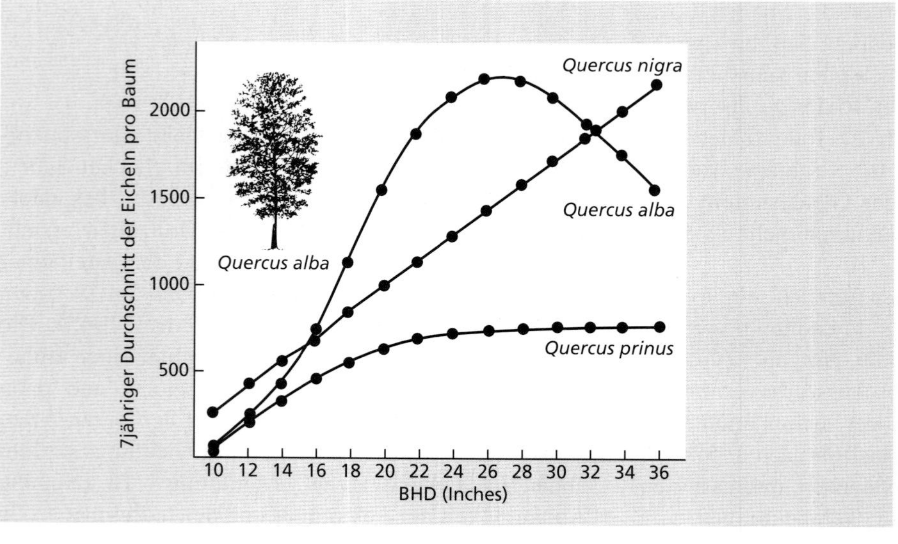

4.12 Größenspezifische Schwankungen der Fekundität bei drei Eichenarten. BHD: Brusthöhendurchmesser. (Nach Downs und McQuilkin 1944)

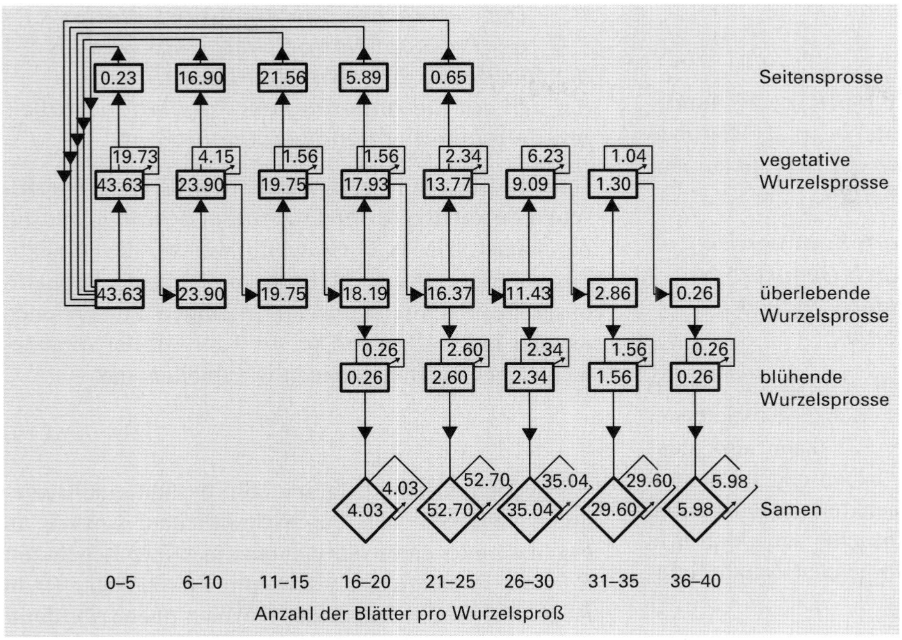

4.13 Eine rekonstruierte stationäre Lebenstafel für Module (Wurzelsprosse) einer Population der Segge *Carex bigelowii*. Die Dichten (pro m^2) sind für die Wurzelsprosse in den Rechtecken, für die Samen in den Rauten angegeben. Die Reihen enthalten die Sproßtypen, die Spalten die Größenklassen der Sprosse. Die dünn umrandeten Kästchen enthalten Daten für abgestorbene Sprosse und Samen, die Pfeile zeigen Verbindungen zwischen Größenklassen, Absterben oder Vermehrung an. (Nach Callaghan 1976)

die durch modulares Wachstum verursachte Variabilität steigt von Jahr zu Jahr und macht damit das Alter zu einem besonders schlechten Maß, um die Wahrscheinlichkeit eines Individuums bezüglich Tod, Fortpflanzung oder weiteres modulares Wachstum anzugeben.

4.7 Reproduktionsraten, Generationsdauer und Wachstumsraten

4.7.1 Die Beziehungen zwischen den Variablen

Im letzten Abschnitt haben wir gesehen, daß Lebens- und Fekunditätstafeln von Arten mit überlappenden Generationen wenigstens oberflächlich jenen von Arten mit getrennten Generationen gleichen. Bei getrennten Generationen waren wir in der Lage, die Reproduktionsrate (R_0) als Maß für die gesamten Verläufe von Überleben und Fekundität zu berechnen (Abschnitt 4.5.1). Die Frage stellt sich, ob ein vergleichbares Maß berechnet werden kann, wenn sich die Generationen überlappen.

Auch bei überlappenden Generationen bezieht sich die Reproduktionsrate auf die durchschnittliche Zahl von Nachkommen eines Individuums.

Wir müssen dabei beachten, daß die Reproduktionsrate R_0 vorher bei Arten mit getrennten Generationen zwei verschiedene Populationsparameter beschrieb. R_0 entsprach der durchschnittlichen Anzahl von Nachkommen eines Individuums im Lauf seines Lebens, war aber auch ein Multiplikationsfaktor, mit dem die ursprüngliche Populationsgröße multipliziert wurde, um die neue Populationsgröße nach einer Generation zu erhalten. Wenn im Fall von überlappenden Generationen eine Kohortenlebenstafel vorhanden ist, kann die Reproduktionsrate mit der gleichen Formel berechnet werden:

$$R_0 = \Sigma l_x m_x. \qquad (4.6)$$

Sie bezieht sich allerdings noch auf die durchschnittliche Anzahl an Nachkommen eines Individuums. Weitere Anpassungen sind notwendig, um zu ermitteln, mit welcher Rate die Größe einer Population zu- oder abnimmt oder wie lange eine Generation dauert. Größere Schwierigkeiten treten auf, wenn nur eine stationäre Lebenstafel – zum Beispiel eine Altersstruktur – vorhanden ist (siehe weiter unten).

Wir beginnen mit der Erstellung einer generellen Beziehung zwischen der Populationsgröße, der Zuwachsrate der Population und der Zeit, die aber nicht auf die Generationszeit eingeschränkt ist. Man stelle sich eine Population vor, die mit zehn Individuen beginnt und die nach einer Reihe von aufeinanderfolgenden Zeitintervallen auf 20, 40, 80, 160 und so weiter Individuen ansteigt. Wir bezeichnen die ursprüngliche Populationsgröße als N_0, die Populationsgröße nach dem ersten Zeitintervall als N_1, nach zwei Zeitintervallen N_2, und nach t Zeitintervallen als N_t. In diesem Fall ist:

$$N_0 = 10 \qquad (4.7)$$

und

$$N_1 = 20, \qquad (4.8)$$

und wir können sagen, daß:

$$N_1 = N_0 R, \qquad (4.9)$$

wobei R, das in diesem Fall 2 beträgt, als **fundamentale Nettoreproduktionsrate** oder als **Nettozuwachsrate pro Kopf** bezeichnet wird. Populationen nehmen also bei $R > 1$ zu und bei $R < 1$ ab.

Die Nettozuwachsrate pro Kopf berücksichtigt den Zuwachs durch Geburten bei gleichzeitigem Überleben anderer Individuen in einem bestimmten Zeitintervall.

Die Nettozuwachsrate pro Kopf R setzt die Geburt neuer Individuen mit dem Überleben existierender Individuen in Beziehung. Ist $R = 2$, kann also jedes Individuum zwei Nachkommen haben und selbst sterben, oder es kann nur einen Nachkommen haben und selbst am Leben bleiben. Man beachte auch, daß R in diesem Fall in den aufeinanderfolgenden Zeitabschnitten gleich bleibt, das heißt:

$$N_2 = 40 = N_1 R, \qquad (4.10)$$

$$N_3 = 80 = N_2 R \qquad (4.11)$$

und so weiter.
Somit gilt:

$$N_3 = N_1 R \times R = N_0 R \times R \times R = N_0 R^3, \qquad (4.12)$$

und allgemein formuliert:

$$N_{t+1} = N_t R \qquad (4.13)$$

und

$$N_t = N_0 R^t. \qquad (4.14)$$

Bezieht man die Pro-Kopf-Nettozuwachsrate R auf die Generationsdauer T, so erhält man die Nettoreproduktionsrate R_0.

Die Gleichungen 4.13 und 4.14 verbinden Populationsgröße, Zuwachsrate und Zeit. Wir können diese nun ihrerseits mit der **Nettoreproduktionsrate R_0**, und der **Generationsdauer** (definiert als Dauer von T Zeitintervallen) verbinden. Wie wir in Abschnitt 4.5.1 gesehen haben, ist R_0 der Multiplikationsfaktor, der eine Populationsgröße nach Ablauf einer Generation, respektive nach T Zeitintervallen, in eine andere umwandelt.

Also gilt:

$$N_T = N_0 R_0. \qquad (4.15)$$

Aber aus Gleichung 4.14 können wir sehen, daß:

$$N_T = N_0 R^T. \qquad (4.16)$$

Deshalb ist:

$$R_0 = R^T \qquad (4.17)$$

oder, wenn wir auf beiden Seiten natürliche Logarithmen bilden:

$$\ln R_0 = T \ln R_0. \qquad (4.18)$$

Der natürliche Logarithmus des Wertes der Pro-Kopf-Nettozuwachsrate wird als die spezifische Zuwachsrate r bezeichnet, die sich auf die Änderung der Populationsgröße pro Zeiteinheit und Individuum bezieht.

Der Ausdruck $\ln R$ wird gewöhnlich mit r, der **spezifischen Zuwachsrate** (*intrinsic rate of natural increase*), bezeichnet. Dies ist die Rate, mit welcher die Populationsgröße ansteigt, das heißt die Änderung der Populationsgröße pro Individuum und Zeiteinheit. Populationen nehmen bei $r > 0$ zu und bei $r < 0$ ab. Aus der vorangegangenen Gleichung können wir ableiten, daß

$$r = \frac{\ln R_0}{T}. \qquad (4.19)$$

Wie sich zusammenfassen läßt, besteht eine Beziehung zwischen der durchschnittlichen Anzahl an Nachkommen eines Individuums in seiner Lebenszeit R_0, dem Populationszuwachs pro Zeiteinheit r (= ln R) und der Generationsdauer T. Weiter oben (Abschnitt 4.5.1) war die Zeiteinheit bei Arten mit getrennten Generationen eine Generation. Deshalb waren R_0 und r identisch.

4.7.2 Schätzung der Variablen aufgrund von Lebens- und Fekunditätstafeln

Bei Populationen mit überlappenden Generationen oder aufeinanderfolgender Vermehrung ist r die spezifische Zuwachsrate, die eine Population erreichen kann. Sie wird sie aber nur dann erreichen, wenn die Überlebenskurven und Fekunditätstafeln über eine lange Zeitperiode hinweg stabil bleiben. Wenn dies der Fall ist, wird r allmählich erreicht und dann beibehalten. In der gleichen Zeit erreicht die Population eine stabile Altersstruktur, das heißt der Populationsanteil in jeder Altersklasse bleibt konstant (siehe weiter unten). Wenn sich jedoch die Fekunditätstafeln und Überlebenskurven mit der Zeit verändern, was meist der Fall ist, dann ändert sich die Zuwachsrate fortwährend, so daß sie nicht mehr mit einem einzigen Zahlenwert ausgedrückt werden kann. Es kann dennoch nützlich sein, eine Population ihrem Potential entsprechend zu charakterisieren – besonders, wenn das Ziel der Vergleich von Populationen ist, beispielsweise wenn Populationen derselben Art in verschiedenen Umgebungen miteinander verglichen werden, um die am besten geeignete Umgebung herauszufinden.

Die genaueste Berechnung von r erfolgt nach der Formel:

$$\Sigma e^{-rx} l_x m_x = 1, \qquad (4.20)$$

wobei die l_x- und m_x-Werte einer Kohortenlebenstafel entnommen werden und e die Basis der natürlichen Logarithmen ist. Dies ist aber eine sogenannte „unbestimmte" Gleichung, die nicht direkt gelöst werden

Tabelle 4.6: Eine Kohortenlebenstafel und Fekunditätstafel für die Seepocke *Balanus glandula* bei Pile Point, San Juan Insel/ Washington (Connell 1970). Die Berechnungen von R_0, T_c und dem ungefähren Wert von r sind im Text erklärt. Zahlen mit einem Sternchen wurden aus der Überlebenskurve interpoliert.

Alter (Jahre) x	a_x	l_x	m_x	$l_x m_x$	$x l_x m_x$
0	1 000 000	1.000	0	0	
1	62	0.0000620	4 600	0.285	0.285
2	34	0.0000340	8 700	0.296	0.592
3	20	0.0000200	11 600	0.232	0.696
4	15.5*	0.0000155	12 700	0.197	0.788
5	11	0.0000110	12 700	0.140	0.700
6	6.5*	0.0000065	12 700	0.082	0.492
7	2	0.0000020	12 700	0.025	0.175
8	2	0.0000020	12 700	0.025	0.200
				1.282	3.928

$R_0 = 1.282$

$$T_c = \frac{3.928}{1.282} = 3.1$$

$$r \approx \frac{\ln R_0}{T_c} = 0.08014$$

kann, sondern nur durch Iteration (heute gewöhnlich mit einem Computer). Sie ist außerdem eine Gleichung ohne einen eindeutigen biologischen Sinn. Deshalb wird gewöhnlich eine Annäherung an Gleichung 4.19 benutzt, nämlich:

$$r \approx \frac{\ln R_0}{T_c}, \qquad (4.21)$$

wobei T_c die **Generationszeit der Kohorte** ist (siehe weiter unten). Diese Gleichung hat wie die Gleichung 4.19 den Vorteil, daß sie die Abhängigkeit von r von der Reproduktion der Individuen (R_0) und der Dauer der Generation (T) verdeutlicht. Die Gleichung 4.21 ist ein guter Näherungswert, wenn $R_0 \approx 1$ ist, das heißt, wenn die Populationsgröße nahezu konstant bleibt oder wenn die Generationsdauer wenig schwankt oder auch bei Kombinationen von beidem (May 1976).

Wir können r aus der Gleichung 4.21 abschätzen, wenn wir den Wert für die Generationsdauer der Kohorte T_c, das heißt die durchschnittliche Zeitdauer zwischen der Geburt eines Individuums und der Geburt eines seiner Nachkommen, kennen. Dieser Durchschnitt ist die Summe aller dieser Zeitperioden, dividiert durch die Gesamtzahl der Nachkommen der Kohorte:

$$T_c = \frac{\Sigma\, x l_x m_x}{\Sigma\, l_x m_x}$$

oder

$$T_c = \frac{\Sigma\, x l_x m_x}{R_0}. \qquad (4.22)$$

Das entspricht nur ungefähr der tatsächlichen Generationsdauer T, da nicht berücksichtigt wird, daß einige Nachkommen während der produktiven Lebenszeit ihrer Eltern selbst Nachkommen haben können.

Die Gleichungen 4.21 und 4.22 erlauben uns also, T_c und damit einen Näherungswert für r nach der Kohortenlebenstafel einer Population mit überlappenden Generationen oder einer sich fortlaufend vermehrenden Population zu bestimmen. Mit anderen Worten geben sie uns die Summenwerte, die wir brauchen. Tabelle 4.6 zeigt ein konkretes Beispiel mit Daten für die Seepocke *Balanus glandula*.

4.8 Zweijährige und verwandte Lebenszyklen

Die einfachste Form von überlappender Semelparität findet sich bei Organismen mit strikt zweijährigem Lebenszyklus.

Wenn wir nun zu den verschiedenen Lebenszyklen zurückkehren, so erinnern wir uns, daß „überlappende Semelparität" (Abbildung 4.7e–f) auf Arten zutrifft, die semelpar sind und eine klar definierte Brutzeit haben, in der sich aber nicht alle Individuen auch tatsächlich vermehren, weil sie noch in der Entwicklungsphase stehen. Dieser Zyklus kommt in seiner einfachsten Form bei strikt zweijährigen Organismen vor. Jedes Individuum benötigt für seine Entwicklung zwei Sommer und den dazwischenliegenden Winter, hat aber nur eine Fortpflanzungsperiode im zweiten Sommer. Ein Beispiel dafür ist der Weiße Steinklee (*Melilotus alba*). Abbildung 4.14 zeigt die Ergebnisse einer Untersuchung von Klemow und Raynal (1981) aus dem US-Bundesstaat New York.

Ein typischeres Beispiel einer semelparen Pflanze mit überlappenden Generationen ist die Composite *Grindelia lanceolata*. Abbildung 4.15 zeigt auch die Überlebenskurven zweier Kohorten. Die Daten erhielt man, indem am Ende der Keimperioden von 1972 und 1973 alle Keimlinge mit Drahtringen markiert und danach die markierten Kohorten sorgfältig verfolgt wurden, bis alle Individuen abgestorben waren. (Trotz überlappender Generationen können Kohortenlebenstafeln bei solchen relativ kurzlebigen Arten offensichtlich leichter erstellt werden, als für die in Abschnitt 4.6 behandelten iteroparen Organismen.) Der Hauptunterschied zwischen den Abbildungen 4.15 und 4.14 besteht darin, daß *G. lanceolata* nicht schon im zweiten Sommer, sondern erst im dritten, vierten oder fünften Jahr blühte. Wenn jedoch eine Pflanze blühte, starb sie bald darauf ab. Daraus ergeben sich die nahezu vertikal abfallenden Kurven am Ende jeder Blühperiode. Im übrigen zeigen die Kurven wie in Abbildung 4.14 eine hohe Mortalität bis zur ausgewachsenen Pflanze, aber danach eine hohe Über-

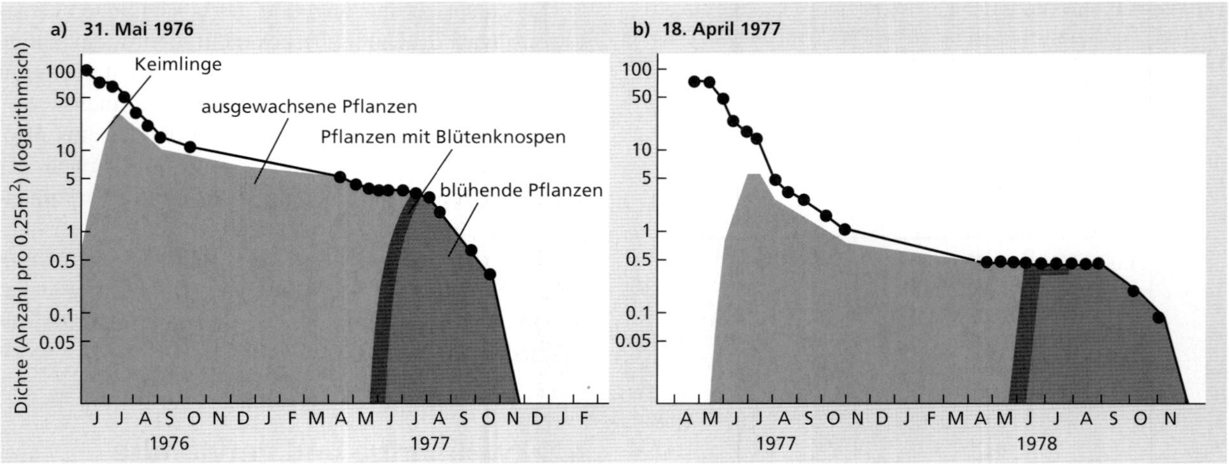

4.14 Überlebenskurven für zwei Kohorten von Weißem Steinklee (*Melilotus alba*), einer Art mit strikt zweijährigem Lebenszyklus. Die Überlebenswahrscheinlichkeit war bei den Keimlingen mittelmäßig, bei den ausgewachsenen Pflanzen gut und nach der Blüte sehr gering. (Nach Klemow und Raynal 1981)

lebenswahrscheinlichkeit der entwickelten Pflanzen bis zur Fortpflanzung.

Das Verhalten dieser unfixierten semelparen Pflanzen ist zum großen Teil ein Ausdruck ihres modularen Wachstums und der Tatsache, daß Größe (das heißt das Ausmaß des modularen Wachstums) für den Entwicklungsverlauf eines Individuums ebenso entscheidend ist wie das Alter. Individuen der semelparen Karde *Dipsacus fullonum* wurden zum Beispiel an Orten ausgesät, an denen sie vorher nicht vorkam, und nach der Keimung über fünf Jahre verfolgt. Während dieser Zeit wurden der Rosettendurchmesser und der vegetative oder blühende Zustand der Individuen aufgezeichnet. Die Risiken des Absterbens vor der Blüte und die Wahrscheinlichkeit des Blühens waren eng mit dem Rosettendurchmesser korreliert, und zwar unabhängig davon, ob die Pflanzen zwei-, drei- oder vierjährig waren (Werner 1975). Andererseits zeigten bei der semelparen Schopfbaum-Lobelie (*Lobelia telekii*) am Mount Kenya innerhalb der gleichen Rosettengrößenklasse die langsamer wachsenden, also älteren Rosetten durchwegs eine höhere Mortalität als schneller wachsende, jüngere Rosetten (Abbildung 4.16). Es können also sowohl das Alter als auch das Entwicklungsstadium von Bedeutung sein.

Ein gut bekanntes Beispiel für semelpare Tierarten mit überlappenden Generationen sind die Lachsarten, die sich über Jahre hinweg nicht fortpflanzen, bis sie die einmalige Wanderung flußaufwärts unternehmen, um zu laichen. Ein anderes Beispiel ist die Gemeine Krake (*Octopus vulgaris*), die im Mittelmeer eine Lebensdauer von 15 bis 24 Monaten hat (Nixon 1969). Die Krake *O. cyanea*, die im Indo-Pazifischen Raum lebt, wo eine Fortpflanzung das ganze Jahr über möglich ist (van Henkelem 1973), ist eine Art mit semelparen Individuen in einer Population mit

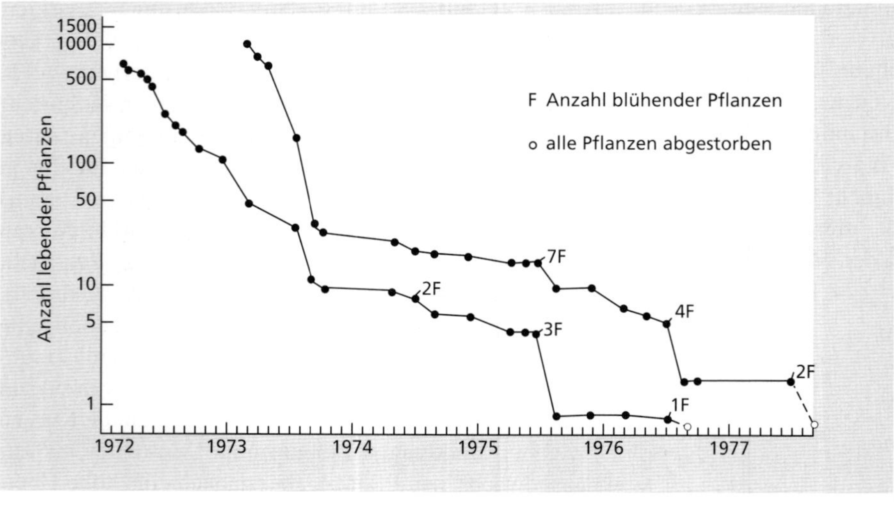

4.15 Überlebenskurven für zwei Kohorten von *Grindelia lanceolata* in Tennessee/USA. Die Überlebenswahrscheinlichkeit war bei jungen Pflanzen mittelmäßig, bei ausgewachsenen Pflanzen gut und nach der Blüte sehr gering. (Nach Baskin und Baskin 1979)

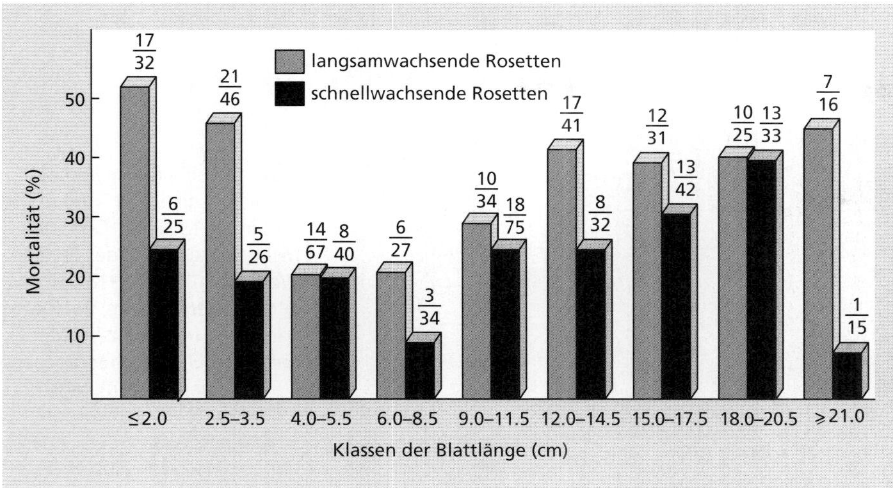

4.16 Zwischen Mai 1979 und November 1981 war die Mortalität bei jeder Größenklasse der Rosetten von *Lobelia telekii* am Mount Kenya bei den älteren mit einem unterdurchschnittlichen Wachstum zwischen Februar 1978 und Mai 1979 größer als bei den jüngeren mit einem überdurchschnittlichen Wachstum. Die Zahlen über den Säulen zeigen die Zahl der abgestorbenen Pflanzen im Verhältnis zur Gesamtzahl in der jeweiligen Größenklasse. (Nach Young 1985)

kontinuierlicher Fortpflanzung (siehe Abbildung 4.7). Eine weiter verbreitete und vielleicht bekanntere Gruppe mit kontinuierlicher Semelparität sind diejenigen semelparen Insekten, die in einer vom Menschen konstant gehaltenen Umwelt leben – zum Beispiel Schädlinge in Lagerhäusern.

4.9 Kontinuierliche Iteroparität: Demographie des Menschen

Arten mit kontinuierlicher Iteroparität pflanzen sich mehrmals und unabhängig von der Jahreszeit fort.

Beim letzten hier behandelten Lebenszyklustyp (Abbildung 4.7j) pflanzen sich die Individuen wiederholt und unabhängig von der Jahreszeit fort. Diesen Lebenszyklus gibt es zum Beispiel in Gebieten ohne jahreszeitliche Schwankungen. Er findet sich bei einigen tropischen Arten, bei vielen Parasiten und bei Bewohnern künstlicher Habitate, deren Bedingungen vom Menschen konstant gehalten werden – zum Beispiel Getreidesilos. Ein solcher Lebenszyklus kann auch bei Arten vorkommen, die wegen ihrer hochentwickelten Physiologie von saisonalen Änderungen ihrer Umwelt weitgehend unberührt bleiben. Das beste Beispiel hierfür ist *Homo sapiens*.

Die quantitative Erfassung von Größe, Verbreitung, Struktur und Dynamik menschlicher Populationen ist eine eigene, fortgeschrittene wissenschaftliche Disziplin. Daten unterschiedlicher Art sind für die nationale und internationale Planung und für politische Entscheidungen notwendig. Die Analyse von Lebenstafeln wurde ursprünglich für die Erstellung von Pensionskassen- und Versicherungstabellen entwickelt, die auf der Lebenserwartung von Individuen aufbauen. Deshalb haben die vorhandenen Daten über Populationen des Menschen eine Geschichte, einen Umfang und eine Genauigkeit, wie sie für keine andere Art vorliegen.

In einer Bevölkerungspyramide läßt sich die Altersstruktur der Population von Homo sapiens *darstellen.*

Die Abbildungen 4.17 und 4.18a zeigen Altersstrukturdaten in einer Form, wie sie üblicherweise für Populationen des Menschen benutzt wird: die **Bevölkerungspyramide**. Jede Altersgruppe ist durch einen horizontalen Balken, dessen Länge die absolute oder relative Größe der jeweiligen Altersgruppe anzeigt, dargestellt. Die Bevölkerungspyramide wird durch die vertikale Anordnung der Altersgruppe aufgebaut, beginnend zuunterst mit der jüngsten und endend mit der ältesten an der Spitze. Abbildung 4.17 zeigt, wie solche Daten in Verbindung mit historischen und soziologischen Informationen ein klares Bild der Bevölkerung eines Landes geben können. Abbildung 4.18a stellt die Altersverteilung der Gesamtbevölkerung der armen „Entwicklungsländer“ und der Industrieländer im Jahr 1980 gegenüber. Die Altersstruktur der Entwicklungsländer spitzt sich nach oben steil zu, während jene der Industrieländer einen nahezu vertikalen oder zum Teil sogar überhängenden Verlauf aufweist. Dies ist teilweise das Ergebnis von höheren Geburts- und niedrigeren Überlebensraten in den ärmeren Ländern (Abbildung 4.18b). Wie in Abschnitt 4.7 erläutert, ist diese Altersstruktur aber auch ein Spiegel der Tatsache, daß die Bevölkerung in den Entwicklungsländern schnell ansteigt, während jene der Industrieländer nur langsam, wenn überhaupt, zunimmt.

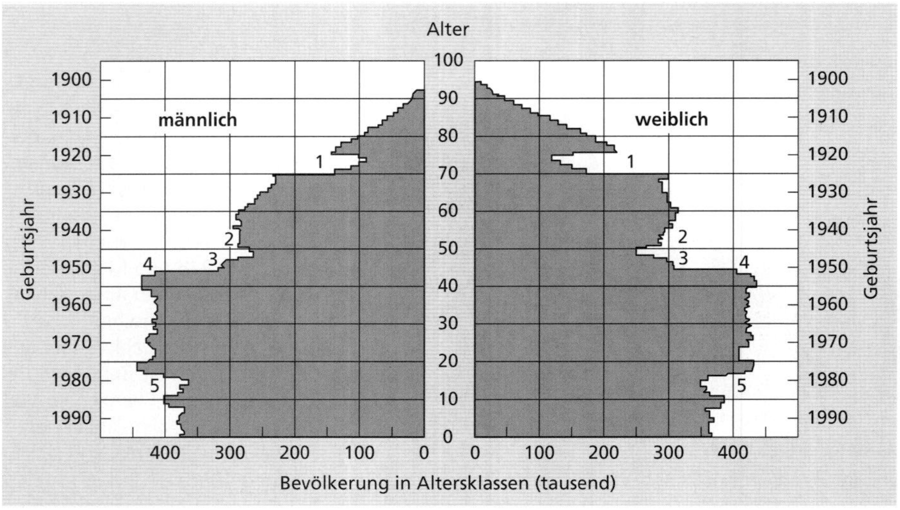

4.17 Bevölkerungspyramide für die Bevölkerung Frankreichs (1. Januar 1992). 1: Geburtenrückgang als Folge des Ersten Weltkriegs 1914–1918 (Lücken in den Altersklassen); 2: Übergang zum fortpflanzungsfähigen Alter; 3: Geburtenrückgang als Folge des 2. Weltkriegs 1939–1945; 4: „Baby-Boom"; 5: fehlender Ersatz der Generationen. (Nach Johnson et al. 1994)

Die Population von Homo sapiens *befindet sich in einer Phase extremen Wachstums, der sogenannten Bevölkerungsexplosion.*

Die Hochrechnungen für die Bevölkerung der Entwicklungsländer im nächsten Jahrhundert (Abbildung 4.18b und c) müssen uns Sorgen bereiten, wenn wir an die Ernährung dieser riesigen Zahl von Menschen denken. Selbst wenn sich die Geburts- und Überlebensraten vermutlich ändern und in den kommenden 20 Jahren zu einem schwächeren Wachstum führen werden, wird die Gesamtbevölkerung dennoch stark zunehmen, weil eine große Zahl von Menschen in den Entwicklungsländern erst in Zukunft in ihr fortpflanzungsfähiges Alter kommen wird. Wie May (1980) ausführt, kann die Auswirkung dieses Phänomens der **Bevölkerungsexplosion** am besten dadurch verdeutlicht werden, daß selbst unter der Annahme, daß ein r-Wert von Null über Nacht möglich wäre, sich die Bevölkerung der Entwicklungsländer trotzdem noch ungefähr verdoppeln würde, bevor sie in einen Gleichgewichtszustand käme (wir haben in Abschnitt 4.7 gesehen, daß sich arttypische Zuwachsraten erst nach einiger Zeit einstellen). Obwohl wir wegen der in jüngster Zeit abnehmenden Geburtsraten in Entwicklungsländern eine gewisse Erleichterung empfinden, müssen wir uns trotzdem mit einem Problem von beängstigenden Dimensionen auseinandersetzen.

4.10 Ausblick

Die Entwicklung verschiedener Lebenszyklen durch einzelne Arten ist eine Anpassung an die Umwelt, wobei andere Lebewesen meist die wichtigsten Umweltfaktoren darstellen.

Nachdem wir eine große Vielfalt an Lebenszyklen betrachtet haben, stellt sich die Frage, warum eine Art diesen und eine andere Art einen anderen Lebenszyklus hat. Es wäre naiv zu behaupten, Ökologen könnten diese Frage genau beantworten. Der Versuch, den Zusammenhang zwischen den Lebenszyklen und den verschiedenen Umwelten zu verstehen, ist eine der spannendsten Herausforderungen der modernen Ökologie. Bevor wir aber hier darauf eingehen können, müssen wir festhalten, daß für die meisten Organismen die mit ihnen zusammenlebenden Organismen die wichtigsten Umweltfaktoren darstellen. Deshalb müssen wir den Versuch, die Lebenszyklen zu verstehen, aufschieben, bis wir die inner- und zwischenartlichen Wechselbeziehungen untersucht haben (Kapitel 6–13). Wir werden dann in Kapitel 14 erneut auf die Lebenszyklen zurückkommen.

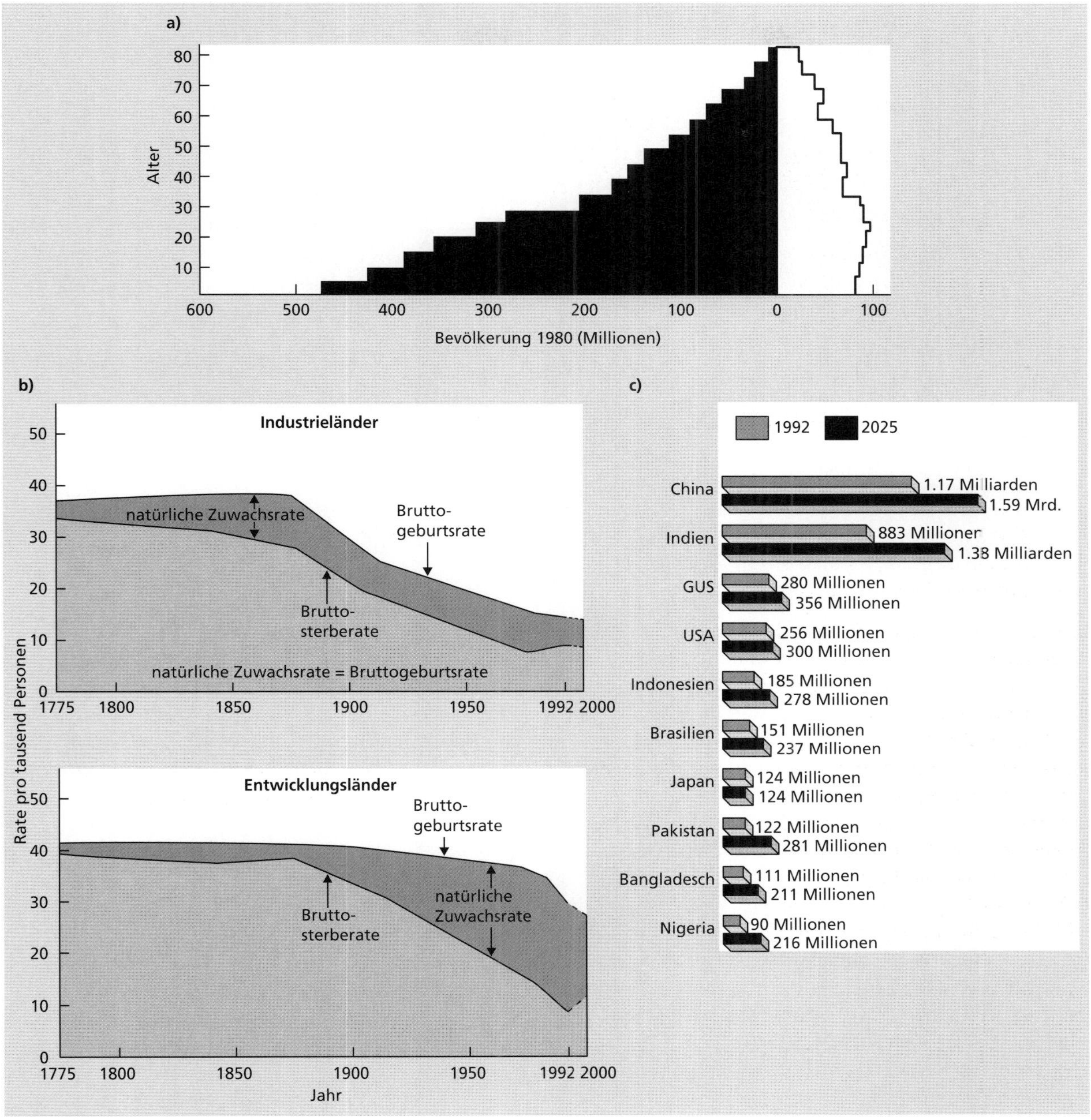

4.18 a) Größe und Altersstruktur der Gesamtbevölkerung der Entwicklungsländer (linke Seite) und der Industrieländer (rechte Seite) im Jahr 1980 (nach May 1980). b) Veränderungen in der Geburts-, Sterbe- und Nettozuwachsrate in den Entwicklungs- und in den Industrieländern in der Vergangenheit und in der Zukunft. c) Größe und projizierte Größe in den zehn bevölkerungsreichsten Ländern. (Nach Miller 1993)

5 Ausbreitung, Dispersion und Wanderung in Raum und Zeit

5.1 Einleitung

Alle Organismen sind in der Natur an ihrem heutigen Ort zu finden, weil sie sich einmal dorthin bewegt haben. Dies trifft auch auf die anscheinend seßhaftesten unter ihnen – wie Austern oder Redwoodbäume – zu. Die Ortsveränderungen können passiv erfolgen, wie bei den Samen vieler Pflanzen, oder aktiv, wie bei vielen mobilen Tieren und ihren Jugendstadien. Die Auswirkungen solcher Ortsveränderungen sind ebenfalls unterschiedlich. In einigen Fällen führen sie Organismen in Kolonien zusammen. In anderen Fällen verändert sich die Verteilung von Organismen untereinander ständig. Diese Bewegungen können auch zur Ausbreitung der Individuen und zur Verringerung ihrer Dichte führen.

Ausbreitung führt dazu, daß sich die Organismen einer Gruppe voneinander entfernen; dies kann aktiv oder passiv erfolgen.

Die Begriffe „Ausbreitung“ und „Wanderung“ werden verwendet, um unterschiedliche Aspekte der Ortsveränderungen von Organismen zu beschreiben. **Ausbreitung** beschreibt meist Situationen, in denen sich Individuen voneinander entfernen – zum Beispiel von ihren Eltern oder Geschwistern –, und kann aktive Bewegungen – Laufen, Schwimmen, Fliegen – oder passive Bewegungen – Transport durch Wasser oder Wind – umfassen. Ausbreitung ist deshalb eine geeignete Beschreibung für verschiedene Arten von Bewegungen:

a) von Pflanzensamen oder Seesternlarven, die sich voneinander und von ihren „Eltern“ weg bewegen;
b) von Wühlmäusen von einer Grasfläche zur anderen, wobei gewöhnlich einige Tiere zurückbleiben und die Ausbreitung durch eine solche in entgegengesetzter Richtung ergänzt wird;
c) von Festlandvögeln zu Inselgruppen – oder von Blattläusen innerhalb eines Pflanzenbestands – auf der Suche nach geeigneten Habitaten.

Wanderungen sind meist gerichtet und werden von einer Gruppe von Individuen gemeinsam durchgeführt.

Die **Wanderung** oder **Migration** dagegen beschreibt meist eine gerichtete Bewegung einer großen Anzahl von Individuen von einem Ort zum anderen. Der Begriff gilt also für klassische Wanderungen – Bewegungen von Heuschreckenschwärmen, interkontinentaler Vogelzug, transatlantische Züge von Aalen –, aber auch für weniger offensichtliche Bewegungen, wie die Wanderung von Küstentieren mit Ebbe und Flut (siehe Abschnitt 5.7).

Die Begriffe Ausbreitung und Wanderung beziehen sich beide auf Gruppen von Organismen. Es ist allerdings das einzelne Individuum, das sich fortbewegt. Wanderung ist eine Massenbewegung. Ein Individuum kann sich im engsten Sinne des Wortes nur ausbreiten, indem es sich in einzelne Teile aufteilt (zur Ausbreitung von Teilen eines Genets siehe Abschnitt 5.6). Viele sich ausbreitende Organismen – besonders Pflanzensamen und viele Jugendstadien aquatischer Organismen – haben wenig oder keine Kontrolle darüber, wohin oder wie weit ihre Reise geht. Auf der Ebene des Individuums gibt es also keine klare Grenze zwischen Wanderung und Ausbreitung. Trotzdem sind die Auswirkungen dermaßen unterschiedlich, daß sie in diesem Kapitel getrennt behandelt werden.

5.2 Verteilungsmuster: Dispersion

Man unterscheidet drei Typen von Verteilungsmustern: zufällige, regelmäßige und aggregierte Verteilung.

Die Ortsveränderungen von Organismen beeinflussen ihre **Verteilungsmuster (Dispersion)**. Es gibt drei Haupttypen der Dispersion, die sich aber nicht deutlich voneinander trennen lassen:

1) Eine **zufällige Verteilung** ergibt sich, wenn ein Organismus mit gleicher Wahrscheinlichkeit jeden beliebigen Punkt im Raum besetzen kann, und zwar unabhängig davon, wo andere Individuen bereits vorhanden sind. Das Ergebnis ist eine ungleichmäßige, zufällige Verteilung.
2) Eine **regelmäßige Verteilung** (auch uniforme oder gleichmäßige Verteilung, im Englischen gelegentlich als *overdispersion* bezeichnet) entsteht, wenn jedes Individuum versucht, anderen auszuweichen, oder wenn Individuen, die zu nahe bei anderen Individuen sind, sterben. Es resultiert eine gleichmäßigere Verteilung, als nach dem Zufallsprinzip zu erwarten wäre.

3) Eine **aggregative Verteilung** (auch geballte oder geklumpte Verteilung, im Englischen gelegentlich als *underdispersion* bezeichnet) ergibt sich entweder, wenn Individuen von besonderen Teilen der Umwelt oder von anderen Individuen angezogen werden, oder wenn es selbst zusätzliche Individuen erzeugt. Das Ergebnis ist eine größere Nähe der Individuen zueinander, als das Zufallsprinzip erwarten ließe.

Der Typ des Verteilungsmusters ist abhängig vom Maßstab der Betrachtung.

Diese Verteilungsmuster sind durch die relative Lage der einzelnen Organismen zueinander definiert. Wie sie sich aber einem Betrachter darbieten oder wie sie das Leben eines anderen Organismus beeinflussen, hängt davon ab, welchen Maßstab man anlegt. Nehmen wir eine Blattlauspopulation, die auf einer bestimmten Baumart im Wald lebt, als Beispiel. Wenn wir die Population großräumig betrachten, erscheinen die Blattläuse in bestimmten Teilen der terrestrischen Umwelt aggregiert, nämlich dem Wald. Betrachten wir nur den Wald, dann sind sie wiederum aggregiert, und zwar auf ihren Wirtsbäumen. Beziehen wir uns dagegen auf die Fläche eines einzelnen Blattes im Gipfel eines Baumes, dann haben wir den Eindruck, die Blattläuse seien zufällig über den ganzen Baum verteilt. Proben von einem Quadratzentimeter wiederum können eine regelmäßige Verteilung ergeben, weil sich Blattläuse auf demselben Blatt meiden.

Um die Auswirkung der Populationsdichte auf die Entwicklung einer Population zu beurteilen, muß man sich auf die effektive Dichte beziehen.

In Wirklichkeit sind die Populationen aller Arten im einen oder anderen Maßstab unregelmäßig verteilt (Abbildung 5.1). Ökologen haben sich sehr bemüht, diese Unregelmäßigkeiten zu beschreiben und zu messen (Southwood 1978a; Okubo 1980; Greig-Smith 1983; Murray 1989). Die unregelmäßige Verteilung von Organismen kann zu falschen Angaben über die **effektive Dichte** führen. So berechnet man die Bevölkerungsdichte eines Landes oder einer Region in der Regel dadurch, daß man die Gesamtzahl der Individuen durch die Gesamtfläche teilt. Die meisten Menschen leben aber in Dörfern und Städten, so daß die

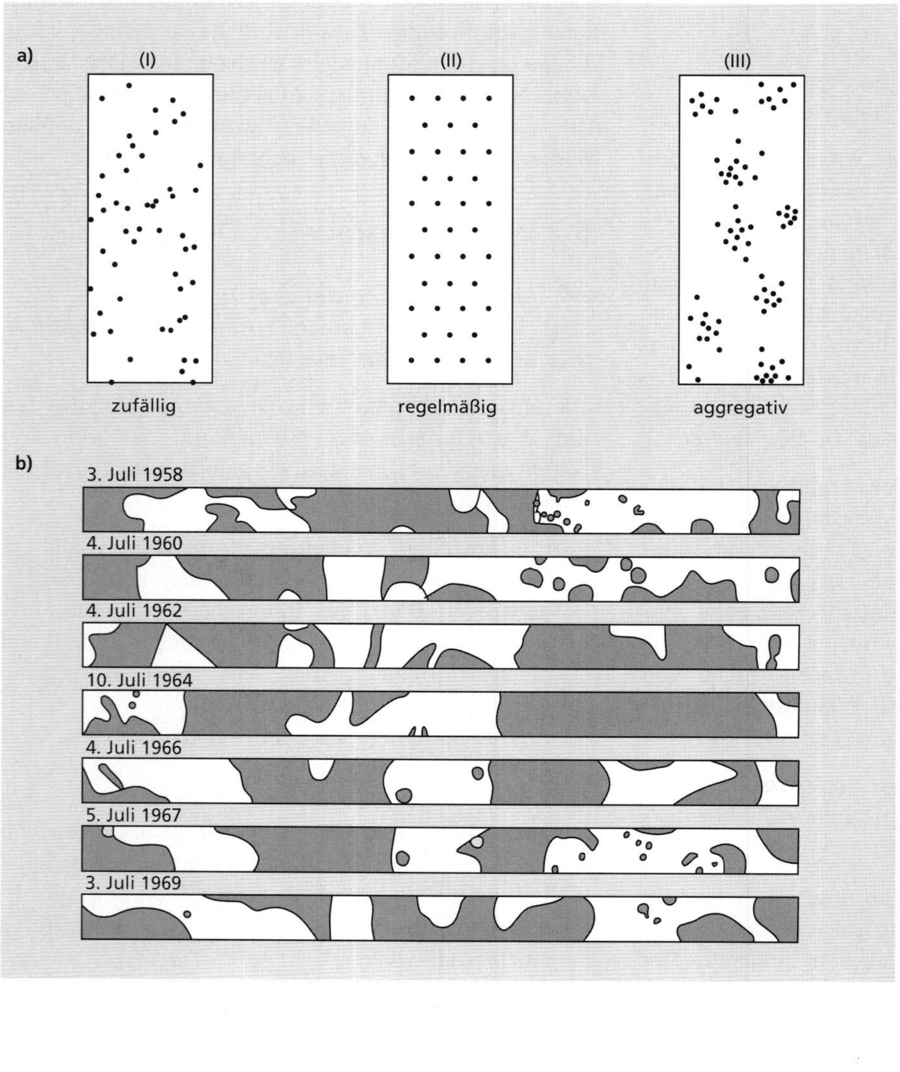

5.1 a) Verteilungsmuster von Organismen. b) Jährliche Veränderungen in der mosaikartigen Verbreitung des Grases *Festuca ovina* (Schafschwingel)(gerastert) in einem Ausschnitt eines Heidegebiets (Breckland/Ostengland). (Nach Watt 1970)

effektive Dichte viel höher ist (Daten für die USA sind bei Lewontin und Levins 1989 zu finden). Wenn wir die Rolle der Dichte bei der Regulation natürlicher Populationen beurteilen wollen, müssen wir deshalb unbedingt zwischen der mittleren und der effektiven Dichte unterscheiden.

Die „Räumigkeit" der Umwelt beeinflußt die Verteilung von Organismen.

Wesentlich schwieriger, ökologisch aber noch wichtiger ist, die Verteilung von Organismen in einem Maßstab zu beschreiben, der für frei bewegliche Organismen von Bedeutung ist (die sogenannte „Froschperspektive"). MacArthur und Levins (1964) haben dafür das **Konzept der Räumigkeit der Umwelt** oder auch **Konzept der Mannigfaltigkeit der Umweltfaktoren** genannt (*environmental grain*) eingeführt. So ist zum Beispiel die Gipfelzone eines Eichen-Hikkory-Waldes für einen Vogel, der auf beiden Baumarten Nahrung sucht, kleinräumig, für ein Insekt, das nur Blätter einer Baumart bevorzugt, hingegen großräumig.

Eine unregelmäßige Verteilung kann aus der physischen Umwelt oder aus der Tätigkeit von Organismen resultieren.

Eine unregelmäßige Verteilung kann ihre Ursachen auch in der physischen Umwelt haben. Inseln im Meer sind offensichtliche Beispiele, wie die unregelmäßige Verteilung physischer Bedingungen die ungleichmäßige Verteilung von terrestrischen Organismen zur Folge hat. Weitere Beispiele hierfür sind Felsen in Moorgebieten oder Wasserflächen in terrestrischer Umgebung.

Ebenso bedeutend für eine gleichmäßige Verteilung von Organismen sind ihre eigenen Aktivitäten. Fast jede Aktivität führt zu Unregelmäßigkeiten in der Umwelt, sei es eine ungleichmäßige Beweidung, das Hinterlassen von Dünger oder Trampelpfaden oder eine lokale Übernutzung der Vorkommen an Wasser und Mineralien.

Solche Unregelmäßigkeiten oder Lücken in der Umwelt haben natürlich ihre Geschichte. Eine Lücke im Wald, die durch einen umgestürzten Baum entstand, wird wieder besiedelt und es wachsen wieder Bäume heran, während andere Bäume umstürzen und neue Lücken schaffen.

Durch Ausbreitung werden bewohnbare Flächen entdeckt und besiedelt.

Normalerweise betrachtet man Ausbreitung als einen Prozeß der **Kolonisation**, bei dem die Population einer Art das von ihr besetzte Territorium ausdehnt. Vielleicht noch wichtiger ist allerdings die Ausbreitung einer Art als Überlebensstrategie in einer sich verändernden Umwelt oder in einer Umwelt, welche durch diese Art selbst verändert wird.

Man kann die Umwelt als Mosaik von bewohnbaren und unbewohnbaren Gebieten sehen – Flächen, in denen die Ressourcen und die Voraussetzungen für Populationen einer bestimmten Art günstig oder ungünstig sind. Es sind allerdings vielleicht noch nicht alle günstigen Flächen „entdeckt" und deshalb noch nicht besiedelt worden. Eine bewohnbare Fläche kann im Lauf der Zeit unbewohnbar werden, wenn zum Beispiel die Ressourcen aufgebraucht sind oder wenn sich die Verhältnisse durch die Einwanderung einer anderen Art verändert haben. Ausbreitung ist der Prozeß, durch den ständig neue bewohnbare Flächen besiedelt werden im Rahmen der räumlichen und zeitlichen Entwicklung, der selbst sehr stabile Populationen unterliegen (siehe auch Abschnitt 15.5 und 15.6)

5.2.1 Aggregationsfördernde Kräfte

Aggregation kann das Ergebnis gleicher Habitatselektion sein.

Die einfachste Erklärung für die mosaikartige Verbreitung von Populationen ist diejenige, daß Organismen dann und dort aggregieren, wenn und wo sie die zur Fortpflanzung und zum Überleben nötigen Ressourcen und Voraussetzungen finden. Diese sind gewöhnlich mosaikartig in Raum und Zeit verteilt. Es lohnt sich (und hat sich im Lauf der Evolution auch gelohnt), in diesen Gebieten zu leben. Organismen können aber auch auf andere Weise von der räumlichen und zeitlichen Nachbarschaft zu anderen Organismen profitieren. Zum Beispiel schützen Warnrufe eines Individuums andere Gruppenmitglieder, nützen hingegen einem einzelnen Individuum nichts. Allerdings ist es schwierig zu erklären, wie die Evolution das Leben in der Gruppe fördert.

Das Leben in der Gruppe kann bei der Nahrungssuche oder als Schutz vor Räubern von Vorteil sein.

Eine interessante Theorie zum Nachweis eines selektiven Vorteils für Individuen, die sich mit anderen aggregieren, hat Hamilton (1971) vorgelegt. Seiner Meinung nach kann ein Individuum das Risiko gegenüber einem Räuber vermindern, wenn es zwischen sich und den Räuber eine andere potentielle Beute stellt. Die gefährlichste Plazierung in einer Herde ist am Rand. Ein Individuum profitiert also davon, wenn ihm sein sozialer Status einen Platz im Innern der Herde gewährt. Das würde bedeuten, daß untergeordnete Individuen in der gefährlicheren Zone leben müssen. Dies scheint bei Rentieren (*Rangifer tarandus*) und bei Ringeltauben (*Columba palumbus*) tatsächlich der Fall zu sein (Murton et al. 1966). Das Leben in Gruppen kann für ein Individuum bei der Nahrungssuche vorteilhaft sein, wenn dies Warnungen vor Räubern bewirkt oder

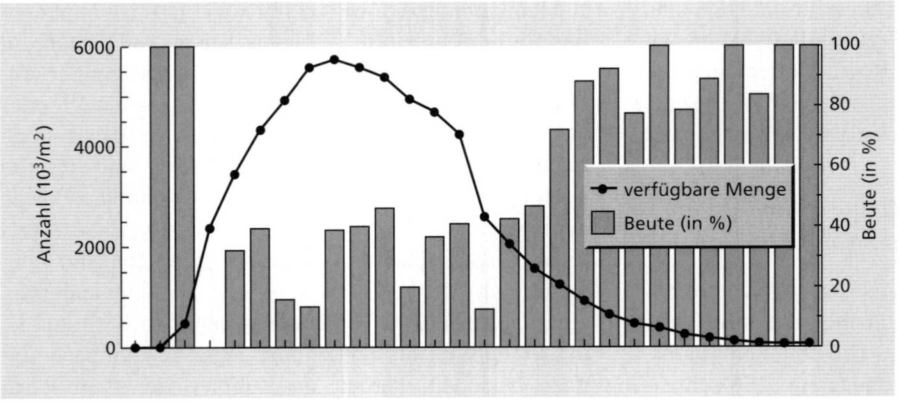

5.2 Veränderungen in der Dichte einer Population von Zikaden mit einer 13jährigen Periode in Nordwest-Arkansas (1985) und Veränderungen im Prozentsatz der von Vögeln gefressenen Tiere. (Nach Williams et al. 1993)

wenn dank vereinter Kräfte ein Räuber bezwungen werden kann (Pulliam und Curaco 1984).

Das Prinzip des Herdeneffekts gilt nicht nur für das räumliche, sondern auch für das zeitliche Auftreten von Organismen. Individuen, die im Vergleich zur Norm ihrer Population zu früh oder zu spät erscheinen, haben ein größeres Risiko gegenüber ihren Räubern. Zu den besonders auffälligen Beispielen eines synchronen Auftretens gehören die periodisch erscheinenden Zikaden der Gattung *Magicicada*, deren Adulte gleichzeitig nach 13 oder 17 Jahren unterirdischen Lebens an die Oberfläche kommen (Abbildung 5.2).

Viele Baumarten, besonders in gemäßigten Zonen, haben synchrone Mastjahre (siehe Abschnitt 8.4), in denen sie große Mengen an Samen produzieren, gefolgt von einer Anzahl an Jahren, in denen sie relativ unproduktiv sind. Auch viele Bambusarten blühen synchron und bilden gleichzeitig Samen. Bei einigen Arten erfolgt dies in Abständen von bis zu hundert Jahren. Wenn die Populationen der Räuber nicht schnell genug zunehmen, um das Überangebot zu konsumieren, bleiben mehr Samen zum Keimen und Heranwachsen übrig, als dies unter normalen Bedingungen der Fall wäre (Janzen 1976).

Selektive Kräfte, die gegen eine Aggregation wirken, sind die Erschöpfung der Ressourcen und die gesteigerte Aufmerksamkeit seitens der Räuber.

Es gibt aber auch starke selektive Kräfte, die gegen eine Aggregation in Raum oder Zeit wirken. Dazu gehört in erster Linie die schnellere lokale Erschöpfung der Ressourcen, wenn viele Individuen zur selben Zeit und am selben Ort zusammenleben (siehe Kapitel 6). Eine Gruppe kann auch die Aufmerksamkeit eines Räubers auf sich lenken (das Gegenteil des Herdeneffekts). Alles in allem sind die Verteilungsmuster in der Natur immer ein Kompromiß zwischen der Attraktivität eines geteilten Lebensraumes und den Vorteilen des Lebens in der Gruppe einerseits und andererseits den negativen Folgen der Überbevölkerung und den Kosten des Lebens in Gruppen.

5.3 Ausbreitung

5.3.1 Ausbreitung als Flucht oder zur Entdeckung neuer Ressourcen

Die Entdeckungsausbreitung dient der Suche nach einem geeigneten Lebensraum; sie kann auf verschiedene Weise erflogen.

Die Ursache für die Ausbreitung ist die Flucht von Individuen aus der engsten Umgebung ihrer Eltern und Nachbarn. Sie führt zu einer Abnahme der Aggregation und kann eine lokale Überbevölkerung vermindern. Ein wesentlicher Aspekt der Ausbreitung kann allerdings auch die Entdeckung neuer Habitate sein. Man kann zwei Typen solcher **Entdeckungsausbreitung** (*discovery dispersal*) unterscheiden (Baker 1978). Beim ersten Ausbreitungstyp, suchen Individuen eine große Anzahl an Plätzen auf und „erkunden" diese, bevor sie schließlich zu einem dieser Plätze zurückkehren und sich niederlassen. Beim anderen Ausbreitungstyp suchen die Individuen mehrere Orte nacheinander auf und beenden dann ihre Mobilität, ohne je an einen vorher erkundeten Platz zurückzukehren. Dieser zweite Typ kann wiederum in zwei weitere Kategorien unterteilt werden: Entweder bestimmt der Organismus, wann er die Fortbewegung unterbricht, oder nicht.

Die Ausbreitung von Pflanzensamen hat keinen explorativen Charakter und liegt außerhalb der Kontrolle des Samens. Der „Entdeckungsaspekt" ist deshalb bei der Samenausbreitung eine Frage des Zufalls. Allerdings kann die Wahrscheinlichkeit, einen geeigneten Platz zu finden, durch spezielle Anpassungen des Samens erhöht werden. Die Ausbreitung von Tieren kann dagegen zu jeder dieser drei Kategorien gehören. Einige Tierarten haben im wesentlichen den gleichen Ausbreitungstyp wie Pflanzensamen. Von vielen anderen Tieren kann man zwar nicht sagen, daß sie Plätze auskundschaften, aber sie haben eine Kontrolle über ihr Seßhaftwerden und unterbrechen ihre Fortbewegung erst, wenn ein geeigneter Platz gefunden worden ist.

Man kann die Anzahl jener Arten, bei denen tatsächlich eine Ausbreitung mit explorativem Charakter vorkommt, nur schwer schätzen; die vorhandene Datenmenge ist häufig zu gering. Es genügt nämlich nicht zu wissen, woher das Tier kommt und wo es sich niederläßt. Man müßte auch all jene Plätze kennen, die es zwischendurch aufgesucht hat. Explorative Ausbreitung dürfte allerdings ziemlich weit verbreitet sein (Baker 1982).

Organismen temporärer Lebenräume – beispielsweise im Rahmen der Sukzession – müssen von Zeit zu Zeit neue Lebensräume aufsuchen.

Nicht alle Arten breiten sich gleich stark aus. Insekten, die in Habitaten leben, die von Natur aus temporär sind, haben zum Beispiel eine ausgeprägtere Ausbreitungsphase als Insekten, die in dauerhafteren Habitaten leben. **„Supertramp"-Arten**, wie die Schweiftaube *Macropygia mackinlayi*, (Diamond 1973; Diamond und May 1976) breiten sich beispielsweise stark aus und sind gute Erstkolonisten von kleinen Inseln, allerdings bleiben sie nicht lange, wenn andere Arten folgen (Abbildung 5.3).

Allgemein ist die Ausbreitung für das Überleben von Arten wichtig, die temporäre Stadien in einer sich wandelnden Lebensgemeinschaft nutzen (vergleiche Abschnitt 17.4). Die Nachkommen von Individuen der Arten aller Sukzessionsstufen können in ihren eigenen lokalen Habitaten nicht überleben. Sogar die Arten der sogenannten „Klimax"-Gesellschaften – der relativ stabilen Endstufe von Sukzessionen – sind langfristig nicht überlebensfähig, wenn sie keine neuen Gebiete besiedeln können.

5.3.2 Die Notwendigkeit einer gewissen Ausbreitung

Obwohl Ausbreitung mit Risiken verbunden ist, wirkt der Selektionsdruck in diese Richtung und hat sich als evolutionär stabile Strategie durchgesetzt.

Ausbreitung ist grundsätzlich mit Risiken verbunden. Deshalb gilt es, ein Risikogleichgewicht zwischen dem Verbleiben im bewohnten Habitat mit gefährdeten Ressourcen und den Gefahren der Besiedlung eines neuen Habitats zu finden.

Offenbar haben alle Organismen, sogar in sehr stabilen Habitaten, im Laufe ihrer Entwicklung unter dem Selektionsdruck gestanden, einen Teil der Nachkommen zu verbreiten (Hamilton und May 1977). Man stelle sich eine Population vor, deren Mehrheit ein seßhafter, sich nicht ausbreitender Genotyp O ist, in der es aber eine seltene Mutante X gibt, deren Nachkommen sich teilweise ausbreitet. Die Mutante X kann sich im Habitat erhalten, weil die Individuen des Genotyps O sie nicht verdrängen werden. Die Mutante X hat jedoch gewisse Möglichkeiten, einige der seßhaften Individuen zu verdrängen, und wird deshalb in der Population häufiger werden. Wenn andererseits die Mehrheit der Population aus dem Typ X besteht und Typ O die seltene Mutante ist, wird Typ O sich noch weniger gut durchsetzen als Typ X. Denn Typ O kann keine Typ-X-Individuen verdrängen, ist selbst aber dem Druck von einigen oder sogar vielen sich ausbreitenden Individuen des Typs X ausgesetzt. Ausbreitung wird deshalb als eine **evolutionär stabile Strategie (ESS)** (Maynard Smith 1972; Parker 1984) bezeichnet. Eine seßhafte Population wird sich also in Richtung der Ausbildung einer Ausbreitungsstrate-

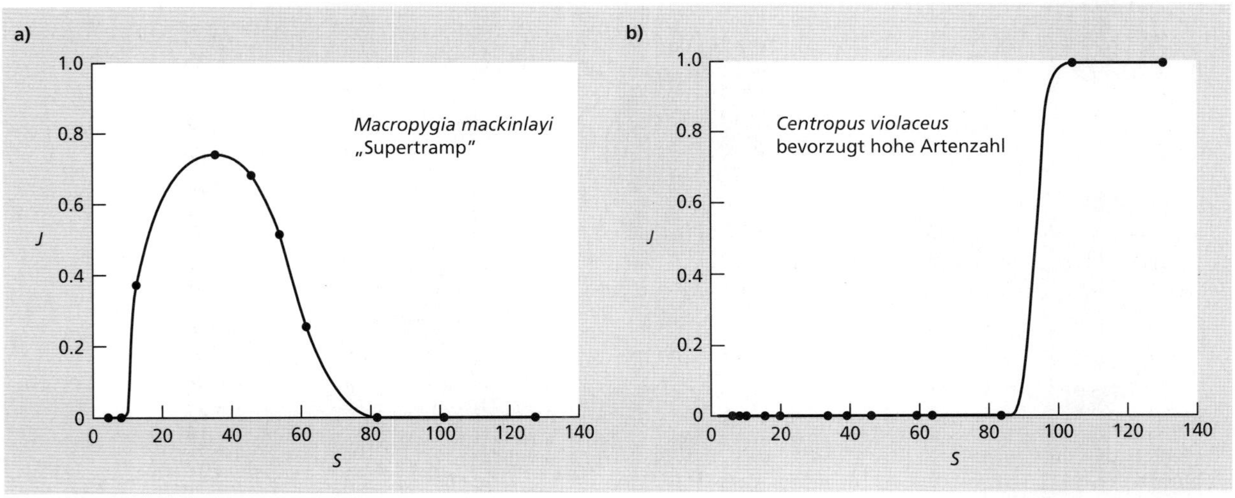

5.3 Vorkommen a) der Schweiftaube *Macropygia mackinlayi*, einer „Supertramp"-Art, und b) des Spornkuckucks *Centropus violaceus* auf Inseln im Bismarck-Archipel. *S*: Anzahl Vogelarten auf einer Insel; *J*: Flächenanteil der Inseln, auf dem Taube oder Kuckuck vorhanden sind. Die Taube ist eher ein früher Kolonist auf Inseln, bleibt aber nicht in der Lebensgemeinschaft. Der Kuckuck hingegen findet sich nur auf Inseln mit einer reichen Vogelfauna. (Nach Diamond und May 1976)

gie hin entwickeln, während eine Population von Ausbreitern keine Tendenz zeigen wird, ihre Fähigkeiten zur Ausbreitung zu verlieren. Selbst wenn eine effiziente Ausbreitung nur auf Kosten einer reduzierten Zahl an Nachkommen möglich ist, wird sich ein kleinerer, aber immer noch beachtlicher Teil der Nachkommen ausbreiten (Cohen und Mitro 1989). Ein hoher Grad an räumlicher Variabilität in der Umwelt begünstigt (innerhalb und zwischen Arten) Formen mit einer hohen Ausbreitungsrate (Cohen und Levin 1987).

5.3.3 Die demographische Bedeutung der Ausbreitung

Populationsdynamische Studien vernachlässigen häufig den Prozeß der Ausbreitung, wenn sich Ein- und Auswanderungen zahlenmäßig entsprechen.

Die „ökologische Tatsache des Lebens", die in Abschnitt 4.1 vorgestellt wurde, besagt, daß die Ausbreitung potentiell einen starken Einfluß auf die Populationsdynamik haben kann. In Wirklichkeit haben jedoch viele populationsdynamische Studien der Ausbreitung wenig Aufmerksamkeit geschenkt. Als Grund dafür wird meist angegeben, daß Ein- und Auswanderung (**Immigration** und **Emigration**) annähernd gleich groß sind und sie sich deshalb gegenseitig aufheben. Der wahrscheinlichere Grund ist jedoch, daß die Ausbreitung in der Regel quantitativ sehr schwer zu bestimmen ist. Jene Studien, die sich sorgfältig mit der Ausbreitung beschäftigt haben, tendieren zur Bestätigung dessen, was die „ökologische Tatsache des Lebens" erwarten läßt. In einer eingehenden Langzeitstudie über eine Population von Kohlmeisen (*Parus major*) in Wytham Wood, Oxford/England (Greenwood et al. 1978; siehe Abschnitt 5.4.4) wurde beobachtet, daß 57 % der Brutvögel Einwanderer waren. In einer Übersicht über die Ausbreitung von Mäusen und Wühlmäusen (Gaines und McClenaghan 1980) wird von einer Anzahl an Fällen berichtet, in denen entweder über die Hälfte einer Population während einer Woche auswanderte oder über die Hälfte der Population aus Einwanderern der vorangegangenen Woche bestand. Wenn bei Populationen der Feldmäuse *Microtus pennsylvanicus* und *M. ochrogaster* die Auswanderung verhindert wurde, vermehrten sich die Populationen auf ein extrem hohes Niveau und überweideten die Grasflächen in einem Ausmaß, das unter natürlichen Bedingungen nicht vorkommt (Krebs et al. 1969).

In einer Population des Kartoffelkäfers (*Leptinotarsa decemlineata*) in Kanada betrug die mittlere Auswanderungsrate von frisch geschlüpften Adulten 97 % (Harcourt 1971). Abbildung 5.4 zeigt die damit vergleichbare Ausbreitung des Käfers in Europa in der Mitte dieses Jahrhunderts (Johnson 1967). Ausbreitung ist zweifellos ein sehr bedeutsamer, aber vernachlässigter demographischer Prozeß.

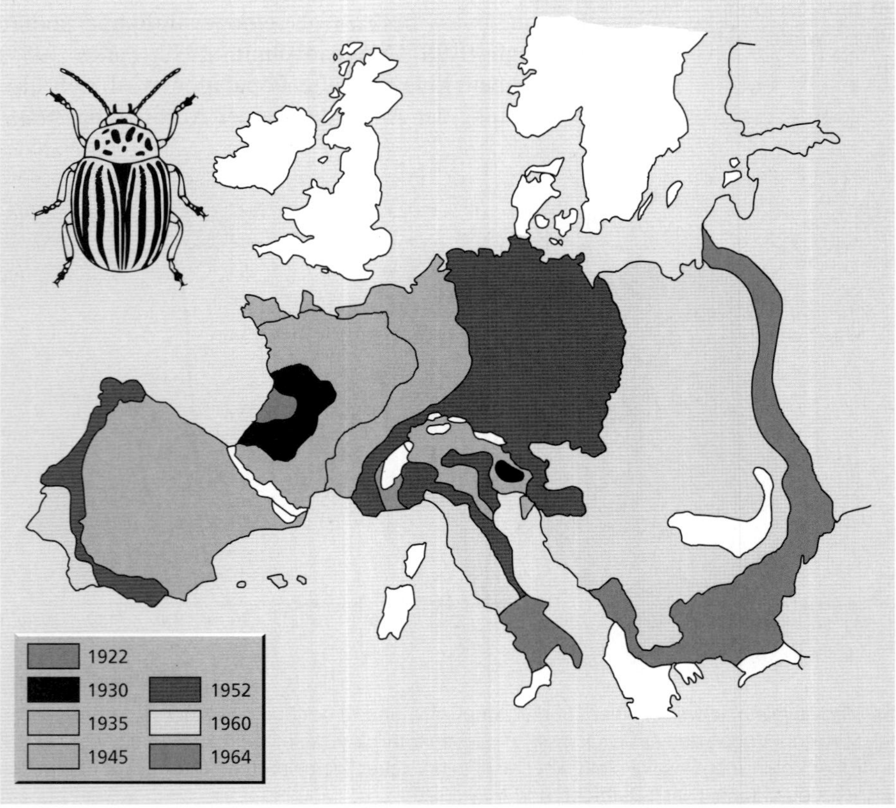

5.4 Ausbreitung des Kartoffelkäfers (*Leptinotarsa decemlineata*) in Europa. (Nach Johnson 1967)

5.3.4 Passive Ausbreitung auf dem Land und durch die Luft

Aktive und passive Ausbreitung lassen sich nicht deutlich voneinander trennen, da die Fortbewegung vieler Organismen beide Komponenten beinhaltet.

Die meisten biologischen Kategorien werden in den Grenzbereichen undeutlich. Ein Beispiel hierfür ist die Unterscheidung von **aktiver** und **passiver Ausbreitung**. Bei den meisten mobilen Tieren wird die Fortbewegung bis zu einem gewissen Grad auch vom eigenen Verhalten bestimmt. Dagegen werden Distanz und Richtung der Ausbreitung sessiler Organismen von fremden Kräften vorgegeben. Trotzdem ist die passive Ausbreitung durch den Wind nicht auf Pflanzen beschränkt. Jungspinnen, die zu einer hochgelegenen Stelle klettern, um sich an einem Spinnenfaden von der Luftströmung wegtragen zu lassen, sind dieser Luftströmung ebenso ausgeliefert wie die geflügelten Samen eines Ahorns oder einer Kiefer. Passive Ausbreitung ist jedoch nicht auf Organismen beschränkt, die keine Kontrolle über ihre Fortbewegung haben (Johnson 1969). Die Flügel von Vögeln und Insekten werden beispielsweise nicht ausschließlich zur aktiven Fortbewegung benutzt, sondern dienen auch zur passiven Fortbewegung mit der Luftströmung (Tabelle 5.1).

Trotz der undeutlichen Abgrenzung von aktiver und passiver Ausbreitung kann man sagen, daß die Distanz und die Richtung der Fortbewegung bei passiver Ausbreitung nicht durch eigene Mobilität, sondern ausschließlich durch eine bewegende Kraft – sei dies nun Wind, Wasser oder ein Tier – bestimmt werden. Die höhere Pflanze hat keinen Einfluß darauf, wo ihre Samen einmal hingelangen werden, wohl aber darauf, wie sie an die Transportmedien angepaßt sind (Burrows 1986).

Die Samen, die von einer Mutterpflanze fallen, werden nie ganz zufällig verbreitet. Die meisten Samen erreichen den Boden in der Nähe der Samenquelle, und ihre Dichte nimmt mit der Entfernung ab. Dies gilt sowohl für vom Wind verbreitete Samen als auch für Samen, die von der Pflanze wegkatapultiert werden – zum Beispiel bei vielen Leguminosen, Veilchen (*Viola*) und Storchenschnabel (*Geranium*). Oft ist die Samendichte unmittelbar unter der Pflanze sehr gering, erreicht den höchsten Wert in der näheren Umgebung und fällt bei größerer Entfernung steil ab. Abbildung 5.5 zeigt dies am Beispiel der Samen von *Eucalyptus regnans*.

Das Wegschleudern von Ausbreitungseinheiten ist nicht auf Samenpflanzen beschränkt. Viele Farne katapultieren ihre Sporen aus der Kapsel, und viele Pilze werfen die Sporen mit großer Kraft in die Luft – im Fall von *Pilobolus* mit einer Geschwindigkeit von bis zu 27 m pro Sekunde. Geraten Sporen in die Nahrung von Tieren, werden sie zusammen mit deren Kot verbreitet.

Dadurch, daß die meisten Samen in der Nähe ihrer Quelle den Boden erreichen, erfolgt eine allfällige Konkurrenz zwischen den Keimlingen und ihrer Mutterpflanze oder nahe verwandten Individuen. Dies ist nur eine Form, wie die Art des natürlichen Ausbreitungsprozeßes bestimmt, welchen Selektionskräften eine Population ausgesetzt wird.

5.3.5 Kosten und Grenzen der Ausbreitung

Die Bildung spezieller **Ausbreitungsstrukturen** bedeutet einen Verlust an Geweben und Ressourcen, die für andere Aktivitäten genutzt werden könnten. Sowohl die Flügel oder Haare von windverbreiteten Samen oder die fleischigen Fruchthüllen von Samen, die durch Vögel verbreitet werden, als auch die Haken und Dornen von Samen, die im Fell von Tieren verbreitet werden, sind Gewebe, die von der Mutterpflanze stammen, und nicht Teil des Embryos selbst. Ihre Ausbildung erfolgt also auf Kosten der Vitalität und des Wachstumspotentials der Mutterpflanze, weil

Tabelle 5.1: Vergleich der relativen Häufigkeit aller Insekten und ausgewählter Dipterengruppen. Die Probennahme erfolgte während sechs bis sieben Tagen in unterschiedlicher Höhe (nach Glick 1939). Die großen Höhen sind für einen aktiven Flug von Ort zu Ort nicht nötig, hingegen sehr wichtig für einen passiven Transport durch Windströmungen über weite Strecken.

	Höhe (in Fuß)					
	20	200	1 000	2 000	3 000	5 000
Insekten gesamt	26 512	13 396	4 749	2 357	1 364	612
Dipteren gesamt	11 018	5 175	1 979	1 024	586	279
Chloropidae	3 435	1 010	459	212	104	74
Sarcophagidae	57	17	4	1	2	2
Muscidae	14	6	1	2	0	0
Calliphoridae	0	3	0	0		

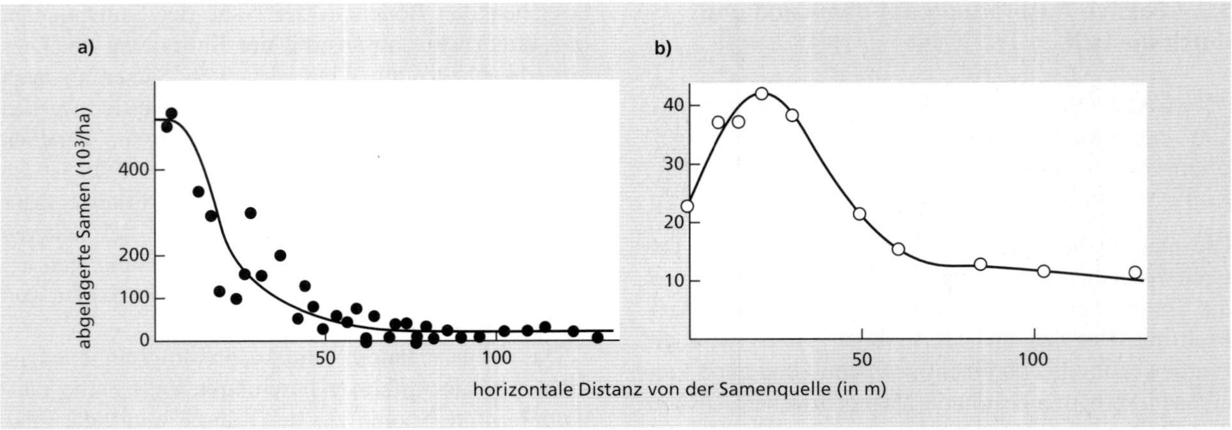

5.5 Verbreitung der Samen von *Eucalyptus regnans* a) von ungefähr 75 m hohen Bäumen am Rand eines dichten Waldes und b) von einem einzeln stehenden Baum.

diese Ressourcen in die Ausbreitung ihrer Nachkommen investiert.

Es gilt für eine Verbreitungseinheit ein Mittelmaß zu finden zwischen der Menge an Ressourcen, die er mitführen kann, und dem Gewicht, das seine Mobilität beeinflußt.

Daneben besteht ein Konflikt zwischen dem Gewicht der Verbreitungseinheit und ihrer Verbreitungsfähigkeit. Das Gewicht hat sicherlich Einfluß auf die Ausbreitungsdistanz eines Samens (oder einer Jungspinne). Allerdings ist das Gewicht eines Samens auch durch seinen Ressourcenvorrat bestimmt, von dem er in den frühen Phasen der Entwicklung leben muß. Man kann dies mit einem Reisenden vergleichen, der zwischen dem Gewicht seines Gepäcks und seiner Beweglichkeit einen Kompromiß finden muß. Außerdem besteht ein Konflikt zwischen dem Gewicht des einzelnen Samens und der Anzahl an produzierten Samen (Harper et al. 1970), da die Mutterpflanze nur limitierte Ressourcen besitzt und diese nur anteilmäßig aufteilen kann.

Die evolutionäre Lösung für solche Konflikte wird ausführlicher in Abschnitt 14.4 behandelt. Hier soll nur festgehalten werden, daß verschiedene Arten unterschiedliche Lösungen gefunden haben. So haben etwa Tropenbäume der Gattung *Mora* kanonenkugelähnliche Samen. Diese fallen unter die Bäume und an den Rand des Bestands. Die Ausbreitung ist dermaßen ineffektiv, daß die heutige Verbreitung dieser Art sich vermutlich nicht wesentlich von jener zur Zeit ihrer Entstehung unterscheidet. Dies ist ein gutes Beispiel für Arten, die ihre Ausbreitungsfähigkeit auf Kosten gut ausgestatteter, schwerer Samen aufgegeben haben. Im Gegensatz dazu produzieren viele parasitisch lebende Pflanzen (siehe Abschnitt 12.2.2), sehr kleine windverbreitete Samen („Staubsamen") in großer Anzahl; sie sind selbst in ihrer frühen Entwicklungsphase weitgehend auf ihre Wirte angewiesen (siehe Abschnitt 13.7.3).

5.3.6 Passive Ausbreitung durch einen aktiven Verbreiter

Zwischen Pflanzenarten und den ihre Samen verbreitenden Tieren kann eine Koevolution stattgefunden haben.

Die Unsicherheit bezüglich des Schicksals zu verbreitender Samen kann dadurch herabgesetzt werden, daß ein **aktiver Verbreiter** eingeschaltet wird. Die Samen vieler Kräuter haben Dornen oder Häkchen, welche die Wahrscheinlichkeit erhöhen, passiv im Fell von Tieren verbreitet zu werden. Solche Samen sammeln sich dann in den gepflegten Nestern und Höhlen dieser Tiere an (Sorensen 1978). Die Samen vieler Sträucher und niedriger Bäume sind fleischig und deshalb für Vögel als Nahrung attraktiv. Die Vögel fressen die Früchte und die Samen überstehen die Passage durch den Verdauungstrakt unbeschädigt. Sie werden dann mit dem Kot ausgeschieden. Wohin sie schließlich gelangen, hängt vom Verhalten der Vögel ab.

Es gibt viele Beispiele, die auf eine Koevolution zwischen gewissen Pflanzen- und den Samenverbreitenden Vogelarten hindeuten, obwohl es kaum eine Vogelart gibt, die nur Früchte einer einzigen Pflanzenart frißt. Ein Beispiel für eine solche Spezialisierung ist der australische Schwalben-Mistelesser (*Dicaeum hirundinaceum*) (Abbildung 5.6), der fast ausschließlich Mistelbeeren frißt. Er setzt häufig Kot ab und reibt dabei den After auf Zweigen, wodurch die Mistelsamen in Rindenritzen gelangen, wo sie keimen können.

Ein noch bemerkenswerteres Beispiel für die Ausbreitung von Samen durch Vögel bietet der Eichelhäher (*Garrulus glandarius*) (Bossema 1979). Dieser

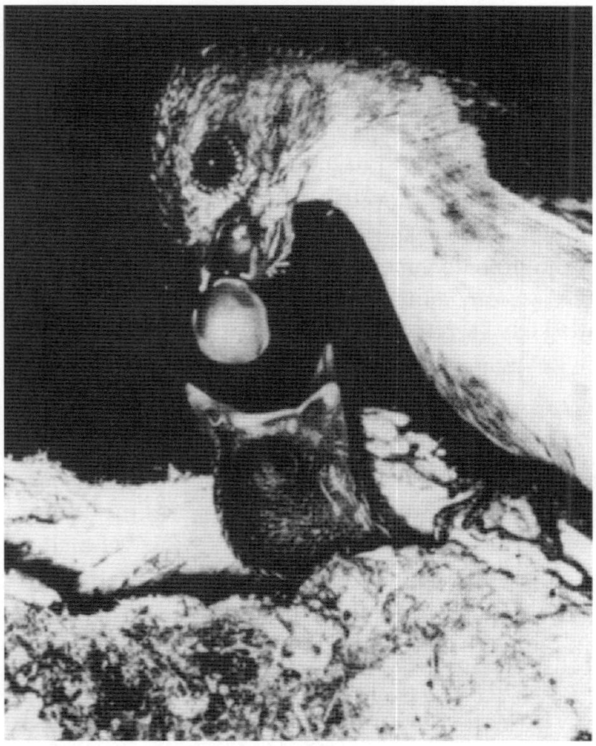

5.6 Der Schwalben-Mistelesser (*Dicaeum hirundinaceum*) bei der Fütterung eines Jungvogels mit Mistelbeeren.

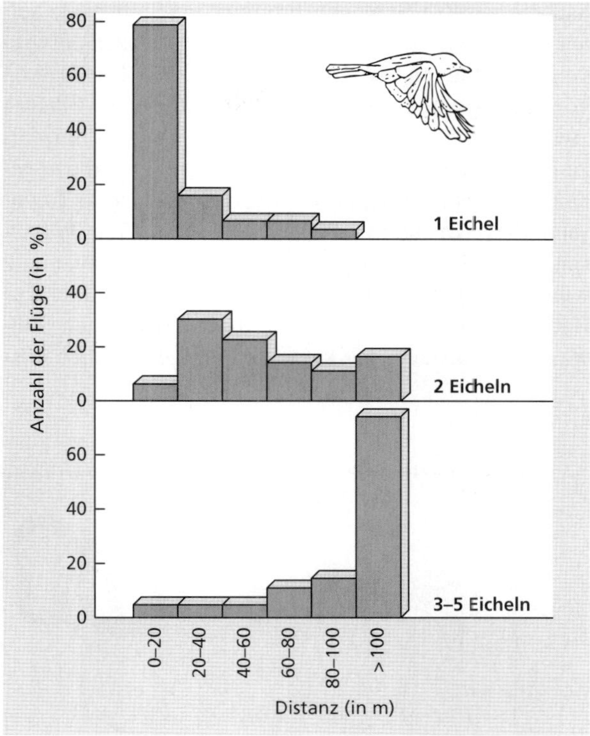

5.7 Vom Eichelhäher (*Garrulus glandarius*) bei der Verbreitung von Eicheln zurückgelegte Strecken. Man beachte: Je mehr Eicheln der Eichelhäher mit sich trägt, desto weiter fliegt er. (Nach Bossema 1979)

sammelt Eicheln und gräbt sie einzeln im Boden ein. Er sucht dazu reife und unbeschädigte Eicheln aus, wobei er eine Vorliebe für größere Früchte und für bestimmte Formen hat. Er trägt zwischen ein und fünf Eicheln pro Flug über Distanzen von 100 m bis zu einem Kilometer und gräbt jede einzeln ein (Abbildung 5.7). Beim Vergraben bevorzugt er die Nähe eines Baumes oder einer Hecke. Folglich bestimmt das Verhalten des Vogels das Mikrohabitat, welches die Eichel besiedelt. Selbstverständlich würde die Eiche (*Quercus*) einen Samenverlust erleiden, wenn der Eichelhäher alle Eicheln wiederfinden würde. In Wirklichkeit überleben allerdings nicht alle Vögel den Winter, oder die Eicheln haben beim Wiederauffinden bereits gekeimt. Der Vogel frißt dann nur eines der Cotyledonen, und die Pflanze kann weiter wachsen.

Bemerkenswert ist, daß sich die Eichelhäher erinnern können, wo sie die einzelnen Eicheln vergraben haben, und sie sogar unter einer Schneedecke finden. Dieses enorme Erinnerungsvermögen ist um so erstaunlicher, da ein einzelner Vogel während einer Saison bis zu 4 600 Eicheln versteckt.

Man darf das Nahrungsverhalten von Vögeln allerdings nicht immer als Optimierung der Samenausbreitung deuten oder dieses als ein Beispiel von Koevolution sehen. Allerdings liegt vieles bezüglich der Ökologie der Samenausbreitung noch im Bereich der „naturkundlichen Anekdote“ (Ridley 1930; van der Pijl 1969).

Nichtmobile Tiere können mobile Tierarten als Vehikel benutzen; oft hat sich eine mutualistische Beziehung entwickelt.

Ebenso gibt es für die passive Verbreitung von Tieren wichtige Beispiele. So gelangen viel Milben (*Acari*) von Dunghaufen zu Dunghaufen oder von Aas zu Aas, indem sie sich an Dung- oder Aaskäfer anheften. Gewöhnlich heften sie sich an frisch geschlüpfte Käfer und verlassen sie, sobald ein neuer Dunghaufen oder neues Aas erreicht wurde. Oft ist eine solche Beziehung von gegenseitigem Vorteil (mutualistisch) (siehe Kapitel 13). Die Milben gewinnen ein Transporttier; dafür fressen viele der Milben aber die Eier von Fliegen, die mit den Käfern in Konkurrenz treten würden.

5.3.7 Passive Ausbreitung im Wasser

Die meisten Süßwasserinsekten verbreiten sich als fliegende Imagines; durch die sogenannte Invertebratendrift gelangen die Larven an geeignete Mikrohabitate.

Gewicht ist bei der Ausbreitung der Nachkommen im Wasser kein großes Hindernis. Auffällig ist jedoch, daß die passive Samenausbreitung im Süßwasser selten ist. Die meisten blühenden Wasserpflanzen entwickeln ihre Samen außerhalb des Wassers. Die Larven von aquatischen Wirbellosen benutzen in Flüssen zwar das fließende Wasser, um sich vom Schlüpfort zu geeigneten Mikrohabitaten auszubreiten – die sogenannte **Invertebratendrift** (*invertebrate drift*) (Townsend 1980; Brittain und Eikeland 1988). Viele Wasserinsekten sind allerdings auf fliegende Adulte angewiesen, um sich stromaufwärts und von Bach zu Bach auszubreiten. Die Ausbreitung der meisten Süßwasserorganismen, die keine flugfähigen Stadien ausbilden, hängt von der Windverbreitung widerstandsfähiger Körper ab.

Im Meer ist die Situation anders. Marine Habitate sind groß und zusammenhängend und für pelagische Larven dank dem raschen Transport durch die Gezeiten- und Residualströme mehr oder weniger gut erreichbar. Die Ausbreitung mariner Wirbelloser erfolgt durch pelagische, kurzlebige Larven, während Nahrungsaufnahme und Wachstum hauptsächlich auf das sessile Adultstadium entfallen. Dies steht in direktem Gegensatz zu den Süßwasserinsekten (Abbildung 5.8).

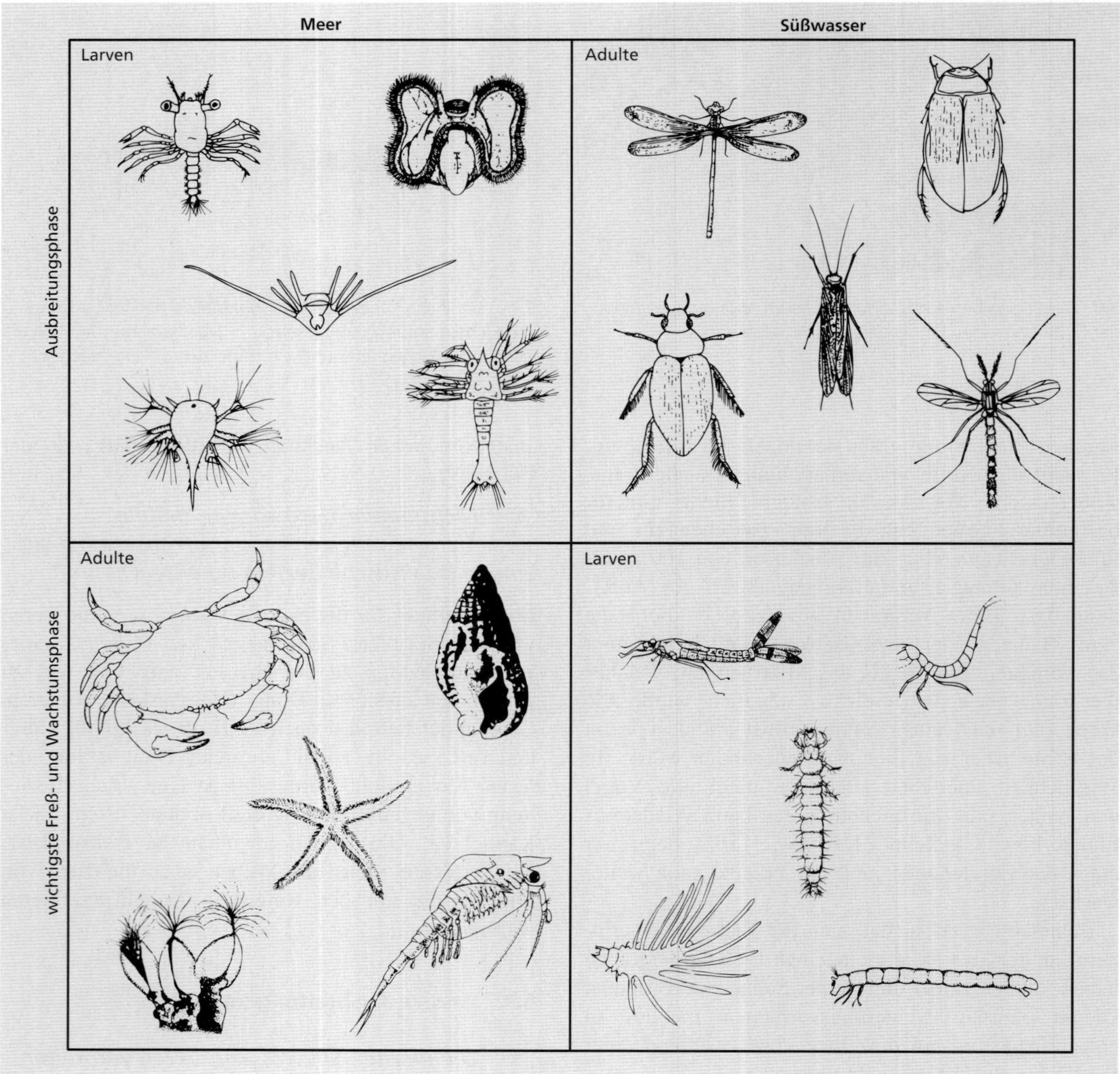

5.8 Stadien der Ausbreitungseinheiten in marinen und Süßwasserhabitaten.

5.4 Variationen bei der Ausbreitung innerhalb und zwischen Populationen

5.4.1 Die Rolle der Geschlechter

Das Ausmaß der Ausbreitung von Männchen oder Weibchen unterscheidet sich von Art zu Art.

Männliche und weibliche Organismen unterscheiden sich oft durch ihre Bereitschaft zur Ausbreitung. Bei den Vögeln scheinen sich hauptsächlich die Weibchen auszubreiten, während es bei den Säugetieren vorwiegend die Männchen sind (Tabelle 5.2; Greenwood 1980). Dieser Unterschied zwischen den Geschlechtern in diesen beiden Taxa ist zusätzlich mit anderen Tendenzen gekoppelt:

a) Das Fortpflanzungssystem beruht bei den Säugetieren auf der Konkurrenz zwischen Männchen um Weibchen und nicht um Territorien.
b) Säugetiere sind vorwiegend polygam, Vögel vorwiegend monogam.
c) Bei den Säugetieren tragen die Männchen weniger zur Aufzucht ihrer Nachkommen bei, als bei Vögeln normalerweise der Fall ist. **Altruismus** scheint – zum Beispiel bei Vögeln und Säugetieren – bei dem sich nicht ausbreitenden Geschlecht häufiger zu sein.

Unterschiede in der Ausbreitung der beiden Geschlechter sind besonders bei einigen Insektenarten sehr ausgeprägt. Hier sind es meist die Männchen, die sich ausbreiten. Die Weibchen des Kleinen Frostspanners (*Operophtera brumata*) sind im Gegensatz zu den Männchen nicht flugfähig. Es gibt allerdings Ausnahmen, wie die Rübenheuschrecke (*Circulifer tenellus*), die Wanderungen über große Distanzen macht und dabei Gebirge von mehreren tausend Metern Höhe überquert. Hier breiten sich die Weibchen weiter aus, und die zurückbleibenden Populationen sind deshalb von Männchen dominiert.

5.4.2 Ausbreitungspolymorphismus

Somatischer Polymorphismus kann eine unterschiedliche Bereitschaft zur Ausbreitung zur Folge haben.

Ein weiterer Unterschied bei der Ausbreitung innerhalb von Populationen ergibt sich durch **somatischen Polymorphismus** unter den Nachkommen eines Elternpaares. Je nach Umwelt und Habitat und nach Jahr und Jahreszeit finden die Nachkommen einmal näher, einmal weiter entfernt einen Ort, um sich niederzulassen. Deshalb sind jene Eltern die fittesten, die sowohl sich ausbreitende Nachkommen („hohes Risiko") als auch ortstreue Nachkommen („geringes Risiko") hervorbringen (Abbildung 5.9) (Venable et al. 1987; Venable und Brown 1988).

Der Samendimorphismus bei vielen Blütenpflanzen führt zur Bildung verschiedener Samentypen, die sich in ihrem genetischen Potential unterscheiden.

Ein klassisches Beispiel für **Samendimorphismus** findet sich bei der einjährigen Wüstencomposite *Gymnarrhena micrantha*. Sie bildet sehr wenige (einen bis drei) große Samen (Achänen) in ungeöffneten Blüten unter der Erdoberfläche. Diese Samen keimen am Ort. Ihre Wurzeln können sogar in die Wurzelkanäle der abgestorbenen Mutterpflanze wachsen. Dieselben Pflanzen produzieren aber gleichzeitig oberirdisch auch kleine Samen mit einem fiedrigen Pappus zur Windverbreitung. In sehr trockenen Jahren werden nur die unterirdischen Samen produziert, in feuchteren Jahren wachsen die Pflanzen kräftig und bilden zahlreiche oberirdische Samen (Koller und Roth 1964).

Bei den Blütenpflanzen gibt es zahlreiche Beispiele für solchen Samendimorphismus, besonders bei evolutionär relativ spät entstandenen Gräsern, Compositen und in den Familien Chenopodiaceae (Gänsefußgewächse) und Cruciferae (Kreuzblütler). Der Unterschied zwischen den Samentypen wird von der Mutterpflanze und nicht von genetischen Unterschieden gesteuert. Beide Samentypen werden als Pflanzen wiederum beide Samentypen bilden. Bei Samenpolymorphismus werden die ortsgebundenen Samen oft von selbstbestäubten unterirdischen oder von geschlossenen Blüten gebildet. Die Ausbreitungssamen entstehen häufiger durch Fremdbestäubung. Es sind also zwei Phänomene miteinander gekoppelt: Die Tendenz zur Ausbreitung ist an neue, rekombinierte („experimentelle") Genotypen gebunden, während ortsgebundene Nachkommen meist aus Selbstbestäubung hervorgehen.

Tabelle 5.2: Anzahl der Arten mit hauptsächlicher Verbreitung durch ein Geschlecht. (Nach Greenwood 1980)

	hauptsächlich durch Männchen	hauptsächlich durch Weibchen	kein Unterschied bei den Geschlechtern
Vögel	3	21	6
Säugetiere	45	5	15

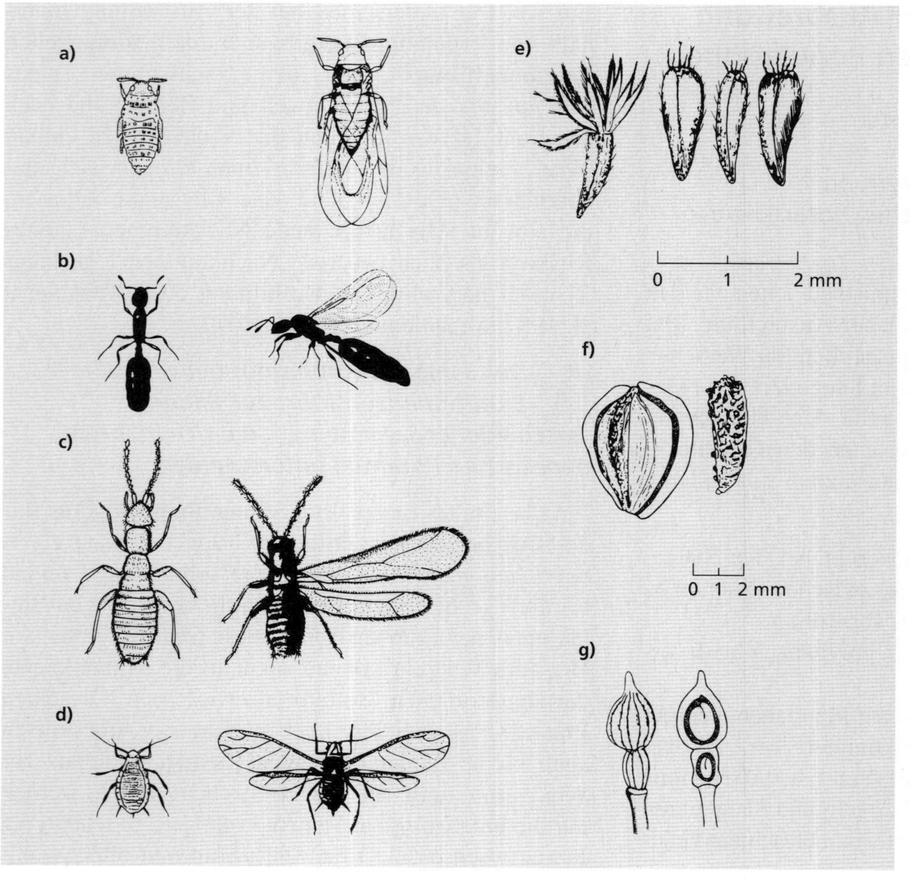

5.9 Dimorphismus in Zusammenhang mit der Ausbreitung von Tieren und Pflanzen. Geflügelte und ungeflügelte Weibchen von a) der Reblaus (*Viteus vitifolii*); b) der Kleinen Schwarzameise (*Monomorium minimum*); c) der Zoraptere *Zorotypus hubbardi*; d) der Grünen Apfelblattlaus (*Aphis pomi*). Unterschiedliche Größen und Ausbreitungsmerkmale bei Samen und Früchten: e) Früchte vom Kleinblütigen Knopfkraut (*Galinsoga parviflora*) aus dem Zentrum (links) und vom Rand des Blütenkopfes (rechts); f) Kapringelblume (*Dimorphotheca pluvialis*), wiederum mit zentralen und randständigen Samen; g) eine zweisamige Schote mit unterschiedlich großen Samen vom Runzeligen Rapsdotter (*Rapistrum rugosum*). (Nach verschiedenen Quellen)

Ausbreitungsdimorphismus kann durch die Populationsdichte und das Nahrungsangebot bestimmt sein.

Ausbreitungsdimorphismus ist auch bei Blattläusen zu finden (geflügelte und flügellose Nachkommen). Da die Differenzierung in der parthenogenetischen Vermehrungsphase des Populationswachstums erfolgt, sind die beiden Formen genetisch identisch. Ob und in welchem Verhältnis geflügelte und ungeflügelte Nachkommen erzeugt werden, hängt von der Populationsdichte und der Qualität der Nahrung ab (Harrison 1980).

5.4.3 Unterschiede bei der Ausbreitung innerhalb von Populationen

Das Ausbreitungsverhalten kann sich bei verschiedenen Populationen einer Art unterscheiden – es ist von einer genetischen Komponente bestimmt.

Es wird immer deutlicher, daß ein- und auswandernde Individuen nicht einfach eine Zufallsauswahl aus der Gesamtpopulation sind, sondern genetische und phänotypische Unterschiede gegenüber dem Rest der Population besitzen. Der japanische Genetiker Sakai (1958) untersuchte Ausbreitung und Wanderung der Taufliege *Drosophila melanogaster*, indem er Populationen in Kulturröhrchen ansiedelte, die er mit leeren Röhrchen verband. Er zählte dann die Fliegen, die in die leeren Röhrchen einwanderten. Eine der sechs Populationen stammt von einer alten Laborpopulation, die anderen fünf von Feldproben nahe beieinanderliegender kleiner Inseln. Zufällige Auswanderung (das heißt Ausbreitung) erfolgte unabhängig von der Dichte der Ausgangspopulation im Röhrchen. Sie war das Ergebnis von zufälligen Wanderungen einzelner Fliegen und war bei den Wildfliegen häufiger als bei Fliegen der Laborpopulation. Zusätzlich gab es aber auch eine mit hoher Populationsdichte korrelierte Massenwanderung, die sich bei den einzelnen Stämmen unterschied. Bei der Laborpopulation setzte diese erst ein, als die Dichte der Ausgangspopulation über 150 gestiegen war, während bei den verschiedenen Wildstämmen schon eine Dichte von 40, 60 oder 80 genügte (Abbildung 5.10). Dies verdeutlicht die genetischen Unterschiede der einzelnen Stämme, wobei die Bereitschaft zur Wanderung bei den Laborpopulationen verlorengegangen ist. Ein Vergleich von Feldmäusen der Art *Microtus pennsylvanicus* mit und ohne Ausbreitung im Süden von Indiana/USA zeigte, daß sie sich mindestens in zwei Loci unterscheiden, und daß eine seltene Homozygote nur bei

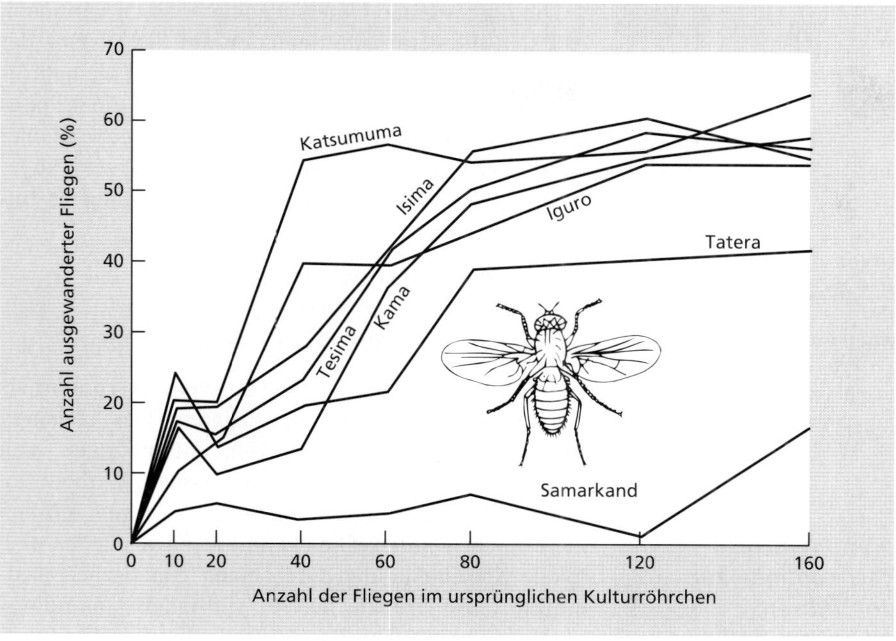

5.10 Der Prozentsatz der Taufliege *Drosophila melanogaster*, der aus Kulturröhrchen ihrer Ausgangspopulation in neu verbundene, leere Röhrchen auswanderte. Die Abbildung zeigt die Wirkung der Populationsdichte auf die Anzahl wandernder Fliegen. Die angegebenen Namen bezeichnen Inseln vor der Küste Japans, von wo die *Drosophila*-Stämme stammen. Samarkand ist ein alter Laborstamm. (Nach Saka 1958)

den sich ausbreitenden Tieren gefunden wurde (Myers und Krebs 1971). Andere Studien mit ähnlichen Ergebnissen belegen, daß die sich ausbreitenden Tiere keine Zufallsauswahl aus der Gesamtpopulation sind.

Es gibt viele Hypothesen, um die Ausbreitung von Kleinnagern zu erklären. Die Hypothese der **sozialen Unterordnung** von Christian (1970) geht davon aus, daß eine Knappheit der Ressourcen als Folge einer zunehmenden Populationsdichte zu einer verstärkten Aggression führt, welche die sozial Untergeordneten zur Ausbreitung zwingt. Dies führt allerdings zur Frage, was denn zu sozialer Unterordnung führt. Dazu gibt es eine Reihe von Theorien. Häufig wandern die Nachkommen aus oder je nach Spezies die Männchen oder die Weibchen (Johnson und Gaines 1990). Anderen Theorien zufolge wandern vor allem Individuen mit hohem reproduktiven Potential (Krebs 1978) oder diejenigen ohne soziale Bindung (Bekoff 1977).

5.4.4 Ausbreitung und Fremdzucht

Die Ausbreitung von Nachkommen fördert die Fremdzucht, die den Vorteil der höheren genetischen Variabilität der Nachkommen hat, aber auch zur Fremdzuchtdepression führen kann.

Wenn Organismen und ihre Nachkommen zusammenbleiben, dann gibt es viele Möglichkeiten für **Inzucht** (*inbreeding*) zwischen Geschwistern und Halbgeschwistern oder zwischen Nachkommen und anderen nahen Verwandten. Eine Folge der Ausbreitung (aber nicht unbedingt der Wanderung) ist, daß sie die Vermischung von Nachkommen verschiedener Eltern und damit die **Fremdzucht** (*outbreeding*) fördert. Ob aber und unter welchen Bedingungen Fremdzucht die Fitneß erhöht, das ist eine andere Frage!

Bei Populationen, die sich normalerweise durch Fremdzucht vermehren, kann man bei Inzucht oft eine geringere Überlebensfähigkeit und Fruchtbarkeit der Nachkommen feststellen (Darlington 1960). Allgemein leiden Verwandtschaftsgruppen mit häufiger Inzucht bei einer Fremdzucht und umgekehrt. Ausführliche Stammbäume sind für Vögel bekannt. Während einer Langzeitstudie über die Kohlmeise (*Parus major*) in Wytham Wood bei Oxford/England, gab es zwischen 1964 und 1975 885 Paarungen, bei denen die Herkunft beider Partner bekannt war. Davon erfolgten 194 Paarungen zwischen residierenden Männchen und Weibchen, 239 zwischen residierenden Männchen und eingewanderten Weibchen, 158 zwischen eingewanderten Männchen und residierenden Weibchen, und bei 294 waren beide Partner eingewandert. Es gab keinen Unterschied in der Gelegegröße, aber die Nestlingssterblichkeit war bei Inzuchtpaaren deutlich höher (27.7 %) als bei Fremdzuchtpaaren (16.2 %) (Greenwood et al. 1978). Weibchen breiteten sich im ersten Lebensjahr weiter aus als Männchen (Abbildung 5.11), anschließend hatten alle Vögel die Tendenz zur Seßhaftigkeit. Viele Fälle von Inzucht korrelierten mit einer unterdurchschnittlichen Ausbreitung. Diese und viele andere Studien zeigen, daß Ausbreitung den Anteil der Fremdzucht erhöht und zu fitteren Nachkommen führt.

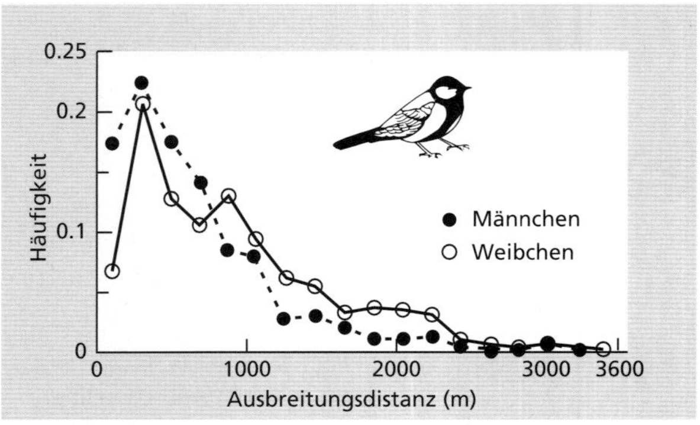

5.11 Ausbreitungsdistanz zwischen Geburtsort und erstem Brutort für Individuen von Fremdzuchtpaaren der Kohlmeise (*Parus major*). (Nach Greenwood et al. 1978)

Geringe Ausbreitung kann die Inzucht fördern und diese bei Nachkommen zur sogenannten Inzuchtdepression führen; allerdings kann sie den Vorteil haben, daß lokale Genkombinationen erhalten bleiben.

Bei geringer Ausbreitung werden sich eng benachbarte Individuen paaren, die zum großen Teil den gleichen selektiven Kräften ausgesetzt gewesen sind. Bei Fremdzucht besteht die Gefahr, daß spezielle lokale Genkombinationen aufgebrochen werden. Inzucht hingegen erhält diese lokal selektionierten Genkombinationen. Allerdings verursacht Inzucht speziell bei Populationen, für die Fremdzucht typisch ist, eine **Inzuchtdepression** (eine verminderte Vitalität bei den Nachkommen). Es wirken also zwei Kräfte gegeneinander. Man kann annehmen, daß die gesündesten Nachkommen aus Paarungen hervorgehen, bei denen die genetische Struktur weder zu ähnlich, noch zu unterschiedlich ist (Abbildung 5.12a) (Price und Waser 1979; Bateson 1978, 1980). Diese Zusammenhänge sind in Abbildung 5.12b am Beispiel des Rittersporns *Delphinium nelsoni* veranschaulicht.

Die dargestellten Untersuchungen lassen vermuten, daß sich die natürliche Selektion auf die Distanz der Ausbreitung von Individuen auswirkt. Hat die natürliche Selektion den Grad der Ausbreitung in einer Population zur Optimierung der Fremdzucht angepaßt, oder wurde der Grad der Fremdzucht an ein Niveau angepaßt, das einem bestimmten Ausbreitungsmuster entspricht?

Fortpflanzungseinheiten können häufig weiter verbreitet werden als die entsprechenden adulten Organismen.

Gameten und Sporen werden oft weiter verbreitet als die Individuen, die sie produzieren. Das bedeutet, daß Gene und spezielle Genkombinationen von höheren Pflanzen und einigen marinen Wirbellosen Populationen erreichen können, die von den Adulten nie erreicht würden. Dies kann unter Umständen eine lokale Spezialisierung durch einen genetischen Neueinfluß, also fremde DNA, verhindern, allerdings auch eine genetische Bereicherung lokaler Populationen zur Folge haben. Die große Vielfalt an spezialisierten Mechanismen für die Ausbreitung von Pollen ist ein Hinweis darauf, welche Bedeutung diese **haploide Ausbreitung** (*haploid dispersal*) bei der Evolution höherer Pflanzen gehabt hat (Levin und Kerster 1974).

5.5 Zeitliche Ausbreitung durch Ruhephasen

Durch zeitliche Ausbreitung können ungünstige Bedingungen vermieden werden.

Ein Organismus gewinnt durch Ausbreitung an Fitneß, wenn sich seine Nachkommen dadurch eher fortpflanzen können. Ebenso gilt, daß ein Organismus an Fitneß gewinnt, wenn er sein Erscheinen so lange verzögert, bis seine Möglichkeiten gestiegen sind,

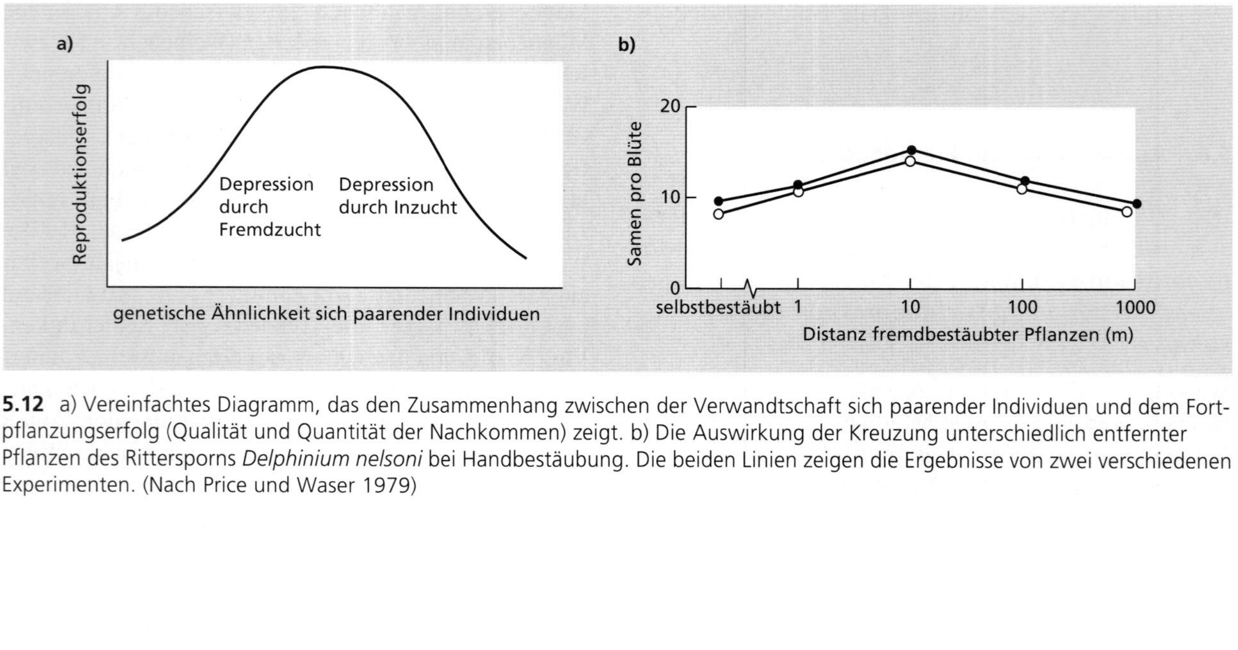

5.12 a) Vereinfachtes Diagramm, das den Zusammenhang zwischen der Verwandtschaft sich paarender Individuen und dem Fortpflanzungserfolg (Qualität und Quantität der Nachkommen) zeigt. b) Die Auswirkung der Kreuzung unterschiedlich entfernter Pflanzen des Rittersporns *Delphinium nelsoni* bei Handbestäubung. Die beiden Linien zeigen die Ergebnisse von zwei verschiedenen Experimenten. (Nach Price und Waser 1979)

Nachkommen zu hinterlassen. Das wird dann der Fall sein, wenn die Bedingungen in der Zukunft voraussichtlich besser sind als in der Gegenwart. Man kann eine solche Verzögerung als **zeitliche Ausbreitung** betrachten und als Alternative zur räumlichen Ausbreitung sehen. Es gibt auch Kombinationen zwischen beiden Varianten (Cohen und Levin 1989).

Je nach Abhängigkeit von den Umweltbedingungen unterscheidet man vorbestimmte und reagierende Ruhephasen.

Organismen verbringen eine solche Verzögerungsperiode im allgemeinen in einer **Ruhephase**, auch **Dormanz** (*dormancy*) genannt. Dies ist ein relativ inaktiver Zustand, in dem Energie für die darauffolgende Zeit gespart wird. Der Organismus ist während der Ruhephase gegenüber ungünstigen Umweltbedingungen toleranter – zum Beispiel gegenüber Trockenheit, extremen Temperaturen, Mangel an Licht.

Die Ruhephase kann vorbestimmter oder reagierender Art sein (Müller 1970). Die **prospektive Dormanz** (*predictive dormancy*) wird vor Eintritt der ungünstigen Bedingungen initiiert und ist typisch für relativ konstante Umwelten mit regelmäßigen Jahreszeiten. Bei Tieren wird sie als Diapause und bei Pflanzen oft als „angeborene“ (*innate*) oder „primäre“ Dormanz bezeichnet (Harper 1977). Die **konsekutive** (*consequential*) oder „sekundäre“ **Dormanz** wird dagegen erst in Reaktion auf die tatsächlich eintretenden ungünstigen Bedingungen initiiert.

5.5.1 Diapause bei Tieren

Bei einjährigen Organismen kann die Winterruhe eine obligatorische Diapause sein.

Die Diapause wurde am eingehendsten bei Insekten untersucht, bei denen es Beispiele für alle Entwicklungsstadien gibt. Die Braune Feldheuschrecke (*Chorthippus brunneus*) ist ein recht typisches Beispiel. Diese einjährige Art durchläuft eine **obligatorische Diapause** (*obligatory diapause*) im Eistadium, in dem sie in einem Zustand angehaltener Entwicklung Wintertemperaturen übersteht, die Nymphen und adulte Tiere töten würden (Richards und Waloff 1954). Bei den Heuschrecken erfolgt also eine zeitliche Ausbreitung vom Spätsommer in den folgenden Frühling.

Bei Arten, die im Jahr mehrere Generationen durchlaufen, macht eine Generation eine fakultative Diapause durch, um den Winter zu überdauern.

Diapause kommt häufig auch bei Arten mit mehreren Generationen pro Jahr vor. Die Taufliege *Drosophila obscura* hat in England vier Generationen, aber nur während einer Generation eine Diapause (Begon 1976). Diese **fakultative Diapause** (*facultative diapause*) hat vieles mit der obligatorischen Diapause gemeinsam. Sie erlaubt das Überleben in einer vorhersehbar ungünstigen Periode (Winter). Die schlüpfenden Fliegen beginnen im Herbst, wenn die Tage kürzer werden, mit der Akkumulation von Fett und gehen in die Diapause. Wie bei vielen anderen Arten dient also die Tageslänge als Auslöser für die Entwicklung.

5.5.2 Samenruhe bei Pflanzen

Die Samen fast aller Blütenpflanzen durchlaufen eine Ruhephase, bevor sie keimen.

Die **Samenruhe** (*seed dormancy*) ist bei Blütenpflanzen weit verbreitet. Der Embryo unterbricht seine Entwicklung, während er noch mit der Mutterpflanze verbunden ist. Gewöhnlich verliert er den größten Teil seines Wassergehalts und tritt die Ruhepause im ausgetrockneten Zustand an. Nur bei wenigen Arten höherer Pflanzen – zum Beispiel Mangroven – fehlt ausnahmsweise die Samenruhe. Fast alle Samen befinden sich in einer Ruhephase, wenn sie von der Mutterpflanze abgetrennt werden, und es bedarf spezieller Auslöser, um sie zur Keimung zu bringen.

Man unterscheidet die angeborene, die aufgezwungene und die induzierte Samenruhe.

Wir können drei Arten von Ruhephase unterscheiden:

1) Die **angeborene Ruhephase** (*innate dormancy*) ist ein Zustand, bei dem der Embryo oder die ihn umgebenden Gewebe unbedingt einen speziellen äußeren Stimulus benötigen, damit die Weiterentwicklung ausgelöst wird. Als Auslöser können Wasser, niedrige Temperatur, Licht, die Photoperiode oder ein bestimmtes Verhältnis von kurz- und langwelliger Strahlung dienen. Sie synchronisieren die Keimung mit einer bestimmten Jahreszeit. Die Keimlinge von Pflanzen dieses Typus erscheinen meist plötzlich und gleichzeitig.
2) Die **aufgezwungene Ruhephase** (*enforced dormancy*) ist ein Zustand, der durch äußere Faktoren ausgelöst wird; es ist also eine konsekutive Dormanz. Fehlende Voraussetzungen für die Keimung – Wasser, geeignete Temperatur, Sauerstoff – oder hemmende Faktoren – wie hohe Kohlendioxidkonzentrationen – halten den Samen in einem Ruhezustand. Er kann in diesem Zustand auch absterben, aber bei vielen höheren Pflanzen überleben die Samen die Ruhephase über sehr lange Zeiträume. Samen des Weißen Gänsefuß (*Chenopodium album*) aus Ausgrabungen überlebten über 1 700 Jahre (Odum 1965). Samen in dieser Art von Ruhe-

phase keimen erst, sobald die entwicklungshemmenden Bedingungen wegfallen. Die Nachkommen einer einzigen Pflanze können so über Jahre, Jahrzehnte oder Jahrhunderte verteilt werden.

3) Die **induzierte Ruhephase** (*induced dormancy*) entsteht während einer aufgezwungenen Ruhephase, aus welcher der Samen nur mit einem besonderen Stimulus zur Keimung kommen kann. Die Samen vieler Garten- und Ackerunkräuter keimen ohne einen Lichtstimulus, wenn sie direkt von der Mutterpflanze kommen. Nach einer aufgezwungenen Ruhephase benötigen sie allerdings Licht zum Brechen der Samenruhe. Die induzierte Ruhephase ist für die Bildung von Samenbanken im Boden verantwortlich. Die Samen keimen erst, wenn sie durch natürliche Ereignisse oder durch die Bodenbearbeitung an die Bodenoberfläche gelangen.

Die Samenruhe kann durch einen hohen Dunkelrotanteil der Strahlung ausgelöst werden.

Die Samenruhe kann auch durch Strahlung verursacht werden, deren Verhältnis an langwelliger Rotstrahlung (Wellenlänge von 730 nm) zu kurzwelliger Rotstrahlung (660 nm) relativ hoch ist. Die durch ein Laubdach fallende Strahlung hat eine in diesem Sinn veränderte Zusammensetzung. Samen empfindlicher Arten können in eine Ruhephase versetzt werden, wenn sie dem so gefilterten Licht ausgesetzt sind. In der Natur führt das dazu, daß Samen, die unter einem Blätterdach den Boden erreichen, in Samenruhe verharren und erst keimen, wenn die darüber stehenden Pflanzen abgestorben sind. So wird gesichert, daß die Samen nur keimen, wenn gewährleistet ist, daß sich die Keimlinge entwickeln können.

Die Dauer der Samenruhe ist ein Kompromiß zwischen der Länge der Wachstumsperiode und dem Risiko ungünstiger Umweltbedingungen.

Pflanzen aus früh keimenden Sämlingen haben eine längere Wachstumsperiode und eine höhere Fruchtbarkeit als solche aus spät keimendenden Sämlingen. Jede Verzögerung im Lebenszyklus eines Organismus bedeutet eine reduzierte Fruchtbarkeit, also eine geringere Fitneß. Andererseits kann eine verzögerte Keimung dazu führen, daß die Sämlinge keinen letalen Umwelteinflüssen mehr ausgesetzt sind.

Effektive zeitliche Ausbreitung ist nicht nur abhängig vom Vorhandensein einer Ruhephase der Samen, sondern auch von ihrer Langlebigkeit. Diese scheint genetisch bedingt zu sein, da sie bei den meisten Zuchtformen zusammen mit der angeborenen Ruhephase verlorengegangen ist. Die meisten Pflanzenarten mit langlebigen Samen sind ein- und zweijährige Pflanzen und finden sich häufig unter den als Unkraut bezeichneten Spezies. Es sind meist auch Arten, deren Samen nicht für eine weite räumliche Ausbreitung ausgestattet sind. Die Samen von Baumarten haben in der Regel eine kurze Lebenserwartung im Boden, und viele können nur schwer länger als ein Jahr künstlich gelagert werden. Die Samen vieler Tropenbäume sind besonders kurzlebig, sie überleben nur einige Wochen oder sogar Tage. Die bemerkenswerteste Form an Langlebigkeit von Samen gibt es bei Baumarten, welche die Samen in Zapfen oder Kapseln einschließen und sie erst nach einem Feuer wieder freigeben – viele *Eucalyptus*- und *Pinus*-Arten. Diese Verzögerung schützt die Samen gegen Risiken am Boden, bis das Feuer die Voraussetzung für ein schnelles Gedeihen der Keimlinge geschaffen hat.

5.5.3 Andere Ruhestadien bei Pflanzen

Pflanzen mit Rhizomen können Ruheknospen bilden.

Ruhephasen bei Pflanzen sind nicht auf die Samen beschränkt. Die Sandsegge (*Carex arenaria*) hat zum Beispiel die Tendenz, während ihres Wachstums entlang ihres meist linearen Rhizoms **Ruheknospen** (*dormant buds*) zu bilden. Diese sind langlebig und können die Rhizome, von denen sie gebildet wurden, bei weitem überleben. Man hat schon bis zu 400 bis 500 solcher Ruheknospen pro Quadratmeter gefunden (Noble et al. 1979). Sie haben die gleiche Funktion wie die Samenbanken bei anderen Arten.

Viele Laubbäume und Sträucher werfen für die Winterruhepause das Laub ab.

Schließlich ist auch der weitverbreitete **Laubfall** (*deciduousness*) vieler Bäume und Sträucher eine Art von angeborener Ruhephase: Die Individuen überdauern Perioden mit ungünstigen Bedingungen – gewöhnlich tiefe Temperaturen und kurze Tageslänge – in einem Zustand mit reduziertem Stoffwechsel.

5.5.4 Konsekutive Dormanz bei Tieren

Konsekutive Dormanz findet man bei Tieren in unbeständigen Umwelten.

Konsekutive Dormanz bei Tieren ist wie aufgezwungene und induzierte Ruhephasen bei Pflanzen in relativ unbeständigen Umwelten zu erwarten. In solchen Verhältnissen ist es zwar ein Nachteil, erst dann auf ungünstige Bedingungen zu reagieren, wenn sie schon eingetreten sind. Aber dieser Nachteil wird von einigen Vorteilen aufgewogen:

a) durch die Fähigkeit, sofort wieder auf die Rückkehr vorteilhafter Bedingungen reagieren zu können;

b) nur dann eine Ruhepause zu beginnen, wenn ungünstige Bedingungen tatsächlich eintreten.

Ein besonders interessantes Beispiel für eine induzierte Ruhephase bei Säugetieren sind jene Beuteltiere, welche die Entwicklung des Fötus über viele Monate verzögern können, um Perioden mangelhafter Ernährung des Weibchens zu überbrücken. Die höheren Säugetiere haben diese Möglichkeit nicht.

Konsekutive Dormanz, wie sie bei Pflanzensamen vorkommt, gibt es auch bei vielen Nematoden, besonders Parasiten, bei denen ruhende Cysten viele Jahre überdauern können. Die Ruhephase wird erst unterbrochen, wenn ein spezifischer Stimulus anzeigt, daß die Umgebung für die Weiterentwicklung günstig geworden ist (Sunderland 1960).

5.6 Ausbreitung von Klonen

Modulare Organismen können sich durch die von einem Genet gebildeten, genetisch identischen Module ausbreiten.

Modulares Wachstum erfolgt definitionsgemäß, durch die Wiederholung von Struktureinheiten eines genetischen Individuums (Abschnitt 4.2.1). So breitet bei fast allen modularen Organismen ein einzelner Genet seine Teile mit fortschreitendem Wachstum um sich herum aus. Im gewissen Sinn verbreiten wachsende Bäume oder Korallen ihre Teile ebenfalls in ihre Umwelt und „erkunden" diese. Wenn ein Großteil des Wachstums horizontal mittels Stolonen oder Rhizomen erfolgt – wie bei vielen höheren Pflanzen –, dann wird ein sich seitlich ausbreitender Klon gebildet. Häufig lösen sich die Verbindungen auf, so daß der Klon aus vielen einzelnen Teilen besteht. In extremen Fällen besteht dann das Produkt einer einzigen Zygote in einem Klon mit hohem Alter und großer Ausdehnung. Nach Schätzung des finnischen Botanikers Oinonen (1967) erreichen einzelne Klone des rhizombildenden Adlerfarnes (*Pteridium aquilinum*) ein Alter von mehr als 1 400 Jahren und nimmt ein Klon eine Fläche von etwa 14 ha ein.

Entsprechend der Anordnung der Module können zwei verschiedene Ausbreitungsformen unterschieden werden: die „Guerilla"- und die „Phalanx"-Formen.

Einige Bäume können durch Wurzelausläufer ebenfalls Klone bilden. Solche Organismen erhalten eine Form, welche die Anordnung ihrer Module widerspiegelt. Bei den Arten, die sich mit Stolonen und Rhizomen ausbreiten, können wir zwei extreme Ausbreitungsformen je am Ende eines Kontinuums unterscheiden. Beim einen Extrem sind die Verbindungen zwischen den Modulen lang (oft dünn und kurzlebig), so daß die Triebe des Klons weit auseinander wachsen. Diese Ausbreitungsformen werden auch **"Guerilla"-Formen** genannt, weil sich die Pflanzen ähnlich wie eine Guerillatruppe verhalten: Sie sind ständig in Bewegung, verschwinden von einigen Flächen und dringen dafür in andere ein. Sie sind unbeständig und opportunistisch. Das andere Extrem sind die **"Phalanx"-Formen** (in Analogie zu den Einheiten des römischen Heeres), bei denen die Verbindungen zwischen den Modulen kurz (oft dick und langlebig) und die Module eng gedrängt sind (Lovett Doust und Lovett Doust 1982). Die Büschelgräser arider Gebiete sind gute Beispiele für die Phalanx-Ausbreitungsform. Pflanzen und modulare Tiere mit dieser Ausbreitungsform dehnen ihre Klone langsam aus, sind standorttreu, dringen selten zwischen benachbarte Pflanzen vor und lassen diese ebenfalls nicht leicht eindringen (Sackville Hamilton et al. 1987).

Sogar bei Baumarten, die keine Klone bilden, kann man an der Anordnung ihrer Knospen eine Guerilla- und eine Phalanx-Wuchsform unterscheiden. Die dichte Anordnung von Zweigmodulen, wie etwa bei den Zypressen (*Cupressus*), ergibt eine dichte, undurchdringliche Wuchsform. Dagegen haben viele Laubbäume, wie Akazien (*Acacia*) und Birken (*Betula*), eine aufgelockerte Wuchsform mit weit auseinander liegenden Knospen und Zweigen, die untereinander verwoben sind (Guerilla-Form). Die sich windenden oder kletternden Lianen haben eine hervorragende Guerilla-Form, da sie ihre Blätter und Knospen über große vertikale und horizontale Entfernungen ausbreiten.

Die Art und Weise, wie modulare Organismen sich ausbreiten und ihre Module plazieren, beeinflußt ihre Wechselbeziehungen mit ihren Nachbarn. Jene mit einer Guerilla-Form stoßen fortlaufend auf andere Arten oder auf Genete ihrer eigenen Art und konkurrieren mit ihnen. Bei der Phalanx-Form spielen sich die meisten Kontakte zwischen Modulen eines einzigen Genets ab. Beim Büschelgras oder bei einem Zypressenbaum findet die Konkurrenz größtenteils zwischen den eigenen Teilen statt.

Die Bildung von Klonen ist besonders in aquatischen Umgebungen eine wirksame Ausbreitungsform. Viele Wasserpflanzen teilen sich leicht, und die Teile eines Klones können sich einzeln ausbreiten, da sie keine Wurzeln zur Wasserversorgung benötigen. Die meisten Probleme mit Wasserunkräutern stammen von Pflanzen, die sich als Klone vermehren und beim Wachstum in einzelne Teile zerfallen (siehe Kapitel 4).

5.7 Wanderungsmuster

5.7.1 Wanderungen im Tages- und Gezeitenrhythmus

Wanderungen im diurnalen Rhythmus dienen meist dem regelmäßigen Aufsuchen von Orten der Ruhe und der Aktivität.

Individuen vieler Arten wandern während ihres Lebens wiederholt von einem Habitat zum anderen und wieder zurück. Der zeitliche Abstand solcher Wanderungen kann Stunden, Tage, Monate oder Jahre betragen. In einigen Fällen haben die Wanderungen den Zweck, daß der Organismus in der gewohnten Umwelt bleibt. Ein Beispiel sind die Krabben an der Küste, die mit den Gezeiten hin und her wandern. In anderen Fällen erschließt eine tägliche Wanderung zwei verschiedene Lebensräume mit unterschiedlichen Ressourcen. Zum Beispiel wandern Algen sowohl im Meer als auch im Süßwasser nachts in tiefere Schichten und steigen tagsüber wieder zur Oberfläche auf. Es scheint, daß sie in den tieferen Schichten (Hypolimnion) Phosphor und vielleicht andere Nährstoffe aufnehmen, bevor sie für die Photosynthese an die Wasseroberfläche (Epilimnion) zurückkehren (Salonen et al. 1984).

Vögel, Fledermäuse, Schnecken und viele andere mobile Tiere wandern in einem 24-Stunden-Rhythmus von Ruhe und Aktivität von einem Habitat zum anderen. In der Regel sammeln sie sich während der Ruhephase in dichten Populationen, während sie sich zur Nahrungsaufnahme wieder voneinander trennen. Alle diese Arten haben spezielle Nischen, die nur durch einen täglichen Wechsel zwischen zwei Habitaten befriedigt werden.

5.7.2 Saisonale Wanderungen zwischen Habitaten

Saisonale Wanderungen dienen dem Aufsuchen jahreszeitlich variierender Ressourcen.

Viele mobile Organismen unternehmen saisonale Wanderungen zwischen Habitaten. Gebiete, in denen Ressourcen vorhanden sind, ändern sich mit den Jahreszeiten, so daß Populationen von einem Gebietstyp zum anderen wandern. Ein Beispiel für wandernde Tiere, die in verschiedenen Höhenstufen weiden, sind Wapiti und Maultierhirsch, die im Sommer ins Hochgebirge ziehen. Durch die saisonale Wanderung weichen diese Tierarten den Änderungen im Nahrungsangebot und in den klimatischen Verhältnissen aus.

Mehrmaliges Hin- und Rückwandern erfolgt bei Amphibien zwischen dem Laichgebieten und dem Habitat der Adulten.

Eine andere Form von Wanderung ist diejenige der Amphibien. Diese wandern zwischen einem aquatischen Bruthabitat im Frühling und einem terrestrischen Habitat für den Rest des Jahres. Die Jungen entwickeln sich als Kaulquappen im Wasser, wo sie eine andere Nahrungsressource nutzen als in ihrem späteren Leben an Land. Sie versammeln sich später als Adulte zur Paarung wieder im gleichen Gewässer in großer Dichte und leben dann anschließend wieder getrennt an Land. Ein Individuum kann während seines Lebens mehrere solcher Wanderungen durchführen (Abbildung 5.13).

5.7.3 Wanderungen über große Entfernungen

Durch die saisonale Wanderung der meisten Landvögel wird die lokale Diversität stark verändert.

Die eindrücklichsten Habitatswechsel sind jene über sehr große Distanzen. Die meisten terrestrischen Vogelarten der Nordhemisphäre ziehen im Frühling nach Norden, wo im warmen Sommer ausreichend Nahrung zur Verfügung steht. Im Herbst ziehen sie wieder nach Süden in Graslandgebiete, in denen nur nach der Regenzeit Nahrung vorhanden ist. Die Wanderungen scheinen in praktisch allen Fällen zwischen Gegenden stattzufinden, die nur zu gewissen Zeiten reichlich Nahrung bieten und nicht das ganze Jahr über große Populationen ernähren können. Rauchschwalben (*Hirundo rustica*), die nach Südafrika ziehen, übertreffen die verwandten einheimischen Arten zahlenmäßig bei weitem. Wandernde Arten tragen auf diese Weise stark zur Diversität der lokalen Fauna bei. Nach Berechnungen von Moreau (1952) verbringen von 589 Brutvogelarten in der Paläarktis (ohne Meeresvögel) 40 % den Winter andernorts.

Innerhalb einer Population kann es als Ergebnis evolutionärer Divergenz, wandernde und nichtwandernde Organismen geben.

Dieselbe Art kann in verschiedenen Gebieten ein unterschiedliches Verhalten zeigen. So verlassen alle Rotkehlchen (*Erithacus rubecula*) im Winter Finnland und Schweden, aber auf den Kanarischen Inseln sind sie Standvögel. Aus den dazwischen liegenden Gebieten wandert meist ein Teil der jeweiligen Population, während der andere den Winter im Brutgebiet verbringt (Lack 1954). Solche Unterschiede im Wanderungsverhalten sind manchmal klare Beispiele einer evolutionsbedingten Divergenz. Dies trifft zum Beispiel für den Knutt (*Calidris canutus*) zu, der zum

Wanderungen mit wiederholter Rückkehr

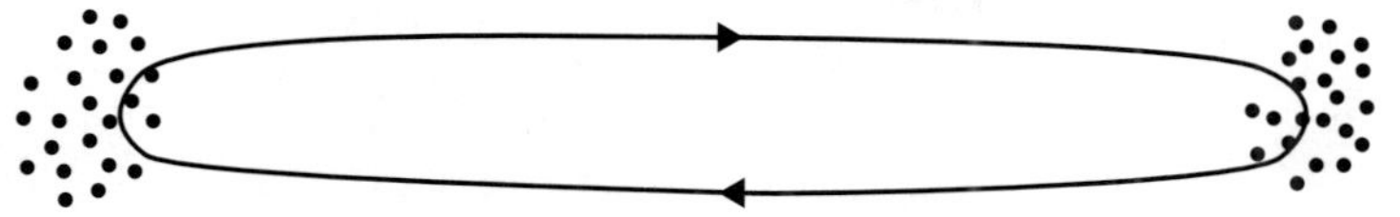

Habitat 1		Habitat 2
	tägliche Wanderung	
Epilimnion	Zoo- und Phytoplankton	Hypolimnion
Futterplätze	Fledermäuse, Nacktschnecken, viele Vögel	Schlafplätze
	jährliche Wanderung	
Wasser	Frösche, Kröten, Molche	Land
Hochland	Maultierhirsch, Wapiti	Tiefland
Paläarktis	Sperlingsvögel	Savanne
Tundra	Karibu	nördl. gemäßigter Wald
antarktische Meere	Bartenwale	tropische Meere

Wanderungen mit einmaliger Rückkehr

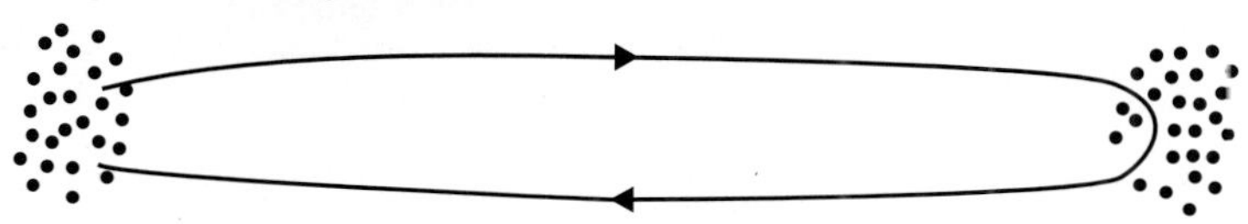

europäische Seen und Flüsse	Aal (Fortpflanzung im Meer)	Sargasso-Meer
europäische Flüsse	Atlantischer Lachs (Fortpflanzung im Süßwasser)	Atlantischer Ozean
Habitat der Larven	Tagfalter, Nachtfalter, Köcherfliegen, Steinfliegen, Libellen u.a.	Habitat der Adulten

Wanderungen ohne Rückkehr

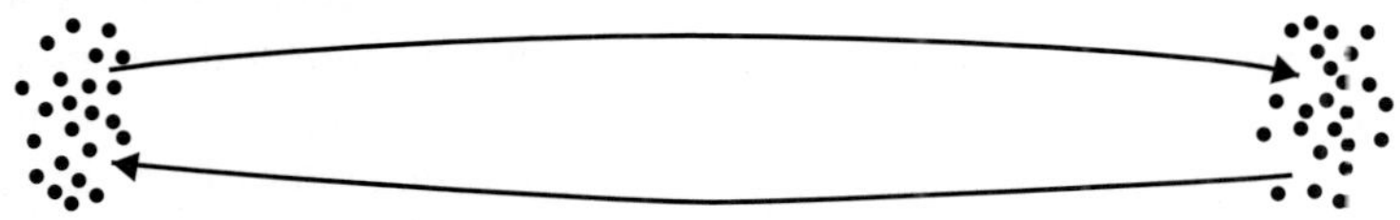

Nordeuropa	verschiedene Arten von Lepidopteren (siehe Text)	Südeuropa

5.13 Wanderungsmuster im Zusammenhang mit den Lebenszyklen.

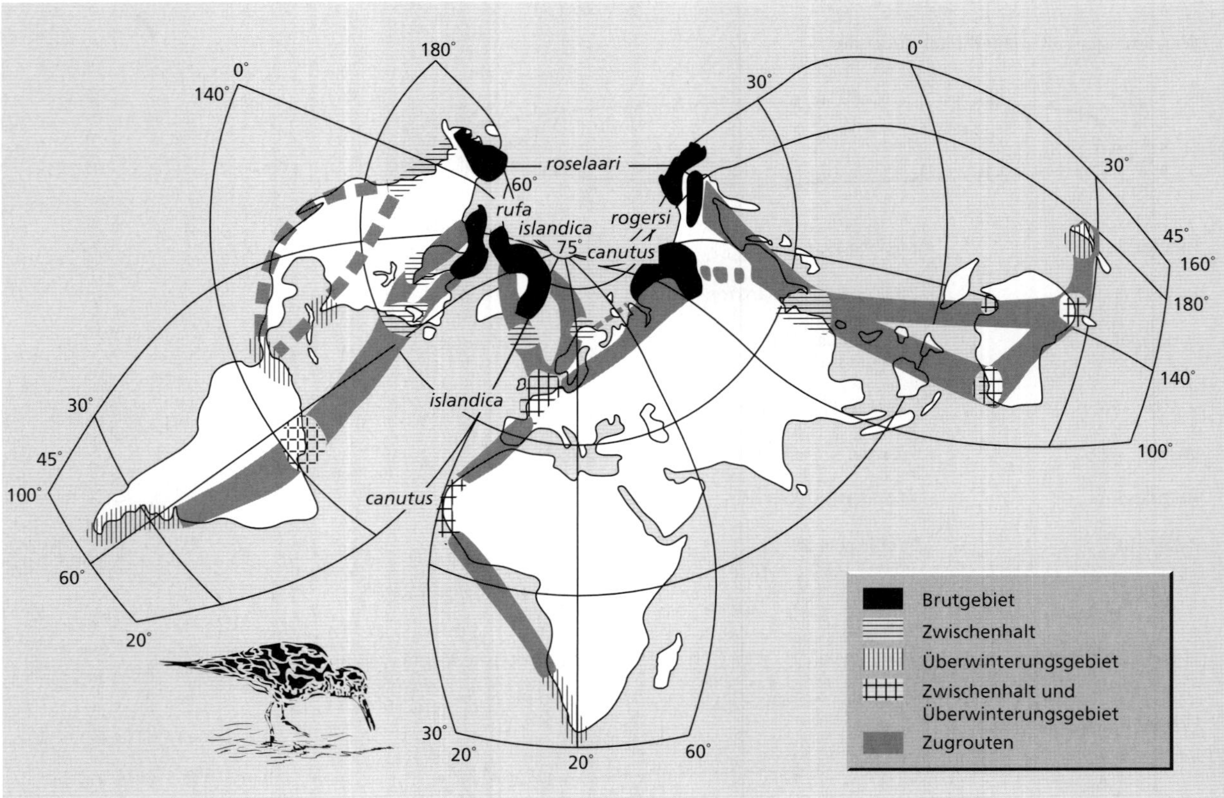

5.14 Globale Verbreitung und Wanderungsmuster von Strandläufern (*Calidris* spp.). Die verschiedenen Signaturen zeigen die Brutgebiete, die Zwischenhalteplätze während des Süd-Nord-Zuges, Gebiete für Zwischenhalte und Überwinterung und reine Überwinterungsgebiete. Bei den Zugverläufen wird unterschieden zwischen den gesicherten Routen und den in der Literatur vermuteten Routen. (Nach Piersma und Davidson 1992b)

größten Teil in entfernten Gebieten der arktischen Tundra brütet und im Sommer der Südhemisphäre „überwintert". Mindestens fünf Unterarten haben sich im späten Pleistozän abgetrennt und weisen nun sehr verschiedene Verbreitungs- und Wanderungsmuster auf (Abbildung 5.14).

Im tropischen Regenwald oder im immergrünen Bergwald zeigen Vögel und Säugetiere in der Regel kein Wanderungsverhalten. Hier ist die Produktion weniger von Jahreszeiten abhängig, und die vorhandenen Ressourcen werden von den seßhaften Arten konsumiert.

Bei mehrmaligen Hin- und Rückwanderungen können sich die Organismen an verschiedenen Elementen der Wanderroute orientieren.

Wir wissen am meisten über das Zugverhalten von Vögeln (Berthold 1994), weil es einfach ist, sie mit Ringen zu markieren, und weil es so viele ornithologisch interessierte Beobachter gibt. Wanderungen gibt es aber auch bei vielen anderen Tiergruppen. Die Bartenwale (Mysticeti) der südlichen Hemisphäre ziehen im Sommer zu den nahrungsreichen Gewässern der Antarktis. Im Winter ziehen sie nordwärts, um sich in tropischen und subtropischen Gewässern fortzupflanzen. Karibus (*Rangifer tarandus*) wandern jährlich mehrere hundert Kilometer zwischen den borealen Nadelwäldern und der Tundra. Der Gewöhnliche Thunfisch (*Tunnus thynnus*) vermehrt sich im April und Mai im Mittelmeer und zieht dann in die Nordsee. Bei all diesen Beispielen führt ein Individuum die Hin- und Rückwanderung mehrmals durch. Möglicherweise kennt es die Wanderroute mit der Zeit und benutzt Orientierungspunkte in Verbindung mit magnetischen Informationen über seine Position oder Informationen über den Stand von Sonne und Sternen (siehe Baker 1982).

5.7.4 Einmalige Hin- und Rück-Wanderungen

Bei einmaligen Hin- und Rückwanderungen erfolgt meist der Wechsel vom Brutplatz zum Habitat der Adulten und zurück.

Viele wandernde Arten unternehmen in ihrem Leben nur eine Wanderung mit einer einmaligen Rückkehr. Sie werden in einem Habitat geboren, entwickeln sich zum großen Teil in einem anderen Habitat, kehren dann aber zur Fortpflanzung in ihr Ursprungsgebiet zurück und sterben dort auch. Aal und Lachs sind dafür klassische Beispiele. Der Europäische Flußaal

(*Anguilla anguilla*) zieht aus europäischen Flüssen und Teichen über den Atlantik zum Sargasso-Meer, wo er, wie man annimmt, laicht und stirbt (obwohl man dort nie laichende Aale oder Eier gefunden hat). Der Amerikanische Aal (*Anguilla rostrata*) macht ähnliche Wanderungen von Guyana im Süden nach Südwestgrönland im Norden.

Lachse führen eine ähnliche Wanderung durch. Ihre Jungfische ziehen allerdings aus dem Süßwasser ins Meer und wachsen dort heran. Danach kehren sie zum Laichen ins Süßwasser zurück. Nach dem Laichen sterben die pazifischen Blaurückenlachse (*Oncorhynchus nerka*). Auch die meisten Atlantischen Lachse (*Salmo salar*) sterben nach dem Laichen, einige überleben allerdings und machen die Wanderung ein zweites Mal.

Wandernde Fische kehren oft mit einer sehr großen Präzision an den Ort ihrer Kindheit zurück. Von einigen ist bekannt, daß sie sich an die Sonne, polarisiertes Licht und geomagnetische Felder zur generellen Ausrichtung der Wanderung halten. Die genauere Festlegung der Richtung scheint durch olfaktorische Hilfen und in der Nähe des Heimatgebiets durch Erinnerung an die lokale Topographie zu erfolgen. Es scheint gesichert, daß jeder Fluß und alle seine Nebenflüsse einen charakteristischen Geruch haben, den sich die Jungfische einprägen, bevor sie zum Meer ziehen. (Einen Überblick über die Literatur zur Fischwanderung findet sich bei Leggett 1977).

Die Rückwanderung zum Brutplatz fördert eine Paarung innerhalb der lokalen Population.

Eine wesentliche Auswirkung der Rückwanderung in die Heimatgebiete ist, daß die Paarung größtenteils zwischen Individuen der gleichen, geographisch begrenzten Population stattfindet. Obwohl Fische Wanderungen über große Distanzen zurücklegen, vermischen sie sich nicht mit Individuen anderer Populationen, sondern finden ihre Partner unter Nachbarn aus der Jugendzeit.

5.7.5 „Einweg-Wanderungen"

Einweg-Wanderungen können durch jahreszeitliche Klimawechsel oder die Folge einer hohen Populationsdichte bedingt sein.

Bei einigen Arten legt jedes Individuum nur einen Weg der Wanderung zurück. In Europa gehören zu diesen Arten die Schmetterlingsarten Postillon (*Colias croceus*), Admiral (*Vanessa atalanta*) und Distelfalter (*Vanessa cardui*). Sie vermehren sich an beiden Zielpunkten ihrer Wanderung. Die Individuen, die im Sommer England erreichen, vermehren sich und sterben dort. Ihre Nachkommen fliegen im Herbst nach Süden und vermehren sich im Mittelmeergebiet.

Den Wanderungen gehen oft ziemlich tiefgreifende physiologische Veränderungen wie etwa die Akkumulation von Fett im Körper voraus. Solche Strategien entstehen in Umwelten, in denen sich saisonal wiederkehrende Ereignisse – zum Beispiel Niederschlags- und Temperaturzyklen – mit großer Verläßlichkeit wiederholen. Eine andere Form der Wanderung hat taktischen Charakter und wird durch Umstände wie Überbevölkerung ausgelöst. Sie tritt nicht regelmäßig auf und findet sich in Umwelten ohne saisonal regelmäßigen Niederschlag. Die verheerenden Wanderungen der Heuschrecken in ariden und semiariden Gebieten sind ein eindrückliches Beispiel hierfür.

Heuschrecken ändern wie viele Insekten ihr Verhalten, wenn es in Zeiten des Populationswachstums zu einer Überbevölkerung kommt. Über drei Generationen hinweg findet ein „Phasenwechsel" von einer **Solitärphase** mit individuellem Verhalten über eine Generation in einer **Übergangsphase** zu einer dritten Generation in einer **Schwarmphase** statt. In dieser letzten Phase bilden die Individuen tagsüber enorme fliegende Schwärme.

Organismen, die ungünstige Bedingungen nicht durch eine Ruhephase überdauern können, entgehen diesen durch Wanderungen; diese erfolgen häufig in Form von Schwärmen.

Am Beispiel der Wüstenschrecke (*Schistocerca gregaria*) kann man eine Reihe der Besonderheiten von solchen verheerenden großräumigen Wanderungen aufzeigen. Diese Art besitzt keinen Mechanismus für eine Ruhepause oder Diapause, der den Individuen das Überleben in Zeiten extremer Trockenheit ermöglichen würde. Nach der Eiablage muß genügend Wasser für die einzelnen Entwicklungsstadien und für das Wachstum der Nahrung vorhanden sein. In Zonen mit unregelmäßigem Niederschlag überleben die Heuschrecken dadurch, daß die Schwärme dorthin fliegen, wo gerade Regen gefallen ist – und das oft mehr als tausend Kilometer weit. Bei einer Abfolge von günstigen Niederschlägen wächst die Population enorm von einer Generation zur nächsten und wechselt von der Solitär- in die Herdenphase mit ihren Schwärmen. Starke Windbewegungen können die Insekten zu einem neuen Ort führen, wo kurz vorher Niederschlag gefallen ist, und dann wächst die Population weiter. Abbildung 5.15 zeigt ein gut untersuchtes Beispiel aus den Jahren 1986 bis 1989.

Im Gegensatz zu den genau voraussagbaren Wanderungen von Zugvögeln, Lachsen, Aalen und so weiter sind bei Heuschrecken weder Zeit, Ort noch Richtung programmiert. Will man Populationen unter Kontrolle halten, muß man deshalb sehr pragmatisch vorgehen und dabei die nicht voraussagbaren Veränderungen in der Umwelt, welche die Heuschrecken in ihrem Verhalten bestimmen, miteinbeziehen.

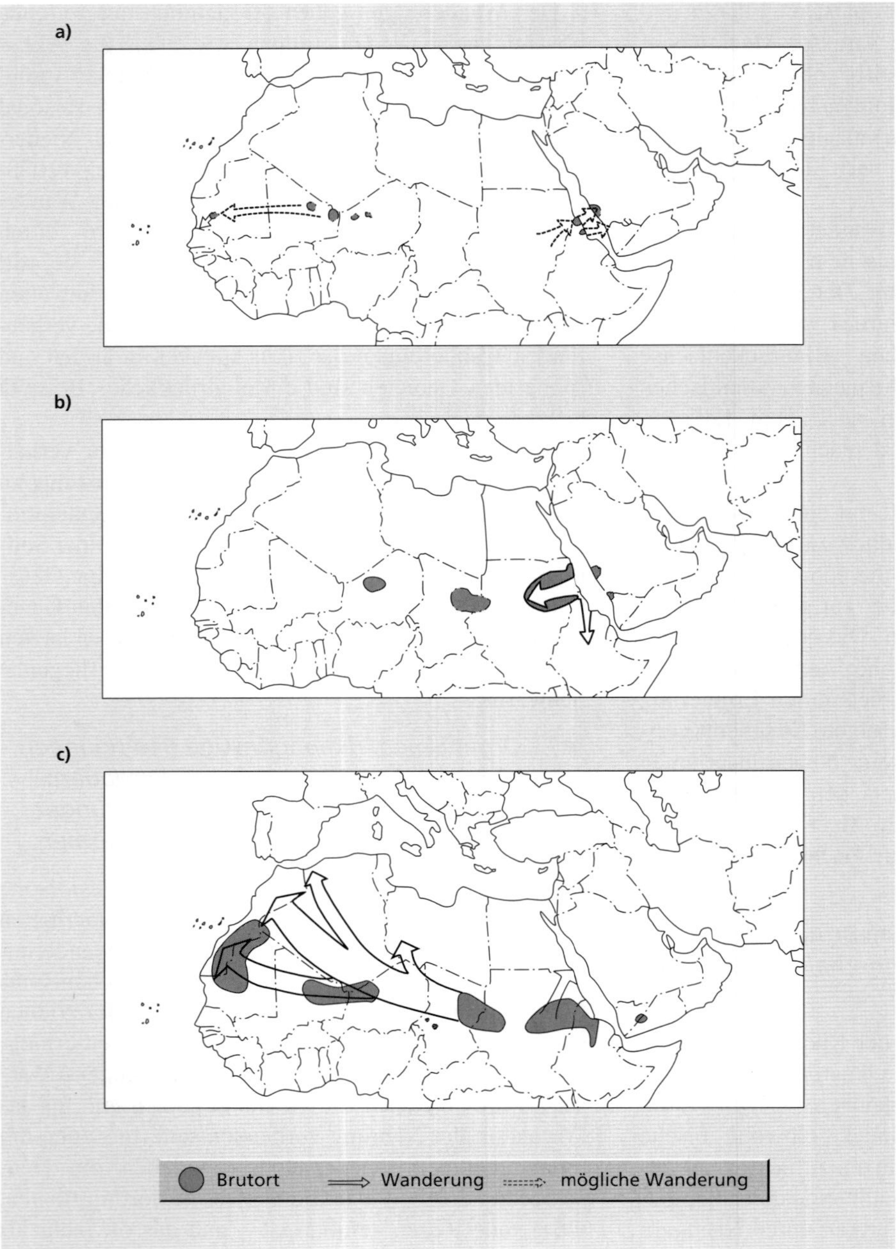

5.15 Entwicklung, Wanderung und Abflauen eines Auftretens der Wüstenschrecke (*Schistocerca gregaria*) in Afrika und Arabien in den Jahren 1985 bis 1989 nach einer 20jährigen Periode mit rückläufigen Populationen. (Nach Skaf et al. 1990) a) 1985; b) Winter- und Frühlingsbrut 1986/87; c) Sommerbrut 1987

Hinweise auf Wanderungen von anderen schwarmbildenden Schadinsekten in jüngerer Zeit – zum Beispiel *Spodoptera exempta, Oedalus senegalensis, Choristoneura fumiferana* –, auf das Monitoring und auf Maßnahmen zur Bestandskontrolle finden sich bei Rainey et al. (1990).

5.8 Ein Ausblick

Phasen von Ausbreitung und Wanderung sind in der Lebensgeschichte von Organismen von entscheidender Bedeutung. Jeder Organismus ist zum Aussterben verurteilt, wenn er oder seine Nachkommen am gleichen Ort bleiben. Das Ausmaß der Ausbreitung von Individuen und Populationen unter natürlichen Bedingungen ist jedoch jene Größe im Lebenszyklus, die am schwierigsten zu messen ist. Von allen Fortpflanzungsmöglichkeiten, über die eine höhere Pflanze – zum Beispiel eine Baumart – verfügt, kann ein zufällig am weitesten fortgeschleuderter Samen der Ausgangspunkt für die Bildung einer neuen Kolonie sein. In diesem Fall ist jedoch nicht die durchschnittliche Ausbreitungsdistanz von Bedeutung, sondern die geringe Wahrscheinlichkeit einer Ausbreitung über extreme Entfernungen. Diese kann allerdings nur sehr schlecht gemessen werden.

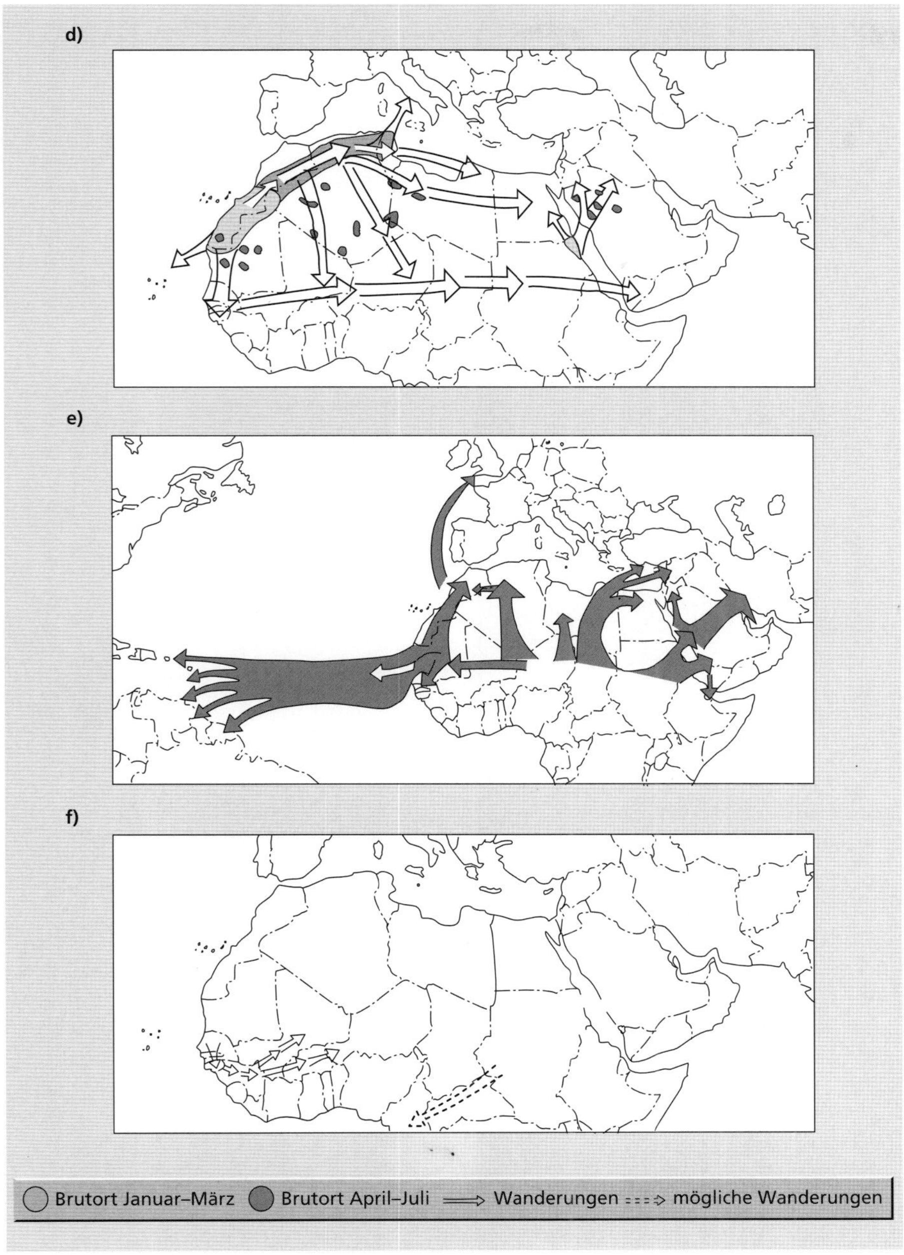

5.15 d) Winterbrut 1987/87; e) Ausbreitung der Schwärme aus der ersten Sommergeneration (Juni bis September 1988); f) Ausbreitung der Schwärme der zweiten Sommergeneration (Oktober 1988 bis Mai 1989).

In der Anonymität einer Population ist die Ausbreitung innerhalb von Populationen nur schwer zu verfolgen.

Vieles, was wir über die Ausbreitung wissen, bezieht sich auf die Ausbreitung der Nachkommen isolierter Individuen, weil wir dann die Eltern kennen. Es wäre aber oft viel wichtiger herauszufinden, über welche Distanz eine Ausbreitung innerhalb und zwischen Populationen, zum Beispiel von Samen in einem Wald oder von wandernden Feldmäusen innerhalb von Feldmauspopulationen, stattfindet. Manchmal wäre es auch wichtiger, mehr über die Ausbreitung von Genen als von Individuen zu wissen, und zwar besonders deshalb, weil sich Pollen höherer Pflanzen oder Gameten aquatischer Wirbelloser viel weiter als ihre Eltern ausbreiten. Solange wir nicht feststellen können, von welchen Eltern die sich ausbreitenden Nachkommen stammen, werden wir nicht viel Licht in diese Form der Ausbreitung bringen können. Vielleicht bietet die Gentechnik eine Möglichkeit, mit neutralen Markergenen die genauen Ausbreitungs- und Wanderungsmuster innerhalb von Populationen aufzudecken. Vielleicht werden wir die Populationsdynamik erst dann richtig verstehen, wenn wir die Feinheiten der Ausbreitung von Individuen und ihren Gene kennen und verstehen.

Teil 2 Wechselbeziehungen

Einleitung

Die fünf Hauptkategorien von Wechselbeziehungen sind Konkurrenz, Prädation, Parasitismus, Mutualismus und Detritivorie.

Jeder Organismus wirkt sich durch sein Verhalten auf seine Umwelt aus. Er kann die Bedingungen verändern (zum Beispiel ein Regenwurm, der zur Durchlüftung des Bodens beiträgt, oder ein Baum, der durch Verdunstung die Luft abkühlt), oder er kann Ressourcen schaffen oder solche verbrauchen, die von anderen Organismen hätten genutzt werden können (wie ein Baum, der alles unter sich beschattet, oder eine Kuh, die Gras frißt). Hinzu kommen direkte Wechselbeziehungen zwischen den Individuen. In den folgenden Kapiteln (6–13) betrachten wir die Vielfältigkeit dieser Wechselbeziehungen. Dabei unterscheiden wir fünf Hauptkategorien: Konkurrenz, Räuber-Beute-Beziehungen (Prädation), Parasitismus, Mutualismus und Detritivorie. Wie die meisten biologischen Kategorien, lassen sich allerdings auch diese fünf nicht klar voneinander abgrenzen.

Vereinfacht ausgedrückt ist **Konkurrenz** eine Wechselbeziehung, in der ein Organismus eine Ressource verbraucht, die für einen anderen somit nicht nutzbar ist. Dadurch wächst dieser langsamer, bekommt weniger Nachkommen, oder seine Überlebenswahrscheinlichkeit verringert sich. Diese Form der Konkurrenz kann zwischen Artgenossen oder Individuen verschiedener Spezies auftreten. Da anzunehmen ist, daß artgleiche Individuen in etwa dieselben Ressourcen benötigen (und vergleichbar aufeinander reagieren), während Individuen verschiedener Spezies voneinander abweichen (und daher unterschiedlich aufeinander reagieren), betrachten wir dies in gesonderten Kapiteln (Kapitel 6 und 7). Wir dürfen diese Differenzierung jedoch nicht zu wörtlich nehmen: Der Vorgang der natürlichen Selektion beruht auf Unterschieden zwischen Individuen derselben Art, die sich in ihrem Zustand, ihrem Entwicklungsstadium und so weiter unterscheiden können. Aber genauso können zwei verschiedenen Arten die gleiche Ressource nutzen und verbrauchen. Für ein Kaninchen kann zum Beispiel ein Schaf ein schärferer Nahrungskonkurrent sein als ein anderes Kaninchen.

Die Kapitel 8, 9 und 10 behandeln verschiedene Aspekte der **Prädation**, also von **Räuber-Beute-Beziehungen**, worunter wir jedoch sehr viel zusammenfassen. Wir verstehen darunter sowohl Beziehungen, in denen ein Organismus einen anderen tötet und auffrißt (zum Beispiel Carnivorie), als auch Beziehungen, in denen ein Organismus lediglich Teile seiner Beute verzehrt, die dann nachwachsen und erneut gefressen werden können (zum Beispiel Herbivorie). In Kapitel 8 betrachten wir die Auswirkungen der Prädation auf den Räuber und auf die Beute (Tier oder Pflanze). Besondere Aufmerksamkeit schenken wir dabei der Herbivorie, da Pflanzen besondere Strategien gegen Räuber entwickelt haben. In Kapitel 9 diskutieren wir das Verhalten von Räubern – ein Gebiet, auf dem Populationsökologie und Verhaltensökologie ineinander übergehen. Das Verhalten einzelner Räuber beeinflußt deutlich die Populationsdynamik von Räuber und Beute. Die Konsequenzen daraus sind Gegenstand von Kapitel 10. Dieser Bereich der Ökologie hat besondere Bedeutung für das Management natürlicher Ressourcen: deren wirtschaftlichen

Nutzung (zum Beispiel von Fischen, von Walen oder von Weideland) und die biologische und chemische Bekämpfung von Schädlingen und Unkräutern.

Konkurrenz, Prädation, Parasitismus und Mutualismus umfassen Wechselbeziehungen zwischen Organismen, die sich auf die natürliche Selektion auswirken. Das Verhalten von Räubern beeinflußt gleichermaßen die Evolution ihrer Beute und umgekehrt, wie sich das Verhalten eines Parasiten auf seinen Wirt auswirkt. Wenn der Evolutionsprozeß vor allem durch die Konsequenzen der Wechselbeziehungen zwischen Organismen bestimmt wird (wie es Darwin annahm), sollten ökologische und evolutive Vorgänge vor allem in den Beziehungen zwischen Räuber und Beute, Parasit und Wirt, zwischen Partnern mutualistischer Wechselbeziehungen und zwischen Konkurrenten erkennbar sein. Der Vorgang der Detritivorie (der Abbau toter organischer Substanz) wird in Kapitel 11 diskutiert.

Parasitismus und Krankheiten (Kapitel 12) werden in Ökologiebüchern selten in einem eigenen Kapitel behandelt – obwohl mehr als die Hälfte aller Arten auf der Erde Parasiten sind. **Parasitismus** ist jedoch ein unscharfer Begriff, der vor allem von Prädation nicht immer klar zu unterscheiden ist. Im Gegensatz zu Räubern, die normalerweise viele Beuteindividuen ganz oder in Teilen fressen, bezieht ein Parasit seine Ressourcen meistens von nur einem oder wenigen Wirten, die er in der Regel nicht gleich oder gar nicht tötet (wie viele herbivore Prädatoren). Die parasitoiden Insekten (wie Schlupfwespen, die sich oft einzeln in ihrem Wirt entwickeln und diesen töten) sind weder echte Räuber noch echte Parasiten. Wir diskutieren sie gemeinsam mit Räubern und Pflanzenfressern in den Kapiteln 8–10.

Kapitel 13 beschäftigt sich schließlich mit mutualistischen Wechselbeziehungen zwischen Individuen verschiedener Arten. Beim **Mutualismus** erzielen beide Organismen einen Nettogewinn. Die Ökologie mutualistischer Wechselbeziehungen wurde meist vernachlässigt – und das, obwohl der größte Teil der Biomasse auf der Erde aus mutualistischen Organismen besteht.

Man kann Wechselbeziehungen danach klassifizieren, ob sie sich für einen oder alle beteiligten Organismen vorteilhaft, nachteilig oder neutral auswirken.

Wechselbeziehungen zwischen Organismen werden häufig durch einen einfachen Code klassifiziert, wobei jedem der beteiligten Organismen ein „+", „–" oder eine „0" zuordnet wird. Eine Räuber-Beute-Beziehung (einschließlich Herbivor – Pflanze) wird mit +– bezeichnet, da der Räuber einen Vorteil hat, die Beute jedoch einen Nachteil. Auch die Beziehung zwischen Parasiten und ihren Wirten wird daher mit +– beschrieben. Mutualismus ist hingegen eindeutig ++. Stehen Organismen nicht in Wechselbeziehung zueinander, können wir dies mit 00 beschreiben (manchmal **Neutralismus** genannt). **Detritivorie** wird mit +0 gekennzeichnet, da der Destruent von der Nahrung profitiert, die aber selbst nicht betroffen ist, da es sich um tote Substanz handelt. +0-Beziehungen werden meist als **Kommensalismus** bezeichnet. Allerdings wird dieser Begriff üblicherweise nicht auf Destruenten angewandt, statt dessen aber für Fälle, in denen ein Organismus (der „Wirt") für einen anderen Organismus eine Ressource darstellt, ohne daß der Wirt dadurch geschädigt wird. Kommensalismus ähnelt daher dem Parasitismus. Konkurrenz wird häufig mit –– beschrieben. Wie wir jedoch in Kapitel 6 und 7 sehen werden, ist es häufig unmöglich nachzuweisen, daß beide Organismen beeinträchtigt werden. Derartige asymmetrische Wechselbeziehungen werden allgemein als **Amensalismus** bezeichnet und mit –0 beschrieben. Echter Amensalismus liegt zum Beispiel vor, wenn ein Organismus ein Gift produziert, unabhängig davon, ob der dadurch möglicherweise betroffene Organismus anwesend ist oder nicht.

Die acht Kapitel dieses Teils sind unterschiedlich aufgebaut. Der Grund dafür liegt in der zum Teil erheblichen Unterschieden im aktuellen Wissensstand. Untersuchungen von Parasitismus und Mutualismus haben sich meist auf die Klärung der verwickelten Beziehungen der beteiligten Organismen konzentriert. Die Auswirkungen innerhalb der Lebensgemeinschaften wurden dabei weniger beachtet. Wir wissen daher viel über die stickstoffixierenden Knöllchenbakterien an Leguminosen, aber weitaus weniger über die Ökologie solcher Pflanzen im Freiland. Während der Wissenschaftszweig der theoretischen und experimentellen Erforschung von Konkurrenz äußerst fortschrittlich ist, wissen wir erschreckend wenig darüber, wie oft in natürlichen Lebensgemeinschaften Konkurrenz auftritt und welche Bedeutung ihr dort zukommt. Ebenso hat die mathematische Modellierung von Räuber-Beute-Beziehungen eine lange Geschichte, während man erst in jüngster Zeit begonnen hat, auch für den Mutualismus Modelle zu erstellen. Aus all diesen Gründen entwickelte sich die Ökologie uneinheitlich und ist voller Lücken und unbekannter Gebiete – ganz wie jede andere Wissenschaft auch.

6 Intraspezifische Konkurrenz

6.1 Einleitung: Wesen und Merkmale intraspezifischer Konkurrenz

Konkurrenz entsteht aus einem gemeinsamen Bedarf an einer begrenzten Ressource und führt zu Beeinträchtigungen.

Kein Organismus lebt für sich alleine. Jeder ist zumindest zeitweilig Mitglied einer Population, die aus Individuen seiner eigenen Art besteht. Artgleiche Individuen haben sehr ähnliche Ansprüche, um zu überleben, zu wachsen und sich fortzupflanzen. Sie können jedoch gemeinsam mehr Ressourcen beanspruchen als ihnen zur Verfügung stehen. In diesem Fall konkurrieren die Individuen dann um die Ressourcen, und es überrascht nicht, daß einige von ihnen dabei unterliegen. Dieses Kapitel behandelt das Wesen solcher intraspezifischen Konkurrenz sowie ihre Auswirkungen auf die involvierten Individuen und auf Populationen der Konkurrenten. Zuerst müssen wir jedoch definieren, was wir unter **Konkurrenz** verstehen: Konkurrenz ist eine Wechselbeziehung zwischen Individuen, die aus einem gemeinsamen Bedarf an einer begrenzten Ressource entsteht und dazu führt, daß das Überleben, das Wachstum und/oder die Fortpflanzung von wenigstens einigen der miteinander konkurrierenden Individuen beeinträchtigt werden.

Je höher die intraspezifische Konkurrenz um Nahrung ist, desto geringer ist der Beitrag der Individuen zur nächsten Generation.

Für eine nähere Betrachtung wollen wir zunächst von einer einfachen hypothetischen Gemeinschaft ausgehen: Eine rasch wachsende Heuschreckenpopulation (derselben Art) auf einer Wiese aus einer Grasart. Heuschrecken beziehen aus dem Gras die für Wachstum und Fortpflanzung notwendige Energie und Nährstoffe. Sie verbrauchen aber auch Energie, um das Gras zu finden und zu fressen. Befindet sich eine Heuschrecke an einem Ort, an dem alles Gras bereits von anderen Heuschrecken weggefressen wurde, muß sie zur Nahrungsaufnahme weiterziehen und dafür zusätzliche Energie verbrauchen. Je mehr Heuschrecken um Nahrung konkurrieren, desto häufiger wird dies passieren. Ein erhöhter Energieverbrauch und eine verringerte Nahrungsaufnahmerate können jedoch die Überlebenschancen einer Heuschrecke verringern, und sie hat weniger Energie für ihre Entwicklung und ihre Fortpflanzung zur Verfügung. Überleben und Fortpflanzung sind aber ausschlaggebend für die Fitneß. Je höher die intraspezifische Konkurrenz um Nahrung also für eine Heuschrecke ist, desto geringer wird ihr Beitrag zur nächsten Generation sein.

Wir können somit bereits feststellen, daß der ultimate Einfluß von Konkurrenz ein verringerter Beitrag eines Individuums an die nächste Generation ist. Durch intraspezifische Konkurrenz kommt es normalerweise zu einer reduzierten Rate der Ressourcenaufnahme pro Individuum und dadurch zu einer geringeren Wachstums- oder Entwicklungsrate; vielleicht werden auch weniger Reserven gespeichert, oder das Risiko Räubern zum Opfer zu fallen, ist erhöht. Dies kann wiederum zu einer verkürzten Lebensdauer und/oder zu einer eingeschränkten Fekundität führen. Wie wir in Kapitel 4 sahen, bestimmen Lebensdauer und Fekundität zusammen den Fortpflanzungserfolg eines Individuums.

Bei Konkurrenz durch Ausbeutung einer bestimmten Ressource besteht keine direkte Wechselbeziehung.

In vielen Fällen stehen miteinander konkurrierende Individuen, nicht in direkter Wechselbeziehung zueinander. Vielmehr reagiert ein Individuum auf die Verfügbarkeit einer Ressource, die durch die Anwesenheit und die Aktivität anderer Individuen verringert wird. Heuschrecken, die miteinander um Nahrung konkurrieren, werden nicht direkt durch die Anwesenheit anderer Heuschrecken beeinflußt, sondern dadurch, daß weniger Nahrung zur Verfügung steht und es immer schwieriger wird, gute Nahrung zu finden. Konkurrenz kann in diesem Fall als **Ausbeutung** beschrieben werden, da jedes Individuum davon betroffen ist, welche Ressourcenmenge nach der Ausbeutung durch andere Individuen übrigbleibt. Ausbeutung kann somit nur dann auftreten, wenn der Vorrat der betreffenden Ressource begrenzt ist.

Bei Konkurrenz durch Interferenz kommt es zu einer direkten Wechselbeziehung um eine direkte oder indirekte Ressource.

In vielen Fällen tritt Konkurrenz jedoch als **Interferenz** auf. Hierbei stehen die Individuen in direkter Wechselbeziehung zueinander: Ein Individuum hält andere davon ab, die Ressourcen in einem bestimmten Teil des Habitats auszubeuten. Beispiele dafür sind sessile Tiere, Pflanzen und Territorialität (siehe Abschnitt 6.12). Die Anwesenheit einer Seepocke auf einem Felsen verhindert zum Beispiel, daß andere Seepocken denselben Ort besetzen können, selbst wenn das Nahrungsangebot an diesem Platz für mehrere Seepocken ausreichen würde. In solchen Fällen kann man den Ort als begrenzte Ressource ansehen. Eine andere Form von Konkurrenz durch Interferenz tritt auf, wenn zwei Rothirsche um den Zugang zu einem Harem von Hirschkühen kämpfen. In diesem Fall sind die Hirschkühe die begrenzende Ressource. Zwar wäre jeder der beiden Hirsche problemlos dazu in der Lage, sich mit allen Hirschkühen zu paaren, doch wird dies dadurch verhindert, daß Paarungen nur dem Haremsbesitzer zustehen.

Interferenz kann als Konkurrenz um eine direkte Ressource auftreten (etwa der Platz auf einem Felsen für die Seepocke), wobei sie mit einem bestimmten Grad an Ausbeutung einhergeht, oder als Konkurrenz um eine indirekte Ressource (ein Territorium oder der Besitz eines Harems), deren Wert darin besteht, daß sie Zugang zu einer direkten Ressource bietet (Nahrung im Territorium; das Recht, sich mit allen Weibchen zu paaren). Daher kann Interferenz in gewisser Weise die Ausbeutung einer direkten Ressource ersetzen. Während die Stärke der Konkurrenz durch Ausbeutung stark davon abhängt, inwieweit die jeweilige Ressource begrenzt ist und wieviel davon benötigt wird, kann bei Interferenz die Konkurrenz selbst dann stark sein, wenn die direkte Ressource nicht begrenzt ist.

Meist beinhaltet Konkurrenz sowohl Ausbeutung als auch Interferenz.

In der Natur beinhalten die meisten Fälle von Konkurrenz wahrscheinlich sowohl Ausbeutung als auch Interferenz. Ein gutes Beispiel liefert der Höhlenkäfer *Neapheanops tellkampfi* aus der Great Onyx Cave in Kentucky/USA. Die adulten Käfer konkurrieren untereinander, aber ansonsten mit keiner anderen Art, um nur eine Nahrung: Grilleneier. Einerseits haben die Käfer einen indirekten Nachteil durch Ausbeutung: Sie verringern die Dichte ihrer Ressource (Grilleneier) und weisen eine deutlich geringere Fekundität auf, wenn nicht genügend Nahrung zur Verfügung steht (Abbildung 6.1a). Durch Interferenz haben sie jedoch auch einen direkten Nachteil: Ist die Dichte an Käfern hoch, kämpfen sie mehr, graben auf der Suche nach Nahrung, weniger und flachere Löcher und nehmen viel weniger Eier zu sich, als wenn sie nur nach Nahrung suchen würden (Abbildung 6.1b).

Bei einseitigem Konkurrenzverlauf erhöht sich die Fitneß einzelner Individuen.

Die Individuen einer Art sind im Prinzip gleichwertig, unabhängig davon, ob sie durch Ausbeutung oder durch Interferenz miteinander konkurrieren: Sie haben viele Eigenschaften gemeinsam, nutzen ähnliche Ressourcen und reagieren auf ähnliche Weise auf Umweltbedingungen. Es gibt jedoch viele Situationen, in denen intraspezifische Konkurrenz sehr einseitig verläuft: Ein kräftiger, früh gekeimter Sämling wird einen später gekeimten beschatten; ein alter großer Schwamm wird einen jüngeren und kleineren überwachsen. In der durch Ressourcen begrenzten Population von Rothirschen auf der Insel Rhum (siehe Kapitel 4) sank die Überlebensrate der Kälber während des Winters stark, als die Population zunahm. Für diejenigen, die bei der Geburt am kleinsten waren,

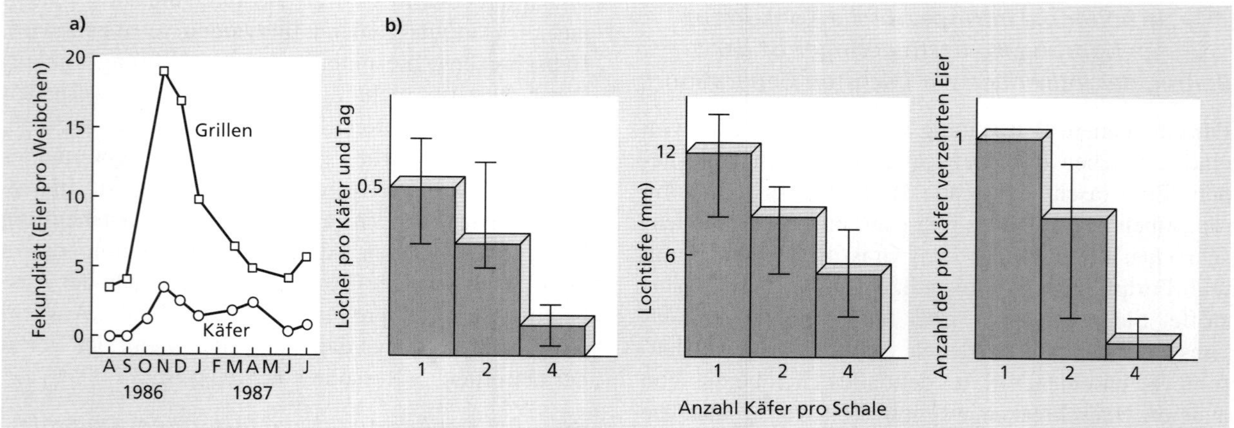

6.1 Intraspezifische Konkurrenz bei dem Höhlenkäfer *Neapheanops tellkampfi*. a) Ausbeutung. Die Fekundität der Käfer korrelierte signifikant ($r = 0.86$) mit der Fruchtbarkeit der Grillen (dies ist ein gutes Maß für die Verfügbarkeit von Grilleneiern, der Nahrung der Käfer). Die Käfer selbst verringern die Anzahl der Grilleneier. b) Interferenz. Als die Anzahl der Käfer unter Versuchsbedingungen im Labor (zehn Grilleneier) von eins auf zwei bis vier anstieg, gruben die Käfer weniger und flachere Löcher und nahmen weniger Nahrung zu sich ($P < 0.001$ für jeden Fall), obwohl zehn Eier für alle Käfer gereicht hätten. Angegeben sind jeweils Mittelwert und Standardabweichung. (Nach Griffith und Poulson 1993)

war das Risiko zu sterben jedoch am größten (Clutton-Brock et al. 1987).

Auch genetische Unterschiede zwischen Individuen können dazu führen, daß Konkurrenz nicht gegenseitig ist. So werden zum Beispiel großwüchsige Maispflanzen eine durch genetische Unterschiede kleinwüchsigere Maissorte beschatten und unterdrücken. Diese mangelnde Gleichwertigkeit bedeutet, daß die ultimaten Auswirkungen für verschiedenen Individuen bei weitem nicht gleich sind. Schwache Konkurrenten leisten nur einen kleinen oder gar keinen Beitrag zur nächsten Generation. Der Beitrag von starken Konkurrenten hingegen wird unter Umständen nur unbedeutend beeinträchtigt. Tatsächlich wird ein starker Konkurrent bei ausgeprägter Konkurrenz in Wirklichkeit einen höheren proportionalen Beitrag leisten als ohne Konkurrenz (zum Beispiel wenn sein Beitrag gleich bleibt, während der aller anderen sinkt). Obwohl Konkurrenz letztendlich die Fortpflanzungsleistung verringert, bedeutet dies somit nicht immer eine Reduktion der individuellen Fitneß. Dies gilt vor allem für die stärksten der Konkurrenten. Durch Konkurrenz werden also nicht alle Individuen beeinträchtigt (Wall und Begon 1985).

Die Auswirkungen intraspezifischer Konkurrenz sind dichteabhängig.

Schließlich ist zu beachten, daß die intraspezifische Konkurrenz um so größer ist, je mehr Individuen involviert sind. Ihre Auswirkungen sind also dichteabhängig. Wir werden uns zunächst den dichteabhängigen Effekten intraspezifischer Konkurrenz auf die Fortpflanzung, das Wachstum und die Mortalität zuwenden.

6.2 Intraspezifische Konkurrenz, dichteabhängige Mortalität und Fekundität

Abbildung 6.2 zeigt die Auswirkung unterschiedlicher Dichten auf die **Mortalität** beim Amerikanischen Reismehlkäfer (*Tribolium confusum*). In Glasröhrchen mit 0.5 g einer Mehl-Hefe-Mischung wurde jeweils eine bestimmte Anzahl an Eiern gegeben. Später wurde gezählt, wie viele adulte Käfer sich in jedem Röhrchen entwickelten. Die Daten sind auf drei sich ergänzenden Diagrammen abgebildet. In allen Fällen ist die Kurve in drei Abschnitte eingeteilt. Abbildung 6.2a zeigt den Zusammenhang zwischen Dichte und Mortalitätsrate. In Abbildung 6.2b erkennt man, wie sich die Anzahl der Individuen, die vor Erreichen des Imaginalstadiums sterben, mit der Dichte ändert. Abbildung 6.2c zeigt die Korrelation zwischen Dichte und Anzahl überlebender Käfer.

Bei allen Populationsdichten tritt dichteunabhängige Mortalität auf.

Im Abschnitt 1 (geringe Dichte) bleibt die Sterbesrate bei zunehmender Dichte gleich (Abbildung 6.2a); sowohl die Anzahl sterbender als auch die Anzahl überlebender Individuen nehmen zu (Abbildung 6.2b, c), da insgesamt mehr Individuen vorhanden sind. Der relative Anteil an sterbenden Individuen bleibt jedoch konstant, wodurch die gerade Linie im Abschnitt 1 der Kurve von Abbildung 6.2b und c zustande kommt. Die Sterblichkeit in diesem Abschnitt ist dichteunabhängig. Daraus kann geschlossen werden, daß bei dieser Dichte keine intraspezifische Konkurrenz zwischen den Käfern auftritt. Die Über-

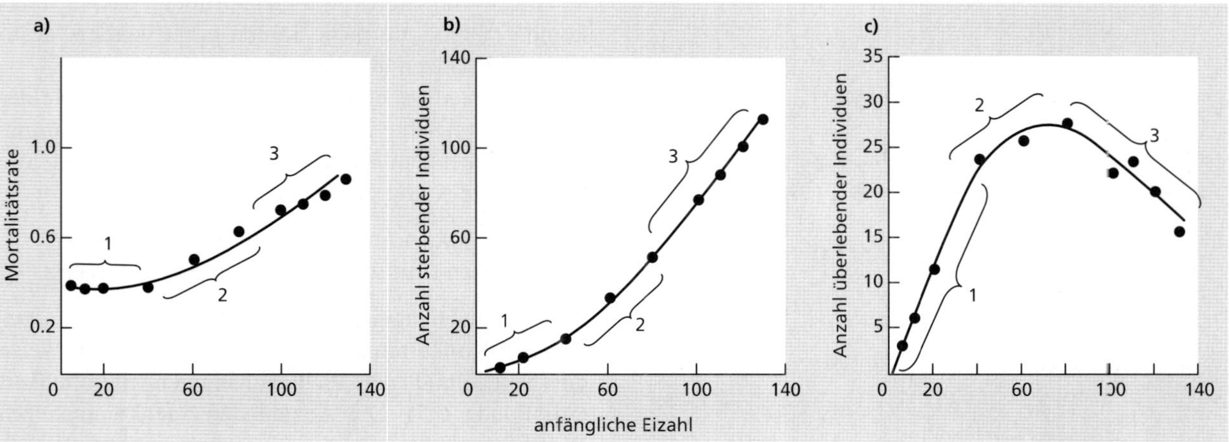

6.2 Dichteabhängige Sterblichkeit beim Amerikanischen Reismehlkäfer (*Tribolium confusum*). a) Auswirkung auf die Mortalitätsrate, b) Auswirkung auf die Anzahl sterbender Individuen, c) Auswirkung auf die Anzahl überlebender Individuen. In Abschnitt 1 ist die Sterblichkeit dichteunabhängig, in Abschnitt 2 ist die dichteabhängige Mortalität unterkompensierend, in Abschnitt 3 überkompensierend. (Nach Bellows 1981)

lebenswahrscheinlichkeit der einzelnen Individuen ändert sich nicht. Dichteunabhängige Mortalität tritt bei allen Populationensdichten auf. Sie gibt einen Grundwert vor, der von dichteabhängiger Sterblichkeit übertroffen wird.

Die ab einer bestimmten Dichte auftretende dichteabhängige Mortalität kann unterkompensierend, überkompensierend oder exakt kompensierend sein.

Im Abschnitt 2 erkennt man die dichteabhängigen Auswirkungen intraspezifischer Konkurrenz. Die Anzahl sterbender Individuen steigt schneller an als in Abschnitt 1 (Abbildung 6.2b); die Anzahl der überlebenden Individuen nimmt ebenfalls weiter zu, aber langsamer als in Abschnitt 1 (Abbildung 6.2c). Der Grund dafür ist, daß die Mortalitätsrate bei zunehmender Dichte ansteigt (Abbildung 6.2a) – sie ist nun dichteabhängig. Zwar nimmt das Sterberisiko in Abschnitt 2 zu, jedoch langsamer als die Dichte. In diesem Bereich führt eine höhere Dichte an Eiern immer noch zu einer zunehmenden Anzahl an Tieren, die das Adultstadium erreichen. Die Mortalität steigt an, kompensiert die zunehmende Dichte jedoch nicht (**unterkompensierende Dichteabhängigkeit**).

Im Bereich 3 ist die intraspezifische Konkurrenz noch stärker. Die zunehmende Sterberate **überkompensiert** den Anstieg der Dichte. Je mehr Eier in diesem Bereich vorhanden sind, desto weniger Käfer entwickeln sich. Wäre die Eizahl weiter erhöht worden, hätten in einigen Röhrchen keine Käfer überlebt. Die Käferlarven hätten dann die gesamte Nahrung aufgefressen, bevor sie verpuppungsfähig gewesen wären.

Abbildung 6.3 zeigt den Zusammenhang zwischen Dichte und Mortalität bei jungen Forellen. Keine Dichte ist gering genug, um intraspezifische Konkurrenz ganz zu verhindern, selbst bei sehr geringen Dichten tritt unterkompensierende Dichteabhängigkeit auf. Bei höheren Dichten kommt es hingegen nie zu Überkompensation durch die Sterblichkeit. Jede Zunahme in der Anzahl der Jungfische führt zu einer genau gleich hohen Zunahme der Sterberate (**exakte Kompensation**). Die Anzahl der überlebenden Forellen erreicht daher unabhängig von der ursprünglichen Dichte einen konstanten Wert.

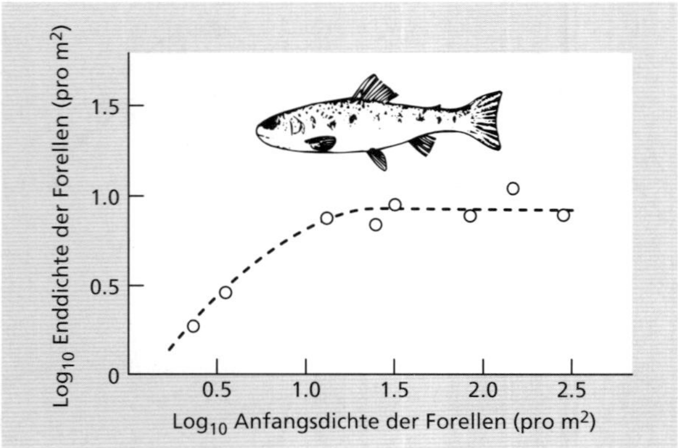

6.3 Das Verhältnis zwischen Dichte und Mortalität bei jungen Forellen. Bei hohen Dichten kompensiert die steigende Sterberate genau die ansteigende Dichte an Forellen. Dadurch überlebt eine konstante Anzahl an Forellen. (Nach Le Cren 1973; Hassell 1976)

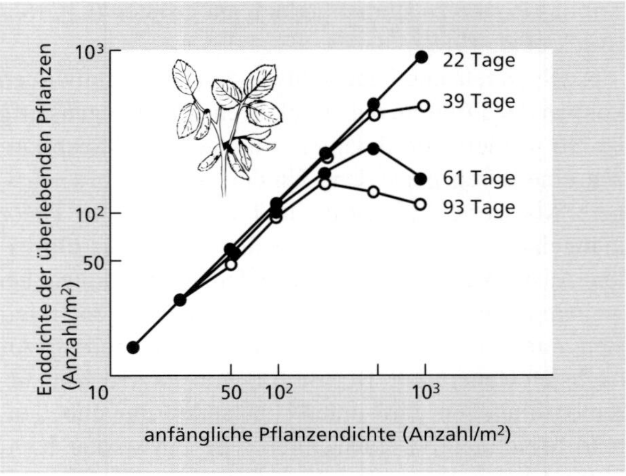

6.4 Dichteabhängige Mortalität bei der Sojabohne (*Glycine soja*). Nach 61 und 93 Tagen überkompensiert die ansteigende Sterberate die zunehmende Saatdichte, so daß die Anzahl überlebender Pflanzen abnimmt. (Nach Yoda et. al. 1963)

Ein weiteres Beispiel ist die Sterblichkeit von Sojabohnen (*Glycine soja*) (Abbildung 6.4). Nach 22 Tagen hatte sich beinahe jeder Samen zu einer Pflanze entwickelt. Die Mortalität war bis dahin vernachlässigbar und sicher nicht dichteabhängig. Nach 39 Tagen gab es aber Hinweise auf unterkompensierende dichteabhängige Sterblichkeit. Nach 61 beziehungsweise 93 Tagen war die Mortalität bei hoher Dichte überkompensierend: Je mehr Samen gesät wurden, desto weniger Pflanzen überlebten.

Zusammenfassend kann man sagen, daß es ab einer bestimmten Dichte durch intraspezifische Konkurrenz zu einer dichteabhängigen Sterblichkeit kommt, die Mortalität also mit der Dichte ansteigt.

Die Fekundität sinkt mit zunehmender Dichte und intraspezifischer Konkurrenz.

Die dichteabhängige Fekundität, die durch intraspezifische Konkurrenz entsteht, ist in gewisser Weise ein Spiegelbild der dichteabhängigen Sterblichkeit (Abbildung 6.5). Die Anzahl der Nachkommen pro Weibchen sinkt mit zunehmender intraspezifischer Konkurrenz. Bei geringer Dichte ist die Anzahl der Nachkommen dichteunabhängig (Abbildung 6.5a und b). Mit steigender Dichte wird die intraspezifische Konkurrenz jedoch stärker, und die Geburtsrate zeigt zuerst unterkompensierende (Abbildung 6.5a, b) und

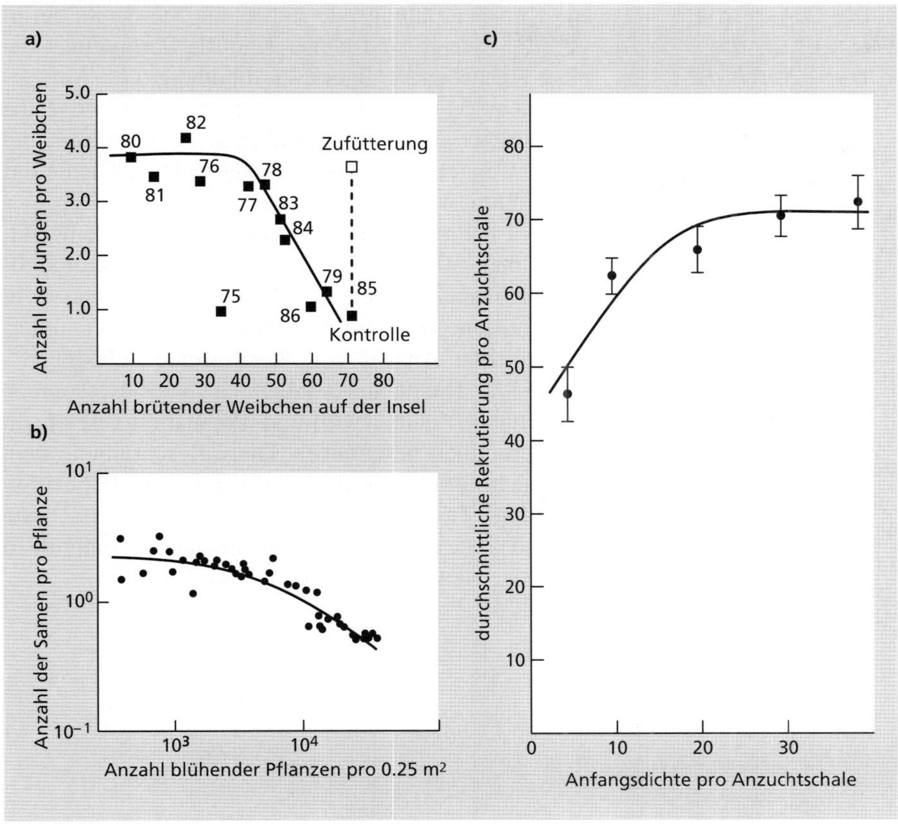

6.5 Dichteabhängige Fekundität. a) In einer Population der Singammer (*Melospiza melodia*) auf Mandarte Island (British Columbia/Kanada) wechselte zwischen 1975 und 1986 die Fekundität mit ansteigender Dichte von Dichteunabhängigkeit zu überkompensierender Dichteabhängigkeit. 1985 erhöhte sich der Wert wieder, als Nahrung zugefüttert wurde. Dies deutet darauf hin, daß Nahrungskonkurrenz der Grund für die geringere Fekundität war. (Nach Arcese und Smith 1988) b) Bei dem Fuchsschwingel *Vulpia fasciculata*, einem einjährigen Gras, wechselt die Fekundität von ungefährer Dichteunabhängigkeit zu unterkompensierender Dichteabhängigkeit. (Nach Watkinson und Harper 1978; aus Watkinson und Davy 1985) c) Bei der Kugelmuschel *Musculium securis* wechselt die Fekundität von unterkompensierender zu beinahe exakt kompensierender Dichteabhängigkeit. (Nach Mackie et al. 1978)

später exakt kompensierende (Abbildung 6.5c) oder überkompensierende Dichteabhängigkeit (Abbildung 6.5a).

6.3 Dichte- oder Gedrängeeffekt?

Wie stark sich intraspezifische Konkurrenz auf ein Individuum auswirkt, hängt natürlich nicht einfach von der Populationsdichte ab, sondern vielmehr davon, inwieweit es von seinen unmittelbaren Nachbarn eingeengt und gehemmt wird.

Es gibt drei Formen von Dichte: nach Ressourcen, nach Organismen und nach Ausbeutungsdruck gewichtete.

Dies wird klar, wenn man beachtet, daß der Begriff **Dichte** mindestens drei verschiedene Bedeutungen haben kann (für Details der Berechnungen und Terminologie siehe Lewontin und Levins 1989). Nehmen wir eine Insektenpopulation an, die über eine Population von Futterpflanzen verteilt ist. Normalerweise würde man die Dichte einfach berechnen, indem man die Anzahl der Insekten (wir nehmen einmal 1 000 an) durch die Anzahl der Pflanzen (sagen wir 100) teilt. Die Dichte betrüge also zehn Insekten pro Pflanze. Dies ist die „nach Ressourcen gewichtete Dichte“ (*resource-weighted density*). Sie ist aber nur dann ein gutes Maß für die Konkurrenz der Insekten, wenn auf jeder Pflanze tatsächlich genau zehn Insekten sitzen.

Nehmen wir aber an, daß auf zehn Pflanzen je 91 Insekten sitzen und auf den restlichen 90 nur je ein Insekt. Die nach Ressourcen gewichtete Dichte betrüge dann immer noch zehn Insekten pro Pflanze, obwohl die durchschnittliche Dichte für ein Insekt bei 82.9 Insekten pro Pflanze läge. Dazu muß man von allen Insekten die Dichten aufaddieren, unter denen sie leben (91 + 91 + 91 ... + 1 + 1) und durch die Gesamtzahl der Insekten teilen. Dies ist die „nach Organismen gewichtete Dichte“ (*organism-weighted density*). Sie ist ein viel besseres Maß für die Stärke der Konkurrenz, unter der die Insekten leben.

Da ist aber nicht die durchschnittliche Dichte an Insekten, unter der die Pflanzen leiden. Da auf den meisten Pflanzen nur ein Insekt sitzt, beträgt diese 1.1 Insekten pro Pflanze und wird als „Ausbeutungsdruck“ (*exploitation pressure*) bezeichnet.

Welches ist nun die wirkliche Dichte der Insekten? Dies hängt natürlich davon ab, ob man aus der Sichtweise der Insekten oder der Pflanzen fragt. Auf jeden Fall ist es fragwürdig, wenn man einfach die nach Ressourcen gewichtete Dichte bestimmt und diese als „die Dichte“ bezeichnet.

Sessile, modular aufgebaute Organismen verdeutlichen, wie schwierig es ist, die Stärke intraspezifischer Konkurrenz durch die Dichte zu beschreiben.

Die Schwierigkeit, durch die Dichte die Stärke der intraspezifischen Konkurrenz zu beschreiben, wird vor allem bei sessilen modularen Organismen deutlich. Da sie ortsgebunden sind, konkurrieren sie fast ausschließlich mit ihren direkten Nachbarn, und da sie modular aufgebaut sind, hängt die Konkurrenz für ein Modul direkt davon ab, wie weit es von den Nachbarn entfernt ist. Dies ist zum Beispiel dann der Fall, wenn Weißbirken (*Betula pendula*) in kleinen Gruppen wachsen. An den Seiten eines Individuums, die an Nachbarn angrenzen, ist die Rate der Knospenbildung normalerweise geringer und die Mortalität höher (siehe Abschnitt 4.2). Die Zweige sind auf diesen Seiten kürzer, und die Wuchsform entspricht der von Waldbäumen. Auf denjenigen Seiten desselben Baumes, die keinen Kontakt zu den Nachbarn haben, ist die Knospenbildungsrate höher, die Sterberate geringer, die Zweige sind länger, und die Form ähnelt der eines freistehenden Baumes (Abbildung 6.6). Auf verschiedene Module desselben Individuums wirkt die Konkurrenz also unterschiedlich stark. Es wäre somit sinnlos, angeben zu wollen, unter welcher Dichte das Individuum wächst.

Auch bei mobilen Organismen treten Probleme auf, wenn man mit dem Begriff Dichte die Stärke möglicher intraspezifischer Konkurrenz beschreiben will. Verschiedene Individuen werden von einer unterschiedlichen Anzahl von Konkurrenten „bedrängt". Durch die Dichte – vor allem die nach Ressourcen gewichtete Dichte – wird eine Population vereinfacht als Gesamtheit beschrieben. Diese Beschreibung muß aber nicht für ein einzelnes Individuum der Population zutreffen. Trotzdem ist die Dichte häufig die beste Möglichkeit zu beschreiben, inwieweit Individuen sich gegenseitig bedrängen.

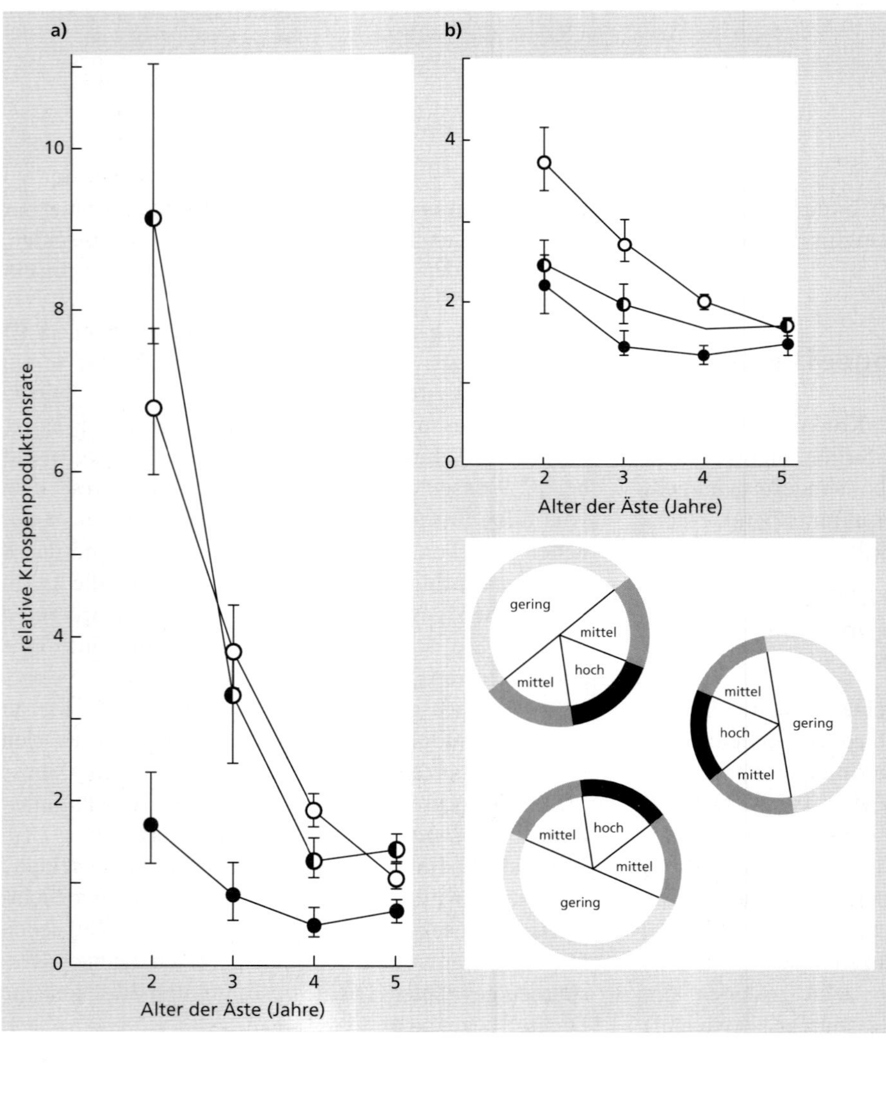

6.6 Die mittlere relative Knospenproduktion (neue Knospen pro bereits vorhandener Knospe) für Weißbirken (*Betula pendula*), ausgedrückt als a) Bruttoproduktion an Knospen und b) Nettoproduktion an Knospen („Geburt minus Tod") in verschiedenen Interferenzzonen. Die Zonen werden im Text erklärt. ●: starke Interferenz; ◐: mittlere Interferenz; ○: geringe Interferenz. Die Balken stehen für Standardfehler. (Nach Jones und Harper 1987)

6.4 Intraspezifische Konkurrenz und die Regulation der Populationsgröße

Trotz bestimmter Abweichungen von Beispiel zu Beispiel gibt es offensichtlich typische Muster in der Auswirkung der intraspezifischen Konkurrenz auf die Sterbe- und Geburtsrate (Abbildungen 6.2 und 6.3). Diese allgemeinen Muster sind in den Abbildung 6.7 und 6.8 dargestellt.

Intraspezifische Konkurrenz kann zu einer stabilen Populationsdichte führen, die man als Kapazität bezeichnet.

Bei zunehmender Dichte nimmt die Geburtsrate pro Individuum ab, während die Mortalitätsrate ansteigt (Abbildung 6.7). Es muß daher eine Dichte geben, bei der sich die beiden Kurven schneiden. Bei geringerer Dichte übersteigt die Geburtsrate die Sterberate, und die Population wächst. Bei höherer Dichte übersteigt hingegen die Mortalität die Natalität, und die Population schrumpft. Bei derjenigen Dichte, an welcher sich die beiden Kurven schneiden, sind Geburts- und Sterberate hingegen gleich groß, so daß die Populationsgröße konstant bleibt. Diese Dichte stellt somit ein stabiles Gleichgewicht dar, dem sich alle anderen Dichten annähern. Anders ausgedrückt: Intraspezifische Konkurrenz kann durch ihre Auswirkung auf die Geburts- und Sterberate zu einer stabilen Dichte der Population führen, bei welcher Natalität und Mortalität gleich sind. Diese Dichte wird als **Kapazität** oder **Umweltkapazität** (*carrying capacity*) der Population bezeichnet und gewöhnlich mit *K* angegeben (Abbildung 6.7). Die Kapazität der Population entspricht der Populationsgröße, bei welcher die Ressourcen der Umwelt gerade dazu ausreichen, die Populationsdichte konstant zu halten.

Natürliche Populationen zeigen statt einer bestimmten Kapazität eher die Tendenz zu einer relativ konstanten Enddichte innerhalb eines gewissen Rahmens.

Während hypothetische Populationen durch idealisierte Graphiken dargestellt werden können (Abbildung 6.7a–c), gilt dies für natürliche Populationen aufgrund nicht voraussagbarer Umweltveränderungen nicht. Auf die Individuen wirken außer intraspezifischer Konkurrenz noch zahlreiche Umweltfaktoren ein. Ressourcen beeinflussen nicht nur die Dichte, sondern werden selbst von der Dichte beeinflußt. Die natürliche Situation wird daher besser durch Abbildung 6.7d wiedergegeben. Natürliche Populationen werden durch intraspezifische Konkurrenz nicht bei einer vorgegebenen konstanten Größe, sondern ihre Dichten innerhalb eines bestimmten Rahmens gehalten. In diesem Sinne kann intraspezifische Konkurrenz die Populationsgröße regeln. Abbildung 6.8 zeigt als Beispiel die Populationsschwankungen innerhalb eines Jahres und von Jahr zu Jahr bei Europäischen Forellen (*Salmo trutta*) und beim Braunen Grashüpfer (*Chorthippus brunneus*). In diesen Beispielen gibt es keine bestimmte Kapazität, aber eine klare Tendenz hin zu einer relativ konstanten Enddichte (im Spätsommer bei

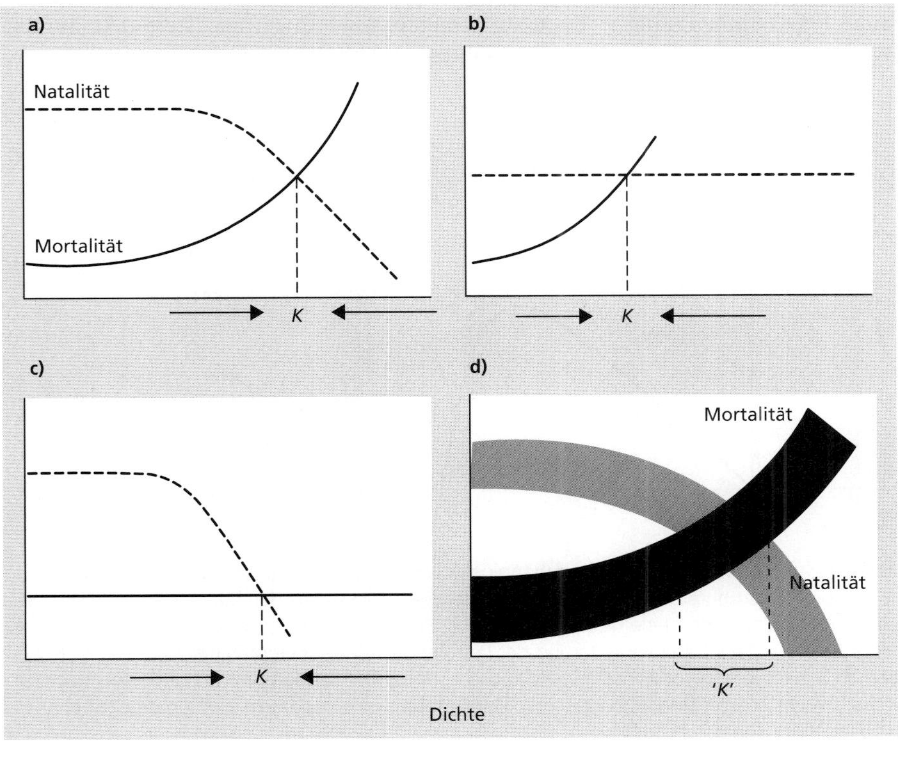

6.7 Dichteabhängige Geburts- und Sterberaten führen zu einer Regulation der Populationsgröße. Wenn beide dichteabhängig sind (a) oder wenn nur eine von beiden dichteabhängig ist (b und c) schneiden sich ihre Kurven. Die Dichte, bei welcher sie sich schneiden, bezeichnet man als Kapazität (*K*) der Population. Unterhalb dieser Dichte nimmt die Populationsgröße zu, darüber nimmt sie ab. Die Kapazität stellt also ein stabiles Gleichgewicht dar. Diese Abbildungen sind jedoch starke Vereinfachungen. Die Realität entspricht eher Darstellung (d). Die Mortalitätsrate steigt bei zunehmender Dichte in einem weiten Bereich an, während die Natalität in einem weiten Bereich abfällt. Deshalb gleichen sich Sterbe- und Geburtsrate möglicherweise nicht nur bei einer bestimmten Dichte aus, sondern über einen weiteren Dichtebereich.

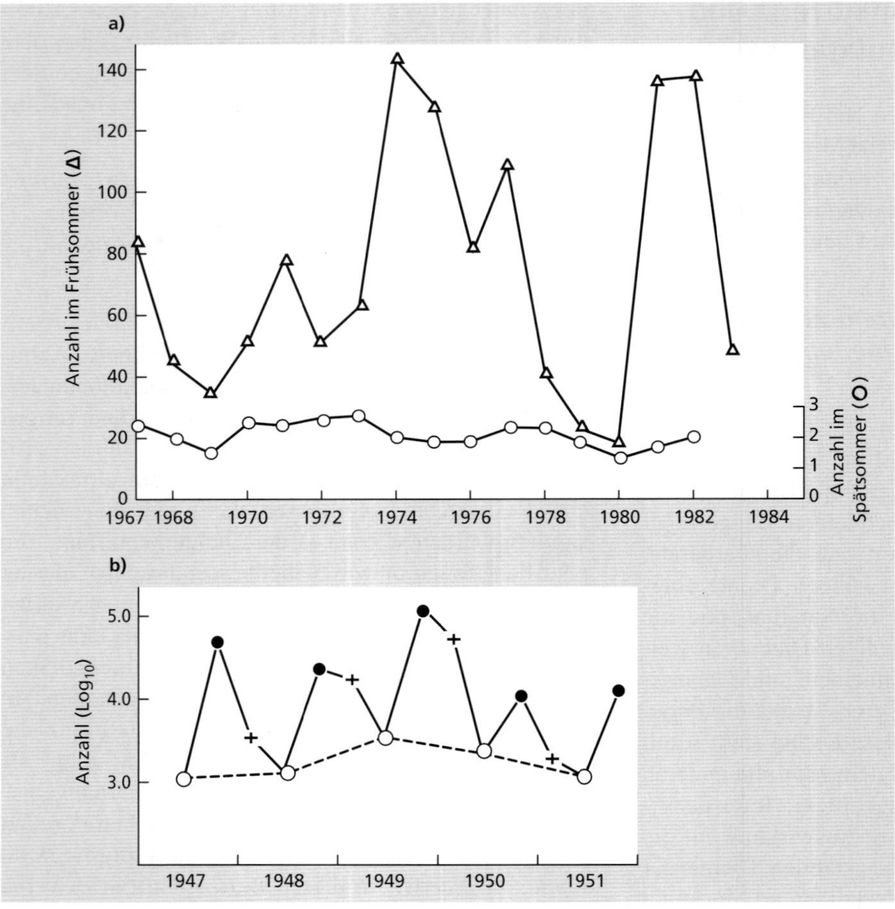

6.8 Populationsregulation bei natürlichen Populationen. a) Europäische Forellen (*Salmo trutta*) in einem englischen Fluß. △: Anzahl der Forellen im Frühsommer, einschließlich der frisch geschlüpften Tiere; ○: Anzahl im Spätsommer. Man beachte die Unterschiede auf der vertikalen Skala. (Nach Elliott 1984) b) Braune Grashüpfer (*Chorthippus brunneus*) in Südengland. ●: Eier; +: Larven; ○: Imagines. Man beachte die logarithmische Skala. (Nach Richards und Waloff 1954) Zwar gibt es keine konstante Kapazität, doch sind die „Enddichten" alljährlich relativ konstant (Spätsommer und adulte Tiere) – trotz starker Schwankungen innerhalb eines Jahres.

den Forellen, im Imaginalstadium bei den Kurzfühlerschrecken), obwohl die Dichte während eines jeden Jahres stark schwankt und beide Populationen ein erkennbares Wachstumspotential aufweisen. In der Abbildung wird ein weiterer Sachverhalt deutlich: Reguliert wird meistens nicht auf die größtmögliche Populationsdichte, sondern auf den Tiefpunkt, auf den die Population wiederholt zurückfällt.

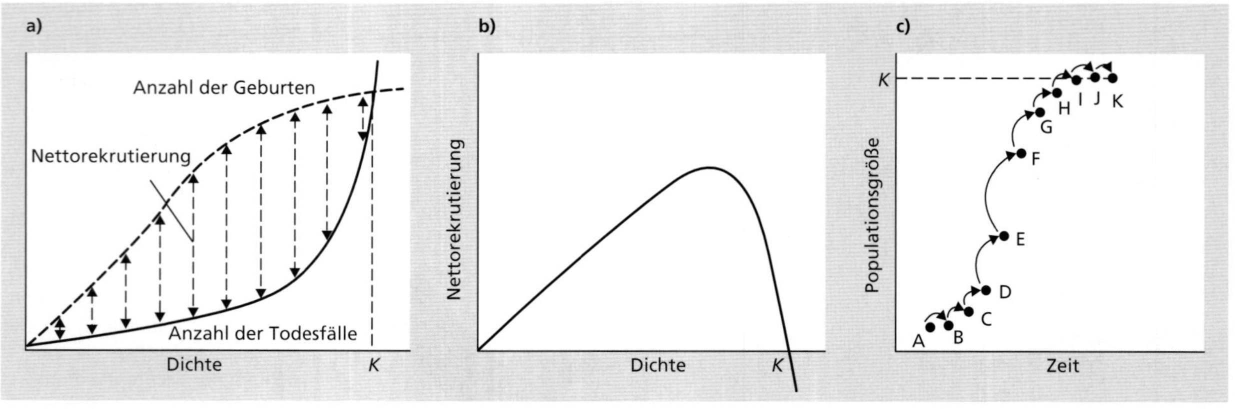

6.9 Einige allgemeine Aspekte intraspezifischer Konkurrenz. a) Dichteabhängige Auswirkungen auf die Anzahl der Todesfälle und der Geburten in einer Population. Die Nettorekrutierung ergibt sich aus der Zahl der Geburten minus der Zahl der Todesfälle. b) Die dichteabhängige Auswirkung auf den Nettozuwachs ergibt eine n-förmige Kurve. c) Populationswachstum unter den in (a) und (b) gezeigten Zusammenhängen. Jeder Pfeil steht für die Größenveränderung der Population während einer Zeiteinheit. Der Nettozuwachs ist sowohl bei niedriger Dichte (von A nach B und von B nach C) als auch bei hoher Dichte (von I nach J und von J nach K) gering. Bei mittlerer Dichte ist der Nettozuwachs am größten (von E nach F). Das Ergebnis ist eine S-förmige (sigmoide) Kurve des Populationswachstum, das sich der Kapazität annähert.

Selbst ideale Populationen erreichen nur dann eine stabile Kapazität, wenn die Dichteabhängigkeit nicht stark überkompensierend ist. Bei Überkompensation kann es zu Zyklen oder chaotischen Veränderungen der Populationsgröße kommen (siehe Abschnitt 6.8 und 6.9).

Bei mittlerer Dichte nehmen Populationen am schnellsten zu.

Eine andere vereinfachte Betrachtung intraspezifischer Konkurrenz zeigt Abbildung 6.9a, die anstatt von Raten die Anzahlen berücksichtigt. Der Abstand zwischen den beiden Kurven (Anzahl der Geburten minus Anzahl der Todesfälle) ergibt den zu erwartenden Nettozuwachs der Population zum betreffenden Zeitpunkt. Wegen des Verlaufs der Geburts- und Sterbekurve ist der Zuwachs bei niedriger Dichte am geringsten; er steigt jedoch mit zunehmender Dichte an und fällt wieder ab, wenn sich die Populationsgröße der Kapazität annähert. Wird diese überschritten, ist der Zuwachs negativ (es gibt dann mehr Todesfälle als Geburten; Abbildung 6.9b).

Der Populationsanstieg folgt bei geringer Anfangsdichte einer S-förmigen Kurve.

Der Populationsanstieg einer anfänglich sehr kleinen Population (etwa nach Besiedlung eines vorher unbesiedelten Gebiets) kann anhand von Kurven wie in Abbildung 6.9a und b geschätzt werden. Betrachtet man die Zeit als eine Serie von Zeitintervallen, kann jede Enddichte eines Zeitintervalls als Anfangsdichte des nächsten aufgefaßt werden (Abbildung 6.9c). Nehmen wir einmal eine kleine Population an, deren Größe noch weit unter derjenigen der Kapazität liegt (in Abbildung 6.9c Punkt A). Da die Population anfangs klein ist, wächst sie im ersten Zeitintervall nur langsam (Abbildung 6.9b) und erreicht nur Punkt B (Abbildung 6.9c). Nun größer geworden nimmt sie im nächsten Zeitintervall stärker zu (bis Punkt C) und im folgenden noch stärker (bis Punkt D). Dieser Vorgang geht weiter, bis die Population über den Gipfel ihrer Nettorekrutierung ansteigt (Abbildung 6.9b). Danach wächst die Population von Zeitintervall zu Zeitintervall immer langsamer (Punkte G, H, I und J), bis sie ihre Kapazität erreicht und stagniert. Wenn eine Population geringer Dichte ihrer Kapazität zustrebt, folgt sie daher einer S-förmigen oder sigmoiden Kurve. Diese ergibt sich aus dem n-förmigen Verlauf der Rekrutierungskurve, die wiederum ein Ergebnis der intraspezifischen Konkurrenz ist.

Natürlich ist Abbildung 6.9 stark vereinfacht. Unter anderem beruht sie auf der Annahme, daß Änderungen der Populationsgröße nur durch intraspezifische Konkurrenz bewirkt werden. Trotzdem ist in natürlichen wie auch in experimentellen Systemen ein sigmoidales Populationswachstum häufig zu beobachten (Abbildung 6.10).

Die Wirkung intraspezifischer Konkurrenz kann durch zahlreiche andere Faktoren beeinflußt werden.

Intraspezifische Konkurrenz ist in vielen Fällen wichtig (zum Beispiel, wenn sich sessile Organismen an Felsküsten gegenseitig überwachsen), aber nicht für alle untersuchten Populationen. Individuen werden nicht nur von arteigenen Konkurrenten beeinflußt, sondern auch von Räubern, Parasiten, Beute, Konkurrenten aus anderen Arten und durch die vielfältigen Bedingungen ihrer physikalischen und chemischen Umwelt. Jeder dieser Faktoren kann die Wirkung der intraspezifischen Konkurrenz übertreffen oder verdek-

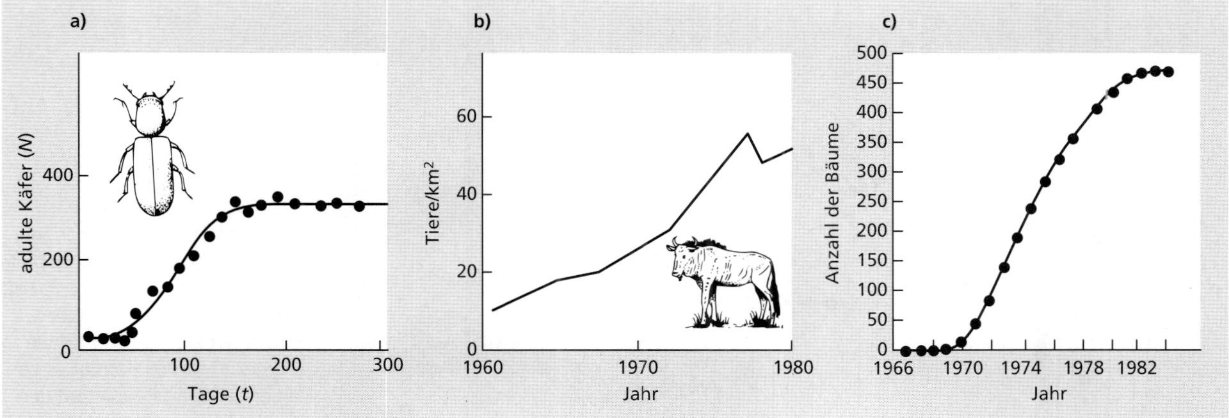

6.10 Reale Beispiele für einen S-förmigen Populationsanstieg. a) Die Populationsentwicklung des Bohrkäfers *Rhizopertha dominica* (Getreidekapuziner) in 10 g Weizenkörnern, die wöchentlich erneuert wurden. (Nach Crombie 1945) b) Die Population der Weißbartgnus (*Connochaetes taurinus*) in der Region der Serengeti (Tansania und Kenia) stieg nach einem durch Rinderpest verursachten Populationsrückgang wieder an und scheint sich zu stabilisieren. (Nach Sinclair und Norton-Griffiths 1982; Deshmukh 1986) c) Die Populationsentwicklung der Grauweide (*Salix cinerea*) auf einem Landstück, auf dem nach einer Myxomatoseepidemie die Beweidung durch Kaninchen ausblieb. (Nach Alliende und Harper 1989)

ken. Oder sie können die Populationsdichte auch weit unter dem Wert der Kapazität halten. Trotzdem beeinflußt intraspezifische Konkurrenz die meisten Populationen wahrscheinlich zumindest während bestimmter Phasen ihrer Entwicklung.

6.5 Intraspezifische Konkurrenz und dichteabhängiges Wachstum

Intraspezifische Konkurrenz wirkt sich auf die Wachstums- und Entwicklungsrate der Individuen aus.

Intraspezifische Konkurrenz kann also einen großen Einfluß darauf haben, aus wie vielen Individuen eine Population besteht. Sie kann sich aber auch auf die Individuen selbst stark auswirken. In Populationen unitarer Organismen werden die Wachstums- und Entwicklungsrate meistens durch intraspezifische Konkurrenz beeinflußt. Die Zusammensetzung einer Population hängt daher stark von der Dichte ab. In Abbildung 6.11 sind zwei Beispiele zu sehen, in denen die Größenverteilung durch innerartliche Konkurrenz verändert wurde. Dabei wird die Anzahl der Individuen einer Population weniger stark beeinflußt als die Gesamtbiomasse. Dies zeigen auch Beobachtungen an der Napfschnecke *Patella cochlear* (Abbildung 6.12). In Populationen geringer Dichte sind die Individuen relativ groß, in Populationen hoher Dichte hingegen relativ klein. Die gesamte Biomasse bleibt aber ab einer Populationsdichte von 4 000 oder mehr Individuen pro Quadratmeter fast konstant.

Nach dem Gesetz des konstanten Endertrags ist der Ertrag über einen weiten Bereich unabhängig von der Aussaatdichte gleich.

Derartige Effekte treten vor allem bei modularen Organismen auf. Während des Wachstums von Bodenklee (*Trifolium subterraneum*) nahm der Ertrag (das Gesamtgewicht) pro Flächeneinheit zu. Bei der ersten Ernte (nach 62 Tagen) korrelierte er mit der Aussaatdichte (Abbildung 6.13). Nach 181 Tagen spiegelte der Ertrag jedoch nicht mehr die Samendichte wider. Er war statt dessen in etwa konstant, unabhängig davon, wie viele Samen in einem Bereich ausgesät

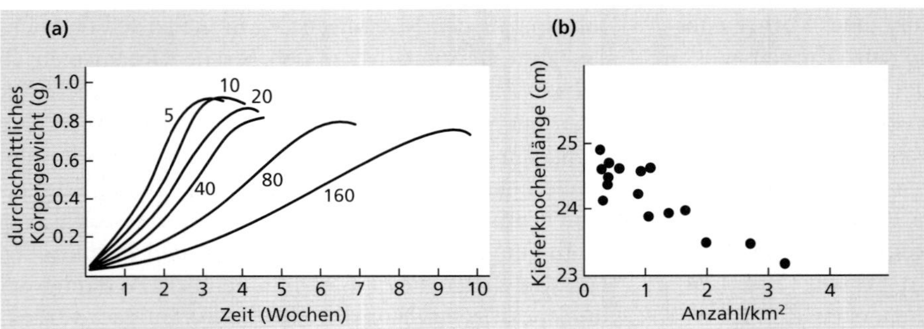

6.11 Auswirkungen der Dichte auf Wachstumsrate und Größe. a) Dichteabhängiges Wachstum beim Asiatischen Ochsenfrosch (*Rana tigrina*). Die Zahlen geben an, wie viele Individuen sich in einem Zwei-Liter-Aquarium befanden. (Nach Dash und Hota 1980) b) Die mittlere Größe (gemessen anhand der Länge der Kieferknochen) nimmt bei Rentierpopulationen (*Rangifer tarandus*) mit zunehmender Dichte ab. (Nach Skogland 1983)

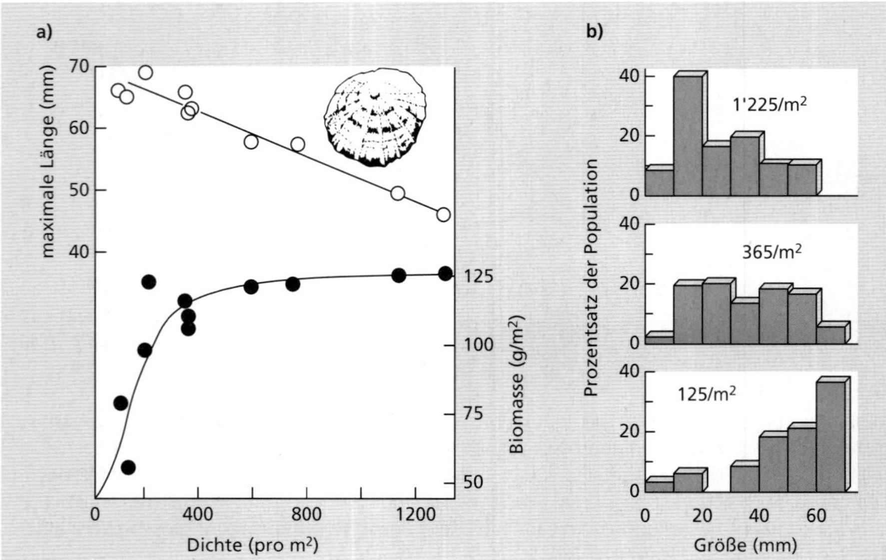

6.12 Intraspezifische Konkurrenz und Wachstum bei Populationen der Napfschnecke *Patella cochlear*. a) Mit steigender Dichte werden die Individuen kleiner. Dadurch kommt es zu einer genauen Regulation der Gesamtbiomasse. b) In Populationen hoher Dichte gibt es viele kleine und wenige große, in Populationen geringer Dichte hingegen viele große und wenige kleine Individuen. (Nach Branch 1975)

worden waren. Dieser Verlauf wird von Pflanzenökologen häufig beobachtet und als das **Gesetz des konstanten Endertrags** bezeichnet (Kira et al. 1953). Der Ertrag ist über einen weiten Bereich von Dichten konstant, weil die Individuen bei größerer Dichte weniger wachsen und daher kleiner bleiben. Der Rückgang des mittleren Pflanzengewichts kompensiert exakt den Dichteanstieg.

Der Ertrag entspricht der Dichte (*d*) multipliziert mit dem mittleren Pflanzengewicht ($\overline{w}$). Wenn der Ertrag konstant (*c*) ist, gilt:

$$d\overline{w} = c \tag{6.1}$$

und

$$\log d + \log \overline{w} = \log c \tag{6.2}$$

und

$$\log \overline{w} = \log c - 1 \times \log d. \tag{6.3}$$

Wird der Logarithmus des mittleren Gewichts gegen den Logarithmus der Dichte aufgetragen, sollte sich daher eine Steigung von –1 ergeben.

Daten über die Auswirkung unterschiedlicher Dichten auf das Wachstum des Fuchsschwingels *Vulpia fasciculata* (Abbildung 6.13b) zeigen, daß sich die Steigung der Kurve tatsächlich dem Wert –1 annähert. Wie beim Klee verringerte sich das Gewicht pro Pflanze bei der ersten Ernte nur bei hoher Dichte. Wachsen die Pflanzen, setzt die gegenseitige Beeinträchtigung bei immer geringeren Dichten ein.

Diesen Ergebnissen zufolge gibt es für das Wachstum von Pflanzen vermutlich vor allem bei hoher Dichte limitierende Ressourcen. Somit wäre zu erwarten, daß die einzelnen Pflanzen größer werden und der Ertrag pro Flächeneinheit steigt, wenn zusätzliche Ressourcen zugeführt werden. Diese Erwartungen bestätigten sich, als man Populationen von *V. fasciculata* mit drei verschieden starken Stickstoffdüngern behandelte (Abbildung 6.13c).

Bei modularen Organismen sind die verschiedenen Teile unterschiedlich stark von Konkurrenz betroffen.

Bei modularen Organismen beeinflußt intraspezifische Konkurrenz vor allem die Anzahl der Module pro Keimling anstelle (oder zusätzlich zu) der Anzahl der Keimlinge. Man darf sich nun aber nicht vorstellen, daß Pflanzen bei höheren Dichten einfach kleinere Versionen derjenigen bei geringeren Dichten sind. Intraspezifische Konkurrenz beeinflußt nicht nur das Wachstum, sondern auch die Entwicklung und Reifung. Dadurch wird die Verteilung der Biomasse inner-

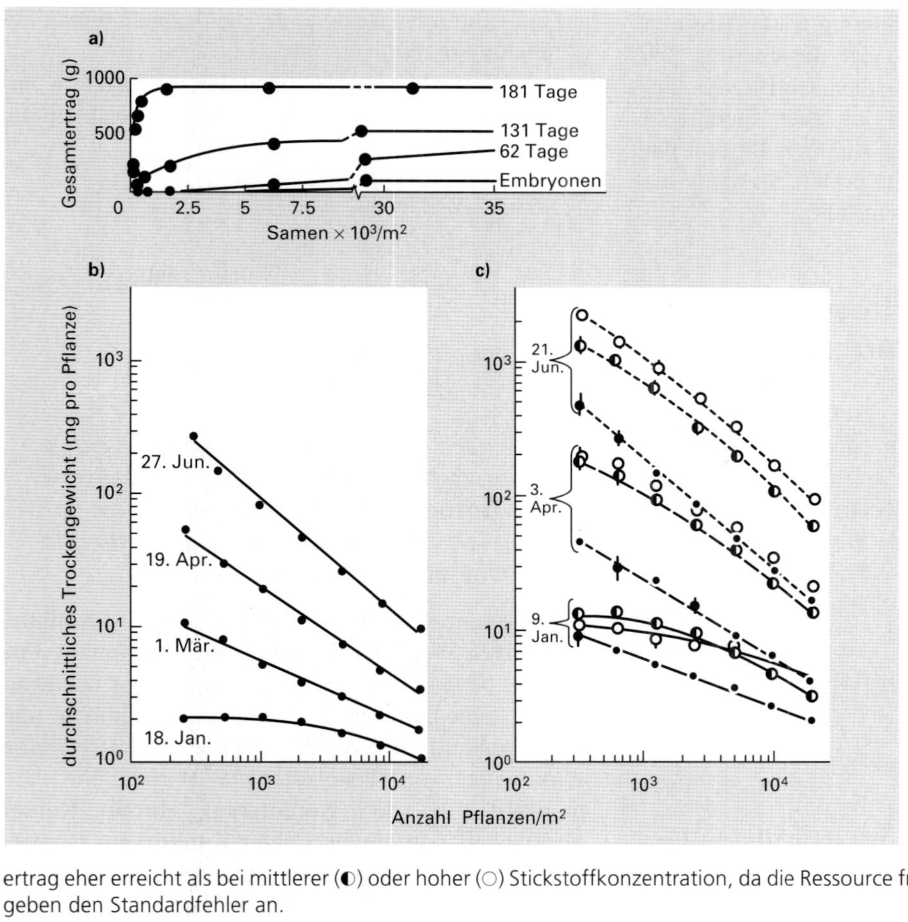

6.13 Konstanter Endertrag von Pflanzen bei unterschiedlicher Aussaatdichte. Wird der Ertrag gegen die Dichte aufgetragen, ist der Zusammenhang durch eine horizontal verlaufende Linie erkennbar (a). Trägt man den Logarithmus des mittleren Gewichts gegen den Logarithmus der Dichte auf, erhält man eine Regressionslinie mit der Steigung –1 (b,c) – siehe Text. a) Bodenklee (*Trifolium subterraneum*). (Nach Donald 1951) b) und c) Der Fuchsschwingel *Vulpia fasciculata*. (Nach Watkinson 1984) b) Am 18. Januar waren Wachstumsrate und Trockengewicht besonders bei geringen Dichten nahezu dichteunabhängig. Am 27. Juni kompensierte die dichteabhängige Wachstumsabnahme genau die Unterschiede in der Dichte. Dies führte zu einem konstanten Ernteertrag und einer Steigung von –1 (siehe Text). c) Bei geringer Stickstoffkonzentration im Boden (●) wurde ein konstanter Ernteertrag eher erreicht als bei mittlerer (◐) oder hoher (○) Stickstoffkonzentration, da die Ressource früher limitierend wirkte. Die Balken geben den Standardfehler an.

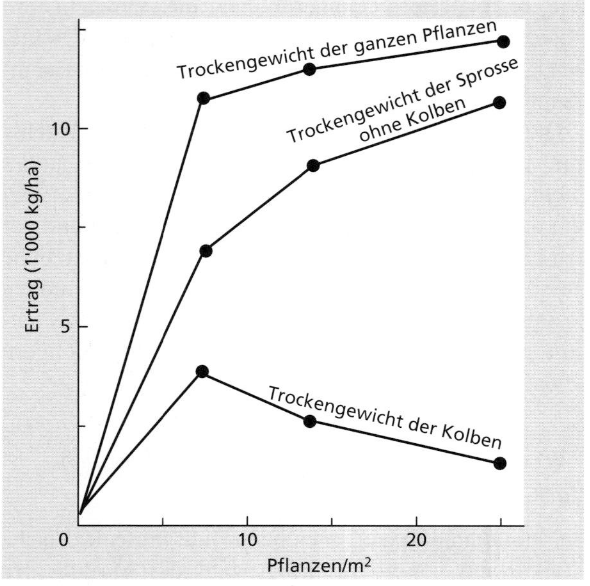

6.14 Konkurrenz in Maispopulationen (*Zea mays*) beeinflußt die Samenproduktion (Kolbengewicht) bei weitem stärker als das Sproßwachstum. (Nach Harper 1961)

halb einzelner Pflanzen verändert. Bei hoher Dichte sind Maispflanzen nicht nur kleiner, sondern wenden auch einen relativ kleineren Anteil ihrer Biomasse für die Samenproduktion auf (Abbildung 6.14). Dadurch sinkt bei zunehmender Dichte der Samenertrag pro Flächeneinheit. Viele Beispiele dichteabhängiger Fekundität (sowohl bei unitaren als auch modularen Organismen) können durch den direkten Einfluß der Dichte auf die Wachstumsrate erklärt werden, die wiederum die Fruchtbarkeit beeinflußt.

6.6 Die quantitative Erfassung intraspezifischer Konkurrenz

Jede Population ist einzigartig. Trotzdem gibt es allgemeine Gesetzmäßigkeiten in den Auswirkungen intraspezifischer Konkurrenz. In diesem Abschnitt werden wir eine Methode kennenlernen, wie man mittels ***k*-Werten** (siehe Kapitel 4) diese Auswirkungen auf Sterblichkeit, Fekundität und Wachstum zusammenfassen kann.

Ein *k*-Wert wurde definiert als:

$$k = \log(\text{Anfangsdichte}) - \log(\text{Enddichte}) \qquad (6.4)$$

oder gleichbedeutend als

$$k = \log \frac{\text{Anfangsdichte}}{\text{Enddichte}}. \qquad (6.5)$$

Für die Anfangsdichte setzen wir *B* ein. *B* steht dann für die „Anzahl vor der Auswirkung der intraspezifischen Konkurrenz". Für die Enddichte setzen wir *A* ein. *A* steht dann für die „Anzahl nach den Auswirkungen der intraspezifischen Konkurrenz". Daraus ergibt sich:

$$k = \log(B/A). \qquad (6.6)$$

Man beachte, daß *k* mit zunehmender Mortalität ansteigt, da dann der Anteil Überlebender (*A*/*B*) abnimmt.

Wenn man k gegen den Logarithmus der Dichte aufträgt, zeigt die Steigung die Stärke der Konkurrenz an.

Abbildung 6.15 zeigt einige Beispiele für die Auswirkungen intraspezifischer Konkurrenz auf die Sterblichkeit. Hierbei ist *k* gegen den Logarithmus von B aufgetragen. In einigen Fällen ist *k* bei geringer Dichte konstant. Dies ist ein Hinweis auf Dichteunabhängigkeit: Die Rate Überlebender korreliert nicht mit der anfänglichen Dichte. Bei höheren Dichten wird *k* größer, was auf Dichteabhängigkeit hindeutet. Die Stärke der Dichteabhängigkeit ergibt sich durch die Variationen von *k* mit dem Logarithmus der Dichte. Die Abbildungen 6.15a und b zeigen Beispiele, in denen (bei hohen Dichten) unterkompensierende und exakt kompensierende Dichteabhängigkeit vorliegen. Die genaue Kompensation in Abbildung 6.15b ist daran zu erkennen, daß die Steigung (als *b* angegeben) genau eins beträgt. Eine Steigung, die kleiner als eins ist, weist auf eine unterkompensierende Dichteabhängigkeit hin (Abbildung 6.15a).

Für den mathematisch Interessierten: Exakte Kompensation bedeutet, daß *A* konstant ist. Die Steigung *b* ergibt sich aus:

$$\begin{aligned} b &= \frac{k_2 - k_1}{\log_{10} B_2 - \log_{10} B_1} \\ &= \frac{\log_{10} B_2 - \log_{10} A - (\log_{10} B_1 - \log_{10} A)}{\log_{10} B_2 - \log_{10} B_1} \\ &= \frac{\log_{10} B_2 - \log_{10} B_1}{\log_{10} B_2 - \log_{10} B_1} = 1. \end{aligned} \qquad (6.7)$$

Je nach exakter oder Überkompensation unterscheidet man zwischen Konkurrenz durch Wettbewerb und Konkurrenz durch „Drängelei" beziehungsweise geordneter und ungeordneter Konkurrenz.

Exakte Kompensation (b = 1) wird häufig auf **Konkurrenz durch Wettbewerb** oder **geordnete Konkurrenz** (*contest competition*) zurückgeführt, da aus der Konkurrenz eine konstante Anzahl an Gewinnern (die Überlebenden) hervorgeht. Dieser Begriff wurde ursprünglich von Nicholson (1954b) eingeführt, und er stellt ihn der **Konkurrenz durch Kampf „Drängelei"** oder **ungeordneter Konkurrenz** (*scramble competition*) gegenüber. Reine Drängelei ist die extremste Form überkompensierender Dichteabhän-

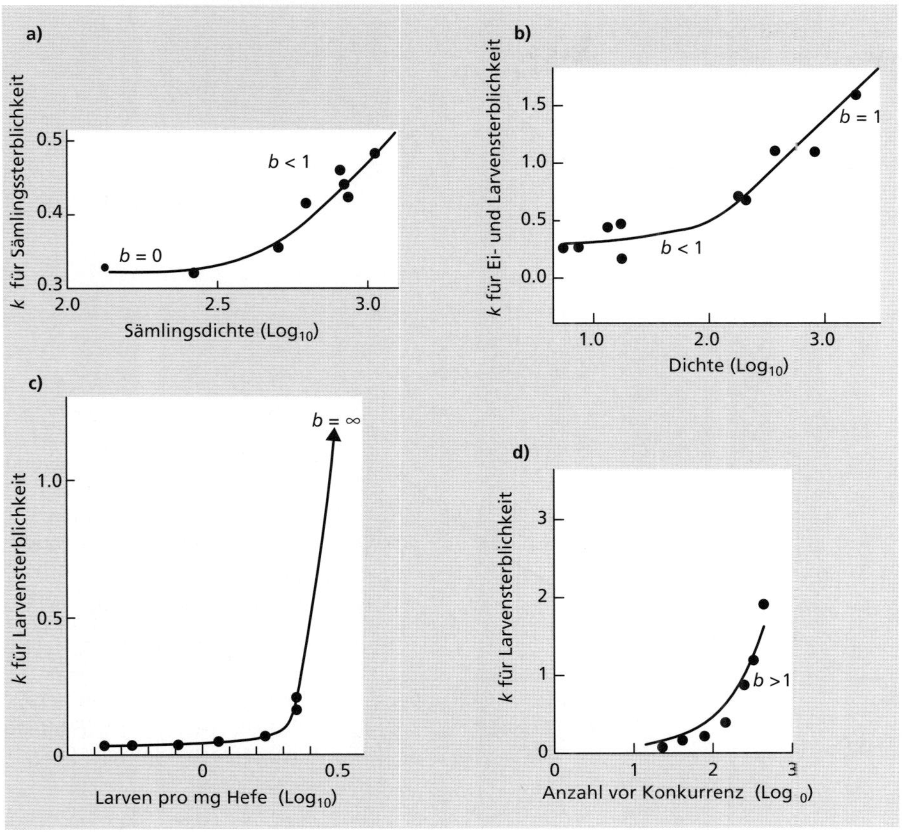

6.15 Mit *k*-Werten kann man den Vorgang der dichteabhängigen Mortalität beschreiben. a) Sterblichkeit von Sämlingen des Nordischen Mannsschildes (*Androsace septentrionalis*), einer einjährigen Pflanze, in Polen. (Nach Symonides 1979) b) Eisterblichkeit und Konkurrenz zwischen Larven der Dattelmotte (*Ephestia cautella*). (Nach Benson 1973a) c) Konkurrenz zwischen Larven der Taufliege *Drosophila melanogaster*. (Nach Bakker 1961) d) Larvensterblichkeit bei der Kupferroten Dörrobstmotte (*Plodia interpunctella*). (Nach Snyman 1949)

gigkeit, bei welcher die miteinander konkurrierenden Individuen derart stark geschädigt werden, daß keines von ihnen überlebt (A = 0). Daraus ergibt sich eine unendlich große Steigung (in einer Graphik erkennbar an einer vertikal verlaufenden Linie; Abbildung 6.15c). Häufiger sind jedoch Beispiele, in denen sich die Konkurrenz durch Drängelei annähert, das heißt in denen es starke aber nicht vollkommenen Überkompensation gibt (b $\gg$ 1; Abbildung 6.15d).

Mit k-Werten kann man auch die Auswirkungen intraspezifischer Konkurrenz auf Fekundität und Wachstum beschreiben.

Für die Fekundität ist es wichtig, *B* als „die gesamte Anzahl der Nachkommen anzusehen, die ohne intraspezifische Konkurrenz produziert worden wären“, also die Anzahl an Nachkommen, die ein Individuum in einer konkurrenzfreien Umwelt haben könnte (praktisch kann *B* an Populationen mit minimaler Konkurrenz ermittelt werden, nicht unbedingt an konkurrenzfreien). A gibt dann die Anzahl der Nachkommen an, die tatsächlich produziert werden. Für das Wachstum muß man sich *B* als die Gesamtbiomasse oder die gesamte Anzahl an Modulen vorstellen, die jedes Individuum produziert hätte, wäre es in einer konkurrenzfreien Umwelt gewachsen (zu messen in einer Umwelt mit minimaler Konkurrenz). *A* gibt dann an, wieviel an Biomasse (oder Module) tatsächlich produziert wurde.

Immer noch wird hierbei die Situation vor der Konkurrenz mit der Situation nach der Konkurrenz verglichen. Erstere beschreibt nun, was ohne Konkurrenz passiert wäre, letztere steht für das, was tatsächlich passiert. Die Abbildungen 6.16 und 6.17 zeigen Beispiele dafür, wie mit *k*-Werten die Auswirkungen intraspezifischer Konkurrenz auf die Fortpflanzungsleistung beziehungsweise das Wachstum beschrieben werden können. Die Muster entsprechen denen aus Abbildung 6.15. Die Beispiele liegen irgendwo zwischen dem Kontinuum von Dichtunabhängigkeit und vollkommen überkompensierender Dichteabhängigkeit (Drängelei). Mittels *k*-Werten lassen sich alle Beispiele intraspezifischer Konkurrenz in einheitlicher Weise quantitativ beschreiben. Für Fekundität und Wachstum sind die Begriffe Drängelei und Wettkampf jedoch weniger geeignet. Hier ist es sinnvoller, von exakt, unter- oder überkompensierender Konkurrenz zu sprechen.

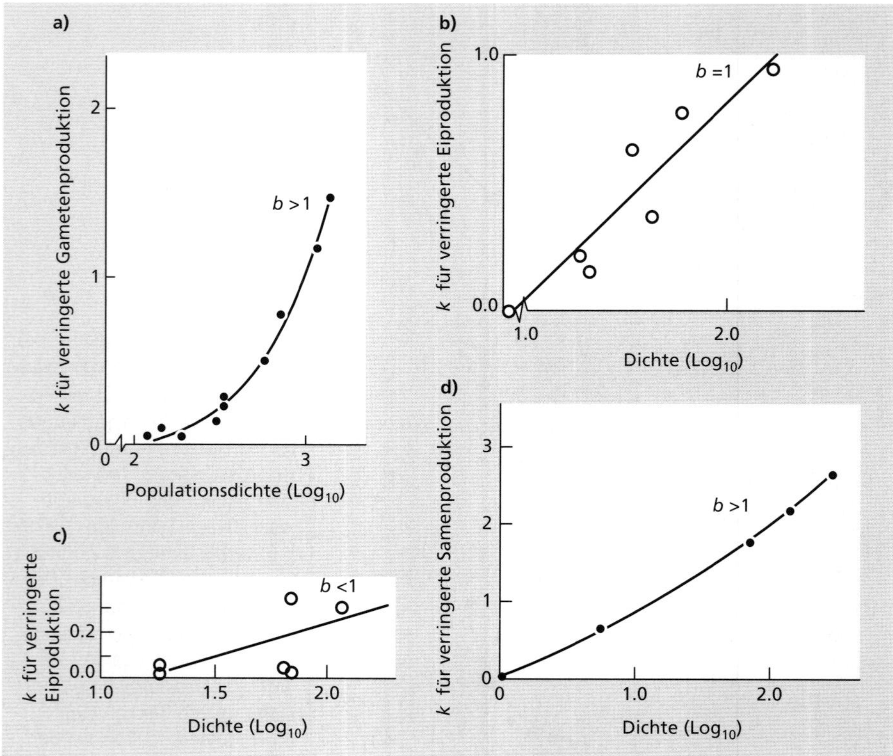

6.16 Die Verwendung von k-Werten zur Beschreibung der dichteabhängigen Verringerung der Fekundität als Folge von intraspezifischer Konkurrenz: a) bei der Napfschnecke *Patella cochlear* aus Südafrika (nach Branch 1975); b) bei der Kohlwurzelfliege (*Eriosichia brassicae*) (nach Benson 1973b); c) bei der Graswanze *Leptoterna dolabrata* (nach McNeill 1973); d) beim Breitwegerich (*Plantago major*) (nach Palmblad 1968).

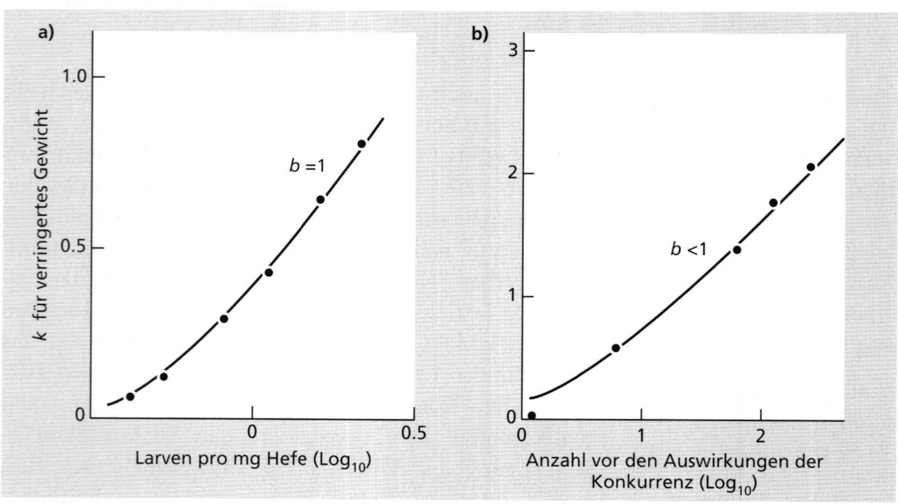

6.17 Die Verwendung von k-Werten zur Beschreibung der dichteabhängigen Verringerung des Wachstums als Folge von intraspezifischer Konkurrenz. a) Adulte Weibchen der Taufliege *Drosophila melanogaster* nehmen wegen Larvenkonkurrenz nicht an Gewicht zu. (Nach Bakker 1961) b) Gewichtsverlust beim Hirtentäschelkraut (*Capsella bursa-pastoris*). (Nach Palmblad 1968)

6.7 Mathematische Modelle: Einleitung

Mathematische Modelle tragen dazu bei, die reale Welt besser zu verstehen, und ermöglichen Voraussagen.

Der Wunsch, allgemeine ökologische Gesetzmäßigkeiten zu formulieren, findet seinen Ausdruck oft in mathematischen oder graphischen Modellen. Es mag erstaunen, daß Ökologen ihre Zeit damit verbringen, künstliche mathematische Modelle zu erstellen. Dafür gibt es jedoch sehr gute Gründe. Zunächst einmal können derartige Modelle die Gemeinsamkeiten vieler einzelner Beispiele hervorheben oder zumindest mit Hilfe einiger weniger Faktoren beschreiben. Dadurch können Ökologen die untersuchten Probleme oder Vorgänge besser erfassen, indem sie von komplexen Systemen das Wesentliche berücksichtigten. Ein Modell bietet somit eine „gemeinsame Sprache“. Lassen sich einzigartige Fälle durch ein allgemeingültiges Modell beschreiben, so treten dadurch die Gemeinsamkeiten aller Fälle untereinander sowie mit idealisierten Normen hervor.

Wichtiger ist es jedoch, daß Modelle uns helfen, die reale Welt zu verstehen, die sie nachahmen. Modelle können Eigenschaften eines Systems aufzeigen, von denen man vorher nichts wußte. Generell machen Modelle deutlich, wie die Eigenschaften einer Population zum Beispiel von den Eigenschaften ihrer einzelnen Individuen abhängen. Anders ausgedrückt: Modelle ermöglichen uns, die Konsequenzen vorherzusagen, die sich aus bestimmten Annahmen ergeben (wie würde es sich zum Beispiel auf die Populationsdynamik auswirken, wenn nur Jungtiere ab- und einwanderten?). Mathematische Modelle machen dies möglich, weil sie speziell dazu entwickelt wurden, die Auswirkungen mehrerer Annahmen vorherzusagen. Modelle geben daher auch häufig Hinweise darauf, welche Experimente oder Beobachtungen am besten durchgeführt werden sollten (wenn die Wanderung von Jungtieren derart wichtig ist, sollte diese zum Beispiel bei einer untersuchten Population gemessen werden).

Ein Modell muß nach den Kriterien beurteilt werden, nach denen es aufgestellt wurde. Es ist nur dann von Nutzen (und sollte nur dann entwickelt werden), wenn es eine oder mehrere der gerade angeführten Funktionen erfüllt; es muß also reale Situationen und Datensätze angemessen beschreiben. Diese Fähigkeit, natürliche Systeme angemessen zu beschreiben beziehungsweise nachzuahmen, ist ein weiteres Kriterium, nach dem ein Modell bewertet werden kann. Die einzige perfekte Beschreibung der realen Welt ist jedoch die reale Welt selbst. Ein Modell ist so lange eine angemessene Beschreibung, wie es eine nützliche Funktion erfüllt.

6.8 Ein Modell für diskrete Fortpflanzungszeiten

6.8.1 Die Grundgleichungen

In Abschnitt 4.7 entwickelten wir ein einfaches Modell für Arten, die sich nur während bestimmter Zeiten fortpflanzen. Die Populationsgröße zum Zeitpunkt t ist N_t. Diese verändert sich mit der Zeit durch die konstante fundamentale Nettoreproduktionsrate R. Dieses Modell kann in zwei Gleichungen dargestellt werden:

$$N_{t+1} = N_t R \quad (6.8)$$

und

$$N_t = N_0 R^t. \quad (6.9)$$

Ohne Konkurrenz wächst eine Population exponentiell, weshalb Konkurrenz in den Modellen berücksichtigt werden muß.

Das Modell beschreibt jedoch eine Population ohne Konkurrenz. R ist konstant, und für $R > 1$ wird die Population unendlich weiterwachsen (**exponentielles Wachstum**; Abbildung 6.18). Deshalb muß die Gleichung daran angepaßt werden, daß die Nettoreproduktionsrate durch intraspezifische Konkurrenz beeinflußt wird. Dies ist in Abbildung 6.19 erfolgt, die drei Komponenten enthält.

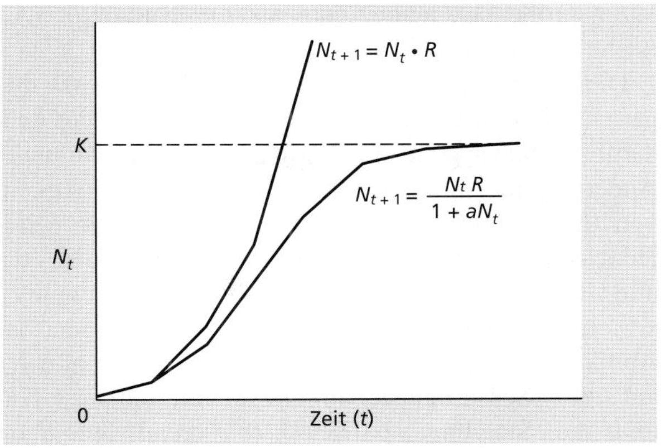

6.18 Mathematische Modelle für das Wachstum von Populationen mit diskreten Generationen über die Zeit: exponentielles Wachstum (links) und sigmoides Wachstum (rechts).

An Punkt A ist die Populationsgröße sehr klein (N_t ist fast Null). Konkurrenz ist an diesem Punkt daher unbedeutend, und die Nettoreproduktionsrate wird durch R richtig beschrieben. Bei sehr geringen Dichten gilt daher die Gleichung 6.8, und nach Umstellung der Gleichung ergibt sich:

$$\frac{N_t}{N_{t+1}} = \frac{1}{R}. \quad (6.10)$$

An Punkt B ist die Populationsgröße (N_t) sehr viel größer, und es kommt zu beträchtlicher intraspezifischer Konkurrenz. Diese wirkt sich so sehr auf die Nettoreproduktionsrate aus, daß sich die Population von Generation zu Generation nur noch selbst ersetzen kann, ohne zu wachsen. Es gibt genauso viele Geburten wie Sterbefälle. Anders ausgedrückt, N_{t-1} ist gleich N_t und N_t/N_{t+1} ist gleich eins. Die dazugehörige Popu-

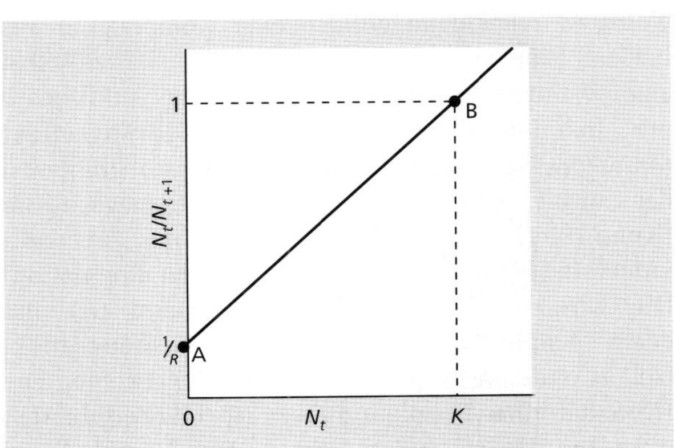

6.19 Die einfachste Weise, wie mittels linearer Darstellung der Kehrwert des Wachstums pro Generation (N_t/N_{t+1}) mit der Dichte (N_t) zunehmen kann. Für weitere Details siehe Text.

lationsgröße bezeichnet man als die **Kapazität** (*K*) (siehe Abbildung 6.7).

Die dritte Komponente in Abbildung 6.19 ist die gerade Linie, die Punkt A mit Punkt B verbindet und darüber hinaus geht. Sie beschreibt die fortlaufende Änderung der Nettoreproduktionsrate in Abhängigkeit von der Populationsgröße. Ihre Geradlinigkeit wird jedoch nur zweckmäßiger Weise angenommen, da alle Geraden mit der einfachen Formel y = (Steigung) x + (Schnittpunkt) beschrieben werden können. In Abbildung 6.19 wird N_t/N_{t+1} auf der y-Achse und N_t auf der x-Achse angegeben. Der Schnittpunkt ist $1/R$ und die Steigung $(1-1/R)/K$ (basierend auf dem Abschnitt zwischen A und B). Somit ergibt sich:

$$\frac{N_t}{N_{t+1}} = \frac{1-\frac{1}{R}}{K} \cdot N_t + \frac{1}{R} \qquad (6.11)$$

oder umgestellt:

$$N_{t+1} = \frac{N_t R}{1+\frac{(R-1)N_t}{K}}. \qquad (6.12)$$

Zur Vereinfachung wird $(R-1)/K$ durch a ersetzt:

$$N_{t+1} = \frac{N_t R}{(1+aN_t)}. \qquad (6.13)$$

Dieses Modell beschreibt ein Populationswachstum, das durch intraspezifische Konkurrenz begrenzt ist. Das Wesentliche an dieser Gleichung ist, daß die unrealistische Konstante R aus Gleichung 6.8 durch die tatsächliche Nettoreproduktionsrate $R/(1 + a\, N_t)$ ersetzt wurde. $R/(1 + a\, N_t)$ nimmt mit steigender Populationsgröße (N_t) ab.

Das Verhalten einer Population wird vor allem durch die Zunahme pro Individuum und deren Abhängigkeit von der Dichte bestimmt.

Wir haben Gleichung 6.13 abgeleitet, als ob das Verhalten einer Population vor allem von R und K, der Pro-Kopf-Zuwachsrate und der Kapazität, bestimmt würde: a wäre dann einfach eine Kombination aus beiden. Eine andere Sichtweise wäre, daß a selbst eine wichtige Variable ist, welche die Anfälligkeit pro Individuum gegenüber dem **Gedrängeeffekt** (*crowding*) angibt: Je größer a ist, desto größer ist der Einfluß der Dichte auf das Populationswachstum (Kuno 1991). Vor allem zwei Eigenschaften ihrer Individuen bestimmen nun das Verhalten der Population: Die wirkliche Zunahme pro Individuum (R) und deren Anfälligkeit gegenüber dem Gedrängeeffekt (a), also deren Abhängigkeit von der Dichte. Die Kapazität einer Population (K = $(R-1)/a$) ergibt sich dann aus diesen beiden Werten. Der Vorteil dieser Sichtweise ist, daß sie Individuen und Populationen aus einer realistischeren biologischen Perspektive beschreibt. Ihr Schwerpunkt liegt auf den Individuen: Geburtsrate pro Individuum, Sterberate und Empfindlichkeit gegenüber Gedrängeeffekt sind der natürlichen Selektion unterworfen und evolvieren. Daraus ergibt sich die Populationsentwicklung. Die Kapazität einer Population ist nur eine von vielen Beschreibungen, welche die Eigenschaften der Individuen wiedergeben.

Die Population in Abbildung 6.18 wächst bei geringerer Dichte exponentiell. Mit steigender Populationsgröße nimmt die Wachstumsrate aber immer weiter ab, bis sie an der Kapazität den Wert Null erreicht. Das Ergebnis ist eine S-förmige Kurve. Diese wünschenswerte Eigenschaft des Modells wird allerdings auch von vielen anderen Modellen erfüllt. Der Vorteil von Gleichung 6.13 ist ihre Einfachheit.

Bei der Kapazität ist eine Population in einem stabilen Gleichgewicht.

Das Verhalten des Modells nahe der Kapazität läßt sich am besten anhand von Abbildung 6.19 verdeutlichen. Ist die Populationsgröße geringer als K, wächst die Population. Ist sie größer als K, schrumpft sie. Entspricht die Populationsgröße K, nimmt sie weder zu- noch ab. Die Kapazität stellt daher ein stabiles Gleichgewicht für die Population dar.

Welche Art von Konkurrenz dieses Modell beschreibt, kann man aus der Abhängigkeit der k-Werte vom Logarithmus N ableiten (entsprechend Abschnitt 6.6). Für jede Generation ist die potentielle Anzahl von Nachkommen (die also ohne Konkurrenz produziert werden könnten) $N_t R$. Die tatsächliche Anzahl an Nachkommen (diejenigen, welche die Konkurrenz überleben) ist $N_t R/(1 + aN_t)$.

Nach Abschnitt 6.6 gilt:

$$k = \log(\text{Anzahl produzierter Nachkommen}) - (\text{Anzahl überlebender Nachkommen}). \qquad (6.14)$$

Im vorliegenden Fall also:

$$k = \log N_t R - \log N_t R/(1 + aN_t) \qquad (6.15)$$

oder einfacher:

$$k = \log(1 + aN_t). \qquad (6.16)$$

In Abbildung 6.20 ist k gegen den dekadischen Logarithmus von N_t aufgetragen. Hierbei wurden verschiedene Werte von a angenommen. In jedem Fall erreicht die Steigung schließlich den Wert eins. Die Dichteabhängigkeit ist anfangs immer unterkompensierend, kompensiert bei höherer Dichte aber schließlich exakt. Das Modell kann also nur eine bestimmte Art von Konkurrenz beschreiben, die zu einer genauen Regulation der Population führt.

Zeitverzögerte Reaktionen auf die Dichte führen zu Populationsschwankungen.

Als einfache Veränderung können wir einführen, daß die Population nicht sofort auf Veränderungen ihrer

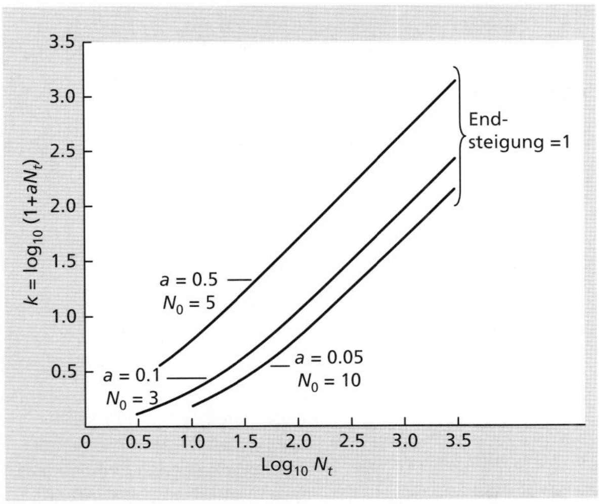

6.20 Intraspezifische Konkurrenz nach Gleichung 6.13. Die Steigung von k aufgetragen gegen den dekadischen Logarithmus von N_t erreicht schließlich den Wert eins, unabhängig von der Anfangsdichte N_0 und der Konstanten a (= $(R–1)/K$).

eigenen Dichte reagiert (die vorhandene Populationsdichte bestimmt die Menge der zur Verfügung stehenden Ressourcen, welche wiederum die Nettoreproduktionsrate der Population bedingt). Nehmen wir statt dessen an, daß die zur Verfügung stehenden Ressourcen durch die Dichte während des vorherigen Zeitintervalls bestimmt werden. Die Grasmenge auf einer Weide im Frühling (eine Ressource für Kühe) wird zum Beispiel dadurch mitbestimmt, wie stark die Wiese im letzten Jahr beweidet wurde (durch die Viehdichte im letzten Jahr). In diesem Fall hängt die Fortpflanzungsrate von der Dichte im letzten Zeitintervall ab. Aus den Gleichungen 6.8 und 6.13 ergibt sich dann:

$$N_{t+1} = N_t \times \text{Fortpflanzungsrate}. \qquad (6.17)$$

Gleichung 6.13 kann verändert werden zu:

$$N_{t+1} = \frac{N_t R}{1 + aN_{t-1}}. \qquad (6.18)$$

Die Population reagiert dann zeitverzögert auf ihre Dichte. Dies wird durch eine Zeitverzögerung der Reaktion der Ressource verursacht. Das Verhalten des veränderten Modells hängt von R ab:

$R < 1.33$: direkte Annäherung an ein stabiles Gleichgewicht,
$R > 1.33$: gedämpfte Oszillationen um das Gleichgewicht.

Das Modell reagiert auf die Zeitverzögerung mit Fluktuationen. Es ist anzunehmen, daß ähnliche Effekte in natürlichen Populationen auftreten.

6.8.2 Einbeziehung verschiedener Formen von Konkurrenz

Eine einfache, aber wichtige Veränderung von Gleichung 6.13 führt zu einem weit allgemeingültigeren Modell (Maynard Smith und Slatkin 1973; diskutiert bei Bellows 1981):

$$N_{t+1} = \frac{N_t R}{1 + (aN_t)^b}. \qquad (6.19)$$

Durch Einbeziehung verschiedener Formen der Dichteabhängigkeit werden die Modelle allgemeingültiger und damit aussagekräftiger.

Die Berechtigung dieser Änderung wird erkennbar, wenn wir einige Eigenschaften des veränderten Modells betrachten. In Abbildung 6.21 wird zum Beispiel k gegen den Logarithmus von N_t aufgetragen (entsprechend Abbildung 6.20). k ist nun der Logarithmus von $1+(aN_t)^b$. Die Steigung nähert sich jetzt nicht mehr dem Wert eins an, sondern dem Wert von b aus Gleichung 6.19. Durch die Wahl entsprechender Werte kann das Modell Unterkompensation ($b < 1$), exakte Kompensation ($b = 1$), Überkompensation durch Drängelei ($b > 1$) oder sogar Dichteunabhängigkeit ($b = 0$) darstellen. Das Modell besitzt daher die Allgemeingültigkeit, die der Gleichung 6.13 fehlt, wobei der Wert von b die nun einbezogene Art der Dichteabhängigkeit bestimmt.

Weitere Hinweise für die Aussagekraft und Allgemeingültigkeit von Gleichung 6.19 liefert Abbildung 6.22. Jede Graphik dieser Abbildung zeigt einen Satz von Labor- oder Freilanddaten (die Punkte). Mittels eines Computerprogramms wurde für a, b und R die jeweilige Kombination an Werten berechnet, welche die dazu am besten passenden Kurven ergeben. Gleichung 6.19 kann ein Modell sowohl für Situationen

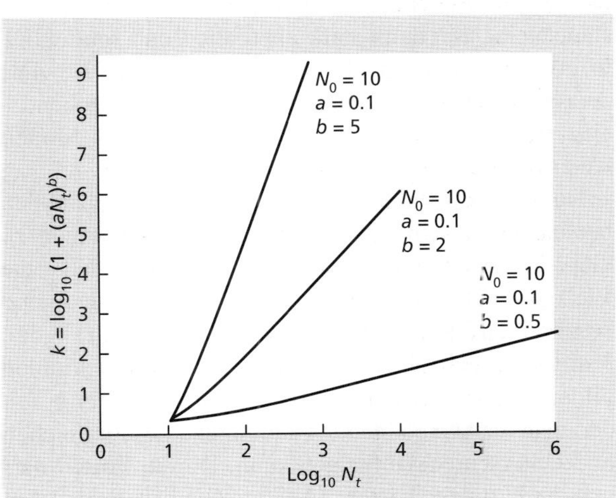

6.21 Intraspezifische Konkurrenz nach Gleichung 6.19. Die Endsteigung entspricht dem Wert der Variablen b aus der Gleichung.

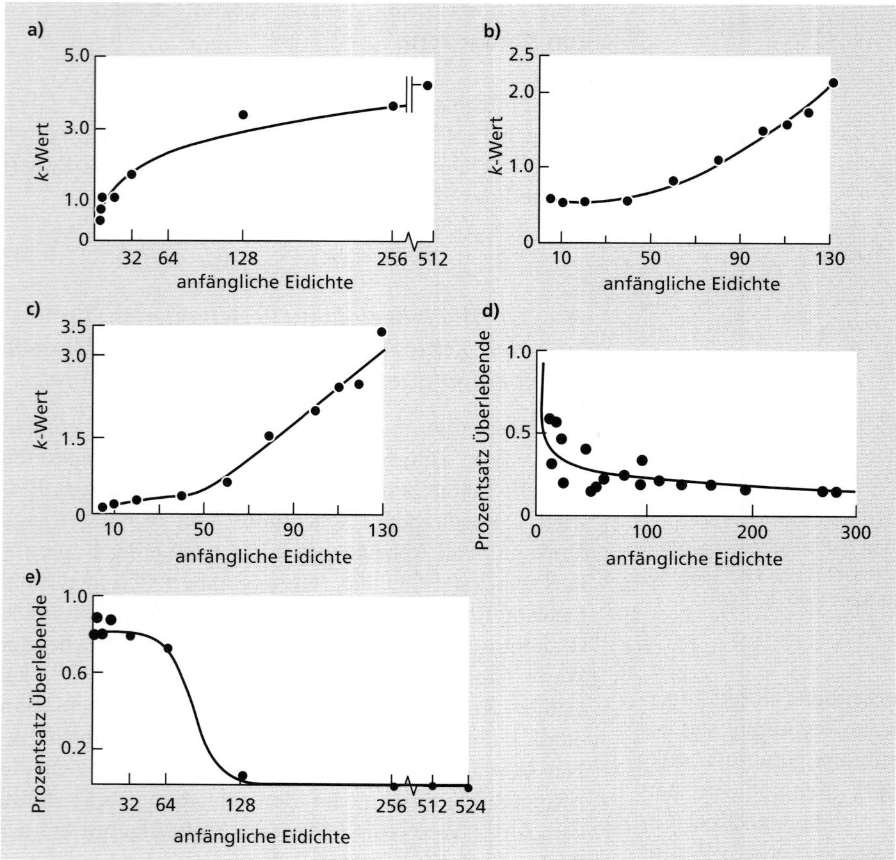

6.22 Gleichung 6.19 kann anhand von Daten die dichteabhängige Sterblichkeit sehr gut beschreiben. a) Der Brotkäfer (*Stegobium paniceum*) unter Laborbedingungen. b) Der Amerikanische Reismehlkäfer (*Tribolium confusum*) unter Laborbedingungen. c) Der Rotbraune Reismehlkäfer (*T. castaneum*) unter Laborbedingungen. d) Der Gemeine Frostspanner (*Operophtera brumata*) im Freiland. (Nach Varley und Gradwell 1968) e) Der Tabakkäfer (*Lasioderma serricorne*) unter Laborbedingungen. (Nach Bellows 1981)

liefern, in denen k mit zunehmender Dichte einem konstanten Wert zustrebt (Abbildung 6.22a), als auch für Situationen, in denen die Kurve ansteigt (Abbildung 6.22b, c). Sie kann aber auch Situationen beschreiben, in denen die Anzahl Überlebender mit zunehmender Dichte gleichmäßig abnimmt (Abbildung 6.22d), desgleichen Situationen, in denen die Anzahl Überlebender bei geringen Dichten fast konstant bleibt, um dann stark abzufallen und schließlich in etwa konstant zu bleiben (Abbildung 6.22e). Die Aussagekraft von Gleichung 6.19 ist beeindruckend – eine wünschenswerte Eigenschaft, die jedes Modell haben sollte.

Das Modell kann zudem helfen, die Vielzahl an beobachteten dichteabhängigen Zusammenhängen zu klassifizieren. Abbildung 6.22 zeigt, wie sich eine Vielzahl unterschiedlicher Datensätze befriedigend beschreiben läßt, indem man den Variablen a, b und R die entsprechenden Werte zuordnet. Diese Variablen bilden daher eine allgemeingültige Beschreibung, mit der man verschiedenen Zusammenhänge vergleichen und Unterschiede aufzeigen kann. Diesen Vorteil darf man nicht unterschätzen. Ökologische Daten stammen von einer ungeheuren Vielzahl von Organismen aus ebenso vielen verschiedenen Umwelten. Fortschritt ist nur dann möglich, wenn man deren Gemeinsamkeiten einfach und deutlich aufzeigen kann. Ohne allgemeingültige Beschreibungen könnten Ökologen zum Beispiel lediglich darauf hinweisen, daß die Kurven in Abbildung 6.22a und b unterschiedlich, die in Abbildung 6.22b und c hingegen fast gleich sind. So kann jedoch jeder Zusammenhang anhand von nur drei Variablen erfaßt werden, wobei sich gewisse Muster aus der Vielfalt ableiten lassen.

Gleichung 6.19 besitzt eine weitere wünschenswerte Eigenschaft, die gute Modelle auszeichnet: Sie ermöglicht, die reale Welt in einem neuen Licht zu sehen. Indem man die aus der Gleichung hervorgehenden Populationsdynamiken analysiert, kann man vorsichtig Schlüsse über die Dynamiken von Freilandpopulationen ziehen. Die mathematischen Methoden dafür werden bei May (1975a) dargelegt und diskutiert, aber die Ergebnisse der Analyse (Abbildung 6.23) sind auch verständlich und nutzbar, ohne daß man sich genau mit der Methode beschäftigen muß. Abbildung 6.23b zeigt die verschiedenen Formen von Populationswachstum und -dynamik, die sich aus Gleichung 6.19 ergeben können. Abbildung 6.23a zeigt die Bedingungen, unter denen die unterschiedlichen Typen vorkommen. Die Populationsdynamik hängt von zwei Faktoren ab: 1) von b, wodurch die genaue Form der Konkurrenz oder Dichteabhängigkeit

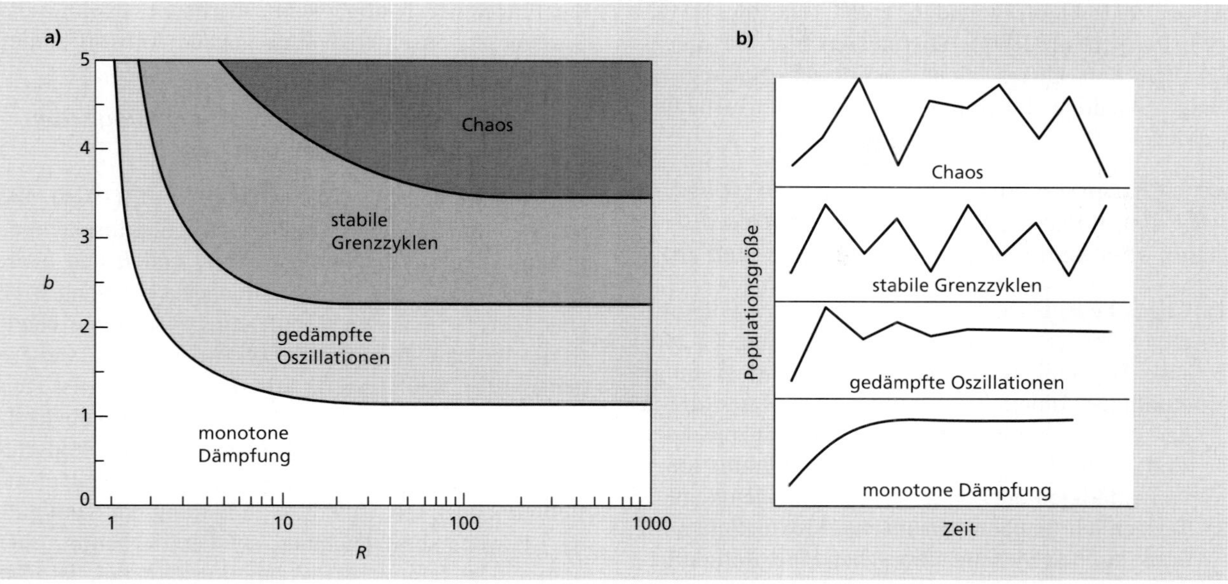

6.23 a) Die verschiedenen Typen von Populationsschwankungen (dargestellt in (b)), die sich aus Gleichung 6.19 ergeben, wenn man verschiedenen Wertekombinationen für *b* und *R* einsetzt. (Nach May 1975a; Bellows 1981)

bestimmt wird, und 2) von *R*, der tatsächlichen Nettoreproduktionsrate (welche die dichteunabhängige Sterblichkeit mit berücksichtigt). Im Gegensatz dazu bestimmt *a* nicht die Art der Dynamik, sondern nur die Stärke der Schwankungen.

Wie das Modell zeigt, kann intraspezifische Konkurrenz zu sehr unterschiedlichen Populationdynamiken führen.

Wie in Abbildung 6.23a zu erkennen ist, führen niedrige Werte von *b* und/oder *R* dazu, daß Populationen ihrem Gleichgewicht ohne Schwankungen zustreben. Dies wurde bereits in Abbildung 6.17 angedeutet, in der eine Population gemäß Gleichung 6.13 wächst und sich dem Gleichgewicht direkt annähert, unabhängig vom Wert von *R* (Nettoreproduktionsrate). Gleichung 6.13 ist ein Spezialfall von Gleichung 6.19, bei welchem $b = 1$ ist (exakte Kompensation).

Steigen die Werte von *b* und/oder *R* an, geht die Populationsdynamik zuerst in gedämpfte Oszillationen über, die sich langsam dem Gleichgewicht annähern, dann zu stabilen Grenzzyklen, in denen die Population um das Gleichgewicht fluktuiert, wobei sie die gleichen zwei, vier oder sogar mehr Punkte oberhalb und unterhalb des Gleichgewichts immer wieder berührt. Bei sehr hohen Werten von *b* und *R* sind die Populationsschwankungen schließlich scheinbar irregulär und chaotisch.

6.9 Chaos

Selbst in einer stabilen Umwelt können chaotische Fluktuationen auftreten.

Ein Modell, das von einem dichteabhängigen regulierenden Vorgang ausgeht (intraspezifische Konkurrenz), kann also zu verschiedenen Formen von Populationsdynamiken führen. Nehmen wir eine Population mit einer mäßigen fundamentalen Nettoreproduktionsrate an (in einer konkurrenzfreien Umwelt kann ein Individuum durchaus 100 Nachkommen (= *R*) haben), deren Dichteabhängigkeit mäßig überkompensierend ist. Eine derartige Population ist nicht stabil, sondern zeigt womöglich starke Fluktuationen, ohne daß hierfür äußere Faktoren notwendig wären. Es ist daher anzunehmen, daß selbst in einer stabilen und vorhersagbaren Umwelt die intrinsischen Eigenschaften einer Population und ihrer Individuen zu einer Populationsdynamik mit starken und womöglich sogar chaotischen Fluktuationen führen können (Gleick 1987). Daraus ergeben sich zwei wichtige Schlußfolgerungen. Erstens können Zeitverzögerungen, hohe Reproduktionsraten und überkompensierende Dichteabhängigkeit alle Formen von Fluktuationen der Populationsdichte bewirken, ohne daß dazu äußere Faktoren notwendig wären. Die zweite, genauso wichtige Schlußfolgerung ist, daß man dies durch die Analyse mathematischer Modelle festgestellt hat.

Als Ökologen erkannten, daß selbst einfache ökologische Systeme Elemente von **Chaos** aufweisen können, begannen sie sich für das Chaos selbst zu interessieren (Schaffer und Kot 1986; May 1987; Logan und

Allen 1992; Godfray und Grenfell; Hastings et al. 193; Perry et al. 1993). Wir müssen hier die Eigenschaften von Chaos nicht ausführlich besprechen, einige wichtige Punkte sollten jedoch verstanden werden.

Chaotische Populationsdynamiken weisen eine Reihe bestimmter Eigenschaften auf, lassen aber keine langfristigen Vorhersagen zu.

1) Chaos bedeutet nicht, daß Fluktuationen vollkommen ohne erkennbares Muster ablaufen. Chaotische Dynamiken bestehen nicht aus einer Folge zufälliger Zahlen. Tatsächlich gibt es Tests (die in der Praxis allerdings häufig schwer anzuwenden sind), mit denen man chaotische Fluktuationen von zufälligen oder anderen unterscheiden kann.
2) Tatsächlich bleiben chaotische Fluktuationen in ökologischen Systemen zwischen einer definierbaren unteren und oberen Dichte. Daher ist die Vorstellung von Regulation durch intraspezifische Konkurrenz selbst bei Chaos nicht vollkommen verlorengegangen.
3) Selbst zwei sehr ähnliche Populationskurven, die in einem chaotischen Verlauf folgen, nähern sich nicht der gleichen Dichte an (werden nicht von ihr „angezogen") und weisen auch nicht denselben Grenzzyklus auf. Das Verhalten eines chaotischen Systems wird vielmehr durch eine „seltsame Anziehung" („*strange attractor*") bestimmt. Anfangs entfernen sich sehr ähnliche Kurven über die Zeit exponentiell voneinander. Chaotisches Systeme sind gegenüber den Anfangsbedingungen extrem empfindlich.
4) Mathematisch kann der Unterschied zwischen sich annähernden und „sich auseinanderbewegenden" Systemen durch den Wert des größten **Lyapunov-Exponenten** des Systems beschrieben werden. Die Details der Berechnung sind für uns nicht wichtig. Ausschlaggebend ist lediglich, daß für Systeme, die sich bei anfänglich geringen Unterschieden schließlich annähern, alle Lyapunov-Exponeten negativ sind. Für Systeme, die sich auseinanderbewegen, ist hingegen mindestens einer positiv.
5) Das Verhalten chaotischer Systeme über längere Zeiträume kann daher nicht vorhergesagt werden. Die Vorhersagen werden um so ungenauer, je weiter sie in die Zukunft reichen sollen. Selbst wenn wir ein System in einem bestimmten Zustand beobachtet haben und genau wissen, wie es sich weiterentwickelt hat, können sich doch kleinste (möglicherweise nicht meßbare) anfängliche Unterschiede stark auswirken.

Das Ziel der Ökologie muß es sein, Vorhersagen treffen zu können. Chaotische Systeme sind hierbei eine der größten Herausforderungen. Deshalb stellt sich die Frage, wie häufig, wenn überhaupt, ökologische Systeme chaotisch sind. Eine genaue Antwort darauf gibt es nicht.

Es ist nicht einfach, Chaos in ökologischen Dynamiken aufzuzeigen.

Als erste untersuchten dies Hassell et al. (1976). Sie analysierten die Daten von 24 natürlichen Insektenpopulationen und schätzten die Werte von R und b für eine Gleichung, die im wesentlichen Gleichung 6.19 entsprach. Von diesen Populationen war keine chaotisch, nur eine zeigte Grenzzyklen und eine weitere gedämpfte Oszillationen. Alle anderen näherten sich monoton einem stabilen Gleichgewicht. Deshalb dachten Ökologen lange, daß Chaos für ökologische Systeme von geringer Bedeutung sei. Hassell et al. stellten jedoch fest, daß diese Folgerung nur dann gültig ist, wenn die Gleichung, auf der sie beruht, eine gültige Darstellung der Populationsdynamik ist. Da die Gleichung jedoch lediglich die Wechselbeziehungen innerhalb einer Population berücksichtigt und sich auf intraspezifische Konkurrenz beschränkt, ist ihre Gültigkeit in diesem Zusammenhang und damit auch die Schlußfolgerung zweifelhaft.

Ein allgemeineres Modell zeigt: Auch relativ einfache Systeme können komplexe, chaotische Dynamiken entwickeln.

Turchin und Taylor (1992) schlugen daher eine allgemeinere und anpassungsfähigere Gleichung vor:

$$r = \ln\{R\} = \ln\left\{\frac{N_{t+1}}{N_t}\right\} = c_0 + c_1 N_t^{d_1} + c_2 N_{t-1}^{d_2} + c_3 (N_t^{d_1})^2 + c_4 (N_{t-1}^{d_2})^2 + c_5 N_t^{d_1} N_{t-1}^{d_2}. \qquad (6.20)$$

Hierbei sind c_0–c_5, d_1 und d_2 Konstanten. Das komplex erscheinende Modell muß hier nicht erklärt werden. Folgende Punkte sollen jedoch hervorgehoben werden:

1) Die Populationsgröße (N_{t+1}) wird sowohl durch die Anzahl der Individuen des letzten (N_t) als auch des vorletzten Zeitintervalls (N_{t-1}) bestimmt (das Modell kann eine Zeitverzögerung in der Reaktion der Population berücksichtigen).
2) Das Modell ist sehr anpassungsfähig, da der Einfluß mehrerer anderer Arten auf die Populationsgröße der untersuchten Spezies einbezogen werden kann, selbst wenn die Populationsgrößen dieser anderer Arten nicht bekannt sind. Dies wird dadurch möglich, daß man die Populationsgröße der untersuchten Art zu verschiedenen Zeitpunkten (N_t, N_{t-1}, N_{t-2}...) berücksichtigt. Turchin und Taylor fanden für ihren Fall, daß die Zeitpunkte N_t und N_{t-1} ausreichten. Dadurch ist ihr Modell weder auf Wechselbeziehungen innerhalb der untersuchten Art noch auf intraspezifische Konkurrenz beschränkt.

Turchin und Taylor wandten ihre Gleichung auf 36 Zeitreihen an (14 von Insekten, 22 von Wirbeltieren). Vier waren anscheinend unregelmäßig, neun zeigten eine monotone Annäherung an ein stabiles Gleichgewicht, 17 zeigten gedämpfte Oszillationen, fünf andauernde Zyklen und eines war offenbar chaotisch. Dieser letzte Fall wurde auf der Grundlage neuerer Daten angezweifelt (Perry et al. 1993), und auch Turchin und Taylor waren in ihrer Interpretation sehr vorsichtig. Trotzdem lassen diese Ergebnisse zumindest vermuten, daß natürliche Populationen ein größeres und interessanteres Spektrum von Dynamiken zeigen, als bisher angenommen wurde.

Weitere Analysen von 34 Zeitreihen von Wühlmäusen und Lemmingen lassen vermuten, daß Chaos womöglich nicht ungewöhnlich ist (Turchin 1993; Hanski et al. 1993). Elf Studien aus temperierten Regionen (39–56° N) wiesen nur negative Lyapunov-Exponenten auf. Dies deutet auf relativ stabile Dynamiken hin, wozu die Beobachtungen passen, daß sich die Häufigkeit der Wühlmäuse in diesen Gegenden wenig verändert (siehe Kapitel 10 und 13). Von 23 weiter nördlich gelegenen Untersuchungsgebieten (64–71° N) besaßen jedoch 15 positive Lyapunov-Exponenten. Dies deutet auf chaotische Dynamiken hin. Tatsächlich wurden in diesen Gebieten häufig starke Veränderungen in der Häufigkeit von Wühlmäusen und Lemmingen beobachtet, und der scheinbaren Regelmäßigkeit dieser Veränderungen (Zyklen von drei bis fünf Jahren) wurde viel Aufmerksamkeit geschenkt (siehe Kapitel 10 und 15). Auch Turchin hatte eine Regelmäßigkeit in seinen nördlichen Studiengebieten gefunden. Dies bestärkt die Vermutung, daß chaotische Systeme eine deutliche periodische Komponente beinhalten könnten.

Grundsätzlich müssen wir anerkennen, daß selbst ein relativ einfaches System komplexe und chaotische Dynamiken entwickeln kann. Die Erklärung für komplexe Dynamiken können trotzdem einfach sein. Wenn die Ökologie eine Wissenschaft werden soll, die Vorhersagen und Eingriffe ermöglicht, müssen wir wissen, inwieweit langfristige Vorhersagen durch die Haupteigenschaft von Chaos (extreme Empfindlichkeit gegenüber den Anfangsbedingungen) beeinflußt werden. Die Schlüsselfrage – wie häufig ist Chaos? – bleibt hingegen weitgehend unbeantwortet. Dazu werden bessere Analysemethoden sowie mehr und zuverlässigere Daten benötigt.

6.10 Kontinuierliche Fortpflanzung: Die logistische Gleichung

Das Modell aus Abschnitt 6.8 gilt für Populationen mit diskreten Fortpflanzungszeiten und kann daher mit Gleichungen beschrieben werden, die das Wachstum in Stufen beschreiben (Differenzgleichungen). Solche Modelle sind jedoch für Populationen ungeeignet, in denen ständig Individuen geboren werden und sterben. Derartige Populationen lassen sich am besten durch Modelle kontinuierlichen Wachstums beschreiben (Differentialgleichungen).

Die spezifische Zuwachsrate gibt den durchschnittlichen Zuwachs pro Individuum in Populationen mit kontinuierlichem Wachstum wieder.

Die Nettozuwachsrate solcher Populationen wird mit dN/dt beschrieben. Dieser Ausdruck gibt die Geschwindigkeit wieder, mit der die Populationsgröße (N) im Verlauf der Zeit (t) zunimmt. Die Größenzunahme der gesamten Population ist die Summe der Beiträge ihrer Individuen. Die durchschnittliche Zuwachsrate pro Individuum (die Pro-Kopf-Zunahme) beträgt somit dN/dt(1/N). In Abschnitt 4.7 haben wir aber bereits gesehen, daß dies die Definition der **spezifischen Zuwachsrate** (*intrinsic rate of natural increase*) (r) ist. Somit gilt:

$$\frac{dN}{dt}\left(\frac{1}{N}\right) = r \qquad (6.21)$$

und

$$\frac{dN}{dt} = rN. \qquad (6.22)$$

Abbildung 6.24 zeigt den Populationsanstieg gemäß Gleichung 6.22 für $r > 0$. Erwartungsgemäß ergibt sich ein exponentielles Wachstum. Tatsächlich folgt aus Gleichung 6.22 die Verlaufsform der exponentiellen Differenzgleichung 6.9. Wie in Abschnitt 4.7 gezeigt wurde, ist $r = \log_e R$ (mathematisch versierte Leser werden erkennen, daß sich Gleichung 6.22 durch Differenzierung aus Gleichung 6.9 ergibt). R und r sind offenbar zwei Maße für dieselbe Größe: „Geburten plus Überlebende" oder „Geburten minus Todesfälle".

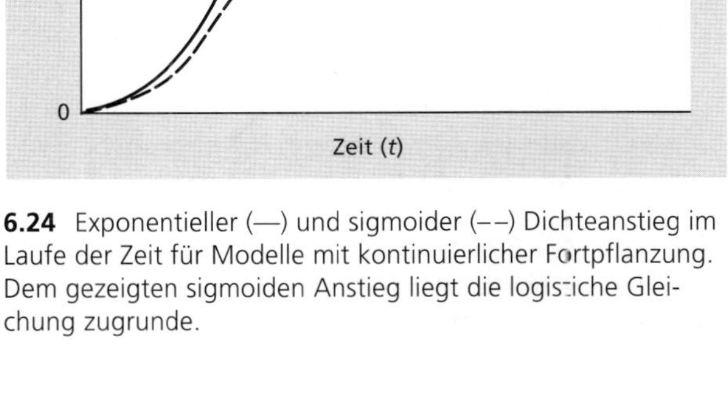

6.24 Exponentieller (—) und sigmoider (– –) Dichteanstieg im Laufe der Zeit für Modelle mit kontinuierlicher Fortpflanzung. Dem gezeigten sigmoiden Anstieg liegt die logistische Gleichung zugrunde.

Der Unterschied zwischen R und r besteht lediglich in der Währung.

Realistischerweise muß in Gleichung 6.22 intraspezifische Konkurrenz berücksichtigt werden. Dies läßt sich am einfachsten durch die in Abbildung 6.25 gezeigte Methode erreichen, die vollkommen der aus Abbildung 6.19 entspricht. Die Nettozuwachsrate pro Individuum wird durch Konkurrenz kaum beeinflußt, wenn die Populationsgröße N nahe Null ist. Sie wird dann durch r wiedergegeben (Punkt A). Nimmt N den Wert von K (der Kapazität) an, ist die Nettozuwachsrate pro Individuum Null (Punkt B). Wir nehmen wieder eine Gerade zwischen A und B an. Daraus ergibt sich:

$$\frac{\mathrm{d}N}{\mathrm{d}t}\left(\frac{1}{N}\right)=\left(\frac{-r}{K}\cdot N\right)+r \qquad (6.23)$$

oder umgeformt

$$\frac{\mathrm{d}N}{\mathrm{d}t}=\left(\frac{1}{N}\right)=r\left(1-\frac{N}{K}\right) \qquad (6.24)$$

und

$$\frac{\mathrm{d}N}{\mathrm{d}t}=rN\left(\frac{K-N}{K}\right). \qquad (6.25)$$

Die logistische Gleichung beschreibt eine S-förmige Wachstumskurve bei exakt kompensierender Dichteabhängigkeit.

Dies ist die logistische Gleichung (dieser Begriff wurde von Verhulst (1838) geprägt). Abbildung 6.24 zeigt einen Populationsanstieg nach dieser Gleichung.

Die logistische Gleichung entspricht Gleichung 6.13, allerdings für kontinuierliche Fortpflanzung. Sie besitzt alle wichtigen Eigenschaften von Gleichung 6.13, aber auch all ihre Nachteile. Die logistische Gleichung beschreibt eine sigmoide Wachstumskurve, die eine stabile Kapazität erreicht. Sie ist jedoch nur eine von mehreren möglichen Gleichungen. Ihr größter Vorteil ist ihre Einfachheit. Während man in Gleichung 6.13 die Stärke der Konkurrenz mit einbeziehen konnte, ist dies für die logistische Gleichung sehr schwierig. Deshalb ist diese dazu verdammt, ein Modell für exakt kompensierende Dichteabhängigkeit zu sein. Trotz dieser Einschränkungen wird die Gleichung einen wesentlichen Bestandteil von Modellen in Kapitel 7 und in Kapitel 10 bilden und spielte eine wichtige Rolle in der Entwicklung der Ökologie. Schließlich ist zu beachten, daß das Verhalten der logistischen Gleichung (wie das von Gleichung 6.13) normalerweise als abhängig von r und K angesehen wird. Es gibt aber wichtige Gründe, sie als abhängig von r und q $(= r/K)$ zu sehen, der Empfindlichkeit von Individuen gegenüber dem Gedrängeeffekt (entsprechend Abschnitt 6.8.1; Kuno 1991).

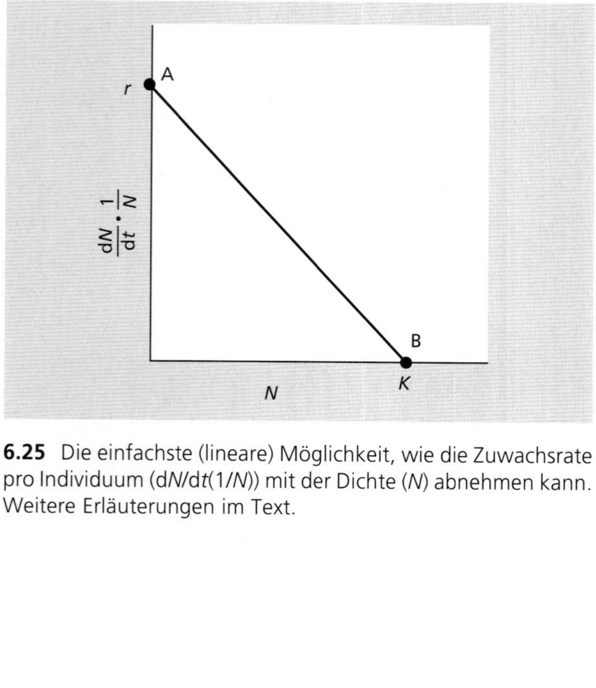

6.25 Die einfachste (lineare) Möglichkeit, wie die Zuwachsrate pro Individuum (dN/dt(1/N)) mit der Dichte (N) abnehmen kann. Weitere Erläuterungen im Text.

6.11 Individuelle Unterschiede: Asymmetrische Konkurrenz

Konkurrenz kann zu asymmetrischer Biomasseverteilung in einer Population führen.

Bisher haben wir unsere Aufmerksamkeit darauf gerichtet, was mit der Population als Ganzes oder dem durchschnittlichen Individuum innerhalb einer Population geschieht. Intraspezifische Konkurrenz wirkt sich jedoch direkt auf die einzelnen Individuen aus, und verschiedene Individuen können dadurch unterschiedlich betroffen sein. Abbildung 6.26 zeigt die Ergebnisse eines Experiments, in dem Flachs (*Linum usitatissimum*) in drei Dichten ausgesät und in drei verschiedenen Entwicklungsstadien geerntet wurde. Dabei wurde jeweils das Gewicht jedes Individuums ermittelt. Dadurch konnte die zunehmende Konkurrenz nicht nur als eine Folge der zunehmenden Aussaatdichte betrachtet werden, sondern auch als ein Ergebnis des Pflanzenwachstums (durch den Vergleich der ersten mit der letzten Ernte). Bei der geringsten intraspezifischen Konkurrenz (geringste Aussaatdichte und zwei Wochen Wachstum) verteilte sich das individuelle Pflanzengewicht gleichmäßig um den Mittelwert. Bei starker Konkurrenz war die Verteilung jedoch stark nach links verschoben: Es gab viele sehr kleine Individuen und wenige große. Mit zunehmender Konkurrenz nahm die Verschiebung der Verteilung nach links zu. Allgemein kann man sagen, daß stärkere Konkurrenz die Größenunterschiede innerhalb einer Population vergrößert – die Biomasse wird ungleichmäßiger unter den Individuen verteilt (Weiner 1990). Ähnliche Ergebnisse fand man bei Freilandpopulationen von Napfschnecken (siehe Abbildung 6.12), einigen anderen Tieren (Uchmanski 1985) und Pflanzen (Uchmanski 1985; Weiner und Thomas 1986). Die Charakterisierung einer Population durch willkürliche

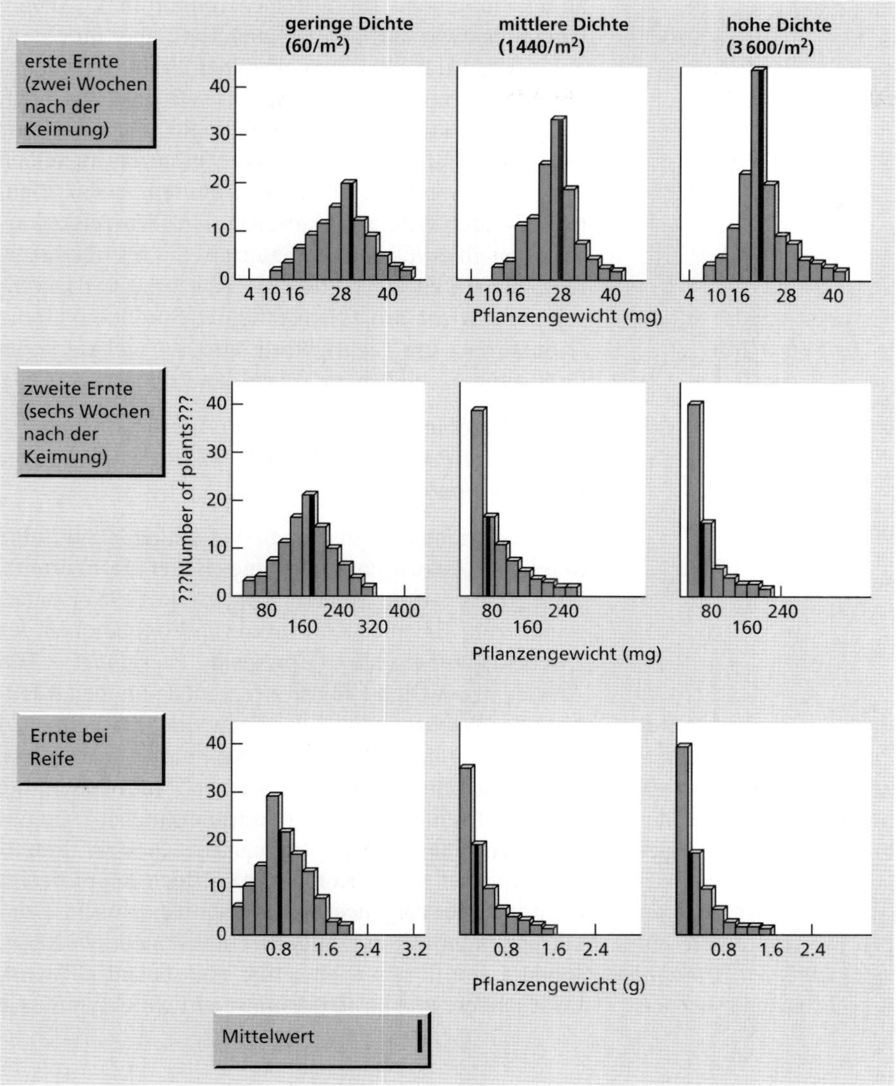

6.26 Konkurrenz und einseitige Verteilung von Pflanzengewichten. Häufigkeitsverteilungen individueller Pflanzengewichte beim Flachs (*Linum usitatissimum*) bei drei Aussaatdichten und zu drei verschiedenen Ernteterminen. (Nach Obeid et al. 1967)

„durchschnittliche" Individuen kann unter diesen Bedingungen also irreführend sein und von der Tatsache ablenken, daß intraspezifische Konkurrenz immer auf Individuen wirkt, obwohl ihre Auswirkungen häufig an ganzen Populationen erkennbar sind.

Durch Konkurrenz infolge Erstbesetzung des Raumes können individuelle Unterschiede bei Pflanzen verstärkt werden.

In einem weiteren Experiment säte man Wiesenknäuelgras (*Dactylus glomerata*) aus und markierte die Sämlinge nach dem Keimen, so daß der Zeitpunkt ihrer Keimung bekannt war (Abbildung 6.27). Sieben Wochen später wurden alle Pflanzen geerntet und gewogen. Es überrascht nicht, daß die zuerst gekeimten Pflanzen (die am längsten gewachsen waren) die größten waren. Wäre das Gewicht jedoch lediglich durch die Wachstumszeit bestimmt worden, müßten die Datenpunkte auf der gestrichelten Linie in der Abbildung 6.27 liegen. Aber je später eine Pflanze keimte, desto weiter blieb ihr Wert unter dieser Linie (desto langsamer wuchs sie) – desto stärker wurde sie durch ihre Nachbarn beeinflußt, die sich bereits früher etabliert hatten. Früh gekeimte Pflanzen besetzten oder „eroberten" den Raum als erste und wurden daher durch intraspezifische Konkurrenz kaum beeinträchtigt. Später gekeimte Pflanzen kamen in eine Umwelt, in welcher der meiste Platz durch **Erstbesetzung des Raumes** (*pre-emption of space* oder *space capture*) bereits besetzt war, weshalb sie stark unter intraspezifischer Konkurrenz litten. Die Konkurrenz war asymmetrisch. Einige Individuen wurden stärker beeinträchtigt als andere, und geringe anfängliche Unterschiede wurden durch Konkurrenz bis zur Ernte vertausendfacht.

Wenn Konkurrenz dadurch asymmetrisch wird, daß überlegene Konkurrenten Ressourcen als erstes besetzen, dann am ehesten, wenn diese Ressourcen mit großer Wahrscheinlichkeit beansprucht werden und dann nicht mehr verfügbar sind. Besonders bei der Konkur-

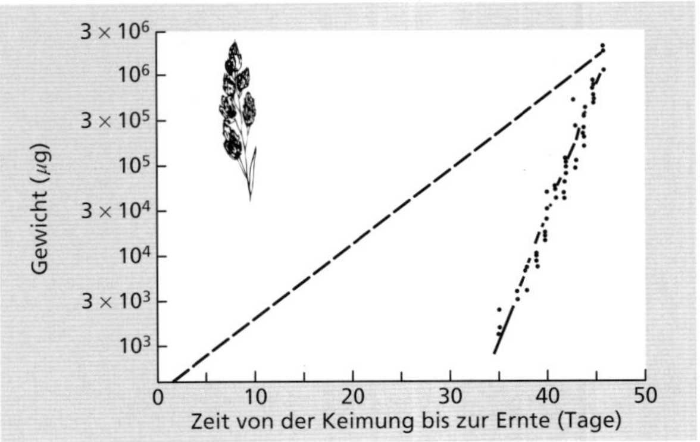

6.27 Raumbesetzung durch Individuen einer Population des Wiesenknäuelgrases (*Dactylis glomerata*). Die Gräser keimten innerhalb von zehn Tagen, wurden aber gleichzeitig geerntet. Wäre das Gewicht allein durch die Wachstumszeit bestimmt worden, müßten die Datenpunkte auf der gestrichelten Linie liegen. Statt dessen wuchsen die später gekeimten Gräser (kürzere Zeit von der Keimung bis zur Ernte) weniger als erwartet, da durch die früher gekeimten Gräser bereits Platz besetzt war. (Nach Ross und Harper 1972)

renz von Pflanzen um Licht, wobei ein überlegener Konkurrent einen anderen überwachsen und beschatten kann, sollte die Erstbesetzung der Ressourcen (*pre-emptive resource capture*) wichtig sein. Bei der Konkurrenz um Nährstoffe und Wasser sollten hingegen selbst die Wurzeln eines unterlegenen Konkurrenten einen unmittelbaren Zugang zu den Ressourcen ermöglichen. Diese Erwartungen werden durch ein Experiment mit der Prunkwinde *Ipomoea tricolor* bestätigt (Abbildung 6.28). Einige Pflanzen wuchsen alleine in einem Topf (keine Konkurrenz). Andere wurzelten zwar in ihrem eigenen Topf, aber ihre Stengel wanden sich um einen einzelnen Pfahl (Sproßkonkurrenz). Einige Pflanzen wuchsen im selben Topf, aber jede hatte ihren eigenen Pfahl (Wurzelkonkurrenz). Schließlich wuchsen einige Pflanzen im selben Topf und wanden sich gemeinsam um einen Pfahl (Sproß- und Wurzelkonkurrenz). Die Wurzelkonkurrenz war insoweit ausgeprägter als die Sproßkonkurrenz, als sie zu einer größeren Abnahme des Durchschnittsgewicht pro Pflanze führte. Sproßkonkurrenz (Konkurrenz um Licht) führte aber zu viel stärkeren Größenunterschieden zwischen den Pflanzen.

Verschiedene Stadien oder Altersklassen einer Population zeigen häufig asymmetrische Konkurrenz.

Die beschriebenen einseitigen Verteilungen sind eine mögliche Auswirkung asymmetrischer Konkurrenz, doch gibt es viele andere. Rubenstein (1981) untersuchte zum Beispiel Konkurrenz in Populationen des Zwergsonnenbarsches (*Elassoma evergladei*). Ein Anstieg in der Dichte führte zu einem deutlichen Rückgang der Wachstumsrate, der Fekundität der Weibchen und der Paarungsaktivität der Männchen – zumindest, wenn man die „durchschnittlichen" Individuen bei geringer Dichte mit den „durchschnittlichen" Individuen bei hoher Dichte verglich. Die „besten" Individuen wurden durch Konkurrenz jedoch kaum beeinträchtigt. Dies zeigt deutlich, daß intraspezifische Konkurrenz nicht nur individuelle Unterschiede verstärkt, sondern von diesen auch selbst stark beeinflußt wird. Insbesondere gibt es häufig eine deutliche Asymmetrie

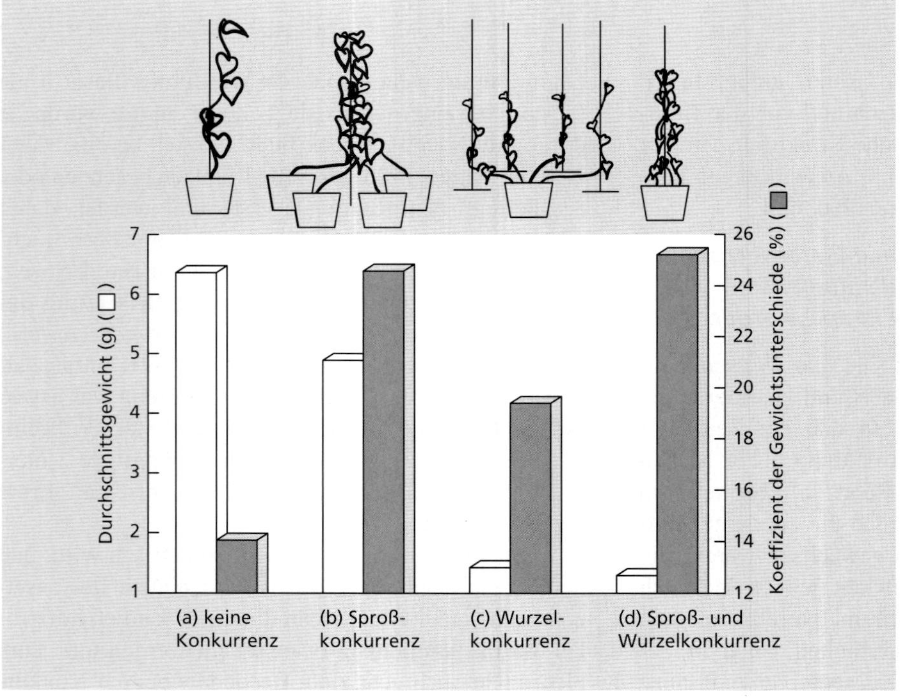

6.28 Konkurrenz zwischen Prunkwinden der Art *Ipomoea tricolor*. Das Pflanzengewicht wurde am stärksten durch Wurzelkonkurrenz verringert ($P < 0.01$ für alle Vergleiche, außer (c) mit (d)). Sproßkonkurrenz vergrößerte hingegen die Größenunterschiede (gemessen als Koeffizient der Gewichtsvariabilität; $P < 0.05$ für den Vergleich von (a) und (b); $P < 0.01$ für den Vergleich von (a) und (d)). (Nach Weiner 1986)

zwischen verschiedenen Stadien oder Altersklassen einer Population. Wenn zum Beispiel große Larven (vorletztes Larvenstadium) der Großen Pechlibelle (*Ischnura elegans*) mit kleinen Larven (zwei Häutungen zuvor) konkurrieren (diese beiden Larvenstadien kommen manchmal auch im Freiland nebeneinander vor), sind die Wachstums- und Entwicklungsrate der kleinen Larven signifikant geringer. Wachstum und Entwicklung der großen Larven werden hingegen nicht beeinflußt (Gribbin und Thompson 1990).

Auch während einer Langzeitstudie an am Dreilappigen Leberblümchen (*Anemone hepatica*) in Schwe-

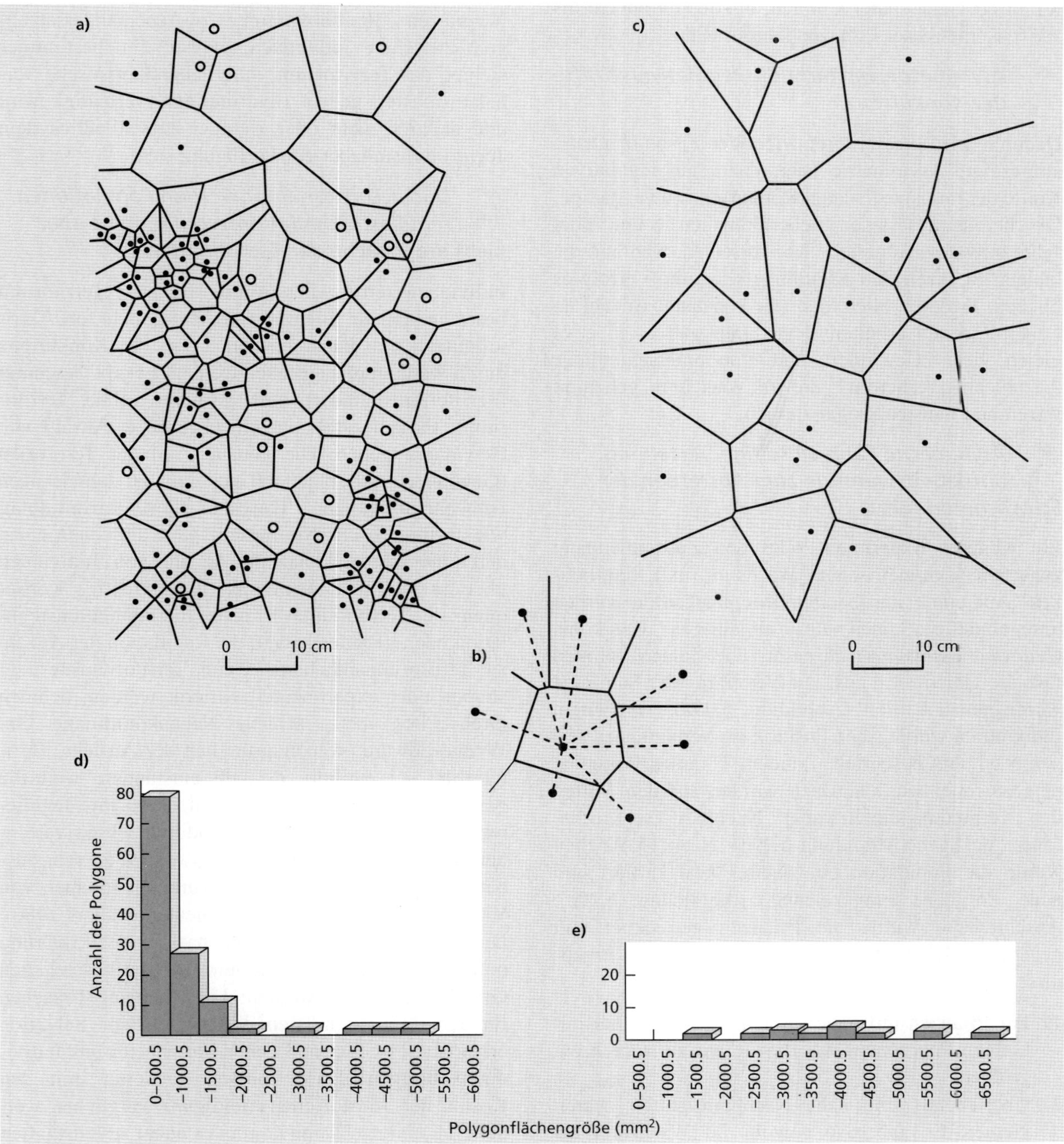

6.29 a) Die Verteilung von Sämlingen des einjährigen Rainkohls (*Lapsana communis*) drei Tage nach der Keimung. Jeder Sämling ist durch einen Punkt eingezeichnet, Sämlinge, die mindestens 15 Wochen überlebten, durch einen Kreis. b) Die räumliche Verteilung sessiler Organismen (wie in (a)) kann durch das Zeichnen von Thiessen-Polygonen beschrieben werden. Jede Polygonseite wird rechtwinklig durch den Mittelpunkt der Linie eingezeichnet, die zwei Nachbarn miteinander verbindet. Thiessen-Polygone sind in (a) und (c) eingezeichnet. c) Verteilung der Überlebenden nach 15 Wochen. d) Häufigkeitsverteilung von Polygonflächengrößen drei Tage nach der Keimung. e) Häufigkeitsverteilung von Polygonflächengrößen 15 Wochen nach der Keimung. Die Populationsgröße war nun aufgrund von Selbstauflichtung geringer (Nach Mithen et al. 1984)

den konnte asymmetrische Konkurrenz beobachtet werden (Tamm 1956). Zwar kamen zwischen 1943 und 1952 einige Pflanzen zu der Population hinzu, doch überlebten vor allem diejenigen Pflanzen bis zum Jahre 1956, die bereits 1943 vorhanden waren. Von 30 Pflanzen, die 1943 groß oder mittelgroß waren, überlebten 28 bis 1956. Einige davon waren größer geworden. Von 112 Pflanzen, die 1943 klein waren oder erst später keimten, überlebten nur 26 bis 1956. Keine dieser Pflanzen kam in Blüte.

Asymmetrie verstärkt die regulativen Kräfte der Konkurrenz.

Dadurch wird ein weiterer wichtiger Zusammenhang aufgezeigt: Asymmetrie neigt dazu, die regulativen Kräfte der intraspezifischen Konkurrenz zu verstärken. Die bereits ansässigen Leberblümchen waren über Jahre hinweg erfolgreiche Konkurrenten, während die kleinen Pflanzen und Keimlinge wiederholt erfolglos blieben. Dadurch blieb eine fast konstante Anzahl an Leberblümchen erhalten. Jedes Jahr gab es in etwa gleich viele „Gewinner" und eine unterschiedliche Anzahl an „Verlierern", die im Wachstum gehemmt waren und meistens sogar starben.

Asymmetrie kann einseitige Verteilung aufheben, wenn sie zum Absterben der Schwächeren führt.

Ein weiteres Experiment zeigt den Zusammenhang zwischen asymmetrischem Wachstum und Sterblichkeit. Auf einen sterilisierten Komposthaufen wurden unregelmäßig Samen des einjährigen Rainkohls (*Lapsana communis*) ausgesät. Die Samen keimten fast alle gleichzeitig aus. Die Verteilung der Sämlinge wurde genau kartiert (Abbildung 6.29a): Von jedem Individuum wurde seine Position im Verhältnis zu seinen Nachbarn beschrieben, indem Thiessen-Polygone eingezeichnet wurden. Dazu wurden auf den Mitten der Verbindungslinien aller Nachbarn senkrechte Linien gezogen (Abbildung 6.29b). Nach 15 Wochen wurde die Population ein zweites Mal kartiert und neue Polygone eingezeichnet (Abbildung 6.29c). Anschließend wurde die Pflanzen getrocknet und gewogen. Dabei ergaben sich drei wichtige Ergebnisse:

1) Für Pflanzen mit nahen Nachbarn (und daher mit kleinen Polygonen) war die Gefahr zu sterben am größten.
2) Überlebende, die nahe Nachbarn hatten, waren kleiner. Es gab also sowohl im Wachstum als auch in der Sterblichkeit eine Asymmetrie.
3) Ursprünglich war die Verteilung der Pflanzen und Polygongrößen stark einseitig (Abbildung 6.29d), schließlich wurden sie aber gleichmäßig (Abbildung 6.29e). Zwar kann asymmetrische Konkurrenz zu einer einseitigen Verteilung in einer Population führen, sie kann diese aber auch wieder aufheben, wenn sie den Tod der Schwächeren bewirkt.

6.12 Territorialität

Territorialität ist eine besonders wichtige und weit verbreitete Form asymmetrischer intraspezifischer Konkurrenz. Hierbei kommt es zu Auseinandersetzungen zwischen Individuen, wobei ein bestimmtes Gebiet, das **Territorium**, durch charakteristische Verhaltensmuster gegen Eindringlinge verteidigt wird und dadurch mehr oder weniger ausschließlich dem Territoriumsinhaber zur Verfügung steht.

Durch Territorialität werden Populationen reguliert, Populationsregulation ist aber nicht die Ursache der Territorialität.

Individuen territorialer Arten, die kein Territorium besetzen können, pflanzen sich häufig nicht fort. Territorialität kann daher als eine Form der Konkurrenz durch Wettkampf angesehen werden. Es gibt Gewinner (Territoriumsinhaber) und Verlierer (ohne Territorium). Es kann stets nur eine begrenzte Anzahl von Gewinnern geben. Die genaue Zahl der Territorien (Gewinner) variiert jedoch von Jahr zu Jahr je nach Umweltbedingungen. Trotzdem führt Territorialität, wie asymmetrische Konkurrenz ganz allgemein dazu, daß eine relativ konstante Anzahl von Individuen überlebt und sich fortpflanzt. Eine wichtige Konsequenz der Territorialität ist daher die Populationsregulation oder, genauer gesagt, die Regulation der Anzahl an Territoriumsinhabern. Wenn Territoriumsbesitzer sterben oder experimentell entfernt werden, nehmen ihren Platz meist schnell Neuankömmlinge ein. Wynne-Edwards war ursprünglich der Ansicht, Territorialität sei evolutiv deshalb entstanden, weil die gesamte Population einen Vorteil durch ihre regulierenden Auswirkungen habe. Dadurch würde verhindert, daß die Population ihre Ressourcen zu sehr ausbeutet (Wynne-Edwards 1962; zurückgenommen von Wynne-Edwards (1977) und erneut postuliert 1986). Diese auf Gruppenselektion basierende Erklärung muß jedoch aus gewichtigen und grundsätzlichen Gründen abgelehnt werden: Die ultimaten Ursachen für Territorialität müssen durch natürliche Selektion erklärbar sein. Sie muß daher Vorteile für das Individuum bringen. Diese müssen wiederum mit den Kosten der Territoriumsverteidigung verglichen werden. Bei einigen Tieren kommt es dabei zu ernsthaften Kämpfen, bei anderen erfolgt sie vor allem über Signale (zum Beispiel Gesang oder Duftmarken). Aber selbst wenn die Gefahr einer Verletzung sehr gering ist, verbrauchen territoriale Tiere Energie, wenn sie ihr Territorium überwachen und ihre Anwesenheit zur Schau stellen. Die Vorteile müssen diese energetischen Kosten überwiegen, wenn Territorialität durch natürliche Selektion entstanden sein soll (Davies und Houston 1984).

Territorialität bietet Schutz und läßt die Aufnahme von mehr Energie zu, als zur Verteidigung verbraucht wird.

In einigen Fällen sind die Vorteile offensichtlich. Bei Kohlmeisen verringert Territorialität zum Beispiel die Gefahr, daß Eier und brütende Weibchen Räubern zum Opfer fallen (Krebs 1971), wobei vor allem Wiesel eine Bedrohung darstellen (Dunn 1977). Bei Beldingzieseln (*Spermophilus beldingi*) verringern große Territorien die Gefahr des Kannibalismus, denn Jungtiere werden manchmal von Artgenossen aufgefressen (Sherman 1981).

Meistens liegt der Vorteil jedoch darin, daß mehr Energie (Nahrung) aufgenommen wird, als für die Territoriumsverteidigung verbraucht wird. Beim Sichelnektarvogel (*Nectarinia reichenowi*) aus Ostafrika konnten der Zeit- und Energiehaushalt bestimmt werden (Gill und Wolf 1975). Die Vögel verteidigen Territorien mit Blumen der Gattung *Leonotis* (Löwenohr). Der Nektargehalt eines Territoriums wurde verrechnet mit den energetischen Kosten der Nahrungssuche (1 000 Kalorien pro Stunde), der Ruhepausen (400 Kalorien pro Stunde) und der Territoriumsverteidigung (3 000 Kalorien pro Stunde). Indem die Tiere Energie zur Territoriumsverteidigung verbrauchen (0.28 Stunden pro Tag), anstatt sich auszuruhen, erhöhen sie den durchschnittlichen Nektargehalt der Blüten in ihrem Territorium (da kein anderer Vogel Nektar aus diesen Blüten aufnimmt). Deshalb müssen sie 1.3 Stunden pro Tag weniger für die Nahrungssuche aufbringen, um ihren Bedarf zu decken. Die sich daraus ergebende Energieersparnis (780 Kalorien = 1.3 × (1 000–400) Kalorien) ist größer als die Energiekosten der Territoriumsverteidigung (728 Kalorien = 0.28 × (3 000–400) Kalorien).

Die Territorialität nur durch die Nettogewinne der Territoriumsinhaber erklären zu wollen ist eine einseitige Sichtweise, die nur die Gewinner berücksichtigt. Eine andere und vielleicht schwierigere Frage ist es, ob Individuen ohne Territorium nicht erfolgreicher

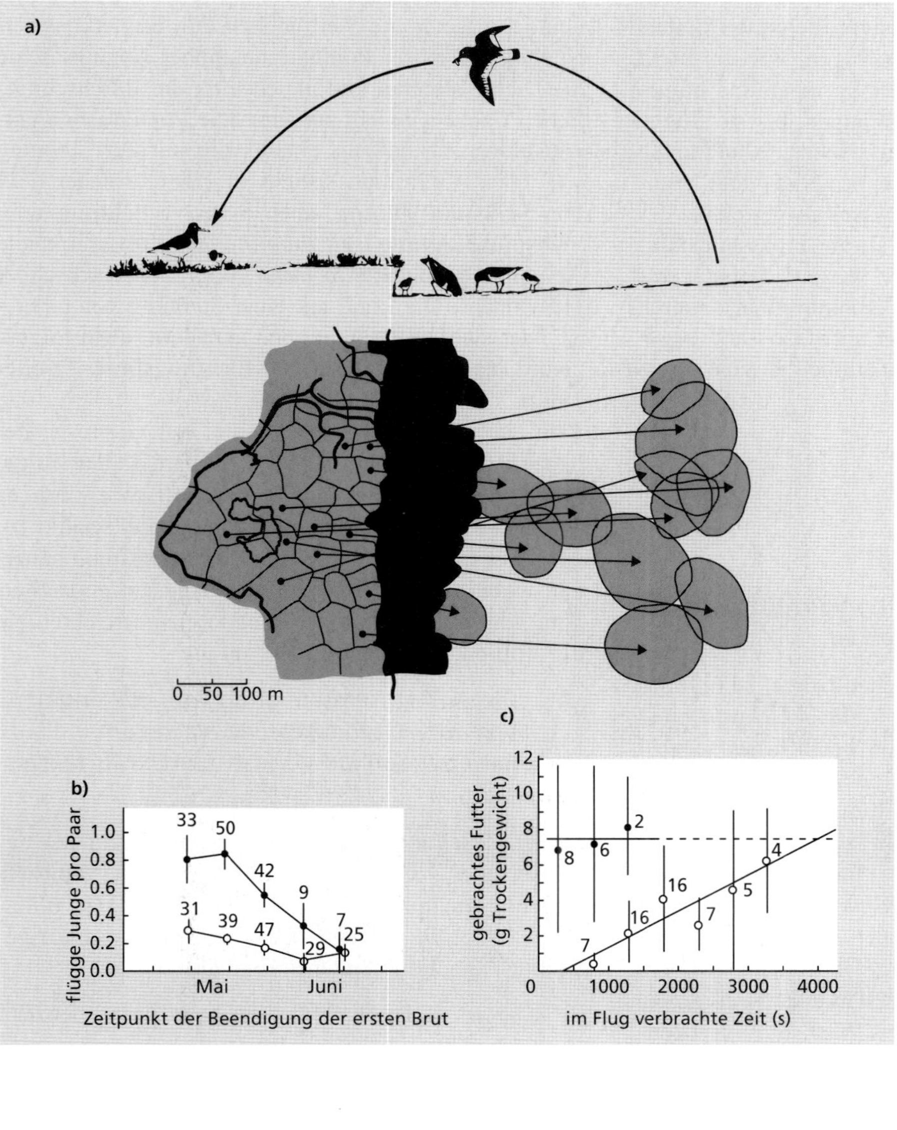

6.30 a) Ein Küstengebiet in den Niederlanden, das sowohl Nist- als auch Nahrungsterritorien für Austernfischer (*Haematopus ostralegus*) bietet. Die Territorien der „Ansässigen" (dunkelgrau) enthalten sowohl Nist- als auch Futterplätze, die auch für die Küken schon früh erreichbar sind. Die Nist- und Nahrungsterritorien der „Springer" sind jedoch voneinander getrennte (hellgrau). Daher muß den Küken das Futter gebracht werden. b) Ansässige (●) haben mehr flügge Junge als Springer (○). c) Ansässige (●) sammeln pro Gezeiten mehr Nahrung (Gramm Trockengewicht, angegeben ist auch die Standardabweichung) als Springer (○). Die Springer sammeln um so mehr Nahrung, je mehr sie sich anstrengen (fliegen), können aber trotzdem niemals den Wert der Ansässigen erreichen. (Nach Ens et al. 1992)

wären, wenn sie Territoriumsinhaber häufiger und entschlossener herausfordern würden.

Es gibt nicht nur „Gewinner" und „Verlierer" bei der Territorialität.

Es ist natürlich zu einfach, Territorialität nur über „Gewinner" und „Verlierer" erklären zu wollen. Wie in einer Lotterie gibt es auch hier im allgemeinen einen Hauptpreis, einen zweiten und dritten Preis und mehrere Trostpreise, denn nicht alle Territorien sind gleichwertig. Dies konnte sehr gut in einer Studie an Austernfischern (*Haematopus ostralegus*) an der Küste der Niederlande gezeigt werden (Ens et al. 1992). Ein Pärchen verteidigt sowohl ein Nistterritorium in der Salzmarsch als auch ein Nahrungsterritorium im Watt. Für einige Vögel (die „Ansässigen") ist das Nahrungsterritorium einfach eine Erweiterung des Nistterritoriums, mit dem es eine räumliche Einheit bildet. Bei anderen Paaren (den „Springern") liegt das Nistterritorium weiter im Inland und ist deshalb vom Nahrungsterritorium getrennt (Abbildung 6.30a). Von den Ansässigen werden mehr Nachkommen flügge als von den Springern (Abbildung 6.30b), da sie ihnen viel mehr Nahrung bringen (Abbildung 6.30c). Die Küken der Ansässigen beginnen bereits früh, ihren Eltern ins Watt zu folgen, wo sie direkt gefüttert werden. Die Küken der Springer sind hingegen in ihrem Nistterritorium gefangen, bis sie flügge werden, und auf ihre Eltern als Nahrungslieferanten angewiesen. Aneinandergrenzende Nist- und Nahrungsterritorien sind also viel besser als getrennte.

Territorialität kann demnach als ein anpassungsfähiges Verhaltensmuster angesehen werden, das sich entwickelte, da die individuellen Konkurrenten dadurch einen Nettogewinn erhalten. Der teilweise starke regulatorische Einfluß auf die Populationen ist eine unabhängige Folge davon.

6.13 Selbstauflichtung

Die Auswirkungen der Konkurrenz nehmen in wachsenden Kohorten zu.

Wie wir in diesem Kapitel gesehen haben, kann intraspezifische Konkurrenz die Sterbe-, Geburts- und Wachstumsrate einer Population beeinflussen. Dabei haben wir vor allem die Endergebnisse von Konkurrenz betrachtet. Tatsächlich sind diese Auswirkungen aber häufig fortschreitend. Mit zunehmenden Alter einer Kohorte wachsen deren Individuen, nehmen ihre Ansprüche zu, und die Konkurrenz wird somit immer stärker. Dadurch erhöht sich wiederum die Gefahr zu sterben. Wenn einige Individuen sterben, nehmen aber die Dichte und die Stärke der Konkurrenz ab – was sich wiederum auf das Wachstum, die Konkurrenz, die Überlebensrate, die Dichte und vieles andere auswirkt.

Die Abläufe in alternden, dicht gedrängten Kohorten wurden vor allem an Pflanzenpopulationen untersucht. In einem Experiment wurde das Englische Raygras (*Lolium perenne*) in unterschiedlichen Dichten ausgesät. Nach 14, 35, 76, 104 und 146 Tagen wurde von jeder Dichte eine Probe geerntet (Abbildung 6.31a). In Abbildung 6.31 entspricht jede Linie einer anderen Aussaatdichte. Die Punkte einer Linie stehen für die Dichte zu verschiedenen Zeitpunkten. Dies wird durch die Pfeile angezeigt, die von vielen kleinen, jungen Individuen zu wenigen großen, alten Individuen zeigen.

Beim Prozeß der Selbstauflichtung nähern sich wachsende Kohorten einer Auflichtungslinie und folgen ihr dann.

Von Tag 35 an nahm das Wachstum in den Populationen hoher Dichte deutlich ab. In der Population mit der geringsten Dichte war das durchschnittliche Pflanzengewicht (zu einem bestimmten Zeitpunkt) immer am größten (Abbildung 6.31a). Erwartungsgemäß trat zuerst in der Population mit der höchsten Dichte eine deutlich erkennbare Sterblichkeit auf. Bemerkenswert ist aber, daß in den Populationen hoher Anfangsdichte die Dichte abnahm und gleichzeitig das durchschnittliche Pflanzengewicht zunahm. Die Populationen entwickelten sich entlang einer Linie mit der Steigung von etwa –3/2. Man spricht in einem solchen Fall von **Selbstauflichtung**, auch **Selbstverlichtung** oder **Selbstausdünnung** (*self-thinning*; eine fortschreitende Abnahme der Dichte in einer Population wachsender Individuen). Die Linie mit einer Steigung von circa –3/2, der sich die Populationen annähern, dann folgen, nennt man **dynamische Auflichtungslinie** (Weller 1990).

Je geringer die Aussaatdichte war, desto später begann die Selbstauflichtung. In allen Fällen folgte die Population zunächst einer fast vertikalen Linie, es gab also kaum Sterblichkeit. Die Mortalität nahm zu, als sich die Populationen der Auflichtungslinie näherten, wobei sich die Kurven dann langsam einer Steigung von –3/2 annäherten. Schließlich erreichten sie die Auflichtungslinie und folgten ihr.

Die Auflichtungssteigung von –3/2 ändert sich auf –1, wodurch das Wachstum des Überlebenden die Verluste durch Mortalität ausgleicht.

Dieser Zusammenhang wurde früher häufig als das „Gesetz des –3/2-Exponenten" oder auch **Yodasche Regel** bezeichnet (Yoda et al. 1963; Hutchings 1983). Dabei hängt die Dichte (d) von dem Durchschnittsgewicht ($\overline{w}$) nach folgender Formel ab:

$$\log \overline{w} = \log c - 3/2 \log d \qquad (6.26)$$

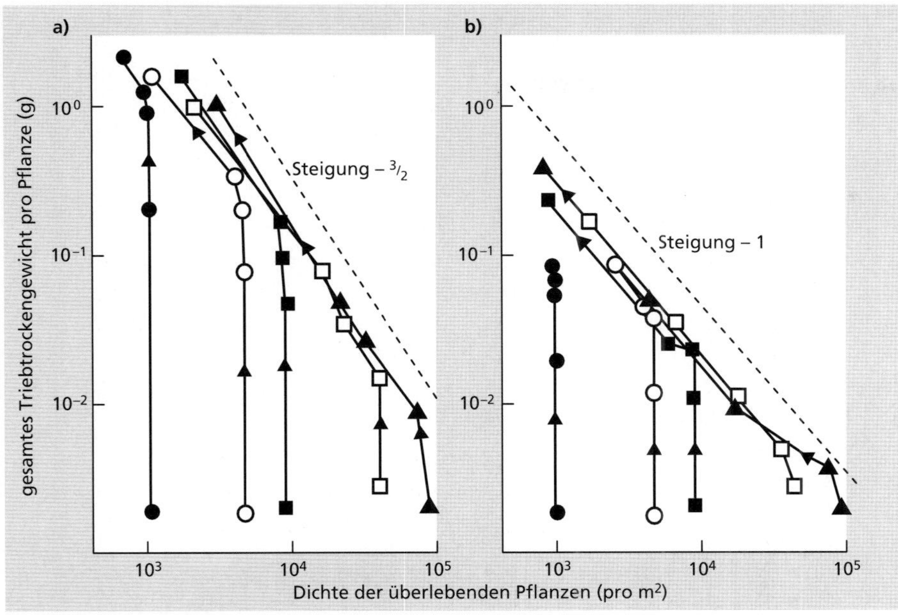

6.31 Selbstauflichtung beim Englischen Raygras (*Lolium perenne*) bei fünf verschiedenen Aussaatdichten: 1 000 (●), 5 000 (○), 10 000 (■), 50 000 (□) und 100 000 (▲) Samen pro Quadratmeter. a) 0 % Schatten; b) 83 % Schatten. Die Linien verbinden je eine der fünf verschiedenen Populationen zu fünf aufeinanderfolgenden Zeitpunkten, zeigen also den Verlauf der Populationen über die Zeit an. Die Pfeile zeigen die Richtung des Verlaufs an, das heißt den Verlauf der Selbstauflichtung. Für weitere Erläuterungen siehe Text. (Nach Lonsdale und Watkinson 1982)

oder

$$\overline{w} = cd^{-3/2}, \qquad (6.27)$$

wobei c konstant ist.

Eine Steigung von –3/2 bedeutet, daß das Pflanzengewicht schneller zunimmt, als die Dichte abnimmt. Eine Auflichtungssteigung von –3/2 würde also dazu führen, daß die Gesamtmasse (oder der Ertrag) einer Population ständig ansteigt, irgendwann muß dies natürlich aufhören, da der Ertrag nicht unendlich steigen kann. Die Auflichtungslinie sollte daher ihre Steigung von –3/2 auf –1 ändern. Dadurch würde die Gesamtmasse pro Flächeneinheit konstant bleiben. Dies konnte tatsächlich beobachtet werden, als Populationen von *Lolium perenne* unter schlechteren Lichtbedingungen wuchsen (83 % beschattet; Abbildung 6.31b). Eine Steigung von –1 hat zur Folge, daß das weitere Wachstum der Überlebenden genau die Verluste durch die Mortalität ausgleicht.

Die dynamische Auflichtungslinie entspricht nicht unbedingt der Grenzlinie einer Art.

In vielen dokumentierten Fällen von Selbstauflichtung wurde nicht eine einzelne Kohorte über einen Zeitabschnitt beobachtet, sondern es wurden mehrere Populationen verschiedenen Alters verglichen. Diese Methode wurde vor allem bei Bäumen und anderen langlebigen Arten angewandt. In diesen Fällen ist es jedoch besser, von der **Grenzlinie** einer Art (*species boundary line*) zu sprechen. Jenseits dieser Linie ist für diese Spezies keine Kombination aus Dichte und durchschnittlichem Gewicht möglich (Weller 1990). Oft wurde angenommen, bei der dynamischen Auflichtungslinie und der Grenzlinie einer Art handle es sich um ein und dasselbe: Die Selbstauflichtung nähere sich der Grenzlinie an und verschmelze dann mit ihr. Dies mag häufig so sein, muß aber nicht. Wir müssen nur Abbildung 6.31a und b vergleichen, um zu sehen, daß die Lichtbedingungen die dynamische Auflichtungslinie verändern können. Auch die Fruchtbarkeit des Bodens und selbst eine bestimmte Anordnung der Keimlinge können die Auflichtungslinie verändern (Weller 1990). Sie kann aber natürlich niemals über der Grenzlinie liegen.

Die Auflichtungslinien verschiedener Pflanzenarten weisen alle eine Steigung von ungefähr –3/2 auf.

Interessanterweise haben die Auflichtungs- und Grenzlinien verschiedenster Pflanzenarten in etwa dieselbe Steigung (etwa –3/2; Abbildung 6.32). Auch die Werte der Schnittpunkte (der Wert von c in der Gleichung) liegen nahe beieinander. Rechts unten in Abbildung 6.32 befinden sich Populationen kleiner Pflanzen (einjährige Kräuter und mehrjährige Pflanzen mit kurzlebigen Trieben) mit hohen Dichten. Links oben sind Populationen sehr großer Pflanzen zu sehen, die eine geringe Dichte aufweisen (zum Beispiel die Küstensequoie (*Sequoia sempervirens*), die größte bekannte Baumart). Die Sichtweisen ändern sich in der Wissenschaft wie auch in allen anderen Bereichen. Früher interpretierten Ökologen Abbildung 6.32 als einen Hinweis auf Gleichförmigkeit – alle Pflanzen folgen der Steigung –3/2 (White 1980; frühere Auflagen dieses Buches). Abweichungen wurden als „Rauschen" interpretiert oder als unwichtig abgetan. Inzwischen wird allerdings stark angezweifelt, daß alle Arten der Steigung von –3/2 folgen, und damit auch die Vorstellung einer einheitlichen idealen Auflichtungslinie – ganz gleich ob die Steigung den

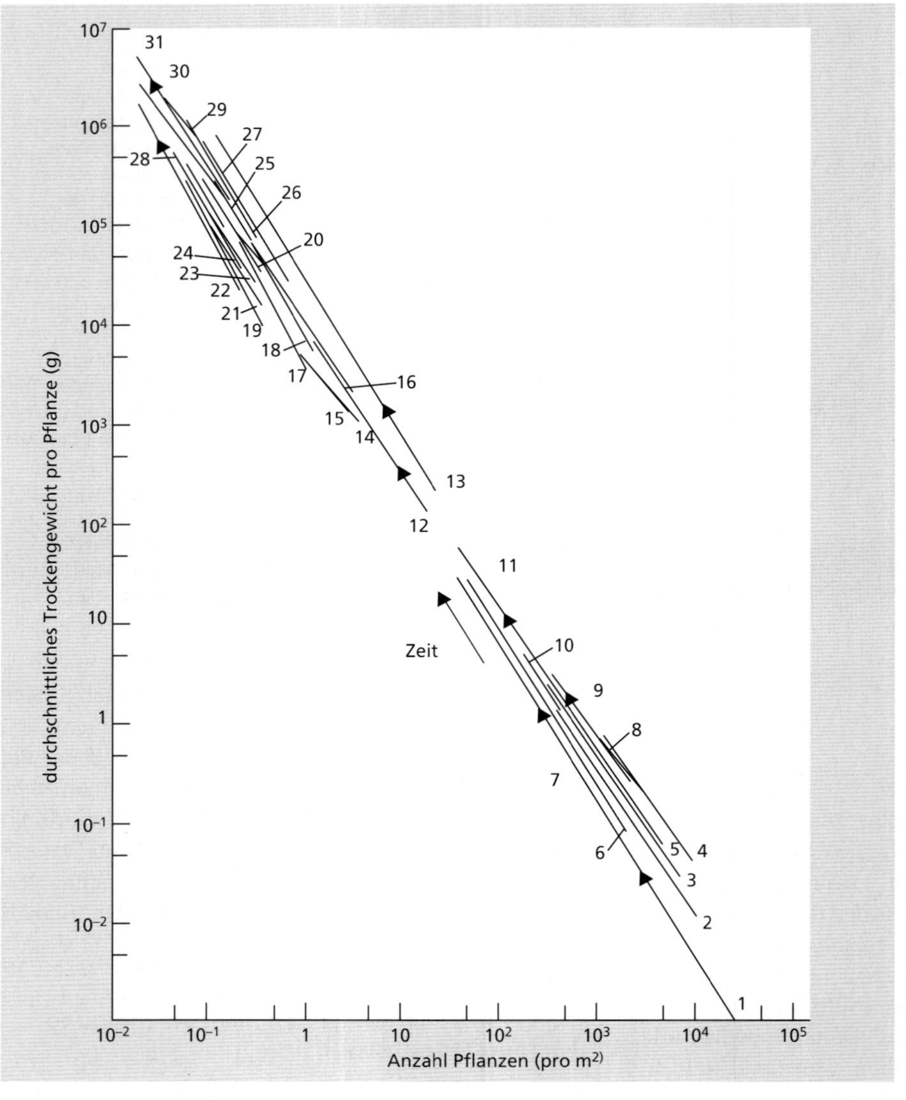

6.32 Selbstauflichtung bei vielen verschiedenen Kräutern und Bäumen. Jede Linie steht für eine andere Art und zeigt den Bereich der Beobachtung an. Nur bei repräsentativen Linien wurde ein Pfeil eingezeichnet, der die Richtung der Selbstauflichtung über die Zeit anzeigt. Die Abbildung basiert auf Abbildung 2.9 in White (1980), welche die Quellen und Namen für die 31 Datensätze angibt.

Wert von –3/2 oder einen anderen Wert aufweist (Weller 1987, 1990, 1991; Zeide 1987; Lonsdale 1990). Es wird jedoch trotzdem anerkannt, daß Abbildung 6.32 ein grundlegendes Phänomen zeigt. Die Linien liegen nämlich viel näher beieinander, als dies allein aufgrund des Zurfalls zu erwarten wäre. Andererseits sind die Unterschiede zwischen den Linien tatsächlich vorhanden und wichtig und lassen sich kaum durch eine „allgemeine Gesetzmäßigkeit" erklären. Wir überlegen uns also als erstes, warum die Auflichtungslinien aller Pflanzen in etwa eine Steigung von –3/2 und ungefähr denselben Schnittpunkt aufweisen, um dann zu fragen, warum trotzdem jede Art ihre eigene Abweichung von diesem allgemeinen Prinzip zeigt (Long und Smith 1984; Osawa und Allen 1993).

In einer wachsenden Kohorte nimmt der Blattflächenindex (*L*, die Blattoberfläche pro Flächeneinheit Land) mit zunehmender Masse der Population nicht zu. Statt dessen bleibt er ab einem gewissen Punkt unabhängig von der Pflanzendichte (*N*) konstant. Es wird angenommen, daß die Population ab genau diesem Punkt der dynamischen Auflichtungslinie folgt. Dies kann durch folgende Formel dargestellt werden:

$$L = \lambda N = \text{konstant.} \qquad (6.28)$$

λ ist hierbei die durchschnittliche Blattfläche pro überlebender Pflanze. Die Blattfläche jeder einzelnen Pflanze und damit auch λ nehmen mit dem Wachstum zu. Man kann λ als abhängig von den linearen Maßen einer Pflanze ansehen, zum Beispiel vom Stammdurchmesser (*D*), da λ für eine Fläche steht. Daraus ergibt sich folgende Formel:

$$\lambda = \mathrm{a}D^2, \qquad (6.29)$$

wobei a eine Konstante ist. Auch ist es vernünftig anzunehmen, daß das durchschnittliche Pflanzengewicht ($\overline{w}$) einer Pflanze von *D* abhängt:

$$\overline{w} = \mathrm{b}D^3, \qquad (6.30)$$

wobei b ebenfalls eine Konstante ist. Aus den Gleichungen 6.28 bis 6.30 ergibt sich demnach:

$$\overline{w} = \mathrm{b}(L/\mathrm{a})^{3/2} \cdot N^{-3/2}. \qquad (6.31)$$

Dies entspricht Gleichung 6.27, der Yodaschen Regel (Gesetz des –3/2-Exponenten). Der Schnittpunkt (c) ist dann gleich $\mathrm{b}(L/\mathrm{a})^{3/2}$.

Daraus ergibt sich, daß die Auflichtungslinie meistens eine Steigung von ungefähr –3/2 haben sollte. Wenn die Zusammenhänge aus Gleichung 6.29 und Gleichung 6.30 annähernd für alle Pflanzenarten gelten und wenn alle Pflanzenarten in etwa denselben Blattflächenindex (L) besitzen, wird der Wert für die Konstante c für alle Spezies ungefähr gleich sein. Wenn L aber nicht für alle Arten gleich ist (Gleichung 6.28), die Exponenten in den Gleichungen 6.29 und 6.30 nicht genau zwei oder drei, die Konstanten (a und b) dieser Gleichungen von Art zu Art etwas unterschiedlich oder gar keine Konstanten sind, werden die Steigungen der Auflichtungslinien etwas von dem Wert –3/2 abweichen. Die Steigungen und Schnittpunkte werden dann für jede Spezies etwas anders sein. Dies erklärt, warum sich die einzelnen Arten auf den ersten Blick derart ähnlich verhalten, aber auch, warum es trotzdem Unterschiede zwischen den Spezies und daher nicht eine einzige „ideale" Auflichtungslinie gibt.

Asymmetrische Konkurrenz kann für Unterschiede in den Auflichtungslinien verantwortlich sein.

Entgegen den Annahmen der Gleichungen 6.28 bis 6.31 hängt das Verhältnis zwischen Ertrag und Dichte bei wachsenden Kohorten nicht nur von der Anzahl sterbender Individuen und dem Wachstum der Überlebenden ab. Wie wir in Abschnitt 6.11 gesehen haben, kann Konkurrenz manchmal sehr asymmetrisch sein. Wenn von einer Kohorte vor allem die kleinsten Individuen sterben, wird sich diese Sterblichkeit nur gering auf den Gesamtertrag der Kohorte auswirken. Durch asymmetrische Mortalität kann es demnach zu einem deutlichen Anstieg des Durchschnittgewichts kommen, ohne daß die Überlebenden dazu wachsen müssen. Natürlich läßt sich der Selbstauflichtungseffekt nicht alleine dadurch erklären. Ohne Wachstum der Überlebenden kann die Steigung der Auflichtungslinie selbst dann nicht steiler als –1 werden, wenn die sterbenden Individuen theoretisch nichts wiegen würden. Trotzdem sind Unterschiede zwischen den Arten in der Form und Stärke asymmetrischer Konkurrenz ein weiterer Grund, warum sie sich in ihren Auflichtungslinien unterscheiden.

Auflichtungs- und Grenzlinien lassen sich nach Pflanzengruppen mit gleichen Wachstumsmuster klassifizieren.

Ist es trotzdem möglich, durch die Annahmen der Gleichungen 6.28 bis 6.30 wenigstens teilweise die Abweichungen von der „allgemeinen" –3/2-Gesetzmäßigkeit zu erklären? Osawa und Allen (1993) schätzten einige der Variablen dieser Gleichungen anhand von Daten, die sie über das individuelle Wachstum der Scheinbuche *Nothofagus solandri* und der Japanischen Rotkiefer (*Pinus densiflora*) gesammelt hatten. Ihren Schätzungen zufolge betrugen zum Beispiel die Werte für die Exponenten der Gleichungen 6.29 und 6.30 nicht zwei und drei, sondern 2.08 und 2.19 für *N. solandri* und 1.63 und 2.41 für die *P. densiflora*. Daraus ergibt sich eine Steigung von –1.05 im ersten beziehungsweise –1.48 im zweiten Fall. Dies entspricht sehr gut den beobachteten Steigungen von –1.06 und –1.48 (Abbildung 6.33). Auch die beobachteten und berechneten Schnittpunkte stimmen hervorragend überein. Diese Ergebnisse zeigen, daß es durchaus Auflichtungslinien mit einer anderen Steigung als –3/2 geben kann. Dies kann durch die spezielle Biologie einer Art erklärt werden. Selbst wenn man eine Steigung von –3/2 beobachtet (wie bei der Rotkiefer), kann dies aus anderen („falschen") Gründen der Fall sein (–2.41/1.63 anstatt –3/2).

Durch diese Ergebnisse ergibt sich auch die Möglichkeit einer Klassifikation von Auflichtungslinien (und Grenzlinien für Arten), wobei bestimmte Pflanzengruppen mit gleichem Wachstumsmuster auch eine Kombination von ähnlichen Steigungen und Schnittpunkten gemeinsam haben. Einige einfache Muster sind auf jeden Fall für einzelne Gruppen erkennbar. In Abbildung 6.32 befinden sich die Bäume links, denn ihre Kronen machen eine beträchtliche Menge des Gewichts aus, da unterhalb der Krone kein Licht hinkommt und ein großer Teil des Gewebes dort deshalb tot ist (Nekromasse anstelle von Biomasse). Gräser befinden sich im Gegensatz dazu im rechten Bereich. Sie besitzen wenig, aber dafür lebendiges Gewebe, welches erhalten werden muß. Dagegen sind die Positionen anderer Pflanzen in Abbildung 6.32 nicht so leicht zu erklären, zum Beispiel von Koniferen oder dicotylen Kräutern (Lonsdale und Watkinson 1983; Lonsdale 1990). Natürlich gibt es keine Einigkeit über die Gründe, mit denen die Unterschiede zwischen den Gruppen erklärt werden können. Diese Probleme müssen in der Zukunft gelöst werden.

Auch Tiere zeigen Selbstauflichtung.

Sowohl sessile als auch mobile Tiere müssen „sich selbst auflichten", da die wachsenden Tiere einer Kohorte miteinander konkurrieren und ihre eigene Dichte verringern. Da es für Tiere aber keine Gemeinsamkeiten wie für Pflanzen gibt, die alle Licht benötigen, ist es für Tiere noch unwahrscheinlicher, ein allgemeingültiges „Selbstauflichtungsgesetz" zu finden.

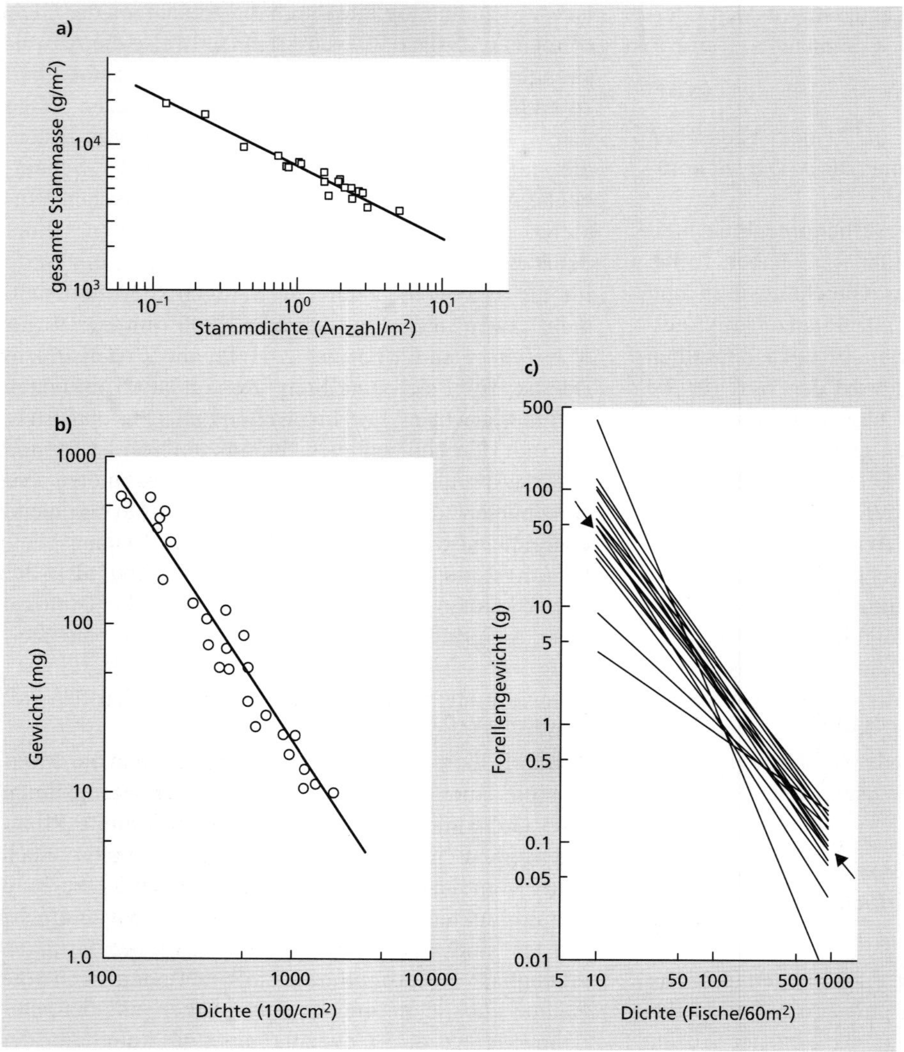

6.33 Weitere Beispiele für Selbstauflichtung. a) Die Grenzlinie für Populationen der Japanischen Rotkiefer (*Pinus densiflora*) aus Nordjapan (Steigung = −1.48). (Nach Osawa und Allen 1993) b) Die Grenzlinie für die Seepocke *Semibalanus balanoides* aus Nordwales (Steigung = −1.62). (Nach Hughes und Griffiths 1988) c) Die dynamische Auflichtungslinie bei der Europäischen Forelle (*Salmo trutta*) aus einem Fluß im Nordwesten Englands. Der Pfeil zeigt die mittlere Regressionslinie an (Steigung = −1.35). (Nach Elliott 1993)

Andererseits müssen die Körper sessiler Tiere bei Platzmangel ebenso wie Pflanzen auf eine stets ungefähr gleich große Fläche passen. Interessanterweise fand man bei Muscheln eine Auflichtungslinie mit einer Steigung von −1.41 und bei Seepocken eine Steigung von −1.62 (Hughes und Griffiths 1988; Abbildung 6.33b). Für mobile Tiere nimmt man unter Berücksichtigung der energetischen Zwänge eine Auflichtungslinie mit einer Steigung von etwa −4/3 an (−1.33; Begon et al. 1986). Beim Braunen Grahüpfer (*Chorthippus brunneus*) stellte man im Labor tatsächlich eine durchschnittliche Steigung von −1.29 fest (die Spannweite für die verschiedenen Kohorten betrug hierbei −1.03 bis −1.58; Begon et al. 1986). Bei Freilandpopulationen der Europäischen Forelle (*Salmo trutta*) fand man eine durchschnittliche Steigung von −1,35 (Spannweite −0.68 bis −2.42; Abbildung 6.33c). Pflanzen zeigen in ihrer Selbstauflichtung keine derart deutliche Übereinstimmung, wie man zuerst dachte. Aber es scheint, daß sich Tiere womöglich nicht weniger als Pflanzen an ein „allgemeines Selbstauflichtungsgesetz“ halten.

7 Interspezifische Konkurrenz

7.1 Einleitung

Interspezifische Konkurrenz wirkt sich auf Individuen- und Populationsebene aus.

Die Quintessenz der **interspezifischen Konkurrenz** ist, daß Individuen einer Art unter einer Abnahme der Fekundität, der Überlebenswahrscheinlichkeit oder des Wachstums leiden, weil durch Individuen einer anderen Art entweder ihre Ressourcen ausgebeutet wurden oder direkte Beeinträchtigungen entstehen. Die Konkurrenz verändert sehr wahrscheinlich die Populationsdynamik der konkurrierenden Arten, und umgekehrt kann sich diese Dynamik wiederum auf die Verbreitung und sogar auf die Evolution dieser Arten auswirken. Natürlich kann dann ihrerseits die Evolution die Verbreitung und Populationsdynamik der entsprechenden Arten beeinflussen. In diesem Kapitel werden wir uns auf die Auswirkungen von Konkurrenz auf Populationsniveau der jeweiligen Arten konzentrieren, während in Kapitel 20 ihr Einfluß auf die Struktur von Lebensgemeinschaften untersucht wird. Im folgenden werden verschiedene Aspekte vorgestellt, die in Kapitel 20 wieder aufgegriffen und ausführlicher besprochen werden. Um einen umfassenden Überblick über interspezifische Konkurrenz zu erhalten, sollten beide Kapitel gelesen werden.

7.2 Einige Beispiele für interspezifische Konkurrenz

Es gibt eine Vielzahl von Untersuchungen über interspezifische Konkurrenz zwischen den verschiedensten Arten. Wir haben daraus zuerst einmal fünf Beispiele ausgewählt, um so eine ganze Reihe wichtiger Ideen zu veranschaulichen.

7.2.1 Konkurrenz bei Labkrautarten

A. G. Tansley, einer der wichtigsten Begründer der Pflanzenökologie, untersuchte die Konkurrenz zwischen zwei Labkrautarten (Tansley 1917). *Galium harcynicum* (Felsenlabkraut) ist eine Art, die in Großbritannien auf sauren Böden wächst, während *G. pumilum* (Niederes Labkraut) auf kalkhaltigere Standorte beschränkt bleibt (zur Zeit Tansleys waren sie als *G. saxatile* und *G. sylvestre* bekannt). Wie Tansley beobachtete, konnten beide Arten, solange er sie einzeln wachsen ließ, auf dem saurem wie auch auf kalkhaltigem Boden gut gedeihen. Am gleichen Standort wachsend, konkurrieren jedoch beide Arten offenbar so heftig miteinander, daß die eine sich durchsetzt und die andere von ihr verdrängt wird. Dabei hängt das Ergebnis dieser Konkurrenz vom Habitat ab, in dem die Konkurrenz stattfindet.

7.2.2 Konkurrenz bei Seepocken

Die zweite Untersuchung beschäftigt sich mit zwei Seepockenarten in Schottland: *Chthamalus stellatus* (Sternseepocke) und *Balanus balanoides* (Gemeine Seepocke) (Abbildung 7.1; Connell 1961). Beide Arten sind häufig gemeinsam an den atlantischen Felsküsten Nordwesteuropas anzutreffen. Allerdings sitzen adulte *Chthamalus*-Individuen meistens höher in der Gezeitenzone als adulte *Balanus*, während sich junge *Chthamalus* durchaus noch zahlreich in der *Balanus*-Zone ansiedeln. Um diese Zonierung erklären zu können, untersucht Connell das Überleben junger *Chthamalus* in der *Balanus*-Zone. Hierzu führt er über den Zeitraum eines Jahres mehrfach Zählungen kartierter Individuen durch. Dabei schloß er an einigen Stellen für junge *Chthamalus*-Individuen, die sich direkt in der *Balanus*-Zone ansiedelten, den Kontakt zu *Balanus*-Individuen aus. Im Gegensatz zur sonst üblichen Entwicklung konnten diese Individuen unabhängig vom Wasserstand der Gezeitenzone sehr gut überleben. Ganz offensichtlich ist die Mortalitätsursache bei jungen *Chthamalus*-Individuen in der unteren Gezeitenzone also nicht die längere Überflutungsdauer, sondern die Konkurrenz mit *Balanus*. Direkte Beobachtungen bestätigten, daß *Balanus* junge *Chthamalus* überwuchern, unterhöhlen oder zerdrücken, und die höchste Mortalität bei *Chthamalus* immer mit den Phasen besonders schnellen Wachstums bei *Balanus* zusammenfiel. Außerdem waren die wenigen *Chthamalus*-Individuen, die ein Jahr lang stark bedrängt zwischen *Balanus* überlebten, deutlich kleiner als weniger gedrängt lebende. Da kleine Seepocken weniger Nachkommen produzieren, verringerte diese interspezifische Konkurrenz auch die Fekundität.

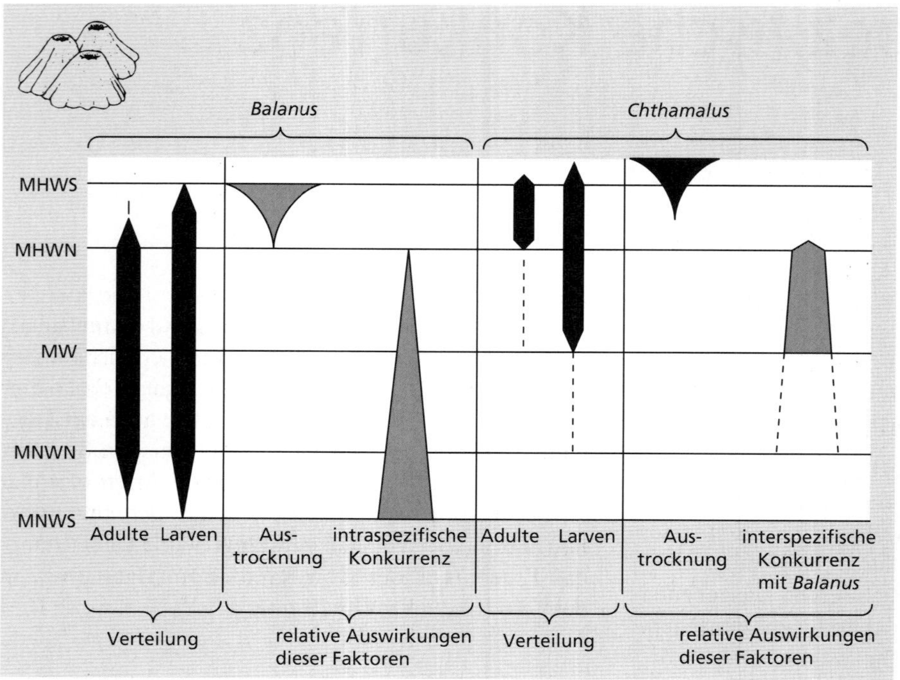

7.1 Die Verteilung von adulten und neu angesiedelten Larven der Seepocken *Balanus balanoides* und *Chthamalus stellatus* in der Gezeitenzone mit einer schematischen Darstellung der relativen Auswirkung von Austrocknung und Konkurrenz. Die Zonen sind an der linken Seite angegeben: Von MHWS (mittlerer Hochwasserstand bei Springtide) bis hinunter zu MNWS (mittlerer Niedrigwasserstand bei Springtide). (Nach Connell 1961)

Demnach leben *Balanus* und *Chthamalus* in Konkurrenz zueinander. Obwohl sie an denselben Küsten vorkommen, überlappen sich die Populationen kleinräumig betrachtet kaum. *Balanus* ist konkurrenzstärker und schließt *Chthamalus* letztlich von den unteren Zonen aus; letztere können aber in den höher gelegenen Zonen überleben, was *Balanus* wegen der größeren Empfindlichkeit gegen Austrocknung nicht vermag.

7.2.3 Konkurrenz bei Pantoffeltierchen

Das dritte Beispiel ist den klassischen Arbeiten des großen russischen Ökologen G. F. Gause entnommen, der Konkurrenz in Laborexperimenten an drei *Paramecium*-Arten (Pantoffeltierchen) studierte (Gause 1934, 1935). Alle drei Arten konnten alleine sehr gut wachsen und erreichten in Reagenzgläsern mit Flüssigmedium jeweils stabile Kapazitäten; sie ernährten

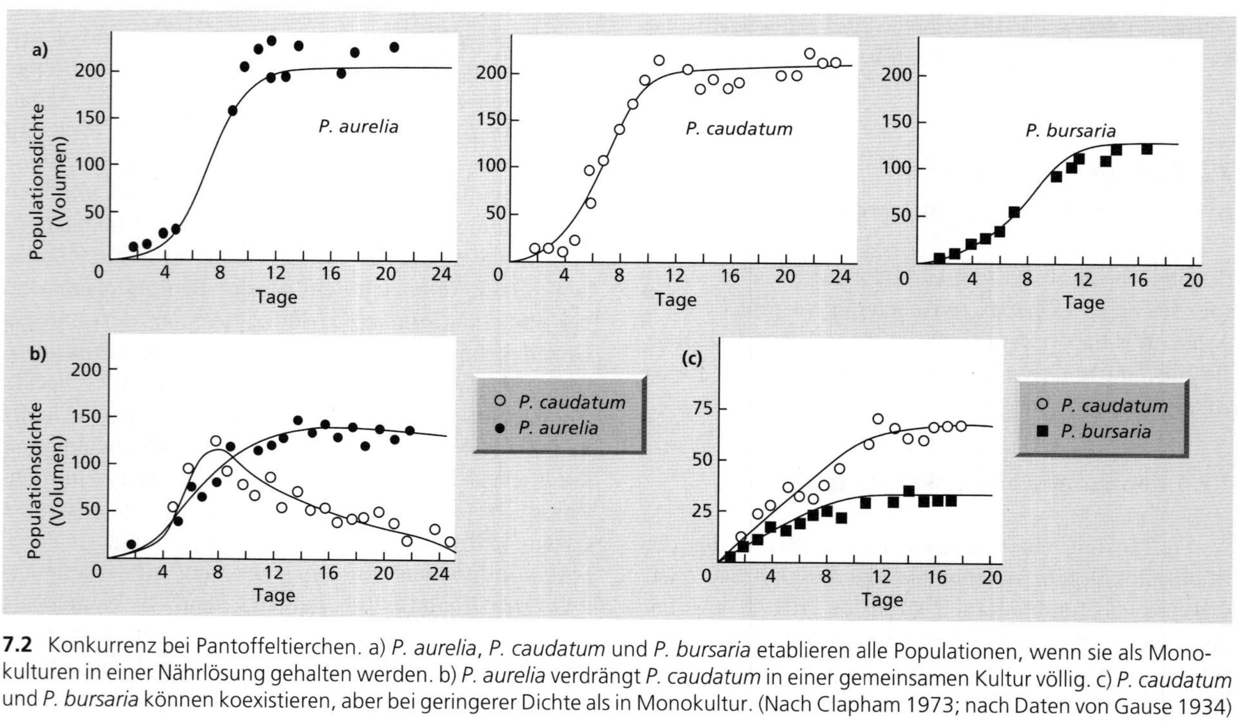

7.2 Konkurrenz bei Pantoffeltierchen. a) *P. aurelia*, *P. caudatum* und *P. bursaria* etablieren alle Populationen, wenn sie als Monokulturen in einer Nährlösung gehalten werden. b) *P. aurelia* verdrängt *P. caudatum* in einer gemeinsamen Kultur völlig. c) *P. caudatum* und *P. bursaria* können koexistieren, aber bei geringerer Dichte als in Monokultur. (Nach Clapham 1973; nach Daten von Gause 1934)

sich von Bakterien oder Hefezellen aus dem Medium, die ihrerseits von ständig ergänztem Hafermehl lebten (Abbildung 7.2a).

In einer gemeinsamen Kultur von *P. aurelia* und *P. caudatum* nahm *P. caudatum* stark ab und starb schließlich aus, so daß *P. aurelia* als Gewinner zurückblieb (Abbildung 7.2b). Normalerweise wäre *P. caudatum* nicht derart schnell durch Verhungern abgestorben, aber die Versuchsanordnung von Gause beinhaltete das tägliche Entfernen von 10 % der Kultur sowie der Tiere. So war *P. aurelia* in der Konkurrenz deshalb erfolgreich, weil es nahe an dem Punkt, wo sich seine Population stabilisierte, noch um 10 % pro Tag zunahm (und so die erzwungene Mortalität ausgleichen konnte), während *P. caudatum* nur um 1.5 % pro Tag zunahm (Williamson 1972).

Im Gegensatz dazu erlitten weder *P. caudatum* noch *P. bursaria* in einer gemeinsamen Kultur einen Populationsverlust bis hin zur Ausrottung – sie koexistierten. Ihre stabilen Populationsdichten waren jedoch sehr viel niedriger als in separaten Kulturen (Abbildung 7.2c), was darauf hindeutet, daß sie miteinander in Konkurrenz lebten. Eine genauere Untersuchung zeigte, daß sie (wie Connells Seepocken) räumlich getrennt waren, obwohl sie im selben Reagenzglas lebten: *P. caudatum* hielt sich vorwiegend im flüssigen Medium auf und fraß die darin suspendierten Bakterien, während sich *P. bursaria* auf den Hefezellen im Bodensatz des Reagenzglases konzentrierte.

7.2.4 Koexistenz bei Meisen

Die nächste Studie beschäftigte sich mit der Koexistenz von fünf nahe verwandten Meisenarten in englischen Laubwäldern: Blaumeise (*Parus caeruleus*), Kohlmeise (*P. major*), Sumpfmeise (*P. palustris*), Weidenmeise (*P. montanus*) und Tannenmeise (*P. ater*) (Lack 1971). Vier dieser Arten wiegen im Durchschnitt zwischen 9.3 und 11.4 g (die Kohlmeise wiegt bis zu 20 g). Alle besitzen kurze Schnäbel und suchen vornehmlich auf Blättern und Zweigen nach Nahrung, zeitweise aber auch auf dem Boden. Außerdem fressen alle das ganze Jahr hindurch Insekten, im Winter zudem noch Samen, und nisten in Höhlen (normalerweise in Bäumen). Trotzdem brüteten alle fünf Meisenarten im Marley Wood bei Oxford, wo Lack sie studierte, und Blaumeisen, Kohlmeisen und Sumpfmeisen waren häufig. Kurz gesagt, die Arten koexistierten und schienen bezüglich des Lebensraums, des Brutplatzes und der Nahrungswahl sehr ähnlich zu sein. Je genauer Lack jedoch die Arten untersuchte, um so mehr folgerte er, daß sie die meiste Zeit des Jahres durch den genauen Ort ihrer Nahrungssuche, die Größe ihrer Beuteinsekten und den Härtegrad der von ihnen aufgenommen Samen voneinander getrennt sind. Diese Trennung, so stellt er fest, geht mit (oft nur sehr kleinen) Unterschieden in der Gesamtgröße sowie in der Größe und Form des Schnabels einher. Trotz all ihrer Ähnlichkeiten nutzten diese koexistierenden Arten geringfügig unterschiedliche Ressourcen auch auf etwas andere Art und Weise.

7.2.5 Konkurrenz bei Diatomeen

Das letzte Beispiel stammt aus einer Laboruntersuchung an zwei Süßwasserdiatomeen: *Asterionella formosa* und *Synedra ulna* (Tilman et al. 1981). Diese beiden Kieselalgenarten benötigen zum Aufbau ihrer Zellwände Silikat. Der Versuch war insofern ungewöhnlich, weil gleichzeitig mit der Beobachtung der Populationsdichte auch der Einfluß der Arten auf ihre limitierende Ressource (Silikat) aufgezeichnet wurde. Bei Monokultur jeder der Arten in einem Flüssigmedium, dem kontinuierlich Ressourcen zugeführt wurden, erreichten die Populationen stabile Kapazitäten, während sie die Silikatkonzentrationen auf einem niedrigen Niveau hielten (Abbildungen 7.3a, b). *Synedra* reduzierte die Silikatkonzentration aber stärker als *Asterionella*. Sobald die beiden Arten nun zusammen in Kultur gehalten wurden, hielt *Synedra* die Konzentration auf einem Niveau, das für die Reproduktion und das Überleben von *Asterionella* zu niedrig war. Somit kam es in gemischten Kulturen zu einer konkurrenzbedingten Verdrängung von *Asterionella* durch *Synedra* (Abbildung 7.3c).

7.3 Abschätzung: Einige allgemeine Merkmale interspezifischer Konkurrenz

Interspezifische Konkurrenz kann die Abundanz von Arten sowie die Fekundität und die Überlebenswahrscheinlichkeit der Individuen reduzieren, zu Konkurrenzausschluß führen oder Koexistenz erlauben.

Diese Beispiele zeigen, daß Individuen unterschiedlichster Arten miteinander konkurrieren, was nicht weiter überraschend ist. Am Beispiel der Seepocken zudem auch deutlich, daß verschiedene Arten auch unter natürlichen Bedingungen konkurrieren (das heißt, es trat eine meßbare interspezifische Reduktion der Abundanz und/oder der Fekundität und/oder der Überlebenswahrscheinlichkeit auf). Außerdem gibt es Hinweise darauf, daß sich konkurrierende Arten entweder gegenseitig aus einem bestimmten Habitat ausschließen können und somit nicht koexisistieren (wie die Labkräuter, Diatomeen und das erste *Paramecium*-Paar) oder daß sie koexistieren, indem sie das Habitat auf geringfügig unterschiedliche Weise nutzen (zum

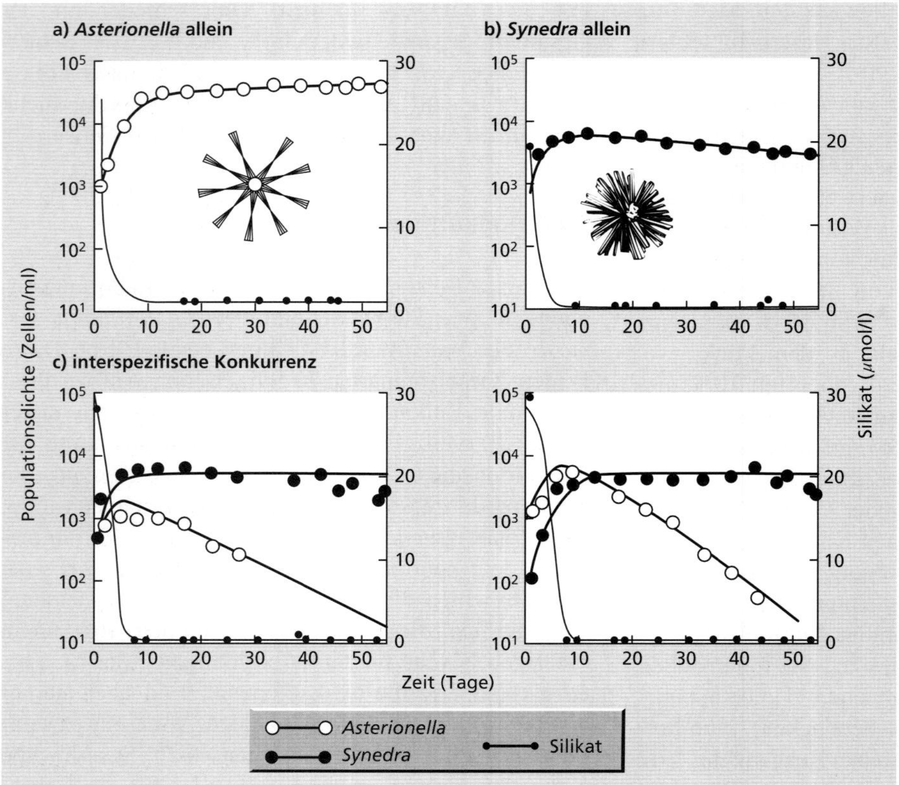

7.3 Konkurrenz bei Diatomeen. a) Wenn *Asterionella formosa* allein in einem Kulturgefäß gezüchtet wird, bildet sie eine stabile Population und hält ihre Ressource, Silikat, auf einem gleichmäßig niedrigen Niveau. b) *Synedra ulna* verhält sich in Monokultur genauso, hält jedoch die Silikatkonzentration auf einem noch tieferen Niveau konstant. c) In einer Mischkultur verdrängt *Synedra* in beiden Replikaten *Asterionella*. (Nach Tilman et al. 1981)

Beispiel die Seepocken und das zweite *Paramecium*-Paar).

Koexistenz von Konkurrenten könnte eine evolutionäre Antwort auf interspezifische Konkurrenz sein – der „Geist vergangener Konkurrenz".

Aber wie verhält es sich mit den koexistierenden Meisen? Hat deren etwas unterschiedliche Ressourcennutzung irgend etwas mit Konkurrenz zu tun? Lack hatte das angenommen. Mit Connells (1980) Worten hat er den „**Geist vergangener Konkurrenz**" beschworen. Anders ausgedrückt glaubte er, daß sie als Ergebnis einer evolutionären Antwort auf interspezifische Konkurrenz koexistieren. Dies bedarf einiger weiterer Erklärungen. Wie wir bereits gesehen haben, erleiden bei Konkurrenz zweier Arten die Individuen einer oder beider Spezies eine Abnahme ihrer Fekundität und/oder Überlebenswahrscheinlichkeit. Die fittesten Individuen einer jeden Art können dann diejenigen sein, die der Konkurrenz entkommen, indem sie das Habitat auf eine Weise nutzen, die sich möglichst stark von derjenigen von Individuen der anderen Spezies unterscheidet. Die natürliche Selektion wird solche Individuen begünstigen, und letztlich wird die Population nur noch aus diesen Individuen bestehen. Die beiden Arten entwickeln sich also im Verlauf ihrer Evolution auseinander, konkurrieren weniger und können so eher koexistieren.

Das Problem bei dieser Erklärung für die Befunde über die Meisen ist, daß es keinen Beweis dafür gibt. Wir können die Zeit nicht zurückdrehen und überprüfen, ob diese Arten jemals stärker konkurrierten, als sie es heute tun. So ergibt sich als alternative Interpretation, daß die Arten im Zuge ihrer Evolution in unterschiedlicher, aber voneinander völlig unabhängiger Weise auf die natürliche Selektion reagiert haben. Sie konkurrieren weder jetzt, noch haben sie es je getan; sie sind ganz einfach verschieden. Wenn all das zutrifft, scheint die Koexistenz der Meisen überhaupt nichts mit Konkurrenz zu tun zu haben. Andererseits ist es aber möglich, daß Konkurrenz in der Vergangenheit eine Reihe von anderen Arten eliminiert hat und lediglich diejenigen Arten übrigließ, die sich in der Nutzung des Habitates unterschieden. Mit anderen Worten, man kann immer noch die lenkende Hand des Geistes der Konkurrenzvergangenheit sehen, aber sie wirkte als ökologische Kraft (Eliminierung von Arten) und nicht als evolutionäre (Veränderung der Arten).

Es ist wichtig, zwischen ökologischen und evolutionären Auswirkungen interspezifischer Konkurrenz zu differenzieren.

Trotz all ihren Schwierigkeiten veranschaulicht die Meisenstudie zwei wichtige, generelle Aspekte. Erstens sollte man den ökologischen wie auch den evolutionären Auswirkungen von zwischenartlicher Konkurrenz sehr sorgfältig Beachtung schenken, und zwar unabhängig voneinander. Die ökologischen Folgen bestehen im allgemeinen darin, daß Arten durch Konkurrenz mit Individuen anderer Spezies aus einem Habitat ausgeschlossen werden können, oder, wenn die konkurrierenden Arten koexistieren, daß Individuen zumindest einer Spezies eine Abnahme der Überlebenswahrscheinlichkeit und/oder Fekundität erfahren. Die evolutionären Folgen sind anscheinend, daß Arten sich stärker voneinander unterscheiden, als sie es sonst eigentlich tun würden, und somit auch weniger Konkurrenz auftritt (siehe aber auch Abschnitt 7.9).

Zweitens muß man sich über die grundlegenden Schwierigkeiten im klaren sein, wenn man Konkurrenz als eine Erklärung für beobachtete Muster anführt; ganz besonders dann, wenn man sie als eine evolutionäre Erklärungsmöglichkeit vorbringt. Ein experimenteller Eingriff (wie etwa das Entfernen einer oder mehrerer Arten) kann, wie bei den Seepokken, auf das Vorhandensein von aktueller Konkurrenz hinweisen, wenn er auch zu einer Zunahme der Fekundität, Überlebensrate oder Abundanz der verbleibenden Spezies führt. Aber negative Ergebnisse würden gleichermaßen mit der vergangenen Verdrängung von Arten durch Konkurrenz oder der evolutionären Vermeidung von Konkurrenz in der Vergangenheit wie auch mit einer unabhängigen Evolution nicht konkurrierender Arten vereinbar sein. Tatsächlich gibt es für viele Datensätze weder einfache noch anerkannte Methoden zur Unterscheidung zwischen diesen Erklärungsmöglichkeiten (siehe Kapitel 20).

Wie bei der intraspezifischen Konkurrenz kann man auch zwischenartlich zwischen Interferenz und Ausbeutungskonkurrenz unterscheiden.

Welche generalisierbaren Sachverhalte lassen sich darüber hinaus in unseren Beispielen erkennen? Wie auch bei intraspezifischer Konkurrenz können wir generell zwischen **Interferenz**- und **Ausbeutungskonkurrenz** unterscheiden (obwohl in einer einzigen Wechselbeziehung Elemente von beiden Typen zu finden sein können). Bei Ausbeutung interagieren Individuen nur indirekt miteinander, indem sie auf ein Ressourcenniveau reagieren, das durch die Aktivität von Konkurrenten gesenkt worden ist. Das Experiment an den Diatomeen ist dafür ein eindeutiges Beispiel. Im Gegensatz dazu bietet die Arbeit von Connell über die Seepocken ein ebenso deutliches Beispiel für Interferenzkonkurrenz. Insbesondere *Balanus* beeinträchtigte direkt und aktiv die Besiedlung des begrenzten Raumes auf dem felsigen Substrat durch *Chthamalus*.

Die umstrittene Allelopathie von Pflanzen, die Produktion von für andere Arten giftigen chemischen Stoffen, könnte eine Form der Interferenz sein.

Interferenz ist jedoch nicht immer so eindeutig. In bezug auf Pflanzen ist oft behauptet worden, Interferenz äußere sich durch die Produktion von chemischen Stoffen, die giftig für andere Arten sind, nicht aber für den Produzenten (bekannt als **Allelopathie**). Es ist zweifellos richtig, daß man chemische Stoffe mit solchen Eigenschaften aus Pflanzen gewinnen kann, aber ihre Funktion bleibt umstritten. Allelopathie wurde einst mit Enthusiasmus vorgeschlagen (Muller 1969), begeistert aufgenommen und gestützt (Whittaker und Feeney 1971), mit großer Skepsis zurückgewiesen (Harper 1977), wie eine etablierte, unstrittige Tatsache behandelt (Rice 1984) und ganz nüchtern als ein Thema bezeichnet, das ernsthaft untersucht werden sollte (Williamson 1990). Auch bei konkurrierenden Kaulquappen verschiedener Arten wurden im Wasser gelöste Hemmstoffe als Mechanismus für Interferenz angenommen (das beste Beispiel ist hier vielleicht eine Alge, die im Kot des Grasfrosches (*Rana temporaria*) vorkommt und die Kreuzkröte (*Bufo calamita*) hemmt (Beebee 1991; Griffiths et al. 1993)). Aber wiederum ist deren Bedeutung im Freiland unter natürlichen Bedingungen unklar (Petranka 1989). Selbstverständlich sind die chemischen Stoffe, die besonders von im Boden lebenden Pilzen und Bakterien produziert werden und das Wachstum von potentiell konkurrierenden Mikroorganismen hemmen, hinreichend bekannt – und werden auch bei der Auswahl und Herstellung von Antibiotika genutzt.

Interspezifische Konkurrenz ist oft hochgradig asymmetrisch.

Interspezifische Konkurrenz (wie auch intraspezifische Konkurrenz) ist häufig ausgesprochen asymmetrisch, das heißt, ihre Folgen sind für die beteiligten Arten unterschiedlich. In Connells Seepockenuntersuchung beispielsweise verdrängte *Balanus Chthamalus* aus der möglichen Überlappungszone, während der Effekt von *Chthamalus* auf *Balanus* unbedeutend war; *Balanus* war durch seine eigene Empfindlichkeit gegen Austrocknung eingeschränkt. Eine sehr ähnliche Situation ergibt sich bei zwei Rohrkolbenarten in Teichen in Michigan/USA. Der Breitblättrige Rohrkolben (*Typha latifolia*) ist vorwiegend in flachem Wasser anzutreffen, der Schmalblättrige Rohrkolben (*T. angustifolia*) dagegen in tieferem Wasser (Abbildung 7.4a). Experimentelle Eingriffe legten nahe, daß bei neu angesiedelten Pflanzen *T. latifolia* normalerweise *T. angustifolia* aus seichterem Wasser verdrängt, die Verteilung von *T. latifolia* jedoch unbeeinflußt von der Konkurrenz mit *T. angustifolia* ist (Abbildung 7.4b). Allerdings zeigt sich langfristig nach Abschluß der Besiedlung, daß diese Asymmetrie sich weitestgehend umkehrt: Außer in den flachesten Wasserbereichen breitet sich *T. angustifolia* auf Kosten von *T. latifolia* aus und ist von dessen Anwesenheit offenbar unbeeinträchtigt (Weisner 1993).

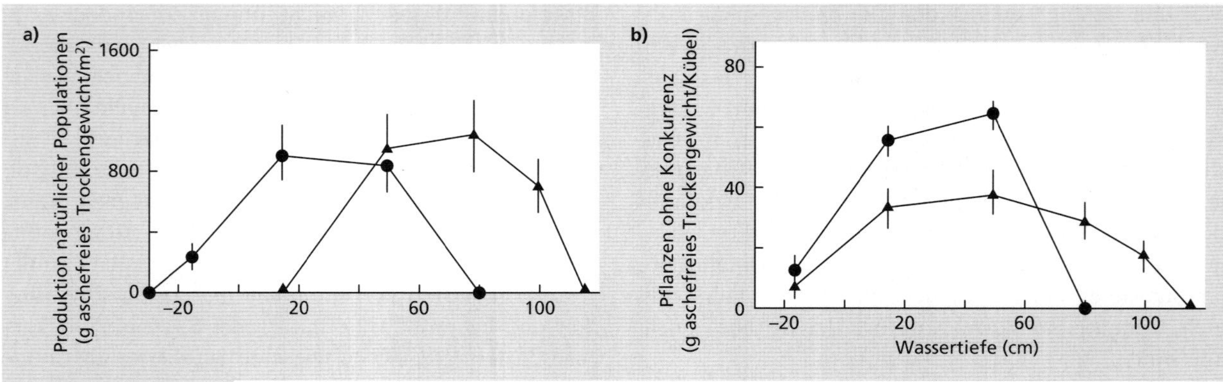

7.4 Asymmetrische Konkurrenz zwischen Rohrkolbenarten. a) Die natürliche Verteilung der koexistierenden Populationen von *Typha latifolia* (in flacherem Wasser) und *T. angustifolia* (in tieferem Wasser) in Michigan/USA. b) Wenn umgesetzte Pflanzen allein wachsen konnten, dehnte sich *T. angustifolia* über einen viel weiteren Bereich verschiedener Wassertiefen aus (was nahelegt, daß diese Art normalerweise aus dem Flachwasser verdrängt wird), während *T. latifolia* im selben Tiefenbereich wie auch bei Konkurrenz wuchs. (Nach Grace und Wetzel 1981)

Insgesamt gesehen scheinen die hochgradig asymmetrischen Fälle interspezifischer Konkurrenz (bei der eine Art nur wenig beeinträchtigt wird) die symmetrischen Fälle um etwa das Doppelte bei Insekten (Lawton und Hassell 1983), bei krautigen Pflanzen (Keddy und Shipley 1989) und auch ganz allgemein (Connell 1983) zu überwiegen. Im Grunde genommen handelt es sich aber um ein Kontinuum von den vollständig symmetrischen Fälle von Konkurrenz bis zu den ganz und gar asymmetrischen. Dies zeigte zum Beispiel Jackson (1979) in einer Untersuchung über Konkurrenz durch Überwachsen bei mehreren Arten von Bryozoen (koloniebildenden modularen Tieren), die an der Unterseite von Korallen vor der Küste Jamaikas wachsen. Er wies für die paarweisen Wechselbeziehungen zwischen den sieben am häufigsten interagierenden Arten nach, daß der „Prozentsatz der Gewinne" mehr oder minder kontinuierlich von 50 : 50 (perfekte Symmetrie) bis hin zu 100 : 0 (eindeutige Asymmetrie) verteilt war.

Konkurrenz um eine Ressource beeinflußt die Konkurrenz um andere Ressourcen.

Schließlich ist es noch wichtig zu erwähnen, daß Konkurrenz um eine Ressource einen Organismus häufig in seiner Fähigkeit beeinträchtigt, weitere Ressourcen zu nutzen. So fand Buss (1979) beispielsweise bei Bryozoen, daß offenbar eine gegenseitige Abhängigkeit zwischen Konkurrenz um Raum und Nahrung besteht. Wenn eine Kolonie der einen Art mit einer Kolonie der anderen Spezies in Kontakt kommt, beeinträchtigt das die zur Nahrungsaufnahme bei diesen Tieren notwendige selbsterzeugte Strömung (Konkurrenz um Raum beeinflußt die Nahrungsaufnahme). Aber eine Kolonie, die unter Nahrungsmangel leidet, wird wiederum weniger (durch Überwachsen) um Raum konkurrieren können.

Vergleichbare Beispiele sind bei Pflanzen zu finden, die Wurzeln ausbilden. Sobald eine Pflanze sich über das Blätterdach einer anderen Spezies ausbreitet und ihr damit Licht entzieht, wird die eingeschränkte Art unmittelbar unter der Reduktion erhaltener Lichtenergie leiden. Dadurch wird sich auch das Wurzelwachstum verringern, und sie kann folglich das Angebot von Wasser und Nährstoffen im Boden weniger gut nutzen, was wiederum zu einer Abnahme des Sproß- und Blattwachstums führt. So kommt es durch Konkurrenz zwischen Pflanzenarten zu einer wechselseitigen Beeinflussung von Wurzeln und Trieben (Wilson 1988a). Mehrere Forscher haben versucht, die Effekte von Wurzel- und Sproßkonkurrenz durch folgende Versuchsanordnung voneinander zu trennen: Zwei Arten wachsen entweder 1) alleine, 2) zusammen, 3) im selben Boden, aber mit getrenntem Laubwerk, oder 4) in getrennten Bodenbereichen, aber mit vermischten Laubwerk. Ein Beispiel hierfür ist eine Studie an Bodenklee (*Trifolium subterraneum*) und Binsenknorpellattich (*Chondrilla juncea*). Der Klee wurde unter keiner der vier Versuchsbedingungen signifikant beeinflußt (ein weiteres Beispiel für asymmetrische Konkurrenz). Abbildung 7.5 zeigt im Gegensatz dazu, wie die Lattichart beeinträchtigt war, wenn die Wurzeln Kontakt hatten (eine Abnahme des Trockengewichts auf 65 % der Kontrolle) oder wenn die Blätter um Licht konkurrierten (47 % der Kontrolle). Bei kombinierter Wurzel- und Sproßkonkurrenz multiplizierte sich dieser Effekt sogar, denn das Trockengewicht ging auf 31 % zurück (Erwartungswert: 30.6 % (65 × 47 %)). Ganz offensichtlich waren also beide Konkurrenztypen von Bedeutung.

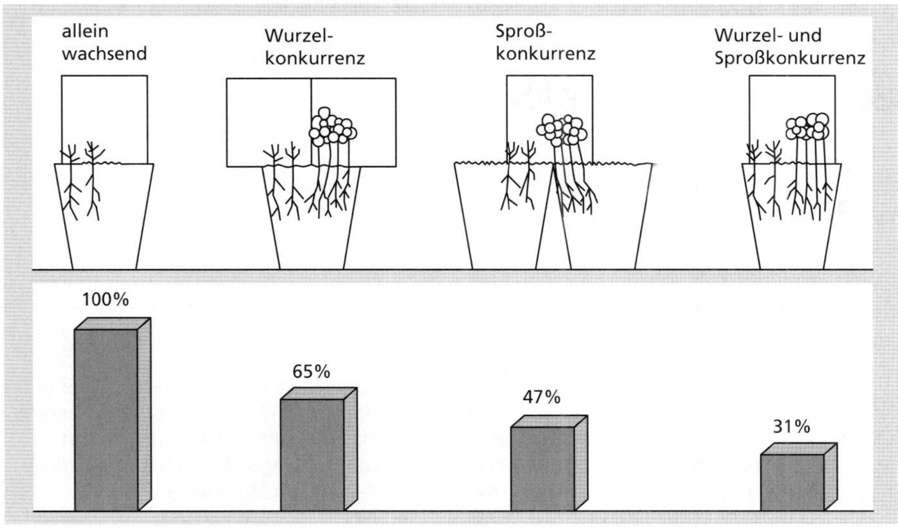

7.5 Wurzel- und Sproßkonkurrenz zwischen dem Bodenklee (*Trifolium subterraneum*) und Binsenknorpellattich (*Chondrilla juncea*). Oben sind die vier Versuchsbedingungen dargestellt; unten die Trockengewichte des Lattichs, ausgedrückt in Prozent des Trockengewichts der ohne Konkurrenz wachsenden Kotrolle. (Nach Groves und Williams 1975).

7.4 Konkurrenzausschluß oder Koexistenz?

Die Resultate der hier beschriebenen oder ähnlicher Experimente führen uns zu einer sehr wesentlichen Frage bei der Untersuchung der ökologischen Bedeutung von interspezifischer Konkurrenz: Welche generellen Bedingungen führen zur Koexistenz von Konkurrenten und welche zum Konkurrenzausschluß? Mathematische Modelle haben hierzu wichtige Erkenntnisse geliefert.

7.4.1 Ein logistisches Modell für interspezifische Konkurrenz

Das Lotka-Volterra-Modell ist eine Erweiterung der logistischen Gleichung für interspezifische Konkurrenz zweier Arten.

Das **Lotka-Volterra-Modell** zur interspezifischen Konkurrenz (Volterra 1926; Lotka 1932) ist eine Erweiterung der logistischen Gleichung in Abschnitt 6.10 und beinhaltet daher auch deren Nachteile. Dennoch kann es Aufschluß über die Faktoren geben, die das Ergebnis zwischenartlicher Konkurrenz bestimmen.

Die logistische Gleichung

$$\frac{dN}{dt} = rN\frac{(K-N)}{K} \tag{7.1}$$

enthält in der Klammer einen Term für die Berücksichtigung innerartlicher Konkurrenz. Im Lotka-Volterra-Modell wird dieser Term durch einen anderen ersetzt, der sowohl intra- als auch interspezifische Konkurrenz berücksichtigt. Die Populationsgröße der einen Art wird mit N_1 bezeichnet, die der zweiten Art mit N_2. Die Kapazitäten und spezifischen Zuwachsraten sind dann K_1, K_2, r_1 und r_2.

Nehmen wir an, daß zehn Individuen von Art 2 zusammen den gleichen hemmenden Konkurrenzeffekt aufweisen wie ein einziges Individuum von Art 1. Der gesamte Konkurrenzeffekt auf Art 1 (intra- und interspezifisch) entspricht dann dem Effekt von Individuen von Art 1. Die Konstante (in diesem Fall 1/10) wird **Konkurrenzkoeffizient** genannt und mit α_{12} bezeichnet. Sie mißt den Pro-Kopf-Effekt von Art 1 auf Art 2, so daß N_2 multipliziert mit α_{12} die Anzahl der „N_1-Äquivalente" bezeichnet. (Dementsprechend hemmen bei $\alpha_{12} > 1$ Individuen von Art 2 Individuen von Art 1 weniger als Mitglieder von Art 1 sich gegenseitig, während bei $\alpha_{12} > 1$ Vertreter von Art 2 eine stärkere Hemmwirkung auf Individuen von Art 1 haben, als diese aufeinander ausüben.)

Das wesentliche Element in dem Modell besteht darin, N_1 in der Klammer der logistischen Gleichung durch „N_1 plus N_1-Äquivalente" zu ersetzen, wodurch wir

$$\frac{dN_1}{dt} = r_1N_1\frac{(K_1-(N_1+\alpha_{12}N_2))}{K_1} \tag{7.2}$$

erhalten, oder:

$$\frac{dN_1}{dt} = r_1N_1\frac{(K_1-N_1-\alpha_{12}N_2)}{K_1} \tag{7.3}$$

und im Fall der zweiten Art

$$\frac{dN_2}{dt} = r_2N_2\frac{(K_2-N_2-\alpha_{21}N_1)}{K_2}. \tag{7.4}$$

Diese beiden Gleichungen bilden das Lotka-Volterra-Modell.

Das Verhalten des Lotka-Volterra-Modells wird mit Hilfe von Nullisoklinen analysiert, entlang derer für die Arten weder einen Zuwachs, noch eine Abnahme zu verzeichnen ist.

Um die Eigenschaften dieses Modells zu verstehen, müssen wir klären, unter welchen Umständen die beteiligten Arten in ihrer Abundanz zu- oder abnehmen. Hierzu müssen Diagramme angefertigt werden, in denen alle Kombinationen von Abundanzen der Arten 1 und 2 (also alle möglichen Kombinationen von N_1 und N_2) dargestellt werden können. In den Diagrammen (Abbildungen 7.6 und 7.8) wird N_1 auf der horizontalen und N_2 auf der vertikalen Achse aufgetragen, so daß sich niedrige Abundanzen beider Arten unten links befinden und hohe Abundanzen beider Arten oben rechts und so weiter. Bestimmte Kombinationen von N_1 und N_2 führen zu einem Zuwachs bei Art 1 und/oder Art 2, während andere Kombinationen zu Abnahmen der Abundanzen von Art 1 und/oder Art 2 führen. Ein wesentlicher Punkt ist, daß es daher auch für beide Arten **Nullisoklinen** geben muß (Linien, entlang derer weder ein Zuwachs noch eine Abnahme zu verzeichnen ist), die jene Kombinationen, die zu Zuwachs führen, von solchen trennen, die eine Abnahme bewirken.

Um eine Nullisokline für Art 1 zu zeichnen, können wir den Umstand nutzen, daß auf der Nullisokline (definitionsgemäß) $dN_1/dt = 0$ ist, womit sich nach Gleichung 7.3

$$r_1 N_1 (K_1 - N_1 - \alpha_{12} N_2) = 0 \qquad (7.5)$$

ergibt. Das gilt, wenn die spezifische Zuwachsrate (r_1) null ist und wenn die Populationsgröße N_1 null ist. Es gilt aber auch – und das ist weit wichtiger in diesem Zusammenhang – wenn:

$$K_1 - N_1 - \alpha_{12} N_2 = 0 \qquad (7.6)$$

beziehungsweise

$$N_1 = K_1 - \alpha_{12} N_2 \,. \qquad (7.7)$$

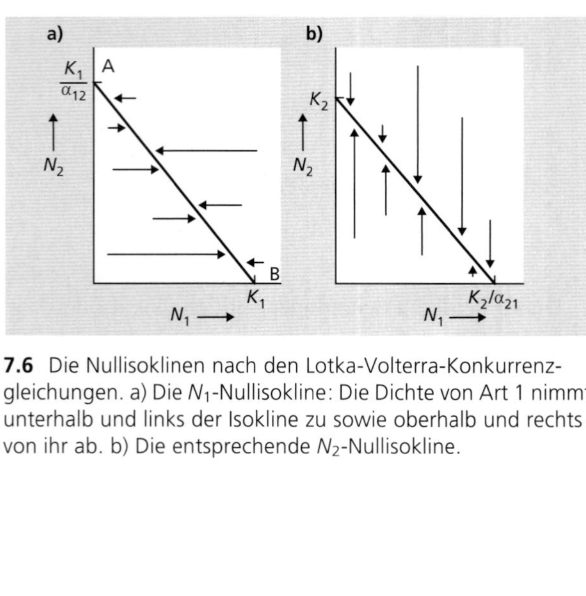

7.6 Die Nullisoklinen nach den Lotka-Volterra-Konkurrenzgleichungen. a) Die N_1-Nullisokline: Die Dichte von Art 1 nimmt unterhalb und links der Isokline zu sowie oberhalb und rechts von ihr ab. b) Die entsprechende N_2-Nullisokline.

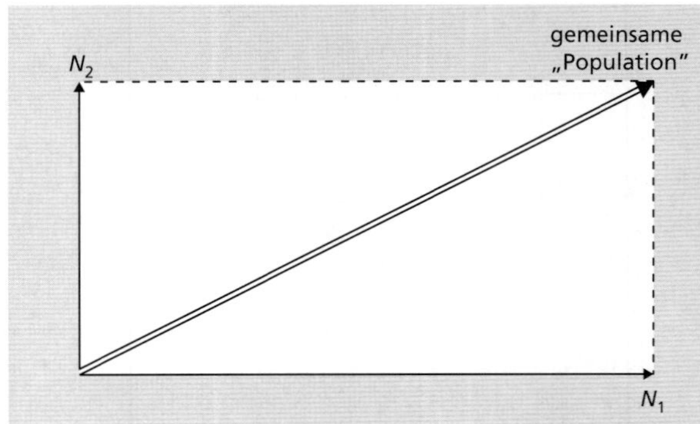

7.7 Vektoraddition. Wenn die Dichte der Arten 1 und 2 in der Form zunimmt, wie durch die Pfeile (Vektoren) N_1 und N_2 angegeben, entspricht das Wachstum der gemeinsamen „Population" dem Vektor, der diagonal durch das von den Vektoren N_1 und N_2 gebildete Rechteck verläuft.

Überall auf der geraden Linie, die sich aus dieser Gleichung ergibt, ist $dN_1/dt = 0$. Diese Linie ist folglich die Nullisokline von Art 1. Da es sich um eine Gerade handelt, kann sie gezogen werden, indem man zwei Punkte berechnet und verbindet. Aus Gleichung 7.7 ergeben sich:

$$N_1 = 0,\, N_2 = \frac{K_1}{\alpha_{12}} \quad \text{(Punkt A in Abbildung 7.6a)} \qquad (7.8)$$

und

$$N_2 = 0,\, N_1 = K_1 \quad \text{(Punkt B in Abbildung 7.6a),} \qquad (7.9)$$

und aus der Verbindung der Punkte ergibt sich die Nullisokline für Art 1. Unterhalb und links davon sind die Abundanzen beider Arten relativ gering, und die Dichte von Art 1 wird ansteigen, da diese nur schwacher Konkurrenz ausgesetzt ist (das wird durch die von links nach rechts zeigenden Pfeile angedeutet, da N_1 auf der horizontalen Achse aufgetragen ist). Oberhalb und rechts der Linie ist die Dichte hoch, die Konkurrenz stark, und die Abundanz von Art 1 nimmt ab (Pfeile von rechts nach links). Die Abbildung 7.6b zeigt das Entsprechende für Art 2, wobei gemäß der Achse für N_2 die Pfeile in vertikaler Richtung verlaufen.

Um schließlich das Ergebnis der Konkurrenz in diesem Modell bestimmen zu können, müssen die Abbildungen 7.6 a und b kombiniert werden, so daß sich das Verhalten einer gemeinsamen „Population" vorhersagen läßt. Dabei ist zu beachten, daß es sich bei den Pfeilen in Abbildung 7.6 um Vektoren handelt – mit einer Länge und einer Richtung – und dementsprechend bei der Bestimmung des Verhaltens einer gemeinsamen N_1,N_2-„Population" die Regeln der Vektoraddition gelten (Abbildung 7.7).

Es gibt vier Möglichkeiten für die Anordnung der beiden Nullisoklinen, und die jeweiligen Schnittpunkte bestimmen das Ergebnis der Konkurrenz.

Wie Abbildung 7.8 zeigt, gibt es vier verschiedene Möglichkeiten, wie die beiden Nullisoklinen zueinander angeordnet werden können. Das Ergebnis der Konkurrenz ist bei jeder Konstellation anders und kann anhand der Schnittpunkte der Isoklinen bestimmt und unterschieden werden. So gilt beispielsweise in Abbildung 7.8a:

$$\frac{K_1}{\alpha_{12}} > K_2 \quad \text{und} \quad K_1 > \frac{K_2}{\alpha_{21}} \tag{7.10}$$

und damit:

$$K_1 > K_2\alpha_{12} \quad \text{und} \quad K_1\alpha_{21} > K_2 \, . \tag{7.11}$$

Interspezifisch starke Konkurrenten verdrängen interspezifisch schwache Konkurrenten.

Die erste Ungleichung ($K_1 > K_2\alpha_{12}$) zeigt an, daß die benennenden Effekte intraspezifischer Konkurrenz bei Art 1 größer sind als die Effekte durch Art 2. Die zweite Ungleichung zeigt dagegen, daß die Auswirkungen von Art 1 auf Art 2 stärker sind als die innerartlichen bei Art 2. Art 1 ist demnach ein starker und Art 2 ein schwacher interspezifischer Konkurrent, und wie die Vektoren in Abbildung 7.8a zeigen, verdrängt Art 1 die Art 2 und erreicht ihre eigene Kapazität. In Abbildung 7.8b ist die Situation umgekehrt. Somit beschreiben die Abbildungen 7.8a und b Fälle, in denen stets eine Spezies die andere aus dem Habitat verdrängen wird.

Ist die interspezifische Konkurrenz schärfer als die intraspezifische, so entscheidet die Populationsdichte der beiden Arten über das Endergebnis.

In Abbildung 7.8c gilt:

$$K_2 > \frac{K_1}{\alpha_{12}} \quad \text{und} \quad K_1 > \frac{K_2}{\alpha_{21}} \tag{7.12}$$

und damit:

$$K_2\alpha_{12} > K_1 \quad \text{und} \quad K_1\alpha_{21} > K_2 \, . \tag{7.13}$$

Folglich konkurrieren Individuen beider Spezies intensiver mit Individuen der anderen Art als untereinander. Das kommt zum Beispiel dann vor, wenn jede Spezies eine Substanz produziert, die giftig für die andere Art aber harmlos für sie selbst ist, oder wenn Aggression oder Prädation in stärkerem Maße auf Individuen der anderen als auf solche der eigenen Art gerichtet sind. Wie die Abbildung zeigt, führt das

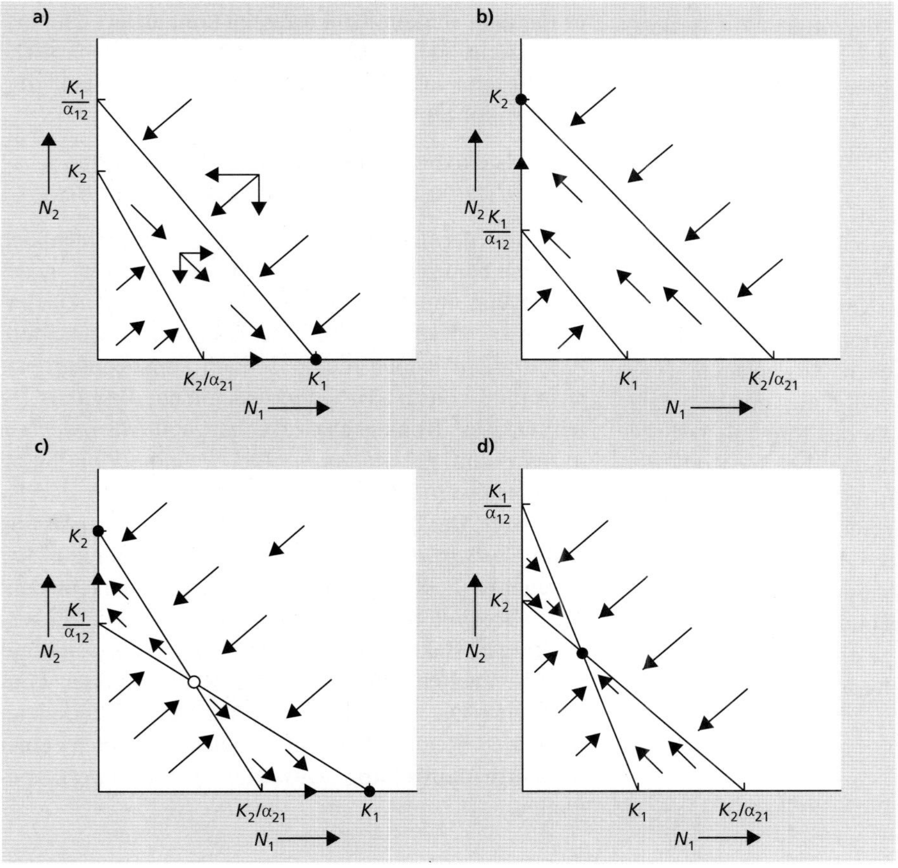

7.8 Die Ergebnisse von Konkurrenz aufgrund der Lotka-Volterra-Konkurrenzgleichungen für die vier möglichen Anordnungen der N_1- und N_2-Nullisoklinen. Vektoren beziehen sich jeweils auf die gemeinsame „Population" und sind so abgeleitet, wie in a) gezeigt. Der unausgefüllte Kreis in c) repräsentiert ein instabiles Gleichgewicht. Weitere Einzelheiten im Text.

zu einem instabilen Gleichgewicht von N_1 und N_2 (am Schnittpunkt der Isoklinen) und zwei stabilen Punkten. An beiden stabilen Punkten erreicht jeweils eine Art ihre Kapazität, während die andere ausstirbt, wobei die Anfangsdichten der Populationen bestimmen, welche der Spezies verdrängt wird.

Ist die interspezifische Konkurrenz weniger scharf als die intraspezifische, koexistieren die Arten.

In Abbildung 7.8d gilt schließlich:

$$\frac{K_1}{\alpha_{12}} > K_2 \quad \text{und} \quad \frac{K_2}{\alpha_{21}} > K_1 \qquad (7.14)$$

und damit:

$$K_1 > K_2\alpha_{12} \quad \text{und} \quad K_2 > K_1\alpha_{21}\,. \qquad (7.15)$$

In diesem Fall sind die Auswirkungen der Konkurrenz bei beiden Arten zwischenartlich geringer als innerartlich. Daraus folgt eine stabile Gleichgewichtskombination der beiden Arten, zu der alle gemeinsamen „Populationen“ hinstreben.

So kann zusammenfassend festgestellt werden, daß das Lotka-Volterra-Modell zur interspezifischen Konkurrenz eine Reihe verschiedener Ergebnisse erzeugen kann: die vorhersagbare Verdrängung einer Art durch eine andere, Konkurrenzausschluß einer Art in Abhängigkeit der anfänglichen Populationsdichten sowie stabile Koexistenz. Alle diese Möglichkeiten werden im folgenden der Reihe nach unter Berücksichtigung von Labor- und Freilandstudien diskutiert. Wir werden sehen, daß die drei Ergebnisse des Modells biologisch sinnvollen Verhältnissen entsprechen. Trotz seiner Einfachheit und der Unfähigkeit, viele der Komplexitäten und Dynamiken von Konkurrenz unter realen Bedingungen zu berücksichtigen, stellt das Modell somit einen nützlichen Ansatz dar.

Bevor wir fortfahren, soll jedoch auf eine spezifische Schwäche des Lotka-Volterra-Modells hingewiesen werden. Das Ergebnis der Konkurrenz hängt im Modell von den K- und α-Werten ab, nicht jedoch von den Werten der spezifischen Zuwachsrate (r). Diese bestimmen die Geschwindigkeit, mit der das Ergebnis erreicht wird, aber nicht das Ergebnis selbst. Das scheint jedoch eine Besonderheit bei der Konkurrenz nur zweier Arten zu sein, da bei Modellen zur Konkurrenz von drei oder mehr Spezies die Kombination der K-, α- und r-Werte das Ergebnis bestimmt (Strohbeck 1973). Die Unangemessenheit, das mögliche Studium der Wechselbeziehungen auf nur zwei Arten zu beschränken, und die zu erwartenden Verbesserungen durch eine Erweiterung auf drei Arten werden in Kapitel 15 behandelt.

7.4.2 Das Konkurrenzausschlußprinzip

In Anwesenheit konkurrierender Spezies können Arten auf ihre Realnische beschränkt werden oder sogar – bei Verdrängung – gar keine Realnische aufweisen.

In Abbildung 7.8 a und b werden Fälle beschrieben, in denen ein starker Konkurrent einen schwachen Konkurrenten in der interspezifischen Wechelbeziehung unweigerlich verdrängt. Es ist hilfreich, diese Situation vom Standpunkt der Nischentheorie (Abschnitte 2.12 und 3.8) aus zu betrachten. Man erinnere sich, daß die Nische einer Art in Abwesenheit artfremder Konkurrenten als deren **Fundamentalnische** (definiert durch die Kombination von Bedingungen und Ressourcen, die es der Spezies erlauben, eine lebensfähige Population aufrechtzuerhalten) bezeichnet wird. In Gegenwart von Konkurrenten kann eine Art hingegen auf ihre **Realnische** beschränkt werden, deren genaue Beschaffenheit davon abhängt, welche Konkurrenten vorhanden sind. Diese Unterscheidung betont, daß interspezifische Konkurrenz Fekundität und Überlebensrate reduziert und daß durch diese Konkurrenz unter Umständen bestimmte Teile der Fundamentalnische die Fortpflanzung und das Überleben der Spezies nicht mehr ermöglichen. Diese Teile der Fundamentalnische fehlen der Realnische. Auf Abbildung 7.8a und b bezogen können wir sagen, daß der schwache Konkurrent keine Realnische mehr besitzt, wenn er mit dem starken Konkurrenten konkurriert. Die bislang diskutierten realen Beispiele für zwischenartliche Konkurrenz lassen sich nun unter dem Aspekt des Nischenkonzepts betrachten.

Koexistierende Konkurrenten zeigen oft eine Differenzierung ihrer Realnischen.

Im Falle der Diatomeen wurden die fundamentalen Nischen beider Arten durch das Laborsystem vorgegeben. Wenn nun *Synedra* und *Asterionella* konkurrierten, wies zwar *Synedra* eine realisierte Nische auf, *Asterionella* jedoch nicht: Es kam zum Konkurrenzausschluß von *Asterionella*. Das gleiche Ergebnis lag bei Gauses Konkurrenzversuchen mit *Paramecium aurelia* und *P. caudatum* vor; *P. caudatum* besaß keine realisierte Nische und wurde durch *P. aurelia* verdrängt. Bei der Konkurrenz zwischen *P. caudatum* und *P. bursaria* wiesen dagegen beide Arten realisierte Nischen auf, die sich jedoch deutlich unterschieden: *P. caudatum* lebte im Medium und fraß die darin suspendierten Bakterien, während *P. bursarium* sich auf den Hefezellen am Boden der Reagenzgläser konzentrierte. Die Koexistenz war von einer Differenzierung der Realnischen, mit anderen Worten einer **Ressourcenaufteilung** (*resource partitioning*), begleitet.

Bei *Galium* umfaßten die Fundamentalnischen sowohl saure als auch kalkige Böden. Im Konkurrenzexperiment kam es auf beiden Bodentypen jeweils zum reziproken Konkurrenzausschluß einer Art. Keines der Habitate erlaubte eine **Nischendifferenzierung** und damit auch keine Koexistenz.

Bei Connells Seepocken reichte die Fundamentalnische von *Chthamalus* in die *Balanus*-Zone, doch beschränkte die Konkurrenz mit *Balanus Chthamalus* auf eine Realnische höher in der Gezeitenzone. Mit anderen Worten hat *Balanus Chthamalus* aus tiefer gelegenen Zonen verdrängt. Andererseits reichte nicht einmal die Fundamentalnische von *Balanus* in die *Chthamalus*-Zone – die Austrocknungsgefahr verhinderte das selbst in Abwesenheit von *Chthamalus*. Die Koexistenz dieser Arten geht also ebenfalls mit einer Nischendifferenzierung einher.

Nach dem Konkurrenzausschlußprinzip kommt es zur Verdrängung, weil die Realnische der überlegenen Art vollständig die Fundamentalnische der unterlegenen Art ausfüllt.

Das Muster, das sich in diesen Experimenten abzeichnet, wurde noch in vielen weiteren Fällen entdeckt und erhielt deshalb den Status eines Prinzips: das **Konkurrenzausschlußprinzip** oder **Gausesche Prinzip**. Es kann folgendermaßen formuliert werden: Wenn zwei konkurrierende Arten in einem stabilen Habitat koexistieren, so ist das ein Resultat der Nischendifferenzierung, das heißt der Differenzierung ihrer realisierten Nischen. Tritt jedoch eine solche Differenzierung nicht auf oder wird durch das Habitat verhindert, so wird eine Art die andere durch Konkurrenz verdrängen. Zum Konkurrenzausschluß kommt es also, wenn die fundamentale Nische, die das Habitat der konkurrenzunterlegenen Art vollständig durch die Realnische der konkurrenzüberlegenen Spezies ausgefüllt wird.

Die Gültigkeit des Konkurrenzausschlußprinzips ist schwer nachzuweisen, aber noch schwerer zu widerlegen.

Wenn Konkurrenten tatsächlich koexistieren, kann man bisweilen eine Nischendifferenzierung durch aktuelle Konkurrenz feststellen (ein ökologischer Effekt), wie bei den Seepocken. Oftmals wird jedoch angenommen, daß Nischendifferenzierung das Resultat eines Konkurrenzausschlusses von Arten ohne Realnischen in der Vergangenheit ist (wodurch nur Spezies verbleiben, die eine Nischendifferenzierung zeigen – ein weiterer ökologischer Effekt) oder ein evolutionärer Effekt der Konkurrenz. In beiden Fällen kann derzeitige Konkurrenz vernachlässigbar gering oder unmöglich zu erkennen sein. Damit kehren wir zu den bereits angesprochenen Schwierigkeiten (siehe Seite 174) zurück. Betrachten wir nochmals die koexistierenden Meisenarten. Die Arten leben in Koexistenz und zeigen eine Differenzierung ihrer Realnischen. Aber es konnte weder nachgewiesen werden, daß die Arten heute konkurrieren, noch, daß sie es in der Vergangenheit taten oder daß andere Spezies in der Vergangenheit verdrängt wurden. Es ist also unmöglich, mit Sicherheit zu sagen, ob das Konkurrenzausschlußprinzip hier relevant ist. Nur wenn Arten gegenwärtig konkurrieren oder wenn andere Spezies in der Vergangenheit verdrängt wurden, ist das Konkurrenzausschlußprinzip im strengen Sinne anwendbar. Denn interspezifische Konkurrenz ist nicht durch die bloße Feststellung gegenwärtiger Nischendifferenzierungen nachweisbar.

Andererseits erwarten wir nach dem Konkurrenzausschlußprinzip bei koexisitierenden Arten eine Nischendifferenzierung. Es ist zwar oft schwer, sie aufzuzeigen, doch ist es generell unmöglich, das Fehlen von Nischendifferenzierung zu beweisen. Wenn Ökologen keine Nischendifferenzierung finden, kann das schlicht daran liegen, daß sie am falschen Ort oder auf falsche Art und Weise danach gesucht haben.

Nischendifferenzierung und interspezifische Konkurrenz sind nicht immer miteinander verbunden.

Das Konkurrenzausschlußprinzip ist inzwischen allgemein anerkannt: 1) weil es zahlreiche überzeugende Beweise dafür gibt, 2) weil es intuitiv sinnvoll erscheint und 3) weil es theoretisch begründet ist (durch das Lotka-Volterra-Modell). Aber es wird immer Fälle geben, in denen es sich nicht nachweisen läßt, und wie Abschnitt 7.5 verdeutlichen wird, trifft es auch vielfach nicht zu. Kurz gesagt ist interspezifische Konkurrenz ein Prozeß, der häufig mit einem bestimmten Phänomen (der Nischendifferenzierung) ökologisch und evolutionär verbunden ist. Interspezifische Konkurrenz und Nischendifferenzierung sind jedoch nicht unauflösbar miteinander verbunden; Nischendifferenzierung kann durch andere Prozesse hervorgerufen werden, und zwischenartliche Konkurrenz muß nicht zu Nischendifferenzierung führen.

7.4.3 Gegenseitiger Antagonismus

Als wechselseitigen Antagonismus bezeichnet man eine Situation, in der interspezifische Konkurrenz für beteiligte Arten schärfer ist als intraspezifische.

Die aus dem Lotka-Volterra-Modell abgeleitete Abbildung 7.8c beschreibt einen Fall, bei dem interspezifische Konkurrenz für beide beteiligte Arten schärfer ist als intraspezifische Konkurrenz. Eine solche Situation wird als **wechselseitiger Antagonismus** bezeichnet.

Ein extremes Beispiel hierfür liefern die Studien an den beiden Reismehlkäferarten *Tribolium confusum* und *T. castaneum* (Park 1962). Parks Experimente in den vierziger, fünfziger und sechziger Jahren haben die Ideen zur interspezifischen Konkurrenz mit am stärksten beeinflußt. Er züchtete die Käfer in einfachen Behältern mit Mehl, die fundamentale und oft realisierte Nischen für Eier, Larven, Puppen und Imagines beider Arten boten. Zweifellos nutzten beide Spezies gemeinsame Ressourcen, doch darüber hinaus fraßen die Käfer sich auch gegenseitig. Larven und Adulte fraßen Eier und Puppen, wobei sie neben der anderen Spezies auch kannibalisch Artgenossen attackierten. Ihr Präferenzverhalten hierfür ist in Tabelle 7.1 zusammengefaßt; sie zeigt, daß Käfer beider Arten weniger Individuen der eigenen als der jeweils anderen Spezies fraßen. Ein wesentlicher Mechanismus in der Wechselbeziehung der Konkurrenten ist folglich die gegenseitige Prädation (das heißt, der wechselseitige Antagonismus), die sich bei beiden Arten stärker zwischenartlich als innerartlich auswirkte.

Tabelle 7.1: Gegenseitige Prädation (eine Form von wechselseitigem Antagonismus) zwischen den beiden Reismehlkäferarten *Tribolium confusum* und *T. castaneum*. (Nach Park et al. 1965)
Sowohl Adulte als auch Larven fressen Eier wie Puppen. Die Präferenz jeder Art für die eigene oder die andere Spezies ist für jedes Stadium und insgesamt dargestellt. Interspezifische Konkurrenz ist ausgeprägter als intraspezifische.

	Räuber	Präferenz für...
Adulte fressen Eier	*T. confusum*	*T. confusum*
	T. castaneum	*T. confusum*
Adulte fressen Puppen	*T. confusum*	*T. castaneum*
	T. castaneum	*T. confusum*
Larven fressen Eier	*T. confusum*	*T. castaneum*
	T. castaneum	*T. castaneum*
Larven fressen Puppen	*T. confusum*	*T. castaneum*
	T. castaneum	*T. confusum*
insgesamt	*T. confusum*	*T. castaneum*
	T. castaneum	*T. confusum*

Der Ausgang eines wechselseitigen Antagonismus hängt von den relativen Abundanzen der konkurrierenden Arten ab.

Das Lotka-Volterra-Modell in Abbildung 7.8c besagt, daß unabhängig vom Mechanismus die Konsequenzen von wechselseitigem Antagonismus im wesentlichen immer gleich sein werden. Da Arten stärker von inter- als von intraspezifischer Konkurrenz betroffen sind, hängt der Ausgang in starkem Maße von den relativen Abundanzen der konkurrierenden Spezies ab. Das geringe Ausmaß interspezifischer Aggression, das von einer seltenen Art ausgeht, hat auf einen häufigen Konkurrenten nur wenig Einfluß. Dagegen kann das hohe Ausmaß der Aggression eines häufigen Konkurrenten leicht zur lokalen Ausrottung einer seltenen Art führen. Ferner reichen um den instabilen Gleichgewichtspunkt herum schon geringe Änderungen in den relativen Abundanzen, um den Vorteil von der einen zur anderen Spezies zu verschieben. Der Ausgang der Konkurrenz wird dann unvorhersagbar, denn jede Art kann die andere verdrängen. Wie Tabelle 7.2 zeigt, traf das bei Parks Mehlkäfern zu. Es gab stets einen Sieger, wobei sich das Gleichgewicht mit den klimatischen Bedingungen veränderte. Außer bei den extremen Bedingungen konnte jedoch der Ausgang nur mit einer bestimmten Wahrscheinlichkeit und nicht definitiv vorhergesagt werden. Selbst der unter den gegebenen Bedingungen schwächere Konkurrent erreichte gelegentlich Dichten, die es ihm ermöglichten, die andere Art zu verdrängen.

Tabelle 7.2: Konkurrenz zwischen *Tribolium confusum* und *T. castaneum* in verschiedenen Klimaten. (Nach Park 1954)
Eine Art wird stets verdrängt, wobei das Klima einen entscheidenden Einfluß hat. Bei mittleren Bedingungen ist der Ausgang allerding nur mit einer bestimmten Wahrscheinlichkeit und nicht definitiv vorherzusagen.

	Prozentsatz der Verdrängungen	
Klima	*T. confusum*	*T. castaneum*
feucht-warm	0	100
feucht-gemäßigt	14	86
feucht-kalt	71	29
trocken-warm	90	10
trocken-gemäßigt	87	13
trocken-kalt	100	0

7.5 Heterogenität, Kolonisation und Erstbesetzungskonkurrenz

Konkurrenz wird häufig durch eine heterogene, variable und unvorhersagbare Umwelt beeinflußt.

An dieser Stelle ist es nötig, zur Vorsicht zu mahnen. Bislang wurde in diesem Kapitel angenommen, daß die Umwelt hinreichend konstant ist und somit das Ergebnis von Konkurrenz auf der Konkurrenzstärke der beteiligten Arten beruht. Gewöhnlich ist die Umwelt jedoch ein Mosaik günstiger und ungünstiger Habitate, und einzelne Patches sind häufig nur vorübergehend verfügbar und in Raum und Zeit nicht vorhersagbar. Selbst wenn interspezifische Konkurrenz vorliegt, muß sie sich nicht unbedingt vollständig auswirken, denn Konkurrenzsysteme erreichen nicht notwendigerweise einen Gleichgewichtszustand, und überlegene Konkurrenten haben nicht immer die Zeit, unterlegene Arten zu verdrängen. Deshalb reicht ein Verständnis interspezifischer Konkurrenz alleine oft nicht aus. Häufig muß berücksichtigt werden, in welcher Weise Konkurrenz durch eine variable oder unvorhersagbare Umwelt beeinflußt wird. Dadurch ist auch die Geschwindigkeit von Belang, mit der ein Gleichgewichtszustand erreicht werden kann, und es spielen nicht nur die K- und α-Werte eine Rolle, sondern auch der r-Wert.

7.5.1 Unvorhersagbare Lücken: Der schwächere Konkurrent ist der bessere Besiedler

Opportunistische Arten besiedeln Lücken meist als erste, werden aber später oft von überlegenden Konkurrenten verdrängt.

Lücken unbesiedelten Raumes treten unvorhersagbar in vielen Umgebungen auf. Feuer, Erdrutsche und Blitzschläge können Lücken in Wäldern verursachen, hoher Seegang kann Lücken an der Küste schaffen und auch Räuber können Lücken erzeugen. Diese Lükken werden unweigerlich wiederbesiedelt, doch sind die Erstbesiedler nicht unbedingt am erfolgreichsten darin, andere Arten langfristig auszuschließen. Aber solange genügend häufig Lücken entstehen, ist es für eine **opportunistische Art** (*fugitive species*) möglich, mit einer konkurrenzstarken Art zu koexistieren. Die opportunistische Spezies tendiert dazu, Lücken als erste zu besiedeln und sich dort zu vermehren. Die andere Art wandert tendenziell langsamer in Lücken ein. Hat sie aber erst einmal damit begonnen, ist sie konkurrenzüberlegen und verdrängt die opportunistische Spezies schließlich aus diesen Lücken.

Dies wurde in quantitativer Weise in einem Simulationsmodell belegt, in dem die opportunistische Art durch eine annuelle Pflanze und die konkurrenzstarke Spezies durch eine mehrjährige Pflanze repräsentiert sind (Crawley und May 1987). Das Modell gehört zu einer wachsenden Zahl von Modellen, die räumliche und zeitliche Dynamik verbinden, indem sowohl Interaktionen innerhalb von Zellen als auch Bewegungen zwischen Zellen eines zweidimensionalen Rasters stattfinden (siehe auch Inghe 1989; Dytham 1994). In dem Modell kann jede Zelle entweder leer, durch ein einzelnes Individuum der annuellen oder durch einen Rameten der mehrjährigen Pflanze besetzt sein. In jeder „Generation" kann die mehrjährige Pflanze aus besetzten Zellen heraus in Nachbarzellen einwandern, ungeachtet der Tatsache, ob diese Zellen frei oder durch die annuelle Pflanze besiedelt sind (ein Zeichen ihrer Konkurrenzüberlegenheit). Doch können einzelne Rameten auch absterben. Die annuelle Pflanze kann jede freie Zelle kolonisieren, und zwar mit Hilfe zufällig verteilter „Samen", deren Menge ihre Abundanz widerspiegelt. Grob gesagt kann die annuelle Pflanze mit ihrem überlegenen Konkurrenten koexistieren, wenn das Produkt (cE^*) aus der Fekundität (c) der annuellen Pflanze und dem Anteil leerer Zellen (E^*) im Gleichgewichtszustand ausreichend groß ist (Abbildung 7.9).

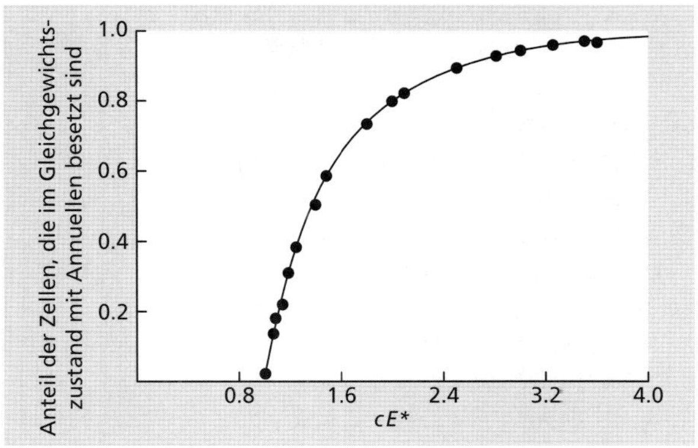

7.9 In einem zweidimensionalen Raster kann eine opportunistische annuelle Pflanze mit einer konkurrenzüberlegenen, mehrjährigen Pflanze koexistieren, wenn $cE^* > 1$ (wobei c die Fekundität der Annuellen ist und E^* der Anteil unbesetzter Zellen des Rasters im Gleichgewichtszustand). Der Anteil an Zellen, der mit Annuellen besetzt ist, steigt bei höheren Werten mit dem Faktor cE^*. (Nach Crawley und May 1987)

7.5.2 Unvorhersagbare Lücken: Die Erstbesetzung von Raum

Bei der Erstbesetzung von Lücken kann sich das Konkurrenzgewicht leicht zugunsten der ersten Art verschieben, auch wenn diese ansonsten konkurrenzschwächer ist – präventive Konkurrenz.

Wenn zwei Arten unter gleichen Voraussetzungen miteinander konkurrieren, ist das Ergebnis gewöhnlich vorhersagbar. Bei der Besiedlung von unbesetztem Raum sind die Bedingungen der Konkurrenz jedoch selten ausgewogen – man spricht in diesem Fall von **präventiver** oder **Erstbesetzungskonkurrenz** (*preemptive competition*). Individuen der einen Art kommen wahrscheinlich vor denen der anderen Spezies an oder keimen als erste aus der Samenbank aus. Das allein kann genügen, um das Konkurrenzgleichgewicht zugunsten der ersten Art zu verändern. Wenn der Raum in verschiedenen Lücken von unterschiedlichen Spezies zuerst besetzt wird, kann das Koexistenz ermöglichen, auch wenn unter ausgeglichenen Ausgangsbedingungen eine Art die andere stets verdrängen würde.

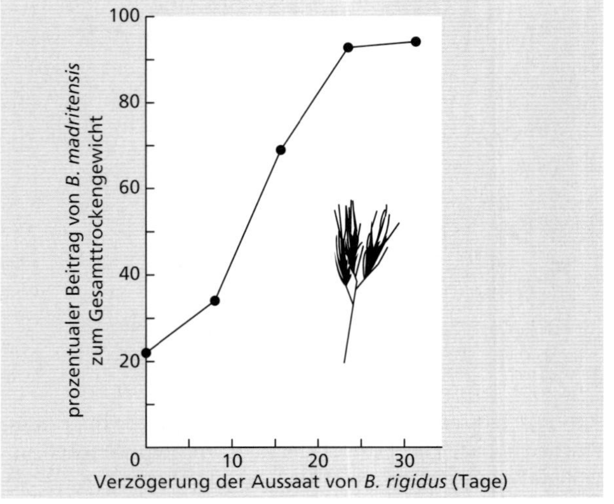

7.10 Der Effekt der zeitlichen Abfolge auf die Konkurrenz. Die Trespe *Bromus rigidus* trägt den überwiegenden Anteil zum Gesamttrockengewicht pro Topf nach 126 Tagen bei, wenn sie gleichzeitig mit *B. madritensis* gesät wird. Eine verzögerte Aussaat von *B. rigidus* führt jedoch zu einer Verringerung ihres Anteils. Der Gesamtertrag pro Topf bleibt davon unbeeinflußt. (Nach Harper 1961)

Abbildung 7.10 zeigt die Ergebnisse eines Konkurrenzexperiments mit zwei einjährigen Grasarten, der Mittelmeertrespe (*Bromus madritensis*) und der Steifen Trespe (*B. rigidus*), die gemeinsam auf Weideland in Kalifornien vorkommen (Harper 1961). Bei gleicher Samenmenge und gleichzeitiger Aussaat stellt *B. rigidus* den weitaus größten Teil der Biomasse der Pflanzen. Durch eine verzögerte Einsaat von *B. rigidus* verändert sich das Kräfteverhältnis jedoch deutlich zugunsten von *B. madritensis*. Es ist deshalb falsch, davon auszugehen, daß das Ergebnis der Konkurrenz immer durch die arteigene Konkurrenzkraft der beteiligten Spezies bestimmt wird. Selbst ein „unterlegener“ Konkurrent kann eine konkurrenzstarke Art verdrängen, wenn er genügend Vorsprung hat. Sofern es in einer sich verändernden oder unvorhersagbaren Umwelt zu wiederholten Besiedlungen kommt, wird Koexistenz möglich.

7.5.3 Fluktuierende Umwelten

Umweltveränderungen können Konkurrenzverhältnisse vor Erreichen eines Gleichgewichts verschieben.

Tatsächlich kann sich das Kräfteverhältnis zwischen konkurrierenden Arten ständig durch Umweltveränderungen verschieben und damit Koexistenz gefördert werden. Hutchinson (1961) versuchte mit diesem Argument das „Planktonparadoxon“ zu erklären. Das Paradoxon besteht darin, daß häufig zahlreiche planktische Algenarten in einer einfach strukturierten Umwelt mit wenig erkennbarer Gelegenheit zur Nischenbildung koexistieren. Hutchinson postulierte, daß sich die Umwelt ständig, vor allem saisonal verändere. Dadurch kann eine Umwelt, obwohl sie zu bestimmten Zeiten den Ausschluß einer Art fördert, diese begünstigen, bevor ihr Ausschluß erfolgt. Mit anderen Worten ist das Konkurrenzgleichgewicht nicht von besonderem Interesse, wenn die Umwelt sich verändert, bevor dieses Gleichgewicht erreicht werden kann. Da sich jede Umwelt verändert, sollten sich die Konkurrenzverhältnisse fortlaufend verschieben, und Koexistenz muß im allgemeinen mit Nischendifferenzen einhergehen, die in einer konstanten Umwelt zu Konkurrenzausschluß führen würden.

7.5.4 Ephemere Patches mit unvorhersagbarer Lebensdauer

Viele Lebensräume sind nicht nur variabel, sondern kurzlebig. Zu den typischen Beispielen gehören verwesende Kadaver, Dung, verrottende Früchte und Pilze sowie temporäre Tümpel. Aber auch ein Blatt oder eine annuelle Pflanze können als ephemere Patches angesehen werden, besonders, wenn ihr Konsument diese Ressource nur für kurze Zeit nutzen kann. Häufig haben solche ephemeren Patches eine unvorhersagbare Lebensdauer – ein Stück Frucht mit den darin lebenden Insekten kann zum Beispiel jederzeit von einem Vogel gefressen werden. In solchen Fällen kann man sich leicht die Koexistenz von zwei Arten vorstellen, wenn die konkurrenzunterlegene Spezies sich frühzeitig fortpflanzt.

7.5.5 Geklumpte Verteilungen

Bei geklumpter Verteilung beeinträchtigt ein überlegener Konkurrent vor allem seine Artgenossen und läßt Patches für unterlegene Spezies frei.

Eine subtileres, aber allgemeiner anwendbares Modell zur Koexistenz eines überlegenen mit einem unterlegenen Konkurrenten auf einer fleckenhaft verstreuten und ephemeren Ressource beruht auf der Idee, daß die zwei Arten unabhängig und geklumpt über die Patches verteilt sind. Eine solche **aggregative** oder **geklumpte Verteilung** (*aggregated distribution*) sollte zur Folge haben, daß die Konkurrenzkraft der überlegenen Art sich im wesentlichen gegen Angehörige der eigenen Spezies richtet (in dicht besetzten Patches) und durch ihre Aggregation viele Patches unbesetzt bleiben, in denen die unterlegene Art der Konkurrenz entgehen kann. Ein unterlegener Konkurrent sollte somit unter Bedingungen mit einer konkurrenzüberlegenen Spezies koexistieren können, unter denen er in einem unfragmentierten, homogenen Habitat verdrängt würde. Diese Annahme trifft auf jeden Fall in zahlreichen Modellen zu (Shorrocks et al. 1979; Hanski 1981; Atkinson und Shorrocks 1981; de Jong 1982; Ives und May 1985; Kreitman et al. 1992). Wie das Beispiel eines Simulationsmodells (Abbildung 7.11) zeigt, steigt die Dauerhaftigkeit der Koexistenz von Konkurrenten mit dem Grad der Aggregation (gemessen als Parameter *k* der negativ binomialen Verteilung), und die Koexistenz wird schließlich bei starker Aggregation permanent, ohne daß irgendeine Nischendifferenzierung vorliegt. Da viele Arten in der Natur aggregiert verteilt sind, dürften die Ergebnisse auf viele Organismen übertragbar sein.

Koexistenz hat hier zwar nichts mit Nischendifferenzierung zu tun, hängt jedoch mit einem anderen häufigen Phänomen zusammen – daß die intraspezifische Konkurrenz der Arten ausgeprägter ist als die interspezifische. Nischendifferenzierung ist ein Mechanismus, der dies bewirken kann; doch können zeitweilige Aggregationen zum selben Phänomen führen – sogar bei unterlegenen Konkurrenten.

Bei dem Versuch, die Übertragbarkeit der Modelle auf die Realität zu rechtfertigen, stellen sich zwei Fragen:

1) Sind Arten tatsächlich in einer Weise aggregiert, daß man ihre Verteilung bei allen Dichten durch denselben *k*-Wert beschreiben kann?
2) Ist es wahrscheinlich, daß die Verteilung zweier ähnlicher Arten über verfügbare Ressourcenpatches tatsächlich unabhängig ist?

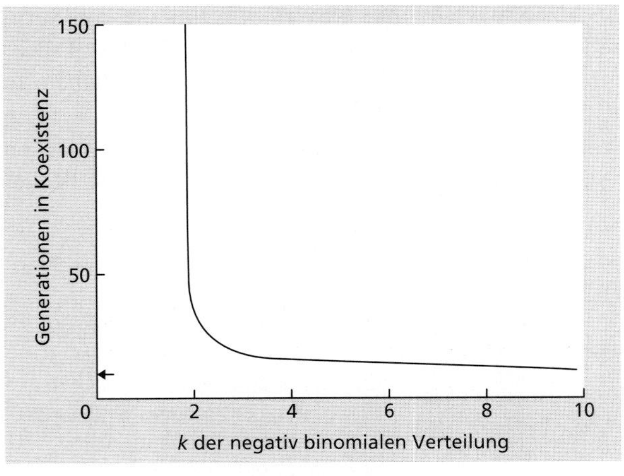

7.11 Wenn zwei Arten um eine kontinuierlich verteilte Ressource konkurrieren, verdrängt eine Spezies die andere nach etwa zehn Generationen (wie durch den Pfeil angezeigt). Konkurrieren dieselben Arten jedoch um eine fleckenhaft verteilte und ephemere Ressource, steigt die Anzahl der Generationen möglicher Koexistenz mit dem Grad der Aggregation der Konkurrenten, der durch den Parameter *k* der negativ binomialen Verteilung gemessen wird. Bei Werten von *k* über 5 liegt im wesentlichen eine zufällige Verteilung vor, während Werte unter 5 zunehmend geklumpte Verteilungen darstellen. (Nach Atkinson und Shorrocks 1981)

Diesen Fragen wurde anhand zahlreicher Datensätze von Dipteren, speziell Drosophiliden, für die ephemere Patches (Früchte, Pilze, Blumen und so weiter) als Ort der Eiablage und Larvenentwicklung dienen, nachgegangen. Bezüglich der ersten Frage kann gesagt werden, daß die Verteilung bei den meisten Arten hochgradig geklumpt und durch die negativ binomiale Verteilung gut beschreibbar ist, daß jedoch in der Regel der Grad der Aggregation bei höheren Dichten sinkt (*k* steigt) (Rosewell et al. 1990). Die Antwort auf die zweite Frage lautet, daß kein guter Nachweis für das Fehlen von Unabhängigkeit in den Aggregationen koexistierender Spezies vorliegt (Shorrocks et al. 1990; siehe auch Worthen und McGuire 1988). Darüber hinaus legen die Ergebnisse von Computersimulationen nahe, daß zwar eine positive Assoziation von Arten (das heißt eine Tendenz, in denselben Patches zu aggregieren) deren Koexistenz erschwert, daß jedoch der in den Untersuchungen gefundene Assoziations- und Aggregationsgrad im allgemeinen eine Koexistenz erlauben würde, während es in einem homogenen Lebensraum zum Konkurrenzausschluß käme (Shorrocks und Rosewell 1987).

Heterogenität – ob räumlich, zeitlich oder als individuelle Variabilität auftretend – wirkt im allgemeinen stabilisierend auf die Koexistenz von Konkurrenten.

Wiederholt haben wir in diesem Abschnitt gesehen, daß die Heterogenität des Lebensraums Koexistenz auch ohne erkennbare Nischendifferenzierung begünstigt. Eine realistische Betrachtung interspezifischer Konkurrenz muß deshalb berücksichtigen, daß sie sich nicht isoliert abspielt, sondern unter dem Einfluß und den Beschränkungen einer mosaikartigen, veränderlichen und unvorhersagbaren Umwelt. Abrams (1983) sowie Chesson und Case (1986) betrachten diesen Sachverhalt von einem stärker mathematischen Standpunkt aus. Darüber hinaus muß Heterogenität nicht zwangsläufig in der zeitlichen oder räumlichen Dimension auftreten, wie bisher diskutiert. Wie Begon und Wall (1987) zeigten, kann die Variabilität der individuellen Konkurrenzfähigkeit innerhalb einer Art ebenfalls zu stabiler Koexistenz führen. Und dies in Fällen, in denen ein nicht-variabler überlegener Konkurrent einen nicht-variablen unterlegenen Konkurrent verdrängen würde. Das bekräftigt ein Argument, das in diesem Lehrbuch immer wieder auftaucht: Heterogenität (räumlich, zeitlich oder in Form individueller Variabilität) kann einen stabilisierenden Einfluß auf ökologische Wechselbeziehungen haben.

7.6 Apparente Konkurrenz: Feindfreier Raum

Ein weiterer Grund, bei unserer Diskussion von Konkurrenz vorsichtig zu sein, ist die Existenz eines Phänomens, das Holt (1977, 1984) als **apparente Konkurrenz** bezeichnete und das auch als **Konkurrenz um feindfreien Raum** (Jeffries und Lawton 1984, 1985) bekannt ist.

Die apparente Konkurrenz um feindfreien Raum entspricht letztendlich der Ausbeutungskonkurrenz um eine limitierte Ressource.

Man stelle sich eine einzelne Räuberart vor, die zwei Beutearten nutzt. Beide Beutearten werden durch den Räuber geschädigt, während der Räuber von beiden Beutearten profitiert. Eine durch die Konsumption von Beute 1 erzielte Abundanzzunahme des Räubers steigert dessen negativen Effekt auf Beute 2. Dadurch übt Beute 1 einen indirekten, negativen Einfluß auf Beute 2 aus und umgekehrt. Diese Wechselbeziehungen sind in Abbildung 7.12c zusammengefaßt. Sie zeigt, daß vom Standpunkt der Beute aus die Interaktionen nicht von solchen zu unterscheiden sind, bei der zwei Arten durch Ausbeutungskonkurrenz auf indirekte Weise um eine begrenzte Ressource konkurrieren (Abbildung 7.12b). In diesem Fall scheint keine limitierende Ressource vorzuliegen, daher die Bezeichnung apparente Konkurrenz. Andererseits könnten wir feindfreien Raum als limitierende Ressource betrachten.

Beuteart 1 kann ihre Überlebenschancen im Habitat dadurch steigern, daß sie sich Angriffen des Räubers entzieht, der auch Beuteart 2 angreift. Das kann ihr gelingen, indem sie eine Nische besiedelt beziehungsweise eine Form oder ein Verhalten annimmt, das sich hinreichend von dem der Beute 2 unterscheidet. Kurz gesagt begünstigt Unterschiedlichkeit (das heißt Nischendifferenzierung) wieder einmal Koexistenz – aber in diesem Fall dadurch, daß apparente Konkurrenz oder Konkurrenz um feindfreien Raum vermindert wird.

Darüber hinaus gibt es noch mindestens eine weitere indirekte Wechselbeziehung zwischen zwei Spezies, die man unter dem Begriff der apparenten Konkurrenz zusammenfassen kann (Abbildung 7.12d). Hierbei beeinflussen sich die Arten 2 und 3 gegenseitig in negativer Weise, während die Arten 1 und 3 positive (mutualistische) Einflüsse aufeinander haben (siehe Kapitel 13). Art 1 und 2 beeinträchtigen indirekt, ohne eine gemeinsame Ressource zu besitzen oder durch einen gemeinsamen Räuber bedroht zu werden. Sie zeigen eine Form der apparenten Konkurrenz, konkurrieren jedoch nicht um feindfreien Raum (Connell 1990).

Apparente Konkurrenz wurde vereinzelt in der Natur nachgewiesen, kommt aber auch als Erklärung für frühere Konkurrenzunternehmungen in Frage.

Einer der wenigen experimentellen Belege für apparente Konkurrenz um feindfreien Raum stammt von zwei verschiedenen Beutegruppen, die auf felsigen Riffen vor Santa Catalina Island/Kalifornien unterhalb der Gezeitenzone vorkommen. Die erste Gruppe besteht aus drei mobilen Schneckenarten (den Kreiselschnecken *Tegula aureotincta* und *T. eiseni* sowie der Turbanschnecke *Astraea undosa*), die zweite umfaßt sessile Muscheln, deren dominanter Vertreter die Gienmuschel *Chama arcana* ist. Beide Gruppen dienen als Beutetiere für die Languste *Panulirus interruptus*, die Krake *Octopus bimaculatus* und die Wellhornschnecke *Kelletia kelletii*, auch wenn all diese Prädatoren eine deutliche Präferenz für Muscheln haben. In Riffgebieten mit großen Felsblöcken und -spalten waren Muscheln und Räuber häufig und Schnecken selten, während in Bereichen mit geringem Relief

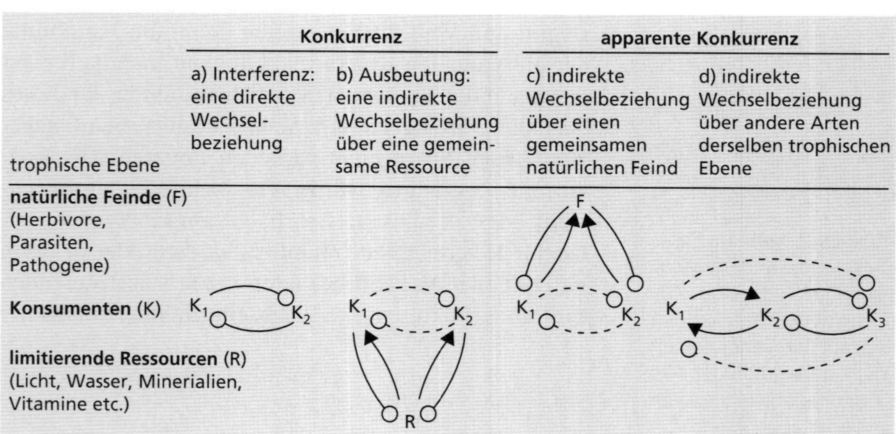

7.12 Dem Charakter nach sind die folgenden Wechselbeziehungen voneinander nicht unterscheidbar: a) Zwei Arten interagieren direkt miteinander (Interferenzkonkurrenz); b) zwei Arten konsumieren eine gemeinsame Ressource (Ausbeutungskonkurrenz); c) zwei Arten werden von einem gemeinsamen Räuber genutzt (apparente Konkurrenz um feindfreien Raum); und d) zwei Arten sind durch eine dritte miteinander verbunden, die mit der einen Art in einer mutualistischen Beziehung und mit der anderen in einer Konkurrenzbeziehung steht. Durchgezogene Linien stellen direkte, gestrichelte Linien indirekte Wechselbeziehungen dar; Pfeile zeigen positive Einflüsse, Kreise negative Einflüsse an. (Nach Holt 1984; Cornell 1990)

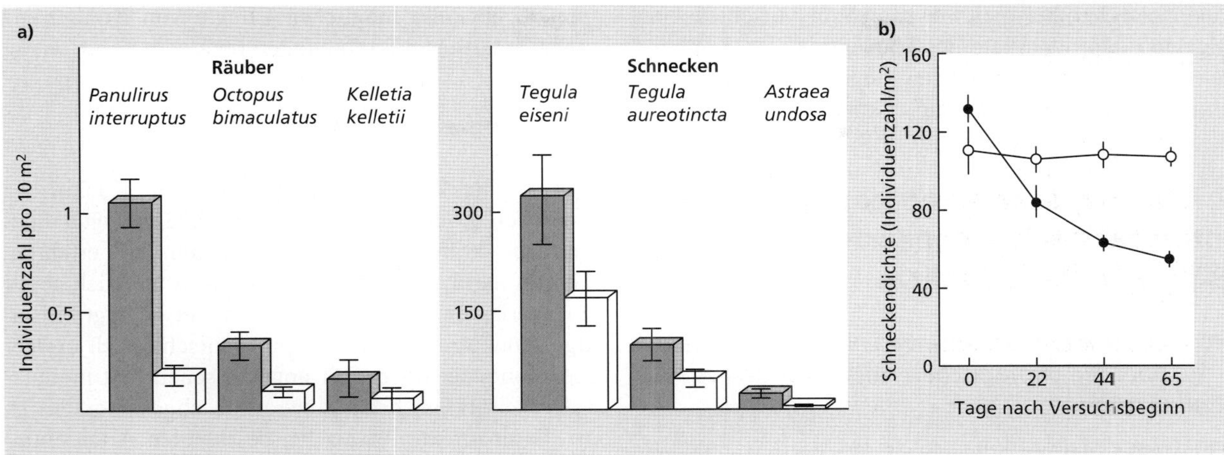

7.13 Ein Nachweis für apparente Konkurrenz um feindfreien Raum vor Santa Catalina Island/Kalifornien. a) Die Räuberdichte (Individuenzahl pro 10 m^2, mit Standardfehlern) und Mortalität der Schnecken (Anzahl der Schalen frisch getöteter Individuen) nahmen im Vergleich zu Kontrollen (helle Balken) zu, wenn Muscheln zu den von Schnecken dominierten Kieselfeldern hinzugefügt wurden (dunkle Balken). b) Das führte zu einer Abnahme der Schneckendichte (Dichte mit Standardfehler dargestellt). (Nach Schmitt 1987)

(„Kieselfeldern"), die keine Spalten enthielten, anscheinend keine Muscheln, wenige Räuber, aber viele Schnecken vorkamen (Schmitt 1987).

Die Dichte der beiden Beutegruppen war invers korreliert, doch bietet ihre Ernährungsbiologie wenig Anlaß zu der Vermutung, sie würden um eine gemeinsame Nahrungsressource konkurrieren. Wenn jedoch Muscheln experimentell in die Kieselfelder eingebracht wurden, stiegen dort die Anzahl der Räuber sowie die Mortalitätsraten der Schnecken (es wurde häufig beobachtet, daß sie von Langusten oder Kraken erbeutet wurden) und die Schneckendichte nahm ab (Abbildung 7.13). Eine experimentelle Manipulation der (mobilen) Schnecken war nicht möglich, doch enthielten Kieselfelder mit höheren Schneckendichten auch mehr Prädatoren als Bereiche niedriger Schneckendichte und führten bei den experimentell hinzugefügten Muscheln zu vergleichsweise erhöhten Mortalitätsraten (Schmitt 1987). Anscheinend haben die beiden Beutegruppen durch die gestiegene Zahl an Räubern und die damit einhergehende räuberinduzierte Mortalität negative Auswirkungen aufeinander.

Noch aufschlußreicher ist die Neubewertung, die Connell (1990) an einer großen Zahl von Freilandexperimenten zur Konkurrenz bei Pflanzen vornahm, die in zwei Übersichtsarbeiten (Connell 1983; Schoener 1983; siehe auch Kapitel 20) über Konkurrenz aufgeführt waren. In 50 von 54 Untersuchungen hatten die Autoren behauptet, konventionelle interspezifische Konkurrenz nachgewiesen zu haben. Eine genauere Betrachtung zeigte allerdings, daß in zahlreichen Fällen die erhobenen Daten nicht ausreichten, um zwischen konventioneller Konkurrenz und einer der Formen von apparenter Konkurrenz zu unterscheiden. In einigen Fällen lagen zwar solche Informationen vor, konnten aber auf unterschiedliche Weise gedeutet werden. So zeigt zum Beispiel eine Studie, daß das Entfernen von Beifußsträuchern (*Artemisia* spec.) an einem großen Standort in Arizona im Vergleich zu einer ungestörten Fläche beziehungsweise einer Fläche, auf der *Artemisia* von einem 3 m breiten Streifen entfernt worden war, zu einem stark erhöhten Wachstum bei 22 Arten von krautigen Pflanzen geführt hatte. Ursprünglich war dies so interpretiert worden, daß die krautigen Pflanzen von einer starken Ausbeutungskonkurrenz um Wasser befreit worden waren (Robertson 1947), doch litten sie auch unter einem erheblich geringeren Fraßdruck durch Hirsche, Nagetiere und Insekten, für die *Artemisia*-Sträucher nicht nur eine Nahrungsressource darstellen, sondern auch Schutz bieten. Das Ergebnis der Studie läßt sich also ebenso gut mit verminderter apparenter Konkurrenz erklären.

Es ist sehr wichtig, bei interspezifischer Konkurrenz zwischen Phänomenen und Mechanismus zu unterscheiden.

Dieses Beispiel unterstreicht, daß die weitgehende Mißachtung apparenter Konkurrenz in der Vergangenheit unberechtigt war, betont aber auch, daß es bei interspezifischer Konkurrenz wichtig ist, zwischen dem Phänomen und seinem Mechanismus zu unterscheiden. In der Vergangenheit wurde das Phänomen der Nischendifferenzierung und der Abundanzzunahme einer Art in Abwesenheit einer anderen Spezies zu schnell als Nachweis für Konkurrenz angesehen. Inzwischen haben wir gesehen, daß solche Phänomene durch ganz verschiedene Mechanismen erzeugt werden können, zwischen denen wir folglich unterscheiden sollten. Wir sollten jedoch nicht nur zwischen konventioneller und apparenter Konkurrenz differenzieren, sondern beispielsweise auch die verschiedenen Mechanismen innerhalb der konventionellen Konkurrenz spezifizieren. Auf diesen Punkt werden wir noch einmal in Abschnitt 7.10 zurückkommen.

7.7 Ökologische Auswirkungen interspezifischer Konkurrenz: Experimentelle Ansätze

Experimentelle Ansätze liefern Aufschlüsse über die ökologischen Auswirkungen von Konkurrenz.

Ungeachtet der grundlegenden Wechselbeziehungen zwischen Konkurrenz und Heterogenität der Umwelt und der Problematik um apparente Konkurrenz wurde der konventionellen Form der Konkurrenz große Aufmerksamkeit gewidmet. Wie wir bereits erwähnt haben, treten bei rein empirischen Befunden Schwierigkeiten bei der Interpretation auf. Deshalb ist bei vielen Untersuchungen über die ökologischen Auswirkungen von interspezifischer Konkurrenz ein experimenteller Ansatz gewählt worden (siehe Schoener 1983; Connell 1983; sowie Kapitel 20). Wir haben bereits Freilandexperimente mit experimentellen Eingriffen an Seepocken (Abschnitt 7.2.2) und Rohrkolben (Abschnitt 7.3) vorgestellt, in denen die Dichte einer Art oder sogar beider Arten verändert (in der Regel reduziert) worden war. Die Fekundität wie auch die Überlebensrate, die Abundanz oder die Ressourcennutzung der übriggebliebene Spezies waren dann überwacht und mit dem Zustand vor der Manipulation oder, was weitaus besser ist, mit einem vergleichbaren Kontrollstandort ohne irgendeine Manipulation verglichen worden. Solche Experimente haben durchweg wertvolle Informationen geliefert, sind aber charakteristischerweise mit einigen Organismentypen (zum Beispiel sessilen Organismen) leichter durchzuführen als mit anderen.

Die zweite Form experimenteller Befunde stammt aus Arbeiten, die unter künstlichen, kontrollierten Bedingungen (häufig im Labor) vorgenommen wurden. Und wiederum ist der springende Punkt im allgemeinen ein Vergleich zwischen den Reaktionen von Arten, die zum einen allein lebend und zum anderen kombiniert untersucht werden. Solche Experimente haben den Vorteil, daß sie vergleichsweise einfach auszuführen und zu kontrollieren sind; dafür haben sie aber zwei andere wichtige Nachteile. Der erste ist, daß die Arten unter Bedingungen untersucht werden, die sich von denen in ihrer natürlichen Umwelt unterscheiden. Der zweite Nachteil besteht in der Einfachheit der Umwelt: Sie kann eine Nischendifferenzierung ausschließen, weil bestimmte Nischenbestandteile fehlen, die dafür wichtig wären. Dennoch können auch diese Experimente nützliche Anhaltspunkte über die möglichen Effekte von Konkurrenz unter natürlichen Bedingungen liefern.

7.7.1 Langzeitexperimente

Der direkteste Weg, den Ausgang von Konkurrenz zwischen zwei Arten unter Laborbedingungen oder anderen kontrollierten Bedingungen zu erfahren, besteht darin, sie zusammenzubringen und sich selbst zu überlassen. Da aber selbst eine ausgeprägt einseitige Konkurrenzsituation sehr wahrscheinlich einiger Generationen (oder einer angemessenen Zeit modularen Wachstums) bedarf, bevor sie abgeschlossen ist, ist dieser direkte Ansatz bei bestimmten Arten einfacher anzuwenden und wurde darum auch häufiger benutzt. Besonders oft wurde er bei Insekten (wie bei der Reismehlkäferstudie in Abschnitt 7.4.3) und bei Mikroorganismen (wie bei der Untersuchung an *Paramecium*-Arten in Abschnitt 7.2.3) angewandt. Auch wenn es seltene Beispiele an höheren Pflanzen wie den Wasserpflanzen *Lemna polyrrhiza* (Vielwurzelige Teichlinse) und *Salvinia natans* (Gemeiner Schwimmfarn) (Clatworthy und Harper 1962) gibt, bleibt bestehen, daß weder höhere Pflanzen, noch Wirbeltiere oder große Wirbellose ohne weiteres für diesen Ansatz geeignet sind. Wir müssen uns darüber im klaren sein, daß dies unseren Eindruck über die Eigenschaften interspezifischer Konkurrenz verzerren kann.

7.7.2 Experimente mit nur einer Generation

In Anbetracht dieser Problematik bestand der alternative „Labor"-Versuch – besonders mit Pflanzen (obwohl diese Methoden hin und wieder auch bei Tieren angewandt wurden) – darin, Populationen nur über eine Generation zu verfolgen und damit „Input" und „Output" zu vergleichen.

Ersetzungsserien geben Einblicke in die Effekte veränderter Anteile konkurrierender Arten bei gleicher Gesamtdichte.

In sogenannten Substitutionsexperimenten wird untersucht, welchen Effekt die Veränderung der relativen Anteile der zwei beteiligten Arten hat, wobei die Gesamtdichte konstant gehalten wird (de Wit 1960). So werden bei einer Gesamtdichte von, angenommen, 200 Pflanzen, Serien verschiedener Mischungsverhältnisse angesetzt: 100 von Art A mit 100 von Art B, 150 A und 50 B, 0 A und 200 B und so weiter. Am Ende der Versuchszeit wird dann die Samenmenge oder die Biomasse jeder Art in der jeweiligen Mischung überprüft. Solche **Ersetzungsserien** können dann noch mit weiteren, anderen Gesamtdichten wiederholt werden. In der Praxis haben allerdings die meisten Forscher nur eine Gesamtdichte vorgegeben, was zu erheblicher Kritik am Versuchsansatz geführt hat.

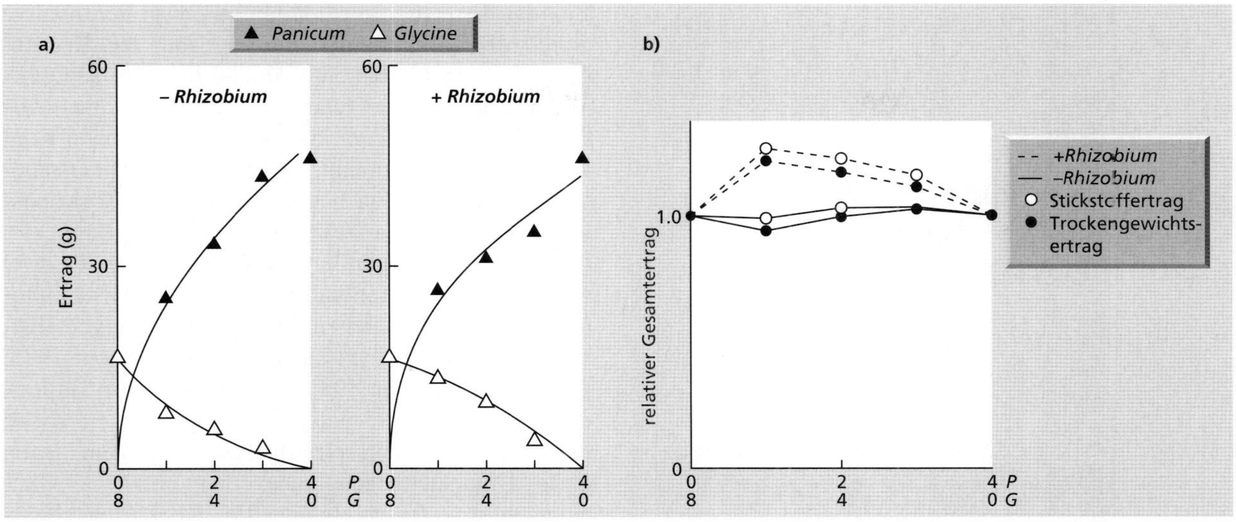

7.14 Ein Substitutionsexperiment zur interspezifischen Konkurrenz zwischen der Hirseart *Panicum maximum* (P) und der Leguminose *Glycine javanica* (G) bei Anwesenheit und Abwesenheit von *Rhizobium*: a) Ersetzungsdiagramm; b) relativer Gesamtertrag. (Nach de Wit et al. 1966)

Denn das bedeutet, daß sich die Auswirkungen von Konkurrenz über mehrere Generationen – wobei sich die Gesamtdichte ganz unvermeidbar verändern würde – nicht einmal vorhersagen lassen (siehe Firbank und Watkinson 1990).

Dennoch haben Ersetzungsserien (deren Analyse zum Beispiel in Harper (1977) sowie Begon und Mortimer (1986) besprochen wird) wertvollen Einblick in die Eigenheiten der interspezifischen Konkurrenz und die Faktoren, die ihr Ausmaß beeinflussen, ermöglicht (Firbank und Watkinson 1990). Eine frühe, einflußreiche Studie ist die von de Wit et al. (1966) über Konkurrenz zwischen der Hirseart *Panicum maximum* (auch als *Guinea javanica* bezeichnet) und der Leguminose *Glycine javanica*, die häufig zusammen auf australischen Weidegebieten vorkommen. *Panicum* bezieht seinen Stickstoff ausschließlich aus dem Boden, während *Glycine* einen Teil ihres Stickstoffbedarfs durch Stickstoffixierung aus der Luft über die Wurzelsymbiose mit dem Bakterium *Rhizobium* deckt (siehe Abschnitt 13.10.1). Die konkurrierenden Arten wurden in Ersetzungsserien mit und ohne Beimpfung mit *Rhizobium* angepflanzt. Die Ergebnisse sind in Abbildung 7.14 als Ersetzungsdiagramm wie auch als **relative Gesamterträge** (*relative yield total*) dargestellt. Der relative Ertrag einer Art in einem Gemisch ergibt sich aus dem Verhältnis von Ertrag in der Mischung zu Ertrag in Monokultur bei den Ersetzungsserien. Dadurch werden alle absoluten Unterschiede zwischen den Arten korrigiert und auf denselben Maßstab umgerechnet. Der relative Gesamtertrag einer bestimmten Mischkultur ist dann die Summe der beiden relativen Ertragswerte in der Mischung. Aus den Ersetzungsserien (Abbildung 7.15a) geht recht eindeutig hervor, daß es beiden Arten, insbesondere *Glycine*, in Anwesenheit von *Rhizobium* besser ergeht (sie waren weniger durch interspezifische Konkurrenz beeinträchtigt) als bei Abwesenheit. Noch deutlicher wird dieser Zusammenhang bei Betrachtung der relativen Gesamterträge (Abbildung 7.14b), die niemals signifikant von 1 abwichen, wenn *Rhizobium* fehlte, aber bei seiner Anwesenheit durchgängig 1 überschritten. Das legt nahe, daß eine Nischendifferenzierung ohne *Rhizobium* nicht möglich war (eine zweite Art war nur durch kompensatorische Verringerung der Produktion der ersten Spezies tragbar), jedoch bei seiner Anwesenheit aufgetreten ist (die Arten erzielten gemeinsam höhere Erträge als jeweils allein).

Bei additiven Versuchsansätzen wird die Dichte einer Art variiert.

Ein zweiter, sehr beliebter Ansatz war bisher der Einsatz eines additiven Versuchsaufbaus, bei dem eine Art (typischerweise eine Nutzpflanze) bei konstanter Dichte zusammen mit einer zweiten Spezies (typischerweise ein Unkraut) mit einem variierenden Dichtespektrum ausgesät wird. Gerechtfertigt wird dieses Vorgehen dadurch, daß es die natürliche Situation, (das Bedrängen einer Nutzpflanze durch ein Unkraut) nachahmt und so Informationen über die zu erwartenden Auswirkungen auf die Nutzpflanze bei unterschiedlichen Unkrautdichten liefert (siehe Cousens 1985; Firbank und Watkinson, 1990). Allerdings besteht ein Problem bei additiven Versuchen darin, daß die Gesamtdichte sowie das Artenverhältnis gleichzeitig verändert werden. Folglich erwies es sich als schwierig, die Wirkung des Unkrauts selbst auf den Nutzpflanzenertrag von dem bloßen Effekt zunehmender Gesamtdichte (Nutzpflanze plus Unkraut) zu

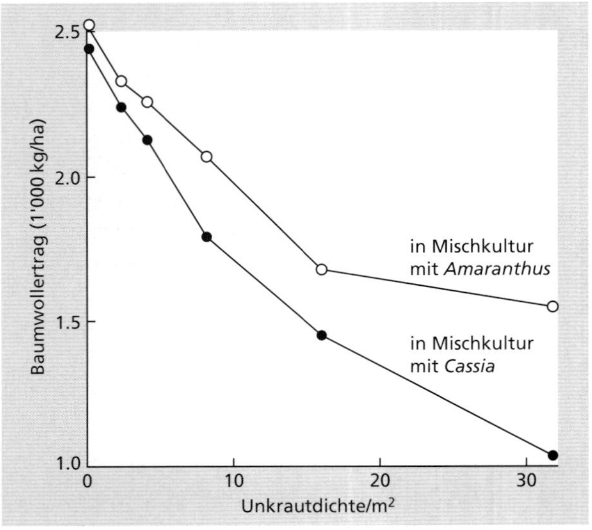

7.15 Ein Konkurrenzexperiment mit additivem Versuchsansatz: Der Ertrag von Baumwolle aus Beständen mit konstanter Dichte, die von Unkrautarten (*Cassia obtusifolia* oder *Amaranthus retroflexus*) in unterschiedlich vorgegebenen Dichten besiedelt wurden. (Nach Buchanan et al. 1980)

trennen. Ein Beispiel hierzu ist in Abbildung 7.15 dargestellt; es beschreibt die Auswirkungen von Konkurrenz durch zwei Unkrautarten, die Kassie *Cassia obtusifolia* und den Fuchsschwanz *Amaranthus retroflexus* auf die Baumwollernte in Alabama/USA (Buchanan et al. 1980). Mit dem Ansteigen der Unkrautdichte nahm der Baumwollertrag ab. Dieser Effekt von interspezifischer Konkurrenz war mit *Cassia* durchweg ausgeprägter als mit *Amaranthus*.

Bei Reaktionsoberflächenanalysen sind Dichten und relative Häufigkeit in Mischkulturen unterschiedlich und erlauben Vorhersagen über viele Generationen.

Bei der Ersetzungsmethode wird zwar der relative Anteil der Konkurrenten variiert, aber die Gesamtdichte konstant gehalten, während bei dem additiven Versuchsansatz die relative Häufigkeit sowie die Gesamtdichte variieren, da die Dichte des einen Konkurrenten konstant bleibt. So ist es wohl nicht erstaunlich und durchaus zu begrüßen, daß eine **Reaktionsoberflächenanalyse** (*response surface analysis*) vorgeschlagen und eingeführt wurde. Dabei werden zwei Arten sowohl in Monokultur als auch in Mischkulturen mit unterschiedlichen Dichten und relativen Häufigkeiten gehalten (Firbank und Watkinson 1985; Law und Watkinson 1987 (Abbildung 7.16); Bullock et al. 1994b (wobei jedoch die letzte Arbeit Klone derselben Art eingesetzt hatte)). Insgesamt legen diese Untersuchungen nahe, daß nützliche Gleichungen zur Beschreibung des Konkurrenzeffekts von einer Art (B) auf eine andere Art (A) wie folgt lauten:

für Mortalität:

$$N_A = N_{i,A}(1 + m(N_{i,A} + \beta N_{i,B}))^{-1}, \qquad (7.16)$$

für Fekundität:

$$Y_A = N_A R_A (1 + a(N_A + \alpha N_B))^{-b}. \qquad (7.17)$$

Beide können als verwandt mit Gleichung 6.18 (siehe Abschnitt 6.8.1 – ein grundlegendes Modell zur intraspezifischen Konkurrenz) und Gleichung 7.3 (siehe Abschnitt 7.4.1 – Einbeziehung von interspezifischer Konkurrenz in die logistische Gleichung) angesehen werden. So ergibt sich, daß $N_{i,A}$ und $N_{i,B}$ die ursprünglichen Individuenzahlen der Arten A und B sind; N_A und N_B sind die Individuenzahlen der Arten A und B nach Mortalität; Y_A ist der Ertrag (Samen oder Biomasse) von Spezies A; m und a beschreiben die Empfindlichkeit gegenüber hohen Dichten; β und α sind Konkurrenzkoeffizienten; R_A ist die basale Reproduktionsrate von Art A (und somit ist $N_A R_A$

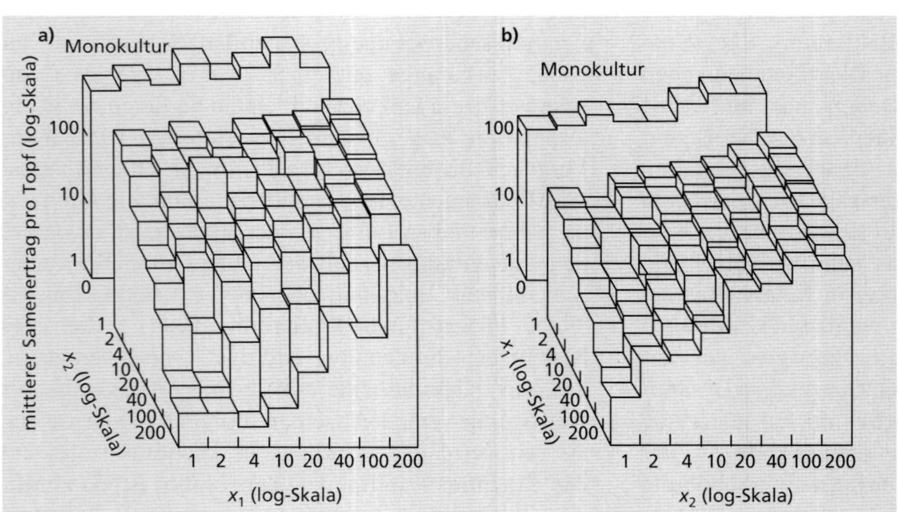

7.16 Die Reaktionsoberfläche bei Konkurrenz, dargestellt am Samenertrag pro Pflanze (beziehungsweise pro Topf), zwischen a) Sandlieschgras (*Phleum arenarium*) und b) dem Fuchsschwingel *Vulpia fasciculata* bei Aussaat als Monokultur und als Mischkultur bei verschiedenen Dichten und relativen Häufigkeiten. (Nach Law und Watkinson 1987)

der Ertrag ohne Konkurrenz) und *b* bestimmt die Form der Dichteabhängigkeit (für die Mortalität wird b = 1 angenommen – vollständige Kompensation). Daten, wie sie in Abbildung 7.16 gezeigt sind, die an einer einzigen Generation gewonnen wurden, können nun dazu dienen, in die Parameter der Gleichungen 7.16 und 7.17 Zahlenwerte einzusetzen (mit Hilfe eines Computerprogramms). Die Gleichungen können umgekehrt benutzt werden, das Ergebnis einer über viele Generationen angenommenen Konkurrenzsituation zwischen zwei Arten vorherzusagen. Genau das ist weder mit ersetzenden, noch mit additiven Versuchsmethoden allein möglich.

Andererseits stellten Law und Watkinson (1987) fest, daß sie eine verbesserte Anpassung an ihre Reaktionsoberflächen erhalten können – insbesondere für eine ihrer Arten – wenn sie eine Gleichung einsetzten, bei der die Konkurrenzkoeffizienten nicht fixiert waren, sondern mit der Häufigkeit sowie der Dichte variierten – wobei allerdings die Bedeutung hinsichtlich des Verhaltens der Pflanzen nicht klar ist. So zeigen zwar die Analysen der Reaktionsoberflächen die möglichen komplexen Zusammenhänge bei Interaktionen zwischen konkurrierenden Arten auf, aber sie zeigen ebenso, daß ein Kennen oder Vorhersagen von dynamischen Folgen nur ein Teil des Ganzen ist. Es kann auch notwendig sein, die dem Geschehen zugrundeliegenden Mechanismen zu verstehen (siehe Abschnitt 7.10).

7.8 Evolutionäre Effekte von interspezifischer Konkurrenz

7.8.1 Experimente der Natur

Sympatrische und allopatrische Arten sind gleichermaßen „natürliche Experimente", die Informationen über die evolutionären Auswirkungen von interspezifischer Konkurrenz liefern.

Wie wir gesehen haben, wird interspezifische Konkurrenz in der Regel von einem Experimentator durch den Vergleich von Arten alleine und in Kombination studiert. Auch die Natur liefert uns oft solche Informationen: Einige potentiell miteinander konkurrierende Arten sind derart verteilt, daß sie teils gemeinsam (**sympatrisch**) und teils allein (**allopatrisch**) vorkommen. Diese „natürlichen Experimente" können zusätzlich Aufschluß über zwischenartliche Konkurrenz ergeben, insbesondere über ihre evolutionären Auswirkungen, da die Unterschiede zwischen sympatrischen und allopatrischen Arten häufig schon sehr lange bestehen. Die Vorzüge dieser natürlichen Experimente bestehen zuallererst darin, daß sie tatsächlich natürlich sind – sie betreffen Organismen, die in ihrem natürlichen Habitat leben –, und zweitens, daß ihre „Durchführung" ganz einfach im Beobachten besteht – weder schwierige noch unpraktikable experimentelle Eingriffe sind erforderlich. Sie haben jedoch den Nachteil, daß echte „experimentelle" sowie „Kontroll"-Populationen fehlen. Im Idealfall sollte es nur einen Unterschied zwischen den Populationen geben: Das Vorhandensein oder Fehlen einer konkurrierenden Art. Unter natürlichen Bedingungen unterscheiden sich Populationen aber typischerweise auch in anderen Parametern, allein schon, indem sie an verschiedenen Orten vorkommen. Interpretationen der natürlichen Experimente sollten deshalb immer mit großer Vorsicht erfolgen.

Konkurrenzentlastung und Kontrastbetonung oder Merkmalsverschiebung sind Nachweise für Konkurrenz in natürlichen Experimenten.

Nachweise für Konkurrenz ergeben sich aus natürlichen Experimenten entweder durch Nischenexpansion bei Abwesenheit eines Konkurrenten – bekannt als **ökologische** oder **Konkurrenzentlastung** (*competitive release*) – oder einfach aus einem Unterschied in der realisierten Nische einer Art zwischen sympatrischen und allopatrischen Populationen. Wenn solch ein Unterschied noch mit morphologischen Veränderungen einhergeht, nennt man diesen Effekt **Kontrastbetonung** oder **Merkmalsverschiebung** (*character displacement*). Andererseits sind wahrscheinlich morphologische, physiologische und Verhaltensmerkmale alle gleichermaßen an Konkurrenzbeziehungen beteiligt und damit ein Spiegelbild der realisierten Nische einer Art. Eine Einschränkung kann sein, daß morphologische Unterschiede am offensichtlichsten das Ergebnis evolutionärer Veränderungen sind: Wie wir noch sehen werden, unterliegen allerdings physiologische und Verhaltensmerkmale ebenfalls einer „kompetitiven Auseinanderentwicklung" (*competitive displacement*).

Ein Beispiel für natürliche Konkurrenzentlastung bietet die Untersuchung an zwei Rennmausarten, die in den Küstendünen Israels leben (Abramsky und Sellah 1982). Im Norden Israels trennt der seewärts gerichtete Ausläufer der Mt. Carmel-Bergkette den schmalen Küstenstreifen in zwei isolierte Gebiete, ein nördliches und ein südliches. *Meriones tristrami* ist eine Rennmaus, die Israel vom Norden her besiedelt hat und jetzt entlang der gesamten Küste, einschließlich der Teile nördlich und südlich des Mt. Carmel, in Verbindung mit den Dünen vorkommt. *Gerbillus allenbyi* ist eine andere Rennmausart, die auch die Dünen bewohnt und ähnliche Samen wie *M. tristrami* frißt, Israel aber vom Süden her besiedelt und das Mt. Carmel-Gebirge nie überwunden hat. Im Norden der Bergkette, wo *M. tristrami* alleine vorkommt, lebt diese Rennmaus auf Sand wie auch auf allen anderen Bodentypen. Südlich der Bergkette besiedelt sie verschiedene Bodentypen, allerdings nicht die küstennahen Sanddünen; hier ist ausschließlich *G. allenbyi* anzutreffen.

Dies scheint ein Fall von Konkurrenzausschluß und Konkurrenzentlastung zu sein: Ausschluß von *M. tristrami* aus dem Sandbereich südlich des Mt. Carmel durch *G. allenbyi* und eine Konkurrenzentlastung von *M. tristrami* im Norden. Ist das nun ein aktueller Konkurrenzausschluß oder ein evolutionärer Effekt? Um diese Frage zu klären, haben Abramsky und Sellah eine Reihe des Probeflächen südlich vom Mt. Carmel eingerichtet, von denen sie *G. allenbyi* vorher entfernen, und verglichen sodann die Dichte von *M. tristrami* auf diesen Flächen mit einer Reihe ähnlicher Kontrollflächen. Sie kontrollierten diese Flächen ein Jahr lang, aber die Dichte von *M. tristrami* blieb im wesentlichen unverändert. Offenbar hat sich südlich vom Mt. Carmel bei *M. tristami* die Habitatwahl evolutionär so verändert, daß eine Konkurrenz mit *G. allenbyi* vermieden wird. Sogar in Abwesenheit von *G. allenbyi* wird diese genetisch fixierte Präferenz beibehalten. Aber wie immer sollte bedacht werden, daß diese Interpretation, da sie den Geist vergangener Konkurrenz beschwört, zwar begründet und vernünftig ist, sich aber nicht auf feststehende Fakten gründet.

Ein möglicher Fall von morphologischer Kontrastbetonung ergibt sich aus der Untersuchung über die samenfressende Ernteameise *Veromessor pergandei* in verschiedenen Wüstengebieten im Südwesten der USA (Davidson 1978). Nahrung (das heißt hier Samen) kann eine wichtige limitierende Ressource für diese Ameisen sein (Brown und Davidson 1977), wobei verschiedene Ameisenarten sich entsprechend ihrer eigenen Körpergröße auf verschiedene Samengrößen spezialisieren (Davidson 1977). Davidson hat im Fall von *V. pergandei* die Mandibellänge und deren Variabilität bei nahrungssuchenden Arbeiterinnen untersucht. Wie Abbildung 7.17a zeigt, nahm die Variabilität signifikant ab, wenn gleichzeitig die Diversität möglicher Konkurrenten an verschiedenen Standorten zunahm. Anders ausgedrückt ist *V. pergandei* an jenen Orten, an denen zwischenartliche Konkurrenz am wahrscheinlichsten ist, ein ausgeprägterer Größenspezialist. Dies ergibt sich ebenfalls aus Abbildung 7.17b, die zudem vermuten läßt, daß auch noch die Größe der Arbeiterinnen selbst von Standort zu Standort insofern variiert, als *V. pergandei* die Tendenz zeigt, sich in der Größe von anderen mit ihr koexistierenden Arten zu unterscheiden. Genau diese morphologische Differenzierung bei Anwesenheit von möglichen Konkurrenten bezeichnet man als Kontrastbetonung. Daraus läßt sich folgern, daß solche Arbeiterinnen von *V. pergandei* selektiert worden sind, die sich signifikant in der Größe von Individuen koexistierender Spezies unterscheiden, so daß eine Ressourcenaufteilung (unterschiedlich große Ameisen fressen unterschiedlich große Samen) sowie die Koexistenz von möglichen Konkurrenten entstehen können.

Ein weiteres Beispiel beschäftigt sich mit Populationen des ursprünglich marinen Dreistacheligen Stichlings (*Gasterosteus aculeatus*), die in den Süßwasserseen von British Columbia/Kanada leben. Offenbar sind sie entweder vor ungefähr 12 500 Jahren, nachdem sich die Landmassen durch das Abschmelzen der eiszeitlichen Gletscher anhoben, oder nach dem daran anschließenden Anstieg und Absinken der Meeresspiegel vor rund 11 000 Jahren zurückgeblieben (Schluter und McPhail 1992, 1993). Als Folge dieser zweifachen Einwanderung, beherbergen einige Seen zwei Arten von *G. aculeatus* (allerdings sind ihnen bis heute noch keine eigenen wissenschaftlichen Namen gegeben worden), während in anderen wiederum nur eine Spezies lebt. Wo immer zwei Arten

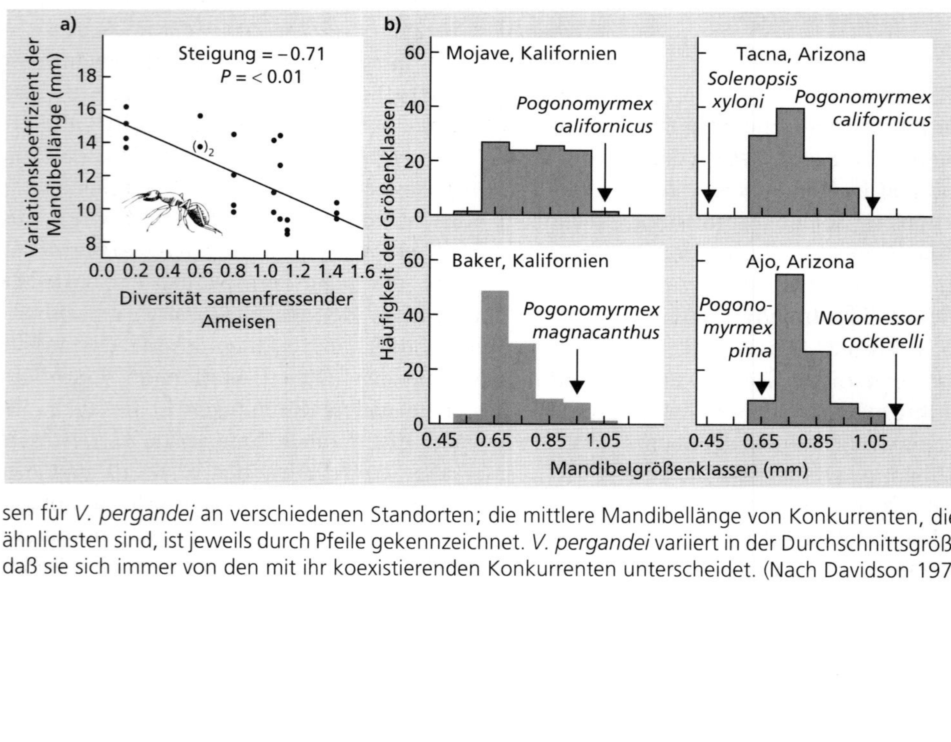

7.17 Kontrastbetonung oder Merkmalsverschiebung. a) Der Zusammenhang zwischen dem Variationskoeffizienten (V) für die Mandibellänge innerhalb von Kolonien der Ernteameise *Veromessor pergandei* und der Artendiversität samenfressender Ameisen im gleichen Habitat. *V. pergandei* ist dort am variabelsten, wo es die wenigsten Konkurrenten gibt. b) Einige Häufigkeitsverteilungen von Mandibelgrößenklassen für *V. pergandei* an verschiedenen Standorten; die mittlere Mandibellänge von Konkurrenten, die bezüglich der Größe am ähnlichsten sind, ist jeweils durch Pfeile gekennzeichnet. *V. pergandei* variiert in der Durchschnittsgröße von Standort zu Standort, so daß sie sich immer von den mit ihr koexistierenden Konkurrenten unterscheidet. (Nach Davidson 1978)

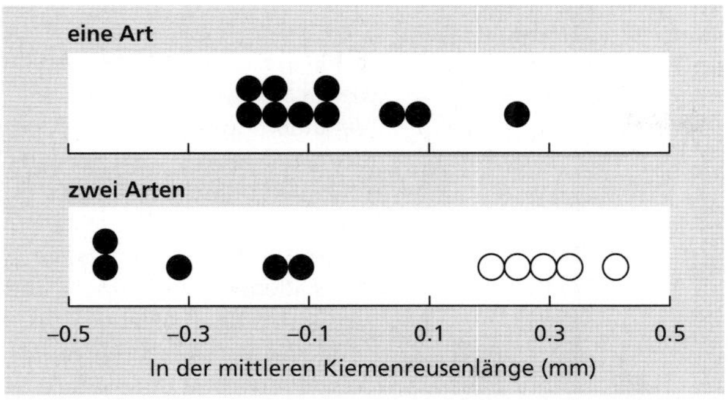

7.18 Merkmalsverschiebung beim Dreistacheligen Stichling (*Gasterosteus aculeatus*). In kleinen Seen der Küstenregion von British Columbia/Kanada, in denen zwei Stichlingsarten vorkommen (untere Darstellung), sind die Kiemenreusen der benthischen Art (●) signifikant kürzer als die der pelagisch lebenden Spezies (○), während diejenigen Stichlingsarten, die vergleichbare Seen allein bewohnen (obere Darstellung), in dem Längenmerkmal intermediär sind. Die Länge der Kiemenreusen wurden in bezug auf die unterschiedlichen Körpergrößen der Arten korrigiert. (Nach Schluter und McPhail 1993)

auftreten, ist die eine durchweg pelagisch und die andere immer benthisch. Erstere konzentriert ihre Nahrungsaufnahme auf Plankton im offenen Wasser und hat dementsprechend lange (und eng angeordnete, zahlreiche) Kiemenreusen, die das Plankton aus dem aufgenommenen Wasserstrom seihen. Die zweite Art hat sehr viel kürzere Kiemensiebe und beschränkt sich auf größere Beute, die sie vorwiegend von der Vegetation oder aus dem Sediment aufnimmt (Abbildung 7.18). Immer wenn nur eine Spezies pro See vorkommt, nutzt diese jedoch beide Nahrungsquellen und besitzt morphologisch intermediäre Merkmale (Abbildung 7.18). Vermutlich hat sich seit der zweiten Einwanderung entweder eine ökologische Merkmalsverschiebung entwickelt und damit die Koexistenz dieser Artenpaare unterstützt, oder sie war eine notwendige Voraussetzung für eine erfolgreiche Etablierung der zweiten Invasion (siehe auch Abschnitt 20.4.2).

Trotz ihrer Eindringlichkeit und Plausibilität sind gute Beispiele für Merkmalsverschiebung schwer zu finden (Connell 1980; Arthur 1982; Taper und Case 1994), wobei ein Beispiel über Schnauzen- oder Wattschnecken (Fenchel 1975) als beinahe exemplarisch galt: Dabei wurden die durchschnittlichen Gehäuselängen der beiden Arten *Hydrobia ulvae* (Wattschnecke) und *H. ventrosa* (Bauchige Wattschnecke) an verschiedenen Standorten erfaßt. Wenn sie jeweils alleine leben, sind sie ähnlich groß; kommen sie jedoch gemeinsam vor, unterscheiden sie sich in ihrer Größe. Aber sogar dieses geradezu klassische Beispiel wird inzwischen ernsthaft in Frage gestellt (zum Beispiel bei Cherrill und James 1987; Cherrill 1988; Fenchel 1988; Saloniemi 1993). Im einzelnen zeigte sich, daß in Großbritannien wie auch in Finnland das sympatrische und das allopatrische Habitat nicht gleich sind: *H. ulvae* und *H. ventrosa* koexistieren in Wasserbereichen, die selten durch Tidenaktivität beeinflußt werden. Alleine kommt *H. ulvae* in relativ exponierten Wattbereichen und Salzmarschen vor, während *H. ventrosa* in Lagunen und Tümpeln lebt, die nicht von den Gezeiten betroffen sind. Außerdem wird *H. ulvae* in weniger von den Tiden bestimmten Habitaten größer, hingegen kann *H. ventrosa* in solchem Habitat schlechter wachsen – zumindest in Finnland. Diese Tatsache allein kann schon die Größenunterschiede zwischen sympatrisch und allopatrisch vorkommenden Individuen dieser Arten erklären und verdeutlicht das Hauptproblem von natürlichen Experimenten wie diesen, die Merkmalsverschiebung zu beweisen scheinen: Sympatrische und allopatrische Populationen können unter unterschiedlichen Umweltbedingungen vorkommen, die der Beobachter nicht kontrollieren kann. Und somit können es die Umweltunterschiede und nicht die Konkurrenz sein, die zu einer Kontrastbetonung führten.

7.8.2 Experimentieren mit Experimenten der Natur

Wie wir bereits bei den Rennmäusen gesehen haben, können manchmal aber gerade natürliche Experimente selbst eine Gelegenheit bieten, weitere – noch dazu informativere – experimentelle Eingriffe vorzunehmen. Ein solcher Fall findet sich beim Weißklee (*Trifolium repens*), bei dem man eine Nischenseparation als Folge seiner Konkurrenz mit Englischem Raygras (*Lolium perenne*) vermutete (Turkington und Mehrhoff 1990). Der Weißklee wurde an zwei Standorten untersucht: Auf dem einen erreichte er eine Bodenbedeckung von 48 %, während die Bedeckung bei dem Gras 96 % betrug (ein „Zwei-Arten"-Standort); am zweiten Standort erreichte der Klee 40 % Bodenbedekkung im Gegensatz zu lediglich 4 % bei *L. perenne* (effektiv ein „Nur-Klee"-Standort). Insgesamt wurden drei Umpflanzungsversuche (an den anderen Standort) und drei Rückpflanzungen (zurück an den ursprünglichen Platz) durchgeführt, wie in Abbildung 7.19a (mit Numerierung) beschrieben ist. *T. repens* wurde von beiden Standorten entnommen und wie folgt gepflanzt: 1) an Stellen des Zwei-Arten-Standortes, die völlig von *T. repens* befreit worden waren; 2) an Stellen des Zwei-Arten-Standortes, an denen sowohl *T. repens* als auch *L. perenne* entfernt worden waren, sowie 3) an Stellen des Nur-Klee-Standortes, die von *T. repens* befreit worden waren. Der Grad kompetitiver Unterdrückung oder Entlastung wurde über den Umfang des Wachstums, das bei den verschiedenen Pflanzungen von *T. repens* erreicht wurde, bestimmt. Daraus wurde dann der Evolutionsgrad der Nischenseparation abgeleitet, die bei *T. repens* zwischen Pflan-

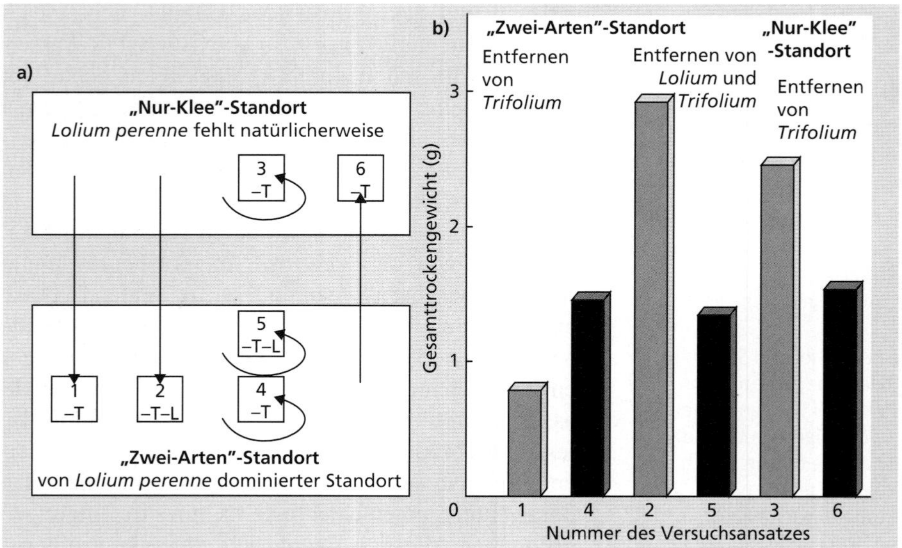

7.19 a) Ein experimenteller Versuchsansatz, evolutionäre Veränderungen beim Weißklee (*Trifolium repens*; T) in Konkurrenz mit Englischem Raygras (*Lolium perenne*; L) zu testen. Dabei wurden lokal ansässige Populationen von *T. repens* und teils auch von *L. perenne* entfernt. Die Verpflanzung von *Trifolium repens* ist durch Pfeile angezeigt (die Pfeilbasis entspricht dem Entnahmeort, die Pfeilspitze dem Ort, an den um- beziehungsweise zurückgepflanzt wurde). Die Numerierung der Ansätze erfolgte in Übereinstimmung mit der Verwendung von Connell (1980). b) Die Ergebnisse des Experiments ausgedrückt als Gesamttrockengewicht, das von *T. repens* in der jeweiligen Parzelle in den verschiedenen Ansätzen erzielt wurde. Signifikanzniveaus für die Vergleiche zwischen den Paaren der jeweiligen Ansätze sind im Text angegeben. (Nach Turkington und Mehrhoff 1990)

zen vom Nur-Klee-Standort und vom Zwei-Arten-Standort beziehungsweise zwischen *T. repens* und *L. perenne* entstanden war.

Die vom Zwei-Arten-Standort stammende Population von *T. repens*, schien sich tatsächlich anders eingenischt zu haben als die *L. perenne*-Population, mit der sie koexistierte (und mit der sie sonst stark konkurriert hätte); außerdem hat sie sich von der Population des Nur-Klee-Standortes wegentwickelt (Abbildung 7.19b). Die Individuen von *T. repens*, die auf den von *T. repens* befreiten Zwei-Arten-Standort wieder zurückgepflanzt wurden, wuchsen besser als transplantierte Pflanzen vom Nur-Klee-Standort (Versuchsansatz 1 und 4, Abbildung 7.19b; $P = 0.086$, fast signifikant). Das legt nahe, daß die Pflanzen vom Nur-Klee-Standort stärker mit dem ansässigen Gras *L. perenne*, konkurrierten. Das zusätzliche Entfernen von *L. perenne* bewirkte bei den Pflanzen von *T. repens* vom Zwei-Arten-Standort keinen Unterschied (Ansatz 4 und 5; $P > 0.9$), führte jedoch bei Individuen vom Nur-Klee-Standort zu einem enormen Anstieg ihres Wachstums (Ansatz 1 und 2; $P < 0.005$). Außerdem wuchs der Klee vom Nur-Klee-Standort unter diesen Bedingungen deutlich besser als der des Zwei-Arten-Standortes (Ansatz 2 und 5; $P < 0.05$). All das läßt vermuten, daß allein die Pflanzen des Nur-Klee-Standortes bei Abwesenheit von *L. perenne* eine Konkurrenzentlastung erfahren. Schließlich wuchsen auf dem Nur-Klee-Standort die Kleepflanzen des Zwei-Arten-Standortes nicht besser als an ihrem ursprünglichen Standort (Ansatz 4 und 6; $P > 0.7$), wohingegen Pflanzen des Nur-Klee-Standortes dort erheblich besser gediehen als auf dem Zwei-Arten Standort in Anwesenheit des Grases (Ansatz 1 und 3; $P < 0.05$). Daraus folgt, daß die Weißkleepopulation vom Zwei-Arten-Standort kaum mit dem koexisierenden Raygras konkurriert, während die Population vom Nur-Klee-Standort es tun würde – was sich bestätigt, wenn man sie an den Zwei-Arten-Standort verpflanzt.

7.8.3 Selektionsexperimente

Direkte Belege für evolutionäre Effekte von Konkurrenz sind selten.

Der direkteste Weg, evolutionäre Auswirkungen von Konkurrenz zwischen einem konkurrierenden Artenpaar nachzuweisen, ist das Auslösen genau dieser Effekte durch einen Experimentator; man legt den Selektionsdruck (Konkurrenz) fest und beobachtet das Ergebnis. Es mag überraschen, daß es bisher nur sehr wenige erfolgreiche derartige Versuche gegeben hat (Arthur 1982). In einigen Fällen hat eine Art auf einen von einer zweiten, konkurrierenden Spezies ausgeübten Selektionsdruck reagiert, indem sie offenbar ihre Konkurrenzkraft im Sinne einer Häufigkeitszunahme innerhalb einer gemeinsamen „Population" erhöht hat. Ein Beispiel hierzu an zwei *Drosophila*-Arten ist in Abbildung 7.20 dargestellt. Solche Ergebnisse sagen nun allerdings nichts darüber aus, auf welche Weise die so augenfälligen Zunahmen erzielt wurden (ob sie zum Beispiel das Ergebnis einer Nischendiffenzierung waren).

Individuen des Rotbraunen Reismehlkäfers (*Tribolium castaneum*) zeigen eine um so stärkere Neigung, Amerikanische Reismehlkäfer (*T. confusum*) statt Mitglieder der eigenen Art anzugreifen (siehe Abschnitt 7.4.3), je größer der Anteil von *T. confusum* in den

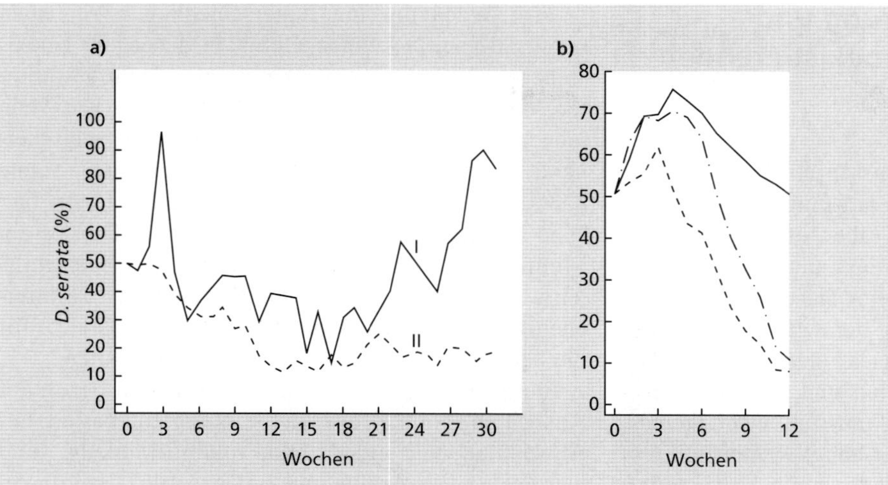

7.20 Offensichtliche Evolution der Konkurrenzkraft bei der Taufliege *Drosophila serrata*. a) Von zwei Versuchspopulationen, die mit *D. nebulosa* koexistierten (und konkurrierten), nahm die eine (I) nach der 20. Woche entscheidend in der Häufigkeit zu. b) Individuen dieser Population (—) Mittelwert aus fünf Populationen) erging es bei weiterer Konkurrenz mit *D. nebulosa* besser als Individuen aus Population II (- - -), Mittelwert aus fünf) oder Tieren aus einem Bestand, der vorher nicht zwischenartlicher Konkurrenz ausgesetzt war (– · –), Mittelwert von fünf). (Nach Ayala 1969)

Beständen ist, in denen sie gezüchtet werden (also je mehr sie zwischen- statt innerartlicher Konkurrenz ausgesetzt sind; Dawson 1979). Um jedoch ein Beispiel für einen im Selektionsexperiment nachweisbaren Anstieg der Konkurrenzfähigkeit zu finden, der mit einer nachweislichen Nischendifferenzierung gepaart ist, müssen wir uns von der interspezifischen Konkurrenz im eigentlichen Sinne abwenden und statt dessen der Konkurrenz zwischen zwei Formen derselben Art zuwenden, die sich nicht mehr miteinander kreuzen: dem Wildtypus sowie der *dumpy*-Mutante der Taufliege *Drosphila melanogaster* (Abbildung 7.21). Nach fünf Generationen von „Selektion" (indem sie mit dem anderen Typus in Konkurrenz gehalten wurden), zeigten die Ergebnisse einer Ersetzungsserie, daß sich nicht nur das Durchsetzungsvermögen gegenüber den Konkurrenten bei jedem Typus verbessert hatte, sondern auch, daß die Gesamtproduktivität der gemischten „Populationen" zugenommen hatte, was auf eine verstärkte Nischendifferenzierung hinweist (Abbildung 7.21). Insgesamt scheint allerdings diese experimentelle Selektion von zunehmender Nischendifferenzierung zwischen konkurrierenden Arten entweder enorm schwer erfaßbar oder arg vernachlässigt zu sein.

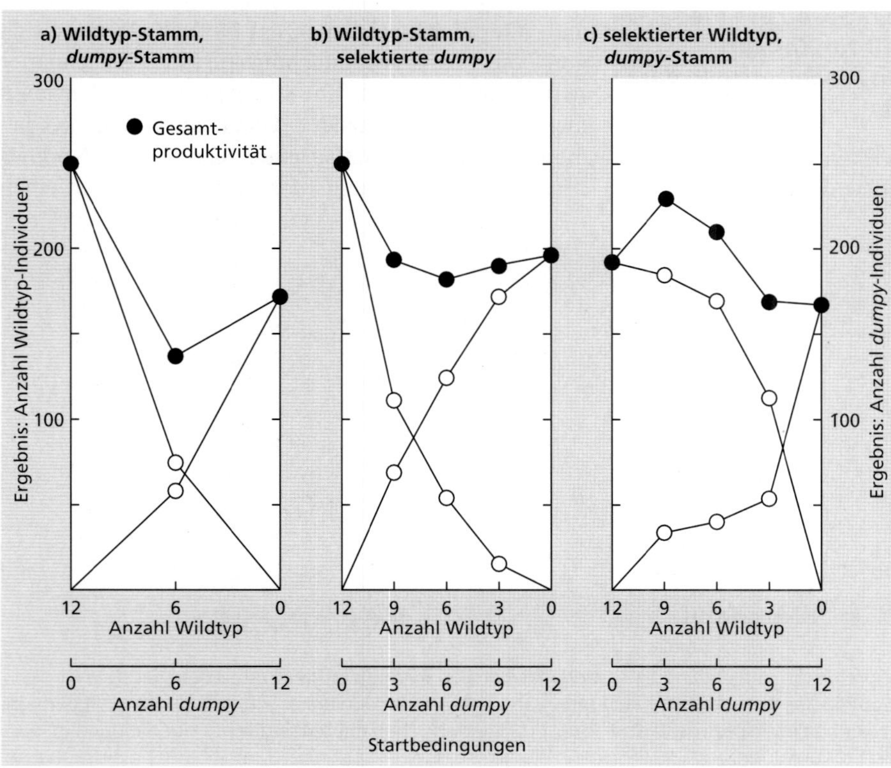

7.21 Drei Ersetzungsserien zur Untersuchung der Konkurrenz zwischen dem Wildtyp und der *dumpy*-Mutante von *Drosophila melanogaster*. a) Nicht selektierte Stämme. b) Nicht selektierter Wildtyp, die *dumpy*-Mutante aber über fünf Generationen einer Selektion gegen den Wildtyp unterworfen. c) Nicht selektierte *dumpy*-Mutante, aber der Wildtyp über fünf Generationen einer Selektion gegen die *dumpy*-Mutante unterworfen. Für (b) und (c) gilt, daß beide Typen, wenn sie selektiert werden, in jedem beliebigen Verhältnis produktiver sind als bei (a), aber zusätzlich auch noch die Gesamtproduktivität der Mischungen in (b) wie (c) erhöht ist, für (c) gilt sogar, daß die Produktivität höher ist als für jeden Typus allein. Selektion hat hier offenbar auch zu einer Nischendifferenzierung geführt (Nach Seaton und Antonovics 1967)

7.9 Nischendifferenzierung und Ähnlichkeit zwischen koexistierenden Konkurrenten

Man kann sich vorstellen, daß wissenschaftlicher Fortschritt darin besteht, Antworten auf Fragen zu liefern. Tatsächlich besteht Fortschritt aber oft darin, eine Frage durch eine andere, passendere und auch stärker herausfordernde zu ersetzen. In diesem Abschnitt behandeln wir ein Gebiet, bei dem genau dies der Fall ist, mit den Fragen danach, *wie* verschieden koexistierende Konkurrenten sind und wie verschieden koexistierende Arten sein müssen, wenn keine von ihnen durch Konkurrenz verdrängt werden soll.

Das Lotka-Volterra-Modell sagt stabile Koexistenz von Konkurrenten unter solchen Umständen voraus, in denen zwischenartliche Konkurrenz für beide Spezies weniger einschneidend ist als innerartliche Konkurrenz. Nischendifferenzierung führt offensichtlich dazu, daß sich Konkurrenzeffekte mehr innerhalb einer Art als zwischen Arten konzentrieren. Das Lotka-Volterra-Modell wie auch das Konkurrenzausschlußprinzip besagen daher, daß jeder beliebige Grad von Nischendifferenzierung eine stabile Koexistenz konkurrierender Spezies zuläßt. Bei dem Versuch zu klären, ob dies zutrifft, beschäftigte denn auch folgende Frage die Köpfe der Ökologen in den vierziger Jahren dieses Jahrhunderts ganz außerordentlich: »Müssen konkurrierende Arten unterschiedlich sein, um dauerhaft koexistieren zu können?« (Kingsland 1985).

Zur Beantwortung der Frage, ob es eine begrenzende Ähnlichkeit für Konkurrierende Arten gibt, wurde ein Modell erstellt, das aber kritisch zu beurteilen ist.

Es ist jetzt indessen leicht einzusehen, daß diese Frage ungeschickt formuliert ist, denn sie definiert nicht die präzise Bedeutung von „unterschiedlich". Wir haben bereits Beispiele kennengelernt, in denen die Koexistenz von Konkurrenten offenbar mit einem bestimmten Maß an Nischendifferenzierung gepaart ist. Wenn man nur genau genug hinsieht, sind allerdings anscheinend alle koexistierenden Arten verschieden – ohne daß dies irgend etwas mit Konkurrenz zu tun hat. Eine angemessenere Frage wäre darum: »Gibt es ein Minimum an Nischendifferenzierung, das überschritten werden muß, um eine stabile Koexistenz zu erreichen,?« Mit anderen Worten, gibt es eine Grenze für die Ähnlichkeit zwischen koexistierenden Arten?

Ein bedeutender Versuch, diese Frage in bezug auf Ausbeutungskonkurrenz zu beantworten, basiert auf Abwandlungen des Lotka-Volterra-Modells und wurde von MacArthur und Levins (1967) begründet und von May (1973) weiterentwickelt. Retrospektiv ist ihr Ansatz sicher kritisch zu betrachten (Abrams 1983). Dennoch können wir am meisten über das Problem lernen, ob es irgendeine **begrenzende Ähnlichkeit** (*limiting similarity*) für konkurrierende Arten gibt, indem wir uns zuerst mit ihrem Ansatz beschäftigen und dann erst die Einwände dagegen betrachten. Auch hier können, wie so oft, die Modelle lehrreich sein, ohne dabei „richtig" zu sein.

Man stelle sich drei Arten vor, die um eine einzige, eindimensionale Ressource mit kontinuierlicher Verteilung konkurrieren; die Größe von Nahrung ist dafür ein gutes Beispiel. Jede Art hat in dieser einen Dimension ihre eigene, realisierte Nische, die deshalb als eine Kurve der Ressourcennutzung dargestellt werden kann (Abbildung 7.22a, b). Die Konsumptionsrate jeder Spezies ist am höchsten im Zentrum ihrer Nische und fällt auf beiden Seiten auf Null ab. Je mehr sich nun die Ressourcennutzungskurven benachbarter Arten überschneiden, um so intensiver konkurrieren diese Spezies miteinander. Unter der Annahme, daß diese Kurven (im statistischen Sinne) einer Normalverteilung folgen und daß die unterschiedlichen

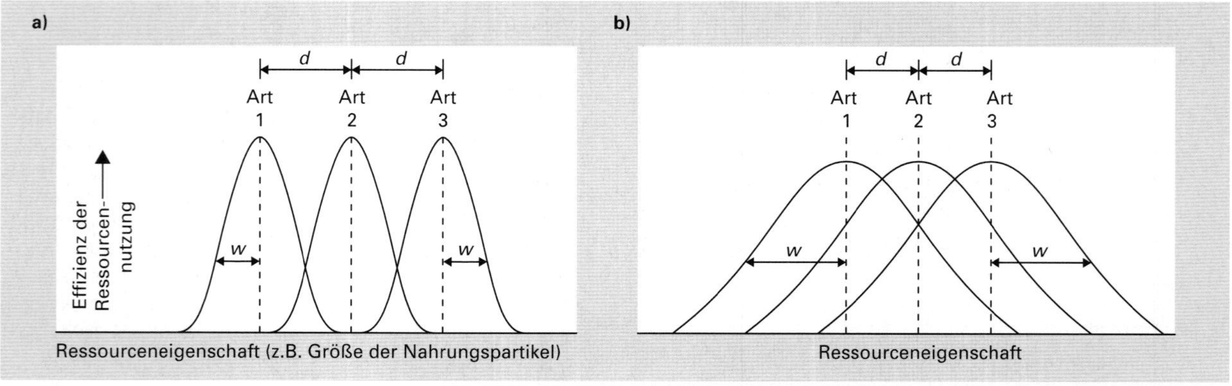

7.22 Ressourcennutzungskurven für drei Arten, die entlang eines eindimensionalen Ressourcenspektrums koexistieren. *d* ist die Entfernung zwischen benachbarten Gipfeln der Kurven, *w* ist die Standardabweichung der Kurven. a) Schmale Nischen mit geringer Überlappung ($d > w$), das heißt relativ geringe interspezifische Konkurrenz. b) Breite Nischen mit beträchtlicher Überlappung ($d < w$), das heißt relativ intensive interspezifische Konkurrenz.

Arten sich durch ähnlich verlaufende Kurven auszeichnen, kann dann tatsächlich der Konkurrenzkoeffizient (der auf die beiden benachbarten Spezies angewandt wird) über die folgende Formel ausgedrückt werden:

$$\alpha = e^{-d^2/4w^2}. \quad (7.18)$$

Hierbei ist w die Standardabweichung (oder, ganz grob, die „relative Breite") der Kurven und d die Distanz zwischen zwei benachbarten Gipfeln. α ist also sehr klein, wenn aneinandergrenzende Kurven deutlich voneinander getrennt sind ($d/w >> 1$, Abbildung 7.22a), und es nähert sich 1, wenn sich die Kurven selbst einander nähern ($d/w < 1$; Abbildung 7.22b).

Wieviel Überschneidung von benachbarten Nutzungskurven ist mit stabiler Koexistenz vereinbar? Man nehme an, die beiden randständigen Arten weisen dieselbe Kapazität auf (K_1, steht für die Eignung der verfügbaren Ressourcen für die Arten 1 und 3), und betrachte die Möglichkeiten für die Koexistenz einer weiteren Spezies (Kapazität K_2), die zwischen den beiden anderen Arten auf der Ressourcenachse liegt. Wenn d/w niedrig ist (α ist hoch, und die Arten sind ähnlich), sind die Bedingungen für Koexistenz durch das Verhältnis von K_1 zu K_2 extrem eingeschränkt; diese Einschränkungen entfallen jedoch sehr schnell, wenn d/w sich 1 nähert oder sogar übersteigt (Abbildung 7.23). Mit anderen Worten ist Koexistenz bei niedrigen d/w-Werten zwar möglich, aber nur, wenn auch die jeweilige Eignung der Umwelt für die verschiedenen Arten ausgesprochen fein abgestimmt ist. Wird auch noch die Umwelt als variabel angenommen, werden diese Schwankungen zu Änderungen im Verhältnis von K_1 zu K_2 führen und Koexistenz ist dann nur noch möglich, wenn ein weiter Bereich von

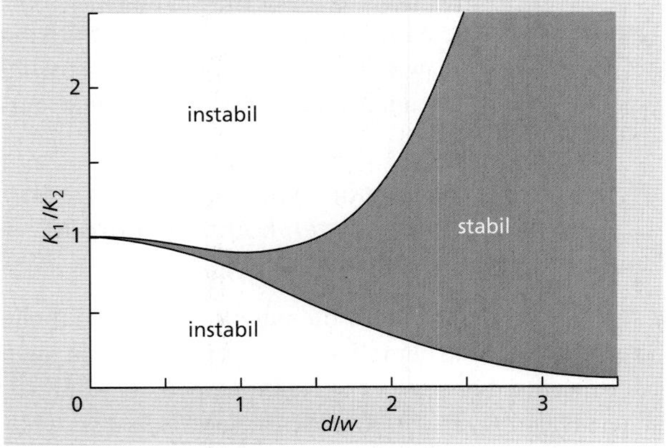

7.23 Der Bereich von Habitatseignung (ausgedrückt durch die Kapazitäten K_1 und K_2, wobei $K_1 = K_3$), der eine drei Arten umfassende, im Gleichgewicht befindliche Lebensgemeinschaft bei unterschiedlichen Graden der Nischenüberlappung (*d/w*) zuläßt. (Nach May 1973)

$K_1 : K_2$-Verhältnissen zur Stabilität führt, das heißt in etwa, wenn $d/w > 1$.

Dieses Modell besagt nun, daß es tatsächlich eine Grenze für die Ähnlichkeit zwischen koexistierenden Konkurrenten gibt und diese Grenze durch die Bedingung $d/w > 1$ gegeben ist. Aber sind diese Antworten richtig? Es ist in der Tat sehr unwahrscheinlich, daß es eine allgemeingültige oder auch nur eine häufig anwendbare begrenzende Ähnlichkeit geben soll, die auf so einfache Weise durch $d/w > 1$ ausgedrückt werden kann. Wie Abrams (1976, 1983) neben anderen Autoren betonte, führen Modelle über Konkurrenz in mehreren Dimensionen und mit alternativen Nutzungskurven und so weiter alle auch zu alternativen Grenzen für die Ähnlichkeit, und häufig sind sogar sehr viel niedrigere Werte von d/w mit robuster, stabiler Konkurrenz vereinbar. Das heißt, „$d/w > 1$" ist zwar eine Bedingung bei einem Typ von Modellanalyse, aber nicht bei anderen und damit auch höchstwahrscheinlich in der Natur nicht allgemeingültig. Außerdem haben wir bereits gesehen, daß aufgrund der Umweltheterogenität, apparenter Konkurrenz und so weiter, Ausbeutungskonkurrenz und jede damit verbundene Nischendifferenzierung uns nicht unbedingt ein vollständiges Bild über die Koexistenz von Konkurrenten vermitteln. Das ist ein weiteres Argument gegen die Vorstellung von einer allgemeingültigen Grenze für die Ähnlichkeit der konkurrierenden Arten.

Trotzdem scheinen die generellen Aussagen aus diesen frühen Modellen immer noch gültig zu sein, als da sind:

1) In der realen Umwelt, mit all der ihr eigenen Variabilität, gibt es wahrscheinlich tatsächlich Grenzen für die Ähnlichkeit zwischen koexistierenden, gemeinsamen Ressourcen ausbeutenden Konkurrenten.
2) Diese Grenzen spiegeln nicht nur die Unterschiede zwischen den Arten wider, sondern auch die Variabilität innerhalb der Spezies, die Eigenschaften der Ressource, die Form der Nutzungskurve und so weiter.

Aber ist eigentlich die Frage nach einer Grenze der Ähnlichkeit konkurrierender Arten die bestgestellte Frage? Wir wollen das Ausmaß der Nischendifferenzierung unter koexistierenden Spezies verstehen. Wenn so viele Arten wie gerade eben möglich in einem Lebensraum vorkämen, dann würden diese sich vermutlich nur in der minimal notwendigen Weise unterscheiden. Aber warum sollten so viele Arten vorkommen? Wir kehren noch einmal zur Unterscheidung zwischen ökologischen und evolutionären Konsequenzen von Konkurrenz zurück (Abrams 1990). Die ökologischen Folgen bestehen darin, daß Arten mit „ungeeigneten" Nischen eliminiert werden (oder bei dem Versuch einzuwandern zurückgedrängt werden), und in der Frage nach einer Grenze der Ähnlichkeit ist implizit enthalten: Wie viele Arten können gerade noch nebeneinander vorkommen? Aber koexistierende Konkurrenten können auch evolvieren. Beobachten wir denn nun im allgemeinen ökologische Effekte oder eine Kombination von ökologischen und evolutionären Auswirkungen? Unterscheiden sie sich? Wir können nicht die erste Frage ohne die zweite beantworten und die Antwort scheint dann wohl unvermeidbar zu sein: »Es kommt darauf an.« Verschiedene Modelle, die jeweils andere Mechanismen des Konkurrenzprozesses zugrunde legen, sagen voraus, daß Evolution zu unterschiedlicheren Nischen, zu engeren Nischen oder zu einer Nischenverteilung führt, die sehr ähnlich dem ist, was bei ausschließlich ökologischen Prozessen vorausgesagt wird (Abrams 1990).

Zwei Aspekte ergeben sich aus dieser Diskussion. Der erste Aspekt ist, daß dies alles vollständig theoretisch ist (was sicher nicht unbemerkt geblieben ist). Der zweite Aspekt ist, daß wir zwar einen Fortschritt feststellen können – aber nur in der Form, daß neue, verbesserte Fragen die vorhergehenden ersetzen konnten ohne sie jedoch zu beantworten. Daten liefern Ergebnisse und damit Antworten – was wir gesehen haben, ist eine Verfeinerung der Fragen. Der derzeitige Stand scheint hierbei zu sein, daß wir den Versuch, Fragen nach der Ähnlichkeit von Nischen zu beantworten, zurückstellen müssen, bis wir mehr über Ressourcenverteilungen, Nutzungskurven und ganz allgemein die Mechanismen wissen, die der Ausbeutungskonkurrenz zugrunde liegen. Letzteren wenden wir uns im folgenden zu.

7.10 Nischendifferenzierung und Mechanismen der Ausbeutung

Trotz aller Schwierigkeiten, interspezifische Konkurrenz und Nischendifferenzierung in einen direkten Zusammenhang zu bringen, besteht doch kein Zweifel daran, daß Nischendifferenzierung oft die Grundlage für die Koexistenz von Arten ist.

Ressourcenaufteilung und unterschiedliche Ressourcennutzung sind Möglichkeiten zur Nischendifferenzierung, die bei Tieren leichter vorstellbar sind als bei Pflanzen.

Es gibt zahlreiche Möglichkeiten, eine Nischendifferenzierung zu erreichen. Eine Möglichkeit ist die **Ressourcenaufteilung** oder, allgemeiner, die **unterschiedliche Ressourcennutzung**. Sie ist zu beobachten, wenn Arten zwar dasselbe Habitat bewohnen, aber unterschiedliche Ressourcen nutzen. Da für Tiere der Großteil der Ressourcen aus Individuen anderer Arten oder deren Teilen besteht (von denen es Millionen von Typen gibt), fällt es im Prinzip nicht schwer sich vorzustellen, wie Tiere Ressourcen untereinander aufteilen. Dagegen haben Pflanzen alle recht ähnliche Bedürfnisse hinsichtlich ihrer begrenzten Ressourcen (siehe Kapitel 3), und Möglichkeiten einer Ressourcenaufteilung sind dementsprechend weniger offensichtlich.

In vielen Fällen sind die Ressourcen, die von ökologisch äquivalenten Arten genutzt werden, räumlich getrennt. Unterschiedliche Ressourcennutzung drückt sich dann entweder dadurch aus, daß Arten verschiedene Mikrohabitate nutzen (zum Beispiel fressen verschiedene Fische in unterschiedlichen Wassertiefen) oder in ihrer geographischen Verbreitung voneinander abweichen. Eine andere Möglichkeit besteht darin, daß verschiedene Ressourcen zu unterschiedlichen Zeitpunkten verfügbar sind. So können zum Beispiel verschiedene Ressourcen zu jeweils anderen Tages- oder Jahreszeiten zur Verfügung stehen. Unterschiedliche Ressourcennutzung drückt sich dann in einer zeitlichen Separation der Arten aus.

Umweltbedingungen sind eine weitere Möglichkeit zur Nischendifferenzierung, aber in manchen Fällen nicht leicht von Ressourcen zu unterscheiden.

Die andere wesentliche Möglichkeit der Nischendifferenzierung beruht auf den Umweltbedingungen. Zwei Arten können exakt die gleichen Ressourcen nutzen; wenn jedoch ihre Fähigkeit hierzu durch Umweltbedingungen beeinflußt wird (was zwangsläufig der Fall ist) und wenn sie unterschiedlich auf diese Bedingungen reagieren, kann jede der Arten in einem anderen Umfeld konkurrenzüberlegen sein. Auch das kann sich als Unterschied in der Mikrohabitatnutzung, der geographischen Verbreitung oder einer zeitlichen Separation ausdrücken, je nachdem, ob sich die Bedingungen kleinräumig, großräumig oder in zeitlicher Abfolge ändern. In einigen Fällen (vor allem bei Pflanzen) ist es allerdings nicht einfach, zwischen Ressourcen und Umweltbedingungen zu unterscheiden (siehe Kapitel 3). Nischendifferenzierung kann sich dann auf einen Faktor (wie Wasser) gründen, der sowohl eine Ressource als auch eine Umweltbedingung darstellt.

Einer zeitlichen oder räumlichen Separation konkurrierender Arten kommt oft große Bedeutung zu.

Es gibt viele Beispiele für die räumliche oder zeitliche Separation konkurrierender Arten bei Tieren wie auch bei Pflanzen. So weisen die Kaulquappen der Laubfroschart *Hyla crucifer* und der Krötenart *Bufo woodhousii* in New Jersey/USA eine um vier bis sechs Wochen versetzte Fraßperiode auf, die anscheinend mit unterschiedlichen Antworten auf Umweltbedingungen und nicht mit saisonalen Veränderungen der Ressourcen in Zusammenhang gebracht werden kann (Lawler und Morin 1993). Die Rennmäuse *Gerbillus allenbyi* und *G. pyramidus* gehen in den israelischen Wüsten zu unterschiedlichen Zeiten in der Nacht und in etwas anderen Habitaten auf Nahrungssuche. Diese Separation ist offenbar eine Anpassung an die höhere Energieeffizienz der ersten und die höhere Aggressivität der zweiten Spezies (Ziv et al. 1993). Der Nordische Fichtenborkenkäfer (*Ips duplicatus*) und der Buchdrucker (*I. typographus*), zwei Borkenkäferarten, die in Norwegen an Fichten fressen, sind kleinräumig auf verschiedene Baumdurchmesser eingenischt, wobei der Grund hierfür allerdings völlig unklar ist (Schlyter und Anderbrandt 1993). Aber besonders bei Pflanzen und anderen sessilen Organismen ist räumliche und zeitliche Separation wegen der geringen Möglichkeiten einer Ressourcenaufteilung von besonderer Bedeutung (siehe Harper 1977). Doch auch hier ist es wiederum leichter zu zeigen, daß sich Arten in ihrer räumlichen und zeitlichen Einnischung unterscheiden, als nachzuweisen, daß dies mit Konkurrenz in Zusammenhang steht. Die Rohrkolbenarten in Abschnitt 7.3 bieten ein Beispiel für räumliche Separation bei Pflanzen. Ein weiteres veranschaulicht Abbildung 7.24 anhand zweier annueller Pflanzen, der Fetthenne *Sedum smallii* und der Miere *Minuartia uniflora*, welche die dominante Vegetation offener Granitflächen der südöstlichen USA darstellen. Die adulten Pflanzen zeigen eine besonders klare räumliche Zonierung, die von der Bodentiefe abhängt (die wiederum hochgradig mit der Bodenfeuchtigkeit korreliert ist), und weitere experimentelle Ergebnisse stützen die Deutung, daß die Zonierung auf Konkurrenz und nicht auf unterschiedlichen Toleranzen der Pflanzen beruht.

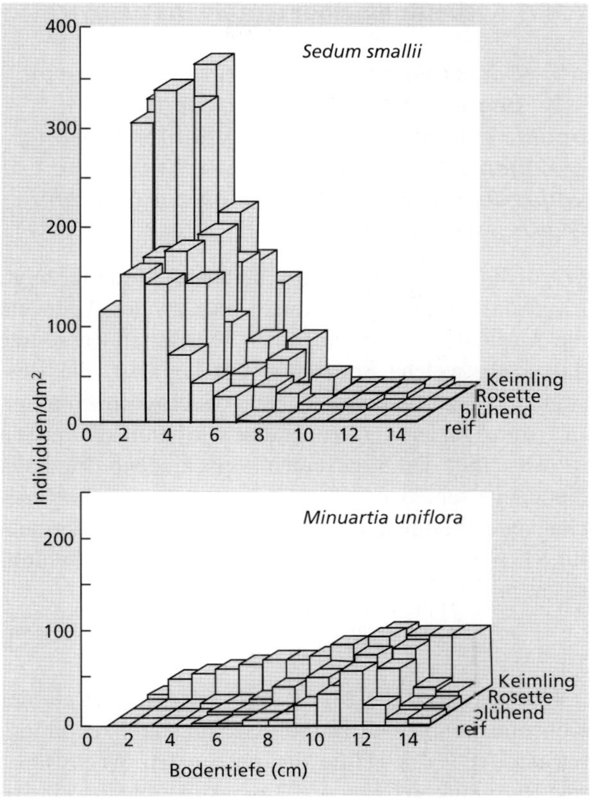

7.24 Die Zonierung von Individuen zweier annueller Pflanzenarten, der Fetthenne *Sedum smallii* und der Miere *Minuartia uniflora*, in vier verschiedenen Stadien des Lebenszyklus in Abhängigkeit von der Bodentiefe. (Nach Sharitz und McCormick 1973)

Eine Beschreibung allein des Resultats einer interspezifischen Konkurrenz liefert uns nur wenig Verständnis über den Prozeß dieser Konkurrenz, selbst wenn wir sie mit Nischendifferenzierung und damit in Zusammenhang bringen können, ob sich diese auf die Ressourcen, die Umweltbedingungen oder lediglich auf räumliche oder zeitliche Unterschiede bezieht. Wie wir in diesem Kapitel mehrfach gesehen haben, müssen wir uns folglich stärker auf den Mechanismus der Ressourcenausbeutung konzentrieren und klären, auf welche Weise eine Art die andere in der Konkurrenz besiegt und wodurch zwei Konsumenten bei zwei begrenzten Ressourcen koexistieren können, wenn beide Ressourcen für die beiden Konsumenten absolut essentiell sind.

Neben der Populationsdynamik der konkurrierenden Arten muß auch die Dynamik der Ressourcen berücksichtigt werden.

Auf einen weiteren Punkt hat Tilman (1990) hingewiesen: Die Überprüfung der Populationsdynamiken zweier konkurrierender Arten kann uns zwar helfen, brauchbare Vorhersagen für eine Wiederholung der Konkurrenzsituation zwischen diesen Spezies zu treffen, aber sie wird wenig hilfreich bei Vorhersagen darüber sein, wie sich jede der Arten in der Konkurrenz mit einer dritten Art wird behaupten können. Wenn es uns jedoch gelänge, die Wechselbeziehungen aller beteiligten Spezies mit ihren gemeinsam genutzten begrenzten Ressourcen zu verstehen, müßten wir in der Lage sein, das Ergebnis der Ausbeutungskonkurrenz jedes beliebigen Artenpaares vorhersagen zu können. Wir besprechen deshalb in der Folge einige Erklärungsversuche für die Koexistenz von Arten, die um begrenzte Ressourcen konkurrieren, bei denen explizit neben der Dynamik der konkurrierenden Spezies auch die Dynamik der Ressourcen selbst berücksichtigt wird.

7.10.1 Ausbeutung einer einzelnen Ressource

Die erfolgreichsten Konkurrenten um eine begrenzte Ressource erreichen eine optimale Balance zwischen effizienter Nutzung, geringen Verlust- und hohen Wachstumsraten und reduzieren die Ressource bis zur unteren Gleichgewichtskonzentration.

Wie Tilman mit Hilfe verschiedener Modelle zeigt, hängt das Ergebnis der Konkurrenz zweier Arten um die Ausbeutung einer einzelnen begrenzten Ressource davon ab, welche Spezies in der Lage ist, die Ressource bis zur unteren Gleichgewichtskonzentration (R^*) zu reduzieren. (Dies hatten wir bereits empirisch in Abschnitt 7.2.5 gezeigt.) Verschiedene Modelle, die auf verschiedenen Details in den Ausbeutungsmechanismen beruhen, ergeben unterschiedliche Formeln für R^*, aber selbst das einfachste Modell ist aufschlußreich, mit:

$$R_i{}^* = \frac{m_i C_i}{g_i - m_i}. \qquad (7.19)$$

Hierbei ist m_i die Mortalitäts- oder Verlustrate der Konsumentenart i; C_i ist die Ressourcenkonzentration, bei der Art i die Hälfte der maximalen Wachstums- und Reproduktionsrate pro Biomasseneinheit (**relative Zuwachsrate** RRI – *relative rate of increase*) erreicht (C_i ist folglich am höchsten bei solchen Konsumenten, die die meisten Ressourcen benötigen, um schnell zu wachsen); und g_i ist die maximale relative Zuwachsrate, die Art i erreichen kann. Daraus folgt, daß solche Konkurrenten erfolgreich in der Ressourcenausbeutung sind (niedriger $R_i{}^*$-Wert), die eine Kombination von effizienter Ressourcennutzung (niedriger C_i-Wert), geringen Verlustraten (niedriger m_i-Wert) und hohen Wachstumsraten (hoher g_i-Wert) erreichen. Das Wachstum einer Pflanze wird am stärksten durch eine Allokation von Substanz und Energie in Blätter sowie Photosynthese gesteigert, um jedoch die Effizienz der Nährstoffaufnahme zu steigern, müßte eine Verschiebung dieser Stoffe in die Wurzeln stattfinden. Um erfolgreiche Konkurrenz um Ressourcenausbeutung zu verstehen, müssen wir letztlich verstehen, wie Organismen eine optimale Balance zwischen Merkmalen finden, die einen niedrigen R^*-Wert ermöglichen, und Merkmalen, die andere Aspekte von Fitneß steigern.

Eine der wenigen experimentellen Überprüfungen dieser Ideen liefert Tilmans eigene Arbeit an terrestrischen Pflanzen, die um Stickstoff konkurrieren (Tilman und Wedin 1991a, b). Von fünf Grasarten reduzierten in Monokultur zwei Arten (*Schizachyrium scoparium* und *Andropogon gerardi*) die Nitrat- und Ammoniumkonzentrationen in der Erde am stärksten. Von den drei verbleibenden Spezies ließ eine (*Agrostis scabra*) höhere Konzentrationen dieser Stoffe im Boden zurück als die beiden übrigen (*Agropyron repens* und *Poa pratensis*). In paarweisen Experimenten von *A. scabra* mit *A. repens*, *S. scoparium* beziehungsweise *A. gerardi* stimmten die Ergebnisse vor allem bei niedrigen Stickstoffkonzentrationen, wo Stickstoff am ehesten eine begrenzte Ressource ist, gut mit der Theorie überein. Diejenige Art, welche die Stickstoffkonzentration am stärksten verringern konnte, gewann jeweils – *A. scabra* wurde also stets verdrängt –, und dieser Verdrängungsprozeß erfolgte schneller in der Konkurrenz mit Arten, die den Stickstoffgehalt stärker vermindern konnten.

Die fünf Arten stammten aus verschiedenen zeitlichen Abschnitten einer typischen Brachlandsukzession (Abbildung 7.25a), und die besseren Stickstoffkonkurrenten waren im späteren Abschnitten der Sukzession zu finden. Diese Arten (speziell *S. scoparium* und *A. gerardi*) zeichneten sich durch eine zu den Wurzeln hin verschobene Allokation von Biomasse, niedrigere Wachstumsraten oberirdischer Pflanzenteile und eine verminderte Reproduktionsleistung aus (zum Beispiel Abbildung 7.25b). Mit anderen Worten wurden die niedrigen R^*-Werte durch die hohe Ressourcennutzungseffizienz der Wurzeln erreicht (niedrige C_i; Gleichung 7.19), auch wenn die Arten dafür offensichtlich mit einem verminderten Wachstum und geringeren Reproduktionsraten (niedrigere g_i) bezahlt haben. Tatsächlich wurden bei einem Vergleich aller Arten 73 % der Variation in der verbleibenden Bodenstickstoffkonzentration durch die Unterschiede in der Wurzelbiomasse erklärt (Tilman und Wedin 1991a). In diesem Sukzessionsverlauf (eine ausführlichere Diskussion findet sich in Abschnitt 17.4) scheinen also Arten mit schnellem Wachstum und früher Reproduktion durch effiziente Ressourcenausbeuter mit hoher Konkurrenzkraft ersetzt zu werden.

7.10.2 Ausbeutung zweier Ressourcen

Bei intraspezifischer Konkurrenz um zwei Ressourcen beschreibt die Netto-Nullwachstumsisokline die Nischengrenze, und es stellt sich ein Gleichgewicht zwischen Konsumption und Ressourcenerneuerung ein.

Tilman (1982, 1986; vergleiche Abschnitt 3.8) hat außerdem untersucht, was passiert, wenn zwei Konkurrenten um zwei Ressourcen konkurrieren. Beginnend mit *intra*spezifischer Konkurrenz können wir eine Netto-Nullwachstumsisokline für eine einzelne Art formulieren, die zwei essentielle Ressourcen nutzt (siehe Abschnitt 3.8). Diese Isokline unterscheidet die Bereiche solcher Kombinationen beider Ressourcen, die der Art das Überleben sowie die Reproduktion gestatten, und den Kombinationen, die das nicht ermöglichen (Abbildung 7.26), und beschreibt so die Grenze der Nische dieser Spezies in

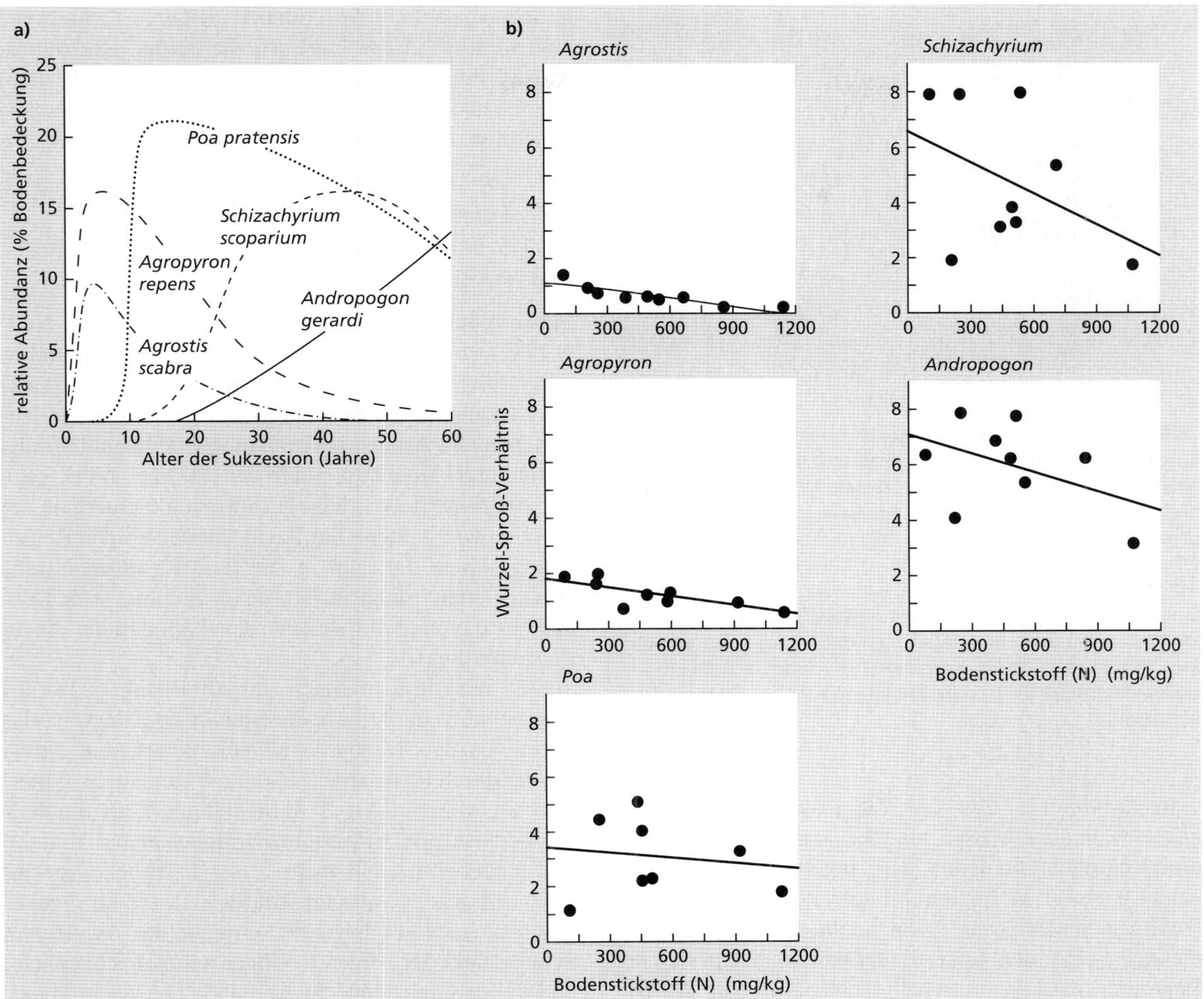

7.25 a) Die relative Abundanz von fünf Grasarten während der Sukzession auf alten Feldern der Cedar Creek Natural History Area in Minnesota/USA. b) Das Wurzel-Sproß-Verhältnis ist bei Arten späterer Sukzessionsstadien höher und sinkt generell mit wachsendem Stickstoffangebot im Boden. (Nach Tilman und Wedin 1991a)

diesen zwei Dimensionen. Für den gegenwärtigen Zusammenhang vernachlässigen wir die Komplikationen von Überkompensation, Chaos und so weiter und nehmen an, daß die Population durch intraspezifische Konkurrenz einen stabilen Gleichgewichtszustand erreicht. In diesem Fall hat der Gleichgewichtszustand allerdings zwei Komponenten: Sowohl die Populationsgröße als auch die Ressourcenmenge sollten konstant sein. Die Populationsgröße ist (laut Definition) an allen Stellen auf der Isokline konstant, und Tilman wies nach, daß es nur einen einzigen Punkt auf der Isokline gibt, an dem die Ressourcen ebenfalls konstant sind (Punkt S^* in Abbildung 7.26). Dieser Punkt ist das Äquivalent von R^* für zwei Ressourcen und stellt ein Gleichgewicht dar zwischen der Konsumption der Ressourcen durch den Konsumenten (welche die Ressourcenkonzentrationen in Richtung der linken unteren Ecke der Abbildung verschiebt) und der natürlichen Ressourcenerneuerung (die sie nach rechts oben verschiebt). In Abwesenheit des Konsumenten würde die Ressourcenerneuerung die Konzentration bis zum **Angebotspunkt** (*supply point*) in der Abbildung steigern.

Für interspezifische Konkurrenz muß man die Isoklinen der Arten überlagern; die Lage des Angebotspunktes bestimmt dann das Ergebnis der Konkurrenz.

Um von intra- zu interspezifischer Konkurrenz zu gelangen, ist es notwendig, die Isoklinen zweier Arten in einem Diagramm zu überlagern (Abbildung 7.27a, b). Die beiden Arten werden vermutlich unterschiedliche Konsumptionsraten aufweisen, doch wird immer noch ein einzelner Angebotspunkt bestehen. Das Ergebnis der Konkurrenz hängt von der Lage dieses Angebotspunktes ab.

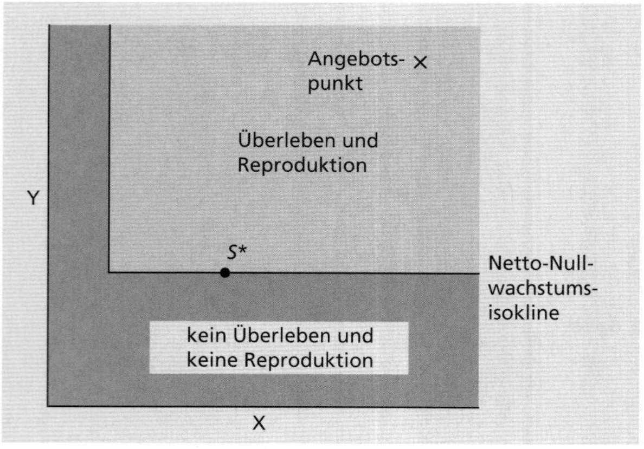

7.26 Die Netto-Nullwachstumsisokline einer Art, die potentiell durch zwei Ressourcen (X und Y) begrenzt wird, teilt die Kombination von Bedingungen, unter denen die Spezies überleben und sich fortpflanzen kann, von den Bedingungen ab, unter denen das nicht möglich ist. Die Isokline ist in diesem Fall rechtwinklig, weil X und Y essentielle Ressourcen sind (siehe Abschnitt 3.8). Der Punkt S^* ist die einzige Stelle der Isokline, an der sich keine Veränderung in der Ressourcenkonzentration ergibt (Konsumption und Ressourcenerneuerung gleichen sich aus). In Abwesenheit des Konsumenten würde die Ressourcenkonzentration bis zum dargestellten Angebotspunkt ansteigen.

In Abbildung 7.27a liegt die Isokline von Art A näher an beiden Achsen als jene von Art B. Es gibt drei Regionen, in denen der Angebotspunkt liegen kann. Wenn er in Region 1 liegt, also unterhalb der Isoklinen beider Arten, kann durch den Ressourcenmangel keine der Spezies überleben. Wenn er in Region 2 liegt, also unterhalb der Isokline von Art B, aber oberhalb der Isokline von A, kann B nicht überleben, und das System findet ein Gleichgewicht auf der Isokline von A. Auch wenn der Angebotspunkt in Region 3 liegt, stellt sich ein Gleichgewicht auf der Isokline von A ein. Analog zur Konkurrenz um eine Ressource schließt Art A die Art B durch Konkurrenz aus, weil sie in der Lage ist, die beiden Ressourcen bis auf ein Niveau zu erschöpfen, bei dem B nicht überlebensfähig ist. Bei umgekehrter Lage der Isoklinen würde der Konkurrenzausschluß von A erfolgen.

Wenn jede Art mehr von jener Ressource konsumiert, die ihr eigener Wachstum stärker limitiert, kommt es zu Koexistenz – eine Nischendifferenzierung.

In Abbildung 7.27b überlappen sich die Netto-Nullwachtumsisoklinen (NNWI) der beiden Arten, und es gibt sechs Regionen, in denen der Angebotspunkt liegen kann. Liegt er in Region 1 unterhalb der Isoklinen beider Arten, überlebt keine von ihnen; befindet er sich in Region 2 unterhalb der Isokline von B, kann nur Art A überleben; liegt er in Region 6 unterhalb der Isokline von A, kann nur Art B überleben. Die Regionen 3, 4 und 5 liegen in der fundamentalen Nische beider Arten, doch hängt das Ergebnis von Konkurrenz davon ab, in welcher der Regionen der Angebotspunkt liegt.

Der wichtigste Bereich in Abbildung 7.27b ist Region 4. Wenn der Angebotspunkt dort liegt, ist das Verhältnis der Ressourcenniveaus derart, daß Art A stärker durch Ressource X als durch Ressource Y limitiert ist, während Art B stärker durch Y als durch X limitiert ist. Art A konsumiert jedoch mehr X als Y und umgekehrt Art B mehr Y als X. Da jede Spezies mehr von jener Ressource konsumiert, die ihr eigenes Wachstum stärker begrenzt, erreicht das System im Schnittpunkt der beiden Isoklinen sein Gleichgewicht, und dieses Gleichgewicht ist stabil: Die Arten koexistieren.

Das ist Nischendifferenzierung, jedoch in einer subtilen Form. Statt daß die beiden Arten unterschiedliche Ressourcen nutzen, begrenzt sich Art A überproportional durch die Ausbeutung der Ressource X und Art B

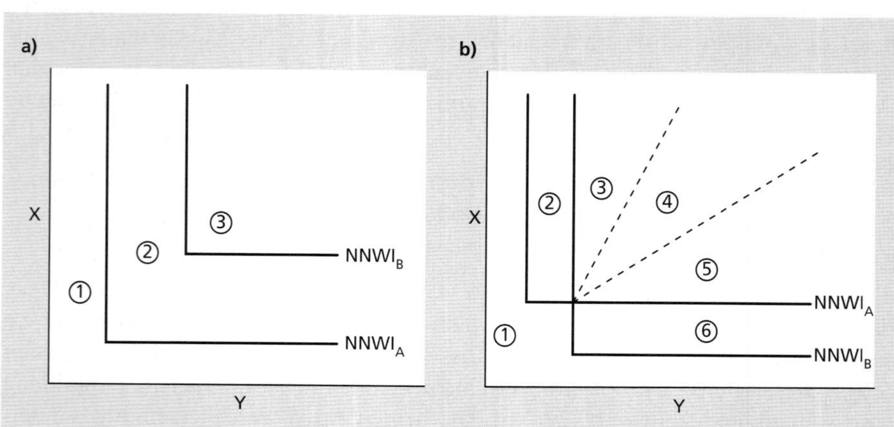

7.27 a) Konkurrenzausschluß: Die Netto-Nullwachstumsisokline (NNWI) von Art A liegt näher an der Ressourcenachse als die Isokline von Art B. Liegt der Angebotspunkt in Region 1, kann keine der Arten überleben. Wenn er sich in Region 2 oder 3 befindet, erschöpft Art A die Ressourcen bis zur eigenen Isokline (wo Art B nicht überleben kann): Art A schließt Art B aus. b) Potentielle Koexistenz von zwei Konkurrenten, die durch zwei essentielle Ressourcen begrenzt werden. Die Isoklinen der Arten A und B überlappen, wodurch sechs verschiedene Regionen entstehen. Liegt der Angebotspunkt in Region 1, kann keine Art überleben; liegt er in Region 2 oder 3, schließt Art A die Art B aus; und wenn er in Region 5 oder 6 liegt, schließt Art B die Art A aus. Region 4 enthält einen Angebotspunkt, der zwischen den gestrichelten Linien liegt, und das führt zur Koexistenz der beiden Spezies. Weitere Diskussion im Text.

durch die Ausbeutung der Ressource Y. Das Resultat ist die Koexistenz der Konkurrenten. Im Gegensatz dazu werden beide Arten stärker durch Y als durch X begrenzt, wenn der Angebotspunkt in Region 3 liegt. Da A das Niveau von Y bis auf die eigene Isokline vermindern kann, die unterhalb der Isokline von Art B liegt, kann Art B dort nicht existieren. Umgekehrt gilt bei einem Angebotspunkt in Region 5, daß X stärker limitierend ist als Y und X durch Art B so stark vermindert wird, daß Art A nicht existieren kann. In Regionen 3 und 5 begünstigt also die Ressourcenverfügbarkeit jeweils eine Art und führt zum Ausschluß der anderen.

Anscheinend können zwei Arten nur um zwei Ressourcen konkurrieren und koexistieren, solange die beiden folgenden Bedingungen erfüllt sind:

1) Das Habitat (das heißt der Angebotspunkt) muß dergestalt sein, daß die eine Art mehr durch die eine Ressource und die andere Art mehr durch die andere Ressource begrenzt ist.
2) Jede Art muß mehr von jener Ressource konsumieren, durch die ihr Wachstum stärker begrenzt wird.

Dadurch kann man im Prinzip die Koexistenz konkurrierender Pflanzen als Folge unterschiedlicher Ressourcennutzung verstehen. Der Schlüssel zum Verständnis scheint hierbei eine ausdrückliche Berücksichtigung sowohl der Ressourcendynamik als auch der Dynamik der beteiligten Spezies zu sein. Wie bei anderen Fällen, in denen Nischendifferenzierung eine Koexistenz erlaubt, ist auch hier wesentlich, daß für beide Arten intraspezifische Konkurrenz schärfer ist als interspezifische Konkurrenz.

Die beste Bestätigung für die Gültigkeit des Modells liefern Tilmans eigene Laborversuche zur Konkurrenz der Diatomeen *Asterionella formosa* und *Cyclotella meneghiniana* (Tilman 1977). Für beide Arten erfaßte Tilman sowohl die Konsumptionsraten als auch die Isoklinen für Silikat und Phosphat und benutzte sie, um das Ergebnis der Konkurrenz bei verschiedenen Angebotspunkten vorauszusagen (Abbildung 7.28). Anschließend führte er eine Reihe von Konkurrenzexperimenten bei verschiedenen Angebotspunkten durch (Abbildung 7.28), wobei die Ergebnisse in den meisten Fällen die Voraussagen bestätigten. In den zwei Fällen, in denen das nicht so war, lagen die Angebotspunkte nahe an der Grenze zweier Regionen. Die Ergebnisse sind also ermutigend. Es hat sich jedoch als ausgesprochen schwierig erwiesen, den Ansatz vom Labor, wo Angebotspunkte manipuliert werden können, auf natürliche Populationen zu übertragen, wo eine solche Manipulation ausgeschlossen ist und

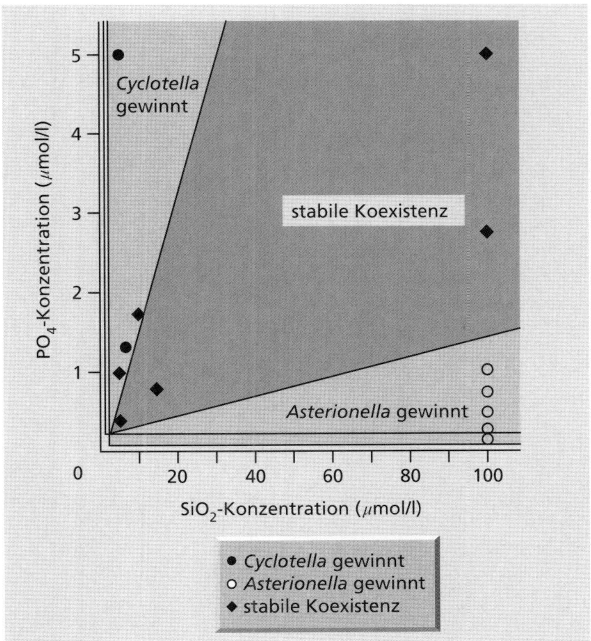

7.28 Die beobachteten Isoklinen und Konsumptionsraten der beiden Diatomeen *Asterionella formosa* und *Cyclotella meneghiniana* wurden benutzt, um das Ergebnis ihrer Konkurrenz um Silikat und Phosphat vorauszusagen. Diese Erwartungen wurden anschließend in einer Reihe von Experimenten getestet, deren Ergebnisse durch die entsprechenden Symbole angezeigt werden. Mit Ausnahme von zwei Ergebnissen, die nah an der Grenze zwischen den Regionen liegen, bestätigten die Experimente die Erwartungen. (Nach Tilman 1977, 1982)

sich eine Einschätzung des Angebotspunktes als praktisch unmöglich herausgestellt hat (Sommer 1990). Dementsprechend gibt es weiterhin einen erheblichen Bedarf, mit Hilfe von Untersuchungen an anderen Pflanzen- und Tierarten das Gesagte zu stützen und zu erweitern.

Unser Überblick über interspezifische Konkurrenz hat mit der Erkenntnis geschlossen, daß wir wesentlich mehr über die Mechanismen erfahren müssen, die den Wechselbeziehungen zwischen Konsumenten und ihren Ressourcen zugrunde liegen. Wenn diese Ressourcen leben, bezeichnen wir solche Interaktionen normalerweise als Prädation; wenn sie lebendig waren, jetzt aber tot sind, sprechen wir von Detritivorie. Die Unterscheidung, die normalerweise zwischen Konkurrenz und Prädation vorgenommen wird, scheint deshalb künstlich zu sein (Tilman 1990). Nichtsdestoweniger werden wir, nachdem wir in den letzten beiden Kapiteln Konkurrenz behandelt haben, als nächstes Prädation und Detritivorie gesondert in mehreren Kapiteln besprechen.

8 Das Wesen der Prädation

8.1 Einleitung: Typen von Räubern

Konsumenten beeinflussen die Verteilung und die Abundanz dessen, was sie konsumieren, und umgekehrt, und gerade diese Effekte sind in der Ökologie von zentraler Bedeutung. Allerdings ist es keine leichte Aufgabe, diese Auswirkungen überhaupt festzustellen und aufzuzeigen, wie und warum sie variieren. Mit diesen Problemen werden wir uns in diesem und den folgenden Kapiteln befassen. Wir beginnen mit den Fragen »Was sind die Merkmale von Prädation?« und »Welche Folgen hat Prädation einerseits auf die Räuber selbst und andererseits auf ihre Beute?«. Daran anschließend untersuchen wir im nächsten Kapitel das Verhalten von Räubern und auf welche Weise es ihre Beute beeinflußt. In Kapitel 10 wenden wir uns den Konsequenzen von Prädation auf die Populationsdynamiken von Räuber und Beute zu.

Prädation ist die Konsumption eines Beuteorganismus durch einen Räuberorganismus.

Prädation ist, vereinfacht erklärt, die Konsumption eines Organismus (der **Beute**) durch einen anderen Organismus (den **Räuber**), wobei die Beute beim ersten Angriff des Räubers noch lebt. Diese Begriffsfassung schließt **Detritivorie** (oder **Saprophagie**), die Aufnahme toten organischen Materials, aus; diese wird gesondert in Kapitel 11 behandelt. Dennoch handelt es sich um eine Definition, die eine große Vielzahl von Interaktionen und auch „Räubern" einschließt.

Räuber lassen sich taxonomisch – in Carnivore, Herbivore und Omnivore – oder funktional – in echte Räuber, Weidegänger, Parasiten und Parasitoide – klassifizieren.

Es gibt zwei generelle Möglichkeiten, Räuber zu klassifizieren. Zwar ist keine perfekt, doch können beide von Nutzen sein. Diese Klassifikationen werden zudem nicht mit dem Ziel verwand, eine Auflistung zu erstellen oder gar semantische Auseinandersetzungen zu klären. Vielmehr soll die Differenzierung in verschiedene Räubertypen und die Festlegung gemeinsamer sowie trennender Merkmale ermöglichen, ein umfassenderes Verständnis von der Natur der Prädation zu erlangen. Die wahrscheinlich naheliegendste Einteilung ist eine „taxonomische": Carnivore fressen Tiere, Herbivore Pflanzen und Omnivore beides. Eine Alternative dazu ist eine „funktionale" Klassifikation (Thompson 1982), wie sie bereits in Kapitel 3 umrissen wurde. Hierbei ergeben sich vier Haupttypen von Prädatoren: echte Räuber, Weidegänger, Parasitoide und Parasiten (letztere können entsprechend der Darstellung in Kapitel 12 noch weiter in Mikroparasiten und Makroparasiten unterteilt werden).

Echte Räuber töten ihre Beute.

Echte Räuber töten ihre Beute mehr oder weniger sofort nach dem Angriff und erbeuten im Laufe ihres Lebens einige oder viele verschiedene Beutetiere. Häufig fressen sie ihre Beute vollständig auf, einige echte Räuber fressen aber auch nur Teile davon. Die meisten der offensichtlichen Carnivoren wie Tiger, Adler oder Marienkäfer und fleischfressende Pflanzen sind echte Räuber, ebenso zählen dazu aber auch samenfressende Nagetiere und Ameisen, planktonfiltrierende Wale und so weiter).

Weidegänger entnehmen nur Teile der Beute und schädigen sie dadurch, töten sie aber in der Regel nicht.

Auch **Weidegänger** attackieren während ihres Lebens nach und nach eine große Anzahl von Beuteorganismen, aber sie entnehmen dabei immer nur einen bestimmten Teil der Beute und nicht den gesamten Organismus. Ihr Einfluß auf den Beuteorganismus ist durchaus schädigend, aber kurzfristig kaum je tödlich und gewiß niemals vorhersagbar tödlich (in diesem Fall wären sie den echten Räubern zuzuordnen). Zu den typischen Beispielen gehören die großen herbivoren Vertebraten wie Schafe und Rinder, aber auch blutsaugende Fliegen und Egel fallen zweifellos unter diese Definition für Weidegänger.

Parasiten nutzen ebenfalls nur Teile ihres Wirtes, beschränken sich aber meist auf wenige Individuen, mit denen sie ein enge Beziehung eingehen.

Parasiten nutzen ebenso wie Weidegänger nur Teile ihrer Beute (ihres **Wirtes**) und nicht etwa den Organismus insgesamt. Wie bei Weidegängern sind ihre Angriffe zwar schädlich, aber kurzfristig eher selten tödlich. Im Unterschied zu den Weidegängern sind ihre Angriffe zudem auf ein Individuum oder einige wenige Individuen beschränkt. Folglich ergibt sich eine enge Beziehung zwischen Parasit und Wirt, die in dieser Form bei echten Räubern und Weidegängern fehlt. Bandwürmer, Leberegel, das Masernvirus, Tuberkulosebakterien sowie minierende und gallbildende Fliegen und Wespen, sind typische Beispiele für Parasiten. Außerdem gibt es eine beträchtliche Anzahl von Pflanzen, Pilzen und Mikroorganismen, die Pflanzenparasiten sind (oft auch als **Pflanzenpathogene** bezeichnet), zum Beispiel das Tabakmosaikvirus oder Rostpilz, Getreidebrand und die Mistel. Zudem gibt es auch viele Herbivore, die man sofort den Parasiten zuordnen würde, so zum Beispiel Blattläuse, die den Saft einer oder einiger weniger Pflanzen saugen und damit eine enge Beziehung zur Pflanze eingehen. Auch Raupen entwickeln sich häufig nur auf einer einzigen Pflanze (obwohl die Beziehung in diesem Fall nicht so eng ist). Raupen können somit Parasiten oder Weidegänger sein (wenn sie kleine Teile von unterschiedlichen Pflanzen nutzen) oder sogar echte Räuber (dann zerstören sie mehrere Pflanzen) – und viele befinden sich irgendwo zwischen diesen Kategorien, die ein Kontinuum darstellen. Pflanzenpathogene und Tierarten, die an anderen Tieren parasitieren sind, werden gemeinsam in Kapitel 12 behandelt. „Parasitische“ Herbivore wie Blattläuse und Raupen werden in diesem und den beiden anschließenden Kapiteln diskutiert. In diesen drei Kapiteln werden sie gemeinsam mit den echten Räubern, Weidegängern und Parasitoiden unter dem Oberbegriff **Prädatoren** zusammengefaßt.

Parasitoide sind Insekten, die ihre Eier in ihren Wirt oder in dessen Nähe legen; die schlüpfende Larve ernährt sich vom Wirt und tötet ihn letztendlich.

Parasitoide (Abbildung 8.1) sind eine Gruppe von Insekten, die durch das Eiablageverhalten der Weibchen und das Entwicklungsmuster der Larven charakterisiert ist. Sie gehören vorwiegend zu den Hymenopteren, schließen jedoch auch einige Dipteren mit ein. Als Imagines sind sie freilebend, aber sie legen ihre Eier in, auf oder in direkte Nähe anderer Insekten (oder seltener auch in Spinnen oder Asseln). Die Parasitoidenlarve entwickelt sich dann in (oder seltener auf) ihrem Wirt, der meistens selbst noch nicht voll entwickelt ist. Anfänglich schädigt sie den Wirt kaum, aber letztendlich verzehrt sie ihn fast vollständig und tötet ihn kurz vor oder bereits im Puppenstadium ab. So schlüpft ein voll entwickelter Parasitoid statt einer Wirtsimago aus einer scheinbar intakten Wirtspuppe. In der Regel entwickelt sich jeweils nur ein Parasitoid pro Wirt, auch wenn es einige Fälle gibt, in denen mehrere Individuen sich einen Wirt teilen. Somit sind Parasitoide (wie Parasiten) sehr eng an ein bestimmtes Wirtsindividuum gebunden, und auch wenn sie ihren Wirt nicht sofort umbringen (wie Parasiten und Weidegänger), so ist ihre Tödlichkeit letztlich unvermeidbar (wie bei Räubern). Bei Parasitoiden und durchaus auch bei den zahllosen herbivoren Insekten, die als Larven an Pflanzen fressen, wird die Prädationsrate vorwiegend durch die Rate bestimmt, mit der die Weibchen ihre Eier ablegen. Jedes von einem Weibchen abgelegte Ei, zählt als „Angriff“ auf die Beute beziehungsweise den Wirt, auch wenn es eigentlich die aus dem Ei schlüpfende Larve ist, die hier frißt.

Parasitoide mögen als ungewöhnliche Gruppe von sehr begrenzter allgemeiner Bedeutung erscheinen, doch machen sie nach Schätzungen immerhin über 10 % aller existierenden Arten aus (Godfray 1994). Dies überrascht nicht weiter, wenn man bedenkt, wie viele Insektenarten es gibt, von denen die meisten

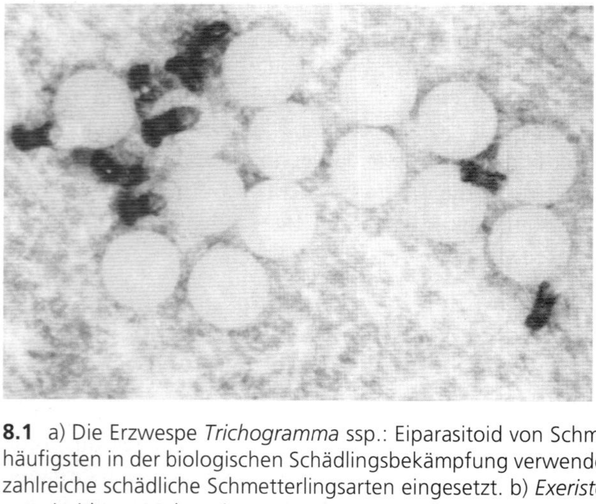

8.1 a) Die Erzwespe *Trichogramma* ssp.: Eiparasitoid von Schmetterlingen (hier die Kohleule (*Mamestra brassicae*). Der heute am häufigsten in der biologischen Schädlingsbekämpfung verwendete Parasitoid wird in Massenzuchten produziert und weltweit gegen zahlreiche schädliche Schmetterlingsarten eingesetzt. b) *Exeristes cintipes*, eine Echte Schlupfwespe (*Ichneumonidae*), als Larvenparasitoid von *M. brassicae*. Die Eier werden in junge Larven gelegt. (Mit freundlicher Genehmigung des CAB International Institute of Biological Control.)

von wenigstens einem Parasitoiden angegriffen werden, und daß sogar diese selbst von anderen Parasitoiden befallen werden können. Darüber hinaus wurden viele Parasitoidenarten eingehend von Ökologen untersucht, und sie haben reichhaltige Informationen geliefert, die für Prädation ganz allgemein von grundlegender Bedeutung sind.

Im übrigen Teil dieses Kapitels werden wir das Wesen der Prädation untersuchen. Wir werden die Auswirkungen von Prädation auf die Beuteindividuen (Abschnitt 8.2), auf die Beutepopulation insgesamt (Abschnitt 8.3) sowie auf den Räuberorganismus selbst (Abschnitt 8.4) betrachten. In den Fällen, wo echte Räuber und Parasitoide angreifen, sind die Effekte auf die Beuteindividuen sehr klar und deutlich: Die Beute wird getötet. Darum wird besondere Aufmerksamkeit in Abschnitt 8.2 jener Beute zuteil, die Beweidung oder Parasitenangriffen ausgesetzt ist. Tatsächlich werden wir aber unser Hauptaugenmerk auf Herbivorie richten. Denn sie ist nicht nur als Phänomen bedeutend, sondern gleichzeitig ein sehr geeignetes Modell, die Feinheiten und Variationen der potentiellen Auswirkungen von Räubern auf ihre Beute zu diskutieren.

8.2 Die Auswirkungen von Herbivorie auf die einzelne Pflanze

Die Auswirkungen der Herbivorie auf Pflanzen hängen von den betroffenen Pflanzenteilen und dem Entwicklungszeitpunkt der Pflanze ab.

Die Auswirkungen der Herbivorie auf eine Pflanze hängen davon ab, welche Teile betroffen sind und zu welchem Zeitpunkt, bezogen auf die Entwicklung der Pflanze, der Angriff erfolgt. Blattfraß, Saftsaugen, Minieren, Meristemkonsumption, Blüten- und Fruchtbeschädigung sowie Wurzelfraß unterscheiden sich mit großer Wahrscheinlichkeit alle in ihren Auswirkungen auf die Pflanze. Die Folgen der Entlaubung eines keimenden Sämlings sind kaum dieselben wie bei der Entlaubung einer reifen, samenproduzierenden Pflanze. Da die betroffene Pflanze in der Regel kurzfristig noch am Leben bleibt, sind die Folgen der Herbivorie ganz entscheidend von der Reaktion der Pflanze selbst abhängig. So können Minerale und Nährstoffe von einem Teil in einen anderen verlagert werden, und die Gesamtstoffwechselrate kann sich verändern. Unter Umständen ändern sich relative Wachstumsraten von Wurzel wie auch Sproß und die Fortpflanzungrate, und es können sogar spezielle Schutzstoffe oder -gewebe produziert werden. Insgesamt gesehen können die Auswirkungen eines Herbivoren sehr viel schwerwiegender oder aber auch harmloser sein, als es aussieht, denn sie sind nur selten so, wie es scheint.

8.2.1 Kompensation durch die Pflanze

Herbivorie kann die Selbstbeschattung reduzieren und dadurch die Photosyntheserate erhöhen.

Einzelne Pflanzen können die Folgen von Herbivorie auf ganz unterschiedliche Weise kompensieren (Trumble et al. 1993).

Erstens kann der Verlust von Blättern einer Pflanze die Beschattung ihrer anderen Blätter verringern und damit deren Photosyntheserate erhöhen. Umgekehrt kann das Entfernen von beschatteten Blättern (mit normalen Respirations-, jedoch niedrigen Photosyntheseraten; siehe Kapitel 3) das Gleichgewicht zwischen Photosynthese und Atmung der Pflanze insgesamt verbessern. So wurde beobachtet, daß der Grünrüßler *Phyllobius argentatus* hauptsächlich die unteren, beschatteten Blätter im Zentrum von Buchen frißt und kaum Einfluß auf die Gesamtproduktivität hat (Nielsen und Ejlerson 1977).

Herbivorie kann zur Mobilisierung von gespeicherten Kohlenhydraten führen.

Zweitens kompensieren viele Pflanzen im direkten Anschluß an einen Herbivorenangriff, indem sie Reserven aus den verschiedenen Geweben und Organen mobilisieren. Als zum Beispiel zwei Varietäten des Italienischen Raygrases (*Lolium multiflorum*) vollständig kahl gefressen wurden, zeigte die eine Varietät „Liscate", welche größere Kohlenhydratreserven in Wurzeln und Stoppeln aufwies, höhere Blatterneuerungsraten als die Varietät „S. 22" (Abbildung 8.2). Allerdings erfolgt schon kurze Zeit nach einem Angriff die Versorgung des neuen Gewebes nicht mehr aus den Speicherkohlenhydraten, sondern wird wieder von der laufenden Photosynthese übernommen.

Herbivorie kann die Verteilung von Assimilaten verändern.

Herbivorie verändert regelmäßig auch die Verteilung der Assimilate innerhalb einer Pflanze, wobei offensichtlich als allgemeine Regel gilt, daß ein ausgeglichenes Wurzel-Sproß-Verhältnis erhalten bleibt. Nach Entlaubung der Sprosse wird ein größerer Anteil der Nettoproduktion direkt in die Sproßteile geleitet; wenn Wurzeln zerstört werden, erfolgt die Umleitung zu ihnen hin (Crawley 1983). Tatsächlich stoppt das Schneiden des Grases häufig das Wurzelwachstum insgesamt, und so kann es auch zu einer Abnahme des Wurzelgewichts kommen, wenn die natürlich absterbenden Wurzeln nicht durch neues Wachstum ersetzt werden (Ryle 1970). Die Umverteilung der Assimilate

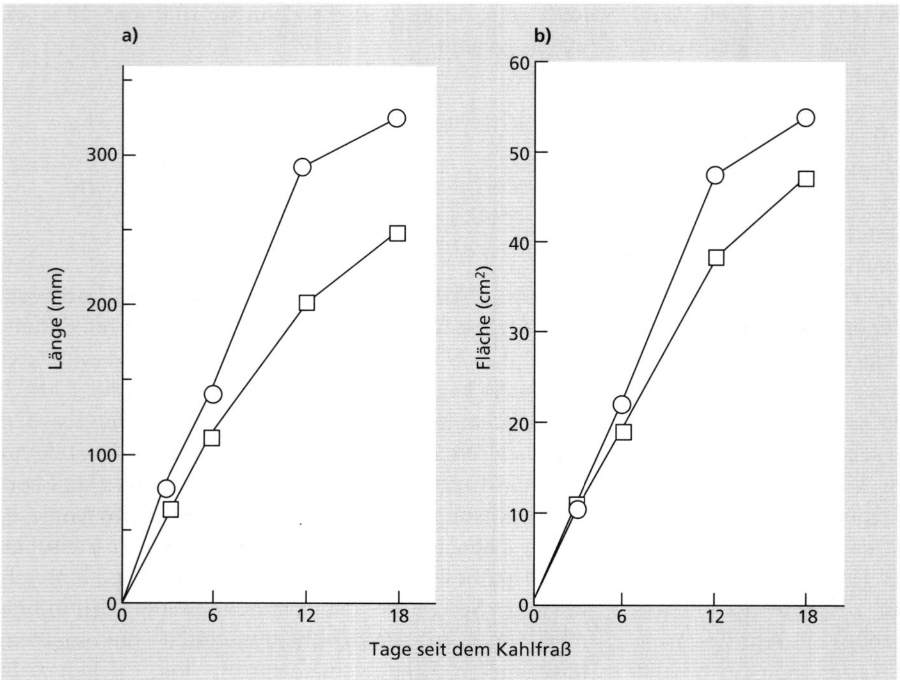

8.2 Nach Kahlfraß zeigt die Varietät „Liscate" des Italienischen Raygrases (*Lolium multiflorum*) (○) eine bessere Regeneration als die Varietät „S. 22" (□) im Hinblick auf a) Blattlängenwachstum und b) Blattflächenausdehnung. Der Anteil wasserlöslicher Kohlenhydrate in den Wurzeln und Stoppeln hat zum Zeitpunkt der Blattentfernung bei Liscate um 27 % höher als bei S. 22. (Nach Kigel 1980)

kann auch die Folgen ausgleichen, die bei einem ungleichmäßigen, fleckenhaften Fraßmuster auftreten. Werden zum Beispiel Schößlinge unterschiedlich entlaubt, so reagiert die Pflanze manchmal, indem sie die Kohlenhydrate direkt dem geschädigten Schößling zuführt (zum Beispiel beim Italienischen Raygras; Marshall und Sagar 1968); aber ebenso gibt es Grasarten, die Verluste begrenzen, indem sie die Assimilate gerade in die weniger schwer geschädigten Triebe umleiten (Ong 1978). Ähnlich kann ein Hülsenverlust bei Sojabohnen (*Glycine max*) durch eine Gewichtszunahme der Samen kompensiert werden, welche die verbleibenden Hülsen produzieren (Smith und Bass 1972).

Herbivorie kann zu einem Anstieg der Photosyntheseintensität pro Blattflächeneinheit führen.

Herbivorenfraß kann auch zu einer kompensatorischen Erhöhung der **Photosyntheseintensität** pro Flächeneinheit der verbleibenden Blattfläche („Blatteinheitsrate" – *unit leaf rate*, ULR) führen. So ergab sich bei der Quecke *Agropyron smithii* nach experimenteller teilweiser Entlaubung innerhalb von zehn Tagen ein Anstieg von 10 % in der Photosyntheseintensität bei den verbliebenen unbeschädigten Blättern, während sie zum gleichen Zeitpunkt bei Kontrollpflanzen um 10 % abnahm (Painter und Detling 1981). Die Photosyntheseintensität pro Blattflächeneinheit kann sich auch kompensatorisch erhöhen, wenn pflanzensaftsaugende Insekten wie Blattläuse große Mengen von Kohlenhydraten aus dem Zellsaft entnehmen.

Herbivorie kann ein vermindertes Absterben von Pflanzenteilen bewirken.

Häufig tritt auch dadurch ein ausgleichendes Wachstum von entlaubten Pflanzen auf, daß Knospen zur Entwicklung stimuliert werden, die normalerweise im Ruhezustand geblieben wären. Im allgemeinen nimmt

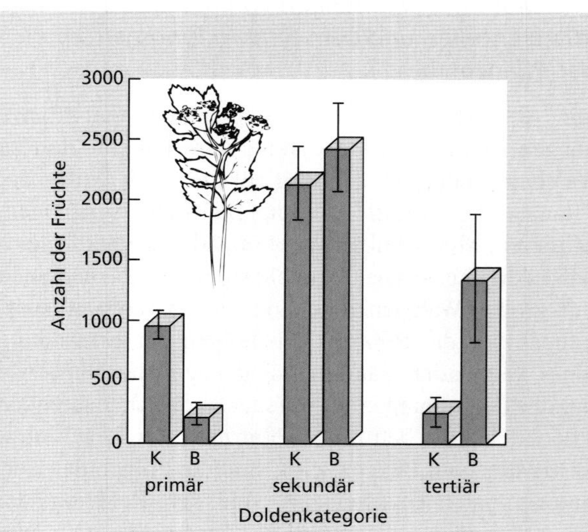

8.3 Kompensation durch reduzierten Blütenabwurf. Obwohl die Mehrzahl der Blüten sowie Früchte der primären Dolden des Gewöhnlichen Pastinaks (*Pastinaca sativa*) durch die Pastinakmotte (*Depressaria pastinacella*) zerstört werden, produzieren befallene Pflanzen (B) eine fast unveränderte Menge von Früchten an den sekundären Dolden und wesentlich mehr Früchte an den tertiären Dolden als die Kontrollpflanzen (K) (Mittelwert und Standardfehler). (Nach Hendrix 1979; aus Crawley 1983)

als weitere Folge auch die Absterberate der überlebenden Pflanzenteile ab. Dies ist besonders weit bei Pflanzen verbreitet, die eine sehr hohe natürliche Blütenabwurfrate vor der Ausbildung von Samen und Früchten aufweisen. Der Gewöhnliche Pastinak (*Pastinaca sativa*) zum Beispiel produziert eine mäßige Anzahl von Samen an den primären Dolden eine größere an den sekundären aber nur eine kleine Menge an den tertiären Dolden – bedingt durch den vorzeitigen Blütenabwurf vor der Samenproduktion (Abbildung 8.3). Wenn der Pastinak jedoch von den Raupen der Pastinakmotte (*Depressaria pastinacella*) befallen wird, zeigt sich trotz der Zerstörung der Blüten und Früchte an den primären Dolden an den sekundären Dolden nur ein geringer Effekt und besonders bei den tertiären Dolden eine deutliche Abnahme der Blütenabwurfrate. So bleibt die produzierte Samenmenge insgesamt fast unverändert.

Trotz der zahlreichen Kompensationsmöglichkeiten schädigen Herbivore die Pflanzen.

Es wird deutlich, daß es für die einzelne Pflanze durchaus eine ganze Anzahl von Möglichkeiten gibt, die Auswirkungen von Herbivorie zu kompensieren. Ein vollständiger Ausgleich ist aber selten. Auch wenn kompensatorische Reaktionen den schädigenden Effekten entgegenwirken können, werden Pflanzen im allgemeinen von Herbivoren geschädigt.

8.2.2 Abwehrreaktionen der Pflanze

Zusätzlich zu den kompensatorischen zeigen Pflanzen auch Abwehrreaktionen, die aber als solche umstritten sind.

Abgesehen von kompensatorischen Reaktionen auf den Befall durch Herbivore können Pflanzen auch mit einer Neubildung oder Zunahme in der Produktion von Abwehrstrukturen oder chemischen Abwehrstoffen reagieren. So verändert sich der Phenolstoffwechsel von Kiefern, die von Holz- oder Blattwespen befallen sind, und es treten außerdem neue chemische Abwehrsubstanzen auf (Thiegles 1968); künstlich verletzte Kartoffel- oder Tomatenpflanzen bilden erhöhte Titer von Proteaseinhibitoren (Green und Ryan 1972); und die Stacheln einer Brombeerart sind auf von Rindern beweideten Flächen länger und schärfer als die von unbeweideten Pflanzen benachbarter Flächen (Abrahamson 1975). Besondere Aufmerksamkeit ist den „schnell induzierbaren" Abwehrreaktionen gewidmet worden; dazu zählen vorwiegend chemische Stoffe, die innerhalb der Pflanze synthetisiert werden und Proteaseninhibitoren der Herbivoren sind. Solche Veränderungen können auf einzelne Blätter beschränkt sein oder auf die Äste und sogar auf das gesamte Blätterdach eines Baumes übergreifen, sie können innerhalb von wenigen Stunden, Tagen oder erst Wochen nachweisbar sein und für Stunden, Tage, Wochen oder gar Jahre erhalten bleiben (Fowler und Lawton 1985; Schultz 1988).

Allerdings bereitet die Interpretation dieser Antworten eine Vielzahl von Problemen (Schultz 1988). Erstens erhebt sich die Frage, ob es überhaupt „Antworten" beziehungsweise Reaktionen sind – oder ob vielleicht nachwachsendes Gewebe nur zufällig andere Eigenschaften hat als jenes, das gerade durch den Herbivoren befallen und entfernt wurde (Eigenschaften, die Pflanzen trotz allem weniger empfänglich gegen diese speziellen Herbivoren machen)? Zweitens bleibt fraglich, ob diese Antworten tatsächlich eine Abwehr auch im Sinne einer ökologisch nachweisbaren Auswirkung auf die Herbivoren darstellen, die sie ausgelöst zu haben scheinen. Sind sie schließlich wirklich eine Abwehr im Rahmen einer meßbaren, positiven Wirkung auf die Pflanze, die sie produziert (und vielleicht sogar auf die ganze Pflanzenpopulation), besonders nachdem die Kosten für das Zustandekommen der Antwort mitberechnet wurden?

Fowler und Lawton (1985) haben in einer Übersicht die Auswirkungen sehr schnell induzierbarer Abwehrreaktionen bei Pflanzen bearbeitet und wenig eindeutige Beweise für ihre Wirksamkeit gegen herbivore Insekten gefunden – entgegen dem weitverbreiteten Glauben, daß diese existiert. (Tatsächlich verglichen viele dieser Untersuchungen lediglich unbeschädigte mit kürzlich beschädigten Blättern, ohne jedoch die Art der Pflanzenreaktion zu spezifizieren). Selbst bei Laborstudien konnten sie feststellen, daß die meisten nur geringe negative Effekte (weniger als 11 %) auf Merkmale wie etwa Larvalentwicklungszeit und Puppengewichte hervorbrachten. Zudem sind viele dieser Untersuchungen, die größere Auswirkungen annehmen, statistisch fehlerhaft. Fowler und Lawton schließen daraus, daß diese Effekte für Freilandpopulationen vernachlässigbare Folgen haben.

Das erste Problem – sind solche Reaktionen eine Abwehr oder zufällig – ist vielleicht größtenteils ein rein semantisches. Sollte sich die stoffwechselphysiologische Reaktion einer Pflanze auf das Entfernen von Gewebe als Abwehr herausstellen, dann wird die natürliche Selektion sie begünstigen und den Einsatz dieser Reaktion verstärken. Haukioja und Neuvonen (1985) sind dieser Frage direkt nachgegangen und haben künstlich gedüngte mit ungedüngten Moorbirken (*Betula pubescens*) unter folgender Annahme verglichen: Wenn die Reaktionen auf die Herbivorie nur zufällig wären, müßten die gedüngten Bäume, die sehr viel geringerem Ressourcendruck unterliegen, auch eine weniger ausgeprägte Reaktion zeigen. Als Maßstab für die Reaktion der Pflanzen verwendeten sie das Wachstum des Spanners *Epirrita autumnata*, der der wichtigste Schädling bei Kahlfraß an Birken im finnischen Lappland ist. Wie sie herausfanden, war die Reaktion bei den künstlich gedüngten Bäumen nicht weniger ausgeprägt und außerdem stärker bei von den Spannern als bei künstlich entlaubten Bäumen. Die Reaktion scheint damit wirklich eine Abwehr zu sein.

Einige Reaktionen von Pflanzen scheinen die Herbivoren tatsächlich zu schädigen.

Des weiteren gibt es eine ganze Anzahl von Fällen, in denen die Pflanzenreaktion tatsächlich schädigend für die Herbivoren zu sein scheint. Wurden Lärchen vom Grauen Lärchenwickler (*Zeiraphera diniana*) kahl gefressen, so waren die Überlebensrate und die Fekundität der adulten Wickler in den darauffolgenden vier bis fünf Jahren durchweg gemindert – eine kombinierte Folge von verspäteter Blattproduktion, härteren Blättern, höheren Faseranteilen und Harzkonzentrationen sowie niedrigerem Stickstoffgehalt (Baltensweiler et al. 1977). Ähnlich zeigten sich bei Schneeschuhhasen (*Lepus americanus*) all jene negativen Anzeichen, die typischerweise bei hoher Populationsdichte auftreten, sobald sie mit Birkenlaub gefüttert wurden, das sich im Anschluß an schwerem Kahlfraß neu gebildet hatte (Bryant und Kuropat 1980). Als 25 % der Blattfläche von Stieleichenblättern (*Quercus robur*) mit Minen von *Phyllonorycter spec.* künstlich entfernt wurden, war die Larvensterblickkeit in diesen Minen um 50–100 % höher als die der Kontrollen (West 1985). Dies läßt vermuten, daß eine sehr schnelle, durch die Schädigung verursachte Veränderung in den Blättern die Populationsdynamik der Herbivoren im Freiland beeinflussen kann. West fand weiterhin eine starke negative Korrelation zwischen natürlichen Schädigungsgraden und Überlebensraten der Larven bis zum Adultstadium (Abbildung 8.4). Außerdem zeigte eine andere Untersuchung an einer blattminierenden *Phyllonorycter-Art* – allerdings an der Weidenart *Salix lasiolepis* – als eine weitere übliche Reaktion auf die Blattbeschädigung eine frühe **Abszission** (Blattabwurf) der bereits geschädigten Blätter, die wiederum durch das Minieren der Miniermotten in den Blättern hervorgerufen wurde. Aber es wurde so auch belegt, daß der verfrühte Blattabwurf der minierten Blätter ein wichtiger Mortalitätsfaktor für die Miniermotten war (Preszler und Price 1993) – mit anderen Worten, sie wurden durch die Reaktion geschädigt.

Ob die Pflanzen von den Abwehrreaktionen wirklich profitieren, ist schwer nachzuweisen.

Die abschließende Frage – »Profitieren die Pflanzen von ihren „Abwehr-"Reaktionen?« – erweist sich am schwierigsten zu beantworten. Koniferen scheinen durch Terpene als insekteninduzierte Abwehrstoffe geschützt zu sein (Raffa und Berryman 1983). Wenn allerdings die potentiellen Kosten für die Pflanzen, diese chemischen Stoffe zu synthetisieren, in alle Berechnungen miteinbezogen werden, gibt es ganz offensichtlich keinen Beweis dafür, daß die Verluste der Pflanzen durch induzierte Reaktionen tatsächlich verhindert wurden (Schultz 1988). Daraus sollte man die wichtige Lehre ziehen, daß es in der Ökologie – wie zweifellos auch auf anderen Gebieten – häufig einen großen Widerspruch zwischen einem weitverbreiteten Glauben (»induzierte Abwehrreaktionen der Pflanzen schädigen die Herbivoren und nützen den Pflanzen«) und den realen Fakten gibt.

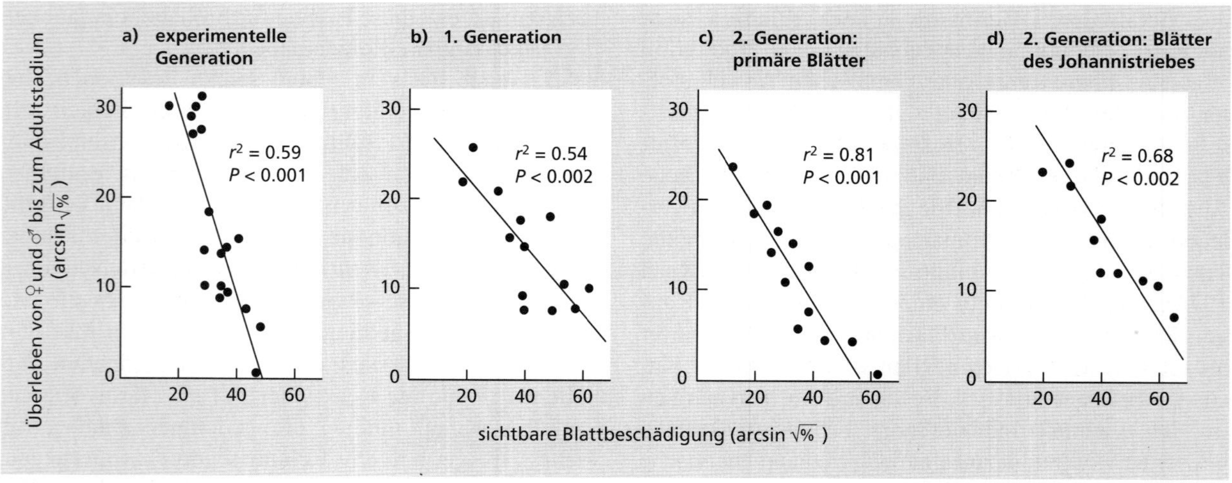

8.4 Die Überlebensrate von Larven bis zum Adultstadium sank für beide Geschlechter von blattminierenden *Phyllonorycter*-Arten mit dem Grad natürlicher Blattschädigung an ihrem Wirt, der Stieleiche (*Quercus robur*) (in dem Waldgebiet Wytham Woods bei Oxford/England). Eine experimentelle Generation schlüpfte aufgrund künstlicher Erwärmung sehr früh in der Saison; es folgten zwei natürlich auftretende Generationen. Primäre Blätter sind solche, die beim Austreiben im April gebildet werden; die Blätter des Johannistriebes erscheinen Mitte Juni. (Nach West 1985)

8.2.3 Herbivorie, Kahlfraß und Wachstum der Pflanze

Der Zeitpunkt eines Kahlfraßes ist ganz entscheidend für die Auswirkungen auf die Pflanzen.

Herbivorie kann das Wachstum von Pflanzen zum Stillstand bringen, sich aber auch vernachlässigbar auf die Wachstumsrate auswirken; und sie kann alle möglichen zwischen diesen Extremen angesiedelten Auswirkungen haben. Werden die Blätter alle gleichzeitig produziert, hängen die Folgen des Blattfraßes ganz entscheidend vom Zeitpunkt ab: So führt ein 75prozentiger Kahlfraß von voll entwickelten Eichenbäumen im Frühsommer zu einer 50prozentigen Verringerung in der Holzproduktion. Erfolgt ein vergleichbarer Fraßschaden später, ist kein erkennbarer Effekt auf das Wachstum zu verzeichnen (Franklin 1970; Rafes 1970). Anders verhalten sich Pflanzen mit kontinuierlicher Blattproduktion; bei ihnen kann der Verlust junger Blätter durch die Bildung neuer Blätter kompensiert werden, so daß ein früher Kahlfraß (der mehr Zeit für eine Kompensation läßt) weniger schädigend ist als ein später Blattverlust. So führte ein 25prozentiger Blattverlust bei Kohlpflanzen zu Beginn der Wachstumsperiode zu einer lediglich dreiprozentigen Einbuße der Gesamternte – wozu es auch durch einen nur fünfprozentigen Blattverlust sehr viel später (zur Zeit der Kopfbildung) kommen kann (Wit 1985).

Momentaufnahmen reichen zur Einschätzung der Auswirkungen von Herbivorie meist nicht aus.

In Fällen wie diesen bestehen jedoch schon allein bei der Beurteilung des Ausmaßes von Blattverlust, Blattneubildung und somit auch Nettowachstum erhebliche Schwierigkeiten. Momentaufnahmen zu irgendeinem bestimmten Zeitpunkt können keinen richtigen Eindruck über die vorangegangene Dynamik dieser Prozesse vermitteln. Allerdings hat die Mehrzahl der Untersuchungen sich gerade auf solche Momentaufnahmen gestützt. Dies wurde deutlich, als der Fraßschaden des Seerosenblattkäfers (*Pyrrhalta (Galerucella) nymphaeae*) an Gelben Teichrosen (*Nuphar luteum*) genauer kontrolliert wurde. Blätter wurden extrem schnell entfernt, aber ebenso schnell wurden neue Blätter wieder nachgeschoben. Markierte Blätter auf befallenen Pflanzen waren alle innerhalb von 17 Tagen verschwunden – im Vergleich dazu waren Blätter an unbefallenen Pflanzen (an einem anderen Standort) nach 17 Tagen noch zu 100 % intakt und nach sechs Wochen immerhin noch zu 65 % unversehrt (Abbildung 8.5). Momentaufnahmen während des gesamten Zeitraums ließen hingegen nur einen mit 13 % durchaus sehr unterschätzten Blattverlust durch die Käfer annehmen. Unabhängig von der bloßen

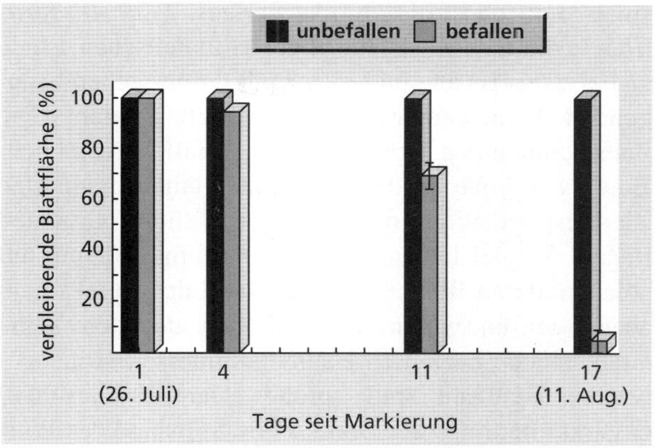

8.5 Die Überlebensrate der Blätter von Teichrosenpflanzen, die von Seerosenblattkäfern (*Pyrrhalta (Galerucella) nymphaeae*) befallen sind, ist sehr viel geringer als an unbefallenen Pflanzen. Sämtliche Blätter waren effektiv nach insgesamt 17 Tagen verschwunden, obwohl Momentaufnahmen darauf schließen ließen, daß die Verlustrate durch Abweiden auf befallenen Pflanzen während dieses Zeitraums lediglich nur ungefähr 13 % beträgt. (Nach Wallace und O'Hop 1985)

Mißachtung dynamischer Prozesse, können solche Momentaufnahmen auch die Auswirkungen von Blattverlust durch Herbivorie unterschätzen, denn sie spielt, wie bereits erwähnt, eine Rolle bei der gesteigerten Blattabwurfrate.

Gräser erweisen sich als besonders tolerant gegenüber Beweidung.

Die offenbar größte Toleranz gegenüber Beweidung, besonders Abweiden durch Vertebraten, zeigen Gräser. Bei den meisten Arten liegt das Meristem in direkter Bodennähe zwischen den basalen Blattscheiden, so daß dieser Hauptwachstumspunkt (auch für ein Nachwachsen) gewöhnlich vor Fraß durch Weidetiere geschützt ist. Nach Beweidung werden neue Blätter entweder durch Mobilisierung von Kohlenhydratreserven oder durch Photosyntheseprodukte der überlebenden Blätter gebildet; ebenso werden häufig neue Ausläufertriebe angelegt. Gräser profitieren zwar nicht direkt von der Bearbeitung durch die Weidegänger, aber es ist wahrscheinlich, daß sie in ihren Konkurrenzbeziehungen mit anderen Pflanzen von den Weidetieren begünstigt werden. So erklärt sich auch die Dominanz von Gräsern in so vielen natürlichen Habitaten, die unter der intensiven Beweidung durch Vertebraten leiden.

Die Auswirkungen von Herbivoren sind oft schwerer als nach außen hin zunächst sichtbar.

Allerdings können die Auswirkungen der Herbivorie auf das Wachstum von Pflanzen auch durchaus unterschätzt werden, wenn die Herbivoren Pflanzensaft oder Xylem entnehmen, ohne dabei die äußeren physischen Merkmale der Pflanze zu verändern. Ein Beispiel dafür ist die Lindenzierlaus (*Eucallipterus tiliae*), die auf den Blättern der Holländischen Linde (*Tilia vulgaris*) lebt und dieser mit ihren stechend-saugenden Mundwerkzeugen Phloemsaft entzieht. Die Laus kann einen extrem hohen Befall verursachen: Eine 14 m hohe Linde mit 58 000 Blättern kann eine Zierlauspopulation von über einer Million Individuen tragen. Vergleicht man unbefallene junge Bäume mit solchen, deren Blätter zum Zeitpunkt des Befalls halb ausgewachsen waren, ergeben sich dennoch keine Unterschiede bezüglich Baumdurchmesser, Höhenzuwachs, Blattzahl und -größe. Der Zierlausbefall bewirkt allerdings den praktischen Stillstand des Wurzelwachstums. Dies wiederum führt im weiteren saisonalen Verlauf dazu, daß der Gewichtszuwachs der befallenen Bäumchen insgesamt nur 8 % von dem der unbefallenen erreicht (Dixon 1971). Die sichtbaren Auswirkungen der Zierläuse sind also irreführend. Befallene Bäume zeigen oberirdisch eine normale Gewichtszunahme, bilden aber kaum noch neue Wurzeln, die nur sehr wenig Gewicht zulegen. Dies muß zweifellos spätere Folgen haben.

8.2.4 Herbivorie und das Überleben der Pflanze

Mortalität nach Herbivorie ist oft das Ergebnis des Einwirkens weiterer Faktoren.

Im allgemeinen ist es bei Herbivoren weiter verbreitet, die Mortalitätsanfälligkeit einer Pflanze zu erhöhen, als diese direkt umzubringen. So läßt Kahlfraß durch die Raupen des Blutbären (*Tyria jacobaeae*) am Jakobsgreiskraut (*Senecio jacobaea*) solche Pflanzen nachwachsen, die ganz besonders anfällig für Frostschäden und daraus resultierende Sterblichkeit sind. Dies hat zum erfolgreichen Einsatz dieses Bärenspinners in der biologischen Schädlingsbekämpfung des Greiskrautes im östlichen Kanada geführt, weil gerade dort die Herbstfröste typischerweise früh auftreten (Harris et al. 1978). In anderen Regionen, wo die Fröste erst später einsetzen, reicht die Zeit für die Greiskrautpflanzen noch aus, sich nach der Verpuppung der Raupen zu regenerieren, und dort ist die Unkrautbekämpfung deutlich weniger erfolgreich (Crawley 1989). Ähnlich minderte der Erdfloh *Altica sublicata* die Zuwachsrate der Herzblättrigen Weide (*Salix cordata*) in den beiden Jahren 1990 und 1991 (Abbildung 8.6a, b), eine beträchtliche Mortalität trat jedoch nur 1991 auf, als die Pflanzen einem Dürrestreß ausgesetzt waren. Da war die Anfälligkeit zudem noch erheblich durch die Herbivoren beeinflußt: 80 % der Pflanzen starben im Ansatz mit hoher Herbivorenbelastung (acht Käfer pro Pflanze), 40 % bei einem Befall von vier Käfern pro Pflanze, aber keine der befallsfreien Kontrollpflanzen starb ab (Bach 1994).

Wiederholter Kahlfraß, Ringelung und Meristemzerstörung können Pflanzen töten.

Ganz besonders wiederholte Entlaubung kann drastische Folgen haben. Einmaliger Kahlfraß des Schwammspinners (*Lymantria dispar*) an Eichen führt nur zu einer fünfprozentigen Mortalitätsrate (die sich nicht von der natürlichen Rate in einem unbefallenen, aber sehr dicht besetzten Waldgebiet unterscheidet). Nach dreimal aufeinanderfolgendem, schwerem Kahlfraß steigt die Sterblichkeit aber auf bis zu 80 % an (Stephens 1971).

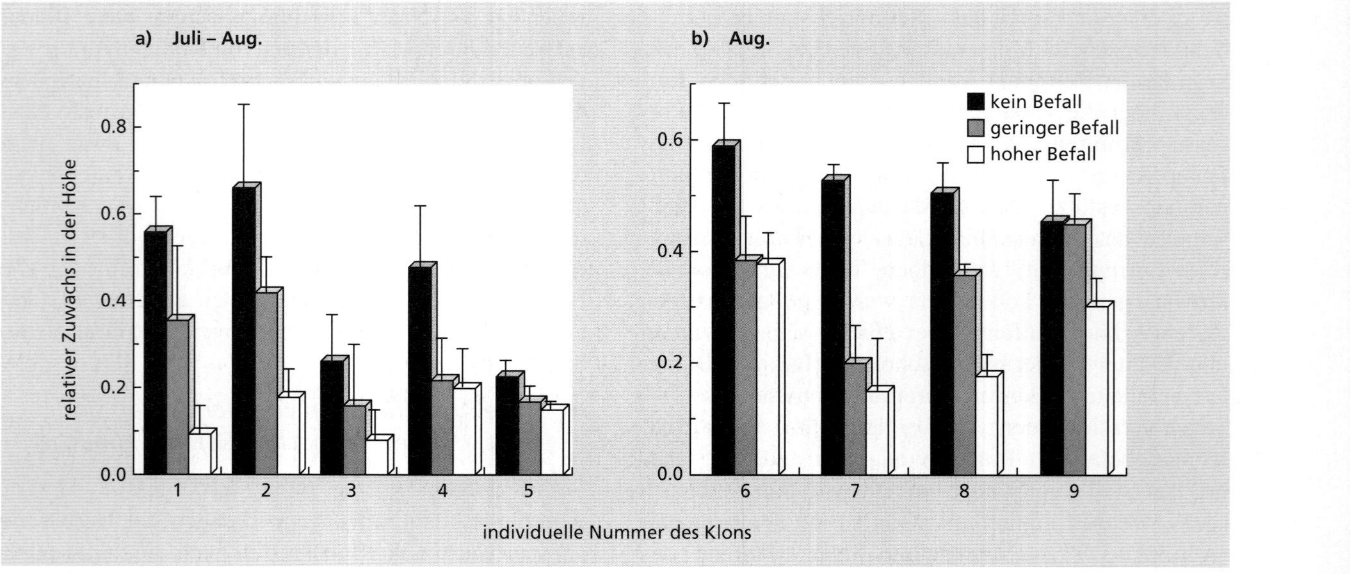

8.6 Relative Zuwachsraten (Höhenzuwachs/Anfangshöhe, mit Standardfehler) für eine Anzahl verschiedener Klone der Herzblättrigen Weide (*Salix cordata*), die entweder keinem Befall (Kontrolle), geringem Befall (vier Käfer pro Pflanze) oder hohem Befall (acht Käfer pro Pflanze) ausgesetzt waren a) 1990; b) 1991. (Nach Bach 1994)

Mortalität bereits etablierter Pflanzen muß allerdings nicht immer zwingend mit einer massiven Form von Entlaubung verbunden sein. Einen der extremsten Fälle, wobei bereits das Entfernen eines kleinen Pflanzenteiles überdurchschnittlich schwere Folgen für den Baum hat, stellt die sogenannte Ringelung der Rinde dar, die zum Beispiel von Hörnchen und Baumstachlern verursacht wird. Gewebe des Kambiums wie auch des Phloems werden vom hölzernen Xylem abgerissen, und damit ist die Assimilatversorgung zwischen den Wurzeln und Blättern unterbrochen. Folglich können diese Schädlinge von Waldschonungen häufig sehr junge Bäume abtöten, obwohl sie nur sehr wenig Gewebeteile entfernt haben.

Viele Samen und Säuglinge werden durch Herbivore zerstört.

Bei einem Sämling reicht in der Regel schon ein einziger Angriff aus, um ihn abzutöten, denn die Pflanze ist noch kaum richtig angewachsen und ihre Fähigkeiten zur Kompensation erst gering entwickelt. Schon 1859 schrieb Charles Darwin dazu:

> »So beobachte ich z. B. auf einer locker umgegrabenen Bodenfläche von drei Fuß Länge und zwei Fuß Breite, auf der keine anderen Pflanzen hindernd auftreten konnten, das Aufgehen der Sämlinge unserer heimischen Kräuter. Von 357 waren nicht weniger als 295 hauptsächlich durch Schnecken und Insekten zerstört worden.« (Darwin 1859; deutsche Ausgabe 1963)

Oftmals sind aber gerade Vertebraten als Räuber von Sämlingen von größter Bedeutung. So untersuchte Mills (1983) zum Beispiel das Etablieren von Sämlingen, besonders der wichtigsten Pflanzen wie der Säkkelblume *Ceanothus greggi* und der Scheinheide *Adenostoma fasciculatum*, im ersten Jahr nach einem Feuer im südkalifornischen Chaparral. Eine Reihe von Einzäunungsexperimenten, die Herbivore ausschlossen und noch durch direkte Beobachtungen an markierten Sämlingen gestützt wurden, zeigte, daß Insekten keinen nennenswerten Effekt haben, hingegen Vertebraten, insbesondere das Strauchkaninchen (*Sylvilagus bachmani*), einen deutlichen Einfluß auf die Häufigkeit von Sämlingen, besonders von Säckelblumen, nehmen.

Es überrascht nicht weiter, daß bei Prädation an Samen ein schädigender Effekt auf die einzelne Pflanze (das heißt die Samen selbst) sogar noch deutlicher abzusehen ist. Beispielsweise zeigten Davidson et al. (1985), welche schwerwiegenden Folgen körnerfressende Ameisen und Nagetiere auf die Samenbanken von annuellen Pflanzen in den Wüsten der südwestlichen USA haben. Damit konnte auch der eindeutige Einfluß der Prädatoren auf die Zusammensetzung der Pflanzengesellschaft (siehe Abschnitt 8.3) demonstriert werden, der zumindest teilweise dadurch zustande kommt, daß sie auf interspezifischer Ebene die Konkurrenz zwischen Pflanzen beeinflussen (siehe Abschnitt 8.2.6).

8.2.5 Herbivorie und Fekundität der Pflanze

Herbivore konsumieren oft direkt die Fortpflanzungsorgane von Pflanzen; da dabei aber häufig Pollen übertragen wird oder Samen verbreitet werden, ist diese Form der Herbivorie vielfach von gegenseitigem Nutzen.

Die Folgen der Herbivorie auf die Fekundität der Pflanze spiegeln in einem ganz erheblichen Ausmaß deren Folgen auf das Pflanzenwachstum wider, denn kleinere Pflanzen tragen auch weniger Samen. Die Pflanzen können auch sehr viel direkter beeinträchtigt werden – durch Entfernen oder Zerstören der Blüten, Blütenknospen oder der Samen, noch bevor diese sich ausbreiten können. So bildeten auf einer intensiv von Rindern beweideten Wiese in Nordwales nur 15 % der blühenden Hahnenfußpflanzen (*Ranunculus* spec.) Samen aus, während es auf einer nur schwach beweideten Rasenfläche 48 % waren (Sarukhán 1974).

Es ist allerdings auch wichtig zu erkennen, daß Herbivorie an reproduktiven Gewebeteilen in vielen Fällen sogar mutualistisch ist, das heißt von Vorteil sowohl für den Herbivoren als auch für die Pflanze (siehe Kapitel 13). Tiere, die Pollen und Nektar aufnehmen, übertragen dabei auch unbeabsichtigt den Pollen von einer Pflanze auf die andere. Ebenso sind etliche fruchtfressende Tiere für die Mutterpflanze sowie den einzelnen Samen innerhalb einer Frucht von effektivem Nutzen. Gerade die früchteverzehrenden Wirbeltiere fressen meist nur das Fruchtfleisch und verwerfen die Samen, oder sie fressen zwar die Frucht, scheiden jedoch die Samen über den Kot aus. Auf diese Weise werden Samen verbreitet, nur selten jedoch geschädigt und regelmäßig sogar noch in ihrer Keimfähigkeit gestärkt.

Vorrat- oder versteckanlegende Samenfresser können Pflanzen sogar begünstigen.

Andererseits ist es sehr unwahrscheinlich, daß Insekten, die Früchte befallen, einen nutzbringenden Effekt auf die Pflanze ausüben. Sie tragen überhaupt nicht zur Samenverbreitung bei und können die Früchte sogar weniger reizvoll oder gar ungenießbar für Vertebraten machen. Im Gegensatz dazu können einige große Tierarten, die eigentlich in der Regel Samen abtöten, unter Umständen für deren Verbreitung Bedeutung erlangen und folglich doch zumindest einen teilweise positiven Einfluß haben. So legen einige Tiere Vorräte an, zum Beispiel bestimmte Hörnchenarten, die Nüsse sammeln und diese dann an verstreuten Plätzen eingraben, oder Mäuse und Wühlmäuse, die verstreute Samen zusammentragen und in verschiedene Verstecke bringen (siehe auch Kapitel 5). Zwar werden in beiden Fällen viele Samen aufgefressen, doch die Samen werden auch verbreitet, bleiben zudem vor anderen Samenräubern versteckt und werden vielfach von den vorrat- oder versteckanlegenden Tieren gar nicht wiedergefunden (Crawley 1983).

Herbivorie kann zu verspätetem Blühen führen, wodurch sich die Lebensdauer der Pflanzen erhöhen kann.

Herbivore beeinflussen die Fekundität auch noch in anderer Weise. Zu den häufigsten Reaktionen auf Herbivorenbefall gehört die Verzögerung des Blühens. Beispielsweise verschiebt sich durch Herbivorie bei langlebigeren, semelparen Arten regelmäßig der Blühzeitpunkt um ein oder mehr Jahre. Das wiederum erhöht die Lebensdauer solcher Pflanzen, denn dem einzigen, explosionsartigen Reproduktionsereignis folgt fast ausnahmslos das Absterben (siehe Kapitel 4). So kann das Einjährige Rispengras (*Poa annua*) auf einer Rasenfläche durch Abmähen in wöchentlichen Abständen geradezu unsterblich gehalten werden, während es in natürlichen Habitaten, wo es zur Blüte gelangt, im allgemeinen annuell ist, wie der Name bereits sagt (Crawley 1983).

Generell bestimmt der Zeitpunkt, zu dem ein Blattfraß auftritt, seine Auswirkungen auf die Fruchtbarkeit der Pflanze. Erfolgt der Blattverlust vor der Blütenausbildung, so hängt es zweifellos von der Kompensationsfähigkeit der Pflanze ab, inwieweit ihre Fekundität verringert wird. Frühzeitiger Blattverlust von Pflanzen mit sequentieller Blattbildung hat auf die Fekundität kaum einen Einfluß. Bei später auftretender Entlaubung oder bei synchroner Blattproduktion kann die Blütenausbildung jedoch deutlich eingeschränkt oder sogar vollständig unterdrückt werden. Werden die Blätter erst nach der Blütenbildung entfernt, wird gewöhnlich die Blütenabwurfrate erhöht oder die individuelle Samengröße verringert.

8.2.6 Wechselwirkungen durch Herbivorie

Herbivore können als Überträger von Krankheiten fungieren.

Die Effekte von Herbivorie sind, wie bereits gezeigt, oft deswegen sehr einschneidend, weil zusätzlich Wechselwirkungen mit anderen Faktoren auftreten, die die Pflanzen beeinflussen. Herbivoren können sich schwerwiegend auf Pflanzen auswirken, wenn sie zum Beispiel Überträger von pflanzenpathogenen Erregern wie Bakterien, Pilzen und besonders Viren sind. So übertragen beispielsweise Borkenkäfer, die in den treibenden Zweigen von Ulmen fressen, einen Pilz, der das Ulmensterben verursacht. Dadurch wurde in den sechziger Jahren im Nordosten der USA eine ungeheure Zahl von Ulmen abgetötet und in den siebziger und frühen achtziger Jahren in Südengland praktisch der gesamte Ulmenbestand ausgerottet (Strobel und Lanier 1981). Ähnlich verursachen Raupen der Kaktusmotte (*Cactoblastis cactorum*), die zur Bekämpfung von Opuntien in Australien (siehe Abschnitt 15.7.6) eingesetzt werden, einen großen Teil ihres Schadens, indem sie Fraßnarben hinterlassen, durch die Bakterien in die Kakteen eindringen und deren Gewebe zerstören (Dodd 1940).

In Kombination von Konkurrenz unter den Pflanzen kann Herbivorie sich ernsthaft auswirken.

Die wohl häufigste Ursache dafür, daß Herbivorie einen noch drastischeren Einfluß hat, als es anfänglich scheint, ist die Wechselbeziehung zwischen Herbivorie und Pflanzenkonkurrenz (das Spektrum möglicher Folgen wird von Pacala und Crawley 1992 diskutiert). Ein dafür interessantes Beispiel beschäftigt sich mit dem Ampferblattkäfer (*Gastrophysa viridula*) und den beiden Ampferarten *Rumex obtusifolius* und *R. crispus* (Stumpfblättriger und Krauser Ampfer). So ist *Rumex crispus* nur wenig beeinträchtigt, wenn Konkurrenz mit *R. obtusifolius* oder geringer Fraß von Käfern alleine auftritt. Schon geringer Blattfraß und Konkurrenz gemeinsam bedeuten dagegen eine erhebliche Belastung für *R. crispus* (Abbildung 8.7). Der Käfer befällt aber bevorzugt *R. obtusifolius*, und in der wohl üblicheren Situation, in der *R. obtusifolius* mit verschiedenen Grasarten konkurriert, zeigt sich, daß dann diese Ampferart am stärksten unter der Kombination von Käferbefall und Konkurrenz leidet (Cottam et al. 1986).

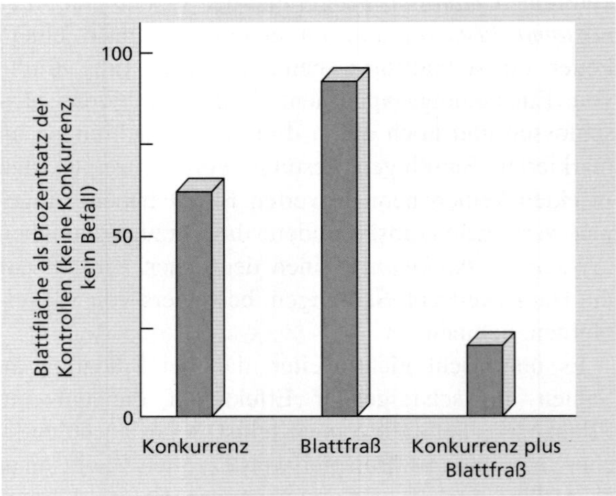

8.7 Die Folgen des Befalls durch den Ampferblattkäfer (*Gastrophysa viridula*) am Krausen Ampfer (*Rumex crispus*) werden signifikant verstärkt, wenn gleichzeitig Konkurrenz mit Stumpfblättrigem Ampfer (*R. obtusifolius*) auftritt. Die Leistung der Pflanzen ist als Blattfläche im Vergleich zu Kontrollpflanzen (kein Befall, keine interspezifische Konkurrenz) gemessen. (Nach Bentley und Whittaker 1979)

8.2.7 Luftverschmutzung und herbivore Insekten

Sind Pflanzen durch Luftschadstoffe belastet, leiden sie besonders stark unter Herbivorie.

Eine spezielle Form von Wechselwirkung, bei der Pflanzen unverhältnismaßig stark durch Herbivore betroffen sind, bedarf besonderer Erwähnung: Es sind jene Fälle, in denen Pflanzen auch gleichzeitig noch durch Luftverunreinigungen – besonders durch Schwefeldioxid (SO_2), Ozon und Stickoxide – belastet sind (Riemer und Whittaker 1989). Die möglichen Auswirkungen von saurem Regen (Niederschläge, in denen diese Schwefel- sowie Stickoxide gelöst sind – siehe Kapitel 19) auf Pflanzen, insbesondere Bäume, werden sehr kontrovers diskutiert. Eine Lösung dieser Kontroverse bedarf sorgfältig durchgeführter Experimente, um Ursache und Wirkung unzweideutig zu klären. Allerdings können Experimente, die lediglich die Wirkung von Luftschadstoffen auf Pflanzen untersuchen, auch bei noch so sorgfältiger Durchführung irreführend sein, wenn das eigentliche Problem auf eine Wechselwirkung zwischen Pflanze, Schadstoff und Herbivor zurückzuführen ist.

Herbivore Insekten nehmen in Anwesenheit von Schadstoffen in ihrer Abundanz zu.

Es gibt zweifellos Hinweise darauf, daß herbivore Insekten bei Anwesenheit von Schadstoffen in der Abundanz zunehmen (Riemer und Whittaker 1989), das heißt, es gibt indirekte Hinweise darauf, daß Pflanzen wahrscheinlich durch einen kombinierten Effekt von Schadstoffen und Herbivoren geschädigt werden. Ein Beispiel ist die Erfassung der Abundanz der Kiefernrindenwanze (*Aradus cinnamomeus*) in Finnland. Eine Reihe von Zählungen entlang eines Schadstoffgradienten, der durch Schwefel- sowie Stickoxidemissionen verschiedener Fabriken verursacht wurde, zeigte, daß die Dichte der Wanzenart in direkter Fabriknähe am niedrigsten war, aber sehr schnell auf einen Dichtegipfel in nur 1–2 km Entfernung anstieg. In größerer Entfernung ging die Dichte langsam wieder zurück. (grob geschätzt auf 0.01 % der stärksten Befallsdichte). Ein heftiger Befall durch die Kiefernrindenwanze tritt in Finnland ausschließlich in Industriegebieten auf (Heliövaara und Väisänen 1986).

Ebenso konnte unter experimentellen Bedingungen eine signifikante Zunahme der Wachstumsrate bei der Schwarzen Bohnenlaus (*Aphis fabae*) festgestellt werden, wenn sie an Saubohnen (*Vicia faba*) saugte, die zuvor sieben Tage lang entweder mit 1.48×10^5 ppm Schwefeldioxid (SO_2) oder 2.04×10^5 ppm Stickstoffdioxid (NO_2) bedampft wurden. Bedampfung einer Kontrollpopulation von Blattläusen auf künstlichem (nicht pflanzlichem) Nährmedium zeigte keinen direkten Einfluß dieser Gase auf die Wachstumsrate. In einem ähnlichen Versuch wurde das System unter Londoner Luft ($1.3 - 5.4 \times 10^4$ ppm SO_2 und $1 - 5 \times 10^4$ ppm NO_2) gehalten und die Aphiden wiesen signifikant höhere Wachstumsraten auf als unter Aktivkohle-gefilterter Luft (Dohmen et al. 1984).

Es gibt auch einige direkte Belege – wenn auch unter künstlichen, experimentellen Bedingungen – dafür, daß eine Wechselwirkung zwischen Herbivoren und Schadstoffen Wachstum, Überleben oder Fekundität von Pflanzen beeinflußt. Der Mexikanische Bohnenkäfer (*Epilachna varivestis*) schädigt 45 % der Blattfläche von unbehandelten Kontrollpflanzen, während er bis zu 75 % schädigt, wenn die Sojapflanzen (*Glycine soja*) mit 1.35×10^5 ppm SO_2 behandelt wurden (Hughes 1983).

Jedoch wäre es falsch anzunehmen, die typische Wechselbeziehung entspräche einfach der Formel: Ein Schadstoff beeinträchtigt die Pflanze, das fördert den Herbivoren, der die Pflanze noch mehr schädigt. Zum Beispiel bewirkt die Schädigung der Sämlinge des Bergahorns (*Acer pseudoplatanus*) durch die Zwergzikade *Ossiannilssonola callosa* einen signifikanten Anstieg in der SO_2-Aufnahmerate der Pflanze über Nacht (Warrington et al. 1989). Es gibt also eindeutig ein Potential für eine synergistische Wechselwirkung zwischen Herbivoren und Schadstoffen in ihren negativen Auswirkungen auf die Pflanze.

Schadstoffe erhöhen vermutlich die Konzentration an verfügbarem Stickstoff in pflanzlichen Geweben.

Die hier erwähnten Beispiele stützen die Ansicht, daß Pflanzen unverhältnismäßig stark durch ihre Herbivoren beeinträchtigt werden können, wenn gleichzeitig noch Schadstoffe vorhanden sind. Die vorliegenden Beweise sprechen sehr eindeutig gegen zwei Alternativerklärungen, nämlich daß erstens entweder die Insekten direkt von den Schadstoffen profitieren (vergleiche zum Beispiel die Untersuchung an *Aphis fabae*) oder zweitens die Pflanzen profitieren, während die Insekten lediglich auf eine höheres Ressourcenangebot reagieren (Riemer und Whittaker 1989). Insbesondere White (1984, 1993) hat betont, daß möglicherweise ein Zusammenhang zwischen den Folgen von Luftverschmutzung für die Pflanzen und den Auswirkungen anderer negativer Einflüsse wie Herbizide, Strahlung, extreme Temperaturen, Krankheiten, Dürre und Staunässe besteht. Es ist anzunehmen, daß Schadstoffe, wie andere Faktoren auch (siehe Abschnitt 8.4), die Konzentration an verfügbarem Stickstoff in pflanzlichen Geweben erhöhen, indem Stickstoff aus alternden, beschädigten oder erkrankten Geweben in Abschnitte neuen Wachstums umgeleitet wird. Die herbivoren Insekten, für die gerade Stickstoff ein limitierender Faktor ist (siehe Kapitel 3), profitieren von der deutlich verbesserten Qualität (bei eventuell reduzierter Menge) ihrer Ressource.

8.3 Die Auswirkungen von Prädation auf Populationen der Beute

Prädation ist zwar negativ für den Organismus, kann aber positiv für diejenigen sein, die nicht bearbeitet werden.

Wenden wir uns jetzt wieder den Prädatoren generell zu. Unter der Voraussetzung, daß die Auswirkungen von Räubern auf die einzelne Beute schädigend sind, sollten die direkten Folgen von Prädation auf Populationsniveau ebenfalls vorhersehbar negativ sein. Diese Vorhersagbarkeit ist allerdings aus zwei Gründen nicht immer gegeben, von denen einer allein oder beide gemeinsam zutreffen können. Erstens sind die getöteten (oder geschädigten) Individuen keineswegs immer eine Zufallsstichprobe der gesamten Population und können außerdem diejenigen Individuen sein, die das geringste Potential haben, einen Beitrag für die Zukunft der Population zu leisten. Zweitens können die überlebenden Beuteindividuen kompensatorische Änderungen des Wachstums, des Überlebens oder in der Fortpflanzung zeigen, denn sie sind unter Umständen geringerer Konkurrenz um eine begrenzte Ressource ausgesetzt oder haben eine höhere Reproduktionsrate, oder andere Räuber nutzen die Beute einfach weniger. Mit anderen Worten ist Prädation zwar negativ für die Beute, die gefressen wird, kann aber positiv sein für jene, die nicht gefressen werden. Außerdem hat Prädation gerade dann auf die Populationsdynamik der Beute den geringsten Effekt, wenn sie zu einem Zeitpunkt im Lebenszyklus der Beute auftritt, der letztlich auch keine signifikanten Auswirkungen auf die Abundanz der Beute hat.

Tritt Prädation zu einem demographisch unbedeutenden Zeitpunkt auf, so hat sie wahrscheinlich keinen großen Einfluß auf die Populationsdynamik der Beute.

Zuerst wollen wir diesen letzten Aspekt behandeln. Wenn beispielsweise die pflanzliche Vermehrungsrate nicht durch die Anzahl der produzierten Samen begrenzt ist, werden Insekten, welche die Samenproduktion verringern, auch sehr wahrscheinlich keinen großen Einfluß auf die Populationsdynamik der Pflanzen nehmen (Crawley 1989). So reduziert der Rüsselkäfer *Rhinocyllus conicus* nicht die Vermehrungsrate der Nickenden Distel (*Carduus nutans*) in Südfrankreich – trotz einer durch ihn verursachten Verlustrate von über 90 % der Samen. Tatsächlich führte sogar eine Aussaat von 1 000 Disteln pro Quadratmeter zu keiner erkennbaren Zunahme der Distelrosetten. Somit scheinen Vermehrungsraten nicht durch die Zahl produzierter Samen limitiert zu sein. Ob sie aber durch nachfolgende Prädation an den Samen oder jungen Sämlingen begrenzt werden oder durch die Verfügbarkeit von Stellen zur Keimung, ist nicht klar (Crawley 1989). Andererseits hat man *R. conicus* bei der Bekämpfung der Nickenden Distel in Virginia/USA, erfolgreich eingesetzt, wodurch die Disteldichte um 95 % reduziert wurde (Kok und Surles 1975). Vermutlich ist der Vermehrungserfolg der Distel dort tatsächlich durch die Samenanzahl limitiert.

Prädation an Samen kann, muß aber nicht, von Bedeutung für die Pflanzenpopulation sein.

Derselbe Aspekt wird auch durch eine Untersuchung an den beiden Sträuchern *Haplopappus venetus* und *H. squarrosus* entlang eines 60 km langen Gradienten von der Küste bis ins Landesinnere Kaliforniens veranschaulicht (Louda 1982). Die Abundanz von *H. venetus* nimmt mit zunehmender Entfernung von der Küste ständig ab, während jene von *H. squarrosus* zunimmt. Eine Reihe verschiedener Insektenarten verursacht in hohem Ausmaß Schäden an *H. venetus* durch Fraß an sich entwickelnden Blüten und Samen. Im Experiment konnte durch Ausschluß der Blüten- sowie Samenräuber eine Abnahme der Blütenabwurfrate um 11 % erreicht werden, ein Anstieg des Bestäubungerfolgs um 19 % und letztlich eine Zunahme der Samenanzahl um 104 %. Das führte zwar zu einem Anstieg in der Zahl etablierter Sämlinge, doch wurde im folgenden vermutlich durch Herbivorie von Wirbeltieren der ursprüngliche Abundanzgradient wiederhergestellt. Bei *H. squarrosus* führte ein zweiwöchiger Einsatz von Insektiziden zu einem von 94 auf 41 % verringerten Verlust an Früchten durch Bohrfliegen, Kleinschmetterlinge und Erzwespen. Das wiederum erbrachte einen signifikanten Anstieg in der Anzahl lebensfähiger Samen, der Dichte von Sämlingen sowie der Zahl junger Pflanzen, die nach einem Jahr rekrutiert wurden. In diesem Fall scheint deshalb Prädation an Samen tatsächlich begrenzende Auswirkungen auf das Populationswachstum zu haben, und da die Prädation besonders stark im Küstengebiet ist, wird damit auch die Ausbildung eines Abundanzgradienten gefördert. Dennoch ist es ein großer Unterschied, ob man zeigt, daß einzelne Samen zum Absterben gebracht werden oder daß dadurch tatsächlich die Abundanz der Pflanzen verändert wird.

Die Auswirkungen von Prädation werden häufig durch verringerte intraspezifische Konkurrenz gemildert, aber nicht immer vollständig kompensiert.

Jedesmal, wenn die Dichte so hoch ist, daß intraspezifische Konkurrenz auftreten kann, werden die Auswirkungen von Prädation auf die Population dadurch gemildert, daß als Resultat die intraspezifische Konkurrenz abnimmt. Das wird deutlich, wenn man in diesem Zusammenhang erneut die n-förmigen, konvexen Kurven betrachtet, die die Nettorekrutierung oder Nettoproduktivität bezogen auf die Dichte erfassen (wie

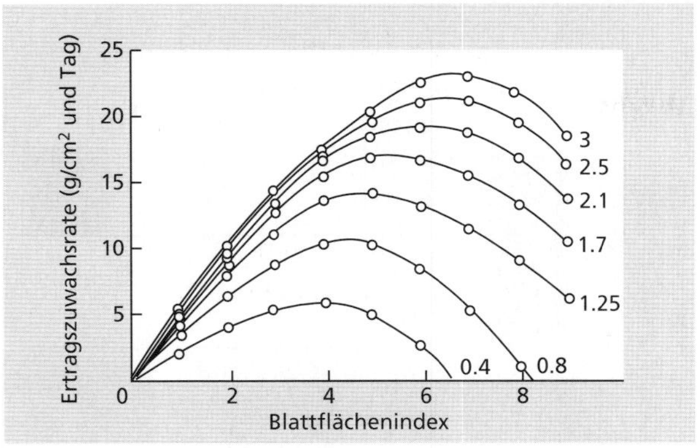

8.8 Die Beziehung zwischen der Zuwachsrate des Ertrags und dem Blattflächenindex beim Bodenklee (*Trifolium subterraneum*) unter verschiedenen Strahlungsintensitäten (kJ pro cm^2 und Tag). (Nach Black 1963)

bereits in Abschnitt 6.4 erläutert). Die Nettorekrutierung ist immer dann gering, wenn es nur wenige sich reproduzierende Individuen gibt, ebenso wie pflanzliche Nettoproduktion mäßig ist, wenn nur wenige Blätter vorhanden sind (also ein kleiner Blattflächenindex vorliegt). Sie ist auch bei Überbevölkerung niedrig, genau wie die pflanzliche Produktivität bei großem Blattflächenindex und damit verbundener starker Beschattung gering ist (Abbildung 8.8). Wenn also ein Räuber oder ein Herbivor eine Population angreift, die sich im Bereich des rechten Schenkels der Kurve befindet, nimmt die Dichte ab, während Nettorekrutierung oder Nettoproduktivität zunehmen. Hierdurch wird die Rate gesteigert, mit der sich die Population wieder erholt.

Dieser Effekt ist vermutlich am wichtigsten bei Pflanzenpopulationen (insbesondere bei Gräsern), bei denen sogar überlebende Teile der Pflanze und nicht allein überlebende Individuen kompensieren. Selbst in den Fällen, wo Kahlfraß verheerende Auswirkungen auf einzelne Ausläufer oder sogar den individuellen Geneten insgesamt hat, muß sich das auf den Gesamtertrag durchaus nicht ernsthaft auswirken.

Die Kompensation ist allerdings keineswegs immer perfekt. Wenn zum Beispiel täglich 75 % der schlüpfenden Imagines aus einer Laborpopulation von Australischen Schafgoldfliegen (*Lucilia cuprina*) entfernt wurden, erfolgte eine gewisse Kompensation, doch nahm der Populationsumfang um 40 % ab (Nicholson 1954b). Sobald bei einer Bodenkleepopulation der Blattflächenindex durch Entlaubung unterhalb von 4.5 sank (das heißt auf dem linken Schenkel der Kurve in Abbildung 8.8), erfolgte eine drastische Abnahme der Blattbildungsrate. Folglich führt Prädation im allgemeinen zu einer kompensatorischen Abnahme intraspezifischer Konkurrenz, aber ebenso sind die Kompensationsmöglichkeiten auch beschränkt (besonders bei Beute- und Pflanzenpopulationen mit geringer Dichte). Diese Thematik wird eingehender in Kapitel 16 im Zusammenhang mit Erntevorgängen besprochen. Es sei hier nur erwähnt, daß der Mensch sich auf die ausgleichenden Fähigkeiten einer Population verläßt, um so wiederholt abernten zu können. Da aber das Kompensationsvermögen einer Population nicht unbegrenzt ist, kann eine zu starke Nutzung fast oder sogar ganz zu ihrer Ausrottung führen.

Die Angriffe von Räubern richten sich meist gegen die schwächsten Beuteindividuen.

Wenden wir uns nun der nicht-zufälligen Verteilung der Aufmerksamkeit von Räubern innerhalb einer Beutepopulation zu. Die Prädation durch viele große Carnivore konzentriert sich vermutlich auf alte (und gebrechliche), junge (und unerfahrene) oder auf kranke Individuen. Nach einer Untersuchung in der Serengeti/Tansania zum Beispiel schlugen Geparden (*Acinonyx jubatus*) und Wildhunde (*Lycaon pictus*) eine überproportionale Anzahl von Thomsongazellen (*Gazella thomsoni*) aus der jungen Altersklasse (Abbildung 8.9a), weil: 1) diese jungen Tiere leichter zu fangen waren (Abbildung 8.9b); 2) sie weniger Ausdauer hatten und geringere Laufgeschwindigkeiten erreichten; 3) sie die Räuber weniger geschickt ausmanövrieren konnten (Abbildung 8.9c) und 4) sie unter Umständen sogar nicht imstande waren, die Räuber zu erkennen (FitzGibbon und Fanshawe 1989; FitzGibbon 1990). Da sich aber diese jungen Gazellen noch nicht an der Fortpflanzung der Population beteiligen können, sind die Folgen für die Beutetierpopulation bei diesem Niveau von Prädation folglich auch geringer als es sonst der Fall gewesen wäre.

Belege für die Auswirkungen von Prädation auf Populationsebene sind schwer zu erbringen.

Insgesamt gesehen ist es darum kein einfacher Schritt von der Tatsache, daß die individuelle Beute durch einzelne Räuber geschädigt wird, bis zur Feststellung, daß die Abundanz der Beutepopulation ebenfalls betroffen ist. Um genau das zu können, ist es notwendig entweder ein gezieltes Experiment durchzuführen oder ein zufällig in der Natur stattfindendes zu beobachten (siehe Kapitel 15). Allerdings konnten von 28 zugänglichen Studien, in denen herbivore Insekten experimentell durch den Einsatz von Insektiziden von Pflanzengemeinschaften ausgeschlossen wurden, nur etwa die Hälfte dafür Belege für Auswirkungen auf die Pflanzen auf Populationsebene erbringen (Crawley 1989). Crawley weist aber auch darauf hin, solche Verhältnisse mit Vorsicht zu behandeln. Denn es gibt eine fast unvermeidbare Tendenz, „negative" Ergebnisse (kein Populationseffekt) nicht mitzuteilen, da es eben „nichts" zu berichten gibt. Außerdem dauern die Ausschlußuntersuchungen oft viele Jahre, bis irgendeine

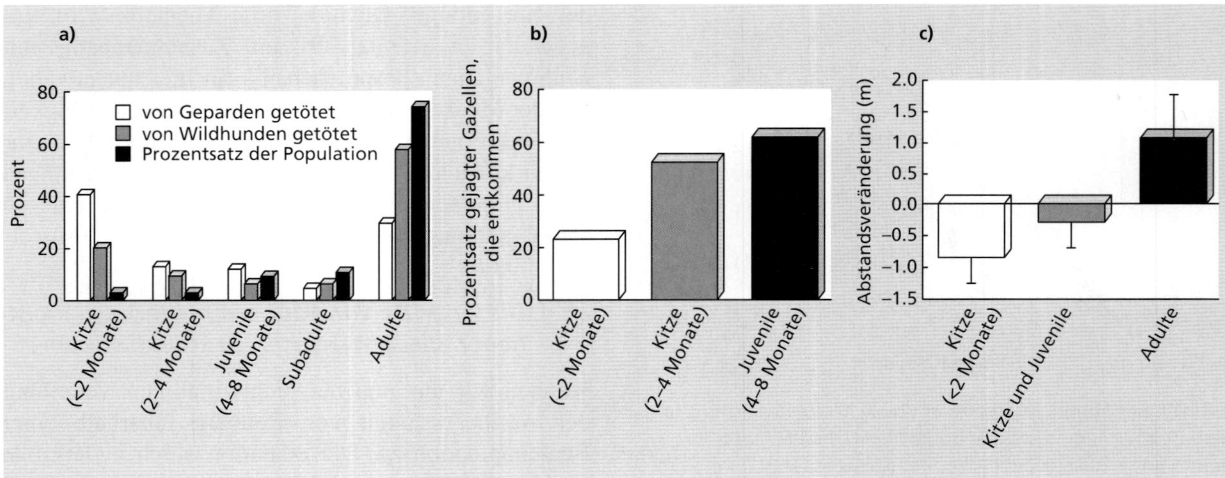

8.9 a) Die Anteile der verschiedenen Altersklassen (bestimmt über die Zahnabnutzung) von Thomsongazellen (*Gazella thomsoni*), die von Geparden (*Acinonyx jubatus*) oder Wildhunden (*Lycaon pictus*) gerissen wurden, unterscheiden sich deutlich von ihren Anteilen an der gesamten Population. b) Das Alter beeinflußt die Wahrscheinlichkeit, mit der Thomsongazellen den jagenden Geparden entkommen. c) Wenn die Beute Haken schlägt, um zu entfliehen, beeinflußt das Alter der Beute die durchschnittliche Entfernung, die sie dadurch zwischen sich und den Geparden schafft. (Nach FitzGibbon und Fanshawe 1989; FitzGibbon 1990)

Wirkung auf die Pflanzen sichtbar wird – vielleicht sind damit viele dieser „negativen" Untersuchungen einfach nur zu früh aufgegeben worden.

8.4 Die Auswirkungen von Konsumption auf die Konsumenten

Konsumenten müssen oft einen Schwellenwert der Konsumption überschreiten, um von ihr so zu profitieren, daß sie sich fortpflanzen können, erreichen aber auch einen Sättigungsgrad.

Die positiven Effekte der Nahrung auf jeden individuellen Räuber, sind leicht vorstellbar. Eine Zunahme der konsumierten Nahrungsmenge führt generell zu einem Anstieg der Wachstums-, der Entwicklungs- und der Geburtsrate sowie zu einer Abnahme der Mortalitätsrate. Das ist geradezu der Kern jeder Diskussion über intraspezifische Konkurrenz zwischen Konsumenten (siehe Kapitel 6), denn hohe Dichten bedeuten geringe Nahrungsmengen pro Individuum, und das führt zu niedrigen Wachstumsraten, hohen Sterberaten und so weiter. So spiegeln auch die Auswirkungen des Wanderungsverhaltens, das bereits betrachtet wurde (siehe Kapitel 5), die Reaktionen des einzelnen Konsumenten auf die Verteilung des Nahrungsangebots wider. Allerdings können die vielfältigen Beziehungen zwischen Konsumptionsrate und Nutzen für den Konsumenten komplizierter sein, als sie zunächst scheinen. Zuerst einmal brauchen alle Tiere eine bestimmte Nahrungsmenge allein zum Erhalt ihrer lebenswichtigen Funktionen (Abbildung 8.10). Solange der Grenzwert dieser Nahrungsmenge nicht überschritten wird, ist das Tier nicht in der Lage, zu wachsen oder sich fortzupflanzen, und kann damit auch keinen Beitrag für die nachfolgenden Generationen leisten. Anders ausgedrückt: Geringe Konsumptionsraten bedeuten für den Konsumenten nicht einmal einen kleinen Nutzen, sondern sie lassen ihn lediglich mit veränderter Geschwindigkeit verhungern.

Andererseits kann man nicht davon ausgehen, daß die Geburts- Wachstums- und Überlebensrate eines einzelnen Konsumenten mit steigendem Nahrungsangebot auch unendlich zunehmen können; es kommt vielmehr zur Übersättigung der Konsumenten. Die Konsumptionsrate erreicht letztlich ein bestimmtes Niveau, auf dem sie von der zur Verfügung stehenden Nahrungsmenge unabhängig wird, und deshalb erreicht auch der Nutzen für den Konsumenten ein Plateau. Somit gibt es ebenso eine Grenze für die Menge, die eine bestimmte Population von Konsumenten fressen kann, eine Grenze für den Schaden, den sie ihrer Beutepopulation zu diesem Zeitpunkt zufügen kann, und eine Grenze für das Ausmaß, mit dem die Population des Konsumenten sich vergrößert. Dies wird umfassender in Abschnitt 9.5 diskutiert.

In Mastjahren erreicht die gesamte Samenfresserpopulation gleichzeitig den Sättigungspunkt.

Ein besonders beeindruckendes Beispiel, bei dem die gesamte Population von Konsumenten gleichzeitig den Sättigungspunkt erreicht, liefern viele Pflanzenarten (insbesondere Bäume), die **Mastjahre** haben. Das bedeutet, daß in bestimmten Jahren bei fast allen Bäumen einer betreffenden Art in einem Gebiet gleich-

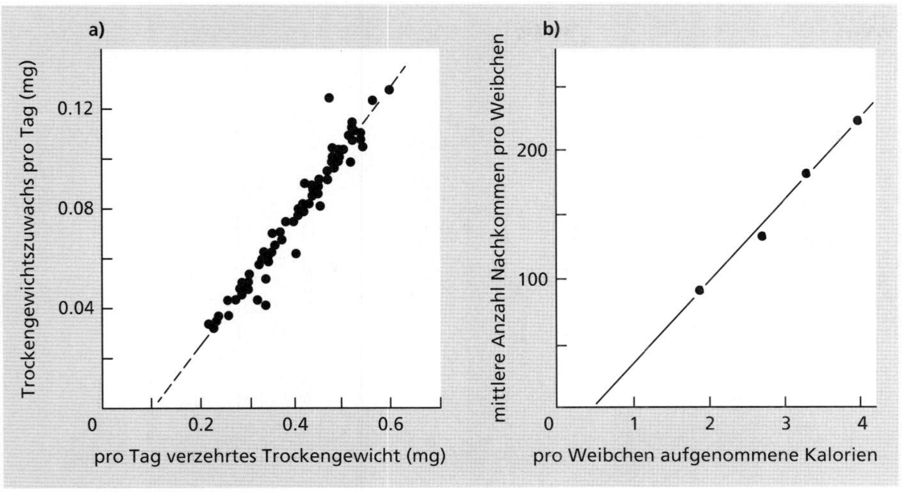

8.10 Die Beuteverfügbarkeit muß einen bestimmten Erhaltungsgrenzwert überschreiten, bevor Prädatoren einen meßbaren Nutzen haben, der sich auf Wachstum oder Reproduktion auswirkt. a) Wachstum der Baldachinspinne *Linyphia triangularis* (nach Turnbull 1962). b) Reproduktion des Gemeinen Wasserflohs (*Daphnia pulex var. pulicaria*) (nach Richman 1958). (Nach Hassell 1978)

zeitig eine enorm große Samenproduktion auftritt, während sie in den dazwischenliegenden Jahren nur sehr wenige Samen produzieren (Abbildung 8.11; siehe aber auch Abbildung 5.2). Dies ist gerade für solche Baumarten charakteristisch, die generell unter intensiver Samenprädation leiden (Silverton 1980). Dementsprechend ist es für sie wesentlich, daß sie in Mastjahren deutlich bessere Chancen haben, der Samenzerstörung zu entgehen, als in anderen Jahren. Der einzelne Samenräuber ist in Mastjahren übersättigt, und die Räuberpopulation kann einfach nicht schnell genug anwachsen, um den Überfluß zu nutzen. Bis die Prädatorenabundanz zugenommen hat (gewöhnlich im nächsten Jahr), herrscht statt Überfluß schon wieder Nahrungsmangel. Abbildung 8.12 zeigt ein Beispiel dieser inversen Dichteabhängigkeit (das heißt, mit zunehmender Pflanzendichte steigt die Überlebensrate der Pflanzen) für die Samenprädation durch einen Rüsselkäfer in Michigan/USA, der an den Samen der Zaubernuß noch vor ihrer Verbreitung frißt.

Eine Samenmast stellt jedoch auch hohe Anforderungen an den Reservestoffhaushalt einer Pflanze. In den Mastjahren ist der jährliche Zuwachs zum Beispiel bei Fichten durchschnittlich 38 % geringer als in den anderen Jahren, und der Jahresringzuwachs bei Waldbäumen kann in Mastjahren ebenso stark reduziert sein wie bei starkem Blattfraß durch Raupen. Die Jahre geringer Samenbildung dienen folglich im wesentlichen der Erholung der Pflanzen.

Weil ihre Generationsdauer zu lang ist, können Samenfresser nicht den maximalen Nutzen aus der Samenmast ziehen.

Unabhängig davon, daß das Beispiel der Mastjahre die potentielle Bedeutung der Übersättigung von Räubern gut veranschaulicht, betont es noch einen weiteren Punkt, der mit einem zeitlichen Aspekt zusammenhängt. Die Samenräuber sind nämlich nicht in der Lage, den maximalen Nutzen aus der Samenmast (*masting*) zu ziehen (oder den maximalen Schaden

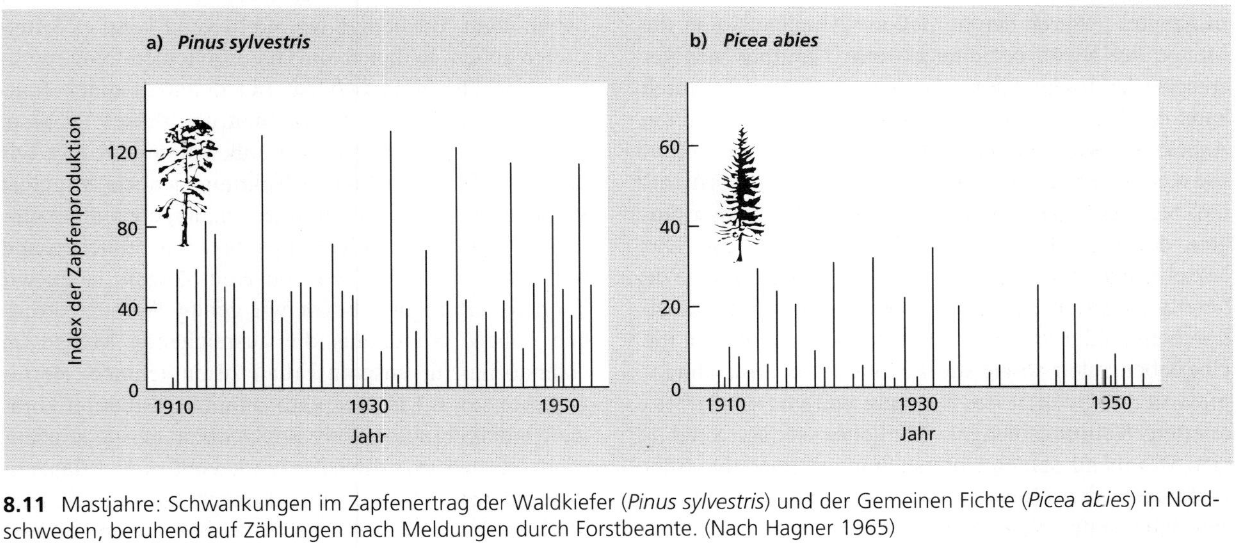

8.11 Mastjahre: Schwankungen im Zapfenertrag der Waldkiefer (*Pinus sylvestris*) und der Gemeinen Fichte (*Picea abies*) in Nordschweden, beruhend auf Zählungen nach Meldungen durch Forstbeamte. (Nach Hagner 1965)

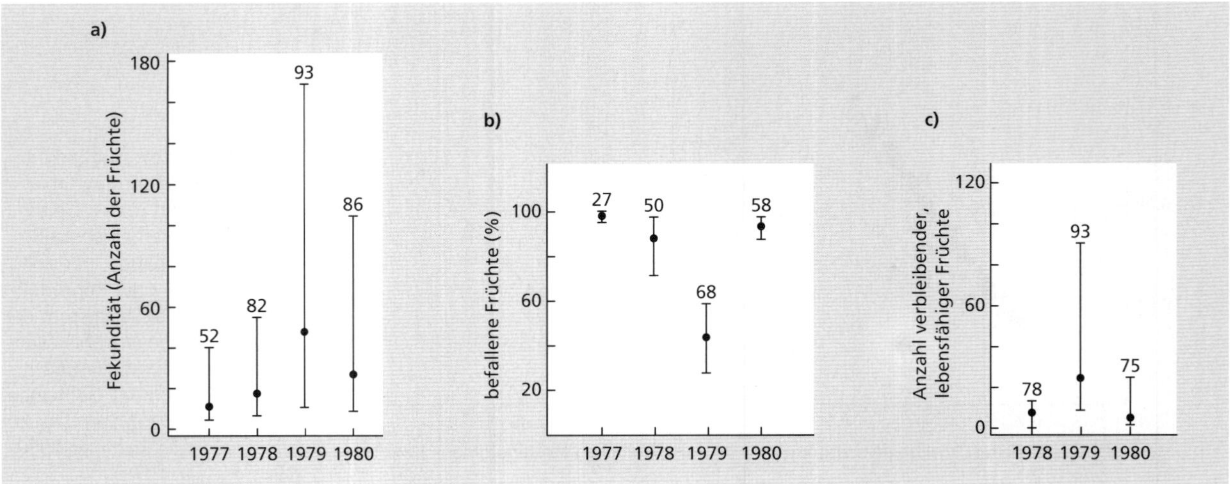

8.12 Inverse Dichteabhängigkeit beim Befall durch den Rüsselkäfer *Pseudanthonomus hamamelidis*, der auf Früchten der Virginischen Zaubernuß (*Hamamelis virginiana*) frißt: a) Bei stark wechselnder Fekundität zwischen 1977 und 1980 verhielt sich b) der Prozentsatz befallener Früchte invers zur Fekundität, so daß c) eine entscheidende Anzahl von Früchten nur in den Jahren mit hoher Fekundität überleben konnte (es werden jeweils Median, 25. und 75. Perzentil sowie der Stichprobenumfang angegeben). (Nach De Steven 1983)

anzurichten), weil ihre Generationsdauer ganz einfach zu lang ist. Eine hypothetische Population von Samenprädatoren mit mehreren Generationen pro Saison könnte sich explosionsartig und exponentiell vermehren und damit die gesamte Samenmenge im Mastjahr zerstören. Ganz allgemein reagieren Konsumenten mit relativ kurzer Generationsdauer recht direkt auf Häufigkeits- oder Mengenschwankungen ihrer Nahrung beziehungsweise Beute, wohingegen Konsumenten mit relativ langer Generationsdauer deutlich verzögert auf eine zunehmende Abundanz der Beute ansprechen und auch eine längere Erholungsphase brauchen, wenn sie in ihrer Dichte stark reduziert wurden.

Die Qualität der Nahrung ist für Konsumenten entscheidender als ihre Quantität.

In Kapitel 3 wurde betont, daß die Abundanz oder die Menge der Beute beziehungsweise Nahrung weniger entscheidend sein kann als ihre Qualität. Eigentlich kann die Nahrungsqualität mit ihren sowohl positiven Aspekten (wie die Konzentration von Nährstoffen) wie negativen Aspekten (wie der Gehalt an Giftstoffen) nur sinnvoll definiert werden über die Auswirkungen, die sie auf das sie verzehrende Tier hat. Das bezieht sich ganz speziell auf die Herbivoren. Wie bereits in Abschnitt 8.2.2 erwähnt, sind beim Grauen Lärchenwickler und auch beim Schneeschuhhasen die Überlebensraten sowie die Fekundität ebenso abhängig von der Qualität der Nahrung wie von der konsumierten Nahrungsmenge. Ähnliches stellte Sinclair (1975) anhand seiner Untersuchungen über die Auswirkungen der Grasqualität (Proteingehalt) auf die Überlebensrate von Weißbartgnus (*Connochaetes taurinus*) in der Serengeti in Tansania fest. Obwohl die Gnus Pflanzen oder Pflanzenteile wählten, die reich an Protein waren (Abbildung 8.13a), mußten sie in der Trockenzeit Nahrung zu sich nehmen, deren Eiweißgehalt deutlich unter dem allein für den Grundstoffwechsel benötigten Wert (5–6 % Rohprotein) lag. Nach den erschöpften Fettreserven von toten Bullen zu urteilen (Abbildung 8.13b), war das eine wichtige Ursache der Sterblichkeit. Sehr wesentlich ist auch, daß der Eiweißbedarf der Kühe in der fortgeschrittenen Trächtigkeit und während der Säugezeit (beim Weißbartgnu Dezember bis Mai) drei- bis viermal höher ist als sonst (Agricultural Research Council 1965). So ist es klar, daß der Mangel an hochwertiger Nahrung (und nicht einfach Futterknappheit als solche) drastischen Einfluß auf das Wachstum, das Überleben und auch die Vermehrung der Konsumenten haben kann. Besonders bei Herbivoren kann es Situationen geben, in denen ein Tier anscheinend von reichlich Nahrung umgeben ist und dennoch unter Nahrungsmangel leidet. Wir können uns dieses Problem veranschaulichen, wenn wir uns vorstellen, daß wir eine perfekt ausgewogene Nahrung, jedoch aufgelöst in einem riesigen Schwimmbecken, angeboten bekommen. Das Becken enthält alles, was wir brauchen und wir sehen es direkt vor unseren Augen, aber wir können verhungern, bevor wir genug Wasser getrunken haben, um daraus die ausreichende Menge an Nährstoffen für unseren Erhalt zu entnehmen. Herbivore können oft in eine ganz ähnliche Situation kommen, wenn der verfügbare Stickstoff so gering konzentriert ist, daß es schwierig wird, genügend Pflanzenmaterial zu fressen, um dadurch an ausreichend Stickstoff zu gelangen. Massenvermehrungen von her-

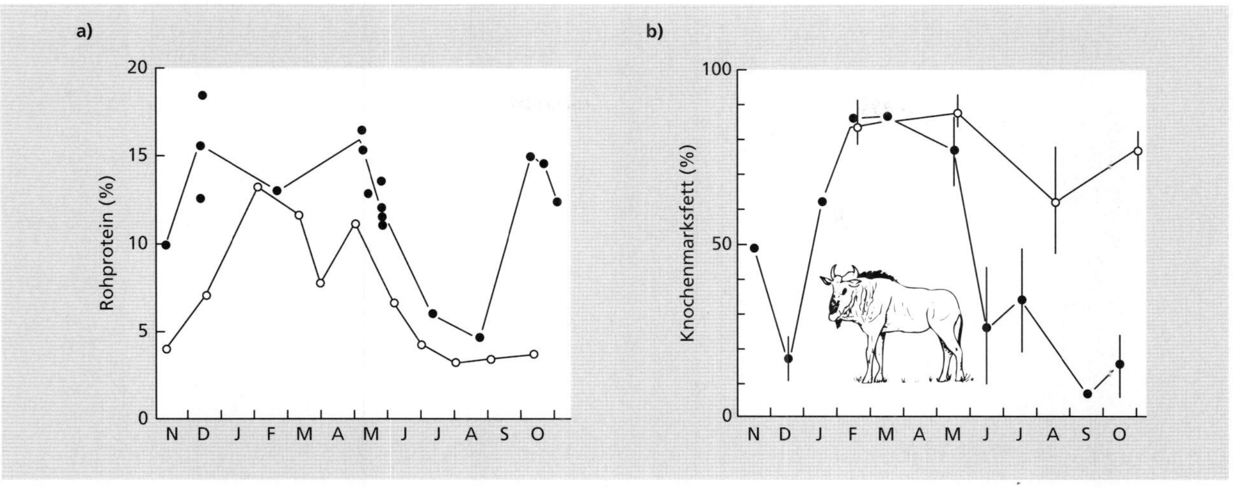

8.13 a) Nahrungsqualität ausgedrückt als Prozentsatz des Rohproteins, das für Weißbartgnus (*Connochaetes taurinus*) in der Serengeti im Jahr 1979 verfügbar war (○) und gefressen wurde (●). Trotz Nahrungswahl (gefressen > verfügbar), nahm die Qualität der aufgenommenen Nahrung während der Trockenzeit so weit ab, daß sie unter den für die Aufrechterhaltung des Stickstoffgleichgewichts nötigen Wert sank (5–6 % Rohprotein). b) Fettgehalt des Knochenmarks der überlebenden Bullenpopulation (○) und solcher Bullen, die eines natürlichen Todes gestorben waren (●). (Senkrechte Linien, soweit vorhanden, geben den 95 % Vertrauensbereich an.) (Nach Sinclair 1975)

bivoren Insekten können dementsprechend mit selten auftretenden, erhöhten Konzentrationen von verfügbarem Stickstoff in ihren Wirtspflanzen gekoppelt sein (siehe Abschnitt 3.7.2), was möglicherweise mit ungewöhnlich trockenen oder nassen Vegetationsbedingungen einhergeht (White 1978, 1984, 1993). Konsumenten müssen ganz offensichtlich Ressourcen beschaffen, aber um von ihnen auch voll und ganz zu profitieren, müssen sie in der angemessen Menge und auch in der passenden Form erworben werden. Im Laufe der Evolution haben sich dafür unter Selektionsdruck Verhaltensstrategien herausgebildet, die das Hauptthema des folgenden Kapitels sind.

9 Das Verhalten von Prädatoren

9.1 Einleitung

Nahrungserwerb ist ein Aspekt der Verhaltensökologie, die sich damit befaßt, wie Organismen an ihre Lebensräume angepaßt sind.

In diesem Kapitel betrachten wir das Verhalten von Prädatoren. Wir untersuchen, wo sie fressen und was sie fressen und in welcher Weise sie in ihrem Verhalten durch andere Räuber und die Dichte ihrer Beute beeinflußt werden. Diese Fragestellungen sind nicht nur jede für sich, sondern auch im Zusammenhang mit zwei übergeordneten Fragen von Interesse. Erstens ist der **Nahrungserwerb** (*foraging*) ein Aspekt der **Verhaltensökologie**, die überprüft, in welcher Form natürliche Selektion spezifische Verhaltensmuster bei bestimmten Rahmenbedingungen begünstigt (das heißt, wie Organismen mit ihrem Verhalten an ihren Lebensraum angepaßt sind). Wir werden uns diesem Problem gezielt in den Abschnitten über optimalen Nahrungserwerb widmen (9.3 und 9.9), aber auch sonst liegt dem meisten hier Gesagten eine evolutionsbiologische Betrachtung zugrunde.

Das Verhalten von Prädatoren wirkt sich auf ihre eigene Populationsdynamik wie auch auf die ihrer Beute aus.

Zweitens lassen sich verschiedene Aspekte des Verhaltens von Prädatoren als Komponenten verstehen, die in ihrer Kombination sowohl die Populationsdynamik des Räubers als auch die seiner Beute beeinflussen. Mit der Populationsökologie von Räuber-Beute-Beziehungen setzt sich das nächste Kapitel intensiv auseinander. Dennoch ist es sinnvoll, bereits in diesem Kapitel an einigen Stellen aufzuzeigen, in welcher Weise das Verhalten von Prädatoren die Populationsdynamik beeinflussen kann. Wenn Prädation in einer der beiden Populationen zu einer dichteabhängigen Erhöhung der Mortalitätsrate (oder einer Verringerung der Geburtsrate) führt (vergleiche Kapitel 6), folgt daraus innerhalb gewisser Grenzen eine Regulation der Populationsgröße – die Populationsdynamik wird also stabiler. Das wiederum stabilisiert die Populationsdynamik der Wechselbeziehung von Räuber und Beute (die Populationen persistieren und zeigen relativ geringe Abundanzschwankungen). Umgekehrt führt **inverse Dichteabhängigkeit**, bei der mit zunehmender Populationsdichte die Mortalitätsrate sinkt (oder die Geburtsrate steigt), dazu, daß die Populationsdynamik instabil wird. Das Verhalten von Räubern wirkt sich folglich auch oberhalb der Individualebene aus.

9.2 Breite und Zusammensetzung des Nahrungsspektrums

Je nach Breite ihres Nahrungsspektrums kann man Konsumenten in Monophage, Oligophage oder Polyphage beziehungsweise Spezialisten oder Generalisten einteilen.

Konsumenten können entweder als **monophag** (wenn sie nur einen einzigen Beutetyp nutzen), **oligophag** (bei wenigen) oder **polyphag** (bei vielen Beutetypen) bezeichnet werden. Eine andere Möglichkeit ist, zwischen **Spezialisten** (in etwa Monophage und Oligophage) und **Generalisten** (Polyphage) zu unterscheiden. Unter Herbivoren, Parasitoiden und echten Räubern finden wir jeweils monophage, oligophage und polyphage Arten, allerdings in recht unterschiedlichen Häufigkeiten. Zwar existieren unter echten Räubern Nahrungsspezialisten wie etwa der Schneckenmilan (*Rostrhamus sociabilis*), der fast ausschließlich Schnecken der Gattung *Pomacea* frißt, doch weisen die meisten echten Räuber ein recht breites **Nahrungsspektrum** auf. Parasitoide sind demgegenüber typischerweise Spezialisten und können sogar monophag sein. Herbivore sind in all diesen Kategorien gut vertreten. Während sich Weidegänger und „räuberische“ Herbivore meist durch ein breites Nahrungsspektum auszeichnen, sind „parasitische“ Herbivore oft hochspezialisiert. So fand zum Beispiel Janzen (1980), daß von 110 untersuchten Käferarten, deren Larven in den Samen dicotyler Pflanzen Costa Ricas fressen (diese „parasitieren“), 83 an nur einer Pflanzenspezies, 14 an zwei Arten, neun an drei und zwei an vier fraßen, während eine Art sechs und eine weitere acht Pflanzenspezies nutzte. Und das, obwohl in dem Gebiet 975 Pflanzenarten vorkamen.

9.2.1 Nahrungspräferenzen

Nahrungspräferenzen lassen sich durch einen Vergleich des Nahrungsspektrums eines Organismus mit dem Nahrungsangebot in seinem Lebensraum feststellen.

Auch wenn polyphage und oligophage Arten ein breites Nahrungsspektrum aufweisen, zeigen sie doch fast Präferenzen. Eine solche liegt vor, wenn ein bestimmter Nahrungstyp in der aufgenommenen Nahrung eines Tieres vergleichsweise häufiger vorkommt als im Habitat des Tieres. Um eine **Nahrungspräferenz** im Freiland zu untersuchen, genügt es folglich nicht, die Nahrungszusammensetzung des Tieres zu untersuchen (was in der Regel durch Analysen des Darminhalts geschieht), sondern es muß zusätzlich die „Verfügbarkeit" der jeweiligen Nahrungstypen im Feld bestimmt werden. Im Idealfall sollte das aus dem Blickwinkel des Räubers geschehen, statt einfach die Häufigkeit der Nahrungstypen im Habitat zu ermitteln.

Eine exakte Quantifizierung einer Nahrungspräferenz ist zwar mit vielen Schwierigkeiten behaftet, im allgemeinen kann aber zumindest nachgewiesen werden, daß eine Präferenz existiert. Ein gutes Beispiel hierfür liefert ein zufälliges Feldexperiment, bei dem Rotwild in eine Aufforstung einbrach, die vier Baumarten (Weymouthskiefer, Harzkiefer, Bankskiefer und Schimmelfichte) in gleicher Anzahl und zufälliger Anordnung enthielt. Wie Tabelle 9.1 zeigt, bewies das Rotwild bei freiem Zugang zu diesen Baumarten eine stetige Präferenz für Bankskiefern, gefolgt von Weymouthskiefern; Harzkiefern wurden nur wenig verbissen und Schimmelfichte gemieden.

9.2.2 Rang- und Ausgleichspräferenzen

Nahrungspräferenzen können sich als Rang- oder Ausgleichspräferenzen äußern.

Eine Nahrungspräferenz kann sich ganz unterschiedlich äußern. Sie kann zum einen für die hochwertigste verfügbare Nahrung vorliegen (**Rangpräferenz**; *ranked preference*), oder aber für Nahrung, die einen wesentlichen Bestandteil in einer gemischten und ausgeglichenen Kost darstellt (**Ausgleichspräferenz**; *balanced preference*). Entsprechend der Ressourcenklassifizierung in Abschnitt 3.8 zeigen Individuen Rangpräferenzen, wenn sie zwischen vollständig austauschbaren Ressourcentypen unterscheiden, und sie zeigen Ausgleichspräferenzen zwischen komplementären Ressourcentypen.

Rangpräferenzen überwiegen, wenn sich Nahrungstypen mit einer einzigen Meßgröße – etwa Energiegewinn pro Einheit Handhabungszeit – klassifizieren lassen.

Rangpräferenzen lassen sich normalerweise am deutlichsten bei Carnivoren finden. Abbildung 9.1 zeigt zwei Beispiele für die profitabelste Beutewahl von Carnivoren in bezug auf den Energiegewinn pro Zeiteinheit, die mit der **Handhabung** (*handling*) der Beute verbracht wird. Da sich verschiedene Nahrungstypen der Carnivoren nur wenig in der Nährstoffzusammensetzung unterscheiden (siehe Kapitel 3, Seite 78), aber oft deutlich in der Größe oder Verfügbarkeit, lassen sie sich mit einer gemeinsamen Größe messen (wie etwa Energiegewinn pro Einheit Handhabungszeit) und in einer Rangordnung klassifizieren.

Viele Konsumenten zeigen eine Mischung aus Rang- und Ausgleichspräferenz, andere bevorzugen eine Mischkost.

Für viele Konsumenten (vor allem Herbivore und Allesfresser) ist eine Rangklassifizierung jedoch nicht angebracht, weil keiner der Nahrungstypen für sich alleine die Ernährungsbedürfnisse des Konsumenten befriedigen kann. Entweder müssen dann große Mengen an Nahrung aufgenommen, und nicht Benötigtes muß wieder ausgeschieden werden, bis der limitierte Nährstoff in ausreichender Menge zugeführt wurde (wie bei Blattläusen, die große Mengen Kohlenstoff im Honigtau ausscheiden, um ausreichend Stickstoff aus dem Phloemsaft zu erhalten), oder es muß eine Mischkost verzehrt werden, die in ihrer Mischung die Nährstoffbedürfnisse befriedigt. Viele Tiere zeigen beide Formen der Nahrungspräferenz, indem sie generell hochwertige Nahrung zu sich nehmen und gezielt solche Nahrungstypen wählen, die ihren Nährstoffbedürfnissen entsprechen. Schafe und Rinder haben beispielsweise eine Präferenz für hochwertige Nahrung. Sie bevorzugen Blätter gegenüber Stengeln sowie

Tabelle 9.1: Nahrungspräferenz von Rotwild: Prozentuale Anteile gepflanzter Bäume, die von Rotwild befressen wurden, nachdem die Hirsche in eine Aufforstung eingedrungen waren, in der vier Baumarten in gleicher Häufigkeit und zufälliger Anordnung gepflanzt waren. (Nach Horton 1964)

	Weymouthskiefer (*Pinus strobus*)	Harzkiefer (*Pinus retinosa*)	Bankskiefer (*Pinus banksiana*)	Schimmelfichte (*Pinus canadensis*)
Winter 1956/57	31	19	84	0
Winter 1958/59	9	1	48	0
Winter 1960/61	17	0	70	0

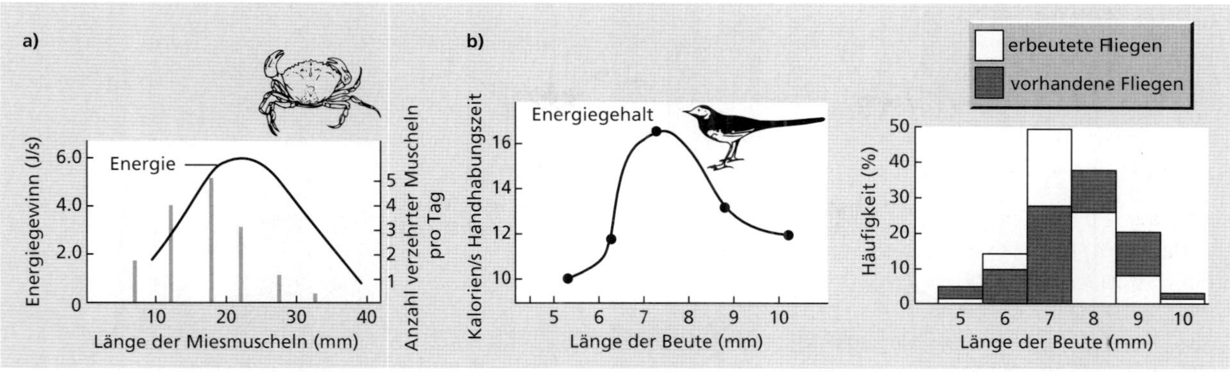

9.1 Räuber fressen profitable Beute, das heißt, sie nehmen überwiegend solche Beutetypen als Nahrung auf, die ihnen die meiste Energie liefern. a) Wenn Strandkrabben (*Carcinus maenas*) Gemeine Miesmuscheln (*Mytilus edulis*) aus sechs Größenklassen in gleichen Quantitäten angeboten wurden, bevorzugten sie jene, die den größten Energiegewinn (Energieaufnahme pro Einheit Handhabungszeit) boten (nach Elner und Hughes 1978). b) Trauerbachstelzen (*Motacilla alba yarellii*) wählten aus den vorhandenen Dungfliegen (Scatophagidae) bevorzugt jene mit dem größten Gewinn pro Einheit Handhabungszeit. (Nach Davies 1977; Krebs 1978)

Grünfutter gegenüber Heu und wählen im Vergleich zum Gesamtnahrungsangebot Nahrung mit höherem Anteil an Stickstoff, Phosphor, Zucker und Gesamtenergiegehalt sowie einem geringeren Fasergehalt (Arnold 1964). Bei freier Wahl in experimentellen Fraßtests zeigen in der Tat alle Generalisten unter den Herbivoren Rangpräferenzen zwischen verschiedenen Nahrungstypen (Crawley 1983).

Andererseits ist häufig auch eine Ausgleichspräferenz zu beobachten. So leiden Karibus (*Rangifer tarandus*), die sich im Winter von Flechten ernähren, im Frühjahr an Mineralstoffmangel, den sie dadurch ausgleichen, daß sie Meerwasser trinken, mit Urin versetzten Schnee fressen und an abgeworfenen Geweihen nagen (Staaland et al. 1980). Mit uns selbst haben wir ein weiteres Beispiel dafür, daß eine gemischte Nahrung zu einer höheren Leistungsfähigkeit führt als eine noch so „gute" einseitige Ernährung.

Gifte spielen bei der Nahrungspräferenz eine wichtige Rolle und können der Grund dafür sein, daß eine Mischkost bevorzugt wird.

Es gibt zwei weitere Gründe dafür, warum eine gemischte Kost bevorzugt werden könnte. Zum einen können Konsumenten minderwertige Nahrung einfach deshalb akzeptieren, weil, einmal angetroffen, der Verzehr solcher Nahrung vorteilhafter ist, als sie zur verschmähen und die Futtersuche wieder aufzunehmen. Das wird in Abschnitt 9.3 noch eingehender diskutiert. Zum anderen kann eine gemischte Kost vorteilhaft sein, weil jeder Nahrungstyp andere giftige Inhaltsstoffe enthält und durch eine gemischte Kost die Konzentrationen der einzelnen Gifte in erträglichen Grenzen gehalten werden können. Es trifft sicher zu, daß Gifte bei der Nahrungspräferenz eine wichtige Rolle spielen. Wie eine Untersuchung zur Winternahrung einiger subarktischer Tierarten (sieben Rauhfußhuhnarten, zwei Hasenarten und Elch) (Bryant und Kuropat 1980) ergab, wurde bei sämtlichen Arten die Rangfolge der Nahrungspflanzen weder durch den Energiegehalt noch durch den Nährstoffgehalt der Nahrung entschieden. Statt dessen war die Präferenz hochgradig negativ mit den Konzentrationen bestimmter Gifte korreliert. Es wäre jedoch falsch, den Eindruck zu erwecken, als seien alle Präferenzen mit dem einen oder anderen Erklärungsansatz begründbar. Thompson (1988) zum Beispiel hat das Verhältnis zwischen den Eiablagepräferenzen phytophager Insekten und den Wachstums-, Überlebens- und Reproduktionsraten ihrer Nachkommen auf diesen Futterpflanzen überprüft. Dabei stellte er bei einer Anzahl von Studien eine positive Assoziation fest (das heißt, Weibchen belegen bevorzugt Pflanzen, auf denen sich ihre Nachkommen am besten entwickeln), aber in vielen anderen Studien war dies nicht so. In solchen Fällen gibt es in der Regel eine Anzahl von Erklärungsmöglichkeiten für das scheinbar unvorteilhafte Verhalten, aber die meisten davon sind bislang unbestätigte Hypothesen.

9.2.3 Präferenzwechsel

Manche Arten zeigen einen Präferenzwechsel und bevorzugen jeweils überproportional häufige Nahrungstypen.

Die Präferenzen vieler Konsumenten sind fixiert und werden folglich ungeachtet der relativen Verfügbarkeit alternativer Nahrungstypen beibehalten. Andere Arten zeigen jedoch einen **Präferenzwechsel** (*switching*), wobei Nahrungstypen überproportional genutzt werden, wenn sie häufig sind, und überproportional vernachlässigt werden, wenn sie selten sind. Beide Präferenztypen sind in Abbildung 9.2 gegenüber gestellt.

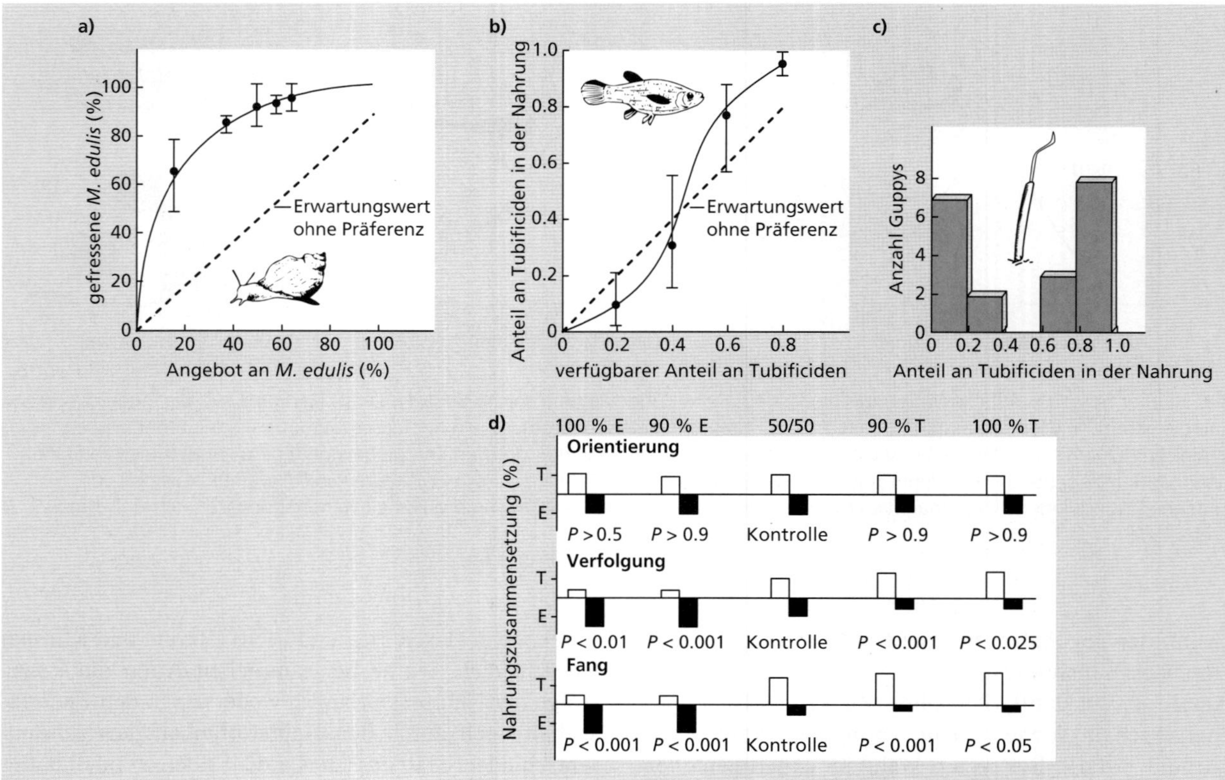

9.2 Präferenzwechsel. a) Kein Präferenzwechsel: Schnecken ändern ihre Präferenz nicht, wenn ihnen die Miesmuscheln *Mytilus edulis* und *M. californianus* in unterschiedlichen Mengenverhältnissen angeboten werden (Mittelwerte ± Standardfehler) (nach Murdoch und Stewart-Oaten 1975). b) Präferenzwechsel bei Guppys (*Lebistes reticulatus*), die mit Tubificiden und Taufliegen gefüttert wurden: Sie fressen einen überproportionalen Anteil des häufigeren Beutetyps (Mittelwerte ± Spannweiten; nach Murdoch et al. 1975). c) Präferenzen einzelner Guppys aus (b) bei gleicher Häufigkeit beider Beutetypen: Die Individuen spezialisierten sich meist auf den einen oder anderen Beutetyp. d) Die Nahrungswahl von Libellenlarven, denen 50 % Eintagsfliegen (E) und 50 % Tubificiden (T) als Nahrung angeboten wurden, nachdem sie an ein Beutetypverhältnis von jeweils 100 %, 90 % oder 50 % Eintagsfliegen oder jeweils Tubificiden gewöhnt worden waren. Die 50:50-Eingewöhnung diente als Kontrolle, und das angegebene Signifikanzniveau gibt die Abweichung vom Häufigkeitsverhältnis der Kontrolle an. Verfolgungs- und Fangraten spiegeln die gemachten Erfahrungen der Libellenlarven wider, nicht jedoch die Orientierungsraten. (Nach Bergelson 1985)

Abbildung 9.2a zeigt die fixierte Präferenz räuberischer Schnecken, denen zwei Miesmuschelarten in unterschiedlichem Mischungsverhältnis als Beute angeboten wurden. Die Annahme, daß die Schnecken dieselbe Präferenz bei allen Mischungsverhältnissen zeigen (die durchgezogene Linie) wurde eindeutig bestätigt, da die Schnecken unabhängig vom Mischungsverhältnis eine deutliche und konstante Präferenz für die dünnschalige Gemeine Miesmuschel (*Mytilus edulis*) zeigten, die sie effektiver nutzen können. Demgegenüber zeigt Abbildung 9.2b, wie Guppys (*Lebister reticulatus*) reagieren, wenn sie die Wahl zwischen Taufliegen und Tubificiden als Beute haben. Die Fische änderten ihre Präferenz und konsumierten einen überproportional hohen Anteil des häufigeren Beutetyps.

Es gibt viele Situationen, in denen ein Präferenzwechsel auftreten kann. Die wahrscheinlich häufigste ist, wenn verschiedene Beutetypen in unterschiedlichen Mikrohabitaten zu finden sind und sich die Konsumenten auf das ergiebigste Mikrohabitat konzentrieren. Dies war bei den Guppys in Abbildung 9.2b der Fall: Die Taufliegen schwammen auf der Wasseroberfläche, während die Tubificiden am Boden zu finden waren. Nach Bergelson (1985) kommen Präferenzwechsel auch dann vor, wenn:

1) eine erhöhte Wahrscheinlichkeit besteht, sich häufigen Beutetypen zuzuwenden – wenn also Räuber ein **Suchbild** für häufige Beute entwickeln (Tinbergen 1960) und ihre Nahrungssuche auf die „Suchbildbeute“ konzentrieren und andere Beutetypen vernachlässigen;
2) eine erhöhte Wahrscheinlichkeit besteht, häufige Beute zu verfolgen;
3) eine erhöhte Wahrscheinlichkeit besteht, häufige Beute zu fangen;
4) eine erhöhte Effizienz bei der Handhabung häufiger Beute vorliegt.

Ein Beispiel hierfür ist der Präferenzwechsel bei Larven der Grünen Königslibelle (*Anax junius*), denen Eintagsfliegenlarven und Tubificiden als Nahrung zur

Verfügung standen (Abbildung 9.2d). Allen Libellenlarven wurden die zwei Beutetypen im Verhältnis 50 : 50 angeboten, doch die Versuchsergebnisse zeigen deutlich die vorherige Erfahrung der Tiere, wodurch jener Beutetyp, mit dem sich die Larven am besten auskannten, mit einer signifikant erhöhten Wahrscheinlichkeit verfolgt und erbeutet wurde. Allerdings war das Orientierungsverhalten gegenüber den beiden Beutetypen, und damit der Präferenzwechsel des Räubers, nicht durch die vorherige Erfahrung der Tiere beeinflußt.

Interessanterweise scheint der Präferenzwechsel in einer Population nicht die Folge einer graduellen Präferenzänderung von Individuen zu sein, sondern hängt vom Anteil an Spezialisten ab, die einen Präferenzwechsel durchführen. Abbildung 9.2c zeigt dies für Guppys, die sich von Taufliegen und Tubificiden ernähren konnten: Wenn beide Beutetypen in gleichen Häufigkeiten vorkamen, ernährten sich die Guppys nicht als Generalisten, sondern spezialisierten sich zu etwa gleichen Teilen entweder auf Taufliegen oder auf Tubificiden.

9.3 Optimaler Nahrungserwerb und die Breite von Nahrungsspektren

Räuber und Beute beeinflussen gegenseitig ihre Evolution, was sich in zahlreichen Spezialisierungen zeigt.

Räuber und Beute beeinflussen zweifellos wechselseitig ihre Evolution, wie die schlecht schmeckenden oder giftigen Blätter vieler Pflanzen, die Stacheln von Igeln und die Tarnfärbung vieler Beuteinsekten einerseits, sowie die kräftigen Legebohrer der Holzwespen, der mehrkammerige Rindermagen und der lautlose Anflug und die sensorische Höchstleistung von Eulen andererseits erkennen lassen. Diese Spezialisierungen machen jedoch deutlich, daß ein Räuber unmöglich fähig sein kann, jede Form von Beute zu konsumieren. So verhindern einfache Gestaltsmerkmale, daß Spitzmäuse Eulen fressen (auch wenn Spitzmäuse Carnivore sind) und Kolibris Samen verzehren.

Die Theorie des optimalen Nahrungserwerbs versucht vorherzusagen, welche Strategie Organismen unter bestimmten Bedingungen beim Nahrungserwerb anwenden.

Doch selbst im Rahmen ihrer eingeschränkten Möglichkeiten weisen die meisten Tiere ein eingeengteres Nahrungsspektrum auf als morphologische Begrenzungen das nötig machen würden. Bei dem Versuch, die Ursachen des tatsächlichen Nahrungsspektrums von Konsumenten innerhalb des potentiellen Spektrums zu verstehen, haben sich Ökologen zunehmend der **Theorie des optimalen Nahrungserwerbs** (*optimal foraging theory*) zugewandt. Das Ziel dieser Theorie ist es vorherzusagen, welche **Strategie des Nahrungserwerbs** (*foraging strategy*) unter bestimmten Bedingungen zu erwarten ist. Sie stützt ihre Voraussagen auf folgende Annahmen:

1) Das Nahrungserwerbsverhalten, das wir bei Tieren gegenwärtig beobachten, wurde in der Vergangenheit von der natürlichen Selektion begünstigt und wird auch unter den gegenwärtigen Bedingungen die Fitneß eines Tieres am meisten fördern.
2) Hohe Fitneßwerte werden durch eine hohe Nettoenergieaufnahmerate erreicht (das ist die Bruttoenergieaufnahmerate abzüglich der energetischen Kosten für ihren Erwerb).
3) In Experimenten werden die jeweiligen Tiere in einer Umwelt beobachtet, an die ihr Nahrungserwerbsverhalten angepaßt ist (das ist eine natürliche Umgebung ähnlich derjenigen, in der sie evolvierten), oder in einer Versuchsarena, die in wesentlichen Merkmalen der natürlichen Umwelt gleicht.

Diese Annahmen werden nicht immer gerechtfertigt sein. Erstens können andere Aspekte des Verhaltens eines Organismus die Fitneß stärker beeinflussen als der optimale Nahrungserwerb. So kann zum Beispiel die Meidung von Räubern von so vorrangiger Bedeutung sein, daß Tiere Nahrung an Orten und zu Zeiten suchen, wo das Risiko, erbeutet zu werden, geringer ist. Als Folge davon nehmen sie ihre Nahrung weniger effizient auf, als theoretisch möglich wäre (siehe Abschnitt 9.4). Zweitens kann für viele Konsumenten (besonders Herbivore und Omnivore) die effiziente Aufnahme von Energie weniger kritisch sein als die Aufnahme bestimmter Nahrungsbestandteile (zum Beispiel Stickstoff), oder es kann für einen nahrungssuchenden Organismus von vorrangiger Bedeutung sein, eine ausgeglichene Mischkost zu sich zu nehmen. In diesen Fällen ist der Wert der gegenwärtigen Theorie zum optimalen Nahrungserwerb begrenzt. Doch in Fällen, in denen die Prämisse der Energiemaximierung wahrscheinlich zutrifft, vermittelt die Theorie des optimalen Nahrungserwerbs eindrucksvolle Einsichten in die Bedeutung von Entscheidungen, die Prädatoren bei ihrem Nahrungserwerb treffen (Übersichten bei Krebs 1978; Townsend und Hughes 1981; Krebs et al. 1983; Stephens und Krebs 1986; Krebs und Kacelnik 1991).

Die Vorhersagen der Theorie des optimalen Nahrungserwerbs beruhen auf mathematischen Modellen, die durch mechanische Modelle ergänzt werden.

Üblicherweise beruhen die Vorhersagen dieser Theorie für das Nahrungsverhalten des Nahrungserwerbs, auf mathematischen Modellen ökologischer Theoretiker. Da diese in bezug auf ihr Modellsystem allwissend sind, stellt sich die Frage, ob nahrungssuchende Organismen ebenso allwissend und mathematisch begabt sein müssen, um die entsprechende optimale Nahrungserwerbsstrategie anwenden zu können. Die Antwort hierauf lautet „nein". Denn die Theorie besagt, daß es einem nahrungssuchendem Organismus lediglich in irgendeiner Weise gelingen muß, sich unter den gegebenen Bedingungen richtig zu verhalten, um durch die natürliche Auslese begünstigt zu werden; und wenn seine Fähigkeiten vererbt werden, sollten sie sich im Laufe evolutionärer Zeiträume in der gesamten Population verbreiten.

Die Theorie spezifiziert nicht genau, auf welcher Basis ein Nahrung suchender Organismus die richtigen Entscheidungen treffen sollte. Hierfür gibt es mechanistische Modelle (Abschnitt 9.9.3), mit deren Hilfe man aufzuzeigen versucht, wie es einem solchen Organismus, der nicht allwissend ist, dennoch gelingt, auf die begrenzten Umweltinformationen mit einfachen Faustregeln zu reagieren und eine Nahrungserwerbsstrategie anzuwenden, die von der natürlichen Auslese begünstigt wird. Welche Form eine solche Strategie hat, sagt wiederum die Theorie zum optimalen Nahrungserwerb voraus.

9.3.1 Das Modell zur Breite des Nahrungsspektrums: Suche und Handhabung der Nahrung

Die Breite des Nahrungsspektrums hängt davon ab, wie Räuber reagieren, wenn sie eine Beute gefunden haben.

In einer ersten Veröffentlichung zur Theorie über optimalen Nahrungserwerb versuchten MacArthur und Pianka (1966) zu ergründen, was die **Breite des Nahrungsspektrums** (*diet width*) eines Tieres in einem Habitat bestimmt. In der Folge wurde ihr Modell besonders durch Charnov (1976a) in eine rigorosere mathematische Form überführt. MacArthur und Pianka argumentierten, daß jeder Räuber beim Nahrungserwerb Zeit und Energie für die Suche und anschließende Handhabung (das heißt das Verfolgen, Überwältigen und Fressen) seiner Beute aufwenden muß. Während der Suche treffen Räuber wahrscheinlich auf eine breite Palette von Nahrungstypen, und so postulierten MacArthur und Pianka, daß die Breite des Nahrungsspektrums davon abhängt, wie Räuber reagieren, wenn sie eine Beute gefunden haben. Generalisten verfolgen einen großen Anteil verschiedenster Beuteorganismen, die sie finden (und überwältigen und möglicherweise anschließend fressen); Spezialisten dagegen fahren mit ihrer Suche so lange fort, bis sie ihren bevorzugten Beutetyp gefunden haben.

Ein Räuber findet das optimale Nahrungsspektrum, indem er Such- und Handhabungszeit sowie die Ergiebigkeit der Nahrungstypen berücksichtigt und dabei seine Energieaufnahmerate maximiert.

Das Problem für jeden nahrungssuchenden Räuber besteht in folgendem: Ein Spezialist wird nur profitable Beutetypen verfolgen, doch kann es sehr viel Zeit und Energie kosten, solche Beute zu finden. Ein Generalist dagegen wird relativ wenig Zeit mit der Nahrungssuche verbringen, doch wird er sowohl ergiebige, als auch weniger ergiebige Beute jagen. Ein Räuber, der sich optimal verhält, sollte die Vor- und Nachteile abwägen und seine Energieaufnahmerate maximieren. MacArthur und Pianka stellten das Problem folgendermaßen dar: Vorausgesetzt, das Nahrungsspektrum eines Räubers beinhaltet bereits eine Anzahl profitabler Beutetypen, sollte er dann sein Nahrungsspektrum erweitern (und damit seine Suchzeit verringern), indem er den nächstergiebigen Beutetyp auch noch in sein Nahrungsspektrum aufnimmt?

Dieser „nächstergiebige" Beutetyp sei mit i bezeichnet. E_i/h_i beschreibt die Profitabilität dieses Typs, wobei E_i sein Energiegehalt und h_i seine Handhabungszeit sind. $\bar{E}/\bar{h}$ ist die mittlere Ergiebigkeit des gegenwärtigen Nahrungsspektrums (welches sämtliche Beutetypen, die ergiebiger sind als i, jedoch nicht i selbst umfaßt), und $\bar{s}$ ist die durchschnittliche Suchzeit für Beutetypen dieses Nahrungsspektrums. Wenn ein Räuber eine Beute des Typs i verfolgt, ist sein erwarteter Energiegewinn E_i/h_i. Tut er dies jedoch nicht und beschränkt sich auf die profitableren Beutetypen, so muß er erneut für die Zeit $\bar{s}$ weitersuchen, um anschließend eine Energieaufnahmerate von $\bar{E}/\bar{h}$ zu erzielen. Der Gesamtzeitaufwand beträgt im letzteren Fall $\bar{s}+\bar{h}$ und dementsprechend die erwartete Gesamtenergieaufnahmerate $\bar{E}/(\bar{s}+\bar{h})$. Die vorteilhafteste, optimale Strategie eines Räubers besteht darin, Beute des Typs i dann und nur dann zu verfolgen, wenn:

$$E_i/h_i \geq \bar{E}/(\bar{s}+\bar{h}). \qquad (9.1)$$

Das bedeutet, daß ein Räuber nur so lange weniger ergiebige Beutetypen in sein Nahrungsspektrum aufnehmen sollte, wie die Beziehung 9.1 erfüllt ist (das heißt, so lange die Gesamtenergieaufnahmerate steigt und damit die Gesamtenergieaufnahmerate $\bar{E}/(\bar{s}+\bar{h})$ maximiert wird).

Aus diesem Modell für ein optimales Nahrungsspektrum leiten sich eine Anzahl von Vorhersagen ab:

Räuber mit langen Suchzeiten sollten Generalisten sein.

1. Räuber, deren Handhabungszeiten im Verhältnis zur Suchzeit kurz sind, sollten Generalisten sein, weil sie in der kurzen Zeit, die sie für die Handhabung der gefundenen Beute brauchen, kaum mit der Suche nach einer anderen Beute beginnen können. (In Beziehung 9.1 wird h_i klein und dementsprechend E_i/h_i für eine große Anzahl von Beutetypen groß, während $\bar{s}$ groß und dementsprechend $\bar{E}/(\bar{s}+\bar{h})$ selbst bei einem großen Beutespektrum klein wird.) Diese Vorhersage scheint durch das

breite Nahrungsspektrum vieler insektivorer Vögel bestätigt zu werden, die auf Bäumen und Sträuchern Nahrung suchen. Die Suche ist fast immer zeitaufwendig, doch verbraucht die fast stets erfolgreiche Handhabung der kleinen, ortsfesten Insekten vernachlässigbar wenig Zeit. Dementsprechend hat ein solcher Vogel kaum etwas zu verlieren, wenn er jedes gefundene Insekt auch verzehrt, und maximiert seinen Erfolg durch ein breites Nahrungsspektrum.

Räuber mit langen Handhabungszeiten sollten Spezialisten sein.

2. Im Gegensatz dazu sollten Räuber, die im Verhältnis zur Suchzeit lange Handhabungszeiten aufweisen, Spezialisten sein. Wenn $\bar{s}$ stets gering ist, entspricht $\bar{E}/(\bar{s}+\bar{h})$ in etwa $\bar{E}/\bar{h}$ und die Maximierung von $\bar{E}/(\bar{s}+\bar{h})$ unterscheidet sich kaum von der Maximierung von $\bar{E}/\bar{h}$, die eindeutig dadurch erreicht wird, daß sich das Nahrungsspektrum auf den vorteilhaftesten Beutetyp beschränkt. Löwen zum Beispiel leben mehr oder minder permanent in Sichtweite ihrer Beutetiere, so daß die Suchzeit vernachlässigbar ist. Dagegen kann die Handhabungszeit, speziell für die Verfolgung, lang (und sehr energieaufwendig) sein. Löwen spezialisieren sich deshalb auf Beute, die mit der größten Profitabilität bejagt werden kann: junge sowie alte und kranke Tiere.

In ergiebigeren Umwelten sollte die Spezialisierung ausgeprägter sein.

3. Unter sonst gleichen Bedingungen sollte ein Räuber in einer wenig ergiebigen Umwelt (in der die Beute relativ selten und $\bar{s}$ relativ groß ist) ein breiteres Nahrungsspektrum aufweisen als in einer produktiven Umwelt (in der $\bar{s}$ kleiner ist). Diese Vorhersage wird durch die Beispiele in Abbildung 9.3 in vollem Umfang bestätigt: In Versuchsarenen verzeichneten der Sonnenbarsch *Lepomis macrochirus* (Blauwange) wie auch die Kohlmeise (*Parus major*) bei höherer Beutedichte ein engeres Nahrungsspektrum.

Die Abundanz unergiebiger Beutetypen ist irrelevant.

4. Die Aufnahme des *i*-ten Beutetyps in das Nahrungsspektrum in Beziehung 9.1 hängt von dessen Profitabilität (E_i/h_i) ab, der Ergiebigkeit der Beutetypen, die dem Nahrungsspektrum bereits angehören ($\bar{E}/\bar{h}$), und der Suchzeit für jene Beutetypen ($\bar{s}$) und damit von ihrer Häufigkeit. Doch sie hängt nicht von der Suchzeit für den *i*-ten Beutetyp (s_i) ab. Dementsprechend sollten Räuber unergiebige Beutetypen unabhängig von ihrer Häufigkeit meiden. Für beide Beispiele in Abbildung 9.3 besagt die Modellvorhersage zur optimalen Nahrungswahl, daß der unergiebigste Beutetyp gänzlich gemieden werden sollte. Die Nahrungsaufnahme beider Arten entsprach grundsätzlich der Vorhersage, doch wurden in beiden Experimenten mehr Tiere der jeweils unergiebigeren Beutetypen verzehrt als erwartet. Diese Diskrepanz ist wieder-

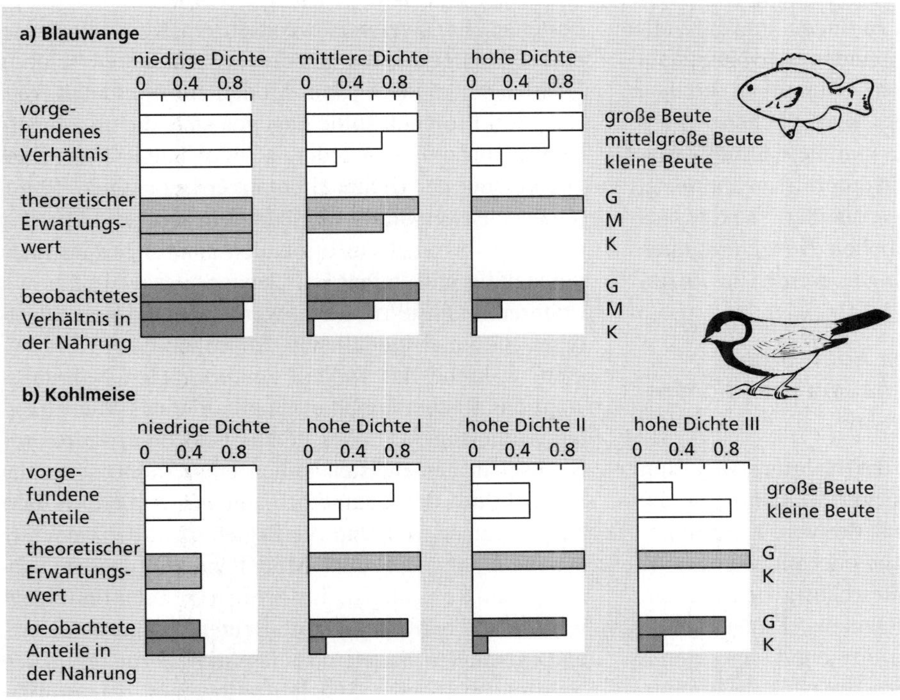

9.3 Zwei Studien zur optimalen Nahrungswahl, die eine deutliche, aber begrenzte Übereinstimmung mit Charnovs (1976a) Modell zur optimalen Nahrungswahl zeigen. Das Nahrungsspektrum ist bei hohen Beutedichten enger, umfaßt jedoch mehr Beute geringer Profitabilität als theoretisch erwartet. a) Blauwangen (*Lepomis macrochirus*) beim Erbeuten von Daphnien verschiedener Größenklassen: Die Histogramme zeigen das Verhältnis der Begegnungsraten mit den drei Größenklassen bei drei verschiedenen Beutedichten sowie die theoretisch erwarteten und im Experiment beobachteten Verhältnisse in der Nahrung (nach Werner und Hall 1974). b) Kohlmeisen (*Parus major*) beim Erbeuten großer und kleiner Mehlwurmstücke (nach Krebs et al. 1977). Die Histogramme beziehen sich in diesem Fall auf die relativen Anteile beider Größenklassen, die gefressen wurden. (Nach Krebs 1978)

holt beobachtet worden, und es gibt mehrere mögliche Gründe für ihr Auftreten (Krebs und McCleery 1984), die sich vereinfacht ausgedrückt darauf zurückführen lassen, daß die Räuber eben nicht allwissend sind. Zusätzlich müssen wir beachten, daß das Modell keine exakte Übereinstimmung von Beobachtung und Erwartung vorhersagt, sondern vielmehr die Art der Strategie vorgibt, die durch natürliche Selektion gefördert werden sollte.

Das Modell liefert auch eine Erklärung für die starke Spezialisierung bestimmter Prädatoren.

5. Beziehung 9.1 liefert außerdem eine Basis zum Verständnis der starken Spezialisierung von Prädatoren, die in enger Assoziation mit ihrer Beute leben. Das ist besonders dann der Fall, wenn Prädatorenindividuen an einzelne Beuteindividuen gebunden sind, wie bei vielen Parasitoiden, parasitischen Herbivoren und zahlreichen Parasiten (siehe Kapitel 12). Da ihre Lebensweise und ihr Lebenszyklus eng an den ihrer Beute (oder ihres Wirtes) angepaßt sind, ist zwar die Handhabungszeit ($\bar{h}$) für diesen Wirt gering, doch ist damit ausgeschlossen, daß sie an andere Wirtsarten ebenso gut angepaßt sind, für die folglich die Handhabungszeiten sehr lang sind.

Einige Vorteile der Polyphagie bleiben in dem Modell unberücksichtigt.

Auf der anderen Seite hat Polyphagie klare Vorteile. Die Kosten für die Suche ($\bar{s}$) sind typischerweise gering, denn Nahrung ist leicht zu finden, und ein Individuum wird kaum wegen Abundanzschwankungen einer Beuteart hungern müssen. Außerdem können polyphage Konsumenten eine ausgeglichene Nahrungszusammensetzung wählen und diese durch variable Präferenzen wechselnden Erfordernissen anpassen. Auf diese Weise können sie vermeiden, Toxine aus einem der Nahrungstypen in hohen Konzentrationen aufzunehmen. Diese Überlegungen werden in Beziehung 9.1 nicht berücksichtigt.

Nach der Hypothese der Koevolution von Räuber und Beute hat ein evolutionäres Wettrüsten stattgefunden.

Im Laufe der Evolution kann das Nahrungsspektrum entweder erweitert oder eingeengt werden. Übt die Beute einen Selektionsdruck aus, der vom Konsumenten spezialisierte morphologische oder physiologische Anpassungen erfordert, führt dies häufig zu extremen Spezialisierungen. Wenn andererseits Konsumenten Beutetypen fressen, die schwer erreichbar sind, deren Vorkommen unvorhersagbar ist oder die bestimmte Nährstoffe nicht enthalten, führt dies häufig zu einem breiten Nahrungsspektrum. Eine interessante und viel diskutierte Idee besagt, daß einzelne Räuber-Beute-Paare nicht unabhängig evolvieren, sondern koevolviert sind. Anders ausgedrückt, hat ein evolutionäres Wettrüsten stattgefunden, bei dem auf jede Verbesserung der Fähigkeiten des Räubers eine Verbesserung der Fähigkeiten der Beute folgt, dem Räuber zu entkommen oder zu widerstehen, worauf wiederum eine Verbesserung der Fähigkeiten des Räubers folgt, und so weiter. Über evolutionäre Zeiträume kann diese Entwicklung von Artbildungsprozessen begleitet sein, so daß zum Beispiel viele verwandte Schmetterlingsarten auf verwandten Pflanzenspezies fressen, wie dies für Schmetterlinge des Tribus Heliconiini beschrieben ist, die alle auf Passifloraceen fressen (Ehrlich und Raven 1964; Futuyma und May 1992). In dem Ausmaß, in dem es zu Koevolution kommt, liegt hier sicher ein weiterer Selektionsdruck in Richtung einer Einengung des Nahrungsspektrums vor. Bislang jedoch ist kaum ein klarer Nachweis einer Koevolution zwischen Räuber und Beute oder Herbivoren und Pflanzen gefunden worden (Futuyma und Slatkin 1983; Futuyma und May 1992).

9.3.2 Präferenzwechsel und optimale Nahrungswahl

Das Phänomen Präferenzwechsel ergänzt das Modell des optimalen Nahrungserwerbs.

Auf den ersten Blick scheint ein Widerspruch zwischen den Vorhersagen des Modells zur optimalen Nahrungswahl und jenen für Präferenzwechsel zu bestehen. Bei letzterem wechselt ein Konsument von einem Beutetyp zum anderen, wenn deren relative Dichten sich ändern. Dem Modell zur optimalen Nahrungswahl folgend sollte dagegen stets die ergiebigere Beute konsumiert werden – unabhängig von ihrer Dichte oder der Dichte alternativer Beutetypen. Präferenzwechsel erwarten wir jedoch in solchen Fällen, in denen das Modell zur optimalen Nahrungswahl nicht vollständig anwendbar ist. Genauer gesagt finden wir Präferenzwechsel oft dann, wenn verschiedene Beutetypen in unterschiedlichen Mikrohabitaten vorkommen, während das Modell zur optimalen Nahrungswahl das Räuberverhalten innerhalb eines Mikrohabitats vorhersagt. Darüber hinaus geht beim Präferenzwechsel in den meisten Fällen eine Änderung in der Profitabilität der Beutetypen mit der Änderung ihrer Dichte einher, während die Ergiebigkeit der verschiedenen Typen nach dem Modell zur optimalen Nahrungswahl konstant ist. Tatsächlich ist beim Präferenzwechsel der relativ häufigere Beutetyp der ergiebigere, und in solchen Fällen sagt das Modell zur optimalen Nahrungswahl eine Spezialisierung auf den profitableren Beutetyp voraus und damit einen Präferenzwechsel.

9.4 Nahrungserwerb in einem größeren Zusammenhang

Nahrungserwerbsstrategien maximieren nicht immer nur die Effizienz das Nahrungsaufnahme, sondern werden durch gegenläufige Bedürfnisse – etwa Feindvermeidung – beeinflußt.

Es muß betont werden, daß Nahrungserwerbsstrategien nicht immer nur Effizienz der Nahrungsaufnahme maximieren. Denn natürliche Selektion begünstigt Organismen, die ihren Nettogewinn maximieren, weshalb Nahrungserwerbsstrategien häufig durch andere, oft gegenläufige Bedürfnisse der Individuen modifiziert werden. Besonders die Notwendigkeit, Räuber zu meiden, wird häufig das Nahrungssuchverhalten von Tieren beeinflussen.

Ein Beispiel hierfür ist das Nahrungserwerbsverhalten des Rückenschwimmers *Notonecta hoffmanni* (Sih 1982). Diese aquatischen Räuber durchlaufen fünf Larvenstadien (wobei „I" das jüngste und „V" das älteste ist), von denen die ersten drei Stadien durch adulte Artgenossen erbeutet werden können. Das relative Risiko war dabei:

$$I > II > III > IV = V \approx \text{kein Risiko.}$$

Das Risiko scheint das Verhalten der Larven derart zu verändern, daß sie (im Labor wie auch im Freiland) den zentralen Bereich von Gewässern meiden, in dem die Adulten besonders häufig sind. Der Grad der Meidung verläuft dabei analog zum Risiko, erbeutet zu werden:

$$I > II > III > IV = V \approx \text{kein Meideverhalten.}$$

Da jedoch der zentrale Wasserbereich die höchste Konzentration an Beute für die Larven enthält, geht der Verzicht auf Nahrungserwerb in diesem Bereich in Gegenwart von Adulten für die ersten beiden Larvenstadien mit einer Reduktion der Nahrungsaufnahmerate einher (für das Stadium III wurde dies nicht nachgewiesen). Andererseits steigt damit die Überlebenswahrscheinlichkeit.

Der modifizierende Einfluß von Prädatoren auf das Nahrungserwerbsverhalten wurde auch von Werner et al. (1983a) bei Blauwangen (*Lepomis macrochirus*), einer Sonnenbarschart, studiert. Sie schätzten den Nettoenergiegewinn bei der Nahrungssuche in drei verschiedenen Laborhabitaten (in offenem Wasser, zwischen Wasserpflanzen und auf nacktem Sediment) und beobachteten, wie sich die Beutedichten in vergleichbaren natürlichen Habitaten eines Sees jahreszeitlich veränderten. Dadurch waren sie in der Lage vorherzusagen, zu welchem Zeitpunkt die Blauwangen zwischen den einzelnen Habitaten wechseln sollten, um ihren Nettoenergiegewinn zu maximieren. In Abwesenheit von Räubern verhielten sich Angehörige dreier Größenklassen der Blauwangen entsprechend den Vorhersagen (Abbildung 9.4). In Anwesenheit räuberischer Forellenbarsche (*Micropterus salmoides*) beschränkten kleine Blauwangen in einem weiteren Freilandexperiment ihre Nahrungssuche jedoch auf

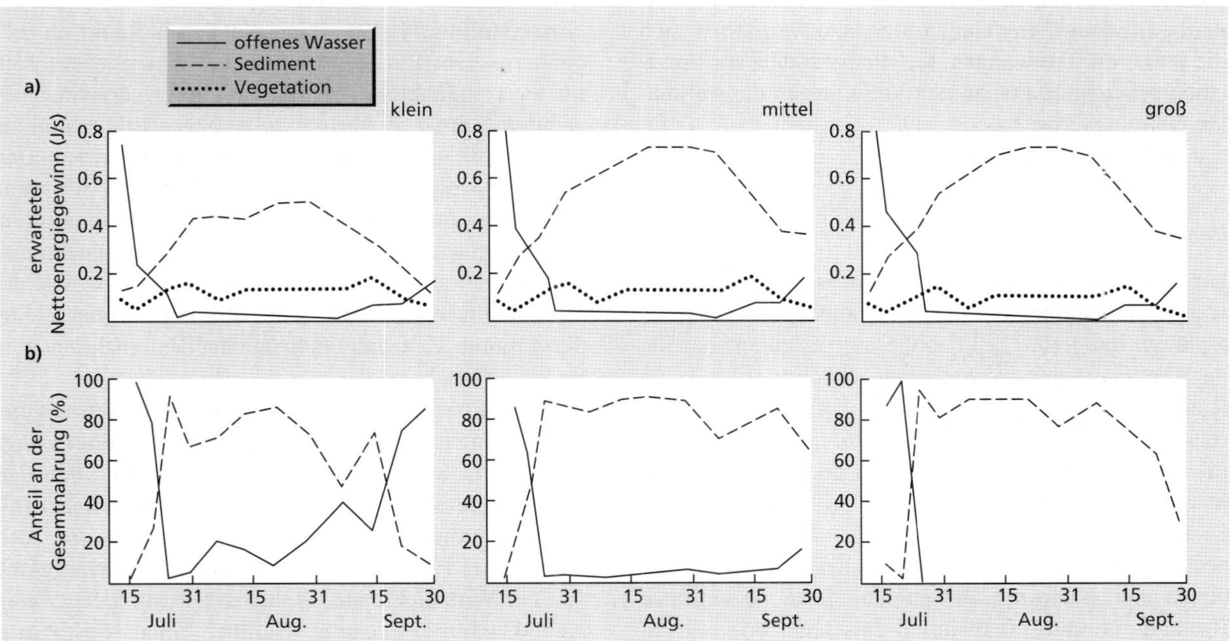

9.4 Saisonale Verteilungen a) der erwarteten Habitatsprofitabilität (Nettoenergieaufnahmerate) und b) des tatsächlichen Prozentsatzes der aus jedem Habitat stammenden Nahrung für drei Größenklassen des Sonnenbarsches *Lepomis macrochirus* (Blauwange) bei Abwesenheit von Raubfischen. (Der Habitattyp „Vegetation" wurde in (b) weggelassen, da jeweils nur 8–13 % der Nahrung aus ihm stammten.) Es besteht eine gute Übereinstimmung der Verteilungen zwischen (a) und (b). (Nach Werner et a . 1983a)

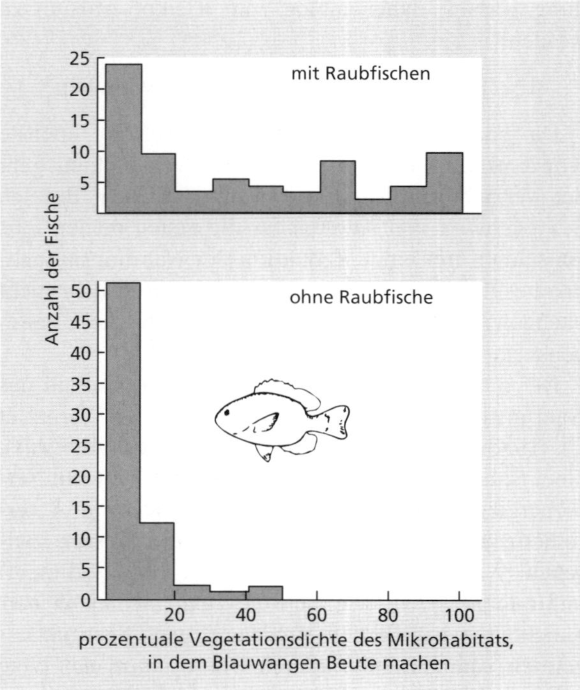

9.5 Im Gegensatz zu ■■Abbildung 9.4 und der unteren Grafik erwerben viele Blauwangen (*Lepomis macrochirus*) in Gegenwart von Forellenbarschen (*Micropterus salmoides*), die kleine Blauwangen erbeuten (obere Grafik), ihre Nahrung an Stellen mit dichter Vegetation, wo sie vor dem Raubfisch relativ geschützt sind. (Nach Werner et al. 1983b)

das Habitat mit Wasserpflanzen (Abbildung 9.5; Werner et al. 1983b). Dort waren sie zwar relativ sicher, doch ihre Energieaufnahmerate lag deutlich unter dem Maximum. Im Gegensatz dazu verhielten sich die größeren Blauwangen, die relativ sicher vor Forellenbarschen sind, gemäß den Vorhersagen des optimalen Nahrungserwerbs.

Nahrungserwerbsstrategien verdeutlichen, daß auch Räuber die realisierten Nischen beeinflussen können

Die Beispiele des Rückenschwimmers und der Blauwangen unterstreichen, daß die Nahrungserwerbsstrategie ein integraler Teil des Gesamtverhaltens ist. Sie unterliegt einem wesentlichen Selektionsdruck in Richtung einer Maximierung der Effizienz der Nahrungsaufnahme, doch kann sie durch andere, damit im Konflikt stehende Bedürfnisse beeinflußt werden. In diesem Zusammenhang sollte auf einen weiteren Sachverhalt hingewiesen werden. Die Plätze, an denen sich die Tiere am häufigsten aufhalten und an denen sie Nahrung aufnehmen, sind wesentliche Bestandteile ihrer realisierten Nischen. Wie wir in Kapitel 7 gesehen haben, können realisierte Nischen durch Konkurrenten beträchtlich eingeschränkt werden. Hier erkennen wir nun, daß sie auch durch Räuber beeinflußt werden können.

9.5 Funktionelle Reaktionen: Konsumptionsrate und Nahrungsdichte

Die Abhängigkeit der Konsumptionsrate von der lokalen Nahrungsdichte bezeichnet man als funktionelle Reaktion.

Es ist leicht einzusehen, daß die lokal verfügbare **Nahrungsdichte** für einen Konsumenten von entscheidender Bedeutung ist, da er im allgemeinen mit steigender Nahrungsdichte mehr Nahrung aufnimmt. Diese Abhängigkeit der **Konsumptionsrate** eines Individuums von der lokalen Nahrungsdichte wird als **funktionelle Reaktion** bezeichnet (Solomon 1949). Es überrascht nicht, daß die Form der Reaktion variabel ist. Dementsprechend hat Holling (1959) sie in drei Typen eingeteilt.

9.5.1 Die funktionelle Reaktion vom Typ 2

Bei der Typ-2-Reaktion steigt die Konsumptionsrate der Beutedichte mit langsam abnehmender Steigung bis zu einem Plateau an, auf dem sie trotz steigender Beutedichte konstant bleibt.

Am häufigsten beobachtet man den Typ 2 der funktionellen Reaktion, bei dem die Konsumptionsrate mit der Beutedichte zunächst ansteigt, wobei allerdings die Steigung langsam abnimmt, bis ein Plateau erreicht ist und die Konsumptionsrate trotz steigender Beutedichte konstant bleibt. Abbildung 9.6 zeigt dies sowohl für einen Carnivoren als auch für einen Herbivoren. Holling (1959) erklärt die **Typ-2-Reaktion** folgendermaßen: Ein Konsument muß eine gewisse Zeit für die Handhabung jeder Beute, die er verzehrt, aufwenden (um sie zu verfolgen, zu überwältigen und zu fressen, und um sich auf die nächste Suche vorzubereiten). Mit steigender Beutedichte wird das Auffinden der Beute zunehmend einfacher. Die Handhabungszeit bleibt dagegen konstant und nimmt einen zunehmenden Teil der zur Verfügung stehenden Zeit eines Konsumenten in Anspruch, bis bei sehr hoher Beutedichte die gesamte Zeit nur noch mit der Handhabung von Beute verbracht wird.

Diese Interpretation der funktionellen Reaktion vom Typ 2 können wir mit der Studie an der Schlupfwespe *Pleolophus basizonus*, einem Kokonparasitoiden der Roten Kiefernbuschhornblattwespe (*Neodiprion sertifer*) verdeutlichen (Griffiths 1969). Griffiths trug die Anzahl von Eiablagen pro Parasitoid in Abhängigkeit von der Wirtsdichte auf, wobei er Parasitoiden zweier Altersklassen betrachtete. Darüber hinaus bestimmte er die tatsächliche maximale Eiablagerate, indem er Parasitoiden ein Überangebot an Wirtskokons bot. Wie Abbildung 9.7 zeigt, nähern sich die beiden Typ-2-Kurven in der Tat den entsprechenden Maxima an.

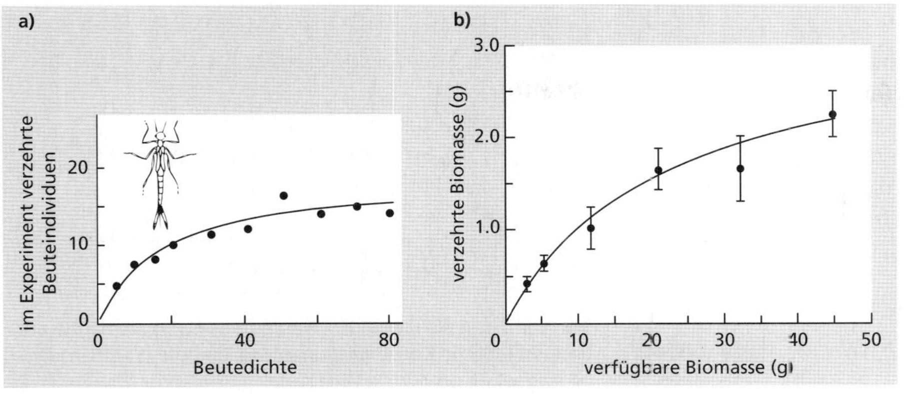

9.6 Funktionelle Reaktionen vom Typ 2. a) Kleinlibellenlarven des zehnten Stadiums beim Fressen von Daphnien etwa gleicher Größe (nach Thompson 1975). b) Rötelmäuse (*Clethrionomys glareolus*) beim Fressen von Schwarzweidenschößlingen (*Salix myrsinifolia*). (Nach Lundberg 1988)

Während diese Maxima (von etwa 3.5 Eiablagen pro Tag) einer Handhabungszeit von etwa sieben Stunden entsprechen, ergaben direkte Beobachtungen, daß eine Eiablage im Durchschnitt nur etwa 0.36 Stunden dauert. Eine solche Diskrepanz wird sehr häufig beobachtet, so auch beim Austernfischer (*Haematopus ostralegus*). Dessen Handhabungszeit von Herzmuscheln in Nordwales lag zwischen 19 und 29 Sekunden, während der aus der Kurve der funktionellen Reaktion abgeleitete Wert 75 Sekunden betrug (Sutherland 1982).

Im Fall der Untersuchung von Griffiths ist die Diskrepanz auf eine Refraktärzeit im Anschluß an die Eiablage zurückzuführen, während der es keine legereifen Eier gibt. Die Handhabungszeit umfaßt dementsprechend nicht nur die für die Eiablage benötigte Zeit, sondern auch die Zeit, die vergeht, bis die nächste Eiablage möglich ist. Ebenso beinhaltet die Handhabungszeit bei Sutherlands Austernfischern und auch bei den Tieren in Abbildung 9.6 Aktivitäten, die mit der Nahrungsaufnahme, aber nicht mit der direkten Manipulation der Beute in Verbindung stehen. Im Fall der Kleinlibellenlarven in Abbildung 9.6 handelt es sich dabei um eine „Verdauungsbegrenzung", bei der die maximale Konsumptionsrate durch die Aufnahmekapazität des Darmes und die Verdauungsgeschwindigkeit bestimmt wird. Die Handhabungszeit schließt all diese Phänomene ein.

Der Verlauf der Typ-2-Reaktionskurve ergibt sich aus Handhabungszeit (Höhe des Plateaus) und Sucheffizienz oder Angriffsrate (Steigung).

Ein weiterer interessanter Punkt in Abbildung 9.7 ist, daß sich zwar die Plateauwerte (und damit die Handhabungszeiten) bei Parasitoiden unterschiedlichen Alters entsprachen, die Kurve der jüngeren Parasitoiden jedoch langsamer anstieg. Das bedeutet, daß jüngere Parasitoide eine geringere **Sucheffizienz** (gleichbedeutend mit **Angriffsrate**) haben und folglich bei niedrigen Wirtsdichten weniger Eier ablegen als ältere Parasitoide. Bei hohen Wirtsdichten werden auch sie schließlich nur noch durch ihre Handhabungszeit begrenzt. Die Form der Typ-2-Reaktionskurve kann dementsprechend durch die Handhabungszeit (die die Höhe des Plateaus bestimmt) und die Angriffsrate (die die Steigung der Kurve bestimmt) charakterisiert werden.

Somit können wir eine Beziehung zwischen (der Anzahl Beuteobjekte, die ein Räuber in einer bestimmten Suchzeit frißt) und N, der Beutedichte, herstellen (Holling 1959). Da mit der verfügbaren Suchzeit, der Beutedichte und der Angriffsrate des Räubers (a') ansteigt, folgt:

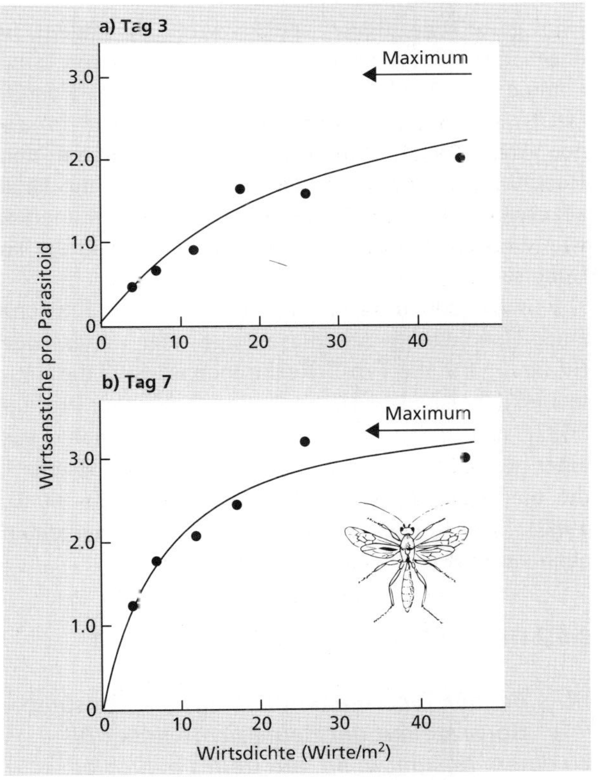

9.7 Altersabhängige Typ-2-Reaktionen der parasitischen Schlupfwespe *Pleolophus basizonus* auf Dichteunterschiede ihres Wirtes, der Roten Kiefernbuschhornblattwespe (*Neodiprion sertifer*). Pfeile zeigen die Maxima an, die bei einem Überangebot an Wirten beobachtet wurden. a) Drei Tage alte Parasitoide und b) sieben Tage alte Parasitoide. (Nach Griffiths 1969)

$$P_e = a'T_sN. \tag{9.2}$$

Dabei ist jedoch die verfügbare Suchzeit geringer als die insgesamt zur Verfügung stehende Zeit, da Zeit für die Handhabung der Beute benötigt wird. Wenn also T_h die Handhabungszeit für jedes einzelne Beuteobjekt ist, dann ist T_hP_e die Gesamtzeit für die Handhabung der Beute, und es folgt:

$$T_s = T - T_hP_e. \tag{9.3}$$

Durch einsetzen in Gleichung 9.2 erhalten wir:

$$P_e = a'(T - T_hP_e)N \tag{9.4}$$

oder umgeformt:

$$P_e = \frac{a'NT}{1 + a'T_hN}. \tag{9.5}$$

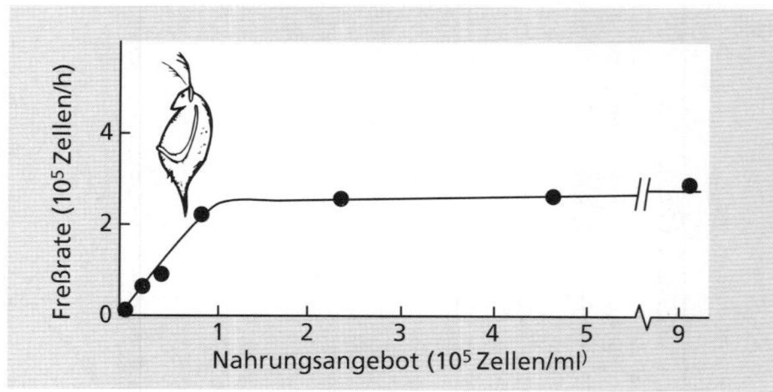

9.8 Die Typ-1-Reaktion des Wasserflohs *Daphnia magna* auf unterschiedliche Konzentrationen von Bierhefe (*Saccharomyces cerevisiae*). (Nach Rigler 1961)

Diese Gleichung beschreibt die funktionelle Reaktion vom Typ 2. Sie ist als Hollings „Scheibengleichung" bekannt, weil Holling zunächst die Typ-2-Reaktion experimentell erzielte, indem er Assistenten mit verbundenen Augen Sandpapierscheiben aufnehmen („erbeuten") ließ. Dabei ist zu beachten, daß die Gleichung diejenige Beutemenge beschreibt, die während eines bestimmten Zeitraums (T) gefressen wurde, wobei angenommen wird, daß die Beutedichte (N) während dieses Zeitraums unverändert bleibt. In Versuchen kann das dadurch erreicht werden, daß jede gefressene Beute ersetzt wird. In Fällen, in denen der Räuber seine Beutedichte verringert, sind komplexere Modelle nötig, wie sie von Hassell (1978) beschrieben wurden. Hassell diskutiert in seiner Arbeit auch Methoden, um Angriffsraten und Handhabungszeiten aufgrund von Beobachtungsdaten abzuschätzen, und Trexler et al. (1988) diskutieren, wie man Kurven einer funktionellen Reaktion an Datensätze anpaßt.

Es wäre jedoch falsch zu glauben, daß die Existenz einer Handhabungszeit die einzige oder umfassende Erklärung für alle Typ-2-Reaktionen ist. Sind die Beuteobjekte beispielsweise von unterschiedlicher Profitabilität, dann kann die Nahrung bei hoher Dichte aus einer geringeren Anzahl von Beuteobjekten bestehen, die eine hohe Ergiebigkeit aufweisen (Krebs et al. 1983). Ein Räuber kann durch hohe Beutedichten auch verwirrt und weniger effizient sein.

9.5.2 Die funktionelle Reaktion vom Typ 1

Bei der Typ-1-Reaktion steigt die Konsumptionsrate mit der Beutedichte linear bis zu einem Maximum an, auf dem sie auch bei steigender Beutedichte bleibt; die Handhabungszeit unterhalb des Plateaus ist null.

Abbildung 9.8 zeigt eine **Typ-1-Reaktion** für den Wasserfloh *Daphnia magna* beim Verzehren von Hefezellen bei unterschiedlichen Dichten. Die Konsumptionsrate steigt mit der Dichte an Hefezellen bis zu einem Maximalwert linear an und bleibt auch bei steigender Dichte auf diesem Maximum. Die Form der Reaktion erklärt sich dadurch, daß Daphnien mit ihrem Filterapparat Hefezellen aus einem konstanten Wasservolumen extrahieren, wodurch die entnommene Menge linear mit der Zelldichte ansteigt, bis die Daphnien bei Konzentrationen von 10^5 Zellen pro Milliliter nicht mehr in der Lage sind, die gesamte gefilterte Nahrung aufzunehmen, und nun die maximale Nahrungsaufnahmerate den Plateauwert bestimmt. Bei einer Typ-1-Reaktion ist folglich die Handhabungszeit unterhalb des Plateaus null und $T_s = T$. Daher gilt Gleichung 9.2, und die Steigung der Reaktion ist a' (die Angriffsrate oder Sucheffizienz), das heißt, der gefressene Beuteanteil pro Zeiteinheit.

Vollständig beschriebene Typ-1-Reaktionen mit einem linearen Anstieg und einem Plateau wie in Abbildung 9.8 sind ziemlich selten. Doch gibt es vor allem bei Herbivoren viele Beispiele, wo die Konsumptionsrate über den beobachteten Bereich von Nahrungsdichten linear ansteigt (Crawley 1983) und folglich eine für die Typ-2-Reaktion typische Verlangsamung der Steigung fehlt.

9.5.3 Die funktionelle Reaktion vom Typ 3

Typ-3-Reaktionen ähneln bei hoher Beutedichte Typ-2-Reaktionen, bei geringen Dichten steigt die Konsumptionsrate allerdings mehr als linear an (sigmoidale Kurve).

Typ-3-Reaktionen (Abbildung 9.9a–c) ähneln bei hohen Nahrungsdichten einer Typ-2-Reaktion, und beiden Typen liegen in solchen Fällen die gleichen Ursachen zugrunde. Bei geringen Dichten weist jedoch die Typ-3-Reaktion eine Beschleunigungsphase auf, in der ein Dichteanstieg zu einem mehr als linearen Anstieg in der Konsumptionsrate führt. Dadurch bekommt die funktionelle Reaktion vom Typ 3 einen S-förmigen oder sigmoidalen Verlauf.

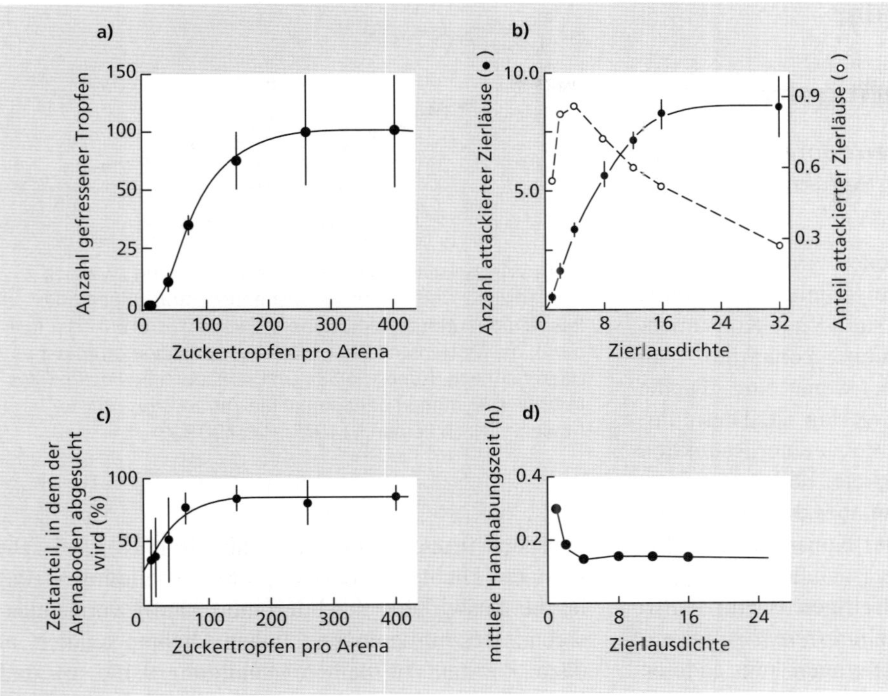

9.9 (Sigmoide) Typ-3-Reaktionen. a) Die Blaue Fleischfliege (*Calliphora vomitoria*) beim Fressen von Zuckertropfen. (Nach Murdie und Hassell 1973). b) Die Schlupfwespe *Aphelinus thomsoni* beim Attackieren von Ahornzierläusen (*Drepanosiphum platanoides*): Es ist zu beachten, daß der dichteabhängige Anstieg in der Mortalitätsrate bei niedrigen Wirtsdichten (- - -) zu der Beschleunigungsphase in der Reaktionskurve (—) führt. (Nach Collins et al. 1981). c) Die Grundlage der Reaktion in (a): Die Sucheffizienz von *C. vomitoria* steigt mit der „Beutedichte" (Zuckertropfendichte) an (nach Murdie und Hassell 1973). d) Die Grundlage der Reaktion in (b): Die Handhabungszeit von *A. thomsoni* sinkt mit steigender Zierlausdichte. (Nach Collins et al. 1981)

Präferenzwechsel kann eine wichtige Ursache für Typ-3-Reaktionen sein.

Eine wichtige Ursache für eine Typ-3-Reaktion kann der Präferenzwechsel eines Konsumenten sein (Abschnitt 9.2.3). Die Ähnlichkeiten der Abbildungen 9.2 und 9.9 sind offensichtlich. Der Unterschied besteht darin, daß sich Betrachtungen von Präferenzwechseln auf die relative Dichte eines Beutetyps im Vergleich zu seinen Alternativen konzentrieren, während bei funktionellen Reaktionen die absolute Dichte eines Beutetyps betrachtet wird. In der Praxis dürften absolute und relative Dichten gut miteinander korreliert sein, so daß ein Präferenzwechsel häufig zu einer funktionellen Reaktion vom Typ 3 führen wird.

Wenn ein Anstieg der Nahrungsdichte die Sucheffizienz erhöht oder die Handhabungszeit verringert, erfolgt eine funktionelle Reaktion vom Typ 3.

Allgemeiner ausgedrückt, wird eine Typ-3-Reaktion immer dann erfolgen, wenn ein Anstieg in der Nahrungsdichte zu einer Steigerung der Sucheffizienz oder einer Abnahme der Handhabungszeit eines Konsumenten führt. Beide zusammen bestimmen die Konsumptionsrate, so daß bei einem Anstieg von oder einer Abnahme von die Konsumptionsrate schneller ansteigt, als durch den Anstieg der Nahrungsdichte allein zu erwarten wäre. Die Blaue Fleischfliege (*Calliphora vomitoria*) verbringt bei steigender Nahrungsdichte einen zunehmenden Anteil ihrer Zeit mit der Nahrungssuche und erhöht dadurch ihre Sucheffizienz (Abbildung 9.9a,c). Demgegenüber sinkt für den Parasitoiden *Aphelinus thomsoni* die Handhabungszeit mit steigender Dichte seines Wirtes, der Ahornzierlaus (*Drepanosiphum platanoides*) (Abbildung 9.9b,d). In beiden Fällen führt dies zu einer funktionellen Reaktion vom Typ 3.

9.5.4 Die Konsequenzen der funktionellen Reaktionen für die Populationsdynamik

Die verschiedenen Typen der funktionellen Reaktion wirken sich unterschiedlich auf die Dynamik der beteiligten Populationen aus.

Die verschiedenen Typen der funktionellen Reaktion haben unterschiedliche Auswirkungen auf die Dynamik der beteiligten Populationen. Bei Typ-2-Reaktionen sowie bei Typ-1-Reaktionen im Bereich des Plateaus und bei Typ-3-Reaktionen im Bereich hoher Beutedichten haben die Räuber mit steigender Dichte immer weniger Einfluß auf die Populationsdynamik der Beute. Diese inverse Dichteabhängigkeit wirkt sich tendenziell destabilisierend auf die Populationsdynamik der beteiligten Arten aus. Bei Typ-3-Reaktionen im Bereich der Beschleunigungsphase hingegen hat der Räuber mit steigender Dichte einen zunehmenden Einfluß auf die Beutepopulation, und diese dichteabhängige Reaktion tendiert dazu, die Populationsdynamik zu stabilisieren.

Hierbei muß allerdings beachtet werden, daß es sich um Tendenzen handelt, die durch andere Faktoren der Wechselbeziehung zwischen Räuber und Beute überlagert werden können. Kapitel 10 beschäftigt sich hiermit ausführlicher.

9.6 Die Auswirkungen der Konsumentendichte: Gegenseitige Beeinträchtigung

Wechselseitige Interferenz unter den Konsumenten führt zur Reduktion der Konsumptionsrate.

Kein Konsument lebt isoliert: Jeder wird durch andere Konsumenten beeinflußt, wobei konkurrenzbedingte Einflüsse am offensichtlichsten sind. Viele Konsumenten unterliegen einer Ausbeutungskonkurrenz um begrenzte Nahrungsressourcen, wenn ihre Dichte hoch oder die Nahrungsmenge gering ist. Dies führt bei steigender Konsumentendichte zu einer Reduktion der individuellen Konsumptionsrate. Selbst wenn die Nahrung nicht begrenzt ist, kann aber die individuelle Konsumptionsrate mit steigender Konsumentendichte sinken. Die ursächlichen Prozesse hierfür faßt man unter dem Begriff der **wechselseitigen Beeinträchtigung** oder **Interferenz** (*mutual interference*) zusammen. Viele Konsumenten interagieren mit anderen Mitgliedern ihrer Population, wodurch ihnen weniger Zeit für die Nahrungsaufnahme bleibt und folglich die Konsumptionsrate sinkt. So verteidigen zum Beispiel Kolibris vehement reiche Nektarquellen, Dachse patrouillieren und besuchen die Latrinen entlang der Grenzen zwischen ihren Territorien und denen ihrer Nachbarn, und Weibchen des Pfeifenräumers (*Rhyssa persuasoria,* ein Parasitoid von Holzwespenlarven) bedrohen eindringende Weibchen und vertreiben sie unter Umständen mit Gewalt aus dem von ihnen besetzten Bereich des Baumstammes (Spradbery 1970). Ein Anwachsen der Konsumentendichte kann jedoch auch zu einer steigenden Abwanderungsrate bei Konsumenten führen oder dazu, daß sie sich gegenseitig Nahrung stehlen (wie viele Möwen), oder die Beute selbst kann auf die Gegenwart der Konsumenten reagieren und schwerer zugänglich werden.

Der Interferenzkoeffizient beschreibt die Steigung der Kurve für die Sucheffizienz (und damit die Konsumptionsrate) gegen die Konsumentendichte.

Wie Hassell und Varley (1969; siehe auch Hassell 1978) gezeigt haben, lassen sich verschiedene Formen der wechselseitigen Interferenz auf einen gemeinsamen Nenner bringen, indem man die Sucheffizienz des Konsumenten berechnet (aus Hollings Scheibengleichung) und sie auf einer logarithmischen Skala gegen die Konsumentendichte aufträgt (Abbildung 9.10). Wie erwartet, sind die Steigungen der Kurven negativ: Die Sucheffizienz und damit die Konsumptionsrate pro Individuum sinken mit steigender Dichte. Die Steigung der Kurven wird mit $-m$ angegeben, und m wird als **Interferenzkoeffizient** (*coefficient of interference*) bezeichnet, wobei m in der Regel Werte

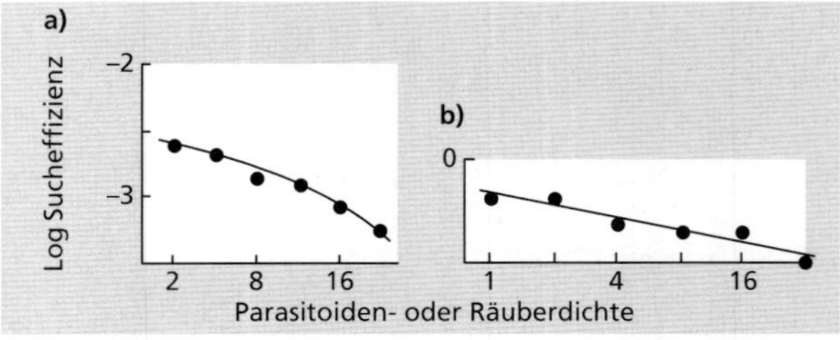

9.10 Wechselseitige Interferenz: die Beziehung zwischen Sucheffizienz und Dichte der suchenden Parasitoiden oder Räuber (logarithmische Skalen). a) Die Erzwespe *Encarsia formosa*, die Mottenschildlaus *Trialeurodes vaporariorum* parasitierend (nach Burnett 1958). (b) Die Raubmilbe *Phytoseiulus persimilis*, Nymphen der Spinnmilbe *Tetranychus urticae* fressend. (Nach Fernando 1977; Hassell 1978)

zwischen 0 und 1 annimmt (Hassell 1978). Bei sehr geringen Dichten (zum Beispiel in Abbildung 9.10a) ist die Auswirkung der Interferenz häufig vernachlässigbar. Bei mittleren und hohen Dichten tendiert m dazu, konstant zu bleiben (Abbildung 9.10a, b), und ist häufig sogar über den gesamten Bereich untersuchter Dichten konstant (zum Beispiel Abbildung 9.10b).

Durch soziale Förderung kann die Konsumptionsrate auch mit der Konsumentendichte steigen.

Nicht immer sinkt die Konsumptionsrate mit der Konsumentendichte. Besonders bei niedrigen Dichten kann es zu einer Steigerung der Konsumptionsrate durch **soziale Förderung** (*facilitation*) kommen. So kann in vielen Wirbeltierverbänden eine erhöhte Dichte die Zeit verringern, die jedes Individuum für die Beobachtung von Räubern aufwenden muß, so daß mehr Zeit für die Nahrungsaufnahme bleibt (siehe Barnard und Thompson 1985, für Beispiele bei Vögeln).

Wechselseitige Interferenz stabilisiert Räuber-Beute-Beziehungen.

Zweifellos jedoch nimmt in der Regel die individuelle Konsumptionsrate bei steigender Konsumentendichte ab. Diese Abnahme hat häufig Auswirkungen auf Fekundität, Wachstum und Mortalität einzelner Konsumenten, so daß die Konsumentenpopulation einer dichteabhängigen Kontrolle unterliegt, die sich meist stabilisierend auf die Räuber-Beute-Dynamik auswirkt (siehe Abschnitt 10.3).

9.7 Konsumenten und Nahrungspatches

Nahrung ist heterogen auf sogenannte Patches verteilt, von denen gewöhnlich bestimmte bevorzugt werden.

Nahrung ist generell heterogen (fleckenhaft) verteilt. Solche **Patches** (wir benutzen im folgenden diesen englischen Ausdruck, der ein Areal mit Ressourcen beschreibt) können natürliche und abgeschlossene physikalische Einheiten sein (ein Busch mit Beeren oder ein Blatt mit Blattläusen), oder aber eine willkürlich gewählte Fläche in einer einförmigen Umgebung (Areale von 10 m^2 mit unterschiedlicher Ergiebigkeit an einem Sandstrand). In jedem Fall muß die Definition eines Patches im Hinblick auf den betrachteten Konsumenten erfolgen. Ein Blatt ist ein angemessener Patch für einen Marienkäfer, ein Busch für einen frugivoren Vogel, und Areale von 10 m^2 an einem Strand können adäquate Patches für einen Watvogel darstellen.

Für gewöhnlich zeigen Konsumenten innerhalb des Nahrungshabitats eine Präferenz für bestimmte Patches. Die Grundlage dieser Präferenz kann die Nahrungsqualität sein (so bevorzugen Schneehasen Patches mit stickstoffreichem Heidekraut; Moss et al. 1981), oder aber die Meidung von Räubern (siehe Abschnitt 9.4), Parasiten oder ungünstigen Wetterbedingungen.

9.7.1 Aggregative Reaktionen auf die Beutedichte

Aggregative Reaktionen von Räubern auf die Beutedichte können direkt oder invers dichteabhängig, kuppelförmig konvex oder dichteunabhängig sein.

Wegen der möglichen Auswirkungen auf Populationsdynamiken haben sich Ökologen vornehmlich für solche Patchpräferenzen von Prädatoren interessiert, bei denen Patches hinsichtlich der Nahrungs- oder Beutedichte variieren. Eine Zeitlang nahm man an, daß a) Prädatoren generell die meiste Zeit in Patches hoher Beutedichte verbringen (da diese am profitabelsten sind), b) die meisten Prädatoren dementsprechend in solchen Patches zu finden sind und c) die Beute in solchen Patches folglich dem höchsten Räuberdruck ausgesetzt ist und andererseits Beute in Patches mit niedriger Dichte relativ geschützt ist. Natürlich gibt es Beispiele, die die ersten zwei Annahmen stützen (Abbildung 9.11). Diese zeigen eine **aggregative Reaktion** des Räubers mit direkter Dichteabhängigkeit: Räuber verbringen die meiste Zeit in Patches mit hoher Beutedichte, so daß Räuber- und Beutedichten miteinander korreliert sind. Das muß jedoch nicht immer so sein. Der Gewöhnliche Kohlerdfloh (*Phyllotreta cruciferae*) erreicht die höchsten Abundanzen in Patches von *Brassica*-Pflanzen mit höchster Dichte (direkte Dichteabhängigkeit), wohingegen Raupen des Kleinen Kohlweißlings (*Pieris rapae*) die höchsten Abundanzen in *Brassica*-Beständen niedriger Dichte erreichen (inverse Dichteabhängigkeit), und *Phyllotreta striolata* am häufigsten bei mittlerer Dichte ist (was zu einer hyperbolischen Beziehung führt; Cromartie 1975).

Darüber hinaus – und im Gegensatz zur dritten Annahme – haben umfassende Übersichtsartikel über Wirt-Parasitoid-Interaktionen (Lessells 1985; Stiling 1987; Walde und Murdoch 1988; Pacala und Hassell 1991) klar gezeigt, daß die Parasitierungsrate direkt oder umgekehrt dichteabhängig oder aber dichteunabhängig sein kann (Abbildung 9.12). In nur ungefähr 50 % der untersuchten Studien konnte eine Dichteabhängigkeit nachgewiesen werden, wobei zu etwa gleichen Teilen direkte und inverse Dichteabhängigkeit vorlag. Diese Variabilität in der Reaktion von Prädatoren ändert allerdings nichts daran, daß das Risiko, erbeutet zu werden, häufig deutlich zwischen Patches schwankt und damit auch zwischen einzelnen Beuteindividuen.

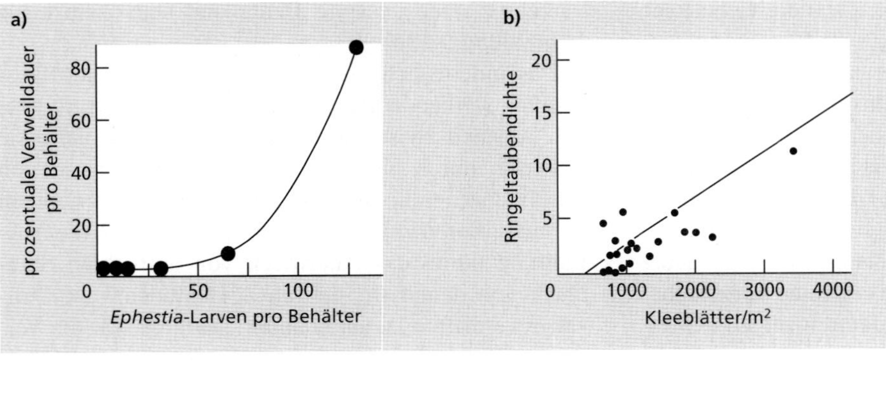

9.11 Aggregative Reaktionen (nach Hassell und May 1974). a) Der Parasitoid *Venturia canescens* hält sich länger in Behältern mit hoher Dichte seines Wirtes, der Dattelmotte (*Ephestia cautella*) auf. (Nach Hassell 1971). b) Ringeltauben (*Columba palumbus*) aggregieren in Arealen mit höherer Kleeblattdichte. (Nach Murton et al. 1966)

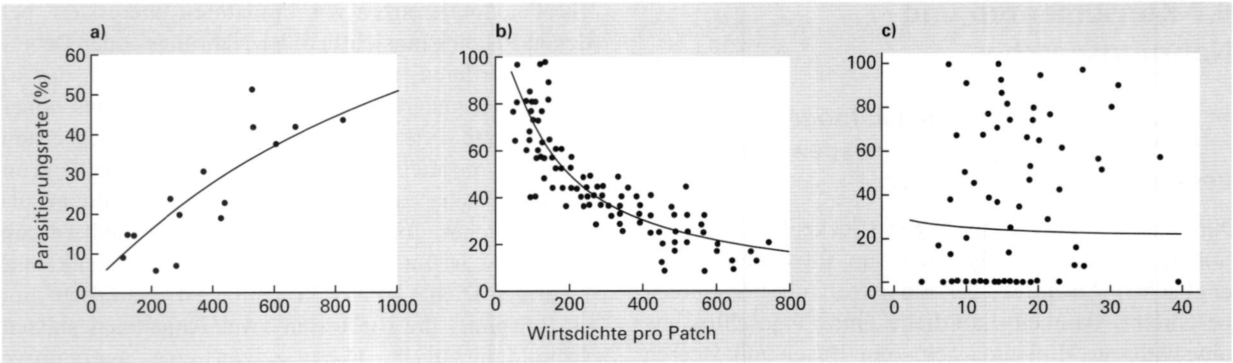

9.12 Beispiele für die Beziehung zwischen der Parasitierungsrate durch Parasitoide und der Wirtsdichte aus Freilanduntersuchungen. a) Direkte Dichteabhängigkeit der Parasitierung von *Fiorinia externa* durch die Austernschildlaus-Zehrwespe (*Aspidiotiphagus citrinus*). (b) Inverse Dichteabhängigkeit der Parasitierung von *Lymantria dispar* (Schwammspinner) durch *Ooencyrtus kuwanai*. c) Dichteunabhängige Parasitierung von *Parlatoria oleae* (Graue Obstbaum-Löffelschildlaus) durch die Erzwespe *Coccophagoides utilis*. (Nach Pacala und Hassell 1991).

9.7.2 Aggregationen von Herbivoren

Herbivore aggregieren oft, ohne daß eine aggregative Reaktion zugrunde liegt.

Viele Herbivore zeigen eine ausgeprägte Tendenz, Aggregationen zu bilden, wodurch die Fraßpflanzen sich deutlich in ihrem Befallsrisiko unterscheiden. Doch muß hier keine aggregative Reaktion auf die „Beutedichte“ vorliegen. Die Mehlige Kohlblattlaus (*Brevicoryne brassicae*) bildet auf zwei räumlichen Ebenen Aggregationen (Way und Cammell 1970). Larven bilden rasch große Kolonien, wenn sie vereinzelt auf ein Blatt gesetzt werden, und Populationen auf einzelnen Pflanzen neigen dazu, auf ein einzelnes Blatt beschränkt zu sein.

Wenn Kohlblattläuse (natürlicherweise) nur ein Blatt einer vierblättrigen Kohlpflanze befallen, überleben die drei unbefallenen Blätter. Wird jedoch dieselbe Anzahl Blattläuse auf alle vier Blätter verteilt, so gehen alle vier Blätter zugrunde (Way und Cammell 1970). Das Aggregationsverhalten des Herbivoren schützt folglich einige Kohlblätter.

Von solchen Verteilungsmustern – und gleichartigen Mustern in der Risikoverteilung von Beutepopulationen generell – wurde in der Vergangenheit angenommen, sie würden die Populationsdynamik von Räuber-Beute-Beziehungen stabilisieren (Begon et al. 1990). Der Zusammenhang scheint jedoch weit komplexer zu sein (siehe Abschnitt 10.5). Darüber hinaus sollte beachtet werden, daß es sich bei jedem möglichen stabilisierender Effekt stets nur um ein Nebenprodukt der Präferenz des Konsumenten für Patches hoher Profitabilität handelt. Prädatoren zeigen keinesfalls ein Aggregationsverhalten, um die Räuber-Beute-Beziehung zu stabilisieren!

9.7.3 Räumliche Heterogenität und Zeit: „Verstecken spielen"

Konsumenten reagieren sowohl räumlich als auch zeitlich auf Nahrungspatches – „Verstecken spielen".

Die Reaktionen von Konsumenten auf Nahrungspatches haben oft nicht nur eine räumliche, sondern auch eine zeitliche Dimension. Wenn dies der Fall ist, kann es scheinen, als spielten die beteiligten Arten „Verstecken“. Das bekannteste Beispiel stammt aus der experimentellen Arbeit von Huffaker (Huffaker 1958; Huffaker et al. 1963). Er studierte die Raubmilbe *Typhlodromus occidentalis*, die sich von herbivoren Spinnmilben der Art *Eotetranychus sexmaculatus* ernährt. Diese wiederum saugten an Orangen, die verstreut zwischen Gummibällen im Versuchskasten lagen. Ohne den Räuber hielt *Eotetranychus* eine fluktuierende, aber dauerhafte Population aufrecht (Abbildung 9.13a). Wurde jedoch *Typhlodromus* in einem frühen Stadium des Populationswachstums der Beute hinzugesetzt, vermehrte sich der Räuber schnell, verzehrte seine gesamte Beute und starb selbst aus (Abbildung 9.13b).

Das änderte sich jedoch, als Huffaker seinen Mikrokosmos stärker in Patches unterteilte. Er vergrößerte den Abstand zwischen den Orangen und isolierte sie teilweise durch ein kompliziertes Arrangement von Vaselinebarrieren, die die Milben nicht überwinden konnten. *Eotetranychus* erleichterte er jedoch die Ausbreitung durch das Anbringen von aufrechten Stäbchen, von denen sie sich an Seidenfäden vom Luftstrom verdriften lassen konnten. Dadurch war die Verbreitung zwischen Patches für die Beute viel leichter als für den Räuber. In Patches, die sowohl *Eotetranychus* als auch *Typhlodromus* enthielten, konsumierten

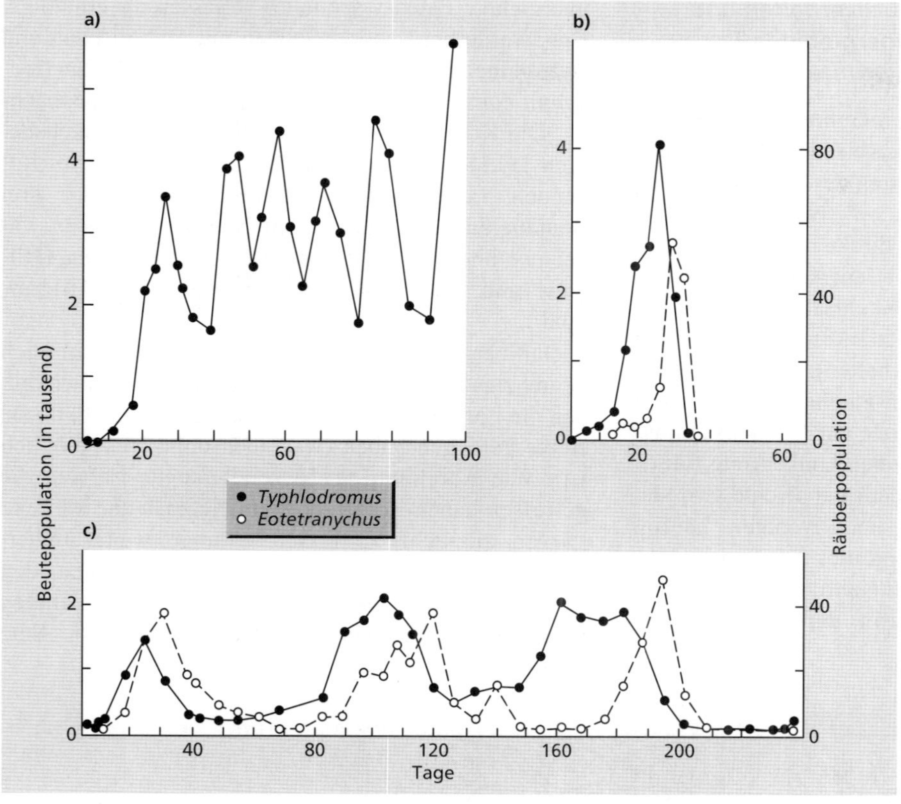

9.13 „Verstecken spielen". Räuber-Beute-Beziehungen zwischen der Spinnmilbe *Eotetranychus sexmaculatus* (●) und ihrem Räuber, der Raubmilbe *Typhlodromus occidentalis* (○). a) Populationsfluktuationen bei *Eotetranychus* ohne ihren Räuber. b) Einzelne Oszillation des Räubers und der Beute in einem einfachen System. c) Anhaltende Oszillationen in einem komplexeren System. (Nach Huffaker 1958)

die Räuber sämtliche Beutetiere und starben dann entweder selbst aus oder emigrierten (mit geringem Erfolg) in andere Patches. In solchen Patches, die lediglich die Beutetiere enthielten, kam es zu einer schnellen, ungehinderten Vermehrung mit erfolgreicher Verbreitung auf neue Patches. In Patches, die lediglich Räuber enthielten, starben diese meist, noch bevor neue Beutetiere den Patch erreichten. In jedem einzelnen Patch waren folglich Räuber und Beute letztlich zum Aussterben verurteilt, doch ergab sich insgesamt ein Mosaik aus unbesetzten Patches, solchen, deren Räuber und Beutepopulation zum Aussterben verdammt sind, und anwachsenden Beutepatches. Dieses Mosaik von Patches erlaubte dauerhafte Populationen sowohl der Beute als auch des Räubers (Abbildung 9.13c).

Ein ähnliches Beispiel aus einer natürlichen Population bietet die Prädation von Seesternen an Muschelbänken vor der südkalifornischen Küste (Landenberger 1973, in Murdoch und Stewart-Oaten 1975). Muschelansammlungen, die unter hohem Räuberdruck stehen, werden bei schwerer See leicht von der Unterlage abgetrennt, so daß die Muscheln absterben. Dadurch verursachen die Seesterne ständig das Aussterben ganzer Muschelansammlungen. Die Muscheln haben jedoch planktische Larven, die ständig neue Plätze besiedeln. Demgegenüber können sich die Seesterne nicht so leicht verbreiten. Sie aggregieren an den größeren Muschelansammlungen und verlassen leergefressene Gebiete erst mit einer gewissen Zeitverzögerung. Folglich sterben ständig die Muscheln ganzer Patches aus, während andere Kolonien vor dem Eintreffen der Seesterne anwachsen. Wie bei Huffakers Milben scheint die Kombination von fleckenhafter Verteilung, Aggregation der Räuber in bestimmten Patches und fehlender Synchronisation von Prozessen in verschiedenen Patches die Dynamik der Wechselbeziehung von Räuber und Beute zu stabilisieren.

9.8 Verhaltensweisen, die zu geklumpten Verteilungen führen

Das Auffinden profitabler Patches kann zu Aggregationen führen.

Aggregationen von Konsumenten, wie auch ihr Verhalten gegenüber Patches generell, können auf ganz unterschiedliche Verhaltensweisen zurückgeführt werden. Sie lassen sich jedoch in zwei Kategorien zusammenfassen: Zum einen kann das Auffinden profitabler Patches zu Aggregationen von Individuen in diesen Patches führen, zum anderen können Verhaltensweisen von Konsumenten zu Aggregationen innerhalb von Patches führen. Der erste Fall beinhaltet all jene Beispiele, bei denen Konsumenten aus der Entfernung die Heterogenität in der Verteilung ihrer Beute wahrnehmen können.

Räumlich begrenztes Suchverhalten und schnelleres Verlassen unergiebiger Patches führen zu Aggregationen in profitablen Patches.

In der zweiten Kategorie, also innerhalb von Patches, führen zwei wichtige Verhaltensweisen zu Aggregationen. Die erste ist eine Veränderung des Suchverhaltens des Konsumenten, nachdem er Nahrungsobjekte gefunden hat. Oftmals erfolgt direkt im Anschluß an eine Nahrungsaufnahme eine Verlangsamung der Fortbewegung und eine erhöhte Umkehrrate, wodurch der Konsument in der Nähe des letzten Fraßplatzes bleibt (räumlich begrenztes Suchverhalten). Dadurch verbleiben Konsumenten länger in Patches hoher Beutedichten (wo eine hohe Antreffrate zur Verlangsamung der Fortbewegung und einer hohen Umkehrrate führt) und verlassen rasch Patches niedriger Dichte (wo sie sich schneller fortbewegen und weniger häufig umkehren). Abbildung 9.14 zeigt dies für zwei Vogelarten, die auf einem Rasen nach Nahrung suchen. Eine andere Möglichkeit besteht darin, daß Konsumenten unergiebige Patches schneller verlassen als ergiebige. Dies wurde bei Laborversuchen mit räuberischen und netzspinnenden Köcherfliegenlarven der Art *Plectrocnemia conspersa* in einem künstlichen Fluß beobachtet. Die Köcherfliegenlarven erhielten zu Versuchsbeginn je eine Zuckmückenlarve als Beute und im folgenden Tagesrationen von null, einem oder drei Beutetieren. Die Tendenz, ihr Netz zu verlassen, war bei der höchsten Fütterungsrate am geringsten (Hildrew und Townsend 1980; Townsend und Hildrew 1980).

Darüber hinaus liegt bei *Plectrocnemia* räumlich begrenztes Suchverhalten vor. Die Wahrscheinlichkeit, daß die Larven ein Netz bauen, hängt davon ab, ob sie Beute gefangen haben (was auch ohne Netz möglich ist). Wie Abbildung 9.15a zeigt, fangen Larven, die gefressen haben, sofort mit dem Netzbau an, während Larven, die nichts zu fressen bekamen, weiter umherwandern und mit höherer Wahrscheinlichkeit den Patch verlassen. Dadurch ist in einem ergiebigen Patch die Wahrscheinlichkeit hoch, daß ein Netz

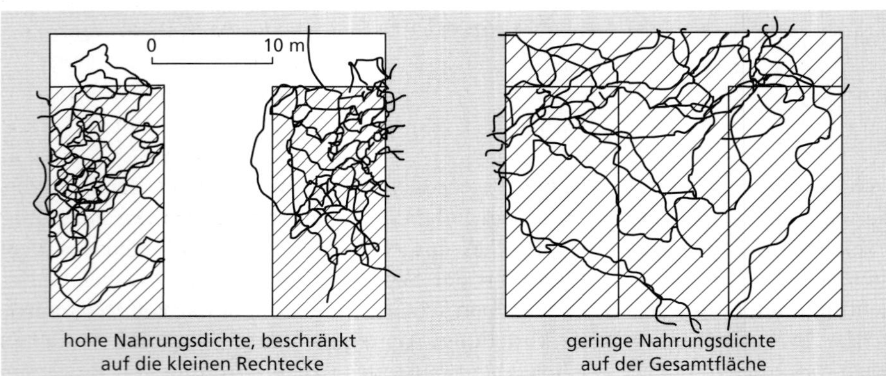

9.14 Die Suchpfade von Drosseln (der Singdrossel (*Turdus philomelos*) und der Amsel (*T. merula*)). Die Vögel halten sich relativ länger in Flächen mit hoher Beutedichte (links) auf als in Flächen mit niedriger Beutedichte (rechts), weil sie öfter und stärkerer die Laufrichtung ändern. (Nach Smith 1974)

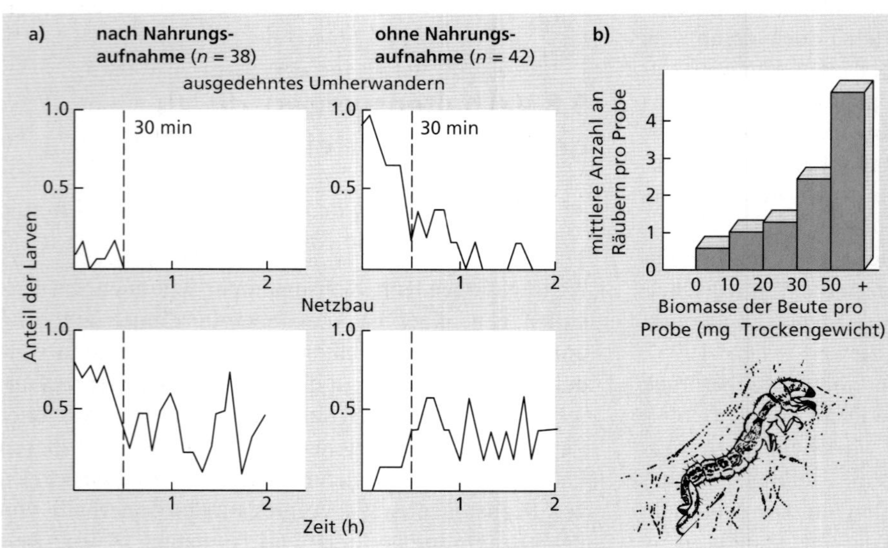

9.15 a) Larven des fünften Stadiums der Köcherfliege *Plectrocnemia conspersa*, die in einem Patch zu Beginn des Experiments eine Zuckmückenlarve finden und fressen (nach Nahrungsaufnahme), hören rasch mit Wanderbewegungen auf und beginnen, ein Netz zu spinnen. Räuber, die keine Beute finden (ohne Nahrungsaufnahme), zeigen wesentlich ausgedehntere Wanderbewegungen innerhalb der ersten 30 Minuten des Experiments und verlassen den Patch mit signifikant höherer Wahrscheinlichkeit. b) Direkt dichteabhängige Aggregation von Larven des fünften Stadiums in einem natürlichen Flußlauf. Aufgetragen ist die Anzahl der Räuber gegen die Biomasse an Beute (Zuckmücken und Steinfliegen) pro 0.0625 m^2 Flußbett (n = 40). (Nach Hildrew und Townsend 1980; Townsend und Hildrew 1980)

gebaut und nicht verlassen wird. Diese beiden Verhaltensweisen sind die Ursache dafür, daß es in einem natürlichen Bach zu einer direkt dichteabhängigen Aggregation der Räuber kam (Abbildung 9.15b).

Schwellenwerte der Nahrungsaufnahmerate und Aufgabezeiten können ein schnelleres Verlassen unergiebiger Patches bewirken.

Daß ergiebige und unergiebige Patches unterschiedlich schnell verlassen werden, kann verschiedene Ursachen haben. Zwei Mechanismen sind dabei besonders gut vorstellbar. Ein Konsument kann einen Patch verlassen, wenn die Rate seiner Nahrungsaufnahme unter einen bestimmten Schwellenwert sinkt; es kann jedoch auch eine sogenannte **Aufgabezeit** (*giving-up time*) geben, daß heißt er verläßt einen Patch immer dann, wenn ein bestimmtes Zeitinterval ohne erfolgreichen Beutefang verstrichen ist. Unabhängig davon, ob einer dieser Mechanismen oder lediglich räumlich beschränktes Suchverhalten vorliegt, werden Individuen in ergiebigen Patches mehr Zeit verbringen, und diese Patches werden folglich mehr Konsumenten enthalten (siehe aber Abschnitt 9.10).

9.9 Der Ansatz der optimalen Nahrungserwerbsstrategie zur Nutzung von Patches

Die Vorteile für einen Konsumenten, mehr Zeit in sehr ergiebigen Patches zu verbringen, sind leicht einzusehen. Wieviel Zeit in verschiedenen Patches zugebracht werden soll, ist dagegen ein subtiles Problem, denn eine optimale Zeiteinteilung hängt unter anderem von den exakten Unterschieden in der Profitabilität zwischen Patches, der Ergiebigkeit des Habitats im Ganzen und der Entfernung zwischen Patches ab. Dies wurde zu einer zentralen Problematik der Theorie des optimalen Nahrungserwerbs, insbesondere für den häufigen Fall, bei dem der Nahrungssuchende die Ressourcen eines Patches erschöpft und damit dessen Ergiebigkeit mit der Zeit sinkt (beispielsweise bei räuberischen Insekten, die ihre Beute von Blättern absammeln, oder Bienen, die Nektar aus Blüten saugen).

9.9.1 Das Grenzertragstheorem

Die optimale Aufenthaltsdauer in einem Patch sollte durch die beim Verlassen des Patches erreichte Energieaufnahmerate definiert sein – das Grenzertragstheorem.

Charnov (1976b) und Parker und Stuart (1976) formulierten ähnliche Modelle, um das Verhalten bei optimaler Nahrungssuche in solchen Situationen zu beschreiben. Die **optimale Aufenthaltsdauer** in einem Patch sollte dementsprechend durch die Energieaufnahmerate definiert sein, die der Nahrungssuchende beim Verlassen des Patches realisiert (dem Grenzertrag des Patches). Charnov führte dafür den Begriff **Grenzertragstheorem** (*marginal value theorem*) ein. Die Modelle sind mathematisch formuliert, doch werden ihre wesentlichen Aussagen in Abbildung 9.16 graphisch dargestellt.

Die wichtigste Annahme des Modells besagt, daß ein Organismus bei optimaler Nahrungssuche seine Ressourcenaufnahme (gewöhnlich seine Energieaufnahme) über eine gesamte Suchperiode hinweg maximiert. Durch die heterogene Verteilung der Nahrung in Patches erfolgt die Energieaufnahme dabei allerdings schubweise und ist während der Suche nach Patches gleich null. Sobald er einen Patch erreicht, entnimmt der Nahrungssuchende dort in einer Weise Energie, wie dies in Abbildung 9.16a beschrieben ist. Anfangs wird die Energieaufnahmerate hoch sein, doch sinkt sie im Laufe der Zeit mit zunehmender Ressourcenerschöpfung stetig ab. Dabei hängt die Aufnahmerate selbst von den Anfangsbedingungen im Patch (Nahrungsdichte und -ergiebigkeit) und ebenso von der Sucheffizienz und Motivation des Nahrungssuchenden ab (Abbildung 9.16a).

Die Frage ist nun, zu welchem Zeitpunkt ein Nahrungssuchender einen Patch verlassen sollte. Verläßt er alle Patches, kaum daß er sie gefunden hat, verbringt er die meiste Zeit mit der Suche nach Patches und erzielt eine geringe Aufnahmerate. Bleibt er lange in den einzelnen Patches, so verbringt er zwar wenig Zeit mit der Suche nach Patches, aber viel Zeit in bereits erschöpften Patches, und seine Gesamtenergieaufnahmerate ist wiederum gering. Die optimale Aufenthaltsdauer liegt dementsprechend irgendwo dazwischen. Sie ist größer in ergiebigen als in unergiebigen Patches und hängt darüber hinaus von der Profitabilität des Habitats ab.

Dies sei an einem hypothetischen Nahrungssuchenden in Abbildung 9.16b erläutert. Er sucht in einem Habitat, in dem die Nahrung fleckenhaft verteilt ist und einzelne Patches ergiebiger sind als andere. Die Zeit, die im Durchschnitt benötigt wird, um von einem Patch zum nächsten zu gelangen, sei t_t (*travelling time*; Migrationszeit). Der Nahrungssuchende in Abbildung 9.16b ist in einem Patch angekommen, dessen Qualität (und damit die Kurve für die Energieaufnahme) dem Habitatsdurchschnitt entspricht. Um sich optimal zu verhalten, muß er nicht etwa die Energieaufnahmerate für die Zeit, die er im Patch verbringt, maximieren, sondern für die gesamte Zeit, seit er den vorhergehenden Patch verlassen hat (also für $t_t + s$, wobei s die Aufenthaltsdauer (*stay-time*) im Patch ist).

Wenn er den Patch schnell verläßt, ist dieser Zeitraum kurz ($t_t + s_{\text{kurz}}$ in Abbildung 9.16b) und dementsprechend die aufgenommene Energie gering (E_{kurz}). Die Energieaufnahmerate für den Zeitraum wird durch die

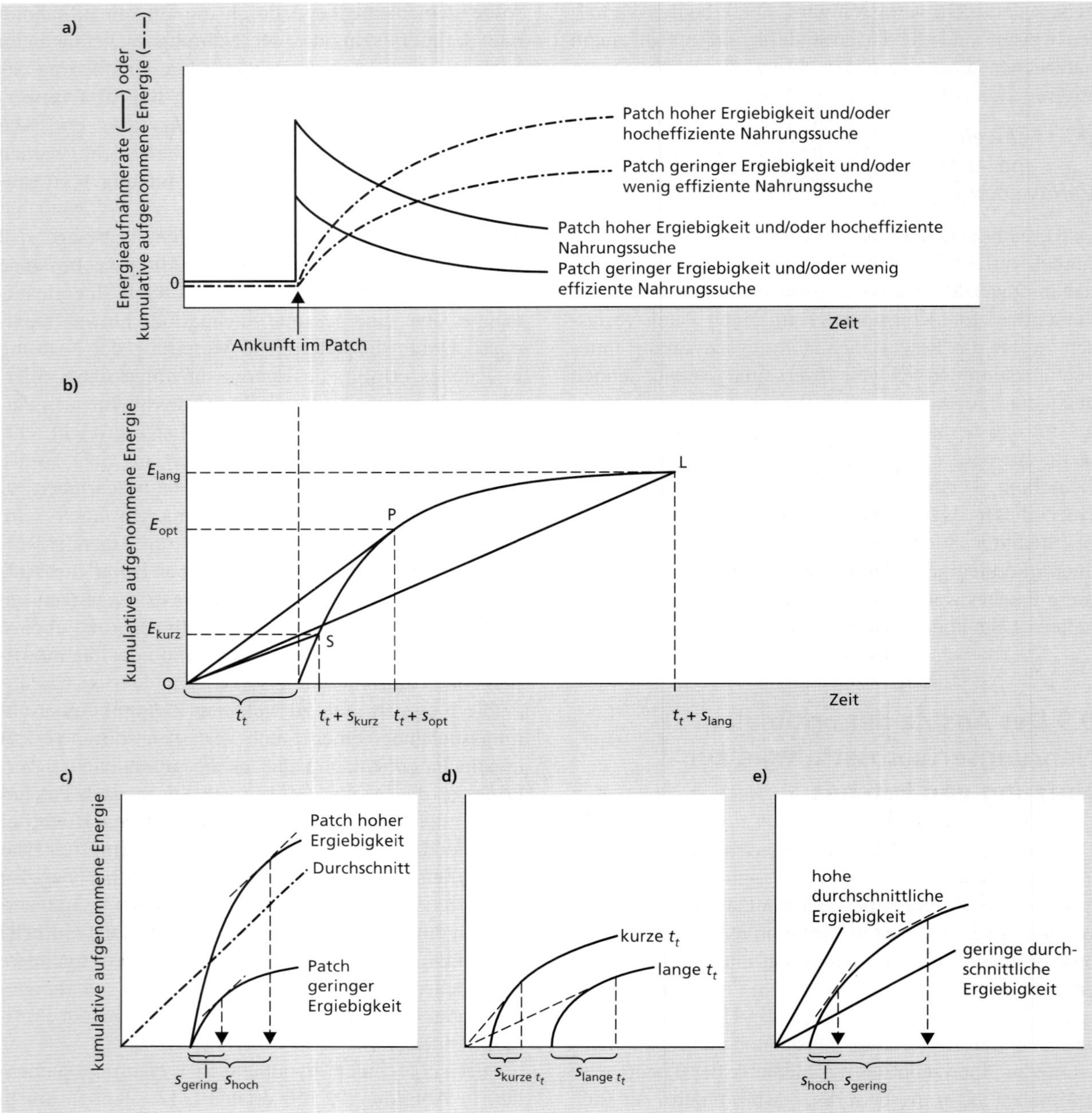

9.16 Das Grenzertragstheorem. a) Wenn ein Nahrungssuchender in einem Patch ankommt, ist seine anfängliche Energieaufnahmerate hoch (besonders in sehr ergiebigen Patches oder bei sehr effizienter Nahrungssuche), die Rate nimmt jedoch im Laufe der Zeit mit zunehmender Ausbeutung des Patches ab. Die kumulative Energieaufnahmekurve nähert sich asymptotisch einem Grenzwert. b) Die Optionen, die ein Nahrungssuchender hat. Die Kurve gibt die Energie wieder, die kumulativ aus einem Patch durchschnittlicher Qualität aufgenommen wird, und t_t ist die Migrationszeit, die im Durchschnitt für den Weg zwischen zwei Patches benötigt wird. Die Energieaufnahmerate (die maximiert werden soll) entspricht der pro Zeiteinheit (inklusive t_t) aufgenommenen Energie, das heißt der Steigung einer Geraden von O zur Kurve. Kurze Aufenthaltszeiten (Steigung = $E_{kurz}/(t_t + s_{kurz})$) und lange Aufenthaltszeiten (Steigung = $E_{lang}/(t_t + s_{lang})$) im Patch führen beide zu geringeren Energieaufnahmeraten (geringeren Steigungen) als eine Aufenthaltszeit (s_{opt}), die eine tangential zur Kurve verlaufende Gerade (OP) ergibt. s_{opt} ist folglich die optimale Aufenthaltsdauer, die eine maximale Gesamtenergieaufnahmerate liefert. *Alle* Patches eines Habitats sollten bei *derselben* Energieaufnahmerate (der Steigung von OP) verlassen werden. c) Patches geringer Ergiebigkeit sollten früher verlassen werden als Patches hoher Ergiebigkeit. d) Patches sollten früher verlassen werden, wenn die Migrationszeit zwischen Patches (t_t) kurz ist, als wenn sie lang ist. e) Bei hoher durchschnittlicher Profitabilität sollten Patches früher verlassen werden als bei geringer durchschnittlicher Profitabilität.

Steigung der Geraden OS (das heißt $E_{kurz}/(t_t + s_{kurz})$) repräsentiert. Bleibt der Nahrungssuchende dagegen lange im Patch (s_{lang}), nimmt er weit mehr Energie auf (E_{lang}), doch die Energieaufnahmerate (die Steigung von OL) ändert sich nur wenig. Um die Energieaufnahmerate für den Zeitraum zu maximieren, ist es notwendig, die Steigung einer Geraden von O zur Energieaufnahmekurve zu maximieren. Diese Bedingung erfüllt eine von O ausgehende Tangente zur Kurve (OP in Abbildung 9.16b). Keine Gerade von O zur Kurve kann steiler sein, und die damit erzielte Aufenthaltsdauer ist folglich optimal (s_{opt}).

Nach dem Modell sollten bei optimaler Nahrungssuche alle Patches bei der selben Energieaufnahmerate verlassen werden – die Aufenthaltsdauer sollte also in ergiebigeren Patches länger sein als in weniger ergiebigen.

Die optimale Lösung für den Nahrungssuchenden in Abbildung 9.16b besteht also darin, den Patch zu verlassen, wenn die Energieaufnahmerate gleich der Steigung der Geraden OP ist, das heißt, er muß den Patch zum Zeitpunkt P verlassen. Charnov, wie auch Parker und Stuart, stellten fest, daß ein Nahrungssuchender sich optimal verhält, wenn er unabhängig von deren Ergiebigkeit alle Patches bei derselben Energieaufnahmerate (demselben Grenzertrag) verläßt. Diese Energieaufnahmerate ergibt sich aus der Steigung der Tangente zur durchschnittlichen Energieaufnahmekurve (zum Beispiel in Abbildung 9.16b) des Habitats und stellt die maximale durchschnittliche Aufnahmerate im Habitat dar.

Das Modell sagt somit voraus, daß die optimale Aufenthaltsdauer in ergiebigeren Patches länger und in weniger ergiebigen kürzer sein sollte (Abbildung 9.16c). Darüber hinaus sollte sie in den unergiebigsten Patches, in denen die Energieaufnahmerate nie die Steigung von OP erreicht, null sein. Alle Patches sollten nach dem Modell in einer Weise ausgebeutet werden, daß die Energieaufnahmerate beim Verlassen eines jeden Patches und damit der Grenzertrag gleich ist. Weitere Voraussagen sind, daß die Aufenthaltsdauer pro Patch in Habitaten länger ist, wenn für die Migration zwischen Patches mehr Zeit benötigt wird Abbildung 9.16d) und wenn das Habitat insgesamt weniger ergiebig ist (Abbildung 9.16e).

9.9.2 Experimentelle Überprüfungen des Grenzertragstheorems

Versuche mit Kohlmeisen und Schlupfwespen bestätigen die Vorhersagen des Grenzertragstheorems.

Die theoretischen Erwartungen des Grenzertragstheorems werden von einer Anzahl von Fallstudien bestätigt. Cowie (1977) testete zum Beispiel die Vorhersage in Abbildung 9.16d, die besagt, daß ein Nahrungssuchender seine Aufenthaltszeit in Patches mit zunehmender Migrationszeit zwischen den Patches verlängern sollte. Er hielt Kohlmeisen (*Pary major*) in einer großen Voliere, in der sie in Plastikbechern mit Sägemehl versteckte kleine Mehlwurmstücke suchen mußten (die Plastikbecher waren die Patches). In allen Versuchen enthielten die Patches jeweils die gleiche Nahrungsmenge, doch wurde die Migrationszeit zwischen den Patches dadurch manipuliert, daß die Becher mit Pappdeckeln verschiedener Festigkeit verschlossen waren und die Meisen unterschiedlich viel Zeit brauchten, um sie zu öffnen. Sechs Meisen such-

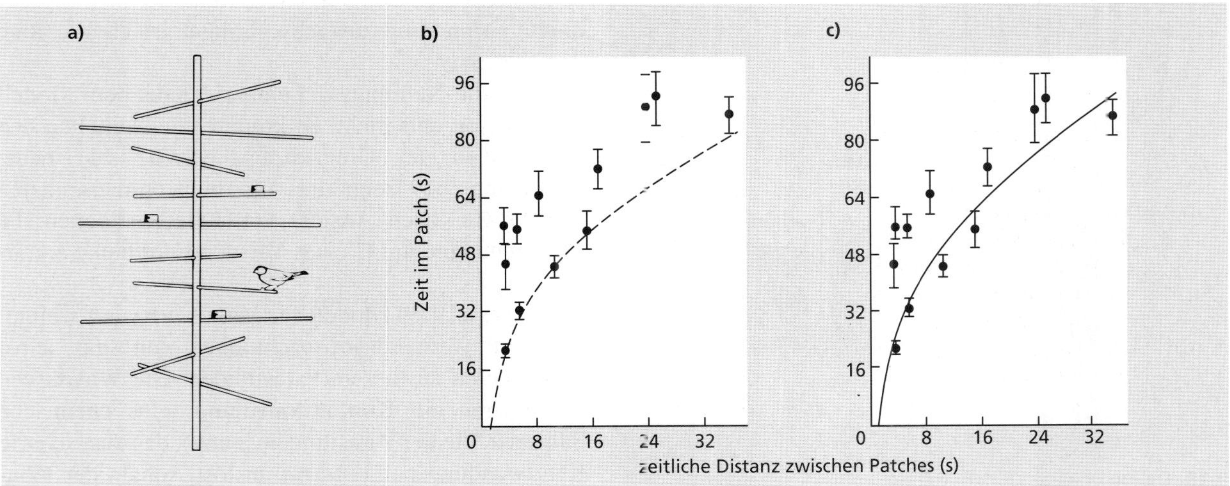

9.17 a) Ein künstlicher Baum für Kohlmeisen (*Parus major*) mit drei Nahrungspatches. b) Die erwartete optimale Aufenthaltszeit pro Patch im Verhältnis zur zeitlichen Distanz zwischen Patches (- - -) und die mittleren Beobachtungswerte (± Standardfehler). c) Die gleichen Daten mit den Erwartungswerten unter Berücksichtigung der energetischen Kosten für die Zeit zwischen den Patches. (Nach Cowie 1977; aus Krebs 1978)

ten jeweils alleine im Habitat, wobei Cowie jeden Vogel in zwei Habitaten unterschiedlicher Migrationszeit zwischen Patches beobachtete.

Für jeden Vogel in jedem Habitat (zwölf insgesamt) errechnete Cowie die durchschnittliche Zeit zwischen den Patches und die Kurve für die kumulative Nahrungsaufnahme in den Patches. Damit bestimmte er die nach dem Grenzertragstheorem erwarteten Werte für die Aufenthaltsdauer bei unterschiedlichen Migrationszeiten zwischen Patches und verglich sie mit seinen Beobachtungswerten. Die Übereinstimmung ist recht gut, wird aber noch besser, wenn man den Nettoenergieverlust der Vögel in der Zeit zwischen den Patches berücksichtigt (Abbildung 9.17).

Die Vorhersagen des Grenzertragstheorems wurden auch mit Hilfe der Schlupfwespe *Venturia canescens* überprüft, einem Parasitoiden der Dattelmotte (*Ephestia cautella*) (Hubbard und Cook 1978). Einzelne *Venturia*-Weibchen suchten in einer Arena nach Wirtslarven, die in Plastikschalen unter Weizenkleie versteckt waren, wobei diese Patches unterschiedliche Mengen an Larven enthielten. Hubbard und Cook machten eine Anzahl von Beobachtungen, die weitgehend den Erwartungen des Grenzertragstheorems entsprachen, darunter auch die in Abbildung 9.18 dargestellte. Die Rate, mit der gegen Ende des Experiments unparasitierte Larven angetroffen wurden (der Grenzertrag), war in Patches verschiedener Ausgangsdichte sehr ähnlich. Dagegen war die anfängliche Antreffrate, wie erwartet, in ergiebigeren Patches höher. *Venturia* scheint folglich alle Patches so auszubeuten, daß sie am Ende alle gleich ergiebig sind.

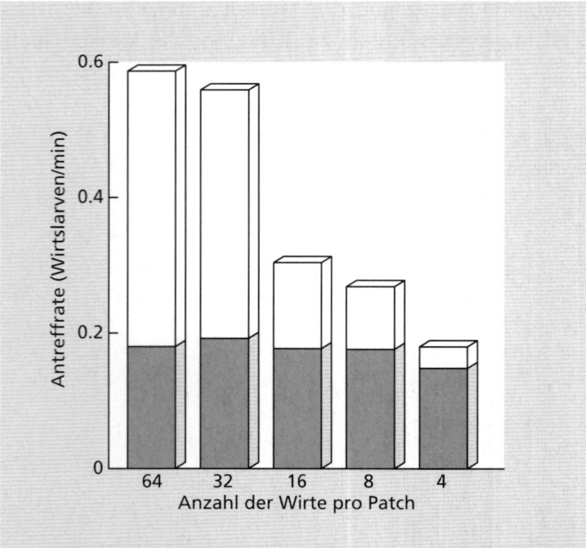

9.18 Die geschätzten Raten, mit denen die Schlupfwespe *Venturia canescens* unparasitierte Wirtslarven in Patches unterschiedlicher Wirtsdichte am Ende des Versuchs antrifft (schattierter Bereich der Säulen) im Vergleich zu den anfänglichen Antreffraten (gesamter Säulenbereich). (Nach Hubbard und Cook 1978)

9.9.3 Mechanistische Erklärungen für das Grenzertragsverhalten

Um das Nahrungssuchverhalten der Kohlmeisen und Schlupfwespen zu erklären, wurden auch mechanistische Modelle entwickelt.

Wesentlich umfassendere Übersichten von experimentellen Überprüfungen des Grenzertragstheorems geben Townsend und Hughes (1981), Krebs und McCleery (1984), Stephens und Krebs (1986) sowie Krebs und Kacelnik (1991). Sie zeigen eine ermutigende, aber nicht perfekte Übereinstimmung mit der Theorie. Der Hauptgrund für die Abweichungen ist, daß Tiere – anders als Modellierer – nicht allwissend sind. Sie müssen vermutlich Zeit investieren, um das Habitat kennenzulernen und zu besammeln, oder in andere Aktivitäten als Nahrungssuche (zum Beispiel, auf Räuber zu achten). Ollason (1980) hat ein mechanistisches Modell für das Nahrungssuchverhalten der von Cowie untersuchten Kohlmeisen entwickelt und Waage (1979) eines für das Verhalten von *Venturia*.

Ollason entwickelte ein Erinnerungsmodell mit der Annahme, daß ein Tier eine Erinnerung an vorangegangene Nahrungsaufnahmen hat, die mit einer Badewanne ohne Stöpsel vergleichbar ist. Jedesmal, wenn das Tier Nahrung aufnimmt, fließt neue Erinnerung zu, doch geht auch kontinuierlich Erinnerung verloren. Die Zunahmerate hängt von der Effizienz der Nahrungsaufnahme und der Ergiebigkeit des Nahrungsareals ab, die Abnahmerate von dem Erinnerungsvermögen und dem Informationsumfang. Erinnerungen gehen schnell verloren, wenn viel Information vorliegt (hoher Wasserstand der Wanne) oder die Gedächtnisleistung schlecht ist (schmale, hohe Wanne). Nach Ollasons Modell sollte ein Tier in einem Patch bleiben, bis der Erinnerungsumfang nicht mehr zunimmt; es sollte den Patch also verlassen, wenn der nahrungsbedingte Erinnerungszuwachs geringer ist als die Rate des Vergessens.

Wenn die Nahrungssuche eines Tieres dem Modell von Ollason entspricht, so kommt sein Verhalten den Vorhersagen des Grenzertragstheorems sehr nahe. Abbildung 9.19 zeigt dies für die Kohlmeisendaten von Cowie (nach Ansicht von Ollason können die Abweichungen mit Cowies Versuchsanordnung erklärt werden).

Waages (1979) Modell für *Venturia* basiert weitgehend auf Verhaltensbeobachtungen von ihm selbst und anderen an diesem Parasitoiden. Die Wirtslarven produzieren ein **Kontaktkairomon** (eine chemische Substanz, die der Parasitoid ausnutzt), das eine scharfe Kehrtwendung bei *Venturia* auslöst, sobald der Kontakt mit dem Wirtspatch verlorengeht (also am Rand des Patches). Diese Reaktion steigt mit der Kairomonkonzentration, das heißt, mit der Wirtsdichte. Es findet jedoch mit der Zeit eine Habituation an den Reiz statt,

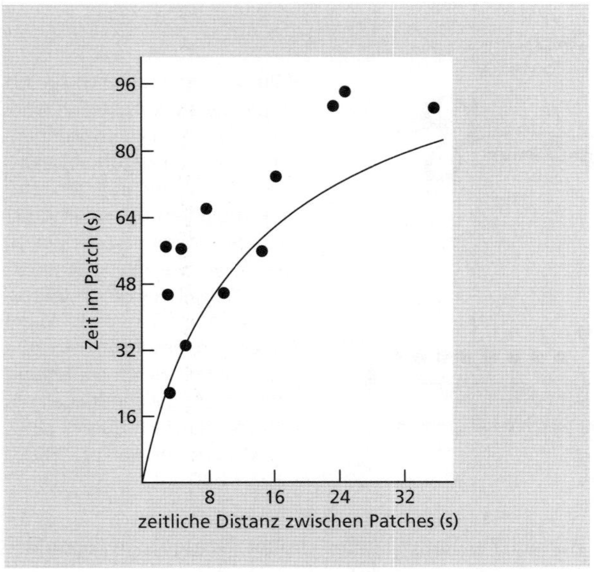

9.19 Cowies (1977) Kohlmeisendaten (siehe Abbildung 9.17) im Vergleich zu den Erwartungswerten des mechanistischen Erinnerungsmodells von Ollason (1980).

und schließlich verläßt der Parasitoid den Patch ohne umzukehren. Eine erfolgreiche Eiablage in dem Patch macht den Habituationseffekt vorübergehend rückgängig, so daß häufige Eiablagen die Aufenthaltszeit im Patch verlängern. Niedrige Eiablageraten über mehrere Tage steigern die Reaktion auf das Wirtskairomon und damit die Aufenthaltszeiten in Patches wenig ergiebiger Habitate. Diese Verhaltensmuster erklären nach Waage das beobachtete Wirtssuchverhalten des Parasitoiden.

Für Kohlmeise und *Venturia* ergänzen sich optimaler Nahrungserwerb und mechanistische Modelle in der Erklärung, worauf das beobachtete Verhalten basiert und wodurch es in der natürlichen Selektion begünstigt wurde. Die Modelle geben Anlaß zu der Hoffnung, zu einem umfassenden Verständnis der Patchnutzung durch Nahrungs- oder Wirtssuchende zu gelangen.

Die Prinzipien des optimalen Nahrungserwerbs werden auch auf die Nährstoffaufnahme bei Pflanzen angewandt.

Inzwischen werden die Prinzipien des optimalen Nahrungserwerbs auch bei Untersuchungen der Strategien zur Nährstoffaufnahme bei Pflanzen angewandt, obwohl es sich dabei strenggenommen nicht um Prädation handelt (Zusammenfassung bei Hutchings und de Kroon 1994). Wann ist die Bildung langer Ausläufer vorteilhaft, um schnell neue Patches zu erreichen? Wann ist es vorteilhaft, das Wurzelwachstum auf ein begrenztes Bodenvolumen zu konzentrieren und den Patch fast vollständig auszubeuten? Es ist erfreulich, daß inzwischen eine solche geistige Stimulation über die taxonomischen Grenzen hinweg zu erkennen ist.

9.10 Die ideal freie und verwandte Verteilungen: Aggregation und Interferenz

Die Verteilung der Prädatoren über die Beutepatches ist variabel.

Wir haben gesehen, daß Konsumenten dazu neigen, in ergiebigen Patches (mit oft hoher Beutedichte) zu aggregieren, wo die zu erwartende Fraßrate am höchsten ist. Andererseits haben wir festgestellt (Abschnitt 9.6), daß Konsumenten miteinander konkurrieren und interferieren, wodurch die Fraßrate pro Kopf reduziert wird. Daraus folgt, daß die anfänglich ergiebigsten Patches sofort weniger profitabel werden, weil sie die meisten Konsumenten anziehen. Wir können deshalb erwarten, daß die Konsumenten sich umverteilen, und es ist nicht verwunderlich, daß die Verteilung von Prädatoren über Beutepatches variabel ist (siehe Abbildung 9.11 und 9.12). Die Frage ist nun, ob wir Muster in dieser Variabilität erkennen können.

Eine ideal freie Verteilung ist ein Gleichgewicht zwischen anziehenden und abstoßenden Kräften.

Fretwell und Lucas (1970) sowie Parker (1970) schlugen als erste vor, daß der Prozeß der Umverteilung bei optimaler Nahrungssuche so lange anhalten sollte, bis alle Patches gleich ergiebig sind. Dies sollte geschehen, weil Unterschiede in der Profitabilität stets Konsumenten aus weniger ergiebigen in ergiebigere Patches locken sollten. Fretwell und Lucas nannten die resultierende Verteilung die **ideal freie Verteilung**, weil sie annahmen, die Konsumenten hätten ein „ideales" Wissen über Ergiebigkeitsunterschiede und könnten „frei" zwischen Patches wechseln. Es wurde weiter angenommen, daß alle Konsumenten gleiche Fähigkeiten besitzen. Daraus folgt bei einer ideal freien Verteilung, daß alle Konsumenten gleiche Fraßraten erzielen. Es gibt einige einfache Systeme, bei denen die Konsumenten sich (konform mit der Theorie) im Verhältnis zur Profitabilität verschiedener Patches verteilen (zum Beispiel Abbildung 9.20a). Aber selbst in diesen Fällen wird meist eine der zugrundeliegenden Annahmen verletzt (zum Beispiel Abbildung 9.20b – nicht alle Konsumenten besitzen gleiche Fähigkeiten).

Mittlerweile berücksichtigt diese Theorie auch Interferenzkoeffizienten; je nach deren Steigung ergibt sich eine andere Verteilung der Prädatoren.

Diese frühen Ideen wurden stark modifiziert und berücksichtigen nun beispielsweise Unterschiede in der Konkurrenzkraft der Tiere (siehe Zusammenfassungen bei Milinski und Parker 1991; Treganza 1995). Besonders durch Sutherland (1983), der explizit Handhabungszeiten von Prädatoren und deren

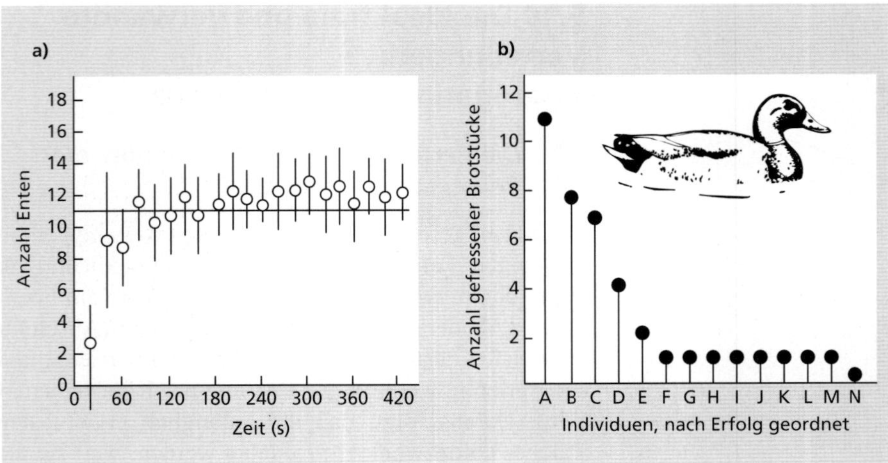

9.20 a) Die Verteilung von 33 Enten, die an zwei Stellen eines Teiches Brotstücke im Mengenverhältnis 2 : 1 gefüttert bekamen. Die Anzahl an Enten am unergiebigeren Ort näherte sich in Übereinstimmung mit der ideal freien Verteilung schnell einem Drittel der Gesamtentenzahl an. b) Im Gegensatz zu den Annahmen dieser sehr einfachen Theorie waren die Enten jedoch nicht gleichermaßen erfolgreich. (Nach Harper 1982; aus Milinski und Parker, 1991)

gegenseitige Interferenz berücksichtigte, wurde diese Theorie in einen stärker ökologischen Kontext eingebunden. Demnach sollten sich Prädatoren in einer Weise verteilen, daß der Anteil der Prädatoren in Patch i (p_i) mit dem Anteil an Beute (oder Wirten) in Patch i (h_i) durch die Gleichung

$$p_i = k(h_i^{1/m}) \qquad (9.6)$$

in Beziehung steht, wobei m der Interferenzkoeffizient (siehe Abschnitt 9.6) und k eine „Normalisierungskonstante" ist, so daß die Anteile p_i sich zu 1 addieren. Dadurch ist es möglich zu erkennen, wie die Verteilung von Prädatoren über Patches durch Interferenz einerseits und die Wahl eigentlich profitabler Patches andererseits bestimmt wird.

Wenn es zu keiner Interferenz zwischen Prädatoren kommt, ist $m = 0$, und sämtliche Prädatoren sollten ausschließlich den Patch mit der höchsten Beutedichte nutzen (Abbildung 9.21). Patches niedrigerer Beutedichte blieben dann ungenutzt.

Bei mäßiger Interferenz (wenn $m > 0$ und < 1 ist – wie bereits erwähnt, der biologisch realistischste Bereich) sollten Patches hoher Beutedichte ebenfalls überproportional häufig von Prädatoren genutzt werden. Räuber sollten also dichteabhängig aggregieren, und ihre Dichte sollte mit wachsender Beutedichte immer steiler ansteigen (siehe zum Beispiel Abbildung 9.11a). Folglich kann man erwarten, daß das Risiko für die Beute ebenfalls direkt dichteabhängig ist und das höchste Risiko, erbeutet zu werden, in den Patches höchster Beutedichte liegt (wie zum Beispiel in Abbildung 9.12a).

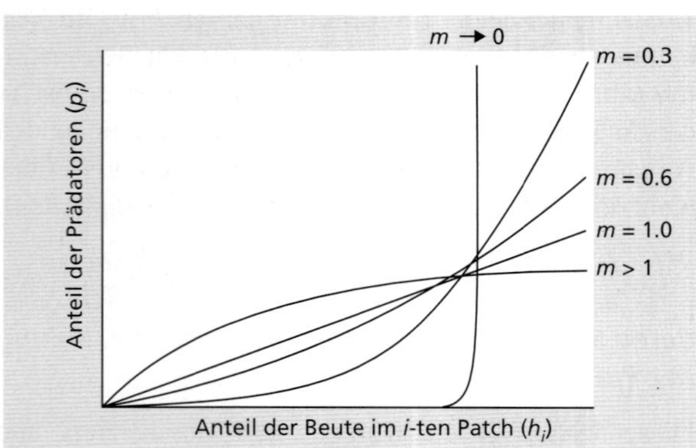

9.21 Der Einfluß des Interferenzkoeffizienten m auf die erwartete Verteilung von Prädatoren auf Patches, die unterschiedliche Anteile der Beutepopulation enthalten (und sich damit in ihrer „eigentlichen" Ergiebigkeit unterscheiden). (Nach Sutherland 1983)

Wenn der Interferenzkoeffizient $m \approx 1$ ist, steigt die Räuberpopulation linear mit der Beutedichte an. Das Verhältnis von Räuber zu Beute ist dann in allen Patches ungefähr gleich (Abbildung 9.21), und damit kann man erwarten, daß auch das Risiko, erbeutet zu werden, überall gleich und somit dichteunabhängig (wie in Abbildung 9.12c) ist.

Bei starker Interferenz ($m > 1$) sollten die Patches höchster Beutedichte das geringste Räuber-Beute-Verhältnis aufweisen (Abbildung 9.21). Dementsprechend kann man erwarten, daß das Risiko, erbeutet zu werden, in Patches niedriger Beutedichte am höchsten und damit invers dichteabhängig ist (siehe Abbildung 9.12b).

Die Variationsbreite in den Daten der Abbildungen 9.11 und 9.12 gibt dementsprechend ein labiles Gleichgewicht zwischen Attraktion und Abstoßung wieder. Prädatoren werden von hochergiebigen Patches angezogen, aber die Präsenz anderer Prädatoren, die ebenso angezogen wurden, wirkt abstoßend.

Mitunter kommt es auch zu Pseudointerferenz.

Die Beschreibung der Beziehung zwischen der Verteilung der Prädatoren und dem Risiko der Beute ist voll von vagen Formulierungen. Der Grund hierfür ist, daß wir mehrere für diese Beziehung wichtige Faktoren bislang nicht berücksichtigt haben. Abbildung 9.22 zeigt einen Fall, bei dem zwar der Eiparasitoid *Trichogramma pretiosum* in Patches hoher Wirtsdichte

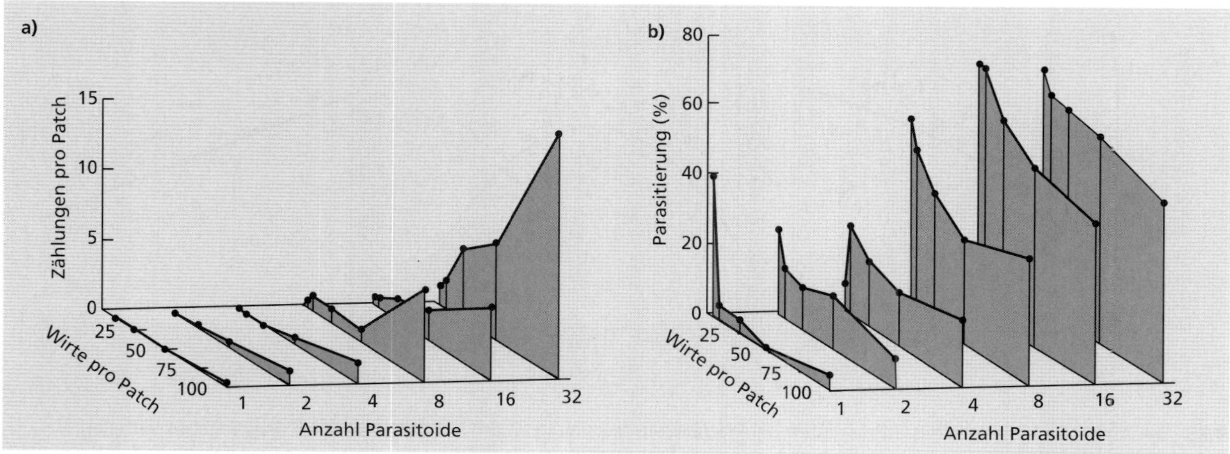

9.22 a) Die Aggregation des Eiparasitoiden *Trichogramma pretiosum* in Patches, in denen sein Wirt, die Dörrobstmotte (*Plodia interpunctella*) in hohen Eidichten vorliegt. b) Die sich daraus ergebenden negativen Folgen: Wirte in Patches hoher Dichte werden mit der geringsten Wahrscheinlichkeit parasitiert. (Nach Hassell 1982)

aggregiert, das Parasitierungsrisiko der Kleinschmetterlingseier jedoch in Patches niedriger Dichte am größten ist. Das läßt sich vermutlich dadurch erklären, daß Parasitoide in Patches hoher Wirtsdichte viel Zeit mit der Handhabung bereits parasitierter und damit wenig ergiebiger Wirtseier verschwenden, da diese nicht physisch beseitigt werden, wie etwa gefressene Beute (Morrison und Strong 1981; Hassell 1982). Dadurch interferieren Parasitoide, die den Patch früher besucht hatten, indirekt mit solchen, die später kommen, weil sie die Rate, mit der die späteren Parasitoide unparasitierte Wirte finden, reduzieren können. Diesen Effekt nennt man **Pseudointerferenz** (Free et al. 1977). Sein möglicher Einfluß auf die Populationsdynamik wird in Abschnitt 10.5.3 besprochen.

Berücksichtigt man Lernverhalten der Prädatoren oder die Kosten für die Migration zwischen Patches, so werden die erwarteten Verteilungen weiter modifiziert.

Die erwarteten Verteilungen werden noch weiter modifiziert, wenn wir Lernverhalten von Prädatoren oder die Kosten für die Migration zwischen Patches berücksichtigen (Bernstein et al. 1988, 1991). Bei einem realistischen Wert von m (= 0.3) ist die aggregative Reaktion der Prädatoren (wie erwartet) direkt dichteabhängig, solange sie durch ihr Lernvermögen Veränderungen der Profitabilität des Patches schnell erfassen können. Wenn sie jedoch nur schlecht lernen, sind sie vermutlich nicht in der Lage, mit der Ausbeutung des Patches einhergehende Dichteveränderungen der Beute wahrzunehmen. Ihre Verteilung wird dann zunehmend unabhängig von der Beutedichte.

Wenn die Migrationskosten niedrig sind, bleibt die Aggregation der Prädatoren ebenfalls direkt dichteabhängig (bei $m = 0.3$; Abbildung 9.23a). Bei steigenden Migrationskosten lohnt sich ein Patchwechsel zwar noch für Prädatoren in den schlechtesten Patches, doch in etwas besseren Patches können die Migrationskosten bereits die potentiellen Gewinne des Abwanderns überwiegen. Dort ergibt sich eine zufällige Verteilung von Prädatoren über Beutepatches. Für die Beute folgt daraus eine invers dichteabhängige Mortalitätsrate für mittel- bis hochergiebige Patches und insgesamt eine kuppelförmige Kurve (Abbildung 9.23b). Bei sehr hohen Migrationskosten lohnt es sich für Prädatoren unabhängig von der Qualität des derzeitigen Patches nicht, den Patch zu wechseln, und das Mortalitätsrisiko der Beute ist generell invers dichteabhängig (Abbildung 9.23c).

Es gibt sicher keinen Mangel an möglichen Gründen für die Bandbreite von Verteilungsmustern bei Prädatoren – und damit das Mortalitätsrisiko der Beute – auf Patchebene (siehe Abbildungen 9.11, 9.12 und 9.22). Deren Konsequenzen für die Populationsdynamik sind unter anderem Gegenstand des folgenden Kapitels, was die entscheidende Bedeutung einer Verbindung von Verhaltens- und Populationsökologie betont.

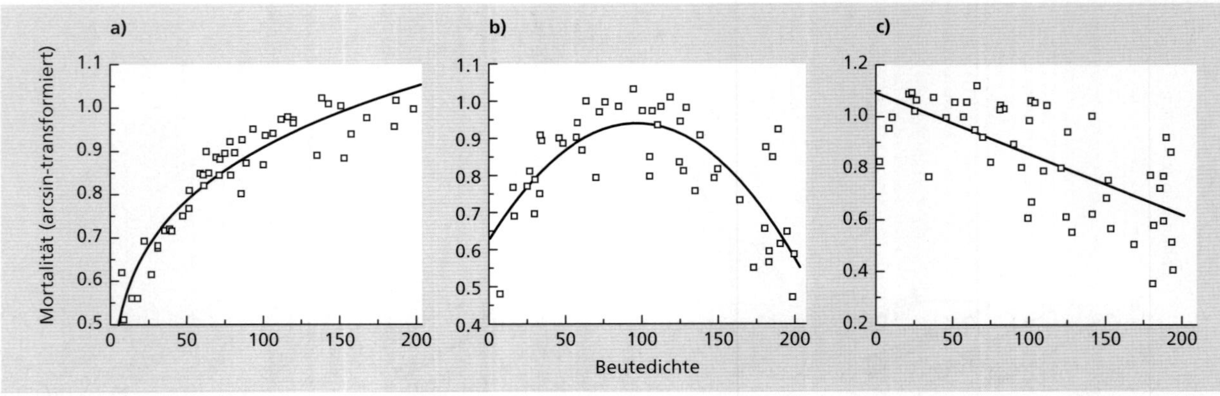

9.23 Die Auswirkungen von Migrationskosten bei Prädatoren, die sich in einem Simulationsmodell über Patches verteilen. Der Interferenzkoeffizient *m* ist 0.3 und würde zu direkter Dichteabhängigkeit in Abwesenheit von Migrationskosten führen. a) Bei niedrigen Migrationskosten bleibt die direkte Dichteabhängigkeit erhalten. b) Bei mittelhohen Kosten kommt es zu einer hyperbolischen Kurve. c) Bei hohen Kosten folgt inverse Dichteabhängigkeit. (Nach Bernstein et al. 1991)

10 Die Populationsdynamik der Prädation

10.1 Einleitung: Abundanzmuster und die Notwendigkeit, sie zu erklären

Prädation kann sich auf die Populationsdynamik der Beute tiefgreifend oder auch gar nicht auswirken.

Wir wenden uns nun den Auswirkungen der Prädation auf die Populationsdynamik von Räubern und Beute zu. Wie schon ein kurzer Überblick über die Daten zeigt, folgt sie sehr unterschiedlichen Mustern. Es gibt sicherlich Fälle, in denen die Prädation sehr tiefgreifende negative Auswirkungen auf die Beutepopulation hat. So ist zum Beispiel der Marienkäfer *Rodolia cardinalis* dadurch berühmt geworden, daß er die Australische Wollschildlaus (*Icerya purchasi*), einen Schädling, der Ende der achtziger Jahre des vorigen Jahrhunderts den Zitrusanbau in Kalifornien bedrohte, nahezu ausgerottet hat (DeBach 1964). Andererseits gibt es viele Fälle, in denen Prädatoren oder Herbivore keinen erkennbaren Effekt auf die Populationsdynamik oder die Abundanz ihrer Beute beziehungsweise ihrer Nahrungspflanzen haben. So wurde zum Beispiel der zur Kontrolle des Europäischen Stechginsters (*Ulex europaeus*) nach Neuseeland eingeführte Rüsselkäfer *Apion ulicis* dort zu einem der häufigsten Insekten. Dennoch hat er, obwohl er etwa 95 % der Stechginstersamen vernichtet, keinen Einfluß auf die Häufigkeit dieser Pflanze (Miller 1970).

Auch die Populationen von Räubern reagieren nicht unbedingt auf Abundanzschwankungen der Beute, bisweilen scheinen die Fluktuationen aber gekoppelt.

Es gibt auch viele Beispiele dafür, daß ein Räuber eine relativ konstante Dichte beibehält, obwohl die Häufigkeit seiner Beute stark schwankt (Waldkäuze und Kleinsäuger in Abbildung 10.1a), und es gibt Fälle, in denen eine Räuber- oder eine Herbivorenpopulation den Abundanzschwankungen ihrer Beuteart folgt, obgleich deren Dichteänderungen von einem anderen Faktor abhängig sind (etwa die Raupen des Jakobskrautbären und das Jakobsgreiskraut in Abbildung 10.1b). Des weiteren existieren Untersuchungen, die zu zeigen scheinen, daß Abundanzschwankungen von Räuber- und Beutepopulationen aneinander gekoppelt sind (Abbildung 10.1c). Und schließlich findet man viele Beispiele dafür, daß Prädator- und Beutepopulationen scheinbar unabhängig voneinander fluktuieren.

Es gehört zweifellos zu den wichtigsten Aufgaben der Ökologie, generelle Erkenntnisse über Räuber-Beute-Abundanzen zu gewinnen und die Besonderheiten von Einzelfällen zu erklären. Es steht aber auch außer Zweifel, daß die Populationen eines Räubers und seiner Beute niemals von ihrer Umgebung isolierte Paare darstellen, sondern stets Teil eines Systems aus vielen Spezies sind, die wiederum alle von Umweltfaktoren beeinflußt werden. Um diese komplexeren Probleme geht es in Kapitel 15. Wie bei allen komplexen Fragestellungen in der Wissenschaft ist jedoch auch hier ein tiefergehendes Verständnis ohne fundiertes Wissen über die isolierten Komponenten des Gesamtsystems – in diesem Fall Räuber- und Beutepopulationen – kaum möglich. Deshalb behandelt das vorliegende Kapitel die Auswirkungen von Räuber-Beute-Beziehungen auf die Populationsdynamik der jeweiligen Arten.

Zunächst werden wir mit Hilfe einfacher Modelle die Effekte einzelner Komponenten der Wechselbeziehungen ableiten. (Modelle sind normalerweise unentbehrlich, um die Auswirkungen der einzelnen Komponenten in einem komplizierten Prozeß zu ermitteln, bevor man versucht, deren kombinierte Effekte zu verstehen.) Dann werden jeweils Freilanddaten und experimentelle Daten daraufhin untersucht, ob sie die Ableitungen aus den Modellen zu stützen oder zu widerlegen scheinen. Tatsächlich sind einfache Modelle dann besonders nützlich, wenn ihre Vorhersagen durch reale Daten *nicht* bestätigt werden – sofern es gelingt, die Ursache für die Diskrepanz zu ermitteln. Die Bestätigung der Modellerwartung bedeutet Konsolidierung, ihre Zurückweisung in Verbindung mit einer Kausalerklärung bedeutet Fortschritt.

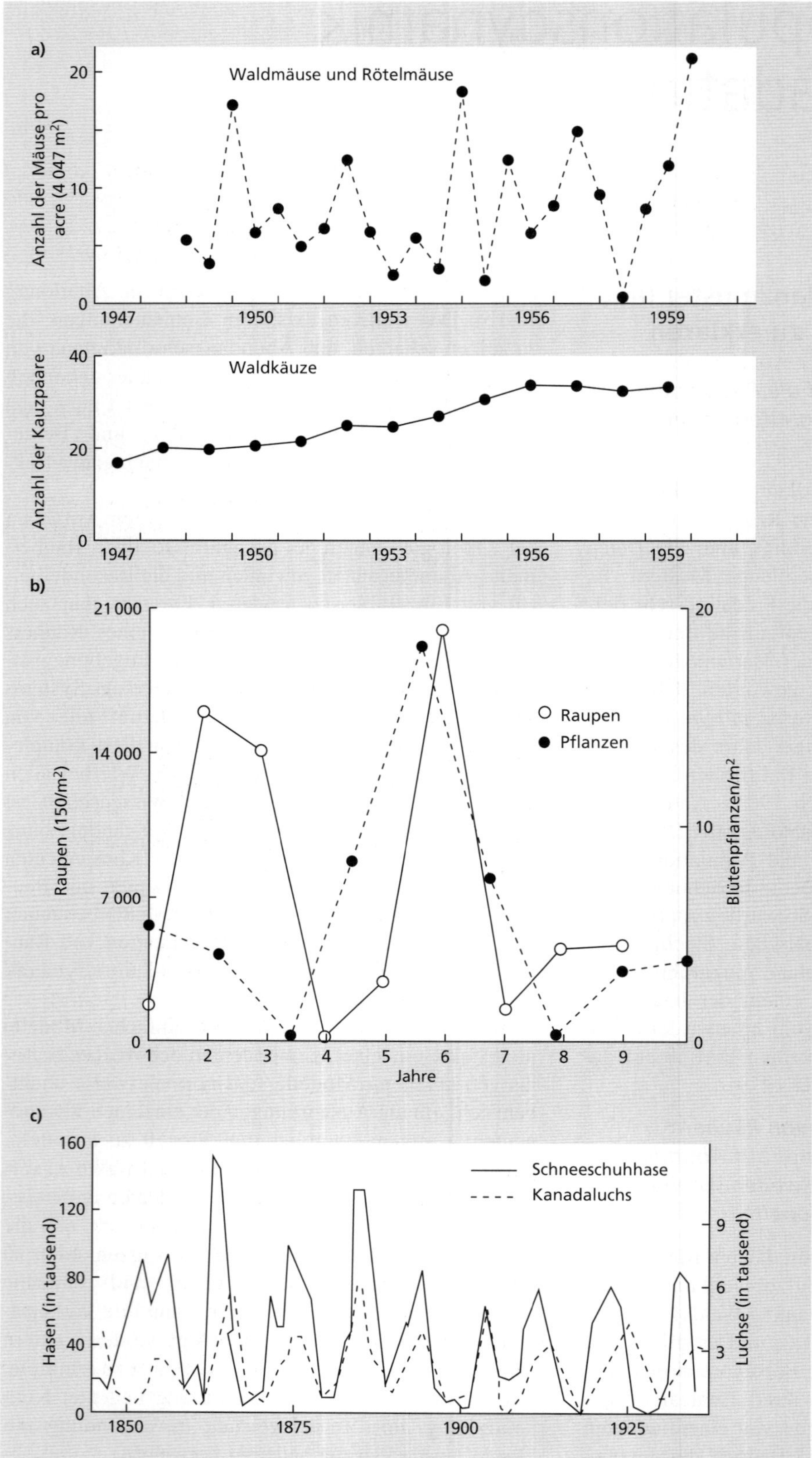

10.1 Abundanzschwankungen in Räuber-Beute-Beziehungen. a) Die Abundanz von Waldkäuzen (*Strix aluco*) in der Umgebung von Oxford/England ist trotz Dichteschwankungen ihrer Beute konstant. (Nach Southern 1970) b) Die Dichte der Raupen des Jakobskrautbären (*Thyria jacobaeae*) hängt weitgehend von der Dichte blühender Jakobsgreiskrautpflanzen (*Senecio jacobaea*) im jeweils vorangegangenen Jahr ab. Veränderungen der Pflanzenabundanz sind dagegen im wesentlichen eine Folge veränderter Keimungsbedingungen. Die Häufigkeit des Falters ist durch das Nahrungsangebot begrenzt, die Häufigkeit der Pflanze jedoch nicht durch die Herbivorendichte. (Nach Dempster und Lakhani 1979; aus Crawley 1983) c) Die offenbar gekoppelten Abundanzschwankungen von Schneeschuhhase (*Lepus americanus*) und Kanadaluchs (*Lynx canadensis*), ermittelt anhand der Anzahl der Felle, die bei der Hudson Bay Company abgeliefert wurden. (Nach MacLulick 1937)

10.2 Die grundlegende Dynamik von Räuber-Beute- und Pflanzen-Herbivoren-Systemen: Die Tendenz zu Zyklen

Die beiden Hauptgruppen der Modelle für Räuber-Beute-Beziehungen beruhen auf Differential- beziehungsweise Differenzengleichungen.

Es gibt zwei Haupttypen von Modellen für die Dynamik von Räuber-Beute-Beziehungen. Der erste (siehe Abschnitt 10.2.1) basiert auf **Differentialgleichungen** (daher läßt er sich am besten auf Populationen mit kontinuierlicher Fortpflanzung anwenden) und stützt sich weitgehend auf einfache graphische Modelle (Rosenzweig und MacArthur 1963). Der zweite Modelltyp (siehe Abschnitt 10.2.2) nutzt **Differenzengleichungen**, um Wirt-Parasitoid-Beziehungen mit diskreten, das heißt sich nicht überschneidenden, Generationen wiederzugeben. Damit ist seine Anwendbarkeit taxonomisch beschränkt; er hat aber den Vorteil, eingehend mathematisch überprüft worden zu sein (außerdem gibt es, wie wir in Abschnitt 8.1 gesehen haben, viele wichtige parasitoide Spezies).

10.2.1 Das Lotka-Volterra-Modell

Das Lotka-Volterra-Modell ist das einfachste Differenzialgleichungsmodell für Räuber-Beute-Beziehungen.

Das einfachste Differentialgleichungsmodell trägt (wie das Modell der interspezifischen Konkurrenz) den Namen seiner Schöpfer (Volterra 1926; Lotka 1932) und ist ein guter Ausgangspunkt für die folgenden Betrachtungen. Das Modell hat zwei Komponenten: P, die Individuenzahl einer Prädatorenpopulation (oder Konsumentenpopulation), und N, die Individuenzahl oder Biomasse einer Beute- oder Pflanzenpopulation.

Wir können zunächst davon ausgehen, daß eine Beutepopulation in Abwesenheit von Räubern exponentiell wächst:

$$\frac{dN}{dt} = rN. \qquad (10.1)$$

In der Realität werden jedoch Beuteindividuen durch Räuber beseitigt, und zwar mit einer Rate, die von der Häufigkeit der Begegnungen von Räubern und Beute abhängt. Die Häufigkeit des Zusammentreffens steigt mit der Größe der Räuber- und der Beutepopulation (P beziehungsweise N). Doch die genaue Anzahl der Beuteindividuen, die gefunden und erfolgreich konsumiert werden, hängt von der Such- und Angriffseffizienz des Räubers ab, das heißt von a', der **Sucheffizienz** oder **Angriffsrate** (siehe Kapitel 9). Die Häufigkeit von erfolgreichen Begegnungen und damit die **Konsumptionsrate** der Beute ist also $a'PN$, und die Gesamtgleichung lautet:

$$\frac{dN}{dt} = rN - a'PN. \qquad (10.2)$$

Wie wir in Kapitel 8 gesehen haben, verlieren Räuberindividuen bei Beutemangel an Gewicht und verhungern schließlich. Deshalb geht das Modell davon aus, daß die Anzahl der Räuber in Abwesenheit von Beute exponentiell abnimmt:

$$\frac{dP}{dt} = -qP, \qquad (10.3)$$

wobei q die Sterberate der Räuber ist. Ihr wirkt die Geburtsrate entgegen, von der angenommen wird, daß sie von nur zwei Faktoren abhängt: 1) von der Konsumptionsrate $a'PN$ und 2) von der Effizienz f, mit der ein Räuber die aufgenommene Nahrung in Nachkommen umsetzen kann. Die Geburtsrate des Räubers beträgt also $fa'PN$, und die Gesamtgleichung lautet:

$$\frac{dP}{dt} = fa'PN - qP. \qquad (10.4)$$

Die Gleichungen 10.2 und 10.4 bilden das **Lotka-Volterra-Modell**.

Die Eigenschaften des Modells ergeben sich durch gemeinsames auftragen von Nullwachstumsisoklinen für Räuber und Beute; die Populationen unterliegen gemeinsamen Abundanzschwankungen.

Die Eigenschaften dieses Modells lassen sich mit Hilfe von **Nullwachstumsisoklinen** untersuchen. Nullwachstumsisoklinen wurden bereits in Abschnitt 7.4.1 im Zusammenhang mit Modellen für die Konkurrenz zwischen zwei Arten beschrieben. Dabei handelt es sich um Linien, entlang derer eine Population eine bestimmte Größe beibehält, also weder wächst noch schrumpft. Es existieren getrennte Nullisoklinen für Räuber und Beute, die gemeinsam in einem Graphen dargestellt werden, in dem die Räuberdichte (y-Achse) gegen die Beutedichte (x-Achse) aufgetragen ist. Jede der Nullisoklinen verbindet diejenigen Kombinationen aus Räuber- und Beutedichte, die entweder zu einer konstanten Beutepopulation ($dN/dt = 0$; **Beutenullisokline**) oder zu einer konstanten Räuberpopulation ($dP/dt = 0$; **Räubernullisokline**) führen. Nachdem wir zum Beispiel eine Beutenullisokline gezogen haben, wissen wir, daß alle Kombinationen auf der einen Seite dieser Linie zu einem Rückgang der Beute führen, alle Kombinationen auf der anderen Seite zu einer Zunahme. Wenn wir Beute- und Räuberisoklinen gemeinsam auftragen, können wir also beginnen, das Muster zu ermitteln, dem die Dynamik der voneinander abhängigen Räuber- und Beutepopulationen folgt.

Setzt man im Fall der Beutepopulation (Gleichung 10.2) $dN/dt = 0$, so gilt:

$$rN = a'PN \tag{10.5}$$

oder

$$P = \frac{r}{a'}. \tag{10.6}$$

Da r und a' Konstanten sind, ist die Nullisokline der Beute eine Linie, für die P ebenfalls eine Konstante ist (Abbildung 10.2a).

Entsprechend gilt für die Räuber (Gleichung 10.4) bei $dP/dt = 0$:

$$fa'PN = qP \tag{10.7}$$

oder

$$N = \frac{q}{fa'}. \tag{10.8}$$

Die Nullisokline der Räuber ist also eine Linie, entlang derer N konstant ist (Abbildung 10.2b).

Zusammengefügt (Abbildung 10.2c) zeigen die Isoklinen das Verhalten der beiden voneinander abhängigen Populationen: Sie unterliegen gemeinsam Abundanzschwankungen, die sich unendlich fortsetzen. Die Häufigkeit der Räuber nimmt zu, wenn es zahlreiche Beuteindividuen gibt; dies führt jedoch zu einem verstärkten Räuberdruck auf die Beute, deren Dichte in der Folge sinkt. Dadurch wird die Nahrung für die Räuber knapp, und deren Zahl geht zurück; aufgrund des abnehmenden Räuberdruckes kann sich die Beutepopulation erholen, was wieder zu einem Anstieg

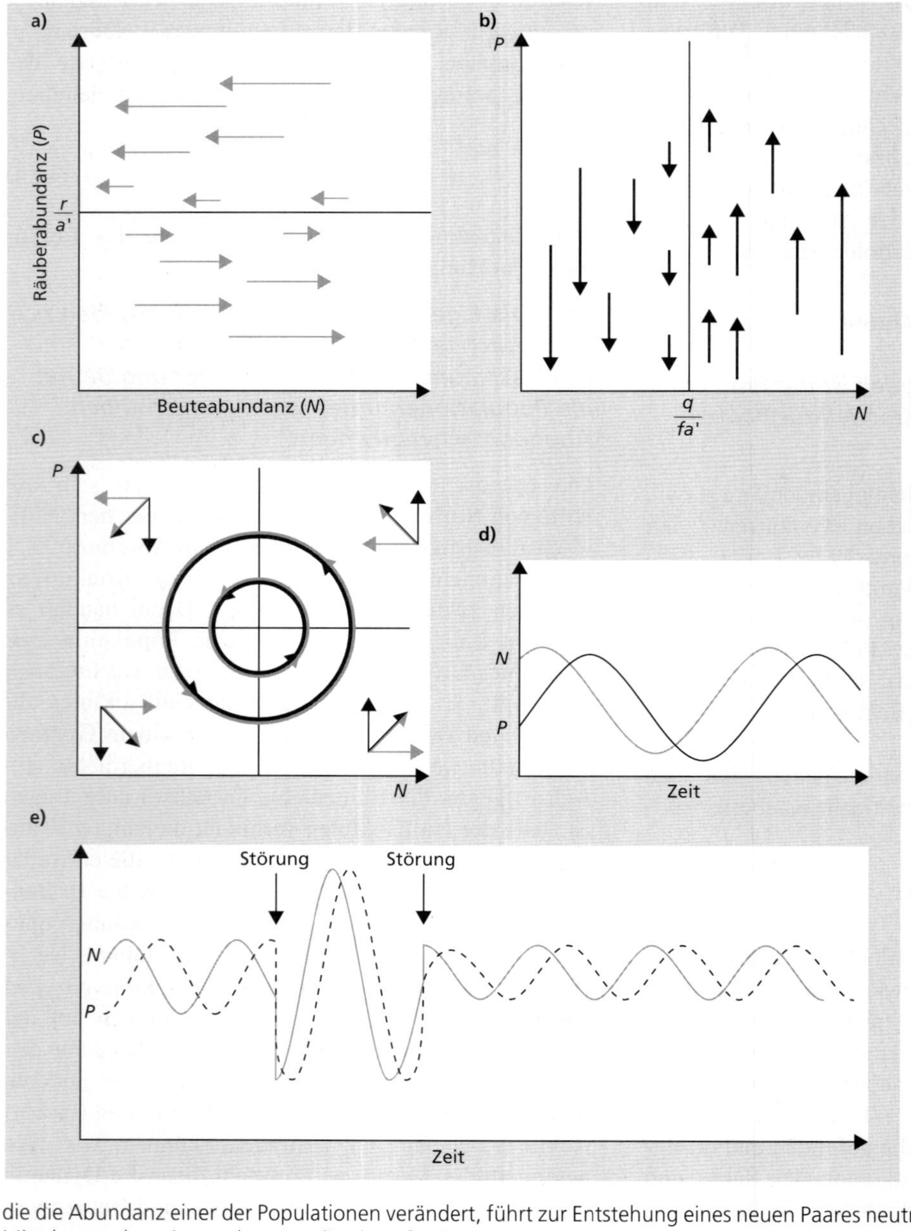

10.2 Das Lotka-Volterra-Modell für Räuber-Beute-Beziehungen. a) Die Beutenullisokline. Die Beutedichte (N) nimmt bei niedriger Räuberdichte (P) zu (von links nach rechts verlaufende Pfeile) und bei hoher Räuberdichte ab. b) Die Räubernullisokline. Die Räuberdichte nimmt bei hoher Beutedichte zu (nach oben weisende Pfeile) und bei geringer Beutedichte ab. c) Bei Kombination der Nullwachstumsisoklinen lassen sich auch die Pfeile miteinander kombinieren, und die resultierenden Pfeile verlaufen in Kreisen gegen den Uhrzeigersinn. Mit anderen Worten, es ergibt sich ein Zyklus aus niedriger Räuber- und niedriger Beutedichte (unten links in c)) über niedrige Räuber- und hohe Beutedichte (unten rechts), weiter über hohe Räuber- und hohe Beutedichte und zurück zu niedriger Räuber- und hoher Beutedichte. Man beachte jedoch, daß die niedrigste Beutedichte („9 Uhr") einen Viertelzyklus vor der geringsten Räuberdichte („6 Uhr") liegt – die Bewegung verläuft gegen den Uhrzeigersinn. In d) sind diese sich unendlich wiederholenden gekoppelten Oszillationen von Räuber- und Beuteabundanz gegen die Zeit aufgetragen. Wie e) zeigt, weisen sie neutrale Stabilität auf: Solange sie ungestört sind, setzen sie sich unverändert fort, doch jede Störung, die die Abundanz einer der Populationen verändert, führt zur Entstehung eines neuen Paares neutral stabiler Zyklen, die den gleichen Mittelwert, aber eine andere Amplitude aufweisen.

der Räuberdichte führt, und so weiter Abbildung 10.2d).

Das Modell offenbart eine Tendenz zu gekoppelten Oszillationen von Räuber und Beute; tatsächlich ergeben sich aber unbegrenzt anhaltende neutral stabile Schwankungen.

Das Lotka-Volterra-Modell ist insofern nützlich, als es auf eine grundsätzliche Tendenz aufmerksam macht: Durch Räuber-Beute-Beziehungen kommt es oft zu Schwankungen der Beutedichte, denen Fluktuationen der Räuberdichte folgen, also zu **gekoppelten Oszillationen**. Das Verhalten des Modells sollte jedoch nicht als exakte Abbildung der Wirklichkeit verstanden werden. Im Modell existiert eine „neutrale Stabilität", das heißt, die Populationen durchlaufen immer wieder genau dieselben Zyklen, bis aufgrund irgendeines externen Faktors eine Verschiebung zu neuen Werten erfolgt, woraufhin sie für unbegrenzte Zeit den neuen Zyklen folgen (Abbildung 10.2e). In der Realität ändert sich die Umwelt natürlich ständig, so daß die Populationen fortlaufend auf neue Werte eingestellt werden. Eine Population, die sich entsprechend dem Lotka-Volterra-Modell verhielte, durchliefe deshalb keine regelmäßigen Zyklen, sondern ihre Größe würde sich aufgrund von Störungen immer wieder sprunghaft verändern.

Zeigt ein Zyklus nach Veränderung der Populationsgröße durch externe Einflüsse die Tendenz zur Rückkehr, spricht man von einem stabilen Grenzzyklus.

Damit eine Population regelmäßige und erkennbare Zyklen durchlaufen kann, müssen die Zyklen selbst stabil sein: Wenn ein externer Einfluß die Populationsgröße verändert, muß eine Tendenz zur Rückkehr zum ursprünglichen Zyklus gegeben sein. Solche Zyklen, die im Gegensatz zu den neutral stabilen Lotka-Volterra-Zyklen stehen, bezeichnet man als **stabile Grenzzyklen**. Tatsächlich können, wie wir noch sehen werden, Räuber-Beute-Modelle (sobald man über die sehr einschränkenden Annahmen des Lotka-Volterra-Modells hinausgeht) eine ganze Reihe von Abundanzmustern liefern: stabile Gleichgewichtszustände, Mehrgenerationenzyklen, Eingenerationenzyklen, Chaos und so weiter – Muster, wie man sie auch bei realen Populationen findet. Die Herausforderung besteht darin, herauszufinden, welchen Aufschluß die Modelle über das Verhalten der echten Populationen geben können.

Gekoppelte Oszillationen entstehen grundsätzlich durch eine Serie wiederholter Zeitverzögerungen.

Der grundlegende Mechanismus, der die gekoppelten Oszillationen hervorruft, ist eine Serie wiederholter Zeitverzögerungen. Die erste entsteht zwischen „viel Beute" und „vielen Räubern" (weil die Räuberdichte sich nicht unverzüglich der Beutedichte anpassen kann). Der Anstieg der Räuberdichte führt jedoch unweigerlich zu einem Rückgang der Beutehäufigkeit, also zu „wenig Beute". Daraufhin entsteht eine weitere Verzögerung zwischen „wenig Beute" und „wenig Räubern", dann zwischen „wenig Räubern" und „viel Beute" und so weiter. Wenn man davon ausgeht, daß der Zyklus durch eine Serie etwa gleich langer Zeitverzögerungen charakterisiert ist, entspricht die Dauer des Gesamtzyklus der vierfachen Länge einer Zeitverzögerung. Dasselbe Gesamtbild ergibt sich bei zahlreichen anderen in einem breiten Rahmen anwendbaren Gleichungen (May 1981a).

10.2.2 Das Nicholson-Bailey-Modell

Das Grundmodell für Wirt-Parasitoid-Wechselbeziehungen ist das Nicholson-Bailey-Modell.

Auch in bezug auf Parasitoide, zu denen wir nun kommen, ist das Grundmodell (Nicholson und Bailey 1935) weniger realistisch als vielmehr eine vernünftige Ausgangsbasis. Es sei H_t die Anzahl der Wirte und P_t die Anzahl der Parasitoide in der Generation t; r sei die spezifische Zuwachsrate des Wirtes (siehe Abschnitt 4.7). Wenn H_a die Anzahl der Wirte ist, die (in Generation t) von Parasitoiden befallen sind, dann gilt unter der Voraussetzung, daß keine intraspezifische Konkurrenz besteht und jeder Wirt nur einen Parasitoiden ernähren kann (wie es oft der Fall ist):

$$H_{t+1} = e^r(H_t - H_a), \tag{10.9}$$

$$P_{t-1} = H_a. \tag{10.10}$$

Mit anderen Worten, Wirte, die nicht befallen sind, pflanzen sich fort, befallene Wirte dagegen produzieren keine Wirte, sondern Parasitoide. Um einen einfachen Ausdruck für H_a abzuleiten, sei E_t die Anzahl der Begegnungen von Wirt und Parasitoid in Generation t. Dann gilt, wenn A die Sucheffizienz des Parasitoiden ist:

$$E_t = AH_tP_t \tag{10.11}$$

und

$$\frac{E_t}{H_t} = AP_t. \tag{10.12}$$

Man beachte die Ähnlichkeit zur Formulierung in Gleichung 10.2. Hier geht es allerdings um Parasitoide: Ein Wirtsindividuum kann mehrmals mit Parasitoiden zusammentreffen, auch wenn nur die erste Begegnung zum Befall führt. Ein Räuber dagegen beseitigt seine Beute, so daß weitere Zusammentreffen nicht möglich sind. Deshalb ging es in Gleichung 10.2 um momentane Raten und nicht um absolute Zahlen.

Dieses Modell basiert auf zufälligen Begegnungen und ergibt gekoppelte Oszillationen.

Wenn man davon ausgeht, daß Wirt und Parasitoid einander mehr oder weniger zufällig begegnen, werden die Anteile der Wirte, die keinmal, einmal, zweimal oder öfter mit einem Parasitoiden zusammentreffen, von den aufeinanderfolgenden Termen in einer entsprechenden **Poissonverteilung** (siehe einführende Lehrbücher der Statistik) angegeben. Der Anteil der Wirte, die niemals einem Parasitoiden begegnen (p_0) ist e^{-E_t/H_t}, demnach beträgt der Anteil der Wirte, die (einmal oder mehrmals) mit einem Parasitoiden zusammentreffen, $1-e^{-E_t/H_t}$. Die Anzahl der Wirte, die einem Parasitoiden begegnen (und befallen werden), ist folglich:

$$H_a = H_t(1 - e^{-E_t/H_t}) \qquad (10.13)$$

Setzt man die Gleichungen 10.12 und 10.13 in 10.9 und 10.10 ein, so ergibt sich

$$H_{t+1} = H_t(1 - e^{(r - AP_t)}) \qquad (10.14)$$

$$P_{t+1} = H_t(1 - e^{(-AP_t)}). \qquad (10.15)$$

Dies ist das **Nicholson-Bailey-Modell** für eine Wirt-Parasitoid-Wechselbeziehung. Sein Verhalten erinnert an das des Lotka-Volterra-Modells. Eine Gleichgewichtskombination der beiden Populationen ist möglich, doch die geringste Störung dieses Gleichgewichts führt zu divergenten gekoppelten Oszillationen.

10.2.3 Eingenerationenzyklen

Im Gegensatz zu den Mehrgenerationenzyklen der genannten Modelle treten bei Wirt-Parasitoid-Systemem auch Eingenerationenzyklen auf.

Bei den gekoppelten Oszillationen des Lotka-Volterra- und des Nicholson-Bailey-Grundmodells handelt es sich um **Mehrgenerationenzyklen**, das heißt, zwischen zwei aufeinanderfolgenden Maxima (oder Minima) liegen mehrere Generationen. Andere Modelle für Wirt-Parasitoid-Systeme können dagegen gekoppelte Oszillationen ergeben, die nur eine Wirtsgeneration lang sind, und zwar selbst für Lebensräume, in denen die Umweltbedingungen im Laufe des Jahres nicht oder nur geringfügig schwanken (etwa in den Tropen oder in vom Menschen geschaffenen Lebensräumen wie zum Beispiel Getreidesilos) und beide Arten sich das ganze Jahr über fortpflanzen (Godfray und Hassell 1989; Gordon et al. 1991). Dazu kommt es vor allem, wenn die Generationsdauer des Parasitoiden halb so lang ist wie die des Wirtes – was oft der Fall ist. Jedes kleine Maximum der Wirtsabundanz führt in der Regel eine Wirtsgeneration später zu einem weiteren Abundanzmaximum. Dagegen entsteht das dazugehörige Abundanzmaximum des Parasitoiden eine halbe Wirtsgeneration später und produziert zwischen den beiden Wirtsmaxima ein Minimum. Überdies fällt das Maximum des Parasitoiden nicht mit dem zweiten Wirtsmaximum zusammen. Dadurch wechseln sich für die Parasitoide Perioden des Überflusses mit Zeiten des Mangels ab, die die natürlichen Maxima und Minima der Wirtsabundanz verstärken und dadurch **Eingenerationenzyklen** fördern.

10.2.4 Räuber-Beute-Zyklen in der Natur: Gibt es sie wirklich?

Trotz einer grundlegenden Tendenz zu Räuber-Beute-Zyklen müssen solche nicht erkennbar sein – und dürfen auch nicht erwartet werden.

Die Räuber-Beute-Beziehungen innewohnende Tendenz zu gekoppelten Abundanzschwankungen hat in der Vergangenheit dazu geführt, solche Schwankungen auch von natürlichen Populationen zu erwarten. Diese Erwartung sollte jedoch durch zwei Überlegungen gedämpft werden. Zum einen werden viele wichtige Aspekte der Räuber- und der Beuteökologie in den bisher entwickelten Modellen nicht berücksichtigt, und diese Aspekte können, wie die folgenden Abschnitte zeigen werden, unsere Erwartungen erheblich modifizieren. Und selbst wenn in einer Population tatsächlich regelmäßige Schwankungen auftreten, bedeutet dies nicht unbedingt eine Bestätigung des Lotka-Volterra-, des Nicholson-Bailey- oder irgendeines anderen einfachen Modells. Wenn die Abundanz einer Herbivorenpopulation schwankt, kann dies auf Wechselbeziehungen mit ihren Nahrungspflanzen *oder* ihren Prädatoren zurückzuführen sein. Die Abundanz eines Prädators kann zyklisch schwanken, weil sie zyklischen Schwankungen der Beuteabundanz folgt, die nicht auf Wechselbeziehungen zwischen Räuber und Beute zurückzuführen sind. Räuber-Beute-Beziehungen *können* die Ursache zyklischer Abundanzschwankungen der beiden interagierenden Populationen sein, und sie können Fluktuationen, die durch andere Faktoren verursacht sind, verstärken. Es ist jedoch generell schwierig, unter natürlichen Bedingungen auftretenden regelmäßigen Zyklen eine Ursache zuzuweisen (siehe Abschnitt 15.4).

Räuber-Beute-Oszillationen unter kontrollierten Bedingungen im Labor zeigen, daß nicht nur die Wechselwirkung zwischen Räuber und Beute die Zyklen verursacht.

In einigen Fällen ist es gelungen, im Labor gekoppelte Räuber-Beute-Oszillationen zu erzeugen. Ein typisches Beispiel wurde bereits in Abschnitt 9.7.3 (Abbildung 9.13) erörtert: Huffackers Raubmilben der Art *Typhlodromus occidentalis* und die Spinnmilben, die ihre Beute sind, durchliefen nur in einer heterogenen Umgebung gekoppelte Oszillationen. In einer homogenen Umgebung, wie sie von einfachen Modellen angenommen wird, starben beide Milbenarten schnell aus. Selbst unter kontrollierten Laborbedingungen müssen daher viele Aspekte der Räuber- und der Beuteökologie beachtet werden, um Populationsschwankungen erklären zu können.

Abbildung 10.3a zeigt die Ergebnisse einer weiteren Wirt-Parasitoid-Untersuchung (an der Dörrobstmotte (*Plodia interpunctella*) und dem Parasitoiden *Venturia canescens*). Die Populationen durchliefen scheinbar gekoppelte Oszillationen, deren Länge eine Wirtsgeneration betrug. Abbildung 10.3b zeigt jedoch, daß die Abundanz der Motten in Abwesenheit des Parasitoiden in praktisch der gleichen Weise oszilliert. Es lagen zwar gekoppelte Räuber-Beute-Zyklen vor, aber diese Zyklen waren möglicherweise nicht einfach durch die Wechselbeziehung zwischen Räuber und Beute verursacht – eine Schlußfolgerung, die nur möglich war, weil ein Kontrollversuch durchgeführt worden war, in dem die Dynamik der von einem Parasitoiden unbeeinflußten Wirtspopulation untersucht wurde.

Das komplexe System aus Pflanzen-, Hasen-, Luchs- und Kragenhuhnzyklen im Freiland zeigt sowohl den Wert als auch die Schwächen der einfachen Modelle.

Es gibt viele Beispiele für regelmäßige Dichteschwankungen freilebender Räuber- und Beutepopulationen, von denen einige in Abschnitt 15.4 erörtert werden. An dieser Stelle sei nur ein Beispiel angeführt. Häufigkeitsschwankungen bei Hasen werden von Ökologen seit den zwanziger Jahren diskutiert und waren Trappern damals schon seit über 100 Jahren bekannt (Keith 1983; Krebs et al. 1992). Der bekannteste Fall ist der Schneeschuhhase (*Lepus americanus*), der in den borealen Wäldern Nordamerikas einen „Zehnjahreszyklus" aufweist (tatsächlich variiert die Länge des Zyklus zwischen acht und elf Jahren, siehe Abbildung 10.1c). Dieser Hase, der in seinem Lebensraum der dominante Herbivore ist, frißt die Endtriebe von verschiedenen Sträuchern und kleinen Bäumen. Eine Reihe von Prädatoren, darunter der Kanadaluchs (*Lynx canadensis*), durchläuft mit denen der Hasen assoziierte Zyklen ähnlicher Länge. Auch bei anderen Herbivoren findet man Zehnjahreszyklen, etwa beim Kragenhuhn (*Bonasa umbellus*) und beim Tannenhuhn (*Falcipennis canadensis*). Die Abundanz der Schneeschuhhasen schwankt um den Faktor zehn bis

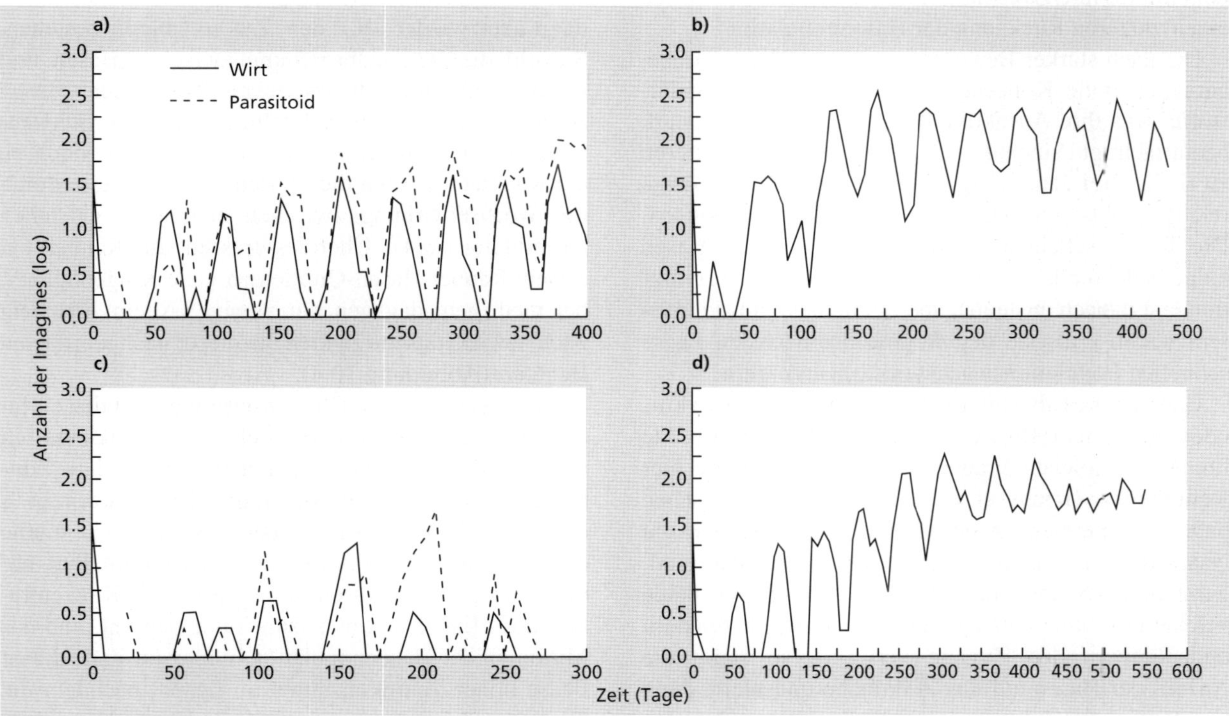

10.3 Die langfristige Populationsdynamik eines in Zuchtkäfigen im Labor gehaltenen Wirtes, der Dörrobstmotte (*Plodia interpunctella*), in An- und Abwesenheit seines Parasitoiden (*Venturia canescens*). a) Wirt und Parasitoid in einer dicken Schicht Medium zeigen gekoppelte Abundanzzyklen, die etwa eine Wirtsgeneration lang sind. b) Der Wirt allein in tiefem Medium zeigt ähnliche Zyklen. c) Wirt und Parasitoid in flachem Medium überleben auf die Dauer nicht. d) Allein in flachem Medium, kann der Wirt überleben. Im Gegensatz zu einer dünnen Schicht bietet eine ausreichend dicke Schicht Medium einem Teil der Wirtspopulation ein Refugium (siehe Abschnitt 10.5.5). Alle dargestellten Ergebnisse wurden mehrfach reproduziert. (Nach Begon et al. 1995a)

30, in manchen Habitaten sogar um den Faktor 100. Diese Zyklen sind um so spektakulärer, als sie über ein riesiges Gebiet, das von Alaska bis nach Neufundland reicht, praktisch synchron erfolgen.

Phasen des Populationsrückgangs beim Schneeschuhhasen sind von einer niedrigen Geburtsrate, hoher Jungensterblichkeit und geringer Wachstumsrate oder sogar Gewichtsverlust begleitet. All diese Effekte können experimentell durch Nahrungsmangel hervorgerufen werden, und Freilanduntersuchungen haben tatsächlich gezeigt, daß während der Populationsmaxima der Hasen häufig Nahrungsmangel herrscht (Pease et al. 1979; Keith et al. 1984). Allerdings handelt es sich dabei wahrscheinlich oft nicht um absoluten Nahrungsmangel, der die Hasen hungern läßt, sondern um relativen Mangel, das heißt, es ist nicht genügend hochwertige Nahrung verfügbar (Keith et al. 1984; Smith et al. 1988). Mit zunehmender Dichte der Hasen nimmt die Menge an Weiden- und Birkenzweigen ab, so daß die Gesamtmenge an Futter bei hoher Hasendichte gering ist. Dies zwingt die Hasen, faserreiche (minderwertige) Nahrung zu fressen, und hat möglicherweise direkte Auswirkungen auf ihre Konstitution, was zu erhöhter Gefährdung durch Räuber führen könnte. Allerdings verbringen die Hasen dann auch mehr Zeit mit der Nahrungssuche, bei der sie leichter Räubern zum Opfer fallen. Infolgedessen konzentrieren sich die Prädatoren auf den Fang von Hasen; außerdem nimmt ihre Zahl zu, und beide Faktoren bewirken einen weiteren Rückgang der Hasenpopulation.

Die nach starker Beweidung neu gebildeten Triebe, enthalten hohe Konzentrationen toxischer Sekundärstoffe, was ihre Attraktivität und Verdaulichkeit stark beeinträchtigt (Sinclair et al. 1988). Erst nach weiteren zwei bis drei Jahren ist wieder eine größere Menge relativ wohlschmeckender reifer Triebe vorhanden. Die Toxine scheinen also beim Rückgang der Hasen keine bedeutende Rolle zu spielen (da ihre Konzentration erst danach ansteigt), aber vielleicht sind sie insofern wichtig, als sie den Beginn der nächsten Phase schnellen Populationswachstums hinauszögern.

Haben wir es also mit einem Hasen-Pflanzen-Zyklus oder mit einem Räuber-Hasen-Zyklus zu tun? Wie immer bei solchen Fragen können Experimente hier weiterhelfen (Krebs et al. 1992). Wie wir gesehen haben, existieren normalerweise Zyklen, wenn sowohl Nahrungs- als auch Räubereffekte gegeben sind. Schließt man aber in einem Versuchsgebiet beide Effekte aus, indem man genügend Nahrung bereitstellt und Räubern den Zugang verwehrt, so steigt die Anzahl der Hasen auf das Zehnfache und bleibt dann konstant – die Zyklen verschwinden. Wenn dagegen Räuber ausgeschlossen werden und keine zusätzliche Nahrung angeboten wird (also nur der Nahrungseffekt zum Tragen kommt) oder wenn Räuber anwesend sind und Nahrung bereitgestellt wird (nur Räubereffekt), verdoppelt sich zunächst die Zahl der Hasen, nimmt

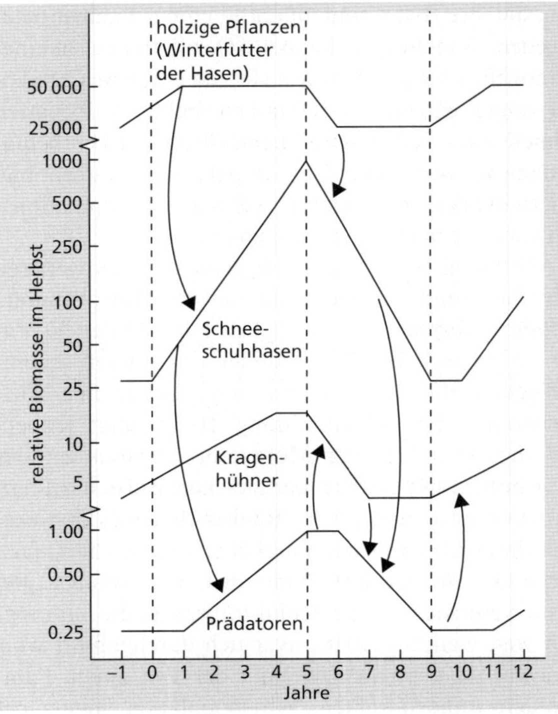

10.4 Schwankungen in der relativen Biomasse der Hauptkomponenten eines Systems, das in der kanadischen Provinz Alberta einen natürlichen Zehnjahreszyklus durchläuft. Die Pfeile zeigen die wichtigsten Kausalzusammenhänge. (Nach Keith 1983)

dann aber wieder ab – der „Zyklus“ bleibt bestehen. Sowohl die Wechselbeziehung zwischen Hasen und Pflanzen als auch die zwischen Räuber und Hasen zeigt also eine gewisse Tendenz, zyklische Schwankungen der Hasenabundanz hervorzurufen, doch in der Realität scheinen die Zyklen normalerweise durch die Wechselwirkung zwischen beiden zu entstehen (Abbildung 10.4). Überdies fressen die Räuber bei hohem Räuber-Hasen-Quotienten viele Kragenhühner, bei niedrigem dagegen nur wenige. Allem Anschein nach bewirkt das die Zyklen bei dieser nachgeordneten Beuteart (Abbildung 10.4).

Es bietet sich an, in Übereinstimmung mit den einfachen Modellen zu vermuten, daß die Dynamik zyklisch ist und daß die Zyklen zehn Jahre dauern, weil die Zeitverzögerung in der Genießbarkeit der Pflanzen 25 % der Zykluslänge beträgt (May 1981a). Dazu müßte das Minimum des Pflanzenbestands unmittelbar auf den Rückgang der Hasen folgen, wenn die Konzentration des Pflanzentoxins zuzunehmen beginnt, und das Minimum der Hasenpopulation müßte am Ende dieser Phase hoher Toxinkonzentration liegen, nachdem die Hasen zunächst unter einem Mangel an hochwertiger Nahrung und dann unter den Toxinen gelitten haben. Zyklen müssen jedoch nicht unbedingt viermal so lang sein wie eine Zeitverzögerung. Beispielsweise erzeugten Trostel et al. (1987) in einem Räuber-Hasen-Modell mit einjähriger Verzögerung der zahlenmäßigen Reaktion des Räubers, einer funktionellen Reaktion vom Typ 2 beim Räuber und realistischen Freilandwerten für die Parameter ihres Modells einen acht- bis elfjährigen Hasenzyklus. Die einfachen Modelle sind für das Verständnis natürlicher Abundanzzyklen also sicherlich von Nutzen, aber sie liefern bei weitem keine vollständige Erklärung.

10.2.5 Verzögerte Dichteabhängigkeit

Unter verzögerter Dichteabhängigkeit versteht man den verzögerten Effekt eines Räubers auf eine Beutepopulation.

Varley (1947) bezeichnete mit dem Begriff **verzögerte Dichteabhängigkeit** den zeitlich verzögerten regulatorischen Effekt, den ein Räuber auf eine Beutepopulation ausübt, wenn die Abundanz beider Arten eng gekoppelt ist. Zwei Punkte sind im Zusammenhang mit verzögerter Dichteabhängigkeit von entscheidender Bedeutung.

Die regulatorischen Effekte von Prädatoren, insbesondere verzögerte Dichteabhängigkeit, lassen sich oft schwer nachweisen.

Erstens ist verzögerte Dichteabhängigkeit, verglichen mit anderen regulatorischen Effekten, schwer zu demonstrieren. Betrachten wir dazu die in Abbildung 10.5a dargestellten gekoppelten Oszillationen, die ein bestimmtes Parasitoid-Wirt-Modell produziert (Hassell 1985). Die Modellpopulation ist insofern stabiler als in den bisher beschriebenen Modellen, als die Oszillationen gedämpft werden; die Details des Modells brauchen uns jedoch nicht zu interessieren. Wichtig ist, daß die Größe der Beutepopulation, die der verzögerten Dichteabhängigkeit unterliegt, durch den Räuber kontrolliert wird. Wenn wir jedoch für jede Beutegeneration den *k*-Wert der räuberbedingten Mortalität gegen den Logarithmus der Beutedichte auftragen (Abbildung 10.5b), ist keine deutliche Beziehung erkennbar, obwohl dies die übliche Methode ist, um Dichteabhängigkeit sichtbar zu machen (siehe Kapitel 6). Verbindet man aber die Punkte Generation für Generation miteinander (serielle Verbindung, Abbildung 10.5c), so wird eine gegen den Uhrzeigersinn verlaufende Spirale erkennbar. Dieses Bild ist für verzögerte Dichteabhängigkeit charakteristisch. Im abgebildeten Beispiel verläuft die Spirale von außen nach innen, weil die Oszillationen gedämpft werden. Klar erkennbar wird die verzögerte Dichteabhängigkeit auch, wenn wir die *k*-Werte der räuberbedingten Mortalität jeweils gegen den Logarithmus der zwei Generationen zurückliegenden Beutedichte auftragen (Abbildung 10.5d).

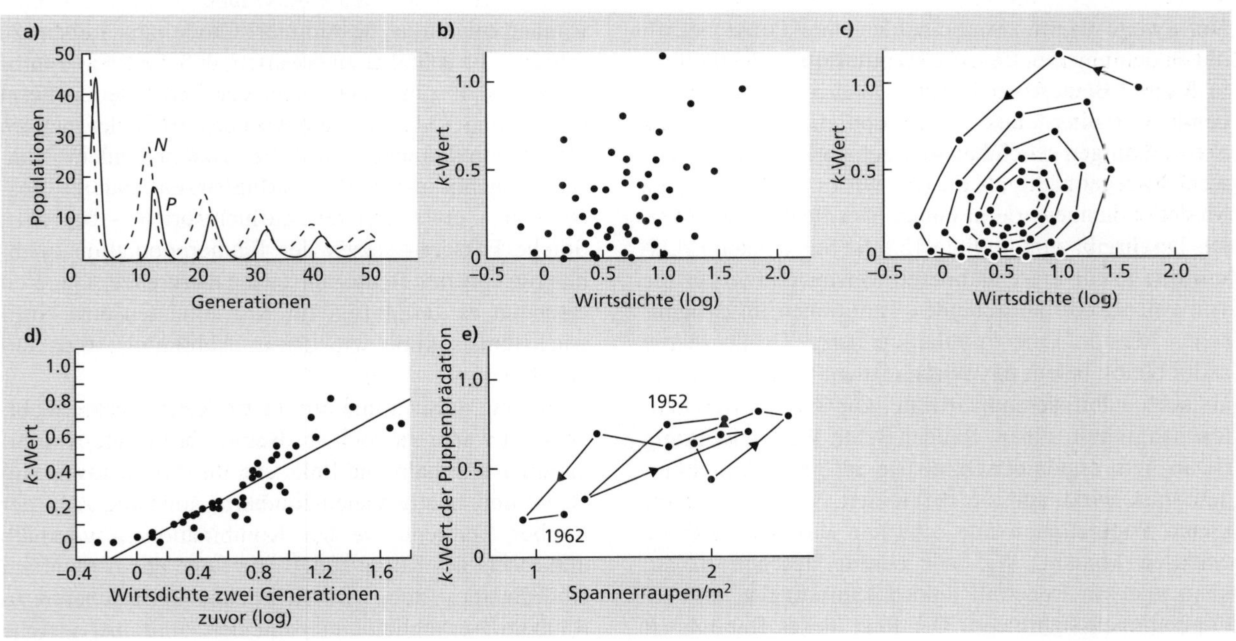

10.5 Verzögerte Dichteabhängigkeit. a) Ein Parasitoid-Wirt-Modell im Verlauf von 50 Generationen: Trotz Oszillationen übt der Parasitoid einen regulatorischen Effekt auf die Wirtspopulation aus. b) Für dasselbe Modell der *k*-Wert der Generationssterblichkeit, aufgetragen gegen den Logarithmus der Wirtsdichte: Es ist keine eindeutige dichteabhängige Beziehung erkennbar. c) Die Punkte aus (b) in der Reihenfolge der Generationen seriell miteinander verbunden: Es entsteht eine gegen den Uhrzeigersinn verlaufende Spirale – typisch für verzögerte Dichteabhängigkeit. (Nach Hassell 1985) d) Der *k*-Wert der Generationssterblichkeit, aufgetragen gegen den Logarithmus der Wirtsdichte jeweils zwei Generationen zuvor: Wieder zeigt sich deutlich eine dichteabhängige Beziehung. e) Freilanddaten: Der *k*-Wert für die Prädation (hauptsächlich durch Käfer) von Puppen des Kleinen Frostspanners (*Operophtera brumata*), aufgetragen gegen den Logarithmus der Larvendichte. Die Prädation ist eindeutig dichteabhängig, doch ist auch ein gewisses Maß an verzögerter Dichteabhängigkeit (Spiralenbildung gegen den Uhrzeigersinn) erkennbar. (Nach Varley et al. 1973)

Es ist relativ leicht, die regulatorischen Effekte der verzögerten Dichteabhängigkeit auf die Modellpopulation in Abbildung 10.5 deutlich zu machen, weil diese Population weder den schwankenden Bedingungen einer natürlichen Umwelt, noch den dichteabhängigen Angriffen anderer Räuber unterworfen ist, weil Fehler bei der Stichprobenauswahl ausgeschlossen sind und weil die ungefähre Länge der Verzögerung sich aus einem eindeutigen und umfangreichen Datensatz ableiten läßt (Abbildung 10.5a). Daten dieser Qualität sind allerdings für freilebende Populationen und sogar für Versuchspopulationen kaum jemals erhältlich. Es verwundert daher nicht, daß die Rolle, die Räuber in der Regulation freilebender Populationen spielen, oft schwer zu bestimmen ist (Dempster 1983; Hassell 1985; Dempster und Pollard 1986; Hassell 1987). In manchen Fällen werden die Oszillationen schnell genug gedämpft, um trotz einer Tendenz zur Spiralisierung eine positiv dichteabhängige Beziehung erkennen zu lassen (zum Beispiel in Abbildung 10.5e). Man sollte sich jedoch davor hüten, die regulatorischen Effekte von Prädatoren zu unterschätzen, denn intrinsische Zeitverzögerungen und natürliche Variabilität verschleiern leicht eindeutige dichteabhängige Beziehungen.

Verzögerte Dichteabhängigkeit kann regulierend, braucht aber keineswegs stabilisierend zu wirken.

Der zweite damit zusammenhängende Punkt betrifft die Bedeutung der Begriffe **Regulation** und **Stabilität** in Räuber-Beute-Beziehungen. In den meisten freilebenden Räuber- und Beutepopulationen sind die Schwankungen scheinbar weniger stark und jedenfalls weniger regelmäßig als die, die wir in den einfachsten Modellen kennengelernt haben. Der Rest dieses Kapitels beschreibt zum größten Teil die Suche nach Erklärungen: 1) für diese stabileren Muster und 2) für die von Fall zu Fall auftretenden Variationen im dynamischen Muster. Eine Population, deren Größe relativ stabil bleibt, belegt das Wirken sowohl regulatorischer als auch stabilisierender Kräfte. Die verzögerte Dichteabhängigkeit einer Räuber-Beute-Wechselwirkung ist insofern regulatorisch, als sie auf große Populationen stark wirkt und sie verkleinert, während sie auf kleine Populationen nur schwach wirkt, so daß sie wachsen können. Wie wir bereits gesehen haben, kann man im Regelfall jedoch kaum sagen, daß sie Populationen stabilisiert. Der Rest dieses Kapitels ist daher zu einem großen Teil der Suche nach stabilisierenden Kräften gewidmet, welche die (verzögerten) regulatorischen Kräfte, die in Räuber-Beute-Beziehungen von Natur aus wirken, ergänzen könnten.

10.3 Die Auswirkungen des Crowding

Die meisten Räuber-Beute-Beziehungen werden durch **Crowding** oder **Selbstbegrenzung** (*self-limitation*) in einer oder beiden Populationen beeinflußt, das heißt durch intraspezifische Konkurrenz oder gegenseitige Beeinträchtigung.

10.3.1 Crowding im Lotka-Volterra-Modell

Durch Crowding-Effekte bei Räuber und Beute ergibt sich ein anderer Verlauf der Nullwachstumsisoklinen als im Lotka-Volterra-Modell.

Die Effekte dieser Prozesse lassen sich durch Modifikation der Räuber- und Beutenullisoklinen im Lotka-Volterra-Modell untersuchen. Die Räubernullisokline im Lotka-Volterra-Modell verläuft vertikal. Dies impliziert, daß die Fähigkeit einer Räuberpopulation zu wachsen von der absoluten Beuteabundanz (und nicht etwa vom Räuber-Beute-Verhältnis) abhängt und daß die Dichte des Räubers selbst keine Rolle spielt. Oft nimmt jedoch die gegenseitige Beeinträchtigung zwischen den Räubern mit wachsender Räuberdichte zu (siehe Abschnitt 9.6). Wenn dies der Fall ist, sinkt die individuelle Konsumptionsrate, und es sind zusätzliche Beuteindividuen nötig, um eine Räuberpopulation bestimmter Größe am Leben zu erhalten. Es ist daher zu erwarten, daß die Räubernullisokline sich zunehmend von der Vertikalen entfernt (Abbildung 10.6a). Zudem wird die Größe der meisten Räuberpopulationen selbst bei ausreichendem Nahrungsangebot durch die Verfügbarkeit anderer Ressourcen – etwa sicheren Zufluchtsorten – begrenzt. Solche Faktoren setzen der Räuberpopulation unabhängig von der Beutezahl eine Obergrenze. Generell erscheint es vernünftig, für Konsumenten eine Nullwachstumsisokline wie die in Abbildung 10.6a anzunehmen.

Entlang dieser Linie nimmt die Räuberdichte wohlgemerkt weder zu noch ab. Bei Räuber-Beute-Kombinationen oberhalb und links von ihr (bei relativ wenig Beute und relativ vielen Räubern) sinkt die Zahl der Räuber, während sie bei Kombinationen unterhalb und rechts der Kurve steigt. Die Lage der Isokline im Koordinatensystem wird sich daher von Räuberart zu Räuberart erheblich unterscheiden, und das gleiche gilt für die Populationsdichten, bei denen bestimmte Effekte sichtbar werden.

Die Methoden, mit denen sich die intraspezifische Konkurrenz in die Nullwachstumsisoklinen von Beutearten einbeziehen läßt, werden in Begon et al. (1990) erläutert. Das in Abbildung 10.6b dargestellte Endergebnis ist auch ohne Kenntnis dieser Einzelheiten verständlich. Bei niedriger Beutedichte gibt es

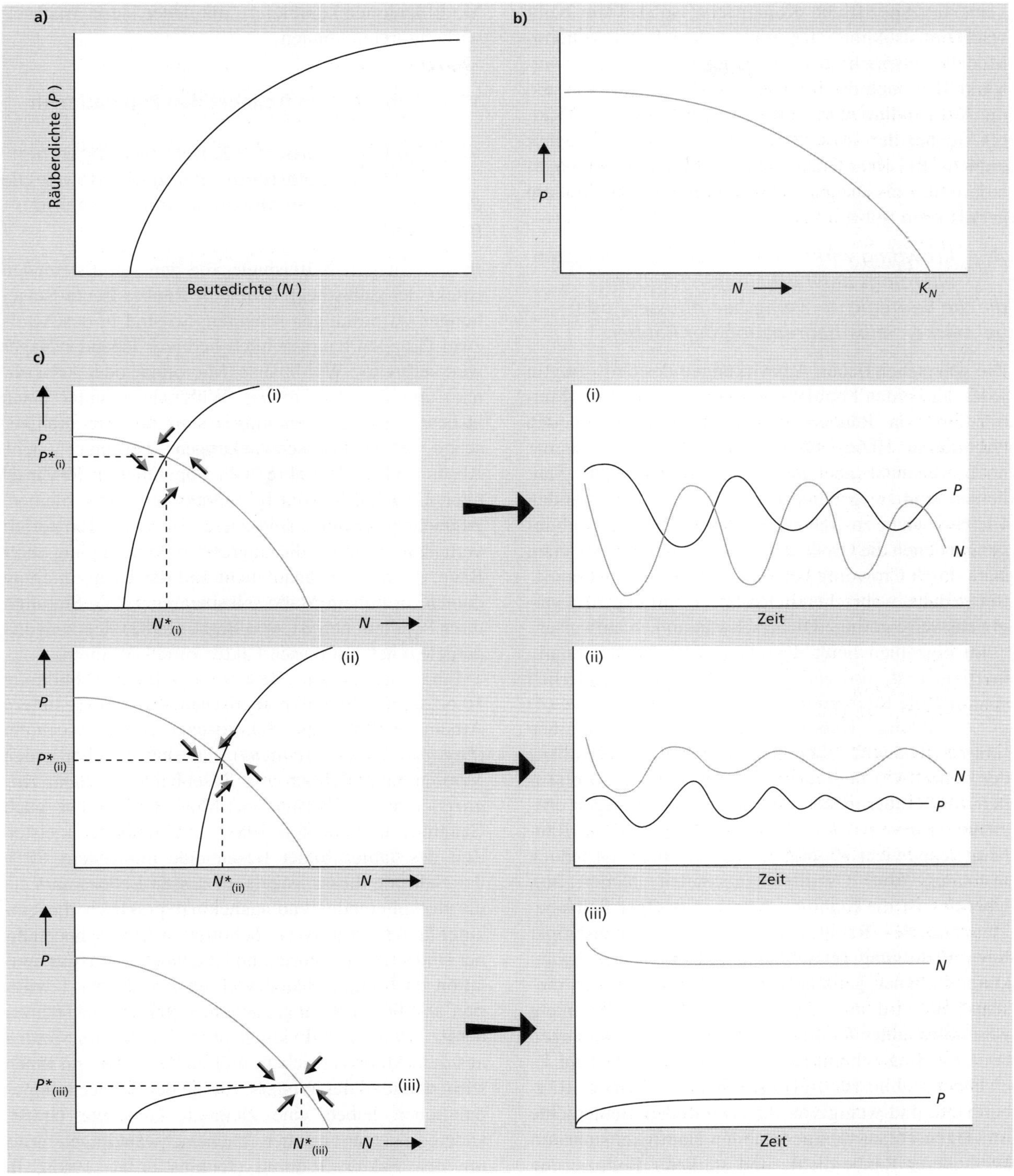

10.6 a) Eine Räubernullisokline bei Crowding (siehe Text). b) Eine Beutenullisokline bei Crowding. Bei den niedrigsten Beutedichten stimmt sie mit der Lotka-Volterra-Isokline überein, doch wenn die Dichte die Umweltkapazität K_N erreicht, kann die Population sich auch bei völliger Abwesenheit von Räubern nur gerade eben selbst erhalten. c) Die Beutenullisokline kombiniert mit Räubernullisoklinen bei zunehmendem Crowding: (i), (ii) und (iii). P^* ist die Gleichgewichtsabundanz der Räuber, N^* diejenige der Beute. Kombination (i) ist am instabilsten (mit den dauerhaftesten Oszillationen); die Zahl der Räuber ist hier am höchsten, die der Beute am geringsten: Die Räuber sind relativ effizient. Bei weniger effizienten Räubern (ii) ist die Räuberdichte geringer, die Beutedichte höher, und die Oszillationen sind weniger beständig. Starke Selbstbegrenzung der Räuber (iii) kann zum völligen Verschwinden der Oszillationen führen, doch ist P^* niedrig, und N^* liegt nahe bei K_N.

keine intraspezifische Konkurrenz, so daß die Nullwachstumsisokline derjenigen des Lotka-Volterra-Modells entspricht. Mit zunehmender Dichte aber verstärkt sich auch die intraspezifische Konkurrenz, und die Nullisokline wird immer weiter heruntergedrückt, bis sie bei der Umweltkapazität K_N die Beuteachse erreicht. Bei einer Dichte von K_N kann die Beutepopulation sich also sogar in Abwesenheit von Räubern gerade eben selbst erhalten.

Crowding wirkt stabilisierend, am stärksten allerdings bei ineffizienten Räubern, die die Beutedichte wenig beeinflussen, oder bei starker Selbstbegrenzung der Räuber.

Die wahrscheinlichen Auswirkungen des Crowding in jeder der beiden Populationen lassen sich durch Kombination von Räuber- und Beuteisoklinen ableiten (Abbildung 10.6c). Oszillationen sind meist immer noch erkennbar, aber nicht mehr neutral stabil. Statt dessen sind sie gedämpft, so daß sie einem stabilen Gleichgewicht zustreben. In Räuber-Beute-Beziehungen, in denen die Größe einer oder beider Populationen stark durch Crowding begrenzt ist, werden die Populationen daher wahrscheinlich relativ stabil sein, also vergleichsweise geringe Dichteschwankungen aufweisen.

Im einzelnen heißt das: Wenn der Räuber relativ ineffizient ist, also viele Beuteindividuen erforderlich sind, um die Räuberpopulation zu erhalten (Kurve (ii) in Abbildung 10.6c), werden die Oszillationen schnell gedämpft, aber die Gleichgewichtsabundanz der Beute (N^*) liegt nicht viel tiefer als in Abwesenheit von Räubern (K_N). Sind die Räuber dagegen effizienter (Kurve (i)), so liegt N^* niedriger und das Räubergleichgewicht P^* höher, die Beziehung ist jedoch instabiler (die Oszillationen halten länger an). Überdies ist die Stabilität bei hochgradiger Selbstbegrenzung des Räubers, etwa infolge gegenseitiger Beeinträchtigung, relativ hoch, und Abundanzschwankungen können ganz ausbleiben (Kurve (iii)). In diesem Fall wird aber P^* sehr niedrig und N^* nicht wesentlich unter K_N liegen. Für Wechselbeziehungen bei Crowding scheint sich also das folgende Bild zu ergeben: stabile Häufigkeitsmuster bei geringer Räuberdichte und wenig von ihr beeinflußter Beutedichte im Gegensatz zu weniger stabilen Häufigkeitsmustern bei höherer Räuberdichte und stärkerer Reduzierung der Beute.

Ähnliche Schlußfolgerungen ergeben sich aus Modifikationen des Nicholson-Bailey-Modells, die entweder einfache (logistische) Crowdingeffekte der Wirte oder gegenseitige Beeinträchtigung bei den Parasitoiden einbeziehen (Hassell 1978). Zu interessanteren Ergebnissen kommt man jedoch, wenn man, wie im folgenden noch beschrieben wird, auf der Grundlage des Nicholson-Bailey-Modells ein breiteres Spektrum von Formen der Selbstbegrenzung bei Wirtsspezies einbezieht und diese mit anderen wichtigen Modifikationen kombiniert, mit denen sie in Wechselwirkung treten können.

10.3.2 Crowding in freilebenden Populationen

Die Verhältnisse bei Zieseln bestätigen den Effekt der Selbstbegrenzung ebenso wie die Beziehung zwischen Moorschneehühnern und Besenheide.

Es gibt sicherlich Beispiele, die den stabilisierenden Effekt der Selbstbegrenzung in Räuber-Beute-Beziehungen zu bestätigen scheinen. So sind in der Arktis zwei Gruppen hauptsächlich herbivor lebender Nager weit verbreitet: Wühlmäuse (Microtinae oder Arvicolinae) und Ziesel (*Citellus*). Wühlmäuse (unter ihnen insbesondere die Lemminge) sind für ihre dramatischen Populationsschwankungen berühmt (siehe Abschnitt 15.4.2), während die Populationen der Ziesel über die Jahre hinweg bemerkenswert stabil bleiben. Bezeichnenderweise sind Ziesel durch ihr Territorialverhalten, nämlich die aggressive Verteidigung ihrer Baue, die der Jungenaufzucht und der Überwinterung dienen, in hohem Maße selbstbegrenzt. Die Stabilität ihrer Populationen ist, wie Batzli (1983) überzeugend dargelegt hat, auf diesen Faktor zurückzuführen.

Eine spezifischere Bestätigung der in Abbildung 10.6c dargestellten hypothetischen Verhältnisse liefern Arbeiten über das Schottische Moorschneehuhn (*Lagopus lagopus scoticus*), das sich in schottischen Mooren hauptsächlich von Besenheide (*Calluna vulgaris*) ernährt (Watson und Moss 1972; siehe auch Caughley und Lawton 1981). Während der meisten Zeit des Jahres bildet Besenheide mindestens 90 % der Nahrung dieses Vogels, in dessen Lebensraum sie die dominierende (und manchmal praktisch die einzige) höhere Pflanze ist. Schottische Moorschneehühner sind streng territorial, und die Größe der Brutpopulation im Frühjahr hängt von der Anzahl der Territorien ab, die im vorangegangenen Herbst von Hähnen besetzt wurden. Individuen ohne Territorium werden aus dem Moor vertrieben, und ein Großteil von ihnen stirbt während des Winters. Einige der Schneehuhnpopulationen haben eine ziemlich konstante Größe, andere dagegen machen Dichteschwankungen etwa um den Faktor 3 durch (Jenkins et al. 1967). In Übereinstimmung mit Abbildung 10.6 (Kurven (ii) und (iii)) ist aber der Bestand an Besenheide in den Mooren sehr hoch, während die Populationen des Schottischen Moorschneehuhnes relativ klein sind. Tatsächlich fressen die Schneehühner nur etwa 2 % der jährlichen Produktion der Besenheide. Bezogen auf die nährstoffreichen Teile der Besenheide kann der Anteil natürlich höher sein, aber die vorhergesagten Auswirkungen der gegenseitigen Beeinträchtigung auf eine Räuber-Beute-Beziehung werden durch diese Populationen zumindest nicht widerlegt.

10.4 Funktionelle Reaktionen und der Allee-Effekt

Die stabilisierenden Effekte funktioneller Reaktionen vom Typ 3 sind in der Realität wahrscheinlich von geringer Bedeutung.

Beutenullisoklinen lassen sich noch weiter modifizieren, und zwar so, daß die verschiedenen Typen funktioneller Reaktionen (siehe Abschnitt 9.5) berücksichtigt werden. Eine Typ-3-Reaktion bewirkt bei geringer Beutedichte eine niedrige Prädationsrate. Wir können daher von der Annahme ausgehen, daß die Beuteabundanz bei niedriger Dichte praktisch unabhängig von der Räuberdichte zunehmen kann, daß also die Beutenullisokline bei geringer Beutedichte senkrecht verläuft (Abbildung 10.7). Zwar hat es im Prinzip den Anschein, als könne dies einer Wechselbeziehung ein beträchtliches Ausmaß an Stabilität verleihen (Abbildung 10.7, Kurve (i)), doch müßte dazu der Räuber bei geringer Beutedichte sehr effizient sein – dies steht jedoch im Widerspruch zum Grundgedanken einer Typ-3-Reaktion (dem Ignorieren der Beute bei geringer Dichte). Daher gibt wahrscheinlich Kurve (ii) in Abbildung 10.7 die Verhältnisse korrekt wieder, und der stabilisierende Einfluß der Typ-3-Reaktion spielt in der Realität möglicherweise kaum eine Rolle.

Typ-3-Reaktionen aufgrund von Beutewechsel können die Beuteabundanz aber stabilisieren, wie sich bei Wühlmäusen zu bestätigen scheint.

Andererseits ist es wahrscheinlich, daß ein Räuber auf einen bestimmten Beutetyp eine funktionelle Reaktion des Typs 3 zeigt, weil sich seine Angriffe auf die jeweils häufigsten Beutetypen konzentrieren. In einem solchen Fall wäre die Populationsdynamik des Räubers von der Häufigkeit einzelner Beutetypen unabhängig, und seine Abundanz wäre bei allen Beutedichten dieselbe. Wie Abbildung 10.8 zeigt, kann das dazu führen, daß der Räuber seine Beute bei einer niedrigen, stabilen Abundanz hält.

Ein Beispiel hierfür scheinen Untersuchungen über Wühlmäuse in Nordeuropa zu liefern (Hanski et al. 1991; siehe auch Abschnitt 15.4). Im subarktischen finnischen Lappland durchlaufen die Populationen dieser Nager regelmäßige Vier- oder Fünfjahreszyklen, wobei der Quotient aus maximaler und minimaler Dichte generell über 100 liegt. In Südschweden (wie im größten Teil Mitteleuropas) dagegen findet man bei Kleinnagern keine regelmäßigen mehrjährigen Zyklen. In der dazwischenliegenden Region existiert ein Nord-Süd-Gradient abnehmender Regelmäßigkeit, Amplitude, Länge und interspezifischer Synchronität des Zyklus. Hanski et al. sehen eine Korrelation zwischen diesem Gradienten und einem Gradienten zunehmender Dichte unspezialisierter Prädatoren (insbesondere Rotfüchse, Dachse, Hauskatzen, Bussarde, Waldkäuze und Krähen) sowie spezialisierter Eulen- und Greifvogelarten (vor allem Falken). Sie nehmen an, daß eine Verschiebung der relativen Beutedichten bei den Generalisten eine Umstellung auf andere Beutearten bewirkt, bei den Spezialisten dagegen einen Wechsel des Jagdgebiets. Beide Reaktionen wirken stabilisierend. Durch die Konstruktion eines einfachen Modells für Beutearten (Wühlmäuse), die mit spezialisierten Räubern, nämlich Marderartigen (Mustelidae), und unspezialisierten (die Beute wechselnden) Prädatoren in Wechselbeziehung stehen, konnten Hanski et al. ihre generelle Behauptung untermauern. Mit zunehmender Anzahl unspezialisierter Räuber sanken Länge und Amplitude der Abundanzschwankungen bei Wühlmäusen und Marderartigen; bei genügend großer

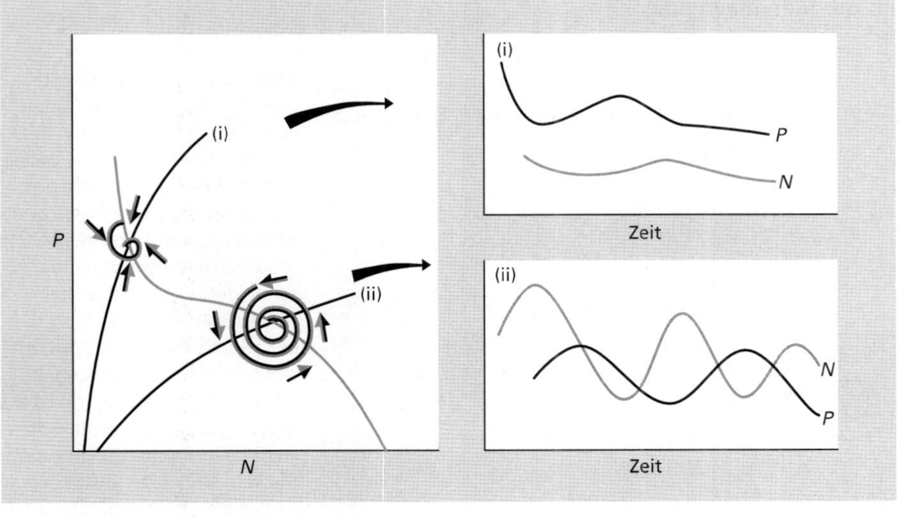

10.7 Die abgebildete Beutenullisokline ergibt sich, wenn die Konsumptionsrate bei geringen Beutedichten aufgrund einer funktionellen Reaktion des Typs 3, einer aggregativen Reaktion (und eines partiellen Refugiums), eines tatsächlichen Refugiums oder eines ungenießbaren Anteils von Pflanzenmaterial besonders niedrig ist. Bei einem relativ ineffizienten Prädator trifft die Räubernullisokline (ii) zu, und das Ergebnis gleicht dem in Abbildung 10.6. Ein relativ effizienter Prädator kann sich jedoch auch bei geringer Beutedichte noch selbst erhalten. Für ihn gilt die Räubernullisokline (i), bei der sich relativ stabile Abundanzmuster ergeben, wobei die Beutedichte deutlich unter der Umweltkapazität liegt und die Räuberdichte relativ hoch ist.

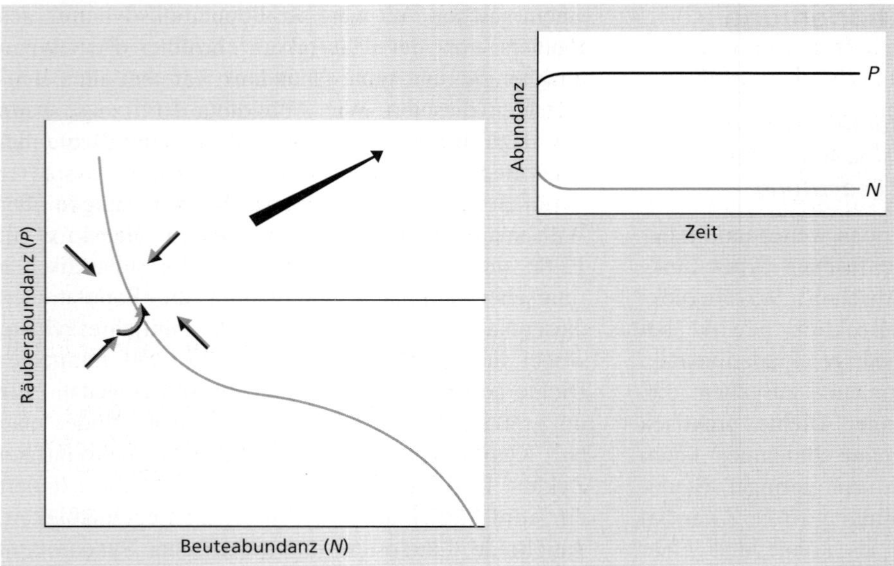

10.8 Wenn es zu einer funktionellen Reaktion des Typs 3 kommt, weil der Räuber die Beute wechselt, kann seine Abundanz von der Dichte der einzelnen Beutetypen unabhängig sein (große Graphik), so daß die Räubernullisokline horizontal verläuft (unbeeinflußt von der Beutedichte). Dies kann zu einem stabilen Abundanzmuster (kleine Graphik) mit Beutedichten deutlich unterhalb der Umweltkapazität führen.

Dichte der Generalisten stabilisierte sich der Zyklus völlig.

Auch die destabilisierenden Effekte von Typ-2-Reaktionen können in der Realität von geringer Bedeutung sein; bei niedriger Rekrutierungsrate bei geringer Populationsdichte spricht man von einem Allee-Effekt.

Wenn der Prädator eine Typ-2-Reaktion zeigt (siehe Abschnitt 9.5), deren Plateauwert bei relativ geringen Beutedichten (deutlich unter K_N) liegt, weist die Beutenullisokline einen Buckel auf, und zwar weil es einen Bereich intermediärer Beutedichten gibt, bei denen die funktionellen Reaktionen den Sättigungswert erreicht haben, aber die Konkurrenz zwischen den Beuteindividuen nur geringe Auswirkungen hat. Ein Buckel entsteht auch, wenn bei der Beute ein sogenannter **Allee-Effekt** vorliegt. Man spricht von einem Allee-Effekt (Allee 1931), wenn die Individuen einer Population bei geringer Dichte eine unverhältnismäßig niedrige Rekrutierungsrate aufweisen – vielleicht weil Geschlechtspartner schwer zueinander finden oder weil eine „kritische Anzahl" überschritten werden muß, bevor eine Ressource richtig genutzt werden kann –, wenn also bei niedrigen Populationsdichten eine inverse Dichteabhängigkeit besteht. Wenn die Räubernullisokline die Beutenullisokline links vom Buckel schneidet (Abbildung 10.9), ergeben sich anhaltende Oszillationen eines Grenzzyklus anstelle von konvergenten Oszillationen, das heißt, die Beziehung wird destabilisiert. Damit eine Typ-2-Reaktion diesen Effekt hat, muß allerdings die Handhabungszeit sehr lang sein, und dies ist, zumindest bei Insekten, oft nicht der Fall (Hassell 1981). Die potentiell destabilisierenden Effekte von Typ-2-Reaktionen (siehe Abschnitt 9.5.4) sind daher möglicherweise von geringer praktischer Relevanz.

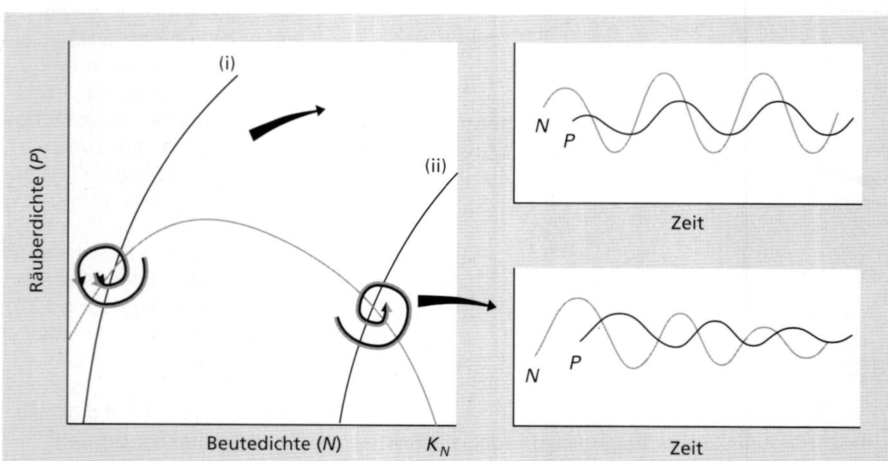

10.9 Die möglichen Effekte einer Beutenullisokline, die aufgrund einer funktionellen Reaktion des Typs 2 oder eines Allee-Effekts einen Buckel aufweist. (i) Wenn der Räuber sehr effizient ist und seine Nullisokline die Beutenullisokline links vom Buckel schneidet, kann der Buckel destabilisierend wirken, so daß die anhaltenden Oszillationen eines Grenzzyklus entstehen (kleine Graphik oben). (ii) Ist der Räuber dagegen weniger effizient (Schnittpunkt rechts vom Buckel), so hat der Buckel kaum Auswirkungen auf die Dynamik: Die Oszillationen konvergieren (kleine Graphik unten).

Die destabilisierende Wirkung des Allee-Effekts ist bisher quantitativ weder nachgewiesen noch widerlegt worden. Die Vorstellung, daß eine Beutepopulation ausstirbt, weil sie zu klein ist (also eine bestimmte kritische Dichte unterschreitet), ist jedoch verbreitet, nicht zuletzt im Zusammenhang mit übernutzten Wal- und Fischpopulationen (siehe Abschnitt 16.12). Der Rückgang einer Population bis zum Aussterben ist vielleicht der extremste Fall von Instabilität.

10.5 Heterogenität, Aggregation und räumliche Variation

Bisher haben wir in diesem Kapitel Heterogenität der Umwelt sowie die verschiedenen Reaktionen von Räubern und Beutearten darauf außer acht gelassen. Doch nun können wir diesen alltäglichen Faktor nicht länger ignorieren.

10.5.1 Heterogenität im graphischen Modell

Wir können beginnen, indem wir einige relativ einfache Typen von **Heterogenität** in die Lotka-Volterra-Isoklinen einbeziehen. Angenommen, ein Teil der Beutepopulation lebt an einem unzugänglichen Ort (einem Refugium), beispielsweise Schnecken in der Gezeitenzone, die sich in dem begrenzten Raum von Gesteinsspalten zusammendrängen und dort vor Vögeln geschützt sind. Auch in solchen Fällen verläuft die Beutenullisokline bei niedriger Beutedichte senkrecht (siehe Abbildung 10.7), weil die Beutepopulation, solange ausreichend Versteckmöglichkeiten vorhanden sind, unabhängig von der Räuberdichte wachsen kann.

Tatsächliche und partielle Refugien wirken sich nur scheinbar stabilisierend aus.

Nehmen wir nun statt dessen an, daß Räuber Beuteindividuen in Patches mit geringer Dichte stets ignorieren, wie wir scheinbar bei einer Reihe aggregativer Reaktionen gesehen haben (siehe Abschnitt 9.7.1). Dies kommt der Situation, daß die Beute sich bei niedriger Dichte in einem Refugium befindet, insofern nahe, als sie ebenfalls von Räubern unbehelligt bleibt. Man kann daher von einem **partiellen Refugium** der Beute sprechen, und es ist zu erwarten, daß die Beutenullisokline bei niedrigen Beutedichten fast senkrecht verläuft (siehe Abbildung 10.7).

Bei der Erörterung von funktionellen Reaktionen des Typs 3 haben wir gesehen, daß solche Isoklinen eine Tendenz zur Stabilisierung von Wechselbeziehungen aufweisen, und frühe Analysen sowohl des Lotka-Volterra- als auch des Nicholson-Bailey-Systems (sowie frühere Auflagen dieses Buches) stimmten in der Annahme überein, daß räumliche Heterogenität und die Reaktionen, die Räuber und Beuteorganismen auf sie zeigen, Räuber-Beute-Beziehungen stabilisieren, und zwar oft bei geringer Beutedichte (Beddington et al. 1978). Wie wir im folgenden Abschnitt sehen werden, hat sich inzwischen gezeigt, daß die Auswirkungen von Heterogenität komplexer sind, als man zunächst dachte: Sie variieren je nach Art des Räubers, der Heterogenität und anderer Faktoren.

10.5.2 Heterogenität im Nicholson-Bailey-Modell

Das Modell von May bezieht den Grad der Aggregation ins Nicholson-Bailey-Modell für Wirt-Parasitoide-Systeme ein, Aggregation scheint Stabilität zu fördern.

Die Entwirrung dieser Effekte ist für Wirt-Parasitoid-Systeme am weitesten fortgeschritten. Ein guter Ausgangspunkt ist das von May (1978) entwickelte Modell, in dem er die Art der Verteilung und des Verhaltens von Wirt und Parasitoid ignorierte und einfach behauptete, Begegnungen zwischen Wirt und Parasitoid seien nicht zufällig, sondern aggregiert verteilt. Er nahm an, dies ließe sich durch eine bestimmte statistische Verteilung, die **negative Binomialverteilung**, beschreiben. Danach (im Gegensatz zu Abschnitt 10.2.2) ist der Anteil der Wirte, die niemals einem Parasitoiden begegnen, gegeben durch:

$$p_0 = \left[1 + \frac{AP_t}{k}\right]^{-k}. \qquad (10.16)$$

Dabei ist k ein Maß für den Grad der Aggregation: maximale Aggregation bei $k = 0$ und zufällige Verteilung (entsprechend dem Nicholson-Bailey-Modell) bei $k = \infty$. Wenn man dies in das Nicholson-Bailey-Modell (Gleichungen 10.14 und 10.15) einsetzt, ergibt sich:

$$H_{t+1} = H_t e^r \left[1 + \frac{AP_t}{k}\right]^{-k}, \qquad (10.17)$$

$$P_{t+1} = H_t \left\{1 - \left[1 + \frac{AP_t}{k}\right]^{-k}\right\}. \qquad (10.18)$$

Abbildung 10.10 illustriert das Verhalten einer Version dieses Modells, die auch eine dichteabhängige Zuwachsrate der Wirtspopulation enthält. Es wird deutlich, daß das System durch die Einbeziehung signifikanter Aggregationsniveaus ($k \leq 1$) einen erheblichen Stabilitätszuwachs erfährt. Von besonderer Bedeutung ist die Existenz stabiler Systeme mit niedrigen Werten für H^*/K; das heißt, durch Aggregation scheinen stabile Wirtsabundanzen deutlich unter der normalen Umweltkapazität des Wirtes möglich zu werden. Dies paßt zu der aus Abbildung 10.7 gezogenen Schlußfolgerung.

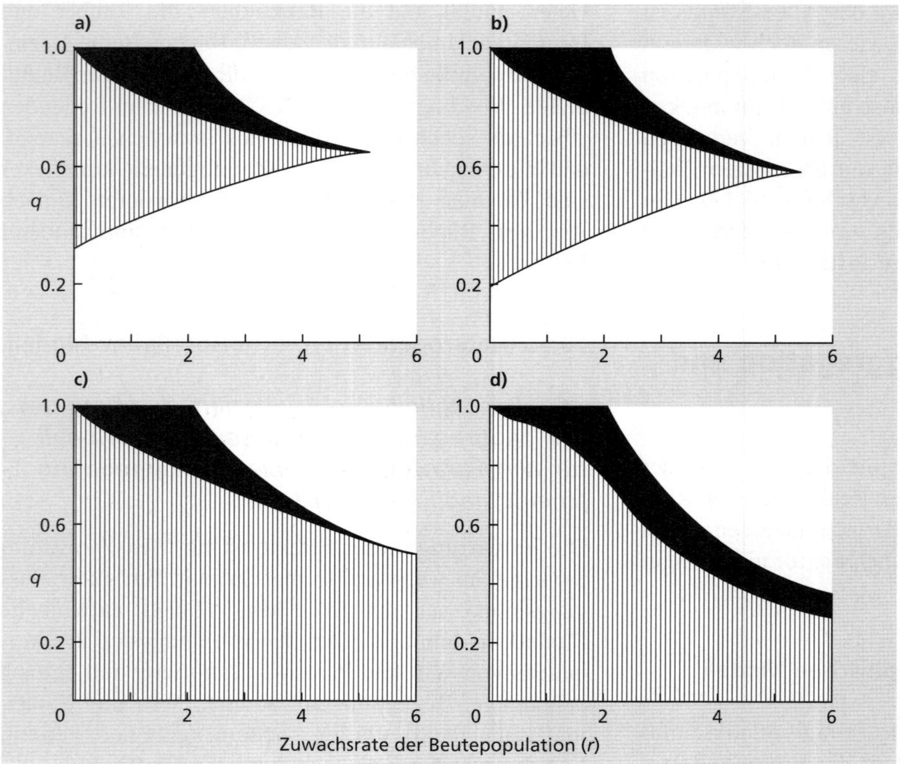

10.10 Mays (1978) Modell der Wirt-Parasitoid-Aggregation, das Selbstbegrenzung des Wirtes berücksichtigt, zeigt, daß Aggregation die Stabilität steigern und zu Stabilität bei niedrigen Werten von $q = H^*/K$ führen kann. Im schwarzen Bereich findet eine exponentielle Annäherung an das Gleichgewicht statt, im schraffierten Bereich eine oszillatorische Annäherung; außerhalb dieser beiden Bereiche herrscht Instabilität (entweder divergieren die Oszillationen, oder sie bleiben dauerhaft bestehen). Die vier Graphiken gelten für vier Werte von k, dem Exponenten der negativen Binomialverteilung in dem Modell. a) $k = \infty$: keine Aggregation, geringste Stabilität; b) $k = 2$; c) $k = 1$; d) $k = 0.1$: stärkste Aggregation. (Nach Hassell 1978)

10.5.3 Risikoaggregation und räumliche Dichteabhängigkeit

Risikoaggregation kann die Pseudointerferenz steigern, einen zeitlich und direkt dichteabhängigen Effekt, der die Stabilität erhöht.

Wie kommt es zur Entstehung dieser Stabilität durch Aggregation? Die Antwort liegt in der sogenannten **Pseudointerferenz** (Free et al.; siehe auch Abschnitt 9.10). Dieser Begriff bezeichnet eine Beziehung, die an die gegenseitige Beeinträchtigung zwischen Räubern erinnert. Gegenseitige Beeinträchtigung oder **Interferenz** bedeutet, daß Räuber bei zunehmender Dichte immer mehr Zeit mit intraspezifischen Interaktionen verbringen und dementsprechend weniger mit der Jagd, so daß die Angriffsrate sinkt. Auch bei Pseudointerferenz nimmt die Angriffsrate mit wachsender Dichte des Räubers (oder des Parasitoiden) ab, jedoch aufgrund eines wachsenden Anteils an Begegnungen, die auf Beute- oder Wirtsindividuen verschwendet werden, welche bereits attackiert worden sind. Der entscheidende Punkt ist, daß die **Risikoaggregation** unter den Wirten (siehe Abschnitt 9.7) oft die Pseudointerferenz steigert. Bei geringer Parasitoidendichte ist es unwahrscheinlich, daß die Angriffsrate eines Parasitoiden infolge von Aggregation reduziert wird. Doch bei höheren Parasitoidendichten werden Parasitoide in Aggregationen (wo sich die meisten von ihnen befinden) zunehmend mit Wirtspatches konfrontiert, in denen die meisten oder alle Wirte bereits parasitiert sind, so daß ihre Angriffe entweder fehlschlagen oder umsonst sein müssen. Mit steigender Dichte der Parasitoiden nimmt daher ihre effektive Angriffsrate schnell ab. Zunehmende Pseudointerferenz hat also zur Folge, daß die Geburtsrate des Parasitoiden mit wachsender Parasitoidendichte beschleunigt abnimmt – ein *direkt* dichteabhängiger Effekt. Dieser dämpft sowohl die natürlichen Schwankungen der Parasitoidendichte als auch den Einfluß des Parasitoiden auf die Wirtsmortalität.

Zusammenfassend kann man sagen, daß Risikoaggregation Wirt-Parasitoid-Beziehungen stabilisiert, indem bereits existierende direkte (nicht verzögerte) Dichteabhängigkeiten stabilisiert werden (Taylor 1993). Die stabilisierenden Kräfte dieses räumlichen Phänomens – der Risikoaggregation – entstehen daher nicht durch räumliche Dichteabhängigkeiten, sondern durch seine Umsetzung in direkte, zeitliche Dichteabhängigkeit.

Zu beachten ist außerdem, daß Pseudointerferenz eine reduzierte Effizienz des Parasitoiden impliziert. Obwohl sie Stabilität schafft, bedingt sie daher zwangsläufig auch eine erhöhte Gleichgewichts-Wirtsabundanz. Deshalb steigert eine verstärkte Aggregation selbst in Fällen, in denen Risikoaggregation ein stabiles Gleichgewicht bei niedriger Wirtshäufigkeit schaffen kann, gleichzeitig die Stabilität und die Abundanz der Wirte.

Positive räumliche Dichteabhängigkeit erhöht nicht zwangsläufig die Stabilität, inverse räumliche Dichteabhängigkeit und Dichteunabhängigkeit scheinen dies hingegen zu tun.

Doch welcher konkrete Zusammenhang besteht zwischen Risikoaggregation und aggregativen Reaktionen von Parasitoiden? Und bewirken aggregative Reaktionen und Risikoaggregation zwangsläufig erhöhte Stabilität? Wir können diese Fragen anhand von Abbildung 10.11 untersuchen, wobei wir uns vergegenwärtigen sollten (siehe Abschnitt 9.7), daß aggregierte Prädatoren nicht notwendigerweise die meiste Zeit damit verbringen, in Patches hoher Wirtsdichte zu jagen (räumliche Dichteabhängigkeit). Die dem Beuteerwerb gewidmete Zeit kann auch negativ mit der Wirtsdichte korreliert oder von dieser unabhängig sein. Beginnen wir mit Abbildung 10.11a. Die Verteilung der Parasitoide über die Wirtspatches folgt einer perfekten, linearen dichteabhängigen Beziehung. Aber da das Wirt-Parasitoid-Verhältnis aus diesem Grunde in jedem Wirtspatch gleich ist, besteht mit einiger Wahrscheinlichkeit auch in jedem Wirtspatch das gleiche Risiko. Es ist daher sofort erkennbar, daß positive räumliche Dichteabhängigkeit nicht unbedingt zu einer Aggregation (das heißt Variation) des Risikos führt und nicht zwangsläufig die Stabilität erhöht. Andererseits scheint bei einer perfekten dichteabhängigen Beziehung mit zunehmender Steigung (Abbildung 10.11b) eine Risikoaggregation gegeben zu sein, und diese könnte die Stabilität durchaus steigern (Hassell und May 1973). Es zeigt sich jedoch, daß es von der funktionellen Reaktion des Parasitoiden abhängt, ob dies geschieht (Ives 1992a). Bei einer Typ-1-Reaktion, wie sie die meisten Analysen voraussetzen, wird die Stabilität erhöht. Bei einer eher der Realität entsprechenden Typ-2-Reaktion dagegen führen von keinerlei Aggregation ausgehende anfängliche Steigerungen der dichteabhängigen Aggregation tatsächlich zur Abnahme der Risikoaggregation und wirken destabilisierend (weil die Auswirkungen von Typ-2-Reaktionen – geringere Angriffsraten in Patches geringer Wirtsdichte, in denen die Parasitoide das Sättigungsniveau erreicht haben – den Effekten der Aggregation entgegenwirken). Nur ein hohes Niveau dichteabhängiger Aggregation (das die Effekte der Typ-2-Reaktion mehr als wettmacht) ist stabilisierend.

Außerdem geht aus Abbildung 10.11c und d deutlich hervor, daß eine beträchtliche Risikoaggregation entweder bei inverser räumlicher Dichteabhängigkeit oder ohne jegliche räumliche Dichteabhängigkeit existieren kann – und daß diesen eine funktionelle Antwort des Typs 2 nicht entgegenwirken würde. Unsere zuvor oben gestellten Fragen lassen sich

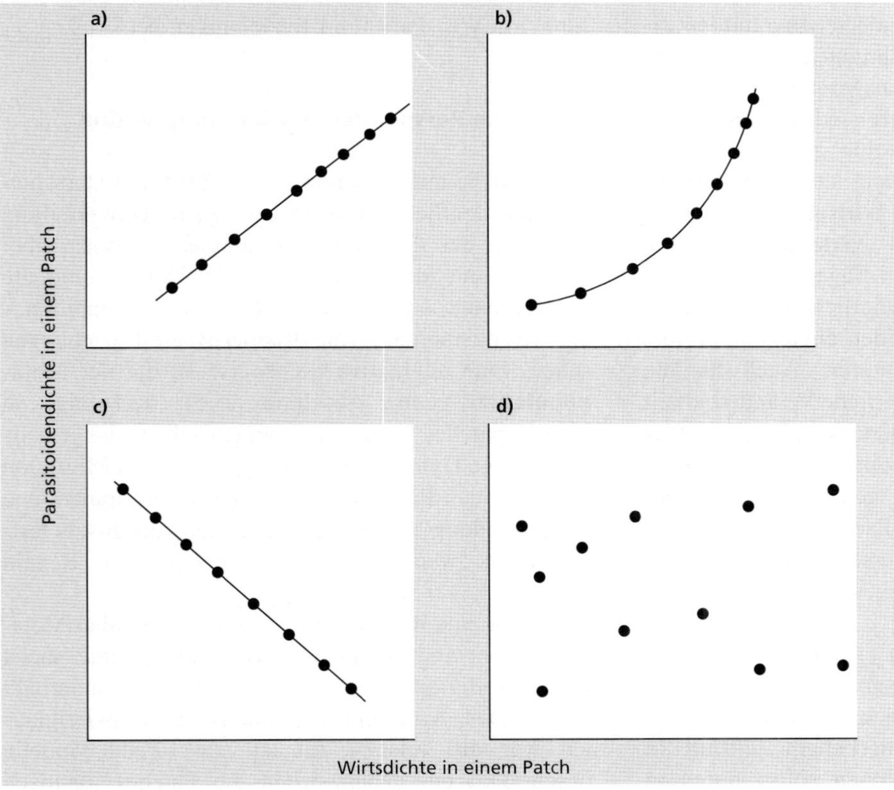

10.11 Aggregative Reaktionen von Parasitoiden und Risikoaggregation. a) Parasitoide aggregieren in Patches hoher Wirtsdichte, aber das Parasitoid-Wirt-Verhältnis ist in allen Patches identisch (es besteht eine perfekte lineare Beziehung); deshalb ist das Risiko für die Wirte in allen Patches gleich hoch. b) Hier nimmt die Aggregation der Parasitoide in Patches hoher Wirtsdichte mit der Wirtsdichte zu, und Wirte in Patches hoher Dichte haben demnach ein größeres Risiko, befallen zu werden: Es gibt eine Risikoaggregation. c) Bei perfekter umgekehrter Dichteabhängigkeit (das heißt Parasitenaggregation in Patches *geringer* Wirtsdichte) ist das Risiko für die Wirte in Patches geringer Dichte besonders hoch: Auch hier existiert eine Risikoaggregation. d) Auch ohne aggregative Reaktion (bei Dichteunabhängigkeit) ist das Risiko für die Wirte (das Parasitoid-Wirt-Verhältnis) in manchen Patches höher als in anderen: Auch hier besteht Risikoaggregation.

daher folgendermaßen teilweise beantworten: Für aggregative Reaktionen, die räumlich dichteabhängig sind, besteht die geringste Wahrscheinlichkeit, daß sie zu einer Risikoaggregation führen, und damit auch die geringste Wahrscheinlichkeit, die Stabilität zu erhöhen.

Bei der Arbeit mit realen Datensätzen (wie den in Abbildung 9.12 verwendeten) entsteht die Risikoaggregation natürlich oft aus einer Kombination räumlich dichteabhängiger (direkter oder inverser) und dichteunabhängiger Reaktionen (Chesson und Murdoch 1986; Hassell und Pacala 1990; Pacala et al. 1990, Hassell et al. 1991; Pacala und Hassell 1991). Pacala, Hassell und Mitarbeiter haben ersteres als **wirtsdichteabhängige** (HDD, vom englischen *host-density dependent*) Komponente und letzteres als **wirtsdichteunabhängige** (HDI, von *host-density independent*) Komponente bezeichnet und Methoden beschrieben, mit deren Hilfe es möglich ist, die Risikoaggregation in realen Datensätzen wie in Abbildung 9.12 in diese Komponenten zu zerlegen.

10.5.4 Heterogenität in einigen Modellen mit kontinuierlichem Zeitfluß

Ständige Umverteilung kann Pseudointerferenz aufheben und die Effekte auf die Stabilität drastisch verändern – Modelle mit kontinuierlichem Zeitfluß.

Bei unserer bisherigen Auseinandersetzung mit Parasitoiden und Wirten haben wir durchgehend bestimmte strukturelle Eigenschaften vorausgesetzt, die wir nun überdenken sollten. Insbesondere sind wir davon ausgegangen, daß unsere Parasitoide sich zu Beginn einer Generation (oder allgemein des Zeitintervalls zwischen t und $t + 1$) über die Wirtspatches verteilen und die Konsequenzen dieser Verteilung bis zum Beginn der nächsten Generation tragen müssen. Nehmen wir nun jedoch eine kontinuierliche Umverteilung an, wie sie bei vielen Parasitoiden ebenso stattfindet wie bei vielen anderen Prädatoren. Auch für die Aggregation wird eine kontinuierliche Veränderbarkeit angenommen. Prädatoren in einem ausgebeuteten oder sogar schon in einem sich erschöpfenden Patch verlassen diesen und verteilen sich neu (siehe Abschnitt 9.10). Die gesamte Basis der Pseudointerferenz und damit der Stabilität, nämlich verschwendete Angriffe in Patches hoher Räuberdichte, schwindet plötzlich dahin.

Murdoch und Stewart-Oaten (1989) wandten sich dem vielleicht entgegengesetzten Extrem dessen zu, worauf wir uns bisher konzentriert haben. Sie entwickelten ein Modell mit kontinuierlichem Zeitfluß, in dem aufgefressene Beuteindividuen sofort durch in den Patch einwandernde Individuen ersetzt wurden, und Prädatoren sofort in Patches eindrangen, so daß ein konstantes, nicht durch Beuteschwund verändertes räumliches Muster der Räuber-Beute-Kovariation bestehen blieb. Die Effekte auf ihr ansonsten neutral stabiles Lotka-Volterra-Modell stehen in deutlichem Gegensatz zu denen, die wir bisher kennengelernt haben. Erstens haben Prädatorenaggregationen, die von der lokalen Beutedichte unabhängig sind, nun weder auf die Stabilität noch auf die Beutedichte Einfluß. Allerdings hat eine Prädatorenaggregation, die direkt von der lokalen Beutedichte abhängig ist, einen Effekt, der auf der Stärke dieser Abhängigkeit beruht – obwohl sie die Beutedichte stets senkt (weil die Räubereffizienz steigt). Wenn eine solche Dichteabhängigkeit relativ schwach ist (wie es nach Murdoch und Stewart-Oaten (1989) in der Realität meist der Fall ist), *sinkt* die Stabilität. Nur bei einer Dichteabhängigkeit, die stärker ist, als es in der Regel in der Natur der Fall zu sein scheint, steigt sie.

Andere, weniger „extreme“ Modelle mit kontinuierlichem Zeitfluß (Ives 1992b) oder solche, die diskrete Generationen mit einer Umverteilung innerhalb der Generationen kombinieren (Rohani et al. 1994a), liefern Ergebnisse, die zwischen den Extremen des Nicholson-Bailey- und des Murdoch-Stewart-Oaten-Modells liegen. Es scheint jedoch gewiß, daß die überwiegende Beschäftigung mit Modellen, die keine Bewegungen innerhalb der Generationen zulassen, in der Vergangenheit zu einer erheblichen Überschätzung der Bedeutung geführt hat, die Aggregation für Patches hoher Wirtsdichte im Hinblick auf die Stabilisierung von Wirt-Parasitoid-Beziehungen hat.

10.5.5 Die Perspektive der Metapopulation

Die Modelle mit kontinuierlichem Zeitfluß unterscheiden sich deutlich von denen, die keine Umverteilung innerhalb der Generationen zulassen, stimmen aber insofern mit diesen überein, als beide komplette Populationen – wenn auch mit interner Variabilität – als Bezugsrahmen von Räuber-Beute-Beziehungen sehen. Eine alternative Sichtweise ist die der **Metapopulation** (siehe Abschnitt 15.6), derzufolge in Umweltpatches Unterpopulationen leben, die jeweils eine eigene Dynamik aufweisen, aber durch Migration zwischen den Patches mit anderen Unterpopulationen in Verbindung stehen, wobei dieser Austausch feststehenden, wenn auch oft sehr einfachen Regeln folgt.

Es gibt eine Reihe von Untersuchungen über Metapopulationsmodelle für Räuber-Beute-Systeme, meist mit instabiler oder neutral stabiler Dynamik innerhalb der Patches. Aufgrund mathematischer Schwierigkeiten war die Analyse oft auf Zwei-Patch-Modelle beschränkt, bei denen, wenn die Patches identisch sind und die Migration gleichmäßig ist, die Stabilität nicht beeinflußt wird: Räumliche Heterogenität und

Migration zwischen Patches haben keine eigenen Effekte (Murdoch et al. 1992; Holt und Hassell 1993).

Metapopulationsmodelle für Räuber-Beute-Beziehungen zeigen: Migration zwischen Patches mit asynchronen Populationsschwankungen bewirkt eine stabilisierende Dichteabhängigkeit.

Unterschiede zwischen den Patches bewirken jedoch oft eine Stabilisierung der Beziehung (Ives 1992b; Murdoch et al. 1992; Holt und Hassell 1993). Das liegt daran, daß jeder Unterschied in Parameterwerten zwischen Patches zu einer Asynchronität der Populationsschwankungen in den Patches führt. Daher verliert eine Population im Maximum ihres Zyklus durch Abwanderung mehr, als sie durch Zuwanderung gewinnt, eine Population im Minimum gewinnt mehr, als sie verliert, und so weiter. Migration und Asynchronität gemeinsam bewirken eine stabilisierende zeitliche Dichteabhängigkeit in der Nettomigrationsrate.

In Metapopulationsmodellen kann Aggregation stabilisierend oder destabilisierend wirken – ihre Effekte hängen von vielen Faktoren ab.

Es ist vielleicht nicht überraschend, daß die Situation sehr viel komplizierter wird, wenn man Aggregationsverhalten bei Räuber und/oder Beute einbezieht, da dann die Migrationsrate eine wesentlich komplexere Funktion sowohl der Räuber- als auch der Beutedichte in allen Patches wird. Aggregation scheint zwei entgegengesetzte Effekte zu haben (Murdoch et al. 1992). Sie steigert in der Regel die Asynchronität zwischen Schwankungen der Räuberhäufigkeit (was die Stabilität steigert), senkt aber die Asynchronität zwischen Beuteschwankungen (was die Stabilität senkt). Das Gleichgewicht zwischen diesen Kräften scheint von der Stärke der Aggregation, aber vielleicht noch mehr von den in den Modellen enthaltenen Annahmen abzuhängen (Jves 1992b; Godfray und Pacala 1992; Murdoch et al. 1992). Aggregation kann entweder stabilisierend oder destabilisierend wirken. Anders als in den bisherigen Analysen hat sie keinen eindeutigen Effekt auf die Beutedichte, da ihre stabilisierenden Kräfte nicht mit der Räubereffizienz gekoppelt sind.

Gibt es eine allgemeine Erkenntnis, die man aus dieser Vielzahl von Theorien, deren Menge scheinbar exponentiell wächst, ableiten kann? Wenn ja, dann sicherlich nicht in der Art von »Aggregation bewirkt in Räuber-Beute-Beziehungen *x*«. Vielmehr kann Aggregation viele verschiedene Effekte haben, und zu ermitteln, welcher davon bei einer bestimmten Räuber-Beute-Beziehung wahrscheinlich gegeben ist, erfordert eine genaue Kenntnis der Biologie und des Verhaltens beider Arten. Insbesondere hat sich gezeigt, daß die Auswirkungen von Aggregation von der funktionellen Reaktion des Räubers, vom Ausmaß der Selbstregulation des Wirtes und von anderen Faktoren abhängen, die wir isoliert untersucht haben. Wie schon zu Beginn dieses Kapitels hervorgehoben wurde, erfordert der Versuch, komplexe Prozesse zu verstehen, zunächst die Trennung der verschiedenen Komponenten. Ebenso ist es jedoch nötig, diese Komponenten schließlich wieder zu kombinieren.

10.5.6 Aggregation, Heterogenität und räumliche Variation in der Realität

Untersuchungen an Raubmilben und Schneeschuhhasen sprechen für eine stabilisierende Wirkung räumlicher Heterogenität bei Metapopulationen.

Welche Rolle spielt nun Heterogenität in der Realität? Ihre stabilisierenden Effekte wurden bereits für die von Huffacker untersuchte Raubmilbe *Typhlodromus occidentalis* beschrieben (siehe Abschnitt 9.7.3). Bezeichnend ist auch, daß Populationen des sonst „zyklischen“ Schneeschuhhasen (siehe Abschnitt 10.2.4) in Habitaten, die mosaikartig aus bewohnbaren und unbewohnbaren Teilen zusammengesetzt sind, niemals zyklische Schwankungen zeigen. In Gebirgsregionen sowie in Gebieten, die durch landwirtschaftlich genutzte Flächen fragmentiert sind, erhält der Schneeschuhhase relativ stabile, nicht zyklisch schwankende Populationen aufrecht (Keith 1983). Diese Beispiele stützen die Annahme, im Metapopulationskontext käme räumlicher Heterogenität (und Migration) eine stabilisierende Rolle zu.

In der biologischen Schädlingsbekämpfung gibt es erfolgreiche Beispiele mit und ohne aggregative Reaktionen.

Die Auswirkungen von aggregativen Reaktionen andererseits waren Gegenstand einer lebhaften Debatte über die Eigenschaften von Organismen, die in der biologischen Schädlingsbekämpfung eingesetzt werden. Bei der biologischen Bekämpfung eines Schädlings verbringt man einen seiner Antagonisten (natürlichen Feinde) in das von ihm befallene Gebiet oder fördert diesen Nützling anderweitig (siehe Kapitel 16). Ein guter Nützling muß in der Lage sein, die Abundanz seiner Beute (des Schädlings) auf ein stabiles Niveau unter dessen „normaler“, schädlicher Dichte zu senken. Wie wir gesehen haben, tragen aggregative Reaktionen einigen theoretischen Analysen zufolge dazu bei, exakt dies zu bewirken. Angeregt durch diese Arbeiten, untersuchten Heads und Lawton (1983) einige der natürlichen Feinde der Ilexminierfliege (*Phytomyza ilicis*), einer kleinen Minierfliege (Agromyzidae), die in Kanada ein Schädling ist, weil ihre Larven in den Blättern der Stechpalme minieren und sie für Dekorationszwecke unbrauchbar machen. Von den von Heads und Lawton untersuchten Parasitoiden und Prädatoren verursachte einer, der Larvenparasitoid *Chrysocharis gemma*, eine aggregierte Verteilung der Wirtsmortalität, die bei den niedrigsten Wirtsdichten am ausgeprägtesten war. Andererseits gab es bei keinem der übrigen natürlichen Feinde Belege für aggregative Reaktionen, auch nicht bei den Puppenparasitoiden *Sphegigaster pallicornis* und *Chrysocharis pubicornis*. Heads und Lawton arbeiteten nicht in Kanada, sondern in Nordengland. Dennoch ist erwähnenswert, daß weder *S. pallicornis* noch *C. pubicornis* den Blattminierer in Kanada erfolgreich kontrollieren konnten, während *C. gemma* von den Entomologen, die das Projekt bearbeiteten, als guter Antagonist eingestuft wurde.

Andererseits wurden im Fall der erfolgreichen biologischen Bekämpfung der Grauen Obstbaum-Löffelschildlaus (*Parlatoria oleae*) keine aggregativen Reaktionen festgestellt, obwohl man danach suchte (Murdoch et al. 1984). Murdoch et al. (1985) argumentierten, daß Schädlingspopulationen nach erfolgreicher biologischer Bekämpfung im allgemeinen nicht etwa infolge von aggregativen Reaktionen fortbestehen, sondern aufgrund der stochastischen Entstehung von Wirtspatches durch Kolonisierung und ihre darauffolgende Auslöschung, wenn sie von dem Kontrollorganismus entdeckt werden: im Grunde ein Metapopulationseffekt. Waage und Greathead (1988) dagegen vertreten die Meinung, daß eine umfassendere Sicht sowohl die Bedeutung der aggregativen Reaktionen als auch die Sichtweise von Murdoch und seinen Kollegen einbeziehen kann. Ihrer Ansicht nach werden die Populationen von Schildläusen, anderen Homopteren und Milben (wie *Typhlodromus occidentalis*), von denen innerhalb eines Patches viele Generationen gleichzeitig leben können, oft durch Asynchronität der Dynamik verschiedener Patches stabilisiert, während die Populationen von Lepidopteren und Hymenopteren, die einen Patch in der Regel nur während eines Abschnitts ihres Lebenszyklus bewohnen, oft durch aggregative Reaktionen stabilisiert werden können.

Die Kontrolle von Opuntien in Australien scheint die Bedeutung von räumlicher Heterogenität für die biologische Schädlingsbekämpfung zu bestätigen.

Die Bedeutung von Heterogenität für die biologische Schädlingsbekämpfung scheint durch eine Pflanzen-Herbivoren-Beziehung bei der Bekämpfung der Feigenkakteen *Opuntia inermis* und *O. stricta* in Australien bestätigt zu werden (Monro 1967). Vor der Einführung der Kaktusmotte (*Cactoblastis cactorum*) im Jahre 1925 waren weite Gebiete anderweitig nutzbaren Landes in Australien mit dichten Beständen dieser Kakteen bedeckt. *Cactoblastis* wurde eingeführt, weil sie in Südamerika, dem Herkunftsgebiet der Opuntien, einer ihrer natürlichen Konsumenten ist. Als die Falter sich während der Jahre 1928 bis 1935 immer weiter verbreiteten, wurden die dichten Kakteenbestände praktisch ausgelöscht. Bis zum Zusammenbruch einer Population dauerte es in der Regel etwa zwei Jahre, und seither blieb die Dichte der Kakteen auf einem niedrigen (und ökonomisch akzeptablen) Niveau ($N^*/K_N = 0.002$; nach Caughley und Lawton 1981).

Cactoblastis-Larven sind in doppelter Hinsicht aggregiert: Die Schmetterlingsweibchen legen Eistangen aus jeweils 80 Eiern ab, und die Gelege selbst sind auf den Pflanzen geklumpt verteilt. Zudem weisen die Raupen eine sehr geringe Mobilität auf, und oft gehen sie bei zu hoher Gelegedichte (in etwa bei mehr als zwei Eistangen pro Pflanze) mit dem Kaktus zusammen ein. In diesem Fall scheint also die Pseudointerferenz, die bei großer Raupendichte durch die hohe Sterblichkeit auf stark befallenen Pflanzen entsteht, die Wechselbeziehung bei geringen Dichten zu stabilisieren.

Aussagen über die stabilisierende Rolle der Aggregation fallen vor allem deshalb so schwer, weil es, wie wir gesehen haben, zwar umfangreiche Berichte über Daten zur räumlichen Verteilung von Angriffen gibt (Lessels 1985; Stiling 1987; Walde und Murdoch 1988; Pacala und Hassell 1991), diese Daten jedoch generell aus Untersuchungen über sehr kurze Zeiträume – oft nur eine Generation – stammen. Wir wissen nicht, ob die beobachteten räumlichen Muster für die jeweilige Beziehung typisch sind, und ebensowenig, ob die Populationsdynamik das Ausmaß an Stabilität zeigt, das die räumlichen Muster vielleicht vorherzusagen scheinen.

Reale Daten bestätigen die Komplexität natürlicher Systeme.

Eine Mehrgenerationenstudie, die Belege für die stabilisierenden Kräfte eines bestimmten Typs von Heterogenität liefert, nämlich eines Lebensraums, in dem ein Zufluchtsort existiert (siehe Abschnitt 10.5.1), wurde in Abbildung 10.3 illustriert. Mitunter befindet sich ein Teil einer Beutepopulation in einem Refugium, weil die entsprechenden Individuen für den Räuber nicht erreichbar sind. In diesem Fall sind Wirte (die Dörrobstmotte (*Plodia interpunctella*)), die tiefer in ihrer Nahrung leben, für die Parasitoide (*Venturia canescens*), die versuchen, ihre Eier in ihnen abzulegen, unerreichbar. Ohne dieses Refugium, in einem Nahrungsmedium geringer Tiefe, kann diese Wirt-Parasitoid-Beziehung nicht dauerhaft bestehen (siehe Abbildung 10.3c), obwohl der Wirt allein problemlos dazu in der Lage ist (siehe Abbildung 10.3d). Dagegen können Wirt und Parasitoid in einem tieferen Nahrungsmedium, das heißt mit einem Refugium für den Wirt, anscheinend unbegrenzt lange gemeinsam überleben (siehe Abbildung 10.3a).

Auf der Suche nach regulatorischen Prozessen müssen Populationen sowohl räumlich als auch zeitlich untersucht werden.

Zweifellos *können* räumliche und andere Formen von Heterogenität einen wichtigen regulatorischen Einfluß auf Beutepopulationen ausüben. Wie wir jedoch gesehen haben, kann Heterogenität verschiedene Rollen spielen, und ihre Effizienz in diesen Rollen hängt von ihrer Wechselwirkung mit anderen Faktoren ab. Wir haben außerdem gesehen, daß die Kombination von verzögerter Dichteabhängigkeit und den für alle natürlichen Lebensräume charakteristischen Fluktuationen zu Mustern der Generationenmortalität führen kann, die nicht ohne weiteres überhaupt auf eine Regulierung der Population schließen lassen, obwohl vielleicht in jeder Generation starke regulative Kräfte wirksam sind. Wie Hassell (1985) bemerkte, liegt die Lösung in „zweidimensionalen" Untersuchungsprogrammen, in denen Populationen über mehrere Generationen hinweg verfolgt werden und die gleichzeitig die räumlichen und sonstigen Variationen innerhalb der einzelnen Generationen erfassen. Ohne einen solchen dualen Ansatz ist es unwahrscheinlich, daß wir die wahren Ursachen der relativen Stabilität vieler natürlicher Populationen werden identifizieren können. Neuere Forschungsergebnisse unterstreichen allerdings, daß dazu umfangreiche Informationen über die Variationen innerhalb der Generationen erforderlich sind, und deuten darauf hin, daß wir statt „mehrere" vielleicht „viele" Generationen sagen müssen.

10.6 Mehrere Gleichgewichtszustände: Eine Erklärung für Massenvermehrungen

In Räuber-Beute-Beziehungen kann es auch mehrere alternative stabile Gleichgewichtszustände geben: multiple Gleichgewichte.

Auf den verschiedensten Gebieten arbeitende Ökologen sind zu der Erkenntnis gekommen, daß es bei Räuber-Beute-Beziehungen nicht unbedingt nur einen Gleichgewichtszustand zwischen den beiden Populationen gibt (um den beide oszillieren können). Statt dessen können auch mehrere Gleichgewichtszustände (**multiple Gleichgewichte**) oder alternative stabile Zustände existieren. Diese Möglichkeit wurde bisher meist in solchen Fällen in Betracht gezogen, in denen die Größe von Prädatoren- beziehungsweise Herbivorenpopulationen nicht von der Abundanz der Beute abhängt (siehe den Überblick von May 1977). Gute Beispiele dafür wären Viehherden (deren Umfang der Landwirt bestimmt; siehe Noy-Meir 1975) oder Fangflotten, die Fischpopulationen ausbeuten (wobei die Größe der Flotte von den Bootseignern oder durch internationale Verträge festgelegt ist). Derartige Situationen werden in späteren Abschnitten über die Nutzung von Populationen behandelt (siehe Kapitel 16). Mehrere Gleichgewichtszustände können sich jedoch auch in Wechselbeziehungen von Prädatoren- und Beutepopulationen ergeben.

Man kann Modelle mit mehreren Gleichgewichten konstruieren, in denen sich plötzlich Massenvermehrungen ergeben.

Abbildung 10.12 zeigt ein Modell mit mehreren Gleichgewichtszuständen. Die Beutenullisokline weist sowohl einen senkrechten Abschnitt bei geringen Dichten als auch einen Buckel auf. Dies könnte auf eine funktionelle Reaktion des Typs 3 eines Räubers mit langer Handhabungszeit hindeuten, oder vielleicht auf die Kombination einer aggregativen Reaktion mit einer Abnahme der Beuterekrutierung bei geringer Dichte. Infolgedessen schneidet die Räubernullisokline die Beutenullisokline dreimal. Länge und Richtung der Pfeile in Abbildung 10.12a zeigen, daß zwei der Schnittpunkte (X und Z) recht stabile Gleichgewichte sind (wenn auch um jeden dieser Punkte gewisse Schwankungen zu erwarten sind). Der dritte Schnittpunkt (Y) ist dagegen instabil: Populationen in der Nähe dieses Punktes werden sich entweder auf X oder auf Z zu bewegen. Außerdem gibt es Prädator-Beute-Kombinationen nahe dem Punkt X, bei denen die Pfeile auf den Bereich um Punkt Z weisen, und Kombinationen in der Nähe von Z, bei denen die Pfeile auf den Bereich um X zurückweisen. Selbst geringfügige Störungen in der Umwelt können Populationen aus der Nähe von Punkt X in Richtung von Z verschieben und umgekehrt.

Das Verhalten einer hypothetischen Population, das den Pfeilen in Abbildung 10.12a entspricht, ist in Abbildung 10.12b als gemeinsames Abundanzdiagramm und in Abbildung 10.12c als Häufigkeits-Zeit-Diagramm dargestellt. Besonders die Beutepopulation zeigt während des Wechsels vom Gleichgewicht bei geringer Dichte zum Gleichgewicht bei hoher Dichte und zurück eine explosionsartige Vermehrung. Diese Bevölkerungsexplosion spiegelt keineswegs eine entsprechend starke Umweltveränderung wider. Vielmehr wird sie von der Wechselbeziehung selbst verursacht (die Umwelt steuert nur ein geringfügiges Rauschen bei) und ist ein Anzeichen für die Existenz mehrerer Gleichgewichtszustände. Auf ähnliche Weise lassen sich scheinbar komplizierte Abundanzmuster in der Natur erklären.

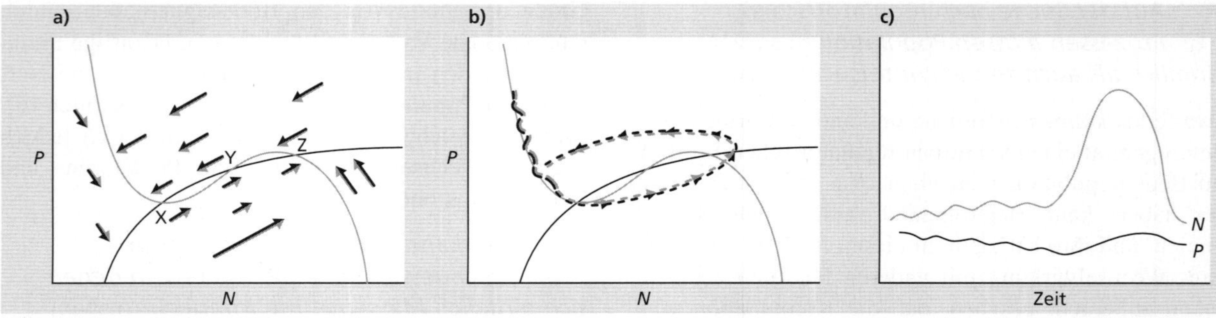

10.12 Ein Räuber-Beute-Nullisoklinen-Modell mit mehreren Gleichgewichtspunkten. a) Die Nullwachstumsisokline der Beute weist einen vertikalen Abschnitt bei geringer Dichte sowie einen Buckel auf; die Räubernullisokline kann sie daher dreimal schneiden. Die Schnittpunkte X und Z sind stabile Gleichgewichtspunkte, während Y ein instabiler Schnittpunkt ist, von dem aus die Abundanzen sich entweder auf X oder auf Z zu bewegen. b) Ein möglicher Weg der Abundanzen unter Einwirkung der in (a) dargestellten Kräfte. c) Dieselben Abundanzen, aufgetragen gegen die Zeit, zeigen, daß eine Wechselwirkung mit konstanten Eigenschaften zu Massenvermehrungen führen kann.

10.6.1 Mehrere Gleichgewichtszustände in der Natur?

Es gibt in der Natur Beispiele für Massenvermehrungen nach scheinbar stabilen Dichten oder den Wechsel zwischen zwei stabilen Dichten, denen wohl mehrere Gleichgewichte zugrunde liegen.

Es gibt sicherlich Beispiele für freilebende Populationen, die, ausgehend von relativ niedrigen und scheinbar stabilen Dichten, Massenvermehrungen durchmachen (Abbildung 10.13a–c), sowie Fälle, in denen Populationen zwischen zwei stabilen Dichten hin und her zu wechseln scheinen (Abbildung 10.13d). In solchen Fällen liegt jedoch nicht zwangsläufig eine Wechselbeziehung mit mehreren Gleichgewichtszuständen vor.

Mitunter lassen sich aber plausible Argumente für die Existenz mehrerer Gleichgewichte anführen. Das gilt beispielsweise für die Untersuchungen von Clark (1964) am Eukalyptusblattfloh (*Cardiaspina albitextura*) in Australien (Abbildung 10.13a). Diese Homopteren scheinen neben einem Gleichgewichtszustand bei geringer Dichte, der durch ihre natürlichen Feinde (hauptsächlich Vögel) aufrechterhalten wird, ein bedeutend weniger stabiles Gleichgewicht bei hoher Dichte aufzuweisen, für dessen Aufrechterhaltung intraspezifische Konkurrenz verantwortlich ist (die Entlaubung des Wirtsbaumes führt zur Abnahme von Fruchtbarkeit und Überlebensrate). Ein solches Gleichgewicht auf hohem Niveau kann sich einstellen, wenn die Räuber nicht schnell genug auf einen Dichteanstieg der adulten Psylliden reagieren.

Auch für Populationen des Nordamerikanischen Tannentriebwicklers (*Choristoneura fumiferana*) (Abbildung 10.13b) scheinen mehrere Gleichgewichtszustände zu existieren, wenn auch wahrscheinlich nicht vom gleichen Typ wie in Abbildung 10.12 beschrieben (siehe Petermann et al. 1979). In jungen Balsamtannen-Weißfichten-Wäldern oder in Fichten-Tannen-Hartholz-Beständen ist die Nahrungsqualität für den Tannentriebwickler gering, womit eine niedrige Rekrutierungsrate verbunden ist. Es wird daher vermutet, daß die Populationen des Schmetterlings durch seine Prädatoren bei geringer Dichte stabilisiert werden (wie in Abbildung 10.7, Kurve (i)), obwohl es für diese wichtige Annahme keinen experimentellen Nachweis gibt. Mit zunehmendem Alter eines Fichten-Tannen-Waldes verbessert sich die Nahrungsqualität für den Falter, und seine Rekrutierungsrate sowie die Kapazität des Waldes steigen. Die Nullisokline des Tannentriebwicklers kann dann über die seiner Prädatoren ansteigen, so daß sich die Isoklinen nur bei einem Gleichgewicht auf hohem Dichteniveau schneiden (wie in Abbildung 10.7). Solche Massenvermehrungen zerstören jedoch innerhalb kurzer Zeit die erwachsenen Bäume. Der Wald verjüngt sich, und die Nullisoklinen sowie die Gleichgewichte entsprechen wieder denen in Abbildung 10.7.

Entscheidend dabei ist, daß sowohl geringfügige Veränderungen der Umweltkapazität oder ökologischen Tragfähigkeit (das heißt der Reife des Waldes) als auch leichte Störungen der Umwelt (wenn der Reifezustand des Waldes sich in der Nähe eines Schwellenwertes befindet) starke Abundanzänderungen (nämlich eine Massenvermehrung und einen darauffolgenden Zusammenbruch der Population) verursachen können.

Besonders interessant ist, daß die empirische Beobachtung zweier alternativer Gleichgewichtszustände (Abbildung 10.13d) bei der Mottenschildlaus *Aleurotrachelus jelinekii* (der Weißen Fliege des Schneeballes) durch ein Modell bestätigt wird, das für diese Population eben dieses Muster vorhersagt (Southwood et al. 1989). Das Modell basiert auf der Annahme, daß die Differenz zwischen der beobachteten und der potentiell möglichen Anzahl abgelegter

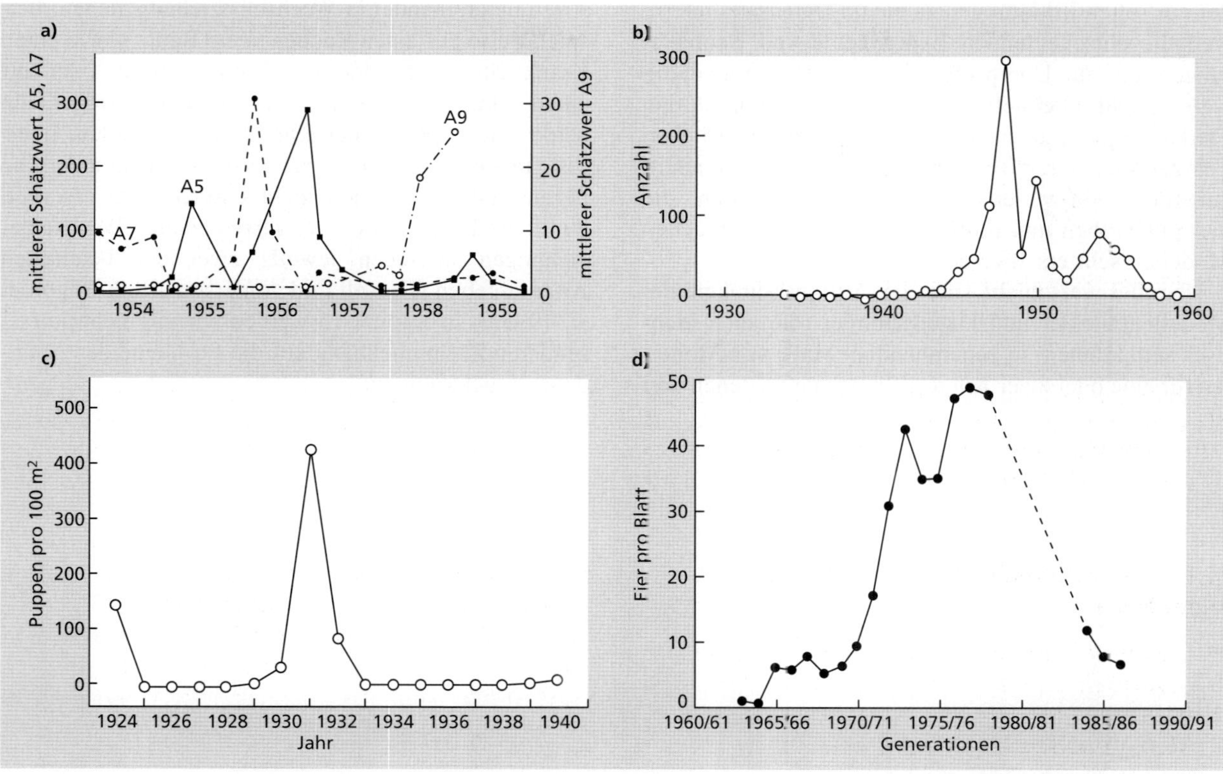

10.13 Beispiele für Massenvermehrungen und alternative Gleichgewichtszustände. a) Mittlere Schätzwerte der relativen Abundanz des Eukalyptusblattflohs (*Cardiaspina albitextura*) in drei Untersuchungsgebieten in Australien (A5, A7 und A9) (nach Clark 1962). b) In Kanada beobachtete Veränderungen der Häufigkeit des Nordamerikanischen Tannentriebwicklers (*Choristoneura fumiferana*) (nach Morris 1963). c) Dichte der Puppen Kiefern- oder Forleule (*Panolis flammaea*) in einem deutschen Untersuchungsgebiet; die Raupen fressen Nadeln der Gemeinen Kiefer (*Pinus sylvestris*) (nach Schwerdtfeger 1941). d) Mittlere Eizahl von *Aleurotrachelus jelinekii* (Weiße Fliege des Schneeballes) pro Blatt eines Schneeballstrauches im Silwood Park im englischen Berkshire. Von 1979/80 bis 1983/84 wurden keine Proben genommen. (Nach Southwood et al. 1989)

Eier in einer Generation dichteabhängig ist, aber in Abhängigkeit von der potentiellen Eidichte pro Blatt von zwei sehr unterschiedlichen Beziehungen bestimmt wird.

Plötzliche Abundanzänderungen können aber auch auf unvermittelte Veränderungen der Umweltbedingungen zurückgehen.

Andererseits gibt es viele Fälle, in denen plötzliche Abundanzänderungen recht gut unvermittelte Änderungen von Umwelt- oder Ernährungsbedingungen widerspiegeln. Die Anzahl der in England und Wales nistenden Graureiher liegt normalerweise bei 4 000 bis 4 500 Paaren, nach besonders strengen Wintern geht sie aber stark zurück (Stafford 1971). Wenn die Binnengewässer längere Zeit zugefroren sind, finden die von Fischen lebenden Reiher nicht genügend Nahrung; es gibt jedoch keine Hinweise darauf, daß die niedrigen Populationsdichten (2 000 bis 3 000 Paare) einen alternativen Gleichgewichtszustand darstellen. Die Populationsrückgänge sind einfach die Folge dichteunabhängiger Mortalität, von der sich die Reiher rasch erholen.

10.7 Diskussion

Die einfachsten mathematischen Modelle für Räuber-Beute-Beziehungen produzieren gekoppelte Oszillationen, die hochgradig instabil sind. Durch Einbeziehung verschiedener realistischer Elemente in diese Modelle ist es jedoch möglich, diejenigen Eigenschaften echter Räuber-Beute-Beziehungen zu ermitteln, die zur Stabilisierung solcher Beziehungen beitragen. Selbstbegrenzung durch Crowding-Effekte in einer der beteiligten Populationen (intraspezifische Konkurrenz bei der Beute und gegenseitige Beeinträchtigung bei den Prädatoren), begrenzte Ausbreitung in Modellen, die die räumliche Dimension einbeziehen, und Heterogenität/aggregative Reaktionen können besonders wirkungsvolle stabilisierende Kräfte sein. Eine weitere durch Modelle vermittelte Erkenntnis ist, daß für Räuber-Beute-Systeme mehrere stabile Zustände existieren können.

Wie wir gesehen haben, stehen Abundanzmuster von Räuber-Beute-Beziehungen in Labor und Freiland oft im Einklang mit den aus Modellen abgeleiteten Schlußfolgerungen. Im Einzelfall können wir aber leider nur selten Erklärungen zu einem Datensatz liefern, weil die entscheidenden Experimente und Beobachtungen, die zur Überprüfung der Modelle notwendig wären, nicht durchgeführt wurden. Hinzu kommt, daß Freilandpopulationen nicht nur von ihren natürlichen Feinden oder ihrer Beute beeinflußt werden, sondern außerdem von vielen anderen Umweltfaktoren, die das Bild trüben und direkte Vergleiche mit einfachen Modellen sehr erschweren.

Überdies verschiebt sich die Aufmerksamkeit der Modellentwickler und Datensammler (die auch identisch sein können) in zunehmendem Maße von Modellen für eine oder zwei Arten auf Systeme, in denen drei Arten untereinander in Wechselbeziehung stehen: beispielsweise auf einen Räuber, seine Beute sowie einen Krankheitserreger, der den Räuber befällt, oder auf einen Parasitoiden und einen Krankheitserreger, die beide eine Räuber- oder eine Beuteart befallen. Interessanterweise zeigen solche Systeme oft dynamische Eigenschaften, die sich nicht einfach, wie erwartet, durch die Kombination der verschiedenen Wechselbeziehungen zwischen jeweils zwei der beteiligten Arten ergeben (Hassell und Anderson 1989; Begon et al. 1995b). In Kapitel 15 werden wir in einem umfassenderen Zusammenhang auf die Probleme der Abundanz zurückkommen.

11 Destruenten und Detritivore

11.1 Einleitung

Destruenten (Saprophyten) und Detritivore (Saprophage) beeinflussen die Produktionsrate ihrer Ressourcen in der Regel nicht; die Ausnahme bilden nekrotrophe Parasiten.

Wenn Pflanzen und Tiere sterben, werden ihre Körper zu Ressourcen für andere Organismen. In gewissem Sinne leben natürlich die meisten Konsumenten von toter organischer Substanz – Carnivore fangen und töten ihre Beute, und ein Blatt, das von einem Herbivoren gefressen wird, ist tot, wenn seine Verdauung beginnt. Der entscheidende Unterschied zwischen den Organismen, um die es in diesem Kapitel geht, und Herbivoren, Carnivoren und Parasiten besteht darin, daß die drei letztgenannten Gruppen die Produktionsrate ihrer Ressourcen direkt beeinflussen. Seien es Löwen, die Gazellen schlagen, Gazellen, die Gras fressen, oder Gras, das von einem Rostpilz befallen wird – die Nutzung der Ressource schränkt deren Fähigkeit ein, neue Ressourcen (weitere Gazellen oder mehr Gras) hervorzubringen. Andererseits können manche Mutualisten die von ihrem Partner produzierte Ressourcenmenge *steigern* (siehe Kapitel 13). Im Gegensatz zu diesen Gruppen kontrollieren **Destruenten** oder **Saprophyten** (Bakterien und Pilze, die tote organische Substanz nutzen) und **Detritivore** oder **Saprophage**, manchmal auch **Saprovore** genannt (tierische Konsumenten toter organischer Substanz) die Rate, mit der ihre Ressource verfügbar wird oder sich reproduziert, *nicht*. (Der Begriff *Destruenten* wird von manchen Autoren synonym mit Saprophyten, von anderen gleichbedeutend mit **Zersetzer**, also Saprophyten und Saprophage, verwendet.) Diese Organismen sind völlig davon abhängig, in welchem Umfang andere Faktoren (etwa Alterung, Krankheit, Verletzungen oder Laubfall) die Ressourcen schaffen, von denen sie leben. Ausnahmen gibt es unter den **nekrotrophen Parasiten** (siehe Kapitel 12), die ihren Wirt töten und ihn dann weiterhin als Ressource nutzen. Der Pilz *Botrytis cinerea* (Grauschimmel) beispielsweise befällt lebende Bohnenblätter und lebt nach dem Tod seines Wirtes als Destruent weiter. Die Maden der Australischen Schafgoldfliege (*Lucilia cuprina*), die Schafe parasitieren, können ihren Wirt töten und werden danach in dessen Kadaver zu Detritivoren. In solchen Fällen kann man dem Destruenten beziehungsweise Detritivoren ein gewisses Maß an Kontrolle über seine Versorgung mit Ressourcen zusprechen.

Die Wechselbeziehungen zwischen Destruenten respektive Detritivoren und ihrer Nahrung sind substratkontrolliert; ihre Dynamik läßt daher eine höhere Stabilität erwarten.

Pimm (1982) beschreibt das Verhältnis zwischen Destruenten beziehungsweise Detritivoren und ihrer Nahrung als **ressourcen-** oder **substratkontrolliert** (*donor-controlled*): Das Substrat (die Nahrung) kontrolliert die Dichte des Rezipienten (Konsumenten), aber nicht umgekehrt. Die Dynamik von substratkontrollierten Modellen unterscheidet sich in verschiedener Hinsicht von den traditionellen Lotka-Volterra-Modellen für Räuber-Beute-Beziehungen (siehe Kapitel 10). Ein wesentlicher Unterschied besteht darin, daß bei untereinander in Wechselwirkung stehenden Artengesellschaften mit substratkontrollierter Dynamik eine höhere Stabilität zu erwarten ist und daß die Stabilität von der Artendiversität und der Komplexität des Nahrungsnetzes unabhängig ist oder sogar mit ihnen zunimmt. Dies steht völlig im Gegensatz zu Situationen, auf die die Lotka-Volterra-Dynamik zutrifft. In Kapitel 22 wird das wichtige Thema der Komplexität von Nahrungsnetzen und der Stabilität von Lebensgemeinschaften noch eingehend erörtert.

Durch die Rückgewinnung von Nährstoffen spielen Detritivore eine enorm wichtige Rolle im Naturhaushalt.

Zwar besteht im allgemeinen keine direkte Rückwirkung von der Zersetzerpopulation auf die Ressource, doch es existieren oft indirekte Effekte, beispielsweise durch das Freiwerden von Nährstoffen bei der Zersetzung von Laub, das letztlich die Rate, mit der Bäume neues Laub produzieren, beeinflussen kann. Tatsächlich spielen Destruenten und Detritivore durch die Rückgewinnung von Nährstoffen eine fundamentale Rolle im Naturhaushalt.

Unter Zersetzung versteht man den allmählichen Abbau toter organischer Substanz durch physikalische und biologische Faktoren; dabei wird Energie freigesetzt, und Nährstoffe werden mineralisiert.

Wenn ein anorganischer Nährstoff – primär beim Wachstum grüner Pflanzen – in organische Substanz eingebaut wird, spricht man von **Immobilisation** oder **Festlegung**. Umgekehrt wird bei der **Zersetzung** Energie freigesetzt, und Nährstoffe werden von einer organischen in eine anorganische Form überführt (**Mineralisierung**). Zersetzung ist als allmählicher Abbau toter organischer Substanz definiert und erfolgt durch die Einwirkung physikalischer und biologischer Faktoren. Das Endergebnis ist die Aufspaltung komplexer, energiereicher Moleküle in Kohlendioxid, Wasser und mineralische Nährstoffe. Einige der freigesetzten chemischen Elemente werden eine Zeitlang in den Körpern der Zersetzer gebunden, und ein Teil der freiwerdenden Energie wird für Stoffwechselprozesse verbraucht und geht schließlich als Wärme verloren. Letztlich stehen die durch Photosynthese eingefangene Sonnenenergie und die in Biomasse festgelegten anorganischen Nährstoffe im Gleichgewicht mit der Wärmeenergie und den Nährstoffen, die bei der Mineralisierung wieder frei werden. Ein bestimmtes Molekül kann im Nährstoffkreislauf also wiederholt immobilisiert und mineralisiert werden. Die Bedeutung von Destruenten und Detritivoren für den Energie- und Nährstofffluß auf dem Niveau von Lebensgemeinschaften wird in den Kapiteln 18 und 19 erörtert. In diesem Kapitel geht es um die Organismen, die an der Zersetzung organischer Substanz beteiligt sind, und um die Art und Weise, wie sie ihre Ressourcen nutzen.

Nicht nur tote Tiere und Pflanzen werden zersetzt, sondern auch abgestoßene Teile von Organismen oder Faeces.

Die Ressourcen von Destruenten und Detritivoren bestehen nicht nur aus toten Tieren und Pflanzen. Tote organische Substanz, die Tiere und Pflanzen während ihres Lebens kontinuierlich produzieren, kann eine wichtige Ressource sein. Unitare Organismen stoßen während ihrer Entwicklung und ihres Wachstums Teile ab; Beispiele sind die Häute von Arthropodenlarven oder von Schlangen sowie Hautschuppen, Haare, Federn und Horn von anderen Wirbeltieren. Die Lebewesen, die sich von solchen abgestoßenen Teilen ernähren, sind oft Spezialisten. Unter den Pilzen gibt es Spezialisten, die Federn und Horn zersetzen, und bestimmte Arthropoden sind auf abgestreifte Häute spezialisiert. Menschliche Hautpartikel sind eine Ressource für Hausstaubmilben (*Dermatophagoides pteromyssimus*), die im Hausstaub allgegenwärtig sind und vielen Allergikern Probleme bereiten.

Noch charakteristischer ist der kontinuierliche Abwurf abgestorbener Teile für modulare Organismen. Die älteren Polypen eines koloniebildenden Hydrozoen oder einer Koralle sterben und werden zersetzt, während andere Teile derselben Kolonie neue Polypen bilden. Die meisten Pflanzen werfen alte Blätter ab und bilden neue. Der jahreszeitliche Laubfall in einem Wald ist die bedeutendste Nahrungsquelle für Destruenten und Detritivore, ohne daß die Produzenten in diesem Prozeß sterben. Höhere Pflanzen stoßen außerdem ständig Zellen von ihren Wurzelhauben ab, und während des Wurzelwachstums sterben Wurzelrindenzellen ab. Diese Versorgung mit organischer Substanz führt zum hohen Nährstoffgehalt der Wurzelumgebung oder Rhizosphäre. Pflanzliches Gewebe ist im allgemeinen stoffdurchlässig, so daß lösliche Zukker und stickstoffhaltige Verbindungen auf die Blattoberfläche gelangen, wo sie das Wachstum von Bakterien und Pilzen in der Phyllosphäre erlauben.

Schließlich sind auch **Faeces** (Kot) – ob von Detritivoren, Herbivoren, Carnivoren oder Parasiten – eine Ressource für Destruenten und Detritivore. Sie bestehen aus toter organischer Substanz, deren chemische Zusammensetzung davon abhängt, was ihr Produzent gefressen hat.

Der Rest dieses Kapitels ist in zwei Abschnitte gegliedert. In Abschnitt 11.2 beschreiben wir die an der Zersetzung beteiligten Organismen und erörtern die relative Bedeutung von Bakterien und Pilzen einerseits und von Detritivoren andererseits. Danach, in Abschnitt 11.3, geht es um die mit der Konsumption von pflanzlichem Detritus, Faeces und Aas verbundenen Probleme und Prozesse.

11.2 Die Organismen

11.2.1 Die Destruenten: Bakterien und Pilze

Bakterien und Pilze sind meist die ersten Besiedler von frisch abgestorbenem Material.

Wenn ein toter Organismus nicht sofort gefressen wird, beginnt der Prozeß seiner Zersetzung gewöhnlich mit der Besiedlung durch Bakterien und Pilze. Gleichzeitig können andere Veränderungen eintreten: Enzyme können im toten Gewebe die **Autolyse** einleiten, indem sie Kohlenhydrate und Proteine zu einfachen, löslichen Verbindungen abbauen. Außerdem kann die tote Substanz durch Regen ausgelaugt werden oder in aquatischem Milieu Mineralstoffe und lösliche organische Verbindungen durch Lösung verlieren.

Bakterien und Pilzsporen sind in Luft und Wasser allgegenwärtig und finden sich gewöhnlich auch auf (oft auch in) organischem Material, bevor dieses abstirbt. Gemeinsam mit den nekrotrophen Parasiten (siehe Kapitel 12) haben sie in der Regel als erste Zugang zu der Ressource. Diese frühen Besiedler nutzen meist lösliche Substanzen, hauptsächlich Aminosäuren und Zucker, die frei diffundieren können. Ihnen fehlen Enzyme, die für die Verdauung von Struktursubstanzen wie Cellulose, Lignin, Chitin und Keratin erforderlich sind. Viele Arten der Gattungen *Penicillium*, *Mucor* und *Rhizopus*, die sogenannten „Zuckerpilze" des Bodens, wachsen während der ersten Phasen der Zersetzung sehr schnell. Gemeinsam mit Bakterien mit ähnlicher opportunistischer Physiologie vermehren sie sich auf frisch abgestorbenem Material oft explosionsartig. Wenn die frei verfügbaren Ressourcen aufgebraucht sind, brechen diese Populationen zusammen und hinterlassen Ruhestadien in großer Zahl, die eine neuerliche explosionsartige Vermehrung gestatten, wenn wieder frisch abgestorbenes Material verfügbar wird. Man kann sie als die *r*-selektierten Opportunisten unter den Destruenten betrachten und sie mit den „Supertramp"-Arten unter den Vögeln vergleichen, welche Inseln kolonisieren (siehe Abschnitt 5.3.1).

In der Industrie werden Zersetzungsprozesse vielfältig genutzt.

Die frühen Phasen der Zersetzung lassen sich in Haushalt und Industrie vielfach beobachten:

1) Die frühen Besiedler von altem Brot sind Stärke- und Zuckerpilze wie *Penicillium* (Pinselschimmel) und *Mucor* (Köpfchenschimmel).
2) Die frühen Besiedler von Blütennektar sind hauptsächlich Hefen (einfache Zuckerpilze), die sich später auf die reife Frucht ausbreiten können. Durch ihre explosionsartige Vermehrung in Säften erzeugen sie beispielsweise die bekannten Gärungsprodukte Wein und Bier.
3) Die der Konservierung dienende Silierung von Grünfutter und die Herstellung von Sauerkraut sind auf die Aktivität von Primärkolonisten zurückzuführen, die gelöste oder leicht lösliche Kohlenhydrate umsetzen. Dabei handelt es sich um Bakterien, vor allem *Lactobacilli* (Milchsäurebakterien), die lösliche Zucker aufnehmen und anaerob zu organischen Säuren (hauptsächlich Milchsäure) vergären. Die gebildete Säure kann das Pflanzenmaterial dadurch konservieren, daß sie den pH-Wert auf ein Niveau senkt, bei dem andere Destruenten nicht aktiv sein können.
4) Pflanzen, aus denen man Fasern gewinnt (zum Beispiel Flachs und Jute), werden einer mikrobiellen Rotte unterzogen, um die Fasern von anderen Gewebeteilen zu befreien. An diesem Prozeß sind vor allem Bakterien beteiligt, die durch Schnitte und andere Verletzungen in das Pflanzenmaterial eindringen, sich in den leicht zersetzbaren Geweben ausbreiten und Zellwände angreifen, die noch nicht durch Cellulose und Lignin verstärkt worden sind. Auch hier sind einfache, opportunistische Organismen die ersten Zersetzer.

In der Natur bauen die frühen Besiedler vor allem Zucker ab: anaerob durch Gärung beispielsweise zu Alkohol oder organischen Säuren.

Auch in der Natur besteht die Aktivität der frühen Besiedler vor allem in der Umsetzung von Zuckern, die stark von der Belüftung beeinflußt wird. Bei ausreichender Sauerstoffversorgung werden die Zucker durch Mikroben zu Kohlendioxid abgebaut. Unter anaeroben Bedingungen erfolgt durch verschiedene Formen der **Gärung** ein weniger vollständiger Abbau, etwa zu Alkohol oder organischen Säuren, die das Milieu für nachfolgende Besiedler verändern. Insbesondere begünstigt die Senkung des pH-Wertes infolge der Säureproduktion die Vermehrung von Pilzen gegenüber der von Bakterien.

In den sauerstofffreien Sedimenten von Meeren und Seen finden sich denitrifizierende, sulfatreduzierende und methanbildende Bakterien.

Unter den Lebensräumen, in denen **anoxische** (sauerstofffreie) Bedingungen herrschen, sind die Sedimente von Meeren und Seen, die ständig mit toter organischer Substanz aus der darüberliegenden Wassersäule versorgt werden, am weitesten verbreitet. Der **aerobe Abbau** (überwiegend durch Bakterien) erschöpft den vorhandenen Sauerstoff schnell, da dieser nur durch Diffusion von der Sedimentoberfläche nachgeliefert werden kann. Deshalb sind Sedimente bereits an ihrer Oberfläche oder wenige Zentimeter darunter – hauptsächlich abhängig von der Menge des organischen Eintrags – völlig sauerstofffrei. In diesem Bereich leben verschiedene Bakterientypen mit unterschiedlichen Formen **anaerober Atmung**, die nicht Sauerstoff, sondern andere anorganische Elektronenakzeptoren für ihre Atmungsprozesse nutzen. In der obersten Sedimentschicht findet man denitrifizierende Bakterien, weiter unten sulfatreduzierende und zuunterst methanbildende Formen. Da Meerwasser relativ viel Sulfat enthält, ist die von sulfatreduzierenden Bakterien besiedelte Schicht in Meeressedimenten vergleichsweise dick. Süßwassersedimente dagegen enthalten sehr viel weniger Sulfat, und entsprechend spielt dort die Methanbildung eine größere Rolle (Fenchel 1987b).

Auf die Anfangsphase folgt die langsamere Zersetzung widerstandsfähiger Strukturbestandteile wie etwa Cellulose und Lignin.

Nach der Besiedlung toten Materials durch „Zuckerpilze" und Bakterien sowie eventueller Auswaschung durch Regen oder im Wasser bleiben unlösliche und schwerer angreifbare Stoffe zurück. Die Hauptbestandteile toter organischer Substanz lassen sich nach ihrer Widerstandsfähigkeit gegen Zersetzung folgendermaßen grob klassifizieren: Zucker < (weniger resistent als) Stärke < Hemicellulosen, Pektine und Proteine < Cellulose < Lignine < Suberin < Cutin. Nach dem relativ schnellen Abbau von Zuckern verlangsamt sich die Zersetzung, und es werden mikrobielle Spezialisten aktiv, die Cellulose und Lignine verwerten können und die komplexeren Proteine, Suberin (Kork) und Cutin abbauen. Der Abbau dieser Strukturbestandteile erfordert einen sehr engen Kontakt zum Destruenten (die meisten Cellulasen sind Oberflächenenzyme, die direkten Kontakt zwischen dem Zersetzer und seinem Nährsubstrat verlangen). Der Verlauf des Abbauprozesses kann nun von der Geschwindigkeit abhängen, mit der die Pilzhyphen durch verholzte Zellwände von Zelle zu Zelle vordringen können. Bei der Zersetzung von Holz durch Pilze lassen sich zwei große Gruppen von Spezialisten unterscheiden: die Braunfäulepilze, die Cellulose zersetzen können und einen hauptsächlich aus Lignin bestehenden braunen Rückstand hinterlassen, und die Weißfäulepilze, die hauptsächlich Lignin zersetzen und einen weißen cellulosehaltigen Rückstand hinterlassen. Wenn überhaupt sind nur wenige Organismen in der Lage, sowohl Lignin als auch Cellulose zu zersetzen.

Der Abbau erfolgt durch eine natürliche Sukzession zersetzender Mikroorganismen.

Beim weiteren Abbau folgen in einer natürlichen Sukzession verschiedene Organismen aufeinander, beginnend mit einfachen Zuckerpilzen (hauptsächlich Phycomyceten und Fungi imperfecti). Es folgen meist Eumyceten (Basidiomyceten und Ascomyceten) sowie Bakterien (die auch als „Strahlenpilze" bezeichneten Actinomyceten), die langsamer wachsen, weniger Sporen bilden, einen engeren Kontakt zum Substrat herstellen und einen spezialisierteren Stoffwechsel haben (Pugh 1980). Die Diversität der am Abbau eines abgefallenen Blattes beteiligten Mikroflora nimmt mit der Zeit ab; die letzten, resistentesten Stoffe werden von nur wenigen hochspezialisierten Arten zersetzt. Ein Beispiel für die Sukzession von Pilzen, die am Abbau der Waldstreuschicht beteiligt sind, findet sich in Abschnitt 17.4.1.

Die chemischen Eigenschaften einer Ressource ändern sich im Laufe der Zersetzungssukzession.

Die Eigenschaften einer in Zersetzung befindlichen Ressource verändern sich im Laufe der Sukzession, und eben diese Veränderungen sind maßgeblich daran beteiligt, die Sukzession voranzutreiben. Die chemischen Veränderungen von totem organischem Material sind in Abbildung 11.1 am Beispiel von Eichenlaub am Waldboden sowie in einem durch Wald fließenden Bach dargestellt. Die Abläufe sind einander bemerkenswert ähnlich. Lösliche Kohlenhydrate verschwinden schnell, und zwar vor allem durch Auswaschung (und dementsprechend im aquatischen Milieu schneller). Die widerstandsfähigeren Strukturbestandteile Cellulose und Hemicellulose werden durch enzymatischen Abbau langsamer reduziert, und am geringsten ist die Abbaugeschwindigkeit von Lignin (nur am Waldboden gemessen). Lipide (nur in der Bachstudie gemessen) werden mit mittlerer Geschwindigkeit abgebaut.

Die meisten mikrobiellen Zersetzer sind relativ spezialisiert, erst dadurch wird aber der vollständige Abbau überhaupt möglich.

Die meisten mikrobiellen Zersetzer können nur eine begrenzte Anzahl von Substraten angreifen. Nur die Vielfalt der Arten ermöglicht den vollständigen Abbau der strukturell und chemisch komplexen Gewebe toter Tiere und Pflanzen. Diese Bakterien und Pilze wirken jedoch selten allein, und wenn sie es täten, verliefe der Prozeß wesentlich langsamer und zudem unvollständig. Der wesentliche Faktor, der den Abbau organischer Abfälle verzögert, ist die Zellstruktur von Pflanzenresten – in Tierkadavern treffen Destruenten auf weit geringere Barrieren. Die Zersetzung von Pflanzenmaterial wird durch Aktivitäten, die zur Zerkleinerung der Gewebe beitragen, erheblich

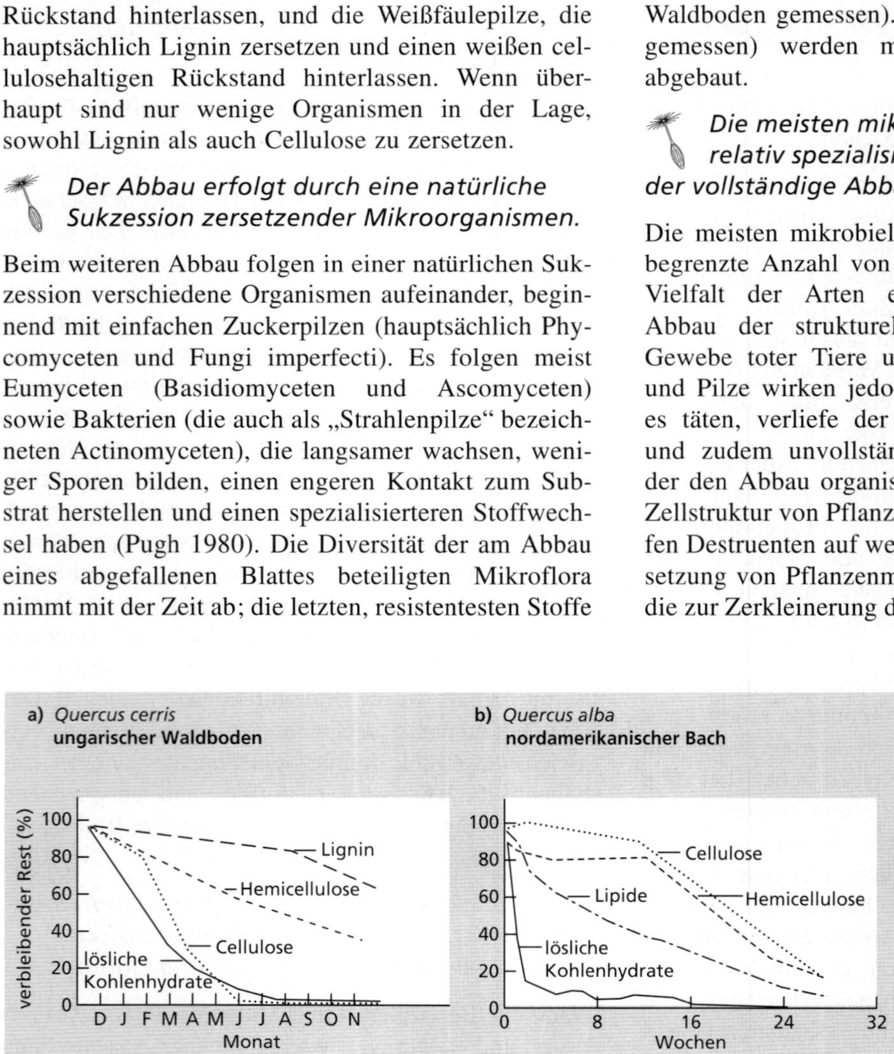

11.1 Veränderungen in der Zusammensetzung von Eichenlaubstreu unter verschiedenen Bedingungen: a) Blätter der Zerreiche (*Quercus cerris*) auf einem Waldboden in Ungarn im Jahresverlauf; b) Blätter der Weißeiche (*Q. alba*) in einem nordamerikanischen Bach im Laufe eines 28wöchigen Experiments. (Nach Toth et al. 1975; Suberkropp et al. 1976)

beschleunigt. Die Fraßaktivitäten von Detritivoren etwa brechen Zellen auf und exponieren deren Inhalt sowie die Zellwandoberflächen dem Angriff durch Mikroben.

11.2.2 Detritivore und spezialisierte Mikrobivore

Mikrobivore sind spezialisierte Konsumenten von Bakterien und Pilzen.

Mikrobivore sind gemeinsam mit Detritivoren aktiv und lassen sich oft schwer von diesen unterscheiden. Es handelt sich um eine Gruppe sehr kleiner Tiere, die auf **Mikroflora** – Pilze oder Bakterien – als Nahrungsquelle spezialisiert sind. Die Nutzung von Bakterien erfordert ganz andere Anpassungen als die von Pilzen, und zwar hauptsächlich wegen der unterschiedlichen Wuchsform der beiden Gruppen. Bakterien (und Hefen) wachsen in Kolonien, die sich durch Teilung von Einzelzellen auf der Oberfläche meist kleiner Partikel bilden. Spezialisierte Konsumenten von Bakterien sind zwangsläufig sehr klein; zu ihnen gehören in Wasser und Boden lebende Protozoen, etwa Amöben, sowie der terrestrische Nematode *Pelodera*, der keine Sedimentpartikel frißt, sondern Bakterien von deren Oberfläche abweidet. Im Gegensatz zu den Bakterien bilden Pilze weitverzweigte, fädige Hyphen, die bei vielen Arten in organisches Material eindringen können. Manche spezialisierten Konsumenten von Pilzen (beispielsweise der Nematode *Ditylenchus*) besitzen Stilette, mit denen sie Pilzhyphen anstechen und aussaugen; die meisten pilzfressenden Tiere sind jedoch Weidegänger, das heißt, sie fressen die Hyphen als Ganzes. Manche Käfer, Ameisen und Termiten stehen in enger mutualistischer Beziehung zu bestimmten Pilzarten; diese Beziehungen werden in Kapitel 13 behandelt. Zu beachten ist, daß mikrobivore Arten sich von lebenden Organismen ernähren und deshalb nicht als substratkontrolliert bezeichnet werden können.

Die meisten Detritivoren fressen sowohl tote organische Substanz als auch die darauf lebende Mikroflora.

Je größer ein Tier ist, desto weniger ist es in der Lage, die Mikroflora getrennt von dem pflanzlichen und tierischen Detritus aufzunehmen, auf dem diese wächst. Tatsächlich sind die meisten an der Zersetzung organischer Substanz beteiligten Detritivoren Allesfresser, die sowohl Detritus als auch die damit assoziierte Mikroflora fressen.

Terrestrische Detritivore werden gewöhnlich nach ihrer Größe klassifiziert: in Mikro-, Meso- Makro- und Megafauna.

Die wirbellosen Detritivoren gehören zu ganz verschiedenen taxonomischen Gruppen. In terrestrischen Habitaten werden sie gewöhnlich nach ihrer Größe klassifiziert. Dieses Klassifikationsmerkmal ist nicht willkürlich gewählt, denn die Größe ist bei Organismen, die ihre Nahrung im Boden (oder in Streu) grabend beziehungsweise durch dessen Spalten und Hohlräume kriechend erreichen, eine wichtige Eigenschaft. Die **Mikrofauna** (einschließlich der Mikrobivoren) umfaßt Protozoen, Nematoden und Rotatorien (Abbildung 11.2). Die Hauptgruppen der **Mesofauna** (Tiere mit einer Körperbreite zwischen 100 μm und 2 mm) sind Bodenmilben (Acari), Springschwänze (Collembola) und die zu den Oligochaeten zählenden Enchyträen (Enchytraeidae). Zur **Makrofauna** (2–20 mm Körperbreite) und **Megafauna** (über 20 mm) gehören Asseln (Isopoda), Tausendfüßer (Diplopoda), Regenwürmer (Megadrili), Schnecken (Gastropoda) sowie die Larven bestimmter Fliegen (Diptera) und Käfer (Coleoptera). Diese Tiere sind hauptsächlich für die anfängliche Zerkleinerung von Pflanzenmaterial verantwortlich. Durch ihre Tätigkeit können sie Detritus in großem Maßstab umverteilen, wodurch sie direkt zur Entwicklung der Bodenstruktur beitragen.

Regenwürmern kommt bei der Bodenbildung eine enorme Bedeutung zu.

Darwin (1888) schätzte, daß die Regenwürmer in einigen Weiden in der Nähe seines Hauses innerhalb von 30 Jahren eine 18 cm dicke Bodenschicht neu gebildet hatten, indem sie pro Hektar etwa 50 Tonnen Ausscheidungen an der Bodenoberfläche ablagerten. Zahlen dieser Größenordnung sind seither des öfteren bestätigt worden. Zudem setzen nicht alle Regenwurmarten ihre Faeces an der Erdoberfläche ab, so daß die insgesamt von Regenwürmern bewegte Menge an Boden und organischer Substanz noch sehr viel höher sein dürfte. Die Würmer ziehen Pflanzenreste in den Boden, vermischen sie damit (und machen sie so anderen Detritivoren sowie Destruenten zugänglich), schaffen Hohlräume (wodurch sie die Belüftung und Entwässerung des Bodens fördern) und lagern Ausscheidungen ab, die reich an organischer Substanz sind. Es ist daher verständlich, daß Landwirtschaftsökologen besorgt über landwirtschaftliche Methoden sind, die eine Dezimierung der Regenwurmpopulationen zur Folge haben.

Die relative Bedeutung von Mikro-, Meso- und Makrofauna ändert sich mit der geographischen Breite.

Detritivore kommen in allen terrestrischen Habitaten vor, und zwar oft in bemerkenswerter Artenvielfalt und enormer Anzahl. So kann zum Beispiel 1 m^3 Waldboden der gemäßigten Zone 1 000 Tierarten enthalten, mit Populationen aus über zehn Millionen Individuen bei Nematoden und Protozoen, 100 000 bei Springschwänzen und Milben und etwa 50 000 bei

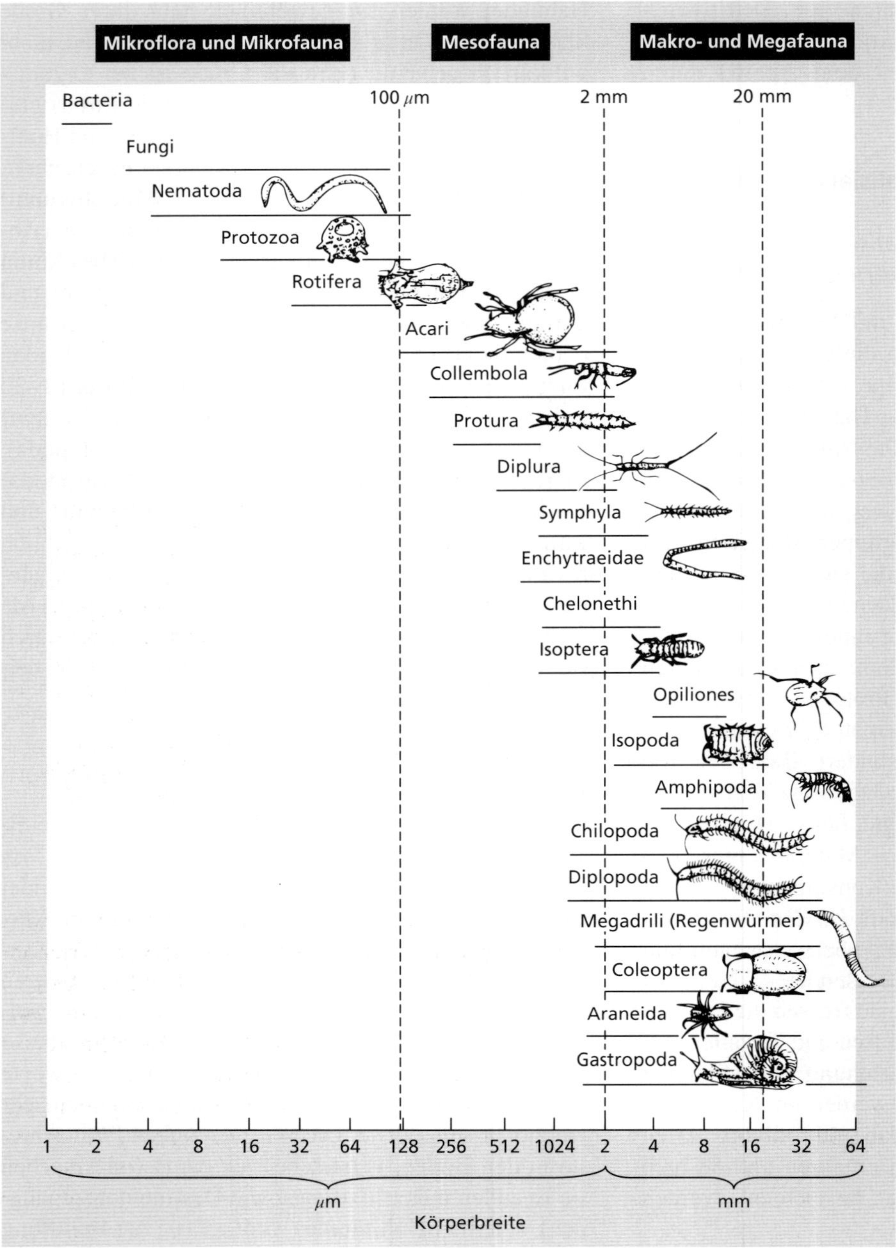

11.2 Größenklassifikation von Organismen des terrestrischen Zersetzernahrungsnetzes nach der Körperbreite. Die folgenden Organismen sind rein carnivor: Opiliones (Weberknechte), Chilopoda (Hundertfüßer), Araneida (Spinnen). (Nach Swift et al. 1979)

anderen Wirbellosen (Anderson 1978). Die relative Bedeutung von Mikro-, Meso- und Makrofauna terrestrischer Lebensgemeinschaften ändert sich in Abhängigkeit vom Breitengrad (Abbildung 11.3). In den organischen Bodenschichten des borealen Waldes, der Tundra und der Polarwüste hat die Mikrofauna eine relativ große Bedeutung. Dort stabilisiert das reichlich vorhandene organische Material die Bodenfeuchte und schafft günstige Mikrohabitate für Protozoen, Nematoden und Rotatorien, die im Wasserfilm der Bodenporen (im Interstitialwasser) leben. In den heißen, trockenen Mineralböden der Tropen gibt es nur wenige dieser Tiere. Die tiefgründigen Bodenschichten der Wälder der gemäßigten Zone nehmen eine Zwischenposition ein und beherbergen die größten Populationen der zur Mesofauna gehörenden Bodenmilben, Springschwänze und Enchyträen. Zu den trockenen tropischen Gebieten hin nehmen die meisten übrigen Bodentiergruppen an Häufigkeit ab; an ihre Stelle treten Termiten.

Temperatur und Bodenfeuchte wirken sich grundlegend auf die Zersetzungsrate beziehungsweise die Zusammensetzung von terrestrischen Detritivorengemeinschaften aus.

Auch kleinräumig betrachtet hängen Zusammensetzung und Aktivität der an der Zersetzung beteiligten Lebensgemeinschaft von den jeweiligen Umweltbedingungen ab. Die Temperatur hat einen fundamentalen Einfluß auf die Zersetzungsrate (Swift et al.

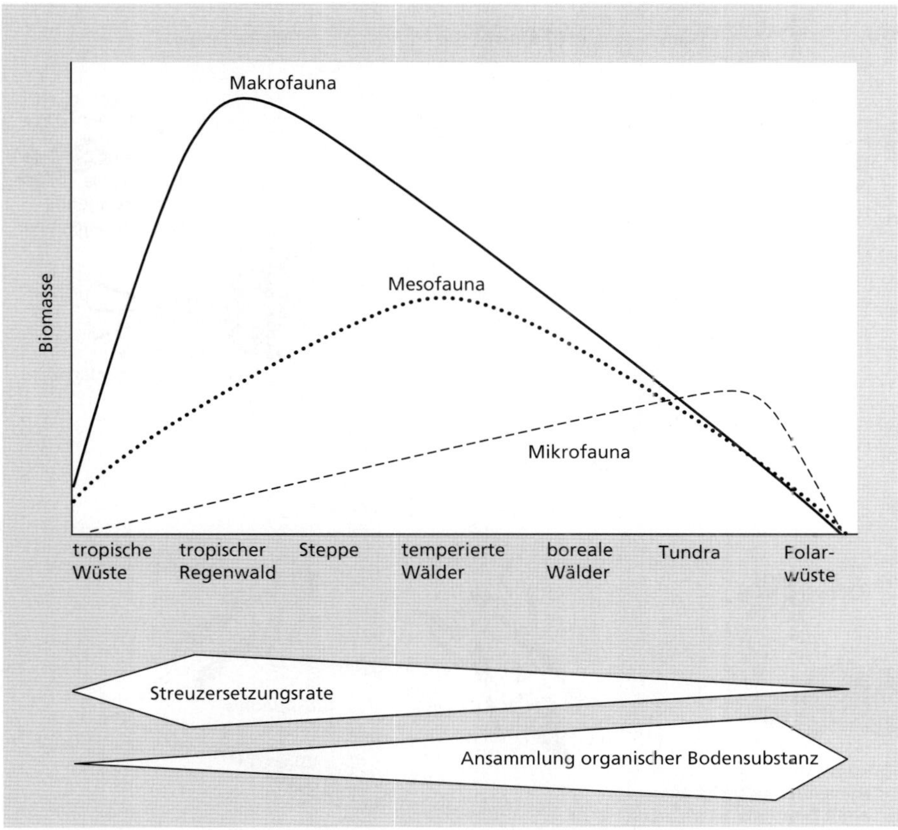

11.3 Der unterschiedliche Anteil von Makro-, Meso- und Mikrofauna an der Zersetzung in terrestrischen Ökosystemen verschiedener Breitengrade. Die Akkumulation von organischer Bodensubstanz (umgekehrt proportional zum Streuabbau) wird durch niedrige Temperaturen und Staunässe, welche die mikrobielle Aktivität senken, gefördert. (Nach Swift et al. 1979)

1979). Darüber hinaus setzt die Dicke des Wasserfilmes, der das organische Material umgibt, der Mobilität von Mikrofauna und Mikroflora (Protozoen, Nematoden, Rotatorien und Pilzen mit mobilen Lebensstadien; siehe Abbildung 3.10) absolute Grenzen. In trockenen Böden fehlen solche Organismen nahezu ganz. Hinsichtlich der Bedeutung der einzelnen Umweltfaktoren ist von trockenen Bedingungen über staunasse Böden bis hin zu eindeutig aquatischem Milieu ein Kontinuum erkennbar. Am einen Ende dieses Kontinuums sind Wassergehalt und Dicke des Wasserfilmes von größter Bedeutung, doch zum anderen Ende hin werden die Bedingungen denen im Sediment aquatischer Ökosysteme, wo oft Sauerstoffmangel der bestimmende Faktor ist, immer ähnlicher.

Aquatische Detritivore werden nach der Art ihres Nahrungserwerbs klassifiziert: in Zerkleinerer, Sediment- und Detritusfresser, Filtrierer sowie Weidegänger und Carnivore.

Das Interesse der Süßwasserökologen (Limnologen) gilt weniger der Größe der aquatischen Detritivoren als der Art und Weise ihres Nahrungserwerbs. Cummins (1974) schuf ein Klassifikationsschema, das vier Typen von wirbellosen Konsumenten in Fließgewässern unterscheidet. **Zerkleinerer** (*shredders*) sind Detritivore, die grobpartikuläres organisches Material (über 2 mm Durchmesser), zum Beispiel Fallaub, fressen und es dadurch zerkleinern. Zu dieser Gruppe gehören hauptsächlich Köcherfliegenlarven (Trichoptera, zum Beispiel *Hydropsyche*), Flohkrebse (Amphipoda, beispielsweise *Gammarus*) und Asseln (Isopoda, etwa *Asellus*). **Sediment- und Detritusfresser** sowie **Filtrierer** (von Cummins zusammenfassend als „Sammler" (*collectors*) bezeichnet) fressen feinpartikuläres organisches Material (unter 2 mm). Sediment- und Detritusfresser (*collector-gatherers*) leben von organischen Partikeln, die im oder auf dem Sediment abgelagert sind, während Filtrierer (*collector-filterers*) ihre Nahrungspartikel der Wassersäule entnehmen. Einige Beispiele zeigt Abbildung 11.4. **Weidegänger** (*grazer-scrapers*) besitzen Mundwerkzeuge, mit denen sie die an Felsen und Steinen haftende organische Schicht aus Algen, Bakterien, Pilzen und totem organischem Material abschaben und aufnehmen können. Die vierte Gruppe sind die **Carnivoren**. In Abbildung 11.5 sind die Beziehungen zwischen diesen vier Wirbellosengruppen und den drei verschiedenen Kategorien toten organischen Materials dargestellt. Dieses Schema, das sich auf Lebensgemeinschaften in Fließgewässern bezieht, hat sowohl in terrestrischen als auch in anderen aquatischen Ökosystemen offensichtliche Parallelen. Im Boden sind die Regenwürmer wichtige Zerkleinerer; am Meeresgrund erfüllen verschiedene Crustaceen diese Funktion. Dagegen gibt es zwar unter den Mee-

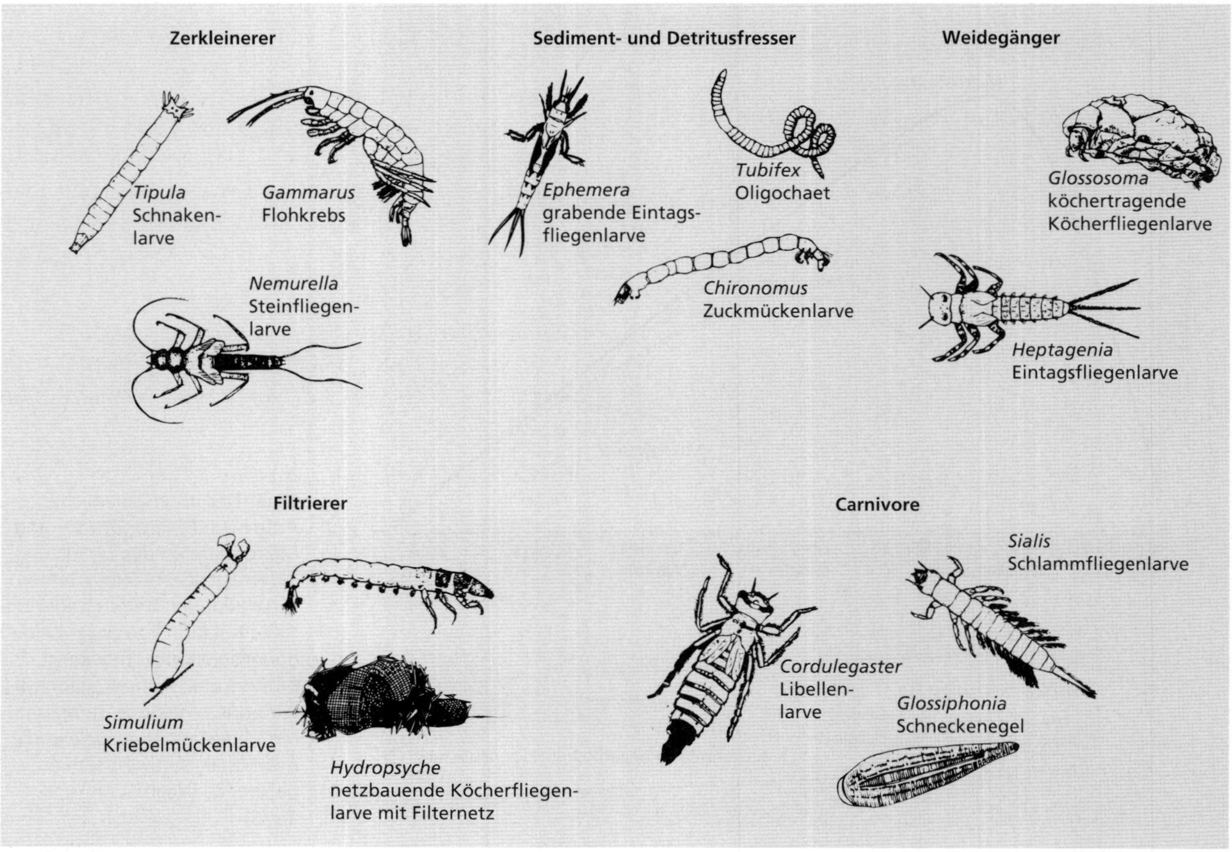

11.4 Beispiele für die verschiedenen Kategorien wirbelloser Konsumenten in limnischen Ökosystemen.

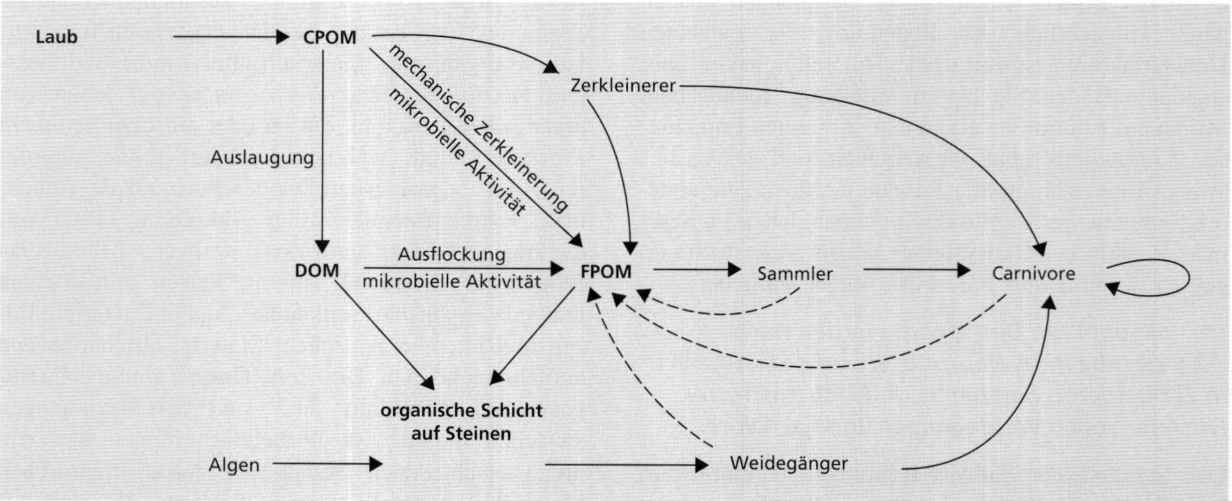

11.5 Ein allgemeines Modell des Energieflusses in einem limnischen Ökosystem. Ein Teil des grobpartikulären organischen Materials (CPOM – *coarse particulate organic matter*) geht durch Auslaugung (*leaching*) schnell in das Kompartiment gelösten organischen Materials (DOM – *dissolved organic matter*) über. Der Rest wird durch drei Prozesse in feinpartikuläres organisches Material (FPOM) umgewandelt: 1) mechanisch durch die Wasserbewegung; 2) durch graduellen Abbau infolge der Aktivität von Mikroorganismen; 3) durch Zerkleinerer. Beachten Sie, daß alle Tiergruppen auch durch ihre Faeces zum FPOM beitragen (gestrichelte Linien). Durch physikalische Ausflockung und über die Aufnahme durch Mikroorganismen wird auch DOM in FPOM umgewandelt. Die organische Schicht auf Steinen am Bachboden besteht aus Algen, DOM und FPOM, die an eine organische Matrix adsorbiert sind.

resbewohnern zahlreiche Filtrierer, nicht aber unter den terrestrischen Organismen.

Die meisten aquatischen Detritivoren sind im Gegensatz zu den terrestrischen Generalisten.

Der Kot und die Leichen aquatischer Wirbelloser werden im allgemeinen zusammen mit totem organischem Material anderen Ursprungs von Zerkleinerern, Sediment- und Detritusfressern sowie Filtrierern verwertet. Sogar mit den großen Faeces aquatischer Wirbeltiere scheint keine charakteristische Fauna assoziiert zu sein, vermutlich weil sie leicht zerfallen und mit der Wasserbewegung schnell verteilt werden. Ebensowenig existiert eine auf Aas spezialisierte Fauna – viele aquatische Wirbellose sind Omnivore, die sich hauptsächlich von Pflanzenresten, Faeces und den darauf lebenden Mikroorganismen ernähren, aber auch jederzeit bereit sind, Stücke von toten Fischen und Wirbellosen zu fressen. Dies ist ein wesentlicher Unterschied zu terrestrischen Habitaten, wo Kot und Aas ihre eigenen spezialisierten Faunen haben (siehe Abschnitt 11.3.2 und 11.3.3).

Manche Lebensgemeinschaften werden eindeutig von Detritivoren dominiert.

Manche Tiergemeinschaften bestehen fast ausschließlich aus Detritivoren und ihren Prädatoren. Das gilt nicht nur für den Waldboden, sondern auch für beschattete Bäche, für den Grund von Ozeanen und Seen sowie für Höhlen, also für alle Lebensräume, in denen Lichtmangel keine nennenswerte Photosynthese zuläßt, aber eine Zufuhr organischen Materials aus Pflanzengemeinschaften der Umgebung erfolgt.

11.2.3 Die Wechselbeziehung zwischen Mikroflora und Detritivoren

Beim schrittweisen Abbau einer Pflanzenzellwand zeigt sich das Zusammenwirken von Mikroflora und Detritivoren.

Das Zusammenwirken von Mikroflora und Detritivoren läßt sich studieren, indem man ein Blattfragment während des Zersetzungsprozesses beobachtet und seine Aufmerksamkeit auf einen Teil der Zellwand einer einzelnen Zelle richtet. Im eben abgefallenen Blatt ist der Zellwandteil durch seine Einbettung in das Gewebe vor mikrobiellem Angriff geschützt. Zunächst wird das Blatt von einer Assel zerkleinert, und das fragliche Gewebestück gelangt in deren Darm. Dort trifft es auf eine neue Mikrobenflora und ist den Verdauungsenzymen der Assel ausgesetzt. Nachdem es den Darm passiert hat, wird das Fragment zu einem Teil des Asselkotes. Da es zerkleinert und teilweise verdaut worden ist, kann es nun sehr viel leichter von Mikroorganismen angegriffen werden. Während das Fragment von Mikroorganismen besiedelt wird, kann es nochmals gefressen werden, etwa von einem koprophagen Collembolen. Auch nach der Passage durch dessen Darm kann es noch unvollständig verdaut sein, ist aber nun noch leichter für Mikroorganismen angreifbar. Bis das Fragment endgültig zu Kohlendioxid und Mineralien abgebaut ist, kann es noch einige weitere Verdauungssysteme passieren.

In terrestrischen und limnischen Lebensräumen spielt die Zerkleinerung durch Detritivore eine große Rolle, in marinen hingegen nicht.

Wegen der festen Zellwände von Gefäßpflanzen spielt die Zerkleinerung durch Detritivore in terrestrischen wie auch in vielen limnischen Ökosystemen, wo Fallaub den größten Teil des pflanzlichen Detritus darstellt, eine entscheidende Rolle. In marinen Ökosystemen dagegen besteht pflanzlicher Detritus aus Phytoplankton und Makroalgen; ersteres braucht aufgrund seiner geringen Größe und der dementsprechend großen Oberfläche nicht mechanisch aufgebrochen zu werden, und letztere werden leicht durch physikalische Faktoren zerkleinert, weil ihre Zellwände im Gegensatz zu denen der Gefäßpflanzen nicht durch Strukturpolymere verstärkt sind. Für den schnellen Abbau von marinem Detritus ist die Zerkleinerung durch Wirbellose wahrscheinlich von geringerer Bedeutung; verglichen mit terrestrischen und limnischen Lebensräumen sind Zerkleinerer im Meer selten (Plante et al. 1990).

11.2.4 Die chemische Zusammensetzung von Zersetzern und ihren Ressourcen

Die chemische Zusammensetzung abgestorbener Pflanzenteile unterscheidet sich stark von der ihrer Konsumenten und Zersetzer.

Abgestorbene Pflanzenteile (die Primärressource) unterscheiden sich in ihrer chemischen Zusammensetzung erheblich von den heterotrophen Organismen, die sie konsumieren und zersetzen. Die Hauptbestandteile des Pflanzengewebes, vor allem der Zellwände, sind Strukturpolysaccharide, die in Mikroorganismen sowie im Körper von Detritivoren nur in geringen Mengen vorkommen. Da sie schwerer zu verdauen sind als Speicherkohlenhydrate und Proteine, bilden die Strukturverbindungen einen erheblichen Anteil des Detritivorenkotes. Detritivorenfaeces und Pflanzengewebe sind einander chemisch relativ ähnlich und weisen einen deutlich geringeren Protein- und Lipidgehalt auf als Detritivore und Mikroflora.

Tabelle 11.1: Nährstoffzusammensetzung von Zersetzern und ihren Ressourcen (in Prozent des Trockengewichts). (Nach Swift et al. 1979)

	Stickstoff	Phosphor	Kalium	Calcium	Magnesium
Laubblätter	0.56	0.15	0.60	2.35	?
Holz von Laubbäumen	0.1–0.5	0.1–0.17	0.06–0.4	0.06–1.3	0.01–0.15
Bakterien	4.0–15	1.0–6.0	1.0–2.0	1.0	0.15–1.0
Pilze	1.3–3.6	0.1–0.7	0.1–2.9	0.1–3.3	0.1–0.2
wirbellose Detritivore	5.8–10.5	0.8–6.9	0.1–0.7	0.3–10.3	0.2–0.3

Die Zersetzungsrate von totem Pflanzenmaterial ist vom Stickstoff- und Phosphorgehalt des toten Gewebes und der Umgebung abhängig; die Abbaugeschwindigkeit von Tierkadavern ist nicht durch die Nährstoffmenge begrenzt.

Tabelle 11.1 zeigt die Nährstoffzusammensetzung von toter Pflanzensubstanz sowie von Destruenten und Detritivoren. Die Zersetzungsrate von toter organischer Substanz hängt stark von ihrer biochemischen Zusammensetzung ab. Mikroorganismen haben einen sehr hohen Stickstoff- und Phosphorgehalt und benötigen große Mengen dieser Elemente. Das Kohlenstoff-Stickstoff-Verhältnis (C : N) von Destruenten beträgt etwa 10 : 1, das Kohlenstoff-Phosphor-Verhältnis (C : P) 100 : 1 (zum Beispiel Goldmann et al. 1987). Mit anderen Worten, eine 111 g schwere Mikrobenpopulation kann sich nur entwickeln, wenn 10 g Stickstoff und 1 g Phosphor zur Verfügung stehen. Landpflanzen weisen einen sehr viel geringeren Stickstoff- und Phosphorgehalt auf; ihr Kohlenstoff-Stickstoff-Verhältnis liegt bei 19 : 1 bis 135 : 1 und ihr Kohlenstoff-Phosphor-Verhältnis bei 700 : 1 bis 7 000 : 1 (Enriquez et al. 1993). Aufgrund dessen kann Pflanzengewebe nur eine beschränkte Destruentenbiomasse ernähren, wodurch der Zersetzungsprozeß insgesamt begrenzt wird. Wasserpflanzen sind den Destruenten in ihrer chemischen Zusammensetzung ähnlicher (Duarte 1992) und werden dementsprechend schneller zersetzt (Abbildung 11.6a). Abbildung 11.6b und c zeigt den starken Zusammenhang zwischen der Ausgangskonzentration von Stickstoff und Phosphor und der Zersetzungsrate von Pflanzengewebe für verschiedene Arten von pflanzlichem Detritus.

Die Zersetzungsgeschwindigkeit von organischer Substanz wird außerdem von der Menge der verfügbaren mineralischen Nährstoffe – vor allem Stickstoff – aus der Umgebung beeinflußt. Kann Stickstoff (in Form von Ammonium oder Nitrat) aus der Umgebung aufgenommen werden, so kann sich die Mikroflora stärker vermehren, und die Zersetzung schreitet schneller voran. Beispielsweise zersetzen sich Grasreste in Bächen, die durch gedüngtes Weideland fließen und daher einen erhöhten Nitratgehalt haben, schneller als in „ungedüngten" Bächen (Young et al. 1994). Die Fähigkeit der Mikroflora, Nährstoffe aus der Umgebung zu nutzen, hat außerdem zur Folge, daß der Bodenstickstoffgehalt rasch abnimmt, wenn Pflanzen-

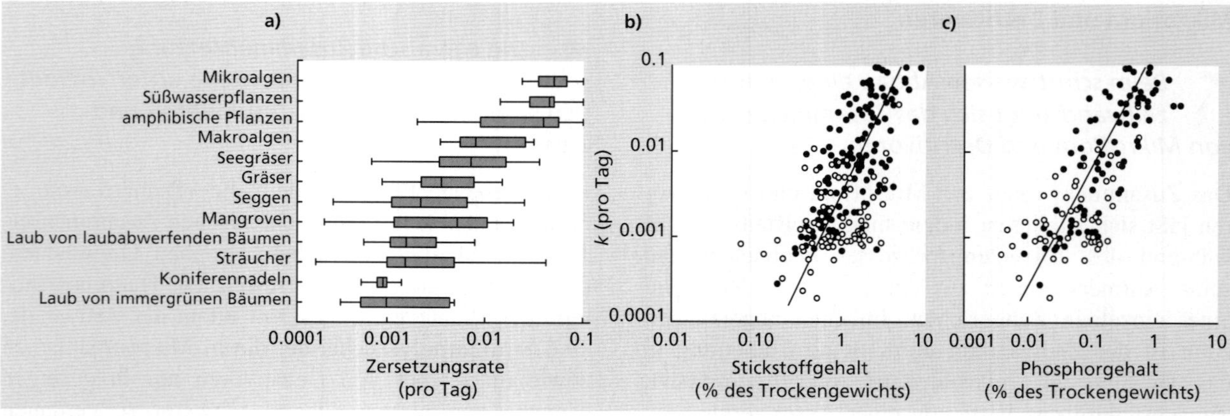

11.6 a) Box-Whisker-Plots für die Zersetzungsrate von Detritus verschiedener Herkunft, ausgedrückt als k (in logarithmischen Einheiten pro Tag), errechnet mit Hilfe der Gleichung $W_t = W_0 e^{-kt}$, die den Verlust an pflanzlicher Biomasse in Trockengewicht (W) über die Zeit (t) seit Beginn der Messungen beschreibt. Die Rechtecke umfassen die 25- und 75-Prozent-Quartile aller in der Literatur verfügbaren Daten für jeden Pflanzentyp. Die senkrechte Linie ist der Median, die Balken zeigen den 95 % Vertrauensbereich. Der Zusammenhang zwischen Zersetzungsrate und Anfangskonzentration (in Prozent des Trockengewichts) von b) Stickstoff und c) Phosphor im Gewebe ist ebenfalls dargestellt. Die durchgezogenen Linien sind die Regressionsgeraden, die weißen und schwarzen Punkte stehen für Detritus, der sich an Land respektive unter Wasser zersetzt. (Nach Enriquez et al. 1993)

material mit dem Boden vermischt wird, da der Stickstoff von den sich vermehrenden Mikroben aufgenommen wird. Dieser Effekt ist vor allem in der Landwirtschaft zu beobachten, wo nach dem Unterpflügen von Stoppeln in der darauffolgenden Kultur Stickstoffmangel auftreten kann. Auch im Wald kann der Zersetzungsprozeß von Laubstreu bei Stickstoffmangel stark abgebremst werden, so daß sich eine dicke Streuschicht ansammelt.

Im Gegensatz zu den Landpflanzen liegt der Nährstoffgehalt von Tierkörpern in derselben Größenordnung wie der von Mikroorganismen. Aus diesem Grund ist die Zersetzungsgeschwindigkeit von Tierkadavern nicht durch die Menge der verfügbaren Nährstoffe begrenzt und dementsprechend höher als die von Pflanzenmaterial.

Das Verhältnis von Kohlenstoff und Stickstoff in Böden ist oft bemerkenswert konstant.

Wenn organisches Material sich in oder auf dem Boden zersetzt, gleicht sich sein C:N-Verhältnis dem der Destruenten an. Bei Geweben mit einem Stickstoffgehalt unter 1.2–1.3 % werden alle verfügbaren Ammoniumionen aus dem Boden absorbiert, während bei Material mit einem Stickstoffgehalt über 1.8 % Ammoniumionen freigesetzt werden. Infolgedessen liegt das C:N-Verhältnis von Böden oft ziemlich konstant bei etwa zehn; in extremen Situationen, etwa bei sehr sauren oder staunassen Böden, kann es allerdings auf 17 ansteigen (was auf eine langsame Zersetzung hinweist).

Es wäre falsch zu glauben, die einzige Aktivität der mikrobiellen Zersetzer bestehe darin, den Kohlenstoff aus toter organischer Substanz zu veratmen und den Rest zu mineralisieren. Ein wichtiger Effekt des Mikrobenwachstum ist die Ansammlung von Substanzen wie Pilzcellulose und mikrobiellen Polysacchariden, die selbst nur schwer abbaubar sind und zum Erhalt der Bodenstruktur beitragen.

11.3 Wechselbeziehungen zwischen Detritivoren und ihren Ressourcen

11.3.1 Konsumption von pflanzlichem Detritus

Nur wenige Detritivore besitzen eigene Cellulasen zum Abbau von Cellulose, die meisten sind auf mikrobielle Cellulasen angewiesen.

Zwei Hauptbestandteile von abgestorbenen Blättern und totem Holz sind **Cellulose** und **Lignin**. Der Abbau von Cellulose (die **Cellulolyse**) erfordert **Cellulasen** – Enzyme, welche die meisten Tiere nicht selbst synthetisieren können. Ausnahmen sind sowohl unter detritivoren als auch unter herbivoren Wirbellosen sehr selten; deutliche Hinweise auf den Besitz eigener Cellulasen gibt es bisher nur für eine Schabenart und einige Arten der höheren Termiten aus der Unterfamilie Nasutitermitinae (Martin 1991).

Die Mehrheit der Detritivoren kann keine eigenen Cellulasen bilden und ist auf die Cellulaseproduktion der mit ihnen vergesellschafteten Mikroflora, mitunter auch von Protozoen, angewiesen. Die Wechselbeziehungen reichen von **obligatorischem Mutualismus** zwischen einem Detritivoren und einer spezialisierten Darmmikroflora oder -fauna über **fakultativen Mutualismus**, bei dem die Tiere die Cellulase nutzen, die von der mit dem Detritus aufgenommenen Mikroflora auf dessen Weg durch einen unspezialisierten Darm gebildet wird, bis zu einer Art „externem Pansen", bei dem die Tiere die Stoffwechselprodukte der mit Pflanzenresten und Faeces assoziierten cellulasebildenden Mikroflora assimilieren (Abbildung 11.7).

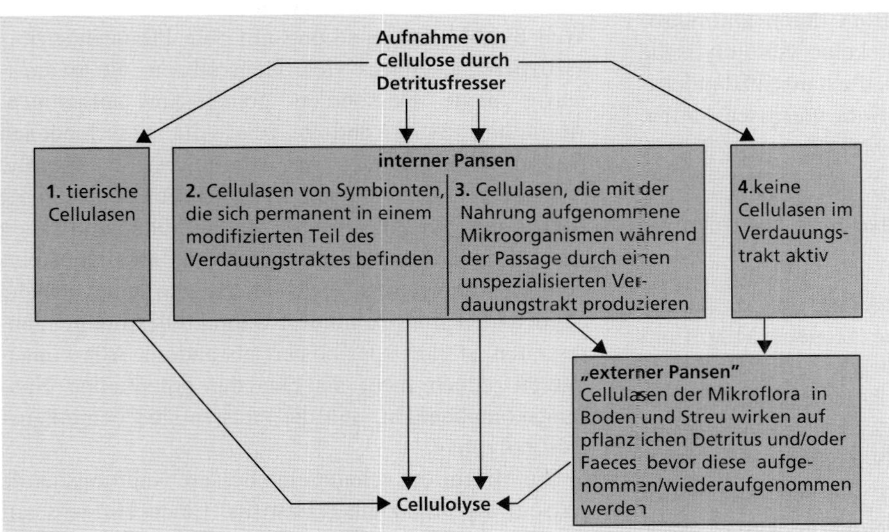

11.7 Mechanismen der Celluloseverdauung (Cellulolyse) bei Detritivoren. (Nach Swift et al. 1979)

Bei Termiten liefern Protozoen und Bakterien in einem obligatorischen Mutualismus Cellulasen.

Eindeutige Beispiele für obligatorischen Mutualismus gibt es bei bestimmten Schaben- und Termitenarten, die Strukturpolysaccharide mit Hilfe von symbiontischen Bakterien oder Protozoen verdauen. Bei niederen Termiten, etwa der Gattung *Eutermes*, können Protozoen über 60 % des Körpergewichts der Tiere ausmachen. Die Protozoen befinden sich im Enddarm, der zu einer Tasche erweitert ist. Sie nehmen feine Holzpartikel auf und entwickeln eine ausgeprägte cellulolytische Aktivität, zu der allerdings auch Bakterien beitragen. Termiten, die sich von Holz ernähren, das aus 54.6 % Cellulose, 18.0 % Pentosanen und 27.4 % Lignin besteht, produzieren Faeces, die 18 % Cellulose, 8.5 % Pentosane und 75.5 % Lignin enthalten. Dieses Muster, das auf eine effektive Verdauung von Cellulose, nicht aber von Lignin hinweist (Lee und Wood 1971), scheint für Termiten generell zu gelten; allerdings wurde berichtet, daß die Gattung *Reticulitermes* 80 % des in der Nahrung enthaltenen Lignins verdaut. Dieser Fall wird in Kapitel 13 noch eingehend besprochen.

Asseln nehmen cellulolytisch aktive Mikroflora mit der Nahrung auf – eine fakultative Symbiose.

Asseln sind ein gutes Beispiel für Detritusfresser mit einem unspezialisierten Darm, die mit Mikroben in einer fakultativen Symbiose leben. Die im Isopodendarm festgestellte Cellulaseaktivität ist, wie Hassall und Jennings (1975) nachwiesen, mikrobiellen Ursprungs. Als isolierte Därme von *Philoscia muscorum* in Kontakt mit einem Film aus Carboxymethylcellulose inkubiert und anschließend gefärbt wurden, um festzustellen, ob ein Celluloseabbau stattgefunden hatte, konnte das Vorhandensein von Cellulase an bestimmten Stellen des Darmes nachgewiesen werden. Nach der Abtötung der Darmflora durch antimikrobielle Substanzen war dagegen keine cellulolytische Aktivität feststellbar; bei Tieren, die danach Blattdetritus mit der assoziierten Mikroflora gefressen hatten, ließ sie sich jedoch wieder nachweisen.

Viele Detritivore sind für den Abbau von Cellulose auf eine exogene Mikroflora angewiesen.

Schließlich sind viele Detritivore bei der Verdauung von Cellulose offenbar auf eine exogene Mikroflora angewiesen. Sie fressen den teilweise verdauten Pflanzendetritus zusammen mit den darauf lebenden Bakterien und Pilzen und gewinnen zweifellos einen wesentlichen Anteil ihrer Energie und Nährstoffe aus der Verdauung der Mikroflora selbst. Diese Tiere, etwa Springschwänze der Gattung *Tomocerus*, nutzen sozusagen eine Art „externen Pansen“ zur Gewinnung assimilierbarer Substanz aus unverdaulichem Pflanzendetritus. Das Phänomen des „externen Pansens“ findet sich in hoher Spezialisierung bei den zu den Borkenkäfern gehörenden sogenannten Ambrosiakäfern sowie bei bestimmten Ameisen- und Termitenarten, die Pilzgärten anlegen (siehe Kapitel 13).

In der Mikroflora von faulendem Obst dominieren Hefen, die den Zucker in Alkohol umwandeln.

Natürlich sind nicht alle Pflanzenreste so schwer verdaulich. Fallobst beispielsweise wird von vielen Opportunisten, darunter Vögeln, Insekten und Säugetieren, problemlos genutzt. Wie aller Detritus besitzen aber auch faulende Früchte eine eigene Mikroflora, in der in diesem Fall Hefen dominieren. Taufliegen (*Drosophila*) sind auf diese Hefen und deren Stoffwechselprodukte spezialisiert, und in früchtereichen Komposthaufen in Australien zeigten fünf Taufliegenarten Präferenzen für verschiedene Kategorien von Obst beziehungsweise Gemüse (Oakeshott et al. 1982). Faulendes Obst kann einen hohen Gehalt an **Alkohol** aufweisen, der von den Hefen durch Umwandlung von Fruchtzucker produziert wird. Alkohol ist für die meisten Organismen und schließlich sogar für die Hefen selbst toxisch, *Drosophila melanogaster* aber toleriert hohe Alkoholkonzentrationen, weil sie große Mengen des Enzyms **Alkoholdehydrogenase (ADH)** synthetisiert, das Alkohol zu ungiftigen Verbindungen abbaut. Überraschenderweise konnte sogar nachgewiesen werden, daß diese Taufliege Äthanol als Ressource nutzen kann (Parsons und Spence 1981). Verfaulende Gemüse produzieren nur wenig Alkohol, und die mit ihnen assoziierte *D. busckii* bildet nur sehr wenig ADH.

Pflanzendetritus und Mikroflora werden normalerweise gemeinsam konsumiert, aber die Mikroflora ist nahrhafter.

Weil die Mikroflora so eng mit dem Pflanzendetritus assoziiert ist, gibt es viele Generalisten, die zwangsläufig beide Ressourcen gemeinsam aufnehmen. Abbildung 11.8a und b zeigt die verschiedenen Nahrungskomponenten von Hornmilben der Familie Oribatidae in der Waldstreu. Hinsichtlich der relativen Bedeutung von Pilzsubstanz, Teilen höherer Pflanzen und amorphem organischem Material existieren eindeutige interspezifische Unterschiede, und manche Milbenarten sind, zumindest während bestimmter Jahreszeiten, stärker spezialisiert als andere. Alle konsumieren jedoch mehr als eine der potentiellen Nahrungskomponenten, und die meisten sind bemerkenswert polyphag.

Die Mikroflora scheint eine bessere Nahrungsquelle zu sein als pflanzlicher Detritus. Einen Hinweis auf ihre relative Bedeutung haben Studien ergeben, die

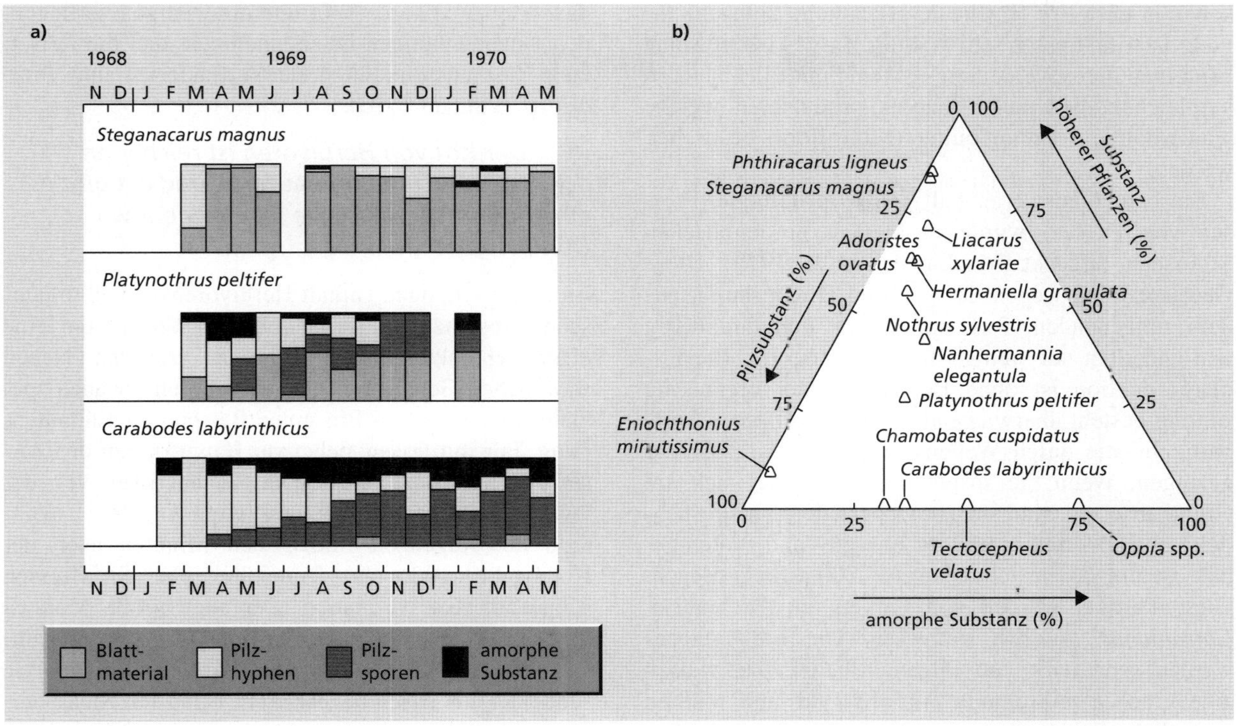

11.8 Darminhalte von Hornmilben der Familie Oribatidae aus einem Waldgebiet im englischen Kent. a) Die zeitliche Variabilität der Nahrungsaufnahme von drei in Kastanienlaubstreu lebenden Spezies, dargestellt anhand der durchschnittlichen Zusammensetzung des Darminhalts bei jeder Probennahme. b) Durchschnittliche Anteile von drei Hauptbestandteilen der Nahrung bei den während der 20monatigen Studie am häufigsten gefundenen Spezies. Die spezialisierten Arten finden sich nahe den Ecken des Dreieckes, die weniger spezialisierten mehr im Zentrum. (Nach Anderson 1975)

den Ausnutzungsgrad von reiner Pilznahrung und unzersetztem Laub untersuchten. So nutzte der Bachflohkrebs *Gammarus pseudolimnaeus*, ein im Süßwasser lebender Zerkleinerer, nur 17–19 % des Energiegehalts von sterilen Ulmen- oder Ahornblattscheiben, der Rest wurde mit den Faeces ausgeschieden. Wurde den Tieren dagegen eine Reinkultur aquatischer Pilze angeboten, die normalerweise auf Blättern in Fließgewässern leben, betrug der Assimilationsgrad 74–83 % (Bärlocher und Kendrick 1975).

Solche Ergebnisse haben Cummins (1974) dazu veranlaßt, Mikrobenbiomasse mit Erdnußbutter zu vergleichen – einer nahrhaften Substanz, die sich auf einer weniger nahrhaften Unterlage (einem Cracker respektive pflanzlichem Detritus) befindet. Obwohl dieser Vergleich treffend ist, überbewertet er vielleicht die Bedeutung der Mikrobenbiomasse. Den weitaus größten Anteil an der Nahrung von Detritivoren hat im allgemeinen pflanzlicher Detritus, der deshalb trotz niedrigen Ausnutzungsgrades in erheblichem Umfang zur Ernährung der Tiere beitragen kann. Treffender läßt sich die Nahrung von Detritivoren daher vielleicht mit einem sehr dicken Cracker vergleichen, der nur dünn mit Erdnußbutter bestrichen ist. Dennoch besteht kein Zweifel daran, daß die Nahrung terrestrischer und aquatischer Detritivorer zu einem wesentlichen Teil aus Pilzen und Bakterien besteht, und es gibt viele Hinweise darauf, daß beispielsweise limnische Detritivore von Mikroben besiedelten Detritus bevorzugen und besser wachsen, wenn sie sich davon ernähren.

11.3.2 Der Verzehr von Faeces: Koprophagie

Wirbellosenfaeces

Viele Wirbellose gedeihen am besten, wenn sie ihre eigenen Faeces fressen können – Koprophagie.

Die organische Substanz in Böden und Sedimenten kann zu einem großen Teil aus Faeces von Wirbellosen bestehen. Für die Generalisten unter den Detritivoren gehören sie meist zum Nahrungsspektrum. Für viele Tiere ist auch das Fressen des eigenen Kotes wichtig. Im Laborversuch zeigte der streubewohnende Tausendfüßer *Apheloria montana* nur eine geringe Gewichtszunahme (1.1 % in 30 Tagen), wenn er ausschließlich mit Blattdetritus gefüttert wurde. Eine Kontrollgruppe mit Zugang zum eigenen Kot zeichnete sich demgegenüber durch eine 60 % höhere Freßrate und eine 16 % höhere Wachstumsrate aus (McBrayer 1973). Anscheinend ist die Umwandlung von Pflanzenresten in verdaubare Mikrobenbiomasse sowie in teilweise abgebaute pflanzliche Substanz für viele Detritusfresser sehr wichtig. In gewissem Sinne kann man deren Verdauungssysteme mit Fließbändern vergleichen, die Cracker (Faeces) produzieren, welche wiederholt mit Erdnußbutter (Mikroflora) bestrichen werden.

Ein bemerkenswerter Fall von **Koprophagie** (Fressen von Faeces) wurde in kleinen nordenglischen Moorseen entdeckt (MacLachlan et al. 1979). Diese Gewässer sind wegen der gelösten Huminsäuren aus dem umgebenden Torf nur wenig lichtdurchlässig und enthalten nur wenig Pflanzennährstoffe. Die Primärproduktion ist ohne Bedeutung; der organische Eintrag besteht überwiegend aus nährstoffarmen Torfpartikeln, die durch Wellenschlagerosion ins Wasser gelangen. Wenn die suspendierten Partikel sich am Grund absetzen, sind sie bereits besiedelt – hauptsächlich von Bakterien –, und ihr Energie- und Proteingehalt ist um 23 beziehungsweise 200 % angestiegen. Diese Partikel werden von Larven der Zuckmücke *Chironomus lugubris* gefressen. Die Larvenfaeces werden sehr stark von Pilzen besiedelt, sie weisen eine erhöhte mikrobielle Aktivität auf und müßten eigentlich eine hochwertige Nahrungsressource darstellen. Sie werden jedoch von den *Chironomus*-Larven vor allem deshalb nicht gefressen, weil sie für deren Mundwerkzeuge zu groß und zu zäh sind. Für einen anderen häufigen Bewohner der Seen, den Linsenfloh (*Chydorus sphaericus*), sind die Chironomidenfaeces jedoch sehr attraktiv. Er ist stets mit ihnen assoziiert und wahrscheinlich auf diese Nahrung angewiesen. Im Laborversuch wurde nachgewiesen, daß die Fragmentierung großer Kotpellets von *Chironomus* in Anwesenheit von Chydoriden erheblich beschleunigt wird. Das Interessanteste ist jedoch, daß die zerkleinerten Chironomidenfaeces (wahrscheinlich mit Chydoridenfaeces vermischt) nun klein genug sind, um von *Chironomus* aufgenommen zu werden. Wahrscheinlich wachsen die Larven von *Chironomus lugubris* in Anwesenheit von *Chydorus sphaericus* schneller, weil ihnen dann Faecesteilchen geeigneter Größe zu Verfügung stehen. Die Wechselbeziehung ist also für beide Arten vorteilhaft.

Wirbeltierfaeces

Der relativ nährstoffarme Kot von carnivoren Wirbeltieren wird hauptsächlich von Bakterien und Pilzen zersetzt.

Der Kot carnivorer Wirbeltiere ist relativ nährstoffarm, da diese ihre Nahrung effizient ausnutzen (gewöhnlich werden mindestens 80 % verdaut). Nur die am schwersten verdaulichen Bestandteile werden wieder ausgeschieden. Außerdem gibt es sehr viel weniger Carnivore als Herbivore, und ihr Kot ist wahrscheinlich zu selten, als daß eine spezialisierte Detritivorenfauna davon leben könnte. Aufgrund der wenigen vorliegenden Untersuchungen ist anzunehmen, daß die Zersetzung fast ausschließlich durch Bakterien und Pilze erfolgt (Putman 1983).

Der Kot von Herbivoren ist reicher an Nährstoffen und häufiger, und oft gibt es eine darauf spezialisierte Fauna wie etwa Dungkäfer.

Im Gegensatz dazu enthält Herbivorenkot viel organische Substanz und ist ausreichend häufig, um eine eigene charakteristische Fauna zu ernähren. Neben zahlreichen Gelegenheitsgästen gehören ihr auch spezialisierte Arten an. Ein gutes Beispiel ist Elefantendung. Für ihn lassen sich zwei Hauptformen der Zersetzung unterscheiden, die in Abhängigkeit von der jeweiligen Jahreszeit auftreten (Kingston 1977). Während der Regenzeit finden sich Minuten nach der Kotabgabe zahlreiche Dungkäfer ein. Sie fressen selbst am Kot, vergraben aber auch große Mengen davon als Nahrung für ihre Larven. Der große afrikanische Dungkäfer *Heliocopris dilloni* beispielsweise schneidet aus frisch abgesetztem Dung ein Stück heraus und rollt es weg, um es mehrere Meter vom Kothaufen entfernt einzugraben. Jeder Käfer vergräbt genügend Dung für die Ablage mehrerer Eier. Vom eingegrabenen Kot wird eine kleinere Menge zu einem Becher geformt und mit Erde ausgekleidet; dann wird ein einziges Ei abgelegt und danach weiterer Kot hinzugefügt, so daß eine Kugel entsteht, die fast vollständig von einer dünnen Erdschicht umgeben ist. Nur eine kleine Fläche an der Oberseite der Kugel in der Nähe des Eis bleibt frei, vielleicht um den Gasaustausch zu erleichtern. Nach dem Schlüpfen frißt sich die Larve in rotierender Bewegung in die Kotkugel hinein und höhlt sie aus. Dabei frißt sie nicht nur den Elefantenkot, sondern auch ihren eigenen (Abbildung 11.9). Wenn der gesamte Nahrungsvorrat verbraucht ist, kleidet die Larve die Innenseite der Kugel mit einer Paste aus ihrem eigenen Kot aus und verpuppt sich.

Während der Regenzeit können die verschiedenen mit Elefantendung assoziierten Käferarten diesen vollständig aufbrauchen. Eventuelle Reste werden von anderen Detritivoren, etwa Fliegen und Termiten, sowie von der Mikroflora verwertet. Dagegen wird Dung, der während der Trockenzeit abgesetzt wird, nur von relativ wenigen Käfern aufgesucht (die Käfer schlüpfen ausschließlich während der Regenzeit). Anfänglich entfaltet sich eine gewisse mikrobielle Aktivität, die jedoch mit zunehmender Austrocknung nachläßt. Eine erneute Durchfeuchtung während der folgenden Regenzeit regt die mikrobielle Aktivität wieder an; von Käfern wird alter Dung jedoch nicht genutzt. In der Trockenzeit abgesetzte Kothaufen können mehr als zwei Jahre überdauern, während frische Haufen in der Regenzeit höchstens 24 Stunden alt werden.

a)

b)

11.9 a) Ein afrikanischer Dungkäfer rollt eine Kotkugel. (Mit freundlicher Genehmigung von Heather Angel) b) Die Larve des Dungkäfers *Heliocopris* höhlt die Kotkugel aus, von der sie sich ernährt. (Nach Kingston und Coe 1977)

Ein australisches Dilemma: Rinderkot, aber keine spezialisierten Dungkäfer

In Australien verursachen Kuhfladen Probleme, weil es keine darauf spezialisierten Organismen gibt.

In Australien hat sich Rinderkot im Laufe der letzten 200 Jahre zu einem gravierenden ökonomischen Problem entwickelt. In diesem Zeitraum nahm die dortige Rinderpopulation von nur sieben Stück (die 1788 von den ersten englischen Siedlern eingeführt wurden) auf etwa 30 Millionen Tiere zu. Diese produzieren pro Tag circa 300 Millionen Kuhfladen, durch die im Jahr eine Fläche von ungefähr 2.4 Millionen Hektar bedeckt wird. In den Gebieten der Erde, in denen es seit Millionen von Jahren Rinder gibt und eine spezialisierte Fauna deren Dung verwertet, verursacht Rinderdung keine Probleme. In Australien dagegen waren bis zur Besiedlung durch die Europäer Beuteltiere wie Känguruhs die größten Herbivoren. Die einheimischen Detritivoren, die auf den Abbau von deren trockenem, faserreichem Kot spezialisiert sind, können Rinderdung nicht verwerten. Aus diesem Grund ging immer mehr Weidefläche durch Bedekkung mit Kuhfladen verloren, was für die australische Landwirtschaft enorme ökonomische Verluste bedeutete. Deshalb wurde im Jahre 1963 beschlossen, afrikanische Dungkäfer einzuführen, die in den wichtigsten Rinderzuchtgebieten Australiens unter den dort vorherrschenden Bedingungen Rinderdung abbauen können (Waterhouse 1974). Bisher wurden 21 Arten eingeführt (Double et al. 1991).

Man hofft, auf diese Weise auch der Plage durch die einheimische Buschfliege (*Musca vetustissima*) und die Büffelfliege (*Haematobia irritans exigua*) Herr zu werden, die ihre Eier in Kuhfladen ablegen. In von Käfern eingegrabenem Dung können ihre Larven nicht überleben, und es wurde nachgewiesen, daß die Zahl der Fliegen in Anwesenheit der Käfer zurückgeht (Ridsdill-Smith 1991). Der Erfolg hängt allerdings davon ab, daß der Dung innerhalb von sechs Tagen nach dem Absetzen vergraben wird, denn in diesem Zeitraum entwickeln sich die Fliegen vom Ei zur Puppe. Edwards und Aschenborn (1987) untersuchten in Südafrika das Fortpflanzungsverhalten von zwölf Dungkäferarten der Gattung *Onitis*. Sie kamen zu dem Schluß, daß *Onitis uncinatus* für die Fliegenbekämpfung in Australien besonders gut geeignet ist, da er bereits in der ersten Nacht nach dem Absetzen eines Kuhfladens große Teile davon vergraben hatte. Die am wenigsten geeignete Art ist *O. viridualus*, der mehrere Tage damit verbrachte, einen Tunnel zu bauen, und erst nach sechs bis neun Tagen mit dem Vergraben des Dunges begann.

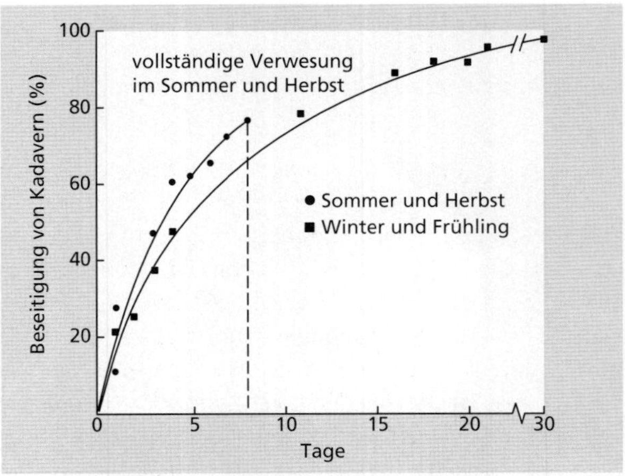

11.10 Die Schwundrate von Kleinsäugerkadavern in einer ländlichen Gegend in Oxfordshire/England während zweier Perioden: Sommer-Herbst und Winter-Frühling. (Nach Putman 1983)

11.3.3 Der Verzehr von Aas: Nekrophagie

Viele Carnivore fressen gelegentlich Aas.

Die Nahrung von **Aasfressern** (**Nekrophagen**) unterscheidet sich in ihrer chemischen Zusammensetzung erheblich von der anderer Detritivorer. Dies spiegeln auch die von Nekrophagen produzierten Verdauungsenzyme wider: Die Aktivität der Kohlenhydrate abbauenden Glykosidasen ist schwach oder fehlt ganz, während die Protease- und Lipaseaktivität ausgeprägt ist. Die Aasfresser unter den Detritivoren besitzen aufgrund der gleichen chemischen Zusammensetzung ihrer Nahrung im Prinzip dieselben Verdauungsenzyme wie Carnivore. Tatsächlich fressen viele Carnivore bei Gelegenheit auch Aas.

Tierkadaver werden von Mikroben, wirbellosen Detritivoren und nekrophagen Wirbeltieren abgebaut; letztere verzehren oft den gesamten Kadaver.

Die am Abbau von Kadavern beteiligten Organismen lassen sich drei Kategorien zuordnen. Auch hier spielen Mikroflora und wirbellose Detritivore eine Rolle, doch zusätzlich sind oft aasfressende Wirbeltiere von großer Bedeutung. Viele Tiere geeigneter Größe werden sehr bald nach ihrem Tod von einem oder mehreren dieser Aasfresser komplett aufgefressen, so daß für Bakterien, Pilze oder Wirbellose nichts übrigbleibt. Beispiele hierfür sind in Polargebieten Polarfüchse und Skuas (Raubmöwen), in gemäßigten Breiten Krähen, Vielfraße und Dachse und in den Tropen eine Vielzahl von Vögeln und Säugern, darunter Milane, Schakale und Hyänen.

In der Aktivität von Aasfressern, wirbellosen Detritvoren und Mikroben gibt es saisonale Unterschiede.

Die relative Bedeutung von Mikroflora, Wirbellosen und Wirbeltieren hängt davon ab, wie schnell ein Kadaver von aasfressenden Wirbeltieren entdeckt wird. Dies zeigt das Beispiel von Kleinsäugerkadavern, deren Verschwinden beziehungsweise Abbau in einem ländlichen Gebiet in Oxfordshire/England während der Zeiträume Sommer/Herbst und Winter/Frühjahr untersucht wurde (Abbildung 11.10). Dabei waren zwei Punkte festzuhalten. Erstens verschwanden die Kadaver in Sommer und Herbst schneller, was auf eine größere Aktivität der Aasfresser (vermutlich aufgrund höherer Populationsdichte und/oder Freßrate der Aasfresser – beide wurden in der Studie nicht erfaßt) zurückzuführen war. Zweitens verschwand während der Winter-Frühjahr-Periode ein größerer Prozentsatz der Kleinsäugerleichen, allerdings war der dazu erforderliche Zeitraum länger. Während dieser Zeit, in der die mikrobielle Aktivität gering ist, blieben die Kadaver lange genug erhalten, um von Aasfressern gefunden zu werden. In Sommer und Herbst dagegen waren alle Kadaver, die unentdeckt blieben, nach sieben bis acht Tagen größtenteils durch Bakterien, Pilze und Wirbellose abgebaut.

Größere Kadaver, etwa von Hunden, Schafen oder Antilopen, können ebenfalls hauptsächlich von aasfressenden Wirbeltieren genutzt werden. In gemäßigten Breiten werden tote Schafe oft innerhalb kurzer Zeit von Füchsen und Adlern bis auf die Knochen aufgefressen. In Südafrika beseitigen Geier und Hyänen die Kadaver von Huftieren zu bis zu 90 %.

Aas, das nicht von großen Aasfressern gefunden wird, kann von Wirbellosen und Mikroflora verwertet werden, wobei die relative Bedeutung der beiden Gruppen von den Umweltbedingungen abhängt. Maden von Goldfliegen der Gattung *Lucilia* beispielsweise (die für Aas charakteristisch sind) können unter günstigen Bedingungen einen Großteil eines Kadavers beseitigen. Im Winter ist die Zersetzung dagegen im wesentlichen ein mikrobieller Prozeß.

Totengräber (Necrophorus) ernähren sich ausschließlich von Aas; auch die bemerkenswerte Fortpflanzungsbiologie dieses Käfers hängt völlig von Aas ab.

Eine Gruppe der aasfressenden Wirbellosen, nämlich die Totengräber (*Necrophorus* spp.), verdient besondere Beachtung. Diese Käfer leben ausschließlich auf Aas, das sie für ihre außergewöhnliche Lebensweise benötigen. Die adulten Käfer, die sich vermutlich am Geruch orientieren, erscheinen innerhalb von ein bis zwei Stunden nach dem Tod eines kleinen Säugers oder Vogels an dessen Kadaver. Mitunter fressen sie den Körper an oder verzehren, wenn die Zersetzung bereits fortgeschritten ist, die vorhandenen Goldfliegenmaden. Wenn jedoch ein Totengräber bei einem ganz frischen Kadaver ankommt, beginnt er entweder direkt an der Fundstelle, ihn einzugraben, oder er verschleppt ihn (der das Mehrfache seines eigenen Gewichts hat) mehrere Meter, bevor er zu graben beginnt. Der Käfer arbeitet unter dem Kadaver und zieht diesen mühsam Stückchen für Stückchen in die Tiefe, bis er vollständig vergraben ist (Abbildung 11.11).

Mit einiger Wahrscheinlichkeit treffen während der Grabarbeiten andere Käfer bei dem Kadaver ein. Konkurrenten der gleichen oder anderer Spezies werden – manchmal unter Einsatz des eigenen Lebens – energisch bekämpft. Dagegen wird ein potentieller Partner akzeptiert, und Männchen und Weibchen setzen die Arbeit gemeinsam fort.

Der eingegrabene Kadaver ist dem Angriff anderer Wirbelloser weit weniger ausgesetzt als ein exponierter. Unter bestimmten Umständen ergibt sich ein zusätzlicher Schutz durch die mutualistische Beziehung zwischen *Necrophorus* und der Milbenart *Poecilochirus necrophori*, die sich ausschließlich an adulte Totengräber anheftet und sich von ihnen zu geeignetem Aas tragen läßt. Wenn die Käfer einen Kadaver eingraben, entfernen sie systematisch sein Haarkleid und damit auch praktisch alle Goldfliegeneier. Ist der tote Körper aber nicht tief genug begraben, so können die Fliegen neue Eier auf ihm absetzen. Die daraus schlüpfenden Maden würden mit den Larven der Käfer konkurrieren, wenn nicht in solchen Fällen die Anwesenheit der Milben einen nützlichen Effekt hätte (Abbildung 11.12). Indem sie Fliegeneier aussaugen, halten die Milben die Kadaver frei von Konkurrenten der Käfer und steigern deren Bruterfolg drastisch (Wilson 1986).

Nach Fertigstellung der Grabkammer entfernen die Käfer Haare oder Federn des Kadavers und formen aus dessen Fleisch eine Kugel. Sodann kopulieren sie, und das Weibchen legt in einem nach oben gerichteten, blind endenden Gang seine Eier ab. Beide Eltern (mitunter auch nur das Weibchen) bleiben nach der Eiablage in der Kammer. Entfernt man sie, so bildet sich auf dem Kadaver dichter Schimmel, und der Bruterfolg ist gering. Man nimmt an, daß antibiotisch wirksame Substanzen in den Faeces oder im Speichel der Käfer diesen Prozeß normalerweise verhindern. Im Laufe der weiteren Brutfürsorge legen die Käfer auf

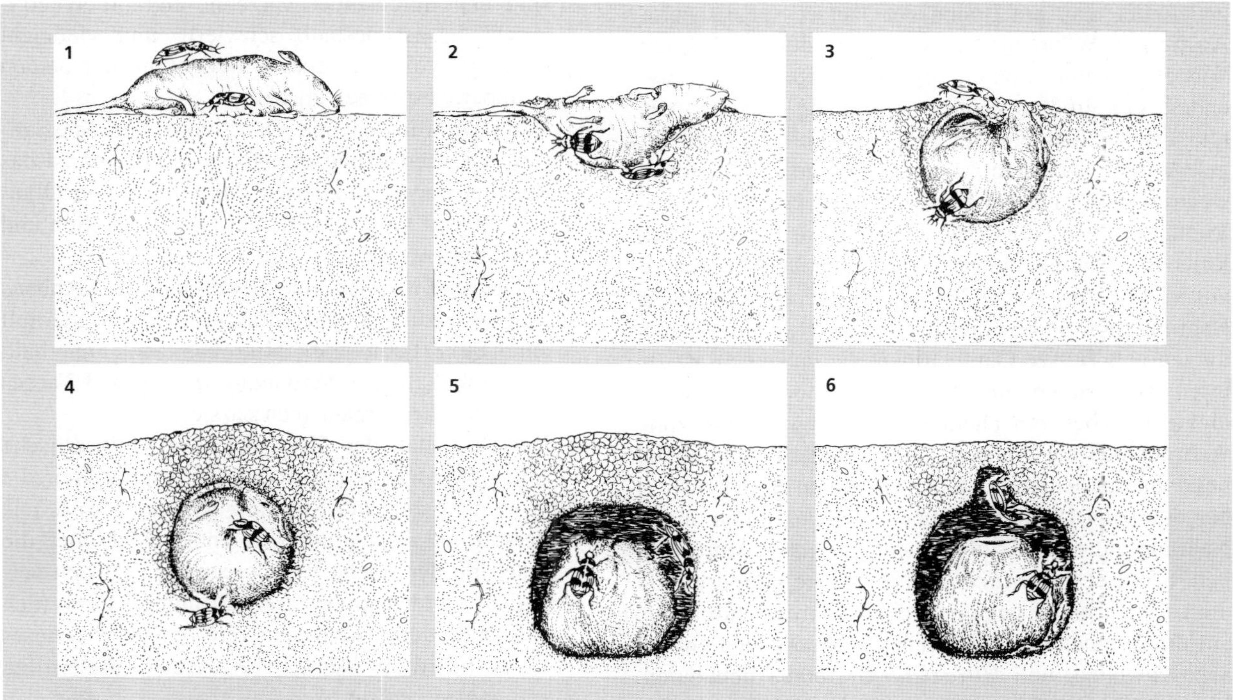

11.11 Das Vergraben einer Maus durch ein Totengräberpärchen (*Necrophorus* spec.). (Nach Milne und Milne 1976)

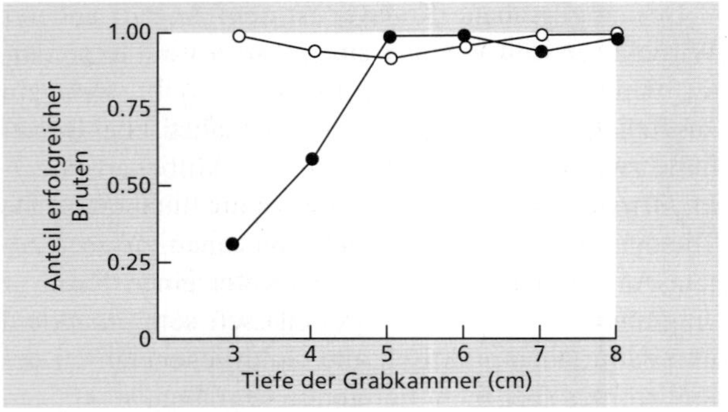

11.12 Der Bruterfolg des Totengräbers *Necrophorus tomentosus* ist hoch (○), wenn der Kadaver von Milben der Spezies *Poecilochirus necrophori* besiedelt ist. Die experimentelle Entfernung der Milben (●) verringert den Bruterfolg, wenn der Kadaver weniger als 5 cm tief vergraben ist. (Nach Wilson 1986)

der Oberseite des Fleischballes eine konische Vertiefung an, in die sie Tropfen halbverdauten Fleisches erbrechen. Die frischgeschlüpften Larven werden von den Eltern durch Zirpen zur Nahrungsquelle gelockt und dort von ihnen mit Tröpfchen der flüssigen Nahrung gefüttert. Ältere Larven fressen selbständig davon oder auch vom Kadaver selbst. Erst wenn die Larven verpuppungsreif sind, kämpfen sich ihre Eltern zur Erdoberfläche vor und fliegen davon.

Am Boden der Tiefsee lebt eine erstaunliche Vielfalt von Aasfressern.

Wir haben bereits darauf hingewiesen, daß es im Süßwasser keine auf Aas spezialisierte Fauna gibt. Dagegen findet man am Boden der Tiefsee spezialisierte Aasfresser. Während des Absinkens durch mächtige Wasserschichten werden organische Reste mit Ausnahme der größten Stücke vollständig zersetzt; nur tote Fische, Säuger oder große Wirbellose kommen gelegentlich auf dem Meeresboden an. Dort lebt – wenn auch in geringer Dichte – eine bemerkenswerte Vielfalt von Aasfressern. Diese Tiere weisen eine Reihe von Anpassungen an ein Leben auf, in dem es nur in größeren räumlichen und zeitlichen Abständen Nahrung gibt. So beschreibt Dahl (1979) mehrere Gattungen von Tiefsee-Gammariden, die im Gegensatz zu ihren Verwandten aus dem Flach- oder Süßwasser dichte Büschel von chemosensorischen Haaren zum Wahrnehmen der Nahrung, sowie scharfe Mandibeln besitzen, mit denen sie Stücke aus Kadavern herausreißen können. Überdies können sie wesentlich mehr Nahrung auf einmal aufnehmen als andere Amphipoden. So besitzt *Paralicella* eine weiche Körperwand, die es ihr erlaubt, bei reichlicher Nahrungsaufnahme auf das Doppelte bis Dreifache ihrer normalen Größe anzuschwellen, und *Hirondella* hat einen dehnbaren Mitteldarm, der fast den gesamten Abdominalraum einnehmen kann, um Fleisch zu speichern.

11.4 Schlußfolgerung

Zersetzergemeinschaften sind in ihrer Zusammensetzung und ihren Aktivitäten ebenso mannigfaltig wie andere, häufiger von Ökologen untersuchte Lebensgemeinschaften – wenn nicht sogar mannigfaltiger. Aufgrund der sehr unterschiedlichen Umweltbedingungen, unter denen sie leben, ist es besonders schwierig, allgemeingültige Aussagen über sie zu treffen. Wie die Angehörigen aller anderen natürlichen Lebensgemeinschaften haben auch Zersetzer nicht nur spezielle Ansprüche an Ressourcen und Umweltbedingungen, sondern ihre Aktivitäten beeinflussen auch die Lebensumstände anderer Arten. Der größte Teil dieser Aktivitäten spielt sich im Verborgenen ab, in den Spalten und Hohlräumen des Bodens und der Laubstreu sowie in den Tiefen der Gewässer.

Trotz dieser Schwierigkeiten lassen sich einige allgemeine Aussagen formulieren:

1) Bei niedrigen Temperaturen, unzureichender Sauerstoffzufuhr, geringer Bodenfeuchte sowie in saurem Milieu ist die Aktivität von Destruenten und Detritivoren oft gering.
2) Struktur und Porosität des Substrats (Boden oder Laubstreu) sind von entscheidender Bedeutung – nicht nur wegen ihres Einflusses auf die unter 1) genannten Faktoren, sondern auch, weil die meisten Zersetzer sich schwimmend, kriechend, wachsend oder grabend ihren Weg durch das Medium bahnen müssen, in dem ihre Ressourcen verteilt sind.
3) Die Aktivitäten von Mikroflora und Detritivoren sind eng miteinander verzahnt und oft synergistisch. Es ist deshalb schwierig und vielleicht nicht sinnvoll, die relative Bedeutung der beiden Gruppen bestimmen zu wollen.
4) Viele Destruenten und Detritivore sind Spezialisten. Die Zersetzung organischer Substanz ist das Resultat der kombinierten Aktivitäten von Organismen sehr unterschiedlicher Form, Funktion und Ernährungsweise.
5) Organische Substanz kann während ihres Abbaus zu Kohlendioxid und Mineralstoffen wiederholt eine Sukzession von Mikrohabitaten innerhalb und außerhalb der Verdauungsorgane und Faeces verschiedener Organismen passieren.
6) Die Aktivität der Zersetzer setzt mineralische Nährstoffe wie Stickstoff und Phosphor frei, die in toter organischer Substanz gebunden sind. Die Zersetzungsgeschwindigkeit entscheidet über die Rate, mit der solche Ressourcen für Pflanzen verfügbar werden (oder frei diffundierbar werden und damit dem Ökosystem verlorengehen). Dieses Thema wird in Kapitel 19 wieder aufgegriffen und genauer erörtert.

7) Viele tote organische Ressourcen sind zeitlich und räumlich ungleichmäßig verteilt (Doube 1987). Bei ihrer Besiedlung spielt der Zufall eine große Rolle: Die ersten Kolonisten finden eine ergiebige Ressource vor; welche Arten erfolgreich sind, ist jedoch von Dunghaufen zu Dunghaufen und von Kadaver zu Kadaver verschieden. Die Dynamik der Konkurrenz zwischen den Nutzern solcher ungleichmäßig verteilten Ressourcen erfordert eigene mathematische Modelle (Atkinson und Shorrocks 1981; siehe Kapitel 7). Da tote organische Substanz oft eine „Insel" im „Meer" eines ganz andersartigen Lebensraums bildet, gleicht ihre Erforschung konzeptionell dem Forschungsgebiet, das in Kapitel 23 unter dem Schlagwort „Inselbiologie" erörtert wird.
8) Abschließend ist es an dieser Stelle vielleicht sinnvoll, den Blick einmal von dem Erfolg abzuwenden, mit dem Destruenten und Detritivore ihre Ressourcen verwerten. Schließlich macht erst die Unfähigkeit der Organismen, Holz schnell zu zersetzen, die Existenz von Wäldern möglich!

12 Parasitismus und Krankheiten

12.1 Einleitung

Parasiten schädigen ihre Wirte in der Regel, töten sie aber nicht unmittelbar, und beeinträchtigen die meisten natürlichen Populationen, darunter auch den Menschen.

In Kapitel 8 haben wir **Parasiten** als Organismen definiert, die ihre Nährstoffe von einem oder sehr wenigen Wirtsindividuen beziehen und dabei in der Regel den **Wirt** schädigen, aber nicht unmittelbar seinen Tod verursachen.

Parasiten sind eine außerordentlich wichtige Organismengruppe. Jedes Jahr sterben mehrere Millionen Menschen an Infektionen verschiedenster Art, und weitere Millionen werden geschwächt oder entstellt (zum Beispiel gibt es derzeit etwa 250 Millionen Fälle von Elefantiasis und über 200 Millionen Fälle von Bilharziose.) Rechnet man die Auswirkungen von Parasiten auf Haustiere und Nutzpflanzen hinzu, so steigen die Kosten in Form von menschlichem Elend und wirtschaftlichen Verlusten fast ins Unermeßliche. Natürlich macht der Mensch es den Parasiten leicht, indem er in dichten Ansammlungen lebt und auch seinen Haustieren und Nutzpflanzen diese Lebensform aufzwingt. Es ist jedoch anzunehmen, daß auch freilebende Tiere und Pflanzen in großer Zahl durch Parasiten und Krankheitserreger geschädigt und getötet werden. Mit Sicherheit tragen Parasiten in vielen, wahrscheinlich sogar den meisten natürlichen Populationen erheblich zur Mortalität sowie zur Senkung der Geburtsrate bei.

Viele Parasiten und Krankheitserreger sind wirtsspezifisch, und wahrscheinlich sind mehr als die Hälfte aller Arten Parasiten.

Freilebende Organismen, die *nicht* mehrere Parasiten verschiedener Spezies beherbergen, sind eine Seltenheit. Zudem sind viele Parasiten und **Krankheitserreger (Pathogene) wirtsspezifisch** oder haben zumindest ein begrenztes Wirtsspektrum. Zusammengenommen lassen diese beiden Punkte die Schlußfolgerung unvermeidlich erscheinen, daß mehr als die Hälfte aller Arten und weit mehr als die Hälfte aller Individuen Parasiten sind. Die meisten parasitischen Bakterien und Viren kennt man wahrscheinlich noch gar nicht!

Angesichts dieser Fülle erscheint ein Überblick über die Gesamtheit der Parasiten kaum möglich. Eine kurze zusammenfassende Darstellung mit besonderer Berücksichtigung der Formen, die am intensivsten erforscht wurden und für den Menschen am wichtigsten sind, ist jedoch als Hintergrundinformation für den Rest dieses Kapitels von Nutzen.

12.2 Die Mannigfaltigkeit der Parasiten

Der von Pflanzenpathologen und Tierparasitologen verwendete Fachjargon ist oft so unterschiedlich, daß der Eindruck entstehen kann, die beiden Fachgebiete hätten nichts miteinander gemein. Für den Ökologen besteht hier jedoch nur ein oberflächlicher Unterschied. Zwar gibt es wichtige Unterschiede in der Art und Weise, in der lebende Tiere und Pflanzen als Habitate für Parasiten dienen, wie auch in der Art ihrer Reaktion auf den Befall, aber diese Unterschiede sind geringer als die Ähnlichkeiten. Als Ökologen werden wir daher beide Gruppen gemeinsam behandeln.

Parasiten lassen sich in Mikro- und Makroparasiten klassifizieren; erstere leben und vermehren sich im Körper – oft in der Zelle – ihres Wirtes, letztere leben in der Regel nur in oder auf dessen Körper, vermehren sich dort aber nicht.

Es gibt verschiedene Möglichkeiten der Klassifikation von Parasiten; für Ökologen besonders nützlich ist die Unterscheidung zwischen Makro- und Mikroparasiten (May und Anderson 1979).

Mikroparasiten sind klein, oft extrem zahlreich, und sie vermehren sich direkt im Körper ihres Wirtes. Die meisten von ihnen leben im Inneren der Zellen ihres Wirtes und stehen daher in enger Wechselbeziehung zu dessen Zellstoffwechsel und Antikörperreaktionen. Die Anzahl der Mikroparasiten in einem Wirt zu bestimmen, ist in der Regel unmöglich; statt dessen interessiert in wissenschaftlichen Untersuchungen meist die Anzahl der infizierten Wirte. Bei einer Studie über Masernepidemien beispielsweise wird man die Anzahl der Krankheitsfälle ermitteln und nicht die Anzahl der Viren.

Makroparasiten haben eine ganz andere Biologie: Sie wachsen in oder auf ihrem Wirt, vermehren sich

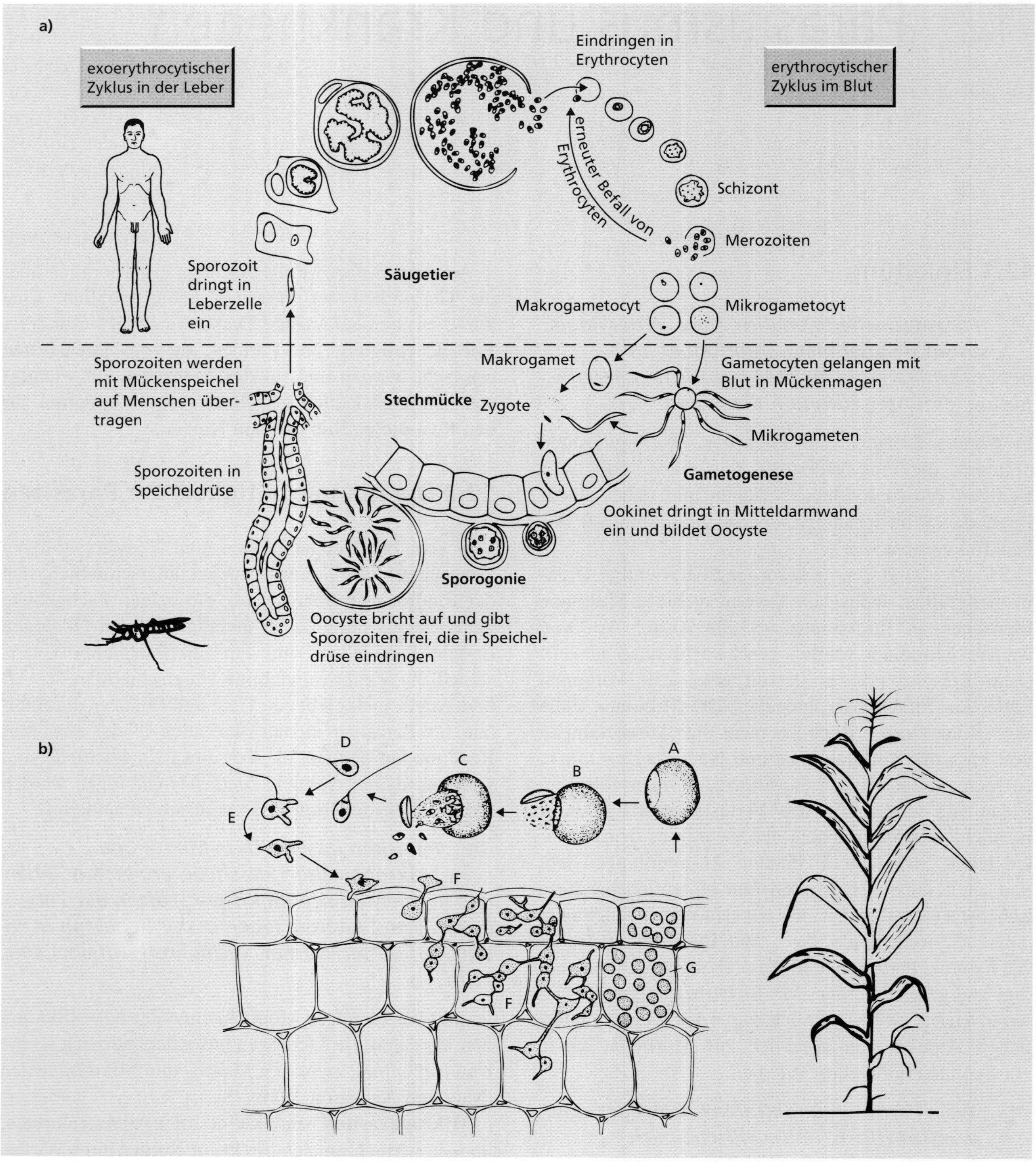

12.1 Mikroparasiten von Pflanzen und Tieren leben meistens intrazellulär und vermehren sich innerhalb des Wirtes. a) Der Lebenszyklus des Malariaerregers *Plasmodium*. Der Parasit wird durch eine Stechmücke direkt in den Blutstrom des Wirtes injiziert. Die Vermehrung erfolgt in den Leberzellen des Wirtes, und die Produkte dringen in die Erythrocyten ein, wo sie sich abermals vermehren und sexuelle Stadien bilden. Diese werden von einer Mücke, die den Wirt sticht, aufgenommen. Die Befruchtung erfolgt im Darm der Mücke, und nach einer weiteren Phase der Vermehrung werden die Speicheldrüsen der Mücke infiziert. Daraufhin kann der Zyklus erneut beginnen. (Nach Vickerman und Cox 1967) b) Der Lebenszyklus (A bis G) von *Physoderma zea-maydis*, einem Parasiten, der die Braunfleckenkrankheit auf Maisblättern (*Zea mays*) hervorruft. Vom Wind verbreitete Sporen (A) keimen und entlassen bewegliche, infektiöse Zoosporen (B bis D), die den Wirt infizieren (E). Beim Tod des Wirtes oder von Teilen des Wirtes werden widerstandsfähige Ausbreitungssporen gebildet. (Nach Tisdale 1919)

dort aber in der Regel nicht. Sie produzieren infektiöse Stadien, die freigesetzt werden und neue Wirte befallen. Die Makroparasiten von Tieren leben meistens auf dem Körper oder in den Körperhöhlen (zum Beispiel im Verdauungssystem) ihres Wirtes und nicht in seinen Zellen. Makroparasiten von Pflanzen leben gewöhnlich interzellulär. In der Regel ist es möglich, die Makroparasiten in oder auf einem Wirt (etwa die Würmer in einem Darm) zu zählen oder zumindest ihre Anzahl zu schätzen, und so können Epidemiologen sowohl die Anzahl der Parasiten als auch die Zahl der infizierten Wirte untersuchen.

Bei Parasiten mit komplizierteren Lebenszyklen ergeben sich spezielle Probleme. Beispielsweise kann ein Epidemiologe, der die Infektion durch Schistosomen untersucht, einerseits die Anzahl der infizierten Schnecken ermitteln (weil der Parasit sich in der Schnecke vermehrt und sich damit als Mikroparasit verhält), andererseits ist er aber vielleicht in der Lage, bei einem infizierten Menschen (in dem der Parasit sich als Makroparasit verhält: wächst, aber sich nicht vermehrt) die Anzahl der Parasiten direkt abzuschätzen.

12.2.1 Mikroparasiten

Zu den Mikroparasiten gehören neben Bakterien und Viren auch Protozoen und einfache Pilze.

Die bekanntesten Mikroparasiten sind Bakterien und Viren, die Tiere und Pflanzen infizieren, etwa das Masernvirus, das Typhusbakterium, das Gelbnetzvirus der Rüben und Tomaten und das Wurzelhalsgallenbakterium. Als Mikroparasiten von Tieren sind außerdem die Protozoen bedeutsam (zum Beispiel die Erreger der Schlafkrankheit, die Trypanosomen, und der Malaria (*Plasmodium* spp.) (Abbildung 12.1a)); bei Pflanzen verhalten sich manche einfachen Pilze als Mikroparasiten (etwa *Physoderma zea-maydis*; Abbildung 12.1b).

Mikroparasiten können direkt oder durch Vektoren übertragen werden.

Die Übertragung von Mikroparasiten von Wirt zu Wirt kann in manchen Fällen fast unmittelbar erfolgen, beispielsweise bei Geschlechtskrankheiten und Krankheiten wie Grippe oder Masern, deren kurzlebige Erreger sich in den beim Husten oder Niesen ausgestoßenen Wassertröpfchen befinden. Andere Parasiten können eine ausgedehnte Ruhephase durchmachen, in der sie auf einen neuen Wirt „warten". Dies ist zum Beispiel bei *Entamoeba histolytica*, dem Erreger der Amöbenruhr, der Fall, der mit verunreinigten Lebensmitteln oder Wasser aufgenommen wird, oder bei dem Pflanzenparasiten *Plasmodiophora brassicae*, der die Kohlhernie der Kreuzblütler hervorruft. Wieder andere Mikroparasiten werden nur indirekt durch einen sogenannten **Vektor** – meist einen anderen Organismus – von Wirt zu Wirt übertragen. Mikroparasiten besitzen weder spezielle Mechanismen noch spezielle Eigenschaften, um sich räumlich auszubreiten; vielmehr übernimmt diese Aufgabe stets ihr Wirt oder ein Vektor, der damit eine direkte Rolle in ihrer Populationsdynamik spielt.

Wichtige Beispiele für vektorenübertragene Mikroparasiten sind die Erreger von Schlafkrankheit und Malaria, deren Vektoren auch als Zwischenwirte dienen, sowie Pflanzenviren.

Die beiden wirtschaftlich bedeutendsten Gruppen vektorübertragener parasitischer Protozoen bei Tieren sind erstens die Trypanosomen, die beim Menschen die Schlafkrankheit und bei Säugetieren Nagana hervorrufen und von Tsetsefliegen (*Glossina*) übertragen werden, und zweitens die *Plasmodium*-Arten, die Malaria verursachen und von Anophelesmücken übertragen werden. In beiden Fällen dienen die Insekten nicht nur als Vektoren, sondern auch als **Zwischenwirte**, das heißt, der Parasit vermehrt sich auch in ihnen.

Viele Pflanzenviren werden durch Blattläuse übertragen. Manche „nicht persistierenden" Virusarten (etwa das Blumenkohlmosaikvirus) sind nur ungefähr eine Stunde lang im Vektor lebensfähig; sie werden oft *auf* den Mundwerkzeugen der Blattlaus übertragen. Andere „zirkulative" Arten (etwa das Nekrotische Salatvergilbungsvirus) treten aus dem Darm der Blattlaus in die Hämolymphe und von dort in die Speicheldrüsen über. Es gibt daher eine Latenzzeit, bevor der Vektor infektiös wird; dies bleibt er dann aber für lange Zeit, oft sein ganzes Leben lang. Schließlich gibt es auch „propagative" Viren, die sich in der Blattlaus vermehren (zum Beispiel das Blattrollvirus der Kartoffel). Auch Nematoden sind verbreitete Vektoren von Pflanzenviren.

12.2.2 Makroparasiten

Das Spektrum der Makroparasiten reicht von Eingeweidewürmern und verschiedenen Ektoparasiten bei Tieren bis zu verschiedenen Pilzformen, Insekten und einige Blütenpflanzen als Pflanzenparasiten.

Wichtige Makroparasiten der Tiere sind die parasitischen Eingeweidewürmer (Abbildungen 12.2 und 12.3). Dazu gehören die Plathelminthen (Bandwürmer (Cestoda) und Saugwürmer (Trematoden), etwa Schistosomen und Leberegel), die Acanthocephalen (Kratzer) und die Nematoden (Faden- oder Rundwürmer). Hinzu kommen Läuse, Flöhe, Zecken, Milben und auch einige Pilze, die Tiere befallen (Abbildung 12.2). Zu den Makroparasiten der Pflanzen gehören höhere Pilze, die Echten Mehltau, Falschen Mehltau,

12.2 Makroparasiten von Tieren. a) Igelzecken (*Ixodes hexagorus*) *in situ*. Die Köpfe stecken in der Haut des Wirtes. b) Parasitärer Pilz auf einer Ameise der Gattung *Camponotus*. c) Dreistachliger Stichling (*Gasterosteus aculeatus*) mit Plerocercoidstadien des Bandwurmes *Schistocephalus solidus*). (Mit freundlicher Genehmigung von Heather Angel)

Rost und Brand verursachen, gallbildende und minierende Insekten sowie Blütenpflanzen, die parasitisch auf anderen höheren Pflanzen leben, beispielsweise Teufelszwirn und Sommerwurz. Wie die Mikroparasiten kann man auch die Makroparasiten in solche unterteilen, die direkt übertragen werden, und in solche, die für die Übertragung einen Vektor oder Zwischenwirt benötigen und damit eine indirekte Entwicklung haben.

Zu den direkt übertragenen Makroparasiten von Tieren zählen die Monogenea, die Nematoden des Darmtraktes sowie Läuse und Flöhe.

Die Monogenea sind ektoparasitische Plathelminthen, die sich hauptsächlich von der Haut oder den Kiemen von Fischen, aber auch von der Haut von Amphibien, Reptilien, Walen und Kopffüßern ernähren. Mit Hilfe spezieller Haftorgane an ihrem Hinterende halten sie sich an ihren Wirten fest. Neue Wirte werden von freischwimmenden Larven oder von den Adulten selbst aktiv aufgesucht.

Die Nematoden des Darmtraktes, die stets direkt übertragen werden, sind wohl die wichtigsten Darmparasiten des Menschen – sowohl im Hinblick auf die Anzahl der infizierten Personen als auch auf ihr Schädigungspotential.

Tierläuse durchlaufen ihren gesamten Lebenszyklus auf ihrem Wirt (einem Säuger oder einem Vogel). Die Übertragung erfolgt in der Regel durch direkten Körperkontakt zwischen Wirtsindividuen, oft zwischen Mutter und Kind. Im Gegensatz dazu legen Flöhe ihre Eier in das Lager oder Nest ihres Wirtes (ebenfalls eines Säugers oder Vogels). Dort verbringen sie auch ihre Larvalzeit. Nach dem Schlüpfen suchen die adulten Tiere dann aktiv ein neues Wirtstier auf, wobei sie oft erhebliche Entfernungen überwinden.

Auch die meisten makroparasitischen Pilze, die Pflanzen wie Mehltau befallen, werden direkt übertragen.

Bei den Pilzmakroparasiten von Pflanzen ist direkte Übertragung verbreitet. Beispielsweise erfordert die Infektion durch einen blattinfizierenden Pilz, etwa Mehltau auf Weizen, den Kontakt zwischen einer (normalerweise vom Wind übertragenen) Spore und einer Blattfläche. Danach dringt der Pilz in oder zwischen die Wirtszellen ein, wo er zu wachsen beginnt. Über kurz oder lang äußert sich eine solche Infektion als krankhafte Veränderung des Wirtsgewebes. Diese Phase der Invasion und Besiedlung (die Latenz- oder Juvenilphase) geht dem ansteckenden Stadium voraus, in dem das Sporenlager reift und mit der Sporenbildung beginnt. Das erkrankte Areal kann später mit der Sporenproduktion aufhören; es ist dann entweder abgestorben oder kann nicht erneut infiziert werden.

Bei den parasitischen Angiospermen unterscheidet man Holoparasiten, die kein Chlorophyll besitzen, und Hemiparasiten, die selbst zur Photosynthese fähig sind.

Die meisten Makroparasiten der höheren Pflanzen sind Pilze oder Insekten. Es gibt aber auch eine Reihe spezialisierter Angiospermen, die andere Blütenpflanzen parasitieren. Man unterscheidet zwei Typen: **Holoparasiten** (**Vollschmarotzer**), die kein Chlorophyll besitzen und für die Versorgung mit Wasser, Nährstoffen und fixiertem Kohlenstoff gänzlich auf ihre Wirtspflanze angewiesen sind, und **Hemiparasiten** (**Halbschmarotzer**), die Photosynthese treiben, aber deren Wurzelsystem nur schwach entwickelt ist oder ganz fehlt. Letztere bilden Verbindungen zu den Wurzeln oder Sprossen anderer Arten aus und decken ihren Bedarf an Wasser und mineralischen Nährstoffen ganz oder überwiegend über ihren Wirt. Einige Hemiparasiten, darunter Ackerzahntrost (*Odontites verna*), Kleiner Klappertopf (*Rhinantus minor*) und Augentrost (*Euphrasia* spp.), können auch ohne Wirt bis zur Samenbildung heranwachsen, zeigen dann jedoch Kümmerwuchs.

Das extremste Beispiel für Holoparasitismus liefert *Rafflesia arnoldii*, deren gesamter Vegetationskörper aus einem Geflecht im Inneren des Wirtes besteht. Nur die Blüte (die mit bis zu 1 m Durchmesser die größte bekannte Blüte ist) erscheint an der Oberfläche der Wirtswurzel. Alle für ihr Wachstum benötigten Ressourcen werden direkt dem Wirt entnommen.

Die Hemiparasiten auf Bäumen zapfen das Xylem ihres Wirtes an. Dazu treiben sie entweder ein primäres Haustorium in den Wirt, das sich in dessen Rinde verzweigt und den ganzen Zweig innerlich umschließen kann, oder sie bilden ein Wurzelsystem an der Außenseite des Zweiges, von dem aus Haustorien in bestimmten Abständen das Xylem des Wirtes anzapfen. Es gibt eindeutige Hinweise darauf, daß die Anwesenheit solcher Hemiparasiten das Wachstum von Bäumen beeinträchtigt. Von Misteln (*Viscum album*) befallene Weißtannen (*Abies alba*) in französischen Beständen hatten ein um 19 % verringertes Stammvolumen (Klepac 1955), und in Beständen der Drehkiefer (*Pinus contorta*) in Colorado verursachten Zwergmisteln (*Arceuthobium*) den Verlust von einem Drittel des nutzbaren Holzes (Gill 1957).

Je vollständiger die Abhängigkeit der pflanzlichen Parasiten von ihren Wirten ist, desto begrenzter ist ihr Wirtsspektrum. So weist der Hemiparasit *Odontites verna* (Ackerzahntrost) eine große Auswahl potentieller Wirte auf, während die holoparasitischen Arten der Gattung *Orobanche* (Sommerwurz) oft auf eine einzige Wirtsart beschränkt sind.

Zu den tierischen Makroparasiten mit indirekter Entwicklung, also Übertragung durch Zwischenwirte, zählen so bedeutsame Formen wie Bandwürmer, Schistosomen und Filarien.

Unter den tierischen Makroparasiten mit indirekter Entwicklung gibt es viele medizinisch bedeutsame Arten. Beispielsweise leben adulte Bandwürmer als Darmparasiten, die Nährstoffe direkt über ihre Körperwand aufnehmen. Sie bestehen aus zahlreichen Segmenten (Proglottiden), die hinter dem an der Darmwand angehefteten Kopf ständig neu gebildet werden. Die distalen Proglottiden enthalten große Mengen von Eiern und werden mit den Exkrementen des Wirtes ausgeschieden. Die Larvenstadien setzen den Lebenszyklus dann in einem oder zwei **Zwischenwirten** fort, bevor der **Endwirt** wieder infiziert wird. Abbildung 12.3a und b zeigt die Lebenszyklen von zwei Bandwürmern des Menschen.

Die Schistosomen, die beim Menschen Bilharziose (Schistosomiasis) verursachen, sind insofern für eine größere Gruppe von Trematoden repräsentativ, als ihr Lebenszyklus sexuelle Fortpflanzung in einem Landwirbeltier und vegetative Vermehrung in einer Schnecke beinhaltet (Abbildung 12.4). Sie sind demnach Makroparasiten des Menschen, aber Mikroparasiten der Schnecke. Bilharziose schädigt sowohl die Darmwand, wo die Eier deponiert werden, als auch die Kapillaren von Leber und Lunge, wenn die Eier in ihnen hängenbleiben und sie verstopfen.

Die zu den Nematoden gehörenden Filarien sind langlebige Parasiten des Menschen, die alle während ihrer Larvalentwicklung einige Zeit in einem blutsaugenden Insekt verbringen müssen. *Wuchereria bancrofti* beispielsweise, der Erreger der Bancroft-Filariose, schädigt den Menschen durch die Ansammlung adulter Tiere im Lymphsystem (was klassischerweise, wenn auch selten, zu Elefantiasis führt). Die Larven (Mikrofilarien) werden ins Blut entlassen und von Steckmücken aufgenommen; in diesen entwickeln sie

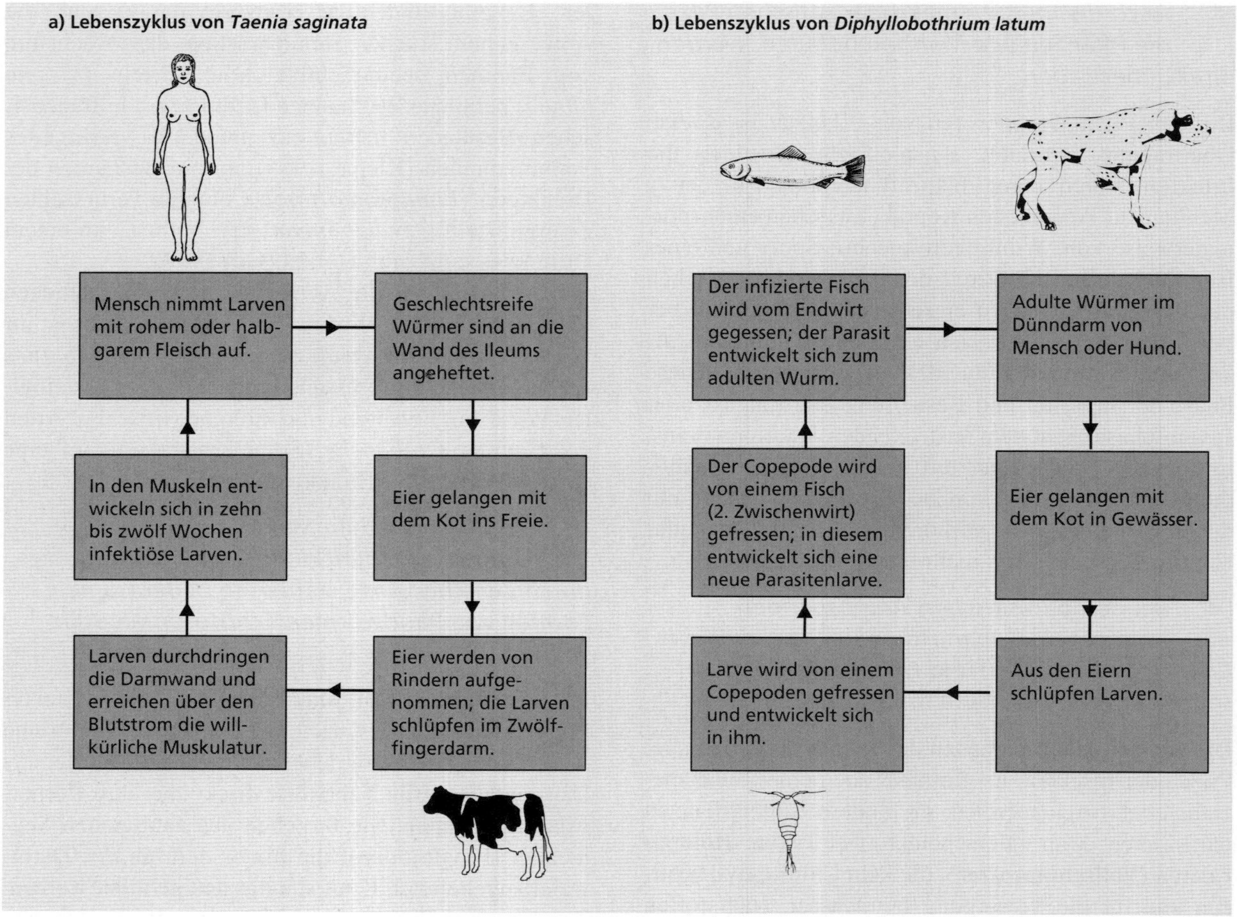

12.3 Die Lebenszyklen zweier Bandwürmer, die den Menschen befallen. a) Der Rinderbandwurm (*Taenia saginata*), der in rohem oder nicht ausreichend gegartem Rindfleisch übertragen wird. b) Der Fischbandwurm (*Diphyllobothrium latum*), der in ungenügend gegartem Fisch übertragen wird. (Nach Whitfield 1982)

sich weiter zu infektiösen Larven, die dann von den Mücken auf andere Wirtsindividuen übertragen werden.

Wichtige pflanzliche Makroparasiten mit indirekter Übertragung sind die Rostpilze.

Die Rostpilze sind eine Gruppe Pflanzen befallender Makroparasiten, in der indirekte Übertragung über einen Zwischenwirt verbreitet ist. Der Schwarzrost (*Puccinia graminis*) (Abbildung 12.5) beispielsweise wird von einem einjährigen Gras (vor allem von Getreiden wie Weizen) auf die Berberitze (*Berberis vulgaris*) und von der Berberitze zurück auf das Gras übertragen. Die Infektion des Getreides ist polyzyklisch, das heißt, innerhalb einer Wachstumsperiode kann sich der Zyklus aus Infektion einer Pflanze durch Sporen, Entstehung von Sporenlagern an Blättern und Stengeln, Bildung und Verbreitung neuer Sporen und Infektion anderer Getreidepflanzen mehrfach wiederholen. Diese Phase intensiver klonaler Vermehrung des Parasiten sorgt für die epidemische Ausbreitung der Krankheit. Am Ende der Vegetationsperiode produziert der Pilz einen anderen Sporentyp: dickwandige, widerstandsfähige Teleutosporen, die überwintern. Diese keimen zu Beginn der folgenden Wachstumsperiode und produzieren (ohne einen Wirt zu infizieren) fast sofort haploide Sporen (Basidiosporen), die nur Berberitzen infizieren können. In diesem Wirt breitet sich ein haploides Mycel aus; es folgt eine Kopulation („Spermatisation") von Empfängnishyphen mit von Insekten übertragenen Sporen (Spermatien), die die Funktion männlicher Gameten haben. Der Parasit bildet dann auf der Berberitze Sporenlager (Aecidien), aus denen ein weiterer Sporentyp (Aecidiosporen) entlassen wird. Nur dieser kann Gräser infizieren. Ein sexueller Prozeß findet nur auf der Berberitze statt. Auf diesem langlebigen Strauch ist der Rost persistent, und so können infizierte Berberitzen primäre, ausdauernde Herde für die Infektion des viel kurzlebigeren Getreides sein.

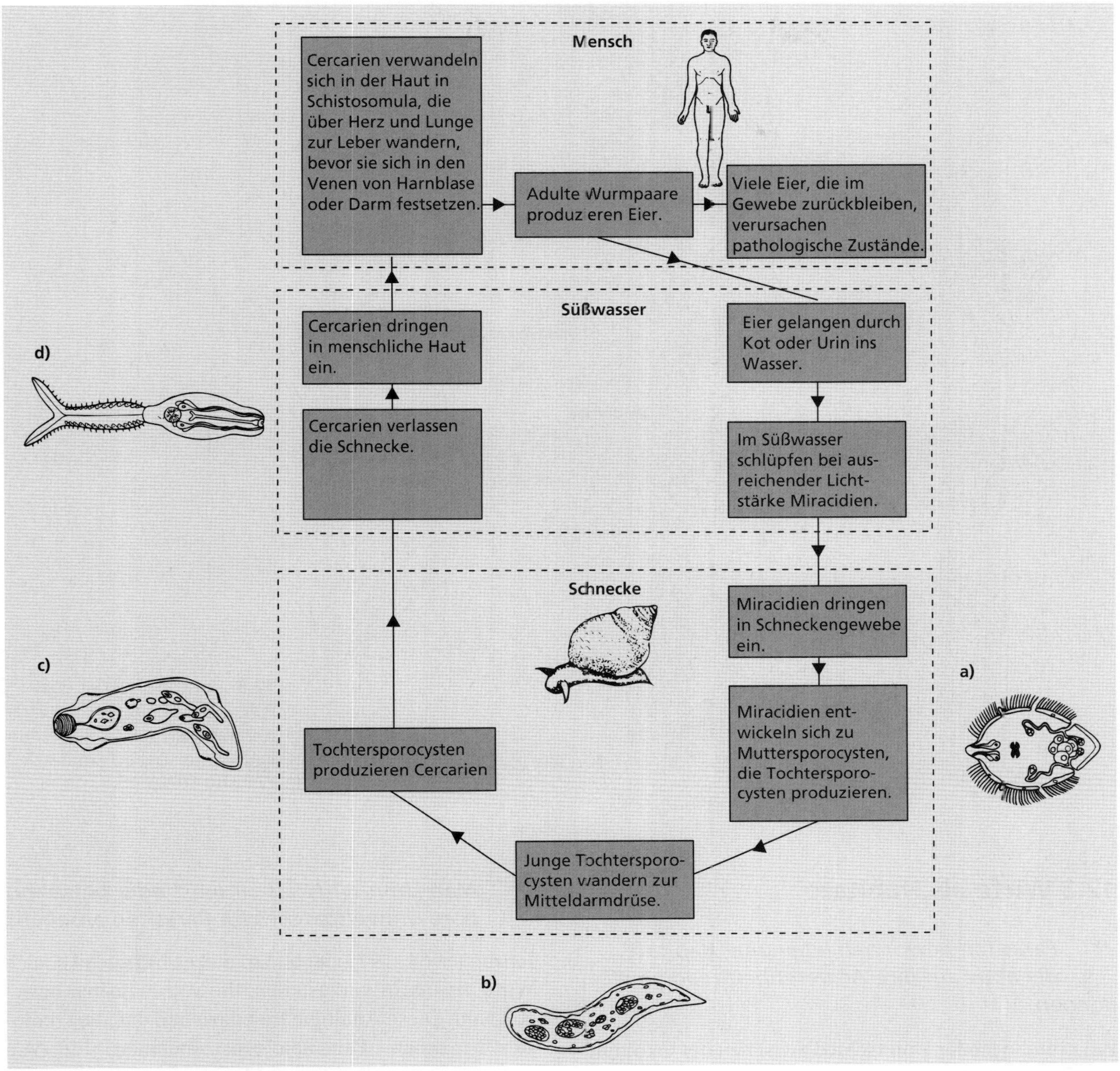

12.4 Der Lebenszyklus von Schistosomen (eine Klasse der Digenea) des Menschen. a) Bewimperte Larven (Miracidien), die Schnecken infizieren; b) Sporocysten, die sich in der Schnecke entwickeln; c) Redien, die zur Mitteldarmdrüse der Schnecke wandern, sich dort vermehren können und schließlich Larvenstadien (Cercarien) (d) freisetzen, welche die Schnecke verlassen. Die Cercarien mancher Arten suchen aktiv einen Wirt auf, andere kapseln sich als Ruhestadium ein, das dann vom Wirt verzehrt wird.
(Nach Whitfield 1982)

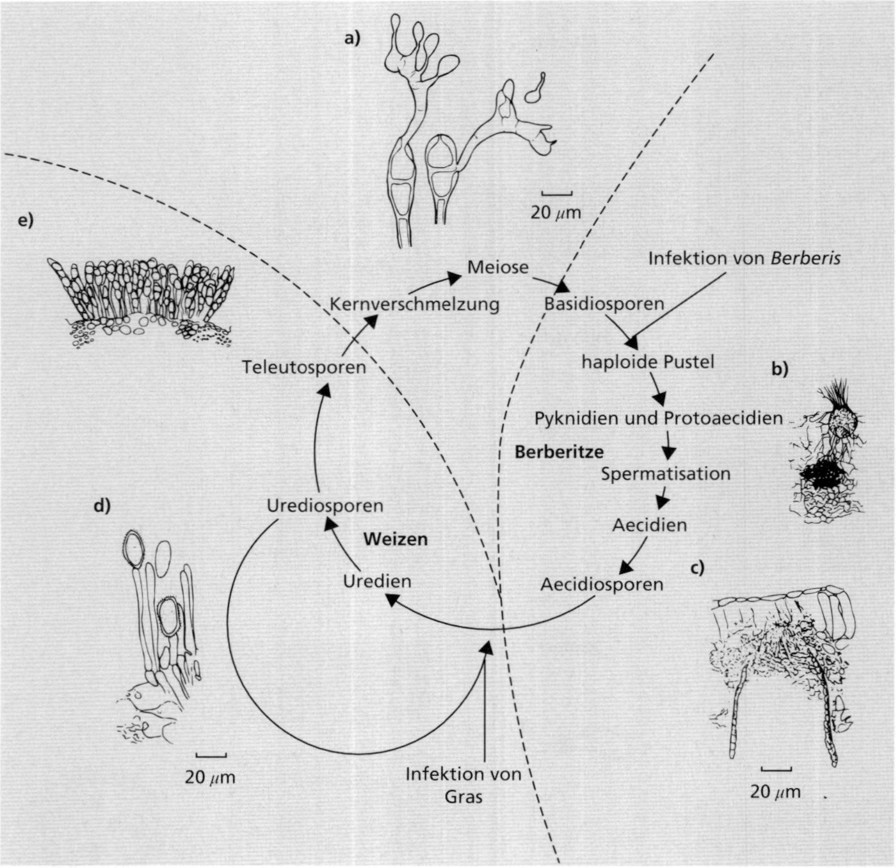

12.5 Der Lebenszyklus von *Puccinia graminis*, der Schwarzrostkrankheit von Getreide; für Einzelheiten siehe Text. (Nach Webster 1970)

12.3 Wirte als Habitate

Parasiten bewohnen lebendige Habitate, die aktiv auf ihre Anwesenheit reagieren können.

Ein grundlegender Unterschied zwischen der Ökologie von Parasiten und derjenigen freilebender Organismen besteht darin, daß die Habitate von Parasiten selbst lebendig sind. Ein Habitat, das lebt, kann wachsen und sich vermehren; außerdem kann es *aktiv* auf die Anwesenheit eines Parasiten reagieren, indem es seine Eigenschaften verändert. Es kann Immunreaktionen gegenüber dem Parasiten entwickeln, ihn verdauen, isolieren oder einkapseln. Es ist zur Evolution befähigt (jeder Wirt ist ein Nachkomme vorhergehender Wirte und ein Produkt natürlicher Auslese). Die Habitate von Tierparasiten sind zudem meist beweglich, und ihre Bewegungsmuster haben entscheidenden Einfluß auf die Ausbreitung (Übertragung) von einem bewohnbaren Wirt zum nächsten.

Man kann Wirte als „Inseln" oder bewohnbare Umweltpatches für Parasiten ansehen.

Janzen (1968, 1973) legte dar, daß es hilfreich ist, sich Wirte als Inseln vorzustellen, die von Parasiten besiedelt sind. Diese Analogie trug dazu bei, daß die Ökologen begannen, Parasiten ernstzunehmen. Ein von Malariaerregern befallener Mensch beispielsweise ist in gewissem Sinne eine bewohnte Insel. Stechmücken können den Parasiten von einer Insel zur anderen verbreiten; ihr begrenzter Aktionsradius entspricht der Tatsache, daß die Entfernungen zwischen Inseln der Ausbreitung von Arten Grenzen setzen.

Die Inselanalogie kann für Verwirrung sorgen, wenn beispielsweise Wirte und ihre Parasiten auf tatsächlichen Inseln untersucht werden (Dobson und Pacala 1992; Dobson et al. 1992). Derartige Probleme lassen sich jedoch leicht vermeiden, wenn man den Wirt als bewohnbaren Patch in der Umwelt ansieht (Dobson und Keymer 1990). Parasitenpopulationen bestehen fort, indem ständig neue Wirtspatches besiedelt werden, während die alten infizierten Wirte sterben oder immun gegen Neuinfektionen werden. Sobald man die Populationsbiologie von Parasiten auf diese Weise betrachtet, gerät sie in den Kontext der Metapopulationsdynamik (die in Abschnitt 15.6 erörtert wird).

12.3.1 Die Ausbreitung und Kolonisierung von Wirtspatches

Die Übertragungsrate von Mikroparasiten hängt von der Kontakthäufigkeit und damit von der Dichte ab.

Verschiedene Parasitenarten werden auf unterschiedliche Art und Weise von einem Wirtspatch zum anderen übertragen. Bei Mikroparasiten, die über ein sehr kurzlebiges infektiöses Agens oder direkt von Wirt zu Wirt übertragen werden, ist die Nettoübertragungsrate in der Regel direkt proportional zur Häufigkeit der Begegnungen zwischen infizierten und nicht infizierten („empfänglichen" – *susceptible*) Wirten. Besonders hoch ist die Nettorate der Parasitenübertragung daher in Populationen mit einer hohen Dichte nicht infizierter Individuen oder mit einer hohen Dichte an Infizierten, vor allem aber bei hoher Dichte beider Gruppen. Entsprechend ändert sich die **Übertragungsrate** vieler Parasiten mit der Jahreszeit, und zwar wegen der mit dem Klima wechselnden Neigung der Wirte, sich zu aggregieren oder zu zerstreuen. Jahreszeitliche Schwankungen im Aggregationsverhalten spielen vor allem in der Epidemiologie vieler verbreiteter Virusinfektionen des Menschen eine Rolle, etwa bei Masern, Mumps und Windpocken (Anderson 1982).

Bei der Infektion durch langlebige Erreger (zum Beispiel Dauersporen) ist die Befallsrate meist direkt proportional zur Kontakthäufigkeit zwischen Wirt und infektiösen Stadien und daher von der Dichte beider abhängig. Bei vektorübertragenen Mikroparasiten dagegen ist die Übertragungsrate von infizierten Vektoren auf nicht befallene Wirte proportional zu der Rate, mit der der Wirt gestochen wird. Diese wiederum hängt von der Gesamt-"Stechhäufigkeit" der Vektoren sowie vom Anteil der Nichtinfizierten an der Wirtspopulation ab. Die Übertragungsrate von infizierten Wirten zurück auf nicht befallene Vektoren ist von der Stechhäufigkeit und dem Anteil der Infizierten an der Wirtspopulation abhängig.

Die Ausbreitung einer Krankheit wird durch die Entfernung zwischen den Wirten beeinflußt.

Viele bodenbürtige Pilzkrankheiten breiten sich durch Wurzelkontakte von einer Pflanze zur anderen aus. Eine andere Möglichkeit ist das Wachstum des Pilzes durch den Boden, ausgehend von einer Pflanze als „Nahrungsbasis", von der er die nötigen Ressourcen bezieht, um eine andere Pflanze befallen zu können. Der Hallimasch (*Armillaria mellea*) beispielsweise breitet sich im Boden durch schnürsenkelähnliche Rhizomorphen aus und kann einen anderen Wirt (meist einen Baum oder Strauch) infizieren, wenn er auf dessen Wurzeln trifft. Der Parasit verbreitet sich also praktisch nur über Korridore zwischen den Wirtspatches. Solche Parasiten können sich durch eine Plantage oder an einer Hecke entlang ausbreiten, und man kann ihren Vormarsch verhindern, indem man ihren Weg durch einen Graben unterbricht. Eine in gewisser Hinsicht ähnliche Form der Ausbreitung über Korridore findet man bei der Sproßschwellkrankheit des Kakaos. Das Virus wird durch Schmierläuse übertragen, die flugunfähig sind, so daß die Krankheit sich nur zwischen Bäumen ausbreiten kann, die einander berühren. In Wäldern mit natürlicher Artenvielfalt verhindert dieser Umstand vermutlich Epidemien der Krankheit, in Plantagen dagegen – auf „Kontinenten" aus einander berührenden Kakaopflanzen – bestehen sehr viel bessere Übertragungsmöglichkeiten. Zwischen 1922 und 1930 breitete sich das Virus über weite Teile Westafrikas aus und zerstörte viele Plantagen.

Vom Wind verbreitete Pathogene und Parasiten können mitunter große Entfernungen überwinden, die Mehrzahl der Fortpflanzungseinheiten bleibt aber in der Nähe ihres Ursprungs.

Bei Krankheiten, die vom Wind verbreitet werden, können sich Infektionsherde in großer Entfernung vom Ursprungsort ansiedeln; mit welcher Geschwindigkeit eine Epidemie sich lokal ausbreitet, ist jedoch stark von der Entfernung zwischen den Wirten abhängig. Für Parasiten mit windverbreiteten Fortpflanzungseinheiten (Sporen, Pollen und Samen) ist eine stark „leptokurtische" (hochgipfelig verteilte) Ausbreitung charakteristisch: Einige Fortpflanzungseinheiten legen einen sehr weiten Weg zurück, doch die Mehrheit wird nahe vom Ausgangsort abgelagert. Ein extremes Beispiel für einen windübertragenen Tierparasiten ist das Virus, das bei Vieh die Maul- und Klauenseuche verursacht (Donaldson 1983). Diese Krankheit kommt in Großbritannien normalerweise nicht vor, aber gelegentlich wird ein Fall gemeldet, der auf Langstreckenübertragung zurückzuführen ist, etwa von den Niederlanden nach Ostengland.

12.3.2 Die Spezifität von Wirten als Habitate

Parasiten sind meist auf eine oder wenige Wirtsarten oder sogar auf bestimmte Genotypen spezialisiert.

Ein Hauptinteresse der Ökologie gilt der Frage, wodurch Organismen auf das Leben in bestimmten Habitaten beschränkt sind, und ein großer Teil der Evolutionstheorie beschäftigt sich damit, wie diese Beschränkungen entstanden sind. Beispielsweise haben wir in den Kapiteln über die Beziehungen zwischen Räubern und Beute gesehen, daß viele Räuber hochgradig auf bestimmte Beutearten spezialisiert sind (Monophagie). Noch auffälliger ist die Spezialisierung bestimmter Parasiten auf eine oder wenige Wirtsarten. Die potentiellen Wirte einer jeden Parasitenart (sei es ein Bandwurm, ein Virus, ein Protozoe oder ein Pilz) stellen nur einen winzigen Ausschnitt aus der jeweiligen Flora und Fauna dar. Die überwältigende Mehrheit der vorhandenen Organismen kann dagegen nicht als Wirt dienen – und in der Regel haben wir nicht die geringste Ahnung, warum das so ist!

Parasiten sind meistens nicht nur auf eine Wirtsart beschränkt, sondern oft befallen außerdem bestimmte Genotypen des Parasiten nur bestimmte Wirtsgenotypen. Im Extremfall besteht eine strikte Eins-zu-eins-Entsprechung zwischen Genen, die einen Parasiten pathogen machen, und Genen, die einem Wirt Resistenz verleihen.

Die Erforschung der Spezialisierung, ob von Räubern auf Beute oder von Parasiten auf Wirte (und sogar die Untersuchung spezialisierter Beziehungen zwischen Spezies und Patches der physikalischen Umwelt), ist ein wichtiges Teilgebiet der Ökologie. Sie stellt sowohl die proximalen Fragen darüber, welche Aspekte der Biologie von Individuen heute deren potentiellen Lebensraum begrenzen, als auch die ultimaten Fragen, wie diese Spezialisierungen und Beschränkungen im Laufe der Evolution entstanden sind. Wir gehen von der unausgesprochenen Annahme aus, daß, wenn ein Räuber seine Beute auswählt oder ein Parasit zwischen potentiellen Wirten unterscheidet, die Beschränkung auf das ausgewählte Spektrum eine evolutionär stabile Strategie darstellt oder jedenfalls beinahe darstellt. Das heißt, wir nehmen an, daß die Existenz eines eng begrenzten Wirts- oder Beutespektrums ein in irgendeiner Weise optimaler Zustand ist. Wir vermuten, daß die Fitneß von Parasiten, die ihr Spektrum ausweiten würden, durch natürliche Feinde, chemische Abwehrstoffe oder andere Faktoren gesenkt würde (Ward 1992). Diese Annahmen bedürfen allerdings der Überprüfung.

Untersuchungen an parasitoiden Wespen bieten die Möglichkeit, einige der Hypothesen über Wirt-Parasit-Spezialisierungen zu testen. Die Larven dieser Wespen entwickeln sich in oder auf anderen Insekten, die dabei getötet werden. Die Art und Weise, in der sich die Wirtspräferenz ändern kann, wurde überprüft, indem man die Lebenserwartung des Parasitoiden *Venturia canescens* dadurch senkte, daß man die Wespen hungern ließ. Wie von der Theorie vorhergesagt, waren die ausgehungerten Parasitoiden weniger wählerisch. Sie waren öfter als normal ernährte Kontrolltiere bereit, ihre Eier in Wirte geringer Qualität zu legen (Fletcher et al. 1994).

12.3.3 Habitatspezifität innerhalb von Wirten

Wirte stellen heterogene Lebensräume dar.

Zwar ist es in vielen Zusammenhängen sinnvoll, Wirte als bewohnbare Patches der Umwelt zu betrachten, doch sind sie keineswegs homogene Patches. Jeder Organismus stellt eine heterogene Umwelt dar – ein Mosaik aus potentiellen Habitaten. Selbst ein Bakterium ist für ein infektiöses Phagenpartikel eine heterogene Umwelt. Verdauungsorgane, Blut, Leber, Gehirn, Pankreas und Augen sind für die Parasiten eines Säugers unterschiedliche Lebensräume. Blätter, Stengel, Wurzeln, Früchte und Samen bieten Pflanzenparasiten verschiedene Ressourcen und Umweltbedingungen und sind unterschiedlich gut geschützt (Abbildung 12.6).

Die Enge der Beziehung zwischen Parasit und Wirt variiert; man unterscheidet dabei zwischen Ektoparasiten und Endoparasiten, die in den Körperhohlräumen oder sogar in den Geweben oder Zellen ihrer Wirte leben.

Die meisten Parasiten sind darauf spezialisiert, in bestimmten Teilen ihres Wirtes zu leben. Wie Mutualisten (siehe Kapitel 13) dringen sie unterschiedlich tief in die Umwelt ein, die ihr Wirt für sie darstellt. Das eine Extrem bilden die **Ektoparasiten**, die sich auf dem Wirt lebend von dessen Substanz ernähren. Bei Tieren gehören dazu beispielsweise Flöhe, Läuse, Zekken, Monogeneen und sogar einige Pilze, bei Pflanzen Blattläuse und Echter Mehltau, die exponiert auf der Blattoberfläche leben und das Wirtsgewebe nur mit ihren Mundwerkzeugen respektive Haustorien anstechen. Sie sind relativ wenig vor äußeren Einflüssen geschützt und zum Teil den gleichen Umweltbedingungen ausgesetzt wie ihr Wirt. Dem gegenüber stehen die **Endoparasiten**. Eine mittlere Position nehmen hierbei Parasiten ein, die sich in Hohlräumen innerhalb des Wirtes entwickeln; beispielsweise Nematoden im Verdauungskanal, in der Lunge und den Eustachischen Röhren von Tieren oder Pilze, deren Mycelien zwischen, aber nicht in Pflanzenzellen wachsen. Solche Parasiten dringen oft überhaupt nicht in Zellen des Wirtes ein; sie befinden sich genaugenommen „außerhalb“ von dessen Zellkörper, obwohl dieser ihre Umwelt darstellt. Das andere Extrem bilden die Parasiten, die direkt in Gewebe und Zellen ihrer Wirte eindringen. Der Lebensraum der zu den Sporozoen gehörenden Malariaerreger und Babesien, der Erreger der Babesiose bei Haustieren, sind die roten Blutkörperchen von Vertebraten. Die mit den Babesien verwandten Parasiten der Gattung *Theileria*, die Rinder, Schafe und Ziegen befallen, leben in den Lymphocyten dieser Säuger und später in den Speicheldrüsenzellen der Zecken, welche die Krankheit übertragen.

Viele Parasiten haben sich in ihren Wirten auf bestimmte Habitate spezialisiert.

Die Verteilung von Parasiten auf Fischkiemen ist ein besonders gutes Beispiel für Habitatspezialisierung innerhalb eines Wirtes. Teleostier besitzen vier Paar Kiemen. Jede Kieme besteht aus einem knöchernen

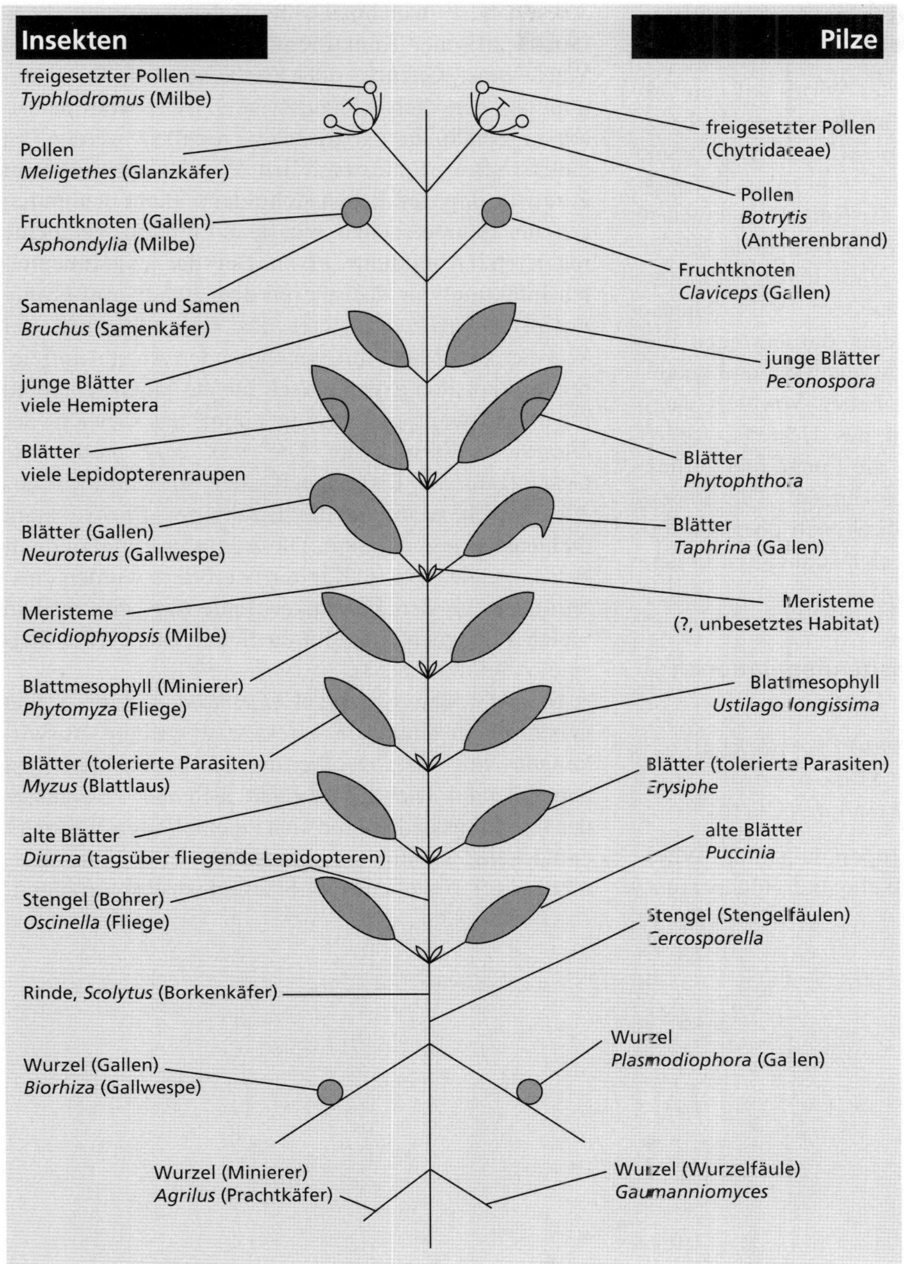

12.6 Höhere Pflanzen bieten zahlreichen parasitären Pilzen sowie herbivoren und parasitären Insekten spezielle Mikrohabitate. Ähnliche, wenn auch weniger vielfältige Diagramme könnte man für Nematoden und für pathogene Bakterien anfertigen. Die Spezialisierung reicht zum Teil noch weiter, als die Zeichnung andeutet. Beispielsweise vermutet man von Arten, die bei Eichen Blattgallen produzieren, daß verschiedene Unterarten auf die Spitze, die Mitte respektive die Basis des Blattes sowie auf ein bestimmtes Blattalter spezialisiert sind (nach Askew 1961). Manche Arten leben abwechselnd auf zwei verschiedenen Teilen derselben Pflanze; zum Beispiel bildet die Eichenschwammgallwespe (*Biorhiza pallida*) zu verschiedenen Jahreszeiten Gallen an den Wurzeln beziehungsweise am Sproßmeristem. (Nach Harper 1977)

Kiemenbogen mit zwei Reihen von Kiemenblättchen, auf denen dicht an dicht dünne Kiemenlamellen stehen. Die Kiemen bieten eine enorm große Oberfläche für den respiratorischen Gasaustausch, aber auch für den Befall durch Parasiten. Dicht unter der Kiemenoberfläche liegen gut durchblutete Gefäße, und durch das darüberströmende Wasser wird dieses Mikrohabitat reichlich mit Sauerstoff versorgt. Die Kiemen werden von Pilzen, Protozoen, Monogeneen, Metacercarien von Trematoden, Copepoden, Muschellarven (Glochidien), Egeln und Milben parasitiert. Bei einer Untersuchung des Sonnenbarsches *Lepomis globosus* im West Lake in Ontario/Kanada fand man die folgende Verteilung: Monogeneen waren auf der Vorderseite und im mittleren Abschnitt der Kiemen am häufigsten, Copepoden im dorsalen und ventralen Bereich. Monogeneen und Glochidien fanden sich vor allem auf den Kiemen II und III, während der Copepode *Ergasilus caeruleus* ziemlich gleichmäßig auf die verschiedenen Kiemen verteilt war (Hanek 1972).

Eines der bemerkenswertesten Beispiele für Habitatspezifität bei Parasiten liefern die Pilze, die auf Insekten leben. In der Gattung *Laboulbenia* gibt es Arten, die auf Laufkäfer spezialisiert sind. Bei dem Käfer *Bembidion picipes* besiedeln verschiedene Pilzarten verschiedene Körperteile, und viele dieser Pilzarten lassen sich einfach anhand des Körperteiles, auf dem sie wachsen, oder aufgrund des Geschlechts des Käfers sicher bestimmen (Benjamin und Shorer 1952).

Manche Parasiten suchen aktiv bestimmte Habitate innerhalb ihrer Wirte auf.

Viele Parasiten sind innerhalb des Wirtes auf den Ort beschränkt, den sie zuerst erreichen, andere dagegen suchen nach dem Eindringen in den Wirt ganz bestimmte Körperteile aktiv auf. Ein gutes Beispiel sind Eingeweidewürmer, etwa der Rattenlungenwurm (*Angiostrongylus cantonensis*), ein Nematode der in der Ratte eine bemerkenswerte Vielfalt von Habitaten durchläuft (Mackerras und Saunders 1955; Alicata und Jindrak 1970). Die Parasiten durchdringen die Darmwand, treten in die kleinen Venen ein und gelangen im Pfortadersystem in die Leber. Von dort wandern sie in das rechte Atrium des Herzens, weiter durch die Lungenschlagader in die Lunge und zurück in den großen Blutkreislauf des Herzens. Die jungen Adulten wechseln dann in Gehirnvenen über, kehren zum Herzen zurück und nisten sich schließlich in den Lungenarterien ein.

12.3.4 Die Dynamik von Parasitenpopulationen innerhalb von Wirten

Mit der Dichte der Parasiten verstärkt sich die intraspezifische Konkurrenz, oft aber auch die Immunreaktion des Wirtes.

Weil Parasiten bestimmte Körperteile ihrer Wirte besiedeln, ist zu erwarten, daß die Individuen einer Art einander manchmal stören, daß zwischen ihnen intraspezifische Konkurrenz besteht und daß die Wachstums-, Geburts- oder Sterberaten von Parasitenpopulationen dichteabhängig sind. Wie Mikroparasiten innerhalb ihrer Wirtszellen reguliert werden, ist äußerst schwierig festzustellen; Populationen größerer Parasiten dagegen lassen sich relativ leicht manipulieren, um zu untersuchen, wie sie auf ihre eigene Dichte reagieren (Abbildung 12.7). Bei der experimentellen Infektion von Mäusen mit dem Bandwurm *Hymenolepis microstoma* steigt das Gesamtgewicht der Würmer pro Maus mit zunehmender Anzahl infizierender Parasiten asymptotisch bis auf einen scheinbaren Höchstwert; gleichzeitig nimmt das Gewicht der einzelnen Würmer ab. Die *pro Wirt* produzierte Gesamtzahl der Eier ist auf allen Infektionsniveaus etwa gleich, während die Eizahl *pro Parasit* stark dichteabhängig abnimmt. Diese Muster erinnern deutlich an viele, die in Kapitel 6 erörtert wurden, insbesondere an den konstanten Endertrag, den man in vielen Pflanzenmonokulturen findet (siehe zum Beispiel Abbildung 6.13).

Beim Großen Leberegel (*Fasciola hepatica*) sind neben einem ähnlichen Effekt zwei weitere Auswirkungen von Überbevölkerung zu beobachten. Mit zunehmender Dichte verringert sich der Prozentsatz der Infektionsstadien, die sich zu etablierten Würmern entwickeln; wichtiger noch, die Entwicklung der Würmer zum eiproduzierenden Stadium ist stark verzögert.

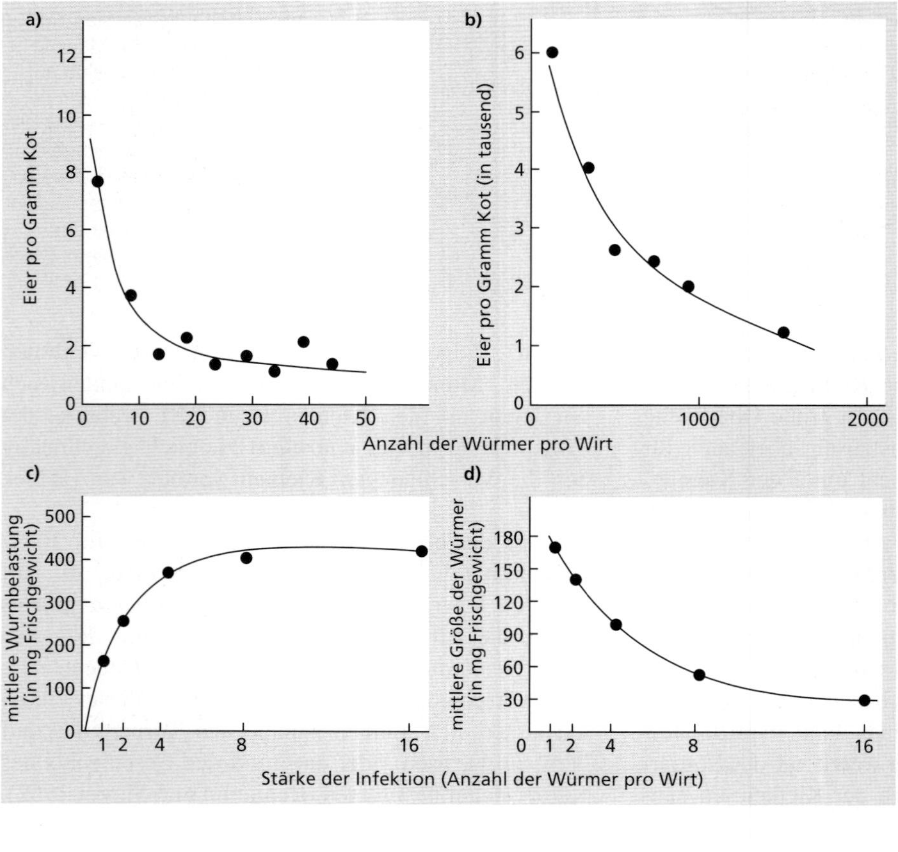

12.7 Dichteabhängige Vermehrung von Parasitenpopulationen. a) Eiproduktion des Spulwurmes *Ascaris* im Menschen. (Nach Croll et al. 1982) b) Eiproduktion des Bandwurmes *Ancylostoma* im Menschen. (Nach Hill 1926) c) Mittleres Gewicht aller Individuen des Bandwurmes *Hymenolepis microstoma* pro infizierter Maus bei verschieden hohen Befallsgraden und d) mittleres Gewicht der einzelnen Würmer im selben Experiment. (Nach Moss 1971)

Dadurch wird die potentielle Zuwachsrate der Population verlangsamt.

Aus diesen Ergebnissen folgt jedoch nicht zwingend der Schluß, die Effekte der Parasitendichte seien auf intraspezifische Konkurrenz zurückzuführen. Die Stärke der Immunreaktion des Wirtes (siehe später) hängt stets von der Dichte des Parasiten ab, und so spiegelt der Effekt, den die Dichte eines Parasiten auf seine Vitalität hat, zum Teil die aktive Reaktion seiner Umwelt, nämlich des Wirtes, wider.

12.3.5 Wirte als reaktive Lebensräume

Man unterscheidet zwischen nekrotrophen Parasiten, die ihren Wirt töten und saprotroph weiterleben können, und biotrophen, deren Wirt lebendig sein muß.

Die Anwesenheit eines Parasiten in einem Wirt löst definitionsgemäß immer eine Reaktion aus – andernfalls würden wir den Organismus nicht als Parasiten, sondern als **Kommensalen** bezeichnen. Die auffälligste Reaktion ist der Tod des Wirtes oder das Absterben der infizierten Teile. Wir unterscheiden grundsätzlich zwischen Parasiten, die ihren Wirt töten und dann saprotroph auf oder in ihm weiterleben können (**nekrotrophe Parasiten**), und Formen, deren Wirt lebendig sein muß (**biotrophe Parasiten**). Diese klare Unterscheidung wird durch die Reaktionen modularer Organismen, etwa der höheren Pflanzen, ein wenig gestört. Bei solchen Lebewesen kann ein Teil (zum Beispiel ein Blatt) von einem nekrotrophen Parasiten getötet werden, während der Rest der Pflanze nicht infiziert wird. Für biotrophe Parasiten bedeutet der Tod ihres Wirtes (oder bei modularen Wirten der Tod des infizierten Teiles) das Ende ihres aktiven Lebens. Ein toter Wirt oder Wirtsteil ist ein unbewohnbarer Patch in der Umwelt eines biotrophen Parasiten. Die meisten parasitischen Würmer, Läuse und Flöhe, Protozoen und Parasitoide sowie die gallbildenden Parasiten der höheren Pflanzen sind biotroph, ebenso Rost, Brand und Mehltau unter den pflanzenparasitischen Pilzen. Biotrophe haben spezielle Nahrungsansprüche, und bis vor kurzem ließen sich nur wenige außerhalb ihres Wirtes züchten.

Wirbellose reagieren auf Eindringlinge durch Phagocyten, Wirbeltiere zeigen zusätzlich eine Immunreaktion, durch die sie sich von einer Infektion erholen und gegen eine Neuinfektion immun werden können.

Jede Reaktion eines Organismus auf die Anwesenheit eines anderen beruht auf der Fähigkeit, zwischen „selbst“ und „nicht selbst“ zu unterscheiden. Bei Wirbellosen sind Populationen phagocytischer Zellen für den größten Teil der Reaktion auf Eindringlinge, selbst auf unbelebte Partikel, verantwortlich. Diese Zellen können kleine Fremdkörper aufnehmen und verdauen, größere einkapseln und isolieren. Auch Wirbeltiere besitzen **Phagocyten**, die auf Fremdstoffe reagieren, aber ihre Abwehrkräfte sind durch einen sehr viel komplizierteren Prozeß beträchtlich erweitert, nämlich durch die Immunreaktion.

Die Abstoßung von Gewebetransplantaten von nicht verwandten Artgenossen ist nur ein Beispiel für eine **Immunreaktion** (Abbildung 12.8). Immunreaktionen haben zwei für die Ökologie von Parasiten bedeutsame Eigenschaften: Erstens können sie Wirte in die Lage versetzen, sich von Infektionen zu erholen, und zweitens können sie einem ehemals infizierten Wirt (Habitat) ein „Gedächtnis“ verleihen, das seine Reaktion bei einem erneuten Angriff des Parasiten (Besiedlers) verändert – der Wirt ist gegen Neuinfektionen immun. Bei Säugern kann die Weitergabe von **Immunglobulinen** an den Nachwuchs den Schutz mitunter sogar auf die nächste Generation ausdehnen. Die Reaktion von Wirbeltieren auf Infektionen schützt also das Wirtsindividuum und vergrößert die Wahrscheinlichkeit, daß es bis zur Fortpflanzung überlebt. Die Reaktion von Invertebraten schützt das Individuum weniger gut; die Fähigkeit von Wirbellosenpopulationen, sich von Krankheiten zu erholen, hängt stärker vom Fortpflanzungspotential der Überlebenden als von der Genesung der Infizierten ab (Tripp 1974).

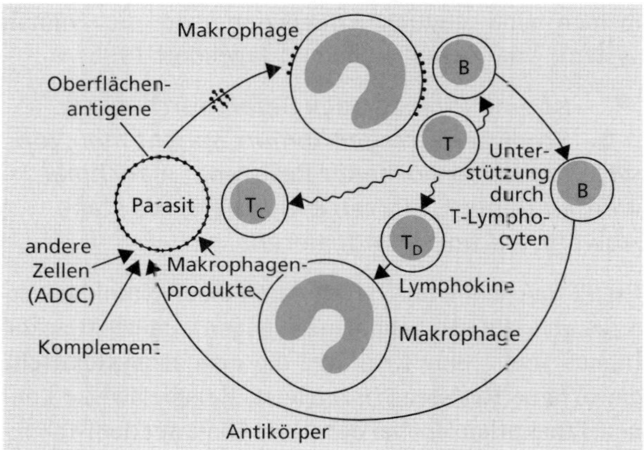

12.8 Ein Wirbeltier ist ein reaktives Habitat; durch seine Immunreaktion wird es von einem für Parasiten bewohnbaren zu einem unbewohnbaren Lebensraum. Solche Reaktionen unterscheiden Lebewesen von anderen, von Ökologen häufiger untersuchten Habitaten. Die Immunreaktion setzt ein, wenn das Immunsystem von einem Antigen stimuliert wird, das von einem Makrophagen aufgenommen und verarbeitet wurde. Das Antigen ist ein Teil des Parasiten, beispielsweise ein Oberflächenmolekül. Das verarbeitete Antigen wird T- und B-Lymphocyten präsentiert. T-Lymphocyten reagieren durch Aktivierung unterschiedlicher Zellklone. Einige davon sind cytotoxisch, andere sezernieren Lymphokine, wieder andere regen B-Lymphocyten zur Produktion von Antikörpern an. Der Parasit, der das Antigen trägt, kann nun auf verschiedene Weise angegriffen werden. (Nach Cox 1982)

Infektionen können vorübergehend oder persistent sein.

Infektionen durch Bakterien oder Viren stellen meist nur eine kurze und vorübergehende Episode im Leben höherer Tiere dar. Die Parasiten vermehren sich im Wirt und rufen eine starke Immunreaktion hervor. Im Gegensatz dazu halten die durch Makroparasiten und protozoische Mikroparasiten hervorgerufenen Immunreaktionen oft nur relativ kurz an; deshalb sind die Infektionen häufig persistent, und die Wirte werden immer wieder neu infiziert.

Pflanzen verfügen über konstitutive und induzierbare Abwehrmechanismen.

Pflanzen wären aufgrund ihres modularen Aufbaus, der Existenz von Zellwänden und des Fehlens eines echten Kreislaufsystems (wie der Blut- oder Lymphbahnen) durch immunologische Reaktionen, gleich welcher Art, kaum geschützt. Sie besitzen auch keine mobilen Phagocyten, die Eindringlinge abwehren könnten. Es gibt jedoch immer mehr Belege dafür, daß Pflanzen über elegante und komplizierte Systeme zur Abwehr von Krankheitserregern (und zum Teil auch von Herbivoren) verfügen. **Konstitutive Abwehrmechanismen** sind solche physikalischen oder biologischen Barrieren, die unabhängig von der Anwesenheit eines Pathogens immer vorhanden sind. **Induzierbare** Formen der Abwehr dagegen entstehen als Reaktion auf den Angriff von Krankheitserregern; die an ihnen beteiligten Signal- und Rezeptormechanismen sind ähnlich kompliziert wie die Signalsysteme von Tieren (Ryan und Jagendorf 1995).

Ist eine Pflanze nach Befall durch einen Krankheitserreger immun, spricht man von systemischer erworbener Resistenz; manchmal werden dabei Elicitoren produziert, die stake Abwehrreaktionen induzieren.

Eine Pflanze, die den Befall durch einen Krankheitserreger überlebt hat, kann danach gegen weitere Attacken immun sein – eine Reaktion, die man als **systemische erworbene Resistenz** bezeichnet. Beispielsweise können Tabakpflanzen, bei denen ein Blatt mit dem Tabakmosaikvirus infiziert ist, lokale Läsionen ausbilden, die die Infektion räumlich begrenzen. Die Pflanzen werden daraufhin nicht nur gegen Infektionen mit dem gleichen Virus, sondern auch gegen andere Krankheitserreger resistent. In manchen Fällen spielt dabei die Produktion von **Elicitoren** eine Rolle – Substanzen, die man bereits isoliert hat und die nachweislich beim Wirt starke Abwehrreaktionen induzieren (Yu 1995), etwa die Produktion extrazellulärer PR-Proteine (*pathogenesis-related proteins*). Salicylsäure scheint eines der Signale zu sein, die zur Reaktion der ganzen Pflanze führen (Lee et al. 1995). Die Chemie der Signalgebung und Transkription wird in Ryan et al. (1995) eingehend erörtert.

Blattläuse nutzen Ressourcen ihres Wirtes, ohne eine starke Reaktion hervorzurufen.

Viele spezialisierte Parasiten (vor allem Parasiten bestimmter Insekten) töten ihren Wirt schnell, viele werden aber auch vom Wirt ohne nennenswerte Reaktionen toleriert. Ein besonders bemerkenswertes Beispiel für Parasiten, die Ressourcen ihres Wirtes nutzen, ohne eine starke Reaktion hervorzurufen, sind Blattläuse. Sie ernähren sich vom Phloemsaft höherer Pflanzen, zu dem sie sich Zugang verschaffen, indem sie aktive Siebröhren anstechen. Phloemzellen sind extrem störungsempfindlich und sehr schwer experimentell zu untersuchen. Blattläuse verursachen beim Anstechen dieser Zellen jedoch so wenig Störungen, daß man ihre nach dem Einstechen vom Insekt abgetrennten Mundwerkzeuge als besonders effektives Mittel zur Gewinnung des Saftes aus intakten Siebröhren verwenden kann.

Viele biotrophe Parasiten werden toleriert oder verursachen Veränderungen der Morphogenese ihrer Wirte; Gallbildung ist hierfür ein Beispiel.

Biotrophe Pilze, wie Rost und Echter Mehltau, dringen in die Wirtszellen ein, die dies in der Regel tolerieren und am Leben bleiben. In manchen Fällen scheint die Infektion keine wesentlichen Veränderungen im Verhalten des Wirtes hervorzurufen; sie senkt nur die Lebenserwartung der infizierten Zellen und verändert die Geschwindigkeit der Stoffwechselprozesse sowie der Wasserabgabe. Mitunter induziert die Gegenwart eines Parasiten aber auch einschneidende Veränderungen im Wirtsmetabolismus. Viele biotrophe Organismen, die lebendes Blattgewebe befallen, stimulieren die Bildung „grüner Inseln“ um die Infektionsstelle herum. In diesen ist nicht nur die Photosyntheseaktivität erhöht, sondern sie dienen auch als „Senken“, in die Stoffwechselprodukte aus nicht infizierten Teilen der Pflanze fließen.

Viele biotrophe Parasiten induzieren „programmierte“ Veränderungen in der Entwicklung des Wirtes. Bemerkenswerte Beispiele sind Minierfliegen (Agromyzidae), Gallmücken (Cecidomyiidae) und Gallwespen (Cynipidae). Diese Insekten legen ihre Eier in Wirtsgewebe, welches mit erneutem Wachstum reagiert. Die so entstehenden **Gallen** sind das Ergebnis einer **morphogenetischen Reaktion** und unterscheiden sich vollkommen von allen anderen Strukturen, welche die Pflanze normalerweise ausbildet. Die vorübergehende Anwesenheit des Parasiteneies kann bereits ausreichen, um im Wirt den morphogenetischen Prozeß auszulösen, der sich dann auch nach Entfernung der Larve fortsetzen kann. Hieran ist eindeutig ein Erkennungsprozeß beteiligt, in dem spezifisches Fremdmaterial (das Insektenei) die Gallbildung induziert. Unter den Gallbildnern, welche die Stieleiche (*Quercus robur*) befallen, löst jeder eine spezifische morphogenetische Reaktion aus (Askew 1961, 1971). Auch viele Blattläuse induzieren bei höheren Pflanzen spezielle Gallen, und es gibt Belege dafür, daß die Morphologie der Gallen von den Blattläusen bestimmt wird – man könnte sagen, daß die Insekten ihren Phänotyp auf die Pflanzensubstanz ausdehnen (Stern 1995)!

Manche Parasiten verändern das Verhalten ihres Wirtes.

Modulare Organismen reagieren auf Parasiten (und andere Umweltreize) meist durch Veränderungen in Form und Wachstum, während sich bei unitaren Organismen häufiger Verhaltensänderungen einstellen, welche die Übertragungswahrscheinlichkeit für den Parasiten erhöhen. Beispielsweise rufen Reizungen des Anus bei wurminfizierten Wirten Kratzen hervor, wodurch Parasiteneier von den Fingern oder Krallen zum Mund übertragen werden können. Mitunter scheint das Verhalten des infizierten Wirtes auch die Chance des Parasiten zu maximieren, einen Sekundärwirt oder Vektor zu erreichen. Man hat Gottesanbeterinnen (*Mantis religiosa*) beobachtet, die das Ufer eines Flusses aufsuchten und sich offensichtlich hineinstürzten. Bei solchen „Selbstmörderinnen“, die in zwei aufeinanderfolgenden Jahren am Hérault, einem Fluß in Frankreich, gesehen wurden (persönliche Beobachtung des Autors J. L. Harper), trat innerhalb einer Minute, nachdem sie ins Wasser gefallen waren, der Saitenwurm *Gordius* aus dem Enddarm aus. Dieser Wurm parasitiert terrestrische Insekten, benötigt aber für einen Teil seines Lebenszyklus einen aquatischen Wirt. Infizierte Wirte scheinen eine „Hydrophilie“ zu entwickeln, die dafür sorgt, daß sie ein aquatisches Habitat aufsuchen. „Lebensmüde“ Gottesanbeterinnen, die man aus den Fluten rettete, kehrten sofort ans Ufer zurück und stürzten sich abermals ins Wasser!

12.3.6 Nekrotrophe Parasiten

Nekroparasiten sind sozusagen Pionierarten unter den Insekten: haben sie ihren Wirt getötet, leben sie als Detritivore weiter.

Die Australische Schafgoldfliege (*Lucilia cuprina*) ist ein **Nekroparasit**, der Schafe befällt. Die Fliege legt ihre Eier stets auf dem lebenden Wirt ab; die Larven (Maden) fressen sich in das Schaf hinein und können es töten. Danach leben sie in dem Kadaver weiter und sind nun nicht mehr als Parasiten, sondern als Detritivore anzusehen. Die Nekroparasiten von Pflanzen weisen meist ein breites Wirtsspektrum auf; viele von ihnen (vor allem Oomyceten der Gattung *Phytium*) befallen das empfindliche Keimlingsstadium und verursachen die Umfallkrankheiten der Keimlinge. Ein typischer Nekroparasit ist der Grauschimmel *Botrytis fabae*. Dieser Pilz entwickelt sich in den Blättern der Pferdebohne (*Vicia faba*), deren Zellen meist schon vor dem Eindringen der Hyphen abgetötet werden. Auf Blättern und Hülsen entstehen Flecken abgestorbenen Gewebes (Schokoladenfleckenkrankheit). Auf diesem toten Gewebe entwickelt sich der Pilz als Saprophyt (Destruent) weiter und bildet erst dann Sporen.

Nekroparasiten von modularen Organismen töten oft nur einen Teil ihres Wirtes. Modulare Lebewesen wachsen durch kontinuierliche Bildung neuer Teile, während ältere Teile absterben. Nekrotrophe Parasiten beschleunigen unter Umständen nur die natürliche Absterberate der Wirtsmodule (zum Beispiel der Blätter einer Pflanze); der Rest bleibt am Leben und bringt laufend neue Teile hervor. Die meisten Nekroparasiten können als Pionierarten unter den Zersetzern angesehen werden. Sie sind ihren Konkurrenten einen Schritt voraus, weil sie ihren Wirt (oder Teile von ihm) töten können und dadurch als erste Zugang zu den Ressourcen seines toten Körpers haben. Ihre Ernährungsansprüche sind in der Regel einfach, deshalb lassen sie sich meist auf einfachen künstlichen Nährmedien züchten. Von Nekroparasiten befallene Organismen reagieren nie mit besonders raffinierten Abwehrmechanismen. Pflanzliche Wirte werfen meist die befallenen Blätter ab oder bilden spezielle Barrieren, die den infizierten Bereich isolieren (ein Beispiel ist der Korkschorf, der sich als Reaktion auf *Actinomyces scabies* auf Kartoffeln bildet).

12.3.7 Die Verteilung von Parasiten in Wirtspopulationen

Parasiten zeigen in der Regel eine geklumpte Verteilung.

Parasiten sind nur selten zufällig in einer Wirtspopulation verteilt. Meist gibt es in einer Wirtspopulation viele Individuen, die von einer bestimmten Parasitenart nur wenige Exemplare beherbergen oder gar nicht befallen sind, und nur wenige stark befallene Individuen, das heißt, die Verteilung ist aggregativ oder geklumpt (Abbildung 12.9). Zum Teil kommt die Aggregation dadurch zustande, daß Mikroparasiten sich in zufällig infizierten Wirten vermehren, so daß zwischen infizierten und nicht infizierten Wirten schnell erhebliche Unterschiede in der Populationsdichte des Parasiten entstehen. Bei schwacher oder langsamer Ausbreitung können sich sehr dichte, räumlich eng begrenzte Parasitenaggregationen ausbilden. Auch die unterschiedliche Empfänglichkeit von Wirtsindividuen (bedingt durch genetische Faktoren, Verhaltensunterschiede oder Umwelteinflüsse) ist eine Ursache von Aggregationen.

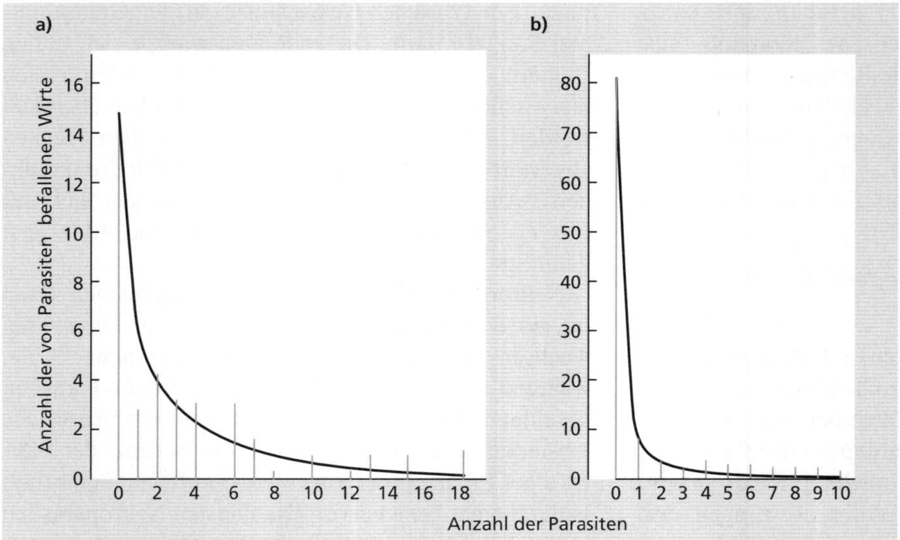

12.9 Beispiele für die aggregative Verteilung von Parasitenzahlen pro Wirt, für welche die negative Binomialverteilung ein gutes empirisches Modell darstellt. Die senkrechten Balken geben die beobachteten Häufigkeiten wieder, und die durchgezogene Linie ist die angepaßte negative Binomialverteilung. a) Die Verteilung des Hundespulwurmes (*Toxocara canis*), einem Darmparasiten von Fuchs, Wolf und b) die Verteilung von Kopfläusen (*Pediculus humanus capitis*) in einer menschlichen Population. (Nach Watkins und Harvey 1942; Williams 1944)

Als Prävalenzrate bezeichnet man den Anteil der Infizierten in einer Population, als Befallsintensität die Anzahl der Parasiten in oder auf einem Wirt.

In solchen lokal aggregierten Populationen ist die mittlere Parasitendichte wenig aussagekräftig. Beispielsweise ist die mittlere Dichte des Milzbranderregers *Bacillus anthracis* in einer menschlichen Population, in der nur eine Person mit diesem Bakterium infiziert ist, keine brauchbare Information. Der in der Epidemiologie von Mikroparasiten am häufigsten verwendete statistische Parameter ist die **Prävalenzrate** (Verbreitungsrate) einer Infektion: der *Anteil* oder Prozentsatz der Wirtspopulation, der mit einem bestimmten Parasiten infiziert ist. (Die *Anzahl* der Infizierten in einer Population bezeichnet man als **Prävalenz**.) Dieses Maß ist vor allem bei Mikroparasiten wichtig, bei denen die Anzahl der Erreger ohnehin nicht ermittelt werden kann (die Untersuchungseinheit ist der infizierte Wirt). Andererseits ist die Schwere der Infektion oft deutlich mit der Zahl der Erreger korreliert, die ein Wirt beherbergt. Die Anzahl der Parasiten in oder auf einem Wirt bezeichnet man als **Befallsintensität**. Die **mittlere Befallsintensität** ist die mittlere Anzahl der Parasiten pro Wirt in einer Population (einschließlich der nicht infizierten Wirte).

Die Beziehung zwischen Prävalenzrate und mittlerer Befallsintensität ist in Abbildung 12.10 für verschiedene Typen der Häufigkeitsverteilung dargestellt. Bei gleichmäßiger Verteilung der Parasiten ist die Prävalenzrate meist relativ hoch und die mittlere Befallsintensität relativ niedrig. Mögliche Ursachen hierfür sind eine dichteabhängige Mortalität bei den Parasiten (siehe später), eine erworbene Resistenz der Wirte gegen erneute Infektionen oder der Tod von Wirten mit hoher Befallsintensität. Im häufiger gegebenen Fall der aggregativen Verteilung der Parasiten ist die mittlere Befallsintensität relativ hoch, die Prävalenzrate dagegen relativ gering. Die epidemiologischen Folgen von Aggregationen werden später in diesem Kapitel behandelt, und in Kapitel 15 kommen wir im allgemeineren Zusammenhang von Abundanz und Seltenheit auf Prävalenz und Intensität zurück.

12.3.8 Die Diversität von Parasitengemeinschaften

Parasitengemeinschaften der meisten Lebewesen sind sehr vielfältig, es bestehen aber große Unterschiede im Artenreichtum zwischen verschiedenen Wirtsformen, die nicht immer leicht zu erklären sind.

Die meisten Lebewesen beherbergen eine mannigfaltige Parasitengemeinschaft, und für diese Gemeinschaf-

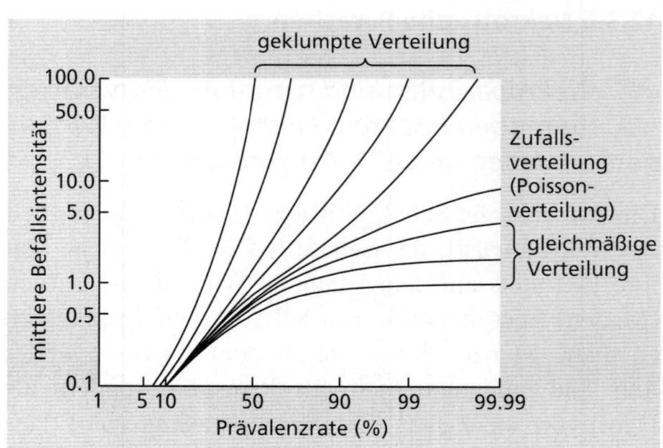

12.10 Die Beziehung zwischen Prävalenzrate und mittlerer Befallsintensität bei aggregativer, zufälliger und gleichmäßiger Verteilung der Parasiten pro Wirt. (Nach Anderson 1982)

ten stellen sich alle klassischen ökologischen Fragen über die Struktur und Organisation von Lebensgemeinschaften. Wie wir in Abschnitt 12.3.3 festgestellt haben, bietet jeder Wirt eine Vielzahl verschiedenartiger Mikrohabitate, und diese werden von spezialisierten Parasiten genutzt. Hinsichtlich des Artenreichtums der Parasitengemeinschaften bestehen jedoch erstaunliche Unterschiede zwischen verschiedenen Wirtsformen, und es gibt zahlreiche Untersuchungen, in denen man versucht hat, Erklärungen dafür zu finden.

Vor allem bei Wirtsarten, die lokale Aggregationen bilden, besteht eine hohe Wahrscheinlichkeit, daß Parasiten sich schnell ausbreiten, und in diesem Zusammenhang ist denkbar, daß das, was einer Art nützt, auch vielen anderen nützt. Bei der Suche nach ökologischen Korrelationen in solchen Datensätzen stellen sich viele Probleme – nicht zuletzt die Tatsache, daß die Anzahl der in einer Lebensgemeinschaft gefundenen Spezies (etwa Parasitenarten) eine Funktion des jeweiligen Forschungsaufwands ist (Abbildung 12.11). Wir könnten vorhersagen, daß Spezies, die in Gruppen leben, besonders artenreiche Parasitengemeinschaften beherbergen müßten. Um diese Hypothese zu testen, kann man die Ektoparasitengemeinschaften schwarmbildender Fische mit denen solitärer Arten vergleichen. Außerdem könnte man vorhersagen, die Gruppenbildung des Wirtes werde bei Endoparasiten, die Vektoren oder andere Übertragungsfaktoren benötigen, wahrscheinlich einen sehr viel geringeren Einfluß haben. Bei einer Untersuchung der Parasiten von 60 Süßwasserfischarten in Kanada fand man jedoch keine derartigen Beziehungen (Poulin 1991). Eine andere Analyse praktisch desselben Datensatzes (Ranta 1992) ergab allerdings ganz andere Schlußfolgerungen:

1) Bei solitären Salmonidenarten ist die Diversität der Parasiten sehr viel geringer als bei Salmoniden, die außerhalb der Paarungszeit Schwärme bilden (Abbildung 12.12). Erstaunlicherweise waren die meisten der Parasiten in dieser Untersuchung Eingeweidewürmer mit Zwischenwirten – es handelte sich also genau um die Situation, bei der den Vorhersagen zufolge der Einfluß der Schwarmbildung hätte gering sein sollen.
2) Bei Wirtsarten mit einem größeren Verbreitungsgebiet war die Artenvielfalt der Parasiten höher.
3) Bei Barschen (Percidae) nahm die Diversität der Parasiten mit der Größe und dem Alter des Wirtes zu.

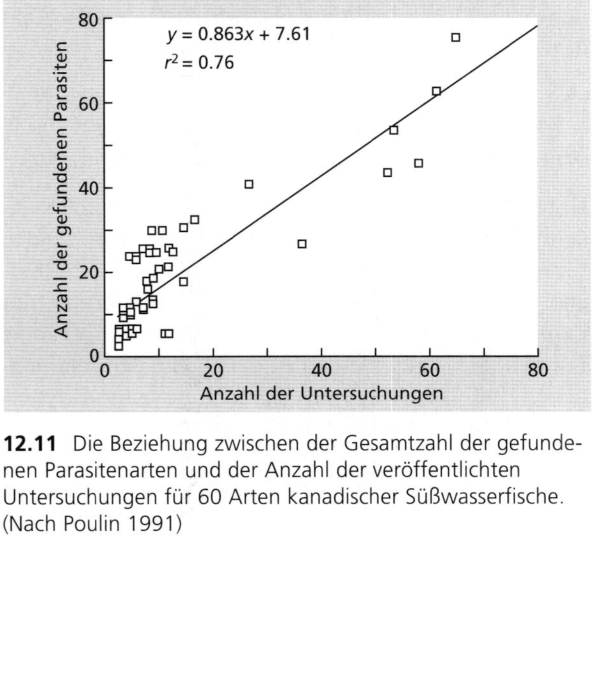

12.11 Die Beziehung zwischen der Gesamtzahl der gefundenen Parasitenarten und der Anzahl der veröffentlichten Untersuchungen für 60 Arten kanadischer Süßwasserfische. (Nach Poulin 1991)

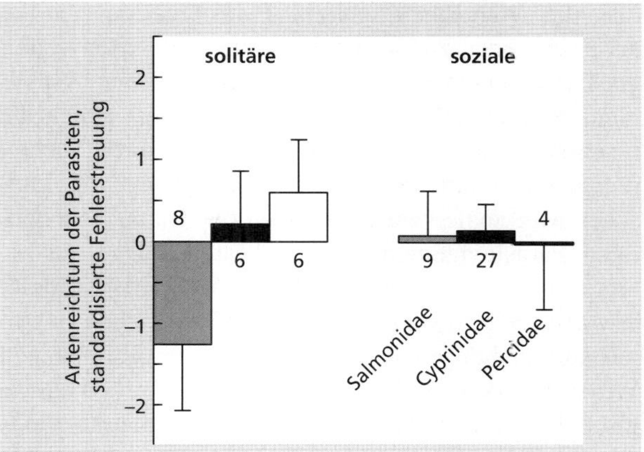

12.12 Der Artenreichtum der Parasitenfauna bei solitären und sozialen Salmoniden, Cyprinden und Perciden in kanadischen Binnengewässern. Die dargestellten Werte sind die Fehlerstreuung, nachdem die in Abbildung 12.11 dargestellte Beziehung zwischen der Anzahl der gefundenen Parasitenarten und der Anzahl der veröffentlichten Untersuchungen in einem Regressionsmodell berücksichtigt wurde. Die Anzahl der Arten in jeder Klasse ist angegeben. (Nach Ranta 1992)

Phylogenetische Aspekte sollten für die Erklärung einer bestimmten Parasitendiversität berücksichtigt werden.

Korrelationen allein sind, wie wir in diesem Buch immer wieder betonen, kein Beweis für kausale Zusammenhänge, und Kreuzkorrelationen können beachtliche Effekte haben. Die Körpergröße einer Tierart beispielsweise bildet sich unter dem Einfluß zahlreicher Selektionskräfte heraus und ist selbst oft stark mit der geographischen Verbreitung korreliert. Auch leiden Untersuchungen wie die von Poulin und Ranta, so faszinierend und wichtig für das Verständnis der globalen Biodiversität sie auch sein mögen, stets unter einem Problem: Potentielle phylogenetische Effekte wurden dabei nicht berücksichtigt (Methoden zu ihrer Berücksichtigung beschreiben Harvey und Pagel (1991)). Während ihrer gesamten Evolution unterliegen Wirtslinien der Speziation sowie Veränderungen ihrer ökologischen Merkmale (wie Körpergröße oder Verbreitungsgebiet). Das hat zur Folge, daß die Wahrscheinlichkeit, Parasitenarten neu zu erwerben oder zu verlieren, sowie die Artenvielfalt der Parasitengemeinschaften in verschiedenen Wirtslinien unterschiedlich hoch sind. Allerdings haben die rezenten Wirte einige Parasitenarten von ihren Vorfahren geerbt, unabhängig davon, ob sich ihre ökologischen Merkmale verändert haben oder nicht. Die heutigen Parasitengemeinschaften bestehen also aus ererbten und (in Abhängigkeit von der Wirtsökologie) erworbenen Parasiten. Diese phylogenetischen Faktoren sollten bei jedem Versuch, für eine Gruppe von Wirtsarten die Beziehung zwischen bestimmten ökologischen Variablen und der Parasitendiversität zu ermitteln, berücksichtigt werden. Beispielsweise besteht in einer Gruppe aus 54 Vogelgattungen eine starke Korrelation zwischen der Körpergröße des Wirtes und der Vielfalt der gastrointestinalen Parasitenfauna ($P < 0.01$). Bezieht man jedoch phylogenetische Effekte in die Berechnungen ein, so verschwindet die Korrelation – der scheinbare Zusammenhang zwischen Körpergröße und Parasitenvielfalt bei Vögeln könnte also ein stammesgeschichtlich bedingtes Artefakt sein (Poulin 1995).

12.3.9 Die Effekte der Diversität in Wirtspopulationen

Die effektive Dichte eines Wirtes entspricht der Entfernung zwischen empfänglichen Wirtsindividuen; sie wird durch eine Mischung mit anderen Arten verringert.

Ein Großteil unseres Wissens über die Ausbreitung von Infektionen in Populationen entstammt Studien an land- und forstwirtschaftlichen Monokulturen sowie an lokal aggregierten menschlichen Populationen. In natürlichen Wirtspopulationen ist die Diversität in der Regel sehr viel höher, und die Individuen einer für einen bestimmten Erreger empfänglichen Spezies sind normalerweise in einer Umwelt verteilt, die aus anderen, immunen oder resistenten Arten oder Formen besteht. Unter diesen Umständen ist die **effektive Dichte** eines Wirtes (für eine bestimmte Parasitenrasse) die Dichte empfänglicher Wirte (oder genaugenommen die Entfernung zwischen diesen) und nicht die Gesamtdichte der Lebensgemeinschaft oder Population.

Je stärker die einzelnen Wirte (Tiere, Pflanzen oder einzelne Blätter) von anderen ihrer Art isoliert sind, desto geringer ist die Wahrscheinlichkeit, daß ein Parasit sich unter ihnen ausbreiten wird. Wenn Wirte durch eine Mischung aus anderen Spezies von Artgenossen isoliert sind, ist die Wahrscheinlichkeit hoch, daß die Übertragungsstadien von Parasiten auf andersartigen „Nicht-Wirten" stranden. Dies ist vermutlich eine der Ursachen dafür, daß Pflanzenkrankheiten in der Natur, wo reine Bestände aus einer einzigen Wirtsart selten sind, kaum jemals epidemisch werden. Die größten bekannten Krankheitsepidemien bei Pflanzen traten in Kulturpflanzenbeständen auf. Diese bilden keine Inseln in einem Meer aus andersartiger Vegetation, sondern „Kontinente" – große Landflächen, die von einer einzigen Spezies (oft sogar einer einzigen Sorte einer Spezies) bedeckt sind.

Mischkulturen aus empfänglichen und resistenten Formen helfen, Krankheiten unter Kontrolle zu halten.

In der Land- und Forstwirtschaft lassen sich Krankheiten bis zu einem gewissen Grad dadurch kontrollieren, daß man verschiedene Arten oder verschiedene Genotypen einer Art in Mischkultur anbaut. In solchen Kulturen ist die effektive Dichte der einzelnen Pflanzentypen reduziert, und jede krankheitsresistente Form kann als Barriere gegen die Ausbreitung der Infektion unter den empfänglichen Wirten dienen.

In der landwirtschaftlichen Praxis stellen resistente Sorten eine Herausforderung an die Evolution ihrer Parasiten dar: Mutanten, die einen resistenten Stamm befallen können, erzielen einen sofortigen Fitneßgewinn. Neue, krankheitsresistente Sorten finden in der Landwirtschaft zunächst weite Verbreitung, dann aber fallen sie oft ziemlich plötzlich einer neuen Rasse des Erregers zum Opfer. Daraufhin wird ein neuer resistenter Stamm angebaut, und alsbald taucht eine neue Form des Erregers auf – ein Zyklus, der sich endlos wiederholt. Ein Ausweg aus diesem Kreislauf des Aufstiegs und Niedergangs von Sorten ist das gezielte Mischen von Sorten, so daß in der Kultur weder eine virulente Rasse des Erregers noch eine empfängliche Form der Nutzpflanze dominiert.

In der Natur kann ein spezielles Risiko darin bestehen, daß Krankheiten von mehrjährigen Pflanzen auf in der Nähe wachsende Keimlinge übertragen werden. Wenn dies häufig der Fall wäre, könnte es zum Artenreichtum von Lebensgemeinschaften beitragen, indem es die Entwicklung von Monokulturen verhindern würde (man hat dies als **Janzen-Connell-Effekt** bezeichnet).

Tiere, die Immunität gegen einen Erreger erworben haben, verringern ebenfalls die effektive Dichte der empfänglichen Individuen.

Höhere Tiere, die eine Krankheitsepidemie überstanden haben, können Immunität gegen den betreffenden Erreger erworben haben (siehe Abschnitt 12.3.5). Solche Individuen verlangsamen die Vermehrung des Parasiten in einer Population genauso wie resistente Formen. Sie verdünnen quasi die Dichte der empfänglichen Individuen (deren Kontaktrate zum Erreger) und reduzieren die Effektivität von Vektoren.

12.4 Die Auswirkungen von Parasiten auf Überleben, Wachstum und Fruchtbarkeit ihrer Wirte

Biotrophe Parasiten konkurrieren mit den von ihnen parasitierten Teilen ihres Wirtes um Ressourcen, und verringern dessen Lebens- oder Konkurrenzfähigkeit, Fruchtbarkeit oder Wachstum.

Der Erfolg eines biotrophen Parasiten hängt davon ab, daß er effektiv mit den von ihm parasitierten Teilen des Wirtes um Ressourcen konkurriert. Es ist diese interne Konkurrenz, die – zumindest teilweise – für die Verminderung von Lebensfähigkeit, Fruchtbarkeit, Wachstum oder Konkurrenzfähigkeit des Wirtes verantwortlich ist. Den Einfluß der Parasitenlast auf die Sterberate des Wirtes zeigt Abbildung 12.13 für von Nematoden befallene Stechmücken, von Leberegeln befallene Schafe sowie für Menschen aus Entwicklungsländern, in denen es eine Vielzahl von Infektionskrankheiten gibt. Eine Infektion mit dem darmbewohnenden Nematoden *Trichostrongylus tenuis* hat einen signifikant nachteiligen Effekt auf die Reproduktionsleistung des weiblichen Schottischen Moorschneehuhnes (*Lagopus lagopus scoticus*) (Potts et al. 1984); die Infektion des Teichläufers *Hydrometra myrae* mit der Milbe *Hydraphantes tenuabilis* beeinträchtigt Vitalität, Fruchtbarkeit und Entwicklungsrate des Wirtes. Überdies können Infektionen ein Tier zu einer leichteren Beute für Räuber machen (Anderson 1979). So fangen Kormorane (*Phalacrocorax carbo*) mehr Rotaugen (*Rutilus rutilus*), die mit dem Bandwurm *Ligula intestinalis* (Riemenwurm) infiziert sind, als dem Anteil der befallenen Fische an der Gesamtpopulation entspricht (van Dobben 1952). Dieser Effekt findet sich bei ganz unterschiedlichen Arten in völlig verschiedenen Lebensräumen. Beispielsweise fand man bei Moorschneehühnern, die während des Frühjahrs und Sommers von Räubern getötet worden waren, einen signifikant stärkeren Befall mit *Trichostrongylus tenuis* als bei Vögeln, die im Herbst geschossen wurden (Hudson et al. 1992a).

Der zusätzliche Einfluß anderer Faktoren kann die schädliche Wirkung von Parasiten und Infektionen noch erhöhen.

Die für Populationen im allgemeinen wahrscheinlich relevantesten unter diesen Beispielen sind die durch Infektionskrankheiten beeinträchtigten Menschen, die von Bandwürmern infizierten Rotaugen und die von Nematoden befallenen Moorschneehühner. Bei Rotaugen und Schneehühnern bestand eine Wechselwirkung zwischen Infektion und Räubereinfluß, bei den Menschen zwischen Krankheiten und Mangelernährung. Solche Wechselwirkungen zwischen Krankheiten und anderen Faktoren sind mit Sicherheit weit verbreitet: Der schädliche Einfluß von Parasiten kann bei Wirten, die durch andere Faktoren geschwächt sind, besonders stark sein. Die Mehrzahl der Todesfälle bei Kindern in Entwicklungsländern scheint auf Infektionskrankheiten zurückzugehen, die in der besser ernährten Bevölkerung der Industrieländer nicht tödlich verlaufen (Abbildung 12.13b).

Wir wissen sehr viel mehr über die Auswirkungen von Parasiten auf menschliche Populationen als auf freilebende Tier- und Pflanzenarten, doch mit zunehmendem Interesse am Natur- und Artenschutz stellt sich die Frage, wie oft Krankheiten im Freiland ent-

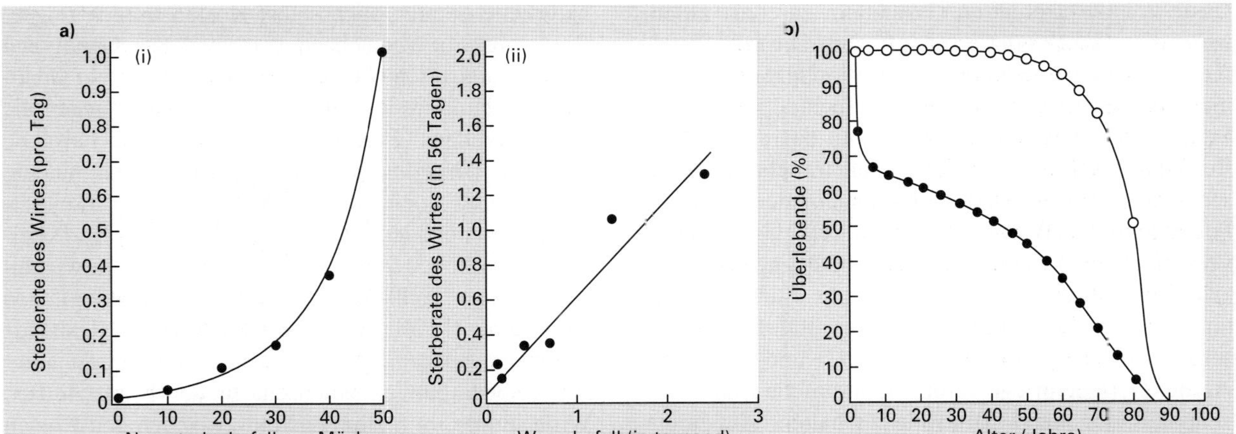

12.13 a) Der Einfluß der Befallsintensität durch Parasiten auf die Sterberate des Wirtes. (i) Der Einfluß der Belastung durch den parasitischen Nematoden *Dirofilaria immitis* auf die Sterberate seines Wirtes, der Stechmücke *Aedes trivitattus*. (Nach Christensen 1978) (ii) Der Einfluß der Belastung durch den Großen Leberegel (*Fasciola hepatica*) auf die Mortalitätsrate von Schafen. (Nach Boray 1969) b) Überlebenskurve für die Bevölkerung eines reichen Industrielandes (○) und eines Entwicklungslandes (●). (Nach Bradley 1977)

scheidenden Einfluß auf die Abundanz von Arten haben. Einen wertvollen Überblick über die bis 1993 erschienene Literatur zu diesem Thema gibt Gulland (1995).

Konkurrenzstarke Arten können durch Parasiten geschwächt werden, wodurch vielleicht schwächere überleben.

Ein wichtiger Effekt des Parasitismus kann darin bestehen, daß eine konkurrenzstarke Art geschwächt wird und dadurch schwächere Spezies überleben können. Die besten Belege dafür liefern unter kontrollierten Bedingungen durchgeführte Experimente, etwa die klassische Untersuchung von Park (1948) zur Konkurrenz zwischen zwei Reismehlkäferarten (*Tribolium*), in der sich herausstellte, daß unerwartete Veränderungen in den Konkurrenzbeziehungen zwischen den beiden Arten auf die Infektion mit dem zu den Coccidien gehörenden Protozoen *Adelina triboli* zurückzuführen waren.

Wie eine Untersuchung an den auf der Karibikinsel St. Maarten lebenden Leguanspezies *Anolis gingivinus* und *Anolis wattsi* zeigt, können Parasiten auch im Freiland Konkurrenzbeziehungen stören. Der Malariaparasit *Plasmodium azurophilum* befällt sehr häufig die konkurrenzstärkere Art *A. gingivinus*, aber nur selten *A. wattsi*. Überall dort, wo der Parasit *A. gingivinus* infiziert, kommt *A. wattsi* vor, wo der Parasit aber fehlt, findet man nur *A. gingivinus* (Schall 1992).

Kommensalen beeinträchtigen ihren Wirt nicht oder kaum.

Bei vielen Tieren und Pflanzen hat es den Anschein, als tolerierten sie „Parasiten", ohne durch sie beeinträchtigt zu werden. Definitionsgemäß würde es sich dann allerdings nicht mehr um Parasiten handeln, sondern um **Kommensalen** – eine Art „Gäste". Auch Gäste können aber ihren Gastgebern zur Last fallen, wenn diese krank oder erschöpft sind! Die von Vogelfedern lebenden Federlinge (Mallophagen) werden meist als „gutartige" Parasiten betrachtet, welche die Fitneß ihres Wirtes nicht oder kaum beeinträchtigen. Bei einer Langzeituntersuchung an freilebenden Felsentauben (*Columba livia*) zeigte sich jedoch, daß die Federlinge die Wärmeisolation durch das Gefieder verschlechterten und daß stark befallenen Vögeln „Kosten" entstanden, weil sie zwecks Aufrechterhaltung ihrer Körpertemperatur eine erhöhte Stoffwechselrate aufwiesen (Booth et al. 1993) und mehr Zeit mit der Gefiederpflege verbrachten, um die Mallophagenpopulation unter Kontrolle zu halten. Außerdem investierten stark befallene Männchen weniger Energie in die Balz und paarten sich seltener als Männchen mit schwächerem Parasitenbefall (Clayton 1990). Tatsächlich können die Kosten in Form einer Qualitätsminderung sexuell wichtiger Merkmale der Männchen mitunter die bedeutendste Folge des Parasitismus darstellen, da sie so unmittelbar in Fitneßkosten umgesetzt werden (siehe zum Beispiel die Diskussion über Parasiten und sexuelle Selektion in Hamilton und Zuk 1982; Folstad und Karter 1992).

Die Kosten des Parasitismus für den Wirt sind nicht immer leicht festzustellen, und auch die Resistenz gegen Parasiten kann Kosten verursachen.

Es gibt aber auch Untersuchungen, in denen keine negativen Auswirkungen eines Parasiten auf seinen Wirt festgestellt werden konnten. Beispielsweise fand man in freilebenden Populationen der Tannenzapfenechse (*Tiliqua rugosa*) in Australien keine beziehungsweise eine positive Korrelation zwischen der Lebensdauer der Echsen und der Befallsstärke mit den ektoparasitischen Zecken *Aponomma hydrosauri* und *Amblyomma limbatum*. Außerdem waren Individuen mit einem Geschlechtspartner stärker befallen als Tiere, die niemals mit einem Partner angetroffen wurden! Es gab keinerlei Hinweise darauf, daß die Zecken die Fitneß ihrer Wirte senkten (Bull und Burzacott 1993). Solche negativen Ergebnisse werden ungern veröffentlicht, und so werden entsprechende Daten entweder ignoriert oder gehen verloren – ein Umstand, den man in Diskussionen über die Kosten des Parasitismus stets berücksichtigen sollte. Ebenso wichtig ist die Tatsache, daß es logisch nicht möglich ist, das Fehlen jeglicher Kosten zu beweisen. Es wird immer Raum für Ausnahmen geben, und wenn es in einem scheinbaren Fall von Parasitismus nicht gelingt, Kosten für den Wirt zu entdecken, kann das einfach daran liegen, daß nicht an der richtigen Stelle danach gesucht wurde.

Lebewesen, die gegen Parasiten resistent sind, vermeiden die Kosten des Parasitismus, doch diese Resistenz kann, wie die Widerstandsfähigkeit gegen andere natürliche Feinde, auch selbst Kosten in sich tragen. Dies zeigt ein Versuch an verschiedenen Genotypen zweier Salatsorten (*Lactuca sativa*). Jeweils ein Genotyp war dank zweier eng gekoppelter Gene gegen die Salatwurzellaus (*Pemphigus bursarius*) und Falschen Mehltau (*Bremia lactucae*) resistent, der andere nicht. Durch wöchentliche Anwendung von Insektiziden und Fungiziden wurden Schädlinge und Krankheiten kontrolliert. Die resistenten Genotypen entwickelten weniger Achselknospen als die empfänglichen (Abbildung 12.14), und diese Kosten der Resistenz waren am ausgeprägtesten, wenn die Pflanzen unter Mangelbedingungen wuchsen. In der Natur dürften Wirte immer im Spannungsfeld zwischen den Kosten der Empfänglichkeit und den Kosten der Resistenz gefangen sein.

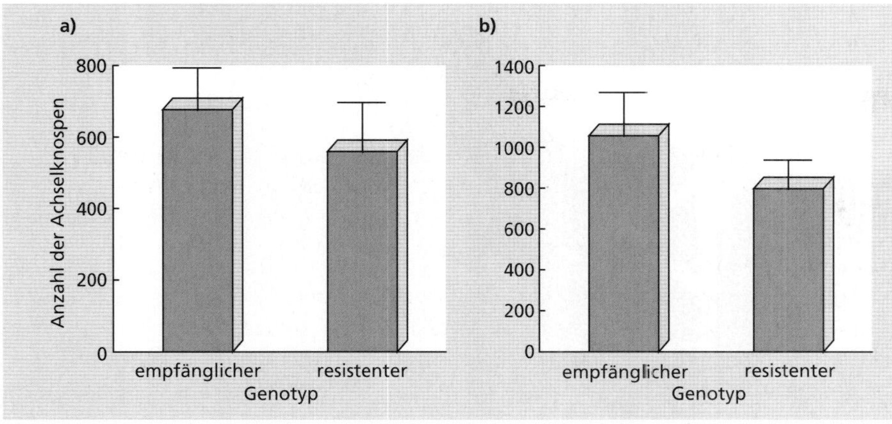

12.14 Die Anzahl der Achselknospen bei je einem resistenten und einem empfänglichen Genotyp von zwei Salatsorten. a) Sorte AS, b) Sorte AA. Die Fehlerbalken entsprechen ± zwei Standardfehlern. (Nach Bergelson 1994)

12.5 Die Populationsdynamik von Infektionen

Für die Populationsdynamik von Parasiten und Wirten gelten ähnliche Prinzipien wie für Räuber-Beute- und Herbivoren-Pflanzen-Beziehungen

Im Prinzip lassen sich die Schlüsse, die in Kapitel 10 für die Populationsdynamik von Räuber-Beute- und Herbivoren-Pflanzen-Beziehungen gezogen wurde, auf Parasiten und Wirte übertragen. Parasiten schädigen den einzelnen Wirt, den sie als Ressource nutzen. Die Auswirkungen auf die Wirtspopulation hängen von der Dichte beider Arten sowie von den Einzelheiten der Wechselbeziehung ab. Insbesondere können infizierte und nicht infizierte Wirte kompensatorische Reaktionen zeigen, welche die Auswirkungen auf die Wirtspopulation als Ganzes stark verringern können. Theoretisch läßt sich eine Reihe von Ergebnissen vorhersagen: ein Rückgang der Wirtspopulation in unterschiedlich starkem Maße, unterschiedliche Prävalenzraten des Parasiten, Dichteschwankungen in unterschiedlich starkem Ausmaß und sogar die Existenz mehrerer Gleichgewichtszustände (multiple Gleichgewichte) (Anderson 1981; Grenfell und Dobson 1995).

Die Theorie der Dynamik von Infektionskrankheiten ist der älteste Zweig der Biomathematik und heute eines der anspruchsvollsten Gebiete der ökologischen Wissenschaft. Besonders umfangreiche Datensammlungen findet man in medizinischen Berichten sowie in Aufzeichnungen über Krankheitsepidemien bei Nutzpflanzen (Abbildung 12.15). Trotzdem gibt es noch viele offene Fragen.

Es ist oft schwer, zwischen der Wirkung von Parasiten und anderen Faktoren zu unterscheiden.

Eine Schwierigkeit besteht darin, daß Parasiten ihren Wirt oft nicht sofort töten, sondern nur seinen „Gesundheitszustand" verschlechtern. Dies macht es schwierig, zwischen der Wirkung des Parasiten und den Effekten anderer, unter Umständen auch mit dem Parasiten in Wechselwirkung stehender Faktoren zu trennen (siehe Abschnitt 12.4). Überdies lassen sich Fälle, in denen ein Parasit tatsächlich den Tod seines Wirtes verursacht hat, ohne eingehende postmortale Untersuchung oft nicht erkennen (vor allem bei Infektionen durch Mikroparasiten). Außerdem haben diejenigen Biologen, die sich selbst als Parasitologen bezeichnen, bisher eher die Biologie der Parasiten erforscht als deren Wirkungen auf die jeweiligen Wirtspopulationen. Ökologen neigen dazu, Parasiten zu ignorieren, während Pathologen sowie Human- und Veterinärparasitologen sich aus verständlichen Gründen hauptsächlich mit solchen Parasiten befassen, die schwere Schäden hervorrufen und in der Regel dichte, aggregierte Wirtspopulationen befallen. Auch sie haben deshalb den typischeren Effekten von Parasiten auf Wirtspopulationen, die weniger stark vom Menschen beeinflußt sind, nur wenig Aufmerksamkeit gewidmet. Die Aufklärung der Rolle, die Parasiten in der Dynamik von Wirtspopulationen spielen, ist zweifellos eine der großen Herausforderungen an die Ökologie.

Zur Erforschung der Rolle von Parasiten für die Dynamik von Wirtspopulationen gibt es einen epidemiologischen und einen mehr ökologischen Ansatz.

Im folgenden wenden wir uns zunächst der Dynamik von Krankheiten zu, ohne dabei mögliche Effekte auf die Gesamtabundanz des Wirtes einzubeziehen. Dieser „epidemiologische" Ansatz (Anderson 1991) hat bisher vor allem die Erforschung menschlicher Krankheiten dominiert, bei denen man in der Regel davon ausgeht, daß die Gesamtabundanz der Wirtspopulation von einem ganzen Spektrum von Faktoren abhängt und damit praktisch unabhängig von der Prävalenzrate einzelner Krankheiten ist. In einem „ökologischeren" Ansatz betrachten wir dann die Effekte von Parasiten auf die Wirtsabundanz auf eine Art und Weise, die der konventionellen Räuber-Beute-Dynamik sehr viel ähnlicher ist.

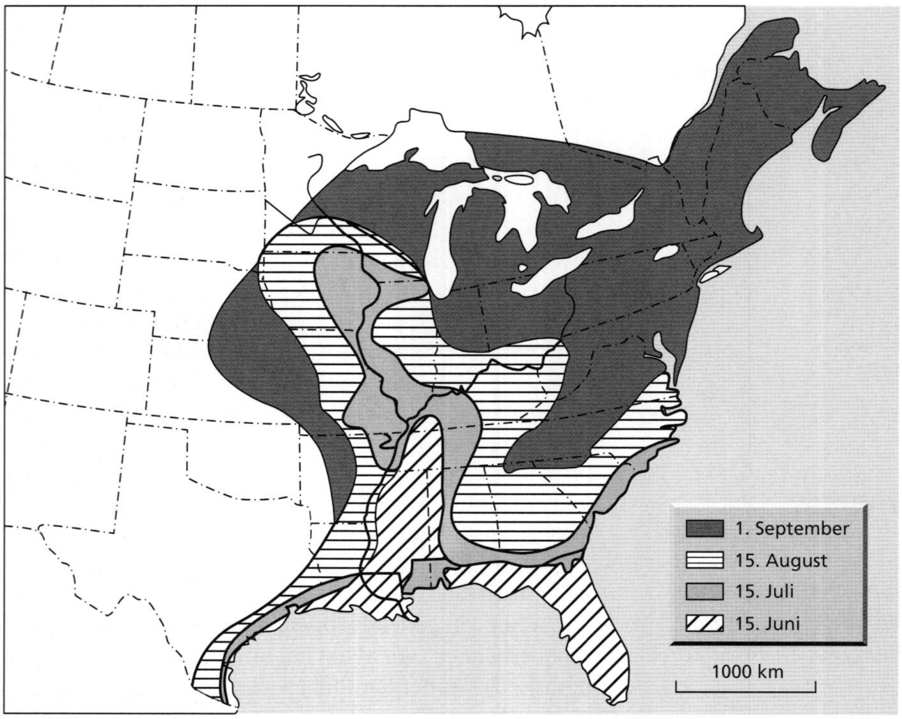

12.15 Die Entwicklung einer epidemischen Helminthosporiose, der Blattdürre an Mais durch *Helminthosporium maydis* in den USA im Jahre 1970. (Nach Zadoks und Schein 1979)

12.5.1 Nettoreproduktionsrate und Übertragungsschwelle

Die Nettoreproduktionsrate wird für Parasiten etwas anders formuliert als für andere Organismen.

In allen Untersuchungen zur Dynamik von Parasitenpopulationen oder über die Ausbreitung von Krankheiten gibt es eine Reihe von Schlüsselparametern. Der erste ist die **(parasitische) Nettoreproduktionsrate** (*basic reproductive rate*) (R_p) (einen Überblick geben Anderson und May 1991). In einem allgemeineren Kontext haben wir den Begriff Nettoreproduktionsrate (*net reproductive rate*) (R_0) bereits in Abschnitt 4.5.1 kennengelernt; für Parasiten wird der Term aber meist etwas anders formuliert. Insbesondere ist R_p im Fall der Mikroparasiten, in dem die Untersuchungseinheit die Anzahl der infizierten Wirte (und nicht der Parasiten) ist, die durchschnittliche Anzahl neuer Krankheitsfälle (Sekundärinfektionen), die durch die Einführung eines infektiösen Wirtes in eine Population nicht infizierter Wirte ausgelöst würde. Für Makroparasiten ist die Nettoreproduktionsrate einfach die durchschnittliche Anzahl etablierter fortpflanzungsreifer Nachkommen, die ein reifer Parasit im Laufe seines Lebens in einer Population nicht infizierter Wirte hervorbringt.

Damit eine Krankheit sich ausbreitet, muß eine bestimmte Übertragungsschwelle überschritten werden.

Die **Übertragungsschwelle** (*transmission threshold*), die überschritten werden muß, damit eine Krankheit sich ausbreitet, ist durch die Bedingung $R_p = 1$ gegeben. Bei $R_p < 1$ wird eine Infektion schließlich aussterben (jede Infektion oder jeder Parasit führt in der Zukunft zu weniger als einer Infektion oder einem Parasiten), bei $R_p > 1$ wird sie sich ausbreiten.

Erkenntnisse über die Dynamik von Infektionen lassen sich gewinnen, indem man die verschiedenen Determinanten der Nettoreproduktionsrate betrachtet. Wir tun dies relativ eingehend für direkt übertragene Mikroparasiten und befassen uns dann weniger eingehend mit verwandten Themen für indirekt übertragene Mikroparasiten sowie direkt und indirekt übertragene Makroparasiten.

12.5.2 Direkt übertragene Mikroparasiten

Die Nettoreproduktionsrate von Mikroparasiten mit direkter Übertragung nimmt mit dem Zeitraum der Infektiosität, mit der Dichte empfänglicher Wirte und der Übertragungsrate zu.

Bei vielen Mikroparasiten mit direkter Übertragung nimmt die parasitische Nettoreproduktionsrate R_p mit drei Größen zu: 1) mit dem durchschnittlichen Zeitraum, während dessen ein infizierter Wirt infektiös ist

(L); 2) mit der Dichte empfänglicher Individuen in der Wirtspopulation (S), denn bei höherer Dichte gibt es mehr Gelegenheiten zur Übertragung; und 3) mit der Übertragungsrate der Krankheit (β), die wiederum in erster Linie von der **Infektiosität** der Krankheit – der Wahrscheinlichkeit, daß ein Kontakt zur Ansteckung führt – abhängt, aber auch vom Wirtsverhalten, sofern dieses Einfluß auf die Kontaktwahrscheinlichkeit zwischen infektiösen und empfänglichen Wirten hat (Anderson 1982). Die Gesamtgleichung lautet daher:

$$R_p = S\beta L. \tag{12.1}$$

Dieser Definition zufolge ist R_p wirtsdichteabhängig: je höher die Dichte der empfänglichen Wirte, desto höher die Nettoreproduktionsrate der Krankheit. Zu beachten ist außerdem, daß L bei den meisten biotrophen Parasiten der Zeitraum im Leben eines Wirtes ist, in dem dieser infektiös ist, daß aber die Wirte nekrotropher sowie mancher biotropher Parasiten lange nach ihrem Tod (und sogar nach ihrer Zersetzung) infektiös bleiben können. An der Stelle, an der sich ein infizierter Kadaver oder ein befallenes Wurzelsystem befand, können Dauersporen zurückbleiben, die bei Kontakt mit einem neuen Wirt keimen und eine neue Infektion hervorrufen (beispielsweise mit *Plasmodiospora*, dem Erreger der Kohlhernie, oder mit *Bacillus anthracis*, dem Erreger des Milzbrandes).

Die Übertragungsschwelle ist die kritische Schwellendichte, bei der die Nettoreproduktionsrate eins beträgt.

Die Übertragungsschwelle läßt sich nun als kritische **Schwellendichte** (S_T) ausdrücken, und da an dieser Schwelle $R_p = 1$ ist, gilt:

$$S_T = \frac{1}{\beta L}. \tag{12.2}$$

In Populationen mit einer geringeren Dichte empfänglicher Individuen wird die Krankheit aussterben ($R_p < 1$), bei höherer Dichte wird sie sich ausbreiten ($R_p > 1$).

Man unterscheidet epidemische und endemische Infektionen, je nachdem, wie hoch die Nettoreproduktionsrate ist.

Wenn eine Krankheit sich ausbreitet, nimmt die Anzahl der empfänglichen Wirte jedoch in der Regel ab – entweder weil sie sterben oder weil sie immun werden. Damit sinkt auch der Wert der Nettoreproduktionsrate, bis er – falls sich ein Gleichgewicht zwischen Parasit und Wirt einstellt – eins erreicht. Diese Erkenntnis erlaubt uns eine operationale Unterscheidung zwischen der **epidemischen** und der **endemischen** Phase einer Infektion (Bailey 1975). In einer Epidemie nimmt die Anzahl der Krankheitsfälle schnell zu, weil die Nettoreproduktionsrate deutlich größer ist als eins: Die Dynamik ist vor allem von den Komponenten der Nettoreproduktionsrate und oft auch stark von der Dichte der empfänglichen Individuen abhängig. Bei einer endemischen Infektion bleibt die Nettoreproduktionsrate dagegen nahe eins, und die Dynamik der Krankheit hängt stärker vom Verhältnis zwischen der Rekrutierung neuer empfänglicher Individuen und der krankheitsbedingten Entfernung Empfänglicher aus der Population ab.

Wenn eine Krankheit sehr ansteckend ist (hoher β-Wert) oder wenn Infizierte lange infektiös bleiben (großer L-Wert), ist die Nettoreproduktionsrate selbst in kleinen Populationen (kleiner S_T-Wert) relativ hoch, und die Krankheit kann in ihnen fortbestehen. Bei Krankheiten mit geringer oder nicht lange anhaltender Infektiosität dagegen ist die Nettoreproduktionsrate relativ klein; solche Krankheiten können nur in großen Populationen persistieren (Anderson und May 1978). Dies liefert eine Erklärung für viele Gesetzmäßigkeiten (Anderson 1982; Anderson und May 1991).

Viele Protozoenkrankheiten von Wirbeltieren sowie manche Viruserkrankungen, etwa Herpes, können sich im einzelnen Wirt lange halten (großer L-Wert); die Ursache ist oft eine unwirksame oder kurzlebige Immunreaktion. Auch eine Reihe von Pflanzenkrankheiten, etwa die Kohlhernie, sind sehr lange infektiös. In solchen Fällen ist die Schwellendichte niedrig, was erklärt, warum diese Krankheiten selbst in kleinen Wirtspopulationen oder solchen mit geringer Dichte endemisch überleben können. Andererseits ist die menschliche Immunreaktion auf viele Bakterien und Viren stark genug, um die Infektion im einzelnen Wirt schnell wieder abklingen zu lassen (kleiner L-Wert); überdies besteht danach oft dauerhafte Immunität gegen den Erreger. Eine Krankheit wie die Masern beispielsweise hat eine Schwellendichte von 300 000 Individuen, und in der menschlichen Biologie hatte sie bis vor kurzem wahrscheinlich nur geringe Bedeutung. In den wachsenden Städten der industrialisierten Welt hat es jedoch im 18. und 19. Jahrhundert große Masernepidemien gegeben. Im 20. Jahrhundert sind vor allem die Entwicklungsländer mit ihrer immer dichter werdenden Bevölkerung betroffen; neueren Schätzungen zufolge sterben dort jährlich etwa 900 000 Menschen an Masern (Walsh 1983).

Viele menschliche Krankheiten zeigen eine zyklisch schwankende Inzidenz, verursacht durch die bewirkte Immunität und das Hinzukommen neuer empfänglicher Individuen.

Wir haben bereits festgestellt, daß die Immunität, die durch viele bakterielle und virale Infektionen induziert wird, (S und R_p) senkt und damit oft einen Rückgang der Neuerkrankungen (eine Abnahme der **Inzidenzrate** der Krankheit) bewirkt. Im Laufe der Zeit werden jedoch neue empfängliche Individuen in der Population auftauchen (etwa durch Geburten oder durch

Immigration). Aus diesem Grunde besteht bei solchen Krankheiten eine ausgeprägte Tendenz zu einer Aufeinanderfolge von hoher Inzidenzrate, wenigen Empfänglichen, geringer Inzidenz, vielen Empfänglichen, hoher Inzidenz und so weiter – wie bei jedem anderen Räuber-Beute-Zyklus. Dies liegt zweifellos der bei vielen menschlichen Krankheiten zu beobachtenden zyklisch schwankenden Inzidenz zugrunde, wobei die Länge des Zyklus die Eigenschaften der jeweiligen Krankheit widerspiegelt (Abbildung 12.16): Beispielsweise erreichen Masern alle ein bis zwei Jahre ein Maximum, Keuchhusten alle drei bis vier Jahre und Diphterie alle vier bis sechs Jahre (Anderson und May 1991). Dagegen schwankt die Prävalenzrate von Krankheiten, die durch Protozoen verursacht werden, sehr viel weniger.

Schutzimpfungen sollen eine Herdenimmunität schaffen, welche die Zahl der empfänglichen Individuen unter der kritischen Schwellendichte hält.

Die Erkenntnis der Bedeutung von Schwellendichten wirft auch Licht auf die Wirkungsweise von Schutzimpfungsprogrammen, durch die man empfängliche Wirte zu nicht empfänglichen macht, ohne daß sie jemals erkranken (klinische Symptome zeigen) – in der Regel durch Verabreichung eines abgetöteten oder abgeschwächten Erregers. Der direkte Effekt liegt auf der Hand: Das immunisierte Individuum ist geschützt. Daneben haben solche Programme aber auch einen indirekten Effekt: Sie senken die Anzahl der empfänglichen Individuen und damit die Nettoreproduktionsrate. So gesehen ist das grundlegende Ziel von Immunisierungsprogrammen klar: Die Anzahl der Empfänglichen soll unter der kritischen Schwellendichte gehalten werden, so daß die Nettoreproduktionsrate kleiner bleibt als eins. Man bezeichnet dies als Schaffung von **Herdenimmunität**.

Tatsächlich liefert eine einfache Manipulation von Gleichung 12.1 eine Formel für den kritischen Anteil der Population (p_c), der immunisiert sein muß, damit Herdenimmunität entsteht (die Nettoreproduktionsrate auf eins gesenkt wird). Wenn wir S_0 als die typische Anzahl der empfänglichen Individuen vor jeder Immunisierung definieren und uns klarmachen, daß die kritische Schwellendichte (S_T) die Anzahl der Individuen ist, die nach vollständiger Einrichtung des Programms zur Senkung von der Nettoreproduktionsrate auf eins immer noch empfänglich (nicht immunisiert) sind, beträgt der Anteil der Immunisierten

$$p_c = 1 - \frac{S_T}{S_0}. \qquad (12.3)$$

Gleichung 12.2 liefert S_T; S_0 ist nach Gleichung 12.1 einfach $R_0/\beta L$, wobei R_0 die Nettoreproduktionsrate der Krankheit vor der Immunisierung ist. Damit ist

$$p_c = 1 - \frac{1}{R_0}. \qquad (12.4)$$

Um eine Krankheit auszurotten, muß nicht die gesamte Population immunisiert, sondern nur die Nettoreproduktionsrate unter eins gesenkt werden.

Diese Gleichung hebt nochmals hervor, daß es nicht nötig ist, die gesamte Population zu immunisieren, um eine Krankheit auszurotten – es genügt ein Anteil, der ausreicht, die Nettoreproduktionsrate unter eins zu senken. Sie zeigt außerdem, daß dieser Anteil um so größer sein wird, je höher die „natürliche" Nettoreproduktionsrate der Krankheit (ohne Immunisierung) ist. Diese generelle Abhängigkeit von p_c von R_0 illustriert Abbildung 12.17. Beachten Sie, daß Pocken, die einzige Krankheit, die durch Immunisierung offenbar tatsächlich ausgerottet wurde, ungewöhnlich niedrige Werte für R_0 und p_c aufweisen.

Sexuell übertragbare Krankheiten stellen einen Fall von häufigkeitsabhängiger Übertragung dar.

Nicht alle direkt übertragenen Mikroparasiten werden mit einer Rate weitergegeben, die einfach von der Gesamtdichte der empfänglichen Wirte (S) abhängt.

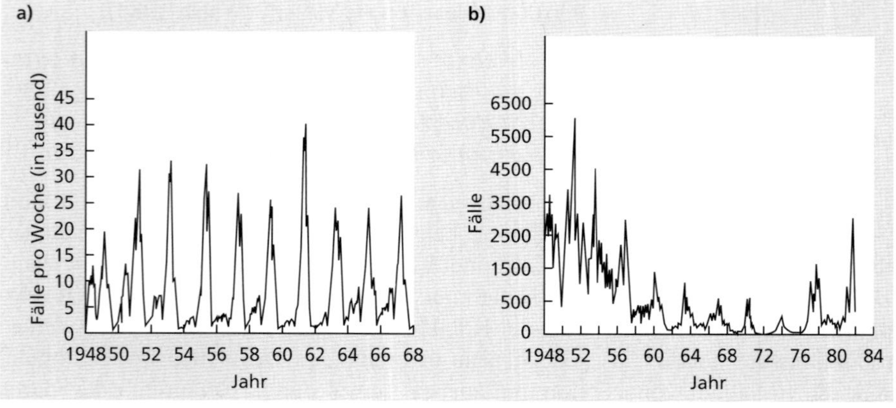

12.16 a) Gemeldete Masernfälle in England und Wales von 1948 bis 1968, vor der Einführung von Massenimpfungen. b) Gemeldete Keuchhustenfälle in England und Wales von 1948 bis 1982. Im Jahre 1956 wurden Massenimpfungen eingeführt. (Nach Anderson und May 1991)

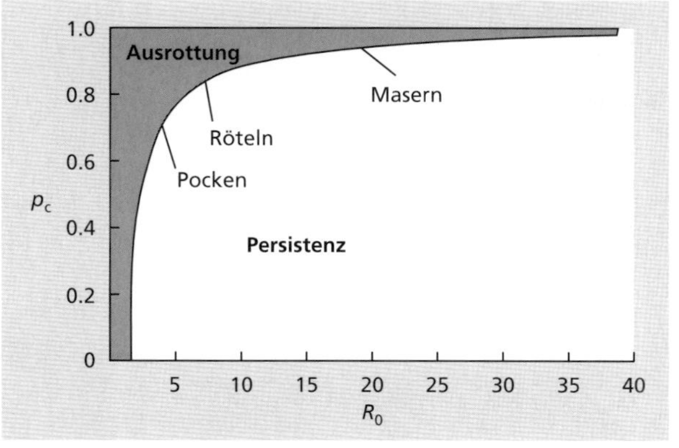

12.17 Die Abhängigkeit von p_c, dem kritischen Anteil Geimpfter an der Gesamtpopulation, der erforderlich ist, um die Krankheitsübertragung zu stoppen, von der Nettoreproduktionsrate R_0. Die Werte für einige häufige Krankheiten des Menschen sind angezeigt. (Nach Anderson und May 1991)

Bei sexuell übertragenen Krankheiten beispielsweise, bei denen die Ansteckung erfolgt, nachdem ein infiziertes Individuum ein empfängliches Individuum „ausgewählt hat" (oder von ihm ausgewählt wurde), hängt die Übertragungsrate eher von *S*/*N* ab, also vom *Anteil* der empfänglichen Wirte an der Population (das heißt von der *Wahrscheinlichkeit*, daß ein infiziertes Individuum Kontakt zu einem empfänglichen hat). In solchen „häufigkeitsabhängigen" Fällen ist die Nettoreproduktionsrate

$$R_p = \beta L. \qquad (12.5)$$

In diesem Fall ist die Nettoreproduktionsrate offensichtlich nicht wirtsdichteabhängig. Es existiert praktisch keine Schwellendichte, deshalb können sich solche Krankheiten selbst bei extrem geringer Dichte (bei der die Chance sexueller Kontakte für einen infizierten Wirt in erster Näherung genauso hoch ist wie bei hoher Dichte) in einer Population halten. Wie wir in der Erörterung der Makroparasiten von Pflanzen noch sehen werden, ist häufigkeitsabhängige Übertragung nicht auf konventionelle sexuell übertragbare Krankheiten beschränkt.

12.5.3 Nutzpflanzenkrankheiten: Makroparasiten als Mikroparasiten betrachtet

Die Pflanzenpathologie befaßt sich vor allem mit Nutzpflanzenkrankheiten, wobei die Ausbreitung anhand der Prävalenzrate verfolgt wird und einer logistischen Kurve folgt.

Die Pflanzenpathologie hat sich bisher überwiegend mit der Dynamik von Krankheiten bei Nutzpflanzen beschäftigt, das heißt, Gegenstand der Forschung war meist die Ausbreitung einer Krankheit *innerhalb* einer Generation. Überdies sind zwar die meisten der gutuntersuchten Krankheitserreger von Pflanzen Makroparasiten im Sinne unserer Definition, in der Regel werden sie jedoch insofern als Mikroparasiten behandelt, als die Ausbreitung der Krankheit oft auf der Basis des Anteils der Infizierten an der Population (das heißt der Prävalenzrate) verfolgt wird. Auch ist es bei Pflanzenkrankheiten meist erforderlich, die Latenzzeit zwischen dem Zeitpunkt der Infektion und dem Zeitpunkt, zu dem die Läsion selbst infektiös wird (Sporen bildet), explizit zu berücksichtigen. Die Zuwachsrate des von Läsionen betroffenen Populationsanteils (Vanderplank 1963; Zadoks und Schein 1979; Gilligan 1990) liefert daher die Gleichung

$$\frac{dy_T}{dt} = D(y_{T-P} - y_{T-P-L})(1 - y_T). \qquad (12.6)$$

Dabei ist y_T der Anteil der zum Zeitpunkt T von Läsionen betroffenen Pflanzen, P die Dauer der Latenzzeit und L die Dauer der infektiösen Periode. Die Zuwachsrate hängt also von der Rate der Krankheitszunahme pro Einheit infektiöser Krankheit (D) ab, vom Anteil der von *infektiösen* Läsionen betroffenen Populationsmitglieder (y_{T-P}–y_{T-P-L}) sowie vom Anteil der empfänglichen Populationsmitglieder (1–y_T). Diese Gleichung liefert für die Ausbreitung einer Krankheit in einem Pflanzenbestand S-förmige (logistische) Kurven, die in etwa den Daten über viele Systeme aus Nutzpflanze und Krankheitserreger entsprechen (Abbildung 12.18).

Im Verlauf solcher Krankheiten unterscheiden Pflanzenpathologen drei Phasen:

1) Die exponentielle Phase, in der die Prävalenz des Parasiten am schnellsten zunimmt. Während dieser Phase ist die Krankheit nur selten bemerkbar: »Die epidemiologisch signifikante Vermehrung entzieht sich der Beobachtung.« Gleichzeitig ist dies die Phase, während der eine chemische Bekämpfung am effektivsten wäre; in der Praxis erfolgt diese jedoch meist erst in der nächsten Phase. Das Ende der exponentiellen Phase wird meistens willkürlich bei $y = 0.05$ festgesetzt, und etwa in diesem Stadium der Infektion (Wahrnehmungsschwelle) könnte auch ein Laie bemerken, daß sich eine Epidemie entwickelt.
2) Die zweite Phase, die bei $y = 0.5$ endet. (Irreführenderweise wird sie oft logistische Phase genannt, obwohl die Bezeichnung logistisch sich auf die gesamte Kurve bezieht.)
3) Die Endphase, die andauert, bis y sich 1.0 nähert. In dieser Phase ist eine chemische Bekämpfung praktisch nutzlos – gleichwohl sind in ihr die ertragsmindernden Schäden am größten.

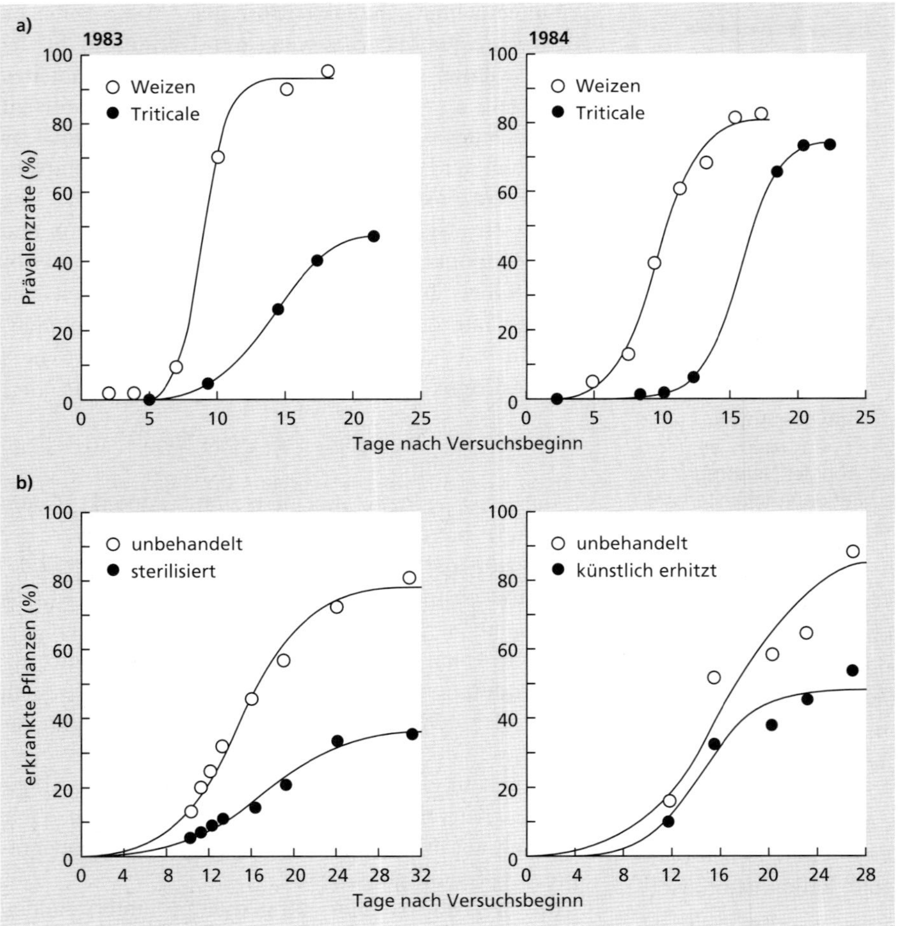

12.18 S-förmige Kurven der Ausbreitung von Nutzpflanzenkrankheiten von einem Primärherd auf einen asymptotisch zunehmenden Anteil der Gesamtpopulation. a) *Puccinia recondita* (Weizenbraunrost) auf Weizen (Sorte Morocco) und Triticale (ein Getreide, das durch Kreuzung von Weizen und Roggen gezüchtet wurde) in den Jahren 1983 und 1984. b) *Fusarium oxysporum* (Fusariumwelke) auf Tomaten in Experimenten, in denen unbehandelter und sterilisierter Boden sowie unbehandelter und künstlich erhitzter Boden verglichen wurden. (Nach Gilligan 1990)

Die Populationsdynamik von Blattkrankheiten hängt von der Ausbreitung des Parasiten, von der Geschwindigkeit, mit der Wirte infektiös werden, und von der Entfernung empfänglicher Wirte ab.

Die Populationsdynamik epidemischer Blattkrankheiten wird meist von drei Faktoren dominiert (Burdon 1987). Der erste ist die anfängliche Ausbreitung des Parasiten auf die Wirtspopulation. Epidemien können von einer einzigen Spore ausgehen, die in einem Pflanzenbestand landet, oder von einer Sporenwolke, die aus einem stark infizierten anderen Gebiet stammt (Abbildung 12.19). In statischen Wirtspopulationen, wie sie Nutzpflanzenbestände darstellen, hängen räumliche und zeitliche Dynamik einer Krankheit besonders eng zusammen. Der zweite Faktor ist die Geschwindigkeit, mit der infizierte Wirte infektiös werden (das heißt der Wert P in Gleichung 12.6). Der letzte Faktor ist die Entfernung empfänglicher Wirte voneinander in Beziehung zur Windrichtung.

In Nutzpflanzenbeständen breiten sich Krankheiten selbst bei einer Nettoreproduktionsrate von unter eins aus.

Für die Nettoreproduktionsrate von Nutzpflanzenkrankheiten wie den durch Gleichung 12.6 beschriebenen gilt im Grunde die bereits bekannte Gleichung $R_p = \beta SL$ (May 1990b). Da das Hauptaugenmerk hier aber auf der Ausbreitung innerhalb einer Generation liegt, können solche Krankheiten sich scheinbar auch bei $R_p < 1$ von einem Primärherd ausgehend „ausbreiten", nämlich in dem Sinne, daß selbst bei geringen Werten für die Nettoreproduktionsrate ein wachsender Anteil der Population infiziert wird, wenn sich die infizierten Individuen „ansammeln".

Auch bestäubende Insekten können Pflanzenkrankheiten übertragen.

Andererseits werden manche Pflanzenkrankheiten nicht einfach durch passive Ausbreitung infektiöser Partikel von einem Wirt zum anderen übertragen. Der Antherenbrand (*Ustilago violacea*) beispielsweise breitet sich mit Hilfe bestäubender Insekten unter Weißen Lichtnelken (*Silene alba*) aus. Die Insekten passen

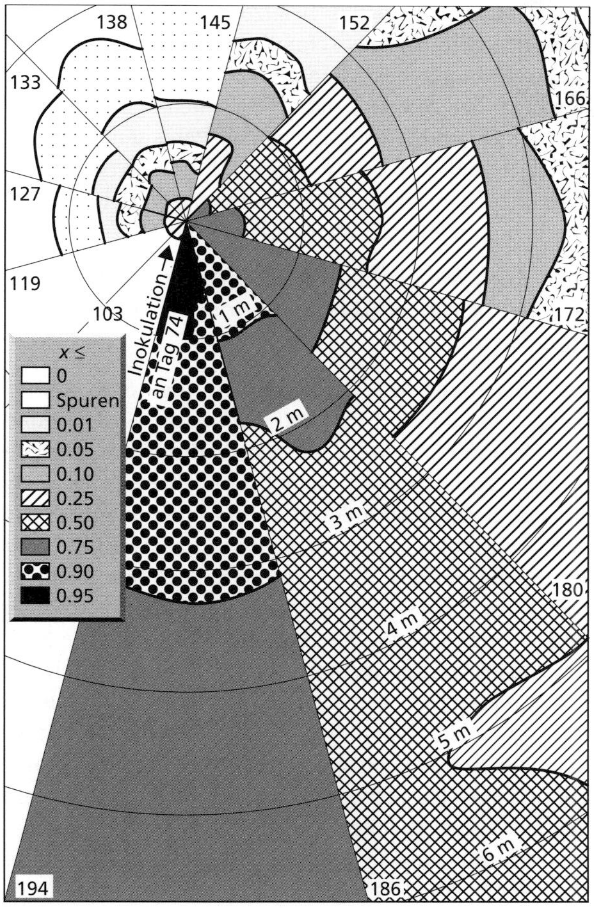

12.19 Die Entwicklung einer Epidemie des Streifen- oder Gelbrostes (*Puccinia striiformis*) auf Weizen, ausgehend von künstlich erzeugten Infektionsherden. Die Kreise zeigen die Entfernung der Infektion vom Ursprungsherd, die Schraffuren geben die Befallsintensität an. Das Fortschreiten der Epidemie läßt sich verfolgen, indem man dem „Spinnennetz" im Uhrzeigersinn folgt. Die Zahlen am Rand geben die Zeit in Tagen nach dem 1. Januar an. (Nach Zadoks und Schein 1979)

ihre Flugdistanzen der Pflanzendichte an, so daß die Übertragungsrate praktisch unabhängig von der Wirtsdichte ist (Abbildung 12.20a). Diese Rate nimmt jedoch mit dem Anteil empfänglicher Individuen in der Population signifikant ab: Die Übertragung ist dichteabhängig (Abbildung 12.20b), was, wie wir gesehen haben, die Persistenz der Krankheit selbst in Populationen geringer Dichte begünstigt. Natürlich ist dies nur ein weiterer Fall häufigkeitsabhängiger Übertragung einer sexuell übertragenen Krankheit – nur daß hier der sexuelle Kontakt indirekt erfolgt.

12.5.4 Andere Parasitenklassen

Bei vektorübertragenen Mikroparasiten hängt die Übertragungsschwelle vom Verhältnis der Vektordichte ab; Ziel ihrer Bekämpfung ist in der Regel der Vektor.

Für Mikroparasiten, bei denen der Vektor – wie es meist der Fall ist – Veränderungen der Wirtsdichte nicht ausgleicht, gehen die Charakteristika des Lebenszyklus von Wirt und Vektor in die Berechnung von der Nettoreproduktionsrate ein. Insbesondere hängt die Übertragungsschwelle ($R_p = 1$) vom Verhältnis der Vektordichte zur Wirtsdichte ab. Damit eine Krankheit sich etablieren und ausbreiten kann, muß dieser Quotient einen kritischen Wert übersteigen. Deshalb ist das unmittelbare Ziel von Maßnahmen zur Bekämpfung der Krankheit in der Regel nicht der Parasit, sondern der Vektor. Viele Viruserkrankungen von Nutzpflanzen sowie vektorübertragene Krankheiten von Mensch und Vieh (zum Beispiel Malaria oder Onchocercose) werden durch Insektizide bekämpft und nicht durch Chemikalien, die den Parasiten schädigen. Für die Bekämpfung solcher Krankheiten sind genaue Kenntnisse über die Ökologie der Vektoren natürlich von entscheidender Bedeutung.

Bei direkt übertragenen Mikroparasiten besteht Dichteabhängigkeit innerhalb des Wirtes.

Die effektive Reproduktionsrate eines direkt übertragenen Makroparasiten ist direkt von der Dauer seiner Reproduktionsperiode im Wirt (das heißt abermals von L) sowie von seiner Reproduktionsrate (der Bil-

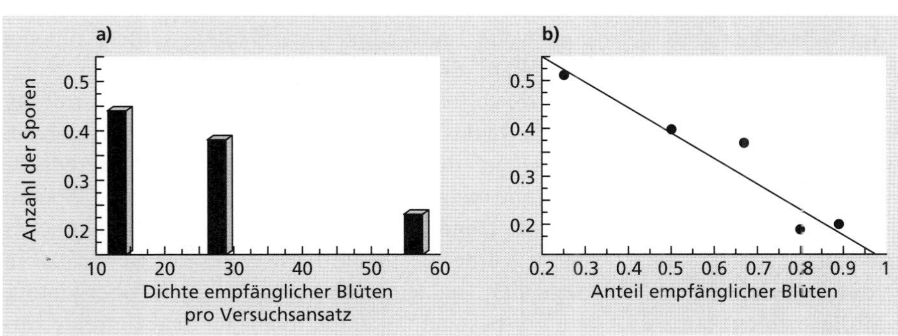

12.20 Die häufigkeitsabhängige Übertragung einer sexuell übertragenen Krankheit. Die Diagramme zeigen die Anzahl ($\log_{10}(x + 1)$-transformiert) der Sporen des Antherenbrandes (*Ustilago violacea*), die bestäubende Insekten pro Blüte der Weißen Lichtnelke (*Silene alba*) ablagern. a) Die Anzahl ist unter Versuchsbedingungen von der Dichte der empfänglichen (gesunden) Blüten unabhängig ($P > 0.05$) (und zeigt eher Anzeichen für eine Abnahme mit zunehmender Dichte als für eine Zunahme, vielleicht weil die Anzahl der Bestäuber limitierend wird). b) Die Anzahl nimmt jedoch mit dem Anteil empfänglicher Blüten an der Gesamtmenge der Blüten ab ($P = 0.015$). (Nach Antonovics und Alexander 1992)

dungsrate infektiöser Stadien) abhängig. Beide unterliegen dichteabhängigen Beschränkungen, die entweder durch Konkurrenz zwischen den Parasiten oder – häufig – durch die Immunreaktion des Wirtes (siehe Abschnitt 12.3.4) entstehen können. Die Stärke der Beschränkungen hängt von der Verteilung der Parasitenpopulation auf die Wirte ab; wie wir bereits gesehen haben, ist die Aggregation der Parasiten der häufigste Fall. Das bedeutet, daß ein sehr großer Teil der Parasiten in hoher Dichte vorkommt, bei der die Beschränkungen am stärksten sind. Diese starke Dichteabhängigkeit erklärt zweifellos einen Großteil der beobachteten Stabilität vieler Eingeweidewurminfektionen (etwa mit Haken- oder Fadenwürmern), die sogar bei Störungen durch Klimaänderungen oder menschliche Eingriffe fortbestehen (Anderson 1982).

Die meisten direkt übertragenen Eingeweidewürmer besitzen eine enorme Reproduktionskapazität. Ein Weibchen des im menschlichen Dünndarm lebenden Hakenwurmes *Necator* beispielsweise produziert ungefähr 15 000 Eier pro Tag, und Spulwürmer (*Ascaris*) können sogar über 200 000 Eier pro Tag hervorbringen. Aufgrund dessen haben diese Parasiten sehr niedrige kritische Schwellendichten und können in menschlichen Populationen geringer Dichte, etwa in Jäger-und-Sammler-Gesellschaften, vorkommen und endemisch persistieren.

Bei indirekt übertragenen Makroparasiten besteht ebenfalls Dichteabhänigkeit innerhalb eines oder beider Wirte.

Auch in der Epidemiologie indirekt übertragener Makroparasiten wie der Schistosomen (siehe Abbildung 12.4) spielt die Dichteabhängigkeit im Wirt eine entscheidende Rolle. In diesem Fall können die regulatorischen Beschränkungen allerdings in einem der Wirte oder in beiden auftreten: Das Überleben der adulten Würmer und die Eiproduktion werden im menschlichen Wirt von der Parasitendichte beeinflußt, aber die Cercarienproduktion ist praktisch unabhängig von der Anzahl der Miracidien, die in die Schnecke eindringen. Daher ist die Prävalenzrate der Schistosomen in der Regel stabil und gegen Störungen durch äußere Einflüsse resistent.

Weil die Übertragung in beide Richtungen durch freilebende infektiöse Stadien erfolgt, hängt die Schwellendichte für die Ausbreitung einer Schistosomeninfektion direkt von der Häufigkeit von Mensch und Schnecke ab (das heißt von einem Produkt und nicht von einem Quotienten wie bei vektorübertragenen Mikroparasiten). Da man die Dichte menschlicher Populationen nicht reduzieren kann, erfolgt die Bekämpfung der Bilharziose oft durch Reduktion der Schneckendichte mit Hilfe von Molluscizіden, um so die Nettoreproduktionsrate unter die Übertragungsschwelle eins zu drücken. Das Problem bei dieser Methode ist jedoch, daß die Schnecken eine enorme Fortpflanzungskapazität besitzen und nach Beendigung des Gifteinsatzes schnell wieder geeignete aquatische Habitate besiedeln. Überdies wird die durch Senkung der Schneckendichte erreichte Begrenzung durch die lange Lebensdauer des Parasiten im Menschen (hoher L-Wert) weitgehend kompensiert: Die Krankheit kann trotz starker Fluktuation der Schneckendichte endemisch bleiben.

Für pflanzliche Makroparasiten ist die Nettoreproduktionsrate noch komplizierter zu ermitteln.

Für pflanzliche Makroparasiten wie den Schwarzrost (siehe Abschnitt 12.2 und Abbildung 12.5) sind die Determinanten der Nettoreproduktionsrate noch komplexer. Lassen wir zunächst die sexuellen Stadien auf der Berberitze außer acht und betrachten nur die Nettoreproduktionsrate des Parasiten während der Wachstumsperiode des Getreides. Aus Sporenlagern gehen Tochterläsionen hervor, und es kommt zu einer lokalen Vermehrung innerhalb des Bestands. Die Sporenwolken werden jedoch auch über weite Entfernungen transportiert, und Epidemien entwickeln sich oft weit schneller, als durch rein lokale Vermehrung möglich wäre. In eine korrekte Berechnung der Nettoreproduktionsrate für Schwarzrost müßte daher die Anzahl der auf einem solchen Ausbreitungsweg pro Läsion produzierten neuen Sporenlager eingehen. Ein so berechneter Wert für R_p wäre die Nettoreproduktionsrate für Klone, die sich ohne sexuelle Rekombination ausbreiten und vermehren. Außerdem ließe sich jedoch noch ein ganz andere R_p-Wert berechnen: die sexuelle Nettoreproduktionsrate, die berücksichtigt, daß neue Klone (neue Rekombinanten) nur auf der Berberitze entstehen. Dazu müßte man die Anzahl der Tochterläsionen ermitteln, die von einer Läsion auf der Berberitze ausgehen.

Die Bekämpfung solcher Parasiten mit kompliziertem Lebenszyklus erfolgt vor allem durch Einkreuzen genetischer Resistenz in die Kulturpflanze.

Die Bekämpfung eines Parasiten mit einem so komplizierten Lebenszyklus und einer Massenausbreitung über weite Entfernungen wirft interessante Probleme auf. Wäre die Berberitze die zu schützende Nutzpflanze, so ließe sich die Krankheit durch Ausrottung des Getreides innerhalb einer Zeitspanne ausmerzen, die allein durch die Lebensdauer der Berberitze bestimmt wäre (von Berberitzen stammende Sporen können keine Berberitzen infizieren). In ähnlicher Weise würde die lokale Ausrottung der Berberitze in Gegenden, in denen das Getreide nicht überwintert, den Fortbestand von Infektionen auf dem Getreide verhindern; allerdings könnten durch den massenhaften Eintrag von Sporen mit den alljährlich „wandernden" Sporenwolken immer noch Infektionen entstehen. In milderem Klima hält die Sporenproduktion auf überwinternden Blättern von Gräsern und Getreide ständig an. Eine gewisse Eindämmung ist durch vorbeugendes Spritzen von Fungiziden möglich, doch diese Maßnahme ist teuer. Daher bekämpft man solche Krankheiten vor allem durch Einkreuzen **genetischer Resistenz** in die Kulturpflanze, unabhängig davon, ob es einen Zwischenwirt gibt oder nicht. Zwischenwirte, auf denen sexuelle Stadien des Parasiten vorkommen, haben deshalb in der Epidemiologie eine besondere Bedeutung: Auf ihnen können durch Rekombination neue „Rassen" des Parasiten entstehen, welche die vom Pflanzenzüchter entwickelten Resistenzbarrieren durchbrechen.

12.6 Parasiten und die Populationsdynamik ihrer Wirte

Belege für einen Einfluß von Parasiten auf Dynamik der Wirtspopulation aus dem Freiland sind schwer zu gewinnen, existieren aber.

Ohne Frage gibt es Fälle, in denen ein Parasit oder Krankheitserreger die Populationsdichte seines Wirtes eindeutig senkt. Der verbreitete und intensive Gebrauch von Spritzmitteln und Medikamenten in der landwirtschaftlichen und veterinärmedizinischen Praxis zeugt von den krankheitsbedingten Ertragseinbußen, die ohne Anwendung dieser Mittel zu erwarten wären. (In der Humanmedizin liegt das Schwergewicht dagegen eher auf der Rettung des Individuums.) Auch unter kontrollierten Bedingungen wurde in verschiedenen Fällen eine Reduktion der Wirtsdichte durch Parasiten nachgewiesen (Abbildung 12.21a und b). Allerdings sind solche direkten Belege in Laborexperimenten selten, und im Freiland sind sie außerordentlich schwer zu gewinnen. Selbst wenn ein Parasit in einer Population vorhanden ist und in einer anderen fehlt, leben die beiden Populationen mit Sicherheit unter verschiedenen Umweltbedingungen, und die nicht infizierte Population ist mit einiger Wahrscheinlichkeit von einem anderen Parasiten befallen, der in der ersten Population fehlt oder nur eine geringe Prävalenzrate aufweist. Dennoch gibt es einige Datensätze aus dem Freiland, die einen Einfluß eines Parasiten auf die Populationsdynamik seines Wirtes erkennen lassen – entweder weil eine starke Korrelation zwischen der Dynamik des Parasiten und der des Wirtes zu bestehen scheint (beim Grauen Lärchenwickler (*Zeiraphera diniana*) und seinem Granulosevirus; Abbildung 12.21c) oder weil der Wirt in Anwesenheit des Parasiten eine ganz andere Populationsdynamik hat als in dessen Abwesenheit (beim Schottischen Moorschneehuhn (*Lagopus lagopus scoticus*) und dem parasitischen Nematoden *Trichostrongylus tenuis*, Abbildung 12.21d). Wir fahren daher ähnlich fort wie in Kapitel 10, wo die Populationsdynamik von Räuber-Beute-Beziehungen allgemein erörtert wurde. Es werden einige einfache Modelle vorgestellt, und zwar entweder zusammen mit den Daten, durch die ihre Entwicklung angeregt wurde, oder mit Daten, zu deren Erklärung sie beitragen.

12.6.1 Der Graue Lärchenwickler

Wir beginnen mit einem Modell für die Beziehung zwischen einem Wirt ohne Immunreaktion (einer Pflanze oder einem Wirbellosen) und einem Mikroparasiten mit freilebenden infektiösen Stadien. Ein Beispiel ist der Graue Lärchenwickler und sein Granulosevirus (siehe Abbildung 12.21c). Viele forstschädigende Insekten (vor allem Lepidopteren und Blattwespen) zeigen regelmäßige Häufigkeitszyklen, die etwa alle zehn Jahre ein Maximum aufweisen, und viele (wenn nicht alle) werden von Krankheitserregern befallen (Myers 1988). Werden die Zyklen von den Pathogenen verursacht oder zumindest mitverursacht? Lassen sich die Krankheitserreger vielleicht so manipulieren, daß sie die Zyklen stören und eventuell die Schädlinge kontrollieren? In Abbildung 12.22 ist das entsprechende Modell beschrieben. Wir werden dieses und die folgenden Modelle nicht analysieren, sondern uns nur mit den Ergebnissen ihrer Analyse befassen – die ohne Aufnahme aller Einzelheiten aus Abbildung 12.22 verständlich sind.

Für selbstregulierte Wirte muß die Schwellendichte des Erregers unter der Umweltkapazität liegen, damit dieser persistieren kann.

Zunächst ist zu beachten, daß die Populationsdichte des Wirtes, da dieser der Selbstregulation (intraspezifischen Konkurrenz) unterliegt, in Abwesenheit des Erregers bei der Umweltkapazität K (im Modell = $(a-b)/q$) liegen wird. Damit ein Erreger in der Population persistieren kann, muß seine Schwellendichte unter der Umweltkapazität liegen (das heißt $S_T < K$) – andernfalls würde intraspezifische Konkurrenz das Erreichen dieser Schwelle verhindern, und der Krankheitserreger würde aussterben. Tatsächlich sind in Abhängigkeit von den Werten der verschiedenen biologischen Parameter mehrere Zustände möglich. Der Erreger kann, wie erwähnt, völlig fehlen (so daß die Wirtsdichte sich auf die Umweltkapazität einstellen kann), er kann den Wirt auf eine stabile Dichte unter der Umweltkapazität herunterregulieren, oder Wirt und Pathogen können regelmäßige Häufigkeitszyklen durchlaufen (Abbildung 12.23a).

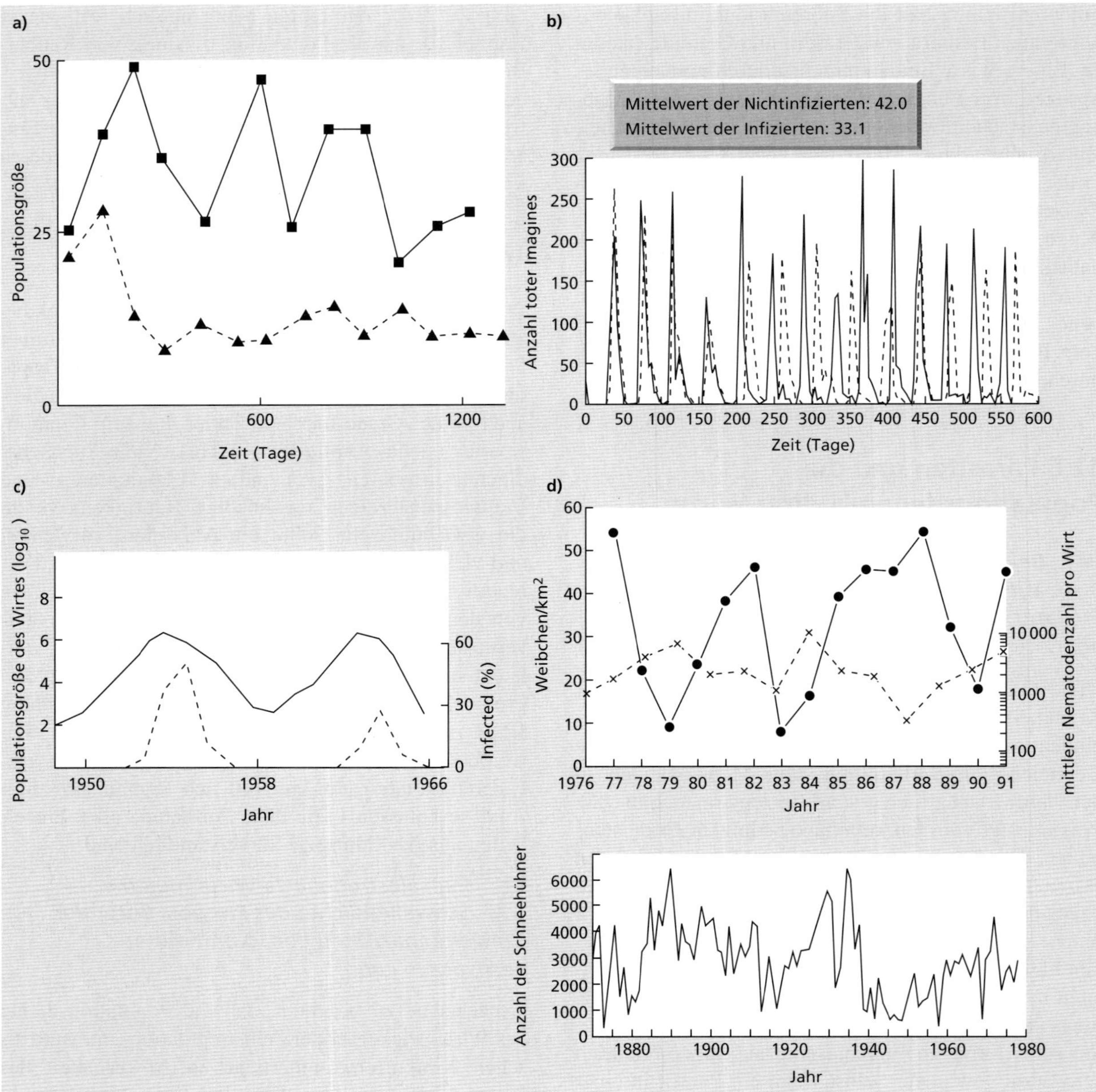

12.21 Die Reduktion der Populationsgröße des Rotbraunen Reismehlkäfers (*Tribolium castaneum*) bei Infektion mit dem Protozoen *Adelina triboli*. (—): nicht infizierte Population; (- - -): infizierte Population. (Nach Park 1948; siehe auch Abschnitt 12.4) b) Die Reduktion der Populationsgröße der Dörrobstmotte (*Plodia interpunctella*) bei Infektion mit einem Granulosevirus. (—): eine nicht infizierte Population; (- - -): eine infizierte Population. Die Mittelwerte stammen jeweils von drei Populationen. (Nach Sait et al. 1994) c) Über zwei Zyklen beobachtete Beziehung zwischen der Abundanz (Anzahl pro 7.5 kg Zweige) des Grauen Lärchenwicklers (*Zeiraphera diniana*) (—) und der Prävalenzrate seines Granulosevirus (- - -) in den Alpen. (Nach Auer 1971; Anderson und May 1980) d) Oben: Regelmäßige Zyklen in der Abundanz (brütende Weibchen pro Quadratkilometer) des Schottischen Moorschneehuhnes (*Lagopus lagopus scoticus*) (—) und der mittleren Anzahl des Nematoden *Trichostrongylus tenuis* (- - -) pro Wirt in Nord-Yorkshire/England. Unten: Verlauf der Schneehuhnabundanz im schottischen Kerloch. Es gibt keine regelmäßigen Zyklen, und man nimmt an, daß der Nematode keine wichtige Rolle spielt. (Nach Potts et al. 1984; Dobson und Hudson 1992)

Die maximale Senkung der Wirtsdichte erfolgt bei mittlerer Pathogenität – eine Lehre für die Schädlingsbekämpfung.

Grob gesagt wird der Erreger fehlen ($S_T < K$), wenn die Rate, mit der er Wirte tötet, relativ zu der Rate, mit der infizierte Wirte neue Erreger produzieren, zu hoch ist: Krankheitserreger können zu pathogen sein, um in einer Wirtspopulation zu persistieren (zu hohe krankheitsbedingte Mortalitätsrate α). Das ergibt sich auch aus Abbildung 12.23b, die zeigt, daß in Fällen, in denen der Erreger den Wirt kontrollieren kann, die Wirtsdichte bei mittleren und nicht bei den höchsten Werten der Pathogenität α am stärksten zurückgeht.

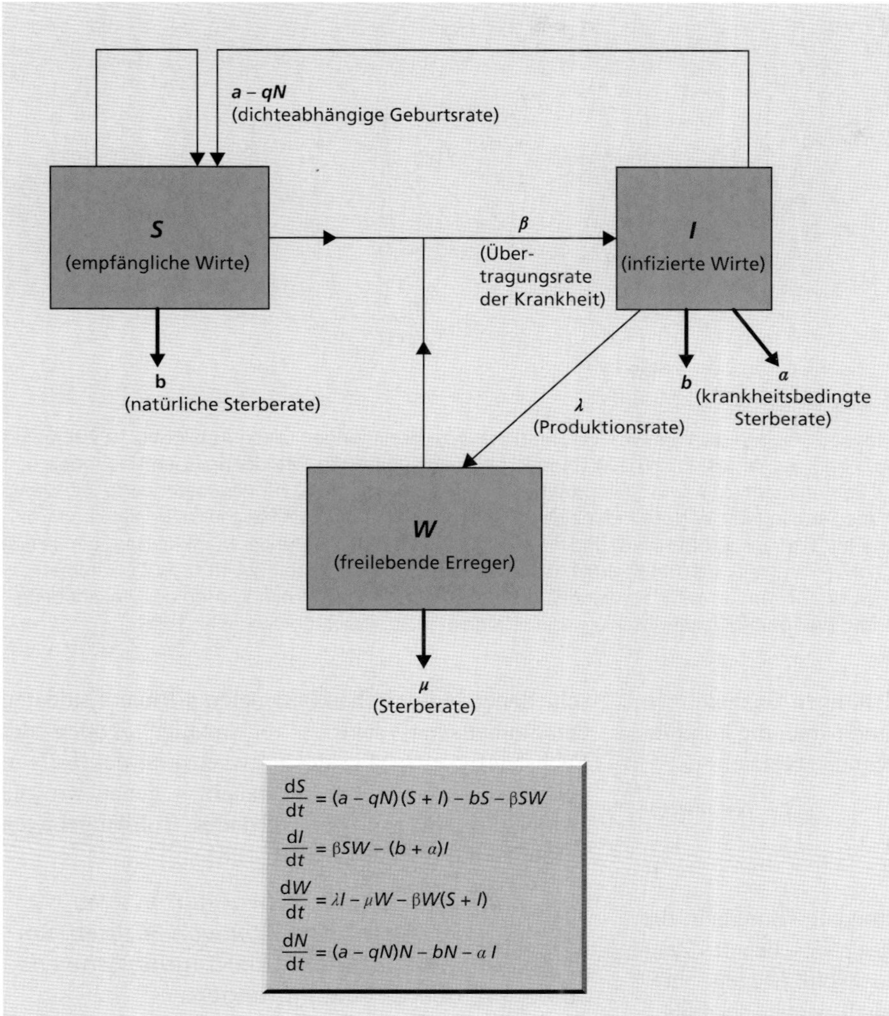

12.22 Flußdiagramm zur Dynamik der Infektion eines Wirbellosen (ohne Immunreaktion) durch einen Mikroparasiten mit freilebenden infektiösen Stadien (oben) und die Modellgleichungen, die diese Dynamik beschreiben (unten). Die Kästchen im Flußdiagramm stehen für die Dichte des Pathogens und der empfänglichen sowie der infizierten Wirte. Die Pfeile stehen für Größen, durch die diese Dichten zu- beziehungsweise abnehmen. Die Gleichungen (von oben nach unten) besagen das folgende: 1) Die Anzahl der empfänglichen Wirte (*S*) steigt infolge dichteabhängiger Geburtsraten bei empfänglichen und infizierten Wirten; sie sinkt sowohl durch natürliche (dichteunabhängige) Todesfälle als auch durch Infektionen infolge des Kontakts mit dem Krankheitserreger. 2) Die Anzahl der infizierten Wirte (*I*) steigt infolge der Infektion empfänglicher Individuen; sie sinkt infolge natürlicher und krankheitsbedingter Todesfälle. 3) Die Anzahl der freilebenden infektiösen Partikel (*W*) steigt infolge der Produktion durch infizierte Wirte; sie sinkt sowohl aufgrund von Todesfällen als auch infolge der Aufnahme durch Wirte. (Zu beachten ist, daß $\beta W(S + I)$ für das Verschwinden von Partikeln infolge der Aufnahme durch empfängliche und infizierte Wirte steht, während βSW die Infektion beschreibt, da diese nur auftritt, wenn empfängliche Wirte mit Erregern in Kontakt kommen.) 4) Die Gleichung für die Gesamtpopulation des Wirtes ($N = S + I$) ergibt sich durch Addition der Gleichungen für *S* und *I*. (Nach Anderson und May 1981; Bowers et al. 1993)

Für Versuche, Schädlinge mit Hilfe von Parasiten zu bekämpfen, ist diese auch von anderen Modellen bestätigte Erkenntnis überaus wichtig.

Das Modell deutet darauf hin, daß es sich beim Grauen Lärchenwickler nicht um einfache Wirt-Pathogen-Zyklen handelt.

An die Stelle einer Regulation des Wirtes auf eine konstante Abundanz treten oft Zyklen, wenn der Erreger gleichzeitig stark pathogen und im einzelnen Wirt sehr produktiv ist (Abbildung 12.23a). Doch sind diese Zyklen beispielsweise beim Grauen Lärchenwickler zu beobachten? Mit anderen Worten, wenn wir für das System aus Lärchenwickler und Granulosevirus geeignete Parameterwerte wählen, stützt dann das Modell die Annahme, daß das Virus für die Zyklen verantwortlich ist? Tatsächlich ergeben sich Zyklen, wenn man die besten Schätzungen geeigneter Parameterwerte verwendet (Abbildung 12.23c), und diese Zyklen erinnern oberflächlich an die, die man im Freiland beobachtet hat (siehe Abbildung 12.21c); auch ist ihre Periode von 7.9 Jahren der beobachteten von 8.6 Jahren ermutigend ähnlich. In anderer Hinsicht ist die Übereinstimmung jedoch keineswegs so gut. Die maximale Prävalenzrate der Krankheit liegt im Modell bei etwa 65 % gegenüber beobachteten 25–50 %; die maximale Abundanz des Wirtes bleibt deutlich unter der Umweltkapazität (bei etwa 0.13 *K*), wogegen die Umweltkapazität im Freiland, nach dem massiven Nadelverlust der Lärchen zu urteilen, regelmäßig überschritten wird. In diesem System, wie auch bei Waldinsekten im allgemeinen, widerlegt das Modell also die Annahme, es könne sich bei den beobachteten Zyklen um Wirt-Pathogen-Zyklen im einfachsten Sinne handeln. Andererseits ist damit nicht die Möglichkeit ausgeschlossen, daß die Zyklen das kom-

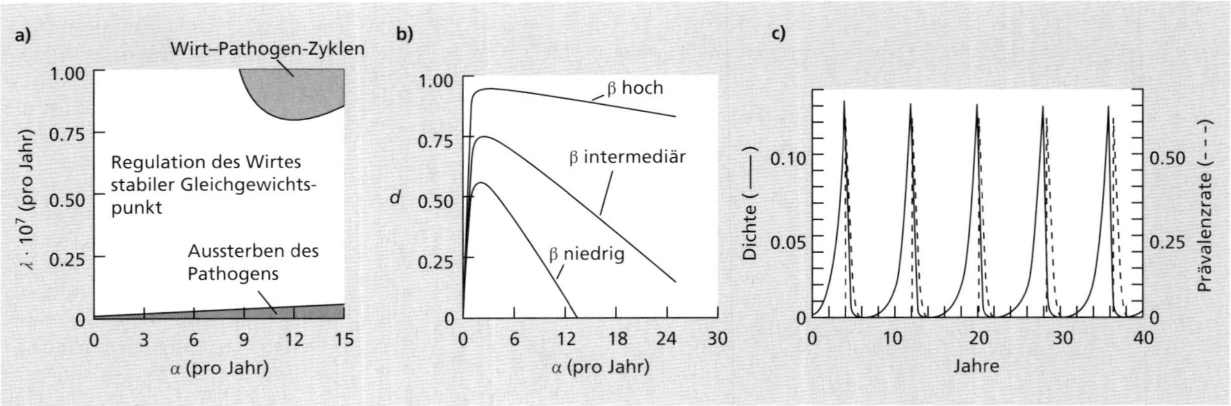

12.23 Ergebnisse eines Modells für Insekt-Pathogen-(Lärchenwickler-Granulosevirus-)Beziehungen (siehe Abbildung 12.22). a) Eliminierung des Pathogens, stabile Regulation des Wirtes durch das Pathogen und persistente Wirt-Pathogen-Zyklen sind möglich; entscheidend sind (unter anderem) die Pathogenität (α) sowie die Produktivität des Pathogens (λ). b) Für Parameterwerte, bei denen sich eine stabile Regulation ergibt, ist die Senkung der Wirtsabundanz bei mittleren Werten für α am stärksten. Die Senkung (d) erreicht ihren Maximalwert (eins), wenn der Wirt ausgerottet wird, und ihren Minimalwert (null), wenn der Krankheitserreger keinen Effekt hat und die Wirtsdichte daher bei der Umweltkapazität (K) liegt. c) Die Zyklen, die sich ergeben, wenn man die Parameterwerte aus dem System Grauer Lärchenwickler-Granulosevirus verwendet. Die Periode des Zyklus ist den Werten aus Freilandbeobachtungen ähnlich, die Prävalenzrate und die Abundanz des Wicklers sind es jedoch nicht. (Nach Bowers et al. 1993)

binierte Ergebnis von Wirt-Pathogen-Beziehungen und einer Form von Selbstregulation sind, die komplexer ist als die von dem Modell vorausgesetzte.

12.6.2 Tollwut bei Füchsen

Die Tollwut ist eine direkt übertragene Krankheit, die bei Wirbeltieren einschließlich des Menschen das Zentralnervensystem befällt und sowohl wegen ihrer unangenehmen Symptome als auch wegen der hohen Sterberate infizierter Individuen gefürchtet ist. In Europa konzentriert sich das Interesse seit einiger Zeit auf die Wechselbeziehung zwischen der Tollwut und dem Rotfuchs (*Vulpes vulpes*). Seit den vierziger Jahren dieses Jahrhunderts breitet sich die Krankheit unter Füchsen von Polen ausgehend nach Westen und Süden hin aus. Die direkte Bedrohung des Menschen durch Tollwut ist zwar gering, doch besteht die ökonomisch bedeutsame Möglichkeit der Übertragung von Füchsen auf Vieh. Vor allem die britischen Behörden sind besorgt, denn bisher hat die Krankheit den Ärmelkanal noch nicht überquert (Macdonald 1980).

Das Modell für die Tollwut bei Füchsen sagt regelmäßige Zyklen voraus.

Wissen wir genug über die Populationsdynamik der Fuchstollwut, um Vorschläge machen zu können, wie sich eine weitere Ausbreitung der Krankheit verhindern ließe und wie man sie in bereits betroffenen Gebieten vielleicht sogar ausrotten könnte? Ein einfaches Modell der Dynamik dieser Krankheit ist in Abbildung 12.24 beschrieben. Es scheint die für die Wechselbeziehung wesentlichen Faktoren tatsächlich richtig wiederzugeben, denn mit Werten für die verschiedenen biologischen Parameter, die man Felddaten entnommen hat, sagt es regelmäßige Zyklen der Fuchshäufigkeit sowie der Prävalenzrate der Tollwut vorher, die etwa vier Jahre dauern – genau wie die Zyklen, die man in verschiedenen Tollwutgebieten gefunden hat (Anderson et al. 1981).

Zur Kontrolle der Tollwut gibt es zwei Möglichkeiten: das Töten von Füchsen, um ihre Häufigkeit unter der Übertragungsschwelle zu halten, oder Schutzimpfungen.

Es gibt zwei Methoden, die eine reelle Chance für die Kontrolle der Tollwut bei Füchsen bieten. Die erste ist die fortgesetzte Tötung einer gewissen Anzahl von Füchsen, um deren Häufigkeit unter der Übertragungsschwelle für Tollwut zu halten. Dem Modell zufolge liegt diese bei etwa einem Fuchs pro Quadratkilometer. Wie in Kapitel 16 noch sehr viel ausführlicher erläutert wird, besteht bei solchen wiederholten bestandsreduzierenden Maßnahmen das Problem, daß sie durch Verringerung der Populationsdichte den intraspezifischen Konkurrenzdruck senken, was zu einer Zunahme der Geburtsrate und einem Rückgang der natürlichen Sterberate führt. Die Ausdünnung des Bestands wird daher schnell um so problematischer, je größer die Differenz zwischen normaler Dichte und Zieldichte (in diesem Fall 1/km^2) ist. Bei einer natürlichen Dichte von nur 2/km^2 können solche Maßnahmen deshalb sinnvoll sein, doch da Füchse beispielsweise in Großbritannien oft in einer Dichte von fünf Individuen pro Quadratkilometer vorkommen und im Bereich mancher Städte sogar 50/km^2 erreichen können, ist eine ausreichend starke Dezimierung in der Regel unmöglich. Das Töten von Füchsen ist also meist von geringem praktischem Nutzen.

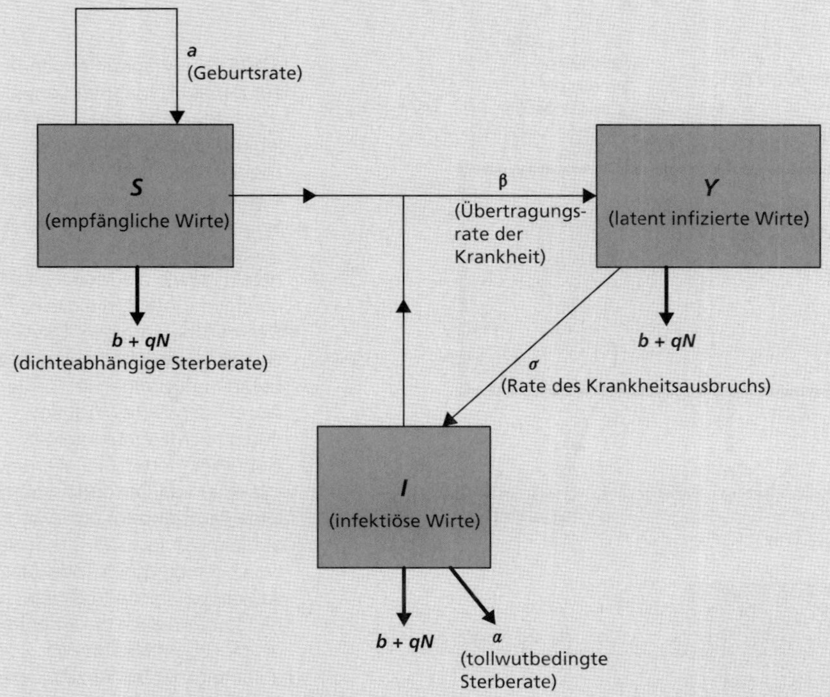

$$\frac{dS}{dt} = aS - (b + qN)S - \beta SI$$

$$\frac{dY}{dt} = \beta SI - (b + qN + \sigma)Y$$

$$\frac{dI}{dt} = \sigma Y - (b + qN + \alpha)I$$

$$\frac{dN}{dt} = aS - (b + qN)N - \alpha I$$

12.24 Flußdiagramm (oben) zur Dynamik der Tollwutinfektion eines Wirbeltieres, etwa des Rotfuchses, sowie die Modellgleichungen (unten), die diese Dynamik beschreiben. Die Gleichungen (von oben nach unten) besagen das folgende: 1) Die Anzahl der empfänglichen Wirte (*S*) steigt ausschließlich infolge (dichteunabhängiger) Geburten in der Gruppe der Empfänglichen, sinkt aber sowohl durch natürliche (dichteabhängige) Todesfälle als auch durch Todesfälle infolge von Infektionen durch Kontakt mit infektiösen Wirten. 2) Die Anzahl latent infizierter (nicht infektiöser) Wirte (*Y*) steigt durch die Infektion von Empfänglichen und sinkt sowohl infolge natürlicher (dichteabhängiger) Todesfälle als auch durch das Ausbrechen der Tollwut, also durch die Verwandlung latent infizierter in infektiöse Wirte. 3) Die Anzahl der infektiösen Wirte (*I*) steigt durch den Ausbruch der Krankheit bei zuvor latent infizierten Wirten und sinkt durch natürliche sowie durch krankheitsbedingte Todesfälle. 4) Die Gleichung für die Gesamtpopulation des Wirtes ($N = S + Y + I$) erhält man durch Addition der Gleichungen für *S*, *Y* und *I*. (Nach Anderson et al. 1981)

Die zweite potentielle Kontrollmethode ist die Schutzimpfung – im Falle der Füchse das Auslegen von Ködern, die einen oralen Impfstoff enthalten. Auf diese Weise kann man etwa 80 % einer Fuchspopulation immunisieren. Reicht das aber aus? Die Formel zur Beantwortung dieser Frage liefert Gleichung 12.3, deren Anwendung ergibt, daß die Impfung bei natürlichen Dichten von bis zu fünf Füchsen pro Quadratkilometer erfolgreich sein müßte. Damit wäre diese Methode für große Teile Großbritanniens geeignet, würde aber für viele städtische Regionen wenig Hoffnung bieten. An diesem Punkt brechen einfache Modelle natürlich zusammen, und es sind sehr viel kompliziertere Analysen notwendig, um Impf- oder andere Kontrollprogramme für sehr heterogene Populationen zu entwerfen (siehe Anderson und May 1991).

12.6.3 Das Schottische Moorschneehuhn und seine Nematoden

Nematoden spielen wahrscheinlich eine Rolle für die Abundanzzyklen des Moorschneehuhnes.

Als letztes betrachten wir das Schottische Moorschneehuhn (*Lagopus lagopus scoticus*), einen Vogel, bei dem man oft, aber keineswegs immer regelmäßige Abundanzzyklen feststellt (siehe Abbildung 12.21d). Die Ursache dieser Zyklen ist umstritten (Lawton 1990), aber es gibt deutliche Hinweise darauf, daß der Nematode *Trichostrongylus tenuis*, der in den Blinddärmen des Vogels lebt und die Mortalität steigert sowie den Bruterfolg senkt, dabei eine Rolle spielt.

Ein Modell für diese Art Wirt-Makroparasit-Beziehung ist in Abbildung 12.25 beschrieben. Seine Analyse ergibt, daß sich regelmäßige Zyklen sowohl der Wirtshäufigkeit als auch der mittleren Parasitenzahl pro Wirt einstellen, wenn

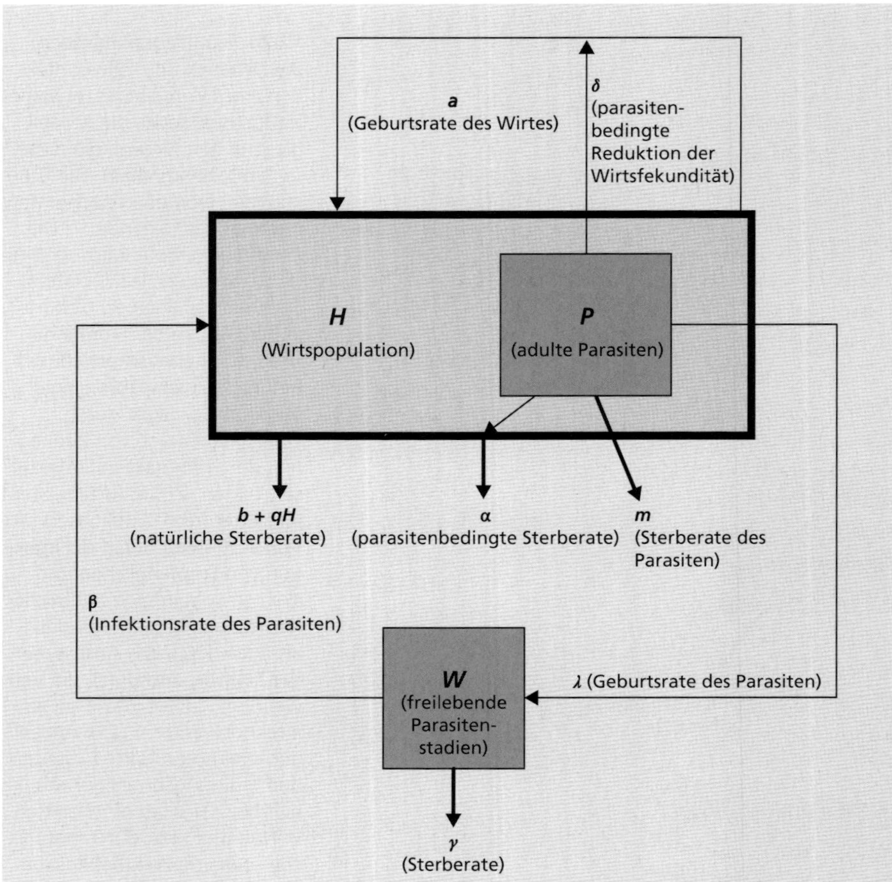

$$\frac{dH}{dt} = \left(a - \frac{\delta P}{H}\right)H - \left(b + qH + \frac{\alpha P}{H}\right)H$$

$$\frac{dW}{dt} = \lambda P - \gamma W - \beta WH$$

$$\frac{dP}{dt} = \beta WH - \left\{m + b + qH + \alpha\left[1 + \frac{P}{H}\bullet\frac{(k+1)}{k}\right]\right\}P$$

12.25 Flußdiagramm (oben) zur Dynamik von Infektionen durch Makroparasiten, die freilebende infektiöse Stadien besitzen, wie der Nematode *Trichostrongylus tenuis*, der das Schottische Moorschneehuhn (*Lagopus lagopus scoticus*) befällt, sowie die Modellgleichungen (unten), die diese Dynamik beschreiben. Die Gleichungen (von oben nach unten) besagen das folgende: 1) Die Anzahl der Wirte (*H*) steigt durch (dichteunabhängige) Geburten (deren Zahl allerdings mit einer von der durchschnittlichen Parasitenzahl pro Wirt abhängigen Rate (*P*/*H*) reduziert ist) und sinkt durch Todesfälle – sowohl natürliche (dichteabhängige) als auch parasitenbedingte (ebenfalls von *P*/*H* abhängig). 2) Die Anzahl der freilebenden Stadien des Parasiten (*W*) steigt durch die Produktion von Parasiten in infizierten Wirten und sinkt sowohl durch Todesfälle als auch infolge der Aufnahme durch Wirte. 3) Die Anzahl der in Wirten lebenden Parasiten (*P*) steigt infolge der Aufnahme durch Wirte; sie sinkt durch den Tod von Parasiten in Wirten und durch den natürlichen sowie den parasitenbedingten Tod der Wirte. Der letzte Term ist von der Verteilung der Parasiten unter den Wirten abhängig – von der hier angenommen wird, daß sie einer negativen Binomialverteilung mit dem Parameter *k* folgt, die für den Term in eckigen Klammern verantwortlich ist. (Nach Anderson und May 1978; Dobson und Hudson 1992)

$$\frac{\delta}{\alpha} > k. \qquad (12.7)$$

Dabei ist δ die parasitenbedingte Reduktion der Wirtsfekundität, α ist die Pathogenität oder parasitenbedingte Sterberate des Wirtes und k der „Aggregationsparameter" für die (angenommene) negative Binomialverteilung der Parasiten unter den Wirten. Zyklen entstehen, wenn die destabilisierenden Effekte der relativ verzögerten Dichteabhängigkeit der reduzierten Fekundität stärker sind als die stabilisierenden Effekte sowohl der relativ direkten Dichteabhängigkeit der erhöhten Mortalität als auch der Aggregation von Parasiten (durch die für die Wirte ein partielles Refugium entsteht; siehe Kapitel 10).

Daten über eine Population in Nordengland, die regelmäßige Zyklen aufweist (siehe Abbildung 12.21d), ergeben für α einen Wert von 3×10^{-4} pro Wurm pro Jahr, für δ 5×10^{-4} pro Wurm pro Jahr und für k eins (einen relativ hohen Wert, das heißt eine relativ geringe Aggregation) (Hudson et al. 1992a; Dobson und Hudson 1992). Damit ist Gleichung 12.7 erfüllt: Der Parasit hat einen stärkeren Effekt auf die Fekundität des Wirtes als auf dessen Mortalität, und sein Aggregationsgrad ist relativ niedrig. Setzt man für alle Parameter des Modells Freilandwerte ein, so ergeben sich in der Tat Zyklen, die den beobachteten sehr ähnlich sind. Dagegen sind Schneehuhnpopulationen, die keine regelmäßigen Zyklen aufweisen oder in denen diese nur sehr sporadisch vorkommen, meist solche, in denen der Nematode sich nicht richtig etablieren kann ($S_T > K$) (Dobson und Hudson 1992).

Es reicht nicht, in Untersuchungen zur Dynamik von Wirt-Parasit-Beziehungen nur zwei Arten zu betrachten.

Diese Beispiele illustrieren die generellen Ähnlichkeiten und Parallelen zwischen der Populationsdynamik von Wirt-Parasit-Systemen und der von Räuber-Beute-Systemen. Tatsächlich gibt es immer mehr Hinweise auf die Bedeutung von Krankheiten für die Populationsdynamik (siehe beispielsweise Grenfell und Dobson 1995). Es zeigt sich aber auch, daß es gefährlich ist, die Beziehung zwischen Parasiten und ihren Wirten so zu behandeln, als stünden nur diese beiden Komponenten miteinander in Wechselwirkung. Ein Parasit kann bei seinem Wirt durchaus eine veränderte Reaktion auf Konkurrenten, auf Mutualisten oder auch auf physikalische Umweltbedingungen hervorrufen, oder er kann dessen Fähigkeit beeinträchtigen, Ressourcen zu sammeln. Tatsächlich schreiben Price et al. (1986):

> »Die Befunde deuten darauf hin, daß Parasiten die Ökologie und die Evolution jeder Art von Wechselbeziehung modifizieren können, von der Evolution von Molekülen wie Hämoglobin und Immunglobulin bis hin zur Evolution und Ausrottung von Biota in globalem Maßstab.«

Untersuchungen von Wirt-Parasit-Beziehungen müssen daher in zunehmendem Maße das Verhalten mindestens einer dritten Art einbeziehen, um ihre Realitätsnähe und ihren Vorhersagewert zu steigern (Begon und Bowers 1995).

12.7 Polymorphismus und genetische Veränderungen bei Parasiten und ihren Wirten

Durch wechselseitigen Selektionsdruck von Wirt und Parasit entstehen genetische Polymorphismen von Resistenz- und Virulenzgenen.

Bei gemeinsamer Evolution von Wirt und Parasit, ohne daß der Mensch als Pflanzenzüchter eingreift, nimmt nach der Vermehrung einer bestimmten Rasse des Pathogens der Anteil der resistenten Wirte zu. Diese Zunahme der Repräsentanz der Resistenzgene führt zu einer Abnahme der Repräsentanz der entsprechenden Virulenzgene beim Krankheitserreger. Eine andere Rasse des Pathogens gewinnt daraufhin das Übergewicht, und dies wiederum führt zu einem Anstieg in der Repräsentanz der Gene für Resistenz gegen diese Pathogenrasse. Eine Erregerrasse nach der anderen nimmt anteilsmäßig zu und wieder ab, und das Ergebnis ist die Aufrechterhaltung eines dynamischen Polymorphismus in der genetischen Struktur des Erregers wie auch des Wirtes. Tatsächlich führen die Polymorphismen, die sich in der Natur durch Interaktion und Evolution von Wirt und Parasit entwickeln, zum gleichen Ergebnis wie beispielsweise die absichtliche Kreuzung von Stämmen einer Nutzpflanze zwecks Kontrolle der Krankheit. Eine wesentlich umfangreichere Darstellung der evolutionären Wechselbeziehungen zwischen pflanzlichen Wirten und Pathogenen liefert Burdon (1987).

Genetischer Polymorphismus ist nur eine der möglichen Konsequenzen des Selektionsdruckes, den Wirt und Parasit aufeinander ausüben. Eine zyklische phänotypische Reaktion, an der keine genetische Veränderung beteiligt ist, tritt bei den wiederkehrenden Schüben der Schlafkrankheit beim Menschen auf. Die Trypanosomen besitzen ein wechselndes Repertoire an Antigenen, die der Reihe nach durch komplizierte molekulare Mechanismen aktiviert werden, während der Wirt mit immer neuen Antikörpertypen reagiert. Das Ergebnis sind enorme Schwankungen in der Populationsdichte der Trypanosomen *innerhalb* eines Wirtes.

Das Phänomen der Superinfektion scheint die Evolution höherer Virulenzgrade zu ermöglichen.

Es ist hilfreich, sich natürliche Wirtspopulationen als Umweltpatches vorzustellen, von denen jeder einen Parasitenstamm beherbergt. In der Realität können in einem Patch, der ein Wirt ist, jedoch zwei oder mehr Stämme eines Parasiten leben. Möglich ist auch eine ökologische Sukzession, wenn ein Parasitenstamm einen Wirt infiziert, der bereits von einem anderen Stamm infiziert wurde (**Superinfektion**). Die verschiedenen Stämme in einem Wirt können miteinander konkurrieren, unter bestimmten Umständen aber auch koexistieren (Levin 1983). Diese Sichtweise von Parasiten und Wirten hat viele formale Analogien in der Dynamik von Metapopulationen (siehe Abschnitt 15.6.5 sowie Nee und May 1992). Eine wichtige Schlußfolgerung lautet, daß das Phänomen der Superinfektion die Evolution höherer Virulenzgrade zu ermöglichen scheint, als einfachere Modelle vorhersagen. »Die konventionelle Weisheit, daß erfolgreiche Parasiten schließlich gutartig werden müssen, basiert nicht auf exaktem evolutionsbiologischem Denken« (Nowak und May 1994). Einen Überblick über die Rolle der genetischen Diversität in Wirt-Parasit-Beziehungen geben Hamilton und Howard 1994.

12.8 Brutparasitismus

Brutparasitismus erfolgt zwischen nah verwandten Arten oder Artgenossen, fällt aber eindeutig unter die Definition von Parasitismus.

Auf den ersten Blick scheint ein Abschnitt über Kukkucke nicht in dieses Kapitel zu passen. In allen bisherigen Beispielen, in denen es um Tiere ging, gehörten Wirt und Parasit zu sehr verschiedenen systematischen Gruppen (Säugetiere und Bakterien, Fische und Bandwürmer, Vögel und Nematoden). Dagegen tritt **Brutparasitismus** in der Regel zwischen recht nah verwandten Arten und mitunter sogar zwischen Artgenossen auf! Dennoch fällt das Phänomen eindeutig unter die Definition des Parasitismus: Brutparasiten sind »Organismen, die ihre Nährstoffe von einem oder sehr wenigen Wirtsindividuen beziehen und dabei *in der Regel* den Wirt schädigen, aber nicht unmittelbar seinen Tod verursachen«. Einen gut entwickelten (mitunter als **Sozialparasitismus** bezeichneten) Brutparasitismus findet man bei sozialen Insekten. Hier bedienen sich die Parasiten der Arbeiter einer anderen, meist sehr nahe verwandten Art (Choudhary et al. 1994), um ihren Nachwuchs aufzuziehen. Dieses Phänomen ist auch unter Vögeln gut entwickelt, scheint aber bei anderen Vertebraten bis auf einen sehr ungewöhnlichen Fall unbekannt zu sein. Die Eier des Fiederbartwelses *Synodontis multipunctatus* werden von maulbrütenden Buntbarschen (*Cichlidae*) zusammen mit deren eigenen Eiern ausgebrütet. Während sie sich im Maul des Wirtes entwickeln, ernähren sie sich von dessen Brut und machen so fast seinen gesamten Fortpflanzungsaufwand zunichte.

Auch brutschmarotzende Vögel, die ihre Eier in die Nester anderer Vögel legen, senken in der Regel den Bruterfolg des Wirtes. Bei Enten scheint intraspezifischer Brutparasitismus am verbreitetsten zu sein. Zwar ziehen die meisten Weibchen ihre Jungen selbst auf, aber manchmal legen sie auch einige Eier in das Nest einer Nachbarin. Junge Enten sind schon bald nach dem Schlüpfen weitgehend selbständig, und so entstehen dem Wirtsindividuum wahrscheinlich nur geringe Kosten.

Meistens ist Brutparasitismus jedoch interspezifisch. Etwa 1 % aller Vogelarten sind Brutparasiten – ungefähr die Hälfte der Kuckucksarten, zwei Finkengattungen, fünf Kuhstärlingsarten und eine Entenart (Payne 1977). In der Regel legen sie nur ein einziges Ei in das Nest des Wirtes, wobei sie mitunter die ursprüngliche Gelegegröße wiederherstellen, indem sie ein Wirtsei entfernen. Das parasitische Vogeljunge kann die Eier oder die Jungen des Wirtes aus dem Nest werfen und eventuelle Überlebende schädigen, indem es die gesamte elterliche Fürsorge für sich beansprucht. Brutparasiten können deshalb potentiell erhebliche Auswirkungen auf die Populationsdynamik ihrer Wirtsart haben. Der Anteil parasitierter Nester ist jedoch meist sehr niedrig (unter 3 %), so daß Lack (1963) folgerte, der Kuckuck sei »eine fast vernachlässigbare Ursache für Eier- und Jungenverluste bei den Brutvögeln Englands«.

Brutparasiten sind modellhaft für die Koevolution von Wirt und Parasit.

Obwohl Brutschmarotzer in vieler Hinsicht Ausnahmen unter den Parasiten zu sein scheinen, bestätigen viele Aspekte ihres Verhaltens die allgemeinen Aussagen, die sich aus Untersuchungen an „gewöhnlichen" Parasiten ableiten lassen. Insbesondere sind sie Modellsysteme für die Koevolution von Parasit und Wirt (Rothstein 1990). Bei den Parasiten haben sich hochgradig wirtsspezifische Beziehungen, Polymorphismen und fein abgestimmte Spezialisierungen entwickelt. Beispielsweise parasitiert der Kuckuck (*Cuculus canorus*) viele verschiedene Wirtsspezies, aber innerhalb der Art gibt es verschiedene Rassen. Die Weibchen einer Rasse bevorzugen eine ganz bestimmte Wirtsart, und ihre Eier sind denen dieses Wirtes in Farbe und Zeichnung sehr ähnlich. Manche Wirtsarten sind in der Lage, zwischen eigenen Eiern und Kuckuckseiern zu unterscheiden. Wenn sie in ihrem Nest fremd aussehende Eier finden, werfen sie sie hinaus oder verlassen das Nest. Die Heckenbraunelle (*Prunella modularis*) dagegen macht keinen Unterschied zwischen ihren eigenen Eiern, Kuckuckseiern sowie schwarzen oder weißen Eiattrappen. Dementsprechend gleichen die Eier der Kuckucke, die Heckenbraunellen parasitieren, auch nicht deren Eiern (wenn man von der ebenfalls dunklen Farbe absieht) (Brooke und Davies 1988).

Die Übereinstimmung zwischen Kuckuckseiern und Wirtseiern ist bei denjenigen Arten am größten, die falsche Eier leicht erkennen. Es ist rätselhaft, wie sich die Kuckuckspopulationen in getrennte, aber koexistierende Rassen aufteilen – zwischen diesen Rassen muß es Fortpflanzungsbarrieren geben. Denkbar ist, daß die weiblichen Kuckucke als Nestlinge lernen, ihre Wirtsart zu erkennen, und nach eben dieser Art Ausschau halten, wenn sie nach einem Wirt für ihre eigenen Eier suchen. Schwieriger ist zu erklären, wie es männlichen Kuckucken gelingt, sich selektiv mit Weibchen der eigenen Rasse zu paaren (Harvey und Partridge 1988) oder warum Heckenbraunellen nicht die Fähigkeit entwickelt haben, falsche Eier zu erkennen.

Die Entwicklung spezialisierter wirtsspezifischer Rassen bei brutschmarotzenden Kuckucksarten ist ein Phänomen, das man in sehr ähnlicher Form auch bei biotrophen Pflanzenparasiten, etwa den Rostpilzen, antrifft. Im Gegensatz zum Parasitismus, der oft zu hochgradiger Wirtsspezifität führt, scheinen solche Spezialisierungen bei Mutualismus, um den es im folgenden Kapitel geht, ziemlich selten zu sein. Auch sonst bestehen zwischen Parasitismus und Mutualismus erhebliche Unterschiede – Kampf und Partnerschaft haben recht verschiedene evolutionäre Folgen.

13 Symbiose und Mutualismus

13.1 Einleitung

Bei einem engen Zusammenleben zweier Arten spricht man – mit Ausnahme von Parasiten – von einer Symbiose.

Die verschiedenen Arten eines Ökosystems leben nicht voneinander isoliert; vielmehr bilden viele enge Assoziationen. Oft stellt eine Art den Lebensraum einer anderen dar, beispielsweise in der Beziehung zwischen Parasit und Wirt, bei Rhizobien, die in den Wurzelknöllchen von Leguminosen leben, oder bei Flechten und Moosen, die auf Baumstämmen wachsen. Anton de Bary prägte für solche engen körperlichen, zumeist lebensnotwendigen, Beziehungen zwischen verschiedenen Arten den Begriff **Symbiose** – Zusammenleben. (Die Parasiten zählt man heute allerdings meist nicht zur Kategorie Symbionten.) Es gibt jedoch auch Formen der Assoziation, bei denen zwei Spezies nur während eines kurzen Abschnitts in beider Leben miteinander in Kontakt kommen, etwa wenn Vögel Bäume als Nistplätze nutzen oder wenn Insekten auf der Suche nach Nektar oder Pollen Blüten besuchen. In solchen Fällen kann man kaum von „Zusammenleben" (Symbiose) sprechen, auch wenn die eine Art vielleicht eine wichtige Rolle im Leben der anderen spielt.

Mutualismus ist eine Form der Assoziation, bei der die beteiligten Arten wechselseitig voneinander profitieren; die Mutualisten brauchen aber keine Symbionten zu sein.

Eine spezielle Kategorie der Assoziation ist der **Mutualismus**, bei dem die beteiligten Arten (meist zwei) wechselseitig voneinander profitieren. Mutualismus setzt nicht unbedingt eine enge physische Beziehung voraus. Mutualisten brauchen keine Symbionten zu sein, auch wenn viele es sind. Beispielsweise sorgen viele Pflanzen für die Verbreitung ihrer Samen, indem sie Tieren eine Belohnung in Form fleischiger Früchte anbieten; andere produzieren in ihren Blüten Nektar, mit dem sie bestäubende Insekten anlocken. Hier handelt es sich um mutualistische Beziehungen, aber nicht um Symbiosen. Im folgenden bezeichnen wir als Mutualismus jede Beziehung zwischen zwei (möglicherweise auch mehr) Arten, die allen beteiligten Partnern nützt. Von Nutzen kann man in der Regel dann sprechen, wenn das Zusammenleben eine höhere Geburtsrate, eine geringere Sterberate oder eine höhere Umweltkapazität bewirkt.

Die Biomasse der Erde besteht größtenteils aus Mutualisten, und das Spektrum der mutualistischen (Wechsel-)Beziehungen ist sehr breit.

In früheren Ökologielehrbüchern wurde Symbionten und Mutualisten zuwenig Platz eingeräumt, oder sie wurden sogar völlig ignoriert, obwohl sie den größten Anteil an der Gesamtbiomasse der Erde haben. Die Wurzeln fast aller Pflanzen, die in den Grasländern, Heidelandschaften und Wäldern dominieren, sind eng mit Pilzen assoziiert. Die meisten Korallenpolypen enthalten einzellige Algen, viele Pflanzen sind auf bestäubende Insekten angewiesen, und sehr viele Tiere beherbergen in ihrem Verdauungstrakt Lebensgemeinschaften von Mikroorganismen – das Spektrum der mutualistischen Wechselbeziehungen ist sehr viel breiter als das von Konkurrenz, Prädation und Parasitismus.

Zunächst betrachten wir einige Beispiele für Mutualismus, bei denen die Partner körperlich kaum oder gar nicht aneinander gebunden sind, sondern bestimmte Verhaltensmuster eine Verflechtung ihrer Lebenszyklen bewirken. Es folgen Beispiele für zunehmend engere körperliche Beziehungen, bei denen es sich eher um Symbiosen im eigentlichen Sinne handelt. Danach geht es um Assoziationen, in denen das Leben (und die Körper) von zwei Arten so stark aufeinander abgestimmt sind, daß die Symbiose obligatorisch ist, und schließlich um Fälle, in denen ein Partner genetische Information des anderen aufgenommen hat und es nicht sinnvoll ist, die beiden noch als getrennte Arten anzusehen. Ausführlichere Überblicke geben Boucher et al. (1984) und Douglas (1994).

13.2 Auf Verhaltensmustern basierende Mutualismen

Es ist nicht leicht, die Vielzahl der Symbiosen, in denen komplizierte Verhaltensmuster die Grundlage mutualistischer Beziehungen sind, zu klassifizieren oder den Mutualismus in jedem Fall zu beweisen. Die folgenden Beispiele illustrieren die vorhandene Vielfalt.

13.2.1 Mutualismen zwischen Ameisen und Pflanzen

Die Beziehung zwischen Akazien und Ameisen gehört zu den bekanntesten Beispielen für einen Mutualismus.

Die Annahme, daß zwischen Pflanzen und Ameisen mutualistische Beziehungen bestünden, wurde erstmals von Belt (1874) geäußert, nachdem er in Mittelamerika aggressive Ameisen auf Akazienarten mit verdickten Dornen beobachtet hatte. Diese Beziehung, die man als „Putzer-Kunden-Verhältnis" (siehe Abschnitt 13.2.2) beschreiben könnte, wurde später von Janzen (1967) für die Büffelhornakazie (*Acacia cornigera*) und die Ameise *Pseudomyrmex ferruginea* beschrieben. Die Pflanze besitzt hohle Dornen, die von den Ameisen als Nester genutzt werden. Ihre Fiederblättchen tragen an den Spitzen proteinreiche **Beltsche Körperchen** (Abbildung 13.1), welche die Ameisen sammeln und als Nahrung nutzen. Überdies besitzt die Akazie an den Blattstielen **extraflorale Nektarien**, deren zuckerhaltiges Sekret die Ameisen anzieht. Die Ameisen ihrerseits schützen diese kleinen Bäume vor Konkurrenten, indem sie Triebe anderer Pflanzen, die in die Akazienkrone hineinragen, abbeißen; außerdem verteidigen sie die Pflanzen gegen Herbivore.

Die Arbeit von Janzen regte viele andere Wissenschaftler zu Untersuchungen an, die gezeigt haben, daß Symbiosen zwischen Ameisen und Pflanzen im Laufe der Evolution viele Male entstanden sind, und zwar auf verschiedenen Kontinenten wie auch mehrmals unabhängig voneinander in derselben Pflanzenfamilie. Es gibt Hinweise auf Konkurrenz um Wirtspflanzen zwischen verschiedenen Ameisenarten, durch die die kleineren, weniger aggressiven Arten dazu getrieben wurden, die am besten geschützten Teile der Pflanze zu besetzen. Das seltsame „Stutzen" der Triebe benachbarter Pflanzen durch die Ameisen ist möglicherweise als Verteidigungsstrategie gegen andere Ameisen entstanden, die solche Triebe als Brücken benutzen könnten. Dies wirft die Frage auf, ob es sich bei den Beziehungen zwischen Ameisen und Pflanzen um echte Mutualismen handelt oder ob sie hauptsächlich infolge der Konkurrenz zwischen

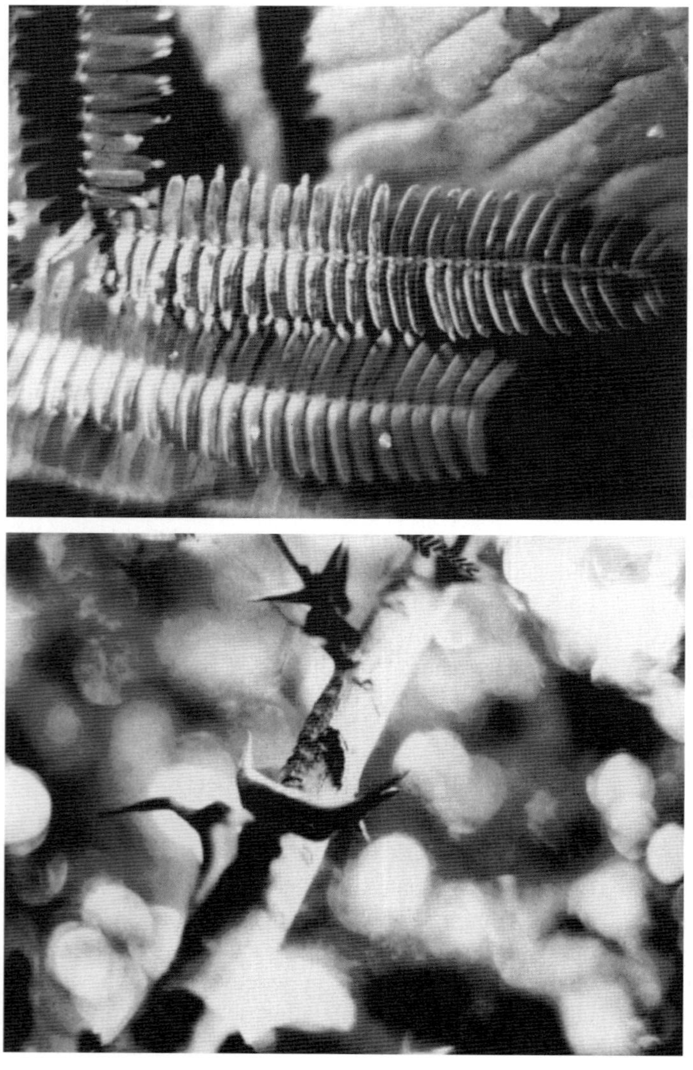

a)

b)

13.1 Strukturen der Büffelhornakazie (*Acacia cornigera*), die mutualistische Ameisen anziehen. a) Proteinreiche Beltsche Körperchen an den Spitzen der Fiederblättchen. b) Hohle Dornen, die von den Ameisen als Nester genutzt werden. (Mit freundlicher Genehmigung von L. E. Gilbert) verschiedenen Ameisenarten entstanden und die Pflanzen nur passive Partner sind. Die Tatsache, daß manche Akazienarten den Ameisen mit den Beltschen Körperchen eine spezielle Belohnung anbieten, deutet allerdings darauf hin, daß die Beziehung zumindest in diesen Fällen als Mutualismus entstanden ist.

Extraflorale Nektarien locken Ameisen an, welche die Pflanzen vor Herbivorenfraß schützen.

Der Nachweis von Mutualismen zwischen Ameisen und Pflanzen bereitet den Weg für neue Interpretationen anderer Pflanzenstrukturen. Extraflorale Nektarien findet man bei Pflanzen aus mindestens 39 Familien, die in vielen Lebensgemeinschaften überall auf der Erde vorkommen. Während Nektarien auf oder in Blüten leicht als Lockmittel für Bestäuber erklärbar sind, ist die Rolle extrafloraler Nektarien weniger offenkundig. Ohne Zweifel ziehen sie Ameisen an, und zwar mitunter in enormer Anzahl. Es gab jedoch eine Kontroverse zwischen Wissenschaftlern, die der Meinung waren, daß diese Ameisen die Pflanzen vor Herbivoren schützen, und Forschern, deren Ansicht nach die Pflanzen aus Ameisen keinen größeren Nutzen ziehen als Hunde aus Flöhen – eine skeptische Sichtweise, wie sie in der Forschung immer angebracht ist (Bentley 1977). Solche Meinungsverschiedenheiten lassen sich nur durch sorgfältig geplante und kontrollierte Experimente wie die von Inouye und Taylor (1979) beilegen. Die beiden untersuchten *Helianthella quinquenervis*, eine Sonnenblumenart, die extraflorale Nektarien besitzt und unter starkem Befall durch eine Bohrfliege (Familie Tephritidae) leiden kann, deren Larven mitunter über 85 % der sich entwickelnden Samen zerstören. Sonnenblumen, von denen die Ameisen künstlich ferngehalten wurde, litten sehr viel stärker unter diesen Herbivoren als Exemplare, auf denen Ameisen lebten.

Eine Übersicht über Wechselbeziehungen zwischen Ameisen und Pflanzen bieten Beattie (1989), Huxley und Cutler (1991) sowie Davidson und McKey (1993).

13.2.2 Putzerfische und ihre Kunden

In der mutualistischen Beziehung zwischen Putzer und Putzkunden ernährt sich ersterer von Ektoparasiten, Bakterien und nekrotischem Gewebe von der Körperoberfläche des letzeren. Bisher kennt man mindestens 45 Putzerfischarten sowie einige Putzergarnelen. Viele von ihnen besetzen Territorien mit Putzstationen, die von den Kunden besucht werden, und zwar um so häufiger, je stärker der Kunde von Parasiten befallen ist. Als Limbaugh (1961) experimentell alle Putzerfische aus einem Riffabschnitt der Bahamas entfernte, entwickelten die Kunden Hautkrankheiten, und ihre Populationen gingen innerhalb von zwei Wochen zurück.

13.2.3 Honiganzeiger und Honigdachs

Ein afrikanischer Vogel, der Honiganzeiger (*Indicator indicator*), hat eine bemerkenswerte Beziehung zum Honigdachs (*Mellivora capensis*) entwickelt. Hat ein Honiganzeiger ein Bienennest entdeckt, so führt er den Honigdachs dorthin. Der Säuger bricht das Nest auf und frißt Honig und Bienenlarven, und danach kommt der Vogel zu einer Mahlzeit aus Bienenwachs und Larven. Der Honiganzeiger kann Bienennester ausfindig machen, aber nicht öffnen, der Dachs ist in der entgegengesetzten Situation. Ihr aufeinander abgestimmtes Verhalten bringt beiden Seiten Nutzen.

13.2.4 Garnelen und Grundeln

Die zu den Pistolenkrebsen (Alpheidae) gehörenden Garnelen der Gattung *Alpheus* graben am Meeresboden Höhlen, und Grundeln (Familie Gobiidae) der Gattung *Cryptocentrus* nutzen diese als sichere Aufenthaltsorte in einer Umgebung, die ansonsten wenig oder keinen Schutz bietet. Wenn die fast blinde Garnele die Höhle verläßt, hält sie mit einer Antenne Kontakt mit dem Fisch und wird so vor jeder Störung gewarnt (Abbildung 13.2; siehe auch Abbildung 1.1).

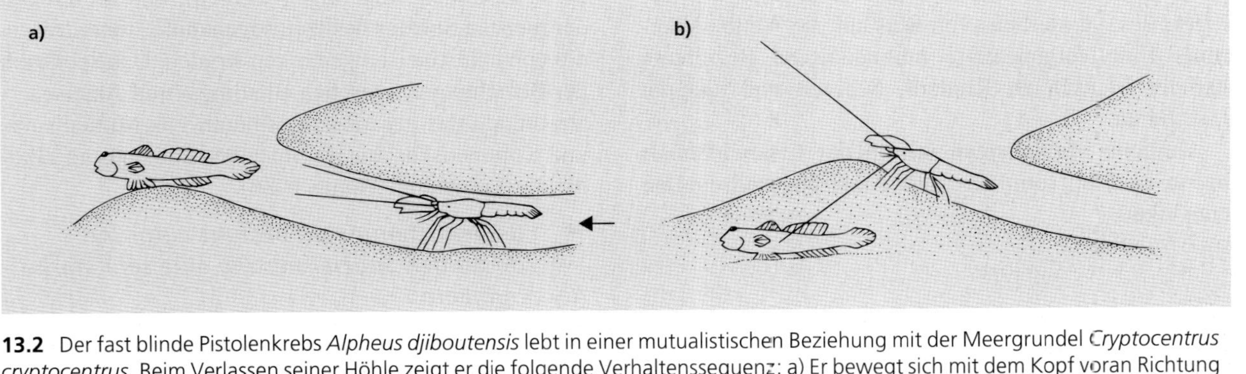

13.2 Der fast blinde Pistolenkrebs *Alpheus djiboutensis* lebt in einer mutualistischen Beziehung mit der Meergrundel *Cryptocentrus cryptocentrus*. Beim Verlassen seiner Höhle zeigt er die folgende Verhaltenssequenz: a) Er bewegt sich mit dem Kopf voran Richtung Höhleneingang; dabei werden die Antennen etwas angehoben und bilden einen spitzen Winkel, so daß ihre Spitzen 2–3 cm voneinander entfernt sind. b) Außerhalb der Höhle hält der Pistolenkrebs mit einer Antenne Kontakt zu dem Fisch. (Nach Karplus et al. 1972)

Die Grundel gewinnt einen Zufluchtsort in einem Lebensraum mit reichlichem Nahrungsangebot, die Garnele ein optisches Warnsystem, das ihr erlaubt, ihre Höhle für kurze Zeit zu verlassen, das Sediment abzuweiden (Fricke 1975).

13.2.5 Anemonenfische und Seeanemonen

Eine Vielzahl symbiontischer Verhaltensmuster findet man bei den Bewohnern tropischer Korallenriffe (wo die Korallen selbst Mutualisten sind, siehe Abschnitt 13.8). Der Clown- oder Anemonenfisch (*Amphiprion*) lebt in der Nähe einer Seeanemone (zum Beispiel *Physobrachia* oder *Radianthus*) und zieht sich bei Gefahr zwischen deren Tentakel zurück. Bei seinen Aufenthalten zwischen den Tentakeln erhält er einen Überzug mit anemoneneigenem Schleim, der verhindert, daß die Nesselkapseln der Anemone sich bei Berührung entladen. Der Fisch ist durch diese Beziehung geschützt, aber auch die Seeanemone profitiert davon, weil der Clownfisch andere Fische, die in ihre Nähe kommen, angreift, darunter auch solche, die normalerweise Seeanemonen fressen (Fricke 1975).

13.3 Mutualismen in der Landwirtschaft

13.3.1 *Homo sapiens* hat eine mutualistische Beziehung zu Nutzpflanzen und -tieren

Die ökologisch schwerwiegendsten Mutualismen sind jene der menschlichen Landwirtschaft. Die Anzahl der Weizen-, Gerste-, Hafer-, Mais- und Reispflanzen sowie die von diesen Getreidearten bedeckten Flächen sind sehr viel größer, als es der Fall wäre, wenn diese Spezies nicht kultiviert worden wären. Das Wachstum der menschlichen Bevölkerung seit der Zeit der Jäger und Sammler ist ein Maß für den entsprechenden Vorteil des *Homo sapiens*. Der Effekt, den das Aussterben des Menschen auf die Weltpopulation der Reispflanzen hätte, ist ebenso leicht vorstellbar wie der Effekt des Aussterbens von Reis auf die Weltbevölkerung. Eine vergleichbare mutualistische Beziehung hat der Mensch zu Rindern, Schafen und anderen Haustieren.

Ähnliche Mutualismen wie in der Landwirtschaft haben sich in Termiten- und Ameisengesellschaften entwickelt.

13.3.2 Die „Haltung" von Raupen durch Ameisen

Bläulinge der Gattung Maculinea *geben artspezifische Mutualismen mit Ameisen ein: Ihre Raupen werden von Ameisen aufgezogen – ein Beispiel für „Tierhaltung".*

Ein klassisches Beispiel für „Tierhaltung" als Mutualismus ist die Beziehung zwischen Bläulingen der Gattung *Maculinea* und Ameisen. Alle Arten dieser Schmetterlingsgattung legen ihre Eier auf ein oder zwei bestimmten Pflanzenarten ab, und die Raupen ernähren sich bis zum dritten Larvenstadium von deren Blüten. Dann lassen sie sich zu Boden fallen, wo sie in nächster Nähe der Pflanze verbleiben, bis sie von einer Arbeiterin der Ameisengattung *Myrmica* gefunden und in das Ameisennest getragen werden. Dort bleiben sie zehn Monate lang, bevor sie sich in den oberen Nestkammern verpuppen. Zwar tragen viele *Myrmica*-Arten die Raupen in ihr Nest ein, aber jede *Maculinea*-Spezies wird nur von einer bestimmten Ameisenart erfolgreich aufgezogen. Die Raupen imitieren das Verhalten von Ameisenlarven, und nur die besten Nachahmer veranlassen ihre Wirte, sie zu füttern. (Beispielsweise ahmen die Raupen der Spezies *Maculinea rebeli* (Kreuzenzian-Ameisenbläuling), die sich von Kreuzenzian (*Gentiana cruciata*) ernähren, die Larven von *Myrmica schenkii* nach.) Andere, „primitivere" *Maculinea*-Arten (etwa *M. arion*, der auf wildem Thymian lebt), ernähren sich räuberisch von den Ameisenlarven – tatsächlich können Raupen dieser Spezies eine Ameisenkolonie auslöschen und sterben dann ebenfalls (Hochberg et al. 1992).

Zwischen manchen Bläulings- und Ameisenarten kommt es aber auch zu Kommensalismus, Parasitismus oder Prädation.

Der Lebenszyklus dieser Schmetterlinge ist so merkwürdig, daß man ihn anzweifeln könnte, wenn nicht auch viele andere Angehörige der Familie Lycaenidae (Bläulinge) in komplizierten Wechselbeziehungen zu Ameisen stünden. Auch andere Bläulingsarten werden von Ameisen aufgezogen (wenn auch nicht alle in deren Kolonien eingetragen werden), und die Larven der meisten Spezies besitzen sogenannte Honigdrüsen, die von den Ameisen gemolken werden. Das Spektrum der Beziehungen zwischen Bläulings- und Ameisenarten umfaßt das gesamte Kontinuum von Mutualismus und Kommensalismus bis hin zu Parasitismus und Prädation (Pierce und Young 1986).

Bei manchen Arten besteht aufgrund der engen Spezialisierung eine sehr starke Abhängigkeit.

Der Schwarzfleckige Ameisenbläuling (*M. arion*) ist in Europa vom Aussterben bedroht; in Großbritannien ist er bereits vor kurzem ausgestorben. Sein Lebenszyklus und sein Verhalten machen ihn vollständig von blühendem Feldthymian (*Thymus serpyllum*) und von Ameisenlarven abhängig, die ihm nacheinander als Nahrung dienen. Offenbar kommen nur zwei Ameisenarten (*Myrmica scabrinoides* und *M. laevonoides*) als Wirte in Frage, und die Kalktrockenrasen, die sowohl dem Thymian als auch den Ameisen als Lebensraum dienen, werden immer seltener. *Maculinea arion* ist damit ein klassisches Beispiel für eine Art, die in der sich stetig verengenden Spur der Spezialisierung gefangen ist, was ein besonders hohes Aussterberisiko mit sich bringt.

Aus Daten, die im Jahre 1990 in einem 4 ha großen Untersuchungsgebiet in der Nähe des spanischen Pyrenäenortes Jaca gesammelt wurden, konstruierten Hochberg et al. (1992) ein theoretisches Modell der Populationsdynamik von *Maculinea rebeli*, der dort auf über 1 km^2 (100 ha) Fläche eine seiner größten bekannten Populationen hat. Das Modell geht davon aus, daß die Populationen von Ameisen und Pflanzen über den kurzen Zeitraum von fünf bis zehn Jahren stabil bleiben, berücksichtigt aber die Rolle spezialisierter parasitoider Schlupfwespen (Ichneumonidae), die ein zusätzliches Risiko für das Überleben des stark bedrohten Bläulings darstellen. Dem Modell zufolge spielt das Überleben der Raupen in den Ameisennestern eine sehr viel entscheidendere Rolle für den Fortbestand der Schmetterlingspopulation als die Konkurrenz zwischen den Raupen auf der Futterpflanze. An diesem Standort hatten Veränderungen der Pflanzenpopulation praktisch keinen Einfluß auf die Bläulingspopulation.

Viele Arten der Homoptera werden wegen ihrer zukkerhaltigen Ausscheidungen in ähnlicher Weise von Ameisen „gehalten“. Diese Ameisen verteidigen ihre „Herden“ genauso gegen Prädatoren und Parasitoide, wie andere Ameisenarten Pflanzen mit extrafloralen Nektarien gegen Herbivore verteidigen (Strong et al. 1984).

13.3.3 Käfer und Ameisen als Pilzzüchter

Zwischen saprophytischen Pilzen haben sich einige sehr spezialisierte Mutualismen entwickelt.

Ein Großteil der pflanzlichen Gewebe, darunter Holz, ist als direkte Nahrungsquelle für Tiere nicht verfügbar, weil diesen die Enzyme fehlen, die zur Verdauung von Cellulose und Lignin erforderlich sind (siehe Kapitel 3 und 11). Viele Pilze dagegen besitzen diese Enzyme, und Tiere, die Pilze fressen, gewinnen auf indirektem Wege Zugang zu einer energiereichen Nahrungsquelle. In einer Reihe von Fällen haben sich zwischen saprovoren Tieren und saprophytischen Pilzen hochspezialisierte Mutualismen entwickelt. Borkenkäfer (Scolytidae) bohren tiefe Gänge in das Holz toter und absterbender Bäume, und in den Gängen der verschiedenen Käferspezies wachsen jeweils spezifische Pilzarten, die von den Käferlarven dauernd abgefressen werden. Der Verdauungstrakt dieser sogenannten Ambrosiakäfer kann Impfmaterial der Pilze enthalten, und manche Käferarten tragen auf dem Kopf spezielle Haarbürsten, die dem Sporentransport dienen. Die Pilze dienen dem Käfer als Nahrung und sind ihrerseits auf ihn angewiesen, um in neue Fraßgänge zu gelangen – die Beziehung ist also vollkommen mutualistisch.

Manche Blattschneiderameisen- und Pilzarten sind vollkommen voneinander abhängig.

Unter den pilzzüchtenden Ameisen sind die Blattschneiderameisen der Gattungen *Atta* und *Acromyrmex* am bemerkenswertesten. Sie legen im Boden Kammern mit einem Volumen von zwei bis drei Litern an, in denen sie auf Blattmaterial aus der umgebenden Vegetation einen Basidiomyceten züchten (Abbildung 13.3). Dieser produziert spezielle verdickte Hyphen (Gongylidien), mit denen die Ameisen ihre Larven füttern. Manche Ameisenkolonien sind für die Ernährung der Larven vollkommen von dem Pilz abhängig.

Auch der Pilz zieht aus dieser Beziehung einen Nutzen: Er wird von den Blattschneiderameisen sowohl ernährt als auch verbreitet und wurde bisher noch nie außerhalb ihrer Nester entdeckt. Die weiblichen Geschlechtstiere der Ameisen nehmen in einer speziellen Schlundtasche etwas Pilzmycel mit, wenn sie das Nest verlassen, um neue Kolonien zu gründen.

Die meisten phytophagen Insekten haben ein sehr enges Nahrungsspektrum – die große Mehrheit ist sogar streng monophag. Dagegen sind Blattschneiderameisen bemerkenswert polyphag. Die Arbeiterinnen einer Kolonie von *Atta cephalotes* ernten zwischen 50 und 77 % der in der Umgebung wachsenden Pflanzenarten (zeigen allerdings klare Präferenzen, wenn sie die Wahl haben). Dank ihrer Polyphagie können Blattschneiderameisen in tropischen Regenwäldern 17 % der Gesamtproduktion an Blattsubstanz ernten und die ökologisch dominierenden Herbivoren sein (Cherrett et al. 1989). Im Gegensatz zu den Imagines scheinen die Larven extreme Nahrungsspezialisten zu sein: Sie fressen ausschließlich die Gongylidien des Pilzes *Attamyces bromatificus*, der von den Adulten kultiviert wird und die von diesen ins Nest getragenen Blattstückchen zersetzt (Cherrett et al. 1989).

a)

b)

13.3 a) Teilweise ausgegrabenes Nest der Blattschneiderameise *Atta vollenweideri* im paraguayanischen Chaco. b) Königin von *A. cephalotes* (mit einer Arbeiterin auf dem Abdomen) auf einem jungen Pilzgarten im Labor. Die wabenartige Struktur aus kleinen Blattstückchen und verbindenden Pilzhyphen ist gut erkennbar. (Mit freundlicher Genehmigung von J. M. Cherrett)

13.4 Mutualismen bei der Verbreitung von Samen und Pollen

13.4.1 Mutualismen bei der Samenverbreitung

Bei der Verbreitung hakentragender oder klebriger Samen durch Tiere handelt es sich nicht um einen Mutualismus – im Gegensatz zur Verbreitung durch Fruchtfresser.

Sehr viele Pflanzenarten nutzen zur Verbreitung ihrer Samen und Pollen Tiere. Etwa 10 % aller Angiospermen besitzen Samen oder Früchte, die Haken, Stacheln oder Haare tragen und im Fell oder Gefieder jedes Tieres hängenbleiben, das sie berührt. Oft irritieren diese Fremdkörper das Tier, das sich daraufhin in der Regel putzt und sie, wenn es dazu in der Lage ist, entfernt – allerdings meist erst, nachdem es sie bereits eine Weile mit sich herumgetragen hat. Manche Angiospermen (etwa der klebrige Salbei (*Salvia glutinosa*) oder die Bleiwurz (*Plumbago capensis*)) besitzen auch klebrige Samen. In all diesen Fällen handelt es sich nicht um Mutualismus: Die Pflanze (die Ressourcen in Anheftungsmechanismen investiert hat) profitiert, während das Tier keine Belohnung erhält. Echter Mutualismus besteht dagegen zwischen höheren Pflanzen mit fleischigen Früchten und den Vögeln und anderen Tieren, die diese fressen und die Samen verbreiten. Natürlich ist es für solche mutualistischen Beziehungen von grundlegender Bedeutung, daß das Tier nur das Fruchtfleisch verdaut, nicht aber die Samen. Dicke, kräftige Samenschalen sind meist ein Teil des Preises, den die Pflanze für die Ausbreitung durch fruchtfressende Tiere zahlen muß. In den meisten Fällen zeigen weder die an einem solchen Mutualismus beteiligten Pflanzen, noch die jeweiligen Tiere eine Spezialisation auf bestimmte Arten.

13.4.2 Bestäubungsmutualismen

Die meisten tierbestäubten Blüten bieten ihren Besuchern als Belohnung Nektar, Pollen oder auch beides. Die energieaufwendige Produktion des kohlenhydrathaltigen Nektars scheint keinen anderen Zweck zu erfüllen, als Tiere anzulocken.

Von Insekten bestäubte Blüten können Generalisten oder Spezialisten sein, was am Bau der Blüte zu erkennen ist.

Vermutlich wurden die Evolution spezialisierter Blüten und die Mitwirkung tierischer Mutualisten an der Bestäubung dadurch begünstigt, daß viele Tiere in der Lage sind, zwischen verschiedenen Blüten zu unterscheiden, so daß die Fremdzucht *innerhalb* der einzelnen Pflanzenarten gefördert, *zwischen* verschiedenen Arten dagegen verhindert wird. Der passive Transfer von Pollen, etwa durch Wind oder Wasser, leistet dies nicht und ist natürlich sehr viel verschwenderischer. Ein Großteil des von tierischen Vektoren transportierten Pollens erreicht andere Blüten, und im Fall von hochspezialisierten Vektoren und Blüten, etwa bei vielen Orchideen, geht nicht einmal an Blüten anderer Arten Pollen verloren.

Allerdings bringt die Bestäubung durch Tiere für Pflanzen das Risiko der Ansteckung mit sexuell übertragenen Krankheiten mit sich. Die Antheren von Weißen Lichtnelken (*Silene alba*), die von dem Pilz *Microbotryum violaceum* (auch *Ustilago violacea*, Antherenbrand) befallen sind, sind mit Pilzsporen gefüllt, und diese Sporen werden von Bestäubern auf andere Pflanzen übertragen. Auf ähnliche Weise gelangt der Erreger *Botrytis anthophila* von einer Kleepflanze (*Trifolium* spp.) zur anderen. Die Nutzung von Tieren als Bestäuber verursacht den Pflanzen also auch Kosten, nämlich die Gefahr der Krankheitsübertragung (Shykoff und Bucheli 1995).

Ein breites Spektrum von Tieren ist eine Bestäubungsbeziehung mit Pflanzen eingegangen, darunter Kolibris, Fledertiere und sogar kleine Nager und Beuteltiere (Abbildung 13.4). Die Bestäuber *par excellence* sind jedoch zweifellos Insekten. Pollen ist eine nährstoffreiche Ressource, die von den einfachsten insektenbestäubten Blüten im Überfluß und frei zugänglich angeboten wird. Komplexere Blüten produzieren Nektar (im wesentlichen eine Zuckerlösung) als zusätzliche oder alternative Belohnung. In einfachen Blüten sind die Nektarien ungeschützt; die Brombeere (*Rubus fruticosus*) beispielsweise bietet offen Nektar in solcher Fülle, daß ein lokales Überangebot für viele Nektarsucher entsteht. In solchen Fällen handelt es sich um einen völlig unspezialisierten Mutualismus. Dagegen ist etwa bei den Ranunculaceen eine fortschreitende Spezialisierung erkennbar, bei der die Nektarien in Strukturen eingeschlossen werden, die den Zugang zum Nektar auf einige wenige Insektenarten beschränken. In der einfachen Blüte des Scharbockskrautes (*Ranunculus ficaria*) sind die

a) b)

13.4 Bestäuber. a) Eine Honigbiene (*Apis mellifera*) auf einer Himbeerblüte. b) Ein Kaphonigfresser (*Promerops cafer*) auf der Suche nach Nektar auf *Protea eximia*. (Mit freundlicher Genehmigung von H. Angel)

Nektarien allen Besuchern zugänglich, während sie beim Knolligen Hahnenfuß (*R. bulbosus*) von einer Klappe bedeckt sind und sich in der Gattung *Aquilegia* (Akelei) zu langen Spornen entwickelt haben, so daß nur Besucher mit langer Zunge den Nektar erreichen können. In der verwandten Gattung *Aconitum* (Eisenhut) ist die gesamte Blüte so gebaut, daß nur Insekten der richtigen Form und Größe Zugang zu den Nektarien haben und dabei zwangsläufig Pollen von den Antheren abstreifen.

Die Koevolution von Blüte und Bestäuber kann zu extremen Spezialisierungen und obligatorischen Mutualismen führen.

Von einem extremen Beispiel spezialisierter Blütenstruktur berichtete Darwin (1859): Die madagassische Sternenorchidee (*Angraecum sesquipedale*) produziert ihren Nektar in Spornen von etwa 30 cm Länge. Darwin behauptete, man werde einen Bestäuber mit entsprechend langem Saugrüssel finden, und tatsächlich wurde 40 Jahre später ein Schwärmer mit einem etwa 25 cm langen Proboscis entdeckt. Darwin nahm an, das lange Nektarium zwinge das Insekt zu engem Kontakt mit dem Pollen und die Selektion begünstige daher immer längere Nektarien. Dadurch entstehe ein Selektionsdruck auf die Bestäuber, der zur Evolution immer längerer Zungen führe. Auf diese Weise – in einem reziproken und eskalierenden Spezialisierungsprozeß – werde der Mutualismus zwischen Pflanze und Insekt immer obligatorischer. Nilsson (1988) kürzte die Nektarsporne einer anderen langspornigen Orchidee, der Waldhyazinthe (*Platanthera* spp.), und zeigte, daß die Blüten daraufhin viel weniger Samen produzierten – wahrscheinlich weil der Bestäuber nicht mehr in die richtige Position gezwungen wurde. Mehr als alle anderen Angiospermen sind die Orchideen in präzisen Bestäubungsmutualismen gefangen, welche einen dominierenden Einfluß auf die evolutionäre Radiation der Familie ausgeübt haben. Einen Überblick über die Ökologie der Bestäubung von Orchideen gibt Nilsson (1992).

Die meisten Pflanzen blühen nur zu einer bestimmten Jahreszeit, wodurch dem Ausmaß, in dem Bestäuber obligatorische Spezialisten werden können, Grenzen gesetzt sind. Ein Bestäuber kann nur dann völlig abhängig von bestimmten Blüten als Nahrungsquelle werden, wenn sein Lebenszyklus der Blütezeit dieser Pflanze angepaßt ist. Dies ist zum Beispiel bei Insekten möglich, welche die Blüten nur kurze Zeit nutzen, etwa Schmetterlinge, bei denen nur die Imagines Nektar aufnehmen. Länger lebende Bestäuber, etwa Fledertiere und Nager, oder Bienen mit ihren langlebigen Kolonien sind eher Generalisten, die im Laufe des Jahres verschiedene unspezialisierte Blütenarten nacheinander nutzen oder sich andersartiger Nahrung zuwenden, wenn kein Nektar zur Verfügung steht.

Zwischen vielen Feigenarten und ihren Bestäubern bestehen für beide Seiten obligatorische Mutualismen, wobei zusätzlich noch Parasiten und Brutparasiten hinzukommen.

Zwischen vielen Feigenarten (*Ficus*, Familie Moraceae) und ihren Bestäubern, den Feigenwespen (Agaonidae), einer Familie der Erzwespen, bestehen Mutualismen, die für beide Partner obligatorisch geworden sind (Janzen 1979; Wiebes 1979; Bronstein 1988). Die Blüten einer typischen monözischen Feige sind in krugförmigen Blütenständen (die nach der Bestäubung zu Fruchtständen – den Feigen – werden) eingeschlossen, wobei männliche und weibliche Blüten sich in verschiedenen Bereichen des Blütenstandes befinden. Es gibt zwei Typen weiblicher Blüten: langgriffelige und kurzgriffelige. Die weiblichen Feigenwespen dringen durch eine Apikalöffnung in die Feige ein und legen ihre Eier in die kurzgriffeligen Fruchtknoten ab (für die langgriffeligen ist ihr Legestachel zu kurz). Die parasitierten Fruchtknoten werden zu Gallen, in denen sich die Larven der Agaoniden entwickeln. Nach dem Schlüpfen bohren sich die männlichen Feigenwespen durch die Wand der Feige nach draußen, und die Weibchen folgen ihnen, passieren aber zuvor die männlichen Blüten und sammeln dort Pollen. Der Pollen wird in speziellen Taschen transportiert, und man hat beobachtet, daß die Weibchen ihn herausschütteln, wenn sie in eine andere Feige eingedrungen sind, und ihn auf den Narben langgriffeliger Fruchtknoten plazieren, die nach der Bestäubung Samen bilden (Abbildung 13.5).

An der Entstehung einer derart spezialisierten Abfolge mutualistischer Ereignisse müssen wechselseitig ausgeübte Evolutionsdrücke beteiligt gewesen sein – jedes Stadium in der Evolution der Feige muß eine Änderung im Verhaltensmuster der Feigenwespe hervorgerufen haben (Wiebes 1982). Die Wespe ist nicht nur Bestäuber, sondern auch Parasit.

Bei den meisten Feigenarten sind an diesen Vorgängen zwei Agaonidenarten beteiligt, die auf verschiedene Blütenarten innerhalb des Blütenstandes spezialisiert sind (zusätzlich gibt es meist zwei parasitische Erzwespenarten, die auf die Bestäuber spezialisiert sind). Oft existiert eine weitere Feigenwespe, die Eier in die weiblichen Blüten der Feige legt, aber an der Bestäubung nicht beteiligt ist. Sie ist kein Mutualist, sondern eine Art Kuckuck, der von der Feige ernährt wird, ohne dafür zu bezahlen.

Dieses Interaktionsmuster ist bei den zahlreichen wilden Feigenarten vielfach anzutreffen, mit verschiedenen Erzwespenarten als Gallbildner, Parasit und „Kuckuck“. Das Verhältnis zwischen Feigenwespen und Feigen gehört zu den großen Klassikern der Koevolution wie auch der parallelen Evolution von Mutualisten und des Parasitismus, und es werden ständig neue Variationen und Paradoxa entdeckt (siehe bei-

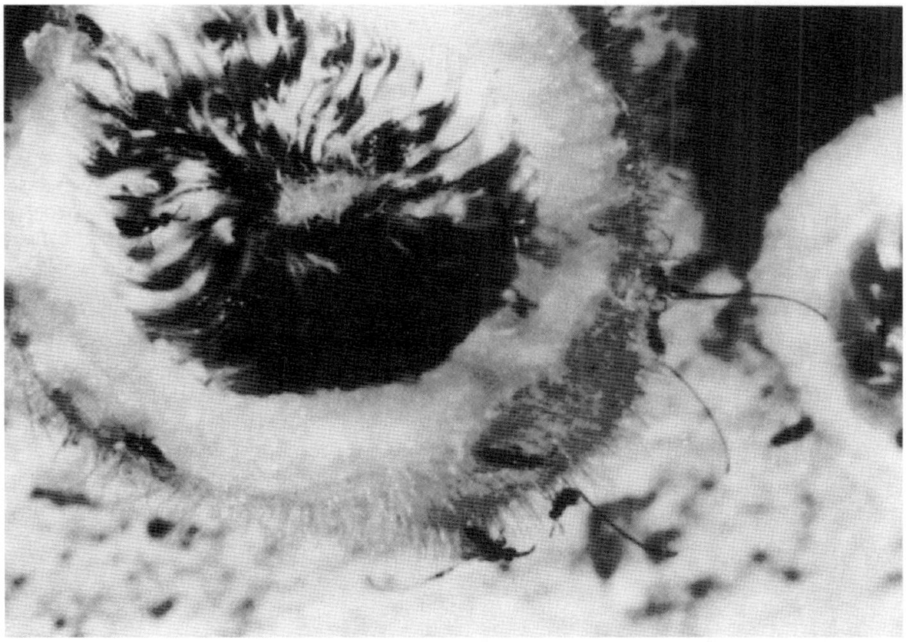

13.5 Feigenwespen (Agaonidae), die sich in und auf einer geöffneten Feige sammeln. Außerdem zu sehen sind Parasitoide der Feigenwespen, erkennbar an ihrem langen Legestachel. (Mit freundlicher Genehmigung von W. D. Hamilton)

spielsweise Grafen und Godfray 1991). (Man beachte, daß die vom Menschen kultivierte Eßfeige parthenokarp ist, das heißt, sie benötigt keine Bestäubung, um reife Feigen zu produzieren. Sie ist der Abhängigkeit von dem Insekt wie auch der Abhängigkeit von der Fremdzucht entkommen.)

Die ökologischen Aspekte der Bestäubung wurden von der Biologie lange Zeit weitgehend ignoriert; erst in den siebziger Jahren unseres Jahrhunderts entwickelte sich ein eigener Forschungszweig Bestäubungsbiologie mit einer starken ökologischen Komponente und einer eigenen Fachsprache (Inouye et al. 1994). Für Ökologen, die sich intensiver mit diesem Gebiet befassen möchten, bieten die folgenden Veröffentlichungen einen Einstieg in die Literatur: Howe und Westley (1986), Lovett Doust und Lovett Doust (1988), Kearns und Inouye (1993), Arnold (1994), Stanton (1994), Willson (1994). Einen detaillierten Überblick über Mutualismen bei der Verbreitung von Samen und Pollen sowie eine gute Darstellung der Prozesse, die zur Evolution solcher Mutualismen führen können, liefert auch Thompson (1995).

13.5 Mutualismen mit Bewohnern des Verdauungstraktes

Die meisten der bisher erörterten Mutualismen sind von den Verhaltensmustern der beteiligten Tiere abhängig. Bei allen spielen Suchaktivitäten eine Rolle, und meistens gibt es Nahrung als Belohnung. In solchen Mutualismen sind beide Partner hochentwickelte, komplexe Organismen, und vielfach verbringt jeder einen beträchtlichen Teil seines Lebens ohne den anderen. Bei vielen anderen Mutualismen ist dagegen einer der Partner ein einzelliger Eukaryot oder Prokaryot, der mehr oder weniger dauerhaft in den Körper seines mehrzelligen Partners integriert ist. Die Vielfalt solcher engen Symbiosen (bei denen es sich nicht immer um Mutualismen handelt) illustriert Abbildung 13.6. Die Floren des Verdauungstraktes verschiedener Tiergruppen sind unter den extrazellulären mikrobiellen Symbionten am besten erforscht.

Viele Herbivore sind zur Verdauung auf Mikroorganismen angewiesen; Teile ihres Verdauungstaktes funktionieren wie eine Gärkammer.

Bei den meisten Tieren ist der Verdauungstrakt ein Mikrokosmos mikrobiellen Lebens, und viele Herbivore sind für die Verdauung von Cellulose und vielleicht auch für die Vitaminsynthese zwingend auf diese Mikroflora angewiesen. Der Verdauungstrakt empfängt mehr oder weniger stetig Substrat für Mikroben in Form von Nahrung, die gefressen, gekaut und teilweise homogenisiert wurde. Er stellt eine Art Kulturkammer dar, in der der Nahrungsbrei durchmischt und sein pH-Wert reguliert wird und in der anaerobe Bedingungen gewährleistet sind; bei Warmblütern wird außerdem die Temperatur in engen Grenzen gehalten. Der Inhalt dieser Kulturkammer verdirbt nicht, weil Abfallprodukte kontinuierlich ausgeschieden werden. Das ganze System gleicht stark den Gärbottichen, die bei der Bierherstellung verwendet werden; der Brauer reguliert genau die gleichen Umweltbedingungen.

Bei Kleinsäugern (beispielsweise Nagetieren, Kaninchen und Hasen) sowie bei herbivoren Großsäugern, die nicht zu den Wiederkäuern gehören (etwa Pferden), ist der Blinddarm die wichtigste Gärkammer.

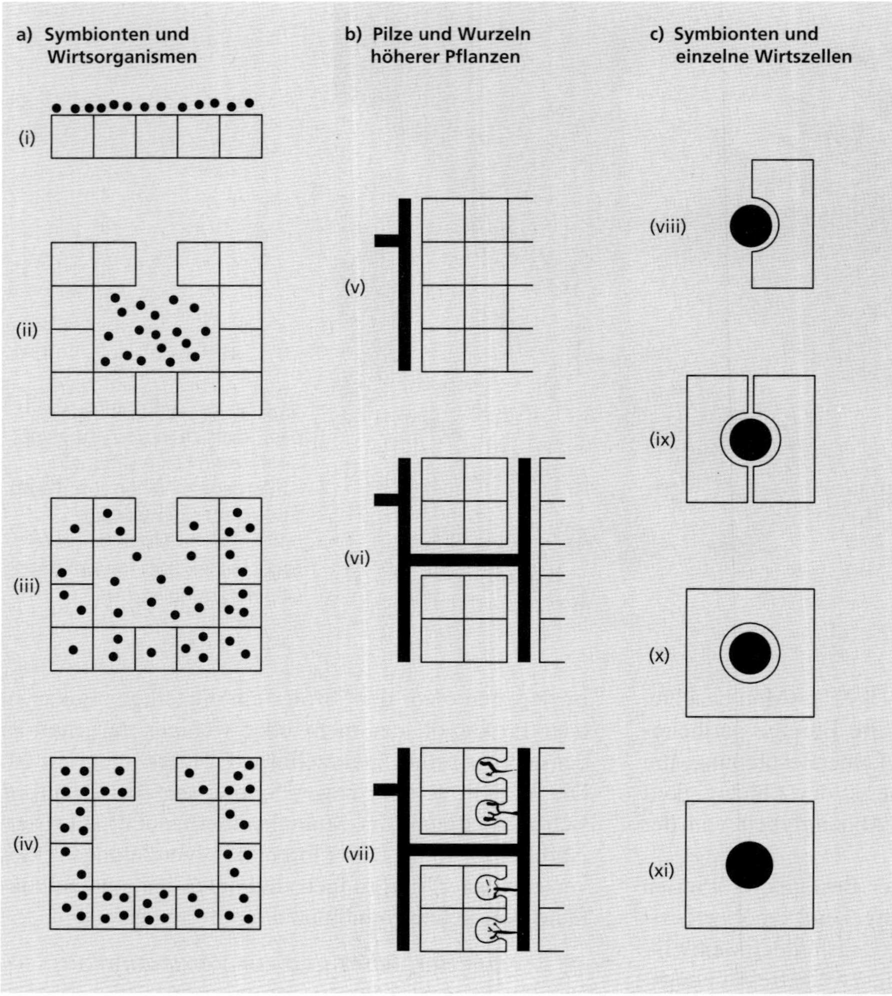

13.6 Typen morphologischer Integration in Symbiosen. a) Symbionten (schwarze Punkte) und Wirtsorganismen (Quadrate): (i) Symbionten ausschließlich an der Oberfläche (zum Beispiel epiphytische oder epizoische Mikroben); (ii) Symbionten innerhalb des Organismus (zum Beispiel Mikroorganismen des Verdauungstraktes, etwa des Pansens); (iii) Symbionten innerhalb des Organismus, teilweise extrazellulär, teilweise intrazellulär, wie bei Cyanobakterien in tropischen Schwämmen; (iv) Symbionten ausschließlich intrazellulär. b) Pilzhyphen und Wurzeln höherer Pflanzen: (v) Pilze der Rhizosphäre, die nicht in Wurzeln eindringen; (vi) ektotrophe Mykorrhizapilze von Waldbäumen, die zwischen, aber nicht in Wurzelzellen eindringen; (vii) Pilze, die mit Haustorien in Wurzelzellen eindringen, wie bei vesikulär-arbuskulärer Mykorrhiza; die Haustorien werden durch eine Wirtsmembran umschlossen. c) Symbionten und einzelne Wirtszellen: (viii) Symbionten in engem physischem Kontakt mit der Oberfläche der Wirtszellen, aber auch mit der äußeren Umwelt (zum Beispiel Flechten, *Prochloron* auf Ascidien); (ix) Symbionten, die von Wirtszellen umschlossen werden, aber extrazellulär sind; (x) intrazelluläre Symbionten, die in der Wirtszelle in einer Vakuole eingeschlossen sind (die meisten intrazellulären Symbionten); (xi) frei im Cytoplasma schwimmende Symbionten. (Nach Smith 1979)

Bei Elefanten, die wie Kaninchen gelegentlich ihren eigenen Kot fressen, läuft die Gärung ausschließlich im Blinddarm ab, bei Wiederkäuern dagegen erfolgt sie in einer speziellen Kammer des Magens (siehe Abschnitt 3.7.2).

13.5.1 Der Pansen

Der Magen der **Wiederkäuer** (zu denen unter anderem Hirsche, Rinder und Antilopen gehören) besteht aus vier Kammern. Die nach dem ersten Kauen geschluckten Nahrungspartikel, deren Volumen zwischen 1 μl und 1 ml liegt und die bis zu 10 cm lang sind, gelangen zunächst in **Pansen** (**Rumen**) und **Netzmagen** (**Reticulum**), die eine funktionell einheitliche Gärkammer darstellen. Von dort können nur Partikel, die nicht größer sind als etwa 5 μl, in die nächste Kammer, den **Blättermagen** (**Omasus**), übertreten. Die größeren Teile werden wieder hochgewürgt und nochmals gekaut. Der Pansen enthält dichte Populationen von Bakterien (10^{10}–10^{11}/ml) und Protozoen (10^5–10^6/ml). Sein pH-Wert wird durch die Speicheldrüsen reguliert, die 100–140 mmol Hydrogencarbonat und 10–50 mmol Phosphat pro Liter sezernieren. Der Wirt sorgt also für eine kontinuierliche Zufuhr von Substrat und schafft kontrollierte Bedingungen für die mikrobielle Gärung, deren Produkte seine Hauptnahrung bilden (Abbildung 13.7).

Fauna und Flora des Pansens bestehen aus vielen spezialisierten Mikroorganismen – fast alle obligatorische Anaerobier –, die unter anderem Cellulose verdauen.

Die Bakteriengemeinschaften des Pansens bestehen fast ausschließlich aus **obligatorischen Anaerobiern** – viele von ihnen sterben bei Kontakt mit Sauerstoff sofort ab. Alle benötigen Kohlenhydrate, die meisten außerdem Essigsäure, Isobuttersäure, Isovaleriansäure, 2-Methylbuttersäure und Ammoniak. Viele dieser Verbindungen werden durch andere Bakterienarten des Pansens bereitgestellt. Die Pansenflora ist keine Mischung mikrobieller Generalisten; vielmehr sind viele dieser Mikroorganismen durch einen spezialisierten Stoffwechsel auf den Pansen als Lebensraum beschränkt.

Cellulose und andere Faserstoffe bilden die Hauptbestandteile der Wiederkäuernahrung. Den Wiederkäuern fehlen jedoch die zu deren Verdauung erforderlichen Enzyme, und so sind sie unbedingt auf die cellulolytische Aktivität ihrer Pansenflora angewiesen. *Bacteroides succinogenes* verdaut Cellulose, *Ruminococcus* (Abbildung 13.9) Cellulose, Cellobiose und Xylose, während andere, etwa *Clostridium locheadii*, nicht nur Cellulose, sondern auch Stärke verwerten können. Daneben enthält die Pansenflora auch Spezialisten wie *Methanobacterium ruminantium*, das nur Wasserstoff oder Formiat als Energiequelle nutzen kann, und *Bacteroides amylophilus*, das nur Stärke und deren Derivate als Substrat verwenden kann.

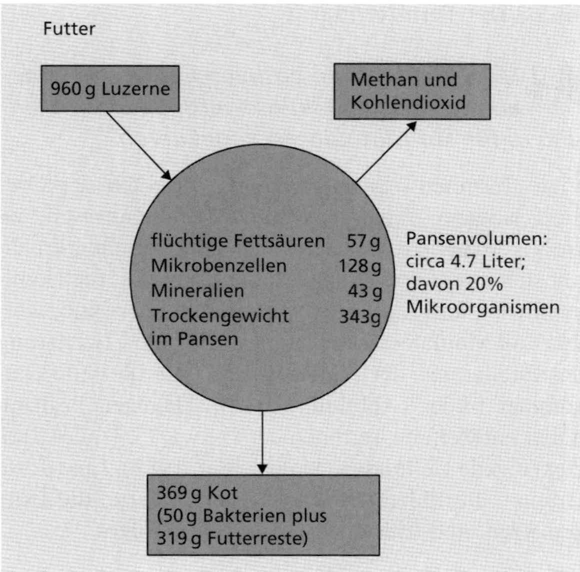

13.7 Mikrobielle Verdauung im Pansen des Schafes. Die Daten wurden bei kontinuierlicher Fütterung mit Luzernepellets gewonnen (nach Hungate et al. 1971). Die empirische Formel für Verbindungen, die täglich vom Pansen verbraucht und produziert werden, lautet:

$$C_{20.03}H_{36.99}O_{17.40}N_{1.34} + 5.6\,H_2O \rightarrow C_{12}H_{24}O_{10.1} + 0.83\,CH_4 + 2.76\,CO_2 + 0.50\,NH_3 + C_{4.44}H_{8.88}O_{2.35}N_{0.78}$$

$C_{20.03}H_{36.99}O_{17.40}N_{1.34}$	$5.6\,H_2O$	$C_{12}H_{24}O_{10.1}$	$0.83\,CH_4$	$2.76\,CO_2$	$0.50\,NH_3$	$C_{4.44}H_{8.88}O_{2.35}N_{0.78}$
Unterschied zwischen Futter und Kot	Wasser	flüchtige Fettsäuren	Methan	Kohlendioxid	Ammoniak	Mikroben

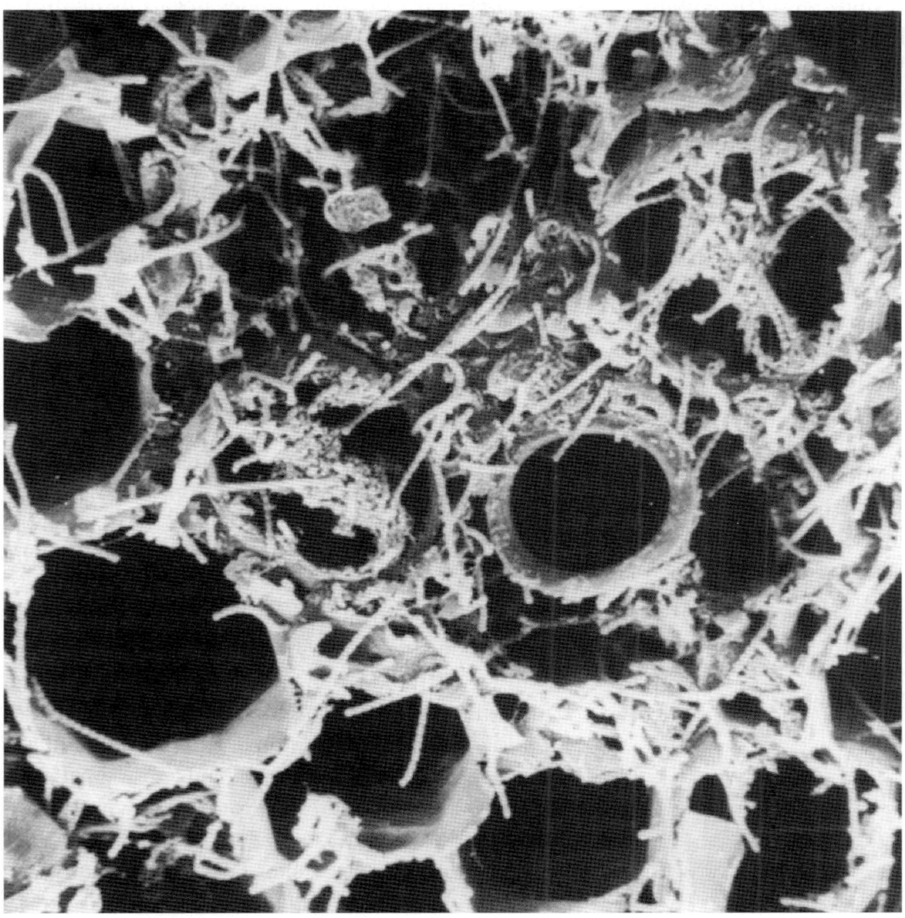

13.8 Anheftung von *Ruminococcus flavefaciens* an die Zellwände des Englischen Raygrases (*Lolium perenne*). Rasterelektronenmikroskopische Aufnahme mit 1 000facher Vergrößerung. (Mit freundlicher Genehmigung von B. E. Booker)

Der Pansen beherbergt eine diverse und komplexe ökologische Gemeinschaft.

Auch die Protozoengemeinschaft im Darm ist eine komplexe Mischung aus Spezialisten. Die meisten sind Ciliaten, und zwar Holotricha und Entodiniomorpha (eine Gruppe, die man vor allem aus dem Pansen kennt). Die freilebenden Protozoen des Pansens leben in einer Umwelt mit konstanten Bedingungen, in der sie wahrscheinlich intensiver Konkurrenz durch unzählige andere Mikroben ausgesetzt sind. Hinsichtlich ihrer morphologischen Diversität und Komplexität ist die Lebensgemeinschaft des Pansens mit der tropischer Regenwälder verglichen worden, wo relativ konstante Umweltbedingungen ebenfalls für eine hohe Produktivität und große Artenvielfalt sorgen (Hungate 1975).

Nur wenige Protozoen können Cellulose verdauen. Die cellulolytischen Ciliaten besitzen eigene Cellulasen, während manche anderen Protozoen Cellulose mit Hilfe symbiontischer Bakterien verwerten. Viele der Pansenprotozoen phagocytieren Bakterien, und wenn die Protozoen entfernt werden, steigt die Zahl der Bakterien. Andererseits sind einige der Entodiniomorpha carnivor und leben von anderen Protozoen. Im Mikrokosmos des Pansens gibt es also Konkurrenz, Prädation und Mutualismus und auch die Nahrungsketten, durch die terrestrische und aquatische Lebensgemeinschaften charakterisiert sind. Zusätzlich wird die Komplexität dadurch erhöht, daß die Artenzusammensetzung von Wirtsart zu Wirtsart verschieden ist und sich bei plötzlich veränderter Kost drastisch ändern kann.

Die Mikrobenpopulation des Pansens vermehrt sich kontinuierlich und wird immer dann dezimiert, wenn der Panseninhalt über Blätter- und Labmagen in den Dünndarm wandert. Den weiteren Verdauungsprozeß übernehmen körpereigene Enzyme des Wiederkäuers; dabei wird auch ein Teil der Mikroben verdaut. Die Hauptverdauungsprodukte des Pansens sind flüchtige Fettsäuren (Essig-, Propion- und Buttersäure), Ammoniak, Kohlendioxid und Methan. Die Fettsäuren werden vom Wiederkäuer resorbiert und sind seine bedeutendste Kohlenstoffquelle. Besonders wichtig ist Propionsäure, da sie die einzige der flüchtigen Fettsäuren ist, die von Wiederkäuern in Kohlenhydrate umgewandelt werden kann; vor allem während der Laktationsperiode ist sie für den Wiederkäuerstoffwechsel essentiell.

Der mutualistische Charakter der Assoziation von Wiederkäuern und Pansenmikroflora ist offensichtlich: Der Vorteil für die Mikroorganismen liegt in einer kontinuierlichen Nahrungszufuhr und einer relativ stabilen Umwelt, die Wiederkäuer gewinnen verdaubare Ressourcen aus einer Nahrung, die ihre eigenen Enzyme nicht aufschließen können.

13.5.2 Der Termitendarm

Manche Termiten besitzen Cellulasen und können selbst Cellulose verdauen, andere sind dafür auf Mutualisten angewiesen.

Viele Termiten – staatenbildende Insekten der Ordnung Isoptera – sind auf Mutualisten angewiesen, um Holz verdauen zu können. Primitive Termiten ernähren sich direkt von Holz, und die Cellulose, die Hemicellulosen und Lignine, die darin enthalten sind, werden von Mutualisten verdaut, für die eine Erweiterung des Enddarmes, der Enddarmsack, eine spezielle Gärkammer bildet (Abbildung 13.9). Dagegen besitzen höher entwickelte Termitenarten (etwa 75 % aller Spezies) eigene Cellulasen (Hogan et al. 1988). Eine dritte Gruppe, die Macrotermitinae, züchtet Pilze, die Holz zersetzen, und frißt diese anstelle des Holzes.

Der Celluloseabbau im Enddarmsack von Termiten erfolgt vor allem durch Protozoen.

Termiten fressen auch ihren eigenen Kot, so daß Teile der Nahrung ihren Darm mindestens zweimal passieren. Mikroorganismen, die während der ersten Passage produziert wurden, können beim zweiten Durchgang verdaut werden. Die Hauptgruppe der Mikroorganismen im Termitendarm sind Protozoen, und zwar Flagellaten, etwa *Trichomonas termopsidis*. Viele der hier vertretenen Gattungen findet man außerdem nur noch bei einer nahe verwandten Gattung holzfressender Schaben (*Cryptocercus*). Auch Bakterien leben im Termitendarm, können aber kein Holz verdauen. Die Protozoen phagocytieren Holzteilchen und vergären die Cellulose, wobei Kohlendioxid und Wasserstoff frei werden. Die Hauptprodukte der Gärung sind flüchtige Fettsäuren, anders als im Pansen ist aber hier Essigsäure am wichtigsten, die im Enddarm resorbiert wird.

Die Bakterienpopulation des Termitendarmes ist weniger bemerkenswert als die des Pansens; sie scheint aber an zwei verschiedenen Mutualismen beteiligt zu sein.

1) Spirochaeten sind wichtige Mitglieder der Bakterienflora und bilden oft gemeinsam mit Stäbchenbakterien Ansammlungen auf der Oberfläche von Flagellaten. Im Darm der Termite *Mastoterma paradoxa* wurden die Spirochaeten bei synchroner Bewegung beobachtet, wobei sie die Flagellaten tatsächlich vorwärtstrieben. Diese Spirochaeten sind so auffällig, daß man die Flagellaten früher für Ciliaten hielt (Abbildung 13.10). Die Assoziation von Spirochaeten und Flagellat ist mutualistisch: Die Spirochaeten erhalten von dem Protozoen Nährstoffe, und der Protozoe gewinnt durch die Spirochaeten Mobilität. Es handelt sich hier also um ein mutualistisches Paar, das mutualistisch in einer dritten Spezies lebt.

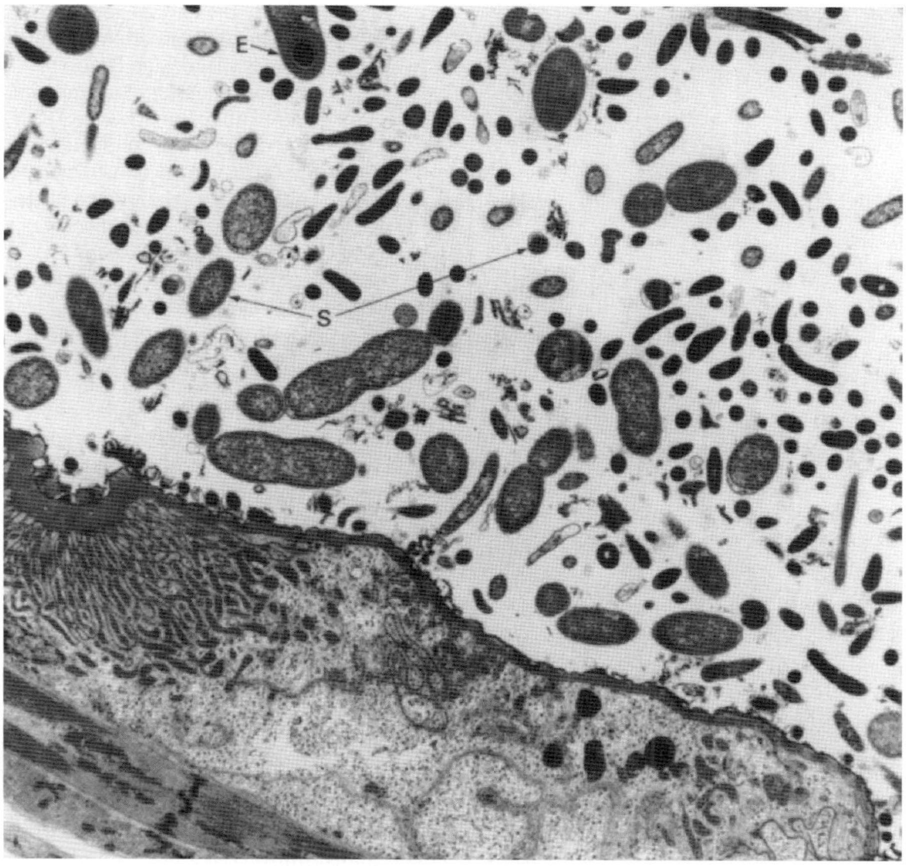

13.9 Elektronenmikroskopische Aufnahme eines Dünnschnittes des Enddarmsackes der Termite *Reticulitermes flavipes* (Gelbfußtermite). Die Darmflora besteht zu einem großen Teil aus Bakterienaggregationen. Erkennbar sind Endosporen bildende Bakterien (E), Spirochaeten (S) und Protozoen. (Aus Breznak 1975)

2) Manche Bakterien im Termitendarm (zum Beispiel *Citrobacter freundii* und *Enterobacter*) können gasförmigen Stickstoff fixieren – anscheinend das einzige gut belegte Beispiel für stickstoffixierende Symbionten bei Insekten (Douglas 1992). Bei Verfütterung bakterientötender Antibiotika hört dieser Prozeß auf. Steigert man den Stickstoffgehalt der Nahrung, so geht die Rate der Stickstoffixierung stark zurück.

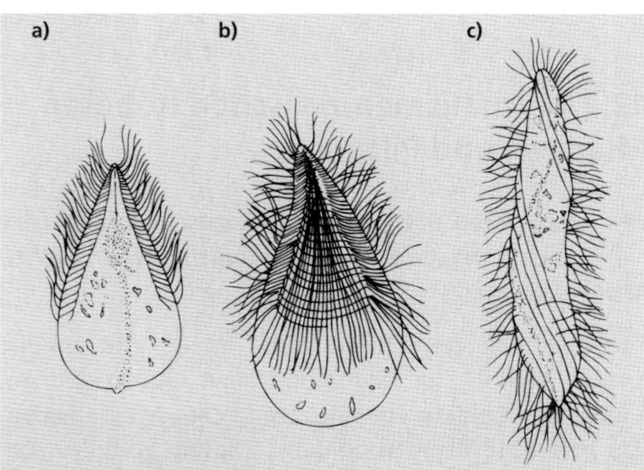

13.10 Symbiontische Protozoen aus dem Verdauungstrakt von Termiten. Als diese Zeichnungen angefertigt wurden, hielt man die dargestellten Organismen noch für Ciliaten. Die „Cilien" sind inzwischen als Spirochaeten erkannt, die mit einem Protozoen in einer mutualistischen Verbindung leben. (Nach Cupp und Kirby)

13.6 Symbiose und Mutualismus innerhalb von tierischem Gewebe oder Tierzellen

In den Mycetocyten von Insekten leben Bakterien in einer mutualistischen Beziehung.

Es existieren zahlreiche sorgfältige Untersuchungen, welche die Anwesenheit von Symbionten (vor allem Prokaryoten) in Tierzellen (besonders von Insekten) belegen. Die meisten dieser intrazellulären Symbionten sind in vielen oder allen Zellen des Wirtsinsekts anzutreffen und haben keinen feststellbaren Einfluß auf sein Wachstum, seine Lebensfähigkeit oder seine Fruchtbarkeit – sie sind weder Parasiten noch Mutualisten. Es gibt aber auch symbiontische Bakterien und Hefen, die nur in einem einzigen hochspezialisierten Zelltyp von Insekten (**Mycetocyten**) vorkommen. Diese Zellen können in einem bestimmten Gewebe verstreut liegen oder in speziellen Organen (**Mycetomen**) angesiedelt sein. Mycetocyten findet man vor allem bei Schaben, Tierläusen, Käfern, Zikaden und Blattläusen. Es gibt keinen Zweifel daran, daß es sich

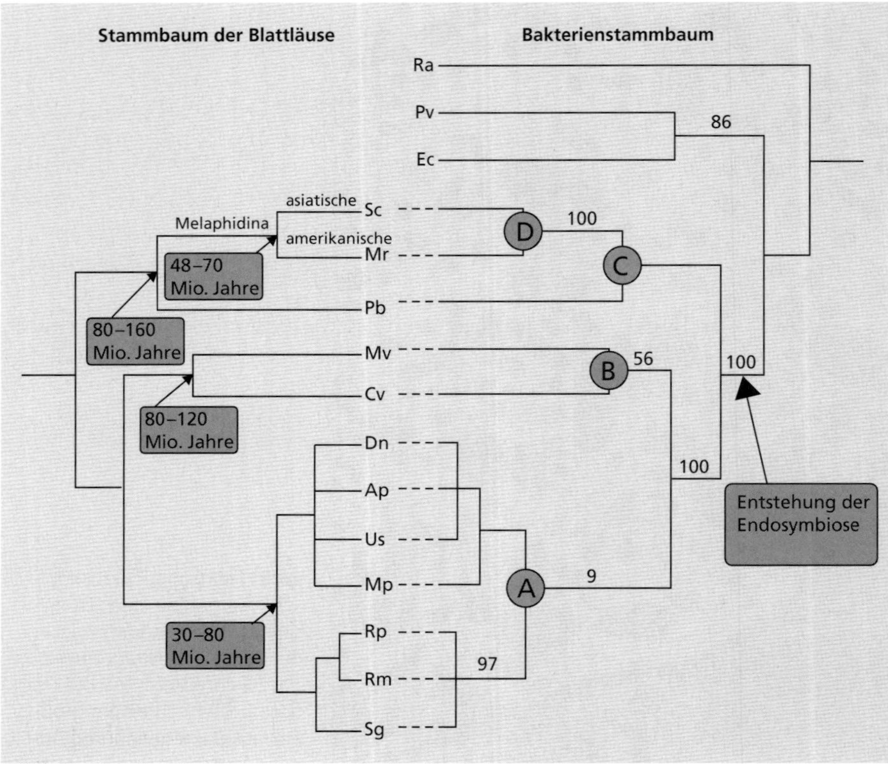

13.11 Die Phylogenese ausgewählter Blattlausarten und ihrer jeweils wichtigsten Endosymbionten. Links der Stammbaum der Blattläuse (nach Heie 1987), rechts derjenige der Bakterien, der zum Vergleich auch drei nicht endosymbiontische Bakterienarten enthält: *Escherichia coli* (Ec), *Proteus vulgaris* (Pv) und *Ruminobacter amylophilus* (Ra), ein Pansensymbiont. Gestrichelte Linien verbinden miteinander assoziierte Blattläuse und Bakterien. Die Länge der Stammbaumzweige ist ungefähr der Zeit proportional (nach Moran et al. 1993). Die Blattlausarten sind: *Acyrthosiphon pisum* (Ap), *Chaitophorus viminalis* (Cv), *Diuraphis noxia* (Dn), *Myzus persicae* (Mp), *Melaphis rhois* (Mr), *Mindarus victoriae* (Mv), *Pemphigus betae* (Pb), *Rhopalosiphum maidis* (Rm), *Rhopalosiphon padi* (Rp), *Schlectendalia chinensis* (Sc), *Schizaphis graminum* (Sg), *Uroleucon sonchi* (Us).

bei der Mycetocytensymbiose um einen Mutualismus handelt.

Bei Blattläusen können die Mycetocytenbakterien 2–5 % der Gesamtbiomasse ausmachen. Wenn sie abgetötet werden (etwa durch Antibiotika), wachsen und entwickeln sich ihre Wirte nur langsam und sterben früh, oft ohne sich fortgepflanzt zu haben. In den meisten Fällen ist es bisher nicht gelungen, die mikrobiellen Symbionten außerhalb ihrer Wirte zu züchten, und ihre Stoffwechselaktivitäten sind noch nicht aufgeklärt. Immerhin weiß man, daß die meisten Insekten, die Mycetocyten besitzen, von nährstoffarmer oder unausgewogener Kost leben, und es gibt sehr aufschlußreiche Spezialisierungen: Beispielsweise findet man Mycetocyten bei Homoptera, die von Pflanzensäften leben (etwa bei Blattläusen), nicht aber bei Homoptera, die intakte Zellen fressen. Der Nutzen der bakteriellen Symbionten für die Blattläuse scheint darin zu bestehen, daß diese ihren Wirt mit essentiellen Aminosäuren versorgen, die im Phloemsaft nicht enthalten sind. Möglicherweise liefern sie ihm außerdem essentielle Lipide (Douglas 1989, 1993).

Die Bakterien der Blattlaussymbiose (*Buchnera aphidicola*) haben keine freilebende Phase, sind also obligatorische Symbionten. Ihre Existenz hängt völlig davon ab, daß sie von weiblichen Blattläusen an deren Nachkommen weitergegeben werden. Dies bedeutet eine häufig komplizierte Übertragung aus der Mycetocyte in das sich entwickelnde Ei. Einen Überblick über die Mycetocytensymbiose bei Insekten gibt Douglas (1989, 1994).

Wenn bei einem Mutualismus ein so enger und obligatorischer Zusammenschluß zwischen symbiontischen Partnern besteht, bedeutet dies, daß er auf eine lange koevolutionäre Wechselbeziehung zurückgeht. Durch Vergleich eines auf morphologischen Merkmalen basierenden Stammbaumes der Blattläuse (Heie 1987) mit einem Bakterienstammbaum, der auf Sequenzen rekombinierter 16S-DNA beruht (Moran et al. 1993), hat man das ungefähre Alter der Symbiose (und auch der Gruppe der Blattläuse) schätzen können (Abbildung 13.11): Es liegt demnach zwischen 160 und 280 Millionen Jahren.

13.7 Mutualismen zwischen höheren Pflanzen und Pilzen

Bei vielen der Symbiosen zwischen höheren Pflanzen und Pilzen handelt es sich um echte Mutualismen.

Zwischen höheren Pflanzen und Pilzen gibt es eine große Vielfalt an symbiontischen Assoziationen. Viele, aber keineswegs alle, sind echte Mutualismen, das heißt, sie bringen beiden Partnern Vorteile. Aus Pflanzengewebe lassen sich meist leicht Pilze isolieren; aus den Blättern von gesundem Winterweizen hat man beispielsweise mindestens 200 Pilzarten isoliert (Riesen und Sieber, zitiert in Clay 1990)! Die Mehrzahl von ihnen hat in dem lebenden Gewebe wahrscheinlich nicht mehr als „Gaststatus“. Viele wachsen in ihren lebenden Wirten sehr langsam und verursachen bei ihnen keine Symptome, beschleunigen aber ihr Wachstum und vermehren sich, wenn das infizierte Gewebe abstirbt (Carroll 1988).

Eine sehr bemerkenswerte Gruppe der Ascomyceten, die zu den Mutterhornpilzen zählenden Clavicipitaceae, wächst in den Geweben vieler Gras- und einiger Seggenarten. Manche Mitglieder dieser Pilzfamilie sind leicht als Parasiten erkennbar (zum Beispiel *Claviceps*, das Mutterkorn, und *Epichloë*, der Erstikkungsschimmel der Gräser), andere sind eindeutig Mutualisten, und viele sind bisher in einem ungewissen „Niemandsland“ angesiedelt. Das Pilzmycel wächst in der Regel in Form wenig verzweigter Fäden, die entlang der Achse von Blättern und Stengeln die Interzellularen durchziehen, aber nicht in Wurzeln zu finden sind. Das Mycel der Gattung *Acremonium* wächst in die Blüten ein, und die Infektion wird durch die Samen übertragen. Manche Arten des Tribus *Balansieae* wachsen nur auf der Oberfläche von Blättern und Blütenständen und sind damit keine Endophyten, sondern Epiphyten; sie lassen die Blütenstände des Wirtes verkümmern. Viele symbiontische Pilze produzieren stark toxische Alkaloide, die für einen gewissen Schutz vor Pflanzenfressern sorgen (einen Überblick gibt Clay 1990) und – was vielleicht noch wichtiger ist – Samenfresser abschrecken (Knoch et al. 1993).

An den Wurzeln der meisten höheren Pflanzen besteht ein Mutualismus mit Pilzen: die Mykorrhiza.

Ein ganz anderer Mutualismus mit Pilzen tritt an den Wurzeln der meisten höheren Pflanzen auf: die sogenannte **Mykorrhiza**. Nur wenige Pflanzenfamilien, etwa die Cruciferae, bilden hiervon eine Ausnahme. Bei den meisten Moosen, Farnen, Bärlappgewächsen, Gymnospermen und Angiospermen sind Teile des Wurzelgewebes mehr oder weniger eng mit Pilzmycelien verflochten, und alle dominierenden Pflanzen der Hauptvegetationstypen der Erde – Waldbäume, Gräser und Heiden – bilden eine auffällige Mykorrhiza. (Die fossilen Zeugnisse der ersten Landpflanzen deuten darauf hin, daß auch diese stark von Mykorrhizapilzen infiziert waren. Diesen Arten fehlten Wurzelhaare, mitunter sogar Wurzeln, und die Eroberung des Festlandes war den Pflanzen möglicherweise nur durch die Pilze möglich, die den notwendigen engen Kontakt zwischen Pflanze und Substrat herstellten.)

Es lassen sich verschiedene Formen von Mykorrhiza unterscheiden.

13.7.1 Ektomykorrhiza

Bei einer Ektomykorrhiza bildet das Pilzmycel dichte Mäntel um die Pflanzenwurzel.

Eine Reihe von Basidiomyceten und Ascomyceten bildet dicht verflochtene Mycelmäntel, eine **ektotrophe** oder **Ektomykorrhiza**, um die Wurzeln von Bäumen. Die Assoziation zwischen Pilz und Wirt ist fakultativ – viele der Pilze lassen sich ohne den Wirt kultivieren, und die Wirte können ihren Lebenszyklus ohne den Pilz vollenden. Die infizierten Wurzeln sind gewöhnlich in der Streuschicht des Bodens konzentriert. Das Pilzmycel breitet sich durch die Streuschicht aus und bildet große Fruchtkörper, die eine enorme Anzahl vom Wind verbreiteter Sporen freisetzen. Vom Mantel ausgehend dringt das Mycel zwischen die Wurzelrindenzellen des Wirtes ein, so daß ein enger Zellkontakt zwischen den Partnern entsteht. Der Pilz induziert

13.12 Die Ektomykorrhiza der Gemeinen Kiefer (*Pinus sylvestris*). Das verdickte, stark verzweigte Gebilde ist ein modifiziertes Würzelchen, das von einem dicken Mantel aus Pilzgewebe umgeben ist. (Mit freundlicher Genehmigung von J. Whiting; Photographie von S. Barber.)

morphogenetische Veränderungen der Wirtswurzeln, die das apikale Wachstum einstellen, kurz bleiben und oft dichotom verzweigt sind (Abbildung 13.12). Wirtswurzeln, die in die an organischer Substanz ärmeren tieferen Bodenschichten vordringen, bleiben uninfiziert; sie behalten ihr normales Spitzenwachstum bei und verlängern sich weiter.

Ektomykorrhizapilze benötigen lösliche Kohlenhydrate.

Pilze, die Mykorrhizamäntel bilden, benötigen als Kohlenstoffquelle lösliche Kohlenhydrate und unterscheiden sich insofern von den meisten ihrer freilebenden Verwandten, die Cellulose zersetzen. Die Mykorrhizapilze decken zumindest einen Teil ihres Kohlenstoffbedarfs über den Wirt. Mineralische Nährstoffe absorbieren sie aus dem Boden, und es steht außer Zweifel, daß sie ihre Wirte aktiv mit Mineralstoffen versorgen (siehe Harley und Smith 1983). Untersuchungen mit radioaktiven Tracern haben gezeigt, daß Phosphor, Stickstoff und Calcium sich durch die Pilzhyphen in die Wirtswurzeln und weiter in den Sproß bewegen können. Überraschenderweise scheinen die Mykorrhizen ohne die aus dem Mantel herauswachsenden Hyphen ebensogut zu funktionieren. Der Mantel selbst muß hinsichtlich der Nährstoffabsorption wie auch der Abgabe von Nährstoffen an den Wirt einige sehr bemerkenswerte Eigenschaften haben.

13.7.2 Endomykorrhiza: Vesikulär-arbuskuläre Mykorrhiza

Die vesikulär-arbuskuläre Mykorrhiza ist eine Form der Endomykorrhiza, bei der die Hyphen in die Wirtszellen eindringen und Vesikel und Arbuskeln bilden; VA-Mykorrhizen steigern den Phosphatgehalt von Pflanzen.

Vesikulär-arbuskuläre Mykorrhizen (VA-Mykorrhizen) wurden bei einem außerordentlich breiten Spektrum an Wirtspflanzen nachgewiesen. Sie bilden keinen Mantel, sondern dringen in die Zellen des Wirtes ein, ohne dessen Morphologie zu verändern. Diese Eigenschaften unterscheiden sie deutlich von den Mantelbildnern. Die beteiligten Pilze wurden in mehrere verschiedene Gattungen (*Glomus*, *Gigaspora*, *Entrophospora*, *Scutellispora*) gestellt, und bisher sind auf der Basis ihrer asexuellen Sporen fast 150 Arten beschrieben (Schenck und Pérez 1990). Diese Sporen sind sehr groß und werden nur in kleiner Zahl gebildet – ein auffälliger Kontrast zu den mantelbildenden Pilzen.

Sexuelle Stadien hat man bisher bei keiner der VA-Mykorrhiza bildenden Pilzarten gefunden, und wie die Bakterien aus den Mycetocyten von Insekten lassen sich diese Pilze bis heute nicht außerhalb ihrer Wirte kultivieren.

Die Infektion der Wirtswurzeln erfolgt durch im Boden vorhandenes Myzel oder durch Keimschläuche, die sich aus den großen Sporen entwickeln (Abbildung 13.13). Anfangs wächst der Pilz zwischen den Wirtszellen, aber dann dringt er in sie ein und bildet Bläschen (Vesikel) oder feinverzweigte intrazelluläre „Bäumchen" (Arbuskeln). Der Hauptvorteil für den Wirt aus der VA-Mykorrhiza scheint darin zu bestehen, daß der Pilz aus größerer Entfernung Phosphat aus dem Boden aufnehmen kann, als dies durch uninfizierte Wurzeln und Wurzelhaare möglich ist. Tracerversuche mit Phosphor-32 zeigen, daß der Pilz Phosphat über Entfernungen von 1–2.7 cm transportieren kann. Bei Phosphatmangel im Boden kann die Infektion mit VA-Mykorrhiza die Wachstumsrate und den Phosphatgehalt des Wirtes steigern (Stribley et al. 1980).

Die Wirtspflanze versorgt den Pilz mit einer gewissen Kohlenstoffmenge (vom Wirt assimiliertes ^{14}C läßt sich innerhalb von 24 Stunden in den Pilzhyphen nachweisen). Wie hohe Kosten dies für die Pflanze bedeutet, ist schwer meßbar. Bei Zwiebeln macht der Pilz nur 1–2 % des Gesamtvolumens der Wurzeln aus. Es gibt jedoch interessante Berichte, wonach VA-Mykorrhiza das Wachstum des Wirtes beeinträchtigt, wenn genügend Phosphat verfügbar ist.

Es ist durchaus möglich, daß es sich bei den VA-Mykorrhiza bildenden Pilzen um spezialisierte Wurzelparasiten handelt, deren Virulenz weitgehend kontrolliert ist. Der unter Mangelbedingungen gelegentlich beobachtete Phosphattransfer zum Wirt ist vielleicht nur eine Konsequenz der Zwischenschaltung des Pilzes zwischen Wirt und Boden, ohne daß eine Koevolution stattgefunden hätte.

13.7.3 Andere Mykorrhizen

Es gibt auch spezialisierte Assoziationen von Pilzen und Pflanzenwurzeln, bei denen weder Mäntel noch Vesikel oder Arbuskeln gebildet werden. Beispielsweise existiert bei den Heiden (Ericaceae) eine charakteristische Mykorrhizaform, und es gibt Hinweise darauf, daß hier Stickstoff vom Pilz auf den Wirt übertragen wird. Auch bei den Orchideen findet man charakteristische Assoziationen mit Pilzen, aber die Art der Wechselbeziehung ist hier noch unklar. Bekannt ist, daß die Pilze bei der Keimung der Orchideensamen eine Rolle spielen, und in der Orchideenzucht setzt man Mykorrhizapilze ein, um das Gedeihen der Keimlinge zu gewährleisten. Orchideensamen sind winzig klein, kaum mehr als Päckchen aus getrockneten Zellen, die fast kein Nährgewebe enthalten. Höchstwahrscheinlich versorgt der Pilz den sich entwickelnden Keimling mit Kohlenstoff und anderen Ressourcen. Was später geschieht, ist noch ein Rätsel, obwohl mehrere Autoren etwas beschreiben, das wie die Verdauung des Pilzes durch den Wirt aussieht.

a) b) c) d)

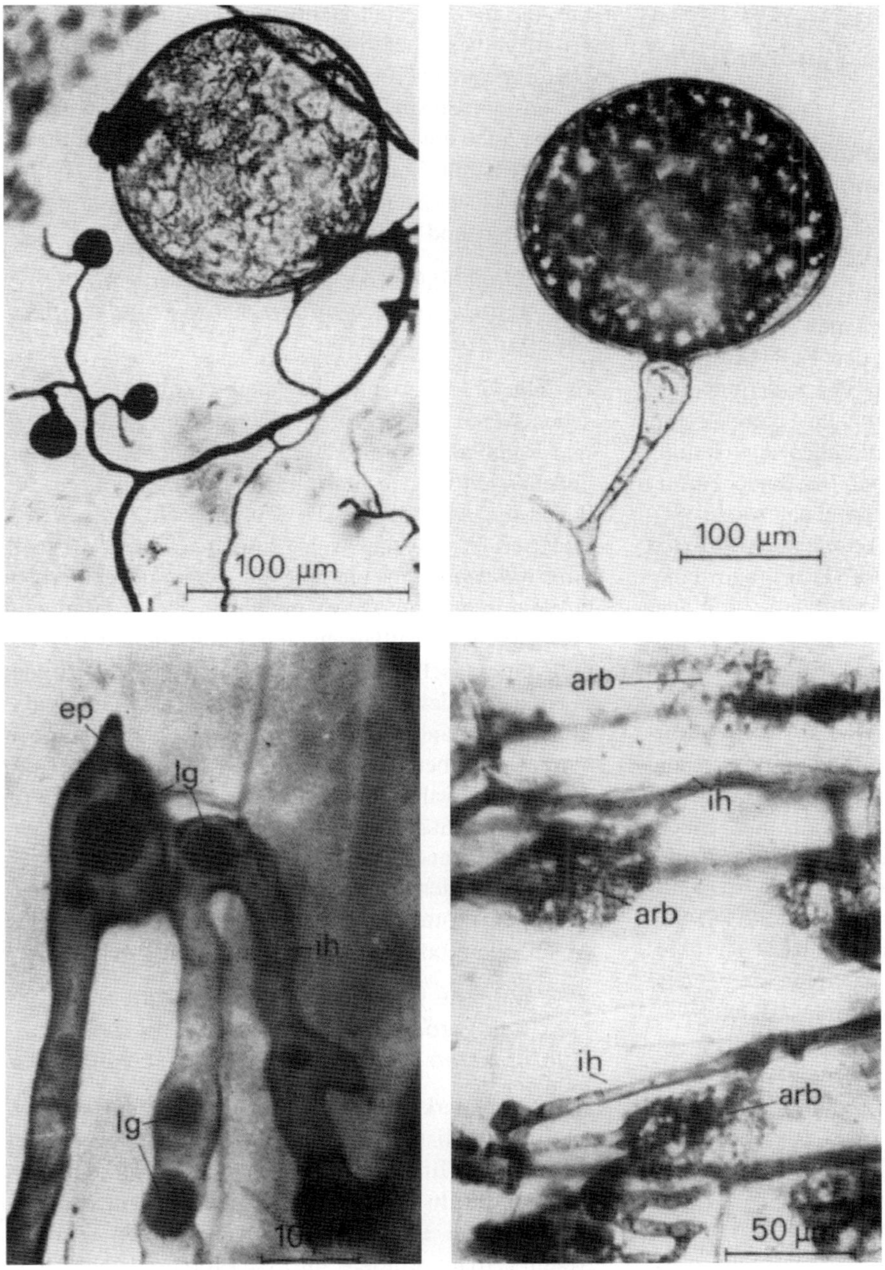

13.13 Vesikulär-arbuskuläre Mykorrhiza. a) Eine Spore des „gelben vakuolisierten Endophyten" *Glomus mosseae*. Die Endophyten konnten bisher noch nicht kultiviert werden, und ihr vollständiger Lebenszyklus ist unbekannt. Die verschiedenen Formen werden aufgrund ihrer unterschiedlichen Sporen als Arten beschrieben. b) Eine Spore des „bulbös-retikulären" Typs *Gigaspora calospora*. c) Der Eindringpunkt des Pilzmycels in das Wirtsgewebe. d) Ein Quetschpräparat einer Zwiebelwurzel, das die intrazellulären Pilzhyphen und die Arbuskeln (arb) zeigt. (Aus Tinker 1975)

Pflanzen ohne Chlorophyll sind wahrscheinlich als Parasiten der Mykorrhizapilze anzusehen.

Manche Orchideen (zum Beispiel *Neottia*, die Nestwurz) und andere Pflanzen (etwa die zu den Ericaceen gehörende Gattung *Monotropa*, Fichtenspargel) besitzen überhaupt kein Chlorophyll. Sie sind stark mit mykorrhizabildenden Pilzen infiziert, die ihnen Nährstoffe aus den Wurzeln anderer, photosynthetisch aktiver Wirtspflanzen zuleiten. Es gibt keinerlei Hinweise darauf, daß solche Beziehungen mutualistisch sind; vielmehr könnte man die Pflanzen als echte Parasiten der Pilze ansehen (Lewis 1974). Der Gametophytengeneration im Lebenszyklus mancher Farne, Bärlappgewächse und Schachtelhalme (*Equisetum*) fehlt ebenfalls das Chlorophyll. Die Prothalli leben unterirdisch und sind stark von Mykorrhizapilzen befallen. Auch hier sind die Pflanzen möglicherweise Parasiten der Pilze.

13.8 Photosynthetisch und chemosynthetisch aktive Symbionten von Wirbellosen

Regulatorische Prozesse müssen die Vermehrung von Endosymbionten und die ihrer Wirte aufeinander abstimmen.

Nicht wenige Tiere, vor allem Coelenteraten, beherbergen in ihren Geweben Algen. Eine besonders detaillierte Untersuchung über einen Mutualismus zwischen Tier und Alge wurde an dem Süßwasserpolypen *Hydra viridis* durchgeführt, der sich leicht im Labor züchten läßt. Die Entodermzellen dieses Tieres enthalten große Mengen von Grünalgen der Gattung *Chlorella* 150 000 pro Hydroidpolyp). Beide Partner lassen sich ohne ihren Symbionten züchten (sie werden dann als **aposymbiontisch** bezeichnet). Injiziert man eine Algensuspension in den Gastralraum einer aposymbiontischen *Hydra*, so wird ein Teil der Algen verdaut. An diesem Vorgang ist ein Erkennungsprozeß beteiligt. Freilebende *Chlorella*-Zellen behandelt der Polyp wie Nahrungspartikel – nur Algen, die aus symbiontischen Hydren isoliert wurden, werden einzeln in Vakuolen eingeschlossen und wandern zu speziellen Stellen an der Basis der Entodermzellen, wo sie sich vermehren. Es muß Steuerungsprozesse geben, die die Vermehrung des **Endosymbionten** und das Wachstum seines Wirtes aufeinander abstimmen (Douglas und Smith 1984). Andernfalls würden die Symbionten entweder überhandnehmen und ihren Wirt töten, oder ihre Dichte würde bei der Vermehrung von *Hydra* „verdünnt" werden. Wahrscheinlich sorgen bei allen Mutualismen entsprechende Regulationsprozesse für ein dauerhaftes Gleichgewicht zwischen den Partnern.

Hydra viridis *kann sich sowohl autotroph als auch heterotroph ernähren.*

Selbst wenn man *Hydra* im Dunkeln hält und täglich mit organischer Nahrung füttert, bleibt in ihren Zellen mindestens sechs Monate lang eine Algenpopulation erhalten, die bei Lichtexposition innerhalb von zwei Tagen ihre normale Dichte wiedererlangt (Muscatine und Pool 1979). Lichtexponierte Hydren beziehen von den Algen photosynthetisch fixierten Kohlenstoff und decken 50–100 % ihres Sauerstoffbedarfs über sie. Sie können aber auch organische Nahrung verwerten. Die Flexibilität der Ernährungsweise von *Hydra viridis* ist bemerkenswert – das Tier kann sich als autotropher wie auch als heterotropher Organismus verhalten.

In Symbiosen im Süßwasser ist die symbiontische Alge meist *Chlorella*, im Meer dagegen ist es in der Regel der Dinoflagellat *Symbiodinium* (aus der Familie Dinophyceae). Die Dinophyceen besitzen eine sehr charakteristische Morphologie und Physiologie, und die meisten sind Nahrungsopportunisten, die zur Photosynthese befähigt sind, aber auch organische Nahrung nutzen. In limnischen wie auch in marinen Lebensräumen sind die symbiontischen Algen mit Protisten, Schwämmen, Mollusken, Plattwürmern sowie vor allem mit Cnidariern (im Süßwasser mit Hydren und im Meer unter anderem mit Seeanemonen, Quallen, Feuer- und Steinkorallen) assoziiert.

Manche Protozoen bilden mit ihren mutualistischen Algen dichte Populationen, sogenannte Blüten.

Es gibt viele Berichte über enge Assoziationen zwischen Algen und Protozoen (vor allem Foraminiferen und Radiolarien) im Plankton tropischer Meere. Zum Teil handelt es sich um intrazelluläre Symbiosen, bei denen die Alge eng in die Morphologie ihres Wirtes integriert ist. Beispielsweise enthält der Ciliat *Mesodinum rubrum* Chloroplasten, die symbiontische Algen zu sein scheinen. Diese mutualistische Vereinigung von Tieren und Pflanzen, die Kohlendioxid fixieren und mineralische Nährstoffe aufnehmen kann, bildet in aufsteigenden Wasserströmungen oft dichte Populationen, die man **Blüten** nennt. Für solche Populationen wurde (mit über 2 g Kohlenstoff pro Kubikmeter pro Stunde) die wahrscheinlich höchste je gemessene Primärproduktivität von Mikroorganismen ermittelt. Häufig sind auch weniger enge Assoziationen, etwa Radiolarien, deren Axopodien einzellige Algen enthalten, oder Protozoen, auf deren Oberfläche einzelne Algenzellen (oder auch Cyanobakterien) wachsen.

Manche Wirbellosen nehmen Algen auf und verdauen sie, speichern aber die Chloroplasten in photosynthetisch aktiver Form.

Eine sehr merkwürdige Beziehung – irgendwo zwischen Mutualismus, Parasitismus und Räuber-Beute-Beziehung – findet man zwischen Algen und einigen Wirbellosen. In ganz verschiedenen Wirbellosengruppen hat sich ein System entwickelt, bei dem die Algen verdaut werden, ihre Chloroplasten jedoch in photosynthetisch aktiver Form in den Geweben des Tieres erhalten bleiben. Hauptsächlich sind es Gastropoden, die auf diese Weise Chloroplasten von Algen aus verschiedenen Taxa (überwiegend Siphonales) „kidnappen" (Abbildung 13.14). Die Chloroplasten können im Tier über zwei Monate lang aktiv bleiben und sind solange vor der Verdauung durch den Wirt geschützt. Der von ihnen fixierte Kohlenstoff und der freigesetzte Sauerstoff werden vom Wirt genutzt.

Viele Tiere aus der Umgebung von Hydrothermalschloten leben in Symbiose mit chemosynthetisch aktiven Bakterien.

In Kapitel 2 haben wir den bemerkenswerten marinen Lebensraum der Hydrothermalschlote beschrieben,

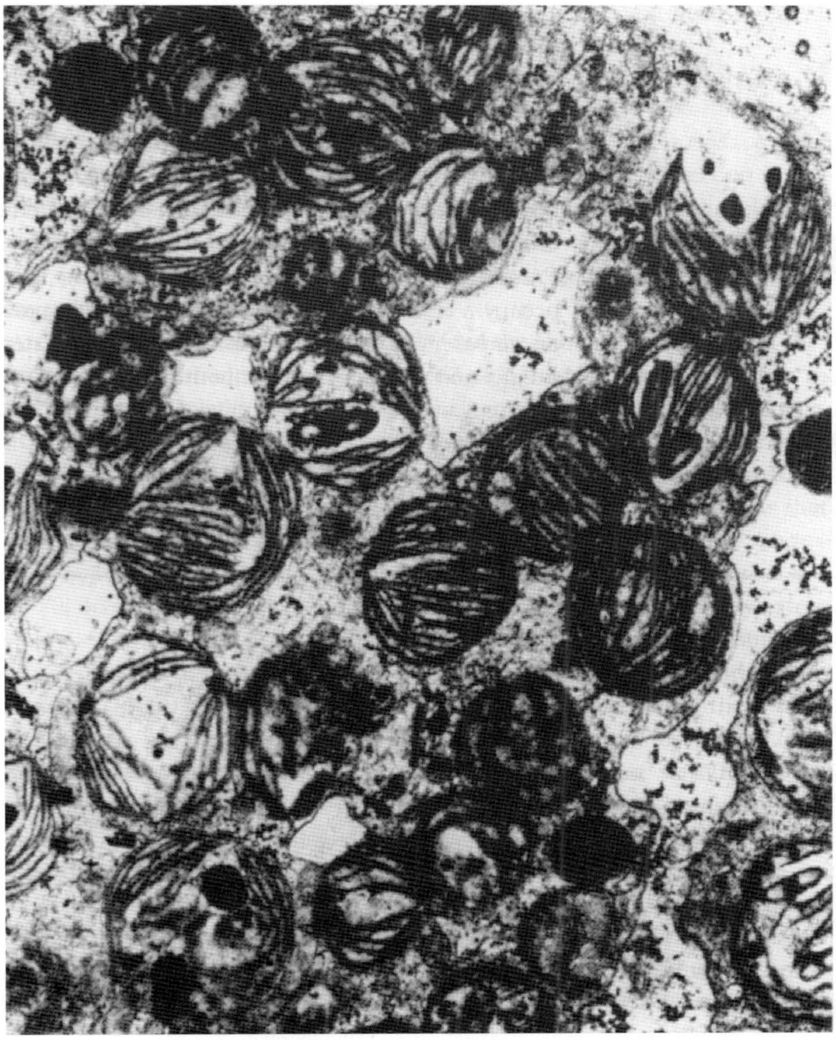

13.14 Elektronenmikroskopische Aufnahme einer Verdauungszelle der Samtschnecke *Elysia atroviridis* mit Chloroplasten der Alge *Codium fragile*. (Aus Trench 1975)

der durch hohe Temperaturen und Sulfidkonzentrationen charakterisiert ist und eine vielfältige Fauna aus Pogonophoren, Polychaeten, Krabben und sehr großen Mollusken beherbergt. Viele dieser Tiere leben in Symbiose mit chemosynthetisch aktiven Bakterien, die sich beispielsweise in den Kiemen der Mollusken und dem Trophosom der wurmartigen Pogonophoren finden. Es ist anzunehmen, daß es sich bei diesen sonderbaren Symbiosen um Mutualismen handelt, bei denen die Wirbellosen von chemosynthetisch gebildeten Kohlenstoffverbindungen profitieren, wobei die Energie für die Chemosynthese aus der Oxidation von Sulfiden stammt. Die wissenschaftliche Aufklärung der Frage, ob hier tatsächlich Mutualismen vorliegen, wirft jedoch enorme technische Probleme auf.

13.9 Mutualismus zwischen Pilzen und Algen: Flechten

Flechten, eine mutualistische Beziehung aus Pilzen und Algen oder Cyanobakterien, scheinen in der Evolution mehrmals entstanden zu sein.

Eine Reihe von Pilzen hat ihre normale Lebensweise gegen eine mutualistische Beziehung mit Algen beziehungsweise Cyanobakterien eingetauscht. Der Thallus dieser **lichenisierten** Pilze – die Flechte – enthält nahe der Oberfläche eine dünne Algenschicht (Abbildung 13.15), die nur 3–10 % seines Gesamtgewichts ausmacht. Von den etwa 70 000 bekannten Pilzarten sind etwa 25 % lichenisiert. Sie gehören ganz verschiedenen taxonomischen Gruppen an, und die mutualistischen Algen und Cyanobakterien entstammen 27 verschiedenen Gattungen. Wahrscheinlich sind Flechten im Laufe der Evolution viele Male unabhängig voneinander entstanden. Die nicht lichenisierten Pilze leben

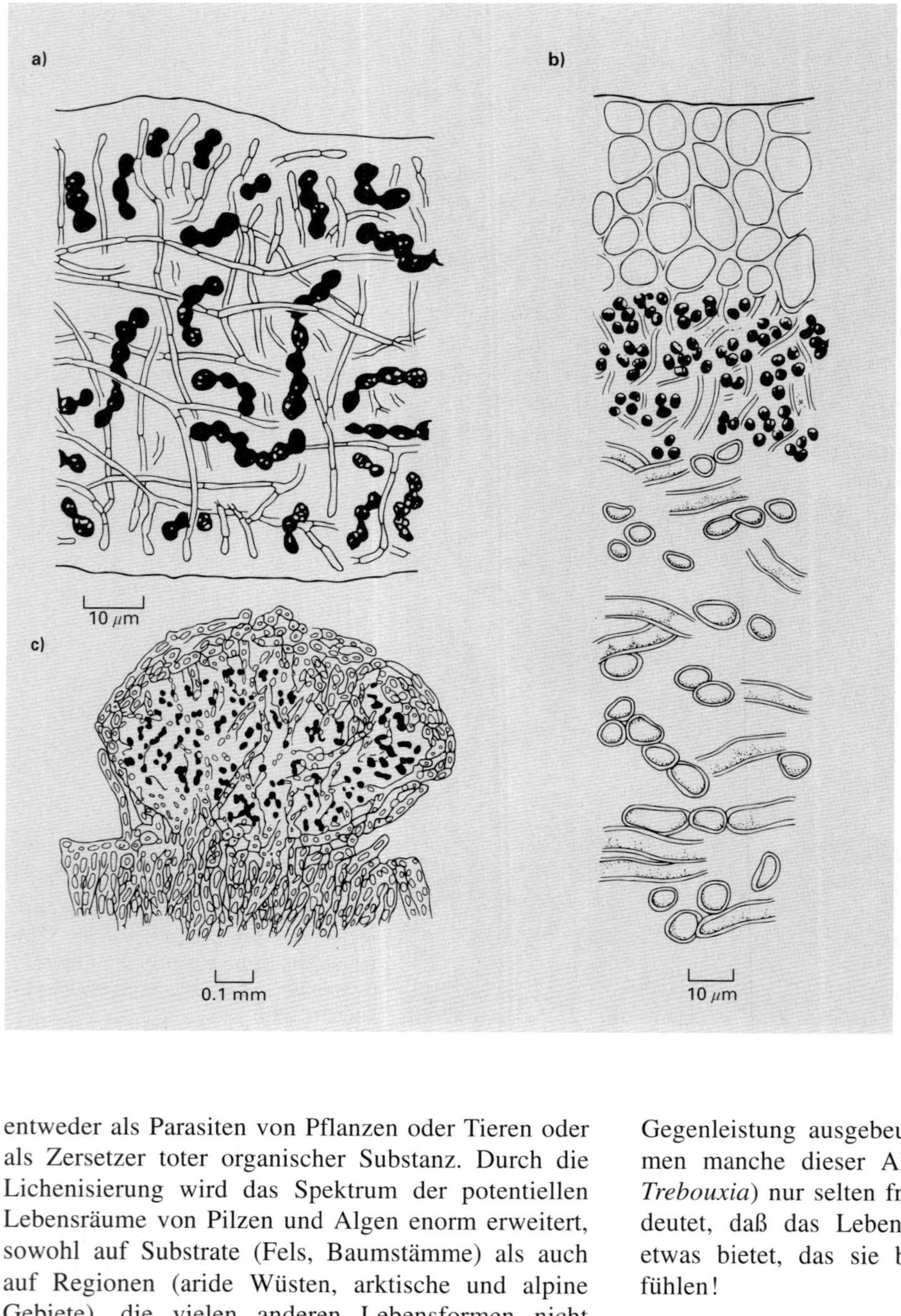

13.15 Der Aufbau einiger Flechten. a) Eine einfache, aus zwei Arten bestehende Flechte, zum Beispiel *Collema*, bei der Algenzellen im gesamten Pilzthallus verteilt sind. b) Ein stärker strukturiertes System, in dem die Algen auf eine zentrale Schicht begrenzt sind. c) Schnitt durch ein Cephalopodium, eine spezialisierte Struktur des Thallus, die Cyanobakterien enthält.

entweder als Parasiten von Pflanzen oder Tieren oder als Zersetzer toter organischer Substanz. Durch die Lichenisierung wird das Spektrum der potentiellen Lebensräume von Pilzen und Algen enorm erweitert, sowohl auf Substrate (Fels, Baumstämme) als auch auf Regionen (aride Wüsten, arktische und alpine Gebiete), die vielen anderen Lebensformen nicht zugänglich sind.

Die Pilze erhalten Photosyntheseprodukte, die Vorteile für die Algen sind schwer nachzuweisen.

Die Pilze erhalten von ihren Symbionten Photosyntheseprodukte (und in einigen Fällen fixierten Stickstoff). Der Vorteil für die Algen, falls es überhaupt einen gibt, ist nicht so eindeutig aufgeklärt. Die Tatsache, daß man häufig Algenzellen isoliert auf der Oberfläche von Flechten findet, deutet darauf hin, daß sie in manchen Lebensräumen nicht auf den Schutz durch den Pilzthallus angewiesen sind. Es kann sein, daß die Algen von den Pilzen „gefangengehalten" und ohne Gegenleistung ausgebeutet werden. Allerdings kommen manche dieser Algenarten (etwa der Gattung *Trebouxia*) nur selten freilebend vor, was darauf hindeutet, daß das Leben in einem Pilzthallus ihnen etwas bietet, das sie benötigen, um sich wohl zu fühlen!

Durch den Mutualismus von Pilz und Alge entstehen neue „Arten".

Das auffallendste Merkmal im Leben der lichenisierten Pilze ist, daß sie in Verbindung mit der Alge eine völlig andere Wuchsform haben als ohne sie. Kultiviert man die Pilze ohne Algen, so bilden sie kompakte, langsam wachsende Kolonien, ganz ähnlich wie verwandte freilebende Arten. In Gegenwart der symbiontischen Algen dagegen nehmen sie verschiedene Formen an, die für die jeweilige Kombination aus Pilz und Alge charakteristisch sind. Tatsächlich rufen die Algen morphologische Reaktionen der Pilze hervor, die so genau festgelegt sind, daß man Flechten als unterschiedliche Arten klassifiziert. Verschiedene Algenspezies stimulieren beim gleichen Pilz die Entwicklung ganz unterschiedlicher Wuchsformen.

Flechten wachsen langsam und sind empfindliche Indikatoren für Umweltverschmutzung.

Alle Flechten wachsen langsam; der Durchmesser von Flechten, die Gestein besiedeln, nimmt selten um mehr als 1–5 mm pro Jahr zu. Sie akkumulieren sehr stark mineralische Kationen, die sie vermutlich aus Regenwasser sowie Tropfwasser von Bäumen extrahieren. Die Fähigkeit zur Akkumulation von Mineralstoffen macht sie besonders empfindlich gegen erhöhte Schwermetall- und Fluoridkonzentrationen in der Umwelt, deshalb gehören sie zu den empfindlichsten **Bioindikatoren** für Umweltverschmutzung. In humiden Regionen kann man die „Umweltqualität" recht genau danach beurteilen, ob auf Grabsteinen und Baumstämmen Flechten wachsen.

Etwa 90 % der lichenisierten Pilze sind mit Grünalgen assoziiert, die keinen Luftstickstoff fixieren können. Die übrigen enthalten stickstoffixierende Cyanobakterien der Gattungen *Nostoc*, *Scytonema*, *Stigonema*, *Dichothrix* und *Calothrix*. Erstaunlicherweise sind diese Flechten nicht besonders charakteristisch für Habitate mit Stickstoffmangel, obwohl die Cyanobakterien sicherlich Stickstoff fixieren und in substantiellen Mengen an den Pilz abgeben.

13.10 Stickstoffixierung durch Mutualisten

Stickstoffixierung ist von großer Bedeutung, da Stickstoff oft ein limitierender Faktor für das Pflanzenwachstum ist.

Warum die meisten Tiere und Pflanzen nicht in der Lage sind, atmosphärischen Stickstoff (N_2) zu fixieren, ist eines der großen Rätsel der Evolution. Die Fähigkeit zur **Stickstoffixierung** ist unter Bakterien und Archaebakterien weit verbreitet und findet sich dort in ganz verschiedenen Gruppen. Viele dieser Mikroorganismen gehen enge mutualistische Beziehungen mit Eukaryoten aus unterschiedlichen systematischen Gruppen ein. Vermutlich sind solche Symbiosen im Laufe der Evolution mehrere Male unabhängig voneinander entstanden. Ihre ökologische Bedeutung ist enorm, weil Stickstoff in vielen Habitaten ein limitierender Faktor ist. Gibson und Jordan (1983), Sprent (1987) sowie Sprent und Sprent (1990) geben Überblicke über die Ökologie stickstofffixierender Systeme.

Am gründlichsten untersucht ist die Symbiose zwischen Knöllchenbakterien (Gattung *Rhizobium*) und Leguminosen, da Leguminosen für den Menschen enorme wirtschaftliche Bedeutung haben.

13.10.1 Der Mutualismus zwischen Knöllchenbakterien und Leguminosen

Die mutualistische Beziehung von Knöllchenbakterien (Rhizobien) und Leguminosen entsteht über eine Reihe von Schritten.

Die Beziehung zwischen Rhizobien und Leguminosen entsteht in einer Reihe reziproker Schritte. Die Bakterien kommen in einer freilebenden Form im Boden vor und werden durch Wurzelausscheidungen und Zellen, die sich beim Wachstum der Wurzeln von diesen abgelöst haben, zur Vermehrung angeregt. Die Ausscheidungen der Wurzel sind außerdem für die Aktivierung einer kompliziert aufgebauten Gengruppe der Rhizobien verantwortlich; diese sogenannten *nod*-Gene kontrollieren die Prozesse, die in den Wirtswurzeln die Knöllchenbildung induzieren. Im typischen Fall entwickelt sich auf einem Wurzelhaar eine Bakterienkolonie, woraufhin die Zelle beginnt, sich einzurollen, und die Bakterien in sie eindringen. Der Wirt reagiert durch Abscheidung eines Infektionsschlauches, der die sich vermehrenden Bakterien umschließt. Der Infektionsschlauch kann dann in der Wurzelrinde von Zelle zu Zelle vordringen, und schon bevor er sie erreicht, beginnen die Rindenzellen, sich zu teilen und ein Knöllchen zu bilden. In den Wurzelknöllchen verändern die Bakterien ihre Form und werden zu Bakterioiden, die sich nicht teilen.

Im Wirt entwickelt sich ein spezielles Gefäßsystem, welches das Knöllchengewebe mit Photosyntheseprodukten versorgt und Produkte der Stickstoffixierung (hauptsächlich Asparagin) in andere Teile der Pflanze transportiert (Abbildung 13.16). Bis zu 40 % des Proteingehalts der Knöllchen stellt das Enzym Nitrogenase, das nur bei sehr niedriger Sauerstoffspannung aktiv ist (es wird bei Sauerstoffkonzentrationen von 1–10 μmol pro Liter inaktiviert). Eine Schicht aus dicht gepackten Zellen im Knöllchen dient als Barriere gegen das Eindiffundieren von Sauerstoff. In aktiven Knöllchen wird Leghämoglobin gebildet, das ihnen eine rosa Farbe verleiht. Diese Verbindung hat eine hohe Affinität zu Sauerstoff und erlaubt den symbiontischen Bakterien, unter den praktisch anaeroben Bedingungen in den Wurzelknöllchen aerob zu atmen.

In allen Symbiosen mit Stickstoffixierern besitzt zumindest einer der Partner strukturelle (und meist auch biochemische) Eigenschaften, die das obligat anaerobe Enzym Nitrogenase vor Sauerstoff schützen, aber in seiner Umgebung eine normale aerobe Atmung erlauben.

Kosten und Nutzen dieses Mutualismus sind schwierig zu ermitteln.

Kosten und Nutzen dieses Mutualismus sind nicht völlig aufgeklärt. Dazu müssen die Energiekosten der ver-

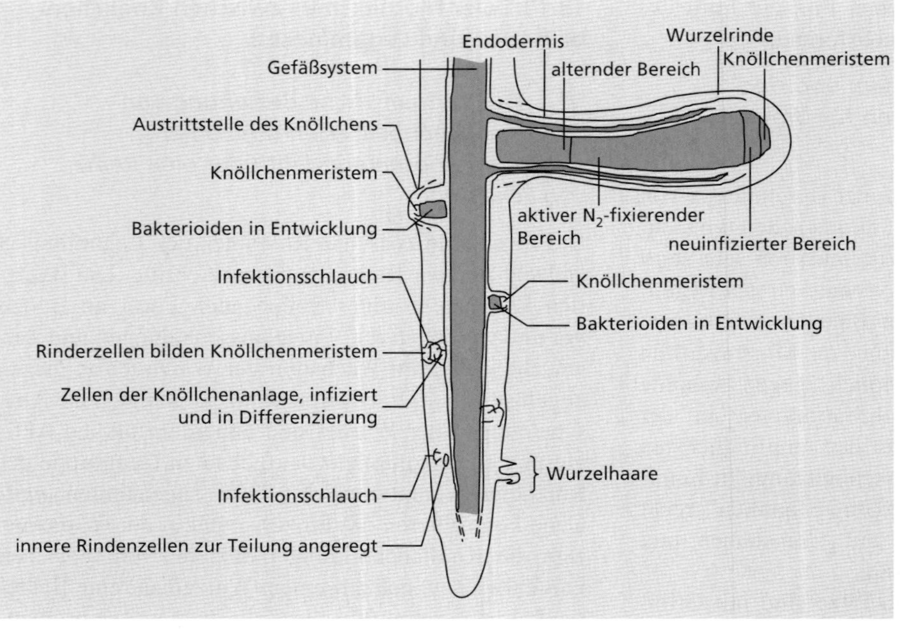

13.16 Die Entwicklung der Wurzelknöllchen an einer Leguminosenwurzel bei Infektion mit *Rhizobium*. (Nach Sprent 1979)

schiedenen Prozesse, durch die Pflanzen sich mit fixiertem Stickstoff versorgen können, miteinander verglichen werden. Die meisten Pflanzen beziehen Stickstoff in Form von Nitrat- oder Ammoniumionen direkt aus dem Boden. Der metabolisch günstigste Weg ist die Nutzung von Ammoniumionen, die vor ihrem Einbau in Proteine und andere Verbindungen nicht reduziert werden müssen. In den meisten Böden werden Ammoniumionen jedoch schnell durch mikrobielle Aktivität (Nitrifikation) in Nitrat umgewandelt; leicht verfügbar sind sie hauptsächlich in anaeroben und sauren Böden.

Die Kosten des mutualistischen Prozesses (einschließlich der Erhaltungskosten der Bakterioiden) betragen etwa 13.5 Mol Adenosintriphosphat (ATP) pro Mol gebildeten Ammoniaks. Das ist ein etwas höherer Energieaufwand als die zwölf Mol ATP, die für die Reduktion von Nitrat zu Ammoniak benötigt werden. Zu den Kosten der Stickstoffixierung muß man die Kosten der Knöllchenbildung und -erhaltung addieren. Diese können etwa 12 % der Gesamtphotosyntheseleistung der Pflanze betragen. Diese enormen Kosten für die Bildung und Erhaltung der Knöllchen machen die Stickstoffixierung zu einem energetisch ineffizienten Prozeß. Energie kann jedoch für grüne Pflanzen eine sehr günstige Währung sein (sie können „pathologische Überproduzenten von Kohlenhydraten" sein; siehe Kapitel 3). Ein seltenes und wertvolles Gut mit einem hohen Betrag einer günstigen Währung zu kaufen muß kein schlechtes Geschäft sein.

Die Rate der Stickstoffixierung geht schnell zurück, wenn eine knöllchentragende Leguminose mit Nitrat versorgt wird. Den höchsten Gewinn dürften stickstoffixierende Mutualisten einer Pflanze in solchen Lebensräumen einbringen, in denen fixierter Stickstoff ein seltenes Gut ist. Sprent und Sprent (1990) geben einen Überblick über die Stickstoffixierung durch freilebende und symbiontische Organismen, insbesondere über deren Phylogenese sowie über die Biochemie des Prozesses.

Knöllchenbildende Leguminosen entgehen durch ihre Stickstoffquelle der Konkurrenz mit anderen Pflanzen um fixierten Stickstoff.

Der Mutualismus zwischen Rhizobien und Leguminosen darf nicht nur als isolierte Wechselbeziehung zwischen Bakterien und Wirtspflanze gesehen werden. Vielmehr ändert sich der ökologische Status der Leguminosen erheblich, wenn sie mit stickstoffixierenden Symbionten vergesellschaftet sind. Unter natürlichen Bedingungen bilden Leguminosen meist gemischte Bestände mit anderen Pflanzen. Diese sind für sie potentielle Konkurrenten um fixierten Stickstoff (Nitrat- oder Ammoniumionen im Boden). Knöllchentragende Leguminosen umgehen durch den Besitz einer eigenen Stickstoffquelle diese Konkurrenz, und darin liegt der Hauptvorteil ihres Mutualimus mit Stickstoffixierern.

Abbildung 13.17 zeigt die Ergebnisse eines Experiments, in dem Sojabohnen (*Glycine soja*, eine Leguminosenart) in Mischkultur mit Pfannengras (*Paspalum* spec.) angepflanzt wurden. Die Kulturen erhielten entweder mineralischen Stickstoff oder wurden mit *Rhizobium* geimpft. Das Experiment wurde als Ersetzungsserie (siehe Abschnitt 7.7.2) angelegt. Dieser Versuchsplan erlaubt einen Vergleich des Wachstums beider Arten in reinen Beständen und in Mischkultur.

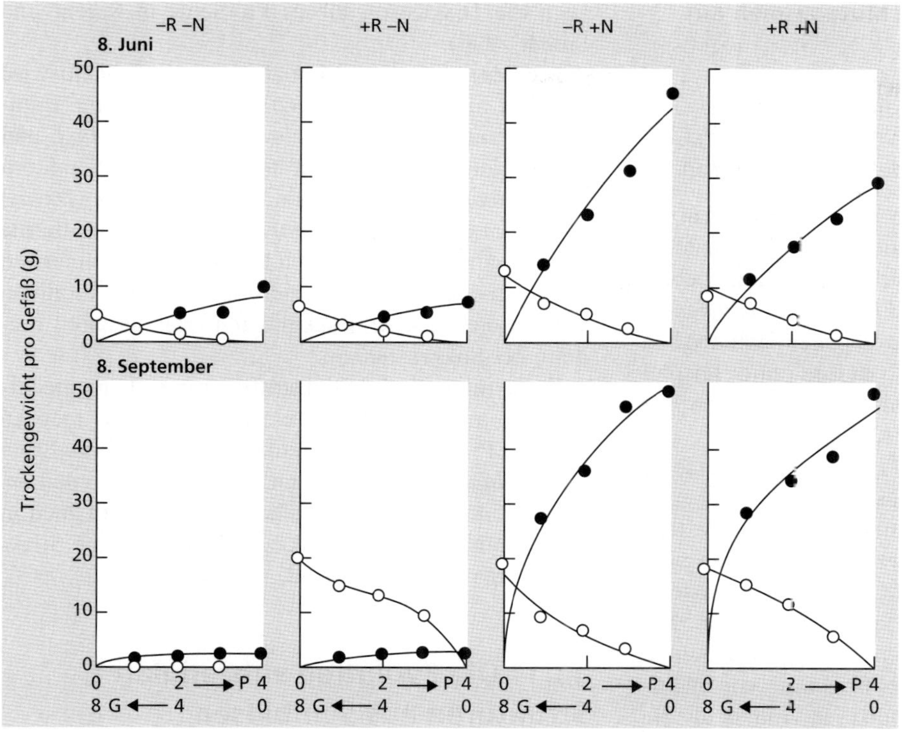

13.17 Das Wachstum von Sojabohnen (*Glycine soja*, G) und einem Pfannengras (*Paspalum*, P), getrennt beziehungsweise in Mischkultur wachsend, mit beziehungsweise ohne Stickstoffdüngung und mit beziehungsweise ohne Impfung mit *Rhizobium*. Die Pflanzen wurden in Töpfen mit null bis vier Graspflanzen und null bis acht Sojapflanzen gezogen. Die waagerechte Skala zeigt jeweils die Anzahl der Pflanzen beider Arten pro Gefäß. +R bedeutet mit *Rhizobium*, –R ohne; +N bedeutet mit Stickstoffdünger, –N ohne. (Nach de Witt et al. 1966)

Bei Stickstoffmangel zahlt sich der Mutualismus am meisten aus.

In reinen Sojabohnenkulturen erhöhte sowohl die Impfung mit *Rhizobium* als auch die Stickstoffdüngung den Ertrag jeweils mindestens auf das Zehnfache. Der Effekt war in beiden Fällen sehr ähnlich – die Leguminosen konnten die eine Stickstoffquelle durch die andere ersetzen. Das Gras reagierte nur auf den Dünger mit verstärktem Wachstum. In gemischten Kulturen, die mit *Rhizobium* geimpft waren, trug die Sojabohne etwa fünfmal soviel zum Gesamtertrag bei wie das Gras, bei Stickstoffdüngung dagegen war der Beitrag beider Pflanzenarten etwa gleich hoch. Offensichtlich zahlt sich der Mutualismus bei Stickstoffmangel am stärksten aus – die mangelschaffenden Arten sind diejenigen, die keine Mutualisten besitzen.

Stickstoffixierende Mutualismen können „selbstmörderisch" sein.

Auf stickstoffarmen Böden haben knöllchentragende Leguminosen einen erheblichen Vorteil gegenüber anderen Arten. Dieser Vorteil geht jedoch durch ihre eigene Aktivität verloren: Die Steigerung des Gehalts an fixiertem Stickstoff verbessert die Lebensbedingungen für ihre Konkurrenten. Insofern handeln Organismen, die atmosphärischen Stickstoff fixieren können, auf lokaler Ebene „selbstmörderisch". Dieser Umstand trägt dazu bei, daß es sehr schwierig ist, auf einem Feld mehrmals nacheinander reine Leguminosenkulturen anzubauen, ohne daß sich aggressive Grasunkräuter in der mit Stickstoff angereicherten Umwelt ausbreiten. Er könnte auch erklären, warum Leguminosen in der Natur kaum jemals dominante Bestände bilden.

Leguminosengewebe ist in der Regel stickstoffreich, und in gemischten Klee-Gras-Weiden leistet der Klee einen hohen Beitrag zur Proteinsynthese von Pflanzenfressern. Überdies steigt bei der Zersetzung abgestorbener Leguminosen – mit einer Verzögerung von sechs bis zwölf Monaten – die lokale Konzentration des Bodenstickstoffs. An den entsprechenden Stellen wird dadurch das Wachstum der auf der Weide vorhandenen Gräser gefördert. Durch kontinuierliches Abweiden der Gräser sinkt der lokale Stickstoffgehalt jedoch wieder auf ein Niveau, bei dem die Leguminose einen Konkurrenzvorteil hat. Ausläuferbildende Leguminosen, etwa der Weißklee (*Trifolium repens*), „wandern" von einem stickstoffarmen Fleck zum anderen, reichern den Boden lokal mit Stickstoff an und hinterlassen von Gras dominierte Stellen. (Auch grasende Tiere unterstützen diesen Prozeß, durch den eine Mosaikstruktur entsteht. Mit ihrem Dung und Harn scheiden sie konzentriert an bestimmten Stellen der Weide Stickstoff aus.) In solchen Lebensgemeinschaften sorgt die symbiontische Leguminose nicht nur für die Deckung ihres eigenen Stickstoffbedarfs, sondern ist außerdem die treibende Kraft für einige der Zyklen in diesem Mosaik (Cain et al. 1995).

13.10.2 Stickstoffixierung in Mutualismen mit Nicht-Leguminosen

Auch andere Pflanzen als Leguminosen leben in Symbiose mit Stickstoffixierern, etwa mit Cyanobakterien oder Actinomyceten.

Außer den Leguminosen leben auch andere Pflanzen in Symbiose mit N_2-fixierenden Mikroorganismen. Cyanobakterien bilden Symbiosen mit drei Lebermoosgattungen (*Anthoceros*, *Blasia* und *Clavicularia*), einem Farn (dem frei treibenden aquatischen Algenfarn *Azolla*) und vielen Cycadeen (zum Beispiel *Encephalarctos*), außerdem mit allen 40 Arten der Gattung *Gunnera* als einzigen Angiospermen.

Die Actinomycetengattung *Frankia* bildet Symbiosen (Actinorrhiza) mit Angiospermen – fast ausschließlich Sträuchern oder Bäumen – aus mindestens acht Familien. Im Gegensatz zu den Rhizobien sind die *Frankia*-Arten fädig und bilden spezialisierte Vesikel und Sporangien, die Sporen freisetzen. Die Wände der Vesikel sind mit bis zu 50 Lipidschichten massiv verdickt, wodurch die Nitrogenase vor Inaktivierung durch Sauerstoff geschützt ist. Anders als die Rhizobien schützt *Frankia* ihre Nitrogenase also selbst vor Sauerstoff. (Bei vielen Cyanobakterien, etwa *Nostoc*, erfolgt die Stickstoffixierung in ähnlich geschützten Zellen, sogenannten Heterocysten.)

13.10.3 Stickstoffixierende Mutualisten in der ökologischen Sukzession

Stickstoffixierer sind wichtige Pioniere, die meisten höheren Pflanzen mit stickstoffixierenden Symbionten hingegen nicht.

Ein Mangel an fixiertem Stickstoff behindert oft die ersten Phasen der Ansiedlung von Vegetation auf kahlen Landflächen. Eine gewisse Zufuhr an für Pflanzen verwertbarem Stickstoff erfolgt durch den Regen nach Gewittern sowie durch aus anderen Gebieten angewehte Partikel; dennoch sind stickstoffixierende Organismen wie Bakterien, Cyanobakterien und Flechten wichtige Pioniere. Dagegen findet man höhere Pflanzen mit stickstoffixierenden Symbionten überraschenderweise selten als Pionierarten der Sukzession. Die Gründe hierfür sind nicht offensichtlich. Natürlich benötigen Keimlinge von Leguminosen Stickstoffreserven im Samen sowie externe Quellen für fixierten Stickstoff, um überhaupt zu einer Größe heranzuwachsen, bei der sie Knöllchen bilden und selbst mit der Stickstoffixierung beginnen können. Möglicherweise enthalten nur große Leguminosensamen genügend Stickstoff, um diesen Zeitraum zu überbrücken, und vielleicht besitzen die Spezies mit solchen großen Samen nicht die für Pionierarten erforderliche hohe Ausbreitungsfähigkeit (Grubb 1986, siehe auch die Diskussion dieses Problems in Sprent und Sprent 1990).

In allen Fällen von Mutualismus mit *Frankia* wird der Wirt in die Lage versetzt, in stickstoffarme Habitate vorzudringen, beispielsweise Erle (*Alnus*) und Gagelstrauch (*Myrica*) auf torfige Böden, Sanddorn (*Hippophaë*) auf Sanddünen und Silberwurz (*Dryas*) sowie Bärentraube (*Arctostaphylos*) auf nährstoffarme arktisch-alpine Böden. Auch hier sind die Mutualisten mit Ausnahme von *Dryas* meist keine echten Pioniere, sondern gehören dem sekundären oder tertiären Stadium der Sukzession an.

Die symbiontische Stickstoffixierung ist energieaufwendig, und so wundert es nicht, daß die meisten höheren Pflanzen mit stickstoffixierenden Mutualisten (*Rhizobium* oder *Frankia*) im Schatten nicht gedeihen. Dieser Umstand trägt sicherlich dazu bei, daß auch in den späten Stadien der Sukzession meist keine Stickstoffixierer anzutreffen sind.

13.11 Die Evolution subzellulärer Strukturen aus Symbiosen

Das Spektrum an Assoziationen im Pflanzen- und Tierreich ist ausgesprochen vielfältig.

Wie wir gesehen haben, gibt es im Pflanzen- wie auch im Tierreich eine bemerkenswerte Vielfalt an Assoziationsformen, die man als Symbiosen bezeichnen kann, und darunter auch viele eindeutige Mutualismen. Das Spektrum reicht von Verhaltensmustern, durch die zwei sehr verschiedene Organismen während eines Teiles ihres Lebens miteinander in Verbindung stehen (etwa Grundeln mit Garnelen oder Bläulinge mit Ameisen), über die (außerhalb der Körpergewebe angesiedelten) chemostatischen Lebensgemeinschaften in Pansen und Blinddarm sowie die interzelluläre mantelbildende Ektomykorrhiza bis hin zu den intrazellulären Algen der Coelenteraten und den Bakterien und Hefen, die in den Mycetocyten von Insekten leben. Man kann hierin eine Sequenz sehen, die von der Integration getrennter Teile einer Lebensgemeinschaft bis zur Integration dessen reicht, was in vieler Hinsicht Teile eines einzigen „Organismus" sind.

Möglicherweise haben Mutualismen (Endosymbiosen) zur Evolution der Eukaryoten geführt.

Es gilt inzwischen als gesichert, daß der Evolutionsprozeß in einigen Fällen zur unauflöslichen Verschmelzung der Partner einer Symbiose geführt hat. Diese Ansicht wurde vor allem von Margulis (1975) entwickelt. Sie vertrat die Hypothese, bei den entscheidenden Schritten in der Evolution der Hauptgruppen der höheren Pflanzen und Tiere seien Prokaryoten in deren Zellen inkorporiert worden.

Dieser »Theorie der seriellen Endosymbiose in der Evolution der Eukaryotenzelle« zufolge nahm im ersten Schritt der Entstehung der Eukaryoten ein zur Gärung befähigter Anaerobier ein Eubakterium (Promitochondrium) auf, das die Enzyme des Citratzyklus enthielt. Auf diese Weise entstanden die mit Mitochondrien ausgestatteten Amöboiden, von denen alle Eukaryoten abstammen. Bewegliche Bakterien auf ihrer Oberfläche wurden zu Flagellen und Cilien. (Wir haben bereits gesehen, daß Flagellaten im Termitendarm durch Spirochaeten, die auf ihrer Oberfläche angeheftet sind, Beweglichkeit erlangen.) Später wurden aufgenommene Cyanobakterien zu Chloroplasten für den autotrophen „Organismus", von dem das Pflanzenreich abstammen könnte. Einen Überblick über diese Evolutionstheorie gibt Douglas (1994), die auch darlegt, daß einige der Elemente aus Margulis' ursprünglicher Theorie seither modifiziert wurden (beispielsweise ist inzwischen klar, daß die Evolution der Eukaryoten vor dem Erwerb der Mitochondrien stattfand). Der symbiontische Ursprung von Mitochondrien und Plastiden gilt aber immer noch als zentraler Punkt im Evolutionsspiel. In diesem Spiel verschmelzen intrazelluläre Symbionten (zum Beispiel Eubakterien), die eigene DNA besitzen, mit ihren Wirten, indem sie einige ihrer Gene in den Wirtskern transferieren, und werden so von Symbionten zu Organellen. Durch derartige Vorgänge scheinen viele Organismen im Laufe ihrer Evolution komplexe metabolische Fähigkeiten erworben zu haben.

13.12 Modelle für Mutualismen

Ein klassisches Paar einfacher Gleichungen beschreibt den Kern der Konkurrenz zwischen zwei Arten: Die Angehörigen zweier Spezies (oder Populationen) leiden jeweils unter der Gegenwart des anderen, was durch den Code – – (Seite 138) ausgedrückt wird. In Abschnitt 7.4.1 haben wir die Lotka-Volterra-Gleichung besprochen, die die Populationsdynamik von zwei konkurrierenden Arten beschreibt. Die Terme $-\alpha_{12}N_2$ beziehungsweise $-\alpha_{21}N_1$ stehen für den negativen Effekt einer Art auf die jeweils andere:

$$\frac{dN_1}{dt} = \frac{r_1N_1(K_1 - N_1 - \alpha_{12}N_2)}{K_1} \qquad (13.1)$$

und

$$\frac{dN_2}{dt} = \frac{r_2N_2(K_2 - N_2 - \alpha_{21}N_1)}{K_2}. \qquad (13.2)$$

Auf den ersten Blick könnte man annehmen, daß man in einem Modell für mutualistische Wechselbeziehungen lediglich den negativen Beitrag der assoziierten Art durch einen positiven zu ersetzen brauchte, so daß die beiden Arten ihr Populationswachstum gegenseitig positiv beeinflussen:

$$\frac{dN_1}{dt} = \frac{r_1N_1(K_1 - N_1 + \alpha_{12}N_2)}{K_2} \qquad (13.3)$$

und

$$\frac{dN_2}{dt} = \frac{r_2N_2(K_2 - N_2 + \alpha_{21}N_1)}{K_2}. \qquad (13.4)$$

Das durch Mutualismus erhöhte Populationswachstum wird durch andere Faktoren wieder begrenzt.

Dieses Modell führt jedoch zu absurden Ergebnissen, bei denen beide Populationen explosionsartig und unbegrenzt wachsen (May 1981b), weil es ihrer Umweltkapazität keine Obergrenze setzt! In der Realität bedingt intraspezifische Konkurrenz um limitierende Ressourcen für jede Mutualistenpopulation schließlich eine maximale Umweltkapazität, selbst wenn die Population des mutualistischen Partners ein Übergewicht hat (Dean 1983). Man betrachte beispielsweise den Mutualismus zwischen Garnele und Grundel (Abschnitt 13.2.4). Ohne den Fisch ist die Populationsgröße der Garnele offenbar durch Prädation begrenzt; der Mutualismus senkt dieses Risiko. Das daraus resultierende Wachstum der Garnelenpopulation muß jedoch früher oder später dazu führen, daß eine andere dichteabhängige Beschränkung (etwa Nahrungsmangel, eine begrenzte Anzahl an Verstekken, Infektionen durch Parasiten) wirksam wird, die eine unbegrenzte Vermehrung verhindert.

In ähnlicher Weise kann eine Pflanze, deren Wachstum durch einen Mangel an fixiertem Stickstoff limitiert ist, durch Mutualismus mit einem Stickstoffixierer schneller wachsen, aber dieses schnellere Wachstum wird bald durch einen anderen limitierenden Faktor (etwa Wasser, Phosphat, Strahlungsenergie) begrenzt werden.

Ein Modell für Mutualismus kann eine funktionelle Reaktion vom Typ 2 einschließen.

Ein interessanter Ansatz bei der Erstellung von Modellen für Mutualismus entstammt der Erkenntnis, daß manche Mutualismen Eigenschaften besitzen, die man normalerweise eher bei Räuber-Beute- oder Parasit-Wirt-Beziehungen findet (Wright 1989). Dies gilt vor allem für Mutualismen, bei denen ein Partner auf Nahrungserwerb angewiesen ist und seine Zeit zum Teil mit der Suche nach Nahrung und zum Teil mit deren Handhabung verbringt. Beispiele sind bestäubende Insekten, Putzerfische und Ameisen, die Blattläuse „halten". In solchen Situationen nimmt die Rate des Nahrungserwerbs in der Regel ab, wenn das Nahrungsobjekt häufiger wird. Dies ist der Kernpunkt der funktionellen Reaktion des Typs 2 in Hollings Modell für Räuber-Beute-Beziehungen, das wir in Abschnitt 9.5 besprochen haben.

Ein Modell für die Populationsdynamik eines Mutualisten, das eine funktionelle Reaktion des Typs 2 einschließt, ist:

$$\frac{dN}{dt} = rN\left(1 - \frac{N}{K}\right) + \frac{fa'M}{1 + a'T_h M}. \quad (13.5)$$

Mit

$$\chi = \frac{1}{a'T_h} \quad \text{und} \quad \beta = \frac{f}{T_h} \quad (13.6)$$

ergibt sich

$$\frac{dN}{dt} = rN\left(1 - \frac{N}{K}\right) + \frac{\beta M}{(\chi + M)}. \quad (13.7)$$

Dabei sind N und M die Dichten der Mutualisten, K ist die Umweltkapazität des Mutualisten N, r die spezifische Zuwachsrate von N, a' die Angriffsrate von N auf M, T_h die Handhabungszeit und f ein Koeffizient, der Begegnungen mit M in neue Einheiten von N überführt.

Abbildung 13.18 zeigt Isoklinen für solche mutualistischen Beziehungen. Abbildung 13.18a enthält die Isoklinen für Fälle, in denen der Mutualismus für beide Partner fakultativ ist und diese durch Gleichungen derselben Form repräsentiert werden; r ist positiv. Bei realistischen Parametern ergibt sich immer ein stabiles, nicht negatives Gleichgewicht.

Obligatorische Mutualismen werden in der Gleichung durch negative Werte für r repräsentiert (N nimmt in Abwesenheit von M ab). In einer Beziehung zwischen zwei obligatorischen Mutualisten sterben beide Arten aus (Abbildung 13.18b), oder es existiert ein stabiles und ein instabiles Gleichgewicht, bei dem beide aussterben, wenn einer von ihnen eine bestimmte Dichte unterschreitet (Abbildung 13.18c).

Untersuchungen des Mutualismus zwischen Ameisen und Blattläusen haben Belege für das Modell der funktionellen Reaktion vom Typ 2 geliefert. Der Effekt der Blattlaushaltung scheint verlorenzugehen, wenn die Blattläuse eine besonders hohe Dichte aufweisen (Addicott 1979), das heißt, der Vorteil aus dem Mutualismus ist umgekehrt dichteabhängig.

Modelle für Mutualismen sollten wahrscheinlich mehr als zwei Arten einbeziehen.

Es bleibt die große Frage, ob ein einziges mathematisches Modell überhaupt das Wesentliche aller Mutualismen in ihrer großen Formenvielfalt wiedergeben kann (Vandermeer und Boucher 1978). Noch wichtiger (und entmutigender!) ist der Umstand, daß es womöglich nicht sinnvoll ist, nur zwei Mutualisten in das Modell eingehen zu lassen. Die Vorteile des Mutualismus hängen in vielen Fällen davon ab, daß mindestens eine weitere Art zugegen ist. Beispielsweise ziehen Leguminosen nur dann einen großen Vorteil aus dem Mutualismus mit Rhizobien, wenn sie mit anderen Pflanzen (etwa Gräsern) um Bodenstickstoff konkurrieren (siehe Abbildung 13.17). Der Mutualismus mit Ameisen nützt Akazien bei Konkurrenz mit anderen Sträuchern (die Ameisen stutzen die Konkurrenten), und noch komplizierter wird die Beziehung dadurch, daß die Ameisen die Akazien außerdem vor Herbivoren schützen. In ein Modell, das diese Situation richtig wiedergeben sollte, müßte die Dynamik von mindestens vier Arten (wahrscheinlich sogar mehr) eingehen. Leider ist es durchaus möglich, daß für jede Form von Mutualismus ein eigenes Modell erforderlich ist.

13.13 Einige generelle Charakteristika im Leben von Mutualisten

Mutualisten zeichnen sich durch einige Eigenschaften aus, die sie von anderen Organismen unterscheiden.

Es gibt viele Eigenschaften der Biologie von Mutualisten (besonders jener, die in enger symbiontischer Beziehung leben), die diese von den meisten anderen

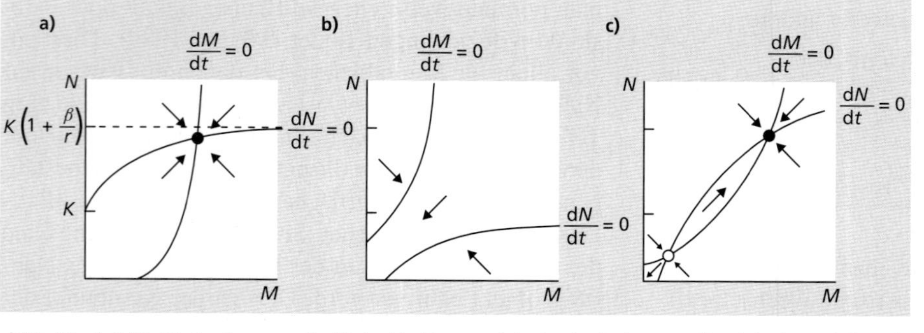

13.18 Modellisoklinen für mutualistische Beziehungen, in denen beide Partner einander bei niedriger Dichte positiv beeinflussen, die Effekte aber dichteabhängig sind und bei hohen Dichten einen Sättigungswert erreichen; eine weitere Steigerung der Mutualistendichte zeigt kaum Wirkung.
a) Ein Modell für Mutualismen, die für beide Partner fakultativ sind; es ergibt sich ein stabiler Gleichgewichtspunkt. b), c) Das Modell für obligatorische Mutualisten. In b) kann keine der beiden Arten eine Populationsdichte erreichen, die hoch genug ist, daß ein stabiler Mutualismus entsteht, in c) gibt es eine kritische Populationsdichte, oberhalb derer die Mutualisten ein stabiles Gleichgewicht bilden, aber auch eine geringe Dichte, unterhalb derer beide Arten dem Aussterben entgegengehen. (Nach Wright 1989)

Organismen unterscheiden. Diese Eigenschaften stehen in starkem Gegensatz zu Aspekten der Biologie von Parasiten und freilebenden Verwandten.

1) Die meisten symbiontischen Mutualisten haben eine bemerkenswert einfache Lebenszyklusstrategie (was sie besonders von den meisten Parasiten unterscheidet).
2) Sexuelle Vorgänge scheinen bei endosymbiontischen Mutualisten, vor allem im Vergleich zu Parasiten und freilebenden engen Verwandten, unterdrückt zu sein (Law und Lewis 1983).
3) Bei Endosymbionten gibt es keine auffällige Ausbreitungsphase. Eine Ausnahme von dieser Regel sind die Sporen aus den Fruchtkörpern der mantelbildenden Mykorrhizapilze, aber diese Pilze können den größten Teil ihres Lebens in einer freilebenden Form (oder als Parasiten) verbringen. Dieser Gegensatz zwischen Mutualisten und Parasiten ist besonders stark: In der Populationsdynamik der meisten Parasiten spielt die Ausbreitung eine beherrschende Rolle.
4) Es liegt nahe zu erwarten, daß sich im Laufe der Koevolution eines Mutualismus Mechanismen entwickeln, durch die sich die beiden Partner gemeinsam ausbreiten. Beispiele sind
   a) junge Ameisenköniginnen oder Borkenkäfer, die Pilzhyphen oder -sporen mitnehmen, wenn sie die alte Kolonie verlassen, um eine neue zu gründen;
   b) viele Flechten, bei denen Pilze und Algen gemeinsame Verbreitungseinheiten bilden;
   c) symbiontische Bakterien, die aus Mycetocyten auf Insekteneier übertragen werden (siehe Abschnitt 13.6);
   d) Pilze wie die symbiontischen (vielleicht auch mutualistischen) Balansieae (siehe Abschnitt 13.7), die in Grassamen eindringen und sich mit diesen verbreiten.

   Dagegen ist erstaunlich, daß die wurzelinfizierenden Mykorrhizapilze, die stickstoffixierenden und knöllchenbildenden Rhizobien und *Frankia* sowie die mutualistischen Cyanobakterien nicht mit den Samen ihrer Wirte verbreitet werden. Wie bei den Mykorrhizasymbionten von Orchideen muß jede Keimlingsgeneration aufs neue infiziert werden. Eine ideale Versicherung für eine zukünftige gemeinsame Ausbreitung war natürlich die morphologische und genetische Integration der beiden Partner in der frühen Evolution der Eukaryoten (siehe Abschnitt 13.11).
5) Im Leben mutualistischer Organismen scheint es nichts zu geben, was den Epidemien von Parasiten entspräche. Verglichen mit Parasitenpopulationen scheinen Mutualistenpopulationen sehr stabil zu sein.
6) Die Anzahl der Endosymbionten pro Wirt scheint bemerkenswert konstant zu sein; in ihrer Populationsdynamik muß es dichteabhängige Elemente geben.
7) Die ökologische Amplitude (*ecological range*) (und die Nischenbreite) von Organismen in mutualistischen Symbiosen scheint meist (vielleicht auch immer) größer zu sein als diejenige, welche die beteiligten Arten für sich allein haben. Auch dies steht im Gegensatz zu Wirt-Parasit-Beziehungen, in denen die ökologische Amplitude befallener Wirte meist eingeschränkt ist.
8) Erstaunlicherweise sind Mutualisten im Hinblick auf potentielle Partner oft recht flexibel – beispielsweise können die Arten, die an den Mutualismen zwischen Ameisen und Akazien, flechtenbildenden Algen und Pilzen, Pflanzen und Bestäubern beteiligt sind, mit mehreren oder sogar mit vielen verschiedenen Partnern leben.

Es besteht kein Zweifel daran, daß Mutualismus und andere Formen der Symbiose (selbst der Kommensalismus) von den Ökologen sehr vernachlässigt worden sind – sogar mehr als der Parasitismus. Vielleicht hat sich die Aufmerksamkeit zu stark auf die Ökologie von Konkurrenz sowie von Räuber-Beute-Beziehungen konzentriert. Überdies wurde bei der Erforschung von Symbiosen sehr viel Energie in die Frage investiert, bei welchen Symbiosen es sich um Mutualismen handelt. Wahrscheinlich sind aber viele Symbiosen ausschließlich für einen der Partner (Epiphyten auf Bäumen, krustenbildende Tiere auf Tangen) nützlich. Diese Symbiosen sind ebenso interessant und ökologisch bedeutsam wie Mutualismen.

Mutualismen verleiten dazu, sich bei der Erklärung der Natur auf das Erzählen von Geschichten zu verlegen, in denen alles als durch Evolution perfektioniert gesehen wird. Eine etwas voreingenommene (aber vielleicht ebenso berechtigte) Sichtweise ist, daß es sich bei den meisten sogenannten Mutualismen um Beispiele für Gefangennahme, Versklavung und Ausbeutung einer Art durch eine andere handelt. Die Batteriehaltung von Geflügel durch den Menschen ist vielleicht die beste Analogie für die Versklavung von Rhizobien durch Leguminosen, von Bakterien durch Insekten mit Mycetocyten und sogar von Mitochondrien und Plastiden durch Eukaryoten.

Ein Großteil der Literatur über Symbiosen besteht überwiegend aus Anekdoten – eine Tatsache, die sich auch im Aufbau dieses Kapitels widerspiegelt. Die Erforschung des Mutualismus nimmt jedoch ein fundamentales Problem der Ökologie in Angriff. Sind ganze Lebensgemeinschaften in der Natur das Ergebnis mehr oder weniger enger Koevolution? Gehen aus evolutionären Wechselwirkungen „holistische" Eigenschaften hervor? Viele der in diesem Kapitel angeführten Beispiele scheinen die Ansicht zu stützen, daß sich in Gruppen aus zwei oder mehr Arten oft Bindungen ausbilden, die in manchen Fällen locker sein können, mitunter aber auch zur Integration von Systemen in Systeme und somit zur Entstehung von Superorganismen führen. Ebenso erstaunlich ist allerdings, daß der Evolutionsprozeß so viele Fälle von hochspezialisierten schädlichen Beziehungen geschaffen hat. Zur Diversität der irdischen Flora und Fauna hat zweifellos die Evolution von Parasiten, Parasitoiden und Prädatoren am stärksten beigetragen, wenn auch die Mutualisten den größten Beitrag zu ihrer Masse leisten mögen.

Teil 3
Drei Überblicke

Einleitung

Dieser Teil umfaßt drei Kapitel. Sie beschäftigen sich mit Themen, die im Prinzip auch schon früher in diesem Buch hätten behandelt werden können; aber in allen Fällen ist dieser Aufschub nur von Vorteil. In Kapitel 14 verschaffen wir uns einen Überblick über die unterschiedlichen Lebenszyklusstrategien (*life-histories, life-history patterns* oder *life-history strategies*) von Organismen und versuchen, diese zu verstehen. In Kapitel 15 beschäftigen wir uns mit den verschiedenen Häufigkeitsverteilungen oder Abundanzmustern von Lebewesen. In Kapitel 16 schließlich beleuchten wir, wie unsere Kenntnisse der Abundanz in der Praxis bei der Schädlingsbekämpfung und beim Abernten natürlicher Populationen genutzt (oder ignoriert!) wurde. Somit liefern diese Kapitel in gewissem Sinne einen Überblick über die beiden Ebenen ökologischer Hierarchie, die wir bisher behandelt haben: Kapitel 14 befaßt sich mit Individuen, die Kapitel 15 und 16 mit Populationen.

Die Informationen der vorausgegangenen Kapitel benötigen wir, um die in diesem Teil behandelten Themen zu verstehen. In Kapitel 14 zeigen wir, daß man die Lebenszyklusstrategie eines Organismus oft als Spiegel seiner Umwelt interpretieren kann – doch diese Umwelt setzt sich größtenteils aus den zahlreichen anderen Lebewesen zusammen, mit denen er in Wechselbeziehung steht. Ganz ähnlich spiegelt die Abundanz eines Organismus im Grunde eine Kombination der Auswirkungen der vielen Wechselbeziehungen wider, an denen er beteiligt ist. Um das Gewirr dieser Wechselwirkungen zu entflechten, müssen wir daher zunächst jede einzelne von ihnen verstehen.

Ungeachtet dessen mag es bedauerlich erscheinen, daß der vorliegende Teil die offenbar logische Abfolge vom Individuum über die Population, zu den Wechselbeziehungen und schließlich zur Lebensgemeinschaft unterbricht. Wir können die einzelnen Aspekte der Ökologie nur dann vollständig verstehen, wenn wir auch alle anderen Aspekte – ob darüber, darunter oder auf der gleichen Ebene der Hierarchie – berücksichtigen. Um nur ein Beispiel zu nennen: Die Reaktionen von Individuen auf Umweltbedingungen behandelten wir in diesem Buch sehr früh, und diese Reaktionen bildeten die Grundlage für die Behandlung der Wechselbeziehungen der Organismen mit anderen Organismen sowie des Aufbaus der Lebensgemeinschaften, denen sie angehören. Doch die Reaktion eines Organismus auf die Umweltbedingungen wird selbst entscheidend durch die Anwesenheit von anderen, mit ihm in Wechselbeziehung stehenden Organismen sowie die physikalische und biologische Struktur der Umgebung beziehungsweise der Lebensgemeinschaft beeinflußt. Somit ist der scheinbar „logische" Aufbau dieses Buches eigentlich ein künstlicher. Wir selbst haben ihn der Einfachheit halber einer Wissenschaft auferlegt, die man eigentlich besser als multidimensionale Anordnung von Themen mit in alle Richtungen weisenden Wirkungspfeilen beschreiben sollte. Im vorliegenden Buchteil befassen wir uns mit einigen Vektoren, die der bisher eingeschlagenen, in der Hierarchie aufwärts steigenden Richtung entgegengerichtet sind.

14 Verschiedene Lebenszyklusstrategien

14.1 Einleitung

Die Lebenszyklusstrategie eines Organismus ist charakterisiert durch die Muster von Wachstum, Differenzierung, Speicherungsvorgängen und Fortpflanzung.

Die meisten naturkundlichen Museen präsentieren eine Sammlung ausgewachsener Organismen, als ließe sich die Vielfalt der Natur in diesem Stadium des Lebens einer Art am besten erkennen. Es gibt aber kein solches charakteristisches Stadium. Jeder Organismus kann nur durch seinen gesamten Lebenszyklus wirklich dargestellt werden. Die **Lebenszyklusstrategie** eines Organismus besteht aus Mustern von dessen Wachstum, Differenzierung, Speicherungsvorgängen und insbesondere seiner Fortpflanzung während seines gesamten Lebens. Doch was führt dazu, daß Orchideen eine enorme Zahl winziger Samen produzieren, während tropische Leguminosenbäume der Gattung *Mora* nur einige wenige riesige hervorbringen? Warum legen Segler in der Regel drei Eier, wohingegen andere Vögel viel größere Gelege produzieren, wozu auch die Segler physiologisch in der Lage wären? Und was führt dazu, daß das Verhältnis des Alters bei der Geschlechtsreife zur durchschnittlichen Lebensspanne innerhalb einer Organismengruppe oft mehr oder weniger konstant ist, sich zwischen verschiedenen Gruppen aber deutlich unterscheidet (es beträgt beispielsweise bei Säugern 1.3 und bei Fischen 0.45)? Diese Ähnlichkeiten und Unterschiede in den Lebenszyklusstrategien zu verstehen, ist eine der grundlegenden Aufgaben der modernen Ökologie (siehe auch Southwood 1988; Caswell 1989; Lessells 1991; Smith 1991; Stearns 1992).

Die Analyse der Lebenszyklusstrategien gilt der Suche nach Gesetzmäßigkeiten, durch die ein „allgemeingültiges" System erstellt werden soll.

Mindestens drei verschiedene, allerdings miteinander in Beziehung stehende Fragen, werden im Zusammenhang mit Lebenszyklusstrategien häufig gestellt:

1) Die erste veranschaulicht exemplarisch unsere Frage über die Gelegegröße bei Seglern und befaßt sich mit den individuellen Merkmalen von Lebenszyklusstrategien: »Können wir nachweisen, ob und warum diese Gelegegröße letztendlich am produktivsten ist, das heißt, aus evolutionärer Sicht die größte Fitneß verschafft?«
2) Für die zweite Frage steht beispielhaft unsere Frage nach dem Verhältnis zwischen dem Alter bei der Geschlechtsreife und der Lebensspanne. Sie betrifft die Zusammenhänge zwischen den Merkmalen von Lebenszyklusstrategien: »Stehen das Alter bei der Geschlechtsreife und die durchschnittliche Lebensspanne in direktem Zusammenhang? Was bildet die Grundlage für den Zusammenhang innerhalb einer Gruppe verwandter Organismen und was für die Unterschiede zwischen verschiedenen Gruppen?«
3) Die letzte Frage verdeutlicht stellvertretend diejenige bezüglich der Orchideen und *Mora*-Bäume und betrifft den Zusammenhang zwischen Lebenszyklusstrategien und Habitaten: »Läßt sich die unterschiedliche Samengröße von Orchideen und *Mora*-Bäumen direkt mit ihren verschiedenen Habitaten oder irgendwelchen anderen Unterschieden zwischen ihnen in Verbindung bringen?«

Kurzum, das Studium von Lebenszyklusstrategien ist die Suche nach Gesetzmäßigkeiten – und nach Erklärungen dafür. Da wir davon ausgehen, daß sich alle Lebewesen durch natürliche Selektion entwickelt haben, sind die Erklärungen die wir suchen, evolutionärer Art: »Warum hat die natürliche Selektion dieses spezielle Muster, dieses bestimmte Merkmal oder diese Merkmalskombination begünstigt?«

Die Suche nach Gesetzmäßigkeiten selbst kann man als Versuch der Ökologen ansehen, ein vergleichbares System zu erstellen, wie beispielsweise das Periodensystem der Chemiker. Die Chemiker des 18. Jahrhunderts »mußten jede Tatsache einzeln entdecken und isoliert betrachten« (Southwood 1977). Ein ähnliches Schicksal droht Ökologen, sofern es uns nicht gelingt, einige Muster in der Lebensweise von Organismen zumindest in Ansätzen zu erkennen.

Wir müssen jedoch daran denken, daß jede Lebenszyklusstrategie und jedes Habitat einzigartig sind. Um Wege zu finden, wie wir Lebenszyklusstrategien in Gruppen einteilen, klassifizieren und vergleichen können, müssen wir daher Möglichkeiten zu ihrer Beschreibung finden, die sich auf alle Lebenszyklusstrategien und Habitate anwenden lassen. Erst dann können wir nach Zusammenhängen zwischen Merkmalen verschiedener Lebenszyklusstrategien oder zwischen diesen Merkmalen und den Habitaten, in denen die Strategien auftreten, suchen.

Lebenszyklusstrategien sind ein Spiegel des Genotyps, der Umwelt und der Wechselbeziehungen zwischen beiden.

Wir werden versuchen, einige Regeln dafür festzustellen, wann bestimmte Merkmale möglicherweise begünstigt werden. Dabei sollte allerdings berücksichtigt werden, daß diese Regeln Einschränkungen unterworfen sind: Der Besitz eines bestimmten Merkmals einer Lebenszyklusstrategie kann den möglichen Bereich anderer Merkmale begrenzen. So kann die Morphologie eines Organismus das mögliche Spektrum aller seiner Lebenszyklusstrategien einschränken. In einer bestimmten Umwelt mit ihren vielen verschiedenen, oft gegensätzlichen Anforderungen, ist das Äußerste, was die natürliche Selektion bewirken kann, jene Lebenszyklusstrategie zu begünstigen, die sich in der Vergangenheit hinsichtlich der Produktion von Nachkommen insgesamt gesehen als am erfolgreichsten erwiesen hat. Dies muß keine „perfekte" Strategie sein.

Schließlich sei daran erinnert, daß die Lebenszyklusstrategie eines Organismus veränderlich ist. Sie ist zwar durch den Genotyp des Individuums innerhalb gewisser Grenzen festgelegt, aber innerhalb dieser Grenzen besteht Plastizität: Die Wechselbeziehungen eines Individuums mit seiner Umwelt im Lauf seines Lebens können seine Lebenszyklusstrategie modifizieren. Wenn wir uns also mit Individuen – mit Produkten des Evolutionsprozesses – sowie damit befassen, wie diese Individuen mit ihrer unmittelbaren Umwelt in Wechselbeziehung stehen, müssen wir möglicherweise auch berücksichtigen, ob sich auch die Wechselbeziehung zwischen dem Evolutionsprodukt und der gegenwärtigen Umwelt selbst entwickelt hat. Wir können so zum Beispiel bei der Betrachtung der Lebenszyklusstrategie einer annuellen Pflanze feststellen, daß es 1) eine für die Art charakteristische Samenzahl pro Hülse gibt (genotypisches Merkmal); daß sich 2) diese Zahl bei Dürre verringert (Plastizität); daß aber 3) genetisch gesteuert wird, inwieweit die Samenzahl durch Trockenheit verringert wird.

14.2 Die Komponenten von Lebenszyklusstrategien

Um Gesetzmäßigkeiten von Lebenszyklusstrategien zu erkennen, müssen wir zuerst ihre verschiedenen Komponenten bestimmen und uns darüber bewußt werden, welche Vorteile diese bringen können. Uns interessieren in diesem Zusammenhang alle Komponenten, die sich auf den Fortpflanzungserfolg und/oder die Überlebensfähigkeit eines Organismus auswirken. Letztendlich machen diese Faktoren seine Fitneß aus.

Entgegengesetzt wirkende Selektionskräfte begünstigen häufig eine mittlere Individuengröße.

Die **individuelle Größe** ist vielleicht das auffälligste Merkmal der Lebenszyklusstrategie eines Organismus. Sie variiert von Taxon zu Taxon, von Population zu Population und von Individuum zu Individuum. Wie in Kapitel 4 deutlich wurde, ist sie besonders variabel bei Organismen mit modularem Aufbau. Eine große Größe kann die Konkurrenzfähigkeit eines Organismus oder seinen Erfolg als Räuber erhöhen oder ihn weniger anfällig dafür machen, anderen Räubern zum Opfer zu fallen. Außerdem können große Organismen ihre Körperfunktionen angesichts von Umweltveränderungen oft besser konstant halten (weil das geringere Verhältnis von Oberfläche zu Volumen sie weniger stark Umwelteinflüssen aussetzt). All diese Faktoren verbessern tendenziell die Überlebensfähigkeit von größeren Organismen. Außerdem bringen größere Individuen einer Art gewöhnlich mehr Nachkommen hervor (Abbildung 14.1). Die Größe kann jedoch auch einige Risiken erhöhen. Ein größerer Baum wird zum Beispiel eher von einem Sturm entwurzelt oder von einem Blitz getroffen. Es gibt auch viele Studien, in denen Räuber eine Vorliebe für größere Beutetiere zeigen (siehe Kapitel 9). Außerdem brauchen größere Individuen brauchen im Normalfall mehr Energie zur Aufrechterhaltung ihrer Lebensfunktionen, für Wachstum und Fortpflanzung und können daher anfälliger gegenüber einer Ressourcenverknappung sein. Es ist also offensichtlich, warum die größten Individuen unter einer verringerten Überlebensfähigkeit leiden können. Detaillierte Studien bestätigen immer häufiger, daß eine mittlere Individuengröße optimal ist (zum Beispiel Thompson 1989 (Abbildung 14.2), siehe auch Roff 1981).

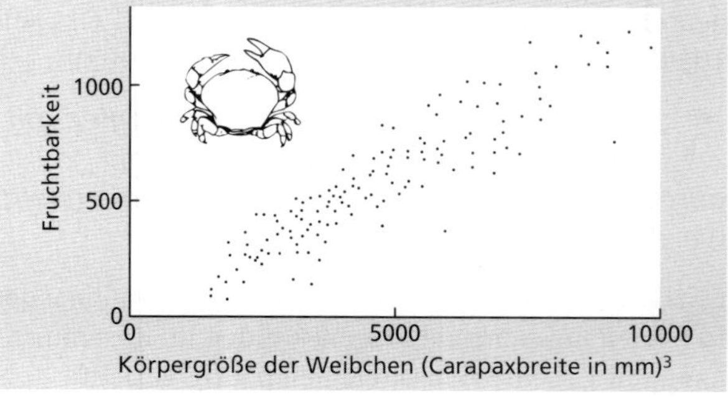

14.1 Bei der Krabbe *Heterozius rohendifrons* aus Kaikoura/Neuseeland produzieren größere Weibchen eine größere Zahl von Nachkommen. (Nach Jones 1978, siehe auch Sibly und Calow 1986)

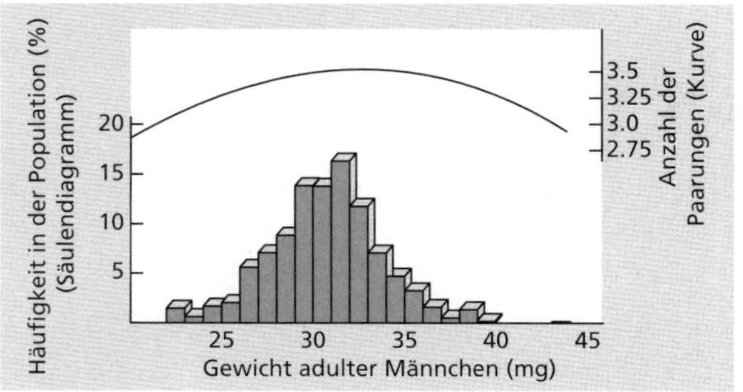

14.2 Bei adulten männlichen Hufeisenazurjungfern (*Coenagrion puella*) liegt das vorausgesagte Größenoptimum (Gewicht) in der Mitte (Kurve oben) und zeigt starke Übereinstimmung mit den modalen Größenklassen in der Population (Säulendiagramm). Die Kurve zeigt diese Form, weil die Paarungsrate mit dem Gewicht abnimmt, wohingegen die Lebensdauer mit dem Gewicht zunimmt (Paarungsrate = 1.15–0.018 Gewicht, $P < 0.05$; Lebensdauer = 0.21–0.44 Gewicht, $P < 0.05$; $n = 186$). (Nach Thompson 1989)

Die Dauer der Entwicklung ist ein Kompromiß zwischen hohen Zuwachsraten und geeigneten Umweltbedingungen.

Besonders groß kann ein Organismus werden, wenn er bereits zu Beginn der Entwicklung groß ist, schnell oder lange Zeit wächst, oder durch eine Kombination dieser Faktoren. Unter **Entwicklung** versteht man die fortlaufende Differenzierung von Teilen des Organismus; sie ermöglicht diesem, in den unterschiedlichen Stadien seines Lebenszyklus verschiedenes – beispielsweise sich fortzupflanzen. Bei vielen Organismen erfolgen Wachstum und Entwicklung gleichzeitig. Die Entwicklung ist aber insofern recht deutlich vom Wachstum zu trennen, als ein bestimmtes Entwicklungsstadium in einer Reihe verschiedener Größen vorliegen kann. Eine rasche Entwicklung kann die Fitneß erhöhen, weil sie zu einem schnelleren Beginn der Fortpflanzung, zu kurzen Generationszeiten und somit zu hohen Zuwachsraten führt (siehe Kapitel 4). Andererseits kann ein Entwicklungsstillstand (*arrested development*) – wie bei Dormanz oder Diapause – die Überlebenswahrscheinlichkeiten eines Organismus verbessern, wenn Ressourcen knapp oder die Bedingungen weit vom Optimum entfernt sind (siehe Kapitel 5).

Die Länge der präreproduktiven Phase bestimmt den Zeitpunkt der Erlangung der Geschlechtsreife; die Extreme sind Frühreife oder Entwicklungsverzögerung.

Ein Großteil der Variationen von Lebenszyklusstrategien steht mit Aspekten der Fortpflanzung in Zusammenhang. Wie soeben erläutert, weisen verschiedene Organismen unterschiedlich lange **präreproduktive Phasen** auf, manche erreichen die Geschlechtsreife schon früh, andere mit Verzögerung.

Die Produktion von Nachkommen kann in der zeitlichen Aufeinanderfolge der Fortpflanzungsereignisse und in der Anzahl der Nachkommen variieren.

Organismen können ihre Nachkommen entweder innerhalb eines relativ kurzen Zeitraums während eines einzigen Fortpflanzungsereignisses bekommen (Semelparität) oder in einer Reihe getrennter Fortpflanzungsereignisse (Iteroparität, siehe Kapitel 4). Bei iteroparen Organismen kann als Optimierung der Überlebenswahrscheinlichkeit beispielsweise die Zahl der einzelnen Gelege variieren oder die Zahl der Nachkommen eines Geleges unterschiedlich sein.

Wachstum und Entwicklung der Nachkommen werden durch die elterliche Fürorge im frühen Entwicklungsstadium wesentlich beeinflußt.

Einzelne Nachkommen können je nach Menge der von den Eltern aufgewandten Ressourcen in der Größe variieren. Diese Variation kann sich beispielsweise aus der Versorgung der Eier mit Nahrungsreserven ergeben oder während des frühen Wachstums und der Frühentwicklung der Embryonen entstehen und aus der direkten Versorgung durch die Mutter über eine Placenta oder ähnlichem resultieren. Dies ist beim Menschen, bei anderen Säugetieren und allen Samenpflanzen der Fall. Der Reproduktionsaufwand der Eltern kann auch hinsichtlich der Pflege ihrer Nachkommen variieren: ihr Schutz, das Säugen oder die Nahrungssuche für die Jungen. Große, frisch geschlüpfte oder gekeimte Nachkommen sind oft bessere Konkurrenten, erlangen leichter Nährstoffe und überleben eher unter extremen Umweltbedingungen – und damit auch eher, bis sie sich selbst fortpflanzen können.

Art und Ausmaß der Ressourcen, die in einem Zeitraum in die Fortpflanzung investiert werden, bestimmen den Reproduktionsaufwand.

Unter Zusammenfassung all dieser Einzelheiten werden Lebenszyklusstrategien häufig durch das Ausmaß der gesamten Fortpflanzungsaktivität beschrieben, das man als **Reproduktionsaufwand** (*reproductive allocation*, auch **reproduktiver Einsatz** oder **Allokation von Ressourcen**) bezeichnet. Dieser läßt sich am besten definieren als Anteil des verfügbaren Ressourceninputs, der über einen festgelegten Zeitraum in die Fortpflanzung investiert wird, ist aber weitaus leichter zu definieren als zu messen. Im Idealfall sollte man die entsprechende limitierte Ressource identifizieren und ihre Verteilung auf verschiedene Teile und physiologische Vorgänge eines Organismus über eine bestimmte Zeitspanne verfolgen. Welcher Ressource die größte Bedeutung zukommt, ist jedoch je nach

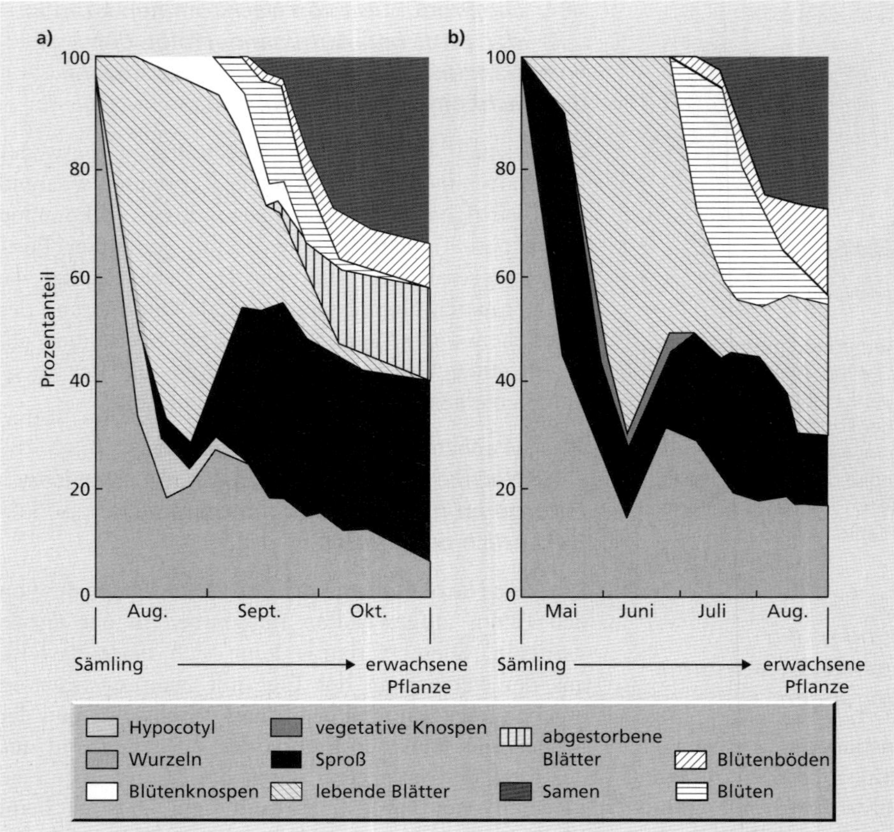

14.3 a) Prozentuale Verteilung von Kalorien auf verschiedene Strukturen während des Lebenszyklus des einjährigen Gemeinen Greiskrauts (*Senecio vulgaris*). (Nach Harper und Ogden 1970). b) Prozentuale Verteilung des Trockengewichts auf verschiedene Strukturen während des Lebenszyklus einer weiteren annuellen Pflanze, der Saatwucherblume (*Chrysanthemum segetum*). (Nach Howarth und Williams 1972)

Organismus oder Organ unterschiedlich – die Staubblätter einer Blüte enthalten andere Konzentrationen an Stickstoff, Kohlenstoff, Phosphor und Kalium als der Stempel. In der Praxis wird allerdings selbst in den besten Studien lediglich die Verteilung von Energie (Abbildung 14.3a) oder Trockengewicht (Abbildung 14.3b) an verschiedene Strukturen in einer Reihe von Stadien des Lebenszyklus eines Organismus gemessen (Harper und Ogden 1970; Howarth und Williams 1972). Gerechtfertigt wird dies jedoch in der Regel recht kleinmütig: Masse oder Energie zu messen ist technisch viel einfacher als die Messung der meisten anderen Ressourcen.

Glücklicherweise können wir die Suche nach Gesetzmäßigkeiten in Lebenszyklusstrategien und ihren bestimmenden Faktoren gewöhnlich fortführen, ohne die von Organismen aufgeteilten begrenzten Ressourcen zu spezifizieren. Am häufigsten wird der Reproduktionsaufwand bestimmt, indem man Verhältnisse wie „Gonaden- zu Körpergewicht", „Samen- zu Pflanzengewicht", oder „Gelege- zu Körpervolumen" mißt. Das ist zwar nicht ideal, kann jedoch nützliche Näherungen liefern, wenn man den Reproduktionsaufwand verschiedener Individuen, Populationen oder Arten vergleichen will (siehe Diskussion in Hart und Begon 1982; Bazzaz und Reekie 1985).

Direkte Messungen der Reproduktion sind allerdings nicht die einzigen Komponenten einer Lebenszyklusstrategie. Am grundlegendsten profitieren Organismen im allgemeinen von der Allokation von Energie und/oder Ressourcen in Strukturen oder Aktivitäten, die dafür sorgen, daß sie selbst mehr Ressourcen erlangen, oder sie vor ihren Feinden schützen. Dadurch können wiederum Überlebensfähigkeit, Wachstum und Fruchtbarkeit erhöht werden.

Energie und/oder Ressourcen zu speichern ist besonders für jene Organismen von Vorteil, die Zeiten geringen oder unregelmäßigen Nahrungsangebots durchmachen (was vermutlich bei den meisten Organismen irgendwann der Fall ist). Die gespeicherten Ressourcen können dann zu einem späteren Zeitpunkt für Stoffwechselvorgänge, zum Wachstum, zur Abwehr oder zur Fortpflanzung und ganz allgemein für eine erhöhte Überlebensfähigkeit und Fruchtbarkeit in der Zukunft genutzt werden.

Letztendlich kann sich die Allokation von Ressourcen also sowohl auf die Fruchtbarkeit als auch auf die Überlebensfähigkeit auswirken (siehe Kapitel 5) und ist damit ein integraler Bestandteil der Lebenszyklusstrategie eines Organismus.

14.3 Reproduktionswert

Als Maß für die Fitneß kann neben der spezifischen Zuwachsrate und der Nettoreproduktionsrate der Reproduktionswert dienen.

Die natürliche Selektion begünstigt jene Individuen, die anteilmäßig den größten Beitrag zur Zukunft der Population beisteuern, der sie angehören. Auf diesen Beitrag nehmen letztendlich alle Komponenten einer Lebenszyklusstrategie durch ihre Auswirkungen auf Fruchtbarkeit und Überlebensfähigkeit Einfluß. Wir müssen diese Auswirkungen jedoch als kombinierte Einheit betrachten, um verschiedene Lebenszyklusstrategien beurteilen und vergleichen zu können. Als Maß für die Fitneß wurde schon eine ganze Reihe von Faktoren verwendet. Die spezifische Zuwachsrate r und die Nettoreproduktionsrate R_0 (siehe Kapitel 4) hatten ebenso ihre Befürworter (Charlesworth 1980; Sibly und Calow 1986; Caswell 1989; Smith 1991) wie der **Reproduktionswert** (RW) (Fisher 1930; Williams 1966; Lessells 1991), insbesondere derjenige bei der Geburt (Kozlowski 1993). Für eine Erforschung der grundlegenden Gesetzmäßigkeiten von Lebenszyklusstrategien sind die Ähnlichkeiten zwischen diesen verschiedenen Maßen jedoch weitaus wichtiger als die geringfügigen Unterschiede zwischen ihnen. Wir konzentrieren uns hier auf den Reproduktionswert.

Der Reproduktionswert bezieht sich auf die gegenwärtige und zukünftige Fortpflanzungsleistung eines Individuums.

Der Reproduktionswert wird in Exkurs 14.1 recht ausführlich beschrieben. Für die meisten Zwecke können wir diese Details jedoch übergehen, solange wir daran denken, daß 1) der Reproduktionswert in einem bestimmten Alter oder Stadium die Summe der gegenwärtigen Fortpflanzungsleistung und des **residualen** (das heißt zukünftigen) **Reproduktionswertes** (RRW; *residual reproductive value*) ist; daß 2) der residuale Reproduktionswert die zu erwartende zukünftige Fruchtbarkeit und Überlebensfähigkeit beinhaltet; daß dies 3) auf die Weise erfolgt, daß der relative Beitrag eines Individuums an zukünftige Generationen gegenüber dem Beitrag anderer berücksichtigt wird; und daß 4) die von der natürlichen Selektion begünstigte Lebenszyklusstrategie in der Population diejenige sein wird, für die die Summe der gegenwärtigen Fortpflanzungsleistung und des residualen Reproduktionswertes am höchsten ist.

Wie sich der Reproduktionswert mit dem Alter in zwei gegenübergestellten Populationen ändert, veranschaulicht Abbildung 14.4. Er ist für junge Individuen, die nur eine geringe Überlebenswahrscheinlichkeit bis zum fortpflanzungsfähigen Alter aufweisen, niedrig. Wenn das Alter der ersten Fortpflanzung erreicht wird, erhöht er sich allerdings stetig, weil es immer wahrscheinlicher wird, daß die überlebenden Individuen die Geschlechtsreife erreichen. Für alte Individuen ist der Reproduktionswert dann wieder niedrig, weil viele Gelegenheiten zur Fortpflanzung schon vorüber sind und Fruchtbarkeit oder Überlebensfähigkeit mit zunehmendem Alter abnehmen. Der genaue Anstieg oder Rückgang variiert natürlich je nach alters- oder stadienspezifischen Geburts- oder Sterblichkeitsdaten der betreffenden Arten.

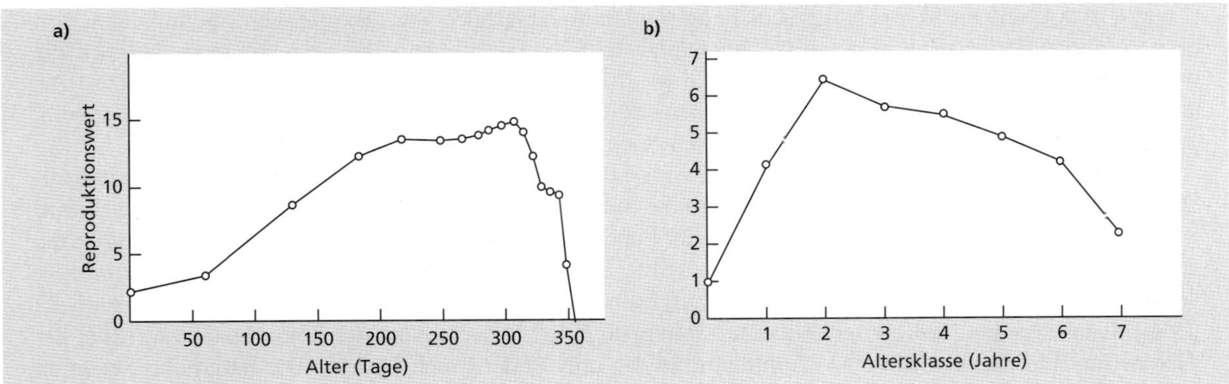

14.4 Der Reproduktionswert steigt in der Regel zunächst an und fällt dann wieder mit zunehmendem Alter, wie im Text erläutert. a) Die einjährige Flammenblume *Phlox drummondii.* (Nach Leverich und Levin 1979) b) Weibliche Grauhörnchen (*Sciurus carolinensis*). (Nach Barkalow et al. 1979, aus Charlesworth 1980) Man beachte, daß in beiden Fällen die vertikale Skala insofern willkürlich ist, als die Zuwachsrate (r) für die gesamte Population nicht bekannt war und daher ein Wert angenommen werden mußte.

Exkurs 14.1: Der Reproduktionswert

Der Reproduktionswert eines Individuums im Alter x (RW_x) ist das Maß, anhand dessen man den Wert einer durch die natürliche Selektion begünstigten Lebenszyklusstrategie beurteilen kann. Er wird anhand der in Kapitel 4 diskutierten Lebenstafelstatistiken definiert, insbesondere durch

$$RW_x = \sum_{y=x}^{y=y_{max}} \left(\frac{l_y}{l_x} \cdot m_y \cdot R^{x-y} \right).$$

Hierbei ist m_x die Geburtsrate des Individuums in der Altersklasse x, l_x die Wahrscheinlichkeit, daß das Individuum bis zum Alter x überleben wird, R die Nettoreproduktionsrate der gesamten Population pro Zeiteinheit (in diesem Fall ist die Zeiteinheit das Intervall zwischen den Altersklassen), und Σ bedeutet „Summe von".

Diese Gleichung ist am leichtesten zu verstehen, wenn wir RW_x in seine beiden Komponenten aufteilen:

$$RW_x = m_x + \sum_{y=x+1}^{y=y_{max}} \left(\frac{l_y}{l_x} \cdot m_y \cdot R^{x-y} \right).$$

Hierbei kann man m_x, die Geburtsrate des Individuums im gegenwärtigen Alter, einfach als seine gegenwärtige Fortpflanzungsleistung ansehen. Was bleibt, ist der residuale Reproduktionswert (Williams 1966): die Summe des „zu erwartenden Fortpflanzungserfolgs" in allen nachfolgenden Altersstadien, aus weiter unten beschriebenen Gründen jeweils modifiziert durch R^{x-y}. Der „zu erwartende Fortpflanzungserfolg" für die Altersklasse y ist (l_y / $l_x \cdot$ (m_y)), das heißt, es ist die Geburtsrate des Individuums, sollte es dieses Alter (m_y) erreichen, minus der Wahrscheinlichkeit, es zu erreichen, wenn es bereits das Stadium x (l_y / l_x) erreicht hat.

In der einfachsten Form liegt der Reproduktionswert vor, wenn die Gesamtpopulationsgröße annähernd konstant bleibt. In solchen Fällen ist $R = 1$ und vernachlässigbar. Der Reproduktionswert eines Individuums ist dann einfach die während seines gesamten Lebens zu erwartende Fortpflanzungsleistung (von der gegenwärtigen und allen nachfolgenden Altersklassen).

Wenn die Population jedoch ständig zu- oder abnimmt, muß man dies berücksichtigen. Nimmt die Population zu, ist $R > 1$ und $R^{x-y} < 1$ (weil $x < y$ ist). Somit werden die Terme in der Gleichung entsprechend modifiziert (verringert), je größer der Wert für y ist (je weiter wir in die Zukunft vorstoßen), was bedeutet, daß die zukünftige (das heißt residuale) Fortpflanzung relativ wenig zum RW_x beiträgt, weil der anteilmäßige Beitrag durch eine bestimmte Reproduktionsleistung in der Zukunft verhältnismäßig gering ist – wohingegen die Nachkommen des gegenwärtigen oder früherer Fortpflanzungsereignisse früh Gelegenheit haben, selbst zum Populationswachstum beizutragen. Wenn andererseits die Population abnimmt, sind $R < 1$ und $R^{x-y} > 1$, und die Terme in der Gleichung werden immer größer, was den größeren anteilmäßigen Beitrag künftiger Fortpflanzungsereignisse widerspiegelt. Wird fälschlicherweise angenommen, daß sich die Population nicht in der Größe verändert (das heißt $R = 1$), dann kann dies, wenn beispielsweise $R > 1$ ist, außerdem zu einer ungerechtfertigten Unterbewertung der sich früh fortpflanzenden Individuen führen, weil man die mögliche Fortpflanzung von deren Nachkommen nicht berücksichtigt.

Die Reproduktionswerte verschiedener Altersklassen sind bei jeder Lebenszyklusstrategie eng miteinander verbunden; das bedeutet, wenn die natürliche Selektion den Reproduktionswert in einer Altersklasse maximiert, schränkt sie gleichzeitig die Werte der Lebenstafelparameter für die nachfolgenden Altersklassen ein – und somit auch den Reproduktionswert selbst. Strenggenommen wirkt die natürliche Selektion also letztendlich so, daß sie den Reproduktionswert zum Zeitpunkt der Geburt, RW_0, maximiert (Kozlowski 1993). (Man beachte, daß zwischen dieser Aussage und der Tatsache, daß der Reproduktionswert bei der Geburt im Normalfall niedrig ist (Abbildung 14.4), kein Widerspruch besteht. Die natürliche Selektion kann nur zwischen den in diesem Stadium vorhandenen Möglichkeiten unterscheiden.)

14.4 *Trade-offs*: Abwägen von Lebenszyklusstrategien

Es ist nicht schwer, einen hypothetischen Organismus mit all den Eigenschaften zu beschreiben, die zu einem hohen Reproduktionswert führen. Er pflanzt sich sofort nach seiner eigenen Geburt selbst fort, produziert eine hohe Zahl großer, gut geschützter Nachkommen, die er mit Brutpflege überhäuft, und dies tut er während eines unendlich langen Lebens mehrfach und häufig. Außerdem sticht er seine Konkurrenten aus, entkommt Räubern und fängt mit Leichtigkeit seine Beute. Ein solcher Organismus ist zwar leicht zu beschreiben, aber nur schwer vorstellbar – das liegt ganz einfach daran, daß er, wenn er all seine Ressourcen in die Fortpflanzung investiert, diese nicht mehr für die Überlebensfähigkeit zur Verfügung hat. Außerdem kann er nicht auf Nahrungssuche gehen wenn er seine gesamte Zeit mit der Pflege seiner Jungen verbringt. Kurzum, allein schon gesunder Menschenverstand legt nahe, daß die Lebensweise und Lebenszyklusstrategie eines realen Organismus ein Kompromiß hinsichtlich der Allokation der verfügbaren Ressourcen sein müssen.

Als Trade-off *bezeichnet man negative Korrelationen zwischen bestimmten Merkmalen von Lebenszyklusstrategien.*

Als ***Trade-off*** (oder Abwägen) bezeichnet man eine Beziehung zwischen zwei Merkmalen von Lebenszyklusstrategien, bei denen größere Vorteile durch das eine mit geringeren Vorteilen durch das andere einhergehen, weil die gesamten, zur Verteilung auf sie verfügbaren Ressourcen begrenzt sind. So profitieren beispielsweise weibliche Fruchtfliegen sowohl davon, daß sie Plätze zur Eiablage finden (wozu sie Suchflüge unternehmen), als auch von der Ablage der Eier an diesen Plätzen; wenn man jedoch eine Zeitlang künstlich solche Flüge induziert, wird dadurch in der Folge ihre Fruchtbarkeit verringert (Abbildung 14.5a). Douglasien (*Pseudotsuga menziesii*) profitieren sowohl aus der Fortpflanzung als auch aus ihrem Wachstum (da dies unter anderem die zukünftigen Fortpflanzungserfolge erhöht), aber je mehr Zapfen sie hervorbringen, desto weniger wachsen sie (Abbildung 14.5b). Jede Veränderung dieser Lebenszyklusstrategien, von der man vielleicht erwartet, sie erhöhe den Reproduktionswert, wird durch eine damit einhergehende Veränderung – einen *Trade-off* – wieder aufgehoben, die den Reproduktionswert tendenziell verringert. Somit ist eine Untersuchung solcher *Trade-offs* entscheidend für eine unserer drei Fragen zu Lebenszyklusstrategien: Welche Gesetzmäßigkeiten verbinden die Merkmale von Lebenszyklusstrategien miteinander, und was sind die Ursachen dafür?

Es wäre jedoch völlig falsch zu denken, negative Korrelationen zwischen Merkmalen seien häufig in der Natur und leicht zu finden. Ganz im Gegenteil: Wir können im allgemeinen nicht davon ausgehen, *Trade-offs* durch einfache Beobachtung von Korrelationen in natürlichen Populationen zu erkennen (Lessells 1991). Wenn es beispielsweise nur eine optimale Möglichkeit gibt, Wachstum und Fortpflanzungsleistung zu kombinieren, dann können sich zunächst einmal alle Individuen diesem Optimum nähern; einer Population würde dann die Variabilität in diesen Merkmalen fehlen, die für eine *Trade-off*-Kurve notwendig ist. Gibt es zudem Abweichungen zwischen den Individuen hinsichtlich der Ressourcenmenge, die ihnen zur Verfügung steht, dann ergibt sich vermutlich eine positive, nicht eine negative Korrelation zwischen zwei anscheinend alternativen Vorgängen – einige Individuen werden in allem gut sein, andere stets schlecht. So sind beispielsweise in Abbildung 14.6 diejenigen Heuschrecken, die als erste das Erwachsenenstadium erreichen, zugleich auch die größten. Dies ist die Folge einer Konkurrenzhierachie, in der sich die konkurrenzfähigsten Tiere rasch entwickeln und groß werden, weil sie große Mengen an Nahrung aufnehmen. Die schlechtesten Konkurrenten erlangen nur wenig Nahrung und bleiben daher klein und reifen nur langsam.

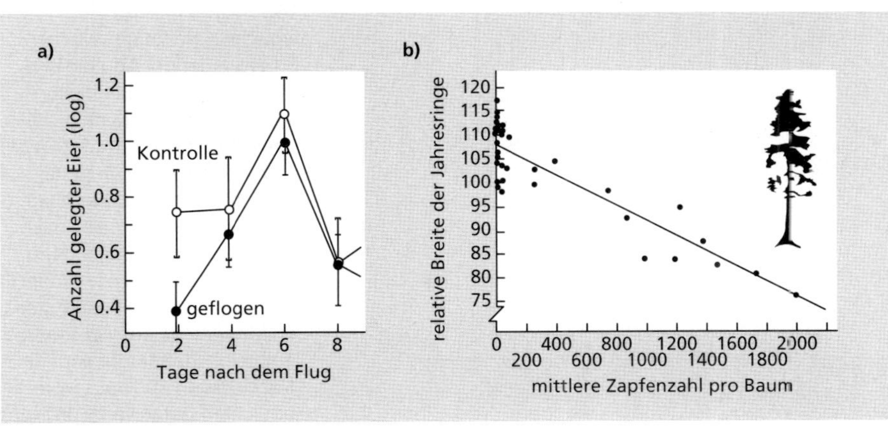

14.5 *Trade-offs* in Lebenszyklen. a) Künstlich induzierte Suchflüge verringern die Fruchtbarkeit der weiblichen Taufliegen *Drosophila subobscura* zunächst erheblich, und sie kehrt nie ganz auf das Niveau der Kontrolltiere zurück (mit Standardfehler). (Nach Inglesfield und Begon 1983) b) Die negative Korrelation zwischen der Größe des Zapfenertrags und dem jährlichen Größenzuwachs in einer Population von Douglasien (*Pseudotsuga menziesii*). (Nach Eis et al. 1965)

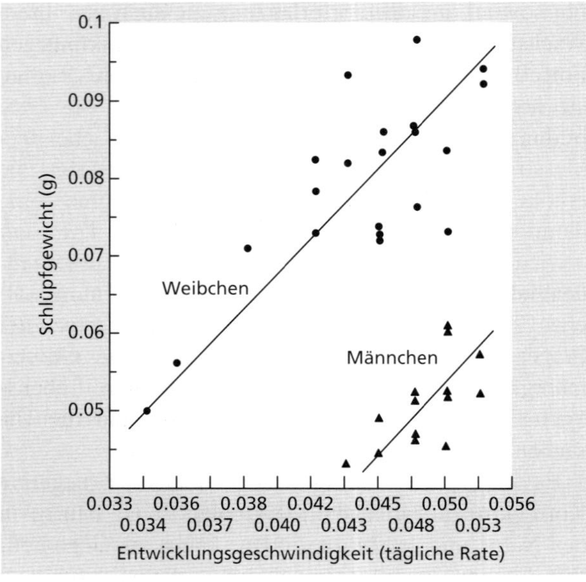

14.6 Unterschiede im Ressourceninput verschleiern mögliche *Trade-offs*: Bei männlichen und weiblichen Feldheuschrecken der Art *Chorthippus brunneus* (Brauner Grashüpfer), die im Labor aufgezogen wurden, schlüpften die bei der Imaginalhäutung größten Individuen auch als erste. (Nach Wall und Begon 1987)

Durch einen Vergleich der Genotypen – beispielsweise durch Züchtungs- und Selektionsexperimente – lassen sich Trade-off-*Kurven erstellen.*

Mit zwei Ansätzen hat man versucht, diese Probleme zu überwinden; sie erlauben somit eine Untersuchung der Natur von *Trade-off*-Kurven. Der erste beruht auf Vergleichen von Individuen, die sich genetisch unterscheiden und bei denen man davon ausgeht, daß die verschiedenen **Genotypen** vermutlich zu einer unterschiedlichen Allokation der Ressourcen auf alternative Merkmale führen. Genotypen kann man auf zwei Weisen miteinander vergleichen:

1) durch ein Züchtungsexperiment, bei dem man Gruppen genetisch identischer oder ähnlicher Individuen züchtet und anschließend vergleicht;
2) durch ein Selektionsexperiment, bei dem man eine Population einem Selektionsdruck unterwirft, so daß sie ein Merkmal ändert, und die damit einhergehenden Veränderungen anderer Merkmale beobachtet.

So zeigten zum Beispiel in einem solchen Selektionsexperiment Populationen der Kupferroten Dörrobstmotte (*Plodia interpunctella*), die eine zunehmende Resistenz gegen ein Virus entwickelt hatten, mit dem sie seit einigen Generationen infiziert waren, damit einhergehend (als negative Korrelation) einen Rückgang ihrer Entwicklungsgeschwindigkeit (Boots und Begon 1993).

Mittels experimenteller Manipulationen lassen sich phänotypische Trade-offs *auffinden.*

Der alternative Ansatz ist die Durchführung experimenteller Manipulationen, um einen *Trade-off* direkt anhand einer negativen phänotypischen Korrelation festzustellen. Die *Drosophila*-Studie in Abbildung 14.5a ist ein Beispiel hierfür. Der große Vorteil experimenteller Manipulation gegenüber der einfachen Beobachtung von **Phänotypen** ist, daß die Individuen zufällig auf Versuchsgruppen verteilt werden, statt sich beispielsweise in der Menge der zur Verfügung stehenden Ressource zu unterscheiden. Diesen Gegensatz verdeutlicht Abbildung 14.7, die zwei Datensätze für den Samenkäfer *Callosobruchus maculatus* zeigt, bei dem Fruchtbarkeit und Lebensdauer miteinander korreliert waren. Einfache Beobachtung der nicht manipulierten Population (Abbildung 14.7a) ergab eine positive Korrelation: Die besseren Individuen lebten länger und legten mehr Eier. Als die Fruchtbarkeit allerdings variierte – nicht infolge unterschiedlicher Ressourcenverfügbarkeit, sondern weil man den Zugang zu Geschlechtspartnern und/oder Eiablageplätzen manipulierte – zeigte sich ein *Trade-off* (eine negative Korrelation, Abbildung 14.7b).

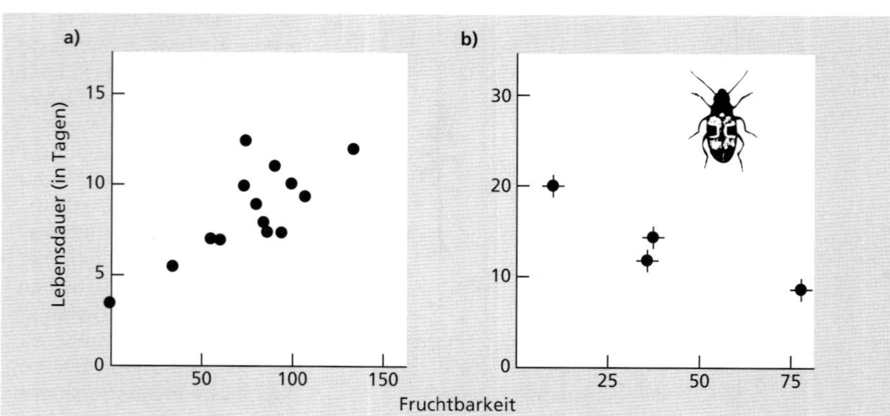

14.7 a) Die (positive) phänotypische Korrelation zwischen Lebensdauer der Adulten und Fruchtbarkeit in einer nicht manipulierten Population weiblicher Samenkäfer der Art *Callosobruchus maculatus*. b) Der (negative) *Trade-off* zwischen den gleichen Merkmalen nach Manipulation des Zugangs zu Geschlechtspartnern und/oder Eiablageplätzen. Die Punkte stellen Mittelwerte aus vier Durchläufen mit Standardfehlern dar. (Nach Lessells 1991 aus unveröffentlichten Daten von K. Wilson)

Abschließend können wir feststellen, daß allgemein Übereinstimmung darüber herrscht, daß solche *Trade-offs* weit verbreitet und von großer Bedeutung sind. Das Problem ist nur, sie aufzuzeigen und somit zu quantifizieren.

14.4.1 Die Kosten der Reproduktion

Die gegenwärtige Reproduktion verringert oft die Überlebensfähigkeit, das Wachstum oder die Zukunftsaussichten des sich reproduzierenden Organismus.

Am meisten Aufmerksamkeit wurde *Trade-offs* geschenkt, die offensichtliche **Reproduktionskosten** (CR; *cost of reproduction*) ans Licht bringen. Der Begriff „Kosten" soll in diesem Zusammenhang darauf hinweisen, daß ein Individuum durch Erhöhen seines gegenwärtigen Reproduktionsaufwands wahrscheinlich seine Überlebensfähigkeit und/oder seine Wachstumsrate verringert und damit auch sein zukünftiges Fortpflanzungspotential reduziert. Das verdeutlichen die Douglasien in Abbildung 14.5 sowie die Käfer in Abbildung 14.7b.

Noch leichter lassen sich die Kosten der Reproduktion an Pflanzen zeigen. Semelpare Pflanzen wie der Rote Fingerhut (*Digitalis purpurea*) blühen ein oder mehrere Jahre nach dem Keimen nach Erreichen einer bestimmten Größe. Nach Ansatz der Samen sterben sie normalerweise ab. Wird der Samenansatz allerdings verhindert – beispielsweise durch Entfernen oder Beschädigung des Blütenstands –, dann erfolgt von der grundständigen Rosette ein neues Wachstum, und die Pflanze blüht im darauffolgenden Jahr erneut und ist dann sogar oft noch größer. Noch stärker quantifizieren läßt sich dies beim Jakobsgreiskraut (*Senecio jacobaea*): Vergleicht man hier Pflanzen einer bestimmten Größe am Ende der Saison, dann überleben nur diejenigen mit dem geringsten Reproduktionsaufwand (Abbildung 14.8).

Die natürliche Selektion begünstigt Lebenszyklusstrategien mit der größten Summe von gegenwärtiger Reproduktionsleistung und zukünftiger Fortpflanzungsrate.

Individuen, die ihre Reproduktion hinauszögern oder einschränken, können daher schneller wachsen, größer werden oder haben zusätzliche Ressourcen zum Überleben, zur Speicherung und damit letztendlich für die Fortpflanzung in der Zukunft zur Verfügung. Jegliche durch die gegenwärtige Reproduktion aufgeladenen „Kosten" tragen somit wahrscheinlich zu einer Abnahme des residualen Reproduktionswertes bei. Wie jedoch bereits angemerkt, begünstigt die natürliche Selektion die Lebenszyklusstrategie mit dem höchsten möglichen Gesamt-Reproduktionswert und damit diejenige mit der größten Summe zweier Größen, von denen die eine (die gegenwärtige Reproduktionsleistung) tendenziell ansteigt, wenn die andere (der residuale Reproduktionswert) zurückgeht. *Trade-offs*, welche die Reproduktionskosten beinhalten, stehen damit eindeutig im Mittelpunkt der Evolution aller Lebenszyklusstrategien.

14.4.2 Anzahl und Fitneß der Nachkommen

Die Divergenz zwischen der Anzahl der Nachkommen und deren Fitneß ist ein typischer Trade-off.

Ein zweiter *Trade-off*, dem beträchtliche Aufmerksamkeit zuteil wurde, ist jener zwischen der Anzahl der

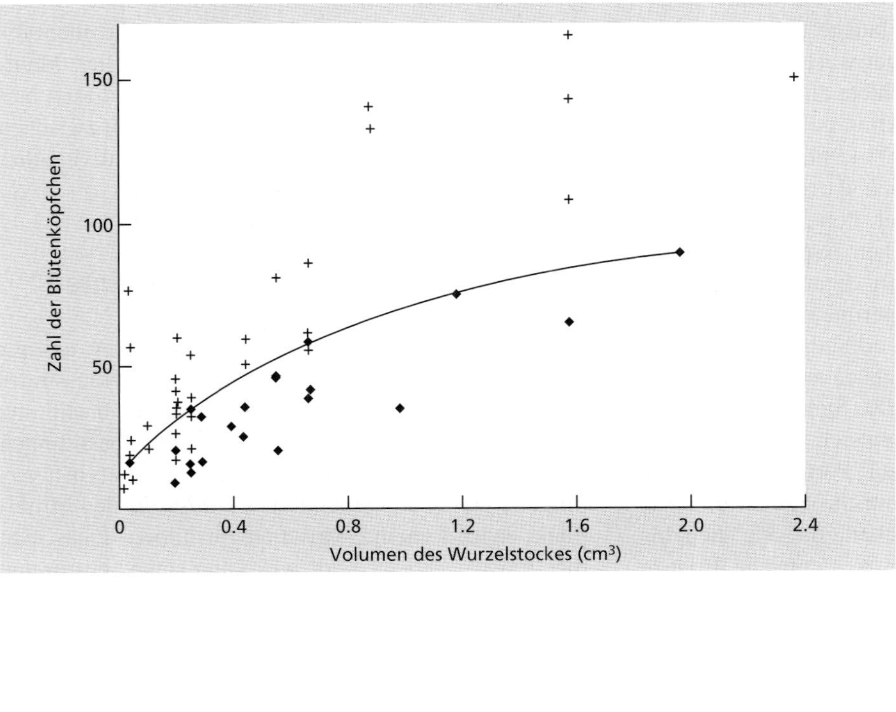

14.8 Die Reproduktionskosten beim Jakobsgreiskraut (*Senecio jacobaea*). Die Linie trennt die überlebenden Pflanzen von denjenigen, die am Ende der Saison abstarben. Oberhalb und links der Linie gibt es keine überlebenden Pflanzen. Bei einer bestimmten Größe (gemessen am Volumen des Wurzelstockes) überleben nur diejenigen mit dem geringsten Reproduktionsaufwand (gemessen anhand der Zahl der Blütenköpfchen), obwohl größere Pflanzen einen höheren Aufwand haben können und dennoch überleben. (Nach Gilman und Crawley 1990)

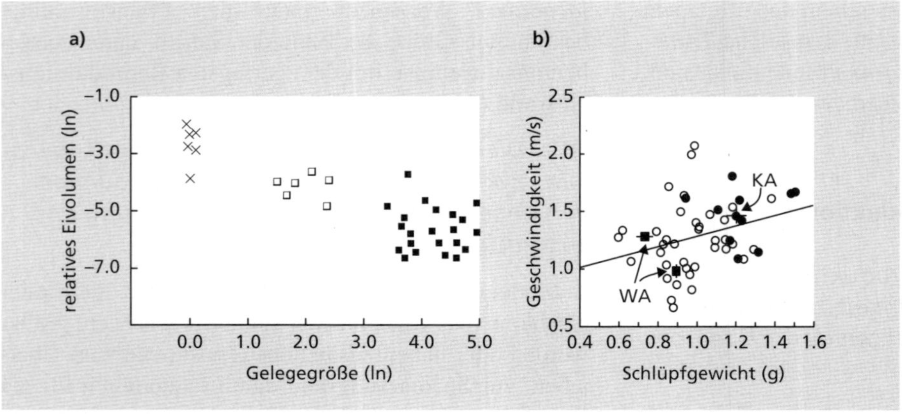

14.9 Nachweis eines *Trade-off* zwischen der Anzahl der Nachkommen in einem Gelege und der individuellen Fitneß dieser Nachkommen. a) Eine negative Korrelation zwischen der Gelegegröße und dem Eivolumen bei *Drosophila*-Arten von Hawaii, die sich entweder von der relativ kargen und begrenzten Ressource Blütenpollen (×), von Bakterien in sich zersetzenden Blättern (□) oder von besonders unvorhersehbaren, aber produktiven Ressourcen – von Hefen in faulen Früchten, verrotteter Borke oder Stämmen (■) ernährten. (Nach Montagie et al. 1981; Stearns 1992) b) Masse und Geschwindigkeit frisch geschlüpfter Stachelleguane der Art *Sceloporus occidentalis* aus Kalifornien sind niedriger, wenn sie aus Eiern schlüpften, aus denen etwas Dotter entfernt wurde (○), als bei nicht manipulierten Kontrolleiern (●). Ebenfalls dargestellt sind die Mittelwerte für die Kontrolltiere aus Kalifornien (KA) (weniger größere Eier) und jene für zwei Stichproben aus Washington (WA) (mehrere kleinere Eier). (Nach Sinervo 1990)

Nachkommen und deren individueller Fitneß. In seiner einfachsten Form ist dies ein *Trade-off* zwischen der Größe und der Anzahl der Nachkommen innerhalb eines bestimmten Gesamt-Reproduktionsaufwands. Das heißt, der Reproduktionsaufwand kann auf weniger größere oder mehrere kleinere Nachkommen verteilt werden. Eltern können in ihre Nachkommen aber auch noch nach der Geburt **Brutpflege** investieren, und so kann der *Trade-off* beispielsweise zwischen der Zahl der Nachkommen und der jedem dieser Nachkommen zugeteilten Futtermenge bestehen. Zudem ist die Größe eines Eies oder Samens nur ein Hinweis auf seine wahrscheinliche Fitneß. Daher ist es wohl eher angebracht, nach einem *Trade-off* zwischen der Zahl der Nachkommen und beispielsweise der individuellen Überlebensfähigkeit oder Entwicklungsrate zu suchen nach.

Von den wenigen genetischen Korrelationen zwischen Größe und Anzahl der Eier, die bisher untersucht wurden – vor allem bei Hausgeflügel –, war die Mehrzahl, wie erwartet, negativ (Lessells 1991). Negative Korrelationen beobachtete man auch bei einfachen Vergleichen zwischen Arten oder Populationen (siehe zum Beispiel Abbildung 14.9a), obgleich es in solchen Fällen unwahrscheinlich ist, daß die Individuen verschiedener Arten oder Populationen insgesamt gesehen genau den gleichen Reproduktionsaufwand betreiben. Zudem ist ein derartiger *Trade-off* besonders schwierig durch experimentelle Manipulation zu beobachten. Um dies zu erklären, muß man folgende Frage stellen: Wenn man davon ausgeht, daß eine Pflanze angenommen 100 Samen produziert, von denen jeder 10 mg wiegt und sich mit fünfprozentiger Wahrscheinlichkeit bis zur Fortpflanzungsreife entwickelt, wie groß wären dann die Samen und wie hoch wäre die Wahrscheinlichkeit, daß sie sich bis zur Reife entwickeln, wenn eine identische Pflanze bei identischen Ressourcen nur 80 Samen hervorbrächte? Natürlich würde es nichts nützen, die Samenzahl durch Ändern der zur Verfügung stehenden Ressourcen zu manipulieren. Selbst wenn man 20 Samen an oder nahe ihrer Ansatzstelle entfernen würde, wäre die Pflanze nur eingeschränkt imstande, die Größe der übrigen Samen zu ändern, und ihr anschließendes Überleben würde nicht wirklich die ursprünglich gestellte Frage beantworten.

Nichtsdestotrotz manipulierte Sinervo (1990) die Größe von Eiern des Stachelleguans *Sceloporus occidentalis*, indem er nach der Ablage Dotter aus ihnen entfernte, wodurch gesunde, aber kleinere Nachkommen als aus nicht manipulierten Eiern schlüpften. Diese kleineren Leguanjungen liefen weniger schnell (Abbildung 14.9b) – vermutlich ein Hinweis auf eine verringerte Fähigkeit zur Feindvermeidung und damit eine geringere Fitneß. In natürlichen Populationen produziert diese Art in Kalifornien kleinere Gelege aus größeren Eiern als in Washington (siehe ebenfalls Abbildung 14.9b). Im Licht experimenteller Manipulationen scheint der Vergleich zwischen diesen beiden Populationen tatsächlich einen *Trade-off* zwischen der Anzahl der Nachkommen und deren individueller Fitneß widerzuspiegeln.

14.5 Optionen-Sets und Fitneßlinien

Als nächstes wenden wir uns einer weiteren unserer ursprünglichen Fragen bezüglich Lebenszyklusstrategien zu: Gibt es Gesetzmäßigkeiten, die bestimmte Typen an Lebenszyklusstrategien mit bestimmten Organismenformen oder bestimmten Habitattypen verbinden? Davon ausgehend, daß *Trade-offs* den Mittelpunkt jeder Lebenszyklusstrategie bilden, kann man die Frage, »wann und wo kann man bestimmte

Lebenszyklusstrategien finden?«, so umformulieren, daß sie lautet: »Wann und wo begünstigt die natürliche Selektion bestimmte Punkte in einer *Trade-off*-Kurve?« Um diese Frage zu beantworten, wollen wir zwei weitere Konzepte einführen. Wir tun dies im Zusammenhang mit den Reproduktionskosten, da die damit verbundenen *Trade-offs* die grundlegendsten sind; die gleichen Prinzipien gelten jedoch auch für alle anderen *Trade-offs*.

Das Optionen-Set gibt das Spektrum der Merkmalskombinationsmöglichkeiten wider; seine graphische äußere Grenze bildet die Trade-off-*Kurve.*

Der erste Begriff ist der des **Optionen-Sets** (*options set*). Er beschreibt das gesamte Spektrum an Kombinationen zweier Merkmale von Lebenszyklusstrategien, das ein Organismus aufweisen kann. Damit spiegelt er die zugrundeliegende Physiologie des Organismus wider. Hier verwenden wir aus Gründen der Anschaulichkeit die Merkmale der gegenwärtigen Fortpflanzung, m_x, und Wachstum (als potentiell bedeutenden Hinweis auf den residualen Reproduktionswert; Abbildung 14.10). Das Optionen-Set beschreibt daher für jede gegebene gegenwärtige Fortpflanzungsleistung das Spektrum möglichen Größenzuwachses, den der Organismus erreichen kann, sowie für jeden gegebenen Größenzuwachs das Spektrum der gegenwärtigen Fortpflanzungsleistung, die dem Organismus möglich ist. Die äußere Grenze des Optionen-Sets stellt die *Trade-off*-Kurve dar. Für jeden Punkt auf dieser Kurve kann der Organismus m_x nur erhöhen, indem er dies durch ein verringertes Wachstum kompensiert – übereinstimmend mit dem zugrundeliegenden *Trade-off* zwischen diesen beiden Merkmalen.

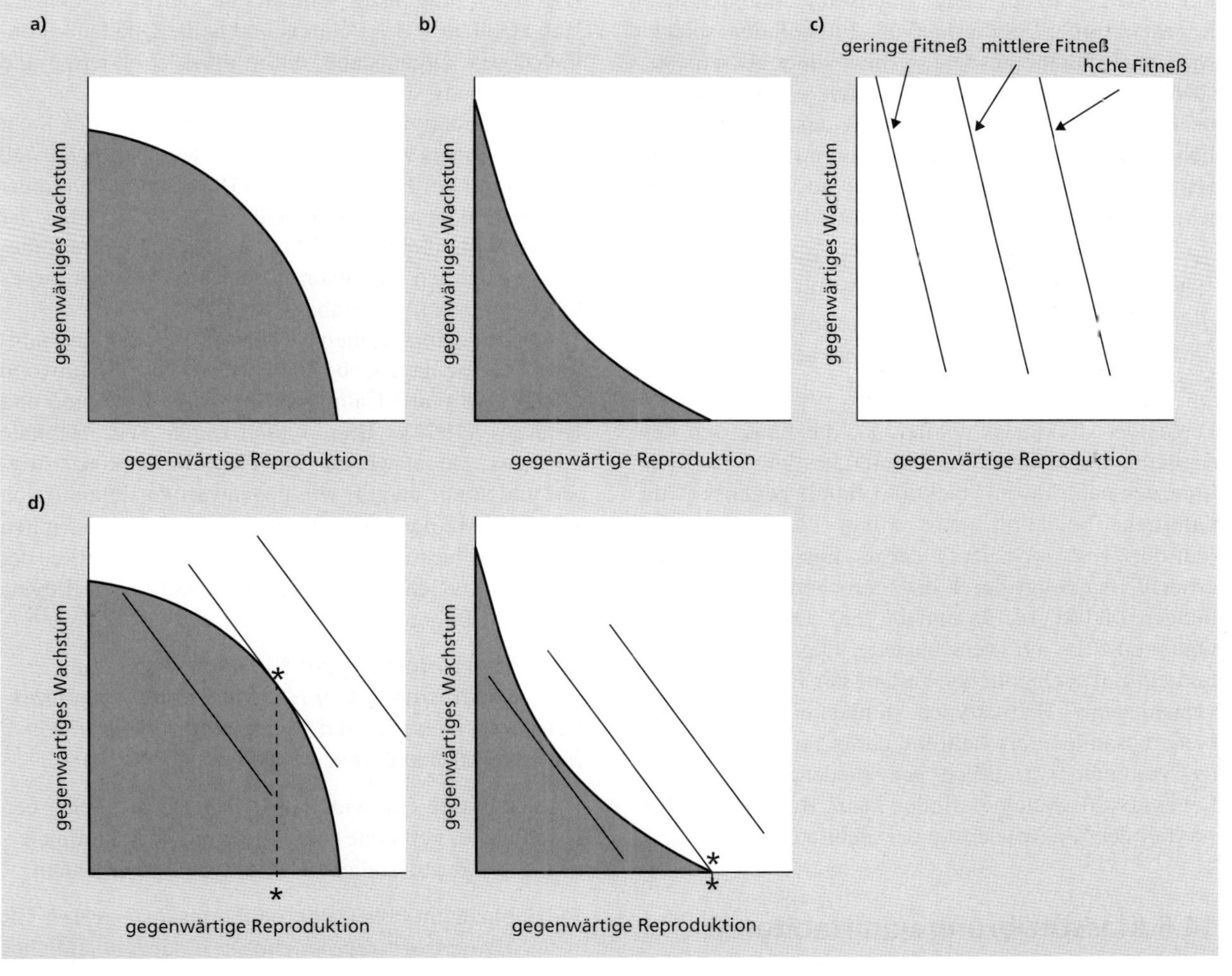

14.10 a) und b) veranschaulichen Optionen-Sets – die einem Organismus verfügbaren Kombinationen, in diesem Fall der gegenwärtigen Reproduktion und des gegenwärtigen Wachstums. Wie im Text erläutert, bildet die *Trade-off*-Kurve die äußere Grenze des Optionen-Sets. a) verläuft konvex nach außen, b) konkav nach außen. c) Fitneßlinien verbinden Kombinationen der gegenwärtigen Fortpflanzung und des gegenwärtigen Wachstums, die in einem gegebenen Habitat zur gleichen Fitneß führen. Weiter vom Ursprung entfernte Linien zeigen daher eine höhere Fitneß an. d) Der Punkt mit der höchsten Fitneß in einem Optionen-Set ist jener, der die höchste Fitneßlinie erreicht. Dieser Punkt und der (optimale) Wert für die gegenwärtige Reproduktion, durch die er entsteht, sind mit einem Stern markiert. (Nach Sibley und Calow 1983)

Ein Optionen-Set kann konvex nach außen verlaufen (Abbildung 14.10a). Das bedeutet im vorliegenden Fall, daß eine gegenwärtige Fortpflanzung, die nur geringfügig unter dem Maximum liegt, dennoch ein beträchtliches Wachstum ermöglicht. Andererseits kann das Set auch konkav nach außen verlaufen (Abbildung 14.10b). Dies hat zur Folge, daß nur dann ein nennenswertes Wachstum erreichbar ist, wenn die gegenwärtige Fortpflanzung erheblich unter dem Maximum liegt.

Fitneßlinien geben die Merkmalskombinationen an, bei denen die Fitneß konstant ist.

Der zweite Begriff ist die sogenannte **Fitneßlinie** (*fitness contour*). Dies ist eine Linie, die in diesem Fall Kombinationen von m_x und Wachstum verbindet, für die die Fitneß (der Reproduktionswert) konstant ist (Abbildung 14.10c). Linien mit größerem Abstand zum Ursprung repräsentieren somit Kombinationen mit höherer Fitneß (mehr Wachstum und/oder mehr Reproduktion). Der Verlauf der Fitneßlinien spiegelt eher das Habitat eines Organismus wider als seine tatsächlichen Eigenschaften. So kann ein Organismus beispielsweise imstande sein, 75 % der maximal möglichen gegenwärtigen Reproduktion mit einem 75prozentigen gegenwärtigen Wachstum zu verbinden. Das würde sich in seinem Optionen-Set widerspiegeln.

Derjenige Punkt auf der Trade-off-*Kurve, der die höchste Fitneßlinie berührt, gibt diejenige Merkmalskombination mit der höchsten Fitness an – diese wird dementsprechend durch natürliche Selektion begünstigt.*

Diejenige Merkmalskombination, die unter den verfügbaren die höchste Fitneß bietet, bestimmt die Richtung der natürlichen Selektion. Somit begünstigt die natürliche Selektion jenen Punkt im Optionen-Set (auf der *Trade-off*-Kurve), der die höchste Fitneßlinie erreicht (angezeigt durch die Sternchen in den Abbildungen 14.10d, 14.12a und 14.15a). Da verschiedene Optionen-Sets auf verschiedene Organismenformen und ein unterschiedlicher Verlauf der Fitneßlinien auf verschiedene Habitattypen hindeuten, kann man beide zusammen als Leitlinie dafür verwenden, wann und wo man vermutlich verschiedene Formen von Lebenszyklusstrategien finden kann. Beginnen wollen wir mit der Klassifizierung der Habitate.

14.6 Klassifizierung von Habitaten

Habitate müssen aus der Perspektive ihrer Bewohner klassifiziert werden.

Das Habitat jedes Organismus ist genauso einzigartig wie seine Lebenszyklusstrategie. Wenn wir also eine Gesetzmäßigkeit feststellen wollen, durch die Habitate und Lebenszyklusstrategien miteinander verbunden sind, müssen wir die Habitate nach Kriterien klassifizieren, die für alle gelten. Überdies müssen wir sie aus der Sicht der betreffenden Organismen beschreiben und klassifizieren. Ob eine einjährige Pflanze beispielsweise einen ungewöhnlich kalten Winter oder heißen Sommer durchmachen wird, ist schwer vorauszusagen, da sie nur ein Jahr lebt. Wie viele kalte, gemäßigte und heiße Sommer ein langlebiger Baum durchleben wird, ist hingegen weitaus leichter voraussagbar. Ganz ähnlich kann ein kleines Waldgebiet für einen Käfer, der sich auf Blattlauskolonien spezialisiert hat, ein heterogenes Habitat darstellen. Sehr viel homogener ist dies jedoch für ein Nagetier, das Samen vom Waldboden aufsammelt. Dieses kleine Waldgebiet kann auch einen Teil eines heterogenen Habitats für einen großen Bussard sein, dessen Jagdgebiet eine viel größere Fläche umfaßt. Außerdem ist es gefährlich, bestimmte Habitate vorschnell als „günstig“ oder „ungünstig“ einzuteilen. Selbst die extremsten Habitate – wie Polareis und heiße Quellen – können für die Organismen, die in ihnen evolvierten und leben, günstig sein.

Der Habitattyp ist daher aus der ökologischen Sicht des Bewohners zu verstehen. Wenn wir also sagen, daß der Verlauf der Fitneßlinien das Habitat eines Organismus widerspiegelt, dann meinen wir damit, daß der Kurvenverlauf die Auswirkungen des Habitats auf diesen bestimmten Organismus oder die Reaktion dieses Organismus auf das Habitat wiedergibt.

Es wurde eine Reihe von Klassifikationen für Habitate vorgeschlagen, beispielsweise von Southwood (1977), Sibly und Calow (1985) sowie Townsend und Hildrew (1994). Hier klassifizieren wir Habitate zunächst, indem wir uns auf Fitneßlinien konzentrieren und somit darauf, wie gegenwärtige Repoduktion und Wachstum gemeinsam in verschiedenen Habitaten die Fitneß bestimmen (dies ist eine Kombination der Ansätze von Sibly und Calow 1983, nach Levins 1968 und Begon 1985).

Man unterscheidet für etablierte Organismen zwei Habitattypen – einen mit vergleichsweise hohen und einen mit niedrigen Reproduktionskosten.

Für etablierte Individuen – das heißt nicht neu geschlüpfte, geborene oder gekeimte Nachkommen – sind zwei gegensätzliche Habitattypen zu erkennen:

1) Habitate mit hohen Reproduktionskosten (*high*-CR – *high-cost-of-reproduction*), in denen jegliches verringertes Wachstum, das sich aus der gegenwärtigen Reproduktion ergibt, eine signifikant negative Auswirkung auf den residualen Reproduktionswert und somit auf die Fitneß hat. So läßt sich durch eine Kombination von hoher Reproduktion mit geringem Wachstum eine ähnliche

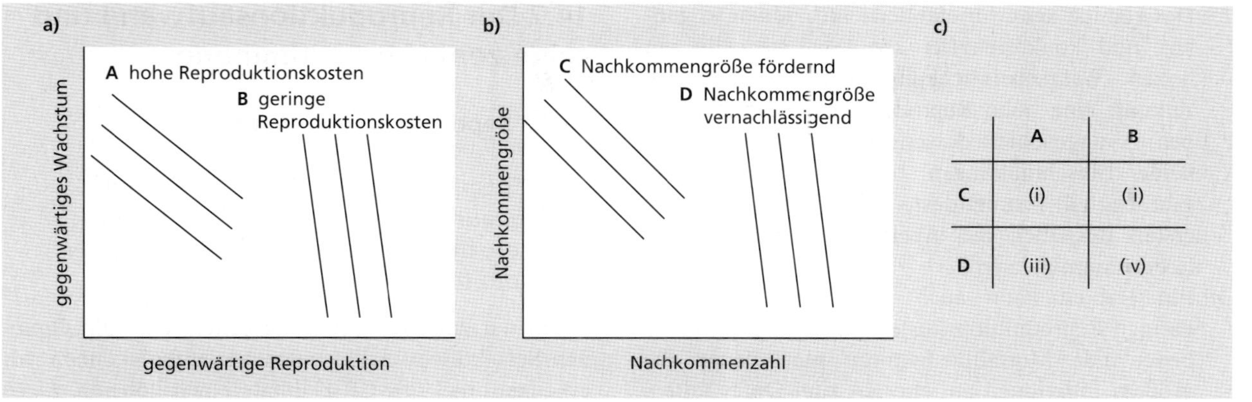

14.11 Eine demographische Klassifikation von Habitaten. a) Habitate etablierter Individuen können entweder (A) relativ hohe Reproduktionskosten mit sich bringen (*high*-CR; die Fitneßlinien zeigen an, daß der residuale Reproduktionswert mit zunehmendem Wachstum, das aus einer verminderten gegenwärtigen Reproduktion resultiert, stark ansteigt), oder (B) verhältnismäßig niedrige Reproduktionskosten (*low*-CR; die Fitneßlinien spiegeln weitgehend die gegenwärtige Reproduktion wider). b) Habitate gerade erst zur Welt gekommener Nachkommen können entweder (C) relativ förderlich für die Nachkommengröße sein oder (D) relativ vernachlässigend. Eine größere Körpergröße der Nachkommen bedeutet vermutlich eine geringere Anzahl an ihnen (bei einem gegebenen Reproduktionsaufwand). Daher spiegelt beispielsweise bei D die Fitneß weitgehend die Zahl der Nachkommen wider – nicht ihre individuelle Größe. c) Durch Kombination dieser beiden gegensätzlichen Paare kann das Habitat eines Organismus im Laufe seines gesamten Lebens verglichen zu dem eines anderen Organismus vier grundlegenden Typen angehören, die in der Abbildung willkürlich als (i) bis (iv) bezeichnet sind.

Fitneß erreichen wie durch geringe Reproduktion bei starkem Wachstum. Daher verlaufen die Fitneßlinien diagonal mit einer negativen Neigung (Abbildung 14.11a).

2) Habitate mit niedrigen Reproduktionskosten (*low*-CR), in denen der residuale Reproduktionswert durch das gegenwärtige Wachstum nur wenig beeinflußt wird. Die Fitneß wird somit im Wesentlichen allein durch die gegenwärtige Reproduktionsleistung bestimmt und wird ungeachtet des gegenwärtigen Wachstums stets etwa gleich bleiben. Deshalb verlaufen die Fitneßlinien ungefähr senkrecht (parallel zur „Wachstums"-Achse, Abbildung 14.11a).

Diese Klassifikation ist wie viele andere Aspekte beim Studium von Lebenszyklusstrategien, vergleichend. In der Praxis kann ein Habitat nur als reproduktionskostenintensiv (*high*-CR) beschrieben werden, wenn man es mit einem anderen, mit verhältnismäßig niedrigen Reproduktionskosten vergleicht. Diese Klassifikation bezweckt, Habitate einander gegenüberzustellen, statt sie absolut zu beschreiben. Doch dies reduziert in keinster Weise die Bedeutung der Klassifikation für unsere Suche nach Gesetzmäßigkeiten von Lebenszyklusstrategien.

Ein zweiter, ebenfalls ganz entscheidender Punkt ist, daß ein Habitat aus einer Reihe verschiedener Gründe einem bestimmten Typ angehören kann. So können Habitate aus mindestens zwei Gründen relativ hohe Reproduktionskosten mit sich bringen:

1) Wenn starke Konkurrenz zwischen etablierten Individuen besteht, wobei nur die die Konkurrenzfähigsten überleben und sich fortpflanzen, kann die verringerte gegenwärtige Reproduktion aufgrund des gesteigerten Wachstums, das sie ermöglicht, zu einer erheblich erhöhten Konkurrenzfähigkeit in der Zukunft und damit zu einem erhöhten residualen Reproduktionswert führen. Männliche Rothirsche, bei denen nur die konkurrenzfähigsten einen Weibchenharem besitzen können, sind ein gutes Beispiel hierfür.
2) Habitate werden auch immer dann hohe Reproduktionskosten verursachen, wenn kleine Adulte besonders anfällig für einen bedeutenden Mortalitätsfaktor durch einen Räuber oder irgendeinen abiotischen Faktor sind. Eine geringe gegenwärtige Fortpflanzung ermöglicht, daß sie rasch den anfälligen Größenklassen entwachsen. So können beispielsweise Miesmuscheln an der Küste durch Einschränkung der Fortpflanzung so stark anwachsen, daß sie der Erbeutung durch Krabben und Eiderenten entgehen.

Aus mindestens drei verschiedenen Gründen können Habitate relative niedrige Reproduktionskosten verursachen:

1) Ein Großteil der Sterblichkeit kann wahllos und unvermeidlich sein, so daß jegliche Größenzunahmen durch eingeschränkte Fortpflanzung sich für die Zukunft als wertlos erweisen. Beim Austrocknen temporärer Teiche sterben die meisten Individuen ungeachtet ihrer Größe oder ihres körperlichen Zustands.

2) Das Habitat kann für etablierte Individuen so günstig und konkurrenzfrei sein, daß sie alle mit hoher Wahrscheinlichkeit überleben und in Zukunft eine hohe Reproduktionsleistung erbringen – ungeachtet dessen, daß es gegenwärtig keine Einschränkungen bei der Fortpflanzung gibt. Die gilt – zumindest vorübergehend – für die ersten Besiedler, die in einen neu entstandenen Lebensraum gelangen.
3) Ein Habitat kann auch ganz einfach deshalb geringe Reproduktionskosten verursachen, weil es bedeutende Mortalitätsfaktoren gibt, denen die größten Individuen am ehesten zum Opfer fallen. Auf diese Weise kann eine eingeschränkte gegenwärtige Fortpflanzung, indem sie die Körpergröße ansteigen läßt, zu einer verringerten Überlebensfähigkeit in der Zukunft führen. So erbeuten Greifvögel im Amazonasgebiet bevorzugt die größten Individuen bestimmter Zahnkärpflingsarten.

Zusammenfassend läßt sich demnach auf der Grundlage von Unterschieden in den Neigungen von Fitneßlinien der darin lebenden Organismen eine Vielzahl verschiedener Habitate klassifizieren und vergleichen. Diese Unterschiede können uns letztendlich helfen, Unterschiede der Lebenszyklusstrategien zu verstehen.

Eine ähnliche Klassifikation von Habitaten kann man auch für neugeborene Nachkommen erstellen. Wiederum unterscheidet man zwei gegensätzliche Typen (Abbildung 14.11b), wenn man bei einem gegebenen Reproduktionsaufwand davon ausgeht, daß größere Nachkommen nur dann produziert werden können, wenn es weniger von ihnen gibt.

1) Die Nachkommengröße fördernde Habitate (*offspring size-sensitive habitats*), in denen der Reproduktionswert einzelner Nachkommen mit der Größe signifikant ansteigt (wie zuvor entweder aufgrund von Konkurrenz zwischen den Nachkommen oder wegen bedeutender Mortalitätsursachen, für die kleine Nachkommen besonders anfällig sind). Eine Zunahme der Größe bedeutet einen deutlichen Anstieg der Fitneßlinien.
2) Die Nachkommengröße vernachlässigende Habitate (*offspring size-insensitive habitats*), in denen der Reproduktionswert einzelner Nachkommen wenig von ihrer Größe beeinflußt wird (wie oben aufgrund unspezifischer Mortalität, wegen eines Überangebots an Ressourcen oder weil es Sterblichkeitsursachen gibt, für die größere Individuen anfälliger sind). Eine Größenzunahme bedeutet in diesem Fall eine vernachlässigbaren Anstieg der Fitneßlinien.

Zusammengenommen kann man diese beiden gegensätzlichen Paare zu vier Habitattypen zusammenfassen (Abbildung 14.11c).

14.7 Der Reproduktionsaufwand und seine zeitliche Abstimmung

14.7.1 Reproduktionsaufwand

Entsprechend der Trade-off-*Kurven begünstigen* low-*CR-Habitate einen höheren,* high-*CR-Habitate einen geringeren Reproduktionsaufwand.*

Wenn wir zunächst davon ausgehen, daß alle Options-Sets konvex nach außen verlaufen, können wir erkennen, daß *low*-CR-Habitate einen höheren, *high*-CR-Habitate hingegen einen geringeren Reproduktionsaufwand begünstigen sollten (Abbildung 14.12a). Dieses Muster ist in drei Populationen des Gemeinen Löwenzahns (*Taraxacum officinale*) erkennbar. Die Populationen bestanden aus einer Reihe unterschiedlicher Klone, die sich durch Elektrophorese identifizieren ließen und, wie man herausfand, einem von vier Biotypen (A–D) angehörten. Die Habitate der Populationen reichten von einem Fußweg (hier war die Mortalität unter den Adulten am unspezifischsten – „geringste Reproduktionskosten") bis zu einer alten, stabilen Viehweide (dem Habitat mit der stärksten Konkurrenz unter den Adulten – „höchste Reproduktionskosten"). Der dritte Standort war eine Zwischenform von diesen beiden. In Einklang mit den Voraussagen investierte der Biotyp, der am Fußweg dominierte (A), den höchsten Reproduktionsaufwand (ganz gleich, von welchem Standort er stammte), während der auf der alten Viehweide vorherrschende Biotyp (D) den geringsten reproduktiven Einsatz betrieb (Abbildungen 14.12 b und c). Die Biotypen B und C lagen hinsichtlich ihres Vorkommens an den Standorten und ihres Reproduktionsaufwands entsprechend dazwischen.

Weitere Habitate, die vermutlich relativ geringe Reproduktionskosten verursachen (dieses Mal insofern, als sie unspezifisch günstig sind), sind jene von Bandwürmern und anderen Darmparasiten. Wenn die erwachsenen Tiere sich erst einmal in ihren Wirten etabliert haben, „schwimmen" sie in Nährstoffen – dies könnte ihren außerordentlich hohen Reproduktionsaufwand erklären (Calow 1981).

Ein Habitat kann auch relativ hohe Reproduktionskosten verursachen, weil die Fortpflanzung „Risiken" birgt, die über die einfache Allokation von Ressourcen hinausgehen. So können fortpflanzende Individuen sich beispielsweise als anfälliger gegenüber Räubern erweisen oder aufgrund ihres erhöhten Gewichts durch ihre Fortpflanzungsorgane weniger effizient bei der Nahrungssuche sein.

Verhältnismäßig hohe Reproduktionskosten kann ein Habitat verursachen, weil es einen Organismus vor besonders schwere physiologische Probleme stellt, die zu lösen Energie erfordert. Diese Energie muß einge-

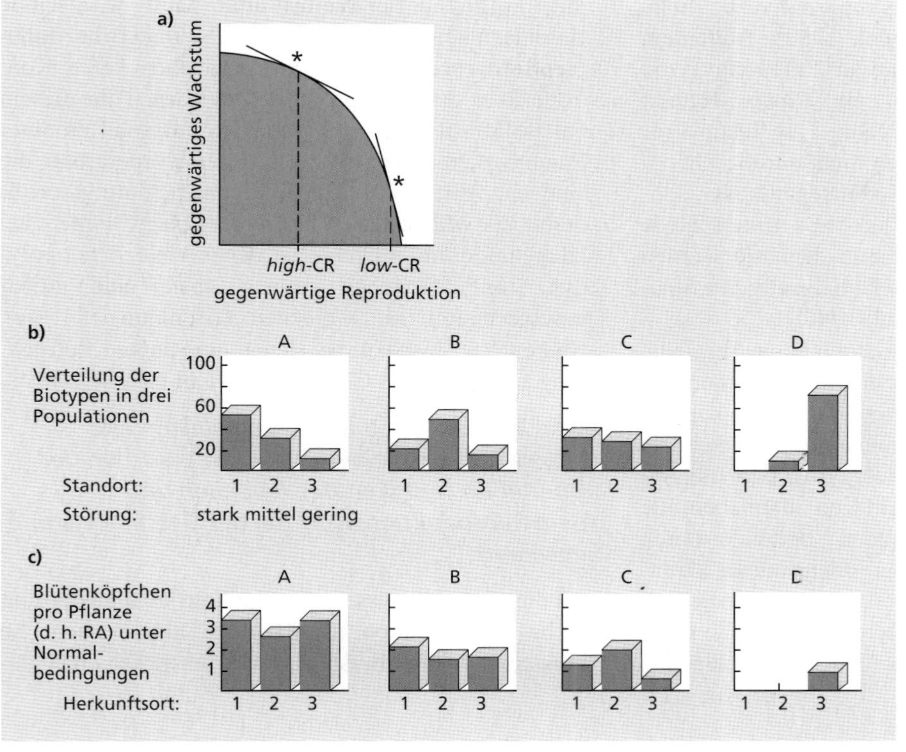

14.12 a) Optionen-Sets und Fitneßlinien (siehe Abbildung 14.11) legen nahe, daß Habitate mit relativ hohen Reproduktionskosten einen verhältnismäßig geringen Reproduktionsaufwand begünstigen sollten. b) Die Verteilung der vier Biotypen (A–D) des Gemeinen Löwenzahns (*Taraxacum officinale*) in drei Populationen, die geringen, mittleren und starken Störungen ausgesetzt waren (das heißt in Habitaten mit relativ hohen bis zu solchen mit verhältnismäßig geringen Reproduktionskosten). c) Der Reproduktionsaufwand (RA) der verschiedenen Biotypen von unterschiedlichen Standorten; wie ersichtlich, weist Biotyp A, der in einem *low*-CR-Habitat vorherrscht, einen verhältnismäßig hohen Repodukt onsaufwand auf und so weiter. (Teilabbildungen b) und c) nach Solbrig und Simpson 1974)

spart und darf nicht für die gegenwärtige Fortpflanzung verwendet werden – ansonsten wäre die Überlebensfähigkeit und damit der residuale Reproduktionswert gefährlich verringert. So untersuchte beispielsweise Stearns (1980) zwei benachbarte Populationen des Koboldkärpflings (*Gambusia affinis*) in Texas, von denen eine im Süßwasser, die andere im Brackwasser lebte. Bei den Individuen aus der Brackwasserpopulation stellte er einen größeren Reproduktionsaufwand fest, gelangte jedoch zu dem Schluß, daß die Selektion nicht direkt auf den Reproduktionsaufwand einwirkte. Es schien vielmehr, als hätten die Individuen der Süßwasserpopulation Probleme mit der Osmoregulation, so daß sie zusätzliche Energie verbrauchten, um ihre Körperflüssigkeiten in einem akzeptablen Zustand zu halten. Daher hatten sie weniger Energie „zur freien Verfügung", und dies führte zu ihrem geringeren Reproduktionsaufwand. Dieses Beispiel bestätigt, daß eine Lebenszyklusstrategie eine Reaktion auf die gesamte Umwelt eines Organismus ist.

Den Beispielen des Löwenzahns, der Bandwürmer und der Kärpflinge nach zu urteilen spielt der Verlauf der Fitneßlinien für das Verständnis von Gesetzmäßigkeiten von Lebenszyklusstrategien eine wertvolle Rolle.

14.7.2 Das Alter bei der Geschlechtsreife

High-CR-Habitate begünstigen eine lange, low-CR-Habitate eine kurze präreproduktive Phase.

Da *high*-CR-Habitate einen geringen Reproduktionsaufwand begünstigen sollten, sollte die **Geschlechtsreife** (der Beginn der sexuellen Fortpflanzung) in solchen Habitaten relativ hinausgezögert sein und erst bei einer relativ großen Körpergröße auftreten (durch Verzögern der Geschlechtsreife zu einem bestimmten Zeitpunkt betreibt ein Organismus einen Reproduktionsaufwand von Null).

Ein ähnliches Muster ergab sich beispielsweise bei einer Studie an Guppys (*Poecilia reticulata*) in Trinidad (Tabelle 14.1). Diese Arbeit bestätigt auch die zuvor diskutierten Gesetzmäßigkeiten des Reproduktionsaufwands sowie die in Abschnitt 14.8 diskutierten Variationsmuster der Nachkommensgröße. Die Guppys leben in kleinen Flüssen, von denen man zwei gegensätzliche Typen unterscheiden kann. In dem einen ist ihr Hauptfeind der Hechtbuntbarsch *Crenicichla alta*, der vor allem große, geschlechtsreife Guppys erbeutet. Im anderen ist der bedeutendste Räuber ein Zahnkärpfling, der Bachling *Rivulus hartii*, der kleine, junge Guppys bevorzugt. Die Habitate mit *Crenicichla* verursachen daher relativ geringe Reproduktionskosten, und die Guppys werden dort – wie vorhergesagt – früher und mit geringerer Größe geschlechtsreif. Sie betreiben auch einen größeren Reproduktionsaufwand (linke Spalten in Tabelle 14.1; Reznick 1982). Außerdem stellte man folgendes fest: Als man 200 Guppys von einem *Crenicichla*-Habitat in ein *Rivulus*-Habitat umsiedelte und diese dort elf Jahre lang lebten (für 30 bis 60 Generationen), wurden nicht nur die Phänotypen denen anderer *high*-CR-Habitate ähnlicher, sondern es wurde auch deutlich, daß diese Unterschiede evolviert und damit erblich waren, denn sie wurden auch unter Laborbedingungen beibehalten (rechte Spalten in Tabelle 14.1; Reznick et al. 1990).

Zusätzlich bestätigt wird dies durch einen Vergleich des Alters bei der Geschlechtsreife von Männchen und Weibchen einer Art. Wie schon zuvor betont, kann es bedeutende, vom Geschlecht abhängige Unterschiede im Habitat geben. Speziell bei **polygynen Paarungssystemen** (wo eine begrenzte Zahl von Männchen alle Paarungen für sich beansprucht, mitunter durch Kampf oder zumindest durch Bedrohen anderer Männchen) sollten Männchen aufgrund der Vorteile, die sich beispielsweise durch eine größere Körpergröße ergeben, am meisten von einer verzögerten Geschlechtsreife profitieren. Bei **Promiskuität** (häufig wechselnde Geschlechtspartner) hingegen und besonders bei **äußerer Befruchtung**, haben die Männchen keine Kontrolle über den Zugang zu den Weibchen. In diesem Fall sollten deshalb die Weibchen aufgrund erhöhter Fruchtbarkeit mehr von der höheren Körpergröße, die eine verzögerte Geschlechtsreife mit sich bringt, profitieren als Männchen. Wie vorausgesagt werden bei Säugetieren und Vögeln, bei denen viele Arten polygyn sind, Männchen zumeist später und größer geschlechtsreif als Weibchen (Abbildung 14.14a), während bei Fischen, bei denen eine äußere Befruchtung häufig ist, das Gegenteil der Fall ist.

Das Eintreten in die Geschlechtsreife wird durch einen Trade-off *zwischen der Überlebensfähigkeit der Juvenilen und dem Reproduktionswert bei der Geschlechtsreife gesteuert.*

An dieser Stelle müssen wir allerdings über unsere einfache Klassifikation der Habitate hinausgehen. So können wir zum Beispiel davon ausgehen, daß das

Tabelle 14.1: Ein Vergleich von Guppys (*Poecilia reticulata*) aus *low*-CR-Habitaten, die nicht förderlich für die Nachkommengröße waren (die Räuber *Crenicichla* konzentrierten sich auf größere, adulte Fische) mit solchen aus *high*-CR-Habitaten, die förderlich für die Nachkommengröße waren (die Räuber *Rivulus* erbeuteten überwiegend kleinere, junge Fische).
In ersteren werden die Guppys (Männchen wie Weibchen) früher und mit geringerer Größe geschlechtsreif, betreiben einen höheren Reproduktionsaufwand (kürzere Intervalle zwischen den Bruten, prozentual höherer Aufwand) und produzieren kleinere (und mehr) Nachkommen. Das gilt sowohl für natürliche Populationen aus gegensätzlichen Habitaten (links, nach Reznick 1982) als auch für einen Vergleich einer in ein *Rivulus*-Habitat umgesiedelten Population mit einer nicht manipulierten Kontrollpopulation (rechts, nach Reznick et al. 1990).

	Reznick (1982)			Reznick et al. (1990)		
	Crenicichla		*Rivulus*	Kontrolle (*Crenicichla*)		umgesiedelte Fische (*Rivulus*)
Alter der Männchen bei der Geschlechtsreife (Tage)	51.8	$P < 0.01$	58.8	48.5	$P < 0.01$	58.8
Größe der Männchen bei der Geschlechtsreife (mg Naßgewicht)	87.7	$P < 0.01$	99.7	67.5	$P < 0.01$	76.1
Alter der Weibchen bei der ersten Geburt (Tage)	71.5	$P < 0.01$	81.9	85.7	$P < 0.05$	92.3
Größe der Weibchen bei der ersten Geburt (mg Naßgewicht)	218.0	$P < 0.01$	270.0	161.5	$P < 0.01$	185.6
Größe der 1. Brut	5.2	$P < 0.01$	3.2	4.5	$P < 0.05$	3.3
Größe der 2. Brut	10.9	NS	10.2	8.1	NS	7.5
Größe der 3. Brut	16.1	NS	16.0	11.4	NS	11.5
Gewicht der Nachkommen der 1. Brut (mg Trockengewicht)	0.84	$P < 0.01$	0.99	0.87	$P < 0.10$	0.95
Gewicht der Nachkommen der 2. Brut	0.95	$P < 0.05$	1.05	0.90	$P < 0.05$	1.02
Gewicht der Nachkommen der 3. Brut	1.03	$P < 0.01$	1.17	1.10	NS	1.17
Intervall zwischen den Bruten (Tage)	22.8	NS	25.0	24.5	NS	25.2
Reproduktionsaufwand (%)	25.1	$P < 0.05$	19.2	22.0	NS	18.5

NS = nicht signifikant

bevorzugte Alter und die charakteristische Größe bei der Geschlechtsreife durch einen *Trade-off* zwischen Überlebensfähigkeit der Juvenilen (vor der Geschlechtsreife) und dem Reproduktionswert bei der Geschlechtsreife gesteuert wird (eine Übersicht ist bei Stearns 1992 zu finden). Das Hinauszögern der Geschlechtsreife bis zu einer größeren Körpergröße erhöht den Reproduktionswert bei der Geschlechtsreife. Allerdings entstehen die Kosten einer verringerten Überlebensfähigkeit der Juvenilen, weil die Juvenilphase definitionsgemäß verlängert wird, wenn die Geschlechtsreife verzögert eintritt. Eingedenk dieses *Trade-offs* können wir zum Beispiel fragen, wie sich Alter und Größe bei der Geschlechtsreife in einer produktiven Umwelt mit reichlichem Nahrungsangebot zu denjenigen in einer unproduktiven Umwelt, in der die Individuen unterernährt sind, unterscheiden. Wenn das größere Nahrungsangebot sowohl die Wachstumsrate (das heißt die Größe in einem bestimmten Alter) als auch die Überlebensfähigkeit der Juvenilen (das heißt die Wahrscheinlichkeit, ein bestimmtes Alter zu erreichen) erhöht, dann wird das Optionen-Set in der produktiven Umwelt ganz ungeachtet des Verlaufs der *Trade-off*-Kurve über das in der unproduktiven hinausgehen (Abbildung 14.13a). Organismen in produktiveren Umgebungen sollten daher früher und mit einer größeren Größe geschlechtsreif werden. Dies veranschaulichen vereinzelte Individuen des Gemeinen Geiskrautes (*Senecio vulgaris*), die in unterschiedlich großen Töpfen aufgezogen wurden – ein größerer Topf ist eine produktivere Umgebung (Abbildung 14.13b). Das Gleiche wurde auch häufig bei Taufliegen (*Drosophila melanogaster*) beobachtet: Bei 27 °C, reichlichem Nahrungsangebot und mäßiger Dichte beginnen sich die Taufliegen nach elf Tagen mit einem Gewicht von 1.0 mg fortzupflanzen, während dichtgedrängt lebende, unterernährte Fliegen erst nach 15 Tagen oder später mit der Fortpflanzung beginnen und dann nur 0.5 mg wiegen (Stearns 1992). Man beachte bei diesen Beispielen, daß wir die unmittelbaren Reaktionen von Individuen auf ihre Umwelt betrachten und nicht zwei völlig unabhängige Populationen oder Arten vergleichen. Wir werden auf diesen Punkt in Abschnitt 14.11 zurückkommen.

Einen anderen Ansatz zum Verständnis des Alters bei der Geschlechtsreife verfolgten Charnov und Berrigan (1991; siehe auch Beverton und Holt 1959). Wie sie feststellten, ist das Alter von Weibchen bei der Geschlechtsreife in einer Reihe von Gruppen (Vögel, Säugetiere, Echsen und Schlangen, Fische und Garnelen) ungefähr proportional zu der durchschnittlichen Lebensdauer adulter Weibchen. Allerdings unterscheidet sich die Proportionalitätskonstante signifikant zwischen diesen Gruppen (Abbildung 14.14). Die Ursachen für diese Konstanz und die

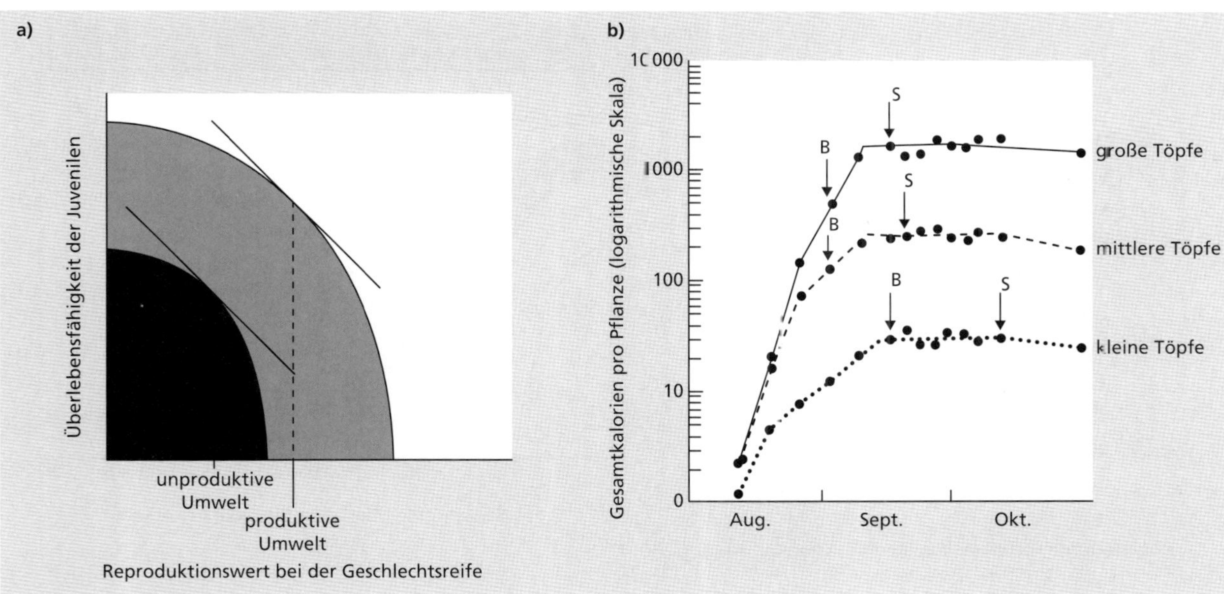

14.13 Alter und Größe bei der Geschlechtsreife in produktiven und unproduktiven Umwelten. a) Wenn man den Reproduktionswert bei der Geschlechtsreife in einem *Trade-off* der Überlebensfähigkeit der Juvenilen gegenüber abwägt, liegt die *Trade-off*-Kurve am Rand des Optionen-Sets in der produktiven Umwelt über der in der unproduktiven Umwelt, was auf eine frühere Geschlechtsreife bei einer größeren Größe schließen läßt. b) Wachstumskurven für Individuen des Gemeinen Greiskrautes (*Senecio vulgaris*) in großen, mittleren und kleinen Töpfen. In allen Fällen ist das erste Auftreten von (B) Blüten und (S) Samen markiert. Bei begrenzteren Ressourcen wurde die Geschlechtsreife – wie vorhergesagt – hinausgezögert und trat bei einer geringeren Größe auf. (Nach Harper und Ogden 1970)

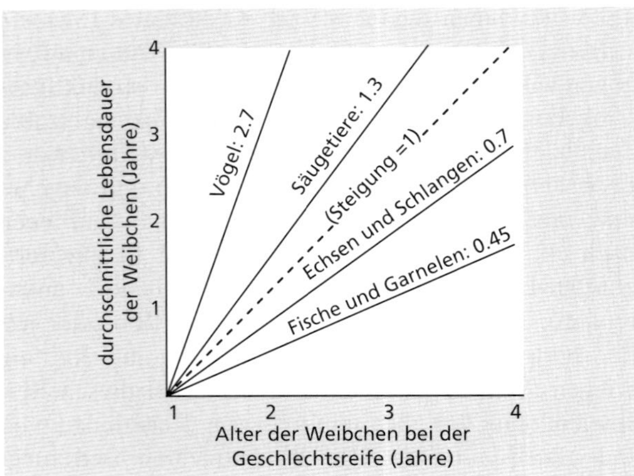

14.14 Die Beziehung zwischen der Lebensdauer adulter Weibchen und dem Alter der Weibchen bei der Geschlechtsreife ist innerhalb einer Reihe von Taxa annähernd konstant, zwischen ihnen aber sehr unterschiedlich. (Nach Charnov und Berrigan 1991)

Unterschiede zwischen den Gruppen liegen noch im spekulativen Bereich. Mehr oder weniger deutlich ist jedoch, daß die taxonomische Gruppe, der ein Organismus angehört, seiner Lebensweise, und damit auch den gesamten Gesetzmäßigkeiten seiner Lebenszyklusstrategie, Grenzen setzt.

14.7.3 Semelparität

In low-CR-Habitaten wird Semelparität begünstigt.

Aus dem bereits angesprochenen Vergleich von Habitaten mit hohen und niedrigen Reproduktionskosten ist offensichtlich, daß sich **Semelparität** am ehesten in letzteren entwickelt (Abbildung 14.15a). Dies wird auf detaillierte Weise durch eine Arbeit an zwei Lobelienarten vom Mount Kenya bestätigt (Abbildung 14.15b). Es handelt sich dabei um langlebige Arten: Beide brauchen 40 bis 60 Jahre bis zur Reife. Danach stirbt die semelpare *Lobelia telekii* ab, während sich die iteropare *L. keniensis* nur alle sieben bis 14 Jahre fortpflanzt. Wie Young (1990) sowie Young und Augspurger (1991) zeigten, ist die Wahrscheinlichkeit für ein Überleben der Adulten an trockeneren Lobelienstandorten geringer. Die Zeiträume zwischen zwei Fortpflanzungsereignissen sind hier länger. Dies bedeutet, daß die trockeneren Standorte geringere Reproduktionskosten verursachen. Semelparität wird in diesem Fall dann effektiv begünstigt, wenn semelpare Pflanzen auch genügend reproduktive Vorteile erlangen, wenn sie mehr Ressourcen in die Fortpflanzung investieren und weniger in die zukünftige Überlebensfähigkeit. Tatsächlich scheint es eine enge Übereinstimmung zwischen der geographischen Grenze der semelparen und der iteroparen Art und derjenigen Grenze zu geben, an der das Gleichgewicht der

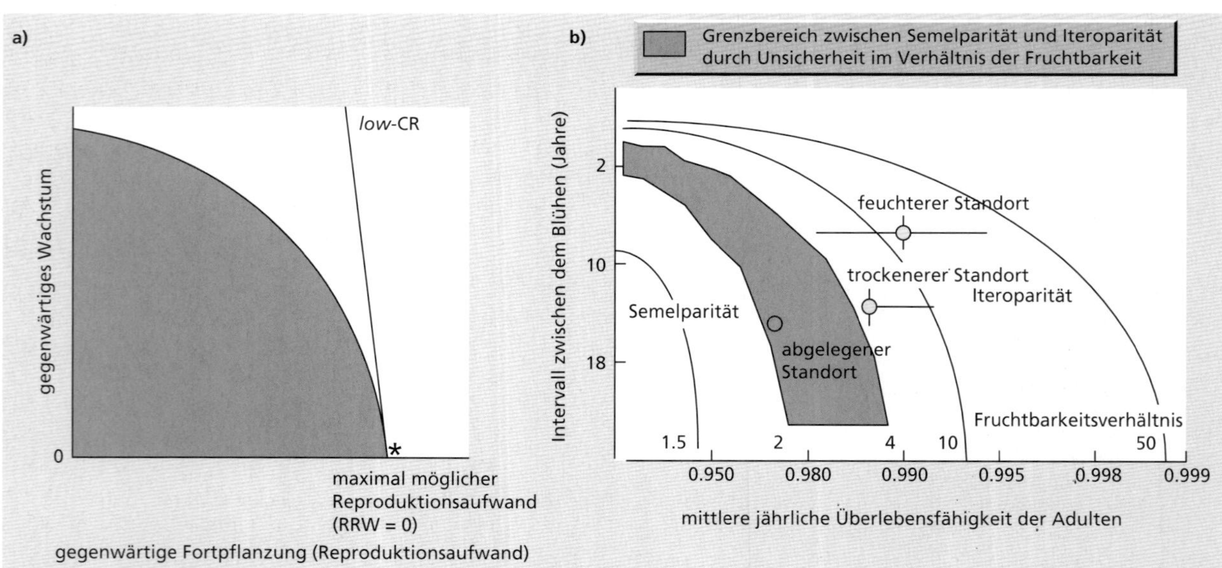

14.15 a) In *low*-CR-Habitaten (nahezu senkrechte Fitneßlinien) entsteht eher Semelparität (maximaler Reproduktionsaufwand, es bleiben keine Reserven zurück). b) Für *Lobelia*-Arten am Mount Kenya verursachen die Standorte geringere Reproduktionskosten, wenn die Intervalle zwischen dem Blühen länger werden und die mittlere jährliche Überlebensfähigkeit der Adulten abnimmt. Angesichts der Tatsache, daß die semelpare Schopfbaum-Lobelie *L. telekii* gewichtsmäßig ungefähr viermal soviel Samen ansetzt wie die iteropare *L. keniensis*, kann man vorhersagen, daß die Standorte entweder Semelparität (unten links) oder Iteroparität (oben rechts) begünstigen, wobei es einen Bereich der Unsicherheit zwischen diesen beiden Formen gibt. Drei der untersuchten Populationen von *L. keniensis* zeigen, wie vorausgesagt, entweder Standortmerkmale, die Iteroparität begünstigen, oder – im Falle eines abgelegenen Standortes – Merkmale in dem Bereich der Unsicherheit. (Nach Young 1990, Stearns 1992)

Vorteile von einer auf die andere Fortpflanzungsstrategie umschwenkt (Abbildung 14.15b).

Semelparität verläuft parallel mit synchroner Fortpflanzung; Räubersättigung scheint der Evolutionsdruck dafür zu sein.

Semelparität geht bei einer Reihe langlebiger Tier- und Pflanzenarten – beispielsweise bei Zikaden oder Bambus – mit einer **synchronen Fortpflanzung** der Individuen einher. Die treibende evolutionäre Kraft, die eine solche Synchronität begünstigt, ist vermutlich die Übersättigung von Räubern (siehe Abschnitt 8.4), das heißt, die in einem Jahr synchroner Fortpflanzung produzierten Nachkommen weisen eine sehr viel höhere Überlebenswahrscheinlichkeit auf als sämtliche, die in einem Jahr mit geringer Reproduktion der Nahrungsquelle zur Welt kommen. Somit wird die Fitneß in einem Fortpflanzungsjahr weitgehend durch die gegenwärtige Fortpflanzungsleistung bestimmt – die verzögerte Reproduktion eines Iteroparen würde nicht viel nützen, weil die Nachkommen kaum überleben würden. Mit anderen Worten, die Fitneßlinien sind wahrscheinlich nahezu senkrecht, und vermutlich wird Semelparität begünstigt.

Semelparität entwickelt sich mit großer Wahrscheinlichkeit bei Organismen mit konkav nach außen verlaufenden Optionen-Sets. Bei diesen führt eine geringe gegenwärtige Fortpflanzungsleistung zu einem beträchtlichen Absinken beispielsweise der zukünftigen Überlebensfähigkeit. Ein Anstieg von einem niedrigen zu einem mäßigen Reproduktionslevel wirkt sich bei ihnen hingegen kaum stärker auf die Überlebensfähigkeit aus (siehe Abbildung 14.10). Dies ist die wahrscheinliche Erklärung dafür, warum viele Lachsarten eine selbstmörderische Semelparität zeigen. Um sich fortzupflanzen, müssen sie eine gefährliche, anstrengende Wanderung vom Meer flußaufwärts zu ihren Laichgründen unternehmen. Die Risiken und zusätzlichen Kosten gehen deshalb mit dem „Akt" der Fortpflanzung einher und sind weitgehend unabhängig von der Größenordnung des Reproduktionsaufwands.

14.8 Größe und Anzahl der Nachkommen

Entsprechend der Habitatsklassifikation aus Abschnitt 14.6 ist die Aufteilung eines bestimmten Reproduktionsaufwands auf eine kleinere Zahl größerer Nachkommen in Habitaten zu erwarten, die fördernden Einfluß auf die Nachkommengröße haben. Der Nachweis eines Zusammenhangs zwischen Ei- und Gelegegröße bei Schwanzlurchen (Molche und Salamander) durch Salthe (1969) unterstützt diese Annahme. Er beschränkte sich auf Arten eines kleinen Größenspektrums und erkannte drei Möglichkeiten der Fortpflanzung:

1) Tiere, die ihre Eier frei in stehenden Gewässern ablegten, wo die Mortalität vermutlich am unspezifischsten und das Habitat am wenigsten förderlichen Einfluß auf die Nachkommengröße hatte, produzierten die *größte Anzahl der kleinsten Eier.*
2) Tiere mit direkter Entwicklung, die ihre Eier in Nester unter Objekten an Land ablegten, sich um ihre Brut kümmerten, und bei denen die frisch geschlüpften Individuen um relativ große Beuteobjekte konkurrieren mußten (und die Mortalität vermutlich am ehesten mit der Nachkommengröße korreliert war), produzierten die *kleinste Zahl der größten Eier.*
3) Tiere, die ihre Eier in relativ einfache Nester ablegten, zum Beispiel unter Steinen in Fließgewässern, und deren Jungen sich nach dem Schlüpfen von relativ kleiner Beute ernähren konnten, produzierten *mittelgroße Eier und Gelege.*

Weitere Hinweise darauf liefern die zuvor beschriebenen Beobachtungen und Experimente an Guppys (Tabelle 14.1): In diesem Fall waren die Nachkommen dort größer, wo sich die Räuber hauptsächlich auf die kleineren Juvenilen konzentrierten. Auch bei dem in Abbildung 14.9a gezeigten Beispiel von *Drosophila* waren die Nachkommen in Habitaten größer, in denen die Konkurrenz vermutlich am stärksten war – beispielsweise auf Pollen im Gegensatz zu dem reichhaltigen, aber unvorhersehbaren Angebot an Hefe.

14.8.1 Die Zahl der Nachkommen: Gelegegröße

Den *Trade-off* zwischen Anzahl und Fitneß der Nachkommen betrachtet man jedoch am besten nicht isoliert. Wenn wir ihn mit dem Reproduktionskosten-*Trade-off* kombinieren, können wir uns einer weiteren unserer Fragen zu Lebenszyklusstrategien zuwenden: »Wie kommt es, daß eine bestimmte Gelegegröße oder Samenzahl begünstigt wird?«

Die umstrittene Lack-Gelegegröße spiegelt den angeblich produktivsten Kompromiß zwischen der Zahl der Nachkommen und deren Überlebenswahrscheinlichkeit wider.

Lack (1947b) konzentrierte sich auf den *Trade-off* zwischen Zahl und Fitneß der Nachkommen. Er postulierte, daß die natürliche Selektion nicht die größte Gelegegröße begünstige, sondern einen Gelegegrößenkompromiß. Dieser resultiert aus dem Abwägen der Zahl produzierter Nachkommen gegenüber ihrer Überlebenswahrscheinlichkeit und führt dazu, daß die maximale Zahl von Nachkommen bis zur Geschlechtsreife überlebt. Dieser Kompromiß wurde als **Lack-Gelegegröße** bekannt (Abbildung 14.16a). Um die Gültigkeit dieser These zu überprüfen, wurde eine Reihe von Versuchen unternommen, insbesondere mit Vögeln und in geringerem Umfang mit Insekten. Dazu fügte

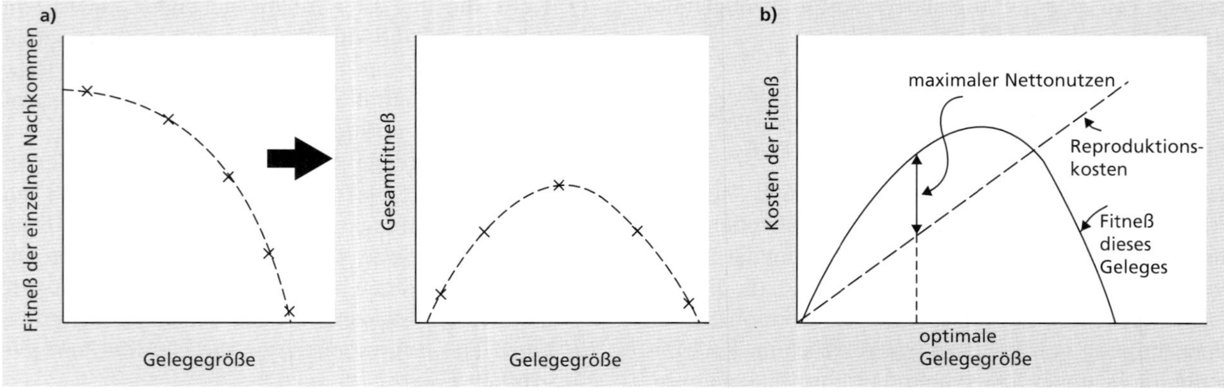

14.16 a) Die Lack-Gelegegröße. Wenn die Fitneß jedes einzelnen Nachkommens bei zunehmender Gesamtgelegegröße abnimmt, muß die Gesamtfitneß eines Geleges (das Produkt aus Anzahl und individueller Fitneß der Nachkommen) bei irgendeiner dazwischen liegenden Gelegegröße, der sogenannten Lack-Gelegegröße, maximiert werden. b) Wenn es jedoch auch Reproduktionskosten gibt, dann ist die optimale Gelegegröße diejenige mit der größten Nettofitneß, das heißt in diesem Fall, bei der die Distanz zwischen der Linie der Reproduktionskosten und der Kurve für den „Nutzen" (für das gesamte Gelege) am größten ist. (Nach Charnov und Krebs 1974)

man natürlichen Gelegen oder Bruten zusätzliche Eier hinzu oder entfernte welche, um so durch einen Vergleich mit der normalen Gelegegröße festzustellen, welche Gelegegröße letztendlich die produktivste ist. Die meisten dieser Versuche deuteten darauf hin, daß Lacks These falsch ist: Die am häufigsten in der Natur beobachtete Gelegegröße ist nicht die produktivste. Insbesondere das experimentelle Vergrößern der Gelege erhöht die Produktivität (Godfray 1987; Dijkstra et al 1990; Lessells 1991; Stearns 1992). Lacks These kam eine enorme Bedeutung zu, obwohl sie im Detail falsch war. Sie führte die Ökologen zu einem besseren Verständnis der Gelegegröße hin. Eine Reihe der Ursachen für die mangelnde Übereinstimmung sind heute offensichtlich (Lessells 1991; Stearns 1992). Zwei Gründe sind besonders wichtig.

Zum ersten wurde in vielen der Studien vermutlich die Fitneß der einzelnen Nachkommen unzureichend beurteilt. Es reicht nicht, einem normalen Vierergelege eines Vogels zwei Eier hinzuzufügen und festzustellen, daß daraus sechs offenbar gesunde Vögel schlüpfen, sich entwickeln und flügge werden. Wie gut überleben sie den nächsten Winter? Wie viele Küken produzieren sie selbst? Bei der Schlupfwespe *Trichogramma evanescens*, einem Eiparasitoiden, besteht die Gelegegröße beispielsweise aus der Anzahl der in einem einzelnen Wirt abgelegten Eier. Größere Gelege als diejenigen mit Normalgröße schienen in diesem Fall produktiver zu sein. Als man jedoch die Auswirkungen der Gelegegröße auf die Fruchtbarkeit der Töchter berücksichtigte, erwies sich die tatsächlich beobachtete Gelegegröße als die produktivste (Waage und Godfray 1985). Andererseits lassen sich die beobachteten und erwarteten Resultate bei drei weiteren Insektenarten durch diese Korrektur nicht zur Deckung bringen, und bei Vögeln nur in zwei von acht Studien (Lessels 1991).

Zum zweiten war das vielleicht bedeutendste Versäumnis bei Lacks These, daß er die Reproduktionskosten nicht berücksichtigte. Die natürliche Selektion begünstigt zeitlebens eine Form der Reproduktion, die insgesamt zur größten Fitneß führt. Ein großes und anscheinend produktives Gelege fordert hinsichtlich des residualen Reproduktionswertes unter Umständen einen zu hohen Preis. In diesem Fall ist die begünstigte Gelegegröße kleiner, als auf kurze Sicht am produktivsten erscheint (Abbildung 14.16b). Andererseits haben von den wenigen Studien, die ausführlich genug waren, um die Reproduktionskosten beim Beurteilen der optimalen Gelegegröße berücksichtigen zu können, noch weniger (nämlich zwei von sieben, Lessells 1991) eine Übereinstimmung der optimalen und der beobachteten Gelegegröße bestätigt. (Eine davon, die an Turmfalken durchgeführt wurde, wird in Abschnitt 14.11 diskutiert.) Es bleibt abzuwarten, ob es bei unserem Verständnis der Gelegegröße ernsthafte Mängel gibt oder ob wir ganz einfach detailliertere und umfassendere Datensammlungen benötigen. Jedenfalls verdeutlicht das Studium der Gelegegröße, auf welche Schwierigkeiten man stößt, wenn man von vergleichenden zu quantitativen Fragestellungen übergeht.

14.9 *r*- und *K*-Selektion

r-selektierte Individuen vermehren sich schnell; K-selektierte Individuen leisten einen großen Beitrag zu einer Population.

Einige der Vorhersagen der vorangegangenen Abschnitte können in einem Konzept zusammengefaßt werden, das sich bei der Suche nach Gesetzmäßigkeiten von Lebenszyklusstrategien als besonders effektiv erwies. Es handelt sich um das ursprünglich von MacArthur und Wilson (1967; MacArthur 1962) vorgeschlagene und von Pianka (1970; siehe aber Boyce 1984) ausgearbeitete Konzept der **r-** und **K-Selektion**. Die Buchstaben beziehen sich auf Parameter der logistischen Gleichung (Abschnitt 6.10). Sie sollen anzeigen, daß *r*-selektierte Individuen wegen ihrer Fähigkeit, sich schnell zu vermehren (das heißt, die einen hohen *r*-Wert haben), begünstigt wurden, während *K*-selektierte Individuen wegen ihrer Fähigkeit begünstigt wurden, einen anteilmäßig großen Beitrag zu einer Population zu leisten, die an ihrer Kapazitätsgrenze (*K*) (*carrying capacity*) bleibt. Das Konzept beruht also darauf, daß es zwei gegensätzliche Habitattypen gibt: *r*- und *K*-selektierende. Wie alle Verallgemeinerungen ist diese Zweiteilung eine zu starke Vereinfachung – hat sich aber als äußerst nutzbringend erwiesen.

K-selektierte Populationen leben in einer konstanten Umwelt mit hoher Populationsdichte.

Eine *K*-selektierte Population lebt in einem Habitat, in dem es kaum zu zufälligen Schwankungen der Umwelt kommt. Als Folge davon entsteht eine dichte Population recht konstanter Größe. Unter den Adulten herrscht starke Konkurrenz, und die Folgen dieser Konkurrenz bestimmen weitgehend die Überlebens- und Fruchtbarkeitsrate der Adulten. Auch die Jungen müssen in dieser überbevölkerten Umwelt um ihr Überleben konkurrieren und haben nur wenige Gelegenheiten, sich als Adulte zu etablieren, die sich auch fortpflanzen. Kurzum, die Population lebt in einem Habitat, das aufgrund starker Konkurrenz sowohl hohe Reproduktionskosten verursacht als auch förderlich für die Nachkommengröße ist.

Die vorhergesagten Merkmale dieser *K*-selektierten Individuen sind daher eine größere Größe, eine verzögerte Fortpflanzung, Iteroparität (das heißt, eine verlängerte Reproduktion), ein geringerer Reproduktionsaufwand und größere (und damit weniger) Nachkommen, um die sich die Eltern mehr kümmern. Die Individuen werden im allgemeinen in eine erhöhte Überlebenswahrscheinlichkeit (im Gegensatz zur Fortplanzung) investieren; in der Realität werden viele von ihnen aber (wegen starker Konkurrenz) sehr kurzlebig sein.

r-selektierte Populationen leben in schwankenden Umwelten mit variablem Populationswachstum und variablen Mortalitätsraten.

Eine *r*-selektierte Population lebt hingegen in einem Habitat, das entweder zeitlich unvorhersehbar oder ephemer ist. Zwischenzeitlich macht die Population frei von Konkurrenz günstige Perioden raschen Populationswachstums durch (beispielsweise wenn die Umwelt vorübergehend günstiger oder eine Stelle neu besiedelt wird). Doch zwischen diese vorteilhaften Perioden reihen sich immer wieder ungünstige Zeiten unvermeidlicher Mortalität ein (entweder in einer unvorhersehbaren, ungünstigen Phase oder wenn ein ephemeres Habitat voll ausgeschöpft ist oder verschwindet). Daher sind sowohl die Mortalitätsrate der Adulten als auch der Juvenilen höchst variabel und unvorhersehbar und oftmals unabhängig von der Populationsdichte sowie von Größe und Zustand der betreffenden Individuen. Kurzum, das Habitat verursacht geringe Reproduktionskosten und ist nicht förderlich für die Nachkommengröße.

Die vorhergesagten Merkmale *r*-selektierter Individuen sind daher geringere Größe, frühere Geschlechtsreife, möglicherweise Semelparität, ein höherer Reproduktionsaufwand sowie kleinere (und somit mehr) Nachkommen. Die Individuen werden wenig in ihre Überlebenswahrscheinlichkeit investieren, aber ihre tatsächliche Überlebenswahrscheinlichkeit wird beträchtlich schwanken, je nachdem, in welcher (unvorhersehbaren) Umwelt sie leben.

r-Arten besiedeln relativ unbewohnte Habitate; K-Arten Habitate mit vielen Bewohnern.

Das *r*/*K*-Konzept geht also von zwei gegensätzlichen Typen von Individuen (beziehungsweise Populationen oder Arten) aus und sagt voraus, daß Individuen des *r*-Typs mit *r*-selektierenden Umwelten und Individuen des *K*-Typs mit *K*-selektierenden Umwelten assoziiert sind. Das Konzept ergab sich ursprünglich (MacArthur und Wilson 1967) aus dem Gegensatz zwischen Arten, die erfolgreich bei der raschen Besiedlung relativ „leerer" Inseln waren (*r*-Arten), und Spezies, die sich mit gutem Erfolg auf Inseln hielten, die schon viele Besiedler erreicht hatten (*K*-Arten). Folglich wurde das Konzept sehr viel allgemeiner angewandt.

In Wirklichkeit ist das System ein Spezialfall der allgemeinen Klassifikation von Habitaten in Abbildung 14.11c. Man beachte daher erstens, daß die Habitate von Adulten und Nachkommen nicht unbedingt in der Weise miteinander verknüpft sein müssen, wie vom *r*/*K*-System vorgegeben. Zweitens können die mit dem *r*/*K*-System einhergehenden Merkmale von Lebenszyklusstrategien aus allen möglichen Gründen entstehen, die über dessen Reichweite hinausgehen (zum Beispiel Räuberdruck auf besonders kleine Adulte im Gegensatz zu starker Konkurrenz unter den Adulten, Mortalität großer Nachkommen im Gegensatz zu Schwankungen zwischen günstigen Perioden und unspezifischer Mortalität und so weiter).

14.9.1 Beweise für das *r*/*K*-Konzept

Eine Besonderheit bei modularen Organismen ist, daß diese trotz geringer Reproduktionsrate durch das starke Wachstum ein großes Populationswachstum erreichen können; modulare Organismen sind deshalb verstärkt in r-selektierenden Habitaten zu finden.

Das *r*/*K*-Konzept kann zur Beschreibung einiger der allgemeinen Unterschiede zwischen verschiedenen Taxa eindeutig von Nutzen sein. Bei Pflanzen kann man beispielsweise eine Reihe sehr umfassender und allgemeingültiger Zusammenhänge herstellen (Abbildungen 14.17a–c). Bäume in eher *K*-selektierenden (das heißt relativ konstanten und vorhersehbaren) Waldhabitaten zeichnen sich durch ein langes Leben, eine verzögerte Reife, eine große Samengröße, einen geringen Reproduktionsaufwand, eine große Individuengröße und ausgesprochen häufig durch Iteroparität aus. Dagegen stimmen Pflanzen in stärker gestörten, offenen, *r*-selektierenden Habitaten tendenziell eher mit dem allgemeinen Symptomenkomplex der *r*-

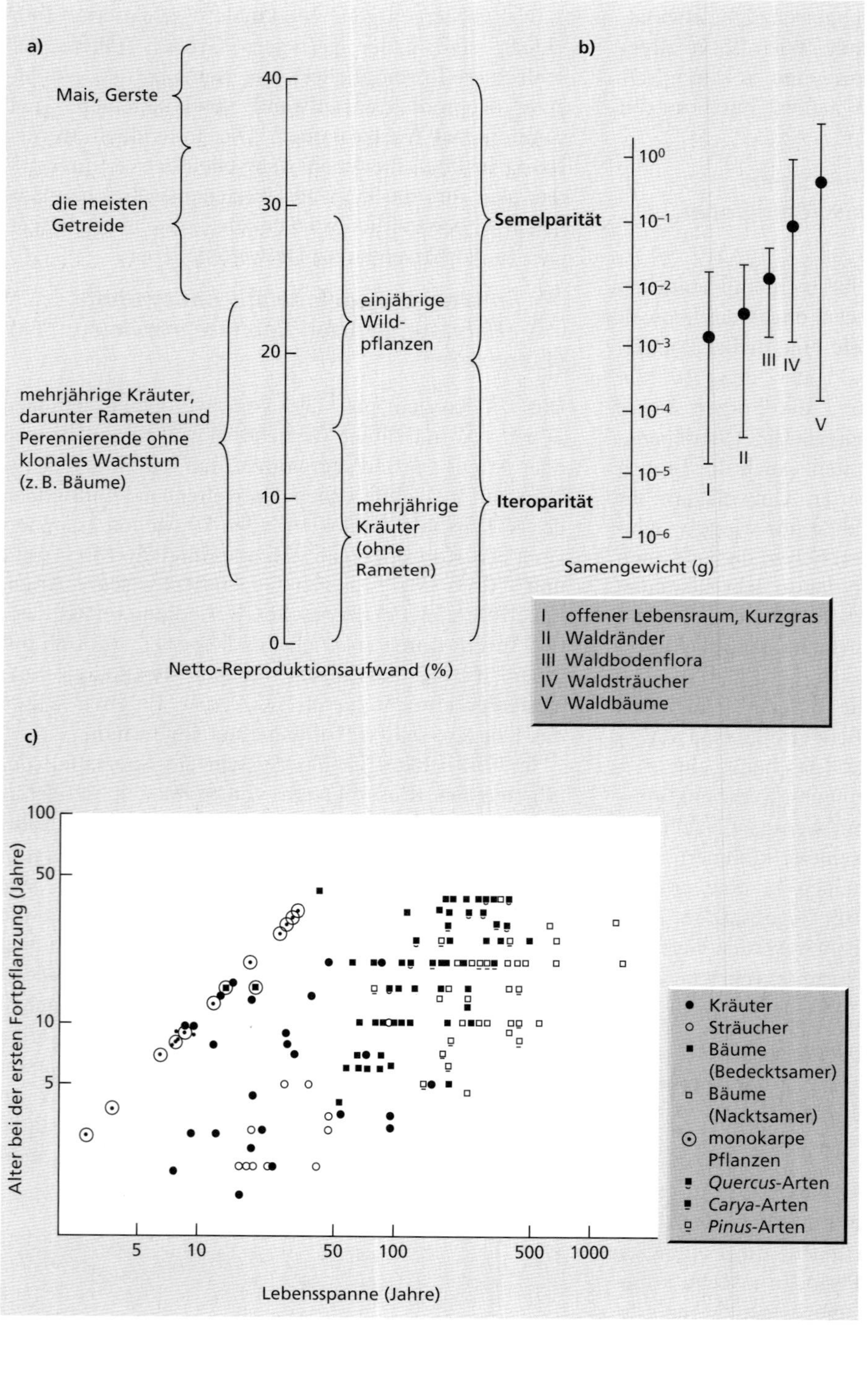

14.17 Pflanzen zeigen im allgemeinen einige Übereinstimmung mit dem *r*/*K*-Konzept. Zum Beispiel sind Bäume in eher *K*-selektierenden Waldhabitaten (a) mit relativ hoher Wahrscheinlichkeit iteropar und betreiben einen verhältnismäßig geringen Reproduktionsaufwand, haben (b) relativ große Samen und sind (c) vergleichsweise langlebig und pflanzen sich mit ziemlicher Verzögerung fort. (Nach Harper 1977; aus Salisbury 1942; Ogden 1968; Harper und White 1974)

Charakteristika überein. In einem bedeutenden Aspekt weichen Pflanzen und andere modular aufgebaute Organismen jedoch von unitaren Organismen ab. Das modulare Wachstum ermöglicht dem Genet ein exponentielles Größenwachstum, indem dieser die Anzahl seiner Module erhöht – sich verzweigende Korallen, Bäume oder klonale Kräuter. Eine verzögerte Reproduktion zögert in diesem Fall nicht unbedingt das Populationswachstum hinaus. Tatsächlich kann die Anzahl der von einer Zygote produzierten Nachkommen durchaus größer sein, wenn modularem Wachstum eine explosionsartige Vermehrung folgt, als wenn wiederholt kurze Generationen hintereinander folgen. Dies könnte die recht große Häufigkeit von Arten mit modularem Wachstum (und damit potentiell unendlich langem Leben) in *r*-selektierenden Habitaten erklären.

Es gibt auch viele Fälle, in denen Populationen einer Art oder nahe verwandter Arten verglichen wurden und sich eine gute Übereinstimmung mit dem *r*/*K*-System ergab. Das gilt beispielsweise für eine Studie an *Typha*-Populationen (Rohrkolben, Tabelle 14.2). Von Standorten in Texas und North Dakota entnahm man Individuen der südlichen Art *T. domingensis* beziehungsweise der nördlichen Art *T. angustifolia* und pflanzte sie nebeneinander unter den gleichen Bedingungen an. Zusätzlich quantifizierte man bestimmte Faktoren der Habitate mit langer und kurzer Wachstumsperiode, in denen diese Arten vorkommen. Wie aus Tabelle 14.2 deutlich wird, waren erstere relativ *K*-selektierend, letztere hingegen eher *r*-selektierend. Ebenso eindeutig ist, daß die beiden Arten, die diese Habitate bewohnen, mit dem *r*/*K*-System übereinstimmen. *Typha angustifolia* (der von Natur aus eine kurze Wachstumsperiode aufweist) reift früher (Merkmal 1), ist kleiner (Merkmale 2 und 3), betreibt einen höheren Reproduktionsaufwand (Merkmale 3 und 6) und produziert mehr kleinere Nachkommen (Merkmale 4 und 5) als *T. domingensis* (mit der langen Wachstumsperiode).

14.10 Weitere Habitatklassifikationen

14.10.1 Dreiecks-Klassifikationen für Pflanzen

Den Lebenszyklus von Pflanzen kann man in sechs Übergangsstadien einteilen, wovon jeweils zwei die Fekundität, das Wachstum und die Überlebensfähigkeit charakterisieren; aus diesen Faktoren wird das Silvertownsche Dreieck erstellt.

Eine weitere Möglichkeit, verschiedene Lebenzyklusstrategien mit Habitattypen in Beziehung zu setzen, geht von den Organismen aus – dazu gruppiert man Arten aufgrund von Ähnlichkeiten ihrer Lebenszyklusstrategien und fragt dann, ob und was die Habitate dieser Arten gemeinsam haben. Diesen Ansatz wandten Silvertown et al. (1992b, 1993) auf die Lebenszyklusstrategien von Pflanzen an. Dabei teilten sie den typischen Lebenszyklus von Pflanzen in sechs Übergangsstadien (*transitions*) ein:

1) Rekrutierung von Samen zum Samenpool,
2) Rekrutierung von Sämlingen aus der gegenwärtigen Samenproduktion,
3) klonales Wachstum,
4) Rückbildung (beispielsweise von einem blühenden zu einem vegetativen Stadium),
5) Stasis (das heißt Überleben von einem Jahr zum nächsten im selben Stadium),
6) Fortschreiten zu späteren Stadien.

Für eine Reihe von Arten wurde daraufhin (ungeachtet technischer Details) die proportionale „Bedeutung“

Tabelle 14.2: Lebenszyklusmerkmale zweier *Typha*-Arten (Rohrkolben) sowie die Eigenschaften der Standorte, an denen sie wachsen; $s^2/\bar{x}$ bezieht sich auf das Verhältnis von Varianz zu Mittelwert, ein Maß für die Variabilität; die Rohrkolbenarten entsprechen dem *r*/*K*-Schema. (Nach McNaughton 1975)

		Wachstumsperiode	
Eigenschaften des Habitats	gemessen durch	kurz	lang
Variabilität des Klimas	$s^2/\bar{x}$ frostfreie Tage pro Jahr	3.05	1.56
Konkurrenz	oberirdische Biomasse (g/m^2)	404	1336
jährliche Neubesiedlung	Mortalität der Rhizome im Winter (%)	74	5
jährliche Dichteschwankung	$s^2/\bar{x}$ Zahl der Schößlinge/m^2	2.74	1.51
Pflanzenmerkmale	*T. angustifolia*	*T. domingensis*	
Tage vor der Blüte	44	70	
mittlere Höhe (cm)	162	186	
mittleres Gewicht des Geneten (g)	12.64	14.34	
mittlere Anzahl Früchte pro Genet	41	8	
mittleres Fruchtgewicht (g)	11.8	21.4	
mittleres Gesamtgewicht der Früchte (g)	483	171	

jedes Übergangsstadiums zur Gesamt-Reproduktionsrate *R* ermittelt. Tatsächlich wurden 1) und 2) zur **Fekundität** oder Fruchtbarkeit (*fecundity* oder *fertility*) *F* zusammengefaßt, 3) und 6) zum **Wachstum** (*growth*) *W* sowie 4) und 5) zur **Überlebensfähigkeit** (*survival*) *Ü*. Somit konnten einzelne Arten auf dreieckigen Diagrammen mit *F*, *W*, und *Ü* als Achsen eingetragen werden; aus diesen Dreiecken wird deutlich (Abbildung 14.18), daß Arten mit bestimmter Lebensform – zum Beispiel Kräuter, verholzte Pflanzen – und aus bestimmten Umwelten – beispielsweise offene Lebensräume, Wälder – auf den Diagrammen zumeist zusammen zu finden sind.

Grimes Dreieck besteht aus Streßtoleranzstrategie, ruderaler Strategie und Konkurrenzstrategie.

Tatsächlich gibt es beim Studium pflanzlicher Lebenszyklusstrategien eine gewisse Tradition für Dreiecks-Klassifikationen. Grime (1974, 1979; Grime et al. 1988) entwickelte eine Klassifikation von Habitaten und pflanzlichen Lebenszyklusstrategien, bei der die Habitate in der Phase der etablierten Pflanzen als in folgenden Parametern veränderlich angesehen wurden:

1) im Ausmaß der **Störungen** – durch Herbivore, Pathogene, Tritt, Umweltkatastrophen und so weiter;
2) im Ausmaß, in dem sie (von Grime so bezeichnetem) **Streß** ausgesetzt sind – einem Mangel an Licht, Wasser, Mineralien und so weiter, der die Photosyntheserate begrenzt (obgleich die Störung beziehungsweise der Streß in einem Habitat davon abhängen, welche Arten davon betroffen sind).

Grime zufolge ist eine **S-Strategie** (Streßtoleranzstrategie) angebracht, wenn der Streß stark ist, aber nur selten Störungen auftreten. Umgekehrt ist eine **R-Strategie** (ruderale Strategie) geeignet, wenn viele Störungen auftreten, die Bedingungen aber günstig und reichlich Ressourcen vorhanden sind. Bei seltenen Störungen und reichlichen Ressourcen schließlich etabliert sich eine dichte Population, und eine **C-Strategie** (Konkurrenzstrategie) ist angebracht. Grime klassifizierte Pflanzen aufgrund von Vergleichszahlen für die Charakteristika, von denen er annahm, daß sie die Pflanzen für die eine oder andere dieser Strategien anpassen, und plazierte jede Pflanze in dem C-R-S-Dreieck. Danach konnte Grime wie Silvertown die Positionen von Pflanzengruppen verschiedener Typen oder unterschiedlicher Sukzessionsstadien und so weiter in verschiedenen Bereichen des Dreiecks feststellen. Leider lassen sich die beiden Dreiecks-Klassifikationen nicht so einfach miteinander in Einklang bringen (Silvertown et al. 1992b).

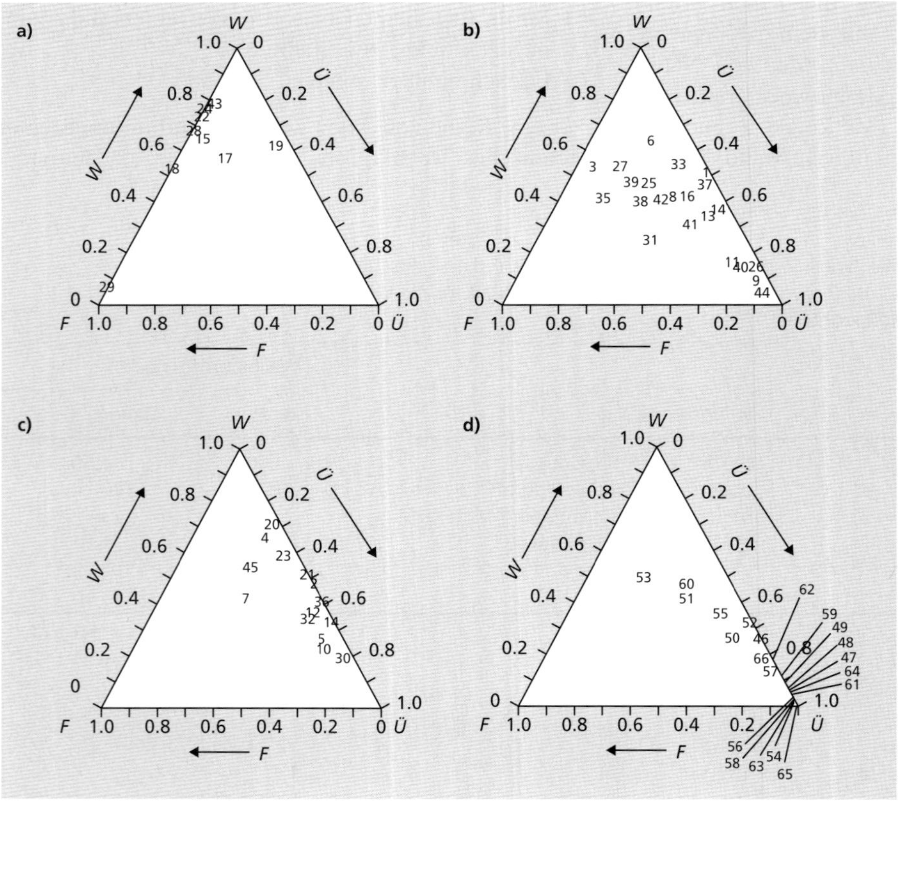

14.18 Die Verteilung von 66 mehrjährigen Pflanzenarten im *W-Ü-F*-Dreieck (für Wachstum, Überlebensfähigkeit und Fekundität). Man beachte, daß die Werte für *W*, *Ü* und *F* so definiert sind, daß ihre Summe stets 1 ergibt. a) Semelpare Kräuter; b) iteropare Kräuter offener Lebensräume; c) iteropare Waldkräuter; d) verholzte Pflanzen. (Nach Silvertown et al. 1993; hier sind auch die Namen der jeweiligen Arten zu finden)

14.11 Phänotypische Plastizität

Als phänotypische Plastizität bezeichnet man die Änderung der Lebenszyklusstrategie eines Genotyps als Reaktion auf veränderte Umweltbedingungen.

Eine Lebenszyklusstrategie ist keine fixierte Eigenschaft, die ein Organismus ungeachtet der vorherrschenden Umweltbedingungen zeigt. Sie ist das Ergebnis langfristiger evolutionärer Kräfte, aber auch von unmittelbareren Reaktionen des Organismus auf die Umwelt, in der er lebt und gelebt hat. Wir haben etwa bereits anhand einiger Beispiele in Kapitel 6 erfahren, daß die relative Verteilung des Reproduktionsaufwands auf verschiedene Pflanzenteile und Fortpflanzungsorgane sich häufig ändert, wenn die Populationsdichte zunimmt. Diese Fähigkeit eines einzelnen Genotyps, sich in verschiedenen Umwelten auf unterschiedliche Weise zu exprimieren, bezeichnet man als **phänotypische Plastizität**.

Findet man in unterschiedlichen Umwelten verschiedene Pänotypen in unterschiedlichem Anteil, so bezeichnet man dies als Polyphänismus.

Phänotypische Plastizität kann sich als Variation im Anteil bestimmter, alternativer Typen in verschiedenen Umwelten ausdrücken. Dies bezeichnet man als **Polyphänismus**. Das gilt zum Beispiel für die Produktion gelber und grüner Samen (mit beziehungsweise ohne Samenruhe) bei der einjährigen Wüstenpflanze *Ononis sicula* (einer Hauhechelart). Die Umstellung wird durch die relative Entwicklungsrate der Samenhülse und der darin enthaltenen Samen bestimmt. Bei großer Tageslänge entwickeln sich die Samen rasch, so daß die Samenschale zum Zeitpunkt der Ausbreitung der Samen hart und wasserundurchlässig ist und der Samen selbst sich im Ruhezustand befindet. Bei kurzer Tageslänge verläuft die Samenentwicklung jedoch langsamer, und die Samen werden bereits ausgestreut, während ihre Schalen noch weich, grün, wasserdurchlässig und somit nicht dormant sind (Evenari et al. 1966; Silvertown 1984).

Äußert sich die phänotypische Variation als zeitliche Abfolge, so bezeichnet man die Beziehung zwischen dem Merkmal der Lebenszyklusstrategie und der Umweltvariablen als Reaktionsnorm.

Alternativ kann sich phänotypische Plastizität auch als kontinuierliche Variation ausdrücken; in diesem Fall bezeichnet man die Beziehung zwischen den Werten für die Merkmale der Lebenszyklusstrategien und einer Umweltvariablen als **Reaktionsnorm**. Abbildung 14.19 zeigt einige Reaktionsnormen dafür, wie die Kombination von Alter und Gewicht beim Schlüpfen adulter Taufliegen der Art *Drosophila mercatorum* aus ihren Puppen variiert, wenn man den Anteil von Hefe in ihrem Futter ändert. Jede Reaktionsnorm bezieht sich auf die Nachkommen einer einzigen Kreuzung (die derart manipuliert waren, daß es zwar genetische Variabilität zwischen, aber nur minimale Variation innerhalb der Ergebnisse jeder Kreuzung gab), und jede ist als Vieleck abgebildet, das den Konfidenzbereich von 95 % der Reaktionsnorm repräsentiert. Der Trend war in allen Fällen der gleiche: Wenn der Anteil der Hefe abnahm, schlüpften die Individuen

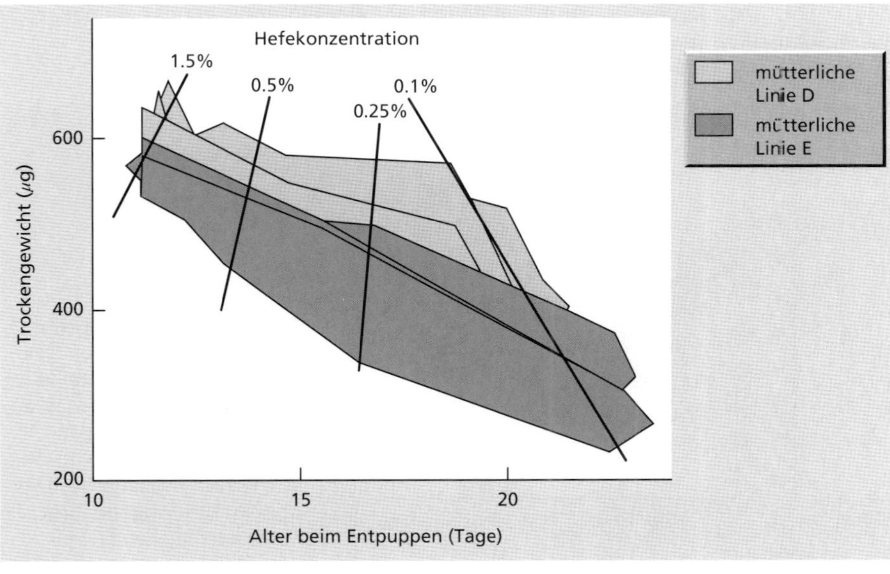

14.19 Reaktionsnormen (95 % Konfidenzbereich) für das Alter und das Gewicht beim Entpuppen von *Drosophila mercatorum*, wenn der Hefeanteil in ihrer Nahrung verändert wird. Sechs Männchen, jedes aus einer anderen Weibchenlinie, wurden mit Weibchen aus einer der beiden mütterlichen Linien gekreuzt, die mehrere Jahre lang parthenogenetisch manipuliert wurden (wodurch genetische Variabilität zwischen, aber nur minimale Variation innerhalb der Ergebnisse jeder Kreuzung entstanden). Eine der zwölf Kreuzungen war ergebnislos. Aus Gründen der Übersichtlichkeit sind nicht alle übrigen Kreuzungen abgebildet. Ebenfalls dargestellt sind die Beziehungen zwischen durchschnittlichem Gewicht und Alter jeder Kreuzung bei jeder der verschiedenen Hefekonzentrationen: Das Vorzeichen der Neigung selbst ändert sich mit der Hefekonzentration. (Nach Gebhardt und Stearns 1988; Stearns 1992)

später und waren dabei kleiner. Es gab allerdings eine erhebliche genetische Variabilität (zwischen den Kreuzungen) bei diesem Trend. Als Folge davon war die Beziehung zwischen Alter und Größe bei einem hohen Hefeanteil in der Nahrung positiv, bei einem geringen dagegen negativ. Nicht nur die einzelnen Merkmale von Lebenszyklusstrategien sind also dem Einfluß der unmittelbaren Umwelt unterworfen, sondern auch die Beziehungen zwischen diesen Merkmalen.

Eine der wichtigsten Fragen, die wir uns über die phänotypische Plastizität stellen müssen, ist, inwieweit sie eine Reaktion repräsentiert, durch die ein Organismus Ressourcen in verschiedenen Umwelten unterschiedlich verteilt, so daß er dadurch in jeder seine Fitneß maximiert. Die Alternative wäre, daß die Reaktion eine unvermeidliche oder unkontrollierbare Schädigung oder Behinderung durch die Umwelt darstellt (Lessells 1991). Man beachte insbesondere folgendes: Wenn die phänotypische Plastizität durch die natürliche Selektion gesteuert wird, dann ist es genauso stichhaltig, nach Gesetzmäßigkeiten zu suchen, die verschiedene Umwelten und die unterschiedlichen Reaktionen auf sie durch ein einzelnes Individuum miteinander verbinden, wie nach Gesetzmäßigkeiten, die Habitate und die Lebenszyklusstrategien genetisch unterschiedlicher Individuen miteinander verknüpfen. Höchstwahrscheinlich wird die phänotypische Plastizität durch die natürliche Selektion gesteuert. Es hat sich jedoch als schwierig erwiesen, ihre Evolution im Detail zu erklären (Via und Lande 1985; de Jong 1990; Scheiner und Lyman 1991; Stearns 1992).

Zumindest in einigen Fällen scheint der Anpassungswert der plastischen Reaktion klar. Recht detailliert wurde er für Turmfalken (*Falco tinnunculus*) mit qualitativ unterschiedlichen Territorien in den Niederlanden gezeigt (Daan et al. 1990). Die Turmfalken unterscheiden sich in der Größe ihrer Gelege sowie im Datum der Eiablage. Diese Kombination selbst variiert zwischen den verschiedenen Territorien, und da diese Unterschiede offenbar nicht genetisch determiniert sind, scheint es sich um ein Beispiel für phänotypische Plastizität zu handeln. Somit stellt sich die Frage: Ist jede Kombination in ihrem jeweiligen Territorium optimal?

Die optimale Kombination von Gelegegröße und Legedatum ist, wie gewöhnlich, diejenige mit dem höchsten Gesamt-Reproduktionswert – dem Wert des gegenwärtigen Geleges plus dem residualen Reproduktionswert der Eltern. Der Wert des gegenwärtigen Geleges nimmt mit der Gelegegröße deutlich zu, und der Wert für jedes Ei variiert ebenfalls mit dem Legedatum. Wie sieht es aber mit dem residualen Reproduktionswert aus? Dieser nimmt mit zunehmendem „elterlichen Aufwand“ ab, das heißt mit zunehmender Zahl der Stunden pro Tag, welche die Eltern auf der Jagd verbringen, um ihre Brut aufzuziehen. Der elterliche Aufwand wiederum nimmt mit steigender „Qualität“ eines Territoriums ab, also mit der Zahl der pro Jagdstunde gefangenen Beutetiere. Somit ist der residuale Reproduktionswert in folgenden Fällen niedriger:

1) bei größeren Gelegen,
2) zu bestimmten, weniger produktiven Zeiten des Jahres,
3) in qualitativ minderwertigeren Territorien.

Auf dieser Grundlage konnte man den Gesamt-Reproduktionswert jeder Kombination von Gelegegröße und Legedatum in jedem Territorium berechnen, die optimale Kombination vorhersagen (Abbildung 14.20a) und die vorhergesagten und tatsächlichen Kombinationen in Territorien unterschiedlicher Qualität miteinander vergleichen (Abbildung 14.20b). Die Übereinstimmung ist beeindruckend. Jedes Individuum kommt als unmittelbare Reaktion auf die Umwelt (das Territorium), in der es lebt, der Optimierung der Gelegegröße und des Legedatums recht nahe.

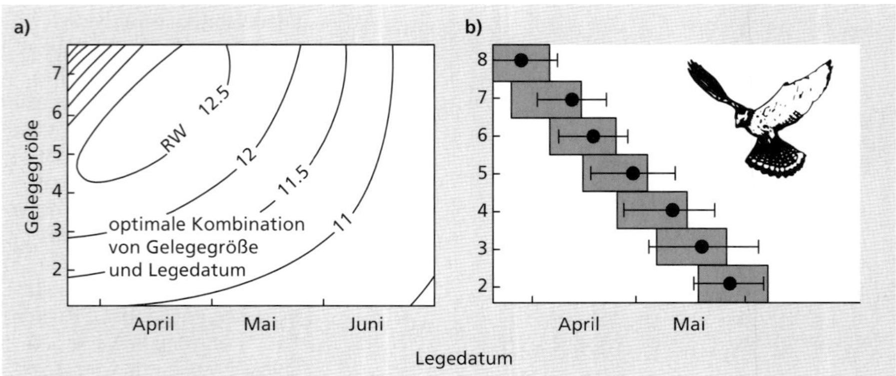

14.20 Phänotypische Plastizität bei der Kombination von Gelegegröße und Legedatum bei Turmfalken (*Falco tinnunculus*) in den Niederlanden. a) In bestimmten Territorien (in diesem Fall ein qualitativ hochwertiges) ist die erwartete, optimale Kombination jene mit dem höchsten Gesamt-Reproduktionswert (siehe die Berechnung im Text). b) Vorhergesagte (Rechtecke) und beobachtete (Punkte mit Standardabweichungen) Kombinationen für Territorien, deren Qualität von hochwertig (links) bis geringwertig (rechts) variiert. (Nach Daan et al. 1990; Lessells 1991)

14.12 Phylogenetische und allometrische Einschränkungen

Die Lebenszyklusstrategien, welche die natürliche Selektion begünstigt (und wir beobachten), werden nicht aus einem unbegrenzten Vorrat ausgewählt. Die bevorzugte Lebenszyklusstrategie eines Hahnenfußes (*Ranunculus*) wird unter den für Hahnenfußarten verfügbaren Möglichkeiten selektiert. Mit anderen Worten, die Lebenszyklusstrategie eines Organismus wird durch seine phylogenetische oder taxonomische Stellung eingeschränkt. Zum Beispiel beträgt die Gelegegröße in der gesamten Ordnung Procellariiformes (Röhrennasen: Albatrosse, Sturmschwalben und Eissturmvögel) eins, und die Vögel sind darauf morphologisch „eingestellt", indem sie nur einen einzelnen Brutfleck aufweisen, mit dem sie dieses eine Ei ausbrüten (Ashmole 1971). Ein solcher Vogel könnte zwar ein größeres Gelege produzieren, aber das wäre Verschwendung, wenn damit nicht auch Veränderungen in all den Stadien der Entwicklung des Brutflecks einhergingen. Daher sind Albatrosse wie alle Organismen Gefangene ihrer evolutionären Vergangenheit. Ihre Lebenszyklusstrategien können nur zu einer begrenzten Zahl von Möglichkeiten evolvieren, und die Organismen sind deshalb auf ein begrenztes Spektrum an Habitaten eingeschränkt.

Beim Vergleich der Lebenszyklusstrategien verschiedener Arten muß man zwischen den Einschränkungen durch die Umweltbedingungen und denjenigen durch die Phylogenie unterscheiden.

Aus diesen **phylogenetischen Einschränkungen** (*phylogenetic constraints*) folgt, daß wir beim Vergleich von Lebenszyklusstrategien Vorsicht walten lassen müssen. Wir können die Albatrosse als Gruppe mit anderen Vogelformen vergleichen und versuchen, einen Zusammenhang zwischen der typischen Lebenszyklusstrategie und dem charakteristischen Habitat eines Albatrosses zu erkennen. Einleuchtenderweise können wir die Lebenszyklusstrategien und Habitate zweier Albatrosarten miteinander vergleichen. Wenn wir jedoch eine Albatrosart mit einer entfernt verwandten Vogelart vergleichen, müssen wir trennen, zwischen Unterschieden, die (wenn überhaupt) dem Habitat zuzuschreiben sind, und solchen, die auf phylogenetische Zwänge zurückzuführen sind.

14.12.1 Die Auswirkungen von Größe und Allometrie

Ein Element phylogenetischer Einschränkungen ist die begrenzte Größe. Abbildung 14.21a zeigt die Beziehung zwischen der Zeit bis zur Reife und der Größe (Gewicht) für ein breites Spektrum von Organismen von Viren bis hin zu Walen. Man beachte als erstes, daß bestimmte Organismengruppen auf bestimmte Größenbereiche beschränkt sind. So können einzellige Organismen beispielsweise eine bestimmte Größe nicht übersteigen, weil sie für den Transport von Sauerstoff von ihrer Zelloberfläche zu ihren inneren Organellen auf einfache Diffusion angewiesen sind. Insekten können eine bestimmte Größe nicht überschreiten, weil bei ihnen der Gasaustausch von innen nach außen und umgekehrt über nicht ventilierte Tracheen erfolgt. Die endothermen Säugetiere hingegen müssen eine bestimmte Größe aufweisen, weil bei einer geringeren Größe die relativ große Körperoberfläche schneller Wärme abgeben würde, als das Tier sie produzieren kann. Andere Gruppen sind ebenfalls auf ihre Weise auf eigene Größenbereiche eingeschränkt.

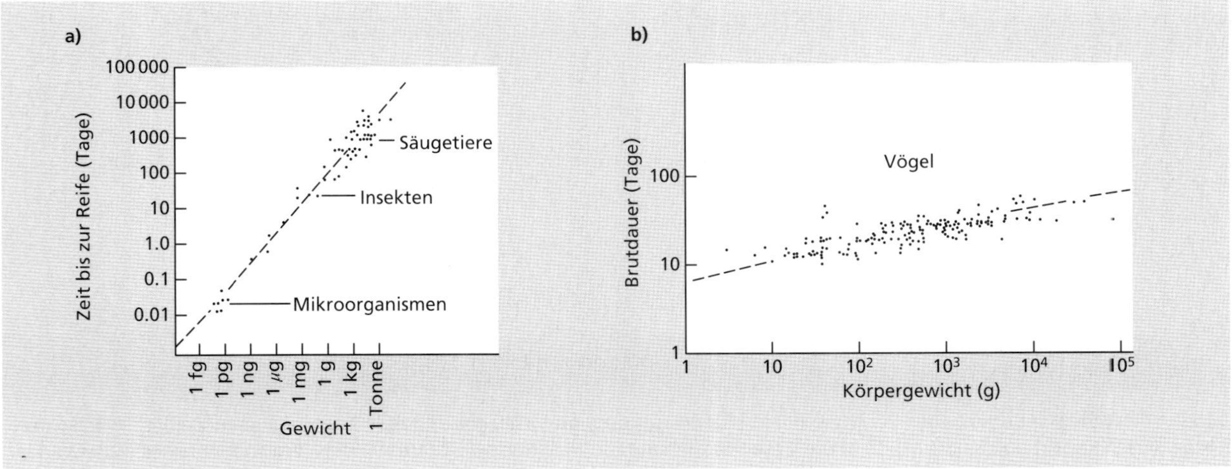

14.21 Allometrische Beziehungen, jeweils aufgetragen auf logarithmischen Skalen. a) Die Zeit bis zur Reife als Funktion des Körpergewichts für ein breites Spektrum von Tieren. b) Die Brutdauer als Funktion des mütterlichen Körpergewichts bei Vögeln. (Nach Blueweiss et al. 1978)

Als zweites ist zu beachten, daß die Zeit bis zur Reife und die Größe stark miteinander korreliert sind. Die Größe weist sogar mit vielen Komponenten von Lebenszyklusstrategien eine Korrelation auf (ein Beispiel zeigt Abbildung 14.21b). Da die Größe von Organismen aber innerhalb gewisser Grenzen eingeschränkt ist, werden auch diese anderen Komponenten der Lebenszyklusstrategien begrenzt sein. Erneut zeigt sich also, daß wir die Lebenszyklusstrategie eines Organismus als durch seine phylogenetische Stellung eingeschränkt ansehen können.

Allometrische Beziehungen können ontogenetisch oder phylogenetisch bedingt sein.

Bei einer **allometrischen Beziehung** (siehe Gould 1966) ändert sich eine körperliche oder physiologische Eigenschaft eines Organismus im Verhältnis zu seiner Größe. So führt beispielsweise in Abbildung 14.22a eine Größenzunahme (eigentlich Volumenszunahme) bei Schwanzlurcharten zu einer Abnahme des Anteils dieses Volumens, der für ein Gelege aufgewandt wird. Ähnlich geht in Abbildung 14.21b eine Gewichtszunahme bei Vogelarten mit einer Abnahme der Brutdauer pro Einheit Körpergewicht einher. Solche allometrischen Beziehungen können **ontogenetisch** sein (wenn die Veränderungen bei der Entwicklung eines Organismus auftreten) oder **phylogenetisch** (Veränderungen, die offensichtlich sind, wenn man verwandte Taxa unterschiedlicher Größe miteinander vergleicht); für das Studium von Lebenszyklusstrategien sind letztere von besonderer Bedeutung (Abbildungen 14.21 und 14.22).

Warum sind dies allometrische Beziehungen? Kurz gesagt, wenn ähnliche Organismen, die sich in der Größe unterscheiden, eine geometrische Ähnlichkeit beibehielten (das heißt **isometrisch** wären), dann würden alle Oberflächen als Quadrat der linearen Größe zunehmen, während alle Volumen und Gewichte im Kubik zunähmen. Eine Größenzunahme würde somit zu einer Abnahme der Verhältnisse von Länge zu Fläche, von Länge zu Volumen und – am bedeutendsten – von Fläche zu Volumen führen. Die Effizienz fast jeder Körperfunktion beruht auf diesen Verhältnissen (oder einem damit verbundenen Verhältnis). Eine Größenänderung bei isometrischen Organismen würde daher zu einer Veränderung der Effizienz führen.

Zum Beispiel erfolgt der Transfer von Wärme, Wasser, Gasen oder Nährstoffen – ob innerhalb eines Organismus oder zwischen einem Organismus und seiner Umwelt – über eine Oberfläche mit einer bestimmten Fläche. Die Menge der produzierten Wärme oder des benötigten Wassers hängt jedoch vom Volumen des betreffenden Organs oder Organismus ab. Daher führen Veränderungen im Verhältnis von Fläche zu Volumen, die sich aus Größenänderungen ergeben, zwangsläufig zu Änderungen der Effizienz des Transports pro Volumeneinheit. Soll die Effizienz erhalten bleiben, muß dies somit durch allometrische Veränderungen geschehen. Ganz ähnlich hängt das Gewicht eines jeden Teils eines Organismus von dessen Volumen ab, während die Stabilität einer Struktur, die dieses Gewicht trägt, von ihrer Querschnittsfläche abhängt. Größenzunahmen werden daher zu Stabilitätsproblemen führen, sofern sie nicht durch allometrische Änderungen kompensiert werden.

Bei den meisten Beispielen stehen diese einfachen Beziehungen zwischen Fläche und Volumen in Wechselwirkung miteinander und beruhen auf Einzelheiten

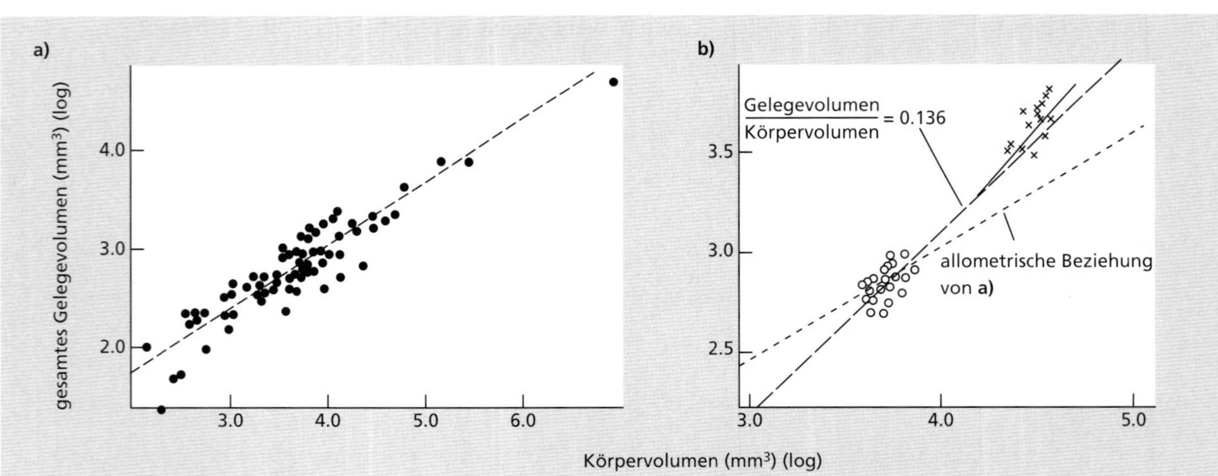

14.22 Allometrische Beziehungen zwischen dem Volumen des gesamten Geleges und dem Körpervolumen weiblicher Schwanzlurche. (Nach Kaplan und Salthe 1979) a) Die Gesamtbeziehung für 74 Schwanzlurcharten unter Verwendung eines Mittelwertes pro Art ($P < 0.01$). b) Die Beziehungen innerhalb einer Population von (×) *Ambystoma tigrinum* ($P < 0.01$) und einer Population von (○) *A. opacum* ($P < 0.05$). Die allometrische Beziehung von (a) ist als kurz gestrichelte Linie wiedergegeben: *A. opacum* stimmt eng mit ihr überein, *A. tigrinum* nicht. Beide liegen jedoch auf einer isometrischen Linie, entlang derer das Gelegevolumen 13.6 % des Körpervolumens beträgt (- - -).

der Morphologie und Physiologie der betreffenden Organismen. Die allometrischen Steigungen unterscheiden sich daher von System zu System und von Taxon zu Taxon (weitere Erläuterungen sind bei Gould 1966, Schmidt-Nielsen 1984 sowie – in ökologischerem Kontext bei Peters 1983 nachzulesen). Welche Bedeutung kommt der Allometrie aber beim Studium von Lebenszyklusstrategien zu?

Der übliche Ansatz für ökologische Studien von Lebenszyklusstrategien ist ein Vergleich der Strategien von zwei oder mehr Populationen (oder Arten, Gruppen), wobei man versucht, Unterschiede zwischen ihnen durch Verweis auf ihre Umwelt zu verstehen. Es sollte inzwischen jedoch klar sein, daß sich Taxa auch unterscheiden können, weil sie an verschiedenen Punkten der gleichen allometrischen Beziehung liegen oder weil sie generell unterschiedlichen phylogenetischen Einschränkungen unterworfen sind. Es ist daher sehr wichtig, „ökologische" von allometrischen und phylogenetischen Unterschieden zu trennen (siehe insbesondere Pagel und Harvey 1988; Harvey und Pagel 1991, sowie auch die Zusammenfassung bei Stearns 1992). Das liegt nicht daran, daß erstere adaptiv sind, während das für die beiden anderen nicht gilt. So haben wir beispielsweise gesehen, daß die Grundlage für allometrische Beziehungen diejenige ist, daß Organismen unterschiedlicher Größe an ihre jeweiligen Umwelten angepaßt sind. Es ist vielmehr eine Frage des Spektrums evolutionärer Reaktionen einer Art beispielsweise auf ihr Habitat, das durch Zwänge eingeschränkt ist, die selbst ebenfalls evolvierten.

Um Taxa aus ökologischer Sicht zu vergleichen, müssen die gemeinsamen allometrischen Beziehungen der übergeordneten taxonomischen Ebene beachtet werden.

Diese Vorstellungen sind in Abbildung 14.22a wiedergegeben, welche ganz allgemein die allometrische Beziehung zwischen dem Gelegevolumen und dem Körpervolumen von Schwanzlurchen zeigt. Abbildung 14.22b illustriert die gleichen Beziehungen in Umrissen, überlagert sind allerdings die allometrischen Beziehungen innerhalb von Populationen der beiden Querzahnmolcharten *Ambystoma tigrinum* und *A. opacum* (Kaplan und Sathe 1979). Vergleicht man die Mittelwerte für diese beiden Arten ohne Bezugnahme auf die allgemeine Allometrie für Schwanzlurche, erkennt man, daß die beiden Arten das gleiche Vehältnis von Gelegevolumen zu Körpervolumen aufweisen (0.136). Das scheint darauf hinzudeuten, daß sich die Lebenszyklusstrategien der beiden Arten nicht unterscheiden und es daher nichts zu erklären gibt – aber jegliche solche Annahme wäre falsch. *Ambystoma opacum* stimmt eng mit den Schwanzlurchen als Verwandten überein. *Ambystoma tigrinum* hingegen weist ein fast doppelt so großes Gelegevolumen auf, als man aufgrund dieses Verwandtschaftsverhältnisses erwarten würde. Im Rahmen der Einschränkungen, ein Schwanzlurch zu sein, betreibt *A. tigrinum* einen weitaus höheren Reproduktionsaufwand als *A. opacum*. Daher wäre es für einen Ökologen vernünftig, sich ihre jeweiligen Habitate anzusehen und so herauszufinden, warum dies der Fall sein könnte.

Mit anderen Worten, es ist vernünftig, Taxa aus ökologischer Sicht zu vergleichen, sofern die allometrische Beziehung, die sie auf einer höheren taxonomischen Ebene verbindet, bekannt ist (Clutton-Brock und Harvey 1979). In diesem Fall werden es ihre jeweiligen Abweichungen von dieser Beziehung sein, welche die Grundlage des Vergleichs bilden. Probleme entstehen jedoch, wenn allometrische Beziehungen nicht bekannt sind (oder ignoriert werden). Ohne die allgemeine Schwanzlurchallometrie von Abbildung 14.22b wären die beiden Arten ähnlich erschienen, obwohl sie in Wirklichkeit voneinander abweichen. Umgekehrt hätten zwei andere Arten unterschiedlich erscheinen können, obwohl sie in Wirklichkeit einfach der gleichen allometrischen Beziehung folgen. Vergleiche, welche die Allometrien nicht berücksichtigen, sind somit ohne Zweifel gefährlich, aber bedauerlicherweise lassen Ökologen Allometrien häufig außer acht.

14.12.2 Die Auswirkungen der Phylogenie

Blendet man den Einfluß der Körpergröße auf Lebenszyklusstrategien aus, werden die phylogenetischen Einflüsse ersichtlich.

Der bei den Schwanzlurchen verwendete Ansatz, Arten oder Gruppen hinsichtlich ihrer Abweichungen von einer sie verbindenden allometrischen Beziehung zu vergleichen, wurde auch auf eine Reihe größerer Gruppierungen erfolgreich angewandt. Man beachte, daß dieser Ansatz – weil er die Auswirkungen der Größe ausspart – nach phylogenetischen Beziehungen sucht (welche Einschränkungen widerspiegeln), die über jene hinausgehen, welche mit Größe oder Allometrie assoziiert sind. So zeigt beispielsweise Abbildung 14.23a für eine Reihe von Säugetierarten, daß das „relative" Alter bei der ersten Fortpflanzung zunimmt, wenn die „relative" Lebenserwartung ansteigt (das heißt relativ zu dem aufgrund einer zugrundeliegenden Allometrie erwarteten Wert). Dies bringt grundlegende Ähnlichkeiten zwischen Arten sehr unterschiedlicher Größe ans Licht: Elefanten und Otter, Mäuse und Warzenschweine. Es zeigt zudem eine starke Beziehung zwischen diesen beiden Merkmalen von Lebenszyklusstrategien, wenn die verwirrenden Auswirkungen der Größe erst einmal ausgespart sind. Ein weiteres Beispiel (Abbildung 14.23b) zeigt, daß bei Placentatieren (Eutheria) unter

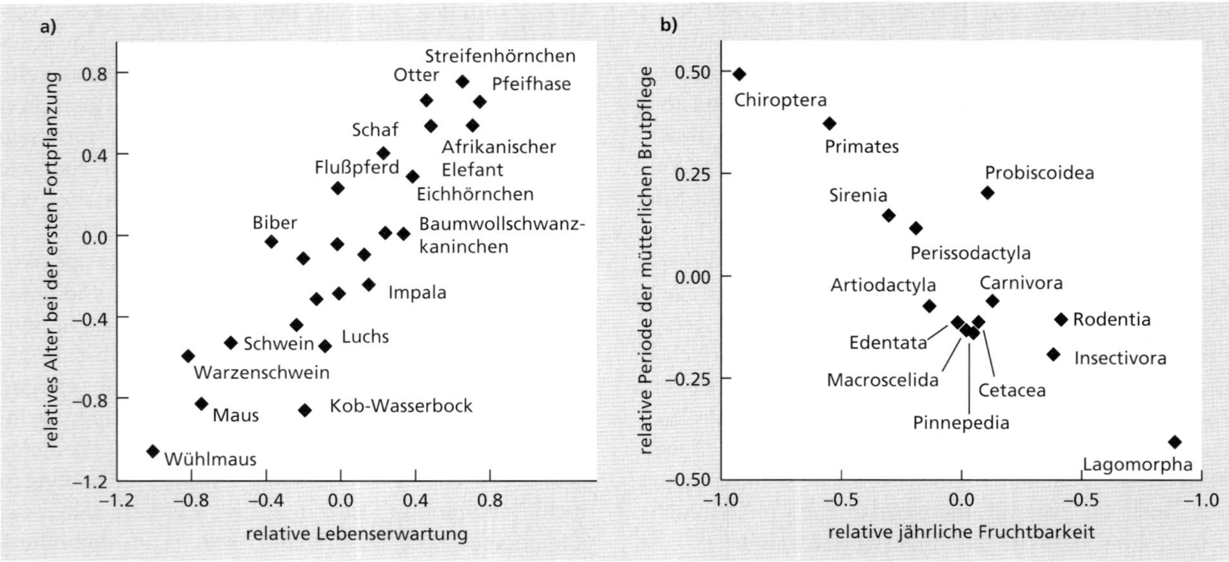

14.23 a) Nach Herausnahme der Auswirkungen der Größe nimmt das Alter bei der ersten Fortpflanzung bei 24 Säugetierarten mit der Lebenserwartung bei der Geburt zu. „Relativ" bezieht sich auf die Abweichung von der grundlegenden allometrischen Beziehung, welche das betreffende Merkmal mit der Größe des Organismus in Verbindung bringt. (Nach Harvey und Zammuto 1985) b) Bei Nichtberücksichtigung der Auswirkungen der Größe nimmt die Periode der mütterlichen Brutpflege bei den Ordnungen der Placentatiere (Eutheria) ab, wenn die jährliche Fruchtbarkeit zunimmt. (Nach Read und Harvey 1989)

Nichtberücksichtigung der Auswirkungen der Körpergröße die Periode der mütterlichen Investition abnimmt, wenn die relative jährliche Fruchtbarkeit zunimmt. Fledertiere (Chiroptera) zeigen die längste Periode der Brutpflege, aber die geringste Fruchtbarkeit (dicht gefolgt von den Primaten); Hasentiere (Lagomorpha) bilden das andere Extrem.

Die Beziehung in Abbildung 14.23a steht eindeutig mit der zuvor in Abbildung 14.14 diskutierten in Beziehung: Bei Säugetieren sind nicht nur die Lebensspanne und das Alter bei der Geschlechtsreife eng miteinander verknüpft, sobald die Auswirkungen der Größe erst einmal ausgespart sind (Abbildung 14.23a), sondern sie sind auch dann eng miteinander verknüpft, wenn die Auswirkungen der Größe ignoriert werden, und diese Beziehung unterscheidet sich signifikant von der in anderen Gruppen festgestellten (Abbildung 14.14). Zusammengenommen bestätigen diese Ergebnisse den mächtigen Einfluß, den die phylogenetische Stellung eines Organismus auf seine Lebenszyklusstrategie haben kann.

Einen gewissen Eindruck davon, wie stark dieser Einfluß ist, vermitteln uns Analysen wie jene in Tabelle 14.3 (Read und Harvey 1989). Hierbei wurde die Variation von sieben verschiedenen Merkmalen von Lebenszyklusstrategien bei einer großen Zahl von Säugetieren eine hierarchische Varianzanalyse angewandt. Dadurch konnte man den Prozentsatz der gesamten Varianz bestimmen, der folgenden Unterschieden zuzuschreiben ist: 1) Unterschieden zwi-

Tabelle 14.3: Wenn man an Datensätzen für eine Reihe von Merkmalen der Lebenszyklusstrategien einer großen Zahl von Säugetierarten eine hierarchische Varianzanalyse durchführt, ist der Prozentsatz der Varianz auf der höchsten taxonomischen Ebene (Ordnungen innerhalb der Klasse) am größten und am niedrigsten auf der untersten Ebene (Arten innerhalb von Gattungen). (Nach Read und Harvey 1989)

Merkmal	Arten innerhalb von Gattungen	Gattungen innerhalb von Familien	Familien innerhalb von Ordnungen	Ordnungen innerhalb der Klasse
Tragzeit	2.4	5.8	21.1	70.7
Alter bei der Entwöhnung	8.4	11.5	18.9	61.6
Alter bei der Geschlechtsreife	10.7	7.2	26.7	55.4
Zeitraum zwischen zwei Würfen	6.6	13.5	16.1	63.8
maximale Lebensspanne	9.7	10.1	12.4	67.8
Geburtsgewicht	2.9	5.5	26.6	64.9
Gewicht der Adulten	2.9	7.5	21.0	68.5

schen Arten innerhalb von Gattungen, 2) Unterschieden zwischen Gattungen innerhalb von Familien und so weiter. Arten variieren unabhängig von ihrem phylogenetischen Hintergrund sehr wenig; das gleiche gilt für Gattungen. Für den bei weitem größten Anteil an der Varianz für alle die Merkmale sind die Unterschiede zwischen Ordnungen innerhalb der Klasse der Säugetiere insgesamt verantwortlich. Das bekräftigt, daß wir, wenn wir einfach zwei Arten aus verschiedenen Ordnungen miteinander vergleichen, im Endeffekt einen Vergleich zwischen diesen Ordnungen ziehen (die sich vermutlich vor vielen Millionen Jahren auseinanderentwickelten) und nicht zwischen den Arten selbst. Es bedeutet jedoch nicht, daß ein Vergleich von Arten nur oberflächlich ist, weil es höheren taxonomischen Ebenen zusteht, den größten Teil der Variation von Lebenszyklusstrategien zu erklären.

Es ist völlig klar, daß die Ökologie der Lebenszyklusstrategien unter Nichtbeachtung der phylogenetischen und allometrischen Einschränkungen nicht weiterkommen kann. Doch es wäre für das Verständnis von Lebenszyklusstrategien nicht hilfreich, die Phylogenie als alternative Erklärung zum Habitat anzusehen. Die Phylogenie setzt einer Lebenszyklusstrategie und dem Habitat eines Organismus Grenzen. Aber die im wesentlichen ökologische Aufgabe, Lebenszyklusstrategien mit Habitaten in Verbindung zu bringen, bleibt die grundlegendste Herausforderung.

15 Abundanz

15.1 Einleitung

Die Abundanz wird bestimmt durch abiotische und biotische Faktoren, die sich auf die Geburts- und Sterberate, die Ausbreitung und die Migration auswirken.

Ein Großteil der Wissenschaft der Ökologie befaßt sich damit, was die **Abundanz** von Arten in dem begrenzten Gebiet ihres Vorkommens determiniert. Warum sind einige Arten selten, andere dagegen häufig? Warum kommt eine Art an einigen Stellen in geringer Populationsdichte vor, an anderen in hoher? Welche Faktoren verursachen Schwankungen der Abundanz einer Art? Das sind entscheidende Fragen. Um vollständige Antworten selbst für nur eine einzige Art an einem einzigen Ort zu liefern, müssen wir vielleicht im Idealfall die physikalisch-chemischen Umweltbedingungen, die Menge der verfügbaren Ressourcen, den Lebenszyklus des Organismus sowie die Auswirkungen von Konkurrenten, Räubern, Parasiten und so weiter kennen und verstehen, wie alles was die Abundanz durch Einwirkung auf Geburts- und Sterberate, Ausbreitung und Migration beeinflußt. In den vorangegangenen Kapiteln haben wir jedes dieser Themen separat behandelt. Nun versuchen wir, sie zu vereinigen und zu sehen, wie wir feststellen können, welche Faktoren in bestimmten Beispielen tatsächlich eine Rolle spielen.

Grundlage zur Bestimmung das Abundanz ist eine Erhebung; allerdings kann die einfache Erfassung der Individuenzahl zu einseitig sein.

Das Ausgangsmaterial für das Studium der Abundanz ist in der Regel eine **Erhebung** (*census*). In der gröbsten Form besteht diese aus einer Liste über Vorkommen oder Fehlen in definierten Erfassungsflächen. Bei detaillierteren Erhebungen werden hingegen Individuen (und ihre Teile im Falle modularer Organismen) gezählt, zwischen Individuen unterschiedlichen Alters, Geschlechts, abweichender Größe und Dominanz und sogar zwischen genetischen Varianten unterschieden.

Wenn eine Erhebung (auf einer Fläche oder über einen bestimmten Zeitraum hinweg) einfach die Zahl der vorhandenen Individuen erfaßt, können wir Variationen zu erklären versuchen, indem wir sie mit Faktoren außerhalb der Population (Wetter, Bodenbedingungen, Zahl der Räuber und so weiter) in Beziehung setzen. Aber die Tatsache, daß zwei Variablen miteinander korreliert sind, bedeutet natürlich nicht, daß die Variation der einen die Variation der anderen verursacht! Zudem kann eine einfache Erfassung der Individuenzahl einer Population entscheidende Informationen vorenthalten. Als Beispiel stelle man sich drei menschliche Populationen vor, die der Erfassung zufolge eine identische Zahl von Individuen umfassen. Eine davon ist ein Wohngebiet alter Leute, die zweite eine Population kleiner Kinder und die dritte eine Population unterschiedlichen Alters und Geschlechts. Keine einzige der versuchten Korrelationen mit Faktoren außerhalb der Population würde offenbaren, daß die erste Population zum Aussterben verurteilt ist (solange sie nicht durch Zuwanderung aufrechterhalten wird), daß die zweite schnell, aber erst mit Verzögerung und die dritte kontinuierlich weiter wachsen wird.

Ökologen haben es in der Regel mit Erhebungsdaten zu tun, die äußerst mangelhaft im Detail sind; dafür gibt es zahlreiche Gründe:

1) In der Regel ist es eine technisch äußerst schwierige Aufgabe, die Individuen einer Population ihr Leben lang zu verfolgen, obwohl es in einigen Stadien relativ einfach sein kann – so ist es oft leicht, Vögel während der Brutzeit oder Frösche an ihren Paarungsplätzen zu zählen, schwieriger hingegen zu anderen Zeiten des Jahres. Oft bleibt ein entscheidendes Stadium des Lebenszyklus unseren Blicken verborgen – beispielsweise junge Kaninchen in ihrem Bau, Schmetterlinge als vergrabene Puppen und Samen im Boden. Vögel kann man mit numerierten Ringen, Fische mit Farbmarkierungen oder Metallplaketten, umherstreifende Carnivore mit Radiosendern oder Samen mit radioaktiven Isotopen markieren und die markierten Individuen beim Wiederfang (oder -sammeln) erkennen; aber die Arten und Zahlen, die man auf diese Weise erfassen kann, sind sehr begrenzt. Nur Pflanzen und sessile Tiere bleiben an Ort und Stelle und lassen sich bequem zählen; doch selbst hier bereitet die Erfassung ihrer Ausbreitungsstadien enorme Probleme.

2) Die Ergebnisse einer Zählung werden irreführend sein, solange die Erhebung nicht räumlich und zeitlich angemessen ist, und diese Angemessenheit erfordert in der Regel einen großen Aufwand an Zeit und Geld. Die Eile, publizierbare Arbeiten zu produzieren und die kurze Laufzeit der meisten Forschungsprogramme sind Faktoren, die Wissenschaftler davon abhalten, überhaupt erst mit einer Erhebung über einen längeren Zeitraum zu beginnen. Es gibt jedoch einige bemerkenswerte Beispiele für langfristige Erhebungen – und auf diesen wenigen Beispielen beruht ein Großteil der Theorien über Populationen. Die meisten davon sind bei Likens (1987) und insbesondere bei Taylor (1987) in seiner Übersicht über Langzeitstudien in der Ökologie aufgelistet und beschrieben.
3) In dem Maße, wie unser Wissen über Populationen anwächst, steigt und verändert sich auch die Zahl der Eigenschaften, über die wir uns in einer Erhebung einen Nachweis erhoffen. Jedes Erhebungsverfahren ist wahrscheinlich sofort nach Beginn der Erhebung veraltet. Die Analyse von Zählungsdaten zeigt immer wieder, daß man die Erhebung beim nächsten Mal anders durchführen sollte. Bis in die achtziger Jahre betrachtete man es für Erfassungszwecke als angemessen anzunehmen, daß Ein- und Auswanderung einander ausgleichen und daher in der Regel ignoriert werden können. Bis man erkannte, daß die Individuenzahl in natürlichen Populationen in Wirklichkeit durch das Gleichgewicht zwischen den auswandernden und den bleibenden Individuen bestimmt wird.

Alle in diesem Kapitel beschriebenen Erhebungen sind auf die eine oder andere Weise nicht ideal, wenn man sie im Licht dessen beurteilt, was wir nach heutigem Wissen benötigen, um sie vollständig zu verstehen. Zudem wurden die meisten der wirklich langfristigen oder geographisch ausgedehnten Erhebungen an Organismen von wirtschaftlicher Bedeutung durchgeführt, etwa an Pelztieren, Jagdvögeln, Schädlingen und Krankheitserregern – oder an den bepelzten oder gefiederten Favoriten von naturkundlich interessierten Laien. Sofern Verallgemeinerungen auftauchen, sollten wir diese mit großer Vorsicht behandeln.

Für Populationsschwankungen können externe oder endogene Faktoren verantwortlich sein.

Die bei einer Erhebung angesammelten Daten kann man zum Feststellen von Korrelationen mit **externen** (**exogene**) **Faktoren** – zum Beispiel dem Wetter – oder Korrelationen zwischen Aspekten innerhalb der Erfassungsdaten verwenden – beispielsweise durch Vergleich der im Frühling vorhandenen Zahl mit der im Herbst vorhandenen. Diese Korrelationen kann man dann auf zweierlei Weise nutzen:

1) Korrelationen können für Vorhersagen der Zukunft verwendet werden. So tritt beispielsweise ein starker Befall von Kartoffelpflanzen mit Krautfäule in der Regel 15 bis 22 Tage nach einer Periode auf, in der die Temperatur in zwei aufeinanderfolgenden Tagen nicht unter 10 °C sinkt und die relative Luftfeuchtigkeit mehr als 75 % beträgt. Anhand dieser Korrelation könnte man Ausbrüche dieser Krankheit vorhersagen, und sie könnte den Kartoffelbauern darauf aufmerksam machen, daß er seine Pflanzen vorbeugend spritzen sollte. Sie bedeutet aber keinen ursächlichen Zusammenhang. Eine warme, feuchte Umgebung ermöglicht diese Krankheit, verursacht sie aber nicht.
2) Korrelationen können ursächliche Zusammenhänge nahelegen, aber nicht beweisen. So folgen auf kalte Winter vielleicht regelmäßig niedrige Populationen eines Schädlings. Diese Korrelation könnte darauf hindeuten, daß kalte Winter das Überwinterungsstadium des Schädlings abtöten, aber genauso gut auch bedeuten, daß kalte Winter dessen Feinde begünstigen oder seine Nahrungsressource teilweise verringern. Daher müssen wir bei der Analyse von Variationen in den Erhebungsdaten sehr vorsichtig mit jeglichen Behauptungen sein, Ursachen entdeckt zu haben, die lediglich auf dem Nachweis von Korrelationen beruhen.

Oft wird anhand der aus einer Zählung erhaltenen Daten behauptet, **interne (endogene) Faktoren** seien für Schwankungen der Populationsgröße verantwortlich, beispielsweise, sie sei am schnellsten angewachsen, als die Zahl niedrig war, und langsamer (oder begann sogar zurückzugehen), als die Zahl hoch war. Wiederum läßt sich vielleicht eine Korrelation (in der Regel eine negative) zwischen der Größe einer Population und ihrer Wachstumsrate (oder deren Komponenten – Geburtsraten, Sterberaten und Migrationsraten) aufzeigen. Diese Korrelation könnte nahelegen, daß es die Größe der Population selbst ist, die ihre Veränderungen verursacht, ähnlich wie Korrelationen mit dem Klima oder dem Wetter, aber sie ist kein Beweis dafür. Möglicherweise verhungern viele Individuen, wenn die Population groß ist, pflanzen sich nicht fort oder werden aggressiv und vertreiben schwächere Mitglieder. Nur die Beobachtung, was mit den Individuen geschieht, wird verläßlich ans Licht bringen, warum die Population ihr Verhalten ändert.

Eine Population ist eine Gruppe von Individuen einer Art in einem Gebiet.

Begriffe wie „Abundanz“, „Population“ und „Dichte“ dürfen wir zur Beschreibung der Ergebnisse einer Erhebung nur sehr besonnen verwenden. Wir definieren eine **Population** als Gruppe von Individuen einer Art in einem Gebiet – das können die Blattläuse auf einem Blatt, alle Reiher auf den Britischen Inseln, alle Menschen in China, alle Hahnenfüße auf einem Quadratmeter Wiese oder alle Taufliegen in einem Kulturgefäß sein. Es ist ein ziemlich pragmatisch verwendeter Begriff und bedeutet oft einfach jene Gruppe von Organismen, die bequem und praktisch zu zählen ist. Für Genetiker kann „Population" jene Individuen einer Art bedeuten, die einander nahe genug stehen, daß sie sich zumindest gelegentlich miteinander paaren.

Dichte ist die Zahl der Individuen pro Flächeneinheit, Besiedlungsdichte berücksichtigt die Nähe zum Nachbarn.

Fast jede natürliche Population ist mosaikartig verteilt, und die Zahl ihrer Individuen variiert von jeder „Landschaftszelle" (Patch) zur nächsten (wir haben einige Probleme bei der Beschreibung einer mosaikartigen Verteilung in Abschnitt 5.2 durchgesprochen). Der Begriff „Dichte" ist zwangsläufig einer der am häufigsten verwendeten in diesem Buch. Er kann aber sehr unterschiedliche Bedeutungen haben, und es ist wiederum die mosaikartige Verteilung von Populationen, die Probleme hervorruft. **Dichte** ist leicht zu definieren: Es ist die Zahl der Individuen pro Flächeneinheit (oder, bei einigen aquatischen Populationen, pro Volumeneinheit). In einer mosaikartig verteilten Lebensgemeinschaft sagt das allerdings darüber nichts aus, wie dicht gedrängt die Individuen leben (eine Diskussion dieser Problematik ist bei Lewontin und Levins 1989 und in Abschnitt 5.2 zu finden). Es ist jedoch häufig das Ausmaß ihrer eigentlichen **Besiedlungs**- oder **Bevölkerungsdichte** (*crowding*), die Nähe der Nachbarn, die wir kennen müssen. Wenn wir nur den Begriff Dichte verwenden, geht diese Information verloren. Wenn Organismen ortsgebunden sind, wie die meisten verwurzelten Pflanzen oder Seepocken, Miesmuscheln und Seeanemonen auf einem Felsen, ist die Distanz zwischen den Individuen oft ein sehr viel aussagekräftigeres Maß für ihre Individuendichte als die abstrakte Maßeinheit Zahl pro Flächeneinheit. Das gleiche könnte auch für Tiere gelten, die Territorien besetzen: Die Entfernung zwischen ihnen könnte ebenfalls bedeutend aussagekräftiger sein als ihre „Dichte". Besonders nützlich sind Informationen über die Nähe von Nachbarn, wenn wir betrachten, wie Individuen gegenseitig ihre Aktivitäten beeinflussen – durch Konkurrenz oder gegenseitigen Ausschluß.

Viele der in diesem und anderen Kapiteln diskutierten Studien dienten dazu, dichteabhängige Prozesse festzustellen, als wäre die Dichte selbst die Ursache von Veränderungen der Geburts- und Sterberaten in einer Population. Das wird natürlich kaum (wenn überhaupt) der Fall sein: Organismen stellen nicht die Dichte ihrer Populationen fest und reagieren darauf. Sie reagieren in der Regel auf durch ihre Nachbarn verursachte Ressourcenknappheit oder gegenseitige Aggression. Wenn wir mobile (bewegliche) Organismen betrachten, können wir natürlich selten feststellen, welche Individuen für die Beeinträchtigung anderer verantwortlich waren, beispielsweise welches Individuum die Nahrung aufnahm, die dann einem anderen fehlte. Wir müssen uns bei der Verwendung des Begriffs „Dichte" stets daran erinnern, daß es sich dabei um eine Abstraktion handelt, die verschleiert, wie lebende Organismen aus ihrer Sicht die reale Welt erleben.

15.2 Fluktuation oder Stabilität

Die bisher über die größte Zeitspanne hinweg durchgeführte Populationserhebung ist wohl diejenige an Mauerseglern (*Micropus apus*) in dem Dorf Selborne in Südengland (Lawton und May 1984). In einer der ersten veröffentlichten ökologischen Arbeiten beschrieb Gilbert White (1778), die Konstanz der Anwesenheit von acht Paaren, die in diesem Dorf brüteten.

Lawton und May besuchten das Dorf im Jahre 1983 und fanden bedeutende Veränderungen seit den über 200 Jahre alten Beschreibungen von White. Im Kirchturm haben wahrscheinlich seit 50 Jahren keine Mauersegler mehr genistet, und die strohgedeckten Häuschen sind verschwunden oder wurden mit Drahtgeflecht gedeckt. Die Zahl der regelmäßig im Dorf anzutreffenden Brutpaare beträgt heute jedoch zwölf. Angesichts der vielen Veränderungen, die seither stattgefunden haben, kommt diese Zahl den von White langjährig festgestellten acht Paaren erstaunlich nahe.

Eine Langzeitstudie an brütenden Reihern auf den Britischen Inseln ergab das gleiche Bild: eine Population, die über einen langen Zeitraum hinweg bemerkenswert konstant blieb. Diese Erhebung schloß auch Zeiten ungünstiger Witterung ein, in denen die Population vorübergehend zurückging, sich danach aber wieder erholte. Man beachte jedoch, daß in diesem Fall die gezählte Population jene der gesamten Britischen Inseln war, so daß sie sicher die Gründung neuer Kolonien und das Aussterben anderer umfaßte.

Auch Pflanzenpopulationen können durch eine solche Erhebung kartiert werden. Bei einer Bestandserfassung des Kriechenden Hahnenfußes (*Ranunculus repens*) in einer alten, seit langem bestehenden Weide in Nordwales erstellten Sarukhán und Harper (1973; Sarukhán 1974) detaillierte Karten der Verbreitung von Pflanzen und Keimlingen und vermochten das Schicksal jedes einzelnen Individuums zu verfolgen (was bei mobilen Tieren nur selten möglich ist). Das ganze Jahr über starben Pflanzen ab, wobei saisonale Perioden erhöhter Sterblichkeit zur gleichen Zeit auftraten, als die Überlebenden am schnellsten wuchsen. Zu einem Zuwachs der Population kam es durch zwei unterschiedliche Prozesse: 1) die Keimung von

Samen in jährlichen Schüben; und 2) die klonale Vermehrung von Rosetten. Beim klonalen Wachstum bilden die Pflanzen Blattrosetten; aus den Blattachseln wachsen dann Knospen und bilden lange Ausläufer, an deren Spitze eine neue, bewurzelte Rosette (ein neues Modul) entsteht. Eine Rosette kann auf diese Weise mehrere Tochterklone, und diese im Verlauf einer einzigen Saison weitere Ausläufer und Rosetten hervorbringen. Auf diese Weise kann ein einziger (aus einem Keimling entstehender) Genet durch eine Familie aus Rosetten repräsentiert werden, die alle den gleichen Genotyp aufweisen. Jede Pflanze ist nun eine Unterpopulation von Teilen, deren Verbindungen untereinander verlorengehen können, die aber Module desselben genetischen Individuums bleiben.

Die Stabilität der Gesamtpopulation kann eine unterschiedliche Dynamik von Teilpopulationen verbergen.

Die Populationsdynamik des Kriechenden Hahnenfußes wurde auf drei getrennten Flächen von 1 m^2 in einer 1 ha großen Wiese erhoben. Die Daten sind in Tabelle 15.1 zusammengefaßt. Auf Fläche A halbierte sich die Population im Laufe von zwei Jahren, auf Fläche B veränderte sie sich kaum, und auf Fläche C nahm sie um 50 % zu. Solche Erhebungen bringen im Detail ans Licht, wie Geburten und Todesfälle von Individuen zu den Gesamtveränderungen der Größe von Populationen beitragen (Abbildung 15.1). Im Laufe der zwei Jahre dauernden Studie fiel die Zahl der Hahnenfüße auf den drei Flächen von 650 auf 518. Aber in diesem Zeitraum kamen auch neue Individuen zu der Population hinzu, und 1 189 Individuen gingen verloren. Drei Dinge können wir vor allem aus dieser Studie lernen: 1) Verschiedene Patches derselben Population zeigten eine recht unterschiedliche Dynamik, 2) die wurde nur festgestellt, weil sich die Erhebung aus logistischen Gründen auf drei kleine Probennahmestellen konzentrierte; und 3) können trotz eines sehr raschen Wechsels von Geburten und Todesfällen relativ wenige Veränderungen in Populationen auftreten. Eine weitere wichtige Langzeitstudie

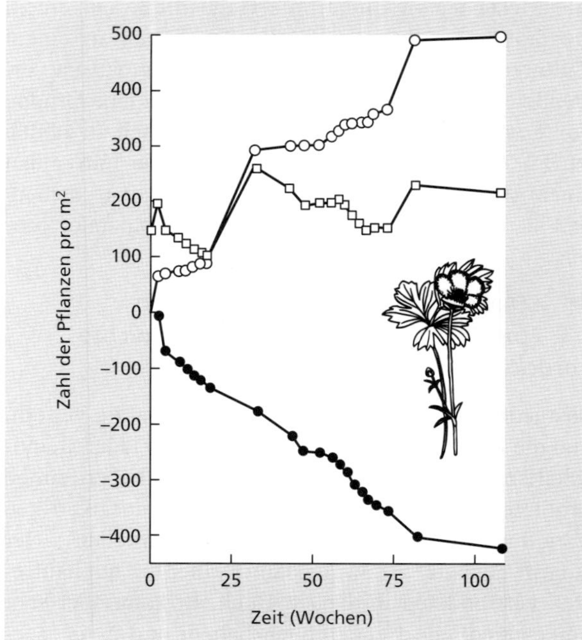

15.1 Veränderungen der Populationsgröße des Kriechenden Hahnenfußes (*Ranunculus repens*) auf der Fläche C (siehe Tabelle 15.1). ○: kumulativer Zuwachs aus Samenkeimung und klonalem Wachstum; ●: kumulative Verluste; □: Nettopopulationsgröße. (Nach Sarukhán und Harper 1973)

zur Konstanz der Populationsdichte exisiert für den Nordischen Mannsschild (*Androsace septentrionalis*) (symonides 1979).

Als letztes Beispiel für die Beziehung zwischen Populationsschwankungen und relativer Konstanz betrachten wir die klassische Studie von Davidson und Andrewartha (1984a, b) am Apfelblütenblasenfuß (*Thrips imaginis*), einem etwa 1 mm langen Insekt, das in den Blüten von Rosenbüschen, Obstbäumen, Gartenpflanzen und Unkräutern in Südaustralien lebt. Sie erfaßten die Blasenfußpopulation auf 20 Rosen, die sie 81 Monate lang täglich außer sonntags und an bestimmten Ferientagen nach dem Zufallsprinzip aus einer langen Hecke auswählten. Der Rosensorte

Tabelle 15.1: Populationsschwankungen von *Ranunculus repens* auf Weideland auf drei Flächen von 1 m^2

	A	B	C
a) Zahl der Pflanzen pro m^2, April 1969	385	117	148
b) Zahl der Pflanzen pro m^2, April 1971	157	139	222
c) Nettoänderung (b–a)	−228	+ 22	+ 74
d) Zuwachsrate (b/a)	0.41	1.19	1.50
e) Zahl der zwischen April 1969 und April 1971 hinzugekommenen Pflanzen	344	244	466
f) Gesamtzahl der zwischen April 1969 und April 1971 verschwundenen Pflanzen	577	222	390
g) im April 1969 vorhandene Pflanzen, die im April 1971 noch am Leben waren	25	13	22
h) Prozentsatz der Überlebenden in (a) (g/a × 100)	6.5	11.1	7.4
i) erwartete Zeit für vollständigen „Umsatz“ (Jahre) 2/(100-h) × 100	2.14	2.25	2.16
j) Gesamtzahl der während der Studie erfaßten Pflanzen	729	361	612
k) Prozentsatz der jährlichen Sterblichkeit aller Individuen (f/j) × 100	79.1	61.5	63.7

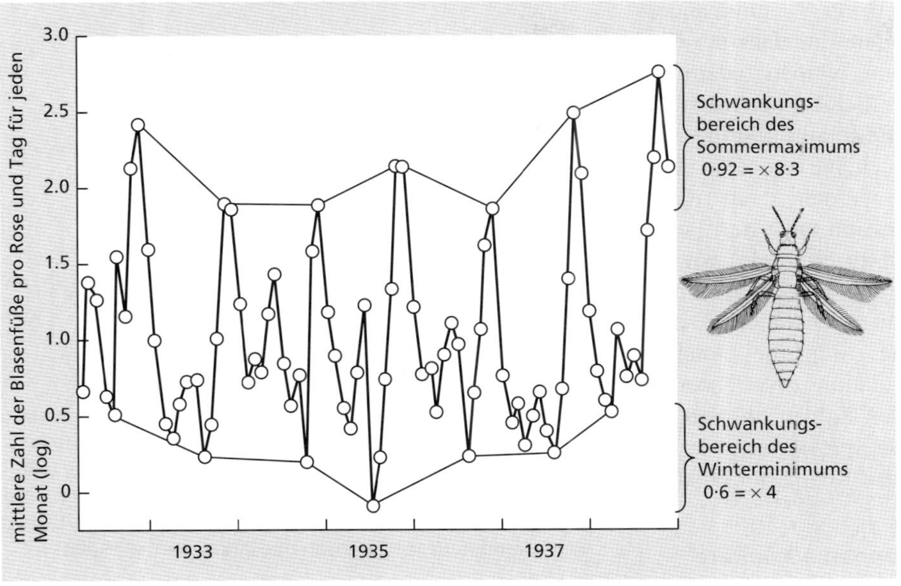

15.2 Mittlere monatliche Populationszählungen von *Thrips imaginis* pro Rose (logarithmische Skala). (Nach Davidson und Andrewartha 1948a, Varley et al. 1973)

(„Cecile Brunner") fehlen Staubblätter, die Blasenfüße brauchen aber Pollen, um sich fortpflanzen zu können. Daher dienten die Rosen als „Fallen" für die Zählung und waren nicht selbst Brutplätze. In Abbildung 15.2 sind die mittleren monatlichen Populationszählungen zusammengefaßt. Wie viele Insekten machten die Blasenfüße sehr große Dichteschwankungen durch. Liegen diesen Fluktuationen ausschließlich zufällig einwirkende Faktoren zugrunde, oder sind Prozesse am Werk, die sie innerhalb bestimmter Grenzen halten? Wir wollen mit der Beantwortung dieser Frage beginnen, indem wir Theorien über die Abundanz von Arten im allgemeinen betrachten.

15.2.1 Theorien über die Abundanz von Arten

Zur Erklärung der Abundanz von Tier- und Pflanzenpopulationen gibt es widersprüchliche Theorien. Einige Forscher heben die offensichtliche Stabilität von Populationen hervor; andere stellen die Fluktuationen heraus. Tatsächlich wurden die gleichen Erhebungsdaten von einigen Autoren dazu verwendet zu zeigen, daß die Populationen innerhalb enger Grenzen bleiben, und von anderen, um zu betonen, daß sie sich dramatisch verändern!

Die Konstanz von Populationen kann durch interne, dichteabhängige Kräfte oder durch äußere Faktoren reguliert werden.

Nach Meinung derer, welche die relative Konstanz von Populationen hervorhoben, müssen wir nach stabilisierenden Kräften innerhalb von Populationen, sogenannten **dichteabhängigen Kräften** – zum Beispiel Konkurrenz zwischen dichtgedrängten Individuen um begrenzte Ressourcen – suchen, um zu erklären, warum Populationen nicht unbegrenzt zunehmen oder bis zum Aussterben abnehmen. Diejenigen, welche die Fluktuationen in Populationen herausstellen, schauen nach **äußeren Faktoren** – zum Beispiel nach dem Wetter – um diese Veränderungen zu erklären. Das Interesse an diesem Thema war so groß, und die Widersprüche so ausgeprägt, daß es in der Ökologie dieses Jahrhunderts über weite Teile vorherrschend war.

15.2.2 Der Einfluß äußerer Faktoren auf die Populationsdichte

Durch die Methode der Regression können Korrelationen zwischen der Populationsdichte und Faktoren wie Aspekte des Wetters erstellt werden.

Die beiden australischen Ökologen Andrewartha und Birch (1954, 1984) leisteten einen bedeutenden Beitrag zu dieser Debatte. Ihre Forschungen befaßten sich vor allem mit der Bekämpfung von Schadinsekten in der Natur, und sie gelangten zu dem Schluß, daß die Zahl der Tiere in einer natürlichen Population auf dreierlei Weise begrenzt werden könne: 1) durch einen Mangel an materiellen Ressourcen wie Nahrung, Nistplätze und so weiter; 2) durch eine Unerreichbarkeit dieser materiellen Ressourcen angesichts der Fähigkeiten der Tiere, sich auszubreiten und sie zu suchen; und 3) durch einen Mangel an Zeit, wenn die Zuwachsrate r positiv ist. Von diesen drei Argumenten, so ihre Behauptung, sei das erste vermutlich das unbedeutendste und das letzte wahrscheinlich das bedeutendste in der Natur. Der bereits in Abschnitt 15.2 erwähnten und in Abbildung 15.2 dargestellten Erhebung der Blasenfüße *Thrips imaginis* maßen sie großes Gewicht zu. Sie erhielten für 81 aufeinanderfolgende Monate Schätzungen der Abundanz der Blasenfüße. Für weitere sieben Jahre wurden zudem nur für den Frühling und Sommer Schätzungen erstellt, und während des gesamten Zeitraums wurden die Temperaturen und die Niederschläge vor Ort überwacht. Die Erhebungsdaten wurden dann durch Methoden der **multiplen Regression** analysiert (siehe zum Beispiel Poole 1978), um zu ermitteln, wieviel der Populationsschwankungen von Jahr zu Jahr man durch einen Zusammenhang mit irgendeinem Aspekt des Wetters erklären konnte. Für die Analyse bestimmte man die Spitzenpopulation jedes Jahres als den mittleren Logarithmus der Zahlen in den 30 Tagen vor dem Maximum. Diese Spitzenwerte wurden zur abhängigen Variablen in der Regressionsanalyse (log *Y*).

Aspekte des Wetters können als äußere Faktoren oder indirekt als dichteabhängige Faktoren zu Korrelationen mit der Populationsdichte führen.

Zur Bestimmung von Größen, die mit der Zahl der Blasenfüße im Frühling in Zusammenhang stehen könnten, suchten sie zunächst nach einer Größe, die den für die Ökologie der Blasenfüße wichtigsten einjährigen Pflanzen eine Gelegenheit zum Wachstum im Herbst und Winter bot. Als Beginn der Saison nahmen sie den Zeitpunkt, an dem die Samen dieser Annuellen zu keimen begannen. Als grobes Maß für die im folgenden Zeitraum herrschenden Temperaturen ermittelten sie die Temperatursumme (*accumulated temperature*) vom Beginn der Saison bis zum 31. August (zur Diskussion der Temperatursumme siehe Abschnitt 2.2). Dazu summierten sie die Werte der maximalen Tagestemperatur (in °F) für jeden Tag, wobei sie zunächst 48 °F von jedem Wert abzogen – als Schwelle, unter der die Aktivität minimal war. Danach teilten sie das Resultat durch 2 und erhielten so:

$$T = (\text{maximale Tagestemperatur} - 48\,°\text{F})/2. \quad (15.1)$$

Die Werte für T wurden zur zuerst gewählten Variablen (x_1) für die Regression. Die zweite Variable, x_2, war der Gesamtniederschlag in den Monaten September und Oktober (dem australischen Frühling), und x_3 war die „effektive Temperatur" an jedem Tag im September und Oktober. Sie erkannten, daß die Größe der Population, die den Winter überstanden, durch die Bedingungen im vorherigen Jahr bestimmt sein könnten. Um dies zu berücksichtigen, führten sie eine weitere Variable ein: Diesen Wert für x_1 aus dem vorherigen Jahr nahmen sie als x_4. Die aus dieser Analyse erhaltene Regressionsgleichung lautet:

$$\log Y = -2.39 + 0.12x_1 + 0.20x_2 + 0.19x_3 + 0.08x_4. \quad (15.2)$$

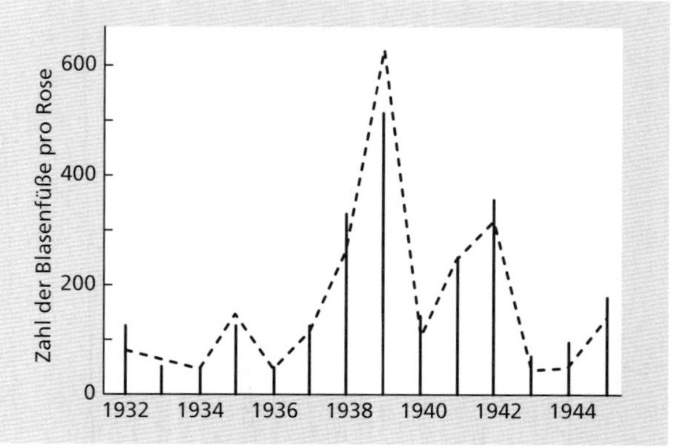

15.3 Beobachtete und vorhergesagte Populationsgrößen von *Thrips imaginis*. Die Säulen repräsentieren das geometrische Mittel der täglichen Zählungen der Blasenfüße pro Rose während des Populationsmaximums. Die gestrichelte Linie gibt die aus der im Text erklärten Gleichung berechneten theoretischen Werte wieder. (Nach Davidson und Andrewartha 1948b)

Die wirklichen Werte und die aus der Regression berechneten sind in Abbildung 15.3 dargestellt. Die bei weitem bedeutendste Variable war x_1 ($P < 0.001$), die nächste x_2. Von der Varianz der Populationsmaxima führte man 78 % auf die Regression zurück, »die nur aus meteorologischen Daten errechnet wurde«.

Die Erhebung von *T. imaginis* ist sowohl wegen ihrer Intensität als auch wegen ihrer Dauer bemerkenswert – bis zum Ende der Studie wurden sechs Millionen Blasenfüße registriert. Die Arbeit ist auch ein hervorragendes Beispiel für das Feststellen von Korrelationen. Natürlich spielt das Wetter (repräsentiert durch vier Faktoren) eine zentrale und entscheidende Rolle unter den Faktoren, die mit der maximalen Zahl von Blasenfüßen korreliert sind.

Die gleichen Daten wurden jedoch auch dazu herangezogen zu zeigen, daß die Blasenfußpopulationen durch deinen Faktor innerhalb der Populationen reguliert wurden. Das Modell der multiplen Regression ist nicht dazu gedacht, direkt das Vorhandensein eines dichteabhängigen Faktors aufzuzeigen (Varley et al. 1973). Als man darauf ausgelegte Methoden auf die gleichen Daten anwandte, ergaben sich nachdrückliche Hinweise auf ein dichteabhängiges Populationswachstum vor den Maxima (Smith 1961). Es gab signifikante negative Korrelationen zwischen der Populationsänderung und der Populationsgröße unmittelbar vor dem Maximum im Frühling. Zusätzlich kann man aus Abbildung 15.3 schließen, daß ein recht einflußreicher dichteabhängiger Faktor zwischen dem sommerlichen Maximum und dem winterlichen Minimum einwirkte, da sich die Maxima über einen achtfachen, die Minima aber nur über einen vierfachen Bereich ausdehnen. Tatsächlich bemerkten Davidson und Andrewartha (1948b), daß das Wetter im Winter als dichteabhängige Umweltkomponente wirkte, indem es zum Tod jenes Anteils der Population führt, der in weniger günstigen „Situationen" lebt. (Wenn die Zahl der sicheren Plätze begrenzt ist und von Jahr zu Jahr ungefähr konstant bleibt, wird der Anteil der Individuen an anderen Plätzen, der dem Wetter zum Opfer fällt, mit der Größe der gesamten Population zunehmen, und die Gesamtsterblichkeit wir dichteabhängig erscheinen.)

15.2.3 Einfluß der Bevölkerungsdichte auf die Abundanz

Die Regulation der Bevölkerungsgröße erfolgt über interne, dichteabhängige Faktoren, die auf die Geburts- und Sterberate beziehungsweise auf Ein- und Auswanderung wirken.

Es ist äußerst wichtig, deutlich zu unterscheiden zwischen der Art und Weise, wie die Abundanz von Individuen determiniert wird, und dem Ausmaß ihrer Regulation. Der Begriff **Regulation** bezieht sich auf die Tendenz einer Population, größenmäßig abzunehmen, wenn sie ein bestimmtes Level überschritten hat, aber an Größe zuzunehmen, wenn sie unter diesem Level liegt. Mit anderen Worten, die Regulation einer Population kann definitionsgemäß nur infolge eines oder mehrerer Faktoren der Population selbst erfolgen, die auf die Geburtsrate (und/oder Einwanderung) und/oder die Sterberate (und/oder Auswanderung) einwirken (Abbildung 15.4a). Verschiedene potentiell dichteabhängige Prozesse haben wir bereits in den früheren Kapiteln über Konkurrenz, Prädation und Parasitismus diskutiert. Andererseits wird die Abundanz durch die gemeinsamen Auswirkungen all der Faktoren und Prozesse determiniert werden, die auf eine Population einwirken, ob diese nun von der Dichte abhängig sind oder nicht.

Abbildung 15.4b zeigt in einem Diagramm, wie ein Gleichgewichtslevel der Abundanz durch die Intensität eines dichteunabhängigen Prozesses stark verändert werden kann. In diesem Modell ist die Geburtsrate dichteabhängig, während die Sterberate dichteunabhängig ist, aber von physikalischen Bedingungen abhängt, die sich an drei Orten unterscheiden. Die Abbildung zeigt drei Populationen im Gleichgewicht (N_1, N_2, N_3), die den drei Sterberaten entsprechen, welche wiederum mit den physikalischen Bedingungen in den drei Umwelten zusammenpassen. Durch solche Variationen der dichteunabhängigen Sterblichkeit wurden die Abundanzunterschiede des einjährigen Fuchsschwingels *Vulpia fasciculata* in verschiedenen Bereichen einer Sanddünenumgebung in Nordwales erklärt (Watkinson und Harper 1978).

Natürlich kann sich eine Population nur durch Geburt (oder Keimung oder Schlüpfen), Tod oder Migration ändern. Die Behauptung, es müsse regulierende Faktoren geben, welche die relative Stabilität natürlicher Populationen erklären, wurde von Haldane (1953) gut formuliert:

»Die einfachste Population, die man sich vorstellen kann, ist eine mit streng definierten Generationen wie bei einem einjährigen Insekt. Angenommen, P_n sei die Population auf einer

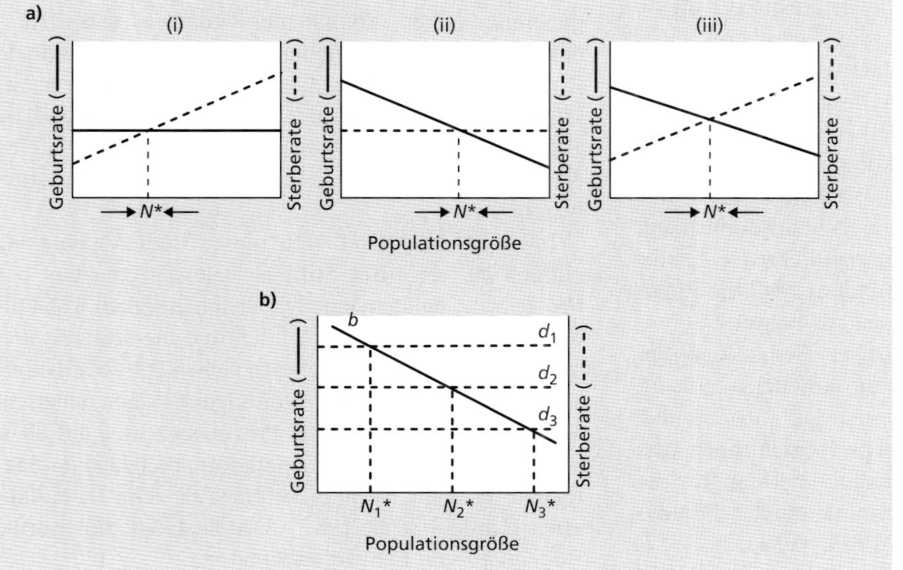

15.4 a) Populationsregulation mit: (i) dichteunabhängiger Geburts- und dichteabhängiger Sterberate; (ii) dichteabhängiger Geburts- und dichteunabhängiger Sterberate; und (iii) dichteabhängiger Geburts- und Sterberate. Die Populationsgröße nimmt zu, wenn die Geburtsrate die Sterberate übersteigt, und nimmt ab, wenn die Sterberate über der Geburtsrate liegt. N^* ist daher eine Populationsgröße bei einem stabilen Gleichgewicht. Der tatsächliche Wert der Populationsgröße im Gleichgewicht hängt, wie man sieht, sowohl von der Größenordnung der dichteunabhängigen Rate als auch von der Größenordnung und Neigung jedes dichteabhängigen Prozesses ab. b) Populationsregulation mit dichteabhängiger Geburt (*b*) und dichteabhängigem Tod (*d*). Die Mortalitätsraten werden durch physikalische Bedingungen bestimmt, die sich an drei Orten unterscheiden (die Sterberaten d_1, d_2 und d_3). Infolgedessen variiert auch die Populationsgröße im Gleichgewicht (N_1^*, N_2^*, N_3^*).

Fläche zu einem bestimmten Datum im Jahr n, zum Beispiel sei P_{1952} die Zahl der Kiefernspannerpuppen in einem isolierten Kiefernwald am 1. Januar 1952. Es sei $P_{n+1} = R_n P_n$, wobei R_n die Nettozuwachs- oder Abnahmerate der Population sei. R_n kann größer oder kleiner als 1 sein. Da aber $P_{n+2} = R_{n+1} R_n P_n$ ist und so weiter, muß das Produkt von R_n über eine Reihe von Jahren sehr nahe bei 1 liegen. ... Wie nahe es bei 1 liegen muß, wird klar, wenn wir annehmen, daß für 1 000 Jahre $R_n = 1.01$ ist. Die Population würde um einen Faktor von 21 000 ansteigen. Ähnlich würde sie, wenn $R_n = 0.99$ wäre, auf das 0.000043fache ihrer ursprünglichen Zahl zurückgehen.«

Da keine Population unbegrenzt anwächst, so Haldane (1953), muß es irgendwelche regulierenden Faktoren geben, die insgesamt gesehen bewirken, daß die Dichte einer Tier- oder Pflanzenart in einem bestimmten Gebiet zunimmt, wenn die Population klein ist, und abnimmt, wenn sie groß ist.

Eine Population kann das Potential für extrem schnelles Populationswachstum haben; dichteabhängige biotische Wechselbeziehungen begrenzen oder ermöglichen dieses zu bestimmten Zeiten.

Das von Haldane zur Veranschaulichung seiner Behauptung angeführte Beispiel unterscheidet sich sehr deutlich von den zitierten der Reiher und Mauersegler. Sein Beispiel war eine Erhebung der Bestandszahlen des Kiefernspanners (*Bupalus piniarius*) in einem deutschen Kiefernwald von 1882 bis 1940. Während dieses Zeitraums lag die höchste Dichte (1928) mindestens 30 000mal höher als die niedrigste Dichte (1911). Natürlich war die Regulation nicht sehr präzise! Während des Untersuchungszeitraums gab es jedoch Phasen extrem raschen Populationswachstums (zum Beispiel 1922 bis 1928), aber diese waren nicht von Dauer. Die Population hatte das Potential für extrem schnelles Wachstum, aber dies wurde nie über längere Zeit verwirklicht. Somit kann man behaupten, daß irgendein regulierender Faktor eingewirkt haben muß, der verhinderte, daß die Populationen über ihre Grenzen hinaus anwuchsen.

A. J. Nicholson, ein australischer Tierökologe, der theoretisch und mit Labortieren arbeitete, gilt im allgemeinen als Hauptbefürworter der Ansicht, daß **dichteabhängige biotische Wechselbeziehungen** (die Nicholson „dichtesteuernde Reaktionen" nannte) die wichtigste Rolle bei der Determination der Populationsgröße spielen (Nicholson 1933, 1954a, b, 1957, 1958). Mit seinen eigenen Worten: »Eine durch Dichteänderungen hervorgerufene Steuerreaktion hält Populationen in ihren Umwelten in einem Gleichgewichtszustand«, und »der Mechanismus der Dichtesteuerung ist fast immer intraspezifische Konkurrenz, entweder zwischen den Tieren um eine besonders wichtige Notwendigkeit oder unter natürlichen Feinden, für welche die betreffenden Tiere solche Notwendigkeiten sind«. Er erkannte, daß »Faktoren, die durch die Dichte nicht beeinflußt werden, sich nachdrücklich auf die Dichte auswirken können«, dachte aber, sie täten dies nur durch »Veränderung der Eigenschaften von Tieren oder ihrer Umwelt, und würden so Einfluß darauf nehmen, bei welchem Level steuernde Reaktionen Populationsdichten anpassen«. Selbst unter dem extremen Einfluß von dichteunabhängigen Faktoren, »wird die Dichtesteuerung nur von Zeit zu Zeit aufgehoben und in der Folge wieder fortgesetzt, und es bleibt dieser Einfluß, der die Populationsdichten in bezug auf die Günstigkeit der Umwelt anpaßt« (Nicholson 1954b).

An den verschiedensten Tierarten, insbesondere an Insekten, wurde eine sehr große Zahl von Erhebungen durchgeführt. In einigen wurde Dichteabhängigkeit festgestellt, in anderen nicht. Bei einer Übersichtsuntersuchung an 24 Datensätzen aus Lebenstafeln (siehe Kapitel 4) für Schmetterlinge (Lepidoptera) der gemäßigten Zone, bei der die k-Werte gegen den Logarithmus der Dichte aufgetragen wurden, auf welche die Mortalität einwirkt (siehe Abschnitt 6.6), stellte man Dichteabhängigkeit aufgrund von intraspezifischer Konkurrenz lediglich bei 13 und Dichteabhängigkeit aufgrund natürlicher Feinde in nur drei Fällen fest (Dempster 1983). Bei einer weiteren Überprüfung von 63 Lebenstafeln aus 49 verschiedenen Insektenstudien konnte man in rund 47 % der Fälle überhaupt keine dichteabhängigen Prozesse finden, und von den gefundenen war kein einziger von ausschlaggebender Bedeutung (Stiling 1988). Sollten diese Ergebnisse genereller gelten, könnte dies bedeuten, daß dichteabhängige Prozesse oft nur eine sehr untergeordnete Rolle in der Populationsdynamik spielen. Andererseits könnten sie aber auch ein Hinweis darauf sein, daß die zur Feststellung von Dichteabhängigkeit verwendeten Methoden unzureichend oder gänzlich ungeeignet waren.

In erster Linie waren viele dieser Studien wohl ganz einfach zu kurz. Bei Stilings Datensätzen steigt der Prozentsatz, bei dem eine Dichteabhängigkeit feststellbar ist, mit der Länge der Studie (in Generationen) steil an. So wurde beispielsweise in sieben der zehn Untersuchungen, die mehr als zwölf Generationen dauerten, Dichteabhängigkeit. Dieser Prozentsatz stieg auf 80 % der Studien an nur eine Generation pro Jahr durchlaufenden Insekten, wenn diese mehr als zehn Jahre dauerten (Hassell et al. 1989). Das bestätigt die enorme Bedeutung von Langzeiterhebungen.

Besonders schwierig ist verzögerte Dichteabhängigkeit festzustellen, beispielsweise durch einen natürlichen Feind.

Ein zweites Problem ist, daß herkömmliche Lebenstafelanalysen eine **verzögerte Dichteabhängigkeit** unter Umständen nicht aufzeigen (wie sie zum Beispiel durch Einwirken eines natürlichen Feindes entsteht – siehe Abschnitt 10.2.5), weil sie darauf ganz einfach nicht ausgelegt sind (Turchin 1990). Eine Zeitreihenanalyse der Populationen von 14 Waldinsektenarten ermittelte nur bei fünf davon eindeutig direkte Dichteabhängigkeit, in sieben der übrigen neun trat hingegen eine verzögerte Dichteabhängigkeit zutage (Turchin 1990). Möglicherweise war ein ähnlicher Anteil jener Populationen, die man anhand ihrer Lebenstafeln als nicht dichteabhängig klassifiziert hatte, in Wirklichkeit der verzögerten Dichteabhängigkeit durch einen natürlichen Feind unterworfen.

Zuletzt stellt sich noch die Frage, ob sich Dichteabhängigkeit ausschließlich anhand solcher zeitlich begrenzter Datensätze, die auf dem Durchschnitt jeder Generation (oder jedes Jahres) basieren, überhaupt immer feststellen läßt. Es könnte auch notwendig sein, separate Einheiten innerhalb einer Generation zu vergleichen, um zu ermitteln, ob eine Population regulatorischen Phänomenen unterliegt (May 1989). Wenn diese „regulatorischen" Kräfte zu einer oszillierenden oder chaotischen Dynamik führen können – vielleicht durch überkompensierende Dichteabhängigkeit (siehe Abschnitt 6.9) –, dann wird es wahrscheinlich zusammen mit dem „dichteunabhängigen Rauschen" durch Variationen in einer mosaikartigen Umwelt sehr schwierig sein, in zeitlich begrenzten Datensätzen Dichteabhängigkeit festzustellen; durch Probenahme in einem geeigneten Maßstab könnte sie jedoch ohne weiteres offensichtlich werden (Hassell 1987). Sind die regulatorischen Phänomene allerdings wettbewerbsartig und können keine oszillierende Dynamik erzeugen, dann könnte uns die räumliche Heterogenität tatsächlich ermöglichen, Dichteabhängigkeit in zeitlich begrenzten Durchschnittswerten zu erkennen (Mountford 1988).

Verschiedene Tiergruppen weisen unterschiedlich variable Populationsgrößen auf, die durch unterschiedliche Hauptfaktoren reguliert werden.

Die zur Analyse der Regulation und Determination der Populationsgröße verfügbaren Datensätze sind ausgesprochen einseitig auf Insekten ausgerichtet. Hierbei überwiegen Studien an Schadinsekten. Die begrenzten Informationen über andere Tiergruppen legen nahe, daß Landwirbeltiere möglicherweise deutlich weniger variable Populationen aufweisen als Arthropoden, daß Echsenpopulationen besonders konstant sind und daß Vogelpopulationen konstanter sind als die von Säugetieren. Große Landsäugetiere scheinen zumeist durch das Nahrungsangebot reguliert zu werden, während für kleine Säuger die Hauptursache der Regulation der dichteabhängige Ausschluß von Juvenilen von der Fortpflanzung zu sein scheint (Sinclair 1989). Für Vögel sind offenbar Nahrungsmangel und Konkurrenz um Territorien und/oder Nistplätze am bedeutendsten. Solche Verallgemeinerungen könnten jedoch ebensosehr eine einseitige Auswahl der untersuchten Arten oder eine Vernachlässigung ihrer Räuber und Parasiten widerspiegeln wie ein zugrundeliegendes Muster.

Um in Tierpopulationen Beweise für Dichteabhängigkeit festzustellen, wurden große Bemühungen unternommen, und diese waren oft nur nach enormen Schwierigkeiten und Debatten erfolgreich. Man könnte natürlich argumentieren, wenn etwas so schwer festzustellen ist, sei es vielleicht nur selten besonders wichtig! Wenn man so viel Nachdruck darauf legt, auf welche Weise Populationen reguliert werden, kann es leicht passieren, daß man vergißt, wie sie determiniert werden.

Weder die Population des Kiefernspanners, noch die der Blasenfüße starb aus oder wuchs uneingeschränkt an. In fast allen Populationen sind die Fluktuationen zumindest so begrenzt, daß wir die Art als „häufig", „selten" und so weiter beschreiben können. Andererseits müssen wir uns daran erinnern, daß in der Arbeit von Davidson und Andrewartha das Wetter für 78 % der Variationen in der maximalen Zahl der Blasenfüße verantwortlich war. Wenn wir ihre Abundanz vorhersagen oder erklären wollten, warum sich in einem bestimmten Jahr eine bestimmte Abundanz einstellte und nicht eine andere, wäre es geradezu töricht, die Rolle des Wetters außer acht zu lassen. Obgleich dichteabhängige Prozesse als Mittel zur Regulation von Populationen eine absolute Notwendigkeit darstellen, hängt ihre Bedeutung für die Determination der Abundanz sehr von der betreffenden Art und ihrer Umwelt ab.

Es ist logischerweise keine vernünftige Annahme, eine Population sei völlig frei von irgendwelcher Regulation. Wir sollten allerdings nicht erwarten, daß ständig (oder selbst sehr oft) eine Regulation erfolgt. Überdies sind schwankende Anzahlen eines Organismus nicht unbedingt mit schwacher Regulation gleichzusetzen. Es könnte auch sein, daß die Menge der Ressourcen schwankt, und eine stark regulierte, von diesen Ressourcen abhängige Population daher ebenfalls. Daher scheint es eher vernünftig zu erwarten, daß man einige natürliche Populationen findet, die sich fast immer wieder von ihrer letzten Verheerung erholen (Abbildung 15.5a), andere, die in der Regel durch eine häufige (Abbildung 15.5b) oder eine knappe Ressource (Abbildung 15.5c) begrenzt sind, und wieder andere, die nach plötzlichen Besiedlungsepisoden im allgemeinen zurückgehen (Abbildung

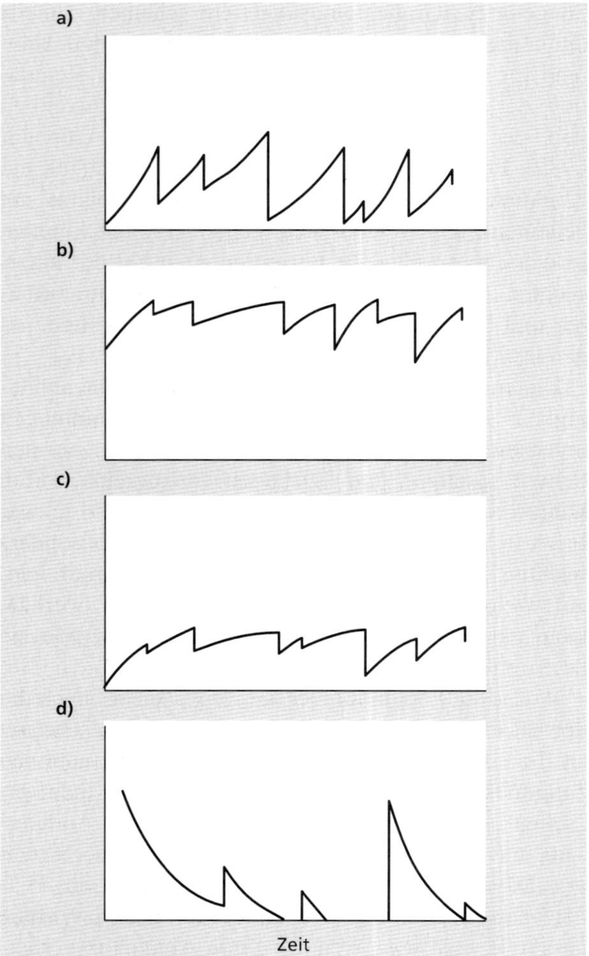

15.5 Idealisierte Diagramme von Populationsdynamiken: a) von Phasen des Populationswachstums nach Verheerungen dominierte Dynamik (*r*-Arten); b) durch Einschränkungen der Umweltkapazität dominierte Dynamik – hohe Umweltkapazität (*K*-Arten); c) wie b), aber niedrige Umweltkapazität (*K*-Arten); d) Dynamik innerhalb eines bewohnbaren Gebiets, die durch einen Niedergang der Population nach mehr oder weniger plötzlichen Episoden der Besiedlung oder Rekrutierung, beispielsweise aus der unterirdischen Samenbank, dominiert wird. (Nach Harper 1981)

15.5d). Vielleicht finden wir sogar Teile einer großen Population, die sich zur gleichen Zeit in verschiedenen Phasen befinden.

Wir haben eine klare Vorstellung davon, was die Abundanz von *Vulpia*-Pflanzen determiniert und was ihre Population um eine mittlere Dichte reguliert. Im Falle der Blasenfüße wissen wir viel darüber, was ihre Abundanz determiniert, haben aber nur eine vage Idee, was sie reguliert, weil die Studie nicht darauf ausgelegt war, beide Fragen zu beantworten, und die Daten daher in dieser Hinsicht unzureichend sind. In Abschnitt 15.3 beschreiben wir eine Technik, die sowohl auf die Determination als auch auf die Regulation der Abundanz ein Licht werfen kann.

15.2.4 Chaos

Deterministische Modelle bestätigen sich durch das Auffinden von Regelmäßigkeiten; allerdings zeigen diese Modelle und das Verhalten von Populationen auch Unregelmäßigkeiten.

Das Aufregendste und Befriedigendste am Studium von Populationserhebungen ist, wenn man darin Regelmäßigkeiten entdeckt. Diese können so aussehen, daß die Zahlen konstanter sind, als man aufgrund der Vermehrungsfähigkeit der Organismen erwarten könnte, oder daß die Variationen eine Periodik beinhalten, wie die sich wiederholenden Zyklen, die wir in Abschnitt 15.4 diskutieren werden. Wenn es uns nicht gelang, in solchen Erhebungsdaten Regelmäßigkeiten zu erkennen, waren wir geneigt, die Unregelmäßigkeiten zufälligen äußeren Einflüssen wie Klimafaktoren zuzuschreiben. Daher war es geradezu ein Schock, als man erkannte, daß recht realistische deterministische Modelle des Verhaltens von Populationen offenbar unregelmäßige, „chaotische" Variationen erzeugen konnten (siehe Abschnitt 6.9 zur Diskussion der charakteristischen Modelle, die sich so verhalten können, sowie Hinweise auf relevante Literatur). So stellt sich sogleich die Frage, ob auch die Unregelmäßigkeiten im Verhalten von Populationen in der Natur bisweilen die chaotischen Folgen solcher deterministischen Prozesse sein könnten, die innerhalb der Populationen selbst wirken. Wenn dies der Fall wäre, wie könnten wir dann die zeitlichen Abfolgen der Erhebungsdaten analysieren, um ein derart komplexes dynamisches Verhalten in der Natur zu erkennen? Und im besonderen, wie können wir durch deterministische Eigenschaften der Populationen selbst bestimmtes Chaos von den rein zufälligen Auswirkungen äußerer Faktoren der Umwelt unterscheiden? Eine sehr umfassende Übersicht über die Methoden, die uns zur Feststellung von Chaos in natürlichen Populationen zur Verfügung stehen, findet sich bei Hastings et al. (1993) oder auch Rohani et al. (1994b) sowie Rand und Wilson (1995).

15.3 Schlüsselfaktorenanalyse

Durch die Schlüsselfaktorenanalyse, die sich auf die k-Werte beruft, sollen die Lebenszyklen möglichst detailliert analysiert werden.

Die Zahl der Individuen einer Art, die zu einem bestimmten Zeitpunkt in einem Gebiet vorhanden sind, entspricht der irgendwann zuvor vorhandenen Anzahl plus Geburten, minus Todesfälle, plus Einwanderer und minus Auswanderer. Alle Schwankungen in einer Population müssen durch diese vier Prozesse erklärbar sein. Wenn wir die Beiträge jedes dieser Prozesse in die auftretenden Veränderungen aufschlüsseln könnten, wären wir vielleicht in der Lage, unsere Forschung präziser auf die Stadien auszurichten, die für Veränderungen der Dichte und Stabilität verantwortlich sind.

Je häufiger wir eine Erhebung durchführen und je vollständiger wir die Details eines Lebenszyklus aufdecken können, desto wahrscheinlicher werden wir die entscheidenden Phasen bei der Determination der Populationsgröße feststellen. Zu diesem Zweck wurde die Methode der sogenannten **Schlüsselfaktorenanalyse** (*key factor analysis*) entwickelt und auf viele Insekten mit nur einer Generation im Jahr und einige andere Tiere und Pflanzen angewandt. Dieser Ansatz beruht auf der Verwendung von k-Werten (siehe auch Abschnitt 4.5.1 und Abschnitt 6.6).

15.3.1 Der Kartoffelkäfer

Bei einer Schlüsselfaktorenanalyse werden Daten aus einer Reihe von Erhebungen in Form einer Lebenstafel wie die für eine kanadische Population des Kartoffelkäfers (*Leptinotarsa decemlineata*) in Tabelle 15.2 zusammengestellt (Harcourt 1971). Bei dieser Art tauchen etwa Mitte Juni Frühjahrsadulte aus der Überwinterung auf, wenn die Kartoffelpflanzen aus dem Boden hervorbrechen. Innerhalb von drei oder vier Tagen beginnen sie mit der Eiablage, die sich etwa einen Monat lang hinzieht und ihr Maximum Anfang Juli erreicht. Die Eier werden in Haufen (von ungefähr 34 Eiern) auf der Blattunterseite abgelegt. Von dort krabbeln die Larven zur Spitze der Pflanze, wo sie während ihrer ganzen Entwicklung fressen und vier Larvenstadien durchlaufen. Wenn sie reif zur Verpuppung sind, lassen sie sich auf den Boden fallen und bilden unterirdische Puppenkammern. Die Sommeradulten kommen Anfang August hervor, fressen und begeben sich dann Anfang September wieder unter die Erde, um zu überwintern; später werden sie dann zu den Frühjahrsadulten" der nächsten Saison.

Die k-Werte geben die durchschnittliche Wirkung verschiedener Mortalitätsfaktoren an.

Das Erfassungsprogramm lieferte Schätzungen der Population in sieben Stadien: Eier, frühes und spätes Larvenstadium, Puppen, Sommeradulte, überwinternde Adulte und Frühjahrsadulte. Eine weitere Kategorie, „Weibchen × 2", wurde hinzugefügt, um etwaige ungleiche Geschlechterverhältnisse bei den Sommeradulten zu berücksichtigen. Tabelle 15.2 listet diese Schätzungen für eine einzige Saison auf und gibt auch die Haupttodesursachen in jedem Stadium des Lebenszyklus an. Die für eine einzelne Population über zehn Saisons hinweg ermittelten mittleren k-Werte zeigt die erste Spalte in Tabelle 15.3. Diese deuten die relative Wirkung der verschiedenen Faktoren an, die zu der Gesamtmortalitätsrate innerhalb einer Generation beitragen. So hat die Auswanderung der Sommeradulten den anteilmäßig bei weitem größten Effekt (k_6 = 1.543), wobei auch Verhungern der älteren Larven, Erfrieren der überwinternden Adulten, das „Nichtablegen" von Eiern, die Auswirkungen von Regen auf junge Larven sowie Ei-Kannibalismus eine wesentliche Rolle spielen.

Was uns die erste Spalte in Tabelle 15.3 jedoch nicht mitteilt, ist die relative Bedeutung dieser Faktoren als Determinanten für die alljährlichen Schwankungen der Mortalität. Wir können uns zum Beispiel leicht einen Faktor vorstellen, der wiederholt einen erheblichen Tribut von einer Population fordert, der aber, indem er in seinen Auswirkungen konstant bleibt, eine untergeordnete Rolle bei der Determination der speziellen Mortalitätsrate (und somit der bestimmten Populationsgröße) in einem bestimmten Jahr spielt. Mit anderen Worten, ein solcher Faktor könnte in gewissem Sinn wichtig für die Determination der

Tabelle 15.2: Typischer Datensatz von Lebenstafeldaten, zusammengestellt von Harcourt (1971) für den Kartoffelkäfer (in diesem Fall in Merivale/Kanada von 1961 bis 1962)

Altersklasse	Zahl pro 96 gehäufelten Kartoffelreihen	Zahl der Sterbenden	„Mortalitätsfaktor"	Log_{10} N	k-Wert	
Eier	11 799	2 531	nicht abgelegt	4.072	0.105	(k_{1a})
	9 268	445	unfruchtbar	3.967	0.021	(k_{1b})
	8 823	408	Regen	3.946	0.021	(k_{1c})
	8 415	1 147	Kannibalismus	3.925	0.064	(k_{1d})
	7 268	376	Räuber	3.861	0 024	(k_{1e})
frühes Larvenstadium	6 892	0	Regen	3.838	0	(k_2)
spätes Larvenstadium	6 892	3 722	Verhungern	3.838	0 337	(k_3)
Puppen	3 170	16	*D. doryphorae*	3.501	0.002	(k_4)
Sommeradulte	3 154	126	Geschlecht (52 % ♀)	3.499	−0.017	(k_5)
♀ × 2	3 280	3 264	Auswanderung	3.516	2.312	(k_6)
überwinternde Adulte	16	2	Frost	1.204	0.058	(k_7)
Frühlingsadulte	14			1.146		
					2.926	(k_{gesamt})

Tabelle 15.3: Zusammenfassung der Lebenstafelanalyse für kanadische Kartoffelkäferpopulationen. (Nach Harcourt 1971) *b* und *a* sind die Steigung beziehungsweise der Schnittpunkt der Regression jedes *k*-Faktors, basierend auf dem Logarithmus der Anzahl vor seiner Einwirkung; r^2 ist das Bestimmtheitsmaß (weitere Erklärungen siehe Text).

		Mittelwert	Regressionskoeffizient für k_{gesamt}	*b*	*a*	r^2
nicht abgelegte Eier	k_{1a}	0.095	−0.020	−0.05	0.27	0.27
unfruchtbare Eier	k_{1b}	0.026	−0.005	−0.01	0.07	0.86
Regen auf Eier	k_{1c}	0.006	0.000	0.00	0.00	0.00
Ei-Kannibalismus	k_{1d}	0.090	−0.002	−0.01	0.12	0.02
Eiräuber	k_{1e}	0.036	−0.11	−0.03	0.15	0.41
Larven 1 (Regen)	k_2	0.091	0.010	0.03	−0.02	0.05
Larven 2 (verhungert)	k_3	0.185	0.136	0.37	−1.05	0.66
Puppen (*D. doryphorae*)	k_4	0.033	−0.029	−0.11	0.37	0.83
ungleiches Geschlechterverhältnis	k_5	−0.012	0.004	0.01	−0.04	0.04
Auswanderung	k_6	1.543	0.906	2.65	−6.79	0.89
Frost	k_7	0.170	0.010	0.002	0.13	0.02
	k_{gesamt} =	2.263				

Populationsgröße sein, aber er ist sicherlich nicht bedeutend für die Determination von Veränderungen der Populationsgröße und kann nicht zu unserem Verständnis beitragen, warum die Population in einem bestimmten Jahr eine bestimmte Größe aufweist. Dies läßt sich jedoch aus der zweiten Spalte in Tabelle 15.3 abschätzen, welche den Regressionskoeffizienten jedes einzelnen *k*-Wertes bezogen auf den Wert für die gesamte Generation, k_{gesamt}, angibt.

Ein Mortalitätsfaktor, der zur Determination von Populationsänderungen von Bedeutung ist, wird einen Regressionskoeffizienten nahe eins haben, weil sein *k*-Wert bezüglich Größe und Richtung tendenziell in Übereinstimmung mit k_{gesamt} schwanken wird (Podoler und Rogers 1975). Ein Mortalitätsfaktor mit einem *k*-Wert, der sich ziemlich zufällig in bezug auf k_{gesamt} ändert, wird einen Reggressionskoeffizienten nahe Null aufweisen. Zudem wird die Summe aller Regressionskoeffizienten innerhalb einer Generation immer eins sein. Die Werte des Regressionskoeffizienten werden daher die relative Stärke des Zusammenhangs zwischen verschiedenen Faktoren und den Schwankungen der Mortalität aufzeigen. Der größte Regressionskoeffizient wird mit dem Schlüsselfaktor für Populationsänderungen einhergehen (Morris 1959; Varley und Gradwell 1968).

Im vorliegenden Beispiel ist eindeutig, daß die Auswanderung der Sommeradulten mit einem Regressionskoeffizienten von 0.905 der Schlüsselfaktor ist. Andere Faktoren (möglicherweise mit Ausnahme des Verhungerns der Larven) haben einen vernachlässigbaren Effekt auf die Veränderungen der Mortalität der Generationen – obwohl einige ziemlich hohe mittlere *k*-Werte aufweisen. Zu einem ähnlichen Schluß kann man gelangen, indem man einfach Kurven der Schwankungen der *k*-Werte mit der Zeit betrachtet (Abbildung 15.6). (Man beachte, daß die Methode von Podoler und Roger, auch wenn sie weniger willkürlich ist als diese graphische Alternative, uns dennoch nicht ermöglicht, die statistische Signifikanz der Regressionskoeffizienten zu beurteilen, weil die beiden Variablen nicht unabhängig voneinander sind.)

Während die mittleren *k*-Werte also die durchschnittliche Wirkung verschiedener Faktoren als Ursachen der Mortalität in jeder Generation anzeigen, gibt die Schlüsselfaktorenanalyse ihren relativen Beitrag zu den jährlichen Veränderungen in der Mortalität der Generationen an und mißt somit ihre Bedeutung als Determinanten der Populationsgröße.

Man unterscheidet bei den regulativen Faktoren die überkompensierende, inverse und unterkompensierdende Dichteabhängigkeit.

Wir müssen nun die Rolle dieser Faktoren bei der Regulation der Kartoffelkäferpopulation betrachten. Anders ausgedrückt, wir müssen die Dichteabhängigkeit jedes Faktors untersuchen. Dies läßt sich am einfachsten durch Auftragen der *k*-Werte für jeden Faktor gegen den Zehnerlogarithmus der Anzahl vor Einwirken des Faktors erreichen. Somit enthalten die letzten drei Spalten in Tabelle 15.3 die Steigungen (*b*), Schnittpunkte (*a*) beziehungsweise Bestimmtheitsmaße (r^2) der verschiedenen Regressionen der *k*-Werte auf ihren entsprechenden „Zehnerlogarithmus der Ausgangsdichte“. Drei Faktoren scheinen eine nähere Untersuchung wert zu sein:

1) Die Auswanderung der Sommeradulten (der Schlüsselfaktor) wirkt offenbar *überkompensierend dichteabhängig*, denn die Steigung der Regression (2.65) liegt erheblich höher als eins (siehe auch Abbildung 15.7a). Somit reguliert der Schlüsselfaktor, obwohl er dichteabhängig ist, die Population weniger, als er vielmehr zu starken Schwankungen der Abundanz führt (aufgrund von Überkompensation). Tatsächlich würde das System

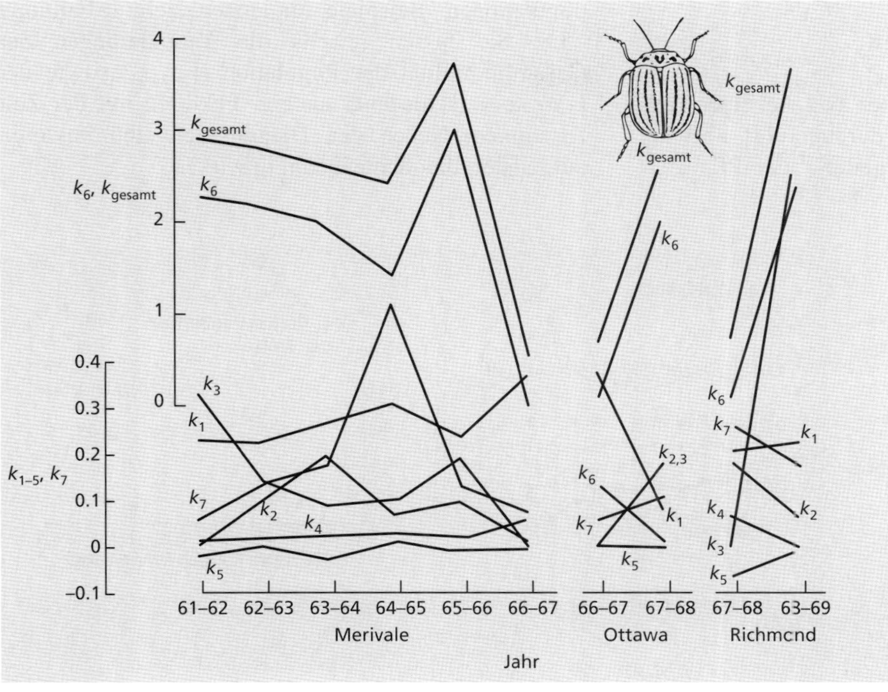

15.6 Die Veränderung verschiedener *k*-Werte für Kartoffelkäferpopulationen (*Leptinotarsa decemlineata*) an drei Stellen in Kanada mit der Zeit. (Nach Harcourt 1971)

Kartoffelkäfer–Kartoffel ausgelöscht, würden nicht ständig neue Kartoffeln angepflanzt werden (Harcourt 1971).

2) Die Rate des Puppenparasitismus durch die Raupenfliege *Doryphorophaga doryphorae* (Abbildung 15.7b) ist offensichtlich *invers dichteabhängig* (wenn auch nicht statistisch signifikant); aufgrund der geringen Mortalitätsraten sind jedoch jegliche destabilisierenden Effekte, die dies auf die Population haben könnte, vernachlässigbar.

3) Schließlich scheint die Rate des Verhungerns der Larven *unterkompensierende Dichteabhängigkeit* zu zeigen (obgleich nicht statistisch signifikant). Wie eine genauere Betrachtung von Abbildung 15.7c allerdings zeigt, ließe sich die Beziehung durch eine Kurve statt einer linearen Regression weitaus besser wiedergeben. Wenn man eine solche Kurve den Daten anpaßt, steigt das Bestimmtheitsmaß von 0.66 auf 0.97, und die Steigung (*b*-Wert) bei hohen Dichten läge bei 30.95 (obgleich sie natürlich im Bereich der beobachteten Dichten sehr viel niedriger liegt). Daher ist es durchaus möglich, daß das Verhungern der Larven eine bedeutende Rolle bei der Regulation der Population spielt, noch bevor es zu den destabilisierenden Effekten des Puppenparasitismus und der Auswanderung der Adulten kommt.

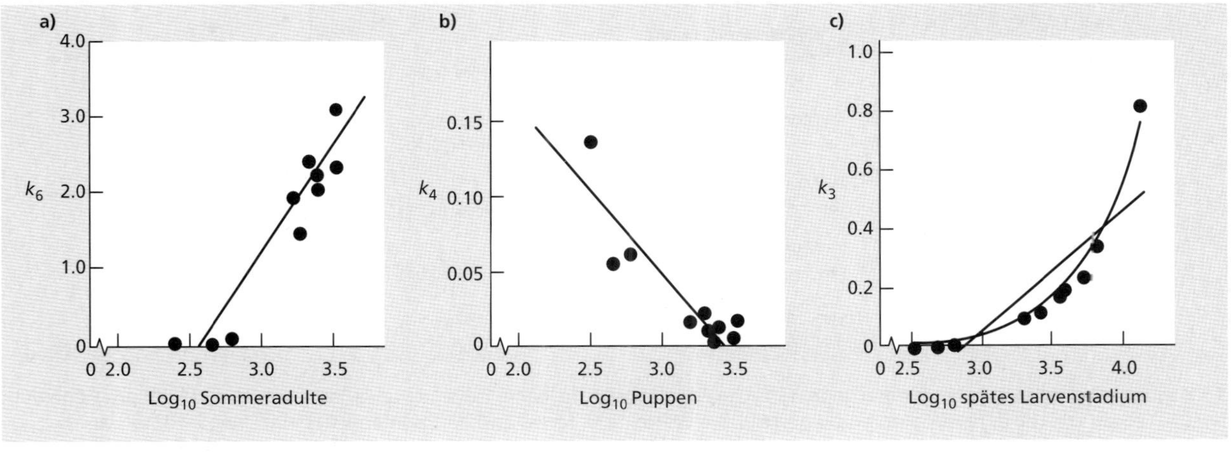

15.7 a) Dichteabhängige Auswanderung der Sommeradulten von Kartoffelkäfern (Steigung = 2.65). b) Invers dichteabhängige Parasitierung der Puppen (Steigung = 0.11). c) Dichteabhängiges Verhungern der Larven (Steigung der Geraden = 0.37; Endsteigung der Kurve = 30.95). (Nach Harcourt 1971)

15.3.2 Weitere Beispiele für Schlüsselfaktorenanalysen

Schlüsselfaktorenanalysen wurden zwar bei einer Vielzahl von Insektenpopulationen durchgeführt, aber bei sehr viel weniger Vogel-, Säugetier- oder Pflanzenpopulationen. Beispiele für letztere zeigt Abbildung 15.8. Sie fassen jeweils die Veränderungen der Gesamtmortalität der Population (k_{gesamt}) sowie der k-Werte verschiedener anderer Faktoren mit der Zeit zusammen. Neben den Diagrammen sind Faktoren aufgelistet, die dichteabhängig wirken.

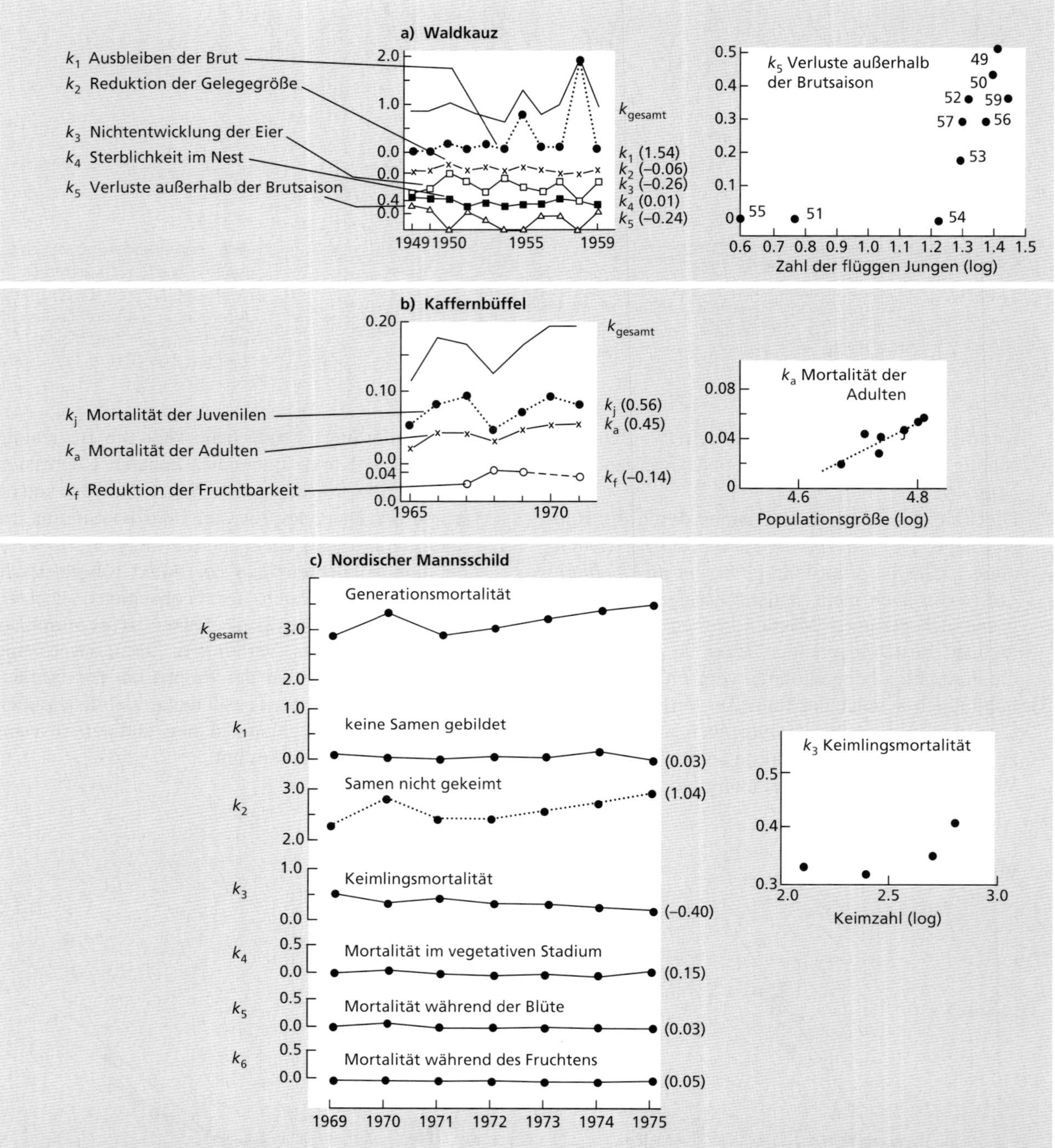

15.8 Schlüsselfaktorenanalysen für drei gegensätzliche Populationen. In jedem Fall sind Kurven der Gesamtmortalität pro Generation (k_{gesamt}) sowie verschiedener k-Faktoren dargestellt. Die Werte des Regressionskoeffizienten jedes einzelnen k-Faktors auf k_{gesamt} sind in Klammern angegeben. (Nach Podoler und Rogers 1975; d) aus Silvertowan 1982) Der k-Faktor mit der größten Regression ist der Schlüsselfaktor und als gepunktete Linie (···) angezeigt. Neben jeder Schlüsselfaktorengraphik sind Schlüsselfaktoren aufgelistet, die statistisch signifikant dichteabhängig wirken. a) Waldkauz (*Strix aluco*) (nach Southern 1970); b) Kaffernbüffel (*Syncerus caffer*) (nach Sinclair 1973); c) Nordischer Mannsschild (*Androsace septentrionalis*). (Nach Symonides 1979, Analyse in Silvertown 1982)

Der Waldkauz

Eine in Wytham Wood bei Oxford durchgeführte Langzeitstudie am Waldkauz (*Strix aluco*) erbrachte als Schlüsselfaktor, daß die Vögel nicht in jedem Jahr erfolgreich brüteten (k_1). Obgleich die Zahl der Adulten mit Territorien nicht sehr stark schwankte (17 bis 32 Paare), variierte die Zahl derjenigen, die zu brüten versuchten, erheblich: von 22 Paaren im Jahre 1959 bis zu gar keinen 1958. In Jahren mit nur wenigen Brutversuchen war die Anzahl der Beutetiere, Mäuse und Wühlmäuse, besonders niedrig. Die Verfügbarkeit der Beute hing aber nicht von der Dichte der Käuze ab, und somit wirkte k_1 nicht als dichteabhängiger Faktor. Im Gegensatz dazu ermittelte man k_5, Tod oder Abwandern der Jungkäuze nach Verlassen des Nestes und vor Beginn der nächsten Saison, als dichteabhängig (Abbildung 15.8a). Verluste wurden nur oberhalb einer bestimmten Dichte dichteabhängig (wenn die Steigung 1.6 betrug und überkompensierend war); wahrscheinlich rührten sie von intraspezifischer Konkurrenz um Territorien her.

Der Kaffernbüffel

Die Mortaliltät der Juvenilen (k_j) ist der augenscheinliche Schlüsselfaktor in der Populationsdynamik der Kaffernbüffel (*Syncerus caffer*) im Gebiet der Serengeti in Ostafrika, und auch er wirkt wiederum nicht dichteabhängig. Die Jungbüffel litten mehr als die erwachsenen unter einer Vielzahl endemischer Krankheiten und Parasiten, aber die Mortalität der Kälber war zwar hoch, hinsichtlich der Dichte jedoch zufällig. Andererseits ermittelte man die Mortalität der Adulten (k_a) als dichteabhängig (eine unterkompensierende Steigung von 0.24, Abbildung 15.8b). Unterernährung scheint dabei eine Hauptrolle gespielt zu haben.

Populationen in permanenten Lebensräumen sind charakterisiert durch unterkompensierende oder genau kompensierende Mortalität. Populationen temporärer Habitate wechseln bei steigender Individuenzahl von unterkompensierender zu überkompensierender Mortalität.

Lassen sich irgendwelche Verallgemeinerungen über die Dichteabhängigkeit verschiedener Tiergruppen treffen? Eine Analyse von 30 veröffentlichten Berichten erbrachte folgende Schlußfolgerungen (Stubbs 1977): Tiere aus **permanenteren Lebensräumen** (Wirbeltiere und einige Insekten) zeigen tendenziell eine unterkompensierende oder genau kompensierende Mortalität (Steigung kleiner oder gleich eins, nie sehr viel mehr als eins). Tiere aus **temporären Habitaten** hingegen (viele Insekten wie etwa der Kartoffelkäfer) neigen eher zu einer geringen, unterkompensierenden Mortalität bei niedriger Dichte, die bei zunehmender Anzahl steil zu einer überkompensierenden Dichteabhängigkeit ansteigt. Außerdem wirkten 86 % der dichteabhängigen Faktoren auf Jugendstadien der Tiere temporärer Habitate ein (*r*-Arten), während die vergleichbare Zahl für Arten permanenterer Lebensräume (*K*-Arten) nur 15 % betrug. Statt dessen scheinen Parasitismus und Prädation (30 %) sowie verringerte Fruchtbarkeit (35 %) häufiger auf Tiere permanenter Habitate einzuwirken.

Eine annuelle Pflanze

Schließlich stellte man als Schlüsselfaktor einer polnischen Population der einjährigen Dünenpflanze *Androsace septentrionalis* (Nordischer Mannsschild, Dynamik in Abbildung 15.8c) k_2 fest, nämlich die Mortalität der Samen im Boden. Auch dieser Schlüsselfaktor wirkte wiederum nicht in dichteabhängiger Weise, während man die Keimlingssterblichkeit (k_3), die nicht der Schlüsselfaktor war, als dichteabhängig ermittelte (unterkompensierende Steigung von 0.2). Die Keimlinge, die als erste in der Saison erscheinen, haben sehr viel größere Überlebenschancen (Symonides 1977), was nahelegt, daß die Konkurrenz um Ressourcen stark (und dichteabhängig) sein könnte und/oder daß die später keimenden, kleineren Pflanzen anfälliger für verschiedene Mortalitätsfaktoren sind.

Alle erwähnten Tierstudien wurden an unitaren Organismen durchgeführt, und die einzige Pflanze, *Androsace*, wurde aus dem Blickwinkel der ganzen Pflanze und nicht ihrer Module betrachtet. Höhere Pflanzen und modulare Organismen ganz generell sterben jedoch in Teilen ab und selten als Ganzes. Daher könnte es sinnvoller sein, die Teile (Module) zu zählen, statt die gesamten Organismen. So kann man beispielsweise die Prädation von Korallen durch den Dornenkronenseestern (*Acanthaster*) sinnvoller durch Feststellen der Zahl der gefressenen Polypen ermitteln als durch die Zahl der zerstörten Korallenstöcke. Ein Wissenschaftler, der sich mit blattfressenden Waldinsekten befaßt, wird aus gutem Grund mehr an der Zahl der Blätter als an der Zahl der Bäume in einem Wald interessiert sein. Ein Anfang wurde beim Studium der Populationsdynamik von Pflanzenteilen gemacht; sie können – wie ganze Organismen – individuell markiert werden, und man kann Lebenstafeln erstellen, Überlebenskurven zeichnen und die Altersstruktur bestimmen.

Die Schlüsselfaktorenanalyse bezieht sich nur auf einzelne Phasen im Lebenszyklus, in denen Mortalität eine Rolle spielt; außerdem kann sie eine verzögerte Dichteabhängigkeit nicht feststellen.

Wir halten an dieser Stelle einige warnende Anmerkungen zu Schlüsselfaktorenanalysen für notwendig.

Sie greifen in Wirklichkeit Phasen im Lebenszyklus heraus, in denen die Mortalität (oder das ausbleibende Erreichen des Reproduktionspotentials) von Bedeutung ist. Sie können nicht selbst anzeigen, welche Faktoren ausschlaggebend sind – zum Beispiel Konkurrenz um Nitrat oder Brutplätze, ein spezieller Räuber oder Parasit oder die Rolle der Territorialität –, solange nicht in jeder Phase nur ein Faktor einwirkt. Zudem sind Schlüsselfaktorenanalysen nicht dazu geeignet, eine verzögerte Dichteabhängigkeit festzustellen (Turchin 1990).

Wenn Teile einer mosaikartig verteilten Population (oder gesamte Populationen in verschiedenen Jahren) eine unterschiedliche Dynamik aufweisen (einige davon nicht gedrängt und sich ausdehnend, andere gedrängt und stabil oder enger zusammenrückend), wird eine Schlüsselfaktorenanalyse der Population als Ganzes kaum ans Licht bringen, was geschieht. So erbrachte eine Schlüsselfaktorenanalyse der Populationsdynamik von Miesmuscheln (*Mytilus edulis*) in zwölf Muschelbänken in einem einzigen Ästuar in England den Unterschied zwischen Eiproduktion und räumlicher Ansiedlung im Frühjahr als Schlüsselfaktor in acht der Muschelbänke; in den übrigen vier war der Schlüsselfaktor jedoch die Nettorekrutierung im ersten Sommer (McGrorty und Goss-Custard 1993). Dieses seltene Beispiel der Anwendung der Schlüsselfaktorenanalyse auf marine Wirbellose liefert eine elegante Verbindung zwischen Schlüsselfaktorenanalyse und der Dynamik mosaikartig verteilter Populationen, der wir uns in Abschnitt 15.5 zuwenden wollen. Außerdem ist sie eine Warnung davor, zu überzeugend aufgrund des Verhaltens eines Ganzen zu argumentieren, wenn die wichtigen Ereignisse in seinen Teilen ablaufen.

Trotz ihrer Einschränkungen erwies sich die Schlüsselfaktorenanalyse jedoch als nützliche Technik, um die Daten von Zählungen und Lebenstafeln zu ermitteln: Insbesondere verdeutlicht sie den entscheidenden Unterschied zwischen Determination und Regulation der Abundanz.

15.4 Populationszyklen und ihre Analyse

Populationszyklen können durch periodische Schwankungen in der Umwelt oder durch interne demographische Prozesse erklärt werden.

Zum ersten Mal beobachtet wurden regelmäßige **Zyklen der Abundanz** von Tieren in den Langzeitaufzeichnungen von Pelzhandelsfirmen und Wildhütern. Auch in vielen Studien an Wühlmäusen und Lemmingen sowie an bestimmten Waldschmetterlingen (Myers 1988) wurde von Zyklen berichtet. Zyklen könnten durch periodische Schwankungen der Umwelt hervorgerufen werden oder auch infolge interner demographischer Prozesse entstehen, an denen eine verzögerte oder überkompensierende Dichteabhängigkeit beteiligt ist (siehe Abschnitt 10.2).

15.4.1 Zyklen und Quasizyklen

Der große Klassiker unter den Langzeiterhebungen ist die Aufzeichnung über Pelze, welche die Hudson Bay Company von 1821 bis 1934 erhielt. Abbildung 15.9a zeigt die Zahl der für die Firma gefangenen Kanadaluchse (*Lynx canadensis*). Die Maxima scheinen auf den ersten Blick ziemlich gleichmäßig verteilt zu sein und eine recht ähnliche Amplitude aufzuweisen (siehe auch Abschnitt 10.2.4).

Populationszyklen zeichnen sich durch Autokorrelationen aus, die in Korrelogrammen dargestellt werden.

Moran (1952) entwickelte eine statistische Methode, um zu überprüfen, ob solche Zyklen Realität oder nur eine Reihe zufälliger Fluktuationen sind. Diese Methode korreliert in zunehmenden Zeitintervallen die Zahl der alljährlich gezählten Tiere mit der im darauffolgenden Jahr ermittelten Zahl. In einer zyklischen Serie treten hohe Korrelationen auf, wenn die Intervalle in Jahren mit entsprechenden Phasen des Zyklus übereinstimmen. In einer Zeitreihe, die alle vier Jahre ein Maximum aufweist, treten beispielsweise in den Jahren 4, 8, 12 und so weiter hohe positive und in den Jahren 2, 6, 10 und so weiter negative Korrelationen (aber ähnlicher Stärke) auf. Die Korrelationen für jede Zeitreihe bezeichnet man als **Autokorrelationen**, und eine Graphik, welche die Stärke der Korrelationen in unterschiedlichen Zeitintervallen wiedergibt, als **Korrelogramm**. Wenn eine Population nicht in regelmäßiger, periodischer Weise oszilliert, wird das Korrelogramm rasch auf einen niedrigen, nicht signifikanten Korrelationslevel gedämpft (rein zufällige Fluktuationen verhindern jedoch, daß es jemals völlig gedämpft wird). Eine Beschreibung dieser Methode findet sich bei Poole (1978).

Das Korrelogramm für den Luchs (Abbildung 15.9b) zeigt nur wenig Dämpfung. Die Populationsschwankungen sind wirklich zyklisch und erstrecken sich über eine Periode von zehn Jahren. Mittlerweile ist man der Ansicht, daß diese Zyklen infolge zyklischer Wechselbeziehungen mit Schneeschuhhasen (der Beute der Luchse), der pflanzlichen Nahrung der Hasen und dem Luchs selbst entstehen (siehe auch die Diskussion dieses Zyklus in Abschnitt 10.2.4).

Andere Populationen zeigen keine derart perfekten Zyklen, viele mitunter aber eine Tendenz zu zyklischen Populationsänderungen: Das Korrelogramm wird nicht so schnell gedämpft, wie es bei einem völli-

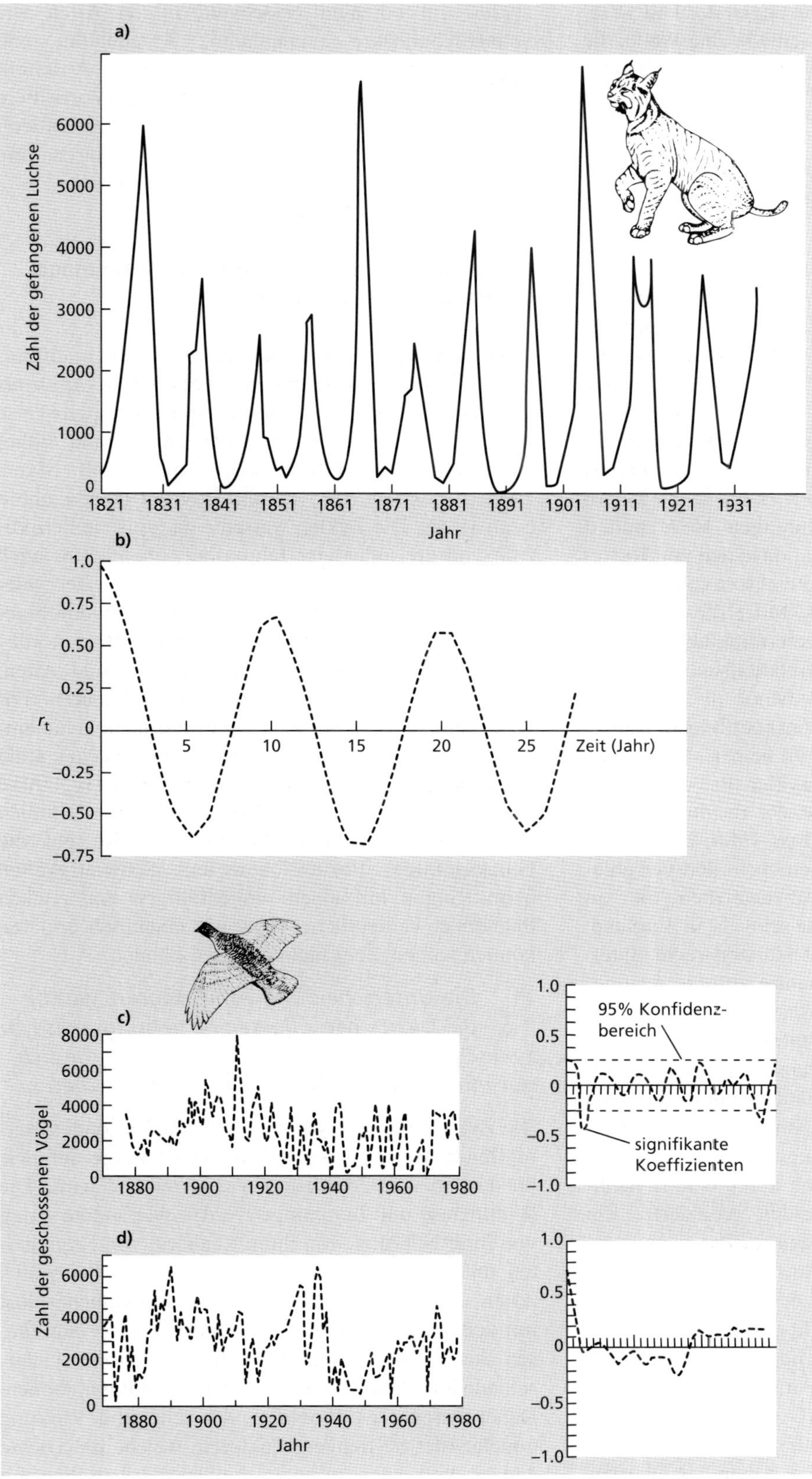

15.9 a) Zahl der für die Hudson Bay Company gefangenen Kanadaluchse (*Lynx canadensis*). (Nach Elton und Nicholson 1942) b) Korrelogramm für den Kanadaluchs; es weist keine Dämpfung auf und zeigt deutlich einen echten Zyklus über einen Zeitraum von zehn Jahren. (Nach Moran 1953) c) Analyse serieller Korrelationen in Aufzeichnungen über das Schottische Moorschneehuhn (*Lygopus lagopus scoticus*) aus einem typischen, quasizyklischen und (d) einem nicht-quasizyklischen Moor in England. Neben den Zeitreihen der Originaldaten der alljährlich geschossenen Vögel steht das mit Hilfe der Autokorrelationstechnik erstellte Korrelogramm. Signifikant negative Koeffizienten treten bei (c) nach zwei und drei Jahren auf, was auf einen entsprechenden Quasizyklus zwischen vier und sechs Jahren hindeutet. Bei (d) gibt es keine signifikanten Korrelationen. (Nach Potts et al. 1984)

gen Fehlen periodischer Schwankungen der Fall wäre. Solche **Quasizyklen** verhalten sich wie eine Welle, die nach einer Störung abebbt (oder ein Ruf mit einem verhallenden Echo).

Oftmals erweisen sich Zyklen als Quasizyklen; deren Korrelogramm wird nicht so schnell gedämpft wie ohne jegliche Periodik.

Bei einer Analyse der Aufzeichnungen über Schottische Moorschneehühner (*Lagopus lagopus scoticus*), die in einer großen Zahl von Mooren im Norden Englands geschossen wurden (sämtliche Aufzeichnungen erfolgten über mindestens 20 aufeinanderfolgende Jahre während des Zeitraums von 1870 bis 1977), zeigte die Mehrzahl signifikante negative Autokorrelationsmaxima bei zwei oder drei Jahren – ein Hinweis auf eine zyklische Periode von vier bis sechs Jahren (Potts et al. 1984). Die Abbildungen 15.9c und d zeigen die urspünglichen Populationsdaten und Korrelogramme für zwei der Moore, eines davon mit, das andere ohne einen Quasizyklus. Mit Hilfe eines speziellen statistischen Verfahrens ermittelten Potts et al., ob irgendeines der Autokorrelationsmaxima statistisch signifikant ist. Für das Moor in Abbildung 15.9c waren zwei Autokorrelationskoeffizienten signifikant, für das in Abbildung 15.9d keiner.

Die Ursachen für die Quasizyklen bei den Moorschneehühnern liegen nach wie vor im dunkeln und sind umstritten (Watson und Moss 1980; Potts et al. 1984). Die Zyklusperioden scheinen in den verschiedenen Mooren voneinander abzuweichen und in Schottland bedeutend länger zu sein als in England. Sehr elegante Experimente unterstützen recht unterschiedliche Theorien. Einer Theorie zufolge resultieren die Quasizyklen aus einer Wechselbeziehung zwischen den Moorschneehühnern und dem parasitischen Nematoden *Trichostrongylus tenuis*. Der Schlüsselfaktor in den Zyklen der Moorschneehühner waren Verluste im Winter; auch die Verluste bei der Brut waren signifikant: Beide verringerten sich, als man die Belastung durch die Parasiten durch eine Behandlung der Vögel mit Nematociden reduzierte. Ein Modell, das die Wechselbeziehung zwischen dem Moorschneehuhn und dem Parasiten berücksichtigt und dessen Parameter mit Hilfe der Langzeitaufzeichnungen abgeschätzt wurden, steht gut mit den im Freiland beobachteten Zyklen in Einklang. Die Analyse stimmt darin überein, daß der Parasit in Nordengland die Ursache der Zyklen ist (Dobson und Hudson 1992; Hudson et al. 1992b). Alternative, auf Studien in Schottland beruhende Theorien heben das Distanzverhalten territorialer Hähne hervor (Moss et al. 1994).

Die am besten dokumentierten Zyklen und starken Quasizyklen treten in Vegetationszonen hoher nördlicher Breite auf. In der offenen Tundra durchlaufen Lemminge und Moorschneehühner einen Vierjahreszyklus. Im borealen Nadelwald folgen Arten wie Schneeschuhhase, Tannenhuhn, Kragenhuhn und Luchs einem Zehnjahreszyklus (siehe Abschnitt 10.2.4). Die anderen wichtigen herbivoren Wirbeltiere in diesen Umwelten sind die Karibus oder Rentiere, die alljährlich lange Wanderungen durchführen. Ihre Populationen scheinen nicht zyklisch zu sein.

15.4.2 Populationsänderungen bei Wühlmausverwandten (Microtinae)

Um das Verhalten kleiner Nagetiere aus der Unterfamilie Microtinae (insbesondere Wühlmäuse (*Microtus* spp.) und Lemminge (*Lemmus* spp.), beispielsweise Abbildung 15.10) zu verstehen, wurde ein hoher Forschungsaufwand betrieben (Krebs und Myers 1974; Krebs 1985; Boyce und Boyce 1988a; Lambin et al. 1992). Die Zyklen weisen eine typische Periodizität von drei oder vier Jahren auf, obgleich es auch einige Populationen gibt, die regelmäßig oder gelegentlich einen Zwei- oder Fünfjahreszyklus durchlaufen. Außerdem gibt es besonders in weniger nördlichen Regionen auch viele Populationen und Arten, die zwar stark, aber nicht zyklisch fluktuieren. Für diese Abundanzmuster hat man bisher noch keine eindeutige Erklärung gefunden. Man ist sogar geneigt, die Suche nach einer einzigen, vereinigenden Hypothese aufzugeben (Lidicker 1988). Wir werden diese Studien recht ausführlich betrachten, weil sie so gut die Glücksgefühle, Frustrationen und Schwierigkeiten beim Ringen mit einem augenfälligen empirischen Phänomen verdeutlichen, das wir eigentlich erklären können sollten, aber nicht erklären können.

Die Unterscheidung von Faktoren, welche die Dichte beeinflussen beziehungsweise zu zyklischen Mustern führen und solchen, die sich nur mit der Dichte verändern, ist oft schwierig.

Die Zyklen dieser Nagetiere werfen auf besonders verblüffende Weise die recht allgemeine Frage auf, wie die Größe von Populationen determiniert wird. Die Wühlmäuse und Lemminge werden wie andere Arten von ihrer Nahrung, von ihren Räubern, von Krankheiten und vom Wetter beeinflußt, und wie bei vielen Arten variieren die Merkmale der Individuen selbst mit dem Gedrängeeffekt (*crowding*) und mit den Phasen des Zyklus. Zudem bestehen genetische Unterschiede innerhalb von und zwischen den Populationen. Daher bereitet es Probleme, Ursache und Wirkung voneinander zu trennen, Faktoren, welche die Dichte ändern, von jenen zu unterscheiden, die lediglich mit der Dichte variieren, sowie jene, welche die Dichte beeinflussen, von denjenigen auseinanderzuhalten, die tatsächlich ein zyklisches Muster bewirken.

Eine Vorstellung von der Biologie der Microtinae können wir erhalten, indem wir die eingehende Studie

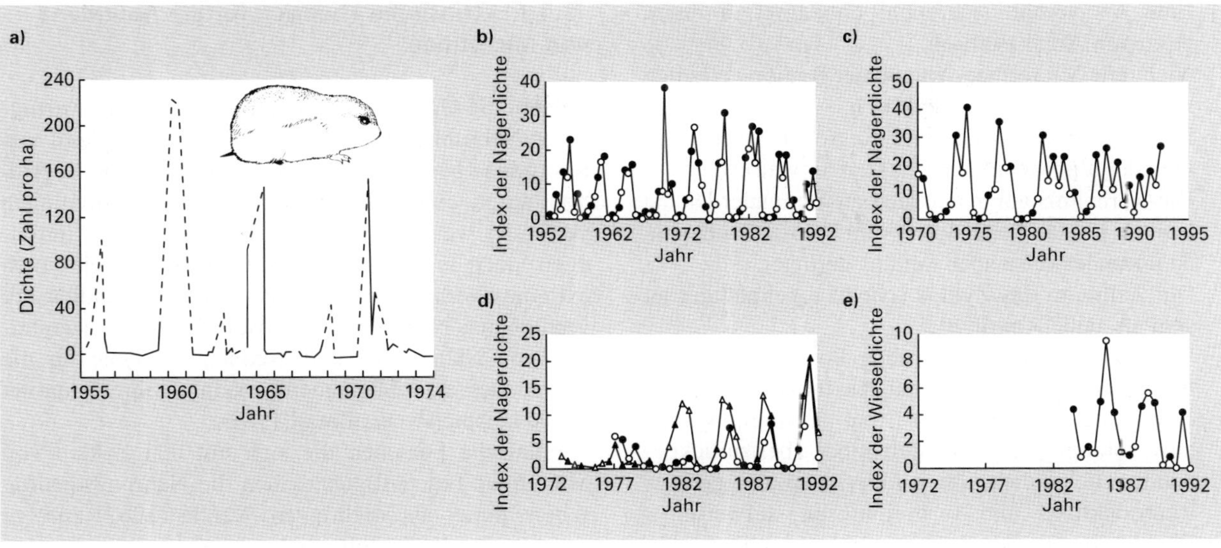

15.10 a) Geschätzte Lemmingdichte in der Küstentundra bei Barrow/Alaska über einen Zeitraum von 20 Jahren. (Nach Batzli et al. 1980) b) Die vereinigte Dichte von fünf Wühlmausarten in Kilpisjärvi, Finnisch-Lappland. c) Die vereinigte Dichte von fünf Wühlmausarten in einem alten Nadelwald in Pallasjärvi, Finnisch-Lappland. d) *Microtus*-Dichte an zwei 14 km voneinander entfernten Untersuchungsflächen in Alajoki, Westfinnland. e) Dichten des Mauswiesels (*Mustela nivalis*) in Alajoki, Westfinnland. (b)–e) nach Hanski et al. 1993) Unausgefüllte Symbole = Dichten im Frühling; ausgefüllte Symbole = Dichten im Herbst.

am Oblemming (*Lemmus sibiricus*) in der Küstentundra bei Barrow/Alaska betrachten, wo er der dominante Pflanzenfresser ist (Batzli et al. 1980). Eine zweite Art, der Halsbandlemming (*Distrostonyx torquatus*), kommt dort ebenfalls vor, ist aber selten (0.1 pro Hektar), während die Population des Oblemmings über die gesamte Tundra hinweg mittlere Dichten von 225 pro Hektar erreichen kann. Ein Goßteil des Lebens der Lemminge (besonders ihre Fortpflanzung) spielt sich unterirdisch oder unter Schnee ab. Zählungen sind daher nur unter größten Schwierigkeiten möglich, außer die Tiere bewegen sich an der Oberfläche und können gefangen werden. Ihr Verhalten ist für die Forscher nicht gerade eine Hilfe!

Die Verteilung der Lemminge ist sowohl räumlich als auch zeitlich mosaikartig. Ein Großteil des Untersuchungsgebiets setzt sich aus einem sich wiederholenden Muster aus Polygonen zusammen, das durch tief in den Boden eindringende Eiskeile gebildet wird. Das Muster der Ansammlung von Schnee, der Entwässerung und der Vegetation variiert innerhalb der Polygone und zwischen ihnen (Brown et al. 1980). Das Leben der Lemminge steht in enger Beziehung mit diesem Muster und saisonalen Veränderungen. Die Mittelwerte der Lemmingdichte unterschätzen bei weitem, wie dichtgedrängt die Tiere leben. So befanden sich beispielsweise 1974 93 % der Nester in Polygonfurchen, und hier knabberten die Lemminge auch den größten Teil der Vegetation an.

Eine der periodischen Zunahmen der Lemmingpopulation beginnt, wenn die Lemminge sich in ihren Nestern aus Gras und Seggen an der Basis der Schneefelder fortpflanzen. Im Laufe des Winters wächst die Population rasch an und erreicht gegen Ende des Frühjahrs ihren Höhepunkt. Im Mai ist die Fortpflanzungszeit zu Ende. Erste Anzeichen der Übervölkerung zeigen sich noch vor der Schneeschmelze, wenn sich viele Lemminge an die Oberfläche graben und umherwandern, wobei einige sterben. Während der Schneeschmelze tritt ein starker Verbiß an Gräsern und Seggen sowie die Unterbrechung von Moos- und Flechtenteppichen zutage; überall huschen dann Lemminge umher. Die ungeschützten Tiere werden in großer Zahl von Räubern angegriffen. Den Sommer überleben nur wenige Lemminge, und die Population bricht auf einen niedrigen Level zusammen, auf dem sie zwei bis drei Jahre bleibt (Batzli et al. 1980). Das ist das generelle Bild, aber jeder Zusammenbruch einer Population hat seine eigenen Charakteristika. In den Jahren 1963 und 1969 wurden die Lemminge unter dem Schnee sehr stark von Wieseln gejagt. Dem Spitzenwert von 1965 ging 1964 eine sehr hohe Dichte voraus (die Population verdoppelte sich von 1964 bis 1965), während die Dichte vor dem Maximum 1971 ein Jahr zuvor sehr niedrig war (die Population nahm in dem dazwischenliegenden Winter um das 250fache zu).

Populationsdynamiken zeigen einige gemeinsame Charakteristika.

Möglicherweise läßt sich die Dynamik der Microtinae nicht durch ein einzelnes, verallgemeinerndes Modell beschreiben. Gäbe es eine solche Theorie, so müßte sie folgende Eigenschaften berücksichtigen (Warkowska-Dratnal und Stenseth 1985):

1) Eine Art verhält sich nicht unbedingt in ihrem gesamten Areal zyklisch.
2) Nicht alle Microtinae-Arten einer Region verhalten sich notwendigerweise zyklisch.
3) Die zyklischen Arten einer Region müssen nicht unbedingt phasengleiche Zyklen aufweisen.
4) Das Verhältnis von maximaler zu minimaler Dichte kann in der Größenordnung von Tausenden liegen, ist normalerweise aber weitaus geringer.
5) Der Zeitraum des Zyklus scheint regelmäßiger zu sein als seine Amplitude.
6) Während Perioden des frühen Populationswachstums zeichnen sich die meisten Individuen durch eine hohe Reproduktions- und Ausbreitungsrate aus, wohingegen in Perioden hoher, aber zurückgehender Dichte die meisten Individuen eine geringe Reproduktions- und Ausbreitungsrate aufweisen.
7) Das Aggressionslevel der Individuen variiert während des gesamten Zyklus (siehe unten).
8) Die spezifische Ausbreitungsrate hängt sowohl von der Populationsdichte als auch von der Rate der Dichteänderung ab (das heißt von der Position während des Zyklus).

Intrinsische Ursachen für die Populationsdynamik können geno- oder phänotypisch bedingt sein.

Wie so oft in der Geschichte der Populationsbiologie gibt es zwei Lager zur Erklärung des Verhaltens der Population: Diejenigen, die es durch **extrinsische** (von außen einwirkende) **Faktoren** – wie Wetter, Räuber, Parasiten – zu erklären versuchen, und diejenigen, die nach **intrinsischen** (innerhalb der Population wirkenden) **Ursachen** – Veränderungen der einzelnen Tiere wie hormonelle oder Verhaltensänderungen, Aggression, Drang zur Ausbreitung – suchen. Im Falle der extrinsischen Faktoren können die Zyklen ganz einfach aus einer Wechselbeziehung resultieren, ohne daß sich die einzelnen Organismen auf besondere Weise ändern (siehe Kapitel 6 zu Zeitverzögerungen und Überkompensation, Kapitel 10 zu Prädation und andere stabile Zustände sowie Kapitel 12 zu Parasitismus). Im Gegensatz dazu beinhalten die auf intrinsischen Ursachen beruhenden Theorien genotypische Veränderungen in der Population (ein Individuentyp wird durch den anderen ersetzt) oder phänotypische Veränderungen (ein bestimmtes Individuum ändert sich infolge des Verhaltens seiner Nachbarn, wird beispielsweise aggressiv oder unterwürfig). Einige Autoren kombinieren in ihren Hypothesen intrinsische und extrinsische Faktoren.

15.4.3 Extrinsische Theorien für die Abundanz von Microtinae

Sowohl die Quantität als auch die Qualität der verfügbaren Nahrung wurden zur Erklärung der Zyklen von Microtinae herangezogen. In Alaska kann die Vegetation durch eine Spitzenpopulation von Lemmingen verwüstet werden, und man findet viele tote Individuen, doch in den meisten Studien scheint ein solch extremes Verhungern selten zu sein. Die Qualität der verfügbaren Nahrung – zum Beispiel die Konzentration von Nährstoffen und Toxinen – könnte für die Nager noch ausschlaggebender sein als ihre Quantität (siehe beispielsweise Batzli 1983).

Finnische Forscher, die sich mit den Zyklen von Microtinae beschäftigten, sahen die Nahrungsqualität schon immer als wichtig an. Kalela (1962) zufolge variiert der Nährstoffgehalt der Nahrungspflanzen von Jahr zu Jahr mit den Witterungsbedingungen, und die Microtinae reagieren darauf. Bei qualitativ hochwertiger Nahrung steigt die Dichte der Nager auf einen Spitzenwert an. Durch die Kombination von Blüte und Konsumption durch die Nager werden die Nährstoffe und Energieressourcen der Pflanzen jedoch erschöpft, ihre Qualität als Nahrung erleidet einen Einbruch, und die Nagerpopulation geht zurück (dieser Rückgang wird dann noch durch Räuber und Krankheiten verstärkt). Die Pflanzen brauchen in nördlichen Breiten mit ihren kurzen Sommern im typischen Fall einige Jahre, um sich wieder zu erholen, und erst wenn sie sich wieder erholt haben und wenn die Witterungsbedingungen günstig sind, steigen ihr Nährwert und die Nagerdichte erneut an.

Bei vielen Ökologen fand dieses Modell keine Unterstützung – unter anderem, weil sich in einer Reihe von Studien ein Populationsrückgang auch durch ein zusätzliches Nahrungsangebot, besonders in weniger nördlich gelegenen Habitaten, nicht verhindern ließ. Das könnte jedoch ganz einfach an der ungewollten Anlockung von Räubern liegen: Diese Räuber werden von nahegelegenen, nicht zusätzlich mit Nahrung versorgten Populationen angezogen, und ihre Aktivitäten wirken jeglichem Anstieg oder ausbleibendem Rückgang der Nager entgegen, der ansonsten vielleicht zu beobachten gewesen wäre. Als Ford und Pitelka (1984) ihren eingezäunten Wühlmäusen in Kalifornien zusätzliche Nahrung und Wasser anboten und die Zahl der Räuber kontrollierten, gingen ihre experimentellen Populationen während eines Sommers nur mäßig zurück, während Kontrollpopulationen zusammenbrachen. Es gibt auch einige Hinweise darauf, daß kurze Perioden der Nahrungsknappheit einen hypoglykämischen Schock hervorrufen können, und dies könnte sich in Phasen des Populationsrückgangs als kritisch erweisen (Fank 1953; Boyce und Boyce 1988a, b, c).

Zumindest theoretisch könnten auch Räuber und Parasiten für die Zyklen der Microtinae verantwortlich sein. Parasiten verursachten nachweislich eine beträchtliche Mortalität unter diesen Nagern, scheinen sich aber hauptsächlich auf Individuen in schlechtem Gesundheitszustand auszuwirken, die vermutlich auch für viele andere Todesursachen anfällig wären.

Räuber kommen als Verursacher der Zyklen von Microtinae eher in Frage. Wiederum bilden die Lemminge Alaskas eine Quelle wichtiger Daten (Batzli et al. 1980). Im Winter, wenn es zum Hauptanstieg der Lemmingpopulation kommt, sind Eisfuchs (*Alopex lagopus*), Mauswiesel (*Mustela nivalis*) und Hermelin (*M. erminea*) die hauptsächlichen Räuber. In Perioden niedriger Lemmingpopulationen fehlten diese Räuber in dem Untersuchungsgebiet bei Barrow, während der Lemming-Spitzenwerte siedelten sie sich jedoch rasch wieder an, vermehrten sich schnell und erreichten Dichten von bis zu 25 pro Quadratkilometer.

Die anderen wichtigen Räuber sind Zugvögel, insbesondere Schnee-Eulen, Mittlere Raubmöwen, Eismöwen und bisweilen Sumpfohreulen. Sie kommen vor (Schnee-Eulen) oder zu Beginn der Schneeschmelze an, wenn die Lemmingpopulationen nicht mehr geschützt sind. Bei niedriger Lemmingdichte ziehen die Raubmöwen und Eulen weiter, bei hoher Lemmingdichte bleiben sie jedoch und brüten. In Jahren hoher Abundanz der Lemminge besetzen die Vögel kleinere Territorien (treten also in höherer Dichte auf), haben größere Gelege und ziehen mehr Junge auf. Mit anderen Worten, die Räuber nehmen während der Spitzenwerte der Lemmingpopulationen sowohl durch Reproduktion als auch durch Einwanderung zu (Abbildung 15.11).

Die Populationen der Lemminge können durch die verschiedenen Räuber schwer reduziert werden, was zu ihrem Populationsrückgang beitragen könnte. Die Aktivitäten der Räuber können ausreichen, um bei niedriger Dichte eine Zunahme zu verhindern und Abnahmen während des Sommers zu erklären – obgleich keine Übereinstimmung darüber herrscht, inwieweit sie für Populationseinbrüche verantwortlich sind. Überdies führt ein Nachlassen der Prädation im Winter nicht unbedingt zu einem Populationsanstieg (Batzli et al. 1980). Die Räuberpopulationen können den Populationszyklen ihrer Beute folgen und eine große Zahl von Todesfällen erklären; aber viele der getöteten Beutetiere sind vermutlich ohnehin zum Tode verurteilt. Daher besteht verbreitet die Ansicht, Räuber wirkten sich zwar bedeutend auf die Abundanz dieser Nager aus, spielten aber nur eine geringe Rolle als Ursache für die Zyklen der Microtinae. Es könnte sein, daß diese Ansicht nun revidiert werden muß.

Spezialisierte Räuber können für ausgeprägte Populationszyklen verantwortlich sein.

Es ist ein verblüffendes Merkmal der Dynamik von Microtinae, daß die ausgeprägtesten Zyklen in den weit im Norden gelegenen Gebieten Alaskas und Fennoskandiens nachgewiesen wurden. Beispiele für die Populationszyklen von Wühlmäusen in Nordfinnland zeigen die Abbildungen 15.10b–e. Für die gleichen Arten sind die Zyklen in Regionen mit milderem Klima bezüglich Intensität und Regelmäßigkeit weniger ausgeprägt. Die Natur der Räuberpopulationen ändert sich in Finnland ebenfalls von Norden nach Süden, so daß vorgeschlagen wurde, daß spezialisierte

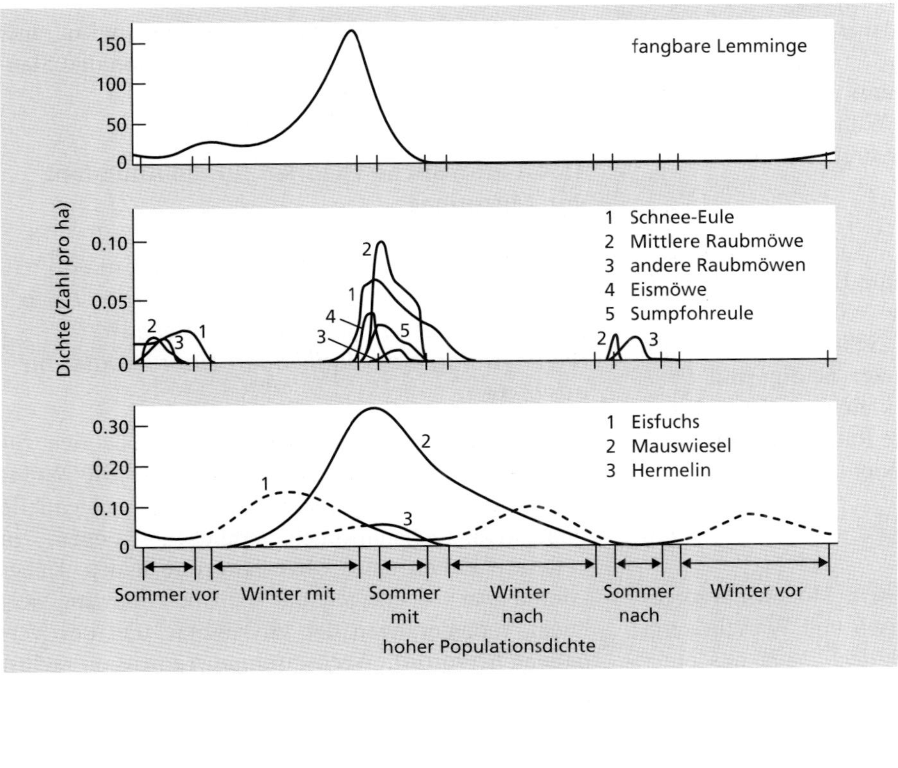

15.11 Die geschätzten Räuberdichten während eines normalen Lemmingzyklus bei Barrow. Zwischen Sommer und Winter sind Perioden der Schneeschmelze und Frostperioden angegeben. (Nach Batzli et al. 1980)

Räuber (kleine Marderartige) ganz oder größtenteils für die regelmäßigen Zyklen in den nördlichen Populationen verantwortlich sind. Weiter im Süden sind räuberische Generalisten (zum Beispiel Füchse, Bussarde und Katzen) häufiger. Die Rolle der Generalisten unter den Räubern für die Dynamik der Wühlmäuse wird auch in Abschnitt 10.4 diskutiert.

Als man die beiden Formen der Prädation in demselben **Räuber-Beute-Modell** kombinierte, stabilisierten die Generalisten die durch die Spezialisten verursachten Zyklen. Tatsächlich konnte eine starke Prädation durch die Generalisten einen Grenzzyklus in ein stabiles Gleichgewicht umwandeln. Außerdem ging die Amplitude der Wühlmauszyklen zurück, als die Zahl der räuberischen Generalisten zunahm, und die Länge der Zyklen ging von 70°N nach 60°N von fünf auf drei Jahre zurück. Südlich von 60°N gab es keine eindeutigen mehrjährigen Zyklen mehr (Hanski et al. 1991).

Die Vorstellung, Wiesel würden zur Aufrechterhaltung der regelmäßigen Wühlmauszyklen beitragen, wurde durch folgendes mathematisches Räuber-Beute-Modell gestützt, dessen Parameter aus empirischen Daten für Wühlmäuse und Wiesel stammten (Hanski et al. 1993). Schlüsselmerkmale dieses Modells sind die saisonalen Unterschiede bei der Fortpflanzung der Wühlmäuse im Sommer und Winter, überhaupt keine Fortpflanzung der Wiesel im Winter (in Finnland bisher nie festgestellt) sowie ein Schwellenwert der Wühlmausdichte für die Fortpflanzung der Wiesel.

Gleichung 15.3: Beutedynamik in den sechs Sommermonaten, in denen sich die Wühlmäuse kontinuierlich fortpflanzen. Im Winter werden r und K durch die niedrigeren Werte r' und K' ersetzt.

$$\frac{dN}{dt} = rN\left(1 - \frac{N}{K}\right) - \frac{cPN}{N + D}. \qquad (15.3)$$

Gleichung 15.4: Räuberdynamik im Sommer, wenn $N > N_{\text{krit}}$ (das heißt, wenn die Wühlmausdichte einen kritischen Schwellenwert überschreitet).

$$\frac{dP}{dt} = vP\left(1 - \frac{qP}{N}\right). \qquad (15.4)$$

Gleichung 15.5: Räuber-Beute-Dynamik, wenn $N \leq N_{\text{krit}}$ (das heißt, wenn die Wühlmausdichte bei oder unter einem kritischen Schwellenwert liegt). Wenn die Wühlmäuse im Winter häufig sind ($N > N_{\text{krit}}$), wird d_{hoch} durch den kleineren Wert d_{niedrig} ersetzt (das heißt, eine geringere Rate des exponentiellen Rückgangs bei der Räuberpopulation).

$$\frac{dP}{dt} = -d_{\text{hoch}}P. \qquad (15.5)$$

Ein Beispiel für die aus diesem Modell hervorgehende Dynamik von Wühlmäusen und Wieseln zeigt Abbildung 15.12, die wir mit den Daten aus einer echten Zählung in den Abbildungen 15.10b und c vergleichen sollten. Sowohl die vorhergesagte als auch die beobachtete Dynamik sind chaotisch (siehe Abschnitt 6.9) mit einer signifikanten periodischen Komponente. Der Vergleich unterstützt nachdrücklich die Hypothese, daß sich die mehrjährigen Zyklen in Finnland durch eine verzögert dichteabhängige Prädation erklären lassen. Möglicherweise kommen anderenorts andere Erklärungen in Frage.

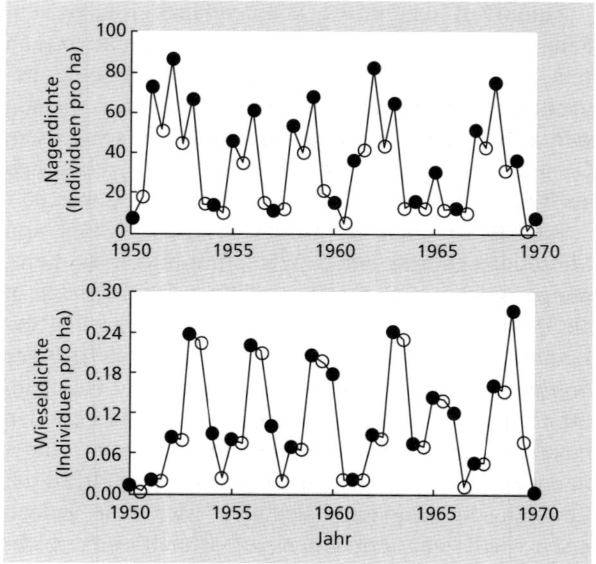

15.12 Die Dynamik von Wühlmaus- und Wieselpopulationen mit der Zeit, wie sie sich aus dem im Text beschriebenen Modell ergibt; Angaben in Jahren seit Beginn der Simulation. ○: Dichten im Frühling; ●: Dichten im Herbst. Die Ergebnisse resultieren aus der Verwendung von Parameterwerten aus Freilanddaten. (Nach Hanski et al. 1993)

Weitere Versuche, das Verhalten der Populationen kleiner Nager in Modellen darzustellen, sind in einer Reihe von Veröffentlichungen von Hansson und Stenseth (1988) beschrieben.

15.4.4 Intrinsische Theorien für die Abundanz von Microtinae

Überbevölkerung kann sich in Form von Aggression auf das Verhalten und in Form eines veränderten Hormonhaushalts auf die Physiologie der Individuen einer Population auswirken.

Wir wollen uns nun den intrinsischen Theorien zuwenden. Es überrascht nicht, daß Arten wie Wühlmäuse und Lemminge, die extrem hohe potentielle Populationswachstumsraten erreichen können, in gewissen Zeiten unter **Übervölkerung** leiden. Daher könnte man vorhersagen, daß die Übervölkerung vielleicht Veränderungen der Physiologie und des Verhaltens hervorruft. Wechselseitige Aggression (selbst

Kämpfe) könnte häufiger werden und physiologische Folgen haben – insbesondere hinsichtlich des hormonellen Gleichgewichts der Individuen. Auf einige Individuen könnte ein größerer Druck lasten, ihre Territorien zu verteidigen, auf anderen zu flüchten. So könnten starke lokale Kräfte der natürlichen Selektion entstehen, die bestimmte Genotypen (zum Beispiel „Aggressoren" oder „Flüchter") begünstigen. Es könnte auch zu Familienkonflikten kommen, in denen Verwandte und Nicht-Verwandte sich gegenüber ihren Nachbarn bei Übervölkerung anders verhalten. Das sind Reaktionen, wie wir sie unschwer in übervölkerten menschlichen Gesellschaften erkennen, und so überrascht es nicht, daß Ökologen nach den gleichen Phänomenen gesucht haben, wenn sie das Verhalten der Nagerpopulationen zu erklären versuchten. All diese Auswirkungen wurden von den Nagetierökologen gefunden oder behauptet. Es bleibt jedoch die Frage offen, ob irgendeine davon eine befriedigende Erklärung für das Verhalten von Nagetierpopulationen in der Natur abgeben kann.

Die Aggressivität variiert während eines Wühlmauszyklus, obgleich keine Einigkeit darüber herrscht, ob sie in der Phase des Anstiegs am größten und während des Rückgangs gering ist (Krebs 1985), oder bei hohen, aber zurückgehenden Dichten am größten, und während Perioden des frühen Populationsanstiegs am geringsten (Warkowska-Dratnal und Stenseth 1985). In dicht gedrängten Nagerpopulationen treten zweifellos Streitigkeiten auf und sind anhand des zunehmenden Anteils verwundeter Männchen zu erkennen. Man könnte erwarten, daß solche Streitigkeiten sich direkt auf das endokrine System Hypophyse-Nebennierenrinde auswirken und beispielsweise zu einem Anstieg der Produktion von Corticosteron führen. Laborexperimente unterstützen, daß dadurch das Immunsystem der Individuen unterdrückt wird, wodurch sie krankheitsanfälliger werden und ihre Fortpflanzungsfähigkeit beeinträchtigt ist (Christian 1950, 1980). Nach einer anderen Ansicht (basierend auf Studien an australischen Breitfußbeutelmäusen (*Antechinus*) und der Australischen Buschratte (*Rattus fuscipes*)) erhöhen die hormonellen Reaktionen in Wirklichkeit die Konkurrenzfähigkeit der Individuen um Geschlechtspartner, aber auf Kosten einer sehr hohen Sterblichkeit der Männchen nach der Paarung (siehe zum Beispiel Lee und Cockburn 1985a, b; McDonald et al. 1988).

Diese Hypothese wirft einige Probleme auf. In Populationen von Wiesenmäusen (*Microtus pennsylvanicus*), die während Perioden starken Populationsrückgangs im Frühling in Lebendfallen gefangen wurden, wiesen Individuen aus Populationen mit hoher Dichte eindeutig die höchsten Corticosteron-Konzentrationen und den größten Anteil verwundeter Männchen auf – aber das waren die Populationen, die am wenigsten zurückgingen. Die Population mit der geringsten Dichte, dem niedrigsten Corticosteronspiegel und dem geringsten Anteil verwundeter Männchen litt unter dem stärksten Rückgang (Boonstra und Boag 1992).

Ausbreitung und Migrationen – resultierend aus sozialer Unterordnung, genetischem Verhaltenspolymorphismus, Sättigung und mangelnder sozialer Einbindung – können wesentlich zur Populationsdynamik beitragen.

Eine offensichtliche Reaktion auf Übervölkerung ist das Verlassen der übervölkerten Population, um sich anderswo eine Lebensmöglichkeit zu suchen. Bedauerlicherweise ist die Ausbreitung von und in Wühlmauskolonien ausgesprochen schlecht meßbar. Sie läßt sich jedoch experimentell kontrollieren, indem man Zäune errichtet, um ein Zu- und Abwandern zu verhindern. Es gibt viele Hinweise darauf, daß dies die Populationsdynamik durcheinanderbringt. Eine mit einem mäusesicheren Zaun eingezäunte Wühlmauspopulation stieg zu einer hohen Dichte an und litt unter Hunger. Es gab weniger Hinweise auf Aggression und eine geringere Verschlechterung des individuellen Gesundheitszustands (Krebs et al. 1969). Durch die verhinderte Einwanderung gab es auch weniger Aggression, aber ein weitaus niedrigeres Populationsmaximum, und die Population brach weder zusammen, noch schwankte sie zyklisch (Gaines et al. 1979).

Wenn Ein- und Auswanderung eine entscheidende Rolle in der Dynamik von Wühlmauspopulationen spielen, müssen wir wissen, welche Unterschiede zwischen den sich ausbreitenden und den zurückbleibenden Individuen bestehen. Dafür gibt es mehrere Hypothesen.

1) Die Hypothese der **sozialen Unterordnung** (*social subordination*). Ihr zufolge führt die aus einem Anstieg der Populationsdichte resultierende Ressourcenknappheit zu einem erhöhten Aggressionslevel, was wiederum sozial untergeordnete Tiere (vor allem junge Individuen) dazu zwingt, die Population zu verlassen (Christian 1970). Der Anteil der Auswanderer scheint höher zu sein, wenn die Population ansteigt, als wenn sie an ihrem höchsten Punkt angelangt ist. Es wurde auch postuliert, die Aggression und der Drang, dieser zu entgehen, würden sich erhöhen, wenn die Individuen eher auf nicht nah mit ihnen verwandte Artgenossen treffen (Charnov und Finnerty 1980). Interessant ist, daß diese Theorien so viel Gewicht auf die Natur des Aufeinandertreffens von Individuen legen, und weniger auf ihre Reaktion auf irgendein generalisiertes, holistisches Maß der „Populationsdichte".
2) Die Hypothese des **genetischen-Verhaltenspolymorphismus** (*genetic-behavioural polymorphis-*

mus) (Krebs 1978). Nach dieser Hypothese sind Individuen von Natur aus entweder aggressiv oder zu einer hohen Reproduktionsleistung fähig. Die aggressiven Typen werden in Populationen mit Konkurrenz begünstigt und erzwingen das Auswandern derjenigen, die sich rasch vermehren (*r*-Typen) und in Populationen mit niedriger Dichte im Vorteil sind. Es gibt Hinweise, daß Auswanderer bei vielen Kleinsäugern (wenn auch nicht bei allen, siehe Gaines und McClenaghan 1980) keine zufällige genetische Auswahl der Population sind, aus der sie flüchten. Mit Hilfe der Analyse von Isoenzymen durch Elektrophorese konnte gezeigt werden, daß sich auswandernde und nicht auswandernde Individuen von *M. pennsylvanicus* in Indiana in mindestens zwei Loci unterschieden, und ein seltener Homozygoter trat nur unter den Auswanderern auf (Myers und Krebs 1971). Es ist nicht bekannt, ob diese genetischen Unterschiede irgend etwas mit der Tendenz zur Ausbreitung als solches zu tun haben, obgleich die Ausbreitungsfähigkeit bei einigen anderen Kleinsäugern eine eindeutig erbliche Komponente hat (zum Beispiel Waser und Jones 1989). Viel zu erwarten ist davon, daß man nun die Technik des genetischen Fingerabdrucks auf die kleinen Nager anwenden kann; sie sollte sehr viel detailliertere Analysen von Familienstrukturen und genetischen Merkmalen ermöglichen (zum Beispiel Ribble 1992).

3) Die Hypothese der **Sättigung** und **Ausbreitung vor der Sättigung**. Ihr zufolge gibt es zwei unterschiedliche Kategorien von Auswanderern: sozial Ausgestoßene – Juvenile, sehr alte Individuen, solche in schlechtem Gesundheitszustand oder die ganz allgemein den Anforderungen nicht gut gewachsen sind – und solche, die vor der Sättigung abwandern, in einem relativ guten Gesundheitszustand, aber verhältnismäßig empfindlich für die frühen Phasen des Populationswachstums sind (Lidicker 1975). Im Prinzip sollten wir erwarten, daß Individuen auswandern, wenn ihnen das Verlassen der Population mehr bringt, als zu bleiben. Dies wird häufig bei untergeordneten Individuen mit Zukunft (zum Beispiel junge, aber gesunde Individuen) der Fall sein. Sie werden neue Habitate finden und nutzen können, so daß zu erwarten ist, daß sie wachsende Populationen verlassen. In übervölkerten Populationen hingegen werden weniger der Untergeordneten gesund sein. In diesem Fall werden als einzige vielleicht diejenigen auswandern, die so unterdrückt werden, daß sie beim Bleiben zum Tode verurteilt sind.
4) Die Hypothese des **sozialen Zusammenhalts**. Nach dieser Hypothese sind Auswanderer Individuen, die keine sozialen Bande mit ihren Verwandten ausgebildet haben, das heißt, die Auswanderer sind eher asoziale als unterdrückte Individuen (Bekoff 1977). Hierbei gibt es ganz augenfällige Analogien mit menschlichen Populationen, bei denen Familienbande einzelne von Abenteuern zurückhalten können.

Trotz der Vielzahl von Nuancen in den verschiedenen Theorien herrscht weitgehend Übereinstimmung, daß während Populationszyklen Veränderungen im Anteil der aggressiven und fügsamen Individuen, der starken und schwachen Auswanderer sowie derer mit hoher oder geringer Reproduktionsleistung auftreten. Weniger Unterstützung erhält die Ansicht, daß solche Verhaltensänderungen Veränderungen der Populationsgröße verursachen.

Das Paarungssystem beeinflußt die Populationsdynamik.

Anzunehmen, auf alle kleinen Säugetiere – oder sogar auf alle Arten einer Gattung wie *Microtus* – ließe sich eine allgemeingültige Theorie anwenden, birgt reelle Gefahren. Es mag zwar im allgemeinen so sein, daß es die aggressiveren Individuen sind, die nicht auswandern, aber bei *M. pennsylvanicus* waren die auswandernden Männchen aggressiver als die zurückbleibenden. Zudem zeichnen sich verschiedene *Microtus*-Arten durch unterschiedliche Paarungssysteme aus, und das wirkt sich auf die Art und Weise ihrer Konkurrenz und Ausbreitung aus. Bei einigen *Microtus*-Arten wandern vor allem die Männchen ab, bei anderen die Weibchen. Viel scheint davon abzuhängen, ob die Männchen hauptsächlich um Nahrung konkurrieren oder um Geschlechtspartnerinnen (Johnson und Gaines 1990), und ganz besonders davon, ob die Weibchen territorial sind.

Es ist mittlerweile eindeutig nachgewiesen, daß einige Wühlmausarten mit Territorialverhalten in einem oder beiden Geschlechtern Distanzverhalten zeigen und daß dies die Zahl der Individuen begrenzt, die sich fortpflanzen können, und damit einen starken Einfluß auf die Demographie hat (zum Beispiel Krebs 1985; Lambin und Krebs 1991a, b). Die Männchen der Townsend-Wühlmaus (*M. townsendi*) konkurrieren in erster Linie um Weibchen, und die Weibchen konkurrieren um Nistplätze. Das macht es sinnvoll, das Verhalten der Individuen in bezug auf ihre spezifischen Nachbarn zu untersuchen, statt eine Studie über die gesamte Population zu verallgemeinern. In einem sehr scharfsinnig durchdachten Experiment entfernten Lambin und Krebs (1993) ausgewählte Individuen aus Populationen von *M. townsendi*, so daß sie den Verwandtschaftsgrad der Weibchen variieren konnten. Dazu mußten systematisch alle Neugeborenen markiert und alle Erwachsenen mit Sendern versehen werden. Prädation wurde verhindert. Wie sie herausfanden überlebten Weibchen, die Mütter,

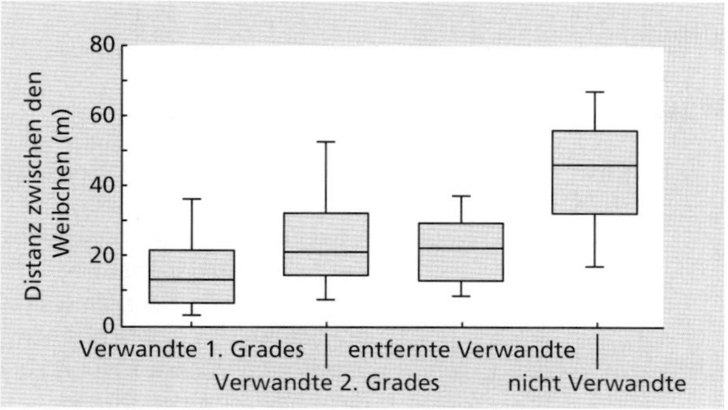

15.13 Die Entfernung zwischen den Nestern (oder den Zentren der Aktivität) weiblicher Wühlmäuse mit unterschiedlichem Verwandtschaftsgrad. Verwandte ersten Grades sind Mütter und Töchter sowie Geschwister des gleichen Wurfes. Verwandte zweiten Grades sind Geschwister unterschiedlicher Würfe sowie Tanten und Nichten. Entfernte Verwandte sind Cousinen, Großcousinen, Großnichten und Tanten. Die Kästen geben mittlere Quartilsabstände und den 95 % Konfidenzbereich an. (Nach Lambin und Krebs 1993)

Schwestern oder Töchter als Nachbarn hatten, mit höherer Wahrscheinlichkeit den Populationsrückgang im Frühjahr und pflanzten sich fort als Weibchen ohne nahe Verwandte als Nachbarn. Zudem lebten nahe verwandte Weibchen näher beieinander als entfernter oder nicht miteinander verwandte Weibchen (Abbildung 15.13) (siehe auch Kawata 1987 zu einem ähnlichen Experiment). Es ist noch nicht klar, ob sich durch solche Studien intimen soziobiologischen Verhaltens letztendlich die nach wie vor brennenden Fragen über Zyklen, Maxima und Zusammenbrüche von Wühlmauspopulationen beantworten lassen. Zweifellos verschaffen sie aber neue Einblicke, auf welche Weise das Verhalten der einzelnen Tiere aufeinander einwirken könnte, um die Abundanz von Populationen zu beeinflussen.

15.4.5 Die Zyklen der Microtinae – eine Ergänzung

Welche Kräfte die Populationsdynamik kleiner Säugetiere bestimmen, bleibt ein aufregendes, von großer Unkenntnis geprägtes Gebiet. Es erwies sich als ausgesprochen schwierig, abwandernde Individuen zu identifizieren, aber wir müssen noch mehr über die Genetik und die Abstammung der Individuen in Erfahrung bringen und präzise diejenigen identifizieren können, die abwandern, und ihr Schicksal kennen. Da wir nun die Techniken des genetischen Fingerabdrucks auf Individuen in der Natur anwenden können, werden wir einige dieser Probleme vielleicht lösen. Aber dennoch bleiben tiefgründige Fragen über die unmittelbare Motivation: Welche Reize bringen ein Individuum zu dem Entschluß, seine Heimat zu verlassen oder nicht, und wie sieht die Zukunft derjenigen aus, die sich auf die eine oder andere Weise entscheiden?

Die meisten der Theorien über das Verhalten der Microtinae wurden bereits vor über 50 Jahren veröffentlicht, und die Popularität der verschiedenen Theorien durchlief Höhen und Tiefen. Theorien über die Rolle der Räuber, Territorialität und soziale Interaktionen von Individuen scheinen heute wieder sehr in Mode zu sein! Die Fragen sind interessanter als die Antworten. Hierzu gibt es eine wunderbare Literatur wissenschaftlicher Vorstellungen, Kontroversen und Theorien zu durchforsten (zum Beispiel Lidicker und Patton 1987; Anderson 1989; Johnson und Gaines 1990; Stenseth 1993).

15.5 Durch Ausbreitung determinierte Abundanz

Ein Element der Populationsdynamik der Microtinae ist zweifellos das Ausmaß der **Ausbreitung** der Individuen. Wir haben darauf schon in Kapitel 5 Bezug genommen und kommen nun darauf zurück. In vielen Untersuchungen der Abundanz wurde vorausgesetzt, daß sich alle wichtigen Ereignisse innerhalb des Erhebungsgebiets abspielen und Ein- und Auswanderer unbedenklich vernachlässigt werden können. Es wird jedoch zunehmend deutlich, daß die **Migration** ein entscheidender Faktor zur Determination und/oder Regulation der Abundanz sein kann. Wie wir bereits erfahren haben, ist die Auswanderung der Sommeradulten beim Kartoffelkäfer sowohl der Schlüsselfaktor bei der Determination der Populationsschwankungen als auch ein überkompensierend dichteabhängiger Faktor (siehe Abschnitt 15.3.1). Im Lebenszyklus des Waldkauzes (siehe Abschnitt 15.3.2) war die Auswanderung (und die Mortalität) junger Käuze nachweislich dichteabhängig, wenn auch in diesem Fall nicht der Schlüsselfaktor.

Neben der Wanderungsfähigkeit beeinflußt das Verhältnis zwischen Fruchtbarkeit und Mortalitätsrate die Ausbreitungsfähigkeit einer Population; reguliert wird sie durch die dichteabhängige Produktion von Nachkommen.

Wenn die Ausbreitung ein entscheidender Faktor zur Bestimmung der Populationsgröße ist, kann sie dem Untersuchenden das Leben schwer machen. Bei einer ausschließlich innerhalb eines bestimmten Gebiets durchgeführten Erhebung werden solche Ereignisse völlig fehlen, und um den Verlusten durch Auswanderung und den Gewinnen durch Einwanderung exakt Rechnung zu tragen, bedarf es einer erheblich subtileren Erhebungsmethode. Selbst bei Arten, deren Individuen selbst nicht beweglich sind, gibt es immer ein Ausbreitungsstadium unter den Nachkommen – wie

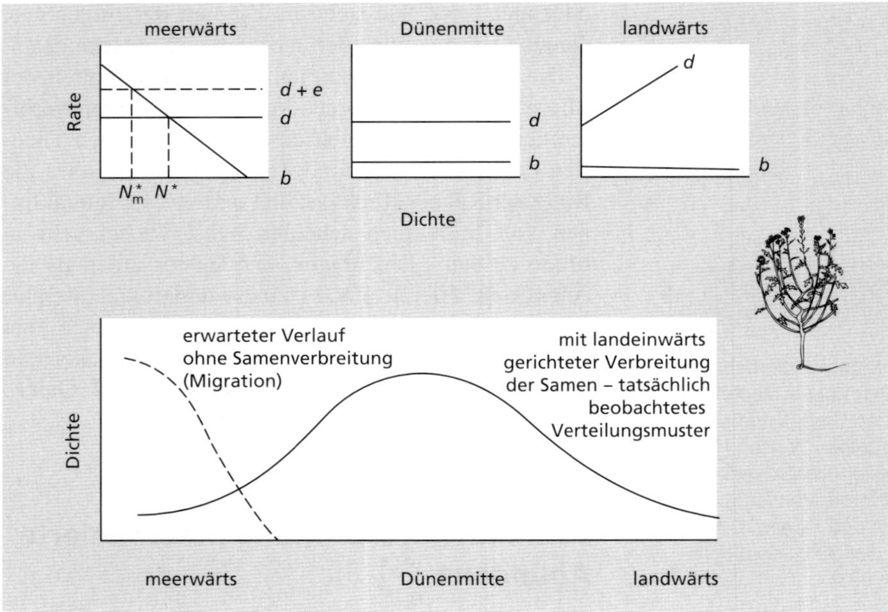

15.14 Idealisierte Darstellung der Variationen in der Mortalität (*d*) und Samenproduktion („Geburten", *b*) des Meersenfs *Cakile edentula* in drei Bereichen entlang eines Umweltgradienten von einem offenen Sandstrand (meerwärts) bis zu dicht bewachsenen Dünen (landwärts). Im Gegensatz zu den anderen Bereichen war die Samenproduktion an dem meerwärtigen Standort reichlich und dichteabhängig. Die Mortalität zeigte sich nur an dem landwärtigen Standort dichteabhängig. An dem seewärtigen Standort überstiegen die „Geburten" *in situ* die Todesfälle derart, daß man sich eine Populationsdichte im Gleichgewicht (N^*) vorstellen kann. In der Dünenmitte und auf der landwärtigen Seite gab es immer mehr Todesfälle als „Geburten" (neue Samen) *in situ*, so daß die Populationen dort theoretisch nicht überdauern sollten (gestrichelte Linie in der unteren Graphik). Der Fortbestand der Populationen an den mittleren und landwärtigen Standorten ist nur gewährleistet, weil die Mehrzahl der am Strand (dem meerwärtigen Standort) produzierten Samen landeinwärts verbreitet wird. Somit übersteigt die Summe der „Geburten" *in situ* (*b*) plus der einwandernden Samen (*i*) die Mortalität (*d*) an den mittleren und landwärtigen Standorten. Man beachte auch, daß die Verluste der Population am meerwärtigen Standort sowohl die Todesfälle (*d*) als auch die emigrierenden Samen (e) beinhalten, so daß die Gleichgewichtsdichte hier (N^*_m) geringer ist als sie ohne Ausbreitung der Samen wäre (durchgezogenen Linie in der unteren Graphik).

planktische Larven, Samen –, und dieses ist in der Regel schwierig zu verfolgen.

Bei einer Untersuchung des Meersenfs *Cakile edentula*, eines annuellen Sommerblühers der Sanddünen bei Martinique Bay auf Nova Scotia, war die Population auf die Mitte der Dünen konzentriert und nahm sowohl zu ihrer meerwärtigen als auch zu ihrer landwärtigen Verbreitungsgrenze hin zu (Keddy 1981). Die über die Produktion und Mortalität der Samen in drei Bereichen des Areals gesammelten Daten zeigen überzeugend, daß eine Population im Gleichgewicht theoretisch nur zur seewärtigen Verbreitungsgrenze zu finden sein sollte, wo die Samenproduktion hoch und stark dichteabhängig ist. An den Standorten in der Mitte und zum Land hin übersteigt die Mortalität die Fruchtbarkeit, so daß die Population rasch aussterben sollte (wie es in simulierten Modellen der Fall ist, Watkinson 1984).

Bei ausschließlicher Berücksichtigung der „Geburten" und „Sterbefälle" der Pflanzen *in situ* würden wir zu der Vorhersage gelangen, daß die Population sich in der Mitte nicht halten wird – in Wirklichkeit aber ist die Art dort am häufigsten. Die natürliche Abundanz dieser Pflanze läßt sich nur erklären, wenn man eine landeinwärts gerichtete Migration der Samen durch Einwirkung von Wind und Wellen in Betracht zieht (Keddy 1982; Watkinson 1984). Die Pflanzen in der Mitte und am landwärtigen Ende des Dünengradienten kommen dort nur aufgrund der hohen jährlichen Ausbreitung der Samen vom Strand landeinwärts vor (tatsächlich übersteigt die Rate, mit der neue Individuen in diesem Bereich hinzukommen, die Zahl der von den bereits vorhandenen Pflanzen produzierten Nachkommen) (Abbildung 15.14). Dennoch ist es der Effekt des Crowding auf die Samenproduktion durch die Pflanzen am seewärtigen Ende der Düne, welcher die Dichte der gesamten Population im ganzen Dünensystem reguliert.

15.6 Teilhabitate, Inseln und Metapopulationen

Die Besiedlung von Teilgebieten ist ein Vorgang wiederholter lokaler Einwanderungs- und Aussterbeereignisse.

In Kapitel 5 haben wir betont, daß die Ausbreitung eine entscheidende Rolle zur Bestimmung der Abundanz von Arten spielt, weil die meisten Populationen fragmentarisch und mosaikartig verteilt sind, wobei einzelne Teilhabitate, Teilgebiete oder **Patches** eine recht unterschiedliche Dynamik aufweisen können. Der Boden eines vollentwickelten Waldes ist ein solches Mosaik verschiedener Dynamiken. Er umfaßt Teilgebiete, in denen alte Bäume vor kurzem abstarben (jeder davon ist lokal in seinem speziellen Patch ausgestorben), und Patches, die von neuen Individuen besiedelt sind, welche wiederum dabei sind, lokal auszusterben. Der Prozeß der Vegetationssukzession (der in Kapitel 17 ausführlicher diskutiert wird) beinhaltet wiederholte Episoden lokaler Einwanderungen und Aussterbefälle, die in einem Wald gleichzeitig in verschiedenen Patches ablaufen können. Bei der Bestandserhebung des Hahnenfußes auf einer Weide (siehe Tabelle 15.1) wurde eine insgesamt relativ stabile Population durch drei Probennahmen repräsentiert; in einer davon nahm die Population zu, in einer anderen nahm sie ab. Solche Mosaike aus Sukzessionen beeinflussen nicht nur die Pflanzen, sondern auch die Komplexe der mit ihnen einhergehenden Tier- und Mikrobenarten. Bei einer Erhebung der Individuen in einem ganzen Wald oder auf einer ganzen Weide gehen all diese demographischen Feinheiten verloren.

In einem anderen Maßstab können die Blattläuse auf einem Blatt dichtgedrängt leben, auf anderen Blättern derselben Pflanze können sich jedoch neue Besiedler in den frühen Phasen des ungehinderten Populationswachstums befinden. Auf welkenden älteren Blättern kann es sein, daß die Blattläuse aussterben. Wieder andere Blätter sind vielleicht noch unbewohnt: Sie sind „bewohnbare Stellen", welche die sich ausbreitenden Tiere noch nicht erreicht haben. Eine Erhebung der Populationsdynamik von Blattläusen auf einer einzelnen Pflanze würde diese grundlegenden Dynamiken verschleiern. In einer Erhebung der Blattläuse in einer ganzen Gemeinschaft solcher Pflanzen würden sie völlig untergehen.

15.6.1 Besiedlung und Aussterben in lokalen Populationen

Lokales Aussterben ist häufig.

In seiner klassischen Argumentation für die Notwendigkeit regulatorischer Faktoren brachte Haldane (1953, die bereits zuvor zitierte Veröffentlichung) unter anderem vor, daß »keine Population unbegrenzt ansteigt und Arten nur gelegentlich aussterben«. Letzteres trifft nur zum Teil zu. Lokale Populationen sterben sogar häufig aus. Darauf haben bereits Andrewartha und Birch (1954) hingewiesen. Sie schreiben: »Flecken, die heute bewohnt sind, können morgen schon leer sein und in der nächsten Woche oder im nächsten Jahr wieder bewohnt werden.« Tatsächlich kann man sagen, daß es einen (wenn auch bisweilen sehr kleinen) Maßstab gibt, in dem jede Art früher oder später zwangsläufig lokal aussterben wird.

Welche Art von Populationsdynamik bei einer Erhebung herauskommt, kann daher fast völlig davon abhängen, wie ihre mosaikartige Verteilung bei der Probennahme berücksichtigt wird (Abbildung 15.15) (siehe Wiens 1989 zu einer Beschreibung der Probleme bei der Erhebung mosaikartig verteilter Vogelpopulationen).

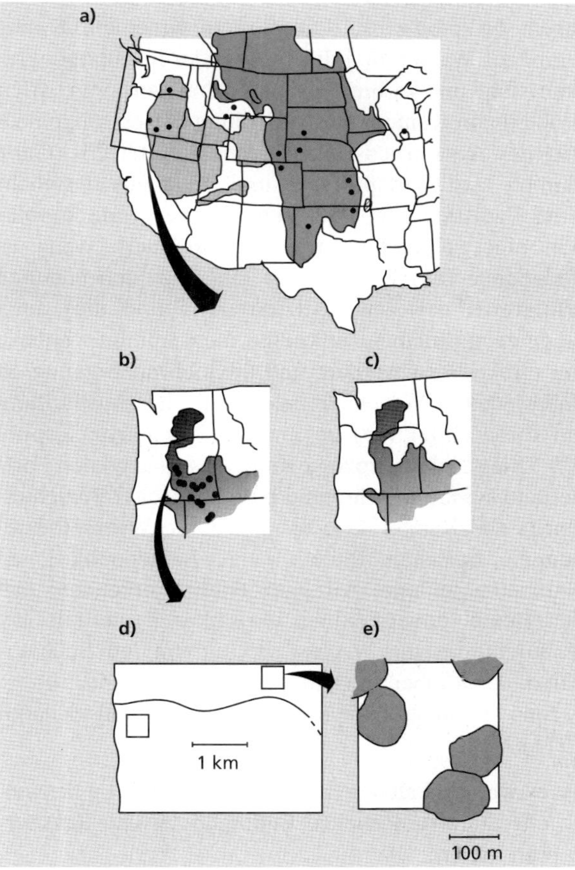

15.15 Variationen im räumlichen Untersuchungsmaßstab des Besiedlungsmusters von Vögeln in Gebüsch- und Wiesenhabitaten. In biogeographischem Maßstab (a) waren Dichteschwankungen mehrerer Arten, die häufig in Zwergstrauchhabitaten brüten, signifikant mit mehreren Eigenschaften der Lebensraumsstruktur korreliert. Als man den Maßstab auf 14 Stellen innerhalb der Zwergstrauchregion konzentrierte (b), verschwanden diese Zusammenhänge, und die Verbreitung der Vögel zeigte statt dessen eine signifikante Kovarianz mit anderen Eigenschaften der Lebensraumstruktur oder Flora. Bei einer Analyse von acht Flächen an vier Orten (c) zeigten vier der Arten überhaupt keine Assoziation mit dem Habitat, und in einem detaillierteren Vergleich zweier Untersuchungsflächen an einem einzigen Ort (d) wurden wieder Muster festgestellt, aber diese unterschieden sich von denen, die man bei größeren Maßstäben fand. Bei einer noch detaillierteren Untersuchung einer einzigen Fläche (e) (die Schattierung gibt durch Brutterritorien belegte Bereiche an), zeigte das Muster der Habitatbesiedlung teilweise Parallelen zu den in regionalem Maßstab festgestellten Mustern (a), aber nicht mit den anderen Maßstäben. (Nach Wiens et al. 1987; in Wiens 1989 findet sich eine Diskussion der weitreichenden Probleme bei der Auswahl des geeigneten Maßstabs zur Erhebung von Populationen)

Jede Verteilung einer Population ist durch eine mosaikartige Heterogenität gekennzeichnet – dafür gibt es Gründe, wie die Einschränkung der Verteilung auf bewohnbare Orte, deren Umweltkapazität und die temporäre Bewohnbarkeit dieser Örtlichkeiten.

In anderen Kapiteln dieses Buches taucht eine mosaikartige Verteilung als elementarer Bestandteil ganz unterschiedlicher ökologischer Prozesse auf. So sind Inseln beispielsweise Landflecken in einem Kontinuum aus Wasser, und die Theorie der Inselbiogeographie sieht die Verbreitung und Abundanz von Arten großteils im Kontext der Besiedlung dieser Teilgebiete und des Aussterbens darin (siehe Kapitel 23). Ganz ähnlich sind Wirtspflanzen und -tiere aus der Sicht eines Parasiten oder Pathogens Patches. Eine Population eines Krankheitserregers überdauert, wenn es Teilgebiete (das heißt Wirte) gibt, von denen einige erfolgreich bewohnt (infiziert) sind und dies auch lange genug bleiben (das heißt, nicht immun werden), um infektiös zu werden, und die sich nahe genug an unbesiedelten Wirten befinden, um eine Ausbreitung auf diese (Infektion) zu ermöglichen (siehe Kapitel 12). Die gleichen Prozesse unterstützen auch den Fortbestand symbiontischer und mutualistischer Beziehungen (siehe Kapitel 13). Wenn wir die Wechselbeziehungen zwischen Räuber- und Beutepopulationen betrachten, müssen wir ganz ähnlich erkennen, daß die Beute unvermeidlich mosaikartig verteilt ist, wodurch eine enge Wechselwirkung mit dem Suchverhalten der Räuber entsteht (siehe Kapitel 8 bis 10).

Eine Population kann klein sein, weil (Gadgil 1971):

1) es wenige Patches (bewohnbare Stellen) gibt, welche die erforderlichen Bedingungen und Ressourcen bieten;
2) die bewohnbaren Stellen klein sind;
3) die bewohnbaren Stellen im Verhältnis zur Ausbreitungsfähigkeit der Art weit auseinander liegen;
4) die bewohnbaren Stellen nur wenige Individuen aufnehmen können (ihre Umweltkapazität gering ist);
5) die bewohnbaren Stellen nur kurze Zeit bewohnbar bleiben;
6) die Population nach Besiedlung eines Ortes nur langsam wächst und die Umweltkapazität erreicht.

15.6.2 Ausbreitung zwischen lokalen Populationen

Es ist zwar recht nett, so viele der Prozesse, welche die Abundanz von Organismen determinieren, in die zwei Konzepte der bewohnbaren Patches und der Ausbreitungsdistanz einzubinden (siehe Godfray und Pacala 1992; sowie eine Übersicht in Taylor 1990). Leider sind diese Konzepte aber nur schwer in reale Messungen in der Natur zu übertragen. Die Ausbreitungsdistanz einer Art ist nicht irgendein einfacher Parameter: Sich ausbreitende Tiere oder ihre Ausbreitungseinheiten legen sehr unterschiedliche Distanzen zurück, und die Häufigkeitsverteilungen der Distanzen sind oft recht komplex (siehe Abbildung 5.5). Zudem haben gelegentlich vorkommende Ausbreitungen über große Entfernungen, die zur Entdeckung eines noch nicht bewohnten Patches führen, viel weiter reichende demographische Folgen als die Ausbreitung über häufige oder durchschnittliche Distanzen; diese können bedeutender dafür sein, wie sich ein Besiedler innerhalb eines Patches ausbreitet.

Ausbreitungsvorgänge beschreibt man anhand der Insel-, Trittstein- oder Kontinuummodelle.

Auf welche Weise die Ausbreitung zur Besiedlung bewohnbarer Stellen beiträgt, kann man sich auf dreierlei Arten vorstellen, je nachdem, wie die räumliche Umwelt charakterisiert ist: Dies können „Inseln“, „Trittsteine“ oder ein Kontinuum sein (ein hervorragender Überblick über Modelle und reale Daten hierzu findet sich bei Kareiva 1990). Das Schlüsselmerkmal der **Inselmodelle** (*island models*) ist, daß ein Teil der Individuen die Patches verläßt und in einen Pool (*bath*) von Abwanderern gelangt, die dann wieder – gewöhnlich zufällig – auf die Patches verteilt werden. Diese Modelle haben in der Regel keine räumliche Dimension. Im Gegensatz dazu weisen **Trittsteinmodelle** (*stepping-stone models*) eine räumliche Dimension auf und sind nützlich, um die Auswirkungen von Ausbreitungen über lange und kurze Distanzen zu vergleichen. Die Ausbreitung über Trittsteine ist vermutlich in terrestrischen Lebensgemeinschaften von Pflanzen und Tieren am häufigsten. Im Meer breiten sich die Larven von Wirbellosen typischerweise über große Entfernungen aus und bilden vermutlich einen gemeinsamen Larvenpool, der die Gemeinschaft wie beim Inselmodell durchmischt (siehe beispielsweise Roughgarden et al. 1984; Possingham und Roughgarden 1990). Doch selbst in der marinen Umwelt scheint für die Ausbreitung und Besiedlung von Patches auf einem Korallenriff durch eine Ascidie das Trittsteinmodell am besten geeignet zu sein (Stoner 1992).

Kontinuummodelle (*continuum models*) gehen in der Regel von einer homogenen Umwelt und einer Ausbreitung durch einen Diffusionsprozeß aus. Letzteres mag in bezug auf Ausbreitung und mosaikartige Verteilung sehr langsam erscheinen, aber es kommt vor, daß bei Wechselbeziehungen zwischen den Arten ein stabiles System ohne Ausbreitung seine eigene mosaikartige Verteilung erzeugt und regelmäßige oder sogar bizarre räumliche Variationen entstehen läßt, wenn eine Ausbreitung erfolgt (Meinhardt 1982; Kareiva und Odell 1987; Kareiva 1990).

Die verschiedenen Modelle spielen unterschiedliche Rollen. Die Inselmodelle sind mathematisch elegant, die Trittsteinmodelle sind wirklichkeitsnäher, und die Kontinuummodelle deuten intuitiv unwahrscheinliche Situationen an, nach denen es sich lohnt, in der wirklichen Welt zu suchen.

15.6.3 Die Bewohnbarkeit lokaler Stellen

Bewohnbare Patches können unbewohnt sein, obwohl sie die Eigenschaften von Kerngebieten aufweisen.

Bewohnbare Patches sind ein weiteres Konzept, das sowohl theoretisch als auch in der empirischen Forschung mit Problemen behaftet ist. Wie Andrewartha und Birch betonten (1954, 1960, 1984; siehe Abschnitt 15.2.2), können bewohnbare Stellen auch unbewohnt bleiben, weil keine Individuen in sie einwandern. Wenn wir feststellen wollen, welche Einschränkungen die Zahl der bewohnbaren Stellen der Abundanz von Arten auferlegt, müssen wir unbewohnte bewohnbare Stellen identifizieren und erfassen. Dies wurde bisher nur sehr selten versucht. Bei einer Methode hierfür identifiziert man die Charakteristika von Habitatpatches, auf die eine Art begrenzt ist, und ermittelt anschließend die Verteilung und Abundanz ähnlicher Patches, in denen zu erwarten wäre, daß die Art vorkommt. Die Schermaus (*Arvicola terrestris*) ist ein Bewohner von Flußufern. Bei einer Überprüfung von 39 Flußuferabschnitten von 100 m bis 300 m Länge in North Yorkshire/England, enthielten zehn davon Brutkolonien von Schermäusen (**Kerngebiete** oder im Englischen als *core sites* bezeichnet); 15 wurden von Schermäusen aufgesucht, aber diese pflanzten sich dort nicht fort (**periphere Gebiete** oder im Englischen als *peripheral sites* bezeichnet), und 14 wurden offenbar nie genutzt oder aufgesucht. Mit Hilfe einer **Hauptkomponentenanalyse** charakterisierte man die Kerngebiete, und auf der Grundlage dieser Merkmale identifizierte man weitere zwölf nicht bewohnte oder periphere Gebiete, die sich eigentlich für die Schermäuse zur Fortpflanzung hätten eignen sollen (das heißt „bewohnbare Stellen"). Etwa 30 % der bewohnbaren Stellen waren nicht von Schermäusen bewohnt, weil sie zu isoliert lagen, um besiedelt zu werden, oder litten in einigen Fällen unter einem starken Räuberdruck durch Nerze (Lawton und Woodroffe 1991). Den entscheidenden Test, ob eine Stelle wirklich bewohnbar ist, liefert eine erfolgreiche Ansiedlung (vergleiche Abschnitt 15.7.1).

Die Identifizierung bewohnbarer Patches bei seltenen Schmetterlingen, wie dem Argusbläuling (*Plebejus argus*) ist bei Thomas und Harrison (1992) beschrieben. Zu Pflanzengesellschaften siehe Abschnitt 15.7.1.

15.6.4 Die Entwicklung der Metapopulationstheorie

Drei Kräfte waren hauptsächlich dafür verantwortlich, daß wir unsere Vorstellung von der Rolle der mosaikartigen Verteilung und Ausbreitung für die Determination der Abundanz überdacht und geändert haben.

Eine Metapopulation besteht aus mehreren Teilpopulationen zwischen denen ein Genfluß stattfindet.

1) Genetiker und Evolutionsforscher haben schon lange erkannt, daß die Individuen vieler Arten nicht in isolierte Populationen gruppiert sind, sondern aus lokalen Populationen bestehen, die durch einen wiederholten Austausch von Auswanderern untereinander verbunden sind. Die Migration von Individuen (oder im Falle von Pflanzen von Pollen, Sporen, Gameten oder Samen, bei vielen marinen Wirbellosen die Wanderung von Gameten) verbindet lokale Populationen genetisch und verhindert eine evolutionäre Auseinanderentwicklung durch natürliche Selektion oder genetische Drift. Die Genetiker waren daher gezwungen, mosaikartig verteilte Populationen im Zusammenhang mit Genfluß und genetischer Isolation zu modellieren. Roughgarden (1979) stellt eine gute Quelle für einen Großteil der relevanten Literatur dieser Periode dar (wenngleich er nicht den Begriff „Metapopulation" verwendet), und Gilpin (1991) für die evolutionären Fragen im Zusammenhang mit der Metapopulationstheorie.
2) Das klassische Buch *The Theory of Island Biogeography* (*Die Theorie der Inselbiogeographie*) von MacArthur und Wilson (1967) beschleunigte die radikalen Veränderungen der ökologischen Theorie enorm. Sie richteten das Augenmerk vor allem auf das Aussterben und die Besiedlung auf Meeresinseln. Dabei betonten sie, daß Populationen sich in ihrem Verhalten unterscheiden; daß einige Arten (oder lokale Populationen) sich die meiste Zeit von Populationseinbrüchen in der Vergangenheit oder in Phasen der Einwanderung in neue Territorien erholen und daß andere fast ständig an die Grenzen ihrer Umweltressourcen „stoßen" oder auf andere Weise unter den Auswirkungen der Übervölkerung leiden (siehe Abbildung 15.5). Diese beiden Zustände repräsentieren jeweils das Ende eines Kontinuums. Am einen Extrem spiegelt die Größe einer Population in der Regel folgendes wider:
   a) das Level, auf das sie zuletzt reduziert wurde;
   b) die Zeit, die sie brauchte, um wieder anzuwachsen;
   c) ihre spezifische Zuwachsrate während dieser Zeit.

Auch einzelne Individuen können Inseln für andere Arten darstellen.

Am anderen Ende des Kontinuums reflektiert die Größe einer Population irgendeine begrenzende Ressource, die ihr weiteres Wachstum durch Verringerung der Geburtsrate, Anstieg der Sterberate oder Auslösen der Auswanderung ihrer Mitglieder einschränkt. (Die Enden dieses Kontinuums sind die in Kapitel 14 diskutierte *r*-Selektion und *K*-Selektion von MacArthur und Wilson.)

MacArthur und Wilson entwickelten ihre Ideen im Zusammenhang mit der Pflanzen- und Tierwelt echter Inseln (also Meeresinseln), die sie als Gleichgewicht zwischen den entgegengesetzten Kräften des Aussterbens und der Besiedlung interpretierten (siehe Kapitel 23). Mit der Erkenntnis, daß Patches in terrestrischen Landschaften ebenfalls viele der Eigenschaften echter Inseln aufweisen und daß selbst isolierte Bäume einer Art in einem Wald aus anderen Arten für die von ihnen abhängenden Insekten einige der Eigenschaften von Inseln besitzen, wurde diese Denkweise rasch in viel weiter reichendem Kontext übernommen.

Es ist auch nicht unrealistisch, einzelne Organismen als Inseln für Pathogene und Parasiten zu betrachten, die diese besiedeln und auf denen sie lokal aussterben können. So umfaßt die Dynamik einer Masernepidemie zum Beispiel die Ausbreitung von besiedelten (das heißt infizierten) Wirtsindividuen auf anfällige (das heißt „bewohnbare"), aber zuvor noch nicht infizierte Wirte (Inseln). Das Masernvirus offenbart eine recht unterschiedliche Dynamik, je nachdem, ob man sie an einem einzelnen Patch, das heißt Wirt, untersucht (weil seine Population ansteigt, die Krankheit verursacht und dann ausstirbt) oder in einer Metapopulation von Menschen (auf einer Inselgruppe), bei der die Population der infizierten Individuen faszinierende Zyklen von Abundanz und Seltenheit zeigen kann (siehe Kapitel 12).

3) Etwa zur gleichen Zeit, als MacArthur und Wilsons Buch veröffentlicht wurde, schlug Levins (1969, 1970) ein einfaches Modell der Dynamik von „Metapopulationen" vor.

15.6.5 Die Dynamik von Metapopulationen

Bei Metapopulationen handelt es sich um mosaikartige Populationen, die Populationsdynamiken auf zwei Ebenen aufweisen: innerhalb der einzelnen Teilpopulationen und zwischen diesen.

Das Konzept der **Metapopulation** wurde eingeführt, um eine unterteilte, mosaikartige Population zu beschreiben, deren Populationsdynamik auf zwei Ebenen abläuft – innerhalb der Patches und zwischen ihnen (lokale Besiedlungs- und Aussterbeereignisse). Für eine mosaikartige Umwelt, führte Levins die Variable $p(t)$ ein, den Anteil der zur Zeit t bewohnten Teilhabitate. Man beachte, daß die Verwendung dieser einzelnen Variablen die bedeutungsschwere Vorstellung enthält, daß nicht alle bewohnbaren Patches auch immer bewohnt sind.

Die Rate der Veränderung im Anteil bewohnten Lebensraums (Patches, p) ist in Levins Modell durch folgende Gleichung ausgedrückt:

$$\frac{dp}{dt} = mp(1-p) - \mu p. \qquad (15.6)$$

Hierbei sind μ die lokale Aussterberate in den Patches und m die Rate der Wiederbesiedlung leerer Patches. Das spiegelt die Vorstellung wider, daß der Umfang der Wiederbesiedlung sowohl mit der Zahl der leeren, zur Wiederbesiedlung bereitstehenden Patches ($1-p$), als auch mit der Zahl der bewohnten Patches, die Besiedler liefern können (p), zunimmt, daß die Aussterberate aber einfach mit der Zahl der für ein Aussterben in Frage kommenden Patches (p) ansteigt. Hanski (1994a) hat diese Gleichung umgeschrieben und dadurch gezeigt, daß sie strukturell mit der logistischen Gleichung (siehe Abschnitt 6.10) identisch ist:

$$\frac{dp}{dt} = (m-\mu)p\left(1 - \frac{p}{1-\left(\frac{\mu}{m}\right)}\right). \qquad (15.7)$$

Solange die spezifische Wiederbesiedlungsrate also die spezifische Aussterberate übersteigt ($m-\mu > 0$), wird die gesamte Metapopulation ein stabiles Gleichgewicht erreichen, bei dem ein Teil der Patches ($1-(\mu/m)$) bewohnt ist.

Das Wesentliche an dieser Interpretation ist, daß die Metapopulation infolge des Gleichgewichts zwischen zufälligem Aussterben und Wiederbesiedlung stabil fortbesteht, obwohl keine der lokalen Populationen für sich stabil ist. Ein Beispiel hierfür zeigt Abbildung 15.16; hierbei gingen bei einer dauerhaften, stark fragmentierten Metapopulation des Gemeinen Scheckenfalters (*Melitaea cinxia*) in Finnland selbst die größten lokalen Populationen mit hoher Wahrscheinlichkeit innerhalb von zwei Jahren bis zum Aussterben zurück.

Andererseits lassen sich zwar in einfachen Metapopulationsmodellen ohne weiteres stabile Gleichgewichte erzeugen, die beobachtbaren Dynamiken einer Art haben aber oft mehr mit dem „vorübergehenden" Verhalten von Metapopulationen weitab vom Gleichgewicht zu tun. Der Kommafalter (*Hesperia comma*) zum Beispiel ging in Großbritannien von einer weiten Verbreitung über die meisten Kalkberge im Jahre 1900 auf 46 oder weniger Refugien (lokale Populationen) in zehn Regionen Anfang der sechziger Jahre

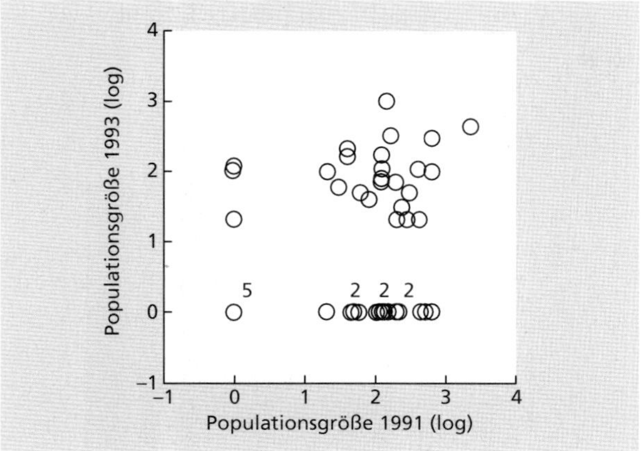

15.16 Vergleich der lokalen Populationsgrößen des Gemeinen Scheckenfalters (*Melitaea cinxia*) auf der finnischen Insel Åland im Juni 1991 (Adulte) und im August 1993 (Raupen). Mehrfache Datenpunkte sind durch Zahlen gekennzeichnet. Zahlreiche der Populationen von 1991, darunter viele der größten, waren 1993 ausgestorben. (Nach Hanski et al. 1995)

zurück (Thomas und Jones 1993). Der wahrscheinliche Grund dafür war eine veränderte Landnutzung – zunehmendes Umpflügen nicht kultivierter Wiesen und geringerer Bestand an Weidetieren – und schließlich, daß Kaninchen durch Myxomatose praktisch eliminiert wurden, was tiefgreifende Veränderungen der Vegetation nach sich zog. Während dieses gesamten Zeitraums ohne Gleichgewicht überstiegen die lokalen Aussterberaten in der Regel jene der Wiederbesiedlung. In den siebziger und achtziger Jahren führten die Wiedereinführung von Vieh und die Erholung der Kaninchen allerdings zu einer zunehmenden Beweidung, und die für den Schmetterling geeigneten Habitate nahmen wieder zu. Die Wiederbesiedlung überstieg das lokale Aussterben – aber der Kommafalter breitete sich nach wie vor langsam aus, insbesondere an Orte, die von den Refugien der sechziger Jahre isoliert waren. Selbst im Südosten Englands, wo die Dichte dieser Refugien am größten war, wird die Abundanz des Schmetterlings für mindestens 100 Jahre voraussichtlich nur langsam zunehmen – und weit von einem Gleichgewicht entfernt sein.

Levins einfaches Modell berücksichtigt nicht die unterschiedliche Größe der Patches, ihre räumliche Anordnung, und auch nicht die Dynamik der Populationen innerhalb einzelner Patches. Es überrascht nicht, daß Modelle, die alle diese äußerst relevanten Variablen berücksichtigen, mathematisch kompliziert werden (Hanski 1994a, b). Dennoch kann man die Natur und die Folgen dieser Modifikationen verstehen, ohne mathematisch ins Detail zu gehen.

Man unterscheidet Donor- und Rezeptorpatches je nachdem, ob die Zahl der Geburten oder die Zahl der Todesfälle überwiegen.

Man stelle sich beispielsweise vor, die von einer Metapopulation bewohnten Teilhabitaten variierten in der Größe, und große Teilgebiete würden größere lokale Populationen beherbergen können. Dies ermöglicht den Fortbestand der Metapopulation mit niedrigeren Besiedlungsraten, als sonst der Fall wäre, weil die Aussterberate in den größeren Patches geringer ist (Hanski und Gyllenberg 1993). Und in der Tat: Je größer die Variation der Patchgröße ist, desto wahrscheinlicher wird die Metapopulation fortbestehen, wenn alle anderen Faktoren gleich sind. Variationen der Größe lokaler Populationen können aber auch das Resultat unterschiedlicher Qualität statt Größe der Patches sein: Die Folgen sind aber weitgehend identisch.

Wenn man die Unterschiede in der Qualität der Patches einen Schritt weiter führt, kann man sie in qualitativ höherwertige **Quellen**- oder **Donorpatches** (*sources*) sowie qualitativ geringerwertige **Senken**- oder **Rezeptorpatches** (*sinks*) einteilen (Pulliam 1988). In Quellenpatches im Gleichgewicht übersteigt die Zahl der Geburten die der Todesfälle, während für die Senkenpatches das Umgekehrte gilt. Daher versorgen Quellenpopulationen eine oder mehr Senkenpopulationen innerhalb einer Metapopulation als Ganzes: Der Fortbestand der Metapopulation hängt nicht nur vom Gleichgewicht zwischen Aussterben und Wiederbesiedlung insgesamt ab, wie in dem einfachen Modell, sondern auch von dem Gleichgewicht zwischen Quellen und Senken. Die Dynamik von *Cakile edentula* (siehe Abschnitt 15.5) ist ein gutes Beispiel für eine solche ***Source-sink*-Beziehung**: eine seewärtige Quelle mit Senken in der Mitte und auf der landwärtigen Seite.

Es exisitiert ein Kontinuum an Metapopulationstypen bezüglich Ähnlichkeit und Wechselwirkung zwischen den einzelnen Teilpopulationen.

Es gibt wahrscheinlich ein Kontinuum von Metapopulationstypen: von Ansammlungen nahezu identischer lokaler Populationen, die alle gleich gefährdet sind auszusterben, bis zu Metapopulationen, bei denen ein großes Ungleichgewicht zwischen lokalen Populationen herrscht, von denen einige letztendlich für sich allein stabil sind.

Bei Pseudosenken führt der starke Zustrom von Einwanderern zu einem Absinken der Geburtsrate und einem Anstieg der Mortalitätsrate.

Die Identifikation von Senkenpatches ist jedoch nicht ganz so einfach. In einem echten Senkenpatch ist die Zahl der Todesfälle höher als die der Geburten, aber die Zahl der Einwanderer übertrifft die der Auswanderer, wenn die Population im Gleichgewicht ist; die Todesfälle übersteigen auch dann die Geburten, wenn der Patch von allen anderen Patches isoliert war.

Ohne Einwanderer von anderen (vor allem Quellen-) Patches würde der Senkenpatch nicht fortbestehen. Wahrscheinlich gibt es aber auch **Pseudosenken**, in denen die Todesfälle die Geburten beim Gleichgewicht der Metapopulation übersteigen – aber nur, weil der Zustrom an Einwanderern zu einer dichteabhängigen Abnahme der Geburts- oder einer Zunahme der Mortalitätsrate geführt hat (Watkinson und Sutherland 1995).

Die Aussterberate nimmt ab, wenn der Anteil der von der Metapopulation bewohnten Patches zunimmt.

Die **Aussterbewahrscheinlichkeit** (*probability of extinction*) lokaler Populationen nimmt im typischen Fall ab, wenn die Größe der lokalen Population ansteigt (Hanski 1991). Zudem sollte es, wenn der Anteil der von der Metapopulation bewohnten Patches p zunimmt, im Durchschnitt mehr Wanderer sowie mehr Einwanderungen in Patches geben und somit größere Populationen – was zum Beispiel für den Gemeinen Scheckenfalter von Hanski et al. (1995) bestätigt wurde. Deshalb sollte die Aussterberate μ wohl nicht konstant sein, wie sie es in dem einfachen Modell ist, sondern abnehmen, wenn p ansteigt. Modelle, die diesen Effekt berücksichtigen (Hanski 1991; Hanski und Gyllenberg 1993) lassen oft einen mittleren, instabilen Schwellenwert für p entstehen. Oberhalb dieses Schwellenwertes sind die Größe lokaler Populationen groß genug und ihre Aussterberate gering genug, daß die Metapopulation wie in dem einfachen Modell in einem relativ hohen Anteil von Patches fortbestehen kann. Unterhalb des Schwellenwertes sind die durchschnittliche Größe lokaler Populationen jedoch zu gering und ihre Aussterberate daher zu hoch; die Metapopulation geht entweder auf ein anderes stabiles Gleichgewicht bei $p = 0$ zurück (Aussterben der gesamten Metapopulationen) oder eines, bei dem p gering ist und im Endeffekt nur die günstigsten Patches bewohnt sind.

Daher ist zu erwarten, daß verschiedene Metapopulationen der gleichen Art entweder in einem hohen oder in einem geringen Teil ihrer bewohnbaren Patches vorkommen (dem alternativen stabilen Gleichgewicht), aber nicht in einem mittleren Anteil (nahe am Schwellenwert). Eine solche bimodale Verteilung zeigt sich tatsächlich für den Gemeinen Scheckenfalter in Finnland (Abbildung 15.17). Ferner haben diese alternativen Gleichgewichte potentiell schwerwiegende Bedeutung für den Artenschutz (siehe Kapitel 25), insbesondere, wenn das niedrigere Gleichgewicht bei $p = 0$ auftritt, was nahelegt, daß die Gefahr des Aussterbens für jede Metapopulation recht plötzlich zu- oder abnehmen kann, wenn der Anteil der tatsächlich bewohnten bewohnbaren Patches unter oder über den Schwellenwert rutscht.

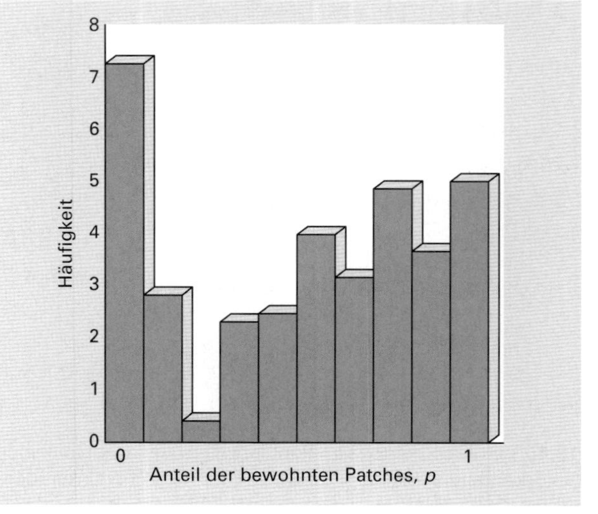

15.17 Die bimodale Häufigkeitsverteilung des Vorkommens verschiedener Metapopulationen des Gemeinen Scheckenfalters (*Melitaea cinxia*) in Patches auf der finnischen Insel Åland (Anteil der bewohnten von den bewohnbaren Patches, *p*). (Nach Hanski et al. 1995)

15.7 Experimentelle Störungen von Populationen

Durch gezielte Manipulation realer Ökosysteme ist die Überprüfung von Hypothesen möglich.

Durch die Beobachtung der Natur kann man Hypothesen erstellen, wie sie funktioniert. In der Ökologie kann man mit Hilfe von Freilandbeobachtungen, theoretischen Modellen und der Analyse von Erhebungsdaten darauf schließen, welche Kräfte in der Natur wirken. Doch genau wie wir nur überprüfen können, was ein Pendel zum Stillstand bringt, indem wie es in Schwingung versetzen, können wir ökologische Hypothesen nur überprüfen, indem wir in reale Ökosysteme störend eingreifen. Wenn uns irgendwelche Korrelationen zu der Annahme verleiten, daß Räuber oder Konkurrenten die Größe einer Population determinieren, können wir fragen, was geschieht, wenn wir diese entfernen. Wenn sie fehlen, können wir fragen, was passieren wird, wenn wir sie hinzufügen. Sofern wir annehmen, daß eine Ressource die Größe einer Population begrenzt, können wir mehr davon hinzufügen. Die Ergebnisse solcher Experimente können uns nicht nur zeigen, ob unsere Hypothesen angemessen waren, sondern auch, daß wir selbst die Möglichkeit haben, die Größe einer Population zu bestimmen, die Dichte eines Schädlings oder eines Unkrauts zu verringern oder die Dichte einer bedrohten Art zu erhöhen. Die Ökologie wird zu einer voraussagenden Wissenschaft, wenn sie Vorhersagen über die Zukunft treffen kann. Sie wird zu einer Wissenschaft für Managementmaßnahmen, wenn sie die Zukunft bestimmen kann.

15.7.1 Die Einführung neuer Arten

Um die Abundanz einer Art zu verstehen, kann diese experimentell in einen Lebensraum eingeführt werden; solche Versuche sollten allerdings berücksichtigen, daß dies zu einer unkontrollierten Ausbreitung führen könnte.

Es gibt viele Beispiele für Arten, die zufällig in fremde Lebensräume eingeführt wurden, aber trotz der oft einschneidenden ökologischen Folgen waren sie nicht Bestandteil kontrollierter Experimente. Anderseits kann die absichtliche **Ansiedlung** einer Art in einem Lebensraum ein wirkungsvolles Mittel sein, um die Ursachen von Häufigkeit, Seltenheit und Nicht-Vorhandensein zu verstehen. Von Ökologen, die sehr auf Naturschutz bedacht sind und keinerlei Störungen des Status quo möchten, werden solche Ansiedlungen oft ebenso mißbilligt wie von denen, die zu Recht befürchten, daß ein experimentelles Einführen einer Art zu deren unkontrollierter Ausbreitung führen könnte. Solche Experimente sind jedoch vermutlich die aussagekräftigsten Maßnahmen, die einem Ökologen zur Verfügung stehen.

So wurden beispielsweise in einer Reihe von Habitaten in der Nähe der englischen Stadt Oxford Samen dreier Wegericharten – *Plantago lanceolata*, *P. media* und *P. major* – ausgesät (Sagar und Harper 1960). Die ausgewählten Habitate umfaßten einige, in denen die Arten von Natur aus fehlten, und andere, in denen sie selten oder häufig waren. In drei der 13 Habitate keimten die Samen, aber die Keimwurzel verfärbte sich fast unmittelbar danach schwarz und starb ab, so daß überhaupt keine Keimlinge aufkamen. Es handelte sich um Standorte auf saurem Heideboden oder in einem von Torfmoos (*Sphagnum*) dominierten Moor, wo Wegerich normalerweise nicht zu der natürlichen Vegetation gehört. Offenbar boten diese Umwelten physikalische Bedingungen außerhalb der fundamentalen Nischen aller drei Wegericharten. Auf einer von Wald umgebenen Grasfläche hatten alle drei Wegericharten gefehlt, aber alle drei konnten aus den ausgesäten Samen Populationen etablieren; die Pflanzen überdauerten das ganze Jahr. Anscheinend fehlten die Arten an diesem Standort, weil sich die Samen nicht auf natürliche Weise dorthin ausbreiten konnten. Die Bedingungen an diesem Standort lagen eindeutig innerhalb der fundamentalen Nische aller drei Arten, und es gab „Raum" (bewohnbare Stellen), an dem sich die Pflanzen etablieren konnten. Man kann sich nur schwer vorstellen, wie man eine solche, durch die Ausbreitung begrenzte Abundanz ohne dieses Experiment hätte zeigen können. Auf kahlem Ackerland, wo es keine Konkurrenten gab, vermochten wiederum alle drei Wegericharten Populationen zu etablieren.

Auf einer zertrampelten Grasfläche kam ursprünglich nur *P. major* vor, aber die Größe seiner Population änderte sich durch die zusätzlich ausgesäten Samen nicht. Die anderen beiden Arten fehlten zunächst, und obwohl sich Keimlinge bildeten, überlebten die Pflanzen nicht. Die häufigste Situation zeigte sich in mehreren Habitaten: Das Hinzufügen von Samen einer Art führte zu einem üppigen Sprießen der Keimlinge, und wenn die Art bereits Teil der Lebensgemeinschaft war, sank die Population recht schnell wieder auf die gleiche Populationsgröße wie auf den Flächen, auf denen keine zusätzlichen Samen ausgesät worden waren. In diesen Habitaten war der Status quo nur sehr schwer zu ändern: Sowohl die Arten als auch ihre Populationen hatten sich bei Dichten etbaliert, die nicht so einfach zu erhöhen waren.

15.7.2 Das Ergänzen von Ressourcen

Die Populationsgröße kann durch begrenzte Ressourcen limitiert sein, indem sich diese auf die Wanderungs-, Reproduktions- und Überlebensrate auswirken.

Wenn eine Population durch eine knappe Ressource limitiert wird, sollte das Hinzufügen dieser Ressource die Abundanz erhöhen. Baumhörnchen der Gattung *Tamiasciurus* kommen in weiten Teilen der borealen und gemäßigten Nadelwälder Nordamerikas vor. Es gibt indirekte Hinweise, daß die Hörnchenpopulationen durch ihre Nahrung begrenzt werden. So konnte beispielsweise gezeigt werden, daß die Größe der Territorien umgekehrt proportional zur Verfügbarkeit der Nahrung ist. Die Populationen des Douglas-Hörnchens (*T. douglasii*) wurden durch Fang in Lebendfallen in drei Waldgebieten in British Columbia/Kanada abgeschätzt. Auf Kontrollflächen bot man keine zusätzliche Nahrung an, aber auf den Versuchsflächen verteilte man allwöchentlich von März bis Oktober 1977 sowie im März 1979 Sonnenblumenkerne und Hafer um jede Fangstation. In den Gebieten mit den Futtergaben nahm die Zahl der gefangenen Hörnchen um das Fünf- bis Zehnfache zu. Die Kontrolldichten lagen in der Regel zwischen drei und zehn Hörnchen pro Fangfläche, die Versuchspopulation stieg jedoch während der Fütterung im Winter auf 65 Tiere an (Abbildung 15.18). Dieser explosionsartige Populationsanstieg kam durch eine Kombination aus Einwanderung, einer höheren Reproduktionsrate der Weibchen und einer höheren Überlebensrate zustande. Nachdem man die Futtergaben einstellte, ging die Population wieder auf ein Level zurück, das dem der Kontrollen vergleichbar war (Sullivan und Sullivan 1982).

Daß die Ergänzung einer Ressource die Populationsgröße erhöht, ist für sich allein noch kein Beweis für Konkurrenz um diese Ressource. In der an Nah-

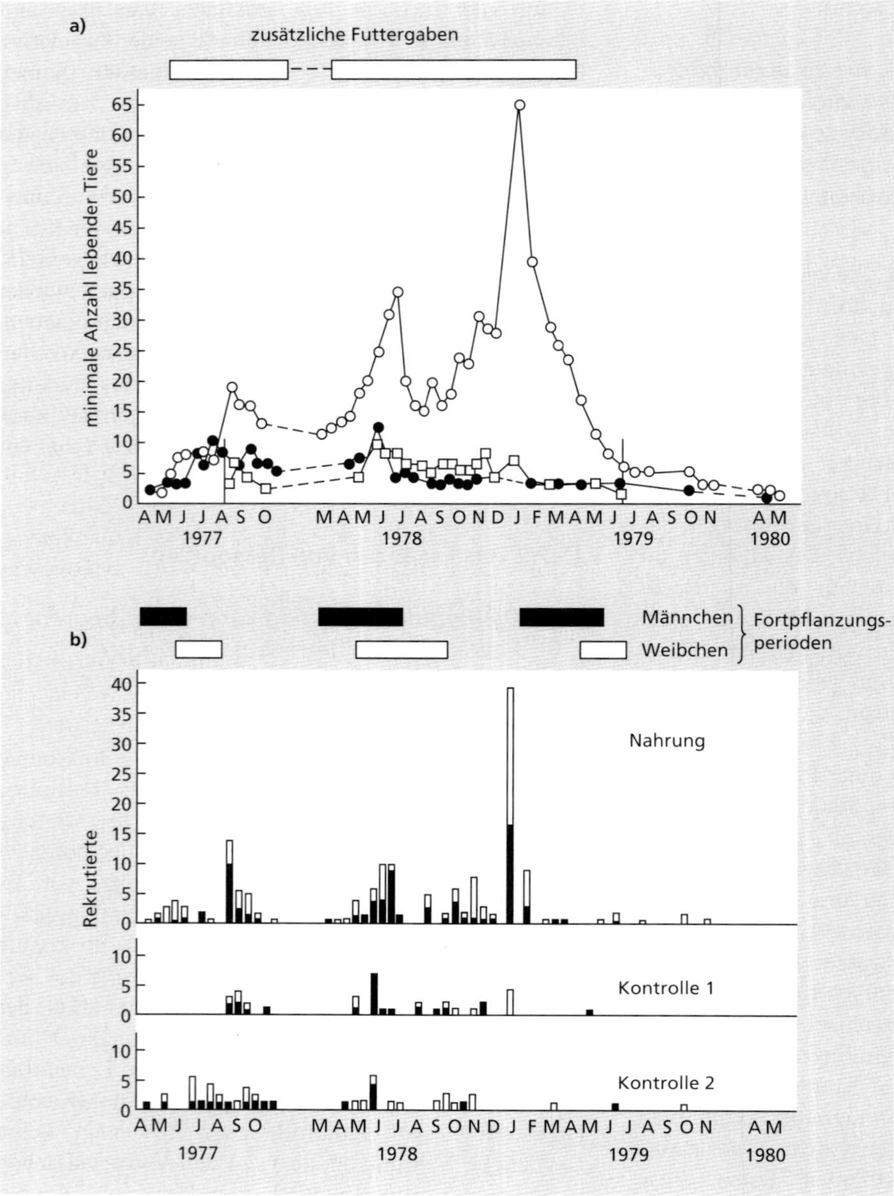

15.18 Populationsdichte des Douglas-Hörnchens (*Tamiasciurus douglasii*) auf zwei Kontrollflächen (● und □) und einer Versuchsfläche (mit zusätzlichen Futtergaben, ○) von 1977 bis 1980. b) Zahl der in jede Population rekrutierten Männchen (dunkle Balken) und Weibchen (helle Balken) sowie Fortpflanzungsperiode der Männchen (skrotale Hoden) und Weibchen (Laktation). (Nach Sullivan und Sullivan 1982)

rung reichen Umwelt haben die Tiere vielleicht ganz einfach weniger Energie für die Nahrungssuche aufgewandt und konnten daher mehr in die Reproduktion investieren (Reynoldson und Bellamy 1971). Das Experiment zeigte jedoch, daß das Nahrungsangebot die Populationsgröße limitierte.

Auch andere Ressourcen können die Populationsgröße begrenzen, und wiederum werden kontrollierte Experimente vermutlich eher die Ursachen ans Licht bringen, als einfache Korrelationen zwischen der Abundanz und irgendwelchen natürlichen Umweltvariablen. So limitieren Nistplätze wahrscheinlich die Populationen einiger Waldvögel, und das Aufhängen von Nistkästen ist eine geeignete experimentelle Maßnahme, um dies zu überprüfen (Minot und Perrins 1986).

15.7.3 Das Entfernen möglicher Konkurrenten

Das Entfernen von Konkurrenten kann zum Wachstum einer Population führen.

Eine Population kann begrenzt sein, weil sie potentielle Ressourcen mit Individuen anderer Arten teilen muß. In einer solchen Situation können wir erwarten, daß das Entfernen der Konkurrenten einen Anstieg der Population ermöglicht – Bauern bekämpfen Unkräuter vor allem deswegen, weil ihre Nutzpflanzen dann besser wachsen (einige weitere Beispiele finden sich in Kapitel 7). Man kann sich leicht vorstellen, daß in natürlichen Pflanzengemeinschaften die Abundanz einiger Arten durch die Anwesenheit anderer eingeschränkt ist. Nur sehr selten wurde eine solche

Hypothese experimentell überprüft, aber wenn man versuchsweise Pflanzen entfernt, kann dies mehr über eine solche Lebensgemeinschaft aussagen als zahlreiche andere Versuche, bei dem bestehenden Status quo Korrelationen festzustellen. Silander und Antonovics (1982) stellten die Frage, ob Pflanzenpopulationen verschiedener Arten zunehmen, wenn man ihre Nachbarn entfernt. Um diese Frage zu beantworten, wählten sie eine Reihe nahe beieinander liegender, floristisch unterschiedlicher Küstengemeinschaften entlang eines Umweltgradienten auf Core Banks, einer der Küste von North Carolina/USA, vorgelagerten Insel. Abbildung 15.19 zeigt die Verteilung der Arten entlang dieses Umweltgradienten. An jedem der Standorte entfernten sie auf Flächen von 1 m^2 die dominanten oder subdominanten Arten einzeln oder in Gruppen durch Jäten und selektive Herbizide. Zusätzlich entfernten sie an jeder Stelle die gesamte Vegetation, und schließlich gab es auch noch eine Kontrollfläche ohne Eingriffe. Die Vegetationsänderungen maßen sie durch optische Bestimmung des Deckungsgrades. Einzelne Pflanzen (Wurzelsprosse, Schößlinge) wurden außer bei Gräsern nicht gezählt, aber Zählungen und Bestimmung des Deckungsgrades ergaben recht ähnliche Ergebnisse, so daß man das Experiment als Untersuchung der Veränderungen der relativen Abundanz ansehen kann. Diese Veränderungen sind in Abbildung 15.20 dargestellt.

Auf der Braundüne ermöglichte das Entfernen von *Spartina patens* eine massive Ausbreitung von *Fimbristylis*, und das Entfernen von *Fimbristylis* einen noch einschneidenderen Anstieg von *S. patens*. Das legt nahe, daß jede dieser Arten eine bedeutende Rolle beim Begrenzen der Populationsgröße der anderen spielt, daß sich ihre bewohnbaren Flächen überlappten und sie die gleiche fundamentale Nische aufweisen. Andererseits änderte sich die Abundanz von *S. patens* und *Uniola*, die ein ähnliches Verteilungsmuster auf der Düne zeigen, kaum, wenn eine der beiden aus der Nachbarschaft der anderen entfernt wurde. Das läßt vermuten, daß ihre „bewohnbaren Stellen" (Mikrohabitate) artspezifisch sind und sie keine fundamentale Nische gemeinsam haben. Silander und Antonovics schlagen vor, diese Vorgehensweise auf eine ganze Lebensgemeinschaft anzuwenden und dabei alle Arten jeweils reziprok zu entfernen. So könnte man feststellen, welche Artengruppen aufeinander reagieren, und diese als Vertreter der gleichen Gilde betrachten.

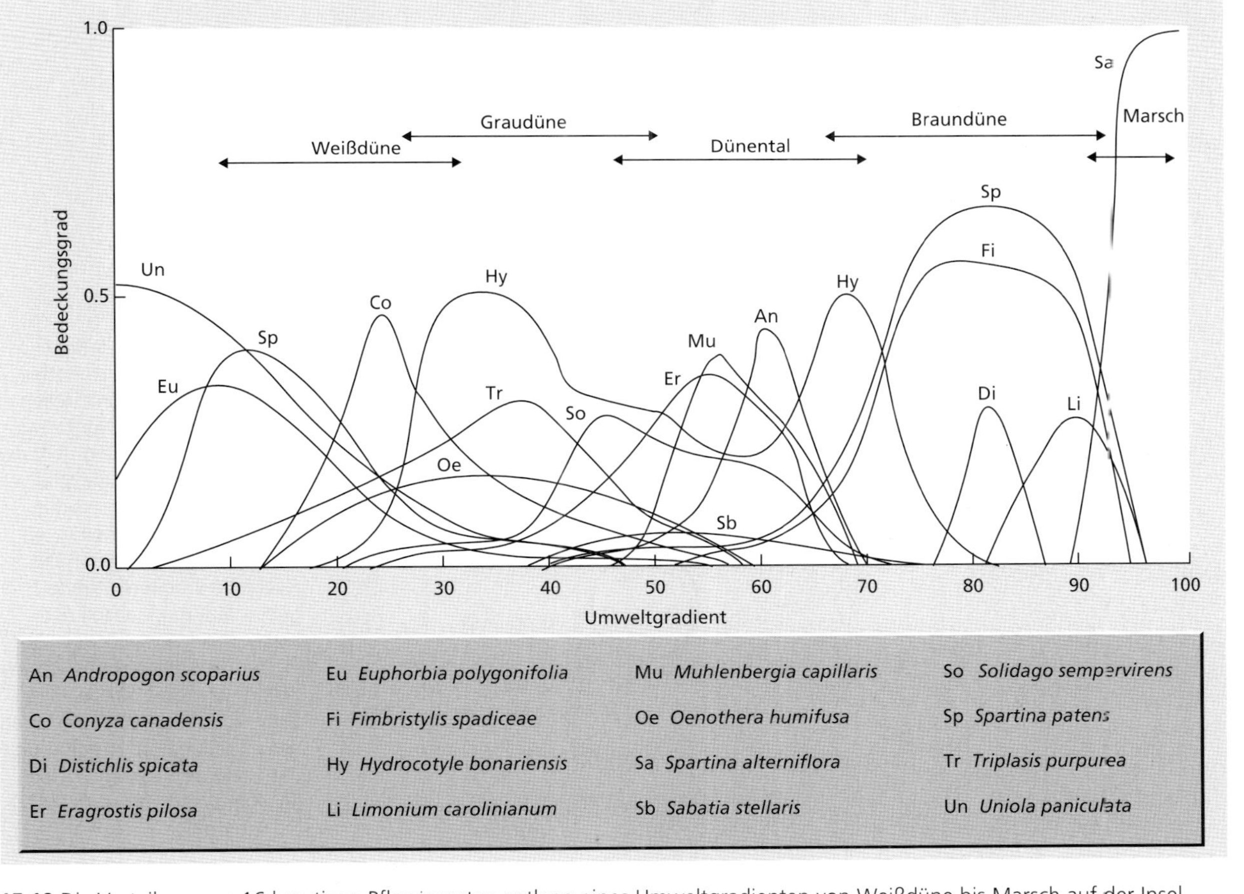

15.19 Die Verteilung von 16 krautigen Pflanzenarten entlang eines Umweltgradienten von Weißdüne bis Marsch auf der Insel Core Banks vor North Carolina/USA. Der Umweltgradient ist direkt proportional zu der Entfernung vom Strand und umgekehrt proportional zur Tiefe des Grundwasserspiegels. (Nach Silander und Antonovics 1982)

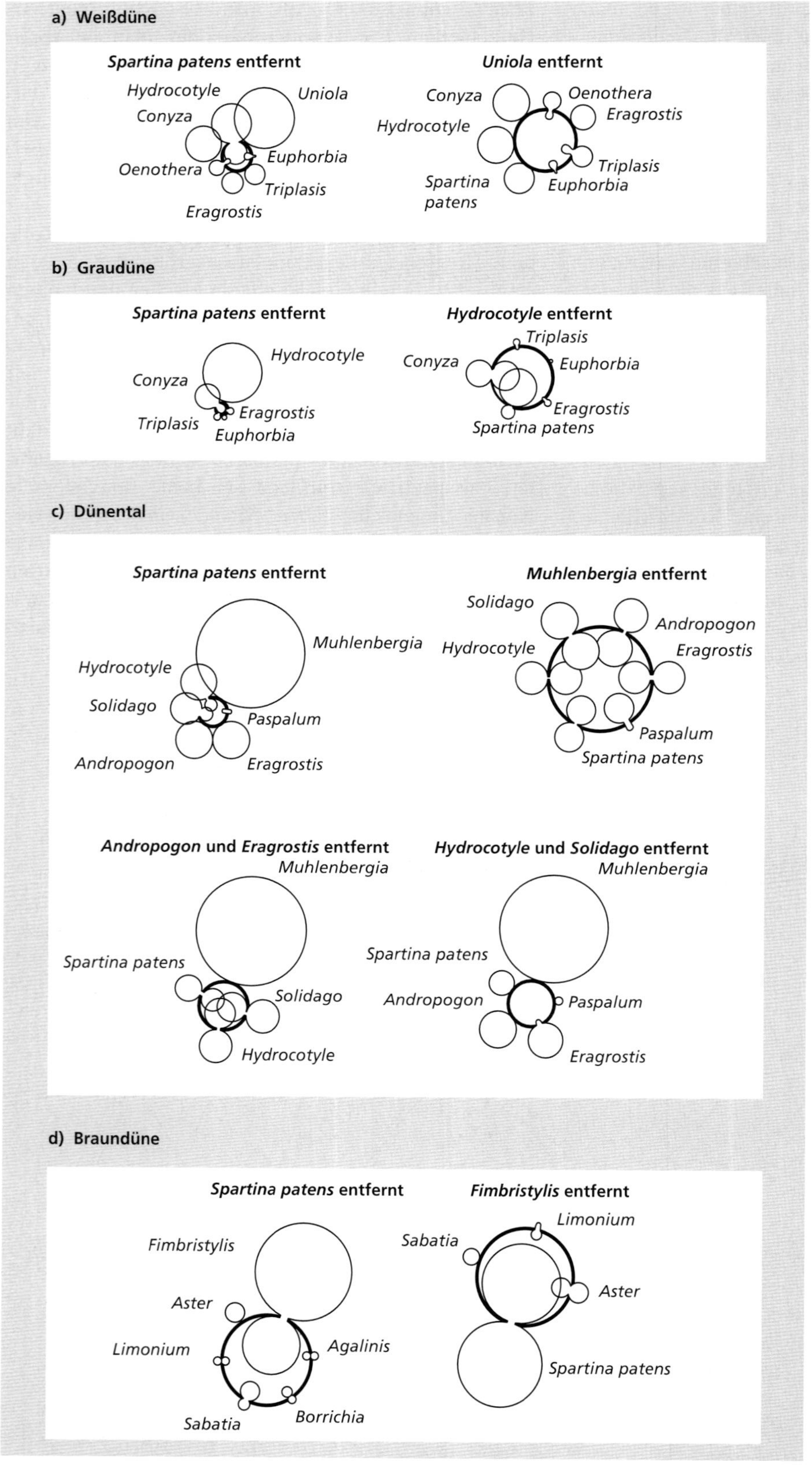

15.20 Darstellung der Reaktionen auf Störung durch Entfernen von Arten an fünf Stellen auf Core Banks vor North Carolina. In jeder Abbildung stellt der dicke zentrale Kreis die relative Abundanz (Deckungsgrad in Prozent) der entfernten Arten vor ihrer Entfernung dar. Die Flächen der äußeren Kreise geben die Abundanzen der Arten in der Kontrolle dar. Die Flächen der inneren Kreise, welche in die dicken Kreise vorstoßen, repräsentieren den Anstieg der Abundanz von Arten infolge des Entfernens anderer. (Nach Silander und Antonovics 1982)

Nach der experimentellen Entfernung der gesamten Vegetation nahmen vier Arten (*Sabetia*, *Salicornia*, *Triglochin* und *Setaria*), die zuvor gefehlt hatten oder nur in geringer Häufigkeit vorkamen, explosionsartig zu. Diese Arten können somit auf diesen Flächen als **vagabundierende Arten** (*fugitive species*) angesehen werden. Ihre Abundanz scheint davon abzuhängen, wie häufig die übrige Vegetation Verheerungen unterliegt, nach denen sich ihre Populationen frei entfalten können. Die bewohnbaren Stellen dieser Arten sind normalerweise offenbar von anderen Arten besetzt (ihre Nischen realisiert).

15.7.4 Das Entfernen von Prädatoren (Konsumenten)

Das Entfernen von Prädatoren kann zum Wachstum der Population der Beuteart führen.

Manchmal kann man Experimente so einrichten, daß man Prädatoren (im weiteren Sinne) durch Einzäunen eines Habitats ausschließen kann. Die Population der bevorzugten „Beute"-Art eines solchen Organismus kann nun ansteigen und eine größere Fläche ihres bewohnbaren Habitats einnehmen. Das kann auch Auswirkungen auf andere Teile der Lebensgemeinschaft haben.

Ein verblüffendes Beispiel hierfür liefern die Veränderungen der Vegetation infolge der beabsichtigten Beseitigung von Kaninchen in Gebieten der floristisch sehr reichhaltigen Grasländer auf Kalkböden im Süden Großbritanniens. Die Lebensgemeinschaft degenerierte rasch zu monotonen Beständen, in denen Grasarten vorherrschten, die zuvor die bevorzugte Nahrung der Kaninchen gewesen waren (Tansley und Adamson 1925). Das Experiment erwies sich als Vorwegnahme eines natürlichen Ereignisses, denn im Anschluß wurden die Kaninchenpopulationen durch das Myxomatose-Virus drastisch reduziert, wodurch zur Verblüffung der Naturschützer über weite Flächen die gleichen Gräser die Vorherrschaft übernahmen und damit einhergehend die Vielfalt der Flora verlorenging. Weitere Beispiele für die Auswirkungen des Entfernens von Prädatoren werden in Kapitel 21 diskutiert.

15.7.5 Experimentelle Veränderung von Territorien

Auch das Territorialverhalten einer Art bestimmt deren Abundanz.

Die lokale Abundanz einer Art kann auch durch ihr Territorialverhalten bestimmt werden, wobei die Männchen ein Territorium besetzen und verteidigen, und die Weibchen untereinander um die territorialen Männchen konkurrieren. Man konnte durch Versuche zeigen, daß Territorien eng mit der Verfügbarkeit von Ressourcen verbunden sind, indem man beispielsweise die Zahl der künstlichen Futterspender für Kolibris variierte (eine Literaturübersicht gibt Wiens 1989). Kolibris verlassen ihre Territorien, wenn das Nahrungsangebot knapp ist, und hören auf, sie zu verteidigen, wenn reichlich Nahrung vorhanden ist.

15.7.6 Das Einführen eines Prädatoren (Konsumenten)

Durch das Einführen von Prädatoren kann die Populationsgröße einer Art eingeschränkt werden – ein Prinzip der biologischen Schädlingsbekämpfung.

Es gab viele Fälle, in denen sich aquatische Pflanzen explosionsartig vermehrten, nachdem sie in neue Lebensräume eingeführt wurden; oft ergaben sich dadurch enorme wirtschaftliche Probleme, weil die Pflanzen Schiffahrtskanäle und Bewässerungspumpen blockierten oder die lokale Fischerei zum Erliegen brachten. Die in dieser Hinsicht berüchtigtsten Arten sind die Kanadische Wasserpest (*Elodea canadensis*), die Wasserhyazinthe (*Eichhornia crassipes*) und der Schwimmfarn *Salvinia molesta*. Zur Populationsexplosion kommt es, weil diese Pflanzen klonal wachsen, sich fragmentieren und anschließend ausbreiten.

Idealerweise ist der schädlingsfressende Organismus ein Spezialist für diese Nahrungsquelle.

Salvinia molesta stammt ursprünglich aus dem Südosten Brasiliens und tauchte seit 1930 in verschiedenen Regionen der Tropen und Subtropen auf. In Australien wurde dieser Schwimmfarn erstmals 1952 registriert und breitete sich sehr rasch aus, unter optimalen Bedingungen weist *Salvinia* eine Verdopplungszeit von zweieinhalb Tagen auf. Bedeutende Schädlinge und Parasiten scheint es nicht zu geben. Im Jahre 1978 erlebte der Lake Moon Darra (im Norden Queenslands) einen Befall von 50 000 Tonnen *Salvinia* auf einer Fläche von 400 ha. Über die Organismen, die *Salvinia* in seinem natürlichen Verbreitungsgebiet unter Kontrolle halten, wußte man von dem Rüsselkäfer *Cyrtobagus*, daß er sich ausschließlich von *Salvinia* ernährt. Daher sammelte man diese Käfer und ließ am 3. Juni 1980 1 500 Adulte an einem Zufluß des Sees frei und weitere am 20. Januar 1981. Der Rüsselkäfer hatte hier keine Parasiten oder Räuber, die seine Dichte hätten reduzieren können, und am 18. April 1981 war *Salvinia* im ganzen See dunkelbraun gefärbt. Proben der absterbenden Pflanzen aus 2 km Entfernung enthielten 60 bis 80 erwachsene Rüsselkäfer pro Quadratmeter (was auf eine Gesamtpopulation von einer Milliarde Käfer im See hindeutete). Im August 1981 existierte schätzungsweise nicht einmal mehr eine Tonne *Salvinia* im See (Room et al. 1981). Das war der rascheste Erfolg sämtlicher bisher versuchten biologischen Bekämpfungen eines Organismus durch Einführung eines anderen. Es handelte sich insofern um ein kontrolliertes Experiment, als andere Seen weiterhin große *Salvinia*-Populationen beherbergten.

Zwischen einem Schädling und seinem Prädator kann sich ein stabiles Gleichgewicht mit niedriger Zahl der Schädlinge einstellen.

Die Wechselbeziehung von *Cyrtobagus* und *Salvinia* ist nur ein Beispiel für ein beabsichtigtes Experiment, bei dem eine häufige Pflanze durch Einwirkung eines eingeführten Insekts selten wurde. Der vielleicht größte Erfolg in der Geschichte der **biologischen Schädlingsbekämpfung** war die faktische Eliminierung der Feigenkakteen *Opuntia inermis* und *O. stricta* aus weiten Teilen Australiens. Dadurch konnten riesige, aufgrund des *Opuntia*-Bestands nutzlos gewordene Landstriche nach Einführung des Zünslers *Cactoblastis cactorum* (Kaktusmotte) zwischen 1928 und 1930 wieder landwirtschaftlich genutzt werden. Der Zünsler vermehrte sich rasch, und 1932 waren die ursprünglichen Opuntienbestände zusammengebrochen. Um 1940 hatte man die Kakteen praktisch völlig unter Kontrolle, und selbst heute noch existieren die Kakteen und der Zünsler nur bei einem niedrigen, stabilen Gleichgewicht (Dodd 1940; Monro 1967). Caughley und Lawton (1981) erstellten basierend auf den Daten von Dodd und Monro ein Modell; es beinhaltet logistisches Pflanzenwachstum, eine funktionelle Reaktion vom Typ 2 des Zünslers auf die Kakteendichte, ein exponentielles Populationswachstum der Herbivoren und eine starke Konkurrenz zwischen den Larven bei hoher Dichte (siehe auch Abschnitt 10.5.6). Ihr einfaches Modell simulierte in erfreulich exakter Weise die Abfolge der tatsächlich beobachteten Ereignisse (Abbildung 15.21).

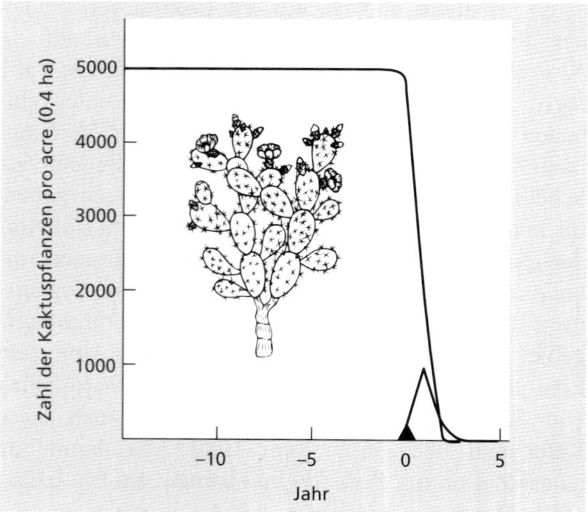

15.21 Die Bekämpfung von *Opuntia* durch *Cactoblastis*. Das von Caughley und Lawton (1981) stammende Modell beschreibt präzise den Zusammenbruch der Kaktuspopulation von ihrem vorherigen Level von 5 000 Pflanzen pro acre (0.4 ha) zu einer stabilen Dichte von nur elf Pflanzen pro acre innerhalb von zwei Jahren. Die obere Kurve zeigt die Abundanz der Opuntien an, die untere Kurve die Zahl der Zünsler nach ihrer Einführung im Jahre 0.

Die Population eines zur Schädlingsbekämpfung eingesetzten Organismus wird idealerweise nur durch das Nahrungsangebot limitiert.

Fast ausnahmslos waren die Pflanzenpopulationen, deren Dichte durch einen eingeführten Herbivoren drastisch reduziert wurde, selbst – zufällig oder absichtlich – durch den Menschen eingeführt worden, in der Regel aus Übersee. Das zur Bekämpfung des „Unkrauts" eingeführte Tier wurde normalerweise absichtlich aus der natürlichen Heimat der Pflanze umgesiedelt. Zuvor durchlief es strenge Quarantänemaßnahmen, um sicherzustellen, daß es frei von eigenen Räubern, Parasiten und Krankheiten war, die in seiner natürlichen Heimat seine Abundanz bestimmt haben könnten. Im Idealfall wird seine Populationsgröße nur von seiner Wechselbeziehung mit seinem Nahrungsangebot determiniert.

Pflanzenarten, die in neue Lebensräume eingeführt wurden und dort zu vitalen Einwanderern wurden, erleben in ihren natürlichen Habitaten nur selten, wenn überhaupt, solche Populationsexplosionen. Interessant ist, daß in erfolgreichen Fällen biologischer Schädlingsbekämpfung die Pflanze in ihrer fremden Umgebung nicht ausgerottet wird: Ihre Population fällt auf eine neue, aber geringe Dichte, bei der auch der zu ihrer Bekämpfung eingeführte Organismus weiter erhalten bleibt. Es gibt viele Fälle, in denen man einen potentiellen Kontrollorganismus einführte, dieser sich allerdings nicht etablierte. Dagegen führte die erfolgreiche Einführung eines solchen nie zur Ausrottung der Wirtspflanze. Schließlich handelte es sich bei der erfolgreichen biologischen Bekämpfung von in Massen auftretenden Pflanzen fast immer um ausdauernde Kräuter und Insekten zur Bekämpfung. Annuelle Pflanzen können spezialisierten Schädlingen wohl zu leicht entkommen, indem die Adulten absterben, und erst wieder neue Pflanzen aus den unterirdischen Samen hervorkommen, wenn das Insekt ausgestorben ist.

In der Literatur zur biologischen Schädlingsbekämpfung finden sich einige bemerkenswerte Beispiele induzierter Veränderungen der Abundanz von Arten (siehe Abschnitt 16.8).

16 Eingriffe in die Abundanz: Abtöten und Abernten

16.1 Einleitung

Sämtliche Auseinandersetzungen darüber, welche wissenschaftliche Disziplin oder welcher Forschungsgegenstand am bedeutendsten ist, sind letztendlich unproduktiv. Niemand kann jedoch die unmittelbare und grundlegende Bedeutung vieler der von Ökologen behandelten angewandten Probleme anzweifeln. Davon wollen wir in diesem Kapitel zwei behandeln. Bei beiden handelt es sich um Eingriffe in die Abundanz einer Population. Bei der ersten, der **Schädlingsbekämpfung** (*pest control*), muß die Abundanz unerwünschter Arten – von Schädlingen – oft drastisch reduziert werden, um Hungernde zu ernähren und die verheerenden Auswirkungen von Seuchen zu verhindern. Bei der zweiten, der Nutzung natürlicher Populationen durch Fang oder Ernten, muß die Abundanz kontrolliert verringert werden, um sicherzustellen, daß die aktuellen Bedürfnisse befriedigt werden, die Populationen aber für zukünftige Nutzung erhalten bleiben. Ein drittes Gebiet der angewandten Ökologie ist die Erhaltung bedrohter Arten, wozu ihre Abundanz gesteigert oder zumindest ein Rückgang verhindert werden muß; sie wird in diesem Kapitel zwar erwähnt, ausführlich aber erst in Kapitel 25 behandelt. Jedes dieser Themen berührt einen anderen Aspekt der „Nachhaltigkeit", die wir am Ende des vorliegenden Kapitels kurz als solches ansprechen wollen.

16.2 Die Bekämpfung von Schädlingen und Unkräutern: eine Einführung

Sogenannte Schädlinge sind Organismen, die das Wohlsein des Menschen negativ beeinträchtigen.

Einfach ausgedrückt ist eine **Schädlingsart** jede Art, die wir Menschen als unerwünscht ansehen. Eine Art zum Schädling zu erklären, ist demnach subjektiv: Ohne Menschen gäbe es keine Schädlinge. Nach einer genaueren Definition konkurrieren Schädlinge mit Menschen um Nahrung und andere natürliche Rohstoffe, übertragen Krankheitserreger, ernähren sich von Menschen oder deren Haustieren oder bedrohen auf andere Weise die Gesundheit, das Wohlbefinden oder den Wohlstand des Menschen. Unkräuter sind in diese Definition mit eingeschlossen. Genaugenommen handelt es sich dabei aber um Pflanzen, die den Wohlstand des Menschen dadurch beeinträchtigen, daß sie mit anderen Pflanzen konkurrieren, die für den Menschen einen Wert als Nahrung, Rohstoff (zum Beispiel Holz) oder Zierpflanze haben; oder indem sie den Wert eines Produkts mindern.

Da wir Menschen sehr zahlreich und sehr anspruchsvoll sind, gibt es zahllose Unkrautarten aus einer großen Vielzahl taxonomischer Gruppen und mit einem breiten Spektrum an ökologischen Beziehungen. Wir werden uns hier auf Schadinsekten, die bei der Produktion und Lagerung von Nahrung und Holz Schäden anrichten, auf Überträger von Krankheiten sowie auf Unkräuter konzentrieren. Gerechtfertigt wird dies durch die außerordentliche wirtschaftliche Bedeutung dieser Schädlingstypen, durch den entsprechend großen Forschungsaufwand, der ihnen in der Vergangenheit gewidmet wurde, sowie durch die allgemeinen Prinzipien, die sie gut veranschaulichen. Wir wollen damit nicht sagen, sie seien wichtiger als beispielsweise schädliche Fadenwürmer (Nematoden) oder Pilze. Jüngsten Schätzungen zufolge befallen weltweit rund 67 000 Schädlingsarten Kulturpflanzen: 8 000 Unkräuter, 9 000 Insekten und Milben – aber 50 000 Pflanzenpathogene (Pimentel 1993).

Klassische Schädlinge gehören zu den r-Arten, aber auch einige K-Arten können als Schädlinge auftreten.

Welche Charakteristika aber machen bestimmte Arten überhaupt zu Schädlingen? Für Schädlinge insgesamt gesehen, ist diese Frage vermutlich nicht zu beantworten; da unsere Bedürfnisse und Wünsche so unterschiedlich sind, können Schädlinge fast alle Formen von Lebenszyklusstrategien aufweisen (insbesondere, wenn wir Arten mit einbeziehen, die deswegen als Schädlinge gelten, weil sich Menschen – begründet oder unbegründet – vor ihnen fürchten). Wie Conway (1981) betont, ist der „klassische" Schädling eine *r*-Art (siehe Kapitel 14) mit Massenvermehrung und erreicht rasch Ausmaße, bei denen sie enorme Schäden hervorruft – diese Beschreibung paßt beispielsweise auf Ratten, Wanderheuschrecken und Getreiderost. Aber auch *K*-Arten können Schädlinge sein, insbesondere, wo der Umfang des angerichteten Schadens im Vergleich zur Größe der Schädlingspopulation unverhältnismäßig groß ist. So legt der Apfelwickler (*Cydia pomonella*) für ein Insekt relativ wenige Eier (bis zu 50) und hat oft nur eine Generation im Jahr. Dennoch ist er vermutlich weltweit der bedeutendste Apfelschädling (Hill 1987). In bezug auf die Biomasse ist der von ihm angerichtete Schaden unbedeutend, aber weil sehr viel Wert auf makellose Früchte gelegt wird, entstehen sehr große kommerzielle Verluste. Daher gelangte Conway zu dem Schluß, daß Schädlinge häufig Arten sind, die der normalen Populationskontrolle durch ihre Feinde „entgehen" – oft weil sie in andere Regionen der Welt eingeführt wurden, und die Kontrollorganismen in ihrem Ursprungsland zurückblieben, oder weil vom Menschen verursachte Veränderungen natürliche Feinde ausgeschaltet oder ihre Effizienz verringert haben. Ohne die Feinde werden die Arten zu Schädlingen.

Die Frage, was eine Pflanze zu einem Unkraut werden läßt, erfordert eine andere Erklärung, weil Unkräuter außerordentlich erfolgreiche Konkurrenten (von Nahrungs- oder Zierpflanzen und so weiter) sind und nicht erfolgreiche Prädatoren. Unkräuter entstehen dadurch, daß die von uns geschaffenen Habitate und die Pflanzen, die wir darin anbauen wollen, nicht zusammen passen. Wenn wir in einem Blumenbeet oder gar auf einem ganzen Feld den Boden umgraben, schaffen wir ein ideales Habitat zur Besiedlung durch opportunistische *r*-Arten. Die Zierblumen und Nutzpflanzen, die wir darauf anbauen, sind hingegen in keinster Weise ideal für ein solches Habitat geeignet und daher der Konkurrenz durch Unkräuter des *r*-Typus ausgesetzt. Wenn wir andererseits einen dichtwachsenden Rasen anlegen, schaffen wir damit ein Habitat, das am besten durch hartnäckige Arten, vielleicht vom *K*-Typus, genutzt wird, die sich auch bei starker Konkurrenz halten können – Gemeiner Löwenzahn (*Taraxacum officinale*), Gänseblümchen (*Bellis perennis*) und andere Rasenunkräuter.

Schädlinge zeichnen sich durch ihre Fähigkeit aus, sich in fremden Lebensgemeinschaften zu etablieren.

Ein Merkmal, das eine Art dazu prädisponieren könnte, zu einem Schädling zu werden, ist eine ausgeprägte Fähigkeit, in Lebensgemeinschaften einzudringen. Wanderratten wurden selbst auf abgelegenen Inseln zu Schädlingen, weil sie auf Schiffe gelangen und sich dort durchschlagen können. Der Pilz, der das Ulmensterben verursacht, richtete sowohl in Nordamerika als auch in Großbritannien verheerende Schäden an, weil er sich von einer anfangs kleinen Einwandererpopulation auszubreiten vermochte. Doch dies beantwortet weniger unsere Frage, als daß es sie ändert: »Was macht eine Art zu einem guten Einwanderer?« Diese Frage ist in der Tat nicht nur zur Charakterisierung von Schädlingen wichtig, sondern auch, um potentielle Mittel zur ihrer Bekämpfung zu finden. Wie wir später in diesem Kapitel noch sehen werden, ist biologische Schädlingsbekämpfung häufig oft gleichbedeutend mit dem Freisetzen eines natürlichen Feindes des Schädlings, von dem man hofft, daß er sich etablieren und die Abundanz des Schädlings regulieren wird. Ein erfolgreicher biologischer Kontrollorganismus muß ebenfalls ein guter Einwanderer sein. Die Frage, was eine Art zu einem guten Einwanderer macht, wurde von Kornberg und Williamson (1986) zusammendefaßt.

16.3 Ziele der Schädlingsbekämpfung: die ökonomische Schadens- und Bekämpfungsschwelle

Als ökonomische Schadensschwelle bezeichnet man diejenige Anzahl an Schädlingen, ab der eine weitere Schädlingsbekämpfung nicht mehr profitabel ist.

Man könnte sich vorstellen, das Ziel der Schädlingsbekämpfung sei das totale Ausmerzen des Schädlings – zu gewissen Zeiten in der Vergangenheit war dies eine recht verbreitete Meinung. Bei einigen Pathogenen (selbst der Tod eines einzelnen Menschen ist beklagenswert) und in bestimmten Situationen (selbst eine einzelne Ameise in der Küche gilt als unannehmbar) mag dieses Ziel gerechtfertigt sein, aber das ist nicht die allgemeine Regel. Das Ziel ist vielmehr ein ökonomisches: die Schädlingspopulation auf einen Level zu reduzieren, unterhalb dessen eine weitere Verringerung nicht mehr profitabel ist, das heißt, unterhalb dessen die zusätzlichen Kosten zur Bekämpfung jeglichen zusätzlichen Gewinn (oder andere Vorteile) übersteigen. Dies bezeichnet man als **ökonomische Schadensschwelle** (**ÖSS**, auch **wirtschaftliche Toleranzgrenze**; *economic injury level*, EIL) des Schädlings – oder, wenn es sich um soziale oder andere Vorteile hinsichtlich der Annehmlichkeit handelt, um die **ästhetische Schadensschwelle**.

Potentielle Schädlinge können durch natürliche Feinde unterhalb der ökonomischen Schadensschwelle gehalten werden, diese allerdings überschreiten, sobald die Feinde eliminiert werden.

Die ökonomische Schadensschwelle (ÖSS) für einen hypothetischen Schädling ist in Abbildung 16.1 wiedergegeben. Sie ist höher als Null, so daß die Ausrottung (oder Bekämpfung bis auf ein Level unterhalb der ökonomischen Schadensschwelle) nicht profitabel ist; aber sie liegt auch unterhalb der typischen, durchschnittlichen Abundanz der Art, und genau das macht die Art zu einem Schädling. Läge die ökonomische Schadensschwelle über der Umweltkapazität (siehe Kapitel 6), und die Art wäre daher von Natur aus durch

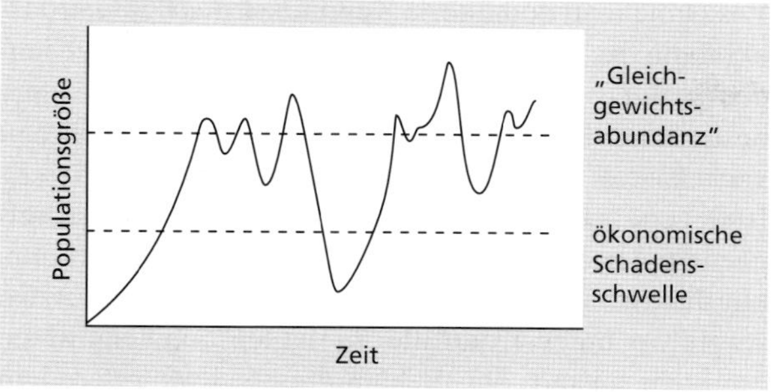

16.1 Die Populationsschwankungen eines hypothetischen Schädlings. Bei kleiner Populationsgröße nimmt die Abundanz rasch zu und schwankt in der Regel um eine „Gleichgewichtsabundanz", die sich aus den Wechselbeziehungen des Schädlings mit seiner Nahrung, seinen Räubern und so weiter ergibt. Eine Bekämpfung des Schädlings ist ökonomisch sinnvoll, wenn seine Abundanz die ökonomische Schadensschwelle (ÖSS) übersteigt. Von Schädlingen wird die ökonomische Schadensschwelle meistens übertroffen (sofern sie nicht bekämpft werden).

Selbstregulation auf eine Dichte unterhalb der ökonomischen Schadensschwelle begrenzt, dann würden die Kosten für die Bekämpfung immer die dadurch erlangten Vorteile übersteigen und die Art könnte kein Schädling sein. Es gibt andere Arten, deren Umweltkapazität zwar über der ökonomischen Schadensschwelle liegt, deren typische Abundanz aber durch ihre natürlichen Feinde unter ihrer ökonomischen Schadensschwelle gehalten wird. Hierbei handelt es sich um **potentielle Schädlinge**. Sie können bei Elimination ihrer Feinde zu wirklichen Schädlingen werden.

Das Wesentliche am Konzept der ökonomischen Schadensschwelle ist in Abbildung 16.2 dargestellt. Bei niedriger Schädlingsdichte wird der Wert einer Ernte (oder irgendeines anderen Gutes) nur vernachlässigbar beeinträchtigt. Oberhalb eines Schwellenwertes der Schädlingsdichte verliert die Ernte mit zunehmender Rate an Wert, bis eine bestimmte Schädlingsdichte erreicht ist, unterhalb derer die Ernte wertlos ist. Diese Kurve des Wertes (oder Gewinns) kann man nun mit den Kosten vergleichen, die zum Erreichen einer bestimmten Schädlingsdichte durch Bekämpfung oder auf andere Weise anfallen. Die Kosten zum Erreichen einer sehr hohen Schädlingsdichte sind natürlich gering – man braucht dem Schädling nur Nutzpflanzen als Nahrung zu bieten und weiter nichts. Die Kosten zur Bekämpfung des Schädlings bis auf immer geringere Dichten (von rechts nach links auf der Kurve) steigen jedoch mit zunehmender Rate an, bis sie bei einer Dichte von Null (nach Ausrottung) extrem hoch sind. Die ökonomische Schadensschwelle ist jene Dichte, bei welcher der Unterschied zwischen den beiden Kurven in Abbildung 16.2 (Gewinn minus Kosten) am größten ist; am besten ergreift man daher Maßnahmen, um die Schädlingsabundanz bis zur ökonomischen Schadensschwelle, aber nicht weiter zu reduzieren. Unterhalb der ökonomischen Schadensschwelle steigen die Kosten zur weiteren Bekämpfung schneller an als der Gewinn durch zusätzliche Ernte, so daß die weitere Bekämpfung unrentabel wird. Oberhalb der ökonomischen Schadensschwelle fällt der Wertverlust der Ernte schneller als die Einsparungen durch verringerte Bekämpfungsmaßnahmen, so daß eine zusätzliche Bekämpfung geboten ist.

Abbildung 16.2 vereinfacht die Angelegenheit jedoch zu sehr. So variieren vor allem die ökonomischen Schadensschwellen innerhalb eines Jahres und zwischen verschiedenen Jahren. Sie ändern sich zum Beispiel in Abhängigkeit vom Lebenszyklus oder dem Nahrungsangebot des Schädlings, oder weil das Wetter den Schädling besonders begünstigt oder benachteiligt. So hängt die ökonomische Schadensschwelle der Gemeinen Spinnmilbe (*Tetranychus urticae*), einem wichtigen Baumwollschädling in Australien, nicht nur von deren Abundanz und auch nicht nur vom Entwicklungsstadium der Pflanzen ab, sondern auch von der vorherigen Rate des Populationswachstums der Milbe (Wilson 1993).

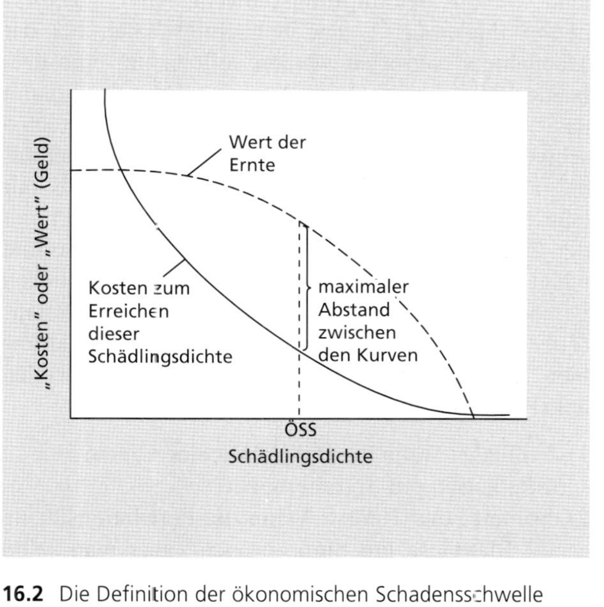

16.2 Die Definition der ökonomischen Schadensschwelle (ÖSS). Der Wert einer Ernte nimmt mit zunehmender Schädlingsdichte ab, bis die Schädlinge die Ernte letztendlich wertlos machen. Die Kosten zum Erreichen einer bestimmten Schädlingsdichte steigen mit abnehmender Schädlingsdichte an (das heißt, wenn eine stärkere Bekämpfung notwendig ist). Die ökonomische Schadensschwelle ist jene Schädlingsdichte, bei der das Verhältnis von Gewinn zu Kosten am größten ist. (Nach Headley 1975)

Die Bekämpfungsschwelle gibt an, ab wann mit der Schädlingsbekämpfung begonnen werden sollte, um ein Überschreiten der ökonomischen Schadensschwelle und damit das Eintreten von ökonomischen Verlusten zu vermeiden.

Eine bedeutendere Unzulänglichkeit des Konzepts der ökonomischen Schadensschwelle ist, daß sie impliziert, die Bekämpfungsmaßnahmen zeigten sofort Wirkung: Erst oberhalb der ökonomische Schadensschwelle würden Bekämpfungsmaßnahmen ergriffen, aber sobald die Populationen unter die ökonomische Schadensschwelle fallen, würde die Bekämpfung wegen Unrentabilität eingestellt. Ein kurzer Blick auf Abbildung 16.1 macht jedoch deutlich, daß bereits bei einer Dichte unterhalb der ökonomischen Schadensschwelle Bekämpfungsmaßnahmen durchgeführt werden müssen, wenn wir eine Population unterhalb ihrer ökonomischen Schadensschwelle halten wollen; das liegt ganz einfach daran, daß es eine gewisse Zeit dauert bis die Bekämpfungsmaßnahmen anlaufen und Wirkung zeigen, und in dieser Zeit die Population bereits über ihre ökonomische Schadensschwelle ansteigt und ökonomischen Schaden verursacht. Daher ist die ökonomische Schadensschwelle in der Praxis der Schädlingsbekämpfung oft nicht so bedeutend wie die **Bekämpfungsschwelle** (CAT – *control action threshold*) – jene Schädlingsdichte, bei der Maßnahmen getroffen werden sollten, um eine drohende Massenvermehrung des Schädlings (und damit das Überschreiten der ökonomischen Schadensschwelle durch die Schädlingspopulation) zu verhindern. Wiederum gibt es in der Realität niemals nur eine einzige Bekämpfungsschwelle: Sie variiert mit der Zeit, mit den Marktpreisen und so weiter und hängt auch von den Populationsdichten der natürlichen Feinde des Schädlings ab. Die Gefleckte Kleezierlaus (*Therioaphis trifolii*) weist beispielsweise in Kalifornien auf Luzerne folgende Bekämpfungsschwellen auf (Flint und van den Bosch 1981).

1) Frühjahr: Wenn die Population eine Dichte von 40 Blattläusen pro Sproß erreicht.
2) Sommer und Herbst: Wenn die Populationsdichte 20 Blattläuse pro Sproß erreicht, aber man sollte die ersten drei Ernten nicht behandeln, wenn das Verhältnis von Marienkäfern (Coccinelidae) zu Blattläusen wie folgt ist:
   a) auf erntereifen Pflanzen – ein adulter Käfer pro fünf bis zehn Blattläuse oder drei Larven pro 40 Blattläuse;
   b) auf Stoppeln – eine Larve auf 50 Blattläuse.
3) Überwinternde Populationen: 50 bis 70 Blattläuse pro Sproß.

Solche Regeln sind leicht festgelegt. Aber man kann sie nicht fomulieren oder in die Tat umsetzen, ohne 1) ausreichend detaillierte Kenntnisse der Populationsökologie des Schädlings und der mit ihm einhergehenden Arten, um die zukünftige Entwicklung einer bestimmten Population mit einer gewissen Sicherheit vorhersagen (und somit die Bekämpfungsschwelle festlegen) zu können; und 2) nicht ohne ein ausreichend präzises und häufiges Überwachungsprogramm, um den Schädling und die mit ihm assoziierten Arten sorgfältig unter Kontrolle zu halten (und somit zu ermitteln, wann die Bekämpfungsschwelle erreicht ist).

16.4 Ein kurzer geschichtlicher Abriß der Schädlingsbekämpfung

Unser Wissen über die Frühgeschichte der Schädlingsbekämpfung (siehe Flint und van den Bosch 1981) nach Entstehen der Landwirtschaft vor rund 10 000 Jahren ist aufgrund der wenigen Zeugnisse, die bis zum heutigen Tag erhalten blieben, naturgemäß begrenzt. Dennoch wissen wir, daß die Sumerer vor über 4 500 Jahren Schwefelverbindungen zur Bekämpfung von Insekten und Milben einsetzten. Die Chinesen nutzten vor 3 200 Jahren aus Pflanzen gewonnene Insektizide und wußten vor 2 500 Jahren um die nützliche Rolle natürlicher Feinde und den Wert der Anpassung von Pflanzzeiten zur Vermeidung von Massenvermehrungen von Schädlingen. Die Griechen und Römer kannten den Gebrauch von Ausräucherungsmitteln, Moskitonetzen, Getreidespeichern auf Stelzen, Leimringen um Bäume sowie Spritzmittel und Salben gegen Schädlinge.

Die Chinesen entwickelten ihre Techniken zur Schädlingsbekämpfung weiter und nutzten bereits 300 n. Chr. die biologische Schädlingsbekämpfung, indem sie Nester räuberischer Ameisen in Zitronenhaine brachten, um dort Raupen und große, holzbohrende Käfer zu bekämpfen. Das 17. Jahrhundert erlebte in Europa ein erwachendes Interesse an der biologischen Schädlingsbekämpfung und führte zur Wiederentdeckung und/oder Einführung einer Reihe verschiedener natürlicher Pflanzenschutzmittel.

Der Zeitraum von 1750 und 1880 war in Europa die Zeit der landwirtschaftlichen Revolution, brachte jedoch einige der größten je dagewesenen, von Schädlingen ausgelösten landwirtschaftlichen Katastrophen mit sich:

- die Kartoffelfäule in Irland, England und Belgien (in den vierziger Jahren des 19. Jahrhunderts) (siehe Large 1958),
- die Epidemie des „Falschen Mehltaus" in den Weinanbaugebieten Europas (in den fünfiger Jahren),
- den Ausbruch der Blattfleckenkrankheit beim Kaffee, infolge dessen Ceylon zum Anbau von Tee überging,

- sowie die Einschleppung der Reblaus (*Viteus vitifoliae*) aus Amerika, welche die Weinindustrie Frankreichs beinahe zerstörte (1848 bis 1878).

Es ist nicht verwunderlich, daß in dieser Zeit ein großes Interesse an der Entwicklung von Methoden zur Schädlingsbekämpfung aufkeimte. Dieses Jahrhundert erlebte eine Reihe von Durchbrüchen. Der „Falsche Mehltau" wurde mit zwei einfachen Fungiziden bekämpft – Bordeauxbrühe und Parisgrün; Schäden durch die Reblaus umging man durch Pfropfen europäischer Reben auf resistente Wurzelstöcke aus Amerika (1870 bis 1890). Der erste größere Erfolg bei der biologischen Schädlingsbekämpfung durch Einfuhr von Nützlingen gelang 1888, als der Marienkäfer *Rodolia cardinalis* aus Australien und Neuseeland nach Kalifornien eingeführt wurde, um einen verheerenden Zitrusschädling, die Orangenschildlaus (*Icerya purchasi*), zu bekämpfen. 1896 wurden Arthropoden als Überträger menschlicher Krankheiten erkannt. Im gleichen Jahr wurde das erste selektive Herbizid, Eisensulfat, eingeführt. Von 1899 bis 1909 starteten die ersten erfolgreichen Züchtungsprogramme für resistente Varietäten, als man *Fusarium*-resistente Sorten von Baumwolle, Kuherbsen und Wassermelonen entwickelte. Im Jahre 1901 wurde erstmals ein Unkraut (*Lantana* auf Hawaii) erfolgreich biologisch bekämpft.

Die kulturtechnische Bekämpfung bedient sich Methoden wie Fruchtwechsel, Umschichtung des Bodens und Entfernen des Unkrautsamens aus dem Saatgut.

Die erfolgreiche Bekämpfung von Unkräutern während dieses Zeitraums beruhte auf drei Maßnahmen, die alle weitgehend Aspekte der **kulturtechnischen Bekämpfung** (*cultural control*) sind (Lockheart et al. 1982):

1) auf Fruchtwechsel, der nicht nur die Fruchtbarkeit des Bodens erhält, sondern auch für eine Abfolge unterschiedlicher Umwelten sorgt, so daß nicht wiederholt eine einzige Unkrautart begünstigt wird;
2) auf der Umschichtung des Bodens durch Kultivierung, wodurch Unkräuter durch Untergraben, durch Schnitt, durch Stimulation (das Auslösen der Keimung von ruhenden Samen oder des Aufblühens ruhender Knospen, wodurch diese in ein aktives und damit anfälligeres Stadium überführt werden), durch Austrocknung (wenn die Wurzeln an die Oberfläche gelangen) oder durch Erschöpfung (wobei die wiederholte Stimulation ausdauernder Pflanzen mit einem Verhindern der Photosynthese einhergeht) abgetötet werden können;
3) durch das Entfernen der Samen von Unkräutern aus dem Saatgut durch Sieben und so weiter.

Man unterscheidet fünf Hauptarten der Schädlingsbekämpfung: die biologische, chemische und mechanische Bekämpfung, Kultivierungsmethoden und Einsatz resistenter Varietäten.

Somit waren zu Beginn des 19. Jahrhundert fünf Hauptmethoden zur Bekämpfung von Schädlingen etabliert und wurden häufig angewandt: 1) die **biologische Schädlingsbekämpfung**; 2) die **chemische Bekämpfung** (durch anorganische Chemikalien, insbesondere Schwefel- und Kupferverbindungen, oder von Pflanzen stammende Alkaloide, vor allem Nikotin); 3) die **mechanische** und **physikalische Bekämpfung** (etwa durch das Anbringen von Leimringen an Bäumen); 4) die Bekämpfung durch **Kultivierungsmethoden** (wie Fruchtwechsel) und **Hygienemaßnahmen**; und 5) die Verwendung **resistenter Varietäten**. Die ersten 40 Jahre des 20. Jahrhunderts waren dann ein Zeitraum ständiger Fortschritte in der Schädlingsbekämpfung, wobei all diese genannten Methoden eine bedeutende Rolle spielten.

Während des Zweiten Weltkriegs wurde die Schädlingsbekämpfung (insbesondere von Schadinsekten) revolutioniert. Ausgelöst durch die Notwendigkeit, Insekten als Überträger menschlicher Krankheiten in den Tropen zu bekämpfen, wurden Hunderte künstlicher Chemikalien auf ihre Eignung als Insektizide überprüft. In den USA gelang der Durchbruch mit DDT (Dichlordiphenyltrichlorethan), das in der Schweiz hergestellt wurde, gefolgt von anderen chlorierten Kohlenwasserstoffen. In Deutschland wurde eine weitere Gruppe toxischer Verbindungen, die Organophosphate. Eine dritte Gruppe synthetischer organischer Insektizide, die Carbamate, wurde ebenfalls in den vierziger Jahren durch Schweizer Forscher entdeckt. Die ersten Zielorganismen der organischen Insektizide waren die Überträger menschlicher Krankheiten, aber nach dem Krieg kam es zu einer raschen Ausdehnung auf die Landwirtschaft.

Während der dreißiger und vierziger Jahre wurden auch die ersten selektiven organischen Herbizide entwickelt, ursprünglich als Resultat der Forschungen über Wachstumsregulatoren bei Pflanzen: 2-Methyl-4-chlorphenoxyessigsäure (MCPA), 2,4-Dichlorphenoxyessigsäure (2,4-D) und 4,6-Dinitro-*o*-kresol (DNOC). Sie wurden zunächst im Getreideanbau angewandt, in weit geringerem Umfang bei Erbsen und auf Heuwiesen. Von den sechziger Jahren an erfolgte die Ausdehnung auf ein viel breiteres Spektrum von Nutzpflanzen (Lockhart et al. 1982).

Nach dem Optimismus im Zeitalter der Pestizide folgten Zweifel und daraufhin das Ausarbeiten des Konzepts der integrierten Schädlingsbekämpfung.

Die Periode ab 1946 wurde als das „Zeitalter der Pestizide" beschrieben und ist in drei Phasen unterteilt: die Ära des Optimismus (1946 bis 1962), die Ära des Zweifels (1962 bis 1976) und die Ära der integrierten Schädlingsbekämpfung (ab 1976) (Metcalf 1980). An den Einzelheiten von Metcalfs Zeiteinteilung und Terminologie ließe sich leicht herumdeuten, aber diese Unterteilung spiegelt sicherlich die Veränderungen des wissenschaftlichen Klimas wider. In den ungestümen Tagen der vierziger und frühen fünfziger Jahre herrschte verbreitet die Ansicht, Schädlinge und die von ihnen verursachten Probleme ließen sich durch großzügige Dosen einfacher organischer Verbindungen völlig beseitigen. Das im Jahre 1962 veröffentlichte Buch *Der stumme Frühling* von Rachel Carson – in dem sie feststellt, daß »die chemische Keule, als eine ebenso primitive Waffe wie die Keule der Höhlenmenschen, gegen das Gefüge des Lebens geschwungen wird« – war der Vorbote, woraufhin die Vorstellung, diese Chemikalien brächten enorme Vorteile, aber vernachlässigbare Risiken mit sich, öffentlich hinterfragt wurde. Diese Zweifel, die schon viel früher von einigen weitsichtigen Entomologen erhoben worden waren (Strickland 1945, Wigglesworth 1945), wuchsen ständig, bis der 15. Internationale Entomologenkongreß im Jahre 1976 die verbreitete Anwendung von Pestiziden mit breitem Wirkungsspektrum und langer Wirkungsdauer rigoros ablehnte und sich für die integrierte Schädlingsbekämpfung aussprach. Die Eigenschaften dieser Chemikalien, die von ihnen verursachten Probleme, Alternativen zu ihnen, und das Wesen der integrierten Schädlingsbekämpfung werden in den folgenden Abschnitten behandelt.

16.5 Chemische Pestizide

Wir werden unsere Beschreibung hier auf Insektizide und Herbizide beschränken (obgleich wir erneut betonen, daß Chemikalien zur Bekämpfung anderer Schadorganismen von ähnlicher Wichtigkeit sind). Die **Insektizide** kann man in solche mit breitem Wirkungsspektrum – wie anorganische, pflanzliche, chlorierte Kohlenwasserstoffe, Organophosphate und Carbamate – und solche mit eingeschränktem Wirkungsspektrum oder biotechnische Insektizide – wie Mikroben, Wachstumsregulatoren von Insekten und semiochemische Stoffe – einteilen. **Herbizide** umfassen eine viel größere Vielfalt und lassen sich daher nicht so einfach klassifizieren. Die folgenden Beschreibungen basieren auf den detaillierteren Ausführungen von Horn (1988) für Insektizide und von Ware (1983) für Herbizide.

16.5.1 Insektizide

Anorganische Insektizide sind aufgrund des eingeschränkten Wirkungsspektrums und der toxischen Rückstände wenig brauchbar.

Die Verwendung **anorganischer Verbindungen** geht auf die Anfänge der Schädlingsbekämpfung zurück. Zusammen mit pflanzlichen Stoffen waren sie die chemischen Waffen des immer größer werdenden Heeres von Schädlingsbekämpfern des 19. und frühen 20. Jahrhunderts. Es handelt sich in der Regel um Metallverbindungen oder Salze von Kupfer, Schwefel, Arsen oder Blei. Diese wirken in erster Linie als Fraßgifte (das heißt, sie wirken nicht als Kontaktgifte), sind also nur gegen Insekten mit kauenden Mundwerkzeugen wirksam. Da sie zudem beständige, weitgehend toxische Metallrückstände hinterlassen, werden sie praktisch überhaupt nicht mehr angewandt.

Zu den organischen Insektiziden zählen pflanzliche Insektizide, chlorierte Kohlenwasserstoffe, Organophosphate und Carbamate.

Natürlich vorkommende Pflanzenprodukte mit Insektizidwirkung, sogenannte **pflanzliche Insektizide** – wie Nikotin aus Tabak und Pyrethrum aus Margeriten – gingen einen ähnlichen Weg wie die anorganischen Verbindungen und wurden nun größtenteils ersetzt, insbesondere wegen ihrer Unbeständigkeit unter Einfluß von Licht und Luft. Einige synthetische Pyrethroide mit viel größerer Beständigkeit wie Permethrin und Deltamethrin lösen derzeit rasch andere Formen organischer Insektizide ab, weil sie relativ selektiv gegen Schädlinge und nicht gegen Nützlinge wirken (Pickett 1988).

Chlorierte Kohlenwasserstoffe sind Kontaktgifte, welche die Übertragung von Nervenimpulsen beeinträchtigen. Sie sind nicht wasserlöslich, zeigen aber eine hohe Affinität für Fette und reichern sich somit tendenziell in tierischem Fettgewebe an. Das bekannteste ist DDT. Für seine Wiederentdeckung im Jahre 1948 wurde der Nobelpreis verliehen. 1973 wurde seine Anwendung in den USA außer in Notfällen verboten (in ärmeren Ländern wird es immer noch angewandt, weil es so billig ist). Toxaphen, Aldrin, Dieldrin, Lindan, Methoxychlor und Chlordan finden als weitere Kohlenwasserstoffe Anwendung.

Organophosphate sind ebenfalls Nervengifte. Sie sind viel toxischer (sowohl für Insekten als auch für Säugetiere) als die chlorierten Kohlenwasserstoffe, aber im allgemeinen weniger beständig in der Umwelt. Beispiele sind Malathion, Parathion und Diazion.

Carbamate haben eine ähnliche Wirkungsweise wie die Organophosphate, einige sind aber sehr viel weniger giftig für Säugetiere. Die meisten sind jedoch extrem toxisch für Bienen (die notwendig zur Bestäubung sind) und parasitische Wespen (mögliche natürliche Feinde von Schadinsekten). Das bekannteste Carbamat ist Carbaryl.

Als Insektizide der dritten Generation werden Wachstumsregulatoren von Insekten und semiochemische Stoffe eingesetzt.

Wachstumsregulatoren von Insekten sind verschiedenartige Chemikalien, die natürliche Hormone und Enzyme von Insekten nachahmen. Sie beeinträchtigen das normale Wachstum und die Entwicklung der Insekten. In der Regel sind sie harmlos für Wirbeltiere und Pflanzen, können aber gegen die natürlichen Insektenfeinde eines Schädlings genauso wirksam sein wie gegen den Schädling selbst. Man unterscheidet zwei bisher effektiv eingesetzte Haupttypen. Die Chitinsynthese-Inhibitoren – wie Diflubenzuron – verhindern die Bildung eines normalen Exoskeletts bei der Häutung der Insekten; Juvenilhormon-Analoga – wie Methopren – hemmen die Verwandlung der Schadinsekten zu fortpflanzungsfähigen Imagines und verringern dadurch die Populationsgröße der nachfolgenden Generation.

Semiochemische Stoffe sind keine Toxine, aber Chemikalien, die beim Schädling eine Verhaltensänderung auslösen (buchstäblich „chemische Signale"). Sie basieren auf natürlich vorkommenden Substanzen. In einer Reihe von Fällen gelang es jedoch, entweder die semiochemischen Stoffe selbst oder Analoga zu synthetisieren, die sich in ihrem Wirkungsspektrum unterscheiden. Pheromone wirken auf Vertreter derselben Art, während allelochemische Substanzen auf Mitglieder anderer Arten wirken. Derzeit werden Sexuallockstoffe kommerziell eingesetzt, um Nachtfalterpopulationen zu bekämpfen, indem ihre Paarung verhindert wird (Reece 1985). Das Alarmpheromon (E)-β-Farnesen von Blattläusen wird dazu verwendet, in Gewächshäusern die Wirkung eines pathogenen Pilzes zu steigern, denn aufgrund der erhöhten Mobilität der Blattläuse wird deren Kontakt zu den Pilzsporen gefördert (Hockland et al. 1986). Diese Semiochemikalien bezeichnet man bisweilen zusammen mit den Wachstumsregulatoren von Insekten als **Insektizide der dritten Generation** (nach den anorganischen und den organischen Toxinen). Sie sind eine relativ neue Entwicklung, die nach wie vor rasch voranschreitet (Forrester 1993).

16.5.2 Herbizide

Auch hier waren die traditionellen Wirkstoffe **anorganische Verbindungen**, die aber weitgehend ersetzt wurden, vor allem wegen der Probleme durch ihre Persistenz und unspezifische Wirkung. Aus diesen Gründen werden jedoch beispielsweise Borate, die von den Wurzeln aufgenommen und von dort in die überirdischen Pflanzenteile transportiert werden, nach wie vor bisweilen dort verwendet, wo keinerlei Pflanzenwachstum erwünscht ist. Zu weiteren solchen Substanzen gehören eine Reihe von Arsenverbindungen, Ammoniumsulfamat und Natriumchlorat.

Recht verbreitet finden **organische Arsenverbindungen** – zum Beispiel DSMA – Verwendung. Da sie nicht selektiv wirken, werden sie gewöhnlich zur gezielten Behandlung einzelner Pflanzen eingesetzt. Nach dem Spritzen gelangen sie in die unterirdischen Knollen und Rhizome und stören das Wachstum.

Im Gegensatz dazu gelangen die äußerst erfolgreichen **Phenoxycarbonsäureherbizide** in alle Pflanzenteile und wirken sehr viel selektiver. 2,4-D (2,4-Dichlorphenoxyessigsäure) zum Beispiel wirkt äußerst selektiv gegen zweikeimblättrige Unkräuter, während 2,4,5-Trichlorphenoxyessigsäure (2,4,5-T) vor allem zur Bekämpfung ausdauernder verholzter Pflanzen eingesetzt wird. Sie wirken offenbar durch Hemmung der Produktion von Enzymen, die für ein koordiniertes Pflanzenwachstum nötig sind, und führen letztendlich zum Absterben der Pflanzen.

Substituierte Amide haben unterschiedliche biologische Eigenschaften. Diphenamid wirkt zum Beispiel vor allem gegen Keimlinge und weniger gegen etablierte Pflanzen. Es wird daher dem Boden um etablierte Pflanzen als **Vorauflaufherbizid** zugefügt und verhindert die Entwicklung von Unkräutern. Propanil hingegen wurde als selektives **Nachauflaufherbizid** extensiv auf Reisfeldern angewandt.

Nitroaniline – zum Beispiel Trifluralin – sind eine weitere Gruppe von Vorauflaufherbiziden, die weit verbreitet in den Boden eingearbeitet werden. Sie wirken selektiv, indem sie das Wachstum von Wurzeln und Schößlingen hemmen.

Substituierte Harnstoffe – wie Monuron – sind zumeist recht unselektive Vorauflaufherbizide, wenngleich einige von ihnen auch als Nachauflaufherbizide eingesetzt werden. Sie wirken durch Hemmung des Elektronentransports.

Die **Carbamate** wurden bereits unter den Insektiziden beschrieben; einige von ihnen sind aber Herbizide. Sie töten Pflanzen ab, indem sie die Zellteilung und das Wachstum des Pflanzegewebes unterbinden. Sie sind vorwiegend selektive Vorauflaufherbizide. Asulam wird zumeist zur Bekämpfung von Gräsern zwischen Nutzpflanzen, bei der Wiederaufforstung und in Weihnachtsbaumpflanzungen eingesetzt.

Die **Thiocarbamate** – zum Beispiel EPTC – sind eine weitere Gruppe von Vorauflaufherbiziden, die in den Boden eingearbeitet werden. Sie hemmen selektiv das Wachstum von Wurzeln und Schößlingen aus den Samen von Unkräutern.

Unter den **heterocyclischen Stickstoffherbiziden** sind die Triazine – zum Beispiel Metribuzin – vermutlich am wichtigsten. Sie sind effektive Blocker des Elektronentransports, die meist wegen ihrer Wirkung als Nachauflaufherbizide Verwendung finden.

Phenolderivate, insbesondere die Nitrophenole wie DNOC (4,6-Dinitro-*o*-kresol), sind Kontaktchemikalien mit sehr breitem toxischen Wirkungsspektrum, das sich über Pflanzen hinaus auf Pilze, Insekten und Säugetiere erstreckt. Sie wirken durch Unterbrechung der oxidativen Phosphorylierung.

Zu den **Bipyridiniumverbindungen** gehören zwei bedeutende Herbizide – Diquat und Paraquat. Sie sind höchst effektive, sehr schnell wirkende Kontaktgifte mit breitem toxischem Wirkungsspektrum, welche die Zellmembranen zerstören.

Schließlich ist noch **Glyphosat** zu nennen, ein nicht selektiv auf die Blätter angewandtes Herbizid, das in die ganze Pflanze transportiert wird und keine Rückstände hinterläßt. Es ist sehr beliebt, weil es in jedem Stadium pflanzlichen Wachstums und zu jeder Jahreszeit wirkt.

16.6 Die Probleme mit chemischen Pestiziden

16.6.1 Breites Wirkungsspektrum

Bei der Anwendung von chemischen Insektiziden müssen deren Wirkungsspektrum und Persistenz in der Umwelt berücksichtigt werden.

Chemische Insektizide sollen in der Regel ein bestimmtes Schadinsekt an einer bestimmten Stelle bekämpfen. Dennoch ergeben sich häufig Probleme, weil diese Chemikalien gewöhnlich für ein viel breiteres Spektrum an Organismen toxisch sind und zudem in der Umwelt persistieren. Wie Tabelle 16.1 zeigt, betrifft dieses Problem in gewissem Umfang alle **Breitspektruminsektizide**. Probleme entstanden ferner, weil Insektizide unvorsichtig angewandt wurden und diese sich weit über die betreffende Art und Stelle der Anwendung hinaus ausbreiteten.

Die Folgen der Anwendung massiver Dosen von Dieldrin über weite Teile der landwirtschaftlich genutzten Flächen von Illinois zwischen 1954 und 1958, um den Japankäfer (*Popillia japonica*), einen Schädling auf Weideflächen auszurotten, verdeutlicht ihr Potential für verheerende Schäden. Die Rinder und Schafe auf den Farmen wurden vergiftet. 90 % der Katzen und eine ganze Anzahl von Hunden wurden getötet. Von den heimischen Wildtieren erlitten zwölf Säugetier- und 19 Vogelarten Verluste, wobei sechs Vogelarten praktisch aus dem Gebiet ausgerottet wurden (Luckmann und Decker 1960).

Vor allem chlorierte Kohlenwasserstoffe neigen zu Biomagnifikation, also zur Anreicherung in verschiedenen Stufen der Nahrungskette.

Dieses Problem wird besonders bei den chlorierten Kohlenwasserstoffen aufgrund ihrer Neigung zur **Biomagnifikation** verstärkt: Diese Insektizide reichern sich in zunehmender Konzentration in Organismen auf höheren trophischen Ebenen an. Das liegt daran, daß die Insektizide sich in bestimmten Geweben von Organismen einer niedrigen trophischen Ebene anreichern. Diese werden wiederholt von Organismen der nächsthöheren Ebene konsumiert, weiter angereichert und so weiter, bis die Räuber an der Spitze der Nahrungspyramide, die nie das Ziel der Insektizide sein sollten, unter außerordentlich hohen Dosen leiden. Ein Beispiel hierfür illustriert Abbildung 16.3. Aufgrund der Lästigkeit der nicht stechenden Büschelmücke *Chaoborus asticopus* in der Umgebung des Clear Lake in Kalifornien wurde der See 1949 mit DDD (Dichlordiphenyldichlorethan, das für Fische weniger giftig ist als DDT) in einer Konzentration von 0.002 ppm (*parts per million* – Teile pro Million

Tabelle 16.1: Die Toxizität ausgewählter Insektizide auf nicht schädliche Organismen und ihre Persistenz (Nach Metcalf 1982, Horn 1988).
Die möglichen Bewertungen reichen von minimal 1 (was also Ungiftigkeit einschließen kann) bis zu einem Maximum von 5.
Die meisten Schäden rufen Herbizide hervor, bei denen eine lange Persistenz mit einer hohen Toxizität für Nicht-Zielorganismen verbunden ist. Das gilt in gewissem Maß für jedes der ersten sechs (Breitspektrum-) Insektizide.

	Toxizität				
	Ratten	Fische	Vögel	Honigbienen	Persistenz
Permethrin (Pyrethroid)	2	4	2	5	2
DDT (chlorierter Kohlenwasserstoff)	3	4	2	2	5
Lindan (chlorierter Kohlenwasserstoff)	3	3	2	4	4
Ethylparathion (Organophosphat)	5	2	5	5	2
Malathion (Organophosphat)	2	2	1	4	1
Carbaryl (Carbamat)	2	1	1	4	1
Diflubenzuron (Chitinsynthese-Inhibitor)	1	1	1	1	4
Methopren (Juvenilhormon-Analogon)	1	1	1	2	2
Bacillus thuringiensis	1	1	1	1	1

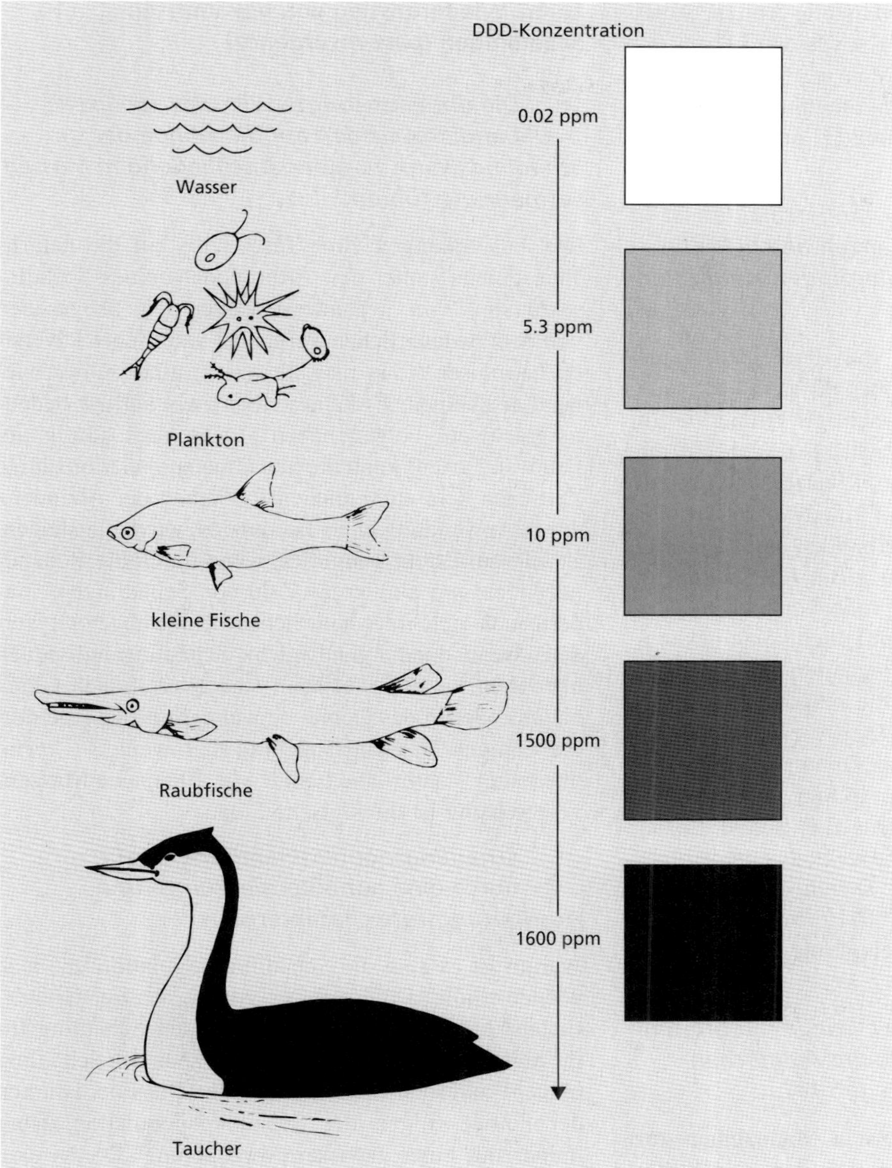

16.3 Die Biomagnifikation von DDD (Dichlordiphenyldichlorethan) im Clear Lake in Kalifornien. Es wurde dem Wasser in vermeintlich harmloser Dosis zur Bekämpfung von Mücken zugefügt, hatte aber in höheren Ebenen in der Nahrungskette verheerende Folgen. (Nach Flint und van den Bosch 1981)

Teile) besprüht. Der anfängliche Erfolg war beeindrukkend. Allerdings kehrten 1951 die Insekten zurück, so daß man das Besprühen bis 1954 regelmäßig wiederholte, als man eine große Zahl toter Renntaucher (*Aechmophorus occidentalis*) am See fand. Die erst später entdeckte Ursache hierfür ist in Abbildung 16.3 dargestellt: die Anreicherung des Giftes in der Nahrungskette. Das Körperfett der Taucher enthielt 1 600 ppm DDD. Ihre Nahrungsfische enthielten so hohe Konzentrationen des Giftes, daß die Taucher 1954 und viele darauffolgende Jahre nicht mehr am Clear Lake leben konnten (Flint und van den Bosch 1981).

Aufgrund der Breitbandwirkung verschiedener Insektizide können sowohl die zu schützenden Pflanzen als auch Nutzinsekten negativ beeinflußt werden.

Insektizide können auch das Wachstum und den Ertrag jener Pflanzen beeinträchtigen, die sie eigentlich schützen sollen. So weiß man zum Beispiel von Permethrin, daß es die Photosynthese bei Salatkeimlingen um bis zu 80 % reduziert (Sances et al. 1981).

Ein wichtiges vorhersehbares Problem, das sich aufgrund des breiten Wirkungsspektrums von Insektiziden ergibt, sind deren nachteilige Auswirkungen auf andere Insekten und Arthropoden als die Schadinsekten. So zeigt beispielsweise Tabelle 16.1, daß die meisten Breitspektruminsektizide hochgradig toxisch für Honigbienen sind, und damit die Bestäubung von

Nutzpflanzen – zum Beispiel Mandeln, Äpfeln, Aprikosen, Melonen, Saat-Luzerne – sowie den Lebensunterhalt von Imkern gefährden. Mehr als 50 % der ganz erheblichen Verluste von Bienenvölkern in Kalifornien sind auf Pestizide zurückzuführen (Flint und van den Bosch 1981).

Das Wirkungsspektrum von Herbiziden ist im allgemeinen auf Pflanzen beschränkt – manche Herbizide können allerdings auch für den Menschen toxisch sein.

Das breite Wirkungsspektrum von Herbiziden wurde im allgemeinen als nicht so großes Problem betrachtet wie das von Insektiziden. Ein wichtiger Grund hierfür ist, daß viele Herbizide sich recht spezifisch auf die physiologischen Vorgänge von Pflanzen auswirken, für die es in der Physiologie von Tieren keine Entsprechung gibt. Eine Reihe von Herbiziden – etwa Diquat und Paraquat – ist jedoch sehr giftig für Säugetiere, so daß bei ihrer Anwendung große Vorsicht geboten ist (insbesondere da es in diesen Fällen keine bekannten Gegenmittel gibt). Zudem begann in den sechziger Jahren eine Kontroverse über die möglichen Auswirkungen von 2,4,5-T und 2,4-D, die zwischen 1962 und 1970 kombiniert (als „Agent Orange") zur Entlaubung von Sümpfen und Wäldern in Südvietnam eingesetzt wurden, auf die menschliche Gesundheit. Später deuteten weitere Studien nachdrücklich auf carcinogene Auswirkungen von 2,4-D hin, dem aktiven Bestandteil von mehr als 1 500 Herbizidprodukten, die von Landwirten und Kleingärtnern angewandt wurden (Miller 1988).

Die Anwendung von Herbiziden mit breitem Wirkungsspektrum hat zum Aussterben mancher Nicht-Unkrautarten geführt.

Natürlich wirken sich die meisten Maßnahmen zur Unkrautbekämpfung auf ein viel breiteres Spektrum an Pflanzen als die Zielart aus. Infolgedessen verschwanden viele attraktive Arten, denen nie Bedeutung als Unkräuter zukam. So gerieten in England Arten wie der Rittersporn *Delphinium ajacis*, das Herbstadonisröschen (*Adonis annua*), die Kornrade (*Agrostemma githago*) und die Kornblume (*Centaurea cyanus*) an den Rand des Aussterbens und sind nur noch in den kleinbäuerlichen Landwirtschaftsflächen Osteuropas häufig.

16.6.2 Wiederanstieg von bekämpften Schädlingen *(pest resurgence)*

Die unbeabsichtigte Wirkung von Breitbandinsektiziden auf die Feinde des Schädlings kann zu einer anschließenden Massenvermehrung führen.

Die Auswirkungen eines Insektizids auf die natürlichen Feinde (unter den Arthropoden) eines Schadinsekts sind von besonderer Bedeutung. Abgesehen von dem bedauerlichen Verlust an natürlicher Diversität harmloser Arten mag dies nicht allzu schwerwiegend erscheinen. Es kann jedoch zwei äußerst bedeutungsschwere Folgen haben – was auch häufig der Fall war. Erstens kann die Schädlingspopulation einige Zeit nach dem anfänglichen Rückgang der Abundanz durch Anwendung eines Insektizids, wieder ansteigen. Zu diesem Effekt kommt es, wenn durch die Behandlung nicht nur eine große Zahl von Schädlingen, sondern auch viele ihrer natürlichen Feinde abgetötet werden. Wenn dann irgendwelche Schädlingsindividuen überleben (weil sie resistent sind oder einfach Glück hatten) oder in das Gebiet einwandern, finden sie dort ein üppiges Nahrungsangebot, aber wenige – wenn überhaupt – natürliche Feinde vor. Eine neue **Massenvermehrung** ist die logische Folge.

Schädlingspopulationen sind häufig durch eine hohe Vermehrungs- und Ausbreitungsrate charakterisiert.

Warum ist es aber die Schädlingspopulation, die sich wieder erholt? Dafür gibt es vor allem zwei Gründe. Erstens brauchen die Feinde zwar den Schädling für ihr eigenes Populationswachstum, aber der Schädling braucht natürlich nicht die Feinde: Die Populationen der Feinde folgen der Schädlingspopulation daher immer mit einer gewissen Verzögerung. Der zweite, weniger offensichtliche Grund betrifft Merkmale, die eine Art überhaupt erst zum Schädling machen. Ungeachtet der in Abschnitt 16.2 angeführten Eigenschaften gehört dazu sicherlich oft die Fähigkeit zur raschen Vermehrung, wenn eine Nahrungsquelle verfügbar wird, sowie die Befähigung, eine solche Nahrungsquelle schnell zu finden (das heißt eine gute Ausbreitungsfähigkeit). Daher vermögen sich Schädlinge vermutlich von Natur aus rasch zu erholen. Als man beispielsweise die Kohlblattlaus (*Brevicoryne brassicae*) in England erstmals mit Para-oxon bekämpfte, wurden dadurch anfänglich sehr viele Tiere abgetötet. Die gleichzeitige Vernichtung ihrer natürlichen Feinde führte aber innerhalb von nur zwei Wochen zur größten je in England erlebten Massenvermehrung dieser Blattlaus (Ripper 1956).

16.6.3 Massenvermehrungen von Sekundärschädlingen

Die unbeabsichtigte Vernichtung von natürlichen Feinden kann zur Massenvermehrung von Sekundärschädlingen führen.

Wenn natürliche Feinde vernichtet werden, sind es nicht immer nur die bekämpften Schädlinge, die sich erholen. Neben dem tatsächlichen Schädling gibt es vermutlich immer eine Reihe potentieller Schädlingsarten, die nur deshalb nicht als Schädlinge auftreten, weil sie durch ihre natürlichen Feinde unter Kontrolle gehalten werden. Wenn nun ein **Primärschädling** mit einem Insektizid bekämpft wird, das ein breites Spektrum an Räubern und Parasitoiden vernichtet, kann es sein, daß andere Arten ihr Potential realisieren und zu **Sekundärschädlingen** werden.

Ein eindringliches Beispiel hierfür sind die Baumwollschädlinge in Mittelamerika (Flint und van den Bosch 1981). Im Jahre 1950, als die großangelegte Anwendung von organischen Pestiziden begann, gab es zwei Hauptschädlinge: Den Mexikanischen Baumwollkapselkäfer (*Anthonomus grandis*) und die Amerikanische Baumwollblattraupe (*Alabama argillacea*). Mit chlorierten Kohlenwasserstoffen und Organophosphaten erzielte man bei fünfmaliger Anwendung pro Jahr anfänglich beeindruckende Resultate, und die Ernten stiegen steil an. Um 1955 waren jedoch drei Sekundärschädlinge aufgetreten: Der Amerikanische Baumwollkapselwurm (*Heliothis zea*), die Grüne Gurkenblattlaus (*Aphis gossypii*) und der Kolumbianische Baumwollkapselwurm (*Sacadodes pyralis*). Also erhöhte man die jährliche Anwendungsrate auf acht- bis zehnmal. Dadurch konnte man zwar die Probleme mit der Laus und *Sacadodes* verringern, aber es tauchten fünf weitere Sekundärschädlinge auf. In den sechziger Jahren waren aus den ursprünglich zwei Schädlingsarten acht geworden – und man wandte durchschnittlich 28mal pro Jahr Insektizide an.

In größerem Maßstab kann man auch die Veränderungen im Unkrautbefall insgesamt als Beispiel für die Massenvermehrung von Sekundärschädlingen betrachten. Die bis zu den sechziger Jahren verwendeten Herbizide wirkten, sofern sie überhaupt selektiv waren, vor allem gegen zweikeimblättrige Unkräuter. Dadurch erlangten in den siebziger Jahren monokotyle Unkräuter (Gräser) größere Bedeutung, so daß man begann, mehr Herbizide zu produzieren, die selektiv gegen Gräser wirkten (Lockhart et al. 1982).

16.6.4 Die Evolution von Resistenzen

Dieses letzte Problem ist in vielerlei Hinsicht das schwerwiegendste überhaupt. Selbst vor dem Einsatz organischer Pestizide traten gelegentlich schon **Resistenzen** gegen ein Insektizid auf. So fand man beispielsweise 1914 Populationen der San-José-Schildlaus (*Quadraspidiotus perniciosus*), eines weltweit sehr bedeutenden Schädlings an Obstbäumen, die resistent gegen Schwefelkalkbrühe waren. Trotzdem erkannte man in den frühen Jahren des Zeitalters der Pestizide die enorme Bedeutung dieses Problems nicht und ignorierte oft genug seine Existenz – obwohl bereits 1946 vom ersten Fall von DDT-Resistenz berichtet wurde – bei Stubenfliegen (*Musca domestica*) in Schweden.

Die Entwicklung von Pestizidresistenzen ist Ausdruck einer aufgrund des hohen Selektionsdruckes schnellen natürlichen Selektion.

Bei der Evolution von Pestizidresistenz handelt es sich einfach um schneller als normal ablaufende natürliche Selektion an einem besonders augenfälligen Merkmal. Tatsächlich liefert uns die Pestizidresistenz einige unserer besten Beispiele für Evolution in Aktion (Roush und McKenzie 1987). In einer großen Population, die einem Pestizid ausgesetzt ist, sind vielleicht ein oder wenige Individuen ungewöhnlich resistent (weil sie möglicherweise ein Enzym besitzen, welches das Pestizid entgiften kann). Existieren solche Individuen von Beginn an, so kann sich die Resistenz sofort in der Population ausbreiten. Entstehen sie erst in der Folge durch Mutation, dann kommt es zu einer zeitlichen Verzögerung der evolutionären Reaktion, bevor es zufällig zu dieser Entwicklung kommt. In jedem Fall haben die resistenten Individuen eine bessere Chance zu überleben und sich fortzupflanzen, und bei wiederholter Anwendung des Insektizids wird jede nachfolgende Generation einen größeren Anteil an resistenten Individuen umfassen. Durch weitere Mutationen kann sich die Resistenz noch weiter erhöhen. Im Laufe der Generationen können sich somit sowohl der Anteil resistenter Individuen als auch das Ausmaß der Resistenz erhöhen. Weil Schädlinge häufig eine hohe spezifische Reproduktionsrate aufweisen, können einige wenige Individuen einer Generation Hunderte oder Tausende der nächsten hervorbringen, wodurch die Resistenz sich sehr rasch in einer Population ausbreiten kann.

Häufig entwickelt sich Kreuzresistenz, das heißt Resistenz auch gegenüber Pestiziden mit vergleichbaren Wirkungsmechanismen.

Den Umfang dieses Problems veranschaulicht Abbildung 16.4; sie zeigt die exponentielle Zunahme der Zahl insektizidresistenter Insektenarten. Weltweit gab es 1987 nahezu 500 Insektenarten, 150 Pflanzenpathogene, 50 Pilzarten, mehr als 50 Unkrautarten und zehn kleine Nagetierarten (zumeist Ratten) mit resistenten Rassen gegen ein oder mehrere Pestizide (Miller 1988). Verschlimmert wurden diese Probleme noch durch **Kreuzresistenz**, wodurch gegen ein Pestizid resistente Arten auch gegen andere mit ähnlicher Wir-

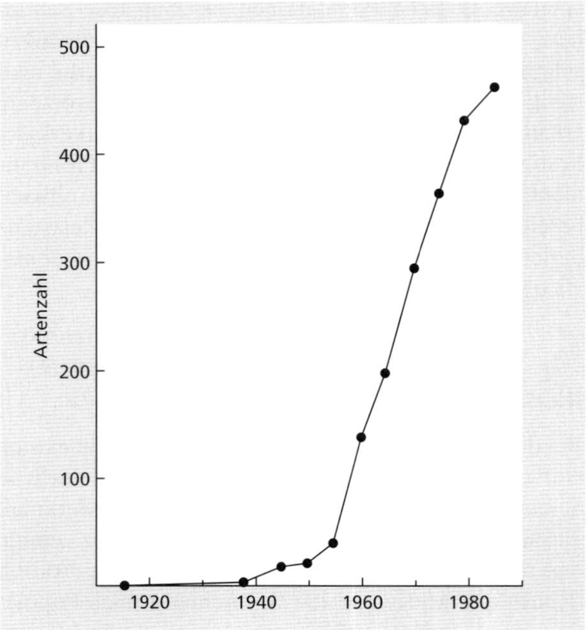

16.4 Der Anstieg der Zahl der Insektenarten mit nachgewiesener Resistenz gegenüber mindestens einem Insektizid. (Nach Metcalf 1980; Miller 1988)

kungsweise Resistenz zeigen, weil sie diese entgiften oder ihnen auf andere Weise widerstehen können. Tatsächlich sind alle in großen Mengen angewandten Insektizide Nervengifte, die nur auf drei Ziele einwirken. So tendieren beispielsweise gegen Lindan resistente Insekten zur Toleranz gegenüber Dieldrin, und gegen Parathion resistente Insekten tolerieren Malathion. Andererseits können sich Insektizide selbst bei gleichem Ziel in ihrer Wirkungsweise unterscheiden, so daß es nicht zu einer Kreuzresistenz kommt.

Entwickeln sich Resistenzen einer Art gegenüber Agenzien unterschiedlicher Wirkungsweisen, so spricht man von multipler Resistenz.

Weitaus schwerwiegender ist jedoch noch die **multiple Resistenz**, also die Resistenz von Arten gegenüber verschiedenen Pestiziden mit ganz unterschiedlicher Wirkungsweise. So hat beispielsweise die Stubenflige (*Musca domestica*) weltweit eine Resistenz gegenüber praktisch allen gegen sie angewandten Chemikalien entwickelt, darunter auch viele der modernen synthetischen Pyrethroide und das Juvenilhormon-Analogon Methopren. Der Amerikanische Baumwollkapselwurm (*Heliothis zea*) und die Amerikanische Tabakeule (*H. virescens*) hingegen entwickelten nach und nach Resistenzen gegen DDT, Toxaphen, Endrin, Methylparathion, EPN, Carbaryl und zuletzt auch gegen synthetische Pyrethroide (Metcalf 1980).

Die Herbizidresistenz entwickelte sich viel langsamer als die Pestizidresistenz (siehe die Übersicht von Putwain 1989). Das erste bestätigte Auftreten erfolgte im Jahre 1968 im US-Bundesstaat Washington, als in einer Baumschule eine gegen Triazin resistente Variante eines Greiskrautes auftauchte. Innerhalb weniger Jahre häuften sich die Berichte über Triazinresistente Unkräuter in den USA, Kanada und Westeuropa. In der Folge wurden Triazin-resistente Unkräuter auch in Osteuropa und Israel häufig und treten nun auch in Australien und Neuseeland auf. In fast allen Fällen wurden im gleichen Gebiet über fünf bis zehn Jahre oder länger beständig 1,3,5-Triazin-Herbizide angewandt.

Fälle von Resistenz gegen andere Herbizide als Triazine traten langsamer auf. Während der achtziger Jahre wurden Resistenzen gegen ein breiteres Spektrum an Chemikalien weltweit jedoch immer häufiger. So entwickelten mindestens acht Arten eine Resistenz gegenüber Paraquat. Bei Paraquat handelt es sich zwar um ein nicht beständiges Herbizid, durch wiederholte Anwendung in jeder Wachstumsperiode erzeugten die Pflanzenbauer aber einen hohen Selektionsdruck zugunsten einer Resistenz. Somit entwickelte sich die Resistenz gegen Paraquat trotz der ursprünglichen Erwartung, sie sei unwahrscheinlich.

Resistenzmanagement setzt auf die seltenere Anwendung eines Pestizids, beispielsweise durch Abwechseln von Pestiziden unterschiedlicher Wirkungsweisen, und Erhöhen der Konzentration in manchen Fällen, um auch heterozygote Schädlinge abzutöten und damit die Entwicklung von Resistenzen zu umgehen.

Eine Antwort auf das Problem der Pestizidresistenz ist die Entwicklung von Strategien zum Umgang mit solchen Resistenzen (**Resistenzmanagement**). Bisher bestanden diese vor allem aus zwei Stufen (Roush und McKenzie 1987): Erstens die seltenere Anwendung eines bestimmten Pestizids, um dem Schädling einige Generationen lang keine Möglichkeit zur Entwicklung von Resistenzen zu geben. Dies kann beispielsweise durch Verwendung einer Reihe von Pestiziden mit unterschiedlichen Zielorten oder Wirkungsweisen in wiederholter Folge geschehen. Zweitens sollten die Pestizide in einer ausreichenden Konzentration angewandt werden, um für das Resistenzgen heterozygote Individuen abzutöten, da sie die Träger der Resistenzgene bei seltenen Resistenzen sind. Eine weitere Komplikation ergibt sich jedoch aus der Tendenz, daß Arten, die zwar nicht Ziel der Bekämpfung, aber dennoch schädlich sind, eine Resistenz als Nebenprodukt der Behandlung der Zielart entwickeln, denn diese Arten an der ökologischen Peripherie des behandelten Gebiets sind im allgemeinen nur einer geringeren Dosis des Pestizids ausgesetzt, so daß möglicherweise die Heterozygoten überleben können. Im Falle der beschriebenen Baumwollschädlinge in Mittelamerika zeigte der Malariaüberträger *Anopheles albima-*

nus eine viel höhere Insektizidresistenz in Baumwollanbau- als in anderen Gebieten.

Somit sind die Probleme der Resistenz, der Erholung der bekämpften Arten und der Massenvermehrung von Sekundärschädlingen häufig mit vorhersehbarer, aber in vieler Hinsicht bedauerlicher Reaktion eingetreten: Die Anwendung von mehr und anderen Pestiziden führte zu weiterer Resistenz, weiterer Erholung, weiteren Sekundärschädlingen und somit letztendlich zu mehr Pestiziden, mehr Problemen und höheren Ausgaben, wie wir bei der Baumwolle in Mittelamerika sahen. Dies wurde als „Pestizid-Zwickmühle" bezeichnet – wenn Bauern (oder wer auch immer) erst einmal darin sind, ist es für sie schwierig, wieder herauszukommen (Flint und van den Bosch 1981).

16.7 Der Wert chemischer Pestizide

Vorteile der chemischen Pestizide aus heutiger Sicht: Die Entwicklung bleibt den Schädlingen einen Schritt voraus, sie werden mit zunehmender Vorsicht angewandt, das Kosten-Nutzen-Verhältnis bleibt positiv, und für viele Probleme gibt es keine günstigere Alternative.

Wenn Pestizide nichts als Probleme mit sich gebracht hätten, würden sie natürlich schon längst nicht mehr so verbreitet angewendet werden – ungeachtet der Werbung und anderer Druckmittel durch die Herstellerfirmen. Aber das ist nicht der Fall. Statt dessen ist ihre Produktionsrate trotz der Probleme rasch angestiegen. Dafür gibt es vier Hauptgründe.

1) Bisher ist es den Chemiefirmen – allgemein ausgedrückt – gelungen, den Schädlingen immer mindestens einen Schritt voraus zu sein. Tatsächlich kann man die Entwicklungen in jüngerer Zeit als direkte Reaktionen auf die Probleme der Vergangenheit ansehen, zum Beispiel bei den Insektiziden mit einem Schwerpunkt auf synthetischen Pyrethroiden, Wachstumsregulatoren und semiochemischen Substanzen.
2) Die Pestizide selbst sind mit zunehmender Vorsicht angewandt worden. Viele werden heute als integraler Bestandteil einer vielfältigeren Abwehr gegen die Schädlinge eingesetzt und sollen diese weder völlig ausrotten, noch werden sie nach einem vorgefertigten Plan ungeachtet der Schädlingsdichte angewandt, sondern nur, wenn die Bekämpfungsschwelle überschritten und damit die ökonomische Schadensschwelle gefährdet ist. Diese Ansätze werden später unter „integriertem Pflanzenschutz" diskutiert.
   Weiterhin sind die Methoden der Rezeptur und Anwendung von Pestiziden selbst zunehmend auf eine spezifische Wirkung gegen die Zielarten ausgerichtet. Das ist besonders wichtig. Bei herkömmlicher Anwendung von Insektiziden rechnet man beispielsweise typischerweise damit, daß nur 1 % des Insektizids die Zielart erreicht (Metcalf 1980).
3) Trotz der ständig steigenden Kosten für Pestizide – eine Folge ihrer zunehmenden Komplexität (wodurch die Entwicklungs- und Produktionskosten ansteigen) und steigender Ölpreise – blieb das Kosten-Nutzen-Verhältnis für den Anwender positiv. So schätzten beispielsweise Pimentel et al. (1978), daß der Einsatz von Insektiziden in der Landwirtschaft der USA pro ausgegebenem Dollar rund fünf Dollar Gewinn brachte, während Metcalf (1980) für einen speziellen Fall, die Verwendung von Carbofuran zur Bekämpfung von Gurkenkäfern (*Diabrotica* spp.) auf Mais (*Zea mays*) in den USA, das Kosten-Nutzen-Verhältnis auf 1.00 zu 3.12 Dollar schätzt. Das Bild ändert sich, wenn der Versuch unternommen wird, die sozialen Kosten des Pestizideinsatzes (das heißt die Auswirkungen auf die allgemeine Gesundheit und die Kosten für gesetzliche Regelungen) ökonomisch zu bewerten. Dann liegt das Kosten-Nutzen-Verhältnis für die Landwirtschaft der USA bei rund 1.00 zu 2.40 Dollar (Pimentel 1979). Um dies im richtigen Licht zu sehen, sei darauf verwiesen, daß die Einsparungen durch die biologische Schädlingsbekämpfung (siehe Abschnitt 16.8) in den USA auf rund 30 Dollar pro investiertem Dollar geschätzt werden (Miller 1988), und durch kulturtechnische Bekämpfung (wie Fruchtwechsel – siehe Abschnitt 16.9) zwischen 30 und 300 Dollar pro ausgegebenem Dollar (Pimentel 1993). Natürlich müssen in Chemikalien sehr viele Millionen Dollar mehr investiert werden als in die biologische oder kulturtechnische Schädlingsbekämpfung. Dennoch lassen sich bei der Verwendung von Chemikalien gesunde Erträge erzielen. Kurzum, was die Ökonomie der Nahrungsproduktion angeht, erfüllen Pestizide ihre Funktion.
   Sie erfüllten ihre Funktion – zumindest in der Vergangenheit – auch als Mittel zur Bekämpfung von Krankheiten. So bewahrten die chlorierten Kohlenwasserstoffe trotz all der mit ihnen einhergehenden Probleme seit 1947 sieben Millionen Menschen vor dem Tod durch Krankheiten, oder, um ein spezielles Beispiel anzuführen, befreiten mehr als eine Milliarde Menschen vor dem Risiko einer Erkrankung an Malaria (Miller 1988).
   Durch die Verwendung von Herbiziden wurden nicht nur direkte wirtschaftliche Gewinne erzielt (durch kleinere Unkrautpopulationen und damit geringere Ernteverluste). Die Ablösung der Hacke als wichtigstes Mittel zur Unkrautbekämpfung machte es auch möglich, Nutzpflanzen ohne Störung des Bodens anzubauen, und dies hatte Einspa-

rungen an Arbeitskraft, Maschineneinsatz, Treibstoff und Kapitalinvestitionen zur Folge und bewahrte zugleich die Bodenfeuchtigkeit.

4) Es gibt bestimmte Situationen, in denen das Kosten-Nutzen-Verhältnis durch die sozialen Umstände und die Einstellung der Menschen besonders stark zugunsten chemischer Pestizide verschoben ist. Die Konsumenten der wohlhabenderen Länder beispielsweise haben dies dahingehend beeinflußt, indem sie stets nach makellosen Nahrungsmitteln verlangen. Das bedeutet, daß Schädlinge eher ausgerottet werden müssen, um ästhetischen oder kosmetischen Ansprüchen zu genügen, statt sie einfach auf einen Level zu reduzieren, bei dem die Einbußen an Nährwert vernachlässigbar sind. Da Chemikalien in der Regel in dichteunabhängiger Weise wirken, die meisten natürlichen Feinde vermutlich hingegen dichteabhängig, werden Chemikalien in der Regel die einzigen Mittel sein, um Schädlinge auszurotten – und damit makellose Nahrungsmittel zu erzeugen.
   In vielen ärmeren Ländern hat die Aussicht auf eine bevorstehende Hungerkatastrophe oder eine Epidemie einer von Insekten übertragenen Krankheit oft dazu geführt, daß die negativen Folgen der Pestizidanwendung ignoriert wurden, auch wenn sie beträchtlich waren, weil der Preis an Menschenleben, die durch Nahrungsmangel oder unkontrollierte Seuchen verlorengehen, so hoch ist, daß die sozialen Kosten und gesundheitlichen Einbußen des Chemikalieneinsatzes vernachlässigt wurden. Daher werden in vielen armen Ländern verbreitet toxische, aber relativ billige Chemikalien angewandt, die im Heimatland der Herstellerfirma verboten sind oder deren Einsatz zumindest beschränkt ist. Andererseits sterben jährlich schätzungsweise rund 21 000 Menschen an Pestizidvergiftung (Copplestone 1977).

Angesichts der Nachteile der Anwendung chemischer Pestizide, wie breites toxisches Wirkungsspektrum, Sekundärschädlinge und eskalierende Kosten, werden Alternativen gesucht.

Zusammenfassend kann man daher zugunsten der chemischen Pestizide feststellen, daß sie in der Vergangenheit ihre Funktion erfüllten, wenn man es nach objektiven Maßstäben wie „gerettete Menschenleben“, „Nahrungsproduktion insgesamt“ und „ökonomische Effizienz der Nahrungsproduktion“ beurteilt, und daß dies infolge der Fortschritte bei der Produktion neuer Pestizide und ihrer Anwendung auch weiterhin der Fall ist. Wir haben jedoch ebenfalls gesehen, daß viele der Nachteile der Chemikalien – breites toxisches Wirkungsspektrum, Sekundärschädlinge, Resistenzen, eskalierende Kosten – nicht zu leugnen sind. So kann stets nur dann zugunsten der chemischen Bekämpfung entschieden werden, wenn die dadurch entstehenden Vorteile die bedauerlichen Nachteile nachweislich überwiegen. Außerdem liegen diese Nachteile – und das ist vielleicht am bedeutendsten – in der Natur der Sache, und neue, bessere Chemikalien können die Auswirkungen dieser Nachteile nur verzögern oder verringern (wenn auch vermutlich zu höheren Kosten), aber sie können sie kaum je überwinden. Die Frage lautet daher, ob es Alternativen gibt, welche die Chemikalien ersetzen oder zusammen mit ihnen angewandt werden können, oder nicht. Dieser Frage wollen wir uns als nächstes zuwenden.

16.8 Biologische Schädlingsbekämpfung

Bei der biologischen Schädlingsbekämpfung werden natürliche Feinde nach Prinzipien des Einführens, der Inokulation, der Wirkungsverstärkung und der Überschwemmung eingesetzt.

Der Begriff **biologische Schädlingsbekämpfung** (*biological control*) wurde zeitweise für praktisch alle Pflanzenschutzmaßnahmen außer auf die nicht-selektive Anwendung chemischer Pestizide verwendet, sollte aber auf den Einsatz natürlicher Feinde im Pflanzenschutz beschränkt bleiben (Waage und Greathead 1988). Es gibt vier Formen biologischer Schädlingsbekämpfung:

1) Das **Einführen eines natürlichen Feindes** aus einem anderen geographischen Gebiet – sehr oft aus dem Herkunftsgebiet des Schädlings, bevor er zum Schädling wurde – zur dauerhaften Ansiedlung mit dem Ziel, die Schädlingspopulation auf lange Sicht unterhalb ihrer ökonomischen Schadensschwelle zu halten. Dies bezeichnet man oft als **klassische biologische Schädlingsbekämpfung**.
2) Die **Inokulation** verläuft ähnlich, erfordert aber das periodische Freisetzen eines Kontrollorganismus an Stellen, an denen er sich nicht das ganze Jahr über anzusiedeln vermag, mit dem Ziel, den Schädling nur für eine oder mitunter einige wenige Generationen zu bekämpfen.
3) Bei der **Wirkungsverstärkung** (*augmentation*) werden einheimische natürliche Feinde freigesetzt, um eine existierende Population zu ergänzen; sie wird daher in der Regel wiederholt durchgeführt, im typischen Fall, um eine Periode besonders raschen Wachstums der Schädlingspopulation zu verhindern.
4) Schließlich die **Überschwemmung** (*inundation*), das Freisetzen einer großen Zahl eines natürlichen Feindes mit dem Ziel, die derzeit vorhandenen Schädlinge zu töten, aber ohne die Erwartung einer langfristigen Bekämpfung, weil die Popula-

tion des Kontrollorganismus zunimmt oder sich halten kann. Analog zur Verwendung von Chemikalien bezeichnet man auf diese Weise eingesetzte Kontrollorganismen als **biologische Pestizide**.

Bis jetzt wurden fraglos hauptsächlich Insekten zur biologischen Bekämpfung von Schadinsekten (wobei sich Parasitoide als besonders nützlich erwiesen) und Unkräutern eingesetzt. Tabelle 16.2 faßt zusammen, in welchem Umfang und mit welchem Erfolg sie verwendet wurden, das heißt in wie vielen Fällen die Ansiedlung eines Kontrollorganismus die Notwendigkeit anderer Bekämpfungsmaßnahmen stark reduzierte oder gänzlich aufhob (Waage und Greathead 1988).

Die Orangenschildlaus ist ein klassischer Fall der Bekämpfung durch Einführen eines Feindes.

Das wahrscheinlich beste Beispiel für klassische biologische Schädlingsbekämpfung ist selbst ein Klassiker. Sein Erfolg kennzeichnete den Beginn der biologischen Schädlingsbekämpfung im modernen Sinne. Die Orangenschildlaus (*Icerya purchasi*) wurde erstmals 1868 als Schädling in kalifornischen Zitrushainen entdeckt. Im Jahre 1886 hatte sie die Zitrusindustrie an den Rand des Zusammenbruchs gebracht. Potentielle Schädlingsbekämpfer initiierten eine weltweite Korrespondenz, um die natürliche Heimat und die natürlichen Feinde dieser Schildlaus festzustellen. 1887 erhielten sie einen Bericht aus Adelaide in Südaustralien über das Vorkommen offenbar natürlicher Populationen zusammen mit einer parasitischen Fliege der Gattung *Cryptochaetum*. So wurde 1888 der Entomologe Koebele nach Australien geschickt, um diese Parasitiode für die Einfuhr nach Kalifornien zu sammeln. Doch trotz seiner Sachkenntis und einer ausgedehnten Suche in ganz Australien mußte Koebele erkennen, daß sowohl die Schildlaus als auch ihr Parasitoid schwer zu finden waren. Schließlich war er doch noch erfolgreich – aber er stieß auch auf den Marienkäfer *Rodolia cardinalis*, der sich von den Schildläusen ernährte. Auf seiner Heimreise besuchte er Neuseeland und fand heraus, daß die Käfer recht gut von den Schildläusen leben konnten. Daher verschickte er alles in allem rund 12 000 *Cryptochaetum* und etwa 500 *Rodolia* nach Kalifornien. Anfangs schienen die Parasitoide nach der Freilassung einfach verschwunden zu sein, die räuberischen Käfer machten hingegen eine solch explosionsartige Massenvermehrung durch, daß Ende 1890 der gesamte Schildlausbefall unter Kontrolle war. Dieser Erfolg wurde zwar größtenteils oder sogar ganz dem Käfer zugeschrieben, wie sich aber auf lange Sicht herausstellte, hielten die Käfer die Schildläuse vor allem im Inland unter Kontrolle, während *Cryptochaetum* an der Küste den größten Anteil an der Bekämpfung hatte und noch hat (Flint und van den Bosch 1981).

Natürliche Feinde finden sich im Herkunftsgebiet eines Schädlings beziehungsweise seiner Futterpflanze.

Dieses Beispiel veranschaulicht eine Reihe wichtiger allgemeiner Punkte. Arten werden häufig ganz einfach deswegen zu Schädlingen, weil sie durch Besiedlung eines neuen Gebiets der Kontrolle ihrer natürlichen Feinde entgehen. Die Situation ist im typischen Fall folgendermaßen: Die meisten Nutzpflanzen wurden in den größten Teil ihrer heutigen Anbaugebiete eingeführt (siehe Kapitel 2). Dabei folgten ihnen häufig ihre Schädlinge. Wir brauchen daher meist nur in das Herkunftsgebiet der Pflanzen zurückzugehen, um die natürlichen Feinde der Schädlinge zu finden. Die biologische Schädlingsbekämpfung durch Einführung ist somit im wesentlichen die Wiederherstellung des Status quo. Damit sie Erfolg hat, sind die klassischen Fähigkeiten der Entomologen gefragt, den Schädling in seinem natürlichen Lebensraum zu finden, aber ganz besonders, seine natürlichen Feinde ausfindig zu machen und zu bestimmen. Das kann oft eine schwierige Aufgabe sein, insbesondere, wenn der oder die natürlichen Feinde wegen ihrer Wirksamkeit potentiell von Interesse sind, da sie in diesem Fall die Schädlingspopulation wahrscheinlich in ihrem natürlichen Lebensraum auf niedrigem Level halten und daher selbst selten sind. Dennoch kann das Kosten-Nutzen-Verhältnis sehr vorteilhaft sein. Im Falle der Orangenschildlaus wurde die biologische Bekämpfung in der Folge in 50 weiteren Ländern übernommen – mit enormen Gewinnen: Die Auslagen, einschließlich der

Tabelle 16.2: Eine Übersicht über die Verwendung von Insekten zur biologischen Bekämpfung von Schadinsekten und Unkräutern (Nach Waage und Greathead 1988)

	Schadinsekten	Unkräuter
Kontrollarten	563	126
Schädlingsarten	292	70
Länder	168	55
Fälle, in denen sich der Kontrollorganismus etablierte	1 063	367
bedeutende Erfolge	421	113
Erfolge als Prozentsatz der Ansiedlungen	40	31

Gehälter, betrugen rund 5 000 Dollar. Zusätzlich verdeutlicht dieses Beispiel, wie wichtig es ist, mehrere natürliche Feinde, die sich möglichst ergänzen, zur Bekämpfung eines Schädlings anzusiedeln. Schließlich kann auch die klassische biologische Schädlingsbekämpfung – wie die natürliche Kontrolle – durch Chemikalien aus dem Gleichgewicht gebracht werden. Der erste Einsatz von DDT in kalifornischen Zitrushainen in den Jahren 1946/47 gegen die Schildlaus *Coccus pseudomagnoliarum* führte zu einer Massenvermehrung der (zu diesem Zeitpunkt) seltenen Orangenschildlaus, weil das DDT den *Rodolia*-Käfer fast ausrottete. Daraufhin wurde die Anwendung von DDT eingestellt (Metcalf 1980).

Inokulation von Insekten als natürliche Feinde wird hauptsächlich beim Anbau von Nutzpflanzen in Gewächshäusern angewandt.

Die Inokulation als biologische Bekämpfungsmaßnahme wird verbreitet zur Kontrolle von Arthropoden in Gewächshäusern eingesetzt, wo am Ende der Wachstumsperiode die Nutzpflanzen zusammen mit ihren Schädlingen und natürlichen Feinden entfernt werden (van Lenteren und Woets 1988). Die beiden Arten, die hierbei am verbreitetsten als natürliche Feinde eingesetzt werden, sind die Raubmilbe *Phytoseiulus persimilis*, die sich von der Spinnmilbe *Tetranychus urticae*, einem Gurken- und Gemüseschädling, ernährt, sowie die Erzwespe *Encarsia formosa*, ein Parasitoid der Weißen Fliege (*Trialeurodes vaporariorum*), die vor allem an Tomaten und Gurken als Schädling auftritt. *Encarsia formosa* wurde in den dreißiger Jahren vielfach eingesetzt, aber nicht mehr weiter verbreitet, als die ersten organischen Insektizide eingeführt wurden. Als jedoch Ende der sechziger und Anfang der siebziger Jahre die Probleme mit den Chemikalien immer offenkundiger wurden, entdeckte man wieder ihre Bedeutung – zusammen mit der von *P. persimilis*. In Westeuropa wurden 1985 rund 500 Millionen Individuen jeder Art zur Freilassung gezüchtet. Mit der Freilassung wartet man in der Regel, bis wirklich die ersten Schädlinge beobachtet werden. Die zunehmende Anwendung dieser beiden Arten (Abbildung 16.5) ist wohl der beste Beweis für ihre Effizienz (van Lenteren und Woets 1988).

Mikrobielle Insektizide bieten den Vorteil eines schmalen Wirkungsspektrums.

In jüngster Zeit konzentrierte sich die Aufmerksamkeit bei der Bekämpfung von Schadinsekten zunehmend auf den Einsatz von Insektenpathogenen, vor allem in Form von **mikrobiellen Insektiziden** (also durch Überschwemmung). Die folgende Beschreibung ihrer Anwendung beruht auf derjenigen von Payne (1988).

Rund 100 Arten für Insekten pathogener Bakterien hat man bisher identifiziert, aber nur dreien davon wurde bedeutende Beachtung geschenkt. Diese konzentrierte sich weitgehend auf nur eine Art, *Bacillus thuringiensis* – dem einzigen mikrobiellen Kontrollorganismus, der weltweit in großem Maßstab kommerzialisiert wurde. Er läßt sich leicht auf einem künstlichen Nährmedium züchten. Nach der Aufnahme durch Insektenlarven setzen Verdauungssäfte starke Toxine frei, die innerhalb von 30 Minuten bis drei Tagen nach der Aufnahme zum Tod führen. Bemerkenswerterweise gibt es von *B. thuringiensis* eine Reihe von Varietäten (oder „Pathotypen"), darunter spezifisch gegen Lepidopteren (viele Landwirtschaftsschädlinge), Dipteren, insbesondere Moskitos und Kriebelmücken (Überträger von Malaria und Onchocercose) und Käfer (viele Landwirtschafts- und Vorratsschädlinge) wirkende. *B. thuringiensis* wird inundativ als mikrobielles Insektizid eingesetzt. Seine Vorteile sind seine starke Toxizität für die Schadinsekten bei gleichzeitiger Ungiftigkeit gegen Organismen außerhalb dieses engen Spektrums (darunter auch der

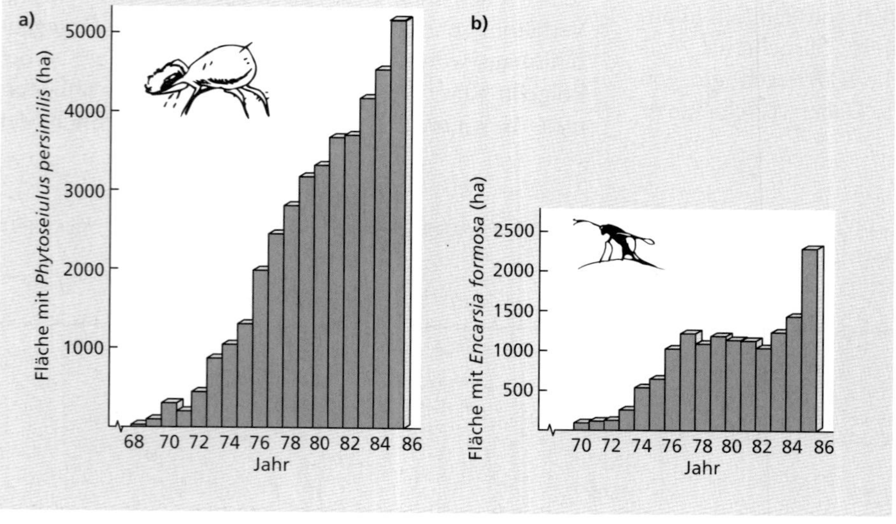

16.5 Die weltweite Zunahme biologischer Schädlingsbekämpfung in Gewächshäusern. a) Die Fläche, auf der *Phytoseiulus persimilis* zur Bekämpfung von *Tetranychus urticae* eingesetzt wird. b) Die Fläche, auf der *Encarsia formosa* zur Kontrolle von *Trialeurodes vaporariorum* verwendet wird. (Nach van Lenteren und Woets 1988)

Mensch und die meisten der natürlichen Feinde der Schädlinge).

Die als mikrobielle Insektizide eingesetzten Viren sind hauptsächlich gegen Lepidopteren und Hymenopteren wirksam.

Über 1 600 Viren wurden bisher isoliert, die bei mehr als 1 100 Insekten und Milbenarten Krankheiten hervorrufen. Von diesen fanden in erster Linie die Baculoviren (im wesentlichen die Kernpolyederviren und die Granuloseviren) Beachtung, eine Gruppe mit dem Vorteil, daß sie offenbar keine verwandtschaftliche Beziehung zu Viren hat, die Pflanzen oder Wirbeltiere befallen. Tatsächlich sind diese äußerst virulenten Viren, die vor allem als mikrobielle Insektizide eingesetzt werden, in ihrem Wirtsspektrum hauptsächlich auf Lepidopteren und Hymenopteren beschränkt, wobei einzelne Isolate in vielen Fällen gattungs- oder artspezifisch sind. Das sind große Vorteile in bezug auf die menschliche Sicherheit, den Schutz der natürlichen Feinde und so weiter. Es gibt aber insofern auch beträchtliche Nachteile, als es 1) oft nötig wäre, mehrere verschiedene Viren (im Gegensatz zu vielleicht nur einer Chemikalie) einzusetzen, wenn mehrere Schädlinge vorhanden sind; als 2) eine einzelne Zielart einen kleinen potentiellen Markt für ein Virus bedeutet, was eine Kommerzialisierung unattraktiv macht (je größer der Markt, desto größer die Profite). Ein weiterer Nachteil ist, daß sie im Verhältnis zu Chemikalien langsam wirken: Der Tod tritt erst drei oder vier Tage nach der Infektion ein. So konnte Payne (1988) seiner Ansicht nach nur 14 Insektenviren als realistische Kandidaten für die Bekämpfung von Schadinsekten auflisten, von denen zwei kommerziell gezüchtet und weitere fünf lokal gezüchtet und genutzt wurden.

Verschiedene Pilzarten werden als Insektizide eingesetzt – diese zeichnen sich durch ein breites Wirkungsspektrum aus.

Es gibt etwa 100 Pilzgattungen, die viele für Insekten pathogene Arten umfassen. Wiederum konzentrierte sich die Aufmerksamkeit auf nur einige wenige davon, vor allem die drei kommerziell gezüchteten: *Beauveria bassiana* (in der ehemaligen UdSSR zur Bekämpfung des Kartoffelkäfers (*Leptinotarsa decemlineata*) gezüchtet), *Metarhizium anisopliae* (in Brasilien gegen Schaumzikaden auf Zuckerrohr gezüchtet) und *Verticillium lecanii* (in Großbritannien gegen Blattläuse und Weiße Fliegen in Gewächshäusern gezüchtet). Diese und andere Arten weisen oft ein breites Wirtsspektrum an Insekten auf (obwohl verschiedene Varietäten einer Pilzart ein äußerst unterschiedliches Wirtsspektrum haben können. Anders als die Bakterien und Viren müssen sie im allgemeinen nicht vom Wirt aufgenommen werden, um diesen zu infizieren. Zur Infektion bedarf es allerdings der Keimung der Sporen (wodurch Hyphen gebildet werden, welche die Cuticula durchdringen), die in der Regel nur bei einer sehr hohen relativen Luftfeuchtigkeit (von über 92 %) erfolgt. Das begrenzt das Spektrum von Habitaten, in denen die Pilze ihre Wirkung entfalten können.

Nematoden werden aufgrund ihrer mutualistischen Beziehung mit insektenpathogenen Bakterien zur Bekämpfung von Schadinsekten im Boden verwendet.

Die letzte diesbezüglich bedeutende Gruppe sind die Nematoden (Fadenwürmer). Daß sie zu den „mikrobiellen" Kontrollorganismen gezählt werden, hängt mit der mutualistischen Beziehung einiger Arten mit insektenpathogenen Bakterien zusammen. In dieser Beziehung dringt zunächst der Nematode in ein Wirtsinsekt ein. Anschließend werden die Bakterien von ihm freigesetzt, vermehren sich und töten das Wirtsinsekt (gewöhnlich innerhalb von 48 Stunden nach der Invasion). Die Nematoden ernähren sich von den Bakterien, entwickeln und vermehren sich und zersetzen das Wirtsgewebe; schließlich wird eine neue Nematodengeneration mit Bakterien freigesetzt, die dann neue Wirte infizieren kann. Die Nematoden können in feuchtem Boden mehrere Monate lang überleben. Dies, ihre schnelle Wirkung und ihr breites Wirtsspektrum machen solche Nematoden und ihre Bakterien zu attraktiven Organismen zur selektiven Schädlingsbekämpfung. Sie sind das erste kommerziell erhältliche biologische Produkt zum Einsatz gegen Schadinsekten im Boden.

Bei der biologischen Bekämpfung von Unkräutern werden Pilze als Mykoherbizide oder herbivore Insekten eingesetzt.

Pathogene, insbesondere Pilze, wurden auch zur biologischen Bekämpfung von Unkräutern eingesetzt, sowohl in der klassischen Form als auch als Mykoherbizide (siehe Cullen und Hasan 1988). Das bedeutendste Beispiel war die Einführung des Rostpilzes *Puccinia chondrillina* aus Europa zur Bekämpfung des Binsen-Knorpellattichs (*Chondrilla juncea*) in Australien, der selbst ohne irgendwelche spezifischen Pathogene von Europa nach Australien verschleppt worden war. Der Rost reduzierte die Dichte des Knorpellattichs auf ihren normalen Level in Europa: auf rund 0.01 % seiner vorherigen Dichte (Cullen und Hasan 1988). *C. juncea* existiert in mehreren unterschiedlichen genetischen Formen, so daß es notwendig war, nach den entsprechend spezialisierten Varietäten des Pathogens zu suchen.

Alles in allem sind biologische Bekämpfungsprogramme gegen rund 86 eingeschleppte sowie 25 einheimische Unkräuter dokumentiert (Julien 1982) – ein zu erwartendes Verhältnis, wenn man davon ausgeht, daß eine Art am wahrscheinlichsten in Abwesenheit natürlicher Feinde zum Schädling wird. In der Mehrzahl waren daran herbivore Insekten beteiligt. Eines der bedeutendsten und das sicherlich am meisten zitierte Beispiel haben wir bereits diskutiert: die Bekämpfung von *Opuntia inermis* und *O. stricta* in Australien durch *Cactoblastis cactorum* (siehe Seite 428). Aquatische Unkräuter liefern eine Reihe weiterer Beispiele für klassische biologische Schädlingsbekämpfung. Der freischwimmende Schwimmfarn *Salvinia molesta* (siehe Abschnitt 15.7.6) zum Beispiel wurde seit den dreißiger Jahren vom Menschen aus Südamerika nach Afrika, Indien, Sri Lanka, Südostasien, auf die Pazifischen Inseln und nach Australien verschleppt. Vor 1972 hatte man *S. molesta* mit der verwandten Art *S. auriculata* verwechselt, und die Versuche zur biologischen Bekämpfung mit von *S. auriculata* gesammelten Insekten schlugen im allgemeinen fehl. Nach der darauffolgenden Entdeckung des ursprünglichen Areals der Art im Südosten Brasiliens führte man die zuvor unbekannte Rüsselkäferart *Cyrtobagous salviniae* ein; sie kontrolliert *S. molesta* mittlerweise an immer mehr Stellen in Australien (Room et als 1985) und anderenorts (Thomas und Room 1985). Ebenfalls mit Hilfe eines Rüsselkäfers bekämpfte man die südamerikanische Wasserhyazinthe (*Eichhornia crassipes*) in den USA.

Zur Bekämpfung aquatischer Unkräuter können auch bestimmte Fischarten eingesetzt werden.

Für aquatische Unkräuter gibt es ein interessantes Beispiel biologischer Schädlingsbekämpfung durch Inokulation. Der Graskarpfen (*Ctenopharyngodon idella*) ist ein in Nordchina beheimateter Fisch. Er ernährt sich fast ausschließlich von Pflanzen und hat eine Vorliebe für zahlreiche problematische, untergetauchte oder freischwimmende Wasserunkräuter. Daher wurde er in eine Reihe von Gebieten, so auch in Großbritannien, zur biologischen Schädlingsbekämpfung eingeführt (Fowler 1985). Die Fische gedeihen gut im britischen Klima, werden sich aber wohl kaum fortpflanzen, weil sie dazu einen gleichzeitigen Anstieg des Abflusses und der Temperatur benötigen – Bedingungen, die sie in Großbritannien nicht vorfinden. Daher ist zur erfolgreichen Bekämpfung von Wasserunkräutern, die nach wie vor in den Kinderschuhen steckt, das wiederholte Freilassen von Fischen aus Zuchtanlagen notwendig. Dadurch erhöht sich der erforderliche Aufwand finanzieller Art und an Arbeitskraft bei der Verwendung des Graskarpfens zur biologischen Bekämpfung. Andererseits verringert sich dadurch aber auch das Risiko nachteiliger Folgen der Einführung einer exotischen Art.

Die hier und in anderen Kapiteln diskutierten Beispiele biologischer Schädlingsbekämpfung stammen aus einem umfangreichen Katalog an Erfolgen, wie Tabelle 16.2 (die sich auf Insekten beschränkte) bereits andeutete. (Übersichten über viele dieser Beispiele finden sich bei Huffaker 1971; Huffaker und Messenger 1976; Wood und Way 1988; Corey et al. 1993.) Die Tabelle macht aber auch deutlich, daß die biologische Schädlingsbekämpfung keine Erfolgsgarantie bietet. Die Erfolgsrate wird sich, so hoffen wir, in dem Maße erhöhen, wie es uns gelingt herauszufinden, was einen guten Kontrollorganismus ausmacht (siehe Kapitel 10). Wenn wir nun aber den Wert der biologischen Schädlingsbekämpfung (oder irgendeiner anderen Maßnahme) insgesamt beurteilen wollen, müssen wir die Kosten für die nicht erfolgreichen Einführungen zu denen für die erfolgreichen hinzuaddieren. Wie jedoch bereits angemerkt, ist die biologische Schädlingsbekämpfung im Vergleich zu Chemikalien billig. Selbst wenn wir also die erfolglosen Versuche miteinbeziehen, deutet Tabelle 16.2 auf eine beträchtliche Zahl von wirtschaftlichen Erfolgen hin. Biologische Schädlingsbekämpfung ist nicht einfach: Man benötigt dazu detaillierte ökologische und taxonomische Kenntnisse, ausgebildete Arbeitskräfte und Ausdauer. Dafür ist sie aber im allgemeinen rentabel. Selbst wenn die biologische Schädlingsbekämpfung als alleinige Strategie nicht ausreicht, kann sie als integraler Bestandteil einer umfassenderen Strategie ihren Platz haben, wie wir später noch sehen werden.

16.9 Kulturtechnische Schädlingsbekämpfung

Neben Fruchtwechsel und Bodenbearbeitung werden bei der kulturtechnischen Schädlingsbekämpfung das Prinzip der Mischkultur, des Anpflanzens, der Durchführung von Hygienemaßnahmen und der Korrelation der Pflanzzeit angewandt.

Nahe verwandt mit der biologischen Schädlingsbekämpfung ist die **kulturtechnische Schädlingsbekämpfung** (*cultural control*), das heißt, die Durchführung landwirtschaftlicher Praktiken, welche die Umwelt ungünstig für Schädlinge machen – oft durch Begünstigung ihrer natürlichen Feinde (Pimentel 1993). Zu den augenfälligsten Formen gehören der **Fruchtwechsel** (wodurch den Schädlingen wiederholter Zugang zu ihrer bevorzugten Nahrung verweigert wird) sowie die **Bodenbearbeitung** durch Untergraben von Pflanzenresten, die häufig Schädlinge beherbergen; für beide Formen konnte gezeigt werden daß sie beispielsweise wirkungsvolle Mittel zur Bekämpfung von Schadinsekten an Mais in den USA sind (Pimentel et al. 1991). Weitere Beispiele sind unter anderem folgende:

1) Als **Mischkultur** bezeichnet man das Anpflanzen mehrerer Nutzpflanzen im gleichen Feld. So verringert beispielsweise der gemeinsame Anbau von

Kuherbsen und Maniok die Abundanz von Weißen Fliegen auf Maniok (Gold et al. 1989).

2) **Köder-** oder **Fallenpflanzen** sind Pflanzen, die man ganz einfach deswegen unter die hauptsächlich angebauten Nutzpflanzen mischt, weil sie attraktiver für Schädlinge sind. So ist zum Beispiel Russischer Senf für die Amerikanische Gemüseeule (*Trichoplusia ni*) zur Eiablage attraktiver als Kohl. Wenn daher in Indien eine Reihe Senf nach jeder fünften Reihe Kohl gepflanzt wird, siedeln sich die Raupen auf dem Senf an und können mit einem Handspritzgerät mit einer hohen Insektiziddosis behandelt werden (Srinivasan und Moorthy 1991).
3) Mit **Hygienemaßnahmen** ist ganz einfach das Entfernen von Pflanzenresten und nicht erntbarer (möglicherweise von Schädlingen befallener) Pflanzen gemeint, die unter Umständen Schädlinge beherbergen könnten. Durch die Beseitigung aufgegebener Apfelbäume läßt sich beispielsweise verhindern, daß Schadinsekten von außerhalb auf die Anbaufläche einfallen (Prokopy et al. 1990).
4) Schließlich kann man in einigen Fällen die **Pflanzzeit** so hinauszögern, daß die Pflanzen erst nach Auftreten und Absterben des Schädlings gepflanzt werden. So werden zum Beispiel im US-Bundesstaat Georgia die Populationen der Hessenmücke (*Mayetiola destructor*) überwacht, und es wird den Bauern mitgeteilt, wann sie ihren Weizen ungefährdet anpflanzen können (Buntin et al. 1990).

16.10 Genetische Schädlingsbekämpfung und Resistenz

Beim Selbstvernichtungs- oder Autozidverfahren werden sterilisierte Männchen der Schädlingsart freigesetzt, wodurch die Vermehrungsrate des Schädlings unter bestimmten Voraussetzungen, wie seltene Paarungsereignisse bei Weibchen, Konkurrenzfähigkeit der behandelten Männchen, Möglichkeit zur Massenzucht und isoliertes Anwendungsgebiet, drastisch gesenkt wird.

Es gibt mehrere Techniken, die sich zur Abtötung von Schädlingen der Genmanipulation bedienen; drei davon wollen wir hier diskutieren. Die erste, das **Selbstvernichtungs-** oder **Autozidverfahren**, nutzt die Schädlinge selbst, um ihre eigene Mortalitätsrate zu erhöhen. Die vorherrschende Methode der Selbstvernichtung, das Freisetzen steriler Männchen, führt sogar zu einer Abnahme der Geburtsrate. Das Prinzip ist einfach: Man läßt eine große Zahl steriler (gewöhnlich bestrahlter) Männchen frei; diese paaren sich mit den Weibchen, die dann unbefruchtete Eier legen. Die Methode ist jedoch teuer, und damit sie funktioniert, müssen folgende Voraussetzungen erfüllt sein:

1) Die *Weibchen* dürfen sich nur *selten paaren* (am besten nur einmal);
2) die *Männchen* müssen mit den *normalen Männchen konkurrieren* können (obwohl sie bestrahlt wurden);
3) sie müssen sich zur *Massenzucht im Labor* eignen (denn sie sollten die in der Natur vorhandenen Männchen zahlenmäßig weit übertreffen);
4) das *Anwendungsgebiet* sollte *isoliert* sein, so daß das Programm nicht durch Einwanderung von fruchtbaren Männchen und Weibchen mit fruchtbaren Eiern gefährdet wird.

Trotzdem wurde diese Methode wenigstens einmal erfolgreich angewandt, wobei die Schraubenwurmfliege (*Cochliomyia hominivorax*) in den südlichen USA und im Norden Mexikos praktisch ausgerottet wurde (Horn 1988). Diese Fliege erfüllt die gerade angeführten Kriterien besonders gut. Die weibliche Schraubenwurmfliege legt ihre Larven direkt in frische Wunden von Wild- und Haustieren. Ohne Behandlung sterben die Opfer. Die ökonomische Schadensschwelle ist sehr niedrig: Einzelne Rinder sind wertvoll genug, um eine Ausrottung wünschenswert zu machen und erhebliche Kosten zu rechtfertigen. Die Weibchen paaren sich nur einmal, und die Populationsdichte ist ziemlich niedrig (so daß die freigelassenen Männchen die natürlich vorkommenden bei weitem übertreffen können). Von großer Bedeutung ist auch, daß es keine andere Bekämpfungsmethode gibt.

Schädlingsresistente Pflanzensorten entstehen durch natürliche Selektion oder durch Züchtung.

Eine direktere genetische Manipulation ist die Auslese oder das Züchten **schädlingsresistenter Pflanzensorten**. (In jüngerer Zeit wurden auch herbizidresistente Nutzpflanzen verwendet, die einen uneingeschränkteren Gebrauch von Herbiziden zur Bekämpfung konkurrierender Unkräuter erlauben – und insektizidresistente biologische Kontrollorganismen). Ohne Zweifel erfolgte eine recht umfassende natürliche Auslese durch Wechselwirkungen zwischen den Kulturpflanzen und ihren Schädlingen; dies kam bisweilen auf einschneidende Weise zutage, wenn Pflanzen weltweit verbreitet wurden. Die bereits erwähnte Reblaus zum Beispiel ist in Nordamerika heimisch; die von ihr in Westeuropa verursachten Verheerungen konnten erst beendet werden, als man die europäischen Reben auf importierte amerikanische Wurzelstöcke aufpfropfte, die von Natur aus resistent gegen die Reblaus waren. Die Kartoffel ist ein interessantes Gegenbeispiel. Als man sie im 16. Jahrhundert nach Europa einführte, wurde der Pilz *Phytophthora infestans*, der die Kartoffelfäule verursacht, nicht mit importiert (Barrett 1983).

Die Kartoffeln gediehen prächtig und wurden zu einem Grundnahrungsmittel der nordeuropäischen Kleinbauern. In den vierziger Jahren des 19. Jahrhunderts erreichte *P. infestans* jedoch Europa und verursachte 1845 die „Große Krautfäule“, aufgrund derer vermutlich Millionen von Menschen verhungerten. Im Jahre 1833 wurde eine pilzfreie Sendung Kartoffeln von Europa in das Gebiet des heutigen Lesotho in Afrika versandt. Später verglich man diese Vertreter kartoffelfäulefreier europäischer Kartoffeln in einem Versuch mit Varietäten des frühen 20. Jahrhunderts, welche die Krautfäule überlebt hatten, aber ansonsten nicht irgendwelcher künstlichen Selektion unterworfen waren. Wie sich herausstellte, waren diese Varietäten sehr viel resistenter gegen den Pilz.

In zahlreichen anderen Fällen wurden in der Geschichte der Landwirtschaft resistente Varietäten aus den allgemein vorhandenen zur verbreiteten Nutzung durch Bauern ausgelesen. Dies setzt sich bis in die Gegenwart fort. Nachdem beispielsweise die Gefleckte Kleezierlaus (*Therioaphis trifolii*) in den fünfziger Jahren die kalifornische Luzerneernte vernichtete, wurde ganz zufällig eine gegen die Blattlaus resistente Luzernevarietät entdeckt (Howe und Smith 1957) und weit verbreitet. Die selektive Züchtung resistenter Varietäten wird aber zunehmend methodischer betrieben. Das kann jedoch ein langwieriger Prozeß sein und mehrere Jahre in Anspruch nehmen, um die Varietät zu züchten, sowie weitere Jahre, um sie zu testen, bevor man sie an die Landwirte ausliefern kann. Und selbst dann kann noch der Schädling selbst einen Biotyp entwickeln, der virulent gegenüber der neuen Varietät ist. Daher ist es vorzuziehen – wenn auch schwieriger –, Varietäten zu züchten, bei denen die Resistenz durch mehr als ein Gen festgelegt wird, denn das scheint es dem Schädling schwieriger zu machen, mit einer schnellen Gegenentwicklung darauf zu reagieren (Burdon 1987).

Ein besonders gut bekanntes und vermutlich recht typisches Beispiel für die Beziehung zwischen verschiedenen Rassen eines Schädlings und Nutzpflanzenvarietäten ist die zwischen unterschiedlichen Biotypen der Hessenmücke (*Mayetiola destructor*) und einigen Weizensorten (Gallun 1977; Gallun und Khush 1980). Die Virulenz der Mücke ist mit rezessiven Genen an vier Loci assoziiert, die des Weizens wird durch fünf dominante Gene kontrolliert. Eine für einen der Virulenzloci homozygote Mücke wird somit durch die von dem entsprechenden Gen (oder Genen) herrührende Resistenz beim Weizen nicht betroffen sein und kann die betreffende Varietät schädigen.

Ein weiteres Problem ist, daß gegen einen Schädling resistente Varietäten einer Nutzpflanze anfälliger gegenüber irgendeinem anderen Schädling sein können – das ist einfach eine andere Manifestation des in Kapitel 14 diskutierten Konzepts des *Trade-off*. So berichten beispielsweise DaCosta und Jones (1971), daß eine im Labor gegenüber Gurkenkäfern (aus der Familie Chrysomelidae) resistente Gurkenvarietät im Freiland durch die Rote Spinnmilbe (*Tetranychus urticae*) verwüstet wurde.

Die Gentechnik eröffnet die Möglichkeit der manipulativen Integration von Resistenzgenen in das pflanzliche Genom.

Als letztes wollen wir in diesem Abschnitt ein Gebiet diskutieren, auf dem man die Bezeichnung „genetische Manipulation von Nutzpflanzen“ nun wörtlich nehmen kann (Meeusen und Warren 1989). Im Jahre 1987 wurde von der ersten erfolgreichen Übertragung eines Schädlingsresistenz verleihenden Gens in eine Nutzpflanze berichtet – das δ-Endotoxin-Gen von *Bacillus thuringiensis* wurde in Tabakpflanzen eingeschleust (Vaeck et al. 1987), so daß die Pflanzen selbst das δ-Endotoxin produzierten und durch dessen Toxizität potentiell eine Resistenz gegenüber einer Reihe schädlicher Schmetterlinge erworben hatten. Diesem Bericht folgten bald weitere für die Übertragung von δ-Endotoxin auf Tabak (Barton et al. 1987) und Tomaten (Fischhoff et al. 1987) sowie für einen Protease-Inhibitor bei der Kuherbse (*Vigna unguiculata*) (Hilder et al. 1987). Im Mittelpunkt all dieser Arbeiten stand das Wurzelhalsgallen-Bakterium *Agrobacterium tumefaciens*, ein allgegenwärtiger Bodenorganismus mit der bemerkenswerten Fähigkeit, einen Teil seiner eigenen DNA während der Infektion in eine Pflanzenzelle zu übertragen (Meeusen und Warren 1989).

Ein Nachteil des im Genom integrierten Resistenzgens ist die permanente Produktion des entsprechenden Toxins, weshalb es die Wahrscheinlichkeit für die Resistenzbildung der Schädlinge erhöht.

Der potentielle Wert der Entwicklung und Verwendung solcher **transgenen Pflanzen** in bezug auf die Vorteile für Umwelt und Sicherheit, die Leistung und die geringeren Kosten für Entwicklung und Anwendung ist natürlich enorm. Andererseits können sich aber auch schwerwiegende Probleme ergeben. Insbesondere wird ein Pestizid durch die Aufnahme direkt in eine Pflanze kontinuierlich angewandt – ungeachtet dessen, ob es erforderlich ist –, wodurch der Schädling einem unverminderten Selektionsdruck ausgesetzt ist, auf den er mit großer Wahrscheinlichkeit reagieren wird – genau das Gegenteil dessen, was das „Resistenzmanagement“ empfehlen würde. Dies ist besonders beunruhigend, weil es inzwischen mindestens acht nachgewiesene Fälle einer Evolution von Resistenz gegenüber dem δ-Endotoxin von *B. thuringiensis* gibt, selbst wenn dieses direkt und nicht in transgenen Pflanzen angewandt wurde (McGaughey und Whalon 1992). Letztendlich müssen die Programme zum Resistenzmanagement fortschrittlicher werden, wenn transgene Pflanzen nicht rasch mit Schädlingen konfrontiert werden sollen, die auf herkömmliche Weise Resistenz entwickelten (May 1993). Andererseits könnten andere transgene Manipulationen vielleicht weniger problematisch sein – zum Beispiel die gentechnische Übertragung von Herbizidresistenz auf eine Nutzpflanze, so daß sich dieses Herbizid effektiver auf ihre Unkräuter anwenden läßt, insbesondere weil die ersten Hinweise beispielsweise nahelegen, daß die gentechnisch veränderte Nutzpflanze wahrscheinlich nicht selbst zum Unkraut wird und in natürliche Habitate einwandert (Crawley et al. 1993).

Es besteht immer die Gefahr, daß neue Techniken ganz einfach deswegen eingeführt und angewandt werden, weil sie neu und aufregend sind. Es könnte jedoch sein, daß die direktere Anwendung ökologischer Prinzipien, der wir uns als nächstes zuwenden, der Schädlingsbekämpfung auf lange Sicht mehr nützen wird. Sicherlich haben die neuen Technologien für sich allein nur geringe Erfolgsaussichten. Sie werden unvermeidlich darauf angewiesen sein, daß auch ökologische Kenntnisse mit einfließen.

16.11 Integrierte Schädlingsbekämpfung

Bei der integrierten Schädlingsbekämpfung werden alle Bekämpfungsmethoden kombiniert eingesetzt, um unterhalb der ökonomischen Schadensschwelle zu bleiben.

Die **integrierte Schädlingsbekämpfung (ISB**; *Integrated Pest Management* – IPM) ist eine sehr praxisorientierte Philosophie des Pflanzenschutzes und weniger eine spezifische, definierte Strategie. Sie wurde letztlich insofern schon seit hundert oder mehr Jahren praktiziert, als man physikalische, kulturtechnische, biologische und chemische Bekämpfungsmethoden sowie die Verwendung resistenter Varietäten kombinierte. Angetrieben durch eine formale Definition und Beschreibung der Prinzipien durch Stern et al. (1959) wurde sie als Reaktion auf die unbedachte Anwendung chemischer Pestizide in den vierziger und fünfziger Jahren zu einer festen Größe.

Die integrierte Schädlingsbekämpfung beruht mehr auf ökologischen als auf chemischen Grundlagen, obgleich sie alle Methoden der Schädlingsbekämpfung nutzt – einschließlich Chemikalien –, wo sie angebracht sind. Sie stützt sich stark auf natürliche Mortalitätsfaktoren wie Feinde und das Wetter, und versucht, deren Wirkung so wenig wie möglich zu stören oder sogar zu erhöhen. Ausschlaggebend ist, daß ihr Ziel nicht die Ausrottung von Schädlingen ist, sondern ihre Begrenzung unterhalb der ökonomischen Schadensschwelle; daher beruht sie auf einer sorgfältigen Überwachung der Abundanz der Schädlinge und ihrer natürlichen Feinde und stimmt ihre Bekämpfungsmaßnahmen auf den vorhandenen Bedarf ab. Die integrierte Schädlingsbekämpfung sieht die verschiedenen Bekämpfungsmethoden nicht so sehr als Alternativen, sondern vielmehr als sich ergänzende Bestandteile eines Gesamtprogramms. Es obliegt ihr, alle möglichen Methoden in Betracht zu ziehen, bevor die am besten geeignete Kombination davon ausgewählt wird. Daher werden in der integrierten Schädlingsbekämpfung Pestizide mit breitem Wirkungsspektrum zwar nicht völlig ausgeschlossen, aber doch aufgrund ihrer unvermeidlichen Tendenz, andere Bekämpfungsmaßnahmen zu beeinflussen, nur sehr spärlich eingesetzt. Zudem besteht die absolute Bedingung, Zeit, Arbeitskraft und Geld zu investieren, um effiziente Methoden der biologischen und/oder kulturtechnischen Bekämpfung zu finden, weil diese Methoden am wenigsten unerwünschten Schaden anrichten. Wenn überhaupt Chemikalien eingesetzt werden, dann wird im Rahmen des Resistenzmanagements darauf geachtet, die Kosten und die verwendeten Mengen so gering wie möglich zu halten.

Außerdem erfordert die integrierte Schädlingsbekämpfung speziell ausgebildete Schädlingsbekämpfer oder Berater. Bei der chemischen Bekämpfung braucht der einzelne Landwirt (oder wer auch immer) lediglich „die Anweisungen auf der Packung“ zu lesen. In den meisten Fällen wäre es jedoch ziemlich unrealistisch, von den Bauern zu erwarten, daß sie ein Programm der integrierten Schädlingsbekämpfung ohne Hilfe anwenden können. Schließlich ist das Wesentliche an dieser Strategie, die Bekämpfungsmaßnahmen an die spezielle Problemsituation anzupassen – und kein Schädlingsproblem gleicht dem anderen, nicht einmal auf benachbarten Feldern.

Als Beispiel für eine erfolgreiche integrierte Schädlingsbekämpfung können wir das zur Kontrolle von Baumwollschädlingen im kalifornischen San Joaquin Valley entwickelte Programm anführen; in diesem Tal werden 90 % der Baumwolle Kaliforniens angebaut (van den Bosch et al. 1971; Flint und van den Bosch 1981). Vor Einführung des Programms war das Produktionssystem von einem Wiederanstieg der Schädlingspopulation (Abbildung 16.6a), einer Massenvermehrung von Sekundärschädlingen (Abbildung 16.6b) sowie von der Evolution von Resistenzen (Abbildung 16.6c) betroffen, was dazu führte, daß man immer mehr und immer häufiger Pestizide anwandte.

Der Hauptschädling hier ist die Blattwanze *Lygus hesperus*, die vor allem an den reifenden Fruchtknospen der Baumwolle saugt, wodurch sich die Fruchtbildung (der Baumwollkapseln) verzögert und der Ertrag letztendlich stark vermindert wird. Ein weiterer bedeutender Schädling war der Amerikanische Baumwollkapselwurm (*Heliothis zea*). Im San Joaquin Valley scheint dieser jedoch ein durch die Anwendung von

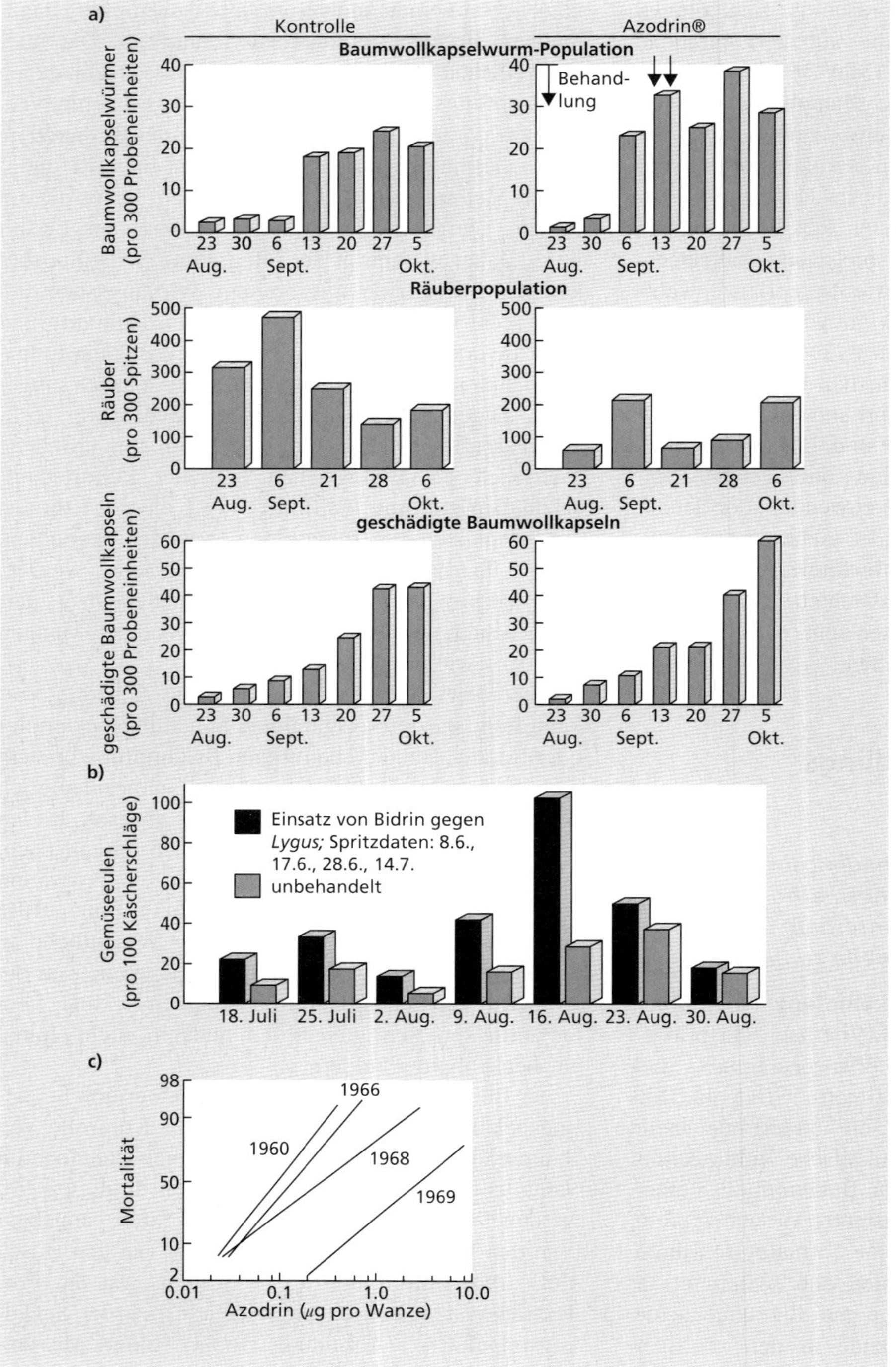

16.6 Pestizidprobleme bei Baumwollschädlingen im kalifornischen San Joaquin Valley. a) Wiederanstieg der Schädlingspopulation: Die Baumwollkapselwürmer (*Heliothis zea*) erholen sich aufgrund der reduzierten Abundanz ihrer natürlichen Feinde – die Zahl der geschädigten Baumwollkapseln ist höher. b) Massenvermehrung eines Sekundärschädlings, der Amerikanischen Gemüseeule (*Trichoplusia ni*), nach Spritzen der Flächen gegen Blattwanzen der Gattung *Lygus*. d) Zunehmende Resistenz der *Lygus*-Wanzen gegenüber Azodrin®. (Nach van den Bosch et al. 1971)

Insektiziden aufgekommener Sekundärschädling zu sein; das gleiche gilt für zwei schädliche Eulenfalterarten, die Zuckerrübeneule (*Spodoptera exigua*) und die Amerikanische Gemüseeule (*Trichoplusia ni*). Ein Programm zur integrierten Schädlingsbekämpfung mußte daher zum einen den Einsatz von Insektiziden reduzieren, um die Massenvermehrungen der Sekundärschädlinge zu verhindern, und zum anderen ganz speziell bestimmte häufig angewandte Insektizide (zum Beispiel Methylparathion, Carbaryl) vermeiden, da diese nachweislich den Ertrag der Baumwollpflanzen verringerten.

Vor der Entwicklung des Programms hatte man für die Blattwanzen einen auf unzureichender Information basierenden Schwellenwert festgelegt. Dieser blieb das ganze Jahr über gleich, was sich als fataler Irrtum herausstellte. Wie spätere Forschungen zeigten, konnte *Lygus* nur während der Zeit des Knospens (etwa von Anfang Juni bis Mitte Juli) schwerwiegende Schäden anrichten. Somit setzte man den Schwellenwert beim

Programm zur integrierten Schädlingsbekämpfung auf zehn Wanzen pro 50 Käscherschläge an zwei aufeinanderfolgenden Probennahmen zwischen dem 1. Juni und dem 15. Juli fest. Danach vermied man den Einsatz von Insektiziden zur Bekämpfung von *Lygus*. Später legte man den Schwellenwert neu bezüglich des Verhältnisses von Wanzen zu Knospen fest, was dynamischer und genauer war.

Die kulturtechnischen Maßnahmen des Programms konzentrierten sich auf die Pflanzung von Luzerne, einer beliebten Wirtspflanze von *Lygus*. Insbesondere das Anpflanzen von fünf bis zehn Meter breiten Luzernestreifen zwischen den Baumwollfeldern erwies sich als wirkungsvoll, um die Wanzen von der Baumwolle wegzulocken. Überdies versuchte man, die Populationen der natürlichen Feinde zu erhöhen, indem man ihnen zusätzliche Nahrung anbot. Wenn man beispielsweise die Florfliege *Chrysopa carnea* durch ein zusätzliches Nahrungsangebot anlockt, legt diese mehr Eier; die erhöhte Larvenzahl wirkt sich signifikant auf die Populationen des Baumwollkapselwurmes aus und reduziert damit die Schäden an den Baumwollkapseln beträchtlich.

Die integrierte Schädlingsbekämpfung erfordert ein gutes Überwachungssystem beispielsweise über die Entwicklung der Pflanzen- und Schädlingspopulation.

Der Schlüssel für ein erfolgreiches Programm zur integrierten Schädlingsbekämpfung ist ein gutes Überwachungssystem auf den Feldern. In unserem Beispiel werden vom Beginn der Knospenbildung (etwa Mitte Mai) bis Ende August auf jedem Feld zweimal wöchentlich Daten über das Entwicklungsstadium der Pflanzen sowie die Populationen des Schädlings (*Lygus*) und seiner natürlichen Feinde gesammelt. Ab etwa dem 1. August bis Mitte September werden zusätzliche Daten über den Baumwollkapselwurm erhoben. Insgesamt gesehen stellt dieses Programm eine harmonische Einbindung der natürlich auftretenden (aber geförderten) Kontrollorganismen und einer sorgsam zeitlich abgestimmten Behandlung mit Insektiziden dar. Der Erfolg dieses Programms ist in Tabelle 16.3 dokumentiert.

Die Erhaltung und Verbesserung der Bodenfruchtbarkeit ist ein wesentlicher Aspekt der Nachhaltigkeit der integrativen Landwirtschaft.

Die Integration hört jedoch nicht mit der integrierten Schädlingsbekämpfung auf. Zumindest im Zusammenhang mit der Landwirtschaft wurde zunehmend deutlich, daß die Philosophie dieser Strategie die Vorstellung beinhaltet, daß man die Schädlingsbekämpfung nicht isoliert von anderen Aspekten der Nahrungsproduktion sehen kann und daß sie besonders eng damit verknüpft ist, mit welchen Mitteln die Bodenfruchtbarkeit erhalten und verbessert wird. Diesem Argument zufolge sollten die Bekämpfung von Schädlingen und die Erhaltung der Fruchtbarkeit selbst in Praktiken integriert werden, die darauf abzielen, die **Nachhaltigkeit** der Methoden der Nahrungsproduktion zu gewährleisten. Im Gegensatz dazu ist die exzessive und unüberlegte Anwendung chemischer Pestizide insofern nicht nachhaltig, als sie weitere Probleme schafft – die Evolution von Resistenzen, Sekundärschädlingen, den Tod von unschädlichen Organismen –, die einen immer höheren Verbrauch einer breiteren Palette ständig teurer werdender Chemikalien erfordern. Ähnlich ist es nicht nachhaltig, sich zu sehr auf die Anwendung einfacher anorganischer Kunstdünger zu verlassen (auf Kosten von Maßnahmen zur Erhaltung des Bodens und der Fruchtbarkeit wie Fruchtwechsel und Einsatz von Dung), weil immer mehr Chemikalien nötig sind, um der abnehmenden natürlichen Bodenfruchtbarkeit, Wasserhaltekapazität und so weiter entgegenzuwirken. Zudem macht zum Beispiel das Ersetzen von Fruchtwechsel durch Kunstdünger als Mittel zur Erhaltung der Stickstoffkonzentration im Boden Schädlingen das Leben leichter, weil es ihnen ununterbrochen eine Nahrungsquelle bietet, durch welche die Populationen ansteigen können. Schon allein dies schafft weiteren Bedarf für Bekämpfungsmaßnahmen. Vermeidet man hingegen Pestizide mit breitem Wirkungsspektrum, so ermöglicht dies beispielsweise einer florierenden Gemeinschaft von Zersetzern, das tote organische Material effizient zu remineralisieren und somit die Fruchtbarkeit zu erhöhen.

Daher wurde eine Reihe von Programmen ins Leben gerufen, um Methoden zur nachhaltigen Nahrungspro-

Tabelle 16.3: Der Erfolg der integrierten Schädlingsbekämpfung (ISB) im kalifornischen San Joaquin Valley von 1970 bis 1971; durch die integrierte Schädlingsbekämpfung wurden die Ausgaben für Insektizide drastisch gesenkt, aber dennoch die Erträge erhöht (die Zahlen in Klammern sind die Standardabweichungen). (Nach Hall et al. 1975; Flint und van den Bosch 1981)

	mit ISB	ohne ISB
durchschnittliche Insektizidkosten pro acre (0.4 ha) Baumwolle (US-Dollar)	4.9 (±3.9)	12.0 (±7.4)
durchschnittlicher Ertrag pro acre Baumwolle (US-Dollar)	270.2 (±27.5)	247.8 (±55.1)
durchschnittliche Insektizidkosten pro acre Zitrusfrüchte (US-Dollar)	20.5 (±15.0)	42.2 (±18.3)
durchschnittlicher Ertrag pro acre Zitrusfrüchte (US-Dollar)	515.8 (±260.6)	502.9 (±157.0)

duktion zu entwickeln und in die Praxis umzusetzen, die auch eine integrierte Schädlingsbekämpfung beinhalten. Diese Programme sind unter verschiedene Abkürzungen und Akronymen bekannt geworden: LISA (*low input sustainable agriculture* – nachhaltige Landwirtschaft mit geringem Aufwand) in den USA sowie IFS (*integrated farming system* – integriertes landwirtschaftliches Produktionssystem), EFP (*ecological food production* – ökologische Nahrungsproduktion) und LIFE (*lower input farming and environment* – umweltgerechte Landwirtschaft mit geringerem Aufwand) in Europa (International Organisation for Biological Control 1989; Begon 1990; National Research Council 1990). Allen gemeinsam ist die Verpflichtung zur Entwicklung nachhaltiger landwirtschaftlicher Produktionssysteme. Mit der Nachhaltigkeit als eigenständiges Konzept werden wir uns nochmals kurz am Ende dieses Kapitels befassen.

Die integrierte Schädlingsbekämpfung vereinigt ökonomische und ökologische Vorteile.

Ungeachtet der Vorteile der integrierten Schädlingsbekämpfung und dieser weiteren, breiter angelegten Ansätze in bezug auf eine geringere Gefährdung der Umwelt und so weiter, ist es unvernünftig anzunehmen, daß sie allgemein angewandt werden, solange sie nicht auch in ökonomischer Hinsicht sinnvoll sind. Es gibt aber immer mehr Hinweise, daß dies häufig der Fall ist. So verdeutlicht beispielsweise Tabelle 16.3 über den Baumwoll- und Zitrusfrüchteanbau im kalifornischen San Joaquin Valley Einzelheiten über 1) die Ausgaben für Insektizide und 2) die wirtschaftlichen Erträge mit und ohne Beratung zur integrierten Schädlingsbekämpfung (Hall et al. 1975; Flint und van den Bosch 1981). Die integrierte Schädlingsbekämpfung erwies sich ökonomisch gesehen wie auch bezüglich der Umwelt als ausgesprochen sinnvoll – zum Teil, aber nicht ausschließlich aufgrund der verringerten Kosten für Pestizide.

Generell stützt eine Reihe von Untersuchungen an „nachhaltigen" landwirtschaftlichen Produktionssystemen in Europa wie auch in den USA die ökonomischen Ansprüche des integrierten Ansatzes (International Organisation for Biological Control 1989; National Research Council 1990). In der Bundesrepublik Deutschland verglich beispielsweise das „Lautenbach-Projekt" seit 1978 die Produktionsleistung eines „integrierten" Landwirtschaftsbetriebs mit der eines benachbarten herkömmlichen Betriebs, die beide Getreide, Zuckerrüben und Gemüse anbauen (El Titi 1989). Der integrierte Betrieb verwendete bedeutend weniger Mineraldünger und Pestizide (36 % weniger) und litt signifikant geringer unter Bodenerosion. Somit erging es ihm vom Umweltstandpunkt aus erheblich besser. Zusätzlich produzierte er aber auch höhere Erträge an Hafer, Zuckerrüben und Bohnen (wenn auch weniger Weizen), erzielte einen erhöhten Nettogewinn aus Winterweizen, Zuckerrüben und Bohnen (allerdings nicht aus Sommerweizen und Hafer) und erreichte insgesamt einen um 4 % erhöhten Nettogewinn. Somit übertraf er den herkömmlichen Betrieb sogar in wirtschaftlicher Hinsicht.

Die „ökologischen" Vorteile der integrierten Schädlingsbekämpfung sind also klar und die potentiellen ökonomischen Vorteile erkennbar. Aber auch bestimmte Nachteile sind offensichtlich, nämlich:

1) die Schwierigkeit, die erforderliche Menge von Beratern auszubilden;
2) die Schwierigkeit, ausreichend detaillierte ökologische Kenntnisse der Lebensgemeinschaft zu erlangen, welcher die Schädlinge angehören;
3) das niedrige Kosten-Nutzen-Verhältnis zu Beginn, während die Ausbildung und die ökologischen Untersuchungen stattfinden.

Wenn wir hierzu noch den kommerziellen Druck auf die Produzenten, einfachere, chemische Bekämpfungsmethoden anzuwenden, sowie den schnelleren Profit durch diese Strategie hinzufügen, ist leicht zu erkennen, warum sich – trotz weitgehender Akzeptanz der integrierten Schädlingsbekämpfung durch Ökologen als ideales Ziel – die tatsächlichen Beispiele für vollständig durchgeführte Programme nur langsam mehrten. Andererseits scheint die Zahl der Beispiele in den neunziger Jahren eindeutig zuzunehmen (siehe zum Beispiel Corey et al. 1993). Das ist sehr zu begrüßen. In den USA lagen die durchschnittlichen Ernteverluste durch Schadinsekten vor 1945 und der verbreiteten Anwendung synthetischer Pestizide bei rund 7 %. Im Jahre 1991, nach einem Anstieg des Insektizideinsatzes in der Landwirtschaft um das Zehnfache, betrugen die Ernteverluste durch Schadinsekten im Schnitt 13 % (Pimentel 1993).

16.12 Abernten und Fischen, Abschuß und Fang: eine Einführung

Beim Abernten von Populationen ist es entscheidend, das richtige Maß zwischen Über- und Unternutzung zu finden.

Wenn eine natürliche Population durch **Fang** oder **Abernten** genutzt wird – ob es sich nun um den Fang von Walen oder Fischen aus dem Meer, den Abschuß von Hirschen in einem Moorgebiet oder den Einschlag von Holz in einem Wald handelt –, ist viel leichter zu sagen, was wir vermeiden möchten, als präzise anzugeben, was wir erreichen wollen. Einerseits möchten wir eine **Übernutzung** vermeiden, bei der zu viele Individuen entnommen werden und die Population in Gefahr gerät, wirtschaftlich unbedeutend oder sogar ausgerottet zu werden. Andererseits wollen wir aber auch eine **Unternutzung** vermeiden und nicht weniger Individuen entnehmen, als die Population zuläßt, so daß zum Beispiel eine geringere Ernte produziert wird als notwendig, wodurch sowohl die Gesundheit potentieller Konsumenten als auch der Lebensunterhalt all der an dem Erntevorgang Beschäftigten bedroht sind. Wie wir jedoch noch sehen werden, ist die beste Situation zwischen diesen beiden Extremen nicht einfach festzustellen, da man dabei nicht nur biologische (das Wohlergehen der genutzten Population) und ökonomische Überlegungen (die Gewinne aus diesem Handeln) berücksichtigen muß, sondern auch soziale (die lokale Arbeitsmarktsituation und die Erhaltung traditioneller Lebensweisen und menschlicher Gemeinschaften) (Clark 1976, 1981;Hilborn und Walters 1992). Wir beginnen jedoch mit der Biologie.

Welche Auswirkungen das Abernten einer Population haben kann, verdeutlichen Beobachtungen an Laborkulturen der Australischen Schafgoldfliege (*Lucilia cuprina*) (Tabelle 16.4). Als die Ernterate schlüpfender Fliegen erhöht wurde, nahmen auch Puppenproduktion und Schlüpfrate zu, und die natürliche Mortalitätsrate der adulten Fliegen sank. Somit verringerte das Abernten durch Reduktion der Dichte die intraspezifische Konkurrenz, wodurch die Überlebenswahrscheinlichkeit und die Fekundität der verbliebenen Fliegen anstiegen. Obwohl die Populationsgröße der adulten Fliegen (878) weit unter die offensichtliche Kapazität (2 520 bei einer Ernterate von Null) gedrückt worden war, nahm der Ernteertrag (Säule (*d*) in Tabelle 16.4) zu, wenn die Ernterate auf 90 % anstieg. Hohe Erträge erhält man also von Populationen, die unterhalb (in diesem Fall sogar weit unterhalb) der Umweltkapazität gehalten werden.

16.21.1 Maximaler Dauerertrag

Die Nettoproduktivität ist gering bei geringer Anzahl an Individuen und starker intraspezifischer Konkurrenz.

Dieses grundlegende Muster verdeutlicht die Modellpopulation in Abbildung 16.7. Hierbei wird die natürliche **Nettorekrutierung** (*net recruitment*) (oder **Nettoproduktivität**) der Population durch eine n-förmige Kurve beschrieben (siehe Abschnitt 6.4) . Die Rekrutierungsrate ist gering, wenn wenige Individuen vorhanden sind und starke intraspezifische Konkurrenz herrscht. Bei der Umweltkapazität K liegt sie bei Null. Bei welcher Dichte sich die höchste Nettorekrutierungsrate ergibt, hängt von der genauen Form der intraspezifischen Konkurrenz ab. Diese Dichte ist $K/2$ in der logistischen Gleichung (siehe Abschnitt 6.10) , weitaus weniger als $K/2$ bei Nicholsons Goldfliegen (Tabelle 16.4) und nur geringfügig weniger als K bei vielen großen Säugetieren (siehe Abbildung 6.12c). Am höchsten ist die Nettorekrutierungsrate jedoch immer bei einer „mittleren" Dichte unterhalb der Umweltkapazität.

Unter maximalem Dauerertrag versteht man die größtmögliche Menge, die dauerhaft geerntet werden kann – sie entspricht der maximalen Rekrutierungsrate.

Abbildung 16.7 verdeutlicht auch drei mögliche Erntestrategien, obwohl es in allen Fällen eine festgelegte **Ernterate** (*harvesting rate*) gibt, das heißt während eines bestimmten Zeitraums wird eine festgelegte Zahl von Individuen entfernt, also eine „feste Quote". Wenn sich die Ernte- und Rekrutierungslinien schneiden, sind die Ernte- und Rekrutierungsraten gleich groß und gegenläufig; die Zahl der pro Zeiteinheit abgeernteten Individuen entspricht der Zahl der pro Zeiteinheit von der Population rekrutierten. Von besonderem Interesse ist die Ernterate h_{m}, jene Linie, welche die Kurve der **Rekrutierungsrate** an ihrem höchsten Punkt schneidet (oder vielmehr gerade berührt). Das ist somit die höchste Ernterate, welche

Tabelle 16.4: Auswirkungen des Abtötens unterschiedlicher, konstanter Prozentsätze schlüpfender Imagines aus Populationen der Australischen Schafgoldfliege (*Lucilia cuprina*). (Nach Nicholson 1954b)

Ernterate schlüpfender Imagines	pro Tag produzierte Puppen (*a*)	pro Tag geschlüpfte Fliegen (*b*)	durchschnittliche Fliegenpopulation (*c*)	durchschnittliche Geburtsrate (pro Individuum und Tag) (*a*/*c*)	natürliche Mortalität der Imagines pro Tag	pro Tag abgetötete Fliegen (*d*)	Zunahme an Imagines pro Tag (*e* = *b*–*d*)	durchschnittliche Lebensspanne der Imagines (Tage) (*c*/*e*)
0 %	624	573	2 520	0.25	573	0	573	4.4
50 %	782	712	2 335	0.33	356	356	356	6.6
75 %	948	878	1 588	0.60	220	658	229	7.2
90 %	1 361	1 260	878	1.55	125	1 134	126	7.0

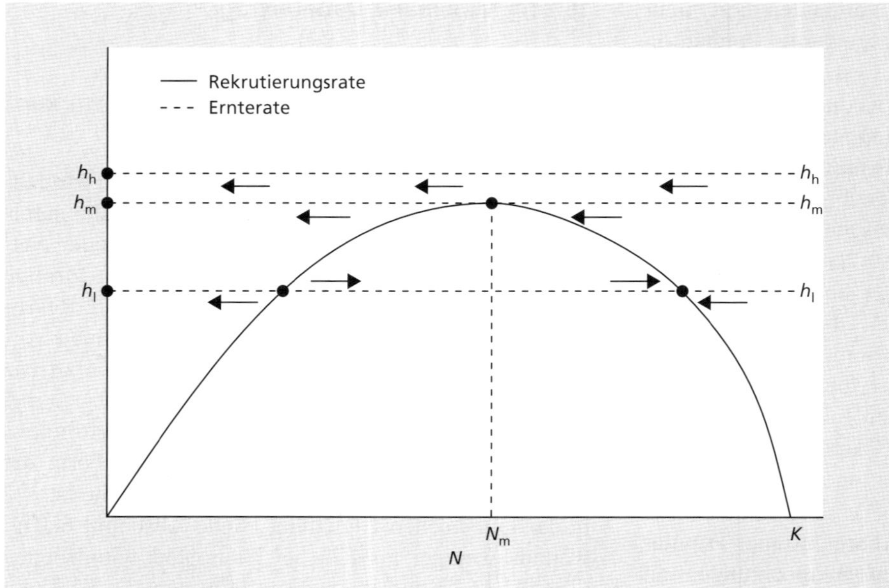

16.7 Ernte mit festen Quoten. Die Abbildung zeigt eine einzelne Rekrutierungskurve (—) und drei Erntekurven mit festen Quoten (- - -): mit hoher Quote (h_h), mittlerer Quote (h_m), und niedriger Quote (h_l). Die Pfeile in der Abbildung beziehen sich auf zu erwartenden Veränderungen der Abundanz unter dem Einfluß derjenigen Ernterate, welche dem Pfeil am nächsten ist. ● = Gleichgewichte. Bei h_h wäre das einzige „Gleichgewicht" die Ausrottung der Population. Bei h_l gibt es ein stabiles Gleichgewicht bei einer relativ hohen Dichte sowie einen instabilen Schnittpunkt bei einer verhältnismäßig geringen Dichte. Den maximalen Dauerertrag erhält man bei h_m, weil er gerade das Optimum der Rekrutierungskurve (bei einer Dichte N_m) berührt: Populationen, die größer sind als N_m, werden auf N_m reduziert, solche, die kleiner sind als N_m, werden ausgerottet.

die Population durch ihre eigene Rekrutierung ausgleichen kann. Man bezeichnet sie als den **maximalen Dauerertrag** (*maximum sustainable yield* – MSY). Wie der Name schon sagt, ist dies die größte Ernte, die regelmäßig und wiederholt (eigentlich unendlich oft) von einer Population entnommen werden kann. Sie entspricht der maximalen Rekrutierungsrate und wird dadurch erreicht, daß man die Population auf jene Dichte reduziert, bei der die Rekrutierungskurve am höchsten ist (immer unterhalb von K).

Das gleiche Prinzip aus einem anderen Blickwinkel ergibt sich, wenn wir fragen: »Bei welcher Dichte kann man am häufigsten eine Ernte einer bestimmten Größe entnehmen?« Eine solche Frage könnte sich ein Bauer zum Beispiel stellen, der das Gras einer Wiese mähen möchte. Die Antwort ist in Abbildung

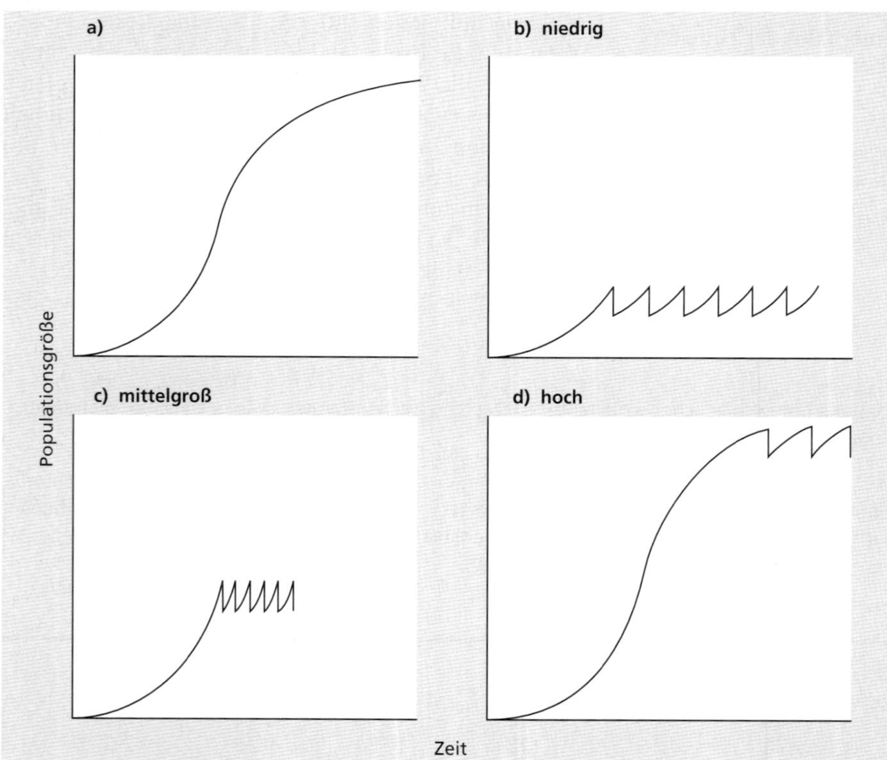

16.8 Bei welcher Dichte einer Population mit „S"-förmigem Wachstum (a) kann am häufigsten eine Ernte vorgegebener Größe (die senkrechten Linien in den Teilabbildungen b), c) und d)) entnommen werden? Die Antwort lautet: bei einer „mittleren" Dichte, wie in (c) gezeigt. Sowohl bei einer niedrigen (b) als auch bei einer hohen (d) Dichte, ist die Wachstumsrate und somit auch die Erntehäufigkeit geringer.

16.8 wiedergegeben, wobei davon ausgegangen wird, daß die Population einem „S"-förmigen Populationswachstum (siehe Abschnitt 6.4) folgt. Am häufigsten kann eindeutig bei mittleren Dichten geerntet werden, wo die Nettorekrutierungsrate (und somit die Rate des Wiederanstiegs der Populationgröße) am höchsten ist.

Nachteile des Konzepts des maximalen Dauerertrags sind, daß es die Aspekte der Populationsstruktur vernachlässigt, die Umwelt als unveränderlich betrachtet und sich auf kaum verläßliche Schätzungen des maximalen Dauerertrags stützt, der ohnehin nicht unbedingt das beste Kriterium für gutes Management darstellt.

Das Konzept des maximalen Dauerertrags steht im Mittelpunkt von Erntetheorie und -praxis. Das macht das Erkennen der folgenden Nachteile des Konzepts um so wichtiger.

1) Durch Behandlung der Population als eine Anzahl ähnlicher Individuen oder als undifferenzierte „Biomasse" ignoriert es alle Aspekte der Populationsstruktur wie Größen- oder Altersklassen und deren unterschiedliche Wachstums-, Überlebens- und Reproduktionsraten (Alternativen, die dies berücksichtigen, werden später besprochen).
2) Da es auf einer einzigen Rekrutierungskurve beruht, behandelt es die Umwelt als unveränderlich. Das ist jedoch ein häufiges Problem praktisch aller Erntemodelle (siehe aber Iles 1973).
3) In der Praxis ist es mitunter unmöglich, eine verläßliche Schätzung des maximalen Dauerertrags zu erhalten.
4) Einen maximalen Dauerertrag zu erzielen ist keinesfalls das einzige oder unbedingt beste Kriterium, nach dem man den Erfolg beim Management eines Erntevorgangs beurteilen sollte.

Trotz all dieser Schwierigkeiten hat das Konzept des maximalen Dauerertrags viele Jahre lang das Ressourcenmanagement in der Fischerei, in der Forstwirtschaft und in der Nutzung von Wildtieren dominiert. Auf vielen anderen Gebieten ist der maximale Dauerertrag nach wie vor das Leitprinzip. Zudem lassen sich unter der Annahme, maximale Dauererträge seien sowohl wünschenswert als auch erreichbar, einige der grundlegenden Prinzipien des Aberntens erklären. Wir beginnen hier deshalb, indem wir erkunden, was wir aus Analysen lernen können, die auf maximalem Dauerertrag beruhen. Anschließend betrachten wir eingehender die Strategien zum Management abgeernteter Populationen, wozu wir die verschiedenen Nachteile des maximalen Dauerertrags detaillierter unter die Lupe nehmen.

16.13 Einfache Erntemodelle mit maximalem Dauerertrag

16.13.1 Feste Quoten

Feste maximale Erntequoten sind aufgrund der variablen Umwelt und unzulänglicher Datensätze riskant – sie können zum Aussterben einer Population führen (z. B. bei Walen).

Wenn wir zu Abbildung 16.7 zurückkehren, sehen wir, daß die Dichte beim maximalen Dauerertrag (MSY-Dichte – N_m) ein Gleichgewicht (Gewinne = Verluste) darstellt. Wenn die Ernte jedoch auf der Entnahme einer **festen Quote** beruht, wie es in der Abbildung der Fall ist, dann ist N_m ein sehr fragiles Gleichgewicht. Liegt die Dichte über der Dichte des maximalen Dauerertrags, dann übersteigt h_m die Rekrutierungsrate, und die Population geht in Richtung N_m zurück. Das ist an sich zufriedenstellend. Wenn aber die Dichte durch Zufall auch nur ein wenig geringer ist als N_m, dann wird h_m ebenfalls die Rekrutierungsrate übersteigen. Die Dichte wird dann sogar noch weiter abnehmen, und wenn eine feste Erntequote auf der Basis des maximalen Dauerertrags beibehalten wird, wird die Population bis zum Aussterben zurückgehen. Außerdem wird die Ernterate stets die Rekrutierungsrate übersteigen (h_h in Abbildung 16.7), wenn der maximale Dauerertrag nur geringfügig überschätzt wird. Das wird unabhängig von der Ausgangsdichte zum Aussterben führen. Kurzum, eine feste MSY-Erntequote könnte in einer Welt wünschenswert und vernünftig sein, die völlig vorhersehbar ist und über die wir alles umfassende Kenntnisse verfügen. In der realen Welt mit Umweltschwankungen und bei unzulänglichen Datensätzen sind diese festen Quoten jedoch offene Einladungen zu Katastrophen (Clark 1981).

Dennoch wurde häufig eine Strategie der festen Quoten angewandt: Eine Verwaltungsbehörde formuliert eine Schätzung des maximalen Dauerertrags, der dann als jährliche Quote festgesetzt wird. An einem bestimmten Tag im Jahr wird der Fischfang (oder die Jagd oder was auch immer) freigegeben, und die sich ansammelnden Fänge werden aufgezeichnet. Ist die festgelegte Fangquote erreicht, wird die Fischerei für den Rest des Jahres eingestellt. Das fördert erwartungsgemäß den Wettbewerb unter den Fischern. Als die Internationale Walfangkommission zwischen 1949 und 1960 jährliche Fangquoten festsetzte, kam es zu einem regelrechten Wettbewerb (Clark 1981). Schließlich einigten sich die Walfangnationen darauf, vor Beginn der Fangsaison nationale Fangquoten festzulegen; die Auswirkungen der festen Quoten auf die Walpopulationen waren aber nicht gerade ermutigend (Abbildung 16.9a).

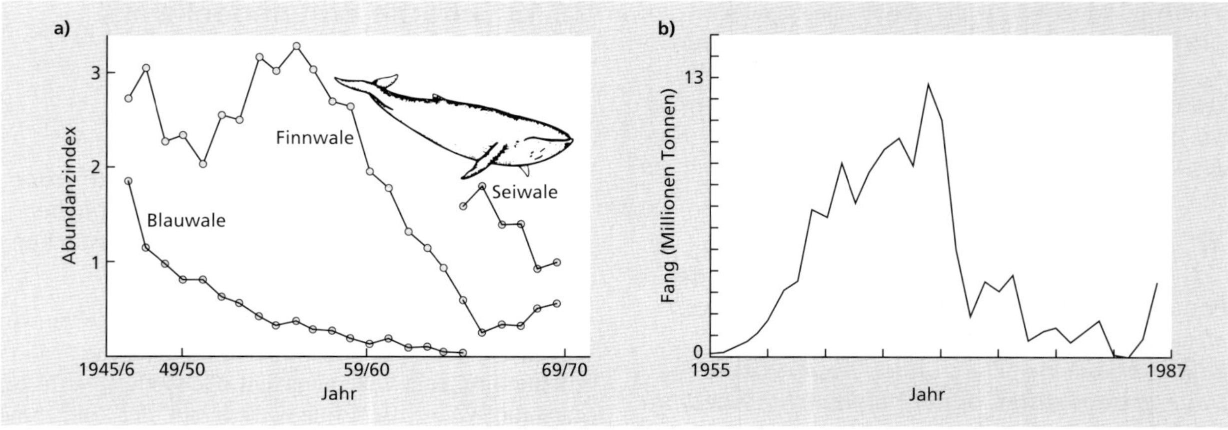

16.9 a) Der Rückgang antarktischer Bartenwale durch den Walfang. (Nach Gulland 1971). b) Geschichte der Fänge der peruanischen Sardellenfischerei. (Nach Hilborn und Walters 1992)

Ein weiteres, recht typisches Beispiel für die Anwendung fester Fangquoten ist die Fischerei der Peruanischen Sardelle (*Engraulis ringens*; Abbildung 16.9b). Von 1960 bis 1972 war dies die größte auf eine Fischart spezialisierte Fischerei der Welt und ein wesentlicher Sektor der peruanischen Wirtschaft. Fischereiexperten rieten zu einem maximalen Dauerertrag von rund zehn Millionen Tonnen jährlich, und entsprechend wurden die Fangquoten festgelegt. Aber die Fangkapazität der Flotte erweiterte sich, so daß der Sardellenfang 1972 zusammenbrach. Überfischung war zumindest eine wichtige Ursache dieses Zusammenbruchs, obgleich ihre Auswirkungen noch durch den Einfluß schwerwiegender Umweltschwankungen, die wir im Anschluß (Abschnitt 16.13.4) diskutieren werden, verschlimmert wurde. Eine vorübergehende Einstellung des Fischfanges hätte den Beständen vielleicht ermöglicht, sich zu erholen, war aber politisch nicht durchführbar, da 20 000 Arbeitsplätze von der Sardellenfischerei abhingen. Die peruanische Regierung erlaubte daher alljährlich die Fortsetzung des Fanges. Die Bestände erholten sich aber nicht mehr (Hilborn und Walters 1992).

16.13.2 Die Regulation des Ernteaufwands

Der Ernteaufwand ist abhängig von der Größe der abgeernteten Population, der Ernteeffizienz und dem Ertrag.

Das mit festen Quoten einhergehende Risiko kann reduziert werden, wenn man statt dessen den **Ernteaufwand** (*harvesting effort*) reguliert. Man kann davon ausgehen, daß der Ertrag einer Ernte H von drei Faktoren abhängt:

$$H = qEN. \qquad (16.1)$$

Der Ertrag H nimmt zu mit der Größe der abgeernteten Population N, mit dem Ernteaufwand E (zum Beispiel mit der Zahl der „Trawlertage“ beim Fischfang oder der Zahl der „Abschußtage“ bei der Jagd) und mit der **Ernteeffizienz** (*harvesting efficiency*) q. Unter der Annahme, daß diese Effizienz konstant bleibt, beschreibt Abbildung 16.10a eine abgeerntete Population, die drei potentiellen Erntestrategien unterworfen ist, welche sich im Ernteaufwand unterscheiden. Abbildung 16.10b zeigt die zu erwartende Gesamtbeziehung, in einem einfachen Fall wie diesem zwischen dem Aufwand und dem durchschnittlichen Ertrag: Es gibt offenbar einen „optimalen“ Aufwand E_m der den maximalen Dauerertrag liefert; ein größerer oder kleinerer Aufwand führt zu einem geringeren Ertrag.

Die Festlegung des Aufwands E_m, der zum maximalen Dauerertrag führt, ist eine sehr viel sicherere Strategie als das Festlegen einer Quote des maximalen Dauerertrags. Hierbei übersteigt, im Gegensatz zu Abbildung 16.7 bei Abnahme der Dichte unter N_m (Abbildung 16.10a) die Rekrutierungsrate die Ernterate, und die Population erholt sich. Tatsächlich muß E_m schon stark überschätzt werden, damit die Population ausgerottet wird (E_0 in Abbildung 16.10a). Da jedoch ein festgesetzter Aufwand betrieben wird, variiert der Ertrag mit der Populationsgröße. Der Ertrag wird besonders dann geringer als der maximale Dauerertrag sein, wenn die Populationsgröße unter N_m absinkt. Die angebrachte Reaktion hierauf wäre, den Ernteaufwand geringfügig zu reduzieren oder zumindest gleich zu halten, bis sich die Population wieder erholt. Eine zwar verständliche, aber falsche Reaktion dürfte sein, den ‚Verlust“ durch erhöhten Aufwand kompensieren zu wollen. Dies könnte die Populationsgröße weiter verringern (E_h in Abbildung 16.10a). Man kann sich daher leicht vorstellen, daß die Population ausgerottet wird, wenn eine ganz allmähliche Erhöhung des Ernteaufwands einem immer weiter schwindenden Ertrag hinterherjagt.

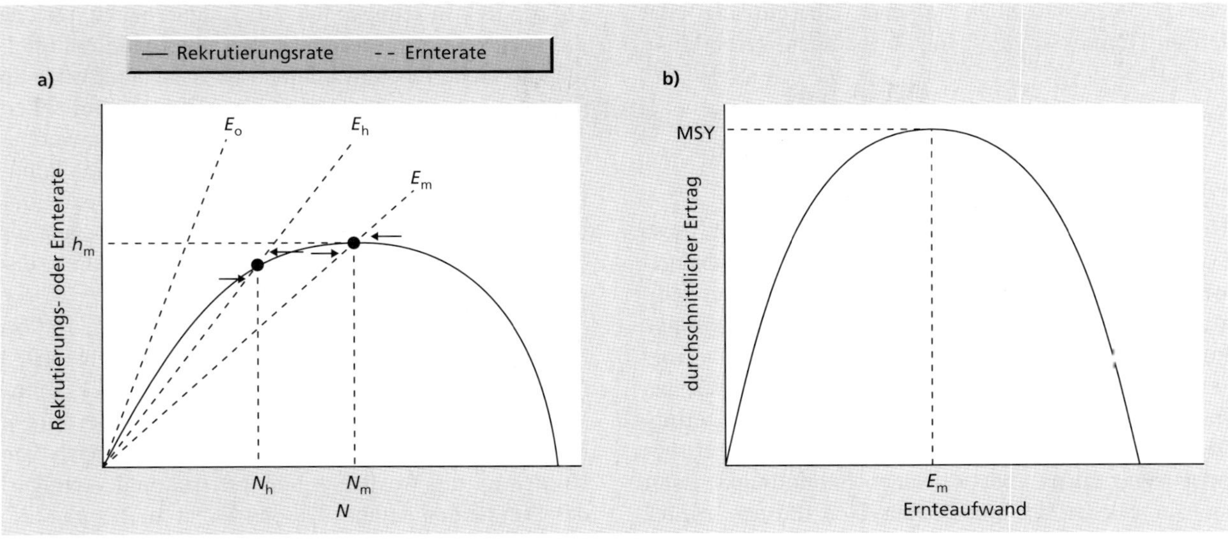

16.10 Ernte mit festgesetztem Aufwand. a) Bedeutung der Kurven, Pfeile und Punkte wie in Abbildung 16.7. Der maximale Dauerertrag (MSY) wird mit dem Aufwand E_m erreicht, was zu einem stabilen Gleichgewicht bei einer Dichte N_m mit einem Ertrag h_m führt. Bei einem etwas höheren Aufwand (E_h) sind sowohl die Gleichgewichtsdichte als auch der Ertrag geringer als bei E_m, aber das Gleichgewicht ist nach wie vor stabil. Nur bei einem viel höherer Aufwand (E_0) wird die Population aussterben. b) Die Gesamtbeziehung zwischen dem festgesetzten Aufwand und dem durchschnittlichen Ertrag.

Es gibt viele Beispiele für gesetzliche Regelungen des Ernteaufwands, und dies trotz der Tatsache, daß der Aufwand sich in der Regel nicht genau messen und kontrollieren läßt. Die Ausgabe von Jagdlizenzen läßt zum Beispiel (in manchen Ländern) die unkontrollierte Jagd zu; und die Regulation der Größe und Zusammensetzung einer Fischfangflotte berücksichtigt nicht die Witterungsverhältnisse.

16.13.3 Die Instabilität abgeernteter Populationen: multiple Gleichgewichte

Selbst bei einer Regulation des Aufwands kann ein Abernten nahe dem maximalen Dauerertrag gefährlich sein. In sehr kleinen Populationen kann die Rekrutierungsrate besonders niedrig sein (Abbildung 16.11a). So ist die Rekrutierung junger Lachse bei niedrigen Dichten aufgrund starker Prädation durch größere Fische gering. Bei jungen Walen kann sie ganz einfach deshalb gering sein, weil dann die Wahrscheinlichkeiten, daß Männchen und Weibchen zur Paarung zusammentreffen, reduziert sind. Andererseits kann in großen Populationen die Ernteeffizienz abnehmen (Abbildung 16.11b). So werden viele Clupeiden (Sardinen, Sardellen und Heringe) bei niedrigen Dichten besonders leicht gefangen, weil sie eine kleine Zahl großer Schulen bilden, die stereotypen Wanderrouten folgen, wo sie von den Trawlern abgefangen werden können. In jedem Fall führen geringfügige Überschätzungen

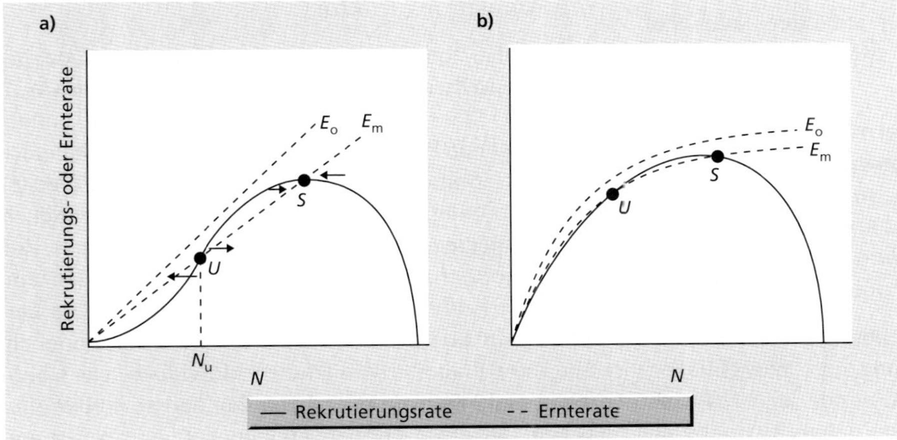

16.11 Multiple Gleichgewichte beim Abernten. a) Wenn die Rekrutierungsrate bei niedrigen Dichten besonders gering ist, ergibt sich bei einem Ernteaufwand (E_m), der zu einem maximalen Dauerertrag führt, nicht nur ein stabiles Gleichgewicht (S), sondern auch ein unstabiler Schnittpunkt (U) bei einer Dichte, unterhalb derer die Population bis zum Aussterben zurückgeht. Die Population kann auch durch einen Ernteaufwand (E_0), der nicht viel höher ist als E_m, ausgerottet werden. b) Wenn die Ernteeffizienz bei hohen Dichten zurückgeht, gilt ähnliches wie bei (a).

von E_m wahrscheinlich zu einer Übernutzung oder letzten Endes sogar zum Aussterben (Abbildung 16.11).

Überschneidet sich die Erntekurve mit der Rekrutierungskurve mehr als einmal, dann existieren multiple Gleichgewichte.

Noch bedeutender ist jedoch die Tatsache, daß diese Wechselbeziehungen kritische **multiple Geichgewichte** haben können (siehe Abschnitt 10.6); diese entstehen hier, weil die Erntekurve die Rekrutierungskurve an drei Punkten schneidet. Zwei davon sind stabile Gleichgewichte, entscheidend ist jedoch ein instabiler „Schnittpunkt". Gerät die Population geringfügig unter die Dichte des maximalen Dauerertrags oder sogar etwas über N_u, einen Schnittpunkt, kehrt sie zur Dichte des maximalen Dauerertrags zurück (Abbildung 16.11). Eine etwas stärkere Reduktion der Dichte auf einen Level etwas unterhalb von N_u, etwa durch einen leicht erhöhten Aufwand, läßt die Ernterate jedoch größer werden als die Rekrutierungsrate – und die Population wäre auf dem Weg zur Ausrottung. Mehr noch: Ist die Population erst einmal auf dieser „schiefen Bahn", ist sehr viel mehr als nur eine geringfügige Reduktion des Aufwands nötig, um diesen Prozeß wieder umzukehren. Das ist das Entscheidende an multiplen Gleichgewichten in der Praxis: Eine sehr geringe Änderung des Verhaltens kann zu einem absolut nicht dazu im Verhältnis stehenden Resultat führen, weil sich der „Anziehungspunkt" im System von einem stabilen Gleichgewicht auf ein anderes verlagert. Aus nur geringfügigen Veränderungen der Erntestrategie oder der Umwelt können also drastische Bestandsveränderungen resultieren.

Bedauerlicherweise gibt es zahlreiche Beispiele für den plötzlichen Zusammenbruch von Populationen, die sich auch nach Reduktion des Ernteaufwands nicht mehr erholten. Am eindringlichsten war dies bei einer Reihe von Heringsverwandten (Clupeidae) zu sehen, etwa an der Peruanischen Sardelle, am Hering in der Nordsee (Iles 1981) und an der Pazifischen Sardine (Murphy 1977); außerdem auch bei Pazifischen Lachsen (Peterman et al. 1979).

16.13.4 Die Instabilität abgeernteter Populationen: Umweltschwankungen

Neben übermäßigem Abernten können ungünstige Umweltbedingungen zum Zusammenbruch einer Population führen.

Man ist geneigt, alle Zusammenbrüche von Fischbeständen einfach der Überfischung und menschlichen Habgier zuzuschreiben. Damit würde man es sich aber zu einfach machen. Es besteht kein Zweifel, daß der durch die Fischerei ausgeübte Druck die Fähigkeit natürlicher Populationen stark beeinträchtig, entsprechende Rekrutierungsraten aufrechtzuerhalten, welche die Verlustraten insgesamt ausgleichen. Die unmittelbare Ursache des Zusammenbruchs ist aber oft – in manchen Jahren sogar mit hoher Wahrscheinlichkeit – das Auftreten ungewöhnlich ungünstiger Umweltbedingungen. Wenn dies der Fall ist, wird sich die Population zudem eher wieder erholen (wenn die Bedingungen erst einmal wieder günstiger geworden sind) als bei einem Zusammenbruch, der einzig und allein das Ergebnis von Überfischung ist.

Die Peruanische Sardelle (siehe Abbildung 16.9b), hatte vor ihrem Zusammenbruch von 1972 bis 1973 Mitte der sechziger Jahre infolge eines „El Niño" schon einmal einen Rückschlag erlitten. (Bei einem El Niño strömt warmes Wasser aus den Tropen von Norden an die Westküste Südamerikas und verringert das Aufsteigen kalten Tiefenwassers und somit die Produktivität in dem kalten, von Süden her kommenden Perustrom.) Aufgrund der stark angestiegenen Befischung im Jahre 1973 hatte der darauffolgende El Niño sehr viel schwerwiegendere Auswirkungen. Zwar zeigten die Fischbestände zwischen 1973 und 1982 trotz des weitgehend unverminderten Druckes durch die Fischerei einige Anzeichen der Erholung, doch 1983 kam es infolge eines erneuten El Niño zu einem weiteren Zusammenbruch. Die Folgen dieser natürlichen Störungen des normalen Verlaufs der Meeresströmungen wären zweifellos wohl kaum derart einschneidend gewesen, wenn die Sardellen nicht zuvor in hohen Mengen abgeerntet oder nur gering befischt worden wären. Wir sollten also die Gefahren der Überfischung nicht zurückweisen, aber wir müssen sie in dem Kontext ausgeprägter und oft unvorhersehbarer natürlicher Schwankungen sehen.

16.14 Dynamische Pool-Modelle

Dynamische Pool-Modelle berücksichtigen im Gegensatz zu Mehrertragsmodellen die Populationsstruktur.

Die bisher beschriebenen, einfachen Erntemodelle sind als **Mehrertragsmodelle** (*surplus yield models*) bekannt. Sie sind ein sinnvolles Mittel, um einige grundlegende Prinzipien (wie den maximalen Dauerertrag) zu ermitteln, und eignen sich gut zur Untersuchung der möglichen Konsequenzen unterschiedlicher Erntestrategien. Sie berücksichtigen aber nicht die Populationsstruktur. Dies ist aus zwei Gründen ein schwerer Fehler. Erstens ist die „Rekrutierung" in der Praxis ein komplexer Prozeß, in den das Überleben und die Fekundität von adulten Individuen, das Überleben und Wachstum der Juvenilen und so weiter eingehen; all diese Größen können auf ihre Weise auf Veränderungen der Dichte und Erntestrategie reagieren. Der zweite Grund ist, daß die meisten Erntepraktiken

ken primär nur an einem Teil der abgeernteten Population interessiert sind – zum Beispiel an ausgewachsenen Bäumen oder an Fischen, die groß genug zum Verkauf sind. Um diese Komplikationen zu berücksichtigen, wurden die sogenannten **dynamischen Pool-Modelle** (*dynamic pool models*) erstellt.

Den allgemeinen Aufbau eines dynamischen Pool-Modells veranschaulicht Abbildung 16.12. Basierend auf diesem Grundplan wurde eine breite Palette möglicher Modelle vorgeschlagen, die sich vor allem in der Art und Weise und in den Einzelheiten der Beschreibung der vier grundlegenden Komponenten des Modells unterscheiden (Beverton und Holt 1957). Diese Komponenten oder „Submodelle" sind:

1) die Rekrutierungsrate,
2) die Wachstumsrate,
3) die natürliche Mortalitätsrate,
4) die Rate der Befischung des abgeernteten Bestands.

Zusammen bestimmen diese die nutzbare Biomasse des Bestands und wie sich diese im Ertrag der Fischerei bemerkbar macht. Im Gegensatz zu den Mehrertragsmodellen hängt dieser Biomasseertrag nicht nur von der Zahl der gefangenen Individuen, sondern auch von ihrer Größe (also dem Wachstum in der Vergangenheit) ab; während die Menge der nutzbaren (das heißt fangbaren) Biomasse nicht nur auf ihrer „Nettorekrutierung" beruht, sondern auch von einer Kombination aus natürlicher Mortalität, erntebedingter Mortalität, individuellem Wachstum und der Rekrutierung in fangbare Altersklassen abhängt.

Um verschiedene Varianten des Grundplanes zu erstellen, kann man Wachstum, natürliche Mortalität, Fangbarkeit und so weiter für jede Altersklasse getrennt betrachten. So muß zum Beispiel die Rekrutierung in fangbare Altersklassen nicht unbedingt plötzlich erfolgen: Es kann nicht fangbare, Staffelungen schlecht fangbarer Altersklassen und so weiter geben. Ferner können die vier Submodelle in verschiedenen Fällen nur so viel oder so wenig Information enthalten, wie vorhanden oder erwünscht ist. So kann man Wachstumskurven erhalten, indem man Modelle von den Grundprinzipien oder direkt von Daten aus dem Freiland (zum Beispiel die Altersbestimmung von Fischen anhand ihrer Schuppen oder Otholithen) ableitet; und man kann die Dichteabhängigkeit der Rekrutierung oder der natürlichen Mortalität abschätzen und in ein Modell aufnehmen oder (noch besser)

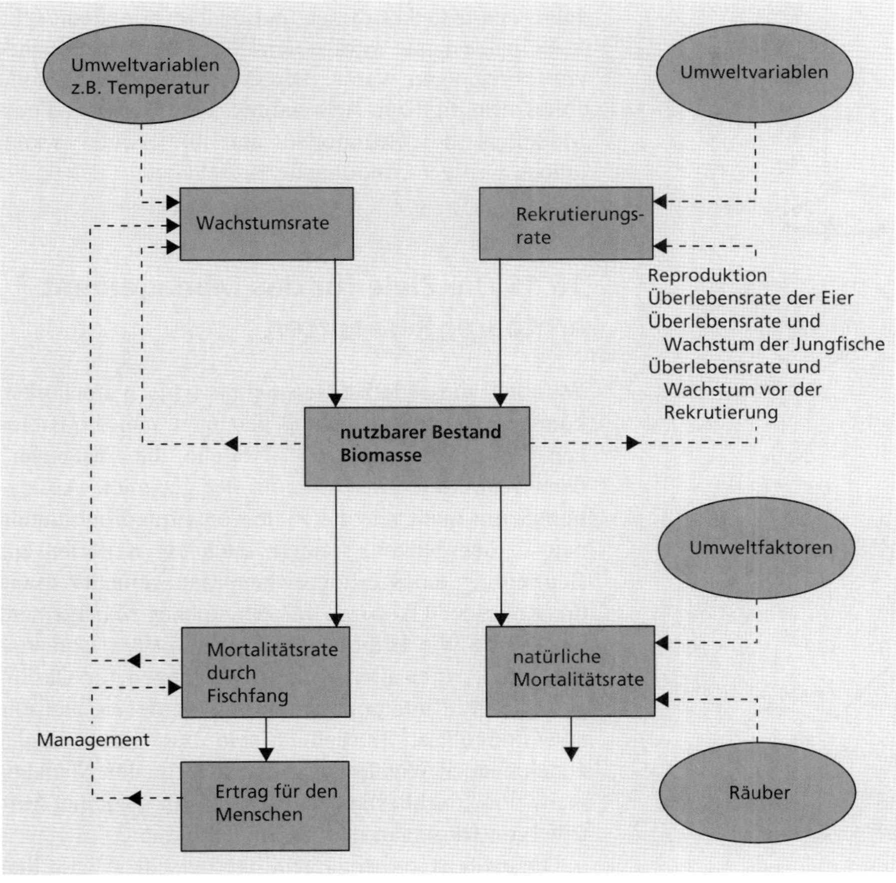

16.12 Das dynamische Pool-Modell für das Abernten und Management von Fischbeständen, dargestellt als Flußdiagramm. Es beinhaltet hauptsächlich vier „Submodelle": die Wachstumsrate der Individuen und die Rekrutierungsrate in die Population (welche die nutzbare Biomasse erhöhen) sowie die natürliche Mortalitätsrate und die Mortalität durch den Fischfang (welche die nutzbare Biomasse verringern). Durchgezogene Linien und Pfeile geben Veränderungen der Biomasse unter dem Einfluß dieser Submodelle an. Gestrichelte Linien und Pfeile weisen entweder auf Auswirkungen eines Submodells auf ein anderes, auf den Einfluß des Biomasselevels oder von Umweltfaktoren auf ein Submodell hin. Jedes dieser Submodelle kann selbst wiederum als komplexes, realistisches Sytem dargestellt werden. Der Ertrag für den Menschen läßt sich abschätzen, indem man je nach Szenario bestimmte charakteristische Werte in die Submodelle einsetzt. Diese Werte können theoretisch ermittelt werden (also „Annahmen" sein) oder auf Freilanddaten beruhen. (Nach Pitcher und Hart 1982)

tatsächlich im Freiland verfolgen (Beverton und Holt 1957).

Der grundlegende Ansatz ist jedoch in allen Fällen der gleiche. Die vorhandene Information (theoretische wie empirische) wird in einer Form einbezogen, welche die Dynamik der strukturierten Population berücksichtigt. Das ermöglicht, den Ertrag und die Reaktion der Population auf verschiedene Erntestrategien abzuschätzen. Dies wiederum sollte Empfehlungen zum Bestandsmanagement ermöglichen. Das Entscheidende daran ist, daß die Erntestrategie bei einem dynamischen Pool-Modell nicht nur die Intensität des Aberntens, sondern auch die Entscheidung beinhaltet, wie der Aufwand auf die verschiedenen Altersklassen verteilt werden sollte.

Ein Beispiel für eine kommerziell genutzte Population, für die ein dynamisches Pool-Modell erstellt wurde, ist die arktisch-norwegische Kabeljaufischerei, welche die nördlichsten der atlantischen Bestände nutzt (Garrod und Jones 1974, siehe auch Pitcher und Hart 1982). Garrod und Jones ermittelten die Altersstruktur Ende der sechziger Jahre und nutzten diese für Vorhersagen der mittelfristigen Auswirkungen auf den Ertrag bei unterschiedlich starker Befischung und unterschiedlicher Maschengröße der Trawlernetze. Einige ihrer Ergebnisse sind in Abbildung 16.13 dargestellt. Der zeitweilige Gipfel nach rund fünf Jahren ist das Ergebnis der sehr großen Altersklasse aus dem Jahre 1969, die sich auf die Population der folgenden Jahre auswirkte. Insgesamt gesehen ist jedoch klar, daß die besten langfristigen Ertragssaussichten bei geringer Befischung und großer Maschenweite zu erwarten sind. Beides bietet den Fischen eher die Gelegenheit zu wachsen (und sich fortzupflanzen), bevor sie gefangen werden. Das ist von großer Bedeutung, denn der Ertrag wird in Biomasse gemessen, nicht einfach in der Anzahl der gefangenen Fische. Eine stärkere Befischung und Maschenweiten von 130 mm führen nach den Voraussagen des Modells zu einer Übernutzung des Bestands.

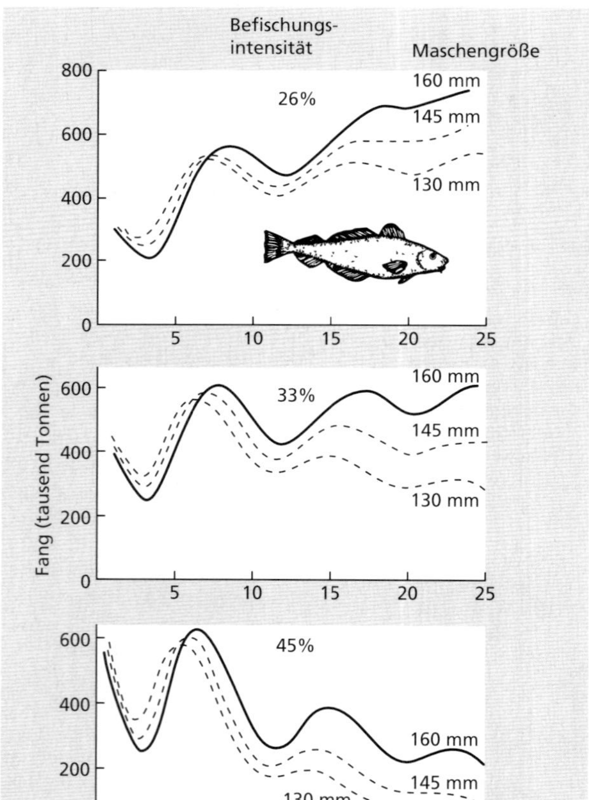

16.13 Die Vorhersagen von Garrod und Jones (1974) für die Entwicklung der arktischen Kabeljaubestände bei drei unterschiedlichen Befischungsintensitäten und Maschenweiten. (Nach Pitcher und Hart 1982)

Bedauerlicherweise wurden die deutlichen Empfehlungen von Garrod und Jones von denjenigen ignoriert, in deren Macht es lag, die Fischfangstrategien zu bestimmen. Die Maschengröße wurde bis 1979 nicht erhöht, und dann nur von 120 mm auf 150 mm. Die Befischungsintenistät sank nie unter 45 %, und in den späten siebziger Jahren wurden Fänge von 900 000 Tonnen eingebracht. So überrascht es vielleicht nicht, daß Kontrollen gegen Ende der achtziger Jahre zeigten, daß dieser und andere nordatlantische Kabeljaubestände infolge der Überfischung sehr stark zurückgegangen waren. Die Arbeit von Garrod und Jones ermutigt zur Anwendung von Dynamik-Pool-Modellen, die Reaktionen auf ihre Arbeit waren jedoch weniger ermutigend.

16.15 Die Ziele für das Management erntbarer Ressourcen

Wenn wir dieses letzte Beispiel als typisch annähmen, könnten wir zu dem Schluß gelangen, daß die Biologen Vorschläge machen – welche die „Manager" dann verwerfen. Das ist somit der geeignete Ansatzpunkt, um nicht nur die Ziele von Ernteprogrammen neu zu überdenken, sondern auch die Kriterien zur Beurteilung eines erfolgreichen Managements sowie die Rolle der Ökologen für ein solches Management insgesamt. Wie Hilborn und Walters (1992) andeuteten, gibt es drei alternative Einstellungen für Ökologen, die zwar alle populär waren, von denen aber nur eine sinnvoll ist. Tatsächlich sind dies Überlegungen zunehmender Wichtigkeit nicht nur für das Management von Fischbeständen, sondern für jegliche Auftritte von Ökologen in der Öffentlichkeit.

Die erste ist zu behaupten, ökologische Wechselbeziehungen seien zu komplex und wir wüßten zu wenig über unsere Daten, um irgendwelche Erklärungen abzugeben (aus Angst vor Fehlern). Das Problem hierbei ist folgendes: Wenn Ökologen sich aufgrund irgendeiner erhöhten Empfindsamkeit für die Schwierigkeiten zum Schweigen entschließen, wird es immer irgendeinen anderen, vermutlich weniger qualifizierten „Experten" geben, der für sie einspringt und schlagfertige Antworten auf unangebrachte Fragen gibt.

Als zweite Möglichkeit können sich Ökologen ausschließlich auf die Ökologie konzentrieren und so zu einer Empfehlung gelangen, die rein ökologische Kriterien befriedigt. Jedwede Abänderung dieser Empfehlung durch Manager oder Politiker wird dann Unwissenheit, Unmenschlichkeit, politischer Korruption oder irgendeiner anderen Verfehlung oder menschlichen Schwäche zugeschrieben. Das Problem bei dieser Einstellung ist, daß es bei jeglichem menschlichen Handeln einfach unrealistisch ist, soziale und ökonomische Faktoren zu ignorieren.

Die dritte Alternative für Ökologen ist schließlich, möglichst genaue und realistische ökologische Einschätzungen zu treffen, aber davon auszugehen, daß diese bei Managemententscheidungen zusammen mit einem breiteren Spektrum an Faktoren abgewogen werden. Außerdem sollten diese Einschätzungen selbst die Tatsache berücksichtigen, daß die ökologischen Wechselbeziehungen, um die es geht, den Menschen als eine der interagierenden Arten einschließen – und der Mensch ist sozialen und ökonomischen Kräften unterworfen. Da ökologische, ökonomische und soziale Kriterien nebeneinander betrachtet werden müssen, ist die Entscheidung für eine einzelne, „beste" Möglichkeit letzten Endes Ansichtssache. Daraus folgt, daß eine einzelne Empfehlung in der Praxis weitaus weniger nützlich ist als die Darlegung einer Reihe möglicher Handlungspläne mit den sich daraus ergebenden Konsequenzen.

Im vorliegenden Kontext wollen wir diese dritte Alternative entwickeln, indem wir zunächst über den maximalen Dauerertrag hinaus nach Kriterien suchen, die Risiko, Ökonomie, soziale Folgen und so weiter berücksichtigen, und anschließend untersuchen, mit welchen Mitteln entscheidende Parameter und Variablen in natürlichen Populationen abgeschätzt werden (siehe Abschnitt 16.16). Denn weil diese die Qualität der verfügbaren Informationen beeinflussen, bestimmen sie auch, wie überzeugend Empfehlungen ausgesprochen werden können. Dazu haben wir stark auf den sehr viel ausführlicheren Bericht von Hilborn und Walters (1992) (siehe auch Clark 1985) zurückgegriffen. Teils aus diesem Grund, teils aber auch der Kürze wegen, beziehen wir uns häufig auf Fische und Fischereien – doch die Prinzipien gelten für jegliche natürliche Ressource. Die Aspekte wurden im Hinblick darauf ausgewählt, daß sie die wichtigsten Botschaften vermitteln – nicht, weil sie unbedingt die bedeutendsten Themen bezüglich des Managements natürlicher Ressourcen darstellen, und auch nicht, weil sie in der Praxis für die Manager dem heutigen Stand der Wissenschaft am nächsten kommen

16.15.1 Wirtschaftliche und soziale Faktoren

Der wirtschaftlich optimale Ertrag ist im Normalfall geringer als der maximale Dauerertrag.

Der vielleicht offensichtlichste Mangel eines rein ökologischen Ansatzes ist, daß er nicht berücksichtigt, daß die Ausbeutung einer natürlichen Ressource in der Regel ein wirtschaftliches Unterfangen ist, bei dem der Wert der Ernte gegen die Kosten zum Erlangen dieser Ernte aufgerechnet werden muß. Selbst wenn wir uns von jeglicher Konzentration auf „Profit" distanzieren, ist es nicht sinnvoll, um die letzten verfügbaren Tonnen eines maximalen Dauerertrags zu kämpfen, wenn das dazu ausgegebene Geld sehr viel effektiver in irgendeine andere Form der Nahrungsproduktion investiert werden könnte. Die grundlegende Idee ist in Abbildung 16.14 dargestellt. Wir versuchen nicht, den Gesamtertrag zu maximieren, sondern den Nettowert – die Differenz zwischen dem Bruttowert der Ernte und der Summe der fixen Kosten (wie Zinszahlungen für Schiffe oder Fabriken, Versicherungen) und der variablen Kosten, die mit zunehmendem Ernteaufwand ansteigen (wie Treibstoff, Arbeitslöhne). Dies legt nahe, daß der **ökonomisch optimale Ertrag (ÖOE**; *economically optimum yield* – EOY) geringer ist als der maximale Dauerertrag und sich durch weniger Aufwand oder niedrigere Fangquoten erreichen läßt. Die Differenz zwischen ökonomisch optimalem Ertrag und maximalem Dauerertrag ist jedoch am geringsten bei Unternehmungen, bei denen die meisten Ausgaben fixe Kosten sind. Dies ist insbesondere bei

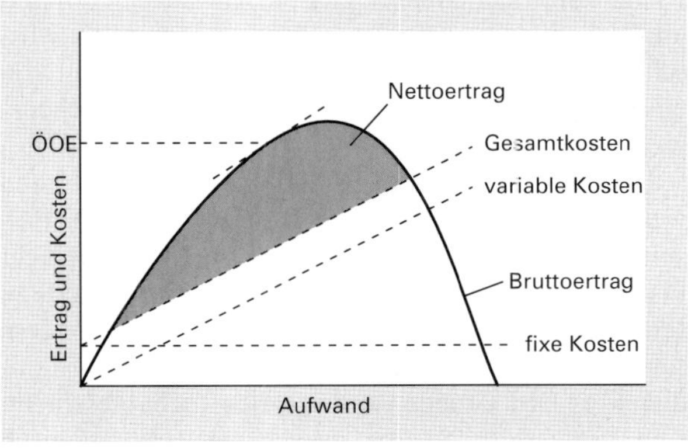

16.14 Den ökonomisch optimalen Ertrag (ÖOE), der den „Profit" maximiert, erhält man links vom Optimum der Kurve, die den Ertrag in Abhängigkeit vom Aufwand angibt, und zwar dort, wo die Differenz zwischen Bruttoertrag und Gesamtkosten (fixe Kosten plus variable Kosten) am größten ist. An diesem Punkt weisen die Linien für den Bruttoertrag und die Gesamtkosten die gleiche Neigung auf. (Nach Hilborn und Walters 1992)

sehr teuren, hochtechnisierten Operationen wie der Hochseefischerei der Fall. Sie neigen daher am ehesten zur Überfischung, selbst wenn das Management auf das ökonomische Optimum abzielt.

Beim Abernten von Ressourcen muß auch die Diskontierung berücksichtigt werden.

Eine zweite wichtige wirtschaftliche Überlegung betrifft die **Diskontierung**. Dies bezieht sich auf die Tatsache, daß in wirtschaflicher Hinsicht „der Spatz in der Hand mehr wert ist als die Taube auf dem Dach“ (also ein jetzt gefangener Fisch mehr wert als ein entsprechender irgendwann in der Zukunft). Das liegt im Grunde daran, daß man den Gegenwert des gegenwärtigen Fanges bei der Bank anlegen kann, damit er Zinsen bringt, so daß sein Gesamtwert ansteigt. Ein häufig verwendeter Diskontsatz für natürliche Ressourcen ist 10 % im Jahr (90 Fische sind heute so viel wert, wie 100 Fische in einem Jahr) – ungeachtet der Tatsache, daß die Differenz zwischen der Verzinsungsrate bei den Banken und der Inflationsrate gewöhnlich nur 2–5 % beträgt. Die Ökonomen rechtfertigen dies durch ihren Wunsch, ein gewisses „Risiko“ zu berücksichtigen. Ein jetzt gefangener Fisch ist bereits gefangen; ob einer, der noch im Wasser schwimmt, einmal gefangen wird oder nicht, muß sich erst noch zeigen – der Spatz in der Hand ist tatsächlich mehr wert als die Taube auf dem Dach.

Andererseits ist der gefangene Fisch tot, während der noch im Wasser schwimmende wachsen und sich fortpflanzen (natürlich aber auch sterben) kann. In Wirklichkeit wird also jeder nicht gefangene Fisch in der Zukunft mehr als „einen Fisch“ wert sein. Insbesondere, wenn der im Wasser zurückbleibende Fischbestand schneller anwächst als der Diskontsatz – wie es häufig der Fall ist –, ist der auf der Bank hinterlegte Gegenwert eines Fisches keine so sinnvolle Investition wie ein im Meer „hinterlegter“ Fisch. Dennoch liefert die Diskontierung selbst in Fällen wie diesem ein wirtschaftliches Argument dafür, größere Mengen von einem Bestand abzuernten, als eigentlich wünschenswert wäre.

Überdies scheint es in Fällen, in denen der Bestand weniger produktiv ist als der Diskontsatz – zum Beispiel bei vielen Walen und einer Reihe langlebiger Fische – aus rein ökonomischer Sicht sinnvoll zu sein, den Bestand nicht nur zu überfischen, sondern sogar, jeden Fisch zu fangen („den Bestand zu liquidieren“). Die Gründe, warum dies nicht geschieht, sind teils ethische – es wäre natürlich ökologisch kurzsichtig und eine schändliche Behandlung der Hungernden der Zukunft. Aber es gibt auch praktische Gründe: Für die zuvor in der Fischerei Beschäftigten müssen Arbeitsplätze gefunden werden (oder man muß auf andere Weise für ihre Familien sorgen), es müssen alternative Nahrungsquellen erschlossen werden und so weiter. Dies untermauert zum einen, daß eine „neue Ökonomie“ erdacht werden muß, bei der nicht nur Dingen, die ge- oder verkauft werden können – wie Fischen und Booten – ein Wert beigemessen wird, sondern auch abstrakteren Dingen wie der weiteren Existenz einer Walart (Pearce und Turner 1990). Es hebt aber auch die Gefahr einer zu engstirnigen ökonomischen Sicht hervor. Es ist nicht sinnvoll, die Rentabilität einer Fischerei von den Auswirkungen des Managements der Fischbestände in größerem Maßstab zu trennen.

Beim Management natürlicher Ressourcen gehen auch soziale Faktoren mit ein.

„Soziale“ Faktoren gehen auf zwei unterschiedlichen Wegen in Pläne zum Management natürlicher Ressourcen ein. Entsprechend der vorherigen Diskussion, warum es vielleicht nicht angebracht ist, einen Bestand zu liquidieren, obwohl dies ökonomisch sinnvoll scheint, können erstens die Kräfte der praktischen Politik wie auch des reinen menschlichen Anstands zum Beispiel diktieren, daß eine große Flotte kleiner, für sich alleine ineffizienter Boote in einem Gebiet aufrechterhalten wird, in dem es keine alternativen Arbeitsmöglichkeiten gibt. Zusätzlich ist es jedoch notwendig – und von sehr viel weiter reichender Bedeutung –, daß Managementpläne umfassend berücksichtigen, wie sich Fischer und andere am Abernten einer Population Beteiligte verhalten werden und wie sie auf veränderte Umstände reagieren; sie sollten nicht einfach davon ausgehen, daß sie einfach den Anforderungen zum Erreichen des ökologischen oder ökonomischen Optimums Folge leisten. Abernten ist eine Räuber-Beute-Beziehung: Es ist nicht sinnvoll, Pläne allein auf der Dynamik der Beute aufzubauen, und dabei einfach die des Räubers (von uns selbst!) zu ignorieren.

Die Vorstellung des erntenden Menschen als Räuber wird durch Abbildung 16.15 verstärkt; sie zeigt eine klassische, gegen den Uhrzeigersinn verlaufende Räuber-Beute-Spirale (siehe Kapitel 10) für die Bejagung des Nördlichen Seebären (*Callorhinus ursinus*) in den letzten Jahren des 19. Jahrhunderts. Die Abbildung veranschaulicht die zahlenmäßige Reaktion seitens des Räubers – zusätzliche Fangschiffe bei einem großen Robbenbestand, aber weniger bei einem geringen. Doch die Abbildung verdeutlicht auch die unvermeidliche Zeitverzögerung dieser Reaktion. Was immer in einem Modell oder für das Management vorgeschlagen wird, es wird kaum je eine vollständige Übereinstimmung zwischen Bestandsgröße und Aufwand bei einem Gleichgewicht geben. Mehr noch: Wie aus der Abbildung zu ersehen, stellten die Robbenjäger die Bejagung zwar genauso schnell ein, wie sie diese aufnahmen, aber das ist keineswegs die allgemeine Regel. Die Robbenjäger konnten sich auf die Heilbuttfischerei umstellen, aber eine solche Umstellung ist oft nicht leicht zu bewerkstelligen, vor

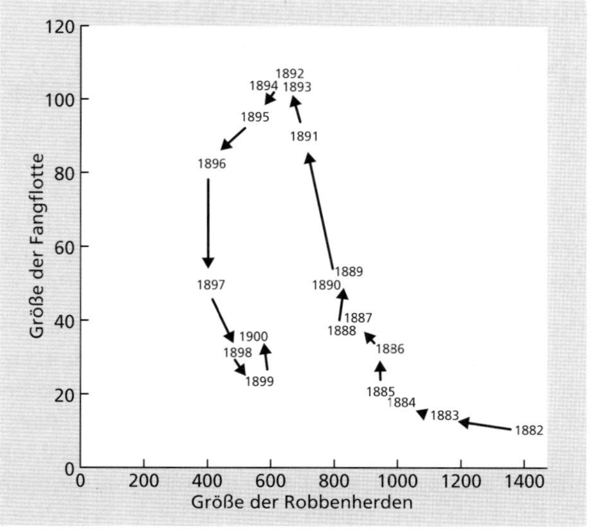

16.15 Die Fangflotte (Räuber) für Nördliche Seebären (*Callorhinus ursinus*) reagierte zwischen 1882 und 1900 größenmäßig auf die Größe der Robbenherden (Beute) durch eine gegen den Uhrzeigersinn verlaufende Räuber-Beute-Spirale. (Nach Hilborn und Walters 1992; nach unveröffentlichten Daten von Wilen 1976)

allem, wenn große Investitionen für die Ausrüstung getätigt wurden oder es sich um eine lange Tradition handelt. Hilborn und Walters (1992) trafen die einschneidende Feststellung: »Regel: Das schwierigste im Fischereimanagement ist die Reduktion des Fangdruckes.«

Der sogenannte Präferenzwechsel (*switching*) ist ein Aspekt des prädatorischen Verhaltens des Erntenden – seine funktionelle Reaktion (siehe Kapitel 9). Erntende „lernen" im allgemeinen auch dazu: Es gibt einen unausweichlichen Trend in Richtung technischen Fortschritts, und selbst ohne diesen werden die Erntenden ihre Effizienz in dem Maße erhöhen, wie sie mehr über die Fangbestände in Erfahrung bringen – ungeachtet der Annahmen einfacher Modelle mit festgelegtem Aufwand (siehe Abschnitt 16.14.2).

16.15.2 „Biologische" Kriterien, die über den maximalen Dauerertrag hinausgehen

Die Gesamtausbeute basiert auf dem Ertrag pro rekrutiertem Individuum.

Selbst wenn man ökonomische und soziale Überlegungen ausklammert, ist der maximale Dauerertrag nicht das einzige bedeutende ökologische Managementkriterium. Großes Augenmerk wurde auch den Beziehungen der **Gesamtausbeute** (der Grundlage des maximalen Dauerertrags) zuteil, allerdings auf der Basis „Ertrag pro rekrutiertem Individuum". Von besonderer Bedeutung könnte dies sein, wenn man die Altersstruktur einer Population berücksichtigt, denn die Altersklasse der „rekrutierten Individuen" weicht vermutlich von derjenigen ab, anhand derer der „Ertrag" berechnet wird. Die allgemeine Beziehung zwischen dem Ertrag pro rekrutiertem Individuum und der Mortalitätsrate durch Befischung (als Anteil der gefangenen Individuen) oder dem Aufwand des Fanges ist in Abbildung 16.16 wiedergegeben. Selbstverständlich ist der Ertrag pro rekrutiertem Individuum null, wenn nicht gefischt wird, steigt aber bei einer mittleren Mortalitätsrate zu einem Optimum an, geht danach jedoch wieder zurück, wenn der Bestand überfischt ist. Entsprechend des maximalen Dauerertrags könnte man auf eine Mortalitätsrate durch den Fang F_{max} abzielen, die den Ertrag pro rekrutiertem Individuum maximiert. In jüngster Zeit konzentrierte sich das Interesse allerdings auf das Erreichen von $F_{0.1}$ (Abbildung 16.16) – einer Mortalitätsrate durch den Fang, deren Neigung für den Ertrag pro rekrutiertem Individuum gegen die Kurve der Mortalitätsrate 0.1mal höher ist als am Ursprung. Natürlich ist $F_{0.1}$ niedriger als F_{max} und führt zu einem geringeren Ertrag pro rekrutiertem Individuum. Die einer Verwendung von $F_{0.1}$ zugrundeliegende Idee ist einfach: Es besteht ein geringeres Risiko der Überfischung und vielleicht auch eine größere Wahrscheinlichkeit, ein ökonomisches Optimum zu erreichen, als wenn man auf eine maximale Rate abzielt. Tatsächlich kam eine Analyse von drei Fischbeständen, des Pazifischen Heilbutts (*Hippoglossus stenolepis*), des Glasaugenbarsches (*Stizostedion vitreum vitreum*) aus dem westlichen Eriesee und des Pazifik-Kabeljaus (*Gadus macrocephalus*) aus der

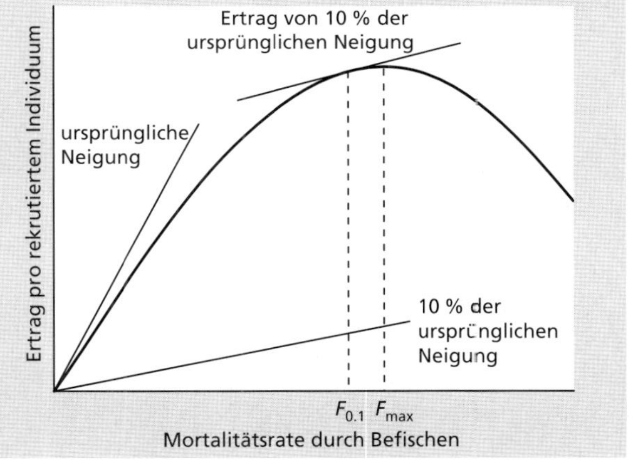

16.16 Ernte auf der Basis von $F_{0.1}$.Der Ertrag pro rekrutiertem Individuum zeigt im allgemeinen eine kuppelförmige Beziehung mit der Mortalitätsrate durch Befischen. $F_{0.1}$ ist die Mortalitätsrate durch Befischen, für welche die Neigung der Ausbeute pro rekrutiertem Individuum gegen die Kurve der Mortalitätsrate ein Zehntel (0.1 oder 10 %) derer an ihrem Ursprung beträgt. Diese Mortalitätsrate muß links des Optimums der Kurve liegen und führt daher zu einer geringeren als der maximalen Ausbeute pro rekrutiertem Individuum (welche man bei F_{max} erhält). (Nach Deriso 1987; Holborn und Walters 1992)

Beringsee zu folgendem Ergebnis: Während bei einer Rate von $F_{0.1}$ jeweils 0.16, 0.29 beziehungsweise 0.46 des Gesamtbestands entnommen würden, lägen die Zahlen beim maximalen Dauerertrag bei 0.22, 0.42 und 0.69 – jeweils um rund 50 % höher (Deriso 1987). Die Festlegung auf „0.1" statt einen anderen Wert scheint jedoch trotz weitgehender Akzeptanz völlig willkürlich zu sein.

Neben dem Aspekt der Erntemaximierung sollte das Management in gleichem Maße den Aspekt der Risikominimierung berücksichtigen.

Wenn man das Thema der Risikominimierung weiter verfolgt, so ist ein maximaler Dauerertrag – oder ein maximaler (oder sonstiger) Ertrag pro rekrutiertem Individuum – ein Durchschnittswert, der über viele Jahre hinweg zu erwarten ist. Wie jedoch eine Reihe von Untersuchungen gezeigt hat, steigt bei zunehmendem Ertrag infolge stärkerer Befischung auch die Variabilität des Ertrags: Es gibt einen *Trade-off* zwischen Größe und Vorhersagbarkeit (siehe beispielsweise Beddington und May 1977). Unvorhersehbarkeit führt zu erheblichen Schwierigkeiten für das Management von Ressourcen: Die Größe der Arbeitskraft sowie der Ernte- und Verarbeitungsmaschinerie sind schwer zu planen, und jede davon ist anfällig dafür, häufig überzogen zu werden oder unterbeschäftigt zu sein. Kurzum, „Maximierung" ist nicht unbedingt ein Leitprinzip – „Risikominimierung" könnte genauso wichtig sein – nicht nur ökologisch (aufgrund der Gefahr, Bestände zu vernichten), sondern auch sozial und ökonomisch, weil es schwierig ist, Investitionen und Arbeitskraft richtig einzusetzen.

16.16 Bestandsschätzungen anhand von Daten: das Umsetzen von Managementmaßnahmen in die Praxis

Bestandsschätzungen, die quantitative Vorhersagen über die Reaktion einer Population auf Managementmaßnahmen ermöglichen, sollten die Grundlage des Managements natürlicher Ressourcen bilden.

Die Rolle der Ökologen für das Management natürlicher Ressourcen besteht in **Bestandsschätzungen**: quantitativen Vorhersagen über die Reaktion der natürlichen Populationen auf unterschiedliche Managementmöglichkeiten zu treffen – Fragen zu stellen, ob eine bestimmte Intensität der Befischung zu einem Bestandsrückgang führen wird, ob Netze einer bestimmten Maschengröße eine Erholung der Rekrutierungsrate eines Bestands erlauben und so weiter. In der Vergangenheit ging man oft davon aus, dies ließe sich einfach durch sorgfältige Überwachung erreichen. Wenn beispielsweise Aufwand und Ertrag einer sich ausdehnenden Fischerei zunehmen, werden beide überwacht, und die Beziehung zwischen den beiden aufgetragen, bis es scheint, daß das Optimum einer Kurve wie in Abbildung 16.10b erreicht oder gerade überschritten ist, das den maximalen Dauerertrag markiert. Dieser Ansatz steckt jedoch voller Schwachpunkte, wie aus Abbildung 16.17 ersichtlich ist. Im Jahre 1975 verwendete die Internationale Kommission zur Erhaltung der atlantischen Thunfische (ICCAT – International Commission for the Conservation of Atlantic Tunas) die vorhandenen Daten (von 1964 bis 1973), um eine Beziehung zwischen Aufwand und Ertrag für den Gelbflossen-Thunfisch (*Thunnus albacares*) im östlichen Atlantik aufzuzeichnen. Sie meinten, das Optimum der Kurve erreicht zu haben: einen nachhaltigen Ertrag von rund 50 000 Tonnen und einen optimalen Aufwand von etwa 60 000 Fangtagen.

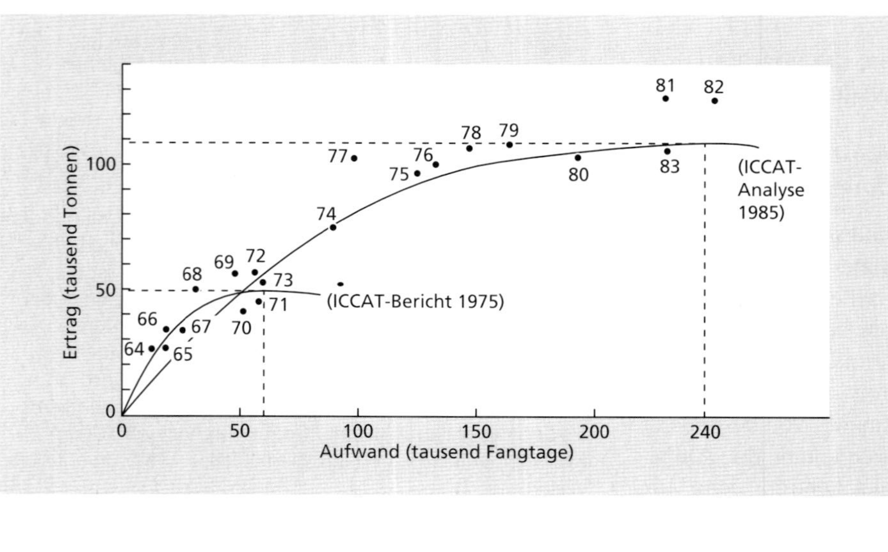

16.17 Die geschätzte Beziehung zwischen Aufwand und Ertrag für den Gelbflossen-Thunfisch (*Thunnus albacares*) im östlichen Atlantik aufgrund von Daten für 1964 bis 1973 (ICCAT 1975) sowie von Daten für 1964 bis 1983 (ICCAT 1985). (Nach Hunter et al. 1986; Hilborn und Walters 1992)

Die ICCAT konnte jedoch nicht verhindern, daß der Aufwand (und Ertrag) weiter anstieg, und so wurde bald deutlich, daß der Scheitelpunkt der Kurve noch nicht erreicht war. Eine neue Analyse von Daten bis 1983 deutete auf einen nachhaltigen Ertrag von rund 110 000 Tonnen und einen Aufwand von 240 000 Fangtagen hin. Natürlich lassen die Erfahrungen von 1975 selbst für diese Schätzungen kein Zutrauen zu. Möglicherweise muß der Aufwand nochmals um 20 oder 30 % erhöht werden (woraus ein signifikanter Rückgang des Ertrags folgt), um sicher zu sein, daß dieses Mal wirklich das Optimum erreicht ist.

Das verdeutlicht, was Hilborn und Walters (1992) als weitere Regel beschreiben: »Man kann den potentiellen Ertrag eines Fischbestands nicht ermitteln, ohne ihn zu übernutzen.« Zumindest teilweise liegt dies an der bereits erwähnten Tendenz, daß die Variabilität des Ertrags bei Annäherung an den maximalen Dauerertrag zunimmt. Wenn wir uns ferner an die zuvor beschriebene Schwierigkeit erinnern, den Befischungsdruck zu verringern, wird deutlich, daß Managemententscheidungen in der Praxis wahrscheinlich mit einer mehrfachen Herausforderung zu kämpfen haben: mit Problemen bei der Bestandsschätzung, ökologischen Beziehungen (in diesem Fall zwischen Ertrag und Vorhersagbarkeit) und sozio-ökonomischen Faktoren (in diesem Fall hinsichtlich der Regulation und Verringerung des Aufwands). Wir sind weit von den einfachen Modellen mit festgelegtem Aufwand aus Abschnitt 16.13.2 entfernt.

Die praktischen Schwierigkeiten beim Abschätzen von Parametern sind in Abbildung 16.18 weiter illustriert. Sie zeigt eine Zeitreihe für den Gesamtfang, den Aufwand zum Fang, und dem **Fang pro Aufwandseinheit** (CPUE – *catch per unit effort*) zwischen 1969 und 1982 für den Gelbflossen-Thunfisch im gesamten Atlantik. Mit zunehmendem Aufwand ging der Fang pro Aufwandseinheit zurück – vermutlich spiegelt dies einen schwindenden Fischbestand wider. Andererseits stieg der Fang über diesen Zeitraum hinweg kontinuierlich an, was darauf hindeutet, daß der Bestand vielleicht noch nicht überfischt (das heißt, der maximale Dauerertrag noch nicht erreicht) war. Aber können diese Zeitreihendaten überhaupt einen maximalen Dauerertrag nahelegen? Können sie andeuten, wieviel Aufwand erforderlich ist, um diesen zu erreichen? Sicherlich existieren Methoden, um die dafür notwendigen Berechnungen durchzuführen, aber diese machen es notwendig, Annahmen über die zugrundeliegende Populationsdynamik zu machen.

Die am häufigsten verwendete Annahme beschreibt die Dynamik der Biomasse des Bestands B durch folgende Gleichung (Schaefer 1954):

$$\frac{dB}{dt} = rB\left(1 - \frac{B}{K}\right) - H. \qquad (16.2)$$

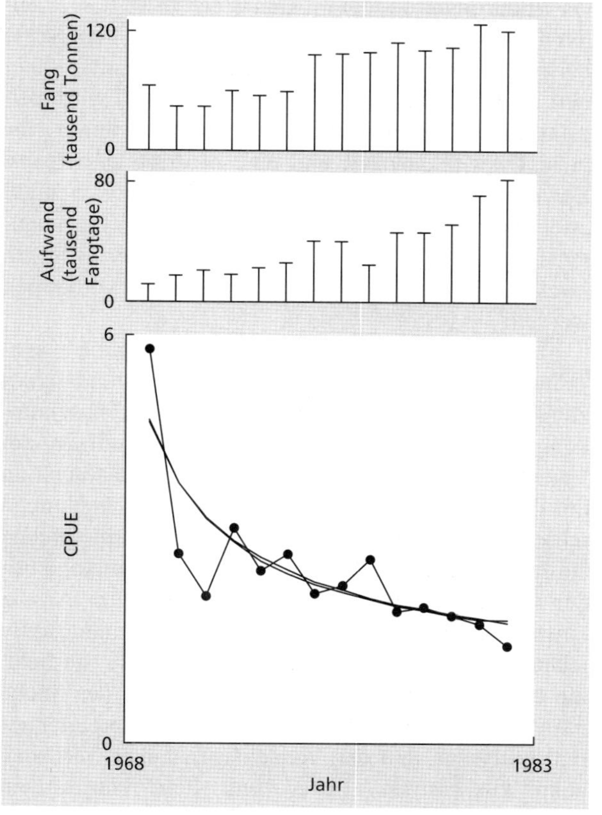

16.18 Veränderungen des Gesamtfanges, des Fangaufwands und des Fanges pro Aufwandseinheit (CPUE) zwischen 1969 und 1982 für den Gelbflossen-Thunfisch (*Thunnus albacares*) im Atlantischen Ozean. Ebenfalls dargestellt sind hier drei separate, an die CPUE-Zeitreihen angepaßte Kurven (die Methoden sind im Text erläutert). (Nach Hilborn und Walters 1992)

Das ist die logistische Gleichung aus Kapitel 6 (mit der spezifischen Zuwachsrate r und der Umweltkapazität K), wobei die Ernterate H berücksichtigt ist, die selbst wiederum nach Gleichung 16.1 durch $H = qEB$ gegeben ist, wobei q die Ernteeffizienz und E der Ernteaufwand sind. Per Definition gilt:

$$\text{CPUE} = H / E = qB. \qquad (16.3)$$

Somit ist

$$B = \text{CPUE} / q, \qquad (16.4)$$

und Gleichung 16.2 kann bezüglich dem Fang pro Aufwandseinheit und entweder H oder E als Variablen und r, q und K als Paramtern umgeschrieben werden. Für dieses Modell erhält man den maximalen Dauerertrag durch $rK/4$ und den erforderlichen Aufwand durch $r/2q$.

Es gibt eine Reihe von Methoden, um Schätzungen dieser Parameter aus Freilanddaten zu erhalten; die beste davon ist vermutlich die Anpassung der Kurven an Zeitreihen (Hilborn und Walters 1992). Letztendlich gibt es aber eine große Zahl gleich guter alternativer Erklärungen für die in Abbildung 16.18 dargestellten Daten: Bei einigen davon weist die Population beispielsweise eine niedrige Umweltkapazität, aber eine hohe spezifische Zuwachsrate auf und wird effizient abgeerntet, während sie bei anderen durch eine hohe Umweltkapazität und eine niedrige spezifische Zuwachsrate gekennzeichnet ist und daher weniger effektiv abgeerntet wird. Im ersten Fall war der maximale Dauerertrag vermutlich schon 1980 erreicht, im zweiten könnten die Fänge wohl ungestraft verdoppelt werden.

Aus dieser begrenzten Reihe eher willkürlich ausgewählter Beispiele wird somit klar, daß Bestandsschätzungen und Managementpläne erheblichen Einschränkungen unterworfen sind; das liegt sowohl an der Unzulänglichkeit der vorhandenen Daten als auch an den Analysemethoden. Managemententscheidungen müssen getroffen werden, und die bestmöglichen Bestandsschätzungen müssen dafür die Grundlage bilden – wenn auch nicht die alleinige. Beim Ansatz eines **adaptiven Managements** wird in einer „aktiv adaptiven" Strategie eine Vorgehensweise gesucht, die ein gewisses Gleichgewicht zwischen der Suche nach Informationen (durch gerichtetes Experimentieren) einerseits und der Vorsicht gegenüber Verlusten beim kurzfristigen Ertrag und dem langzeitigen Überfischen andererseits bietet (Hilborn und Walters 1992). Tatsächlich gibt es ein stichhaltiges Argument, dem zufolge Unzulänglichkeiten der Daten und der Theorie den Bedarf an Ökologen noch größer machen: Wer sonst könnte die Ungewißheiten einschätzen und entsprechend einleuchtende Interpretationen liefern?

16.17 Schlußbetrachtung: Nachhaltigkeit

Hinsichtlich der Zukunft der Erde sind die Ziele beim Abernten der Ressourcen sowie bei der Schädlingsbekämpfung, Nachhaltigkeit bezüglich des Naturschutzes zu gewährleisten.

Wir haben uns in diesem Kapitel mit verschiedenen Themen beschäftigt: Mit der Bekämpfung von Schädlingen sowie mit der Nutzung natürlicher Populationen durch Abernten. Zum Abschluß wollen wir die Beziehungen zwischen diesen Themen und dem Naturschutz sowie der Vorstellung von **Nachhaltigkeit** (*sustainability*) noch einmal wiederholen. Eines der beiden Ziele beim Abernten einer natürlichen Population ist es, sie nicht so zu übernutzen, daß sie ausgerottet wird. Das ist ein Ziel, das nicht immer befriedigend erreicht wurde. Der Blauwal (*Balaenoptera musculus*) zum Beispiel wurde durch wiederholte Übernutzung zu einem interessanten Objekt für alle, die Interesse an Naturschutz haben; während die wiederholte zu starke Bejagung der Wandertaube im letzten Jahrhundert dieser gar einen Platz in den biologischen Geschichtsbüchern bescherte.

Nachhaltigkeit wurde zu Recht zu einem der zentralen Konzepte – vielleicht das zentrale Konzept – einer sich immer mehr ausdehnenden Sorge um das Schicksal der Erde und der sie bewohnenden Lebensgemeinschaft. So veröffentlichte beispielsweise die Ecological Society of America *The sustainable biosphere initiative: an ecological research agenda* („Die Initiative nachhaltige Biosphäre: ein ökologischer Forschungsplan") (Lubchenko et al. 1991), ein „Aufruf an alle Ökologen", während die Organisationen The World Conservation Union (IUCN) und World Wide Fund vor Nature (WWF) sowie das Umweltprogramm der Vereinten Nationen (UNEP) gemeinsam das Werk *Caring for the Earth. A Strategy for Sustainable Living* („Sorge für die Erde. Eine Strategie für eine nachhaltige Lebensweise) (IUCN/UNEP/WWF 1991) veröffentlichten. Die Einzelheiten des Inhalts und die Vorschläge dieser Schriften sind vielleicht weniger wichtig als ihre Existenz, die darauf hindeutet, daß sich Wissenschaftler und Interessengruppen immer mehr mit Nachhaltigkeit beschäftigen und erkennen, daß die Dinge nicht so weitergehen können wie bisher.

Beide Schriften geben eine Definition für Nachhaltigkeit. Erstere verwendet diesen Begriff, »...für Managementpraktiken, welche die genutzten oder benachbarten Ökosysteme nicht degradieren«. Letztere geht noch weiter:

> »...wenn eine Aktivität nachhaltig ist, kann sie zu allen Zwecken unendlich fortgesetzt werden. Wenn Menschen jedoch eine Aktivität als nachhaltig definieren, dann auf der Grundlage ihres derzeitigen Wissensstands. Sie können keine langfristige Garantie für Nachhaltigkeit geben, weil viele Faktoren unbekannt oder unvorhersehbar bleiben.«

Die Schrift fährt fort mit der Anmerkung:

> »...Verwirrung entstand, weil „nachhaltige Entwicklung", „nachhaltiges Wachstum" und „nachhaltige Nutzung" im Austausch verwendet wurden, als hätten sie die gleiche Bedeutung. Das ist aber nicht der Fall. „Nachhaltiges Wachstum" ist ein Widerspruch in sich selbst: Nichts kann physikalisch unendlich wachsen. „Nachhaltige Nutzung" läßt sich nur auf erneuerbare Ressourcen anwenden: Es bedeutet ihre Verwendung in einer Rate, die innerhalb ihrer Möglichkeiten zur Erneuerung liegt. „Nachhaltige Entwicklung" wird mit der Bedeutung verwendet, die menschliche Lebensqualität zu verbessern, dabei aber innerhalb der Umweltkapazität der jeweiligen Öksysteme zu bleiben. Eine „nachhaltige Wirtschaft" ist das Produkt einer nachhaltigen Entwicklung. Sie erhält ihre Grundlage

an natürlichen Ressourcen aufrecht. Sie kann sich durch Anpassung und durch Fortschritte im Wissen, in der Organisation, in der technischen Effizienz und in der Gelehrigkeit weiterentwickeln.«

Das Abernten natürlicher Populationen paßt am ehesten unter „nachhaltige Nutzung", wenngleich wir gesehen haben, daß 1) die herkömmliche Ökonomie die Nachhaltigkeit nicht bedingungslos unterstützt; daß 2) eine nachhaltige Nutzung schwer zu rechtfertigen sein kann, wenn sie in der Gegenwart zu meßbarem und einschneidendem Leiden von Menschen führt (Verhungern, Arbeitslosigkeit); daß aber 3) die Zukunft bei der nachhaltigen Entwicklung liegen muß, angetrieben durch Fortschritte im ökologischen Wissen und Verständnis und auch durch eine verbesserte Fähigkeit, dieses Verständnis in einen weiter gefaßten menschlich sozialen und wirtschaftlichen Kontext zu integrieren. Nachhaltigkeit in der Schädlingsbekämpfung und in der Landwirtschaft ganz allgemein bezieht sich zunächst darauf, sich weniger auf nicht erneuerbare Ressourcen zu verlassen, die nicht nachhaltig genutzt werden können (chemische Pestizide und Düngemittel), aber auch auf die Sorge um Ressourcen, die potentiell erneuerbar sind, wie die natürlichen Feinde von Schädlingen, oder die nur sehr langsam abnehmen, so lange unnötige Verschwendung auf ein Minimum beschränkt wird, wie die organischen Bestandteile von Böden.

Um zu behaupten, eine Aktivität sei nachhaltig, müssen wir die Zukunft vorhersagen können. Verläßliche Vorhersagen der Zukunft erfordern ein besonders eingehendes Verständnis der Vergangenheit und Gegenwart. Es sind keine Qualifikationen erforderlich, um Argumente zugunsten der Nachhaltigkeit vorzubringen. Nachhaltigkeit zu erreichen erfordert jedoch die Fortschritte der Ökologen in den kommenden Jahren.

Teil 4 Lebensgemeinschaften

Einleitung

Überall in der Natur, ob an Land oder im Wasser, leben Arten auf die eine oder andere Weise zusammen. Durch die Ausbildung von komplexen Wechselbeziehungen zwischen den einzelnen Populationen wird eine solche Lebensgemeinschaft (Biozönose) zu mehr als der Summe ihrer Bestandteile: Sie wird zu einer eigenen Funktionseinheit. Die Forschungsrichtung, die sich mit der Vergesellschaftung mehrerer Arten beschäftigt und ihre Strukturen und Verhaltensmuster analysiert, bezeichnet man als **Biozönologie** (Ökologie von Lebensgemeinschaften).

Wir werden zuerst definieren, was wir unter dem Begriff **Biozönose** verstehen. In der Regel meinen wir damit eine in der Natur auftretende biologische Einheit, die wir nach Maßstäben definieren, welche uns, dem menschlichen Betrachter, etwas bedeuten. Wir müssen uns aber darüber im klaren sein, daß diese anthropozentrische Betrachtungsweise für die einzelnen Mitglieder der Lebensgemeinschaft vollkommen irrelevant ist. So können wir zum Beispiel die Gesamtheit eines Eichenwaldes als eine Biozönose definieren; die für eine Raupe bedeutsame Lebensgemeinschaft setzt sich jedoch möglicherweise nur aus einigen wenigen Blättern und einer Handvoll Konkurrenten und Räubern zusammen. Was in einer Lebensgemeinschaft wichtig ist, ist also von Art zu Art verschieden. In Kapitel 17 beschreiben wir Gesetzmäßigkeiten in der räumlichen und zeitlichen Zusammensetzung von Biozönosen aus unserer subjektiven, menschlichen Perspektive.

In den Kapiteln 18 und 19 werden wir untersuchen, wie Konsumenten und ihre Nahrung die Mitglieder einer Lebensgemeinschaft zu einem Netz stofflicher und energetischer Wechselbeziehungen verbinden. Wir werden auch diskutieren, wie menschliche Aktivitäten diese Stoff- und Energiekreisläufe durcheinanderbringen, vor allem im Hinblick auf globale Klimaveränderungen.

In den Kapiteln 20 und 21 kehren wir dann zu früheren Inhalten zurück und werden den Einfluß von Konkurrenz, Prädation und Störungen auf biozönotischer Ebene betrachten. In Kapitel 22 versuchen, die vielfältigen Wechselbeziehungen innerhalb von Lebensgemeinschaften mit dem Gefüge ganzer Nahrungsnetze und vor allem mit jenen Aspekten in Verbindung zu bringen, die für Stabilität sorgen.

Kapitel 23 beschäftigt sich mit einem Forschungsgebiet, das eine Fülle neuer ökologischer Kenntnisse liefert – Inseln und Inselgemeinschaften –, während wir in Kapitel 24 dann all die Faktoren betrachten werden, die den biozönotischen Artenreichtum beeinflussen. In Kapitel 25 wenden wir uns schließlich der Frage zu, wie wir die biologische Vielfalt auf unserer Erde trotz der zahlreichen anthropogenen Eingriffe erhalten können.

Wir wollen auf eine bereits früher gezogene Analogie zurückkommen und die Biozönologie mit einer Sammlung von Uhren vergleichen. Wir können einzelne Stücke klassifizieren, ordnen und Gemeinsamkeiten und Unterschiede feststellen. Aber um zu verstehen, wie sie funktionieren, müssen wir sie auseinandernehmen, die Einzelteile untersuchen und wieder zusammensetzen. Das Wesen natürlicher Lebensgemeinschaften werden wir erst dann verstanden haben, wenn wir ihre einzelnen Bestandteile kennen und *wissen*, wie man sie wieder zu einem Ganzen zusammenfügen kann.

17 Das Wesen einer Lebensgemeinschaft

17.1 Einleitung

Eine **Lebensgemeinschaft (Biozönose)** ist die räumliche und zeitliche Vergesellschaftung verschiedener Populationen, die durch Charakteristika wie Dichte, Geschlechterverhältnis, Altersstruktur, Geburts- und Immigrationsrate, Mortalitäts- und Emigrationsrate, geprägt sind. Die **Biozönologie** beschäftigt sich prinzipiell damit, wie Artengruppierungen in der Natur verteilt sind, welche Eigenschaften sie besitzen und wie sie durch interspezifische Wechselbeziehungen und physikalische Umweltzwänge beeinflußt werden.

Lebensgemeinschaften besitzen kollektive, aber auch emergente Eigenschaften, die durch vielfältige Wechselbeziehungen neu entstehen.

Da eine Lebensgemeinschaft aus Einzelorganismen und Populationen besteht, können wir kollektive Eigenschaften wie Artenvielfalt, Biomasse und Produktivität relativ leicht erkennen und untersuchen. Aber aufgrund der vielfältigen intra- und interspezifischen Verknüpfungen (zum Beispiel in Form von Symbiosen, Parasitismus, Räuber-Beute-Beziehungen und Konkurrenz) ist eine Lebensgemeinschaft mehr als lediglich die Summe ihrer Mitgliedsarten. Durch die wechselseitigen Beziehungen gewinnt sie neue, zusätzliche Merkmale, sogenannte **emergente Eigenschaften**. Ein Hauptziel der Biozönologie ist es herauszufinden, ob sich bestimmte Gesetzmäßigkeiten in den kollektiven und neu auftretenden Eigenschaften definieren lassen, auch wenn die betrachteten Lebensgemeinschaften in ihrer Artenzusammensetzung stark variieren.

Lebensgemeinschaften und Ökosysteme sind keine unabhängigen Einheiten.

Das **Ökosystem** (der Begriff wurde 1935 von Tansley geprägt), also das Zusammenspiel zwischen Biozönose und physikalischer Umwelt, wird traditionsgemäß als eigenständige Organisationsstufe definiert. Man kann jedoch Lebensgemeinschaften und Ökosysteme nicht als unabhängige Einheiten betrachten – und wir werden dies hier auch nicht tun (im Gegensatz zu vielen anderen Lehrbüchern behandeln wir daher Prozesse wie Energie- und Nährstoffdynamik in diesem Teil 4 über Lebensgemeinschaften). Dies soll nicht bedeuten, daß die Aufgaben und Zielsetzungen der Ökosystemforscher ohne Bedeutung sind. Im Gegenteil, das Wissen um die Rolle von Lebengemeinschaften in biogeochemischen Kreisläufen ist absolut essentiell, wenn wir die Auswirkungen von saurem Regen oder der Kohlendioxidzunahme in unserer Atmosphäre verstehen und bekämpfen wollen (siehe Kapitel 19).

Durch Erkennen von Gesetzmäßigkeiten lassen sich Hypothesen formulieren.

Wegen der komplexen Zusammenhänge stellt die Untersuchung einer Lebensgemeinschaft eine enorme Herausforderung dar. In der Regel sucht man zunächst nach bestimmten Mustern in ihrer Struktur und Zusammensetzung. Das Erkennen solcher Gesetzmäßigkeiten ist für alle Wissenschaften ein wichtiger Schritt (denken wir nur an das Periodensystem in der Chemie) – es erlaubt, Hypothesen über ihre Ursachen zu formulieren, die man dann durch weitere Beobachtungen oder Experimente überprüfen kann.

Lebensgemeinschaften können auf unterschiedlichen, aber gleichberechtigten Ebenen betrachtet werden.

Eine Lebensgemeinschaft läßt sich auf jeder beliebigen räumlichen Ebene definieren. Das eine Extrem stellt der globale Maßstab dar, auf dem grobe Verteilungsmuster betrachtet werden, beispielsweise das Waldbiom der gemäßigten Zone, dessen Vegetationsgrenzen nach Meinung der Wissenschaftler hauptsächlich durch das Klima bestimmt werden. Wir können Biozönosen auch auf mehr lokaler Ebene betrachten, zum Beispiel nur die temperierten Waldregionen in New Jersey, die im wesentlichen durch die Vergesellschaftung von zwei Baumarten – Ahorn und Buche – charakterisiert sind (zusammen mit einer großen Zahl weniger auffälliger Pflanzen- und Tierarten sowie Mikroorganismen). Man kann aber auch ganz gezielt die Lebensgemeinschaft von Invertebraten in den wassergefüllten Höhlen einer dieser Buchen oder die Flora und Fauna im Magen eines in diesem Wald lebenden Hirsches studieren. Welche Untersuchungsebene am besten geeignet ist, hängt von der Fragestellung ab.

Manche Biozönologen betrachten die Gesamtheit aller Lebewesen in einem definierten Gebiet, andere wiederum konzentrieren sich auf eine bestimmte taxonomische Gruppe innerhalb einer Lebensgemeinschaft (etwa Vögel oder Insekten) oder auf Gruppen mit besonderen Eigenschaften (zum Beispiel Herbivore oder Detritivore).

Im folgenden beschäftigen wir uns zuerst damit, wie man die Struktur einer Lebensgemeinschaft bestimmen und beschreiben kann (Abschnitt 17.2). Anschließend legen wir unser Augenmerk auf räumliche (17.3) und zeitliche (17.4) Strukturmerkmale.

17.2 Die Beschreibung der Zusammensetzung von Lebensgemeinschaften

Biozönosen lassen sich durch ihren Artenreichtum charakterisieren.

Eine Möglichkeit, Biozönosen zu charakterisieren, ist das Zählen oder Auflisten der vorhandenen Arten. Dies klingt sehr einfach, ist aber in Wirklichkeit – wegen taxonomischer Schwierigkeiten und weil in der Regel nie alle Organismen erfaßt werden können – häufig erstaunlich problematisch. Die ermittelte Artenzahl hängt folglich von der Anzahl der Proben oder von der Größe des Untersuchungsgebiets ab. Im Idealfall sollte die Probennahme so lange durchgeführt werden, bis die Anzahl der identifizierten Arten ein Plateau erreicht (Abbildung 17.1). Zudem kann man den **Artenreichtum** verschiedener Lebensgemeinschaften nur dann miteinander vergleichen, wenn die Bedingungen der Probennahme identisch waren (im Hinblick auf die Größe des Untersuchungsgebiets, den Untersuchungszeitraum oder am besten bezüglich der Anzahl der Individuen pro Probennahme). Wir kommen darauf in den Kapiteln 23 und 24 nochmals zurück.

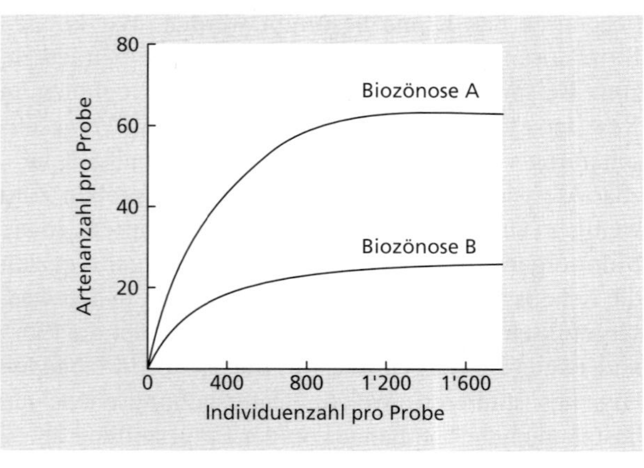

17.1 Die Beziehung zwischen Artenreichtum und Individuenzahl in zwei hypothetischen Lebensgemeinschaften. Der Artenreichtum in Biozönose A ist deutlich höher als in B.

17.2.1 Diversitätsindizes

Die Diversität einer Lebensgemeinschaft beinhaltet Abundanz und Artenreichtum.

Beschreiben wir Lebensgemeinschaften lediglich anhand der Anzahl der vorhandenen Spezies, wird ein wichtiger struktureller Aspekt vollkommen vernachlässigt, nämlich deren unterschiedliche **Abundanz**, also die Tatsache, daß manche Arten häufig, andere selten vorkommen. Eine Biozönose, die aus zehn gleich häufig auftretenden Arten besteht, erscheint vielfältiger als eine, bei der mehr als die Hälfte der Organismen zur gleichen Spezies gehören und die anderen neun Arten zu jeweils weniger als 5 % vertreten sind. Dennoch weisen beide Biozönosen den gleichen Artenreichtum auf.

In vielen Fällen, vor allem bei eng definierten Biozönosen (zum Beispiel nur die Singvögel eines Waldes), kann das Zählen der Individuen jeder Art ausreichend sein. Sind wir aber an allen Tieren dieses Waldgebiets interessiert, macht eine solche pauschale Quantifizierung schon aufgrund der unterschiedlichen Körpergrößen wenig Sinn. Schwierigkeiten ergeben sich auch beim Zählen von Pflanzen und anderen modularen Organismen. Sollen wir die Sprosse zählen, die Blätter, die Stengel? Solche Probleme lassen sich umgehen, wenn man Lebensgemeinschaften auf der Grundlage ihrer artenspezifischen Biomasse pro Flächeneinheit (oder der entsprechenden Produktionsraten) beschreibt.

Mit dem Shannon-Wiener-Diversitätsindex kann man sowohl Abundanz als auch Artenreichtum ermitteln.

Die einfachste Möglichkeit, den Charakter einer Lebensgemeinschaft unter Berücksichtigung sowohl der Abundanz (oder Biomasseverteilung) als auch des Artenreichtums zu bestimmen, ist der **Diversitätsindex** nach Shannon-Wiener. Er ergibt sich aus dem Anteil P (als Individuenzahl oder Biomasse), den eine bestimmte Art zur Gesamtprobe S beisteuert:

$$\text{Diversität } H_S = -\sum_{i=1}^{S} P_i \ln P_i. \qquad (17.1)$$

Hierbei sind H_s der Index für die Diversität (Mannigfaltigkeit), S die Gesamtzahl der Arten (Artenreichtum) und P_i die relative Abundanz der i-ten Art. Damit hängt der Index sowohl vom Artenreichtum als auch von der Häufigkeitsverteilung der einzelnen Individuen ab.

Aus der Diversität läßt sich auch die Äquitabilität von Arten berechnen.

Auch die **Äquitabilität** oder **Gleichverteilung** kann quantifiziert werden, indem man den Diversitätsindex (H_s) zur maximal möglichen Diversität (H_{max}) in

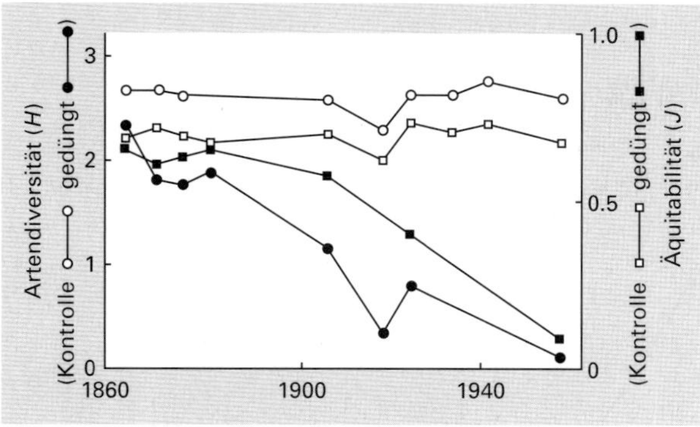

17.2 Artendiversität (H) und Äquitabilität (J) in einer Kontrollparzelle und einer gedüngten Versuchsfläche des „Parkgrass"-Experiments von Rothamsted. (Nach Tilman 1982)

Beziehung setzt, die dann erreicht wäre, wenn alle Individuen vollkommen gleichmäßig verteilt sind, das heißt $H_{max} = S$ ist:

$$\text{Äquitabilität } J = \frac{H_S}{H_{\max}} = \frac{-\sum_{i=1}^{S} P_i \ln P_i}{\ln S}. \qquad (17.2)$$

Eine Langzeitstudie der Versuchsstation in Rothamsted, England, soll als Beispiel für solche Analysen dienen. Abbildung 17.2 zeigt, wie sich die Diversität (H) und die Äquitabilität (J) von Arten eines Weidelandes im Zeitraum von 1856 bis 1949 in Abhängigkeit der Düngergaben veränderten. Während auf den jährlich gedüngten Versuchsflächen sowohl Diversität als auch Gleichverteilung dramatisch abnahmen, zeigten die unbehandelten Kontrollflächen kaum Veränderungen. Eine Erklärung hierfür könnte sein, daß eine hohe Nährstoffverfügbarkeit zum besseren Wachstum und damit zur Dominanz der produktivsten Art führt (Dieses Phänomen wird nochmals in Abschnitt 24.3.1 diskutiert).

17.2.2 Rang-Abundanz-Diagramme

Eine vollständigere Darstellung der Abundanzverteilung in einer Lebensgemeinschaft ergibt sich, wenn man die gesamte Reihe der P_i-Werte nach ihrer relativen Bedeutung anordnet – den P_i-Wert der häufigsten Art (mit dem höchsten Rang) also an oberster Stelle aufträgt, dann den der zweithäufigsten und so weiter –, bis die Reihe durch den P_i-Wert der seltensten Art abgeschlossen wird. Dabei ist es gleichgültig, ob sich die P_i-Werte auf Individuenzahlen, auf die anteilige Biomasse oder bei sessilen Arten auf die von ihnen bedeckte Fläche beziehen.

Rang-Abundanz-Diagramme können auf statistischen oder biologischen Grundlagen basieren – Modelle zur Verteilung von Arten.

Einige der Möglichkeiten, wie solche **Rang-Abundanz-Diagramme** aussehen können, sind in Abbildung 17.3 dargestellt. Zwei von ihnen basieren auf rein statistischen Grundlagen (die log-Reihe und die log-normal-Reihe). Die anderen Modelle berücksichtigen die Beziehungen zwischen Umweltbedingungen, Ressourcen und Artenverteilungsmustern (sie sind nischenorientiert) und sind für unsere Zwecke wahrscheinlich hilfreicher (Tokeshi 1993). Wir wollen uns hier auf drei dieser nischenorientierten Modelle konzentrieren (einen Gesamtüberlick gibt Tokeshi 1993). Das ***dominance-pre-emption*-Modell** („Dominanz-Vorrecht-Modell") ergibt die am wenigsten ausgewogene Verteilung, bei der aufeinanderfolgende Arten jeweils den Hauptanteil (mehr als 50 %) des zur Verfügung stehenden Nischenraumes einnehmen: Die erste, am meisten dominierende Art besetzt mehr als 50 % der Nische, die nachfolgende über 50 % des verbleibenden Raumes und so weiter. Eine gleichmäßigere Verteilung ergibt sich aus dem ***random-fraction*-Modell** („Modell des zufälligen Anteils"), nach dem zeitlich aufeinanderfolgende Arten einen beliebigen Anteil des Nischenraumes vorangegangener Arten besetzen. Das ***dominance-decay*-Modell** („Dominanz-Verlust-Modell") schließlich ist die Umkehrung des ersten Modells und besagt, daß eine nachfolgende, einwandernde Art einen zufälligen Anteil des Nischenraumes der derzeit vorherrschenden Spezies besiedelt, so daß der Dominanzraum der vorherrschenden Art langsam und rein zufällig auf die nachfolgenden Arten verteilt wird. Dadurch entsteht die gleichmäßigste Artenverteilung aller Modelle.

Lebensgemeinschaftsindizes sind Abstrahierungen, die für Vergleiche nützlich sind.

Rang-Abundanz-Diagramme muß man, ebenso wie Diversitätsindizes, als Abstrahierung hochkomplexer biozönotischer Strukturen sehen, die uns bei Vergleichen nützlich sein können. Es ist schwierig, sie in der Praxis mit erhobenen Daten in Übereinstimmung zu bringen (Tokeshi 1993). Auf Basis der geometrischen Reihe konnten jedoch einige Studien erfolgreich Veränderungen in Dominanz-Gleichverteilungs-Beziehungen aufzeigen. Abbildung 17.3c veranschaulicht, wie bei dem zuvor beschriebenen Rothamsted-Experiment die Dominanz ständig anstieg, während die Artenvielfalt abnahm.

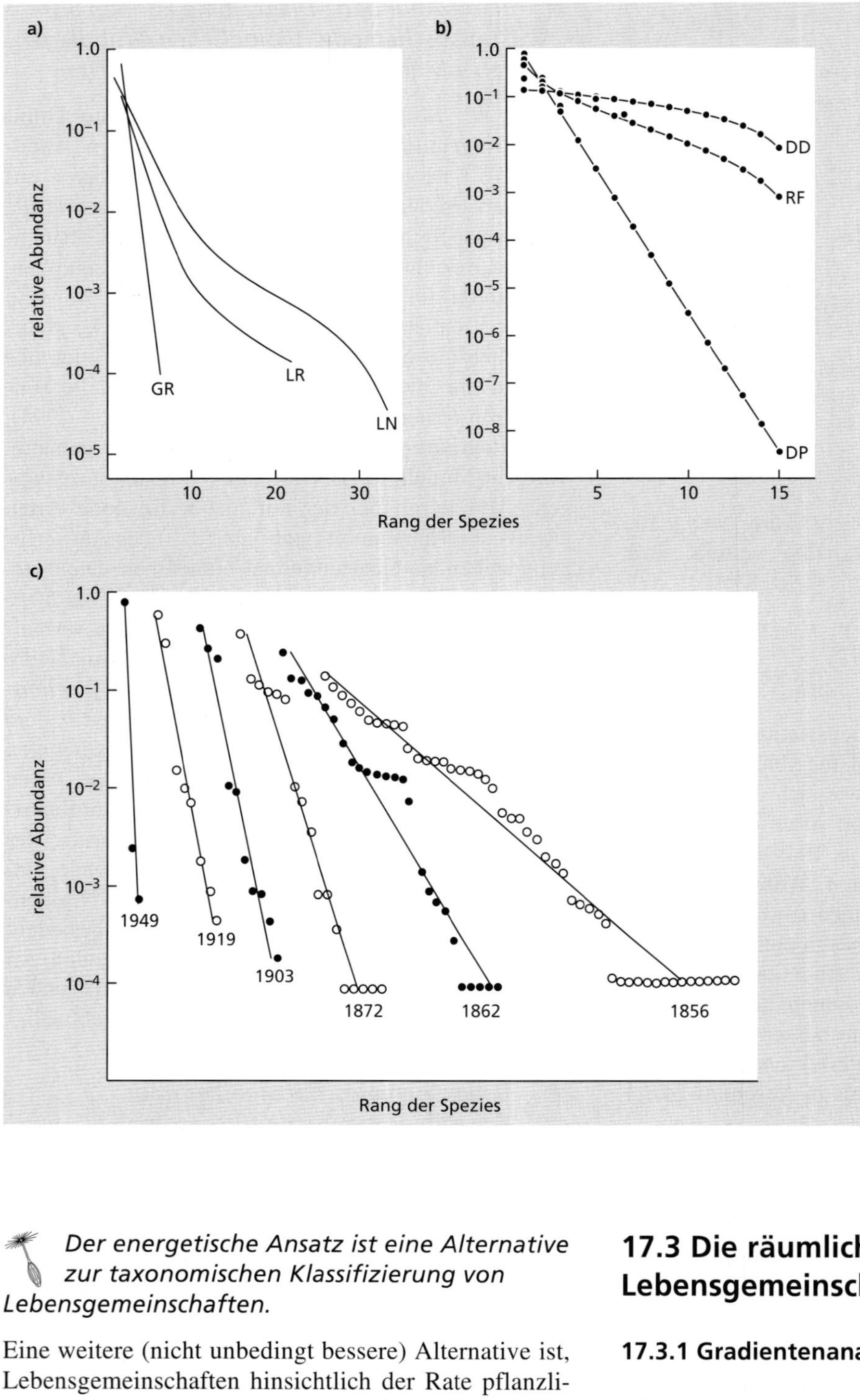

17.3 Rang-Abundanz-Muster in verschiedenen Modellierungen. Zwei (LS und LN) basieren auf statistischen Grundlagen, die anderen können als nischenorientiert bezeichnet werden. a) GR: geometrische Reihe; LN: log-normal; LR: log-Reihe. b) DD: *dominance-decay*-Modell; DP: *dominance-pre-emption*-Modell; RF: *random-fraction*-Modell. c) Zeitliche Veränderungen im relativen Abundanzmuster der Pflanzenarten (auf Basis der geometrischen Reihe) in einem regelmäßig gedüngtem Versuchsgrasland. (Nach Tokeshi 1993)

Der energetische Ansatz ist eine Alternative zur taxonomischen Klassifizierung von Lebensgemeinschaften.

Eine weitere (nicht unbedingt bessere) Alternative ist, Lebensgemeinschaften hinsichtlich der Rate pflanzlicher **Biomasseproduktion** und deren Umsetzung durch heterotrophe Organismen zu charakterisieren. Solche Untersuchungen beginnen mit der Beschreibung des Nahrungsnetzes und definieren dann die Biomasse auf jeder Trophieebene und die Energie- und Stoffflüsse zwischen abiotischer und biotischer Umwelt. Dieser Ansatz ermöglicht auch das Erkennen von Mustern in Lebensgemeinschaften, die keine taxomischen Gemeinsamkeiten haben. Wir werden dies in den Kapiteln 18 und 19 genauer besprechen.

17.3 Die räumliche Verteilung von Lebensgemeinschaften

17.3.1 Gradientenanalysen

Die Artenverteilung entlang eines Gradienten ist nicht scharf abgegrenzt.

Abbildung 17.4 stellt verschiedene Möglichkeiten dar, die Vegetationsverteilung in den Great Smoky Mountains im US-Bundesstaat Tennessee zu charakterisieren. In Abbildung 17.4a ist der dominierende Baumbestand an den Gebirgshängen so dargestellt, als wären die einzelnen Lebensgemeinschaften exakt gegeneinander abgegrenzt. Auch Abbildung 17.4b vermittelt diesen Eindruck: Hier sind die vorherrschenden Ver-

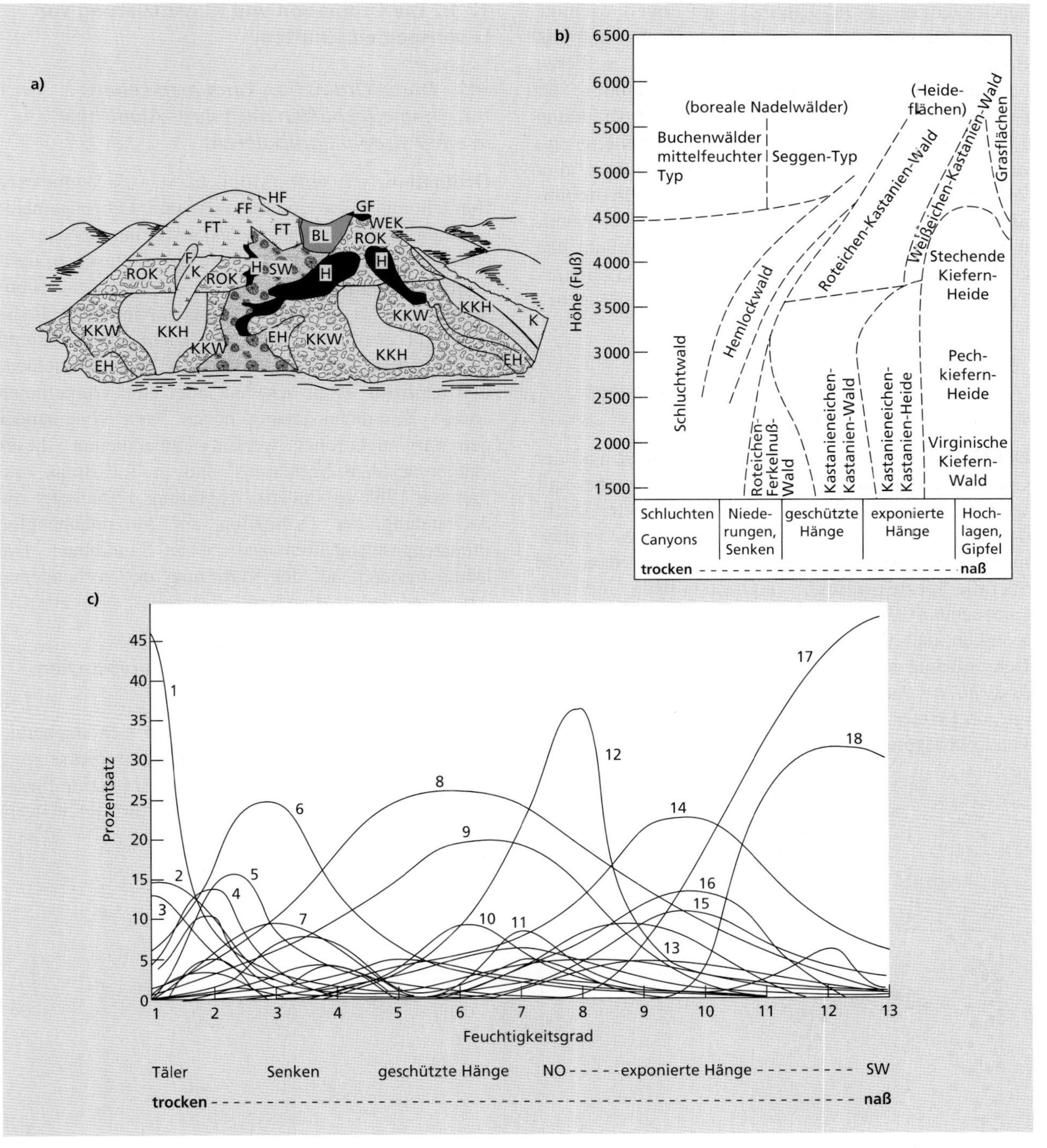

17.4 Drei gegensätzliche Darstellungen der Verteilung dominanter Baumarten in den Great Smoky Mountains, Tennessee. a) Topographische Verteilung der Vegetationstypen an der westlichen Gebirgsseite. b) Idealisierte graphische Anordnung nach Höhe und Relief. c) Verteilung einzelner Baumpopulationen (prozentualer Anteil der Stämme) entlang des Feuchtigkeitsgradienten. Vegetationstypen: BL: Buchenlücke; SW: Schluchtwald; FF: Fraserfichtenwald; GF: Grasfläche; H: Hemlockwald; HF: Heidefläche; KKW: Kastanieneichen-Kastanien-Wald; KKH: Kastanieneichen-Kastanien-Heide; EH: Eichen-Hickory-Wald; K: Kiefernwald und -heide; ROK: Roteichen-Kastanienwald; F: Fichtenwald; FT: Fichten-Tannen-Wald; WEK: Weißeichen-Kastanien-Wald. Charakteristische Arten: 1) *Halesia monticola*, 2) *Aesculus octandra*, 3) *Tilia heterophylla*, 4) *Betula alleghaniensis*, 5) *Liriodendron tulipifera*, 6) *Tsuga canadensis*, 7) *Betula lenta*, 8) *Acer rubrum*, 9) *Cornus florida*, 10) *Carya alba*, 11) *Hamamelis virginiana*, 12) *Quercus montana*, 13) *Quercus alba*, 14) *Oxydendrum arboreum*, 15) *Pinus strobus*, 16) *Quercus coccinea*, 17) *Pinus virginiana*, 18) *Pinus rigida*. (Nach Whittaker 1956)

gesellschaftungen in Hinblick auf zwei wichtige Umweltfaktoren, die geographische Höhe und die Bodenfeuchte, gruppiert. Im Gegensatz zu diesen beiden Darstellungen, die eine Beschreibung der *Gesamtvegetation* liefern, konzentriert sich Abbildung 17.4c auf die feuchtigkeitsabhängige Verteilung einzelner *Baumarten* (angegeben als Prozentsatz aller vorhandenen Bäume). Durch solche **Gradientenanalysen** (ein anderes Beispiel wurde bereits in Abbildung 15.19 gegeben) wird unmittelbar deutlich, daß es keine scharfen Grenzen gibt – die Verteilungskurven der einzelnen Arten überlappen und gehen langsam ineinander über.

Die Auswahl des Gradienten für Gradientenanalysen erfolgt fast immer subjektiv.

Der Hauptkritikpunkt an diesen Analysen ist, daß der Gradient immer subjektiv vom Untersucher gewählt wird; er sucht nach einem Umweltparameter (nicht unbedingt nach dem geeignetsten), der die Organismen zu beeinflussen scheint, und ordnet dann die über die Spezies verfügbaren Daten entlang eines entsprechenden Gradienten an. Dies bedeutet jedoch lediglich, daß der gewählte Faktor mit einer wichtigen Determinante korreliert, er muß nicht unbedingt der *ursächliche* Parameter sein. Gradientenanalysen sind nur ein kleiner Schritt bei der objektiven Darstellung von Lebensgemeinschaften.

17.3.2 Die Ordination und Klassifizierung von Lebensgemeinschaften

Durch Ordination kann man Lebensgemeinschaften nach ihrer Ähnlichkeit in einer Graphik gruppieren.

Ordination ist eine Möglichkeit, die subjektive Betrachtungsweise zu umgehen und Lebensgemeinschaften auf mathematisch/statistischer Ebene zu behandeln. Sie erlaubt, Biozönosen graphisch zu definieren, und gruppiert solche, die sowohl in der Zusammensetzung als auch in der Abundanz ihrer Mitgliedsarten gut übereinstimmen, eng beeinander, während diejenigen, die zwar aus ähnlichen, aber unterschiedlich häufigen Arten bestehen oder eine vollkommen andere Zusammensetzung haben, weit voneinander getrennt angeordnet werden (Einzelheiten dieses mathematischen Verfahrens sind in Ter Braak und Prentice 1988 zu finden). Abbildung 17.5a zeigt die Anwendung der Ordination auf 50 unabhängige Pflanzengesellschaften walisischer Sanddünen. Die Daten basieren auf der Kartierung der vorhandenen Arten und deren Abundanz.

Anschließend korreliert man die Artenzusammensetzung mit abiotischen Faktoren.

Die Achsen des Diagramms ergeben sich mathematisch ausschließlich aus der Artenzusammensetzung der verschiedenen Bestände. Die Interpretation dieses Musters bezüglich Umweltvariablen erfolgt erst im

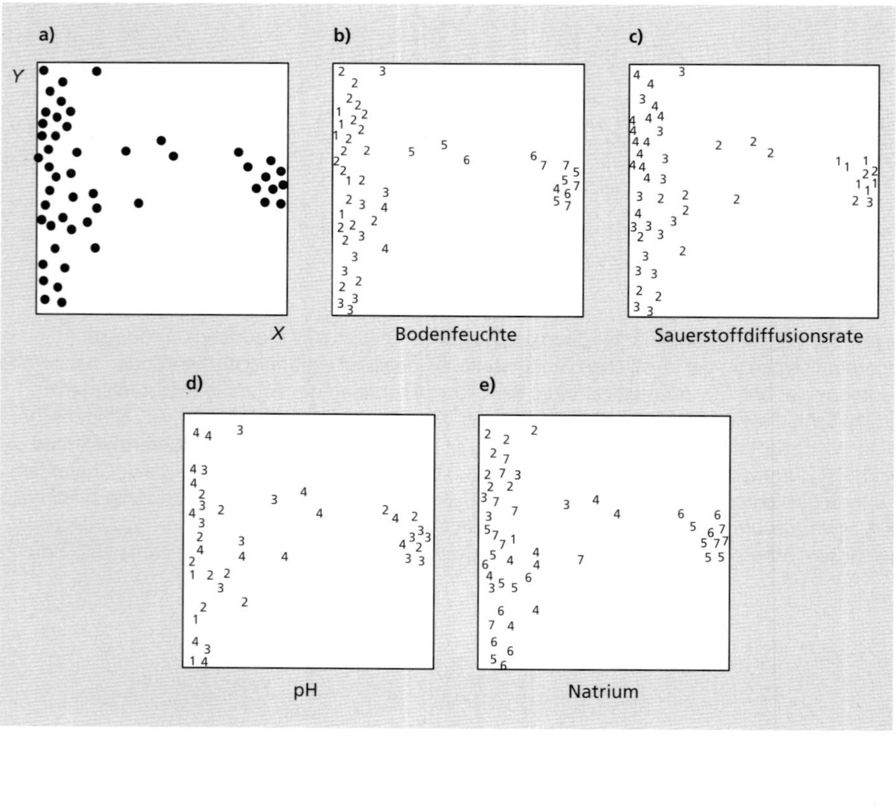

17.5 a) Ordination von 50 Pflanzengesellschaften walisischer Sanddünen. Korrelation der Ordination mit Daten der Bodenfeuchte (b), Sauerstoffdiffusionsrate (c), pH-Wert (d) und Salzgehalt (e). (Nach Pemadasa et al. 1974)

zweiten Schritt, in dem die Verteilung der einzelnen Punkte daraufhin untersucht wird, ob die Achsen mit einem ökologischen Gradienten korrelieren. Der Erfolg dieser Methode hängt nun von der Auswahl der berücksichtigten Parameter ab. Pflanzenökologen betrachten in der Regel Faktoren wie Feuchtigkeit, Nährstoffgehalt, pH-Wert, Sauerstoffdiffusionsraten und so weiter. Gradienten können allerdings auch durch Beweidung, Krankheiten und viele andere Dinge entstehen. Unglücklicherweise kann kein Ökologe voraussagen, welche Variablen die größte Bedeutung besitzen, und er kann auch nicht im nachhinein feststellen, ob ein wichtiger Parameter übersehen wurde.

Bei der Sanddünen-Studie gelang es recht gut, die biozönotische Artenzusammensetzung mit abiotischen Parametern zu korrelieren. In Abbildung 17.5b–e sind für jeden Standort die Werte für bestimmte Umweltvariablen eingetragen. Die x-Achse zeigt eine positive Korrelation zur Bodenfeuchte: Die niedrigsten Werte finden sich auf der linken, die höchsten auf der rechten Seite der Graphik; im Gegensatz dazu scheint die Sauerstoffdiffusionsrate negativ mit der x-Achse zu korrelieren (zumindest tendenziell finden sich die niedrigsten Werte in der rechten Hälfte). Salzkonzentration und pH-Wert konnten jedoch nicht eindeutig mit der Struktur dieser Sanddünengemeinschaften in Beziehung gesetzt werden.

Ordination ermöglicht die Entwicklung überprüfbarer Hypothesen über die Zusammensetzung von Lebensgemeinschaften.

Der wichtigste und unmittelbare Nutzen, den wir aus solchen Ergebnissen ziehen können, ist, daß wir auf der Grundlage solcher Korrelationen gezielte, überprüfbare Hypothesen über die Beziehung zwischen der Zusammensetzung einer Lebensgemeinschaft und ursächlichen Umweltfaktoren formulieren können. (Es sei daran erinnert, daß Korrelation nicht gleichbedeutend ist mit Verursachung; ein direkter, kausaler Zusammenhang kann nur durch kontrollierte und kontrollierbare Experimente bewiesen werden.) Darüber hinaus sprechen die Ergebnisse solcher Ordinationen allgemein dafür, daß bestimmte Umweltbedingungen mit großer Wahrscheinlichkeit zu einer voraussagbaren Artenassoziation führen und daß die Biozönologie mehr ist als lediglich die Beschreibung einer rein zufälligen und kaum definierten Ansammlung verschiedener Spezies.

Abbildung 17.6a zeigt ein weiteres Beispiel für solche Untersuchungen: die Ordination von Invertebratengemeinschaften an 34 verschiedenen Stellen südenglischer Flüsse. In diesem Fall ergab sich eine deutliche Beziehung zwischen der Verteilung der Biozönosen, dem pH-Wert (entlang der x-Koordinate) und der durchschnittlichen Wassertemperatur (y-Achse). Wieder traten Lebensgemeinschaften in Abhängigkeit bestimmter Umweltbedingungen in vorhersagbarer Zusammensetzung auf. Diese Ordinationsdaten könnten wir zum Beispiel verwenden, um die Wirbellosenfauna eines anderen Flusses, dessen pH-Wert wir kennen, vorauszusagen, oder umgekehrt, aus der vorhandenen Fauna auf den pH-Wert zu schließen.

Klassifizierung bedeutet die Gruppierung von Lebensgemeinschaften ähnlicher Zusammensetzung.

Im Gegensatz zur Ordination geht die **Klassifizierung** davon aus, daß Lebensgemeinschaften aus relativ diskreten Einheiten bestehen. Sie vereinigt – ähnlich wie die Taxonomie verwandte Individuen zu einer Art, verwandte Arten zu einer Gattung und so weiter kombiniert – Biozönosen mit vergleichbarer Zusammensetzung zu Gruppen, die dann gegebenenfalls noch weiter zusammengefaßt werden (Einzelheiten dieser Methode sind in Ter Braak und Prentice 1988 beschrieben).

Ordination und Klassifizierung können sich gegenseitig ergänzen und die Struktur von Lebensgemeinschaften sichtbar machen.

Die Klassifizierung der Invertebratengemeinschaften, deren Ordination in Abbildung 17.6a gezeigt ist, ergab fünf Gruppen (Abbildung 17.6b). Die Einteilung basierte ausschließlich auf der Artenzusammensetzung, zeigt aber eine signifikante Korrelation zu Umweltfaktoren, deren wichtigste angegeben sind. Die gute Übereinstimmung zwischen beiden Methoden läßt sich daran erkennen, daß die aus der Klassifizierung hervorgehenden Gruppen A bis E im Ordinationsdiagramm weit voneinander getrennt liegen und daß in beiden Fällen der pH-Wert als entscheidender Umweltparameter erkannt wurde (es könnte im Prinzip aber auch die bei niedrigen pH-Werten häufige Aluminiumtoxizität sein).

Betrachtet man die räumliche Verteilung dieser Lebensgemeinschaftsklassen (Abbildung 17.6c), so fällt auf, daß sie über das gesamte Flußsystem verteilt sind. Dies dokumentiert eine der Stärken der Klassifizierungs- und/oder Ordinationsmethode im Vergleich zur Gradientenanalyse. Sie erlauben, die Ordnung oder Struktur in einer Reihe von Lebensgemeinschaften sichtbar zu machen, ohne im voraus einen mutmaßlich relevanten Umweltfaktor auswählen zu müssen.

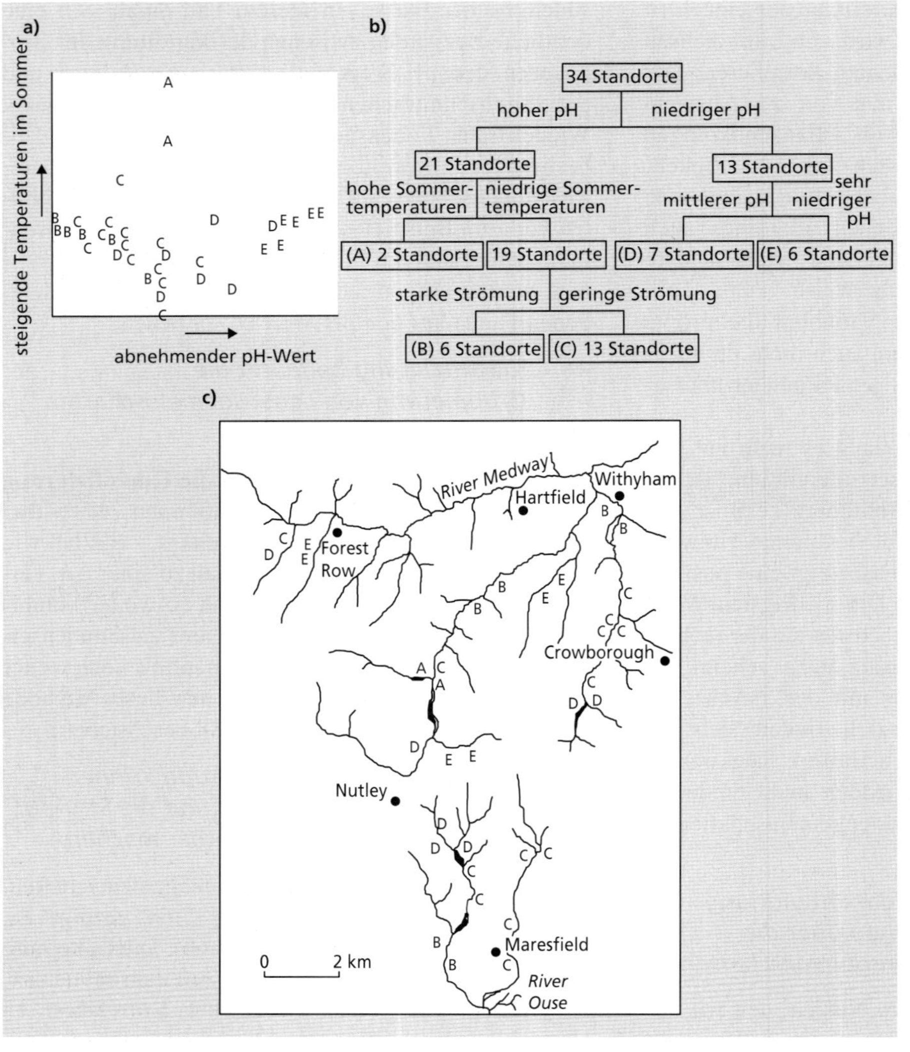

17.6 Analyse von 34 Wirbellosenbiozönosen in südenglischen Flüssen. a) Ordination (die Buchstaben A bis E beziehen sich auf die durch Klassifizierung erstellten Gruppen). b) Klassifizierung. c) Verteilung der Lebensgemeinschaftsklassen A bis E im Flußsystem. (Nach Townsend et al. 1983)

17.3.3 Das Problem der Abgrenzung von Lebensgemeinschaften

Lebensgemeinschaften sind nur selten scharf gegeneinander abgegrenzt.

Lebensgemeinschaften, die eindeutig und klar gegeneinander abgegrenzt sind, kommen – wenn überhaupt – äußerst selten vor. Nicht einmal die scharf erscheinende Trennung zwischen terrestrischen und aquatischen Lebensräumen ist ökologisch signifikant; dies erkennen wir beispielsweise an Ottern und Fröschen, die diese Grenzen regelmäßig überschreiten, und an den vielen Insekten, die ihre Larvenstadien im Wasser verbringen, als Imago aber an Land oder in der Luft leben. In rein terrestrischen Systemen finden sich klare Abgrenzungen zwischen Vegetationstypen zum Beispiel dort, wo saures und basisches Gestein oder Serpentin (ein magnesiumreiches Mineral) und serpentinfreies Gestein aneinanderstoßen. Aber auch hier kommt es durch Auswaschung zu einer Vermischung der Minerale. Die sicherste Aussage, die wir treffen können, ist, daß es keine exakten Grenzen gibt, daß aber manche Biozönosen deutlicher gegeneinander abgesetzt sind als andere.

Die Superorganismus-Hypothese vergleicht Lebensgemeinschaften mit Organismen.

Zu Beginn dieses Jahrhunderts wurden Lebensgemeinschaften sehr kontrovers diskutiert. Clements (1916) betrachtete Biozönosen als Art **Superorganismus**, dessen Mitglieder sowohl in ihrem jetzigen Zusammenleben als auch durch ihre evolutionäre Entwicklung eng miteinander verknüpft sind. Die Beziehungen zwischen Individuen, Populationen und Lebensgemeinschaften sind nach dieser Hypothese vergleichbar mit denen zwischen Zellen, Geweben und ganzen Organismen.

Nach dem individualistischen Konzept entstehen Lebensgemeinschaften durch gleiche Anforderungen der Arten an die Umwelt.

Das **individualistische Konzept** dagegen, das von Gleason (1926) und anderen vertreten wurde, erklärt das gemeinsame Auftreten bestimmter Arten mit deren identischen Anforderungen an die Umwelt (und zum Teil auch als pures Zufallsereignis). Bei dieser Betrachtungsweise müssen keine scharfen Grenzen zwischen Lebensgemeinschaften auftreten, und Vergesellschaftungen sind im Gegensatz zur Superorganismus-Hypothese wohl kaum vorhersagbar.

Die derzeitige Vorstellung entspricht eher dem individualistischen Konzept. Die Ergebnisse von Gradientenanalysen, Ordination und Klassifizierung zeigen alle, daß die Artenzusammensetzung anhand standortspezifischer Kennzeichen einigermaßen gut abzuschätzen ist. Allerdings wird eine in einer voraussagbaren Assoziation vorkommende Spezies an einem anderen Ort mit anderen Bedingungen mit großer Wahrscheinlichkeit auch mit anderen Arten vergesellschaftet sein.

Die Biozönologie untersucht Lebensgemeinschaften der Organisationseinheiten.

Die Frage, ob Biozönologie als Wissenschaft überhaupt sinnvoll ist, wenn Lebensgemeinschaften keine definierbaren Einheiten darstellen, wurde und wird unter den Ökologen heftig diskutiert. Ob Biozönosen scharf gegeneinander abgegrenzt sind, ist ein wichtiges, aber kein fundamentales Problem. Biozönologie ist die Untersuchung von Lebensgemeinschaften als Organisationseinheiten und nicht als räumlich oder zeitlich definierbare Einheiten. Sie beschäftigt sich damit, wie einzelne Arten miteinander und mit ihrer Umwelt in Wechselwirkung stehen, und untersucht die Struktur und Aktivitäten dieses Artenverbands in der Regel unter räumlich und zeitlich genau definierten Bedingungen. Scharfe Grenzen sind hierfür keine Voraussetzung.

17.4 Zeitlich auftretende Muster: Sukzessionen

Die relative Bedeutung einzelner Arten verändert sich nicht nur räumlich, sondern auch im Laufe der Zeit. Eine bestimmte Art wird nur dann an einem Ort auftreten, wenn sie 1) fähig ist, diese Stelle zu erreichen, 2) dort geeignete Bedingungen und Ressourcen vorfindet und 3) nicht durch Konkurrenten, Räuber oder Parasiten wieder eliminiert wird. Eine zeitliche Veränderung in der Abundanz bestimmter Arten setzt daher voraus, daß sich die Bedingungen, die Ressourcen und/oder die Einwirkungen von Feinden ändern.

Bei einer Sukzession wird ein Gebiet kontinuierlich und gerichtet durch aufeinanderfolgende Populationen besiedelt.

Wir wollen uns hier nicht mit jahreszeitlichen Abundanzverschiebungen beschäftigen, sondern konzentrieren uns auf den Prozess der **Sukzession**, also auf das nicht jahreszeitlich bedingte, gerichtete und kontinuierliche Muster der Besiedlung eines Gebiets durch aufeinanderfolgende Populationen. Hinter dieser sehr allgemeinen Definition verbirgt sich eine Fülle verschiedener Prozesse, die über sehr variierende Zeiträume und häufig als Ergebnis ganz unterschiedlicher Mechanismen auftreten.

17.4.1 Degradative Sukzession

Als degradative oder heterotrophe Sukzession bezeichnet man die zeitliche Abfolge abbauender Organismen auf totem organischem Material.

Totes organisches Material, egal ob es sich um eine Tierleiche, eine abgestorbene Pflanze oder um tierische Exkremente handelt, wird von einer Vielzahl an Mikroorganismen und detritivoren Tieren genutzt (siehe Kapitel 11). Gewöhnlich wechseln sich dabei unterschiedliche Spezies im Laufe der Zeit ab, da durch die Zersetzung bestimmte Nährstoffe aufgebraucht und andere verfügbar gemacht werden. Diese zeitliche Aufeinanderfolge der abbauenden Organismenarten bezeichnet man als **degradative** oder auch als **heterotrophe Sukzession** (da es sich um heterotrophe Organismen handelt). Der Prozeß verläuft über einen relativ kurzen Zeitraum (Monate oder wenige Jahre) und endet, sobald die Nährstoffe vollständig metabolisiert und mineralisiert sind.

Beim Abbau von Kiefernnadeln folgen verschiedene Pilzarten aufeinander.

Abbildung 17.7 zeigt die Sukzession von Pilzarten beim Abbau von Nadeln in der Streuschicht eines Kiefernwaldes (*Pinus sylvestris*). Die Streu wird kontinuierlich aufgebaut und sammelt sich in Schichten an, da Regenwürmer, die sie in den Boden einarbeiten könnten, fehlen. Die oberste Schicht ist die jüngste, die darunter liegenden sind älter – das heißt, das Tiefenprofil korreliert unmittelbar mit der zeitlichen Abfolge der Zersetzung.

Die Sequenz beginnt sogar noch bevor die Nadeln abgefallen sind. *Coniosporium* findet sich auf etwa 50 % der lebenden Kiefernnadeln, ist aber nicht mehr nachweisbar, sobald sie altern und absterben. Wenn im August die Nadeln abfallen, sind sie zu etwa 40 % von *Lophodermium* besiedelt, und mehr als 80 % sind von *Fusicoccum* und *Pullularia* infiziert. Sobald die Nadeln auf den Boden auftreffen, werden sie

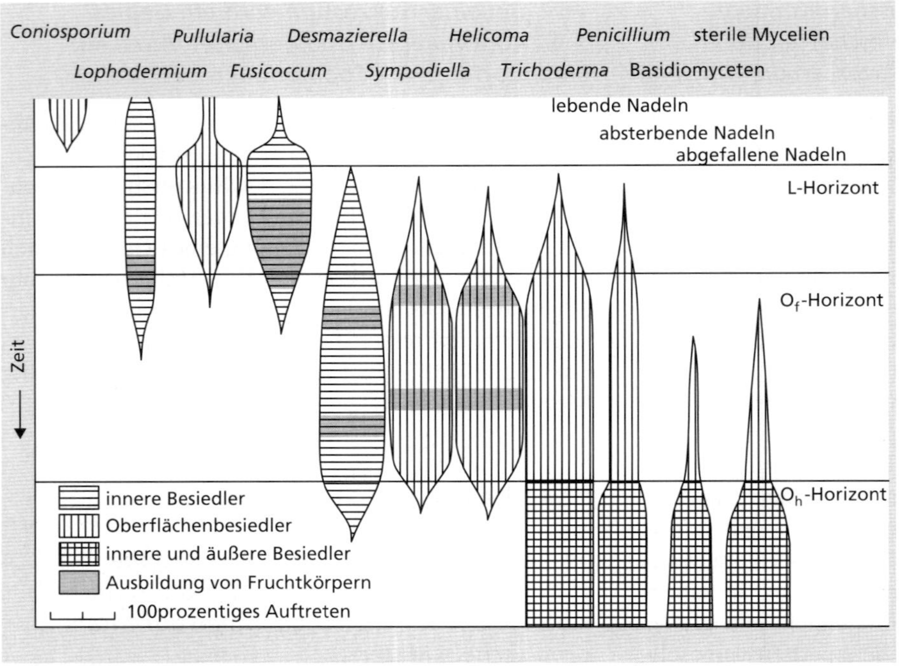

17.7 Zeitliche und räumliche Veränderung der Pilzpopulationen in der Streuschicht eines Kiefernwaldes (*Pinus sylvestris*) in England. (Nach Kendrick und Burges 1962, aus Richards 1974)

Bestandteil des L-Horizonts, der aus losen, festen, hellbraunen Nadeln besteht (L steht für das englische Wort *litter* für Streu). Dort verbleiben sie etwa sechs Monate und werden nach und nach durch *Desmazierella* und einige andere Pilzarten aufgeweicht und angedaut.

Das folgende Sukzessionsstadium ist räumlich durch den O_f-Horizont (in dem das *o*rganische Material *f*ermentiert wird) gekennzeichnet. Die nun grauschwarzen Nadeln sind verklebt und aufgeweicht. Ihr Inneres, vor allem das Phloem, ist stark mit *Desmazierella* infiziert, während ihre Oberfläche in dieser nun relativ feuchten Umgebung hauptsächlich durch *Sympodiella* und *Helicoma* besiedelt ist.

Zwischen der Sukzession beim Streuabbau und der Bodenbildung besteht eine direkte Verbindung.

Nach etwa zwei Jahren verändern sich wiederum die Eigenschaften der Nadeln. Sie sind nun stark miteinander verklumpt und werden von Bodentieren wie Collembolen, Milben und Enchytraeiden mechanisch vollständig zerkleinert. Während dieser Zeit werden sie langsam durch Cellulose und Lignin abbauende Basidiomyceten besiedelt. Nach etwa sieben Jahren sind die Nadeln als solche nicht mehr erkennbar und die biologische Aktivität in diesem stark sauren O_h-Horizont (h steht für *H*umus) fällt drastisch ab. Der Humusanteil beträgt normalerweise nicht mehr als 2 % des Trockengewichts, ist aber für die physikalische Struktur des Bodens, vor allem für seine Durchlüftung und Wasserhaltekapazität, von großer Bedeutung. Es besteht daher eine direkte Verbindung zwischen der Sukzession beim Streuabbau und der Struktur und Qualität des Bodens.

17.4.2 Allogene Sukzession

Nicht alle neu geschaffenen Habitate unterliegen dem Abbau – einige werden lediglich besiedelt.

Neue Habitate werden nicht nur geschaffen, wenn irgendwo zersetzbares Material abgelagert wird, sondern auch, wenn ein Substrat für die Besiedlung durch Pflanzen (die sogenannte **autotrophe Sukzession**) oder andere seßhafte Organismen *de novo* entsteht.

Es ist wichtig, **autogene Sukzessionen**, die als Ergebnis biologischer Prozesse (wie der beschriebene Streuabbau) ablaufen und das Nährstoffangebot oder andere Ressourcen verändern, von solchen zu unterscheiden, die infolge äußerer geophysikochemischer Kräfte auftreten (**allogene Sukzessionen**).

Allogene Sukzessionen beruhen auf Umweltveränderungen durch äußere Einflüsse – der Übergang zwischen Salzmarsch und Wald ist ein Beispiel dafür.

Es gibt eine Reihe von Hinweisen auf einen offensichtlich allogenen Übergang zwischen Salzmarsch und Wald. Eine der gründlichsten und überzeugendsten Untersuchungen ist im folgenden beschrieben (Abbildung 17.8). Sie wurde von Ranwell (1974) im Ästuar des Flusses Fal (Cornwall, England) durchgeführt und basiert auf historischen Landkarten, auf der

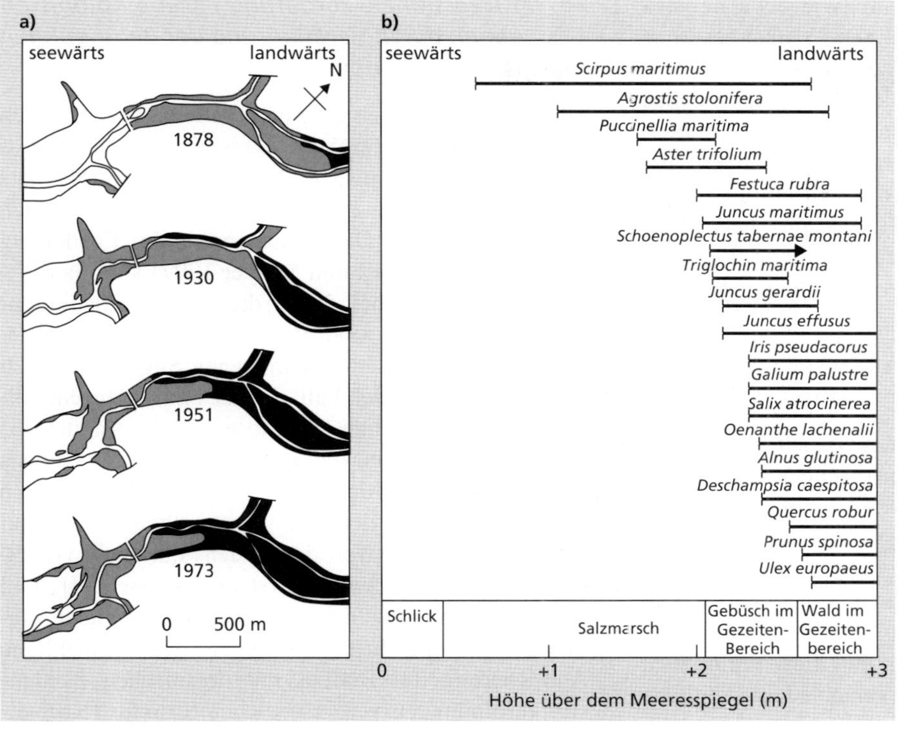

17.8 a) Die Ausbreitung von Salzmarsch (helle Schattierung) und Waldflächen (dunkel) im Ästuar des Flusses Fal in Cornwall während des letzten Jahrhunderts. b) Vertikale Zonierung ausgewählter Pflanzenarten während der Sukzession. (Nach Ranwell 1974)

gegenwärtigen räumlichen Artenverteilung und auf stratigraphischen Ablagerungen von Pflanzenresten. Wie in vielen anderen Flußmündungen setzen sich auch hier sehr schnell große Mengen an Schlick ab. Als Ergebnis dieser Sedimentation hat sich die Salzmarsch während des letzten Jahrhunderts um etwa 800 m seewärts verlagert, und der Wald ist durch Besiedlung der landwärts gelegenen Marschflächen gefolgt (Abbildung 17.8a).

Die vertikale Zonierung ausgewählter Pflanzenarten zeigt Abbildung 17.8b. Die einzelnen Arten besiedeln bestimmte Zonen über dem Meeresspiegel in Abhängigkeit ihrer Toleranz gegenüber Überflutung durch Brackwasser. Da die am höchsten gelegene Vegetationsschicht nicht nur am meisten landeinwärts liegt, sondern auch das älteste Sukzessionsstadium darstellt, spiegelt Abbildung 17.8b sowohl die horizontale Artenverteilung als auch den zeitlichen Ablauf ihres Auftretens wider. Die ganz unten vorkommenden Pionierarten sind Binsen (*Scirpus*) und Straußgras (*Agrostis*), welche die gesamte Marsch bis hoch zu den Grenzen des Eichenwaldes (*Quercus*) besiedeln (an der Mündung des Fal entspricht dies einem Höhenunterschied von 2.26 m). Die Verbreitung von Salzschwaden (*Puccinellia*) und Dreizack (*Triglochin*), zwei typischen Salzmarschpflanzen, überlappt sogar teilweise mit den unteren Grenzen des Weiden (*Salix*)-Erlen (*Alnus*)-Eichen-Waldes. Höhenunterschiede von nur 20 cm können Salzmarsch von Wald trennen.

Daß es sich hierbei tatsächlich um eine Sukzession (und nicht lediglich um eine Zonierung) handelt, wird durch die Analyse der Pflanzenreste in einer Bohrkernprobe des Waldbodens bestätigt. Die rezente räumliche Verteilung der Arten findet sich exakt in der zeitlichen Abfolge, das heißt im Bodenprofil, wieder.

Bisweilen ist es schwierig, zwischen allogener und autogener Sukzession zu unterscheiden.

Die primäre Ursache für die hier beschriebene Sukzession ist ohne Zweifel die Schlickablagerung: Sie basiert also auf geophysikalischen Veränderungen und ist damit eine allogene Sukzession. Allerdings kann die geographische Höhe zumindest lokal auch durch zwei biologische Prozesse verändert werden: durch den Polsterwuchs mancher Pflanzen (wie Schmielen (*Deschampsia*) und Seggen (*Carex*)) und durch die Aktivität von Tieren (zum Beispiel Ameisenhügel). So kann diese Sukzession zum Teil auch autogene Ursachen haben; natürlich kann auch die Anwesenheit der Vegetation den Sedimentationsprozeß beschleunigen, so daß es schwierig ist, zwischen den beiden Sukzessionstypen zu unterscheiden.

17.4.3 Autogene Sukzession

Bei autogenen Sukzessionen unterscheidet man zwischen Primär- und Sekundärsukzessionen.

Sukzessionen, die auf neu geschaffenen Landflächen und in Abwesenheit von sich graduell verändernden abiotischen Einflüssen ablaufen, bezeichnet man als **autogen**. Wurde die exponierte Fläche noch nicht durch eine Biozönose beeinflußt (wie etwa bei neu gebildeten Sanddünen, nach einem Vulkanausbruch oder nach einem Gletscherrückzug), spricht man von einer **Primärsukzession**. In solchen Fällen, in denen die Vegetation vollständig oder teilweise eliminiert wurde, aber typische Bodenstrukturen, Samen und Sporen erhalten blieben, wird die sich anschließende Artenabfolge als **Sekundärsukzession** bezeichnet (zum Beispiel nach dem lokalen Absterben von Bäumen in einem Wald infolge einer Krankheit, eines Feuers oder auch durch Rodung).

Der Verlauf von Primärsukzessionen läßt sich häufig nur indirekt ableiten.

Autogene Sukzessionen verlaufen typischerweise über mehrere Jahrhunderte und können daher nicht direkt verfolgt werden. Glücklicherweise kann man jedoch zumindest in einigen Fällen auch Informationen über diese langfristigen Vorgänge erhalten, zum Beispiel durch rezente räumliche Gradienten (analog zum Übergang zwischen Salzmarsch und Wald). Man muß jedoch bei der Schlußfolgerung, daß diese räumlichen Verteilungsmuster tatsächlich verschiedene zeitliche Sukzessionsstadien darstellen, sehr vorsichtig sein (wir können beispielsweise nicht ausschließen, daß in unseren nördlichen gemäßigten Breiten die rezente Vegetation immer noch eine Antwort auf die letzte Eiszeit darstellt und damit nur ein Zwischenstadium eines noch nicht abgeschlossenen Sukzessionsgeschehens ist; siehe Kapitel 1).

Nach dem Rückzug von Gletschern erfolgt eine lang andauernde Primärsukzession.

Den Ablauf einer Primärsukzession wollen wir durch die Vorgänge nach dem Zurückweichen der Gletscher an der Glacier Bay im Südosten Alaskas illustrieren (dieser Gletscherrückzug erfolgt erstaunlich schnell; seit 1750 haben sich die Eismassen um etwa 100 km zurückgezogen). Seit 80 Jahren werden die Vorgänge direkt protokolliert, aber nach Schätzungen ist der Baumbestand auf den ältesten Moränenhügeln (die durch die Schuttablagerung beim Gletscherrückzug entstehen) etwa 200 Jahre alt. Die Sukzession auf diesen neu freigelegten, nährstoffarmen Böden verläuft folgendermaßen. Die ersten Pflanzen, die auftreten, sind Moose und flachwurzelnde krautige Arten, vor allem Silberwurz (*Dryas*). Anschließend siedeln sich verschiedene Weidenarten (*Salix*) an, zuerst niedrigwachsende, später buschige Formen. Bald folgen Erlen (*Alnus crispus*), die nach etwa 50 Jahren dichte, bis zu 10 m hohe Gehölze bilden, durchsetzt mit einzelnen Pappeln. Schließlich etabliert sich auch die Sitkafichte (*Picea sitchensis*), und es bildet sich ein dichter Mischwald, der sich durch die Einwanderung von Hemlocktannen (*Tsuga heterophylla* und *T. mertensiana*) noch weiterentwickelt.

Sukzessionale Förderung – frühe Kolonisten ebnen durch Veränderung der Bedingungen den Weg für nachfolgende Arten.

Sukzessionen werden ganz entscheidend auch dadurch vorangetrieben, daß frühe Kolonisten häufig die physikalischen oder chemischen Bedingungen des Habitats so verändern, daß die Einwanderung neuer Arten ermöglicht wird. Diese **sukzessionale Förderung** (*facilitation*, Connell und Slatyer 1997) kann bei Primärsukzessionen, bei denen die Ausgangsbedingungen besonders hart sind, von großer Bedeutung sein. Dies ist auch bei der beschriebenen Sukzession nach Gletscherrückzug der Fall. *Dryas* und Erlen entwikkeln sticktoffixierende Symbiosen (siehe Kapitel 13) und bewirken so eine starke Anreicherung des Bodens mit gebundenem Stickstoff (Abbildung 17.9). Erlen haben auch einen deutlich versauernden Effekt und reduzieren den pH-Wert des Bodens innerhalb von 50 Jahren von 8 auf etwa 5. Erst unter diesen pH- und Stickstoffbedingungen kann sich die Sitkafichte etablieren und die Erle verdrängen. Die allmähliche Anreicherung des Bodens mit organischen Kohlenstoffverbindungen verbessert seine Struktur (Krümelbildung) und damit auch seine Durchlüftung und Wasserhaltekapazität.

Wo der Boden flachgründig ist oder nur eine geringe Neigung aufweist (das heißt nicht genügend entwässert wird), gipfelt die Sukzession nicht immer in einem Fichten-Hemlock-Wald. Es wandern Torfmoose (*Sphagnum*) ein, die Wasser zurückhalten und den Boden stark ansäuern. Der Waldboden wird staunaß, verarmt an Sauerstoff, und die meisten Bäume sterben ab. Vereinzelte Drehkiefern (*Pinus contorta*) sind die einzigen Baumarten, die dies tolerieren. Dies zeigt, wie stark es von den lokalen Bedingungen abhängt, welche Vegetation die Sukzession abschließt.

Die Besiedlung einer Felsküste mit Algen ist eine schnell ablaufende, direkt beobachtbare Primärsukzession.

Es gibt aber analoge Sukzessionen, die in einem kürzeren Zeitraum (und damit direkt verfolgbar) ablaufen, zum Beispiel die Besiedlung exponierter Felsen in der Gezeitenzone an der Südküste Kaliforniens mit Algen (Sousa 1979a). Hier werden durch das Wälzen der Steine in der Brandung neue Lebensräume geschaffen. Unter Umständen können die neu exponierten Oberflächen durch vegetatives Wachstum überlebender Algen, also durch Sporen, wiederbesiedelt werden. Meistens sind die Steine jedoch vollkommen algenfrei, so daß es sich in der Regel um eine Primärsukzession handelt. Man kann den Sukzessionsverlauf experimentell nachahmen, indem man Steine künstlich von Algen befreit oder Betonklötze in die Gezeitenzone einsetzt. So war es Sousa möglich, die Abfolge

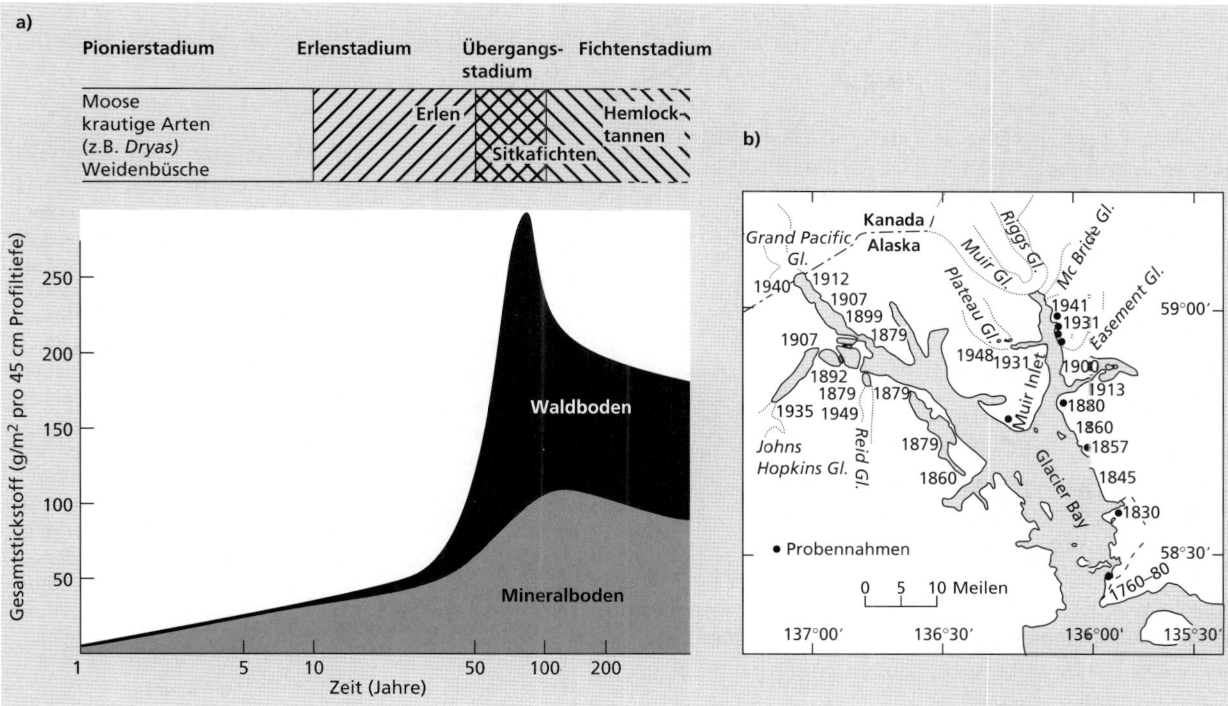

17.9 a) Postglaziale Pflanzensukzession an der Glacier Bay/Alaska und Veränderung des Stickstoffgehalts im Boden. b) Geschichtliche Entwicklung des Gletscherrückzugs. (Nach Crocker und Major 1955)

exakt zu beschreiben und auch die zugrundeliegenden Mechanismen aufzuklären.

Die Primärbesiedlung des blanken Felsens erfolgt innerhalb eines Monats durch die Grünalge *Ulva*, zu der sich im Verlauf des Herbstes und Winters einige Rotalgenarten wie *Gelidium coulteri*, *Gigartina leptorhynchos*, *Rhodoglossum affine* und *Gigartina canaliculata* gesellen. Im Laufe der nächsten zwei bis drei Jahre gewinnt *G. canaliculata* die Vorherrschaft und bedeckt 60 bis 90 % der Substratoberflächen. Falls keine weiteren Störungen auftreten, bleibt die Dominanz dieser Spezies erhalten.

Sukzessionale Hemmung – frühe Kolonisten verhindern oder erschweren die Ansiedlung nachfolgender Arten.

Damit verläuft dieses Sukzessionsgeschehen anders als bei dem zuvor besprochenen Gletscherrückzug. Im Gegensatz zu dem Gletschervorfeld, in dem die Erlen eine Besiedlung durch Folgearten erst ermöglichten, werden hier weitere Einwanderungen durch dominierende Arten verhindert oder zumindest erschwert. Vergleicht man die Besiedlung von Betonsteinen durch *Gigartina* in An- und Abwesenheit von *Ulva*, konnten beide *Gigartina*-Arten die Oberflächen deutlich besser kolonisieren, wenn die Grünalge nicht vorhanden war (Abbildung 17.10a). Ganz analog verhindern in der mittleren Sukzessionsphase die Rotalgen *Gigartina leptorhynchos* und *Gelidium coulteri* durch ihre Anwesenheit die Etablierung der normalerweise im späten Stadium domierenden Art *G. canaliculata*. Die Geschwindigkeit, mit der dieser neue Lebensraum von frühen Kolonisten besiedelt wird, ist daher entscheidend für den weiteren Sukzessionsablauf. *Ulva* stellt als kurzlebige und schnellwachsende Alge einen sehr effizienten Erstbesiedler dar; solange sie die Möglichkeit hat, sich aktiv zu vermehren, wird die Ansiedlung von Rotalgen mit ihren langen Generationszeiten und jahreszeitlich wechselnden Ansprüchen behindert.

Eine „frühe" Sukzessionsart kann nachfolgende in ihrer Etablierung also auch hemmen (**sukzessionale Hemmung**). Die weitere Besiedlung erfolgt hauptsächlich deswegen, weil die dominierende Art physikalischen Herausforderungen der Umwelt gegenüber empfindlicher ist. Dies wurde dadurch gezeigt, daß man die Mortalität markierter Algen über einen zweimonatigen Zeitraum verfolgte. Während der Untersuchungsphase traten die Niedrigwasserperioden am Nachmittag auf, so daß die Bedingungen durch das grelle Sonnenlicht und die trockenen Winde besonders hart waren (Abbildung 17.10b). Das selektive Abweiden von *Ulva* durch die Krabbe *Pachygrapsus crassipes* beschleunigte noch die Sukzession durch die widerstandsfähigeren, langlebigeren Rotalgen.

Brachlandsukzessionen zeigen eine typische Abfolge der Vegetation.

Sukzessionen auf ehemaligem Ackerland wurden vor allem im Osten der Vereinigten Staaten untersucht,

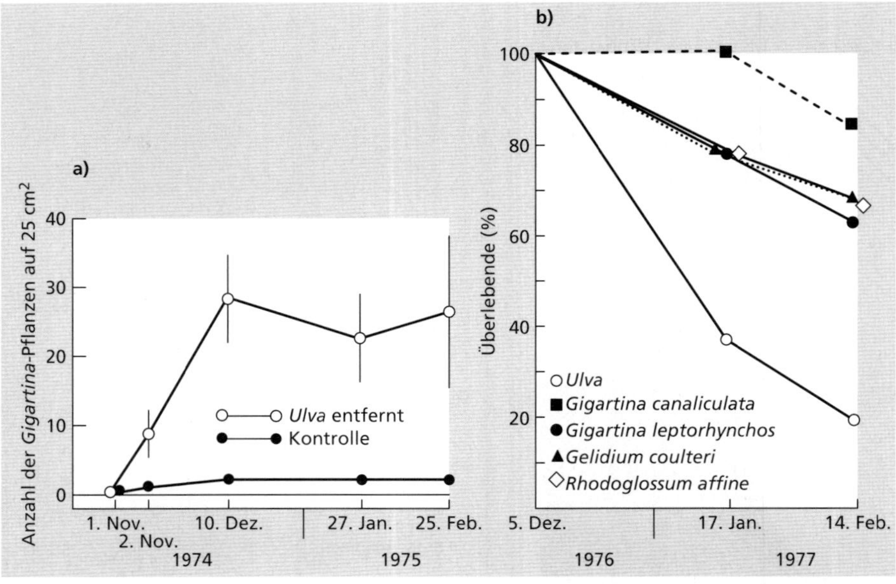

17.10 a) Auswirkungen des experimentellen Entfernens der frühen Sukzessionsart *Ulva* auf die Rekrutierung von *Gigartina*-Arten im Laufe von vier Monaten (Beginn am 15. Oktober 1974). Die Angaben beziehen sich auf die durchschnittliche Anzahl (± Standardabweichung) keimender Sporen von *Gigartina leptorhynchos* und *G. canaliculata* (auf jeweils vier 25 cm^2 großen Betonflächen). (Nach Sousa 1979a) b) Überlebenskurven von fünf Algenarten über einen zweimonatigen Zeitraum (Beginn 5. Dezember 1976) unter extremen physikalischen Bedingungen. Das Experiment wurde mit ursprünglich jeweils 30 markierten Individuen durchgeführt. (Nach Sousa 1979a)

wo im 19. Jahrhundert viele Bauern ihre Höfe aufgaben und nach Westen zogen. Die typische Abfolge dominierender Vegetation bei dieser **Brachlandsukzession** ist: einjährige Unkräuter, mehrjährige krautige Pflanzen, Büsche, frühe und anschließend späte Sukzessionsbaumarten.

Pionierarten können sich sehr rasch in einem gestörten Habitat ansiedeln.

Die Pioniere des amerikanischen Westens ließen Brachland zurück, das von Pionieren ganz anderer Art besiedelt wurde. Als **Pionierpflanzen** werden Arten bezeichnet, die sich sehr rasch in einem gestörten Habitat etablieren können, weil sie entweder schnell in das Gebiet einwandern oder in Form von Ablegern oder Samen bereits vorhanden sind. Eine typische Pionierart der Brachlandsukzession ist *Ambrosia artemisiifolia* (Beifußblättriges Traubenkraut). Ihre Samen überleben viele Jahre in der Erde und keimen aus, sobald sie an die Oberfläche gelangen.

Arten der fortgeschrittenen Brachlandsukzession sind schattentolerant und wachsen langsam.

Sommerannuelle wie *Ambrosia* werden im Verlauf der Sukzession häufig durch Winterannuelle verdrängt. Meist handelt es sich um andere Compositen, deren kleine Samen sich über große Entfernungen hinweg verbreiten und normalerweise im Spätsommer oder Herbst, sobald sie auf der Erde auftreffen, keimen. Die sich entwickelnden Rosetten überwintern. Dadurch haben diese Arten im nächsten Frühjahr einen Zeitvorsprung gegenüber den einjährigen Sommerpflanzen. Im Gegensatz zu den Pionierarten benötigen die Samen von Pflanzen späterer Sukzessionsstadien kein Sonnenlicht zur Keimung und können auch auf einem beschatteten Waldboden austreiben. Schattentoleranz ist ein wichtiger Faktor für den Erfolg der „späten" Sukzessionsarten. Dadurch sind sie in der Lage, bei niedrigen Lichtintensitäten zu wachsen – zwar langsam, aber immer noch schneller als die Arten, die sie ersetzen. Auch die Photosyntheserate nimmt im allgemeinen mit fortschreitender Sukzession ab.

Baumarten früher und später Sukzessionsphasen unterscheiden sich durch mehrschichtige und einschichtige Belaubung.

Die Baumarten, die im Verlauf einer Brachlandsukzession auftreten, können wir in frühe und späte Klassen einteilen. Ein Charakteristikum der früh auftretenden Bäume ist die Mehrschichtigkeit ihrer Belaubung. Arten wie der Rote Virginische Wacholder (*Juniperus virginiana*) können so das Licht, das im frühen Baumsukzessionsstadium noch reichlich vorhanden ist, optimal nutzen. Im Gegensatz dazu zeigen der Zuckerahorn (*Acer saccharum*) und die Amerikanische Buche (*Fagus grandifolia*) eine einschichtige Belaubung. Dies macht sie in dem gedrängten Kronendach der späten Sukzession erfolgreicher (Horn 1975).

Die frühen Besiedler unter den Bäumen sind in der Regel auch sehr effizient in ihrer Samenverbreitung; nur so können sie sich rasch in dem neuen Lebensraum etablieren. Die späten Kolonisten produzieren häufig größere Samen mit eingeschränkter Verbreitung und langen Entwicklungsphasen.

Durch Experimente wie Stickstoffgaben lassen sich die vielfältigen Ursachen einer Brachlandsukzession enträtseln.

Eine besonders detaillierte Analyse der Sukzession auf Brachland wurde von Tilman und seinen Mitarbeitern (1987, 1988) in der Cedar Creek Natural History Area in Minnesota/USA durchgeführt. Das Besondere an dieser Studie war, daß es sich hier um einen gut entwässerten, nährstoffarmen Boden handelte, so daß das Muster der Sukzession zwar dem anderer Untersuchungen ähnelte, der zeitliche Ablauf jedoch deutlich langsamer war als auf nährstoffreichen Böden. So dominierten beispielsweise während der ersten 40 Jahre einjährige Pflanzen, und nach 60 Jahren bedeckten holzige Arten (meist Rankenpflanzen und Sträucher) lediglich 13 % der Fläche (Abbildung 17.11). Ein besonders auffälliges Merkmal der späten Sukzession am Cedar Creek war die Zunahme des Bodenstickstoffs (Abbildung 17.11e – dies ist eine Parallele zur Primärsukzession an der Glacier Bay). Möglicherweise unterscheiden sich die einzelnen Pflanzenarten in ihrer Konkurrenzfähigkeit um Stickstoff, und mit steigendem Stickstoffgehalt dominiert erst die eine, dann die andere Spezies. Tilman (1987) überprüfte diese Hypothese, indem er die Stickstoffkonzentrationen experimentell erhöhte. Viele Arten reagierten wie erwartet: Die relative Abundanz der Pionierpflanze *Ambrosia artemisiifolia*, normalerweise typisch für das stickstoffarme frühe Stadium, nahm nach Stickstoffdüngung deutlich ab, die der Brombeere (*Rubus* spp.), charakteristisch für die späte, stickstoffreiche Sukzessionsphase, dagegen zu. Die Dominanz einer zweiten Artengruppe (darunter der Sauerampfer (*Rumex acetosella*) mit seinen großen Samen), die normalerweise ebenfalls auf den stickstoffarmen Böden der frühen Stadien vorherrscht, verzögerte sich (wahrscheinlich aufgrund schlechter Samenausbreitung) um 30 Jahre. Schließlich veränderte sich auch das zeitliche Auftreten einer Artengruppe, deren Mitglieder ein besonders langsames vegetatives Wachstum zeigen. Dazu gehörte die in Symbiose stickstoffixierende Leguminose *Lespedeza capitata*, die eine gewisse Zeit lang von Arten zurückgedrängt wurde, die zwar schwächere Stickstoffkonkurrenten waren, aber schnelleres Wachstum zeigten.

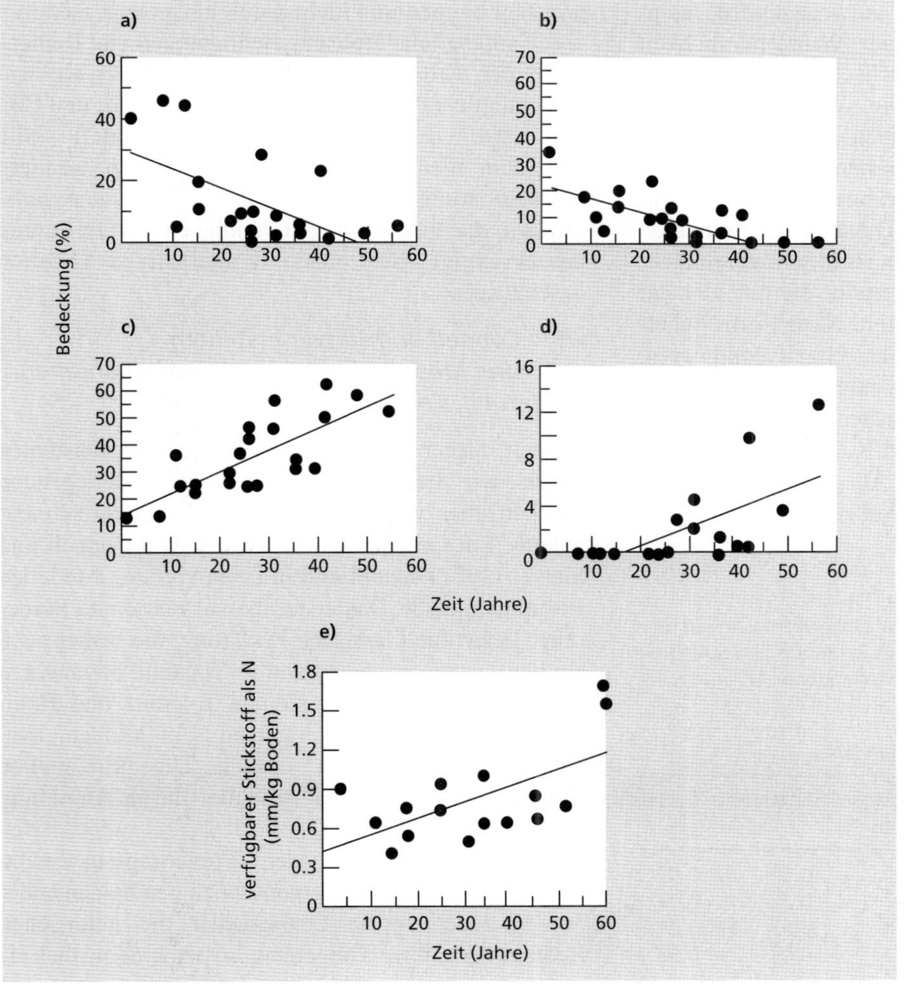

17.11 Beziehung zwischen dem Prozentsatz der mit a) blankem Boden, b) einjährigen Pflanzen, c) mehrjährigen Kräutern und d) holzigen Pflanzen bedeckten Landflächen und dem Zeitraum seit Aufgabe der Bewirtschaftung. Die Daten stammen aus einer Untersuchung von 22 Feldern am Cedar Creek im Jahre 1983. e) Zusammenhang zwischen dem verfügbaren Bodenstickstoff und dem Alter des Brachlandes. (Nach Inouye et al. 1987)

17.4.4 Grundlegende Mechanismen der autogenen Sukzession

Nach dem Modell von Horn kann eine Waldsukzession als Ersetzungsprozeß „Baum für Baum" betrachtet werden.

Nach einem Sukzessionsmodell von Horn (1975, 1981) sollte die Artenzusammensetzung in einem hypothetischen Wald unter zwei Bedingungen voraussagbar sein. Die erste Voraussetzung ist, daß man für jede Baumart weiß, mit welcher Wahrscheinlichkeit wahrscheinlich einzelne Individuen während einer bestimmten Zeitspanne durch einen Vertreter der gleichen oder einer anderen Art ersetzt werden. Zum zweiten muß man von einer definierten anfänglichen Artenzusammensetzung ausgehen.

Horn nahm an, daß sich die Wahrscheinlichkeit, mit der ein Baum durch einen anderen ersetzt wird, in der proportionalen Artenverteilung der Schößlinge unterhalb dieses Baumes widerspiegelt. Auf dieser Basis kalkulierte er, wie sich die Artenzusammensetzung eines bestimmten Standortes innerhalb von 50 Jahren verändern könnte (Tabelle 17.1). Nach seinen Berechnungen liegt die Wahrscheinlichkeit, daß ein gegenwärtig mit der Graubirke besetzter Standort auch in 50 Jahren noch diese Baumart aufweisen wird, lediglich bei 5 %; mit 36prozentiger Wahrscheinlichkeit wird sich der Tupelobaum durchsetzen, mit 50 % der Rotahorn und mit 9 % die Buche.

Ausgehend von der derzeitigen Artenverteilung in einem 25 Jahre alten Baumbestand in New Jersey modellierte Horn die Veränderungen in der Artenzusammensetzung für die folgenden Jahrhunderte. Diese hypothetische Sukzession ist in sehr vereinfachter Form in Tabelle 17.2 dargestellt, die nur vier der vorhandenen Arten berücksichtigt. Nach Horns Schätzungen sollte der Rotahorn sehr schnell dominieren, während die Graubirke verschwindet. Die Buche sollte langsam einwandern, um später prozentual vorzuherrschen, Tupelobäume und Rotahorn bleiben mit niedriger Abundanz erhalten. All diese Voraussagen werden bisher durch die reale Sukzession bestätigt.

Tabelle 17.1: Eine Baum-für-Baum-Übergangsmatrix von Horn (1981). Die Tabelle gibt die Wahrscheinlichkeiten an, mit der ein Individuum während eines Zeitraums von 50 Jahren durch ein anderes derselben oder einer anderen Art ersetzt wird.

	in 50 Jahren vorhanden			
gegenwärtig vorhanden	Graubirke	Tupelobaum	Rotahorn	Buche
Graubirke	0.05	0.36	0.50	0.09
Tupelobaum	0.01	0.57	0.25	0.17
Rotahorn	0.00	0.14	0.55	0.31
Buche	0.00	0.01	0.03	0.98

Tabelle 17.2: Die erwartete prozentuale Zusammensetzung eines ursprünglich reinen Graubirkenwaldes. (Nach Horn 1981)

Alter des Waldes (Jahre):	0	50	100	150	200	∞	Zusammensetzung eines reifen Waldes
Graubirke	100	5	1	0	0	0	0
Tupelobaum	0	36	29	23	18	5	3
Rotahorn	0	50	39	30	24	9	4
Buche	0	9	31	47	58	86	93

Horns Sukzessionsmodell führt zu einer stabilen Zusammensetzung und läßt relativ präzise Voraussagen zu.

Eine besonders interessante Eigenschaft dieses Matrixmodells ist, daß es langfristig zu einer stabilen, stationären Zusammensetzung führt, die unabhängig ist von der ursprünglichen Artenzusammensetzung und nur auf den Ersetzungswahrscheinlichkeiten beruht. Da das Modell offensichtlich relativ präzise Voraussagen zuläßt, kann es möglicherweise sehr nutzbringend in der Waldwirtschaft eingesetzt werden. Allerdings ist es auch stark vereinfachend, und die Annahme, daß die Ersetzungswahrscheinlichkeiten konstant bleiben und nicht durch historische Faktoren – wie anfängliche biotische Bedingungen und Reihenfolge der Arteneinwanderung – beeinflußt werden, trifft möglicherweise nicht immer zu (Facelli und Pikkett 1990). Ein ideales Sukzessionsmodell sollte außerdem nicht nur Voraussagen machen, sondern auch Erklärungen geben. Um dies zu erreichen, müssen wir die biologischen Grundlagen der Ersetzung berücksichtigen und uns mit alternativen Theorien beschäftigen.

Connell und Slatyer erstellten drei Modelle für Sukzessionsmechanismen: Förderung, Toleranz und Hemmung.

In den bisher besprochenen Sukzessionsbeispielen haben wir bereits einige der zugrundeliegenden Mechanismen wie Förderung und Hemmung kennengelernt. Ein Gesamtüberblick wurde von Connell und Slatyer (1977) erstellt und in Form von drei Modellen zusammengefaßt. Das erste, die sukzessionale Förderung, liefert die klassische Erklärung, die bisher auch am häufigsten verwendet wurde, während die anderen beiden Konzepte, sukzessionale Toleranz und Hemmung, gleichermaßen bedeutend sein können, aber bisher meist übersehen wurden. Die prinzipiellen Eigenschaften dieser drei Modelle sind in Abbildung 17.12 dargestellt.

Das Hauptmerkmal der Förderungssukzession besteht darin, daß – im Gegensatz zu den beiden anderen Modellen – die Erstbesiedler die abiotischen Bedingungen ihrer Umgebung so verändern, daß sie

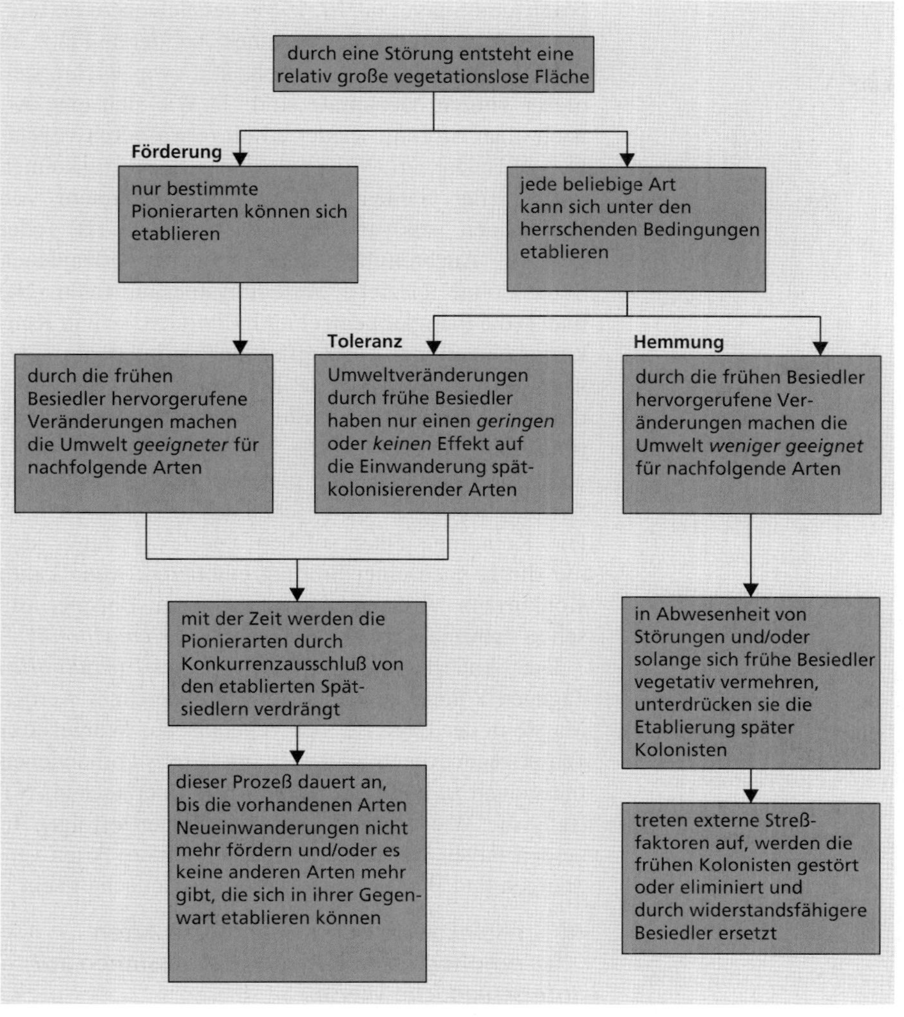

17.12 Drei Modelle für die grundlegenden Mechanismen von Sukzessionen. (Nach Connell und Slatyer 1977)

für die Pionierarten vergleichsweise ungeeignet werden, die Einwanderung von Nachfolgearten aber begünstigen. Die Primärsukzession nach Gletscherrückzug stellt hierfür ein offensichtliches Beispiel dar. Allerdings finden wir sehr häufig auch die umgekehrte Situation, nämlich daß Pflanzenspezies ihre Umgebung auf eine Weise beeinflussen, die sie für sie selbst günstiger (und nicht ungünstiger) macht (Wilson und Agnew 1992).

Nach Aussage des Toleranzmodells kommt es deswegen zu einer vorhersehbaren Abfolge, weil verschiedene Spezies die vorhandenen Ressourcen auf unterschiedliche Weise nutzen. Späte Sukzessionsarten sind genügsamer; sie können sich daher auch in Anwesenheit der frühen Besiedler etablieren und diese schließlich verdrängen. Als Beispiel hierfür haben wir die Brachlandsukzession kennengelernt.

Das Hemmungsmodell trifft zu, wenn sich alle Arten gegenüber einwandernden Konkurrenten durchsetzen können, wie wir es bei der Algensukzession auf neu exponierten Felsen gesehen haben. Späte Besiedler etablieren sich nur nach und nach, indem sie Nischen besetzen, die durch das Absterben einzelner Erstbesiedler frei werden. Ein wichtiger Unterschied zwischen den Modellen liegt in der Ursache für das Aussterben der Pionierarten. Im Falle von Förderung und Toleranz werden sie infolge der Konkurrenz um Ressourcen, vor allem Licht und Nährstoffe, eliminiert, beim Hemmungsmodell jedoch durch sehr lokale Störungen (zum Beispiel durch extreme physikalische Bedingungen oder Konsumenten).

Tilmans Ressourcenverhältnis-Hypothese betont die Veränderung der Konkurrenzfähigkeit während einer Sukzession aufgrund unterschiedlicher Ressourcenverfügbarkeit.

In seiner **Ressourcenverhältnis-Hypothese** legt Tilman (1988) besonderes Gewicht darauf, daß sich mit den allmählichen Veränderungen der Umwelt auch die relative Konkurrenzfähigkeit verschiedener Pflanzenarten verschiebt. Er argumentiert, daß zu jedem beliebigen Zeitpunkt einer terrestrischen Sukzession die Dominanz einer Spezies im wesentlichen durch die Verfügbarkeit zweier Ressourcen beeinflußt wird:

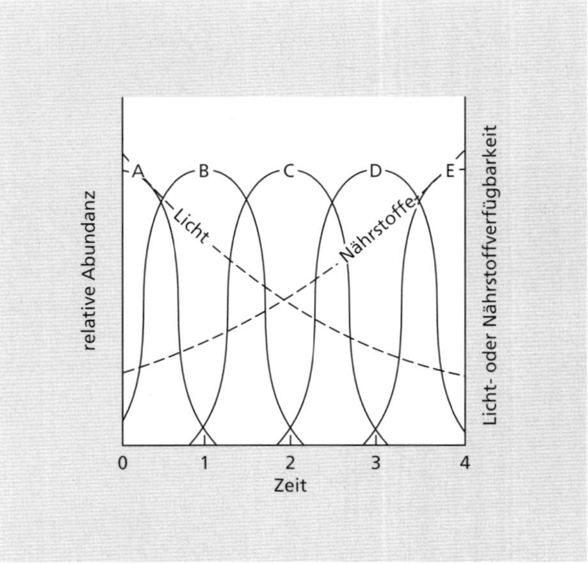

17.13 Die Ressourcenverhältnis-Hypothese von Tilman (1988). Die Buchstaben A bis E stellen fünf hypothetische Pflanzenarten mit unterschiedlichen Ansprüchen an Nährstoffe und Licht dar. Am Anfang der Sukzession ist das Habitat durch nährstoffarme Böden und hohe Lichtintensitäten gekennzeichnet, entwickelt sich aber langsam in Richtung nährstoffreicher Böden mit geringer Lichteinstrahlung. Mit den Bedingungen ändert sich die relative Konkurrenzfähigkeit der Pflanzen, so daß sich die Arten in ihrer Dominanz ablösen.

durch die Limitierung eines Nährstoffs (häufig Stickstoff) und das Vorhandensein von Licht. Frühe Sukzessionsphasen sind durch ein geringes Nährstoffangebot und hohe Lichtintensitäten gekennzeichnet. Durch die Zersetzung der eingebrachten Streu steigt der Nährstoffgehalt allmählich an, und infolge des gesteigerten Pflanzenwachstums nimmt die Sonneneinstrahlung am Boden ab. Diese Ideen sind in Abbildung 17.13 für fünf hypothetische Arten dargestellt. Spezies A (mit einer gedrungenen Wuchsform) weist den niedrigsten Nährstoffbedarf, aber die höchsten Lichtanforderungen auf. Im Gegensatz dazu hat Spezies E, eine große, hochaufgeschossene Pflanze, geringe Lichtansprüche aber einen hohen Nährstoffbedarf. Die Arten B, C und D verhalten sich intermediär in ihren Bedürfnissen, und jede erreicht an einer anderen Stelle entlang des Nährstoff-Licht-Gradienten ihr Abundanzmaximum. Natürlich können auch viele andere Faktoren das Muster einer autogenen Sukzession beeinflussen, zum Beispiel Unterschiede in der Kolonisierungsfähigkeit, in der maximalen Wachstumsrate (die nicht immer direkt mit der Konkurrenzfähigkeit korreliert) oder in der Empfindlichkeit gegenüber Abweidung.

Die vitalen Merkmale einer Art sind von großer Bedeutung für deren Rolle im Sukzessionsgeschehen.

Noble und Slatyer (1979, 1981) versuchten zu definieren, welche Eigenschaften einer Art deren Platz im Sukzessionsverlauf bestimmen. Die zwei wichtigsten dieser **vitalen Merkmale** sind: 1) Wie sich eine Art nach einer Störung wieder erholt (etwa durch vegetative Vermehrung (V), explosionsartiges Auskeimen vorhandener Samen (S), rasches Einwandern von Keimlingen aus umgebenden Gebieten (D) oder geringe Ausbreitung aus wenigen vorhandenen Samen ohne spezielle Verteilungsmechanismen (N)) und 2) die Fähigkeit einzelner Individuen, sich in Konkurrenzsituationen fortzupflanzen (definiert als Toleranz (T) beziehungsweise Intoleranz (I)). Eine Art, die rasch sehr viele Sämlinge aus einer Samenbank produziert, aber unfähig ist, sich in Gegenwart bereits etablierter Individuen der gleichen oder einer anderen Art durchzusetzen, würde demnach als SI bezeichnet. Die Keimlinge einer solchen Spezies könnten sich nur direkt nach einer Störung etablieren, wenn kaum Konkurrenz vorhanden ist (wie zum Beispiel die schon mehrmals erwähnte *Ambrosia artemisiifolia*).

Die Amerikanische Buche (*Fagus grandifolia*) dagegen könnte entweder als VT bezeichnet werden (da sie in der Lage ist, sich vegetativ aus Wurzelstökken zu regenerieren, und auch mit bereits vorhandenen Individuen zu konkurrieren vermag), oder auch als NT (falls die Wiederbesiedlung über Samen erfolgt). In beiden Fällen würde sie schließlich andere Arten verdrängen und Bestandteil der Schlußgesellschaft sein.

r-selektierte und K-selektierte Arten erhöhen ihren Erfolg in Sukzessionen auf unterschiedliche Weise.

Betrachtet man die vitalen Merkmale von einem evolutionären Standpunkt aus, so ergibt sich die Vermutung, daß bestimmte Eigenschaften nicht nur rein zufällig gemeinsam auftreten. Wir können uns zwei Alternativen vorstellen, wie ein Organismus seinen Erfolg in einer Sukzession erhöht (Harper 1977). Entweder reagiert die Art auf den Selektionsdruck durch die Konkurrenz und evolviert Merkmale, die es ihr erlauben, länger in der Sukzession zu persistieren (***K*-Selektion**), oder sie entwickelt Möglichkeiten, der Sukzession zu entkommen, um sich irgendwo anders in frühen Sukzessionsstadien zu etablieren (***r*-Selektion**; vergleiche Kapitel 14). Das heißt, gute Erstbesiedler sind generell schwache Konkurrenten und umgekehrt. Dies ist aus Tabelle 17.3 ersichtlich, in der einige physiologische Kennzeichen zusammengestellt sind, die für frühe beziehungsweise späte Sukzessionsarten typisch sind.

Die Nekromasse ist entscheidend für die Dominanz von Bäumen in späten Sukzessionsphasen.

Die Struktur von Lebensgemeinschaften und das Sukzessionsgeschehen werden meistens an Pflanzenge-

Tabelle 17.3: Physiologische Kennzeichen früher und später Sukzessionspflanzen. (Nach Bazzaz 1979)

Merkmal	Pionier-arten	Spät-besiedler
Samenverbreitung	gut	schlecht
Samenkeimung:		
gefördert durch		
Licht	ja	nein
Temperaturwechsel	ja	nein
hohen NO_3^--Gehalt	ja	nein
inhibiert durch		
Infrarotlicht	ja	nein
hohe CO_2-Konzentrationen	ja	nein?
benötigte Lichtintensität	hoch	niedrig
Lichtkompensationspunkt	hoch	niedrig
Effizienz bei wenig Licht	gering	hoch
Photosyntheseraten	hoch	niedrig
Respirationsraten	hoch	niedrig
Transpirationsraten	hoch	niedrig
Stomata- und Mesophyllwiderstände	gering	hoch
Wassertransportwiderstände	gering	hoch
Erholung von Mangelbedingungen	schnell	langsam
Rate der Nährstoffaufnahme	schnell	langsam?

sellschaften untersucht. Dafür gibt es gute Gründe. Pflanzen bestimmen ganz wesentlich den Charakter einer Biozönose, nicht nur, weil sie als Primärproduzenten den Hauptanteil der **Biomasse** stellen, sondern weil sie wegen ihrer langsamen Zersetzung auch die Hauptlieferanten der **Nekromasse** sind. Totes pflanzliches Material akkumuliert als Streu oder als Torf (außer wenn die mikrobielle und detritivore Aktivität sehr hoch ist), und Bäume bestehen zum großen Teil (vor allem im Stamm und in den Ästen) aus totem Material. Die Tatsache, daß Sträucher und Bäume häufig auf eine krautige Vegetation folgen und so viele Lebensgemeinschaften dominieren, basiert vor allem auf ihrer Fähigkeit, auf einem Skelett aus vorwiegend totem Stützgewebe (dem Holz) Laubdächer und Wurzelsysteme aufzubauen.

Auch in Korallenriffen bestimmt die Nekrosemasse die Struktur der Biozönose.

Tierkörper zersetzen sich viel schneller. Es gibt aber auch Situationen, in denen tierische Überreste nicht abbaubar sind und die Struktur und Sukzession einer Biozönose bestimmen. Dies ist zum Beispiel beim Wachstum von Korallenbänken der Fall. Ganz ähnlich wie die Bäume eines Waldes dominieren die Korallenpolypen ihre Biozönosen dadurch, daß sie ihre assimilierenden Teile fortwährend auf abgestorbenem Stützmaterial aufbauen. Eine Riffgemeinschaft ist ebenso strukturiert, divers und dynamisch wie ein tropischer Regenwald.

Meist bestimmen Pflanzen Struktur und Sukzession einer Lebensgemeinschaft, manchmal greifen aber auch Tiere ein.

In der Regel aber werden Struktur und Sukzession einer Lebensgemeinschaft von Pflanzen bestimmt. Dies bedeutet jedoch nicht unbedingt, daß die Tiere diesem Geschehen immer passiv folgen. Oft ist das natürlich der Fall, da die Vegetation am Anfang aller Nahrungsketten steht und den Charakter der abiotischen Umwelt prägt. Manchmal werden die Pfanzengesellschaften aber auch durch Tiere strukturiert. Das haben wir bereits am Beispiel der Grünalge *Ulva* gesehen, deren schrittweise Verdrängung durch Rotalgen durch Krabben zumindest gefördert wird.

Blatt- und wurzelfressende Herbivore beeinflussen eine Brachlandsukzession.

Bei der Pflanzensukzession auf einem frisch gepflügten Feld in Südengland beobachtete man ein ähnliches Phänomen. Die Erstbesiedlung erfolgte durch einjährige, kleinblättrige Pflanzen, die innerhalb des ersten Jahres durch mehrjährige Gräser und Kräuter ersetzt wurden. Es traten herbivore Insekten auf, die sich sowohl von den Blättern als auch von den Wurzeln ernährten. Die Reduktion der blattfressenden Insekten (durch Insektizide) bewirkte eine starke Zunahme der mehrjährigen Grasarten; umgekehrt führte das selektive Abtöten der unterirdischen Herbivoren zu einer längeren Persistenz der annuellen und zu einer erhöhten Kolonisierung durch mehrjährige Blattpflanzen (Brown und Gange 1992). Die Anwesenheit blattfressender Insekten verzögert die Sukzession durch Inhibierung der Grasarten, Wurzelschädlinge dagegen beschleunigen den Sukzessionsverlauf durch Reduktion der Blattpflanzen.

Häufig folgen Tiere den pflanzlichen Sukzessionen passiv.

Meistens jedoch folgen Tiere passiv den Pflanzensukzessionen. Dies trifft sicherlich für Singvögel in einer Brachlandsukzession zu (Abbildung 17.14). Auch vesikulär-arbuskuläre Mykorrhiza-Pilze (siehe Abschnitt 13.7.2) zeigen eine deutliche Speziesabfolge (Johnson et al. 1991) und scheinen den Pflanzenarten passiv zu folgen. Das bedeutet aber nicht, daß die Vögel (die Samen verzehren und dadurch deren Anzahl reduzieren) oder die Pilze (die das Pflanzenwachstum verbessern) auf den Ablauf der Sukzession keinen Einfluß haben.

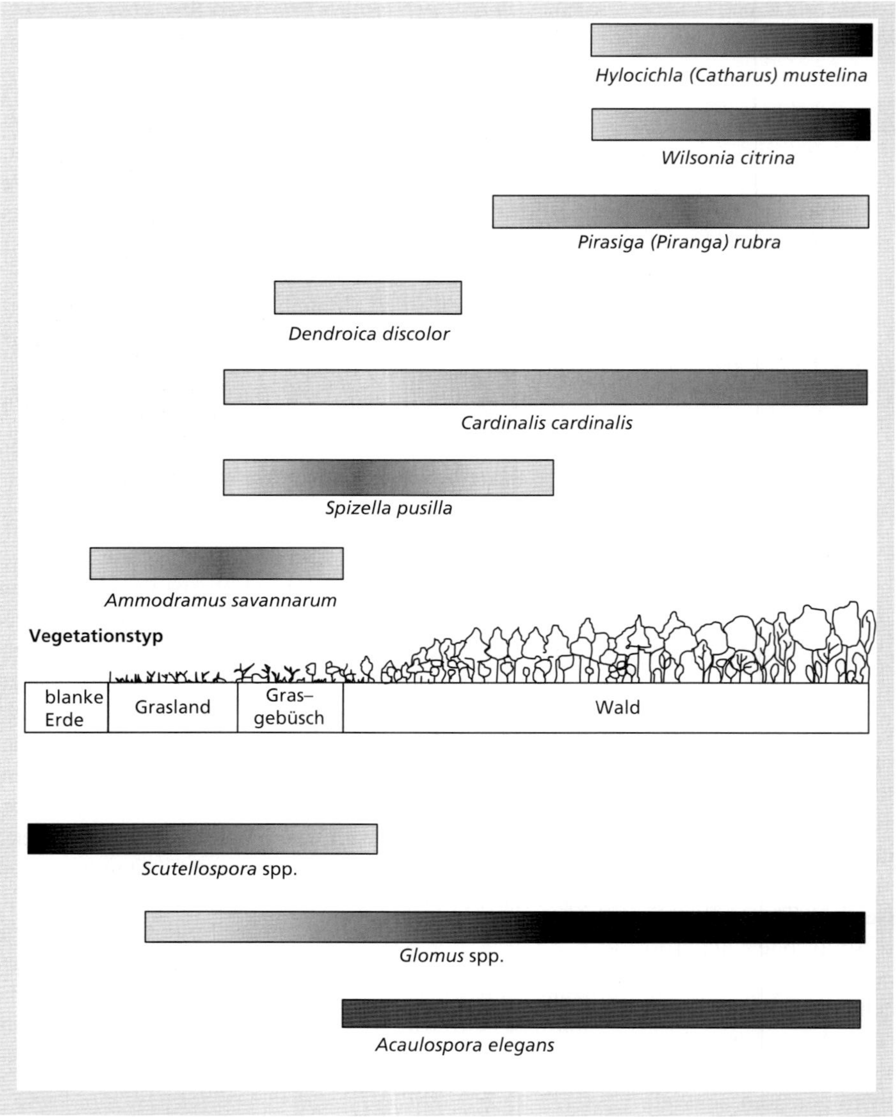

17.14 Oben: Verteilung der Vogelarten im Laufe einer Pflanzensukzession in der Region Piedmont im US-Bundesstaat Georgia. Die relative Abundanz ist durch die unterschiedlich starke Schattierung angedeutet. (Nach Johnston und Odum 1956, aus Gathreaux 1978) Unten: Verteilung von VAM-Pilzarten während einer Brachlandsukzession in Minnesota/USA. Die unterschiedliche Schattierung gibt die relative Häufigkeit der jeweiligen Sporen an. (Nach Johnson et al. 1991)

17.4.5. Das Klimax-Konzept

Kommen Sukzessionen jemals zu einem Ende? Ganz eindeutig führt der Austausch eines sterbenden Organismus durch ein neues Individuum derselben Art zu einem stabilen Gleichgewicht. Das gleiche sagt uns auf eine etwas kompliziertere Weise Horns Modell (siehe Abschnitt 17.4.4), nämlich daß theoretisch immer dann eine stabile Artenzusammensetzung erreicht wird, wenn die Ersetzungswahrscheinlichkeiten (durch dieselbe oder eine andere Spezies) über die Zeit konstant bleiben.

Für die Entstehung von Schlußgesellschaften gibt es verschiedene Hypothesen.

Das Konzept der **Klimax-** oder **Schlußgesellschaft** hat eine lange Geschichte. Von Frederic Clements (1916), einem der frühesten Sukzessionsforscher, stammt die Idee, daß es für eine gegebene Klimaregion immer nur eine bestimmte Schlußgesellschaft geben könne, unabhängig davon, ob die Sukzession auf einer Sanddüne verläuft, auf einem Brachland oder in einem verlandenden Teich. Diese **Monoklimax-Hypothese** wurde von vielen Ökologen angezweifelt. Das alternative **Polyklimax-Konzept** (Tansley 1939) geht davon aus, daß die Klimaxentwicklung durch äußere Faktoren wie Klima, Bodenbedingungen, topographische Struktur oder Feuer reguliert wird. Demzufolge können in einer gegebenen Klimaregion durchaus unterschiedliche Schlußgesellschaften auftreten. Später entwickelte Whittaker (1953) seine **Klimax-Muster-Hypothese**. Er postulierte ein Kontinuum von ineinander übergehenden Klimaxtypen, die sich allmählich entlang eines Umweltgradienten ändern (dies ist eine Fortführung seiner Gradientenanalyse, die in Abschnitt 17.3.1 diskutiert wurde).

Eine Klimaxgesellschaft kann sich sehr schnell entwickeln – aber auch so langsam, daß sie kaum je erreicht wird.

Tatsächlich ist es schwierig, stabile Klimaxgesellschaften in der Natur zu identifizieren. In der Regel können wir lediglich feststellen, daß sich der Sukzessionsablauf so weit verlangsamt, daß für uns keine Veränderungen mehr erkennbar sind. Die Algensukzession, die wir in Abschnitt 17.4.3 besprochen haben, ist insofern ungewöhnlich, als sie nur wenige Jahre bis zur Schlußgesellschaft benötigt. Bei Brachlandsukzessionen kann es unter Umständen 100 bis 300 Jahre bis zum Klimaxstadium dauern, und die Wahrscheinlichkeit von Feuersbrünsten und Wirbelstürmen (in Neuengland etwa alle 70 Jahre) ist so hoch, daß der Sukzessionsprozeß meist gar nicht abgeschlossen wird. Berücksichtigen wir in unseren Überlegungen, daß sich die Waldgemeinschaften in unseren nördlichen gemäßigten Breiten (und wahrscheinlich auch in den Tropen) immer noch von der letzten Eiszeit erholen (siehe Kapitel 1), so ist es fraglich, ob in der Natur überhaupt eine idealisierte Klimaxvegetation erreicht wird.

Schließlich kehren wir nochmals zum Problem des „Maßstabs" zurück, das fast alle Kapitel dieses Buches kennzeichnet. Ein Wald- oder Weidegebiet, das großflächig betrachtet wie eine stabile Lebensgemeinschaft aussieht, stellt immer ein Mosaik kleinräumiger Sukzessionen dar. Jedesmal, wenn ein Baum umfällt oder ein Grasbüschel abstirbt, wird eine Lücke geschaffen und eine neue Sukzession beginnt. Wir kommen auf diese Aspekte später in Kapitel 21 nochmals zurück.

18 Der Energiefluß in Lebensgemeinschaften

18.1 Einleitung

Ökosysteme setzen sich aus den biologischen Komponenten der Lebensgemeinschaft und ihrer physikochemischen Umgebung zusammen.

Wir werden bei der Besprechung von Energieflüssen (in diesem Kapitel) und Stoffkreisläufen (Kapitel 19) sehen, daß sie ganz eng mit der abiotischen Umwelt verbunden sind, also Ökosystemprozesse darstellen (siehe auch Abschnitt 17.1). Zu einem **Ökosystem** gehören sowohl die biologischen Komponenten der Lebensgemeinschaft (Primärproduzenten, Zersetzer und Detritivore, totes organisches Material, Herbivore, Carnivore, Parasiten) als auch die physikochemische Umgebung, welche die Lebensbedingungen schafft und sowohl Quelle als auch Senke der Energie und Stoffe darstellt.

Die Aktivitäten von Lebensgemeinschaften und Ökosystemen werden pro Flächeneinheit beschrieben.

Charakteristisch für unsere Gesellschaft ist die Austauschbarkeit vieler Ressourcen: Arbeit gegen Nahrung, eine Nahrung gegen die andere, Nahrung gegen Arbeit (in manchen Kulturkreisen kann man auch Kühe gegen Frauen tauschen). Auch Land gehört zu den Ressourcen, die man kaufen und verkaufen kann. Sogar schützenswerte Regenwaldgebiete können mit Einverständnis der Internationalen Bank (wie in Costa Rica) gegen harte Währung eingetauscht werden, und in den Meeren werden bestimmte Bereiche wegen ihrer kommerziellen Bedeutung als Fischfanggebiete abgesteckt – und sogar umkämpft. Aus diesem Grund ist es durchaus angebracht, die Aktivitäten von Lebensgemeinschaften und Ökosystemen pro **Flächeneinheit** zu beschreiben. Natürlich ist nicht die Fläche selbst das eigentlich Wertvolle, sondern das auf sie auftreffende Licht sowie das Wasser und die Nährstoffe, die sie zur Verfügung stellt.

Die Ökoenergetik bildet die Grundlage für das Internationale Biologische Programm (IBP).

Im folgenden beschäftigen wir uns damit, wie Land- oder Wasserflächen die einfallende Sonnenstrahlung – die für alle biologische Aktivität letztendlich limitierende Energiequelle – aufnehmen und umwandeln. In seiner klassischen Veröffentlichung legte Lindemann (1942) den Grundstein für die **Ökoenergetik**. Er betrachtete die Effizienz des Energietransfers zwischen verschiedenen Trophieebenen – vom Einfall der Strahlung über ihre Umwandlung durch die Photosynthese bis zu ihrer anschließenden Nutzung durch heterotrophe Organismen – und versuchte so, Nahrungsketten und Nahrungsnetze zu quantifizieren. Seine Arbeit war ein entscheidender Stimulus für das Internationale Biologische Programm (IBP), das die „biologische Grundlage für Produktivität und menschliches Wohlergehen" zum Inhalt hatte. Nachdem das besorgniserregende Wachstum der menschlichen Bevölkerung und die daraus entstehenden Probleme erkannt waren, kam man überein, daß ein vernünftiges Ressourcenmanagement nur auf Grundlage wissenschaftlicher Erkenntnisse möglich ist. Daher wurde die internationale Zusammenarbeit auf den Gebieten Produktivität und ökologische Energetik in terrestrischen und aquatischen Ökosystemen stark gefördert (Worthington 1975). Ein großer Teil dieses Kapitels basiert auf Ergebnissen, die im Rahmen dieser Forschungsprojekte erzielt wurden.

Das GCTE-Projekt des Internationalen Geosphäre-Biosphäre-Programms (IGBP) erstellt Prognosen über die Auswirkung globaler Veränderungen auf terrestrische Ökosysteme.

In neuerer Zeit haben die zu erwartenden globalen Klimaveränderungen, die durch Entwaldung und Verbrennung fossiler Brennstoffe verursacht werden, wiederum für Unruhe bei den Ökologen gesorgt und zu gemeinsamem Handeln veranlaßt. Das Internationale Geosphäre-Biosphäre-Programm (IGBP) hat ein Grundlagenprojekt „Globale Veränderungen und Terrestrische Ökosysteme" (GCTE – Global Change and Terrestrial Ecosystems) initiiert, mit der primären Zielsetzung, die Effekte vorherzusagen, die Veränderungen von Klima, Atmosphäre und Landnutzung auf terrestrische Ökosysteme – einschließlich der Agrar- und Forstwirtschaft – haben werden (Steffen et al. 1992). Auch auf diese Ergebnisse werden wir eingehen.

Alle lebenden Organismen einer Fläche bilden die „erntbare" Biomasse, von der man die Nekromasse abgrenzen kann.

Alle lebenden Organismen, die eine bestimmte Flächeneinheit besiedeln, stellen deren **„erntbare" Biomasse** (*standing crop*) dar. Gewöhnlich wird sie als Energie (zum Beispiel in Joule pro Quadratmeter) oder Trockengewicht (wie Tonnen pro Hektar) angegeben. Die grünen Pflanzen sind wegen ihrer fast einzigartigen Fähigkeit, Kohlenstoff durch die Photosynthese zu fixieren, die primären Produzenten der Biomasse und machen ihren Hauptanteil aus („fast einzigartig" deswegen, weil auch bakterielle Photosynthese und Chemosynthese zur Bildung neuer Biomasse beitragen kann). Häufig wird totes organisches Material (wie das Kernholz oder die Borke eines Baumes) als **Nekromasse** von den lebenden, aktiven Gewebeteilen abgegrenzt. In der Praxis bezeichnen wir als **Biomasse** aber alle Teile, die mit einem lebenden Organismus verbunden sind. Sie hören auf, Biomasse zu sein, wenn sie abfallen und zu Streu, Humus oder Torf werden.

Die Primärproduktion ist die Rate der Biomasseproduktion pro Flächeneinheit.

Die **Primärproduktion** einer Lebensgemeinschaft ist die Rate, mit der Biomasse pro Flächeneinheit produziert wird. Als **Bruttoprimärproduktion (BPP)** bezeichnet man die gesamte durch die Photosynthese fixierte Energie je Zeiteinheit. Ein Teil wird von den Primärproduzenten selbst veratmet und geht als **respiratorische Wärme (R)** verloren. Die Differenz zwischen BPP und R ist die **Nettoprimärproduktion (NPP)** und stellt die tatsächliche Menge an neuer Biomasse dar, die durch heterotrophe Organismen (Bakterien, Pilze, Tiere) zur Erzeugung eigener Biomasse, der **Sekundärproduktion**, genutzt werden kann.

18.2 Muster der Primärproduktion

Sämtliche biologische Aktivität hängt unmittelbar, aber nicht ausschließlich von der Sonnenenergie ab.

Die globale terrestrische Primärproduktion wird auf 110 bis 120 Milliarden Tonnen Trockengewicht pro Jahr geschätzt; für die marinen Systeme, die etwa zwei Drittel der Erdoberfläche einnehmen, wird lediglich ein Wert von 50 bis 60 Milliarden Tonnen pro Jahr angenommen (Leith 1975; Whittaker 1975; Rodin et al. 1975). Dieses Ungleichgewicht wird in Abbildung 18.1 ebenso deutlich wie in Tabelle 18.1, in der die geschätzte jährliche Bruttoprimärproduktion und die

Tabelle 18.1: Jährliche Nettoprimärproduktion (NPP) und geschätzte „erntbare" Biomasse (*standing crop*) in unterschiedlichen Lebensgemeinschaften. (Nach Whittaker 1975)

		NPP pro Flächeneinheit (g/m^2 bzw. t/km^2)			Biomasse pro Flächeneinheit (kg/m^2)		
Ökosystemkategorie	Fläche (10^6 km^2)	Abweichung	Mittel	globale NPP (10^9 t)	Abweichung	Mittel	globale Biomasse (10^9 t)
tropischer Regenwald	17.0	1 000–3 500	2 200	37.4	6– 80	45	765
tropischer sommergrüner Wald	7.5	1 000–2 500	1 600	12.0	6– 60	35	260
temperierter Nadelwald	5.0	600–2 500	1 300	6.5	6–200	35	175
temperierter Laubwald	7.0	600–2 500	1 200	8.4	6– 60	30	210
borealer Wald	12.0	400–2 000	800	9.6	6– 40	20	240
Gebüsch	8.5	250–1 200	700	6.0	2– 20	6	50
Savanne	15.0	200–2 000	900	13.5	0.2– 15	4	60
temperiertes Grasland	9.0	200–1 500	600	5.4	0.2– 5	1.6	14
alpine und arktische Tundra	8.0	10– 400	140	1.1	0.1– 3	0.6	5
Wüste und Halbwüste	18.0	10– 250	90	1.6	0.1– 4	0.7	13
extreme Wüsten (Felsen, Sand und Eis)	24.0	0– 10	3	0.7	0– 0.2	0.02	0.5
Kulturland	14.0	100–3 500	650	9.1	0.4– 12	1	14
Sumpf- und Marschgebiete	2.0	800–3 500	2 000	4.0	3– 50	15	30
Süßwasser	2.0	100–1 500	250	0.5	0– 0.1	0.02	0.05
Summe für terrestrische Systeme	149		773	115		12.3	1 837
offenes Meer	332.0	2– 400	125	41.5	0– 0.005	0.003	1.0
Auftriebszonen	0.4	400–1 000	500	0.2	0.005– 0.1	0.02	0.008
Kontinentalschelf	26.6	200– 600	360	9.6	0.001– 0.04	0.01	0.27
Algenwälder und Riffe	0.6	500–4 000	2 500	1.6	0.04– 4	2	1.2
Ästuare	1.4	200–3 500	1 500	2.1	0.01– 6	1	1.4
Summe für marine Systeme	361		152	55.0		0.01	3.9
Gesamtsumme	510		333	170		3.6	1 841

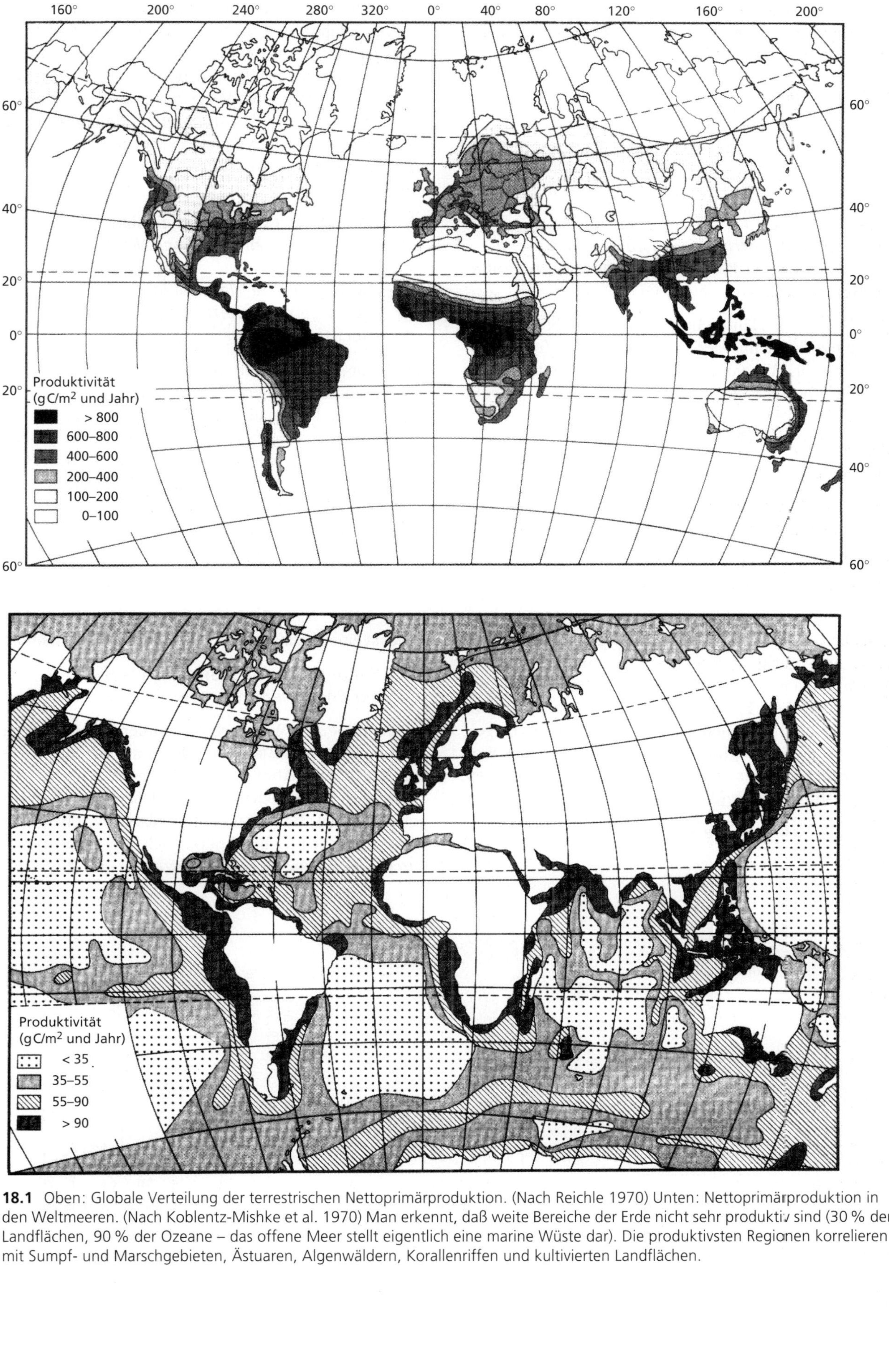

18.1 Oben: Globale Verteilung der terrestrischen Nettoprimärproduktion. (Nach Reichle 1970) Unten: Nettoprimärproduktion in den Weltmeeren. (Nach Koblentz-Mishke et al. 1970) Man erkennt, daß weite Bereiche der Erde nicht sehr produktiv sind (30 % der Landflächen, 90 % der Ozeane – das offene Meer stellt eigentlich eine marine Wüste dar). Die produktivsten Regionen korrelieren mit Sumpf- und Marschgebieten, Ästuaren, Algenwäldern, Korallenriffen und kultivierten Landflächen.

„erntbare" Biomasse für die wichtigsten globalen Biome aufgelistet sind. Wenn Sie Abbildung 18.1 mit Abbildung 3.1 vergleichen, in der die globale Verteilung der Sonneneinstrahlung dargestellt ist, werden Sie eine gewisse Diskrepanz feststellen. Sie ist dadurch zu erklären, daß zwar jegliches Leben letztendlich von der Sonnenenergie abhängt, die Primärproduktion aber auch durch andere Faktoren bestimmt wird, zum Beispiel durch die Verfügbarkeit von Wasser, Nährstoffen und anderen Ressourcen.

Viele terrestrische und einige aquatische Systeme zeigen eine breitengradabhängige Produktivität.

Bei Waldbiomen läßt sich tendenziell eine breitengradabhängige Zunahme der Produktionsraten feststellen. Ähnliches trifft wahrscheinlich auch für andere terrestrische Systeme zu (Abbildung 18.2a,b), obwohl zum Teil starke Schwankungen beobachtet werden. Für aquatische Lebensgemeinschaften ist diese Tendenz deutlich bei Seen zu erkennen (Abbildung 18.2c), bei den Meeren ist sie weniger ausgeprägt (Abbildung 18.1, unten). Die Breitengradabhängigkeit könnte bedeuten, daß die Sonneneinstrahlung (eine Ressource) und die Temperatur (ein Umweltfaktor) die Parameter sind, durch welche die Produktivität von Lebensgemeinschaften limitert wird. Aber auch die Nährstoffverfügbarkeit spielt eine wichtige, in manchen Fällen sogar entscheidende Rolle. Dies zeigt sich darin, daß marine Biozönosen auch in hohen Breiten sehr produktiv sein, nämlich dort, wo nährstoffreiches Tiefenwasser aufgetrieben wird. In terrestrischen Systemen ist es häufig Wassermangel, der diesem breitengradabhängigen Anstieg der Produktivität entgegenwirkt (zum Beispiel im Inneren von Australien, Abbildung 18.1 oben).

Oft variieren die Produktionsraten lokal.

Auch topographische Unterschiede können – bei gleicher geographischer Breite – die Produktionsraten stark verändern, da sie das Mikroklima beeinflussen. So kann sich in der Tundra innerhalb von wenigen Metern die Primärproduktion von weniger als 10 g/m^2 und Jahr auf bis zu 100g/m^2 und Jahr erhöhen (zum Beispiel beim Vergleich eines Küstenstreifens mit einer nahegelegenen Wiese).

18.2.1 Aquatische Lebensgemeinschaften: autochthones und allochthones Material

Das organische Material in einer Lebensgemeinschaft kann autochthon oder allochthon sein.

Das organische Material, das innerhalb einer Lebensgemeinschaft *in situ* erzeugt wird, bezeichnet man als **autochthon**. In aquatischen Biozönosen stammt der autochthone Eintrag im flachen Wasser von großen Pflanzen und festsitzenden Algen, im freien Wasser vom Phytoplankton. Ein großer Anteil der organischen Substanz einer Lebensgemeinschaft wird jedoch von außen als totes Material eingetragen – bei aquatischen Systemen durch Flüsse oder mit dem Wind – und wird dann als **allochthon** bezeichnet. Die relative Bedeutung der Quellen organischen Materials hängt von der Größe des Wasserkörpers und der terrestrischen Lebensgemeinschaft ab, aus der das Material stammt.

Entlang von Fließgewässern variiert der Energieeintrag.

In einem kleinen Waldbach erfolgt der Energieeintrag vorwiegend durch Blätter und Streu aus der umgebenden Vegetation (Abbildung 18.3); das Wachstum von Plankton, Algen oder Wasserpflanzen wird weitgehend durch Beschattung unterdrückt. Sobald der Fluß breiter wird, beschränkt sich die Beschattung durch die Bäume auf die Uferzonen und die auto-

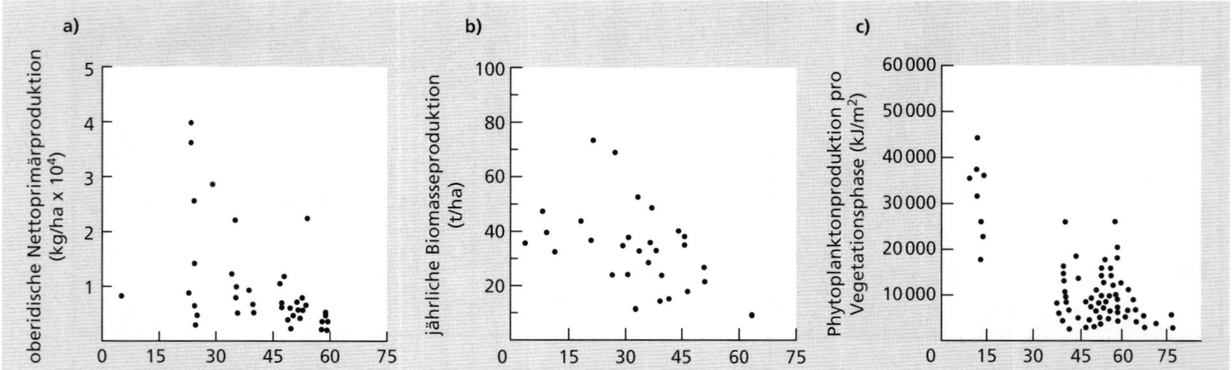

18.2 Breitengradabhängige Unterschiede der Primärproduktion. a) Grasland- und Tundrasysteme. (Nach Cooper 1975) b) Landwirtschaftliche Nutzflächen. (Nach Cooper 1975) c) Seen. (Nach Brylinski und Mann 1973)

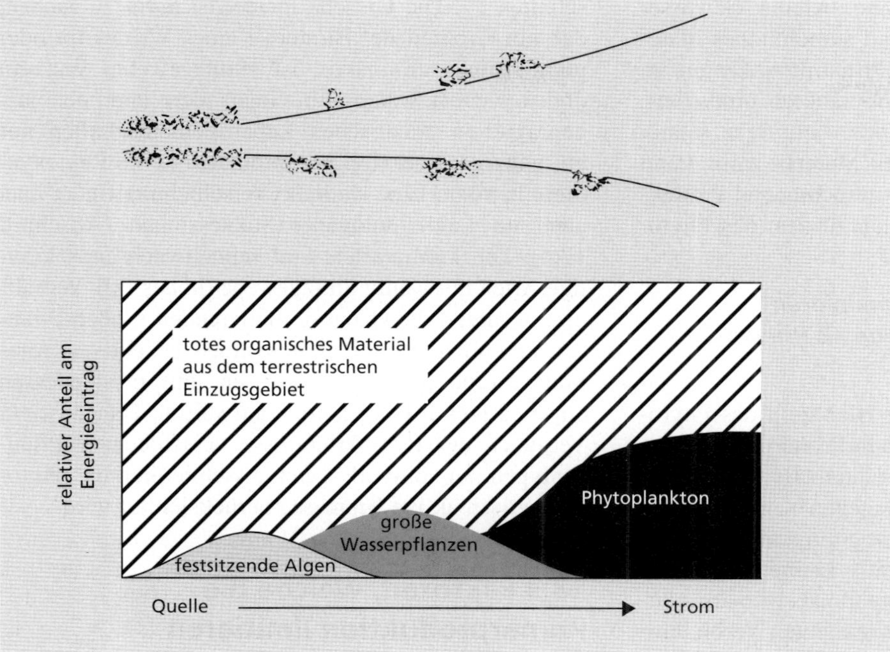

18.3 Die unterschiedlichen Energiequellen entlang eines Fließgewässers.

chthone Primärproduktion nimmt zu. Weiter stromabwärts, wenn das Wasser tief und trüb wird, nimmt die Bedeutung der Wasserpflanzen ab, und die Biomasse wird hauptsächlich durch das Phytoplankton produziert. Wo Flußauen mit Sümpfen und Marschen auftreten, wird durch regelmäßige Überschwemmungen gelöstes und partikuläres allochthones Material in den Flußlauf eingebracht (Junk et al. 1989; Townsend, 1996a).

Der Anteil des Energieeintrages stehender Gewässer ist abhängig von deren Größe und Tiefe.

Eine ähnliche Abfolge finden wir beim Übergang von kleinen, flachgründigen zu großen, tiefen Seen (Abbildung 18.4). Ein Teich oder Weiher bezieht vermutlich einen großen Teil seiner Energie als allochthonen Eintrag vom Land, da seine Ufer im Vergleich zur Gewäs-

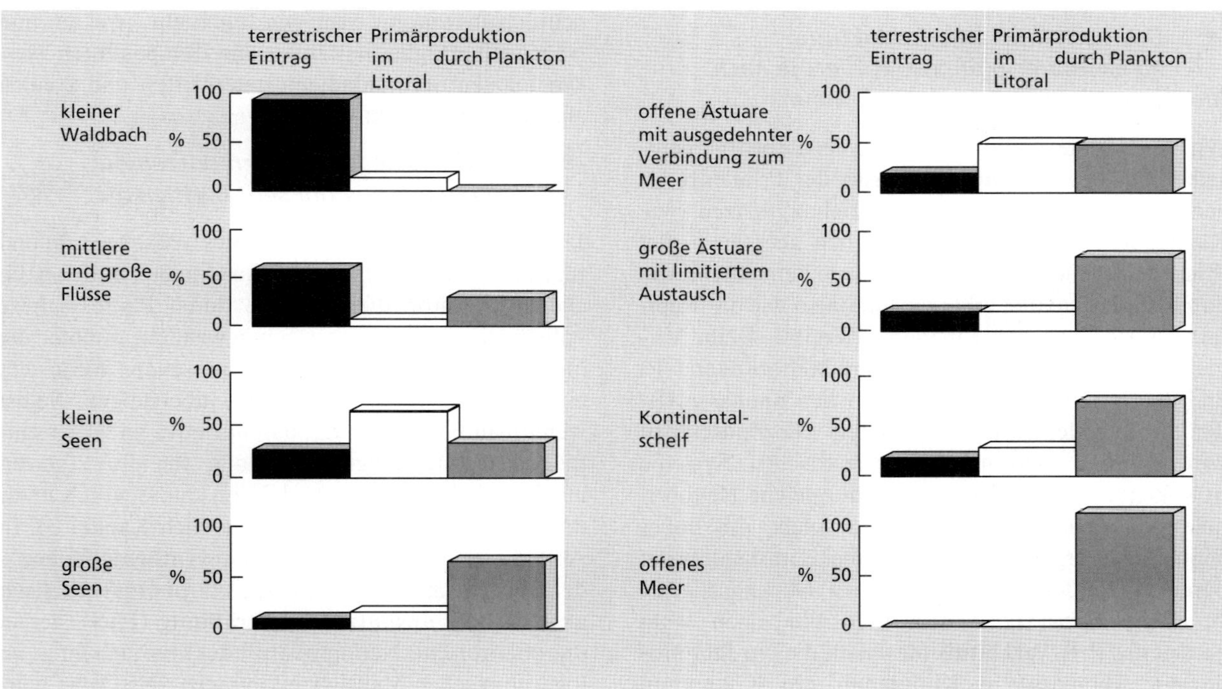

18.4 Die unterschiedliche Bedeutung des Eintrags organischen Materials vom Land und der Primärproduktion durch Litoralpflanzen und Phytoplankton in verschiedenen aquatischen Lebensgemeinschaften.

serfläche relativ ausgedehnt sind. Kleine Gewässer sind in der Regel auch flach, und autochthones Material wird hauptsächlich durch Primärproduzenten im Litoral und weniger durch Phytoplankton produziert. Im Gegensatz dazu wird in große, tiefe Seen relativ wenig allochthones organisches Material vom Land eingebracht, und der Anteil der autochthonen Produktion im Litoral wird im Vergleich zu dem des Phytoplanktons gering sein.

In marinen Systemen dominieren Phytoplankton und Tange als Primärproduzenten.

Ähnliches trifft auf Ozeane zu: Hier stellt das Phytoplankton den fast ausschließlichen Primärproduzenten dar. Bei Ästuaren variiert die relative Bedeutung der einzelnen Energielieferanten dagegen sehr stark. In großen Mündungsbecken mit nur geringem Austausch mit dem offenen Meer und relativ kleinen Marschen dominiert zumeist das Phytoplankton als Primärproduzent, in offenen Becken mit ausgedehnten Verbindungen zum Meer dagegen eher Algen und Tange. Die Lebensgemeinschaften schließlich erhalten des Kontinentalschelfs einen Teil ihrer Energie aus terrestrischen Quellen (vor allem aus Flußmündungen), und ihre geringe Tiefe führt oft zu einer signifikanten Produktion durch litorale Tanggemeinschaften. Algenwälder und Riffe gehören zu den produktivsten aquatischen Systemen (Tabelle 18.1).

18.2.2 Variationen in der Beziehung zwischen Produktivität und Biomasse

Das Verhältnis von Produktion zu erntbarer Biomasse variiert je nach Biozönosetyp und Sukzessionsstadium.

Wir können die Produktionsrate einer Lebensgemeinschaft mit der erntbaren Biomasse der Primärproduzenten, also den Pflanzen, in Beziehung setzen (wie Kapital und Zinsertrag); wir können aber auch den Pflanzenbestand als die Biomasse betrachten, die durch die Produktion erhalten wird (also wie das Kapital, das sich aus den Einnahmen ergibt). Beim Vergleich der durchschnittlichen Produktionsraten (P) und dem erntbaren Anteil pflanzlicher Biomasse (B) der in Tabelle 18.1 aufgeführten Biozönosetypen wird deutlich, daß manche terrestrischen Systeme trotz kleinerer Biomasse häufig die gleiche Nettoprimärproduktionsrate erreichen wie solche mit hoher Biomasse (vergleiche zum Beispiel Grasländer mit borealen Wäldern); bei aquatischen Gemeinschaften ist dieser Effekt noch deutlicher. Für einen Wald beträgt das **P:B-Verhältnis** (das heißt die pro Jahr produzierte Biomasse in Kilogramm pro Kilogramm Pflanzenbestand) ungefähr 0.042, für andere terrestrische Systeme 0.29 und für aquatische Lebensgemeinschaften 17. Die Ursache hierfür ist darin zu suchen, daß ein Großteil der Biomasse eines Waldes tot oder photosynthetisch inaktiv ist (Stützgewebe, Wurzeln und so weiter), während in Grasländern und noch ausgeprägter in aquatischen Lebensgemeinschaften nur ein ganz geringer Teil der Biomasse keine Photosynthese betreibt. Eine ähnliche Verschiebung findet man auch im Laufe autogener Sukzessionen (Abschnitt 17.4): Die Pionierarten sind schnellwachsende krautige Arten mit wenig Stützgewebe (hohes P:B-Verhältnis), während die später dominierenden großen Pflanzen erheblich in nichtphotosynthetisch aktives, totes Stützgewebe investieren müssen und infolgedessen ein niedriges P:B-Verhältnis aufweisen. Daher ist ein Vergleich der P:B-Verhältnisse verschiedener Pflanzentypen nur sinnvoll, wenn ausschließlich die photosynthetisch aktive Biomasse berücksichtigt wird.

18.3 Faktoren, welche die Primärproduktion limitieren

18.3.1 Terrestrische Biozönosen

Sonnenlicht, Kohlendioxid (CO_2), Wasser und Bodennährstoffe sind die an Land für die Primärproduktion benötigten Ressourcen; als Umweltfaktor übt auch die Temperatur einen starken Einfluß auf die Photosyntheserate aus. CO_2 liegt in der Atmosphäre annähernd gleichmäßig verteilt zu etwa 0.03 % vor und scheint für die Produktionsraten verschiedener Lebensgemeinschaften keine große Rolle zu spielen (der globale CO_2-Anstieg wird sich jedoch vermutlich deutlich auswirken). Dagegen sind Licht-, Wasser- und Nährstoffverfügbarkeit sowie die Temperaturen starken lokalen Schwankungen unterworfen und können als limitierende Faktoren wirken.

Terrestrische Biozönosen nutzen die Sonnenenergie nur sehr ineffizient.

Je nach Standort treffen jede Minute zwischen null und fünf Joule Sonnenergie pro Quadratmeter Erdoberfläche auf. Würde diese Menge durch Photosynthese vollständig in Biomasse umgewandelt, müßte die pflanzliche Produktion die gemessenen Werte um ein oder zwei Größenordnungen übersteigen. Selbst wenn man berücksichtigt, daß nur etwa 44 % der einfallenden kurzwelligen Strahlung für die Pflanzen nutzbar sind, liegt die Produktionsrate deutlich unter dem möglichen Maximum (siehe auch Kapitel 3). In Abbildung 18.5 ist die **Nettophotosyntheseeffizienz** – der Prozentsatz der auftreffenden **photosynthetisch aktiven** oder **ausnutzbaren Strahlung** (**PAS**), der in die oberirdische Nettoprimärproduktion eingeht – im logarithmischen Maßstab aufgetragen. Die Daten wurden während des IBP in sieben Nadelwäldern, sieben laubwerfenden Wäldern und acht Wüstengesellschaf-

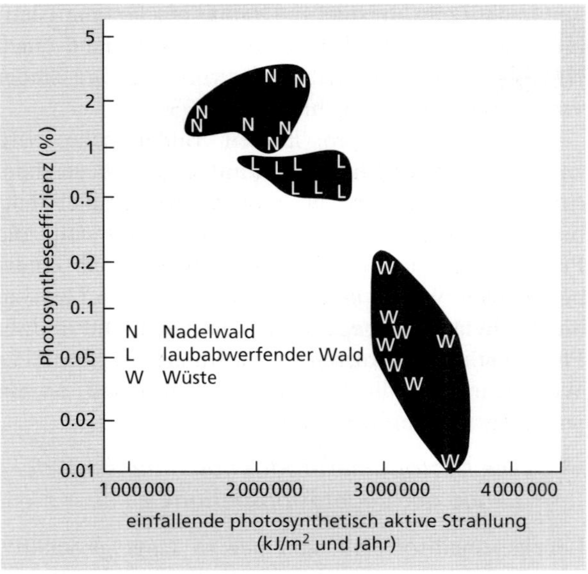

18.5 Photosyntheseeffizienz (Prozentsatz der in oberirdische NPP umgewandelten photosynthetisch aktiven Strahlung) für drei terrestrische Biozönosetypen in den Vereinigten Staaten. (Nach Webb et al. 1983)

ten erhoben. Nadelwälder zeigten die höchste Effizienz (die aber dennoch nur zwischen 1 und 3 % lag); Laubwälder erreichten lediglich 0.5–1 % und die Wüstengebiete trotz des höheren Energieeintrags nur 0.01–0.2 %. Diesen Werten stehen die kurzfristigen Spitzeneffizienzen von 3–10 % gegenüber, die Nutzpflanzen unter idealen Bedingungen erreichen (Cooper 1975).

Trotzdem kann die Produktivität durch einen Mangel an photosynthetisch aktiver Strahlung (PAS) limitiert sein.

Obwohl die Sonnenenergie nur zum Teil genutzt wird, kann sie für die Produktivität einer Lebensgemeinschaft dennoch limitierend sein. In Kapitel 3 haben wir einige Hinweise dafür erhalten, daß zu manchen Tageszeiten die auftreffenden Lichtmengen für eine optimale Photosynthese zu niedrig sind; und selbst bei maximaler Sonneneinstrahlung sind die unteren Blätter beschattet. Für C_4-Pflanzen scheint die Sättigung der Strahlungsintensität nie erreicht zu werden, und man nimmt an, daß die Produktionsrate in diesem Fall tatsächlich durch einen zu geringen PAS-Wert limitiert ist.

Auch Wassermangel kann ein wichtiger limitierender Faktor sein.

Allerdings gibt es keinen Zweifel darüber, daß die verfügbare Strahlung effizienter genutzt werden könnte, wenn die anderen Ressourcen ausreichend zur Verfügung stünden. Dies zeigt sich allein an den deutlich höheren P:B-Verhältnissen in landwirtschaftlich genutzten Systemen (siehe Tabelle 18.1). Abbildung 18.6a gibt die Relation zwischen Niederschlägen und Nettoprimärproduktion in verschiedenen Waldgebieten unserer Erde wieder. Es überrascht nicht, daß die regionalen Regenfälle sehr mit der Produktionsrate eines bestimmten Gebiets gekoppelt sind. Man beachten, daß in ariden Regionen die beiden Paramater fast linear miteinander korrelieren, während in sehr feuchten Klimaten ein Plateau erreicht wird, über das hinaus die Produktivität nicht mehr ansteigt. Hohe Niederschlagsraten bedeuten nicht automatisch, daß für die Pflanzen große Wassermengen verfügbar sind (siehe Abbildung 3.9).

Die Nettoprimärproduktion (NPP) hängt auch von der Temperatur ab.

Es gibt auch eine klare Beziehung zwischen der oberirdischen NPP und den mittleren jährlichen Temperaturen (Abbildung 18.6b). Die Erklärung hierfür ist vielschichtig. Mit steigender Temperatur erhöht sich die Bruttophotosyntheserate und erreicht einen Sättigungswert; die Respiration dagegen nimmt fast exponentiell mit der Temperatur zu. Infolgedessen liegt das Temperaturoptimum der Nettophotosynthese deutlich unter dem Bruttowert. Höhere Temperaturen bedingen auch eine stärkere Transpiration und führen daher rascher zur Limitierung durch Wassermangel.

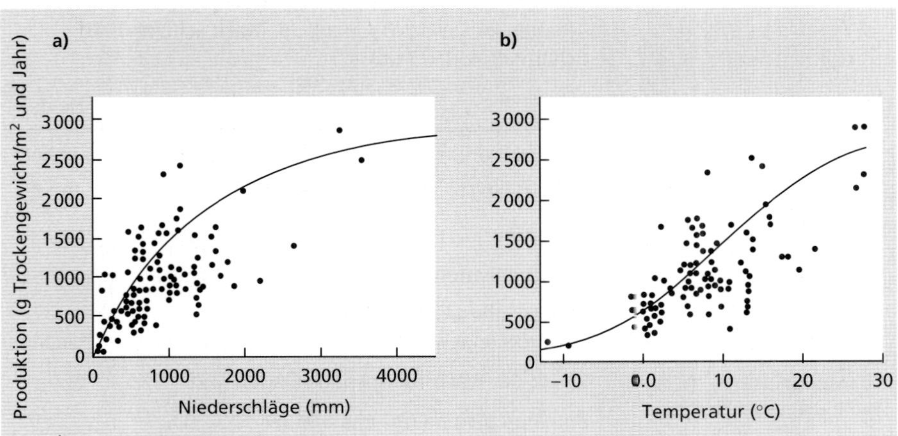

18.6 Die Beziehung zwischen der Nettoprimärproduktion eines Waldes und a) den jährlichen Niederschlägen sowie b) der Temperatur. (Nach Reichle 1970)

Die Differenz zwischen potentieller Evapotranspiration und Niederschlägen ist ausschlaggebend für die Produktionsrate.

Für einige der in Abbildung 18.5 angegebenen Untersuchungsorte und auch für ein Graslandgebiet sind Schätzungen über die jährlichen Niederschläge verfügbar. Auch die **potentielle Evapotranspiration (PET)** wurde berechnet. Dies ist ein Index für die theoretisch maximal mögliche Wasserverdunstungsrate unter Berücksichtigung der Sonneneinstrahlung, des durchschnittlichen atmosphärischen Dampfdruckdefizits, der Windgeschwindigkeit und der Temperatur. Die Differenz zwischen der PET und den Niederschlägen ist ein grobes Maß dafür, wie weit die Menge des für Pflanzen verfügbaren Wassers unter dem Level liegt, der durch die aktiv wachsende Vegetation transpiriert werden könnte. Der Zusammenhang mit der Nettoprimärproduktion ist in Abbildung 18.7 für verschiedene Lebensgemeinschaften gezeigt. Wasserdefizit ist ganz eindeutig ein charakeristisches Kennzeichen von Biozönosen mit geringer Produktionsrate.

Meist steigt die Produktivität mit dem Blattflächenindex (BFI) an.

Wasserknappheit beeinflußt nicht nur die Wachstumsrate einzelner Pflanzen, sondern führt auch zu einer geringeren Vegetationsdichte und damit zu einer reduzierten Nutzung des Sonnenlichtes. Die niedrigen Produktionsraten vieler arider Gebiete resultieren primär aus dieser Energieverschwendung und weniger aus einer reduzierten Photosyntheseleistung. Dies wird klar, wenn man die Produktivität nicht pro Flächeneinheit Boden sondern pro Gewichteinheit Blattbiomasse vergleicht (zum Beispiel in Gramm pro Gramm Blattbiomasse pro Jahr). Nadelwälder zeigen dann einen NPP-Wert von 1.64, Laubwälder von 2.22, Grasländer von 1.21 und Wüstengebiete von 2.33.

Die Blattfläche pro Einheit Bodenfläche wird zuweilen auch als **Blattflächenindex (BFI)** bezeichnet (in Wüstengebieten ist dieser Wert zum Beispiel deutlich geringer als in Wäldern). In der Regel steigt die Produktivität mit dem BFI an, sinkt aber ab einem bestimmten Wert wieder, da sich die Blätter bei zu dichter Belaubung gegenseitig beschatten und in ihrer Photosynthese inhibieren (siehe Kapitel 3). Auch der Winkel, in dem die Blätter angeordnet sind, ist ein wichtiger struktureller Faktor.

Die Nettoprimärproduktion nimmt mit der Länge der Vegetationsperiode zu.

Lebensgemeinschaften sind nur so lange produktiv, wie die Pflanzen eine photosynthetisch aktive Belaubung tragen. Bei sommergrünen Bäumen ist diese Phase eindeutig mit dem Laubabwurf beendet; immergrüne Bäume behalten ihre Blätter oder Nadeln zwar das ganze Jahr über, zeigen aber zu gewissen Zeiten kaum Photosyntheseaktivität (manchmal sogar eine negative Bilanz durch einen Überschuß der Photorespiration). Die in Abbildung 18.2 beschriebenen breitengradabhängigen Muster in den Produktionsraten verschiedener Lebensgemeinschaften sind vor allem auf die unterschiedliche Länge ihrer photosynthetisch aktiven Phasen zurückzuführen. In Abbildung 18.8 sind die Ergebnisse einer IBP-Untersuchung zusammengestellt, in der die Produktivität nordamerikanischer laubabwerfender Wälder mit der Anzahl der photosynthetisch aktiven Tage korreliert wurde.

In Tabelle 18.2 sind die Produktionsraten eines laubabwerfendenen Buchenwaldes (*Fagus sylvatica*) denen eines immergrünen Fichtenwaldes (*Picea abies*) gegenübergestellt. Beide Gebiete lagen weniger als 1 km auseinander und waren ganz ähnlichen abio-

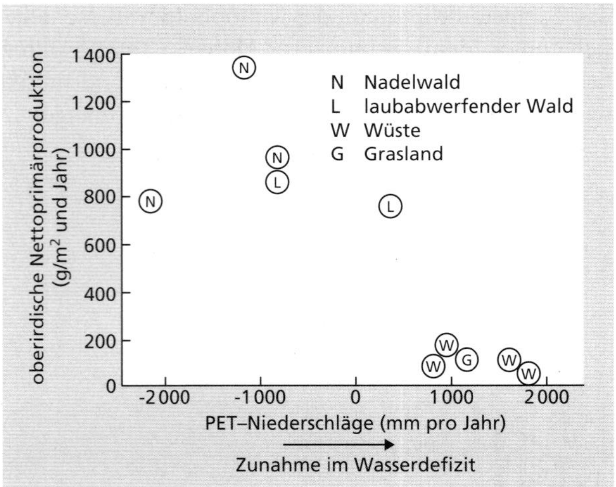

18.7 Die Beziehung zwischen der oberirdischen Nettoprimärproduktion und dem Wasserdefizit (berechnet aus der Differenz zwischen potentieller Evapotranspirationsrate (PET) und dem Niederschlag) für verschiedene Biozönosetypen in Nordamerika. (Nach Webb et al. 1983)

Tabelle 18.2: Kennzeichen repräsentativer Vertreter aus zwei eng benachbarten, aber gegensätzlichen Baumgemeinschaften im Solling, Deutschland. (Nach Schulze 1970; Schulze et al. 1977a,b)

	Buche	Fichte
Alter (Jahre)	100	89
Höhe (Meter)	21	25.6
Blattform	Laubblätter	Nadeln
jährliche Blattproduktion	höher	niedriger
Photosynthesekapazität pro Einheit Blatttrockengewicht	höher	niedriger
Dauer der Wachstumsperiode (Tage)	176	260
Primärproduktion (t C / ha und Jahr)	8.6	14.9

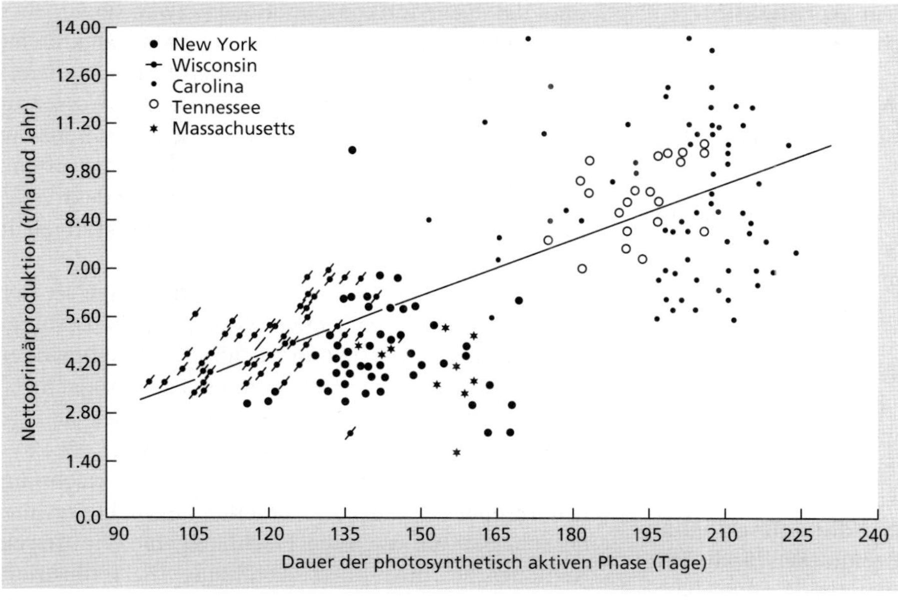

18.8 Die Beziehung zwischen der Nettoprimärproduktion laubabwerfender Wälder in Nordamerika und der Länge der Vegetationsperiode.

tischen Bedingungen ausgesetzt. Obwohl Buchen jährlich einen wesentlich größeren Anteil ihrer Biomasse in Blätter „investieren“ und diese photosynthetisch deutlich aktiver sind, ergibt sich für die Fichte eine höhere Primärproduktionsrate, was auf ihre letztendlich längere Wachstumsphase zurückzuführen ist.

Mineralstoffmangel kann die Nettoprimärproduktion reduzieren.

Von gleicher Bedeutung wie die bisher erwähnten klimatischen Faktoren ist der Parameter Boden. Geologische Gegebenheiten bestimmen mit Gefälle und Relief auch die Bodenbildung und zumindest teilweise den Mineralgehalt. Von allen mineralischen Nährstoffen hat gebundener Stickstoff (in Form von Ammonium oder Nitrat) den größten Einfluß auf die Produktivität von Lebensgemeinschaften. Das zeigt sich deutlich beim Zusatz von Stickstoffdüngern in der Landwirtschaft oder auch in Wäldern. Auch der Mangel anderer Elemente kann die Produktion unter den theoretisch möglichen Wert reduzieren. Der Phosphat- und Zinkmangel in Südaustralien ist hierfür ein klassisches Beispiel: Nutzwälder – hauptsächlich aus Monterey-Kiefern (*Pinus radiata*) – können hier nur wachsen, wenn diese Nährstoffe künstlich zugefügt werden.

Die limitierenden Faktoren der Nettoprimärproduktion können jahreszeitlich unterschiedlich sein.

All diese limitierenden Faktoren wirken sich nicht nur auf die unterschiedlichen Nettoprimärproduktionsraten verschiedener Lebensgemeinschaften aus, sondern wechseln sich unter Umständen auch innerhalb ein und derselben Biozönose im Laufe eines Jahres in ihrer Bedeutung ab. In einem Graslandsystem können zum Beispiel im Winter zu niedrige Temperaturen und zu geringe Lichtintensitäten die Primärproduktion limitieren; im Sommer können Trockenheit, zu geringe Stickstoffmobilisierung und auch Abweidung durch Tiere den Vegetationsbestand so ausdünnen, daß ein Großteil der für die Photosynthese verfügbaren Energie nicht genutzt wird.

Durch Simulationsmodelle läßt sich die Bedeutung der verschiedenen Faktoren für die Nettoprimärproduktion bestimmen.

Ein wichtiger neuer Ansatz, die relative Bedeutung all dieser Faktoren für die Nettoprimärproduktionsrate zu entschlüsseln, ist die Verwendung von Simulationsmodellen, die auf einer klaren physiologischen Grundlage basieren. Bonan (1993) entwickelte ein prozeßgesteuertes Modell für die Nettoprimärproduktion von Waldregionen in Relation zur mittleren jährlichen Lufttemperatur und konnte damit die physiologischen Prozesse untersuchen, die für die in Abbildung 18.6b gezeigten Beziehungen verantwortlich sind. Die Simulation berücksichtigte den Austausch von Energie, Wärme und Feuchtigkeit zwischen Wald und Atmosphäre, Feuchtigkeits- und Wärmeflüsse im Boden, Zersetzung und Stickstoffmineralisierung, CO_2-Assimilation und Atmung sowie die Gesamtkohlenstoffverteilung der Bäume. Die beobachtete Beziehung zwischen der Nettoprimärproduktion eines Waldes und den jährlichen Durchschnittstemperaturen konnte mit diesem Modell sehr exakt simuliert werden. Es ließen sich auch neue Erkenntnisse gewinnen, zumindest für boreale und gemäßigte Nadelwälder auf nassen Böden. Bonan schlußfolgerte, daß die Nettoprimärproduktion in warmen Klimazonen deswegen höher ist als in kalten, weil im ersteren Fall die Vegetationsperiode länger, die Stickstofflimitierung weniger ausgeprägt und die Respirationsraten niedriger sind.

18.3.2. Die Limitierung der Primärproduktion aquatischer Lebensgemeinschaften

Die Verfügbarkeit von Nährstoffen ist ein wichtiger limitierender Faktor in limnischen Systemen.

Zu den limitierenden Faktoren der Primärproduktion in aquatischen Lebensräumen gehören in erster Linie die Verfügbarkeit von Nährstoffen (vor allem Nitrat und Phosphat), Licht und die Intensität der Abweidung.

Seen erhalten ihre Nährstoffe durch Auswaschung aus Gestein und Boden ihres Einzugsgebiets, durch Regenfälle und durch anthropogene Einflüsse wie Dünger- und Abwassereinleitung. Die in Abbildung 18.9 dargestellte Auswertung von IBP-Daten demonstriert die bedeutende Rolle der **Nährstoffverfügbarkeit**, vor allem der Phosphorkonzentration, für die Produktionsrate von Seen. Wir haben am Anfang dieses Kapitels (Abbildung 18.2c) eine negative Korrelation der limnischen Primärproduktion und der geographischen Breite festgestellt. Dies ist mit Sicherheit zum Teil auf die höhere Lichtintensität und die längeren Vegetationsperioden in Äquatornähe zurückzuführen, aber auch die Nährstoffversorgung kann in diesen Regionen aufgrund höherer Mineralisierungsraten besser sein, und tropische Regenfälle enthalten unter Umständen höhere Konzentrationen an mineralischen Phosphorverbindungen (Schindler 1978).

Ästuare und der Auftrieb von Tiefenwasser erhöhen das Nährstoffangebot in marinen Lebensräumen.

In marinen Systemen gibt es vor allem zwei wichtige Nährstoffquellen, die lokal zu hohen Primärproduktionsraten führen. Die eine ist der kontinuierliche Nährstofffluß von den Ästuaren in die Kontinentalschelf-Regionen (Abbildung 18.10). Im küstennahen Bereich sind die Nährstoffkonzentrationen zwar hoch, aber die Trübung des Wassers limitiert die Produktivität. Weiter seewärts, im inneren Schelf, führen ausreichende Nährstoffmengen und relativ klares Wasser zu einer positiven Nettophotosyntheserate (**euphotische Zone**). Die äußeren Schelfregionen und die offene See sind die Zonen mit der geringster Produktivität, was vor allem auf den niedrigen Nährstoffgehalt zurückzuführen ist.

Die zweite Quelle hoher Nährstoffeinträge ist der Auftrieb ozeanischen Tiefenwassers, zum Beispiel an den Kontinentalschelfen, in Nachbarschaft submariner Gebirgsrücken oder in Gebieten mit sehr starken Strömungen. Wo nährstoffreiches Tiefenwasser an die Oberfläche gelangt, kommt es zu einer Blüte der Phytoplanktonproduktion, die wiederum die Vermehrung heterotropher Organismen fördert. Es ist nicht verwunderlich, daß die reichsten Fischfanggebiete in diesen Regionen zu finden sind. Abbildung 18.11 illustriert am Beispiel des Pazifischen Ozeans den generellen Zusammenhang zwischen Phosphatkonzentration und Produktivität des Phytoplanktons.

Die Produktivität des Phytoplanktons hängt von der Tiefe ab.

Die Primärproduktionsrate mariner Systeme hängt natürlich auch von der **Lichtintensität** ab, die mit der Tiefe beträchtlich variiert. Dies ist in Abbildung 18.12a dargestellt. Nahe der Oberfläche ist Licht im Überfluß vorhanden, nimmt aber mit zunehmender Tiefe exponentiell ab. Die Lichtintensität bestimmt letztendlich die Ausdehnung der euphotischen Zone. Die Tiefe, in der die Bruttoprimärproduktionsrate (BPP) durch die Respiration (R) des Phytoplanktons gerade kompensiert wird (das heißt NPP = 0 ist), ist als **Kompensationspunkt** bekannt.

Je nährstoffreicher ein Gewässer ist, desto flacher ist normalerweise seine euphotische Zone (Abbildung 18.12b), da die Konzentration an lichtadsorbierenden Phytoplanktern höher ist und weniger Strahlung in tiefere Wasserschichten durchläßt (vergleichbar mit der Beschattung durch ein dichtes Laubdach, das bis zu 98 % der einfallenden Sonnenenergie zurückhält). Die in Abbildung 18.12 gezeigten Zusammenhänge beziehen sich auf Seen, gelten aber in gleicher Weise für marine Systeme.

Die Phytoplanktonproduktion variiert auch mit den Jahreszeiten.

Typische jahreszeitliche Veränderungen in der Phytoplanktonproduktion in arktischen, temperierten und tropischen Gewässern sind in Abbildung 18.13 dargestellt. In arktischen und gemäßigten Regionen herrschen zu bestimmten Jahreszeiten rauhe Wetterbedingungen, durch die kräftige Wasserturbulenzen erzeugt werden. Vor allem in marinen Lebensräumen gelangen dadurch Phytoplanktonzellen verstärkt in die Tiefen-

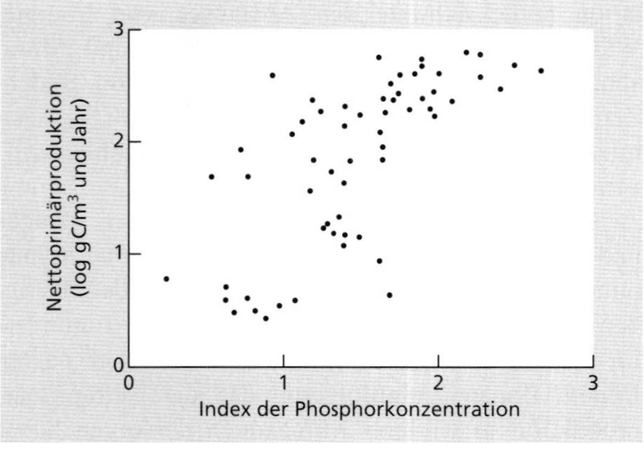

18.9 Die Beziehung zwischen der phytoplanktischen Nettoprimärproduktion in verschiedenen Seen der Erde und der geschätzten Phosphorkonzentration. (Nach Schindler 1978)

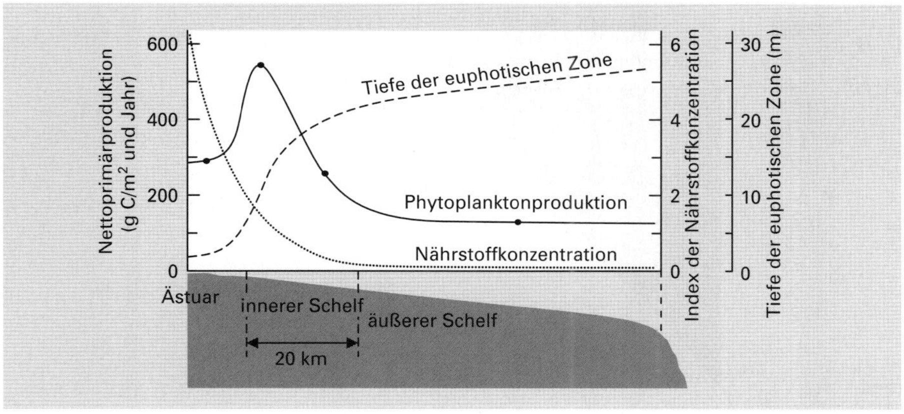

18.10 Die Veränderung der phytoplanktischen Nettoprimärproduktion, der Nährstoffkonzentration und der Tiefe der euphotischen Zone, projiziert auf ein Transekt der Küste Georgias/USA. (Nach Haines 1979)

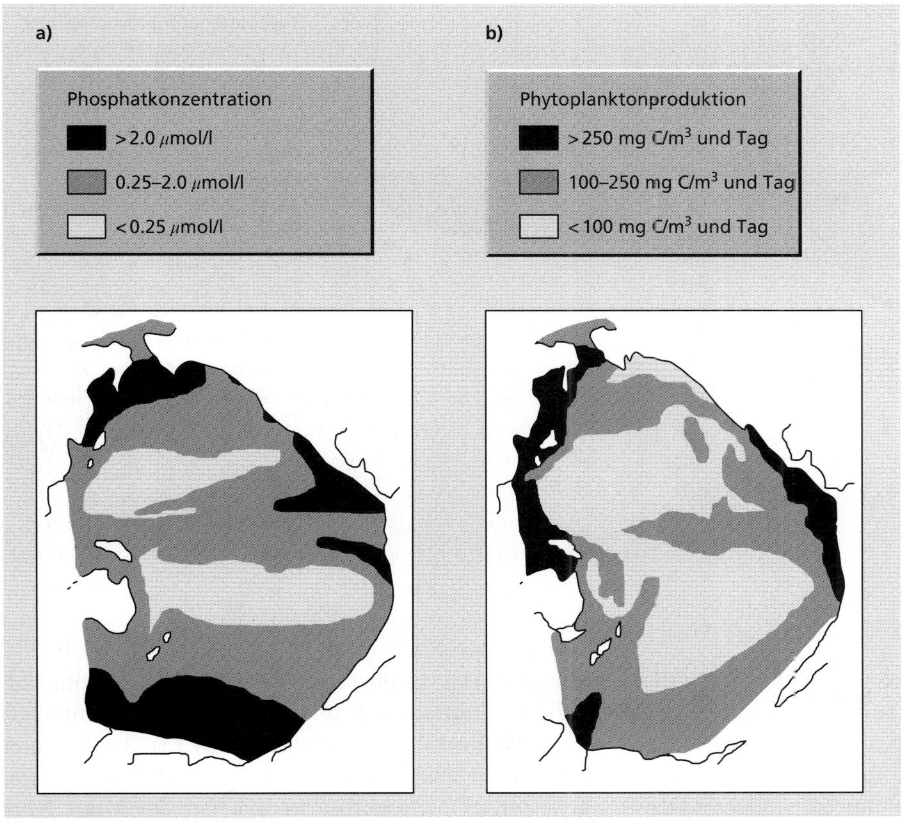

18.11 Die allgemeine Beziehung zwischen a) der Nährstoffverteilung (in diesem Fall die Phosphatkonzentration in 100 m Tiefe) und b) der Phytoplanktonproduktion im Pazifischen Ozean. (Nach Barnes und Hughes 1982)

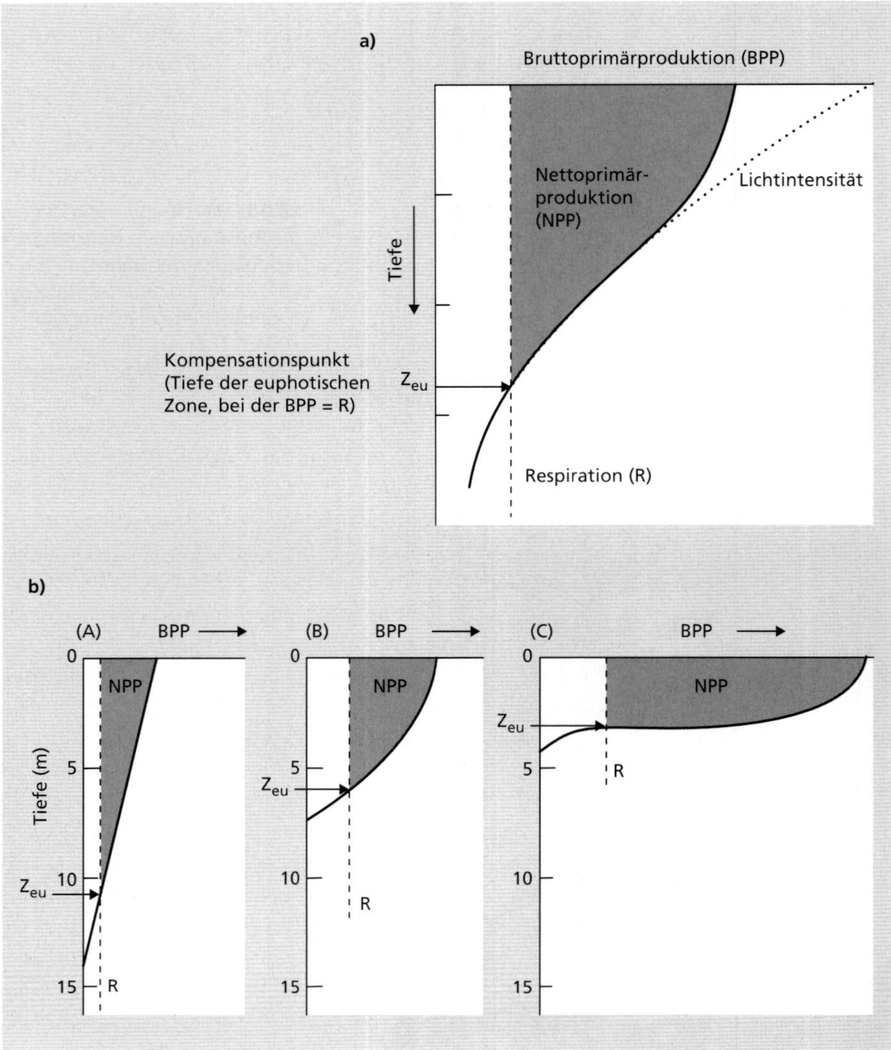

18.12 a) Der allgemeine Zusammenhang zwischen der Tiefe eines Wasserkörpers und der Bruttoprimärproduktion (BPP), dem respiratorischen Wärmeverlust (R) und der Nettoprimärproduktion (NPP). Der Kompensationspunkt (er definiert die Tiefe der euphotischen Zone, Z_{eu}) ist erreicht, wenn BPP = R und NPP = 0 ist. b) Die Zunahme der Nettoprimärproduktion mit der Nährstoffkonzentration in Seen unterschiedlicher Größe (A < B < C). Die steigende Nährstoffverfügbarkeit führt zu einer größeren phytoplanktischen Biomasse und dadurch zu einer Verlagerung des Kompensationspunktes nach oben (das heißt, die euphotische Zone wird flacher).

zonen, in denen die Bruttoprimärproduktionsraten die respiratorischen Verluste nicht kompensieren (die Nettoprimärproduktion wird negativ). Mit der Zunahme der Sonneneinstrahlung, der Tageslängen und der Temperatur sowie mit der Abnahme der winderzeugten Turbulenzen wird die Phytoplanktonproduktion im Laufe des Jahres positiv, fällt dann aber wieder ab – entweder weil sich die Nährstoffe erschöpfen oder sich die allgemeinen Bedingungen verschlechtern. In den Tropen kann die Phytoplanktonproduktion das ganze Jahr über annähernd konstant erhalten bleiben.

In manchen temperierten Seen und marinen Lebensräumen zeigt die Biomassekonzentration zwei Maxima. Das kann darauf zurückzuführen sein, daß die Primärproduktion selbst zwei Optima durchläuft (gestrichelte Linie in Abbildung 18.13): Im Sommer werden die Nährstoffe knapp (die Primärproduktion geht zurück), im Herbst werden mit der Mixis neue Vorräte aufgetrieben und erlauben eine zweite Phase der Phytoplanktonvermehrung. Eine alternative Erklärung ist, daß die Phytoplankter durch intensive Beweidung im Sommer in ihrer Biomasse reduziert werden und sich erst im Herbst wieder erholen. Die erste Möglichkeit trifft wahrscheinlich vor allem für Seen zu, die zweite für Meere.

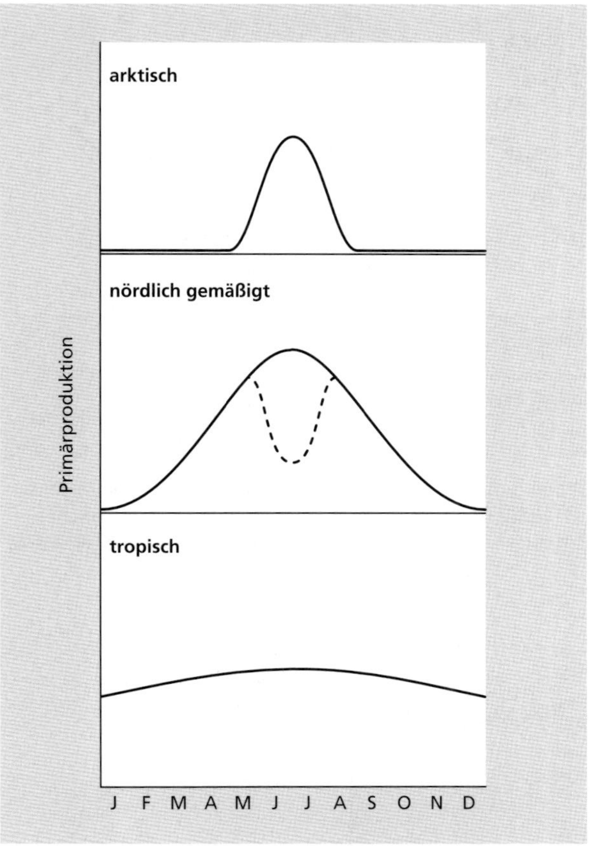

18.13 Jahreszeitliche Muster der phytoplanktischen Primärproduktion in aquatischen Lebensräumen unterschiedlicher Breitengrade.

18.4 Der Weg der Energie in Lebensgemeinschaften

Primärproduzenten, Primärkonsumenten, Sekundärkonsumenten und so weiter bilden die verschiedenen Ebenen von Lebensgemeinschaften.

Im Gegensatz zu Pflanzen können heterotrophe Bakterien, Pilze und Tiere ihre energiereichen Verbindungen nicht aus einfachen Molekülen selbst aufbauen, sondern beziehen sie entweder direkt oder indirekt von den Pflanzen. Die Pflanzen stellen damit als **Primärproduzenten** die basale **trophische Ebene** einer Lebensgemeinschaft dar. Die zweite trophische Ebene bilden die **Primärkonsumenten** (die heterotrophen Organismen, die sich direkt von Pflanzen ernähren, Herbivore); auf der dritten Ebene finden wir die **Sekundärkonsumenten** (die pflanzliches Material indirekt über den Verzehr anderer Heterotropher aufnehmen, Carnivore) und so weiter.

Primär- und Sekundärproduktion zeigen eine positive Korrelation und führen häufig zu einer pyramidenförmigen Trophiestruktur.

Die **Sekundärproduktion** (das heißt die Umwandlung der Primärproduzenten in Heterotrophenbiomasse) ist positiv mit der Primärproduktionsrate korreliert. Diesen grundsätzlichen Zusammenhang zeigt Abbildung 18.14 an zwei aquatischen und einem terrestrischen Beispiel. In allen Fällen ist die Sekundärproduktion aber um etwa eine Größenordnung geringer als die zugrundeliegende Primärproduktion. Dieses Merkmal ist allen **Weidesystemen** (das ist jener Bereich der trophischen Struktur, der auf dem Verzehr von *lebendem* Pflanzenmaterial beruht) gemeinsam. Dies führt zu einer Art Pyramide: Die pflanzliche Biomasseproduktion liefert ein breites Fundament, auf dem sich eine etwas geringere Produktion der Primärkonsumenten aufbaut und darauf eine noch geringere der Sekundärkonsumenten. Solche pyramidenförmigen Strukturen können sich auch ergeben, wenn man die Dichte oder Biomasse betrachtet (Elton (1927) war der erste, der diese grundlegende Eigenschaft der biozönotischen Architektur erkannte; seine Ideen wurden später von Lindemann (1942) verfeinert). Allerdings nicht in allen Fällen. **Nahrungsketten**, an deren Basis Bäume stehen, weisen mit Sicherheit zahlenmäßig (nicht aber hinsichtlich der Biomasse) pro Flächeneinheit mehr Herbivore (also Primärkonsumenten) auf als Primärproduzenten. Solche, die auf Phytoplankton aufgebaut sind, stellen hingegen in bezug auf die Biomasse eine umgekehrte Pyramide dar, mit einer äußerst produktiven, aber von der Biomasse her sehr kleinen Basis aus kurzlebigen Algen, die eine größere Biomasse langlebigerer Zooplankter ernährt.

Ein Großteil der Primärproduktion gelangt nicht ins Weidesystem.

In allen Fällen ist aber die Produktionsrate der Herbivoren unvermeidbar geringer als die der Pflanzen, von denen sie sich ernähren. Wo und wie geht die restliche Energie verloren? Aus Abbildung 18.15 wird deutlich, daß zum einen nicht die gesamte pflanzliche Biomasse durch Herbivore konsumiert wird; ein Großteil stirbt ab und wird von Destruenten zersetzt. Zum zweiten wird nicht die gesamte von den Herbivoren aufgenommene pflanzliche Biomasse assimiliert; ein Teil davon wird als Faeces abgegeben und ebenfalls von den Zersetzern abgebaut. Drittens wird die assimilierte Energie von den Konsumenten nicht vollständig in Biomasse umgewandelt; ein Teil geht unvermeidlich als respiratorische Wärme verloren.

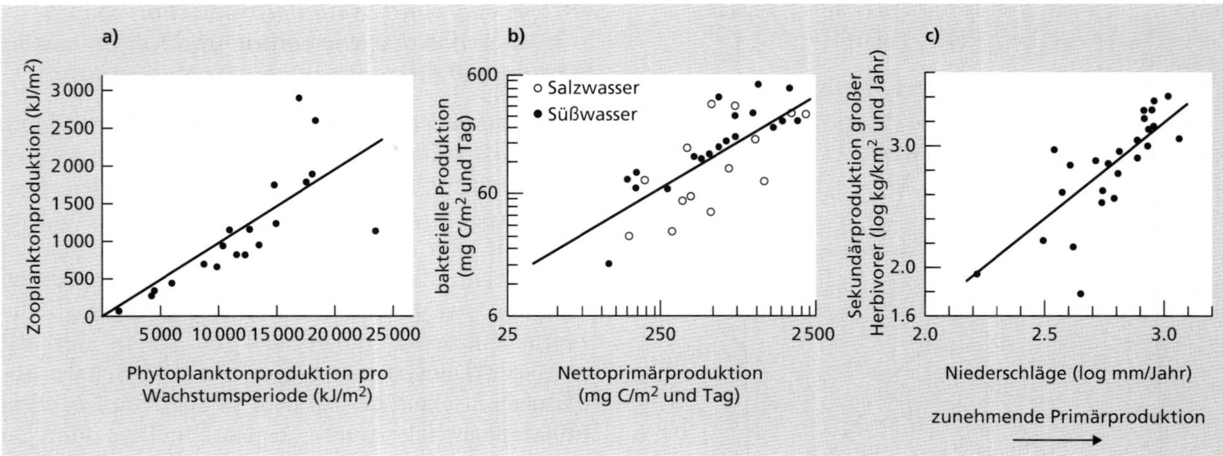

18.14 Die Beziehung zwischen Primär-(x-Achse) und Sekundärproduktion (y-Achse) für a) limnisches Zooplankton (nach Brylinski und Mann 1973), b) Bakterien in Süß- und Salzwasser (nach Cole et al. 1988) und c) herbivore Großsäugetiere in afrikanischen Wildreservaten; die Primärproduktion dieser Lebensgemeinschaft hängt direkt von den Niederschlägen ab. (Nach Coe et al. 1976)

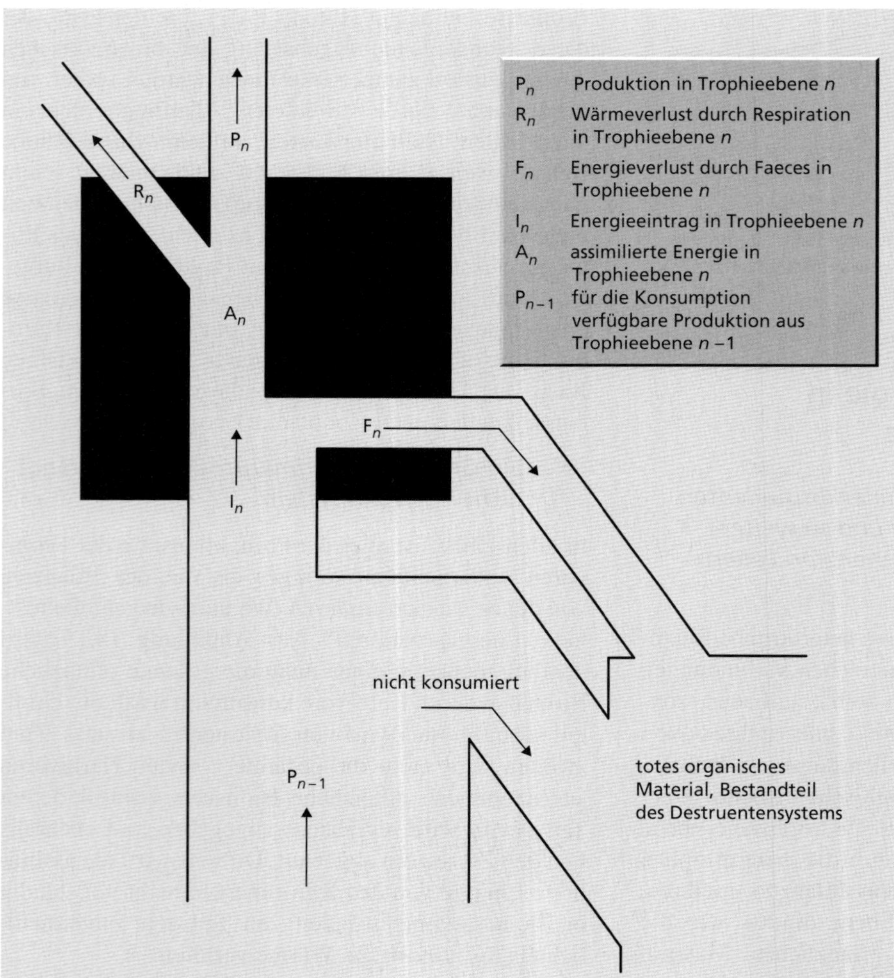

18.15 Der Energiefluß durch ein trophisches Kompartiment.

18.4.1 Ein umfassendes Modell der trophischen Struktur von Lebensgemeinschaften

Die trophische Struktur einer Lebensgemeinschaft besteht aus Weidesystem; Destruentensystem und Unterteilungen der Trophieebene.

Abbildung 18.16 gibt ein vollständiges Modell der **trophischen Struktur** einer Lebensgemeinschaft. Es besteht aus der Produktionspyramide des Weidesystems, beinhaltet aber zwei weitere, für die reale Situation wichtige Elemente: Neben dem **Destruentensystem** berücksichtigt es auf jeder trophischen Ebene mehrere Unterteilungen, unterscheidet also zwischen Vertebraten und Invertebraten bei den Primär- und Sekundärkonsumenten, zwischen Mikroben und Detritivoren bei den Zersetzern und zwischen Organismen, die sich von Mikroben (**Mikrobivore**) beziehungsweise von Detritivoren ernähren.

Energie kann viele alternative Wege durch eine Lebensgemeinschaft nehmen.

Verfolgen wir das „Schicksal“ einer definierten Energiemenge in diesem System, so erkennen wir, daß sie verschiedene Wege einschlagen kann: Sie kann zum Beispiel von einem wirbellosen Herbivoren aufgenommen werden oder von einem Wirbeltier, das später von einem carnivoren Vertebraten oder Invertebraten verzehrt wird. Es wird auch deutlich, daß auf jeder trophischen Ebene die Möglichkeit besteht, die Energie nicht in neue Biomasse zu inkorporieren, sondern als **totes organisches Material** (Ausscheidungsprodukte oder abgestorbene Organismen) aus dem Weidesystem freizusetzen. Sie fließt dann in das Destruentensystem ein, in dem sie wiederum verschiedene Pfade einschlagen kann. In beiden Systemen wird aber auf jeder Ebene ein gewisser Anteil dieser Energiemenge als respiratorische Wärme freigesetzt, und letztendlich wird sie vollständig aufgebraucht sein. Im Gegensatz zu Molekülen oder Ionen, die endlos innerhalb der Nahrungskette einer Lebensgemeinschaft zirkulieren können (siehe Kapitel 19), durchläuft die Energie diesen Weg nur einmal. Leben auf unserer Erde ist nur möglich, weil täglich durch die Sonne neue Energievorräte geliefert werden.

In Destruentensystemen fließt die Energie in die Ausgangssubstanz zurück.

Obwohl die möglichen Wege im Weide- und Destruentensystem dieselben sind, gibt es einen entscheidenden Unterschied: Aus dem Weidesystem geht das tote organische Material verloren und wird in das Zersetzungssystem eingeschleußt, innerhalb der Destruentenkette fließt es aber in die eigene Ausgangssubstanz zurück. Dies ist von grundsätzlicher Bedeutung. Die als Nekromasse verfügbare Energie kann innerhalb des Destruentensystems schließlich vollständig metabolisiert werden, auch wenn dazu mehrere Durchläufe nötig sind. Davon ausgenommen sind Situationen, in denen 1) Material aus dem Kreislauf entfernt und an anderer Stelle metabolisiert wird (zum Beispiel wenn Detritus aus einem Bach ausgewaschen wird) und 2) die lokalen abiotischen Bedingungen so ungünstig sind, daß sich unvollständig metabolisiertes energiereiches Material in Form von Öl, Kohle oder Torf ansammelt.

Konsumptions-, Assimilations- und Produktionseffizienz bestimmen die relative Bedeutung der einzelnen energetischen Pfade.

Wie die Nettoprimärproduktion entlang der möglichen Energiepfade verteilt wird, hängt davon ab, wie effizient die Energie genutzt und von einer Stufe auf die nächste übertragen wird. Man muß nur drei dieser **Transfereffizienzen** kennen, um den **Energiefluß** vorauszusagen: die Konsumptions- oder Nutzungseffizienz, die Assimilationseffizienz und die Produktionseffizienz.

Die Konsumptionseffizienz läßt sich berechnen als

$$KE = \frac{I_n}{P_{n-1}} \times 100. \qquad (18.1)$$

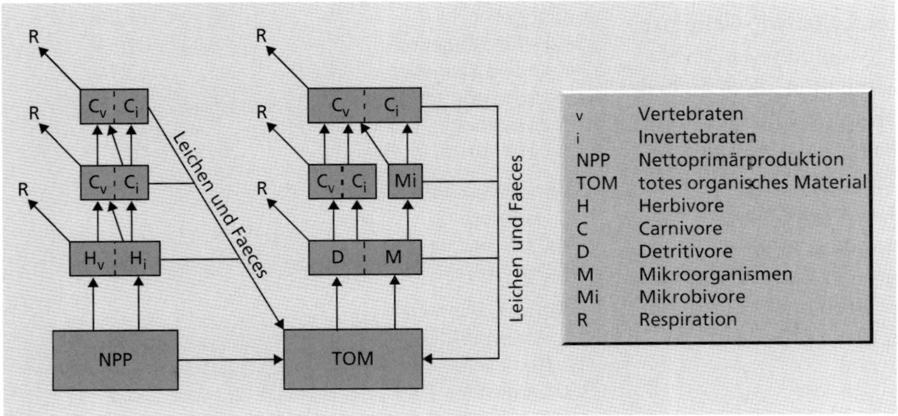

18.16 Ein generelles Modell der trophischen Struktur und des Energieflusses in einer terrestrischen Lebensgemeinschaft. (Nach Heal und McLean 1975 Erklärungen im Text)

Die **Konsumptionseffizienz (KE)** ist damit der Anteil der auf einer bestimmten trophischen Ebene zur Verfügung stehenden Gesamtproduktion (P_{n-1}), der tatsächlich von einem Kompartiment der nächsthöheren Trophieebene konsumiert wird (I_n). Für Primärkonsumenten in einem Weidesystem ist sie zum Beispiel der Prozentsatz der Nettoprimärproduktion, der in den Mägen der Herbivoren landet (der nicht genutze Rest stirbt und wird in die Destruentenkette eingeschleust).

Die Konsumptionseffizienz durch Herbivore hängt stark von der Art der Primärproduktion ab. Für Pflanzen mit relativ hohem Anteil an nicht verzehrbarem Stützgewebe liegen die Werte sehr niedrig (für Wälder bei etwa 5 %, für Grasländer bei ungefähr 25 %). Auch die im allgemeinen geringe Dichte der Herbivoren spielt hier eine Rolle. Die Konsumenten der Mikroflora erreichen höhere Dichten und verbrauchen einen größeren Anteil der Primärproduktion: Die Konsumptionseffizienz von Phytoplankton-dominierten Biozönosen liegt schätzungsweise bei etwa 50 %. Die Werte für Carnivore sind rein spekulativ. Sie können sich zwischen 5 und 100 % bewegen, je nachdem, ob es sich bei Räuber und Beute um Wirbeltiere oder Wirbellose handelt.

Die Assimilationseffizienz läßt sich berechnen als

$$AE = \frac{A_n}{I_n} \times 100. \qquad (18.2)$$

Die **Assimilationseffizienz (AE)** ist der prozentuale Anteil der von einem Konsumenten der Trophieebene I_n aufgenommenen Nahrungsenergie, der assimiliert wird und für Wachstum oder Arbeit zur Verfügung steht (A_n). Der Rest wird ausgeschieden und dem Destruentensystem zugeführt. Für Mikroorganismen ist diese Zuordnung schwierig zu treffen. Da Bakterien und Pilze das tote organische Material meist extern verdauen und vollständig adsorbieren, spricht man ihnen oft eine „Assimilationseffizienz" von 100 % zu.

Für Herbivore, Detritivore und Mikrobivore sind die Assimilationseffizienzen typischerweise niedrig (20–50 %). Tiere sind im allgemeinen nur unzureichend für die Verwertung von lebendem oder totem Pflanzenmaterial ausgerüstet, hauptsächlich wegen deren hohem Anteil an komplexen Molekülen wie Cellulose und Lignin (viele besitzen aber symbiontische Mikroorganismen, die ihnen die Assimilation pflanzlichen Materials erlauben; vergleiche Kapitel 11). Der Assimilationsgrad bei Herbivoren hängt auch von der Art des pflanzlichen Gewebes ab: Samen und Früchte können mit einer Effizienz von 60–70 % assimiliert werden, Blätter zu etwa 50 %, Holz dagegen nur zu ungefähr 15 %. Die tierische Nahrung der Carnivoren und Detritivoren verursacht weniger Probleme; Carnivore weisen eine Assimilationseffizienz um 80 % auf.

Die Produktionseffizienz variiert je nach taxonomischer Gruppe.

$$\text{Produktionseffizienz: } PE = \frac{P_n}{A_n} \times 100. \qquad (18.3)$$

Die **Produktionseffizienz (PE)** ist der Anteil an assimilierter Energie (A_n), der in neue Biomasse eingebaut wird (P_n). Der Rest geht als respiratorische Wärme vollständig aus der Lebensgemeinschaft verloren. (Energiereiche Sekretions- und Exkretionsprodukte werden zu P_n gerechnet und stehen wie totes organisches Material den Zersetzern zur Verfügung.)

Die Produktionseffizienzen variieren je nach taxonomischer Gruppe stark. Die durchschnittlichen Werte für verschiedene Konsumentenkategorien sind in Tabelle 18.3 zusammengefaßt. Bei Invertebraten sind sie in der Regel hoch (30–40 %). Innerhalb der Vertebraten nehmen Ektotherme mit 10 % eine Zwischenstellung ein, während Endotherme, die viel Energie in die Aufrechterhaltung ihrer Körpertemperatur investieren müssen, nur ungefähr 1–2 % der assimilierten Energie in Biomasse umwandeln. Die geringsten Effizienzen findet man bei Endothermen mit kleiner Körpergröße, vor allem bei kleinen Insektivoren. Allgemein steigt die Effizienz bei Endothermen mit der Körpergröße an, bei Ektothermen fällt sie drastisch ab. Mikroorganismen, einschließlich der Protozoen, tendieren zu sehr hohen Produktionseffizienzen.

Nahrungsketteneffizienzen liegen im Durchschnitt bei 10 %.

$$\text{Nahrungsketteneffizienz: } TLTE = \frac{P_n}{P_{n-1}} \times 100. \qquad (18.4)$$

Als **Nahrungsketteneffizienz** (*trophic level transfer efficiency* – TLTE) bezeichnet man den Energietransfer von einer trophischen Ebene zur nächsten;

Tabelle 18.3: Produktionseffizienz (P/A × 100) verschiedener Tiergruppen, geordnet nach zunehmender Effizienz. (Nach Humphreys 1979)

Gruppe	P/A %
1. Insektivore	0.86
2. Vögel	1.29
3. kleine Säugetiere	1.51
4. andere Säugetiere	3.14
5. Fische und soziale Insekten	9.77
6. Invertebraten (außer Insekten)	25.0
7. nicht-soziale Insekten	40.7
Invertebraten ohne Insekten	
8. Herbivore	20.8
9. Carnivore	27.6
10. Detritivore	36.2
nicht-soziale Insekten	
11. Herbivore	38.8
12. Detritivore	47.0
13. Carnivore	55.6

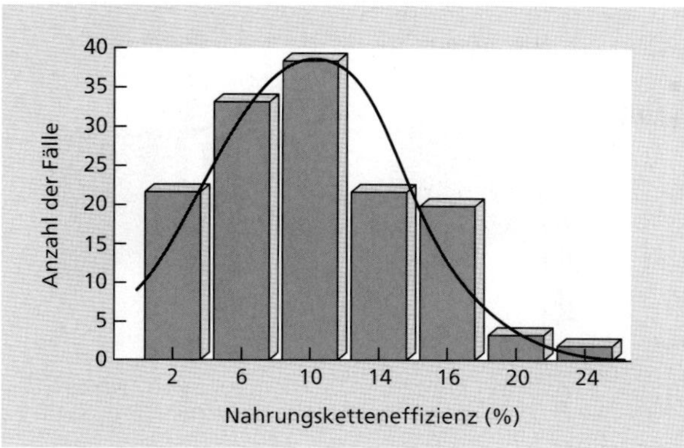

18.17 Häufigkeitsverteilung der Nahrungsketteneffizienzen aus 48 analysierten aquatischen Lebensgemeinschaften. Die Werte schwanken beträchtlich zwischen den einzelnen Untersuchungen und Trophieebenen; der Durchschnitt liegt bei 10.13 % (Standardabweichung = 0.49). (Nach Pauly und Christensen 1995)

sie ist ganz einfach das Produkt aus KE × AE × PE. In der Zeit nach Lindemanns Pionierarbeit (1942) nahm man generell an, daß die Nahrungsketteneffizienzen um die 10 % liegen; einige Ökologen formulierten sogar eine „Zehn-Prozent-Regel“. Allerdings ist es kein „Naturgesetz“, daß exakt ein Zehntel der Energie, die in eine Trophieebene einfließt, auf die folgende Ebene weiter transferiert wird. Aus der in Abbildung 18.17 dargestellten Studie über limnische und marine Biozönosen geht hervor, daß Nahrungsketteneffizienzen zwischen 2 und 24 % schwanken können, obwohl der Durchschnittswert tatsächlich bei ungefähr 10 % liegt.

18.4.2 Der Energiefluß durch eine Modell-Lebensgemeinschaft

Die Bedeutung der verschiedenen Energiepfade läßt sich anhand einer hypothetischen Lebensgemeinschaft modellieren.

Sind die standortspezifischen NPP-Werte sowie KE, AE und PE für die in Abbildung 18.16 gezeigten trophischen Gruppierungen bekannt, so ist es möglich, die relative Bedeutung der verschiedenen Energiepfade aufzuzeichnen. Heal und MacLean (1975) führten dies für eine hypothetische Graslandgesellschaft durch. Die von ihnen verwendeten Assimilations- und Produktionseffizienzen sind als Diagramm in Abbildung 18.18 dargestellt; Tabelle 18.4 zeigt die daraus resultierenden Wege von jeweils 100 Joule NPP. Für herbivore Vertebraten wurde eine Konsumptionseffizienz von 25 %, für herbivore Invertebraten von 4 % angenommen. Das heißt, von 100 Joule NPP werden insgesamt lediglich 29 Joule durch die Gruppe der Herbivoren konsumiert. Der größere Teil der Nettoprimärproduktion fließt in das Destruentensystem ein. Die Tatsache, daß die Destruenten deutlich mehr als 100 Joule pro 100 Joule NPP konsumieren, kommt dadurch zustande, daß die innerhalb des Destruentensystems fließende Energie, die nicht beim ersten Durchlauf assimiliert wird, (wie erläutert) wieder zur Ausgangsbasis zurückkehrt. Die Zersetzer sind insgesamt für 84.8 % der Konsumption verantwortlich; sie führen aber 90.8 % der Gesamtassimilation durch (in diesem Wert kommt vor allem die Bedeutung der mikrobiellen Aktivität mit ihrer ange-

Tabelle 18.4: Konsumption, Assimilation, Exkretion, Produktion und Respiration bei heterotrophen Organismen pro 100 Joule/m² jährlicher Nettoprimärproduktion in einer hypothetischen Graslandgemeinschaft. (Nach Heal und MacLean 1975)

	Konsumption	Assimilation	Exkretion	Produktion	Respiration
Weidesystem					
Herbivore					
Vertebraten	25.00	12.50	12.50	0.25	12.25
Invertebraten	4.00	1.60	2.40	0.64	0.96
Carnivore					
Vertebraten	0.16	0.13	0.03	0.003	0.127
Invertebraten	0.17	0.135	0.0035	0.040	0.095
Destruentensystem					
Zersetzer und Detritivore					
Mikroben	136.38	136.38	0	54.55	81.83
Invertebraten	15.15	3.03	12.12	1.21	1.82
Mikrobivore					
Invertebraten	10.91	3.27	7.64	1.31	1.96
Carnivore					
Vertebraten	0.04	0.03	0.01	0.001	0.029
Invertebraten	0.65	0.52	0.13	0.16	0.36
gesamt					
Durchflußanteil für das					
Weidesystem	15.2	9.2	42.9	1.6	13.5
Destruentensystem	84.8	90.8	57.1	98.4	86.5

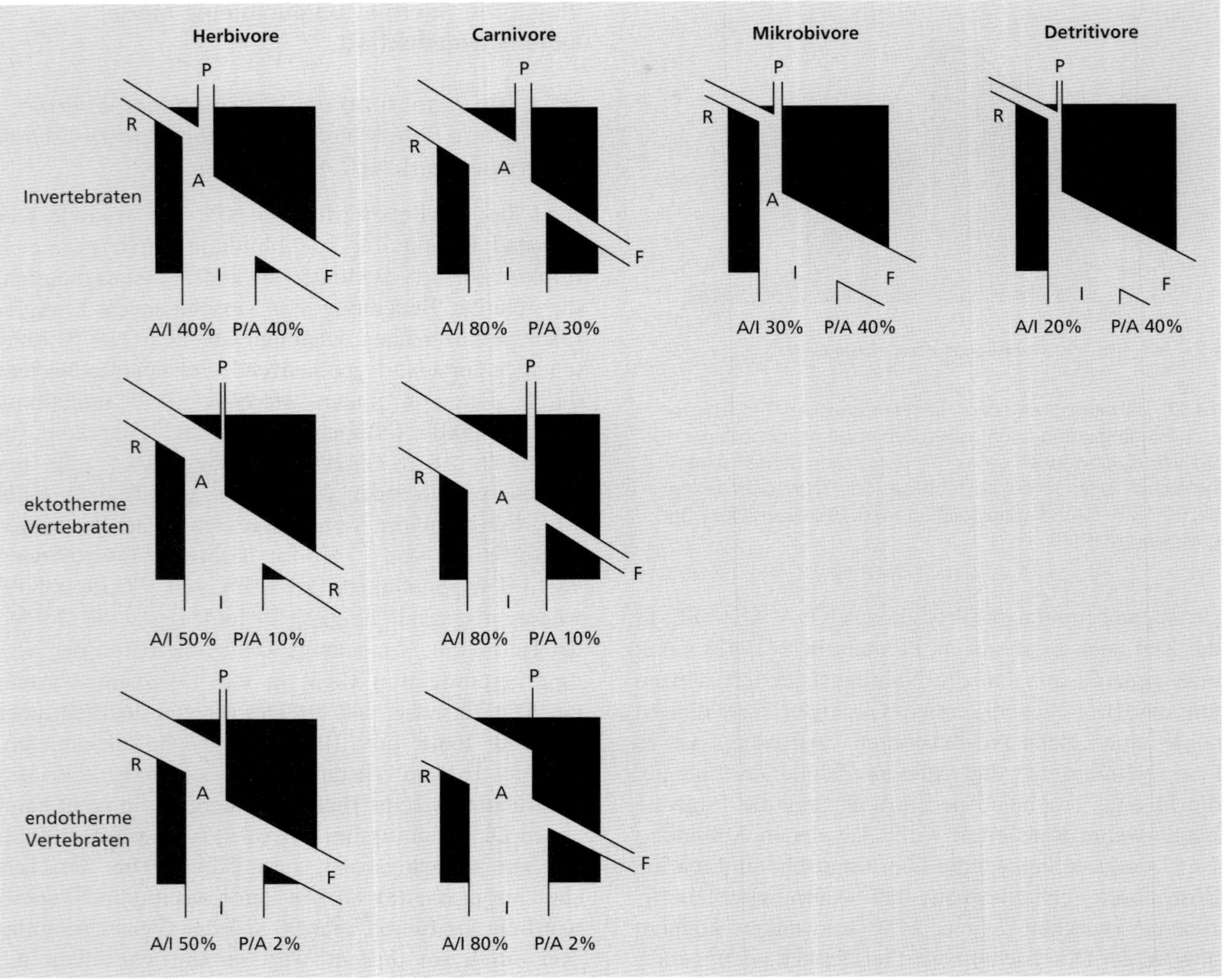

18.18 Der Energiefluß durch das in Abbildung 18.16 gezeigte trophische System und die von Heal und Mc Lean (1975) in ihrem Grasland-Modell verwendeten Assimilations- und Produktionseffizienzen. A: assimilierte Energie; P: Energie, die für die Produktion von Biomasse verwendet wird; I: Energieeintrag in das System; F: durch Faeces verlorene Energie; R: Energieverlust durch Respiration.

nommenen 100prozentigen Assimilationseffizienz zum Ausdruck). Die offensichtliche Diskrepanz in den Joulewerten (157 Joule assimiliert pro 100 Joule NPP) ist wiederum auf die mehrmaligen Energiedurchläufe innerhalb des Zersetzersystems zurückzuführen.

In einer hypothetischen Graslandbiozönose kommt den Destruenten eine überragende Bedeutung zu.

Das wichtigste Ergebnis dieser Untersuchung ist die überragende Bedeutung der Destruenten. Obwohl das Weidesystem 29 % der Nettoprimärproduktion konsumiert, trägt es nur zu 2 % der Sekundärproduktion bei. Von 100 Joule NPP werden mehr als 55 Joule von den Zersetzern zur Produktion verwendet, von den Weidegängern weniger als ein Joule. In dieser Modellbiozönose gleichen die Verluste durch tierische Atmung die NPP aus, so daß die „erntbare" Biomasse (hier nicht gezeigt) gleich bleibt.

Felduntersuchungen unterstützen die Modelle des Energieflusses.

Wie gesagt, handelt es sich bei den in Tabelle 18.4 angegebenen Werten um eine hypothetische Lebensgemeinschaft mit einer modellhaften Struktur (der in Abbildung 18.16) und angenommenen (jedoch realistischen) Nahrungsketteneffizienzen. Verhalten sich wirkliche Biozönosen analog? Heal und MacLean (1975) versuchten, ihre Voraussagen unter Verwendung aktueller Daten von zehn Tundra-, Grasland- und Waldökosystemen zu verifizieren. Nach Eingabe der NPP-Daten in das Modellsystem berechneten sie (unter Verwendung der Konsumptionseffizienzen von 5 % für Wald- und 25 % für sonstige Gebiete) die Sekundärproduktion verschiedener trophischer Kompartimente. In Abbildung 18.19 sind die *vorhergesagten* Werte gegen die *tatsächlichen*, gemessenen Daten aufgetragen, und es zeigt sich eine gute

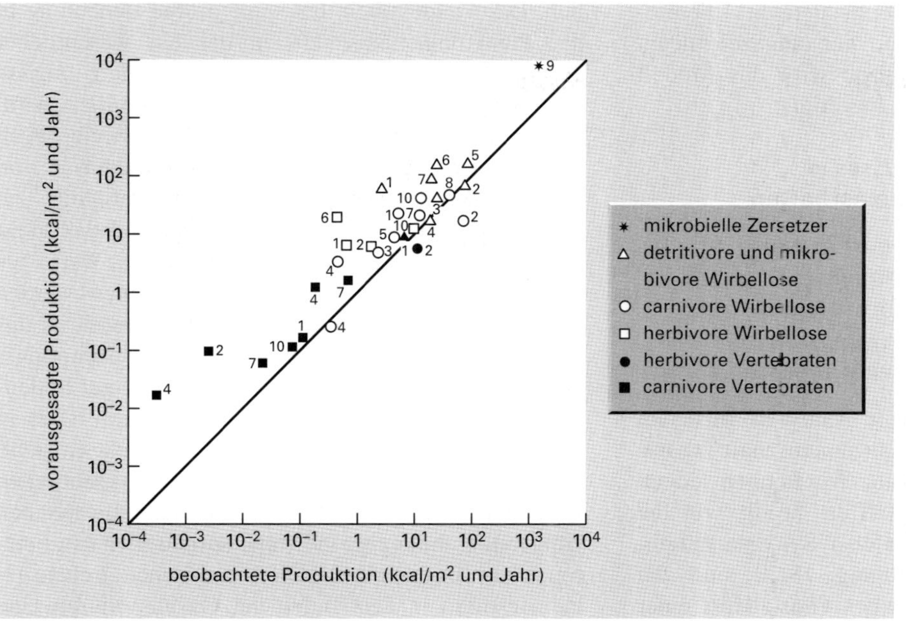

18.19 Die Beziehung zwischen der geschätzten und der beobachteten heterotrophen Produktion an verschiedenen Standorten: Tundra (3,4), Moore in den kalt-gemäßigten Zonen (2,7), temperiertes Grasland (1), temperierte laubabwerfende Wälder (5, 6, 8, 9, 10). (Nach Heal und Mc Lean 1975)

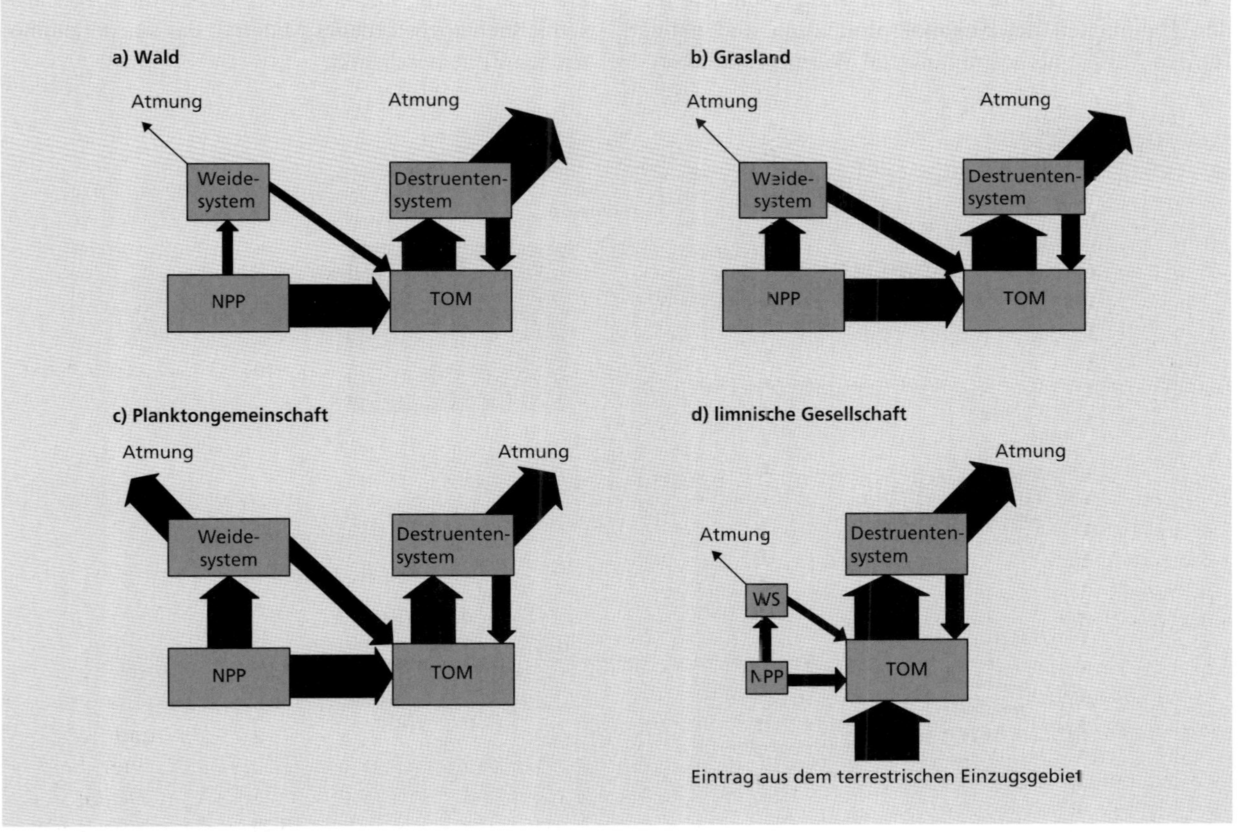

18.20 Allgemeines Schema des Energieflusses in a) einem Wald, b) einem Grasland, c) einer marinen Planktonbiozönose und d) der Gesellschaft eines Baches oder Teiches. Die Größen der einzelnen Kästen und Pfeile sind proportional zu der Größenordung der Kompartimente und Flüsse. TOM: totes organisches Material; NPP: Nettoprimärproduktion; WS: Weidesystem

Übereinstimmung (bei einer vollständigen Übereinstimmung lägen alle Punkte auf der eingezeichneten Geraden). Im großen und ganzen wird das Modell also durch diese Untersuchung bestätigt.

18.4.3 Muster des Energieflusses in gegensätzlichen Lebensgemeinschaften

Das Destruentensystem ist in allen untersuchten Lebensgemeinschaften für den Hauptteil der Sekundärproduktion verantwortlich, das Weidesystem ist in der Planktongemeinschaft am bedeutendsten.

Es gibt nur wenige zuverlässige Analysen, in denen alle Trophieebenen einer Lebensgemeinschaft zusammenhängend untersucht wurden. Wir können jedoch einige Verallgemeinerungen treffen, wenn wir die Hauptmerkmale grundverschiedener Systeme miteinander vergleichen. In Abbildung 18.20 sind die Energieflüsse eines Waldes, eines Graslandes, einer Planktongemeinschaft und einer Bach- oder Teichgesellschaft gegenübergestellt. In jeder Lebensgemeinschaft ist das Destruentensystem wahrscheinlich für den Hauptanteil der Sekundärproduktion und damit für den Verlust als respiratorische Wärme verantwortlich. Das Weidesystem hat seine größte Bedeutung in der Planktongemeinschaft, in der ein wesentlicher Teil der Nettoprimärproduktion als lebende Biomasse konsumiert und mit hoher Effizienz assimiliert wird. Aber sogar bei diesem System geht man heute davon aus, daß sich sehr viele heterotrophe Bakterien von gelösten organischen Molekülen ernähren, die von den Phytoplanktern exkretiert werden, und daß mehr als 50 % der Primärproduktion auf diese Weise als „totes" organisches Material aufgenommen werden (Fenchel 1987a). In terrestrischen Biozönosen ist das Weidesystem aufgrund der geringen Konsumptions- und Assimilationseffizienzen nur von mäßiger Bedeutung. Wegen der geringen Primärproduktion ist es in vielen Bächen und Teichen so gut wie nicht existent, so daß diese Artengemeinschaften im wesentlichen von dem allochthonen Eintrag aus der terrestrischen Umgebung abhängig sind (man spricht hier von heterotrophen Biozönosen). Die benthischen Lebensgemeinschaften in den Tiefen der Ozeane weisen eine ähnliche trophische Struktur auf. Wegen der mangelnden Photosyntheseaktivität ist die Primärproduktion hier sehr gering, und als Energiebasis dient fast ausschließlich abgestorbenes Material, das aus der euphotischen Zone herabsinkt.

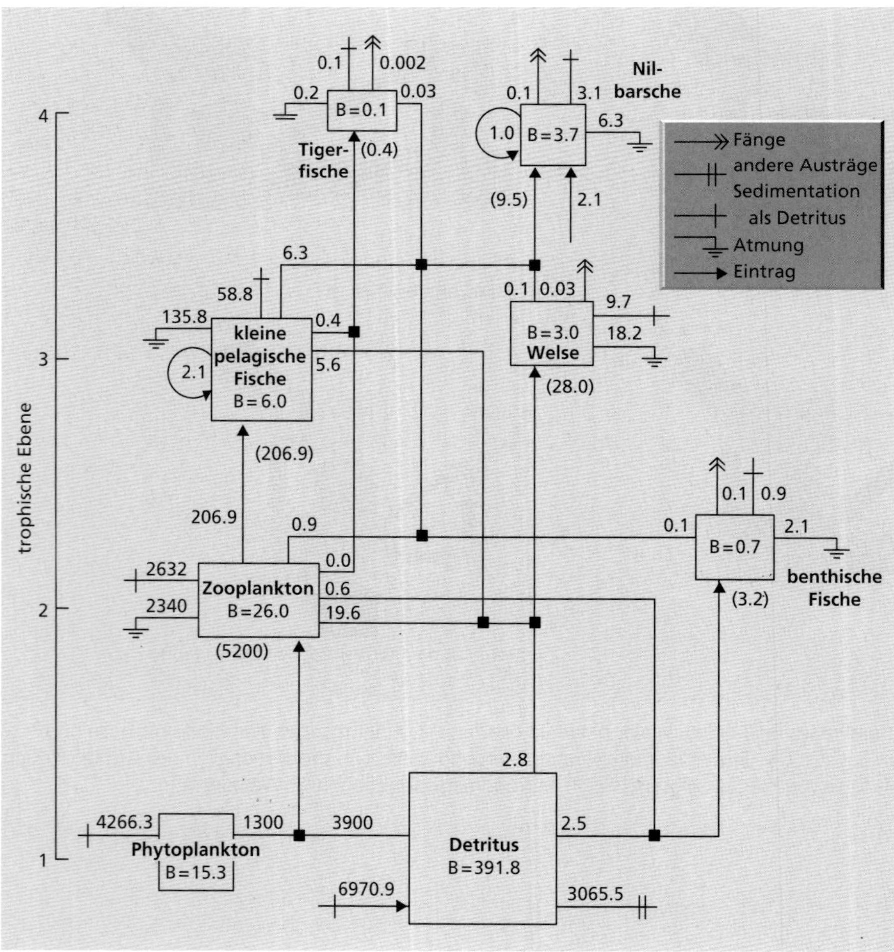

18.21 Flußdiagramm für den Turkanasee in Kenia. Jedes trophische Kompartiment (Kästen) weist Einträge (Nahrung) und Verluste (durch Prädation, Fischfang, Atmung, Sedimentation als Detritus) auf. Alle Angaben sind in Tonnen pro Quadratkilometer und Jahr. B: Biomasse. (Nach Kolding 1993)

Mit Hilfe von Modellen des Energieflusses in aquatischen Systemen lassen sich Vorhersagen über die Aufrechterhaltung des Fischfanges treffen.

Mit großem Aufwand ist versucht worden, den Energiefluß durch die aquatischen Systeme unserer Erde zu modellieren, um den Status der globalen Fischfangressourcen zu ermitteln (Christensen und Pauly 1993). Man verwendete hierzu das Gleichgewichtsmodell ECOPATH 2, das auf Basis von Kenntnissen über Primärproduktion, Verknüpfungen im Nahrungsnetz, Nahrungsketteneffizienzen, Detritus-Biomasse, P:B-Verhältnissen und jährliche Fischfangraten den Fluß von Energie beziehungsweise von Biomasse annähernd beschreiben kann. Ein Vorteil dieses Modells ist, daß es trotz unvollständiger Datensätze automatisch eine vernünftige Einschätzung unbekannter Parameter erlaubt. Als Beispiel ist in Abbildung 18.21 das für den Turkanasee in Kenia erhaltene Flußdiagramm dargestellt.

Aus solchen Modellierungsversuchen können wir abschätzen, welche Primärproduktionsraten notwendig sind, um den weltweiten jährlichen Fischfang aufrechtzuerhalten (94.3 Millionen Tonnen plus 27 Millionen Tonnen Fischabfall) (Pauly und Christensen 1995). Die Vorhersagen unterscheiden sich je nach Ökosystem sehr stark. In den Meeren werden lediglich 2 % der geschätzten jährlichen Primärproduktion benötigt, um die Fischfangraten aufrechtzuerhalten, für Süßwasser und küstennahe Regionen reichen die Schätzung dagegen von 24–35 %. Falls diese Voraussagen zutreffen, haben wir durchaus Anlaß, uns über die Aufrechterhaltung der Fischerei Sorgen zu machen.

18.5 Die Modellierung der terrestrischen Nettoprimärproduktion unter dem Einfluß globaler Klimaveränderungen

Mit Modellen wird versucht, die Auswirkungen der globalen Klimaveränderungen auf die Produktionsraten vorauszusagen.

Derzeitige Klimakonzepte gehen davon aus, daß der Treibhauseffekt in den nächsten 100 Jahren zu einer Temperaturerhöhung von 1.5–4.5 °C und zu veränderter Niederschlags- und Wolkenbildung führen wird (siehe auch Abschnitt 19.5). Dies hat natürlich deutliche Konsequenzen auf die globalen Primärproduktionsraten. Enorme Mühen und Kosten (vor allem im Rahmen des zu Beginns erwähnten GCTE-Programms) werden daher in die Entwicklung von Modellen investiert, die in der Lage sind, den Einfluß der Klimaveränderung auf wichtige Prozesse wie Photosynthese, Respiration und Nährstoffkreisläufe zu kalkulieren sowie die damit verbundenen Veränderungen in den Netto– und Bruttoproduktionsraten terrestrischer Lebensgemeinschaften und Ökosysteme vorauszusagen.

Das TEM mißt die Flüsse von Stickstoff und Kohlenstoff einschließlich der Nettoprimärproduktion.

Abbildung 18.22 zeigt das von Melillo et al. (1993) verwendete **TEM (Terrestrial Ecosystem Model)**. Kohlenstoff wird als Bruttoprimärproduktion in den Vegetationspool (C_V) eingebracht und durch die Atmung der Pflanzen (R_A) in die Atmosphäre entlassen. Die Nettoprimärproduktion (hier nicht dargestellt) ist die Differenz zwischen BPP und R_A. Ein Teil der Bruttoprimärproduktion gelangt als Streu (L_C) in den Boden (C_S) und verläßt ihn wieder durch die Atmung heterotropher Organismen (R_H). Stickstoff wird durch die Vegetation (N_V) aus dem verfügbaren, anorganischen Stickstoffpool (N_{AV}) des Bodens aufgenommen (NUPTAKE) und durch die Streu (L_N) in organischer Form wieder in den Boden eingebracht (N_S). Anorganischer und organischer Stickstoffpool stehen durch die Netto–Stickstoffmineralisierung (NETNMIN) in Verbindung. Schließlich bedeutet NINPUT den externen Eintrag von Stickstoff, während NLOST für den Verlust von Stickstoff steht.

Unter Verwendung von Informationen über Klima, Höhenlage, Bodenbedingungen, Vegetation und Wasserverfügbarkeit lassen sich mit diesem Modell die Flüsse von Kohlenstoff und Stickstoff (einschließlich NPP) sowie deren Poolgrößen abschätzen. Die entsprechenden Datensätze werden in einem globalen Raster mit einem Ausflösungsvermögen von 0.5 Längen- beziehungsweise Breitengraden erhoben. Als die Berechnungen für die derzeitigen Bedingungen (335 ppmv CO_2) durchgeführt wurden, stimmten die für

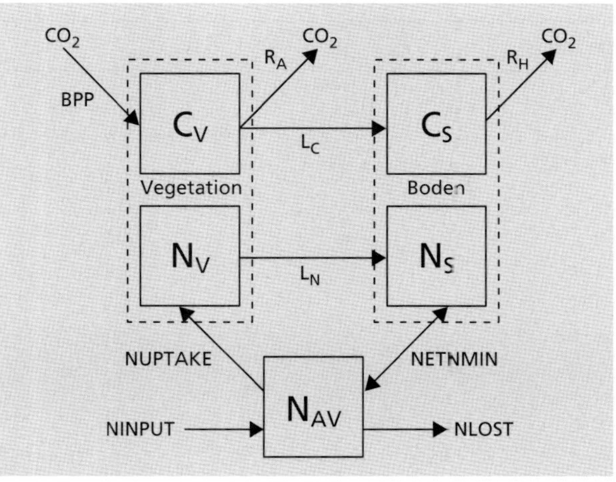

18.22 Das TEM (Terrestrial Ecosystem Model), das zur Modellierung der Nettoprimärproduktion verwendet wird. Erklärungen im Text.

verschiedene Biomkategorien vorausgesagten NPP-Werte sehr gut mit tatsächlichen Feldmessungen überein. Für die globale jährliche Nettoprimärproduktion ergab sich ein Wert von 51×10^{15} Gramm Kohlenstoff (oder 418 g C pro Quadratmeter und Jahr).

Als nächstes simulierten Melillo et al. (1993), wie sich die NPP-Werte mit dem Klima verändern würden. Sie gingen von einer Verdopplung der CO_2-Konzentration – und den daraus resultierenden Effekten auf Lufttemperatur, Niederschläge und Bewölkung – aus. Das Ergebnis war eine Zunahme der globalen terrestrischen NPP-Raten zwischen 20.0 und 26.1 % (Gesamtproduktion = $61{,}2–64.3 \times 10^{15}$ g C; Tabelle 18.5). Mit Hilfe dieses Modells lassen sich Erklärungen für biomspezifische Schwankungen finden: So wurde der Anstieg der Nettoprimärproduktion in tropischen und in trocken-gemäßigten Ökosystemen vor allem durch erhöhte CO_2-Konzentrationen verursacht, während für nördliche und feuchte-gemäßigte Biome der NPP-Zuwachs im wesentlichen den Effekt der Temperaturerhöhung auf den Stickstoffkreislauf widerspiegelte.

Die Genauigkeit solcher Voraussagen hängt natürlich ebenso davon ab, ob alle zugrundeliegenden ökologischen Prozesse berücksichtigt sind, wie von der Zuverlässigkeit, mit der die Klimaveränderungen modelliert werden. Ein weiterer Schwachpunkt dieses Modells ist, daß es voraussetzt, daß die Biome in ihrer gegenwärtigen Verbreitung erhalten bleiben, während man eigentlich von einer Umverteilung der Vegetation als Folge klimatischer Veränderungen ausgehen sollte. Wissenschaftler wie Prentice et al. (1992) konzentrieren sich auf diese Aspekte. Diese verschiedenen Ansätze zu kombinieren sollte eine wichtige Zielsetzung für die Zukunft sein. Eine weitere Herausforderung ist die Anwendung solcher Modellierungen auf aquatische Systeme, die als Nahrungsressourcen von grundlegender Bedeutung für die menschliche Bevölkerung sind.

Tabelle 18.5: Vergleich der für verschiedene Biome geschätzten gegenwärtigen Nettoprimärproduktion (10^{15} g C) mit modellierten Werten für derzeitige Bedingungen (312.5 ppmv CO_2) und für ein Szenario mit erhöhten CO_2-Konzentrationen (625.0 ppmv); die Abweichungen resultieren aus vier unterschiedlichen Modellierungen. (Nach Melillo et al. 1993)

Biome	gegenwärtige NPP (Feldmessungen)	berechnete NPP (derzeitige CO_2-Konzentration)	berechnete NPP (erhöhte CO_2-Konzentration)
Eiswüsten/alpine Tundra	0.4	0.4	0.5
feuchte Tundren	0.6	0.7	0.7– 0.8
boreale Waldgebiete	4.0	4.8– 5.2	5.1– 6.0
temperierte Nadelwälder	1.1	1.1	1.3– 1.4
Wüsten	0.6	0.5– 0.6	0.9– 1.0
aride Buschvegetation	1.8	1.8– 1.9	2.5– 2.7
Grasland	2.2	2.4– 2.7	2.6– 3.0
temperierte Savanne	2.2	2.3– 2.6	2.9– 3.1
temperierte Laubwälder	2.2	2.0– 2.5	2.4– 2.8
temperierte Mischwälder	3.3	3.2– 3.7	4.0– 4.2
temperierte Hartlaubwälder	2.2	2.2– 2.3	2.4– 2.8
mediterrane Buschvegetation	0.5	0.5	0.6– 0.7
tropische Savanne	5.3	5.6– 6.0	6.3– 6.7
xeromorphe Wälder	2.9	2.7– 2.9	3.7– 4.1
tropische laubabwerfende Wälder	3.8	3.3– 3.5	4.5– 4.6
tropische immergrüne Wälder	18.0	14.3–16.4	19.3–21.9
gesamt	51.0	49.8–51.5	61.2–64.3

19 Der Nährstofffluß in Lebensgemeinschaften

19.1 Einleitung

Chemische Elemente sind essentiell für alle Lebensprozesse. Sie werden von Organismen unter Energieaufwand aus ihrer Umgebung aufgenommen, für eine gewisse Zeit in der einen oder anderen Form gespeichert und anschließend wieder an die Umwelt abgegeben. Damit sind Lebewesen grundlegend am **Nährstofffluß** beteiligt. Ökophysiologen konzentrieren sich darauf, wie einzelne Individuen chemische Stoffe aufnehmen und verwerten (Townsend und Calow 1980; Chapin 1987; siehe auch Kapitel 3). In diesem Kapitel wollen wir jedoch, wie auch im vorangegangenen, diesen Fluß auf der Ebene von Biozönosen und Ökosystemen betrachten, das heißt die Aufnahme, Umwandlung und Abgabe von Stoffen durch die Gesamtheit aller Lebewesen eines terrestrischen oder aquatischen Lebensraums besprechen (Evans 1956). Der Maßstab ist hierbei wieder vollkommen unerheblich – es kann sich um den gesamten Globus, um einen Kontinent, einen Bauernhof, das Einzugsgebiet eines Flusses oder lediglich die Fläche eines Quadratmeters handeln.

19.1.1 Der Weg der Materie

Energiefluß und Nährstoffkreislauf gleichen sich – aber der Kohlenstoff kehrt im Gegensatz zur Energie wieder in den Kreislauf zurück.

Lebewesen bestehen zum überwiegenden Teil aus Wasser (ein erwachsener Mensch zum Beispiel zu 60 %). Den Rest machen zu etwa 95 % Kohlenstoffverbindungen aus. **Kohlenstoff** gelangt durch die Fixierung von CO_2 während der Photosynthese in das trophische System einer Lebensgemeinschaft. In der pflanzlichen Biomasse steht er dann den Primärkonsumenten als energiereiche Verbindung in Form von Zuckern, Fetten, Proteinen oder als Cellulose zur Verfügung: Er wird konsumiert, assimiliert und nach und nach in die Sekundärproduktion eingebaut. Sein Weg ist damit identisch mit dem der Energie. Der Zusammenhang zwischen Energiefluß und Nährstoffzirkulation ist in Abbildung 19.1 dargestellt. Letztendlich wird die Kohlenstoffverbindung irgendwann zur Erzeugung von Arbeitsenergie verbraucht; die gesamte gespeicherte Energie wird als Wärme freigesetzt, während der Kohlenstoff wieder als CO_2 in die Atmosphäre (und damit in den Kreislauf) zurückkehrt.

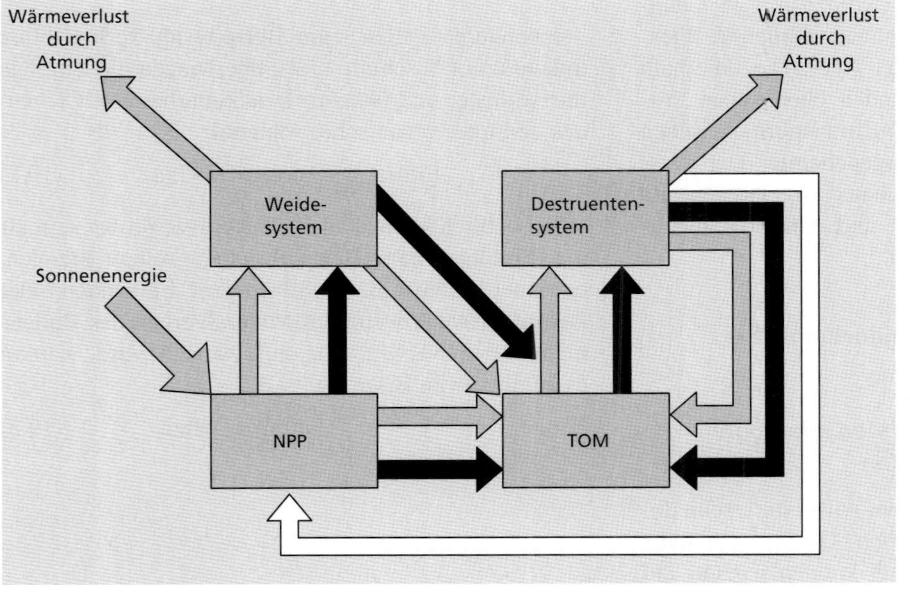

19.1 Die Beziehung zwischen Energie- (▒) und Nährstofffluß. Die organisch gebundene Fraktion (■) wird von der anorganischen (□) unterschieden. NPP: Nettoprimärproduktion; TOM: totes organisches Material. Nicht berücksichtigt in diesem Schema sind Mineralisierungsprozesse durch Herbivore sowie externe Einträge und Verluste.

Hier endet die enge Verknüpfung zwischen Kohlenstoffzyklus und Energiefluß.

Nährstoffelemente wie N, P und S werden durch Zersetzung der Biomasse rezykliert.

Andere Elemente wie Stickstoff, Phosphor oder Schwefel, die in der Biomasse in komplexe Kohlenstoffverbindungen inkorporiert sein können, werden im Laufe des Mineralisierungsprozesses wieder in die anorganische Form überführt und stehen so den Pflanzen erneut zur Verfügung. Nährstoffelemente können also immer wieder verschiedene Nahrungsketten durchlaufen – im Gegensatz zur Energie, die als respiratorische Wärme unwiederbringlich verlorengeht (siehe Abschnitt 18.4). Allerdings werden Nährstoffe im Gegensatz zur Sonnenenergie nicht immer wieder neu zur Verfügung gestellt. Würde Biomasse nicht irgendwann zersetzt, wären die Nährstoffressourcen bald erschöpft. Heterotrophe Organismen sind daher essentiell für den Nährstoffkreislauf und für die Aufrechterhaltung der Produktivität.

19.1.2 Biogeochemische Kreisläufe

Die Biogeochemie befaßt sich mit den chemischen Prozessen und dem Stofftransport zwischen den nährstoffspeichernden Kompartimenten.

Nährstoffelemente sind in verschiedenen Kompartimenten gespeichert. In anorganischer Form finden sie sich in der **Atmosphäre** (zum Beispiel als CO_2 oder als gasförmige Stickstoff- und Schwefelverbindungen), in den Mineralen und Gesteinen der **Lithosphäre** (Calcium etwa als Bestandteil von Calciumcarbonat (Kalk), Kalium in Feldspat) sowie in der **Pedosphäre** und **Hydrosphäre** (wie Nitrate, Phosphate und Carbonate). Die Biomasse stellt dagegen ein Reservoir für organische Verbindungen dar (Kohlenstoff in Cellulose und Fetten, Stickstoff eingebaut in Proteine, Phosphor zum Beispiel in Form von ATP). Die innerhalb dieser Kompartimente ablaufenden chemischen Prozesse und vor allem der Stofftransport zwischen ihnen ist Gegenstand der **Biogeochemie**. Der Ausdruck Biogeochemie ist durchaus angemessen, da Lebewesen diese Austausch- und Umsetzungsvorgänge maßgeblich beeinflussen.

19.1.3 Große und kleine biogeochemische Kreisläufe

Nährstoffkreisläufe können lokal oder global betrachtet werden.

Auch Nährstoffkreisläufe können wir in unterschiedlichen räumlichen und zeitlichen Größenordnungen analysieren. Im kleinen Maßstab können wir uns auf einen Teich oder ein Stück Wiese konzentrieren; in diesem Fall sind externe Einträge (etwa durch Vulkane) oder Verluste (durch Auswaschung) von untergeordneter Bedeutung. Auf breiterer Ebene, zum Beispiel bei der Untersuchung eines Flusses, werden wir feststellen, daß die chemische Zusammensetzung des Wassers nicht nur maßgeblich durch die Lebewesen in seinem Einzugsgebiet beeinflußt wird, sondern ihrerseits auch die Chemie und das Leben des Sees, in den er mündet, bestimmt (siehe Abschnitt 19.2.3). Wir können aber auch die Vorgänge innerhalb der gesamten Atmosphäre oder im gesamten marinen System beschreiben. Solche globalen biogeochemischen Kreisläufe werden in Abschnitt 19.4 behandelt.

Menschen produzieren und nutzen eine Unmenge verschiedener Chemikalien (nach einer schon älteren Schätzung gibt es an die vier Millionen synthetische Produkte; El-Hinnawi und Hashmi 1982) und greifen auf vielfältige Weise in biogeochemische Kreisläufe ein. Die Auswirkungen anthropogener Aktivitäten auf natürliche und künstliche Lebensgemeinschaften sowie auf das globale Klima werden wir in den Abschnitten 19.4 und 19.5 diskutieren.

19.1.4 Nährstoffbilanzen

Nährstoffbilanzen können ausgeglichen, positiv oder negativ sein.

Der Nährstoffkreislauf eines Ökosystems ist nicht geschlossen. Elemente gehen verloren (durch Auswaschung und Verflüchtigung) oder werden neu eingebracht (etwa durch Regen und Verwitterung) (Abbildung 19.2). In einigen Systemen ist zumindest für manche Elemente die Bilanz ausgeglichen, und es gilt:

$$\text{Eintrag} = \text{Verlust}. \qquad (19.1)$$

In anderen Fällen, zum Beispiel im Verlauf einer Sukzession (Abschnitt 17.4), überwiegen die Einträge die Verluste, und Nährstoffe akkumulieren als lebendes und totes organisches Material:

$$\text{Eintrag} - \text{Verlust} = \text{Gewinn}. \qquad (19.2)$$

Schließlich können auch die Verluste größer sein als die Einträge, zum Beispiel nach großen Bränden, extremem Blattfraß, großflächigem Entwalden oder Abernten. Auch wenn der Mineralverlust des Bodens nicht durch Verwitterung aufgewogen wird, kommt es zu negtaiven Bilanzen:

$$\text{Verlust} - \text{Eintrag} = \text{Defizit}. \qquad (19.3)$$

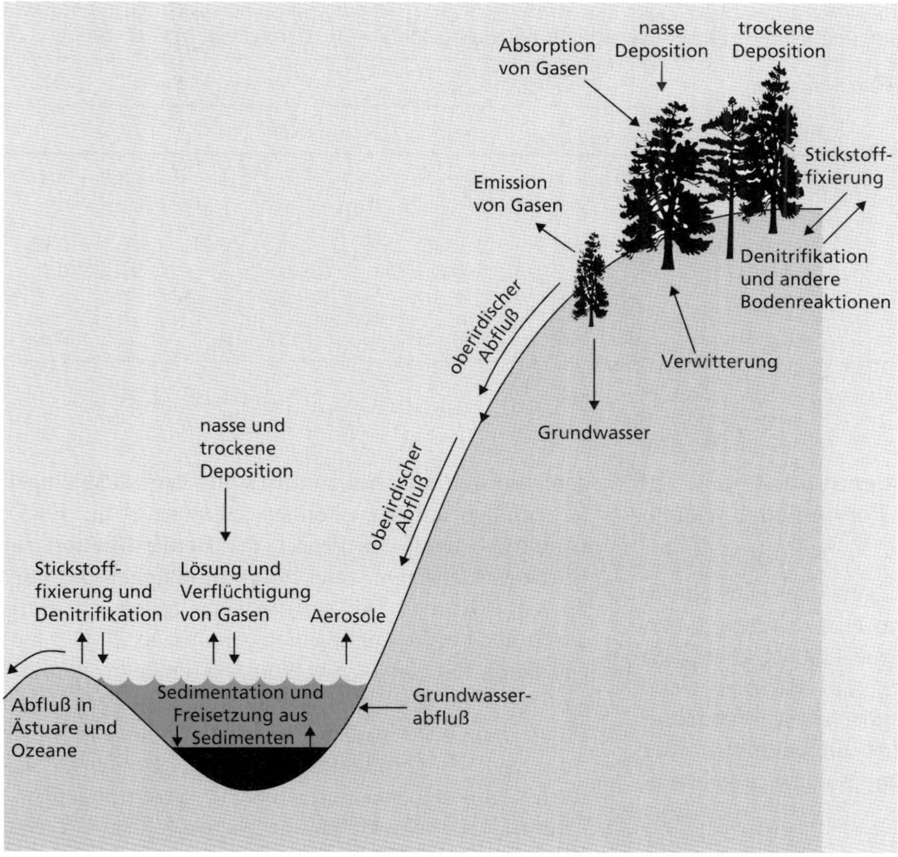

19.2 Der Nährstoffhaushalt terrestrischer und aquatischer Systeme. Man beachte die Verbindung beider Kompartimente durch abfließendes Wasser (Austrag der Nährstoffe aus dem terrestrischen Bereich und Eintrag in den aquatischen).

19.2 Nährstoffbilanzen in terrestrischen Lebensgemeinschaften

19.2.1 Nährstoffeinträge

Viele wichtige Nährstoffe gelangen durch Verwitterung von Grundgestein in den Kreislauf.

Calcium, Eisen, Magnesium, Phosphor und Kalium werden vor allem durch die **Verwitterung** des Grundgesteins verfügbar gemacht. Wichtiger als mechanische Vorgänge (zum Beispiel Frostsprengung) sind dabei chemische Reaktionen (vor allem die Carbonisierung, wobei Kohlensäure mit Mineralien reagiert und Ionen wie Calcium und Kalium freisetzt, siehe Abschnitt 19.4.6, Formel 19.4) und biologische Prozesse (wie die Hydrolyse durch organische Säuren, die von Pflanzenwurzeln und Mikroorganismen ausgeschieden werden) (Ascaso et al. 1982).

Die Hauptquelle für Kohlenstoff und Stickstoff ist die Atmosphäre.

Die Kohlenstoffquelle für terrestrische Lebensgemeinschaften ist das Kohlendioxid der Atmosphäre (das durch die Photosynthese erschlossen wird); der Hauptanteil des Stickstoffs stammt ebenfalls aus der Gasphase (N_2 wird durch stickstoffixierende Prokaryoten zu für Pflanzen verfügbarem Ammonium, NH_4^+, reduziert, siehe Kapitel 13). Andere Nährstoffe werden über **nasse** oder **trockene Deposition** eingebracht. Die in den Niederschlägen enthaltenen chemischen Stoffe stammen 1) von Spurengasen wie Schwefel- und Stickstoffoxiden; 2) aus Aerosolen (sie entstehen, wenn Wassertropfen in der Atmosphäre verdampfen und mineralreiche Partikel zurücklassen); und 3) aus Staubkörnern (häufig angereichert mit Calcium, Kalium und Sulfat), die durch Feuer, Vulkanausbrüche oder Stürme aufgewirbelt werden. Trockene Depositionen (Ablagerung von partikulären Stoffen) sind vor allem in niederschlagsarmen Ökosystemen bedeutend, können aber auch in feuchten Regionen einen beträchtlichen Beitrag zur Nährstoffversorgung leisten. In einem Eichenwald im US-Bundesstaat Tennessee zum Beispiel war trockene Deposition für mehr als der Hälfte des atmosphärischen Eintrags von Sulfat, Wasserstoffionen und Nitrat sowie von Calcium und Kalium verantwortlich (Tabelle 19.1).

Tabelle 19.1: Gesamter jährlicher Niederschlag wichtiger Ionen in einem Eichenwald (*Quercus prinus* und *Q. alba*) in Tennessee (mittlere Meq-Werte pro Quadratmeter und Jahr ± Standardabweichung zwischen zwei Jahren). (Nach Lindberg et al. 1986)

	atmosphärische Deposition					
	SO_4^{2-}	NO_3^-	H^+	NH_4^+	Ca^{2+}	K^+
nasse Deposition	70 ± 5	20 ± 2	69 ± 5	12 ± 1	12 ± 2	0.9 ± 0.1
trockene Deposition						
feine Partikel	7 ± 2	0.1 ± 0.002	2.0 ± 0.9	3.6 ± 1.3	1.0 ± 0.2	0.1 ± 0.05
grobe Partikel	19 ± 2	8.3 ± 0.8	0.5 ± 0.2	0.8 ± 0.3	30 ± 3	1.2 ± 0.2
Dämpfe	62 ± 7	26 ± 4	85 ± 8	1.3	0	0
gesamt	160 ± 9	54 ± 4	160 ± 9	18 ± 2	43 ± 4	2.2 ± 0.3

Fließgewässer transportieren nicht nur Nährstoffe ab, sondern können auch welche eintragen.

Die wesentliche Rolle von Fließgewässern besteht im Abtransport von Nährstoffen aus terrestrischen Systemen (siehe Abschnitt 19.2.2); sie können aber auch als deren Lieferant fungieren, zum Beispiel wenn durch Überschwemmungen chemische und organische Verbindungen, die stromaufwärts aufgenommen oder ausgewaschen wurden, in den Boden eingebracht werden.

19.2.2 Nährstoffausträge aus terrestrischen Lebensgemeinschaften

Auch wenn Nährstoffatome die Nahrungskette mehrfach durchlaufen können, werden sie letztendlich durch den einen oder anderen Prozeß aus dem System entfernt (siehe Abbildung 19.2). Diese Vorgänge stellen die Sollseite der Nährstoffbilanz dar.

Kohlenstoff, Stickstoff und andere Nährstoffe gehen in Form von gasförmigen Verbindungen an die Atmosphäre verloren.

Eine Verlustmöglichkeit ist die Abgabe gasförmiger Verbindungen in die Atmosphäre, in der sie dann durch Luftströmungen über weite Distanzen verfrachtet werden können. Für Kohlenstoff erfolgt diese **Verflüchtigung** in erster Linie durch das während der Atmung freigesetzte Kohlendioxid; in vielen natürlichen Lebensgemeinschaften wird dieser Verlust jedoch durch die Photosynthese wieder ausgeglichen, so daß die Bilanz mehr oder weniger ausgewogen ist. Eine weitere gasförmige Kohlenstoffverbindung ist Methan (CH_4). Es wird – vor allem in staunassen Sumpf- und Moorböden – durch anaerobe Bakterien erzeugt; bis zu 90 % werden jedoch in den oberen Bodenschichten wieder von Aerobiern konsumiert und gelangen nicht in die Atmosphäre (Bubier und Moore 1994). Methan entsteht auch durch Fermentationsprozesse in den Mägen von Weidetieren. Unter anaeroben Bedingungen, wie sie im Boden zum Beispiel nach ausgiebigen Regenfällen auftreten können (Sextone et al. 1985), kommt es durch den Prozeß der **Denitrifikation** zur Bildung gasförmiger Stickstoffverbindungen (N_2 oder Stickstoffoxide). Stickstoffverluste treten ebenfalls durch die Verflüchtigung von Ammoniak (NH_3) auf, das durch die Zersetzung von Exkrementen gebildet wird (Woodmansee 1978; Sutton et al. 1993). Auch Pflanzen können gasförmige oder partikuläre Stoffe freisetzen: Sie produzieren flüchtige Kohlenwasserstoffe (zum Beispiel Terpene) und setzen phosphor-, kalium- und schwefelhaltige Aerosole frei (Waring und Schlesinger 1985).

In bestimmten Fällen spielen auch andere, nichtbiologische Mechanismen der Nährstoffverflüchtigung eine Rolle. Durch ein Feuer kann zum Beispiel innerhalb kurzer Zeit ein wesentlicher Teil des organischen Kohlenstoffs als CO_2 in die Atmosphäre entweichen. Auch der Stickstoffverlust kann dramatische Ausmaße annehmen; durch ein Großfeuer in einem Nadelwald im Nordwesten der Vereinigten Staaten gingen 855 kg N pro Hektar verloren, das entsprach 39 % des organischen Stickstoffpools (Grier 1975).

Zahlreiche Nährstoffe gehen durch den Abfluß aus Lebensgemeinschaften verloren.

Viele Elemente werden aber hauptsächlich durch den **Abfluß** aus den terrestrischen Lebensgemeinschaften entfernt. Mit Ausnahme von Eisen und Phosphor (die kaum mobilisierbar sind) werden pfanzliche Nährstoffe vorwiegend in gelöster Form ausgewaschen; partikuläre Verluste durch den Abfluß können sowohl organischen (abgestorbenes Material, vor allem Blätter) als auch anorganischen Ursprungs sein. Nach heftigen Niederschlägen sind die Nährstoffkonzentrationen des in die Flüsse gelangenden Bodenwassers zwar stark verdünnt, das erhöhte Volumen gleicht dies jedoch mehr als aus. Daher sind die Nährstoffverluste in Jahren mit starken Niederschlägen und hohen Abflußraten besonders groß (Abbildung 19.3). In Böden mit durchlässigem Grundgestein werden die Nährstoffe nicht nur in die Flüsse ausgewaschen, son-

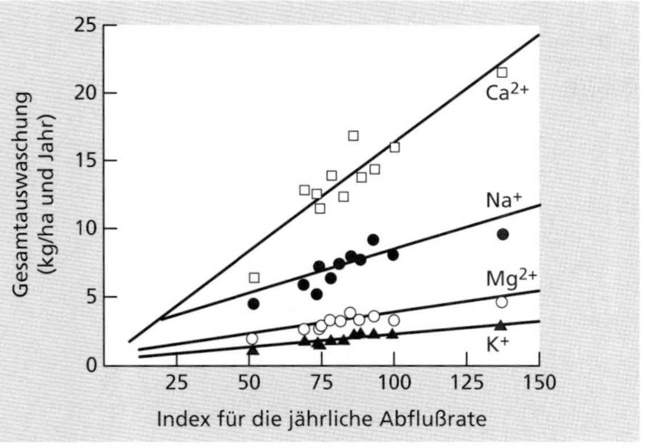

19.3 Jährlicher Nährstoffverlust durch Auswaschung in Abhängigkeit der Abflußrate (Daten aus dem Hubbard-Brook-Projekt in New Hampshire/USA über einen Zeitraum von elf Jahren). (Nach Likens et al. 1977)

dern versickern auch ins Grundwasser, durch das sie mit zum Teil beträchtlicher Verzögerung auch in weiter entfernte Flüsse und Seen gelangen können.

19.2.3 Der Einzugsbereich von Flüssen als Untersuchungseinheit

Im Hubbard-Brook-Projekt wurde der Nährstoffdurchfluß in einem Laubwald analysiert.

Da ein Großteil der Nährstoffverluste aus terrestrischen Biozönosen über Bäche und Flüsse erfolgt, kann uns der Vergleich der chemischen Zusammensetzung von Flußwasser und Niederschlägen wichtige Informationen über die Aufnahme und Wiederverwertung von Elementen durch die terrestrische Biota liefern. Welche qualitative und quantitative Bedeutung kommt dem terrestrischen Nährstoffzyklus im Vergleich zum Nährstoffdurchfluß zu? Ist die Menge der im Kreislauf verbleibenden Stoffe im Verhältnis zu den externen Einträgen und Verlusten groß oder klein? Am eingehendsten wurden diese Fragen von Likens et al. (1971) auf einer Versuchsfläche in einem Laubwaldgebiet in den White Mountains in New Hampshire/USA bearbeitet (im Hubbard Brook Experimental Forest). Diese Region wird von einer Reihe kleiner Bäche durchzogen. Die chemische Analyse der Niederschläge und des abfließenden Wassers machte es möglich, den Ein- und Austrag verschiedener Nährstoffelemente zu quantifizieren (Tabelle 19.2). In den meisten Fällen waren die Konzentrationen im Flußwasser größer als in den Niederschlägen; die Differenz ist auf Verwitterung und Auswaschung zurückzuführen (jährlich etwa 70 g/m^2).

In fast allen Fällen sind die Nährstoffzufuhren und -verluste klein im Vergleich zu den Mengen, die immobilisiert und innerhalb des Systems wiederverwertet werden. Dies ist in Abbildung 19.4 für eines der wichtigsten Elemente dargestellt – Stickstoff. Der Stickstoffeintrag im Hubbard Brook Forest erfolgte hauptsächlich mit den Niederschlägen und durch biologische N_2-Fixierung, die Verluste ergaben sich durch Auswaschung und durch Denitrifikation (die jedoch leider nicht quantifiziert wurde). Die geringen Auswaschungsraten (lediglich 0.1 % des organischen, als „erntbare" Biomasse vorhandenen Stickstoffs) demonstrieren, wie effektiv dieses Element in dem Waldsystem „recyceld" wird. Das Besondere an Stickstoff ist, daß die Einträge durch Niederschläge höher liegen als die Verluste durch Auswaschung. Andere Nährstoffe dagegen zeigen eine negative Bilanz (die Verluste sind größer als die Einträge, siehe Tabelle 19.2), aber auch hier sind die Verlustraten gering im Vergleich zu den Mengen, die im internen Kreislauf verbleiben.

Für Schwefel sind die Verlustraten durch Auswaschung infolge des sauren Regens höher als der natürliche Ertrag.

Die Ausnahme ist Schwefel. Hier lagen die Auswaschungsraten (jährlich 24 kg/ha) deutlich höher als die Mengen, die dem Boden mit der Streu zugeführt wurden (jährlich 5.5 kg/ha). Die Differenz ist vermutlich auf **sauren Regen** zurückzuführen (der Regen im Hubbard-Brook-Gebiet ist im Grunde genommen verdünnte Schwefelsäure mit einem pH-Wert von häufig unter 4.0). Nach Schätzungen sind saure Niederschläge für 50 % des jährlichen Schwefeleintrags – und damit auch für einen großen Teil des Schwefels, der in die Flüsse ausgewaschen wird – verantwortlich.

Tabelle 19.2: Das jährliche Nährstoffbudget bewaldeter Einzugsgebiete im Hubbard Brook Forest (kg/ha und Jahr). (Nach Likens et al. 1971) Die Einträge stammen aus nasser oder trockener Deposition. Die Austräge erfolgen durch Auswaschung gelöster oder partikulärer organischer Substanz.

	NH_4^+	NO_3^-	SO_4^{2-}	K^+	Ca^{2+}	Mg^{2+}	Na^+
Eintrag	2.7	16.3	38.3	1.1	2.6	0.7	1.5
Abgabe	0.4	8.7	48.6	1.7	11.8	2.9	6.9
Nettobilanz*	+2.3	+ 7.6	−10.3	−0.6	− 9.2	−2.2	−5.4

* Eine positive Nettobilanz ergibt sich, wenn der Eintrag größer ist als die Abgaben, eine negative, wenn die Verluste überwiegen.

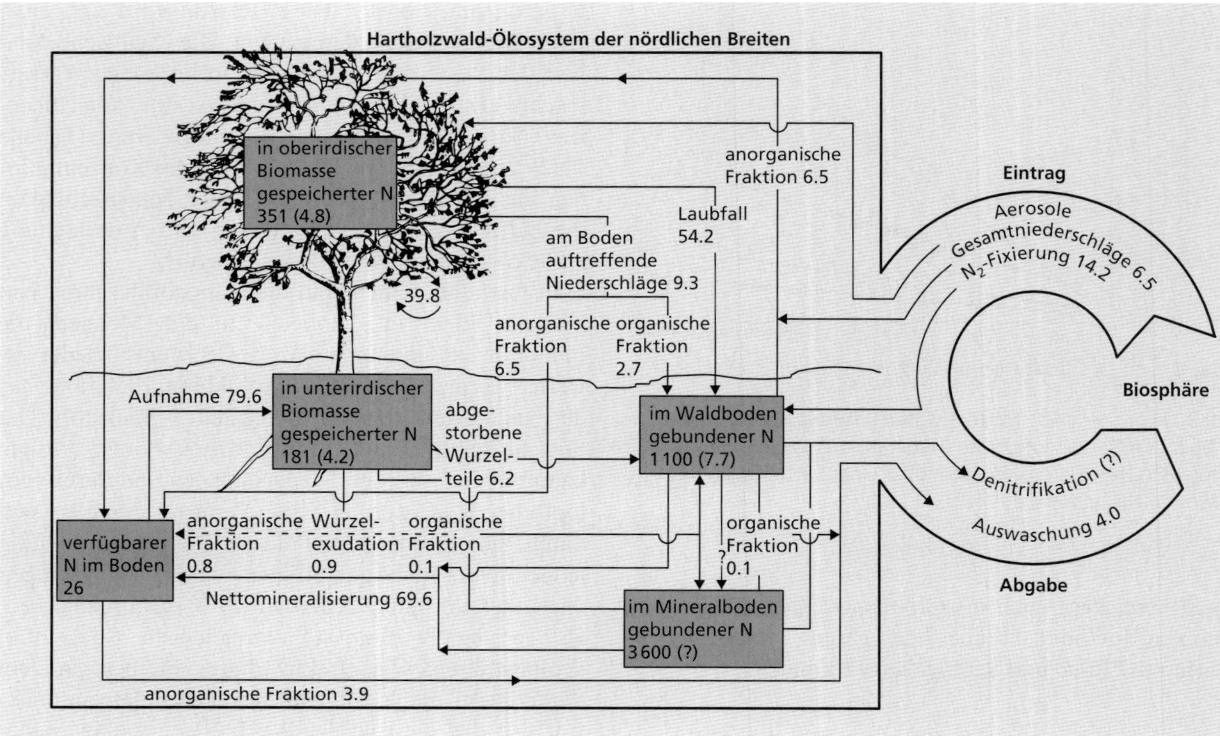

19.4 Das jährliche Stickstoffbudget des ungestörten Hubbard-Brook-Versuchswaldes. Durch die Kästen sind die jeweiligen Stickstoffpools (Angaben in kg N/ha) symbolisiert. Die Klammern beziehen sich auf die jährlichen Zuwachsraten; die Transferraten sind in kg N/Hektar und Jahr angegeben. (Nach Bormann et al. 1977)

Waldrodungen unterbrechen den Kreislauf und führen zu Nährstoffverlusten.

In einem großflächig angelegtem Experiment wurden an einem der Flußläufe im Hubbard Brook Forest alle Bäume gefällt. Als Konsequenz stieg der Austrag an gelösten anorganischen Nährstoffen um das 13fache an (Abbildung 19.5). Dafür waren zwei Phänomene verantwortlich. Zum einen führte die enorme Reduktion transpirierender Oberflächen (Blätter) dazu, daß 40 % mehr Niederschläge im Boden versickerten, wodurch sich die Auswaschungs- und Verwitterungsraten deutlich erhöhten. Die zweite und wichtigere Ursache war, daß durch die Rodung der interne Nährstoffzyklus unterbrochen wurde: Die Mineralisierung (Zersetzung des organischen Materials) lief zwar weiter, aber es waren keine Pflanzen mehr vorhanden, um diese mineralischen Nährstoffe aufzunehmen und zu immobilisieren. Die Folge war eine verstärkte Auswaschung.

Die Effizienz der Nährstoffnutzung variiert mit dem Vegetationstyp und in Abhängigkeit der Verfügbarkeit.

Welche generellen Schlüsse können wir aus der Hubbard-Brook-Studie ziehen? Zum ersten, daß mit großer Wahrscheinlichkeit in den meisten terrestrischen Systemen der interne Nährstoffzyklus eine wichtigere Rolle spielt als externe Einträge und Verluste, obwohl die Nutzungseffizienzen, definiert als die Nettoprimärproduktion pro Einheit aufgenommener Nahrung, je nach Organismus und Standort stark variieren (die Umwandlung eines Hartholzwaldes in einen Nadelwald reduzierte zum Beispiel die Auswaschung um 18 %, während eine Gebüschvegetation zu einer 35prozentigen Erhöhung führte; Waring et al. 1981; siehe auch Kapitel 18). Eine andere generelle Schlußfolgerung aus dem Hubbard-Brook-Experiment könnte sein, daß die Effizienz, mit der essentielle Elemente (vor allem Stickstoff und Phosphor) aufgenommen und genutzt werden, um so höher ist, je schlechter sie verfügbar sind (Shaver und Melillo 1984). Gegen diese Verallgemeinerung wurde jedoch eine Reihe von Gegenargumenten vorgebracht (Chapin und Kedrowski 1983; Birk und Vitousek 1986).

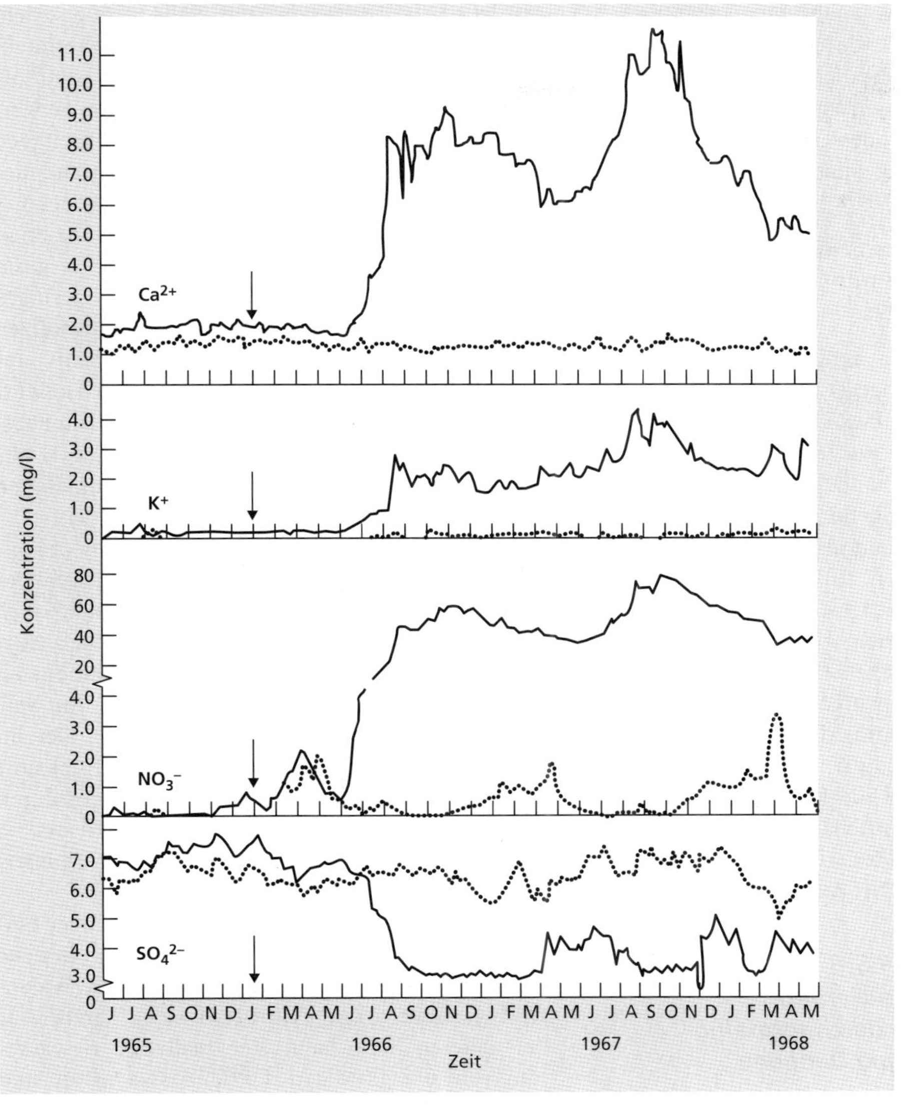

19.5 Die Konzentration repräsentativer Nährstoffionen im Abfluß einer gerodeten Versuchsfläche (durchgezogene Linie) im Vergleich zur bewaldeten Kontrolle (gepunktete Linie) in Einzugsgebieten im Hubbard Brook Forest. Der Zeitpunkt der Abholzung ist durch Pfeile markiert. Beachten Sie, daß die Nitratachse unterbrochen ist. Für die nach Rodung zu beobachtende Abnahme des Sulfatverlusts gibt es keine plausible Erklärung. (Nach Likens und Bormann 1975)

19.2.4 Konsequenzen für die Land- und Forstwirtschaft

Land- und Forstwirtschaft verschieben den Nährstoffkreislauf.

Land- und forstwirtschaftliche Praktiken stören zwangsläufig den natürlichen Nährstoffkreislauf. Bei der Ernte werden mit der pflanzlichen Biomasse auch die darin immobilisierten Nährstoffe entfernt. Dies hat zum einen den Effekt, daß lokal (auf der abgeernteten Fläche) die Mineralressourcen verlorengehen (und an anderer Stelle neu eingebracht werden). Zum anderen verschwinden mit den Pflanzen auch wichtige Nährstoffsenken, welche die durch Destruenten freigesetzten Mineralien wieder immobilisieren könnten (ganz analog zu dem Rodungsexperiment im Hubbard Brook Forest, siehe Abschnitt 19.2.3 und Abbildung 19.5). Als unvermeidliche Konsequenz erhöht sich die Auswaschungsrate. Dies betrifft vor allem Stickstoff in Form des äußerst mobilen Nitrats.

Durch die Auswaschung überschüssigen Stickstoffs kommt es zur Eutrophierung von Seen.

Der Stickstoffverlust aus Böden führt zu folgenden Problemen: Auf der einen Seite ist eine hochproduktive Agarwirtschaft auf organische oder chemische Düngung angewiesen, auf der anderen trägt der ausgewaschene Stickstoff zur **Eutrophierung** von Seen bei und gelangt in unser Trinkwasser. Hier treffen sich die Interessen von Landwirten und Naturschützern: Beide wollen die Stickstoffgaben in Grenzen halten – die einen aus Kostengründen, die anderen aus ökologischen, umweltpolitischen und gesundheitlichen Erwägungen.

Natürlich ist die N-Verlustrate nicht nur abhängig von der applizierten Menge – sie hängt auch vom Bodentyp und besonders stark von den Niederschlägen ab. Je höher die Niederschlagsmengen sind, desto mehr Stickstoff geht dem Boden (und damit den Pflanzen) durch Versickerung und Auswaschung verloren.

Der größte Teil des durch Düngung zugeführten Stickstoffs geht durch Auswaschung wieder verloren.

Mit Sicherheit variieren die agrarwirtschaftlichen Düngepraktiken sehr stark. Daher ist die in Abbildung 19.6 gezeigte Stickstoffbilanz eines kleinen dänischen Milchwirtschaftsbetriebs auch nur ein Beispiel und nicht zu verallgemeinern. Es handelt sich um einen Hof mit 32.3 ha Land (vorwiegend sandiger Boden) in Jütland mit 44 Milchkühen und durchschnittlich 60 Kälbern (Bennekon und Schroll 1988). Der gesamte jährliche N-Eintrag lag bei 10 019 kg, wobei schätzungsweise 1 246 kg natürlichen Ursprungs waren (N_2-Fixierung durch Kleepflanzen des Weidelandes, trockene Deposition), der Rest wurde durch Düngung eingebracht. In dem Biomasseertrag des Hofes (Fleich, Milch, Getreide) fanden sich lediglich 1 515 kg Stickstoff wieder. Das Defizit von 8 504 kg (84.9 %) kann nur zu einem geringen Anteil auf NH_3-Verflüchtigung und Denitrifikation zurück geführt werden; der größte Teil ging wahrscheinlich durch Auswaschung verloren.

Stickstoffverluste lassen sich durch Bodenbedeckung, Anreicherung organischen Materials sowie durch sorgfältig abgestimmte Bewässerung und Düngung reduzieren.

Der Stickstoffhaushalt auf landwirtschaflich genutzten Flächen läßt sich auf verschiedene Weise kontrollieren.

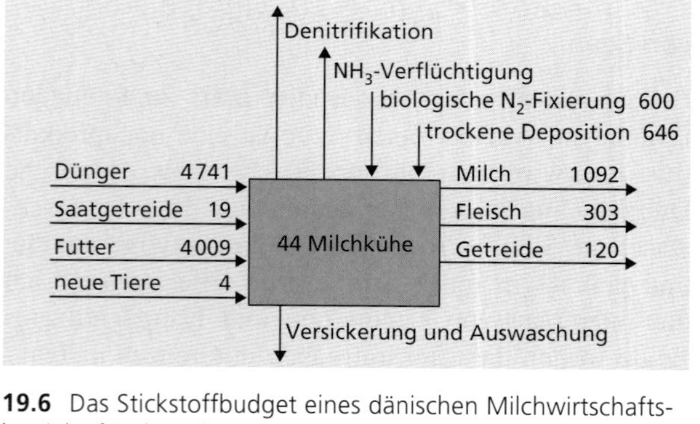

19.6 Das Stickstoffbudget eines dänischen Milchwirtschaftsbetriebs für das Jahr 1984. Die Werte sind in Kilogramm N pro Jahr angegeben. (Nach Bennekon und Schroll 1988)

1) Mit jedem Wurzelsystem, das Nährstoffe aus dem Boden aufnimmt und immobilisiert, verbleibt mehr Stickstoff im internen Kreislauf, statt als Nitrat mit dem Sickerwasser ausgewaschen zu werden. Daher kann jede Kulturpflanze, aber auch jede natürliche Vegetation, die – vor allem während niederschlagsreicher Perioden – als Bodenbedeckung erhalten bleibt, die Stickstoffverluste reduzieren. Der Anbau von Pflanzen, die im Herbst ausgesät werden und während des Winters ein geringes Wachstum zeigen (zum Beispiel Winterweizen oder Wintergerste), wirkt sich daher positiv auf die Effizienz des Stickstoffkreislaufs aus. Tiefwurzelnde Arten haben ebenfalls einen Rückhalteeffekt, da sie versickerndes Nitrat auch noch aus den tieferen Bodenschichten wieder aufnehmen können.
2) Jede Praktik, die zu einer Anhäufung der organischen Substanz führt, wie das Unterpflügen der Ernterückstände, wird (zumindest mittelfristig) den Auswaschungsprozeß verringern. Dies liegt an dem hohen C:N-Verhältnis des eingearbeiteten Materials (bei Getreidestroh 80–120:1) im Vergleich zu dem der Destruenten (8–10:1). Der im Boden frei verfügbare mineralische Stickstoff wird beim Abbau des organischen Substrats durch die Mikroorganismen rasch aufgenommen und in die Biomasse eingebaut, so daß er länger im internen Kreislauf verweilt.
3) Die Bewässerung landwirtschaftlich genutzter Flächen sollte die Wasserhaltekapazität des Bodens nicht übersteigen – jedes überschüssige Wasser wird versickern und Nitrat mit sich führen. Auf der anderen Seite kann eine maßvolle Bewässerung, die ein gesteigertes Pflanzenwachstum und dadurch eine raschere Stickstoffaufnahme aus dem Boden bedingt, die Nitratverluste durchaus reduzieren.
4) Der Zeitpunkt der Stickstoffdüngung sollte auf den Wachstumszustand und die Bedürfnisse der Pflanzen abgestimmt sein. Die Applikation durch Besprühen der Blätter erhöht die Aufnahmeraten und verringert die Auswaschung.
5) Alle Maßnahmen, die den Abbau organischer Substanz im Boden erschweren, tragen ebenfalls zum Verbleib des Stickstoffs im Boden bei. Dazu gehören schlechte Entwässerung und niedrige pH-Werte. Beides ist natürlich nicht im Interresse des Bauern, könnte aber auf Brachflächen durchaus Anwendung finden.

In der Forstwirtschaft erfolgen Nährstoffverluste vor allem zwischen Rodung und Wiederaufforstung.

Viele der angesprochenen Aspekte gelten auch für die Forstwirtschaft. Allerdings wird die Biomasse in forstwirtschaftlichen Systemen viel seltener enfernt – obwohl durch einen Kahlschlag bis zu 700 kg Stickstoff pro Hektar entzogen werden können (Heal et al. 1982). Darüber hinaus besitzen Wälder für die längste Zeit ihres Wachstums ein geschlossenes Kronendach und ein ausgedehntes Wurzelsystem. Die kritische Phase, in der diese Lebensgemeinschaften anfällig für Nährstoffverluste sind, bilden daher die Jahre zwischen Rodung und Wiederaufforstung.

Wir haben den Nährstofffluß in land- und forstwirtschaftlichen Systemen am Beispiel des Stickstoffs erläutert, doch auch die anderen Minerale zeichnen sich durch ihren spezifischen Kreislauf aus. Alle bisher untersuchten Weide- und Waldgebiete sind jedoch stickstofflimitiert, so daß dieses Element von besonderer Bedeutung für bewirtschaftete Böden ist.

19.3 Die Nährstoffbilanzen aquatischer Lebensgemeinschaften

Aquatische Systeme verhalten sich hinsichtlich ihres Nährstoffhaushalts in einigen Punkten grundsätzlich anders als terrestrische. Den Hauptteil ihrer Ressourcen erhalten sie durch Zuflüsse vom Land (siehe Abbildung 19.2). Die Verluste erfolgen bei Fließgewässern und auch bei vielen Seen primär mit dem abfliessenden Wasser; in abflußlosen Seen und auch im Meer werden Nährstoffe dem internen Kreislauf vorwiegend durch Sedimentation entzogen.

19.3.1 Fließgewässer

Der Nährstoffkreislauf in einem Fließgewässer und seinen angrenzenden Feuchtgebieten gleicht einer Spirale.

Anders als bei terrestrischen Systemen spielen biologische Umsetzungsprozesse im Nährstoffbudget von Bach- und Flußgemeinschaften nur eine untergeordnete Rolle (Winterbourn und Townsend 1991); die Hauptfraktion „fließt" durch diese Biozönosen in gelöster oder partikulärer Form hindurch und landet in einem See oder im Meer. Trotzdem durchläuft ein kleiner Prozentsatz auch hier den Zyklus zwischen anorganischen und organischen Verbindungen. Wegen der permanenten Vorwärtsbewegung kann man diesen Nährstoffkreislauf aber am besten als eine sich stromabwärts drehende Spirale beschreiben (Elwood et al. 1983) – mit abwechselnden schnellen Phasen anorganischer Umsetzung und Stadien der Immobilisierung

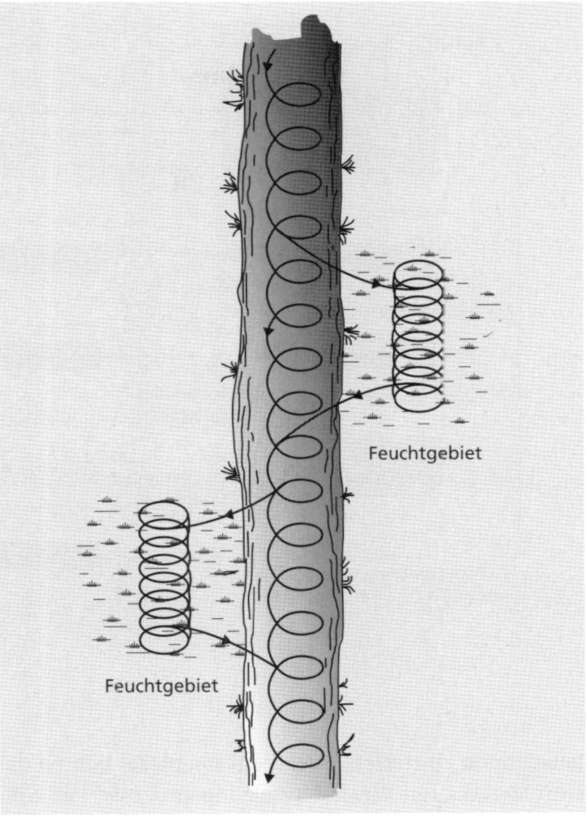

19.7 Die Nährstoffspirale für einen Flußlauf und die angrenzenden Feuchtgebiete. (Nach Ward 1988)

als Biomasse (Abbildung 19.7). Es sind vor allem Bakterien, Pilze und Algen, die in der biotischen Phase der Spirale anorganische Nährstoffe aus dem Wasser aufnehmen und in Biomasse umwandeln. Sie werden von Invertebraten abgeweidet oder abgeschabt (Abbildung 11.4) und in die Nahrungskette eingeschleust. Schließlich werden die Nährstoffe bei der Zersetzung des biologischen Materials wieder mineralisiert, und die Spirale dreht sich weiter.

Dieses Konzept der **Nährstoffspirale** kann ganz analog auf Feuchtgebiete wie Brackwasser, Marschen und Auwälder im Überschwemmungsgebiet von Flüssen angewandt werden. In diesen Fällen ist die Spirale jedoch aufgrund der geringen Fließgeschwindigkeit des Wassers viel enger gewunden.

19.3.2 Süßwasserseen

Im Nährstoffkreislauf von Seen spielt das Plankton eine dominierende Rolle.

In Seen spielt das Plankton die Schlüsselrolle im Nährstoffzyklus, wie es in Abbildung 19.8 für Phosphor gezeigt ist. Leider ist es nicht möglich, quantitative Aussagen über die Mengen des in den jeweiligen Pools gespeicherten Phosphors oder über die Aus-

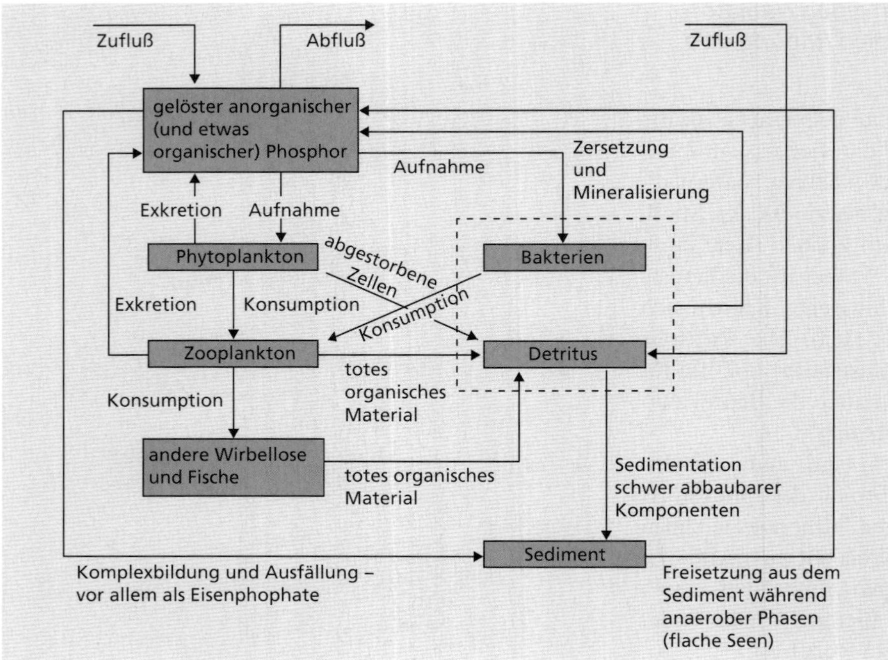

19.8 Die Phosphorflüsse und -kreisläufe in einem See. Limnologen unterscheiden gewöhnlich drei Kompartimente: die gebundene oder partikuläre Fraktion (organischer Phosphor, immobilisiert in Biomasse), die lösliche labile Fraktion (für Bakterien und Phytoplankton leicht verfügbar) und die lösliche stabile Fraktion (schlecht verfügbare organische und anorganische Verbindungen). Die löslichen Anteile sind in dieser Abbildung zusammengefaßt. Auch Bakterien und Detritus sind – als Zersetzer und Mineralisierer – zusammengruppiert, ohne zu berücksichtigen, daß Bakterien auch anorganischen Phosphor aufnehmen und in einigen Fällen zur Photosynthese beitragen können.

tauschraten zu treffen. Dies liegt hauptsächlich an der Geschwindigkeit vieler Umsetzungsprozesse (so können zum Beipiel bis zu 75 % des Phosphors aus Phytoplanktonzellen innerhalb weniger Stunden nach ihrem Absterben freigesetzt sein), aber auch an deren jahreszeitlichen Schwankungen. In einem großen See der gemäßigten Zone mit einer relativ geringen Durchflußrate sind an einem Sommertag die wichtigsten Austauschprozesse 1) die Aufnahme löslichen Phosphats durch Phytoplankton und Bakterien, 2) deren Abweidung durch Zooplankter und 3) die Rückführung in den Wasserkörper durch Ausscheidungen und Zersetzung abgestorbener Zellen. In diesem Fall wechselt der größte Teil zwischen dem anorganischen Pool des Wassers und dem organischen Kompartiment der Biota, und nur ein geringer Prozentsatz geht dem Kreislauf durch Sedimentation verloren (Moss 1989). Dagegen wird die Bedeutung der Nährstoffzyklisierung in einem kleinen See mit hoher Durchflußrate im Vergleich zum Verlust durch abfließendes Wasser gering sein. Schließlich kann in sehr flachen Seen die Freisetzung von Nährstoffen aus dem Sediment zu einer starken Erhöhung der Verfügbarkeit von Phosphat im Wasserkörper führen, vor allem im Sommer, wenn hohe Zersetzungsraten auf der Sedimentoberfläche die hierfür notwendigen anaeroben Bedingungen schaffen.

19.3.3 Salzseen und Meere

Salzseen verlieren Wasser ausschließlich durch Verdunstung und sind daher sehr nährstoffreich.

Salzseen sind keine Seltenheit; sie sind global gesehen zahlen- und flächenmäßig durchaus mit den Süßwasserseen zu vergleichen (Williams 1988). Viele Seen arider Gebiete besitzen nämlich keinen Abfluß und verlieren Wasser ausschließlich durch Verdunstung (sogenannte **endorheische Seen**). Aufgrund dieses geschlossenen internen Kreislaufs weisen sie eine besonders hohe Mineralstoffkonzentration auf (Tabelle 19.3). Infolgedessen sind sie in der Regel sehr fruchtbar und beheimaten dichte Populationen von Cyanobakterien („Blaualgen" wie *Spirulina platensis*), zum Beispiel der Nakurusee in Kenia, der Lebensraum riesiger Zwergflamingokolonien (*Phoeniconaias minor*) ist. Ohne Zweifel werden die hohen Phophormengen zum Teil durch den konzentrierenden Effekt der Verdunstung bewirkt, aber zumindest in Seen wie dem Nakurusee tragen auch kleine Kreisläufe (Nahrungsaufnahme durch die planktonfiltrierenden Flamingos – Ausscheidung – Sedimentation) zu Bedingungen bei, unter denen verfügbarer Phophor kontinuierlich aus dem Sediment regeneriert und in den Zyklus eingebracht wird (Moss 1989).

Tabelle 19.3: Chemische Merkmale von Salzseen, endorheischen (ohne Abfluß) und exorheischen (mit Abfluß) Seen in Ost- und Zentralafrika. (Nach Moss 1980)

	Ca (mg/l)	Na (mg/l)	löslicher labiler P (µg/l)	Gesamt-P (µg/l)
exorheische Seen				
Victoriasee				
Zuflüsse	5.4–7.0	11.5	–	–
See	5–15	10–13.5	13–140	47–140
Georgesee				
Zuflüsse	15.6	12.3	79	–
See	15–20.2	12.9–13.5	2	412
Albertsee				
Zuflüsse	10–15	–	–	–
See	9–16	91–97	120–180	133–200
Mutandasee		15.5	18–93	65–110
Mulehesee	20.8–21.7	10.8	220	272
endorheische Seen				
Rudolfsee	5.0–5.8	770–810	715	2 600
Chilwasee				
Zuflüsse			0–24	–
See	7.2–18.0	348–2 690	0–7 520	–
Abiatasee	3–10	2 870–6 375	–	890
Natronsee	Spuren	129 000	290 000	–
Nakurusee	10	5 550–38 000	40–4 400	308–12 200
Magadisee	10	38 000		11 000
Elmenteitasee	1.1–10	9 450	–	2 000

In den Meeren werden Oberflächenwasser und nährstoffreiches Tiefenwasser durch die Mixis durchmischt.

Der größte aller endorheischen „Seen" ist das Meer – ein riesiges Wasserbecken, das von den Flüssen der Welt gespeist wird und ausschließlich durch Verdunstung Wasser verliert. Sein im Verhältnis zu den Zuflüssen riesiges Wasservolumen sorgt für eine bemerkenswert konstante chemische Zusammensetzung. Geochemiker unterteilen das Meer gerne in zwei Kompartimente – das warme Oberflächenwasser, in dem sich der Großteil der marinen Flora befindet, und das kalte Tiefenwasser (das vom Volumen her etwa zehnmal so groß ist). Auch hier wollen wir den Phosphor betrachten, da er als entscheidender Pflanzennährstoff oft limitierend ist (Abbildung 19.9). Die Nährstoffzufuhr in die oberen Wasserschichten erfolgt durch die Flüsse und ganz wesentlich auch durch Auftriebsströmungen aus den tieferen Meereszonen (diese tragen das 30fache Wasservolumen und etwa die dreifache Phosphormenge ein). Wie bei den in Abbildung 19.8 beschriebenen Seen wird der anorganische Phosphor durch Phytoplankter oder Bakterien aufgenommen und in die Nahrungskette eingeschleust. Meeresökologen betonen hier vor allem die Rolle des mikroskopisch kleinen Pikoplanktons, das etwa 60 % der Primärproduktion ausmacht und von ebenfalls winzigen Flagellaten konsumiert wird. Dieser Miniaturkreislauf ist fast vollkommen unabhängig vom Nährstoffzyklus des Phytopanktons und seiner Konsumenten (ähnliche **Mikrobenkreisläufe** (*microbial loops*) sind auch von einigen Seen bekannt; Stockner und Antia 1986). Die in das Tiefenwasser absinkenden Detrituspartikel werden mineralisiert, und der freigesetzte lösliche Phosphor wird schließlich durch Auftriebsströmungen wieder in das Oberflächenwasser zurückverfrachtet; nur etwa 1 % des Phosphors sedimentiert in jeder ozeanischen **Mixis** (innerhalb von etwa 1 000 Jahren erfährt ein Ozean eine voll-

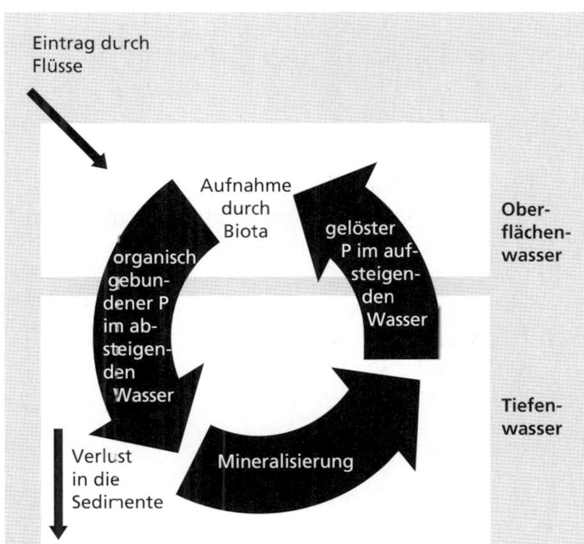

19.9 Die Phosphorumsetzungen im Meer als vereinfachtes Zwei-Phasen-System.

ständige Durchmischung) (Broecker und Peng 1982). Dieser Nährstoffzyklus findet normalerweise über weite Distanzen statt; ein Großteil der Mineralien, die in der Antarktis aufgetrieben werden, stammt wahrscheinlich aus Meeren der nördlichen Hemisphäre.

19.4 Globale biogeochemische Kreisläufe

Wie wir gesehen haben, werden Nährstoffe durch Luftbewegungen, Flüsse und Meeresströmungen über große Distanzen verfrachtet; sie gehen also aus einem Ökosystem verloren und werden an anderer Stelle, oft weit davon entfernt, wieder eingebracht. Es ist daher notwendig, Nährstoffkreisläufe auch auf globaler, biogeochemischer Ebene zu betrachten.

Das Internationale Geosphäre-Biosphäre-Programm (IGBP) untersucht den Einfluß des Menschen auf globale geochemische Kreisläufe.

Im September 1986 hat das Generalsekretariat des Internationalen Rats Wissenschaftlicher Vereinigungen das **Internationale Geosphäre-Biosphäre-Programm (IGBP)**, eine Studie über globale Veränderungen, ins Leben gerufen. Seine primären Ziele sind, »den einzigartigen Lebensraum Erde zu beschreiben und zu verstehen, die interaktiven, physikalischen Prozesse, die dieses System regulieren, zu analysieren, sowie die zu erwartenden oder bereits aufgetretenen Veränderungen und deren anthropogene Beeinflussung abzuschätzen« (Steffen et al. 1992). Zum Abschluß dieses Kapitels wollen wir an einigen Beispielen diskutieren, wie globale geochemische Kreisläufe durch die Aktivität des Menschen beeinträchtigt werden.

19.4.1 Anthropogene Beeinflussung des hydrologischen Kreislaufs

Der überwiegende Teil des Wassers der Erde ist in den Meeren gespeichert – für den Nährstofftransport ist jedoch der bewegliche Anteil von Bedeutung.

Der **Kreislauf des Wassers** ist relativ einfach darzustellen, obwohl seine einzelnen Komponenten nicht immer leicht zu quantifizieren sind (Abbildung 19.10). Durch Verdunstung der Meere gelangt Wasser in die Atmosphäre; Luftströmungen verteilen den Wasserdampf über den gesamten Globus, und Niederschläge führen es wieder zurück auf die Erde. Dort kann es temporär als Bodenwasser, in Form von Seen oder als Eis gespeichert werden. Letztendlich gelangt es durch Verdunstung oder Transpiration wieder in die Atmosphäre oder durch ober- und unterirdischen Abfluß in die Meere zurück (mit einem Nettotransport vom Meer zum Land). Die größten Wasserreservoire sind die Meere (97.3 % der gesamten Biosphäre; Berner und Berner 1987), gefolgt von den Polarkappen und Gletschern (2.06 %), dem Grundwasser (0.67 %) sowie Flüssen und Seen (0.01 %). Der transiente, bewegliche Anteil ist äußerst gering – das Wasser, das durch den Boden sickert, in Flüssen oder als Dampf und Wolken in der Atmosphäre vorhanden ist, macht insgesamt lediglich 0.08 % aus. Diese minimale Fraktion ist jedoch von essentieller Bedeutung für den Transport chemischer Nährstoffe und für die Aufrechterhaltung allen Lebens.

Pflanzen können den hydrologischen Kreislauf durch Abfangen des Niederschlags im Laubdach und Wasseraufnahme aus dem Boden unterbrechen.

Der hydrologische Kreislauf würde auch in Abwesenheit lebender Organismen funktionieren, Pflanzen kön-

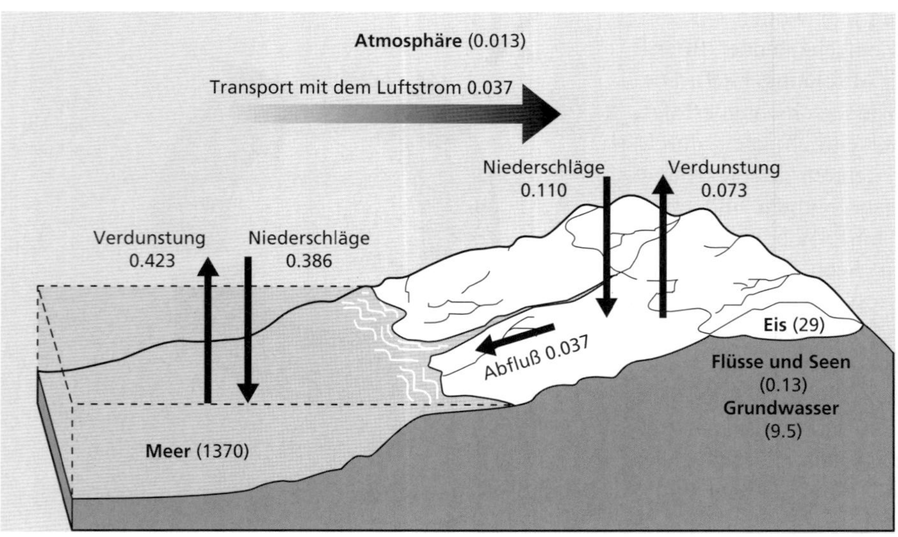

19.10 Der hydrologische Kreislauf. Die Angaben in Klammern beziehen sich auf die Größe der einzelnen Reservoire (in Millionen Kubikkilometer); alle anderen Werte sind in Millionen Kubikkilometer pro Jahr angegeben. (Nach Berner und Berner 1987)

nen die Austauschprozesse jedoch signifikant beeinflussen. Sie können den natürlichen Wasserfluß in zweierlei Weise unterbrechen: 1) durch Abfangen des Regenwassers im Laubdach, von wo aus es wieder in die Atmosphäre verdunsten kann, statt im Boden zu versickern, und 2) durch die Aufnahme aus dem Boden, wodurch der Abtransport in die Meere reduziert wird.

Anhand des Hubbard-Brook-Experiments haben wir im kleinen Maßstab gesehen, wie Abholzung den Wasserdurchfluß und damit auch den Nährstoffverlust erhöhen kann. Wir können daher leicht abschätzen, wie sich großflächige Rodungen, die weltweit vor allem zur Gewinnung landwirtschaftlicher Nutzflächen vorgenommen werden, auf den Wasser- und Nährstoffhaushalt auswirken.

Auch die globale Änderung des Klimas wirkt sich auf den Wasserkreislauf aus.

Eine andere Störung des Wasserkreislaufs ergibt sich aus der globalen Klimaveränderung. Eine allgemeine Temperaturerhöhung wird nicht nur die Polkappen und Gletscher zum Schmelzen bringen, sondern auch die Evaporations-, Transpirations- und Wasserabflußraten verändern (diskutiert zum Beispiel in Meyer und Pulliam 1992).

19.4.2 Der globale Nährstofffluß

Die wichtigsten Nährstoffe des globalen biogeochemischen Kreislaufs stammen aus der Verwitterung von Gesteinen und dem atmosphärischen Eintrag.

Die wichtigsten globalen Nährstoffreservoirs sind in Abbildung 19.11 illustriert. Die Lebewesen terrestrischer wie auch aquatischer Habitate erhalten einen wesentlichen Teil ihrer Nährstoffe, zum Beispiel Phosphor, durch die Verwitterung von Gesteinen. Elemente wie Kohlenstoff oder Stickstoff werden primär aus der Atmosphäre gewonnen. Schwefel stammt sowohl aus atmosphärischen als auch aus lithosphärischen Quellen. Im folgenden wollen wir nacheinander Phosphor, Stickstoff, Schwefel und Kohlenstoff betrachten und diskutieren, wie sich anthropogene Aktivitäten auf den biogeochemischen Kreislauf dieser biologisch so wichtigen Elemente auswirken.

19.4.3 Anthropogene Beeinflussung des Phosphorkreislaufs

Der Phosphoreintrag stammt primär aus der Verwitterung von Gesteinen.

Phosphorvorräte sind im wesentlichen im Bodenwasser, in Flüssen, Seen und Meeren sowie in den Sedimenten und Gesteinen gespeichert. Man kann den **Phosphorkreislauf** als „offen" oder „sedimentär" bezeichnen, da mineralischer Phosphor unweigerlich vom Land in die Meere verfrachtet wird und dort sedimentiert (jährlich etwa 13 Millionen Tonnen; Ramade 1981) (Abbildung 19.12a).

Mit Hilfe der vorangegangenen Betrachtungen wollen wir nun das Schicksal eines Phosphoratoms verfolgen, das seinen Anfang im Einzugsbereich eines Flusses nimmt. Es wird durch chemische Verwitterung aus dem Grundgestein freigesetzt, gelangt in eine terrestri-

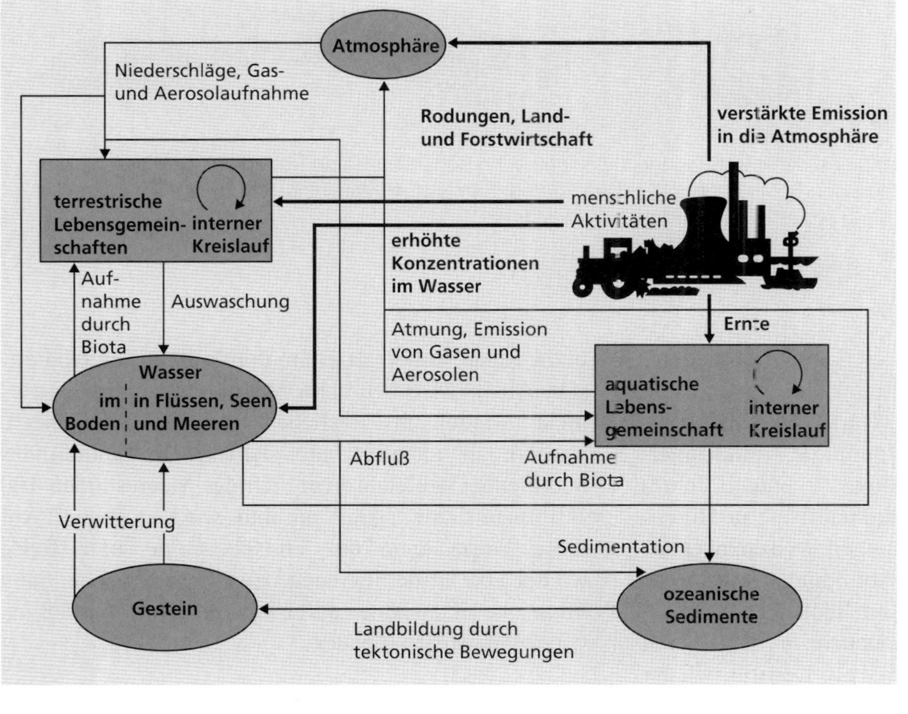

19.11 Die wichtigsten globalen Flüsse zwischen den abiotischen Reservoiren der Atmosphäre, Hydrosphäre und Lithosphäre und dem biotischen Pool aquatischer und terrestrischer Lebensgemeinschaften. Anthropogene Aktivitäten (fette Schrift und fette Linie) beeinflussen die globalen biogeochemischen Kreisläufe durch die Einbringung zusätzlicher Nährstoffe und verändern dadurch direkt oder indirekt die Nährstoffpassagen durch die verschiedenen Biozönosesysteme.

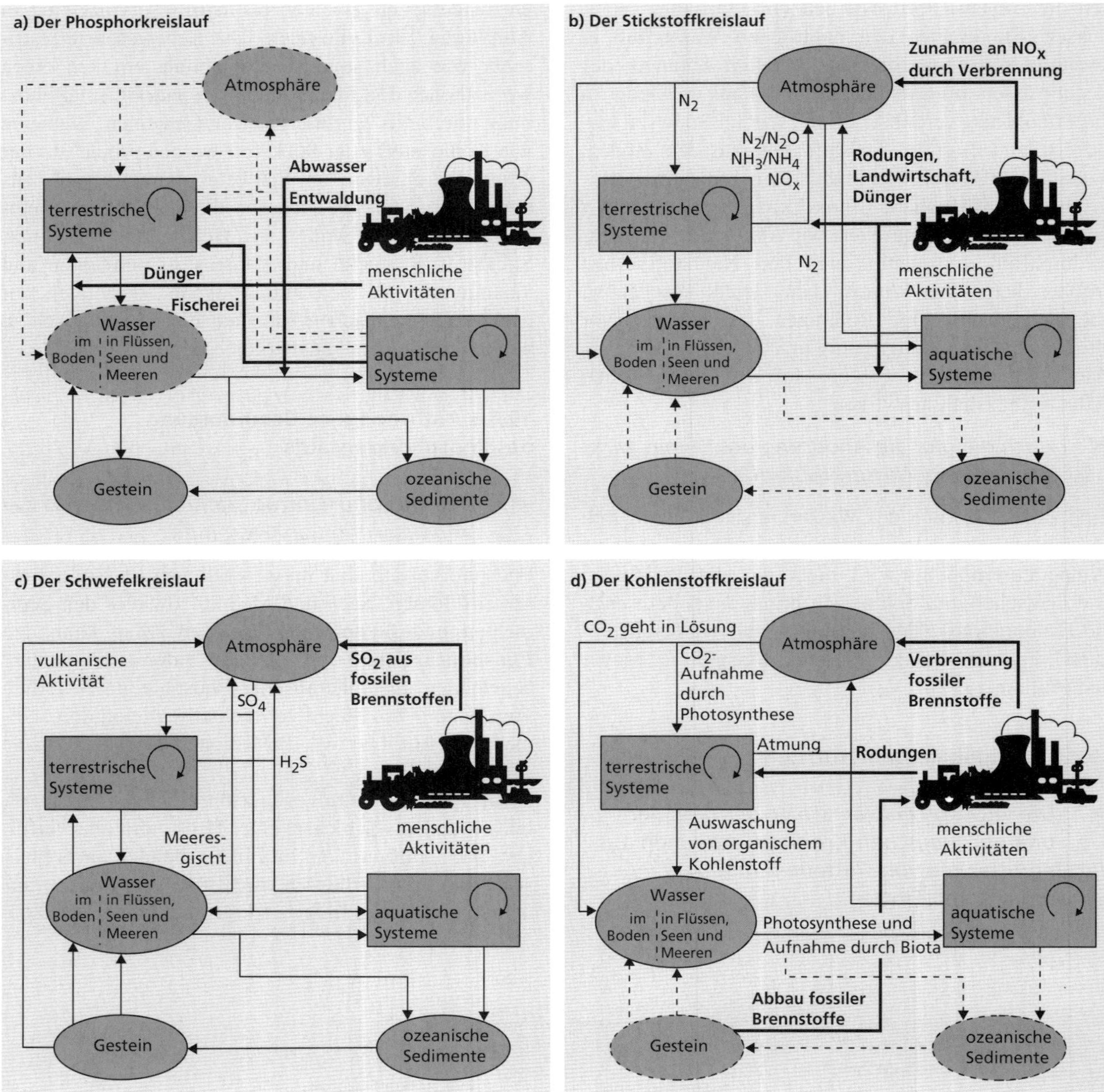

19.12 Die wichtigsten Flüsse (schwarz) und deren anthropogene Beeinflussung (fette Schrift und fette Linie) für vier der wichtigsten Nährstoffelemente: a) Phosphor, b) Stickstoff, c) Schwefel und d) Kohlenstoff. Weniger wichtige Fraktionen und Passagen sind gestrichelt (die Darstellung basiert auf dem Modell in Abbildung 19.11).

sche Lebensgemeinschaft, wo es jahre-, jahrzehnte- oder jahrhundertelang zirkulieren kann, bevor es in einen Fluß ausgewaschen wird. Dort wird es Bestandteil der Nährstoffspirale (Abbildung 19.7) und innerhalb kurzer Zeit (Wochen, Monate, eventuell Jahre) ins Meer transportiert. Dort durchläuft es im Durchschnitt ungefähr 100 Umlagerungen zwischen Oberflächen- und Tiefenwasser (Abbildung 19.9), von denen jede vielleicht 1 000 Jahre dauert. Bei jedem Durchlauf wird es von Organismen in der oberen Schicht aufgenommen und sinkt als Detritus wieder in die Meerestiefen ab. Beim durchschnittlich hundertsten Absinken (nach zehn Millionen Jahren) wird es nicht wieder als lösliches Phosphat freigesetzt, sondern als unzersetzbares Partikel Bestandteil des Sediments. Vielleicht hebt sich der Meeresboden 100 Millionen Jahre später an und wird zu Land. Auf diese Weise kann das Phosphoratom seine Reise wieder von vorne beginnen, zuerst terrestrische, dann limnische Kreisläufe durchwandern, um schließlich wieder im Meer zu enden.

Menschliche Aktivitäten sind für zwei Drittel des Phosphoreintrags in die Meere verantwortlich.

Dieser natürliche Kreislauf wird durch uns Menschen auf vielfältige Weise beeinflußt. Die Hochseefischerei verfrachtet jährlich etwa 50 Millionen Tonnen Phosphor vom Meer aufs Land – ein im Vergleich zum marinen Phosphorpool (120 Milliarden Tonnen; Ramade 1981) vernachlässigbarer Verlust. Über 13 Millionen Tonnen Phosphor werden jährlich durch Düngung auf landwirtschaftlich genutzte Flächen aufgebracht (ein Teil davon stammt aus den Fischabfällen) und weitere zwei bis drei Millionen Tonnen werden als Reinigungsmittel im Haushalt verwendet. Zudem erhöhen Abholzungen und viele Landkultivierungspraktiken die Erosion und Auswaschung in Flußeinzugsgebieten. All diese Prozesse tragen zu unnatürlich hohen Phosphorkonzentrationen in unseren Flüssen und Seen bei und führen letztendlich auch zu einem verstärkten Phosphoreintrag ins Meer (insgesamt sind zwei Drittel des jährlichen ozeanischen Phosphoreintrags anthropogenen Ursprungs; Ramade 1981).

In Süßgewässern ist der anthropogene Phosphoreintrag Ursache der Eutrophierung.

Für unsere Meere ist dieser Zuwachs ohne große Bedeutung, aber die erhöhten Konzentrationen in Flüssen, Ästuaren und vor allem in Seen können ernsthafte Konsequenzen haben. Die Anreicherung unserer Gewässer mit Phosphor (der normalerweise in limitierenden Konzentrationen vorliegt) schafft ideale Bedingungen für eine hohe Phytoplanktonproduktion (**anthropogene Eutrophierung**). Durch die starke Phytoplanktonvermehrung (häufig Cyanobakterien) wird das Wasser trüb, und große Wasserpflanzen können nicht mehr wachsen. Sie sterben zusammen mit den assoziierten Wirbellosen ab. Die Zersetzung der riesigen Mengen an Phytoplanktonbiomasse verringert zudem den Sauerstoffgehalt des Wassers, und es entstehen Bedingungen, unter denen Fische und Invertebraten nicht mehr existieren können. Das Ergebnis ist eine sehr produktive, aber artenarme und ästhetisch reizlose Lebensgemeinschaft. Die einzige Abhilfe besteht darin, den Nährstoffeintrag durch alternative agrarwirschaftliche Praktiken zu reduzieren und/oder die Einleitung phosphathaltiger Abwässer in unsere Flüsse und Seen zu reduzieren. Bei tiefen Seen, wie zum Beispiel dem Lake Washington in Nordamerika, konnten solche Maßnahmen den beschriebenen Trend innerhalb weniger Jahre umkehren (Edmonson 1970). In flachen Seen jedoch kann die Freisetzung des im Sediment gespeicherten Phosphors weiterhin problematisch sein, so daß es in vielen Fällen notwendig ist, das Sediment teilweise zu entfernen (Moss et al. 1988).

19.4.4 Anthropogene Beeinflussung des Stickstoffkreislaufs

Im Stickstoffkreislauf ist die Atmosphäre von überragender Bedeutung.

Im globalen **Stickstoffkreislauf** dominiert das atmosphärische Kompartiment; die mikrobielle Fixierung von gasförmigem Stickstoff und seine Freisetzung im Laufe der Denitrifikation sind hier von besonderer Bedeutung (Abbildung 19.12b). Der Stickstoffeintrag in terrestrische und aquatische Lebensgemeinschaften kann neben der biologischen Fixierung auch über die atmosphärische N_2-Reduktion (durch Blitze) und als Salpetersäure im Regenwasser erfolgen (dies macht jedoch nur 3–4 % aus). Der Austrag von Stickstoff vom Land ins Meer ist mengenmäßig relativ gering, kann aber für die betroffenen aquatischen Systeme durchaus Konsequenzen haben (vergleichbar mit denen, die wir beim Phosphorkreislauf bereits besprochen haben). Ein kleiner Teil des Stickstoffs geht jährlich in den Sedimenten der Ozeane verloren.

Rodungen und Landwirtschaft beeinflussen die hydrosphärische Phase des Stickstoffkreislaufs.

Der Mensch beeinflußt den Stickstoffkreislauf auf vielfältige Weise und mit weitreichenden Auswirkungen. Rodungen führen zu einer signifikanten Erhöhung der Nitratkonzentration in unseren Gewässern (vergleiche das Hubbard-Brook-Experiment in Abschnitt 19.2.3, Abbildung 19.5), und auch der in der Landwirtschaft reichlich applizierte Stickstoffdünger landet schließlich zum großen Teil in den Flüssen, Seen und Meeren (vergleiche Abschnitt 19.2.4). All dies führt zu den bereits diskutierten Eutrophierungseffekten.

Bei der anthropogenen Beeinflussung des atmosphärischen Stickstoffpools spielen vor allem Emissionen von Ammoniak und Stickstoffoxiden sowie saurer Regen eine Rolle.

Auch der atmosphärische Stickstoffpool wird maßgeblich durch den Menschen verändert. Durch technologische Prozesse, zum Beispiel durch Verpuffungsreaktionen oder im Rahmen der Düngemittelproduktion, werden riesige Stickstoffmengen aus der Atmosphäre entfernt. Quantitativ liegt diese technische oder industrielle N_2-Fixierung in derselben Größenordnung wie die natürliche (Rosswall 1983). Auf der anderen Seite steht die zunehmende Verflüchtigung von Stickstoff. Abholzung und intensive Düngung erhöhen nicht nur die Nitratauswaschung, sondern auch die Denitrifikationsraten (Bremner und Blackmer 1978) und damit die Emission gasförmiger Stickstoffverbindungen. Durch das Ausbringen von Stallmist und Jauche werden beträchtliche Mengen Ammoniak freigesetzt (Berden et al. 1987; die Exkremente von Rindern, Schweinen und Menschen haben einen Stickstoffgehalt von etwa 2.4 %, in Hühnerkot und Jauche steigt er sogar auf bis zu 6 %), das mit dem Wind über weite Distanzen verfrachtet werden kann und als Umweltschadstoff eine zunehmende Bedeutung gewinnt (Sutton et al. 1993). Die NH_3-Emission hat sich während der letzten Jahrzehnte deutlich erhöht und ist nach neueren Schätzungen für 60–80 % des anthropogenen N-Eintrags in europäischen Ökosystemen verantwortlich (Sutton et al. 1993). Der Rest stammt aus Stickoxiden (NO_x), die durch technische Prozesse (wie Verbrennung von Öl oder Kohle, Abgase) erzeugt werden. In der Atmosphäre werden die Stickoxide innerhalb weniger Tage in Salpetersäure umgewandelt, die zusammen mit NH_3 die sauren Niederschläge in Industrie- und industrienahen Gebieten bedingt (Schweflige Säure ist der andere Missetäter, und wir werden die Konsequenzen des sauren Regens zusammen mit dem Schwefelkreislauf in Abschnitt 19.4.5 besprechen).

Da viele Pflanzengesellschaften an niedrige Stickstoffkonzentrationen angepaßt sind, ist zu erwarten, daß sich die Eingriffe in den Stickstoffkreislauf auch auf die Zusammmensetzung von Biozönosen auswirken (dies ist das terrestrische Gegenstück zur Eutrophierung unserer Seen). Heidegemeinschaften reagieren besonders empfindlich auf einen erhöhten Stickstoffgehalt, aber auch Kalkwiesen und die Kraut- und Moosvegetation der Hochlandregionen erweisen sich mit einem Rückgang des Artenreichtums als äußerst sensitiv (Sutton et al. 1993). Pflanzengesellschaften, die normalerweise stickstofflimitiert sind, zeigen anfänglich eine positive Reaktion. In vielen Wäldern zum Beispiel führt zusätzlicher Stickstoff zuerst zu einem gesteigerten Wachstum, aber irgendwann wird ein „Sättigungspunkt" erreicht (Aber 1992). Jede weitere N-Anreicherung wird sich dann negativ auf die Auswaschungsraten auswirken. Das Konzept der „kritischen Menge" wird bei der schwierigen Aufgabe, die Nährstoffsensitivität verschiedener Lebensgemeinschaften und die noch verträglichen Schadstoffgrenzen zu definieren, mehr und mehr berücksichtigt (Grennfelt und Thornelof 1992).

19.4.5 Anthropogene Beeinflussung des Schwefelkreislaufs

Im Schwefelkreislauf sind Atmosphäre und Lithosphäre gleichermaßen bedeutend.

Schwefel gelangt durch drei natürliche biogeochemische Prozesse in die Atmosphäre: durch Aerosole aus der Meeresgischt (etwa 44 Millionen Tonnen pro Jahr), durch vulkanische Aktivität (sehr gering) und durch die anaerobe Atmung sulfat- und schwefelreduzierender Bakterien (die durch Sulfatatmung erzeugten Mengen an Schwefelwasserstoff (H_2S) können durchaus beträchtlich sein – die Schätzungen schwanken zwischen 33 und 230 Millionen Tonnen pro Jahr; Ramade 1981). Der Eintrag aus der Atmosphäre erfolgt durch die chemische Oxidation von Schwefelverbindungen zu Sulfat, das dann durch nasse oder trockene Deposition auf die Erde zurückkehrt (siehe Abschnitt 19.2.1). Jährlich fließen so etwa 21 Millionen Tonnen Schwefel in terrestrische und 19 Millionen Tonnen in aquatische Systeme zurück.

Etwa 50 % des Schwefels, der vom Land über Flüsse und Seen ausgetragen wird, stammt aus der Verwitterung von Gesteinen, die andere Hälfte aus der Atmosphäre. Auf seinem Weg ins Meer wird ein Teil des Schwefels – vorwiegend in Form von Sulfat – von Pflanzen aufgenommen, in die Nahrungskette eingeschleust und nach der Zersetzung wieder verfügbar gemacht. Im Vegleich zu Phosphor und Stickstoff ist dieser im internen Kreislauf verbleibende Anteil, aber sehr gering. Letztendlich geht der Schwefel durch Sedimentation in den Meeren dem globalen Kreislauf verloren (vorwiegend durch abiotische Prozesse wie die Reaktion von Schwefelwasserstoff mit Eisen zum unlöslichen Eisensulfid, das den Meeressedimenten ihre schwarze Farbe verleiht).

Durch die Verbrennung fossiler Brennstoffe werden konzentriert riesige Mengen Schwefeldioxid freigesetzt.

Der massivste Eingriff des Menschen in den **Schwefelkreislauf** erfolgt durch die Verbrennung fossiler Brennstoffe (Kohle enthält 1–5 % Schwefel, Öl 2–3 %) und die damit verbundene Emission von Schwefeldioxid (SO_2). Die anthropogene Freisetzung von Schwefel in die Atmosphäre liegt etwa in der gleichen Größenordnung wie die natürliche, nur mit dem Unterschied, daß die natürlichen Emissionen annähernd gleichmäßig über den Globus verteilt sind, während sich die anthropogenen über den Industrieregionen in Nordeuropa und im Osten der Vereinigten Staaten konzentrieren und dort bis zu 90 % der Gesamtzufuhr ausmachen (Fry und Cooke 1984). Sogar noch einige hundert Kilometer von der Emissionsquelle entfernt können die Schwefelkonzentrationen stark erhöht sein. Das Problem betrifft also nicht nur den Verursacher, sondern auch dessen Nachbarstaaten und kann daher nur in internationaler politischer Zusammenarbeit gelöst werden.

Schwefeldioxidemissionen sind die Hauptursache des sauren Regens.

Wasser im Gleichgewicht mit Kohlendioxid bildet gelöste Kohlensäure mit einem pH-Wert von etwa 5.6. Der pH-Wert saurer Niederschläge liegt jedoch weit darunter: In England wurden Werte von 2.4 gemessen, in Skandinavien 2.8 und in den Vereinigten Staaten sogar 2.1. Die Emission von SO_2 ist häufig die primäre Ursache dieser extremen Ansäuerung (in der Atmosphäre wird Schwefeldioxid rasch zu Schwefliger Säure oxidiert), obwohl – wie wir gesehen haben – auch Stickoxide und Ammoniak mit 30–50 % ihren Beitrag dazu leisten (Mooney et al. 1987; Sutton et al. 1993).

Die drastischen Auswirkungen eines niedrigen pH-Wertes auf Lebewesen in Flüssen und Seen haben wir bereits früher besprochen (Abschnitt 2.6). Saurer Regen hat zu dramatischen Fischsterben in Tausenden von Seen geführt, aber auch für Wälder und andere terrestrische Lebensgemeinschaften hat er weitreichende Konsequenzen. Die Auswirkungen auf das Pflanzenwachstum können direkt (Zerstörung von Lipidschichten und Membranen; Chia et al. 1984) oder indirekt sein (Verringerung der für die Pflanzen verfügbaren Nährstoffe durch verstärkte Auswaschung aus dem Boden oder Komplexbildung; siehe Abschnitt 2.6). Auch Folgeeffekte spielen hier eine Rolle. So kann Sulfat Metalle wie das für viele Organismen toxische Aluminium mobilisieren und damit die Zusammensetzung von Lebensgemeinschaften beeinflussen; Sulfat kann auch die Bindungsaffinität von Eisen zu Phosphaten verändern und zur Freisetzung von Phosphat und so zu den in Abschnitt 19.4.3 besprochenen Eutrophierungsproblemen führen (Caraco 1993).

Falls die politische Bereitschaft besteht, die SO_2- und NO_x-Emissionen zu reduzieren (zum Beispiel durch Entschwefelung von Kohle und Öl), sollte das Problem des sauren Regens kontrollierbar sein (Wright et al. 1988); in einigen Gebieten der Welt konnte der Schwefelausstoß tatsächlich reduziert werden. Allerdings stehen die Naturschützer hier vor keiner einfachen Aufgabe und geraten sogar untereinander in Konflikt. Die Entscheidung, die Emission englischer Kraftwerke zu reduzieren, führte zu einem energischen Protest von Seiten der Natur- und Landschaftsschützer, als sich herausstellte, daß für den Reinigungsprozeß große Mengen Kalkstein erforderlich waren, der vorwiegend aus landschaftlich und wissenschaftlich schützenswerten Gebieten gewonnen werden sollte. Es bleibt abzuwarten, ob eine Rückkehr zu – in chemischer und biologischer Beziehung – „natürlichen" Bedingungen erreicht werden kann.

19.4.6 Anthropogene Beeinflussung des Kohlenstoffkreislaufs

Photosynthese und Atmung sind die gegenläufigen Triebfedern des Kohlenstoffkreislaufs, wobei vor allem Kohlendioxid von Bedeutung ist.

Die gegenläufigen Prozesse der **Photosynthese** und **Atmung** treiben den globalen **Kohlenstoffkreislauf** (Abbildung 19.12d) an, einen im wesentlichen gasförmigen Zyklus, bei dem der Fluß zwischen Atmosphäre, Hydrosphäre und Biota vorwiegend über das CO_2-Molekül läuft. Darüber hinaus wird Kohlenstoff in die Binnengewässer und Ozeane durch die Verwitterung kalkreicher Gesteine wie Kalkstein und Kreide als Bicarbonat eingebracht (**Carbonisierung**):

$$\text{atmosphärisches } CO_2 \rightleftarrows \text{gelöstes } CO_2. \quad (19.4)$$

Landpflanzen nutzen als photosynthetische Kohlenstoffquelle gasförmiges CO_2, Wasserpflanzen gelöste Carbonate. Diese Teilkreisläufe sind durch den CO_2-Austausch zwischen Atmosphäre und Hydrosphäre folgendermaßen miteinander verbunden:

$$CO_2 - H_2O \rightleftarrows H_2CO_3 \text{ (Kohlensäure)}, \quad (19.5)$$

$$CO_2 - H_2O + CaCO_3 \rightleftarrows CaH_2(CO_3)_2. \quad (19.6)$$

Der CO_2-Gehalt der Atmosphäre ist durch die Verbrennung fossiler Brennstoffe signifikant angestiegen.

Die atmosphärischen CO_2-Konzentrationen haben sich seit 1750 von etwa 280 ppm (*parts per million*) auf etwa 350 ppm erhöht und steigen immer noch an. Der durch das Mauna-Loa Observatorium auf Hawaii aufgezeichnete Verlauf der Konzentrationszunahme ist in Abbildung 19.13 dargestellt. Die Hauptursache dieses Anstiegs ist die Verbrennung fossiler Brennstoffe, durch die zum Beispiel im Jahre 1980 etwa

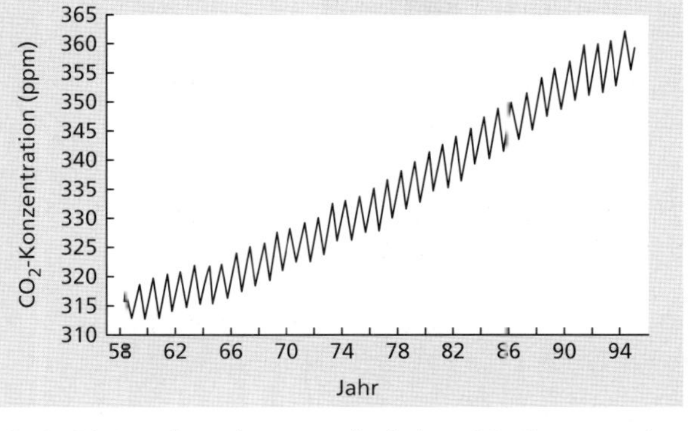

19.13 Die Zunahme der atmosphärischen CO_2-Konzentration am Mauna-Loa-Observatorium auf Hawaii. Die jahreszeitlichen Fluktuationen (durch die unterschiedliche Photosyntheseaktivität) sind ebenso deutlich zu erkennen wie der langfristige Anstieg, der vor allem auf die Verbrennung fossiler Brennstoffe zurückzuführen ist. (Nach Keeling et al. 1995)

Tabelle 19.4: Bilanzierung der anthropogenen Ursachen für den CO_2-Anstieg in der Atmosphäre. (Nach Detwiler und Hall 1988) Das Minuszeichen in der „ungeklärt?"-Zeile bedeutet eine bisher unbekannte Kohlenstoffquelle, die Pluszeichen eine Kohlenstoffsenke.

	tiefster Schätzwert	Durchschnitt	höchster Schätzwert
Freisetzung			
fossile Brennstoffe	4.7	5.2	5.7
Zementproduktion	0.1	0.1	0.1
Zerstörung der Tropenwälder	0.4	1.0	1.6
Zerstörung anderer Wälder	–0.1	0.0	0.1
gesamt	5.1	6.3	7.5
davon			
verbleibt in der Atmosphäre	2.9	2.9	2.9
wird von Meeren aufgenommen	2.5	2.2	1.8
ungeklärt?	–0.3	+1.2	+2.8

5.2 (± 0.5) Milliarden Tonnen Kohlenstoff in die Atmosphäre gelangten (Tabelle 19.4). Weitere 0.1 Milliarden Tonnen wurden durch die Zementherstellung aus Kalkstein freigesetzt.

Das Ausmaß des CO_2-Anstiegs durch die Ausbeutung der Tropenwälder hängt von der Nutzungsart ab.

Auch die Ausbeutung tropischer Wälder führt zur Erhöhung der atmosphärischen CO_2-Konzentration, wobei das tatsächliche Ausmaß davon abhängt, ob die Rodung zur Nutzholzgewinnung, zur temporären landwirtschaftlichen Kultivierung (Wanderackerbau) oder zum Erhalt permanent genutzter Ackerflächen erfolgt. Das Abbrennen der Vegetation nach der Rodung resultiert in einem sehr schnellen und massiven CO_2-Ausstoß. Während der langsamen Zersetzung verbleibender Vegetation wird CO_2 dagegen nur langsam in die Atmosphäre abgegeben. Werden die Wälder zur Schaffung kontinuierlich bewirtschafteter Flächen gerodet, so wird der Kohlenstoffgehalt des Bodens durch Zersetzung, Erosion und manchmal auch durch die mechanische Entfernung der oberen Schichten reduziert. Beim Wanderackerbau ergeben

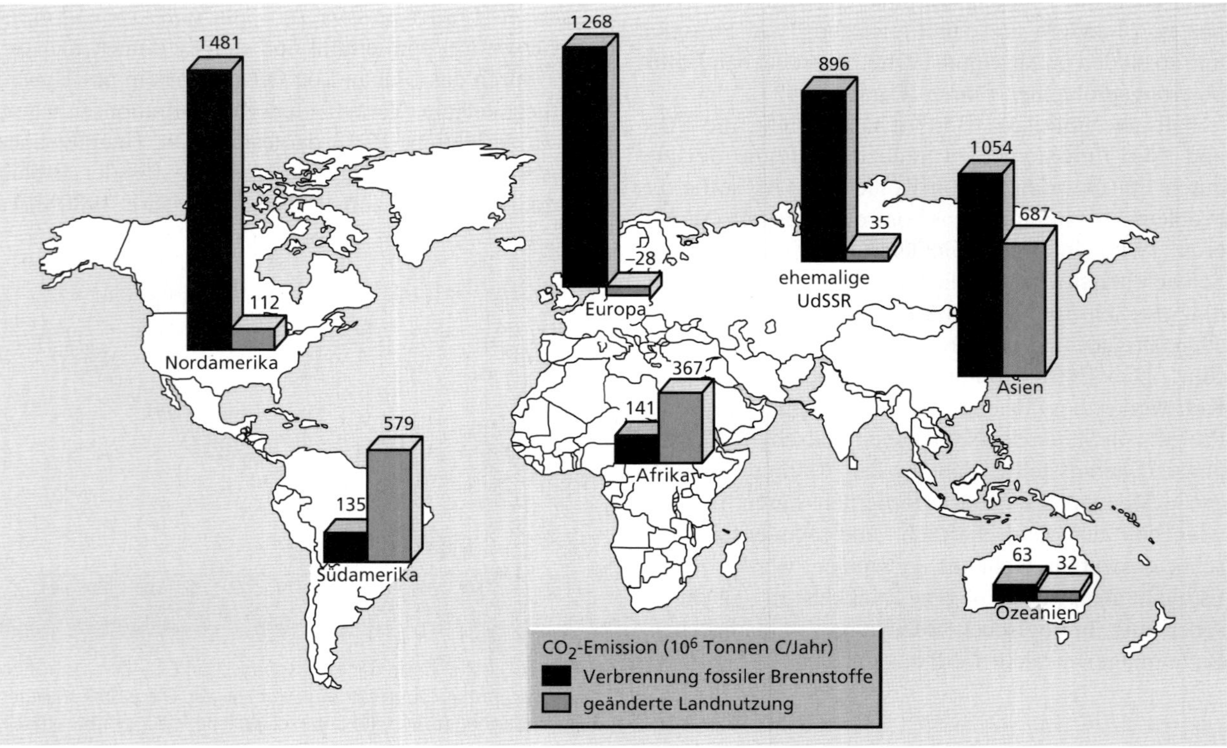

19.14 Die CO_2-Emission durch Verbrennung fossiler Brennstoffe und veränderte Landnutzungspraktiken (in erster Linie Waldrodungen) im Jahre 1980. (Nach UNEP 1991)

sich primär ähnliche Auswirkungen, aber ein Teil des ursprünglich verlorenen Kohlenstoffs wird während der nutzungsfreien Phasen durch die sich regenerierende Bodenflora und die entstehenden Sekundärwälder wieder zurückgewonnen. Bei „temporären“ Rodungen ist also der Nettoverlust pro Flächeneinheit geringer als bei „permanenten“. Durch die geänderte Landnutzung in den Tropen gehen jährlich insgesamt etwa 1.0 (± 0.6) Milliarden Tonnen Kohlenstoff verloren (Schätzungen aus dem Jahre 1980; Detwiler und Hall 1988; Abbildung 19.14). Daran sind zu mehr als 50 % Abholzungen in Brasilien, Indonesien und Kolumbien beteiligt. Veränderte Landnutzungspraktiken außerhalb der Tropen scheinen nur einen vernachlässigbaren Effekt auf die CO_2-Emission zu haben.

Ein Teil des überschüssigen Kohlendioxids landet in den Meeren oder möglicherweise auch in zusätzlicher Biomasse.

Diesem anthropogenen CO_2-Ausstoß in die Atmosphäre (5.1 bis 7.5 Milliarden Tonnen pro Jahr) steht der natürliche in einer Größenordnung von 100 Milliarden Tonnen gegenüber (Mooney et al. 1987). Der tatsächliche Anstieg der CO_2-Konzentration in der Atmosphäre beträgt jährlich 2.9 Milliarden Tonnen (das entspricht 39–57 % der anthropogenen Einträge; Tabelle 19.4); der Rest gelangt zum großen Teil in die Ozeane. Die verbleibende Differenz läßt sich eigentlich nur durch eine bisher unbekannte, aber bedeutende CO_2-Senke erklären. Es ist denkbar, daß terrestrische Lebensgemeinschaften überschüssiges Kohlendioxid aufnehmen und als „zusätzliche“ Biomasse speichern. (Unter experimentellen Bedingungen führte eine erhöhte CO_2-Konzentration zum Beispiel bei einer Reihe von Pflanzenarten zu gesteigerten Photosyntheseraten und zu einer höheren Primärproduktion; Strain 1987).

19.5 Der Treibhauseffekt

Die zunehmende Konzentration an sogenannten Treibhausgasen führt zu einer globalen Erwärmung.

Obwohl einzelne Schätzungen stark variieren, kann man davon ausgehen, daß die CO_2-Konzentration in der Atmosphäre bis zum Jahr 2100 auf durchschnittlich mehr als 700 ppm steigen wird. Welchen Effekt wird dieser enorme Anstieg haben? Die Atmosphäre wirkt in gewisser Weise wie das Glas eines Gewächshauses: Tagsüber wärmt sich die Erdoberfläche durch die Sonnenstrahlung auf und gibt dann diese Energie als Infrarotstrahlung wieder ab. CO_2 gehört – ebenso wie Distickstoffoxid (N_2O), Methan, Ozon und einige Fluorkohlenwasserstoffe – zu den sogenannten **Treibhausgasen**, die Infrarotstrahlung absorbieren. Erhöhte Konzentrationen dieser Gase in der Atmosphäre verstärken demnach den Rückhalteeffekt und führen zu einer **globalen Erwärmung** – zum **Treibhauseffekt** (siehe auch Abschnitt 2.11).

Das Schmelzen der polaren Eiskappen und ein Meeresspiegelanstieg sind nur zwei der dramatischen Folgen einer weiteren Erwärmung.

Abbildung 19.15 zeigt den Konzentrationsanstieg verschiedener Treibhausgase während des letzten Jahrhunderts sowie die zu erwartenden Veränderungen bis zum Jahre 2100 (vergleiche auch Abbildung 2.16). Man nimmt an, daß die derzeitige Lufttemperatur (über Landflächen) um etwa 0.5 ± 0.2 °C höher liegt als in der vorindustriellen Zeit, und schätzt, daß sich die Erde durch die zu erwartende Verdopplung der CO_2-Konzentration um weitere 3.5–4.2 °C erwärmen wird. Dies würde zu weitreichenden globalen Klimaveränderungen führen, zum Abschmelzen der polaren Eiskappen und damit verbunden zum Anstieg der Meeresspiegel.

Diese Temperatur- und Klimaveränderungen haben mit Sicherheit auch Konsequenzen für die bereits vom Menschen beeinflußten biogeochemischen Kreisläufe. Daher werden derzeit große Forschungsanstrengungen unternommen, um die Effekte der erhöhten CO_2-Konzentrationen auf die Primärproduktion (siehe Abschnitt 18.5) sowie der Temperaturanstieg auf die Methanbildung in Sumpfgebieten (Bubier und Moore 1994) und die Zersetzungsprozesse im Boden allgemein (Anderson 1992) zu analysieren. Die Biosphäre ist ein äußerst komplexes System und wir sind weit davon entfernt, die Zusammenhänge zwischen den einzelnen Komponenten und ihre Reaktion auf solch massive Eingriffe zu verstehen. Es ist höchste Zeit, daß sich Ökologen, Physiker, Chemiker und Geologen zusammenfinden um diese Herausforderung gemeinsam anzunehmen.

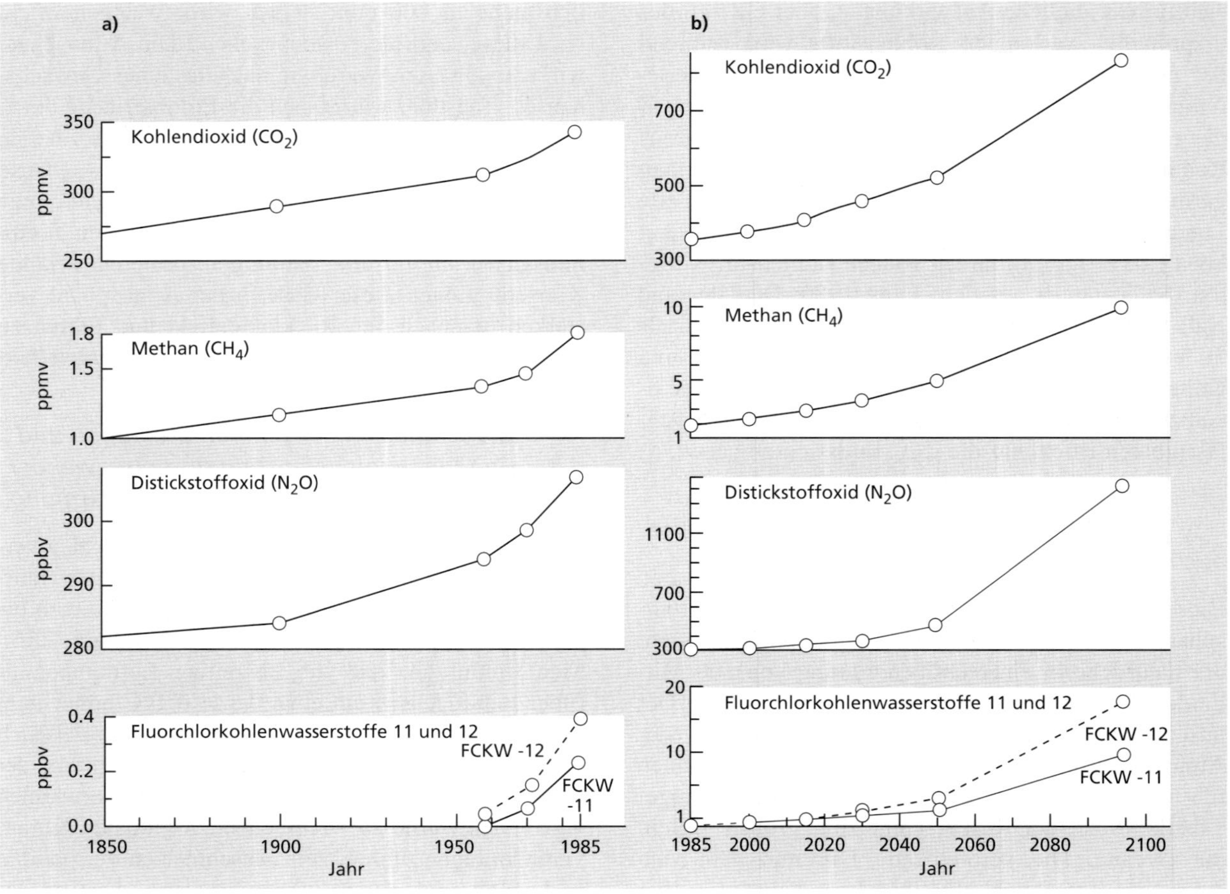

19.15 Der Anstieg typischer Treibhausgase im Zeitraum von 1850 bis 1985 (a) und die geschätzte Weiterentwicklung bis zum Jahre 2100 (b). (Nach World Meteorological Organization 1985)

20 Der Einfluß von Konkurrenz auf die Struktur von Lebensgemeinschaften

20.1 Einleitung

Die folgenden Kapiteln hängen thematisch eng zusammen und behandeln Faktoren, die Lebensgemeinschaften prägen. In den siebziger Jahren dominierte unter den Ökologen die Meinung, die wichtigste Kraft bei der Strukturierung von Biozönosen sei Konkurrenz (MacArthur 1972; Cody 1975). In letzter Zeit ist man von dieser Ansicht etwas abgerückt und räumt destabilisierenden und stochastischen Prozessen (wie physikalischen Störungen und variablen Umweltbedingungen) eine größere Bedeutung ein (Diamond und Case, 1986; Gee und Giller, 1987). Die Rolle der interspezifischen Konkurrenz wird in diesem Kapitel analysiert; Sie sollten jedoch dieses und das nächste Kapitel zusammenhängend lesen, da dort Parameter besprochen werden, die den Einfluß der Konkurrenz abschwächen können.

Interspezifische Konkurrenz kann bestimmen, wie viele und welche Arten koexistieren.

Die besondere Bedeutung der **interspezifischen Konkurrenz** wurde primär durch das **Konkurrenzausschlußprinzip** gefördert (Abschnitt 7.4.2), dem zufolge Arten, die um dieselben limitierenden Ressourcen konkurrieren, nicht koexistieren können. Auch Abwandlungen dieses Prinzips, zum Beispiel das Konzept der begrenzenden Ähnlichkeit, der optimalen Ähnlichkeit und der Nischenaufteilung oder Nischenpackung (Abschnitt 7.9) postulieren letztendlich eine Begrenzung der in einer Biozönose möglichen Artenzahl. Aufgrund theoretischer Überlegungen ist interspezifische Konkurrenz also zweifelsohne von großer Bedeutung, die entscheidende Frage ist aber: Wie wichtig ist sie tatsächlich?

20.2 Die Bedeutung der aktuellen Konkurrenz in Biozönosen

In einer homogenen Umgebung, in der die Arten täglich und stündlich miteinander im Wettbewerb stehen, wird Konkurrenz unbestreitbar entscheidend an der Strukturierung einer Lebensgemeinschaft beteiligt sein. In den Fällen jedoch, in denen Faktoren wie Prädation, eingeschränktes Nahrungsangebot oder das Wetter für permanent niedrige Populationsdichten sorgen, kann Konkurrenz keine prägende Kraft darstellen. Es geht im folgenden nicht darum, ob Konkurrenz die Struktur von Lebensgemeinschaften manchmal maßgeblich beeinflußt, sondern darum, in welchen Situationen und in welchem Ausmaß sie den *entscheidenden* Faktor darstellt.

In der Mehrzahl der Freilandstudien ergeben sich Hinweise auf interspezifische Konkurrenz, möglicherweise sind die verwendeten Daten aber nicht repräsentativ.

Der direkteste Zugang zur Beantwortung dieser Frage ergibt sich aus Untersuchungen, bei denen eine Art aus einer Biozönose entfernt oder dieser hinzugefügt wurde. Eine von Schoener (1983) durchgeführte Analyse ergab, daß nur 90 % der von ihm ausgewerteten Berichte (insgesamt 164, verteilt auf terrestrische, limnische und marine Systeme) für die Existenz interspezifischer Konkurrenz sprachen, wobei nur geringfügige Unterschiede zwischen den verschiedenen Biozönosetypen auftraten. Auch Connell (1983), der „nur" 72 Untersuchungen mit 215 Arten und 527 Einzelexperimenten berücksichtigte, dafür aber zwischen der relativen Bedeutung von inter- und intraspezifischer Konkurrenz differenzierte, fand in den meisten Studien Hinweise auf zwischenartliche Konkurrenz (im Gegensatz zu Schoener jedoch vor allem in marinen Systemen). Allerdings war die interspezifische Konkurrenz nur in den wenigsten Fällen ausgeprägter als die intraspezifische.

Beide Analysen zusammengenommen zeigen, daß aktuelle Konkurrenz in rezenten Lebensgemeinschaften real existiert und weit verbreitet ist. Aber wie aussagekräftig sind die Grundlagen, auf denen sie aufbauen? Wurden für die Untersuchungen nicht bevorzugt solche Systeme und Arten ausgewählt, bei denen man Konkurrenz erwartete? Wurden nicht solche Daten, die den Erwartungen nicht entsprachen, einfach nicht veröffentlicht? Es ist daher durchaus möglich, daß das von Schoener und Connell gezogene Fazit, Konkurrenz sei häufig und wichtig, in dieser Form nicht haltbar ist.

20.2.1 Phytophage Insekten und andere Ausnahmen

Schoener selbst wies schon darauf hin, daß herbivore Insekten in seinen Analysen unterrepräsentiert waren (was bedauerlich ist, da sie ungefähr ein Viertel aller lebenden Arten ausmachen; Southwood 1978b). Um dieses Defizit auszugleichen, haben Strong et al. (1984) Untersuchungen über interspezifische Konkurrenz bei phytophagen Insekten ausgewertet. Nur in 41 % konnten sie Hinweise auf deren Existenz finden, und davon in vielen Fällen nur bei ganz spezifischen paarweisen Wechselbeziehungen. Es gibt eine Reihe von Gründen, diesen Ergebnissen zu glauben. *k*-Wert-Analysen zufolge, zeigen nur etwa 20 % der Populationen *intra*spezifische Konkurrenz, und wenn Organismen schon innerhalb der eigenen Spezies nicht konkurrieren, ist ein Wettbewerb mit Vertretern anderer Arten (und anderen Bedürfnissen) sehr unwahrscheinlich. Es gibt auch viele Beispiele für „freie Nischen" bei phytophagen Insekten (Ort und Art der Ernährung, siehe Abbildung 20.1), die ebenfalls gegen eine dominierende Rolle der interspezifischen Konkurrenz sprechen. Diese Organismengruppe scheint also insgesamt nicht nahrungslimitiert – und dadurch auch keiner Konkurrenz ausgesetzt – zu sein (Hairston et al. 1960; Slobodkin et al. 1967; siehe auch Kapitel 22). Wegen der vielen Räuber und der qualitativ schlechten Nahrung (Lawton und McNeill 1979, siehe auch Kapitel 3) erreichen sie zudem nur selten die Populationsdichten, bei denen Konkurrenz zum Tragen käme.

Insgesamt mag also interspezifische Konkurrenz für einige Organismen (zum Beispiel für sessile Arten bei hoher Siedlungsdichte) von ausschlaggebender Bedeutung sein, für andere Gruppen dagegen kann man sie vernachlässigen. Für Herbivore – vor allem für phytophage Insekten – scheint sie eine untergeordnete Rolle zu spielen, da diese nur selten ihr konkurrenzinduzierende Dichten erreichen (die Gründe dafür werden wir im nächsten Kapitel diskutieren).

20.2.2 Die Intensität der Konkurrenz ist nicht immer mit ihrem Einfluß auf die Struktur von Lebensgemeinschaften korreliert

Interspezifische Konkurrenz kann die Abundanz von Arten beeinflussen, ohne sich auf die Artenzusammensetzung der Biozönose auszuwirken.

Sogar unter potentiell intensiven Konkurrenzbedingungen können Arten weiterhin miteinander koexistieren. Dies ergab sich aus der Untersuchung theoretischer Lebensgemeinschaften (Abbildung 20.2). In einer homogenen Umwelt war der Wettbewerb stark genug, um Konkurrenzausschluß zu bewirken; in einem Lebensraum mit räumlich und zeitlich stark variierenden Ressourcen zeigten die Spezies eine

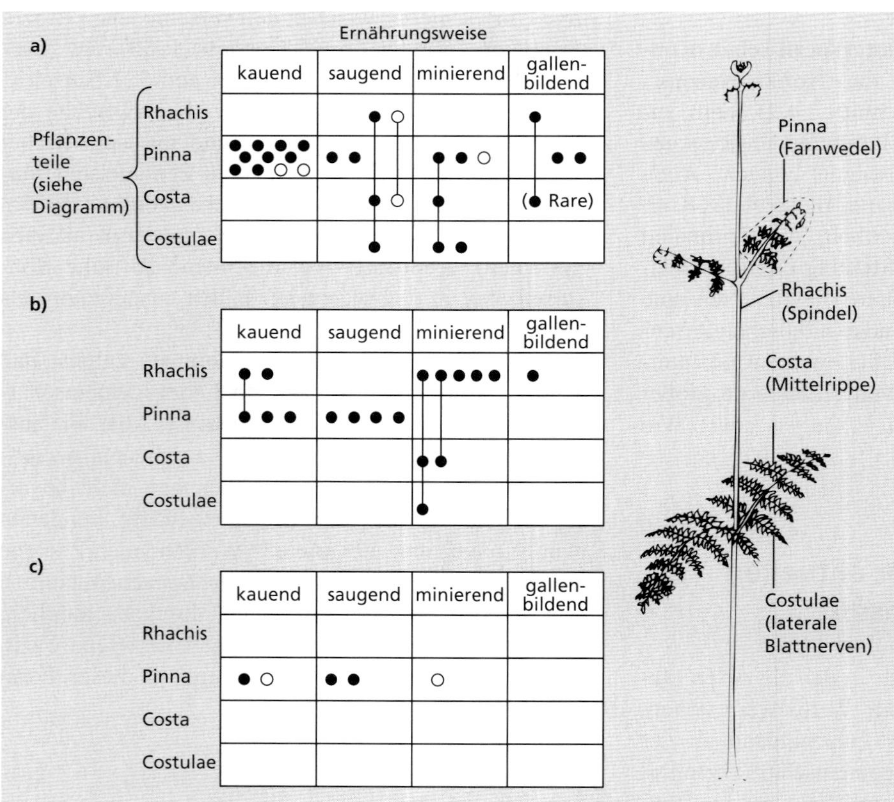

20.1 Nahrungsnutzung am Adlerfarn (*Pteridium aquilinum*) durch herbivore Insekten auf drei verschiedenen Erdteilen. a) Nordengland, b) Papua-Neuguinea, c) New Mexico/Arizona. Jedes Insekt ernährt sich auf eine charakteristische Weise. Die kauenden Arten leben auf der Pflanzenoberfläche und beißen große Stücke ab; die saugenden stechen einzelne Zellen oder das Leitbündelsystem an; Minierer besiedeln das Gewebeinnere, dergleichen die letzte Gruppe, die jedoch noch zusätzlich Gallen induziert. Arten, die sich von mehreren Pflanzenteilen ernähren, sind durch Striche miteinander verbunden. ●: offene und bewaldete Standorte; ○: nur offene Standorte. (Nach Lawton 1984)

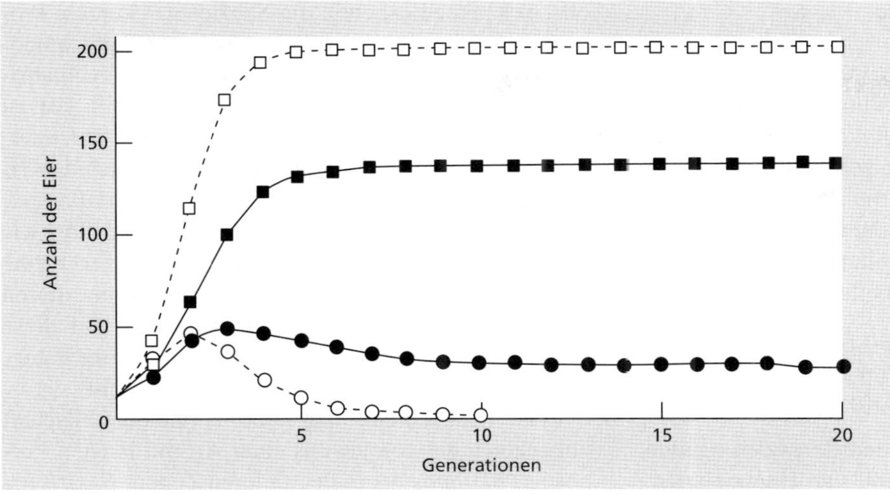

20.2 Konkurrenten, die ohne Nischendifferenzierung koexistieren (Computersimulationen). Die Nische von Art 2 (Kreise) ist in der von Art 1 (Quadrate) beinhaltet. In einer homogenen Umgebung wird sie verdrängt (ausgefüllte Symbole), in einem heterogenen Lebensraum (geschlossene Symbole) aber zeigen beide Arten eine geklumpte Verteilung und können daher koexistieren, allerdings bei reduzierten Populationsdichten. (Nach Atkinson und Shorrocks 1981)

geklumpte Verteilung und konnten auch ohne Nischendifferenzierung koexistieren (Atkins und Shorrocks 1981; Shorrocks und Rosewell 1987; siehe auch Abschnitt 7.5). Demnach kann interspezifische Konkurrenz die Abundanz einzelner Arten beeinflussen, ohne notgedrungen die Artenzusammensetzung der Lebensgemeinschaft zu verändern (Shorroks et al. 1984).

Auch wenn aktuell keine interspezifische Konkurrenz herrscht, könnte sie in der Vergangenheit strukturierend eingewirkt haben.

Auf der anderen Seite spricht das Fehlen interspezifischer Konkurrenz nicht gegen ihre Bedeutung als strukturierender Faktor. Sie mag in gegenwärtigen Lebensgemeinschaften nur deswegen fehlen (oder nicht nachweisbar sein), weil sich im Laufe ihrer Entstehung Nischendifferenzierung und konkurrenzfreie Situationen evolvierten (Connells „Geist der Konkurrenzvergangenheit“ – Abschnitt 7.8.1) oder weil unterlegene Arten bereits ausgestorben sind. Es kann auch sein, daß zwischenartlicher Wettbewerb zeitlich und räumlich nur ganz selten auftritt – zum Beispiel nur dann und dort, wo hohe Populationsdichten erreicht werden. Das heißt, auch in jenen Fällen, in denen wir gegenwärtig keine interspezifische Konkurrenz beobachten, können und müssen wir sie dennoch als wichtige Determinante für die Strukturierung der aktuellen Lebensgemeinschaften berücksichtigen.

20.3 Hinweise aus biozönotischen Gesetzmäßigkeiten

Die Schwierigkeit, die Bedeutung aktueller Konkurrenz für die Strukturierung von Lebensgemeinschaften aufzuzeigen, hat einige Biozönologen zu Untersuchungen veranlaßt, in denen sie ihre Existenz – oder ihr Fehlen – nicht beweisen müssen. Diese Art von Analysen geht davon aus, wie eine Biozönose, die durch interspezifische Konkurrenz geprägt wird oder wurde, aussehen sollte, und versucht dann anhand realer Lebensgemeinschaften, diese Voraussagen zu bestätigen.

Koexistierende Konkurrenten sollten Nischendifferenzierung zeigen.

Die Postulate selbst ergeben sich direkt aus der klassischen Konkurrenztheorie (Kapitel 7):

1) Koexistierende potentielle Konkurrenten sollten zumindest Nischendifferenzierung zeigen.
2) Diese Nischendifferenzierung wird sich oft in morphologischen Unterschieden manifestieren.
3) Potentielle Konkurrenten mit geringer oder keiner Nischendifferenzierung sollten in keiner wie auch immer gearteten Lebensgemeinschaft koexistieren. Ihre räumliche Verteilung sollte daher negativ korreliert sein: Der eine kommt nur dort vor, wo der andere fehlt.

Die Daten, die diese Voraussagen überprüfen sollen, sind sehr schwer zu interpretieren; aber wir wollen sie trotzdem betrachten.

20.3.1 Nischendifferenzierung

Die verschiedenen Formen der **Nischendifferenzierung** bei Tieren und Pflanzen wurden bereits in Kapitel 7 besprochen. Zum einen können Ressourcen unterschiedlich genutzt werden, zum anderen können einzelne Arten in ihrer Konkurrenzfähigkeit je nach Umweltbedingungen variieren (beides durch Besiedlung unterschiedlicher Mikrohabitate oder durch geographisch oder zeitlich differentielles Auftreten).

Pykes Untersuchungen an Hummeln bestätigen die Voraussage über die Nischendifferenzierung bei aktueller Konkurrenz.

Eine Untersuchung über Nischendifferenzierung und Koexistenz ist die von Pyke (1982) an Hummelarten, die aufgrund ihrer Rüssellänge und der Kronröhrenlängen der von ihnen favorisierten Blüten in vier Gruppen eingeteilt werden konnten (Abbildung 20.3). Die Tiere mit langem Rüssel (Gruppe 1) bevorzugten eindeutig Pflanzen mit langer Corolla (vor allem *Delphinium barbeyi*, eine Ritterspornart, mit 60–70 % aller Besuche); die Spezies mit kurzem Proboscis (Gruppe 3) fanden sich vorwiegend auf Compositen und auf *Epilobium angustifolium* (Schmalblättriges Weidenröschen), die durch Blüten mit kurzen Kronen gekennzeichnet sind. Der Vertreter der intermediären Gruppe 2 besuchte alle Blüten gleich häufig, unabhängig von deren Corollalänge. Die Art *B. occidentalis* schließlich, mit kurzem Proboscis, flog wie erwartet zwar vorwiegend Blüten mit kurzer Krone an, doch auch solche mit langer Corolla; bei diesen durchbiß sie die Basis der Kronröhre, um auf diese Weise an den Nektar zu gelangen (wegen dieser Fähigkeit wurde sie in eine separate Gruppe gestellt).

Pyke beobachtete, daß jede Hummelgesellschaft höhenabhängig von jeweils einer Art mit langem Proboscis (*B. appositus* in den tieferen Zonen, *B. kirbyellus* in den Höhenlagen), einer intermediären Spezies (*B. flavifrons*) und einem Vertreter mit kurzem Proboscis (*B. bifarius* im Tal, *B. frigidus* in den mittleren und *B. sylvicola* in den höheren Regionen) dominiert wurde. Diese Verteilung entspricht exakt den formulierten Erwartungen, die sich aus der klassischen Kon-

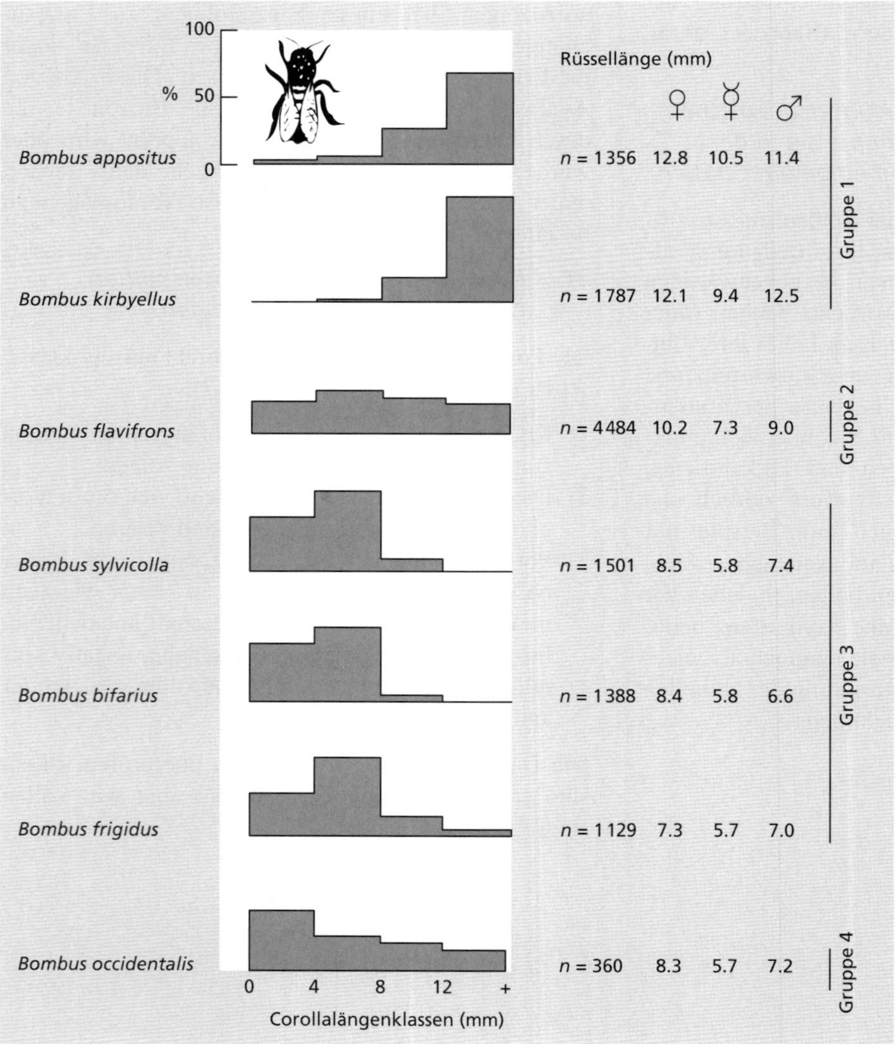

20.3 Prozentuale Verteilung von Hummelarten auf Pflanzen aus vier unterschiedlichen Blütengrößenklassen (Corollalängen 0–4, 4–8, 8–12 und > 12 mm). Die Gesamtzahl der Blütenbesuche ist für jede Spezies angegeben (*n*). Aufgrund der mittleren Rüssellängen, die für Königinnen (♀), Arbeiterinnen (☿) und Drohnen (♂) getrennt aufgeführt sind, lassen sich die sieben Spezies in drei Gruppen einteilen. *Bombus occidentalis* bildet wegen ihrer ungewöhnlichen Mandibelstruktur und Nahrungsbeschaffung eine separate Gruppe. (Nach Pyke 1982)

kurrenztheorie ergeben (Postulate 1 bis 3). Zusätzliche Unterstützung erhält diese Hypothese noch durch detaillierte Untersuchungen an zwei der Hummelarten, *B. appositus* und *B. flavifrons*, die häufig koexistieren (Inouye 1978). Die zeitweilige Eliminierung der einen oder anderen Spezies führte dazu, daß die verbleibende Art auch die Blüten besuchte, die vorher von der nun entfernten Spezies favorisiert wurden. Zumindest in diesem Fall scheint die unterschiedliche Ressourcennutzung auf aktuelle Konkurrenz zurückzuführen zu sein.

In Gilden ist interspezifische Konkurrenz am ehesten zu erwarten.

Noch zwei weitere, für dieses Kapitel relevante Punkte ergeben sich aus dieser Arbeit. Der eine ist, daß Pykes Hummeln als **Gilde** betrachtet werden können (siehe Kapitel 1), da sie eine Artengruppe darstellen, die dieselben Ressourcen in ähnlicher Weise nutzt (Root 1967). Wenn es interspezifische Konkurrenz überhaupt gibt (oder gab), dann innerhalb solcher Gilden. Dies bedeutet aber nicht, daß Mitglieder einer Gilde zwangsläufig miteinander konkurrieren (oder konkurrierten), und auch nicht, daß miteinander konkurrierende Arten (zum Beispiel samenfressende Nagetiere und Ameisen) ohne weiteres in eine gemeinsame Gilde gruppiert werden können.

Die zweite Aussage, die sich aus Pykes Untersuchungen ergibt, betrifft die **Nischenkomplementarität** oder **Nischenergänzbarkeit**. Damit ist gemeint, daß innerhalb einer Gilde Nischendifferenzierung auf verschiedenen Ebenen (Dimensionen oder Kompartimente) stattfinden kann und daß sich Arten, deren Nischenbesetzung in der einen Dimension identisch ist, häufig in einer anderen unterscheiden. Bei Pykes Hummeln bedeutet dies konkret, daß entweder (aufgrund unterschiedlicher artspezifischer Proboscislängen) Blüten mit bestimmten Corollalängen favorisiert werden (die eine Dimension), oder daß die Arten bei gleicher Rüssellänge alternative Höhenlagen (die andere Dimension) bevorzugen. Analoge Beispiele für komplementäre Nischenaufteilung gibt es bei Vögeln (Cody 1968), Eidechsen (Schoener 1974), Baumhörnchen (Emmons 1980) und Fledermäusen (McKenzie und Rolfe 1986).

Unterschiedliche Ernährungsapparate sind Kennzeichen für eine Nischendifferenzierung.

Nischendifferenzierung läßt sich offensichtlich besonders deutlich an morphologischen Kennzeichen wie Kau- und Ernährungsapparaten erkennen, da die Nutzung unterschiedlicher Nahrungsressourcen auch unterschiedliche Werkzeuge bedingt. Dies wird nicht nur bei dem Hummelbeispiel deutlich, sondern auch durch einen Vergleich der drei in Nordamerika heimischen Wieselarten. Wiesel schlagen ihre Beute durch einen Biß ins Genick; man kann daher aus der Größe ihrer Eckzähne auf die Größe der Beutetiere schließen. Abbildung 20.4 zeigt die an verschiedenen Orten gemessenen Durchmesser der Fangzähne für alle drei Arten, wegen ihres Sexualdimorphismus zusätzlich nach Geschlechtern getrennt. Die Größenverteilung ist erstaunlich gleichmäßig (besonders deutlich in Michigan) (Dayan et al. 1989). Daraus ergibt sich die Schlußfolgerung, daß diese Arten koexistieren können, weil sie leicht unterschiedliche Nischen besetzen (verschieden große Beutetiere bevorzugen). Ähnliche Resultate ergaben sich für Wildkatzenarten in Israel (Dayan et al. 1990).

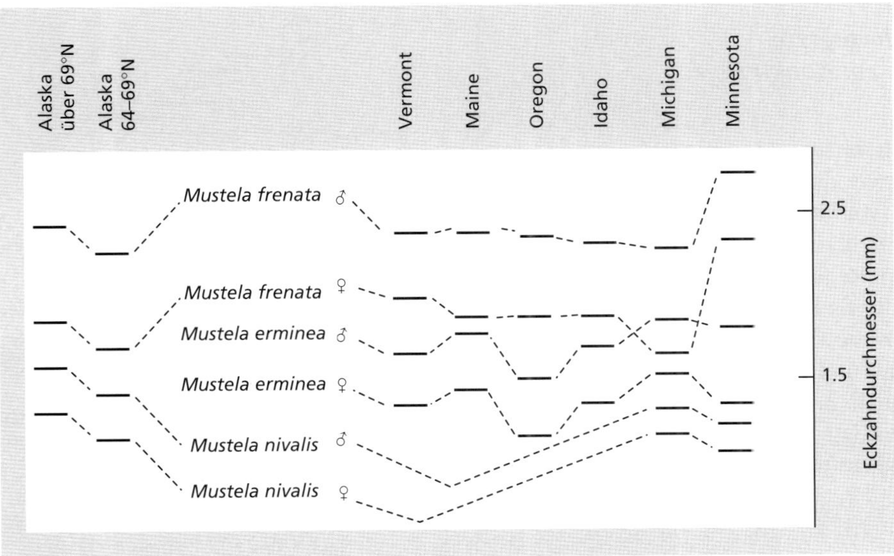

20.4 Die mittleren Eckzahndurchmesser (Balken) für drei Wieselarten (jeweils getrennt nach Geschlechtern) an acht unterschiedlichen Orten in Nordamerika (aus Gründen der Übersichtlichkeit sind sie durch gestrichelte Linien miteinander verbunden und die Populationen Alaskas links angeordnet). Trotz beträchtlicher Schwankungen in der Anzahl und Identität koexistierender Arten sind die Größenunterschiede der Canini erstaunlich einheitlich. (Nach Dayan et al. 1989; Pimm und Gittleman 1990)

Zur räumlichen kann auch noch eine zeitliche Ressourcenaufteilung hinzukommen, um Konkurrenz zu verhindern.

Konkurrenz läßt sich also durch *räumliche* Nischendifferenzierung vermeiden, aber auch durch eine *zeitliche* Trennung. Einen Fall mit offensichtlich **räumlicher** *und* **zeitlicher Ressourcenaufteilung** beschrieben Fenchel und Kolding (Fenchel und Kolding 1979; Kolding und Fenchel, 1979). Sie untersuchten fünf Amphipodenarten der Gattung *Gammarus*, die im Brackwasser des dänischen Limfjords beheimatet sind und deren geographische Verteilung vom Salzgehalt abhängig ist. An jedem Standort kamen in der Regel nur zwei abundante Arten vor. Zusätzlich zu dieser räumlichen Aufteilung wurde aber auch eine zeitliche Differenzierung der Fortpflanzungsaktivität koexistierender Arten beobachtet. Die Juvenilentwicklung der Spezies, die denselben Lebensraum bewohnen, erfolgt dadurch zu unterschiedlichen Zeitpunkten, so daß für jede Art ausreichend Ressourcen (Nahrung, Verstecke) zur Verfügung stehen und interspezifische Konkurrenz vermieden wird (eine andere Funktion dieser zeitlichen Aufteilung ist wahrscheinlich auch, interspezifische Paarungen und damit Bastardisierung zu verhindern; Fenchel 1987a).

Auch die zwei in Asien und Nordamerika koexistierenden Fangschreckenarten (Gottesanbeterinnen) *Tenodera sinensis* und *Mantis religiosa* weisen um zwei bis drei Wochen gegeneinander verschobene Lebenszyklen auf. In wiederholten Feldexperimenten synchronisierten Hurd und Eisenberg (1990) die Schlupfphasen der beiden Insektenspezies und stellten fest, daß die normalerweise später schlüpfende *Mantis* eine geringere Körpergröße und Überlebensfähigkeit zeigten während die Entwicklung von *Tenodera* nicht beeinflußt wurde. Auch hier wird also interspezische Konkurrenz durch zeitliche Ressourcenaufteilung verhindert.

Pflanzen zeigen ähnlich vesetzte Lebenszyklen wie Tiere zur Konkurrenzminimierung.

Auch bei Pflanzen sind zeitlich versetzte Lebenszyklen zu beobachten. Betrachten wir als Beispiel solche Pflanzen, deren Reproduktion von Vögeln abhängig ist. Abbildung 20.5 zeigt Daten über die Blühzeiten von zehn Pflanzenarten in den Regenwäldern Costa Ricas, die alle von Schattenkolibris bestäubt werden (Stiles 1977). Man erkennt, daß die Hauptblühphasen über das ganze Jahr verteilt sind und nur geringfügig überlappen. Dies zeigt, daß auch in Pflanzengesellschaften Konkurrenz (in diesem Fall um einen Bestäuber) durch zeitliche Ressourcenaufteilung minimiert werden kann.

Ressourcenaufteilung scheint bei phytophagen Insekten keine große Rolle zu spielen.

Es gibt aber auch eine Reihe von Experimenten, die darauf hindeuten, daß – zumindest in gewissen Gemeinschaften – Ressourcenaufteilung keine große Bedeutung hat (Rathcke 1976; Strong 1982). Strong untersuchte eine Gruppe von Blattkäfern (*Chrysomelidae*), die als Adulte gemeinsam in zusammengerollten Blättern von *Heliconia* leben. Obwohl sich diese langlebigen tropischen Käfer in gleicher Weise ernähren und dieselben Habitate besetzen, zeigen sie keine Anzeichen für Ressourcenaufteilung. Nur bei einer der 13 untersuchten Arten konnte Strong eine gewisse Differenzierung feststellen. Den Käfern fehlt jedes aggressive Verhalten, sowohl innerartlich als auch zwischenartlich, und ihre Wirtsspezifität ändert sich durch die Anwesenheit potentieller Konkurrenten nicht. Allerdings erleiden sie auch regelmäßig starke Verluste durch Räuber und Parasiten, und ihre Nahrungs- und Habitatressourcen sind im allgemeinen nicht limitiert. Dies trifft, wie wir gesehen haben, für

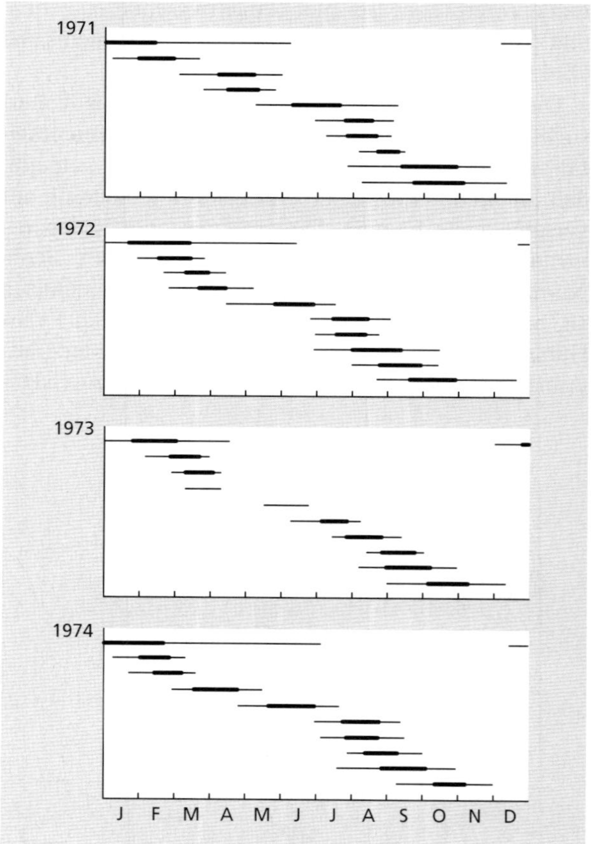

20.5 Die Blühperioden von zehn Regenwaldpflanzen in Costa Rica, die in ihrer Bestäubung auf Schattenkolibris angewiesen sind (dicke Balken: Hauptblühphase; dünne Striche: „gute" Blühphase). Die Blühperioden sind fast gleichmäßig über das gesamte Jahr verteilt und für die vier Beobachtungsjahre mehr oder weniger identisch. (Nach Stiles 1977; Pimm 1991)

viele phytophage Insektengemeinschaften zu (Lawton und Strong 1981; Strong et al. 1984), aber wahrscheinlich auch für einige carnivore Insektenarten (Pearson und Juliano 1991).

20.3.2 Negativ assoziierte Verteilungsmuster

Schachbrettartige Verteilungen von Arten sind ein Hinweis auf interspezifische Konkurrenz.

Einige Ökologen versuchten, aus Verbreitungsmustern Hinweise auf die Bedeutung interspezifischer Konkurrenz zu erhalten. An erster Stelle ist hier Diamonds (1975) Überblick über die Landvögel auf den Inseln des Bismarckarchipels vor der Küste Neuguineas zu nennen. Einen eindeutigen Hinweis liefert ein Verteilungstyp, den Diamond als „Schachbrettmuster“ bezeichnete. Gemeint ist damit, daß zwei oder mehrere ökologisch verwandte Arten (das heißt Mitglieder der gleichen Gilde) sich gegenseitig ausschließende, aber ineinander verzahnte Habitate einnehmen, so daß auf jeder Insel nur eine dieser Spezies (oder keine) vorkommen kann. Abbildung 20.6 zeigt dies für die beiden kleinen, ökologisch ähnlichen Schweiftaubenarten *Macropygia mackinlayi* und *M. nigrirostris*.

Die Anwesenheitsfunktion sowie das Fehlen von „Supertramp"-Arten geben Aufschlüsse über die Bedeutung von Konkurrenz.

Solche Plus-Minus-Verteilungen sind jedoch selten. Viele Daten Diamonds sprechen eher für eine diffuse zwischenartliche Konkurrenz. Die Beziehung zwischen der Inselgröße *S* (indirekt angegeben als Anzahl der insgesamt vorkommenden Vogelarten) und dem Anteil der Insel, der durch eine bestimmte Art besetzt wird (*J*), definiert Diamond als **Anwesenheitsfunktion** (*incidence function*). Sie ist für einige Vogelspezies in Abbildung 20.7 illustriert. Arten wie der Monarch *Monarcha cinerascens* und der Honigfresser *Myzomela pammelaena* scheinen ausgezeichnete Besiedler zu sein, können sich aber offensichtlich in den artenreichen Lebensgemeinschaften großer Inseln nicht behaupten (Abbildung 20.7a). Diamond bezeichnete sie als **„Supertramp“-Arten** (siehe Abschnitt 5.3.1). Andere Spezies, zum Beispiel die Glanztaube *Chalcophaps stephani* (Abbildung 20.7b), sind sowohl in der Kolonisierung als auch im Wettbewerb mit anderen Vogelarten sehr erfolgreich. Vögel mit besonderen Ansprüchen an Nahrung und Lebensraum finden offensichtlich nur auf großen Inseln geeignete Bedingungen (Abbildung 20.7c). Die Abwesenheit von „Supertramp“-Arten in diesen Habitaten spricht eindeutig für die Bedeutung von Konkurrenz.

Durch den Nachweis von Nischenunterschieden und lokaler Koexistenz läßt sich Konkurrenz nicht unbedingt beweisen oder widerlegen.

Nischendifferenzierung und kleinräumige Koexistenz in Pflanzengesellschaften wurden von Turkington et al. (1977) auf Weideflächen in Ontario/Kanada untersucht. Sie verglichen die Häufigkeit physischen Kontakts zwischen zwei Artenpaaren mit dem theoretisch zu erwartenden Wert, den sie einfach aus den jeweiligen Abundanzen ableiteten. Die Ergebnisse für drei Gräser und drei Leguminosen, sind in Tabelle 20.1 (zweite Spalte) aufgelistet. Ein „+“ bedeutet hier, daß sich die beiden Arten häufiger als erwartet berührten, ein „–“, daß die Kontaktfrequenz unter dem theoretischen Wert lag.

Eine positive Beziehung (Koexistenz) könnte bedeuten, daß die beiden Arten entweder ähnliche Habitatansprüche besitzen oder gegenseitig indifferent sind

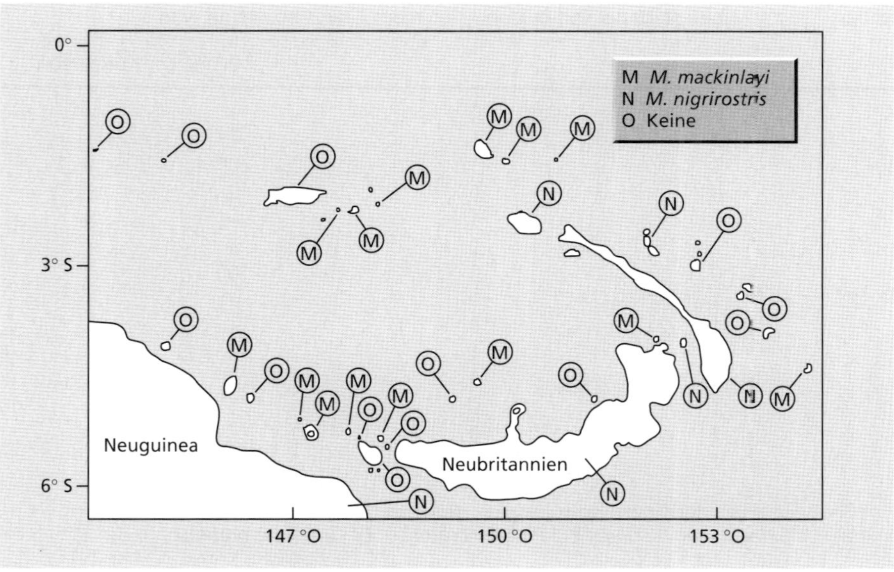

20.6 Die schachbrettartige Verteilung zweier kleiner Schweiftaubenarten der Gattung *Macropygia* in der Bismarck-Region. Es fällt auf, daß keine der Inseln beide Arten gleichzeitig beheimatet. (Nach Diamond 1975)

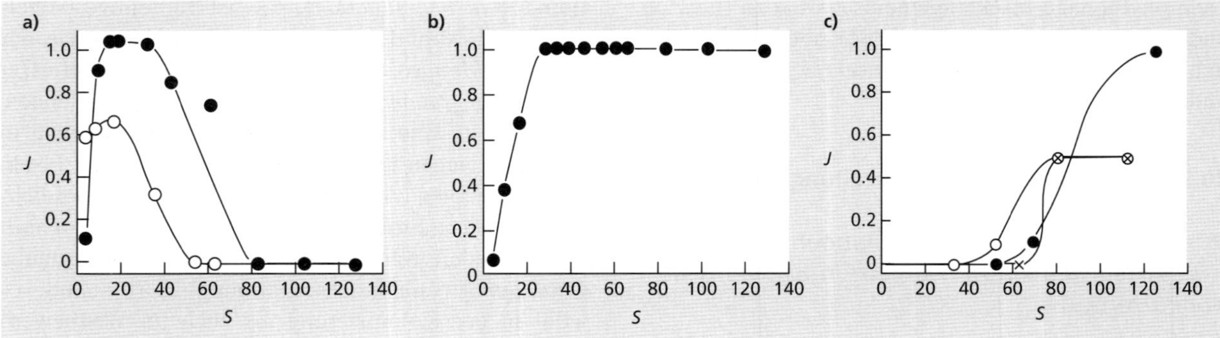

20.7 Anwesenheitsfunktionen verschiedener Vogelarten im Bismarckarchipel. Der Anteil der Insel, der von einer bestimmten Art besiedelt ist (*J*), ist jeweils gegen ihre Größe (*S*), ausgedrückt als Gesamtzahl der anwesenden Vogelspezies, aufgetragen. a) Verteilung von zwei „Supertramp"-Arten; ●: *Monarcha cinerascens*; ○: *Myzomela pammelaena*. b) Anwesenheitsfunktion für die Glanztaube *Chalcophaps stephani*, ein effektiver Besiedler und offensichtlich auch Konkurrent. c) Anwesenheitsfunktionen für drei Arten, die nur auf großen Inseln vorkommen; ●: der Wespenbusard *Henicopernis longicauda*; ○: die Ralle *Rallina tricolor*; ×: der Reiher *Butorides striatus*. (Nach Diamond 1975)

(das heißt nicht konkurrieren); eine negative Assoziation könnte entsprechend auf unterschiedliche Bedürfnisse oder auf Konkurrenzausschluß zurückzuführen sein. Um zwischen diesen Möglichkeiten zu unterscheiden, wurde für jede Pflanzenspezies der Gehalt an Phosphor, Kalium, Magnesium und Calcium sowie der pH-Wert in der Rhizosphäre bestimmt (dies zeigt, welche Ressourcen die Pflanze im Boden zurückläßt, nicht welche sie benötigt). Für jeden dieser Parameter wurde dann geprüft, ob bestimmte Artenpaarungen eher bei gleichen oder bei unterschiedlichen Bodenbedingungen vorkamen. In der letzten Spalte von Tabelle 20.1 ist der grundlegende Zusammenhang zwischen Bodentyp und Paarbildung bilanziert.

Insgesamt tendierten Arten mit ähnlichen Bodenansprüchen (und vergleichbarem Mineralstoffentzug) zu einer negativen Verteilungsassoziation; Pflanzen mit unterschiedlichen Bedürfnissen zeigten häufig Koexistenz. Man muß diese Daten aber mit einer gewissen Vorsicht interpretieren. Zum einen gibt es Paarungen (TP/DG und TP/PP), die nicht dem allgemeinen Trend entsprechen (Koexistenz trotz gleicher Bodenansprüche), zum anderen wurden nur einige wenige Bodenparameter untersucht, die möglicherweise gar nicht limitierend waren. Die Ergebnisse dieser Untersuchung sprechen zwar dafür, daß Konkurrenz (zumindest in dieser Pflanzengemeinschaft) einen strukturierenden Faktor darstellt, beweisen dies aber nicht.

Tabelle 20.1: Pflanzenarten mit ähnlichen Bodenansprüchen tendieren dazu, nicht benachbart vorzukommen (möglicher Konkurrenzausschluß), im Gegensatz zu solchen, die unterschiedliche Bodentypen bevorzugen (Koexistenz durch Nischendifferenzierung). (Nach Turkington et al. 1977)

Artenpaar	häufiger (+) oder seltener (–) als rein zufällig benachbart	Anzahl signifikanter Korrelationen zwischen dem Bodentyp (5 Merkmale getestet), der von beiden Arten eines Paares bevorzugt wird		
		+	–	Bilanz der Korrelation
TR/TP	–	3	0	+
TR/ML	–	2	1	+
TR/BI	+	1	1	0
TR/DG	–	0	0	0
TR/PP	+	0	1	–
TP/ML	–	2	0	+
TP/BI	–	0	0	0
TP/DG	+	1	0	+
TP/PP	+	1	0	+
ML/BI	+	1	1	0
ML/DG	+	0	0	0
ML/PP	–	1	0	+
BI/DG	–	2	0	+
BI/PP	–	2	1	+
DG/PP	–	2	0	+

BI: *Bromus inermis*; DG: *Dactylis glomerata*; ML: *Medicago lupulina*; PP: *Phleum pratense*; TP: *Trifolium pratense*; TR: *Trifolium repens*

20.3.3 Schlußfolgerungen

Welches Fazit können wir aus diesen Beispielen ziehen?

1) Interspezifische Konkurrenz ist eine mögliche und auch plausible Erklärung für strukturelle Kennzeichen, wie wir sie in vielen Lebensgemeinschaften beobachten – aber nur in wenigen Fällen ist sie als solche bewiesen.
2) Der Hauptgrund für diesen fehlenden Beweis ist, daß das Auftreten aktiver, aktueller Konkurrenz nur in ganz wenigen Biozönosen gezeigt werden konnte.
3) Als Alternative zur aktuellen Konkurrenz kann immer der „Geist der Konkurrenzvergangenheit" herangezogen werden, um heutige Lebensgemeinschaftsmuster zu erklären – um so einfacher, weil er nicht mehr überprüfbar und damit auch nicht widerlegbar ist.
4) Die untersuchten Lebensgemeinschaften sind möglicherweise nicht repräsentativ. Sie wurden subjektiv von Ökologen ausgewählt, die ein besonderes Interesse daran hatten, Konkurrenz aufzuzeigen.
5) Häufig gibt es für die beobachteten Gesetzmäßigkeiten alternative Erklärungen (bei *Gammarus* war es die Vermeidung der Bastardisierung). Negativ assoziierte Verteilungmuster können auch darin begründet sein, daß sich die Arten erst vor kurzem allopatrisch (also an unterschiedlichen Stellen) gebildet haben und die Zeit zur räumlichen Durchmischung noch nicht ausreichte.
6) Die immer wieder vorgebrachte Alternative ist der „Zufall": Nicht Konkurrenz hat Lebensgemeinschaften so strukturiert, wie sie heute sind, sondern sie sind rein zufällig so entstanden (Nischendifferenzierung ist auch dadurch erklärbar, daß verschiedene Arten unabhängig voneinander zu Spezialisten evolvierten – und ihre speziellen Anforderungen nun einmal unterschiedlich sind).

Der Nachweis von „Unterschieden" beweist also noch lange nicht die Existenz und Bedeutung von Konkurrenz. Wie die Unterschiede aussehen müssen, damit wir auf Konkurrenz schließen können, wollen wir im folgenden Abschnitt diskutieren.

20.4 Neutrale Modelle und Nullhypothesen

Als Beweis für Konkurrenz muß nachgewiesen werden, daß biozönotische Muster nicht nur rein zufällig sind.

Die Konkurrenzhypothese wurde oft dahingehend kritisiert (vor allem von Simberloff und Strong), daß sie die Existenz „bloßer Unterschiede" als Bestätigung betrachte. Tatsächlich leistet diese Theorie mehr. Sie sagt eine Grenze für die Ähnlichkeit miteinander konkurrierender Arten voraus, die dazu führt, daß ihre Nischen *regelmäßig und nicht zufällig* im Raum verteilt sind, und sie postuliert, daß sich Arten mit sehr ähnlichen Nischen gegenseitig ausschließen und in ihrer Verteilung *mehr als rein zufällig* unterscheiden. Die Frage lautet also: Weichen die beobachteten Muster tatsächlich von dem ab, was man auch in Abwesenheit jeglicher zwischenartlicher Wechselbeziehungen erwarten könnte?

Nullhypothesen – in Form neutraler Modelle – sollen statistische Exaktheit gewährleisten.

Diese und ähnliche Fragen waren die treibende Kraft für die Entwicklung von sogenannten **neutralen Modellen**. Dies sind Modellierungen tatsächlicher Lebensgemeinschaften, die bestimmte Eigenschaften der realen Vorbilder berücksichtigen, aber die einzelnen Komponenten nach den Gesetzen des Zufalls neu zusammenfügen und, besonders wichtig, biologische Wechselbeziehungen ausklammern. Diese Modelle entsprechen damit einem in der Wissenschaft allgemein üblichen Ansatz: der Entwicklung und Überprüfung von **Nullhypothesen**. Die Idee ist, reale Daten in einer Form (dem neutralen Modell) zu kombinieren, die widerspiegelt, wie sie in Abwesenheit des zu untersuchenden Phänomens (in unserem Fall zwischenartliche Wechselbeziehungen, vor allem interspezifische Konkurrenz) aussähen. Weichen die tatsächlichen Daten signifikant von der Modellierung ab, spricht dies für einen Einfluß des untersuchten Parameters. Dabei wird die Widerlegung der Abwesenheit eines Effekts (Falsifizierung) gegenüber dem Nachweis des Effekts (Verifizierung) bevorzugt, da es statistisch möglich ist, signifkante Unterschiede nachzuweisen, nicht aber signifikante Ähnlichkeiten.

20.4.1 Neutrale Modelle und Ressourcenaufteilung

Durch neutrale Modelle läßt sich beispielsweise die Ressourcenüberlappung von Artenpaaren feststellen.

Die Nullhypothese wurde zum Beispiel von Lawlor (1980) auf zehn nordamerikanische Eidechsengemeinschaften (bestehend aus vier bis neun Arten) angewandt. Er entwickelte vier unterschiedliche neutrale Modelle und verglich sie hinsichtlich der Ressourcennutzung mit den realen Vorbildern (Schätzungen über die Menge und Art der aufgenommenen Nahrung standen ihm für jede Spezies und jede Biozönose zur Verfügung; Pianka 1973). Lawlors Analyse basierte auf der **Elektivität**, dem „Auswahlvermögen", der Konsumentenarten; er definierte diesen Wert als den Anteil, den eine bestimmte Ressource im Nahrungsspektrum einer bestimmten Art ausmachte. Die Elektivität kann also zwischen 0 (keine Nutzung der Ressource) und 1 (ausschließliche Nutzung) schwanken. Die Elektivitäten wurden wiederum benutzt, um für jedes Artenpaar einer Gemeinschaft einen Index der Ressourcenüberlappung zu berechnen, der ebenfalls zwischen 0 (keine Übereinstimmung in der Ressourcennutzung) und 1 (vollkommene Übereinstimmung) variieren konnte. Schließlich wurde jede Biozönose durch einen einzigen Wert charakterisiert: die mittlere **Ressourcenüberlappung** für alle möglichen Artenpaarungen.

Durch Reorganisationsalgorithmen können in neutralen Modellen unterschiedliche Parameter randomisiert werden.

Durch die Verwendung unterschiedlicher **„Reorganisationsalgorithmen“** wurden insgesamt vier verschiedene Neutralmodelle entwickelt (RA1–RA4). In jedem wurde jeweils ein anderer Parameter der biozönotischen Struktur beibehalten und die übrigen Aspekte der Ressourcennutzung randomisiert.

In Version RA1 blieb nur ein Minimum der ursprünglichen Charakteristika der Lebensgemeinschaft – die Anzahl der Arten und der unterschiedlichen Nahrungskategorien – erhalten. Die tatsächlich beobachteten Elektivitäten (auch die Nullwerte) wurden durch zufällige Werte zwischen 0 und 1 ersetzt. Die Folge war, daß sich die **Nischenbreite** jeder Art erhöhte.

Algorithmus RA2 randomisierte alle Elektivitäten *außer den Nullwerten*. Auf diese Weise blieb der qualitative Spezialisierungsgrad erhalten (das heißt, die Anzahl der Ressourcen, die von einer Art genutzt wurden, entsprach den Tatsachen – nicht aber das Ausmaß der Nutzung).

Modellierung RA3 behielt nicht nur den Spezialisierungsgrad, sondern auch die Nischenbreiten bei. Für jeden Konsumenten wurde die ursprüngliche Elektivität verwendet und zufällig den verschiedenen Ressourcen neu zugeordnet.

RA4 reorganisierte nur die Nicht-Null-Elektivitäten. Damit behielt dieser Algorithmus die meisten der ursprünglichen Biozönosemerkmale bei.

Jeder dieser vier Reorganisationsalgorithmen wurde auf jede der zehn Lebensgemeinschaften angewandt. Für alle 40 Fälle wurden jeweils 100 „Neutralmodell-Lebensgemeinschaften“ erstellt und die jeweiligen Durchschnittswerte berechnet. Wenn Konkurrenz eine bedeutende Rolle in der Organisation dieser Lebensgemeinschaften zukäme (oder zukam), sollte die reale Überlappung der Ressourcennutzung signifikant geringer sein ($P < 0.05$) als diese Mittelwerte vorschlagen.

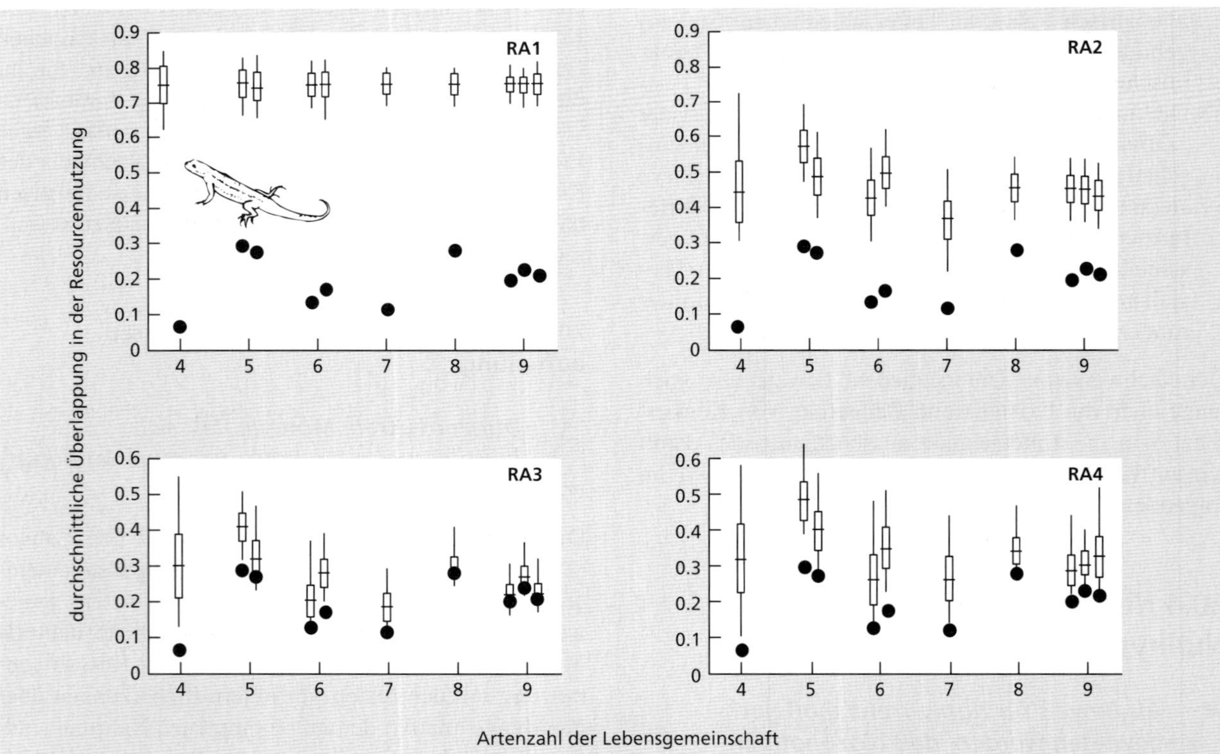

20.8 Die beobachtete mittlere Überlappung der Ressourcennutzung (ausgefüllte Kreise) in zehn nordamerikanischen Eidechsengemeinschaften (Pianka 1973) ist hier jeweils mit 100 zufälligen Gesellschaften (erzeugt unter Verwendung der vier im Text beschriebenen Reorganisationsalgorithmen RA1–RA4) verglichen. Waagrechte Striche: Mittelwerte; Rechtecke: Standardabweichungen; senkrechte Linien: Variationsbreite. (Nach Lawlor 1980)

Für Eidechsen konnte mit diesen Modellen eine strukturierende Funktion der interspezifischen Konkurrenz nachgewiesen werden, für Heuschrecken gelang dies nicht.

Die Ergebnisse sind in Abbildung 20.8 gezeigt. Die Erhöhung der Nischenbreite aller Konsumenten (RA1) führte zu einer signifikant höheren Ressourcenüberlappung. Auch die Algorithmen RA2 und RA4 ergaben in allen Fällen Durchschnittswerte, die deutlich über den realen lagen. In der Modellierung RA3, in der alle Elektivitäten randomisiert waren, traten zwar nicht immer signifikante Unterschiede auf, die berechneten Werte waren aber alle höher als die tatsächlichen. Die beobachteten Ressourcenüberlappungen lagen demnach immer mehr oder weniger deutlich unter dem Wert der neutralen Modelle, so daß man, zumindest für diese Eidechsenbiozönosen, eine strukturierende Funktion der interspezifischen Konkurrenz postulieren kann.

Eine ähnliche Analyse wurde für fünf Heuschreckengemeinschaften arider Grasländer durchgeführt. Sowohl in bezug auf Nahrungsnischen als auch hinsichtlich der Mikrohabitate ergaben sich nur für den RA1-Algorithmus (zufällige Verteilung der Ressourcennutzung) Durchschnittswerte, die signifikant über den beobachteten lagen (Joern und Lawlor 1980). Obwohl dies eine gewisse Ressourcenaufteilung implizieren könnte, sind die Ergebnisse nicht überzeugend. Vielleicht ist dies ein weiteres Beispiel dafür, daß in phytophagen Insektengesellschaften interspezifische Konkurrenz von untergeordneter Bedeutung ist.

20.4.2 Neutrale Modelle und morphologische Unterschiede

Gesetzmäßige morphologische Unterschiede bei Arten einer Gilde sind wohl oft eine Folge der Nischenaufteilung.

Nischendifferenzierung spiegelt sich häufig in Form morphologischer Differenzierung wider. Umgekehrt kann man davon ausgehen, daß gesetzmäßige morphologische Unterschiede bei Arten, die zu einer Gilde gehören, mit der Nischenaufteilung in Zusammenhang stehen. Hutchinson (1959) katalogisierte viele Beispiele dafür, daß potentiell konkurrierende Organismen benachbarter Nischen regelmäßige Unterschiede in ihrem Körpergewicht (Faktor 2.0) beziehungsweise in ihrer Größe (ca. Faktor 1.3, Kubikwurzel aus 2) aufweisen. Dies trifft annährend auch für einige der zuvor beschriebenen Beispiele zu: Bei den koexistierenden Schweiftauben auf dem Bismarckarchipel beträgt das Verhältnis des Körpergewichts benachbarter Arten etwa 1.9 (Diamond 1975); das Verhältnis der Rüssellängen der von Pyke (1982) untersuchten Hummeln beträgt 1.32; und der mittlere Eckzahndurchmesser der von Daya et al. (1989) erforschten Wiesel schwankt zwischen 1.13 und 1.23.

Der Zusammenhang zwischen Körpergröße und Koexistenz wurde modellhaft an Wüstennagern untersucht.

Ein Beispiel für die Anwendung von neutralen Modellen auf diese anscheinende Regelmäßigkeit morphologischer Unterschiede liefert die Untersuchung von Bowers und Brown (1982) über die Beziehung zwischen Körpergröße und Koexistenz samenfressender Nager. Sie verwendeten Daten, die an 95 Standorten (jeweils kleiner als 5 ha) in nordamerikanischen Wüstengebieten erhoben wurden: im Great Basin (33 Standorte), in der Mohavewüste (24 Standorte) und in der Sonorawüste (38 Standorte). Die Analysen beschränkten sich auf Arten, die mehr als 5 % aller Individuen eines Standortes ausmachten (um „vorübergehende Gäste" auszuklammern); nur sehr große Nagetiere (mit mehr als 80 g Körpergewicht) wurden immer, unabhängig von ihrer Abundanz, berücksichtigt, um durch die Fangmethode bedingte Verfälschungen zu korrigieren. Die Untersuchung war im Grunde genommen einfach: Zuerst bestimmten die beiden Forscher, sowohl für jedes einzelne Wüstengebiet als auch für alle drei zusammen, welcher prozentuale Anteil der Standorte von den einzelnen Arten besetzt war. Anschließend berechneten sie für alle möglichen Artenpaarungen die Wahrscheinlichkeit, mit der sie an einem bestimmten Standort unter der Voraussetzung einer unabhängigen Verteilung koexistieren sollten. Diese Werte verglichen sie dann mit der tatsächlichen Häufigkeit des gemeinsamen Vorkommens. Alle Paare wurden auch dahingehend eingestuft, ob sich ihre Körpermasse um mehr oder weniger als dem Faktor 1.5 (abgeleitet aus der „Hutchinson-Regel") unterschied. Nach der Konkurrenzhypothese sollten Arten ähnlicher Größe weniger häufig koexistieren, als rechnerisch erwartet.

Die Ergebnisse sind in Tabelle 20.2 zusammengefaßt. Sowohl für das Great Basin als auch für die Sonorawüste resultierte bei Artenpaaren, die sich in ihrer Körpergröße um weniger als dem Faktor 1.5 unterschieden, im Modell eine höhere Koexistenzwahrscheinlichkeit als die real beobachtete. Für die Mohavewüste ergaben sich keine signifikanten Unterschiede, vielleicht wegen der geringeren Probenanzahl. Die vollständige Datenanalyse (die Standorte aller Wüsten zusammen) falsifiziert eindeutig die Nullhypothese.

Tabelle 20.2: Überprüfung der Nullhypothese, daß die lokale Koexistenz körnerfressender Nagetiere in nordamerikanischen Wüsten unabhängig von der Körpergröße ist. (Nach Bowers und Brown 1982)
Die Assoziationen wurden als positiv (+) oder negativ (–) gewertet, je nachdem ob die Häufigkeit der beobachteten Koexistenz größer oder kleiner war, als eine zufällige Verteilung erwarten ließ. Die *P*-Werte geben jeweils die Zufallswahrscheinlichkeit an. Alle Werte bis auf die für die Mohavewüste sind statistisch signifikant.

		Assoziation	
Region	Verhältnis der Körpergewichte	–	+
Great Basin	<1.5	6	0
	>1.5	15	15
			$P < 0.005$
Mohavewüste	<1.5	3	1
	>1.5	11	5
			$P > 0.5$
Sonorawüste	<1.5	7	0
	>1.5	23	15
			$P < 0.05$
lokale Koexistenz (alle Wüsten zusammen)	<1.5	27	0
	>1.5	65	28
			$P < 0.01$
geographische Überlappung	<1.5	44	13
	>1.5	72	60
			$P = 0.01$

Für samenfressende Nager ist Konkurrenz offenbar von Bedeutung, nicht aber für eine Mischung verschiedener Gilden.

Auch die Überlappung in der geographischen Gesamtverteilung scheint mit der Körpergröße zu korrelieren. Artenpaare mit einer Größenrelation von weniger als 1.5 tendieren zu einer negativen Assoziation (was gegen die Nullhypothese spricht). Dies kommt vor allem bei den Nagern mit extremen Körpergewichten zum Ausdruck. Abbildung 20.9 verdeutlicht dies für die winzigen Taschenmäuse und die relativ großen Känguruhratten.

Eine vergleichbar wichtige Untersuchung beschäftigte sich mit Gilden von Wüstennagern (Samen-, Blatt- und Insektenfresser sowie Omnivore). In diesem

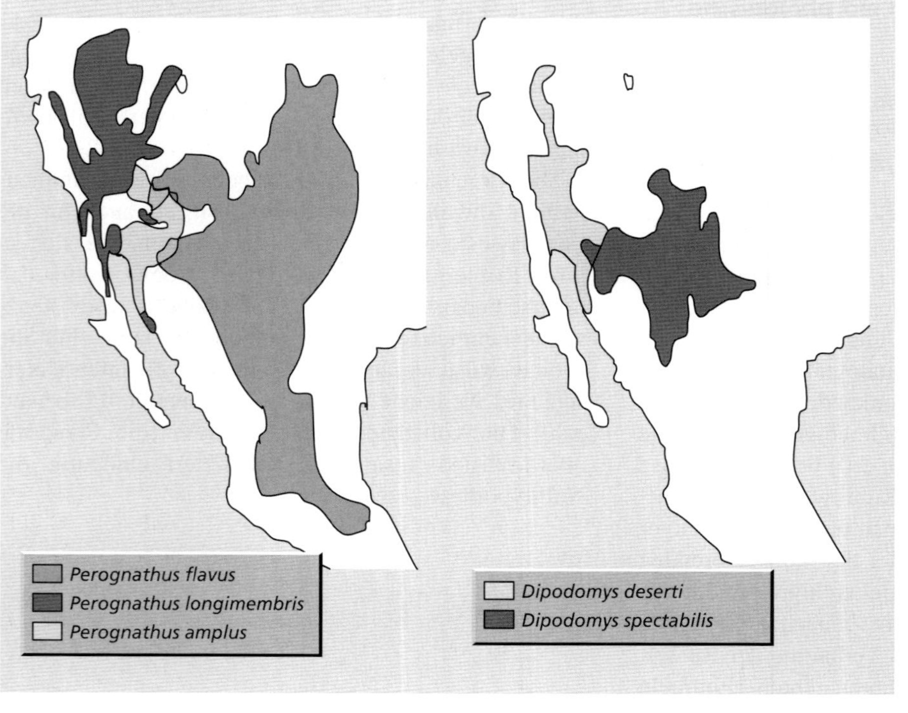

20.9 Geographische Verteilung der kleinen Taschenmäuse (*Perognathus* spp., Körpergewicht < 11 g) und der großen Känguruhratten (*Dipodomys* spp., > 100 g). Beachten Sie die extrem geringe Überlappung bei Arten ähnlicher Größe. (Nach Bowers und Brown 1982)

Fall konnte die Nullhypothese nicht widerlegt werden (Bowers und Brown 1982). Dies könnte bedeuten, daß wichtige Gesetzmäßigkeiten nicht aufgedeckt werden, wenn zu kontroverse Konsumententypen, unter denen aufgrund ihrer Ernährungsweise kaum Konkurrenz zu erwarten ist, als Gesamtheit analysiert werden.

Neutrale Modelle der Körpergröße und Koexistenz von Vögeln auf Inseln lösten kontroverse Diskusionen aus.

Mit einer ähnlichen Zielsetzung werteten Strong et al.(1979) die folgenden drei Datensätze aus: die Vögel der Tres-Marias-Inseln vor der Küste Mexikos, die Vögel der kalifornischen Channel Islands und die Finken auf den Galapagosinseln. In allen Fällen war die Anzahl der auf den jeweiligen Inseln beheimateten Spezies geringer als im „Artenpool" des benachbarten Festlands (beziehungsweise des gesamten Archipels bei Galapagos). Die realen Biozönosen wurden mit 100 „Null"-Gemeinschaften verglichen, in denen zwar die tatsächliche Artenzahl für jede Insel beibehalten wurde, die Spezieszusammensetzung aber zufällig aus dem „Pool" erstellt wurde. Unter Verwendung verschiedener Meßmethoden wurden die Größenverhältnisse zwischen Paaren angrenzender Arten einer Familie verglichen („angrenzende" Arten sind hier solche, die der Größe nach aufeinander folgen; es wurde also die längste mit der zweitlängsten, die zweitlängste mit der drittlängsten und so weiter verglichen).

Strong et al. fanden keine Hinweise auf die Wirkung interspezifischer Konkurrenz in diesen Artenverbänden. Dieser Befund löste eine Reihe kontroverser Diskussionen aus (zum Beispiel Grant und Abbott 1980; Hendrickson 1981; Simberloff und Boecklen 1981; Strong und Simberloff 1981; Schoener 1984; Simberloff 1984). Vier der Kritikpunkte sind besonderer Beachtung wert.

1) Es gab statistische Schwachpunkte bei den verwendeten Methoden. Biozönosen sind aufgrund ihrer Komplexität statistisch schwierig zu bearbeiten.
2) Der Vergleich erfolgte zwischen Arten einer Familie. Konkurrenz ist dagegen zwischen Gilden zu erwarten, die taxonomisch nicht unbedingt verwandt sind.
3) Die Schlußfolgerungen wurden auf Basis aller Vogelarten gezogen. Wie wir aus dem Experiment von Bowers und Brown gelernt haben, führt dies sehr leicht zur Überlagerung von tatsächlich durch interspezifische Konkurrenz verursachten Effekten durch solche, die unabhängig davon sind.
4) Die Artenpools, von denen ausgegangen wurde, sind bereits durch interspezifische Konkurrenz geprägt. Die „Nullsimulationen" können daher den zu untersuchenden Effekt schon beinhalten. Die Übereinstimmung zwischen realen und modellierten Biozönosen spricht daher nicht unbedingt gegen einen Einfluß der Konkurrenz.

Der strukturierende Einfluß interspezifischer Konkurrenz könnte auch an selektivem Aussterben erkennbar sein.

Moulton und Pimm (1986) wählten einen anderen Ansatz. Sie gingen von der Überlegung aus, daß der strukturierende Einfluß interspezifischer Konkurrenz durch **selektives Aussterben** erkennbar sein sollte: Zu ähnliche Arten können einfach nicht koexistieren. Langfristige (von 1860 bis 1980) und detaillierte ornithologische Aufzeichnungen von den sechs größten Hawaii-Inseln ermöglichten ihnen, zumindest auf die Dekade genau abzuschätzen, wann eine bestimmte Singvogelart eingeführt wurde und wann sie gegebenenfalls ausstarb (fast alle im Tiefland vorkommenden Vögel sind eingeführt – ein Zeugnis für die verheerenden Auswirkungen von Habitatsveränderungen auf die einheimische Vogelwelt). In den Berichten gab es 18 Paare congenerischer, koexistierender Arten, von denen noch sechs Paarungen Bestand hatten; in neun Fällen war eine Spezies ausgestorben und in drei Fällen beide (diese letzte Kategorie wurde nicht mit berücksichtigt, da sie nicht mit dem paarweisen Konkurrenzausschluß vereinbar ist). Immer wenn das Aussterben einer Spezies zu beobachten war, zeigten die Paare eine größere morphologische Ähnlichkeit (zum Beispiel lediglich einen durchschnittlichen Unterschied in der Schnabellänge um 9 %) als koexistierende Arten (22 % Differenz in der Schnabellänge). Dieses statistisch signifikante Ergebnis stimmt mit der Konkurrenzhypothese überein.

Phylogenetische Analysen an Anolis-Arten und an Fischen bestätigen den Zusammenhang zwischen Konkurrenz und Struktur der Biozönose.

Eine historische Betrachtungsweise ist in der Biozönologie nicht nur deswegen von Bedeutung, weil sie den „Geist der Konkurrenzvergangenheit" berücksichtigt, sondern auch, weil die gegenwärtige Struktur eines Artenverbands maßgeblich durch evolutionäre Prozesse geprägt wurde. Das Ergebnis einer phylogenetischen Analyse der auf Puerto Rico beheimateten *Anolis*-Arten zeigt Abbildung 20.10a (Losos 1992). Im Zwei-Spezies-Stadium (der unterste Schnittpunkt) unterschieden sich die beiden Echsenarten mit 38 mm beziehungsweise und 64 mm signifikant in der Kopf-Rumpf-Länge (KRL – als Index für ihre Größe) und ebenso deutlich im Drei-Spezies-Stadium (38, 64 und 127 mm). Auf Jamaica dagegen (Abbildung 20.10b) unterschieden sich die Arten in diesen beiden Stadien kaum in ihrer Größe (61, 73 und 57 mm KRL). Betrachtet man beide Stammbäume jedoch unter dem Gesichtpunkt ökomorphologischer Gesetzmäßigkeiten, ergeben sich bemerkenswerte Übereinstim-

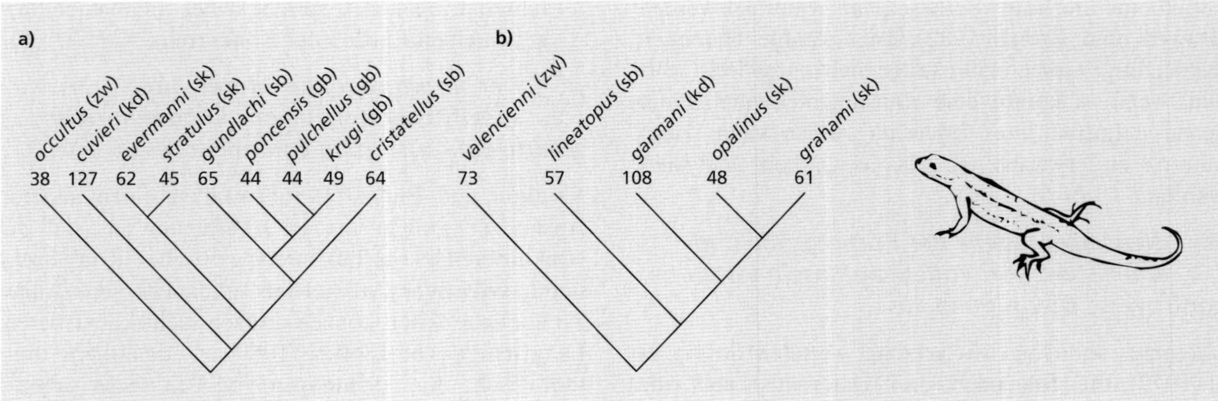

20.10 Stammbaum der *Anolis*-Arten auf a) Puerto Rico und b) Jamaika. Für jede Art ist die Größe (als Kopf-Rumpf-Länge in Millimeter) sowie der Ökotyp (Habitatnischen) angegeben. kd: Kronendach; gb: Gras-Busch-Regionen; sk: Stamm und Kronendach; sb: Stamm und Boden; zw: Zweige. (Nach Losos 1992)

mungen. Auf beiden Inseln bestand die Zwei-Spezies-Phase aus einem kurzbeinigen Ökotyp, der sich vorwiegend auf dünnen Ästen und Zweigen aufhielt, und einer generalistischen Ursprungsart. Auch im Drei-Spezies-Stadium besaßen beide Inseln die gleiche Zusammensetzung, die zweigbewohnende Art, einen Typ, der sich auf die Baumkronen spezialisiert hatte, sowie eine ziemlich robuste und langbeinige Spezies, deren Lebensraum der Boden war. Das Vier-Spezies-Stadium war immer noch identisch, da auf beiden Inseln zusätzlich eine Art auftrat, die sich bevorzugt an den Baumstämmen und im Laubdach aufhielt. Nur der gras- und buschbewohnende Ökotyp, der in der Fünf-Spezies-Phase in Puerto Rico evolvierte, fehlt auf Jamaika. Diese phylogenetische Analyse unterstützt damit die Hypothese, daß die faunistische Zusammensetzung auf beiden Inseln durch ein wiederholtes Aufteilen des Lebensraums zustande kam und daß die morphologischen Unterschiede zwischen den einzelnen Arten mit der differenziellen Nutzung ihrer Mikrohabitate zusammenhängt.

Ein anderes Beispiel für eine solche Merkmalsverschiebung ist die Evolution von Fischarten in Seen, die nach dem Gletscherrückzug (vor 10 000 bis 15 000 Jahren) auf der Nordhalbkugel entstanden. Bei taxonomisch ganz verschiedenen Fischen führte Artbildung und Divergenz zu **sympatrisch** lebenden Artenpaaren, die eine erstaunlich einheitliche Ressourcenaufteilung zeigen: In allen Fällen ist eine Spezies benthisch und verzehrt vorwiegend die Makroinvertebraten des Sediments, während die andere im Pelagial vorkommt, sich von Plankton ernährt und charakteristischerweise kleiner ist, ein schmaleres Maul und deutlich mehr Kiemenreusen aufweist (Schluter und McPhail 1992; 1993).

20.4.3 Neutrale Modelle und Unterschiede im Verbreitungsmuster

Für Pflanzengesellschaften in Neuseeland ermittelte man Konkurrenz als strukturierenden Faktor nur für heimische, nicht aber für eingeführte Arten.

Wilson (1988b) führte eine Nullmodellierung durch, die auf dem Vergleich von Koexistenzmustern an verschiedenen Vegetationsstandorten basierte. Seine Untersuchung stützte sich auf Daten über die Verteilung einheimischer und eingeführter Pflanzenarten auf 23 kleinen Inseln im Manapouri-See auf der Südinsel Neuseelands. Für jedes Artenpaar berechnete er einen Standard-Assoziationsindex, also im Prinzip die Häufigkeit, mit der sie gemeinsam auf einer Insel vorkommen. Tausend Randomisierungen wurden durchgeführt, die mittlere Häufigkeit berechnet und mit der tatsächlichen verglichen.

Die heimischen Arten zeigten überwiegend negative Assoziationen – ein Indiz für das Auftreten interspezifischer Konkurrenz. Bei den exotischen Pflanzen ergaben sich jedoch keine signifikanten Abweichungen zum neutralen Modell. Dies kann dadurch zu erklären sein, daß es sich in der Regel um Unkräuter mit effektiven Kolonisierungseigenschaften handelte; möglicherweise bedeutet das scheinbare Fehlen von Konkurrenz aber auch nur, daß die eingeführten Arten noch keine Gleichgewichtsverteilung erreicht hatten (Wilson 1988b).

20.4.4 Beurteilung der neutralen Modelle

Wie sollen wir insgesamt solche Modellierungsansätze bewerten? Grundsätzlich ist ihre Zielsetzung – nämlich zu vermeiden, daß man Hinweise auf Konkurrenz nur findet, weil man subjektiv und intensiv nach ihnen sucht – zweifellos wichtig (sogar ihre Kritiker gaben das zu, indem sie frühe Modelle durch eigene, verbesserte Versionen zu ersetzen versuchten). Auf der anderen Seite sind sie nur aussagekräftig, wenn sie auf Gruppen, meist Gilden, angewandt werden, innerhalb derer Konkurrenz zu erwarten ist.

Neutralmodelle dürfen keine Konkurrenz beinhalten und sollten den „Geist der Konkurrenzvergangenheit" nachweisen können.

Wie wir gesehen haben sind diese Modellierungen nur dann von Wert, wenn sie in sich, vom Ansatz her, keine Konkurrenz beinhalten. Dies wurde besonders deutlich durch eine Computeruntersuchung von Colwell und Winkler (1984), in der sie die Evolution von Lebensgemeinschaften mit und ohne Konkurrenz simulierten. Die Neutralmodelle versagten oft dabei, den „eingebauten Geist der Konkurrenzvergangenheit" nachzuweisen. Die Erklärungsmöglichkeiten hierfür sind vielfältig, aber dieses Ergebnis demonstriert eindeutig, daß wir für die Zukunft geeignetere Neutralmodelle entwickeln müssen (Wilson 1987). Aber wie auch immer, theoretische Modelle können stets nur ein *Hilfsmittel* sein, sie werden die Freilandökologie nie ersetzen können.

20.5 Schlußfolgerungen

1) Interspezifische Konkurrenz als strukturierender Faktor von Lebensgemeinschaften ist naheliegend, aber schwer (im nachhinein) zu beweisen, da es häufig alternative Erklärungen gibt.
2) Mit Sicherheit kann man die Bedeutung der interspezifischen Konkurrenz nicht verallgemeinern; sie mag für manche Lebensgemeinschaften (Pflanzen, sessile Organismen) wichtig, bei anderen (phytophagen Insekten) vernachlässigbar sein.
3) Auch in Bionzönosen, in denen die Bedeutung interspezifischer Konkurrenz gezeigt wurde, betrifft sie wahrscheinlich nur einen kleinen Anteil der zwischenartlichen Wechselbeziehungen (meistens nur die zwischen ökologisch eng verwandten Arten einer Gilde).

Wir werden die Rolle der Konkurrenz später (in Kapitel 24) noch einmal diskutieren, nachdem wir weitere organisierende (und desorganisierende) Faktoren in Biozönosen kennengelernt haben.

21 Der Einfluß von Prädation und Störungen auf die Struktur von Lebensgemeinschaften

21.1 Einleitung

Ökologische Systeme ändern sich ständig.

Ökologen werden manchmal bezichtigt, auf Physiker und Chemiker neidisch zu sein, weil die Systeme, mit denen sie arbeiten, scheinbar keine fundamentalen Gesetze (wie die der Thermodynamik) oder klare, ordentliche Muster (wie das Periodensystem) erkennen lassen. Das Problem in der Ökologie ist die Variabilität der Untersuchungsobjekte und deren permanente Evolution, wodurch sich Verhaltensmechanismen und wechselseitige Beziehungen kontinuierlich verändern. Ökologische Systeme sind einem ständigen Wandel unterworfen – keine Umwelt ist einheitlich, kein Jahr wie das andere. Auch Chemiker und Physiker hätten Schwierigkeiten, wenn sich das Periodensystem dauernd ändern oder die Schwerkraft unberechenbar in ihrer Stärke variieren würde.

Störungen – vor allem anthropogener Art – sind ein wichtiger Aspekt der ökologischen Realität.

Wenn also biologische Gemeinschaften nicht einheitlich sind, sich dauernd verändern und den Einflüssen zufälliger Ereignisse unterliegen, müssen sich die Ökologen damit auseinandersetzen. Deswegen widmen wir dem Thema Störungen ein ganzes Kapitel in diesem Buch. Mit diesem Begriff beschreiben wir Kräfte wie Räuber, Erdbeben, Brände, aber auch für uns weniger dramatische Ereignisse wie die Aktivität von Wühlmäusen oder sogar das Auftreffen eines Regentropfens (das für einen Pflanzenkeimling letal sein kann).

Ein weiterer Grund, solchen Prozessen in einem Ökologielehrbuch besondere Aufmerksamkeit zu widmen, ist die Tatsache, daß wir Menschen die Natur in besonders massiver Weise stören – durch Land- und Forstwirtschaft, Düngung, Umweltverschmutzung, Jagd und Freizeitaktivitäten. Die meisten (inzwischen wahrscheinlich alle) Lebensgemeinschaften wurden anthropogen verändert; natürliche, ursprüngliche Biozönosen sind auf unserer Welt kaum mehr zu finden.

21.1.1 Störungen und die Diversität von Lebensgemeinschaften

Kontinuierliche Veränderungen können Konkurrenzausschluß verhindern und die Diversität erhöhen.

In Kapitel 20 haben wir den Einfluß interspezifischer Konkurrenz auf die Struktur von Lebensgemeinschaften besprochen und gesehen, daß Diversität durch Ressourcenaufteilung zwischen konkurrierenden Arten erklärt werden kann. Dieses Konkurrenzmodell basiert jedoch auf zwei – nicht immer zutreffenden – Annahmen. Die erste ist, daß die Organismen tatsächlich miteinander konkurrieren, was limitierte Ressourcen voraussetzt. Es gibt jedoch viele Situationen, in denen Störungen die Populationsdichten so niedrig halten, daß kein Ressourcenmangel und damit keine Konkurrenz auftritt. Die zweite Annahme ist, daß – Konkurrenz vorausgesetzt – eine Art zwangsläufig dominant wird und die andere verdrängt. Auch dies ist in der realen Welt, in der kein Jahr und kein Fleckchen Erde wie das andere ist, nicht immer der Fall. Kontinuierliche Veränderungen verhindern die Etablierung stabiler Gleichgewichte; sie können den Prozeß des Konkurrenzausschlusses (siehe Abschnitt 7.6) verlangsamen oder vollständig unterbrechen, so daß es nicht zum Aussterben kommt und die Diversität erhöht wird.

Durch Gleichgewichts- und Ungleichgewichtsmodelle zeigt sich die Bedeutung zeitlicher Veränderungen.

Wir sollten also grundsätzlich zwischen **Gleichgewichts-** und **Ungleichgewichtstheorien** unterscheiden. Ein Gleichgewichtskonzept, wie das der Nischendifferenzierung, hilft uns, Eigenschaften eines Systems am Gleichgewichtspunkt zu verstehen – Veränderungen sind ohne Bedeutung. Ein Ungleichgewichtsmodell dagegen stellt die Veränderungen in den Mittelpunkt und konzentriert sich auf das vom Gleichgewicht abweichende Verhalten eines Systems. Die Unterschiede zwischen beiden Theorien sind natürlich rein graduell. Jedem Wissenschaftler ist klar, daß wirkliche Lebensgemeinschaften niemals ein genau definierbares Gleichgewicht erreichen, sondern diesem Stadium nur mehr oder weniger nahe kommen. Die unterschiedlichen Blickwinkel helfen uns jedoch, die wichtige Funktion zeitlicher Heterogenität für die Struktur von Lebensgemeinschaften zu verstehen.

21.1.2 Was bedeutet Störung?

Störungen schaffen neue Lebensräume oder machen Ressourcen verfügbar.

Störung ist definiert als „Unterbrechung eines ablaufenden Prozesses" oder als „Eingriff in einen etablierten Zustand". In der Biozönologie ist der „Prozeß" häufig interspezifische Konkurrenz, der „etablierte Zustand" die Struktur einer Lebensgemeinschaft. Eine Störung ist daher jedes zeitliche Ereignis, das Organismen entfernt (Townsend und Hildrew 1994) oder auf eine andere Art und Weise – zum Beispiel durch Veränderung der Ressourcenverfügbarkeit oder der physikalischen Umwelt – in die Struktur einer Biozönose eingreift (Pickett und White 1985). In der Regel werden dadurch neue Lebensräume geschaffen oder Ressourcen freigesetzt, die von Individuen genutzt werden können.

Prädation wirkt oft ähnlich wie physikalische Störungen.

Wir haben **Prädation** und Störung in diesem Kapitel zusammengefaßt, da räuberische Aktivitäten (und dazu zählen wir hier auch Pathogene und Parasiten) häufig den normalen Ablauf einer Konkurrenzbeziehung verändern und dramatische Effekte auf etablierte Gesellschaften ausüben können. Zudem ist die Prädation in ihrer Wirkung oft nicht von physikalischen Störungen zu unterscheiden (Öffnen einer Nische).

21.2 Die Auswirkung von Prädation auf die Struktur von Lebensgemeinschaften

21.2.1 Herbivore Prädation

Abweidung kann die pflanzliche Diversität erhöhen.

Darwin (1859) war der erste, der einen positiven Effekt des Rasenmähens auf die Artendiversität feststellte. Er schrieb:

> Wenn man einen Rasen, der lange gemäht – oder durch Vierbeiner regelmäßig abgeweidet – wurde, wachsen ließe, so würden die kräftigeren Pflanzenarten die zwar ebenfalls ausgewachsenen, aber schwächeren langsam zum Aussterben bringen. So gingen auf einem Stück gemähten Rasen (von 90 cm × 120 cm) von 20 Arten neun ein, als man die Pflanzen frei wachsen ließ.

Wenn Konsumenten Konkurrenzausschluß verhindern, spricht man von ausbeutervermittelter Koexistenz.

Zwar sind Kaninchen wählerischer als Rasenmäher, sie haben aber in vielen Fällen einen ganz ähnlichen Effekt. Ihre Einführung und anschließende Ausbreitung in England (wahrscheinlich im 12. Jahrhundert) muß anfänglich eine massive Störung der Vegetation dargestellt haben, schließlich wurden sie jedoch Teil des Systems. Im Jahre 1954 wurde das Myxomatosevirus in Großbritannien eingeführt und reduzierte die Kaninchenpopulationen drastisch. Die Vegetation reagierte sehr schnell durch eine Zunahme mehrjähriger Blütenpflanzen (zum Beispiel Orchideen). Später wurden einige Gräser dominant, letztlich ging aber die Anzahl der Grasarten zurück, als sich größere, selbstbeschattende Typen durchsetzten. Die Anwesenheit der Kaninchen führte also zu einer Erhöhung der pflanzlichen Diversität durch Reduktion (Abweiden) dominanter Arten. Prädation erlaubt demnach das Vorkommen von Arten, die sich sonst verdrängen würden. Diese Verhinderung des Konkurrenzausschlusses durch einen Konsumenten bezeichnet man als **ausbeutervermittelte Koexistenz** (*exploiter-mediated coexistence*).

Die Beweidung durch Strandschnecken wirkt sich auf die Algenzusammensetzung von Gezeitentümpeln aus.

Wir wollen ein weiteres Beispiel betrachten. Der häufigste und wichtigste herbivore Prädator in der unteren und mittleren Gezeitenzone der Felsküsten Neuenglands/USA und Europas ist die Strandschnecke *Littorina littorea*. Sie ernährt sich von einer Vielzahl verschiedener Algen, zeigt aber eine deutliche Präferenz für Grünalgen der Gattung *Enteromorpha*. Harte Arten wie die mehrjährige Rotalge *Chondrus crispus* oder Braunalgen der Gattung *Fucus* werden von *Littorina* niemals oder nur, wenn keine andere Nahrung vorhanden ist, gefressen.

Lubchenco (1978) fiel auf, daß die Algenzusammensetzung in den Gezeitentümpeln stark variierte, von fast reinen *Enteromorpha intestinalis*-Beständen bis zur Dominanz von *C. crispus*. Um den Zusammenhang mit der Beweidung durch *L. littorea* zu untersuchen, entfernte sie alle Strandschnecken aus einem *Chondrus*-Tümpel und setzte sie in einen *Enteromorpha*-Pool. Während eines Zeitraums von 17 Monaten traten in dem Kontrolltümpel keine Veränderungen auf: Die Strandschnecken ernährten sich von mikroskopisch kleinen Pflanzen und den zahlreichen ephemeren Algen (einschließlich *Enteromorpha*), die sich auf der *Chondrus*-Vegetation ansiedelten. In dem *Chondrus*-Pool, aus dem *Littorina* entfernt war, etablierten sich innerhalb kurzer Zeit *Enteromorpha* und einige andere kurzlebige Algen; *Enteromorpha* wurde dominant und verdrängte die *Chondrus*-Arten. Damit war klar, daß die Anwesenheit von *L. littorea* für das Vorherrschen der Rotalge in den *Chondrus*-Tümpeln verantwortlich war. Das Einsetzen der Strandschnecken in den *Enteromorpha*-Pool führte innerhalb eines Jahres zum fast vollständigen Rückgang der Grünalge (von annähernd 100prozentiger Bedeckung zu weniger als 5 %). Mit der Abweidung von *Enteromorpha* durch *L. littorea* wanderte langsam *Chondrus* ein und erreichte schließlich eine dominante Stellung.

Durch das Hinzukommen von Krabben und Möwen entsteht ein komplexes Netz von Wechselbeziehungen.

Warum kommt *L. littorea* in einigen Tümpeln vor, in anderen nicht? Die Strandschnecke besiedelt die Gezeitenpools als Larve, und zwar unabhängig davon, welche Alge vorherrschend ist. In den *Enteromorpha*-Tümpeln verhindert jedoch die Strandkrabbe *Carcinus maenas*, die sich in der Grünalgenbedeckung gut verstecken kann und sich vorwiegend von den jungen Schnecken ernährt, die Etablierung neuer Populationen. In den *Chondrus*-Tümpeln dagegen sind die Krabben eine leichte Beute für Möwen, dem letzten Glied in diesem komplexen Netz von Wechselbeziehungen; in Abwesenheit ihres Feindes können sich die Schnecken rasch vermehren.

In Abhängigkeit von der Konsumentendichte entstehen glockenförmige Diversitätskurven.

Welchen Einfluß hat das Abweiden durch die Strandschnecke auf die Artendiversität der Algen? Theoretisch könnte man erwarten, daß in Abwesenheit des Konsumenten die Artenvielfalt gering ist, da *Enteromorpha* die meisten anderen Algenarten verdrängt. Die Analyse von Tümpeln mit unterschiedlichen Populationsdichten von *L. littorina* (Abbildung 21.1a) bestätigt dies. Die Artendiversität ist aber auch dann gering, wenn die Schnecken zu zahlreich sind, da die bevorzugten Algenspezies bis zur Ausrottung abgeweidet werden und fast reine *Chondrus*-Bestände übrigbleiben. Bei mittleren Populationsdichten des Konsumenten ist die Artenvielfalt am höchsten. Die Schnecken reduzieren die Abundanz von *Enteromorpha* und anderen kurzlebigen Algen, der Konkurrenzausschluß wird verhindert, und sowohl ephemere als auch mehrjährige Algenarten können koexistieren (graphisch äußert sich dies in einer glockenförmigen Kurve).

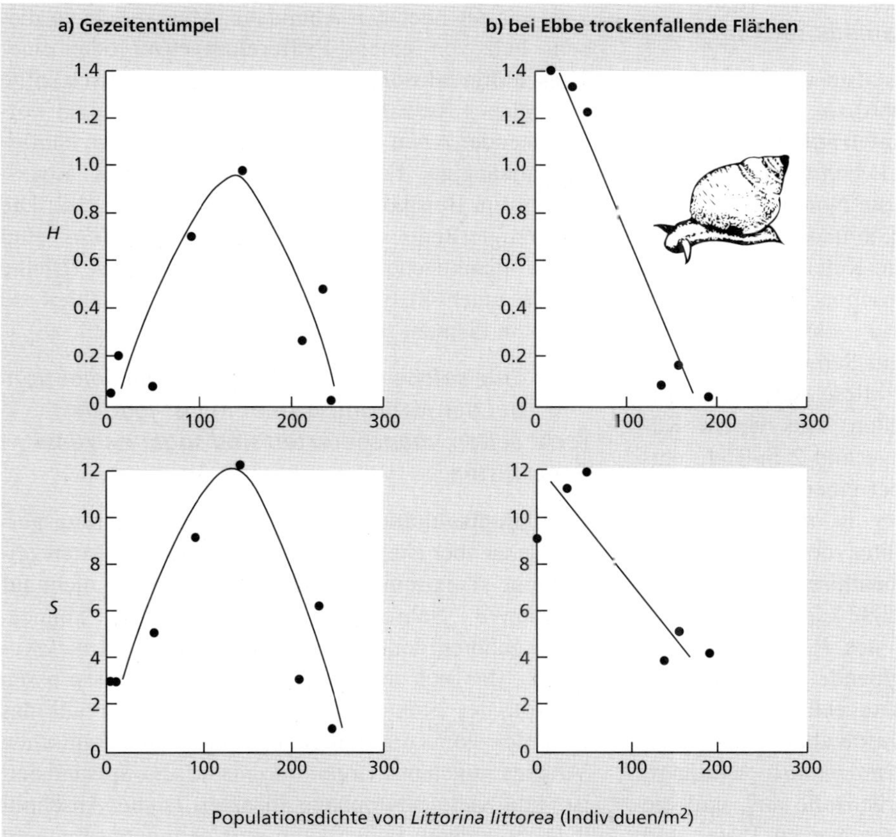

21.1 Der Effekt der Populationsdichte der Strandschnecke *Littorina littorea* auf den Artenreichtum (*S*) und die Artenvielfalt (Shannon-Index *H* auf Basis der prozentualen Bedeckung, siehe Abschnitt 17.2.1) von Algen a) in Gezeitentümpeln und b) auf bei Ebbe exponierten Substraten. (Nach Lubchenco 1978)

Die Diversität nimmt ab, wenn der Konsument konkurrenzschwache Beute bevorzugt.

Ein anderes Bild ergibt sich, wenn die bevorzugte Beuteart anderen Spezies unterlegen ist, und auch dies kann durch Lubchencos Untersuchungen belegt werden. Betrachtet man nicht die Flora in den Gezeitentümpeln der Felsküste, sondern auf Substraten, die bei Ebbe trockenfallen, ist die kompetitive Dominanz der Pflanzen genau umgekehrt. Hier dominieren die mehrjährigen Braun- und Rotalgen; die kurzlebigen Grünalgen sind nur an solchen Stellen schwach vertreten, an denen *L. littorea* fehlt. Unter diesen Bedingungen wird jede Zunahme im Abweidungsdruck die Algendiversität erniedrigen, da *Enteromorpha* und die anderen kurzlebigen Algen bis zum Aussterben abgeweidet werden (Abbildung 21.1b).

Wenn aber, wie in diesem Beispiel, die ungenießbare Art wirklich so überlegen ist, warum verdrängt sie dann die anderen nicht in Abwesenheit des Räubers? Die Erklärung ist, daß es noch andere Mechanismen der Koexistenz geben muß. Ressourcenaufteilung ist eine Möglichkeit; andere werden wir in den Abschnitten 21.3 bis 21.6 besprechen.

21.2.2 Carnivore Prädatoren

Das Entfernen des Gipfelräubers – eines Seesterns – an einer Felsküste, wirkt sich dramatisch auf die Artenzusammensetzung aus.

In der Gezeitenzone einer Felsküste wurde auch die berühmte Arbeit von Paine (1966) zum Einfluß carnivorer Prädation durch einen **Gipfelräuber** (*top predator*) auf die Struktur von Lebensgemeinschaften durchgeführt. An der Pazifikküste Nordamerikas stellen sessile, filtrierende Seepocken und Miesmuscheln sowie weidende Napfschnecken, Käferschnecken und eine kleine carnivore Wellhornschnecke die primäre Nahrung des Seesterns *Pisaster ochraceus* (Ockerstern) dar. Zusammen mit einem Schwamm und vier makroskopischen Algen bilden diese Arten hier voraussagbare Lebensgemeinschaften. Aus einem Küstenstreifen von etwa 8 m Länge und 2 m Tiefe entfernte Paine alle Seesterne. Über einen Zeitraum von mehreren Jahren überprüfte er in unregelmäßigen Intervallen die Populationsdichten der Invertebraten und den Bedeckungsgrad der benthischen Arten. Ein angrenzendes Kontrollgebiet zeigte keine Veränderungen, während die Entfernung des Räubers aus der Untersuchungsregion einschneidende Konsequenzen hatte. Innerhalb weniger Monate etablierte sich die Seepocke *Balanus glandula*, wurde aber später durch die Miesmuschel *Mytilus californianus* verdrängt. Bis auf eine Algenspezies starben alle aus, und die weidenden Schnecken wanderten wegen Platz- und Nahrungsmangel ab. Insgesamt reduzierte sich die Artenzahl von 15 auf acht.

Die wichtigste Funktion des Seesterns scheint also darin zu bestehen, durch Abweiden der Seepocken und vor allem der dominierenden Miesmuscheln Raumressourcen für weniger konkurrenzfähige sessile Arten zu schaffen (also wieder ein Fall von ausbeutervermittelter Koexistenz). Die Abwesenheit des Räubers führt zur Dominanz einiger weniger Spezies und zum Aussterben aller anderen (man spricht hier auch von einer **Schlüsselart**, siehe Abschnitt 22.2.2). Dies trifft jedoch nur für Primärbesiedler zu; die Diversität der Arten, die mit den vorherrschenden Miesmuscheln assoziiert sind (in Muschelbänken findet man über 300 verschieden Pflanzen- und Tierarten; Suchanek 1992) sollte nach Entfernung von *Pisaster* zunehmen.

21.2.3 Nahrungswechsel und häufigkeitsabhängige Selektion

Manche Räuber wählen immer bevorzugt die Beuteart mit der höchsten Abundanz aus.

Die meisten Räuber ernähren sich zu einem gegebenen Zeitpunkt nicht nur von einer Beuteart, sondern sind in ihrer Nahrungswahl mehr oder weniger polyphag. Andere wechseln gezielt zwischen einzelnen Nahrungstypen und konzentrieren sich immer auf die Spezies mit der höchsten Abundanz. Man spricht in diesem Fall von einem **Präferenzwechsel** oder einer **Umschaltereaktion** (*diet switching*) (theoretisch sollte ein solches Verhalten die Anzahl relativ selten vorkommender Arten erhöhen – letztendlich eine häufigkeitsabhängige Form ausbeutervermittelter Koexistenz). Ein Beispiel hierfür zeigt Abbildung 21.2: Die bevorzugte Beute von Rotaugen (*Rutilus rutilus*) sind große planktische Wasserflöhe; fällt deren Dichte jedoch unter 40 Organismen pro Liter, ernähren sie sich von kleinen, sedimentbewohnenden Arten.

Eine solche häufigkeitsabhängige Selektion bei der Nahrungsaufnahme ist jedoch recht selten, manche Arten sind sogar extreme Spezialisten.

Häufigkeitsabhängige Selektion bei der Nahrungsaufnahme ist aber eher die Ausnahme. Manche Arten zeigen eine so extreme Spezialisierung, daß sie nicht auf alternative Nahrungsquellen umschalten können. Dazu gehören der Große Panda (*Ailuropoda melanoleuca*), der sich ausschließlich von Bambussprossen ernährt, der Floh *Cediopsylla tepolita*, der auf das Blut des vom Aussterben bedrohten mexikanischen Vulkankaninchens (*Romerolagus diazi*) spezialisiert ist, und viele phytophage Insekten (siehe Abschnitt 9.2). In anderen Fällen kann eine abundante Beuteart

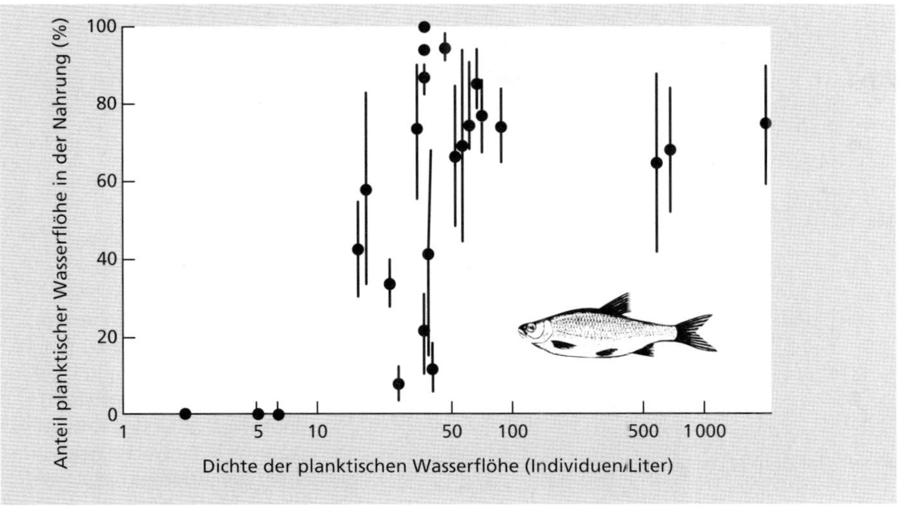

21.2 Für die Rotaugen (*Rutulis rutulis*) in einem kleinen englischen See stellen planktische Wasserflöhe die bevorzugte Beute dar (angegeben als durchschnittlicher Anteil der aufgenommenen Nahrung, ± Standardabweichung). Werden diese jedoch selten, stellt sich der Fisch auf sedimentbewohnende Arten um. (Nach Townsend et al. 1986)

die Populationsdichten des Prädators so hoch halten, daß andere ausgerottet werden. Dies wurde von der Braunen Nachtbaumnatter (*Boiga irregularis*) behauptet, mit deren Einführung auf der Insel Guam (zwischen Japan und Neuguinea) in den frühen fünfziger Jahren die Dichte der meisten der 18 einheimischen Vogelarten dramatisch zurückging (sieben sind mittlerweile ausgestorben). Savidge (1987) erklärte dies damit, daß *Boiga* auch kleine, auf der Insel sehr häufig vorkommende Eidechsen in ihr Nahrungsspektrum aufnahm und dadurch eine so hohe Abundanz erreichte, daß sie die empfindlicheren Vogelarten ausrottete.

21.2.4 Parasiten und Krankheitserreger

Parasiten und Pathogene können Lebensgemeinschaften dramatisch umstrukturieren.

Die Strukturierung von Lebensgemeinschaften durch Parasiten läßt sich besonders an den Folgen eines dramatischen Befalls verdeutlichen, Beispiele hierfür sind das Aussterben von beinahe der Hälfte aller endemischen Vogelarten auf den Hawaii-Inseln durch eingeschleppte Vogelpathogene (Warner 1968; van Riper et al. 1986) und die Zerstörung der nordamerikanischen Kastanienwälder (*Castanea dentata*) durch den wahrscheinlich aus China stammenden Pilz *Endothia parasitica*.

In der Regel kommt es aber früher oder später zu einer Umstrukturierung der Biozönose, durch die Interaktionen zwischen Parasit und Wirt weniger auffallen und ihr Einfluß auf die Lebensgemeinschaft sich nur noch schwer nachweisen läßt. Ebenso wie wir die Auswirkungen der Beweidung auf die Vegetation dadurch feststellen, daß wir den Konsumenten ausschließen, müßten wir experimentell durch Einsatz von Fungiziden oder Insektiziden die Parasiten eliminieren, um ihre Bedeutung zu erkennen. Ein alternativer Ansatz ist, einfache Lebensgemeinschaften künstlich zusammenzustellen und ihr Verhalten in Abhängigkeit eines Parasiten oder Pathogens zu studieren. Abbildung 21.3 zeigt das Ergebnis eines solchen Experiments: Die Anwesenheit des Ascomyceten *Erysiphe graminis* (Mehltau) führte unter Gewächshausbedingungen zu einer signifikanten Abnahme der Konkurrenzfähigkeit von Gerste gegenüber Weizen (Burdon und Chilvers 1977; Burdon 1987). In ähnlicher Weise bewirkte der Kleine Klappertopf (*Rhinanthus minor*), eine halbparasitische Pflanze, welche die Wurzeln anderer Pflanzen befällt und ihnen anorganische Nährstoffe entzieht, den Rückgang der bevorzugten Wirtspflanze *Lolium perenne* (Englisches Raygras) und den relativen Anstieg einer weniger bevorzugten (*Holcus lanatus*; Wolliges Honiggras) (Gibson und Watkinson 1991). Schließlich gibt es noch die elegante Laboruntersuchung von Park (1948) über tierische Systeme: In Anwesenheit des parasitischen Protozoen *Adelina triboli* kehrte sich die Konkurrenzfähigkeit zwischen zwei Mehlkäferarten (*Tribolium castaneum* und *T. confusum*) um.

Im allgemeinen korreliert die Abundanz von Parasiten und Pathogenen mit der ihrer Wirte; die Wirtsart wird also proportional um so mehr geschädigt, je höher ihre Populationsdichte ist. Wir haben also auch hier ein häufigkeitsabhängiges Phänomen, das Koexistenz fördert.

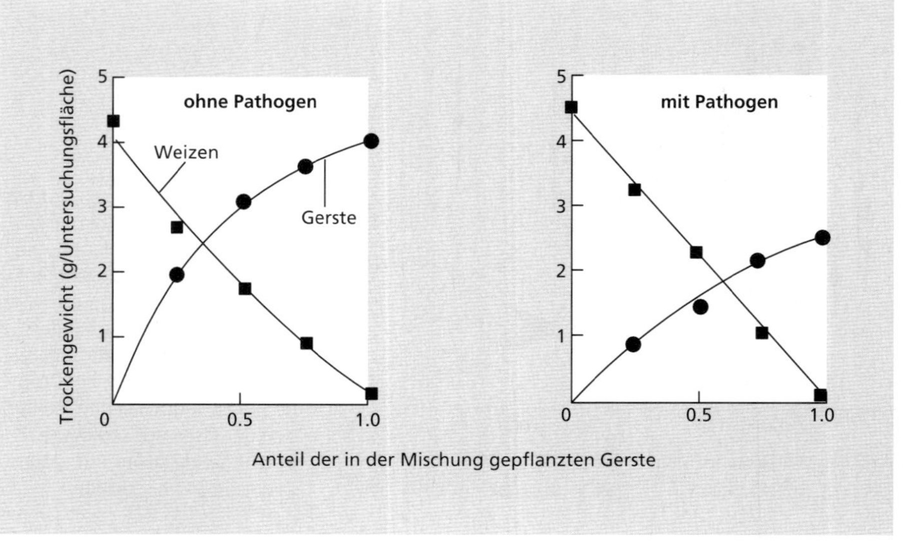

21.3 Die Auswirkungen von Mehltau auf die Konkurrenzfähigkeit von Gerste und Weizen (nach 67 Tagen Wachstum). In Anwesenheit des Pathogens kann sich die Gerste gegenüber dem Weizen nicht mehr durchsetzen. (Nach Burdon und Chilvers 1977)

21.2.5 Schlußfolgerungen

1) Selektive Prädation erhöht die Artendiversität einer Lebensgemeinschaft, wenn die bevorzugte Beute in ihrem Konkurrenzverhalten dominant ist. Die „Nutzwert" der Beute scheint mit hohen Wachstumsraten zu korrelieren. Müssen die Beuteorganismen aber sehr viele Ressourcen in chemische und physikalische Abwehrmechanismen investieren (die dann für Wachstum und Reproduktion fehlen), sind sie wahrscheinlich besonders stark durch die Prädation betroffen. Selektive Prädatoren dezimieren demnach in erster Linie jene Arten, die in ihrer Abwesenheit dominieren würden, und ermöglichen damit die Etablierung weniger konkurrenzfähiger Spezies. Erfolgt die Selektion zudem in einer häufigkeitsabhängigen Weise, sollte ihr positiver Einfluß auf die Artenvielfalt sogar noch größer sein.
2) Selbst Generalisten unter den Prädatoren, die ihre Beute lediglich proportional zu ihrer Abundanz auswählen, sollten die Diversität erhöhen. Die häufigsten Arten sind immer auch die konkurrenzfähigsten (mit der effektivsten Ressourcennutzung), und ihre Limitierung durch Prädation ermöglicht ausbeutervermittelte Koexistenz anderer Arten.
3) Die höchste Beutediversität können wir bei Prädation mittlerer Insenstität erwarten. Bei zu geringer Prädation wird der Konkurrenzausschluß unterlegener Beutearten nicht verhindert, bei zu starker kommt es häufig zur Ausrottung der favorisierten Beute.
4) Wahrscheinlich spielen Räuber, Parasiten und Krankheitserreger in Biozönosen mit extremen oder sehr variablen Umweltbedingungen nur eine untergeordnete Rolle (Connell 1975). An geschützten Küstenstandorten prägt Prädation offenbar als dominierender Faktor die Struktur der Lebensgemeinschaften (Paine 1966), in felsigen Brandungszonen scheint sie hingegen nur einen geringen Effekt zu haben (Menge und Sutherland 1976; Menge et al. 1986).
5) Prädation ist nur einer der vielen Faktoren, die eine Lebensgemeinschaft strukturieren können. Der Einfluß von Tieren geht weit darüber hinaus. Durch Graben (Maulwürfe, Kaninchen, Dachse) und Auftürmen von Erdhügeln (Ameisen, Termiten) verursachen sie Störungen und schaffen Nischen, die im Laufe von Mikrosukzessionen durch neue Arten besiedelt werden können. Mit den Exkrementen größerer Weidetiere entsteht ein Mosaik aus nährstoffreichen Flecken, in denen das lokale Artengleichgewicht grundlegend verändert ist. Sogar der Fußabdruck einer Kuh auf einer nassen Weide schafft ein neues Mikrohabitat (Harper 1977). Tatsächlich sind Störungen so häufig, daß man sich fragen muß, ob Gleichgewichtssituationen in der Natur überhaupt vorkommen.

21.3 Zeitliche Veränderung der Lebensbedingungen

Konkurrenzausschluß ist nicht unvermeidbar; er kann durch ständig wechselnde physikalische Bedingungen oder durch variable Konkurrenzsituationen verhindert werden.

Die ständige Unterbrechung des Konkurrenzausschlusses durch abiotische Faktoren kann ebenfalls die Diversität erhöhen.

Diese Idee wurde erstmals von Hutchinson (1941, 1961) im Zusammenhang mit dem „Plankton-Paradoxon" formuliert. Die extreme Artenvielfalt plankti-

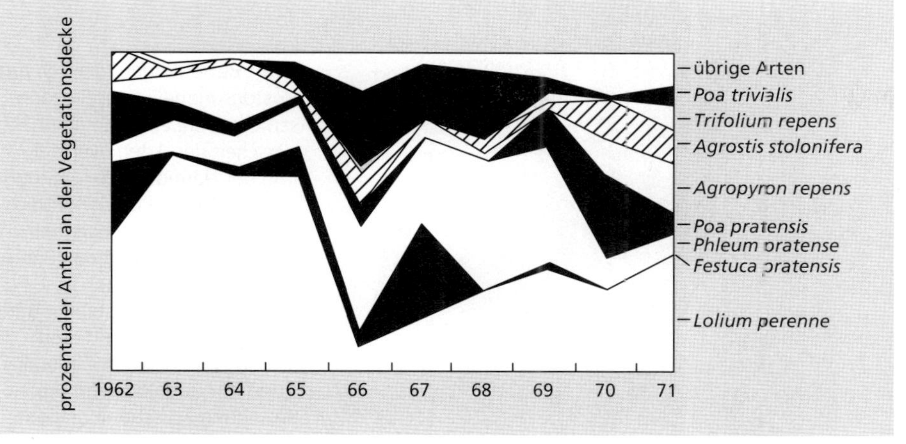

21.4 Veränderungen in der Artenzusammensetzung einer Wiese am Rheinufer in Deutschland als Reaktion auf regelmäßige Überschwemmungen und Schlickablagerungen. (Nach Müller und Foerster 1974)

scher Lebensgemeinschaften in Seen und Meeren läßt sich nicht allein mit Ressourcenaufteilung oder mit dem Einfluß von Prädation erklären. Wie Hutchinson vermutete, könnte sie teilweise auch darauf zurückzuführen sein, daß der Prozeß des Konkurrenzausschlusses immer wieder durch die sich stündlich und täglich ändernden physikalischen und chemischen Bedingungen (Temperatur, Lichtverhältnisse, Nahrungsangebot) unterbrochen wird. Ein ähnliches Phänomen können wir bei einigen Pflanzengemeinschaften beobachten. Zum Beispiel schwankt die Artenzusammensetzung in den Wiesen entlang des Rheins je nach Ausmaß der jährlich auftretenden Überflutungen beträchtlich (Abbildung 21.4).

Die Rate des Konkurrenzausschlusses ist nur mit der Sterberate zu vergleichen.

Die wichtigste Variable bei dieser Ungleichgewichts-Erklärung ist die Rate, mit der Konkurrenzausschluß auftritt. Abbildung 21.5a zeigt das Ergebnis einer Lotka-Volterra-Simulation, in der sich das Konkurrenzgleichgewicht rasch einstellt und eine Art ausstirbt. Bei der Modellierung in Abbildung 21.5b wurde der Konkurrenzausschluß durch eine periodische, dichteunabhängige Reduktion (jeweils um 50 %) beider Populationen verhindert (in natürlichen Lebensgemeinschaften könnte dies durch Prädation oder physikalische Störungen erfolgen). Das Ergebnis ist vollkommen anders. Die beiden Arten können viel länger koexistieren, obwohl Spezies 2 – wegen ihrer geringen Zuwachsrate (r), die keine ausreichende Erholung zwischen den einzelnen Störungen erlaubt – letztendlich ausstirbt. Unter Gleichgewichtsbedingungen wird diese Art jedoch wegen ihres höheren K-Wertes (als Maß für die Umweltkapazität) dominieren (Huston 1979; siehe auch Shorrocks und Begon 1975; Caswell 1978).

Die Intensität des Konkurrenzausschlusses hängt vom Populationswachstum ab.

Theoretisch kann die Koexistenz von Arten unter intermediären Störungsbedingungen (Abbildung 21.6a, siehe auch Abschnitt 21.5.1) unbegrenzt anhalten, jedoch nur wenn die Populationsdichten nicht zu hoch werden: Denn die Intensität des Konkurrenzausschlusses erhöht sich mit den Wachstumsraten (Abbildung 21.6b). (Dies könnte übrigens eine Erklärung für die in hochproduktiven Lebensräumen zu beobachtende Abnahme des Artenreichtums sein, siehe Kapitel 24). Die in Abbildung 21.6a und 21.6b dargestellten Beziehungen zwischen Störungshäufigkeit, Populationswachstum und Artenvielfalt sind in Teil c der Abbildung zusammengefaßt.

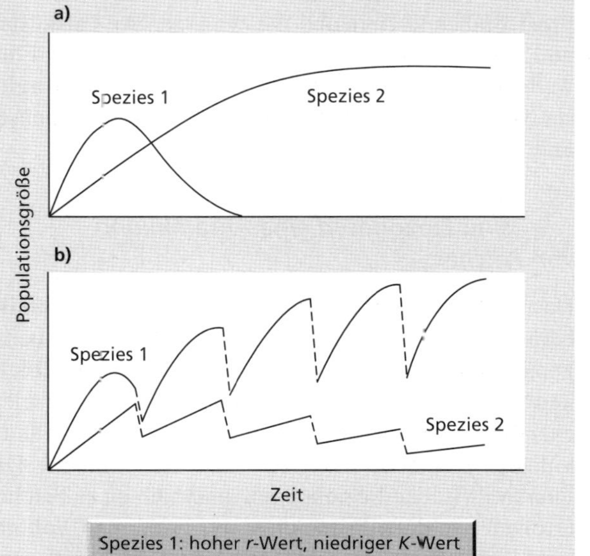

21.5 Die Auswirkung von Ungleichgewichtsbedingungen auf die Konkurrenzfähigkeit zweier Arten: a) Simulation unter Bedingungen des Konkurrenzausschlusses; b) Verhinderung des Konkurrenzausschlusses durch periodische, dichteunabhängige Reduktion beider Populationen. (Nach Huston 1979)

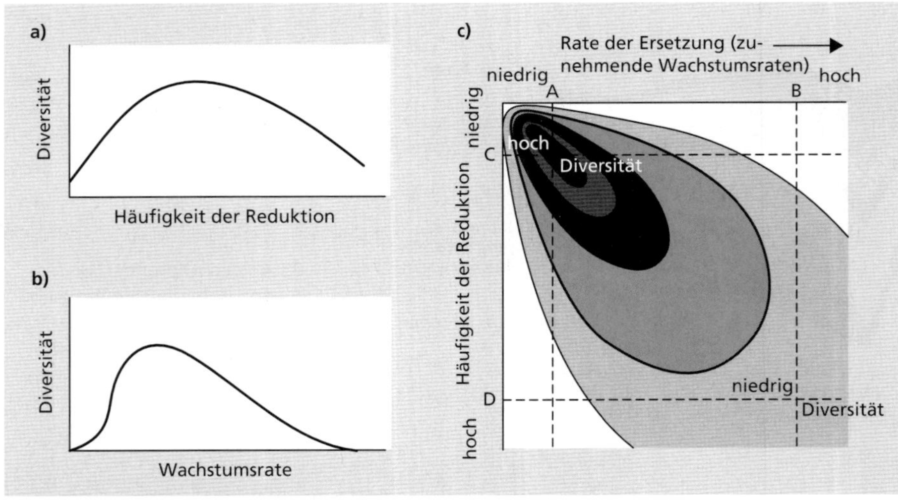

21.6 Beziehungen, die sich aus Hustons modellierten Biozönosen ergeben. a) Zusammenhang zwischen der Artendiversität und der Häufigkeit der Störung (Reduktion der Populationsdichten). b) Korrelation zwischen der Artenvielfalt und den Populationswachstumsraten in Ungleichgewichtssystemen mit einer geringen bis mittleren Störungsfrequenz. c) Generalisierte Konturenkarte für die Beziehung zwischen kompetitiver Verdrängung (entsprechend den Populationswachstumsraten), der Störungshäufigkeit (Reduktion der Populationsdichten) und der Artenvielfalt. Die Diversität ist in der Ebene senkrecht zur Seite wie die Höhenlinien einer Landkarte dargestellt. Die gestrichelten Linien zeigen die zu erwartenden Veränderungen in der Diversität, wenn ein Parameter konstant bleibt und der andere variiert. (Nach Huston 1979)

21.4 Störungen und das Mosaikzykluskonzept

Durch Störungen entstehen neue Lebensräume.

Störungen, die neue Lebensräume (Lücken) öffnen, kommen in allen Biozönosetypen vor. In Waldgemeinschaften können sie durch Stürme, Blitze, Erdbeben, Tiere oder auch lediglich durch das Umfallen eines Baumes verursacht werden; in Grasländern durch Frost, grabende Tiere und Weidegänger. An Felsküsten und Korallenriffen entfernen Wirbelstürme und Flutwellen, Räuber, aber auch die Schwimmflossen sorgloser Taucher einen Teil des Algen- und Tierbewuchses und schaffen dadurch neue Lücken.

Nach dem Mosaikzykluskonzept sind Biozönosen eine Ansammlung von Patches.

Das Konzept des **Mosaikzyklus** (oder **Patchdynamik**) berücksichtigt diese Tatsache und betrachtet Lebensgemeinschaften als Ansammlung von Patches („Flekken") mit identischen Umweltbedingungen und gleicher Ressourcenverfügbarkeit, die zufällig durch Individuen verschiedener Arten besiedelt werden. Die interspezifischen Beziehungen innerhalb eines Patches erfolgen nach den Prinizipien von Lotka und Volterra mit lokal auftretendem Aussterben. Die stochastischen Elemente dieses Modells erlauben allerdings zusammen mit der mosaikartigen Natur des Lebensraums und dem möglichen Austausch von Individuen zwischen verschiedenen Flecken die Aufrechterhaltung artenreicher Biozönosen, ohne Nischendifferenzierung erforderlich zu machen (Yodzis 1986). Bei dieser Betrachtungsweise spielen Störungen eine entscheidende Rolle für die Schaffung neuer Ausgangssituationen.

Lebensgemeinschaften sind meist offene Systeme – Ausbreitung und Rekrutierung spielen eine wichtige Rolle.

Patchdynamikmodelle unterscheiden sich grundlegend von den Konzepten, die wir früher besprochen haben. Sowohl die Gleichgewichtstheorien über Ressourcenaufteilung und Nischendifferenzierung (Kapitel 20) als auch die Ungleichgewichtsmodelle, die zeitliche Variationen mit berücksichtigen (Abschnitt 21.3), beschäftigen sich mit **geschlossenen Systemen** (betrachten also Lebensgemeinschaften als in sich geschlossene Einheiten). Konkurrieren in einem solchen Artenverbund zwei Spezies um dieselben Ressourcen, wird das Ergebnis immer der Lotka-Volterra-Gleichung entsprechen, und eine Art wird für immer aus der Biozönose verschwinden. Häufig kann man reale Lebensgemeinschaften aber besser als **offene Systeme** beschreiben, die aus einem Mosaik verschiedener Patches bestehen, innerhalb derer Interaktionen ablaufen – aber mit einer entscheidenen zusätzlichen Eigenschaft: Interaktionen können auch *zwischen* den einzelnen Flecken erfolgen. Individuen können aus anderen Flecken einwandern (oder abwandern); dadurch sind Extinktionen nicht endgültig, und die Populationsdichte in einem bestimmten Patch wird unabhängig von der Geburtsrate. (Beachten Sie die starke Verknüpfung zwischen diesem Modell und der Metapopulationstheorie, Kapitel 15 und Kapitel 25). Dies ist der grundlegende Blickwinkel des Mosaikzykluskonzepts: Migration zwischen den einzelnen Habitatflecken (Pickett und White 1985). Die Reihenfolge der Einwanderungen und die Effizienz, mit der einzelne Spezies rekrutiert werden, können die Natur und Struktur der Lebensgemeinschaft signifikant beeinflussen (Booth und Brosnan 1995).

Durch Räuber geschaffenen Lücken werden in offenen Systemen rasch besiedelt.

Ausbeutervermittelte Koexistenz in offenen Systemen läßt sich sehr einfach durch die Simulation des Einflusses eines Räubers auf das Konkurrenzverhalten von Beutearten demonstrieren. In Caswells (1978) offenem Ungleichgewichtssystem (1978) kann die Rate des Konkurrenzausschlusses so verlangsamt werden, daß eine unbegrenzte Koexistenz aller Arten möglich ist. Solche Modellierungen sind biologisch durchaus realistisch; sie stimmen zum Beispiel sehr gut mit der durch *Pisaster* dominierten Lebensgemeinschaft überein (siehe Abschnitt 21.2). In den Modellen – wie auch in Wirklichkeit – werden durch den Räuber (und in ganz analoger Weise durch physikalische Störungen) neue Lücken geschaffen, die der unterlegene Konkurrent besiedeln kann.

Je nach Konkurrenzfähigkeit der Arten bezeichnet man Lebensgemeinschaften als dominanzkontrolliert oder gründerkontrolliert.

In Hinblick auf interspezifisches Konkurrenzverhalten können im Rahmen des Mosaikzykluskonzepts zwei grundsätzlich verschiedene Biozönosetypen definiert werden (Yodzis 1986). Lebensgemeinschaften, in denen eine oder wenige Arten in der Konkurrenz weit überlegen sind, können als **dominanzkontrolliert** bezeichnet werden (Abschnitt 21.5), solche, in denen alle Arten gleichermaßen wettbewerbsfähig sind, als **gründerkontrolliert** (Abschnitt 21.6). Die unterschiedliche Dynamik dieser beiden Systeme werden wir im folgenden betrachten.

21.5 Dominanzkontrollierte Lebensgemeinschaften

In dominanzkontrollierten Gemeinschaften laufen nach Störungen voraussagbare kleinräumige Sukzessionen ab.

In Patchdynamikmodellen, in denen einige Arten wettbewerbsfähiger sind als andere, kann sich der primäre Besiedler eines Patches nicht notwendigerweise dort halten; häufig wird er mit der Zeit durch eine konkurrenzfähigere Art lokal verdrängt (obwohl er insgesamt in dem heterogenen Lebensraum noch an Stellen vorhanden ist, die von Shorrocks und Rosewell (1987) als „Wahrscheinlichkeitsrefugien" (*probability refuges*) bezeichnet wurden. In solchen dominanzkontrollierten Gemeinschaften (Yodzis 1986) ist die Abfolge der

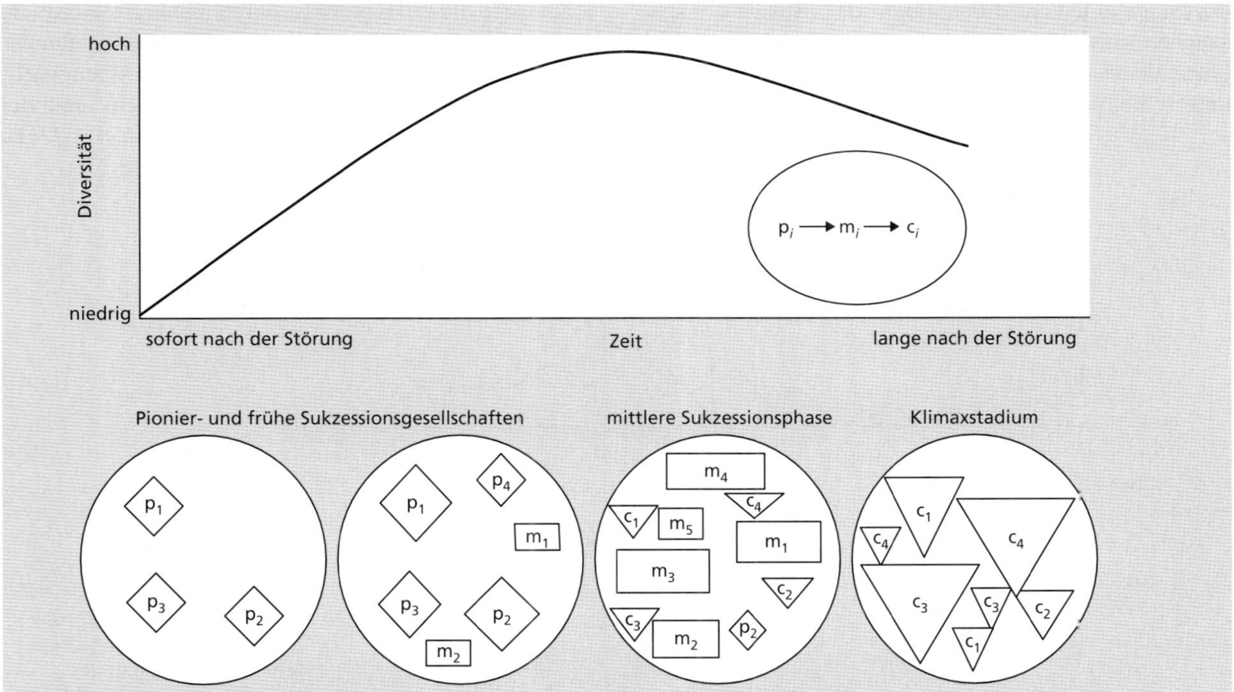

21.7 Hypothetische Miniatursukzession in einer Lücke. Die Abfolge der Besiedlung ist einigermaßen voraussagbar. Mit der Einwanderung weniger Pionierarten (p_i) entwickelt sich eine Gemeinschaft mit geringer Diversität; die Artenvielfalt erreicht ein Maximum im mittleren Sukzessionsstadium, in dem Erstbesiedler, Spezies der mittleren Sukzessionsphase (m_i) und Arten der Klimaxgesellschaft (c_i) koexistieren; im Klimaxstadium sinkt die Artendiversität durch Konkurrenzausschluß wieder ab.

Arten, die durch Störungen neu geschaffene Habitate besiedeln, annähernd voraussagbar (ganz ähnlich wie bei Sukzessionen, siehe Abschnitt 17.4.4). Man könnte sagen, daß die Störung die Lebensgemeinschaft lokal in ein früheres Sukzessionsstadium versetzt und die Lücke eine Miniatursukzession durchläuft (Abbildung 21.7). Sie wird zuerst durch opportunistische frühe Sukzessionsarten (p_1,p_2 etc.) besiedelt; die im Laufe der Zeit dazukommenden Spezies zeichnen sich häufig durch eine eingeschränkte Verbreitungsfähigkeit aus, verdrängen jedoch die Pionierarten teilweise oder vollständig und dominieren in der mittleren Sukzessionsphase (m_1, m_2 etc.). Haben sich schließlich die effektivsten Konkurrenten durchgesetzt (c_1, c_2 etc.) stellt sich wiederum eine Klimaxgesellschaft ein. Zu Beginn ist die Artendiversität sehr niedrig, erhöht sich im mittleren Sukzessionsstadium und fällt in der Regel in der Klimax infolge von Konkurrenzausschluß wieder ab.

Phasische und aphasische Störungen führen zu einer unterschiedlichen Diversität.

Manche Störungen betreffen gleichzeitig und gleichermaßen – in Phase – eine große Fläche, zum Beispiel ein Waldbrand, der den größten Teil einer Klimaxgesellschaft auf einen Schlag eliminieren kann. In diesen Fällen erfolgt die Sukzession im gesamten Gebiet mehr oder weniger synchron, mit einem Diversitätsanstieg zu Beginn der Sukzession und einem Abfall beim Erreichen der Klimax. Andere Störungen sind lokal begrenzt und treten zeitlich nicht in Phase auf: Die entstehenden Lücken durchlaufen das Sukzessionsgeschehen unabhängig voneinander. Dadurch ensteht eine Lebensgemeinschaft, die sich aus einem Mosaik unterschiedlicher Sukzessionsstadien zusammensetzt. Der Artenreichtum eines solchen Klimaxmosaiks liegt deutlich höher.

21.5.1 Die Häufigkeit von Störungen

Nach Connels Hypothese bleibt bei mittlerer Störungshäufigkeit eine maximale Diversität erhalten.

Nicht nur die zeitliche Abstimmung von Störungen ist von Bedeutung, sondern auch ihre Häufigkeit. Die Hypothese intermediärer Störungen (Connell 1978; siehe auch den früheren Bericht von Horn 1975) besagt, daß eine maximale Artendiversität bei Störungen mittlerer Häufigkeit erhalten bleibt. Dies ist in Abbildung 21.8 veranschaulicht. Nach einer ernsthaften Störung werden einige wenige Pionierarten die Lücke besiedeln. Wiederholen sich die Störungen in relativ kurzen Zeitabständen, beginnt die Sukzession immer wieder von vorne und kommt über dieses frühe Stadium nicht hinaus. Beim Ausbleiben weiterer Störungen wird sie bis zur artenarmen Klimaxgesellschaft fortschreiten. Mittlere Störungshäufigkeiten dagegen führen zu einer hohen Artendiversität, da zwischen den einzelnen Ereignissen genügend Zeit für die Einwanderung und Etablierung weiterer Spezies gegeben ist, die Schlußgesellschaft aber nie erreicht wird.

Untersuchungen an Felsbrocken der Gezeitenzone bestätigen diese Hypothese.

Läßt sich diese Hypothese durch konkrete Beispiele belegen? Sousa (1979a,b) untersuchte den Zusammenhang zwischen dem Artenreichtum einer Algengesellschaft in der Gezeitenzone Südkaliforniens und der Häufigkeit, mit der die Steine, auf denen die Algen

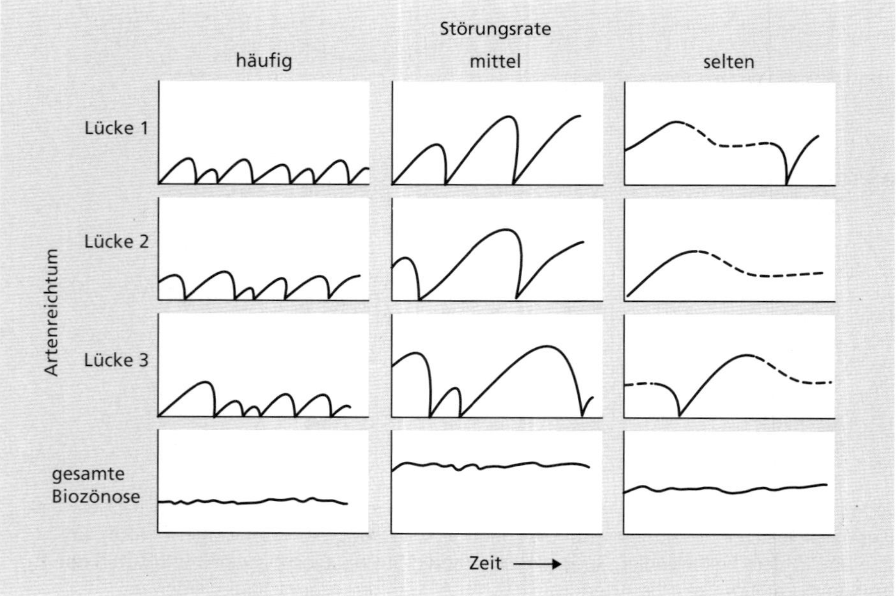

21.8 Graphische Darstellung des Effekts verschiedener Störungshäufigkeiten auf die zeitliche Veränderung des Artenreichtums in drei unterschiedlichen Lücken und in der Gesamtbiozönose. Die Störungen erfolgen nicht in Phase. Die gestrichelten Linien symbolisieren den Konkurrenzausschluß, der bei Erreichen des Klimaxstadiums eintritt.

Tabelle 21.1: Saisonale Verteilungsmuster von freien Flächen und Artenreichtum auf Felsen dreier Größenklassen (eingeteilt nach der Kraft in Newton, die nötig ist, sie zu bewegen). (Nach Sousa 1979b)

Zeitpunkt der Messung	Felsenklasse	Prozentsatz freier Fläche	Artenreichtum		
			Durchschnitt	Standardabweichung	Schwankung
November 1975	< 49 N	78.0	1.7	0.18	1–4
	50–294	26.5	3.7	0.28	2–7
	>294	11.4	2.5	0.25	1–6
Mai 1976	< 49	66.5	1.9	0.19	1–5
	50–294	35.9	4.3	0.34	2–6
	>294	4.7	3.5	0.26	1–6
Oktober 1976	< 49	67.7	1.9	0.14	1–4
	50–294	32.2	3.4	0.40	2–7
	>294	14.5	2.3	0.18	1–6
Mai 1977	< 49	49.9	1.4	0.16	1–4
	50–294	34.2	3.6	0.20	2–5
	>294	6.1	3.2	0.21	1-5

festsaßen, durch die Brandung umgewälzt wurden. Er definierte drei Substratkategorien mit unterschiedlicher Störanfälligkeit. Die erste Klasse (hauptsächlich kleine Steine, für deren Bewegung weniger als 49 Newton notwendig waren) wurde pro Monat mit einer Wahrscheinlichkeit von 42 % umgewälzt, für die zweite Gruppe (die zwischen 50 und 294 Newton benötigte) betrug die Wahrscheinlichkeit 9 % und für die dritte (mehr als 294 Newton) lediglich 0.1 %. Die Auswertung wurde zu vier verschiedenen Zeitpunkten vorgenommen (Tabelle 21.1). Der Anteil blanker Substratoberflächen war bei den kleinen Steinen, die am häufigsten umgewälzt wurden, am größten. Sie zeigten auch die niedrigste Artendiversiät und wurden im wesentlichen von der Pionieralge *Ulva* spp. besiedelt. (Der normale, ungestörte Ablauf der Algensukzession auf diesen felsigen Substraten – beziehungsweise auf eingesetzten Betonklötzen – wurde in Abschnitt 17.4.3 besprochen). Für die Steinklasse mit intermediärer Störanfälligkeit ergab sich stets die höchste Artenvielfalt; die meisten waren von einer Mischung aus drei bis fünf abundanten Arten aller Sukzessionsstadien bewachsen. Auf den selten umgewälzten Steinen nahm der Artenreichtum wieder ab, Monokulturen wurden aber nur in wenigen Fällen beobachtet. Der größte Teil der Substratoberfläche war in dieser Klasse mit der Rotalge *Gigartina canaliculata* bedeckt, die in der normalen, ungestörten Algensukzession die Klimaxgesellschaft dominiert (siehe Abschnitt 17.4.3).

Auch in Fließgewässern war die Diversität bei mittlerer Störungsintensität am höchsten.

Eine andere Studie beschäftigte sich mit Störungen in kleinen Fließgewässern, die bei hoher Wasserführung als Sedimentverschiebungen auftreten (Townsend et al. 1996a). Je nach Strömungsverhältnissen und Sedimentbeschaffenheit erfahren Flußgemeinschaften solche Störungen in unterschiedlicher Intensität und Frequenz. Diese Parameter wurden an 54 Stellen des Taieri Rivers in Neuseeland bestimmt (indem protokolliert wurde, wie häufig und in welchem Ausmaß das Sediment bewegt wurde) und zum jeweiligen Artenreichtum der Insektenfauna in Beziehung gesetzt (Abbildung 21.9). Auch hier war die Diversität bei Störungen mittlerer Intensität und Häufigkeit am höchsten. Beide Untersuchungen unterstützen demnach die Hypothese intermediärer Störungen.

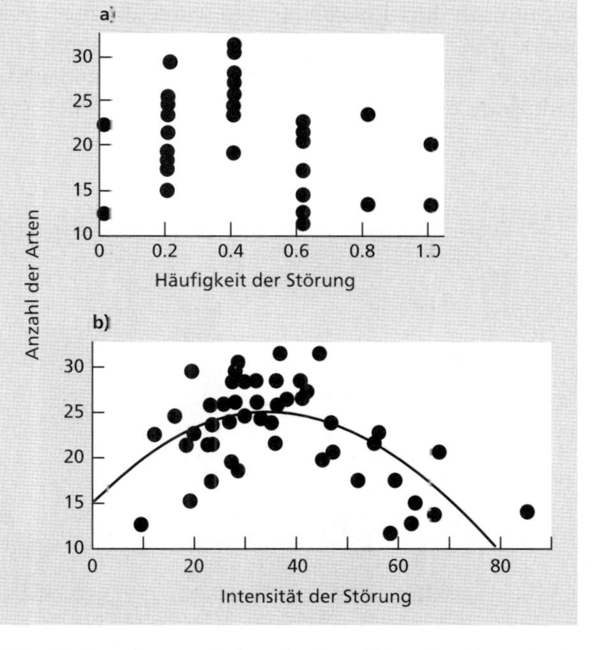

21.9 Die Beziehung zwischen der Anzahl von Insektenarten in einer Flußgemeinschaft und a) der Störungshäufigkeit (Ereignisse pro Jahr, die zur Erosion von mehr als 40 % des Sediments führten; $P < 0.0001$) und b) der Störungsintensität (prozentualer Anteil des transportierten Sediments; $P < 0.001$). Die Messungen wurden an 54 Stellen des Taieri River in Neuseeland durchgeführt.

21.5.2 Bildung und Auffüllen von Lücken

Die Wiederbesiedlung von Lücken ist abhängig von deren Größe; die Besiedlung unterschiedlich großer Lücken in Miesmuschelbänken veranschaulicht dies recht deutlich.

Lücken verschiedener Größe können die Struktur von Lebensgemeinschaften in unterschiedlicher Weise beeinflussen, da ihre Wiederbesiedlung gegensätzlichen Mechanismen folgen kann. Die Zentren sehr großer Lücken werden mit hoher Wahrscheinlichkeit zuerst von Arten besiedelt, die sich über weite Distanzen verbreiten können, während die Rekrutierung bei kleinen Lücken durch angrenzende Individuen erfolgt.

An den wellengepeitschten Felsufern an der Nordwestküste der Vereinigten Staaten untersuchten Paine und Levin (1981) die Bildung und Besiedlung von Lücken in Miesmuschelbänken (*Mytilus californianus*). Hier entstehen neu kolonisierbare Flächen durch das lokale Absterben einer oder mehrerer Muscheln oder häufiger durch die Auswirkungen von Sturmwellen. Manchmal fallen die Muscheln sofort ab, in anderen Fällen werden die Schalen erst durch die stärkeren Wellen im Winter losgerissen. Ist einmal ein Anfang gemacht, schreitet die Erosion rasch fort, und es bilden sich Lücken unterschiedlicher Ausdehnung (von der Größe einer Muschel bis zu einer Fläche von 38 m^2).

Die Besiedlung der offenen Substratfläche erfolgte sofort nach ihrer Entstehung und wurde durch angrenzende Muscheln initiiert, die sich zur Lückenmitte hin neigten. Obwohl dieser Prozeß nur kurz andauerte, reduzierte er die Größe der Lücken sehr schnell (um 0.2 cm pro Tag), und kleine Lücken (von weniger als 100 cm^2) wurden dadurch innerhalb weniger Tage ganz geschlossen.

Lücken mittlerer Grösse (weniger als 3 500 cm^2) blieben mehrere Jahre erhalten, bevor sie wieder vollständig von Muscheln besiedelt waren, und boten so zwischenzeitlich vielen anderen Arten die Gelegenheit zur Ansiedlung. Zu Beginn war es vor allem die Alge *Porphyra pseudolanceolata*, die den größten Teil der Fläche bedeckte. Im zweiten Jahr etablierte sich die herbivorenresistente Alge *Coralina vancouveriensis* zusammen mit Seepocken (*Pollicipes polymerus*, *Balanus glandula*, *B. cariosus*) und Miesmuscheln (*M. edulis* und *M. californianus*). Nach vier Jahren hatte sich die Lücke auf nur 1 % ihrer ursprünglichen Größe reduziert, und *M. californianus* war wieder die dominierende Art.

Bei den ganz großen Flächen (mehr als 3 500 cm^2) spielte die Besiedlung durch periphere Muscheln keine wichtige Rolle; hier rekrutierten sich die Besiedler hauptsächlich als Larven aus dem Plankton. Die Ansiedlung erfolgte prinzipiell in der gleichen Weise und durch dieselben Arten wie bei den mittleren Lükken; die Phase des hohen Artenreichtums hielt jedoch länger an. Erst nach vier Jahren reduzierte sich die Diversität infolge interspezifischer Konkurrenz, bis letztendlich nach vielen Jahren wieder eine reine Muschelbank entstand.

In Waldlichtungen verläuft die Wiederbesiedlung abhängig von deren Größe.

Der Auffüllprozeß von Waldlücken (oder auch von freien Flächen auf einer Weide) erfolgt in ganz analoger Weise. Zu Beginn wird die umgebende Vegetation verstärkt in die Lichtung hineinwachsen. In den unte-

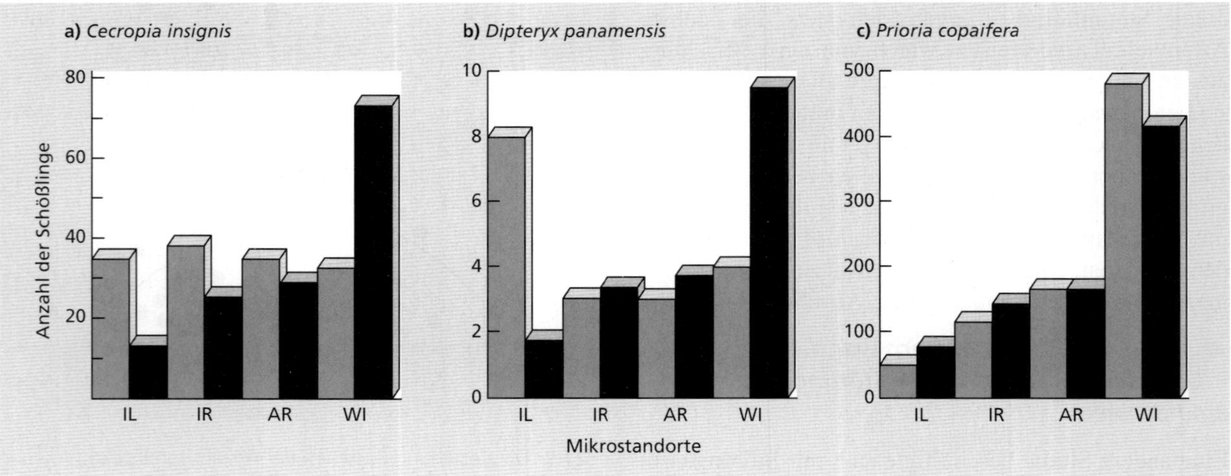

21.10 Die Verteilung der Schößlinge dreier neotropischer Kronendachbäume an vier Mikrostandorten: in Lücken (L, Individuen pro 5 × 5 m), im inneren Randbereich der Lücke (IR), am äußeren Rand (AR) und im Waldesinneren (WI). Die hellen Balken zeigen die tatsächliche Verteilung, die dunklen geben die erwartete Verteilung wieder, die sich aus dem jeweiligen Anteil an der Gesamtfläche errechnet. a) *Cecropia insignis* ist in Lücken und deren inneren Randregion überrepräsentiert. b) *Dipteryx panamensis* findet sich gehäuft in der Mitte von Lücken. c) *Prioria copaifera* dagegen kommt vor allem im Waldesinneren vor. (Nach Hubbell und Foster 1986)

ren Schichten können sich nun rasch Keimlinge etablieren, deren Wachstum vorher unterdrückt war (die Schößlinge von Zuckerahorn (*Acer saccharum*) und Amerikanische Buchen (*Fagus grandifolia*) zum Beispiel zeigen in Waldlücken eine um eine Größenordnung höhere Wachstumsrate als unter einem geschlossenen Laubdach; Canham 1988). Es ist eine Art Wettrennen: Kleine Lücken werden vor allem durch das laterale Wachstum peripherer Pflanzen gefüllt, in großen Lichtungen dagegen erfolgt die Auffüllung vorwiegend durch Auskeimen im Boden vorhandener Samen. Aus Abbildung 21.10 wird deutlich, daß die Jugendstadien neotropischer Kronendachbäume vor allem in Lücken und an deren Rändern zu finden sind. Auch die Zusammensetzung der Fauna kann unterschiedlich sein. Wie Levey (1988) herausfand, kommen nektar- und fruchtfressende Vögel in den Regenwäldern Costa Ricas vor allem in den Lichtungen vor – wahrscheinlich weil hier die Pflanzen mehr und länger Früchte bilden als unter einem dichten Laubdach.

21.6 Gründerkontrollierte Lebensgemeinschaften

In gründerkontrollierten Biozönosen sind alle Arten gleichberechtigt; dadurch bleibt bei Einwanderungen ein hoher Artenreichtum – etwa in Korallenriffen – erhalten.

In den dominanzkontrollierten Biozönosen, die wir gerade besprachen, gab es die wohlbekannte Dichotomie zwischen r- und K-Selektion, bei der sich Besiedlungsfähigkeit und Konkurrenzstatus entgegengesetzt verhalten. In gründerkontrollierten Lebensgemeinschaften dagegen sind alle Arten sowohl effektive Kolonisierer als auch annähernd gleich gute Konkurrenten. Können mehrere Arten einen neuen Lebensraum mit gleicher Effizienz besiedeln, abiotische Bedingungen in gleicher Weise tolerieren und sich gleichermaßen gut gegen Eindringlinge behaupten, wird keine Sukzession stattfinden. Die Wahrscheinlichkeit des Konkurrenzausschlusses ist, vorausgesetzt die Störungen treten kontinuierlich und zufällig auf, sehr gering. Man kann diese Situation als „Konkurrenzlotterie“ bezeichnen. Es muß natürlich gewährleistet sein, daß die Besiedlungswahrscheinlichkeit durch Nachkommen unabhängig ist von der Fertilität der Populationen; ansonsten würden Arten, die viele Abkömmlinge produzieren, irgendwann dominant werden.

Unter diesen Voraussetzungen kann man absehen, wie sich die Artenzusammensetzung in unterschiedlichen Lücken mit der Zeit ändern wird. Jedes Mal, wenn ein Organismus stirbt, kommt es zu einer neuen Einwanderung. Da alle denkbaren Ersetzungen möglich sind, bleibt ein hoher Artenreichtum erhalten. Die erstaunliche Diversität mancher tropischer Korallenriffbiozönosen läßt sich durch ein solches Modell gut erklären (Sale 1977; 1979; Sale und Douglas 1984). Im Großen Barrierriff vor Australien zum Beispiel finden wir im Süden etwa 900, im Norden sogar bis zu 1 500 unterschiedliche Fischarten; an einem einzigen Standort von etwa 3 m Durchmesser können bis zu 50 Spezies beobachtet werden. Dieser extreme Artenreichtum ist nur zum Teil auf die Aufteilung der Nahrungs- und Raumressourcen zurückzuführen – tatsächlich ist das Nahrungsspektrum vieler koexistierender Arten sogar sehr ähnlich. Der limitierende Faktor in diesen Biozönosen scheint verfügbarer Lebensraum zu sein, der örtlich und zeitlich unvorhersehbar entsteht, sobald ein Mitglied stirbt. Die Arten haben ihre Lebensweise an diese Tatsache angepaßt. Sie bringen häufig, manchmal sogar das ganze Jahr über, Nachkommen hervor und produzieren zahlreiche Gelege; man könnte behaupten, daß die einzelnen Spezies an einer Lotterie um freien Platz teilnehmen, bei der die Larven die Lose darstellen: Diejenige Larve, die zuerst eine neu geöffnete Lücke besetzt, hat gewonnen. Die Artzugehörigkeit des Neubesetzers ist dabei unabhängig von jener des ehemaligen Besiedlers, so daß insgesamt eine hohe Diversität erhalten bleibt.

Kalkwiesen zeigen beispielhaft, daß die entstehenden Lücken oft sehr in ihren Bedingungen variieren und damit unterschiedliche Arten begünstigen.

Eine analoge Erklärung wurde für die extrem artenreichen Kalkwiesen in Großbritannien vorgeschlagen (Grubb 1977). In diesem Fall sind die „Lotterieeinsätze“ die Samen. Jede kleine Lücke wird sofort durch neue Pflanzen besetzt, die entweder aus verbreiteten oder im Boden vorhandenen Samen auskeimen. Dabei hängt es, ebenso wie bei der Riffgemeinschaft, stark vom Zufall ab, welche Art sich in dem freien Raum etablieren wird. Die Analogie mit den tropischen Fischen sollte jedoch nicht zu weit getrieben werden. Drei zusätzliche Faktoren sind im Kalkrasen von Bedeutung:

1) Die Lücken sind nicht immer identisch. Sie unterscheiden sich lokal in den Bodenverhältnissen, der Streuauflage und der Anwesenheit anderer Organismen wie Bakterien, Pilze, Viren und Tiere. Auch die physikalischen Bedingungen (zum Beispiel Temperatur und Bodenfeuchte) variieren je nach Lage und sogar Größe (Abbildung 21.11). Winzige Unterschiede in den Keimungsanforderungen der anwesenden Samen führen daher dazu, daß nicht alle Arten exakt die gleiche Chance haben, sich zu etablieren.

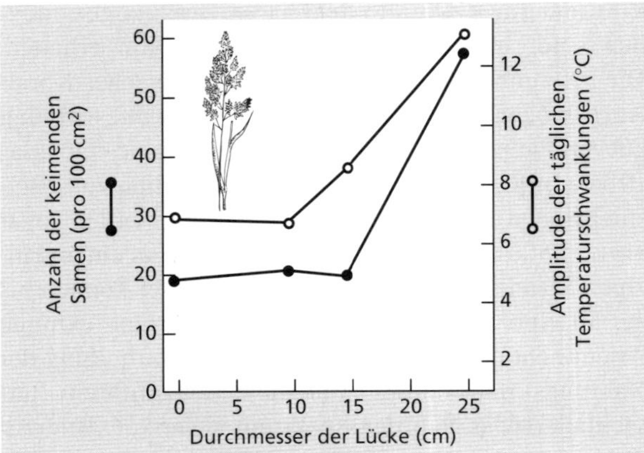

21.11 Die Beziehung zwischen der Bodentemperatur (○) und der Keimungsfähigkeit (●) des Wolligen Honiggrases (*Holcus lanatus*) in Lücken unterschiedlicher Größe in einem relativ unfruchtbaren Weidegebiet in Nordengland. (Nach Grime 1979)

2) Die mikroklimatischen Verhältnisse (Temperatur, Lichteinstrahlung, Luftfeuchtigkeit) ändern sich täglich und sogar stündlich. Damit unterscheiden sich die Ausgangsbedingungen auch in kurz nacheinander entstehenden Lücken und bieten einmal dieser, einmal jener Art optimale Voraussetzungen für Keimung, Photosynthese und Wachstum. Daher können sich in Lücken mit identischem Samenpool durchaus unterschiedliche Spezies etablieren – je nach den klimatischen Bedingungen zur Zeit ihrer Entstehung (Abbildung 21.12).

3) In saisonalen Lebensräumen variiert die Besiedlung natürlich auch mit der Jahreszeit. Eine freie Fläche, die im Sommer entsteht, wird durch kleine Winterannuelle und viele Grasarten (zum Beispiel *Festuca ovina*, *Helictotrichon pratense*, *Koeleria cristata*), die im Herbst Samen produzieren, besiedelt; eine im Winter entstehende Lücke bleibt häufig bis zum Frühjahr erhalten und wird dann durch vollkommen andere Spezies (*Linum catharticum*, *Pimpinella saxifraga*, *Viola riviniana*) besetzt (Grime 1979).

In gründerkontrollierten Biozönosen ist der Konkurrenzausschluß verringert und der Artenreichtum erhöht.

In gründerkontrollierten Lebensgemeinschaften äußern sich zwischenartliche Beziehungen also nicht als Wettbewerb unter den adulten Vertretern der Arten, sondern als Wettlauf um die unangefochtene Dominanz in einem neu geschaffenen Lebensraum. Dadurch wird, ebenso wie durch die Tatsache, daß die Identität räumlich und zeitlich benachbarter Individuen mehr oder weniger ein Zufallsereignis darstellt, der Konkurrenzausschluß reduziert und der Artenreichtum erhöht.

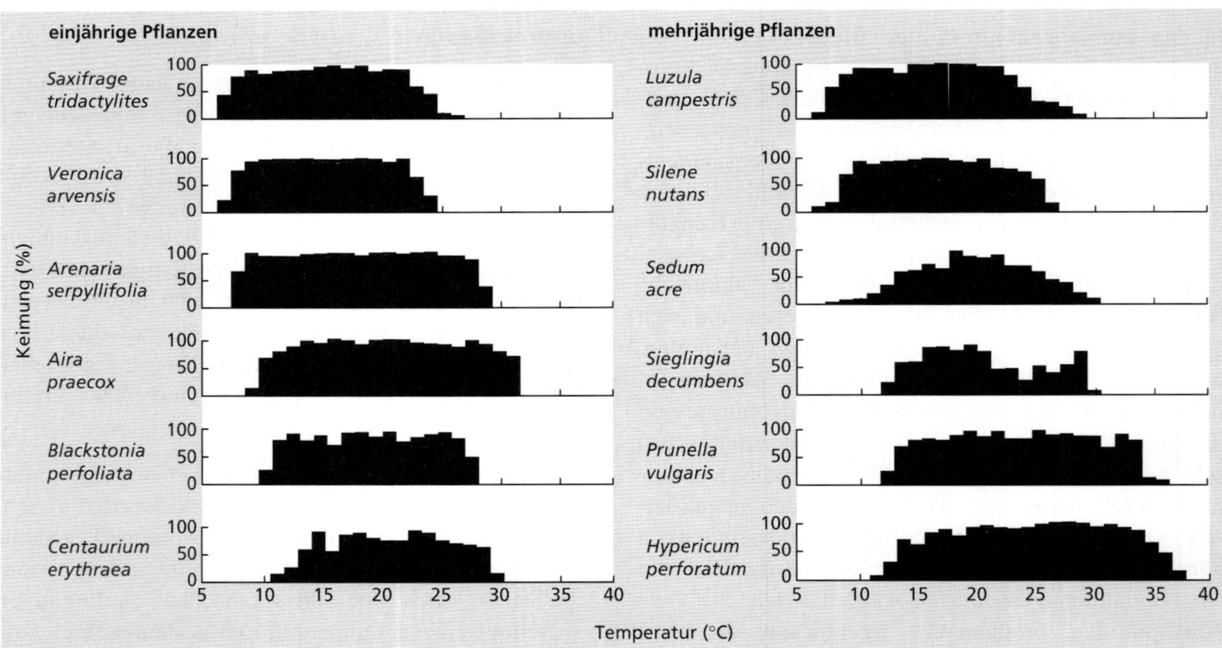

21.12 Die Beziehung zwischen der Temperatur und der Keimungswahrscheinlichkeit für verschiedene ein- und mehrjährige krautige Pflanzen, die für Kalkrasengebiete in Nordengland typisch sind. (Nach Grime 1979)

21.7 Bewertung der Ungleichgewichtsmodelle

Reale Biozönosen sind dynamisch und entsprechen daher nicht der Lotka-Volterra-Gleichung.

Auch wenn manche Lebensgemeinschaften konstanter sind als andere, entspricht in Wirklichkeit keine dem homogenen, zeitlich unveränderlichen System, das durch die einfache Lotka-Volterra-Gleichung (oder mit einem Labormikrokosmos) beschrieben wird. Fast alle realen Biozönosen sind dynamisch und zeigen räumliche und zeitliche Variationen. Dies erlaubt eine Vielzahl von Mechanismen für das Zusammenleben von Arten und damit für die Erhöhung der Diversität. Koexistenz auf Basis eines stochastischen Ungleichgewichtsmechanismus kann genauso stark und stabil sein wie die eines deterministischen Nischendifferenzierungsmodells (Chesson 1986).

21.7.1 Die Bedeutung des Maßstabs

Eine Landschaft ist ein offenes System, das zahlreiche geschlossene Systeme beinhaltet.

In einem geschlossenen System (bestehend aus einem einzigen Patch) können zwei Ursachen zum **Aussterben** einer Art führen: 1) biotische Instabilität, hervorgerufen durch Konkurrenzausschluß, übermäßige Ausbeutung oder andere stark destabilisierende Interaktionen; und 2) Instabilität des Lebensraums als Folge unvorhersehbarer Störungen und Veränderungen. Die Integration mehrerer solcher Patches in das offene System einer größeren Landschaft (bestehend aus vielen instabilen, aphasischen Flecken) führt zu permanent artenreichen Lebensgemeinschaften (DeAngelis und Waterhouse 1987). Dies ist der Grundgedanke des Mosaikzyklus- oder Patchdynamikmodells (und auch der „Landschaftökologie" – Wiens et al. 1993).

21.7.2 Pluralismus in der Biozönologie

Die Struktur der meisten Lebensgemeinschaften wird in unterschiedlichem Ausmaß durch Konkurrenz, Prädation, Störung und Rekrutierung geprägt; dies konnte beispielhaft an einer Froschlurchgemeinschaft gezeigt werden.

Es wäre falsch, eine monolithische Denkweise (die einseitige Betonung von Konkurrenz und Nischendifferenzierung) durch eine andere (die ausschließliche Berücksichtigung zeitlicher und räumlicher Variabilität) zu ersetzen – schon allein deswegen, weil uns taxonomische Schwierigkeiten zu falschen Schlüssen verleiten können. Bei der Untersuchung von wirbellosen Riffbewohnern (Korallenpolypen, Polychaeten) ergab sich zum Beispiel in mehreren Fällen, daß Vertreter, die früher zu einer einzigen generalistischen Art gerechnet wurden, in Wirklichkeit nahe verwandte Arten mit unterschiedlichen Nischen darstellen (Knowlton und Jackson 1994).

Die Struktur der meisten Biozönosen wird wahrscheinlich durch eine Mischung aus Konkurrenz, Prädation, Störung und Rekrutierung geprägt; wahrscheinlich gibt es keine Lebensgemeinschaft, bei der nur ein einzelner Faktor von Bedeutung ist (sogar innerhalb desselben Systems können einige taxonomische Gruppierungen dominanzkontrolliert sein, andere gründerkontrolliert; Townsend 1989). Die relative Bedeutung der strukturierenden Kräfte kann allerdings von Fall zu Fall variieren; so werden Konkurrenz und Prädation besonders wichtig sein in Lebensgemeinschaften mit hohen Rekrutierungsraten (Menge und Sutherland 1986) und relativ stabilen Umweltbedingungen (Menge und Sutherland 1976; Buss 1986; Townsend 1991a).

In einer sehr eleganten Untersuchungsreihe analysierte Wilbur (1987) den Einfluß von Konkurrenz, Prädation und Störung auf vier nordamerikanische Froschlurcharten. In Abwesenheit eines Räubers dominierten die Kaulquappen des Schaufelfüßers *Scaphiopus holbrooki*, und der Laubfrosch *Hyla chrysoscelis* war die am wenigsten konkurrenzfähige Art (Abbildung 21.13a). Die Gegenwart des räuberischen Wassermolches *Notophthalmus viridescens* hatte keinen Einfluß auf die Gesamtzahl der Froschlarven, die in die Metamorphose eintraten, allerdings verschoben sich die relativen Abundanzen, da *Scaphiopuslarven* bevorzugt gefressen wurden (Abbildung 21.13b). Schließlich setzte Wilbur die Kaulquappengemeinschaft sowohl in Ab- als auch in Anwesenheit des Prädators einer künstlichen Störung (langsamer Wasserentzug) aus. Die Konkurrenz äußerte sich in verzögertem Wachstum und späterem Einsetzen der Metamorphose. *Scaphiopus* hatte die kürzeste Larvalphase und nahm in den austrocknenden Tümpeln den größten Anteil unter den Metamorphen ein. Prädation wirkte der Konkurrenz entgegen; in Anwesenheit des Räubers entwickelten sich die verschiedenen Kaulquappenarten schnell genug, um vor dem Austrocknen zu metamorphosieren.

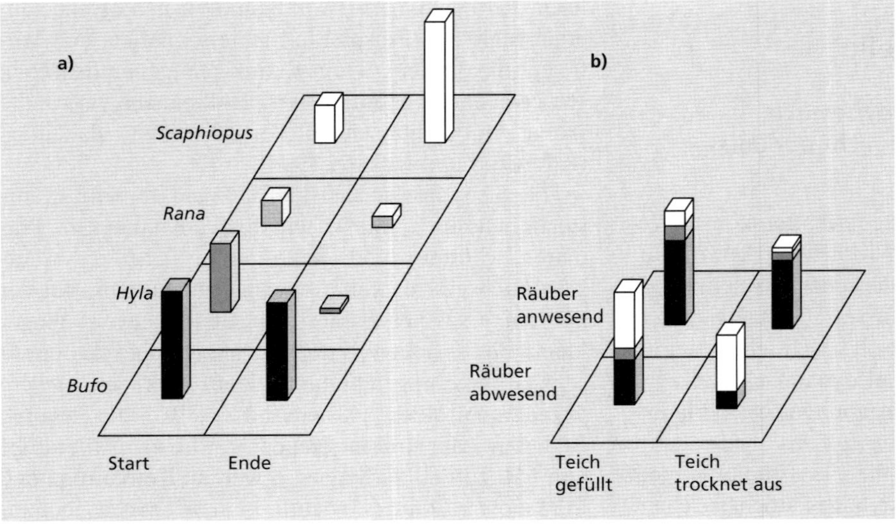

21.13 a) Die relative Abundanz der Kaulquappen von vier Froschlurcharten zu Beginn (Start) und die Verteilung der Metamorphen am Ende des Experiments (Ende). b) Die Anzahl der Metamorphen in Ab- und Anwesenheit des räuberischen Wassermolches sowie in Abhängigkeit der Austrocknung. Weitere Erklärungen im Text. (Nach Wilbur 1987; Townsend 1991a)

21.7.3 Die Bedeutung der Ungleichgewichtstheorie für ökologisches Management

Um die natürliche Diversität zu erhalten, sollten wir Störungen nicht unbedingt vermeiden.

Wie jede gute Theorie liefert das Störungsmodell (Ungleichgewichtstheorie) nicht nur Erklärungen, sondern kann auch dazu benutzt werden, Ereignisse vorauszusagen und gegebenenfalls zu kontrollieren (zum Beispiel im Naturschutz oder in der Land- und Forstwirtschaft). Vor allem sagt sie uns, daß wir Störungen nicht vermeiden sollten, wenn wir die natürliche Diversität erhalten wollen.

Landwirtschaft ist immer mit Störungen verbunden und erzeugt eine so hohe Artendiversität, daß die Entwicklung immer neuer Herbizide gegen die vielfältigen Wild- und Unkräuter für die Chemiekonzerne ein lukratives Geschäft darstellt. Praktiken, welche die Störungshäufigkeit minimieren, reduzieren langfristig dieses Problem. Waldwirtschaft erzeugt weniger häufig Störungen; sie kürzt den Sukzessionsprozeß durch die Etablierung einer dominanten Spezies ab. Die Lebensgemeinschaften in solchen Wälder sind in der Regel sehr artenarm, vor allem wenn die Monotonie eines uniformen Laubdaches noch durch identische Altersstrukturen verstärkt wird.

Wir sind noch weit davon entfernt, den Wirkungsgrad verschiedener Formen von Störungen messen und ihren Einfluß auf unterschiedliche Biozönosetypen vergleichen zu können. Die theoretischen Modelle sprechen jedoch dafür, daß wir nahe daran sind, die Bedeutung von Unfällen, Ungewißheiten und Katastrophen, die das Leben der meisten Artengemeinschaften dominieren, zu verstehen.

22 Nahrungsnetze

22.1 Einleitung

In den vorangegangenen zwei Kapiteln haben wir Wechselwirkungen zwischen Arten desselben trophischen Kompartiments (interspezifische Konkurrenz – Kapitel 20) und Beziehungen zwischen Vertretern benachbarter Trophiestufen (Herbivore, Räuber, Parasiten – Kapitel 21) betrachtet. Aber die Berücksichtigung direkter Wechselbeziehungen reicht nicht aus, wenn wir die Organisation und Struktur von Lebensgemeinschaften verstehen wollen. Folgendes Beispiel soll dies verdeutlichen: In Kapitel 21 haben wir mehrere Fälle ausbeutervermittelter Koexistenz kennengelernt, in denen Prädation die relative Konkurrenzfähigkeit von Spezies auf der darunter liegenden Trophieebene so veränderte, daß Konkurrenzausschluß vermieden wurde und die Arten koexistieren konnten (siehe Abschnitt 21.2.1 oder das *Pisaster*-Beispiel in Abschnitt 21.2.2). Man kann diesen Gedanken auch noch weiterführen: Ein Carnivorer wird sich nicht nur auf die Population seiner Beute auswirken, sondern auch auf deren andere Prädatoren (Räuber und Parasiten), auf die Nahrungspflanzen seiner Beutetiere, auf andere Herbivore, auf die übrigen Pflanzen, die mit den Nahrungspflanzen um Ressourcen konkurrieren, und so weiter.

Dieses Kapitel beschäftigt sich mit **Nahrungsnetzen**. Wir konzentrieren uns dabei im wesentlichen auf den Einfluß, den eine Art auf die Populationen derselben oder benachbarter **Trophieebenen** ausübt. Unsere besondere Aufmerksamkeit gilt dabei den Schlüsselarten – so bezeichnet man Spezies mit besonders ausgeprägten und weitreichenden Effekten auf das Interaktionsgefüge (Abschnitt 22.2).

In Abschnitt 22.3 beschäftigten wir uns mit der Frage, wie Nahrungsnetze kontrolliert werden: von „oben nach unten" (das würde bedeuten, daß die Struktur des Nahrungsgefüges von den Konsumenten abhängt) oder „von unten nach oben" (Faktoren der unteren Stufen, wie Nährstoffkonzentrationen oder Verfügbarkeit der Beute, strukturieren die Biozönosen auf höheren Trophieebenen).

Schließlich werden wir die Stabilität von Lebensgemeinschaften diskutieren, und dies aus zwei Gründen. Der eine ist angewandt und dringlich: Da wir immer mehr Einfluß auf natürliche und anthropogene Lebensgemeinschaften nehmen, ist es wichtig zu wissen, wie empfindlich Biozönosen auf solche Störungen reagieren. Der zweite ist eher grundlegender Natur: Stabile Artenverbände sind *per definitionem* solche, die lange persistieren. Die Frage ist also, können wir in heutigen Biozönosen strukturelle Faktoren erkennen, die zur Stabilisierung der Lebensgemeinschaften führen?

22.2 Indirekte Effekte in Nahrungsnetzen

22.2.1 Unerwartete Auswirkungen

Das Entfernen eines Räubers führt aufgrund indirekter Effekte nicht unbedingt zur Abundanzzunahme von Beute oder Konkurrenten.

Das experimentelle Entfernen eines Prädators oder eines Konkurrenten ist eine erfolgversprechende Methode, um das Gefüge eines Nahrungsnetzes zu entwirren. In vielen Fällen führt es zu der erwarteten Zunahme in den Populationsdichten der von ihm unterdrückten Arten (zum Beispiel Connell 1983; Schoener 1983; Sih et al. 1985). Manchmal sieht das Ergebnis jedoch auch anders aus: Das Entfernen einer Spezies resultiert in einer Abundanzabnahme bei erbeuteten oder konkurrierenden Arten. Solche unerwarteten Effekte treten in der Natur relativ häufig auf (in etwa 30 % der untersuchten Fälle; Sih et al. 1985) und sind darauf zurückzuführen, daß die primäre Wirkung des Räubers (oder des Konkurrenten) nicht direkt sondern indirekt ist. Dies wollen wir im folgenden genauer analysieren.

22.2.2 Schlüsselarten

Werden Schlüsselarten experimentell entfernt, wirkt sich dies signifikant auf die Struktur der Biozönose aus.

Eine Spezies, deren Entfernung sich signifikant auf eine oder mehrere andere Arten innerhalb des gesamten Nahrungsgefüges auswirkt, wird als **Schlüsselart** oder auch „Schlußsteinart" (*keystone species*) bezeichnet. In der Architektur ist der Schlußstein jener Stein, der zentral an der höchsten Stelle eines Bogens angebracht wird und alle anderen Steine stabilisiert. Seine Entfernung bringt die gesamte Konstruktion zum Einsturz. Im ökologischen Zusammenhang wurde dieser Ausdruck erstmals von Paine (1966) verwendet, um einen Räuber zu beschreiben, der durch Dezimierung einer besonders konkurrenzfähigen Beuteart die Abundanz schwächerer Konkurrenten erhöht (wie der Seestern *Pisaster*, den wir in Abschnitt 21.2.2 kennengelernt haben). Die experimentelle Eliminierung des Schlüsselräubers führt (ganz analog zum Schlußstein gemauerten Gewölbes) zum Zusammenbruch oder zumindest zur Destabilisierung der biozönotischen Struktur.

Schlüsselarten sind nicht auf eine bestimmte trophische Ebene beschränkt.

Schlüsselräuber können auf jeder trophischen Ebene auftreten (Hunter und Price 1992). Ein Beispiel für eine herbivore Schlüsselart ist die Schneegans *Chen caerulescens caerulescens*. Sie brütet in großen Kolonien an den Küsten der Hudson Bay in Kanada. Im Frühjahr, wenn noch keine Pflanzen sprießen, graben die adulten Vögel nach unterirdischen Pflanzenteilen und hinterlassen vegetationslose Flecken von 1–5 m^2, die sich nur langsam erholen. Im Sommer führt die intensive Abweidung zur Dominanz von Seggen (*Carex*) und Salzschwaden (*Puccinellia*). Damit ist diese Art wichtig zur Aufrechterhaltung des Artenreichtums der oberirdischen Vegetation (Kerbes et al. 1990) und kann durchaus als Schlüsselart eingeordnet werden.

Wie aber sieht es bei Detritivoren und Destruenten aus? Mit Sicherheit würde das Entfernen aller Bakterien und Pilze zum Stillstand jeder Lebensgemeinschaft führen. Wir können jedoch unter den Mikroorganismen keine Schlüsselspezies definieren, da im allgemeinen nicht bekannt ist, welche Arten primär für welche Abbauvorgänge verantwortlich sind. Bei detritivoren Tieren ist es etwas einfacher. Dies veranschaulicht eine Untersuchung zum Einfluß von Fischen auf die Insektengemeinschaft eines Baches in Venezuela (Flecker 1993). Erstaunlicherweise war der indirekte Effekt einer detritivoren Art, des Nachtsalmlers *Prochilodus mariae*, ausgeprägter als die direkte Wirkung insektivorer Fische. Durch das Abweiden von Detritus auf den Gesteinsoberflächen reduzierte *Prochilodus* die Nährstoffressourcen der Insekten und dezimierte so drastisch deren Populationsdichten.

Gibt es solche Schlüsselarten auch bei Pflanzen? Sicherlich gibt es auch hier Spezies, deren An- oder Abwesenheit Konsequenzen für andere Pflanzen, für Herbivore, Carnivore und für alle möglichen Trophieebenen hat. Auch sie können wir als „Schlußsteinarten" bezeichnen (obwohl wir uns damit auf einen etwas unsicheren Grund begeben; vielleicht wäre der Ausdruck „Grundsteinarten" in Analogie zum Grundstein besser geeignet).

22.2.3 Wechselbeziehungen über mehrere trophische Ebenen

Über indirekte Effekte stehen mehrere Ebenen des Nahrungsnetzes in komplexer Wechselbeziehung.

Wir wollen versuchen, die Fülle an direkten und indirekten Effekten einer Spezies auf andere Arten im Zusammenhang mit den verschiedenen Trophieebenen eines Nahrungsnetzes zu betrachten. Dies war auch der Grundgedanke des Experiments von Wootton (1992), der den Prädationsdruck von Vögeln auf drei Napfschneckenarten in der Gezeitenzone an der Nordwestküste der Vereinigten Staaten analysierte. Mit Hilfe von 10 m^2 großen Drahtnetzen hielt er Beringmöwen (*Larus glaucescens*) und Braunmantel-Austernfischer (*Haematopus bachmani*) fern und stellte fest, daß in Gegenwart der Vögel eine Schneckenart (*Lottia digitalis*) weniger abundant war, die Spezies *L. strigatella* häufiger vorkam und die dritte Art, *L. pelta,* welche die bevorzugte Beute darstellte, keine Veränderung zeigte (Abbildung 22.1 oben). Dieser Befund ist nicht allein durch direkte Effekte zu erklären.

Lottia digitalis, eine hellgefärbte Napfschnecke, hält sich vor allem auf blassen Entenmuscheln (*Pollicipes polymerus*) auf, während *L. pelta*, eine dunkle Spezies, dunkelgefärbte Miesmuscheln (*Mytilus californianus*) bevorzugt. Die räuberischen Möwen reduzieren die mit Entenmuscheln bedeckten Flächen (zum Nachteil von *L. digitalis*) und erlauben dadurch die Ausbreitung der Muschelbänke (zum Vorteil für *L. pelta*) (Abbildung 22.1 Mitte). Die dritte Spezies, *L. strigatella*, ist in Konkurrenzsituationen den anderen Arten unterlegen; da jedoch in Anwesenheit der Räuber der Konkurrenzdruck schwächer ist, nimmt sie in ihrer Abundanz zu. Die Prädation durch die Vögel wirkt sich sogar bis auf die pflanzliche Trophieebene aus, da durch die Dezimierung der Napfschnekken auch die Abweidung von thallösen Algen, zum Beispiel *Halosaccion glandiforme* und *Porphyra* spp., reduziert wird (Abbildung 22.1 unten). Zudem wurde durch das Entfernen der Entenmuscheln neue Besiedlungsfläche für die Algen frei. Eine Betrachtung der lediglich direkten, paarweisen Wechselwirkungen hätte diese komplexen Beziehungen über verschiedene trophische Ebenen nie aufgedeckt.

Eine andere, ebenfalls im marinen Lebensraum angesiedelte Untersuchung führten Walters and Moriarty (1993) durch. Sie manipulierten die Populationsdichten von Nematoden und Copepoden und untersuchten die Auswirkungen auf Protozoen (Ciliaten, Flagellaten) und Bakterien (deren Nahrungsquelle). Zumindest im frühen Sommer konnten sie einen Effekt über mehrere Trophieebenen feststellen: Bei hohen Nematodenzahlen nahmen die Populationsdichten der Bakterien zu – wahrscheinlich wegen einer drastischen Dezimierung der Protozoen.

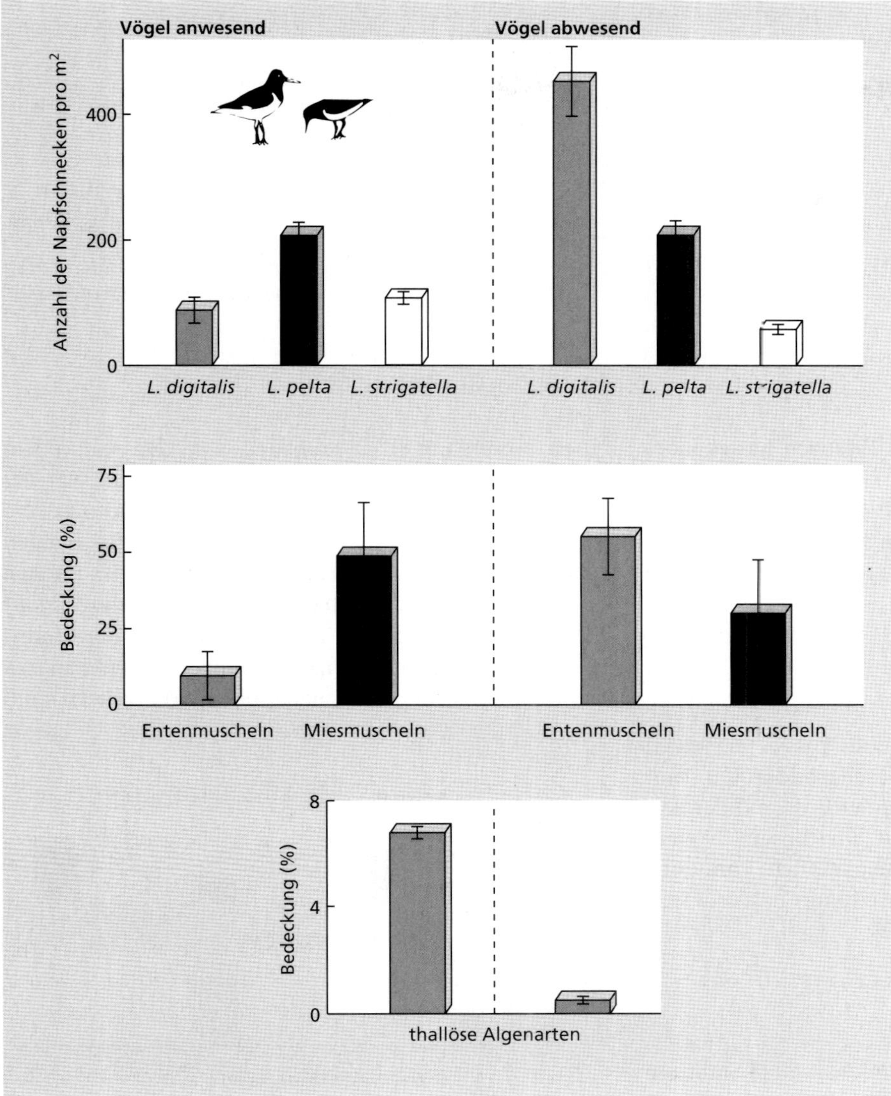

22.1 Werden Vögel aus der Felswattbiozönose ausgeschlossen, nehmen Entenmuscheln in ihrer Abundanz auf Kosten von Miesmuscheln zu, die Populationsdichten von drei Napfschneckenarten ändern sich signifikant und die Algenbedeckung wird reduziert (dargestellt sind Mittelwerte ± Standardabweichung). (Nach Wootton 1992)

22.3 *Top-down-* oder *bottom-up-* Effekte bei der Kontrolle von Nahrungsnetzen?

Die bisher betrachteten Beispiele zeigen, daß Individuen einer Trophieebene die Organismenzahl und Biomasse darunter liegender Stufen beeinflussen können. Diese von oben nach unten gerichtete Kontrolle (***top-down*-Effekt**) ist typisch für Räuber-Beute-Beziehungen. Betrachten wir Lebensgemeinschaften aber unter dem Blickwinkel von Energie- und Nährstoffflüssen, sollten wir auch Auswirkungen in der anderen Richtung erwarten. Solche ***bottom-up*-Effekte** treten dann auf, wenn die Wechselbeziehungen durch Nährstoffverfügbarkeit und Konkurrenz geprägt sind.

22.3.1 Die Bedeutung der Anzahl trophischer Ebenen

*Je nach Anzahl der Trophieebenen werden Nahrungsnetze von oben nach unten (*top-down*-Effekt) oder von unten nach oben (*bottom-up*-Effekt) kontrolliert.*

Um zu unterscheiden, ob Prädation oder Konkurrenz um Ressourcen die interspezifischen Beziehungen dominieren, ist es hilfreich, zuerst eine hypothetische Lebensgemeinschaft mit nur einer trophischen Ebene zu betrachten und dann Schritt für Schritt weitere hinzuzufügen.

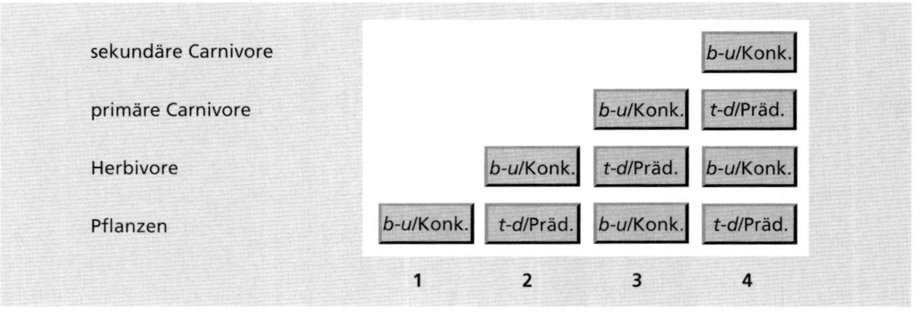

22.2 Schematische Darstellung von Lebensgemeinschaften mit einer, zwei, drei und vier trophischen Ebenen. Für jede Ebene ist angegeben, ob die Kontrolle durch *bottom-up-* (*b-u*) oder *top-down*-Effekte (*t-d*) erfolgt und ob die Populationsdynamik primär durch Konkurrenz (Konk.) oder durch Prädation (Präd.) bestimmt wird.

Eine Trophieebene

Eine solche (ausschließlich aus Pflanzen bestehende) Lebensgemeinschaft kann man sich schlecht vorstellen, aber definitionsgemäß gäbe es hier keine Prädation: Sie ist ausschließlich durch Konkurrenz um Ressourcen geprägt und von unten nach oben kontrolliert (Abbildung 22.2).

Zwei Trophieebenen

Stellen wir uns einen Ausschnitt aus einer realen Lebensgemeinschaft vor: Riesenschildkröten auf Aldabra, der abgelegensten Insel der Erde, auf der keiner ihrer Feinde vorhanden ist. In diesem System erfolgt die Kontrolle ganz offensichtlich von oben nach unten, und Prädation (Abweidung) ist der dominierende Effekt (Abbildung 22.2).

Drei Trophieebenen

Der Große Salzsee im US-Bundesstaat Utah stellt ein eindrucksvolles Beispiel dafür dar, was passiert, wenn ein System aus zwei Trophieebenen (Phytoplankton-Zooplankton) durch eine dritte Ebene erweitert wird (durch die räuberische Insektenart *Trichocorixa verticalis*, die in ungewöhnlich niederschlagsreichen Jahren auftritt, wenn der Salzgehalt abnimmt; Wurtsbaugh, 1992). Normalerweise weiden die Zooplankter (vor allem *Artemia franciscana*) das Phytoplankton so stark ab, daß das Wasser klar ist. Aber als im Jahre 1985 die Salzkonzentration des Sees von 100 g/l auf 50 g/l sank, wanderte *Trichocorixa* ein und reduzierte die Biomasse von *Artemia* von 720 auf 2 mg/m^3. Dies führte zu einer zwanzigfachen Zunahme der Konzentration von Chlorophyll *a* und zu einer deutlichen Wassertrübung (Abbildung 22.3). In dieser aus drei Ebenen bestehenden Lebensgemeinschaft sind die Pflanzen demnach primär durch die Nährstoffressourcen, also von unten nach oben kontrolliert (da der Abweidungsdruck reduziert ist), die abweidenden Zooplankter von oben nach unten (Prädation) und die räuberischen Insekten wiederum von unten nach oben (siehe Abbildung 22.2).

Vier Trophieebenen

Aus Abbildung 22.2 erkennen wir, daß mit jedem Hinzukommen einer neuen Trophieebene die Art der Kontrolle wechselt und sich der Einfluß auf die Ebene der Primärproduzenten ändert. Wir können daher erwarten, daß in einem System aus vier Ebenen die Pflanzen und primären Carnivoren durch *top-down*-Effekte limitiert werden, während die Herbivoren und die (neu hinzugekommenen) sekundären Carnivoren von unten nach oben kontrolliert sind.

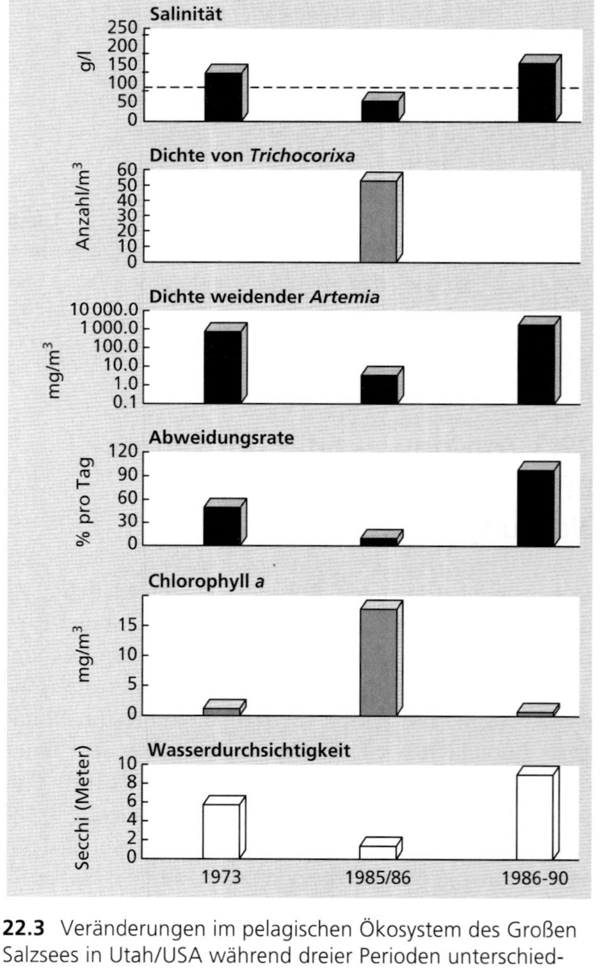

22.3 Veränderungen im pelagischen Ökosystem des Großen Salzsees in Utah/USA während dreier Perioden unterschiedlicher Salinität. (Nach Wurtsbaugh 1992)

Dies ist genau, was Mary Power (1990) in ihrer Untersuchung im Eel River im Norden Kaliforniens fand. Große Fische (wie die Plötze *Hesperoleucas symmetricus* und der Pazifische Lachs *Oncorhynchus mykiss*) reduzierten die Abundanz der räuberischen Invertebraten, so daß sich deren Beutetiere – sedimentbewohnende Mückenlarven (*Pseudochironomus richardsoni*) – stark vermehrten und einen intensiven Abweidungsdruck auf filamentöse Algen (*Cladophora*) ausübten.

In einer ähnlich strukturierten Flußgemeinschaft in Neuseeland dagegen führte die Anwesenheit des Gipfelräubers (der Forelle *Salmo trutta*) nicht zu einer Limitierung des Algenwachstums, da sich in diesem Fall der Prädator nicht nur auf die räuberischen Invertebraten, sondern auch direkt auf die Aktivität der herbivoren Arten auswirkte (Flecker und Townsend 1994; McIntosh und Townsend 1994). Ähnliches wurde für eine terrestrische Biozönose aus vier Ebenen auf den Bahamas beschrieben (Spiller und Schoener 1994). Hier hatte die Echse *Anolis sagrei* einen einschneidenden Effekt auf die herbivoren Arthropoden, aber nur einen schwachen Einfluß auf die dazwischengeschalteten Räuber (vor allem die Spinne *Metepeira datona*). Die Nettowirkung des Gipfelräubers auf die unterste Trophieebene war also auch in diesem Falle positiv. Im Prinzip verhalten sich diese beiden Biozönosen wie eine Gesellschaft aus drei Ebenen.

22.3.2 Wie grün ist unsere Welt?

Die Vorstellung, daß Biozönosen von oben nach unten kontrolliert werden, wurde erstmals in der berühmten Arbeit von Hairston et al. (1960) formuliert; sie argumentierten, daß sich pflanzliche Biomasse auf der Erde wegen der Dezimierung der Herbivoren durch Räuber anhäuft (das Postulat »die Welt ist grün«). Dies entpricht im wesentlichen einem System aus drei Trophieebenen.

Murdoch (1966) konnte sich diesem Konzept nicht anschließen. Er war der Meinung, die Welt sei deswegen grün, weil sich Pflanzen durch physikalische und chemische Abwehrmechanismen vor dem Verzehr durch Herbivore schützen (in Pimm 1991, als »die Welt ist voller Stacheln und schmeckt schlecht« beschrieben).

Oksanen (1988) stellte fest, daß die Welt nicht immer grün ist – vor allem dann nicht, wenn man in der Mitte einer Wüste oder an der Nordküste Grönlands steht. Er postulierte, daß in unproduktiven oder „weißen" Ökosystemen der Abweidungsdruck schwach sei, da sie den Primärkonsumenten keine hohen Populationsdichten erlauben; in hochproduktiven „grünen" Systemen würden Herbivore durch Räuber dezimiert, und die Abweidung sei dadurch ebenfalls gering (das letztere entspricht dem Konzept von Hairston et al. 1960). Schließlich gäbe es noch intermediäre „gelbe" Ökosysteme, in denen Pflanzen durch Herbivore limitiert würden, da deren Anzahl nicht ausreicht, um große Prädatorpopulationen zu ernähren.

Es gibt Hinweise dafür, daß die Rate der Primärproduktion tatsächlich einen Einfluß darauf hat, ob die Kontrolle vorwiegend von oben nach unten oder umgekehrt erfolgt. In der schon erwähnten, aus vier Ebenen bestehenden Flußgemeinschaft in Neuseeland (Abschnitt 22.3.1) zeigten die Forellen zum Beispiel keine positive Auswirkung mehr auf die Algenbiomasse, wenn die Nährstoffkonzentrationen erhöht wurden. Möglicherweise überdeckt eine sehr hohe Primärproduktion jeden von oben nach unten gerichteten Effekt, da die Dichtezunahme der Herbivoren nicht mehr durch Prädation kompensiert werden kann. Eine andere Erklärung ist, daß sich in einer nährstoffreichen Umgebung die Zusammensetzung der Vegetation in Richtung ungenießbarer Arten verändert. Dies wurde nicht nur in dieser Untersuchung beobachtet, sondern auch in eutrophierten Seen (MacQueen et al. 1990).

22.3.3 Die Berücksichtigung von Heterogenität in der Diskussion um *top-down-* und *bottom-up*-Effekte

Die relative Bedeutung der kontrollierenden Effekte ändert sich mit den Umweltbedingungen.

Natürlich sind die bisher angestellten theoretischen Überlegungen stark vereinfacht. Wir wollen daher etwas Realismus in die Diskussion bringen, indem wir Heterogenität einführen: die Unterschiedlichkeit von Arten innerhalb einer trophischen Ebene (manche können ressourcenlimitiert sein, andere durch Prädationsdruck), aber auch räumliche und zeitliche Schwankungen (interspezifische Beziehungen ändern sich je nach Standort und Umweltbedingungen) (Hunter und Price 1992). Nun stellt sich die Frage, inwieweit sich Veränderungen innerhalb und zwischen trophischen Ebenen oder variierende abiotische Faktoren auf die Stärke der *bottom-up-* und *top-down*-Effekte auswirken.

Bartell et al. (1988) untersuchten den Einfluß der zeitlichen Heterogenität in einer modellierten limnischen Lebensgemeinschaft (bestehend aus Phytoplankton, Zooplankton sowie planktivoren und piscivoren Fischen), die sie realistischen jahreszeitlichen Nährstoff- und Energieschwankungen unterwarfen. In einer konstanten Umwelt würde sich dieses Vier-Ebenen-System wie in Abbildung 22.2 gezeigt verhalten: Das Phytoplankton (und nur auf diese erste Trophieebene wollen wir uns hier konzentrieren) wird von oben nach unten durch die abweidenden Zooplankter kontrolliert. Unter realistischen, variablen Bedingungen zeigte das Phytoplankton Phasen, in denen der Artenreichtum durch Konkurrenzsituationen (also *bottom-up*-Effekte) reduziert wurde. Die höchste Diversität war hingegen in den Jahreszeiten zu beobachten, in denen der Abweidungsdruck (*top-down*-Effekt) am stärksten ausgeprägt war. Die relative Bedeutung der kontrollierenden Effekte kann sich also mit den Umweltbedingungen ändern.

Wenn die Regulationsmechanismen schon in derart einfachen Modellbiozönosen variieren, wie komplex müssen die Beziehungen dann in realen Nahrungsgefügen sein, in denen Prädationsdruck und Ressourcenlimitierung durch eine Vielzahl biotischer und abiotischer Parameter beeinflußt wird? Einen eindeutigen *top-down*-Effekt können wir wahrscheinlich immer dann erwarten, wenn die Primärproduzenten relativ kurzlebig sind und schnell wachsen, so daß sie sich rasch an die durch Konsumption verursachten Veränderungen anpassen können, und wenn darüber hinaus auf jeder Trophieebene eine Art oder Gilde ausgeprägte direkte Effekte auf ihre Ressourcen ausübt, die sich kaskadenartig (nicht diffus und netzförmig) auf die darunter liegenden Ebenen auswirken (Power 1992). Diese Merkmale treffen häufig auf aquatische Biozönosen mit geringer Diversität zu, zum Beispiel auf pelagische und benthische Lebensgemeinschaften (Strong 1992). Dies bedeutet nicht, daß in artenreichen Systemen von oben nach unten wirkende Kontrollmechanismen fehlen, sondern daß sie möglicherweise durch die Komplexität der Wechselbeziehungen überdeckt werden und sich eher als „Tröpfeln“ denn als Kaskade darstellen.

22.4 Die Stabilität von Lebensgemeinschaften und die Struktur von Nahrungsgefügen

In den folgenden Abschnitten wollen wir uns mit der Frage beschäftigen, wodurch die Stabilität oder Instabilität einer Lebensgemeinschaft bestimmt wird, und versuchen, sie mit Nahrungsnetzen in Verbindung zu bringen. Zuerst müssen wir aber Stabilität definieren oder vielmehr die verschiedenen Formen der Stabilität identifizieren.

Elastizität und Resistenz sind ausschlaggebend für die Stabilität einer Biozönose.

Die erste Unterscheidung, die wir treffen können, ist die zwischen **Elastizität** oder **Resilienz** (*resilience*) und **Resistenz** oder **Widerstand** (*resistance*). Elastizität beschreibt die Geschwindigkeit, mit der eine Lebensgemeinschaft nach einer Störung wieder zu ihrem früheren Zustand zurückkehrt; Resistenz ist die Fähigkeit, solche Veränderungen von vornherein zu vermeiden.

Man unterscheidet zwischen lokaler und globaler Stabilität, dynamisch fragilen und dynamisch robusten Biozönosen.

Zum zweiten können wir zwischen lokaler und globaler Stabilitität unterscheiden. Unter **lokaler Stabilität** verstehen wir das Bestreben einer Lebensgemeinschaft, nach einer geringfügigen Störung wieder (mehr oder weniger) in ihrem Ausgangszustand zurückzukehren; **globale Stabilität** bezieht sich auf weitgreifende oder große Veränderungen.

Der dritte Aspekt ist eng mit lokaler und globaler Stabilität verbunden, konzentriert sich aber mehr auf die biozönotische Umgebung. Eine Lebensgemeinschaft, die nur innerhalb eines engen Bereichs von Umwelteigenschaften stabil ist, bezeichnet man als **dynamisch fragil**; eine, die ihre Stabilität auch bei extremen Schwankungen aufrechterhalten kann, als **dynamisch robust**.

Schließlich müssen wir noch das biozönotische Merkmal spezifizieren, dessen Stabilität wir bewerten wollen. Die meisten Ökologen konzentrieren sich auf strukturelle Kennzeichen wie die Anzahl der Arten, ihre Identität und Abundanz. Wir wollen diese demographischen Ansätze zuerst betrachten, werden jedoch sehen (Abschnitt 22.6), daß man auch andere Parameter heranziehen kann.

22.4.1 Die konventionelle Lehrmeinung

Die traditionelle Ansicht, die Stabilität von Lebensgemeinschaften steige mit ihrer Komplexität, läßt sich nicht immer aufrechterhalten.

Während der fünfziger und sechziger Jahre war die traditionelle Lehrmeinung in der Ökologie, daß Lebensgemeinschaften um so stabiler reagieren, je komplexer sie aufgebaut sind (damals wie heute wurde **Komplexität** definiert als mehr Arten, mehr interspezifische Beziehungen (und damit höherer Verknüpfungsgrad) und/oder stärkere Wechselwirkungen). Neben anderen war es Elton (1958), der eine Vielzahl theoretischer und empirischer Beobachtungen zur Unterstützung dieser Hypothese zusammentrug (Tabelle 22.1) (Wie Tabelle 22.1 zeigt, lassen sich viele Behauptungen Eltons jedoch auch anders interpretieren; er selbst wies bereits darauf hin, daß weitere detaillierte Analysen notwendig seien.) Auch MacArthur (1955) postulierte, die Artendichte einer Lebensgemeinschaft sei um so konstanter (stabiler), je mehr Energiepfade vorhanden wären (das heißt je komplexer das System ist). Diese traditionelle Meinung wird aber durch neuere Arbeiten, vor allem auch durch mathematische Modelle, nicht grundsätzlich gestützt.

Tabelle 22.1: Übersicht über Eltons Argumente (1958) zur Unterstützung der vor 1970 gültigen traditionellen Lehrmeinung, daß Komplexität zur Stabilisierung von Lebensgemeinschaften führt
Jede Beobachtung stimmt mit der Hypothese überein, kann jedoch auch anders interpretiert oder in Frage gestellt werden.

Behauptung	Beurteilung
1) Mathematische Modellierungen der Wechselwirkungen zwischen zwei oder wenigen Arten sind in sich instabil.	Diese Aussage kann nach der Entwicklung von Zwei-Arten-Modellen (siehe Kapitel 10) nicht mehr aufrechterhalten werden. Außerdem gab es damals keine Hinweise dafür, daß Multispeziesmodelle stabiler wären.
2) Einfache Laborbiozönosen aus zwei oder wenigen Arten sind nur schwer ohne Aussterben aufrechtzuerhalten.	Diese Behauptung ist zwar richtig, aber kein Hinweis darauf, daß artenreiche Laborbiozönosen stabiler wären. Die Ursache für das Aussterben liegt wahrscheinlich darin, daß es unmöglich ist, im Labor die natürlichen Bedingungen zu reproduzieren.
3) Inseln, die normalerweise artenarm sind, reagieren empfindlicher auf die Einwanderung neuer Arten als artenreiche Festlandregionen.	Es gibt auch gute Beispiele dafür, daß eingeführte Arten auf Kontinenten große Schäden anrichteten. Trotzdem kann dieses Argument richtig sein; die Empfindlichkeit gegenüber Invasion hat aber nur wenig mit der konventionellen Definition von Stabilität und Elastizität zu tun.
4) Landwirtschaftliche Monokulturen sind besonders anfällig für die Einwanderung von Schädlingen und deren Zerstörungen.	Der Unterschied zwischen natürlichen und landwirtschaftlichen Biozönosen kann auch durch die lange Koevolution natürlicher Artenverbände erklärt werden (Maynard Smith 1974). Kulturpflanzen sind in der Regel auch Arten früher Sukzessionsstadien, also von Natur aus einem schnellen Wechsel unterworfen. Natürliche Monokulturen wie Salzmarschen und Adlerfarn scheinen stabil zu sein. (May 1972)
5) Artenreiche tropische Lebensgemeinschaften sind im Gegensatz zu denen in gemäßigten und borealen Regionen nicht für Massenvermehrungen von Insekten bekannt.	Falls dies wirklich eine Gesetzmäßigkeit sein sollte, könnte man sie auch mit destabilisierenden klimatischen Effekten erklären (Maynard Smith 1974). Wolda (1978) lieferte Hinweise dafür, daß die Abundanz von Insekten auch in den Tropen beträchtlich schwanken kann.

22.4.2 Komplexität und Stabilität in Modellbiozönosen

Es gab verschiedene Ansätze, den Zusammenhang zwischen Komplexität und Stabilität mathematisch zu erfassen (May 1981c), die Ergebnisse waren aber immer mehr oder weniger identisch. Wir wollen stellvertretend das Konzept von May (1972) verwenden, um das generelle Prinzip, die resultierenden Schlußfolgerungen und die Schwächen solcher Modellierungen zu diskutieren. May konstruierte Nahrungsgefüge mit mehreren Arten und untersuchte, wie sich die Populationsgröße jeder Spezies in Nähe ihrer Gleichgewichtsabundanz veränderte (das heißt, er beschäftigte sich mit lokaler Stabilität, die der in den Kapiteln 6, 7 und 10 besprochenen Stabilität von Ein- und Zwei-Arten-Modellen ähnelt). Als Maß für den Effekt, den die Dichte der Art j auf die Zuwachsrate der Spezies i hat, verwendete er den Ausdruck βij. Kein Einfluß bedeutet $\beta ij = 0$, negative Werte ergeben sich bei konkurrierenden Arten, und bei der Beziehung zwischen einem Räuber (i) und seiner Beute (j) ist βij positiv und βji negativ.

In randomisierten Nahrungsnetzen nimmt die Stabilität in der Regel mit der Artenzahl, dem Verknüpfungsgrad und der Interaktionsstärke, also mit der Komplexität, ab.

In seinen randomisierten Nahrungsnetzen setzte May alle selbstregulatorischen Beziehungen (βii, βjj und so weiter) gleich –1, verteilte aber alle anderen β-Werte rein zufällig, wobei er eine bestimmte Anzahl von Nullwerten einschloß. Die so konstruierten Nahrungsgefüge konnten dann durch drei Parameter beschrieben werden: S für die Artenzahl, C für die **Konnektanz** oder den **Verknüpfungsgrad** (*connectance*; der Anteil aller Artenpaare, die direkt miteinander in Wechselbeziehung stehen, also positive oder negative β-Werte zeigen) und β als Maß für die durchschnittliche **Interaktionsstärke** (*interaction strength*; das Mittel aus allen Nicht-Null-β-Werten, unabhängig von ihrem Vorzeichen). Wie May herausfand, verhielten sich diese Nahrungsnetze nur dann stabil, wenn

$$\beta(SC)^{1/2} < 1. \qquad (22.1)$$

In allen anderen Fällen waren sie instabil, das heißt die Populationen kehrten nach einer Störung nicht zum Gleichgewicht zurück.

Eine Zunahme der Artenzahl, des Verknüpfungsgrades und der Interaktionsstärke führt demnach zu größerer Instabilität (da sie die linke Seite der Ungleichung erhöht). Dieses Modell legt also nahe (wie auch viele andere), daß die Stabilität mit der Komplexität *abnimmt* und widerlegt so die klassische Lehrmeinung, die von Elton und MacArthur vertreten wurde.

Die Korrelation zwischen Komplexität und Instabilität könnte jedoch auch ein Artefakt sein, der sich aus der Zusammensetzung der Modellbiozönose oder aus der Art der Analyse ergibt. Erstens enthalten zufällig zusammengefügte Nahrungsnetze häufig biologisch unsinnige Elemente (zum Beispiel Räuber ohne Beutearten oder Schleifen wie A frißt B, B frißt C, C frißt A). Analysen von Nahrungsgefügen, deren Rahmenbedingungen realistisch sind (Lawlor 1978; Pimm 1979a) zeigen a) eine höhere Stabilität und b) keinen scharfen Wechsel von Stabilität zu Instabilität (wie er sich aus Formel 22.1 ergäbe), obwohl auch hier grundsätzlich die Stabilität mit der Komplexität abnimmt.

Zweitens sehen die Ergebnisse dieser Modellanalysen ganz anders aus, wenn man davon ausgeht, daß die Konsumenten zwar durch das Nahrungsangebot beeinflußt werden, dies jedoch umgekehrt nicht der Fall ist ($\beta ij > 0$, $\beta ji = 0$), wie wir es bei ressourcenkontrollierten *bottom-up*-Systemen kennengelernt haben (Abschnitt 22.3). In solchen Nahrungsnetzen ist die Stabilität unabhängig von der Komplexität oder nimmt sogar mit ihr zu (DeAngelis 1975). Eine Gruppe, auf die diese Bedingungen mit Sicherheit zutreffen, sind die Detritivoren, aber auch nektar- und samenfressende Konsumenten werden sich in der Praxis kaum auf ihr Nahrungsangebot auswirken (Odum und Biever 1984). Ebenso werden phytophage Insekten nur selten einen Einfluß auf die Abundanz ihrer Wirtspflanzen haben (Lawton 1989), und das gleiche trifft wahrscheinlich für viele Parasitoid-Wirt-Systeme zu (Hawkins 1992). Dies sind sicherlich nicht unbedeutende „Ausnahmen".

Ein anderes Bild ergibt sich auch dann, wenn man nicht die lokale Stabilität, sondern größere Störungen betrachtet. Pimm (1979b) setzte seine Modellbiozönose einer einzigen, großen und dauerhaften Störung aus: der Entfernung einer Art. Das System wurde dann als stabil bezeichnet, wenn alle übrigen Arten ein lokales Gleichgewicht aufrechterhielten (**Stabilität nach Artenverlust** – *species-deletion stability*). Abbildung 22.4 zeigt das Ergebnis für eine Sechs-Arten-Gemeinschaft, bestehend aus zwei Gipfelräubern, zwei intermediären Räubern und zwei basalen Arten (Pflanzen oder totes organisches Material). Die Interaktionsstärken wurden zufällig zugeordnet, während der Verknüpfungsgrad systematisch variierte (er definierte damit die jeweilige Komplexität). Im allgemeinen nahm die Stabilität mit zunehmender Komplexität ab; diese Tendenz kehrte sich aber um, wenn die basalen Arten entfernt wurden. Erfolgte die Störung also von „oben nach unten" (Entfernung eines Gipfelräubers), stimmte das Ergebnis dieser Simulation mit den anderen Modellen überein, bei einer Störung von „unten her" (Entfernung einer Spezies an der Basis des Nahrungsnetzes) stützt sie jedoch MacArthurs konventionelle Hypothese.

Der Zusammenhang zwischen Stabilität und Komplexität in den Modellen wird noch umfassender, wenn man schließlich den Aspekt der Elastizität mit einbezieht. Dies wird durch das Beispiel in Abbildung 22.5 illustriert (Pimm 1979a). Obwohl der Anteil stabiler Lebensgemeinschaften mit höherer Komplexität geringer wird, nimmt die Elastizität in den wenigen stabilen Biozönosen zu.

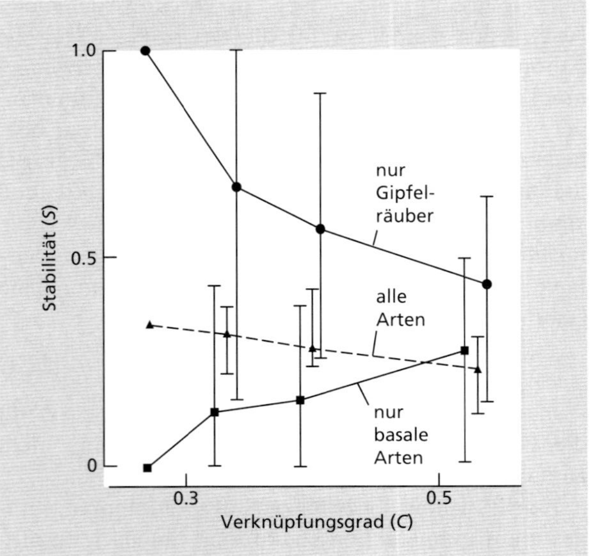

22.4 Stabilität nach Artenverlust (*S*) in Abhängigkeit vom Verknüpfungsgrad (*C*) in einem Sechs-Arten-Modell. Entfernt wurden jeweils 1) nur der Gipfelräuber, 2) nur die basalen Arten und 3) alle Arten abwechselnd. Die Balken geben die Abweichungsbreite für *S* in allen Modellen eines bestimmten Verknüpfungsgrades an. (Nach Pimm 1979b)

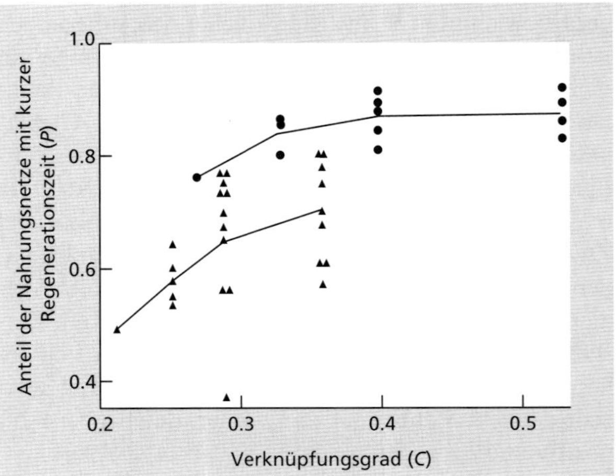

22.5 Komplexität und Elastizität in modellierten Nahrungsgefügen. Mit zunehmender Komplexität (Konnektanz) nimmt der Anteil stabiler Nahrungsnetze mit kurzen Regenerationsphasen (hoher Elastizität) nach einer Störung zu. ●: Modelle mit drei Trophieebenen; ▲: Modelle mit vier Trophieebenen. (Nach Pimm 1982)

Insgesamt sprechen aber die meisten Modellierungen eher dafür, daß die Stabilität tendenziell mit der Komplexität abnimmt, und widerlegen damit die traditionelle Lehrmeinung. Läßt sich dies durch die Untersuchung realer Lebensgemeinschaften bestätigen?

22.4.3 Komplexität und Stabilität in realen Biozönosen

Nach der Stabilitätstheorie sollte das Produkt aus Artenanzahl und Verknüpfungsgrad annähernd konstant sein, was sich aber nicht immer bestätigt.

Falls Lebensgemeinschaften nur unter der Voraussetzung $\beta(SC)^{1/2} < 1$ stabil sind, sollte eine Erhöhung der Artenzahl (S) die Stabilität reduzieren, es sei denn, sie würde durch Verringerung des C-Wertes kompensiert (da die Interaktionsstärken für reale Lebensgemeinschaften unbekannt sind, wird β grundsätzlich als konstant betrachtet).

Briand (1983) stellte aus Literaturdaten 40 Beispiele für terrestrische und aquatische Nahrungsnetze zusammen und berechnete für jede Lebensgemeinschaft einen einzelnen C-Wert, der wiedergab, wie viele der theoretisch möglichen interspezifischen Verknüpfungen tatsächlich identifiziert werden konnten. Wird dieser Verknüpfungsgrad gegen S aufgetragen, ergibt sich, wie postuliert, eine Abnahme mit steigender Artenzahl (Abbildung 22.6a).

Der Nachteil bei dieser Untersuchung ist, daß die verwendeten Daten nicht zur Quantifizierung von Nahrungsgefügen erhoben wurden, und mehr noch, daß die taxonomische Auflösung von System zu System beträchtlich variierte. Neuere Ergebnisse auf Basis besser dokumentierter Nahrungsnetze zeigen in manchen Fällen zwar ebenfalls eine Abnahme des Verknüpfungsgrades mit steigender Artenzahl (Abbildung 22.6b), lassen zum Teil aber auch keinen (Abbildung 22.6c) oder sogar einen positiven Zusammenhang (Abbildung 22.6d) erkennen.

McNaughton (1977) verfolgte einen experimentellen Ansatz, wobei artenreiche und artenarme Pflanzengesellschaften jeweils durch Zugabe von Nährstoffen oder durch die Aktivität von Weidetieren gestört wurden. Die artenreichen Phytozönosen reagierten immer mit einer Abnahme der Diversität, nicht aber die artenarmen (Tabelle 22.2). Dies steht im Einklang mit der Hypothese, daß komplexe Lebensgemeinschaften weniger stabil sind. Im Gegensatz dazu reagierten Graslandgesellschaften im Yellowstone-Nationalpark auf eine Störung (Dürreperiode) ganz anders: Hier zeigten solche mit einer hohen Artenvielfalt eine stabilere Zusammensetzung (Frank und McNaughton 1991). Die experimentellen Daten sind also erneut widersprüchlich.

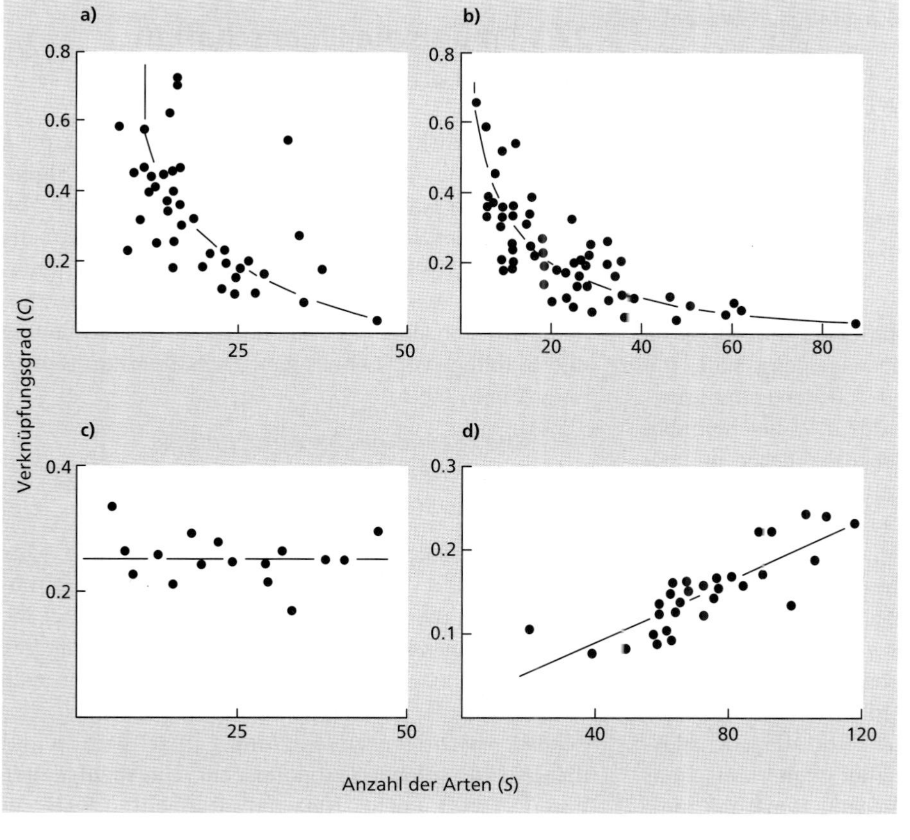

22.6 Die Beziehung zwischen dem Verknüpfungsgrad (C) und dem Artenreichtum (S) für a) 40 terrestrische, limnische und marine Nahrungsnetze (nach Briand 1983); b) 95 von Insekten dominierte Nahrungsgefüge in verschiedenen Habitaten (nach Schoenly et al. 1991); c) jahreszeitliche Varianten eines Nahrungsnetzes in einer Teichgemeinschaft mit einem Artenreichtum zwischen zwölf und 32 Spezies (nach Warren 1989); d) für Sumpf- und Flußnahrungsnetze in Costa Rica und Venezuela. (Nach Winemiller 1990). (Nach Hall und Raffaelli 1993)

Tabelle 22.2: Der Einfluß von a) Nährstoffzufuhr auf den Artenreichtum, die Äquitabilität (*H*/ln*S*) und die Diversität (Shannon-Index, *H*) sowie b) Beweidung durch Kaffernbüffel auf die Artenvielfalt der Vegetation. (Nach McNaughton 1977)

	Kontrolle	Untersuchungsflächen	statistische Signifikanz
a) *Nährstoffzufuhr*			
Artenreichtum pro 0.5 m^2 Fläche			
artenarmes Gebiet	20.8	22.5	n.s.
artenreiches Gebiet	31.0	30.8	n.s.
Äquitabilität			
artenarmes Gebiet	0.660	0.615	n.s.
artenreiches Gebiet	0.793	0.740	$P < 0.05$
Diversität			
artenarmes Gebiet	2.001	1.915	n.s.
artenreiches Gebiet	2.722	2.532	$P < 0.05$
b) *Beweidung*			
Artenvielfalt			
artenarmes Gebiet	1.069	1.357	n.s.
artenreiches Gebiet	1.783	1.302	$P < 0.005$

n.s.: nicht signifikant

Eine Reihe von Untersuchungen beschäftigte sich schließlich auch mit der Frage, ob der Grad der „wahrnehmbaren Stabilität" (das heißt die zu beobachtenden Veränderungen in der Abundanz der Artenhäufigkeit) in allen Lebensgemeinschaften annähernd gleich ist, oder ob es auffällige Tendenzen gibt. So sammelte Wolda (1978) eine Fülle von Daten über die jährlichen Fluktuationen der Abundanz tropischer, temperierter und subarktischer Insektenpopulationen. Nach der konventionellen Lehrmeinung sollten die komplexeren Biozönosen der Tropen stabiler sein. Dies konnte Wolda jedoch nicht bestätigen. Zu ähnlichen Ergebnissen kamen Leigh (1975) für herbivore Wirbeltiere und Bigger (1976) für Pflanzenschädlinge.

22.4.4 Fazit

Auch demökologische Merkmale wirken sich auf das Gesamtverhalten einer Lebensgemeinschaft aus.

Die Korrelation zwischen Komplexität und Stabilität scheint mit der Natur der Lebensgemeinschaft, mit der Art der Störung und mit der Untersuchungsmethode zu schwanken. Aber mit großer Wahrscheinlichkeit sind die komplexen, fragilen Biozönosen in einer relativ konstanten Umgebung (zum Beispiel in den tropischen Regionen) empfindlicher gegenüber Veränderungen von außen als die einfachen, robusten Systeme (wie die der gemäßigten Klimazonen), die mehr an Störungen „gewöhnt" sind. Wahrscheinlich gibt es auch eine bedeutende Parallele zwischen den Eigenschaften einer Lebensgemeinschaft und den demökologischen Merkmalen ihrer Mitgliedsarten. In stabilen Lebensräumen sind Populationen vor allem *K*-selektiert (ausgeprägte Konkurrenzfähigkeit und hohe Überlebensraten, aber nur eine geringe Reproduktionsleistung; vergleiche Kapitel 14) und werden sich gegenüber Störungen relativ resistent verhalten; einmal gestört, können sie sich aber nur schlecht erholen (niedrige Elastizität). In einer variablen Umgebung sind die Populationen eher *r*-selektiert und zeichnen sich durch eine geringere Resistenz, aber eine höhere Elastizität aus. Dies spiegelt sich auch im Gesamtverhalten der Biozönose wider: Fragile Lebensgemeinschaften finden sich in stabilen Lebensräumen und robuste in solchen mit häufigen Störungen.

22.5 Empirische Eigenschaften von Nahrungsnetzen

Neben den diskutierten Modellierungen gibt es noch einen anderen wissenschaftlichen Ansatz, die Eigenschaften von Nahrungsgefügen mit der Dynamik von Lebengemeinschaften in Verbindung zu bringen: die Suche nach strukturellen Gesetzmäßigkeiten in unterschiedlichen realen Nahrungsnetzen. Sich wiederholende Muster sind wahrscheinlich für die Erhaltung und Stabilität von Lebensgemeinschaften von Bedeutung (Pimm 1991).

Die taxonomische Auflösung ist von großer Bedeutung für die Qualität erhobener Daten.

Der Erfolg solcher Analysen hängt natürlich ganz maßgeblich von der Qualität des erhobenen Datensatzes ab. Ein kritischer Parameter ist zum Beispiel die taxonomische Auflösung, die vor allem in früheren Studien nur oberflächlich und in vielen Fällen auch sehr uneinheitlich erfolgte. Einige der besonders eingehend beschriebenen Nahrungsgefüge wurden auf die Effekte solcher taxonomischer Ungenauigkeiten hin überprüft (siehe Hall und Raffaelli (1993) für eine Übersicht), und es zeigten sich deutliche Auswirkungen. So fanden Hall und Raffaelli (1991) für ihr gut dokumentiertes Ästuarnahrungsnetz, daß der Verknüpfungsgrad mit abnehmender taxonomischer Auflösung zunahm. Diese Problematik sollten wir in den folgenden Abschnitten im Auge behalten.

22.5.1 Verknüpfungsgrad und biologische Zwänge

In Abschnitt 22.4.3 haben wir im Zusammenhang mit modellierten Nahrungsnetzen festgestellt, daß die Stabilität nur aufrechterhalten werden kann, wenn eine erhöhte Artenzahl (*S*) durch eine Abnahme des Verknüpfungsgrades (*C*) kompensiert wird. Wir haben aber auch gesehen, daß dies für reale Systeme nicht immer zutrifft (Abbildung 22.6). Wir müssen also nach alternativen Möglichkeiten suchen, um die beobachtete Konnektanz zu erklären.

Das Ausmaß der Ernährungsspezialisierung beeinflußt den Verknüpfungsgrad.

Kein Konsument kann alle Nahrungsressourcen nutzen; sein Nahrungsspektrum ist durch morphologische und physiologische Merkmale sowie durch Verhaltensweisen eingeschränkt. Dies hat auch Konsequenzen für den Verknüpfungsgrad eines Nahrungsgefüges (Warren 1994). Wenn sich jede Art von einer definierten Anzahl anderer Arten ernährt, bleibt das Produkt aus *S* und *C* konstant, und ebenso wie bei der Stabilitätshypothese würde die Konnektanz mit zunehmender Artenzahl abnehmen (so daß wir zwischen beiden Möglichkeiten nicht unterscheiden können). Konsumiert eine Spezies jedoch alles, was hinsichtlich Größe oder chemischer Zusammensetzung innerhalb ihres Ernährungsrahmens liegt, nimmt der Verknüpfungsgrad mit der Artenzahl weder zu noch ab, sondern bleibt konstant (da sich mit der Artenzahl auch die Anzahl konsumierbarer Spezies erhöht). Darüber hinaus wird in einem Nahrungsgefüge mit hochspezialisierten Konsumenten die Gesamtverknüpfung niedrig (und konstant) sein, in solchen, die vorwiegend aus Generalisten bestehen, hoch (und ebenfalls konstant). Das Problem bei der Interpretation von Mustern wie denen in Abbildung 22.6 ist, daß manche Nahrungsnetze mehr Spezialisten (oder Generalisten) beinhalten als andere.

22.5.2 Die Anzahl der Trophieebenen

In den meisten Biozönosen besteht die maximale Nahrungskette aus drei bis vier Trophieebenen.

Eine **maximale Nahrungskette** ist definiert als eine Abfolge von Arten, beginnend mit einer basalen Spezies an der Basis der Nahrungspyramide, einer zweiten Art, die sich von ihr ernährt, einer weiteren Art, welche die zweite Spezies konsumiert und so fort, bis zu einem Prädator an der Spitze, dem sogenannten **Gipfelräuber** (*top predator*), der von keiner anderen Art konsumiert wird). Ausgehend von der basalen Art 1 in Abbildung 22.7 können wir zum Beispiel über die Zwischenstufe der Spezies 4 vier trophische Pfade zu einem Gipfelräuber verfolgen: 1–4–11–12, 1–4–11–13, 1–4–12 und 1–4–13. Dies liefert uns vier Werte für die Länge maximaler Nahrungsketten: 4, 4, 3 und 3. Abbildung 22.7 zeigt insgesamt 21 mögliche Nahrungsketten, deren mittlere Länge bei 3.32 liegt. Dieser Parameter definiert die Anzahl der trophischen Ebenen, die diesem Nahrungsnetz zugeordnet werden können. Die meisten Lebensgemeinschaften besitzen drei oder vier Trophieebenen, und viele Ökologen fragen sich, warum Nahrungsketten in der Regel so kurz sind.

Wieder einmal können die Stabilitätseigenschaften verschiedener Modellbiozönosen Aufschluß über die in wirklichen Nahrungsgefügen zu erwartenden Muster liefern. Wir wollen hier aber nicht nur die Stabilitätshypothese betrachten, sondern auch andere plausible Konzepte, die auf grundlegenden ökologischen Prinzipien beruhen.

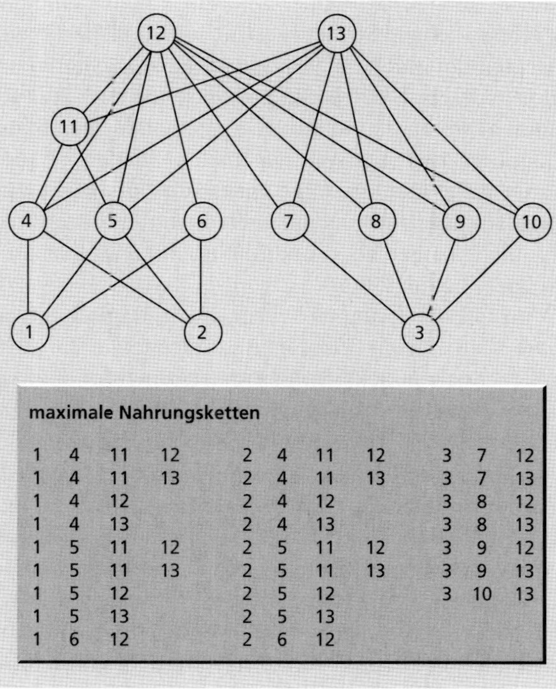

maximale Nahrungsketten

1	4	11	12	2	4	11	12	3	7	12
1	4	11	13	2	4	11	13	3	7	13
1	4	12		2	4	12		3	8	12
1	4	13		2	4	13		3	8	13
1	5	11	12	2	5	11	12	3	9	12
1	5	11	13	2	5	11	13	3	9	13
1	5	12		2	5	12		3	10	13
1	5	13		2	5	13				
1	6	12		2	6	12				

22.7 Matrix einer Lebensgemeinschaft der exponierten Gezeitenzone einer Felsküste im US-Bundesstaat Washington. Die Pfade aller möglichen Nahrungsketten sind aufgelistet. 1) Detritus, 2) Plankton, 3) benthische Algen, 4) Seepocken, 5) *Mytilus edulis*, 6) *Pollicipes*, 7) Käferschnecken, 8) Napfschnecken, 9) *Tegula*, 10) *Littorina*, 11) *Thais*, 12) *Pisaster*, 13) *Leptasterias*. (Nach Briand 1983)

Die Energieflußhypothese

Nur ein kleiner Teil der auf der Erde auftreffenden Sonnenenergie wird in der Photosynthese verwertet und fließt in die Nahrungskette ein. Darüber hinaus geht, wie wir in Kapitel 18 gesehen haben, auf jeder trophischen Ebene Energie verloren, so daß maximal 30 %, manchmal aber auch nur 1 % von einer Trophieebene an die nächsthöhere weitergegeben werden.

Theoretisch könnte die Energietransfereffizienz die Zahl der trophischen Ebenen begrenzen.

Theoretisch könnte die geringe Anzahl trophischer Ebenen also auf eine Energielimitierung zurückzuführen sein – eine überprüfbare Hypothese: Systeme mit gesteigerter Primärproduktion oder einer höheren **Energietransfereffizienz** sollten mehr Trophieebenen aufweisen. Briand und Cohen (1987) analysierten 32 in der Literatur beschriebene Nahrungsnetze (aus ganz unterschiedlichen Lebensräumen), für die auch die Primärproduktionsraten bekannt waren. Der Vergleich von 22 Lebensgemeinschaften geringer Produktion (weniger als 100 g Kohlenstoff/m^2 und Jahr) mit zehn hochproduktiven Systemen (mehr als 1 000 g/m^2 und Jahr) zeigte keinen signifikanten Unterschied in der Länge der jeweiligen Nahrungsketten (in beiden Fällen durchschnittlich 3.0). Zu einem ähnlichen Ergebnis kamen Schoenly et al. (1991), die 95 von Insekten dominierte Nahrungsgefüge analysierten und keinen Unterschied zwischen tropischen und den (vermutlich) weniger produktiven Systemen in gemäßigten Regionen und in Wüstengebieten fanden. Zudem waren die Nahrungsketten innerhalb der Insektengemeinschaften trotz der höheren Energietransfereffizienz nicht länger als die von Wirbeltiergesellschaften (Schoenly et al. 1991).

Aus diesen Gründen wurde die Energieflußhypothese von vielen Ökologen zurückgewiesen. Man sollte jedoch berücksichtigen, daß in einer produktiven Umwelt normalerweise auch der Artenreichtum signifikant höher ist (siehe Kapitel 24). Der Energiefluß in einer solchen Nahrungskette (eine große Menge, die aber auf viele Untersysteme aufgeteilt wird) muß daher nicht unbedingt stärker sein als in unproduktiven Systemen (weniger Gesamtenergie, aber auch weniger Konsumenten). Die Energiefluß-Erklärung darf sicherlich nicht unkritisch akzeptiert werden – sie sollte aber auch nicht pauschal verworfen werden. Tatsächlich gibt es eine Untersuchung, die im Einklang mit ihr steht. In einem Experiment mit wassergefüllten Behältern (eine Simulation von Baumhöhlen) führte die zehn- oder hundertfache Reduktion des „natürlichen" Energieeintrags (Laub) zu einer Verkürzung der maximalen Nahrungskettenlänge um eins, da unter weniger produktiven Bedingungen der Gipfelräuber, die Zuckmücke *Anatopynia pennipes*, fehlte (Jenkins et al. 1992).

Die dynamische Fragilität von Modellnahrungsnetzen

Die Stabilitätstheorie sagt die in der Natur zu beobachtenden kurzen Nahrungsketten voraus.

Die Stabilitätseigenschaften verschieden strukturierter Lotka-Volterra-Modelle zeigten, daß Systeme mit langen Nahrungsketten typischerweise so starken Populationsschwankungen ausgesetzt sind, daß häufig Gipfelräuber eliminiert wurden. Aus vier Arten bestehende Biozönosen mit zwei Trophieebenen erholten sich nach einer Störung deutlich schneller als solche, die drei oder vier Ebenen aufweisen (Abbildung 22.8). Pimm und Lawton (1980) vermuteten als Ursache für das Auftreten nur relativ kurzer Nahrungsketten in der Natur die geringe Elastizität und die damit verbundene reduzierte Persistenz komplexer Systeme. Man muß jedoch berücksichtigen, daß sich die drei Modellgefüge nicht nur in der Länge der Nahrungsketten, sondern auch in der Anzahl von Verknüpfungen zwischen der ersten und zweiten Ebene unterscheiden. Daher könnten die kurzen Erholungsphasen nach Störungen auch auf die stärkere Konnektanz (und nicht auf die kürzere Nahrungskette) zurückzuführen sein.

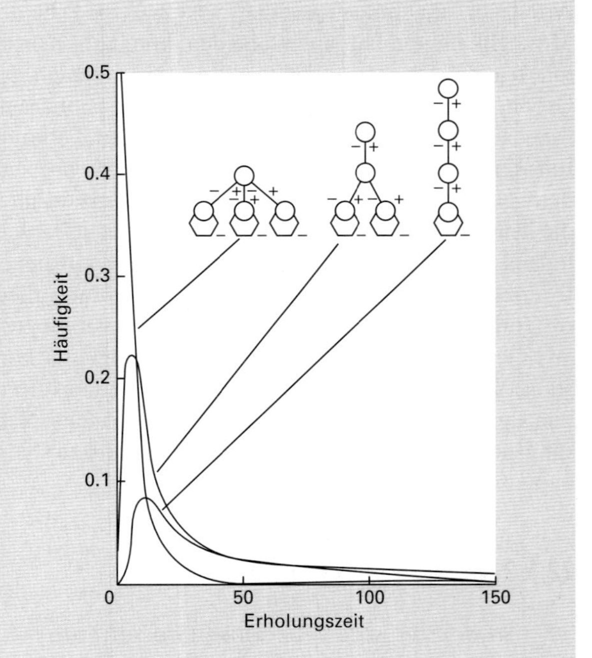

22.8 Die Häufigkeit von Erholungszeiten (willkürlicher Maßstab) für die abgebildeten Modelle aus zwei-, drei- und vier-Trophieebenen. Je kürzer die Erholungszeit, desto elastischer verhält sich das System. (Nach Pimm und Lawton 1980)

Einschränkungen durch die Gestalt und das Verhalten der Prädatoren

Morphologische Grenzen und das Verhalten der Prädatoren wirken sich limitierend auf die Länge von Nahrungsketten aus.

In den meisten Fällen sind Räuber größer als ihre Beute und die Körpergröße nimmt mit jeder Trophieebene zu. Möglicherweise wird die Anzahl der trophischen Ebenen ganz einfach durch morphologische Grenzen im Körperbau der Prädatoren limitiert. Die Dichte der Gipfelräuber könnte ebenfalls eine Rolle spielen. Sie sind zwangsläufig viel seltener als ihre Beute und benötigen ein relativ großes Territorium. Auch hier muß es eine obere Grenze geben, jenseits derer Geschlechtspartner nicht mehr zur Paarung zusammenfinden können. Wir müssen auch die Frage der optimalen Nahrungswahl betrachten. Es gibt kein Gesetz, daß sich Räuber immer nur von Organismen der nächsttieferen Trophieebene ernähren (vor allem auch, da diese meistens größer, stärker und seltener sind als die Arten auf unteren Stufen). Sehr wahrscheinlich werden Carnivore potentielle Beutetiere nach Größe und Verfügbarkeit auswählen, unabhängig von ihrer trophischen Ebene. Dadurch werden die Nahrungsketten automatisch kürzer als in modellierten Systemen.

Fazit

Wie May (1981c) feststellte, ist die Diskussion über die Länge von Nahrungsketten typisch für die meisten Fragestellungen in der Biozönologie: »empirische Gesetzmäßigkeiten sind weit verbreitet und reichlich dokumentiert, aber statt einer allgemein akzeptierten Erklärung gibt es nur eine Liste zu untersuchender Möglichkeiten.«

Wie beim Verknüpfungsgrad hängen die Schätzungen für die Länge von Nahrungsketten stark von der taxonomischen Auflösung ab (Martinez 1993). Das mag ein Grund dafür sein, daß neuere Analysen längere Ketten (zwischen fünf und sieben Stufen) dokumentieren (Hall und Raffaelli 1993). Wir brauchen also eindeutig mehr und genauere Untersuchungen, bevor wir akzeptable Verallgemeinerungen treffen können.

22.5.3 Omnivorie in Nahrungsgefügen

Omnivorie destabilisiert modellierte Nahrungsgefüge, die Befunde aus der Natur sind aber widersprüchlich.

Omnivorie ist definiert als Nahrungsaufnahme aus mehr als einer Trophieebene. Frühere Untersuchungen an Nahrungsnetzen sprachen für ein relativ seltenes Vorkommen von Omnivoren (Pimm 1982). Dies betrachtet man als Bestätigung für Lotka-Volterra-Modellierungen, die einen destabilisierenden Effekt der Omnivorie dokumentierten. Man nahm an, daß intermediäre omnivore Spezies sowohl mit den Arten an der Spitze der Nahrungspyramide konkurrieren als auch von ihnen konsumiert werden und daher nicht lange existieren können. Eine komplexere und realistischere Betrachtungsweise berücksichtigt „Lebenszyklus-Omnivorie", also daß sich Arten je nach Altersstadium aus unterschiedlichen Trophieebenen ernähren (Pimm und Rice 1987). Auch diese Form der Omnivorie reduziert die Stabilität, aber nicht in dem Maße wie eine vollständig omnivore Lebensweise.

Es überrascht nicht, daß es auch hier gegenteilige Befunde gibt. In ressourcenkontrollierten Modellgemeinschaften wirkt Omnivorie nicht destabilisierend. So gibt es Hinweise für ein abundantes Vorkommen von Omnivoren in Destruenten-Nahrungsnetzen (Hildrew et al. 1985; Walter 1987). Auch in den planktischen Nahrungsgefügen nordamerikanischer Gletscherseen wurden relativ viele Omnivore gefunden (Sprules und Bowerman 1988; Abbildung 22.9). In dieser Untersuchung wurden alle Zooplankter bis auf die Artebene identifiziert, so daß die Ergebnisse wesentlich zuverlässiger sind als die manch anderer Arbeiten. Auch Polis (1991) zufolge sind reale Nahrungsnetze viel komplizierter, als frühere Untersuchungen vermuten lassen, und er führt eine Vielzahl von Hinweisen für das Vorhandensein von Omnivorie in einer Sandwüstenbiozönose an.

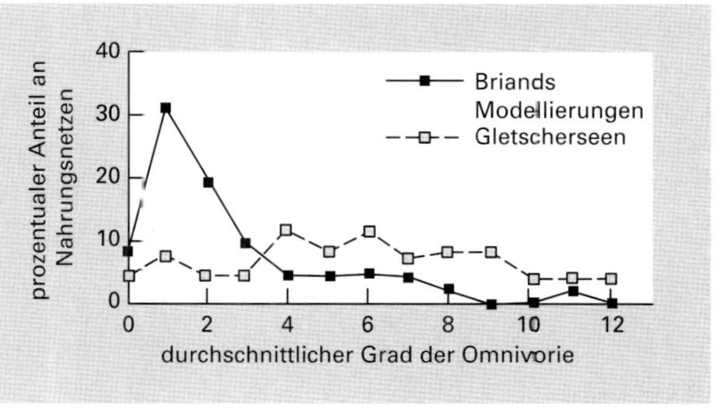

22.9 In den Gletscherseen im Nordosten Nordamerikas kommen omnivore Organismen wesentlich häufiger vor (Sprules und Bowerman 1988), als Briands Modellierungen voraussagen. Das Ausmaß der Omnivorie ist berechnet als Anzahl geschlossener omnivorer Verknüpfungen dividiert durch die Zahl der Gipfelräuber. Eine geschlossene omnivore Verknüpfung ist dann vorhanden, wenn ein Nahrungsweg zu einer Beute zurückverfolgt werden kann, die mehr als eine Trophieebene entfernt ist, und von dieser Beute über mindestens einen weiteren Beuteorganismus auf einer intermediären Trophieebene wieder zum Räuber zurückführt.

22.5.4 Das Verhältnis von Prädatoren und Beutearten

Konstante Räuber-Beute-Verhältnisse sowie zwischen basalen Arten, intermediären Spezies und Gipfelräubern sind Gesetzmäßigkeiten, für die es noch keine eindeutige Erklärung gibt.

In mehreren Lebensgemeinschaften wurde ein recht konstantes Verhältnis zwischen der Anzahl von Räuber- und Beutearten beobachtet, obwohl die einzelnen Werte je nach Habitat und Art der Organismen variierten. Ein Beispiel hierfür zeigt Abbildung 22.10a. Ausnahmsweise ist dieses Verhältnis nicht abhängig vom Grad der taxonomischen Auflösung (Hall und Raffaelli 1993).

Mithen und Lawton (1986) modellierten einfache Lebensgemeinschaften mit zwei Trophieebenen, indem sie Räuber- und Beutearten rein zufällig aus einem Artenpool mischten und ihre Wechselbeziehungen mit Hilfe von Lotka-Volterra-Gleichungen simulierten. Trotz unterschiedlicher Ausgangsbedingungen entwickelten sich alle Netze über sukzessive Phasen der Invasion und des Aussterbens in Richtung lokal stabiler Systeme mit annähernd konstanten Räuber-Beute-Verhältnissen (Abbildung 22.10b). Die in dem Modell zugrunde gelegten Mechanismen waren Konkurrenz unter den Räubern um die Beute und Konkurrenz innerhalb der Beutearten um „feindfreien Raum“ (siehe Abschnitt 7.6). Diese Faktoren könnten auch für die konstanten Verhältnisse in wirklichen Nahrungsgefügen verantwortlich sein. Allerdings liegt in den meisten der beschriebenen Fälle das Verhältnis bei ungefähr eins, was möglicherweise auch ein Artefakt aus der Art der Berechnung dieses Wertes ist (Closs et al. 1993), da viele Taxa als Räuber wie auch als Beute gezählt werden.

Weiterhin läßt sich verallgemeinern, daß das Verhältnis zwischen basalen Arten (die nur als Beute fungieren), intermediären Spezies (die sowohl konsumieren als auch konsumiert werden) und Gipfelräubern ungefähr bei 0.19 : 0.52 : 0.29 liegt (Hall und Raffaelli 1993). Ein Modell, dem Gleichungen zur Beschreibung von interspezifischen Wechselbeziehungen fehlen und das sich daher deutlich von den bisher beschriebenen unterscheidet, erzeugte tatsächlich diese beobachteten Verteilungen (Cohen und Newman 1985). Nahrungsverknüpfungen wurden hier zwar rein zufällig zugeordnet, aber zwei Einschränkungen unterworfen. Erstens wurden die Arten in einer Kaskade angeordnet, die nur den Konsum darunter liegender Spezies erlaubt. Zweitens war die Anzahl der Beutearten für jeden Prädator von vorneherein festgelegt. Das Modell machte auch mehr oder weniger korrekte Voraussagen über die Länge der Nahrungsketten. Warum funktioniert so ein einfaches Konzept? Offenbar folgen mit der Festlegung eines Schlüsselparameters (die Dichte der Verknüpfungen pro Art, oder anders ausgedrückt, der Verknüpfungsgrad) viele andere Eigenschaften des Nahrungsgefüges zwangsläufig (was bedeutet, daß es im Grunde genommen nur *eine* Eigenschaft ist). Aber immer noch fehlt uns eine Erklärung für den Schlüsselparameter.

Wieder einmal erkennen wir eine empirische Gesetzmäßigkeit, für die wir keine eindeutige Erklärung, sondern nur Lösungsvorschläge haben.

22.5.5 Kompartimente in Lebensgemeinschaften

Kompartimentierung führt nur in einigen Modellen zu Stabilität.

Ein Nahrungsnetz wird als **kompartimentiert** betrachtet, wenn es in einzelne Untereinheiten aufgeteilt ist, zwischen denen nur schwache Wechselwirkungen auf-

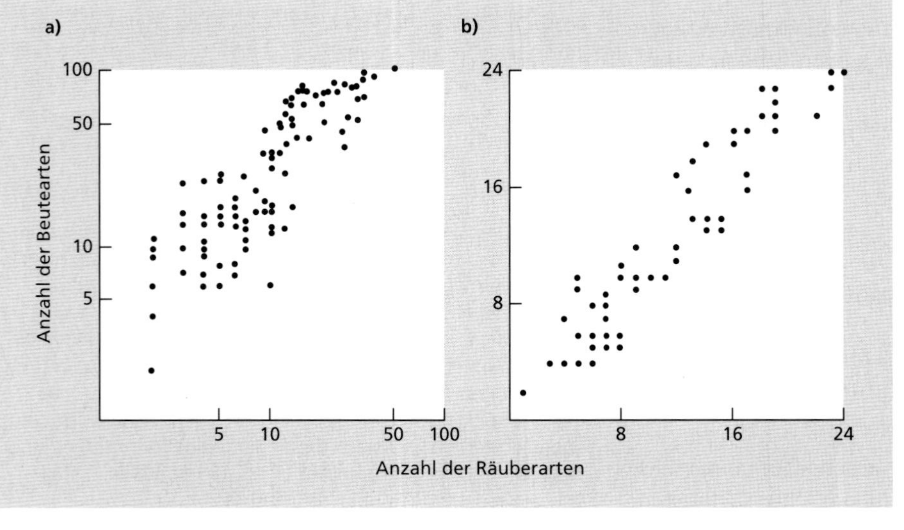

22.10 a) Die Beziehung zwischen der Anzahl an Räuber- und Beutearten in limnischen Invertebratengemeinschaften läßt sich gut durch eine Gerade durch den Nullpunkt darstellen und ergibt ein konstantes Verhältnis von 0.36. b) In modellierten Nahrungsnetzen, die statistisch nach der Lotka-Volterra-Dynamik erstellt wurden, entsteht ebenfalls eine Gerade. (Nach Mithen und Lawton 1986)

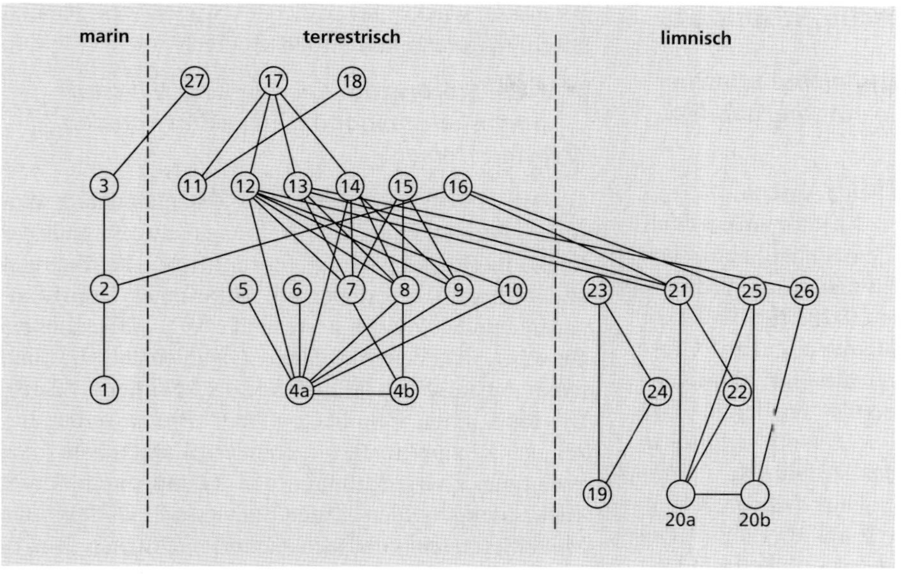

22.11 Die wichtigsten Wechselbeziehungen innerhalb und zwischen drei miteinander in Verbindung stehenden Habitaten auf Bear Island im Nördlichen Polarmeer. 1) Plankton, 2) marine Tiere, 3) Robben, 4a) Pflanzen, 4b) totes pflanzliches Material, 5) Würmer, 6) Gänse, 7) Collembolen, 8) Dipteren, 9) Milben, 10) Hymenopteren, 11) Seevögel, 12) Schneeammer, 13) Meerstrandläufer, 14) Schneehuhn, 15) Spinnen, 16) Enten und Taucher, 17) Polarfuchs, 18) Raubmöwe und Eismöwe, 19) planktische Algen, 20a) benthische Algen, 20b) totes organisches Material, 21) Protozoen a, 22) Protozoen b, 23) Invertebraten a, 24) Dipteren, 25) Invertebraten b, 26) kleine Crustaceen, 27) Eisbär. (Nach Pimm und Lawton 1980)

treten (eine perfekt kompartimentierte Biozönose weist nur lineare Nahrungsketten auf). Abbildung 22.11 zeigt ein besonders eindeutiges Beispiel, bei dem die Kompartimente unterschiedlichen Habitaten entsprechen (Summerhayes und Elton 1923): Zwischen den einzelnen Sektionen treten wesentlich weniger Interaktionen auf als statistisch zu erwarten wären (Pimm und Lawton 1980). In Fällen, in denen die Habitataufteilung weniger deutlich ist, und mehr noch innerhalb eines Habitats, ist eine solche Kompartimentierung kaum nachzuweisen. Analysen lassen jedoch vermuten, daß die Nahrungsgefüge innerhalb eines Habitats genauso kompartimentiert sind, wie man es statistisch erwarten würde (Pimm und Lawton 1980; Pimm 1982).

Einige theoretische Untersuchungen sprechen dafür, daß kompartimentierte Lebensgemeinschaften stabiler sind (zum Beispiel May 1972; Goh 1979), Pimm (1979a) dagegen fand in seinen Modellgefügen keine Korrelation zwischen Stabilität und Kompartimentierung, so daß die Vorstellung, bestimmte Nahrungsnetze bestünden deswegen, weil sie durch Aufteilung stabilisiert wurden, insgesamt nicht gestützt wird.

22.5.6 Fazit

Wenn wir jemals begreifen wollen, wie Lebensgemeinschaften funktionieren (so daß wir sie schützen oder restaurieren können), müssen wir die ihnen zugrundeliegenden Nahrungsgefüge verstehen. Aber bis dahin ist es noch ein weiter Weg. Am dringlichsten ist die Forderung nach einer exakteren Klassifizierung der involvierten Arten und ihrer Nahrungsverknüpfungen. Besonders erfolgversprechend sind hier wahrscheinlich vergleichende Analysen von Nahrungsnetzen, die sich in fundamentalen Aspekten unterscheiden (zum Beispiel Grad der Spezialisierung, der Produktivität oder der Störungshäufigkeit).

Auch die theoretischen Ansätze können verbessert werden. Es ist fraglich, ob das traditionelle Lotka-Volterra-Konzept uns auf Dauer weiterbringt. Es gibt inzwischen Modelle, die berücksichtigen, daß Lebensgemeinschaften nicht *ad hoc* als fertige Einheiten, sondern langsam durch die progressive Einwanderung von Arten entstehen (*community assembly models*, Hall und Raffaelli 1993). Dadurch können Biozönosen nach und nach aus einfachen Grundkomponenten zusammengestellt (zum Beispiel Post und Pimm 1983), die Reaktionen komplexer Nahrungsgefüge auf die Invasion zusätzlicher Arten getestet (zum Beispiel Mithen und Lawton 1986) und Veränderungen nach Eliminierung einer Art untersucht werden (Law und Blackford 1992). Drake (1988, 1990) benutzte ein solches Modell um die Eigenschaften von Schlußgesellschaften zu bestimmen, die resistent gegen weitere Einwanderungen waren, und fand bemerkenswerte Ähnlichkeiten mit realen Lebensgemeinschaften. In Fortführung dieser Arbeit untersuchte er den Einfluß historischer Faktoren auf die Zusammensetzung einer experimentellen Süßwasserbiozönose (Drake 1991). Durch Variation der Abfolge kolonisierender Arten erhielt er eine Reihe unterschiedlicher Lebensgemeinschaftsstrukturen. Bei der Entschlüsselung von Nahrungsgefügen können wir uns nicht auf die Analyse existierender Systeme beschränken; wir müssen auch die evolutionären und historischen Prozesse verstehen, durch die sie entstanden.

22.6 Nicht-demographische Stabilität

Unter Verwendung nicht-demographischer Kriterien erhöht Komplexität die Stabilität von Lebensgemeinschaften.

Wie wir bereits festgestellt haben (Abschnitt 22.4), kann man die Stabilität einer Lebensgemeinschaft auch von einem anderen als dem demographischen Gesichtspunkt aus betrachten. Erinnern Sie sich an die Untersuchung von McNaughton (1978; Tabelle 22.2), die zeigte, wie artenreiche, nicht aber artenarme Graslandbiozönosen auf eine Störung mit einer signifikanten Reduktion der Artendiversität reagieren. Das Ergebnis war jedoch vollkommen anders, wenn funktionelle (Primärproduktion) oder strukturelle („erntbare" Biomasse) Parameter betrachtet wurden: Nährstoffzugabe erhöhte deutlich die Primärproduktion des artenarmen Feldes (+ 53 %), aber kaum die des artenreichen (+ 16 %); ganz analog führte Abweidung zu einer signifikanten Reduktion der pflanzlichen Biomasse in der artenarmen Graslandbiozönose (– 69 %), nicht aber in der artenreichen (– 11 %). Offenbar erhöht eine komplexere Struktur die Stabilität dieser Lebensgemeinschaften, wenn nicht-demographische Kriterien verwendet werden. Zu einem ähnlichen Ergebnis kamen Tilman und Downing (1994), die den Effekt einer extremen Dürreperiode auf die pflanzliche Biomasse in Graslandbiozönosen untersuchten (Abbildung 22.12). Artenarme Untersuchungsgebiete wurden durch Trockenheit stärker geschädigt (waren weniger resistent) und brauchten länger, um ihre ursprüngliche Biomasse wieder zu erreichen (waren weniger elastisch) als artenreiche Gesellschaften.

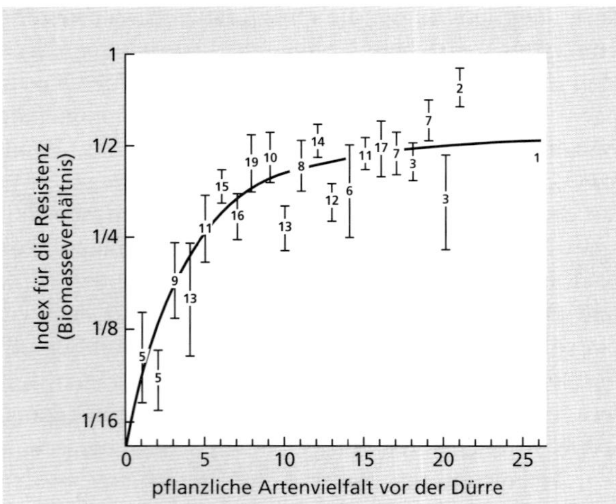

22.12 Die Beziehung zwischen einem Index für die Resistenz einer Lebensgemeinschaft und dem pflanzlichen Artenreichtum in verschiedenen Grasländern von Minnesota/USA. Die Resistenz wurde berechnet als das Verhältnis der Biomasse im Jahre 1988 auf dem Höhepunkt einer Dürreperiode im Vergleich zu der im Jahre 1986 (vor der Dürre). Die Mittelwerte, die Standardabweichungen und die Anzahl der Standorte mit einem bestimmten Artenreichtum sind angegeben. (Nach Tilman und Downing 1994)

Bei Störung des Energie- und Nährstoffhaushalts hängt die Elastizität von den Transferraten ab.

O'Neill (1976) untersuchte den Zusammenhang zwischen der Struktur des Nahrungsgefüges und der Reaktion (Elastizität) auf Störungen in der Energie- und Nährstoffversorgung mit Hilfe eines Drei-Kompartimente-Modells, bestehend aus pflanzlichem Gewebe (*P*), heterotrophen Organismen (*H*) und totem organischem Material (*D*) (Abbildung 22.13). Die Rate, in der sich die „erntbare" Biomasse der einzelnen Kompartimente verändert, hängt von den jeweiligen Energiezufuhren und -austrägen ab. Unter Verwendung realer Daten unterwarf O'Neill die Modellierungen von sechs unterschiedlichen Biozönosen einer Standardstörung, die aus der zehnprozentigen Reduktion der ursprünglichen pflanzlichen Biomasse bestand (Kompartiment *P* in Abbildung 22.13). Anschließend ermittelt er die Zeiten, die zur Wiederherstellung des Gleichgewichts benötigt wurden (die **Erholungsrate**) und trug sie als Funktion des Energieeintrags pro Einheit „erntbare" Biomasse auf (Abbildung 22.14).

Es ergab sich eine deutliche Beziehung zwischen der Elastizität und dem Energietransfer, die zumindest teilweise von der relativen Bedeutung der heterotrophen Organismen abhing. Das Teichsystem, in dem die Biomasse der Heterotrophen 5.4mal höher ist als die der Autotrophen (dies hängt mit der Kurzlebigkeit und der hohen Umsatzrate des Phytoplanktons zusammen) reagierte mit der größten Elastizität, für die Salzmarschbiozönose und die Waldsysteme ergaben sich intermediäre Werte, während die Tundra, bei der das

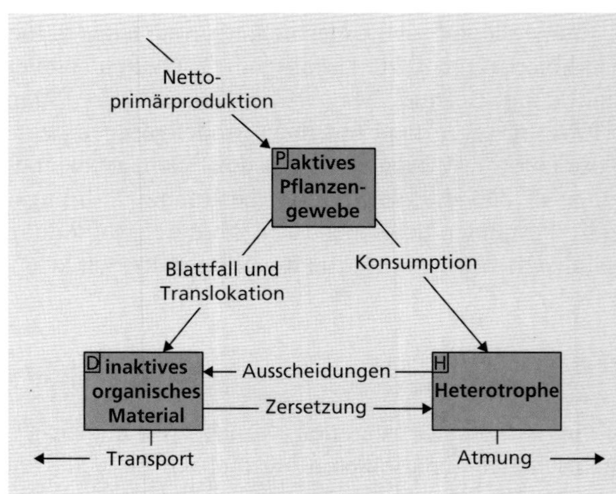

22.13 Ein einfaches Modell einer Lebensgemeinschaft. Die drei Kästen stellen verschiedene Kompartimente dar; die Pfeile geben den Energietransfer zwischen den einzelnen Sektoren wieder. (Nach O'Neill 1976)

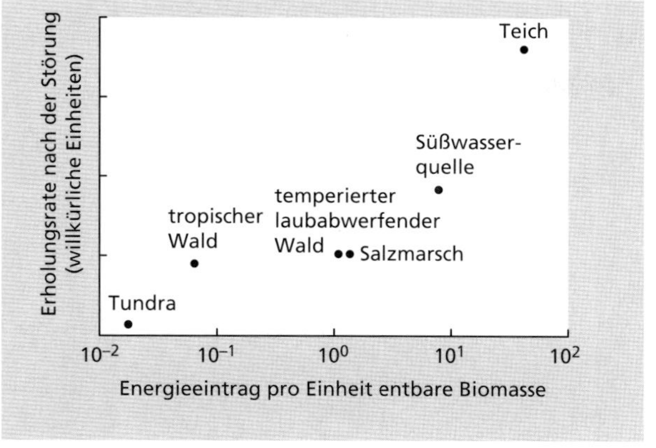

22.14 Die Erholungsrate (Index der Elastizität) nach einer Störung in Abhängigkeit des Energieeintrags pro Einheit „erntbare" Biomasse in sechs unterschiedlichen Lebensgemeinschaften. (Nach O'Neill 1976)

Verhältnis zwischen Heterotrophen und Autotrophen bei etwa 0.004 liegt, sich extrem langsam erholte. Damit hat der Energiefluß (und dasselbe gilt für den Nährstofffluß; DeAngelis 1980) einen großen Effekt auf die Erholungsrate einer Lebensgemeinschaft: Je höher der Fluß, desto elastischer reagiert sie.

Geschlossene, gut untersuchte Ökosysteme wie Seen sind ideale Objekte für die Untersuchung von Elastizität, Stabilität und Resistenz. So verglichen Carpenter et al. (1992a) die Lebensgemeinschaft im Tuesday Lake in Wisconsin/USA im Jahre 1984, als planktonfressende Elritzen an der Spitze der Nahrungspyramide standen, mit der im Jahre 1986, nachdem räuberische Forellenbarsche dazugekommen waren. Sie modellierten jeweils den Phosphorkreislauf und fanden heraus, daß das System mit der kurzen Nahrungskette elastischer war (das heißt schneller zum Phosphorgleichgewichtszustand zurückkehrte) als das mit der zusätzlichen Trophieebene. Interessanterweise entspricht dieses Ergebnis genau den Vorhersagen, die Pimm und Lawton (1980) aufgrund ihrer demographischen Modelle trafen (Abbildung 22.8).

22.7 Schlußbetrachtung

Wir wollen uns zum Abschluß noch einmal mit der Frage der Kontrolle durch *top-down-* oder *bottom-up-*Effekte beschäftigen. Die Ansicht der Kontrolle von oben beruht im wesentlichen auf Konzepten der Populationsdynamik, während die Sicht der Effekte von unten primär auf ökosystemaren Aspekten basiert. Zweifellos wird die Produktivität von Individuen, Populationen und Trophieebenen im allgemeinen weitgehend durch die verfügbaren Nahrungsressourcen bestimmt, und eine erhöhte Primärproduktion wird sich über die gesamte Nahrungskette auswirken. Ob eine gesteigerte Biomasseproduktion aber auch zu einer höheren Organismendichte (der Domäne der Populationsdynamik) führt, hängt unter anderem von der Rate ab, mit der sie von Prädatoren konsumiert wird. *Bottom-up*-Kontrolle ist gewöhnlich dann vorherrschend, wenn wir Nahrungsnetze in Hinblick auf die Produktivität jeder Trophieebene definieren. Konzentrieren wir uns jedoch auf die zu einem bestimmten Zeitpunkt vorhandene Organismenzahl oder Biomasse, so werden wir vor allem *top-down*-Effekte entdecken. Auf einen gemeinsamen Nenner in dieser Diskussion kommen wir nur, wenn wir demographische wie auch energetische Betrachtungen gleichermaßen gewichten.

23 Inseln, Areale und Kolonisierung

23.1 Einleitung: Arten-Areal-Beziehungen

Arten-Areal-Beziehungen geben den Zusammenhang zwischen Artenzahl und Arealgöße auf ozeanischen oder Habitatinseln wieder.

Wie man seit langem weiß, beheimaten Inseln weniger Arten als vergleichbar große Festlandgebiete, und die Artenzahl hängt von der Inselfläche ab. Solche **Arten-Areal-Beziehungen** können in verschiedener Weise graphisch wiedergegeben werden. Wird die Artenzahl gegen den Logarithmus der Fläche aufgetragen, ergibt sich häufig eine Gerade (Abbildung 23.1a; ausführlich diskutiert von Williamson 1981), während eine arithmetische Darstellungsweise immer zu einer gekrümmten Kurve führt (Abbildung 23.1b). Das heißt, die Artenzahl nimmt nicht proportional zur Inselgröße zu.

„Insel" bedeutet aber in diesem Zusammenhang nicht unbedingt eine von Wasser umgebene Landfläche. Seen sind Inseln in einem „Meer" von Land, Bergspitzen in einer Ebene, Lichtungen inmitten eines Waldes. Ebenso gibt es Inseln, die sich in geologischen Merkmalen, Bodentypus oder Vegetationsart von ihrer Umgebung unterscheiden. Für diese Form von Inseln ergeben sich die gleichen Kurven, wenn wir Artenzahl und Arealgröße gegeneinander auftragen (Abbildung 23.1c,d).

Auch Festlandregionen zeigen charakteristische Arten-Areal-Beziehungen.

Arten-Areal-Beziehungen sind aber in keiner Weise auf Inseln beschränkt. Sie ergeben sich auch für unterschiedlich große, rein zufällig ausgewählte Gebiete ein

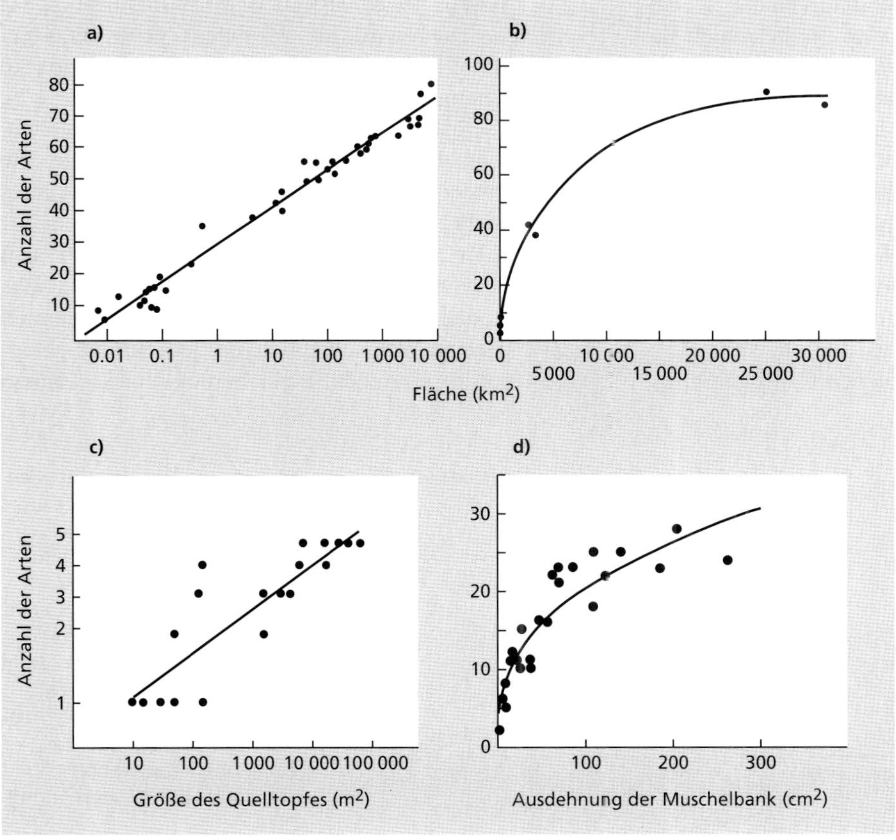

23.1 Arten-Areal-Beziehungen für Inselarten. a) Vögel auf den Salomonen (nach Diamond und May 1976); b) Amphibien und Reptilien auf den Westindischen Inseln (nach MacArthur und Wilson 1967); c) Fische in unterschiedlich großen Quelltöpfen australischer Wüstengebiete (nach Kodric-Brown und Brown 1993); d) Invertebraten in Muschelbänken (*Brachidontes rostratus*) der Gezeitenzone an der Südküste Victorias, Australien. (Nach Peake und Quinn 1993)

und derselben geographischen Region. Wir müssen uns daher fragen: Trägt die charakteristische Isolierung von Inseln zu ihrer Artenarmut bei? Falls „ja", lautet die nächste Frage: Können wir einen Zusammenhang zwischen dem Grad der Verarmung und der Isolierung oder irgendeinem anderen Inselmerkmal erkennen?

Aspekte der Inselbiogeographie gelten auch für die Struktur von Lebensgemeinschaften.

Diese Fragen sind wichtig, wenn wir die Struktur von Lebensgemeinschaften verstehen wollen. Es gibt unzählige ozeanische Inseln, aber auch Habitatinseln auf dem Festland; auch ein einzelnes Tier oder ein Blatt ist vom Standpunkt des Parasiten aus eine Insel (Kapitel 12), dergleichen kleine Habitatflecken in einem heterogenen Lebensraum (Kapitel 21). Das Mosaikzykluskonzept (siehe Abschnitt 21.4) und die Metapopulationstheorie (siehe Abschnitt 15.6) haben viel mit der Inseltheorie gemeinsam. Kurz, es gibt kaum natürliche Lebensgemeinschaften, die nicht zumindest einige Elemente von „Inselhaftigkeit" besitzen. Wir können daher die Struktur von Lebensgemeinschaften nur erfassen, wenn wir die **Inselbiogeographie** mit berücksichtigen.

Die drei in diesem Kapitel besprochenen Ansätze wurden oft als alternative Erklärungen für den Artenreichtum von Inselbiozönosen angesehen, sind aber in Wirklichkeit komplementär. Der erste Ansatz konzentriert sich auf die Eignung von Inseln als Habitate für verschiedene Spezies (Habitatdiversität – Abschnitte 23.2.1 und 23.2.2); der zweite behandelt das Gleichgewicht zwischen Einwanderung neuer und Aussterben ansässiger Inselarten (die Gleichgewichtstheorie – Abschnitte 23.2.3 und 23.2.4); der dritte schließlich ist ein mehr evolutionärer Ansatz und stellt die Besiedlung der Artentwicklung (Speziation) auf der Insel selbst gegenüber (Abschnitt 23.4).

Wir werden unter diesen Gesichtspunkten nicht nur verschiedene Inseltypen betrachten, sondern auch eine ganz bestimmte Organismengruppe, nämlich phytophage oder herbivore Insekten, die ungefähr 35 % aller Tierarten ausmachen und denen Ökologen große Aufmerksamkeit widmen (für eine vollständige Übersicht siehe Strong et al. 1984). Der direkte „Inselansatz" würde in solchen Insektengemeinschaften eine Pflanzenart oder sogar einzelne Individuen als Inseln in einem Meer andersartiger Pflanzen ansehen. Eine alternative Betrachtungsweise ist in Abbildung 23.2 gegeben. Die Kurven sehen den Arten-Areal-Beziehungen in Abbildung 23.1 sehr ähnlich, aber in diesem Fall bezieht sich das Areal auf den Verbreitungsgrad einer Pflanze (das heißt, in wie vielen Gitterquadraten einer Karte sie zu finden ist). Was in Abbildung 23.1 „Inseln unterschiedlicher Größe" bedeutet, stellt hier „Pflanzenarten mit unterschiedlichem Verteilungsgebiet" dar. Wie wir sehen werden, zeigen tierische Lebensgemeinschaften auf solchen Pflanzen und auf wirklichen Inseln auffallende Parallelen.

23.2 Ökologische Theorien über Inselgemeinschaften

23.2.1 Habitatdiversität

Größere Inseln bieten eine größere Habitatvielfalt und beherbergen mehr Arten.

Ein offensichtlicher Grund, warum großflächigere Gebiete mehr Arten beheimaten können, ist ihre höhere **Habitatdiversität**. In bezug auf die Inselbiogeographie wurde dieser Standpunkt vor allem von Lack (1969b, 1976; diskutiert in Williamson 1981) vertreten. Dies wird bis zu einem gewissen Grad auch richtig sein, obwohl es nur wenige kritische Untersuchungen darüber gibt (siehe Abschnitt 23.3.1).

Lack selbst beschäftigte sich nur mit Vogelarten. Dies ist insofern von Bedeutung, da er betonte, die Abwesenheit bestimmter Populationen auf einer Insel beruhe nicht auf mangelnder Besiedlung, sondern auf dem Fehlen geeigneter Habitate, sei letztlich also abhängig vom „Inseltyp". Problematisch an Lacks These ist, daß sie die für viele andere Organismenarten relativ geringe Wahrscheinlichkeit, jede für sie geeignete Insel zu erreichen, nicht berücksichtigt. Zudem

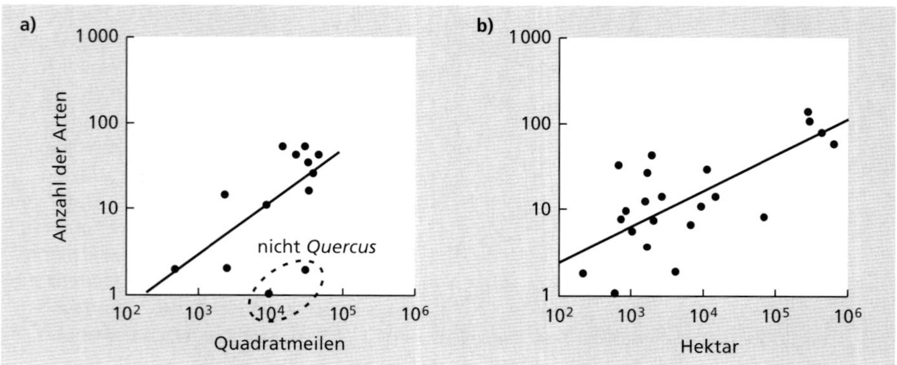

23.2 Arten-Areal-Beziehungen für phytophage Insekten – Areal steht hier für die jeweilige Verbreitungshäufigkeit der Wirtspflanzen. a) Gallwespen (*Cynipidae*) auf kalifornischen Eichen – bis auf die zwei gekennzeichneten handelt es sich jeweils um *Quercus*-Arten (nach Cornell und Washburn 1979); b) Schadinsekten auf Kakaopflanzen – jeder Punkt repräsentiert ein anderes Land. (Nach Strong 1974)

ist diese Theorie rein ökologisch und zieht keine evolutionären Aspekte in Betracht wie etwa, inwiefern die Inselgemeinschaft einen Evolutionsprozeß auf der Insel selbst reflektiert (vergleiche Abschnitt 23.4).

23.2.2 Habitatdiversität und phytophage Insekten

Das Argument der Habitatdiversität läßt sich auf zweierlei Weise auf Arten-Areal-Beziehungen herbivorer Insekten übertragen. Die erste bezieht sich direkt auf Daten, wie sie in Abbildung 23.2 dargestellt sind, und geht einfach davon aus, daß weitverbreitete Pflanzen mannigfaltige Lebensräume besiedeln; sie liefern daher auch für die auf ihnen lebenden Insekten ein breites Habitatspektrum.

Die zweite Möglichkeit basiert hauptsächlich auf der Größe, der Struktur und der „Architektur" verschiedener Pflanzenarten: Eine „komplexe" Pflanzenspezies stellt einen heterogenen Lebensraum dar und liefert die Existenzgrundlage für mehr Insektenarten als „einfach" gebaute.

23.2.3 Die Gleichgewichtstheorie von MacArthur und Wilson

Die Immigrations- und Aussterberate determinieren nach der Gleichgewichtstheorie von MacArthur und Wilson die Artenzahl auf Inseln.

Die **Gleichgewichtstheorie** von MacArthur und Wilson (1967) sagt im Grunde genommen aus, daß die Artenzahl auf einer Insel durch die Raten der Auslöschung und Einwanderung von Populationen bestimmt wird. Es handelt sich dabei um das Fließgleichgewicht eines permanenten Artenaustauschs.

Diese Beziehungen sind in Abbildung 23.3 graphisch dargestellt. Wir gehen von einer vollkommen unbesiedelten Insel aus. Zunächst wird die **Immigrationsrate** sehr hoch sein, da jeder Besiedler eine neue Art darstellt. Mit der Zeit wird die Rate der Neubesiedlungen sinken, da mit zunehmender Anzahl bereits ansässiger Arten die Wahrscheinlichkeit abnimmt, daß ein einwanderndes Individuum eine neue Spezies repräsentiert. Sie wird zu Null, wenn alle Arten aus dem „Artenpool" (des Festlandes oder einer nahe gelegenen anderen Insel) vorhanden sind. Damit ergibt sich eine Immigrationskurve, die allerdings nur im idealisierten Fall so gleichmäßig verläuft, wie in Abbildung 23.3a gezeigt. Tatsächlich hängt der exakte Kurvenverlauf von der zufallsbedingten Reihenfolge ab, in der Arten einwandern.

Die Besiedlungsraten hängen auch von der Abgelegenheit der Insel ab. Die Immigrationskurven erreichen den Nullpunkt immer beim gleichen Wert (der Gesamtzahl der potentiell möglichen Kolonisten), verlaufen aber steiler bei einer Insel, die näher am Festland (das heißt am Artenpool) liegt, da die Zuwanderungswahrscheinlichkeit größer ist. Obwohl ursprünglich von MacArthur und Wilson nicht so formuliert, sind die Immigrationsraten wahrscheinlich auch abhängig von der Ausdehnung der Insel: Je größer sie ist, desto wahrscheinlicher ist es, daß eine neue Art auf ihr „landen" kann (Abbildung 23.3a).

Die Aussterbewahrscheinlichkeit für eine Art ist auf einer unbesiedelten Insel natürlich Null. Mit zunehmender Anzahl ansässiger Populationen steigt sie dieser Theorie zufolge an, und zwar mehr als proportional; es kommt also wiederum zu gekrümmten Kurven (Abbildung 23.3b). Dies wird dadurch erklärt, daß sich mit der Artenzahl auch der Konkurrenzausschluß erhöht, die einzelnen Populationen kleiner werden und somit leichter aussterben. Aus den gleichen Grün-

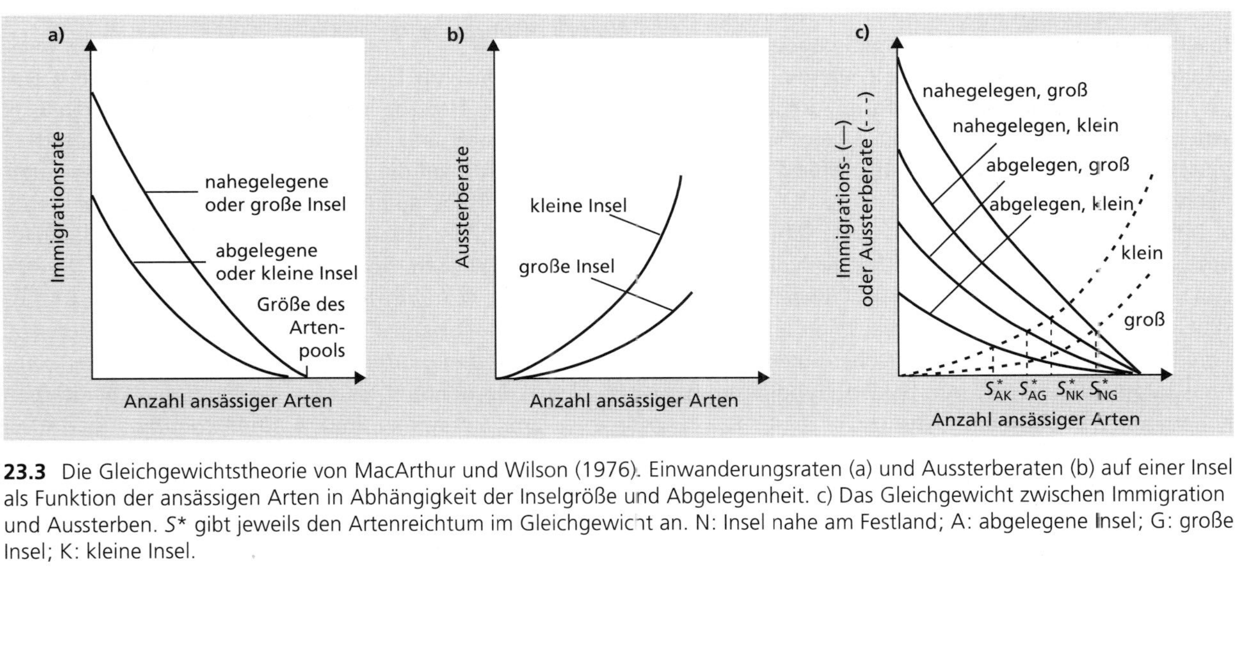

23.3 Die Gleichgewichtstheorie von MacArthur und Wilson (1976). Einwanderungsraten (a) und Aussterberaten (b) auf einer Insel als Funktion der ansässigen Arten in Abhängigkeit der Inselgröße und Abgelegenheit. c) Das Gleichgewicht zwischen Immigration und Aussterben. S^* gibt jeweils den Artenreichtum im Gleichgewicht an. N: Insel nahe am Festland; A: abgelegene Insel; G: große Insel; K: kleine Insel.

den sollten die **Aussterberaten** auf kleinen Inseln höher sein als auf großen.

Das dynamische Gleichgewicht mit Artenaustausch durch Immigration und Aussterben läßt sich auch durch andere Aspekte als die Gleichgewichtstheorie erklären.

Die Übereinanderlagerung beider Graphen ergibt den Nettoeffekt von Immigration und Aussterben (Abbildung 23.3c). Der Schnittpunkt der beiden Kurven, ist die für die Insel charakteristische Artenzahl S^*, bei der sich ein **dynamisches Gleichgewicht** einstellt (es wandern ebenso viele Arten ein, wie aussterben). Liegt die aktuelle Artenzahl unterhalb von S^*, so ist die Immigrationsrate größer als die Aussterberate, und der Artenreichtum nimmt zu; oberhalb von S^* nimmt dementsprechend die Artenzahl in Richtung Gleichgewichtspunkt ab. Diese Theorie macht also eine Reihe von Voraussagen:

1) Die Artenzahl auf einer Insel sollte mit der Zeit annähernd konstant werden.
2) In diesem Gleichgewichtszustand kommt es zu einem kontinuierlichen **Artenaustausch** (*turnover*; ansässige Arten sterben mit der gleichen Rate aus, wie neue hinzukommen).
3) Große Inseln sollten mehr Arten beheimaten als kleine.
4) Der Artenreichtum sollte mit der Abgelegenheit der Insel abnehmen.

Zu einigen dieser Annahmen könnte man auch ohne die Gleichgewichtstheorie gelangen. Eine konstante Artenzahl würde man ebenfalls erwarten, wenn der Artenreichtum nur durch den Inseltyp bestimmt würde, und die Größenabhängigkeit läßt sich auch ausschließlich durch Habitatdiversität erklären (vergleiche Abschnitt 23.2.1). Auch der Einfluß der Abgelegenheit kann vollkommen unabhängig von der Gleichgewichtstheorie betrachtet werden: Viele Arten sind in ihrer Ausbreitung limitiert, weshalb entfernte Inseln mit geringerer Wahrscheinlichkeit, von allen potentiellen Kolonisten besiedelt werden (also weniger „gesättigt" sind). Lediglich die Aussage, daß die Artenkonstanz das Ergebnis eines permanenten Austauschs darstellt, ist charakteristisch für die Gleichgewichtstheorie.

Im Gegensatz zum Konzept der Habitatdiversität betrachtet die Gleichgewichtstheorie vor allem die Anzahl der Arten und legt wenig Gewicht auf deren spezifische Bedürfnisse. Sie berücksichtigt jedoch die von Spezies zu Spezies unterschiedlichen Ausbreitungsfähigkeiten. Keine von beiden Hypothesen beinhaltet jedoch evolutionäre Ansätze.

23.2.4 Die Gleichgewichtstheorie und phytophage Insekten

Janzen (1968) war der erste, der die Gleichgewichtstheorie auf herbivore Insekten anwandte. Relativ weit verbreitete Pflanzen können als vergleichsweise „große" Inseln in einem Meer anderer Vegetation angesehen werden. Bereits 1961 hatte Southwood in diesem Zusammenhang vorgeschlagen, daß solche Pflanzen eine bessere „Zielfläche" für potentielle Kolonisten darstellen. Auch kann eine Pflanze als „abgelegen" vom Artenpool betrachtet werden, wenn sie sich morphologisch, biochemisch oder auf andere Weise deutlich von der umgebenden Vegetation unterscheidet. Die Gleichgewichtstheorie sagt also vorher, daß der Artenreichtum von Insekten auf Pflanzen mit weitem Verbreitungsgebiet groß sein wird, auf solchen, die geographisch, morphologisch oder biochemisch „isoliert" sind, dagegen relativ gering. Aber auch hier gilt die Überschneidung mit anderen Theorien. So sind weitverbreitete Pflanzenarten nicht nur „große Inseln", sondern besiedeln auch eine breite Vielfalt an Habitaten.

23.3 Empirische Hinweise für die Gültigkeit ökologischer Inseltheorien

23.3.1 Nur Habitatdiversität – oder ein zusätzlicher Arealeffekt?

Die grundlegende Frage der Inselbiogeographie ist, ob es einen „Inseleffekt" als solchen gibt, oder ob Inseln nur deswegen eine geringere Artenzahl beheimaten, weil sie eben klein sind und wenig Habitate zur Verfügung stellen.

In einigen Fällen scheint die Habitatdiversität, in anderen die Inselgröße der ausschlaggebende Faktor für den Artenreichtum zu sein.

Eine Reihe von Untersuchungsergebnissen stellt eindeutig die Heterogenität der verfügbaren Habitate in den Vordergrund. Bei dem in Abbildung 23.1c dargestellten Fall war die Artenzusammensetzung der untersuchten Fische deutlich von der Größe der Quelltöpfe (und damit der Habitateigenschaft Wassertiefe) abhängig: Die kleinen Gewässer beheimateten nur winzige Grundeln (*Chlamydogobius* spec.), die sehr flaches Wasser bevorzugen, während die große räuberische Barschart *Leiopotherapon unicolor*, die tiefes, freies Gewässer benötigt, nur in den größten Quelltöpfen vorkam, zusammen mit *Chlamydogobius* und drei intermediären Arten (Kodric-Brown und Brown 1993).

In einigen Arbeiten wurde versucht, die eindeutig durch Habitatdiversität hervorgerufenen Effekte von den übrigen, also auf die Inselfläche selbst zurückzu-

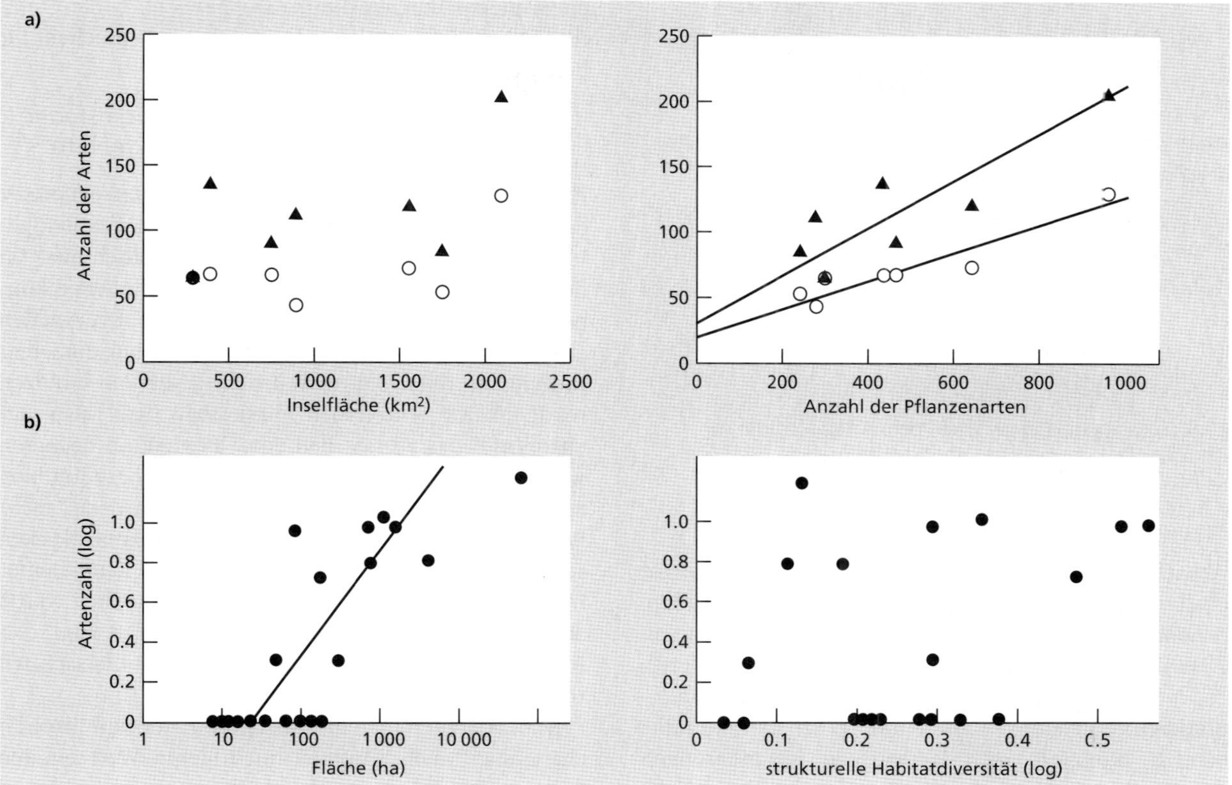

23.4 a) Die Beziehung zwischen dem Artenreichtum (S) herbivorer (○) und carnivorer (▲) Käfer auf den Kanarischen Inseln und der Inselfläche beziehungsweise der Anzahl vorhandener Pflanzenarten. (Nach Becker 1992) b) Die Beziehung zwischen dem Artenreichtum (S) von Vögeln auf Inseln vor der Westküste Australiens und der Inselgröße sowie der strukturellen Habitatdiversität. (Nach Abbott 1978)

führenden, zu trennen. In einer Untersuchung über Käfer auf den Kanarischen Inseln (Abbildung 23.4a) korrelierte die Artenzahl stärker mit dem pflanzlichen Artenreichtum (eine für Käfer wichtige Komponente der Habitatdiversität) als mit der Inselgröße; diese Tendenz war bei Herbivoren wesentlich deutlicher ausgeprägt – wahrscheinlich wegen ihrer besonderen Ansprüche an die Futterpflanzen. Dagegen beobachtete Abbott (1978) auf Inseln vor Westaustralien eine positive Beziehung zwischen dem Vogelartenreichtum und der Inselgröße (Abbildung 23.4b), jedoch keine Abhängigkeit von der Habitatvielfalt. In diesem Fall scheint also die Inselgröße die Hauptrolle zu spielen. Es gibt aber auch Studien an Vögeln, die zu gegenteiligen Ergebnissen führten (also der Habitatdiversität eine wichtigere Funktion zuordnen; Watson 1964, beschrieben in Williamson 1981).

Folgendes auf einigen kleinen Mangroveninseln in der Florida Bay durchgeführte Experiment (Simberloff 1976) sollte ebenfalls zwischen den Effekten der Habitatheterogenität und der Größe differenzieren. Diese Inseln bestehen ausschließlich aus Beständen der Mangrovenart *Rhizomorpha mangle* und sind die Heimat vieler Insekten, Spinnen, Skorpione und Asseln. Nach einer vorläufigen Bestandsaufnahme wurden einige der Inseln verkleinert (mit Hilfe einer Motorsäge und roher Gewalt!). Die Habitatdiversität veränderte sich dadurch nicht, aber dennoch nahm der Artenreichtum der Arthropoden über die folgenden zwei Jahre deutlich ab.

Auf Landbrückeninseln erfolgt nach der Isolation ein als Entspannung bezeichneter Rückgang der Artenzahl.

Hinweise auf die Gültigkeit der Gleichgewichtstheorie finden sich auch auf Inseln, die früher über eine **Landbrücke** mit dem Festland verbunden waren. Wird die Gleichgewichtsartenzahl (S^*) tatsächlich durch eine flächenabhängige Aussterberate beeinflußt, sollte die nach dem Versinken der Landbrücke neu geschaffene Insellage dazu führen, daß so lange Populationen aussterben, bis eine der Inselgröße entsprechende Artenzahl erreicht ist. Diesen Prozeß bezeichnet man üblicherweise als **Entspannung** (*relaxation*). Ein Beispiel zeigt Abbildung 23.5, in der die Beziehung zwischen der Anzahl inselansässiger Eidechsenarten und der Zeitspanne seit der Abtrennung vom Festland dargestellt ist. Nachdem flächen- und breitengradbedingte Unterschiede herauskorrigiert waren, ergab diese Analyse eine deutliche Abhängigkeit der

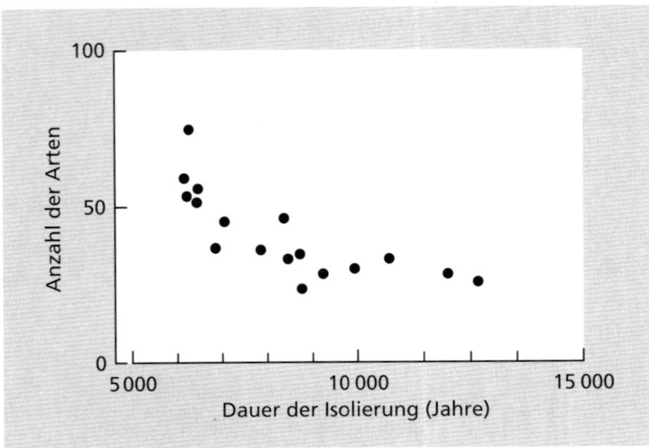

23.5 Zusammenhang zwischen dem Artenreichtum von Eidechsen auf ehemaligen Landbrückeninseln im Golf von Kalifornien und der Isolationsdauer. (Nach Wilcox 1978)

Artenzahl vom Zeitpunkt der Isolation: Inseln, die vor etwa 6 000 Jahren vom Festland getrennt wurden, beheimateten 50 bis 70 Arten, solche, die schon seit 10 000 Jahren oder länger isoliert sind, nur noch etwa 25. Natürlich sind diese Daten mit Vorsicht zu interpretieren. Nachdem es sich um so lange Zeiträume handelt, könnten auch klimatische Veränderungen eine Rolle gespielt haben; ebensowenig können wir anthropogene Einflüsse (Zerstörung von Habitaten oder Einführung von Konkurrenten und Räubern) ausschließen (Richman et al. 1988). Dennoch stützen solche Untersuchungen die „Gleichgewichts"-Interpretation der Inseldiversität (das heißt, sie sprechen für einen unabhängigen Inseleffekt).

Arten-Areal-Kurven für Inseln verlaufen in der Regel steiler als für Festlandgebiete.

Ein anderer Ansatz, den Inseleffekt zu untersuchen, ist der Vergleich mit zufällig ausgewählten Festlandgebieten, deren **Arten-Areal-Kurven** eigentlich nur von der Habitatdiversität abhängen sollten. Alle Arten können sich uneingeschränkt zwischen einzelnen Arealen „verbreiten", und der kontinuierliche Fluß einzelner Individuen über die willkürlich gesetzten Grenzen wird lokales Aussterben maskieren (was also auf einer Insel das Aussterben einer Population bedeuten würde, wird hier durch den Austausch von Individuen revidiert). Solche Festlandgebiete sollten daher mehr Spezies beheimaten, und ihre Arten-Areal-Kurven sollten flacher verlaufen als die ansonsten äquivalenter Inseln. Die Differenz zwischen beiden Graphen würde den Inseleffekt widerspiegeln. Tabelle 23.1 zeigt, daß Inselkurven trotz beträchtlicher Variationen tatsächlich steiler verlaufen.

Man beachte, daß eine geringere Artenzahl pro Flächeneinheit auch zu einem niedrigeren Wert für den Schnittpunkt der Arten-Areal-Kurve mit der *S*-Achse führen sollte. Dies verdeutlicht Abbildung 23.6, in der die Arealbeziehung von Ameisen- und Reptilienarten auf isolierten Inseln verglichen wird mit Kurven,

Tabelle 23.1: Die Steigungswerte (z) von Arten-Areal-Kurven ($\log S = \log C + z \log A$, wobei S den Artenreichtum, A die Fläche und C eine Konstante für die Artenzahl bei A = 1 darstellt) für a) zufällig ausgewählte Festlandgebiete, b) Meeresinseln und c) Habitatinseln. (Nach Preston 1962; May 1975b; Gorman 1979; Browne 1981)

taxonomische Gruppe	geographische Lage	*z*
a) *beliebige Festlandgebiete*		
Blütenpflanzen	England	0.10
Landpflanzen	Britannien	0.16
Vögel	Mittelmeerraum	0.13
Vögel	Neotropis	0.16
Vögel	Nearktis	0.12
Savannenvegetation	Brasilien	0.14
b) *Meeresinseln*		
Vögel	Neubritische Inseln	0.18
Vögel	Neuguinea	0.22
Vögel	Westindische Inseln	0.24
Vögel	Ostindische Inseln	0.28
Vögel	östlicher Zentralpazifik	0.30
Ameisen	Melanesien	0.30
Käfer	Westindische Inseln	0.34
Landpflanzen	Galapagos	0.31
Landpflanzen	kalifornische Inseln	0.37
c) *Habitatinseln*		
Zooplankton (limnisch)	Bundesstaat New York	0.17
Schnecken (limnisch)	Bundesstaat New York	0.23
Fische (limnisch)	Bundesstaat New York	0.24
Vögel (Paramo-Vegetation)	Anden	0.29
Säugetiere (Gebirge)	Great Basin, USA	0.43
terrestrische Invertebraten (Höhlen)	West Virginia	0.72

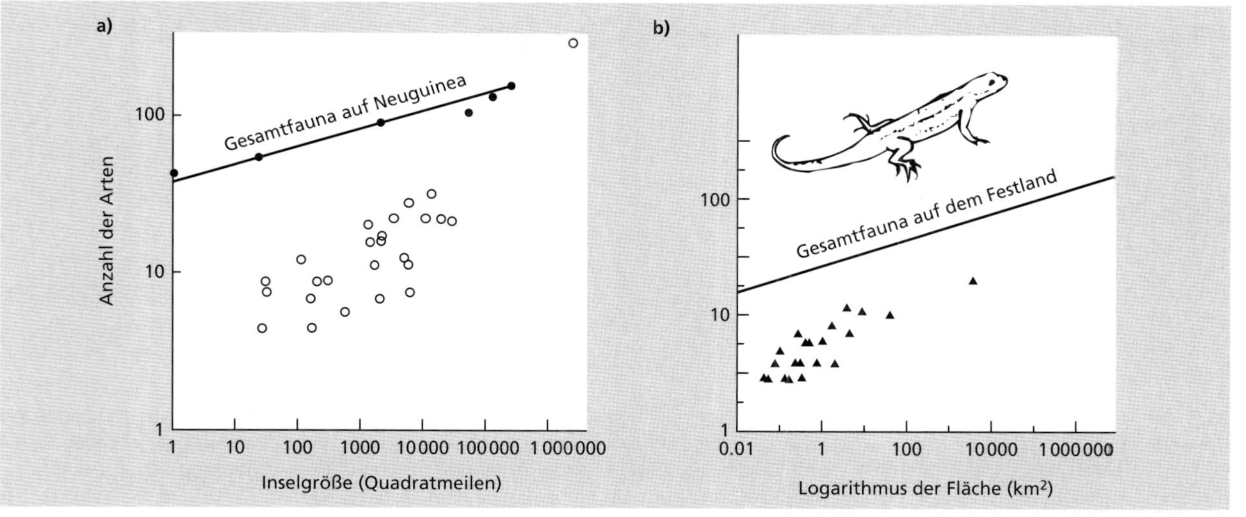

23.6 a) Die Arten-Areal-Kurve für Ameisen auf verschiedenen molukkischen und melanesischen Inseln im Vergleich zu der für Untersuchungsflächen verschiedener Ausdehnung auf der großen Insel Neuguinea. (Nach Wilson 1961) b) Die Arten-Areal-Kurve für Reptilien auf Inseln vor der Küste Südaustraliens im Vergleich zum Festland. Die Inseln entstanden während der letzten 10 000 Jahre durch Ansteigen des Meeresspiegels. (Nach Richman et al. 1988)

die sich für den Artenreichtum in unterschiedlich großen Arealen auf dem Festland (beziehungsweise Neuguinea) ergeben: Für die Inseln verlaufen diese Zuordnungen nicht nur steiler, sondern der Schnittpunkt mit der *S*-Achse ist auch deutlich nach unten verschoben.

Insgesamt läßt sich festhalten, daß kleinere Areale typischerweise eine geringere Habitatdiversität aufweisen und daher weniger Arten beheimaten. Aber in vielen Fällen ist darüber hinaus auch ein deutlicher Inseleffekt zu beobachten, der zusätzlich den Artenreichtum in isolierten Lebensgemeinschaften limitiert.

23.3.2 Abgelegenheit

Der Artenreichtum auf Inseln nimmt mit deren Isolierungsgrad ab, wobei die Abgelegenheit je nach Organismus variiert.

Abgelegenheit (*remoteness*) ist nicht nur das Ausmaß der räumlichen Isolierung, sondern kann – je nach betrachtetem Organismus – auch für ein und dieselbe Insel variieren: Eine Insel, die von Vögeln leicht besiedelt werden kann, ist möglicherweise für Landsäugetiere unerreichbar.

Wie sich die Abgelegenheit auswirkt, kann man entweder durch Auftragen des Artenreichtums gegen die Entfernung oder durch den Vergleich von Arten-Areal-Kurven unterschiedlich stark isolierter Lebensgemeinschaften demonstrieren. Doch kann sich in beiden Fällen die Schwierigkeit ergeben, zwischen den Effekten der Abgelegenheit und all den anderen Merkmalen, in denen sich zwei Inseln unterscheiden mögen, zu differenzieren. Trotzdem ist in Abbildung 23.7 eine direkte Korrelation zwischen dem Artenreichtum von Vögeln und der Abgelegenheit von Inseln im Südwestpazifik erkennbar. Mit zunehmender Entfernung vom Artenpool (den hier die große Insel Neuguinea darstellt) nimmt die Anzahl der Vogelspezies ab (hier ausgedrückt als Prozentsatz der auf einer vergleichbar großen, aber sehr nahe bei Neuguinea gelegenen Insel vorkommenden Arten). Der Artenreichtum verringert sich exponentiell mit der Entfernung; er halbiert sich ungefähr alle 2600 km. In Abbildung 23.8a ist zusätzlich die Inselgröße mitberücksichtigt; auch hier zeigt sich, daß eine weit ent-

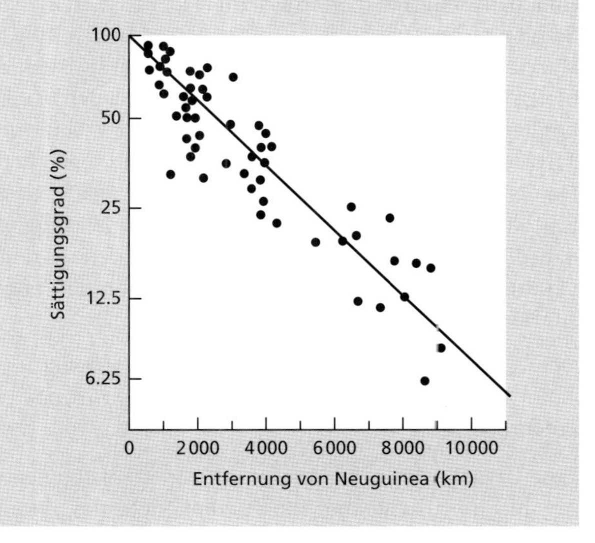

23.7 Zusammenhang zwischen dem Artenreichtum von Landvögeln auf Inseln, die mehr als 500 km vom Artenpool auf Neuguinea entfernt liegen (ausgedrückt als Prozentsatz der Artenzahl auf einer nahegelegenen Insel gleicher Größe) und ihrer Abgelegenheit. (Nach Diamond 1972)

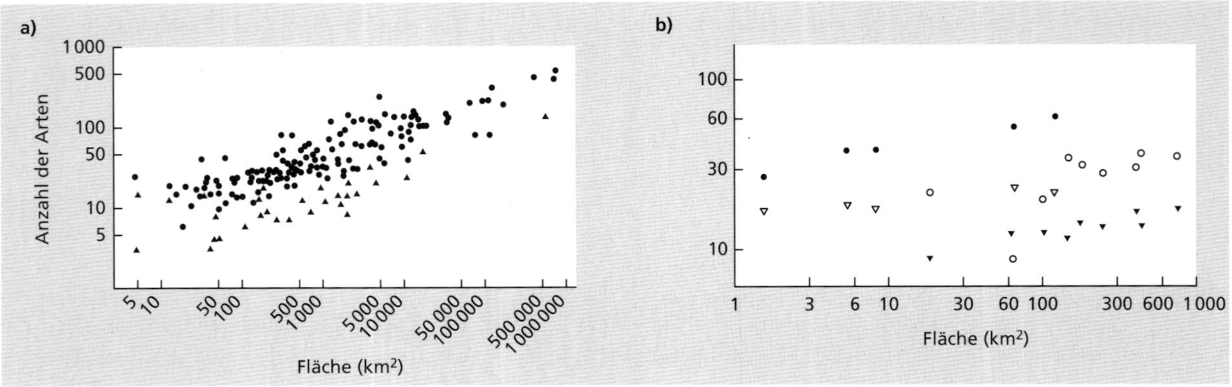

23.8 Die Artenverarmung von Inseln steigt mit der Abgelegenheit. a) Eine Arten-Areal-Beziehung für Landvögel auf verschiedenen tropischen und subtropischen Inseln. ▲: Inseln, die mehr als 300 km von einer großen Landfläche entfernt sind; ●: weniger als 300 km vom Artenpool entfernte Inseln. (Nach Williamson 1981) b) Arten-Areal-Beziehung auf den Azoren und den Kanalinseln für Land- und Süßwasservögel (▼: Azoren; ●: Kanalinseln) und für einheimische Farnarten (○: Azoren; ▽: Kanalinseln). (Nach Williamson 1981)

fernte Insel weniger Arten beheimatet als eine vergleichbar große, aber einer Landmasse nahe gelegene. Abbildung 23.8b zeigt ebenfalls Arten-Areal-Beziehungen in Abhängigkeit der Entfernung, zum einen auf den relativ abgelegenen Azoren (im Atlantik, weit im Westen von Portugal), zum anderen auf den nahe der Nordküste Frankreichs liegenden Kanalinseln. Hier werden jedoch zwei unterschiedliche Organismengruppen gegenübergestellt: Vögel und Farne. Es wird deutlich, daß die Azoren für Vögel tatsächlich abgelegener sind als die Kanalinseln, nicht aber für Farnpflanzen. Wegen ihrer leichten, vom Wind verbreiteten Sporen können sie sich auf beiden Inselgruppen gleich gut ansiedeln. In diesem Zusammenhang sollten wir noch einmal Tabelle 23.1 betrachten. Auffälligerweise ergeben sich die beiden steilsten Kurven (mit den höchsten z-Werten) für 1) gebirgsansässige Säugetiere im Great Basin von Nordamerika (diese Habitatinsel ist umgeben von ausgedehnten Wüstengebieten) und 2) terrestrische Wirbellose in den Kalkhöhlen West Virginias. In beiden Fällen sind die Migrationsraten äußerst gering, und die einzelnen Habitatinseln sind, unabhängig von ihrer tatsächlichen Entfernung, extrem isoliert. All diese Beispiele zeigen, daß die durch den Inseleffekt hervorgerufene Artenverarmung mit dem Grad der Isolierung noch zunimmt.

Die Artenarmut mancher Inseln läßt sich auch durch einen zu kurzen Besiedlungszeitraum erklären.

Eine Ursache der Artenverarmung vor allem abgelegener Inseln besteht auch darin, daß viele der Arten, denen eine Insel potentielle Existenzgrundlage sein könnte, einfach nicht genügend Zeit zur Besiedlung hatten. Als Beispiel soll hier die 40 km südwestlich von Island gelegene Insel Surtsey dienen, die in Folge eines Vulkanausbruchs erst 1963 entstand (Fridriksson 1975). Innerhalb von sechs Monaten fanden sich auf ihr Bakterien und Pilze, einige Seevögel, eine Fliegenart und Samen mehrerer Küstenpflanzen. Von den ersten Gefäßpflanzen wurde 1965 berichtet, und die ersten Moose tauchten 1967 auf. Bis zum Jahre 1973 hatten sich 13 verschiedene Gefäßpflanzen und mehr als 66 Moosarten etabliert, und die Besiedlung dauert weiterhin an.

Dieses Beispiel zeigt uns, daß wir den Artenreichtum auf Inseln weder auf Basis einfacher Habitateignung, noch als charakteristisches Gleichgewicht verstehen können. Es verdeutlicht, daß viele Inselgemeinschaften ihren „Sättigungsgrad" noch nicht vollständig erreicht haben.

23.3.3 Diversität, Areal und Abgelegenheit in bezug auf phytophage Insekten

Zwischen der Habitatdiversität von Inseln und ubiquitären Pflanzenarten gibt es Parallelen, die sich in der Anzahl der phytophagen Insektenspezies widerspiegeln.

Wir wollen im folgenden nochmals Arten-Areal-Kurven, Habitatdiversität und Abgelegenheit betrachten, jedoch im Zusammenhang mit phytophagen Insektengemeinschaften. Wie schon diskutiert, ist die Habitatvielfalt ubiquitärer Pflanzenarten eine der wichtigsten Ursachen für deren Insektenreichtum. Tatsächlich gibt es eine wichtige Parallele zwischen der Habitatdiversität von Pflanzenarten und der von Inseln. Viele Insektengruppen, die sich von weitverbreiteten Pflanzen ernähren, sind nur auf einen kleinen Teil des Verbreitungsgebiets ihrer Wirtspflanzen beschränkt. Wie viele Untersuchungen zeigten, ist auf häufigen Pflanzenspezies die Insektenvielfalt zwar insgesamt größer, nicht unbedingt jedoch an einem bestimmten Standort (Claridge und Wilson 1976; 1978; Futuyma und

Gould 1979; Karban und Ricklefs 1983). Dies spricht gegen einen unabhängigen Arealeffekt, bedeutet aber gleichzeitig, daß eine bestimmte phytophage Insektengemeinschaft nicht zwangläufig artenreicher ist, nur weil ihre Wirtspflanzen ubiquitär sind.

Die bereits in Abschnitt 20.2.1 kurz erwähnte Assoziation zwischen herbivoren Insekten und dem Adlerfarn (*Pteridium aquilinum*), liefert bessere Hinweise für einen Arealeffekt. Es wurden offene und bewaldete Standorte in Nordengland und New Mexico/USA untersucht, sowie eine Waldregion in Papua-Neuguinea und ein offenes Gelände auf Hawaii. In all diesen Gebieten kommt der Adlerfarn von Natur aus vor. In England ernährten sich insgesamt 27 Insektenarten vom Adlerfarn (weitere acht suchten ihn möglicherweise oder gelegentlich auf); in Papua-Neuguinea waren es 30 Spezies, in New Mexico fünf und in Hawaii nur eine oder zwei. Die Wissenschaftler versuchten, die von jeder Art besetzten Nischen sowohl in bezug auf die Ernährungsweise (kauend, saugend, minierend und gallenbildend) als auch hinsichtlich der betroffenen Pflanzenteile (Stengel, Blätter, Stiele, Leitbündel) zu charakterisieren. Die in Abbildung 20.1 dargestellen Ergebnisse sprechen für viele offensichtlich ungenutzte Nischen in New Mexico. (Für Hawaii wurden keine analogen Daten angegeben, aber hier muß die Zahl der ungenutzten Nischen noch höher sein). Abbildung 23.9 zeigt die Arten-Areal-Beziehung für an Adlerfarn fressende Insekten für die erwähnten vier Gebiete und zusätzlich für Neuseeland. Der Begriff Areal bezieht sich hier jeweils auf die mit dem Farn bewachsene Fläche. Obwohl die abgebildete Kurve auf nur fünf Meßpunkten beruht, ist sie statistisch hochsignifikant. In New Mexico und Hawaii scheint es deswegen weniger phytophage Insektenarten auf Adlerfarn zu geben, weil die Pflanze selbst dort nicht sehr häufig ist. Da hier einzelne Standorte verglichen wurden, ist offensichtlich das seltene Vorkommen ausschlaggebend, und nicht nur die Habitatdiversität. Diese Untersuchung zeigt auch, daß zumindest in den Lebensgemeinschaften New Mexicos und Hawaiis der Artenreichtum nicht durch Konkurrenzausschluß limitiert ist, sondern durch Erschöpfung des Artenpools (der sehr klein ist, da die Pflanze nicht weit verbreitet ist). Dies ist also ein weiteres Beispiel für die limitierende Auswirkung der Insellage auf den Sättigungsgrad der dort ansässigen Lebensgemeinschaften.

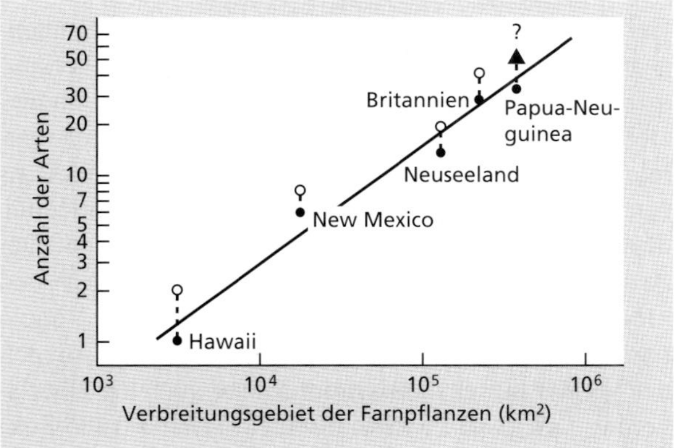

23.9 Arten-Areal-Beziehung für herbivore Insekten auf Farnpflanzen. In Gegenden, in denen der Adlerfarn (*Pteridium aquilinum*) häufig vorkommt, ist der Insektenreichtum höher. Die Regressionskurve bezieht sich auf die ausgefüllten Symbole; offene Kreise schließen auch solche Farnarten ein, die sehr selten vorkommen oder deren Wirtsstatus unsicher ist. (Nach Lawton 1984; für Neuseeland Winterbourn 1987)

Die architektonische Diversität von Nahrungspflanzen beeinflußt den Artenreichtum phytophager Insekten.

Der Einfluß der strukturellen Heterogenität der Nahrungspflanze auf die Zusammensetzung phytophager Insektengemeinschaften ist in Abbildung 23.10 dargestellt. In Teil a der Abbildung wird deutlich, daß beim Vergleich von Pflanzen mit ähnlichem geographischen Verbreitungsgebiet an Bäumen mehr Insektenarten zu finden sind als an Sträuchern, und hier wiederum mehr als an Kräutern. In der gleichen Reihenfolge nimmt nicht nur die Größe der Pflanzen ab, sonderen auch ihre morphologische Komplexität und damit die Vielfalt der angebotenen Mikroklimate, die Anzahl der Module (zum Beispiel Blätter) pro Individuum und das Spektrum der für die Insekten verfügbaren Ressourcen. In Abbildung 23.10b ist die Anzahl der phytophagen Insektenarten, die verschiedene Spezies der amerikanischen Feigenkakteen (*Opuntia*) befallen, gegen den „architektonischen Rang" der Wirtspflanzen aufgetragen. Kakteen mit höherem Rang (die größer sind, mehr Module und vielfältigere Strukturen aufweisen) ernähren eindeutig mehr Insektenarten.

Zweifellos spielt die Architektur der Wirtspflanze eine wichtige Rolle für den Artenreichtum der sich von ihr ernährenden Insektengesellschaft. Aber wie bei den „richtigen" Inselgemeinschaften ist es schwer zu unterscheiden, wieviel davon lediglich auf die Größe (einschließlich der Anzahl der Module) zurückzuführen ist und wieviel auf die Heterogenität des Lebensraums und der angebotenen Ressourcen. Im Falle der Kakteen waren die Unterschiede im Artenreichtum zu ungefähr 35 % ausschließlich durch die Größe bedingt (Moran 1980). Allerdings unterscheiden sich die einzelnen Kakteenarten in ihrer Größe viel weniger als die Pflanzengruppen in Abbildung 23.10a, und in diesen Fällen ist die relative Bedeutung von Größe und Heterogenität noch vollkommen unklar.

Einige Untersuchungen sprechen auch für einen Einfluß der taxonomischen oder biochemischen „Abgelegenheit". Die beiden Eichenspezies in Abbil-

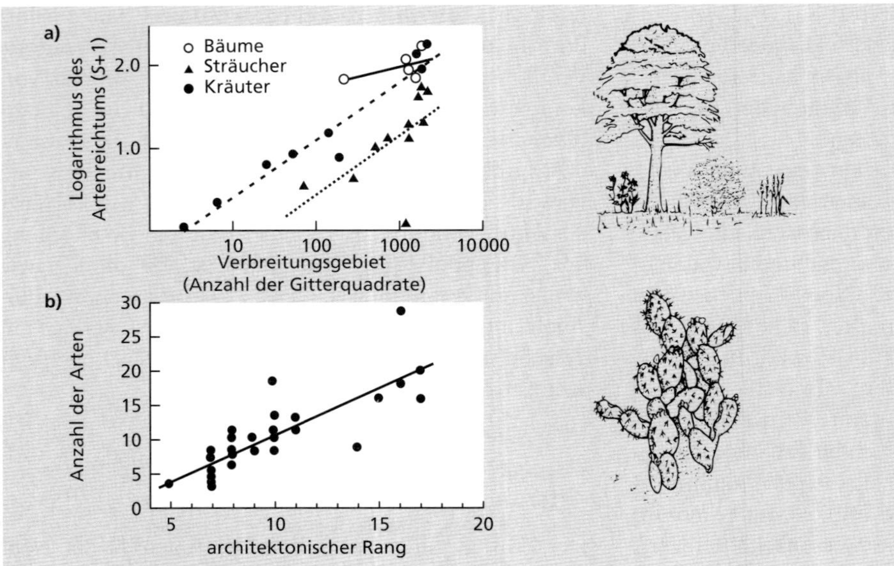

23.10 Der Artenreichtum phytophager Insekten nimmt mit der architektonischen Komplexität der Nahrungspflanzen zu. a) Arten-Areal-Beziehungen für Gattungen englischer Bäume, Sträucher und Kräuter aus der Familie der *Rosaceae*. Der Verbreitungsgrad der Pflanzen ist als Anzahl der 10-km-Gitterquadrate, in denen die einzelnen Arten vorkommen, angegeben. (Nach Leather 1986) b) Die Anzahl herbivorer Insektenarten auf Feigenkakteen (*Opuntia*) in Nord- und Südamerika in Relation zu ihrem „architektonischen Rang". Die strukturelle Einstufung erfolgte anhand der folgenden fünf Variablen (jeweils bewertet auf einer Skala von 1–4): Höhe der adulten Pflanze, durchschnittliche Anzahl der Glieder, Gliedergröße, Grad der Verholzung und Komplexität der Glieder von glatt zu stark knotig. (Nach Moran 1980)

dung 23.2a, die nicht der Gattung *Quercus* angehören, beheimateten zum Beispiel deutlich weniger Gallwespen (*Cynipidae*) als die zahlreicheren *Quercus*-Arten, und Lawton und Schröder (1977) fanden eine unerwartet geringe Insektenvielfalt auf monokotylen Pflanzen einer artenarmen Gattung.

Zusammenfassend läßt sich also sagen, daß mehr phytophage Insektenarten auf Pflanzenspezies gefunden werden, die groß und/oder architektonisch komplex sind, die weitverbreitet vorkommen, und vielleicht auch auf solchen, die in der Umgebung verwandter Arten leben.

23.3.4 Artenaustausch

Bei der Betrachtung von Inselgemeinschaften haben wir uns bisher nur auf die Anzahl der ansässigen Arten konzentriert und die Frage, welche Arten auf verschiedenen Inseln leben, welche einwandern und welche aussterben, vollkommen vernachlässigt. Damit werden wir uns im folgenden beschäftigen.

Nach der Gleichgewichtstheorie sorgt der Artenaustausch auf Inseln für eine charakteristische Artenzahl bei unterschiedlicher Zusammensetzung.

Die Gleichgewichtstheorie von MacArthur und Wilson postuliert nicht nur einen für eine Insel typischen Artenreichtum, sondern auch einen kontinuierlichen **Artenaustausch** (*turnover*) zwischen immigrierenden und aussterbenden Arten. Dies impliziert, daß die Artenzusammensetzung zu einem bestimmten Zeitpunkt stark vom Zufall abhängt. Es gibt nur wenige Studien über diesen Austausch, da die Lebensgemeinschaften über einen langen Zeitraum verfolgt werden müssen (was in der Regel schwierig und kostenaufwendig ist). Gute Untersuchungen sind noch seltener, da man bei jeder Gelegenheit jede Spezies zählen muß, um „Pseudo-Immigrationen" und „Pseudo-Extinktionen" auszuschließen.

Eine einigermaßen vertrauenswürdige Studie beschäftigt sich mit der Entwicklung von Lebensgemeinschaften auf der indonesischen Insel Rakata, die durch einen massiven Ausbruch des Vulkans Krakatau 1883 entstand. Durch unzählige Erhebungen sind Ansammlung, Immigration und Aussterben von Arten dokumentiert (letzteres als das Fehlen vorher beobachteter Arten). In Abbildung 23.11 sind die Daten für Gefäßpflanzen, Vögel und Schmetterlinge zusammengestellt. Keine der Kurven zeigt den idealen Verlauf, man erkennt jedoch, daß die Immigrationsrate tendenziell abnimmt und die Aussterberate bei hohem Artenreichtum ansteigt. Die Einwanderung von Gefäßpflanzen nahm zunächst wie erwartet ab, stieg dann jedoch deutlich an, um anschließend wieder zu sinken. Der Anstieg korrelierte mit der Bildung von Wäldern und ging mit einer zunehmenden Ansiedlung von Vögeln und Schmetterlingen einher. Möglicherweise spiegelt der Verlauf dieser Immigrationskurve auch die Überlagerung von zwei Prozessen wider: 1) eine frühe Sukzessionsphase der Besiedlung, die den Pool potentieller Pionierarten rasch erschöpfte; und 2) die Einwanderung später Sukzessionsarten, deren Pool sich nur langsam leerte (Thornton et al. 1993). Offensichtlich muß man sowohl die Inselbiogeographie als auch die Sukzessionstheorie heranziehen, um diese Prozesse vollständig zu verstehen.

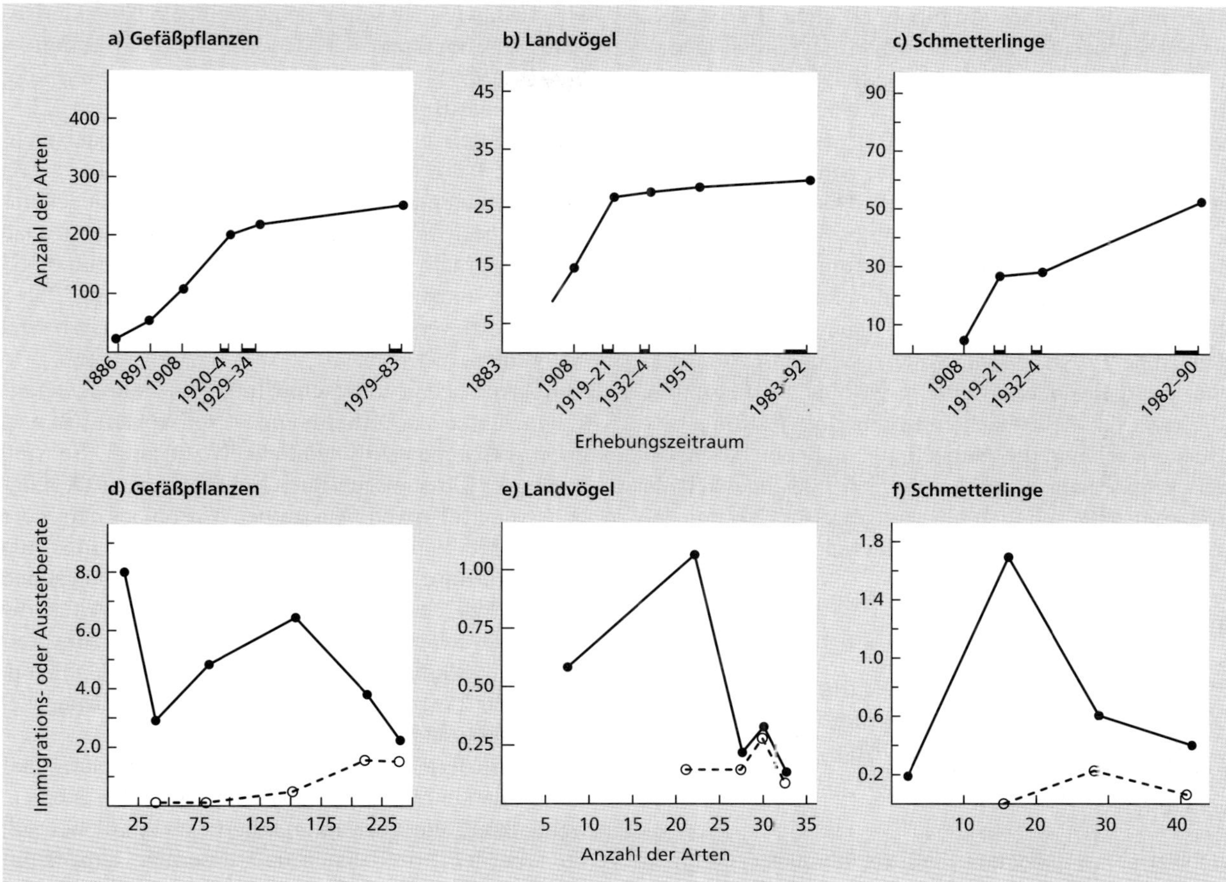

23.11 Die Ansammlung von Arten (Kurven a–c) sowie die Immigrations- (durchgezogene Linie) und Aussterberaten (gestrichelte Linie), angegeben als Artenzahl pro Jahr für den jeweiligen Erhebungszeitraum (Kurven d–f) für verschiedene Organismengruppen auf der indonesischen Insel Rakata. (Nach Thornton et al. 1993; für Pflanzen von Whittaker et al. 1989; für Schmetterlinge von Bush und Whittaker 1991)

In einer anderen aufschlußreichen Untersuchung wurden im Zeitraum zwischen 1949 und 1975 Daten über Brutvögel eines kleinen Eichenwaldes in Südengland erhoben. Die Anzahl der jährlich brütenden Arten lag im Durchschnitt bei 32. Die „Kurven" für Immigration und Aussterben sind in Abbildung 23.12 gezeigt. Ihr auffälligstes Kennzeichen ist die breite Streuung der Punkte (man vergleiche den theoretischen Verlauf in Abbildung 23.3). Im Gegensatz zum Anstieg der Aussterbekurve ist die negative Korrelation in der Immigration statistisch hochsignifikant, und tatsächlich scheinen sich beide Linien bei etwa 32 Arten zu überkreuzen, mit drei Einwanderungen und drei Auslöschungen pro Jahr. Trotz des annähernd konstanten Artenreichtums gibt es also einen beträchtlichen Artenaustausch und demzufolge starke Schwankungen in der jährlichen Artenzusammensetzung.

Im Gegensatz zu diesem Beispiel zeigte eine Langzeitstudie (Erhebungen in den Jahren 1954, 1976 und von 1984 bis 1990) über die Vogelgemeinschaft auf der tropischen Insel Guana (bestehend aus 15 Arten) keinen Artenaustausch – keine neue Spezies wanderte zu, und nur eine starb aus (ihr Habitat wurde zerstört; Mayer und Chipley 1992). Die geringe Aussterberate läßt sich – geht man von einer kontinuierlichen Verbreitung von Insel zu Insel aus – durch die Lage dieser

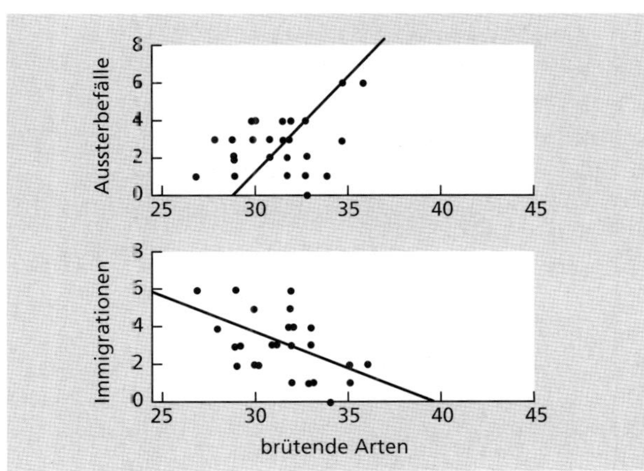

23.12 Einwanderung und Auslöschung von Brutvögeln im Eastern Wood/Südengland. Die Gerade im Aussterbediagramm weist eine Steigung von 45° auf. Die Linie bei der Immigration ist die berechnete Regressionskurve mit einer Steigung von –0.38. (Nach Beven 1979; Aus Williamson 1981)

Insel innerhalb eines Archipels erklären. Es ist aber auch denkbar, daß tropische Vögel tatsächlich niedrigere Austauschraten haben – sie sind häufig seßhafter und weisen eine geringere Mortalität unter den Adulten auf (Mayer und Chipley 1992).

Simberloff und Wilson (1969) führten experimentelle Untersuchungen durch, indem sie die Invertebratenfauna auf einer Reihe von kleinen Mangroveninseln der Florida Keys vernichteten, um anschließend deren Wiederbesiedlung zu studieren. Innerhalb von ungefähr 200 Tagen stabilisierte sich der Artenreichtum etwa auf dem früheren Niveau, die Artenzusammensetzung war aber deutlich anders. Seitdem ist eine Austauschrate von etwa 1.5 zu beobachten (Simberloff 1976).

Somit scheint die Vorstellung, daß ein Artenaustausch zu einem charakteristischen Gleichgewicht in der Artenzahl – aber zu einer ungewissen Zusammensetzung – führt, zumindest annähernd richtig zu sein.

23.3.5 Disharmonie

Unterschiedliche Verbreitungsfähigkeiten sowie Aussterbe- und Ansiedlungswahrscheinlichkeiten führen zur Disharmonie bei der Verteilung von Organismen auf Inseln und auf dem Festland.

„Disharmonie" bedeutet, daß taxonomische Gruppen auf Inseln anders verteilt sind als auf dem Festland. Sie stellt, wie man schon lange weiß, ein charakteristisches Inselmerkmal dar (Hooker 1866; diskutiert in Turrill 1964). Wie wir bei der Besprechung der Arten-Areal-Beziehung (vergleiche Abbildung 23.8) bereits gesehen haben, können manche Organismengruppen (zum Beispiel Farne und zum Teil auch Vögel) eine entlegene Insel mit größerer Wahrscheinlichkeit besiedeln als andere (etwa Säugetiere). Daß sogar innerhalb einzelner Gruppen die Ausbreitungsfähigkeit unterschiedlich ist, zeigt Abbildung 23.13 am Beispiel verschiedener Land- und Süßwasservögel Neuguineas.

Aber nicht nur unterschiedliche Verbreitungsfähigkeiten führen zu Disharmonie. Arten können auch in ihrer Aussterbewahrscheinlichkeit variieren. So sind herbivore Käfer wegen ihrer Nahrungsspezifität möglicherweise eher vom Aussterben bedroht als carnivore – auf jeden Fall ist der relative Anteil an carnivoren Käfern auf Inseln höher als auf benachbartem Festland (Becker 1992; siehe auch Abbildung 23.4a). Arten, die von Natur aus in nur geringer Dichte leben, zum Beispiel viele Räuber, bilden auf Inseln – wenn überhaupt – nur sehr kleine Populationen und werden daher viel eher ausgelöscht.

Spezialisierte Räuber fehlen ebenfalls häufig auf Inseln, da sie ein Gebiet erst dann besiedeln können, wenn ihre Beute bereits etabliert ist. Ähnliches gilt für Parasiten, Mutualisten und so weiter. Umgekehrt kann auch das Vorhandensein des Räubers die Popula-

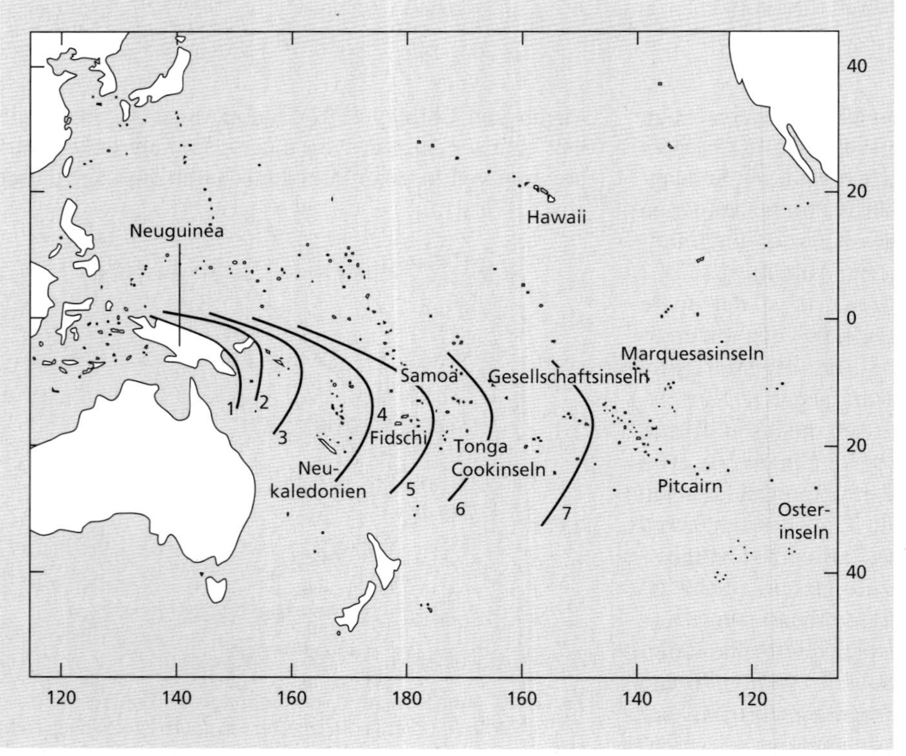

23.13 Östliche Verbreitungsgrenzen für Familien und Unterfamilien brütender Land- und Süßwasservögel aus Neuguinea. Die Abnahme erfolgt relativ gleichmäßig und ist sowohl auf die unterschiedliche Verbreitungsfähigkeit als auch auf eine allgemeine Reduktion der Inselgröße zurückzuführen. 1) Nur Neuguinea: Pelikane, Störche, Lerchen, Pieper, Paradiesvögel und neun andere. 2) Bis einschließlich Neubritannien und die Bismarckinseln: Kasuare, Wachteln und Fasane. 3) Bis zu den Salomonen: Eulen, Racken, Nashornvögel, Drongos und sechs andere. 4) Vanuatu und Neukaledonien: Lappentaucher, Kormorane, Fischadler, Krähen und drei andere. 5) Fidschi und Niufo'ou: Habichte, Falken, Truthühner und Schwalbenstare. 6) Tonga und Samoa: Enten, Drosseln, Prachtfinken und vier andere. 7) Cookinseln und Gesellschaftsinseln: Schleiereulen, Schwalben und Stare. Bis zur Marquesas- und Pitcairngruppe finden sich Reiher, Rallen, Tauben, Papageien, Kuckucke, Segler, Eisvögel, Grasmücken und Fliegenschnäpper. (Nach Firth und Davidson 1945; aus Williamson 1981)

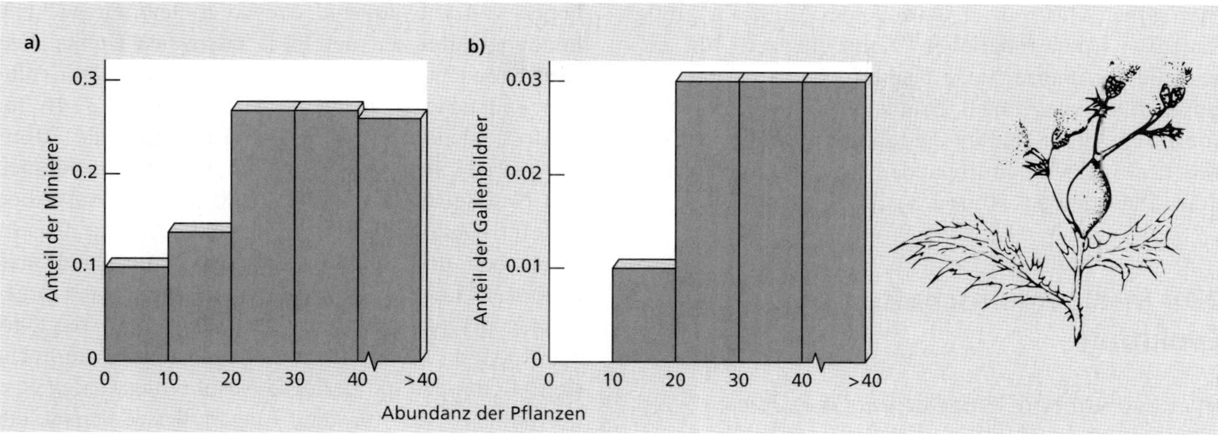

23.14 Mit zunehmender Abundanz europäischer Disteln (*Cynareae*) steigt auch der Anteil an a) Blatt- und Sproßminierern sowie b) gallenbildenden Insekten. (Nach Lawton und Schröder 1977)

tionsbildung einer Beuteart verhindern. Dies zeigte Schoener (1986) durch ein Experiment, in dem sich bestimmte Spinnen (*Metepeira datone*) auf einer kleinen Insel der Bahamas, auf der bereits räuberische Eidechsen existierten, signifikant schlechter etablieren konnten. Das heißt, die Besiedlungsfähigkeit vieler Arten wird durch die Anwesenheit anderer Spezies beeinflußt, und da manche Arten „abhängiger" sind als andere, kommt es zur Disharmonie.

Anhand von Anwesenheitsfunktionen und Vergesellschaftungsregeln kann man zwischen „Supertramp"-Arten und „high-S"-Arten unterscheiden.

Die von Diamond (1975) entwickelten **Anwesenheitsfunktionen** (*incidence functions*) und **Vergesellschaftungsregeln** (*assembly rules*) für Vögel auf dem Bismarckarchipel (siehe Abschnitt 20.3.2), die auf einer Kombination der Theorien über unterschiedliche Verbreitungsfähigkeiten und Aussterbewahrscheinlichkeiten mit solchen über die Besiedlungsabfolge und Habitateignung beruhen, sind wahrscheinlich der bisher beste Ansatz, Inselgemeinschaften zu verstehen. Sie erlaubten die Klassifizierung von **„Supertramp"-Arten** (mit hohen Verbreitungsraten aber geringer Fähigkeit, in Gemeinschaft mit vielen anderen Spezies zu persistieren) und ihre Abgrenzung gegenüber sogenannten ***„high-S"*-Arten** (die sich nur auf großen, artenreichen Inseln etablieren können) und intermediären Gruppen (vergleiche Abbildung 20.7). Diese und ähnliche Untersuchungen an Vögeln auf den Westindischen Inseln (Faaborg 1976) demonstrieren besonders eindrucksvoll, daß weit mehr als die numerische Auflistung von Arten notwendig ist, um eine Inselbiozönose zu charakterisieren.

In phytophagen Insektengemeinschaften ist ein ungewöhnlicher hoher Anteil der Arten, die eine neu eingeführte Pflanze besiedeln, polyphag, und kauende und saugende Insekten etablieren sich mit höherer Wahrscheinlichkeit an als Blattminierer und Gallenbildner (Strong et al. 1984). Besonders bedeutsam in diesem Zusammenhang ist, daß zumindest bei den europäischen Disteln und ihren Verwandten der Anteil an Minierern und Gallenbildnern auf weitverbreiteten Pflanzen deutlich höher ist (Abbildung 23.14; Lawton und Schröder 1977). Auch hier sind die Lebensgemeinschaften auf „kleinen Inseln" (Pflanzen mit seltenem Vorkommen) disharmonischer als auf „großen".

Inselbiozönosen besitzen also offensichtlich nicht nur weniger Arten, die Artenverarmung betrifft auch einzelne Organismentypen in unterschiedlicher Weise. Solche mit geringer Verbreitungsfähigkeit, hoher Aussterbewahrscheinlichkeit und/oder einer starken Abhängigkeit von der Anwesenheit anderer Arten, sind

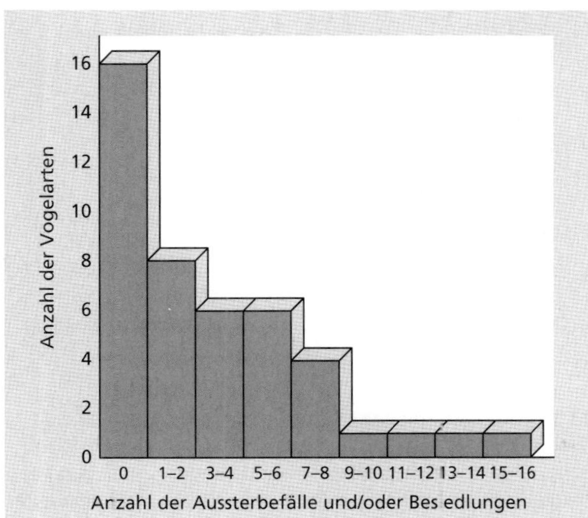

23.15 Im Eastern Wood, einem Waldgebiet in Südengland, bleiben manche Arten permanent erhalten, andere sterben aus und wandern wieder ein. Das Histogramm zeigt die Anzahl der Aussterbefälle und Wiederbesiedlungen über einen Zeitraum von 26 Jahren. Die mittlere Häufigkeit pro Vogelart liegt bei 3.4. (Nach Beven 1976)

eher selten. Dies gilt in besonderem Maße für große Raubtiere (mit möglichen Konsequenzen für die gesamte Biozönose, siehe Kapitel 22). Der Artenaustausch führt zwar einen Zufallsfaktor in die Struktur von Inselgemeinschaften ein, dadurch ist aber nur ein Teil der Spezies betroffen, der Kern bleibt unbeeinflußt. Dies geht aus Abbildung 23.15 hervor.

23.4 Inselgemeinschaften und Evolution

Evolutionäre Prozesse wie Speziation können auf Inseln wichtiger sein als die Besiedlung – das zeigt sich an den vielen endemischen Arten.

Die Betrachtung evolutionärer Prozesse ist für das Verständnis von Inselbiozönosen von besonderer Wichtigkeit. Vor allem auf abgelegenen Inseln kann die Speziation von ähnlicher oder sogar größerer Bedeutung sein als die Einwanderung neuer Kolonisten. Ein extremes Beispiel hierfür ist die erstaunlich hohe Anzahl an Taufliegenarten (*Drosophila* spp.) Arten auf den weit abgelegenen Hawaii-Inseln, die fast ausschließlich auf den Inseln selbst evolvierten.

Ein weniger auffälliger, aber häufig zu beobachtender evolutionärer Aspekt sind die vor allem auf ozeanischen Inseln zahlreichen **endemischen Arten** (das sind Spezies, die nirgendwo sonst vorkommen). Die Taufliegen von Hawaii sind ebenso Endemiten wie alle Landvogelarten auf der Insel Tristan da Cunha. Das Gleichgewicht zwischen Besiedlung und der Evolution endemischer Arten ist in Abbildung 23.16 für Norfolk Island dargestellt. Diese nur ungefähr 70 m^2 große Insel liegt etwa 700 km von Neukaledonien und Neuseeland, aber etwa 1 200 km von Australien entfernt. Das Verhältnis von australischen zu neuseeländischen und neukaledonischen Arten kann man daher als Maß für die Verbreitungsfähigkeit der Organismen heranziehen. Wie Abbildung 23.16 zeigt, ist der Anteil an Endemiten auf Norfolk Island am höchsten in Gruppen mit geringer Ausbreitungsfähigkeit.

Ähnliches gilt für den Tanganyikasee, einen der alten und tiefen Seen des ostafrikanischen Grabenbruchs. Er beheimatet 214 in ihrer Ernährung meist hochspezialisierte Buntbarscharten (*Cichlidae*), von denen 80 % endemisch sind. Geht man davon aus, daß der See selbst etwa neun bis zwölf Millionen Jahre alt ist und sich die einzelnen endemischen Gruppen vor etwa 3.5 bis fünf Millionen Jahren auseinanderentwickelten, evolvierte sich diese äußerst vielfältige, endemische Fischfauna wahrscheinlich aus einer einzigen Ursprungslinie (Meyer 1993). Im Gegensatz dazu beheimatet der Rudolfsee, der erst seit 5 000 Jahren, als seine Verbindung zum Flußsystem des Nils unterbrochen wurde, ein isolierter Wasserkörper ist, nur 37 Cichliden-Arten, von denen lediglich 16 % endemisch sind (Fryer und Iles 1972).

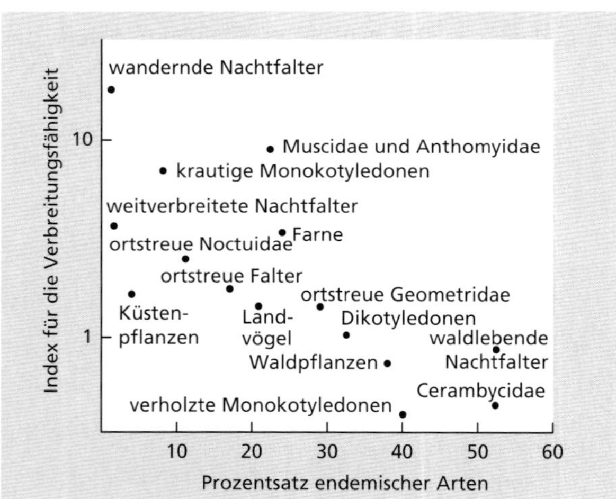

23.16 In Organismengruppen mit geringer Ausbreitungsfähigkeit ist der Anteil endemischer Arten auf Norfolk Island höher. Zudem erfolgten die Einwanderungen vorwiegend aus Neukaledonien oder Neuseeland und seltener aus dem weiter entfernten Australien. Für Arten mit guter Verbreitungsfähigkeit trifft das Gegenteil zu. (Nach Holloway 1977)

Lebensgemeinschaften können auch „ungesättigt" sein, weil die Zeit zur Artbildung nicht ausreichte.

Auch bei phytophagen Insektengemeinschaften wird deutlich, daß niedrige Besiedlungsraten, zusammen mit einer relativ kurzen Evolutionszeit, zu einer besonders ausgeprägten Artenarmut auf „isolierten" Pflanzen führen. In einer Studie wurden drei Gehölzarten untersucht, die sowohl in England als auch in Südafrika vorkommen: die Hängebirke (*Betula pendula*), die Stieleiche (*Quercus robur*) und Sommerflieder (*Buddleja* spp). Die ersten beiden sind in England heimisch, wurden aber in Südafrika eingeführt, während für *Buddleja* das Umgekehrte gilt. Aus Abbildung 23.17 wird deutlich, daß der Artenreichtum phytophager Arthropoden im jeweiligen Ursprungsland der Pflanze größer ist.

Die Schlußfolgerung ist klar: eine Lebensgemeinschaft kann aus zwei Gründen „ungesättigt" sein – zum einen, weil nicht genügend Zeit für die Besiedlung zur Verfügung stand, zum anderen, weil die Zeit für die Evolution neuer Arten *in situ* nicht ausreichte.

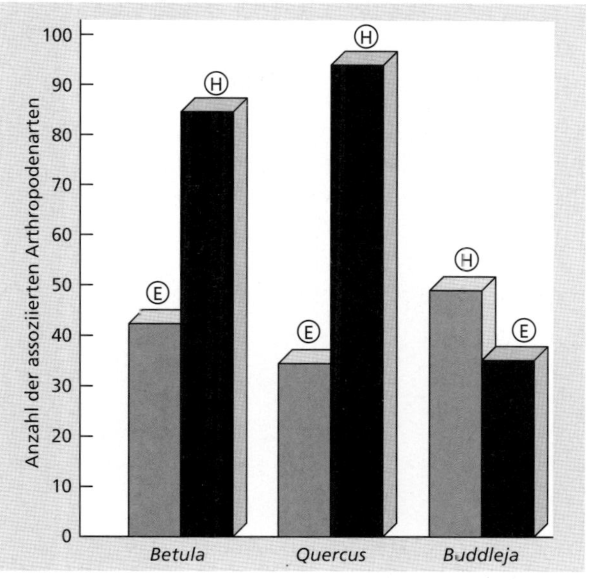

23.17 Der relative Artenreichtum phytophager Arthropoden auf drei Gehölzarten in Großbritannien (dunkle Balken) und in Südafrika (helle Balken). In beiden Fällen ist die Artenzahl auf den eingeführten (E) Pflanzen geringer als auf einheimischen (H). (Nach Southwood et al. 1982)

24 Muster des Artenreichtums

24.1 Einleitung

In diesem vorletzten Kapitel wenden wir uns einigen zentralen Fragen zu, die sich nicht nur einem Biozönologen aufdrängen, sondern jedem, der die Natur beobachtet und schätzt. Warum besitzen manche Lebensgemeinschaften einen größeren Artenreichtum als andere? Gibt es dabei irgendwelche Muster oder Gradienten? Falls ja, was sind deren Ursachen? Die Tatsache, daß es auf diese Fragen noch keine eindeutigen Antworten gibt, ist weniger eine Enttäuschung als eine Herausforderung für zukünftige Ökologen.

Die Biodiversität beruht hauptsächlich auf dem Artenreichtum.

Gesetzmäßigkeiten im Zusammenleben unterschiedlicher Organismen zu erkennen und zu verstehen, ist nicht nur von akademischem Interesse, sondern auch essentiell für die Erhaltung der **biologischen Vielfalt** oder **Biodiversität**. Diese basiert hauptsächlich, aber nicht ausschließlich auf dem Artenreichtum. Wie wir in Kapitel 25 sehen werden, berücksichtigen Naturschutzmaßnahmen häufig auch die unterschiedlichen funktionalen Rollen einzelner Arten oder gewichten sie nach ihrer taxonomischen Einzigartigkeit oder nach Endemismen. Wir werden uns in diesem Kapitel auf den Artenreichtum beschränken, zum Teil wegen dessen grundlegender Bedeutung, hauptsächlich aber, weil für diesen Aspekt der Biodiversität wesentlich mehr Daten verfügbar sind.

Der Artenreichtum einer Biozönose korreliert mit geographischen, aber auch anderen primären Faktoren.

Der Artenreichtum einer Lebensgemeinschaft kann mit vielen verschiedenen Faktoren korreliert werden. Die erste Gruppe dieser Faktoren kann im weitesten Sinne als „geographisch" bezeichnet werden; dazu gehören Breitengrad, Höhe und – in aquatischen Lebensräumen – die Tiefe. Sie werden häufig mit der Artenvielfalt in Zusammenhang gebracht, können *per se* aber eigentlich nicht die ursächlichen Parameter sein.

Eine zweite Klasse von Faktoren zeigt tendenziell einen Zusammenhang, aber keine vollständige Korrelation mit geographischen Gegebenheiten. Dies trifft zu für klimatische Schwankungen, Energieeintrag, die Produktivität des Lebensraums und möglicherweise auch dessen „Alter" und „Rauheit" oder „Unwirtlichkeit".

Eine weitere Gruppe zeigt zwar ebenfalls geographische Unterschiede, aber unabhängig von Breitengrad, Höhe oder Tiefe. Dazu gehören physikalische Störungen (siehe Kapitel 21), die Isolierung oder „Insellage" eines Habitats (siehe Kapitel 23) sowie physikalische und chemische Heterogenität.

Sekundäre Faktoren wie Konkurrenz, Prädation und andere tragen ebenfalls zur Strukturierung einer Lebensgemeinschaft bei.

Schließlich gibt es noch Faktoren, die biologische Kennzeichen einer Lebensgemeinschaft darstellen. Als wichtigste sind hier zu nennen das Ausmaß von Prädation und Konkurrenz, die durch die Organismen selbst verursachte räumliche Heterogenität, sowie das Sukzessionsstadium, in dem sich die Biozönose befindet. Diese Parameter sollten als „sekundäre" Faktoren betrachtet werden, die zwar das Ergebnis äußerer Einflüsse sind, selbst aber die Biozönose strukturieren können.

Viele dieser Faktoren wie Konkurrenz, Prädation, Störungen und „Insellage" haben wir in früheren Kapiteln bereits besprochen. In diesem Kapitel wollen wir uns mit den Zusammenhängen zwischen Artenreichtum und primären Einflüssen wie Produktivität, räumliche Heterogenität, Klimaschwankungen sowie Rauheit und Alter des Lebensraums beschäftigen (Abschnitt 24.3). Wir werden dann in der Lage sein, räumliche und zeitliche Gradienten zu betrachten (Abschnitt 24.4). Beginnen wollen wir jedoch mit der Konstruktion eines einfachen Modells (nach MacArthur 1972), das uns helfen soll, Veränderungen im Artenreichtum zu verstehen.

Zuvor wollen wir nochmals festhalten: **Artenreichtum** (mit dem wir uns in diesem Kapitel beschäftigen) ist die Anzahl der Spezies an einem bestimmten Standort; **Artendiversität** berücksichtigt zusätzlich das Verteilungsmuster der einzelnen Individuen in der Biozönose (siehe Abschnitt 17.2.1).

24.2 Ein einfaches Modell

Der Artenreichtum hängt von Ressourcenspektrum, Nischenbreite, Nischenüberlappung und Sättigungsgrad ab.

Der Einfachheit halber betrachten wir die einer Biozönose zur Verfügung stehenden Ressourcen als ein eindimensionales Kontinuum aus R Einheiten (Abbildung 24.1). Jede Art innerhalb der Lebensgemeinschaft nutzt nur einen gewissen Anteil davon, der ihre **Nischenbreite** (n) definiert; die durchschnittliche Nischenbreite ist $\overline{n}$. Die Überlappung einzelner Nischen kann mit dem Wert o (beziehungsweise $\overline{o}$ für die mittlere **Nischenüberlappung** innerhalb der Biozönose) angegeben werden.

Auf dieser einfachen Basis können wir uns überlegen, warum manche Biozönosen mehr Arten umfassen als andere. Bei konstanten n- und o-Werten steigt der Artenreichtum einer Lebensgemeinschaft mit der Ressourcenmenge R (Abbildung 24.1a). Bei konstanten R-Werten erhöht sich die Artenzahl mit abnehmender Nischenbreite (wenn die einzelnen Arten in ihrer Ressourcennutzung also spezialisierter werden) (Abbildung 24.1b) oder auch, wenn sich die Nischen stärker überlappen (o zunimmt) (Abbildung 24.1c). Schließlich hängt der Artenreichtum auch davon ab, in welchem Umfang die verfügbaren Ressourcen genutzt werden, also vom **Sättigungsgrad** (Abbildung 24.1d). Dabei ist es bei diesem Modell unwichtig, ob der Lebensraum direkt engere Nischen zuläßt oder eine höhere Individuendichte erlaubt, so daß die einzelnen Arten gedrängter koexistieren können (Turner et al. 1996).

Konkurrenz, Prädation und Insellage können sich unterschiedlich auf Biozönosen auswirken.

Wir können jetzt verschiedene bereits besprochene Faktoren und Prozesse im Zusammenhang mit diesem Modell erneut betrachten. Wird eine Lebensgemeinschaft durch interspezifische Konkurrenz dominiert (siehe Kapitel 20), werden die Ressourcen mit großer Wahrscheinlichkeit voll ausgeschöpft. Der Artenreich-

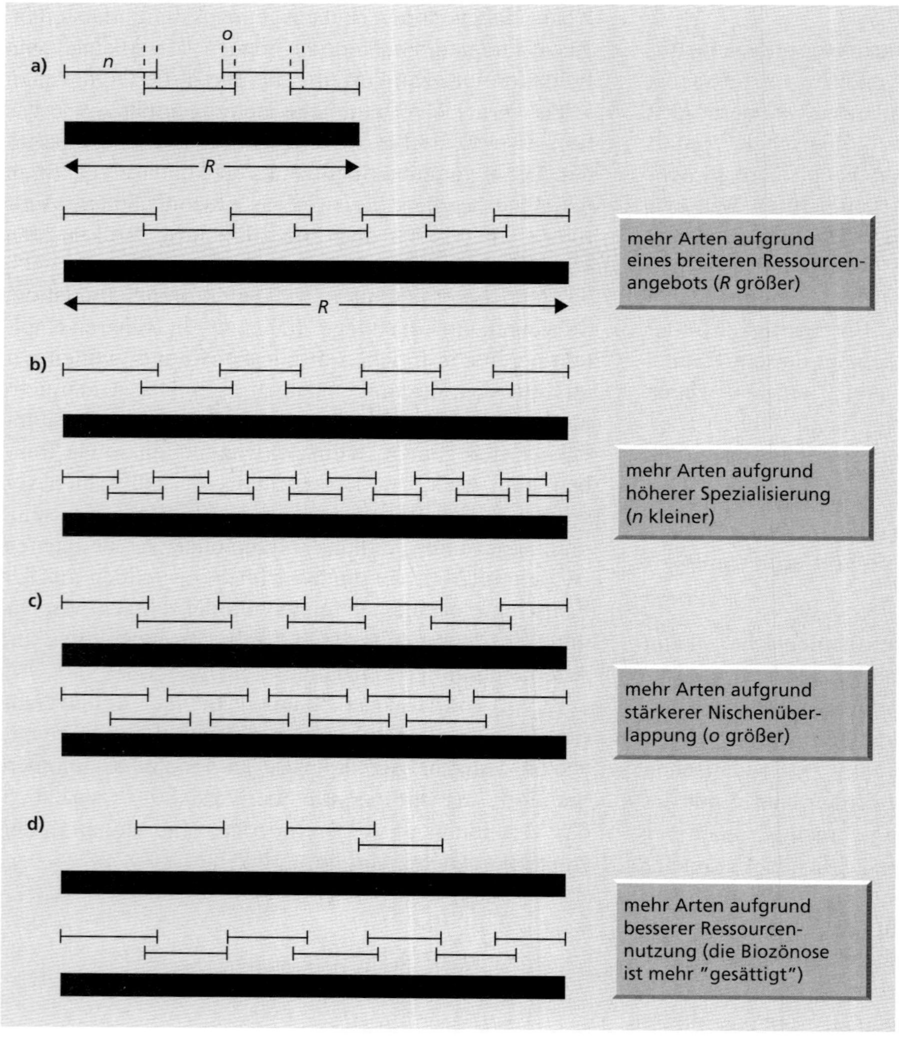

24.1 Ein einfaches Modell des Artenreichtums. Jede Spezies nutzt einen Teil n des verfügbaren Ressourcenbereichs R und überlappt mit benachbarten Arten im Umfang o. Der Artenreichtum kann zunehmen durch a) Ausdehnung des Ressourcenbereichs (größerer R-Wert), b) geringere Nischenbreite durch Spezialisierung der Arten (kleinerer Wert für n), c) stärkere Nischenüberlappung (Zunahme von o) und d) bessere Nutzung der verfügbaren Ressourcen (höherer „Sättigungsgrad").

tum hängt dann von dem Ressourcenvorrat, der Spezialisierung und dem Überlappungsgrad der Nischen ab (Abbildung 24.1a–c).

Prädation kann unterschiedliche Effekte auf Lebensgemeinschaften haben.

1) Wie viele Felduntersuchungen zeigten, können Räuber bestimmte Beutearten ausschließen (Holt 1984; Jeffries und Lawton 1984, 1985). Eine solche Biozönose ist dann nicht voll „gesättigt", da einige der verfügbaren Ressourcen möglicherweise nicht genutzt werden (Abbildung 24.1d)
2) Durch Räuber können Arten für längere Zeit unterhalb ihrer maximalen Populationsdichte (Kapazität) gehalten werden, so daß interspezifische Konkurrenz reduziert und eine größere Nischenüberlappung ermöglicht wird (Abbildung 24.1c). (Ein ähnlicher Effekt kann durch physikalische Störungen hervorgerufen werden – siehe Kapitel 21).
3) Prädation kann sich ähnlich wie Konkurrenz auswirken – die Beutearten konkurrieren um „feindfreien Raum" (Holt 1977, 1984; Jeffries und Lawton 1984, 1985). Dadurch schließen sich ähnliche Beutespezies in ihrer Koexistenz aus (ganz analog zum Konkurrenzausschluß, siehe Abschnitt 7.6)
4) Die artenarmen Inselbiozönosen (Kapitel 23) können in diesem Zusammenhang zum Teil als Ergebnis eines geringeren Ressourcenangebots (hervorgerufen durch den begrenzten Lebensraum) betrachtet werden (Abbildung 24.1a). Zum Teil reflektieren sie auch einen geringen Sättigungsgrad (Abbildung 24.1d), der sich durch hohe Aussterberaten und niedrige Immigrationswahrscheinlichkeiten ergibt.

24.3 Beeinflussung des Artenreichtums

Im folgenden Abschnitt untersuchen wir die Beziehungen zwischen Artenreichtum und einer Reihe von Faktoren, die zumindest theoretisch die Zusammensetzung einer Lebensgemeinschaft beeinflussen können. Dabei wird klar, wie schwierig es ist, eindeutige Vorhersagen zu machen und Hypothesen „sauber" zu überprüfen.

24.3.1 Ressourcenangebot und Produktivität als Determinanten des Artenreichtums

Die Produktivität eines Lebensraums hängt vor allem von wachstumslimitierenden Bedingungen ab.

Für Pflanzen hängt die **Produktivität** eines Lebensraums primär von wachstumslimitierenden Nährstoffen oder Bedingungen ab. Mit der Lichtintensität, den Durchschnittstemperaturen und der Dauer der Vegetationsperioden verringert sich generell auch die Primärproduktion vom Äquator zu den Polen; in terrestrischen Systemen sind diese Faktoren und damit die Produktivität zusätzlich von der Höhe abhängig, in aquatischen Lebensräumen von der Tiefe. Darüber hinaus wird eine Zunahme an essentiellen Nährstoffen wie Stickstoff, Phosphor und Kalium die Produktivität erhöhen, wenn nicht Wasserknappheit, vor allem in ariden Gebieten, das Pflanzenwachstum begrenzt. Für Tiere sind im weitesten Sinne die gleichen Tendenzen zu beobachten.

Der Artenreichtum kann nachweislich mit der Produktivität ansteigen, wenn sich dadurch beispielsweise das Ressourcenspektrum erhöht.

Wenn höhere Produktivität mit einem besseren **Ressourcenangebot** korreliert, sollte sie nach unserem Modell zu einer Zunahme des Artenreichtums führen (Abbildung 24.1a). Allerdings kann die Produktivitätssteigerung auch dadurch verursacht sein, daß die Menge – und nicht das Spektrum – der Ressourcen erhöht ist. Dies würde sich dann positiv auf die Individuenzahl und nicht auf den Artenreichtum auswirken. Andererseits ist das Auftreten zusätzlicher Spezies auch in diesem Fall möglich, nämlich dann, wenn es sich um die Erhöhung einer Ressource handelt, die in einem unproduktivem Lebensraum so limitierend ist, daß sie die Existenz bestimmter Arten ausschließt. Ganz analog kann man erwarten, daß in einer durch Konkurrenz geprägten Lebensgemeinschaft eine quantitative Verbesserung der Ressourcen eine größere Spezialisierung erlauben sollte (das heißt eine Abnahme der Nischenbreite n), ohne daß die einzelnen Arten in ihrer Dichte reduziert würden (Abbildung 24.1b).

Positive Korrelation der Artenzahl mit der Evapotranspiration oder der Niederschlagsmenge sprechen für einen Einfluß der Primärproduktion.

Ein starkes, wenn auch indirektes Argument für die Hypothese, daß die Artenzahl mit dem Ressourcenangebot und der Produktivität zunimmt, stammt aus einer Untersuchung über den Speziesreichtum nordamerikanischer Bäume in Abhängigkeit klimatischer Faktoren (Currie und Paquin 1987). Zwei Parameter (beide messen die in einem Lebensraum verfügbare Energie) kristallisieren sich in dieser Analyse deutlich heraus: die **potentielle Evapotranspiration (PET)** – das ist die Menge des Wassers, die von einer wassergesättigten Oberfläche evaporiert oder verdunstet (sie kann als grober Kennwert der verfügbaren Energie gewertet werden) – und die tatsächliche oder **aktuelle Evapotranspiration (AET)** – jene Wassermenge, die tatsächlich von einer Fläche evaporiert (sie repräsentiert die Verfügbarkeit von Energie und Wasser, so

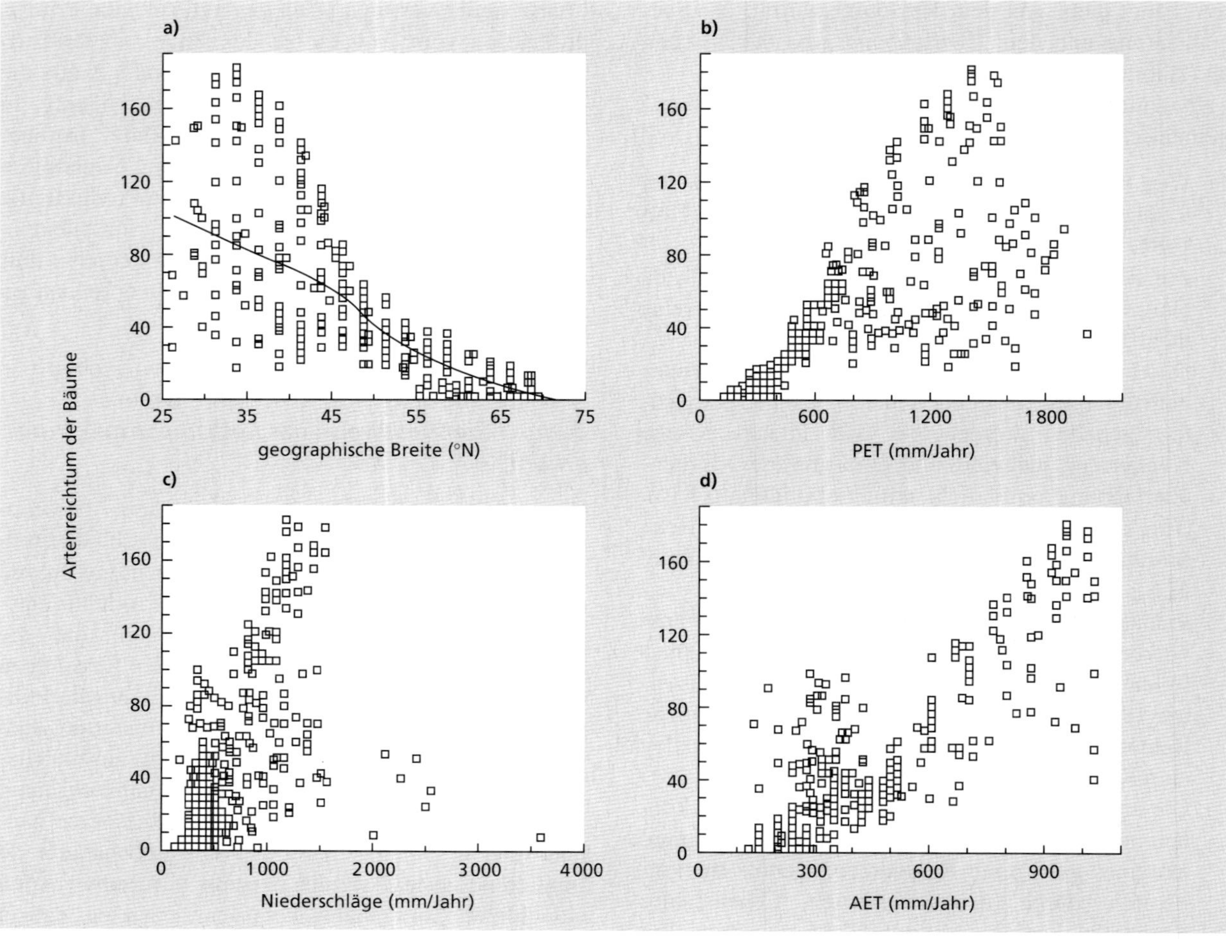

24.2 Der Artenreichtum nordamerikanischer Bäume (der Kontinent wurde entlang der Längen- und Breitengrade in 336 Quadrate eingeteilt) in Abhängigkeit von a) der geographischen Breite, b) der potentiellen Evapotranspiration (PET), c) den Niederschlägen und d) der tatsächlichen oder aktuellen Evapotranspiration (AET). Die Korrelation mit der tatsächlichen Evapotranspiration ist am stärksten ausgeprägt. (Nach Currie und Paquin 1987; Currie 1991)

daß sowohl PET als auch Niederschläge die AET-Werte nach oben begrenzen). Aus Abbildung 24.2 geht hervor, daß die Anzahl der Baumarten am besten mit der tatsächlichen Evapotranspiration korrelierte, also mit der Energiemenge, die von den Pflanzen eingefangen werden kann, oder anders ausgedrückt, mit deren Primärproduktion.

Die Ausdehnung dieser Untersuchung auf den Artenreichtum von vier Wirbeltiergruppen (zwei davon sind in Abbildung 24.3 dargestellt) zeigte eine gewisse Korrelation mit der Anzahl der Baumarten, zumindest in wenig produktiven Lebensräumen (Abbildung 24.3a und b). Die beste Übereinstimmung ergab sich allerdings mit der potentiellen Evapotranspiration (Abbildung 24.3c und d), dergleichen mit energetischen Parametern wie Temperatur und Sonneneinstrahlung. Dies wurde auch für Schmetterlinge (Turner et al. 1987) und insektenfressende Vögel (Turner et al. 1988) in Großbritannien festgestellt. Diese verblüffenden Ergebnisse werfen die Frage auf, warum der Artenreichtum bei Tieren von der atmosphärischen Energie abhängen sollte? Eine simple Erklärung ist, daß ein ektothermes Tier, zum Beispiel ein Schmetterling, durch zusätzliche atmosphärische Wärme effektiver Nahrung aufnehmen und verwerten kann. Der endotherme Vogel muß weniger Energie in die Aufrechterhaltung seiner Körpertemperatur investieren. Nach Turner et al. (1996) führt dies zu einem schnelleren Wachstum von Individuen und Populationen. Weil die Aussterbewahrscheinlichkeit für größere Populationen geringer ist, so ihr Argument, fördern wärmere Lebensräume einen größeren Artenreichtum. Für die Theorie, daß kleine Populationen eher vom Aussterben bedroht sind, gibt es zwar einige empirische Hinweise (siehe Abschnitt 25.3), ob Turners Argumentation jedoch auf natürliche Lebensgemeinschaften generell zutrifft, bleibt abzuwarten. Wie wir noch sehen werden, wurde auch die Antithese aufgestellt – nämlich daß hohe Populationswachstumsraten den Artenreichtum reduzieren, da sie den Konkurrenzausschluß fördern (Huston 1979).

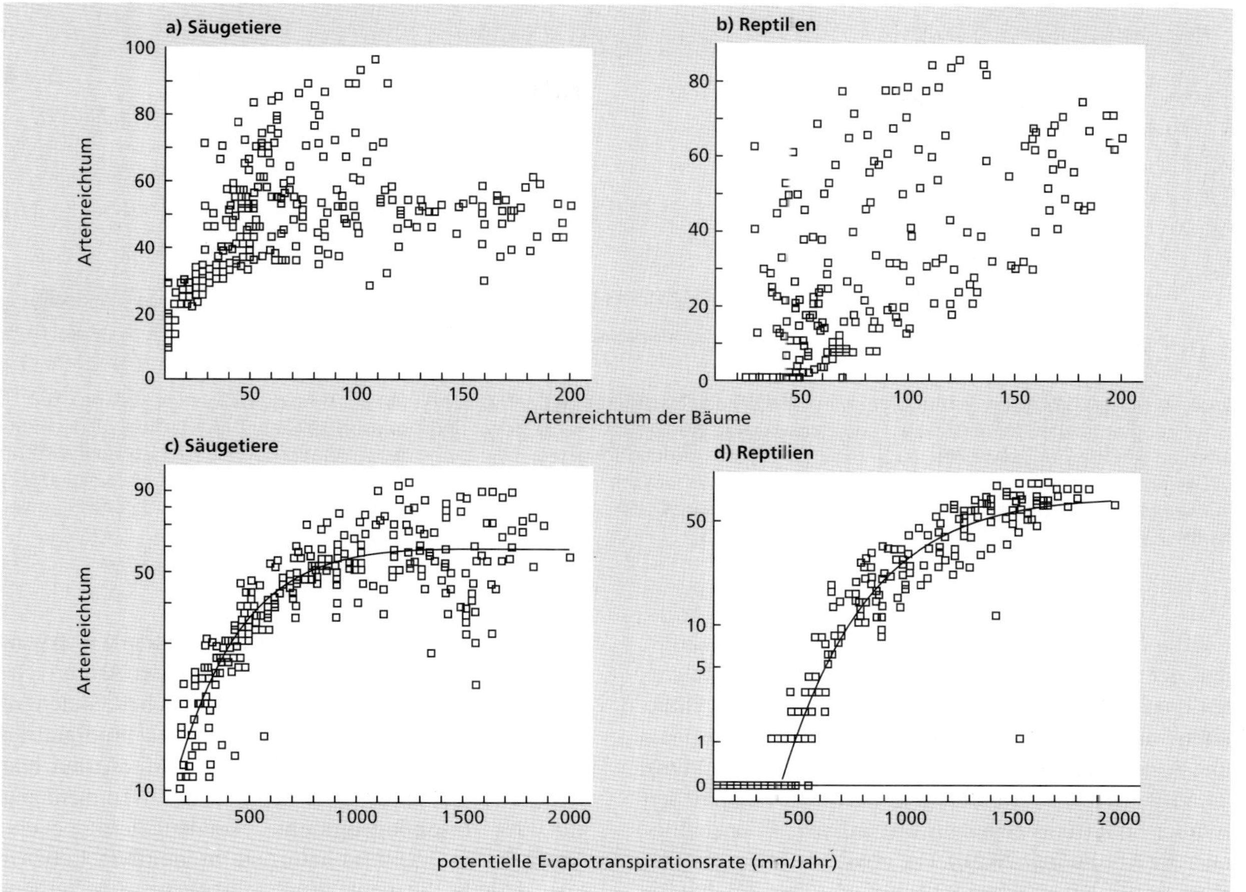

24.3 Der Artenreichtum von Säugetieren und Reptilien in Nordamerika in Abhängigkeit der Diversität der vorhandenen Baumspezies (a,b) und der potentiellen Evapotranspiration, PET (c,d). In beiden Fällen ist die Korrelation mit Evapotranspiration besser. (Nach Currie 1991)

Manchmal scheint der Artenreichtum von Tieren direkt mit der Primärproduktion gekoppelt zu sein, wie es zum Beispiel durch die positive Korrelation der Artenzahl von samenfressenden Ameisen und Nagern mit den Niederschlagsmengen im Südwesten der Vereinigten Staaten zum Ausdruck kommt (Abbildung 24.4a). In solch ariden Gebieten ist der Zusammenhang zwischen durchschnittlichem Jahresniederschlag und Primärproduktion (und damit der Samenproduktion) ziemlich eindeutig. Es gibt auch einen Zusammenhang zwischen der Anzahl der Eidechsenarten in diesen Wüstengebieten und der Länge der Vegetationsperiode – also wiederum einem Kennzeichen für die Produktivität (Abbildung 24.4b); beim Zooplankton von Seen in Indiana/USA steigt die Artendiversität ebenfalls mit der Gesamtproduktivität (Abbildung 24.4c).

Es gibt aber auch Beispiele für eine Abnahme der Artenzahl mit der Produktivität oder größeren Artenreichtum bei mittleren Produktivitätsraten.

Allerdings findet man solche Korrelationen nicht in allen Systemen. Dies zeigt das einzigartige Parkgrass-Experiment, das seit über 140 Jahren im englischen Rothamsted läuft. Eine Fläche von 32 000 m^2 wurde in 20 Versuchsflächen unterteilt; zwei davon dienten als Kontrolle, die anderen wurden regelmäßig gedüngt. Während die unbehandelten Abschnitte sich kaum veränderten, zeigten die gedüngten Flächen eine zunehmende Reduktion der Artendiversität (siehe Abbildung 17.2). Einen solchen Artenverlust, von Rosenzweig (1971) als „Paradoxon der Anreicherung" (*the paradox of enrichment*) bezeichnet, finden wir zum Beispiel ebenfalls beim Phytoplankton in eutrophierten Gewässern (bei zunehmender Primärproduktion); auch fällt es auf, daß zwei der artenreichsten Pflanzengesellschaften der Erde auf sehr nährstoffarmen Böden vorkommen (die Fynbos in Südafrika und die Buschheiden Australiens), während benachbarte, nährstoffreiche Gegenden eine geringere Diversität aufweisen (Tilman 1986). Auch der große Tierartenreichtum der Weltmeere scheint mit Regionen geringer Produktivität assoziiert zu sein (Angel 1993).

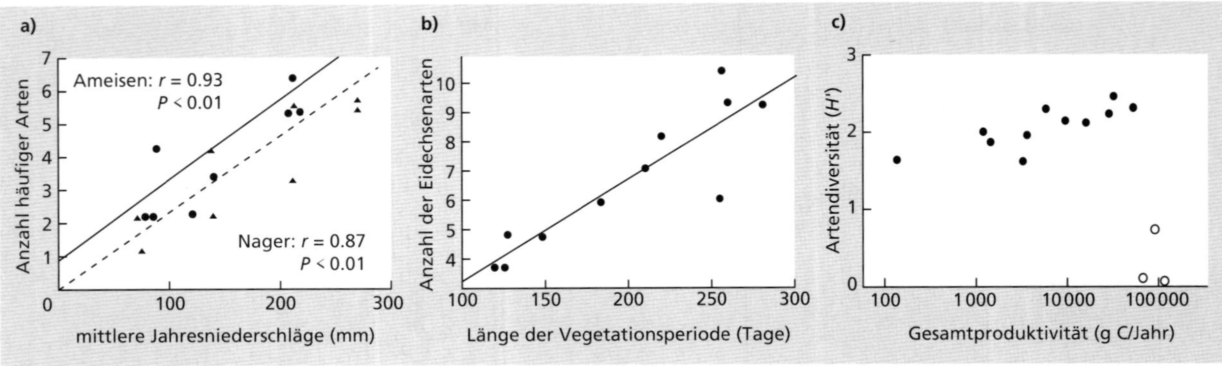

24.4 a) Muster des Artenreichtums bei samenfressenden Nagetieren (▲) und Ameisen (●) auf sandigen Böden in Abhängigkeit eines geographischen Niederschlags- und Produktivitätsgradienten. (Nach Brown und Davidson 1977) b) Die Anzahl der Eidechsenarten an elf Orten im Südwesten der Vereinigten Staaten, aufgetragen gegen die Länge der Vegetationsperiode. (Nach Pianka 1967) c) Die Beziehung zwischen der Artendiversität (*H*) von Wasserflöhen der Familie *Chydoridae* und der Primärproduktion (ausgedrückt in Gramm Kohlenstoff pro Jahr und See) in 14 Seen Indianas/USA. ○: stark verschmutzte Gewässer. (Nach Whiteside und Harmsworth 1967; neu analysiert von Brown und Gibson 1983)

Einige Untersuchungsergebnisse sprechen dafür, daß der Artenreichtum bei mittleren Produktivitätsraten am höchsten ist. Trägt man die Anzahl der Holzarten im Regenwald Malaysias gegen die Phosphat- und Kaliumkonzentration des Bodens auf (Abbildung 24.5a) oder den Artenreichtum der Pflanzen in den Fynbos Südafrikas gegen die oberirdische Pflanzenbiomasse (Abbildung 24.5b), so ergeben sich gewölbte Kurven mit einem Maximum bei mittleren bis niedrigen Werten. Eine ähnliche Verteilung finden wir bei Nagetieren entlang eines Niederschlagsgradienten in ariden Gebieten Israels (Abbildung 24.5c).

Die Abnahme des Artenreichtums bei zunehmender Produktion ist nicht einfach zu erklären. Eine Möglichkeit ist, daß hohe Produktivität mit verstärktem Populationswachstum verbunden ist, das zum Aussterben einiger Arten durch Konkurrenzausschluß führt (Huston 1979). Dieses Argument können wir erweitern, wenn wir uns daran erinnern, daß der Artenreichtum eines Habitats durch ein dynamisches Gleichgewicht zwischen lokalem Aussterben und Immigration aufrechterhalten wird (diese Idee von MacArthur and Wilson (1967) haben wir bereits im Zusammenhang mit der Inselbiogeographie kennengelernt; siehe Abschnitt 23.2.3). Das heißt, ein produktiver Lebensraum könnte nicht nur durch schnelleres Aussterben, sondern auch durch eine reduzierte Besiedlung gekennzeichnet sein. Dies bestätigt ein über elf Jahre hinweg durchgeführtes Experiment, bei dem der Artenrückgang bei zusätzlichen Stickstoffgaben (Abbildung 24.6a) sowohl auf eine erhöhte Aussterberate als auch auf verminderte Besiedlung zurückzuführen war (Abbildung 24.6b). Möglicherweise wirken sich in produktiven Grasländern die Streuauflage und

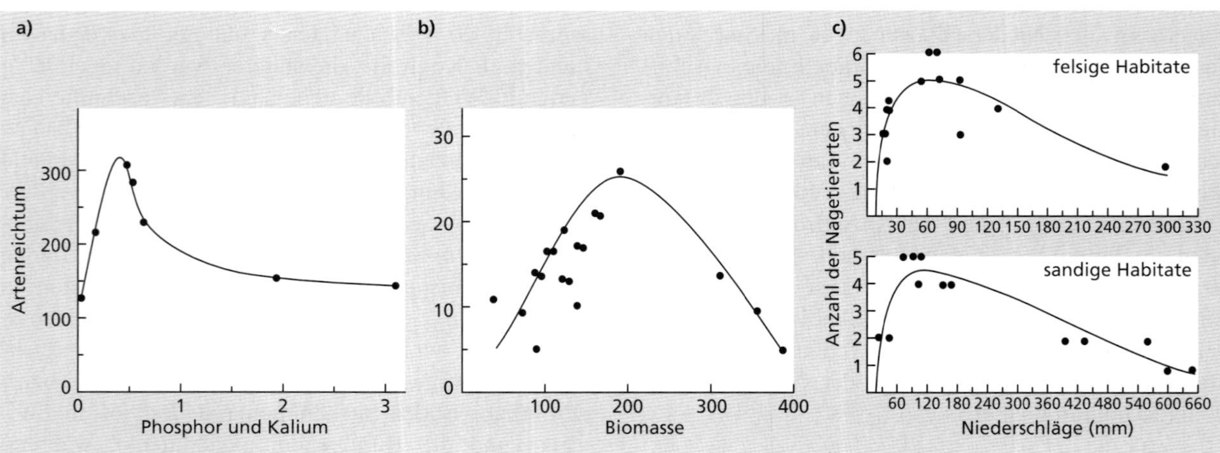

24.5 a) Die Anzahl holziger Pflanzenarten in verschiedenen Regenwaldgebieten Malaysias im Verhältnis zu einem Index der Phosphor- und Kaliumkonzentration. (Nach Tilman 1982) b) Die Beziehung zwischen dem Artenreichtum von Fynbospflanzen und der oberirdischen Biomasse. (Nach Bond 1983) c) Der Artenreichtum von Wüstennagern in Israel als Funktion der Niederschläge in felsigen und sandigen Habitaten. (Nach Abramsky und Rosenzweig 1983)

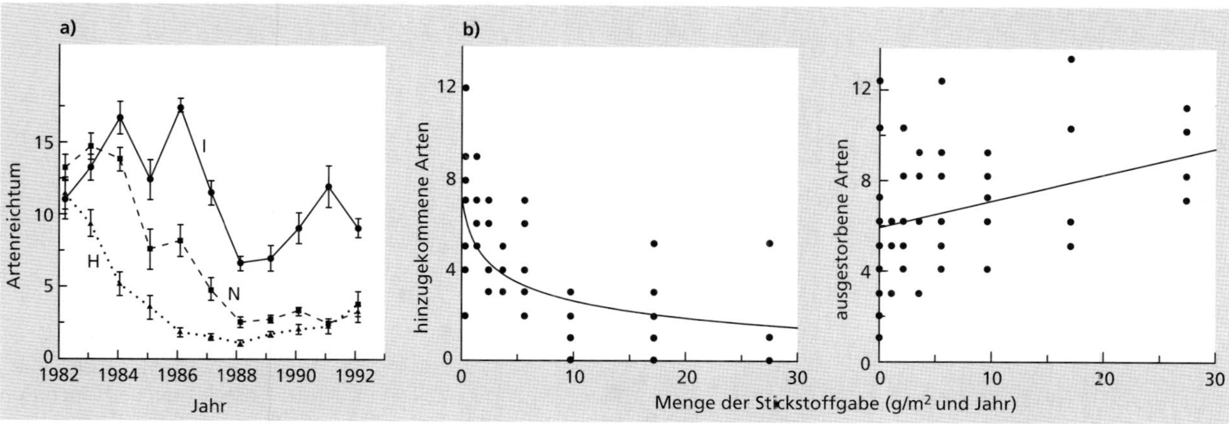

24.6 a) Die durchschnittliche Anzahl der Pflanzenarten in einem Graslanduntersuchungsgebiet (± Standardabweichung), das über elf Jahre nicht (- - -) beziehungsweise mit mittleren (5.4 g/m^2 und Jahr) (—) und hohen (27 g/m^2 und Jahr) (· · · ·) Stickstoffmengen gedüngt wurde. b) Die Abhängigkeit der Artengewinne und -verluste von der Stickstoffgabe (einschließlich der in (a) illustrierten) auf Basis des Vergleichs der Daten aus den Jahren 1982/1983 mit denen von 1984/1985. (Nach Tilman 1993)

die damit verbundenen schlechten Lichtverhältnisse am Boden negativ auf die Keimung und Etablierung neuer Arten aus.

Zusammenfassend können wir festhalten: Wird die erhöhte Produktivität durch ein breiteres Ressourcenangebot verursacht, können wir einen Anstieg im Artenreichtum erwarten; ist die Ursache der erhöhten Produktivität jedoch nur eine quantitative Anreicherung vorhandener Ressourcen, kann sie theoretisch sowohl zu einer Zunahme als auch zu einer Verminderung der Artenzahl führen. In diesem Zusammenhang ist die nochmalige Betrachtung des Lichtes als Ressource interessant. In der produktiven Umgebung eines tropischen Waldes wird die reichlich eingestrahlte Sonnenenergie vielfältig reflektiert und gestreut. Es gibt daher nicht nur ein hohes Lichtangebot, sondern auch einen breiten Gradienten verschiedenster Lichtintensitäten. Dies führt zu einer Vielfalt an Lichtregimen, zu mehr Spezialisierungsmöglichkeiten und daher zu einem erhöhten Artenreichtum. Dagegen scheint bei Grasländern eine erhöhte Produktivität mit der Dominanz einiger weniger Spezies verbunden zu sein, die das einfallende Sonnenlicht für sich alleine nutzen.

24.3.2 Räumliche Heterogenität

Heterogene Lebensräume können den Artenreichtum erhöhen.

Ein mosaikartiger Lebensraum kann nicht nur die Koexistenz konkurrierender Arten erlauben (Atkinson und Shorrocks 1981), sondern auch zusätzliche Spezies beheimaten, da er eine größere Vielfalt an Mikrohabitaten, Mikroklimaten, Verstecken und so weiter bietet. Im Prinzip ist das Ressourcenspektrum erhöht (Abbildung 24.1a).

In einigen Fällen konnte man den Artenreichtum mit der **räumlichen Heterogenität** der abiotischen Umwelt in Zusammenhang bringen. Ein Beispiel hierfür ist die in Abbildung 24.7 illustrierte Beziehung

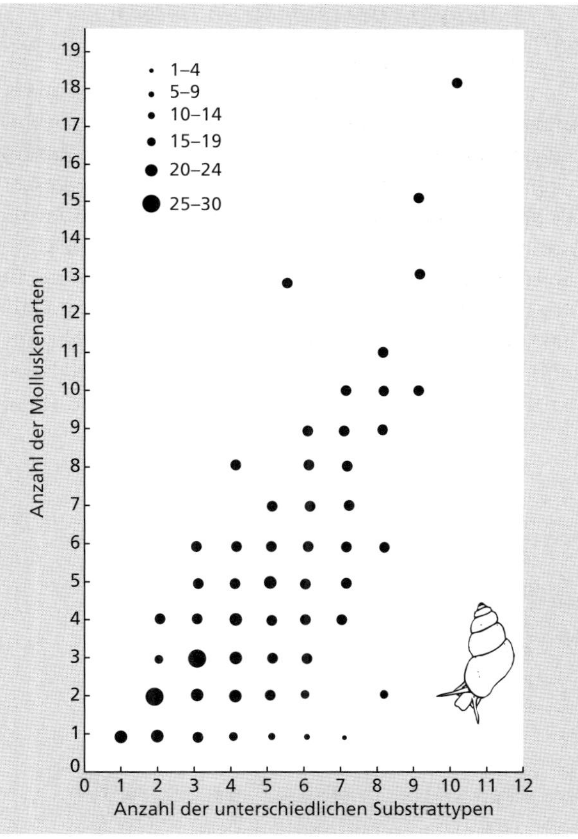

24.7 Der Zusammenhang des Artenreichtums von Süßwassermollusken und der räumlichen Heterogenität (Anzahl der vorhandenen Substrattypen). Die Größe der Punkte gibt die Anzahl der Untersuchungsorte wider, die in die betreffende Kategorie fallen. (Nach Harman 1972)

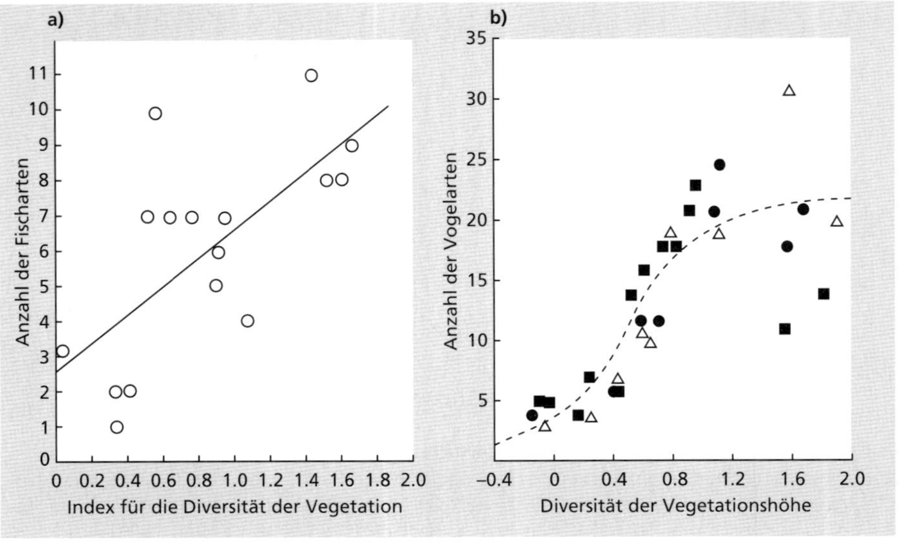

24.8 Die Beziehung zwischen dem faunistischen Artenreichtum und einem Index der strukturellen Diversität der Vegetation für a) Süßwasserfische in 18 Seen in Wisconsin/USA (Nach Tonn und Magnuson 1982) und b) Vögel in mediterranen Habitaten in Kalifornien (△), Zentralchile (●) und Südwestafrika (■). (Nach Cody 1975)

zwischen der Artenzahl von Süßwassermollusken und der Verfügbarkeit von mineralischen und organischen Substraten an verschiedenen Orten (Straßengräben, Sümpfe, Flüsse und Seen).

Der tierische Artenreichtum korreliert häufig mit der räumlichen Heterogenität der Vegetation.

Die meisten Studien korrelierten jedoch den Tierartenreichtum mit der strukturellen Pflanzenvielfalt. Abbildung 24.8a zeigt zum Beispiel den positiven Zusammenhang zwischen dem Artenreichtum von Süßwasserfischen und der räumlichen Heterogenität von Pflanzen in verschiedenen Seen im Norden von Wisconsin/USA; in Abbildung 24.8b ist eine ähnliche Beziehung für Vögel in mediterranen Habitaten in Kalifornien, Chile und Afrika dargestellt. Natürlich läßt sich nicht ausschließen, daß der Reichtum an Tierarten durch dieselben Faktoren hervorgerufen wird, die auch die Pflanzenvielfalt bestimmen (zum Beispiel durch Größe und Nährstoffgehalt der untersuchten Seen).

Ein Einfluß der räumlichen Heterogenität auf die Zusammensetzung von Zoozönosen wird viel glaubwürdiger, wenn die faunistische Artenvielfalt enger mit der strukturellen Heterogenität der Vegetation korreliert als mit deren Artenzahl. Eine Reihe von Untersuchungen, zum Beispiel die in Abbildung 24.9, bestätigt dies. Unabhängig davon, ob räumliche Heterogenität durch abiotische Faktoren hervorgerufen wird oder das Ergebnis biotischer Komponenten der Lebensgemeinschaft darstellt, kann sie zu einem Anstieg des Artenreichtums führen.

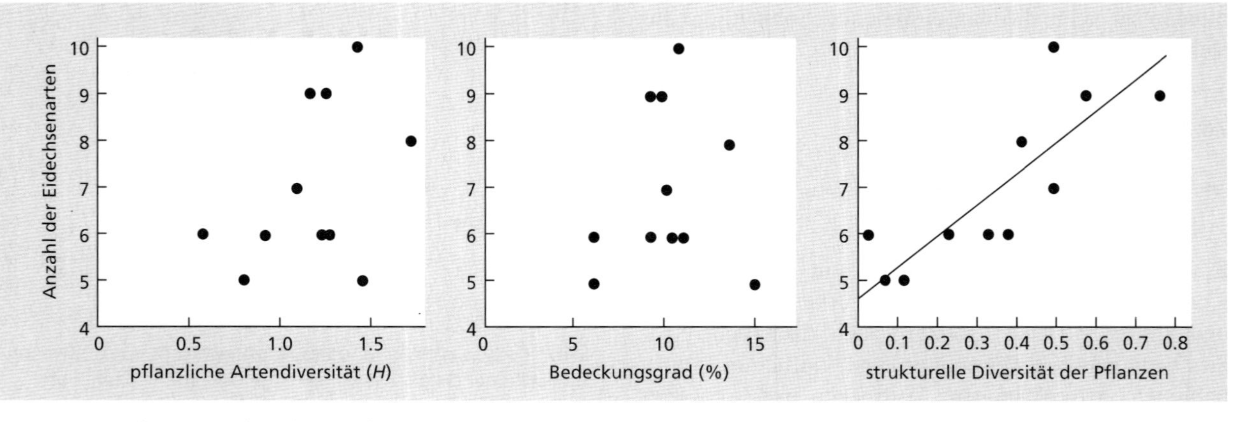

24.9 Die Beziehung zwischen der Anzahl von Eidechsenarten und drei Vegetationsmerkmalen in Wüstengebieten im Südwesten der USA. (Nach Pianka 1967)

24.3.3 Klimaschwankungen

Inwieweit klimatische Veränderungen den Artenreichtum beeinflussen hängt davon ab, ob die Variationen vorhersagbar sind oder nicht (in einem für die beteiligten Organismen relevanten Zeitraum).

Saisonale Lebensräume ermöglichen temporäre Nischendifferenzierung, jahreszeitlich stabile hingegen Spezialisierung.

In einem Lebensraum mit saisonalen Veränderungen können mehr Arten erwartet werden als in einer klimatisch konstanten Umgebung. Mit dem Rhythmus der Jahreszeiten können unterschiedliche annuelle Pflanzen keimen, wachsen, blühen und Samen produzieren; auch das Phytoplankton und Zooplankton in den großen temperierten Seen mit ihren saisonal wechselnden Bedingungen und Ressourcen durchlaufen verschiedene Sukzessionsstadien.

Auf der anderen Seite bieten klimatisch konstante Lebensräume viele Möglichkeiten der Spezialisierung. So könnte zum Beispiel ein langlebiger Organismus, der in seiner Ernährung auf Früchte angewiesen ist, nicht in einer Umgebung existieren, in der diese Ressource nur zu bestimmten Jahreszeiten zur Verfügung steht; in tropischen Klimaten dagegen wird er immer geeignete Nahrung finden.

Klimatische Instabilität kann den Artenreichtum erhöhen, aber auch reduzieren.

Unregelmäßige Klimaveränderungen (klimatische Instabilität) können sich in unterschiedlicher Weise auf den Artenreichtum auswirken. Einerseits fördern stabile Lebensräume den Artenreichtum, da sie 1) spezialisierte Arten zulassen (Abbildung 24.1b), 2) einen höheren Sättigungsgrad ermöglichen (Abbildung 24.1d) und 3) eine stärkere Nischenüberlappung erlauben (Abbildung 24.1c) (letzteres ergibt sich aus theoretischen Überlegungen, wie wir später sehen werden). Andererseits kann die Stabilität eines Lebensraums auch dazu führen, daß 1) Populationen eher ihre Umweltkapazität erreichen, 2) der Konkurrenzdruck erhöht wird und 3) Arten infolgedessen leichter durch Konkurrenz ausgeschlossen werden (kleinerer o-Wert, siehe Abbildung 24.1c). Eine vernünftige Annahme ist daher, daß unvorhersehbare Klimaschwankungen eine Art Störung darstellen und daß der Artenreichtum bei „mittleren" Werten am höchsten ist. Bisher gibt es jedoch keine Untersuchungen, die eindeutige Schlußfolgerungen erlauben würden.

24.3.4 Die Unwirtlichkeit des Lebensraums

Extreme Bedingungen erfordern kostenaufwendige morphologische oder biochemische Besonderheiten.

Aus anthropozentrischer Sicht würden wir als rauh oder unwirtlich etwa sehr heiße oder kalte Habitate, Lebensräume mit extremen pH-Werten oder stark verschmutzte Gewässer definieren. Die Evolution hat allerdings Arten hervorgebracht, die auch in einer solchen Umwelt leben können und für die diese Bedingungen ganz normal sind.

„Extreme Bedingungen" können eher dadurch sinnvoll definiert werden, daß ihre Tolerierung morphologische oder biochemische Besonderheiten voraussetzt, die entweder aus energetischer Sicht oder in bezug auf kompensatorische Veränderungen in der Biologie der Organismen kostenaufwendig sind. Niedrige pH-Werte zum Beispiel können Pflanzen direkt schädigen (durch die Wasserstoffionen) oder indirekt durch die reduzierte Verfügbarkeit wichtiger Nährstoffe wie Phosphor, Magnesium und Calcium. Darüber hinaus ist in sauren Böden die Löslichkeit von Aluminium, Mangan und Schwermetallen bis auf toxische Konzentrationen erhöht, und die Mykorrhizabildung und Stickstoffixierung sind beeinträchtigt. Pflanzen können diese pH-Bedingungen daher nur tolerieren, wenn sie spezifische Strukturen oder Mechanismen aufweisen, um diese Effekte zu vermeiden oder ihnen entgegenzuwirken.

Unwirtliche Lebensräume sind zumeist artenarm und gleichen oft kleinen isolierten Inseln.

Es gibt viele Beispiele dafür, daß extreme Lebensräume weniger Arten beheimaten. So war in einem Graslandexperiment in Nordengland die Anzahl der Pflanzenarten pro Quadratmeter auf sauren Böden am niedrigsten (Abbildung 24.10a), und auch der Artenreichtum benthischer Wirbelloser in Flüssen des Ashdown Forest in Südengland zeigte eine deutliche pH-Abhängigkeit (Abbildung 24.10b). Ähnliche Korrelationen kann man in heißen Quellen, Höhlen und sehr salzreichen Gewässern wie dem Toten Meer beobachten. Allerdings sind diese Lebensräume auch durch andere Merkmale charakterisiert, die eine geringe Artenvielfalt verursachen könnten. Viele sind wenig produktiv und weisen (möglicherweise als Konsequenz daraus) eine geringe räumliche Heterogenität auf. Darüber hinaus sind sie in der Regel sehr klein und vergleichsweise selten. Daher kann man „extreme" Umgebungen als kleine, isolierte Inseln betrachten.

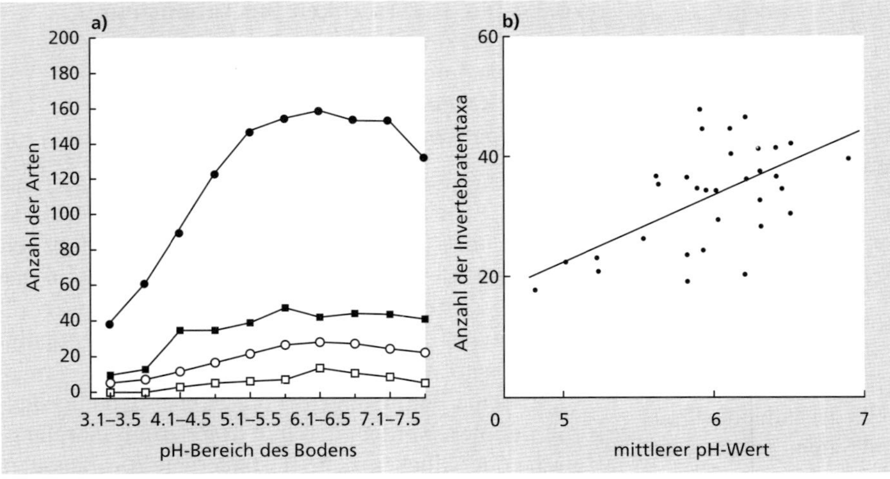

24.10 a) Der mittlere (○), maximale (■) und minimale (□) pflanzliche Artenreichtum pro Quadratmeter sowie die Gesamtartenzahl (●) auf Böden unterschiedlicher pH-Werte in natürlichen Grasländern Nordenglands. (Nach Grime 1973) b) Die Anzahl der Invertebratentaxa in Bächen im Ashdown Forest/Südengland in Abhängigkeit des pH-Wertes. (Nach Townsend et al. 1983)

24.3.5 Das Alter des Lebensraums: der evolutionäre Maßstab

Lebensgemeinschaften können artenarm sein, wenn sie nach einer Störung – wie den Eiszeiten – nicht genügend Zeit zur Erholung hatten und sich noch kein Gleichgewicht eingestellt hat.

Die Vorstellung, daß eine Lebensgemeinschaft deswegen artenarm sein kann, weil nicht genügend Zeit zur Besiedlung oder Evolution zur Verfügung stand, haben wir bereits im Zusammenhang mit Inselbiozönosen diskutiert (Kapitel 23). In Kapitel 21 haben wir gesehen, daß das Ungleichgewicht, das sich in vielen Biozönosen nach einer Störung einstellt, auf unvollständiger Wiederbesiedlung beruhen kann. Aber auch bei Artenverbänden, die große Flächen besiedeln oder nur ganz selten Störungen erleiden, wird Artenarmut immer wieder dadurch erklärt, daß sich ein ökologisches oder evolutionäres Gleichgewicht noch nicht eingestellt hat (zum Beispiel Stanley 1979) und sie daher noch nicht „gesättigt" sind (Abbildung 24.1d).

Am häufigsten wird diese Hypothese im Zusammenhang mit den pleistozänen Eiszeiten geäußert. Der im Vergleich zu Nordamerika geringe Artenreichtum der temperierten Wälder Europas wird zum Beispiel dadurch erklärt, daß in Europa die großen Gebirgsketten (Alpen und Pyrenäen) von Ost nach West verlaufen, während sie in Nordamerika in Nord-Süd-Richtung orientiert sind (Appalachen, Rocky Mountains und Sierra Nevada). Die Vermutungen gehen dahin, daß die europäischen Wälder der fortschreitenden Abkühlung (Klimaverschlechterung) aufgrund der Barrierewirkung der Gebirge nicht ausweichen konnten und ausstarben, während sie sich in Nordamerika einfach nach Süden ausbreiteten und dadurch überlebten (diese Hypothese wird Reid (1935) zugeschrieben – obwohl sie schon damals nicht neu war). Jüngere vegetationsgeschichtliche Untersuchungen stützen diese Theorie jedoch kaum (Huntley 1993). Die wachsenden Daten über historische Klimaverhältnisse und Vegetationsmuster sprechen eher dafür, daß die relative Artenarmut europäischer Wälder dadurch zustande kam, daß nur sehr kleine Waldgebiete die Eiszeit überdauerten, die noch nicht genügend Zeit zur evolutionären Erholung hatten. Aber auch in Nordamerika waren die Zeiträume während der Interglazialperioden zum Erreichen eines Gleichgewichts wahrscheinlich zu kurz (siehe Kapitel 1).

Die Gegenüberstellung der unveränderlichen Tropen und der sich regenerierenden gemäßigten Zonen ist so nicht haltbar.

Häufig wurde postuliert, zumindest eine der Ursachen für den relativen Artenreichtum der Tropen sei ihre lange und ungestörte Evolution, während sich die gemäßigten Regionen noch in der Erholungsphase befänden. Vermutlich aber wurde die Stabilität tropischer Lebensräume von den Ökologen bisher überschätzt. Mit der klimatischen und biotischen Ausbreitung temperierter Zonen während der Eiszeit in Richtung Äquator hat sich der tropische Wald offensichtlich auf sehr kleine, von Grasland umgebene Gebiete zurückgezogen (siehe Abbildung 1.5 und Abschnitt 1.2.2 für eine genauere Diskussion). Eine einfache Gegenüberstellung der „unveränderlichen" Tropen und der gestörten und sich regenerierenden gemäßigten Regionen ist daher als Erklärung für den unterschiedlichen Artenreichtum nicht haltbar. Eine Lösung dieses Problems wäre nur durch Fossilfunde möglich, die belegen würden, daß sich der Artenreichtum der Tropen nicht drastisch verändert hat und daß temperierte Klimaregionen entweder in der Vergangenheit mehr Spezies beheimateten oder ihr Artenreichtum gegenwärtig deutlich zunimmt. Leider gibt es solche fossilen Belege nicht.

24.4 Gradienten des Artenreichtums

Wie wir gesehen haben, ist es sehr schwierig, Erklärungen für den unterschiedlichen Artenreichtum in verschiedenen Lebensgemeinschaften zu finden; dagegen ist es relativ einfach, bestimmte Gesetzmäßigkeiten zu dokumentieren.

24.4.1 Die geographische Breite

Mit Ausnahme einiger taxonomischer Gruppen nimmt der Artenreichtum mit dem Breitengrad ab.

Eine besonders auffällige Gesetzmäßigkeit ist der Anstieg des Artenreichtums von den Polen zum Äquator. Das kann man sowohl bei Bäumen (Abbildung 24.2) als auch bei marinen Fischen und Invertebraten, Ameisen, Eidechsen und Vögeln (Abbildung 24.11) beobachten.

Solche Gradienten finden sich nicht nur innerhalb ausgedehnter geographischer Gebiete, sondern auch beim Vergleich kleiner Lebensgemeinschaften. Ein einziger Hektar tropischen Regenwaldes kann zwischen 40 und 100 unterschiedliche Baumarten beheimaten, während auf der gleichen Fläche eines temperierten Laubwaldes (zum Beispiel in Nordamerika) lediglich zehn bis 30 Spezies zu finden sind, in den Nadelwäldern Nordkanadas sogar nur eine bis fünf (Brown und Gibson 1983). Natürlich gibt es auch Ausnahmen. Bestimmte Gruppen, wie Pinguine und Robben, haben ihre größte Artenvielfalt in den Polargebieten, während Koniferen und Schlupfwespen (*Ichneumonidae*) ihr Artenmaximum in den gemäßigten Klimaregionen erreichen. Diese Ausnahmen werden aber bei weitem durch die vielen Gruppen übertroffen, die ausschließlich in den Tropen vorkommen.

Wirtsspezifische Prädation könnte zum Artenreichtum der Tropen beitragen.

Um diese Breitengradabhängigkeit der Artenvielfalt zu erklären wurden viele Hypothesen aufgestellt, keine ist jedoch frei von Problemen. So wurde zum Beispiel der Artenreichtum tropischer Bäume auf eine intensivere Prädation zurückgeführt (Janzen 1970; Connell 1971). Das Postulat, daß Keimlinge in Nachbarschaft gleichartiger adulter Bäume eine überdurchschnittlich hohe Mortalität aufweisen, da diese wirtsspezifische Herbivore beherbergen und auf sie übertragen, wurde

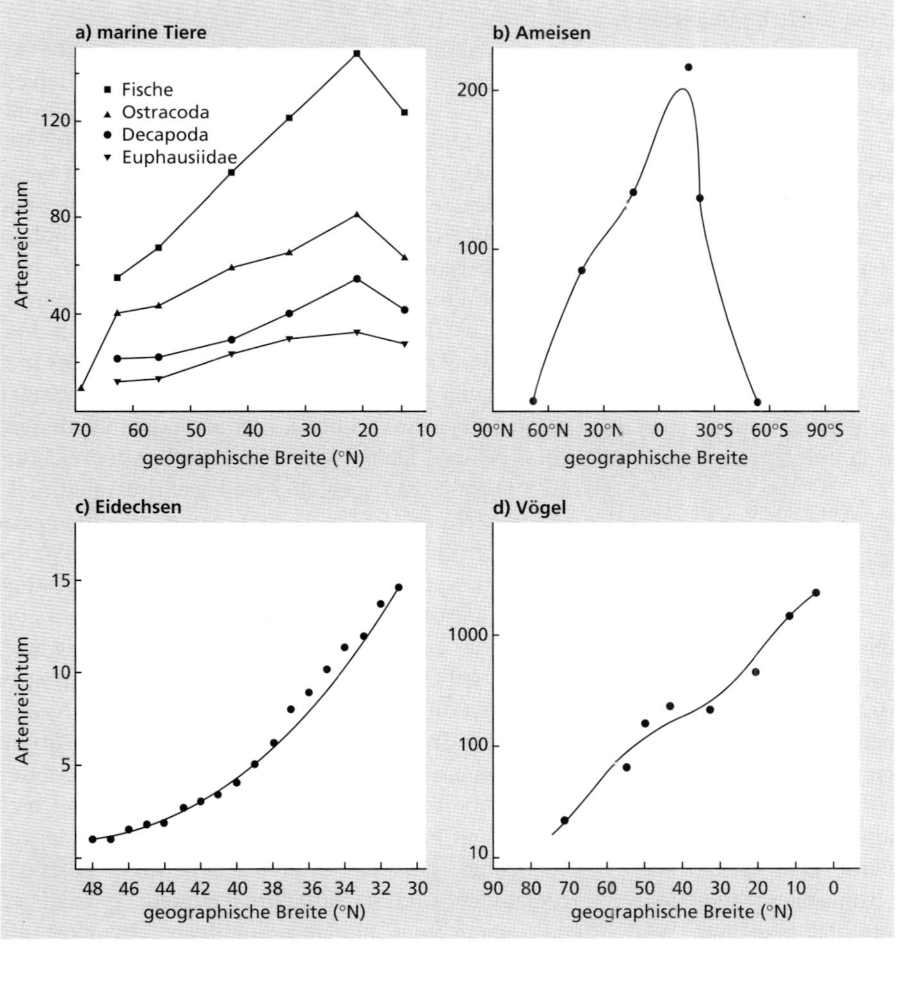

24.11 Die Breitenabhängigkeit des Artenreichtums bei a) Meerestieren im nordöstlichen Atlantik (zum Zeitpunkt der Probennahme lag bei 18°N eine massive Front zwischen dem südlichen und nördlichen Atlantik, so daß der Gipfel im Artenreichtum auf eine Mischung unterschiedlicher Faunenelemente zurückzuführen ist) (Nach Angel 1993); b) Ameisen (Nach Kusnezov 1957); c) Eidechsen in den Vereinigten Staaten (Nach Pianka 1983); d) Brutvögeln in Nord- und Zentralamerika. (Nach Dobzhansky 1950)

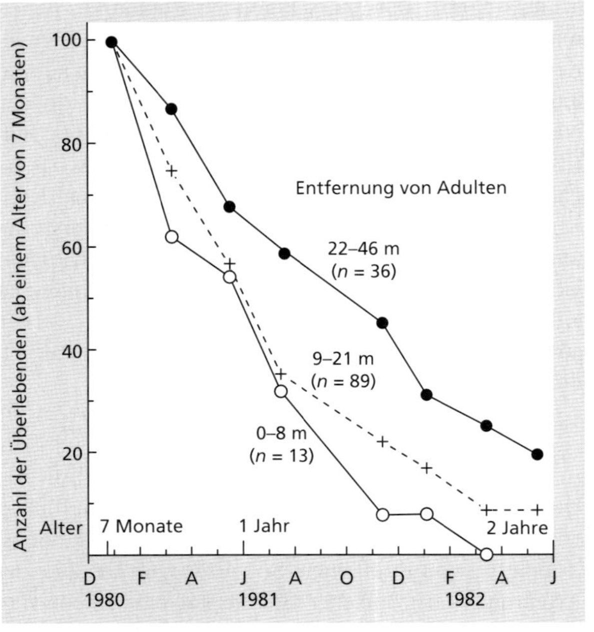

24.12 Die Überlebensrate von Sämlingen (sieben Monate bis zwei Jahre nach der Keimung) des tropischen Regenwaldbaumes *Dipteryx panamensis* (Tonkabaum) in Abhängigkeit der Entfernung zu adulten Pflanzen. (Nach Clark und Clark 1984)

durch eine Reihe von Experimenten untermauert (Clark und Clark 1984; Abbildung 24.12). Gleichzeitig wird dadurch natürlich die Wahrscheinlichkeit für die Etablierung artfremder Individuen erhöht, so daß sich insgesamt eine größere Artenvielfalt entwickelt. Das Problem bei dieser Theorie ist, daß die wirtsspezifische Prädation zwar zum Artenreichtum der Tropen beitragen, aber nicht dessen kausale Ursache sein kann, da die Vielfalt der Räuber selbst ein Attribut tropischer Lebensgemeinschaften ist. Viele Untersuchungen bestätigen jedoch, daß Prädation in den Tropen ausgeprägter ist als in gemäßigten Breiten (zum Beispiel Rypstra 1984; Brosset 1981). Theoretisch könnte dies zur Reduzierung der Konkurrenz und damit zu einer größeren Nischenüberlappung und einem höheren Artenreichtum führen (siehe Abbildung 24.1c).

Die Abhängigkeit des Artenreichtums von Breitengrad läßt sich nicht einfach aufgrund der Produktivität erklären.

Eine andere Theorie erklärt den Anstieg des Artenreichtums mit dem von den Polen zum Äquator zunehmenden Energieeintrag. Für heterotrophe Organismen kann dies zutreffen, da bei höheren Temperaturen die Populationen größer und damit die Aussterbewahrscheinlichkeiten geringer werden (Turner et al. 1996). Auch könnte ein breiteres Ressourcenangebot dadurch zur Verfügung stehen. Dies würde aber gleichzeitig eine erhöhte Artenvielfalt der tropischen Vegetation, also eine Zunahme der Produktivität bedeuten. Wie wir bereits diskutiert haben (Abschnitt 24.3.1), ist jedoch eher eine Abnahme der Artenvielfalt zu erwarten, wenn erhöhte Produktion auf die rein quantitative Zunahme einer Ressource, in diesem Fall Licht, zurückzuführen ist. Auf der anderen Seite ist Licht nicht der einzige, die Produktivität von Pflanzen bestimmende Faktor. Tropische Böden sind in der Regel nährstoffärmer als die gemäßigter Klimaregionen (siehe Kapitel 19), so daß der tropische Artenreichtum auch deren niedrige Produktivität widerspiegeln könnte. Die Argumentation auf Basis der Produktivität müßte demnach folgendermaßen aussehen: Die Licht-, Temperatur- und Wasserverhältnisse in den Tropen bedingen hohe Mengen pflanzlicher Biomasse (nicht unbedingt Diversität). Dies führt zu nährstoffarmen Böden und möglicherweise zu einem breiten Spektrum an Lichtregimen. Diese Parameter wiederum bewirken insgesamt die große pflanzliche Artenvielfalt. Auch auf höheren Trophieebenen scheint die tropische Umwelt für einzelne Spezies nicht besonders produktiv zu sein (zum Beispiel Thiollay 1988). Die tendenzielle Breitengradabhängigkeit des Artenreichtums läßt sich sicher nicht einfach mit der Produktivität erklären.

Die klimatische Stabilität der Tropen scheint für den Artenreichtum von Bedeutung zu sein.

Manche Ökologen führen das Klima als Ursache des Artenreichtums an. Sicherlich sind äquatoriale Gebiete weniger saisonal geprägt als gemäßigte (obwohl tropische Regenfälle einem jahreszeitlichen Zyklus folgen) und für viele Organismen auch berechenbarer (wenngleich dies schwer zu beweisen ist). Das Argument, daß stabile Klimaverhältnisse den Arten eine höhere Spezialisierung erlauben (und damit engere Nischen, siehe Abbildung 24.1b), hat sich in mehreren Untersuchungen bestätigt. So zeigte zum Beispiel ein Vergleich von Vogelbiozönosen, daß die Anzahl der brütenden Arten in tropischen Busch- und Waldhabitaten (in Panama) sehr viel höher war als in gemäßigten (in Illinois/USA). Dabei war der größere Artenreichtum zu 25 bis 50 % auf spezialisierte Fruchtfresser zurückzuführen (Karr 1971). Andere Arten ernährten sich von großen Insekten, die nur in den Tropen das ganze Jahr über verfügbar sind. Das heißt, das ständige Angebot bestimmter Nahrungsressourcen erlaubt eine zusätzliche Spezialisierung tropischer Vogelgesellschaften. Im Gegensatz dazu zeigt die Insektengruppe der Borken- und Kernkäfer (*Scolytidae* und *Platypodidae*) in den Tropen trotz eines höheren Artenreichtums eine geringere Wirtsspezifität als in den temperierten Zonen (Abbildung 24.13). Schließlich kann man auch bei marinen Fischparasiten gegensätzliche Tendenzen beobachten. Die zur Ordnung Digenea gehörenden Trematoden sind in Äquatornähe mehr spezialisiert und zeigen einen höheren Anteil an Arten, die nur

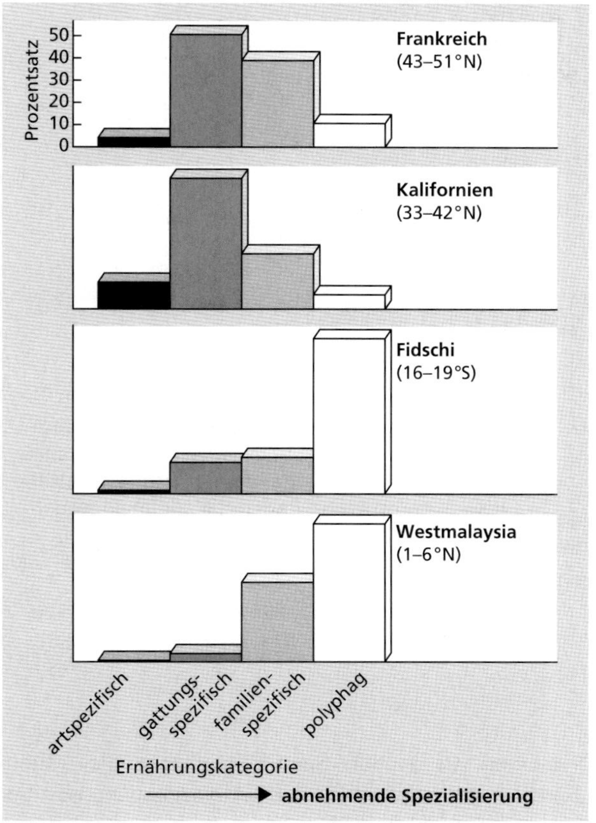

24.13 Die Anzahl der Kern- und Borkenkäferarten in Abhängigkeit der Ernährungsweise. Mit dem Breitengrad nimmt der Anteil spezialisierter Arten zu. (Nach Beaver 1979)

einen einzigen Wirt parasitieren (Abbildung 24.14). Dagegen ist der Spezialisierungsgrad innerhalb der Ordnung Monogenea in allen geographischen Regionen mehr oder weniger gleich, obwohl auch hier in tropischen Gewässern mehr Arten vorhanden sind.

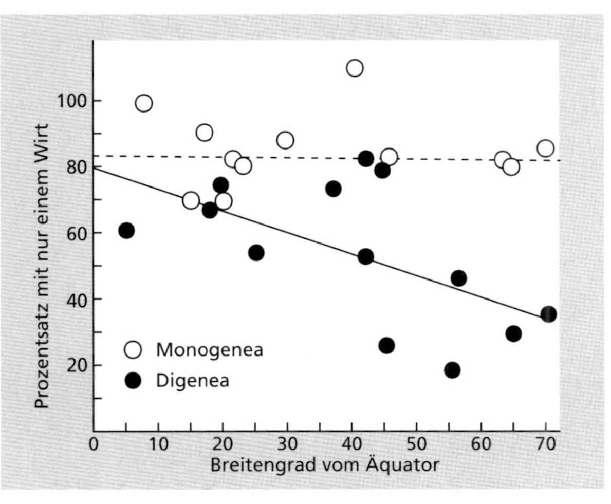

24.14 Der prozentuale Anteil auf einen Wirt spezialisierter Fischparasiten der Ordnungen Monogenea und Digenea in Abhängigkeit des Breitengrades. (Nach Rohde 1978)

Die Berücksichtigung klimatischer Einflüsse bei der Erklärung breitengradabhängiger Unterschiede im Artenreichtum scheint also durchaus berechtigt, aber ihre genaue Funktion bleibt unklar.

Auch das höhere „evolutionäre Alter" der Tropen wird als Begründung angeführt, desgleichen die Argumentation, daß die wiederholte Fragmentierung und Wiedervereinigung tropischer Waldrefugien die genetische Differenzierung und Speziation gefördert hat (Connor 1986). Diese Theorien sind zwar plausibel, aber bei weitem nicht bewiesen.

Insgesamt können wir den breitengradabhängigen Gradienten im Artenreichtum nicht eindeutig erklären. Das ist nicht verwunderlich, da wir die herangezogenen Parameter – wie Trends in Produktiviät und klimatischer Stabilität – selbst kaum verstehen. Trotzdem kann die Erklärung letztendlich ganz einfach sein: Falls der graduelle Unterschied im pflanzlichen Artenreichtum auf einen einzigen äußeren Faktor zurückzuführen ist, würde die damit verbundene Ressourcenzunahme (bezüglich Menge, Diversität und Heterogenität) automatisch eine größere Artenzahl der Herbivoren erlauben. Daraus ergäbe sich nicht nur ein stärkerer Prädationsdruck auf die Pflanzen (und damit ein höherer Artenreichtum), sondern auch eine reichhaltigere und vielfältigere Nahrungsressource für Carnivore. Diese würden wiederum einen starken Prädationsdruck auf die Herbivoren ausüben, und so weiter. Das heißt, ein einziger, subtiler, allerdings bisher unklarer Parameter könnte einen Dominoeffekt auslösen, der schließlich zu einem ausgeprägten Gradienten führt.

24.4.2 Die geographische Höhe

Mit der geographischen Höhe nimmt der Artenreichtum ab.

Jeder, der in Äquatornähe einen Berg ersteigt, beginnt in einem tropischen Habitat und wandert dann durch klimatische und biotische Zonen, die viel Ähnlichkeit mit zuerst mediterranen, dann temperierten und schließlich arktischen Lebensräumen aufweisen. Mit ökologischen Kenntnissen würde der Bergsteiger auch feststellen, daß sich der Artenreichtum dabei zunehmend verringert. Beispiele hierfür zeigt Abbildung 24.15.

Dies läßt vermuten, daß die zu beobachtenden höhenbedingten Unterschiede im Artenreichtum durch ähnliche Faktoren verursacht werden, wie wir sie bereits für die Breitengradabhängigkeit diskutiert haben (obwohl dies für das evolutionäre Alter und auch für die klimatische Stabilität unwahrscheinlich ist) und damit ebenso schwer zu erklären sind. Hinzu kommt noch, daß Lebensgemeinschaften in höheren Lagen im allgemeinen kleinere Flächen besiedeln und isolierter sind als in Tieflandregionen. Dies trägt

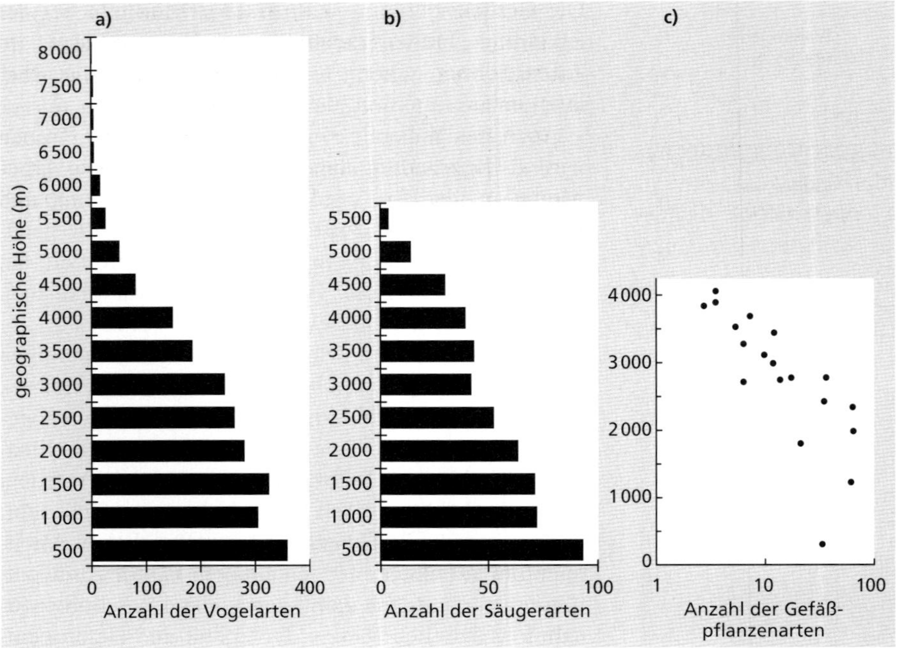

24.15 Der Zusammenhang zwischen dem Artenreichtum und der geographischen Höhe im Himalaja für a) Brutvogelarten, b) Säugetiere (nach Hunter und Yonzon 1992) und c) Gefäßpflanzen. (Nach Whittaker 1977; unveröffentlichte Daten von K.Yoda)

sicherlich auch zur Abnahme des Artenreichtums mit der Höhe bei.

24.4.3 Die Wassertiefe

Die Änderung des Artenreichtums mit der Wassertiefe ähneln denen mit der geographischen Höhe an Land.

Die mit der Wassertiefe zu beobachtenden Änderungen im Artenreichtum aquatischer Lebensräume ähneln sehr dem höhenabhängigen Trend in terrestrischen Systemen. In großen Seen beheimaten die kalten, dunklen und sauerstoffarmen Abyssalzonen weniger Spezies als das Oberflächenwasser. In ganz analoger Weise nimmt der Artenreichtum im offenen Ozean sehr schnell mit der Tiefe ab – mit Ausnahme der oft bizarren Tierwelt des Meeresbodens. Interessanterweise zeigen benthische Wirbellose keinen kontinuierlichen Gradienten, sondern einen maximalen Artenreichtum bei etwa 2000 m, was etwa der Tiefe des Kontinentalabfalls entspricht (Abbildung 24.16). Sanders (1968) erklärte dies mit der zwischen 0 und 2000 m zunehmenden Konstanz des Lebensraums.

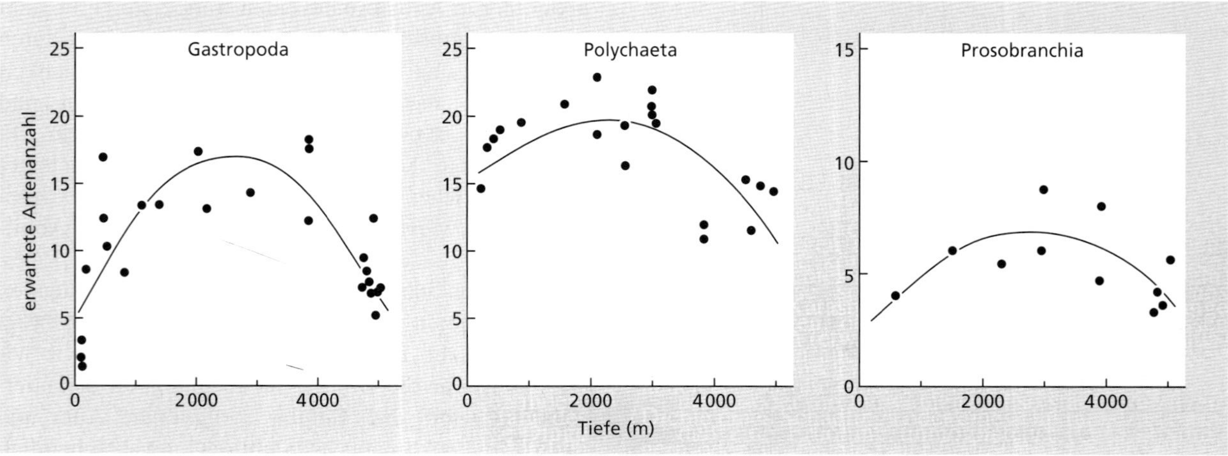

24.16 Die Veränderung des Artenreichtums bodenbewohnender Meerestiere in Abhängigkeit der Tiefe (Proben von jeweils 50 Individuen). (Nach Rex 1981)

24.4.4 Sukzession

Die Entwicklung des Artenreichtums in einer Sukzession gleicht einem Kaskadenprozeß.

Im Verlauf einer Brachlandsukzession (siehe Abschnitt 17.4.3) ist die Zunahme des pflanzlichen Artenreichtums mit dem Wechsel von einer geometrischen Rang-Abundanz-Kurve (mit ausgeprägter Dominanz) zu einer mehr gleichmäßigen Verteilung der bodendeckenden Arten (und geringer Dominanz) verbunden (Abbildung 24.17; vergleiche auch Abbildung 17.3). Die hohe Artenzahl kann entweder bis zum Klimaxstadium ansteigen oder in späteren Sukzessionsstadien wieder abnehmen. Die wenigen Untersuchungen bei Tieren zeigen die gleiche Tendenz. Abbildung 24.18 illustriert dies für Vögel und Insekten in Brachlandsukzessionen.

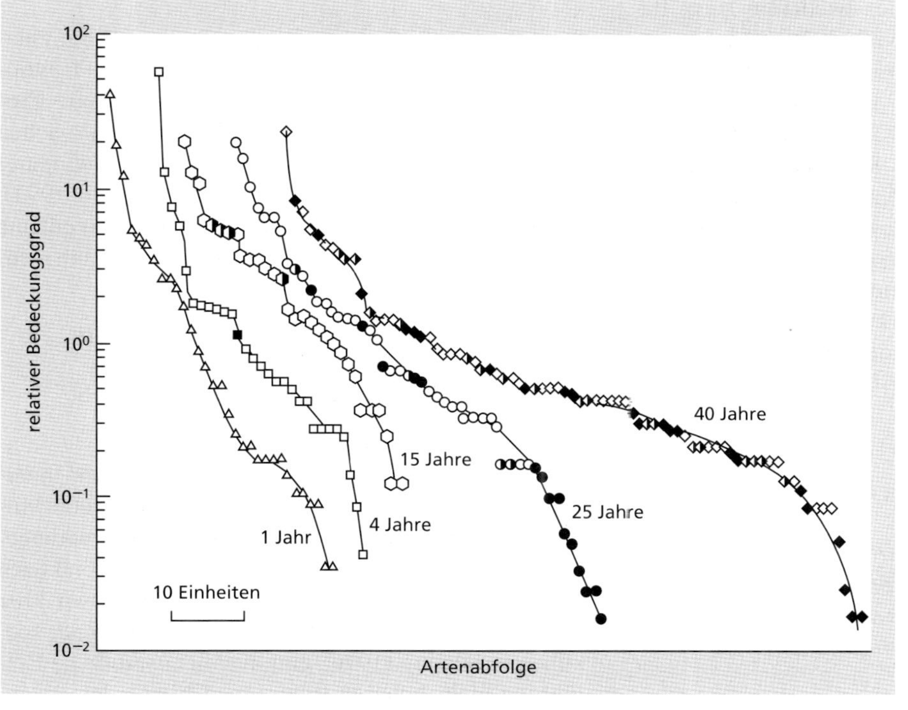

24.17 Rang-Abundanz-Kurven für Pflanzen auf Brachflächen unterschiedlichen Sukzessionsalters in Illinois/USA. Unausgefüllte Symbole kennzeichnen Kräuter, halbausgefüllte Büsche, und ausgefüllte repräsentieren Bäume. Der Artenreichtum stieg von 31 Spezies im ersten Jahr auf mehr als 80 Arten nach 40 Jahren. (Nach Bazzaz 1975)

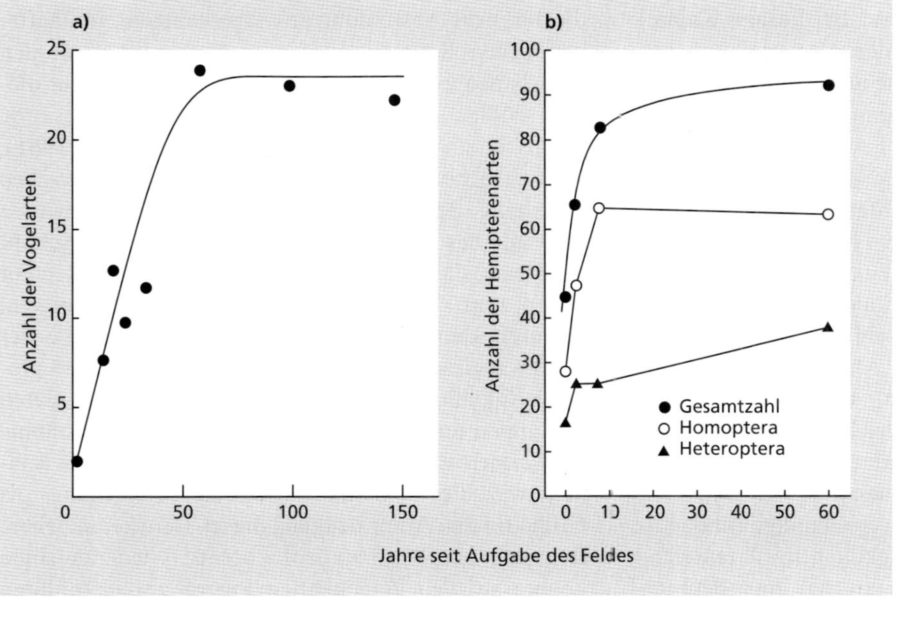

24.18 Die Zunahme des Artenreichtums während Brachlandsukzessionen. a) Vögel (Nach Johnston und Odum 1956); b) Hemipteren. (Nach Brown und Southwood 1983)

Zu einem gewissen Grad ist dieser Anstieg die logische Konsequenz einer allmählichen Besiedlung durch spätere Sukzessionsarten aus der Umgebung (das heißt aus „gesättigteren" Lebensgemeinschaften, siehe Abbildung 24.1d). **Sukzession** bedeutet aber nicht nur das Hinzukommen neuer Arten, sondern beinhaltet auch Ersetzungsprozesse.

Man kann sich Sukzession als einen Kaskadenprozeß vorstellen. Die Erstbesiedler stellen vorher nicht vorhandene Ressourcen und heterogene Mikrohabitate zur Verfügung. Die dadurch verursachte Zunahme in der Herbivorie und Prädation fördert ihrerseits den Anstieg der Artenzahl, und dies wiederum sorgt für eine noch größere Ressourcenvielfalt. Darüber hinaus wirken sich Temperatur, Feuchtigkeit und Windstärke in einem Wald viel weniger dramatisch aus als in dem offenen Gelände eines frühen Sukzessionsstadiums, so daß die zunehmende Stabilität des Lebensraums die Entwicklung und Persistenz spezialisierter Populationen ermöglicht (siehe zum Beispiel Parrish und Bazzaz 1979, 1982; Brown und Southwood 1983). Wie bei allen Gradienten ist es auch hier schwierig, Ursache und Wirkung voneinander zu unterscheiden. Aber im Falle der Sukzession scheint die Verknüpfung der einzelnen Faktoren die entscheidende Rolle zu spielen.

24.4.5 Das Zusammenwirken der verschiedenen Gesetzmäßigkeiten

Aufgrund des Zusammenwirkens von vielerlei Faktoren ist es schwierig, Verallgemeinerungen über die Ursachen des Artenreichtums zu treffen.

In Kapitel 21 sahen wir, daß der Artenreichtum bei intermediären Störungen am höchsten ist, und in Kapitel 23 stellten wir fest, daß er mit der Größe und Abgelegenheit einer Insel korreliert. In diesem Kapitel haben wir nun erfahren, daß der Artenreichtum mit der geographischen Breite, Höhe und (nach einem kurzen Anstieg) mit der Tiefe abnimmt; und daß in produktiven Lebensräumen eine Erweiterung des Ressourcenspektrums zur Erhöhung der Artenzahl führt, während eine lediglich quantitative Ressourcenzunahme in der Regel ein Absinken bewirkt. Artenreichtum ist auch positiv mit der Temperatur und mit der räumlichen Heterogenität verknüpft, eine zeitliche Heterogenität (klimatische Instabilität) dagegen zeigt einen negativen Effekt. Der Artenreichtum erhöht sich im Sukzessionsgeschehen, und wie wir später noch sehen werden, im Laufe der Evolution. Für viele dieser Verallgemeinerungen können wir jedoch wichtige Ausnahmen finden, und nicht alle lassen sich durch die derzeitigen Konzepte vollständig erklären.

Die Suche nach Gesetzmäßigkeiten im Artenreichtum und adäquaten Erklärungen hat uns deutlich gezeigt, wie schwierig es ist, Hypothesen in der Ökologie zu überprüfen. Zur Lösung dieser Probleme müssen wir evolutionäre Argumente (Kapitel 1–3 und 14), Populationsdynamik (Kapitel 4–7, 10, 15 und 16), interspezifische Wechselwirkungen (Kapitel 8, 9, 11–13, 17 und 20–23) sowie Energie- und Stoffflüsse (Kapitel 18 und 19) heranziehen. Die Biozönologie ist eines der schwierigsten und herausforderndsten Gebiete der modernen Ökologie.

24.4.6 Muster im Artenreichtum von Fossilfunden

Die Lückenhaftigkeit fossiler Funde war für die Paläontologie schon immer das größte Problem. Unvollständig erhaltene Fossilien, nicht ausreichende Probennahme und taxonomische Unsicherheiten machen eine exakte Bewertung langfristiger evolutionärer Gesetzmäßigkeiten äußerst schwierig (Benton 1994). Trotzdem kristallisierten sich einige allgemeine Muster heraus, wie sie für sechs wichtige Organismengruppen in Abbildung 24.19 dargestellt sind.

Die „Explosion" im Kambrium könnte ein Beispiel für ausbeutervermittelte Koexistenz, der Rückgang im Perm für eine Arten-Areal-Beziehung sein.

Fast alle Stämme mariner Invertebraten traten innerhalb eines relativ kurzen Zeitraums vor etwa 600 Millionen Jahren auf (Abbildung 24.19a). In den vorangegangenen 2 500 Millionen Jahren existierten praktisch nur Bakterien und Algen. Natürlich können wir über die Ursache dieser „Explosion" im Kambrium nur spekulieren. Stanley (1976) ging davon aus, daß die Einführung einer höheren trophischen Ebene den Artenreichtum in niedrigeren Trophieebenen steigern kann, und betrachtet den ersten einzelligen herbivoren Protisten als „Held" des Geschehens. Demnach könnten die durch die Abweidung des Algenteppichs geschaffenen neuen Raumressourcen in Verbindung mit den damals neu evolvierten eukaryotischen Zellen für diesen größten evolutionären Ausbruch, den die Erde jemals erlebt hat, verantwortlich sein (Gould 1981). Als Ursache für den gleichermaßen dramatischen Rückgang der Wirbellosenfamilien im Flachwasser am Ende des Perm (Abbildung 24.19a) führte Schopf (1974) an, daß sich zu dieser Zeit die Landmassen der Erde zum Superkontinent Pangaea vereinigten. Dadurch kam es zu einer drastischen Abnahme der Flachwasserhabitate. Zudem war dies eine Phase globaler Abkühlung, und auch das Anwachsen der polaren Eiskappen und Gletscher reduzierte die Lebensräume im warmen Flachwasser (Maxwell 1989). Somit können wir die bekannte Arten-Areal-Beziehung als Grund für den Artenrückgang dieser Tiere heranziehen. Die nach dem Perm zu beobachtende Wiederzunahme könnte auf den umgekehrten Prozeß zurückzuführen

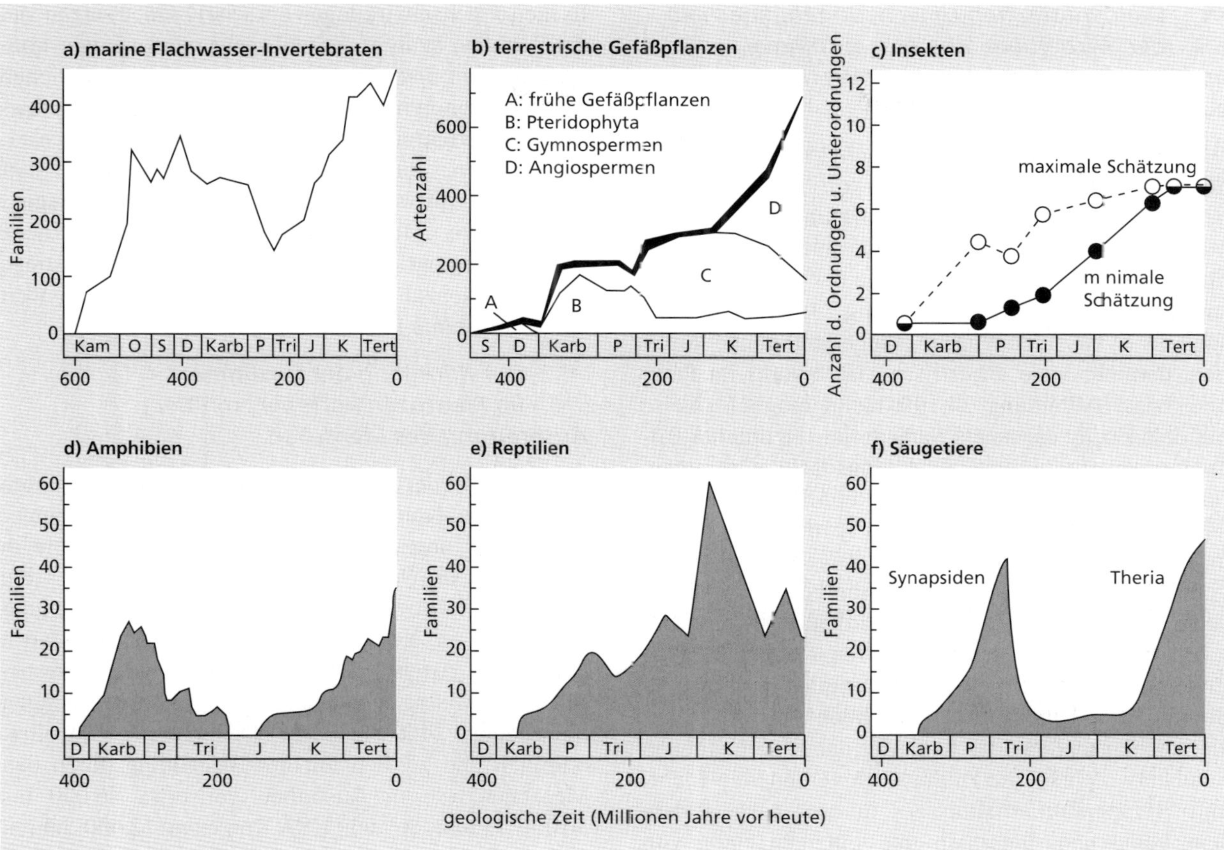

24.19 Die Kurven zeigen die durch Fossilfunde belegte Häufigkeitsverteilung für a) Wirbellosenfamilien aus dem Flachwasser (Nach Valentine 1970); b) vier Gruppen von Gefäßpflanzen – frühe Formen, Farne Gymnospermen und Angiospermen (Nach Niklas et al. 1983); c) Ordnungen und Unterordnungen von Insekten. Die Minimalwerte beziehen sich auf gesicherte Fossilfunde, die maximale Schätzung schließt unsichere Funde ein (nach Strong et al. 1984); d–f) Familien aus drei verschiedenen Wirbeltiergruppen. (Nach Webb 1987) Kam: Kambrium; O: Ordovizium; S: Silur; D: Devon; Karb: Karbon; P: Perm; Tri: Trias; J: Jura; K: Kreide; Tert: Tertiär.

sein – nämlich auf die Vergrößerung der Flachwassergebiete durch globale Erwärmung und durch das Auseinanderdriften der Kontinente.

Die Diversifizierung der Pflanzen während der Evolution könnte teilweise auf konkurrenzbedingte Verdrängung zurückzuführen sein.

Die Analyse fossiler Gefäßpflanzen (Abbildung 24.19b) spricht für vier distinkte evolutionäre Phasen: 1) eine starke Vermehrung früher Arten im Silur und im mittleren Devon; 2) eine Radiation farnartiger Pflanzen im späten Devon und im Karbon; 3) das Auftreten von Samenpflanzen im späten Devon und die Entwicklung einer von Gynmospermen dominierten Flora; 4) die Etablierung von Blütenpflanzen während Kreide und Tertiär. Offenbar war mit der Eroberung des Landes (erst durch die Entwicklung von Wurzeln ermöglicht; Harper et al. 1991) die Diversifizierung jeder neuen Pflanzengruppe mit einem Artenrückgang der vorher dominierenden verbunden. In zwei Fällen (beim Wechsel von frühen Gefäßpflanzen zu den Gymnospermen und beim Ablösen der Gymnospermen durch Angiospermen) könnte man dies durch eine konkurrenzbedingte Verdrängung älterer, wenig spezialisierter Arten durch neuere, höher spezialisierte Formen erklären (Niklas et al. 1983). Der Übergang zwischen den Pteridophyten und den Gymnospermen fällt dagegen mit grundlegenden Veränderungen der Umwelt zusammen; möglicherweise erlaubte das teilweise Aussterben der Farnpflanzen die Radiation der Gymnospermen in die nun freien ökologischen Nischen.

Die ersten eindeutig phytophagen Insekten sind aus dem Karbon bekannt. Danach treten ständig neue Ordnungen auf (Abbildung 24.19c), zuletzt – zeitgleich mit dem Aufstieg der Angiospermen – die *Lepidoptera*. Wie Strong et al. (1984) betonten, gibt es keinen Grund zur Annahme, daß dieser kontinuierliche Anstieg in der Anzahl an Ordnungen und vermutlich auch Arten heute ein Gleichgewicht erreicht hat. Reziproke Evolution war und ist eine wichtige Triebfeder für die Evolution des Formenreichtums von Landpflanzen und Insekten.

Die dynastischen Umwälzungen innerhalb der Wirbeltiere scheinen mit Klima- und Vegetationsänderungen in Verbindung zu stehen.

Die Geschichte der tetrapoden Vertebraten kann man grundsätzlich als eine Abfolge von vier Dynastien beschreiben (Webb 1987). Zuerst kamen die Amphibien (spätes Devon und Karbon), unter denen große räuberische Vertreter an der Spitze der Süßwassernahrungsnetze dominierten (Abbildung 24.19d). Der Aufstieg der Synapsidendynastie (säugetierähnliche Reptilien, darunter viele terrestrische Herbivore) im Perm und Trias (Abbildung 24.19f) hängt möglicherweise mit dem Erfolg der neuen Samenpflanzen und der Bildung einer produktiven Vegetationsdecke zusammen. Im späten Trias hatten diapside Reptilien (Abbildung 24.19e) die Synapsiden auf allen Kontinenten ersetzt und waren die dominierenden Herbivoren und Carnivoren (wahrscheinlich wegen ihrer besseren Anpassung an das immer trockener werdende Klima). Der letzte Wechsel – zu den Säugetieren – erfolgte gegen Ende der Kreidezeit, und zwar unglaublich schnell. Sollten die Dinosaurier tatsächlich infolge eines Kometeneinschlags (das heißt der damit verbundenen Staubentwicklung, die zu drastisch veränderten Licht- und Temperaturverhältnissen führte) ausgestorben sein, könnten sie innerhalb eines einzigen Jahres von der Erde verschwunden sein. Eine alternative Hypothese, nach der das Massenaussterben der Dinosaurier und die Verbreitung der Säugetiere durch graduelle Klimaveränderungen und Konkurrenzsituationen hervorgerufen wurden, würde eine Übergangsphase von vielleicht eintausend bis wenige Millionen Jahren bedeuten. Generell scheinen die Ursachen für die dynastischen Umwälzungen mit Klima- oder Vegetationsänderungen verbunden zu sein.

Was sagen uns diese Befunde über den „Sättigungsgrad“ rezenter Lebensgemeinschaften? Demonstrieren uns die beobachteten Muster, daß sich in Biozönosen während der Evolution mit immer mehr Arten ansammeln (was gegen eine große Bedeutung von interspezifischen Wechselwirkungen spräche)? Oder zeigen sie, daß Nischen in ihrer Anzahl mehr oder weniger konstant bleiben und abwechselnd von unterschiedlichen Arten eingenommen werden (was mit einer Limitierung des Artenreichtums durch ökologische Wechselbeziehungen übereinstimmen würde)? Auch hier scheint die Antwort irgendwo dazwischen zu liegen: Evolutionäre „Durchbrüche“ können wichtige neue Nischen geschaffen haben, die sprunghafte Anstiege in der Artenzahl erlaubten, denen bemerkenswert lange, konstante Perioden folgten.

Der Rückgang der Großtiere im Pleistozän korreliert mit der Ausbreitung des Menschen.

Gegen Ende der letzten Eiszeit waren Großtierarten auf unseren Kontinenten viel zahlreicher als heute; denken wir nur an die vielen riesigen Beuteltiere in Australien, die Mammuts in Nordamerika oder die gigantischen flugunfähigen Vögel (Dinorthidae und *Aepyornis*) in Neuseeland und Madagaskar (Martin 1984). Die Artenvielfalt, vor allem die der terrestrischen Großfauna, ist seitdem global zurückgegangen (Abbildung 24.20a). Diese Dezimierung korreliert räumlich und zeitlich mit der Besiedlung durch den Menschen, die in Australien vor etwa 40 000 bis 30 000 Jahren, in den USA vor etwa 12 000 Jahren und in Madagaskar und Neuseeland ungefähr vor 1 000 Jahren erfolgte (Abbildung 24.20b). Afrika, wo die menschliche Spezies ihren Ursprung hat, zeigt dagegen einen viel geringeren Rückgang des Artenreichtums, möglicherweise weil dort die Koevolution mit den frühen Menschen den Großtieren Zeit gab, erfolgreiche Verteidigungsstrategien zu entwickeln (Owen-Smith 1987).

Die Extinktionen im Pleistozän verkünden den Beginn des modernen Zeitalters, in dem der Mensch immer massiver in natürliche Lebensgemeinschaften eingreift. Eine Einschätzung dieser Effekte werden wir im Schlußkapitel vornehmen.

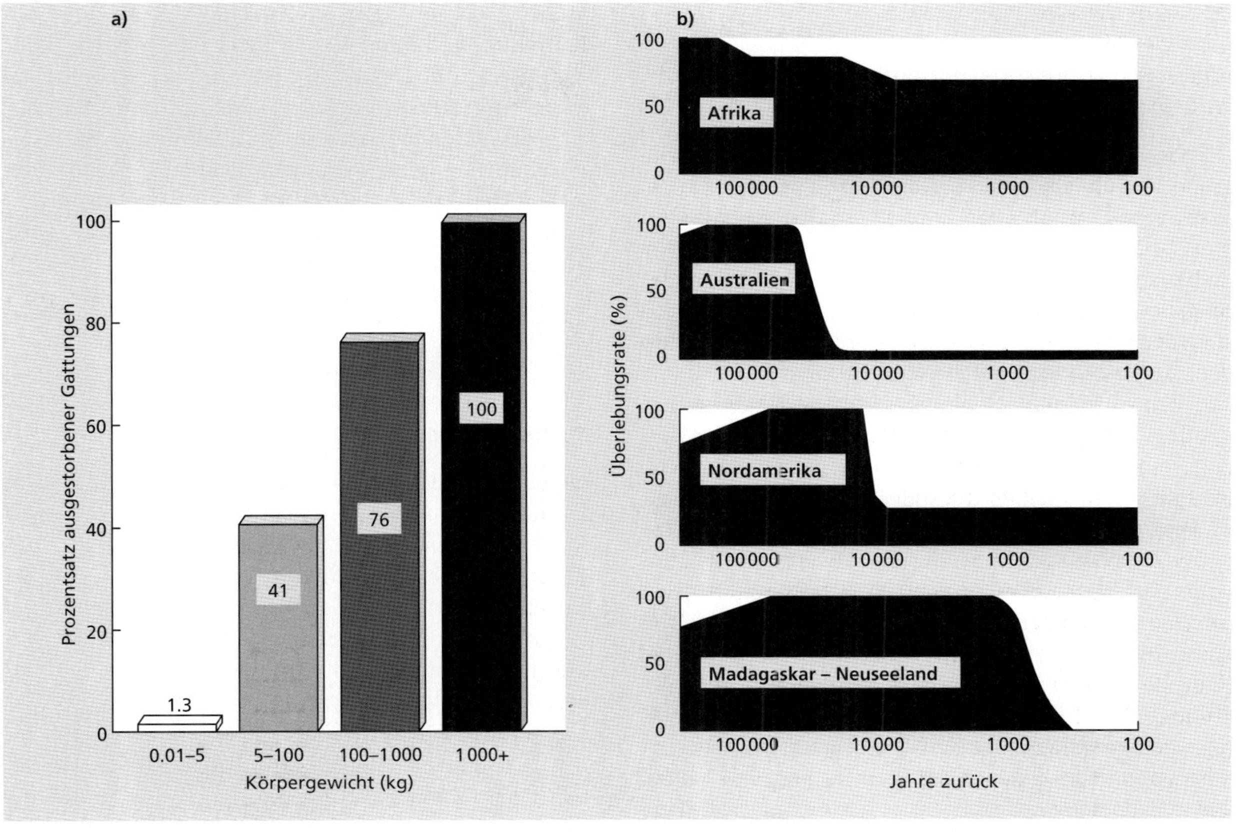

24.20 a) Der Prozentsatz an Gattungen herbivorer Großsäugetiere, die in den letzten 130 000 Jahren ausgestorben sind, ist eindeutig größenabhängig (Daten aus Nord- und Südamerika, Europa und Australien sind zusammengefaßt). (Nach Owen-Smith 1987) b) Der prozentuale Anteil überlebender Tiere auf drei Kontinenten und zwei großen Inseln (Neuseeland und Madagaskar). (Nach Martin 1984)

25 Naturschutz und Biodiversität

25.1 Warum Naturschutz?

Durch den Menschen erhielt das Artensterben eine neue Dimension.

Das **Aussterben** von Arten gehörte schon immer zur Geschichte des Lebens, aber mit dem Menschen traten neue Ursachen hierfür auf. Überjagung war sicherlich eine der ersten, doch inzwischen sind viele weitere Einflüsse hinzugekommen, wie Habitatzerstörung, Einführung exotischer Schädlinge und Umweltverschmutzung. Die Erhaltung der auf der Erde noch vorhandenen Arten hat – nicht überraschend – große Bedeutung erlangt. Damit werden wir uns in diesem letzten Kapitel beschäftigen.

25.1.1 Was sollen wir schützen?

Biodiversität kann auf verschiedenen Ebenen definiert werden.

Häufig hören und lesen wir über **Biodiversität**, ohne daß dieser Begriff klar definiert würde. Das können wir so nicht akzeptieren; wir müssen eindeutig festlegen, was wir mit Biodiversität meinen. Im einfachsten Fall verstehen wir darunter lediglich den **Artenreichtum**, also die Anzahl der in einem beliebigen geographischen Gebiet vorhandenen Spezies. Wie wir in Kapitel 17 gesehen haben, kann Artenvielfalt auch unter komplexeren Gesichtspunkten betrachtet werden und relative Abundanzen oder Biomassen und Produktionsraten koexistierender Populationen beinhalten. Biodiversität kann auch auf niedrigeren oder höheren Ebenen definiert werden. Wir können zum Beispiel den Erhalt der **genetischen Diversität** – und damit die Konservierung genetisch unterschiedlicher Subpopulationen und Unterarten – anstreben; oder wir stellen die **phylogenetische Diversität** und damit den Schutz von Arten ohne nahe Verwandte in den Mittelpunkt, um soweit wie möglich die globale biotische Vielfalt zu erhalten. Auch der Schutz ganzer Lebensgemeinschaften und Ökosysteme kann unser Ziel sein.

Ökologen müssen ihre Zielsetzungen hinsichtlich der Erhaltung der Biodiversität präzise formulieren.

Die Diskussion um den Begriff Biodiversität ist sehr nuancenreich. Weist eine Wiese mit zwei Grasarten eine höhere Biodiversität auf als eine mit einer Grasart und einem Kaninchen? Ist eine Pflanze mit polymorphen Blättern diverser als eine monomorphe? Trägt ein Baum mehr zur Biodiversität bei als ein Tier, weil er mehr Ressourcen für andere Spezies liefert? Wir wollen dieses Problem nicht vertiefen (für eine ausführliche Diskussion siehe Hawksworth 1994), sondern hier nur festhalten, daß unter Biodiversität in der Regel alles zusammengefaßt wird, was zur Vielfalt der belebten Natur beiträgt. Auf der anderen Seite müssen Ökologen, wenn der Begriff von praktischem Nutzen sein soll, präzise definieren, was sie unter diesem Ausdruck verstehen, was sie schützen wollen und wie sie den Erfolg messen können.

25.1.2 Die Größenordnung des Problems

Meist ist es der durch Menschen verursachte **Artenverlust**, der besondere Besorgnis hervorruft. Um das Ausmaß dieses Problems richtig einordnen zu können, müßten wir die Gesamtzahl aller auf der Erde vorhandenen Spezies kennen, sowie deren jetzige und frühere, nicht anthropogen beeinflußten **Aussterberaten**. Diese Größen können wir jedoch nur sehr ungenau abschätzen.

Die Schätzungen des globalen Artenreichtums sind sehr ungenau und schwanken zwischen drei und 30 Millionen Spezies.

Derzeit sind etwa 1.8 Millionen Arten bekannt. Es gibt verschiedene Möglichkeiten, die tatsächliche Anzahl, die weit darüber liegen muß, abzuschätzen (für Einzelheiten siehe May 1990a). Ein Ansatz stützt sich auf die allgemeine Beobachtung, daß für jede Säugetier- oder Vogelspezies der gemäßigten und borealen Klimazonen jeweils zwei tropische Arten zu finden sind. Falls dies auch für Insekten zutrifft, würde die Gesamtzahl auf etwa drei bis fünf Millionen steigen. Ein anderer Wert basiert auf der Häufigkeit, mit der neue Spezies gefunden werden, und gibt eine **globale Artenzahl** von sechs bis sieben Millionen an. Ein dritter Ansatz beruht auf der empirischen Gesetzmäßigkeit, daß die Anzahl der Tierarten mit abnehmender Körpergröße zunimmt (zumindest im Bereich zwischen wenigen

Metern und einem Zentimeter gilt: Eine Reduktion der Körperlänge um den Faktor 10 ist mit einer Zunahme der Artenzahl um Faktor den 100 verbunden). Extrapoliert man diese Beobachtung bis zur Mikrofauna mit einer Länge von 0.2 mm, würde daraus allein für terrestrische Tiere eine Gesamtzahl von zehn Millionen Spezies resultieren. Eine vierte Abschätzung schließlich geht von dem Käferreichtum im Laubdach tropischer Bäume aus (mehr als 1 000 Käferarten auf einem Baum und etwa 50 000 unterschiedliche Baumspezies) und kommt auf etwa 30 Millionen tropischer Arthropodenarten.

Die gegenwärtigen Verlustraten werden wahrscheinlich unterschätzt.

Wie aus Abbildung 25.1 hervorgeht, weisen vor allem Säugetiere und Vögel auf Inseln eine besonders hohe Aussterbewahrscheinlichkeit auf. Auf den ersten Blick sieht es so aus, als sei die Gesamtzahl der verlorengegangenen Arten insgesamt gering und habe in der zweiten Hälfte des 20. Jahrhunderts stark abgenommen. Diese Werte müssen allerdings mit Vorsicht interpretiert werden. Zum einen können sogar für relativ gut untersuchte Spezies – wie Vögel und Säugetiere – die Zahlen deutlich unterschätzt sein, da viele tropische Arten nicht ausreichend berücksichtigt wurden. Darüber hinaus sind sehr viele Arten noch unbekannt, so daß wir nie wissen werden, wie viele von ihnen ausgestorben sind. Schließlich kann das Absinken der Aussterberaten in der zweiten Hälfte des 20. Jahrhunderts nicht nur als gewisser Erfolg der Naturschutzbewegung betrachtet werden, sondern könnte auch damit zusammenhängen, daß eine Spezies erst dann als ausgestorben gilt, wenn sie über einen Zeitraum von 50 Jahren nicht beobachtet wurde – oder ganz einfach auch damit, daß die empfindlichsten Arten bereits verloren sind.

Der derzeit zu beobachtende Artenverlust liegt deutlich über der „natürlichen" Frequenz.

Eine wichtige Schlußfolgerung aus Fossilfunden (siehe Kapitel 24) ist, daß die meisten (wahrscheinlich alle) rezenten Arten irgendwann aussterben werden

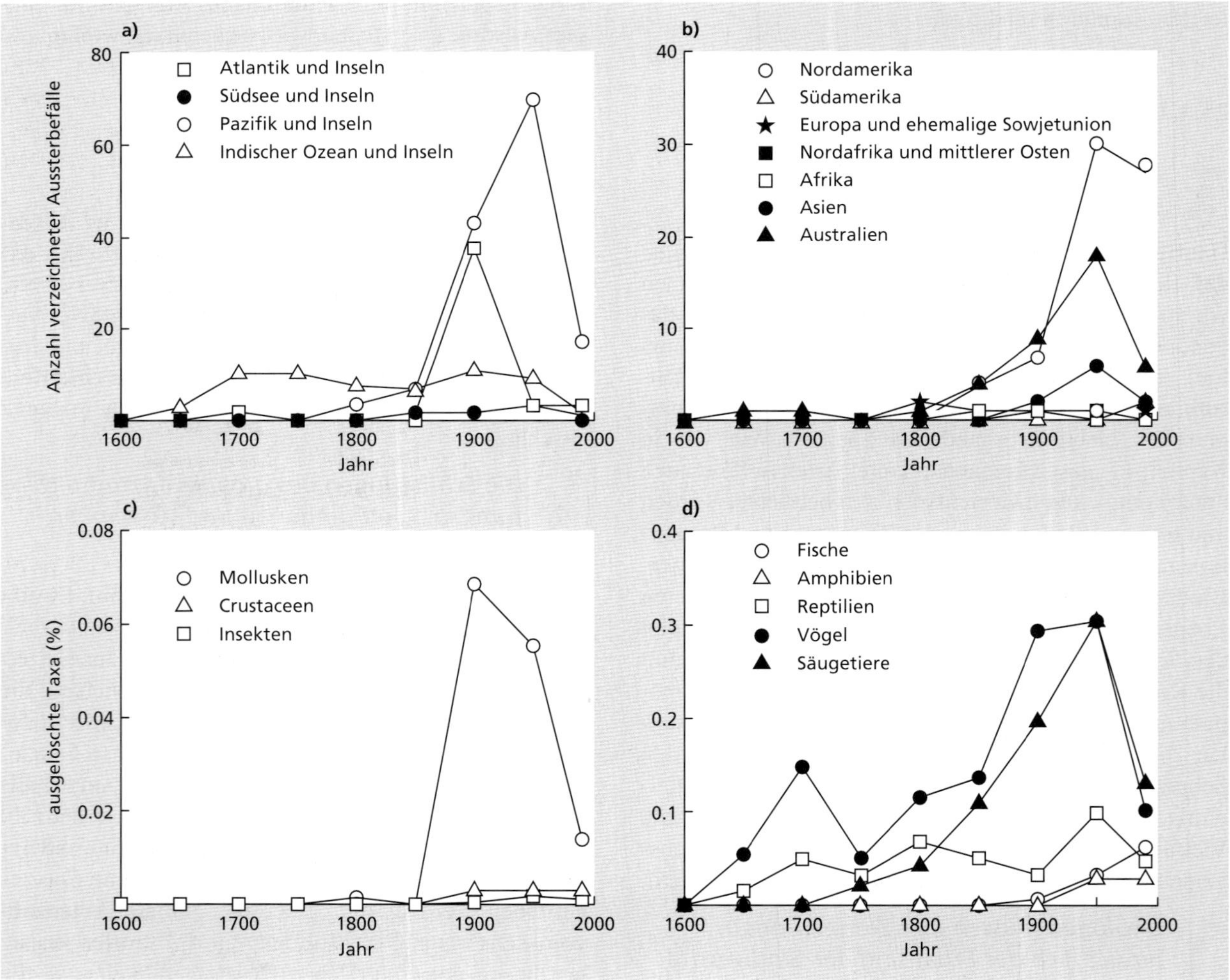

25.1 Der seit 1600 erfaßte Verlust von Tierarten a) in Meeren und auf Inseln, b) in den wichtigsten geographischen Regionen, c) für Wirbellose und d) für Wirbeltiere. (Nach Smith et al. 1993)

Tabelle 25.1: Die aktuelle Anzahl und der Prozentsatz vom Aussterben bedrohter Tier- und Pflanzenarten in den wichtigsten Taxa. (Nach Smith et al. 1993)
Die höheren Werte für Pflanzen, Vögel und Säugetiere sind möglicherweise auf bessere Kenntnisse dieser Gruppen zurückzuführen.

Taxon	Anzahl der bedrohten Arten	geschätzte Gesamtzahl aller Arten	Prozentsatz der bedrohten Arten
Tiere			
Mollusken	354	10^5	0.4
Crustaceen	126	4.0×10^3	3
Insekten	873	1.2×10^6	0.07
Fische	452	2.4×10^4	2
Amphibien	59	3.0×10^3	2
Reptilien	167	6.0×10^3	3
Vögel	1 029	9.5×10^3	11
Säugetiere	505	4.5×10^3	11
gesamt	3 565	1.35×10^6	0.3
Pflanzen			
Gymnospermen	242	758	32
Monokotyledonen	4 421	5.2×10^4	9
Monokotyledonen: Palmen	925	2 820	33
Dikotyledonen	17 474	1.9×10^5	9
gesamt	22 137	2.4×10^5	9

(von allen jemals existierenden Spezies sind heute weniger als 1 % erhalten; Simpson 1952). Gehen wir von einer globalen Artenzahl von zehn Millionen und von einer durchschnittlichen **Überlebensdauer** einer Art von einer bis zehn Millionen Jahren aus (Raup 1978), dürften pro Jahrhundert lediglich 100 bis 1 000 Spezies (0.001–0.01 %) verlorengehen. Die gegenwärtig zu beobachtende Verlustrate für Vögel und Säuger von etwa 1 % liegt also um einen Faktor 100 bis 1 000 über dieser „natürlichen" **Hintergrundaussterberate**. Darüber hinaus nimmt die Zerstörung von Lebensräumen immer bedrohlichere Ausmaße an, und die Liste gefährderter Arten ist alarmierend lang (Tabelle 25.1). Das kann uns nicht gleichgültig lassen. Obwohl eindeutige Beweise aufgrund der schwierigen und ungenauen Schätzungen fehlen, können wir davon ausgehen, daß unsere Kinder und Enkel einen Artenverlust erleben werden, der vergleichbar ist mit den fünf „natürlichen", aus palaeontologischen Befunden evidenten **Massenaussterben** (siehe Kapitel 24).

25.1.3 Warum sollen wir schützen?

Die ökologische Ökonomie bewertet Arten, Lebensgemeinschaften und Ökosysteme nach wirtschaftlichen Gesichtspunkten.

Ohne Zweifel besitzt die biologische Diversität für die meisten Menschen einen großen Wert. Da politische Entscheidungen jedoch in der Regel auf wirtschaftlichen Kriterien beruhen, sehen sich Wissenschaftler herausgefordert, eine neue **ökologische Ökonomie** zu entwickeln (Constanza 1991), durch die der Wert von Arten, Lebensgemeinschaften und Ökosystemen den potentiellen Gewinnen zerstörerischer Industrievorhaben gegenübergestellt werden kann. Viele mögen eine solche materielle Einschätzung der häufig einzigartigen und daher unbezahlbaren Natur (Ehrenfeld 1988) als ungeeignet empfinden; wenn wir als Ökologen jedoch politische Entscheidungen beeinflussen wollen, müssen wir mit dem nun einmal von wirtschaftlichen Gesichtspunkten dominierten Strom schwimmen.

Eine ökonomische Einschätzung kann auf dreierlei Grundlagen erfolgen: 1) dem unmittelbaren Produktwert, 2) dem indirekten wirtschaftlichen Wert (McNeeley 1988) und 3) dem ethischen Wert.

Der direkte Wert von Pflanzen und Tieren ist in vielen Fällen nicht bekannt, durch ihren Schutz erhalten wir aber potentiell bedeutungsvolle natürliche Ressourcen.

Für viele Arten – zum Beispiel für unsere Haustiere und Nutzpflanzen – ist ein unmittelbarer Wert als natürliche Ressource unbestritten. Andere Spezies besitzen eine potentielle, bisher noch nicht erschlossene Bedeutung (Miller 1988). Die genetische Diversität von Wildarten kann zum Beispiel von unschätzbarem Wert für die Züchtung neuer Rassen mit besserem Ertrag oder höherer Resistenz gegen Pathogenbefall, Trockenheit und andere biotische und abiotische Streßfaktoren darstellen, und natürliche Feinde (von denen die meisten nach wie vor kaum untersucht und häufig gar nicht bekannt sind) können zur biologischen Schädlingsbekämpfung eingesetzt werden (vergleiche auch Kapitel 16). Etwa 40 % aller Medikamente enthalten Substanzen, die aus Pflanzen oder Tieren gewonnen werden. (Aspirin – das weltweit wohl am häufigsten eingenommene Medikament – wurde ursprünglich aus den Blättern der Silberweide

(*Salix alba*) gewonnen). Das Neunbindengürteltier (*Dasypus novemcinctus*) diente zur Erforschung der Lepra und zur Entwicklung eines Impfstoffes gegen diese Krankheit; die Seekuh *Trichechus manatus* (Nagelmanati), eine bedrohte Säugetierart, wird für die Untersuchung der Hämophilie eingesetzt, und aus dem Madagaskar-Immergrün (*Catharanthus roseus*) wurden zwei Stoffe gewonnen, die bei der Behandlung von Leukämie Verwendung finden. Die überwiegende Mehrheit aller Tiere und Pflanzen wurde auf ihre medizinische Verwendbarkeit gar nicht untersucht, so daß man die Tragweite ihres Verlusts nie abschätzen kann. Durch den Schutz dieser Arten erhalten wir uns eine potentiell äußerst wertvolle Ressource.

Viele Pflanzen- und Tierarten besitzen einen mehr oder weniger offensichtlichen indirekten wirtschaftlichen Wert.

In manchen Fällen ist die indirekte wirtschaftliche Bedeutung einer Art relativ einfach in Zahlen auszudrücken. Der Wert von wilden Insektenarten, die unsere Kulturpflanzen bestäuben, läßt sich zum Beispiel durch die Ertragssteigerung oder durch die Kosten, die eine Bestäubung durch gemietete Bienenvölker verursachen würde, angeben (Primack 1993). Auch die wirtschaftliche Bedeutung von Freizeit und Ökotourismus findet immer größere Berücksichtigung. So suchen in den Vereinigten Staaten jährlich ungefähr 200 Millionen Erwachsene und Kinder ihre Erholung in der Natur und geben etwa vier Milliarden Dollar für Reise, Unterkunft, Verpflegung, Ausrüstung und Gebühren aus. Weltweit werden durch Ökotouristen etwa zwölf Milliarden Dollar jährlich in Umlauf gebracht (Primack 1993). Naturfilme, Bücher und Bildungprogramme werden „konsumiert", ohne der Natur zu schaden. Andere ökonomische Konsequenzen sind weniger offensichtlich, zum Beispiel die grundlegende Bedeutung natürlicher Lebensgemeinschaften für den Wasserhaushalt, die Bodenbeschaffenheit, für klimatische Bedingungen sowie für den Abbau von Schad- und Abfallstoffen.

Vom ethischen Standpunkt aus ist Naturschutz eine moralische Verpflichtung.

Schließlich kommen wir zum ethischen Wert. Viele vertreten die Meinung, daß jede Art an sich wertvoll ist und diese Bedeutung auch dann besäße, wenn wir Menschen nicht da wären, sie zu bewundern oder zu nutzen. Anhänger der sogenannten *Deep Ecology* (Sessions 1987) fordern einen grundsätzlichen Schutz der Natur und die Veränderung politischer, ökonomischer, technologischer und ideologischer Strukturen.

Im Gegensatz zu den beiden ersten Begründungen für die Erhaltung der Biodiversität, die eine objektive Basis haben, beruht letztere auf einer sehr subjektiven Bewertung und fällt daher bei denen, die sich dem **Naturschutz** nicht verbunden fühlen, wenig ins Gewicht.

Die Argumente der Naturschützer müssen unter dem Aspekt von Kosten und Nutzen betrachtet werden.

Wir können Argumente für die Erhaltung der Natur nicht isoliert betrachten, sondern müssen auch die Notwendigkeit menschlicher Aktivitäten und Eingriffe sehen: Land- und Forstwirtschaft, Jagd, Abbau von Bodenschätzen, Verbrennung fossiler Brennstoffe, Bewässerung, Abfallentsorgung und so weiter. Um Erfolg zu haben, müssen Naturschützer ihre Argumente letztendlich auf einer Kosten-Nutzen Basis formulieren, da Regierungen ihre politischen Entscheidungen immer nach finanziellen Gesichtspunkten treffen werden.

25.1.4 Worauf sollten wir unsere Anstrengungen konzentrieren?

Die Antwort auf diese Frage hängt natürlich von dem »warum« und dem »was« ab. Wollen wir in erster Linie den potentiellen Wert solcher Spezies konservieren, die möglicherweise irgendwann eine ökonomische Bedeutung für die Ernährung, Schädlingsbekämpfung oder im medizinischen Bereich erlangen, so sollten wir versuchen, ein Maximum an Artenreichtum zu erhalten. In diesem Falle wäre aber jeweils eine einzige lebensfähige Population irgendwo auf der Welt ausreichend. Ein anderer Standpunkt ist, daß phylogenetisch einzigartige Spezies besonders schützenswert sind und daher biogeographische Regionen mit vielen endemischen Arten besondere Beachtung finden sollten (Pressey et al. 1993). Keiner dieser Ansätze würde jedoch die Ethiker, die jede Art für gleichermaßen wertvoll halten, zufriedenstellen.

Damit Naturschutz erfolgreich ist, müssen Prioritäten gesetzt werden.

In Anbetracht der geringen finanziellen Unterstützung, die dem Naturschutz weltweit gewährt wird, müssen wir von klaren Zielsetzungen ausgehen (das »warum« und »was« definieren) und vorrangige Arten und Gebiete identifizieren, durch deren Schutz wir diese Ziele am besten erreichen können (das »wo« sollen wir schützen). Auf diesen Punkt kommen wir in Abschnitt 25.6.3 nochmals zurück.

25.2 Wodurch Arten bedroht werden

25.2.1 Natürliche und anthropogen verursachte Seltenheit

Bei der Klassifizierung bedrohter Arten unterscheidet man je nach Aussterberisiko zwischen empfindlichen, gefährdeten und Spezies in kritischem Zustand.

Eine Art wird als **empfindlich** (*vulnerable*) bezeichnet, wenn die Wahrscheinlichkeit ihrer Auslöschung in den nächsten 100 Jahren bei 10 % liegt, als **gefährdet** (*endangered*), wenn sie mit 20prozentiger Sicherheit innerhalb der nächsten 20 Jahre oder zehn Generationen verlorengeht, und ihr Zustand als **kritisch** (*critical*), wenn das Risiko für die nächsten fünf Jahre (oder zwei Generationen) mindestens 50 % beträgt (Mace und Lande 1991). Auf dieser Basis wurden 43 % aller Wirbeltierarten als **bedroht** (*threatened*) eingestuft (das heißt, sie fallen in eine dieser drei Kategorien) (Mace 1994). Spezies mit hohem **Gefährdungsgrad** sind meistens selten, obwohl nicht alle seltenen Arten bedroht sind. Wir müssen daher als erstes definieren, was genau wir unter selten verstehen.

Die Bewertungskriterien für die Seltenheit von Arten basieren auf Prävalenz und Intensität.

Abundanz ist nicht nur eine Frage der lokalen Populationsdichte innerhalb einzelner Besiedlungsgebiete (der **Intensität**), sondern hängt auch von der Anzahl und Größe der insgesamt zur Verfügung stehenden Lebensräume ab (der allgemeinen Verbreitung oder **Prävalenz** – siehe Kapitel 4). Die meisten Arten treten lokal gehäuft auf, sind aber global gesehen selten und nur an wenigen Orten zu finden. Diese Unterscheidung zwischen Prävalenz und Intensität macht deutlich, daß die Termini häufig und selten ohne zusätzliche Erklärungen nicht ausreichen. Die Seltenheit einer Art kann sich beziehen auf 1) ein begrenztes Verbreitungsgebiet, 2) eine eingeschränkte Habitatbreite (beides sind Aspekte der Prävalenz) oder 3) Populationen geringer Größe (niedrige Intensität). Nach Rabinowitz (1981) gibt es acht Kategorien der **Häufigkeit** oder **Seltenheit** (Tabelle 25.2), von denen man eigentlich nur eine als nicht selten betrachten kann – nämlich solche Arten mit einem ausgedehnten geographischen Verbreitungsgebiet, einer breiten Habitatspezifität und hohen lokalen Populationsdichten.

Schutzbedürftige Arten gibt es in allen Seltenheitskategorien.

Nicht nur in jeder Beziehung seltene Arten, wie der Große Panda (*Ailuropoda melanoleuca*) und der Große Höhlenweta (*Gymnoplectron giganteum* – eine primitive Orthopterenart aus Neuseeland), weisen ein hohes Aussterberisiko auf, sondern auch solche, die nur in eine dieser Kategorien fallen, zum Beispiel der Wanderfalke (*Falco peregrinus*), der eigentlich weit verbreitet ist, wegen seiner geringen Populationsdichten jedoch trotzdem in den USA lokal ausgestorben war und durch in Menschenobhut gezüchtete Individuen wieder eingeführt werden mußte. Der Schlankskink *Leiolopisma grande* dagegen besitzt zwar lokal hohe Populationsdichten, ist aber durch anthropogene Habitatveränderungen extrem gefährdet, da sie nur in mit Tussockgras bewachsenen Senken und Tälern in einigen Teilen Neuseelands vorkommt.

Tabelle 25.2: Kategorien von Häufigkeit und Seltenheit. (Nach Rabinowitz 1981)

	geographische Verbreitung	weit		eng	
	Habitatspezifität	breit	schmal	breit	schmal
große lokale Populationen	Pflanzen	Weißer Gänsefuß (*Chenopodium album*)	Rote Mangrove (*Rhizephora mangle*), nur in Mangrovesümpfen	Zwergzypresse (*Cupressus pygmaea*)	Seychellennuß (*Lodoicea seychellarum*)
	Tiere	Wanderratte (*Rattus norvegicus*) Star (*Sturnus vulgaris*)	Schlammspringer (*Periophthalmidae*) nur in Mangrovesümpfen		
kleine lokale Populationen	Pflanzen	die Borstenhirse *Setaria geniculata*	Kanadische Eibe (*Taxus canadensis*)		Eibenblättrige Nußeibe (*Torreya taxifolia*)
	Tiere	Wanderfalke (*Falco peregrinus*) weit verbreitet, aber immer in geringer Abundanz	Fischadler (*Pandion haliaetus*) auch ein Gipfelräuber, ernährt sich aber nur von Fisch		Großer Panda (*Ailuropoda melanoleuca*)

Seltene Arten sind von Natur aus nicht unbedingt gefährdeter als häufige, sie sind jedoch einem zweifachen Risiko ausgesetzt.

Wahrscheinlich sind die meisten Spezies von Natur aus selten, aber nicht alle seltenen Arten sind von Natur aus bedroht. Ohne menschliche Einflußnahme sind sie im Grunde nicht mehr gefährdet als häufige Arten. Durch geringfügige lokale Veränderungen werden sie allerdings leichter ausgerottet. In der Regel ist die lokale Abundanz positiv mit der geographischen Verbreitung korreliert: Innerhalb ganz unterschiedlicher Taxa (Abbildung 25.2 zeigt dies am Beispiel von Vogelspezies) tendieren Arten mit einem engen Verbreitungsgebiet zu lokal niedrigen Populationsdichten (Lawton et al. 1994) – obwohl es auch hier, wie wir bei den Wanderfalken gesehen haben, Ausnahmen gibt. Viele Arten sind daher einer zweifachen Gefährdung ausgesetzt, wenn ihre Mortalität oder Natalität anthropogen beeinflußt wird. Die wichtigsten menschlich bedingten Risikofaktoren werden im folgenden diskutiert.

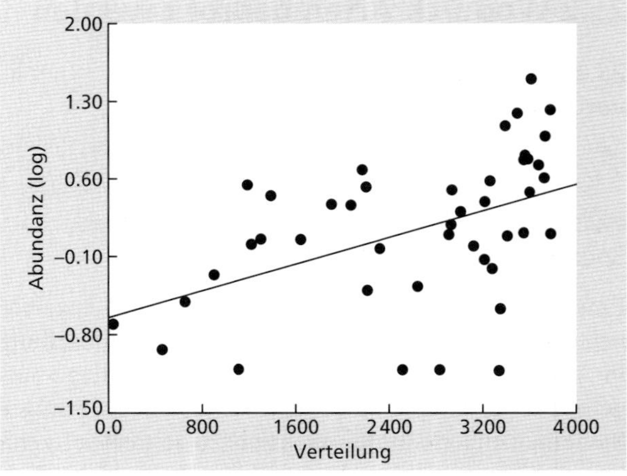

25.2 Die positive Korrelation zwischen der lokalen Abundanz von Brutvogelarten und der Größe des Verbreitungsgebiets in England. Die Abundanzen sind als durchschnittliche Anzahl revierverteidigender Männchen in einem 16 ha großem Waldgebiet im Osten Englands angegeben. Die Verteilung ist die Gesamtzahl der Untersuchungsgebiete (jeweils 10 km^2) in Großbritannien und Irland, in denen Brutpaare nachgewiesen oder vermutet wurden. (Nach Lawton 1993)

25.2.2 Übermäßige Ausbeutung

Großtiere wurden früher wie heute bis zur Ausrottung gejagt.

In Kapitel 24 haben wir festgestellt, daß Menschen schon zu prähistorischen Zeiten für die Auslöschung vieler großer Tiere verantwortlich waren. In jüngerer Zeit betraf dies die Großwale (siehe Abschnitt 16.13), und ein interessantes Beispiel gegenwärtiger **Ausrottung** sind die Haie. Jährlich werden etwa 200 Millionen Haie getötet (als Sport, für Haifischflossensuppe und als Beifang der kommerziellen Fischerei), und viele Arten sind nachweislich zurückgegangen, was in Anbetracht ihrer langsamen Reproduktionszyklen und geringen Fertilität nicht überraschend ist (Manire und Gruber 1990). Da sie mit zu den wichtigsten marinen Räubern gehören, wird sich ihre Dezimierung massiv auf ozeanische Lebensgemeinschaften auswirken.

Auch kleine Tierspezies, wie die Süßwassermuschel Margaritifera auricularia, *werden in unverantwortlicher Weise dezimiert.*

Aber nicht nur große Wirbeltiere werden in nicht vertretbarem Maße ausgebeutet. Die Süßwassermuschel *Margaritifera auricularia* war einst in den großen Flüssen Westeuropas und Marokkos weit verbreitet. Heute ist nur eine einzige rezente Population im unteren Ebro (Spanien) bekannt. Seit langem schon (bereits in der Steinzeit) wurde sie wegen ihrer attraktiven Schalen und Perlen gefischt und verschwand im 15. und 16. Jahrhundert aus Mitteleuropa (Altaba 1990). Wie die meisten gefährdeten Arten ist sie mit mehr als einem Problem konfrontiert. Die Larven leben ektoparasitisch auf bestimmten Fischarten, vor allem auf dem Stör (*Acipenser sturio*), der seinerseits – wegen seiner Eier, dem Kaviar – stark überfischt wird und zudem, ebenso wie die Muschel selbst, durch Wasserverschmutzung und Habitatzerstörung massiv beeinträchtigt ist. Die Aussichten für *Margaritifera auricularia* sind schlecht; die einzige noch vorhandene Population besteht ausschließlich aus alten Individuen ohne Anzeichen erfolgreicher Reproduktion.

Das letzte Stadium im Rückgang einer Art kann ihre Ausrottung durch Sammler sein.

Unglücklicherweise werden Tiere, die zur Herstellung von Schmuck oder als exotische Haustiere dienen, für den Sammler um so wertvoller, je seltener sie sind. Dies trifft auch auf Pflanzen zu. Für die Ausrottung der in Neuseeland endemischen Mistelart *Trilepidia adamsii*, die seit 1954 nicht mehr beobachtet wurde (Norton 1991), sind – neben Waldrodungen und Beeinträchtigung der Samenverbreitung durch Dezimierung der Vogelpopulationen – zweifellos auch diejenigen verantwortlich zu machen, die unbedingt ein Exemplar für ihr Herbarium benötigten.

25.2.3 Habitatveränderung

Lebensräume werden durch den Menschen auf dreierlei Weise negativ beeinflußt:

1) Teilweise Zerstörung des Habitats zur urbanen und industriellen Erschließung von Landflächen oder

zur Gewinnung von Nahrungsmitteln und Nutzholz.
2) Habitatverschmutzung in einem für bestimmte Arten nicht mehr tolerierbarem Ausmaß.
3) Störung des Habitats zum Nachteil einiger ansässiger Arten.

Waldrodungen sind die häufigsten Ursachen der Habitatzerstörung.

Abholzungen waren und sind immer noch die einschneidensten Ursachen der **Habitatzerstörung**. In den Tropen werden jährlich bis zu 1 % der Regenwälder gerodet; in den gemäßigten Zonen ist ein Großteil des ursprünglichen Waldbestands schon lange verloren. In 49 der 61 tropischen Länder der Alten Welt sind mehr als 50 % der natürlichen Lebensräume vernichtet, wobei die Verluste vor allem in den asiatischen und zentralafrikanischen Gebieten mit etwa 80 % besonders dramatisch sind (Primack 1993). Für die temperierten Regionen liegen keine konkreten Zahlen vor, aber wir können von einem ähnlichen, vielleicht sogar noch höheren Ausmaß ausgehen. Die Konsequenz dieser Zerstörung ist häufig eine Fragmentierung des Lebensraums, die sich, wie wir in Abschnitt 25.3.3 sehen werden, auf die betroffenen Populationen unterschiedlich auswirken kann.

Durch Verschmutzung und Nutzungspraktiken können Habitate in einem nicht mehr tolerierbarem Ausmaß degradiert werden.

Die **Degradation** eines Lebensraums durch Verschmutzung reicht vom Einsatz von Pestiziden, die Nicht-Zielorganismen schädigen, über die unterschiedlichen Effekte des sauren Regens auf terrestrische und aquatische Ökosysteme bis hin zu globalen Klimaveränderungen, die möglicherweise die weitreichendsten Auswirkungen haben werden (siehe Kapitel 2 und Kapitel 19). Durch veränderte Landnutzungspraktiken, Abfallbeseitigung und Wasserregulierungsmaßnahmen beeinflussen wir vor allem aquatische Lebensräume (Allan und Flecker 1993).

Anthropogene Störungen sind nicht so einschneidend, aber dennoch werden manche Populationen äußerst negativ dadurch beeinflußt.

Habitatstörungen haben nicht so weitreichende Auswirkungen wie Zerstörung oder Degradation, aber manche Arten reagieren auch darauf sehr empfindlich. Eine 1976 durchgeführte Bestandsaufnahme der Mausohrfledermaus *Myotis grisescens* in den Höhlen von Alabama und Tennessee/USA ergab eine bis zu 100prozentige Reduktion der Populationsdichten seit den Jahren 1968–1970. Die Ursache hierfür sind vor allem Höhlenbesucher; in Höhlen, die seltener als einmal monatlich begangen wurden, lag die Abnahme zwischen 0 und 20 %, in solchen mit mehr als vier Besuchen pro Monat stieg sie auf 86 bis 95 % (Tuttle 1979). Naturnahe Erholung, Ökotourismus und sogar ökologische Untersuchungen verursachen Störungen, die für viele Populationen nicht ohne Risiken sind.

25.2.4 Die Einführung von Arten

Immer mehr exotische Arten werden versehentlich oder absichtlich eingeführt und führen zum Teil zu dramatischen Veränderungen.

Zur Einwanderung **exotischer Arten** in ein neues geographisches Gebiet kommt es auch ohne Mitwirkung des Menschen. Die anthropogen bedingte Einführung neuer Spezies hat jedoch enorme Ausmaße angenommen, sei es zufällig durch Transport und Reiseverkehr, absichtlich, aber illegal für private Zwecke oder offiziell in der Hoffnung auf eine biologische Schädlingsbekämpfung, ein neues landwirtschaftliches Produkt oder auch eine interessante Freizeitattraktion. Einige dieser importierten Arten werden problemlos in bestehende Lebensgemeinschaften integriert, andere dagegen verursachen dramatische Veränderungen.

Häufig bewirken eingeführte Arten eine Abnahme der Biodiversität.

Die versehentliche Einschleppung der Braunen Nachtbaumnatter (*Boiga irregularis*) auf Guam, einer Insel im Pazifik, führte zur Ausrottung von zehn endemischen Waldvogelarten (Savidge 1987) (Abbildung 25.3); ebenso verursachte der räuberische Nilbarsch (*Lates nilotica*), der als Nahrungsressource im äußerst artenreichen Victoriasee in Ostafrika angesiedelt wurde, den dramatischen Rückgang von 350 endemischen Fischarten – in manchen Fällen sogar bis zur vollkommenen Ausrottung (Kaufman 1992).

Vor allem die endemischen Arten, die einen besonderen Beitrag zur globalen Biodiversität leisten, sind gefährdet, wenn natürliche Verbreitungsschranken überschritten werden.

Obwohl solche negativen Effekte besonders häufig auf Inseln und in Süßwassergemeinschaften zu beobachten sind, sollten wir immer, wenn einheimische, vor allem **endemische Arten** beteiligt sind, besorgt sein. Zentren des **Endemismus** (die Evolution unterschiedlicher Arten in ähnlichen Habitaten) sind ein Hauptgrund für die enorme Vielfalt unserer Natur. Natürliche Schranken, die eine Verbreitung der meisten Spezies verhindern, wurden und werden durch anthropogene Transportmöglichkeiten zunehmend überschritten, so daß sich die ursprüngliche Vielfalt lokaler Biozönosen zu homogen zusammengesetzten Lebensgemeinschaften wandelt. Die in der Alten Welt beheimateten Arten sind hierbei besonders invasiv (di Castri 1989):

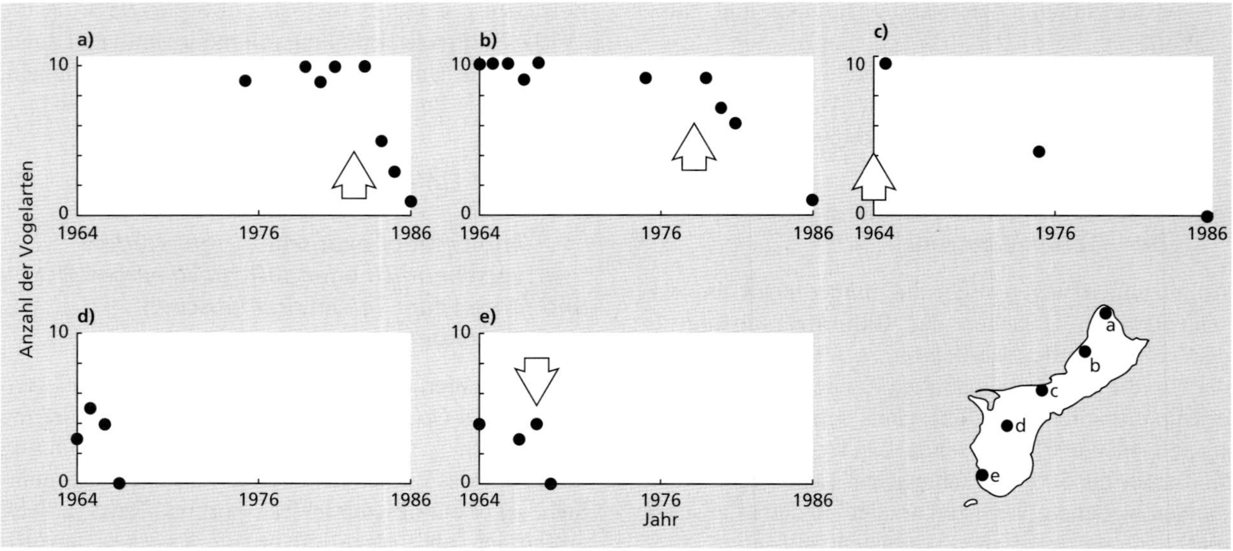

25.3 Der Rückgang der Anzahl von Waldvogelarten in fünf unterschiedlichen Regionen auf der Pazifikinsel Guam. Die großen Pfeile markieren jeweils den Zeitpunkt des erstmaligen Auftretens der Braunen Nachtbaumnatter (*Boiga irregularis*) (in Region d wurde sie bereits in den frühen fünfziger Jahren gesichtet). (Nach Savidge 1987)

Versehen mit Attributen, die sie in einer stark vom Menschen geprägten Umwelt erfolgreich machten, fanden sie mit den Kolonisten (versehentlich oder absichtlich) ihren Weg in neue, bald ebenfalls anthropogen beeinflußte Lebensgemeinschaften, in denen sie sich rasch etablieren konnten (Townsend 1996b).

In manchen Fällen kann die Wiedereinführung ursprünglich vorhandener Arten die Biodiversität erhöhen.

Es wäre allerdings falsch anzunehmen, daß jede eingeführte Spezies unweigerlich zur Abnahme der Artenvielfalt führen muß. Viele Pflanzen und Tiere, die auf dem europäischen Kontinent vorkommen, fehlen zum Beispiel auf den Britischen Inseln (vor allem deswegen, weil sie sich seit der letzten Eiszeit noch nicht etablieren konnten). Ihre Wiedereinführung würde die Biodiversität Großbritanniens erhöhen.

25.2.5 Populationsgenetische Gesichtspunkte

Vor allem kleine Populationen verlieren aufgrund von genetischer Drift leicht ihre genetische Diversität; dabei ist zu berücksichtigen, daß die effektive Populationsgröße meist deutlich kleiner ist als die tatsächliche.

Vor allem in kleinen, isolierten Populationen ist die Erhaltung der genetischen Vielfalt häufig problematisch. **Genetische Variabilität** ist in erster Linie das Ergebnis aus natürlicher Selektion und **genetischer Drift** (das heißt der zufälligen Verschiebung der Allelhäufigkeit im Genpool). In kleinen, isolierten Populationen ist die genetische Drift besonders wirksam, da aufgrund von Zufallsereignissen der existierende Genpool in der nächsten Generation nicht exakt repräsentiert wird, so daß mit der Zeit einzelne Allele zufällig und unabhängig von ihrem Selektionswert erhalten bleiben, andere verlorengehen. Die Häufigkeit, mit der dies passiert, ist abhängig von der **effektiven Populationsgröße** (N_e), welche die Zahl der den Genpool beeinflussenden Individuen darstellt. Dieser Wert ist meist deutlich kleiner als die tatsächliche Anzahl (N) der Populationsmitglieder. Dies hat eine Reihe von Gründen (genaue Angaben und Formeln finden sich in Lande und Barrowclough 1987):

1) ein unausgeglichenes Geschlechterverhältnis (zum Beispiel mehr sich fortpflanzende Weibchen als Männchen);
2) eine nicht-zufällige Verteilung der Nachkommenschaft (manche Paare haben mehr Nachkommen als andere);
3) Schwankungen in der Populationsgröße von einer Generation zur nächsten (N_e wird dann vorwiegend durch die kleinen Populationen reduziert).

Genetische Vielfalt stellt ein evolutionäres Potential dar.

Das Vorkommen seltener Allelformen oder die Kombination verschiedener Allele im Genpool hat möglicherweise keinen direkten Vorteil für eine Population, ist aber ein Potential zur Anpassung an sich ändernde Umweltbedingungen. Daher ist die Erhaltung genetischer Variabilität langfristig gesehen notwendig, um Adaptationsprozesse (und damit Evolution) zu ermöglichen.

Durch Inzucht kommt es in kleinen Populationen häufig zu einem hohen Grad an Homozygotie.

Ein mehr unmittelbares Problem ist **Inzuchtdepression**. Je kleiner die Populationen sind, desto größer ist die Wahrscheinlichkeit, daß sich miteinander verwandte Individuen paaren, so daß die Heterozygotie unter den Nachkommen überproportional abnimmt. Ein wichtiger Effekt dieser Veränderung im Genpool ist, daß potentiell schädliche oder sogar letale rezessive Allele (die in allen Populationen vorhanden sind) homozygot vorliegen und damit zur Ausprägung gelangen. Viele Züchter kennen diese negativen Inzuchteffekte, die sich in reduzierter Fertilität, geringerer Überlebensfähigkeit und Wachstumsrate sowie in erhöhter Anfälligkeit gegenüber Krankheiten äußern können. Bei einigen Tier- (Wallis 1994) und vielen Pflanzenarten scheint Inzucht jedoch ein normaler Prozeß ohne nachteilige Wirkung zu sein.

Es ist schwer abzuschätzen, ab welcher Populationsgröße genetische Probleme vermieden werden können.

Wie groß muß eine Population sein, damit die genetische Variabilität erhalten bleibt? Franklin (1980) zufolge wären bei einer effektiven Populationsgröße von 50 keine negativen Auswirkungen durch Inzucht zu erwarten, während etwa 500 Individuen notwendig seien, um langfristig das evolutionäre Potential zu erhalten. In Hinblick auf den Zusammenhang zwischen der effektiven und der tatsächlichen Populationsgröße sollte letztere jedoch den Genpool mindestens um den Faktor 5 bis 10 übersteigen, so daß man von etwa 2500 bis 5000 Individuen ausgehen kann (Nunney und Campbell 1993).

25.2.6 Zusammenfassung der Gefährdungsfaktoren

Meistens ist eine Kombination verschiedener Parameter für das Aussterben einer Art verantwortlich; so kann beispielsweise der Verlust einer Spezies den anderer nach sich ziehen (sekundäres Aussterben).

Nur selten wird eine Art durch einen einzigen Faktor gefährdet, meistens ist es das Zusammentreffen mehrerer Ursachen, das zur Auslöschung einer Spezies führt. Eine Zusammenstellung der Einflüsse, die zum Aussterben von Wirbeltierpopulationen beitrugen, zeigte, daß sowohl Habitatverlust und übermäßige Ausbeutung als auch die Einführung neuer Arten von beträchtlicher Bedeutung waren (Tabelle 25.3). Eine Kategorie, die in Tabelle 25.3 nicht aufgeführt wird, ist **sekundäres Aussterben**. Die starke interaktive Vernetzung verschiedener Arten (siehe Kapitel 23) führt häufig dazu, daß der Verlust einer Spezies (zum Beispiel eines spezialisierten Bestäubers, eines Räubers oder eines bestimmten Wirtes) eine Reihe anderer, von ihr abhängiger Arten in ihrer Überlebensfähigkeit beeinträchtigt. So wurde die 1914 erfolgte Auslöschung der Wandertaube (*Ectopistes migratorius*) vom Austerben mindestens zweier parasitischer Lausarten (*Columbicola extinctus* und *Campanulotes defectus*) begleitet (Stork und Lyal 1993).

Tabelle 25.3: Übersicht über Faktoren, die für das Aussterben von Wirbeltierspezies verantwortlich waren, und eine Risikoabschätzung für Arten, die durch die IUCN (International Union for the Conservation of Nature and Natural Resources – Internationale Union für Naturschutz) als gefährdet, empfindlich oder selten eingestuft wurden. (Nach Reid und Miller 1989)

	Verlustrate*					
Gruppe	Habitat-zerstörung	übermäßige Ausbeutung**	Einführung fremder Arten	Räuber	andere	unbekannt
Ausrottungen						
Säugetiere	19	23	20	1	1	36
Vögel	20	11	22	0	2	37
Reptilien	5	32	42	0	0	21
Fische	35	4	30	0	4	48
vom Aussterben bedroht						
Säugetiere	68	54	6	8	12	–
Vögel	58	30	28	1	1	–
Reptilien	53	63	17	3	6	–
Amphibien	77	29	14	–	3	–
Fische	78	12	28	–	2	–

* Die angegebenen Zahlen stellen den prozentualen Anteil der Arten dar, die durch den jeweiligen Faktor beeinflußt wurden. Einige Spezies wurden wahrscheinlich durch mehr als einen Parameter beeinträchtigt, so daß in manchen Fällen der Gesamtwert 100 % überschreitet.

** übermäßige Ausbeutung beinhaltet jede Art der Bejagung und des Fanges.

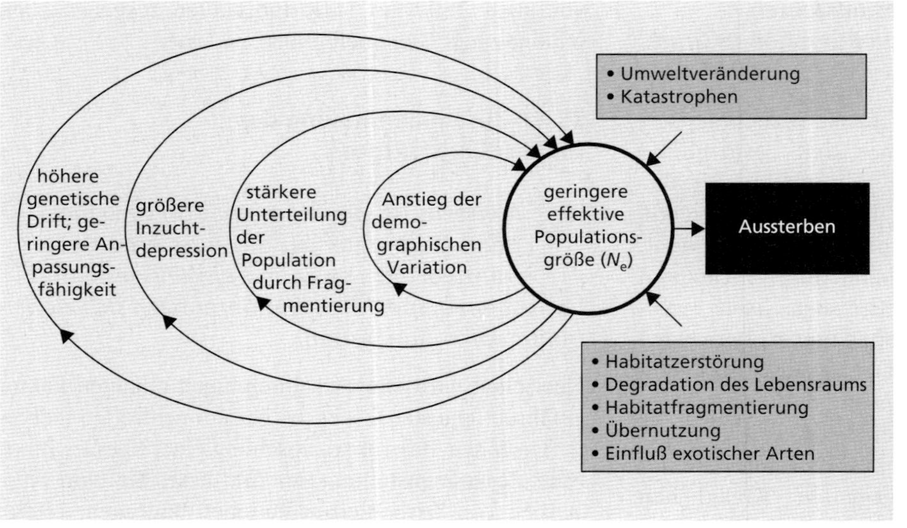

25.4 Ein Aussterbestrudel kann die Größe einer Population Schritt für Schritt reduzieren und zur Ausrottung der Art führen. (Nach Primack 1993)

Das Einwirken eines Gefährdungsfaktors kann eine Population für andere Risiken prädisponieren und einen sogenannten Aussterbestrudel auslösen.

Interessanterweise wurde bisher kein Beispiel für einen Artenverlust aufgrund genetischer Probleme beschrieben. Vielleicht waren sie am „Todeskampf" aussterbender Populationen beteiligt, ohne erkannt zu werden (Caughley 1994). So könnte die Populationsdichte einer Art durch einen oder mehrere der beschriebenen Prozesse so stark reduziert worden sein, daß ihre Überlebensfähigkeit und Fertilität durch Inzuchtdepression weiter abnahm, die Individuenzahl noch mehr sank, die Population dadurch für andere Gefährdungsfaktoren empfindlich wurde und so weiter – ein Prozeß, den man als **Aussterbestrudel** (*extinction vortex*) (Abbildung 25.4) bezeichnen kann.

25.3 Unsicherheiten und Aussterberisiko

25.3.1 Die Dynamik kleiner Populationen

Die **Naturschutzbiologie** steht vor schwierigen Entscheidungen. Sollen wir uns auf die Faktoren konzentrieren, die das Aussterben von Arten bedingen, und politische Abhilfe erzwingen? Sollen wir uns darauf beschränken, Gebiete zu identifizieren und unter Schutz zu stellen, in denen der Artenreichtum besonders hoch ist? Oder sollen wir uns um die besonders stark gefährdeten Arten kümmern und Wege finden, sie zu retten? Idealerweise sollten wir all diese Dinge tun. Der größte Handlungsbedarf besteht jedoch meistens bei der **Arterhaltung**, da manche Populationen (zum Beispiel die der Großen Pandas in China) so klein geworden sind, daß sie ohne unsere Hilfe unweigerlich innerhalb der nächsten Jahre für immer verloren sein werden.

Die Dynamik kleiner Populationen wird durch eine Reihe von Unsicherheitsfaktoren wie demographische und räumliche Instabilität sowie Unbeständigkeit der Umwelten geprägt.

Während große Populationen durch die Gesetze des Zufalls regiert werden, ist die Dynamik kleiner Populationen durch einen hohen Grad an Unsicherheit gekennzeichnet (Caughley 1994). Drei Kategorien sind hier von besonderer Bedeutung:

1) **Demographische Instabilität:** Zufällige Variationen in der Anzahl männlicher und weiblicher Nachkommen, im Anteil der Individuen, die in einem bestimmten Jahr sterben oder sich fortpflanzen, oder in der (genotypisch oder phänotypisch bedingten) Überlebens- und Reproduktionsfähigkeit können sich auf das Schicksal kleiner Populationen dramatisch auswirken. (Stellen Sie sich ein Brutpaar vor, das zufällig nur weibliche Nachkommen produziert – für eine große Population hätte dies keine weiteren Konsequenzen, handelte es sich jedoch um das letzte Paar, wäre es mit dem Untergang der Art verbunden.)
2) **Unbeständigkeit der Umwelt:** Unvorhersehbare Veränderungen an Umweltfaktoren können ebenfalls das Schicksal kleiner Populationen besiegeln. Nicht nur Katastrophen, sondern auch geringfügige Variationen (etwa in Temperatur oder Niederschlägen) können kleine Populationen vollständig eliminieren oder die Individuenzahl so stark reduzieren, daß eine Erholung unmöglich ist (Quasi-Extinktion).
3) **Räumliche Instabilität:** Viele Arten bilden **Metapopulationen** (Levins 1970), das heißt sie setzen sich aus **Unterpopulationen** zusammen, die auf

mehr oder weniger diskrete Habitatpatches (Fragmente) verteilt sind. Da jede einzelne Subpopulation in ihrer demographischen Unbeständigkeit variiert und jeder Patch sich durch seine eigene Umweltvariabilität auszeichnet, wird die Dynamik lokaler Extinktionen und Wiederbesiedlungen die Überlebenswahrscheinlichkeit der Metapopulation stark beeinflußen. Wir kommen darauf in Abschnitt 25.4.6 zurück.

Am Beispiel des nordamerikanischen Präriehuhnes wird das Zusammenwirken destabilisierender Kräfte besonders deutlich.

Wir wollen diese Überlegungen am Beispiel des nordamerikanischen Präriehuhnes (*Tympanuchus cupido cupido*) verdeutlichen (siehe Simberloff 1988). Dieser Vogel, früher von Maine bis Virginia weit verbreitet, war um 1830 vollständig vom Festland verschwunden (die Ursachen waren intensive Bejagung durch den Menschen und durch eingeführte Katzen sowie die Umwandlung der Graslandhabitate in Nutzflächen) und kam nur noch auf der Insel Martha's Vineyard vor. Im Jahre 1908 wurde für die verbleibenden 50 Tiere ein Reservat gebildet, und die Population stieg bis 1915 auf einige Tausend an. 1916 allerdings vernichtete ein Feuer (eine Katastrophe) einen Großteil der Brutstellen. Zudem war der Winter war besonders hart, die Habichte nahmen stark zu (eine Umweltveränderung), und schließlich brach noch eine Geflügelkrankheit aus (eine weitere Katastrophe). Ab diesem Zeitpunkt litt die Restpopulation wahrscheinlich unter demographischer Instabilität (unter den 1928 noch vorhandenen 13 Individuen waren zum Beispiel nur zwei weiblich). 1930 gab es noch einen Vogel, und 1932 war die Art endgültig ausgestorben.

25.3.2 Lokales und globales Aussterben

Der endgültige Verlust einer endemischen Art entspricht einem globalen Aussterben.

Lokales Aussterben ist bei kleinen Populationen auf Inseln oder in inselhaften Habitatflecken besonders häufig – manchmal im Bereich zwischen 10 und 20 % pro Jahr. Manchmal wird es durch Wiederbesiedlung aus benachbarten Artenpools rückgängig gemacht. Solche Beispiele liefern uns wertvolle Informationen über Faktoren, die allgemein das Schicksal kleiner Populationen beeinflussen. Da der endgültige lokale Verlust einer endemischen Spezies auf einer abgelegenen Insel nichts anderes ist als ein globales Aussterben (dies ist der Hauptgrund für die hohen Raten globalen Aussterbens auf Inseln, siehe Abbildung 25.1), können wir die so gewonnenen Kenntnisse direkt auf weltweit bedrohte Arten übertragen.

In kleinen Habitaten ist die Aussterbewahrscheinlichkeit besonders hoch.

Die Habitat- oder Inselgröße ist wahrscheinlich einer der bedeutendsten Risikofaktoren. Die negative Beziehung zwischen der jährlichen Aussterberate und der Habitatfläche ist in Abbildung 25.5 für verschiedene Taxa dargestellt. Zweifellos ist die Hauptursache hierfür die in kleinen Habitaten notgedrungen geringe Populationsdichte.

25.3.3 Habitatfragmentierung

Die Fragmentierung eines Habitats führt zur Bildung von Subpopulationen, erhöht Randeffekte und ist die Ursache für viele lokale Extinktionen.

Habitatverluste resultieren nicht nur in der Abnahme der absoluten Individuenzahl, sondern häufig auch in einer Aufteilung der ursprünglichen Population in eine Metapopulation aus Subpopulationen. Eine weitere Zerstückelung verkleinert nicht nur die einzelnen Fragmente, sondern vergrößert auch die Distanz zwischen ihnen und erhöht den Anteil an Randhabitaten (Burgman et al. 1993).

Mikroklimatische Variationen im Randbereich (Temperatur, Feuchtigkeit, Wind) reduzieren zusätzlich die für die Mehrheit der ursprünglichen Besiedler geeignete Habitatfläche; man spricht in einem solchen Fall von **Randeffekten**. Darüber hinaus sind Räuber

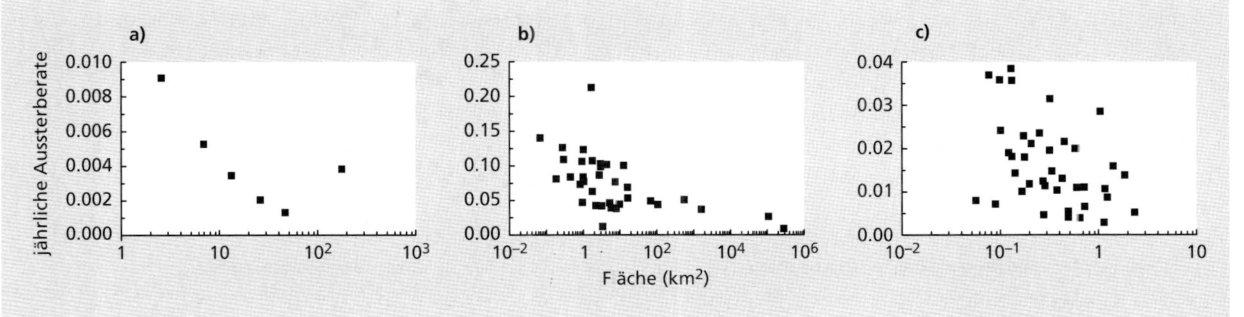

25.5 Aussterberaten in Abhängigkeit der Habitatgröße für a) Zooplankton in Seen im Nordosten der Vereinigten Staaten, b) Vogelarten auf nordeuropäischen Inseln und c) Gefäßpflanzen in Südschweden. (Die Daten wurden von Pimm (1991) zusammengestellt.)

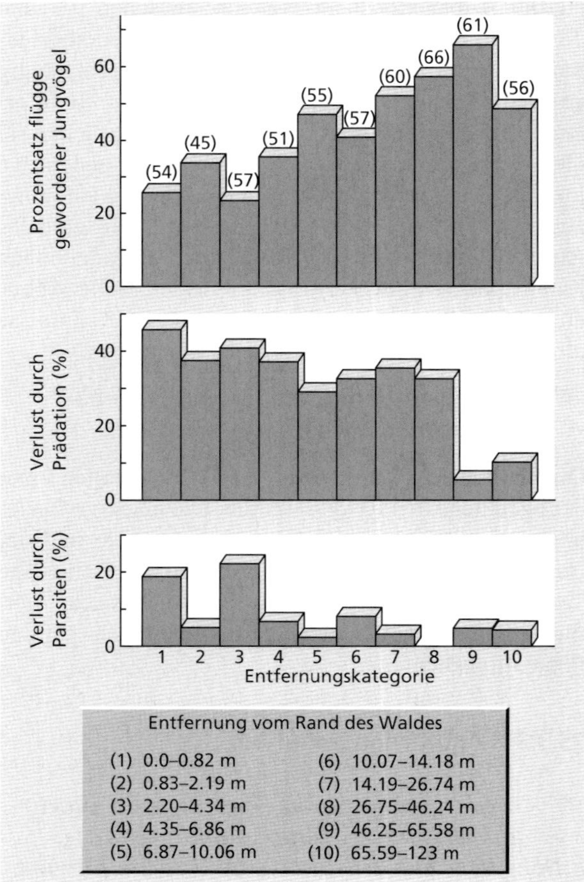

25.6 Der Prozentsatz flügge gewordener Jungvögel sowie Verluste durch Räuber und Brutparasiten in Abhängigkeit der Entfernung der Nester vom Rand eines Waldes in Michigan/USA. Die Probengröße ist jeweils in Klammern angegeben. (Nach Gates und Gysel 1978)

und Parasiten in den Randregionen, vor allem innerhalb der ersten 50 m, besonders erfolgreich (Paton 1992) (Abbildung 25.6).

Habitatfragmentierung ist Ursache für eine Vielzahl lokaler Aussterbefälle. Zum Beispiel ist der Artenreichtum an Pflanzen, Vögeln und Nagetieren in den Überresten der Chaparralvegetation in den Canyons Kaliforniens stark reduziert im Vergleich zu den für gleich große, unfragmentierte Habitate zu erwartenden Zahlen (Abbildung 25.7a zeigt dies für Vogelarten). In allen Fällen korrelierte der Artenreichtum nicht nur mit der Habitatfläche (und damit der Populationsgröße), sondern auch mit dem Zeitpunkt der Fragmentierung, das heißt mit dem Alter der Patches (Abbildung 25.7b). Dieser zuletzt genannte Effekt hängt sicherlich auch mit einem negativen Einfluß der mit der Zeit zunehmenden Anzahl exotischer Arten zusammen.

Fragmentierte Populationen sind in besonderem Maße durch demographische Instabilität bedroht.

Sind Subpopulationen grundsätzlich gefährdeter? Wir wollen hierzu einige Modelle betrachten. Berücksichtigt man nur die demographische Instabilität, sterben Metapopulationen rascher aus als nicht fragmentierte (Quinn und Hastings 1987), auch dann, wenn Migrationen einzelner Individuen zwischen den Fragmenten möglich sind (Abbildung 25.8a).

Umweltfluktuationen wirken sich auf eine Metapopulation nicht unbedingt negativ aus.

Ein anderes Bild ergibt sich, wenn man die Unbeständigkeit des Lebensraums mitberücksichtigt. In diesem Fall nimmt die Aussterbewahrscheinlichkeit mit der Populationsgröße langsamer ab, so daß Metapopula-

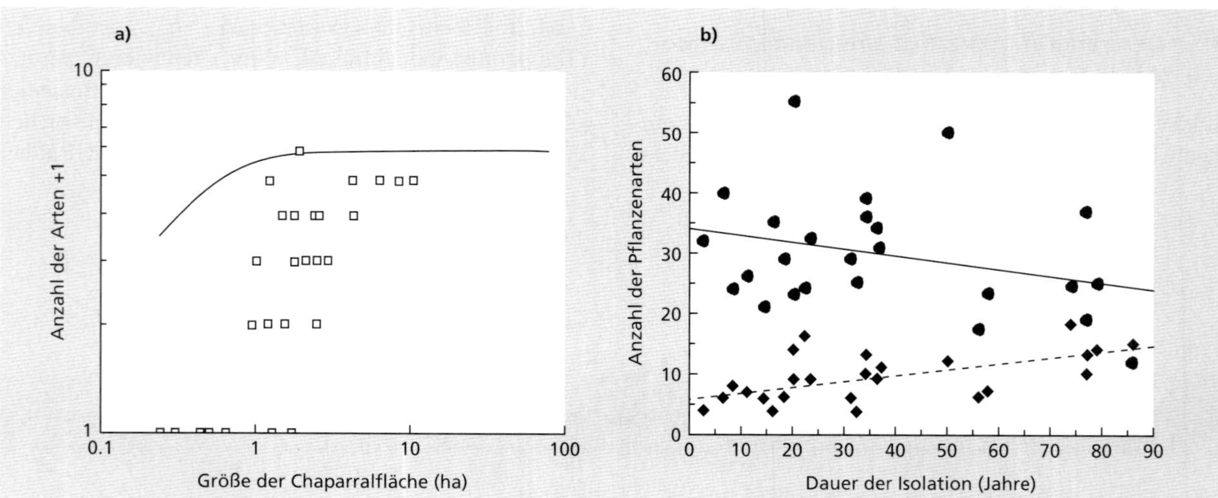

25.7 a) Der beobachtete Vogelartenreichtum in fragmentierten Chaparralhabitaten (□) im Vergleich zu den in gleich großen, zusammenhängenden Lebensräumen zu erwartenden Werten (—) (nach Bolger et al. 1991). b) Der Artenreichtum einheimischer Pflanzen nimmt mit dem Alter des Chaparralfragments ab, der exotischer Pflanzen zu. (Nach Soulé et al. 1992)

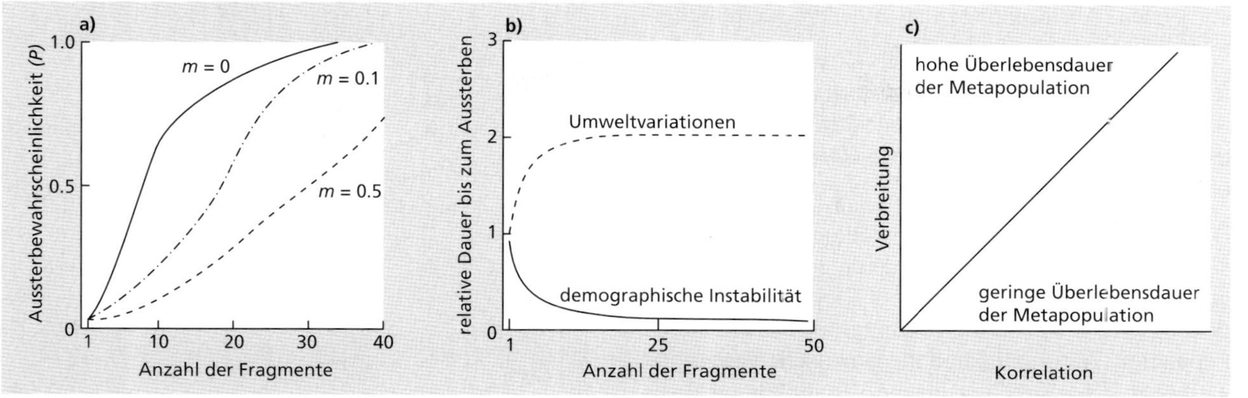

25.8 a) Das Schicksal unterschiedlich stark fragmentierter Metapopulationen identischer Ausgangsgröße in Abhängigkeit der Migrationsrate (*m* steht für die Wahrscheinlichkeit, daß ein Individuum in ein anderes Fragment einwandert). Die Aussterbewahrscheinlichkeit (*P*) ist der Anteil der Populationen (aus 100 parallelen Simulationen), der innerhalb von 50 Generationen ausstirbt. (Nach Burkey 1989) b) Die relative Dauer bis zum Aussterben nimmt bei variablen Umweltbedingungen mit der Fragmentierung zu; im Gegensatz dazu steht der Effekt demographischer Instabilität. (Nach Quinn und Hastings 1987) c) Die Überlebensdauer von Metapopulationen erhöht sich mit der Verbreitungsrate zwischen einzelnen Habitatflecken und nimmt mit steigender Korrelation von dynamischen Prozessen innerhalb der einzelnen Subpopulationen ab. (Nach Hanski 1989)

tionen durchaus länger persistieren können als vergleichbare Populationen ohne Fragmentierung (da die Risiken gestreut sind) (Abbildung 25.8b).

Dieses Modell von Quinn und Hastings (1987) ignoriert jedoch die Verbreitung einzelner Individuen und geht davon aus, daß Extinktionen in unterschiedlichen Fragmenten der Metapopulation unabhängig voneinander auftreten. Realistischer ist die Annahme, daß 1) Metapopulationen mit einer hohen Migrationsrate (bedingt durch eine gute Verbreitungsfähigkeit der beteiligten Organismen, eng benachbarte Habitatflecken, fehlende Ausbreitungsbarrieren oder geeignete Korridore zwischen den Patches) länger persistieren, und 2) Metapopulationen, in denen Aussterbeereignisse korrelieren (zum Beispiel durch eine in allen Fragmenten identische Umweltvariation) gefährdeter sind (Abbildung 25.8c).

Eine Untersuchung an Scheckenfaltern zeigt, daß diese Phänomene auch für reale Metapopulationen von Bedeutung sind.

Eine Langzeituntersuchung an den Scheckenfaltern *Euphydryas editha* bei Jasper Ridge (im Westen der USA) zeigt, daß diese Phänomene tatsächlich eine Rolle spielen. Betrachten wir die gesamte Metapopulation als eine Einheit (Abbildung 25.9a), erkennen wir zwar beträchtliche jährliche Abundanzschwankungen, aber mit einer tendenziellen Dichteabhängigkeit und einer Sättigungsgrenze. Bei der Unterteilung in einzelne Subpopulationen stellen wir jedoch fest (Abbildung 25.9b), daß die Umweltvariationen in den einzelnen Fragmenten kaum korrelieren (die Abundanzmuster sind sehr unterschiedlich), und in Habitat G starb die Unterpopulation zweimal aus, wobei nach

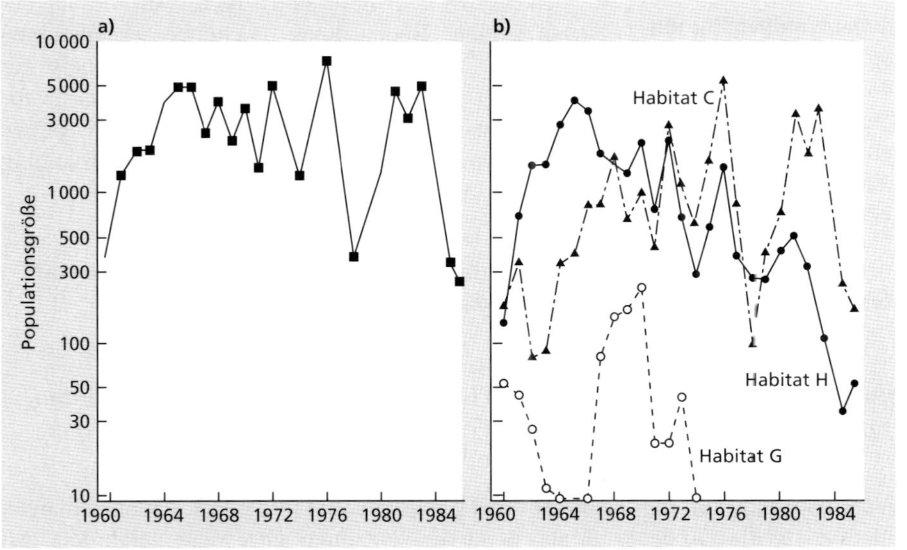

25.9 Variationen in der Abundanz des Scheckenfalters *Euphydryas editha* a) bei der Betrachtung der gesamten Metapopulation und b) bei Aufgliederung in drei räumlich getrennte Subpopulationen. (Nach Ehrlich und Murphy 1987)

der ersten Auslöschung eine Wiederbesiedlung erfolgte, nicht aber nach der zweiten.

Fragmentierung wirkt sich auch auf die genetische Struktur einer Population aus und kann sogar die genetische Variabilität erhöhen.

Die Fragmentierung einer Population kann nicht nur deren Dynamik, sondern auch deren genetische Struktur beeinflussen, falls sie zu sehr kleinen Subpopulationen führt. Sie kann die Gesamtgröße der effektiven Population (N_e) – und damit die genetische Variabilität – erhöhen. Eine hohe genetische Variabilität auf Basis der Differenzierung von relativ homozygoten Unterpopulationen bringt jedoch nicht die in Abschnitt 25.3.5 diskutierten Vorteile, die nur dann gegeben sind, wenn sie auf unterschiedlichen Genotypen innerhalb einer Population oder auf individueller Heterozygotie beruht (Nunney und Campbell 1993). Auch Inzuchtdepression kann in fragmentierten Populationen besonders problematisch werden.

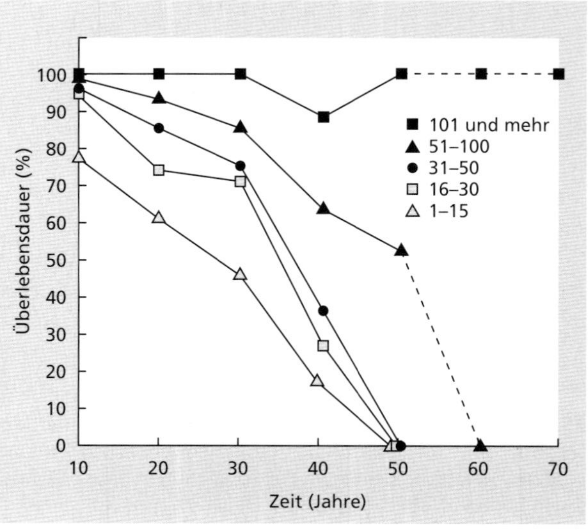

25.10 Beim Dickhornschaf (*Ovis canadensis*) in Nordamerika nimmt der Anteil der Populationen, die den Untersuchungszeitraum von 70 Jahren überdauerten, mit der ursprünglichen Populationsgröße ab. (Nach Berger 1990)

25.4 Analyse der Populationsgefährdung

Ist eine langfristige Analyse der Überlebensfähigkeit einer Population nicht durchführbar, gibt es drei Möglichkeiten, die Größe der kleinsten überlebensfähigen Population abzuschätzen.

Der ideale experimentelle Ansatz für die **Analyse der Überlebensfähigkeit einer Population** (**PVA** – *population viability analysis*) in Abhängigkeit ihrer Größe, wäre die Etablierung und Beobachtung verschieden großer Populationen über einen längeren Zeitraum. Dies ist jedoch für gefährdete Arten wegen der meist sehr reduzierten Individuenzahlen und des dringenden Handlungsbedarfs nicht praktikabel. Wie dann können wir die Größe der **kleinsten überlebensfähigen Population** (**MVP** – *minimum viable population*) abschätzen? Wir wollen im folgenden drei Möglichkeiten besprechen: 1) das Auffinden von Gesetzmäßigkeiten aus bereits verfügbaren, langfristigen Untersuchungen, 2) die subjektive Einschätzung durch Experten und 3) die Entwicklung von Populationsmodellen.

25.4.1 Hinweise aus der Analyse biogeographischer Muster

Abschätzungen der kritischen Individuenzahl auf Basis biogeographischer Daten sind sehr risikobehaftet.

Definieren wir die kritische Individuenzahl für die kleinste überlebensfähige Population als die Größe, die für die nächsten 100 Jahre eine mindestens 95prozentige Überlebenswahrscheinlichkeit garantiert, können wir aus der Analyse biogeographischer Daten, wie sie Abbildung 25.10 für das Dickhornschaf (*Ovis canadensis*) zeigt, einiges erfahren. Populationen mit weniger als 50 Individuen starben alle innerhalb von 50 Jahren aus, und nur die Hälfte der aus 51 bis 100 Schafen bestehenden Populationen überdauerte diesen Zeitraum. Populationen mit über 100 Mitgliedern dagegen blieben über den Untersuchungszeitraum von 70 Jahren ohne Verluste erhalten. Eine ähnliche Analyse über Vogelarten auf den kalifornischen Channel Islands lieferte einen MVP-Wert zwischen 100 und 1 000 Paaren, um eine Überlebenswahrscheinlichkeit von 90–99 % während eines Untersuchungszeitraums von 80 Jahren sicherzustellen.

Datensätze wie diese sind selten, weil sie auf der langfristigen Beobachtung mehrerer Populationen basieren. Da sie jedoch (wenn überhaupt) meist für nicht gefährdete Arten erhoben werden, sind sie für den Naturschutz nur eingeschränkt verwertbar. Geben wir auf ihrer Basis Empfehlungen für die Erhaltung bedrohter Arten, tun wir dies auf eigenes Risiko.

25.4.2 Subjektive Einschätzung durch Experten: Entscheidungsanalysen

Müssen – wie beim Sumatranashorn – rasche Entscheidungen getroffen werden, können Entscheidungsanalysen von Experten wertvolle Hilfe leisten.

Muß ohne Möglichkeit für weitere Untersuchungen eine rasche Entscheidung über eine gefährdete Art getroffen werden, können Expertenarbeitskreise wertvolle Hilfestellung leisten, auch wenn die Empfehlungen vielleicht nicht hundertprozentig richtig sind.

Die Vorgehensweise wollen wir am Beispiel des Sumatranashorns (*Dicerorhinus sumatrensis*) illustrieren. Diese Art kommt nur als kleine isolierte Subpopulationen in zunehmend fragmentierten Habitaten in Sabah (östliches Malaysia), Indonesien und Westmalaysia vor, eventuell auch in Thailand und Myanmar (Birma). Nur einige wenige sind als Reservate ausgewiesen, alle anderen sind durch Nutzholzgewinnung, menschliche Siedlungen und Wasserkraftwerke bedroht. Als sich der Arbeitskreis bildete, wurden nur zwei Tiere in Menschenobhut gehalten.

Der Gefährdungsgrad des Sumatranashorns, dessen Abhängigkeit von verschiedenen Managementoptionen und die am besten geeignete Schutzmaßnahme wurden nach einer Methode eingeschätzt, die als **Entscheidungsanalyse** bekannt ist. Der in Abbildung 25.11 dargestellte Entscheidungsbaum ist folgendermaßen zu interpretieren: Die beiden schwarzen Quadrate stellen Entscheidungspunkte dar; der erste differenziert zwischen den Optionen, den Status quo aufrechtzuerhalten oder zu intervenieren, der zweite führt zu verschiedenen Möglichkeiten des Eingreifens. Jede dieser Managementoptionen verzweigt sich wiederum (an den Kreisen) und führt zu verschiedenen Szenarien, die mit unterschiedlicher Wahrscheinlichkeit eintreten können. Ohne Intervention wurden die Aussichten, daß innerhalb der nächsten 30 Jahre eine Seuche ausbricht, zum Beispiel als 10 % – also 0.1 – eingeschätzt und die daraus resultierende Aussterbewahrscheinlichkeit (pE) mit 0.95 (ohne Seuche liegt diese bei 85 %). Für jede Option errechnet sich dann die Gesamtausterbewahrscheinlichkeit E(pE) durch

$$\begin{aligned} E(pE) = {} & \text{Wahrscheinlichkeit der ersten Option} \\ & \times \text{pE der ersten Option} \\ & + \text{Wahrscheinlichkeit der zweiten Option} \\ & \times \text{pE der zweiten Option.} \end{aligned} \tag{25.1}$$

Für den Status quo-Pfad beträgt sie demnach

$$E(pE) = (0.1 \times 0.95) + (0.9 \times 0.85) = 0.86. \tag{25.2}$$

Die letzte Spalte in Abbildung 25.11 gibt die voraussichtlichen Kosten an, die mit den verschiedenen Möglichkeiten verbunden sind.

Die vielversprechendste Option für Schutzmaßnahmen ist häufig auch die teuerste.

Wir wollen zwei der Interventionsmöglichkeiten näher betrachten: Zunächst die Option, ein bestimmtes Gebiet einzuzäunen und die Tiere (die dann in hohen Populationsdichten vorkommen werden) zusätzlich zu füttern und medizinisch zu versorgen. Bei dieser Vorgehensweise stellen Krankheiten eine große Gefahr dar – die Wahrscheinlichkeit einer Seuche wurde hier auf 0.2 geschätzt (also doppelt so hoch wie ohne Inter-

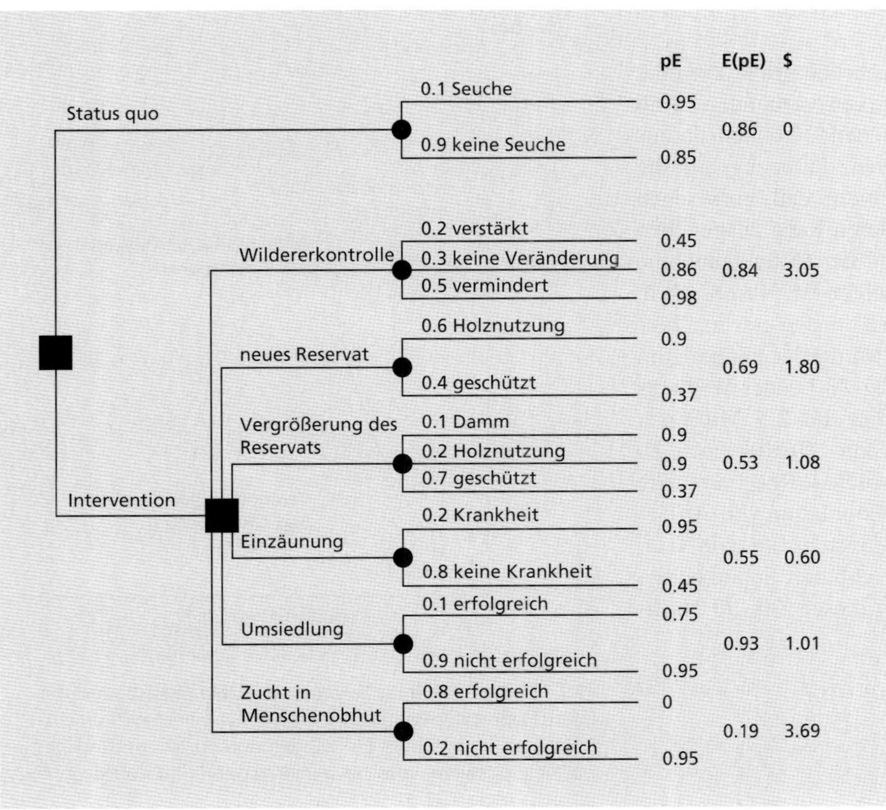

25.11 Entscheidungsbaum für Managementoptionen zur Rettung des Sumatranashorns (*Dicerorhinus sumatrensis*). ■: Entscheidungspunkte; ●: zufällige Ereignisse. Die angegebenen Wahrscheinlichkeiten beziehen sich auf einen Zeitraum von 30 Jahren (etwa zwei Generationen); pE: Aussterbewahrscheinlichkeit innerhalb von 30 Jahren; E(pE): geschätzte Gesamtaussterbewahrscheinlichkeit. Die Kosten sind in Millionen US-Dollar angegeben und ebenfalls für 30 Jahre berechnet. (Nach Maguire et al. 1987)

vention). Falls jedoch keine Krankheit ausbricht, reduziert sich das Aussterberisiko auf 0.45, wodurch der Gesamtwert für E(pE) auf 0.55 sinkt. Die Kosten für den Bau des Zaunes lägen bei etwa 60 000 Dollar, für die Instandhaltung wurden jährlich etwa 18 000 Dollar veranschlagt, so daß sich für den Zeitraum von 30 Jahren Gesamtkosten von 0.60 Millionen Dollar ergäben.

Für ein Zuchtprogramm in Menschenobhut müßten Wildtiere eingefangen werden, was beim Mißlingen zu einer geschätzten Ausrottungswahrscheinlichkeit von 0.95 führen würde. Verläuft das Züchtungsprogramm jedoch erfolgreich (die Wahrscheinlichkeit hierfür wurde mit 0.8 angenommen), könnte das Aussterberisiko auf 0 gesenkt werden. Damit ergibt sich insgesamt der für alle Optionen höchste E(pE)-Wert von 0.19. Allerdings ist diese Vorgehensweise auch mit sehr hohen Kosten verbunden.

In der Realität müssen häufig Kompromisse zwischen den verschiedenen Managementoptionen gemacht werden, und manchmal stellen sich die gewählten Optionen nachträglich als falsch heraus.

Welche Option ist nun die beste? Die Antwort hängt davon ab, nach welchen Kriterien man „am besten“ definiert. Wollen wir ganz einfach die Aussterberisiken ohne Berücksichtigung der Kosten vermindern, wäre es zweifellos die Züchtung in Menschenobhut. In der Praxis jedoch spielen finanzielle Argumente immer eine große Rolle, so daß eine Option, für die sowohl die Gesamtaussterbewahrscheinlichkeit als auch die zu veranschlagenden Kosten akzeptabel sind, bessere Chancen hat.

Diese Vorgehensweise hat sicherlich große Vorteile, ist aber auch mit gewissen Risiken verbunden. Sind die verfügbaren Daten unzureichend, können daraus falsche Empfehlungen resultieren. In bezug auf die Sumatranashörner ist zu berichten, daß inzwischen etwa 2.5 Millionen Dollar für deren Fang ausgegeben sind; drei Tiere starben während der Gefangennahme und sechs kurz danach. 1996 lebten 21 Nashörner in Menschenobhut; allerdings wurde bisher nur ein Junges geboren, und hier war das Muttertier bereits zum Zeitpunkt des Einfangens trächtig. N. Leader-Williams (in Caughley 1994) äußerte, daß die 2.5 Millionen Dollar ausgereicht hätten, 700 km^2 Habitat etwa 20 Jahre lang zu schützen. Ein solches Reservat wäre theoretisch groß genug für eine Population von 70 Tieren, die bei einer jährlichen Zuwachsrate von 0.06 (dieser Wert stammt aus vergleichbaren Schutzgebieten für andere Nashornarten) in dieser Zeit 90 Nachkommen haben könnten.

25.4.3 Ein allgemeines mathematisches Modell für die Überlebensdauer von Populationen

Mathematische Modelle für die Überlebensdauer von Populationen berücksichtigen Umweltkapazität, artspezifische Zuwachsraten und Umweltvariabilität.

Im einfachsten Fall kann man davon ausgehen, daß die Überlebensdauer einer Population (T) von ihrer Größe (N) abhängt, desgleichen von der Zuwachsrate (r) und deren umweltbedingter Variation (V). Die demographische Instabilität kommt wahrscheinlich nur in ganz kleinen Populationen zum Tragen. Bei geringen Individuenzahlen nimmt die **Persistenz** mit der Populationsgröße langsam zu und nähert sich ab einer bestimmten Abundanz gegen unendlich (gestrichelte Kurve in Abbildung 25.12).

Von verschiedenen Wissenschaftlern wurden Populationswachstumsgleichungen so manipuliert, daß sie die Variation der spezifischen Wachstumsraten ermöglichten und eine Abschätzung der Dauer bis zum Aussterben in Abhängigkeit der Umweltkapazität (K) erlaubten (zusammengefaßt von Caughley 1994). Mit Hilfe einer Reihe von Annahmen (zum Beispiel, daß die demographische Unsicherheit irrelevant und r konstant ist, außer wenn die Population ihre Kapazität erreicht – in diesem Falle ist $r = 0$), stellte Lande (1993) folgende Gleichung auf:

$$T = \frac{2}{Vc}\left(\frac{K^c - 1}{c} - \ln K\right), \qquad (25.3)$$

wobei

$$c = 2r/V - 1. \qquad (25.4)$$

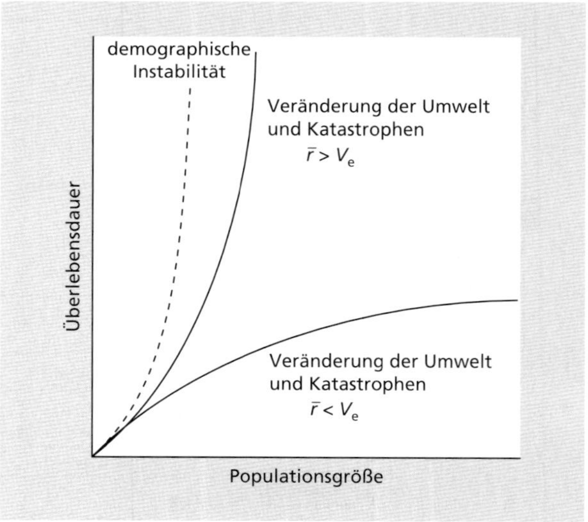

25.12 Die Beziehung zwischen der Überlebensdauer und der Größe einer Population – jeweils in einem willkürlichen Maßstab – unter dem Einfluß demographischer Instabilität beziehungsweise von Umweltvariationen und Katastrophen. (Nach Lande 1993)

Hierbei ist r die artspezifische Zuwachsrate, und V steht für die durch die Umweltvariabilität verursachten Schwankungen dieser Zuwachsrate.

Auf dieser Gleichung basieren die durchgezogenen Kurven in Abbildung 25.12, die aussagen, daß Populationen mit einer größeren Umweltkapazität, einer höheren spezifischen Zuwachsrate und geringen Umweltvariationen länger überdauern. Im Gegensatz zu früheren Behauptungen, daß zufällig auftretende Katastrophen eine größere Bedrohung darstellen als kleine Umweltveränderungen, stellt sich hier heraus, daß in Wirklichkeit nur das Verhältnis zwischen dem durchschnittlichen Wert und der Varianz der Zuwachsrate ausschlaggebend ist (Lande 1993; Caughley 1994). Ist die mittlere Zuwachsrate größer als deren umweltbedingte Varianz, verläuft die Beziehung zwischen Persistenzdauer und Populationsgröße steil nach oben (wirkt sich demnach nur auf kleine und mittlere Populationsdichten aus); sind die Schwankungen jedoch größer als der Durchschnittswert, verläuft die Kurve konvex, so daß auch bei großen Populationen die Umweltinstabilität einen bedeutenden Einfluß auf die Überlebensdauer ausübt.

Konkrete Berechnungen sprechen jedoch dafür, daß diese Modelle zu allgemein sind.

Läßt sich dieses Modell in der Praxis verwenden? Kinnaird und O'Brien (1991) benutzten eine ganz ähnliche Gleichung, um abzuschätzen, welche Populationsgröße notwendig wäre, um das Aussterben der Tana-Haubenmangaben (*Cercocebus galeritus galeritus*) für die nächsten 100 Jahre mit 95prozentiger Wahrscheinlichkeit zu verhindern. Das Habitat dieser gefährdeten Primaten beschränkt sich auf die Uferwälder eines einzigen Flusses in Kenia, und obwohl diese unter Schutz stehen, nahm die Zahl der Mangaben zwischen 1973 und 1988 von 1 200 auf 700 ab. Die Berechnung, bei der $r = 0.11$ und $V = 0.20$ angenommen wurden (dieser letzte Wert war besonders unsicher, da nur von wenigen Jahren Daten zur Verfügung standen), ergab eine kleinste überlebensfähige Population von 8 000 Tieren. Solch hohe Individuenzahlen könnten jedoch in dem zur Verfügung stehenden Habitat nie erreicht werden. Darüber hinaus halten es Kinnaird und O'Brien für unwahrscheinlich, daß diese natürlicherweise seltene Unterart jemals solche Populationsdichten besaß. Entweder waren die für die Berechnung eingesetzten Daten ungeeignet (die umweltbedingte Varianz der spezifischen Zuwachsrate könnte zum Beispiel niedriger sein, wenn die Tiere auf Habitatveränderungen mit einem Nahrungswechsel reagieren) oder, was wahrscheinlicher ist, das Modell ist zu allgemein, um in speziellen Fällen hilfreich zu sein.

25.4.4 Simulationsmodelle

Simulationsmodelle stellen einen artspezifischen Ansatz zur Berechnung der kritischen Individuenzahl dar.

Eine alternative und auch exaktere Einschätzung erfolgt durch **Simulationsmodelle**, die normalerweise die Überlebensfähigkeit und Reproduktionsraten in altersstrukturierten Populationen beinhalten. Durch zufällige Variationen dieser Parameter oder der Kapazität (K) läßt sich der Einfluß von Umweltveränderungen, einschließlich von Katastrophen und deren definierter Häufigkeit und Intensität, abschätzen. Auch die Dichteabhängigkeit kann mit berücksichtigt werden, desgleichen fördernde oder limitierende Faktoren. Die Simulation basiert auf einem Monte-Carlo-Algorithmus und betrachtet die Überlebens- und Fortpflanzungswahrscheinlichkeit jedes einzelnen Individuums. Die Berechnungen erfolgen mehrmals und resultieren aufgrund der zufällig eingeführten Elemente in unterschiedlichen Populationstrajektorien. Für jede Gruppe der verwendeten Modellparameter ergeben sich so Schätzungen für die Aussterbewahrscheinlichkeit in einem bestimmten Zeitintervall und die durchschnittliche Überlebensdauer der Population.

Die Anwendung eines Simulationsmodells auf den Floridapuma schlägt ein Züchtungsprogramm vor.

Solch ein Modell (namens „Vortex") wurde auf den Floridapuma (*Felis concolor coryi*) angewandt, dessen derzeitige Population mit 30 bis 50 Tieren angenommen wird und im Rückgang begriffen ist. Anhand der wenigen verfügbaren realen Daten wurden folgende Populationsparameter eingesetzt: als Alter bei der ersten Fortpflanzung für beide Geschlechter zwei bis drei Jahre; die Fortpflanzungswahrscheinlichkeit für zweijährige Tiere als 10 %, für ältere Individuen als 50 %; eine Wurfgröße zwischen eins und sechs mit einem Durchschnittswert von 2.7; eine Gesamtnachkommenzahl von sechs bis 15 pro Weibchen; jährliche Mortalitätsraten von 50 % für Jungtiere (bis zu einem Alter von einem Jahr), 30 % für juvenile und 27 % für adulte Individuen; und eine maximale Lebensdauer von 15 bis 18 Jahren. Die Ergebnisse dieser Modellierungen (jeweils 1 000 Parallelläufe), in denen ungewisse biologische Parameter systematisch variiert wurden, sind in Tabelle 25.4 zusammengefaßt. Eine 95prozentige Überlebenswahrscheinlichkeit für die nächsten 100 Jahre wurde nur unter Annahme der frühen Geschlechtsreife (mit zwei Jahren), einer geringeren Mortalität der Adulten (20 %) und einer höheren Wurfgröße (drei) erhalten (Aussterbewahrscheinlichkeit = 0.04). In weiteren Simulationen wurde der Effekt fortschreitenden Habitatverlusts (durch zunehmende Reduktion der Umweltkapazität) untersucht.

Tabelle 25.4: Wahrscheinlichkeiten des Aussterbens innerhalb der nächsten 200 Jahre und mittlere Überlebensdauer für Populationen des Floridapumas (*Felis concolor coryi*) auf Basis demographischer Parameter. (Nach IUCN 1989)
Die in allen 1 000 Simulationen eingesetzte Populationsgröße von jeweils 45 Individuen wurde als die Kapazität (*K*) angenommen. Es wurden keine Umweltvariationen oder Katastrophen berücksichtigt, ebensowenig anthropogene Beeinflussungen. Inzucht wurde als neutral gewertet ohne Auswirkung auf die Überlebensrate oder Fekundität.

eingesetzter demographischer Parameter					Simulationsergebnisse				
Alter bei Geschlechtsreife	Mortalität der Adulten	Wurfgröße	Ausgangswert für		Aussterbewahrscheinlichkeit (in Jahren)				mittlere Überlebensdauer (Jahre)
			N	*K*	25	50	100	200	
3	25	3.0	45	45	0.24	0.77	0.99	1.00	39
3	25	2.5	45	45	0.38	0.94	1.00	1.00	30
3	20	3.0	45	45	0.04	0.28	0.71	0.95	77
3	20	2.5	45	45	0.11	0.57	0.96	1.00	51
2	25	3.0	45	45	0.04	0.17	0.45	0.77	96
2	25	2.5	45	45	0.11	0.51	0.91	0.99	56
2	20	3.0	45	45	0.00	0.01	0.04	0.11	114
2	20	2.5	45	45	0.01	0.09	0.27	0.56	107

Dies wirkte sich jedoch kaum auf die Aussterbewahrscheinlichkeit aus – ein überraschendes Ergebnis, das aus der Tatsache resultiert, daß die Habitatverlustrate (1–2 % pro Jahr) geringer war als die derzeitige Abnahme der Populationsdichte (6 % pro Jahr). Als Schlußfolgerung für ein Management ergab sich aus dieser Analyse die Notwendigkeit, ein Züchtungsprogramm zu etablieren, mit der Zielsetzung, bis zum Jahre 2010 an verschiedenen Wiederansiedlungsstellen Subpopulationen von insgesamt 500 Tiere zu haben.

Für den Afrikanischen Elefanten berechnen Simulationsmodelle eine Mindestreservatgröße von 2 600 km².

Eine andere Simulation wurde für Afrikanische Elefanten (*Loxodonta africana*) durchgeführt, deren Zahlen dramatisch zurückgehen; außerhalb der Reservate werden wahrscheinlich nur wenige die nächsten Jahrzehnte überstehen, vor allem wegen der Zerstörung ihrer Lebensräume und wegen der Elfenbeinjäger. Armbruster und Lande (1992) stellten die Elefantenpopulation als zwölf Alterskategorien über diskrete Zeitintervalle von fünf Jahren dar. Die Werte für die altersspezifischen Überlebenswahrscheinlichkeiten und die dichteabhängigen Reproduktionsraten stammten aus sorgfältigen Erhebungen im Tsavo-Nationalpark in Kenia, desgleichen die Beeinflussung der geschlechts- und altersspezifischen Überlebensraten durch Umweltveränderungen. Die Beziehung zwischen der Habitatgröße und dem Aussterberisiko wurde für einen Zeitraum von 1 000 Jahren simuliert. Jede Modellierung wurde mindestens 1 000 Mal wiederholt, für die größeren Habitatflächen (verbunden mit geringeren Verlustraten) sogar bis zu 30 000 Mal.

Die Ergebnisse zeigen, daß ein Gebiet von 500 Quadratmeilen (1 300 km²) notwendig ist, um für die nächsten 1 000 Jahre eine 99prozentige Überlebenswahrscheinlichkeit zu gewährleisten (Abbildung 25.13). Die Autoren schlagen sogar eine noch größere minimale Reservatfläche vor (1 000 Quadratmeilen = 2 600 km²). Nur 35 % der Nationalparks und Naturschutzgebiete in Zentral- und Südafrika besitzen aber eine solche Ausdehnung.

Die Simulationen ergaben auch, daß die maximale Populationsgröße alle fünf Jahre um bis zu 50 % reduziert werden könnte, ohne die Aussterbewahrscheinlichkeit zu beeinflussen. (In diesem Zusammenhang ist die Feststellung interessant, daß bei einem maximalen Dauerertrag – siehe Abschnitt 16.12.1 – die Elefanten auf 20 % ihrer Umweltkapazität reduziert werden,

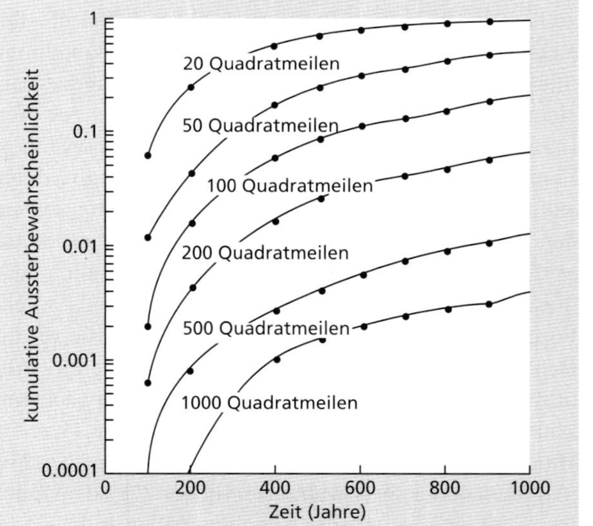

25.13 Kumulative Aussterbewahrscheinlichkeiten für Populationen des Afrikanischen Elefanten (*Loxodonta africana*) in sechs unterschiedlich großen Habitaten (jeweils bezogen auf 1 000 Jahre). (Nach Armbruster und Lande 1992)

was langfristig das Gefährdungspotential deutlich erhöht.) Demnach sieht es so aus, als sei die begrenzte Ausbeutung von Elefantenpopulationen wegen ihres Elfenbeins ein biologisch vertretbarer Weg des Geldverdienens (wenn auch aus ethischer Sicht problematisch). Der Afrikanische Elefant wurde 1989 wegen der katastrophalen Auswirkungen der Wilderei im Washingtoner Artenschutzabkommen (CITES – Convention on International Trade in Endangered Species) aufgelistet. Viele afrikanische Staaten wollen dieses Verbot jetzt jedoch wieder aufheben.

Simulationsmodelle sind auch auf Metapopulationen anwendbar.

Akçakaya und Ginzburg (1991) übertrugen Simulationsmodelle auch auf die Analyse einer Metapopulation aus drei mehr oder weniger isolierten Subpopulationen des Berggorillas (*Gorilla gorilla beringei*) im Virungagebirge im Südwesten Ugandas. Sie stellten sich die folgenden beiden Fragen: Wie verändert sich das Schicksal der Metapopulation, wenn der Korrelationsgrad der Umweltveränderungen in den drei Habitatfragmenten von vollständiger (1) bis zu gar keiner Korrelation (0) schwankt, und wie, wenn die Wahrscheinlichkeit der Wiederbesiedlung beziehungsweise der Verbreitung zwischen 0 und 1 % pro Jahr variiert? Das Aussterberisiko der Metapopulation in diesen 500-Jahres-Simulationen war deutlich reduziert, wenn die Umweltvariationen nicht in Phase auftraten (Abbildung 25.14), und hingen in diesem Fall stark mit der Rekolonisation zusammen (höhere Wiederbesiedlungschancen reduzierten deutlich das Auslöschungsrisiko). Bei einer Korrelation der Umweltveränderungen hatte das Ausmaß der Wiederbesiedlung keinen Einfluß.

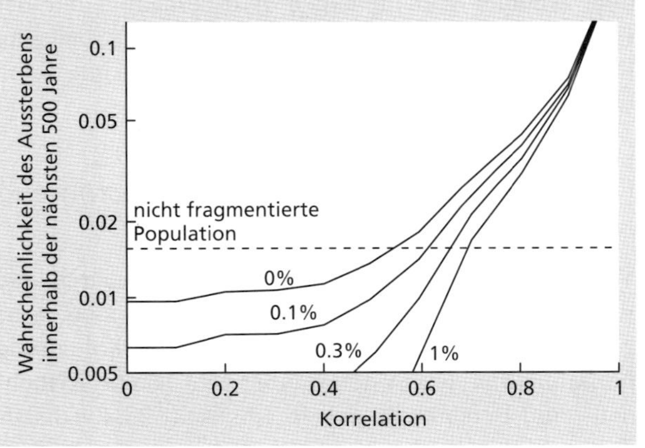

25.14 Die Wahrscheinlichkeit des Aussterbens einer Metapopulation von Berggorillas (*Gorilla gorilla beringei*) in einem Zeitraum von 500 Jahren bei unterschiedlichen Raten der Wiederbesiedlung (0–1 % jährlich) und der Korrelation von Umweltveränderungen (0–1). (Nach Akçakaya und Ginzburg 1991)

25.5 Lebensgemeinschaften und Ökosysteme

Naturschutz kann nicht nur die Erhaltung einzelner Arten zum Ziel haben, sondern muß auch auf der Ebene von Lebensgemeinschaften und Ökosystemen betrieben werden. Die Gründe hierfür werden wir im folgenden diskutieren.

25.5.1 Aussterbeketten

Häufig hat das Aussterben einer Art den Rückgang anderer Spezies zur Folge.

Wenn wir Wechselbeziehungen innerhalb einer Lebensgemeinschaft ignorieren, kann sich aus dem Aussterben einer Art eine Kette weiterer Extinktionen ergeben. Flughunde der Gattung *Pteropus* kommen auf südpazifischen Inseln vor und sind dort wichtige, manchmal sogar die einzigen Bestäuber und Samenverbreiter für Hunderte von Pflanzenarten (darunter viele von großer wirtschaftlicher Bedeutung). Auf Guam zum Beispiel, wo die zwei einheimischen Arten so gut wie ausgestorben sind, gibt es bereits Anzeichen für eine Abnahme der Fruchtbildung und -verbreitung (Cox et al. 1991).

25.5.2 Neue Arten in komplexen Nahrungsnetzen

Die Einführung neuer Arten kann Konsequenzen für die gesamte Lebensgemeinschaft haben.

Auch die **Einführung fremder Arten** ohne Berücksichtigung ihrer Auswirkungen auf das Nahrungsnetz kann zu ungewünschten Ergebnissen führen. Als Beispiel wollen wir hier das Reliktkrebschen (*Mysis relicta*) heranziehen, eine Spaltflußkrebsart, die als Nahrungsquelle für den früher ebenfalls eingeführten Blaurückenlachs (*Oncorhynchus nerka*) im Flathead Lake in Montana/USA ausgesetzt wurde. Anstatt des erhofften Vorteils für die Fischerei brach die Lachspopulation zusammen, da die Krebschen das Zooplankton (das den Fischen ebenfalls als Futter diente) stark dezimierten und sich durch Abwandern in tiefe Wasserschichten der Prädation entzogen (Spencer et al. 1991). Die Abnahme der Lachse führte offensichtlich auch zu einem dramatischen Rückgang der Weißkopfseeadler und der Grizzlybären, denen sie als Nahrungsquelle dienen (Abbildung 25.15).

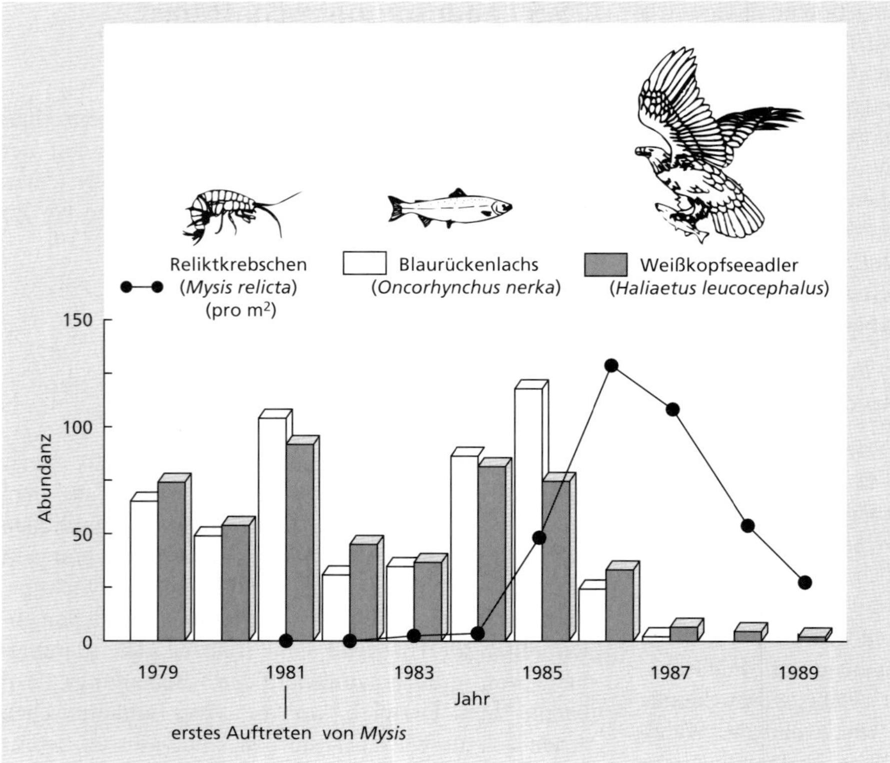

25.15 Mit zunehmender Abundanz der Reliktkrebschen verstärkte sich die Abweidung des Zooplanktons im Flathead Lake, und die Populationsdichten des Blaurückenlachses nahmen ebenso ab wie die des Weißkopfseeadlers, der sich von dieser Fischart ernährt. (Nach Spencer et al. 1991)

25.5.3 Habitatfragmentierung und Lebensgemeinschaftsstrukturen

Die Fragmentierung eines Lebensraums kann zum Rückgang des gesamten Artenreichtums führen.

Bei der Fragmentierung von Habitaten dürfen wir nicht nur das Schicksal einzelner Arten berücksichtigen, sondern müssen uns auch überlegen, ob die Nahrungsnetze funktional erhalten bleiben. Mikkelson (1993) stellte sich die Frage, wie sich die trophische Organisation im Verlauf einer Fragmentierung verändert. Er sammelte Daten über fünf unterschiedlich fragmentierte Lebensräume – eine Gruppe von Berggipfeln und zwei Gruppen von Landbrückeninseln, die vor 6 000 bis 14 000 Jahren jeweils noch zusammenhängende Habitate darstellten, sowie zwei Gruppen von Naturreservaten in Australien, in denen die **Habitatfragmentierung** zur Jahrhundertwende begann. Er überprüfte drei Hypothesen. Die erste nahm an, daß sich der proportionale Anteil an Produzenten, Herbivoren und Carnivoren durch Fragmentierung nicht stärker ändert als durch zufällig auftretende Extinktionen und Kolonisierungen zu erwarten wäre; die zweite ging von einer deutlicheren, die dritte von einer geringeren Veränderung aus. Tatsächlich variierte die trophische Organisation kaum bei unterschiedlich großen Fragmenten, und vieles sprach für die dritte Hypothese, also dafür, daß sich die einzelnen Trophieebenen gegenseitig beeinflussen, so daß die Gesamtstruktur erhalten bleibt, während der Artenreichtum insgesamt abnimmt.

Fragmentierung wirkt sich auch auf die Artenzusammensetzung aus.

Einige Untersuchungen über die **Artenzusammensetzung** in fragmentierten Habitaten zeigten, daß Spezies typischerweise in Patches mit einer bestimmten minimalen Ausdehnung vorkommen; die kritische Größe variiert von Art zu Art und führt zu einer mehr oder weniger gleichmäßigen Artenabnahme mit der Fläche der Patches (Hanski 1994b). Dies bedeutet letztlich, daß große Fragmente unerläßlich sind, wenn wir eine hohe Biodiversität erhalten wollen.

Die Frage, wie groß ein ökologisch intakter Lebensraum sein muß, ist schwierig zu beantworten.

Wenn wir nicht vorsichtig sind, kann es passieren, daß wir Pläne entwickeln, die zwar geeignet sind, eine gefährdete Art zu erhalten, dabei aber die ökologische Funktionalität des Systems außer acht lassen. Manchmal (zum Beispiel bei den in Abschnitt 25.4.4 diskutierten Elefanten) kann zufällig durch die empfohlene Größe der kleinsten überlebensfähigen Population auch ein minimalgroßer, funktionsfähiger Lebensraum definiert werden, der alle notwendigen Verknüpfungen enthält. In den meisten Fällen ist dies jedoch nicht der Fall. Es hat zum Beispiel wenig Sinn, ein Sumpfgebiet oder einen Flußlauf unter Naturschutz zu stellen, ohne das entsprechende terrestrische Einzugsgebiet als Energie- und Nährstofflieferant (oder als Habitat für aquatische Insekten) mit zu berücksichtigen.

Die Verknüpfungen zwischen Biodiversität und grundlegenden ökosystemaren Prozessen sind uns kaum bekannt.

Eine fundamentale Frage, die sich in diesem Zusammenhang stellt, ist: Wie wichtig ist Biodiversität in bezug auf die unser System erhaltenden Prozesse? Können wir einige, mehrere oder sogar viele Arten verlieren, ohne nachteilige Auswirkungen auf Produktivität und Nährstoffkreisläufe hervorzurufen und ohne die Stabilität und Elastizität von Lebensgemeinschaften einzubüßen? Drei mögliche Szenarien sind in Abbildung 25.16 dargestellt. In jedem Fall funktionieren die ökosystemaren Prozesse im Stadium des natürlichen (hohen) Artenreichtums „normal" und gehen mit abnehmender Artenzahl gegen Null. Aber es gibt drei unterschiedliche Kurvenverläufe. Kurve 1 zeigt zuerst wenig Veränderung, nimmt aber dann ab einer bestimmten kritischen Artenzahl rasch ab. Dies entspricht einer Situation ausgeprägter ökologischer Redundanz. In Kurve 2 trägt jede einzelne Spezies gleichermaßen zum Gesamtprozeß bei; hier hätte jeder Verlust an Biodiversität Konsequenzen für das Funktionieren des Ökosystems. In Kurve 3 kollabiert das System bereits mit dem Aussterben einer oder weniger (vielleicht Schlüssel-) Arten. Welches Modell kommt der Realität am nächsten? Wir wissen es einfach nicht. Dies ist sicherlich ein Gebiet, das sowohl durch Laborexperimente als auch durch vergleichende Freilanduntersuchungen erforscht werden muß.

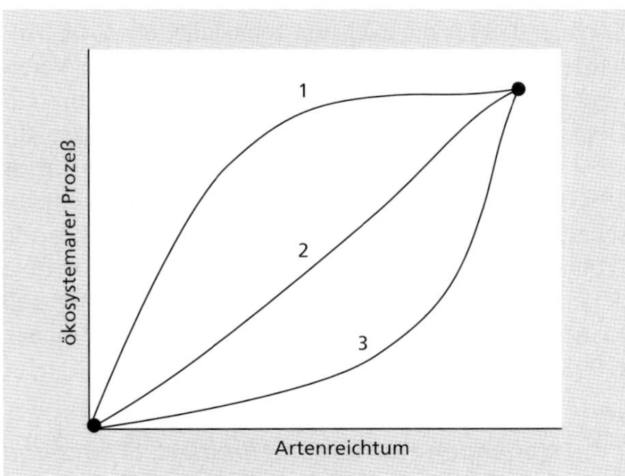

25.16 Hypothetische Beziehungen zwischen einem grundlegenden ökosystemaren Prozeß (zum Beispiel Produktivität, Nährstoffkreisläufe, Stabilität der Artenzusammensetzung) und dem Artenreichtum.

25.6 Naturschutz in der Praxis

25.6.1 Artenschutzpläne

Die Möglichkeiten von Modellierungen zur Überlebensfähikeit von Populationen sind notgedrungen limitiert, sie sind aber mit Sicherheit vertrauenswürdiger als Faustregeln.

Idealerweise sollte die Analyse der Überlebensfähigkeit einer Population (PVA, siehe Abschnitt 25.4) zu einer gezielten und zuverlässigen Empfehlung führen, welche Populations- oder Reservatsgröße notwendig ist, um eine gefährdete Art für einen gewissen Zeitraum und mit einer bestimmten Wahrscheinlichkeit am Leben zu erhalten. Meistens sind die biologischen Daten hierfür jedoch nicht ausreichend. Durch diese mangelhaften Kenntnisse und wegen der fehlenden Zeit und Möglichkeiten, weitere Daten zu sammeln, stellen Modellierungen notgedrungen nur einen Versuch dar, das Problem zu rationalisieren und Ideen zu quantifizieren. Trotzdem zeigen uns die in Abschnitt 25.4.4 besprochenen Beispiele, daß wir mit solchen Modellen die verfügbaren Daten am besten nutzen können, und erwecken in uns das Vertrauen, zwischen verschiedenen Managementoptionen wählen und die relative Bedeutung von Gefährdungsfaktoren abschätzen zu können.

Früher arbeiteten Naturschützer nach groben Faustregeln. Populationsgenetische Überlegungen schlagen eine kritische Populationsgröße zwischen 2 500 und 5 000 vor (Nunney und Campbell 1993). Nach allgemeinen demographischen Modellen dagegen würden einige hundert bis wenige tausend Individuen für eine kleinste überlebensfähige Population ausreichen. Mit Sicherheit sind Simulationsmodelle, welche die gesamte Skala genetischer und demographischer Konsequenzen in definierten Szenarien durchspielen, vertrauenswürdiger.

Die Berücksichtigung von Metapopulationsstrukturen bei Arterhaltungsplänen erhöht die Erfolgsaussichten.

In den meisten Fällen ist es angebracht Metapopulationsstrukturen in die Modelle einzubeziehen, da Fragmentierung eher die Regel als die Ausnahme darstellt. Auch wenn, wie bei den meisten akut gefährdeten Arten, nur noch eine lokale Population erhalten ist, sollte ein **Arterhaltungsplan** (*species survival plan*) Metapopulationsstrukturen beinhalten, um die Überlebenswahrscheinlichkeit zu erhöhen.

Die Schutzmaßnahmen müssen auch Landschaftsstrukturelemente wie Verbreitungskorridore berücksichtigen.

Von besonderer Bedeutung ist die Tatsache, daß lokale Artenverluste häufige Ereignisse darstellen und damit die Wiederbesiedlung von Habitatsfragmenten ein kritischer Faktor bei der Erhaltung einer fragmentierten Population ist. Wir müssen daher den Beziehungen zwischen Landschaftsstrukturelementen – wie **Verbreitungskorridore** – und den Ausbreitungseigenschaften der betroffenen Art erhöhte Aufmerksamkeit widmen (Fahrig und Merriam 1994). Die Notwendigkeit solcher Korridore wurde heftig diskutiert. Obwohl es eine Reihe von Gegenargumenten gibt (zum Beispiel, daß sie die Verbreitung negativer Ereignisse wie Feuer oder Krankheiten fördern (Hess 1994)), sind die Vorteile (ein hohes Rekolonisierungspotential) überzeugend. Fahrig und Merriam (1994) postulieren, daß Populationen mit hohen lokalen Aussterberaten in der Regel eine gute Ausbreitungsfähigkeit aufweisen. Falls dies zutrifft, hat die anthropogene Zergliederung der Landschaft, die zu zunehmend isolierten Subpopulationen führte, maßgeblich zur Dezimierung von Arten mit geringem Verbreitungspotential – zum Beispiel Amphibien (Blaustein et al. 1994) – beigetragen.

25.6.2 Erhaltung von Arten *ex situ*

Im Artenschutz nehmen Zuchtprogramme einen wichtigen Platz ein; die Arabische Oryx ist ein Paradebeispiel hierfür.

Für die Erhaltung von Arten kann die **Züchtung in Menschenobhut** vier Aufgaben erfüllen: Sie liefert Material für 1) populationsbiologische und reproduktionsbiologische Grundlagenforschung und 2) für die Erprobung von Pflege- und Managementpraktiken; sie stellt 3) ein demographisches oder genetisches Reservoir zur Verfügung, das uns erlaubt, natürliche Populationen zu vergrößern oder neue zu gründen und bietet 4) Arten, die unter den derzeitigen natürlichen Bedingungen nicht überleben könnten, ein letztes Refugium. So gelten der in Menschenobhut gut etablierte Davidshirsch (*Elaphurus davidianus*) und das Przewalskipferd (*Equus przewalskii*) in der Natur als ausgestorben; andererseits wurden die Hirschziegenantilope (*Antilope cervicapra*), der Wanderfalke (*Falco peregrinus*), die Galapagos-Riesenschildkröte (*Geochelone elephantopus*) und der Europäische Otter (*Lutra lutra*), wie viele andere auch, mit offensichtlichem Erfolg durch Tiere aus Zuchtpopulationen in ihren Heimatgebieten wiederangesiedelt.

Die Arabische Oryxantilope (*Oryx leucoryx*) stellt ein bemerkenswert erfolgreiches Beispiel dar. Durch Überjagung wurde sie in der Natur im Jahre 1972 ausgerottet (Stanley Price, 1989). Glücklicherweise war 1963 im Zoo von Phoenix/USA eine Zuchtgruppe von neun Tieren gegründet worden; eine weitere folgte im Zoo von Los Angeles. Ausgehend von diesen wenigen Gründern nahm die Population in Menschenobhut stetig zu, so daß schließlich in den Jahren 1982 und 1984 zwei Gruppen mit insgesamt 21 Individuen in Oman wiederangesiedelt wurden. Eine Überwachung der Population ergab eine Zuwachsrate (r) von 0.20 pro Jahr.

Die Rolle von zoologischen und botanischen Gärten wird kontrovers diskutiert.

Zoos stehen im Zentrum heftiger Diskussionen. Manche betrachten zoologische und botanische Gärten (und Samenbanken) als Archen, die gefährdeten Arten eine Zuflucht bieten (und dafür spricht das beschriebene Beispiel); andere sehen in ihnen eher lebende Museen (Ginsberg 1993). Ein **Zuchtprogramm** in Menschenobhut sollte immer drei Stadien beinhalten: 1) die Planung einer Erhaltungsstrategie, 2) die Züchtung und 3) die **Wiederansiedlung** in Verbindung mit Habitatschutz und Erhaltung *in situ*. Bedauerlicherweise ist dies nicht bei allen Arten durchführbar (zum Beispiel aus Mangel an Züchtungstechnologien, geeigneten Habitaten, oder da die Ursachen der Gefährdung irreversibel sind), und die vorhandenen Möglichkeiten sind nicht ausreichend für eine „Arche“, die groß genug wäre, einen repräsentativen Teil der Lebewesen unserer Erde zu beheimaten (Ginsberg 1993).

25.6.3 Schutzgebiete

Die finanziellen Mittel reichen für den Schutz aller bedrohten Arten nicht aus.

Die Erstellung individueller Arterhaltungspläne wäre sicherlich der beste Weg, gefährdete, besonders wichtige oder einzigartige Spezies zu erhalten. Aber schon allein aus finanziellen Gründen ist dies unmöglich. So berechnete zum Beispiel der US Fish and Wildlife Service, daß für die nächsten zehn Jahre etwa 4.6 Milliarden Dollar notwendig wären, um alle in den Vereinigten Staaten bedrohten Spezies zu schützen (US Department of the Interior 1990); das Budget für 1993 betrug dagegen nur 60 Millionen Dollar (Losos 1993). Durch den Schutz von ganzen Lebensgemeinschaften und Lebensräumen können wir dagegen die größte Biodiversität erhalten (Grumbine 1993). Eine detaillierte Übersicht über Einrichtung, Planung und Management solcher Schutzgebiete ist in Primack (1993) gegeben.

Auch die für Reservate zur Verfügung stehenden Flächen sind limitiert, Schutz und Nutzung müssen sich aber nicht ausschließen.

Die Anzahl und Ausdehnung verschiedener **Schutzgebiete** (Nationalparks, Natur- und Landschaftsschutzgebiete) nahm im Laufe des 20. Jahrhunderts, vor allem seit 1970, beständig zu (Tabelle 25.5). Allerdings repräsentierten die im Jahre 1989 existierenden 4 500 Reservate lediglich 3.2 % der globalen Landflächen – und werden im günstigsten Falle vielleicht

Tabelle 25.5: Die Einrichtung von Schutzgebieten vor und während des 20. Jahrhunderts; nur Reservate größer als 1 000 ha (10 km²) sind aufgeführt. (Nach Reid und Miller 1989)

Datum der Einrichtung	Anzahl der Gebiete	Größe des Schutzgebiets (km²)
unbekannt	711	194 395
vor 1900	37	51 455
1900–1909	52	131 385
1910–1919	68	76 983
1920–1929	92	172 474
1930–1939	251	275 381
1940–1949	119	97 107
1950–1959	319	229 025
1960–1969	573	537 924
1970–1979	1 317	2 029 302
1980–1989	781	1 068 572

auf 6 % ansteigen; der Rest wird als Ressource für die menschliche Bevölkerung benötigt (Primack 1993).

Als besonders vordringlich wird derzeit der Schutz der Meere gesehen. Sie beheimaten die meisten aller Lebewesen (32 der 33 bekannten Phyla sind marin, davon 15 ausschließlich) und sind in besonderem Maße durch Überfischung, Habitatzerstörung und Verschmutzung gefährdet. Viele der neuen marinen Schutzgebiete sind als **Nutzungsreservate** (*multible use reserves*) konzipiert (das heißt, sie dienen nicht nur den Zwecken der Naturschützer, sondern werden zum Beispiel auch von Sportanglern und zur kommerziellen Fischerei genutzt) (Agardy 1994); dadurch wird deutlich, daß Erhaltung und nachhaltige Nutzung häufig Hand in Hand gehen können.

Die Prioritäten für Schutzgebiete können unterschiedlich sein, je nachdem, ob beispielsweise eine hohe Diversität, einzigartige Lebensformen oder besonders gefährdete Systeme erhalten werden sollen.

Die Prioritäten für die zu schützenden Gebiete können nach verschiedenen Kriterien gesetzt werden: Erhaltung eines besonders hohen Artenreichtums (**Diversitätszentren**), Schutz einzigartiger Lebensformen (**Endemismuszentren**) oder Konservierung besonders gefährdeter Systeme (sogenannte **„Hotspots" des Aussterbens**, beispielsweise aufgrund von Habitatzerstörung) (Abbildung 25.17). Wir können auch mehr Gewicht auf den potentiellen Wert einer Art (Nahrungsgewinnung, Domestikation, medizinische Produkte und so weiter) als auf ihren „Ist-Wert" legen und bevorzugt „Zentren der Nützlichkeit" erhalten.

Der Schutz von Lebensgemeinschaften und Ökosystemen sollte nach dem Konzept der Komplementarität und Unersetzlichkeit betrieben werden.

Wir sollten jedoch neben den Arten auch möglichst viele typische Lebensgemeinschaften und Ökosysteme erhalten. Die Schlüsselprinzipien hierbei sind Komplementarität und Unersetzlichkeit (Pressey et al. 1993). In Anbetracht der limitierten Möglichkeiten besteht die ideale Strategie darin, die Zusammensetzung einer ausgewählten Gegend zu bestimmen und Schritt für Schritt weitere Regionen auszuwählen, die deren Eigenschaften am besten ergänzen. Eine Reihe effizi-

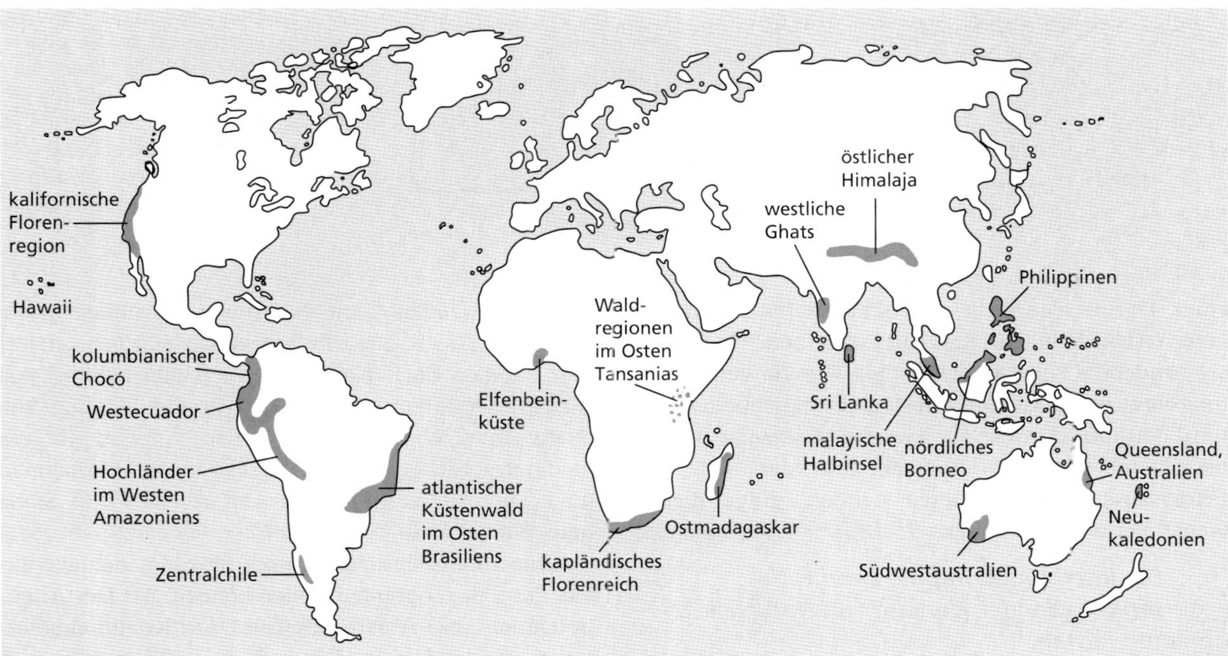

25.17 Zentren mit hohem Endemismus und signifikantem Gefährdungspotential in tropischen Regenwaldgebieten und anderen Biomen. (Nach Myers 1988b, 1991)

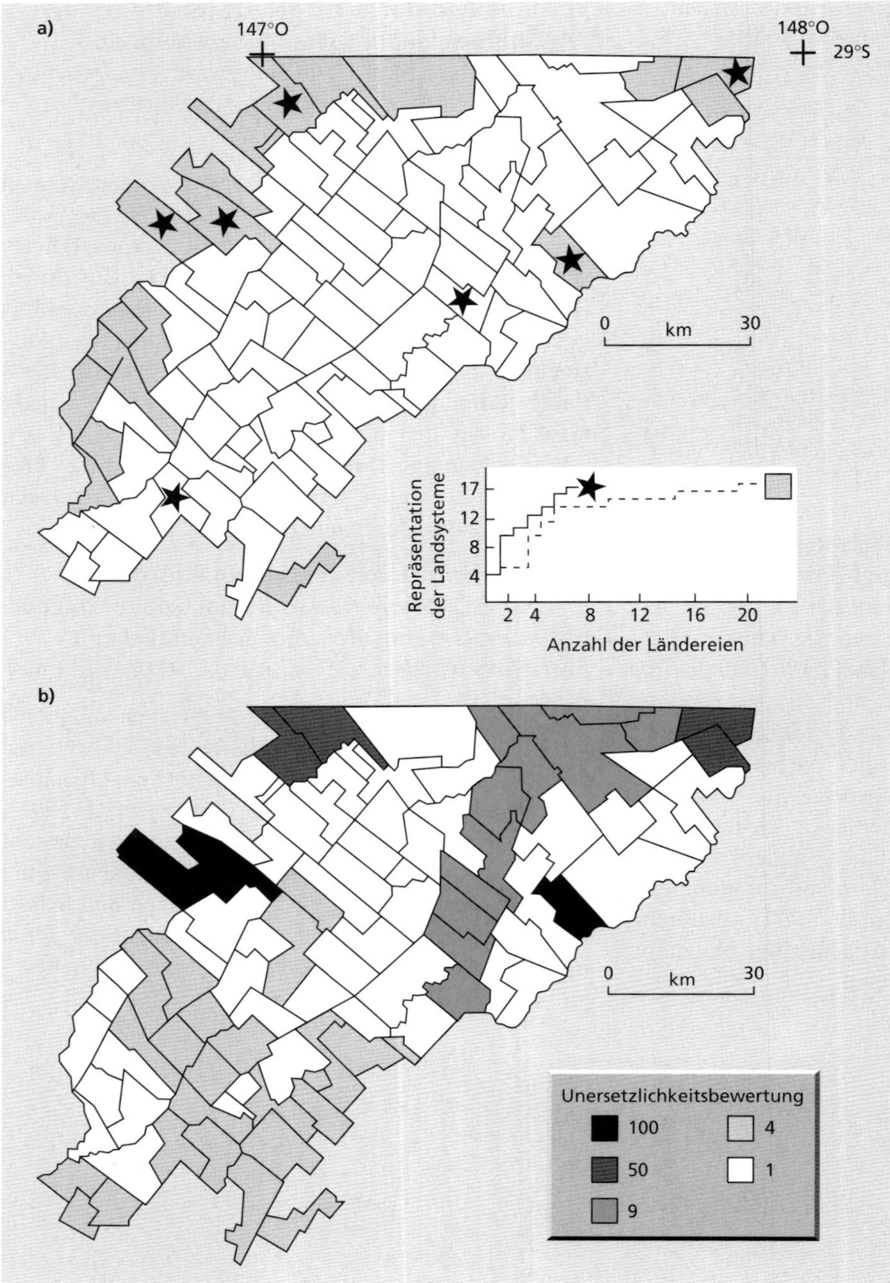

25.18 a) Eine Karte von 95 Ländereien in New South Wales/ Australien mit zwei Gruppen, deren Erhaltung notwendig wäre, um alle 17 Landsysteme zumindest einmal zu repräsentieren. Die Sterne markieren die minimale Anzahl, die durch einen Komplementaritätsalgorithmus identifiziert wurde, der landschaftlich einzigartige Regionen auswählt und Schritt für Schritt durch das jeweils seltenste, nicht-repräsentierte Landsystem ergänzt. Durch Schattierung sind die Regionen gekennzeichnet, die benötigt würden, wenn alle Ländereien nach ihrer durchschnittlichen landschaftlichen Seltenheit bewertet werden. b) Der Erhaltungswert der Ländereien auf Basis ihrer Unersetzlichkeit. (Nach Pressey et al. 1993)

enter Algorithmen steht inzwischen dafür zur Verfügung (Abbildung 25.18a). Ein etwas anderer Ansatz verwendet die Unersetzlichkeit als Maß für den Erhaltungswert einer Region. Dies ist der potentielle Beitrag, den dieses Areal zur Gesamtzielsetzung liefert, beziehungsweise das Ausmaß, um das sich die Erfolgsaussichten reduzieren würden, ginge dieses Gebiet verloren (Abbildung 25.18b).

Die Inselbiogeographie kann Hilfestellung bei der Planung von Naturschutzgebieten leisten.

Überraschenderweise läßt sich die Theorie der Inselbiogeographie (siehe Kapitel 23) auch auf den Naturschutz anwenden (viele Naturreservate stellen Inseln in einem „Meer" unwirtlicher, vom Menschen zerstörter Habitate dar). Kann uns die Untersuchung von Inseln „Gestaltungsprinzipien" für die Planung von Naturschutzgebieten liefern? Die Antwort ist ein bedingtes »Ja« (siehe die Diskussionen in Diamond und May 1976; Simberloff und Abele 1976; Soule und Wilcox 1980; Soule 1986).

Eine offensichtliche Schlußfolgerung, die wir aus der Inselbiogeographie ziehen können, ist: Der Artenreichtum eines Areals, das Teil eines Kontinuums ist, wird mit der Umwandlung in ein isoliertes Reservat notgedrungen abnehmen. Ein komplexeres Problem ergibt sich bei der Frage, ob man ein großes Reservat oder viele kleinere mit gleicher Gesamtfläche schaffen sollte. Wenn jedes der kleinen Areale dieselben Arten enthielte, wäre ein größeres Schutzgebiet (und damit die Erhaltung einer höheren Artenzahl) sicherlich vorzuziehen (obwohl bei dieser Schlußfolgerung epidemologische Aspekte unberücksichtigt bleiben, viele zerstreute Reservate wären durch Krankheiten weniger gefährdet (Dobson und May 1986)). Auf der anderen Seite kann, wenn das Gebiet als ganzes heterogen ist, jedes der kleinen Reservate unterschiedlichen Spezies Lebensraum bieten, und die Gesamtzahl der geschützten Arten könnte die in einem großen Areal übertreffen. In ihrer Analyse fanden Quinn und Harrison (1988), daß Ansammlungen kleiner Inseln durchweg mehr Arten beheimateten als eine oder wenige Inseln mit vergleichbarer Gesamtgröße. Das gleiche gilt für Habitatinseln und – noch bedeutsamer – für Nationalparks.

Eine weitere ziemlich unumstrittene Empfehlung ist die folgende: Den in Inselreservaten unvermeidbaren Extinktionen kann durch verstärkte Immigration, durch die sorgfältige Auswahl benachbarter Areale oder durch das Anlegen von Korridoren und Trittsteinen zwischen den einzelnen Schutzgebieten entgegengewirkt werden. In der Tat könnten lange und schmale Naturreservate optimal für Wiederbesiedlungen sein; andere Überlegungen sprechen jedoch eher für kreisförmige Schutzareale, um nach Möglichkeit die Bildung von „Inseln innerhalb von Inseln" und Randeffekte zu vermeiden.

25.6.4 Restaurationsökologie

In manchen Fällen ist Natur- und Artenschutz nicht mehr möglich, die Wiederetablierung der natürlichen Lebensgemeinschaft scheitert aber meistens an unseren Unkenntnissen.

Häufig ist die Zerstörung so weit fortgeschritten, daß Naturschutz sinnlos wird, da es nichts mehr zu erhalten gibt. In diesen Fällen müssen wir nicht über Konservierung sondern über **Restauration** nachdenken.

Aber was genau soll wiederhergestellt werden? In Fällen, in denen sich die abiotischen Bedingungen nicht grundlegend geändert haben, kann versucht werden, dieselben Pflanzen und Tiere wiederanzusiedeln, die vor der Zerstörung dort lebten. Diese Vorgehensweise kann zum Beispiel dann angebracht sein, wenn es darum geht, auf Grenzertragsböden die ehemals authentische Lebensgemeinschaft wieder zu etablieren. Es gibt jedoch drei Probleme hierbei:

1) Wir haben nicht immer klare Vorstellungen über die ursprünglich natürlich vorhandenen Arten.
2) Ihre Wiedereinführung (zum Beispiel durch natürliche Sukzession – Kapitel 17) kann viele Jahre dauern.
3) Die Abkürzung dieses natürlichen Prozesses ist zwar prinzipiell möglich, scheitert aber meistens an fehlenden Kenntnissen über die Ökologie der beteiligten Arten.

Restauration setzt manchmal die Eliminierung unerwünschter Arten voraus.

In Fällen, in denen sich eine Biozönose durch eingeführte Arten dramatisch verändert hat, ist mit der Restauration auch die Entfernung unerwünschter Spezies verbunden. Auf den Inseln vor der Küste Neuseelands, auf denen über Jahrhunderte absichtlich Nutz- und Haustiere wie Rinder, Ziegen, Schweine und Katzen eingeführt wurden, konnte dies in den Jahren zwischen 1916 und 1936 erfolgreich durchgeführt werden. Auch die viel schwierigere Entfernung von sich sehr rasch vermehrenden Arten (zum Beispiel Ratten und Mäuse) gelang in den letzten zwei Jahrzehnten mit beträchtlichem Erfolg: Durch über 120 Schädlingsbekämpfungsmaßnahmen wurden Inselhabitate restauriert und wieder geeignet für die Rekolonisierung durch bereits vorhandene oder die Umsiedlung gefährdeter Arten vom Festland gemacht (Towns und Ballantine 1993).

In vielen Fällen bleibt nur die Möglichkeit, eine ähnliche Lebensgemeinschaft zu schaffen (Rehabilitation) oder die verlorengegangene durch eine ganz andere zu ersetzen.

Eine andere Strategie ist notwendig, wenn sich abiotische Umweltparameter grundlegend, vielleicht sogar irreversibel verändert haben, zum Beispiel nach der oberirdischen Ablagerung unterschiedlichen Abraums aus dem Bergbau. Hier ist eine Wiederherstellung des ursprünglichen Zustands nicht realistisch, aber es kann versucht werden, eine ähnliche Lebensgemeinschaft zu schaffen (Bradshaw (1984) schlug hierfür den Begriff **Rehabilitation** vor). In vielen Fällen ist jedoch der pragmatische Ansatz des **Ersetzens**, das heißt der Etablierung einer ganz anderen, wie auch immer gearteten Biozönose, der einzige Weg, eine ästhetisch schöne Landschaft mit Freizeitwert oder einen in bezug auf Aufforstung und Begrünung produktiven Lebensraum zu schaffen.

Vor der Restauration steht häufig die Säuberung des Habitats.

Die anthropogen verursachte Umweltverschmutzung kann lokale (Abraum aus dem Bergbau, Eutrophierung der Gewässer) und globale Ausmaße (saurer Regen, weltweite Klimaveränderungen) haben. Eine Restauration ist häufig erst nach der **Säuberung** des Habitats möglich, wie bei der Themse in England (Allan und Flecker 1993). Bereits im Jahre 1620 wies der Bischof von London auf die schlechte Wasserqualität hin, aber weiterhin wurden unverändert Abwässer in den Fluß eingeleitet, und im Jahre 1858 war die Themse so verschmutzt, daß es als „Year of the Great Stink" in die Annalen einging. Die mit Beginn des 20. Jahrhunderts verbesserte Aufreinigung konnte den mengenmäßigen Anstieg des Abwassers nicht aufwiegen. 1955 wurden die Einwohner Londons permanent durch üble Fäulnisgerüche belästigt, und im Umkreis von 70 km war außer Aalen kein Fisch mehr zu finden. Dies führte zu vereinten Anstrengungen, und innerhalb eines Jahrzehnts war der Sauerstoffgehalt des Flusses wieder hoch genug, um eine Erhohlung der Fisch- und Wasservogelbestände zu erlauben.

Restauration bedarf eines experimentellen Ansatzes und ist ein Härtetest für die Ökologie.

Unabhängig davon, ob man pragmatisch oder idealistisch (Herstellung des ursprünglichen Zustands) vorgeht, handelt es sich mehr um ein biozönologisches als um ein populationsökologisches Problem. Das heißt, es werden Kenntnisse über Prinzipien und Prozesse benötigt, die in den vorangegangenen Kapiteln besprochen wurden. Zum Beispiel kann die Umkehrung der Nährstoffanreicherung in eutrophierten Seen entweder durch eine *bottom-up*-Ansatz (Umverteilung der Nährstoffeinträge oder Erhöhung der Durchflußrate) oder durch eine *top-down*-Strategie (Verstärkung des Beweidungsdruckes für das Phytoplankton) (siehe Abschnitt 22.3) erreicht werden. Zwei ergänzende, allgemeine Feststellungen sind wert, noch genannt zu werden. Die eine ist, daß Restauration einen Härtetest für die Ökologie darstellt (Bradshaw 1983, 1987), die zweite, daß die Ökologie den Weg über reine Beobachtung, Beschreibung und Herstellung von Zusammenhängen hinaus hin zur Entwicklung eines brauchbaren experimentellen Ansatzes gehen muß – wie jenen der Restaurationsökologie (Harper 1987).

Eine umfassende Übersicht über die Restauration von Flächen (speziell von Ödland) geben Bradshaw und Chadwick (1980) und über Restaurationsökolologie Jordan et al. (1987).

25.6.5 Schlußbetrachtung: Ein Gesundheitsprogramm für den Naturschutz

Schwierige Zeiten erfordern schwierige Entscheidungen. Naturschützer müssen häufig etwas Mut bei der Formulierung ihrer Prioritäten zeigen, wenn sie hoffnungslose Fälle aufgeben und sich auf jene Arten und Habitate konzentrieren, für die tatsächlich etwas getan werden kann.

Viele argumentieren, daß die Strategien des Artenschutzes eher eine Erste Hilfe darstellen und daß Präventivmaßnahmen sinnvoller wären – was sich am ehesten durch die Konzentrierung auf Lebensgemeinschaften und Ökosysteme erreichen ließe (Losos 1993). Wir haben auch gesehen, daß intensive Hilfeleistung (Zuchtprogramme in Zoos oder botanischen Gärten) und rekonstruktive Ansätze (die Restaurationsökologie) die Biodiversiät mitberücksichtigen müssen. Alle diese Bestrebungen sind wichtig, um den Gesundheitszustand der belebten Welt zu schützen und zu verbessern.

Die Meinungen über Naturschutz klaffen weit auseinander.

Das Meinungsspektrum über Naturschutz ist vielfältig. Es reicht vom Umweltterrorist, der bereit ist, Eigentum zu zerstören und Menschenleben zu gefährden für etwas, was er als nicht akzeptierbare Tierquälerei betrachtet, bis zu dem anderen Extrem des Ausbeutungsterroristen, der sich nicht scheut, ein seltenes Habitat kurz vor der Unterschutzstellung zu zerstören. Auf beiden Seiten gibt es Fanatiker: Auf der einen Seite die Industriellen, Fischer, Land- und Forstwirte, die keines der Naturschutzargumente akzeptieren und wissenschaftliche Beweise in Zweifel ziehen, auf der anderen Seite die Umweltenthusiasten, die anscheinend jegliche Nutzung der Natur ablehnen und manchmal sogar Fischerei, Jagd und Abholzung als grundlegend falsch bezeichnen. In der Mitte stehen die Nutzer und Naturschützer, deren grundlegende Philosophie besagt, daß natürliche Ressourcen genutzt werden können, aber in einer nachhaltigen und ausgewogenen Weise. Gründliche Kenntnisse über ökologische Prinzipien und deren Umsetzung sollten es allen ermöglichen, die wissenschaftlichen Aspekte eines Problems, das im weiteren Sinne auch ein ethisches und sozialpolitisches ist, zu berücksichtigen.

Literatur

Abbott, I. *Factors determining the number of land bird species on islands around south-western Australia.* In: *Oecologia* 33 (1978) S. 221–223.
[23.3.1]

Abbott, R. J.; Chapman, H. M.; Crawford, R. M. M.; Forbes, D. G. *Molecular diversity and derivations of populations of* Silene acaulis *and* Saxifraga oppositifolia *from the high Arctic and more southerly latitudes.* In: *Molecular Ecology* 4 (1995) S. 199–207.
[1.2.2]

Aber, J. D. *Nitrogen cycling and nitrogen saturation in temperate forest ecosystems.* In: *Trends in Ecology and Evolution* 7 (1992) S. 220–224.
[19.4.4]

Aber, J. D.; Federer, C. A. *A generalised, lumped-parameter model of photosynthesis, evapotranspiration and net primary production in temperate and boreal forest ecosystems.* In: *Oecologia* 92 (1992) S. 463–474.
[3.4]

Abrahamson, W. G. *Reproductive strategies in dewberries.* In: *Ecology* 56 (1975) S. 721–726.
[8.2.2]

Abrams, P. *Limiting similarity and the form of the competition coefficient.* In: *Theoretical Population Biology* 8 (1976) S. 356–375.
[7.9]

Abrams, P. *The theory of limiting similarity.* In: *Annual Review of Ecology and Systematics* 14 (1983) S. 359–376.
[7.5.5, 7.9]

Abrams, P. A. *Ecological vs evolutionary consequences of competition.* In: *Oikos* 57 (1990) S. 147–151.
[7.9]

Abramsky, Z.; Rosenzweig, M. L. *Tilman's predicted productivity-diversity relationship shown by desert rodents.* In: *Nature* 309 (1983) S. 150–151.
[24.3.1]

Abramsky, Z.; Sellah, C. *Competition and the role of habitat selection in* Gerbillus allenbyi *and* Meriones tistrami*: a removal experiment.* In: *Ecology* 63 (1982) S. 1242–1247.
[7.8.1]

Addicott, J. F. *A multispecies aphid-ant association: density-depence and species-specific effects.* In: *Canadian Journal of Zoology* 57 (1979) S. 558–569.
[13.12]

Addicott, J. F.; Freedman, H. I. *On the strucutre and stability of mutualistic systems: analysis of predator-prey and competition models as modified by the action of a slow growing mutualist.* In: *Theoretical Population Biology* 26 (1984) S. 320–339.
[13.12]

Agardy, M. T. *Advances in marine conservation: the role of marine protected areas.* In: *Trends in Ecology and Evolution* 9 (1994) S. 267–270.
[25.6.3]

Agricultural Research Council. *The Nutritional Requirements of Farm Livestock. 2. Ruminants.* London (Agricultural Research Council) 1965.
[8.4]

Akçakaya, H. R. *Population viability analysis and risk assessment.* In: McCullough, D. R. (Hrsg.) *Proceedings of Wildlife 2001: Populations.* Amsterdam (Elsevier) 1992.
[25.2.1]

Akçakaya, H. R.; Ginzburg, L. R. *Ecological risk analysis for single and multiple populations.* In: Seitz, A.; Loeschcke, V. (Hrsg.) *Species Conservation: A Population-Biological Approach.* Basel (Birkhäuser) 1991. S. 78–87.
[25.4.4]

Albertson, F. W. *Ecology of mixed prairie in west central Kansas.* In: *Ecological Monographs* 7 (1937) S. 481–547.
[3.5]

Alexander, R. McN. *Optimization of gut structure and diet for higher vertebrate herbivores.* In: Harper, J. L.; Lawton, J. H. (Hrsg.) *The Evolutionary Interaction of Animals and Plants.* London (The Royal Society) 1991. S. 73–79. Auch in: *Philosophical Transactions of the Royal Society of London, Series B* 333. S. 249–255.
[3.7.2]

Alicata, J. E.; Jindrak, K. *Angiostrongylosis in the Pacific and Southeast Asia.* Springfield, IL (C. C. Thomas) 1970.
[12.3.3]

Allan, J. D.; Flecker, A. S. *Biodiversity conservation in running waters.* In: *Bioscience* 43 (1993) S. 32–43.
[23.2.3, 25.6.4]

Allee, W. C. *Animal Aggregations. A Study in General Sociology.* Chicago (University of Chicago Press) 1931.
[10.4]

Allen, K. R. *Further notes on the assessment of Antarctic fin whale stocks.* In: *Report of the International Whaling Commission* 22 (1972) S. 43–53.
[6.4]

Alliende, M. C.; Harper, J. L. *Demographic studies of a dioecious tree. I. Colonization, sex and age-structure of a population of* Sarex cinerea. In: *Journal of Ecology* 77 (1989) S. 1029–1047.
[6.4]

Alphey, T. W. *Studies on the distribution and site location of* Nippostrongylus brasiliensis *within the small intestine of laboratory rats.* In: *Parasitology* 61 (1970) S. 449–460.
[12.3.3]

Altaba, C. R. *The last known population of the freshwater mussel* Margaritifera auricularia *(Bivalvia, Unionida): a conservation priority.* In: *Biological Conservation* 52 (1990) S. 271–286.
[25.2.2]

Anderson, J. M. *Succession, diversity and trophic relatinships of some soil animals in decomposing leaf litter.* In: *Journal of Animal Ecology* 44 (1975) S. 475–495.
[11.3.1]

Anderson, J. M. *Inter- and intrahabitat relationships between woodland cryptostigmata species diversity and diversity of soil and litter micro-habitats.* In: *Oecologia* 32 (1978) S. 341–348.
[11.2.2]

Anderson, J. M. *Responses of soils to climate change.* In: *Advances Ecological Research* 22 (1992) S. 163–210.
[19.5]

Anderson P. K. *Dispersal in rodents: a resident fitness hypothesis.* In: *American Society of Mammalologists, Special Publication* 9 (1989).
[5.4.3, 15.4.5]

Anderson, R. M. *The influence of parasitic infection on the dynamics of host population growth.* In: May, R. M. (Hrsg.) *Population Dynamics.* Oxford (Blackwell Scientific Publications) 1979. S. 318–355.
[12.4]

Anderson, R. M. *Population ecology of infectious disease agents.* In: May, R. M. (Hrsg.) *Theoretical Ecology: Principles and Applications.* 2. Aufl. Oxford (Blackwell Scientific Publications) 1981. S. 318–355.
[12.5, 21.2.4]

Anderson, R. M. *Epidemiology.* In: Cox, F. E. G. (Hrsg.) *Modern Parasitology.* Oxford (Blackwell Scientific Publications) 1982. S. 205–251.
[12.3.1, 12.3.7, 12.5.2, 12.5.4]

Anderson, R. M. *Populations and infectious diseases: ecology or epidemiology?* In: *Journal of Animal Ecology* 60 (1991) S. 1–50.
[12.5]

Anderson, R. M.; May, R. M. *Regulation and stability of host-parasite population interactions. I. Regulatory processes.* In: *Journal of Animal Ecology* 47 (1978) S. 219–249.
[12.5.2, 12.6.3]

Anderson, R. M.; May, R. M. *Infectious diseases and population cycles of forest insects.* In: *Science* 210 (1980) S. 658–661.
[12.6]

Anderson, R. M.; May, R. M. *The population dynamics of microparasites and their invertebrate hosts.* In: *Philosophical Transactions of the Royal Society of London* 291 (1981) S. 451–524.
[12.6.1]

Anderson, R. M.; May, R. M. *Infectious Diseases of Humans: Dynamics and Control.* Oxford (Oxford University Press) 1991.
[12.5.1, 12.5.2, 12.6.2]

Anderson, R. M.; Jackson, H. C.; May, R. M.; Smith, A. D. M. *Population dynamics of fox rabies in Europe.* In: *Nature* 289 (1981) S. 765–771.
[12.6.2]

Andrewartha, H. G.; Birch, L. C. *The Distribution and Abundance of Animals.* Chicago (University of Chicago Press) 1954.
[15.2.2, 15.6.1, 15.6.3]

Andrewartha, H. G.; Birch, L. C. *Some recent contributions to the study of the distribution an abundance of insects.* In: *Annual Review of Entomology* 5 (1960) S. 219–242.
[15.2.2, 15.6.3]

Andrewartha, H. G.; Birch, L. C. *The Ecological Web.* Chicago (The University of Chicago Press) 1984.
[15.2.2, 15.6.3]

Andrews, J. H. *Comparative Ecology of Microorganisms and Macroorganisms.* New York (Springer) 1991.
[4.2.1]

Andrews, P.; Lorde, J. M.; Nesbit Evans, E. M. *Patterns of ecological diversity in fossil and mammalian faunas.* In: *Biological Journal of the Linnean Society* 11 (1979) S. 177–205.
[1.4.2]

Angel, M. V. *Biodiversity of the pelagic ocean.* In: *Conservation Biology* 7 (1993) S. 760–772.
[24.3.1, 24.4.1]

Antonovics, J.; Alexander, H. M. *Epidemiology of anther-smut infection of* Silene alba (= Silene latifolia) *caused by* Ustilago violacea: *patterns of spore deposition in experimental populations.* In: *Proceedings of the Royal Society, Series B* 250 (1992) S. 157–163.
[12.5.3]

Antonovics, J.; Bradshaw, A. D. *Evolution in closely adjacent plant populations. VIII. Clinical patterns at a mine boundary.* In: *Heredity* 25 (1970) S. 349–362.
[1.5.1]

Arcese, P.; Smith, J. N. M. *Effects of population density and supplemental food on reproduction in song sparrows.* In: *Journal of Animal Ecology* 57 (1988) S. 119–136.
[6.2]

Armbruster, P.; Lande, R. *A population viability analysis for African elephant (*Loxodonta africana*): how big should reserves be?* In: *Conservation Biology* 7 (1992) S. 602–610.
[25.4.4]

Arnold, G. W. *Factors within plant associations affecting the behaviour and performance of grazing animals:* In: Crisp, D. J. (Hrsg.) *Grazing in Terrestrial and Marine Environments.* Oxford (Blackwell Scientific Publications) 1964. S. 133–154.
[9.2.2]

Arnold, S. J. *Sexual selection in plants and animals. A symposium organised by Stevan J. Arnold.* In: *American Naturalist* 144 (1994) S. S1–S149.
[13.4.2]

Arthur, W. *The evolutionary consequences of interspecific competition.* In: *Advances in Ecological Research* 12 (1982) S. 127–187.
[7.8.1, 7.8.3]

Ascaso, C.; Galvan, J.; Rodriguez-Oascual, C. *The weathering of calcareous rocks by lichens.* In: *Pedobiologica* 24 (1982) S. 219–229.
[19.2.1]

Ashmole, N. P. *Sea bird ecology and the marine environment.* In: Farner, D. S.; King, J. R. (Hrsg.) *Avian Biology.* Bd. 1. New York (Academic Press) 1971. S. 224–286.
[14.12]

Askew, R. R. *On the biology of inhabitants of oak galls of the Cynipidae (Hymenoptera) in Britain.* In: *Transactions of the British Society for Entomology* 14 (1961) S. 237–286.
[12.3.3, 12.3.5]

Askew, R. R. *Parasitic Insects.* New York (American Elsevier) 1971.
[12.3.5]

Atkinson, W. D.; Shorrocks, B. *Competition on a divided and ephemeral resource: a simulation model.* In: *Journal of Animal Ecology* 50 (1981) S. 461–471.
[7.5.5, 11.4, 20.2.2, 24.3.2]

Auer, C. *Some analyses of the quantitative structure in populations and dynamics of larch bud moth 1949–1968.* In: Patil, G. P.; Pielou, E. C.; Walters, W. E. (Hrsg.) *Statistical Ecology.* Bd. 2. University Park, PA (Pennsylvania State University Press) 1971. S. 151–173.
[12.6]

Augspurger, C. K. *Seed dispersal of the tropical tree* Platypodium elegans, *and the escape of its seedlings from fungal pathogens.* In: *Journal of Ecology* 71 (1983) S. 759–771. [12.3.9]

Augspurger, C. K. *Seedling survival of tropical tree species: interactions of dispersal distance, light gaps and pathogens.* In: *Ecology* 65 (1984) S. 1705–1712. [12.3.9]

Augspurger, C. K. *Spatial patterns of damping-off disease during seedling recruitment in tropical forests.* In: Burdon, J. J.; Leather, S. R. (Hrsg.) *Pests, Pathogens and Plant Communities.* Oxford (Blackwell Scientific Publications) 1990. S. 131–144. [12.3.9]

Augspurger, C. K.; Hogan, K. P. *Wind dispersal of fruits with variable seed number in a tropical tree* (Lonchocarpus pentaphyllus: *Leguminosae*). In: *American Journal of Botany* 70 (1983) S. 1031–1037. [5.3.4]

Ausmus, B. S.; Edwards, N. T.; Witkamp, M. *Microbial immobilisation of carbon, nitrogen, phosphorus and potassium: implications for forest ecosystem processes.* In: Anderson, J. M.; MacFadyen, A. (Hrsg.) *The Role of Terrestrial and Aquatic Organisms in Decompostion Processes.* Oxford (Blackwell Scientific Publications) 1976. S. 397–416. [11.2.3]

Ayal, Y. *Time-lags in insect response to plant productivity: significance for plant-insect interactions ín deserts.* In: *Ecological Entomology* 19 (1994) S. 207–214. [8.4]

Ayala, F. J. *Evolution of fitness. IV. Genetic evolution of interspecific competitive ability in* Drosophila. In: *Genetics* 61 (1969) S. 737–747. [7.8.3]

Bach, C. E. *Effects of herbivory and genotype on growth and survivorship of sand-dune willow* (Salix cordata). In: *Ecological Entomology* 19 (1994) S. 303–309. [8.2.4]

Bailey, J. A.; Mansfield, J. W. *Phytoalexins.* Glasgow (Blackie) 1982. [12.3.5]

Bailey, N. T. J. *The Mathematical Theory of Infectious Diseases and its Applications.* 2. Aufl. New York (Macmillan) 1975. [12.5.2]

Bailey, W. S. Spirocerca lupi*: a continuing enquiry.* In: *Journal of Parasitology* 58 (1972) S. 3–22. [12.3.3]

Baker, A. J. *Molecular genetics of* Calidris, *with special reference to knots.* In: *Wader Study Group Bulletin* 64, *Supplement.* Peterborough (Joint Nature Conservation Committee, Publications Branch) 1992. S. 28–35. [5.7.3]

Baker, R. R. *The Evolutionary Ecology of Animal Migration.* London (Hodder & Stoughton) 1982. [5.3.1]

Baker, R. R. *Migration: Paths Through Time and Space.* London (Hodder & Stoughton) 1982. [5.3.1, 5.7.3]

Bakker, K. *In analysis of factors which determine success in competition for food among larvae of* Drosophila melanogaster. In: *Archieves Néerlandaises de Zoologie* 14 (1961) S. 200–281. [6.6]

Baltensweiler, W.; Benz, G.; Bovey, P.; Delucchi, V. *Dynamics of larch buamoth populations.* In: *Annual Review of Ecology and Systematics* 22 (1977) S. 79–100. [8.2.2]

Barkalow, F. S ; Hamilton, R. B.; Soots, R. F. *The vital statistics of an unexploited gray squirrel population.* In: *Journal of Wildlife Management* 34 (1970) S. 489–500. [14.3.]

Barkman, J. J. *New systems of plant growth forms and phenological plant types.* In: Werger, M. J. A.; Aart, P. J. M. van der; During, H. J.; Verhoeven, J. T. A. (Hrsg.) *Plant Form and Vegetation Structure. Adaptation, Plasticity and Relation to Herbivory.* Den Haag (SPB Academic Publishing) 1988. S. 9–44. [1.4.2]

Bärlocher, F.; Kendrick, B. *Assimilation efficiency of* Gammarus pseudolimnaeus *(Amphipoda) feeding on fungal mycelium or autumn-shed leaves.* In: *Oikos* 26 (1975) S. 55–59. [11.3.1]

Barnard, C.; Thompson, D. B. A. *Gulls and Plovers: The Ecology and Behaviour of Mixes Species Feeding Groups.* London (Croon Helm) 1985. [9.6]

Barnes, H. *The northern limits of* Balanus balanoides *(L.).* In: *Oikos* 8 (1957) S. 1–15. [2.2.2]

Barnes, R. S. K.; Hughes, R. N. *An Introduction to Marine Ecology.* Oxford (Blackwell Scientific Publications) 1982. [18.3.3]

Baross, J. A.; Deming, J. W. *Growth at high temperatures: isolation and taxonomy, physiologie, ecology.* In: Karl, D. M. (Hrsg.) *Microbiology of Deep-Sea Hydrothermal Vent Habitats.* New York (CRC Press) 1995. [2.4]

Barrett, J. A. *Plant-fungus symbioses.* In: Futuyma, D. J.; Slatkin, M. (Hrsg.) *Coevolution.* Sunderland, MA (Sinauer) 1983. S. 137–160. [16.10]

Bartell, S. M.; Brenkert, A. L.; O'Neill, R. V.; Gardner, R. H. *Temporal variation in regulation of production in a pelagic food web model.* In: Carpenter, S. R. (Hrsg.) *Complex Interactions in Lage Communities.* New York (Springer) 1988. S. 101–118. [22.3.3]

Bartholomew, G. A. *Body temperature and energy metabolism.* In: Gordon, M. S. (Hrsg.) *Animal Physiology.* New York (Macmillan) 1982. S. 46–93. [2.5, 2.5.1]

Barton, K. A.; Whiyely, H. R.; Yang, N. Bacillus thuringiensis *delta-endotoxin expressed in transgenic* Nicotiana tabacum *provides resistance to lepidopteran insects.* In: *Plant Physiology* 85 (1987) S. 1103–1109. [16.10]

Baskin, J. M.; Baskin, C. C. *Studies in the autecology and population biology of the monocarpic perennial* Grindelia lanceolata. In: *American Midland Naturalist* 41 (1979) S. 290–299. [4.8]

Bass, M.; Cherrett, J. M. *The role of leaf-cutting ant workers (Hymenoptera: Formicidae) in fungus garden maintenance.* In: *Ecological Entomology* 18 (1994) S. 215–220. [13.3.3]

Bateson, P. P. G. *Sexual imprinting and optimal outbreeding.* In: *Nature* 273 (1978) S. 659–660. [5.4.4]

Bateson, P. P. G. *Optimal outbreeding and the development of sexual preferences in the Japanese quail.* In: *Zeitschrift für Tierpsychologie* 53 (1980) S. 231–244.
[5.4.4]

Battarbee, P. W. *Diatom analysis and the acidification of lakes.* In: *Philosophical Transactions of the Royal Society of London, Series B* 305 (1984) S. 451–477.
[2.10]

Batzli, G. O. *Responses of arctic rodent populations to nutritional factors.* In: *Oikos* 40 (1983) S. 396–406.
[10.3.2, 15.4.3]

Batzli, G. O.; White, R. G.; MacLean, S. F.; Pitelka, F. A.; Collier, B. D. *The herbivore based trophic system.* In: Brown, J.; Miller, P. C.; Tieszen, L. L.; Bunnell, F. L. (Hrsg.) *An Arctic Ecosystem: The Coastal Tundra at Barrow, Alaska.* Stroudsburg, PA (Dowden, Hutchinson & Ross) 1980. S. 335–410.
[15.4.2, 15.4.3]

Bazzaz, F. A. *Plant species diversity in old-field successional ecosystems in southern Illinois.* In: *Ecology* 56 (1975) S. 485–488.
[24.4.4]

Bazzaz, F. A. *The phisiological ecology of plant succession.* In: *Annual Review of Ecology and Systematics* 10 (1979) S. 351–371.
[17.4.3, 17.4.4]

Bazzaz, F. A. *The response of natural ecosystems to the rising global CO_2 levels.* In: *Annual Review of Ecology and Systematics* 21 (1990) S. 167–196.
[3.3.4]

Bazzaz, F. A.; Reekie, E. G. *The meaning and measurement of reproductive effort in plants.* In: White, J. (Hrsg.) *Studies on Plant Demography: A Festschrift for John L. Harper.* London (Academic Press) 1985. S. 373–387.
[14.2]

Bazzaz, F. A.; Williams, W. E. *Atmospheric CO_2 concentrations within a mixed forest: implications for seedling growth.* In: *Ecology* 72 (1991) S. 12–16.
[3.3]

Bazzaz, F. A.; Miao, S. I.; Wayne, P. M. *CO_2-induced growth enhancements of co-occurring tree species decline at different rates.* In: *Oecologia* 96 (1993) S. 478–482.
[3.3.4]

Beattie, A. *Myrmecotrophy: plants fed by ants.* In: *Trends in Ecology and Evolution* 4 (1989) S. 172–176.
[13.2.1]

Beaver, R. A. *Host specificity of temperate and tropical animals.* In: *Nature* 281 (1979) S. 139–141.
[24.4.1]

Becker, P. *Colonization of islands by carnivorous and herbivorous Heteroptera and Coleoptera: effects of island area, plant species richness, and ‚extinction' rates.* In: *Journal of Biogeography* 19 (1992) S. 163–171.
[23.3.1, 23.3.5]

Beddington, J. R.; May, R. M. *Harvesting natural populations in a randomly fluctuating environment.* In: *Science* 197 (1977) S. 463–465.
[16.15.2]

Beddington, J. R.; Free, C. A.; Lawton, J. H. *Modelling biological control: on the characteristics of successful natural enemies.* In: *Nature* 273 (1978) S. 513–519.
[10.5.1]

Beebee, T. J. C. *Purification of an agent causing growth inhibition in anuran larvae and its identification as a unicellular unpigmented alga.* In: *Canadian Journal of Zoology* 69 (1991) S. 2146–2153.
[7.3]

Beerling, D. J. *Modelling palaeophotosynthesis: late Cretaceous to present.* In: *Philosophical Transactions of the Royal Society of London, Series B* 346 (1994) S. 421–432.
[3.3.4]

Begon, M. *Temporal variations in the reproductive condition of* Drosophila obscura *Fallén and* D. subobscura *Collin.* In: *Oecologia* 23 (1976) S. 31–47.
[4.3, 5.5.1]

Begon, M. *A general theory of life-history variation.* In: Sibly, R. M.; Smith, R. H. (Hrsg.) *Behavioural Ecology.* Oxford (Blackwell Scientific Publications) 1985. S. 91–97.
[14.6]

Begon, M. *Ecological Food Production.* London (IPPR) 1990.
[16.11]

Begon, M.; Bowers, R. G. *Beyond host-pathogen dynamics.* In: Sibly, R. M.; Smith, R. H. (Hrsg.) *Ecology of Infectious Diseases in Natural Populations.* Cambridge (Cambridge University Press) 1995. S. 478–509.
[12.6.3]

Begon, M.; Mortimer, M. *Populationsökologie.* Heidelberg (Spektrum Akademischer Verlag) 1996.
[4.6.1, 7.7.2]

Begon, M.; Wall, R. *Individual variation and competitor coexistence: a model.* In: *Functional Ecology* 1 (1987) S. 237–241.
[7.5.5]

Begon, M.; Firbank, L.; Wall, R. *Is there a self-thinning rule for animal populations?* In: *Oikos* 46 (1986) S. 122-124.
[6.13]

Begon, M.; Harper, J. L.; Townsend, C. C. *Ecology: Individuals, Populations and Communities.* 2. Aufl. Oxford (Blackwell Scientific Publications) 1990.
[9.7.2, 10.3.1]

Begon, M.; Sait, S. M.; Thompson, D. J. *Persistence of a predator-prey system: refuges and generation cycles?* In: *Proceedings of the Royal Society of London, Series B* 260 (1995a) S. 131–137.
[10.2.4]

Begon, M.; Bowers, R. G.; Sait, S. M.; Thompson, D. J. *Population dynamics beyond two species: hosts, parasitoids and pathogens.* In: Floyd, R. B.; Sheppard, A. W. (Hrsg.) *Frontiers of Population Ecology.* Melbourne (CSIRO Press) 1995b.
[10.7]

Bekoff, M. *Mammalian dispersal and the ontogeny of individual behavioural phenotypes.* In: *American Naturalist* 111 (1977) S. 715–732.
[5.4.3, 15.4.4]

Bell, G. *The costs of reproduction and their consequences.* In: *America Naturalist* 116 (1980) S. 45–76.
[14.7.2]

Bell, G.; Burt, A. *The comparative biology of parasite species diversity: internal helminths of freshwater fish.* In: *Journal of Animal Ecology* 60 (1991) S. 1047–1063.
[12.3.8]

Bell, G.; Koufopanou, V. *The cost of reproduction.* In: *Oxford Surveys in Evolutionary Biology* 3 (1986) S. 83–131.
[14.4]

Bellows, T. S. Jr. *The descriptive properties of some models for density dependence.* In: *Journal of Animal Ecology* 50 (1981) S. 139–156.
[6.2, 6.8.2]

Belt, T. *The Naturalist in Nicaragua.* London (J. M. Dent) 1874.
[13.2.1]

Benjamin, R. K.; Shorer, L. *Sex of host specificity and position specificity of certain species of* Laboulbenia *on* Bembidion picipes. In: *American Journal of Botany* 39 (1952) S. 125–131.
[12.3.3]

Bennekon, G.; Schroll, H. *Nitrogen budget for a dairy farm.* In: *Ecological Bulletins* 39 (1988) S. 134–135.
[19.2.4]

Bennet, K. D. *The rate of spread and population increase of forest trees during the postglacial.* In: *Philosophical Transactions of the Royal Society, Series B.* 314 (1986) S. 523–531. Auch in: Kornberg, H.; Williamsen, M. H. (Hrsg.) *Quantitative Aspects of the Ecology of Biological Invasions.* London (The Royal Society) S. 21–27.
[1.2.2]

Benson, J. F. *The biology of Lepidoptera infesting stored products, with special reference to population dynamics.* In: *Biological Reviews* 48 (1973) S. 1–26.
[6.6]

Benson, F. J. *Population dynamics of cabbage root fly in Canada and Enland.* In: *Journal of Applied Ecology* 10 (1973b) S. 437–446.
[6.6]

Bentley, B. L. *Extrafloral nectariesand protection by pugnacious bodyguards.* In: *Annual Review of Ecology and Sytemastics* 8 (1977) S. 407–427.
[13.2.1]

Bentley, S.; Whittaker, J. B. *Effects of grazing by a chrysomelid beetle,* Gastrophysa viridula, *on competition between* Rumex obtusifolius *and* Rumex crispus. In: *Journal of Ecology* 69 (1979) S. 79–90.
[8.2.6]

Benton, M. J. *Palaeontological data and identifying mass extinctions.* In: *Trends in Ecology and Evolution* 9 (1994) S. 181–185.
[24.4.6]

Berden, M.; Nilsson, S. I.; Rosen, K.; Tyler, G. *Soil Acidification-Extent, Causes and Consequences.* In: *National Swedish Environmental Protection Board,* Report 3292 (1987).
[19.4.4]

Bergelson, J. *The effects of genotype and the environment on costs of resistance in lettuce.* In: *American Naturalist* 143 (1994) S. 349–359.
[12.4]

Bergelson, J. M. *A mechanistic interpretation of prey selection by* Anax junius *larvae* (*Odonata*: *Aeschnidae*). In: *Ecology* 66 (1985) S. 1699–1705.
[9.2.3]

Berger, J. *Persistence of different-sized populations: an empirical assessment of rapid extinctions in bighorn sheep.* In: *Conservation Biology* 4 (1990) S. 91–98.
[25.3.2]

Berner, E. K.; Berner, R. A. *The Global Water Cycle: Geochemistry and Environment.* New Jersey (Prentice-Hall) 1987.
[19.4.1]

Berner, R. A. *A model for atmospheric CO_2 over Phanerozoic time.* In: *American Journal of Science* 291 (1991) S. 339–376.
[3.3.4]

Bernstein, C.; Kacelnik, A.; Krebs, J. R. *Individual decisions and the distribution of predators in a patchy environment.* In: *Journal of Animal Ecology* 57 (1988) S. 1007–1026.
[9.10]

Bernstein, C.; Kacelnik, A.; Krebs, J. R. *Individual decisions and the distribution of predators in an patchy enviroment. II. The influence of travel costs and structure of the environment.* In: *Journal of Ecology* 60 (1991) S. 205–225.
[9.10]

Berry, A. J.; Björkman, O. *Photosyntetic response and adaptation to temperature in higher plants.* In: *Annual Review of Plant Physiology* 31 (1980) S. 491–543.
[2.4]

Berthold, P. *Bird Migration: A General Survey.* Oxford (Oxford University Press) 1994.
[5.7.3]

Beven, G. *Changes in breeding bird populations of an oakwood on Bookham Common, Surrey, over twenty-seven years.* In: *London Naturalist* 55 (1976) S. 23–42.
[23.3.3, 23.3.5]

Beverly, S. M.; Wilson, A. C. *Ancient origin for Hawaiian Drosophilinae inferred from protein comparisons.* In: *Proceedings of the National Academy of Sciences of the USA* 82 (1985) S. 4753–4757.
[1.2.3]

Beverton, R. J. H. *The Rio Convention and rational harvesting of natural fish resources: the Barents Sea experience in context.* In: Sandlund, O. T.; Schei, P. J. (Hrsg.) *Norway/UNEP Expert Conference on Biodiversity.* Trondheim (DN/NINA) 1993. S. 44–63.
[16.13.4]

Beverton, R. J. H.; Holt, S. J. *A review of the lifespans and mortality rates of fish in nature and in relation to growth and other physiological characteristics.* In: *CIBA Foundation. Colloquia on Ageing. The Lifespan of Animals.* London (Churchill) 1957. S. 142–177.
[14.7.2, 16.14]

Bigger, M. *Oscillations of tropical insect populations.* In: *Nature* 259 (1976) S. 207–209.
[22.4.3]

Biggers, J. D. *In vitro fertilisation and embryo transfer in human beings.* In: *New England Journal of Medicine* 304 (1981) S. 336–342.
[4.5.1]

Birk, E. M.; Vitousek, P. M. *Nitrogen availability and nitrogen use efficiency in loblolly pine stands.* In: *Ecology* 67 (1986) S. 69–79.
[19.2.3]

Birks, H. J. B. *Is the hypothesis of survival on glacial nunataks necessary to explain the present-day distribution of Norwegian mountain plants?* In: *Phytocoenologia* 23 (1993) S. 399–426.
[1.2.2]

Björkman, O. *Responses to different flux densities.* In: Lange, O. I.; Nobel, P. S.; Osmond, C. B.; Ziegler, H. (Hrsg.) *Encyclopedia of Plant Physiology, New Series, 12A.* Berlin (Springer) 1981. S. 57–107.
[3.2.1]

Black, J. N. *The interrelationship of solar radiation and leaf area index in determining the rate of dry matter production of swards of subterranean clover (*Trifolium subterraneum*).* In: *Australian Journal of Agricultural Research* 14 (1963) S. 20–38.
[8.3]

Blake, J. G.; Karr, J. R. *Breeding birds of isolated woodlots: area and habitat relationship.* In: *Ecology* 68 (1987) S. 1724–1734.
[23.1]

Blaustein, A. R.; Wake, D. B.; Sousa, W. P. *Amphibian declines: judging stability, persistence, and susceptibility of populations to local and global extinctions.* In: *Conservation Biology* 8 (1994) S. 60–71.
[25.6.1]

Block, W. *Cold tolerance of insects and other arthropods.* In: *Proceedings of the Royal Society* B 326 (1990) S. 613–633. Auch in: Laws, R. M.; Franks, F. (Hrsg.) *Life at Low Temperatures.* London (The Royal Society). S. 97–117.
[2.1]

Blueweiss, L.; Fox, H.; Kudzma, V.; Nakashima, D.; Peters, R.; Sams, S. *Relationship between body size and some life history parameters.* In: *Oecologia* 37 (1978) S. 257–272.
[14.12.1]

Bobbink, R.; Boxman, D.; Fremstad, E.; Heil, G.; Houdijk, A.; Roelofs, J. *Critical loads for nitrogen eutrophication of terrestrial and wetland ecosystems based upon changes in vegetation and fauna.* In: Grennfelt, P.; Thornelof, E. (Hrsg.) *Critical Loads for Nitrogen.* Kopenhagen (Nordic Council of Ministers) 1992. S. 111–160.
[19.4.4]

Boden, T. A.; Kanciruk, P.; Fartell, M. P. *Trends '90. A Compendium of Data on Global Change.* Tennessee (Carbon Dioxide Analysis Center, Oak Ridge National Laboratory) 1990.
[1.2.2]

Bolger, D. T.; Alberts, A. C.; Soulé, M. E. *Occurrence patterns of bird species in habitat fragments: sampling, extinction, and nested spicies subsets.* In: *American Naturalist* 137 (1991) S. 155–166.
[25.3.3]

Bonan, G. B. *Physiological derivation of the observed relationship between net primary production and mean annual air temperature.* In: *Tellus* 45B (1993) S. 397–408.
[18.3.2]

Bond, W. *Alpha diversity of southern cape fynbos.* In: Kruger, F. J.; Mitchell, D. T.; Jarvis, J. U. M. (Hrsg.) *Mediterranean-Type Ecosystems.* Berlin (Springer) 1983. S. 337–356.
[24.3.1]

Boonstra, R.; Boag, P. T. *Spring declines in* Microtus pennsylvanicus *and the role of steroid hormones.* In: *Journal of Animal Ecology* 61 (1992) S. 339–352.
[15.4.4]

Booth, D. J.; Brosnan, D. M. *The role of recruitment dynamics in rocky shore and coral reef fish communities.* In: *Advances in Ecological Research* 26 (1995) S. 309–385.
[21.4]

Booth, D. T.; Clayton, D. H.; Block, B. A. *Experimental demonstration of the energetic cost of parasitism in free-ranging hosts.* In: *Proceedings of the Royal Society, Series B* 253 (1993) S. 125–129.
[12.4]

Boots, M.; Begon, M. *Trade-offs with resistance to a granulosis virus in the Indian meal moth, examined by a laboratory evolution experiment.* In: *Functional Ecology* 7 (1993) S. 528–534.
[14.4]

Boray, J. C. *Experimental fascioliasis in Australia.* In: *Advances in Parasitology* 7 (1969) S. 85–210.
[12.4]

Bormann, B. T.; Gordon, J. C. *Stand density effects in young red alder plantations: productivity, photosynthate partitioning and nitrogen fixation.* In: *Ecology* 65 (1984) S. 394–402.
[19.2.1]

Bormann, F. H.; Likens, G. E.; Melillo, J. M. *Nitrogen budget for an aggrading northern hardwood forest ecosystem.* In: *Science* 196 (1977) S. 981–983.
[19.2.3]

Bosch, R. van den; Leigh, T. F.; Falcon, L. A.; Stern, V. M.; Gonzales, D.; Hagen, K. S. *The developing program of integrated control of cotton pests in California.* In: Huffaker, C. B. (Hrsg.) *Biological Control.* New York (Plenum Press) 1971. S. 377–394.
[16.11]

Bossema, I. *Jays and oaks: an eco-ethological study of a symbiosis.* In: *Behaviour* 70 (1979) S. 1–117.
[5.3.6]

Botkin, D. B.; Jordan, P. A.; Dominski, A. S.; Lowendorf, H. S.; Hutchinson, G. E. *Sodium dynamics in a northern ecosystem (moose, wolves, plants).* In: *Proceeding of the National Academy of Science of the USA* 70 (1973) S. 2745–2748.
[14.2]

Boucher, D. H.; James, S.; Kresler, K. *The ecology of mutualism.* In: *Annual Review of Ecology and Systematics* 13 (1984) S. 315–347.
[13.1]

Bowers, M. A.; Brown, J. H. *Body size and coexistence in desert rodents: chance or community structure?* In: *Ecology* 63 (1982) S. 391–400.
[20.4.2]

Bowers, R. G.; Begon, M.; Hodgkinson, D. E. *Hostpathogen population cycles in forest insects? Lessons from simple models reconsidered.* In: *Oikos* 67 (1993) S. 529–538.
[12.6.1]

Box, E. O. *Macroclimate and Plant Forms: An Introduction to Predictive Modelling in Phytogeography.* Den Haag (Junk) 1981.
[1.4.2]

Boyce, C. C. K.; Boyce, J. L. *Population biology of* Microtus arvalis. *I. Liftime reproductive success of solitary and grouped breeding females.* In: *Journal of Animal Ecology* 571 (1988a) S. 711–722.
[15.4.2, 15.4.3]

Boyce, C. C. K.; Boyce, J. L. *Population biology of* Microtus arvalis. *II. Natal and breeding dispersal of females.* In: *Journal of Animal Ecology* 57 (1988b) S. 723–736.
[15.4.3]

Boyce, C. C. K.; Boyce, J. L. *Population biology of* Microtus arvalis. *III. Regulation of numbers and breeding display of females.* In: *Journal of Animal Ecology* 57 (1988c) S. 737–754.
[15.4.3]

Boyce, M. S. *Restitution of* r- *and* K-*selection as a model of density-dependent natural selection.* In: *Annual Review of Ecology and Systematics* 15 (1984) S. 427–447.
[14.9]

Bradley, D. J. *Human pest and disease problems: contrasts between developing and developed countries.* In: Cherrett, J. M.; Sagar, G. R. (Hrsg.) *Origins of Pest, Parasite, Disease and Weed Problems.* Oxford (Blackwell Scientific Publications) 1977. S. 329–346.
[12.4]

Bradshaw, A. D. *Population differentiation in* Agrostis tenuis *Sibth. II. The incidence and significance of infection by* Epichloe typhina. In: *New Phytologist* 58 (1959) S. 310–315.
[12.3.5]

Bradshaw, A. D. *Evolutionary significance of phenotypic plasticity in plants.* In: *Advances in Genetics* 13 (1965) S. 115–155.
[1.6]

Bradshaw, A. D. *The reconstruction of ecosystems.* In: *Journal of Applied Ecology* 20 (1983) S. 1–17.
[25.6.4]

Bradshaw, A. D. *Ecological principles and land reclamation practice.* In: *Landscape Planning* 11 (1984) S. 35–48.
[25.6.4]

Bradshaw, A. D. *The reclamation of derelict land and the ecology of ecosystems.* In: Jordan, W. R. III.; Gilpin, M. E.; Aber, J. D. (Hrsg.) *Restoration Ecology.* Cambridge (Cambridge University Press) 1987. S. 53–74.
[2.10, 25.6.4]

Bradshaw, A. D.; Chadwick, M. J. *The Restoration of Land.* Oxford (Blackwell Scientific Publications) 1980.
[25.6.4]

Bradshaw, A. D.; McNeilly, T. *Evolution and pollution.* London (Edward Arnold) 1981.
[2.10]

Branch, G. M. *Intraspecific competition in* Patella cochlear *Born.* In: *Journal of Animal Ecology* 44 (1975) S. 263–281.
[6.5, 6.6]

Bremner, J. M.; Blackmer, A. M. *Nitrous oxide: emmissions from soils during nitrification of fertilizer nitrogen.* In: *Science* 199 (1978) S. 295–296.
[19.4.4]

Breton, L. M.; Addicott, J. F. *Density-dependent mutualism in an aphid-ant interaction.* In: *Ecology* 73 (1992) S. 2175–2180.
[13.12]

Breznak, J. A. *Symbiotic relationships between termites and their intestinal biota.* In: Jennings, D. H.; Lee, D. L. (Hrsg.) *Symbiosis.* Symposium 29, Society for Experimental Biology. Cambridge (Cambridge University Press) 1975. S. 559–580.
[13.5.2]

Briand, F. *Environmental control of food web structure.* In: *Ecology* 64 (1983) S. 253–263.
[22.4.3, 22.5.2]

Briand, F.; Cohen, J. E. *Environmental correlates of food chain length.* In: *Science* 238 (1987) S. 956–960.
[22.5.2]

Brittain, J. E.; Eikeland, T. I. *Invertebrate drift – a review.* In: *Hydrobiologia* 166 (1988) S. 77–93.
[5.3.7]

Broecker, W. S.; Peng, T. *Traces in the Sea.* New York (Lamont-Doherty Geological Observatory, Columbia University) 1982.
[19.3.3]

Broekhuizen, N.; Evans, H. F.; Hassell, M. P. *Site characteristics and the population dynamics of the pine looper moth.* In: *Journal of Animal Ecology* 62 (1993) S. 511–518.
[4.3]

Bronstein, J. L. *Mutualism, antagonism and the figpollinator interaction.* In: *Ecology* 69 (1988) S. 1298–1302.
[13.4.2]

Brooke, M. de L.; Davies, N. B. *Egg mimicry by cuckoos* Culculus canorus *in relation to discrimination by hosts.* In: *Nature* 335 (1988) S. 630–632.
[12.8]

Brosset, A. *La periodicitie de la reproduction chez un bulbul de forêt equatoriale Africaine:* Andropadus latirostris, *ses incidences demographique.* In: *Review Ecologie (Terre et Vie)* 35 (1981) S. 109–129.
[24.4.1]

Brower, L. P.; Corvinó, J. M. *Plant poisons in a terrestrial food chain.* In: *Proceedings of the National Academy of Science of the USA* 57 (1967) S. 893–898.
[3.7.3]

Brown, H. T.; Escombe, F. *Static diffusion of gases and liquids in relation to the assimilation of carbon and translocation in plants.* In: *Philosophical Transactions of the Royal Society, Series B* 193 (1900) S. 232–291.
[3.4]

Brown, J.; Everett, K. R.; Webber, P. J.; MacLean, S. F.; Murray, D. F. *The coastal tundra at Barrow.* In: Brown, J.; Miller, P. C.; Tieszen, L. L.; Bunnell, F. L. (Hrsg.) *An Arctic Ecosystem: The Coastal Tundra at Barrow.* Stroudsburg, PA (Dowden, Hutchinson & Ross) 1980.
[15.4.2]

Brown, J. H. *Species richness of boreal mammals living on the montane islands of the Great Basin.* In: *American Naturalist* 105 (1971) S. 467–478.
[23.1]

Brown, J. H.; Davidson, D. W. *Competition between seed-eating rodents and ants in desert ecosystems.* In: *Science* 196 (1977) S. 880–882.
[7.8.1, 20.3.1, 24.3.1]

Brown, J. H.; Gibson, A. C. *Biogeography.* St. Louis (Mosby) 1983.
[24.3.1, 24.4.1]

Brown, J. S.; Kotler, B. P.; Smith, R. J.; Wirtz, W. O. III. *The effects of owl predation on the foraging behaviour of heteromyid rodents.* In: *Oecologia* 76 (1988) S. 408–415.
[9.4]

Brown, K. M. *Resource overlap and competition in pond snails: an experimental analysis.* In: *Ecology* 63 (1982) S. 412–422.
[7.5.4]

Brown, S. *A comparison of structure, primary productivity, and transpiration of cypress ecosystems in Florida.* In: *Ecological Monographs* 51 (1981) S. 403–427.
[19.2.1]

Brown, V. K.; Gange, A. C. *Secondary plant succession: how is it modified by insect herbivory?* In: *Vegetatio* 101 (1992) S. 3–13.
[17.4.4]

Brown, V. K.; Southwood, T. R. E. *Trophic diversity, niche breadth, and generation times of exopterygote insects in a secondary succession.* In: *Oecologia* 56 (1983) S. 220–225.
[24.4.4]

Browne, R. A. *Lakes as islands: biogeographic distribution, turnover rates, and species composition in the lakes of central New York.* In: *Journal of Biogeography* 8 (1981) S. 75–83.
[23.3.1]

Bryant, J. P. Kuropat, P. J. *Selection of winter forage by subarctic browsing vertebrates: the role of plant chemistry.* In: *Annual Review of Ecology and Systematics* 11 (1980) S. 261–285.
[8.2.2, 9.2.2]

Brylinski, M.; Mann, K. H. *An analysis of factors governing productivity in lakes and reservoirs.* In: *Limnology and Oceanography* 18 (1973) S. 1–14.
[18.2, 18 4, 18.4.1]

Bubier, J. L.; Moore, T. R. *An ecological perspective on methane emissions from northern wetlands.* In: *Trends in Ecology and Evolution* 9 (1994) S. 460–464.
[19.2.2, 19.5]

Buchanan, G. A.; Crowley, R. H.; Street, J. E.; McGuire, J. A. *Competition of siclepod (*Cassia obtusifolia*) and redroot pigweed (*Amaranthus retroflexus*) with cotton (*Gossypium hirsutum*).* In: *Weed Science* 28 (1980) S. 258–262.
[7.7.2]

Bull, C. M.; Burzacott, D. *The impact of tick load on the fitness of their lizard hosts.* In: *Oecologia* 96 (1993) S. 415–419. [12.4]

Bullock, J. M.; Mortimer, A. M.; Begon, M. *Physiological integration among tillers of* Holcus lanatus*: agedependence and responses to clipping and competition.* In: *New Phytologist* 128 (1994a) S. 737–747. [4.2.1]

Bullock, J. M.; Mortimer, A. M.; Begon, M. *The effect of clipping on interclonal competition in the grass* Holcus lanatus *– a response surface analysis.* In: *Journal of Ecology* 82 (1994b) S. 259–270. [7.7.2]

Buntin, G. D.; Bruckner, P. L.; Johnson, J. W. *Management of the Hessian fly (Diptera: Cecidomyiidae) in Georgia by delayed planting of winter wheat.* In: *Journal of Economic Entomology* 83 (1990) S. 1025–1033. [16.9]

Burdon, J. J. *Intraspecific diversity in a natural population of* Trifolium repens. In: *Journal of Ecology* 68 (1980) S. 717–735. [1.5.2, 12.7]

Burdon, J. J. *Diseases and Plant Population Biology.* Cambridge (Cambridge University Press) 1987. [2.2.2, 12.5.3, 12.7, 16.10, 21.2.4]

Burdon, J. J.; Chilvers, G. A. *Epidemiology of damping off disease (*Pythium irregulare*) in relation to density of* Lepidium sativum *seedlings.* In: *Annals of Applied Biology* 81 (1975) S. 135–143. [12.3.1]

Burdon, J. J.; Chilvers, G. A. *The effect of barley mildew on barley and wheat competition in mixtures.* In: *Australian Journal of Botany* 25 (1977) S. 59–65. [21.2.4]

Burgman, M. A.; Ferson, S.; Akçakaya, H. R. *Risk Assessment in Conservation Biology.* London (Chapman & Hall) 1993. [25.3.3]

Burkey, T. V. *Extinction in nature reserves: the effect of fragmentation and the importance of migration between reserve fragments.* In: *Oikos* 55 (1989) S. 75–81. [25.3.3]

Burnett, T. *Dispersal of an insect parasite over a small plot.* In: *Canadian Entomologist* 90 (1958) S. 279–283. [9.6]

Burrows, F. J.; Milthorpe, F. L. *Stomatal conductance in the control of gas exchange.* In: Kozlowski, T. T. (Hrsg.) *Water Deficits and Plant Growth.* Bd. 4. London (Academic Press) 1976. S. 103–152. [3.4]

Burrows, F. M. *The aerial motion of seeds, fruits, spores and pollen.* In: Murray, D. R. (Hrsg.) *Seed Dispersal.* Sydney (Academic Press) 1986. [5.3.4]

Bush, M. B.; Whittaker, R. J. *Krakatau: colonization patterns and hierarchies.* In: *Journal of Biogeography* 18 (1991) S. 341–356. [23.3.3]

Buss, L. W. *Byrozoan overgrowth interactions – the interdependence of competition for food and space.* In: *Nature* 281 (1979) S. 475–477. [7.3]

Buss, L. W. *Competition and community organization on hard surfaces in the sea.* In: Diamond, J.; Case, T. J. (Hrsg.) *Community Ecology.* New York (Harper & Row) 1986. S. 517–536. [21.7.2]

Cain, M. I.; Pacala, S. W.; Silander, J. A.; Fortin, M. J. *Neighbourhood models of clonal growth in the white clover* Trifolium repens. In: *American Naturalist* 145 (1995) S. 888–917. [3.10, 13.10.1]

Caldwell, M. M.; Richards, J. H. *Competing root systems: morphology and models of absorption.* In: Givnish, T. J. (Hrsg.) *On the Economy of Plant Form and Function.* Cambridge (Cambridge University Press) 1986. S. 251–273. [3.4]

Callaghan, T. V. *Strategies of growth and population dynamics of plants: 3. Growth and population dynamics of* Carex bigelowii *in an alpine environment.* In: *Oikos* 27 (1976) S. 402–413. [4.6.4]

Calow, P. *Resource utilization and reproduction.* In: Townsend, C. R.; Calow, P. (Hrsg.) *Physiological Ecology: An Evolutionary Approach to Resource Use.* Oxford (Blackwell Scientific Publications) 1981. S. 245–270. [14.7.1]

Canham, C. D. *Growth and canopy architecture of shade-tolerant trees: response to canopy gaps.* In: *Ecology* 69 (1988) S. 786–795. [21.5.2]

Caraco, N. F. *Disturbance of the phosphorus cycle: a case of indirect effects of human activity.* In: *Trends in Ecology and Evolution* 8 (1993) S. 51–54. [19.4.5]

Caraco, T.; Kelly, C. K. *On the adaptive value of physiological integration of clonal plants.* In: *Ecology* 72 (1991) S. 81–93. [4.2.1]

Carne, P. B. *On the population dynamics of the eucalyptdefoliating chrysomelid* Paropsis atomaria *OI.* In: *Australian Journal of Zoology* 14 (1969) S. 647–672. [8.3]

Carpenter, S. R.; Kraft, C. E.; Wright, R.; He, X.; Soranno, P. A.; Hodgson, J. R. *Resilience and resistance of a lake phosphorus cycle before and after food web manipulation.* In: *American Naturalist* 140 (1992a) S. 781–798. [22.6]

Carpenter, S. R.; Cottingham, K. L.; Schindler, D. E. *Biotic feedbacks in lake phosphorus cycles.* In: *Trends in Ecology and Evolution* 7 (1992b) S. 332–336. [22.6]

Carroll, G. C. *Fungal endophytes in stems and leaves: from latent pathogen to mutualistics symbiont.* In: *Ecology* 69 (1988) S. 2–9. [13.7]

Carson, H. L.; Kaneshiro, K. Y. Drosphila *of Hawaii: systematics and ecological genetics.* In: *Annual Review of Ecology and Systematics* 7 (1976) S. 311–345. [1.2.3]

Carson, R. *Silent Spring.* Boston (Houghton Mifflin) 1962. [16.4]

Caswell, H. *Predator-mediated coexistence: a nonequilibrium model.* In: *American Naturalist* 112 (1978) S. 127–154. [21.3, 21.4]

Caswell, H. *Life-history strategies.* In: Cherrett, J. M. (Hrsg.) *Ecological Concepts.* Oxford (Blackwell Scientific Publications) 1989. S. 285–307. [14.1, 14.3]

Caughley, G. *Directions in conservation biology.* In: *Journal of Animal Ecology* 63 (1994) S. 215–244. [25.2.6, 25.3.1, 25.4.2, 25.4.3]

Caughley, G.; Lawton, J. H. *Plant-herbivore systems.* In: May, R. M. (Hrsg.) *Theoretical Ecology: Principles and Applications.* 2. Aufl. Oxford (Blackwell Scientific Publications) 1981. S. 132–166.
[10.3.2, 10.5.6, 15.7.6]

Cerling, T. E. *Carbon dioxide in the atmosphere: evidence from Cenozoic and Mesozoic paleosols.* In: *American Journal of Science* 291 (1991) S. 377–400.
[3.3.4]

Chapin, F. S. *The mineral nutrition of wild plants.* In: *Annual Review of Ecology and Sytematics* 11 (1980) S. 233–260.
[19.2.3]

Chapin, F. S. *Adaptions and physiological responses of wild plants to nutrient stress.* In: Gabelmann, H. W.; Loughman, B. C. (Hrsg.) *Genetics Aspects of Plant Mineral Nutrition.* Dordrecht (Martinus Nijoff Publishers) 1987. S. 69–76.
[19.1]

Chapin, F. S.; Kedrowski, R. A. *Seasonal changes in nitrogen and phosphorus fractions and autumn retranslocations in evergreen and deciduous taiga trees.* In: *Ecology* 64 (1983) S. 376–391.
[19.2.3]

Charlesworth, B. *Evolution in Age-Structured Populations.* London (Cambridge University Press) 1980.
[14.3]

Charnov, E. L. *Optimal foraging: attack strategy of a mantid.* In: *American Naturalist* 110 (1976a) S. 141–151.
[9.3.1]

Charnov, E. L. *Optimal foraging: the marginal value theorem.* In: *Theoretical Population Biology* 9 (1976b) S. 129–136.
[9.9.1]

Charnov, E. L.; Berrigan, D. *Dimensionless numbers and the assembly rules of life histories.* In: *Philosophical Transactions of the Royal Society of London, Series B* 332 (1991) S. 41–48.
[14.7.2]

Charnov, E. L.; Finnerty, J. *Vole population cycles: a case for kin-selection?* In: *Oecologia* 45 (1980) S. 1–2.
[15.4.4]

Charnov, E. L.; Krebs, J. R. *On clutch size and fitness.* In: *Ibis* 116 (1974) S. 217–219.
[14.8.1]

Cherrett, J. M.; Powell, R. J.; Stradling, D. J. *The mutualism between leaf-cutting ants and their fungus.* In: Wilding, N.; Collins, N. M.; Hammond, P. M.; Webber, J. F. (Hrsg.) *Royal Entomological Society Symposium No. 14.* London (Academic Press) 1989. S. 93–120.
[13.3.3]

Cherrill, A. J. *The shell size-prey size relationship in mudsnails.* In: *Oikos* 51 (1988) S. 110–112.
[7.8.1]

Cherrill, A. J.; James, R. *Character displacement in* Hydrobia. In: *Oecologia* 71 (1987) S. 618–623.
[7.8.1]

Chesson, P.; Murdoch, W. W. *Aggregation of risk: relationships among host-parasitoid models.* In: *American Naturalist* 127 (1986) S. 696–715.
[10.5.3]

Chesson, P. L. *Environmental variation and the coexistence of species.* In: Diamond, J.; Case, T. J. (Hrsg.) *Community Ecology.* New York (Harper & Row) 1986. S. 240–256.
[21.7]

Chesson, P. L.; Case, T. J. *Overview: non-equilibrium community theories, chance, variability, history and coexistence.* In: Diamond, J.; Case, T. J. (Hrsg.) *Community Ecology.* New York (Harper & Row) 1986. S. 229–239.
[7.5.5]

Chia, L. S.; Mayfield, C. I.; Thompson, J. E. *Simulated acid rain induces lipid peroxidation and membrane damage in foliage.* In: *Plant, Cell and Environment* 7 (1984) S. 333–338.
[19.4.5]

Choudhary, M.; Strassman, J. E.; Queller, D. C.; Turilazzi, S.; Cervo, R. *Social parasites in polistine wasps are monophyletic: implications for sympatric speciation.* In: *Proceedings of the Royal Society, Series B* 257 (1994) S. 31–35.
[12.8]

Christensen, B. M. Dirofilaria immitis*: effects on the longevity of* Aedes trivittatus. In: *Experimental Parasitology* 44 (1978) S. 116–119.
[12.4]

Christensen, V.; Pauly, D. (Hrsg.) *Trophic Models of Aquatic Ecosystems.* Manila, Philippinen (International Center for Living Aquatic Resources Management) 1993.
[18.4.3]

Christian, J. J. *The adreno-pituitary system and population cycles in mammals.* In: *Journal of Mammalogy* 31 (1950) S. 247–259.
[15.4.4]

Christian, J. J. *Social subordination, population density, and mammalian evolution.* In: *Science* 168 (1970) S. 84–90.
[5.4.3, 15.4.4]

Christian, J. J. *Endrocine factors in population regulation.* In: Cohen, M. N.; Malpass, R. S.; Klein, H. G. (Hrsg.) *Biosocial Mechanisms of Population Regulation.* New Haven, Connecticut (Yale University Press) 1980. S. 55–115.
[15.4.4]

Christie, G. C.; Regier, H. A. *Measures of optimal thermal habitat for four commercial fish species.* In: *Canadian Journal of Fisheries and Aquatic Sciences* 445 (1988) S. 301–314.
[2.5]

Clapham, W. B. *Natural Ecosystems.* New York (Collier-Macmillan) 1973.
[7.2.4]

Claridge, M. F.; Wilson, M. R. *Diversity and distribution patterns of some mesophyll-feeding leaf-hoppers of temperate woodland canopy.* In: *Ecological Entomology* 1 (1976) S. 231–250.
[23.3.3]

Claridge, M. F.; Wilson, M. R. *British insects and trees: a study in island biography or insect/plant coevolution?* In: *American Naturalist* 112 (1978) S. 451–456.
[23.3.3]

Clark, C. W. *Mathematical Bioeconomics: The Optimal Management of Renewable Resources.* New York (Wiley-Interscience) 1976.
[16.12]

Clark, C. W. *Bioeconomics.* In: May, R. M. (Hrsg.) *Theoretical Ecology: Principles and Applications.* 2. Aufl. New York (Blackwell Scientific Publications) 1981. S. 387–418.
[16.12, 16.12.1, 16.13.1]

Clark, C. W. *Bioeconomic Modelling and Fisheries Management.* New York (Wiley) 1985.
[16.15]

Clark, D. A.; Clark, D. B. *Spacing dynamics of tropical rain forest tree: evaluation of the Janzen-Connell model.* In: *American Naturalist* 124 (1984) S. 769–788.
[24.4.1]

Clark, L. R. *The general biology of* Cardiaspina albitextura *(Psyllidae) and its abundance in relation to weather and paratsitism.* In: *Australian Journal of Zoology* 10 (1962) S. 537–586.
[10.6.1]

Clark, L. R. *The population dynamics of* Cardiaspina albitextura *(Psyllidae).* In: *Australian Journal of Zoology* 12 (1964) S. 362–380.
[10.6.1]

Clarke, B. C.; Partridge, L. *Frequency dependent selection.* In: *Philosophical Transactions of the Royal Society of London, Series B* 319 (1988) S. 457–645.
[1.5.2]

Clatworthy, J. N.; Harper, J. L. *The comparative biology of closely related species living in the same area. V. Interand intraspecific interference within cultures of* Lemna *Spp. and* Salvinia natans. In: *Journal of Experimental Botany* 38 (1961) S. 307–324.
[7.7.1]

Clausen, J.; Keck, D. D.; Hiesey, W. M. *Experimental studies on the nature of species. IV. Genetic structure of ecological races.* In: *Carnegie Institute of Washington Publication* Nr. 242. Washington, DC. 1941.
[1.5.1]

Clay, K. *Fungal endophytes of grasses.* In: *Annual Review of Ecology and Systematics* 21 (1990) S. 275–297.
[13.7]

Clayton, D. H. *Mate choice in experimentally parasitized rock doves: Lousy males lose.* In: *American Zoologist* 30 (1990) S. 251–262.
[12.4]

Clements, F. E. *Plant Succession: Analysis of the Development of Vegetation.* In: *Carnegie Institute of Washington Publication* Nr. 242. Washington, DC. 1916.
[17.3.3, 17.4.5, 18.1]

Closs, G.; Watterson, G. A.; Donnelly, P. J. *Constant predator-prey ratios: an arithmetical artifact.* In: *Ecology* 74 (1993) S. 238–243.
[22.5.4]

Clutton-Brock, T. H.; Harvey, P. H. *Comparison and adaptation.* In: *Proceedings of the Royal Society of London, Series B* 205 (1979) S. 547–565.
[14.12.1]

Clutton-Brock, T. H.; Major, M.; Albon, S. D.; Guinness, F. E. *Early development and population dynamics in red deer. I. Density-dependent effects on juvenile survival.* In: *Journal of Animal Ecology* 56 (1987) S. 53–67.
[6.1]

Cody, M. L. *On the methods of resource division in grassland bird communitites.* In: *American Naturalist* 102 (1968) S. 107–148.
[20.3.1]

Cody, M. L. *Towards a theory of continental species diversities.* In: Cody, M. L.; Diamond, J. M. (Hrsg.) *Ecology and Evolution of Communities.* Cambridge (Belknap) 1975. S. 214–257.
[20.1, 24.3.2]

Cody, M. L.; Mooney, H. A. *Convergence versus nonconvergence in Mediterranean climate ecosystems.* In: *Annual Review of Ecology and Systematics* 9 (1978) S. 265–321.
[1.4.2]

Coe, M. J. *The decomposition of elephant carcasses in the Tsavo (East) National Park, Kenya.* In: *Journal of Arid Environments* 1 (1978) S. 71–86.
[11.3.3]

Coe, M. J.; Cumming, D. H.; Phillipson, J. *Biomass and production of large African herbivores in relation to rainfall and primary production.* In: *Oecologia* 22 (1976) S. 341–354.
[18.4]

Cofrancesco, A. F. jr.; Stewart, R. M.; Sanders, D. R. sr. *The impact of* Neochetina eichhorniae *(Coleoptera: Curculionidae) on water hyacinth in Louisiana.* In: *Proceedings of the VIth Internations Symposium on Biological Control of Weeds* (1985) S. 525–535.
[16.8]

Cohen, D.; Levin, S. A. *The interaction between dispersal and dormancy strategies in varying and heterogeneous environments.* In: Teramoto, E.; Yamaguti, M. (Hrsg.) *Mathematical Topics in Population Biology, Morphogenesis and Neurosciences, Proceedings, Kyoto 1985.* Princeton, NJ (Princeton University Press) 1987. S. 110–122.
[5.3.2, 5.5]

Cohen, D.; Mitro, U. *More on optimal rates of dispersal: taking into account the cost of the dispersal mechanism.* In: *American Naturalist* 134 (1989) S. 659–663.
[5.3.2]

Cohen, J. E.; Newman, C. M. *A stochastic theory of community food webs I. Models and aggregated data.* In: *Proceedings of the Royal Society of London, Series B* 224 (1985) S. 421–448.
[22.5.4]

Cohen, J. E.; Newman, C. M. *Dynamics basis of food web organization.* In: *Ecology* 69 (1988) S. 1655–1664.
[22.5.4]

Cole, D. W.; Rapp, M. *Elemental cycling in forest ecosystems.* In: Reichle, D. E. (Hrsg.) *Dynamic Principles of Forest Ecosystems.* London (Cambridge University Press) 1981. S. 341–409.
[19.2.3]

Cole, J. J.; Findlay, S.; Pace, M. L. *Bacterial production in fresh and salt water ecosystems: a cross-systems overview.* In: *Marine Ecology Progress Series* 4 (1988) S. 1–10.
[18.4]

Collins, M. D.; Ward, S. A.; Dixon, A. F. G. *Handling time and the functional response of* Aphelinus thomsoni, *a predator and parasite of the aphid.* Drepanosiphum platanoidis. In: *Journal of Animal Ecology* 50 (1981) S. 479–487.
[9.5.3]

Colwell, R. K.; Winkler, D. W. *A null model for null models in biogeography.* In: Strong, D. R.; Simberloff, D.; Abele, L. G.; Thistle, A. B. (Hrsg.) *Ecological Communities: Conceptual Issues and the Evidence.* Princeton, NJ (Princeton University Press) 1984. S. 344–359.
[20.4.4]

Comins, H. N.; Hassell, M. P.; May, R. M. *The spatial dynamics of host-parasitoid systems.* In: *Journal of Animal Ecology* 61 (1992) S. 735–748.
[10.5.5]

Connell, J. H. *The influence of interspecific competition and other factors on the distribution of the barnacle* Chthamalus stellatus. In: *Ecology* 42 (1961) S. 710–723.
[7.2.3]

Connell, J. H. *A predator-prey system in the marine intertidal region. I.* Balanus glandula *and several predatory species of* Thais. In: *Ecological Monographs* 40 (1970) S. 49–78.
[4.6.1]

Connell, J. H. *On the role of natural enemies in preventing competitive exclusion in some marine animals and in rain forest trees.* In: Boer, P. J. den; Gradwell, G. R. (Hrsg.) *Dynamics of Populations. Proceeding of the Advances Study Institute in Dynamics of Numbers in Populations, Oosterbeck.* Wageningen (Centre for Agricultural Publishing and Documentation) 1971. S. 298–310.
[24.4.1]

Connell, J. H. *Some mechanisms producing structure in natural communities: a model and evidence from field experiments.* In: Cody, M. L.; Diamond, J. M. (Hrsg.) *Ecology and Evolution of Communities.* Cambridge, MA (Belknap) 1975. S. 460–490.
[21.2.5]

Connell, J. H. *Diversity in tropical rainforests and coral reefs.* In: *Science* 199 (1978) S. 1302–1310.
[21.5.1]

Connell, J. H. *Tropical rain forests and coral reefs as open nonequilibrium systems.* In: Anderson, R. M.; Turner, B. D.; Taylor, I. R. (Hrsg.) *Population Dynamics.* Oxford (Blackwell Scientific Publications) 1979. S. 141–163.
[21.2.3]

Connell, J. H. *Diversity and the coevolution of competitors, or the ghost of competition past.* In: *Oikos* 35 (1980) S. 131–138.
[7.3, 7.8.1, 7.8.2]

Connell, J. H. *On the prevalence and relative importance of interspecific competition: evidence from field experiments.* In: *American Naturalist* 122 (1983) S. 661–696.
[7.3, 7.6, 20.2, 22.2.1]

Connell, J. H. *Apparent versus ‚real' competition in plants.* In: Grace, J. B.; Tilman, D. (Hrsg.) *Perspectives on Plant Competition.* New York (Academic Press) 1990. S. 9–26.
[7.6]

Connell, J. H.; Slatyer, R. O. *Mechanisms of succession in natural communities and their role in community stability and organisation.* In: *American Naturalist* 111 (1977) S. 1119–1144.
[17.4.3, 17.4.4]

Connor, E. F. *The role of Pleistocene forest refugia in the evolution and biography of tropical biotas.* In: *Trends in Ecology and Evolution* 1 (1986) S. 165–169.
[42.4.1]

Connor, E. F.; McCoy, E. D. *The statistics and biology of the species-area relationship.* In: *American Naturalist* 113 (1979) S. 791–833.
[12.3.8]

Conway, G. *Man versus pests.* In: May, R. M. (Hrsg.) *Theoretical Ecology.* 2. Aufl. Oxford (Blackwell Scientific Publications) 1981. S. 356–386.
[16.2]

Cooper, J. P. *Photosynthesis and Productivity in Different Environments.* Cambridge (Cambridge University Press) 1975.
[18.2, 18.3.1]

Copplestone, J. F. *A global view of pesticide safety.* In: Watson, D. L.; Brown, A. W. A. (Hrsg.) *Pesticide Management and Insecticide Resistance.* New York (Academie Press) 1977. S. 147–155.
[16.7]

Corey, S.; Dall, D.; Milne, W. *Pest Control and Sustainable Agriculture.* East Melbourne (CSIRO) 1993.
[16.8, 16.11]

Cornell, H. V.; Washburn, J. O. *Evolution of the richness-area correlation for cynipid gall wasps on oak trees: a comparison of two geographic areas.* In: *Evolution* 33 (1979) S. 257–274.
[32.1]

Costanza, R. *Ecological Economics: The Science and Management of Sustainability.* New York (Columbia University Press) 1991.
[25.1.3]

Cottam, D. A.; Whittaker, J. B.; Malloch, A. J. C. *The effects of chrysomelid beetle grazing and plant competition on the growth of* Rumex obtusifolius. In: *Oecologia* 70 (1986) S. 452–456.
[8.2.6]

Cousens, R. *A simple model relating yield loss to densitiy.* In: *Annals of Applied Biology* 107 (1985) S. 239–252.
[7.7.2]

Cowan, I. R.; Farquhar, G. D. *Stomatal function in relation to leaf metabolism and enviroment.* In: *Symposium of the Society of Experimental Biology* 31 (1977) S. 471–505.
[3.2.4]

Cowie, R. J. *Optimal foraging in great tits* Parus major. In: *Nature* 268 (1977) S. 137–139.
[9.9.2]

Cox, C. B.; Healey, I. N.; Moore, P. D. *Biogeography.* 2. Aufl. Oxford (Blackwell Scientific Publications) 1976.
[1.4.1, 2.2, 2.7.1]

Cox, F. E. G. (Hrsg.) *Immunology.* In: *Modern Parasitology.* Oxford (Blackwell Scientific Publications) 1982. S. 173–203.
[12.3.5]

Cox, P. A.; Elmquist, T.; Pierson, E. D.; Rainey, W. E. *Flying foxes as strong interactors in South Pacific island ecosystems: a conservation hypothesis.* In: *Conservation Biology* 5 (1991) S. 448–454.
[25.5.1]

Crawley, M. J. *Herbivory: The Dynamics of Animal-Plant Interactions.* Oxford (Blackwell Scientific Publications) 1983.
[8.2.1, 8.2.5, 9.2.2, 9.5.2, 10.1]

Crawley, M. J. *Insect herbivoris and plant population dynamics.* In: *Annual Review of Entomology* 34 (1989) S. 531–564.
[8.2.4, 8.3]

Crawley, M. J.; May, R. M. *Population dynamics and plant community structure: competition between annuals and perennials.* In: *Journal of Theoretical Biology* 125 (1987) S. 475–489.
[3.10, 7.5.1]

Crawley, M. J.; Hails, R. S.; Rees, M.; Kohn, D.; Buxton, J. *Ecology of transgenic oilseed rape in natural habitats.* In: *Nature* 363 (1993) S. 620–623.
[16.10]

Crisp, E. J. *The role of the pelagic larva.* In: Spencer Davies, P. (Hrsg.) *Perspectives in Experimental Biology. Vol. I (Zoology).* Oxford (Pergamon Press) 1976. S. 145–155.
[5.3.7]

Crisp, M. D.; Lange, R. T. *Age structure distribution and survival under grazing of the arid zone shrub* Acacia burkitti. In: *Oikos* 27 (1976) S. 86–92.
[4.6.1]

Crocker, R. L.; Major, J. *Soil development in relation to vegetation and surface age at Glacier Bay, Alaska.* In: *Journal of Ecology* 43 (1955) S. 427–448.
[17.4.3, 21.5]

Croll, N. A.; Anderson, R. M.; Gyorkos, T. W.; Ghadirian, E. *The population biology and control of* Ascaris lumbricoides *in rural community in Iran.* In: *Transactions of the Royal Society of Tropical Medicine and Hygiene* 76 (1982) S. 187–197.
[12.3.5]

Cromartie, W. J. *The effect of stand size and vegetational background on the colonization of cruciferous plants by herbivorous insects.* In: *Journal of Applied Ecology* 12 (1975) S. 517–533.
[9.7.1]

Crombie, A. C. *On competition between different species of graminivorous insects.* In: *Proceedings of the Royal Society of London, Series B* 132 (1945) S. 362–395.
[6.4]

Cullen, J. M.; Hasan, S. *Pahtogens for the control of weeds.* In: *Philosophical Transactions of the Royal Society of London, Series B* 318 (1988) S. 213–224.
[16.8]

Cummins, K. W. *Structure and function of stream ecosystems.* In: *Bioscience* 24 (1974) S. 631–641.
[11.2.2, 11.3.1]

Currie, D. J. *Energy and large-scale patterns of animal and plant species richness.* In: *American Naturalist* 137 (1991) S. 27–49.
[24.3.1]

Currie, D. J.; Paquin, V. *Large-scale biogeographical patterns of species richness in trees.* In: *Nature* 29 (1987) S. 326–327.
[24.3.1]

Daan, S.; Dijkstra, C.; Tinbergen, J. M. *Family planning in the kestrel* (Falco tinnunculus): *the ultimate control of covariation of laying date and clutch size.* In: *Behavior* 114 (1990) S. 83–116.
[14.11]

DaCosta, C. P.; Jones, C. M. *Cucumber beetle resistance and mite susceptibility controlled by the bitter gene in* Cucumis sativus. In: *Science* 172 (1971) S. 1145–1146.
[16.10]

Dahl, E. *Deep-sea carrion feeding amphipods: evolutionary patterns in niche adaptation.* In: *Oikos* 33 (1979) S. 167–175.
[11.3.3]

Daly, H. V.; Doyer, J. T.; Ehrlich, P. R. *Instruction to Insect Biology and Diversity.* New York (McGraw Hill) 1978.
[3.7.1]

Darlington, C. D. *Cousin marriage and the evolution of the breeding system in man.* In: *Heredity* 14 (1969) S. 297–332.
[5.4.4]

Darwin, C. *The Origin of Species by Means of Natural Selection.* 1. Aufl. London (John Murray) 1859.
[1.1.4, 8.2.4, 13.4.2, 21.2.1]

Darwin, C. *The Formation of Vegetable Mould Through the Action of Worms.* London (John Murray) 1888.
[11.2.2]

Dash, M. C.; Hota, A. K. *Density effects on the survival, growth rate, and metamorphosis of* Rama tigra *tadpole.* In: *Ecology* 61 (1980) S. 1025–1028.
[6.5]

Davidson, D. W. *Species diversity and community organization in desert seed-eating ants.* In: *Ecology* 58 (1977) S. 711–724.
[7.8.1, 24.3.1]

Davidson, D. W. *Size variability in the worker caste of a social insect (*Veromessor Pergandei *Mayr) as a function of the competitive environment.* In: *American Naturalist* 112 (1978) S. 523–532.
[7.8.1]

Davidson, D. W.; McKey, D. A*nt-plant symbioses: stalking the Chuyachaqui.* In: *Trends in Ecology and Evolution* 8 (1993) S. 326–332.
[13.2.1]

Davidson, D. W.; Samson, D. A.; Inouye, R. S. *Granivory in the Chihuahuan Desert: interactions within and between trophic levels.* In: *Ecology* 66 (1985) S. 486–502.
[8.2.4]

Davidson, J. *On the relationship between temperature and rate of development of insects at constandt temperatures.* In: *Journal of Animal Ecology* 13 (1944) S. 26–38.
[2.2]

Davidson, J.; Andrewartha, H. G. *Annual trends in a natural population of* Thrips imaginis *(Thysanapotera).* In: *Journal of Animal Ecology* 17 (1948a) S. 193–199.
[15.2]

Davidson, J.; Andrewartha, H. G. *The influence of rainfall, evaporation and atmospheric temperature on fluctuations in the size of a natural population of* Thrips imaginis *(Thysanoptera).* In: *Journal of Animal Ecology* 17 (1948b) S. 200–222.
[15.2, 15.2.2]

Davies, N. B. *Prey selection and social behaviour in wagtails (Aves:* Motacillidae). In: *Journal of Animal Ecology* 46 (1977) S. 37–57.
[9.2.2]

Davies, N. B.; Houston, A. I. *Territory economics.* In: Krebs, J. R.; Davies, N. B. (Hrsg.) *Behavioural Ecology: An Evolutionary Approach.* 2. Aufl. Oxford (Blackwell Scientific Publications) 1984. S. 148–169.
[6.12]

Davis, M. B. *Pleistocene biogeography of temperate deciduous forests.* In: *Geoscience and Man* 13 (1976) S. 13–26.
[1.2.2]

Davis, M. B.; Brubaker, L. B.; Webb, T. III *Calibration of absolute polleninflex.* In: Birks, H. J. B.; West, R. G. (Hrsg.) *Quaternary Plant Ecology.* Oxford (Blackwell Scientific Publications) 1973. S. 9–25.
[1.2.2]

Dawkins, R. *Das egoistische Gen.* Heidelberg (Spektrum Akademischer Verlag) 1994.
[5.2.1]

Dawkins, R. *The Extended Phenotype.* Oxford (Oxford University Press) 1982.
[5.2.1]

Dawson, P. S. *Evolutionary changes in egg-eating behaviour of lour beetles in mixed-species populations.* In: *Evolution* 33 (1979) S. 585–594.
[7.8.3]

Dayan, T.; Simberloff, E.; Tchernov, E.; Yom-Tov, Y. *Inter- and intraspecific character displacement in mustelids.* In: *Ecology* 79 (1989) S. 1526–1539.
[20.3.1, 20.4.2]

Dayan, T.; Simberloff, E.; Tchernov, E.; Yom-Tov, Y. *Feline canines: community-wide character displacement among the small cats of Israel.* In: *American Naturalist* 136 (1990) S. 39–60.
[20.3.1]

Jong, G. de *The influence of dispersal pattern on the evolution of fecundity.* In: *Netherlands Journal of Zoology* 32 (1982) S. 1–30.

Jong, G. de *Quantitative genetics of reaction norms.* In: *Journal of Evolutionary Biology* 3 (1990) S. 447–468.
[14.11]

Dean, A. M. *A simple model of mutualism.* In: *American Naturalist* 121 (1983) S. 409–417.
[13.12]

DeAngelis, D. L. *Stability and connectance in food web models.* In: *Ecology* 56 (1975) S. 238–243.
[22.4.2]

DeAngelis, D. L. *Energy flow, nutrient cycling and ecosystem resilience.* In: *Ecology* 61 (1980) S. 764–771.
[22.6]

DeAngelis, D. L. *Dynamics of Nutrient Cycling and Food Webs.* London (Chapman & Hall) 1992.
[22.6]

DeAngelis, D. L.; Waterhouse, J. C. *Equilibrium and nonequilibrium concepts in ecological models.* In: *Ecological Monographs* 57 (1987) S. 1–21.
[21.7.1]

DeBach, P. (Hrsg.) *Biological Control of Insect Pests and Weeds.* London (Chapman & Hall) 1964.
[10.1]

Deecher, D. C.; Soderlund, D. M. *RH3421, an insecticidal dihydropyrazole, inhibits sodium-channel dependent sodium uptake in mouse brain preparations.* In: *Pesticide Biochemical Physiology* 39 (1991) S. 130–137.
[16.6.4]

Deevey, E. S. *Life tables for natural populations of animals.* In: *Quarterly Review of Biology* 22 (1947) S. 283–314.
[4.5.1]

Del Moral, R.; Bliss, L. C. *Mechanisms of primary succession: insights resulting from the eruption of Mount St Helens.* In: *Advances in Ecological Research* 24 (1993) S. 1–66.
[17.4.3]

Deming, J. W.; Baross, J. A. *Deep-sea smokers: windows to a subsurface biosphere?* In: *Geochimica et Cosmochimica Acta* 57 (1993) S. 3219–3230.
[2.4]

Dempster, J. P. *The natural control of populations of butterflies and moths.* In: *Biological Reviews* 58 (1983) S. 461–481.
[10.2.5, 15.2.3]

Dempster, J. P.; Lakhani, K. H. *A population model for cinnabar moth and its food plant, ragwort.* In: *Journal of Animal Ecology* 48 (1979) S. 143–164.
[10.1]

Dempster, J. P.; Pollard, E. *Spatial heterogeneity, stochasticity and the detection of density dependence in animal populations.* In: *Oikos* 46 (1986) S. 413–416.
[10.2.5]

Denholm-Young, P. A. *Studies on Decomposing Cattle Dung and its Associated Fauna.* In: *D. Phil thesis, Oxford University.* 1992. ((?))
[11.3.2]

Denno, R. F.; Roderick, G. K. *Density related dispersal in planthoppers: effects of interspecific crowding.* In: *Ecology* 73 (1992) S. 1324–1334.
[5.4.2]

Deriso, R. B. *Optimal $F_{0.1}$ criteria and their relationship to maximum sustainable yield.* In: *Canadian Journal of Fisheries and Aquatic Sciences* 44 (1987) S. 339–348.
[16.15.2]

Deshmukh, I. *Ecology and Tropical Biology.* Oxford (Blackwell Scientific Publications) 1986.
[6.4, 17.4.4]

Detwiler, R. P.; Hall, C. A. S. *Tropical forests and the global carbon cycle.* In: *Science* 239 (1988) S. 42–47.
[19.4.6]

di Castri, F. *History of biological invasions with special emphasis on the old world.* In: Drake, J. A.; Mooney, H. A.; di Castri, F.; Groves, R. H.; Kruger, F. J.; Rejmanek, M.; Williamson, M. (Hrsg.) *Biological Invasions: A Global Perspective.* New York (Wiley) 1989.
[25.2.3]

Diamond, J.; Case, T. J. (Hrsg.) *Community Ecology.* New York (Harper & Row) 1986.
[20.1]

Diamond, J. M. *Biogeographic kinetics: estimation of relaxation times for avifaunas of South-West Pacific islands.* In: *Proceedings of the National Academy of Science of the USA* 69 (1971) S. 3199–3203.
[23.3.1]

Diamond, J. M. *Distributional ecology of New Guinea birds.* In: *Science* 179 (1973) S. 759–769.
[5.3.1]

Diamond, J. M. *Assembly of species communities.* In: Cody, M. L.; Diamond, J. M. (Hrsg.) *Ecology and Evolution of Communities.* Cambridge, MA (Belknap) 1975. S. 342–444.
[20.3.2, 20.4.2, 23.3.5]

Diamond, J. M. *Taxonomy by nucleotides.* In: *Nature* 305 (1983) S. 17–18.
[1.2.1]

Diamond, J. M. *'Normal' extinctions of isolated populations.* In: Nitecki, M. H. (Hrsg.) Chicago (University of Chicago Press) 1984. S. 191–245.
[25.3.2]

Diamond, J. M.; May, R. M. *Island biogeography and the design of natural reserves.* In: May, R. M. (Hrsg.) *Theoretical Ecology: Principles and Applications* Oxford (Blackwell Scientific Publications) 1976. S. 228–252.
[5.3.1, 23.1, 25.6.3]

Dickson, R. E.; Cicerone, R. J. *Future global warming from atmospheric trace gases.* In: *Nature* 319 (1986) S. 109–114.

Dijkstra, C.; Bult, A.; Bijlsma, S.; Daan, S.; Meijer, T.; Zijlsstra, M. *Brood size manipulations in the kestrel (*Falco tinnunculus*): effects on offspring and parent survival.* In: *Journal of Animal Ecology* 59 (1990) S. 259–286.
[14.8.1]

Dirzo, R.; Harper, J. L. *Experimental studies of slugplant interactions. IV. The performance of cyanogenic and acyanogenic morphs of* Trifolium repens *in the field.* In: *Journal of Ecology* 70 (1982) S. 119–138.
[1.5.2, 3.7.3]

Dixon, A. F. G. *The role of aphids in wood formation. II. The effect of the lime aphid,* Eucallipterus tiliae *L. (Aphididae), on the growth of lime* Tilia x vulgaris Hayne. In: *Journal of Applied Ecology* 8 (1971) S. 383–399.
[8.2.3]

Dobben, W. H. van *The food of the cormorants in The Netherlands.* In: *Ardea* 40 (1952) S. 1–63.
[12.4]

Dobson, A. P.; Hudson, P. J. *Regulation and stability of a free-living host-parasite system:* Trichostrongylus tenius *in red grouse. II. Populations models.* In: *Journal of Animal Ecology* 61 (1992) S. 487–498.
[12.6, 12.6.3, 15.4.1]

Dobson, A. P.; Keymer, A. E. *Population dynamics and community structure of parasitic helminths.* In: Shorrocks, B; Swingland, I. R. (Hrsg.) *Living in a Patchy Environment.* Oxford (Oxford University Press) 1990. S 107–126.
[12.3]

Dobson, A. P.; May, R. M. *Disease and conservation.* In: Soulé, M. E. (Hrsg.) *Conservation Biology: The Science of Scarity and Diversity.* Sunderland, MA (Sinauer) 1986. S. 345–364.
[25.6.3]

Dobson, A. P.; Pacala, S. W. *The parasites of* Anolis *lizards in the northern Lesser Antilles. II. The structure of the parasitic community.* In: *Oecologia* 91 (1992) S 118–125.
[12.3, 12.3.8]

Dobson, A. P.; Pacala, S. W.; Roughgarden, J. D.; Carper, E. R.; Harris; E. A. *The parasites of* Anolis *lizards in the northern Lesser Antilles. I. Patterns of distribution and abundance.* In: *Oecologia* 91 (1992) S. 110–117.
[12.3, 12.3.8]

Dobson, F. S. *Competition for mates and predominant juvenile male dispersal in mammals.* In: *Animal Behaviour* 30 (1982) S. 1183–1192.
[5.4.3]

Dobzhansky, T. *Evolution in the tropics.* In: *American Scientist* 38 (1950) S. 209–221.
[24.4.1]

Dodd, A. P. *The Biological Campaign Against Prickly Pear.* Brisbane (Commonwealth Prickly Pear Board, Government Printer) 1940.
[8.2.6, 15.7.6]

Dohmen, G. P.; McNeil, S.; Bell, J. N. B. *Air pollution increases* Aphis fabae *pest potential.* In: *Nature* 307 (1984) S. 52–53.
[8.7]

Donald, C. M. *Competition among pasture plants. I: Intraspecific competition among annual pasture plants.* In: *Australian Journal of Agricultural Research* 2 (1951) S. 335–341.
[6.5]

Donaldson, A. I. *Quantitative data on air borne foot-and-mouth disease virus: its production, carriage and deposition.* In: *Philosophical Transactions of the Royal Society, Series B* 302 (1983) S. 529–534.
[12.3.1]

Dong, M. *Morphological plasticity of the clonal herb* Lamiastrum galeobdolon *(L.) Ehrend & Polatscheck in response to partial shading.* In: *New Phytologist* 124 (1993) S. 291–300.
[4.2.1]

Doube, B. M. *Spatial and temporal organization in communities associated with dung pads and carcasses.* In: Gee, J. H. R.; Giller, P. S. (Hrsg.) *Organization of Communities: Past and Present.* Oxford (Blackwell Scientific Publications) 1987. S. 255–280.
[11.3.3, 11.4, 17.4.1]

Doube, B. M.; Macqueen, A.; Ridsdill-Smith, T. J.; Weir, T. A. *Native and introduced dung beetles in Australia.* In: Hanski, I.; Cambefort, Y. (Hrsg.) *Dung Beetle Ecology.* Princton (Princeton University Press) 1991. S. 255–278.
[11.3.2]

Douglas, A.; Smith, D. C. *The green hydra symbiosis. VIII. Mechanisms in symbiont regulation.* In: *Proceeding of the Royal Society of London, Series B* 221 (1984) S. 291–319.
[13.8]

Douglas, A. E. *Mycetocyte symbiosis in insects.* In: *Biological Reviews* 64 (1989) S. 409–434.
[13.6]

Douglas, A. E. *Microbial brokers of insect-plant interactions.* In: Menken, S. B. J.; Visser, J. H.; Harrewijn, P. (Hrsg.) *Proceedings of the 8th Symposium on Insect-Plant Relationships.* Dordrecht (Kluwer Academic Publishing) 1992. S. 329–336.
[13.5.2]

Douglas, A. E. *The nutritional quality of phloem sap utilized by natural aphid populations.* In: *Ecological Entomology* 18 (1993) S. 31–38.
[3.7.2, 13.6]

Douglas, A. E. *Symbiotic Interactions.* Oxford (Oxford University Press) 1994.
[2.4, 13.1, 13.6, 13.11]

Downs, C.; McQuilkin, W. E. *Seed production of Southern Appalachian oaks.* In: *Journal of Forestry* 42 (1944) S. 913–920.
[4.6.3]

Downton, W. J. S.; Berry, J. A.; Seeman, J. R. *Tolerance of photosynthesis to high temperatures in desert plants.* In: *Plant Physiology* 74 (1984) S. 786–790.
[2.4]

Drake, J. A. *Models of community assembly and the structure of ecological lanscapes.* In: Hallam, T.; Gross, L.; Levin, S. (Hrsg.) *Mathematical Ecology.* Singapore (World Press) 1988. S. 584–604.
[22.5.6]

Drake, J. A. *The mechanics of community assembly and succession.* In: *Journal of Theoretical Biology* 147 (1990) S. 213–234.
[22.5.6]

Drake, J. A. *Community-assembly mechanics and the structure of an experimental species ensemble.* In: *American Naturalist* 137 (1991) S. 1–26.
[22.5.6]

Drift, J. van der; Witkamp, M. *The significance of the breakdown of oak litter by* Enoicyla pusilla *Burm.* In: *Archives Néerlandaises de Zoologie* 13 (1959) S. 485–492.
[11.2.3]

Duarte, C. M. *Nutrient concentration of aquatic plants: patterns across species.* In: *Limnology and Oceanography* 37 (1992) S. 882–889.
[1.2.4]

Ducrey, M.; Labbé, P. *Étude de la régénération naturale controlée en forêt tropicale humide de Guadeloupe. I. Revue bibliographique, milieu naturel et élaboration d'un protocole expérimental.* In: *Annales Scientifiques Forestiére* 42 (1985) S. 297–322.
[2.9.1]

Ducrey, M.; Labbé, P. *Étude de la régénération naturale controlée en forêt tropicale humide de Guadeloupe. II. Installation et croissance des semis après les coupes d'ensemencement.* In: *Annales Scientifiques Forestiére* 34 (1986) S. 299–326.
[2.9.1]

Dunn, E. *Predation by weasels (*Mustela nivalis*) on breeding tits (*Parus *spp.) in relation to the density of tits and rodents.* In: *Journal of Animal Ecology* 46 (1977) S. 634–652.
[6.12]

Duynsveld, W. H. M.; Strebel, O.; Bottcher, J. *Are nitrate leaching from arable and nitrate pollution of groundwater avoidable?* In: *Ecological Bulletins* 39 (1988) S. 116–125.
[19.2.4]

Dwyer, G.; Levin, S. A.; Buttel, L. *A simulation model of the population dynamics and evolution of myxomatosis.* In: *Ecological Monographs* 60 (1990) S. 423–447.
[12.7]

Dytham, C. *Habitat destruction and competitive coexistence: a cellular model.* In: *Journal of Animal Ecology* 63 (1994) S. 490–491.
[7.5.1]

Earth System Sciences Committee, NASA *Earth System Science: a Program for Global Change.* Washington, DC (NASA Advisory Council) 1988.
[19.4.6]

Edmonson, W. T. *Phosphorus, nitrogen and algae in Lake Washington after diversion of sewage.* In: *Science* 169 (1970) S. 690–691.
[19.4.3]

Edwards, P. B.; Aschenborn, H. H. *Patterns of nesting and dung burial in* Onitis *dung beetles: implications for pasture productivity and fly control.* In: *Journal of Applied Ecology* 24 (1987) S. 837–851.
[11.3.2]

Ehleringer, J. R.; Monson, R. K. *Evolutionary and ecological aspects of photosynthetic pathway variation.* In: *Annual Review of Ecology and Systematics* 24 (1993) S. 411–439.
[3.3.4]

Ehleringer, J. R.; Mooney, H. A. *Photosynthesis and productivity of desert and Mediterranean climate plants.* In: Lange, O. J.; Nobel, P. S.; Osmond, S. B.; Ziegler, H. (Hrsg.) *Encyclopedia of Plant Physiology. New Series, 12D.* Berlin (Springer) 1984. S. 205–231.
[3.2.5]

Ehleringer, J. R.; Sage, R. F.; Flanagan, L. B.; Pearcy, R. W. *Climate change and the evolution of C_4 photosynthesis.* In: *Trends in Ecology and Evolution* 6 (1991) S. 95–99.
[3.3.4]

Ehrenfeld, D. *Warum soll man der biologischen Vielfalt einen Wert beimessen?* In: Wilson, E. O.; Peter, F. M. (Hrsg.) *Ende der biologischen Vielfalt?* Washington, DC (National Academy Press) 1988. S. 212–216.
[25.1.3]

Ehrlich, P.; Raven, P. H. *Butterflies and plants: a study in coevolution.* In: *Evolution* 18 (1964) S. 586–608.
[3.7.3, 9.3.1]

Ehrlich, P. R.; Murphy, D. D. *Conservation lessons from long-term studies of checkerspot butterflies.* In: *Conservation Biology* 1 (1987) S. 122–131.
[25.3.3]

Einarsen, A. S. *Some factors affecting ring-necked pheasant population density.* In: *Murrelet* 26 (1945) S. 39–44.
[6.4]

Eis, S.; Garman, E. H.; Ebel, L. F. *Relation between cone production and diameter increment of douglas fir (*Pseudotsuga menziesii *(Mirb). Franco), grand fir (*Abies grandis *Dougl.) and western white pine (*Pinus monticola *Dougl.*). In: *Canadian Journal of Botany* 43 (1965) S. 1553–1559.
[14.4]

El-Hinnawi, E.; Hashmi, M. *Global Environmental Issues.* Dublin (Veröffentlicht für das United Nations Environment Programme von Tycooly International Publishing) 1982.
[19.1.3]

El Titi, A. *Farming systems research at Lautenbach Oedhein, FRGermany.* In: Vereijken, P.; Royle, D. J. (Hrsg.) *Current Status of Integrated Farming Systems Research in Western Europe.* IOBCV WPRS Bulletin, 12 (5) 1989. S. 21–35.
[16.11]

Elliott, J. M. *Body composition of brown trout (*Salmo trutta *L.) in relation to temperature and ration size.* In: *Journal of Animal Ecology* 45 (1976) S. 273–289.
[4.2]

Elliott, J. M. *Numerical changes and population regulation in young migratory trout* Salmo trutta *in Lake District stream 1966–83.* In: *Journal of Animal Ecology* 53 (1984) S. 327–350.
[6.4]

Elliott, J. M. *The self-thinning rule applied to juvenile sea-trout,* Salmo trutta. In: *Journal of Animal Ecology* 62 (1993) S. 372–379.
[6.13]

Elner, R. W.; Hughers, R. N. *Energy maximisation in the diet of the shore crab* Carsinus maenas *(L.).* In: *Journal of Animal Ecology* 47 (1978) S. 103–116.
[9.2.2]

Elton, C. *Animal Ecology.* London (Sidgwick & Jackson) 1927.
[18.4]

Elton, C. S. *The Ecology of Invasion by Animals and Plants.* London (Methuen) 1958.
[22.4.1]

Elton, C. S.; Nicholson, A. J. *The ten year cycle in numbers of the lynx in Canada.* In: *Journal of Animal Ecology* 11 (1942) S. 215–244.
[15.4.1]

Elwood, J. W.; Newbold, J. D.; O'Neill, R. V.; Winkle, W. van *Resource spiralling: an operational paradigm for analyzing lotic ecosystems.* In: Fontaine, T. D.; Bartell, S. M. (Hrsg.) *Dynamics of Lotic Ecosystems.* Ann Arbor, MI (Ann Arbor Science Publishers) 1983. S. 3–28.
[19.3.1]

Emiliani, C. *Isotopic palaeotemperatures.* In: *Science* 154 (1966) S. 851–857.
[1.2.2]

Emmons, L. H. *Ecology and resource partitioning among nine species of African rain forest squirrels.* In: *Ecological Monographs* 50 (1980) S. 31–54.
[20.3.1]

Enriquez, S.; Duarte, C. M.; Sand-Jensen, K. *Patterns in decomposition rates among photosynthetic organisms: the importance of detritus C : N : P content.* In: *Oecologia* 94 (1993) S. 457–471.
[11.2.4]

Ens, B. J.; Kersten, M.; Brenninkmeijer, A.; Hulscher, J. B. *Territory quality, parental effort and reproductive success of oysttercatchers (*Haematopus ostralegus). In: *Journal of Animal Ecology* 61 (1992) S. 703–715.
[6.12]

Eriksson, O.; Hansen, A.; Sunding, P. *Flora of Macronesia: Checklist of Vascular Plants.* Schweden (University of Umeå) 1974.
[23.1]

Evans, F. C. *Ecosystem as the basic unit in ecology.* In: *Science* 123 (1956) S. 1127–1128.
[19.1]

Evenari, M.; Koller, D.; Gutterman, Y. *Effects of the environment of the mother plant on germination by control of seed-coat permeability to water in* Ononis sicula *Guss.* In: *Australian Journal of Biological Sciences* 19 (1966) S. 1007–1016.
[14.11]

Faaborg, J. *Patterns in the structure of West Indian bird communities.* In: *American Naturalist* 111 (1976) S. 903–916.
[23.3.5]

Facelli, J. M.; Pickett, S. T. A. *Markovian chains and the role of history in succession.* In: *Trends in Ecology and Evolution* 5 (1990) S. 27–30.
[17.4.4]

Fahrig, L.; Merriam, G. *Conservation of fragmented populations.* In: *Conservation Biology* 8 (1994) S. 50–59.
[25.3.2, 25.6.1]

Fajer, E. D. *The effects of enriched CO_2 atmospheres on plant-insect interactions: growth responses of larvae of the specialist butterfly,* Junonia coenia *(Lepidoptera: Nymphalidae).* In: *Oecologia* 81 (1989) S. 514–520.
[3.3.4]

Fajer, E. D.; Bowers, M. D.; Bazzaz, F. A. *The effects of enriched carbon dioxide atmospheres on plant-insect-herbivore interactions.* In: *Science* 243 (1989) S. 1198–1200.
[3.3.4]

Fajer, E. D.; Bowers, M. D.; Bazzaz, F. A. *The effects of enriched CO_2 atmospheres on the buckeye butterfly* Junonia coenia. In: *Ecology* 72 (1991) S. 751–754.
[3.3.4]

Farquhar, G. D.; Sharkey, T. D. *Stomatal conductance and photosynthesis.* In: *Annual Review of Plant Physiology* 33 (1982) S. 317–345.
[3.2.4]

Feeny, P. *Plant apparency and chemical defence.* In: *Recent Advances in Phytochemistry* 10 (1976) S. 1–40.
[3.7.3]

Fenchel, T. *Character displacement and coexistence in mud snails (Hydrobiidae).* In: *Oecologia* 20 (1975) S. 19–32.
[7.8.1]

Fenchel, T. *Ecology – Potentials and Limitations.* Federal Republic of Germany (Ecology Institute) 1987a.
[18.4.3, 20.3.1]

Fenchel, T. *Patterns in microbial aquatic communities.* In: Gee, J. H. R.; Giller, P. S. (Hrsg.) *Organization of Communities: Past and Present.* Oxford (Blackwell Scientific Publications) 1987b. S. 281–294.
[11.2.1, 18.4.3]

Fenchel, T. *Hydrobia an Ockham's razor: a reply to A. H. Cherrill.* In: *Oikos* B51 (1988) S. 113–115.
[7.8.1]

Fenchel, T.; Kofoed, L. *Evidence for exploitative interspecific competition in mud snails (Hydrobiidae).* In: *Oikos* 27 (1976) S. 367–376.
[7.8.1]

Fenchel, T.; Kolding, S. *Habitat selection and distribution patterns of five species of the amphipod genus* Gammarus. In: *Oikos* 33 (1979) S. 316–322.
[20.3.1]

Fenner, F. *Biological control, as exemplifield by smallpox eradication and myxomatosis.* In: *Proceedings of the Royal Society, Series B* 218 (1983) S. 259–285.
[12.7]

Fenner, F.; Ratcliffe, R. N. *Myxomatosis.* London (Cambridge University Press) 1965.
[12.7]

Fernando, M. H. J. P. *Predation of the Glasshouse Red Spider Mite by* Phytoseiulus persimiles *A.-H.* PhD. thesis. University of London (1977).
[9.6]

Fiedler, P. L. *Life history and population dynamics of rare and common Mariposa lilies (*Caochortus *Pursh: Liliaceae).* In: *Journal of Ecology* 75 (1987) S. 977–995.
[25.2.1]

Fields, P. A.; Graham, J. B.; Rosenblatt, R. H.; Somero, G. N. *Effects of expected global climate change on marine faunas.* In: *Trends in Ecology and Evolution* 8 (1993) S. 361–367.
[18.5]

Firbank, L. G.; Watkinson, A. R. *On the analysis of competition within two-species mixtures of plants.* In: *Journal of Applied Ecology* 22 (1985) S. 503–517.
[7.7.2]

Firbank, L. G.; Watkinson, A. R. *On the effects of competition: from monocultures to mixtures.* In: Grace, J. B.; Tilman, D. (Hrsg.) *Perspectives on Plant Competition.* New York (Academic Press) 1990. S. 165–192.
[7.7.2]

Firth, R.; Davidson, J. W. *Pacific Islands. Vol. 1 General Survey.* London (Naval Intelligence Division) 1945.
[23.3.5]

Fischhoff, D. A.; Bowdish, K. S.; Perlack, F. J. et al. *Insect tolerant transgenic tomato plants.* In: *Biotechnology* 5 (1987) S. 807–813.
[16.10]

Fisher, R. A. *The Genetical Theory of Natural Selection.* Oxford (Clarendon Press) 1930.
[14.3]

Fitter, A. H.; Hay, R. K. M. *Environmental Physiology of Plants.* 2. Aufl. London (Academic Press) 1981.
[18.3.1]

FitzGibbon, C. D. *Anti-predator strategies of immature Thomson's gazelles: hiding and the prone response.* In: *Animal Behaviour* 40 (1990) S. 846–855.
[8.3]

FitzGibbon, C. D.; Fanshawe, J. *The condition and age of Thomson's gazelles killed by cheetahs and wild dogs.* In: *Journal of Zoology* 218 (1989) S. 99–107.
[8.3]

Flecker, A. S. *Fish trophic guilds and the organisation of neotropical streams: weak direct versus strong indirect effects.* In: *Ecology* 73 (1993) S. 927–940.
[22.2.2]

Flecker, A. S.; Townsend, C. R. *Community-wide consequences of trout introduction in New Zealand streams.* In: *Ecological Applications* 4 (1994) S. 798–807.
[22.3.1, 22.3.2]

Flenley, J. *The origins of diversity in tropical rain forest.* In: *Trends in Ecology and Evolution* 8 (1993) S. 119–120.
[24.4.1]

Fletcher, J. P.; Hughes, J. P.; Harvey, I. F. *Life expectancy and eggload affect oviposition decisions of a solitary.parasitoid.* In: *Proceedings of the Royal Society, Series B* 258 (1994) S. 163–167.
[12.3.2]

Flint, M. I.; Bosch, R. van den *Introduction to Integrated Pest Management.* New York (Plenum Press) 1981.
[16.3, 16.4, 16.6.1, 16.6.3, 16.6.4, 16.8, 16.11]

Flower, R. J.; Battarbee, R. W. *Diatom evidence for recent acidification of two Scottish lochs.* In: *Nature* 305 (1983) S. 130–133.
[2.10]

Folstadt, I.; Karter, A. J. *Parasites, bright males and the immunocompetence handicap.* In: *American Naturalist* 139 (1992) S. 603–622.
[12.4]

Fonseca, C. R. *Herbivory and the long-lived leaves of an Amazonian ant-tree.* In: *Journal of Ecology* 82 (1994) S. 833–842.
[13.2.1]

Ford, E. B: *Polymorphism and taxonomy.* In: Huxley, J. (Hrsg.) *The New Systematics.* Oxford (Clarendon Press) 1940. S. 493–513.
[1.5.2]

Ford, R. G.; Pitelka, F. A. *Resource limitation in the California vole.* In: *Ecology* 65 (1984) S. 122–136.
[15.4.3]

Forrester, N. W. *Well know and some not so well known insecticides: Their biochemical targets and role in IPM and IRM programms.* In: Corey, S.; Dall. D.; Milne, W. (Hrsg.) *Pest Control and Sustainable Agricultures.* East Melbourne (CSIRO) 1993. S. 28–34.
[16.5.1, 16.6.4]

Fowler, M. C. *The present status of grass carp (*Ctenopharyngodon idella*) for the control of aquatic weeds in England and Wales.* In: *Proceedings of the VIth International Symposium on Biological Control of Weeds* (1985) S. 537–542.
[16.8]

Fowler, S. V.; Lawton, J. H. *Rapidly induced defenses and talking trees: the devil's advocate position.* In: *American Naturalist* 126 (1985) S. 181–195.
[8.2.2]

Franco, M.; Harper, J. L.; Silvertown, J. *Plant life histories: ecological correlates and phylogenetic constraints.* In: *Philosophical Transactions of the Royal Society, Series B* (1996).
[1.4.2]

Frank, D. A.; McNaughton, S. J. *Stability increases with diversity in plant communities: empirical evidence from the 1988 Yellowstone drought.* In: *Oikos* 62 (1991) S. 360–362.
[22.4.3]

Frank, F. *Zur Entstehung übernormaler Populationsdichten im Massenwechsel der Feldmaus,* Micrtus arvalis, *Pallas.* In: *Zoologische Jahrbücher Abteilung Systematik* 81 (1953) S. 610–624.
[15.4.3]

Frank, P. W. *Coactions in laboratory populations of two species of Daphnia.* In: *Ecology* 38 (1957) S. 510–519.
[7.7.1]

Franklin, I. A. *Evolutionary change in small populations.* In: Soulé, M. E.; Wilcox, B. A. (Hrsg.) *Conservation Biology. An Evolutionary-Ecological Perspective.* Sunderland, MA (Sinauer) 1980. S. 135–149.
[25.2.5]

Franklin, R. T: *Insect influences in the forest canopy.* In: Reichle, D. E. (Hrsg.) *Analysis of Temperate Forest Ecosystems.* New York (Springer) 1970. S. 86–99.
[8.2.3]

Franks, F.; Mathias, S. F.; Hatley, R. H. M. *Water, temperature and life.* In: *Philosophical Transactions of the Royal Society, Series B* 326 (1990) S. 517–533. Auch in: Laws, R. M.; Franks, F. (Hrsg.) *Life at Low Temperatures.* London (The Royal Society). S. 97–117.
[2.3]

Free, C. A.; Beddington, J. R.; Lawton, J. H. *On the inadequacy of simple models of mutual interference for parasitism and predation.* In: *Journal of Animal Ecology* 46 (1977) S. 543–554.
[9.10.1, 10.5.3]

Fretwell, S. D. *The regulation of plant communities by food chains exploiting them.* In: *Perspectives in Biology and Medicine* 20 (1977) S. 169–185.
[22.3.2]

Fretwell, S. D.; Lucas, H. L. *On territorial behaviour and other factors influencing habitat distribution in birds.* In: *Acta Biotheoretica* 19 (1970) S. 16–36.
[9.10]

Fricke, H. W. *The role of behaviour in marine symbiotic animals.* In: Jennings, D. H.; Lee, D. L. (Hrsg.) *Symbiosis.* Symposium 29. Cambridge (Society for Experimental Biology, Cambridge University Press) 1975. S. 581–594.
[13.2.4, 13.2.5]

Fridriksson, S. *Surtsey: Evolution of Life a Volcanic Island.* London (Butterworths) 1975.
[23.3.2]

Fry, G. L. A.; Cooke, A. S. *Acid deposition and its implications for nature conservation in Britain.* In: *Focus on Nature Conservation, No. 7.* Attingham Park, Shrewsbury, England (Nature Conservancy Counsil) 1984.
[19.4.5]

Fryer, G.; Iles, T. D. *The Cichlid Fishes of the Great Lakes of Africa.* Edinburgh (Oliver & Boyd) 1972.
[23.4]

Futuyma, D. J. *Evolutionary interactions among herbivorous insects and plants.* In: Futuyma, D. J.; Slatkin, M. (Hrsg.) *Coevolution.* Sunderland, MA (Sinauer) 1983. S. 207–231.
[3.7.3]

Futuyma, D. J.; Gould, F. *Associations of plants and insects in a deciduous forest.* In: *Ecological Monographs* 49 (1979) S. 33–50.
[23.3.3]

Futuyma, D. J.; May, R. M. *The coevolution of plantinsect and host-parasite relationships.* In: Berry, R. J.; Crawford, T. J.; Hewitt, G. M. (Hrsg.) *Genes in Ecology.* Oxford (Blackwell Scientific Publications) 1992. S. 139–166.
[9.3.1]

Futuyma, D. J.; Slatkin, M. (Hrsg.) *Coevolution.* Sunderland, MA (Sinauer) 1983.
[3.7.3, 9.3.1]

Gadgil, M. *Dispersal: population consequnces and evolution.* In: *Ecology* 52 (1971) S. 253–261.
[5.3.2, 15.6.1]

Gaines, M. S.; McClenaghan, L. R. *Dispersal in small mammals.* In: *Annual Review of Ecology and Systematics* 11 (1980) S. 163–196.
[5.3.3, 15.4.4]

Gaines, M. S.; Vivas, A. M.; Baker, C. L. *An experimental analysis of dispersal in fluctuating vole populations demographic parameters.* In: *Ecology* 60 (1979) S. 814–828.
[15.4.4]

Gaines, S. D.; Denny, M. W. *The largest, smallest, highest, lowest, longest and shortest: extremes in ecology.* In: *Ecology* 74 (1993) S. 1677–1692.
[2.2.1, 2.9.1]

Gallun, R. L. *Genetic basis for Hessian fly epidemics.* In: *Annals of the New York Academy of Sciences* 287 (1977) S. 223–229.
[16.10]

Gallun, R. L.; Kush, G. S. *Genetic factors affecting expression and stability of resistance.* In: Maxwell, F. G.; Jennings, P. R. (Hrsg.) *Breeding Plants Resistant to Insects.* New York (Wiley) 1980. S. 63–85.
[16.10]

Garrod, D. J.; Jones, B. W. *Stock and recruitment relationship in the N. E. Atlantic cod stock and the implications for management of the stock.* In: *Journal Conseil International pour l'Exploration de la Mer* 173 (1974) S. 128–144.
[16.14]

Gartside, D. W.; McNeeilly, T. *The potential for evolution of heavy metal tolerance in plants. II. Copper tolerance in normal populations of different plant species.* In: *Heredity* 32 (1974) S. 335–348.
[2.10]

Gates, J. E.; Gysel, L. W. *Avian nest dispersion and fledging success in field-forest ecotones.* In: *Ecology* 59 (1978) S. 871–883.
[25.3.3]

Gause, G. F. *The Struggle for Existence.* Baltimore (Williams & Wilkins) 1934. Nachdruck 1964 von Hafner, New York.
[7.2.4]

Gause, G. F. *Experimental demonstration of Volterra's periodic oscillation in the numbers of animals.* In: *Journal of Experimental Biology* 12 (1935) S. 44–48.
[7.2.4]

Gauthreaux, S. A. *The structure and organization of avian communities in forests.* In: DeGraaf, R. M. (Hrsg.) *Proceedings of the Workshop on Management of Southern Forests for Nongame Birds.* Asheville, NC (Southern Forest Station) 1978. S. 17–37.
[17.4.4]

Gebhardt, M. D.; Stearns, S. C. *Reaction norms for development time and weight at eclosion in* Drosophila mercatorum. In: *Journal of Evolutionary Biology* 1 (1988) S. 335–354.
[14.11]

Gee, J. H. R.; Giller, P. S. (Hrsg.) *Organization of Communities: Past and Present.* Oxford (Blackwell Scientific Publications) 1987.
[20.1]

Geiger, R. *The Climate Near the Ground.* Cambridge, MA (Harvard University Press) 1955.
[2.2]

GER *Global Environmental Change: The U. K. Framework 1993.* Swindon (U. K. Global Environmental Research (GER) Office) 1993.
[2.11.2]

Gibson, A. H.; Jordan, D. C. *Ecophysiology of nitrogenfixing systems.* In: Lange, O. L.; Nobel, P. S.; Osmond, C. B.; Ziegler, H. (Hrsg.) *Physiological Plant Ecology III. Encyclopedia of Plant Physiology. New Series, 12c.* Berlin (Springer) 1983. S. 300–390.
[13.10]

Gibson, C. C.; Watkinson, A. R. *Host selectivity and the meditation of competition by the root hemiparasite* Rhinanthus minor. In: *Oecologia* 86 (1991) S. 81–87.
[21.2.4]

Gilbert, J. M. *Forest succession in the Florentine Valley, Tasmania.* In: *Papers of the Proceedings of the Royal Society of Tasmania* 93 (1959) S. 129–151.
[2.4]

Gilbert, N. *Control of fecundity in* Pieris rapae. *II. Differential effects of temperature.* In: *Journal of Animal Ecology* 53 (1984) S. 589–597.
[2.2]

Gill, F. B.; Wolf, L. L. *Economics of feeding territoriality in the golden-winged sunbird.* In: *Ecology* 56 (1975) S. 333–345.
[6.12]

Gill, L. S. *Dwarf mistletoe on lodgepole pine.* In: *United States Department of Agricultural and Forest Service Forest Pest Leaflet* 18 (1957).
[12.2.2]

Gilligan, C. A. *Comparison of disease progress curves.* In: *New Phytologist* 115 (1990) S. 223–242.
[12.5.3]

Gilman, M. P.; Crawley, M. J. *The cost of sexual reproduction in ragwort (*Senecio jacobaea *L.).* In: *Functional Ecology* 4 (1990) S. 585–589.
[14.4.1]

Gilpin, M. *The genetic effective size of a metapopulation.* In: Gilpin, M. E.; Hanski, I. (Hrsg.) *Metapopulation Dynamics.* London (Academic Press) 1991. S. 165–175.
[15.6.4]

Gilpin, M. E.; Diamond, J. M. *Factors contributing to nonrandomness in species co-occurences on islands.* In: *Oecologia* 52 (1982) S. 75–84.
[20.4.3]

Ginsberg, J. R. *Can we build an Ark?* In: *Trends in Ecology and Evolution* 8 (1993) S. 4–6.
[12.6.1]

Ginzburg, L. R.; Taneyhill, D. E. *Population cycles of forest Lepidoptera: a maternal effect hypothesis.* In: *Journal of Animal Ecology* 63 (1994) S. 79–92.
[12.6.1]

Gleason, H. A. *The individualistic concept of the plant association.* In: *Torrey Botanical Club Bulletin* 53 (1926) S. 7–26.
[17.3.3]

Gleick, J. *Chaos: Making a New Science.* New York (Viking) 1987.
[6.9]

Glick, P. A. *The distribution of insects, spiders and mites in the air.* In: *Technical Bulletin, United States Department of Agriculture* 673 (1939).
[5.3.1]

Gliddon, C.; Trathan, P. *Interaction between white clover and perennial rye grass in an old permanent pasture.* In: Haeck, J.; Woldendorp, J. W. (Hrsg.) *The Structure and Functioning of Plant Populations II.* Amsterdam (North Holland Publishing Company) 1985. S. 161–169.
[1.5.2]

Godfray, H. C. J. *The evolution of clutch size on invertebrates.* In: *Oxford Surveys in Evolutionary Biology* 4 (1987) S. 117–154.
[14.8.1]

Godfray, H. C. J. *Parasitoids: Behavioral and Evolutionary Ecology.* Princeton (Princeton University Press) 1994.
[8.1]

Godfray, H. C. J.; Grenfell, B. T. *The continuing quest for chaos.* In: *Trends in Ecology and Evolution* 8 (1993) S. 43–44.
[6.9]

Godfray, H. C. J.; Hassell, M. P. *Discrete and continuous insect populations in tropical environments.* In: *Journal of Animal Ecology* 58 (1989) S. 153–174.
[10.2.3]

Godfray, H. C. J.; Pacala, S. W. *Aggregation and the population dynamics of parasitoids and predators.* In: *American Naturalist* 140 (1992) S. 30–40.
[10.5.5, 15.6.2]

Goh, B. S. *Robust stability concepts for ecosystem models.* In: Halfon, E. (Hrsg.) *Theoretical Systems in Ecology.* New York (Academic Press) 1979. S. 467–487.
[22.5.5]

Gold, C. S.; Altieri, M. A.; Bellotti, A. C. *The effects of intercropping and mixed varieties of predators and parasitoids of cassava whiteflies (Hemiptera: Aleyrodidae) in Colombia.* In: *Bulletin of Entomological Research* 79 (1989) S. 115–121.
[16.9]

Goldman, J. C.; Caron, D. A.; Dennett, M. R. *Regulation of gross growth efficiency and ammonium regeneration in bacteria by substrate C : N ratio.* In: *Limnology and Oceanography* 32 (1987) S. 1239–1252.
[11.2.4]

Goodall, D. W. *Computer simulation of changes in vegetation subject to grazing.* In: *Journal of the Indian Botanical Society* 46 (1967) S. 356–362.
[3.4]

Gordon, D. M.; Nisbet, R. M.; De Roos, A.; Gurney, W. S. C.; Stewart, R. K. *Discrete generations in host-parasitoid models with contrasting life-cycles.* In: *Journal of Animal Ecology* 60 (1991) S. 295–308.
[10.2.3]

Gorman, M. L. *Island Ecology.* London (Chapman & Hall) 1979.
[23.1, 23.3.1]

Gosling, L. M.; Baker, S. J. *Planning and monitoring an attempt to eradicate coypus from Britain.* In: *Symposium of the Zoological Society of London* 58 (1987) S. 99–113. [25.6.4]

Goss-Custard, J. D. *Feeding dispersion in some overwintering wading birds.* In: Crook, J. H. (Hrsg.) *Social Behaviour in Birds and Mammals.* New York (Academic Press) 1970. S. 3–34. [9.7.1]

Gould, S. J. *Allometry and size in ontogeny and phylogeny.* In: *Biological Reviews* 41 (1966) S. 587–640. [14.12.1]

Gould, S. J. *Palaeontology plus ecology as palaeobiology.* In: May, R. M. (Hrsg.) *Principles and Applications.* 2. Aufl. Oxford (Blackwell Scientific Publications) 1981. S. 295–317. [24.4.6]

Gould, S. J.; Lewontin, R. C. *Spandrels of San Marco and the Panglossian pardigm – a critique of the adaptionist program.* In: *Proceedings of the Royal Society, Series B* 205 (1979) S. 581–598. [1.1.5]

Grace, J. B.; Wetzel, R. G. *Habitat partitioning and competitive displacement in cattails (*Typha*): experimental field studies.* In: *American Naturalist* 118 (1981) S. 463–474. [7.3]

Grafen, A.; Godfray, H. C. J. *Vicarious selection explains some paradoxes in dioecious fig-pollinator systems.* In: *Proceedings of the Royal Society of London, Series B* 245 (1991) S. 73–76. [13.4.2]

Grant, P. R.; Abbott, I. *Interspecific competition, island biogeography and null hypotheses.* In: *Evolution* 34 (1980) S. 332–341. [20.4.2]

Gray, J. S. *The Ecology of Marine Sediments: An Introduction to the Structure and Function of Benthic Communities.* Cambridge (Cambridge University Press) 1981. [17.3.2]

Gray, J. T. *Nutrient use by evergreen and deciduous shrubs in southern California. I. Community nutrient cycling and nutrient use efficiency.* In: *Journal of Ecology* 71 (1983) S. 21–41. [19.2.3]

Green, T. R.; Ryan, C. A. *Wound-induced proteinase inhibitor in plant leaves: a possible defense mechanism against insects.* In: *Science* 175 (1972) S. 776–777. [8.2.2]

Greenbank, D. O. *The role of climate and dispersal in the initiation of outbreaks of the spruce budworm in New Brunswick. II. The role of dispersal.* In: *Canadian Journal of Zoology* 35 (1980) S. 385–403. [5.3.3]

Greenwood, P. J. *Mating systems, philopatry and dispersal in birds and mammals.* In: *Animal Behaviour* 28 (1980) S. 1140–1162. [5.4.1]

Greenwood, P. J. *Mating systems and the evolutionary consequences of dispersal.* In: Swingland, I. R.; Greenwood, P. J. (Hrsg.) *The Ecology of Animal Movement.* London (Clarendon Press) 1983. S. 116–131. [5.4.4]

Greenwood, P. J.; Harvey, P. H.; Perrins, C. M. *Inbreeding and dispersal in the great tit.* In: *Nature* 271 (1978) S. 52–54. [5.3.3, 5.4.4]

Gregor, J. W. *Experiments on the genetics of wild populations. I. Plantago maritima.* In: *Journal of Genetics* 22 (1930) S. 15–25. [1.5.1]

Greig-Smith, P. *Quantitative Plant Ecology.* 3. Aufl. Oxford (Blackwell Scientific Publications) 1983. [5.2]

Grenfell, B. T.; Dobson, A. P. *Ecology of Infectious Diseases in Natural Populations.* Cambridge (Cambridge University Press) 1995. [12.5, 12.6.3]

Grennfelt, P.; Thornelof, E. (Hrsg.) *Critical Loads for Nitrogen.* Kopenhagen (Nordic Counsil of Ministers) 1992. [19.4.4]

Gribbin, S. D.; Thompson, D. J. *Asymmetric intraspecific competition among larvae of the damselfy* Ischnura elegans *(Zygoptera: Coenagrionidae).* In: *Ecological Entomology* 15 (1990) S. 37–42. [6.11]

Grier, C. C. *Wildfire effects on nutrient distribution and leaching in a coniferous forest ecosystem.* In: *Canadian Journal of Forest Research* 5 (1975) S. 599–607. [19.2.2]

Griffith, D. M.; Poulson, T. M. *Mechanisms and consequences of intraspecific competition in a carabid cave beetle.* In: *Ecology* 74 (1993) S. 1373–1383. [6.1]

Griffiths, K. J. *Development and diapause in* Pleolophus basizonus *(Hymenoptra: Ichneumonidae).* In: *Canadian Entomologist* 101 (1969) S. 907–914. [9.5.1]

Griffiths, M.; Barker, R. *The plants eaten by sheep and kangaroos grazing together in a paddock in south-western Queensland.* In: *CSIRO Wildlife Research* 11 (1966) S. 145–167. [1.3]

Griffiths, R. A.; Denton, J.; Wong, A. L.-C. *The effect of food level on competition in tadpoles: interference mediated by protothecan algae?* In: *Journal of Animal Ecology* 62 (1993) S. 274–279. [7.3]

Grime, J. P. *Control of species density in herbaceous vegetation.* In: *Journal of Environment Management* 1 (1973) S. 151–167. [24.3.4]

Grime, J. P. *Vegetation classification by reference to strategies.* In: *Nature* 250 (1974) S. 26–31. [14.10.1]

Grime, J. P. *Plant Strategies and Vegetation Processes.* Chichester (Wiley) 1979. [14.10.1, 21.6]

Grime, J. P.; Lloyd, P. S. *An Ecological Atlas of Grassland Plants.* London (Edward Arnold) 1973. [17.3.1]

Grime, J. P.; Hodgson, J. G.; Hunt, R. *Comperative Plant Ecology.* London (Allen & Unwin) 1988. [14.10.1]

Groves, R. H.; Williams, J. D. *Growth of skeleton weed (*Chondrilla juncea *L.) as affected by growth of subterranean clover (*Trifolium subterraneum *L.) and infection by* Puccinia chondrilla *Bubak and Syd.* In: *Australian Journal of Agricultural Research* 26 (1975) S. 975–983. [7.3]

Grubb, P. *The maintenance of species richness in plant communities: the importance of the regeneration niche.* In: *Biological Reviews* 52 (1977) S. 107–145. [21.6]

Grubb, P. J. *The ecology of establishment.* In: Bradshaw, A. D.; Goode, D. A.; Thorpe, E. (Hrsg.) *Ecology and Design in Landscape.* In: *Symposia of the British Ecological Society* 24. Oxford (Blackwell Scientific Publications) 1986. S. 83–97.
[13.10.3]

Grumbine, R. E. *What is ecosystem management?* In: *Conservation Biology* 8 (1993) S. 27–38.
[25.6.3]

Guégan, J.-F.; Lambert, A.; Lévéque, C.; Combes, C.; Euzet, L. *Can host body size explain the parasite species richness of tropical freshwater fishes?* In: *Oecologia* 90 (1992) S. 197–204.
[12.3.8]

Gulland, F. M. D. *The impact of infectious diseases on wild animal populations – a review.* In: Grenfell, B. T.; Dobson, A. P. (Hrsg.) *Ecology Infectious Diseases in Natural Populations.* Cambridge (Cambridge University Press) 1995. S. 20–51.
[12.4]

Gulland, J. A. *The effect of exploitation on the numbers of marine animals.* In: Boer, P. J. den; Gradwell, G. R. (Hrsg.) *Dynamics of Populations.* Wageningen (Centre for Agricultural Publishing and Documentation) 1971. S. 450–468.
[16.13.1]

Haefner, P. A. *The effect of low dissolved oxygen concentrations on temperature-salinity tolerance of the sand shrimp* Crangon septemspinosa. In: *Physiological Zoology* 43 (1970) S. 30–37.
[2.12]

Hagner, S. *Cone crop fluctuations in Scots pine and Norway spruce.* In: *Studia Forestalia Suecica Skogshogski* 33 (1965) S. 1–21.
[8.4]

Haines, E. *Interaction between Georgia salt marshes and coastal waters: a changing paradigm.* In: Livingston, R. J. (Hrsg.) *Ecological Processes in Coastal and Marine Systems.* New York (Plenum Press) 1979.
[18.3.3]

Hainsworth, F. R. A*nimal Physiology.* Reading, MA (Addison-Wesley) 1981.
[2.5, 2.5.1]

Hairston, N. G. *The exponential test of an analysis of field distributions: competition in terrestrial salamanders.* In: *Ecology* 61 (1980) S. 817–826.
[7.2.1]

Hairston, N. G.; Smith, F. E.; Slobodkin, L. B. *Community structure: population control, and competition.* In: *American Naturalist* 44 (1960) S. 421–425.
[20.2.1, 22.3.2]

Hairston, N. G.; Allan, J. D.; Colwell, R. K. et al. *The relationship between species diversity and stability: an experimental approach with protozoa and bacteria.* In: *Ecology* 49 (1968) S. 1991–1101.
[22.4.3]

Haldane, J. B. S. *Disease and evolution.* In: *La Ricerca Scienza* 19 (Suppl.) (1949) S. 3–11.
[4.5.1]

Haldane, J. B. S. *Animal populations and their regulation.* In: *New Biology* 15 (1953) S. 9–24.
[15.2.3, 15.6.1]

Hall, D. C.; Norgard, R. B.; True, P. K. *The performance of independent pest management consultants.* In: *California Agriculture* 29 (1975) S. 12–14.
[16.11]

Hall, S. J.; Raffaelli, D. G. *Food-web patterns: lessons from a species-rich web.* In: *Journal of Animal Ecology* 60 (1991) S. 823–842.
[22.5]

Hall, S. J.; Raffaelli, D. G. *Food webs: theory and reality.* In: *Advances in Ecological Research* 24 (1993) S. 187–239.
[22.4.3, 22.5, 22.5.2, 22.5.4, 22.5.6]

Hamilton, W. D. *Geometry for the selfish herd.* In: *Journal of Theoretical Biology* 31 (1971) S. 295–311.
[5.2.1]

Hamilton, W. D.; Howard, J. C. (Hrsg.) *Infection, polymorphism and evolution.* In: *Philosophical Transactions of the Royal Society of London, Series B* 346 (1994) S. 267–385.
[12.7]

Hamilton, W. D.; May, R. M. *Dispersal in stable habitats.* In: *Nature* 269 (1977) S. 578–581.
[5.3.2]

Hamilton, W. D.; Zuk, M. *Heritable true fitness and bright birds: a role for parsites?* In: *Science* (Washington, D. C.) 218 (1982) S. 384–387.
[12.4]

Hanek, G. *Microecology and Spatial Distribution of the Gill Parasites Infesting* Lepomis gibbosus *(L.) and* Ambloplitis rupestris *(Raf.) in the Bay of Quinto, Ontario.* Ph.D. thesis, University of Waterloo (1972).
[12.3.3]

Hanlon, R. D. G.; Anderson, J. M. *The influence of macroarthropod feeding activities on fungi and bacteria in decomposing oak leaves.* In: *Soil Biology and Biochemistry* 12 (1980) S. 255–261.
[11.2.3]

Hanski, I. *Coexistence of competitors in patchy environments with and without predation.* In: *Oikos* 37 (1981) S. 306–312.
[7.5.5]

Hanski, I. *Metapopulation dynamics: does it help to have more of the same?* In: *Trends in Ecology and Evolution* 4 (1989) S. 113–114.
[25.3.3]

Hanski, I. *Single-species metapopulation dynamics: concepts, models and observations.* In: Gilpin, M. E.; Hanski, I. (Hrsg.) *Metapopulation Dynamics.* London (Academic Press) 1991. S. 17–38.
[15.6.5]

Hanski, I. *Metapopulation ecology.* In: Rhodes, O. E. Jr. (Hrsg.) *Spatial and Temporal Aspects of Population Processes.* Georgia (University of Georgia) 1994a.
[15.6.5, 21.4]

Hanski, I. *Patch occupancy dynamics in fragmented landscapes.* In: *Trends in Ecology and Evolution* 9 (1994b) S. 131–135.
[15.6.5, 21.4, 25.5.3]

Hanski, I.; Gyllenberg, M. *Two general metapopulation models and the core-satellite hypothesis.* In: *American Naturalist* 142 (1993) S. 17–41.
[15.6.5]

Hanski, I.; Kuusela, S. *An experiment on competition and diversity in the carrion fly community.* In: *Annales Zoologi Fennici* 43 (1977) S. 108–115.
[7.5.5]

Hanski, I.; Hansson, L.; Henttonen, H. *Specialist predators, generalist predators, and the microtine rodent cycle.* In: *Journal of Animal Ecology* 60 (1991) S. 353–367.
[10.4, 15.4.3]

Hanski, I.; Turchin, P.; Korpimaki, E.; Henttonen, H. *Population oscillations of boreal rodents: regulation by mustelid predators leads of chaos.* In: *Nature* 364 (1993) S. 232–235.
[6.9, 15.4.2, 15.4.3]

Hanski, I.; Pakkala, T.; Kuussaari, M.; Lei, G. *Metapopulation persistence of an endangered butterfly in an fragmented landscape.* In: *Oikos* 72 (1995) S. 21–28.
[15.6.5]

Harcourt, D. G. *Population dynamics of* Leptinotarsa decemlineata *(Say) in eastern Ontario. III. Major population processes.* In: *Canadian Entomologist* 103 (1971) S. 1049–1061.
[5.3.3, 15.3.1]

Harley, J. L.; Smith, S. E. *Mycorrhizal Symbiosis.* London (Academic Press) 1983.
[13.7.1]

Harman, W. N. *Benthic substrates: their effect on freshwater molluscs.* In: *Ecology* 53 (1972) S. 271–272.
[24.3.2]

Harper, D. G. C. *Competitive foraging in mallards: ‚ideal free ducks'.* In: *Animal Behaviour* 30 (1982) S. 575–584.
[9.10]

Harper, J. L. *Approaches to the study of plant competition.* In: Milthorpe, F. L. (Hrsg.) *Mechanisms in Biological Competition.* Symposium No. 15. Cambridge (Society for Experimental Biology, Cambridge University Press) 1961. S. 1–39.
[6.5, 7.5.2]

Harper, J. L. *The Population Biology of Plants.* London (Academic Press) 1977.
[5.3.4, 5.5, 7.3, 7.7.2, 7.10, 8.2.4, 12.3.3, 13.4.2, 14.2, 14.9.1, 17.4.4, 21.2.5, 25.6.4]

Harper, J. L. *The meanings of rarity.* In: Synge, H. (Hrsg.) *The Biological Aspects of Rare Plant Conservation.* Chichester (Wiley) 1981. S. 189–203.
[15.2.3]

Harper, J. L. *Modules, branches and the capture of resources.* In: Jackson, J. B. C.; Buss, L. W.; Cook, R. E. (Hrsg.) *Population Biology and Evolution of Clonal Organisms.* New Haven (Yale University Press) 1985. S. 1–33.
[3.10]

Harper, J. L. *The heuristic value of ecological restoration.* In: *Restoration Ecology.* Cambridge (Cambridge University Press) 1987. S. 35–45.
[25.6.4]

Harper, J. L.; Ogden, J. *The reproductive strategy of higher plants: I. The concept of strategy with special reference to Senecio* vulgaris *L.* In: *Journal of Ecology* 58 (1970) S. 681–698.
[14.2, 14.7.2]

Harper, J. L.; White, J. *The demography of plants.* In: *Annual Review of Ecology and Systematics* 5 (1974) S. 419–463.
[14.9.1]

Harper, J. L.; Lovell, P. H.; Moore, K. G. *The shapes and sizes of seeds.* In: *Annual Review of Ecology and Systematics* 1 (1970) S. 327–356.
[5.3.5]

Harper, J. L.; Rosen, R. B.; White, J. (Hrsg.) *The growth and form of modular organisms.* In: *Philosophical Transactions of the Royal of London, Series B* 313 (1986a) S. 1–250.
[4.2.1]

Harper, J. L; Rosen, R. B.; White, J. *Preface.* In: *Philisophical Transactions of the Royal Society of London, Series B* 313 (1986b) S. 3–5.
[4.2.1]

Harper, J. L.; Jones, M.; Sackville Hamilton, N. R. *The evolution of roots and the problems of analysing their behaviour.* In: Atkinson, D. (Hrsg.) *Plant Root Growth: An Ecological Perspective.* Special Publication of the British Ecological Society, No. 10. Oxford (Blackwell Scientific Publications) 1991. S. 3–22.
[3.4, 4.2.1, 24.4.6]

Harris, M. P. *The Galapagos avifauna.* In: *Condor* 75 (1973) S. 265–278.
[1.2.3]

Harris, P.; Thompson, L. S.; Wilkinson, A. T. S.; Neary, M. E. *Reproductive biology of tansy ragwort, climate and biological control by the cinnabar moth in Canada.* In: Freeman, T. E. (Hrsg.) *Proceedings of the 4th International Symposium on the Biological Control of Weeds.* Gainesville (CEPIFAS) 1978. S. 163–173.
[8.2.4]

Harrison, R. G. *Dispersal polymorphisms in insects.* In: *Annual Review of Ecology and Systemctics* 11 (1980) S. 95–118.
[5.4.2]

Hart, A.; Begon, M. *The status of general reproductive-strategy theories, illustrated in winkles.* In: *Oecologia* 52 (1982) S. 37–42.
[14.2]

Hart, J. S. *Seasonal changes in insulation of the fur.* In: *Canadian Journal of Zoology* 34 (1956) S. 53–57.
[1.6]

Harvey, P. H. *Why ecologists need to be phylogenetically challenged.* In: *Journal of Ecology* 83 (1995) S. 535–536.
[1.4.2]

Harvey, P. H.; Pagel, M. D. *The Comperative Method in Evolutionary Biology.* Oxford (Oxford University Press) 1991.
[1.4.3, 12.3.8, 14.12.1, 14.12.2]

Harvey, P. H.; Partridge, L. *Of cuckoo clocks and cowbirds.* In: *Nature* 355 (1988) S. 566–567.
[12.8]

Harvey, P. H.; Zammuto, R. M. *Patterns of mortality and age at first reproduction in natural populations of mammals.* In: *Nature* 315 (1985) S. 319–320.
[14.12.2]

Harvey, P. H.; Leigh Brown, J.; Maynard Smith, J. (Hrsg.) *New uses for new phylogenies.* In: *Philosophical Transactions of the Royal Society of London, Series B* 349 (1995) S. 1–118.
[1.4.2]

Hassell, M.; Jennings, J. B. *The Dynamics of Competition and Predation.* London (Edward Arnold) 1975.
[11.3.1]

Hassell, M. P. *Mutual interference between searching insect parasites.* In: *Journal of Animal Ecology* 40 (1971) S. 473–486.
[9.7.1]

Hassell, M. P. *The Dynamics of Competition and Predation.* London (Edward Arnold) 1976.
[6.2]

Hassell, M. P. *The Dynamics of Arthropod Predator-Prey Systems.* Princeton (Princeton University Press) 1978.
[8.4, 10.3.1, 9.5.1, 9.6, 10.5.2]

Hassell, M. P. *Arthropod predator-prey systems.* In: May, R. M. (Hrsg.) *Theoretical Ecology: Principles and Applications.* 2. Aufl. Oxford (Blackwell Scientific Publications) 1981. S. 105–131.
[10.4]

Hassell, M. P. *Patterns of parasitism by insect parasitoids in patchy environments.* In: *Ecological Entomology* 7 (1982) S. 365–377.
[9.10]

Hassell, M. P. *Insect natural enemies as regulating factors.* In: *Journal of Animal Ecology* 54 (1985) S. 323–334. [10.2.5, 10.5.6]

Hassell, M. P. *Detecting regulation in patchily distributed animal populations.* In: *Journal of Ecology* 56 (1987) S. 705–713. [10.2.5, 15.2.3]

Hassell, M. P.; Anderson, R. M. *Predator-prey and host-pathogen interactions.* In: Cherrett, J. M. (Hrsg.) *Ecological Concepts.* Oxford (Blackwell Scientific Publications) 1989. S. 147–196. [10.7]

Hassell, M. P.; May, R. M. *Stability in insect host-parasite models.* In: *Journal of Animal Ecology* 43 (1973) S. 567–594. [10.5.3]

Hassell, M. P.; May, R. M. *Aggregation of predators and insect parasites and its effect on stability.* In: *Journal of Animal Ecology* 43 (1974) S. 567–594. [9.7.1]

Hassell, M. P.; Pacala, S. W. *Heterogeneity and the dynamics of host-parasitoid interactions.* In: *Philosophical Transactions of the Royal Society of London, Series B* 330 (1990) S. 203–220. [10.5.3]

Hassell, M. P.; Varley, G. C. *New inductive population model for insect parasites and its bearing on biological control.* In: *Nature* 223 (1969) S. 1133–1136. [9.6]

Hassell, M. P.; Lawton, J. H.; May, R. M. *Patterns of dynamical behaviour in single species populations.* In: *Journal of Animal Ecology* 45 (1976) S. 471–486. [6.9]

Hassell, M. P.; Latto, J.; May, R. M. *Seeing the wood for the trees: dedecting density dependence from existing life-table studies.* In: *Journal of Animal Ecology* 58 (1989) S. 883–892. [15.2.3]

Hassell, M. P.; May, R. M.; Pacala, S. W.; Chesson, P. L. *The persistence of host-parasitoid associations in patchy environments. I. A general criterion.* In: *American Naturalist* 138 (1991) S. 568–583. [10.5.3]

Hastings, A.; Hom, C. L.; Ellner, S.; Turchin, P.; Godfray, H. C. J. *Chaos in ecology: is mother nature a strange attractor?* In: *Annual Review of Ecology and Systematics* 24 (1993) S. 1–33. [15.2.4]

Haukioja, E.; Neuvonen, S. *Induced long-term resistance of birch foliage against defoliators: defensive or accidental?* In: *Ecology* 66 (1993) S. 1303–1308. [8.2.2]

Hawkes, C. *Dispersal of adult cabbage rootfly (*Erioischia brassicae *(Boiché)) in relation to brassica crop.* In: *Journal of Applied Ecology* 11 (1974) S. 83–94. [3.7.3]

Hawkins, B. A. *Parasite-host food webs and donor control.* In: *Oikos* 65 (1992) S. 159–162. [22.4.2]

Hawksworth, D. L. *Biodiversity: measurement and estimation.* In: *Philosophical Transactions of the Royal Society of London, Series B* 345 (1994) S. 5–136. [25.1.1]

Headley, T. J. *The economics of pest management.* In: Metcalf, R. L.; Luckmann, W. L. (Hrsg.) *Introduction to Insect Pest Management.* New York (Wiley) 1975. S. 75–89. [16.3]

Heads, P. A.; Lawton, J. H. *Studies on the natural enemy complex of the holly leaf-miner: the effects of scale on the detection of aggregative responses and the implications for biological control.* In: *Oikos* 40 (1983) S. 267–276. [10.5.6]

Heal, O. W.; MacLean, S. F. *Comperative productivity in ecosystems – secondary productivity.* In: Dobben, W. H. van; Lowe-McConnell, R. H. (Hrsg.) *Unifying Concepts in Ecology.* Den Haag (Junk) 1975. S. 89–108. [18.4.1, 18.4.2]

Heal, O. W.; Swift, M. J.; Anderson, J. M. *Nitrogen cycling in United Kingdom forests: the relevance of basic ecological research.* In: *Philosophical Transactions of the Royal Society of London, Series B* 296 (1982) S. 427–444. [19.2.4]

Heal, O. W.; Menaut, J. C.; Steffen, W. L. (Hrsg.) *Towards a Global Terrestrial Observing System (GTOS): Detecting and Monitoriny Change in Terrestrial Ecosystems.* In: *MAB Digest* 14. Auch in: *IGBP Global Change Report* 26. Paris (UNESCO) und Stockholm (IGBP) 1993. [1.4.1]

Heed, W. B. *Ecology of Hawaiian Drosophiladae.* In: *University of Texas Publications* 6861 (1968) S. 387–419. [1.2.3]

Heie, O. E. *Palaeontology and phylogeny.* In: Minks, A. K.; Harrewijn, P. (Hrsg.) *Aphids: Their Biology. Natural Enemies and Control. World Crop Pests,* Bd. 2A. Amsterdam (Elsevier) 1987. S. 367–391. [13.6]

Heinrich, B. *Why have some animals evolved to regulate a high body temperature?* In: *American Naturalist* 111 (1977) S. 623–640. [2.4]

Heliövaara, K.; Väisänen, R. *Industrial pollution and the pine bark bug,* Aradus cinnamomeus *(Het. Aradidae).* In: *Journal of Applied Entomology* 101 (1986) S. 469–478. [8.2.7]

Hendrickson, J. A. Jr. *Community-wide character displacement reexamined.* In: *Evolution* 35 (1981) S. 794–810. [20.4.2]

Hendrix, S. D. *Compensatory reduction in a biennial herb following insect defloration.* In: *Oecologia* 42 (1979) S. 107–118. [8.2.1]

Hengeveld, R. *Dynamic Biogeography.* Cambridge (Cambridge University Press) 1990. [2.2]

Henkelem, W. F. van *Growth and lifespan of* Octupus caynea *(Molluaca: Cephalopoda).* In: *Journal of Zoology* 169 (1973) S. 299–315. [4.8]

Hess, G. R. *Conservation corridors and contagious disease: a cautionary note.* In: *Conservation Biology* 8 (1994) S. 256–262. [25.6.1]

Hilborn, R.; Walters, C. J. *Quantitative Fisheries Stock Assessment.* New York (Chapman & Hall) 1992. [4.3, 16.12, 16.13.1, 16.15, 16.15.1, 16.15.2, 16.16]

Hildebrand, M. *Analysis of Vertebrate Structure.* New York (Wiley) 1974. [1.3]

Hilder, V. A.; Gatehouse, A. M. R.; Sheerman, S. E.; Barker, R. F.; Boulter, D. *A novel mechanism of insect resistance engineered into tobacco.* In: *Nature* 330 (1987) S. 160–163. [16.10]

Hildrew, A. G. *A quantitative study of the life history of a fairy shrimp (Branchiopoda: Anostraca) in relation to the temporary nature of its habitat, a Kenyan rainpool.* In: *Journal of Animal Ecology* 54 (1985) S. 99–110.
[4.5.2]

Hildrew, A. G.; Townsend, C. R. *Aggregation, interference and the foraging by larvae of* Plectrocnemia conspera *(Trichoptera: Polycentropodidae).* In: *Animal Behaviour* 28 (1980) S. 553–560.
[9.8]

Hildrew, A. G.; Townsend, C. R.; Francis, J.; Finch, K. *Cellulolytik decomposition in streams of contrasting pH and its relationship with invertebrate community structure.* In: *Freshwater Biology* 14 (1984) S. 323–328.
[2.6]

Hildrew, A. G.; Townsend, C. R.; Hasham, A. *The predatory Chironomidae of an iron-rich stream: feeding ecology and food web structure.* In: *Ecological Entomology* 10 (1985) S. 403–413.
[22.5.3]

Hill, D. S. *Agricultural Insect Pests of Temperate Regions and their Control.* Cambridge (Cambridge University Press) 1987.
[16.2]

Hill, R. B. *The estimation of the number of hookworms harboured by the use of the dilution egg count method.* In: *American Journal of Hygiene* 6 (1926) S. 19–41.
[12.3.4]

Hintikka, V. *Über das Großklima einiger Pflanzenareale, durch zwei Klimakoordinatensysteme dargestellt.* In: *Annales Botanici Societatis Zoologicae Botanicae Fennicae ,Vanamo'* 34 (1963) S. 1–65.
[2.2]

HMSO *The Potential Effects of Climate Change in the United Kingdom.* In: *First Report of the United Kingdom Climate Change Impacts Review Group.* London (Her Majesty's Stationery Office) 1991.
[2.11.2]

Hochberg, M. E.; Lawton, J. H. *Spatial heterogeneities in parasitism and population dynamics.* In: *Oikos* 59 (1990) S. 9–14.
[10.5.3]

Hochberg, M. E.; Thomas, J. A.; Elmes, G. W. *A modelling study of the population dynamics of a large blue butterfly,* Maculinea rebeli*, a parasite of red ant nests.* In: *Journal of Animal Ecology* 61 (1992) S. 397–409.
[13.2.2]

Hockland, S. H.; Dawson, G. W.; Griffiths, D. C.; Maples, B.; Pickett, J. A.; Woodcock, C. M. *The use of aphid alarm pheremone (E-β-farnesene) to increase effectiveness of the entomophilic fungus* Verticillium lecanii *in controlling aphids on chrysanthemums under glass.* In: Sampson, R. A.; Vlak, J. M.; Peters, D. (Hrsg.) *Fundamental and Applied Aspects of Invertebrate Pathology.* Wageningen (Foundation of the Fourth International Colloquium of Invertebrate Pathology) 1986. S. 252.
[16.5.1]

Hodgkinson, K. C. *Shrub recruitment response to intensity and season of fire in a semi-arid woodland.* In: *Journal of Applied Ecology* 28 (1991) S. 60–70.
[2.4]

Hodgkinson, K. C. *Water relations and growth of shrubs before and after fire in a semi-arid woodland.* In: *Oecologia* 90 (1992) S. 467–473.
[2.4]

Hodgkinson, K. C.; Griffin, G. F. *Adaption of shrub species to fire in the aridzone.* In: Barker, W. R.; Greenslade, P. J. H. (Hrsg.) *Evolution of the Flora and Fauna of Arid Australia.* Frewville, South Australia, (Peacock Publications) 1982. S. 145–152.
[2.4]

Hogan, M. E.; Veivers, P. C.; Slaytor, M.; Czolij, R. T. *The site of cellulose breakdown in higher termites (*Nasutitermes walkeri *and* Nasutitermes exitosus*).* In: *Journal of Insect Physiology* 34 (1988) S. 891–899.
[15.3.2]

Holling, C. S. *Some characteristics of simple types of predation and parasitism.* In: *Canadian Entomologist* 91 (1959) S. 385–398.
[9.5, 9.5.1, 9.5.3]

Holloway, J. D. *The Lepidoptera of Norfolk Island, their Biogeography and Ecology.* Den Haag (Junk) 1977.
[23.4]

Homes, E. E.; Lewis, M. A.; Banks, J. E.; Veit, R. R. *Partial differential equations in ecology: spatial interactions and population dynamics.* In: *Ecology* 75 (1994) S. 17–29.
[3.10]

Holt, R. D. *Predation, apparent competition and the structure of prey communities.* In: *Theoretical Population Biology* 12 (1977) S. 197–229.
[7.6, 24.2]

Holt, R. D. *Spatial heterogeneitym indirect interactions, and the coexistence of prey species.* In: *Amrican Naturalist* 124 (1984) S. 377–406.
[7.6, 20.2.2, 24.2]

Holt, R. D.; Hassell, M. P. *Environmental heterigeneity and the stability of host-parasitoid interactions.* In: *Journal of Animal Ecology* 62 (1993) S. 89–100.
[10.5.5]

Hopf, F. A.; Valone, T. J.; Brown, J. H. *Competition theory and the structure of ecological communities.* In: *Evolutionary Ecology* 7 (1993) S. 142–154.
[20.5]

Horn, D. S. *Ecological Approach to Pest Management.* London (Elsevier) 1988.
[16.5, 16.6.1, 16.10]

Horn, H. S. *Markovian process of forest succession.* In: Cody, M. L.; Diamond, J. M. (Hrsg.) *Ecology and Evolution of Communities.* Cambridge, MA (Belknap) 1975. S. 196–213.
[17.4.3, 17.4 4, 21.5.1]

Horn, H. S. *Succession.* In: May, R. M. (Hrsg.) *Theoretical Ecology: Principles and Applications.* Oxford (Blackwell Scientific Publications) 1981. S. 253–271.
[17.4.4]

Horn, H. S.; May, R. M. *Limits to similarity among coexisting competitors.* In: *Nature* 270 (1977) S. 660–661.
[20.4.2]

Horton, K. *Deer perfect jack pine.* In: *Journal of Foresty* 62 (1964) S. 497–499.
[9.2.1]

Howarth, S. E.; Williams, J. T. *Chrysanthemum segetum.* In: *Journal of Ecology* 60 (1972) S. 473–584.
[14.2]

Howe, H. F.; Westley, L. C. *Ecology of pollination and seed dispersal.* In: Crawley, M. J. (Hrsg.) *Plant Ecology.* Oxford (Blackwell Scientific Pulications) 1986. S. 185–215.
[13.4.2]

Howe, W. L.; Smith, O. F. *Resistance to the spotted alfalfa aphid in Lahontan alfalfa.* In: *Journal of Economic Entomology* 50 (1957) S. 320–324.
[16.10]

Hubbard, S. F.; Cook, R. M. *Optimal foraging by parasitoid wasps.* In: *Journal of Animal Ecology* 47 (1978) S. 593–604.
[9.9.2]

Hubbell, S. P.; Foster, R. B. *Canopy gaps and the dynamics of a netropical forest.* In: Crawley, M. J. (Hrsg.) *Plant Ecology.* Oxford (Blackwell Scientific Publications) 1986. S. 77–96.
[21.5.2]

Hudson, P. J.; Dobson, A. P.; Newborn, D. *Do parasites make prey vulnerable to predation? Red grouse and parasites.* In: *Journal of Animal Ecology* 61 (1992a) S. 681–692.
[12.4]

Hudson, P. J.; Newborn, D.; Dobson, A. P. *Regulation and stability of a free-living host-parasite system:* Trichostrongylus tenius *in red grouse. I. Monitoring and parasite reduction experiments.* In: *Journal of Animal Ecology* 61 (1992b) S. 477–486.
[12.6.3, 15.4.1]

Huffaker, C. B. *Experimental studies on predation: dispersion factors and predator-prey oscillations.* In: *Hilgardia* 27 (1958) S. 343–383.
[9.7.3]

Huffaker, C. B. (Hrsg.) *Biological Control.* New York (Plenum Press) 1971.
[16.8]

Huffaker, C. B.; Messenger, P. S. *Theory and Practice of Biological Control.* New York (Academic Press) 1976.
[16.8]

Huffaker, C. B.; Shea, K. P.; Hermann, S. G. *Experimental studies on predation.* In: *Hilgardia* 34 (1963) S. 305–330.
[9.7.3]

Hughes, P. R. *Increased success of the Mexican bean beetle on field-grown soybeans exposed to sulphur dioxide.* In: *Journal of Environmental Quality* 12 (1983) S. 565–568.
[8.2.7]

Hughes, R. G.; Thomas, M. L. *The classification and ordination of shallow-water benthic samples from Prince Edward Island, Canada.* In: *Journal of Experimental Marine Biology and Ecology* 7 (1971) S. 1–39.
[17.3.1]

Hughes, R. N. *A Functional Biology of Clonal Animals.* London (Chapman & Hall) 1989.
[4.2.1]

Hughes, R. N.; Croy, M. I. *An experimental analysis of frequency-dependent predation (switching) in the 15-spined stickleback,* Spinachia spinachia. In: *Journal of Animal Ecology* 62 (1993) S. 341–352.
[9.2.3]

Hughes, R. N.; Gliddon, C. J. *Marine plants and their herbivores: coevolutionary myth and precarious mutualisms.* In: Chaloner, W. G.; Harper, J. L.; Lawton, J. H. (Hrsg.) *The Evolutionary Interaction of Animals and Plants.* London (The Royal Society) 1991. S. 55–63. Auch in: *Philosophical Transactions of the Royal Society of London, Series B* 333 (1991) S. 231–239.
[3.7.3]

Hughes, R. N.; Griffiths, C. L. *Self-thinning in barnacles and mussels: the geometry of packing.* In: *American Naturalist* 132 (1988) S. 484–491.
[6.13]

Hughes, T. P.; Connell, J. H. *Population dynamics based on size or age? A reef-coral analysis.* In: *American Naturalist* 129 (1987) S. 292–295.
[4.2.1]

Hughes, T. P.; Ayre, D.; Connell, J. H. *The evolutionary ecology of corals.* In: *Trends in Ecology and Evolution* 7 (1992) S. 292–295.
[4.2.1]

Humphreys, W. F. *Production and respiration in animal populations.* In: *Journal of Animal Ecology* 48 (1979) S. 39–66.
[13.5.1]

Hungate, R. E. *The rumen microbial ecosystem.* In: *Annual Review of Ecology and Systematics* 6 (1975) S. 39–66.
[13.5.1]

Hungate, R. E.; Reichl, J.; Prins, R. A. *Parameters of rumen fermentation in a continuously fed sheep: evidence of a microbial rumination pool.* In: *Applied Microbiology* 22 (1971) S. 1104–1113.
[13.5.1]

Hunter, J. R.; Argue, A. W.; Bayliff, W. H. et al. *The dynamics of tuna Movement: An Evaluation of Past and Future Research.* In: *FAO Fisheries Technical Paper* Nr. 277 (1986).
[16.16]

Hunter, M. D.; Price, P. W. *Playing chutes and ladders: heterogeneity and the relative roles of bottom-up and top-down forces in natural communities.* In: *Ecology* 73 (1992) S. 724–732.
[22.2.2, 22.3.3]

Hunter, M. I.; Yonzon, P. *Altitudinal distributions of birds, mammals, people, forests, and parks in Nepal.* In: *Conservation Biology* 7 (1992) S. 420–423.
[24.4.2]

Huntley, B. *Species-richness in north-temperate zone forests.* In: *Journal of Biogeography* 20 (1993) S. 163–180.
[24.3.5]

Huntly, N. *Herbivores and the dynamics of communities and ecosystems.* In: *Annual Review of Ecology and Systematics* 22 (1991) S. 477–503.
[21.2.5]

Hurd, L. E.; Eisenberg, R. M. *Experimentally synchronized phenology and interspecific competition in mantids.* In: *American Midland Naturalist* 124 (1990) S. 390–394.
[20.3.1]

Huston, M. *A general hypothesis of species diversity.* In: *American Naturalist* 113 (1979) S. 81–101.
[21.3, 24.3.1]

Hutchings, M. J.; Kroon, H. de *Foraging in plants: the role of morphological plasticity in resource acquisition.* In: *Advances in Ecological Research* 25 (1994) S. 159–238.
[4.2.1, 9.9.3]

Hutchings, M. J. *Ecology's law in search of a theory.* In: *Scientist* 98 (1983) S. 765–767.
[6.13]

Hutchinson, G. E. *Ecological aspects of succession in natural populations.* In: *American Naturalist* 75 (1941) S. 406–418.
[21.3]

Hutchinson, G. E. *Concluding remarks.* In: *Cold Spring Harbour Symposium on Quantitative Biology* 22 (1957) S. 415–427.
[2.12]

Hutchinson, G. E. *Homage to Santa Rosalia, or why are there so many kinds of animals?* In: *American Naturalist* 93 (1959) S. 145–159.
[1.1.3, 20.4.2]

Hutchinson, G. E. *The paradox of the plankton.* In: *American Naturalist* 95 (1961) S. 137–145.
[7.5.3, 21.3]

Hutchinson, G. E. *The Ecological Theatre and the Evolutionary Play.* New Haven (Yale University Press) 1965.
[1.1.3]

Huxley, C. R.; Cutler, D. F. *Ant-Plant Interactions.* Oxford (Oxford University Press) 1991.
[13.2.1]

IGBP (International Geosphere-Biosphere Programme) *Global Change. Report No 12. The Initial Core Projects. The International Geosphere-Biosphere Programme: A Study of Global Change of the International Council of Scientific Unions (ICSU).* Stockholm (I.G.B.P.) 1990.
[1.2.2., 2.11.1]

Iles, T. D. *Interaction of environment and parent stock size in determining recruitment in the Pacific sardine as revealed by analysis of density-dependent O-group growth.* In: *Rapports et Procés-verbaux, Conseil International pour l'Exploration de la Mer* 164 (1973) S. 228–240.
[16.12.1]

Iles, T. D. *A comparison of two stock/recruitment hypotheses as applied to North Sea herring and Gulf of St Lawrence cod.* In: *International Council for the Exploitation of the Sea* CM (1981) H:48.
[16.13.3]

Ims, R. A. *On the adaptive valueo f reproductive synchrony as a predator swaming strategy.* In: *American Naturalist* 136 (1990) S. 485–498.
[5.2.1]

Inghe, O. *Genet and ramet survivorship under different mortality regimes: a cellular automata model.* In: *Journal of Theoretical Biology* 138 (1989) S. 257–270.
[7.5.1]

Inglesfield, C.; Begon, M. *Open ground individuals and population structure in* Drosophila subobscura *Collin.* In: *Biological Journal of the Linnean Society* 15 (1981) S. 259–278.
[2.2.2]

Inglesfield, C.; Begon, M. *The ontogeny and cost of migration of* Drosophila subobscura *Collin.* In: *Biological Journal of the Linnean Society* 19 (1983) S. 9–15.
[14.4]

Inouye, D. W. *Resource partitioning in bumblebees: experimental studies of foraging behaviour.* In: *Ecology* 59 (1978) S. 672–678.
[20.3.1]

Inouye, D. W.; Taylor, O. R. *A temperate region plant-ant-seed predator system: consequences of extra-floral nectary secretion by* Helianthella quinquinervis. In: *Ecology* 60 (1979) S. 1–7.
[13.2.1]

Inouye, D. W.; Huntly, N. J.; Tilman, D.; Tester, J. R.; Stillwell, M. A.; Zinnel, K. C. *Old field succession on a Minnesota sand plain.* In: *Ecology* 68 (1987) S. 12–26.
[17.4.3]

International Organisation for Biological Control; Vereijken, P.; Royle, D. J. (Hrsg.) *Current Status of Integrated Farming Systems Research in Western Europe.* In: *IOBC WPRS Bulletin* 12/5 (1989).
[16.11]

IUCN *Florida Panther (*Felis concolor coryi*): Viability Analysis and Species Survival Plan.* Captive Breeding Specialist Group, Species Survival Commission, International Union for the Conservation of Nature (1989).
[25.4.4]

IUCN/UNEP/WWF *Caring for the Earth. A Strategy for Sustainable Living.* Gland, Schweiz (1991).
[16.17]

Ives, A. R. *Density-dependent and density-independent parasitoid aggregation in model host-parasitoid systems.* In: *American Naturalist* 140 (1992a) S. 912–937.
[10.5.3]

Ives, A. R. *Continuous-time models of host-parasitoid interactions.* In: *American Naturalist* 140 (1992b) S. 1–29.
[10.5.4, 10.5.5]

Ives, A. R.; May, R. M. *Competition within and between species in a patchy environment: relations between microscopic and macroscopic models.* In: *Journal of Theoretical Biology* 115 (1985) S. 65–92.
[7.5.5]

Ives, J. D. *Biological refugia and the nuntak hypothesis.* In: Ives, J. D.; Berry, R. D. (Hrsg.) *Arctic and Alpine Environments.* London (Methuen) 1974.
[1.2.2]

Iwasa, Y.; Kazunori, S.; Nakashima, S. *Dynamic modelling of wave regeneration (Shimagare) in subalpine* Abies *forest.* In: *Journal of Theoretical Biology* 152 (1991) S. 143–158.
[3.10]

Jackson, J. B. C. *Overgrowth competition between encrusting cheilostome ectoprocts in a Jamaican cryptic reef environment.* In: *Journal of Animal Ecology* 48 (1979) S. 805–823.
[7.3]

Jackson, J. B. C.; Buss, L. W.; Cooke, R. E. (Hrsg.) *Population Biology and Evolution of Clonal Organisms.* New Haven (Yale University Press) 1985.
[4.2.1]

Jacob, F. *Evolution and tinkering.* In: *Science* 196 (1977) S. 1161–1166.
[1.1.4, 1.1.5]

Janis, C. M. *Tertiary mammal evolution in the context of changing climates, vegetation and tectonic events.* In: *Annual Review of Ecology and Systematics* 24 (1993) S. 467–500.
[1.2.1]

Jannasch, H. W.; Mottl, M. J. *Geomicrobiology of deep-sea hydrothermal vents.* In: *Science* 229 (1985) S. 717–725.
[2.4]

Janzen, D. H. *Interaction of the bull's-horn acacia (*Acacia cornigera *L.) with an ant inhabitant (*Pseudomyrmex ferruginea *F. Smith) in eastern Mexico.* In: *University of Kansas Science Bulletin* 47 (1967) S. 315–558.
[13.2.1]

Janzen, D. H. *Host plants in evolutionary and contemporary time.* In: *American Naturalist* 102 (1968) S. 592–595.
[12.3, 23.2.4]

Janzen, D. H. *Herbivores and the number of tree species in tropical forests.* In: *American Naturalist* 104 (1970) S. 501–528.
[24.4.1]

Janzen, D. H. *Host plants as islands: II. Competition in evolutionary and contemporary time.* In: *American Naturalist* 107 (1973) S. 786–790.
[12.3]

Janzen, D. H. *Why bamboos take so long to flower.* In: *Annual Review of Ecology and Systematics* 7 (1976) S. 347–391.
[5.2.1]

Janzen, D. H. *How to be a fig.* In: *Annual Review of ecology and Systematics* 10 (1979) S. 13–51.
[13.4.2]

Janzen, D. H. *Specificity of seed-eating beetles in a Costa Rican deciduous forest.* In: *Journal of Ecology* 68 (1980) S. 929–952.
[9.2]

Janzen, D. H. *Evolutionary physiology of personal defence*. In: Townsend, C. R.; Calow, P. (Hrsg.) *Physiological Ecology: An Evolutionary Approach to Resource Use*. Oxford (Blackwell Scientific Publications) 1981. S. 145–164.
[3.7.3, 11.3.1]

Janzen, D. H.; Juster, H. B.; Bell, E. A. *Toxicity of secondary compounds to the seed-eating larvae of the bruchid beetle* Callosobruchus maculatus. In: *Phytochemistry* 16 (1977) S. 223–227.
[3.8.2]

Jarvis, P. G.; McNaughton, K. G. *Stomatal control of transpiration: scaling up from leaf to region*. In: *Advances in Ecological Research* 15 (1986) S. 1–49.
[3.4]

Jeffries, M. J.; Lawton, J. H. *Enemy-free space and the structure of ecological communities*. In: *Biological Journal of the Linnean Society* 23 (1984) S. 269–286.
[7.6, 20.2.2, 24.2]

Jeffries, M. J.; Lawton, J. H. *Predator-prey ratios in communities of freshwater invertebrates: the role of enemy free space*. In: *Freshwater Biology* 15 (1985) S. 105–112.
[7.6, 24.2]

Jenkins, B.; Kitching, R. L.; Pimm, S. L. *Productivity, disturbance and food weg structure at a local spatial scale in experimental container habitats*. In: *Oikos* 65 (1992) S. 249–255.
[22.5.2]

Jenkins, D.; Watson, A.; Miller, C. R. *Population fluctuations in the red grouse* Lagopus lagopus scoticus. In: *Journal of Applied Ecology* 36 (1967) S. 97–122.
[10.3.2]

Joern, A.; Lawlor, L. R. *Food and microhabitats utilization by the grasshoppers from arid grasslands: comparisons with neutral models*. In: *Ecology* 61 (1980) S. 591–599.
[20.4.1]

Johnson, C. G. *International dispersal of insects and insect-borne viruses*. In: *Netherlands Journal of Plant Pathology* 73 (Suppl. 1) (1967) S. 21–43.
[5.3.3]

Johnson, C. G. *Migration and Dispersal of Insects by Flight*. London (Methuen) 1969.
[5.3.3]

Johnson, M. L.; Gaines, M. S. *Evolution of dispersal; theoretical models and empirical tests using birds and mammals*. In: *Annual Review of Ecology and Systematics* 21 (1990) S. 449–480.
[5.4.3, 15.4.4, 15.4.5]

Johnson, N. C.; Zak, D. R.; Tilman, D.; Pfleger, F. L. *Dynamics of vesicular-arbuscular mycorrhizae during old field succession*. In: *Oecologia* 86 (1991) S. 349–358.
[17.4.4]

Johnson, N. C.; Tilman, D.; Wedin, D. *Plant and soil controls on mycorrhizal fungal communities*. In: *Ecology* 73 (1992) S. 2034–2042.
[13.7.2]

Johnston, D. W.; Odum, E. P. *Breeding bird populations in relation to plant succession on the piedmont of Georgia*. In: *Ecology* 37 (1956) S. 50–62.
[17.4.4, 24.4.4]

Johnston, I. A. *Cold adaption in marine organisms*. In: *Philosophical Transactions of the Royal Society, Series B* 326 (1990) S. 665–667. Auch in: Laws, R. M.; Franks, F. (Hrsg.) *Life at Low Temperatures*. London (The Royal Society) S. 139–151.
[2.3.2]

Johnston, R. J.; Gregory, D.; Smith, D. M. *The Dictionary of Human Geography*. Oxford (Basil Blackwell) 1994.
[4.9]

Jones, C. G.; Firn, R. D. *On the evolution of plant secondary chemical diversity*. In: Chaloner, J. L.; Harper, J. L.; Lawton, J. H. (Hrsg.) *The Evolutionary Interaction of Animals and Plants*. London (The Royal Society) 1991. S. 97–104. Auch in: *Philosophical Transactions of the Royal Society, Series B* 333. S. 273–280.
[3.7.3]

Jones, M.; Harper, J. L. *The influence of neighbours on the growth of trees. I. The demography of buds in* Betula pendula. In: *Proceedings of the Royal Society of London, Series B* 232 (1987) S. 1–18.
[6.3]

Jones, M. B. *Aspects of the biology of the big-handed crab,* Heterozius rohendifrons *(Decapoda: Brachyura), from Kaikoura, New Zealand*. In: *New Zealand Journal of Zoology* 5 (1978) S. 783–794.
[14.2]

Jones, M. G. *Grassland management and its influence on the sward*. In: *Empire Journal of Experimental Agriculture* 1 (1933) S. 43–367.
[21.2.1]

Jordan, C. F.; Kline, J. R.; Sasscer, D. S. *Effective stability of mineral cycles in forest ecosystems*. In: *American Naturalist* 106 (1972) S. 237–253.
[22.6]

Jordan, W. R. III; Gilpin, M. E.; Aber, J. D. *Restoration Ecology*. Cambridge (Cambridge University Press) 1987.
[25.6.4]

Jordano, P. *Angiosperm fleshy fruits and seed dispersers: a comparative analysis of adaptation and constraints in plant-animal interactions*. In: *American Naturalist* 145 (1995) S. 163–191.
[13.4.1]

Juhren, M.; Went, F. W.; Phillips, E. *Ecology of desert plants. IV. Combined field and laboratory work on germination of annuals in the Joshua Tree National Monument, California*. In: *Ecology* 37 (1956) S. 318–330.
[4.5.3]

Julien, M. H. (Hrsg.) *Biological Control of Weeds. A World Catalogue of Agents and their Target Weeds*. Farnham Royal (Commonwealth Agricultural Bureaux) 1982.
[16.8]

Juniper, S. K.; Tunnicliffe, V.; Southward, E. C. *Hydrothermal vents in turbidite sediments on a Northeast Pacific spreading centre: organisms and substratum at an ocean drilling site*. In: *Canadian Journal of Zoology* 70 (1992) S. 1792–1809.
[2.4]

Junk, W. J.; Bayley, P. B.; Sparks, R. E. *The flood-pulse concept in river-floodplain systems*. In: *Canadian Special Publications in Fisheries and Aquatic Sciences* 106 (1989) S. 110–127.
[18.2.1]

Kalela, O. *On the fluctuations in the numbers of arctic and boreal small rodents as a problem of production biology*. In: *Annales Academiae Scientiarum Fennicaea (A IV)* 66 (1962) S. 1–38.
[15.4.3]

Kaplan, R. H.; Salthe, S. N. *The allometry of reproduction: an empirical view in salamanders*. In: *American Naturalist* 113 (1979) S. 671–689.
[14.12.1]

Karban, R.; Ricklefs, R. E. *Host characteristics, sampling intensity, and species richness of Lepidopteran larvae on broad-leaved trees in southern Ontario.* In: *Ecology* 64 (1983) S. 636–641.
[23.3.3]

Kareiva, P. *Population dynamics in spatially complex environments: theory and data.* In: *Philosophical Transactions of the Royal Society of London, Series B* 330 (1990) S. 175–190. Auch in: Hassell, M.; May, R. M. *Population, Regulation and Dynamics.* London (The Royal Society) S. 53–68.
[15.6.2]

Kareiva, P. *Space: the final frontier for ecological theory.* In: *Ecology* 75 (1994) S. 1.
[3.10]

Kareiva, P.; Odell, G. *Swarms of predators exhibit preytaxis if individual predators use area restricted search.* In: *American Naturalist* 130 (1987) S. 233–270.
[15.6.2]

Karplus, I.; Tsurnamal, M.; Szlep, M. *Associative behaviour of the fish* Cryptocentrus cryptocentrus *(Gogiidae) and the pistol shrimp* Alpheus djiboutensis *(Alpheidae) in artificial burrows.* In: *Marine Biology* 15 (1972) S. 95–104.
[13.2.4]

Karr, J. R. *Strucutre of avian communities in selected Panama and Illinois habitats.* In: *Ecological Monographs* 41 (1971) S. 207–229.
[24.4.1]

Kaufman, L. *Catastrophic change in a species-rich freshwater ecosystem: Lessons from Lake Victoria.* In: *Bioscience* 42 (1992) S. 846–858.
[25.2.4]

Kawata, M. *The effect of kinship on spacing among femal red-backed voles,* Clethrionomysrufocanus bedfordiae. In: *Oecologia* 72 (1987) S. 115–122.
[15.4.4]

Kays, S.; Harper, J. L. *The regulation of plant and tiller density in a grass sward.* In: *Journal of Ecology* 62 (1974) S. 97–105.
[4.2.1, 6.5]

Kearns, C. A.; Inouye, D. W. *Techniques for Pollination Biologists.* Niwot, Colorado (University Press of Colorado) 1993.
[13.4.2]

Keddy, P. A. *Experimental demography of the sanddune annual,* Cakile edentula, *growing along an environmental gradient in Nova Scotia.* In: *Journal of Ecology* 69 (1982) S. 615–630.
[15.5]

Keddy, P. A.; Shipley, B. *Competitive heirachies in herbaceous plant communities.* In: *Oikos* 54 (1989) S. 234–241.
[7.3]

Keeling, C. D.; Whorf, T. P.; Wahlen, M.; van der Plicht, J. *Interannual extremes in the rate of rise of atmospheric carbon dioxide since 1980.* In: *Nature* 375 (1995) S. 666–670.
[19.4.6]

Keith, L. B. *Role of food in hare population cycles.* In: *Oikos* 40 (1983) S. 385–395.
[10.2.4, 10.5.6]

Keith, L. B.; Cary, J. R.; Ronstad, O. J.; Brittingham, M. C. *Demography and ecology of a declining snowshoe hare population.* In: *Wildlife Monographs* 90 (1984) S. 1–43.
[10.2.4]

Kendrick, W. B.; Burges, A. *Biological aspects of the decay of* Pinus sylvestris *leaf litter.* In: *Nova Hedwiga* 4 (1962) S. 313–342.
[17.4.1]

Kerbes, R. H.; Kotanen, P. M.; Jefferies, R. L. *Destruction of wetland habitats by lesser snow geese: a keystone species on the west coast of Hudson Bay.* In: *Journal of Applied Ecology* 27 (1990) S. 242–258.
[22.2.2]

Kershaw, K. A. *Quantitative and Dynamic Plant Ecology.* 2. Aufl. London (Edward Arnold) 1973.
[4.3]

Kigel, J. *Analysis of regrowth patterns and carbohydrate levels in* Lolium multiforum *Lam.* In: *Annals of Botany* 45 (1980) S. 91–101.
[8.2.1]

Kingsland, S. E. *Modeling Nature.* Chicago (University of Chicago Press) 1985.
[7.9]

Kingston, T. J. *Natural Manuring by Elephants in the Tsavo National Park, Kenya.* PhD thesis, University of Oxford. 1977.
[11.3.2]

Kingston, T. J.; Coe, M. J. *The biology of a giant dung-beetle (*Heliocorpis dilloni*) (Coleoptera: Scarabaeidae).* In: *Journal of Zoology* 181 (1977) S. 243–263.
[11.3.2]

Kinnaird, M. F.; O'Brien, T. G. *Viable populations for an endangered forest primate, the Tana River crested mangabey (*Cercocebus galeritus galeritus). In: *Conservation Biology* 5 (1991) S. 203–213.
[25.4.3]

Kira, T.; Ogawa, H.; Shinozaki, K. *Intraspecific competition among higher plants. I. Competition-density-yield interrelationships in regularly dispersed populations.* In: *Journal of the Polytechnic Institute, Osaka City University* 4/4 (1953) S. 1–16.
[6.5]

Kitting, C. L. *Herbivore-plant interactions of individual limpets maintaining a mixed diet of intertidal marine algae.* In: *Ecological Monographs* 50 (1980) S. 527–550.
[9.2.2]

Klemow, K. M.; Raynal, D. J. *Population ecology of* Melilotusalba *in a limestone quarry.* In: *Journal of Ecology* 69 (1981) S. 33–44.
[4.8]

Klepac, D. *Effect of* Viscum album *on the increment of silver fir stands.* In: *Sumarski List* 79 (1955) S. 231–244.
[12.2.2]

Kline, J. R. *Retention of fallout radionuclides by tropical forest vegetaion.* In: Odum, H. T. (Hrsg.) *A Tropical Rain Forest.* Washington, DC (Division of Technical Information, US Atomic Energy Commission) 1970.
[22.6]

Kneidel, K. A. *Competition and disturbance in communities of carrion breeding Diptera.* In: *Journal of Animal Ecology* 53 (1984) S. 849–865.
[11.3.3]

Knoch, T. R.; Faeth, S. H.; Arnott, D. L. *Endophytic fungi alter foraging and dispersal by desert seed-harvesting ants.* In: *Oecologia* 95 (1993) S. 470–473.
[13.7]

Knowlton, N.; Jackson, J. B. C. *New taxonomy and niche partitioning on coral reefs: Jack of all trades or master of some?* In: *Trends in Ecology and Evolution* 9 (1994) S. 7–9.
[21.7.2]

Koblentz-Mishke, I. J.; Volovinsky, V. V.; Kabanova, J. B. *Plankton primary production of the world ocean.* In: Wooster, W. S. (Hrsg.) *Scientific Exploration of the South Pacific.* Washington, DC (National Academy of Sciences) 1970.
[18.2]

Kodric-Brown, A.; Brown, J. H. *Highly structured fish communities in Australian desert springs.* In: *Ecology* 74 (1993) S. 1847–1855.
[23.1, 23.3.1]

Kok, L. T.; Surles, W. W. *Successful biocontrol of musk thistle by an introduced weevil,* Rhinocyllus conicus. In: *Environmental Entomology* 4 (1975) S. 1025–1027.
[8.3]

Kolding, J. *Trophic interrelationships and community structure at two different periods of Lake Turkana, Kenya: a comparison using the ECOPATH II box model.* In: Christensen, V.; Pauly, D. (Hrsg.) *Trophic Models of Aquatic Ecosystems.* Manila, Philippinen (International Center for Living Aquatic Resources Management) 1993.
[18.4.3]

Kolding, S.; Fenchel, T. M. *Coexistence and life-cycle characteristics of five species of theamphipod genus* Gammarus. In: *Oikos* 33 (1979) S. 323–327.
[20.3.1]

Koller, D.; Roth, N. *Studies on the ecological and physiological significance of amphicarpy in* Gymnarhena micrantha *(Compositae).* In: *American Journal of Botany* 51 (1964) S. 26–35.
[5.4.2]

Koricheva, J.; Haukioja, E. *Variations in chemical composition of birch foliage under air pollution stress and their consequences for* Eriocrania *miners.* In: *Environmental Pollution* 88 (1995) S. 41–50.
[8.2.7]

Kornberg, H.; Williamson, M. H. (Hrsg.) *Quantitative aspects of the ecology of biological invasions.* In: *Philosophical Transactions of the Royal Society of London, Series B* 314 (1986) S. 501–742.
[16.2]

Kozlowski, J. *Measuring fitness in life-history studies.* In: *Trends in Ecology and Evolution* 7 (1993) S. 155–174.
[14.3]

Krebs, C. J. *Ecology.* New York (Harper & Row) 1972.
[Einführung]

Krebs, C. J. *Do changes in spacing behaviour drive population cycles in small mammals?* In: Sibly, R. M.; Smith, R. H. (Hrsg.) *Behavioural Ecology.* Oxford (Blackwell Scientific Publications) 1985. S. 295–312.
[15.4.2, 15.4.4]

Krebs, C. J. *Ecological Methodology.* New York (Harper & Row) 1989.
[4.3]

Krebs, C. J.; Myers, J. H. *Population cycles in small mammals.* In: *Advances in Ecological Research* 8 (1974) S. 267–399.
[15.4.2]

Krebs, C. J.; Keller, B. L.; Tamarin, R. H. Microtus *population biology: demographic changes in fluctuating populations of* M. ochrogaster *and* M. pennsylvanicus *in southern Indiana.* In: *Ecology* 50 (1969) S. 587–607.
[5.3.3, 15.4.4]

Krebs, C. J.; Boonstra, R.; Boutin, S. et al. *What drives the snowshoe hare cycle in Canada's Yukon.* In: McCullough, D. R.; Barrett, R. H. (Hrsg.) *Wildlife 2001: Populations.* New York (Elsevier) 1992. S. 886–896.
[10.2.4]

Krebs, J. R. *Territory and breeding density in the great tit,* Parus major *L.* In: *Ecology* 52 (1971) S. 2–22.
[6.12]

Krebs, J. R. *Optimal foraging: decision rules for predators.* In: Krebs, J. R.; Davies, N. B. (Hrsg.) *Behavioural Ecology: An Evolutionary Approach.* Oxford (Blackwell Scientific Publications) 1978. S. 23–63.
[5.4.3, 9.2.2, 9.3, 9.3.1, 9.9.2, 15.4.4]

Krebs, J. R.; Davies, N. B. *An Introduction to Behavioural Ecology.* 3. Aufl. Oxford (Blackwell Scientific Publications) 1993.
[9.9.3]

Krebs, J. R.; Kacelnik, A. *Decision-making.* In: Krebs, J. R.; Davies, N. B. (Hrsg.) *Behavioural Ecology. An Evolutionary Approach.* 3. Aufl. Oxford (Blackwell Scientific Publications) 1991. S. 105–136.
[9.3, 9.9.3]

Krebs, J. R.; McCleery, R. H. *Optimization in behavioural ecology.* In: Krebs, J. R.; Davies, N. B. (Hrsg.) *Behavioural Ecology: An Evolutionary Approach.* 2. Aufl. Oxford (Blackwell Scientific Publications) 1984. S. 91–121.
[9.3.1, 9.9.3]

Krebs, J. R.; Erichsen, J. T.; Webber, M. I.; Charnov, E. L. *Optimal prey selection in the great tit (*Parus major). In: *Animal Behaviour* 25 (1977) S. 30–38.
[9.3.1]

Krebs, J. R.; Stephens, D. W.; Sutherland, W. J. *Perspectives in optimal foraging.* In: Brush, A. H.; Clare, G. A. Jr. (Hrsg.) *Perspectives in Ornithology.* New York (Cambridge University Press) 1983. S. 165–216.
[9.3, 9.5.1]

Kreitman, M.; Shorrocks, B.; Dytham, C. *Genes and ecology: two alternative perspectives using* Drosophila. In: Berry, R. J.; Crawford, T. J.; Hewitt, G. M. (Hrsg.) *Genes in Ecology.* Oxford (Blackwell Scientific Publications) 1992. S. 281–312.
[7.5.5]

Krueger, D. A.; Dodson, S. I. *Embryological induction and predation ecology in* Daphnia pulex. In: *Limnology and Oceanography* 26 (1981) S. 219–223.
[3.7.3]

Kullenberg, B. *Über Verbreitung und Wanderungen von vier* Sterna-*Arten.* In: *Arkiv für Zoologie: utgifvet af K. Svenska vetenskapsakademien.* Bd. 1. 38 (1946) S. 1–80.
[5.7.3]

Kunin, W. E.; Gaston, K. J. *The biology of rarity: patterns, causes and consequences.* In: *Trends in Ecology and Evolution* 8 (1993) S. 298–301.
[25.2.1]

Kuno, E. *Some strange properties of the logistic equation defined with* r *and* K*: inherent defects or artifacts?* In: *Researches on Population Ecology* 33 (1991) S. 33–39.
[6.8.1]

Kusnezov, M. *Numbers of species of ants in faunas of different latitudes.* In: *Evolution* 11 (1957) S. 298–299.
[24.4.1]

Labbé, P. *Régénération après passage du cyclone Hugo en forêt dense humide de Guadeloupe.* In: *Acta Ecologica* 15 (1994) S. 301–315.
[2.9.1]

Lack, D. *Darwin's Finches.* Cambridge (Cambridge University Press) 1947a.
[1.2.3]

Lack, D. *The significance of clutch size.* In: *Ibis* 89 (1947b) S. 302–352.
[14.8.1]

Lack, D. *The Natural Regulation of Animal Numbers.* Oxford (Clarendon Press) 1954.
[5.7.3]

Lack, D. *Cuckoo hosts in England. (With an appendix on the cuckoo hosts in Japan, by T. Royama.)* In: *Bird Study* 10 (1963) S. 185–203.
[12.8]

Lack, D. *Subspecies and sympatry in Darwin's finches.* In: *Evolution* 23 (1969a) S. 252–263.
[1.2.3]

Lack, D. *The numbers of bird species on islands.* In: *Bird Study* 16 (1969b) S. 193–209.
[23.2.1]

Lack, D. *Ecological Isolation in Birds.* Oxford (Blackwell Scientific Publications) 1971.
[7.2.5]

Lack, D. *Island Birds.* Oxford (Blackwell Scientific Publications) 1976.
[23.2.1]

Lambers, H. *Respiration in intact plants and tissues: its regulation and dependence on environmental factors, metabolism and invaded organisms.* In: Lange, O. L.; Nobel, P. S.; Osmond, C. B.; Zieglerm, H. (Hrsg.) *Encyclopedia of Plant Physiology,* New Series. Bd. 18. Berlin (Springer) 1985.
[3.2.5]

Lambin, X.; Krebs, C. J. *Can changes in femal relatedness influence microtine population dynamics?* In: *Oikos* 61 (1991a) S. 126–132.
[15.4.4]

Lambin, X.; Krebs, C. J. *Spatial organisation and mating system of the Townsend's vole,* Microtus townsendii. In: *Behavioural Ecology and Sociobiology* 28 (1991b) S. 353–363.
[15.4.4]

Lambin, X.; Krebs, C. J. *Influence of femal relatedness on the demography of Townsend's vole populations in spring.* In: *Journal of Animal Ecology* 62 (1993) S. 536–550.
[15.4.4]

Lambin, X.; Krebs, C. J.; Scott, B. *Spacing system of the tundra vole (*Microtus oeconomus*) during the breeding season in Canada's western Arctic.* In: *Canadian Journal of Zoology* 70 (1992) S. 2068–2072.
[15.4.2]

Lanciani, C. A. *Parasite-induced alterations in host reproduction and survival.* In: *Ecology* 56 (1975) S. 689–695.
[12.4]

Lande, R. *Risks of population extinction from demographic and environmental stochasticity, and random catastrophes.* In: *American Naturalist* 142 (1993) S. 911–927.
[25.4.3]

Lande, R.; Barrowclough, G. F. *Effective population size, genetic variation, and their use in population management.* In: Soulé, M. E. (Hrsg.) *Viable Populations for Conservation.* Cambridge (Cambridge University Press) 1987. S. 87–123.
[25.2.5]

Lappe, F. *Diet for a Small Planet.* New York (Ballantine) 1971.
[3.8.2]

Larcher, W. *Physiological Plant Ecology.* 2. Aufl. Berlin (Springer) 1980.
[2.6, 3.1]

Large, E. C. *The Advance of the Fungi.* London (Jonathan Cape) 1958.
[16.4]

Laties, G. *The cyanide resistant alternative path in higher plant respiration.* In: *Annual Review of Plant Physiology* 33 (1982) S. 519–555.
[3.2.5]

Law, R.; Blackford, J. C. *Self-assembling food webs: a global viewpoint of coexistence of species in Lotka-Volterra communities.* In: *Ecology* 73 (1992) S. 567–578.
[22.5.6]

Law, R.; Lewis, D. H. *Biotic environments and the maintenance of sex – some evidence from mutualistic symbiosis.* In: *Biological Journal of the Linnean Society* 20 (1983) S. 249–276.
[13.13]

Law, R.; Watkinson, A. R. *Response-surface analysis of two-species competition: an experiment on* Phleum arenarium *and* Vulpia fasciculata. In: *Journal of Ecology* 75 (1987) S. 871–886.
[7.7.2]

Law, R.; Watkinson, A. R. *Competition.* In: Cherrett, J. M. (Hrsg.) *Ecological Concepts.* Oxford (Blackwell Scientific Publications) 1989. S. 243–284.
[20.4.4]

Law, R.; Bradshaw, A. D.; Putwain, P. D. *Life history variation on* Poa annua. In: *Evolution* 31 (1977) S. 233–246.
[14.7.2]

Lawler, S. P.; Morin, P. J. *Temporal overlap, competition, and priority effects in larval anurans.* In: *Ecology* 74 (1993) S. 174–182.
[7.10]

Lawlor, L. R. *A comment on randomly constructed ecosystem models.* In: *American Naturalist* 112 (1978) S. 445–447.
[22.4.2]

Lawlor, L. R. *Structure and stability in natural andd randomly constructed competitive communities.* In: *American Naturalist* 116 (1980) S. 394–408.
[20.4.1]

Laws, R. M. *Seals.* In: Laws, R. M. (Hrsg.) *Antarctic Ecology.* London (Academic Press) 1984.
[1.4.3]

Lawton, J. H. *Non-competitive populations, non-convergent communities, and vacant niches: the herbivores of bracken.* In: Strong, D. R.; Simberloff, D.; Abele, L. G.; Thistle, A. B. (Hrsg.) *Ecological Communities Conceptual Issues and the Evidence.* Princeton, NJ (Princeton University Press) 1984. S. 67–100.
[20.2.1, 23.3.3]

Lawton, J. H. *Food webs.* In: Cherrett, J. M. (Hrsg.) *Ecological Concepts.* Oxford (Blackwell Scientific Publications) 1989. S. 43–78.
[22.4.2]

Lawton, J. H. *Red Grouse Populations and Moorland Management.* Shrewsbury (Field Studies Council) 1990.
[12.6.3]

Lawton, J. H. *Range, population abundance and conservation.* In: *Trends in Ecology and Evolution* 8 (1993) S. 409–413.
[25.2.1]

Lawton, J. H.; Hassell, M. P. *Asymmetrical competition in insects.* In: *Nature* 289 (1981) S. 793–795.
[7.3]

Lawton, J. H.; May, R. M. *The birds of Selborne.* In: *Nature* 306 (1984) S. 732–733.
[15.2]

Lawton, J. H.; McNeill, S. *Between the devild and the deep blue sea: on the problems of being a herbivore.* In: Anderson, R. M.; Turner, B. D.; Taylor, L. R. (Hrsg.) *Population Dynamics.* Oxford (Blackwell Scientific Publications) 1979. S 223–244.
[20.2.1]

Lawton, J. H.; Schröder, D. *Effects of plant type, size of geographical range and taxonomic isolation on a number of insect species associated with British plants.* In: *Nature* 265 (1977) S. 137–140.
[23.3.3, 23.3.5]

Lawton, J. H.; Strong, D. R. Jr. *Community patterns and competition in folivorous insects.* In: *American Naturalist* 118 (1981) S. 317–338.
[20.3.1]

Lawton, J. H.; Woodroffe, G. L. *Habitat and the distribution of water voles: why are there gaps in a species' range?* In: *Journal of Animal Ecology* 60 (1991) S. 79–91.
[15.6.3]

Lawton, J. H.; Nee, S.; Letcher, A. J.; Harvey, P. H. *Animal distributions: patterns and processes.* In: Edwards, P. J.; May, R. M.; Webb, N. R. (Hrsg.) *Large-Scale Ecology and Conservation Biology.* Oxford (Blackwell Scientific Publications) 1994. S. 41–58.
[25.2.1]

Lawton, R. O.; Putz, F. E. *Natural disturbance and gap-phase regeneration in a wind-exposed tropical cloud forest.* In: *Ecology* 69 (1988) S. 764–777.
[21.5.2]

Le Cren, E. D. *Some examples of the mechanisms that control the population dynamics of salmonid fish.* In: Bartlett, M. S.; Hiorns, R. W. (Hrsg.) *The Mathematical Theory of the Dynamics of Biological Populations.* London (Academic Press) 1973. S. 125–135.
[6.2]

Leather, S. R. *Insect species richness of the British Rosaceae: the importance of host range, plant architecture, age of establishment, taxonomic isolation and species-area relationships.* In: *Journal of Animal Ecology* 55 (1986) S. 841–860.
[23.3.3]

Lee, A. K.; Cockburn, A. *Evolutionary Ecology of Marsupials.* Cambridge (Cambridge University Press) 1985a.
[15.4.4]

Lee, A. K.; Cockburn, A. *Spring declines in small mammal populations.* In: *Acta Zoologica Fennica* 173 (1985b) S. 75–76.
[15.4.4]

Lee, H.; León, J.; Raskin, I. *Biosynthesis and metabolism of salicylic acid.* In: *Proceedings of the National Academy of Science of the USA* 92 (1995) S. 4076–4079.
[12.3.5]

Lee, K. E.; Wood, T. G. *Termites and Soils.* London (Academic Press) 1971.
[11.3.1]

Leggett, W. C. *The ecology of fish migrations.* In: *Annual Review of Ecology and Systematics* 8 (1977) S. 285–308.
[5.7.4]

Leigh, E. *Population fluctuations and community structure.* In: van Dobben, W. H.; Lowe-McConnell, R. H. (Hrsg.) *Unifying Concepts in Ecology.* Den Haag (Junk) 1975. S. 67–88.
[22.4.3]

Leishman, M. R.; Westoby, M. *Classifying plants into groups on the basis of associations of individual traits – evidence from Australian semi-arid woodlands.* In: *Journal of Ecology* 80 (1992) S. 417–424.
[1.4.2]

Leith, H. *Primary productivity in ecosystems: comparative analysis of global patterns.* In: van Dobben, W. H.; Lowe-McConnell, R. H. (Hrsg.) *Unifying Concepts in Ecology.* Den Haag (Junk) 1975. S. 67–88.
[18.2, 18.3.1]

Leneteren, J. C. van; Woets, J. *Biological and integrated pest control in greenhouses.* In: *Annual Review of Entomology* 33 (1988) S. 239–269.
[16.8]

Lessells, C. M. *Parasitoid foraging: should parasitism be density dependent?* In: *Journal of Animal Ecology* 54 (1985) S. 27–41.
[9.7.1, 10.5.6]

Lessells, C. M. *The evolution of life histories.* In: Krebs, J. R.; Davies, N. B. (Hrsg.) *Behavioural Ecology.* 3. Aufl. Oxford (Blackwell Scientific Publications) 1991. S. 32–68.
[14.1, 14.3, 14.4, 14.4.2, 14.81, 14.11]

Leverich, W. J.; Levin, D. A. *Age-specific survivorship and reproduction in* Phlox drummondii. In: *American Naturalist* 113 (1979) S. 881–903.
[4.5.1, 14.3]

Levey, D. J. *Tropical wet forest treefall gaps and distributions of understorey birds and plants.* In: *Ecology* 69 (1988) S. 1076–1089.
[21.5.2]

Levin, D. A.; Kerster, H. W. *Gene-flow in seed plants.* In: *Evolutionary Biology* 7 (1974) S. 179–220.
[5.4.4]

Levin, S. A. *Coevolution. Some approaches to modelling of coevolutionary interactions.* In: Ntecki, M. (Hrsg.) *Coevolution.* Chicago (University of Chicago Press) 1983. S. 21–65.
[12.7]

Levin, S. A. *The problem of pattern and scale in ecology.* In: *Ecology* 73 (1992) S. 1943–1967.
[5.2]

Levins, R. *Evolution in Changing Environments.* Princeton (Princeton University Press) 1968.
[14.6]

Levins, R. *Some demographic and genetic consequences of environmental heterogeneity for biological control.* In: *Bulletin of the Entomological Society of America* 15 (1969) S. 237–240.
[15.6.4]

Levins, R. *Extinction.* In: *Lectures on Mathematical Analysis of Biological Phenomena.* Annals of the New York Academy of Sciences, Bd. 231. S. 123–138.
[15.6.4, 25.3.1]

Lewis, D. H. *Microorganisms and plants. The evolution of parasitism and mutualism.* In: *Symposium of the Society for General Microbiology* 24 (1974) S. 367–392.
[13.7.3]

Lewis, J. R. *The Ecology of Rocky Shores.* London (Hodder & Stoughton) 1976.
[2.2.2, 2.8]

Lewontin, R. C.; Levins, R. *On the characterization of density and resource availability.* In: *American Naturalist* 134 (1989) S. 513–524.
[5.2, 6.3, 15.1]

Lidicker, W. Z. Jr. *The role of dispersal in the demography of small mammal populations.* In: Petruscwicz, K.; Golley, F. B.; Ryszkowski, L. (Hrsg.) *Small Mammals: Their Productivity and Population Dynamics.* New York (Cambridge University Press) 1975. S. 103–128.
[15.4.4]

Lidicker, W. Z. Jr. *Solving the enigma of microtine 'cycles'.* In: *Journal of Mammalogy* 69 (1988) S. 225–235.
[15.4.2]

Lidicker, W. Z. Jr.; Patton, J. L. *Patterns of dispersal and genetic structure in populations of small mammals.* In: Chepko-Sade, B. D.; Halpin, Z. T. (Hrsg.) *Mammalian Dispersal Patterns.* Chicago (University of Chicago Press) 1987. S. 141–161.
[5.4.3, 15.4.5]

Likens, G. E. *Long-Term Studies in Ecology.* New York (Springer) 1987.
[15.1]

Likens, G. E.; Bormann, F. G. *An experimental approach to New England landscapes.* In: Hasler, A. D. (Hrsg.) *Coupling of Land and Water Systems.* New York (Springer) 1975. S. 7–30.
[19.2.3]

Likens, G. E.; Bormann, F. H.; Pierce, R. S.; Fisher, D. W. *Nutrient-hydrologic cycle interaction in small forested watershed ecosystems.* In: Duvogneaud, P. (Hrsg.) *Productivity of Forest ecosystems.* Paris (UNESCO) 1971.
[19.2.3]

Likens, G. E.; Bormann, F. H., Pierce, R. S.; Eaton, J. S.; Johnson, N. M. *Biogeochemistry of a Forested Ecosystem.* Berlin (Springer) 1977.
[19.2.2]

Limbaugh, C. *Cleaning symbiosis.* In: *Scientific American* 205 (1961) S. 42–49.
[13.2.2]

Lindberg, S. E.; Lovett, G. M.; Richter, D. D.; Johnson, D. W. *Atmospheric deposition and canopy interactions of major ions in a forest.* In: *Science* 231 (1986) S. 141–145.
[19.2.1]

Lindemann, R. L. *The trophic-dynamic aspect of ecology.* In: *Ecology* 23 (1942) S. 399–418.
[18.1, 18.4, 18.4.1]

Little, C. *The Terrestrial Invasion: An Ecophysiological Approach to the Origins of Land Animals.* Cambridge (Cambridge University Press) 1990.
[2.8]

Lively, C. M.; Apanius, V. *Genetic diversity in host-parasite interactions.* In: Grenfell, B. T.; Dobson, A. P. (Hrsg.) *Ecology of Infectious Diseases in Natural Populations.* Cambridge (Cambridge University Press) 1995. S. 421–449.
[12.7]

Lockhart, J. A. R.; Holmes, J. C.; MacKay, D. B. *The evolution of weed control in British agriculture.* In: Roberts, H. A. (Hrsg.) *Weed Control Handbook: Principles.* 7. Aufl. Oxford (Blackwell Scientific Publications) 1982. S. 37–63.
[16.4, 16.6.3]

Logan, J. A.; Allen, J. C. *Nonlinear dynamics and chaos in insect populations.* In: *Annual Review of Entomology* 37 (1992) S. 455–477.
[6.9]

Loik, M. E.; Nobel, P. S. *Freezing tolerance and water relations of* Opuntia fragilis *from Canada and the United States.* In: *Ecology* 74 (1993) S. 1722–1732.
[1.5.1, 2.3.4]

Long, J. N.; Smith, F. W. *Relation between size and density in developing stands: a description and possible mechanisms.* In: *Forest Ecology and Management* 7 (1984) S. 191–206.
[6.13]

Lonsdale, W. M. *The self-thinning rule: dead or alive?* In: *Ecology* 71 (1990) S. 1373–1388.
[6.13]

Lonsdale, W. M.; Watkinson, A. R. *Light and self-thinning.* In: *New Phytologist* 90 (1983) S. 431–435.
[6.13]

Losos, E. *The future of the US Endangered Species Act.* In: *Trends in Ecology and Evolution* 8 (1993) S. 332–336.
[25.6.3, 25.6.5]

Losos, J. B. *The evolution of convergent structure in Caribbean* Anolis *communities.* In: *Systematic Biology* 41 (1992) S. 403–420.
[20.4.2]

Lotka, A. J. *Studies on the mode of growth of material aggregates.* In: *American Journal of Science* 24 (1907) S. 199–216.
[4.7.2]

Lotka, A. J. *The growth of mixed populations: two species competing for a common food supply.* In: *Journal of the Washington Academy of Sciences* 22 (1932) S. 461–469.
[7.4.1, 10.2.1]

Louda, S. M. *Distributional ecology: variation in plant recruitment over a gradient in relation to insect seed predation.* In: *Ecological Monographs* 52 (1982) S. 25–41.
[8.3]

Louda, S. M. *Seed predation and seedling mortalitiy in the recruitment of a shrub,* Haplopappus venetus *(Asteraceae), along a climatic gradient.* In: *Ecology* 64 (1983) S. 511–521.
[8.3]

Lovett Doust, J.; Lovett Doust, L. (Hrsg.) *Plant Reproductive Ecology: Patterns and Strategies.* New York (Oxford University Press) 1988.
[13.4.2]

Lovett Doust, J.; Schmidt, M.; Lovett Doust, L. *Biological assessment of aquatic pollution: a review, with emphasis on plants as biomonitors.* In: *Biological Reviews* 69 (1994) S. 147–186.
[2.10]

Lovett Doust, L. *Population dynamics and local specialization in a clonal perennial (*Ranunculus repens*). I. The dynamics of ramets in contrasting habitats.* In: *Journal of Ecology* 69 (1981) S. 743–755.
[4.2.1]

Lovett Doust, L.; Lovett Doust, J. *The battle strategies of plants.* In: *New Scientist* 95 (1982) S. 81–84.
[5.6]

Lowe, V. P. W. *Population dynamics of the red deer (*Cervus elaphus *L.) on Rhum.* In: *Journal of Animal Ecology* 38 (1969) S. 425–457.
[4.6.1]

Lubchenco, J *Plant species diversity in a marine intertidal community: importance of herbivore food preference and algal competitive abilities.* In: *American Naturalist* 112 (1978) S. 23–39.
[21.2.1]

Lubchenko, J.; Olson, A. M. et al. *The sustainable biosphere initiative: an ecological research agenda.* In: *Ecology* 72 (1991) S. 371–412.
[16.17]

Luckmann, W. H.; Decker, G. C. *A 5-year report on observations in the Japanese beetle control area of Sheldon, Illinois.* In: *Journal of Economic Entomology* 53 (1960) S. 821–827.
[16.6.1]

Ludwig, J. W.; Bunting, E. S.; Harper, J. L. *The influence of environment on seed and seedling mortalitiy. III. The influence of aspect on maize germination.* In: *Journal of Ecology* 45 (1957) S. 205–224.
[2.2]

Lundberg, P. *Functional response of a small mammalian herbivore: the disc equation revisited.* In: *Journal of Animal Ecology* 57 (1988) S. 999–1006.
[9.5.1]

Lussenhop, J. *Mechanisms of microarthropod-microbial interactions in soil.* In: *Advances in Ecological Research* 23 (1992) S. 1–33.
[11.2.3]

MacArthur, J. W. *Environmental fluctuations and species diversity.* In: Cody, M. L.; Diamond, J. M. (Hrsg.) *Ecology and Evolution of Communities.* Cambridge, MA (Belknap) 1975. S. 74–80.
[24.3.3]

MacArthur, R. H. *Fluctuations of animal populations and a measure of community stability.* In: *Ecology* 36 (1955) S. 533–536.
[22.4.1]

MacArthur, R. H. *Some generalized theorems of natural selection.* In: *Proceedings of the National Academy of Science of the USA* 48 (1962) S. 1893–1897.
[14.9]

MacArthur, R. H. *Geographical Ecology.* New York (Harper & Row) 1972.
[2.2, 20.1, 24.1]

MacArthur, R. H.; Levins, R. *Competition, habitat selection and character displacement in a patchy environment.* In: *Proceedings of the National Academy of Sciences* 51 (1964) S. 1207–1210.
[5.2]

MacArthur, R. H.; Levins, R. *The limiting simularity, convergence and divergence of coexisting species.* In: *American Naturalist* 101 (1967) S. 377–385.
[7.9]

MacArthur, R. H.; Pianka, E. R. *On optimal use of a patchy environment.* In: *American Naturalist* 100 (1966) S. 603–609.
[9.3.1]

MacArthur, R. H.; Wilson, E. O. *The Theory of Island Biogeography.* Princeton, NJ (Princeton University Press) 1967.
[12.3, 14.9, 15.6.4, 23.1, 23.2.3, 23.3.5, 24.3.1]

McBrayer, J. F. *Exploitation of deciduous litter by* Apheloria montana *(Diplopoda: Eurydesmidae).* In: *Pedobiologia* 13 (1973) S. 90–98.
[11.3.2]

McClure, H. E. *Flowering, fruiting and animals in the canopy of a tropical rain forest.* In: *Malaysian Forester* 29 (1966) S. 192–203.
[13.4.1]

McCune, D. C.; Boyce, R. L. *Precipitation and the transfer of water, nutrients and pollutants in tree canopies.* In: *Trends in Ecology and Evolution* 7 (1992) S. 4–7.
[19.4.1]

Macdonald, D. W. *Rabies and Wildlife.* Oxford (Oxford University Press) 1980.
[12.6.2]

McDonald, I. R.; Lee, A. K.; Than, K. A.; Martin, R. W. *Concentration of free glucocorticoids in plasma and mortality in the Australian bush rat (*Rattus fuscipes *Waterhouse*). In: *Journal of Mammalogy* 69 (1988) S. 740–748.
[15.4.4]

Mace, G. M. *An investigation into methods for categorizing the conservation status of species.* In: Edwards, P. J.; May, R. M.; Webb, N. R. (Hrsg.) *Large-Scale Ecology and Conservation Biology.* Oxford (Blackwell Scientific Publications) 1994.
[25.2.1]

Mace, G. M.; Lande, R. *Assessing extinction threats: toward a reevaluation of IUCN threatened species categories.* In: *Conservation Biology* 5 (1991) S. 148–157.
[25.2.1]

McGaughey, W. H.; Whalon, M. E. *Managing insect resistance to* Bacillus thuringiensis *toxins.* In: *Science* 258 (1992) S. 1451–1455.
[16.10]

McGrorty, S.; Goss-Custard, J. D. *Population dynamics of the mussel* Mytilus edulis *along environmental gradients: spatial variations in density dependent mortalities.* In: *Journal of Animal Ecology* 62 (1993) S. 415–427.
[15.3.2]

McIntosh, A. R.; Townsend, C. R. *Interpopulation variation in mayfly anti-predator tactics: differential effects of contrasting fish predators.* In: *Ecology* 75 (1994) S. 2078–2090.
[22.3.1]

McKenzie, N. L.; Rolfe, J. K. *Structure of bat guilds in the Kimberley mangroves, Australia.* In: *Journal of Animal Ecology* 55 (1986) S. 401–420.
[20.3.1]

Mackerras, M. I.; Saunders, D. F. *The life history of the rat lung-worm,* Angiostrongylus cantonensis *(Chen) (Nematode: Metastrongylidae).* In: *Australian Journal of Zoology* 3 (1955) S. 1–21.
[12.3.3]

Mackie, G. L.; Qadri, S. U.; Reed, R. M. *Significance of litter size in* Musculium securis *(Bivalvia: Sphaeridae*). In: *Ecology* 59 (1978) S. 1069–1074.
[6.2]

MacLachlan, A. J.; Pearce, L. J.; Smith, J. A. *Feeding interactions and cycling of peat in a bog lake.* In: *Journal of Animal Ecology* 48 (1979) S. 851–861.
[11.3.2]

MacLulick, D. A. *Fluctuations in numbers of the varying hare (*Lepus americanus*).* In: *University of Toronto Studies, Biology Series* 43 (1937) S. 1–136.
[10.1]

McMahon, T. *Size and shape in biology.* In: *Science* 179 (1973) S. 1201–1204.
[14.12.1]

McMillan, C. *Nature of the plant community. III. Flowering behaviour within two grassland communities under reciprocal transplanting.* In: *American Journal of Botany* 44 (1957) S. 143–153.
[1.5.1]

McNaughton, K. G.; Jarvis, P. G. *Effects of spatial scale on stomatal control of transpiration.* In: *Agricultural and Forest Meteorology* 54 (1991) S. 279–301.
[3.4]

McNaughton, S. J. *r- and k-selection in* Typha. In: *American Naturalist* 109 (1975) S. 251–261.
[14.9.1]

McNaughton, S. J. *Diversity and stability of ecological communities: a comment on the role of empiricism in ecology.* In: *American Naturalist* 111 (1977) S. 515–525.
[22.4.3]

McNaughton, S. J. *Stability and diversity of ecological communities.* In: *Nature* 274 (1978) S. 251–253.
[22.6]

McNeeley, J. A. *Economics and Biological Diversity: Developing and Using Economic Incentives to Conserve Biological Resources.* Gland, Schweiz (IUCN) 1988.
[25.1.3]

McNeill, S. *The dynamics of a population of* Leptoterna dolabrata *(Heteroptera: Miridae) in relation to its food resources.* In: *Journal of Animal Ecology* 42 (1973) S. 495–507.
[6.6]

McQueen, D. J.; Johannes, M. R. S.; LaFontaine, N. R.; Young, A. S.; Longbotham, E.; Lean, D. R. S. *Effects of planktivore abundance on chlorophyll* a *and secchi depth*. In: *Hydrobiologia* 200/201 (1990) S. 337–343.
[22.3.2]

Madge, D. S. *Field and laboratory studies on the activities of two species of tropical earthworms*. In: *Pedobiologia* 9 (1969) S. 188–214.
[11.2.2]

Maguire, L. A.; Seal, U. S.; Brussard, P. F. *Managing critically endangered speices: the Sumatran rhino as a case study*. In: Soulé, M. E. (Hrsg.) *Viable Populations for Conservation*. Cambridge (Cambridge University Press) 1987. S. 141–158.
[25.4.2]

Maillette, L. *Structural dynamics of silver birch. I. The fates of buds*. In: *Journal of Applied Ecology* 19 (1982) S. 203–218.
[4.2.1]

Manire, C. A.; Gruber, S. H. *Many sharks may be headed toward extinction*. In: *Conservation Biology* 4 (1990) S. 10–11.
[25.2.2]

Margulis, L. *Symbiotic theory of the origin of eukaryotic organelles*. In: Jennings, D. H.; Lee, D. L. (Hrsg.) *Symbiosis*. Symposium 29. Cambridge (Society for Experimental Biology) 1975. S. 21–38.
[13.11]

Marshall, C.; Sagar, G. R. *The interdependence of tillers in* Lolium multiflorum *Lam.: a quantitative assessment*. In: *Journal of Experimental Botany* 19 (1968) S. 785–794.
[8.2.1]

Marshall, I. D.; Douglas, G. W. *Studies in the epidemiology of infectious myxomatosis of rabbits. VIII. Further observations on changes in the innate resistance of Australian wild rabbits exposed to myxomatosis*. In: *Journal of Hygiene* 59 (1961) S. 117–122.
[12.7]

Martin, M. M. *The evolution of cellulose digestion in insects*. In: Chaloner, W. G.; Harper, J. L.; Lawton, J. H. (Hrsg.) *The Evolutionary Interaction of Animals and Plant*. London (The Royal Society) 1991. S. 105–112. Auch in: *Philosophical Transactions of the Royal Society, Series B* 333. S. 281–288.
[3.7.2, 11.3.1]

Martin, P. S. *Prehistoric overkill: the global model*. In: Martin, P. S.; Klein, R. G. (Hrsg.) *Quaternary Extinctions: A Prehistoric Revolution*. Tuscon, Arizona (University of Arizona Press) 1984.
24.4.6]

Martinez, N. D. *Effects of resolution on food web structure*. In: *Oikos* 66 (1993) S. 403–412.
[22.5.2]

Marzusch, K. *Untersuchungen über die Temperaturabhängigkeit von Lebensprozessen bei Insekten unter besonderer Berücksichtigung winter-schlafender Kartoffelkäfer*. In: *Zeitschrift für vergleichende Physiologie* 34 (1952) S. 75–92.
[2.2]

Maxwell, W. D. *The end Permian mass extinction*. In: Donovan, S. K. (Hrsg.) *Mass Extinctions: Processes and evidence*. New York (Columbia University Press) 1989. S. 152–173.
[24.4.6]

May, R. M. *Will a large complex system be stable?* In: *Nature* 238 (1972) S. 413–414.
[22.4.1, 22.4.2, 22.5.5]

May, R. M. *On relationships among various types of population models*. In: *American Naturalist* 107 (1973) S. 46–57.
[7.9, 10.5.5]

May, R. M. *Biological populations obeying difference equations: stable points, stable cycles and chaos*. In: *Journal of Theoretical Biology* 49 (1975a) S. 511–524.
[6.8.2]

May, R. M. *Patterns of species abundance and diversity*. In: Cody, M. L.; Diamond, J. M. (Hrsg.) *Ecology and Evolution of Communities*. Cambridge, MA (Belknap) 1975b. S. 81–120.
[23.3.1]

May, R. M. *Estimating* r*: a pedagogical note*. In: *American Naturalist* 110 (1976) S. 496–499.
[4.7.2, 4.9]

May, R. M. *Thresholds and breakpoints in ecosystems with a multiplicity of stable states*. In: *Nature* 269 (1977) S. 471–477.
[10.6]

May, R. M. *Host-parasitoid systems in patchy environments: a phenomenological model*. In: *Journal of Animal Ecology* 47 (1978) S. 833–843.
[10.5.2, 10.5.3]

May, R. M. *Nations and numbers, 1980*. In: *Nature* 269 (1980) S. 471–477.
[4.9]

May, R. M. (Hrsg.) *Models for single populations*. In: May, R. M. (Hrsg.) *Theoretical Ecology: Principles and Applications*. 2. Aufl. Oxford (Blackwell Scientific Publications) 1981a. S. 5–29.
[10.2.1, 10.2.4]

May, R. M. *Models for two interacting populations*. In: May, R. M. (Hrsg.) *Theoretical Ecology: Principles and Applications*. 2. Aufl. Oxford (Blackwell Scientific Publications) 1981b. S. 78–104.
[13.12]

May, R. M. *Patterns in multi-species communities*. In: May, R. M. (Hrsg.) *Theoretical Ecology: Principles and Applications*. 2. Aufl. Oxford (Blackwell Scientific Publications) 1981c. S. 197–227.
[22.4.2, 22.5.2]

May, R. M. *Chaos and the dynamics of biological populations*. In: *Proceedings of the Royal Society of London, Series A* 413 (1987) S. 27–44.
[6.9]

May, R. M. *Detecting density dependence in imaginary worlds*. In: *Nature* 338 (1989) S. 16–17.
[15.2.3]

May, R. M. *How many species?* In: *Philosophical Transactions of the Royal Society of London, Series B* 330 (1990a) S. 293–304.
[25.1.2]

May, R. M. *Population biology and population genetics of plant-pathogen associations*. In: Burdon, J. J.; Leather, S. R. (Hrsg.) *Pests, Pathogens and Plant Communities*. Oxford (Blackwell Scientific Publications) 1990b. S. 309–325.
[12.5.3]

May, R. M. *Resisting resistance*. In: *Nature* 361 (1993) S. 593–594.
[16.10]

May, R. M.; Anderson, R. M. *Population biology of infectious diseases*. In: *Nature* 280 (1979) S. 455–461.
[12.2]

May, R. M.; Anderson, R. M. *Epidemiology and genetics in the coevolution of parsites and hosts*. In: *Proceedings of the Royal Society of London, Series B* 219 (1983) S. 281–313. [12.7]

Mayer, G. C.; Chipley, R. M. *Turnover in the avifauna of Guana Island, British Virgin Islands*. In: *Journal of Animal Ecology* 61 (1992) S. 561–566. [23.3.4]

Maynard Smith, J. *On Evolution*. Edinburgh (Edinburgh University Press) 1972. [5.3.2]

Maynard Smith, J.; Slatkin, M. *The stability of predator-prey systems*. In: *Ecology* 54 (1973) S. 384–391. [6.8.2]

Meeusen, R. L.; Warren, G. *Insect control with genetically engineered crops*. In: *Annual Review of Entomology* 34 (1989) S. 373–381. [16.10]

Meinhardt, H. *Models of Biological Pattern Formation*. New York (Academic Press) 1982. [15.6.2]

Melillo, J. M.; McGuire, A. D.; Kicklighter, D. W.; Moore, B.; Vorosmarty, C. J.; Schloss, A. L. *Global climate change and terrestrial net primary production*. In: *Nature* 363 (1993) S. 234–240. [18.5]

Menge, B. A.; Sutherland, J. P. *Species diversity gradients: synthesis of the roles of predation, competition, and temporal heterogeneity*. In: *American Naturalist* 110 (1976) S. 351–369. [21.2.5, 21.7.2]

Menge, B. A.; Sutherland, J. P. *Community regulation: variation in disturbance, competition, and predation in relation to environmental stress and recruitment*. In: *American Naturalist* 130 (1987) S. 730–757. [21.2.5, 21.7.2]

Menge, B. A.; Lubchenco, J.; Gaines, S. D.; Ashkenas, L. R. *A test of the Menge-Sutherland model of community organization in a tropical rocky intertidal food web*. In: *Oecologia* 71 (1986) S. 75–89. [21.2.5]

Menges, E. S. *Population viability analysis for an endangered plant*. In: *Conservation Biology* 4 (1990) S. 52–62. [25.4.4]

Metcalf, R. L. *Changing role of insecticides in crop protection*. In: *Annual Review of Entomology* 25 (1980) S. 219–256. [16.4, 16.6.4, 16.7, 16.8]

Metcalf, R. L. *Insecticides in pest management*. In: Metcalf, R. L.; Luckmann, W. L. (Hrsg.) *Introduction to Insect Pest Management*. 2. Aufl. New York (Wiley) 1982. S. 217–277. [16.6.1]

Meyer, A. *Phylogenetic relationships and evolutionary processes in East African cichlid fishes*. In: *Trends in Ecology and Evolution* 8 (1993) S. 279–284. [23.4]

Meyer, J. L.Pulliam, W. M. *Modification of terrestrial-aquatic interactions by a changing climate*. In: Firth, P.; Fisher, S. G. (Hrsg.) *Global Climate Change and Freshwater Ecosystems*. New York (Springer) 1992. S. 177–191. [19.4.1]

Mikkelson, G. M. *How do food webs fall apart? A study of changes in trophic structure during relaxation on habitat fragments*. In: *Oikos* 67 (1993) S. 539–547. [25.5.3]

Milinski, M.; Parker, G. A. *Competition for resources*. In: Krebs, J. R.; Davies, N. B. (Hrsg.) *Behavioural Ecology. An Evolutionary Approach*. 3. Aufl. Oxford (Blackwell Scientific Publications) 1991. S. 137–168. [9.10]

Miller, D. *Biological Control of Weeds in New Zealand 1927–48*. In: *New Zealand Department of Scientific and Industrial Research Information Series*, Bd. 74 (1970) S. 1–104. [10.1]

Miller, G. T. Jr. *Environmental Science*. 2. Aufl. Belmont (Wadsworth) 1988. [16.6.1, 16.6.4, 16.7, 25.1.3]

Miller, G. T. Jr. *Environmental Science*. 4. Aufl. Belmont (Wadsworth) 1993. [4.9]

Miller, P. J. *Grading of gobies and disturbing of sleepers*. In : *Natural Environment Research Council News* 27 (1993) S. 16–19. [1.1.4]

Mills, J. N. *Herbivory and seedling establishment in post-fire southern California chaparral*. In: *Oecologia* 60 (1983) S. 267–270. [8.2.4]

Milne, L. J.; Milne, M. *The social behaviour of burying beetles*. In: *Scientific American* 8 (1976) S. 84–89. [11.3.3]

Milton, W. E. J. *The effect of manuring, grazing and liming on the yield, botanical and chemical composition of natural hill pastures*. In: *Journal of Ecology* 28 (1940) S. 326–356. [21.2.1]

Milton, W. E. J. *The composition of natural hill pasture, under controlled and free grazing, cutting and manuring*. In: *Welsh Journal of Agriculture* 14 (1947) S. 182–195. [21.2.1]

Minorsky, P. V. *An heuristic hypothesis of chilling injury in plants: a role for calcium as the primary physiological transducer of injury*. In: *Plant Cell and Environment* 8 (1985) S. 75–94. [2.3.1]

Minot, E. O.; Perrins, C. M. *Interspecific interference competition – nest sites for blue and great tits*. In: *Journal of Animal Ecology* 50 (1986) S. 375–385. [15.7.2]

Mithen, R.; Lawton, J. H. *Food-web models that generate constant predator-prey ratios*. In: *Oecologia* 69 (1986) S. 542–550. [22.5.4, 22.5.6]

Mithen, R.; Harper, J. L.; Weiner, J. *Growth and mortality of individual plants as a function of 'available area'*. In: *Oecologia* 62 (1984) S. 57–60. [6.11]

Monro, J. *The exploitation and conservation of resources by populations of insects*. In: *Journal of Animal Ecology* 36 (1967) S. 531–547. [9.7.2, 10.5.6, 15.7.6]

Montague, J. R.; Mangan, R. L.; Starmer, W. T. *Reproductive allocation in the Hawaiian Drosophilidae: egg size and number*. In: *American Naturalist* 118 (1981) S. 865–871. [14.4.2]

Mooney, H. A.; Gulmon, S. L. *Environmental and evolutionary constraints on the photosynthetic pathways of higher plants*. In: Solbrig, S. J.; Johnson, G. B.; Raven, P. H. (Hrsg.) *Topics in Plant Population Biology*. New York (Columbia University Press) 1979. S. 316–337. [3.2.5]

Mooney, H. A.; Harrison, A. T.; Morrow, P. A. *Environmental limitations of photosynthesis on a California evergreen shrub.* In: *Oecologia* 19 (1975) S. 293–301.
[3.2.5]

Mooney, H. A.; Vitousek, P. M.; Matson, P. A. *Exchange of materials between terrestrial ecosystems and the atmosphere.* In: *Science* 238 (1987) S. 926–932.
[19.4.5, 19.4.6]

Moran, N. A.; Munson, M. A.; Baumann, P.; Ishikawa, H. *A molecular clock in endosymbiotic bacteria is calibrated using the insect hosts.* In: *Proceedings of the Royal Society of London, Series B* 253 (1993) S. 167–171.
[13.6]

Moran, P. A. P. *The statistical analysis of gamebird records.* In: *Journal of Animal Ecology* 21 (1952) S. 154–158.
[15.4.1]

Moran, P. A. P. *The statistical analysis of the Canadian lynx cycle.* In: *Australian Journal of Zoology* 1 (1953) S. 163–173.
[15.4.1]

Moran, V. C. *Interactions between phytophagous insects and their* Opuntia *hosts.* In: *Ecological Monographs* 5 (1980) S. 153–164.
[23.3.3]

Moreau, R. E. *The place of Africa in the palaearctic migration system.* In: *Journal of Animal Ecology* 21 (1952) S. 250–271.
[5.7.3]

Morris, R. F. *Single-factor analysis in population dynamics.* In: *Ecology* 40 (1959) S. 580–588.
[15.3.1]

Morris, R. F. (Hrsg.) *The dynamics of epidemic spruce budworm populations.* In: *Memoirs of the Entomological Society of Canada* 31 (1963) S. 1–332.
[10.6.1]

Morrison, G.; Strong, D. R. Jr. *Spatial variations in egg density and the intensity of parasitism in a neotropical chrysomelid (*Cephaloleia consanguinea). In: *Ecological Entomology* 6 (1981) S. 55–61.
[9.10]

Moritmer, A. M. *The biology of weeds.* In: *Weed Control Handbook: Principles.* 8. Aufl. Oxford (Blackwell Scientific Publications) 1989.
[16.2]

Moss, B. *Ecology of Fresh Waters.* Oxford (Blackwell Scientific Publications) 1980.
[19.3.3]

Moss, B. *Ecology of Fresh Waters: Man and Medium.* 2. Aufl. Oxford (Blackwell Scientific Publications) 1989.
[19.3.2, 19.3.3]

Moss, B.; Balls, H.; Booker, I.; Manson, K.; Timms, M. *Problems in the construction of a nutrient budget for the River Bure and its Broads (Norfolk) prior to its restoration from eutrophication.* In: Round, F. E. (Hrsg.) *Algae and the Aquatic Environment.* Bristol (Biopress) 1988. S. 326–352.
[19.4.3]

Moss, G. D. *The nature of the immune response of the mouse to the bile duct cestode,* Hymenolepis microstoma. In: *Parasitology* 62 (1971) S. 285–294.
[12.3.4]

Moss, R.; Welch, D.; Rothery, P. *Effects of grazing by mountain hares and red deer on the production and chemical composition of heather.* In: *Journal of Applied Ecology* 18 (1981) S. 487–496.
[9.7]

Moss, R.; Parr, R.; Lambin, X. *Effects of testosterone on breeding density, breeding success and survival of red grouse.* In: *Proceedings of the Royal Society of London, Series B* 258 (1994) S. 175–180.
[3.10, 15.4.1]

Moulton, M. P.; Pimm, S. L. *The extent of competition in shaping an introduced avifauna.* In: Diamond, J.; Case, T. J. (Hrsg.) *Community Ecology.* New York (Harper & Row) 1986. S. 80–97.
[20.4.2]

Mountford, M. D. *Population regulation, density dependence, and heterogeneity.* In: *Journal of Animal Ecology* 57 (1988) S. 845–858.
[15.2.3]

Muller, C. H. *Allelopathy as a factor in ecological process.* In: *Vegetatio* 18 (1969) S. 348–357.
[7.3]

Müller, G.; Foerster, E. *Entwicklung von Weideansaaten im Überflutungsbereich des Rheins bei Kleve.* In: *Acker und Pflanzenbau* 140 (1974) S. 161–174.
[21.3]

Müller, H. J. *Food distribution, searching success and predator-prey models.* In: Hiorns, R. W. (Hrsg.) *The Mathematical Theory of the Dynamics of Biological Populations.* London (Academic Press) 1970. S. 87–101.
[5.5]

Murdie, G.; Hassell, M. P. *Food distribution, searching success and predator-prey models.* In: Hiorns, R. W. (Hrsg.) *The Mathematical Theory of the Dynamics of Biological Populations.* London (Academic Press) 1973. S. 87–101.
[9.5.3]

Murdoch, W. W. *Community structure, population control and competition – a critique.* In: *American Naturalist* 100 (1966) S. 219–226.
[22.3.2]

Murdoch, W. W.; Stewart-Oaten, A. *Predation and population stability.* In: *Advances in Ecological Research* 9 (1975) S. 1–131.
[9.2.3, 9.7.3]

Murdoch, W. W.; Stewart-Oaten, A. *Aggregation by parasitoids and predators: effects on equilibrium and stability.* In: *American Naturalist* 134 (1989) S. 288-310.
[10.5.4]

Murdoch, W. W; Avery, S.; Smith, M. E. B. *Switching in predatory fish.* In: *Ecology* 56 (1975) S. 1094–1105.
[9.2.3]

Murdoch, W. W.; Reeve, J. D.; Huffaker, C. B.; Kennett, C. E. *Biological control of live scale and its relevance to ecological theory.* In: *American Naturalist* 123 (1984) S. 371–392.
[10.5.6]

Murdoch, W. W.; Chesson, J.; Chesson, P. L. *Biological control in theory and practice.* In: *American Naturalist* 125 (1985) S. 343–366.
[10.5.6]

Murdoch, W. W.; Briggs, C. J.; Nisbet, R. M.; Gurney, W. S. C.; Stewart-Oaten, A. *Aggregation and stability in metapopulation models.* In: *American Naturalist* 140 (1992) S. 41–58.
[10.5.5]

Murphy, G. J. *Clupeoids.* In: Gulland, J. A. (Hrsg.) *Fish Population Dynamics.* New York (Wiley-Interscience) 1977. S. 283–308.
[16.13.3]

Murray, J. D. *Mathematical Biology.* Berlin (Springer) 1989.
[5.2]

Murton, R. K. *The significance of a specific search image in the feeding behaviour of the wood pigeon.* In: *Behaviour* 40 (1971) S. 10–42.
[9.2.3]

Murton, R. K.; Isaacson, A. J.; Westwood, N. J. *The relationships between wood pigeons and their colver food sypply and the mechanism of population control.* In: *Journal of Applied Ecology* 3 (1966) S. 55–93.
[5.2.1, 9.7.1]

Murton, R. K.; Westwood, N. J.; Isaacson, A. J. *A study of wood-pigeon shooting: the explotation of a natural animal population.* In: *Journal of Applied Ecology* 11 (1974) S. 61–81.
[8.3]

Muscatine, L.; Pool, R. R. *Regulation of numbers of intracellular algae.* In: *Proceedings of the Royal Society of London, Series B* 204 (1979) S. 115–139.
[13.8]

Myers, J. H. *Can a general hypothesis explain population cycles of forest Lepidotera.* In: *Advances in Ecological Research* 18 (1988a) S. 179–242.
[12.6.1, 15.4]

Myers, J. M.; Krebs, C. J. *Genetic, behavioural and reproductive attributes of dispersing field voels* Microtus pennsylvanicus *and* Microtus ochrogaster. In: *Ecological Monographs* 41 (1971) S. 53–78.
[5.4.3, 15.4.4]

Myers, N. *Threatened biotas: 'hotspots' in tropical forests.* In: *Environmentalist* 8 (1988b) S. 1–20.
[25.6.3]

Myers, N. *The biodiversity challenge: expanded 'hotspots' analysis.* In: *Environmentalist* 10 (1991) S. 243–256.
[25.6.3]

Namkoong, G.; Roberds, J. H. *Extinction probabilities and the changing age structure of redwood forests.* In: *American Naturalist* 108 (1974) S. 355–368.
[17.4.4]

National Research Council *Alternative Agriculture.* Washington, DC (National Academy of Sciences, Academy Press) 1990.
[16.11]

Naveh, Z. *The evolutionary significance of fire in the Mediterranean region.* In: *Vegetatio* 29 (1975) S. 199–208.
[2.4, 2.9.1]

Nedergaard, J.; Cannon, B. *Mammalian hibernation.* In: *Phylosophical Transactions of the Royal Society, Series B* 326 (1990) S. 669–686. Auch in: Laws, R. M.; Franks, F. (Hrsg.) *Life at Low Temperatures.* London (The Royal Society). S. 153–170.
[2.5.1]

Nee, S.; May, R. M. *Dynamics of metapopulations: habitat destruction and competitive coexistence.* In: *Journal of Animal Ecology* 61 (1992) S. 37–40.
[12.7]

Nei, M. *Estimation of average heterozygosity and genetic distance from a small number of individuals.* In: *Genetics* 89 (1978) S. 583–590.
[1.2.2]

Nelson, J. S. *Fishes of the World.* 3. Aufl. New York (Wiley) 1994.
[1.1.4]

NERC *Our Changing Environment.* London (Natural Environment Research Council) 1990. (NERC acknowledges the significant contribution of Fred Pearce to the document.)
[2.10]

Neumann, R. L. *Metabolism in the Eastern chipmunk (*Tamias striatus*) and the Southern flying squirell (*Glaucomys volans*) during the winter and summer.* In: Fisher, K. C.; Dawe, A. R.; Lyman, C. P.; Schönbaum, E.; South, F. E. (Hrsg.) *Mammalian Hibernation III.* Edinburgh/London (Oliver & Boyd) 1967. S. 64–74.
[2.5.1]

Newsham, K. K.; Fitter, A. H.; Watkinson, A. H. *Root pathogenic and arbuscular mycorrhizal fungi determine fecundity of asymptomatic plants in the field.* In: *Journal of Ecology* 82 (1994) S. 805–814.
[13.7.2]

Nicholson, A. J. *The balance of animal populations.* In: *Journal of Animal Ecology* 2 (1993) S. 131–178.
[15.2.3]

Nicholson, A. J. *Compensatory reactions of populations to stress, and their evolutionary significance.* In: *Australian Journal of Zoology* 2 (1954a) S. 1–18.
[15.2.3]

Nicholson, A. J. *An outline of the dynamics of animal populations.* In: *Australian Journal of Zoology* 2 (1954b) S. 9–65.
[6.6, 8.3, 15.2.3, 16.12]

Nicholson, A. J. *The self adjustment of populations to change.* In: *Cold Spring Harbor Symposium of Quantitative Biology* 22 (1957) S. 153–172.
[15.2.3]

Nicholson, A. J. *Dynamics of insect populations.* In: *Annual Review of Entomology* 3 (1958) S. 107–136.
[15.2.3]

Nicholson, A. J.; Bailey, V. A. *The balance of animal populations.* In: *Proceedings of the Zoological Society of London* 3 (1935) S. 551–598.
[10.2.2]

Nielsen, B. O.; Ejlerson, A. *The distribution of herbivory in a beech canopy.* In: *Ecological Entomology* 2 (1977) S. 293–299.
[8.2.1]

Niklas, K. J.; Tiffney, B. H.; Knoll, A. H. *Patterns in vascular land plant diversification.* In: *Nature* 303 (1983) S. 614–616.
[24.4.6]

Nilsson, L. A. *The evolution of flowers with deep corolla tubes.* In: *Nature* 334 (1988) S. 147–149.
[13.4.2]

Nilsson, L. A. *Orchid pollination biology.* In: *Trends in Ecology and Evolution* 7 (1992) S. 255–259.
[13.4.2]

Nitecki, M. H. *Coevolution.* Chicago (University of Chicago Press) 1983.
[3.7.3]

Nixon, M. *The lifespan of* Octopus vulgaris *Lamarck.* In: *Proceedings of the Malacological Society of London* 38 (1969) S. 529–540.
[4.8]

Nobel, P. S. *Spine influences on PAR interception, stem temperature and nocturnal acid accumulation by cacti.* In: *Plant, Cell and Environment* 6 (1983) S. 153–159.
[2.4]

Noble, J. C.; Slatyer, R. O. *The effect of disturbance on plant succession.* In: *Proceedings of the Ecological Society of Australia* 10 (1979) S. 135–145.
[17.4.4]

Noble, J. C.; Slatyer, R. O. *Concepts and models of succession in vascular plant communities subject to recurrent fire.* In: Gill, A. M.; Graves, R. H.; Noble, I. R. (Hrsg.) *Fire and the Australian Biota.* Canberra (Australian Academy of Science) 1981.
[17.4.4]

Noble, J. C.; Bell, A. D.; Harper, J. L. *The population biology of plants with clonal growth. I. The morphology and structural demography of* Carex arenaria. In: *Journal of Ecology* 67 (1979) S. 983–1008.
[4.2.1, 5.5.3]

Norton, D. A. Trilepidea adamsii: *an obituary for a species.* In: *Conservation Biology* 5 (1991) S. 52–57.
[25.2.2]

Norton, I. O.; Sclater, J. G. *A model for the evolution of the Indian Ocean and the breakup of Gondwanaland.* In: *Journal of Geophysical Research* 84 (1979) S. 6803–6830.
[1.2.1]

Nowak, C. L.; Nowak, R. S.; Tausch, R. J.; Wigand, P. E. *Tree and shrub dynamics in northwestern Great Basin woodland and shrub steppe during the Late Pleistocene and Holocene.* In: *American Journal of Botany* 8 (1994) S. 265–277.
[1.2.2]

Nowak, M. A.; May, R. M. *Superinfection and the evolution of parasite virulence.* In: *Proceedings of the Royal Society, Series B* 225 (1994) S. 81–89.
[12.7]

Noy-Meir, I. *Stability of grazing systems: an application of predator-prey graphs.* In: *Journal of Ecology* 63 (1975) S. 459–483.
[10.6]

Nunney, L.; Campbell, K. A. *Assessing minimum viable population sizes: demography meets population genetics.* In: *Trends in Ecology and Evolution* 8 (1993) S. 234–239.
[25.2.5, 25.3.3, 25.6.1]

Nutman, P. S. In: Society for General Microbiology (Hrsg.) *Symbiotic Associations.* Cambridge (Cambridge University Press) 1963.
[13.12]

Nye, P. H.; Tinker, P. B. *Solute Movement in the Soil-Root System.* Oxford (Blackwell Scientific Publications) 1977.
[3.5]

O'Dor, R. K.; Wells, M. J. *Reproduction versus somatic growth: hormonal control in* Octopus vulgaris. In: *Journal of Experimental Biology* 77 (1978) S. 15–31.
[4.8]

O'Neill, R. V. *Ecosystem persistence and heterotrophic regulation.* In: *Ecology* 57 (1976) S. 1244–1253.
[22.6]

Oakeshott, J. G.; May, T. W.; Gidson, J. B.; Willcocks, D. A. *Resource partitioning in five domestic* Drosophila *species and its relationship to ethanol metabolism.* In: *Australian Journal of Zoology* 30 (1982) S. 547–556.
[11.3.3]

Obeid, M.; Machin, D.; Harper, J. L. *Influence of density on plant to plant variations in fiber flax,* Linum usitatissimum. In: *Crop Science* 7 (1967) S. 471–473.
[6.11]

Oborny, B. *Growth rules in clonal plants and environmental predictability – a simulation study.* In: *Journal of Ecology* 82 (1994) S. 341–351.
[3.10]

Odum, E. P.; Biever, L. J. *Resource quality, mutualism, and energy partitioning in food chains.* In: *American Naturalist* 124 (1984) S. 360–376.
[22.4.2]

Ødum, S. *Germination of ancient seeds: floristical observations and experiments with archaeologically dates soil samples.* In: *Dansk Botanisk Arkiv* 24 (1965) S. 1–70.
[5.5.2]

Ogden, J. *Studies on Reproductive Strategy with Particular Reference to Selected Composites.* Ph. D. thesis, University of Wales. 1968.
[14.9.1]

Ogden, J. *Population increase and nesting patterns in the black noddy* Anous minutus *in* Pisonia *forest on Heron Island: observations in 1978, 1979 and 1992.* In: *Australian Journal of Ecology* 18 (1993) S. 395–403.
[4.3]

Oinonen, E. *The correlation between the size of Finnish bracken (*Pteridium aquilinum *(L.) Kuhn) clones and certain periods of site history.* In: *Acta Forestalia Fennica* 83 (1967) S. 3–96.
[5.6]

Oka, U. M. I.; Pimentel, D. *Herbicide (2,4-D) increases insect and pathogen pests on corn.* In: *Science* 193 (1976) S. 239–240.
[16.6.1]

Oksanen, L. *Ecosystem organisation: mutualism and cybernetics of plain Darwinian struggle for existence.* In: *American Naturalist* 131 (1988) S. 424–444.
[22.3.2]

Okubo, A. *Diffusion and Ecological Problems: Mathematical Models.* Berlin (Springer) 1980.
[5.2]

Ollason, J. G. *Learning to forage – optimally?* In: *Theoretical Population Biology* 18 (1980) S. 44–56.
[9.9.3]

Ong, C. K.; Marshall, C.; Sagar, G. R. *The physiology of tiller death in grasses. 2. Causes of tiller death in a grass sward.* In: *Journal of the British Grassland Society* 33 (1978) S. 205–211.
[8.2.1]

Orshan, G. *Seasonal dimorphism of desert and Mediteranean chamaephytes and its significance as a factor in their water economy.* In: Rutter, A. J.; Whitehead, F. W. (Hrsg.) *The Water Relations of Plants.* Oxford (Blackwell Scientific Publications) 1963. S. 207–222.
[1.6, 3.2.3]

Orzack, S. H.; Tuljapurkar, S. *Population dynamics in variable environments. VII. The demography and evolution of iteroparity.* In: *American Naturalist* 133 (1989) S. 901–923.
[14.10.2]

Osawa, A.; Allen, R. B. *Allometric theory explains self-thinning relationships of mountain beech and red pine.* In: *Ecology* 74 (1993) S. 1020–1032.
[6.13]

Osborn, R. G. *Models of Lemming Demography and Avian Predators Near Barrow, Alaska.* M. S. thesis, San Diego State University. 1975.
[15.4.3]

Osmond, C. B.; Austin, M. P.; Berry, J. A. et al. *Stress physiology and the distribution of plants.* In: *Bioscience* 37 (1987) S. 38–48.
[2.7]

Owen-Smith, N. *Pleistocene extinctions: the pivotal role of megaherbivores.* In: *Pleobiology* 13 (1987) S. 351–362.
[24.4.6, 25.2.2]

Pacala, S. W.; Crawley, M. J. *Herbivores and plant diversity.* In: *American Naturalist* 140 (1992) S. 243–260.
[8.2.6]

Pacala, S. W.; Hassel, M. P. *The persistence of host-parasitoid associations in patchy environments. II. Evaluation of field data.* In: *American Naturalist* 138 (1991) S. 584–605. [9.7.1, 10.5.3, 10.5.6]

Pacala, S. W.; Hassel, M. P.; May, R. M. *Host-parasitoid associations in patchy environments.* In: *Nature* 344 (1990) S. 150–153. [10.5.3]

Pagel, M. D.; Harvey, P. H. *Recent developments in the analysis of comparative data.* In: *Quaterly Review of Biology* 63 (1988) S. 413–440. [14.12.1]

Paine, R. T. *Food web complexity and species diversity.* In: *American Naturalist* 100 (1966) S. 65–75. [21.2.2, 21.2.5, 22.2.2]

Paine, R. T. *Disaster, catastrophe and local persistence of the sea palm* Postelsia palmaeformis. In: *Science* 205 (1979) S. 685–687. [7.5.1]

Paine, R. T. *Marine Rocky Shores and Community Ecology: An Experimentalist's Perspective.* Oldendorf/Luhe (Ecology Institute) 1994. [2.8]

Paine, R. T.; Levin, S. A. *Intertidal landscapes: disturbance and the dynamics of pattern.* In: *Ecological Monographs* 51 (1981) S. 145–178. [21.2.2, 21.5.2]

Painter, E. L.; Detling, J. K. *Effects of defoliation on net photosynthesis and regrowth of western wheatgrass.* In: *Journal of Range Management* 34 (1981) S. 68–71. [8.2.1]

Palmblad, I. G. *Competition studies on experimental populations of weeds with emphasis on the regulation of population size.* In: *Ecology* 49 (1968) S. 26–34. [6.6]

Park, T. *Experimental studies of interspecific competition. I. Competition between populations of the flour beetle* Tribolium confusum *Duval and* Tribolium castaneum *Herbst.* In: *Ecological Monographs* 18 (1948) S. 267–307. [12.4, 12.6, 21.2.4]

Park, T. *Experimental studies of interspecific competition. II. Temperature, humidity and competition in two species of* Tribolium. In: *Physiological Zoology* 27 (1954) S. 177–238. [7.4.3]

Park, T. *Beetles, competition and populations.* In: *Science* 138 (1962) S. 1369–1375. [7.4.3]

Park, T.; Mertz, D. B.; Grodzinski, W.; Prus, T. *Cannibalistic predation in populations of flour beetles.* In: *Physiological Zoology* 38 (1965) S. 289–321. [7.4.3]

Parker, G. A. *The reproductive behaviour and the nature of sexual selection in* Scatophaga stercorraria *L. (Diptera: Scatophagidae) II. The fertilization rate and the spatial and temporal relationships of each sex around the site of mating and oviposition.* In: *Journal of Animal Ecology* 39 (1970) S. 205–228. [9.10]

Parker, G. A. *Evolutionarily stable strategies.* In: Krebs, J. R.; Davies, N. B. (Hrsg.) *Behavioural Ecology: An Evolutionary Approach.* 2. Aufl. Oxford (Blackwell Scientific Publications) 1984. S. 30–61. [5.3.2]

Parker, G. A.; Stuart, R. A. *Animal behaviour as a strategy optimizer: evolution of resource assessment strategies and optimal emigration thresholds.* In: *American Naturalist* 110 (1976) S. 1055–1076. [9.9.1]

Parlange, J. Y.; Waggoner, P. E. *Stomatal dimensions and resistance to diffusion.* In: *Plant Physiology* 46 (1970) S. 337–342. [3.4]

Parrish, J. A. D.; Bazzaz, F. A. *Differences in pollination niche relatonships in early and late successional plant communities.* In: *Ecology* 60 (1979) S. 597–610. [24.4.4]

Parrish, J. A. D.; Bazzaz, F. A. *Competitive interactions in plant communities of different successional ages.* In: *Ecology* 63 (1982) S. 314–320. [24.4.4]

Parson, P. A.; Spence, G. E. *Ethanol utilization: threshold differences among three* Drosophila *species.* In: *American Naturalist* 117 (1981) S. 568–571. [11.3.1]

Partridge, L.; Farquhar, M. *Sexual activity reduces lifespan of male fruitflies.* In: *Nature* 294 (1981) S. 580–581. [14.4]

Paton, P. W. *The effect of edge on avian nest success: how strong is the evidence?* In: *Conservation Biology* 8 (1992) S. 17–26. [25.3.3]

Pauly, D.; Christensen, V. *Primary production required to sustain global fisheries.* In: *Nature* 374 (1995) S. 255–257. [18.4.1, 18.4.3]

Pauly, D.; Soriano-Bartz, M. L.; Palomares, M. L. D. *Improved construction, parametrization and interpretation of steady-state ecosystem models.* In: Christensen, V.; Pauly, D. (Hrsg.) *Trophic Models of Aquatic Ecosystems.* Manila, Philippinen (International Center for Living Aquatic Resources Management, Conference Proceedings 26) 1993. S. 1–13. [18.4.3]

Payne, C. C. *Pathogens for the control of insects: where next?* In: *Philosophical Transactions of the Royal Society of London, Series B* 318 (1988) S. 225–248. [16.8]

Payne, R. B. *The ecology of brood parasitism in birds.* In: *Annual Review of Ecology and Systematics* 8 (1977) S. 1–28. [12.8]

Peake, A. J.; Quinn, G. P. *Temporal variation in species-area curves for invertebrates in clumps of an tidal mussel.* In: *Ecography* 16 (1993) S. 269–277. [23.1]

Pearce, D. W.; Turner, R. K. *Economics of Natural Resources and Environment.* New York (Harvester Wheatsheaf) 1990. [16.15.1]

Pearcy, R. W.; Björkman, O.; Caldwell, M. M.; Keeley, J. E.; Monson, R. K.; Strain, B. R. *Carbon gain by plants in natural environments.* In: *Bioscience* 37 (1987) S. 21–29. [3.2.5]

Pearl, R. *The growth of populations.* In: *Quaterly Review of Biology* 2 (1927) S. 532–548. [6.4]

Pearl, R. *The Rate of Living.* New York (Knopf) 1928. [4.5.1]

Pearson, D. L.; Juliano, S. A. *Mandible length ratios as a mechanism for co-occurrence: evidence from a worldwide comparison of tiger beetle assemblages (*Cicindelidae*).* In: *Oikos* 61 (1991) S. 223–233.
[20.3.1]

Pease, J. L.; Vowles, R. H.; Keith, L. B. *Interaction of snowshoe hares and woody vegetation.* In: *Journal of Wildlife Management* 43 (1979) S. 43–60.
[10.2.4]

Pemadasa, M. A.; Grieg-Smith, P.; Lovell, P. H. *A quantitative description of the distribution of annuals in the dune system at Aberffraw, Anglesey.* In: *Journal of Ecology* 62 (1974) S. 379–402.
[17.3.2]

Penman, H. L. *Natural evaporation from open water, bare soil and grass.* In: *Proceedings of the Royal Society, Series A* 193 (1948) S. 120–145.
[3.4]

Perrins, C. M. *Population fluctuations and clutch size in the great tit,* Parus major *L.* In: *Journal of Animal Ecology* 34 (1965) S. 601–647.
[4.6.3]

Perry, J. N.; Woiwod, I. P.; Hanski, I. *Using response-surface methodology to detect chaos in ecological time series.* In: *Oikos* 68 (1993) S. 329–339.
[6.9]

Peterman, R. M.; Clark, W. C.; Hollings, C. S. *The dynamics of resilence: shifting stability domains in fish and insect systems.* In: Anderson, R. M.; Turner, B. D.; Taylor, L. R. (Hrsg.) *Population Dynamics.* Oxford (Blackwell Scientific Publications) 1979. S. 321–341.
[10.6.1, 16.13.3]

Peters, B. *The Demography of Leaves in a Permanent Pasture.* Ph. D. thesis, University of Wales. 1980.
[15.3.2]

Peters, R. H. *The Ecological Implications of Body Size.* Cambridge (Cambridge University Press) 1983.
[14.12.1, 15.4.3]

Petranka, J. W. *Chemical interference competition in tadpoles: does it occur outside laboratory aquaria?* In: *Copeia* 1989 (1989) S. 921–930.
[7.3]

Pévet, P.; Masson-Pévet, M.; Hermes, M. L. H. J.; Buijs, R. M.; Canguilhem, B. *Photoperiod, pineal gland, vasopressinergic innervation and timing of hibernation.* In: Malan, A.; Canguilhem, B. (Hrsg.) *Living in the Cold. II.* London (John Libbey) 1989. S. 43–51.
[2.5.1]

Phillipi, T.; Seger, J. *Hedging one's evolutionary bets, revisited.* In: *Trends in Ecology and Evolution* 4 (1989) S. 41–44.
[14.10.2]

Pianka, E. R. *On lizard species diversity: North American flatland deserts.* In: *Ecology* 48 (1967) S. 333–351.
[24.3.1, 24.3.2]

Pianka, E. R. *On* r- *and* k-*selection.* In: *American Naturalist* 104 (1970) S. 592–597.
[14.9, 14.12.2]

Pianka, E. R. *The structure of lizard communities.* In: *Annual Review of Ecology and Systematics* 4 (1973) S. 53–74.
[20.4.1]

Pianka, E. R. *Evolutionary Ecology.* 3. Aufl. New York (Harper & Row) 1983.
[24.4.1]

Pickett, J. A. *Integrating use of beneficial organisms with chemical crop protection.* In: *Philosophical Transactions of the Royal Society of London, Series B* 318 (1988) S. 203–211.
[16.5.1]

Pickett, S. T. A.; White, P. S. (Hrsg.) *The Ecology of Natural Disturbance as Patch Dynamics.* New York (Academic Press) 1985.
[21.1.2, 21.4]

Pierce, N. E.; Young, W. R. *Lycaenid butterflies and ants: two species in stable equilibria in mutualistic, commensal, and parasitic interactions.* In: *American Naturalist* 128 (1986) S. 216–227.
[13.3.2]

Piersma, T.; Davidson, N. C. *The Migration of Knots, Wader Study Group Bulletin 64, Supplement, April 1992.* Peterborough (Joint Nature Conservation Commitee, Publications Branch) 1992a. S. 1–209.
[5.7.3]

Piersma, T.; Davidson, N. C. *The migrations and annual cycles of five subspecies of Knots in perspective.* In: *The Migration of Knots, Wader Study Group Bulletin 64, Supplement, April 1992.* Peterborough (Joint Nature Conservation Commitee, Publications Branch) 1992b. S. 187–197.
[5.7.3]

Pijl, L. van der *Principles of Dispersal in Higher Plants.* Berlin (Springer) 1969.
[5.3.6]

Pimentel, D. *Pesticide and Toxic Chemical News.* In: *Jan* 17 (1979) S. 2–11.
[16.7]

Pimental, D. *Cultural controls for insect pest management.* In: Corey, S.; Dall, D.; Milne, W. (Hrsg.) *Pest Control and Sustainable Agriculture.* East Melbourne (CSIRO) 1993. S. 35–38.
[16.2, 16.7, 16.9, 16.11]

Pimentel, D.; Levins, S. A.; Soans, A. B. *On the evolution of energy balance in some exploiter-victim systems.* In: *Ecology* 56 (1975) S. 381–190.
[18.4.1]

Pimentel, D.; Krummel, J.; Gallahan, D. *Benefits and cost of pesticide use in U. S. food production.* In: *Bioscience* 28 (1978) S. 777–784.
[16.7]

Pimentel, D.; McLaughlin, L.; Zepp, A. et al. *Environmental and economic impacts of reducing U. S. agricultural pesticide use.* In: Pimentel, D. (Hrsg.) *Handbook of Pest Management in Agriculture.* Bd. 1. Boca Raton (CRC Press) 1991. S. 679–719.
[16.9]

Pimm, S. L. *Complexity and stability: another look at MacArthur's original hypothesis.* In: *Oikos* 33 (1979a) S. 351–357.
[22.4.2, 22.5.5]

Pimm, S. L. *The structure of food webs.* In: *Theoretical Population Biology* 16 (1979b) S. 144–158.
[22.4.2]

Pimm, S. L. *Food Webs.* London (Chapman & Hall) 1982.
[11.1, 22.4.2, 22.5.3, 22.5.5]

Pimm, S. L. *The Balance of Nature: Ecological Issues in the Conservation of Species and Communities.* Chicago/London (University of Chicago Press) 1991.
[20.3.1, 22.3.2, 22.5, 25.3.2]

Pimm, S. L.; Gittleman, J. L. *Carnivores and ecologists on the road to Damascus.* In: *Trends in Ecology and Evolution* 5 (1990) S. 70–73.
[20.3.1]

Pimm, S. L.; Lawton, J. H. *Are food webs divided into compartments?* In: *Journal of Animal Ecology* 49 (1980) S. 879–898.
[22.5.2, 22.5.5, 22.6]

Pimm, S. L.; Rice, J. C. *The dynamics of multi-species, multi-life-stage models of aquatic food webs.* In: *Theoretical Population Biology* 32 (1987) S. 303–325.
[22.5.3]

Pisek, A.; Larcher, W.; Vegis, A.; Napp-Zin, K. *The normal temperature range.* In: Precht, H.; Chridtopherson, J.; Hense, H.; Larcher, W. (Hrsg.) *Temperature and Life.* Berlin (Springer) 1973. S. 102–194.
[2.12, 18.3.1]

Pitcher, T. J.; Hart, P. J. B. *Fisheries Ecology.* London (Croom Helm) 1982.
[16.13.2, 16.14]

Plante, C. J.; Jumars, P. A.; Baross, J. A. *Digestive associations between marine detritivores and bacteria.* In: *Annual Review of Ecology and Systematics* 21 (1990) S. 93–127.
[11.2.3]

Podoler, H.; Rogers, D. J. *A new method for the identification of key factors from life-table data.* In: *Journal of Animal Ecology* 44 (1975) S. 85–114.
[15.3.1, 15.3.2]

Pojar, T. M. *A management perspective of population modelling.* In: Fowler, D. W.; Smith, T. D. (Hrsg.) *Dynamics of Large Mammal Populations.* New York (Wiley-Interscience) 1981. S. 241–261.
[16.13.2]

Polis, G. A. *Complex trophic interactions in deserts: an empirical critique of food-web theory.* In: *American Naturalist* 138 (1991) S. 123–155.
[22.5.3]

Poole, R. W. *An Introduction to Quantitative Ecology.* New York (McGraw Hill) 1978.
[15.2.2, 15.4.1]

Possingham, H. J. P.; Roughgarden, J. *Spatial population dynamics of a marine organism with a complex life cycle.* In: *Ecology* 71 (1990) S. 973–985.
[15.6.2]

Post, W. M.; Pimm, S. L. *Community assembly and food web stability.* In: *Mathematical Biosciences* 64 (1983) S. 162–192.
[22.5.6]

Potts, G. R.; Tapper, S. C.; Hudson, P. J. *Population fluctuations in red grouse: analysis of bag records and a simulation model.* In: *Journal of Animal Ecology* 53 (1984) S. 21–36.
[12.4, 12.6, 15.4.1]

Poulin, R. *Group living and the richness of the parasite fauna in Canadian freshwater fishes.* In: *Oecologia* 86 (1991) S. 390–394.
[12.3.8]

Poulin, R. *Phylogeny, ecology, and the richness of parasite communities in vertebrates.* In: *Ecological Monographs* 65 (1995) S. 283–302.
[12.3.8]

Poulson, M. E.; DeLucia, E. H. *Photosynthetic and structural acclimation to light direction in vertical leaves of* Silphium terebinthaceum. In: *Oecologia* 95 (1993) S. 393–400.
[3.2.1]

Power, M. E. *Effects of fish in river food webs.* In: *Science* 250 (1990) S. 411–415.
[22.3.1]

Power, M. E. *Top-down and bottom-up forces in food webs: do plants have primacy?* In: *Ecology* 73 (1992) S. 733–746.
[22.3.3]

Power, M. E.; Steward, A. J. *Disturbance and recovery of an algal assemblage following flooding in an Oklahoma stream.* In: *The American Naturalist* 117 (1987) S. 333–345.
[21.5]

Prance, G. T. *Discussion.* In: Nelson, D.; Rosen, D. E. (Hrsg.) *Vicariance Biogeography: A Critique.* New York (Columbia University Press) 1981. S. 395–405.
[1.2.2]

Prance, G. T. *The changing forests.* In: Prance, G. T.; Lovejoy, T. E. (Hrsg.) *Amazonia.* Oxford (Pergamon Press) 1985.
[1.2.2]

Prance, G. T. *Biogeography of neotropical plants.* In: Whitmore, T. C.; Prance, G. T. (Hrsg.) *Biogeography and Quaternary History of Tropical American. Oxford Monographs on Biogeography* 3 (1987) S. 46–65.
[1.2.2]

Prentice, I. C.; Cramer, W.; Harrison, S. P.; Leemans, R.; Monserud, R. A.; Solomon, A. M. *A global model based on plant physiology and dominance, soil properties and climate.* In: *Journal of Biogeography* 19 (1992) S. 117–134.
[18.5]

Pressey, R. L.; Humphries, C. J.; Margules, C. R.; Vane-Wright, R. I.; Williams, P. H. *Beyond oppurtunism: key principles for systematic reserve selection.* In: *Trends in Ecology and Evolution* 8 (1993) S. 124–128.
[25.1.4, 25.6.3]

Preston, F. W. *The canonical distribution of commoness and rarity.* In: *Ecology* 43 (1962) S. 410–432.
[23.3.1]

Preszler, R. W.; Price, P. W. *The influence of* Salix *leaf abscission on leaf-miner survival and life-history.* In: *Ecological Entomology* 18 (1993) S. 150–154.
[8.2.2]

Price, M. V.; Waser, N. M. *Pollen dispersal and optimal outcrossing in* Delphinium nelsoni. In: *Nature* 277 (1979) S. 294–297.
[5.4.4]

Price, P. W.; Clancy, K. M. *Patterns in number of helminth parasite species in freshwater fishes.* In: *Journal of Parasitology* 69 (1983) S. 449–454.
[12.3.8]

Price, P. W.; Westoby, M.; Rice, B. et al. *Parasite meditation in ecological interactions.* In: *Annual Review of Ecology and Systematics* 17 (1986) S. 487–505.
[12.6.3]

Primack, R. B. *Naturschutzbiologie.* Heidelberg (Spektrum Akademischer Verlag) 1995.
[25.1.3, 25.2.3, 25.2.6, 25.6.3]

Privalov, P. L. *Stability of proteins: small globular proteins.* In: *Advances in Protein Chemistry* 33 (1983) S. 167–241.
[2.4]

Prokopy, R. J.; Johnson, S. A.; O'Brien, M. T. *Second stage integrated management of apple arthropod pests.* In: *Entomologia Experimentalis et Applicata* 54 (1990) S. 9–19.
[16.9]

Pugh, C. J. F. *Strategies in fungal ecology.* In: *Mycological Society* 75 (1980) S. 1–14.
[11.2.1]

Pulliam, H. R. *Sources, sinks and population regulation.* In: *American Naturalist* 132 (1988) S. 652–661.
[15.6.5]

Pulliam, H. R.; Curaco, T. *Living in groups: is there an optimal group size?* In: Krebs, J. R.; Davies, N. B. (Hrsg.) *Behavioural Ecology: An Evolutionary Approach.* 2. Aufl. Oxford (Blackwell Scientific Publications) 1984. S. 122–147.
[5.2.1]

Putman, R. J. *Patterns of carbon dioxide evolution from decaying carrion. Decomposition of small carrion in temperate systems.* In: *Oikos* 31 (1978a) S. 47–57.
[11.2.3]

Putman, R. J. *Flow of energy and organic matter from a carcass during decomposition. Decomposition of small mammal carrion in temperate systems 2.* In: *Oikos* 31 (1978b) S. 58–68.
[11.3.3]

Putman, R. J. *Carrion and Dung: The Decomposition of Animal Wastes.* London (Edward Arnold) 1983.
[11.3.2, 11.3.2]

Putwain, P. D. *Resistance of plants to herbicides.* In: Hance, R. J.; Holly, K. (Hrsg.) *Weed Control Handbook: Priciples.* 8. Aufl. Oxford (Blackwell Scientific Publications) 1989. S. 217–242.
[16.6.4]

Pyke, G. H. *Local geographic distributions of bumblebees near Crested Butte, Colorada: competition and community structure.* In: *Ecology* 63 (1982) S. 555–573.
[20.3.1, 20.4.2]

Quinn, J. F.; Harrison, S. P. *Local geographic distribution of bumblebees near Crested Butte, Colorado: competition and community structure.* In: *Ecology* 63 (1988) S. 555–573.
[25.6.3]

Quinn, J. F.; Hastings, A. *Extinction in subdivided habitat.* In: *Conservation Biology* 1 (1987) S. 198–208.
[25.3.3]

Rabinowitz, D. *Seven forms of rarity.* In: Synge, H. (Hrsg.) *The Biological Aspects of Rare Plant Conservation.* Chichester (Wiley) 1981. S. 205–217.
[25.2.1]

Rabotnov, T. A. *On the biology of monocarpic perennial plants.* In: *Bulletin of the Moscow Society of Naturalist* 71 (1964) S. 47–55. (Russisch).
[5.5.3]

Rafes, P. M. *Estimation of the effects of phytophagous insects on forest production.* In: Reichle, D. E. (Hrsg.) *Analysis of Temperate Forest Systems.* New York (Springer) 1970. S. 100–106.
[8.2.3]

Raffia, K. F.; Berryman, A. A. *The role of host plant resistance in the colonization behaviour and ecology of bark beetles (*Coleoptera: Scolytidae*).* In: *Ecological Monographs* 53 (1983) S. 27–49.
[8.2.2]

Rai, B.; Freedman, H. I.; Addicott, J. F. *Analysis of three species models of mutualism in predator-prey and competitive systems.* In: *Mathematical Biosciences* 65 (1983) S. 13–50.
[13.12]

Rainey, R. C.; Browning, K. A.; Cheke, R. A.; Haggis, M. J. *Migrant Pests: Progress, Problems and Potentialities.* London (The Royal Society) 1990.
[5.7.5]

Ramade, F. *Ecology of Natural Resources.* Chichester (Wiley) 1981.
[19.4.3, 19.4.5]

Rand, D. A.; Wilson, H. B. *Using spatio-temporal chaos and intermediate scale determinism to quantify spatially extended ecosystems.* In: *Proceedings of the Royal Society, Series B* 259 (1995) S. 111–117.
[15.2.4]

Randall, M. G. M. *The dynamics of an insect population throughout its altitudinal distributions:* Coleophora alticolella *(Lepidoptera) in northern England.* In: *Journal of Animal Ecology* 51 (1982) S. 993–1016.
[2.2.2]

Ranta, E. *Gregariousness versus solitude: another look at parasite faunal richness in Canadian freshwater fishes.* In: *Oecologia* 89 (1992) S. 150–152.
[12.3.8]

Ranwell, D. S. *Ecology of Salt Marshes and Sand Dunes.* London (Chapman & Hall) 1972.
[2.8, 17.2.4]

Ranwell, D. S. *The salt marsh to tidal woodland tradition.* In: *Hydrobiological Bulletin (Amsterdam)* 8 (1974) S. 139–151.
[17.4.2]

Rathcke, B. J. *Competition and coexistence within a guild of herbivorous insects.* In: *Ecology* 57 (1976) S. 76–87.
[20.3.1]

Rathcke, B. J.; Poole, D. O. *Coevolutionary race continues butterfly larval adaption to plant trichomes.* In: *Science* 187 (1975) S. 175.
[3.7.3]

Rätti, O.; Dufva, R.; Alatalo, R. V. *Blood parasites and male pied flycatcher.* In: *Oecologia* 96 (1993) S. 410–414.
[12.4]

Raunkiaer, C. *The Life Forms of Plants.* Oxford (Oxford University Press) 1934. (Übersetzung der dänischen Originalausgabe von 1907).
[1.4.2]

Raup, D. M. *Cohort analysis of generic survivorship.* In: *Paleobiology* 4 (1978) S. 1–15.
[25.1.2]

Rausher, M. D. *Search image for leaf shape in a butterfly.* In: *Science* 200 (1978) S. 1071–1073.
[21.2.3]

Raushke, E.; Haar, T. H.; Bardeer, W. R. van der; Paternak, M. *The annual radiation of the earth-atmosphere system during 1969–70 from Nimbus measurements.* In: *Journal of the Atmospheric Science* 30 (1973) S. 341–346.
[3.1]

Read, A. F.; Harvey, P. H. *Life history differences among the eutherian radiations.* In: *Journal of Zoology* 219 (1989) S. 329–353.
[14.12.2]

Reader, R. J. *Contribution of overwintering leaves to the growth of three broad-leaved, evergreen shrubs belonging to the Ericaceae family.* In: *Canadian Journal of Botany* 56 (1978) S. 1248–1261.
[19.2.3]

Redfern, M.; Jones, T. H.; Hassel, M. P. *Heterogeneity and density dependence in a field study of a tephritid-parasitoid interaction.* In: *Ecological Entomology* 17 (1992) S. 255–262.
[10.5.6]

Reece, C. H. *The role of the chemical industry improving the effectiveness of agriculture.* In: *Philosophical Transactions of the Royal Society of London, Series B* 310 (1985) S. 201–213.
[16.5]

Reeki, E. G.; Bazzaz, F. A. *Competition and patterns of resource use among seedlings of five tropical trees grown at ambient and elevated CO_2.* In: *Oecologia* 79 (1989) S. 212–222.
[3.3.4]

Reichle, D. E. *Analysis of Temperate Forest Ecosystems.* New York (Springer) 1970.
[18.2, 18.3.1]

Reid, E. M. *British floras antecedent to the Great Ice Age. Discussion on the origin and relationship of the British flora.* In: *Proceedings of the Royal Society of London, Series B* 118 (1935) S. 197.
[24.3.5]

Reid, W. V.; Miller, K. R. *Keeping Options Alive: The Scientific Basis for Conserving Biodiversity.* Washington, DC (World Resources Institute) 1989.
[25.2.6, 25.6.3]

Retief, J. D.; Krajewski, C.; Westerman, M.; Winkfein, R. J.; Dixon, G. D. *Molecular phylogeny and evolution of marsupial protamine P1 genes.* In: *Proceedings of the Royal Society, Series B* 259 (1995) S. 7–14.
[1.3]

Rex, M. A. *Community structure in the deep sea benthos.* In: *Annual Review of Ecology and Systematics* 12 (1981) S. 331–353.
[24.4.3]

Reynoldson, T. B.; Bellamy, L. S. *The establishment of interspecific competition in field populations with an example of competition in action between* Polycelis nigra *and* P. tenius (Turbellaria, Tricladidae*).* In*:* Boer, P. J. den; Gradwell, G. R. (Hrsg.) *Dynamics of Populations. Proceedings of the Advanced Study Institute in Dynamics of Numbers in Populations.* Oosterbeck. Wageningen (Centre for Agricultural Publishing and Documentation) 1971. S. 282–297.
[15.7.2]

Reznick, D. N. *The impact of predation on life history evolution in Trinidadian guppies: genetic basis of observed life history patterns.* In: *Evolution* 36 (1982) S. 1236–1250.
[14.7.2]

Reznik, D. N. *Cost of reproduction: an evaluation of the empirical evidence.* In: *Oikos* 44 (1985) S. 257–267.
[14.4]

Reznik, D. N.; Bryga, H.; Endler, J. A. *Experimentally induced life history evolution in a natural population.* In: *Nature* 346 (1990) S. 357–359.
[14.7.2]

Rhoades, D. F.; Cates, R. G. *Towards a general theory of plant antiherbivore chemistry.* In: *Advances in Phytochemistry* 110 (1976) S. 168–213.
[3.7.3]

Ribble, D. O. *Dispersal in a monogamous rodent,* Peromyscus californicus. In: *Ecology* 73 (1992) S. 859–866.
[5.4.3, 15.4.4]

Rice, E. L. *Allelopathy.* 2. Aufl. New York (Academic Press) 1984.
[7.3]

Richards, B. N *Introduction to the Soil Ecosystem.* Harlow (Longman) 1974.
[17.4.1]

Richards, O. W.; Davies, R. G. *Imm's General Textbook of Entomology, Vol.1. Structure, Physiology and Development. Vol. 2. Classificaton. Biology.* New York (Wiley) 1977.
[3.7.1]

Richards, O. W.; Waloff, N. *Studies on the biology and population dynamics of British grasshoppers.* In: *Anti-Locust Bulletin* 17 (1954) S. 1–182.
[4.5.1, 5.5.1, 6.4]

Richman, A. D.; Case, T. J.; Schwaner, T. D. *Natural and unnatural extinction rates of reptiles in islands.* In: *American Naturalist* 131 (1988) S. 611–630.
[23.3.1]

Richman, S. *The transformation of energy by* Daphnia pulex. In: *Ecological Monographs* 28 (1958) S. 273–291.
[8.4]

Rickards, J.; Kelleher, M. J.; Storey, K. B. *Strategies of freeze avoidance in larvae of the goldenrod gall moth* Epiblema scudderiana*: winter profiles of a natural population.* In: *Journal of Insect Physiology* 33 (1987) S. 581–586.
[2.3.3]

Ridley, H. N. *The Dispersal of Plants Throughout the World.* Ashford (L. Reeve) 1930.
[5.3.6]

Ridsdill-Smith, T. J. *Competition in dung-breeding insects.* In: Bailey, W. J.; Ridsdill-Smith, T. J. (Hrsg.) *Reproductive Behaviour of Insects.* London (Chapman & Hall) 1991. S. 264–294.
[11.3.2]

Rieck, A. F.; Belli, J. A.; Blaskovics, M. E. *Oxygen consumption of whole animal tissues in temperature acclimated amphibians.* In: *Proceedings of the Society of Experimental Biology and Medicine* 103 (1960) S. 436–439.
[2.3.3]

Riemer, J.; Whittaker, J. B. *Air pollution and insect herbivores: observed interactions and possible mechanisms.* In: Bernays, E. A. (Hrsg.) *Insect-Plant Interactions.* Boca Raton (CRC Press) 1989. S. 73–105.
[8.2.7]

Rigler, F. H. *The relations between concentration of food and feeding rate of* Daphnia magna *Straus.* In: *Canadian Journal of Zoology* 39 (1961) S. 857–868.
[9.5.2]

Riper, C. van; Riper, S. G. van; Goff, M. L.; Laird, M. *The epizootiology and ecological significance of malaria in Hawaiian land birds.* In: *Ecological Monographs* 56 (1986) S. 327–344.
[21.2.4]

Ripper, W. E. *Effects of pesticide on balance of arthropod populations.* In: *Annual Review of Entomology* 1 (1956) S. 296–307.
[16.6.2]

Roberts, H. A. *Emergence and longevity in cultivated soil of seeds of some annual weeds.* In: *Weed Research* 4 (1964) S. 296–307.
[4.5.2]

Robertson, J. H. *Responses of range grasses to different intensities of competition with sagebrush (*Artemisia tridentata *Nutt.).* In: *Ecology* 28 (1947) S. 1–16.
[7.6]

Robinson, S. P.; Downton, W. J. S.; Millhouse, J. A. *Photosynthesis and ion content of leaves and isolated chloroplasts of salt-stressed spinach.* In: *Plant Physiology* 73 (1983) S. 238–242.
[2.7]

Rodin, L. E. *Primary productivity of the main world ecosystems.* In: *Proceedings of the First International Congress of Ecology.* Wageningen (Centre for Agricultural Publications) 1975. S. 176–181.
[18.2]

Roff, D. *On being the right size.* In: *American Naturalist* 118 (1981) S. 405–422.
[14.2]

Rohani, P.; Godfray, H. C. J.; Hassel, M. P. *Aggregation and the dynamics of host-parasitoid systems: a discrete-generation model with within-generation redistribution.* In: *American Naturalist* 144 (1994a) S. 491–509.
[10.5.4]

Rohani, P.; Miramontes, O.; Hassel, M. P. *Quasiperiodicity and chaos in population models.* In: *Proceedings of the Royal Society, Series B* 258 (1994b) S. 17–22.
[15.2.4]

Rohde, K. *Latitudinal differences in host-specificity of marine Monogenea and Digenea.* In: *Marine Biology* 47 (1978) S. 125–134.
[24.4.1]

Room, P. M.; Harley, K. L. S.; Forno, I. W.; Sands, D. P. A. *Succesful biological control of the floating weed* Salvinia. In: *Nature* 294 (1981) S. 78–80.
[15.7.6]

Room, P. M.; Sands, D. P. A.; Forno,I. W.; Taylor, M. F. J.; Julien, M. H. *A summary of research into biological control of salvinia in Australia.* In: *Proceedings of the VIth International Symposium on Biological Control of Weeds* (1985) S. 543–549.
[16.8]

Room, P. M.; Maillette, L.; Hanan, J. S. *Module and metamer dynamics and virtual plants.* In: *Advances in Ecological Research* 25 (1994) S. 105–157.
[4.2.1]

Root, R. *The niche exploitation pattern of the blue-grey gnatcatcher.* In: *Ecological Monographs* 37 (1967) S. 317–350.
[1.3, 20.3.1]

Rose, M. R.; Service, P. M.; Hutchinson, E. W. *Three approaches to tradeoffs in life-history evolution.* In: Loeschke, V. (Hrsg.) *Genetic Constraints on Evolution.* Berlin (Springer) 1987.
[14.4]

Rosenzweig, M. L. *Paradox of enrichment: destabilization of exploitation ecosystems in ecological time.* In: *Science* 171 (1971) S. 385–387.
[24.3.1]

Rosenzweig, M. L.; MacArthur, R. H. *Graphical representation and stability conditions of predator-prey interactions.* In: *American Naturalist* 97 (1963) S. 209–223.
[10.2]

Rosewell, J.; Shorrocks, B.; Edwards, K. *Competition on a divided and ephermal resource: testing the assumptions. I. Aggregation.* In: *Journal of Animal Ecology* 59 (1990) S. 977–1001.
[7.5.5]

Ross, M. A.; Harper, J. L. *Occupation of biological space during seedling establishment.* In: *Journal of Ecology* 60 (1972) S. 77–88.
[6.11]

Ross, R.; Thomson, D. *A case of sleeping sickness studied by precise enumerative methods: regular periodical increase of the parasite described.* In: *Proceedings of the Royal Society of London, Series B* 82 (1910) S. 411–415.
[12.7]

Rosswall, T. H. *Major Biogeochemical Cycles and their Interactions.* Chichester (Wiley) 1983. S. 46–50.
[19.4.4]

Roth, G. D. *Collins Guide to the Weather.* London (Collins) 1981.
[20.4.2]

Rotheray, G. E. *The biology and host searching behaviour of a cynipid parasite of aphidophagous syrphid larvae.* In: *Ecological Entomology* 4 (1979) S. 75–82.
[9.8]

Rothstein, S. I. *A model system for coevolution: avian brood parasitism.* In: *Annual Review of Ecology and Systematics* 21 (1990) S. 481–508.
[12.8]

Roughgarden, J. *Theory of Population Genetics and Evolutionary Ecology: An Introduction.* New York (Macmillan) 1979.
[15.6.4]

Roughgarden, J. *Anolis Lizards of the Caribbean: Ecology Evolution and Plate Tectonics.* Oxford (Oxford University Press) 1992.
[12.3.8]

Roughgarden, J.; Gaines, S. D.; Isawa, Y. *Dynamics and evolution of marine populations with pelagic larval dispersal.* In: May, R. M. (Hrsg.) *Exploitation of Marine Communities.* Berlin (Dahlem Konferenzen, Springer) 1984. S. 111–128.
[15.6.2]

Roush, R. T.; McKenzie, J. A. *Ecological genetics of insecticide and acaricide resistance.* In: *Annual Review of Entomology* 32 (1987) S. 361–380.
[16.6.4]

Rowell, J. B. *Controlled infection by* Puccinia graminis *f. sp.* tritici *under artifical conditions.* In: Bushell, W. R.; Roelfs, A. P. (Hrsg.) *The Cereal Rusts.* Bd. 1. New York (Academic Press) 1984. S. 291–332.
[2.2.2]

Rubenstein, D. I. *Individual variation and competition in the Everglades pygmy sunfish.* In: *Journal of American Ecology* 50 (1981) S. 337–350.
[6.11]

Russel, E. W. *Soil Conditions and Plant Growth* 10. Aufl. London (Longman) 1973.
[19.2.4]

Russel, N. J. *Cold adaption of microoranisms.* In: *Philosophical Transactions of the Royal Society, Series B* 326 (1990) S. 595–661. Auch in: Laws, R. M.; Franks, F. (Hrsg.) *Life at Low Temperatures.* London (The Royal Society). S. 79–95.
[2.3]

Ryan, C. A.; Jagendorf, A. *Self defense by plants.* In: *Proceedings of the National Academy of the USA* 92 (1995) S. 4075.
[12.3.5]

Ryan, C. A.; Lamb, C. J.; Jagendorf, A. T.; Kolattukudy, P. E. (Hrsg.) *Self-defense by plants: induction and signalling pathways.* In: *Proceedings of the National Academy of Science of the USA* 92 (1995) S. 4075–4205.
[12.3.5]

Ryle, G. J. A. *Partition of assimilates in an annual and perennial grass.* In: *Journal of Applied Ecology* 7 (1970) S. 217–227.
[8.2.1]

Rypstra, A. L. *A relative measure of predation on web-spiders in temperate and tropical forests.* In: *Oikos* 43 (1984) S. 129–132.
[24.4.1]

Sackville Hamilton, N. R.; Schmid, B.; Harper, J. L. *Life history concepts and the population biology of clonal organism.* In: *Proceedings of the Royal Society of London, Series B* 232 (1987) S. 35–57.
[5.6]

Sagar, G. R.; Harper, J. L. *Factors affecting the germination and early establishment of plantains (*Plantago lanceolata, P. media *and* P. major*).* In: Harper, J. L. (Hrsg.) *The Biology of Weeds.* Oxford (Blackwell Scientific Publications) 1960. S. 236–244.
[15.7.1]

Sait, S. M.; Begon, M.; Thompson, D. J. *Long-term population dynamics of the Indian meal moth* Plodia interpunctella *and its granulosis virus.* In: *Journal of Animal Ecology* 63 (1994) S. 861–870.
[12.6]

Sakai, A.; Otsuka, K. *Freezing resistance of alpine plants.* In: *Ecology* 51 (1970) S. 665–671.
[2.3.3]

Sakai, K. I. *Studies on competition in plants and animals. IX. Experimental studies on migration in* Drosophila melanogaster. In: *Evolution* 12 (1958) S. 93–101.
[5.4.3]

Sale, P. F. *Maintenance of high diversity in coral reef fish communities.* In: *American Naturalist* 111 (1977) S. 337–359.
[21.6]

Sale, P. F. *Recruitment, loss and coexistence in a guild of territorial coral reef fishes.* In: *Oecologia* 42 (1979) S. 159–177.
[21.6]

Sale, P. F.; Douglas, W. A. *Temporal variability in the community structure of fish on coral patch reefs and the relation of community structure to reef structure.* In: *Ecology* 65 (1984) S. 409–422.
[21.6]

Salisbury, E. J. *The Reproductive Capacity of Plants.* London (Bell) 1942.
[14.9.1]

Salonen, K.; Jones, R. I.; Arvola, L. *Hypolimnetic retrieval by diel vertical migrations of lake phytoplankton.* In: *Freshwater Biology* 14 (1984) S. 431–438.
[5.7.1]

Saloniemi, I. *An environmental explanation for the character displacement pattern in* Hydrobia *snales.* In: *Oikos* 67 (1993) S. 75–80.
[7.8.1]

Salthe, S. N. *Reproductive modes and the number and sizes of ova in the urodeles.* In: *American Midland Naturalist* 81 (1969) S. 467–490.
[14.8]

Sances, F. V.; Toscana, N. C.; Johnson, M. W.; LaPre, L. F. *Pesticides may reduce lettuce yields.* In: *Californian Agriculture* 11–12 (1981) S. 4–5.
[16.6.1]

Sanders, H. L. *Marine diversity: a comperative study.* In: *American Naturalist* 102 (1968) S. 243–282.
[24.4.3]

Sarukhán, J. *Studies on plant demography:* Ranuculus repens *L.,* R. bulbosus *L. and* R. acris *L. II. Reproductive strategies and seed population dynamics.* In: *Journal of Ecology* 62 (1974) S. 151–177.
[8.2.5, 15.2]

Sarukhán, J.; Harper, J. L. *Studies on plant demography:* Ranuculus repens *L.,* R. bulbosus *L. and* R. acris *L. I. Population flux and survivorship. In: Journal of Ecology* 61 (1973) S. 675–716.
[15.2]

Saurola, P. *Finnish birds of prey: status and population change.* In: *Ornis Fennica* 62 (1985) S. 64–72.
[15.4.3]

Savidge, J. A. *Extinction of an island forest avifauna by an introduced snake.* In: *Ecology* 68 (1987) S. 660–668.
[21.2.3, 25.2.4]

Schaefer, M. B. *Some aspects of the dynamics of populations important to the managemnet of marine fisheries.* In: *Bulletin of the Inter-American Tropical Tuna Commission* 1 (1954) S. 27–56.
[16.16]

Schaffer, W. M. *Optimal reproductive effort in fluctuating environments.* In: *American Naturalist* 108 (1974) S. 783–790.
[14.10.2]

Schaffer, W. M.; Kot, M. *Chaos in ecological systems: the coals that Newcastle forgot.* In: *Trends in Ecology and Evolution* 1 (1986) S. 58–63.
[6.9]

Schaffer, W. M.; Rosenzweig, M. *Selection for optimal life histories. II. Multiple equilibria and the evolution of alternative reproductive strategies.* In: *Ecology* 58 (1977) S. 60–72.
[14.7.3]

Schall, J. J. *Parasite-mediated competition in* Anolis *lizards.* In: *Oecologia* 92 (1992) S. 58–64.
[12.4]

Scheiner, S. M.; Lyman, R. F. *The genetics of phenotypic plasticity. II. The response to selection.* In: *Journal of Evolutionary Biology* 4 (1991) S. 23–50.
[14.11]

Schenck, N. C.; Pérez, Y. *Manual for the Indentification of VA Mycorrhizal Fungi.* 3. Aufl. Gainesville, Florida (Synergistic Publications) 1990.
[13.7.2]

Schindler, D. W. *Factors regulating phytoplankton production and standing crop in the world's freshwaters.* In: *Limnology and Oceanography* 23 (1978) S. 478–486.
[18.3.3]

Schluter, D.; McPhail, J. D. *Ecological displacement and speciation in sticklebacks.* In: *American Naturalist* 140 (1992) S. 85–108.
[7.8.1, 20.4.2]

Schluter, D.; McPhail, J. D. *Character displacement and replicate adaptive radiation.* In: *Trends in Ecology and Evolution* 8 (1993) S. 197–200.
[7.8.1, 20.4.2]

Schlyter, F.; Anderbrant, O. *Competition and niche separation between two bark beetles: existence and mechanisms.* In: *Oikos* 68 (1993) S. 437–447.
[7.10]

Schmidt-Nielsen, K. *Animal Physiology.* Cambridge (Cambridge University Press) 1983.
[2.2]

Schmidt-Nielsen, K. *Scaling: Why is Animal Size so Important?* Cambridge (Cambridge University Press) 1984.
[14.12.1]

Schmitt, R. J. *Indirect interactions between prey: apparent competition, predator aggregation, and habitat segregation.* In: *Ecology* 68 (1987) S. 1887–1897.
[7.6]

Schnell, R. C.; Vali, G. *Biogenetic ice nuclei. I. Terrestrial and marine sources.* In: *Journal of Atmospheric Sciences* 33 (1976) S. 1554–1564.
[2.3.2]

Schlesinger, W. H.; Gray, J. T.; Gilliam, F. S. *Atmospheric deposition processes and their importance as sources of nutrients in a chapparal ecosystem of southern California.* In: *Water Resource Research* 18 (1982) S. 623–629.
[19.2.1]

Schoener, T. W. *Resource partitioning in ecological communities.* In: *Science* 185 (1974) S. 27–39.
[20.3.1]

Schoener, T. W. *Field experiments on interspecific competition.* In: *American Naturalist* 122 (1983) S. 240–285.
[7.6, 7.7, 20.2, 22.2.1]

Schoener, T. W. *Size differences among sympatric, bird-eating hawks: a worldwide study.* In: Strong, D. R.; Simberloff, D.; Abele L. G.; Thistle, A. B. (Hrsg.) *Ecological Communities: Conceptual Issues and the Evidence.* Princeton, NJ (Princeton University Press) 1984. S. 254–281.
[20.4.2]

Schoener, T. W. *Patterns in terrestrial vertebrate versus arthropod communities: do systematic differences in regularity exist?* In: Diamond, J.; Case, T. J. (Hrsg.) *Community Ecology.* New York (Harper & Row) 1986. S. 556–586.
[23.3.5]

Schoenly, K.; Beaver, R. A.; Heumier, T. A. *On the trophic relations of insects: food-web approach.* In: *American Naturalist* 137 (1991) S. 597–638.
[22.4.3, 22.5.2]

Schopf, Y. J. M. *Permo-Triassic extinctions: a relation to seafloor spreading.* In: *Journal of Geology* 82 (1974) S. 129–143.
[24.4.6]

Schultz, J. C. *Plant responses induced by herbivory.* In: *Trends in Ecology and Evolution* 3 (1988) S. 45–49.
[8.2.2]

Schulze, E. D. *Der CO_2-Gaswechsel der Buche (*Fagus sylvatica *L.) in Abhängigkeit von den Klimafaktoren im Freiland.* In: *Flora, Jena* 159 (1970) S. 177–232.
[18.3.1]

Schulze, E. D.; Fuchs, M. I.; Fuchs, M. *Spatial distribution of photosynthetik capacy and performance in a mountain spruce forest in northern Germany. I. Biomass distribution and daily CO_2 uptake in different crown layers.* In: *Oecologia* 29 (1977a) S. 43–61.
[18.3.1]

Schulze, E. D.; Fuchs, M. I.; Fuchs, M. *Spatial distribution of photosynthetik capacy and performance in a mountain spruce forest in northern Germany. III. The significance of the evergreen habit.* In: *Oecologia* 30 (1977b) S. 239–249.
[18.3.1]

Schulze, E. D.; Robichaux, G. H.; Grace, J.; Rundel, P. W.; Ehrelinger, J. R. *Plant water balance.* In: *Bioscience* 37 (1987) S. 30–37.
[3.4]

Schwerdtfeger, F. *Über die Ursachen des Massenwechsels der Insekten.* In: *Zeitschrift für angewandte Entomologie* 28 (1941) S. 254–303.
[10.6.1]

Seaton, A. P. C.; Antonovics, J. *Population interrelationships. I. Evolution in mixtures of* Drosophila *mutants.* In: *Heredity* 22 (1967) S. 19–33.
[7.8.3]

Sessions, G. *The deep ecology movement: a review.* In: *Environmental Review* 11 (1987) S. 105–125.
[25.1.3]

Sexstone, A. Y.; Parkin, T. B.; Tiedje, J. M. *Temporal response of soil denitrification rates to rainfall and irrigation.* In: *Soil Science Society of America Journal* 49 (1985) S. 99–103.
[19.2.2]

Sharitz, R. R.; McCormick, J. F. *Population dynamics of two competing annual plant species.* In: *Ecology* 54 (1973) S. 723–740.
[7.10]

Shaver, G. R.; Melillo, J. M. *Nutrient budgets of marsh plants: efficiency concepts and relation to availability.* In: *Ecology* 65 (1984) S. 1491–1510.
[19.2.3]

Sherman, P. W. *Reproductive competition and infanticide in Belding's ground squirrels and other animals.* In: Alexander, R. D.; Tinkle, D. W. (Hrsg.) *Natural Selection and Social Bahaviour: Recent Research and New Theory.* New York (Chiron Press) 1981. S. 311–331.
[6.12]

Shorrocks, B.; Begon, M. *A model of competition.* In: *Oecologia* 20 (1975) S 363–367.
[21.3]

Shorrocks, B.; Rosewell, J. *Spatial patchiness and community structure: coexistence and guild size of drosophilids on ephemeral resources.* In: Gee, J. H. R.; Giller, P. S. (Hrsg.) *Organization of Communities: Past and Present.* Oxford (Blackwell Scientific Publications) 1987. S. 29–52.
[7.5.5, 20.2.2, 21.5]

Shorrocks, B.; Atkinson, W.; Charlesworth, P. *Competition on a divided and ephemeral resource.* In: *Journal of Animal Ecology* 48 (1979) S. 899–908.
[7.5.5]

Shorrocks, B.; Rosewell, J.; Edwards, K.; Atkinson, W. *Competition may not be a major organizing force in many communities of insects.* In: *Nature* 310 (1984) S. 310–312.
[20.2.2]

Shorrocks, B.; Rosewell, J.; Edwards, K. *Competition on a divided and ephemeral resource: testing the assumptions. II. Association.* In: *Journal of Animal Ecology* 59 (1990) S. 1003–1017.
[7.5.5]

Shykoff, J. A.; Bucheli, E. *Pollinator visitation patterns, floral rewards and the probability of transmission of* Microbotryum violaceum, *a venereal disease of plants.* In: *Journal of Ecology* 83 (1995) S. 189–198.
[13.4.2]

Sibly, R. M.; Calow, P. *An intergrated approach to life-cycle evolution using selective landscapers.* In: *Journal of Theoretical Biology* 102 (1983) S. 527–547.
[14.5, 14.6]

Sibly, R. M.; Calow, P. *Classification of habitats by selection pressures: a synthesis of life-cycle and* r/K *theory.* In: Sibly, R. M; Smith, R. H. (Hrsg.) *Behavioural Ecology.* Oxford (Blackwell Scientific Publications) 1985. S. 75–90.
[14.6]

Sibly, R. M.; Calow, P. *Physiological Ecology of Animals.* Oxford (Blackwell Scientific Publications) 1986.
[14.2, 14.3]

Sih, A. *Foraging strategies and the avoidance of predation by aquatic insect,* Notonecta hoffmanni. In: *Ecology* 63 (1982) S. 786–796.
[9.4]

Sih, A.; Crowley, P.; McPeek, M.; Petranka, J.; Strohmeier, K. *Predation, competition and prey communities: a review of field experiments.* In: *Annual Review of Ecology and Systematics* 16 (1985) S. 269–311.
[22.2.1]

Silander, J. A.; Antonovics, J. *A perturbation approach to the analysis of interspecific interactions in a coastal plant community.* In: *Nature* 298 (1982) S. 557–560.
[15.7.3]

Silvertown, J. W. *The evolutionary ecology of mast seeding in trees.* In: *Biological Journal of the Linnean Society* 14 (1980) S. 235–250.
[8.4]

Silvertown, J. W. *Introduction to Plant Population Ecology.* London (Longman) 1982.
[15.2, 15.3.2]

Silvertown, J. W. *Phenotypic variety in seed germinaton behavior: the ontogeny and evolution of somatic polymorphism in seeds.* In: *American Naturalist* 124 (1984) S. 1–16.
[14.11]

Silvertown, J. W.; Holtier, S.; Johnson, J.; Dale, P. *Cellular automaton models of interspecific competition for space – the effect of pattern on process.* In: *Journal of Ecology* 80 (1992a) S. 527–533.
[3.10, 7.5.5]

Silvertown, J. W.; Franco, M.; McConway, K. *A demographic interpretation of Grime's triangle.* In: *Functional Ecology* 6 (1992b) S. 130–136.
[14.10.1]

Silvertown, J. W.; Franco, M.; Pisanty, I.; Mendoza, A. *Comparative plant demography-relative importance of life-cycle components to the finite rate of increase in woody and herbaceous perennials.* In: *Journal of Ecology* 81 (1993) S. 465–476.
[14.10.1]

Simberloff, D. *Properties of coexisting bird species in two archipelagoes.* In: Strong, D. R.; Simberloff, D.; Abele, L. G. (Hrsg.) *Ecological Communities: Conceptual Issues and the Evidence.* Princeton, NJ. (Princeton University Press) 1984. S. 234–253.
[20.4.2]

Simberloff, D. *The contribution of population and community biology to conservation science.* In: *Annual Review of Ecology and Systematics* 19 (1988) S. 473–511.
[25.3.1]

Simberloff, D.; Boecklen, W. *Santa Rosalia reconsidered: size ratios and competition.* In: *Evolution* 35 (1981) S. 1206–1228.
[20.4.2]

Simberloff, D.; Dayan, T. *The guild concept and the structure of ecological communities.* In: *Annual Review of Ecology and Systematics* 22 (1991) S. 115–143.
[20.3.1]

Simberloff, D. S. *Experimental zoogeography of islands: effects of island size.* In: *Ecology* 57 (1976) S. 629–648.
[23.3.1, 23.3.4]

Simberloff, D. S.; Abele, L. G. *Island biogeography theory and conservation practice.* In: *Science* 191 (1976) S. 285–286.
[25.6.3]

Simberloff, D. S.; Wilson, E. O. *Experimental zoogeography of islands: the colonization of empty islands.* In: *Ecology* 50 (1969) S. 278–296.
[23.3.4]

Simpson, G. G. *How many species?* In: *Evolution* 6 (1952) S. 342.
[25.1.2]

Sinclair, A. R. E. *Regulation, and population models for a tropical ruminant.* In: *East African Journal* 11 (1973) S. 307–316.
[15.3.2]

Sinclair, A. R. E *The resource limitation of trophic levels in tropical grassland ecosystems.* In: *Journal of Animal Ecology* 44 (1975) S. 497–520.
[8.4]

Sinclair, A. R. E. *The regulation of animal populations.* In: Cherrett, J. (Hrsg.) *Ecological Concepts.* Oxford (Blackwell Scientific Publications) 1989. S. 197–241.
[15.2.3]

Sinclair, A. R. E.; Norton-Griffiths, M. *Does competition or facilitation regulate migrant ungulate population in the Serengeti? A test of hypothesis.* In: *Oecologia* 53 (1982) S. 354–369.
[6.4]

Sinclair, A. R. E.; Krebs, C. J.; Smith, J. N. M.; Boutin, S. *Population biology of snowshoe hares. III: Nutrition, plant secondary compounds, and food limitation.* In: *Journal of Animal Ecology* 57 (1988) S. 787–806.
[10.2.4]

Sinervo, B. *The evolution of maternal investment in lizards: an experimental and comperative analysis of egg size and its effects on offspring performance.* In: *Evolution* 44 (1990) S. 279–294.
[14.4.2]

Skaf, R.; Popov, G. B.; Roffey, J. *The desert locust: an international challenge.* In: *Philosophical Transactions of the Royal Society of London* 328 (1990) S. 525–538. Auch in: Rainey, R. C.; Browning, K. A.; Cheke, R. A.; Haggis, M. J. (Hrsg.) *Migrant Pests: Progress, Problems and Potentialities.* London (The Royal Society). S. 7–20.
[5.7.5]

Skidmore, D. I. *Population Dynamics of* Phytophthora infestans *(Mont.) de Bary.* Ph. D. thesis, University of Wales. 1983.
[12.3.9]

Skogland, T. K. *The effects of dependent resource limitation on size of wild reindeer.* In: *Oecologia* 60 (1983) S. 156–168.
[6.5]

Slade, A. J.; Hutchings, M. J. *Clonal integration and plasticity in foraging behaviour in* Glechoma hedereacea. In: *Journal of Ecology* 75 (1987) S. 1023–1036.
[4.2.1]

Slobodkin, L. B.; Smith, F. E.; Hairston, N. G. *Regulation in terrestrial ecosystems, and the implied balance of nature.* In: *American Naturalist* 101 (1967) S. 109–124.
[20.2.1]

Smith, D. C. *From extracellular to intracellular establishment of a symbiosis.* In: *Proceedings of the Royal Society of London, Series B* 204 (1979) S. 131–139.
[13.5]

Smith, F. D. M.; May, R. M.; Pellew, R.; Johnson, T. H.; Walter, K. R. *How much do we know about the current extinction rate?* In: *Ecology and Evolution* 8 (1993) S. 375–378.
[25.1.2]

Smith, F. E. *Density dependence in the Australian thrips.* In: *Ecology* 42 (1961) S. 403–407.
[15.2.2]

Smith, J. N. M. *The food searching behaviour of two European thrushes. II. The adaptiveness of the search patterns.* In: *Behaviour* 49 (1974) S. 1–61.
[9.8]

Smith, J. N. M.; Krebs, C. J.; Sinclair, A. R. E.; Boonstra, R. *Population biology of snowshoe hares. II. Interactions with winter food plants.* In: *Journal of Animal Ecology* 57 (1988) S. 269–286.
[10.2.4]

Smith, R. H. *Genetic and phenotypic aspects of life history evolution in animals.* In: *Advances in Ecological Research* 21 (1991) S. 63–120.
[14.1, 14.3]

Smith, R. H.; Bass, M. H. *Relation of artifical removal to soybean yields.* In: *Journal of Economic Entomology* 65 (1972) S. 606–608.
[8.2.1]

Smith, S. D.; Dinnen-Zopfy, B.; Nobel, P. S. *High temperature responses of North American cacti.* In: *Ecology* 6 (1984) S. 643–651.
[2.4]

Snaydon, R. W.; Bradshaw, A. D. *Differences between natural populations of* Trifolium repens *L. in response to mineral nutrients. II. Calcium, magnesium and potassium.* In: *Journal of Applied Ecology* 6 (1969) S. 185–202.
[1.5.1]

Snodgrass, R. E. *The feeding apparatus of biting and sucking insects affecting man.* In: *Smithsonian Miscellaneous Collection* 194 (7) (1944) S. 113.
[3.7.1]

Snyman, A. *The influence of population densities on the development and oviposition of* Plodia interpunctella *Hubn. (Lepidoptera).* In: *Journal of the Entomological Society of South Africa* 12 (1949) S. 137–171.
[6.6]

Solangaarachchi, S. M.; Harper, J. L. *The growth and asymmetry of neighbouring plants of white clover (*Trifolium repens *L.).* In: *Oecologia* 78 (1989) S. 208–213.
[6.3]

Solbrig, O. T.; Simpson, B. B. *Components of regulation of a population of dandelions in Michigan.* In: *Journal of Ecology* 62 (1974) S. 473–486.
[14.7.1]

Solomon, M. E. *The natural control of animal populations.* In: *Journal of Animal Ecology* 18 (1949) S. 1–35.
[9.5]

Sommer, U. *Phytoplankton nutrient competition – from laboratory to lake.* In: Grace, J. B.; Tilman, D. (Hrsg.) *Perspectives on Plant Competition.* New York (Academic Press) 1990. S. 193–213.
[7.10.2]

Sorensen, A. E. *Somatic polymorphism and seed dispersal.* In: *Nature* 276 (1978) S. 174–176.
[5.3.6]

Soulé, M. E. *Conservation Biology: The Science of Scaricity and Diversity.* Sunderland, MA (Sinauer) 1986.
[25.6.3]

Soulé, M. E.; Wilcox, B. A. (Hrsg.) *Conservation Biology: An Evolutionary-Ecological Perspective.* Sunderland, MA (Sinauer) 1980.
[25.6.3]

Soulé, M. E.; Alberts, A. C.; Bolger, D. T. *The effects of habitat fragmentation on chaparral plants and vertebrates.* In: *Oikos* 63 (1992) S. 39–47.
[25.3.3]

Sousa, M. E. *Experimental investigation of disturbance and ecological succession in a rocky intertidal algal community.* In: *Ecological Monographs* 49 (1979a) S. 227–254.
[17.4.3, 21.5, 21.5.1]

Sousa, M. E. *Disturbance in marine intertidal boulder fields: the nonequilibrium maintenance of species diversity.* In: *Ecology* 60 (1979b) S. 1225–1239.
[21.5.1]

Southern, H. N. *The natural control of a population of tawny owls (*Strix aluco*).* In: *Journal of Zoology* 162 (1970) S. 197–285.
[10.1, 15.3.2]

Southwood, T. R. E. *The numbers of species of insect associated with various trees.* In: *Journal of Animal Ecology* 30 (1961) S. 1–8.
[23.2.4]

Southwood, T. R. E. *Habitat, the templet for ecological strategies?* In: *Journal of Animal Ecology* 46 (1977) S. 337–365.
[14.1, 14.6]

Southwood, T. R. E. *Ecological Methods.* 2. Aufl. London (Chapman & Hall) 1978a.
[4.3, 5.2]

Southwood, T. R. E. *The components of diversity.* In: *Symposium of the Royal Entomological Society of London* 9 (1978b) S. 19–40.
[20.2.1]

Southwood, T. R. E. *Tactics, strategies and templets.* In: *Oikos* 52 (1988) S. 3–18.
[14.1]

Southwood, T. R. E.; Moran, V. C.; Kennedy, C. E. J. *The richness, abundance and biomass of the arthropod communities on trees.* In: *Journal of Animal Ecology* 51 (1982) S. 635–649.
[23.4]

Southwood, T. R. E.; Hassel, M. P.; Reader, P. M.; Rogers, D. J. *The population dynamics of the viburnum whitefly (*Aleurotrachelus jelnekii*).* In: *Journal of Animal Ecology* 58 (1989) S. 921–942.
[10.6.1]

Spencer, C. N.; McClelland, B. R.; Stanford, J. A. *Shrimp stokking, salmon collapse, and eagle displacement.* In: *Bioscience* 41 (1991) S. 14–21.
[25.5.2]

Spiller, D. A.; Schoener, T. W. *Effects of a top and intermediate predators in a terrestrial food web.* In: *Ecology* 75 (1994) S. 182–196.
[22.3.1]

Spooner, G. M. *The distribution of* Gammarus *species in estuaries.* In: *Journal of the Marine Biological Association* 27 (1947) S. 1–52.
[2.7.1]

Spradbery, J. P. *Host findings of* Rhyssa persuasoria *(L.), an ichneumonid parasite of siricid woodwaps.* In: *Animal Behaviour* 18 (1970) S. 103–114.
[9.6]

Sprent, J. I. *Biology of Nitrogen Fixing Organisms.* London (McGraw Hill) 1979.
[13.10.1]

Sprent, J. I. *The Ecology of the Nitrogen Cycle.* Cambridge (Cambridge University Press) 1987.
[13.10, 19.2.4]

Sprent, J. I.; Sprent, P. *Nitrogen Fixing Organisms: Pure and Applied Aspects.* London (Chapman & Hall) 1990.
[13.10, 13.10.1, 13.10.3]

Sprules, W. G.; Bowerman, J. E. *Omnivory and food chain length in zooplankton food webs.* In: *Ecology* 69 (1988) S. 418–425.
[22.5.3]

Srinivasan, K.; Moorthy, P. N. *Indian mustard as a trap crop for management of major lepidopterous pests on cabbage.* In: *Tropical Pest Management* 37 (1991) S. 26–32.
[16.9]

Staaland, H.; White, R. G.; Luick, J. R.; Holleman, D. F. *Dietary influences on sodium and potassium metabolism of reindeer.* In: *Canadian Journal of Zoology* 58 (1980) S. 1728–1734.
[9.2.2]

Stafford, J. *Heron populations of England and Wales 1928–70.* In: *Bird Study* 18 (1971) S. 218–221.
[10.6.1]

Stahler, A. N. *Physical Geography.* 2. Aufl. Chichester (Wiley) 1960.
[1.6]

Stanley Price, M. R. *Animal Re-introductions: The Arabian Oryx in Oman.* Cambridge (Cambridge University Press) 1989.
[25.6.2]

Stanley, S. M. *Ideas on the timing of metazoan diversificaton.* In: *Paleobiology* 2 (1976) S. 209–219.
[24.4.6]

Stanley, S. M. *Macroevolution.* San Francisco (W. H. Freemann) 1979.
[24.3.5]

Stanton, M. L. *Male-male competition during pollination in plant populations.* In: *American Naturalist* 144 (1994) S. S40–S68.
[13.4.2]

Stapledon, R. G. *Cocksfoot grass (*Dactylis glomerata *L.): ecotypes in relation to the biotic factor.* In: *Journal of Ecology* 16 (1928) S. 72–104.
[1.5.1]

Stauffer, B. *Ziele und Ergebnisse klimatologisch-glaziologischer Forschungsprojekte in der Arktis und Antarktis.* In: *Swiss Commision for Polar Research (SKP), Die Polarregionen und die Schweizerische Forschung.* Schweiz (Schweizerische Naturforschende Gesellschaft) 1988. S. 95–110.
[2.11.1]

Stearns, S. C. *The evoloution of life history traits.* In: *Annual Review of Ecology and Systematics* 8 (1977) S. 145–171.
[14.9.1]

Stearns, S. C. *A new view of life-history evolution.* In: *Oikos* 35 (1980) S. 266–281.
[14.7.1]

Stearns, S. C. *The impact of size and phylogeny on patterns of covariation in the life history traits of mammals.* In: *Oikos* 41 (1983) S. 173–187.
[14.12.2]

Stearns, S. C. *The Evolution of Life Histories.* Oxford (Oxford University Press) 1992.
[14.1, 14.4.2, 14.7.2, 14.7.3, 14.8.1, 14.10.2, 14.11, 14.12.1, 14.12.2]

Steenvorden, J. H. A. M. *How to reduce nitrogen losses in intensive grassland management.* In: Eijsackers, H.; Quispel, A. (Hrsg.) *Ecological Implications of Contemporary Agriculture. Ecological Bulletins* 39 (1988) S. 126–130.
[19.2.4]

Steffen, W. L.; Walker, B. H.; Ingram, J. S. I.; Koch, G. W. (Hrsg.) *Global Change and Terrestrial Ecosystem: The Operational Plan.* Stockholm, Schweden (IGBP, ICSU) 1992.
[18.1, 19.4]

Stemberger, R. S.; Gilbert, J. J. *Spine development in the rotifer* Keratella cochlearis*: induction by cyclopoid copepods and* Asplachna. In: *Freshwater Biology* 14 (1984) S. 639–648.
[3.7.3]

Steneck, R. S. *Plant herbivore coevolution: a reappraisal from the marine realm and its fossil record.* In: John, D. M.; Hawkins, S. J.; Price, J. H. (Hrsg.) *Plant-Animal Interactions in the Marine Benthos.* Systematics Association 1991.
[3.7.3]

Stenseth, N. T. *The Biology of Lemmings.* New York (Academic Press) 1993.
[15.4.5]

Stephens, D. W.; Krebs, J. R. *Foraging Theory.* Princeton (Princeton University Press) 1986.
[9.3, 9.9.3]

Stephens, G. R. *The relation of insect defoliation to mortality in Connecticut forests.* In: *Connecticut Agricultural Experimental Station Bulletin* 723 (1971) S. 1–16.
[8.2.4]

Steponkus, P. L.; Lynch, D. V.; Uemura, M. *The influence of cold acclimation on the lipid composition and cryo-behaviour of the plasma membrane of isolated rye protoplasts.* In: *Phylosophical Transactions of the Royal Society, Series B* 326 (1990) S. 571–583. Auch in: Laws, R. M.; Franks, F. (Hrsg.) *Life at Low Temperatures.* London (The Royal Society). S. 55–77.
[2.3.3]

Stern, D. L. *Phylogenetic evidence that aphids, rather than plants, determine gall morphology.* In: *Proceedings of the Royal Society, Series B* 260 (1995) S. 85–89.
[12.3.5]

Stern, V. M.; Smith, R. F.; Bosch, R. van den; Hagen, K. S. *The integration of chemical and biological control of the spotted alfalfa aphid.* In: *Hilgardia* 29 (1959) S. 81–154.
[16.11]

De Steven, D. *Reproductive consequences of insect seed predation in* Hamamelis virginiana. In: *Ecology* 64 (1983) S. 89–98.
[8.4]

Stiles, G. F. *Coadapted competitors: the flowering season of hummingbird-pollinated plants in a tropical forest.* In: *Science* 198 (1977) S. 1177–1178.
[20.3.1]

Stiling, P. *Density-dependent processes and key-factors in insect populations.* In: *Journal of Animal Ecology* 57 (1988) S. 581–594.
[15.2.3]

Stiling, P. D. *The frequency of density-dependence in insect host-parasitoid systems.* In: *Ecology* 68 (1987) S. 844–856.
[9.7.1, 10.5.6]

Stockner, J. G.; Anita, N. J. *Algal picoplankton from marine and freshwater ecosystems.* In: *Canadian Journal of Fish and Aquatic Science* 43 (1986) S. 2472–2503.
[19.3.3]

Stolp, H. *Microbial Ecology.* Cambridge (Cambridge University Press) 1988.
[2.4, 2.6, 19.2.1]

Stoner, D. S. *Vertical distributions of a colonial ascidian on a coral reef: the roles of larval distribution and life-history variation.* In: *American Naturalist* 139 (1992) S. 802–824.
[15.6.2]

Storey, K. B. *Biochemical adaption for cold hardiness in insect.* In: *Philosophical Transactions of the Royal Society, Series B* 326 (1990) S. 635–654. Auch in: Laws, R. M.; Franks, F. (Hrsg.) *Life at Low Temperatures.* London (The Royal Society). S. 119–138.
[2.3.3]

Stork, N. E.; Lyal, C. H. C. *Extinction or 'co-extinction' rates?* In: *Nature* 366 (1993) S. 307.
[25.2.6]

Stout, J.; Vandermeer, J. *Comparison of species richness for stream-inhabiting insects in tropical and midlatitude streams.* In: *American Naturalist* 109 (1975) S. 263–280.
[17.2]

Stowe, L. G.; Teeri, J. A. *The geographic distribution of C_4 species of the Dicotyledonae in relation to climate.* In: *American Naturalist* 112 (1978) S. 609–623.
[3.3.2]

Strain, B. R. *Direct effects of increasing atmospheric CO_2 on plants and ecosystems.* In: *Trends in Ecology and Evolution* 2 (1987) S. 18–21.
[19.4.6]

Straube, W. L.; Deming, J. W.; Somerville, C. C.; Colwell, R. R.; Baross, J. A. *Particulate DNA in smoker fluids: evidence for existence of microbial populations in hot hydrothermal systems.* In: *Applied and Environmental Microbiology* 56 (1990) S. 1440–1447.
[2.4]

Stribley, D. P.; Tinker, P. B.; Snellgrove, R. C. *Effect of vesicular-arbuscular mycorrhizal fungi on the relations of plant growth, internal phosphorus concentration and soil phosphate analysis.* In: *Journal of Soil Science* 31 (1980) S. 655–672.
[13.7.2]

Strickland, E. H. *Could the widespread use of DDT be a disaster?* In: *Entomological News* 26(4) (1945) S. 85–88.
[16.4]

Strobeck, C. *N species competition.* In: *Ecology* 54 (1973) S. 650–654.
[7.4.1]

Strobel, G. A.; Lanier, G. N. *Dutch elm disease.* In: *Scientific American* 245 (1981) S. 40–50.
[8.2.6]

Strong, D. R. *Are trophic cascades all wet? Differentiation and donor-control in speciose ecosystems.* In: *Ecology* 73 (1992) S. 747–754.
[22.3.1, 22.3.3]

Strong, D. R. Jr. *Rapid asymptotic species accumulation in phytophagous insect communities: the pests of Cacao.* In: *Science* 185 (1974) S. 1064–1066.
[23.1]

Strong, D. R. Jr. *Harmonious coexistence of hispine bettles on* Heliconia *in experimental and natural communities.* In: *Ecology* 63 (1982) S. 1039–1049.
[20.3.1]

Strong, D. R. Jr.; Simberloff, D. S. *Straining at gnats and swallowing ratios: character displacement.* In: *Ecology* 35 (1981) S. 810–812.
[20.4.2]

Strong, D. R. Jr.; Lawton, J. H.; Southwood, T. R. E. *Insects on Plants: Community Patterns and Mechanisms.* Oxford (Blackwell Scientific Publications) 1984.
[13.3.2, 20.2.1, 20.3.1, 23.1, 23.3.5, 24.4.6]

Stubbs, M. *Density dependence in the life-cycles of animals and its importance in* k- *and* r-*strategies.* In: *Journal of Animal Ecology* 46 (1977) S. 677–688.
[15.3.2]

Suberkropp, K.; Godshalk, G. L.; Klug, M. J.; *Changes in the chemical composition of leaves during processing in a woodland stream.* In: *Ecology* 57 (1976) S. 720–727.
[11.2.1]

Suchanek, T. H. *Extreme biodiversity in the marine environment: mussel bed communities of* Mytilus californianus. In: *The Northwest Environmental Journal* 8 (1992) S. 150.
[21.2.2]

Suhonen, J.; Alatalo, R. V.; Gustafsson, L. *Evolution of foraging ecology in Fennoscandian tits.* In: *Proceedings of the Royal Society, Series B* 258 (1994) S. 127–131.
[1.4.3]

Sullivan, T. P.; Sullivan D. S. *Population dynamics and regulation of the Douglas squirrel (*Tamiasciurus douglassi*) with supplemental food.* In: *Oecologia* 53 (1982) S. 264–270.
[15.7.2]

Summerhayes, V. S.; Elton, C. S. *Contributions to the ecology of Spitzbergen and Bear Islands.* In: *Journal of Ecology 11* (1923) S. 214–286.
[22.5.5]

Sunderland, K. D.; Hassal, M.; Sutton, S. L. *The population dynamics of Philoscia muscorum (*Crustacea, Oniscoidea*) in a dune grassland ecosystem.* In: *Journal of Animal Ecology* 45 (1976) S. 487–506.
[4.5.3]

Sunderland, N. *Germination of the seeds of angiospermous root parasits.* In: Harper, J. L. (Hrsg.) *The Biology of Weeds.* Oxford (Blackwell Scientific Publications) 1960.
[5.5.4]

Sutcliffe, J. *Plants and Temperature.* London (Edward Arnold) 1977.
[2.3.3, 2.4]

Sutherland, W .J. *Do oystercatchers select the most profitable cockles?* In: *Animal Behaviour* 30 (1982) S. 857–861.
[9.5.1]

Sutherland, W. J. *Aggregation and the ‚ideal free' distribution.* In: *Journal of Animal Ecology* 52 (1983) S. 821–828.
[9.10]

Sutton, M. A.; Pitcairn, C. E. R.; Fowler, D. *The exchange of ammonia between the atmosphere and plant communities.* In*: Advances in Ecological Research* 24 (1993) S. 302–393.
[19.2.2, 19.4.4, 19.4.5]

Swank, W. T.; Waide, J. B.; Crossley, D. A.; Todd, R. L. *Insect defoliation enhances nitrate export from forest ecosystems.* In: *Oecologia* 51 (1981) S. 297–299.
[19.2.3]

Swift, M. J. *Organization of assemblages of decomposer fungi in space and time.* In: Gee, J. H. R.; Giller, P. S. (Hrsg.) *Organisation of Communities: Past and Present.* Oxford (Blackwell Scientific Publications) 1987. S. 229–254.
[17.4.1]

Swift, M. J.; Heal, O. W.; Anderson. J. M. *Decomposition in Terrestrial Ecosystems.* London (Blackwell Scientific Publications) 1979.
[11.2.2, 11.2.4, 11.3.1]

Symonides, E. *Mortality of seedlings in the natural psammophyte populations.* In: *Ekologia Polska* 25 (1977) S. 635–651.
[15.3.2]

Symonides, E. *The structure and population dynamics of psammophytes on inland dunes. II. Loose-sod populations.* In: *Ekologia Polska* 27 (1979) S. 191–234.
[6.6, 15.2, 15.3.2]

Szarek, S. R.; Johnson, H. B.; Ting, I. P. *Drought adaption in* Opuntia basilaris. *Significance of recycling carbon through Crassulacean acid metabolism.* In: *Plant Physiology* 52 (1973) S. 539–541.
[3.3.3]

Tamm, C. O. *Further observations on the survival and flowering of some perennial herbs.* In: *Oikos* 7 (1956) S. 274–292.
[6.11]

Tansley, A. G. *On competition between* Galium sylvestre *Poll (*G. asperum *Schreb.) on different types of soil.* In: *Journal of Ecology* 5 (1917) S. 173–179.
[7.2.2]

Tansley, A. G. *The use and abuse of vegetational concepts and terms.* In: *Ecology* 16 (1935) S. 284–307.
[17.1]

Tansley, A. G. *The British Islands and their Vegetation.* Cambridge (Cambridge University Press) 1939.
[17.4.5]

Tansley, A. G.; Adamson, R. S. *Studies of the vegetation of the English chalk. III. The chalk grasslands of the Hampshire-Sussex border.* In: *Journal of Ecology* 5 (1925) S. 173–179.
[15.7.4, 21.2.1]

Taper, M. L.; Case, T. J. *Coevolution among competitors.* In: Futuyama, D. J.; Antonovics, J. (Hrsg.) *Oxford Surveys in Evolutionary Biology.* Bd. 8. Oxford (Oxford University Press) 1994. S. 63–109.
[7.8.1]

Taylor, A. D. *Metapopulations, dispersal and predatorprey dynamics: an overview.* In: *Ecology* 71 (1990) S. 429–433.
[15.6.2]

Taylor, A. D. *Heterogeneity in host parasitoid interactions: the CV^2 rule.* In: *Trends in Ecology and Evolotion* 8 (1993) S. 400–405.
[10.5.3]

Taylor, F. J. R. *Symbioses in marine microplankton.* In: *Annales de L'Institut Oceanographique, Paris* 58 (1982) S. 61–90.
[13.8]

Taylor, L. R. *Objective and experiment in long-term research.* In: Linkens, G. E. (Hrsg.) *Long-Term Studies in Ecology.* New York (Springer) 1987. S. 20–70.
[15.1]

Teeri, J. A; Stowe, L. G. *Climatic patterns and the distribution of C_4 grasses in North America.* In: *Oecologia* 23 (1976) S. 112.
[3.3.2]

Ter Braak, C. J. F.; Prentice, I. C. *A theory of gradient analysis.* In: *Advances in Ecological Research* 18 (1988) S. 272–317.
[17.3.2]

Thiegles, B. A. *Altered polyphenol metabolism in the foliage of* Pinus sylvestris *associated with European pine sawfly attack.* In: *Canadian Journal of Botany* 46 (1968) S. 724–725.
[8.2.2]

Thiollay, J. M. *Comparative foraging success of insectivorous birds in tropical and temperate forests: ecological complications* In: *Oikos* 53 (1988) S. 17–30.
[24.4.1]

Thomas, C. D. *What do real population dynamics tell us about minimum viable population sizes?* In: *Conservation Biology* 4 (1990) S. 324–327.
[25.4.1]

Thomas, C. D.; Harrison, S. *Spatial dynamics of a patchily ditributed butterfly species.* In: *Journal of Applied Ecology* 61 (1992) S. 437–446.
[15.6.3, 15.6.5]

Thomas, C. D.; Jones, T. M. *Partial recovery of a skipper butterfly (*Hesperia comma*) from population refuges: lessons for conservation in a fragmented landscape.* In: *Journal of Animal Ecology* 62 (1993) S. 472–481.
[15.6.5]

Thomas, C. D.; Thomas, J. A.; Warren, M. S. *Distributions of occupied and vacant butterfly habitats in fragmented landscapes.* In: *Oecologia* 92 (1992) S. 563–567.
[15.6.3]

Thomas, P. A.; Room, P. M. *Towards biological control of salvinia Papua New Guinea.* In: *Proceedings of the VIth International Symposium on biological control of weeds* (1985) S. 567–574.
[16.8]

Thomas, S. C.; Weiner, J. *Growth, death and size distribution change in an* Impatiens pallida *population.* In: *Journal of Ecology* 77 (1989) S. 524–536.
[6.11]

Thompson, D. J. *Towards a predator-prey model incorporating age-structure: the effects of predator and prey size on the predation of* Daphnia magna *by* Ischnura elegans. In: *Journal of Animal Ecology* 44 (1975) S. 907–916.
[9.5.1]

Thompson, D. J. *Sexual size dimorphism in the damselfly* Coenagrion puella *(L.).* In*: Advances in Ódonatology* 4 (1989) S. 123–131.
[14.2]

Thompson, J. N. *Interaction and Coevolution.* New York (Wiley-Interscience) 1982.
[8.1]

Thompson, J. N. *Evolutionary ecology of the relationship between oviposition preference and performance of offspring in phytophagous insects.* In: *Entomologia et Applicata* 47 (1988) S. 3–14.
[9.2.2]

Thompson, J. N. *The Coevolutionary Process.* Chicago (University of Chicago Press) 1995.
[13.4.2]

Thompson, K.; Grime, J. P. *Seasonal variation in seed banks of herbaceous species in ten contrasting habitats.* In: *Journal of Ecology* 67 (1979) S. 893–921.
[4.5.2]

Thórhallsdóttir, T. E. *The dynamics of five grasses and white clover in a simulated sward.* In: *Journal of Ecology* 78 (1990) S. 909–923.
[3.10, 7.5.5]

Thornthwaite, C. W. *An approach towards a rational classification of climate.* In: *Geographical Reviews* 38 (1948) S. 55–94.
[3.4]

Thornton, I. W. B.; Zann, R. A.; Balen, S. van *Colonization of rakata (Krakatau Is.) by non-migrant land birds from 1983 to 1992 and implications for the value of islands equilbrium theory.* In: *Journal of Biogeography* 20 (1993) S. 441–452.
[23.3.4]

Tilman, D. *Resource competition between planktonic algae: an experimental and theoretical approach.* In: *Ecology* 58 (1977) S. 338–348.
[7.10.2]

Tilman, D. *Resource Competition and Community Structure.* Princeton, NJ (Princeton University Press) 1982.
[3.1, 3.8, 7.10.2, 17.2.1, 24.3.1]

Tilman, D. *Resources, competition and the dynamics of plant communities.* In: Crawley, M. J. (Hrsg.) *Plant Ecology.* Oxford (Blackwell Scientific Publications) 1986. S. 51–74.
[7.10.2, 24.3.1]

Tilman, D. *Secondary succession and the pattern of plant dominance along experimental nitrogen gradients.* In: *Ecological Monographs* 57 (1987) S. 189–214.
[17.4.3]

Tilman, D. *Plant Strategies and the Dynamics and Structure of plant Communities.* Princeton, NJ (Princeton University Press) 1988.
[17.4.3, 17.4.4, 21.5]

Tilman, D. *Mechanism of plant competition for nutriens: the elements of predictive theory of competition.* In: Grace, J. B.; Tilman, D. (Hrsg.) *Perspectives on Plant Competition.* New York (Academic Press) 1990. S. 117–141.
[7.10, 7.10.1, 7.10.2]

Tilman, D. *Species richness of experimental productivity gradients: how important is colonization limitation?* In: *Ecology* 74 (1993) S. 2179–2191.
[24.3.1]

Tilman, D. *Competition and biodiversity in spatially structured habitats.* In: *Ecology* 75 (1994) S. 2–16.
[3.10]

Tilman, D.; Downing, J. A. *Biodiversity and stability in grasslands.* In: *Nature* 367 (1994) S. 363–365.
[22.6]

Tilmann, D.; Wedin, D. *Plant traits and resource reduction for five grasses growing on a nitrogen gradient.* In: *Ecology* 72 (1991a) S. 685–700.
[7.10.1]

Tilmann, D.; Wendin, D. *Dynamics of nitrogen competition between successional grasses.* In: *Ecology* 72 (1991b) S. 1038–1049.
[7.10.1]

Tilman, D.; Mattson, M.; Langer, S. *Competition and nutrient kinetics along a temperature gradient: an experimental test of a mechanistic approach to niche theory.* In: *Limnology and Oceanography* 26 (1981) S. 1020–1033.
[7.2.6]

Tinbergen, L. *The natural control of insects in pinewoods. 1: factors influencing the intensity of predation by songbirds.* In: *Archives néerlandaises de Zoologie* 13 (1960) S. 266–336.
[9.2.3]

Tinker, P. H. B. *Effects of vesicular-arbuscular mycorrhizas on higher plants.* In: Jennings, D. H.; Lee, D. L. (Hrsg.) *Symbiosis.* Symposium 29. Cambridge (Society for Experimental Biology, Cambridge University Press) 1975.
[13.7.2]

Tisdale, W. H. *Physoderma disease of corn.* In: *Agricultural Research* 16 (1919) S. 137–154.
[12.2.1]

Tjallingii, W. F.; Hogen Esch, T. *Fine structure of aphid stylet routes in plant tissues in correlation with EPG signals.* In: *Physiological Entomology* 18 (1993) S. 317–328.
[3.7.1]

Toft, C. A.; Karter, A. J. *Parasite-host coevolution.* In: *Trends in Ecology and Evolution* 5 (1990) S. 326–329.
[1.2.4]

Tokeshi, M. *Species abundance patterns and community structure.* In: *Advances in Ecological Research* 24 (1993) S. 112–186.
[17.2.2]

Tongeren, O. van; Prentice, I. C. *A spatial simulation model for vegetation dynamics.* In: *Vegetatio* 65 (1986) S. 163–173.
[3.10]

Tonn, W. M.; Magnuson, J. J. *Patterns in the species composition and richness of fish assemblages in northern Wisconsin lakes.* In: *Ecology* 63 (1982) S. 137–154.
[24.3.2]

Toth, J. A.; Papp, L. B.; Lenkey, B. *Litter decomposition in an oak forest ecosystem (*Quercetum petreae *Cerris) in northern Hungary studied in the framework of 'Sikfökut Project'.* In: Kilbertus, G.; Reisinger, O.; Mourey, A.; Cancela da Foneseca, J. A. (Hrsg.) *Biodegradation et Humification.* Sarregue Mines (Pierrance Editeur) 1975. S. 41–58.
[11.2.1]

Towns, D. R.; Ballantine, W. J. *Conservation and restoration of New Zealand island ecosystems.* In: *Trends in Ecology and Evolution* 8 (1993) S. 452–457.
[25.6.4]

Townsend, C. R. *The Ecology of Streams and Rivers.* London (Edward Arnold) 1980.
[2.9, 5.3.7]

Townsend, C. R. *The patch dynamics concept of stream community ecology.* In: *Journal of the North American Benthological Society* 8 (1989) S. 36–50.
[21.7.2]

Townsend, C. R. *Community organisation in marine and freshwater environments.* In: Barnes, R. S. K.; Mann, K. H. (Hrsg.) *Fundamental of Aquatic Ecology.* Oxford (Blackwell Scientific Publications) 1991a. S. 125–144.
[21.7.2]

Townsend, C. R. *Exotic species management and the need for a theory of invasion ecology.* In: *New Zealand Journal of Ecology* 15 (1991b) S. 1–3.
[22.5.6]

Townsend, C. R. *Concepts in river ecology: pattern and process in the catchment hierarchy.* (Archiv für Hydrobiologie) 1996a.
[18.2.1]

Townsend, C. R. *Invasion biology and ecological impacts of brown trout (*Salmo trutta*) in New Zealand.* (Biological Conservation) 1996b.
[25.2.4]

Townsend, C. R.; Calow, P. (Hrsg.) *Physiological Ecology: An Evolutionary Approach to Resource Use.* Oxford (Blackwell Scientific Publications) 1980.
[19.1]

Townsend, C. R.; Hildrew, A. G. *Foraging in a patchy environment by a predatory net-spinning caddis larva: a test for optimal foraging theory.* In: *Oecologia* 47 (1980) S. 219–221.
[9.8]

Townsend, C. R.; Hildrew, A. G. *Species traits in relations to a habitat templet for river systems.* In: *Freshwater Biology* 31 (1994) S. 265–275.
[14.6, 21.1.2]

Townsend, C. R.; Hughes, R. N. *Maximizing net energy returns from foraging.* In: Towsend, C. R.; Calow, P. (Hrsg.) *Physiological Ecology: An Evolutionary Approach to Resource Use.* Oxford (Blackwell Scientific Publications) 1981. S. 86–108.
[9.3, 9.9.3]

Townsend, C. R.; Winfield, I. J. *The application of optimal foraging theory to feeding behaviour in fish.* In: Calow, P.; Tyler, P. (Hrsg.) *Fish Energetics – A New Look.* Beckenham (Croom Helm) 1985. S. 67–98.
[9.4]

Townsend, C. R.; Hildrew, A. G.; Francis, J. E. *Community structure in some southern English streams: the influence of physicochemical factors.* In: *Freshwater Biology* 13 (1983) S. 521–544.
[17.3.2, 24.3.4]

Townsend, C. R.; Winfield, I. J.; Peirson, G., Cryer, M. *The response of young roach* Rutilus rutilus *to seasonal changes in abundance of microcrustacean prey: a field demonstration of switching.* In: *Oikos* 46 (1986) S. 372–378.
[21.2.3]

Townsend, C. R.; Scarsbrook, M. R.; Dolédec, S. *The intermediatae disturbance hypothesis, refugia and biodiversity in streams.*
[21.5.1]

Tracy, C. R. *A model of the dynamic exchanges of water and energy between terrestrial amphibian and its environment.* In: *Ecological Monographs* 46 (1976) S. 293–326.
[2.5]

Tregenza, T. *Building on the ideal free distribution.* In: *Advances in Ecological Research* 26 (1995) S. 253–326.
[9.10]

Trench, R. K. *Of 'leaves that crawl': functional chloroplasts in animal cells.* In: Jenning, D. H.; Lee, D. L. (Hrsg.) *Symbiosis.* Symposium 29. Cambridge (Society for Experimental Biology, Cambridge University Press) 1975. S. 229–266.
[13.8]

Trexler, J. C.; McCulloch, C. E.; Travis, J. *How can the functional response best be determined?* In: *Oecologia* 76 (1988) S. 206–214.
[9.5.1]

Tripp, M. R. *A final comment on invertebrate immunity.* In: Cooper, E. L. (Hrsg.) *Contemporary Topics in Immunobiology.* Bd. 4. New York (Plenum Press) 1974. S. 289–290.
[12.3.5]

Trostel, K.; Sinclair, A. R. E; Walters, C. J.; Krebs, C. *Can predation cause the 10-year hare cycle?* In: *Oecologia* 74 (1987) S. 185–192.
[10.2.4]

Trumble, J. T.; Kolodny-Hirsch, D. M.; Ting, I. P. *Plant compensation for arthropod herbivory.* In: *Annual Review of Entomology* 38 (1993) S. 93–119.
[8.2.1]

Turchin, P. *Chaos and stability in rodent population dynamics: evidence from non-linear time-series analysis.* In: *Oikos* 68 (1993) S. 167–172.
[6.9]

Turchin, P.; Taylor, A. D. *Complex dynamics in ecological time series.* In: *Ecology* 73 (1992) S. 289–305.
[6.9]

Turchin, P. D. *Rarity of density dependence or population regulation with lags?* In: *Nature* 344 (1990) S. 660–663.
[15.2.3, 15.3.2]

Turesson, G. *The species and variety as ecological units.* In: *Hereditas* 3 (1922a) S. 100–113.
[1.5.1]

Turesson, G. *The genotypical response of the plant species to the habitat.* In: *Hereditas* 3 (1922b) S. 211–350.
[1.5.1]

Turkington, R.; Harper, J. L. *The growth, distribution and neighbour relationships of* Trifolium repens *in a permanent pasture. IV. Fine scale biotic differentiation.* In: *Journal of Ecology* 67 (1979) S. 245–254.
[1.5.2]

Turkington, R.; Merhoff, L. A. *The role of competition in structuring pasture communities.* In: Grace, J. B.; Tilman, D. (Hrsg.) *Perspectives on Plant Competition.* New York (Academic Press) 1990. S. 307–340.
[7.8.2]

Turkington, R. A.; Cavers, P. B.; Aarsen, L. W. *Neighbour relationships in grass-legume communities: I. Interspecific contacts in four grassland communities near London, Ontario.* In: *Canadian Journal of Botany* 55 (1977) S. 2701–2711.
[20.3.2]

Turnbull, A. L. *Quantitative studies of the food of* Linyphia triangularis *Clerck (Aranaea: Linyphiidae).* In: *Canadian Entomologist* 96 (1962) S. 568–579.
[8.4]

Turner, J. R. G.; Gatehouse, C. M.; Corey, C. A. *Does solar energy control organic diversity? Butterflies, moths and the British climate.* In: *Oikos* 48 (1987) S. 195–205.
[24.3.1]

Turner, J. R. G.; Lennon, J. J.; Lawrensen, J. A. *British bird species distributions and the energy theory.* In: Nature 335 (1988) S. 539–541.
[24.3.1]

Turner, J. R. G.; Lennon, J. J.; Greenwood, J. J. D. *Does climate cause the global biodiversity gradient?* In: Hochberg, M.; Claubert, J.; Barbault, R. (Hrsg.) *Aspects of the Genesis and Maintenance of Biological Diversity.* London, New York (Oxford University Press) 1996.
[24.2, 24.3.1, 24.4.1]

Turill, W. B. *Joseph Dalton Hooker.* London (Nelson) 1964.
[23.3.5]

Tuttle, M. D. *Status, causes of decline, and management of endangered gray bats.* In: *Journal of Wildlife Management* 43 (1979) S. 1–17.
[25.2.3]

Uchmansky, J. *Differentation and frequency distributions of body weights in plants and animals.* In: *Philosophical Transactions of the Royal Society of London, Series B* 310 (1985) S. 1–75.
[6.11]

Underwood, T. *The analysis of competition by field experiments.* In: Kikkawa, J.; Anderson, D. J. (Hrsg.) *Community Ecology: Past and Present.* Oxford (Blackwell Scientific Publications) 1986. S. 240–268.
[20.2]

UNEP *Environmental Data Report.* 3. Aufl. Oxford (Basil Blackwell) 1991.
[19.4.6]

Urquhart, F. A. *The Monarch Butterfly.* Toronto (University of Toronto Press) 1960.
[5.7.4]

US Department of the Interior *Audit Report: The Endagered Species Program.* In: *US Fish and Wildlife Service Report* 90–98 (1990).
[25.6.3]

Utida, S. *Cyclic fluctations of population density intrinsic to the host-parasite system.* In: *Ecology* 38 (1957) S. 442–449.
[10.2.4]

Vaeck, M.; Reynaerts, A.; Hofte, H. et. al. *Transgenetic plants protected from insect attack.* In: *Nature* 328 (1987) S. 33–37.
[16.10]

Vagvolgyi, J. *Body size, aerial dispersal, and origin of the Pacific land snail fauna.* In: *Zoology* 24 (1975) S. 465–488.
[23.3.5]

Valentine, J. W. *How many marine invertebrate fossil species? A new approximatio.* In: *Journal of Paleontology* 44 (1970) S. 410–415.
[24.4.6]

Vandermeer, J. H. *Niche theory.* In: *Annual Review of Ecology and Systematics* 3 (1972) S. 107–132.
[2.12]

Vandermeer, J. H.; Boucher, D. H. *Varieties of mutualistic interaction in population models.* In: *Journal of Theoretical Biology* 74 (1978) S. 549–558.
[13.12]

Vanderplank, J. E. *Plant Diseases: Epidemics and Control.* New York (Academic Press) 1963.
[12.5.3]

Vannier, G. *Mesure de la thermotorpeur chez les insects.* In: *Bulletin de la Societé Ecophysiologique* 12 (1987) S. 165–186.
[2.1]

Varley, G. C. *The natural control of population balance in the knapweed gall-fly (*Urophora jaceana*).* In: *Journal of Animal Ecology* 16 (1947) S. 139–187.
[10.2.5]

Varley, G. C.; Gradwell, G. R. *Population models for the winter months.* In: *Symposium of the Royal Entomological Society of London* 9 (1968) S. 132–142.
[6.8.2, 15.3.1, 15.3.2]

Varley, G. C.; Gradwell, G. R. *Recent advances in insect population dynamics.* In: *Annual Review of Entomology* 15 (1970) S. 1–24.
[4.5.1]

Varley, G. C; Gradwell, G. R.; Hassell, M. P. *Insect Population Ecology.* Oxford (Blackwell Scientific Publications) 1973. [10.2.5, 15.2, 15.2.2]

Varley, M. E. *British Freshwater Fishes.* London (Fishing News Books) 1967. [2.2.2]

Veldkamp, H.; Gemerden, H. van; Harder, W.; Laanbroek, H. J. *Competition among bacteria: an overview.* In: Klug, M. J.; Reddy, C. A. (Hrsg.) *Current Perspectives in Microbial Ecology.* Washington (American Society for Microbiology) 1984. S. 279–299. [7.7.1]

Venable, D. L.; Brown, J. S. *The selective interactions of dispersal, dormancy and seed size as adaptations for reducing risk in variable environments.* In: *American Naturalist* 131 (1988) S. 360–384. [5.4.2, 5.5.2]

Venable, D. L.; Burquez, A.; Corral, G.; Morales, E.; Espinosa, F. *The ecology of seed heteromorphism in* Hetrosperma pinnatum *in Central Mexico.* In: *Ecology* 68 (1987) S. 65–76. [5.4.2]

Verhulst, P. F. *Notice sur la loi que la population suit dans son aaccroissement.*In: *Correspondances Mathématiques et Physiques* 10 (1838) S. 113–121. [6.10]

Via, S.; Lande, R. *Genotype-environment interaction and the evolution of phenotypic plasticity.* In: *Evolution* 39 (1985) S. 505–522. [14.11]

Vickermann, K; Cox, F. E. G. *The Protozoa.* London (John Murray) 1967. [12.2.1]

Vitousek, P. M. *Beyond global warming: ecology and global change.* In: *Ecology* 75 (1994) S. 1861–1876. [2.11.2]

Vitousek, P. M; Gosz, J. R.; Greir, C. L.; Mellilo, J. M.; Reiners, W. A. *A comperative analysis of potential nitrification and nitrate mobility in forest ecosystems.* In: *Ecological Monographs* 52 (1982) S. 155–177. [19.2.4]

Vitt, L. J.; Congdon, J. D. *Body shape, reproductive effort and relative clutch mass in lizards: resolution of a paradox.* In: *American Naturalist* 112 (1978) S. 595–608. [14.7.1]

Volterra, V. *Variations and fluctuations of the numbers of individuals in animal species living together.* 1926. (Nachdruck in: Chapman, R. N. *Animal Ecology.* New York (McGraw Hill) 1931.) [7.4.1, 10.2.1]

Waage, J. K. *Foraging for patchily-distributed hosts by the parasitoid* Nemeritis canescens. In: *Journal of Animal Ecology* 48 (1979) S. 353–371. [9.9.3]

Waage, J. K.; Godfray, H. C. J. *Reproductive strategies and population ecology of insect parasitoids.* In: Sibly, R. M.; Smith, R. H. (Hrsg.) *Behavioural Ecology.* Oxford (Blackwell Scientific Publications) 1985. S. 449–470. [14.8.1]

Waage, J. K; Greathead, D. J. *Biological control: challenges and opportunities.* In: *Philosophycal Transactions of the Royal Society of London, Series B* 318 (1988) S. 111–128. [10.5.6, 16.8]

Walde, S.; Murdoch, W. W. *Spatial density-dependence in parasitoids.* In: *Annual Review of Entomology* 33 (1988) S. 441–466. [9.7.1]

Wall, R.; Begon, M. *Competition and fitness.* In: *Oikos* 44 (1985) S. 356–360. [6.1]

Wall, R.; Begon, M. *Individual variation and the effects of population density in the grasshopper* Chorthippus brunneus. In: *Oikos* 49 (1987) S. 15–27. [14.4]

Wallace, J. B.; O'Hop, J. *Life on a fast pad: waterlily leaf beetle impact on water lilies.* In: *Ecology* 66 (1985) S. 1534–1544. [8.2.3]

Walley, K.; Khan, M. S. I.; Bradshaw, A. D. *The potential for evolution of heavy metal tolerance in plants. I. Copper and zinc tolerancein* Agrostis tenuis. In: *Heredity* 32 (1974) S. 309–319. [2.10]

Wallis, G. P. *Population genetics and conservation in New Zealand: a hierarchical synthesis and recommendations for the 1990s.* In: *Journal of the Royal Society of New Zealand* 24 (1994) S. 143–160. [25.2.5]

Walsby, A. E. *A square bacterium.* In: *Nature* 283 (1980) S. 69–71. [1.4.2]

Walsh, J. A. *Selective primary health care: strategies for control of disease in the developing world. IV. Measles.* In: *Review of Infectious Diseases* 5 (1983) S. 330–340. [12.5.2]

Walter, D. E. *Trophic behaviour of 'mycophagous' microarthropods.* In: *Ecology* 68 (1987) S. 226–228. [22.5.3]

Walters, K.; Moriarty, D. J. W. *The effects of complex trophic interactions on a marine microbenthic community.* In: *Ecology* 74 (1993) S. 1475–1489. [22.2.3]

Ward, J. W. *Riverine-wetland interactions.* In: Sharitz, R. R.; Gibbon, J. W. (Hrsg.) *Freshwater Wetlands and Wildlife.* Oak Ridge TN (Office of Sience and Technology Information, US Department of Energy) 1988. S. 385–400. [19.3.1]

Ward, S. A. *Assessing functional explanations of host specificity.* In: *American Naturalist* 139 (1992) S. 883–891. [12.3.2]

Ware, G. W. *Pesticides Theory and Application.* New York (Freeman) 1983. [16.5]

Waring, R. H. *Ecosystems: fluxes of matter and energy.* In: Cherrett, J. M. (Hrsg.) *Ecological Concepts.* Oxford (Blackwell Scientific Publications) 1989. S. 17–42. [19.2.3]

Waring, R. H.; Schlesinger, W. H. *Forest Ecosystems: Concepts and Management.* Orlando, FL (Academic Press) 1985. [19.1.2, 19.2.2, 19.2.2, 19.2.3]

Waring, R. H.; Roger, J. J.; Swank, W. T. *Water relations and hydrologic cycles.* In: Reichle, D. E. (Hrsg.) *Dynamic Properties of Forest Ecosystems.* London (Cambridge University Press) 1981. S. 205–264. [19.2.3]

Warkowska-Dratnal, H.; Stenseth, N. C. *Dispersal and the microtine cycle: comparison of two hypotheses.* In: *Oecologia* 65 (1985) S. 468–477. [15.4.2, 15.4.4]

Warner, R. E. *The role of introduced diseases in the extinction of endemic Hawaiian avifauna.* In: *Condor* 70 (1968) S. 101–120. [21.2.4]

Warren, P. H. *Spatial and temporal variation in the structure of a freshwater food web.* In: *Oikos* 55 (1989) S. 299–311. [22.4.3]

Warren, P. H. *Making connections in food webs.* In: *Trends in Ecology and Evolution* 9 (1994) S. 136–141. [22.5.1]

Warrington, S.; Cottam, D. A.; Whittaker, J. B. *Effects of insect demage on photosynthesis, transpiration and SO_2 uptake by sycamore.* In: *Oecologia* 80 (1989) S. 136–139. [8.2.7]

Warrington, S.; Mansfield, T. A.; Whittaker, J. B. *Effekt of SO_2 on the reproduction of pea aphids,* Acyrthosiphon pisum, *and the impact of SO_2 and aphids on the growth and yield of peas.* In: *Environmental Pollution* 48 (1978) S. 285–294. [8.2.7]

Waser, P. M.; Jones, W. T. *Heritability of dispersal in banner-tailed kangaroo rats,* Didomys spectabilis. In: *Animal Behaviour* 37 (1989) S. 987–991. [5.4.3, 15.4.4]

Waterhouse, D. F. *The biological control of dung.* In: *Scientific American* 230 (1974) S. 100–108. [11.3.2]

Watkinson, A. R. *Yield-density relationships: the influence of resource availability on growth and self-thinning in population of* Vulpia fasciculata. In: *Annals of Botany* 53 (1984) S. 469–482. [6.5, 15.5]

Watkinson, A. R.; Davy, A. J. *Population biology of salt marsh and sand dune animals.* In: *Vegetatio* 62 (1985) S. 487–497. [6.2]

Watkinson, A. R.; Harper, J. L. *The demography of a sand dune annual:* Vulpia fasciculata. *I. The natural regulations of populations.* In: *Journal of Ecology* 66 (1978) S. 15–33. [6.2, 15.2.3]

Watkinson, A. R.; Sutherland, W. J. *Sources, sinks and pseudo-sinks.* In: *Journal of Animal Ecology* 64 (1995) S. 126–120. [15.6.5]

Watson, A.; Moss, R. *A current model of population dynamics in red grouse.* In: Voous, K. H. (Hrsg.) *Proceedings of the XVth International Ornithological Congress.* 1972. S. 139–149. [10.3.2]

Watson, A.; Moos, R. *Advances in our understanding of the population dynamics of red grouse from a recent fluctuation in numbers.* In: *Areda* 68 (1980) S. 103–111. [15.4.1]

Watson, G. E. *Ecology and Evolution of Passerine Birds on the Islands of the Aegean Sea.* Ph. D. thesis, Yale University (Dissertation microfilm 65-1956). 1964. [23.3.1]

Watt, A. S. *Pattern and process in the plant community.* In: *Journal of Ecology* 35 (1947) S. 1–22. [17.4.5]

Watt, A. S. *Factors controlling the floritic composition of some plant communities in Breckland.* In: Duffey, E.; Watt, A. S. (Hrsg.) *The Scientific Management of Animal and Plant Communities for Conservation.* Oxford (Blackwell Scientific Publications) 1970. S. 137–152. [5.2]

Way, M. J.; Cammel, M. *Aggregation behaviour in relation to food utilization by aphids.* In: Watson, A. (Hrsg.) *Animal Populations in Relation to their Food Resource.* Oxford (Blackwell Scientific Publications) 1970. S. 229–247. [9.7.2]

Weaver, J. E.; Albertson, F. W. *Resurvey of grasses, forbs and underground plant parts at the end of the great drought.* In: *Ecological Monographs* 13 (1943) S. 63–117. [3.5]

Webb, S. D. *Community patterns in extinct terrestrial invertebrates.* In: Gee, J. H. R.; Giller, P. S. (Hrsg.) *Organization of Communities.* Oxford (Blackwell Scientific Publications) 1987. S. 439–468. [24.4.6]

Webb, W. L.; Lauenroth, W. K.; Szarek, S. R.; Kinerson, R. S. *Primary production and abiotic controls in forests, grasslands and desert ecosystems in the United States.* In: *Ecology* 64 (1983) S. 134–151. [18.3.1]

Webster, J. *Introduction to Fungi.* Cambridge (Cambridge University Press) 1970. [11.2.1, 12.2.2]

Wegener, A. *Entstehung der Kontinente und Ozeane.* Braunschweig (Samml. Vieweg) 1915. [1.1.2]

Weiner, J. *How competition for light and nutrients affects size variability in* Ipomoea tricolor *populations.* In: *Ecology* 67 (1986) S. 1425–1427. [6.11]

Weiner, J. *Asymmetric competition in plant populations.* In: *Trends in Ecology and Evolution* 5 (1990) S. 360–364. [6.11]

Weiner, J.; Thomas, S. C. *Size variability and competition in plant monocultures.* In: *Oikos* 47 (1986) S. 211–222. [6.11]

Weiser, C. J. *Cold resistance and injury in woody plants.* In: *Science* 169 (1970) S. 736–750. [2.3.4]

Weisner, S. E. B. *Long-term competitive displacement of* Typha latifolia *by* Typha angustfolia *in a eutrophic lake.* In: *Oecologia* 94 (1993) S. 451–456. [7.3]

Weller, D. E. *A reevaluation of the −3/2 power rule of plant self-thinning.* In: *Ecological Monographs* 57 (1987) S. 23–43. [6.13]

Weller, D. E. *Will the real self-thinning rule please stand up? – A reply to Osawa and Sugita.* In: *Ecology* 71 (1990) S. 1204–1207. [6.13]

Weller, D. E. *The self-thinning rule: dead or unsupported? – A reply to Lonsdale.* In: *Ecology* 72 (1991) S. 747–750. [6.13]

Werner, E. E.; Gilliam, J. F.; Hall, D. J.; Mittlebach, G. G. *An experimental test of the effects of predation risk on habitat use in fish.* In: *Ecology* 64 (1983b) S. 1540–1550. [9.4]

Werner, E. E.; Mittlebach, G. G.; Hall, D. J.; Gilliam, J. F. *Experimental tests of optimal habitat use in fish: the role of relative habitat profitability.* In: *Ecology* 64 (1983a) S. 1525–1539. [9.4]

Werner, H. H.; Hall, D. J. *Optimal foraging and the size selection of prey by the bluegill sunfish* Lepomis macrochirus. In: *Ecology* 55 (1974) S. 1042–1052. [9.3.1]

Werner, P. A. *Predictions of fate from rosette size in teazel (*Dipsacus fullonum *L.).* In: *Oecologia* 20 (1975) S. 197–201. [4.8]

Werner, P. A.; Platt, W. J. *Ecological relationships of co-occuring golden rods (*Solidago*: Compositae).* In: *American Naturalist* 110 (1976) S. 959–971.
[14.4.2]

Wesson, G.; Wareing, P. F. *The induction of light sensitivity in weed seeds by burial.* In: *Journal of Experimental Biology* 20 (1969) S. 413–425.
[5.5.2]

West, C. *Factors underlying the late seasonal appearance of the lepidopterous leaf-mining guild on oak.* In: *Ecological Entomology* 10 (1985) S. 111–120.
[8.2.2]

West, H. M.; Fitter, A. H.; Watkinson, A. R. *Response of* Vulpia ciliata *ssp.* ambigua *to removal of mycorrhizal infection and to phosphate application under natural conditions.* In: *Journal of Ecology* 81 (1993) S. 351–358.
[13.7.2]

Westoby, M.; Leishman, M. R.; Lord, J. M. *On misinterpreting the 'phylogenetic correction'.* In: *Journal of Ecology* 83 (1995) S. 531–534.
[1.4.2]

White, J. *Demographic factors in populations of plants.* In: Solbrig, O. T. (Hrsg.) *Demography and Evolution in Plant Populations.* Oxford (Blackwell Scientific Publications) 1980. S. 21–48.
[6.13]

White, T. C. R. *The importance of relative shortage of food in animal ecology.* In: *Oecologia* 33 (1978) S. 71–86.
[8.4]

White, T. C. R. *The abundance of invertebrate herbivores in relation to the availability of nitrogen in stressed food plants.* In: *Oecologia* 63 (1984) S. 90–105.
[8.2.7, 8.4]

White, T. C. R. *The Inadequate Environment: Nitrogen and the Abundance of Animals.* Berlin (Springer) 1993.
[8.2.7, 8.4]

Whiteside, M. C.; Harmsworth, R. V. *Species diversity in chydroid (Cladocera) communities.* In: *Ecology* 48 (1967) S. 664–667.
[24.3.1]

Whitfield, P. J. *The Biology of Parasitism: An Introduction to the Study of Associating Organism.* London (Edward Arnold) 1982.
[12.2.2]

Whittaker, R. H. *A consideration of climax theory: the climax as a population and pattern.* In: *Ecological Monographs* 23 (1953) S. 41–78.
[17.4.5]

Whittaker, R. H. *Vegetation of the Great Smoky Mountains.* In: *Ecological Monographs* 23 (1956) S. 41–78.
[17.3.1]

Whittaker, R. H. *Communities and Ecosystems.* 2. Aufl. London (Macmillan) 1975.
[1.4.1, 18.2]

Whittaker, R. H. *Evolution of species diversity in land communities.* In: *Evolutionary Biology* 10 (1977) S. 1–67.
[24.4.2]

Whittaker, R. H.; Feeney, P. P. *Allelochemics: chemical interactions between species.* In: *Science* 171 (1971) S. 757–770.
[7.3]

Whittaker, R. H.; Woodwel, G. M. *Dimension and production relations of trees and shrubs in the Brookhaven Forest, New York.* In: *Journal of Ecology* 56 (1968) S. 1–25.
[18.2.2]

Whittaker, R. H.; Woodwell, G. M. *Structure producton and diversity of the oak-pine forest at Brookhaven, New York.* In: *Journal of Ecology* 57 (1969) S. 157–176.
[18.2.2]

Whittaker, R. J.; Bush, M. B.; Richards, K. *Plant recolonization and vegetction succession on the Krakatau Islands, Indonesia.* In: *Ecological Monographs* 59 (1989) S. 59–123.
[23.3.4]

Wiebes, J. T. *Coevolution of figs and their insect pollinators.* In: *Annual of Ecology and Systematics* 10 (1979) S. 1–12.
[13.4.2]

Wiebes, J. T. *Fig wasps (Hymenoptera).* In: *Monographiae Biologicae* 42 (1982) S. 735–755.
[13.4.2]

Wiens, D. *Ovule survivorship, life history, breeding systems and reproductive success in plants.* In: *Oecologia* 64 (1984) S. 47–53.
[4.5.1]

Wiens, J. A. *The Ecology of Bird Communities. Volume 2. Processes and Variations.* Cambridge (Cambridge University Press) 1989.
[15.6.1, 15.7.5]

Wiens, J. A.; Rotenberry, J. T; Van Horne, B. *Habitat occupancy patterns of North American shrubsteppe birds: the effects of spatial scale.* In: *Oikos* 48 (1987) S. 132–147.
[15.6.1]

Wiens, J. A.; Stenseth, N. C.; Van Horne, B.; Ims, R. A. *Ecological mechanism and landscape ecology.* In: *Oikos* 66 (1993) S. 369–380.
[21.7.1]

Wigglesworth, V. B. *DDT and the balance of nature.* In: *Atlantic Monthly* 176 (1945) S. 107.
[16.4]

Wilbur, H. M. *Regulation of structure in complex systems: experimental temporary pond communities.* In: *Ecology* 68 (1987) S. 1437–1452.
[21.7.2]

Wilcox, B. A. *Supersaturated island faunas: a species-age relationship for lizards on post-pleistocene land-bridge islands.* In: *Science* 199 (1978) S. 996–998.
[23.3.1]

Williams, C. B. *Some applications of the logarithmic series and the index of diversity to ecological problems.* In: *Journal of Ecology* 32 (1944) S. 1–44.
[12.3.7]

Williams, C. B. *Patterns in the Balance of Nature and Related Problems in Quantitative Ecology.* New York (Academic Press) 1964.
[23.1]

Williams, G. C. *Adaption and Natural Selection.* Princeton, NJ (Princeton University Press) 1966.
[14.3]

Williams, K. S.; Smith, K. G.; Stephen, F. M. *Emergence of 13-year periodical cicadas (Cicacidae:* Magicicada*): phenology mortality and predator satiation.* In: *Ecology* 74 (1993) S. 1143–1152.
[5.2.1]

Williams, W. D. *Limnological imbalances: an antipodean viewpoint.* In: *Freshwater Biology* 20 (1988) S. 407–420.
[19.3.3]

Williamson, G. B. *Allelopathy, Koch's postulates, and the neck riddle.* In: Grace, J. B.; Tilman, D. (Hrsg.) *Perspectives on Plant Competition.* New York (Academic Press) 1990. S. 143–162.
[7.3]

Williamson, M. H. *The Analysis of Biological Populations.* London (Edward Arnold) 1972.
[7.2.4]

Williamson, M. H. *Island Populations.* Oxford (Oxford University Press) 1981.
[1.2.3, 23.1, 23.2.1, 23.3.1, 23.3.2, 23.3.4, 23.3.5]

Willson, M. F. *Sexual selection in plants: perspective overview.* In: *American Naturalist* 144 (1994) S. S13–S39.
[13.4.2]

Wilson, D. S. *Adaptive indirect effects.* In: Diamond, J. (Hrsg.) *Community Ecology.* New York (Harper & Row) 1986. S. 437–444.
[11.3.3]

Wilson, E. O. *The nature of the taxon cycle in the Melanesian ant fauna.* In: *American Naturalist* 95 (1961) S. 169–193.
[23.3.1]

Wilson, E. O. *Sociobiology: The New Synthesis.* Cambridge, MA (Harvard University Press) 1975.
[2.5]

Wilson, J. B.; Agnew, A. D. Q. *Positive-feedback switches in plant communities.* In: *Advances in Ecological Research* 23 (1992) S. 263–336.
[17.4.4]

Wilson, J. B. *Methods for detecting non-randomness in species co-occurrences: a contribution.* In: *Oecologia* 73 (1987) S. 579–582.
[20.4.3, 20.4.4]

Wilson, J. B. *Shoot competition and root competition.* In: *Journal of Ecology* 25 (1988a) S. 279–296.
[7.3]

Wilson, J. B. *Community structure in the flora in Lake Manapouri, New Zealand.* In: *Journal of Ecology* 76 (1988b) S. 1030–1042.
[20.4.3]

Wilson, L. J. *Dynamic thresholds for an dynamic pest: spider mites in cotton.* In: Corey, S.; Dall, D.; Milne, W. (Hrsg.) *Pest Control and Sustainable Agriculture.* East Melbourne (CSIRO) 1993. S. 407–410.
[16.3]

Winemiller, K. O. *Spatial and temporal variation in tropical fish trophic networks.* In: *Ecological Monographs* 60 (1990) S. 331–367.
[22.4.3]

Winfield, I. J.; Peirson, G.; Cryer, M.; Townsend, C. R. *The behavioural basis of prey selection by underyearling bream (*Abramis brama *(L.)) and roach (*Rutilus rutilus *(L.)).* In: *Freshwater Biology* 13 (1983) S. 139–149.
[3.7.1]

Winterbourn, M. J. *The arthropod fauna of bracken (*Pteridium aquilinum*) on the Port Hills, South Island, New Zealand.* In: *New Zealand Entomologist* 10 (1987) S. 99–104.
[23.3.3]

Winterbourn, M. J.; Townsend, C. R. *Streams and rivers: one-way flow system.* In: Barnes, R. S. K.; Mann, K. H. (Hrsg.) *Fundamentals of Aquatic Ecology.* Oxford (Blackwell Scientific Publications) 1991. S. 230–244.
[19.3.1]

Wit, A. K. H. *The relation between partial defoliation during the pre-heading stages of spring cabbage and yield, as a method to assess the quantitative damage induced by leaf mining insects.* In: *Zeitschrift Angewandte Entomologie* 100 (1985) S. 96–100.
[8.2.3]

Wit, C. T. de *On competition.* In: *Verslagen van landbouwkundige onderzoekingen* 663 (1965) S. 1–57.
[7.7.2]

Wit, C. T. de *Photosynthesis of leaf canopies.* In: *Verslagen van landbouwkundige onderzoekingen* 663 (1965) S. 1–57.
[3.2.1]

Wit, C. T. de; Tow, P. G.; Ennik, G. C. *Competition between legumes and grasses.* In: *Verslagen van landbouwkundige onderzoekingen* 112 (1966) S. 1017–1045.
[7.7.2, 13.10.1]

Woiwod, I. P.; Hanski, I. *Patterns of density dependence in moths and aphids.* In: *Journal of Animal Ecology* 61 (1992) S. 619–629.
[15.2.3]

Wolda, H. *Fluctuations in abundance of tropical insects.* In: *American Naturalist* 112 (1978) S. 1017–1045.
[22.4.1, 22.4.3]

Wolfram, S. *Statistical mechanics of cellular automata.* In: *Reviews of Modern Physics* 55 (1983) S. 601–643.
[3.10]

Wolfram, S. *Software für Mathematik und Naturwissenschaften.* In: *Spektrum der Wissenschaft* November 1984.
[3.10]

Wood, R. K. S.; Way, M. J. (Hrsg.) *Biological control of pests, pathogens and weeds: development and prospects.* In: *Philosophical Transactions of the Royal Society of London, Series B* 318 (1988) S. 109–376.
[16.8]

Woodmansee, R. G. K. *Additions and losses of nitrogen in grassland ecosystems.* In: *Bioscience* 28 (1978) S. 448–453.
[19.2.2]

Woodward, F. I. *Climate and Plant Ditribution.* Cambridge (Cambridge University Press) 1987.
[1.4.1, 2.2]

Woodward, F. I. *The impact of low temperatures in controlling the geographical distribution of plants.* In: *Philosophical Transactions of the Royal Society of London, Series B* 326 (1990) S. 585–593. Auch in: Laws, R. M.; Franks, F. (Hrsg.) *Live at the Low Temperatures.* London (The Royal Society). S. 69–77.
[2.3.4]

Woodward, F. I. *Predictions and measurements of the maximum photosynthetic rate, Amax, at the global scale.* In: Schulze, E. D.; Caldwell, M. M. (Hrsg.) *Ecophysiology: Photosynthesis.* Berlin (Springer) 1994. S. 491–509.
[3.2.6]

Woodwell, G. M.; Whittaker, R. H.; Houghton, R. A. *Nutrient concentrations in plants in the Brookhaven oak pine forest.* In: *Ecology* 56 (1975) S. 318–322.
[3.5]

Woollhead, A. S. *Energy partitioning in semelparous and iteroparous triclads.* In: *Journal of Animal Ecology* 52 (1983) S. 603–620.
[14.11]

Wootton, J. T. *Indirect effects prey susceptbility, and habitat selection: impacts of birds on limpets and algae.* In: *Ecology* 73 (1992) S. 981–991.
[22.2.3]

World Meteorological Organization *Trace gas effects on climate.* In: *Atmospheric Ozone 1985.* Global Ozone Research and Monitoring Project, Report Nr. 16, Bd. III, Kapitel 15 (1985).
[19.5]

Worthen, W. B.; McGuire, T. R. *A criticism of the aggregation model of coexistance: non-independent distribution of dipteran species on ephemeral resources.* In: *American Naturalist* 131 (1988) S. 453–458.
[7.5.5]

Worthington, E. B. *Evolution of I. B. P.* Cambridge (Cambridge University Press) 1975.
[18.1]

Wright, D. H. *A simple stable model of mutualism incorporating handling time.* In: *American Naturalist* 134 (1989) S. 664–667.
[13.12]

Wright, J. L.; Lemon, E. R. *Photosynthesis under field conditions. IX. Vertical distribution of photosynthesis within a corn crop.* In: *Agronomy Journal* 58 (1966) S. 265–268.
[3.3]

Wright, R. F.; Lotse, E.; Semb, A. *Reversability of acidification shown by whole-catchment experiments.* In: *Nature* 334 (1988) S. 670–675.
[19.4.5]

Wurtsbaugh, W. A. *Food-web modification by an invertebrate predator in the Great Salt Lake (USA).* In: *Oecologia* 89 (1992) S. 168–175.
[22.3.1]

Wynne-Edwards, V. C. *Animal Dispersion in Relation to Social Behaviour.* Edinburgh (Oliver and Boyd) 1962.
[6.12]

Wynne-Edwards, V. C. *Instrinsic population control and introduction.* In: Ebling, F. J.; Stoddart, D. M. (Hrsg.) *Population Control by Social Behaviour.* London (Institute of Biology) 1977. S. 1–22.
[6.12]

Wynne-Edwards, V. C. *Evolution Through Group Selection.* Oxford (Blackwell Scientific Publication) 1986.
[6.12]

Wynne-Edwards, V. C. *A rationale for group selection.* In: *Journal of Thoretical Biology* 162. S. 1–22.
[5.2.1]

Yoda, K.; Kira, T.; Ogawa, H.; Hozumi, K. *Self thinning in overcrowded pure stands under cultivated and natural conditions.* In: *Journal of Biology, Osaka City University* 14 (1963) S. 107–129.
[6.2, 6.13]

Yodzis, P. *Competition, mortality and community structure.* In: Diamond, J.; Case, T. J. (Hrsg.) *Community Ecology.* New York (Harper & Row) 1986. S. 480–491.
[21.4]

Young, R. G.; Huryn, A. D.; Townsend, C. R. *Effects of agricultural development on processing of tussock leaf litter in high country New Zealand streams.* In: *Freshwater Biology* 32 (1994) S. 413–428.
[11.2.4]

Young, T. P. Lobelia telekii *herbivory, mortality, and size at reproduction: variations with growth rate.* In: *Ecology* 66 (1985) S. 1879–1883.
[4.8]

Young, T. P. *Evolution of semelparity in Mount Kenya lobelias.* In: *Evolutionary Ecology* 4 (1990) S. 157–172.
[14.7.3]

Young, T. P.; Augspurger, C. K. *Ecology and evolution of long-lived semelparous plants.* In: *Trends in Ecology and Evolution* 6 (1991) S. 285–289.
[14.7.3]

Yu, L. M *Elicitins from* Phytophthora *and basic resistance in tobacco.* In: *Proceedings of the National Academy of Science of the USA* 92 (1995) S. 4088–4094.
[12.3.5]

Zadoks, J. S.; Schein, R. D. *Epidemiology and Disease Management.* Oxford (Oxford University Press) 1979.
[12.5, 12.5.3]

Zahn, R. *Fastflickers in the tropics.* In: *Nature (London)* 372 (1994) S. 621–622.
[1.2.2]

Zeevalking, H. J.; Fresco, L. F. M. *Rabbit grazing and diversity in a dune area.* In: *Vegetatio* 35 (1977) S. 193–196.
[21.2.1]

Zeide, B. *Analysis of the 3/2 power law of self-thinning.* In: *Forest Science* 33 (1987) S. 517–537.
[6.13]

Ziv, Y.; Abramsky, Z.; Kotler, B. P.; Subach, A. *Interference competition and temporal and habitat partitioning in two gerbil species.* In: *Oikos* 66 (1993) S. 237–246.
[7.10]

Glossar

Dieses Glossar soll dem Leser durch Beschreibungen bestimmter Fachbegriffe als Hilfe dienen. Wir wollen damit **keine Auflistung formaler Definitionen** liefern, sondern verwenden vielmehr unsere **persönlichen Interpretationen** – ganz ähnlich wie Humpty Dumpty – »Wenn ich ein Wort benutze, dann bedeutet es das, was es nach meiner Meinung bedeuten soll – nicht mehr und nicht weniger«. »Die Frage ist«, sagte Alice, »ob du Worten verschiedene Bedeutungen geben kannst«. »Die Frage ist«, sagte Humpty Dumpty, »wie man dies beherrscht – das ist alles«.

Es gibt zahlreiche Wörter in der Umgangssprache, denen in der Ökologie eine ganz spezielle Bedeutung zukommt. Viele werden in der Wissenschaft zwar häufig verwendet, aber in diesem Zusammenhang nie angemessen definiert. Wörter wie *ungünstig*, *günstig*, *rauh*, *gleichförmig*, *belastend*, *schädlich*, *vorteilhaft* und *nützlich* sind nur schwer zu vermeiden. Der Leser tut gut daran, darüber nachzudenken, welche Bedeutung sie wirklich haben, wenn er in unserem oder irgendeinem anderen Text auf sie stößt.

Abbau Siehe Zersetzung.

Abhärtung Prozeß, bei dem Widerstandsfähigkeit gegenüber Extrembedingungen, zum Beispiel Kälte oder Dürre, durch vorangegangene Erfahrungen mit den gleichen, aber weniger extremen Bedingungen erhöht wird.

abiotisch Nicht lebendig; bezieht sich gewöhnlich auf die physikalischen und chemischen Aspekte der Umwelt eines Organismus.

Abstammungslinien (Stammesreihen) Verbindungen zwischen Organismengruppen der Gegenwart und der Vergangenheit, die ihre evolutionären Beziehungen und ihre Abstammung wiedergeben.

Abundanz (*abundance*) Zahl der Organismen einer Population auf einer bestimmten Fläche, wobei die Populationsdichte sowie die Artendichte einbezogen sind.

Abundanzintensität Zahl der Individuen pro bewohnbarem Ort in einer Lebensgemeinschaft (vergleiche Prävalenz).

Adaptation Ein verwirrender Begriff, der in drei unterschiedlichen Bedeutungen verwendet wird: 1) Merkmale von Organismen, die das Ergebnis der natürlichen Selektion während ihrer entwicklungsgeschichtlichen Vergangenheit sind und zu einem engen Zusammenpassen mit ihrer Umwelt führen und/oder den Organismus dazu zwingen, in einem schmalen Spektrum von Umwelten zu leben. Die Vorsilbe „ad-" von Adaptation ist insofern unglücklich, weil sie impliziert, es erfolge eine Anpassung an gegenwärtige oder zukünftige Verhältnisse. 2) Veränderungen in der Form oder im Verhalten eines Organismus *während seines Lebens*, zum Beispiel Bildung von Licht- und Schattenblättern am selben Baum oder der Erwerb von Kältetoleranz infolge vorausgegangener niedriger Temperaturen. 3) Änderungen der Erregbarkeit eines Sinnesorgans infolge stetiger Stimulierung.

Adenosintriphosphat (ATP) Aus Adenin, Ribose und drei Phosphatgruppen zusammengesetztes Molekül, das durch hochenergetische Bindungen zusammengehalten wird und in lebenden Zellen mit der Übertragung von Energie in Zusammenhang steht.

aerober Abbau Abbauprozeß organischer Moleküle in einfache anorganische Bestandteile in Gegenwart von Sauerstoff.

aggregierte (geballte, geklumpte) Verteilung Verteilung von Organismen, bei der die Individuen in bestimmten Bereichen stärker gehäuft vorkommen, als es bei einer gleichmäßigen oder Zufallsverteilung der Fall wäre.

aggregative Reaktion Reaktion eines Räubers, die zu einer höheren Räuberdichte an Stellen mit hoher Beutedichte führt (siehe auch Risikoaggregation).

Akklimation Gewöhnung der physiologischen Reaktion eines Organismus an Umweltbedingungen (gewöhnlich auf Laborbedingungen bezogen).

Akklimatisation Gewöhnung der physiologischen Reaktion eines Organismus an Umweltbedingungen (gewöhnlich auf natürliche Bedingungen bezogen).

Alkoholdehydrogenase (ADH) Enzym, das die Umwandlung von Alkoholen in Aldehyde und Ketone und umgekehrt katalysiert.

Allees Prinzip Wachstum und Überlebensrate von Populationen mit sozialer Organisation sind bei mittlerer Populationsgröße optimal.

allelochemische Substanz Eine von einem Organismus produzierte Substanz, die für einen anderen Organismus toxisch ist oder dessen Wachstum hemmt.

allochthones Material Organisches Material, das in einen Fluß, einen See oder ein Meer gelangt, aber von einem angrenzenden terrestrischen Ökosystem stammt.

allogene Sukzession Zeitliche Abfolge von Arten an einem Ort aufgrund äußerer Einflüsse, durch die sich die Bedingungen ändern.
Allokation Ressourcenaufteilung. Siehe auch Reproduktionsaufwand.
Allometrie Studium der mit Größenveränderungen einhergehenden Proportionsänderungen der Teile eines Organismus; entweder angewendet auf das Wachstum von Individuen (ontogenetisch) oder zum Vergleich unterschiedlich großer verwandter Organismen (phylogenetisch).
allopatrisch In verschiedenen Gebieten vorkommend; bezieht sich in der Regel auf die geographische Trennung von Arten.
Amensalismus Wechselbeziehung, bei der sich ein Organismus (oder eine Art) ungünstig auf einen zweiten Organismus (oder eine zweite Art) auswirkt, letzterer aber keinerlei (weder positiven noch negativen) Einfluß auf den ersten hat.
anaerober Abbau Abbauprozeß organischer Moleküle in einfachere anorganische Bestandteile in Abwesenheit von Sauerstoff.
analoge Strukturen Organe unterschiedlichen evolutionären Ursprungs mit gleicher Funktion bei verschiedenen Organismen.
Analyse der Überlebensfähigkeit einer Population (*population viability analysis* – PVA) Eine Analyse der Aussterbewahrscheinlichkeit einer Population, die in der Regel auf vom Aussterben bedrohte Populationen angewendet wird.
Angiospermen (Bedecktsamer) Blütenpflanzen; jene samentragenden Pflanzen, deren Samen sich aus Samenanlagen *innerhalb* eines geschlossenen Hohlraums, dem Fruchtknoten, entwickeln.
Annuelle Arten mit einem Lebenszyklus von ungefähr zwölf Monaten, deren Lebenszyklus also direkt mit dem jährlichen Wetterzyklus in Beziehung steht und deren Generationen daher getrennt sind.
anoxisch Ohne Sauerstoff ablaufend.
Anpassung Siehe Adaptation.
antagonistische Ressourcen Ressourcenpaar, bei dem die erhöhte Konsumption der einen Ressource durch einen Organismus zu einem zunehmenden Bedarf des Organismus nach der anderen führt.
anthropozentrisch Den Menschen als Zentrum des Universums betrachtend und alles mit Bezug auf ihn erklärend.
Anwesenheitsfunktion (*incidence function*) Beziehung zwischen Inselgröße und dem Anteil der Inseln dieser Größe, welche von der betreffenden Art bewohnt sind.
Aposematismus Auffälliges Erscheinungsbild eines Organismus, der wehrhaft oder giftig ist oder unangenehm schmeckt.
apparente Konkurrenz Wechselbeziehung, bei der sich Organismen (oder Arten) aufgrund der jeweils vorteilhaften Auswirkungen auf einen gemeinsamen Räuberorganismus (oder eine Räuberart) hat, nachteilig aufeinander auswirken.
Äquitabilität (Gleichverteilung) Gleichmäßigkeit, mit der die Individuen der Arten in einer Lebensgemeinschaft verteilt sind.
Arten-Areal-Beziehung Häufiges Muster, bei dem die Artenzahl auf Inseln mit abnehmender Inselfläche zurückgeht.
Artendiversität Index der Vielfalt von Lebensgemeinschaften, der sowohl den Artenreichtum als auch die relative Abundanz der Arten berücksichtigt.
Arten-Rang-Relation Siehe Rang-Abundanz-Diagramm.
Artenreichtum Zahl der Arten in einer Lebensgemeinschaft.
Arthropoden (Gliederfüßer) Vertreter des Tierstammes Arthropoda, der unter anderem Insekten, Krebstiere, Spinnen, Skorpione, Milben, Tausendfüßer und Hundertfüßer umfaßt.
Assimilat Photosyntheseprodukt; die energiereichen organischen Moleküle, die bei der Photosynthese produziert werden.
Assimilationseffizienz Prozentsatz der von einem Tier aufgenommenen Energie, der über die Darmwand aufgenommen wird.
ästhetische Schadensschwelle Schwelle, bei deren Überschreitung ästhetische oder soziologische Überlegungen die Bekämpfung eines Schädlings nahelegen.
Ästivation Ruhezustand während des Sommers oder Trockenperioden („Übersommerung"). Von Botanikern wird der Begriff auch verwendet, um die Anordnung der Blütenteile in einer Knospe zu beschreiben („Knospendeckung").
asymmetrische Konkurrenz Konkurrenz zwischen zwei Organismen (oder Arten), von der einer schwerer betroffen ist als der andere.
Atmung (Respiration) Alle zur Erzeugung von Stoffwechselenergie dienenden Prozesse.
Auflichtungslinie Die Linie in einer graphischen Darstellung des Logarithmus des mittleren Individualgewichts gegen den Logarithmus der Dichte, die sich selbst auflichtenden Populationen genügend hoher Biomasse entspricht und die diese nicht überschreiten können.
ausbeutervermittelte Koexistenz Situation, bei der Prädation die Koexistenz von Arten fördert, unter denen es ansonsten zu Konkurrenzausschluß käme.
Ausbeutungskonkurrenz Siehe Konkurrenz durch Ausbeutung.
Ausbreitung Das Sich-voneinander-Entfernen von Individuen, zum Beispiel von Nachkommen von ihren Eltern oder von Gebieten hoher Dichte in Gebiete geringerer Dichte.
Ausbreitungseinheit (auch Diaspore) Begriff für eine Struktur einer Pflanze (gelegentlich auch bei Wir-

bellosen), aus der ein neues Individuum entstehen kann, zum Beispiel Samen, Kormus, Zwiebel, Cyste, und die zur Ausbreitung dient.
Ausbreitungspolymorphismus Zwei oder mehr Typen von Ausbreitungsstrukturen innerhalb einer Art oder unter den Nachkommen eines Individuums.
Ausgleichspräferenz Präferenz eines Konsumenten für Nahrungsobjekte aufgrund des Bedürfnisses nach einer ausgeglichenen, sich ergänzenden Ernährung.
Ausläufer Siehe Stolonen.
Aussterben Zustand, der mit dem Tod des weltweit oder lokal letzten überlebenden Individuums einer Art, einer Gruppe oder eines Genes eintritt.
Auswahlindex (Elektivitätsindex) Maß für die Präferenzen (oder deren Fehlen) einer Konsumentenart für ihre Beute.
autochthones Material Organisches Material, das innerhalb einer Lebensgemeinschaft produziert wurde (im Gegensatz zu allochthonem Material).
autogene Sukzession Zeitliche Abfolge von Arten an einem Ort aufgrund von Prozessen innerhalb der Lebensgemeinschaft (im Gegensatz zur allogenen Sukzession).
Autotrophe Organismen, die von der Zufuhr *organischer* Nahrung von außen unabhängig sind und aus anorganischen Substanzen ihr eigenes organisches Material herstellen.
autotrophe Sukzession Zeitliche Abfolge von Arten an einem Ort, an der vor allem Pflanzen beteiligt sind.
Autozidverfahren Siehe Selbstvernichtungsverfahren.

Bakteroide Die symbiontischen *Rhizobium*-Bakterien, die in den Wurzelknöllchen von Leguminosen in einen aktiven, stickstoff-fixierenden Zustand übergegangen sind und in der Regel aufgehört haben, sich zu teilen, und häufig gebändert oder verzweigt werden.
Bearbeitungszeit Siehe Handhabungszeit.
Bedecktsamer Siehe Angiospermen.
Befallsintensität (*intensity of infection*) Zahl der Parasiten pro Wirt in einer Population (vergleiche Prävalenzrate).
begrenzende Ähnlichkeit (*limiting similarity*) Ausmaß der Ähnlichkeit zwischen zwei konkurrierenden Arten, das nicht überschritten werden darf, wenn die beiden Arten koexistieren sollen.
Bekämpfungsschwelle (*control action threshold* – CAT) Schwellenwert aus einer Kombination von Schädlingsdichte und den Dichten der natürlichen Feinde des Schädlings, bei dessen Überschreitung es notwendig ist, einzugreifen und Bekämpfungsmaßnahmen gegen den Schädling einzuleiten, um zu verhindern, daß seine Population auf ein Ausmaß ansteigt, bei dem er wirtschafliche Schäden verursacht.
benthische Lebensgemeinschaften Die Pflanzen, Mikroorganismen und Tiere, die den Boden aquatischer Ökosysteme bewohnen.
Bestandserfassung In der Ökologie der Versuch, jedes Mitglied einer Population zu zählen.
Beute Ein Individuum, das potentiell von einem Prädator getötet und verzehrt werden kann oder tatsächlich getötet und verzehrt wird.
Beuteltiere (Marsupialia) Säugetiere, deren Junge in einem sehr wenig entwickelten Zustand geboren werden und in einen Beutel wandern, wo sie gesäugt werden, bis sie relativ groß sind.
Bevölkerungspyramide (*population pyramid*) Diagramm zur Darstellung der Altersstruktur einer Bevölkerung, wobei die jüngste Altersklasse die Basis bildet und die nachfolgenden Altersklassen darüber folgen.
Biodiversität (biologische Vielfalt) Bezieht sich im allgemeinsten Sinn auf alle Aspekte der Vielfalt in der lebendigen Welt. Spezifisch kann der Begriff verwendet werden, um den Artenreichtum, die genetische Variabilität oder die Zahl der Ökosystemtypen in einem Gebiet zu beschreiben.
biogeochemischer Kreislauf Zirkulation chemischer Elemente zwischen Organismen sowie nicht-lebenden Bestandteilen der Atmosphäre, Lithosphäre und Hydrosphäre.
Biogeographie Studium der geographischen Verbreitung von Organismen.
biologische Pestizide Präparate zur unmittelbaren Bekämpfung eines Schädlings, die aus biologischen im Gegensatz zu chemischen Substanzen bestehen.
biologische Schädlingbekämpfung Der Einsatz der natürlichen Feinde eines Schädlings zu dessen Bekämpfung.
biologischer Sauerstoffbedarf (BSB) Rate des Sauerstoffverlusts einer Wasserprobe – ein Maß für die Fähigkeit, Sauerstoff zu entziehen, das in der Regel als Qualitätsindex für Abwässer benutzt wird.
Biomagnifikation Konzentrationszunahme einer Verbindung in den Geweben von Organismen im Laufe der Nahrungskette, die sich aus der Anreicherung der Verbindung auf jeder trophischen Ebene ergibt, bevor die Organismen von Lebewesen der nächsten trophischen Ebene konsumiert werden.
Biomasse Das Gewicht lebenden Materials, meistens als Maß pro Flächeneinheit Land oder pro Volumen Wasser verwendet. Die Biomasse umfaßt häufig auch die toten Teile lebender Organismen, etwa die Borke und das Kernholz von Bäumen und die Haare, Krallen etc. von Tieren, die strenggenommen „Nekromasse" sind.
Biome Eine der großen Kategorien der verschiedenen Pflanzengesellschaften der Erde, zum Beispiel das Tundra-Biom, das Biom des tropischen Regenwalds.
Biota Gesamtheit der Tiere und Pflanzen, also aller Lebewesen an einem Ort.
biotechnische Insektizide Insektizide, die keine oder verhältnismäßig begrenzte nachteilige Auswirkungen

auf andere, nicht schädliche Organismen in der Umgebung des Schädlings haben.

biotisch Lebend; bezieht sich in der Regel auf die biologischen Aspekte der Umwelt eines Organismus, das heißt auf die Einflüsse anderer Lebewesen.

biotroph Begriff, der für Parasiten benutzt wird, die ihre Entwicklung nur auf einem lebenden Wirt beenden können (siehe auch Nekroparasit).

Biotyp Physiologische Rasse oder Gruppe von Individuen, die bestimmte genetische Merkmale gemeinsam haben.

Biozönose Siehe Lebensgemeinschaft.

bizentrische Verbreitung Vorkommen einer Art (oder einer anderen taxonomischen Einheit) in zwei geographisch weit voneinandander entfernten Gebieten.

Blattflächenindex (BFI) Oberfläche aller Blätter über einer bestimmten Bodenfläche.

boreal Kalt-gemäßigt.

Brackwasser Wasser mit einer Salzkonzentration zwischen Süßwasser und Meerwasser.

Brutparasitismus Das Unterschieben von Eiern oder Nachkommen zur Aufzucht durch Individuen, die nicht die Eltern sind – gewöhnlich Vertreter einer anderen Art.

Bruttoprimärproduktion (BPP) Gesamtmenge der durch Photosynthese in einem Gebiet gebundenen Energie.

C_3-Pflanzen Pflanzen, bei denen die Assimilation atmosphärischen Kohlendioxids direkt über das Enzym Ribulose-1,5-bisphosphat-carboxylase in den Mesophyllzellen der Blätter erfolgt.

C_4-Pflanzen Arten höherer Pflanzen, bei denen die Assimilation atmosphärischen Kohlendioxids während der Photosynthese indirekt über das Enzym Phosphoenolpyruvat-carboxylase in den Leitbündelscheiden der Blattadern erfolgt.

CAM-Stoffwechsel (***crassulacean acid metabolism***) Form der Assimilation von Kohlendioxid durch Pflanzen, bei der das Kohlendioxid bei Nacht in organische Säuren gebunden und bei Tag zur Photosynthese freigesetzt wird. Charakteristisch für sukkulente Wüstenpflanzen.

Carnivorie Konsumption von lebenden Tieren oder Teilen lebender Tiere durch einen Organismus.

Cellulasen Enzyme zur Spaltung von Cellulose.

Cellulose Komplexes Polymer aus Glucosemolekülen. Grundlegender Bestandteil der Zellwände aller grünen Pflanzen.

Chaos Angewendet auf den zeitlichen Ablauf der Abundanz oder Dichte einer Population, wobei die Elemente sich nie genau wiederholen und zwei ähnliche Abundanzen in der Zeitreihe folglich Kurven folgen, die exponentiell voneinander abweichen. Dennoch ist die Abfolge nicht zufällig und schwankt innerhalb definierter Grenzen.

Chemosynthese Synthese organischer Moleküle durch bestimmte Bakterien, welche die aus bestimmten anorganischen Molekülen freigesetzte Energie nutzen.

Chlorophyll Grüne Pigmente, die in fast allen Pflanzen vorkommen und eine entscheidende Rolle bei der Aufnahme der Strahlungsenergie während der Photosynthese spielen.

Chloroplasten Die Plastiden in Pflanzenzellen, welche Chlorophyll enthalten.

conspezifisch Zur selben Art gehörig.

CPUE Siehe Fang pro Aufwandseinheit.

Cuticula Bei Pflanzen eine Wachsschicht auf der Oberfläche der Epidermiszellwände. Bei Tieren die äußerste Schicht vieler Wirbelloser.

cyanogen Blausäure (Cyanwasserstoff) freisetzend.

Cytoplasma Der lebende Zellinhalt mit Ausnahme des genetischen Materials.

degradative Sukzession Die zeitliche Abfolge von Arten auf einer abbaubaren Ressource.

demographischer Prozeß Vorgang, durch den sich die Größe einer Population ändern kann, zum Beispiel Geburt, Tod oder Migration.

Desoxyribonukleinsäure (DNA) Der Träger der genetischen Information in Zellen; vermag sich selbst zu replizieren sowie die Synthese von RNA zu codieren.

Destruent (Saprophyt) Organismus, der tote Substanz äußerlich abbaut und die Produkte über die Plasmamembran seiner Zellen aufnimmt, zum Beispiel Pilze.

deterministische Kräfte Kräfte, die genau charakterisiert werden können und keine Elemente des Zufalls oder der Wahrscheinlichkeit enthalten (vergleiche stochastische Kräfte).

Detritivorie (Saprophagie) Konsumption von totem organischem Material (Detritus), in der Regel zusammen mit den darin vorkommenden Mikroorganismen.

Diapause Zustand, bei dem die Entwicklung oder das Wachstum eingestellt ist und der mit einem stark reduzierten Stoffwechsel einhergeht; oft mit den Jahreszeiten korreliert und gewöhnlich nur auf Insekten angewendet.

Dichteabhängigkeit Tendenz, daß bei Zunahme der Populationsdichte die Sterberate einer Population zunimmt und die Geburts- und Wachstumsrate abnehmen.

Dichteunabhängigkeit Tendenz, daß bei Zunahme der Populationsdichte die Sterbe-, Geburts- oder Wachstumsrate einer Population weder steigen noch fallen.

Dikotyledonen (Zweikeimblättrige) Vertreter einer der beiden Klassen von Blütenpflanzen, deren Keimlinge sich durch den Besitz von zwei Keimblättern (Kotyledonen) auszeichnen. Die Pflanzen besitzen oft vier- oder fünfzählige Blüten, netznervige Blätter und

die Fähigkeit, durch sekundäre Zellteilung (von Kambiumzellen) innerhalb des Gewebes Holz zu bilden.
Diffusionskoeffizient Maß für die Ausbreitungsrate von gelösten Stoffen oder Gasen infolge eines Konzentrationsgradienten innerhalb des Mediums, in dem sie gelöst sind.
Dimorphismus Existenz zweier unterschiedlicher Formen eines Organismus oder Organs, zum Beispiel geflügelte und ungeflügelte Generationen im Leben von Blattläusen, geflügelte und ungeflügelte Samen im gleichen Blütenstand.
disjunkte Verbreitung Geographische Verbreitung einer Art oder anderen taxonomischen Einheit in weit voneinander getrennt liegenden Gebieten.
diskrete Generationen Reihe von Generationen, bei denen strenggenommen jede endet, bevor die neue beginnt. Häufig überlappen jedoch die frühen Stadien des Lebenszyklus der folgenden Generation mit dem Ende des letzten Stadiums der vorhergehenden Generation.
Diversitätsindex Mathematischer Index der Artenvielfalt in einer Lebensgemeinschaft.
DNA Siehe Desoxyribonukleinsäure.
dominante Arten Arten, die hinsichtlich ihrer Biomasse oder Anzahl einen hohen Anteil an einer Lebensgemeinschaft haben.
Donor-kontrollierte Modelle, ressourcenkontrollierte Modelle Mathematische Modelle von Räuber-Beute-Beziehungen, bei denen der Donor (die Beute) die Dichte des Rezipienten (des Räubers) kontrolliert, aber nicht umgekehrt.
Dormanz (Ruhephase, *dormancy*) Ausgedehnte Periode der Inaktivität oder stark reduzierten Aktivität, zum Beispiel Übersommerung und Winterschlaf.
dynamisch fragil Beschreibt eine Lebensgemeinschaft, die nur innerhalb eines engen Bereichs von Umweltbedingungen stabil ist.
dynamisch robust Beschreibt eine Lebensgemeinschaft, die nur innerhalb eines weiten Bereichs von Umweltbedingungen stabil ist.
dynamisches Gleichgewicht Zustand eines Systems, wenn es unverändert bleibt, weil zwei entgegengesetzte Kräfte mit gleicher Stärke einwirken.

effektive Populationsgröße (N_e) Größe einer genetisch idealisierten Population, mit der man eine wirkliche Population genetisch gleichsetzen kann.
Einwanderung (Immigration) Zuwandern von Organismen in eine Population.
Ektomykorrhiza (ektotrophe Mykorrhiza) Beziehung zwischen einem Pilz und der Wurzel einer Pflanze (in der Regel eines Baumes), bei welcher der Pilz eine Hülle um die Wurzel bildet und – im Gegensatz zur Endomykorrhiza – *zwischen* die Zellen seines Wirtes eindringt.
Ektoparasit Parasit, der auf der Oberfläche seines Wirtes lebt.
Ektotherme Organismen, deren Körpertemperatur von externen Wärmequellen abhängt.
Elastizität (*resilience*) Geschwindigkeit, mit der eine Lebensgemeinschaft nach einer Störung wieder in ihren ursprünglichen Zustand zurückkehrt.
Elektivitätsindex Siehe Auswahlindex.
emergente Eigenschaften Eigenschaften, die bei Individuen oder Populationen nicht vorhanden sind und erst dann offensichtlich werden, wenn sich die Aufmerksamkeit auf die Lebensgemeinschaft richtet.
Emigration Abwandern von Individuen aus einer Population oder aus einem Gebiet in ein anderes.
endemisch Bezeichnung für Organismen, die ihren Lebensraum in einem begrenzten Gebiet haben, oder für das dauerhafte Auftreten einer Krankheit auf niedrigem Niveau.
Endobiont (Endosymbiont) *Innerhalb der Zellen* eines Wirtes mutualistisch lebender oder keinen offensichtlichen Schaden anrichtender Organismus.
endogener Rhythmus Stoffwechsel- oder Verhaltensrhythmus, der im Organismus seinen Ursprung hat und auch bei konstant gehaltenen äußeren Bedingungen beibehalten wird.
Endomykorrhiza Beziehung zwischen Pilz und Wurzel einer Pflanze, bei welcher der Pilz in die Wirtszellen eindringt.
Endotherme Organismen, die selbst Wärme erzeugen und ihre Körpertemperatur deutlich anheben können.
Energietransfereffizienz Siehe Nahrungsketteneffizienz.
Entwicklungsnullpunkt Körpertemperatur eines Organismus, unterhalb derer keine Entwicklung erfolgt.
Enzymdenaturierung Strukturänderung eines Enzyms durch Entfalten der Peptidketten, wodurch das Enzym weniger löslich ist, hervorgerufen durch schwache Erwärmung oder verschiedene Chemikalien.
Ephemere Organismen mit einem kurzen Lebenszyklus, insbesondere Pflanzen, die innerhalb einer kurzen Periode des Jahres keimen, wachsen, neue Samen produzieren und danach absterben.
Epidemie Ausbruch einer Krankheit, wobei eine große Zahl und/oder ein hoher Anteil der Individuen einer Population gleichzeitig befallen wird.
Epidemiologie Studium des Auftretens von Infektionskrankheiten, ihrer Ursprünge und ihres Ausbreitungsmusters in einer Population.
erbliche Variabilität Auf den Auswirkungen genetischer Faktoren beruhender Anteil der Variation eines Merkmals.
„erntbare" Biomasse (*standing crop*) Biomasse lebender Organismen einer Flächeneinheit zu einem bestimmten Zeitpunkt.
Ersatzressource Ressource, die selbst nicht knapp ist, um die aber konkurriert wird, weil sie Zugang zu irgendeiner anderen Ressource liefert, die bereits knapp ist oder werden könnte.

Eukaryoten Organismen mit Zellen, die einen von einer Membran umhüllten Zellkern aufweisen, in dem die DNA mit Histonen verbunden und zu Chromosomen organisiert ist, zum Beispiel Protozoen, Algen, Pilze, Pflanzen und Tiere.

euphotische Zone Oberflächenzone eines Sees oder eines Meeres, in der die Nettoprimärproduktion erfolgt.

Eutrophierung Anreicherung eines Gewässers mit pflanzlichen Nährstoffen, was in der Regel zu einer von Phytoplankton dominierten Lebensgemeinschaft führt.

Evapotranspiration Wasserverlust von Boden und Vegetation an die Atmosphäre. Die *potentielle* Evapotranspiration kann man anhand von physikalischen Charakteristika der Umwelt wie der einfallenden Strahlung, der Windgeschwindigkeit und der Temperatur berechnen. Die *tatsächliche* Evapotranspiration wird häufig geringer sein als die potentielle, was von der Verfügbarkeit von Wasser (durch Niederschläge oder im Boden gespeichertes Wasser) abhängt.

evolutionär stabile Strategie (ESS) Strategie, die, sofern sie von der Mehrheit einer Population verfolgt wird, durch keine andere Strategie übertroffen werden kann und daher zumeist durch natürliche Selektion etabliert wird.

exakte Kompensation Dichteabhängigkeit, bei der eine Zunahme der anfänglichen Dichte durch einen Anstieg der Sterberate und/oder eine Abnahme der Geburtsrate und/oder Wachstumsrate genau ausgeglichen wird.

exogen Von außerhalb eines Organismus stammend.

exponentielles Wachstum Größenwachstum einer Population (oder anderen Einheit), bei der die Wachstumsrate mit steigender Populationsgröße gemäß einer Exponentialfunktion verlaufend zunimmt.

extraflorale Nektarien Nektar sezernierende Drüsen an Blättern oder anderen vegetativen Teilen von Pflanzen.

extrinsische Faktoren Wörtlich von außen einwirkende Faktoren. In der Ökologie sind physikalische und chemische Charakteristika der Umwelt und anderer Organismen alles extrinsische Faktoren, die auf einen Organismus einwirken.

fakultative Annuelle Organismen (in der Regel wird der Begriff nur auf Pflanzen angewendet), die unter gewissen Bedingungen ihren Lebenszyklus innerhalb von zwölf Monaten abschließen können.

fakultativer Mutualismus Zustand, bei dem eine oder beide Arten einer mutualistischen Beziehung auch in Abwesenheit des anderen Partners überleben und Populationen aufrechterhalten können.

Fang pro Aufwandseinheit (*catch per unit effort* – CPUE) Gewöhnlich auf das Abernten einer natürlichen Ressource angewendet (zum Beispiel Meeresfische); Gesamtfang (Zahl oder Biomasse) geteilt durch den gesamten Aufwand für den Fang (zum Beispiel ein Produkt der Gesamtzahl und Größe der eingesetzten Schiffe und der Zahl der Tage, an denen sie auf Fang waren).

Fekundität (Fruchtbarkeit) Zahl der Eier, Samen oder ganz allgemein Nachkommen im ersten Stadium des Lebenszyklus, die ein Individuum produziert.

Fekunditätstafel Tabelle, welche die Reproduktionsleistung von Individuen unterschiedlichen Alters im Laufe ihres Lebens in einer Population zeigt.

Feuchtigkeitsgradient Räumlicher Gradient der Verfügbarkeit von Wasser im Boden.

Filtrierer Aquatische Tiere, die kleine Partikel organischen Materials aus dem über ihnen fließenden Wasser filtern.

Fitneß Beitrag der Nachkommen eines Individuums zu einer Population *im Verhältnis* zum Beitrag anderer Individuen in der gegenwärtigen Population. Der relative Beitrag eines Individuums zum Genpool der nächsten Generation.

fleckenhafter Lebensraum Lebensraum, in dem signifikante räumliche Unterschiede in der Eignung für die betreffenden Arten herrschen.

floristisches Gleichgewicht Artenzusammensetzung einer Flora, wenn keine weiteren durch interne oder externe Faktoren verursachten Veränderungen mehr erfolgen.

Fortpflanzung Siehe Reproduktion.

Fremdzucht (outbreeding) Verpaarung von genetisch verschiedenen Organismen.

Fruchtbarkeit Siehe Fekundität.

Frühreife Reproduktion in einem frühen Lebens- oder Wachstumsstadium eines Organismus im Vergleich zu anderen Organismen der gleichen oder verwandter Arten, die ihre Reproduktion relativ hinauszögern.

fundamentale Nettoreproduktionsrate (*fundamental net reproductive rate* – R) Durchschnittliche Zahl von Individuen, die jedes Individuum einer Population zur Population des folgenden Zeitabschnitts beisteuert, also die auf einem Vergleich der Größe einer Population mit der Größe im vorangegangenen Zeitabschnitt beruhende Vermehrungsrate.

fundamentale Nische, Fundamentalnische Größte ökologische Nische, die ein Organismus oder eine Art ohne interspezifische Konkurrenz und Prädation einnehmen kann.

funktionelle Reaktion Beziehung zwischen der Konsumptionsrate eines Räubers und der Dichte seiner Beute.

Gamet (Haploide) Fortpflanzungszelle, die sich bei der Befruchtung mit einer anderen zu einer Zygote vereinigt, aus der dann ein neues Individuum (der Genet) entsteht.

Gaussches Prinzip Siehe Konkurrenz-Ausschluß-Prinzip.

„Geist vergangener Konkurrenz" Von J. H. Connell geprägter Begriff, der hervorheben soll, daß die in der Vergangenheit als evolutionäre Kraft wirksame interspezifische Konkurrenz oft ihre Auswirkungen im Verhalten, in der Verbreitung oder in der Morphologie von Arten hinterlassen hat, selbst wenn es heute keine Konkurrenz mehr zwischen den betreffenden Arten gibt.

Geklumpte (geballte) Verteilung Siehe aggregierte Verteilung.

gekoppelte Oszillationen Miteinander in Zusammenhang stehende Abundanzschwankungen zweier Arten, allgemein ausgedrückt eines „Räubers" und einer „Beute", wobei eine geringe Abundanz der Beute zu geringer Abundanz des Räubers führt, wodurch wiederum die Beute und in der Folge auch der Räuber häufig werden, was wiederum eine geringe Beutehäufigkeit nach sich zieht und so weiter.

Gen Einheit des Erbmaterials – ein Erbfaktor.

Generationsdauer (*generation length* – T) Die durchschnittliche Länge der Zeitspanne zwischen der Geburt eines Elternteils und der Geburt seiner Nachkommen (die „Generationszeit der Kohorte"): Wenn die Nachkommen noch während der Lebenszeit ihrer Eltern selbst wieder Nachkommen produzieren, ist der über viele Generationen berechnete Durchschnitt geringer als die Generationsdauer der Kohorte.

Genet Aus einer Zygote entstandener Organismus. Der Begriff wird vor allem auf modulare Organismen und Mitglieder eines Klones angewendet, um *genetische Individuen* zu definieren und von Rameten zu unterscheiden, die potentiell physiologisch unabhängigen Teile, die aus dem iterativen Vorgang des modularen Wachstums entstehen können.

genetische Drift Zufällige Veränderungen der Genfrequenz innerhalb einer Population, denen in kleinen Populationen die größte Bedeutung zukommt.

Genfluß Folge der Fremdbefruchtung zwischen Vertretern einer Art innerhalb von Populationen oder über die Grenzen von Population hinweg, was zur Ausbreitung der Gene in und zwischen den Populationen führt.

Genotyp Alle genetischen Merkmale, welche die Struktur und die Funktion eines Organismus bestimmen.

Gentechnik Jeder künstliche Eingriff in die genetische Struktur eines Organismus (mit Ausnahme einfacher künstlicher Selektion), der zu Veränderungen führt, die im Normalfall in der Natur nicht auftreten würden, etwa die Übertragung eines Gens von einer Art auf eine andere.

geometrische Reihe Durch Multiplikation mit einem konstanten Faktor erhaltene Zahlenfolge, zum Beispiel 1, 3, 9, 27 etc.

geordnete Konkurrenz Siehe Konkurrenz durch Wettbewerb.

Gilde Gruppe von Arten, welche dieselbe Klasse von Ressourcen auf ähnliche Weise nutzen.

Gleichgewichtstheorie Theorie der Organisation von Lebensgemeinschaften, die ihre Aufmerksamkeit auf die Eigenschaften eines Systems an einem Gleichgewichtspunkt richtet, an den die Gemeinschaft nach einer Störung zumeist zurückkehrt.

gleichmäßige Verteilung Verteilung von Organismen mit einem größeren durchschnittlichen Abstand untereinander als bei einer Zufallsverteilung.

globale Erwärmung Vorausgesagte Erwärmung der Erde infolge der zunehmenden Konzentrationen von Gasen wie Kohlendioxid, Methan, Stickstoffoxid und Fluorchlorkohlenwasserstoffen (FCKWs) in der Atmosphäre.

Glykosid Derivat von Glucose (oder einem anderen Zucker), bei dem ein Wasserstoffatom durch ein organisches Radikal ersetzt ist (= Glucosinolat).

Glykosidasen (*carbohydrase*) Enzyme zur Spaltung von Kohlenhydraten.

Gonaden Organe von Tieren, welche die Gameten (Keimzellen) produzieren.

Gradientenanalyse Analyse der Artenzusammensetzung entlang eines Gradienten von Umweltbedingungen.

Grenzschicht Die strömungsarme Wasserschicht direkt über dem Flußbett.

Gruppenselektion Evolutionsprozeß, der vermutlich über die unterschiedliche Nachkommenzahl von Gruppen statt von Individuen wirkt.

Habitat Ort, an dem ein Mikroorganismus, eine Pflanze oder ein Tier lebt.

Habitatdiversität Das Spektrum an Habitaten in einer Region.

Habitus Der charakteristische Bau einer Pflanze oder eines Tieres.

Halophyt Pflanze, die sehr hohe Salzkonzentrationen im Boden toleriert.

Handhabungszeit Zeitspanne, in der ein Räuber mit dem Verfolgen, Überwältigen und Verzehr einer Beute beschäftigt ist.

Hartlaubzone, z. B. Chaparral oder Macchie Vegetationstyp; ein Dickicht aus kleinwüchsigen, immergrünen Eichen und anderem dichten Gestrüpp.

Häufigkeitsabhängigkeit Beschreibt die Tendenz eines Räubers, häufigere Beutearten verhältnismäßig stärker zu nutzen.

Haustorien Organe parasitischer Pflanzen oder Pilze, die in das Gewebe oder die Zellen des Wirtes eindringen.

Heimfindevermögen Fähigkeit, genau an den Ort der Geburt zurückzukehren, zum Beispiel die Rückkehr der Lachse vom Meer in genau jenen Fluß, in dem sie schlüpften.

Hemikryptophyt Lebensform mehrjähriger Pflanzen, deren oberirdische Sprosse in der ungünstigsten Jahreszeit absterben, und deren Überdauerungstriebe sich unmittelbar unter der Erdoberfläche befinden. Siehe Tabelle 1.1, Seite 21.

Hemiparasiten Pflanzen, die zur Photosynthese fähig sind, aber Verbindungen mit den Wurzeln oder Sprossen anderer Pflanzenarten eingehen und einen Großteil oder den gesamten Bedarf an Wasser und Nährstoffen über ihren Wirt decken.

Herbivorie Konsumption lebenden Pflanzenmaterials.

Herbizide Chemische oder biologische Präparate zum Abtöten von Pflanzen.

Heterotrophe Organismen, die energiereiche organische Moleküle benötigen (Tiere, Pilze und die meisten Bakterien).

heterotrophe Sukzession Zeitliche Abfolge von Arten an einem Ort, an der vor allem Tiere beteiligt sind.

Heterozygote Organismen, die unterschiedliche Allele an den entsprechenden Stellen homologer Chromosomen tragen.

Holoparasiten Parasitische Pflanzen, die kein Chlorophyll besitzen und daher für ihre Versorgung mit Wasser, Nährstoffen und fixiertem Kohlenstoff völlig auf ihre Wirtspflanzen angewiesen sind.

Homoiotherme Organismen, die eine nahezu konstante Körpertemperatur aufrechterhalten, welche in der Regel über der Umgebungstemperatur liegt.

homologe Strukturen Strukturelle Ähnlichkeiten, die vermutlich auf eine gemeinsame Abstammung zurückgehen, zum Beispiel der Flügel eines Vogels und die Vorderextremität eines Säugetiers.

Homöostase Die Aufrechterhaltung relativ konstanter innerer Bedingungen angesichts einer schwankenden äußeren Umwelt.

Homozygote Organismen, die an den entsprechenden Stellen auf homologen Chromosomen identische Allele tragen.

horizontale Lebenstafel Siehe Kohortenlebenstafel.

Hydrophilie, Hydrogamie Blütenbestäubung durch Wasser als Vermittler.

Hydrosphäre Das Wasser im Boden, in Flüssen, Seen und Meeren.

Immigration Siehe Einwanderung.

Immunreaktion Abwehrreaktion eines Tieres, bei der gegen eindringende Mikroorganismen oder Parasiten, transplantierte Gewebe und viele andere Substanzen, die vom Körper als fremd erkannt werden, spezifische Antikörper (nur bei Wirbeltieren) und/oder cytotoxische Zellen gebildet werden.

Individualkonzept Konzept von Lebensgemeinschaften als Assoziation von Arten, die infolge ähnlicher Ansprüche gemeinsam vorkommen und nicht aufgrund einer langen koevolutionären Entwicklung.

Inkubationszeit Zeitraum der Embryonalentwicklung im Ei vor dem Schlüpfen. In der Epidemiologie die Zeit zwischen Infektion und Auftreten der Symptome einer Krankheit.

Inokulation Einbringen eines Krankheitserregers oder Impfstoffs durch eine absichtlich herbeigeführte Wunde.

Insektizide der dritten Generation Synthetische, gewöhnlich organische Insektizide mit eingeschränktem Wirkungsspektrum zur Begrenzung der unerwünschten Nebenwirkungen auf andere als die Zielarten.

Inselbiogeographie Studium der Verbreitung von Arten und der Zusammensetzung von Lebensgemeinschaften auf Inseln.

instabiles Gleichgewicht In ökologischem Zusammenhang ein Stadium einer Population, mehrerer Populationen oder von Ressourcen, bei dem geringfügige Störungen zu größeren Verschiebungen führen.

Interferenz Siehe Konkurrenz durch Interferenz.

Interferenzkoeffizient Maß dafür, inwieweit die gegenseitige Beeinträchtigung von Konsumenten mit steigender Konsumentendichte zunehmend die Konsumptionsrate der Individuen verringert.

interspezifische Konkurrenz Konkurrenz zwischen Individuen verschiedener Arten.

intraspezifische Konkurrenz Konkurrenz zwischen Individuen der gleichen Art.

Inzuchtdepression (*inbreeding depression*) Vitalitätsverlust von Nachkommen nah verwandter Individuen; er beruht auf der Expression nachteiliger Gene im homozygoten Zustand und einem generell niedrigen Level von Heterozygotie.

Isokline Eine Linie, die zwei Punkte miteinander verbindet, welche jeweils zur gleichen Zuwachsrate der Populationen einer betreffenden Art führen. Die Punkte können Kombinationen von Artendichten oder von Ressourcenlevels repräsentieren.

Isotherme Eine Linie auf einer Karte, die Orte mit der gleichen Durchschnittstemperatur miteinander verbindet.

isotonisch Den gleichen osmotischen Druck aufweisend.

Isotope Atome des gleichen Elements mit denselben chemischen Eigenschaften, aber einer anderen Masse und unterschiedlichen physikalischen Eigenschaften, diee von ihrer Masse abhängen.

Iteroparität (Iteroparie) Fortpflanzung von Organismen in einer Reihe getrennter Fortpflanzungsereignisse, während und nach denen die Organismen jeweils einen Zustand aufrechterhalten, der sich günstig auf ihr Überleben auswirkt, damit sie sich in der Folge erneut fortpflanzen können (die „getrennten Fortpflanzungsereignisse„ können jedoch zu einer kontinuierlichen Vermehrung verschmelzen.)

***K*-Selektion** Auslese von Merkmalen von Lebenszyklusstrategien, welche die Fähigkeit fördern, einen proportional großen Beitrag zu einer Population zu leisten, die nahe an ihrer Umweltkapazität angelangt ist; diese Merkmale sind – in groben Zügen – große

Größe, verzögerte Reproduktion, Iteroparität, ein geringer Reproduktionsaufwand, intensive Brutpflege sowie die Produktion weniger, aber großer Nachkommen.

***k*-Wert** Verlust von Individuen eines bestimmten Stadiums eines Lebenszyklus, wobei die Zahlen zu Beginn und am Ende des Stadiums logarithmisch ausgedrückt werden, zum Beispiel $\log_{10}$ (vorher)–$\log_{10}$ (nachher).

Kapazität Siehe Umweltkapazität

Katabolismus Abbau komplexer organischer Moleküle in einfachere Formen unter Freisetzung von Energie durch lebende Organismen.

Katastrophe Einschneidende Umweltveränderung, die umfangreiche Schäden hervorruft, gewöhnlich weiträumig Todesopfer fordert, aber so selten auftritt, daß die Auswirkungen der natürlichen Selektion durch ähnliche Ereignisse in der Vergangenheit (sofern sie überhaupt auftraten) nicht im „genetischen Gedächtnis“ von Arten haften blieben. Der Ausbruch des Vulkans Mount St. Helens war eine Katastrophe in diesem Sinne (Im Gegensatz dazu können die in den östlichen USA immer wieder auftretenden Hurrikane (Wirbelstürme) als „Verheerungen“ bezeichnet werden.)

Keimverzögerung Einbettung von Samen in harten Umhüllungen, beispielsweise Fruchtknoten oder Zapfen, so daß sie erst nach speziellen Ereignissen, etwa nach einem Feuer, freigesetzt werden und keimen können.

Klassifikation Methode zur Kategorisierung von Lebensgemeinschaften, wobei solche mit ähnlicher Artenzusammensetzung zu Untergruppen zusammengefaßt werden.

Klimax Angenommener Endzustand einer Sukzession; eine Lebensgemeinschaft, die einen stabilen Zustand erreicht hat.

Kloakentiere (Monotremata) Primitive Säugetiere in drei Gattungen, die Eier legen, Haare besitzen und Milch sezernieren.

Klon Gesamtprodukt des Wachstums einer einzigen Zygote bei Organismen, die durch Wiederholung von Struktureinheiten wachsen (modulare Organismen) und bei denen diese Einheiten zumindest potentiell die Fähigkeit zu physiologischer Unabhängigkeit aufweisen. Mit Ausnahme sehr seltener somatischer Mutationen sind die Teile eines Klones genetisch identisch.

klonale Ausbreitung Sich-voneinander-Entfernen oder Auseinanderwachsen der Teile eines modularen Organismus (wobei diese häufig, aber nicht unbedingt, voneinander getrennt werden).

Koevolution Prozeß, durch den Vertreter von zwei oder mehr Arten wechselseitig auf die Kräfte der natürliche Selektion einwirken, die sie aufeinander ausüben, beispielsweise Parasiten und ihre Wirte.

Koexistenz Zusammenleben von zwei Arten (oder Organismen) im selben Lebensraum, wobei keine von der anderen verdrängt wird.

Kohorten-Generationszeit (T_C) Eine Annährung an die tatsächliche Generationsdauer, die unberücksichtigt läßt, daß sich einige Nachkommen während der reproduktiven Phase ihrer Eltern selbst fortpflanzen; also einfach die durchschnittliche Zeitspanne zwischen der Geburt eines Elternteils und der seiner Nachkommen.

Kohortenlebenstafel (horizontale Lebenstafel) Lebenstafel, die erstellt wird, indem man eine Gruppe von Individuen, die alle während desselben kurzen Zeitraums geboren wurden, von diesem Zeitpunkt der Geburt bis zum Tod des letzten überlebenden Individuum verfolgt.

Kolonisation (Kolonisierung) Eindringen und Ausbreitung einer Art (oder von Genen) in ein Gebiet, einen Lebensraum oder eine Population, in denen sie zuvor nicht vorkam.

Kommensalismus Wechselbeziehung, bei der sich ein Organismus (oder eine Art) günstig auf einen zweiten Organismus (oder eine zweite Art) auswirkt, der zweite aber keinerlei (weder positiven noch negativen) Einfluß auf den ersten hat.

Kompartimentalisierung einer Lebensgemeinschaft Tendenz von Lebensgemeinschaften, sich zu Untereinheiten zu organisieren, wobei die Wechselbeziehungen innerhalb der Untereinheiten stark, zwischen ihnen hingegen schwach sind.

Kompensationspunkt Strahlungsintensität, bei der Photosynthese und Atmung im Gleichgewicht sind.

komplementäre Ressourcen Ressourcenpaar, bei dem die Aufnahme der einen den Bedarf an der zweiten reduziert

Konkurrenz Wechselbeziehung zwischen zwei (oder mehreren) Organismen (oder Arten), bei der gegenseitig die Geburts- und/oder Wachstumsrate verringert und/oder die Sterberate erhöht werden.

Konkurrenz durch Ausbeutung (*exploitation competition*) Form der Konkurrenz, bei der jegliche nachteiligen Auswirkungen auf einen Organismus durch Verringerung der Ressourcenlevels durch andere, konkurrierende Organismen verursacht werden.

Konkurrenz durch „Drängelei“ (ungeordnete Konkurrenz; *scramble competition*) Extremste Form überkompensierender Dichteabhängigkeit bei der Auswirkung intraspezifischer Konkurrenz auf das Überleben, wobei alle konkurrierenden Individuen so negativ betroffen sind, daß keines davon überlebt.

Konkurrenz durch Interferenz (*interference competition*) Konkurrenz zwischen zwei Organismen, bei welcher der eine den anderen physisch aus Teilen seines Lebensraums und somit von den Ressourcen verdrängt, die er dort nützen könnte.

Konkurrenz durch Überwachsen Konkurrenz zwischen sessilen Organismen, bei der ein Individuum ein anderes überwächst und dadurch verhindert, daß dieses Licht, Nahrung und andere Ressourcen effektiv nutzen kann.

Konkurrenz durch Wettbewerb (geordnete Konkurrenz; *contest competition*) Intraspezifische Konkurrenz, bei der die Mortalität Dichteanstiege exakt kompensiert, so daß es ungeachtet der anfänglichen Dichte immer eine konstante (oder nahezu konstante) Zahl von Überlebenden gibt.

Konkurrenz-Ausschluß-Prinzip Die Vorstellung, daß zwei konkurrierende Arten in einer stabilen Umwelt aufgrund von Unterschieden in ihren realisierten Nischen koexistieren; kommt es nicht zu einer Nischendifferenzierung oder läßt der Lebensraum diese nicht zu, dann wird eine Art die andere verdrängen oder ausschließen.

Konkurrenzausschluß Ausschluß einer Art aus einem Gebiet oder Lebensraum durch eine andere aufgrund interspezifischer Konkurrenz.

Konkurrenzentlastung (ökologische Entlastung; *competitive release*) Erweiterung der Nische einer Art aufgrund des Fehlens von Konkurrenz mit anderen Arten, zum Beispiel weil sie auf einer Insel vorkommt, auf der Konkurrenten fehlen.

Konkurrenzkoeffizient Bei interspezifischer Konkurrenz ein Maß für die Konkurrenzwirkung einer Art auf eine andere im Verhältnis zu der Konkurrenzwirkung der zweiten Art auf sich selbst.

Konsumptionseffizienz Prozentsatz der verfügbaren Energie, der tatsächlich auf einer trophischen Ebene konsumiert wird. Im Fall von Herbivoren ist dies der aufgenommene Prozentsatz der Nettoprimärproduktion.

Kontinentaldrift Das Auseinanderweichen und die Bewegung von Landmassen in geologischer Zeit.

Kontinentalität Klimatische Bedingungen, wie man sie an Orten im Zentrum großer Kontinente antrifft.

Kontrastbetonung (*character displacement*) Siehe Merkmalsverschiebung.

konvergente Evolution Vorgang, durch den Organismen verschiedener Evolutionslinien eine ähnliche Gestalt oder ein ähnliches Verhalten entwickeln.

Koprophagie Aufnahme von Kot.

Korrelogramm Statistische Methode zur Analyse der Daten von Zeitreihen und ihre Überprüfung auf zyklische Phänomene.

Krankheit Gestörter oder veränderter Zustand eines Organismus (Funktionsstörung), der durch die Anwesenheit eines Antagonisten (Toxin oder Pathogen) oder das Fehlen irgendeines essentiellen Stoffes (zum Beispiel Spurenelemente oder Vitamine) verursacht wird.

Krypsis Umgebungstracht; Erscheinungsform eines Organismus, die seine Entdeckung erschwert, zum Beispiel Tarnung vor Räubern.

Kryptophyt (Geophyt) Lebensform ausdauernder krautiger Gewächse, die ungünstige Perioden durch unterirdische Organe überstehen. Siehe Tabelle 1.1 (Seite 21).

Lebensgemeinschaft (Biozönose) Räumlich und zeitlich zusammenlebende Arten.

Lebensraumdiversität Siehe Strukturdiversität.

Lebenstafel (*life table*) Zusammenfassung (nach Altersklassen) der Überlebensfähigkeit von Individuen einer Population.

Lebenszyklus (*life cycle*) Abfolge von Stadien eines Organismus während seiner Entwicklung von der Zygote bis zur Produktion von Nachkommen.

Lebenszyklusstrategie (*life history*) Muster von Wachstum, Differenzierung, Speicherung und Reproduktion während des Lebens eines Organismus.

Lichtkompensationspunkt Siehe Kompensationspunkt.

Lignin Komplexes, zusammen mit Cellulose in den Zellwänden von Pflanzen, besonders im Holz und in Faserbündeln abgelagertes organisches Material (Kohlenwasserstoffe).

Lipasen Enzyme, die Fette in Alkohole und Säuren spalten.

Litoral Zone am Rand eines Sees oder Meeres, die zeitweise der Luft ausgesetzt und zeitweise überflutet ist.

logistische Gleichung Häufig verwendete Gleichung für das Wachstum einer aus einer einzigen Art bestehenden Population ohne diskrete Generationen unter dem Einfluß von Konkurrenz; sie ist einfach und beinhaltet alles Wesentliche, aber nur sehr wenige der Einzelheiten realer Beispiele.

logistische Kurve Siehe sigmoide Kurve.

Makrofauna Die großen Tiere einer Lebensgemeinschaft innerhalb eines willkürlich festgelegten Größenbereichs, zum Beispiel zwischen zwei und 20 Millimetern Körperbreite bei bodenlebenden Wirbellosen.

Makroinvertebraten Wirbellose mit mehr als zwei Millimetern Körperlänge.

Makroparasiten Parasiten, die in ihrem Wirt wachsen, sich aber durch die Produktion von Infektionsstadien vermehren, welche von dem Wirt freigesetzt werden und neue Wirte infizieren. Sie leben meist zwischen den Zellen oder in den Körperhöhlen der Wirte, seltener in den Wirtszellen.

Mastjahre (*mast years*) Bestimmte Jahre, in denen Bäume und Sträucher eine besonders große Samenmenge produzieren.

maximale Nahrungskette Abfolge von Arten, beginnend mit einer Art an der Basis (einer Pflanze), über eine andere Art (einen Herbivor), die sich von ihr ernährt, und so weiter bis zu einem Gipfelräuber (von dem sich kein anderes Tier ernährt).

maximaler Dauerertrag (*maximum sustainable yield* – MSY) Maximaler Ertrag, der wiederholt von einer Population entnommen werden kann, ohne die Population an den Rand des Aussterbens zu bringen.

Megafauna Größte willkürliche Größenkategorie von Tieren in einer Lebensgemeinschaft, zum Beispiel über 20 Millimeter Körperbreite bei bodenlebenden Wirbellosen.

Megaherbivoren Sehr große terrestrische Weidetiere (von über 1 000 Kilogramm Gewicht), etwa Elefanten; umfaßt auch viele der in den letzten ungefähr 30 000 Jahren ausgestorbenen Arten.

Megaphyten Pflanzen mit normalerweise unverzweigten Sprossen oder Stämmen und einer Krone aus sehr großen Blättern; auch die Blütenstände sind häufig sehr groß.

Mehrertrags-Modell (*sucplus yield model*) Einfaches Modell der Auswirkung der Ernte auf eine Population, das lediglich die Größe oder Biomasse einer Population berücksichtigt, ohne Rücksicht auf die Struktur innerhalb der Population.

Meristem Pflanzengewebe mit aktiver Zellteilung (insbesondere in den Triebspitzen, Seitenknospen und einer Zone nahe der Wurzelspitze).

Merkmalsverschiebung (*character displacement*) Meßbarer physikalischer Unterschied zwischen zwei Arten, entstanden durch natürliche Selektion infolge eines Selektionsdruckes auf eine der beiden Arten aufgrund von Konkurrenz untereinander.

Mesofauna Tiere im Größenbereich von 100 μm bis zwei Millimeter Körperlänge.

Mesophyll Das innere Gewebe eines Blattes (ohne Leitgefäße). Bei grünen Pflanzen befinden sich in diesen Zellen die meisten Chloroplasten und hier findet die Photosynthese statt.

Metabolismus (Stoffwechsel) Summe aller chemischen Reaktionen in einer Zelle oder einem Organismus.

Metamorphose Abrupter Übergang zwischen zwei Entwicklungsstadien: zum Beispiel von der Larval- zur Adultform.

Metapopulation Population, die als Reihe von Unterpopulationen existiert, welche durch Wanderungen untereinander verbunden sind. Die Migrationsrate ist jedoch begrenzt, so daß man die Dynamik der Metapopulation als Summe der Dynamiken der einzelnen Unterpopulationen ansehen sollte.

Migration (Wanderung) Die Wanderung von Individuen und häufig ganzen Populationen von einem Gebiet in ein anderes.

Mikroben Mikroorganismen; jegliche mikroskopisch kleinen Organismen wie Bakterien, Viren, einzellige Algen, Protozoen und mikroskopische Pilze wie Hefen.

Mikrobivore Tiere, die sich von Mikroorganismen ernähren.

Mikrofauna Kleinste willkürliche Größenkategorie von Tieren in einer Lebensgemeinschaft.

Mikroflora Bakterien, Pilze und mikroskopische Algen.

Mikroklima Klima innerhalb eines sehr kleinen Gebiets oder in einem bestimmten, oft genau abgegrenzten Habitat.

Mikroparasiten Parasiten, die sich direkt innerhalb ihres Wirtes, in der Regel in dessen Zellen, vermehren.

Mikrostandort (In weiterem Sinne Mikrohabitat.) Kleinste Untereinheit von Umweltbedingungen innerhalb eines Lebensraums, welche die für eine Lebensphase eines Organismus erforderlichen speziellen Ressourcen und Bedingungen bietet, zum Beispiel Ritzen oder Spalten, welche für die Keimung von Samen einer bestimmten Art geeignet sind.

Mikrotopographie Variationen der Höhe und Rauheit des Untergrunds in sehr kleinem Maßstab (etwa in „Organismengröße").

Mimese Ähnlichkeit eines Organismus (des Nachahmers) mit einem nicht-lebenden Objekt (dem Modell), die dem Nachahmer offensichtlich einen Selektionsvorteil verschafft.

Mimikry Ähnlichkeit eines Organismus (des Nachahmers) mit einem anderen Organismus (dem Modell), die dem Nachahmer offensichtlich einen Selektionsvorteil verschafft.

mittlere Befallsintensität Mittlere Zahl von Parasiten pro Wirt in einer Population (einschließlich der nicht infizierten Wirte).

Modell der optimalen Ernährung Mathematisches Modell für die Auswahl jener Nahrung, die dem Konsumenten theoretisch den größten Energiegewinn sichert; ein Maßstab zum Beurteilen der tatsächlichen Leistung.

modulare Organismen Durch die wiederholte Bildung bestimmter Teile wachsende Organismen, zum Beispiel die Blätter, Triebe und Zweige von Pflanzen, die Polypen von Korallen oder von Schwämmen. Modulare Organismen sind fast immer verzweigt, doch die Verzweigungen können unterbrochen und die abgetrennten Teile in vielen Fällen physiologisch unabhängig werden, beispielsweise bei Wasserpolypen (*Hydra* spp.) und Wasserlinsen (*Lemna* spp.) (siehe auch Ramet und unitare Organismen).

Monokotyledonen (Einkeimblättrige) Eine der zwei Hauptgruppen von Blütenpflanzen (siehe Angiospermen). Normalerweise charakterisiert durch das Vorhandensein eines einzelnen Keimblattes (Kotyledon), oftmals dreizählige Blüten, parallelnervige Blätter, und die fehlende Fähigkeit, durch Zellteilung innerhalb der Gewebe sekundäres Gewebe, das heißt Holz, zu bilden.

Monoklimax-Theorie Die Vorstellung, daß alle Sukzessionsabfolgen zu einem einzigen, für ein bestimmtes Gebiet charakteristischen Klimaxstadium führen.

Monokultur Große, von einer einzigen Pflanzenart (oder bei Nutzpflanzen einer einzigen Varietät) bedeckte Fläche; experimentell der Anbau einer einzigen Pflanzenart.

monomorph In nur einer Form auftretend.

Monophagie Ernährung von nur einem einzigen Nahrungstyp.

Morphogenese Entwicklung der Körpergröße, Gestalt oder anderer struktureller Eigenschaften eines Organismus.
Morphologie Gestalt und Bau eines Organismus.
Mosaikzyklus-Dynamik Siehe Patchdynamik.
MSY Siehe maximaler Dauerertrag.
multiple Resistenz (gegenüber Pestiziden) Mehrfachresistenz; Resistenz eines Organismus gegenüber Pestiziden mit verschiedenen Wirkmechanismen.
Mutualismus Wechselbeziehung zwischen den Individuen von zwei (oder mehreren) Arten, durch die das Wachstum, die Wachstumsrate und/oder die Populationsgröße von beiden Arten durch gegenseitige Begünstigung zunehmen (siehe auch fakultativer Mutualismus und obligatorischer Mutualismus).
Mykorrhiza Gewöhnlich mutualistische, enge Beziehung zwischen den Wurzeln einer Pflanze und einem Pilz (siehe auch ektotrophe Mykorrhiza und vesikulär-arbuskuläre Mykorrhiza).

Nachhaltigkeit (*sustainability*) Fähigkeit eines Ökosystems, trotz Nutzung der Ressourcen in der Leistung nicht zu erschöpfen.
***n*-dimensionaler Hyperraum** Siehe ökologische Nische.
Nährstoffkreislauf Umwandlung chemischer Elemente von ihrer anorganischen Form in der Umwelt zur organischen Form in Organismen und durch Zersetzung zurück in die anorganische Form.
Nahrungskette Abstrakte Darstellung der Verbindungen zwischen Konsumenten und konsumierten Populationen, zum Beispiel Pflanze – Herbivor – Carnivor.
Nahrungsketteneffizienz (Transfereffizienz) Effizienz der schrittweisen Energieübertragung zwischen verschiedenen trophischen Ebenen einer Lebensgemeinschaft.
Nahrungsnetz Darstellung der Nahrungsbeziehungen in einer Lebensgemeinschaft, die alle durch Nahrungsanalysen ermittelten Verbindungen enthält.
Nahrungspräferenz Siehe Ausgleichspräferenz, Rangpräferenz.
natürliche Selektion Kraft, die bewirkt, daß einige Individuen einer Population mehr Nachkommen (und Gene) zu den nachfolgenden Generationen beitragen als andere, und somit zu Veränderungen der genetischen Zusammensetzung von Populationen im Lauf der Zeit führt (Evolution).
Naturschutzbiologie Prinzipien und Praktiken der Wissenschaft, die sich mit der Bewahrung von Arten vor dem Aussterben sowie mit der Erhaltung von Lebensräumen befaßt.
Nekromasse Gewicht toter Organismen, in der Regel auf eine Flächeneinheit oder ein Wasservolumen bezogen. Manchmal wird der Begriff auch für tote Teile lebender Organismen verwendet, zum Beispiel für die Borke und das Kernholz von Bäumen oder die Haare und Krallen von Tieren.
nekrotropher Parasit (Nekroparasit) Parasit, der seinen Wirt (oder Teile von ihm) abtötet und auf der toten Substanz weiterlebt.
Nettonullwachstumslinie (*zero net growth isocline* – ZNGI) Isokline, entlang derer die Rate des Populationswachstums Null beträgt.
Nettoprimärproduktion (NPP) Die gesamte von Pflanzen durch Photosynthese angereicherte Energie (Bruttoprimärproduktion minus Atmung).
Nettoreproduktionsrate (*basic reproductive rate*; R_0) Die durchschnittliche Zahl der Nachkommen der Individuen einer Population im Laufe ihres Lebens.
neutrale Modelle Modelle von Lebensgemeinschaften, die bestimmte Merkmale ihrer realen Entsprechungen beibehalten aber die Folgen biotischer Wechselbeziehungen ausschließen; sie werden verwendet, um zu beurteilen, ob reale Lebensgemeinschaften durch biotische Kräfte gestaltet werden.
Neutralismus Fehlen von Wechselbeziehungen zwischen zwei Organismen (oder Arten); keiner von beiden wirkt sich auf den anderen aus.
Nische Grenzen aller wesentlichen Umweltmerkmale, innerhalb derer die Individuen einer Art überleben, wachsen und sich fortpflanzen können.
Nischenaufteilung (*niche partitioning*) Tendenz koexistierender Arten, den vorhandenen „Raum" entlang wichtiger Nischendimensionen untereinander aufzuteilen.
Nischendifferenzierung Tendenz koexistierender Arten, sich in ihren Nischenanforderungen zu unterscheiden.
Nischenkomplementarität (Nischenergänzbarkeit) Tendenz koexistierender Arten, welche eine ähnliche Position entlang einer Nischendimension einnehmen, zum Beispiel in der Höhenlage, sich entlang einer anderen zu unterscheiden, zum Beispiel in der Ernährung.
Nitrifikation Umwandlung von Nitriten zu Nitraten, gewöhnlich durch Mikroorganismen. Der Begriff wird gewöhnlich für den Prozeß der Umwandlung von Ammoniumionen über Nitrite zu Nitraten verwendet.
Normalverteilung Korrekter „unimodale" Kurve: eine glockenförmige Kurve mit nur einem Maximum.
Nullhypothese Hypothese, daß ein beobachtetes und ein erwartetes Datenmuster letztendlich gleich sind und nur durch Zufall voneinander abweichen, aber nicht, weil sie wirklich verschieden sind. Im allgemeinen wendet man auf die Daten dann einen statistischen Signifikanztest an, um zu überprüfen, ob man die Hypothese verwerfen kann. Ist das der Fall, bezeichnet man die beobachteten und erwarteten Muster als signifikant unterschiedlich. Die Tests bestätigen die Nullhypothese nicht. „Erwartete" Muster kann man von

der Theorie oder anderen, ähnlichen Datensätzen ableiten.

Nunatakker Inseln in einem während der Eiszeiten vereisten Gebiet, in denen Arten überlebt haben könnten.

obligatorischer Mutualismus Wechselwirkung, bei der eine symbiotische Beziehung mit anderen Arten für das Überleben einer Art notwendig ist. Siehe Symbiose.

Ökoenergetik Zweig der Ökologie, der Lebensgemeinschaften aus dem Blickwinkel des Energieflusses erforscht.

ökologische Entlastung (*competitive release*) Siehe Konkurrenzentlastung.

ökologische Nische Begriff mit unterschiedlichen Definitionen, die nicht alle synonym sind. Um zwei zu nennen: 1) Die „Beschäftigung" oder der „Beruf" eines Organismus oder einer Art; oder 2) der Bereich von Bedingungen, Ressourcenlevels und Dichten anderer Arten, die einem Organimus oder einer Art ermöglichen, zu überleben, zu wachsen und sich zu vermehren. Wenn demnach jede Bedingung, Ressource oder andere Art als Dimension betrachtet wird, ist die Nische ein n-dimensionaler Hyperraum.

ökonomische Schadensschwelle (ÖSS; *economic injury level* – EIL) Schwelle der Abundanz eines Schädlings, oberhalb welcher die Bekämpfung weniger kostet als der zu erwartende Schaden, unterhalb welcher die Kosten für die Bekämpfung aber höher sind.

Ökophysiologie (physiologische Ökologie) Studium der Physiologie und der Toleranzgrenzen von Arten für ein besseres Verständnis ihrer Verbreitung in bezug auf abiotische Bedingungen.

Ökosystem Holistisches Konzept der Pflanzen, der gewöhnlich mit ihnen assoziierten Tiere und all der physikalischen und chemischen Bestandteile der unmittelbaren Umwelt oder des Habitats, die zusammen eine erkennbar eigenständige Einheit bilden. Das Konzept geht auf Tansley (1935) zurück.

Ökotyp Gruppe von Individuen einer Art mit einer charakteristischen Ökologie.

oligophag Sich von einem eingeschränkten Nahrungsspektrum ernährend.

Omnivorie Konsumption von Nahrung aus mehr als einer trophischen Ebene.

ontogenetisch Im Laufe der Entwicklung eines Organismus auftretend.

opportunistische Arten Arten, die in der Lage sind, unregelmäßig auftretende Umwelten zu nutzen.

optimale Ähnlichkeit Grad der Ähnlichkeit zwischen konkurrierenden Arten, das bei Überschreiten oder Unterschreiten zu einer Verringerung der Fitneß für Individuen zumindest einer der Arten führen würde.

Ordination Mathematisches System zur Kategorisierung von Lebensgemeinschaften in einer Graphik, so daß solche mit ähnlicher Artenzusammensetzung nahe beieinander liegen.

Osmoregulation Regulation der Salzkonzentration in Zellen und Körperflüssigkeiten.

Osmose Diffusion von Wasser durch eine semipermeable Membran.

osmotischer Druck Tendenz von Wasser, sich durch eine semipermeable Membran in eine Lösung zu bewegen.

Paläarktis Biogeographische Region, welche die Landmassen Europas und Asiens von ihrer nördlichen Grenze bis zur Sahara und dem Himalaja umfaßt.

Pampa(s) Die baumlosen Ebenen Südamerikas südlich des Amazonas.

parallele Evolution Evolution entlang ähnlicher Entwicklungslinien bei systematischen Gruppen, die in einem früheren Stadium ihrer Geschichte geographisch getrennt wurden.

Parasit Organismus, der seine Nährstoffe von einem oder einigen wenigen Wirten erlangt und diese schädigt, aber nicht unmittelbar abtötet.

Parasitoide Insekten (meist Wespen und Fliegen) mit freilebenden Adulten, die ihre Eier in, auf oder in der Nähe von Wirtsinsekten ablegen (seltener von Spinnen oder Asseln). Ihre Larven entwickeln sich im Wirt (der selbst in der Regel noch nicht fertig entwickelt ist), beeinträchtigen ihn anfangs offenbar kaum, töten ihn jedoch letztendlich und verzehren ihn vor oder während des Puppenstadiums.

partielle Refugien Teile des Lebensraums einer Beute, in dem die Konsumptionsrate durch Räuber unter dem Durchschnitt für den gesamten Lebensraum liegt – eine Folge der Verhaltensreaktionen des Räubers auf die räumliche Verteilung der Beute.

Patchdynamik (Mosaikzyklus-Dynamik) Die Vorstellung, daß Lebensgemeinschaften aus einem Mosaik aus Patches bestehen, in denen abiotische Störungen und biotische Wechselbeziehungen ablaufen.

Pathogene Krankheitserreger; Mikroorganismen oder Viren, die Krankheiten verursachen.

Permafrost Dauerfrostboden; eine permanent gefrorene Bodenschicht.

permanenter Welkepunkt (PWP) Grad ungenügender Wasserverfügbarkeit im Boden, der unweigerlich zum Welken der in ihm wachsenden Pflanzen führt.

pflanzliche Insektizide Aus Pflanzen gewonnene Chemikalien zur Bekämpfung von Schadinsekten.

pH-Wert Skala für sauer (1–7) oder alkalisch (7–14); der negative dekadische Logarithmus der Wasserstoffionenkonzentration (10^{-1}–10^{-14}).

Phagocyten Weiße Blutkörperchen, die schädliche Bakterien vernichten können.

Phanerophyt Erneuerungsknospen oder Triebspitzen entstehen aus oberirdischen Zweigen.

Phänologie Strenggenommen das Studium periodischer biologischer Ereignisse; in der Praxis oft auf

die periodischen Phänomene selbst bezogen, etwa auf das Wachstum, die Entwicklung und die Reproduktion eines Organismus in bezug auf die Jahreszeiten.
Phänotyp Sichtbares oder auf andere Weise meßbares, physikalisches oder biochemisches Merkmal eines Organismus, das aus der Wechselwirkung von Genotyp und Umwelt resultiert.
Pheromone Gewöhnlich in geringen Mengen von Tieren abgegebene chemische Duftstoffe, die von Artgenossen erkannt werden und Signalwirkung haben.
Phloem Gewebe in den Leitbündeln von Pflanzen, in dem ein Großteil des Transports gelöster organischer Stoffe stattfindet.
Photoperiode Dauer der Tageslänge.
Photosynthese Produktion von Zuckern aus Kohlendioxid und Wasser unter Nutzung der Sonnenenergie.
Photosyntheseintensität (je Blattflächeneinheit; *unit leaf rate*) Trockengewichtszunahme einer Pflanze über einen bestimmten Zeitraum hinweg, ausgedrückt als Funktion der Blattfläche der Pflanze.
photosynthetisch aktive Strahlung (PAS; *photosynthetically active radiation*) Für die Photosynthese nutzbaren Wellenlängen des Strahlungsspektrums.
Phyllosphäre Mikroumwelt auf einem Blatt oder in seiner unmittelbaren Umgebung.
Phylogenie Entwicklungsgeschichte einer taxonomischen Gruppe.
Physiologie Studium der inneren Prozesse und Aktivitäten von Organismen.
physiologische Zeit Ein Zeit und Temperatur verbindendes Maß für ektotherme und poikilotherme Organismen, welches die Tatsache widerspiegelt, daß insbesondere Wachstum und Entwicklung von der Umgebungstemperatur abhängen und daher für ihre Vollendung nicht nur Zeit, sondern eine Kombination aus Zeit und Temperatur benötigen.
Phytoalexine Komplexe organische Verbindungen, die Pflanzen als Reaktion auf Infektionen produzieren und die das weitere Wachstum des Pathogens hemmen.
phytophag Pflanzen fressend.
Placentatiere (Placentalia) Säugetiere mit einer Placenta (Mutterkuchen), das heißt alle Säugetiere außer Beutel- und Kloakentieren.
Poikilotherme Organismen, deren Körpertemperatur stark mit der ihrer Umgebung korreliert ist.
Polyklimax-Theorie Die Vorstellung, daß eine Sukzession je nach den lokalen Umweltbedingungen zu einer Vielzahl von Klimaxstadien führt.
Polymorphismus Existenz unterschiedlicher Individuen innerhalb einer Art oder Population, die nicht einfach das Resultat von sich wiederholenden Mutationen sind.
polyphag Sich von einem breiten Nahrungsspektrum ernährend.
Polysaccharid Kohlenhydratpolymer aus einer Kette von Monosacchariden, zum Beispiel Stärke, Cellulose.
polyzentrische Verbreitung Vorkommen einer Population, einer Art oder einer anderen taxonomischen Gruppe an mehreren, weit voneinander getrennten Stellen.
Population Gruppe von Individuen einer Art in einem bestimmten Gebiet; die Größe und Natur dieses Gebiets werden oft je nach Forschungszweck willkürlich festgelegt.
Populationsdichte Individuenzahl in einer Population pro Flächeneinheit, manchmal auch „pro Volumeneinheit", „pro Blatt" oder was auch immer geeignet erscheint.
Populationsdynamik Die zeitlichen und räumlichen Veränderungen der Größe und Dichte von Populationen.
Populationsökologie Studium der zeitlichen und räumlichen Veränderungen der Populationsdynamik und ihrer Ursachen.
Populationsregulation Tendenz, daß irgendein Faktor in einer Population eine Zunahme der Dichte bewirkt, wenn diese niedrig ist, und eine Abnahme, wenn sie hoch ist.
Populationsschwankungen Zeitliche Veränderungen der Größe einer Population.
Populationszyklus Veränderungen der Individuenzahl in einer Population, die wiederholt zwischen Perioden hoher und geringer Dichte schwankt.
Prädation Konsumption eines gesamten Organismus oder von Teilen davon durch einen anderen, wobei der Beuteorganismus beim ersten Angriff noch lebt.
Prädatoren Organismen, die sich von lebenden anderen Organismen ernähren; unterteilbar in echte Räuber, Weidegänger, Parasiten und Parasitoide.
Präferenzwechsel (Umschaltereaktion, *switching*) - Tendenz eines Räubers, sich je nach ihrer relativen Häufigkeit in der Umgebung auf verschiedene Beutekategorien umzustellen.
Prärie Nordamerikanische Bezeichnung für Grasländer der gemäßigten Zone.
Prävalenzrate Auf die Abundanz bezogen der Anteil oder Prozentsatz bewohnbarer Stellen oder Gebiete, an dem eine bestimmte Art vorkommt. Bei Parasiten der Anteil oder Prozentsatz einer Population, der von einem bestimmten Parasiten befallen ist. Die *Anzahl* der Infizierten einer Population bezeichnet man als Prävalenz.
Primärproduktivität Rate der Biomasseproduktion pro Flächeneinheit durch Pflanzen.
Produktionseffizienz Maß für die Umwandlung assimilierter Energie in Biomasse.
Produktivität Rate der Biomasseproduktion pro Flächeneinheit durch eine Organismenklasse.
Prokaryoten Zellen ohne einen von einer Membran umgebenen Zellkern; zum Beispiel Bakterien oder Cyanobakterien („Blaugrüne Algen").
Protozoen Einzellige Tiere.

Pseudointerferenz Muster einer abnehmenden Konsumptionsrate von Räubern mit zunehmender Beutedichte, das an die Auswirkungen gegenseitiger Interferenz erinnert, aber auf eine aggregative Reaktion des Räubers zurückzuführen ist.
Pteridophyten Abteilung des Pflanzenreiches, die Farne, Schachtelhalme, Bärlappe und ihre Verwandten umfaßt. (Diploide) Pflanzen mit echten Sprossen, Blättern und Wurzeln, die sich durch Sporen vermehren und mit einer freilebenden, unauffälligen geschlechtlichen (haploiden) Generation (Prothallium).
PVA Siehe Gefährdungsgradanalyse.

Q_{10}-Wert Quotient zweier Reaktionsgeschwindigkeiten bei einem Temperaturunterschied von zehn Grad Celsius.

***r*-Selektion** Auslese von Merkmalen von Lebenszyklusstrategien, welche die Befähigung zu schneller zahlenmäßiger Vermehrung fördern; die Merkmale sind im wesentlichen kleine Größe, Frühreife, Semelparität, ein großer Reproduktionsaufwand sowie die Produktion von vielen, aber kleinen Nachkommen.
Radiation Zur Verzweigung einer Entwicklungslinie und damit größerer systematischer Diversität führender Evolutionsprozeß.
Ramet Durch vegetatives Wachstum geformter Nebentrieb oder Modul bei einigen Pflanzen und modularen Wirbellosen, der potentiell oder tatsächlich physiologisch unabhängig ist, zum Beispiel die Ausläufer von Erdbeeren, die Knollen der Kartoffel, die Polypen einer Hydroidpolypenkolonie.
Rang-Abundanz-Diagramm (Arten-Rang-Relation) Graphische Darstellung unterschiedlicher Abundanzen der Arten in einer Lebensgemeinschaft.
Rangpräferenz Klassifikation der Nahrungspräferenz eines Konsumenten aufgrund eines gleichen, einfachen Merkmals (in der Regel der Energiewert).
Räuber Siehe Prädatoren.
realisierte Nische, Realnische Der Anteil der potentiellen (fundamentalen) Nische einer Art, die sie in Anwesenheit von Konkurrenten und Räubern besetzt.
Regressionsanalyse Analyse des mathematischen Verhältnisses zwischen zwei Variablen.
Regulation Siehe Populationsregulierung.
Reifung Prozeß, bis ein Individuum vollständig differenziert, funktionstüchtig und damit fortpflanzungsfähig ist.
Rekombination Bildung von Genkombinationen bei Nachkommen, die bei keinem der Eltern vorhanden sind. Sie resultiert aus der Zuordnung der Chromosomen und ihrer Gene während der Produktion der Gameten und der darauffolgenden Vereinigung unterschiedlicher Gameten bei der Befruchtung.
Rekrutierung Hinzukommen von Individuen zu einer Population durch Geburt oder Zuwanderung oder – im Falle einer Nettorekrutierung – die Differenz zwischen einem solchen Zuwachs und den Verlusten durch Tod oder Abwanderung.
relative Luftfeuchtigkeit Grob gesagt, die Feuchtigkeit der Luft; genauer: der Prozentsatz der Sättigung der Luft mit Wasserdampf; noch besser: die Masse Wasserdampf pro Volumeneinheit Luft als Prozentsatz des gleichen Maßes für gesättigte Luft bei der gleichen Temperatur.
Reliktpopulation Oft sehr lokal begrenzter Überrest einer zurückgegangenen Population.
Reproduktion Produktion neuer Individuen, in der Regel geschlechtlich durch die Produktion einer Zygote, aus der das neue Individuum heranwächst; bei Organismen, die sich während des Wachstums teilen, spricht man oft irreführenderweise von ungeschlechtlicher Reproduktion.
Reproduktionsaufwand (reproduktiver Einsatz, Allokation; *repoductive allocation*) Strenggenommen jener Anteil der einem Organismus zur Verfügung stehenden Ressourcen, der im Laufe eines bestimmten Zeitraums in die Fortpflanzung investiert wird; in der Praxis oft der Anteil des reproduktiven Gewebes an der Masse oder dem Volumens eines Organismus.
Reproduktionskosten Abnahme der Überlebensfähigkeit und/oder der Wachstumsrate und somit der Rückgang des Potentials für zukünftige Reproduktion eines Individuums infolge seines erhöhten gegenwärtigen Reproduktionsaufwands.
Reproduktionsleistung (*reproductive output*) Produktion von Nachkommen durch ein Individuum oder eine Population.
Reproduktionsrate Zahl der Nachkommen eines Organismus pro Zeiteinheit oder über einen definierten Zeitraum hinweg.
Reproduktionswert Erwarteter relativer Beitrag eines Individuum zur Population seiner Nachkommen durch Reproduktion in der Gegenwart und in der Zukunft.
reproduktive Isolation Räumliche und zeitliche Trennung zweier Teile einer Population, deren Individuen sich untereinander kreuzen könnten, würde dies nicht durch ihre Isolation verhindert. Eine solche Isolation ist vermutlich die normale Voraussetzung für die Evolution neuer Arten, besonders bei Tieren.
residualer Reproduktionswert (RRW) Erwarteter relativer Beitrag eines Individuums zu seiner Population durch Reproduktion für alle nach dem gegenwärtigen folgenden Stadien seines Lebenszyklus.
Resistenz Widerstandsfähigkeit einer Lebensgemeinschaft gegen Veränderungen bei einer Störung.
Respiration Siehe Atmung.
Ressourcen Alles, was ein Organismus konsumieren kann oder sonstwie benötigt und das damit einem anderen nicht zur Verfügung steht, zum Beispiel Nahrung, Wasser, Nistplätze und so weiter.

Ressourcenaufteilung (*resource partitioning*) Unterschiedliche Nutzung von Ressourcen wie Nahrung und Raum durch Organismen.

Ressourcen-Erschöpfungszone (REZ; ***resource depletion zone*** **– RDZ)** Umgebung eines Konsumenten, in welcher die Verfügbarkeit einer Ressource reduziert ist, zum Beispiel die Zone um die absorbierende Oberfläche einer Wurzel, aus der Nährstoffe und Wasser aufgenommen werden.

ressourcenkontrollierte Modelle siehe Donor-kontrollierte Modelle.

Ressourcennutzung, unterschiedliche In der Regel nur im Zusammenhang mit interspezifischer Konkurrenz verwendet: die Nutzung unterschiedlicher Ressourcen durch zwei verschiedene Arten oder die Nutzung der gleichen Ressource zu unterschiedlicher Zeit, an einem anderen Ort oder generell auf andere Weise.

Restaurationsökologie Wissenschaft, die sich mit der Wiederbesiedlung und Wiederbegrünung von Ödflächen befaßt, insbesondere nach starker Schädigung wie bei Abraumhalden, Müllhalden und Brachflächen.

reziproke Prädation Wechselbeziehung zwischen zwei Arten (oder Individuen), bei der jede die andere erbeutet, so daß die Beziehung im Endeffekt ein Konkurrenzverhältnis ist.

Rhizosphäre Oberfläche und unmittelbare Umgebung einer Wurzel mit speziellen Umweltbedingungen für Mikroorganismen. Der Begriff umfaßt auch die in diesem Bereich lebende Mikroflora.

Ringelung Ringförmiges Entfernen der Rinde und der unmittelbar darunter liegenden lebende Gewebe (Bast) am Stamm eines Baumes oder Strauches, wodurch der Transport der Assimilate zu den Wurzeln unterbrochen wird.

Risikoaggregation Muster, bei dem das Risiko, daß Beutetiere von Räubern angegriffen werden, von einem Lebensraumausschnitt zum anderen mehr variiert, als man allein aufgrund des Zufalls erwarten würde (besonders auf das unterschiedliche Risiko von Wirten angewendet, von Parasitoiden befallen zu werden).

Rückfangmethode Methode zur Abschätzung der Populationsgröße mobiler Organismen (gewöhnlich Tiere), bei der Individuen gefangen, markiert und wieder freigelassen werden; anschließend werden nochmals Individuen gefangen und der Anteil der wiedergefangenen markierten Individuen ermittelt (dieser ist im allgemeinen in kleinen Populationen hoch und in großen Populationen niedrig).

Ruderalpflanzen Pflanzen, die auf Ödland wachsen, das in der Regel durch menschliche Eingriffe entstanden ist. Im Gegensatz zu „Unkräutern" beeinträchtigen diese Pflanzen menschliche Aktivitäten gewöhnlich nicht.

Ruhephase Siehe Dormanz.

Salzpfanne Mit Salzwasser oder Salz gefüllte Senke.

Samenbank Population keimfähiger, ruhender Samen in und auf dem Boden sowie in Sedimenten unter Wasser.

Saprophagie Siehe Detritivorie.

Saprophyt Siehe Destruent.

saurer Regen Regen mit sehr niedrigem ph-Wert (oftmals unter 4.0), der auf Emissionen von Schwefel- und Stickstoffoxiden in die Atmosphäre zurückzuführen ist.

Savanne Tropisches Grasland.

Schädling Ganz einfach jede vom Menschen als unerwünscht angesehene Art. Genauer: Eine Art, die mit dem Menschen um Nahrung, Rohstoffe oder Refugien konkurriert, Krankheiten überträgt oder anderweitig die Gesundheit, das Wohlbefinden und den Wohlstand des Menschen beeinträchtigt.

Schlüsselfaktorenanalyse Statistische Methode zur Bearbeitung von Populationsdaten, um jene Faktoren zu bestimmen, die in der Hauptsache für Veränderungen der Populationsgröße verantwortlich sind.

Sekundärproduktivität Biomasseproduktionsrate pro Flächeneinheit durch heterotrophe Organismen.

Selbstauflichtung (Selbstausdünnung, Selbstverlichtung) Fortschreitende Abnahme der Dichte, die mit der zunehmenden Größe der Individuen einer Population wachsender Individuen einhergeht.

Selbstbegrenzung Prozeß, bei dem intraspezifische Konkurrenz zu einer verringerten Fortpflanzung und/oder Überlebensfähigkeit bei höheren Dichten führt.

Selbstvernichtungsverfahren (Autozidverfahren) - Form der Schädlingsbekämpfung, bei welcher der Schädling so manipuliert wird, daß er wesentlich zu seiner eigenen Kontrolle beiträgt oder sich buchstäblich „selbst vernichtet".

Selektionsdruck Auf Populationen einwirkende Kraft, die bewirkt, daß manche Individuen mehr Nachkommen (oder Gene) zu nachfolgenden Generationen beitragen als andere (und auf diese Weise den Verlauf der Evolution beeinflussen.)

Semelparität (Semelparie) Liegt vor, wenn Organismen all ihre Nachkommen in einem einzigen Fortpflanzungsereignis oder im Laufe eines relativ kurzen Zeitraums hervorbringen.

Serpentinböden Schwermetallböden; durch Verwitterung von Gestein mit einem hohen Gehalt an verschiedenen Schwermetallen entstandene Böden. Serpentinböden sind häufig lokal begrenzt und tragen eine spezielle Flora aus schwermetalltoleranten Arten und spezialisierten „Ökotypen" (siehe dort) von Arten, die auch anderenorts vorkommen.

sessile Organismen Wörtlich festsitzende Organismen, die mit Ausnahme der Ausbreitungsphase ortsgebunden sind, zum Beispiel verwurzelte Pflanzen, Seepocken, Miesmuscheln und Korallen.

sexuelle Rekombination Prozeß, bei dem zwischen homologen Chromosomen durch Paarung und Crossing-over bei der Meiose während der Gametenbildung DNA ausgetauscht wird.

sigmoide Kurve (logistische Kurve) „S"-förmige Kurve mit einer anfänglichen Beschleunigungsphase, die nach einer Verzögerungsphase ein Plateau erreicht.

somatischer Polymorphismus Vorhandensein von Organen in zwei oder mehr unterschiedlichen Formen bei demselben genetische Individuum (Genet), zum Beispiel mehrere verschiedene Blattformen an derselben Pflanze, zwei unterschiedliche Samentypen am gleiche Blütenstand, Module sehr abweichender Gestalt am Körper von Salpen.

soziale Förderung (***facilitation***) Bewirkt einen Anstieg der Konsumptionsrate mit zunehmender Konsumentendichte; ergibt sich zum Beispiel, wenn mehr Zeit für die Nahrungaufnahme zur Verfügung steht, weil weniger Zeit für die Wachsamkeit gegenüber Räubern aufgebracht werden muß.

spezifische Zuwachsrate (*intrinsic rate of natural increase; r*) Pro-Kopf-Zuwachsrate einer Population mit einer stabilen Altersstruktur ohne Konkurrenz oder andere Einschränkungen.

stabile Grenzzyklen Gleichförmige Abundanzschwankungen, die sich nach einer geringfügigen Störung bald wieder einstellen.

stabiles Gleichgewicht In ökologischem Zusammenhang das Level einer Population, mehrerer Populationen oder von Ressourcen, zu dem diese nach einer geringfügigen Störung bald wieder zurückkehren.

Stabilität Tendenz einer Lebensgemeinschaft, nach einer Störung wieder zu ihrem ursprünglichen Zustand zurückzukehren.

Stabilität nach Artenverlust (*species deletion stability*) In einer Modell-Lebensgemeinschaft die Tendenz der verbliebenen Arten nach Ausrottung einer Art in einem lokal stabilen Gleichgewicht zu bleiben.

Stammbäume Abstammungslinien, welche die Entwicklungsgeschichte der Verwandtschaftsbeziehungen zwischen Organismengruppen wiedergeben sollen.

standing crop Siehe „erntbare Biomasse".

stationäre Lebenstafel Anhand der Altersstruktur einer Population zu einem bestimmten Zeitpunkt erstellte Lebenstafel.

Steppe Baumlose Ebene in Südosteuropa und Sibirien.

Stickstoffixierung Umwandlung von gasförmigem Stickstoff (N_2) in komplexere Moleküle. Industriell genutzt wird dieser Vorgang zur Produktion von Stickstoffdünger. Die biologische Stickstoff-Fixierung erfolgt durch freilebende und symbiontische Mikroorganismen (Prokaryoten). Der Prozeß sollte besser als „Luftstickstoffbindung" bezeichnet werden.

Stigmen Öffnungen an der Körperseite von Insekten, durch die das zur Atmung dienende Tracheensystem mit der Außenwelt verbunden ist und die geschlossen und geöffnet werden können.

stochastische Kräfte Zufällige Prozesse, welche die Struktur einer Lebensgemeinschaft beeinflussen.

Stoffwechsel Siehe Metabolismus.

Stolonen (**Ausläufer**) Horizontal auf dem Boden oder unterirdisch wachsende, kurzlebige Sprosse, die an ihren Nodien Wurzeln bilden.

Stomata (Singular **Stoma, Spaltöffnungen**) Poren in der Epidermis von Pflanzen, durch die der Gasaustausch stattfindet; besonders häufig auf Blättern.

Störung In der Ökologie von Lebensgemeinschaften ein Ereignis, durch das Organismen entfernt werden und Raum geschaffen wird, den Individuen der gleichen oder anderer Arten besiedeln können.

Störungsexperiment Experimenteller Ansatz in der Ökologie von Lebensgemeinschaften, bei dem man mittels künstlicher Störungen die Wechselbeziehungen von Arten zu entschlüsseln versucht.

Streß (Belastung) In der Physik gibt es eine strenge Definition als „eine Kraft pro Flächeneinheit", welche den Körper belastet, auf den sie einwirkt. In der Biologie gibt es eine Vielzahl von Bedeutungen, zum Beispiel jedweder Zustand, der zu reduziertem Wachstum führt oder der verhindert, daß ein Organismus sein „genetisches Potential" realisiert. Oft wird der Begriff verwirrend zweideutig zur Beschreibung der einwirkenden Kraft als auch des beim Organismus durch diese Kraft herbeigeführten Zustands verwendet – damit werden Reiz und Reaktion durcheinandergebracht. Daher haben wir diesen Begriff zu vermeiden versucht.

Strukturdiversität, Lebensraumdiversität Vielfalt der räumlichen Strukturen in einem Lebensraum, die Arten Habitate bieten kann.

Sucheffizienz Die Wahrscheinlichkeit, daß ein bestimmter Räuber eine bestimmte Beute fängt (auch als „Angriffsrate" bezeichnet).

Sukkulente Pflanzen mit fleischigen, saftigen Geweben mit hohem Wassergehalt, die charakteristisch für Wüsten und salzhaltige Umwelten sind.

Sukzession Nicht-saisonales, gerichtetes und kontinuierliches Muster von Besiedlung und Aussterben von Populationen in einem Gebiet.

sukzessionale Förderung (*sucessional facilitation*) Förderlicher Einfluß der frühen Arten in der Sukzession einer Lebensgemeinschaft auf die Etablierung späterer durch Veränderung der herrschenden Bedingungen.

sukzessionale Hemmung Tendenz von Arten früher Sukzessionsstufen, dem Eindringen später folgender Arten zu widerstehen.

sukzessionale Toleranz Bezieht sich auf Situationen, in denen Veränderungen der Umwelt durch frühe Besiedler keinen oder nur geringen Einfluß auf die Vitalität von Arten späterer Sukzessionsstadien haben.

Superorganismus-Konzept Vorstellung von Lebensgemeinschaften als Organismus aus Mitgliedsarten, die in ihrer gemeinsamen Evolutionsgeschichte eng miteinander verbunden waren und dies auch heute noch sind.

„Supertramp"-Arten Arten mit besonders guten Ausbreitungs- und Besiedlungsfähigkeiten, die als erste in einem neuen Lebensraum ankommen.

Symbiose Enges Zusammenleben der Individuen von Artenpaaren, das im allgemeinen für beide Partner lebensnotwendig ist. Vergleiche Mutualismus.

sympatrisch Im gleichen Gebiet vorkommend; bezieht sich auf das Vorkommen von zwei oder mehr Arten in räumlicher Nähe, so daß eine Kreuzung zwischen ihnen möglich sein sollte. Ihre weitere Existenz als getrennte Arten beweist, daß dies normalerweise unterbleibt. Gegensatz: allopatrisch (vergleiche dort).

Synergismus Situation, bei der die kombinierte Wirkung zweier Kräfte, zum Beispiel die Behandlung mit zwei Medikamenten, größer ist als die Summe ihrer getrennten Wirkung.

Systematik Siehe Taxonomie.

Taiga Nadelwälder in weiten Teilen Nordamerikas und Eurasiens, die im Norden von der Tundra, im Süden von der Steppe begrenzt werden.

Tannine Komplexe, adstringierende Substanzen von Pflanzen, die Phenolverbindungen enthalten und das Pflanzenmaterial in der Regel schwerer verdaulich machen. Besonders häufig in Rinde, unreifen Früchten und Gallen an Holzpflanzen.

Taxonomie (Systematik) Studium der Regeln, Prinzipien und Praktiken der Klassifizierung lebender Organismen.

tektonische Platten Teile der Erdkruste, die sich in geologischen Zeiträumen bewegen und zur Kontinentaldrift und anderen bedeutenden Veränderungen der Topographie der Erdoberfläche führen.

Temperaturkoeffizient Siehe Q_{10}-Wert.

temporäre Variation Variabilität von Faktoren wie der Temperatur auf stündlicher, täglicher oder saisonaler Basis.

Terpenoide Aromatische Kohlenwasserstoffe, die von vielen Pflanzen gebildet werden und die Grundlage für viele Pflanzendüfte sind.

Territorialität Besetzen eines Gebiets (des Territoriums) durch ein oder mehrere Tiere unter teilweisem oder vollständigem Ausschluß anderer Individuen.

thermischer Neutralbereich Bereich von Umgebungstemperaturen, oberhalb dessen ein endothermes Tier zur Aufrechterhaltung einer konstanten Körpertemperatur seinen Grundumsatz erhöhen muß.

Therophyten Pflanzen, die ihren Zyklus von Samen zu Samen innerhalb einer Saison abschließen.

Topographie Darstellung der physischen Struktur einer Umwelt.

Transfereffizienz Siehe Nahrungsketteneffizienz.

transgene Organismen Organismen, die ein Gen enthalten, das von einer anderen Art auf sie übertragen wurde.

Transpiration Verdunstung von Wasser von einer Pflanzenoberfläche.

Treibhauseffekt Erwärmung der Erdatmosphäre infolge der Zunahme an Kohlendioxid und anderen Gasen.

Trichome Ein- oder mehrzellige Auswüchse der Epidermis einer Pflanze; auch Pflanzenhaare.

trophische Ebene (Trophiestufe) Position in der Nahrungskette, die durch die Zahl der Energieübertragungsschritte bestimmt wird, um diese Ebene zu erreichen.

trophische Struktur Organisation einer Lebensgemeinschaft in bezug auf ihren Energiefluß durch die verschiedenen trophischen Ebenen.

Tundra Biom entlang des Polarkreises, das durch Flechten, Moose, Seggen und Zwergsträucher charakterisiert ist.

Turbulenz Wasserbewegung, die an jedem Punkt rasch in Richtung und Höhe schwankt.

Turgor Der innere Druck von Pflanzenzellen, der den Spannungszustand im Gewebe bestimmt.

überkompensierende Dichteabhängigkeit Dichteabhängigkeit, die so stark ist, daß eine Zunahme der Ausgangsdichte zu einer verringerten Enddichte führt.

Überlebenskurve Graphische Darstellung der abnehmenden Größe einer Kohorte (oder vermeintlichen Kohorte) durch den Tod von Individuen. Gewöhnlich ist die Zeit auf der horizontalen Achse und $\log_{10} l_x$ auf der vertikalen Achse aufgetragen, wobei l_x den Anteil der noch Lebenden der Ausgangskohorte darstellt.

Überlebenswahrscheinlichkeit Wahrscheinlichkeit eines repräsentativen neugeborenen Individuums, bis zu verschiedenen Altersstadien zu überleben.

Übernutzung Nutzung einer natürlichen Population (durch Entfernen von Individuen oder Biomasse) in einer höheren Rate, als diese durch Rekrutierung ausgleichen kann, wodurch die Population an den Rand der Ausrottung gelangt.

Übertragungsschwelle (*transmission threshold*) Für die Ausbreitung einer Krankheit notwendige Reproduktionsrate eines Parasiten.

Umschaltereaktion Siehe Präferenzwechsel.

Umweltkapazität (Kapazität, *carrying capacity*), biologische Aufnahme- oder Tragfähigkeit Maximale, dauerhaft tragbare Populationsgröße einer bestimmten Umwelt, bei der intraspezifische Konkurrenz die Nettozuwachsrate pro Kopf auf Null reduziert hat. Ein idealisiertes Konzept, das nicht wörtlich auf die Praxis angewendet werden sollte.

Umweltrauschen Von außen kommende Hintergrundsignale, die biotische Prozesse überlagern.

ungeordnete Konkurrenz Siehe Konkurrenz durch „Drängelei".

Ungleichgewichtstheorie (*non equilibrium theory*) - Diese Theorie der Ökologie von Lebensgemeinschaften befaßt sich mit dem vorübergehenden Verhalten eines Systems, das sich nicht im Gleichgewicht befindet, und konzentriert das Augenmerk speziell auf die Zeit und die Variationen.

unitare Organismen Organismen mit einer vorgegebenen Entwicklung zu einer genau festgelegten Adultform, zum Beispiel alle Arthropoden und Wirbeltiere. Der Gegensatz dazu sind modulare Organismen (siehe dort).

Unkräuter Vom Standpunkt des Menschen unerwünschte Pflanzen, die dessen Wohlergehen beeinträchtigen, indem sie in Konkurrenz zu seinen Nahrungs-, Holz- oder Zierpflanzen treten.

unterkompensierende Dichteabhängigkeit Dichteabhängigkeit, bei der die Sterberate weniger ansteigt als die Ausgangsdichte zunimmt, oder die Geburts- und Wachstumsraten entsprechend abnehmen, so daß Zunahmen der Ausgangsdichte nach wie vor zu einem (geringeren) Anstieg der Enddichte führt.

Vakuole Von einer Membran umgebenes, mit Flüssigkeit gefülltes Bläschen im Cytoplasma einer Zelle.

Variationskoeffizient Begriff aus der Statistik, der sich auf die Standardabweichung einer Verteilung geteilt durch den Mittelwert der Verteilung bezieht und somit ein standardisiertes Maß für die Variation einer Verteilung liefert, die nicht einfach deshalb zunimmt, weil der Mittelwert selbst zunimmt oder weil sich die Maßeinheiten ändern.

Vektor 1) Jeder (lebende oder andere) Überträger eines pathogenen Organismus, der diesen auf einen geeigneten Wirt überträgt. 2) Eine physikalische Größe mit einer gerichteten Wirkung.

Veld Offenes Weideland in Südafrika.

Verbreitung Räumliche Verteilung einer Art, in der Regel in geographischem, manchmal aber auch in kleinerem Maßstab.

Verfrachtung Ausbreitung von Samen, Sporen oder Verbreitungseinheiten von Tieren durch äußere Faktoren wie Wind und Meeresströmungen.

Verteilung Räumliches Verteilumgsmuster einer Art über ihren Lebensraum.

Verheerungen Bedeutende Störungen im Leben einer Lebensgemeinschaft oder Population, die oft genug auftreten, um sich im „genetischen Gedächtnis" der Population niederzuschlagen (vergleiche Katastrophe).

vesikulär-arbuskuläre Mykorrhiza (VA-Mykorrhiza) Enge, vermutlich in der Regel mutualistische Beziehung zwischen einem Pilz und einer Pflanzenwurzel, bei welcher der Pilz in die Wirtszellen eindringt und sich gewöhnlich auch weit in den Boden der Umgebung erstreckt (vergleiche Ektomykorrhiza).

vorübergehender Polymorphismus Auftreten von zwei (oder mehr) Formen einer Art oder von Genen (Allelen) in einer Population, wobei eine Form durch die andere ersetzt wird.

Wasserkapazität Nach freiem Durchfluß im Boden zurückgehaltene, maximale Wassermenge (das Wasseraufnahmevermögen), gemessen als Feldkapazität.

Wasserkreislauf Bewegung des Wasser durch Verdunstung vom Meer in die Atmosphäre, von dort durch Niederschläge zum Land und über den Abfluß von Flüssen wieder zurück zum Meer.

wechselseitige Interferenz Interferenz zwischen Räubern, die zu einer Verringerung der individuellen Konsumptionsrate mit Zunahme der Räuberdichte führt.

wechselseitiger Antagonismus Beschreibt zwei Arten mit reziprok negativen Auswirkungen aufeinander (entweder interspezifische Konkurrenz oder gegenseitige Prädation).

Weidegänger (Abweider) Konsumenten, die im Laufe ihres Lebens eine große Zahl von Pflanzen angreifen, dabei aber jeweils nur Teile der angegriffenen Individuen aufnehmen, so daß dieser Angriff zwar oft schädlich, aber selten kurzfristig tödlich wirkt.

Wiederanstieg von bekämpften Schädlingen (*resurgence in pests*) Rasche Zunahme der Schädlingszahl nach Ende des unmittelbaren Einwirkens einer Bekämpfungsmaßnahme infolge nachteiliger Auswirkungen auf die natürlichen Feinde des Schädlings.

Wiederkäuer Pflanzenfressende Säugetiere wie Kühe, die ihre Nahrung mehrmals durchkauen und komplexe Mägen besitzen, in denen Mikroorganismen die Cellulose der pflanzlichen Nahrung abbauen.

Wirt Organismus, der von einem Parasiten befallen wird.

Wirtsdichteabhängigkeit/-unabhängigkeit Auf die Risikoaggregation von Parasitoidangriffen auf Wirte bezogen: Bei ersterer weisen Wirte in Patches höherer oder niedrigerer Wirtsdichte tendenziell ein größeres Risiko auf, angegriffen zu werden (direkte beziehungsweise inverse Wirtsdichteabhängigkeit); bei letzterer variiert das Risiko von Patch zu Patch, steht aber nicht mit der Wirtsdichte in einem Patch in Zusammenhang. Könnte auch auf andere Räuber-Beute-Beziehungen angewendet werden (siehe auch Risikoaggregation).

Wüste Ödes Trockengebiet mit spärlicher Vegetation, in dem in der Regel Wassermangel herrscht.

Zeitverzögerung des Populationswachstums (logistische Wachstumskurve von Populationen) Modell des Populationswachstums, dem zufolge die gegenwärtige Nettoreproduktionsrate der Individuen durch die Populationsgröße vor einiger Zeit bestimmt wird.

Zersetzung Abbau komplexer, energiereicher organischer Moleküle in einfache anorganische Bestandteile.

Zonierung (Zonation) Charakteristische Verbreitung von Arten entlang von Umweltgradienten.

zufällige Verteilung Verteilung ohne erkennbare Gesetzmäßigkeiten oder Ordnung; das Ergebnis (oder nicht unterscheidbar vom Ergebnis) zufälliger Ereignisse.

Zwischeneiszeit Periode zwischen zwei Eiszeiten, während der Arten beginnen, ehemals bewohnte Gebiete wieder zu besiedeln.

Zygote Durch Verschmelzung einer männlichen und weiblichen Keimzelle (Gameten) gebildete diploide Zelle.

Namensindex

Z